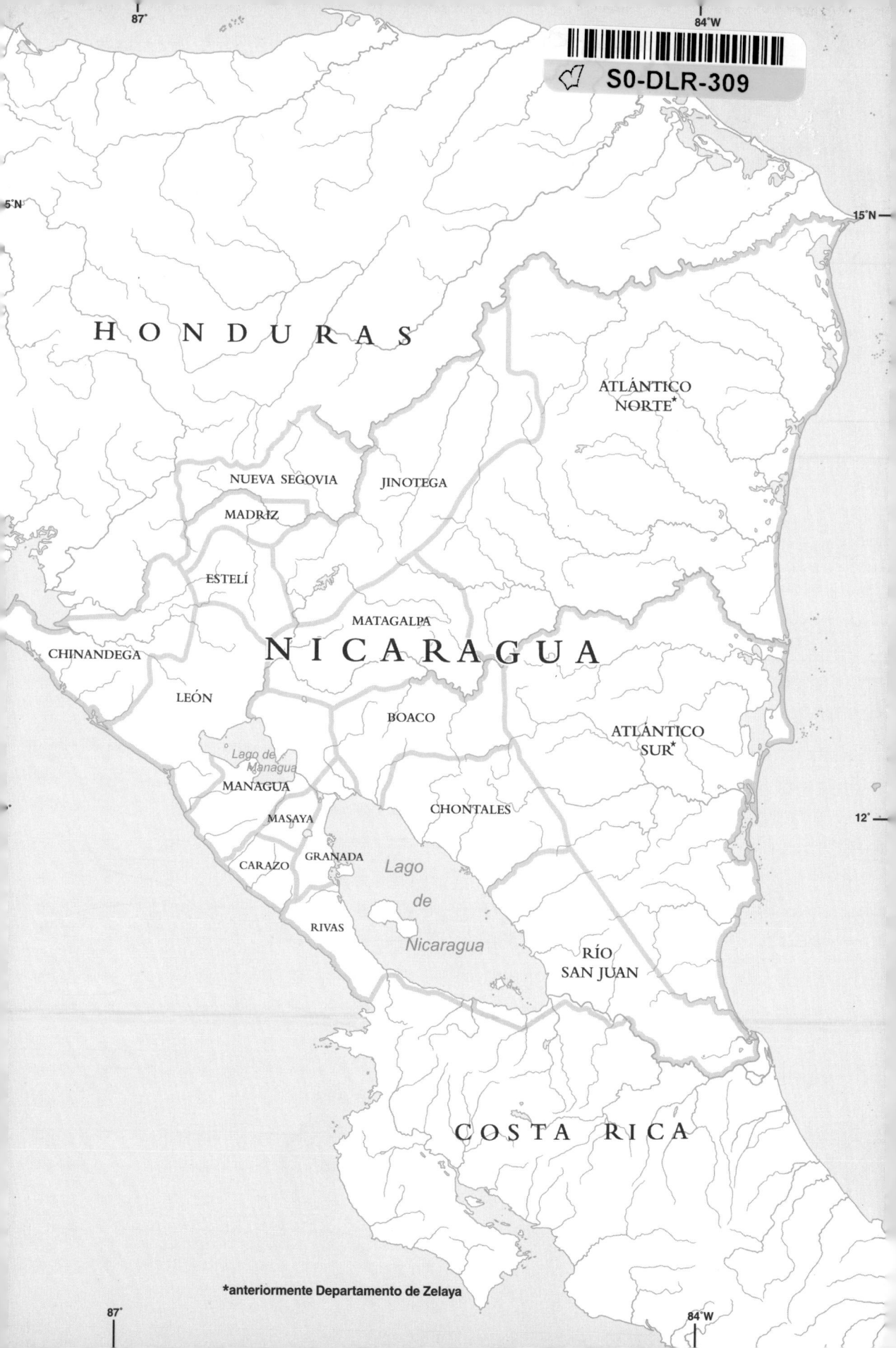

87°   84°W

S0-DLR-309

15°N   15°N

H O N D U R A S

ATLÁNTICO
NORTE*

NUEVA SEGOVIA   JINOTEGA

MADRIZ

ESTELÍ

MATAGALPA

CHINANDEGA   N I C A R A G U A

LEÓN

BOACO

ATLÁNTICO
SUR*

Lago de
Managua

MANAGUA

CHONTALES   12°

MASAYA

CARAZO   GRANADA

Lago

RIVAS   de

Nicaragua

RÍO
SAN JUAN

C O S T A   R I C A

*anteriormente Departamento de Zelaya

87°   84°W

FLORA DE NICARAGUA

Bonamia douglasii D.F. Austin
Tipo: *Stevens 23522*, Chontales
Endémica de Nicaragua

FLORA DE NICARAGUA

ANGIOSPERMAS

(Pandanaceae–Zygophyllaceae)

W.D. Stevens, Carmen Ulloa Ulloa,
Amy Pool y Olga Martha Montiel *(editores)*

Alba L. Arbeláez
(editora asistente)

Diane M. Cutaia
(editora técnica)

85

Tomo III

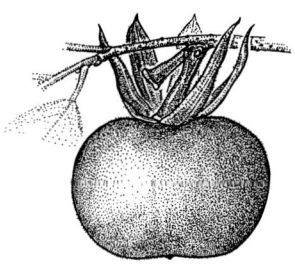

Missouri Botanical Garden Press

MONOGRAPHS IN SYSTEMATIC BOTANY
FROM THE MISSOURI BOTANICAL GARDEN

Volume 85
Tomo III
ISBN 0-915279-95-9
ISSN 0161-1542

Editor
Victoria C. Hollowell

Managing Editor
Amy Scheuler McPherson

Associate Editor
Diana Gunter

Text Formatter
Barbara Mack

Senior Secretary
Aida Kadunic

En la portada: *Diospyros morenoi* A. Pool.
Tipo: *Stevens y Moreno 22224*, Madriz.
Endémica de Nicaragua.

PANDANACEAE R. Br.

Amy Pool

Arboles, arbustos o bejucos, tallo sin crecimiento secundario, excepto cuando con raíces adventicias; plantas dioicas. Hojas alternas, simples, firmes, glabras, paralelinervias, generalmente con aguijones en los márgenes y nervio principal; envainadoras en la base, sin estípulas. Flores numerosas y muy pequeñas, dispuestas en espádices terminales, abrazadas por (1–) numerosas espatas, o en espádices arreglados en racimos (panículas), bractéolas y perianto ausentes o a veces presentes (no en Nicaragua); flores estaminadas con 1–numerosos estambres, libres o connados en falanges la mayor parte de su longitud; flores pistiladas libres o fusionadas en falanges, cada flor con 1–numerosos carpelos, carpelos connados o parcialmente connados, estilo generalmente ausente, óvulos 1 por carpelo o a veces más de uno (no en Nicaragua). Frutos amontonados formados de drupas unicarpelares, o polidrupas (las falanges maduras de los carpelos), abayados (no en Nicaragua) o leñosos.

Familia con 3 géneros y más de 780 especies, restringidas a las áreas tropicales del Viejo Mundo; 1 especie se cultiva en Nicaragua.

Fl. Guat. 24(1): 67–68. 1958; B.C. Stone. A guide to collecting Pandanaceae (*Pandanus*, *Freycinetia*, and *Sararanga*). Ann. Missouri Bot. Gard. 70: 137–145. 1983.

PANDANUS Parkinson

Pandanus tectorius Parkinson, J. Voy. South Seas 46. 1773.

Arboles con ramificación piramidal, hasta 8 m de alto, con raíces fúlcreas hasta 1 m de largo. Hojas más o menos lineares o alargadas, 100–170 cm de largo y 5–10 cm de ancho en la base, ápice subflagelado, margen con aguijones de 1.5–2.5 mm de largo, café-verdosos, aguijones también presentes en el 3/4 apical del nervio principal, hojas vivas con la parte distal péndula. Inflorescencia estaminada en varios espádices, aromáticas, estambres connados en la base, la parte distal libre de los filamentos racemosa desde la columna basal connada; inflorescencia pistilada un espádice, subgloboso-elipsoide, solitaria y péndula, hasta 17 cm de largo y 14 cm de ancho, carpelos connados en falanges con el 1/5 apical libre, falanges 5–5.5 cm de largo y generalmente 2.5–4 cm de ancho, 5 ó 6-angulados. Polidrupas café-rojizas.

No se han visto ejemplares de Nicaragua. Se sabe que se encuentra cultivada en Managua y probablemente corresponda a la especie anteriormente descrita ya que se conoce cultivada en Costa Rica y Guatemala; nativa de las islas del Pacífico Norte hasta Hawai y al oeste hasta Australia y Nueva Guinea, Molucas y Filipinas. Es una especie muy variable, con numerosas formas, variedades y cultivares, algunos de los cuales tienen hojas variegadas o sin aguijones. Otras especies cultivadas en Centroamérica son *P. odoratissimus* L. f. que tiene hojas con aguijones de 3–10 mm de largo y blancos, y *P. utilis* Bory con la porción distal de las hojas erecta y los márgenes con espinas rojas. Género con más de 600 especies, nativo desde Africa occidental hacia el este en las zonas tropicales hasta las islas del Pacífico, cultivado en todas las regiones tropicales y subtropicales.

L.H. Bailey y E.Z. Bailey, revised and expanded by staff of Liberty Hyde Bailey Hortorium. *Pandanus*. *In*: Hortus Third, a Concise Dictionary of Plants Cultivated in the United States and Canada. 815–816. 1976; B.C. Stone. *Pandanus tectorius* Parkins. in Australia: A conservative view. J. Linn. Soc., Bot. 85: 133–146. 1982.

PAPAVERACEAE Juss.

Bruce A. Stein

Hierbas o arbustos, ocasionalmente arborescentes, látex generalmente coloreado; plantas hermafroditas. Hojas alternas, frecuentemente lobadas o profundamente divididas; estípulas ausentes. Flores solitarias o en inflorescencias cimosas o paniculadas, actinomorfas; sépalos 2 (–3), libres o a veces connados, comúnmente caducos; pétalos vistosos, 4–6 u 8–12, raramente ausentes (*Bocconia*); estambres numerosos, libres, anteras 2-loculares, dehiscencia longitudinal; ovario súpero, 2 o más carpelos soldados formando un ovario unilocular con placentación parietal, estigmas 1 por carpelo, generalmente connados, frecuentemente sésiles. Fruto una cápsula con dehiscencia longitudinal o raramente poricida en el ápice; semillas numerosas o raramente solitarias.

Familia con ca 25 géneros y 200 especies, mayormente en regiones templadas y subtropicales del Hemisferio Norte; 2 géneros y 3 especies en Nicaragua.

Fl. Guat. 24(4): 347–354. 1946; Fl. Pan. 35: 71–75. 1948.

1. Hierbas aculeadas; pétalos presentes; fruto con numerosas semillas .... **Argemone**
1. Arbustos inermes o árboles; pétalos ausentes; fruto con 1 semilla .... **Bocconia**

ARGEMONE L.

Argemone mexicana L., Sp. Pl. 508. 1753.

Hierbas espinosas, hasta 80 cm de alto, glabras y glaucas, látex amarillo. Hojas hasta 20 cm de largo y 8 cm de ancho, pinnatífidas con espinas terminales en cada lobo, sésiles. Flores grandes, solitarias y terminales, abrazadas por una bráctea foliosa; sépalos 3, ca 15 mm de largo, caducos; pétalos 6, ca 20 mm de largo, amarillos; estambres numerosos; estilo corto, estigma grueso. Cápsula elipsoidal, 2–3.5 cm de largo, aculeada, 4–6-valvada; semillas numerosas, globosas, 2 mm de diámetro, conspicuamente foveoladas.

Común en áreas perturbadas en todas las zonas del país; 0–1250 m; fl y fr todo el año; *Neill 4626, Stevens 5737*; desde el sur de los Estados Unidos hasta Argentina, también en las Antillas, naturalizada en el Viejo Mundo. Género de ca 28 especies del Nuevo Mundo. "Cardosanto".

BOCCONIA L.

Arbustos a árboles pequeños, látex amarillo o anaranjado. Hojas grandes, lobadas, dentadas o raramente enteras. Flores en panículas terminales con muchas flores pequeñas; sépalos 2; pétalos ausentes; estambres 12–16, filamentos cortos y finos, anteras alargadas. Cápsula lisa, 2-valvada, estipitada, dehiscente desde la base; semilla 1, con arilo pulposo en la base.

Un género de América tropical con 6 a 10 especies, alcanzando desde México hasta Argentina; 2 especies conocidas en Nicaragua. La corteza es usada como tinte y su látex anaranjado es usado como remedio para el dolor de muelas.

J. Hutchison. *Bocconia* and *Macleaya*. Bull. Misc. Inform. 1920: 275–282. 1920.

1. Hojas profundamente incisas casi hasta el nervio principal, lobos angostos, generalmente 4–6 veces más largos que anchos .... **B. arborea**
1. Hojas irregularmente lobadas, usualmente incisas desde menos de la mitad hacia el nervio principal, lobos mayormente menos de 3 veces más largos como anchos .... **B. frutescens**

Bocconia arborea S. Watson, Proc. Amer. Acad. Arts 25: 141. 1890.

Arboles hasta 7 m de alto. Hojas generalmente 15–25 cm de largo y 6–9 cm de ancho, profundamente incisas, lobos angostos y agudos a acuminados, haz glabra, envés pardusco- o grisáceo-tomentoso, pecíolo 2–3 cm de largo. Panículas 20 (–30) cm de largo, pedicelos 5–10 mm de largo; sépalos 7–10 mm de largo. Cápsula 6–7 mm de largo, estípite basal 5–7 mm de largo, frecuentemente encorvada, estilo 3–4 mm de largo, persistente; semillas ca 6 mm de largo, café obscuras y lustrosas.

Rara, áreas perturbadas en Chinandega y Estelí; 500–1500 m; fr mar; *Moreno 15776, Sandino 3814*;

México a Nicaragua o tal vez Costa Rica. Esta especie es separada de *B. frutescens* sólo con dificultad, y puede no ser específicamente distinta. Los ejemplares citados son las dos únicas colecciones nicaragüenses claramente referidas a *B. arborea*.

Bocconia frutescens L., Sp. Pl. 505. 1753.

Arbustos a pequeños árboles, hasta 7 m de alto. Hojas extremadamente variables en forma y tamaño, 15–35 (–60) cm de largo y 10–30 cm de ancho, generalmente profunda e irregularmente lobadas, lobo de ápice obtuso a agudo y márgenes enteros, repandos o ligeramente serrados, haz glabra, envés pardusco-tomentoso a grisáceo-tomentoso u ocasionalmente glabro, pecíolos 3–6 cm de largo. Panículas 25–60 cm de largo, pedicelos 5–12 mm de largo; sépalos 7–10 mm de largo, acuminados. Cápsulas elipsoides, 5–7 mm de largo, estípite basal 5–8 mm de largo, generalmente recurvado, estilo 3–4 mm de largo, persistente y engrosado; semillas 5–6 mm de largo, café obscuras a negras, lustrosas, superficie menudamente foveolada.

Arbusto común en bosques nublados y enanos, frecuentemente en sitios perturbados, en todas las zonas del país; (400–) 800–1500 m; fl y fr todo el año; *Moreno 16519, Stevens 6588*; México hasta el norte de Sudamérica. Las colecciones de Matagalpa ocasionalmente se acercan a *B. gracilis* Hutch., una especie del sur de México y Guatemala que tiene pubescencia grisácea en el raquis de la inflorescencia, el margen de la hoja agudamente serrado y las hojas jóvenes mayormente enteras; las hojas maduras, sin embargo, son conspicuamente lobadas como en *B. frutescens*.

PASSIFLORACEAE Juss. ex Kunth

Alwyn H. Gentry†[*]

Trepadoras herbáceas o leñosas, menos frecuentemente arbustos o árboles, generalmente con zarcillos axilares; plantas hermafroditas o raramente monoicas o dioicas. Hojas alternas, simples o raramente palmaticompuestas, de forma variable, frecuentemente más anchas que largas, pecioladas, generalmente con glándulas conspicuas en la haz y/o el pecíolo; generalmente estipuladas. Inflorescencias generalmente cimosas o racemosas, frecuentemente reducidas a una flor, a veces caulifloras, generalmente bracteadas; flores actinomorfas excepto a veces en el ápice de la columna estaminal, hipanto bien desarrollado; sépalos (3–) 5 (–8), comúnmente connados en la base y formando un tubo, imbricados y persistentes; pétalos (3–) 5 (–8) o raramente ausentes, libres o ligeramente unidos en la base, imbricados; corona generalmente presente y formada por 1–varias series de filamentos más o menos unidos y con un opérculo más o menos anular dispuesto en la parte interior y rodeando la columna estaminal; estambres (4–) 5 (–numerosos), libres o las bases de los filamentos unidas en una columna monadelfa, anteras 2-loculares, versátiles, con dehiscencia longitudinal; pistilo sincárpico, (2–) 3 (–5)-carpelar, ovario sésil o sobre un ginóforo frecuentemente alargado, unilocular, placentación parietal, estilos (2–) 3 (–5), libres o basalmente unidos o rara vez completamente unidos, estigmas generalmente capitados o discoides. Fruto una cápsula o generalmente una baya indehiscente con semillas numerosas, globoso u ocasionalmente alargado; semillas comprimidas, la superficie reticulada, punticulada o transversalmente acanalada, con arilo carnoso.

Familia con 16 géneros y 650 especies pantropicales con unas pocas especies en zonas templadas, con mayor representación genérica en Africa pero con mayor número de especies en América tropical. Solamente 1 género se encuentra al norte de Panamá, con 30 especies conocidas en Nicaragua y 2 adicionales esperadas.

Fl. Guat. 24(7): 115–146. 1961; Fl. Pan. 45: 1–22. 1958; E. Killip. The American species of Passifloraceae. Publ. Field Mus. Nat. Hist., Bot. Ser. 19: 1–613. 1938.

[*] El Dr. John MacDougal (MO) amablemente actualizó la nomenclatura y completó partes del manuscrito luego de la muerte del autor.

PASSIFLORA L.

Trepadoras herbáceas o leñosas (en Nicaragua); plantas hermafroditas. Sépalos 5; pétalos 5 o a veces ausentes; corona y opérculo presentes; estambres 5, filamentos unidos en una columna monadelfa encerrando el ginóforo; pistilo 3 (–4)-carpelar, ovario naciendo en un ginóforo generalmente alargado, estilos 3 (–4), libres o unidos basalmente.

Un género con unas 400 especies, principalmente neotropicales pero con unas pocas en los Paleotrópicos; 32 especies se tratan para Nicaragua, al menos 2 de ellas naturalizadas. Varias especies adicionales podrían encontrarse eventualmente: *P. membranacea* Benth. y *P. hahnii* (E. Fourn.) Mast., especies de las tierras altas las cuales se encuentran tanto hacia el norte como hacia el sur de Nicaragua y están estrechamente relacionadas a *P. guatemalensis*, pero tienen estípulas enteras y brácteas coloreadas; *P. nitida* Kunth, una especie de pluvioselva conocida desde Sudamérica hasta el norte de Costa Rica, está estrechamente relacionada con *P. ambigua*, pero tiene las láminas de las hojas serradas o serruladas; *P. subpeltata* Ortega, conocida desde México hasta Guatemala y de Panamá a Venezuela, es muy similar a la forma 3-lobada de *P. oerstedii* pero es fácilmente diferenciable de la forma nicaragüense de esta especie, la cual tiene hojas enteras; *P. pittieri* Mast., una especie de pluvioselva conocida de Belice a Panamá, es un bejuco que tiene hojas no lobadas, obovadas a oblongo-elípticas, enteras, e inflorescencia de 2–3 flores típicamente terminando en un zarcillo; *P. nelsonii* Mast. & Rose también se encuentra al norte y al sur de Nicaragua, es muy cercana a *P. ligularis* Juss. pero tiene glándulas gruesas y elípticas en los pecíolos; finalmente *P. ligularis*, es una especie montana que si bien se distribuye desde México hasta Bolivia, lo hace principalmente a más de 1500 m de elevación y por lo tanto es posible que no se encuentre en Nicaragua, está estrechamente relacionada a *P. seemannii* y *P. platyloba*, diferenciándose de ambas por tener varias glándulas filiformes en los pecíolos. Cierto número de especies se cultivan por sus frutos; comúnmente el jugo de los arilos se extrae para preparar refrescos. Varias especies nativas se colectan con este mismo propósito.

1. Estilos 4; filamentos unidos más allá del ápice encorvado del ginóforo; hojas con 3 lobos agudos, éstos de márgenes enteros, base cordada y pecíolo generalmente con 2 glándulas conspicuas cerca de la mitad o de la base; fruto angostamente obovoide y con la base largamente atenuada .... **P. lobata**
1. Estilos 3; filamentos libres desde el ápice hasta su unión con el ginóforo recto; hojas diversas pero nunca con la combinación de caracteres arriba mencionada; fruto generalmente globoso a oblongo-elipsoide, si largamente atenuado en la base, también algo agudo en el ápice
  2. Zarcillos ramificados; pedúnculos con 2 flores y terminando en un zarcillo; hojas suborbiculares a ampliamente ovado-oblongas, con el ápice redondeado o truncado, no peltado, menos de 5 cm de largo y 4 cm de ancho .... **P. arbelaezii**
  2. Zarcillos simples; pedúnculos generalmente con 1 flor (excepto *P. sexflora*, *P. holosericea* y a veces *P. suberosa*) y sin zarcillos; hojas diversas pero generalmente más de 5 cm de largo o 4 cm de ancho, lobadas o peltadas o con el ápice agudo
    3. Brácteas más o menos foliáceas o fuertemente divididas y víscido-glandulosas, verticiladas y formando un involucro en la base de la flor; frutos abrazados por los remanentes del perianto y los verticilos de las brácteas o por las cicatrices conspicuas de ambos; flores frecuentemente grandes y de colores brillantes; glándulas peciolares presentes (excepto en *P. bicornis* y *P. guatemalensis*)
      4. Flores rojo brillantes, lobos del cáliz 6–8 cm de largo; bejucos leñosos; glándulas dispuestas en la base del pecíolo; hojas 3-lobadas, márgenes serrados, densamente puberulentas en el envés .... **P. vitifolia**
      4. Flores no rojas, lobos del cáliz menos de 5 cm de largo, generalmente trepadoras o bejucos subleñosos; glándulas no dispuestas en la base del pecíolo; hojas diversas pero nunca con la combinación de caracteres antes mencionada
        5. Hojas palmati-compuestas; brácteas ovadas con márgenes eroso-laciniados .... **P. pedata**
        5. Hojas simples; brácteas enteras a serradas o profundamente divididas en segmentos filiformes con una glándula en el ápice
          6. Brácteas persistentes cuando en fruto, profundamente divididas en segmentos filiformes con una glándula en el ápice; pecíolos pubescentes con tricomas simples y glandulares .... **P. foetida**
          6. Brácteas persistentes o no, no divididas, más o menos ovadas, enteras a serradas; pecíolos glabros y/o con glándulas bien desarrolladas

7. Tallos rigurosamente cuadrangulares, con ángulos más o menos alados; hojas con la nervadura estrictamente pinnada con muchos nervios secundarios .... **P. quadrangularis**

7. Tallos teretes a inconspicuamente angulares; hojas más o menos 3 (–5)-palmatinervias

   8. Brácteas unidas en la base, más de 2.5 cm de largo, persistentes cuando en fruto

      9. Pecíolo con un par de glándulas en la parte media inferior; hojas 3-lobadas, los lobos agudos a acuminados .... **P. platyloba**

      9. Pecíolo con un par de glándulas apicales; hojas no lobadas y de ápice obtuso .... **P. seemannii**

   8. Brácteas libres, frecuentemente menos de 2.5 cm de largo, persistentes o no cuando en fruto

     10. Estípulas lineares, generalmente caducas

        11. Pecíolos eglandulares; hojas bífidas; frutos 1–2 cm de diámetro .... **P. bicornis**

        11. Pecíolos con glándulas; hojas trífidas o no divididas; frutos 3–14 cm de diámetro

           12. Hojas trífidas; glándulas en el ápice del pecíolo .... **P. edulis**

           12. Hojas no divididas; glándulas debajo del ápice del pecíolo

              13. Flores 8–12 cm de ancho; hojas glabras y enteras; pecíolos con 2 glándulas grandes y sésiles .... **P. ambigua**

              13. Flores 3–6 cm de ancho; hojas puberulentas en el envés y serradas; pecíolos con 4–muchas glándulas delgadas y pediculadas .... **P. serratifolia**

     10. Estípulas foliáceas, asimétricamente semiovadas y unidas cerca de su parte media, persistentes

        14. Pecíolos eglandulares; inflorescencias con 2 brácteas; hojas obviamente subpeltadas .... **P. guatemalensis**

        14. Pecíolos con glándulas; inflorescencias con 3 brácteas; hojas no peltadas, la base truncada a cordada

           15. Pecíolos con un par de glándulas en el ápice, éstas por lo general extremada y largamente pediceladas; hojas profundamente cordadas, 3–5-lobadas .... **P. adenopoda**

           15. Pecíolos con 2–varias glándulas delgadas y dispersas en toda su longitud; hojas truncadas a ampliamente cordadas en la base, enteras a 3-lobadas

              16. Tallos, pecíolos y envés de las hojas pilosos; hojas levemente 3-lobadas .... **P. menispermifolia**

              16. Tallos, pecíolos y envés de las hojas glabros o ligeramente cortamente puberulentos; hojas enteras o profundamente 3-lobadas .... **P. oerstedii**

3. Brácteas más o menos lineares (o 3-dentadas en *P. sexflora* o ausentes), no involucradas debajo de la flor; frutos no abrazados por brácteas verticiladas o por cicatrices de brácteas; flores pequeñas y blancas o verdosas; glándulas peciolares en general ausentes o si presentes, solamente 1 par

  17. Pecíolos con (1–) 2 glándulas conspicuas; hojas no lobadas o 3-lobadas, o si 2-lobadas, entonces peltadas

    18. Glándulas solamente presentes en la mitad superior del pecíolo

      19. Hojas no evidentemente 3-nervias, nunca lobadas; glándulas peciolares sésiles, deprimidas .... **P. obovata**

      19. Hojas evidentemente 3-nervias y a veces 3-lobadas; glándulas peciolares pediculadas .... **P. suberosa**

    18. Glándulas solamente presentes en la mitad inferior del pecíolo

      20. Hojas peltadas, transversalmente oblongas y mucho más anchas que largas .... **P. coriacea**

      20. Hojas no peltadas, 3-lobadas o enteras

        21. Hojas delgado-membranáceas, glabras, evidentemente 3-lobadas; frutos glabros ...... **P. gracilis**

        21. Hojas cartáceas o grueso-membranáceas, al menos algo puberulentas en el envés, enteras a levemente 3-lobadas; frutos pubescentes

           22. Hojas escasamente puberulentas en el envés, enteras a ligeramente 3-lobadas .... **P. auriculata**

           22. Hojas densamente vellosas, obviamente 3-lobadas .... **P. holosericea**

  17. Pecíolos eglandulares; hojas 2-lobadas o con un lobo medio relativamente inconspicuo, nunca peltadas

23. Pedúnculos generalmente con varias flores; hojas subagudamente 2-lobadas, más anchas que largas, con la base truncada y el ápice truncado o ligeramente cóncavo; frutos globosos y puberulentos .... **P. sexflora**
23. Pedúnculos con 1 flor; hojas conspicuamente 2-lobadas con el ápice profundamente cóncavo o más largas que anchas o con la base cordada; frutos globosos o ahusados y más o menos alargado-fusiformes, glabros
　　24. Pedúnculos 3–8 cm de largo, delgados; hojas glabras y delgado-membranáceas
　　　　25. Hojas ampliamente transversal-oblongas, obviamente 3-lobadas, sin glándulas laminares; frutos 5–7 mm de diámetro .... **P. filipes**
　　　　25. Hojas angostamente transversal-oblongas, 2-lobadas, con glándulas en las axilas de los nervios laterales del envés y en otras partes de la lámina; frutos 1–1.5 cm de diámetro .... **P. misera**
　　24. Pedúnculos generalmente menos de 4 (–5) cm de largo, no conspicuamente delgados (excepto *P. pusilla*); hojas frecuentemente puberulentas, membranáceas a cartáceas
　　　　26. Frutos alargados, atenuados en el ápice y la base; hojas sin glándulas laminares
　　　　　　27. Hojas menos de 3 cm de largo .... **P. pusilla**
　　　　　　27. Hojas más de 3 cm de largo
　　　　　　　　28. Hojas más anchas que largas, generalmente de márgenes laterales apicalmente divergentes y seno relativamente profundo; tallos puberulentos .... **P. capsularis**
　　　　　　　　28. Hojas más largas que anchas, generalmente de lados paralelos y seno poco profundo; tallos vellosos .... **P. costaricensis**
　　　　26. Frutos globosos; hojas con glándulas en las axilas de los nervios laterales del envés de la lámina
　　　　　　29. Hojas más largas que anchas, 2–3-lobadas, si 2-lobadas no profundamente, el lobo medio ausente o inconspicuo y excediendo a los laterales; los ángulos entre los nervios principales de los 2 lobos laterales 18–40 (50)°
　　　　　　　　30. Hojas con el lobo medio inconspicuo pero obviamente excediendo a los laterales; flores con corona 1-seriada .... **P. helleri**
　　　　　　　　30. Hojas 2 (3)-lobadas, el lobo medio ausente o inconspicuo y no excediendo a los laterales; flores con corona 2-seriada .... **P. talamancensis**
　　　　　　29. Hojas mucho más anchas que largas o profundamente 2-lobadas, el lobo medio generalmente ausente, ápice truncado a profundamente cóncavo
　　　　　　　　31. Hojas levemente 2-lobadas, los lobos dispuestos lateral o sublateralmente, los ángulos entre los nervios principales de los 2 lobos de más de 45° y frecuentemente de más de 90° .... **P. biflora**
　　　　　　　　31. Hojas profundamente 2-lobadas, los lobos dispuestos longitudinalmente, los ángulos entre los nervios principales de los 2 lobos ca 45° .... **P. standleyi**

Passiflora adenopoda DC., Prodr. 3: 330. 1828.

Tallos glabrescentes o puberulentos. Hojas 3–5-lobadas, 2.5–18 cm de largo y 2.5–17 cm de ancho, lobos acuminados, base cordada, márgenes enteros o con unos cuantos dientes poco profundos, más o menos rígido-puberulentas en el envés y a veces en la haz; pecíolos 3–5 cm de largo, en el ápice con 2 glándulas grandes y generalmente pediculadas; estípulas semicirculares, enteras o dentadas. Flores solitarias, brácteas 3, verticiladas cerca de la parte media del pedúnculo, lanceoladas, 0.7–1 cm de largo, profundamente dentadas; flores 4–7 cm de ancho, blancas o verdosas con bandas moradas en la corona; sépalos 2–4 cm de largo; pétalos ca 1 cm de largo; corona 1-seriada. Frutos globosos a elipsoides, 4–4.5 cm de largo y 2–3.5 cm de ancho, aparentemente verdes, escasamente puberulentos; semillas reticuladas.

Rara o raramente colectada en bosques siempreverdes en la zona norcentral hasta Boaco; 700–1440 m; fl y fr sep–mar; *Gentry 44089, Moreno 7684*; México a Perú.

Passiflora ambigua Hemsl., Bot. Mag. 128: t. 7822. 1902.

Tallos glabros. Hojas elípticas, 10–20 cm de largo y 5–9 cm de ancho, acuminadas, redondeadas o cuneadas en la base, márgenes enteros, coriáceas, glabras; pecíolos 2–3 cm de largo, con 2 glándulas planas y sésiles debajo de la mitad; estípulas filiformes, pronto caducas. Flores solitarias, brácteas 3, verticiladas, foliáceas, 3–8 cm de largo, enteras; flores 8–12 cm de ancho, generalmente rosado pálidas a blanquecinas con manchas moradas y bandas moradas a rojizas en la corona; sépalos 4–5 cm de largo; pétalos 3–4 cm de largo; corona 4–5-seriada. Frutos ovoides a subglobosos, 10–14 cm de diámetro, desde verdes con manchas blancas hasta amarillos, glabros; semillas reticuladas.

Rara o raramente colectada en bosques siem-preverdes en la zona atlántica; 280–600 m; fl y fr feb–may; *Moreno 20583, 20719*; sur de México a Ecuador. La muestra típica de esta especie fue colectada en Bluefields.

Passiflora arbelaezii L. Uribe, Caldasia 7: 335. 1957.
Tallos glabros, zarcillos ramificados, las ramitas últimas con ápice como disco cuando jóvenes. Hojas suborbiculares a elíptico-oblongas, 1–4.5 cm de largo y 1–4 cm de ancho, redondeadas a truncadas en el ápice y base, enteras, membranáceas, glabras; pecíolos 0.5–3 cm de largo, con un par de glándulas en el ápicc; estípulas no evidentes. Inflorescencias de 2 flores, el pedúnculo terminando en un zarcillo, brácteas diminutas y caducas; flores 1.5–2 cm de ancho, amarillo-verdosas; sépalos 1–1.5 cm de largo; pétalos ca 7 mm de largo; corona ca 3-seriada. Frutos globosos, ca 3 cm de diámetro, amarillos con manchas como cistolitos, glabros; semillas reticuladas.
Raramente colectada pero probablemente local-mente común en bosques inundados en la zona atlán-tica; 0–10 m; fl y fr nov; *Moreno 13215, 13271*; Ni-caragua a Ecuador. Esta especie ha sido erróneamente identificada como *P. tryphostemmatoides* Harms y *P. gracillima* Killip en algunas floras publicadas.

Passiflora auriculata Kunth in Humb., Bonpl. & Kunth, Nov. Gen. Sp. 2: 131. 1817.
Tallos glabros o puberulentos. Hojas ovadas, 3–13 cm de largo y 2–9 cm de ancho, enteras a apenas 3-lobadas, agudas, redondeadas en la base, cartáceas, algo puberulentas en el envés; pecíolos 0.5–2 cm de largo, con 1 par de glándulas grandes y auriculadas cerca de la base; estípulas filiformes, pronto caducas. Inflorescencias de 2 flores, brácteas diminutas y ca-ducas; flores 1.5–2.5 cm de ancho, verdes con la base de la corona morada; sépalos ca 1 cm de largo; péta-los 5–7 mm de largo; corona 2-seriada. Frutos globo-sos, 1–2 cm de diámetro, amarillo pálidos o morados, puberulentos; semillas transversalmente acostilladas.
Común en bosques perennifolios en la zona atlántica; 30–360 m; fl y fr feb–ago; *Moreno 25467, Stevens 12316*; Nicaragua a Brasil.

Passiflora bicornis Houst. ex Mill., Gard. Dict., ed. 8, Passiflora no. 13. 1768; *P. pulchella* Kunth.
Tallos glabros. Hojas por lo general conspicua-mente 2-lobadas, 2–7 cm de largo y 3–10 cm de ancho, lobos redondeados pero frecuentemente con un apículo terminal, ápice cóncavo a truncado, base truncada a ampliamente cuneada, subcoriáceas, enteras y glabras; pecíolos 1–2 cm de largo, eglan-dulares; estípulas lineares. Flores solitarias, brácteas

3, ampliamente ovadas, 1–2 cm de largo; flores 4–5.5 cm de ancho, azul-moradas; sépalos ca 2 cm de largo; pétalos 1.3–1.5 cm de largo; corona de varias series. Frutos globosos, 1–2 cm de diámetro, negros, glabros; semillas transversalmente acostilladas.
Común en bosques caducifolios en la zona pací-fica; 0–920 m; fl y fr abr–oct; *Guzmán 1043, Sandino 1006*; México a Venezuela. "Hoja de riñón".

Passiflora biflora Lam., Encycl. 3: 36. 1789; *P. lunata* var. *costata* Mast.
Tallos glabros. Hojas de forma variable, 2-loba-das o con un lobo central poco desarrollado, trans-versalmente oblongas y más anchas que largas, 2–6 cm de largo y 2–10 cm de ancho, ápice generalmente truncado o levemente cóncavo, base redondeada a truncada, glabras o menudamente puberulentas en el envés; pecíolos 0.5–1 cm de largo, eglandulares; estípulas lineares. Inflorescencias de 2 flores, brácteas diminutas; flores 2–3 (–4) cm de ancho, blancas con la corona amarilla; sépalos ca 1 cm de largo; pétalos ca 8–10 mm de largo; corona 2-seriada. Frutos globosos, 1.5–3.5 cm de diámetro, morados, glabros a ligeramente puberulentos; semillas trans-versalmente acostilladas.
Común en áreas alteradas en bosques perenni-folios y pluvioselvas, en todas las zonas del país; 0–1220 m; fl y fr nov–abr; *Moreno 4718, Stevens 20944*; México y las Antillas a Venezuela. Tal y como lo interpreta Killip, esta especie es extrema-damente variable y algunas de las formas extremas pueden ser específicamente distintas. *Stevens 8377* y *12088* son especialmente distintas por tener hojas de solamente 1–2 cm de largo.

Passiflora capsularis L., Sp. Pl. 957. 1753.
Tallos puberulentos. Hojas levemente 2-lobadas, más o menos rectangulares, más anchas que largas y/o con márgenes laterales apicalmente divergentes, 2–11 cm de largo y 1–10 cm de ancho, ápice algo cóncavo, base redondeada a cordada, densamente puberulentas en el envés; pecíolos 1–3 cm de largo, eglandulares; estípulas lineares. Flores solitarias, brácteas ausentes; flores 2–6 cm de ancho, verdoso pálidas o blanquecinas; sépalos (1–) 1.5–3 cm de largo; pétalos ca 1 cm de largo; corona 1-seriada o con otra serie interior reducida. Frutos elipsoides a fusiformes, largamente ahusados en la base, 1.5–2.5 cm de diámetro, hexagonalmente acostillados, rojos, más o menos glabrescentes; semillas transversal-mente acostilladas.
Rara en bosques siempreverdes en la zona atlán-tica; 500–1040 m; fl y fr sep; *Moreno 7907, Ortiz 2155*; Guatemala hasta Paraguay.

Passiflora coriacea Juss., Ann. Mus. Natl. Hist. Nat. 6: 109. 1805.

Tallos glabros. Hojas peltadas, 2-lobadas, transversalmente oblongas, 3–7 cm de largo y 7–20 cm de ancho, lobos agudos, coriáceas, glabras; pecíolos 2–4 cm de largo, con 2 glándulas sésiles generalmente en su parte media o debajo de ésta; estípulas lineares. Inflorescencias de (1–) 2 flores, brácteas no aparentes; flores 2–3.5 cm de ancho, blanco opacas a amarillo-verdes con morado en la corona; sépalos 1–1.5 cm de largo; pétalos ausentes; corona 2-seriada. Frutos globosos, 1–2.5 cm de diámetro, morado-negros, glabros; semillas reticuladas.

Poco común en áreas alteradas de bosques bajos perennifolios en las zonas norcentral y atlántica; 0–800 m; fl y fr may–sep; *Guzmán 812*, *Stevens 7313*; México a Bolivia.

Passiflora costaricensis Killip, J. Wash. Acad. Sci. 12: 257. 1922.

Tallos triangulares, esparcidamente vellosos. Hojas agudamente 2-lobadas, oblongas en su forma general y más largas que anchas, 8–17 cm de largo y 5–13 cm de ancho, la base redondeada a levemente cordada, con el seno cóncavo y poco profundo, esparcidamente pilosas, márgenes laterales subparalelos, membranáceas; pecíolos 1.5–5.5 cm de largo, eglandulares; estípulas lineares. Inflorescencias de 1–2 flores, pedúnculos 1–1.5 cm de largo, brácteas ausentes; flores 2.5–4 cm de ancho, verde-blanquecinas a amarillo-verdosas; sépalos 1.5–2 cm de largo; pétalos 1–1–5 cm de largo; corona 1-seriada. Frutos angostamente elipsoides a fusiformes, ahusados a agudos en ambos extremos, 6–8 cm de largo y 1.5–2 cm de diámetro, dehiscentes, obviamente hexagonalmente acostillados, rojo obscuros a rojo-purpúreos, glabros; semillas transversalmente acostilladas.

Conocida de Nicaragua por una sola colección (*Standley 19314*) de pluvioselvas, Zelaya; 30 m; fl y fr abr–may; sur de México a Ecuador.

Passiflora edulis Sims, Bot. Mag. 45: t. 1989. 1818.

Tallos glabros. Hojas 3-lobadas hasta más de la mitad, 5–11 cm de largo y 7–13 cm de ancho, lobos agudos a acuminados, redondeadas a subcordadas en la base, serradas, glabras; pecíolos hasta 4 cm de largo, con 2 glándulas sésiles o cortamente estipitadas en el ápice; estípulas lineares, ca 1 cm de largo. Flores solitarias, brácteas 3, ovadas, 1.5–2.5 cm de largo, serradas a pectinadas; flores 4–7 cm de ancho, blancas con azul-morado y blanco en la corona; sépalos 2.5–3.5 cm de largo; pétalos ligeramente más cortos que los sépalos; corona 4–5-seriada. Frutos globosos a ovoides, 4–6 cm de diámetro, amarillos,

glabros a puberulentos; semillas reticuladas.

Cultivada y naturalizada en áreas alteradas de bosques perennifolios y pluvioselvas; 50–1250 m; fl y fr generalmente abr–jun; *Moreno 9180*, *Sandino 3049*; probablemente nativa del sur de Brasil y países aledaños. "Calala".

Passiflora filipes Benth., Pl. Hartw. 118. 1843.

Tallos glabros. Hojas transversalmente oblongas, muy levemente 3-lobadas, los lobos iguales, 1–6 cm de largo y 2–8 cm de ancho, glabras; pecíolos 1–3 cm de largo, eglandulares; estípulas angostamente lanceoladas. Flores solitarias, pedúnculos apareados en los nudos, largos y delicados, brácteas ausentes; flores 0.8–1.5 cm de ancho, cremas a verdosas; sépalos 6–9 cm de largo; pétalos 3–4 cm de largo; corona 2-seriada. Frutos globosos, 5–7 mm de diámetro, morado-negros, glabros; semillas transversalmente acostilladas.

Ocasional en bosques deciduos en las zonas norcentral y pacífica; 100–810 m; fl y fr sep–ene; *Neill 1064*, *Stevens 18465*; Estados Unidos (sur de Texas) al norte de Costa Rica, Venezuela y Ecuador.

Passiflora foetida L., Sp. Pl. 959. 1753.

Tallos generalmente pubescentes. Hojas 3–5-lobadas, 1.5–10 cm de largo y 1–8 cm de ancho, base cordada, membranáceas, generalmente pegajoso-pubescentes; pecíolos hasta 4 cm de largo, eglandulares, los tricomas con punta glandular; estípulas profundamente pinnatisectas, las divisiones con una glándula en el ápice. Flores solitarias, brácteas 3, profundamente pinnatisectas, los segmentos con una glándula en el ápice; flores 2–5 cm de ancho, blancas a magenta; sépalos 1–2.5 cm de largo; pétalos ca 1.5 cm de largo; corona de varias series. Frutos globosos, 2–3 cm de diámetro, rojos, glabros a pubescentes, abrazados por brácteas características y persistentes; semillas reticuladas.

Común en áreas alteradas y abiertas en las zonas atlántica y pacífica; 0–540 m; fl y fr durante todo el año; *Moreno 8616*, *Sandino 2643*; nativa de América tropical, ahora casi pantropical como maleza. Esta especie es extremadamente variable y al menos 4 variedades se encuentran en Nicaragua: *P. foetida* var. *nicaraguensis* (Killip ex Standl.) Killip y *P. foetida* var. *hibiscifolia* (Lam.) Killip, ambas de hojas glabras, la primera de hojas 3-lobadas a subenteras, la segunda 5-lobadas; las otras 2 variedades, ambas de hojas y tallos pubescentes, son *P. foetida* var. *gossypiifolia* (Desv.) Mast. y *P. foetida* var. *maxonii* Killip, la primera de fruto y ovario pubescentes y la segunda de fruto y ovario glabros, siendo esta última la más común en Nicaragua. De estas variedades, *P. foetida* var. *nicaraguensis* y *P. foetida* var. *hibiscifolia*, las cuales se encuentran desde México hasta Nicaragua a lo largo de las costas del Caribe (0–40 m), merecen reconocimiento taxonómico tal vez bajo el nombre de *P. ciliata* Dryand. "Catapanza".

Passiflora gracilis Jacq. ex Link, Enum. Hort. Berol. Alt. 2: 182. 1822.

Tallos glabros, subteretes. Hojas 3-lobadas hasta la mitad, 3–8 cm de largo y 4–10 cm de ancho, lobos obtusos, base cordada, delgado-membranáceas, enteras; pecíolo 3–6 cm de largo, con 2 glándulas en la mitad inferior; estípulas lineares, diminutas. Flores solitarias, brácteas diminutas; flores ca 2 cm de ancho, blancas; sépalos ca 1 cm de largo; pétalos ausentes; corona 2-seriada. Frutos elipsoides, 2.5–3.5 cm de largo y 1.5–2 cm de ancho, rojos, glabros; semillas reticuladas.

Rara y posiblemente naturalizada, conocida en Nicaragua de una colección (*Molina 22925*) realizada en bosques nublados, Jinotega, a 1500 m; fl y fr oct; su distribución nativa no es muy clara, pero probablemente incluye Venezuela y quizás Costa Rica; ampliamente distribuida en forma cultivada.

Passiflora guatemalensis S. Watson, Proc. Amer. Acad. Arts 22: 473. 1887.

Tallos glabros. Hojas subpeltadas, ovadas, enteras o muy inconspicuamente 3-lobadas cerca del ápice, 5–10 cm de largo y 3.5–8 cm de ancho, cartáceas, glabras; pecíolos 1.5–3.5 cm de largo, eglandulares; estípulas semicirculares, con dientes setiformes. Flores solitarias, brácteas 2, cordadas, 2.5–3 cm de largo, denticuladas a enteras; flores 4–6 cm de ancho, blancas con amarillo en la corona; sépalos y pétalos 2–3 cm de largo; corona 2-seriada. Frutos globosos, 3–4.5 cm de diámetro, azul-negros, glabros; semillas reticuladas.

Ocasional en bosques siempreverdes, en las zonas norcentral y atlántica; 50–1100 m; fl y fr mar–abr; *Moreno 7388, Neill 3926*; México a Venezuela. El nombre *P. hahnii* ha sido erróneamente aplicado a esta especie. La verdadera *P. hahnii* es una especie de las tierras altas con estípulas enteras y hojas peltadas y eventualmente podría encontrarse en Nicaragua.

Passiflora helleri Peyr., Linnaea 30: 54. 1859.

Tallos puberulentos a glabrescentes. Hojas oblongo-obovadas a casi orbiculares, muy ligeramente 3-lobadas, 3.5–8 cm de largo y 3–7 cm de ancho, lobos subiguales y agudos u obtusos, base redondeada u obtusa, glabras o menudamente puberulentas a lo largo de los nervios en el envés; pecíolos 1–3 cm de largo, eglandulares; estípulas lineares. Flores solitarias, pedúnculos apareados en los nudos, brácteas diminutas y caducas; flores 3–4 cm de ancho, blancoverdosas con la corona verde y morada; sépalos 1.2–1.5 cm de largo; pétalos ca 1 cm de largo; corona 1-seriada. Frutos globosos, 1.5–2 cm de diámetro, morado obscuros, glabros; semillas transversalmente acostilladas.

Poco común en nebliselvas en la zona norcentral; 650–1520 m; fl y fr feb–mar; *Moreno 7651, Stevens 20400*; México a Costa Rica.

Passiflora holosericea L., Sp. Pl. 958. 1753.

Tallos puberulentos, suberosos con la edad. Hojas levemente 3-lobadas, 5–17 cm de largo y 4–13 cm de ancho, lobos redondeados y apiculados, el medio más largo, base cordada, enteras, suavemente pilosas; pecíolos 1–5 cm de largo, con 2 glándulas sésiles cerca de la parte media; estípulas lineares, hasta 6 mm de largo. Inflorescencias solitarias o apareadas, generalmente con 2 (–4) flores, bractéolas diminutas; flores 2.5–4 cm de ancho, blancas con la corona amarilla en el ápice y morada hacia la base; sépalos 1.3–1.5 cm de largo; pétalos 1–1.3 cm de largo; corona 2-seriada. Frutos globosos, 1.5–2.5 cm de diámetro, aparentemente verdes o quizás tornándose morados, glabros a vellosos; semillas reticuladas.

Rara en bosques caducifolios en la zona norcentral; 280–1200 m; fl y fr ago–sep; *Moreno 3132, 24476*; México a Venezuela y Cuba.

Passiflora lobata (Killip) J.M. MacDougal, Phytologia 60: 446. 1986; *Tetrastylis lobata* Killip.

Tallos algo angulares, glabros a puberulentos. Hojas 3-lobadas hasta más de la mitad, 6–15 cm de largo y 4–20 cm de ancho, lobos agudos a acuminados, base cordada, márgenes enteros, membranáceas, glabras o ligeramente puberulentas con tricomas uncinados; pecíolos 3–8 cm de largo, puberulentos, con 2 glándulas grandes debajo de la parte media y a veces un segundo par cerca de la base; estípulas semiovadas, generalmente 0.5–1 cm de largo, enteras. Inflorescencias de 1–2 flores, brácteas diminutas; flores 3.5–6 cm de ancho, blancas con franjas moradas; sépalos 1.5–2.5 cm de largo; pétalos 0.8–1.5 cm de largo; corona 1-seriada. Frutos obovoides, redondeados en el ápice, largamente atenuados en la base, 10–12 cm de largo y 3–4 cm de ancho, verdes con manchas blancas a rojo obscuras, glabros; semillas gruesamente reticuladas.

Poco común en bosques siempreverdes en la zona atlántica; 40–500 m; fl y fr feb–jun; *Moreno 14788, Neill 4459*; Nicaragua al oeste de Colombia.

Passiflora menispermifolia Kunth in Humb., Bonpl. & Kunth, Nov. Gen. Sp. 2: 137. 1817.

Tallos hirsutos con tricomas parduscos. Hojas ampliamente ovadas, levemente 3-lobadas, 7–16 cm de largo y 6–13 cm de ancho, lobos agudos a obtusos, el lobo medio mucho más largo, base cordada, márgenes enteros o ligeramente serrados, suavemente pilosas en el envés, escasamente hirsutas en la haz; pecíolos 2–6 cm de largo, generalmente con 4–8 glándulas dispersas; estípulas reniformes, 1.5–2 cm de largo, denticuladas o subenteras. Flores solitarias, brácteas lanceoladas, 1–2 cm de largo, largamente acuminadas, serruladas; flores hasta 6 cm de ancho, moradas; sépalos 2–2.5 cm de largo; pétalos 2.5–3 cm de largo; corona de varias series. Frutos ovoides, 5–7 cm de largo y 2–3.5 cm de diámetro, verde pálidos a verde-amarillentos, glabros; semillas reticuladas.

Raramente colectada en Nicaragua, conocida solamente de bosques siempreverdes en la zona atlántica; 180–1100 m; fl y fr ene–mar; *Ortiz 861, Stevens 21394*; Nicaragua hasta la Amazonia peruana y Brasil.

Passiflora misera Kunth in Humb., Bonpl. & Kunth, Nov. Gen. Sp. 2: 136. 1817.

Tallos delgados, obviamente angulados, glabros. Hojas angostamente transverso-oblongas, 2-lobadas, 0.6–2 cm de largo y 4.5–10 cm de ancho, lobos obtusos a algo agudos y frecuentemente con un apículo terminal, ápice truncado a ligeramente convexo, base truncada a ampliamente subcordada, glabras, membranáceas; pecíolos 0.5–2 cm de largo, eglandulares; estípulas lineares. Flores solitarias en pedúnculos 5–8 cm de largo, brácteas diminutas cerca del ápice; flores 2.5–3.5 cm de ancho, blanco-verdosas con la corona blanca; sépalos ca 1.5 cm de largo; pétalos ca 1 cm de largo; corona 2-seriada, la serie exterior uniformemente filamentosa. Frutos globosos, 1–1.5 cm de diámetro, morado obscuros, glabros; semillas transversalmente acostilladas.

No ha sido aún colectada en Nicaragua, pero se espera encontrar pues ha sido colectada en el noreste de Costa Rica, en regiones pantanosas fronterizas con Nicaragua al nivel del mar; Costa Rica a Argentina.

Passiflora obovata Killip, Publ. Carnegie Inst. Wash. 461: 308. 1936.

Tallos leñosos, aplanados y glabros. Hojas ovadas a obovadas, 8–12 cm de largo y 4–6 cm de ancho, acuminadas, cuneadas en la base, enteras, 3–5-nervadas en la base pero solamente el nervio principal prominente; pecíolo ca 2 cm de largo, con una glándula grande y más o menos deprimida o con un par de glándulas por encima de su parte media; estípulas caducas. Inflorescencias de 2 flores, brácteas diminutas y basales; flores ca 4 cm de ancho, blanco-verdosas; sépalos 1.5 cm de largo; pétalos 1.3 cm de largo; corona 2-seriada. Frutos no vistos.

No ha sido aún colectada pero se espera encontrar en la zona atlántica; una especie inconspicua y raramente colectada; sur de México a Costa Rica.

Passiflora oerstedii Mast. in Mart., Fl. Bras. 13(1): 562. 1872.

Tallos glabros. Hojas generalmente ovadas y enteras, raramente 3-lobadas hasta más de la mitad, 4–15 cm de largo y 2–7 cm de ancho, agudas a acuminadas, base truncada a apenas subcordada, glabras o puberulentas en el envés con tricomas laxos y subaplicados; pecíolos 1–4 cm de largo, con 4–8 glándulas dispersas y estipitadas; estípulas semiovadas, 1–3 cm de largo, acuminado-cuspidadas. Flores solitarias, brácteas 3, ovadas, 1–1.5 cm de largo, serruladas y caducas; flores 4–6 cm de ancho, blancas o algo rosadas y con la corona morada; sépalos 2–3 cm de largo; pétalos 1–1.5 cm de largo; corona de varias series. Frutos ovoides, 4–6 cm de largo y 2–3 cm de ancho, aparentemente verdes, glabros; semillas reticuladas.

Rara o raramente colectada en nebliselvas y bosques siempreverdes en la zona atlántica; 5–1350 m; fl y fr jul–oct; *Moreno 12600, Stevens 9629*; México a Venezuela y Ecuador.

Passiflora pedata L., Sp. Pl. 960. 1753.

Tallos angulados y puberulentos. Hojas palmadamente 3–5-partidas con cada folíolo lateral bífido o incompletamente trífido, folíolo medio oblanceolado, hasta 11 cm de largo y 4 cm de ancho, acuminado, folíolos con márgenes serrados, membranáceos y puberulentos; pecíolos 1.5–4 cm de largo, con un par de glándulas debajo de la parte media; estípulas (en Nicaragua) lanceoladas y laciniadas. Flores solitarias, brácteas 3, ovadas, hasta 5 cm de largo, irregularmente eroso-laciniadas; flores 7–8 cm de ancho, azul-moradas con barras blanquecinas en la base de la corona; sépalos y pétalos 3–4 cm de largo; corona de varias series. Frutos globosos, 4 cm de diámetro, amarillos, glabros; semillas reticuladas.

Rara en bosques caducifolios en la zona pacífica; 70–350 m; fl y fr nov–ene; *Guzmán 1676, Stevens 18491*; México (Yucatán), Nicaragua y Costa Rica, también desde las Antillas hasta las Guayanas y la parte norte de Brasil.

Passiflora platyloba Killip, J. Wash. Acad. Sci. 12: 260. 1922.

Tallos teretes y glabros. Hojas 3-lobadas hasta la mitad, 11–19 cm de largo y 11–21 cm de ancho, lobos acuminados, base profundamente cordada, márgenes finamente serrulados, membranáceas y glabras; pecíolo 5–11 cm de largo, con 2 glándulas grandes y sésiles cerca de la base; estípulas lineares, caducas. Flores solitarias, brácteas 3, ovadas, 5–8 cm de largo, unidas al menos en el tercio basal, enteras; flores 4–5 cm de ancho, lilas y blancas; sépalos 2–2.5 cm de largo; pétalos 1.5–1.7 cm de largo; corona de varias series. Frutos globosos, 3–6.5 cm de diámetro, amarillos, glabros, envueltos por las brácteas persistentes; semillas punteado-reticuladas.

Común en bosques caducifolios en todas las zonas del país; 120–900 m; fl y fr jun–ago; *Moreno 10080, Robleto 942*; Guatemala a Panamá. "Calala".

Passiflora pusilla J.M. MacDougal, Ann. Missouri Bot. Gard. 75: 392. 1988.

Tallos puberulentos. Hojas transversalmente oblongas, leve e igualmente 3-lobadas, 0.5–3 cm de largo y 0.8–4.5 cm de ancho, ápice obtuso a redondeado o subtruncado, base más o menos cordada, membranáceas y pilosas; pecíolos 1–3 cm de largo; estípulas lineares y persistentes. Flores solitarias, brácteas no evidentes; flores 1–1.5 cm de ancho, verdes con la corona amarilla; sépalos y pétalos 5–7 mm de largo; corona 2-seriada, la serie interior mucho más reducida. Frutos fusiformes, 3.5–4 cm de largo y 0.5–0.7 cm de ancho, dehiscentes, hexagonalmente acostillados, aparentemente verdes, pubescentes; semillas transversalmente acostilladas.

Rara o raramente colectada en pastizales en Chontales; ca 100 m; fl y fr jun; *Stevens 22898, 22968*; sur de México, Costa Rica (Guanacaste) y Nicaragua.

Passiflora quadrangularis L., Syst. Nat., ed. 10, 1248. 1759.

Tallos glabros, conspicuamente 4-angulados, los ángulos alados. Hojas ovadas, 10–20 cm de largo y 8–15 cm de ancho, ápice redondeado a abruptamente acuminado, base truncada o subcordada, enteras, membranáceas y glabras; pecíolos 2–5 cm de largo, con 3 pares de glándulas sésiles; estípulas ovadas, enteras a serruladas. Flores solitarias, brácteas 3, ovadas, 3–5 cm de largo, enteras a serruladas; flores 7–10 (–12) cm de ancho, blancas o lilas y con la corona azul-morada o matizada de morado; sépalos 3–4 cm de largo; pétalos 3–4.5 cm de largo; corona 5-seriada. Frutos oblongo-ovoides, 20–30 cm de

largo y 5–8.5 cm de ancho, verdes o amarillo-verdes, glabros; semillas reticuladas.

Cultivada y frecuentemente naturalizada en áreas alteradas, posiblemente también nativa; 0–500 m; fl y fr esencialmente durante todo el año; *Sandino 3061, Stevens 8691*; ampliamente distribuida como cultivo, sin embargo su rango de distribución natural no es claro. Además de las semillas, la pulpa de esta especie es usada a veces ya sea en refrescos o como confitura. "Granadilla".

Passiflora seemannii Griseb., Bonplandia 6: 7. 1858.

Tallos glabros. Hojas ampliamente ovadas, 5–14 cm de largo y 4–11 cm de ancho, ápice redondeado a apiculado, base profundamente cordada, márgenes subenteros a denticulados, membranáceas; pecíolos 3–7 cm de largo, con 2 glándulas sésiles en el ápice y a veces un segundo par cerca de la parte media; estípulas lineares. Flores solitarias, brácteas 3, ovadas, 2.5–4 cm de largo, al menos unidas en la mitad inferior; flores 6–10 cm de ancho, lilas y blancas; sépalos 3.5–4 cm de largo; pétalos 3–3.5 cm de largo; corona 2-seriada. Frutos ovoides, 4–7 cm de largo y 2.5–6 cm de ancho, aparentemente verdes con manchas blancas, glabros; semillas reticuladas.

Común en bosques siempreverdes en la zona atlántica; 30–1100 m; fl y fr nov–ene; *Ortiz 1515, Sandino 2383*; México a Colombia, cultivada en México y en otras partes. "Calala", "Maracuyá".

Passiflora serratifolia L., Sp. Pl. 955. 1753.

Tallos teretes y puberulentos. Hojas oblongo-ovadas, 4–19 cm de largo y 1.5–8 cm de ancho, ápice acuminado, base redondeada a subcordada, serruladas, membranáceas a cartáceas, glabrescentes en la haz, puberulentas en el envés, nervadura terciaria prominente en el envés; pecíolos 0.5–2 cm de largo, con 4–6 glándulas pediculadas; estípulas lineares. Flores solitarias, brácteas lanceoladas, 2–3 cm de largo, caducas; flores 3–6 cm de ancho, morado pálidas con blanco y morado en la corona; sépalos 2.5–3 cm de largo; pétalos 1.5–2 cm de largo; corona de varias series. Frutos ovoides, 5–9 cm de largo, amarillos, glabros; semillas reticuladas.

Poco común en bosques siempreverdes en la zona atlántica; 0–500 m; fl y fr mar–may; *Moreno 24123, Stevens 7518*; México a Costa Rica.

Passiflora sexflora Juss., Ann. Mus. Natl. Hist. Nat. 6: 110. 1805.

Tallos vellosos. Hojas 2-lobadas o a veces con el lobo medio poco evidente, 2–8 cm de largo y 2–10 cm de ancho, ápice levemente cóncavo, base truncada a subcordada, membranáceas, velloso-tomentosas en el envés; pecíolos 2.5–3 cm de largo, eglandulares; estípulas lineares. Inflorescencias apareadas, con 2–8 (–10) flores, brácteas y bractéolas diminutas; flores 2–4 cm de ancho, blancas con morado en el corona; sépalos 0.8–1.5 cm de largo; pétalos 0.8–1 mm de largo; corona 2-seriada. Frutos globosos, 6–10 mm de diámetro, morado-negros, puberulentos; semillas transversalmente acostilladas.

Localmente común en bosques perennifolios y nebliselvas en la zona norcentral y Volcán Mombacho; 700–1670 m; fl y fr durante todo el año; *Moreno 16031, Sandino 1565*; Estados Unidos (sur Florida) a Ecuador, también en las Antillas.

Passiflora standleyi Killip, J. Wash. Acad. Sci. 14: 110. 1924.

Tallos glabros. Hojas profundamente 2-lobadas, 1.5–10 cm de largo y 2–7 cm de ancho, lobos con ápices redondeados, base truncada, membranáceas, enteras y glabras; pecíolos 1.5–2.6 cm de largo, eglandulares; estípulas lineares. Inflorescencias de 1–2 flores, brácteas diminutas; flores 3–4 cm de ancho, azulado-moradas; sépalos 1–2 cm de largo; pétalos 0.5–1 cm de largo; corona 2-seriada. Frutos globosos, 1–1.5 cm de diámetro, morado-negros, glabros; semillas transversalmente acostilladas.

Raramente colectada, conocida solamente de bosques de pino-encinos en la zona norcentral; 1100–1280 m; fl y fr nov; *Stevens 10769, 15996*; México a Costa Rica.

Passiflora suberosa L., Sp. Pl. 958. 1753.

Tallos suberosos en su parte inferior, glabros a puberulentos. Hojas extremadamente variables, desde elípticas hasta 3-lobadas, hasta 11 cm de largo y 5 cm de ancho cuando elípticas y hasta 5 cm de largo y 7 cm de ancho cuando profundamente lobadas, lobos agudos, base redondeada a truncada, glabras a puberulentas; pecíolos 0.5–4 cm de largo, con un par de glándulas conspicuas y estipitadas en la mitad superior; estípulas lineares. Inflorescencias solitarias o apareadas, con 1–varias flores, brácteas diminutas, caducas; flores 1–2 (–3) cm de ancho, verdosas con la corona amarilla y morada; sépalos 0.5–1 cm de largo; pétalos ausentes; corona 2-seriada. Frutos globosos, 0.6–1.5 cm de diámetro, morado obscuros o negros, glabros; semillas reticuladas.

Ocasional en bosques siempreverdes en las zonas norcentral y atlántica; 0–1300 m; fl y fr sep–nov; *Stevens 18533, 20764*; Estados Unidos (sur de Flori-

da y Texas) hasta Argentina. Es probable que este complejo tenga más de 1 especie en Nicaragua.

Passiflora talamancensis Killip, J. Wash. Acad. Sci. 12: 260. 1922.

Tallos glabrescentes. Hojas obovado-elípticas, obovado-oblongas o truncado-elípticas, ligeramente (2-) 3-lobadas, 5.5–14 cm de largo y 2.5–10 cm de ancho, enteras, los lobos laterales obtusos a agudos, el lobo central obtuso a abruptamente agudo (truncado u obsoleto); pecíolos eglandulares, estípulas linear-triangulares, 2.2–4.5 mm de largo y 0.3–0.8 mm de ancho, falcadas. Inflorescencias unifloras, brácteas linear-triangulares 1.8–3.5 mm de largo y 0.15–0.4 mm de ancho; flores blancas, corona amarillenta con morado; sépalos 12–16 mm de largo; pétalos 10–15 mm de largo, blancos o a veces ligeramente matizadas de morado-rojizo en los márgenes basales; corona en 2 series. Frutos globosos, 1.5–2 cm de diámetro, negro-morados; semillas transversalmente sulcadas.

Conocida en Nicaragua de una sola colección (*Rueda 6299*) de pluvioselvas, Río San Juan; 0–200 (–400) m; sureste de Nicaragua, este de Costa Rica y Panamá. Se reconoce por sus hojas brillantes, alargadas y no variegadas. *P. helleri* tiene hojas semejantes, pero se diferencia por tener la corona uniseriada y el ovario más pubescente.

Passiflora vitifolia Kunth in Humb., Bonpl. & Kunth, Nov. Gen. Sp. 2: 138. 1817.

Tallos gruesos y leñosos con la edad, puberulentos. Hojas profundamente 3-lobadas, 7–15 cm de largo y 8–18 cm de ancho, lobos agudos a acuminados, base truncada a subcordada, márgenes irregularmente serrados, densamente puberulentas en el envés; pecíolos 2–5 cm de largo, con un par de glándulas grandes en la base; estípulas diminutas, caducas. Flores solitarias, normalmente caulifloras, brácteas lanceoladas, serradas, 1–2 cm de largo; flores hasta 13 cm de ancho, rojas; tubo del cáliz 1–2 cm de largo, sépalos libres 6–8 cm de largo; pétalos 4–6 cm de largo; corona 3-seriada. Frutos elipsoides, 5–6 cm de largo y ca 3 cm de ancho, rojo-cafés con manchas blancas, puberulentos; semillas reticuladas.

Común en bosques perennifolios en la zona atlántica, menos común en bosques de pinos y en nebliselvas; 50–1200 m; fl y fr generalmente feb–may; *Sandino 4775, Stevens 6456*; Nicaragua a Perú.

PEDALIACEAE R. Br.

Peter K. Bretting

Hierbas anuales, pubescente-glandulares; plantas hermafroditas. Hojas opuestas o a veces alternas hacia el ápice, simples; pecioladas, exestipuladas. Flores en racimos terminales o solitarias en las axilas; sépalos 5, parcialmente imbricados o no, persistentes, bracteolados; corola simpétala, 5-lobada, zigomorfa; estambres 2 ó 4, epipétalos, filamentos libres, anteras 4-loculares, con dehiscencia longitudinal, estaminodios 1 ó 3 o ausentes; ovario súpero, con un disco nectarífero, 2-carpelar, 4-locular por particiones intrusivas o 1-locular con placentación parietal y formando 4 pseudolóculos, estilo terminal, terete, estigma bilobado y sensitivo. Fruto una cápsula o una cápsula drupácea, dehiscente con 2 rostros terminales o indehiscente con 2 ganchos terminales cortos; semillas sin o con poco endosperma aceitoso, testa lisa y lustrosa o rugosa y papiráceo-cartácea.

Familia con ca 15 géneros y más de 30 especies, mayormente distribuidas en las regiones áridas de Norte y Sudamérica, Africa tropical y la India; 2 géneros y 2 especies en Nicaragua. De acuerdo a otros sistemas de clasificación las plantas americanas se separan en la familia Martyniaceae.

Fl. Guat. 24(10): 231–238. 1974; Fl. Pan. 67: 1057–1059. 1980.

1. Hojas obovadas, 3–5-anguladas; flores en racimos terminales; corola blanca matizada de rosado con una mancha morada en cada lobo; frutos maduros gris-negros, indehiscentes, con 2 ganchos terminales; testa gris-negra, papirácea .... **Martynia**
1. Hojas lanceoladas, a veces profundamente disecadas desde la base en 5 lobos anchos; flores solitarias en las axilas; corola blanca; frutos maduros café-amarillentos, dehiscentes, con 2 rostros terminales; testa blanco-cremosa, lustrosa .... **Sesamum**

MARTYNIA L.

Martynia annua L., Sp. Pl. 618. 1753.

Hierbas hasta 2.5 m de alto, con ramificaciones bifurcadas. Hojas opuestas, disminuyendo de tamaño hacia el ápice, ampliamente ovadas y levemente 3–5-anguladas, ápice angulado, base truncada, dentadas o denticuladas; pecíolos acanalados, hasta 20 cm de largo. Inflorescencias racimos terminales de 10–20 flores, en cada axila de las ramas; sépalos libres, elípticos a obovados, 15–25 mm de largo, membranáceos y cartáceos, bractéolas foliosas, lanceolado-elípticas, membranáceas; corola campanulado-infundibuliforme, blanca matizada de rosado o lila, nectarostigmas amarillos, cada lobo con una mancha mo-rado obscura; estambres 2, estaminodios 3, 1 corto (3 mm) y 2 largos (10 mm). Fruto una cápsula drupácea, ovoide, café obscura, gris o negra, pectinada dorsalmente, indehiscente, con 2 ganchos terminales de 5–8 mm de largo; semillas 2–6 por fruto, angostamente elípticas, negras, testa papirácea y rugosa.

Frecuente, en sitios alterados, en la zona pacífica; 0–700 m; fl jul–oct, fr sep–dic; *Neill 2459, Stevens 2621*; México a Costa Rica y en las Antillas, naturalizada en la India, Sri Lanka y algunas islas del Pacífico. Un género monotípico; comparado a otros géneros afines, *Martynia* es relativamente invariable. "Uña de gato".

SESAMUM L.

Sesamum indicum L., Sp. Pl. 634. 1753.

Hierbas hasta 1 m de alto, ramificadas o no. Hojas basalmente opuestas, alternas y disminuyendo de tamaño hacia el ápice, ovadas a linear-lanceoladas, ápice agudo, base redondeada a angostamente cuneada, dentadas o enteras; pecíolos acanalados, los inferiores hasta 11 cm de largo, los superiores hasta 3 cm de largo. Flores solitarias en las axilas; sépalos connados solamente en la base, lineares, 5–8 mm de largo, algo carnosos, ebracteolados; corola oblicuamente campanulada, blanca, rosada o rosa viejo, nectarostigmas amarillo pálidos o ausentes, lobos no manchados; estambres 4, estaminodios ausentes. Fruto una cápsula oblongo-cuadrangular, café-amarillenta, no pectinada, dehiscente, con 2 rostros terminales de 3–5 mm de largo; semillas numerosas, obovadas, negras, cafés o blancas, testa brillante.

Cultivada e introducida en la zona pacífica; 50–

350 m; fl jun–sep, fr ago–nov; *Baker 42, Grijalva 509*; nativa de Africa tropical y la India, ampliamente cultivada en México, Centroamérica y en otros países tropicales como materia prima para obtener aceite. Género con ca 15 especies nativas de los trópicos del Viejo Mundo y de Sur Africa. "Ajonjolí".

PELLICIERACEAE L. Beauvis.

Amy Pool

Arboles generalmente siempreverdes; plantas hermafroditas. Hojas alternas, simples, nervadura pinnada, nervios secundarios inconspicuos; sin estípulas. Flores solitarias, axilares (de apariencia terminal), regulares, cada una abrazada por 2 bractéolas; sépalos 5, libres, imbricados, caducos; pétalos 5, libres, imbricados; estambres 5, libres, alternos con los pétalos, adpresos en las ranuras del ovario, anteras abriéndose longitudinalmente, conectivo prolongado; ovario súpero, con 2 carpelos unidos, 2-locular, placentación axial, 1 óvulo por lóculo (uno de ellos vacío), un estilo con estigma punctiforme. Fruto seco y coriáceo, indehiscente con 1 lóculo y 1 semilla.

Familia con 1 género y 1 especie de manglar de la costa atlántica de Nicaragua y la costa pacífica desde Costa Rica hasta Ecuador. En la *Flora of Panama* fue tratada como parte de Theaceae; Thorne la considera como una subfamilia y Dahlgren también la trata como un miembro de esa familia.

Fl. Pan. 54: 45–47. 1967; C. Kobuski. Studies in the Theaceae, XXIII. The genus *Pelliciera*. J. Arnold Arbor. 32: 256–262. 1951; R. Thorne. Proposed new realignments in the angiosperms. Nordic J. Bot. 3: 85–117. 1983; R. Dahlgren. General aspects of angiosperm evolution and macrosystematics. Nordic J. Bot. 3: 119–149. 1983.

PELLICIERA Planch. & Triana ex Benth.

Pelliciera rhizophorae Planch. & Triana, Ann. Sci. Nat. Bot., sér. 4, 17: 381. 1862.

Arboles 3–10 m de alto, con contrafuertes en la base. Hojas generalmente amontonadas en las puntas de las ramas, asimétricas o simétricas, elípticas a oblongas, 9–14.5 cm de largo y 3–4.5 cm de ancho, ápice agudo, base anchamente decurrente, margen entero o glandular a subserrulado en el lado más grande, glabras; sésiles. Flores sésiles, bractéolas lanceoladas hasta 7 cm de largo y 2 cm de ancho, rojas, caducas; sépalos desiguales, oblongos a lanceolados, 1.5–2 cm de largo y 0.8–1.2 cm de ancho, ápice obtuso, glabros, pustulados en la mitad; pétalos iguales o subiguales, angostamente lanceolados, 5–7 cm de largo y 1–1.5 cm de ancho, ápice agudo, blancos; filamentos 3–3.5 cm de largo, anteras 2–3 cm de largo. Fruto napiforme con numerosas ranuras longitudinales, 7–10 cm de largo y 6.5–8 cm de ancho, café-rojizo; semilla 5–6 cm de largo y 6.5–7 cm de ancho.

Rara en Nicaragua, estuario en la desembocadura del Río Prinzapolka y pantanos del Cayo Schooner en el área del Río Escondido, Zelaya; nivel del mar; fl mar, jul; *Molina 21034, Neill 4574*; Nicaragua a Ecuador. La descripción fue ampliada en base a ejemplares de Costa Rica y Panamá.

PHYTOLACCACEAE R. Br.

W. D. Stevens

Arboles, arbustos o hierbas, anuales o perennes, a veces volubles o escandentes, glabras o casi glabras; plantas hermafroditas o dioicas. Hojas alternas, simples, enteras, mayormente mucronadas; pecioladas, estípulas pequeñas o ausentes. Inflorescencias espigas, racimos o panículas terminales, extraaxilares o axilares, bráncteas presentes o ausentes, flores actinomorfas; sépalos 4–5, libres o unidos en la base, imbricados, generalmente persistentes; pétalos (o estaminodios) ausentes o 5, libres, imbricados; estambres igual en número a las partes del perianto o más numerosos, 4–28, filamentos libres o connados en la base, anteras 2-loculares, dehiscencia longitudinal; ovario súpero o subínfero, con 1–16 carpelos separados a connados, 1–16 locular, cada carpelo con un óvulo basal, estigmas casi siempre iguales en número a los carpelos, capitados, penicilados o inconspicuos, sésiles o sostenidos en un estilo corto. Frutos bayas, cápsulas, drupas, utrículos, aquenios o sámaras; semillas a veces ariladas (*Stegnosperma*).

Familia con 18 géneros con ca 80 especies ampliamente distribuidas, especialmente en las regiones tropicales y subtropicales de América; 8 géneros y 12 especies se encuentran en Nicaragua.

Fl. Guat. 24(4): 192–202. 1946; Fl. Pan. 48: 66–79. 1961; P. Wilson. Petiveriaceae. N. Amer. Fl. 21: 257–266. 1932; J. Nowicke. Palynotaxonomic study of the Phytolaccaceae. Ann. Missouri Bot. Gard. 55: 294–363. 1969; W. Burger. Phytolaccaceae. *In*: Fl. Costaricensis. Fieldiana, Bot., n.s. 13: 199–212. 1983; J. García-Martínez. Phytolaccaceae. Fl. Veracruz 36: 1–41. 1984; G. Rogers. The genera of Phytolaccaceae in the Southeastern United States. J. Arnold Arbor. 66: 1–37. 1985; G.K. Brown y G.S. Varadarajan. Studies in Caryophyllales I: Re-evaluation of classification of Phytolaccaceae *s.l.* Syst. Bot. 10: 49–63. 1985.

1. Trepadoras herbáceas y volubles; hojas lobadas en la base .... **Agdestis**
1. Leñosas o si herbáceas entonces no trepadoras; hojas no lobadas en la base
  2. Hierbas diminutas y decumbentes; frutos muricados .... **Microtea**
  2. Leñosas o si herbáceas entonces robustas y erectas; frutos lisos
    3. Partes del perianto 5 ó 10; frutos cápsulas o bayas
      4. Partes del perianto 5; estilos 6–17; frutos bayas .... **Phytolacca**
      4. Partes del perianto 10; estilos 3–5; frutos cápsulas .... **Stegnosperma**
    3. Partes del perianto 4; frutos aquenios, drupas o utrículos
      5. Perianto patente o reflexo cuando en fruto; árboles, arbustos o trepadoras leñosas
        6. Arboles; frutos utrículos pálidos .... **Ledenbergia**
        6. Arbustos o trepadoras; frutos drupas obscuras .... **Trichostigma**
      5. Perianto erecto cuando en fruto; herbáceas o sufruticosas
        7. Estambres 8; pedicelos hasta 1 mm de largo .... **Petiveria**
        7. Estambres 4; pedicelos 4–7 mm de largo .... **Rivina**

AGDESTIS Moç. & Sessé ex DC.

Agdestis clematidea Moç. & Sessé ex DC., Syst. Nat. 1: 543. 1818.

Trepadoras herbáceas, perennes; plantas hermafroditas. Hojas ovadas a orbiculares, 4–5 cm de largo y 3–6 cm de ancho, redondeadas en el ápice, lobadas en la base. Panículas 10–15 cm de largo, flores blancas; sépalos 4, 6–8 mm de largo, acrescentes; pétalos ausentes; estambres 14 (–20); ovario subínfero, 4-locular. Fruto un aquenio por aborto.

Rara, bosques secos, la zona pacífica; 50–550 m; fl jul–oct; *Robleto 1436*, *Stevens 9242*; Estados Unidos (Florida y Texas) a Nicaragua. Género monotípico. "Vómito".

LEDENBERGIA Klotzsch ex Moq.; *Flueckigera* Kuntze

Ledenbergia macrantha Standl., J. Wash. Acad. Sci. 13: 350. 1923; *Flueckigera macrantha* (Standl.) P. Wilson.

Arboles hasta 25 m de alto; plantas dioicas. Hojas ovadas a elípticas, 4–14 cm de largo y 3–6 cm de ancho, acuminadas en el ápice, obtusas a redondeadas en la base. Racimos 10–25 cm de largo, flores verdes; sépalos 4, 3–4 mm de largo en las flores estaminadas y 6–8 mm de largo en las flores pistiladas; pétalos ausentes; estambres 24 en las flores estaminadas, estaminodios 6–11 en las flores pistiladas; ovario súpero, 1-locular. Fruto un utrículo.

Rara, bosques secos, Managua; 0–100 m; fl mar, fr may; *Chaves 170*, *Stevens 17154*; oeste de México a Nicaragua. Un género con 3 especies, las otras 2 en Sudamérica. "Palo de Garrobo".

J. Rzedowski. Algunas fanerógamas nuevas para la flora de México, con notas relativas al género *Ledenbergia* (Phytolaccaceae). Anales Esc. Nac. Ci. Biol. 14: 25–34. 1967.

MICROTEA Sw.

Microtea debilis Sw., Prodr. 53. 1788.

Hierbas postradas, anuales, algo suculentas; plantas hermafroditas. Hojas ovadas, elípticas o espatuladas, 2–5 cm de largo y 1–3 cm de ancho, agudas a obtusas o redondeadas en el ápice, largamente atenuadas en la base. Racimos 1.5–3.5 cm de largo, flores blancas; sépalos 5, 0.6–1 mm de largo; pétalos ausentes; estambres 5; ovario súpero, 1-locular. Fruto un utrículo muricado-espinoso.

Maleza poco común, zona atlántica e Isla de Ometepe; 0–100 (–800) m; fl y fr durante todo el año; *Robleto 1455, Stevens 19875*; Guatemala a Sudamérica y en las Antillas. Un género con 9 especies difundidas en América tropical, solamente esta especie se encuentra en Centroamérica.

PETIVERIA L.

Petiveria alliacea L., Sp. Pl. 342. 1753.

Hierbas erectas, perennes, tornándose sufruticosas, hasta 1.5 m de alto; plantas hermafroditas. Hojas elípticas a obovadas, 5–20 cm de largo y 3–8 cm de ancho, agudas a acuminadas en el ápice, obtusas a acuminadas en la base. Racimos 10–25 cm de largo, flores blancas con filamentos rosados; sépalos 4, 3.5–4.5 mm de largo; pétalos ausentes; estambres generalmente 8; ovario súpero, 1-locular. Fruto un aquenio alargado, adpreso al eje y armado en el ápice con 4 espinas reflexas.

Maleza común en todas las zonas del país; 0–700 m; fl y fr mayormente jul–ene; *Moreno 22031, Ortiz 2019*; sur de los Estados Unidos hasta Argentina, y en las Antillas. Medicinal y posee un fuerte olor a ajo o a zorro meón. Género monotípico. "Zorrillo".

PHYTOLACCA L.

Anuales o perennes, hierbas o arbustos débiles (en Nicaragua), frecuentemente algo suculentas; plantas hermafroditas. Hojas elípticas a ovadas. Inflorescencias racemosas o raramente paniculadas en la base; sépalos 5; pétalos ausentes; estambres 8–22; ovario súpero, con 6–17 carpelos parcial a completamente connados. Fruto una baya.

Género con ca 25 especies distribuidas en América, Africa y Asia, principalmente en las regiones tropicales y subtropicales; 4 especies conocidas en Nicaragua, es posible que 1 especie nativa y 1 árbol cultivado se encuentren además en Guatemala.

1. Carpelos 10–17; pedicelos 5–13 mm de largo; sépalos deciduos cuando en fruto .... **P. rivinoides**
1. Carpelos 6–10; pedicelos 1–5 mm de largo; sépalos persistentes
    2. Racimos 20–40 cm de largo cuando en fruto, más largos que las hojas; estambres mayormente 14–16, en 2 verticilos .... **P. icosandra**
    2. Racimos 5–15 cm de largo cuando en fruto, más cortos que las hojas; estambres 6–12, en 1 verticilo
        3. Pedicelos 1–2 mm de largo; estilos agrupados en la depresión central del fruto .... **P. octandra**
        3. Pedicelos 3–5 mm de largo; estilos bien separados en el margen de la depresión central del fruto .... **P. rugosa**

Phytolacca icosandra L., Syst. Nat., ed. 10, 1040. 1759; *P. altamiranii* Ram. Goyena.

Plantas 0.5–2 m de alto. Hojas 6–18 cm de largo y 2–7.5 cm de ancho, agudas a acuminadas o atenuadas en el ápice, acuminadas a atenuadas en la base. Racimos 16–32 (–42) cm de largo, ejes pubescentes, pedicelos 1–3 cm de largo; sépalos blancos o blanco-verdosos a rojo-morados, 2.5–3.2 mm de largo; estambres (11–) 14–16, en 2 verticilos; ovario con 7–9 carpelos completamente connados.

Ocasional, bosques de pino-encinos y áreas perturbadas en bosques siempreverdes, zona norcentral; 400–1600 m; fl y fr durante todo el año; *Moreno 13745, Stevens 22599*; México a Sudamérica.

Phytolacca octandra L., Sp. Pl., ed. 2, 631. 1763.

Plantas 0.2–1 m de alto. Hojas 6–15 cm de largo y 2–6 cm de ancho, agudas a acuminadas en el ápice, acuminadas a atenuadas en la base. Racimos 5–15 cm de largo, ejes pubescentes, pedicelos 1–2 mm de largo; sépalos blancos a rojo-morados, 2.2–3 mm de largo; estambres 7–8, en 1 verticilo; ovario con 7–8 carpelos completamente connados.

Poco común, en bosques de pino-encinos, Estelí y León; 1000–1600 m; fl y fr durante todo el año; *Moreno 1307, Stevens 16185*; México al norte de Nicaragua, Sudamérica y el Viejo Mundo.

Phytolacca rivinoides Kunth & C.D. Bouché, Index
Sem. (Berlin) 1848: 15. 1849.

Plantas 1–3 m de alto, frecuentemente escandentes. Hojas 9–23 cm de largo y 4–10 cm de ancho,
acuminadas a atenuadas en el ápice y en la base.
Racimos 10–70 cm de largo, ejes glabros, pedicelos
5–13 mm de largo; sépalos blancos a rosados, 1.5–2.5
mm de largo; estambres 10–17, en 2 verticilos; ovario
con 10–17 carpelos completamente connados.

Común en sitios perturbados, en la zona atlántica
y localmente en algunas regiones de nebliselva; 0–
1600 m; fl y fr durante todo el año; *Moreno 7412,
Ortiz 1895*; sur de México a Bolivia.

Phytolacca rugosa A. Braun & C.D. Bouché, Index
Sem. (Berlin) 1851: 13. 1852.

Plantas 0.5–1 m de alto. Hojas 5–14 cm de largo
y 1.5–5 cm de ancho, acuminadas a atenuadas en el
ápice y en la base. Racimos 5–10 cm de largo, ejes
pubescentes, pedicelos 3–5 mm de largo; sépalos
rojo-morados, 1.7–2.7 mm de largo; estambres 6–12,
en 1 verticilo; ovario con 6–8 carpelos parcialmente
connados.

Poco común, en nebliselvas, en la zona norcentral
y Volcán Mombacho; 1250–1750 m; fl y fr durante
todo el año; *Moreno 512, Sandino 1581*; México al
norte de Sudamérica.

RIVINA L.

Rivina humilis L., Sp. Pl. 121. 1753.

Hierbas erectas, perennes, tornándose sufruticosas, hasta 1 m de alto; plantas hermafroditas. Hojas
ovadas, 4–17 cm de largo y 2–8.5 cm de ancho,
acuminadas a atenuadas en el ápice, acuminadas a
obtusas o truncadas en la base. Racimos 2.5–12 cm
de largo, flores blancas; sépalos 4, 1.5–3.5 mm de
largo; pétalos ausentes; estambres 4; ovario súpero,
1-locular. Fruto una drupa globosa, rojo-brillante.

Común en bosques perturbados en todo el país;
0–1600 m; fl y fr durante todo el año; *Castro 2336,
Moreno 1325*; sur de los Estados Unidos a Sudamérica y en las Antillas. Género monotípico.

STEGNOSPERMA Benth.

Stegnosperma cubense A. Rich. in Sagra, Hist. Fis.
Cuba, Bot. 10: 309. 1845.

Arbustos erectos y escandentes o trepadoras volubles y leñosas; plantas hermafroditas. Hojas elípticas
a orbiculares, 3–9 cm de largo y 3–7 cm de ancho,
redondeadas a emarginadas o cortamente acuminadas
en el ápice, abruptamente acuminadas en la base.
Racimos 6–20 cm de largo, flores blancas; sépalos 5,
3–5 mm de largo; pétalos (o estaminodios) 5, 3–4
mm de largo; estambres 10; ovario súpero, 3–5-
carpelado, 1-locular. Fruto una cápsula globosa, roja
cuando madura; semillas 1–3, negras, arilo rosado a
rojo cuando maduro.

Ocasional en bosques secos y en playas, en la

zona pacífica; 0–400 m; fl mayormente abr–jul, fr
mayormente may–dic; *Moreno 21701, Stevens
22938*; México (Baja California) al noroeste de Costa
Rica y en las Antillas. Tratada erróneamente como *S.
scandens* (A. Rob. ex Lunan) Standl. en la *Flora of
Guatemala*. *S. scandens*, de acuerdo con Bedell, es
un sinónimo de *Stegnosperma halimifolium* Benth.,
una especie endémica de México (Baja California).
Un género con 3 especies, las otras 2 restringidas al
noroeste de México.

H. Bedell. A taxonomic and morphological re-
evaluation of Stegnospermaceae (Caryophyllales).
Syst. Bot. 5: 419–431. 1980.

TRICHOSTIGMA A. Rich.

Arbustos o frecuentemente trepadoras escandentes o volubles, leñosas; plantas hermafroditas. Hojas ovadas
a elípticas. Inflorescencias racemosas, flores blancas o blanco-verdosas, el perianto tornándose rojo o morado
cuando en fruto; sépalos 4; pétalos ausentes; estambres 10–28; ovario súpero, 1-locular. Fruto una drupa
globosa, morado obscura.

Género con 3 especies, 2 especies se conocen de Nicaragua y 1 especie se encuentra en Perú.

1. Racimos terminales en ramas sin hojas, aparentemente axilares; estambres con filamentos de 2–3 mm de
   largo; hojas verde obscuras al secarse .... **T. octandrum**
1. Racimos terminales en ramas con hojas; estambres casi sésiles; hojas verde pálidas al secarse .... **T. polyandrum**

Trichostigma octandrum (L.) H. Walter in Engl., Pflanzenr. IV.83(Heft 39): 109. 1909; *Rivina octandra* L.

Hojas 7–14 cm de largo y 3–6 cm de ancho, acuminadas a atenuadas en el ápice, obtusas a agudas o acuminadas en la base. Racimos 5–12 cm de largo, pedicelos 4–6 mm de largo; sépalos 3–4 mm de largo; estambres 10–12, filamentos 2–3 mm de largo, conspicuos aún cuando en fruto.

Poco común, bosques de galería y siempreverdes, en la zona pacífica; 10–800 m; fl y fr durante todo el año; *Robleto 329*, *Stevens 4745*; Estados Unidos (Florida), México y el Caribe hasta Argentina.

Trichostigma polyandrum (Loes.) H. Walter in Engl., Pflanzenr. IV.83(Heft 39): 112. 1909; *Rivina polyandra* Loes.

Hojas 7–13 cm de largo y 2–7 cm de ancho, acuminadas en el ápice, agudas a acuminadas en la base. Racimos (6.5–) 9–20 cm de largo, pedicelos 3–7 mm de largo cuando en la antesis, hasta 15 mm de largo cuando en fruto; sépalos 3–4 mm de largo cuando en la antesis, hasta 9 mm de largo cuando en fruto; estambres (14–) 24–28, filamentos menos de 0.5 mm de largo, inconspicuos.

Ocasional, nebliselva y bosques húmedos, en las zonas norcentral y atlántica; 100–1200 m; fl y fr durante todo el año; *Sandino 4655*, *Stevens 14547*; Nicaragua a Panamá.

PIPERACEAE C. Agardh

Ricardo Callejas

Arbustos, sufrútices o hierbas, ocasionalmente lianas o arbustos hemiepífitos, raramente árboles pequeños, nudos a menudo prominentes haciendo que los tallos aparezcan articulados, plantas generalmente pelúcido-punteadas en todas sus partes, las glándulas (idioblastos) particularmente prominentes en material seco; plantas hermafroditas (en América tropical) o dioicas. Profilos cuando presentes solitarios, laterales, caducos o en ocasiones persistentes. Hojas simples, enteras, raramente lobadas distalmente pero con frecuencia lobadas basalmente, alternas, opuestas o verticiladas; pecioladas, subsésiles o sésiles, márgenes del pecíolo a menudo con un desarrollo estipular prominente. Inflorescencias de espigas simples, solitarias, terminales, opuestas o axilares, o de grupos de espigas conformando inflorescencias compuestas organizadas en umbelas, racimos o panículas; flores desnudas, densa a laxamente agrupadas en el raquis, a menudo formando bandas alrededor de la espiga, sésiles o pediceladas, abrazadas por una bráctea floral hipopeltada, distalmente orbicular, cuculada, triangular o umbonada; (1–) 2–5 (–6) estambres en la base del pistilo, filamentos libres, a menudo persistentes en el fruto, anteras unitecas o ditecas con dehiscencia lateral (por sobrecrecimiento basal del conectivo, el plano de dehiscencia en ocasiones es horizontal); ovario súpero, 1-locular, 1–4 estigmas, óvulo solitario, ortótropo y basal. Fruto una drupa, pericarpio a menudo carnoso y/o víscido; embrión pequeño y pobremente diferenciado.

La familia consiste de ca 5 géneros y 2500–3000 especies, de las cuales cerca de un 90% pertenecen a los géneros *Piper* y *Peperomia*; 3 géneros con 110 especies presentes en Nicaragua y 4 especies adicionales se esperan encontrar. La familia es casi exclusivamente tropical y sólo una docena de especies ocurre en las regiones subtropicales. Las piperáceas son fácilmente reconocibles por sus inflorescencias espigadas, hojas simples, nudos prominentes y partes pelúcido-punteadas. "Alcotán".

Fl. Guat. 24(3): 228–337. 1952; Fl. Pan. 37: 1–120. 1959; C. de Candolle. Species et varietates novae vel minus cognitae centrali-americanae et mexicanae. Piperaceae. Bot. Jahrb. Syst. 29: 94–95. 1900; P.C. Standley. Piperaceae. *In:* Fl. Costa Rica. Publ. Field Mus. Nat. Hist., Bot. Ser. 18: 306–370. 1937; W. Burger. Piperaceae. *In:* Fl. Costaricensis. Fieldiana, Bot. 35: 5–219. 1971; J.A. Steyermark. Piperaceae. Fl. Venezuela 2(2): 1–619. 1984; M.C. Tebbs. Revision of *Piper* (Piperaceae) in the New World 1. Review of characters and taxonomy of *Piper* section *Macrostachys*. Bull. Brit. Mus. <Nat. Hist.>, Bot. 19: 117–158. 1989.

1. Hierbas, terrestres o epífitas, suculentas; hojas alternas, opuestas o verticiladas; brácteas florales orbiculares, glabras o raramente con indumento pero nunca fimbriadas; estambres 2; estigma 1 .... **Peperomia**
1. Arbustos, sufrútices, lianas o árboles pequeños; hojas alternas; brácteas florales cuculadas, umbonadas o triangulares distalmente, glabras o fimbriadas; estambres 2–6; estigmas 3–4

2. Arbustos, sufrútices, lianas, raramente árboles; inflorescencias solitarias terminales y opuestas o compuestas y axilares, conformadas por 4–30 espigas dispuestas en umbelas; 2–4 estambres; 3–4 estigmas; frutos cuando maduros nunca inmersos en el raquis .... **Piper**
2. Lianas; inflorescencias axilares, solitarias o geminadas; 4–6 estambres; 4–5 estigmas; frutos cuando maduros totalmente inmersos en el raquis .... **Sarcorhachis**

PEPEROMIA Ruiz & Pav.

Hierbas epífitas o terrestres, en ocasiones decumbentes o trepadoras, raras veces saxícolas, nudos discretos o las plantas acaulescentes y cormosas. Profilos obsoletos. Hojas alternas u opuestas o verticiladas (por reducción de los entrenudos), filotaxia a menudo variable en un mismo eje o contrastante entre tallos fértiles y estériles, lámina entera, en ocasiones peltada; pecioladas a sésiles, el pecíolo sin desarrollo estipular prominente. Inflorescencias simples, solitarias, axilares, opuestas o terminales (a menudo de posición variable en el mismo eje), o compuestas, geminadas o en grupos de más de 3 conformando umbelas, panículas o racimos, espigas erectas o raramente péndulas, raquis de la inflorescencia glabro u ocasionalmente papilado o pubescente, bráctea floral orbicular, glabra o raras veces con indumento, nunca fimbriada, flores laxamente agrupadas sobre el raquis sin formar bandas alrededor de la espiga, sésiles o pediceladas; estambres 2, anteras unitecas, con dehiscencia horizontal; pistilo parcialmente inmerso en el raquis, monocarpelar, distalmente con un sobrecrecimiento translúcido (pico), apicalmente mamiforme o rostrado, estigma fimbriado, solitario, lateral o terminal, en el lado abaxial del pico. Fruto ovoide o cilíndrico con un pericarpio víscido y a menudo verrugoso.

El género *Peperomia* incluye ca 1200 especies; 50 especies se conocen en Nicaragua. Aunque pantropical en su distribución, la mayoría de las especies se encuentran en los paleotrópicos (ca 1000) y están claramente relacionadas con especies neotropicales de distribución amplia. Unas pocas especies son utilizadas localmente como diuréticos o como plantas ornamentales.

H. Dahlstedt. Studien über Süd- und Central Amerikanische Peperomien. Kongl. Svenska Vetenskapsakad. Handl. 33(2): 1–218. 1900.

1. Hojas peltadas o subpeltadas (los márgenes de la lámina ininterrumpidos y no continuos con el pecíolo)
    2. Plantas terrestres, saxícolas; acaulescentes; hojas e inflorescencias emergiendo de un cormo .... **P. claytonioides**
    2. Plantas generalmente epífitas; tallos con entrenudos visibles, ocasionalmente acaulescentes (*P. lanceolato-peltata*); hojas e inflorescencias nunca emergiendo de un cormo
        3. Tallos 2–3.8 cm de largo, entrenudos 0.5–2.5 cm de largo; hojas pilosas en ambas superficies; raquis de la inflorescencia papilado; frutos apicalmente mamiformes .... **P. lanceolato-peltata**
        3. Tallos 6–40 cm de largo, entrenudos 2–12 cm de largo; hojas glabras, marginalmente ciliadas o pilosas sólo en el envés; raquis de la inflorescencia no papilado; frutos apicalmente rostrados
            4. Inflorescencias 2.5–5 cm de largo, geminadas o en grupos de 3–4 espigas
                5. Hojas subpeltadas (el pecíolo insertado a 0.1–0.2 cm del margen), pinnatinervias .... **P. distachya**
                5. Hojas peltadas (el pecíolo insertado a 0.8–1 cm del margen), palmatinervias .... **P. peltilimba**
            4. Inflorescencias 6–25 (–40) cm de largo, solitarias, si geminadas entonces 15–40 cm de largo (*P. maculosa*)
                6. Hojas (3.8–) 4.5–10 cm de largo, membranáceas cuando secas, pecíolos 2.5–5 (–7) cm de largo; inflorescencias 5–7 cm de largo .... **P. hernandiifolia**
                6. Hojas 7.5–16 (–18) cm de largo, coriáceas cuando secas, pecíolos 7–16 cm de largo; inflorescencias 15–40 cm de largo
                    7. Hojas elíptico-ovadas o ampliamente ovadas, densamente pilosas en el envés; inflorescencias 2.5–4 mm en diámetro .... **P. maculosa**
                    7. Hojas ovadas o ampliamente ovadas, glabras en el envés; inflorescencias 1–2 mm en diámetro .... **P. pseudorhynchophora**
1. Hojas no peltadas (los márgenes de la lámina continuos con el pecíolo)
    8. Hojas opuestas y/o verticiladas en todos los nudos
        9. Raquis de la inflorescencia híspido-piloso
            10. Plantas reptantes; hojas ampliamente ovadas a obovadas o espatuladas, 0.5–0.7 cm de largo, apicalmente obtusas a redondeadas o emarginadas .... **P. deppeana**
            10. Plantas erectas, cespitosas, ocasionalmente reptantes; hojas elíptico-ovadas, romboidales, 0.7–1.5 (–2) cm de largo, apicalmente obtusas o levemente acuminadas .... **P. tetraphylla**
        9. Raquis de la inflorescencia glabro

11. Tallos decumbentes; hojas opuestas, orbiculares; pedúnculo bracteado .... **P. cyclophylla**
11. Tallos erectos o decumbentes; hojas opuestas o verticiladas, elípticas a ovadas; pedúnculo ebracteado
  12. Plantas densamente pubescentes, tricomas 0.8–1.4 mm de largo
    13. Hojas opuestas, ovadas a obovadas, 1.5 veces más largas que anchas, membranáceas cuando
    secas .... **P. blanda**
    13. Hojas verticiladas en los nudos superiores u opuestas en los nudos basales, elíptico-ovadas a
    obovadas, 2–3 veces más largas que anchas, coriáceas cuando secas .... **P. olivacea**
  12. Plantas glabras o retrorso-puberulentas, tricomas 0.2–0.4 mm de largo
    14. Hojas ovadas, oblongas, obovadas o lanceoladas, a menudo apicalmente emarginadas, 0.2–2
    (–2.5) cm de largo
      15. Hojas (0.2–) 0.4–0.6 cm de largo .... **P. tenerrima**
      15. Hojas 0.5–1.2 (–2.5) cm de largo
        16. Hojas ovadas a oblongo-lanceoladas; entrenudos densamente retrorso-puberulentos;
        inflorescencias generalmente en grupos de 3–6 o raramente solitarias; fruto
        cortamente rostrado .... **P. galioides**
        16. Hojas obovadas a espatuladas; entrenudos glabros; inflorescencias solitarias; fruto
        mamiforme .... **P. quadrifolia**
    14. Hojas elípticas, ovadas, raramente obovadas, apicalmente obtusas o acuminadas, 1.7–9 cm de
    largo
      17. Hojas gruesamente cartáceas cuando secas, (4.5–) 6–9 (–11) cm de largo, glabras;
      pecíolos 0.3–0.8 cm de largo; pedúnculos con cicatriz .... **P. pseudopereskiifolia**
      17. Plantas sin la combinación de caracteres arriba mencionados
        18. Tallos postrados, todos los nudos radicantes .... **P. emiliana**
        18. Tallos erectos, radicantes basalmente
          19. Plantas glabras con tallos rojizos .... **P. rhexiifolia**
          19. Plantas con tallos y/o hojas puberulentos, tallos verdes
            20. Hojas (2–) 2.5–6 (–7) cm de largo; tallos 2–4.5 mm de diámetro; raquis de la
            inflorescencia 1.5–3 mm de ancho .... **P. angustata**
            20. Hojas 1.7–3.5 (–4) cm de largo; tallos 0.5–1.5 mm de diámetro; raquis de la
            inflorescencia 1–1.5 mm de ancho .... **P. rhombea**
8. Hojas alternas u ocasionalmente opuestas en los nudos superiores (generalmente los floríferos)
  21. Inflorescencias compuestas, espigas 2 o más sobre un pedúnculo común
    22. Hojas 12–26 (–30) cm de largo; inflorescencias paniculadas conformadas por 15–30 espigas, espigas
    1–2 cm de largo, pedúnculo de la espiga 0.4–0.6 cm de largo .... **P. pernambucensis**
    22. Hojas 2–18 cm de largo; inflorescencias no paniculadas conformadas por 2–6 (–9) espigas, espigas
    2.5–25 cm de largo, pedúnculo de la espiga 1–6 cm de largo
      23. Tallos en general péndulos; hojas y pecíolos ciliados, hojas con frecuencia sésiles; inflorescencias
      con espigas solitarias u ocasionalmente en pares .... **P. macrostachya**
      23. Tallos erectos; hojas y/o pecíolos glabros o puberulentos, hojas raramente sésiles; inflorescencias
      con (1–) 3–10 espigas
        24. Hojas coriáceas cuando secas, obovadas, apicalmente obtusas, redondeadas o emarginadas,
        rara vez cortamente acuminadas
          25. Frutos con un pico grueso, café o negro cuando seco, no rostrado apicalmente ...... **P. magnoliifolia**
          25. Frutos con un pico delgado, café-blanquecino y a menudo rostrado apicalmente
            26. Brácteas florales 0.2 mm de diámetro, pelúcido-punteadas, blancas o amarillo
            pálidas; 10–12 flores alrededor del raquis cuando seco .... **P. obtusifolia**
            26. Brácteas florales 0.6 mm de diámetro, densamente anaranjado punteado-glandulares;
            4–6 flores alrededor del raquis cuando seco .... **P. pseudoalpina**
        24. Hojas membranáceas o raramente coriáceas cuando secas, ovadas o elíptico-lanceoladas,
        apicalmente acuminadas
          27. Hojas elíptico-lanceoladas, 3–5 veces más largas que anchas; frutos cilíndricos, 3–4
          veces más largos que anchos, cortamente rostrados .... **P. lancifolia**
          27. Hojas elíptico-ovadas, 2–3 veces más largas que anchas; frutos ovoides, globosos o
          elipsoides, hasta 2 veces más largos que anchos, largamente rostrados
            28. Hierbas postradas o erectas con la mayoría de los nudos radicantes; tallos 0.5–1.5
            mm de diámetro cuando secos; inflorescencias con frecuencia geminadas o raramente
            de 3 espigas, espigas 2.5–4 cm de largo en fruto .... **P. distachya**

28. Hierbas erectas y sólo radicantes en los nudos basales; tallos 2.5–4 mm de diámetro cuando secos; inflorescencias de 3–4 espigas (6, raramente geminadas), espigas 5–8 (–15) cm de largo en fruto .... **P. ternata**

21. Inflorescencias simples, espigas solitarias o si en grupos, nunca en un pedúnculo común

  29. Plantas densamente pubescentes; brácteas florales y con frecuencia el raquis de la inflorescencia pilosos .... **P. hirta**

  29. Plantas glabras, puberulentas o densamente pubescentes; brácteas florales y raquis de la inflorescencia glabros

    30. Plantas reptantes pequeñas; tallos filiformes de 0.5–1 mm de diámetro, hasta 4 cm de largo cuando erectos; hojas translúcidas cuando secas, 0.3–1.3 cm de largo

      31. Hojas obovadas, elípticas u oblongas, 1.5–2 veces más largas que anchas

        32. Hojas uniformes en forma y tamaño, elíptico-ovadas a oblongas u obovadas, café punteado-glandulares .... **P. matlalucaensis**

        32. Hojas variables en forma y tamaño, las basales ampliamente ovadas a orbiculares u obovadas, las distales ovado-elípticas, punteado-glandulares .... **P. pilicaulis**

      31. Hojas ovadas a orbiculares, generalmente tan largas como anchas

        33. Hojas profundamente emarginadas apicalmente, cartáceas cuando secas .... **P. incisa**

        33. Hojas no emarginadas, obtusas o acuminadas apicalmente, membranáceas cuando secas

          34. Hojas 0.3–0.5 cm de largo; frutos pedicelados .... **P. emarginella**

          34. Hojas (0.4–) 0.7–0.9 (1.3) cm de largo; frutos sésiles .... **P. rotundifolia**

    30. Plantas reptantes de tamaño medio, erectas o péndulas; tallos de 2–6 mm de diámetro, 6 cm de alto o más cuando erectos; hojas opacas cuando secas, raramente translúcidas, 1–12 cm de largo

      35. Margen de las hojas y/o pecíolos ciliados, tricomas 0.5–1.5 mm de largo; hojas negras cuando secas

        36. Plantas reptantes, escandentes o erectas, densamente negro-punteadas, glándulas prominentes; hojas membranáceas cuando secas, pecíolos decurrentes .... **P. glabella**

        36. Plantas escandentes, péndulas, ocasionalmente negro-punteadas, glándulas impresas; hojas coriáceas cuando secas, pecíolos no decurrentes, o las hojas subsésiles .... **P. macrostachya**

      35. Plantas glabras o pubescentes, indumento cuando presente no restringido localmente, tricomas 0.1–0.3 mm de largo; hojas cafés, verde ocres o verde pálidas cuando secas

        37. Plantas terrestres, glabras; hojas ovadas a deltoides, cordadas .... **P. pellucida**

        37. Plantas epífitas o terrestres, glabras o pubescentes; hojas nunca ovadas ni cordadas

          38. Frutos pedicelados

            39. Tallos erectos y laxamente ramificados; hojas ovadas, apicalmente atenuadas o acuminadas, palmatinervias; pedicelo discreto; el cuerpo del fruto 3–4 veces más largo que el pedicelo .... **P. san-carlosiana**

            39. Tallos erectos, raramente ramificados; hojas elíptico-ovadas, romboidales, ocasionalmente ovadas, apicalmente emarginadas, pinnatinervias; pedicelo prominente; el cuerpo del fruto 1.5 veces más largo que el pedicelo .... **P. tenella**

          38. Frutos sésiles

            40. Pedúnculos bracteados (a menudo sólo la cicatriz de la bráctea presente); fruto rostrado, el pico prominente y tan largo como el cuerpo del fruto

              41. Tallos y hojas glabros, hojas obovadas, elíptico-obovadas, raramente lanceoladas, 3.5–12 (–16) cm de largo, pinnatinervias .... **P. obtusifolia**

              41. Tallos y hojas densamente pubescentes, hojas palmatinervias

                42. Hojas ovadas a ampliamente ovadas, 1–2.5 cm de largo, obtusas a muy cortamente acuminadas apicalmente .... **P. serpens**

                42. Hojas ovadas a ampliamente ovadas u orbiculares, (2.5–) 3–5 cm de largo, largamente acuminadas apicalmente .... **P. urocarpa**

            40. Pedúnculos ebracteados; fruto mamiforme, turbinado o cortamente rostrado, el cuerpo del fruto 5–6 veces más largo que el pico

              43. Plantas densamente pubescentes, tricomas rígidos, erectos o adpresos, 0.2–0.4 mm de largo

                44. Plantas con todos los tallos reptantes; hojas elíptico-ovadas u ovadas en todos los nudos .... **P. montecristana**

                44. Plantas con tallos erectos; hojas elíptico-lanceoladas en tallos erectos a ovadas en tallos reptantes .... **P. tuisana**

              43. Plantas glabras, si pubescentes los tricomas cortos y curvados, ca 0.1 mm de largo

45. Plantas terrestres, no ramificadas; cicatrices foliares prominentes; densamente pelúcido-punteadas, glándulas de color anaranjado (prominentes en los frutos) .... **P. petrophila**
45. Hierbas epífitas, laxa a densamente ramificadas; cicatrices foliares discretas; pelúcido-punteadas localmente, glándulas negras o translúcidas (discretas en los frutos)
 46. Frutos cilíndricos, parcialmente inmersos en el raquis cuando maduros; hojas apicalmente obtusas .... **P. montium**
 46. Frutos globosos, libres del raquis cuando maduros; hojas apicalmente acuminadas o en ocasiones obtusas
  47. Hojas orbiculares, elíptico-ovadas, lanceoladas, obovadas u oblanceoladas, apicalmente obtusas, acuminadas o abruptamente atenuadas, generalmente muy variables en forma y tamaño a lo largo de un mismo eje, verde claras y opacas cuando secas, glándulas verde claras a translúcidas; frutos con un pico oblicuo en el ápice
   48. Plantas reptantes, raramente escandentes; hojas obovadas, apicalmente obtusas, uniformes en forma y tamaño, coriáceas cuando secas .... **P. martiana**
   48. Plantas erectas; hojas muy variables en forma y tamaño, las más basales obovadas y espatuladas, apicalmente obtusas, las más apicales obovado-lanceoladas u oblanceoladas, corta a largamente acuminadas, membranáceas cuando secas .... **P. succulenta**
  47. Plantas sin la combinación de caracteres antes mencionados
   49. Plantas erectas, 6–30 cm de alto; hojas elíptico-lanceoladas, 1.5–9 cm de largo; pecíolos decurrentes sobre el tallo angulado
    50. Hojas y tallos eglandulares o inconspicuamente punteado-glandulares, glándulas no evidentes en tallos y hojas .... **P. versicolor**
    50. Hojas y tallos punteado-glandulares
     51. Hojas con glándulas negras .... **P. albispica**
     51. Hojas con glándulas amarillo pálidas .... **P. dendrophila**
   49. Plantas erectas o postradas, 4–30 cm de alto; hojas elíptico-ovadas, oblongas o lanceoladas, 1.5–5.5 (–6) cm de largo, verde pálidas, negruzcas o amarillentas cuando secas; pecíolos corta o largamente decurrentes sobre el tallo no angulado
    52. Plantas erectas, profusamente ramificadas; hojas elíptico-ovadas, 1.5–3 cm de largo, uniformes en forma y tamaño a lo largo de los ejes, coriáceas y amarillo pálidas cuando secas .... **P. hylophila**
    52. Plantas erectas o postradas, no ramificadas o laxamente (entonces sólo distalmente); hojas ovadas u oblongas, 1.5–5.5 (–6) cm de largo, variando en forma y tamaño a lo largo de los ejes, membranáceas a coriáceas y verde pálidas o amarillas cuando secas
     53. Plantas erectas, distalmente ramificadas; hojas elíptico-ovadas a obovadas, 1.5–5.5 (–6) cm de largo, coriáceas cuando secas .... **P. dendrophila**
     53. Plantas reptantes, estoloníferas; hojas ampliamente ovadas a obovadas en tallos reptantes, 1–1.5 cm de largo, hojas elíptico-ovadas en tallos erectos (no ramificados), 1.5–3 cm de largo, membranáceas cuando secas .... **P. heterophylla**

Peperomia albispica C. DC., Bot. Jahrb. Syst. 40: 263. 1908.

Generalmente epífitas, erectas, cespitosas, carnosas; tallos (8–) 9–15 cm de largo, muy ramificados en la base, laxamente ramificados en el ápice, cicatrices foliares prominentes, entrenudos 1–1.7 (–4) cm de largo, estriados, canaliculados, densamente negro punteado-glandulares, glabros. Hojas alternas en todos los nudos, uniformes en forma y tamaño a lo largo de los ejes, elípticas a elíptico-lanceoladas u oblanceoladas, 3.5–7 (–7.8) cm de largo y 1.3–2 (–2.6) cm de ancho, atenuadas, largamente acuminadas y falcadas apicalmente, cuneadas basalmente y decurrentes sobre el pecíolo, vaginadas y abrazando al tallo, densamente negro punteado-glandulares en ambas superficies particularmente en el envés, glabras, cartáceas y opacas cuando secas, 5-plinervias, los nervios coalescentes 2–3 mm encima de la base y paralelos por 2/3 de su recorrido y luego divergiendo en ángulos de 40º, nervadura impresa en la haz y elevada en el envés, nervadura terciaria no evidente; pecíolos 0.5–0.9 cm de largo, algo decurrentes sobre el tallo, punteado-glandulares, glabros. Inflorescencia simple, terminal, espigas solitarias, geminadas (una axilar y otra terminal en los nudos más distales) y a menudo con una hoja pequeña de 2 cm de largo o en grupos de 3 espigas, erectas, verde-amarillentas, pedúnculo 0.6–0.9 cm de largo, punteado-glandular, glabro, ebracteado, raquis punteado-glandular, brácteas florales punteado-glandulares, glabras, flores laxamente dispuestas sobre el raquis en la antesis y en fruto; estigma central. Fruto globoso, 0.4 mm de diámetro, víscido, cortamente apiculado, con el pico blanquecino, el cuerpo del fruto sub-basalmente fijado al raquis y parcialmente cubierto por las brácteas.

Conocida en Nicaragua de una sola colección

(*Sandino 105*) de bosques, Jinotega; 650 m; fl y fr abr; norte de Nicaragua al noroeste de Ecuador.

Peperomia angustata Kunth in Humb., Bonpl. & Kunth, Nov. Gen. Sp. 1: 68. 1816; *P. victoriana* C. DC.; *P. viridispica* Trel.; *P. victoriana* var. *margaritana* C. DC.; *P. angustata* var. *santamartae* C. DC.

Epífitas carnosas; tallos 16–30 cm de largo, laxamente ramificados, sólo radicantes en los nudos más basales, cicatrices foliares prominentes, entrenudos (1.5–) 2–6 (–10) cm de largo, estriados cuando secos, glabros o a veces escasamente hírtulos a puberulentos en los entrenudos jóvenes. Hojas opuestas a verticiladas en todos los nudos, muy variables en tamaño, frecuentemente romboideo-elípticas, subobovadas a oblanceoladas, a veces elíptico-lanceoladas, (2–) 2.5–6 (–7) cm de largo y 1.5–3.6 (–4.2) cm de ancho, larga a levemente acuminadas u obtusas apicalmente, cuneadas basalmente y cortamente decurrentes sobre el pecíolo, eglandulares, glabras a inconspicuamente hírtulas en el envés, cartáceas y ruguladas o membranáceas y planas, verde-grisáceas y opacas cuando secas, palmatinervias, con 1–2 pares de nervios divergiendo del nervio central en ángulos de 45°, nervadura primaria impresa en la haz, el nervio principal algo elevado en el envés o la nervadura uniformemente impresa en ambas superficies, nervadura terciaria inconspicua; pecíolos 0.4–1 (–1.2) cm de largo, glabros o esparcidamente hírtulos. Inflorescencia simple, terminal o axilar, espigas solitarias, erectas en la antesis, arqueadas en fruto, pedúnculo 2–6 cm de largo, esparcidamente hírtulo, glabrescente, ebracteado, raquis visible, brácteas florales cartáceas, glabras, flores espaciadas en la antesis y en fruto; estigma apical. Fruto globoso, 0.7–1 mm de diámetro, víscido, eglandular, café, apiculado, con una pseudocúpula blanquecina cubriendo cerca de la mitad del fruto, el cuerpo del fruto sub-basalmente fijado entre las estrías del raquis seco, sésil.

Frecuente, en bosques secos, en todo el país; 0–800 m; fl y fr todo el año; *Stevens 6086, 11208*; sur de Belice al norte de Colombia y Venezuela.

Peperomia blanda (Jacq.) Kunth in Humb., Bonpl. & Kunth, Nov. Gen. Sp. 1: 67. 1816; *Piper blandum* Jacq.; *Peperomia salvaje* C. DC.

Terrestres, esciófilas, carnosas; tallos 10–15 cm de largo, simples a laxamente ramificados distalmente, cicatrices foliares discretas, entrenudos 1–2.5 (–3.5) cm de largo, estriados a canaliculados, pelúcido-punteados, densamente pubescentes, cortamente pilosos. Hojas opuestas en todos los nudos, variables en forma y tamaño, aquellas de los nudos distales elíptico-ovadas o ampliamente ovadas a obovadas, 3.5–4.5 cm de largo y 2.6–3.3 cm de ancho, obtusas apicalmente, cuneadas basalmente, aquellas de los nudos basales ovadas a orbiculares, 1–1.6 cm de largo y 0.8–1.3 cm de ancho, redondeadas u obtusas apicalmente, obtusas o cuneadas basalmente, pelúcido o negro-punteadas, densamente pubescentes, cortamente pilosas en ambas superficies, membranáceas y opacas cuando secas, 3–4 palmatinervias, los nervios más externos ramificados distalmente, nervadura impresa en ambas superficies; pecíolos 0.4–1.2 cm de largo, pelúcido-punteados, densa y cortamente pilosos. Inflorescencia simple, terminal o axilar, espigas solitarias o en grupo de 2–3, erectas o curvadas distalmente, blancas en todos los estadios, pedúnculo 1–1.6 cm de largo, negro-punteado, densa y cortamente piloso, ebracteado, raquis 6–8 (–10) cm de largo, pelúcido-punteado, glabro, brácteas florales membranáceas, pelúcido-punteadas, glabras, ocres, flores laxamente agrupadas en el raquis, sésiles; estigma subapical. Fruto globoso, 0.5 mm de diámetro, negro-punteado, cortamente rostrado apicalmente, con el pico oblicuo, el cuerpo del fruto basalmente fijado al raquis.

Ocasional pero localmente abundante, en grietas rocosas, sitios sombreados y preferiblemente secos, en bosques húmedos circundando la laguna de Masaya; 80–200 m; fl y fr oct; *Neill 1020, Stevens 4459*; América tropical.

Peperomia claytonioides Kunth, Index Sem. (Berlin) 1847: 11. 1847; *P. sciaphila* C. DC.

Terrestres, saxícolas, heliófilas (?), acaulescentes, desarrollándose a partir de un tubérculo globoso o cormo de 0.8–2 cm de diámetro, glabro. Hojas alternas, uniformes en forma y tamaño, ampliamente ovadas a orbiculares, 1–3.5 cm de largo y 1–2 (–3) cm de ancho, acuminadas a obtusas apicalmente, redondeadas a débilmente cordadas basalmente, translúcidas y verde pálidas cuando secas, 3–5-palmatinervias, los nervios discoloros e impresos en ambas superficies; pecíolos 1.5–4 cm de largo, insertados en el centro de la lámina a 1–3.5 cm del margen, glabros. Inflorescencia compuesta (a veces simple?) de 2–3 espigas en un pedúnculo común de 6–9 cm de largo, glabro, espigas erectas, verde pálidas, pedúnculo 0.5–1 cm de largo, glabro, raquis 6–9 cm de largo, inconspicuamente pelúcido-punteado, glabro, brácteas florales membranáceas, glabras, amarillo pálidas, flores muy laxamente agrupadas en el raquis, sésiles; estigma apical. Fruto elipsoide, 0.5–1 mm de largo, café, apicalmente mamiforme, el cuerpo del fruto lateral y oblicuamente fijado al raquis.

Conocida en Nicaragua de una sola colección

(*Stevens 3225*) de laderas rocosas en bosques mixtos, Nueva Segovia; 1125 m; fr ago; Guatemala a Costa Rica. El hábitat de la especie y la morfología del tallo, sugieren prolongados períodos de latencia, con expansión foliar y floración periódica, lo cual podría explicar las pocas colecciones no sólo de esta especie sino de otras peperomias acaulescentes y cormosas.

Peperomia cyclophylla Miq. in Mart., Fl. Bras. 4(1): 219. 1853.

Epífitas, reptantes o escandentes, heliófilas, carnosas; tallos 15–35 cm de largo, densamente ramificados, todos los nudos radicantes, cicatrices foliares discretas, entrenudos 0.8–1.2 cm de largo, canaliculados cuando secos, escasa a densamente retrorso-puberulentos. Hojas opuestas en todos los nudos, uniformes en forma y tamaño a lo largo de los ejes, orbiculares, 0.4–1.2 (–1.5) cm de largo y 0.5–1.4 cm de ancho, obtusas a levemente redondeadas apicalmente, truncadas a redondeadas basalmente, retrorso-puberulentas o cortamente pilosas en ambas superficies, glabrescentes, cortamente pilosas en el margen, coriáceas o raramente membranáceas cuando secas, inconspicuamente 2–4 palmatinervias; pecíolos 0.1–0.3 cm de largo, inconspicuamente pelúcido-punteados, retrorso-puberulentos. Inflorescencia simple, terminal, espigas solitarias, erectas, verdes, pedúnculo 0.8–1 cm de largo, inconspicuamente pelúcido-punteado, retrorso-puberulento, bracteado, raquis 3.5–6 (–8.5) cm de largo, pelúcido-punteado, brácteas florales cartáceas, glabras, amarillo pálidas, flores densamente agrupadas en el raquis, sésiles; estigma apical. Fruto globoso, 0.5–0.8 mm de diámetro, pelúcido-punteado, café, largamente mamiforme, el cuerpo del fruto basalmente unido al raquis.

Ocasional, en bosques secos, zona norcentral; 65–600 (–1100) m; fl y fr aparentemente todo el año; *Moreno 13592*, *Robleto 458*; Guatemala al norte de Brasil y en las Antillas.

Peperomia dendrophila Schltdl. & Cham., Linnaea 5: 74. 1830; *P. chrysocarpa* C. DC.; *P. coarctata* Trel. & Standl.; *P. pterocaulis* Miq.; *P. psiloclada* C. DC.

Epífitas u ocasionalmente terrestres, erectas, cespitosas, esciófilas, suculentas; tallos 6–15 cm de largo, ramificados distalmente con las ramas a menudo arqueadas, a menudo radicantes en los nudos basales, cicatrices foliares discretas, entrenudos 1–3.6 cm de largo (los distales en ocasiones muy reducidos), teretes o canaliculados, inconspicuamente pelúcido-punteados, glabros. Hojas alternas (pseudo-opuestas en nudos distales por reducción de entrenudos), variables en forma y tamaño en el mismo eje,

elíptico-ovadas a obovadas, 1.5–5.5 (–6) cm de largo y 1.5–3 (–4) cm de ancho, cortamente atenuadas o acuminadas apicalmente, cuneadas basalmente, inconspicuamente amarillo u ocasionalmente negro pelúcido-punteadas, glabras y/o cortamente ciliadas apicalmente, coriáceas y amarillentas cuando secas (raramente verde opacas), 2-palmatinervias, nervadura impresa en la haz y levemente elevada en el envés; pecíolos 0.8–1 (–1.8) cm de largo, decurrentes sobre el tallo, glabros. Inflorescencia simple, espigas solitarias, erectas o arqueadas, rígidas, verdes, o en ocasiones 2–3 espigas agrupadas en los nudos distales, pedúnculo 0.3–1 cm de largo, inconspicuamente pelúcido-punteado, ebracteado, raquis (1.8–) 2–6 (–8.5) cm de largo, papilado, glabrescente, brácteas florales membranáceas, pelúcido-punteadas, amarillentas, flores densamente agrupadas en el raquis, sésiles; estigma subapical. Fruto globoso a ovoide y algo comprimido lateralmente, generalmente más largo que ancho, 0.08–0.1 mm de diámetro, basalmente granuloso, amarillo pálido a negro, cortamente rostrado en el ápice, con el pico diminuto y oblicuo, amarillo y translúcido, el cuerpo del fruto lateralmente fijado al raquis.

Común, ocasional en bosques húmedos, muy abundante en bosques premontanos y montanos, en sitios perturbados, zona norcentral; 900–1610 m; fl y fr todo el año; *Guzmán 857*, *Moreno 1333*; México al norte de Ecuador y en las Antillas. Históricamente las colecciones de esta especie han sido tratadas como *P. angularis* C. DC., sin embargo ésta última está restringida al centro y sur de Colombia y Ecuador, posee ejes y pedúnculos densamente puberulentos y frutos globosos de 0.4–0.8 mm de diámetro con un pico prominente y mayor que el de *P. dendrophila*. Con frecuencia, colecciones de herbario de esta especie procedentes de Centroamérica son determinadas como *P. alata* Ruiz & Pav. Esta última especie se distingue fácilmente por sus tallos alados y hojas plinervias.

Peperomia deppeana Schltdl. & Cham., Linnaea 5: 75. 1830; *P. rothschuhii* C. DC.; *P. pseudo-hoffmannii* Trel.; *P. standleyi* Trel.

Epífitas, reptantes, esciófilas, carnosas; tallos erectos, 4–8 cm de largo, profusamente ramificados, la mayoría de los nudos radicantes, cicatrices foliares discretas, entrenudos 0.4–0.9 cm de largo, canaliculados, puberulentos, glabrescentes. Hojas generalmente opuestas en los tallos radicantes o verticiladas en los tallos erectos y/o radicantes, más o menos variables en forma y tamaño a lo largo de los ejes, ampliamente ovadas a obovadas o espatuladas, 0.5–0.7 cm de largo y 0.2–0.25 (–0.3) cm de ancho, obtusas a redondeadas apicalmente o emarginadas, cuneadas basalmente, pelúcido-punteadas, glabras o apicalmente puberulentas, gruesamente coriáceas a membranáceas y verde pálidas o amarillentas cuando secas, inconspicuamente 2-palmatinervias; pecíolos 0.3–0.6 cm de largo, glabros. Inflorescencia simple, espigas solitarias, erectas, rojizas en la antesis, pedúnculo 0.3–0.7 cm de largo, puberulento, raquis 1–4 cm de largo, pelúcido-punteado, densa y cortamente piloso, brácteas florales membranosas marginalmente, pelúcido-punteadas en el centro, amarillo pálidas o anaranjadas, flores densamente agrupadas en el raquis, sésiles; estigma apical. Fruto globoso-ovoide, 0.3–0.5 mm de largo, rojo- a anaranjado-punteado, con glándulas prominentes, cortamente mamiforme, el cuerpo del fruto basalmente fijado al raquis.

Relativamente común, en sitios poco perturbados y sombríos de bosques húmedos premontanos, zonas norcentral y pacífica; 100–1500 m; fl y fr todo el año; *Araquistain 2804, Moreno 18795*; sur de México al noreste de Sudamérica (Colombia).

Peperomia distachya (L.) A. Dietr., Sp. Pl. 1: 156. 1831; *Piper distachyon* L.; *Peperomia calvicaulis* C. DC.

Epífitas, erectas o escandentes, esciófilas, carnosas; tallos 12–25 cm de largo, laxamente ramificados, la mayoría de los nudos radicantes, cicatrices foliares discretas, entrenudos 3.5–7 (–12) cm de largo, estriados cuando secos, pelúcido-punteados, glabros. Hojas alternas, variables en forma y tamaño a lo largo de los ejes, ovadas, elíptico-ovadas a elíptico-lanceoladas, 5–8.5 (–11) cm de largo y 3.5–5 cm de ancho, cortamente acuminadas apicalmente, cuneadas, obtusas o truncadas basalmente, cortamente ciliadas en el margen, pelúcido-punteadas, a menudo papiladas en el envés, membranáceas, raramente coriáceas y verde nítidas en la haz y amarillentas en el envés cuando secas, 2–4-pinnatinervias, los nervios secundarios emergiendo del 1/3 basal de la lámina, nervadura impresa en ambas superficies o el nervio principal elevado en el envés; pecíolos 3.5–8 cm de largo, a menudo insertados a 0.1–0.2 cm del margen, glabros. Inflorescencia compuesta, espigas geminadas (una lateral y otra terminal) o raramente 3 espigas erectas, en un pedúnculo común de 2.5–3 (–4) cm de largo, estriado, cortamente piloso o puberulento, espigas blancas o rojizas en la antesis con pedúnculo de 0.8–1.2 cm de largo, pelúcido-punteado, cortamente piloso o puberulento, bracteado, raquis 1.5–3.5 (–6) cm de largo, negro-punteado cuando seco, glabro, brácteas florales membranáceas, inconspicuamente punteadas, glabras, amarillo páli-

das, flores laxamente agrupadas en el raquis, sésiles; estigma subapical. Fruto globoso, 0.5–0.7 mm de diámetro, liso a remotamente granulado, negro-punteado, largamente rostrado, con el pico 0.2–0.3 mm de largo y anaranjado o café, el cuerpo del fruto basalmente fijado al raquis.

Frecuente, en bosques húmedos y premontanos, zona norcentral; 800–1350 m; fl y fr dic–may; *Moreno 7421, Stevens 6749*; América tropical.

Peperomia emarginella (Sw. ex Wikstr.) C. DC. in A. DC., Prodr. 16(1): 437. 1869; *Piper emarginellum* Sw. ex Wikstr.; *Peperomia delicatissima* var. *venusta* Trel.

Epífitas diminutas, reptantes o escandentes, heliófilas, carnosas; tallos 10–20 cm de largo, abundantemente ramificados formando matas densas, cicatrices foliares inconspicuas, entrenudos filiformes 0.6–0.8 (–1.5) cm de largo, pelúcido-punteados, cortamente pilosos, glabrescentes. Hojas alternas, uniformes en forma y tamaño a lo largo de los ejes, ampliamente ovadas a orbiculares, 0.3–0.5 cm de largo y 0.08–0.2 cm de ancho, obtusas apical y basalmente, ciliadas marginalmente, pelúcido-punteadas, cortamente pilosas en ambas superficies, glabrescentes, membranáceas y verde opacas cuando secas, inconspicuamente 2-palmatinervias, nervadura impresa en ambas superficies; pecíolos 0.06–0.13 cm de largo, glabros. Inflorescencia simple, axilar o terminal, espigas solitarias, erectas, blancas o verde pálidas, pedúnculo 0.8–1 cm de largo, puberulento, ebracteado, raquis 1.5–4 cm de largo, glabro, brácteas florales eglandulares, glabras, amarillo translúcidas, flores laxamente dispuestas en el raquis, pediceladas (0.8–1 mm de largo); estigma apical. Fruto elipsoide a obovoide, 0.81 mm de largo, pelúcido-punteado, rojo-anaranjado, mamiforme, pedicelado.

Ocasional, en sitios expuestos de bosques secos, zona atlántica; 80–300 m; fl y fr mar–ago; *Pipoly 4173, Stevens 19299*; América tropical.

Peperomia emiliana C. DC., Anales Inst. Fís.-Geogr. Nac. Costa Rica 9: 179. 1897; *P. staminea* Trel.

Epífitas, reptantes, erectas o escandentes; tallos postrados, 35–50 cm de largo, todos los nudos radicantes, cicatrices foliares discretas, entrenudos 2.5–4.2 cm de largo, estriados, canaliculados cuando secos, inconspicuamente punteado-glandulares, esparcidamente blanco hirsútulos. Hojas verticiladas, romboidales, elíptico-lanceoladas, (1.5–) 2–3 cm de largo y 0.8–1.3 cm de ancho, acuminadas apicalmente con el acumen levemente obtuso, cuneadas basalmente, inconspicuamente amarillo punteado-glandulares, puberulentas apicalmente, cartáceas y grises a verde-azulosas cuando secas, 3-palmatinervias, los nervios divergiendo en ángulos de 35–40°, nervadura inmersa en la haz, el nervio principal levemente elevado en el envés, nervadura terciaria no evidente; pecíolos 0.2–0.6 cm de largo, no decurrentes sobre el tallo, esparcidamente hirsútulos. Inflorescencia simple, axilar, espigas solitarias, erectas en la antesis a levemente arqueadas en fruto, blancas (verde-amarillentas en fruto), pedúnculo 4.3–6.3 cm de largo, eglandular, glabro, ebracteado, raquis con cavidades profundas y algo sulcado cuando seco, eglandular, glabro, brácteas florales cartáceas, anaranjado-punteadas en el centro, glabras, flores densamente agrupadas en la antesis, distantes en fruto; estigma apical. Fruto globoso, 0.4 mm de diámetro, café brillante en la base y negro en el ápice, con una pseudocúpula apical, el cuerpo del fruto basalmente fijado a las cavidades del raquis, sésil en todos los estadios, pseudopedicelos ausentes.

Frecuente, en bosques húmedos y bosques premontanos perturbados, en sitios expuestos, zona atlántica; 200–1000 m; fl y fr feb–abr; *Ortiz 809*, *Stevens 16541*; norte de Guatemala hasta noroeste de Colombia.

Peperomia galioides Kunth in Humb., Bonpl. & Kunth, Nov. Gen. Sp. 1: 71, t. 17. 1816; *P. gallitoensis* Trel.; *P. garrapatilla* Trel.

Epífitas, terrestres o saxícolas, erectas, heliófilas, carnosas; tallos 6–30 (–40) cm de largo, a menudo profusamente ramificados y arborescentes, cicatrices foliares a menudo prominentes, entrenudos proximales 1–4 (–5) cm de largo, entrenudos distales 0.5–1.5 (–2) cm de largo, teretes a canaliculados cuando secos, densamente retrorso-puberulentos, glabrescentes. Hojas verticiladas, muy variables en forma y tamaño a lo largo de los ejes, aquellas de los nudos basales ovadas a elíptico-ovadas, 0.5–1 cm de largo y 0.2–0.4 cm de ancho, aquellas de los nudos distales oblongo-lanceoladas, 0.8–2 (–2.5) cm de largo y 0.3–0.5 cm de ancho, obtusas apicalmente, cuneadas basalmente, anaranjado pelúcido-punteadas, cortamente ciliadas en el ápice y márgenes adyacentes, retrorso-puberulentas en la haz a lo largo del nervio principal, glabrescentes, membranáceas y verde pálidas o coriáceas y negruzcas cuando secas, 1–2-palmatinervias, ocasionalmente un par adicional de nervios emergiendo del 1/3 basal de la lámina, nervadura inconspicua en la haz y levemente visible en el envés; pecíolos 0.2–0.4 cm de largo, densamente retrorso-puberulentos. Inflorescencia simple, terminal o axilar, espigas generalmente en grupos de 3–6 en la porción distal de las ramas, raramente solitarias,

erectas a ligeramente curvadas distalmente en la antesis y en fruto, pedúnculo 0.7–5 (–6) mm de largo, inconspicuamente pelúcido-punteado, puberulento, glabrescente, ebracteado, raquis 1.8–10 (–12) cm de largo, glabro, brácteas florales cartáceas, pelúcido-punteadas, glabras, cafés, flores laxamente agrupadas en el raquis, sésiles; estigma subapical. Fruto globoso, 0.1–0.3 mm de diámetro, pelúcido-punteado, papilado, negruzco, cortamente rostrado, con el pico oblicuo y prominente, amarillo translúcido, el cuerpo del fruto basalmente unido al raquis.

Frecuente, en bosques premontanos y nebliselvas, a menudo en bosques de pino-encinos, en sitios perturbados, zona norcentral; 900–1700 m; fl y fr jul–ene; *Moreno 2939, Neill 1216*; América tropical.

Peperomia glabella (Sw.) A. Dietr., Sp. Pl. 1: 156. 1831; *Piper glabellum* Sw.; *Peperomia percuneata* Trel.

Epífitas, reptantes, escandentes o erectas, heliófilas, carnosas; tallos 2–15 cm de largo, poco a densamente ramificados, todos o sólo los nudos basales radicantes, cicatrices foliares discretas, entrenudos 0.6–3.5 cm de largo, densamente negro-punteados, glabros. Hojas alternas, en ocasiones subopuestas en los nudos floríferos, variables en forma y tamaño a lo largo de los ejes, generalmente elíptico-lanceoladas, en ocasiones ovadas a obovadas, (2.5–) 3–6 (–7.5) cm de largo y 1.5–4 cm de ancho, acuminadas apicalmente, cuneadas basalmente, densamente negro-punteadas, ciliadas apicalmente, membranáceas y verde opacas y/o negruzcas cuando secas, 2–4-palmatinervias, ocasionalmente plinervias, con un par de nervios secundarios emergiendo del 1/3 basal de la lámina, nervadura impresa en ambas superficies; pecíolos 0.4–1 cm de largo, decurrentes sobre el tallo, densamente negro-punteados, ciliados. Inflorescencia simple, terminal y axilar u opuesta, espigas solitarias erectas o curvadas distalmente, verde obscuras a rojizas, pedúnculo 0.3–0.8 cm de largo, densamente negro-punteado, glabro, raquis (4–) 6–10 (–12) cm de largo, negro-punteado, glabro, brácteas florales cartáceas, negro-punteadas, glabras, flores densamente agrupadas en el raquis, sésiles; estigma subapical. Fruto globoso-ovoide, 0.5–0.6 mm de largo, densamente negro-punteado, cortamente rostrado, con el pico diminuto y oblicuo, negro, el cuerpo del fruto basalmente fijado al raquis.

Común, en bosques premontanos y montano húmedos, ocasionalmente en bosques secos, en sitios perturbados, zonas norcentral y pacífica, ocasional en la zona atlántica; 100–1450 m; fl y fr durante todo el año; *Grijalva 943, Pipoly 4751*; América tropical.

Peperomia hernandiifolia (Vahl) A. Dietr., Sp. Pl.
1: 157. 1831; *Piper hernandiifolium* Vahl;
Peperomia conserta Yunck.

Epífitas, reptantes, ocasionalmente escandentes,
esciófilas (?), suculentas; tallos 20–40 cm de largo,
laxamente ramificados, todos los nudos radicantes,
cicatrices foliares discretas, entrenudos 3–6.5 (–9) cm
de largo, pelúcido-punteados, glabros. Hojas alternas,
uniformes en forma y tamaño a lo largo de los ejes,
ovadas o ampliamente ovadas a casi orbiculares,
(3.8–) 4.5–10 cm de largo y 3.5–6 cm de ancho,
acuminadas apicalmente, redondeadas o truncadas
basalmente, pelúcido-punteadas, en ocasiones ciliadas en el margen, membranáceas, translúcidas y
verde opacas cuando secas, 4–6-palmatinervias, en
ocasiones con un par de nervios emergiendo del 1/3
basal de la lámina, nervadura impresa en ambas
superficies, nervadura terciaria densamente reticulada; pecíolos 2.5–5 (–7) cm de largo, insertados a
0.5–1.5 cm del margen, pelúcido-punteados, glabros.
Inflorescencia simple, terminal, axilar, espigas solitarias, erectas, blancas o verde pálidas, pedúnculo 3–
7 cm de largo, negro-punteado, glabro, bracteado,
raquis 4–7 (–9) cm de largo, glabro, brácteas florales
membranáceas, pelúcido-punteadas, rojo-cafés, flores
laxamente agrupadas en el raquis, sésiles; estigma
subapical. Fruto cilíndrico, ovoide, 0.6–0.8 mm de
largo, densamente rojo-punteado, largamente rostrado, con el pico prominente de 0.3–0.4 mm de
largo, café obscuro, el cuerpo del fruto basalmente
fijado y oblicuo al raquis.

Frecuente, en sitios parcialmente perturbados,
bosques premontanos y montanos, zona norcentral;
1300–1580 m; fl y fr may–sep; *Croat 43130, Stevens
16996*; América tropical.

Peperomia heterophylla Miq., London J. Bot. 4:
415. 1845; *P. vulcanicola* C. DC.; *P.
aggravescens* Trel.

Epífitas, reptantes, heliófilas, carnosas; tallos 4–7
cm de largo, laxamente ramificados, aquellos floríferos generalmente erectos, cicatrices foliares discretas, entrenudos distales 0.4–0.6 cm de largo, entrenudos proximales 2–4 cm de largo, pelúcido-punteados,
retrorso-puberulentos, glabrescentes. Hojas
alternas, a menudo agrupadas en los nudos floríferos
y apareciendo subopuestas, variables en forma y
tamaño, aquellas en los nudos distales de los tallos
erectos elíptico-ovadas, 1.5–3 cm de largo y 0.5–0.7
cm de ancho, largamente atenuadas apicalmente,
cuneadas basalmente, aquellas en los tallos reptantes
ampliamente ovadas a obovadas, 1–1.5 cm de largo y
1–1.2 cm de ancho, obtusas o cuneadas apicalmente,
pelúcido-punteadas, ápice cortamente ciliado, membranáceas y verdes o translúcidas cuando secas, 3-
palmatinervias, nervadura impresa en ambas superficies, el nervio principal a menudo elevado en el
envés; pecíolos 1–2.5 cm de largo, glabros. Inflorescencia simple, terminal o axilar, espigas solitarias,
erectas, blancas o verde pálidas, pedúnculo 5–7 mm
de largo, glabro, ebracteado, raquis 3–6 cm de largo,
pelúcido-punteado, glabro, brácteas florales cartáceas, negro-punteadas en el centro, glabras, marginalmente verde translúcidas, flores laxamente agrupadas en el raquis, sésiles; estigma subapical. Fruto
globoso-ovoide, 0.4–0.6 mm de largo, pelúcido-punteado, café, cortamente rostrado, con el pico
oblicuo y translúcido, el cuerpo del fruto lateralmente
fijado al raquis.

Ocasional, en bosques montanos, en sitios parcialmente perturbados y expuestos, zona norcentral;
1350–1700; fl y fr ago–dic; *Moreno 16987, Stevens
22467*; sur de Honduras a Panamá, zona andina y
sureste de Sudamérica.

Peperomia hirta C. DC. in A. DC., Prodr. 16(1):
412. 1869; *P. costaricensis* C. DC.; *P.
disparifolia* Trel.; *P. flagitans* Trel.; *P.
tenuinervis* Trel.

Epífitas, raramente terrestres y/o saxícolas,
erectas, a menudo escandentes, heliófilas, carnosas;
tallos 12–18 cm de largo, laxamente ramificados,
cicatrices foliares discretas, entrenudos 1–2.5 cm de
largo, estriados, rojo a anaranjado-punteados, densamente pubescentes. Hojas alternas en todos los
nudos, uniformes en forma y tamaño a lo largo de los
ejes, ampliamente ovadas a elíptico-ovadas, 2.5–4.5
(–5) cm de largo y 1.3–3.5 (–4) cm de ancho, obtusas
a cortamente acuminadas apicalmente, cuneadas
basalmente (raramente redondeadas), membranáceas
a cartáceas, verde amarillentas y opacas cuando
secas, 4-plinervias, los nervios secundarios emergiendo del 1/3 basal del nervio principal, nervadura
impresa; pecíolos 1.5–3.5 cm de largo. Inflorescencia
simple, terminal o axilar, espigas solitarias, erectas,
verdes, pedúnculo 3–4.5 cm de largo, raquis 6–9 cm
de largo, rojo- o anaranjado-punteado, glabro, brácteas florales membranáceas, densamente rojo- a
anaranjado-punteadas, cortamente pilosas en el margen, flores laxa o densamente agrupadas en el raquis;
estigma subapical. Fruto globoso-ovoide, 0.5–0.6 mm
de largo, rojo- a anaranjado-punteado distalmente,
liso, café en la base, cortamente rostrado, con el pico
oblicuo y translúcido, el cuerpo del fruto lateralmente
fijado al raquis.

Ocasional, en bosques perennifolios, aparentemente restringida a sitios escarpados de piedra caliza,
en los alrededores del cerro Waylawás, Zelaya; 80–

260 m; fl y fr jul–mar; *Pipoly 4383, Stevens 7387*; norte de México al sur de Panamá y en las Antillas.

Peperomia hylophila C. DC., Anales Inst. Fís.-Geogr. Nac. Costa Rica 9: 176. 1897; *P. austinii* Trel.

Epífitas, erectas, heliófilas, carnosas; tallos 15–30 cm de largo, profusamente ramificados, cicatrices foliares discretas, entrenudos 0.7–2 (–4) cm de largo, estriados, canaliculados, pelúcido-punteados, glabros. Hojas alternas (subopuestas en los nudos floríferos), uniformes en forma y tamaño a lo largo de los ejes, elíptico-ovadas, 1.5–3 cm de largo y 0.8–1.3 cm de ancho, cortamente acuminadas a obtusas apicalmente, cuneadas basalmente, negro-punteadas en ambas superficies, puberulentas apicalmente, coriáceas y amarillo pálidas en el envés cuando secas, 2–3-palmatinervias, nervadura impresa en la haz y levemente elevada en el envés; pecíolos 0.2–0.4 cm de largo, decurrentes sobre el tallo, inconspicuamente negro-punteados, glabros. Inflorescencia simple, espigas solitarias o en grupos de 2–5 en nudos floríferos, erectas, verde pálidas, pedúnculo 0.6–1 cm de largo, pelúcido-punteado, glabro, ebracteado, raquis 3.6–6 cm de largo, inconspicuamente negro-punteado, brácteas florales membranáceas, pelúcido-punteadas, glabras, verde pálidas, flores laxamente agrupadas en el raquis, sésiles; estigma subapical. Fruto globoso, 0.4–0.5 mm de diámetro, café, cortamente rostrado, con el pico oblicuo y café, el cuerpo del fruto basalmente fijado al raquis u ocasionalmente subyacente a un pedicelo pequeño.

Ocasional pero localmente abundante, aparentemente en sitios expuestos, en nebliselvas, restringida a las colinas alrededor del Volcán Mombacho en Granada, y Estelí; 740–1200 m; fl y fr ene–jun; *Croat 39131, Moreno 74*; noroeste de Nicaragua al noreste de Sudamérica. Es muy similar a *P. rotundata* var. *trinervula* (C. DC.) Steyerm.

Peperomia incisa Trel., Contr. U.S. Natl. Herb. 26: 205. 1929; *P. aneura* Yunck.

Epífitas, reptantes, carnosas; tallos filiformes densamente ramificados, los estériles 20–30 cm de largo, reptantes, decumbentes y radicantes o en ocasiones péndulos, entrenudos de (1.5–) 2–4 cm de largo, estriados, canaliculados, con la epidermis exfoliante, eglandulares, puberulentos. Hojas alternas, obovadas a elíptico-oblongas, (0.3–) 0.6–1 (–1.3) cm de largo y 0.3–0.6 cm de ancho, retusas, obtusas y profundamente emarginadas apicalmente, obtusas o abruptamente cuneadas basalmente, amarillo punteado-glandulares, glabras, cartáceas y opacas cuando secas, 3-palmatinervias, nervadura obsoleta; pecíolos

0.05–0.15 cm de largo, glabros. Inflorescencia simple, terminal, espigas solitarias, erectas a curvadas distalmente, raquis papilado, glabro, brácteas florales punteadas, glabras, anaranjadas, flores espaciadas sobre el raquis; estigma central. Fruto globoso u ovoide, 0.4 mm de diámetro, víscido, punteado-glandular, apicalmente rostrado, con el pico muy corto pero tan ancho como el fruto, triangular y oblicuo, sésil o en ocasiones el cuerpo del fruto sobre un pseudopedicelo corto de 0.2 mm de largo.

Rara, aparentemente restringida a bosques de tierras bajas y bosques premontanos, zona atlántica; 0–400 m; fl y fr jul–dic; *Araquistain 3356, Rueda 1831*; Nicaragua al norte de Colombia a lo largo de la costa del Caribe.

Peperomia lanceolato-peltata C. DC., J. Bot. 4: 136. 1866; *P. tecticola* C. DC.; *P. hispidorhachis* Yunck.

Terrestres, saxícolas, raras veces epífitas, ocasionalmente acaulescentes, esciófilas; tallos 2–3.8 cm de largo, cicatrices foliares poco evidentes, entrenudos drásticamente reducidos (raramente alargados), 0.5–2.5 cm de largo, papilados, glabros. Hojas alternas y agrupadas distalmente, uniformes en forma y tamaño a lo largo de los ejes, ampliamente ovadas a ovado-elípticas, 5.5–12 cm de largo y (3–) 4–6.5 (–8) cm de ancho, cortamente acuminadas apicalmente, redondeadas a truncadas basalmente, pelúcido-punteadas, pilosas en ambas superficies, glabrescentes en el envés, ciliadas marginalmente, verde translúcidas cuando secas, 4–6-palmatinervias, nervadura impresa en ambas superficies; pecíolos (4–) 6–10 (–12) cm de largo, insertados a 1–2 cm del margen, papilados, glabros. Inflorescencia simple, terminal, espigas solitarias o agrupadas, erectas, verde pálidas, pedúnculo 4–7 (–8) cm de largo, glabro, raquis 6–10 (–12) cm de largo, papilado, glabro, brácteas florales membranáceas, pelúcido-punteadas, glabras, blancas o translúcidas, flores muy laxamente agrupadas en el raquis, sésiles; estigma apical. Fruto globoso, 0.3–0.5 mm de largo, papilado, café, mamiforme, el cuerpo del fruto basalmente fijado al raquis.

Frecuente, en bosques premontanos, zona norcentral; 950–1250 m; fl y fr sep–dic; *Moreno 17805, Stevens 15994*; Guatemala a Colombia y Venezuela.

Peperomia lancifolia Hook., Icon. Pl. 4: t. 332. 1841; *P. calvifolia* f. *abrupta* Trel.

Epífitas o terrestres, erectas, esciófilas, carnosas; tallos 11–16 cm de largo, simples a laxamente ramificados, cicatrices foliares discretas, entrenudos 2.5–4 cm de largo, glabros. Hojas alternas, uniformes en forma y tamaño a lo largo de los ejes, elíptico-lanceoladas, 14–18 (–22) cm de largo y 2.5–4.5 cm de ancho, largamente acuminadas apicalmente, cuneadas basalmente y decurrentes sobre el pecíolo, negro-punteadas, margen ciliolado apicalmente, membranáceas y verde-cafés cuando secas, pinnatinervias, con 6–10 pares de nervios secundarios emergiendo hasta el 1/3 apical de la lámina, arqueados, equidistantes y casi paralelos, nervadura impresa en la haz y levemente elevada en el envés; pecíolos 0.5–1.5 cm de largo, decurrentes sobre el tallo, inconspicuamente pelúcido-punteados, glabros. Inflorescencia compuesta, opuesta o axilar, con 3–5 espigas en espiral a lo largo de un eje común de 7–15 cm de largo con entrenudos de 2.5–4.5 cm de largo, erecta, pedúnculo común 1–4 cm de largo, bracteado, pedúnculo de cada espiga 1.5–2 cm de largo, pelúcido-punteado, glabro, raquis 7–12 cm de largo, amarillo, pelúcido-punteado, glabro, brácteas florales membranáceas, glabras, cafés, flores laxamente agrupadas en el raquis; estigma subapical. Fruto cilíndrico, 0.8–1.2 mm de largo, pelúcido-punteado, café, cortamente rostrado, con el pico oblicuo y amarillo obscuro, el cuerpo del fruto fijado basalmente al raquis.

Ocasional, en bosques premontanos, sitios poco perturbados, zona norcentral; 600–1600 m; fl y fr mar–jun; *Moreno 7671*, *Stevens 11365*; sur de México hasta Colombia, Ecuador y Venezuela.

Peperomia macrostachya (Vahl) A. Dietr., Sp. Pl. 1: 149. 1831; *Piper macrostachyon* Vahl; *Peperomia rupestris* Kunth; *P. glabricaulis* C. DC.

Epífitas, escandentes, a menudo péndulas, esciófilas, suculentas; tallos 20–45 cm de largo, simples o laxamente ramificados, la mayoría de los nudos radicantes, cicatrices foliares discretas, entrenudos 2.5–5 (–6) cm de largo, epidermis a menudo exfoliante, pelúcido-punteados, glabros, ocasionalmente ciliados cerca a los nudos o densa y cortamente pubescentes en los nudos distales. Hojas alternas, uniformes en forma y tamaño a lo largo de los ejes, elíptico-ovadas a elíptico lanceoladas, raramente ovadas, (4–) 5–9 (–12) cm de largo y 1.5–5.2 cm de ancho, cortamente acuminadas apicalmente, obtusas o cuneadas basalmente, negro-punteadas, ciliadas marginalmente, glabrescentes, coriáceas, verde obscuras y revolutas cuando secas; pecíolos 0.3–1.5 cm de largo o ausentes, glabros o ciliados. Inflorescencia simple, espigas solitarias u ocasionalmente en pares (una espiga terminal en fruto, otra lateral en antesis), erectas, curvadas distalmente o péndulas, cuando las espigas son geminadas el pedúnculo común 1.6–2 cm de largo, glabro, bracteado, pedúnculo de cada espiga 2–2.5 cm de largo, puberulento, raquis 6.5–14 cm de largo, negro-punteado, glabro, brácteas florales membranáceas, negro-punteadas, glabras, flores laxamente agrupadas en el raquis, sésiles; estigma subapical. Fruto cilíndrico, elipsoide, 1.1–1.3 cm de largo, pelúcido-punteado, café, cortamente rostrado, con el pico oblicuo, el cuerpo del fruto basalmente fijado al raquis.

Común, en bosques secos o premontanos, en sitios perturbados, en todo el país; 60–1000 m; fl y fr durante todo el año; *Pipoly 4603*, *Stevens 8363*; América tropical. Con frecuencia y a lo largo de su distribución crece asociada a *Codonanthe crassifolia* en nidos de hormigas.

Peperomia maculosa (L.) Hook., Exot. Fl. 2: t. 92. 1824; *Piper maculosum* L.; *Peperomia leridana* Trel.

Epífitas, reptantes, a menudo escandentes o erectas, esciófilas, suculentas; tallos 30–70 (–80) cm de largo, simples a laxamente ramificados, la mayoría de nudos radicantes, cicatrices foliares prominentes, entrenudos 2–6 (–7.5) cm de largo, cortamente puberulentos o largamente pilosos, glabrescentes. Hojas alternas, uniformes en forma y tamaño a lo largo de los ejes, elíptico-ovadas o ampliamente ovadas, (8–) 10.5–16 (–18) cm de largo y (6–) 8–10 cm de ancho, acuminadas apicalmente, redondeadas a truncadas basalmente, cortamente ciliadas marginalmente, glabrescentes en la haz, coriáceas y café obscuras cuando secas, 4–6-pinnatinervias, los nervios emergiendo del 1/3 basal de la lámina, nervadura impresa en la haz, el nervio principal elevado en el envés; pecíolos 7–12 (–16) cm de largo, insertados a 0.8–1.5 cm del margen, inconspicuamente pelúcido-punteados, cortamente pilosos, glabrescentes. Inflorescencia compuesta, espigas geminadas o en ocasiones solitarias, erectas, verdes, cuando geminadas sobre un pedúnculo común de 1.5–3 cm de largo, cortamente piloso, pedúnculo de cada espiga 5–5.7 cm de largo, cortamente piloso, glabrescente, bracteado, raquis (10–) 12–30 (36) cm de largo, glabro, brácteas florales membranáceas, pelúcido-punteadas, glabras, cafés, flores densamente agrupadas en el raquis, sésiles; estigma subapical. Fruto elipsoide a ovoide, 0.7–0.9 mm de largo, pelúcido-punteado, café obscuro o amarillento, largamente rostrado, con el pico 0.2 mm de largo, el cuerpo del fruto basalmente fijado al raquis.

Frecuente, bosques premontanos, en sitios húmedos y sombreados, zona norcentral; 800–1500 m; fl y fr jun–ene; *Sandino 227*, *Stevens 21834*; América tropical. Introducida en Europa a fines del siglo XIX y actualmente cultivada como planta ornamental.

Peperomia magnoliifolia (Jacq.) A. Dietr., Sp. Pl. 1: 153. 1831; *Piper magnoliifolium* Jacq.; *P. subrotundum* Haw.; *Peperomia lancetillana* Trel.

Epífitas o epipétricas, decumbentes a erectas; tallos 10–20 (–70) cm de largo, generalmente muy cortos o laxamente alargados, sólo los nudos más basales radicantes, cicatrices foliares discretas, entrenudos 1–2 (–9) cm de largo, ocasionalmente con la epidermis exfoliante, eglandulares, glabros. Hojas alternas, elíptico-ovadas a elíptico-lanceoladas u obovadas, (5–) 7.5–15 (–20) cm de largo y (3.2–) 4.5–6 (–8.5) cm de ancho, obtusas a levemente acuminadas apicalmente, o a veces redondeadas y a menudo levemente emarginadas, cuneadas basalmente y decurrentes sobre el tallo, eglandulares en la haz, levemente amarillo punteado-glandulares en el envés, glabras, eciliadas o menudamente hírtulas en el ápice, coriáceas, grises a cafés o verde oliva en la haz, cafés en el envés, o verde oliva en ambas superficies cuando secas, pinnatinervias, con 3–4 pares de nervios emergiendo entre la base y la 1/2 o el 1/3 apical del nervio principal, nervios secundarios ramificados distalmente y anastomosados por nervios terciarios transversales, nervadura impresa en la haz, el nervio principal levemente elevado en el envés, a menudo las aréolas terciarias y los nervios secundarios blanquecinos o cafés cuando secos y algo evidentes en la haz; pecíolos 1.5–4.5 cm de largo, eglandulares, glabros. Inflorescencia compuesta, terminal o axilar, con 2–5 espigas, generalmente en grupos de 2 ó 3 inflorescencias cada una con 2 espigas o solamente una espiga por pérdida de la otra, erectas a levemente curvadas en fruto, verde tenues a rojizas o totalmente púrpuras, algo cafés cuando secas, pedúnculo común de 3–5.6 cm de largo, eglandular, glabro, ramificado distalmente y con 2 brácteas cada una subyacente a una espiga terminal, pedúnculo de cada espiga 3–5 cm de largo, glabro (en nuestro material) o puberulento cuando joven, bracteado, raquis parcialmente visible, eglandular, brácteas florales membranáceas, anaranjado punteado-glandulares, glabras, cafés o verdes obscuras, flores densamente agrupadas en la antesis, laxamente dispuestas en fruto; estigma central hacia la base del pico del fruto. Fruto globoso-obovoide, 1.1 mm de largo, cafe o negro al secarse, con el pico de 0.5–0.6 mm de largo, grueso, semirígido, levemente curvado más no rostrado en el ápice y decurrente en la base, pseudopedicelos no vistos.

Muy común, bosques húmedos y secos, en todo el país; 0–1000 (–1500) m; fl y fr todo el año; *Stevens 9331, 20759*; sur de México al norte de Bolivia y este de Brasil, también en las Antillas.

Peperomia martiana Miq., Syst. Piperac. 189. 1843; *P. amantlanensis* C. DC.; *P. reptabunda* Trel.; *P. laudabilis* Trel.

Epífitas, reptantes y estoloníferas, raramente escandentes, esciófilas, carnosas; tallos 6–10 (–25) cm de largo, los floríferos cortos y erectos de 2–4 cm de largo, cicatrices foliares discretas, entrenudos 3.5–19 (–25) mm de largo, teretes o levemente estriados cuando secos, glabros. Hojas alternas, uniformes en forma y tamaño, angosta o ampliamente obovadas, (1.5–) 2–2.8 cm de largo y 0.9–1.6 cm de ancho, obtusas apicalmente y a menudo emarginadas, cuneadas basalmente, pelúcido-punteadas, cortamente ciliadas o puberulentas apicalmente, coriáceas, verde pálidas o azul-verdosas y opacas cuando secas, 1–2-plinervias, los nervios emergiendo de 1/3 basal de la lámina, nervadura impresa en la haz y elevada en el envés, nervadura terciaria densamente reticulada; pecíolos 0.5–1 cm de largo o ausentes en los nudos distales, pelúcido-punteados, glabros. Inflorescencia simple, terminal o axilar, espigas solitarias, erectas, blancas o verde pálidas, raramente 2 espigas en los nudos distales, pedúnculo filiforme 0.7–2.5 cm de largo, glabro, ebracteado, raquis 2.5–4 (–7) cm de largo, glabro, brácteas florales membranáceas, pelúcido-punteadas, flores laxamente agrupadas en el raquis, sésiles; estigma subapical. Fruto globoso, 0.4 mm de diámetro, café, cortamente rostrado, con el pico oblicuo y amarillo translúcido, el cuerpo del fruto lateralmente fijado al raquis.

Ocasional, aunque localmente abundante, en bosques premontanos y montanos húmedos, zona norcentral; 900–1200 m; fl y fr nov–abr; *Grijalva 475, Guzmán 2189*; América tropical.

Peperomia matlalucaensis C. DC., Linnaea 37: 375. 1872. *P. punctatifolia* Trel.

Epífitas, delicadas; tallos filiformes, 10–28 cm de largo, muy densamente ramificados, todos los nudos radicantes, cicatrices foliares no evidentes, entrenudos 1.5–2.2 cm de largo, estriados, densamente blanco-pubescentes. Hojas alternas, uniformes en forma y tamaño a lo largo de todos los ejes, elíptico-ovadas a oblongas u obovadas, 0.7–1 (–1.2) cm de largo y (0.3–) 0.4–0.7 cm de ancho, obtusas a redondeadas apicalmente, cuneadas basalmente, café punteado-glandulares particularmente en el envés, densamente pubescentes en ambas superficies, marginalmente ciliadas, membranáceas mas no translúcidas y algo opacas cuando secas, 3-palmatinervias, nervadura sólo visible a contraluz, nervadura impresa en ambas superficies, nervadura terciaria finamente reticulada; pecíolos 0.2–0.3 cm de largo, densamente pubescentes. Inflorescencia simple, terminal, espigas solitarias, blancas en la antesis, verdes en fruto, pedúnculos filiformes de 0.4–0.7 cm de largo, densamente pubescentes, ebracteados, raquis sulcado y con numerosas cavidades cuando seco, brácteas florales membranáceas, flores laxamente dispuestas en la antesis y en fruto, verdes cuando secas; estigma central. Fruto subgloboso, 0.3 mm de diámetro, no víscido, cortamente apiculado en el ápice, con el pico triangular, oblicuo y muy corto, sésil.

Frecuente, en sitios de sombrío, en áreas parcialmente perturbadas de bosques tropicales y premontanos húmedos, zonas norcentral y atlántica; 300–1000 m; fl y fr durante todo el año; *Rueda 3589*, *Stevens 16686*; sur de México a Panamá.

Peperomia montecristana Trel., Contr. U.S. Natl. Herb. 26: 199. 1929.

Epífitas, reptantes, carnosas; tallos 17–80 cm de largo, muy poco ramificados, todos los nudos radicantes, entrenudos (0.7–) 1.5–3 (–4.5) cm de largo, aplanados cuando secos, no obviamente punteado-glandulares, densamente blanco a amarillento-pubescentes. Hojas alternas en todos los nudos, ovadas a casi orbiculares, elíptico-ovadas u ovadas, (1.7–) 2.3–4.5 (–5.2) cm de largo y 1.4–2.5 cm de ancho, cortamente acuminadas apicalmente, obtusas a redondeadas y algo cuneadas basalmente, densamente pubescentes en ambas superficies, gruesamente cartáceas y densamente negro-punteadas cuando secas, 3-palmatinervias, los nervios divergiendo en ángulos de 45°, nervadura impresa en la haz y más o menos elevada en el envés, nervadura terciaria no evidente; pecíolos 0.6–1.7 cm de largo, eglandulares, densamente pubescentes. Inflorescencia simple, terminal o axilar en los nudos más superiores, espigas solitarias o raramente 1–2 espigas en un nudo, erectas, verde-amarillentas, pedúnculo 0.7–1.5 cm de largo, densamente pubescente, ebracteado, raquis parcialmente expuesto en fruto eglandular, glabro, brácteas florales membranáceas, punteado-glandulares en el centro, glabras, blancas o verdosas a amarillo pálidas cuando secas, flores laxamente dispuestas en la antesis y en fruto; estigma subapical. Fruto globoso, ovoide, 0.5 mm de diámetro, granuloso, con el pico oblicuo y algo escutelado, el cuerpo del fruto sub-basalmente fijado al raquis y parcialmente libre de éste, sésil o eventualmente sobre un pseudopedicelo de 0.2 mm de largo.

Ocasional, en bosques periódicamente inundados y dominados por *Raphia* o *Prioria*, frecuente sobre troncos caídos en la playa, zona atlántica; 0–300 m; *Moreno 23333*, *Stevens 8846*; norte de Nicaragua al sur de Panamá.

Peperomia montium C. DC., Repert. Spec. Nov.

Regni Veg. 15: 5. 1917; *P. albescens* Trel.; *P. panamensis* C. DC.; *P. saltivagans* Trel.

Epífitas, reptantes o escandentes, esciófilas, carnosas; tallos erectos, 4–8 cm de largo, laxamente ramificados, radicantes, cicatrices foliares discretas, entrenudos distales 0.5–0.7 cm de largo, entrenudos proximales 1.5–4 cm de largo, canaliculados cuando secos, pelúcido-punteados, densamente retrorso-puberulentos. Hojas alternas a subopuestas por reducción de entrenudos floríferos, uniformes en forma y tamaño a lo largo de los ejes, ovadas a obovadas, (1–) 1.5–2.5 cm de largo y 1–1.7 cm de ancho, obtusas apicalmente y débilmente emarginadas, cuneadas o raramente obtusas basalmente, pelúcido-punteadas, puberulentas apicalmente, membranáceas, amarillo pálidas y opacas cuando secas, 2–3-palmatinervias, nervadura impresa en ambas superficies; pecíolos 0.4–0.7 (–1.3) cm de largo, retrorso-puberulentos. Inflorescencia simple, espigas solitarias o en pares en algunos nudos, erectas, verdes, pedúnculo 0.6–0.8 cm de largo, pelúcido-punteado, retrorso-puberulento, ebracteado, raquis 1.8–2.6 cm de largo, pelúcido-punteado, glabro, brácteas florales membranáceas, pelúcido-punteadas, glabras, amarillo pálidas, flores densamente agrupadas en el raquis, sésiles; estigma apical. Fruto cilíndrico, 0.6–0.8 mm de largo, pelúcido-punteado y amarillo pálido, apicalmente turbinado, el cuerpo del fruto inmerso parcialmente en el raquis cuando maduro.

Ocasional, en bosques húmedos, en sitios poco perturbados, zonas atlántica y norcentral; 50–900 (–1500) m; fl y fr mar–oct; *Davidse 2337*, *Riviere 303*; Nicaragua a Panamá y noreste de Sudamérica. Localmente se reporta en el tratamiento de picadura de serpientes.

Peperomia obtusifolia (L.) A. Dietr., Sp. Pl. 1: 154. 1831; *Piper obtusifolium* L.

Epífitas o terrestres, erectas o reptantes, heliófilas, suculentas; tallos 10–12 cm de largo, simples o laxamente ramificados, cicatrices foliares prominentes, entrenudos en tallos erectos 0.8–3 cm de largo, entrenudos en tallos reptantes 6–8 cm de largo, teretes o estriados cuando secos, pelúcido-punteados, glabros. Hojas alternas, uniformes en forma y tamaño a lo largo de los ejes, elíptico-obovadas, raramente lanceoladas, 3.5–12 (–16) cm de largo y 2.5–7 (–8.5) cm de ancho, obtusas apicalmente, ocasionalmente apiculadas (en tallos reptantes), cuneadas basalmente y decurrentes sobre el pecíolo, pelúcido-punteadas en ambas superficies, glabras, coriáceas, verde nítidas en la haz y verde pálidas en el envés cuando secas, pinnatinervias, con 6–8 (–10) pares de nervios secundarios emergiendo hasta el 1/3 superior de la lámina, nervadura impresa en ambas superficies; pecíolos 0.9–1.7 (–3.5) cm de largo, glabros. Inflorescencia simple o compuesta, axilar o terminal, espigas solitarias o 1–3 espigas alternas en un pedúnculo común de 4–6 cm de largo, bracteado, espigas erectas o distalmente curvadas, blancas o verde pálidas, pedúnculo de cada espiga 3–4.5 (–6) cm de largo, glabro, subyacente a una bráctea similar a la de los pedúnculos comunes, raquis (4–) 6–14 (–19) cm de largo, profundamente sulcado, pelúcido-punteado, glabro, brácteas florales membranáceas, pelúcido-punteadas, glabras, blancas o amarillo pálidas, flores laxamente agrupadas en el raquis, sésiles; estigma subapical. Fruto globoso, ovoide a elipsoide, 0.9–1.2 mm de largo, café, largamente rostrado, con el pico atenuado y prominente de 0.3–0.5 mm de largo, café, el cuerpo del fruto basalmente fijado al raquis.

Común, en sitios parcialmente perturbados y expuestos, ocasionalmente umbrófila, en bosques húmedos premontanos, en todo el país; 0–1500 m; fl y fr durante todo el año; *Nee 28358, Stevens 12074*; América tropical, introducida en Europa como planta ornamental a comienzos de este siglo, en la actualidad cerca de 10 cultivares son ampliamente cultivados como plantas de interior.

Peperomia olivacea C. DC., J. Bot. 4: 146. 1866.

Epífitas o terrestres, erectas, esciófilas, carnosas; tallos 15–20 cm de largo, simples o laxamente ramificados (de apariencia cespitosa), cicatrices foliares discretas, entrenudos 1–1.7 (–2.5) cm de largo, densa y largamente amarillento-pilosos. Hojas verticiladas, opuestas en los nudos basales, uniformes en forma y tamaño a lo largo de los ejes, elíptico-ovadas a obovadas, 2.5–4 cm de largo y 1.5–2.6 cm de ancho, cortamente acuminadas a obtusas apicalmente, cuneadas basalmente, inconspicuamente negro-punteadas, densa y cortamente pilosas en ambas superficies, glabrescentes en la haz, coriáceas y negras cuando secas, inconspicuamente 3-palmatinervias, nervadura impresa en la haz y levemente elevada en el envés; pecíolos 0.1–0.3 cm de largo, densa y cortamente pilosos. Inflorescencia simple, terminal o axilar, espigas solitarias, erectas, grisáceas al secarse, pedúnculo 6–12 mm de largo, cortamente piloso, raquis 10–18 cm de largo, densamente pelúcido-punteado, glabro, brácteas florales membranáceas, pelúcido-punteadas; estigma subapical. Fruto globoso, 0.3 mm de largo, café obscuro, con el pico rostrado, oblicuo y diminuto, el cuerpo del fruto basalmente fijado al raquis.

Rara, bosques húmedos a secos, Jinotega y Zelaya; 260–650 m; fr abr; *Sandino 81, Stevens 8740*; México a Panamá.

Peperomia pellucida (L.) Kunth in Humb., Bonpl. & Kunth, Nov. Gen. Sp. 1: 64. 1816; *Piper pellucidum* L.; *Peperomia translucens* Trel.

Terrestres, ocasionalmente saxícolas, raras veces epífitas, erectas, heliófilas, carnosas; tallos 10–15 cm de largo, laxa a densamente ramificados, cicatrices foliares discretas, entrenudos 2.5–4 (–5.6) cm de largo, estriados, inconspicuamente pelúcido-punteados, glabros. Hojas alternas, uniformes en forma y tamaño a lo largo de los ejes, ampliamente ovadas a deltoides, 1.5–2.5 (–3.5) cm de largo y 1.5–2 cm de ancho, cortamente apiculadas o acuminadas apicalmente, cordadas basalmente, pelúcido-punteadas, glabras, membranáceas y translúcidas cuando secas, 3–5-palmatinervias, los nervios primarios bifurcados distalmente, nervadura impresa; pecíolos 0.2–0.4 cm de largo, glabros. Inflorescencia simple, terminal, axilar u opuesta, espigas solitarias, erectas, verdes, pedúnculo 0.4–0.6 cm de largo, glabro, raquis 3.5–6 (–7) cm de largo, pelúcido-punteado, brácteas florales membranáceas con los márgenes involutos al secarse, pelúcido-punteadas, glabras, verde pálidas, flores laxamente agrupadas en el raquis, sésiles; estigma apical. Fruto globoso-elipsoide, 0.3–0.5 mm de largo, estriado, café, mamiforme, el cuerpo del fruto basalmente fijado al raquis, en los últimos estadios distante del raquis y con un pseudopedicelo.

Común, en bosques húmedos, en sitios perturbados y expuestos, frecuente en playas y sitios anegados, zonas atlántica y pacífica; 0–400 m; fl y fr durante todo el año; *Pipoly 4937, Sandino 1259*; América tropical, introducida en Asia. Cultivada como hierba medicinal.

Peperomia peltilimba C. DC. ex Trel., Bot. Gaz. (Crawfordsville) 73: 145. 1922; *P. clavigera* Standl. & Steyerm.

Epífitas, reptantes o escandentes, esciófilas, carnosas; tallos ocasionalmente péndulos, 10–30 cm de largo, radicantes, cicatrices foliares discretas, entrenudos 3–4.5 (–7) cm de largo, pelúcido-punteados, glabros. Hojas alternas, uniformes en forma y tamaño a lo largo de los ejes, ampliamente ovadas a orbiculares, 4–6 (–7) cm de largo y 4–4.5 (–6) cm de ancho, largamente acuminadas apicalmente, redondeadas, obtusas o truncadas basalmente, pelúcido-punteadas, glabras, coriáceas a membranáceas y verde opacas cuando secas, palmatinervias; pecíolos 4.5–6 cm de largo, insertados a 0.8–1 cm del margen, pelúcido-punteados, glabros. Inflorescencia compuesta, axilar o terminal, espigas geminadas, erectas, verdes, ocasionalmente 3–4 espigas en un pedúnculo común de 1.8–3.4 cm de largo, cortamente piloso a retrorso-puberulento, pedúnculo de cada espiga 0.5–

0.8 cm de largo, cortamente piloso y bracteado, raquis 2.5–4 de largo, glabro, brácteas florales membranáceas, rojo a anaranjado punteado-glandulares, flores densamente agrupadas en el raquis, sésiles; estigma subapical. Fruto ovoide a elipsoide, 0.7–0.9 mm de largo, rojo- a anaranjado-punteado, largamente rostrado, con el pico prominente de 0.2–0.4 mm de largo, café obscuro.

Ocasional, bosques premontanos en sitios sombreados, zona norcentral; 600–1500 m; fl y fr enemar; *Molina 20559, Moreno 7507*; suroeste de Guatemala hasta el norte de Costa Rica.

Peperomia pernambucensis Miq., London J. Bot. 4: 420. 1845; *P. atirroana* Trel.

Epífitas o raramente terrestres, erectas, esciófilas; tallos 3–6 cm de largo, simples, cicatrices foliares prominentes, entrenudos 0.6–2 cm de largo, canaliculados cuando secos, cortamente pilosos, glabrescentes. Hojas alternas, uniformes en forma y tamaño a lo largo del eje, elíptico-ovadas a elíptico-lanceoladas, ocasionalmente obovadas, 12–26 (–30) cm de largo y 6–10 (–12) cm de ancho, cortamente acuminadas, obtusas o mucronadas apicalmente, cuneadas basalmente y largamente decurrentes sobre el pecíolo, café pelúcido-punteadas, glabras, coriáceas y verde opacas cuando secas, 7–8-pinnatinervias hasta el 1/3 apical de la lámina, nervadura impresa en ambas superficies; pecíolos 1–2 (–3) cm de largo, decurrentes sobre el tallo, densa y cortamente pilosos. Inflorescencia compuesta, paniculada y terminal, erecta, verde, con 10–30 espigas alternas en un eje común de (8–) 10–20 cm de largo con entrenudos de 0.6–1 (–2) cm de largo, cortamente piloso, pedúnculo de la inflorescencia 2–4 cm de largo, piloso, pedúnculo de cada espiga 0.4–0.6 cm de largo, cortamente piloso, raquis de las espigas 1–1.5 (–2.4) cm de largo, negro-punteado, glabro, brácteas florales membranáceas, negro-punteadas, glabras, flores laxamente agrupadas en el raquis, sésiles; estigma apical. Fruto obovoide, cilíndrico, 0.6–0.8 mm de largo, negro-punteado, café, umbonado, el cuerpo del fruto parcialmente inmerso en el raquis o cubierto por las brácteas florales.

Ocasional, en bosques húmedos, en sitios parcialmente sombreados, a lo largo de quebradas, sur de la zona atlántica; 150–1000 m; fl y fr dic–abr; *Moreno 13049, 19123*; Nicaragua a Colombia, Venezuela y sureste de Brasil.

Peperomia petrophila C. DC., Linnaea 37: 369. 1872.

Terrestres, erectas, esciófilas, carnosas; tallos 12–18 cm de largo, no ramificados, cicatrices foliares prominentes, entrenudos 0.5–1 cm de largo, canaliculados cuando secos, glabros. Hojas alternas, agrupadas en la porción distal del tallo, uniformes en forma y tamaño a lo largo del eje, elíptico-lanceoladas, 4.5–8 (–9) cm de largo y 1–2.5 cm de ancho, acuminadas apicalmente, cuneadas basalmente, anaranjado pelúcido-punteadas en ambas superficies, glabras (pero el ápice a menudo puberulento), membranáceas y verde pálidas cuando secas, pinnatinervias con 2–3 pares de nervios emergiendo del 1/3 basal de la lámina, nervadura elevada en la haz, impresa en el envés; pecíolos 1–4 cm de largo, decurrentes sobre el tallo, anaranjado pelúcido-punteados, glabros. Inflorescencia simple, espigas generalmente solitarias, erectas en todos los estadios, ocasionalmente agrupadas en la porción distal del tallo, pedúnculo filiforme, 2.5–4 cm de largo, pelúcido-punteado, glabro, ebracteado, raquis 7–15 cm de largo, glabro, brácteas florales membranáceas y marginalmente translúcidas, flores laxamente agrupadas en el raquis, sésiles; estigma apical. Fruto globoso-ovoide, 0.5–0.8 mm de largo, papilado y con glándulas prominentes en el tercio superior, liso basalmente, café, mamiforme, el cuerpo del fruto lateralmente fijado al raquis.

Conocida en Nicaragua de una sola colección (*Stevens 11740*) en nebliselvas, Jinotega; 1500–1650 m; fr ene; en localidades aisladas de México a Colombia.

Peperomia pilicaulis C. DC., Annuaire Conserv. Jard. Bot. Genève 21: 264. 1920; *P. cruentata* Trel.

Epífitas, delicadas, reptantes o estoloníferas; tallos floríferos erectos, 2.5–3.5 cm de largo, reptantes filiformes, 10–30 cm de largo, laxamente ramificados, nudos radicantes, cicatrices foliares inconspicuas, entrenudos 0.9–1.3 cm de largo en tallos reptantes, 0.3–0.5 cm de largo en tallos erectos, inconspicuamente punteado-glandulares, densamente blanco-pubescentes, glabrescentes. Hojas alternas en todos los nudos y de apariencia pseudo-opuesta en los nudos floríferos distales, muy variables en forma y tamaño, las hojas sobre los tallos reptantes en general ampliamente ovadas a orbiculares u obovadas a ampliamente obovadas, 0.4–0.6 (–0.9) cm de diámetro, obtusas a redondeadas apicalmente, las hojas sobre los tallos erectos más grandes, distintamente más largas que anchas, ovado-elípticas, 1.3–1.7 cm de largo y 0.3–0.7 cm de ancho, obtusas a cortamente acuminadas apicalmente, cuneadas basalmente, inconspicua a densamente punteado-glandulares, marginalmente cilioladas, densamente pubescentes en ambas superficies, glabrescentes en la haz, o la pubescencia persistente sobre el nervio principal (particularmente en las hojas de los tallos erectos), las más apicales delgado-membranáceas o -cartáceas, verde obscuras a opacas y negras cuando secas, las basales membranáceas y verdes cuando secas, 3-palmatinervias, el nervio principal ramificado en su porción 1/2 con nervios terciarios visibles a contraluz, finamente reticulados y negros, nervios secundarios divergiendo en ángulos de 45°, nervadura impresa en ambas superficies; pecíolos 0.2–0.5 cm de largo, generalmente más largos en las hojas de tallos reptantes que en las hojas de tallos erectos, densamente pubescentes. Inflorescencia simple, terminal, espigas solitarias, erectas, verdes, negras al secarse, pedúnculo 0.8–1 cm de largo, eglandular, densamente pubescente, ebracteado, raquis glabro, brácteas florales negro-punteadas, glabras, flores laxamente dispuestas en la antesis y también los frutos; estigma central. Fruto globoso, 0.3 mm de diámetro, no víscido, café, muy cortamente apiculado, con el pico corto y angostamente triangular, el cuerpo del fruto sub-basalmente fijado al raquis, pseudopedicelos no vistos.

Rara, bosques húmedos y premontanos, zona atlántica; 10–400 m; fl y fr dic–feb; *Moreno 14962*, *Rueda 5788*; Nicaragua al noreste de Perú.

Peperomia pseudoalpina Trel., Contr. U.S. Natl. Herb. 26: 217. 1929.

Epífitas o epipétricas, erectas u ocasionalmente escandentes, muy carnosas; tallos (3–) 6–15 cm de largo, muy laxamente ramificados, radicantes en la base, cicatrices foliares prominentes, entrenudos 0.8–2.5 (–5) cm de largo, de apariencia leñosa cuando secos, con epidermis anaranjada y rugulosa a menudo exfoliante, eglandulares, glabros. Hojas alternas en todos los nudos, obovadas a orbiculares, elípticas a oblongas, 2–7 (–8) cm de largo y (1.3–) 1.7–4.5 (–5) cm de ancho, redondeadas, obtusas y emarginadas, algunas veces cortamente atenuadas a acuminadas apicalmente, cuneadas basalmente y decurrentes sobre el pecíolo, densamente punteado-glandulares particularmente en el envés, coriáceas, verde-amarillentas o verde opacas o generalmente blanquecinas o grisáceas cuando secas, pinnatinervias, con 3–4 pares de nervios secundarios emergiendo entre la base y el 1/3 inferior del nervio principal; pecíolos 0.8–3 cm de largo, inconspicuamente punteado-glandulares, glabros. Inflorescencia compuesta, muy prominente, varias veces más larga que las hojas, terminal, opuesta o axilar y restringida al ápice del tallo, espigas erectas en la antesis, levemente arqueadas en fruto, amarillo pálidas, blancas en la antesis o con puntos rojizos, o rojizas, pedúnculo común de 1–4 cm de largo, punteado-glandular,

glabro, ramificado dicotómicamente una o varias veces y con entrenudos de 2–4.5 cm de largo, bracteado en los puntos de ramificación, pedúnculo de cada espiga 1.3–4 cm de largo, rígido y glabro, raquis eglandular y glabro, brácteas florales membranáceas, anaranjado punteado-glandulares, flores densamente agrupadas en la antesis, laxamente dispuestas en fruto. Fruto ovoide, 0.5 mm de largo, amarillo-café, con el pico 0.6 mm de largo y leve a fuertemente rostrado, delgado, blanco, a menudo amarillo o anaranjado y algo más rígido al secarse, el cuerpo del fruto basalmente fijado al raquis, sésil en todos los estadios.

Común y localmente abundante, en sitios parcialmente expuestos en bosques siempreverdes y bosques caducifolios, zona norcentral; 1000–1600 m; fl y fr todo el año; *Grijalva 496*, *Moreno 15412*; norte de México a noroeste de Sudamérica.

Peperomia pseudopereskiifolia C. DC. in A. DC., Prodr. 16(1): 448. 1869; *P. perlongipes* C. DC.

Terrestres o epífitas, estoloníferas; tallos erectos, (8–) 9–26 (–30) cm de largo, laxos a profusamente ramificados, los nudos radicantes, cicatrices foliares prominentes en nudos floríferos, entrenudos (3.5–) 4–9 (–12) cm de largo, cuadrangulares y estriados cuando secos, eglandulares, glabros. Hojas opuestas en tallos erectos, solitarias en tallos reptantes (decumbentes) y en nudos floríferos, opuestas (algunas hojas en nudos floríferos aparentemente caducas tempranamente) ocasionalmente en el ápice del tallo y las ramas, elíptico ovadas, elíptico-obovadas, (4.5–) 6–9 (–11) cm de largo y (1.4–) 2–4 (–5) cm de ancho, largamente acuminadas apicalmente con acumen 1–2 cm de largo, cuneadas basalmente y no decurrentes sobre el tallo, eglandulares, glabras en ambas superficies, gruesamente cartáceas, verde-grisáceas o grisáceas en ambas superficies cuando secas, 2–3-palmatinervias, nervios divergiendo en ángulos de 45°, no ramificados e interconectados por nervios terciarios, nervadura impresa a sulcada en la haz y algo elevada en el envés, inconspicuamente visible en hojas secas; pecíolos 0.3–0.8 cm de largo, eglandulares, glabros. Inflorescencia simple, terminal o axilar en nudos apicales, espigas solitarias, erectas, verde brillantes o verde pálidas, pedúnculos (1–) 3–5.5 cm de largo, en ocasiones con una bráctea basal o una hoja, raquis glabro, brácteas florales cartáceas, flores densamente agrupadas en la antesis, algo espaciadas en fruto; estigma apical. Fruto globoso, 0.4 mm de largo, largamente apiculado, con una pseudocúpula de 0.1 mm de largo, prominente y oblicuamente orientada, el cuerpo del fruto sub-basalmente fijado al raquis, sésil.

Ocasional, bosques húmedos, bosques montanos y premontanos, sobre rocas calcáreas y árboles, zona atlántica; 60–700 (–1000) m; fl y fr dic–jun; *Stevens 3653, 18959*; Guatemala hasta el sur de Perú.

Peperomia pseudorhynchophora C. DC. in A. DC., Prodr. 16(1): 425. 1869; *P. wrightiana* C. DC.; *P. flexinervia* Yunck.

Epífitas, reptantes o escandentes, carnosas; tallos 15.5–70 cm de largo, todos los nudos radicantes, cicatrices foliares discretas, entrenudos 5.5–9 cm de largo, anaranjado punteado-glandulares, generalmente glabros o en ocasiones esparcidamente blanco pubescentes. Hojas alternas, ovadas o ampliamente ovadas, 7.5–13 (–15) cm de largo y 5.3–12 cm de ancho, largamente acuminadas apicalmente, redondeadas a obtusas o levemente cordadas basalmente, peltadas o epeltadas, densamente anaranjado-punteadas en ambas superficies, glabras a esparcidamente pubescentes particularmente a lo largo de los márgenes, coriáceas y verde pálidas o amarillentas cuando secas; pecíolos (5.6–) 8–16 (–22) cm de largo, insertados a 1–6 (–15) mm del margen, esparcidamente pubescentes. Inflorescencia simple, opuesta, terminal o axilar, espigas erectas, verdes a profundamente rojizas (en la antesis), verdes en fruto, pedúnculo 3–8 (–10) cm de largo, esparcidamente pubescente o glabro, bracteado, raquis punteado-glandular, glabro, brácteas florales densamente anaranjado punteado-glandulares, flores densamente agrupadas sobre el raquis; estigma central. Fruto globoso, 0.8 mm de largo, víscido y punteado-glandular, café, con el pico prominente de 0.3 mm de largo, grueso en el ápice, profundamente escutelado, el cuerpo del fruto basalmente fijado al raquis, sésil en todos los estadios.

Frecuente, en sotobosque, orillas de quebradas, suelos pedregosos, o epífita en sitios poco perturbados, en bosques húmedos y dominados por *Manicaria*, Matagalpa y Zelaya; 250–950 m; fl y fr mar–may; *Araquistain 2596, Stevens 6993*; norte de Guatemala al noreste de Perú, también en Cuba.

Peperomia quadrifolia (L.) Kunth in Humb., Bonpl. & Kunth, Nov. Gen. Sp. 1: 69. 1816; *Piper quadrifolium* L.; *Peperomia conocarpa* Trel.; *P. circulifolia* Trel.; *P. circulifolia* var. *eciliata* Trel.; *P. circulifolia* var. *flava* Trel.; *P. sumichrastii* C. DC.

Epífitas, escandentes, heliófilas, carnosas; tallos erectos, 6–12 cm de largo, laxa a profusamente ramificados, cicatrices foliares discretas, entrenudos 1–2.5 cm de largo, estriados a canaliculados cuando secos, esencialmente glabros. Hojas verticiladas u ocasionalmente opuestas, generalmente uniformes en forma y tamaño a lo largo de los ejes, estrechamente obovadas a espatuladas, 0.5–1.2 cm de largo y 0.3–0.6 mm de ancho, obtusas apicalmente y emarginadas, cuneadas basalmente, inconspicuamente pelúcido-punteadas en ambas superficies, puberulentas apicalmente, cartáceas y opacas a membranáceas y translúcidas cuando secas, 2–3-palmatinervias, nervadura impresa en ambas superficies; pecíolos 0.1–0.3 cm de largo, glabros. Inflorescencia simple, axilar o terminal, espigas solitarias, erectas, verde pálidas, pedúnculo filiforme 1–1.8 cm de largo, glabro, ebracteado, raquis (0.8–) 1.2–4 (–6) cm de largo, pelúcido-punteado, glabro, brácteas florales membranáceas, glabras, verde translúcidas, flores laxamente agrupadas o muy espaciadas entre sí en el raquis, sésiles; estigma apical. Fruto globoso, asimétrico, 0.3–0.4 mm de largo, liso, café, mamiforme, cuerpo del fruto lateralmente fijado al raquis.

Frecuente, en bosques montanos y premontanos, en nebliselvas, mesófilos, en las zonas pacífica y norcentral; 800–1800 m; fl y fr durante todo el año; *Moreno 3192, Stevens 16280*; México (Oaxaca) a Colombia, Ecuador y Venezuela, también en las Antillas.

Peperomia rhexiifolia C. DC. in A. DC., Prodr. 16(1): 460. 1869; *P. turialvensis* C. DC.

Epífitas, erectas, carnosas; tallos (20–) 50–70 (–150) cm de largo, dicotómicamente ramificados, radicantes sólo en la base, cicatrices foliares discretas, entrenudos basales 7–15 cm de largo, entrenudos apicales 3–6 cm de largo, estriados o sulcados cuando secos, eglandulares, excepcionalmente amarillo-glandulares, glabros. Hojas verticiladas, a menudo variables en forma y tamaño en una misma planta y orientadas casi horizontales en todos los nudos, elíptico-lanceoladas, elíptico-ovadas a ovadas u oblongas, (2.5–) 3.5–8.5 (–9) cm de largo y (1.3–) 2–3.7 (–4.5) cm de ancho, largamente acuminadas apicalmente, cuneadas basalmente y decurrentes sobre el tallo, inconspicuamente punteado-glandulares en una o ambas superficies, glabras, delgado-membranáceas pero no translúcidas, verde pálidas, grisáceas o amarillentas cuando secas, 5–7-palmatinervias, los nervios divergiendo en ángulos de 45°, los más externos ramificados y anastomosados, nervadura visible en ambas superficies, nervios impresos a sulcados en la haz, elevados y muy prominentes en el envés; pecíolos decurrentes sobre el tallo y vaginados basalmente abrazando el tallo, la porción terete 0.5–1.3 cm de largo, inconspicua a densamente punteado-glandulares, glabros. Inflorescencia simple, axilar o terminal, espigas solitarias o en grupos de 3–4, generalmente muy pocas inflorescencias por planta, erectas, blancas a verde pálidas, arqueadas en fruto, pedúnculos (1–) 1.3–4.5 cm de largo, glabros, ebracteados, raquis sulcado y verde, brácteas florales cartáceas, punteado-glandulares, flores densamente agrupadas en la antesis, algo esparcidas en fruto. Fruto globoso a ovoide, 0.8 mm de largo, víscido, café, coronado por el estilo largo de 0.2 mm de largo, con una pseudocúpula blanquecina, el cuerpo del fruto basalmente inmerso y fijado en el raquis, sésil en todos los estadios.

Conocida en Nicaragua de una sola colección (*Williams 42600*) en bosques montanos y nebliselvas, Matagalpa; 1300–1500 m; fl y fr todo el año; Nicaragua a Colombia y Venezuela.

Peperomia rhombea Ruiz & Pav., Fl. Peruv. 1: 31, t. 46(b). 1798; *P. myrtillus* Miq.; *P. aguacalientis* Trel.; *P. filicidecorans* Trel.

Epífitas, escandentes, esciófilas, carnosas; tallos erectos, 15–20 cm de largo, laxa a densamente ramificados, cespitosos y radicantes basalmente, cicatrices foliares discretas, entrenudos 1–4 (–5) cm de largo, canaliculados cuando secos, inconspicuamente pelúcido-punteados, puberulentos, glabrescentes. Hojas verticiladas, ocasionalmente opuestas, uniformes en forma y tamaño a lo largo de los ejes, elíptico-ovadas, romboideas a elíptico-lanceoladas, 1.7–3.5 (–4) cm de largo y 0.5–1.7 cm de ancho, obtusas a levemente acuminadas apicalmente, cuneadas basalmente, pelúcido-punteadas, cortamente puberulentas en el ápice y márgenes adyacentes, coriáceas y amarillo pálidas cuando secas, 2–3-palmatinervias, nervadura impresa en ambas superficies; pecíolos 0.6–1.5 cm de largo, puberulentos. Inflorescencia simple, terminal, espigas solitarias, erectas, blancas o verde pálidas, pedúnculo 3.8–4.5 cm de largo, puberulento, glabrescente, raquis 4–9 (–11) cm de largo, inconspicuamente pelúcido-punteado, glabro, brácteas florales cartáceas, negro-punteadas, glabras, flores laxamente agrupadas en el raquis, sésiles; estigma apical. Fruto obovoide, globoso, 0.5–0.6 mm de diámetro, papilado y granuloso, café cuando seco, mamiforme, el cuerpo del fruto lateralmente fijado al raquis.

Conocida en Nicaragua de una sola colección (*Friedrichsthal 808*) de Monte Aragua, Chontales; América tropical.

Peperomia rotundifolia (L.) Kunth in Humb., Bonpl. & Kunth, Nov. Gen. Sp. 1: 65. 1816; *Piper rotundifolium* L.; *P. nummularifolium* Sw.; *Peperomia nummularifolia* (Sw.) Kunth; *P. rotundifolia* var. *ovata* (Dahlst.) C. DC.; *P. rotundifolia* f. *ovata* Dahlst.

Epífitas, reptantes y estoloníferas; tallos 15–30

cm de largo, laxamente ramificados, cicatrices foliares discretas, entrenudos 0.9–1.5 cm de largo en tallos postrados, estriados y la epidermis en ocasiones exfoliante cuando secos, menudamente blanco-pubescentes. Hojas alternas o pseudo-opuestas en el ápice de ramas floríferas, obovadas a orbiculares o ampliamente ovadas, (0.4–) 0.7–0.9 (–1.3) cm de largo y 0.4–0.9 cm de ancho, acuminadas apicalmente, con un fuerte olor a anís cuando maceradas, anaranjado punteado-glandulares en ambas superficies, blanco pubescentes a lo largo de los márgenes en la haz y en el envés, membranáceas y verde pálidas o amarillentas, o grueso-cartáceas con márgenes revolutos cuando secas, 3-palmatinervias, con numerosos nervios terciarios anastomosados, nervadura impresa en ambas superficies (raramente visibles en material seco), cortamente peltadas o confluentes con la base; pecíolos 0.1–0.7 cm de largo, insertados a 0.1 mm del margen. Inflorescencia simple, terminal, en tallos erectos cortos, espigas erectas, verdes o amarillas, pedúnculo filiforme, (0.3–) 0.5–1.5 cm de largo, esparcidamente pubescente a glabro, inmediatamente adyacente a una hoja, raquis visible, glabro, brácteas florales prominentes, membranáceas, anaranjado pálidas en el centro, marginalmente blanco translúcidas, flores agrupadas en la floración, espaciadas en la fructificación; estigma subapical o central al pico del fruto. Fruto globoso, 0.3 mm de diámetro, amarillo, apicalmente con un pico corto, triangular y oblicuo, el cuerpo del fruto sub-basalmente fijado al raquis, sésiles o sobre pseudopedicelos hialinos.

Frecuente, en bosques secos y húmedos, en todo el país; 0–1300 m; fl y fr durante todo el año; *Henrich 234, Stevens 6782*; América tropical. Un extracto de las hojas se utilizada para reducir el dolor producido por la picadura del ciempiés.

Peperomia san-carlosiana C. DC., J. Bot. 4: 138. 1866; *P. cooperi* C. DC.; *P. foraminum* C. DC.; *P. filispica* C. DC.; *P. yunckeri* Trel.

Epífitas, ocasionalmente terrestres, rupícolas, erectas, esciófilas, carnosas; tallos 10–25 cm de largo, laxamente ramificados, ocasionalmente radicantes, cicatrices foliares discretas, entrenudos (1–) 1.5–3.5 (–4.5) cm de largo, pelúcido-punteados, puberulentos. Hojas alternas (opuestas en nudos floríferos), uniformes en forma y tamaño a lo largo de los ejes, ovadas o ampliamente ovadas, 1.2–4.2 (–5) cm de largo y 0.7–2.5 (–4) cm de ancho, atenuadas o acuminadas apicalmente, cuneadas basalmente, ocasionalmente obtusas, pelúcido-punteadas, cortamente pilosas o retrorso-puberulentas en ambas superficies, glabrescentes en la haz, marginalmente ciliadas, membranáceas, cafés o verde pálidas cuando secas, 3–5-palmatinervias, ocasionalmente con un par de nervios secundarios emergiendo de la porción media del nervio principal, nervadura impresa en la haz, levemente elevada en el envés; pecíolos 0.7–2 (–3.2) cm de largo, decurrentes sobre el tallo, retrorso-puberulentos, glabrescentes. Inflorescencia simple, axilar, terminal u opuesta, espigas solitarias o en grupos de 2–3 en el extremo de las ramas, erectas o débilmente curvadas distalmente, blancas, pedúnculo 0.6–1.5 cm de largo, puberulento, raquis 6–13 (–20) cm de largo, negro-punteado, brácteas florales membranáceas, glabras, rojo o anaranjado-punteadas, flores laxamente agrupadas en el raquis, sésiles o con pedicelo de 0.1–0.2 mm de largo; estigma terminal. Fruto ovoide, 0.4–0.6 mm de largo, negro-punteado, apicalmente mamiforme, el cuerpo del fruto distante del raquis y subyacente a un pequeño pedicelo.

Ocasional, localmente abundante, en sitios no expuestos en bosques de encinos, entre grietas de rocas, zonas norcentral y pacífica; 825–1100 m; fl y fr jun–dic; *Moreno 17812*, *Stevens 14461*; sur de Guatemala al noreste de Venezuela.

Peperomia serpens (Sw.) Loudon, Hort. Brit. 13. 1830; *Piper serpens* Sw.; *Peperomia pseudo-casarettoi* C. DC.; *P. praecox* Trel.

Epífitas, escandentes, postradas, heliófilas; tallos erectos, 3–5 cm de largo, laxamente ramificados, radicantes, cicatrices foliares discretas, entrenudos 2.5–3.5 (–4) cm de largo, retrorso-puberulentos. Hojas alternas, uniformes en forma y tamaño a lo largo de los ejes, ovadas o ampliamente ovadas, 1–2.5 cm de largo y 1.5–2 cm de ancho, obtusas a muy cortamente acuminadas apicalmente, obtusas a cordadas basalmente, cortamente ciliadas en el margen, retrorso-puberulentas en ambas superficies, verde-cafés cuando secas, 4–5-palmatinervias, nervadura impresa en la haz y levemente elevada en el envés; pecíolos 2–3.5 cm de largo, punteado-glandulares, retrorso-puberulentos. Inflorescencia simple, terminal o axilar, espigas solitarias, erectas, blancas, pedúnculo 1–2 cm de largo, punteado-glandular, puberulento, bracteado, raquis 2.5–4.5 (–6) cm de largo, inconspicuamente pelúcido-punteado, glabro, brácteas florales membranáceas, glabras, verde pálidas, flores laxamente agrupadas en el raquis, sésiles; estigma subapical. Fruto ovoide a cilíndrico, 0.5–0.7 mm de largo, pelúcido-punteado, café obscuro, largamente rostrado, con el pico 0.3–0.4 mm de largo, el cuerpo del fruto basalmente fijado al raquis.

Común, en bosques húmedos premontanos, en sitios parcialmente expuestos, zonas atlántica y pacífica; 0–1200 m; fl y fr durante todo el año;

Pipoly 4367, *Stevens 16483*; América tropical.

Peperomia succulenta C. DC., J. Bot. 4: 142. 1866; *P. stenophylla* C. DC.; *P. collocata* Trel.; *P. diruptorum* Trel.

Epífitas o terrestres, erectas, carnosas, suculentas; tallos (10–) 12–18 (–25) cm de largo, erectos o rizomatoso-decumbentes o basalmente ramificados y cespitosos, radicantes en los nudos basales, cicatrices foliares discretas, entrenudos (0.8–) 1.6–2 (–6) cm de largo, filiformes, planos a teretes, eglandulares, glabros. Hojas alternas en todos los nudos, muy variables en forma y tamaño a lo largo de un mismo eje, las más basales típicamente obovadas y espatuladas o ampliamente obovadas, 2–2.8 cm de largo y 1.2–1.7 cm de ancho, obtusas y emarginadas apicalmente, las más apicales obovado-lanceoladas u oblanceoladas, 3.5–7 (–8) cm de largo y (1.2–) 1.5–2.5 cm de ancho, corta a largamente acuminadas con acumen obtuso y levemente emarginado, cuneadas basalmente y decurrentes sobre el pecíolo, inconspicuamente punteado-glandulares en el envés, glabras en ambas superficies, membranáceas, opacas o translúcidas y verde pálidas cuando secas, 5–7 plinervias, el par de nervios más interno divergiendo del nervio principal en el 1/3 basal y casi paralelo a éste 2/3 de su longitud, los nervios más basales a 1 mm de la base, todos divergiendo en ángulos de 45°, nervadura terciaria fuertemente reticulada formando aréolas pequeñas visibles a contraluz; pecíolos 0.5–1 cm de largo, abrazando al tallo basalmente y algo decurrentes sobre éste, eglandulares. Inflorescencia simple, axilar o terminal, espigas solitarias o 2 en el ápice de las ramas (una terminal y la otra axilar), erectas, amarillo-verdoso pálidas, al secarse amarillentas, pedúnculo filiforme, 0.8–1.6 cm de largo, eglandular, glabro, ebracteado, raquis sulcado y con cavidades cuando seco, plano, brácteas florales membranáceas, punteado-glandulares, glabras, amarillo pálidas, flores densamente agrupadas en la antesis, laxamente dispuestas en fruto; estigma central. Fruto globoso, 0.4 mm de diámetro, negro, café, cortamente apiculado, con el pico cortamente oblicuo y triangular, el cuerpo del fruto sub-basalmente fijado al raquis.

Poco frecuente, bosques húmedos y montano bajos, zona norcentral; 600–1600 m; fl y fr sep–nov; *Stevens 18112*, *18593*; centro de Nicaragua y localidades aisladas desde Costa Rica hasta el norte de Colombia y Venezuela.

Peperomia tenella (Sw.) A. Dietr., Sp. Pl. 1: 153. 1831; *Piper tenellum* Sw.; *Peperomia sphagnicola* Trel.

Epífitas, erectas, esciófilas, carnosas; tallos 6–10 (–12) cm de largo, simples, rara y laxamente ramificados, cicatrices foliares discretas, entrenudos 4–5 (–8) mm de largo, glabros. Hojas alternas, uniformes en forma y tamaño a lo largo de los ejes, elíptico-ovadas, romboidales, ocasionalmente ovadas, 1.2–3 (–3.8) cm de largo y 0.4–1.2 cm de ancho, levemente atenuadas, obtusas y profundamente emarginadas apicalmente, cuneadas basalmente, punteado-glandulares en la haz, inconspicuamente así en el envés, cortamente puberulentas en el ápice, membranáceas a cartáceas y verde opacas a rojizas cuando secas, pinnatinervias con 3–4 pares de nervios secundarios emergiendo más allá del 1/3 superior de la lámina, nervadura impresa en ambas superficies, nervadura terciaria profundamente reticulada; pecíolos 0.3–12 (–15) mm de largo, decurrentes sobre el tallo, pelúcido-punteados, glabros. Inflorescencia simple, axilar, espigas solitarias, erectas, verde-purpúreas, pedúnculo 1–1.5 cm de largo, raquis 4–6 (–7) cm de largo, pelúcido-punteado, papilado, glabro, brácteas florales membranáceas, pelúcido-punteadas, glabras, verde pálidas, flores laxamente agrupadas en el raquis, sésiles; estigma apical. Fruto obovado o cilíndrico, 0.2–0.4 mm de largo, mamiforme, liso, rojizo.

Ocasional, localmente abundante en sitios poco perturbados, nebliselvas, zona norcentral; 1100–1650 m; fl y fr dic–abr; *Moreno 7802, Stevens 11313*; sur de Honduras hasta el norte de Sudamérica y en las Antillas.

Peperomia tenerrima Schltdl. & Cham., Linnaea 6: 353. 1831; *P. schiedeana* Schltdl.; *P. tenerrima* f. *robustior* Dahlst.; *P. matagalpensis* W.C. Burger.

Epífitas, diminutas, basalmente reptantes a decumbentes; tallos erectos, 5–7 cm de largo, densamente ramificados, generalmente radicantes en los nudos, cicatrices foliares discretas, entrenudos 0.3–0.6 (–1.5) cm de largo, filiformes y sulcados, glabros. Hojas verticiladas, elípticas a oblongo-obovadas, (0.2–) 0.4–0.6 cm de largo y 0.1–0.3 cm de ancho, retusas y emarginadas apicalmente, cuneadas basalmente, café punteado-glandulares en ambas superficies, glabras o puberulentas en la haz, distalmente ciliadas o puberulentas en el ápice, membranáceas y verde pálidas cuando secas, 3-palmatinervias, sólo el nervio principal evidente; pecíolos 0.1–0.2 mm de largo, levemente hinchados basalmente, glabros. Inflorescencia simple, terminal, espigas solitarias, erectas, curvadas distalmente en fruto, pedúnculo 0.3–0.5 (–0.8) cm de largo, glabro, raquis glabro, brácteas florales punteado-glandulares en el centro, translúcidas marginalmente, glabras, cafés, flores densa-

mente agrupadas en todos los estadios; estigma apical. Fruto globoso a ovoide, 0.2–0.3 mm de diámetro, café, apicalmente con una pseudocúpula, el cuerpo del fruto inmerso 1/3 de su longitud en el raquis.

Poco colectada, bosques de pino-encinos, bosques semideciduos, en matorrales y áreas expuestas, zona norcentral; 1400–1800 m; fl y fr abr–jul; *Davidse 30463, Moreno 8168*; México a Nicaragua, probablemente en Guatemala, Honduras y El Salvador.

Peperomia ternata C. DC., Bull. Herb. Boissier 6: 509. 1898; *P. dotana* Trel.; *P. duricaulis* Trel.

Epífitas, erectas, esciófilas, suculentas; tallos 15–35 cm de largo, simples o laxamente ramificados, radicantes sólo en los nudos basales, cicatrices foliares prominentes, entrenudos 1–3 (–4.5) cm de largo, inconspicuamente anaranjado-punteados, glabros. Hojas alternas, agrupadas en la porción distal de los tallos, uniformes en forma y tamaño a lo largo de los ejes, elíptico-ovadas a elíptico-lanceoladas, (4.8–) 6.5–11 (–12) cm de largo y 3–5 cm de ancho, largamente acuminadas apicalmente, cuneadas basalmente, pelúcido-punteadas, glabras, membranáceas, verde opacas o amarillentas cuando secas, pinnatinervias con 6–12 pares de nervios secundarios emergiendo más allá del 1/3 superior de la lámina, nervadura impresa en ambas superficies; pecíolos 1–4 (–5) cm de largo, cortamente decurrentes sobre el tallo, anaranjado-punteados, glabros. Inflorescencia compuesta, erecta, blanca o verde pálida, con 3–4 espigas alternando a lo largo de un eje común de 7–9 cm de largo y glabro, generalmente una espiga basal solitaria separada por un entrenudo de 1.5–4 cm de largo y 2–3 espigas agrupadas en el ápice del eje, cada espiga abrazada por una bráctea, pedúnculo común de la inflorescencia 5.5–7 cm de largo, glabro, pedúnculo de cada espiga 0.7–1.4 cm de largo, glabro, raquis de cada espiga (4–) 7–10 cm de largo, pelúcido-punteado, glabro, brácteas florales membranáceas, glabras, amarillo pálidas, flores laxamente agrupadas en el raquis, sésiles; estigma subapical. Fruto obovoide o elipsoide, 0.8–1 mm de largo, liso, anaranjado, largamente rostrado, con el pico 0.6 mm de largo, el cuerpo del fruto basalmente fijado al raquis.

Frecuente, en sotobosque de bosques húmedos y premontanos, zona norcentral e Isla de Ometepe; 900–1200 m; fl y fr sep–may; *Neill 3246, Stevens 11332*; norte de Nicaragua a Panamá y Venezuela a Ecuador.

Peperomia tetraphylla (G. Forst.) Hook. & Arn., Bot. Beechey Voy. 97. 1841; *Piper tetraphyllum* G. Forst.; *P. reflexum* L. f.;

Peperomia reflexa (L. f.) A. Dietr.; *P. reflexifolia* Trel.

Epífitas, erectas, ocasionalmente reptantes, cespitosas, estoloníferas, esciófilas, carnosas; tallos 6–10 cm de largo, laxa a densamente ramificados, radicantes, cicatrices foliares discretas, entrenudos distales 1–2.5 cm de largo, entrenudos proximales 2–5 cm de largo, pelúcido-punteados, retrorso-puberulentos. Hojas verticiladas, uniformes en forma y tamaño a lo largo de los ejes, elíptico-ovadas, romboidales, 0.7–1.5 (–2) cm de largo y 0.6–1.2 cm de ancho, obtusas o levemente acuminadas apicalmente, cuneadas basalmente, pelúcido-punteadas, papiladas, puberulentas apicalmente, cartáceas y opacas cuando secas, inconspicuamente 2-palmatinervias; pecíolos 1–1.5 mm de largo, puberulentos. Inflorescencia simple, terminal, espigas solitarias, erectas, verde pálidas o amarillo pálidas, pedúnculo 1–2.5 (–4) cm de largo, densa y cortamente piloso, raquis 1.5–3.8 (–4) cm de largo, densa y cortamente piloso, parcialmente escondido por las brácteas florales, éstas membranáceas, densamente anaranjado pelúcido-punteadas, cortamente pilosas, flores densamente agrupadas en el raquis, sésiles; estigma apical. Fruto cilíndrico, 0.6–1 mm de largo, pelúcido-punteado, café obscuro, umbonado-mamiforme, el cuerpo del fruto basalmente fijado al raquis.

Común, en bosques de encinos, en sitios parcialmente perturbados, zona norcentral; 1000–1600 m; fl y fr dic–may; *Moreno 8176, Stevens 17084*; pantropical.

Peperomia tuisana C. DC., Anales Inst. Fís.-Geogr. Nac. Costa Rica 9: 176. 1897; *P. matapalo* Trel.; *P. pililimba* C. DC.

Epífitas, reptantes, parcialmente esciófilas, carnosas; tallos erectos, 4–8 cm de largo, ocasionalmente los tallos floríferos erectos y laxamente ramificados, radicantes, cicatrices foliares discretas, entrenudos 1.5–3.5 cm de largo, negro-punteados, densa y cortamente pilosos. Hojas alternas, pseudo-opuestas en los nudos floríferos, variables en forma y tamaño a lo largo del mismo eje, aquellas en tallos reptantes ovadas y más pequeñas que aquellas en tallos erectos, 1–1.5 cm de largo y 1–1.3 cm de ancho, acuminadas apicalmente, obtusas a cuneadas basalmente, aquellas en tallos erectos elíptico-lanceoladas, 1.5–4 cm de largo y 1.7–3 cm de ancho, largamente atenuadas apicalmente y cuneadas basalmente, negro-punteadas, densa y cortamente pilosas en ambas superficies, membranáceas y café obscuras cuando secas, 3–5-palmatinervias, nervadura impresa en ambas superficies, nervadura terciaria profundamente reticulada; pecíolos 0.5–1.3 cm de largo, pelúcido-punteados,

cortamente pilosos. Inflorescencia simple, terminal, opuesta, espigas solitarias, erectas, blancas, pedúnculo 0.5–0.9 cm de largo, densa y cortamente piloso, ebracteado, raquis 3–7 (–11) cm de largo, pelúcido-punteado, glabro, brácteas florales membranáceas, glabras, verde pálidas, flores laxamente agrupadas en el raquis, sésiles; estigma subapical. Fruto globoso, 0.3–0.4 mm de largo, pelúcido-punteado, café obscuro, rostrado, con el pico oblicuo y corto, el cuerpo del fruto basalmente fijado al raquis.

Conocida en Nicaragua de una sola colección (*Stevens 21405*) realizada en el Macizo de Peñas Blancas, Matagalpa; 800–1000 m; fl y fr ene; Guatemala a Costa Rica. Es posible que esta especie represente una variante geográfica de *Peperomia trinervis* Ruiz & Pav., de amplia distribución en el noreste de Sudamérica, pero cuya taxonomía es aún problemática.

Peperomia urocarpa Fisch. & C.A. Mey., Index Sem. (St. Petersburg) 4: 42. 1838; *Acrocarpidium urocarpum* (Fisch. & C.A. Mey.) Miq.; *A. majus* Miq.

Epífitas, rupícolas o riparias, reptantes a escandentes, carnosas; tallos 23–60 cm de largo, radicantes en la mayoría de los nudos, cicatrices foliares discretas, entrenudos 2.5–3.6 (–4.5) cm de largo, inconspicuamente punteado-glandulares, esparcidamente blanco o amarillo pubescentes. Hojas alternas en todos los nudos, uniformes en forma, ovadas o ampliamente ovadas, las basales algunas veces orbiculares, (2.5–) 3–5 cm de largo y 2.5–4.6 cm de ancho, (hojas juveniles 1.5–1.7 cm de largo), largamente acuminadas apicalmente, obtusas, retusas o levemente cordadas basalmente, pubescentes en ambas superficies, marginalmente cilioladas particularmente hacia el ápice, membranáceas a cartáceas y opacas cuando secas, palmatinervias, con 2–3 pares de nervios divergiendo en ángulos de 45–50°, nervadura impresa en la haz, algo aplanada y prominente en el envés, nervadura terciaria no evidente; pecíolos (0.8–) 1.5–3.8 (–4.7) cm de largo, esparcidamente pubescentes. Inflorescencia simple, terminal o axilar, espigas solitarias o geminadas (una axilar y la otra opuesta), erectas, verde-amarillentas, blanquecinas o con tintes rojos en la antesis, pedúnculos filiformes, 1.5–3.2 cm de largo, rojo-punteados, densamente puberulentos, bibracteados, raquis glabro y estriado, brácteas florales inconspicuamente punteado-glandulares, glabras, flores densamente agrupadas en la antesis, espaciadas en fruto; estigma central. Fruto elipsoide, 0.7 mm de largo, café, largamente rostrado, con el pico triangular y oblicuo al fruto de 0.3 mm de largo, café, el cuerpo del fruto sub-basalmente fijado al raquis y orientado perpendicularmente a la espiga, sésil en todos los estadios, sin pseudopedicelo.

Frecuente, bosques nublados, bosques húmedos y sabanas de pinos, zonas pacífica y norcentral; (50–) 700–1250 m; fl y fr feb–dic; *Moreno 15545, Sandino 3463*; sur de México al suroeste de Brasil.

Peperomia versicolor Trel., Contr. U.S. Natl. Herb. 26: 200. 1929; *P. niveopunctulata* Trel.; *P. vueltasana* Trel.

Epilíticas o epífitas, riparias, a menudo cespitosas; tallos erectos, 11–18 cm de largo, basalmente muy ramificados, radicantes en los nudos basales, cicatrices foliares no evidentes, entrenudos 0.9–2.1 (–3.5) cm de largo, planos cuando secos, eglandulares, glabros. Hojas alternas, uniformes en forma y tamaño a lo largo del tallo, elíptico ovadas a lanceoladas, (4–) 5.5–8.5 cm de largo y (1.8–) 2–2.6 cm de ancho, largamente acuminadas apicalmente, cuneadas basalmente, eglandulares, cilioladas apicalmente, glabras, 5-palmatinervias o el par de nervios más interno coalescente 2 mm encima de la base, los nervios divergiendo en ángulos de 45°, el nervio principal con numerosos nervios terciarios finamente anastomosados y visibles a contraluz como aréolas blanquecinas, nervios impresos en ambas superficies, más evidentes en el envés, verde obscuras en la haz, y con las nervios rojos en el envés; pecíolos decurrentes sobre el tallo, 0.3–0.5 cm de largo, muy estrecha e inconspicuamente alados, eglandulares, glabros. Inflorescencia simple, axilar o axilar y terminal, espigas solitarias o en pares, erectas en todos los estadios, verde-cafés, al secarse cafés, pedúnculo 0.4–0.6 cm de largo, eglandular, glabro, ebracteado, raquis estriado y glabro, brácteas florales membranáceas, punteado-glandulares en el centro, glabras, amarillo pálidas marginalmente, flores densamente agrupadas en la antesis, muy espaciadas en fruto; estigma central. Fruto globoso, 0.5 mm de diámetro, no víscido, café, apicalmente con un pico corto, triangular y oblicuo, el cuerpo del fruto sub-basalmente fijado al raquis en pequeñas depresiones, sésil en todos los estadios o sobre un pseudopedicelo de menos de 0.1 mm de largo en estadios maduros.

Ocasional, en bosques húmedos, en sitios sombreados, Matagalpa, Zelaya; 300–900 m; fl y fr ene–jul; *Moreno 20573, Rueda 5583*; Nicaragua al noroeste de Colombia.

PIPER L.

Arbustos o sufrútices terrestres, en ocasiones hemiepífitos, lianescentes o trepadores, bejucos o raras veces árboles pequeños; tallos solitarios o con frecuencia plantas cespitosas, vástagos a menudo heterofilos, los ejes monopódicos con hojas simétricas, basalmente equiláteras, a menudo de mayor tamaño que aquellas en los ejes simpódicos, éstas asimétricas y basalmente inequiláteras, nudos prominentes. Profilos a menudo prominentes y persistentes en ejes simpódicos, discretos y caducos tempranamente en ejes monopódicos. Hojas alternas, enteras pero a menudo lobuladas basalmente, palmatinervias o pinnatinervias, con frecuencia la morfología foliar puede variar drásticamente en una misma planta y las hojas de los tallos monopódicos tienden a ser simétricas y basalmente equiláteras mientras que las hojas de los tallos simpódicos (florígenos) tienden a ser asimétricas y basalmente inequiláteras; pecíolos cortos a largos, con márgenes a menudo muy desarrollados y estipulares en apariencia. Inflorescencias terminales, opuestas y solitarias, raramente (por reducción del número de articulaciones o partes de la articulación en ejes simpódicos) axilares, y entonces (en nuestro material) en grupos de espigas sobre un eje común ramificado simulando umbelas o panículas, raquis de la espiga a menudo fimbriado, las flores con frecuencia formando bandas alrededor de la espiga, brácteas florales, cuculadas o triangulares distalmente en forma de U o V, glabras, a veces marginalmente fimbriadas, flores sésiles o pediceladas; estambres 2–4 (–8), los filamentos a menudo persistentes en el fruto, anteras ditecas, con dehiscencia vertical, oblicua u horizontal; pistilo 3–4-carpelar con igual número de estigmas, sésiles o sobre un estilo prominente. Fruto al madurar ligeramente distorsionado por compresión de los frutos adyacentes, basalmente fijado o parcialmente inmerso en el raquis.

El género *Piper* contiene aproximadamente unas 1500 especies, con cerca de 1000 en América tropical; 59 especies se encuentran en Nicaragua y 4 adicionales se esperan encontrar. Las especies de este género son a menudo elementos conspicuos del sotobosque, alcanzando su mayor diversidad en bosques húmedos premontanos y de tierras bajas en las regiones del Chocó de Colombia y piedemonte oriental de la Amazonia peruana. *Piper* es utilizado localmente como antídoto contra mordeduras de serpientes y así mismo como remedio eficaz en el tratamiento de cálculos renales y afecciones bronquiales. Muchas especies se conocen con el nombre de "Cordoncillo".

1. Inflorescencias umbeladas o paniculadas con espigas en grupos de (3–) 4–13 (–15) en las axilas de tallos monopódicos
   2. Hojas basalmente redondeadas y peltadas .... **P. peltatum**
   2. Hojas basalmente cordiformes y no peltadas .... **P. umbellatum**
1. Inflorescencias de espigas solitarias opuestas a las hojas
   3. Hojas palmatinervias
      4. Flores pediceladas .... **P. yucatanense**
      4. Flores sésiles
         5. Hojas inequiláteras y lobuladas basalmente, lóbulos oblicuos, un lado traslapando parcialmente al pecíolo .... **P. pseudolindenii**
         5. Hojas basalmente equiláteras, cuneadas, cordadas o lobuladas, los lóbulos nunca oblicuos o cubriendo parcialmente al pecíolo
            6. Hojas glabras en ambas superficies, eciliadas marginalmente
               7. Arbustos inicialmente erectos y eventualmente lianescentes; hojas basalmente cordiformes, cuneadas en tallos monopódicos; brácteas florales fimbriadas; flores formando bandas alrededor de la espiga; estigmas 3 .... **P. multiplinervium**
               7. Arbustos; hojas basalmente cuneadas en todos los nudos; brácteas florales puberulentas basalmente o cortamente fimbriadas; flores sin formar bandas alrededor de la espiga; estigmas 3–5
                  8. Hojas 8.5–14 cm de ancho, basalmente sin callosidades, nervio principal no ramificado en la porción distal; frutos apicalmente con un disco anular .... **P. reticulatum**
                  8. Hojas 5.5–10 cm de ancho, basalmente con 2 callosidades, nervio principal con nervios secundarios prominentes en la porción distal; frutos apicalmente sin un disco anular .... **P. sanctum**
            6. Hojas pubescentes en ambas superficies o glabrescentes en la haz, o cortamente hirsutas en el envés, o ambas o ciliadas marginalmente
               9. Hojas ciliadas marginalmente; pedúnculos glabros; inflorescencias distalmente curvadas en todos los estadios, flores formando bandas alrededor de la espiga, brácteas florales fimbriadas .... **P. marginatum**
               9. Hojas eciliadas marginalmente; pedúnculos pubescentes o puberulentos; inflorescencias erectas en todos los estadios, flores sin formar bandas alrededor de la espiga, brácteas florales cortamente fimbriadas, glabras o con un penacho de tricomas adaxialmente
                  10. Entrenudos puberulentos (tricomas 0.2 mm), glabrescentes, pedúnculos puberulentos, raquis pubescente, brácteas florales abaxialmente glabras .... **P. amalago**
                  10. Entrenudos vellosos (tricomas 0.8–1.5 mm), pedúnculos velloso-tomentosos, raquis glabro, brácteas florales abaxialmente con un penacho de tricomas .... **P. martensianum**
   3. Hojas pinnatinervias
      11. Bejucos, arbustos hemiepífitos, trepadores o escandentes; nervios secundarios emergiendo en el 1/3 basal de la lámina
         12. Hojas 1–3.5 cm de ancho, escabrosas o híspidas en la haz (levemente); flores formando bandas alrededor de la espiga; anteras con dehiscencia horizontal .... **P. silvivagum**
         12. Hojas 2.5–13 cm de ancho, lisas en ambas superficies, o rugosas en la haz, mas no escabrosas; flores sin formar bandas alrededor de la espiga; anteras con dehiscencia vertical u oblicua
            13. Entrenudos vellosos, tricomas 0.6–1.2 mm; conectivo prominente y pelúcido-punteado
               14. Pedúnculos 1.8–2.5 cm de largo, espigas péndulas; filamentos tan largos como las anteras; estigmas sésiles .... **P. dolichotrichum**
               14. Pedúnculos 0.4–0.8 cm de largo, espigas erectas; filamentos más largos que las anteras; estigmas sobre un estilo prominente .... **P. dryadum**
            13. Entrenudos glabros, papilados o hirsutos (en brotes), tricomas 0.2–0.4 mm de largo; conectivo discreto y eglandular
               15. Profilos 25–68 mm de largo; hojas sin callosidades basalmente; espigas rojo-purpúreas en la antesis, anteras con dehiscencia vertical .... **P. subsessilifolium**
               15. Profilos 6–10 mm de largo; hojas con callosidades basalmente; espigas blancas o amarillo pálidas en la antesis, anteras con dehiscencia oblicua .... **P. xanthostachyum**
      11. Arbustos, sufrútices o árboles pequeños; nervios secundarios emergiendo entre el 1/3 basal y los 2/3 superiores de la lámina o a todo lo largo
         16. Nervios secundarios emergiendo del nervio principal casi a todo lo largo
            17. Márgenes estipulares del pecíolo prolongándose más allá de la base de la lámina en todas las hojas, hojas basalmente inequiláteras, truncadas en un lado, lobuladas en el otro

18. Tallos densamente lenticelados y/o con crecimientos epidérmicos (tubérculos) prominentes; hojas obtusas; plantas de bosques secos o manglares .... **P. tuberculatum**
18. Tallos sin lenticelas o crecimientos epidérmicos; hojas acuminadas; plantas de bosques húmedos
 19. Arbustos o árboles pequeños de 1–5 m de alto; hojas con 6–9 pares de nervios secundarios; brácteas florales glabras dorsalmente, fimbriadas marginalmente, espigas 6–14 cm de largo .... **P. arboreum**
 19. Sufrútices de 0.5–1 m de alto; hojas con (3–) 4–5 pares de nervios secundarios; brácteas florales pilosas dorsalmente, glabras marginalmente, espigas 4.5–5.5 cm de largo .... **P. holtonii**
17. Márgenes estipulares extendiéndose 2/3 de la longitud del pecíolo (en algunas hojas), o restringidos a la porción basal del pecíolo, nunca prolongándose más allá de la base de la lámina, o las hojas equiláteras o no truncadas o lobuladas basalmente
 20. Hojas apicalmente acuminado-caudadas, el acumen 1–2.8 cm de largo, glabras, basalmente con dos callosidades prominentes; brácteas florales glabras .... **P. urophyllum**
 20. Hojas cortamente acuminadas en el ápice, no caudadas, glabras o pubescentes, basalmente sin callosidades; brácteas florales glabras, cortamente pilosas o adaxialmente con un penacho de tricomas, a veces marginalmente fimbriadas
  21. Hojas con 6–18 pares de nervios secundarios, más o menos equidistantes y anastomosados marginalmente
   22. Profilos 3–4 mm de largo, discretos y caducos en nudos floríferos distales, eglandulares; flores muy distantes entre sí, raquis visible (papilado); estigmas 4 .... **P. darienense**
   22. Profilos 10–70 mm de largo, prominentes, persistentes en nudos floríferos distales, pelúcido-punteados; flores densamente agrupadas, raquis no visible; estigmas 3 ó 4
    23. Profilos 40–70 mm de largo; hojas cartáceas y rugosas, nervios secundarios (10–12) divergiendo en ángulos de 45°; espigas con un residuo apical estéril de 3 mm de largo; bráctea floral glabra; frutos estilosos .... **P. biolleyi**
    23. Profilos 10–25 (–30) mm de largo; hojas membranáceas a coriáceas, nervios secundarios (6–18) divergiendo en ángulos de 60°; espigas sin residuo apical estéril; bráctea floral fimbriada; frutos estilosos o estigmas sésiles
     24. Hojas 15–33 cm de largo y 8–20 cm de ancho, marginalmente ciliadas, con 14–18 pares de nervios secundarios; espigas 10–12 mm en diámetro (en fruto); estigmas sésiles .... **P. augustum**
     24. Hojas 8–18 cm de largo y 2.5–8 cm de ancho, marginalmente eciliadas, con 6–9 pares de nervios secundarios; espigas 3–6 mm en diámetro (en fruto); estilo prominente .... **P. phytolaccifolium**
  21. Hojas con 4–9 pares de nervios secundarios, equidistantes o no, anastomosados o no
   25. Hojas pelúcido-punteadas en la haz o el envés, con glándulas discretas, impresas, translúcidas
    26. Profilos membranáceos, pelúcido-punteados con glándulas prominentes, dorsalmente hírtulos; hojas pubescentes en el envés; brácteas florales adaxialmente con un penacho de tricomas .... **P. tonduzii**
    26. Profilos cartáceos, remotamente pelúcido-punteados con glándulas impresas, glabros dorsalmente; hojas glabras en ambas superficies; brácteas cortamente hírtulas adaxialmente o fimbriadas marginalmente
     27. Hojas 8–20 cm de largo y 4.5–7 cm de ancho; espigas 4–7.5 cm de largo en fruto .... **P. aequale**
     27. Hojas 19–30 cm de largo y 10–15 cm de ancho; espigas 9–10 cm de largo en fruto .... **P. grande**
   25. Hojas pelúcido-punteadas en el envés y/o en la haz, con glándulas prominentes, amarillas, anaranjadas o parduscas
    28. Pecíolos con márgenes estipulares a lo largo de toda su longitud, en todas las hojas, a menudo más allá de la base de la lámina, pecíolos 2.5–6 cm de largo; hojas pelúcido-punteadas en el envés; conectivos eglandulares .... **P. glabrescens**
    28. Pecíolos con márgenes estipulares desarrollados en toda su longitud en ejes monopódicos, de otra manera restringidos a la porción basal del pecíolo, pecíolos 0.5–2 cm de largo; hojas pelúcido-punteadas en ambas superficies; conectivos negro-punteados
     29. Hojas glabras en ambas superficies y eciliadas marginalmente .... **P. phytolaccifolium**
     29. Hojas pubescentes en la haz y/o el envés y marginalmente ciliadas
      30. Hojas densamente pilosas en ambas superficies (tricomas 1–2.5 mm); espigas 2–3.5 cm de largo .... **P. garagaranum**

30. Hojas retrorso-pubescentes a lo largo de los nervios en el envés (tricomas 0.5 mm); espigas 4–6 cm de largo .... **P. trigonum**
16. Nervios secundarios emergiendo a lo largo del nervio principal desde su 1/3 basal hasta los 2/3 superiores
    31. Hojas 6–37 cm de ancho, basalmente equiláteras o inequiláteras, cuneadas, redondeadas o cordadas, o generalmente inequiláteras y profundamente lobuladas, los lóbulos prominentes y a menudo traslapando totalmente el pecíolo; espigas 15–40 cm de largo
        32. Plantas glabras; hojas basalmente equiláteras, cuneadas, redondeadas a cordadas; espigas erectas en todos los estadios .... **P. schiedeanum**
        32. Tallos y/o hojas pubescentes; hojas basalmente equiláteras o inequiláteras, en ambos casos profundamente lobuladas; espigas péndulas o erectas en fruto
            33. Hojas elíptico-ovadas o ampliamente ovadas; espigas erectas en fruto .... **P. corrugatum**
            33. Hojas elíptico-ovadas a elíptico-lanceoladas u obovadas; espigas péndulas en fruto
                34. Hojas membranáceas y lisas cuando secas, marginalmente ciliadas; pedúnculos glabros .... **P. auritum**
                34. Hojas cartáceas, abolladas o rugosas cuando secas, marginalmente eciliadas; pedúnculos pubescentes
                    35. Hojas densamente tomentosas en la haz, tricomas 1–2.5 mm de largo .... **P. biseriatum**
                    35. Hojas glabras en la haz, si pubescentes, entonces sólo sobre el nervio principal y el indumento de tricomas 0.1–0.3 mm de largo
                        36. Tallos con numerosos crecimientos epidérmicos a modo de tubérculos .... **P. imperiale**
                        36. Tallos no tuberculados
                            37. Hojas basalmente equiláteras o inequiláteras, lóbulos divergentes, más cortos que el pecíolo; pedúnculos 0.5–1.2 cm de largo .... **P. cenocladum**
                            37. Hojas basalmente inequiláteras (equiláteras en ejes monopódicos), lóbulos tan o más largos que el pecíolo; pedúnculos 1–6 cm de largo
                                38. Hojas pubescentes a lo largo de los nervios en la haz, membranáceas cuando secas .... **P. fimbriulatum**
                                38. Hojas glabras a lo largo de los nervios en la haz, cartáceas cuando secas .... **P. obliquum**
    31. Hojas 1.5–42 cm de ancho, basalmente equiláteras, cuneadas u obtusas, si inequiláteras los lóbulos pequeños y traslapando parcialmente el pecíolo; espigas 2.5–10 cm de largo
        39. Hojas glabras en ambas superficies, lisas y suaves en la haz o tardíamente rugosas pero no ásperas o escabrosas al tacto, indumento si presente restringido a los nervios en el envés (hirsútulos)
            40. Pecíolos con un desarrollo estipular a lo largo de toda su longitud en todas las hojas
                41. Hojas 15–33 cm de largo, elíptico-lanceoladas, gruesamente coriáceas cuando secas; espigas péndulas en fruto, 9–10 cm de largo; estigmas sésiles; frutos apicalmente depresos .... **P. melanocladum**
                41. Hojas 12–20 (–30) cm de largo, ovadas, elíptico-ovadas o lanceoladas, membranáceas cuando secas; espigas erectas o curvadas distalmente en la antesis, nunca péndulas en fruto, 0.8–10 cm de largo; estigmas sésiles o sobre un estilo prominente; frutos apicalmente apiculados
                    42. Espigas 0.8–1.4 cm de largo .... **P. curtirachis**
                    42. Espigas 4–10 cm de largo
                        43. Hojas elíptico-lanceoladas, elíptico-ovadas u oblongas, el desarrollo estipular del pecíolo proyectándose más arriba de la base de la lámina; pedúnculo 0.5–1.2 cm de largo; espigas 3–5 (–6) mm en diámetro (en fruto); estigmas sobre un estilo .... **P. glabrescens**
                        43. Hojas ovadas, elíptico-ovadas o ampliamente ovadas, el desarrollo estipular del pecíolo no proyectándose arriba de la base de la lámina; pedúnculo 1.5–3 cm de largo; espigas 2–3 mm en diámetro (en fruto); estigmas sésiles .... **P. holdridgeanum**
            40. Pecíolos con un desarrollo estipular extendiéndose 1/3 o 2/3 de su longitud
                44. Hojas largamente acuminadas y basalmente inequiláteras, profundamente lobuladas, auriculadas, el lóbulo más largo perpendicular al pecíolo, más ancho que largo .... **P. otophorum**
                44. Hojas sin la combinación de caracteres arriba mencionados
                    45. Todas las partes de la planta densamente pelúcido-punteadas, con glándulas prominentes y elevadas de color anaranjado; hojas elíptico-ovadas, membranáceas a coriáceas cuando secas; brácteas florales glabras; conectivo prominente y sobresaliendo por encima de las tecas .... **P. nudifolium**

45. Algunas, mas no todas las partes de la planta pelúcido-punteadas, con glándulas discretas
    e impresas, amarillo translúcidas; hojas elíptico-ovadas, ampliamente ovadas u
    oblanceoladas, cartáceas cuando secas; brácteas florales fimbriadas marginalmente y si
    pubescentes entonces eglandulares; conectivo discreto y eglandular
    46. Hojas elíptico-ovadas o ampliamente ovadas, raramente elíptico-lanceoladas,
        basalmente cuneadas, obtusas o cordiformes, no lobuladas, basalmente con un par de
        callosidades, glabras en el envés o el indumento restringido a los nervios marginales;
        flores sin formar bandas alrededor de la espiga
        47. Hojas variables en forma y grado de inserción del pecíolo, en ejes monopódicos
            basalmente redondeadas a cordadas, peltadas, en ejes simpódicos cuneadas y no
            peltadas .... **P. schiedeanum**
        47. Hojas fundamentalmente uniformes en forma a lo largo de los ejes, nunca
            peltadas, cuneadas a levemente redondeadas basalmente
            48. Hojas elíptico-ovadas o lanceoladas, 4.5–7 cm de ancho; espigas 4–7.5 cm de
                largo y 2.5–3 mm en diámetro .... **P. aequale**
            48. Hojas ampliamente ovadas a elíptico-lanceoladas, 10–15 cm de ancho;
                espigas 8.5–10 cm de largo y 4.5–6 mm en diámetro .... **P. grande**
    46. Hojas elíptico-ovadas a oblanceoladas, lobuladas, sin callosidades basales,
        pubescentes en el envés, el indumento nunca restringido a los nervios marginales;
        flores formando bandas alrededor de la espiga
        49. Hojas elíptico-ovadas a oblanceoladas, lustrosas en la haz, entrenudos distales
            pubescentes (tricomas 0.8–1 mm); brácteas florales fimbriadas marginalmente
            (tricomas 0.4–0.6 mm) .... **P. colonense**
        49. Hojas elíptico-ovadas a lanceoladas, opacas en la haz, entrenudos distales glabros
            o pubescentes (tricomas cortos, 0.3 mm); brácteas florales glabras o cortamente
            fimbriadas (tricomas 0.1–0.2 mm)
            50. Espigas acuminadas, nunca mucronadas .... **P. umbricola**
            50. Espigas largamente mucronadas, con una porción estéril de 0.5–1.5 mm de
                largo
                51. Hojas basalmente obtusas o lobuladas, un lóbulo a menudo traslapando el
                    pecíolo, hirsuto-puberulentas en el envés................................... **P. carpinteranum**
                51. Hojas basalmente cuneadas, con los márgenes decurrentes sobre el
                    pecíolo, glabras en el envés .... **P. decurrens**
39. Hojas pubescentes en una o ambas superficies, en ocasiones glabrescentes, híspidas o escábridas en la
    haz y/o envés, y tardíamente rugosas o abolladas
    52. Inflorescencias curvadas distalmente en todos los estadios
        53. Hojas escábridas, híspidas o ásperas en la haz, hirsuto-híspidas en el envés .... **P. aduncum**
        53. Hojas adpreso-pubescentes en ambas superficies, suaves al tacto .... **P. friedrichsthalii**
    52. Inflorescencias erectas o péndulas, no curvadas distalmente en la antesis o fruto
        54. Hojas escábridas o híspidas en la haz, tardíamente rugosas y abolladas
            55. Brácteas florales glabras, remota y cortamente fimbriadas, glabrescentes
                56. Espigas verde blanquecinas, tricomas dimorfos .... **P. polytrichum**
                56. Espigas rojizas, tricomas dimorfos o indumento con un solo tipo de tricomas
                    57. Indumento (tallos y hojas) dimorfo de tricomas septados, 1.5–3 mm de largo,
                        setosos y curvados distalmente y tricomas no septados, 0.2 mm de largo, rígidos
                        .... **P. biauritum**
                    57. Indumento (tallos y hojas) conformado por un solo tipo de tricomas .... **P. epigynium**
            55. Brácteas florales densamente fimbriadas marginalmente
                58. Flores sin formar bandas conspicuas alrededor de la espiga
                    59. Hojas ampliamente elíptico-ovadas, obovadas a romboides, cortamente
                        acuminadas en el ápice, lobuladas en la base, densamente pubescentes en la haz,
                        más no híspidas; pedúnculos 6–10 mm de largo .... **P. pseudofuligineum**
                    59. Hojas elíptico-ovadas, largamente acuminadas y caudadas (acumen hasta 25 mm
                        de largo) en el ápice, cuneadas a obtusas en la base, cortamente híspido-pilosas
                        en la haz; pedúnculos 4–7 mm de largo .... **P. zacatense**
                58. Flores formando bandas conspicuas alrededor de la espiga
                    60. Frutos glabros apicalmente (pueden ser papilados); anteras con dehiscencia
                        vertical .... **P. bredemeyeri**
                    60. Frutos hirsuto-puberulentos apicalmente; anteras dehiscentes en un plano
                        horizontal

61. Hojas coriáceas y abolladas cuando secas, nervadura secundaria equidistante y subparalela; plantas en elevaciones de 0–400 m .... **P. villiramulum**
61. Hojas cartáceas, no abolladas cuando secas, nervadura no equidistante o paralela; plantas en elevaciones de 10–1300 m
  62. Arbustos esciófilos de bosques nublados (600–1300 m); profilos glabros; tallos hirsútulos, glabrescentes .... **P. bisasperatum**
  62. Arbustos heliófilos de bosques premontanos y húmedos, en sitios perturbados (10–1300 m); profilos densamente híspidos; tallos híspidos, granulosos ... **P. hispidum**
54. Hojas lisas al tacto en la haz y envés, glabras o pubescentes en la haz, no abolladas o rugosas tardíamente
  63. Pedúnculos 3–5 cm de largo
    64. Hojas (8–) 9.5–15 cm de largo y 3–4.5 (5) cm de ancho, cortamente acuminadas (acumen menor de 0.4 cm); tallos y pedúnculos vellosos; estilos 0.2 mm de largo .... **P. perbrevicaule**
    64. Hojas 5–7 cm de largo y 2.8–4.5 (–9) cm de ancho, largamente acuminadas (acumen de 1 cm); tallos y pedúnculos con indumento dimorfo (estrigosos y vellosos); estilos 1 mm de largo .... **P. urostachyum**
  63. Pedúnculos 0.6–2.5 cm de largo
    65. Hojas densamente pubescentes en ambas superficies, tricomas 0.5–1.5 mm de largo, hirsútulas o vellosas .... **P. pseudofuligineum**
    65. Hojas glabras en ambas superficies, o pubescentes en el envés o la haz, entonces hírtulas y el indumento (0.3 mm) restringido a la base de la lámina, glabrescentes
      66. Hojas elíptico-lanceoladas, elíptico-ovadas u oblanceoladas; fruto apicalmente pubescente; espigas apiculadas con una porción estéril pilosa o híspida de 0.5 mm de largo .... **P. jacquemontianum**
      66. Sin la combinación de caracteres arriba mencionados
        67. Espigas rojizas en la antesis .... **P. epigynium**
        67. Espigas amarillo pálidas o verdes en la antesis
          68. Plantas heliófilas; indumento del tallo, profilos y pecíolos en líneas decurrentes; plantas de zonas litorales .... **P. littorale**
          68. Plantas esciófilas; indumento del tallo, profilos y pecíolos nunca en líneas decurrentes; plantas de bosques húmedos o montanos, 10–1400 m
            69. Tallos densamente tomentosos o estrigosos, tricomas 0.4–1.2 mm de largo; pecíolos (en nuestro material) 1.2–2 cm de largo; hojas elíptico-ovadas, largamente acuminadas, el acumen hasta 2.5 cm .... **P. zacatense**
            69. Tallos retrorso-puberulentos, glabrescentes o glabros, tricomas menos de 0.3 mm; pecíolos 0.4–1 cm de largo; hojas elíptico-obovadas a oblanceoladas, cortamente acuminadas
              70. Raquis de la espiga con una porción estéril de 0.3–0.5 cm de largo, filiforme, retrorso-puberulenta; brácteas florales cilioladas o glabras; frutos apiculados y cortamente estilosos .... **P. sinugaudens**
              70. Raquis sin una porción estéril; brácteas florales marginalmente fimbriadas; frutos apiculados pero sin estilos persistentes, o truncados
                71. Hojas (2–) 3.5–4.5 (–5.5) cm de ancho, puberulentas y glabrescentes en el envés; espigas 2.5–4.5 cm de largo y 2–2.5 mm en diámetro; frutos truncados .... **P. carpinteranum**
                71. Hojas 1.5–3 (–3.8) cm de ancho, densa y cortamente pubescentes, retrorsas a lo largo de los nervios en el envés; espigas 3.5–6.5 cm de largo y 1.5–2 mm en diámetro; frutos apiculados .... **P. scalarispicum**

Piper aduncum L., Sp. Pl. 29. 1753; *Artanthe aduncifolia* (L.) Miq.; *P. aduncifolium* Trel.

Arbustos 1.6 (–9) m de alto, heliófilos, profusamente ramificados; tallos amarillos o verde pálidos, entrenudos 2.5–4 (–7) cm de largo, estriados a canaliculados cuando secos, inconspicuamente pelúcido-punteados, laxa a densamente hirsutos o hirsútulos, glabrescentes y granulosos. Profilo 20–30 mm de largo, densamente hirsuto dorsalmente, caduco. Hojas regulares en forma y tamaño a lo largo de los ejes,

asimétricas, elíptico-ovadas a elíptico-lanceoladas, (12–) 17–23 cm de largo y (3–) 4–7.5 (–9) cm de ancho, ápice largamente acuminado, base inequilátera, obtusa, cordada o lobulada, el lóbulo más largo obtuso y traslapando al pecíolo, el lóbulo más corto obtuso, cuneado o lobulado, pelúcido-punteadas especialmente en el envés, verde pálidas en ambas superficies, cartáceas y amarillo pálidas cuando secas, cortamente hirsutas o híspidas en la haz, granulosas y densamente hirsutas en el envés, glabrescentes, pinnatinervias con 5–6 pares de nervios secundarios emergiendo entre la base y la 1/2 del nervio principal, divergiendo en ángulos de 30°–45°, ascendentes, subequidistantes y paralelos, nervadura terciaria formando aréolas rectangulares, nervadura impresa o levemente elevada en la haz, elevada en el envés; pecíolos 0.3–0.7 cm de largo, densamente hirsutos y estrigosos, con un desarrollo estipular restringido a la porción basal en nudos floríferos, o extendiéndose hasta la mitad del pecíolo en nudos estériles, 2–4 mm de largo, caduco. Inflorescencias curvadas distalmente en todos los estadios, blanco-amarillentas en la antesis, verdes en fruto, pedúnculo 1.2–1.7 cm de largo, hirsuto o estrigoso, glabrescente, raquis (4–) 6–12 (–14) cm de largo, glabro, brácteas florales angostamente triangulares, 0.3 mm de ancho, densamente fimbriadas, flores densamente agrupadas en el raquis formando bandas alrededor de la espiga, sésiles; estambres 4, filamentos tan largos como las anteras, éstas con dehiscencia horizontal, conectivo discreto y eglandular; pistilo piriforme con 3 estigmas sésiles. Frutos ovoides, redondeados o trígonos, 0.8–1 mm de largo, apicalmente truncados y depresos, papilados e hirsutos, verde pálidos a café cuando secos.

Común, en bosques húmedos, premontanos y secos, en sitios perturbados, en todo el país; 12–1300 m; fl y fr durante todo el año; *Grijalva 1047, Sandino 4021*; América tropical. En las últimas décadas esta especie ha sido introducida como ornamental en Asia (donde es una maleza) y sur de los Estados Unidos. Posiblemente esta especie es la más frecuente del género en América tropical, su taxonomía es aún bastante caótica. "Santa María Negra".

Piper aequale Vahl, Eclog. Amer. 1: 4, t. 3. 1797; *P. costaricense* C. DC.; *P. micrantherum* C. DC.; *P. mombachanum* C. DC.; *P. epilosipes* Trel.

Arbustos 1–2 m de alto, esciófilos, escasa a densamente ramificados; tallos verde pálidos, entrenudos 3–6 (–8) cm de largo, estriados o canaliculados, eglandulares, glabros. Profilo 10–20 mm de largo, glabro o papilado, caduco. Hojas uniformes en forma y tamaño a lo largo de los ejes, asimétricas, elíptico-ovadas o elíptico-lanceoladas (ecotipos de bosques nublados), (8–) 10–14 (–20) cm de largo y 4.5–6 (–7) cm de ancho, ápice cortamente acuminado, base equilátera o inequilátera, cuneada, decurrente, escasamente pelúcido-punteadas, típicamente cartáceas, verde nítidas en la haz y grisáceas en el envés, verde grisáceas y opacas con los nervios discoloros en la haz cuando secas, glabras en ambas superficies, pinnatinervias con 4–6 pares de nervios secundarios emergiendo entre la base y los 2/3 superiores del nervio principal, divergiendo en ángulos de 45°, ampliamente espaciados y no equidistantes, a menudo con un par de nervios adicionales que emergen del 1/3 superior del nervio principal, anastomosados marginalmente, nervadura terciaria reticulada e inconspicua, nervadura impresa o el nervio principal elevado en la haz, elevados en el envés; pecíolos 0.7–1.7 cm de largo, glabros, con un desarrollo estipular restringido a la base en nudos floríferos y extendiéndose 2/3 del pecíolo en nudos estériles, 0.2 mm de largo, caduco. Inflorescencias erectas en todos los estadios, blancas en la antesis, verde-grisáceas en fruto, pedúnculo 0.6–1.2 cm de largo, glabro, raquis (3.5) 4–7.5 cm de largo, glabro, brácteas florales triangular-oblongas, 0.2 mm de ancho, cortamente fimbriadas, flores laxa a densamente agrupadas en el raquis sin formar bandas alrededor de la espiga, sésiles; estambres 3–5, filamentos tan largos como las anteras, éstas con dehiscencia vertical, conectivo discreto y eglandular; pistilo ovoide con 3 estigmas sésiles. Frutos obovoides, trígonos, 0.8 mm de largo, apicalmente obtusos, glabros, cafés cuando secos.

Frecuente, en bosques premontanos y nebliselvas, en todo el país; 300–1550 m; fl y fr durante todo el año; *Moreno 1087, Stevens 15134*; noreste de Honduras al sureste de Brasil, ausente de los Andes de Perú.

Piper amalago L., Sp. Pl. 29. 1753; *P. decrescens* C. DC.; *P. decrescens* var. *ovatum* C. DC.; *P. tigerianum* C. DC.; *P. realgoanum* C. DC.; *P. vaccinum* Standl. & Steyerm.

Arbustos o sufrútices, 1–6 m de alto, esciófilos, profusamente ramificados; tallos verdes, entrenudos 3.5–5.5 (–8) cm de largo (ocasionalmente 10–12 cm en los ejes monopódicos), estriados, inconspicuamente pelúcido-punteados, puberulentos, glabrescentes. Profilo 3–5 mm de largo, puberulento, caduco. Hojas uniformes en forma y tamaño en todos los ejes, simétricas, ampliamente ovadas o elíptico-ovadas, (6.5–) 7.5–12 (–13.5) cm de largo y (4–) 5.6–8 cm de ancho, ápice acuminado, base cuneada a redondeada, ocasionalmente cordada en plantas de elevaciones bajas, inconspicuamente pelúcido-punteadas, verde nítidas en la haz y verde pálidas en el envés, cartáceas, verde ocres y opacas cuando secas, cortamente pubescentes a lo largo de los nervios principales en ambas superficies, glabrescentes en la haz, palmatinervias con 5–7 nervios principales divergiendo de la base en ángulos de 45°, arqueados y ascendentes, anastomosados marginalmente, nervadura terciaria inconspicua, nervadura levemente elevada en ambas superficies; pecíolos 0.6–1.5 cm de largo, vaginados, con un desarrollo estipular restringido a la base del pecíolo en todos los nudos, 2 mm de largo, caduco. Inflorescencias erectas y verde pálidas o amarillentas en todos los estadios, pedúnculos (0.5–) 0.7–1.4 cm de largo, puberulentos, raquis 4.5–7 (–8) cm de largo, pubescente, brácteas florales cuculadas, 0.2 mm de ancho, fimbriadas, basalmente pubescentes, abaxialmente glabras, flores laxamente agrupadas en el raquis sin formar bandas alrededor de la espiga, sésiles; estambres 4–5, filamentos tan largos como las anteras, éstas con dehiscencia oblicua, conectivo discreto y eglandular; pistilo pirenoide con 3–4 estigmas sésiles. Frutos ovoides a cilíndricos, levemente sulcados, 1–1.2 mm de largo, apiculados, densamente papilados a puberulentos, negros cuando secos.

Común, en bosques húmedos y premontanos, en sitios parcialmente sombreados, zonas pacífica y norcentral, aparentemente ausente de la zona atlántica; 100–1600 m; fl y fr sep–jun; *Guzmán 457, Moreno 17416*; América tropical.

Piper arboreum Aubl., Hist. Pl. Guiane 1: 23. 1775; *P. macrophyllum* Sw.; *P. crassicaule* Trel.; *P. barriosense* Trel. & Standl.

Arboles pequeños, 1–5 m de alto, esciófilos, profusamente ramificados; tallos verde nítidos, entrenudos 2.5–4 (–6) cm de largo, teretes o estriados, inconspicuamente pelúcido-punteados, puberulentos, papilados, glabrescentes. Profilo 4–6 mm de largo, puberulento, caduco. Hojas uniformes en forma y tamaño en todos los ejes, levemente asimétricas, elíptico-ovadas a elíptico-lanceoladas u oblongas, (9–) 13–18 (–26) cm de largo y 4–7.5 (–9) cm de ancho, ápice acuminado, base inequilátera, el lado más largo cuneado y decurrente, el más corto obtuso a redondeado, eglandulares, verde nítidas en la haz y verde pálidas en el envés, cartáceas, verde-cafés o verde ocres y opacas cuando secas, glabras en ambas superficies, pinnatinervias en toda su longitud, con 6–9 pares de nervios secundarios, los basales divergiendo en ángulos de 45°, los distales en ángulos de 60°, equidistantes, no paralelos, anastomosados marginalmente, nervadura terciaria formando aréolas rectangulares, nervadura impresa en la haz, elevada y prominente en el envés; pecíolos 0.3–0.5 cm de largo, puberulentos, con un desarrollo estipular a lo largo de toda su longitud, 0.2 mm de largo, caduco. Inflorescencias erectas en todos los estadios, blancas en la antesis, verdes en fruto, pedúnculo 5–10 mm de largo, glabro, raquis 7–20 cm de largo, glabro, brácteas florales triangulares o deltoides, 0.2 mm de ancho, densamente fimbriadas, glabras dorsalmente, flores densamente agrupadas en el raquis formando bandas alrededor de la espiga, sésiles; estambres 4, filamentos tan largos como las anteras, éstas con dehiscencia oblicua, conectivo discreto y eglandular; pistilo oblongo con 3 estigmas sésiles. Frutos oblongos, 0.6–0.8 mm de largo, apicalmente truncados u obtusos, papilados, negros cuando secos.

Frecuente, en bosques húmedos secundarios en sitios sombreados, en las zonas norcentral y atlántica; 10–800 m; fl y fr dic–abr; *Moreno 20879, Stevens 12688*; América tropical.

Piper augustum Rudge, Pl. Guian. 1: 10, t. 7. 1805; *P. prismaticum* C. DC.

Arbustos 1–2 m de alto, esciófilos, laxamente ramificados; tallos verde nítidos, entrenudos 5–8 (–10) cm de largo, estriados a canaliculados, pelúcido-punteados, glabros. Profilo 15–25 mm de largo, glabro, caduco. Hojas uniformes en forma y tamaño en todos los ejes, casi simétricas, ovadas a elíptico-ovadas, (15–) 20–30 (–33) cm de largo y 8–15 (–20) cm de ancho, ápice acuminado, base levemente inequilátera, cuneada, un lado 1–2 mm más corto, o el otro lado obtuso y más largo, densamente negro-punteadas y verde nítidas en ambas superficies, membranáceas a coriáceas, verde pálidas a obscuras y opacas cuando secas, glabras excepto por los márgenes densamente ciliados, pinnatinervias en toda su longitud, con 14–18 pares de nervios secundarios divergiendo del nervio principal en ángulos de 60°, equidistantes, subparalelos, anastomosados marginalmente formando aréolas prominentes, nervadura impresa en la haz, elevada en el envés; pecíolos 1.5–2 cm de largo, puberulentos, glabrescentes, con un desarrollo estipular restringido a la porción basal, 1 mm de largo, caduco. Inflorescencias erectas y blancas en la antesis, y péndulas, masivas y verdes en fruto, pedúnculo 1–2.5 cm de largo, glabro, raquis (5–) 8–12 (–18) cm de largo, glabro, brácteas florales triangulares, 0.5 mm de ancho, densamente fimbriadas, flores densamente agrupadas en el raquis sin formar bandas alrededor de la espiga, sésiles; estambres 4, filamentos más largos que las anteras, éstas con dehiscencia vertical, conectivo prominente y negro-punteado; pistilo ovoide con 3 estigmas sésiles. Frutos ovoides o globosos, 2.5 mm de largo, apicalmente retusos, negro-punteados, glabros, negros cuando secos.

Ocasional, en sitios sombríos de bosques húmedos, en todo el país; 80–900 m; fl y fr mar–sep; *Araquistain 2567, Moreno 24649*; norte de Nicaragua al noreste de Sudamérica, Amazonia y las Guayanas. Burger menciona la presencia de raíces fúlcreas en esta especie, en Costa Rica.

Piper auritum Kunth in Humb., Bonpl. & Kunth,
Nov. Gen. Sp. 1: 54. 1816; *Schilleria aurita*
(Kunth) Kunth; *P. auritilimbum* Trel.

Arbustos o arboles pequeños, 1.5–5 m de alto,
heliófilos, aromáticos (con fragancia de anís), laxamente ramificados; tallos verde nítidos, entrenudos
(5–) 6–10 (–15) cm de largo, estriados, pelúcido-
punteados, glabros. Profilo 2–3 mm de largo, glabro,
caduco. Hojas uniformes en forma y tamaño en todos
los ejes, asimétricas, ovadas o ampliamente ovadas a
elíptico-ovadas, (13–) 15–27 (–35) cm de largo y 12–
21 (–26) cm de ancho, ápice acuminado, base inequilátera, cordada a profundamente auriculada, el
lóbulo más grande tan largo como (o la mitad) el
pecíolo y a menudo traslapándolo, el más corto hasta
1/3 de la longitud del pecíolo, pelúcido-punteadas y
verde nítidas en ambas superficies, membranáceas y
delgadas cuando secas, cortamente pubescentes en
ambas superficies particularmente a lo largo de los
nervios secundarios, pinnatinervias con 4–7 pares de
nervios secundarios emergiendo entre la base y los
2/3 del nervio principal, el par basal divergiendo en
ángulos de 60°, los superiores en ángulos de 45°,
anastomosados formando aréolas prominentes, nervadura levemente elevada en ambas superficies;
pecíolos 4–7 (–8.5) cm de largo, glabros, con un
desarrollo estipular prominente en los 2/3 de su
longitud, 3–4 mm de largo, persistente. Infores-
cencias erectas y curvadas distalmente en la antesis,
péndulas en fruto, blancas a verde pálidas en todos
los estadios, pedúnculo 4–9 (–11) cm de largo,
glabro, raquis (6–) 12–28 (–35) cm de largo, papilado, brácteas florales triangulares (a orbiculares?),
0.2 mm de ancho, marginalmente fimbriadas y
basalmente pubescentes, flores densamente agrupadas en el raquis sin formar bandas alrededor de la
espiga; estambres 2, filamentos tan largos como las
anteras, éstas con dehiscencia vertical, conectivo
discreto y eglandular; pistilo elipsoide con 3 estigmas
sésiles. Frutos obovoides, 0.8–1 mm de largo, apicalmente truncados, papilados, glabros, verde pálidos.

Común, en sitios expuestos de bosques secundarios, en bosques húmedos y premontanos, en las
zonas norcentral y atlántica; 30–1200 m; fl y fr
durante todo el año; *Pipoly 4673*, *Stevens 17459*;
América tropical. Localmente utilizada como diurético. "Santa Marta".

Piper biauritum C. DC., Anales Inst. Fís.-Geogr.
Nac. Costa Rica 9: 161. 1897; *P. tortuosipilum*
Trel.

Arbustos 1–3 m de alto, esciófilos, profusamente
ramificados; tallos verde nítidos, entrenudos 2.5–5
cm de largo, filiformes cuando secos, densamente

pubescentes e hirsutos, tardíamente glabrescentes.
Profilo 6–10 mm de largo, dorsalmente hirsuto,
caduco. Hojas uniformes en forma y tamaño a lo
largo de los ejes, asimétricas, elíptico-ovadas a elíptico-lanceoladas, (8–) 10–15 (–16) cm de largo y 3.5–
5.5 (–7) cm de ancho, ápice largamente acuminado,
base inequilátera, el lado más largo lobulado y
traslapando parcialmente el pecíolo, el lado más corto
cuneado a obtuso, inconspicuamente pelúcido-punteadas en el envés, verde pálidas en ambas superficies, cartáceas y verde opacas cuando secas, densamente hirsutas o híspidas en ambas superficies,
pinnatinervias con 4–5 pares de nervios secundarios
emergiendo entre la base y la 1/2 del nervio principal,
divergiendo en ángulos de 45°, subequidistantes y
paralelos, anastomosados marginalmente, nervadura
terciaria formando aréolas prominentes, nervadura
impresa a sulcada en la haz, elevada y prominente en
el envés; pecíolos 0.2–0.5 cm de largo, densamente
hirsutos, con un desarrollo estipular discreto, 2–4 mm
de largo, caduco. Inflorescencias erectas en todos los
estadios, blancas, amarillo pálidas o rojizas (?) en la
antesis, verde opacas o grises en fruto, pedúnculo
0.4–0.7 cm de largo, densamente híspido-setoso,
raquis (4–) 6–7 cm de largo, glabro, brácteas florales
deltoides, 0.2 mm de ancho, glabras o remota y
cortamente ciliadas, flores densamente agrupadas en
el raquis formando bandas alrededor de la espiga,
sésiles; estambres 4, filamentos tan largos como las
anteras, éstas con dehiscencia vertical, conectivo
discreto y eglandular; pistilo ovoide con 3 estigmas
sésiles. Frutos obovoides, 0.8 mm de largo,
apicalmente truncados, cortamente hírtulos, glabrescentes, negros cuando secos.

Ocasional, en sitios sombríos de bosques premontanos, zona atlántica; 200–1000 m; fl y fr jul–oct;
Moreno 17214, *Stevens 4784*; norte de Nicaragua al
sur de Panamá.

Piper biolleyi C. DC., Bull. Soc. Roy. Bot. Belgique
30(1): 210. 1891.

Arbustos (1.5–) 4–7 m de alto, heliófilos, ocasionalmente esciófilos (?), laxamente ramificados; tallos
verde nítidos, entrenudos 5–8 (–10) cm de largo,
estriados, inconspicuamente pelúcido-punteados, glabros. Profilo 40–70 mm de largo, glabro, tardíamente
caduco. Hojas uniformes en forma y tamaño a lo
largo de todos los ejes, simétricas, ovadas a elíptico-
ovadas, (13–) 15–26 (–29) cm de largo y 9–16 cm de
ancho, ápice cortamente acuminado a obtuso, base
equilátera, cuneada y decurrente sobre el pecíolo,
verde grisáceas en la haz y verde pálidas en el envés,
cartáceas, glabras en ambas superficies, pinnatinervias en toda su longitud, con 10–12 pares de

nervios secundarios divergiendo del nervio principal en ángulos de 45°, arqueados, paralelos, equidistantes, formando aréolas marginales, con igual número de nervios terciarios paralelos e intermedios, nervadura impresa en la haz, elevada y prominente en el envés; pecíolos 2.5–4 cm de largo, glabros, con un desarrollo estipular prominente a lo largo de toda su extensión y prolongándose más allá de la base de la lámina (formando una pseudolígula truncada), 2–4 mm de largo, tardíamente caduco. Inflorescencias erectas en todos los estadios, blancas o amarillo pálidas en la antesis, verdes en fruto, pedúnculo 0.6–1.5 cm de largo, glabro, raquis 5–7 (–9) cm de largo, glabro, brácteas florales triangulares o en forma de U, 0.5 mm de ancho, glabras, flores densamente agrupadas en el raquis sin formar bandas alrededor de la espiga, sésiles; estambres 4, filamentos tan largos como las anteras, éstas con dehiscencia vertical, conectivo discreto y eglandular; pistilo umbonado con 3 estigmas sésiles. Frutos parcialmente inmersos en el raquis, ovoides a romboides, 1–2 mm de largo, apiculados (con un residuo estilar) o truncados, los estigmas a menudo formando un disco anular, glabros y cafés cuando secos.

Ocasional, en áreas perturbadas y bosques húmedos, zonas norcentral y atlántica; 100–1300 m; fl y fr mar–jul; *Pipoly 6271*, *Stevens 6832*; Nicaragua y Costa Rica.

Piper bisasperatum Trel., Contr. U.S. Natl. Herb. 26: 173. 1929; *P. emollitum* Trel.; *P. austinii* Trel.

Arbustos 1.5–2 m de alto, esciófilos, profusamente ramificados; tallos verde pálidos, entrenudos 2.5–5 (–8) cm de largo, estriados a canaliculados, inconspicuamente pelúcido-punteados, granulosos, escasamente hírtulos, glabrescentes. Profilo 10–15 mm de largo, glabro. Hojas más o menos uniformes en forma y tamaño a lo largo de todos los ejes, muy asimétricas, elíptico-ovadas a elíptico-lanceoladas a obovadas, (10–) 15–22 (–25) cm de largo y 5–7.5 (–9) cm de ancho, ápice atenuado y largamente acuminado, base inequilátera, obtusa o lobulada, el lado más corto cuneado, el lado más largo obtuso y traslapando parcialmente al pecíolo, o ambos lados cuneados, anaranjado-punteadas en ambas superficies, verde nítidas en la haz y verde pálidas en el envés, nervadura secundaria a menudo de color rosado, cartáceas, verde opacas cuando secas, glabras en la haz, densamente híspido-adpresas en el envés a lo largo de los nervios, pinnatinervias con 4–5 pares de nervios secundarios emergiendo entre la base y la 1/2 o los 2/3 del nervio principal, divergiendo en ángulos de 45°, no equidistantes, subparalelos, nervadura terciaria formando aréolas rectangulares, nervadura

elevada en el envés, impresa en la haz; pecíolos (0.3–) 0.4–0.7 (–1) cm de largo, escasamente hírtulos o híspidos, con un desarrollo estipular discreto, 2–4 mm de largo, caduco. Inflorescencias erectas en todos los estadios, blancas en la antesis, verde pálidas en fruto, pedúnculo (0.4–) 0.7–1.2 cm de largo, hírtulo, glabrescente, raquis (6–) 7–11 cm de largo, glabro, brácteas florales triangulares, 0.2–0.3 mm de ancho, densamente fimbriadas, flores densamente agrupadas en el raquis formando bandas alrededor de la espiga, sésiles; estambres 4, filamentos más cortos que las anteras, éstas con dehiscencia horizontal, conectivo discreto y eglandular (?); pistilo ovoide con 3 estigmas sésiles. Frutos ovoides, 0.6–0.8 mm de largo, apicalmente obtusos a truncados, puberulentos, cafés cuando secos.

Ocasional, en sitios sombríos de bosques nublados, en la zona norcentral y Granada; 600–1300 m; fl y fr durante todo el año; *Araquistain 2114*, *Moreno 6634*; sur de Honduras al norte de Panamá.

Piper biseriatum C. DC., Bot. Gaz. (Crawfordsville) 70: 178. 1920; *P. dasypogon* C. DC.; *P. signatum* Trel.

Arbustos 2–5 m de alto, esciófilos, laxamente ramificados; tallos verde-cafés distalmente, verde pálidos basalmente, entrenudos (2–) 4–10 cm de largo, pelúcido-punteados, densamente tomentosos y puberulentos. Profilo 4–6 mm de largo, puberulento, caduco. Hojas uniformes en forma y tamaño en todos los ejes, asimétricas, elíptico-ovadas a oblongas, (16–) 18–40 cm de largo y (8–) 12–21 cm de ancho, ápice cortamente acuminado, base profundamente inequilátera, lobulada, el lóbulo más largo traslapando parcial o completamente al pecíolo, inconspicuamente pelúcido-punteadas en el envés, verde pálidas en ambas superficies, cartáceas y verde opacas cuando secas, densamente tomentosas en la haz, hírtulas en el envés especialmente a lo largo de los nervios secundarios, glabrescentes, pinnatinervias con 4–6 pares de nervios secundarios emergiendo entre la base y los 2/3 del nervio principal, divergiendo en ángulos de 60°, ascendentes, subequidistantes, anastomosados marginalmente, las aréolas prominentes, nervadura impresa en la haz, elevada en el envés; pecíolos 2–12 cm de largo, hirsutos, glabrescentes, con un desarrollo estipular prominente, 3–6 mm de largo, caduco. Inflorescencias péndulas en todos (?) los estadios, amarillas, rosadas o purpúreas en la antesis, verdes en fruto, pedúnculo 3–10 cm de largo, hírtulo, glabrescente, raquis 18–32 (–35) cm de largo, glabro, brácteas florales triangulares a oblongas, 0.3–0.5 mm de ancho, fimbriadas, flores densamente agrupadas en el raquis formando bandas alrededor de la espiga, sésiles; estambres 4, filamentos más largos que las anteras, éstas con dehiscencia horizontal, conectivo discreto y eglandular; pistilo ovoide con 3 estigmas sésiles. Frutos cilíndricos a obcónicos, 1–2 mm de largo, apicalmente apiculados o truncados, papilados, glabros, café cuando secos.

Ocasional, en sotobosques de bosques nublados y pluvioselvas, zona atlántica; 60–800 m; fl y fr feb–abr, sep; *Moreno 15143, Nee 28418*; norte de Nicaragua al Darién en Panamá y muy posiblemente en el noroeste de Colombia.

Piper bredemeyeri J. Jacq., Ecl. Pl. Rar. 1: 125. 1815; *P. flexuosum* J. Jacq.; *P. pelliticaule* Trel.

Arbustos 1–3 m de alto, heliófilos, profusamente ramificados; tallos verdes o amarillo pálidos, entrenudos (2.5–) 3.5–6 (–8) cm de largo, canaliculados, inconspicuamente pelúcido-punteados, densamente hirsútulo-híspidos o pilosos. Profilo 10–22 mm de largo, hirsútulo-velloso marginalmente, caduco. Hojas uniformes en forma y tamaño a lo largo de los ejes, asimétricas, elíptico-ovadas, (7–) 9.5–20 (–25) cm de largo y 4.5–8 (–9) cm de ancho, ápice acuminado, base inequilátera (o equilátera en ejes monopódicos), cordada o lobulada, uno de los lados con un lóbulo obtuso más corto que el pecíolo y traslapándolo parcialmente, el otro lado cortamente lobado a cuneado, verde nítidas en la haz, verde pálidas en el envés, membranáceas a coriáceas y verde opacas cuando secas, levemente abolladas (ocasionalmente planas en ambas superficies), cortamente híspidas, glabrescentes, los nervios hirsutos o híspidos en la haz, lagunosas y pilosas en el envés con las lagunas densa y cortamente híspidas a hirsutas y papiladas, pinnatinervias con 4–5 pares de nervios secundarios emergiendo entre la base y los 2/3 del nervio principal, divergiendo en ángulos de 45°, ascendentes, no equidistantes, nervios terciarios profundamente reticulados, nervadura impresa o sulcada en la haz, elevada y prominente en el envés; pecíolos 0.7–1.5 cm de largo, hirsuto-vellosos, glabrescentes, con un desarrollo estipular prominente en nudos estériles (2/3 del pecíolo), 1–2 mm de largo, caduco. Inflorescencias erectas, curvadas distalmente en la antesis, erectas en fruto, blancas a verde pálidas en todos lo estadios, pedúnculo 0.6–1 (–1.3) cm de largo, densamente hirsuto-híspidos, glabrescentes, raquis 4.5–9 cm de largo, brácteas florales triangulares, 0.2–0.3 mm de ancho, fimbriadas y pilosas adaxialmente, flores densamente agrupadas en el raquis formando bandas alrededor de la espiga, sésiles; estambres 4, filamentos más cortos que las anteras, éstas con dehiscencia vertical, conectivo discreto y eglandular; pistilo umbonado con 3 estigmas sésiles. Frutos ovoides a cilíndricos, 1–1.3 mm de largo, apiculados, hirsutos, glabrescentes, negros cuando secos.

Frecuente, en sitios expuestos de bosques premontanos, en la zona norcentral; (600) 1300–1450 m; fl y fr durante todo el año; *Davidse 30520, Sandino 1526*; norte de Honduras a Colombia, Venezuela y probablemente Ecuador.

Piper carpinteranum C. DC., Anales Inst. Fís.-Geogr. Nac. Costa Rica 9: 165. 1897; *P. ejuncidum* Trel.

Arbustos 1.5 m de alto, esciófilos, profusamente ramificados; tallos verde pálidos, entrenudos 2.5–5 cm de largo, estriados, pelúcido-punteados, glabros. Profilo 10 mm de largo, glabro, caduco. Hojas ligeramente variables en forma y tamaño a lo largo de los ejes, en ejes monopódicos elíptico-lanceoladas y simétricas, en ejes simpódicos ovadas o ampliamente ovadas y asimétricas, 5–8.5 (–10) cm de largo y (2–) 3.5–4.5 (–5.5) cm de ancho, ápice acuminado, base inequilátera, obtusa y lobulada, con uno de los lóbulos traslapando el pecíolo, o un lado cuneado y el otro obtuso, densamente pelúcido-punteadas en el envés, verde nítidas en la haz y verde pálidas o blanquecinas en el envés, cartáceas y verde pálidas o amarillentas cuando secas, glabras en la haz, escasamente puberulentas y glabrescentes en el envés, pinnatinervias con 3–4 pares de nervios secundarios emergiendo entre la base y un poco más de la 1/2 del nervio principal, divergiendo en ángulos de 45°, ascendentes, no equidistantes, subparalelos, anastomosados marginalmente, a menudo discoloros en hojas secas, nervadura impresa en la haz, elevada en el envés; pecíolos 0.4–0.9 (–1.2) cm de largo, glabros, con un desarrollo estipular discreto, 1–2 mm de largo, caduco. Inflorescencias erectas en todos los estadios, blancas en la antesis, verde pálidas en fruto, pedúnculo 0.5–0.8 (1) cm de largo, glabro, raquis 2.5–4.5 cm de largo, glabro, brácteas florales triangulares a deltoides, 0.1–0.2 mm de ancho, cortamente fimbriadas, flores densamente agrupadas en el raquis formando bandas alrededor de la espiga, sésiles; estambres 4, filamentos tan largos como las anteras, éstas con dehiscencia horizontal, conectivo prominente y eglandular; pistilo ovoide con 3 estigmas sésiles. Frutos ovoides (triangulares vistos desde arriba), 1 mm de largo, apicalmente truncados, glabros, café obscuros cuando secos.

Conocida en Nicaragua de una sola colección (*Croat 39133*) de bosques premontanos, Granada; 1000–1200 m; fl y fr mar; restringida del norte de Nicaragua al noreste de Panamá.

Piper cenocladum C. DC., Anales Inst. Fís.-Geogr. Nac. Costa Rica 9: 168. 1897.

Arbustos 1.5–3.5 m de alto, esciófilos, profusamente ramificados; tallos verde nítidos, entrenudos 2.5–6.5 cm de largo, estriados, inconspicuamente pelúcido-punteados, densamente tomentosos y ferrugíneos. Profilo 3–8 mm de largo, glabro, caduco. Hojas uniformes en forma y tamaño, simétricas, elíptico-ovadas a elíptico-lanceoladas, obovadas u oblongas, (11–) 15–22 cm de largo y (6.5–) 9–11 cm de ancho, ápice mucronado a cortamente acuminado, base equilátera o inequilátera, lobulada, cordada y/o sagitada, lóbulos divergentes y más cortos que el pecíolo, o un lóbulo tan largo como el pecíolo y traslapándolo parcialmente, y el otro divergente y más corto, inconspicuamente pelúcido-punteadas en el envés, verde nítidas en la haz y verde pálidas o blanquecinas en el envés, cartáceas, gris verdosas o café obscuras en ambas superficies y opacas cuando secas, glabras en la haz, ferrugíneo-tomentosas a lo largo de los nervios en el envés, pinnatinervias con 3–5 pares de nervios secundarios emergiendo entre la base y los 2/3 del nervio principal, divergiendo en ángulos de 45°, ascendentes, no equidistantes, anastomosados formando aréolas prominentes, nervadura impresa o sulcada en la haz, elevada y prominente en el envés; pecíolos 3–65 cm de largo, ferrugíneo-tomentosos, con un desarrollo estipular prominente, 2–3 mm de largo, persistente en la mayoría de los nudos. Inflorescencias curvadas distalmente y blancas en la antesis, erectas o péndulas (?) y verde amarillentas en fruto, pedúnculo (0.5–) 0.7–1.2 cm de largo, ferrugíneo-tomentoso, raquis 13–24 (–28) cm de largo, glabro, brácteas florales triangulares, 0.3–0.4 mm de ancho, flores densamente agrupadas en el raquis formando bandas alrededor de la espiga, sésiles; estambres 4, filamentos más largos que las anteras, éstas con dehiscencia horizontal, conectivo discreto y eglandular; pistilo umbonado con 3 estigmas sobre un estilo prominente. Frutos ovoides, apiculados, glabros, negros cuando secos.

Ocasional, conocida del sotobosque de bosques húmedos montanos y bosques húmedos de zonas costeras, en las zonas norcentral y atlántica; 10–1110 m; fl y fr feb–jun; *Moreno 14919, Neill 3379*; Nicaragua al sureste de Panamá.

Piper colonense C. DC., Smithsonian Misc. Collect. 71(6): 11. 1920; *P. culebranum* C. DC.; *P. oblanceolatum* Trel.

Arbustos 2–7 m de alto, heliófilos, densamente ramificados; tallos verde pálidos, entrenudos 2–4.5 (–5) cm de largo, estriados, inconspicuamente pelúcido-punteados, escasa a densamente pubescentes, pilosos o hirsutos. Profilo 15–25 mm de largo, pubescente dorsalmente. Hojas uniformes en forma y tamaño a lo largo de todos los ejes, asimétricas, elíptico-ovadas a oblanceoladas o ampliamente oblanceoladas, (10–) 13–17 cm de largo y (3.5–) 6.5–9 cm de ancho, ápice largamente acuminado, base inequilátera, obtusa o redondeada, uno de los lados más largo y traslapando el pecíolo parcialmente, el otro cuneado y más corto, pelúcido-punteadas en ambas superficies, verde nítidas en la haz y verde pálidas en el envés, cartáceas, opacas y verde ocre o cafés cuando secas, cortamente hírtulas a lo largo de los nervios en la haz o glabras, escasa a densamente pubescentes a lo largo de los nervios en el envés, pinnatinervias con 4–5 pares de nervios secundarios emergiendo entre la base y la 1/2 o los 2/3 del nervio principal, divergiendo en ángulos de 45°, no equidistantes, subparalelos, anastomosados, nervios terciarios formando aréolas rectangulares prominentes, nervadura impresa o sulcada en la haz, elevada y prominente en el envés; pecíolos 0.3–0.6 cm de largo, escasa a densamente pubescentes, glabrescentes, con un desarrollo estipular inconspicuo, 0.4 mm de largo, caduco. Inflorescencias erectas en todos los estadios, blancas o amarillo pálidas en la antesis, verde pálidas en fruto, pedúnculo 0.7–1.2 cm de largo, piloso o hírtulo, raquis (7–) 9–11 (–12) cm de largo, glabro, brácteas florales triangulares, 0.3 mm de ancho, fimbriadas, flores densamente agrupadas en el raquis formando bandas alrededor de la espiga, sésiles; estambres 4, filamentos más cortos que las anteras, éstas con dehiscencia oblicua, conectivo discreto y eglandular; pistilo piriforme con 3 estigmas sésiles. Frutos ovoides, 1 mm de largo, obtusos o truncados, papilados, verde opacos cuando secos.

Frecuente, en sitios expuestos, secundarios, en bosques húmedos, zona atlántica; 20–1600 m; fl y fr mar–oct; *Pipoly 5065, Stevens 8089*; norte de Nicaragua al suroeste de Panamá.

Piper corrugatum Kuntze, Revis. Gen. Pl. 2: 565. 1891; *P. nemorense* C. DC.; *P. riparense* C. DC.

Arbustos o arboles pequeños, 2–6 m de alto, profusamente ramificados, aromáticos (con un fuerte olor a anís); tallos verde olivas, entrenudos 3.5–4 cm de largo en el ápice y de 6–12 cm de largo en la base, teretes a estriados, inconspicuamente punteado-glandulares, glabros a densamente velloso-pubescentes. Profilo 15–32 mm de largo, dorsalmente velloso, glabrescente. Hojas uniformes en forma y tamaño a lo largo de los ejes, simétricas en los tallos monopódicos, leve a profundamente asimétricas en los tallos simpódicos, elíptico-ovadas o ampliamente ovadas,

(13–) 16–29 (–32) cm de largo y (9–) 11–17 (–23) cm de ancho, ápice largamente acuminado, base equilátera en tallos monopódicos, cordada, un lóbulo levemente más largo que el otro en tallos simpódicos, punteado-glandulares en el envés, verde obscuras en la haz y verde pálidas en el envés, cartáceas, opacas y verde olivas o cafés cuando secas, abolladas, glabras a densamente pubescentes en ambas superficies particularmente a lo largo de los nervios en el envés, glabrescentes en la haz, pinnatinervias con 4–5 pares de nervios secundarios emergiendo entre la base y el 1/3 del nervio principal, divergiendo en ángulos de 45–60°, con un par adicional de nervios secundarios divergiendo de la 1/2 o del 1/3 superior del nervio principal, nervios terciarios anastomosados formando aréolas rectangulares prominentes, nervio principal y secundarios elevados en ambas superficies, nervios terciarios impresos en la haz, elevados y muy prominentes en el envés; pecíolos 3.5–5.8 cm de largo en tallos simpódicos, 8–10 cm de largo en tallos monopódicos, vellosos o glabros, con un desarrollo estipular tempranamente caduco. Inflorescencias erectas en todos los estadios, blancas en la antesis, verde amarillentas en fruto, pedúnculo 1.5–3.4 cm de largo, velloso, glabrescente, raquis 9–18 cm de largo, brácteas florales cuculadas y umbonadas vistas desde arriba, 0.3 mm de ancho, cortamente puberulentas dorsalmente, flores densamente agrupadas en el raquis sin formar bandas alrededor de la espiga; estambres 4, filamentos 0.2 mm de largo, anteras con dehiscencia vertical, conectivo eglandular; pistilos elipsoides con 3 estigmas sésiles. Frutos ovoides, comprimidos lateralmente, 0.7–1.1 mm de largo, apicalmente truncados a obtusos, glabros, verdes cuando secos.

Localmente abundante en borde de bosques y caminos o en sitios parcialmente sombreados, en bosques húmedos, húmedo montano bajos y premontanos, zonas atlántica y norcentral; 700–1200 m; fl y fr todo el año; *Rueda 5210, 5797*; sur de Nicaragua a Panamá y Colombia.

Piper curtirachis W.C. Burger, Fieldiana, Bot. 35: 121, f. 4. 1971.

Arbustos 1–3 m de alto, umbrófilos, laxamente ramificados; tallos verde obscuros, entrenudos (2–) 2.5–6 cm de largo, estriados o teretes cuando secos, glabros. Profilo 10–15 mm de largo, glabro, caduco, la porción basal persistente a modo de un anillo en los tallos simpódicos. Hojas elíptico-ovadas a ovadas o elíptico lanceoladas, 12.5–17 cm de largo y 4.3–6.5 cm de ancho, ápice largamente acuminado, base cuneada y levemente asimétrica, eglandulares, verde obscuras y nítidas en la haz y verde pálidas en el

envés, membranáceas a levemente cartáceas, opacas, verde olivas en la haz y cafés en el envés cuando secas, glabras en ambas superficies, pinnatinervias con 5–6 pares de nervios secundarios emergiendo entre la base y los 2/3 del nervio principal, divergiendo en ángulos de 45°, no paralelos o equidistantes, anastomosados marginalmente, interconectados por aréolas terciarias rectangulares, nervadura impresa en la haz, elevada en el envés; pecíolos 0.8–1.4 cm de largo, vaginados, con un desarrollo laminar membranáceo que se extiende un poco más arriba de la base de la lámina, tardíamente caduco. Inflorescencias erectas en todos los estadios, verdes en vivo, negras cuando secas, pedúnculos 0.6–0.8 cm de largo, glabros, brácteas florales deltoides 0.5–0.8 mm de ancho, glabras a cilioladas marginal y dorsalmente, flores densamente agrupadas en el raquis sin formar bandas alrededor de la espiga; estambres 4, filamentos 0.2 mm de largo, anteras con dehiscencia oblicua, conectivo eglandular; pistilos inmersos en el raquis, con 2–3 estigmas sésiles. Frutos obovoides (cuadrados a romboidales vistos desde arriba), 1.2 mm de largo, cortamente apiculados a truncados, glabros, negros cuando secos.

Conocida en Nicaragua de una sola colección (*Rueda 6443*) de bosques húmedos y premontanos en Zelaya; 600–780 m; fl jun; Costa Rica y Nicaragua. Nuestro espécimen tiene espigas inmaduras y son más pequeñas que aquellas descritas originalmente por Burger.

Piper darienense C. DC. in A. DC., Prodr. 16(1): 374. 1869; *P. acuminatissimum* C. DC.

Arbustos o sufrútices, 0.7–1 m de largo, esciófilos, laxamente ramificados; tallos verde pálidos, entrenudos 4–12 (–16) cm de largo, estriados, papilados, glabros. Profilo 3–4 mm de largo, glabro, caduco. Hojas uniformes en forma y tamaño a lo largo de todos los ejes, simétricas, elíptico-ovadas a lanceoladas, (6–) 8–17 (–21) cm de largo y (3–) 5–9 (–12) cm de ancho, ápice acuminado, base equilátera, obtusa o cuneada, inconspicuamente pelúcido-punteadas en el envés, verde pálidas en ambas superficies, cartáceas, opacas y verde amarillentas cuando secas, glabras en la haz, hírtulo-puberulentas a lo largo de nervios marginales en el envés, glabrescentes, pinnatinervias en toda su longitud, con 8–11 pares de nervios secundarios divergiendo del nervio principal en ángulos de 45°, equidistantes, anastomosados marginalmente, nervadura levemente elevada en la haz, prominente en el envés; pecíolos 1–1.5 cm de largo, glabros, con un desarrollo estipular discreto, 2–3 mm de largo, caduco. Inflorescencias erectas en todos los estadios, blancas en la antesis, verdes en fruto, pedúnculo 0.4–0.6 (–0.8) cm de largo, glabro, raquis 3.5–4.5 (–6) cm de largo, puberulento, brácteas florales cuculadas, 0.4 mm de ancho, papiladas y glabras, flores laxamente agrupadas en el raquis sin formar bandas alrededor de la espiga, sésiles; estambres 4, filamentos tan largos como las anteras, éstas con dehiscencia vertical, conectivo discreto y eglandular; pistilo umbonado con 4 estigmas sésiles. Frutos ovoides, 2.5–3.5 mm de largo, apiculados y/o con un estilo corto, 3–4-sulcados, papilados, verdecafés cuando secos.

Ocasional, típica planta de sotobosque, a menudo riparia en bosques húmedos, conocida de pocas localidades en Zelaya; 10–200 m; fl y fr feb–ago; *Miller 1231, Ortiz 1950*; sur de Nicaragua hasta Colombia. Las raíces de esta especie son utilizadas frecuentemente como un fuerte anestésico para afecciones dentales.

Piper decurrens C. DC., J. Bot. 4: 215. 1866; *P. gracilipedunculum* Trel.

Arbustos 1.5–4 m de alto, esciófilos, profusamente ramificados; tallos verde ocres, entrenudos 2.5–3.5 (–5) cm de largo, teretes, inconspicuamente pelúcido-punteados, papilados o puberulentos, glabrescentes. Profilo 3–6 mm de largo, puberulento dorsalmente, caduco. Hojas uniformes en forma y tamaño a lo largo de todos los ejes, asimétricas, elíptico-ovadas a elíptico-lanceoladas, (6.5–) 8–10.5 (–11) cm de largo y 3–4.5 cm de ancho, ápice largamente acuminado, base inequilátera, lobulada, un lóbulo obtuso, el otro cuneado, decurrente y más corto, pelúcido-punteadas, verde-grisáceas y a menudo discoloras en la haz, coriáceas, opacas y amarillo pálidas particularmente en el envés o cafés cuando secas, glabras en la haz, puberulentas en los nervios principales en el envés, pinnatinervias con 2–3 pares de nervios secundarios emergiendo entre la base y los 2/3 o sólo hasta la 1/2 del nervio principal, divergiendo del nervio principal en ángulos de 45°, curvados y ascendentes, no equidistantes o paralelos, nervios terciarios formando aréolas rectangulares, nervadura impresa en la haz, elevada en el envés; pecíolos 0.3–0.7 cm de largo, puberulentos, glabrescentes, con un desarrollo estipular discreto, 0.5 mm de largo, caduco. Inflorescencias erectas en todos los estadios, blancas en la antesis, verdes en fruto, pedúnculo 5–8 mm de largo, puberulento, raquis 5–6 cm de largo, glabro, brácteas florales triangulares o deltoides, 0.2 mm de ancho, fimbriadas, flores laxamente agrupadas en el raquis formando bandas alrededor de la espiga, sésiles; estambres 3, filamentos tan largos como las anteras, éstas con dehiscencia vertical, conectivo discreto y eglandular; pistilo

obovoide con 3 estigmas sésiles. Frutos ovoides u oblongos, 1 mm de largo, apicalmente obtusos, el tejido estigmático a menudo formando un disco anular, glabros, negros cuando secos.

Ocasional, en sotobosque de bosques perturbados, o en sabanas arbustivas y ripario en la zona atlántica; 10–200; fl y fr ene–may; *Neill 3382, Stevens 19778*; sur de México al noreste de Costa Rica.

Piper dolichotrichum Yunck., Amer. J. Bot. 39: 635. 1952.

Bejucos trepadores o escandentes, 3–7 m de largo, esciófilos, laxa y divaricadamente ramificados; tallos verde nítidos, entrenudos 2–4 (–6) cm de largo, estriados y canaliculados, largamente vellosos, glabrescentes. Profilo 7–12 mm de largo, marginalmente velloso, caduco. Hojas uniformes en forma y tamaño en todos los ejes, simétricas, elíptico-ovadas a oblongas, 15–22 cm de largo y 6.5–9 (–12) cm de ancho, ápice largamente acuminado, base inequilátera o raramente equilátera, cordada, con uno de los lóbulos tan largo como el pecíolo y traslapándolo, el otro lóbulo más corto y divergente, pelúcido-punteadas, verde nítidas en la haz y verde pálidas en el envés, cartáceas a membranáceas y verde obscuras en la haz y cafés en el envés cuando secas, largamente vellosas en ambas superficies particularmente a lo largo de los nervios principales, glabrescentes en la haz, pinnatinervias con 4–5 pares de nervios secundarios emergiendo entre la base y la 1/2 del nervio principal, divergiendo en ángulos de 45°, subparalelos y equidistantes, anastomosados marginalmente, nervadura terciaria formando aréolas rectangulares prominentes, nervadura impresa o sulcada en la haz, elevada y muy prominente en el envés; pecíolos 0.4–0.7 cm de largo, vellosos, glabrescentes, con un desarrollo estipular discreto, 1 mm de largo, caduco. Inflorescencias péndulas, ascendentes en todos los estadios, blancas en la antesis y verde pálidas en fruto, pedúnculo 1.8–2.5 cm de largo, velloso, glabrescente, raquis 4.5–6 cm de largo, glabro, brácteas florales deltoides, 0.4 mm de ancho, fimbriadas, flores densamente agrupadas en el raquis sin formar bandas alrededor de la espiga, sésiles; estambres 3(?), filamentos tan largos como las anteras, éstas con dehiscencia vertical, conectivo prominente y pelúcido-punteado; pistilo umbonado-apiculado con 3 estigmas sésiles. Frutos ovoides a obovoides (trígonos vistos desde arriba), 0.5–0.7 mm de largo, apicalmente retusos, papilados, café obscuros cuando secos.

Esperada en Nicaragua, se conoce de la provincia de Limón en Costa Rica, en sotobosque de bosques húmedos a bajas elevaciones; Costa Rica a Ecuador.

Piper dryadum C. DC., Bull. Soc. Roy. Bot. Belgique 30(1): 221. 1891.

Bejucos escandentes, hasta 8 m de largo, esciófilos, laxamente ramificados; tallos verde pálidos, entrenudos (1.5–) 2.5–3.8 cm de largo, teretes, eglandulares, laxa a densamente tomentosos. Profilo 20–30 mm de largo, dorsalmente tomentoso, caduco. Hojas uniformes en forma y tamaño a lo largo de todos los ejes, asimétricas, elíptico-ovadas a elíptico-lanceoladas u oblongas, (13–) 15–19 cm de largo y (4.5–) 5–8 cm de ancho, ápice largamente acuminado, base equilátera, lobulada, los lóbulos tan largos como el pecíolo, uno de ellos traslapando completamente el pecíolo, café- a negro-punteadas, verde nítidas en ambas superficies, cartáceas y verde opacas cuando secas, cortamente hírtulas en la haz a lo largo del nervio principal cerca a la base, escasa a densamente tomentosas en el envés, pinnatinervias con 4–5 pares de nervios secundarios emergiendo entre la base y la 1/2 del nervio principal, divergiendo en ángulos de 45°, equidistantes y subparalelos, nervadura terciaria formando aréolas rectangulares, nervadura impresa a sulcada en la haz, elevada y prominente en el envés; pecíolos 0.2–0.5 cm de largo, densamente ferrugíneo-tomentosos, con un desarrollo estipular discreto, 0.2 mm de largo, caduco. Inflorescencias erectas en todos los estadios, blancas en la antesis, verdes en fruto, pedúnculo 4–8 mm de largo, densamente hirsuto, raquis 4–5 (–7) cm de largo, glabro, brácteas florales triangulares, 0.3 mm de ancho, dorsal y basalmente pubescentes, flores densamente agrupadas en el raquis sin formar bandas alrededor de la espiga, sésiles; estambres 4, filamentos más largos que las anteras, éstas con dehiscencia vertical, conectivo prominente y pelúcido-punteado; pistilo umbonado con 3 estigmas sobre un estilo prominente. Frutos globosos, ovoides, 0.6–1 mm de largo, apiculados, con el estilo persistente, glabros, negros cuando secos.

Aún no ha sido colectada en Nicaragua, pero se espera encontrar, aparentemente se encuentra restringida al sotobosque de bosques húmedos a elevaciones bajas, conocida de pocas localidades en las provincias del Limón y Cartago en Costa Rica y zonas adyacentes en Panamá.

Piper epigynium C. DC., Linnaea 37: 346. 1872; *P. villistipulum* Trel.; *P. subdivaricatum* Trel.

Arbustos 1–4.5 m de alto, esciófilos, profusamente ramificados; tallos verde pálidos, entrenudos 1–5 (–8) cm de largo, estriados, inconspicuamente pelúcido-punteados, glabros. Profilo 10–35 mm de largo, hirsuto-puberulento dorsalmente, glabrescente, caduco. Hojas uniformes en forma y tamaño a lo

largo de todos los ejes, asimétricas, elíptico-ovadas a elíptico-lanceoladas, 13–21 (–23) cm de largo y 3–7 cm de ancho, ápice largamente acuminado, base inequilátera, obtusa o cuneada, uno de los lados a menudo tan largo como el pecíolo y escasamente traslapándolo, verde nítidas en la haz y verde pálidas en el envés, cartáceas y verde opacas cuando secas, glabras en la haz y adpreso-pubescentes a lo largo de los nervios secundarios en el envés, pinnatinervias con 5–6 pares de nervios secundarios emergiendo entre la base y la 1/2–2/3 del nervio principal, divergiendo en ángulos de 45°, ascendentes y curvados, anastomosados marginalmente, nervadura terciaria formando aréolas discretas, nervadura impresa en la haz, elevada y prominente en el envés; pecíolos 0.5–1.2 cm de largo, glabros, con un desarrollo estipular de 3 mm de largo, caduco. Inflorescencias erectas en todos los estadios, rojo obscuras en la antesis y verdes en fruto, pedúnculo 0.6–1.2 cm de largo, glabro, raquis 4–13 (–16) cm de largo, glabro, brácteas florales triangulares, 0.2 mm de ancho, glabras e inconspicuamente pubescentes basalmente, remota y cortamente fimbriadas, glabrescentes, flores densamente agrupadas en el raquis sin formar bandas alrededor de la espiga, sésiles; estambres 4, filamentos tan largos como las anteras, éstas con dehiscencia horizontal, conectivo discreto y eglandular; pistilo umbonado con 3 estigmas sésiles. Frutos ovoides a cilíndricos, 0.4–0.7 mm de largo, depresos apicalmente y a veces puberulentos, negros cuando secos.

Común, sotobosque de bosques premontanos y nublados, zona norcentral y Rivas; 800–1200 m; fl y fr durante todo el año; *Robleto 2011, Stevens 22566*; sur de Guatemala hasta Costa Rica (Cartago).

Piper fimbriulatum C. DC., Bull. Soc. Roy. Bot. Belgique 30(1): 207. 1891; *P. neurostachyum* C. DC.

Arbustos 2–8 m de alto, umbrófilos, laxamente ramificados; tallos verde olivas, entrenudos (2.5–) 10–21 cm de largo, teretes a estriados, inconspicuamente pelúcido-punteados, puberulentos, glabrescentes. Profilo 0.8–1.5 mm de largo, puberulento, caduco. Hojas variables en forma y tamaño en los diferentes ejes, profundamente asimétricas en ramas floríferas, elípticas a oblongas, ovadas o ampliamente ovadas, en ocasiones peltadas, 15–26 (–30) cm de largo y 6–12 (–20) cm de ancho, ápice corta a largamente acuminado, base inequilátera, profundamente lobulada, uno de los lóbulos generalmente cordado y más largo que el otro y traslapándolo, el lóbulo más corto truncado a cordado, eglandulares, verde pálidas en ambas superficies, membranáceas, verde olivas o cafés y opacas cuando secas, muy cortamente pulverulentas en ambas superficies a lo largo del nervio principal y nervios secundarios, pinnatinervias con 4–6 pares de nervios secundarios emergiendo entre la base y los 2/3 del nervio principal, los más basales divergiendo en ángulos de 75° y los más apicales en ángulos de 45°, no equidistantes, anastomosados por numerosos nervios terciarios formando una red densa de aréolas cuadrangulares, nervadura impresa en la haz, elevada y muy prominente en el envés, particularmente la terciaria; pecíolos 3–9 cm de largo, densa y cortamente pulverulentos, con un desarrollo estipular que se extiende un poco más arriba de la lamina, caduco. Inflorescencias erectas, arqueadas apicalmente y blancas en la antesis, péndulas y verde-amarillentas en fruto, pedúnculo 1–6 cm de largo, densa y cortamente pulverulento, raquis 10–30 (–42) cm de largo, brácteas florales estrechamente triangulares a umbonadas, 0.4–0.6 mm de ancho, densamente pubescentes y fimbriadas, flores densamente agrupadas en el raquis formando bandas alrededor de la espiga, sésiles; estambres 4, filamentos 0.5 mm de largo, anteras con dehiscencia vertical, conectivo discreto y eglandular; pistilos ovoide-apiculados con 3 estigmas prominentes. Frutos ovoides, comprimidos lateralmente, 1–3 mm de largo, apicalmente truncados y puberulentos, con un estilo diminuto o ausente y 3 estigmas persistentes.

Localmente abundante, bosques húmedos, caños, en sitios sombreados, zona atlántica; 200–600 m; fl y fr ene–jun; *Rueda 3215, 3937*; Nicaragua a Colombia.

Piper friedrichsthalii C. DC. in A. DC., Prodr. 16(1): 327. 1869; *P. linearifolium* C. DC.; *P. goergeri* Trel.

Arbustos 1–3 m de alto, heliófilos, laxa a densamente ramificados; tallos verde pálidos o amarillentos, entrenudos 2–4.5 cm de largo, estriados, canaliculados, inconspicuamente pelúcido-punteados, laxa a densamente pubescentes, híspidos a hirsutos, glabrescentes. Profilo 15–25 mm de largo, laxa a densamente adpreso-hirsuto, caduco. Hojas uniformes en forma y tamaño a lo largo de todos los ejes, asimétricas, elíptico-lanceoladas, 12–15 (–20) cm de largo y (1.5–) 2.5–3 cm de ancho, ápice largamente acuminado, base inequilátera, lobulada en ambos lados u obtusa y cuneada, uno de los lados más largo que el pecíolo y traslapándolo completamente, el otro lado más corto y decurrente al pecíolo, pelúcido-punteadas en el envés, verde pálidas en ambas superficies, a blanquecinas en el envés, cartáceas, opacas y verde parduscas o amarillentas cuando secas, escasa a densamente adpreso-pubescentes en ambas superficies, pinnatinervias con 4–6 pares de nervios

secundarios emergiendo entre la base y la 1/2 del nervio principal, divergiendo en ángulos de 45°, arqueados, paralelos y equidistantes, nervadura terciaria densamente reticulada, nervadura sulcada a impresa en la haz, elevada y prominente en el envés; pecíolos 0.2–0.5 cm de largo, densamente adpreso-hirsutos, con un desarrollo estipular discreto, 2 mm de largo, caduco. Inflorescencias curvadas distalmente en todos los estadios, blancas o amarillo pálidas en la antesis, verde-amarillentas en fruto, pedúnculo 0.5–1.5 (–2) cm de largo, hírtulo, glabrescente, raquis 5–9 (–11) cm de largo, glabro, brácteas florales triangulares, 0.2 mm de ancho, densamente fimbriadas, flores densamente agrupadas en el raquis formando bandas alrededor de la espiga; estambres 3, filamentos tan largos como las anteras, éstas con dehiscencia oblicua, conectivo discreto y eglandular; pistilo umbonado con 3 estigmas sésiles. Frutos ovoides (trígonos vistos desde arriba), 0.4–0.6 mm de largo, obtusamente apiculados, glabros, negros cuando secos.

Frecuente, en sitios expuestos de bosques perennifolios dominados por pinos en las zonas norcentral y pacífica; 1000–1500 m; fl y fr mar–ago; *Hernández 662, Neill 247(7126)*; norte de Nicaragua al noroeste de Colombia.

Piper garagaranum C. DC., Smithsonian Misc. Collect. 71(6): 15. 1920.

Sufrútices o arbustos, 0.3–0.6 m de alto, esciófilos u ocasionalmente heliófilos, laxamente ramificados; tallos verde opacos o negruzcos, entrenudos 1.5–4 (–7) cm de largo, estriados, negro-punteados, densa y largamente pilosos. Profilo 10–15 (–20) mm de largo, laxamente piloso en la costa y marginalmente glabrescente, caduco. Hojas uniformes en forma y tamaño, asimétricas, elíptico-ovadas a lanceoladas, (10–) 13–17 (–19) cm de largo y (3–) 3.5–5.5 (–8) cm de ancho, ápice acuminado, base inequilátera, lobulada, uno de los lados con un lóbulo más corto que el pecíolo y traslapándolo parcialmente, el otro lado cuneado, densamente negro-punteadas y verde nítidas en ambas superficies, membranáceas y verde opacas cuando secas, pilosas, pinnatinervias con 4–5 pares de nervios secundarios emergiendo entre la base y los 2/3 del nervio principal, arqueados, no equidistantes, anastomosados en los márgenes formando aréolas prominentes, en ocasiones un par de nervios secundarios divergiendo cerca del ápice de la lámina, nervadura sulcada en la haz, prominente y elevada en el envés; pecíolos 0.3–0.7 cm de largo en nudos floríferos, 1–1.5 cm de largo en nudos estériles, pilosos, glabrescentes, con un desarrollo estipular discreto, 1 mm de largo. Inflorescencias erectas en todos los estadios, blancas en la antesis, verdes en frutos, pedúnculo 0.4–0.7 cm de largo, densamente piloso, raquis 2–3.5 cm de largo, glabro, brácteas florales, triangulares, 0.3 mm de ancho, glabras, flores laxa a densamente agrupadas en el raquis sin formar bandas alrededor de la espiga, sésiles; estambres 4, filamentos tan largos como las anteras, éstas con dehiscencia vertical, conectivo prominente y negro-punteado; pistilo cónico con 3 estigmas sobre un estilo prominente. Frutos obovoides, 1.5–2 mm de largo, apiculados y estilosos, o el estilo no evidente, glabros, negro-punteados y lustrosos cuando secos.

Conocida en Nicaragua de una sola colección (*Rueda 6075*) de bosques húmedos en Río San Juan; 50–400 m; fl y fr feb; Nicaragua a Colombia. La especie exhibe una amplia variación en el número de nervios y forma de las hojas, la cual en apariencia está estrechamente relacionada con el tipo de eje (simpodial o monopodial); algunas colecciones se traslapan con *P. deductum* Trel., de la cual se pueden distinguir por las hojas pinnatinervias en toda su longitud y el indumento más corto.

Piper glabrescens (Miq.) C. DC. in A. DC., Prodr. 16(1): 271. 1869; *Artanthe glabrescens* Miq.; *P. rothschuhii* C. DC.

Arbustos 1–5 m de alto, esciófilos, profusamente ramificados; tallos verde nítidos, entrenudos 3.5–6 (–9) cm de largo, estriados a profundamente canaliculados cuando secos, inconspicuamente pelúcido-punteados, glabros. Profilo 0.6–0.8 mm de largo, glabro, caduco. Hojas uniformes en forma y tamaño en todos los ejes, casi simétricas, ovadas, elíptico-ovadas u oblongas, raramente elíptico-lanceoladas (en tallos jóvenes), 15–20 (–30) cm de largo y (6.5–) 9–12 (–16) cm de ancho, ápice cortamente acuminado, base algo inequilátera, obtusa a cuneada sobre uno o ambos lados, siempre un lado más largo, decurrente sobre el pecíolo, pelúcido-punteadas en el envés, verde nítidas en la haz y verde pálidas en el envés, cartáceas y levemente discoloras en la haz cuando secas, glabras en ambas superficies a cortamente puberulentas a lo largo de los nervios en el envés, pinnatinervias con 4–6 (–7) pares de nervios secundarios emergiendo entre la base y la 1/2–2/3 del nervio principal, divergiendo en ángulos de 45º, equidistantes mas no paralelas, anastomosados marginalmente, nervios terciarios formando aréolas rectangulares, nervadura impresa en la haz, prominente y elevada en el envés; pecíolos 2.5–4.5 (–6) cm de largo, glabros, con un desarrollo estipular prominente, 4 mm de largo, persistente a tardíamente caduco. Inflorescencias erectas en todos los estadios, ama-

rillo pálidas en la antesis, verdes en fruto, pedúnculo 0.5–1.2 cm de largo, glabro, raquis 4.5–7 cm de largo, glabro, brácteas florales deltoides o en forma de U, 0.3 mm de ancho, cortamente pilosas en el dorso, glabrescentes, papiladas, flores densamente agrupadas en el raquis sin formar bandas alrededor de la espiga, sésiles; estambres 4, filamentos tan largos como las anteras, éstas con dehiscencia vertical, conectivo discreto y eglandular; pistilo romboide con 3 estigmas sobre un estilo de 0.4 mm de largo, persistente o caduco en fruto. Frutos globosos, 1–1.5 mm de largo, apiculados, parcialmente inmersos en el raquis, glabros, verde pálidos cuando secos.

Frecuente, en sotobosque de bosques nublados, en las zonas norcentral y atlántica; 700–1600 m; fl y fr mar–sep; *Henrich 248*, *Moreno 21133*; América tropical, aparentemente ausente de algunas islas del Caribe (Margarita, Grenada).

Piper grande Vahl, Eclog. Amer. 2: 3, t. 11. 1798; *Schilleria riparia* (Kunth) Kunth; *Artanthe grandifolia* (Kunth) Miq.; *P. subvariabile* Trel.

Arbustos 1.5–2.5 m de alto, heliófilos o esciófilos (y densamente cespitosos); tallos verde pálidos, entrenudos 2.5–5.5 (–7) cm de largo, estriados, inconspicuamente pelúcido-punteados, glabros. Profilo 5–28 mm de largo, glabro, caduco. Hojas generalmente uniformes en forma y tamaño a lo largo de los ejes, asimétricas, ampliamente ovadas en ejes monopódicos y elíptico-lanceoladas en ejes simpódicos, 19–25 (–30) cm de largo y 10–15 cm de ancho, ápice cortamente acuminado, base equilátera, obtusa o cuneada, raras veces levemente cordada, verde pálidas en ambas superficies, cartáceas, opacas, verde-grises y discoloras cuando secas, glabras en ambas superficies, ocasionalmente puberulentas en el nervio marginal en el envés, pinnatinervias con 4–7 pares de nervios secundarios emergiendo entre la base y los 2/3 del nervio principal, divergiendo en ángulos de 45º, no arqueados, equidistantes o paralelos, 3 pares de nervios divergiendo del 1/3 basal de la lámina y 3–4 pares a partir de la porción media o los 2/3 superiores, anastomosados, nervadura terciaria inconspicua, nervadura impresa a levemente elevada en la haz, prominente y elevada en el envés, a menudo los nervios secundarios blanquecinos o grises en hojas secas; pecíolos 1.5–2.5 cm de largo, glabros, con un desarrollo estipular de 0.2 mm de largo, caduco. Inflorescencias erectas en todos los estadios, blancas en la antesis, verdes en fruto, pedúnculo 1.1–2 cm de largo, glabro, raquis 5.5–9 (–10) cm de largo, glabro, brácteas florales triangulares a umbonadas o cuculadas, 0.2 mm de ancho, cortamente hírtulas adaxialmente, flores densamente agrupadas en el raquis sin formar bandas alrededor de la espiga; estambres 4, filamentos más cortos que las anteras, conectivo discreto y eglandular; pistilo piriforme con 3 estigmas sésiles. Frutos obovoides, 1 mm de largo, apicalmente redondeados, papilados, verde claros cuando secos.

Frecuente, en sitios expuestos o en sotobosque de bosques húmedos, zona atlántica; 60–280 m; fl y fr nov–may; *Grijalva 3809, Stevens 12838*; Nicaragua a Colombia, Ecuador, Venezuela y las Guayanas.

Piper hispidum Sw., Prodr. 15. 1788; *P. scabrum* Sw.; *P. sancti-felicis* Trel.

Arbustos 1–4 m de alto, heliófilos, profusamente ramificados; tallos verde pálidos o amarillentos, entrenudos (2–) 3.5–5.5 (–9) cm de largo, estriados, pelúcido-punteados, granulosos, híspidos o adpreso-estrigosos. Profilo 15–18 mm de largo, densamente híspido o estrigoso, glabrescente. Hojas uniformes a lo largo de todos los ejes, asimétricas, elíptico-ovadas, ovadas o ampliamente ovadas, ocasionalmente obovadas, raras veces lanceoladas, (9–) 11–18 (–20) cm de largo y (4.5–) 6–8 (–9.5) cm de ancho, ápice acuminado, base inequilátera, el lado más largo obtuso, el más corto cuneado, ocasionalmente cuneadas sobre ambos lados, densamente punteado-glandulares en ambas superficies, particularmente en el envés, verde nítidas en ambas superficies, cartáceas, verde cafés y opacas en ambas superficies cuando secas, tardíamente rugosas, estrigosas o híspidas en la haz, híspido adpresas en el envés, pinnatinervias con 4–5 pares de nervios secundarios emergiendo entre la base y la 1/2 o los 2/3 del nervio principal, divergiendo en ángulos de 45°, arqueados, no equidistantes o subparalelos, nervadura terciaria formando aréolas rectangulares, nervadura impresa en la haz, elevada y prominente en el envés; pecíolos 0.3–0.7 cm de largo, densamente estrigosos, con un desarrollo estipular prominente, 6–8 mm de largo, caduco. Inflorescencias erectas en todos los estadios, blanco-amarillentas en la antesis, verde pálidas en fruto, pedúnculo 0.5–0.7 (–1) cm de largo, híspido-estrigoso, glabrescente, raquis 6–7.5 (–11) cm de largo, glabro, brácteas florales triangulares, 0.2 mm de ancho, dorsal y marginalmente fimbriadas, flores densamente agrupadas en el raquis formando bandas alrededor de la espiga, sésiles; estambres 4, filamentos tan largos como las anteras, éstas con dehiscencia horizontal; pistilo oblongo con 3 estigmas sésiles. Frutos ovoides, 0.6–0.8 mm de largo, comprimidos lateralmente, apicalmente obtusos, estrigosos, granulosos, café obscuros cuando secos.

Común, en sitios expuestos de bosques secundarios, en bosques húmedos y premontanos, zonas norcentral y atlántica; 10–1300 m; fl y fr durante todo el año; *Pipoly 6211, Stevens 23411*; América tropical.

Piper holdridgeanum W.C. Burger, Fieldiana, Bot. 35: 144. 1971.

Arbustos 2–3 m de alto, esciófilos, profusamente ramificados; tallos verde nítidos, entrenudos 1.5–8 cm de largo, estriados, inconspicuamente pelúcido-punteados, glabros, papilados. Profilo 6–15 mm de largo, glabro, caduco. Hojas variables en forma y tamaño a lo largo de los ejes, elíptico-ovadas a lanceoladas y asimétricas en ejes simpódicos, cordiformes, ampliamente ovadas y simétricas en ejes monopódicos, (12–) 15–18 cm de largo y (4–) 5.5–9 cm de ancho, ápice acuminado, base simétrica, (cuneadas u obtusas en ambos lados) o asimétrica (cuneada en un lado, obtusa y levemente lobulada en otro), inconspicuamente pelúcido-punteadas, verde pálidas o verde nítidas en la haz, verde amarillentas en el envés, glabras, pinnatinervias con 3–4 pares de nervios secundarios emergiendo entre la base y la 1/2 del nervio principal, divergiendo en ángulos de 35° a 60°, no equidistantes o paralelos, a menudo con 2–3 pares de nervios terciarios divergiendo entre los nervios secundarios, nervadura terciaria inconspicua, nervadura impresa en la haz, levemente elevada en el envés; pecíolos 1–1.8 cm de largo, glabros, con un desarrollo estipular discreto, 2 mm de largo. Inflorescencias erectas en todos los estadios, amarillo pálidas en la antesis, verdes en fruto, pedúnculo 1.5–3 cm de largo, glabro, raquis 9–10 cm de largo, glabro, brácteas florales ampliamente triangulares, 0.1–0.2 mm de ancho, glabras a cortamente ciliadas, glabrescentes, flores densamente agrupadas en el raquis sin formar bandas alrededor de la espiga, sésiles; estambres 4, filamentos tan largos como las anteras, éstas con dehiscencia vertical, conectivo discreto y eglandular; pistilo piriforme con 3 estigmas sésiles. Frutos ovoides a cilíndricos, 0.4 mm de largo, apicalmente truncados, glabros, café obscuros cuando secos.

Ocasional, en sotobosque de bosques húmedos primarios, generalmente en colinas suaves y a lo largo de riachuelos, zona atlántica; 200–300 m; fl y fr ene–abr; *Neill 3528, Stevens 6393*; Nicaragua y Costa Rica.

Piper holtonii C. DC. in A. DC., Prodr. 16(1): 300. 1869.

Sufrútices ocasionalmente postrados y radicantes, eventualmente erectos, 0.5–1 m de alto, esciófilos, laxamente ramificados; tallos verde nítidos, entrenudos 2–3.5 (–8) cm de largo, teretes o estriados, inconspicuamente pelúcido-punteados, escasamente hírtulos, glabrescentes. Profilo 6–10 mm de largo, glabro, caduco. Hojas uniformes en forma y tamaño a lo largo de todos los ejes, levemente asimétricas, elíptico-ovadas o ampliamente ovadas (en ejes monopódicos), (7–) 9–12 cm de largo y 4.5–6 (–9) cm de ancho, ápice cortamente acuminado, base inequilátera, el lado más largo lobulado y obtuso, el más corto truncado y obtuso, a menudo traslapando al pecíolo parcialmente, o la base equilátera, cordada en nudos estériles, inconspicuamente pelúcido-punteadas, membranáceas y verde nítidas en ambas superficies, cartáceas y cafés cuando secas, glabras en la haz, escasamente puberulentas en el envés a lo largo del nervio principal cerca a la base, pinnatinervias con (3–) 4–5 pares de nervios secundarios emergiendo entre la base y los 3/4 o a lo largo de todo el nervio principal, divergiendo en ángulos de 60°, levemente arqueados, subequidistantes y subparalelos, anastomosados marginalmente, nervadura terciaria formando aréolas de forma irregular, nervadura impresa en la haz, elevada en el envés; pecíolos 0.3–0.5 cm de largo, hírtulos, glabrescentes, con un desarrollo estipular de 0.2 mm de largo, formando una pseudolígula, tardíamente caduco. Inflorescencias erectas en todos los estadios, blancas en la antesis, verde pálidas en fruto, pedúnculo 0.2–0.4 cm de largo, puberulento, raquis 5–6 cm de largo, glabro, brácteas florales triangulares, 0.3 mm de ancho, largamente híspidas o pilosas en el dorso, glabras marginalmente, flores densamente agrupadas en el raquis formando bandas alrededor de la espiga, sésiles; estambres 4, filamentos tan largos como las anteras, éstas con dehiscencia vertical, conectivo discreto y eglandular; pistilo oblongo con 3 estigmas sésiles. Frutos ovoides u oblongos, 0.7 mm de largo, apicalmente truncados, glabros, café obscuros cuando secos.

Rara, en sotobosque de bosques de galería (?), zonas norcentral y pacífica; 400–1000 m; fl y fr sep; *Nee 27979*, *Stevens 4159*; Nicaragua, Colombia y Venezuela. Las colecciones de Nicaragua son hasta ahora las únicas conocidas para América Central. Es muy posible que la aparente distribución disyunta de esta especie en América Central, sea sólo un artificio de la taxonomía local. De hecho, *P. holtonii* es muy similar a *P. tuberculatum* o individuos juveniles de *P. arboreum*, y en consecuencia colecciones de *P. holtonii*, pueden haber sido erróneamente determinadas como alguno de los otros dos taxones; posibilidad que sin embargo, está aún por verificarse.

Piper imperiale (Miq.) C. DC. in A. DC., Prodr. 16(1): 339. 1869; *Artanthe imperialis* Miq.; *P. magnilimbum* C. DC.

Arbustos o arboles pequeños, 5–10 (–12) m de

alto, laxamente ramificados; tallos verdes a ocre cuando viejos, entrenudos 3.5–10 (–15) cm de largo, teretes o levemente estriados, inconspicuamente pelúcido-punteados, densamente puberulentos y glabrescentes basalmente. Profilo 2.5–5 mm de largo, puberulento, caduco. Hojas uniformes en forma y tamaño a lo largo de los ejes, asimétricas en tallos simpódicos, simétricas en tallos monopódicos, elípticas a elíptico-ovadas u oblongas, 18–25 cm de largo y 12–23 (–30) cm de ancho, ápice cortamente acuminado, base inequilátera en tallos simpódicos, equilátera en tallos monopódicos, cordada, a menudo uno de los lóbulos tan largo como el pecíolo y traslapándolo, inconspicuamente pelúcido-punteadas en ambas superficies, verde obscuras en la haz y verde pálidas en el envés, cartáceas, ocres o cafés cuando secas, glabras en la haz, puberulentas en el envés, pinnatinervias con 4–6 (–7) pares de nervios secundarios emergiendo entre la base y los 2/3 del nervio principal, divergiendo en ángulos de 45–60°, nervadura terciaria conspicua, profundamente anastomosada y formando aréolas rectangulares, nervadura impresa a sulcada en la haz, elevada y prominente en el envés; pecíolos 3–15 cm de largo, puberulentos cuando jóvenes, con un desarrollo estipular de 2–3 mm de largo, tardíamente caduco. Inflorescencias curvadas distalmente y blancas en la antesis, eventualmente péndulas y verdes en fruto, pedúnculo 1.5–4 (–7) cm de largo, puberulento, glabrescente, raquis 12–40 (–50) cm de largo, glabro, brácteas florales triangulares a deltoides (cupuliformes vistas desde arriba), 0.5–1.2 mm de ancho, cortamente fimbriadas en el margen, flores densamente agrupadas en el raquis en la antesis, algo distantes y espaciadas en fruto, sin formar bandas conspicuas alrededor de la espiga, sésiles; estambres 4, filamentos tan largos como las anteras, éstas con dehiscencia oblicua, el conectivo ensanchado basalmente; pistilo ovoide con 3 estigmas sésiles. Frutos redondeados, lateralmente comprimidos, 2–3 mm de largo, apiculados, glabros, cafés cuando secos.

Conocida en Nicaragua de una sola colección (*Salick 8122*), en bosques húmedos, Río San Juan; ca 70 m; fl y fr sep; sur de Nicaragua hasta el suroeste de Colombia (Chocó).

Piper jacquemontianum Kunth, Linnaea 13: 631. 1839; *P. vexans* Trel.

Arbustos 1–4 m de alto, esciófilos, profusamente ramificados; tallos verde pálidos, entrenudos (1.5–) 2–4 (–7) cm de largo, estriados, inconspicuamente pelúcido-punteados, granulosos y papilados en los nudos basales, laxa a densamente pilosos y/o hirsutos cuando jóvenes, glabrescentes. Profilo 6–15 mm de largo, remotamente piloso marginal y dorsalmente glabrescente, caduco. Hojas uniformes en forma y tamaño a lo largo de todos los ejes, asimétricas, elíptico-ovadas, elíptico-lanceoladas a obovadas o incluso oblanceoladas, (9–) 10–15 (–21) cm de largo y (3.5–) 5–8 (–9.5) cm de ancho, ápice largamente acuminado, base inequilátera, el lado más largo obtuso, el más corto cuneado, pelúcido-punteadas en el envés, verde nítidas y lustrosas en la haz y verde pálidas en el envés, cartáceas o coriáceas, verde-grisáceas discoloras y lustrosas en la haz y amarillentas en el envés cuando secas, glabras en la haz, cortamente pilosas o hirsutas en el envés a lo largo de los nervios secundarios, pinnatinervias con 3–4 (–6) pares de nervios secundarios emergiendo entre la base y los 2/3 del nervio principal, divergiendo en ángulos de 45°, generalmente 3 pares divergiendo del 1/3 basal de la lámina, 1 ó 2 pares divergiendo del 1/2–2/3 superiores, nervadura terciaria reticulada e inconspicua, nervadura impresa en la haz, elevada en el envés y a menudo discolora en hojas secas; pecíolos 0.3–0.6 cm de largo (hasta 1.5 cm en nudos estériles), densamente pilosos, pubescencia a menudo en líneas discretas, con un desarrollo estipular discreto, 0.5 mm de largo en nudos floríferos, hasta 4 mm en nudos estériles, caduco. Inflorescencias erectas en todos los estadios, blancas en la antesis, verde pálidas en fruto, pedúnculo 0.3–0.7 cm de largo, densa y cortamente piloso, glabrescente, raquis (3.5–) 5–7 cm de largo, glabro, brácteas florales triangulares a deltoides, 0.2 mm de ancho, cortamente fimbriadas, flores densamente agrupadas en el raquis formando bandas discretas tempranamente en la antesis, sésiles; estambres 4, filamentos tan largos como las anteras, éstas con dehiscencia vertical; pistilo umbonado con 3 estigmas sésiles. Frutos obovoides, 1 mm de largo, apicalmente obtusos y parcialmente inmersos en el raquis, apicalmente pubescentes, indumento amarillo cuando seco, cuerpo del fruto café obscuro.

Frecuente, en sotobosque de bosques húmedos y premontanos, en todas las zonas del país; 0–800 m; fl y fr durante todo el año; *Neill 2591, Stevens 12243*; sur de México al sureste de Panamá e Islas del Caribe. Algunos colectores mencionan que las inflorescencias son muy fragantes o aromáticas.

Piper littorale C. DC., Anales Inst. Fís.-Geogr. Nac. Costa Rica 9: 165. 1897.

Arbustos 1–2.5 m de alto, helíofilos, profusamente ramificados; tallos verde pálidos, entrenudos (1–) 2.5–3.5 (–6) cm de largo, estriados, inconspicuamente pelúcido-punteados, con una a varias líneas decurrentes de tricomas retrorsos. Profilo 5–8

mm de largo, marginalmente pubescente, glabrescente, caduco. Hojas uniformes en forma y tamaño a lo largo de todos los ejes, fundamentalmente asimétricas, simétricas (elíptico-lanceoladas) excepcionalmente en nudos estériles, elíptico-ovadas a ovadas, (5–) 7–12 (–13) cm de largo y (1.5–) 3–5 (–7) cm de ancho, ápice corta a largamente acuminado, base cuneada en ambos lados o lobulada y cuneada, el lóbulo más largo traslapando parcialmente el pecíolo, inconspicuamente anaranjado pelúcido-punteadas en ambas superficies, verde claras y concoloras, coriáceas y verde amarillentas cuando secas, glabras en la haz y puberulentas a densamente pubescentes en el envés particularmente el nervio principal, pinnatinervias con 3–4 pares de nervios secundarios emergiendo entre la base y los 2/3 del nervio principal, divergiendo en ángulos de 45° a 60°, arqueados y ampliamente separados, no equidistantes o paralelos, anastomosados formando aréolas prominentes, nervadura terciaria inconspicua, nervadura impresa en la haz, elevada en el envés; pecíolos 0.6–1.5 cm de largo, cortamente puberulentos con una línea decurrente de tricomas, con un desarrollo estipular discreto, 1 mm de largo, caduco. Inflorescencias erectas en todos los estadios, blancas en la antesis, verde pálidas en fruto, pedúnculo 5–7 (–9) cm de largo, puberulento, raquis 2.8–3.8 (–4.5) cm de largo, glabro, brácteas florales triangulares, 0.2–0.3 mm de ancho, fimbriadas, flores densamente agrupadas en el raquis sin formar bandas alrededor de la espiga, sésiles; estambres 4, filamentos tan largos como las anteras, éstas con dehiscencia vertical, conectivo discreto y eglandular; pistilo umbonado con 3 estigmas sésiles. Frutos obovoides, trígonos, 1 mm de largo, apicalmente retusos, pelúcido- a anaranjado-punteados, glabros y café obscuros cuando secos.

Conocida en Nicaragua por una sola colección (*Nelson 5270*) en sitios expuestos, con frecuencia creciendo en el sistema radicular de palmas, aparentemente restringida a la zona litoral de Río San Juan y probablemente también se encuentra en Zelaya; 0–5 m; fl y fr may; sur de Nicaragua al sur de Panamá.

Piper marginatum Jacq., Collectanea 4: 128. 1791; *P. san-joseanum* C. DC.

Arbustos o sufrútices, 1–4 m de alto, helíofilos a esciófilos, aromáticos (con aroma de anís), profusamente ramificados; tallos verde pálidos a amarillentos, entrenudos (3.5–) 4–9 (–11) cm de largo, estriados y canaliculados cuando secos, inconspicuamente pelúcido-punteados, glabros. Profilo 10–15 mm de largo, glabro, caduco. Hojas uniformes en forma y tamaño a lo largo de todos los ejes, simétricas, ampliamente ovadas, (9–) 11–18 (–23) cm de largo y (7–) 10–15 (–24) cm de ancho, ápice largamente acuminado, base equilátera, cordada, lobulada, sagitada o truncada, inconspicuamente pelúcido-punteadas y verde pálidas en ambas superficies, tardíamente cartáceas y verde obscuras cuando secas, cortamente pilosas en ambas superficies particularmente en la base en la haz y a lo largo de los nervios en el envés o glabrescentes, palmatinervias con 8–12 nervios principales divergiendo de la base en ángulos de 45° a 60°, curvados, ascendentes y ramificados distalmente con nervios terciarios anastomosados formando aréolas conspicuas, nervadura elevada en ambas superficies; pecíolos 3.5–5.5 cm de largo, glabros, con un desarrollo estipular de 2–4 mm de largo, persistente. Inflorescencias erectas y curvadas distalmente en todos los estadios, blanco-amarillentas en la antesis, verde pálidas en fruto, pedúnculo 0.4–1.3 cm de largo, glabro, raquis (8.5–) 10–30 (–35) cm de largo, glabro, brácteas florales ampliamente triangulares a orbiculares, 0.1 mm de ancho, fimbriadas, flores densamente agrupadas en el raquis formando bandas alrededor de la espiga, sésiles; estambres 4, filamentos tan largos como las anteras, éstas con dehiscencia horizontal, conectivo discreto y eglandular; pistilo ovoide con 3 estigmas sésiles. Frutos ovoides, trígonos vistos desde arriba, 1 mm de largo, apicalmente truncados, glabros, café obscuros cuando secos.

Común, en sitios expuestos o en sombrío de bosques secundarios, tanto en bosques húmedos como secos, en todo el país; 30–1000 m; fl y fr durante todo el año; *Grijalva 1475, Moreno 10764*; América tropical.

Piper martensianum C. DC. in A. DC., Prodr. 16(1): 251. 1869.

Arbustos 1.5–3 m de alto, heliófilos, profusamente ramificados; tallos verde pálidos, entrenudos 3.5–7 (–10) cm de largo, teretes o estriados, pelúcido-punteados, densa y largamente vellosos, tomentosos. Profilo 10–15 mm de largo, velloso-tomentoso, glabrescente, tempranamente caduco. Hojas uniformes en forma y tamaño a lo largo de todos los ejes, simétricas, ovadas o ampliamente ovadas, 9.5–15 (–18) cm de largo y 5.5–9.5 cm de ancho, ápice acuminado, base obtusa o cordada y equilátera en ejes monopódicos, obtusa, cuneada, decurrente e inequilátera en nudos floríferos, anaranjado-punteadas y verde nítidas en ambas superficies, cartáceas, verde-ocres y opacas cuando secas, velloso-tomentosas en ambas superficies a lo largo de los nervios principales, glabrescentes, palmatinervias con 3–5 nervios principales divergiendo de la base en ángulos de 40°,

los 3 nervios más centrales alcanzando el ápice de la lámina, los más externos anastomosados marginalmente, nervios secundarios formando aréolas discretas, nervadura impresa en la haz, elevada en el envés; pecíolos (0.6–) 1–1.5 cm de largo, densamente velloso-tomentosos, con un desarrollo estipular discreto, 1 mm de largo, caduco. Inflorescencias erectas en todos (?) los estadios, blancas en la antesis, verde pálidas en fruto, pedúnculo 0.8–1.2 cm de largo, velloso-tomentoso, raquis 4–8 cm de largo, glabro, brácteas florales cuculadas (orbiculares vistas desde arriba), 0.2 mm de ancho, fimbriadas y con un penacho de tricomas adaxialmente (prominente en infructescencias), flores laxamente agrupadas en el raquis sin formar bandas alrededor de la espiga, sésiles; estambres 4–5, filamentos tan largos como las anteras, éstas con dehiscencia vertical, conectivo discreto y eglandular; pistilo cónico y parcialmente inmerso en el raquis con 3–4 estigmas sésiles. Frutos ovoides, 1 mm de largo, con 3–4 costillas, apicalmente mamiformes y con un disco anular formado por el tejido estigmático, verde claros, densamente papilados, remotamente puberulentos, café obscuros cuando secos.

Ocasional, en bosques premontanos, zona norcentral; 500–1540 m; fl y fr durante todo el año; *Moreno 179, Stevens 9205*; sur de Guatemala al norte de Nicaragua.

Piper melanocladum C. DC., Bot. Gaz. (Crawfordsville) 70: 176. 1920; *P. canaense* Standl.

Arbustos 1–2 m de alto, esciófilos, laxamente ramificados; tallos verde nítidos, entrenudos (3.5–) 5–9 cm de largo, estriados, inconspicuamente pelúcido-punteados, glabros. Profilo 0.6–4 mm de largo, glabro, persistente (?). Hojas uniformes en forma y tamaño a lo largo de todos los nudos, asimétricas, elíptico-ovadas a elíptico-lanceoladas, 15–33 cm de largo y 5.5–10 cm de ancho, ápice largamente acuminado, base obtusa o cuneada en ambos lados y equilátera en ejes monopódicos, obtusa y débilmente lobulada en un lado, cuneadas y decurrentes en el otro lado e inequiláteras en ejes simpódicos, eglandulares, verde nítidas en la haz, verde pálidas a blanquecinas en el envés, gruesamente coriáceas, opacas y verde pálidas o amarillentas cuando secas, glabras, pinnatinervias con 3–4 (–5) pares de nervios secundarios emergiendo entre la base y los 2/3 del nervio principal, divergiendo en ángulos de 30° a 45°, ascendentes, con 2–3 pares de nervios divergiendo del 1/3 basal y 1 ó 2 pares divergiendo de los 2/3 superiores, ampliamente espaciados, no equidistantes o paralelos, nervadura terciaria inconspicuamente reticulada, aréolas impresas en ambas superficies, nervadura secundaria impresa en la haz, elevada en el envés; pecíolos 2–3.5 cm de largo, glabros, con un desarrollo estipular prominente, 4 mm de largo, a menudo formando una pseudolígula, persistente. Inflorescencias erectas y rosadas o purpúreas en la antesis, eventualmente curvadas distalmente a péndulas y rojas en fruto, pedúnculo 1.5–2 cm de largo, papilado y ocre cuando seco, raquis 5.5–9 (–10) cm de largo, glabro, brácteas florales cuculadas y umbonadas a deltoides, 0.3 mm de ancho, glabras, flores laxamente dispuestas en el raquis sin formar bandas alrededor de la espiga, sésiles; estambres 4, filamentos más largos que las anteras, éstas con dehiscencia vertical, conectivo discreto y eglandular, pistilo obovoide con 3 estigmas sésiles. Frutos globosos o cilíndricos, 1.5 mm de largo, apicalmente redondeados a obtusos o con los estigmas en una depresión, cuerpo del fruto apicalmente punteado-glandular, cafés cuando secos.

Ocasional, en sotobosque de bosques húmedos, aparentemente restringida a la zona atlántica; 40–400 m; fl y fr ene–may; *Moreno 25627, Pipoly 5016*; sureste de Nicaragua a Panamá y en el noroeste de Colombia.

Piper multiplinervium C. DC., J. Bot. 4: 214. 1866; *P. aragonense* Trel.

Arbustos inicialmente erectos y eventualmente lianescentes (nunca escandentes o trepadores), 1–3 m de alto, esciófilos; tallos verde pálidos, entrenudos 4–6 (–8) cm de largo, pero pudiendo alcanzar hasta 1 m de largo en individuos arbustivos creciendo en condiciones de absoluto sombrío, teretes o estriados, remotamente puberulentos, glabrescentes. Profilo 1–4 mm de largo, papilado, caduco. Hojas uniformes en forma y tamaño a lo largo de todos los ejes, simétricas, ovadas o ampliamente ovadas, ocasionalmente en algunos nudos estériles elíptico-lanceoladas, (8–) 10–14 cm de largo y 5.5–9 (–10) cm de ancho, ápice acuminado, base equilátera, cordada a lobulada o redondeada y obtusa, raramente cuneada, negro-punteadas en ambas superficies o sólo en el envés, verde nítidas en ambas superficies, cartáceas y verde opacas cuando secas, glabras a cortamente puberulentas a lo largo de los nervios en el envés, palmatinervias con 2–4 nervios principales divergiendo de la base en ángulos de 45°, arqueados y anastomosados marginalmente formando aréolas prominentes, ocasionalmente con un par de nervios secundarios divergiendo de los 2/3 superiores, nervadura impresa en la haz, elevada en el envés; pecíolos 1.8–2.6 (–3.5) cm de largo, hirsútulos, glabrescentes, con un desarrollo estipular discreto, 2 mm de largo, caduco. Inflorescencias erectas en todos los estadios, curvadas

distalmente en la antesis, blancas o amarillas en la antesis, verde opacas en fruto, pedúnculo 1–1.8 cm de largo, densamente puberulento, raquis (5–) 6–10 (–12) cm de largo, glabro, brácteas florales ovadas, 0.3 mm de ancho, fimbriadas, flores densamente agrupadas en el raquis formando bandas alrededor de la espiga, sésiles; estambres 4, filamentos más cortos que las anteras, éstas con dehiscencia horizontal, conectivo discreto y eglandular, pistilo oblongo con 3 estigmas sésiles. Frutos globosos, obovoides, 1.2 mm de largo, apicalmente retusos, papilados, negros cuando secos.

Poco frecuente, en sotobosque de bosques húmedos, zona atlántica; 10–200 m; fl y fr feb–ago; *Moreno 14879, Stevens 12496*; norte de Nicaragua al sureste de Panamá y Venezuela a Ecuador y Brasil. Individuos de esta especie si manipulados en condiciones de exposición completa se comportan como arbustos de talla pequeña y con floración asincrónica, comparados con individuos en condiciones normales de exposición (a la sombra) para la especie. El alargamiento de los entrenudos (eventualmente postrados) es bastante pronunciado en condiciones de sombra y le da el carácter lianescente a esta especie.

Piper nudifolium C. DC., Bull. Soc. Roy. Bot. Belgique 30(1): 205. 1891; *P. macropunctatum* Yunck.

Sufrútices o arbustos, 0.7–1.5 m de alto, esciófilos, a menudo cespitosos; tallos verde nítidos, entrenudos 3–6 (–10) cm de largo, densamente pelúcido-punteados, puberulentos, glabrescentes. Profilo 12–16 mm de largo, cortamente puberulento dorsalmente, tardíamente caduco. Hojas uniformes en forma pero muy variables en tamaño a lo largo de los ejes, simétricas, ovadas a elíptico-ovadas, (9–) 11–18 (–22) cm de largo y (5–) 6–10 (–12) cm de ancho, ápice acuminado, base equilátera, cuneada a levemente obtusa o raramente cordada, densamente anaranjado-punteadas en ambas superficies, verde nítidas en la haz y verde pálidas en el envés, membranáceas a cartáceas, opacas y verde pálidas cuando secas, glabras en ambas superficies, pinnatinervias con 4–5 pares de nervios secundarios emergiendo entre la base y los 2/3 del nervio principal, divergiendo en ángulos de 35° a 45°, arqueados, no equidistantes o paralelos, anastomosados marginalmente formando aréolas prominentes, nervadura impresa en la haz, elevada en el envés; pecíolos (0.9–) 1.5–3.5 (–5) cm de largo, vaginados, con un desarrollo estipular prominente, persistente. Inflorescencias erectas en todos los estadios, blancas en la antesis, verde pálidas en fruto, pedúnculo 7–12 mm de largo, glabro, raquis (4–) 7–8 cm de largo, glabro, brácteas florales deltoides o en forma de U, 0.3–0.4 mm de ancho, glabras, flores densamente agrupadas en el raquis sin formar bandas alrededor de la espiga, sésiles; estambres 4, filamentos tan largos como las anteras, éstas con dehiscencia vertical, conectivo prominente y densamente anaranjado-punteado; pistilo piriforme con 3 estigmas sésiles o sobre un estilo muy corto. Frutos ovoides a globosos, 0.3–0.6 mm de largo, apiculados, anaranjado-punteados, glabros, cafés cuando secos.

Ocasional, en sotobosque de bosques húmedos, en la zona atlántica; 10–300 m; fl y fr feb–oct; *Araquistain 3275*, *Moreno 14854*; suroeste de Nicaragua al suroeste de Panamá. Si bien la especie es fácilmente reconocible, particularmente en base a sus caracteres florales, es de otro lado muy variable en tamaño, número de tallos ortotrópicos y morfología foliar, todos ellos aparentemente muy dependientes del grado de humedad en el suelo y exposición solar.

Piper obliquum Ruiz & Pav., Fl. Peruv. 1: 37, t. 63. 1798; *Steffensia obliqua* (Ruiz & Pav.) Kunth; *P. pansamalanum* C. DC.

Arbustos o árboles, 4–7 (–10) m de alto, esciófilos; tallos verde pálidos, entrenudos 10–15 cm de largo, teretes a canaliculados cuando secos, inconspicuamente pelúcido-punteados, densamente tomentosos. Profilo 6–9 mm de largo, ferrugíneo-tomentoso, caduco. Hojas uniformes en forma y tamaño a lo largo de todos los ejes, asimétricas en los ejes simpódicos, simétricas en los ejes monopódicos, ovadas, elíptico-ovadas o ampliamente ovadas (en los ejes monopódicos) a oblongas, 33–45 cm de largo y 23–37 cm de ancho, ápice cortamente acuminado, base inequilátera, profundamente lobulada, los lóbulos en general divergentes, dejando un seno de 40°, uno de los lóbulos generalmente más largo que el pecíolo y traslapándolo parcial a totalmente, el lóbulo más corto obtuso o redondeado a casi truncado, eglandulares en la haz, inconspicuamente anaranjado-punteadas en el envés, verde opacas en la haz y verde pálidas en el envés, gruesamente cartáceas y ocres a cafés cuando secas, escasamente estrigosas en la haz a lo largo del nervio principal cerca a la base, densamente pubescentes en el envés especialmente a lo largo de los nervios, pinnatinervias con 4–6 pares de nervios secundarios emergiendo entre la base y los 2/3 del nervio principal, divergiendo en ángulos de 40° a 45°, ampliamente espaciados, subequidistantes y subparalelos, ramificados distalmente cerca del margen, anastomosados, nervadura terciaria e inferior densamente reticulada formando aréolas prominentes, nervadura impresa en la haz, elevada y prominente en el envés; pecíolos 6–9 cm de largo, densamente ferrugíneo-tomentosos, con un desarrollo estipular

prominente, 3–5 mm de largo, caduco. Inflorescencias erectas en estadios juveniles, eventualmente curvadas distalmente a péndulas en todos los estadios, verde pálidas en la antesis, ocres en fruto, pedúnculo 4–6 cm de largo, escasa a densamente pubescente, glabrescente, raquis 40–60 cm de largo, glabro, brácteas florales triangulares a umbonadas, 0.6–0.8 mm de ancho, fimbriadas, y pubescentes basal y dorsalmente, flores densamente agrupadas en el raquis formando bandas alrededor de la espiga (en la antesis), sésiles; estambres 4, filamentos tan largos como las anteras, éstas con dehiscencia horizontal, conectivo prominente y eglandular; pistilo oblongo con 3 estigmas sésiles. Frutos ovoides, 2 mm de largo, obtusos, glabros, negros cuando secos.

Ocasional, en bosques secundarios, en sitios sombreados, aparentemente restringida a la zona norcentral; 1300–1650 m; fl y fr ene–jun; *Davidse 30418*, *Stevens 11742*; sur de Guatemala hasta la costa Atlántica en Brasil. El concepto aquí adoptado para esta especie sigue muy de cerca el de Burger y ciertamente no el extremo conceptual para la taxonomía de esta especie de Tebbs quien, lamentablemente, confunde este taxón con numerosas especies relacionadas a *P. obliquum*, pero particularmente bien delimitadas en Sudamérica.

Piper otophorum C. DC., Bull. Soc. Roy. Bot. Belgique 30(1): 220. 1891; *P. sperdinum* C. DC.

Sufrútices o arbustos, 0.7–1 m de alto, esciófilos, laxamente ramificados; tallos verde nítidos, entrenudos 1.5–3.6 (–4.9) cm de largo, canaliculados, inconspicuamente pelúcido-punteados, densamente adpreso-pubescentes, canescentes. Profilo 6–12 mm de largo, puberulento dorsalmente, caduco. Hojas uniformes en forma y tamaño a lo largo de todos los ejes, asimétricas, elíptico-ovadas o ampliamente ovadas, (13–) 15–18 (–25) cm de largo y 7.9–11 cm de ancho, ápice largamente acuminado, base inequilátera, lobulada y auriculada, los lóbulos convergentes, el más largo traslapando al pecíolo y parcialmente al lobo más corto, café- o anaranjado-punteadas en el envés, verde nítidas en ambas superficies, algunas veces discoloras en la haz con líneas blanquecinas a lo largo del nervio principal, cartáceas y verde opacas cuando secas, glabras en la haz, adpreso-pubescentes en el envés a lo largo de los nervios secundarios, pinnatinervias con 4–6 pares de nervios secundarios emergiendo entre la base y los 2/3 del nervio principal, divergiendo en ángulos de 45°, arqueados, no equidistantes o paralelos, anastomosados marginalmente, nervadura impresa en la haz, elevada en el envés particularmente la terciaria; pecíolos 0.8–1.2 cm de largo, adpreso pubescentes, con un desarrollo estipular discreto, 2 mm de largo, caduco. Inflorescencias erectas en todos los estadios, blancas o amarillo pálidas en la antesis, café obscuras en fruto, pedúnculo 1.2–1.8 cm de largo, adpreso-pubescente, raquis 6–8 (–9) cm de largo, glabro, brácteas florales triangulares o en forma de U (vistas desde arriba), 0.2 mm de ancho, pubescentes basalmente y a menudo con un penacho de tricomas adaxialmente, glabrescente, flores densamente agrupadas en el raquis sin formar bandas alrededor de la espiga, sésiles; estambres 4, filamentos más cortos que las anteras, éstas con dehiscencia vertical, conectivo discreto y eglandular; pistilo piriforme con 3 estigmas sobre un estilo discreto. Frutos obovoides, trígonos (vistos desde arriba), 0.6 mm de largo, largamente apiculados con un estilo persistente o caduco y entonces el fruto depreso, punteado-glandular, glabros, café cuando secos.

Rara, en sotobosque de bosques húmedos primarios, aparentemente restringida al suroeste de Zelaya y Río San Juan; 120–300 m; fl y fr ene–ago; *Rueda 5332*, *Stevens 6427*; Nicaragua a Panamá y muy posiblemente en el noroeste de Colombia (Chocó).

Piper peltatum L., Sp. Pl. 30. 1753; *Pothomorphe peltata* (L.) Miq.

Sufrútices o arbustos, 1–3 m de alto, heliófilos, algunas veces cespitosos; tallos verde pálidos, entrenudos (3–) 6–13 (–16) cm de largo, estriados, densamente rojo-punteados, glabros. Profilo 4–8 mm de largo, glabro, caduco. Hojas uniformes en forma y tamaño a lo largo de todos los ejes, ovadas o ampliamente ovadas, casi orbiculares, (15–) 18–34 (–40) cm de largo y (13–) 15–30 (–34) cm de ancho, ápice acuminado a mucronado, base equilátera, redondeada o remotamente lobada, membranáceas, densamente rojo-punteadas en ambas superficies, verde nítidas en la haz y verde pálidas en el envés, tanto en plantas vivas como cuando secas, puberulentas sobre los nervios en la haz y/o envés, glabrescentes, palmatinervias con 8–15 nervios principales radiando del centro de la lámina y divergiendo en ángulos de 45°, arqueados, subequidistantes, no paralelos, anastomosados formando aréolas prominentes, nervadura impresa en la haz, elevada en el envés; pecíolos insertados a 6–13 cm del margen, 10–23 (–35) cm de largo, glabros, con un desarrollo estipular prominente, 3–6 mm de largo, persistente en la mayoría de los nudos. Inflorescencias compuestas, paniculadas o umbeladas, axilares, de 4–10 (–15) espigas subyacentes a un pedúnculo común de 3–5 cm de largo y glabro, cada espiga abrazada por una bráctea prominente de 2–3 cm de largo, espigas erectas, blancas en la antesis, verde pálidas en fruto, pedúnculo 7–11 cm de largo, glabro, raquis de la espiga 7–11 cm de largo, glabro, brácteas florales triangulares o en forma de U, 0.3 mm de ancho, fimbriadas, flores densamente agrupadas en el raquis formando bandas discretas alrededor de la espiga (visibles tempranamente en la antesis), sésiles; estambres 2, filamentos más cortos que las anteras, éstas con dehiscencia horizontal, conectivo discreto y eglandular; pistilo ovoide con 3 estigmas sésiles. Frutos obovoides, 0.4–0.5 mm de largo, apicalmente truncados, anaranjado-punteados, glabros, cafés cuando secos.

Frecuente, en sitios expuestos, en bosques secundarios o muy perturbados, ampliamente distribuida en todo el país; 0–1400 m; fl y fr durante todo el año; *Moreno 19723*, *Sandino 3869*; América tropical. "Santa María".

Piper perbrevicaule Yunck., Ann. Missouri Bot. Gard. 37: 51. 1950.

Sufrútices o arbustos, 0.3–1 m de alto, esciófilos, profusamente ramificados; tallos verde nítidos, entrenudos 1–2.5 (–3) cm de largo, teretes, inconspicuamente pelúcido-punteados, laxa a densamente vellosos, glabrescentes. Profilo 10–18 mm de largo, velloso dorsalmente, glabrescente. Hojas uniformes en forma y tamaño a lo largo de los ejes, asimétricas, elíptico-lanceoladas o elíptico-ovadas, (8–) 9.5–15 cm de largo y 3–4.5 (–5) cm de ancho, ápice cortamente acuminado, base inequilátera, obtusa o redondeada a lobulada y cordada, los lóbulos discretos, convergentes, oblicuos y completamente traslapando el pecíolo, densamente pelúcido-punteadas en ambas superficies, verde nítidas en la haz y verde pálidas en el envés, membranáceas o papiráceas y translúcidas cuando secas, largamente vellosas en ambas superficies, glabrescentes, puberulentas o glabras, pinnatinervias con 2–3 pares de nervios secundarios emergiendo entre la base y los 2/3 del nervio principal, divergiendo en ángulos de 60°, arqueados, espaciados, no equidistantes o paralelos, ocasionalmente con un par adicional de nervios secundarios divergiendo arriba de los 2/3 y anastomosados, nervadura terciaria densamente reticulada, nervadura elevada en ambas superficies; pecíolos 0.5–1.5 cm de largo, densamente vellosos, glabrescentes, con un desarrollo estipular discreto, 1 mm de largo, caduco. Inflorescencias erectas en todos los estadios, blancas en la antesis, verdes en fruto, pedúnculo 3–5 cm de largo, velloso, glabrescente, raquis 3.5–6 cm de largo, glabro, brácteas florales cuculadas (en forma de U o V vistas desde arriba), 0.2 mm de ancho, glabras, flores densamente agrupadas en el raquis sin formar bandas alrededor de la espiga, sésiles; estambres 3, filamentos más cortos que las anteras, éstas con dehiscencia vertical, conectivo discreto y eglandular; pistilo ovoide con 3 estigmas sésiles. Frutos ovoides a obovados, 0.6 mm de largo, mamiformes, glabros, verde opacos cuando secos.

Juzgando por su presencia en la provincia de Limón en Costa Rica, es factible que la especie se encuentre en Nicaragua en la zona atlántica.

Piper phytolaccifolium Opiz in C. Presl, Reliq. Haenk. 1: 151. 1828; *P. brevispicatum* Opiz; *P. sepium* C. DC.

Arbustos 1–3 m de alto, esciófilos, profusamente ramificados; tallos verde nítidos, entrenudos (2–) 2.5–4 (–6.5) cm de largo, levemente estriados, pelúcido-punteados, inconspicuamente papilados, glabros. Profilo 10–15 mm de largo, papilado, caduco. Hojas uniformes en forma y tamaño a lo largo de todos los ejes, simétricas, elíptico-ovadas a lanceoladas, (8–) 11–15 (–18) cm de largo y (2.5–) 3.5–5.5 (–8) cm de ancho, ápice acuminado, base equilátera a débilmente inequilátera, cuneada, un lado 1–2 mm más largo que el otro, ocre-, rojo- o anaranjado-punteadas en ambas superficies, verde nítidas en la haz y verde pálidas en el envés, membranáceas a cartáceas y verde opacas cuando secas, glabras en ambas superficies, pinnatinervias en toda su longitud, con 6–9 pares de nervios secundarios divergiendo del nervio principal en ángulos de 60°, equidistantes y subparalelos, anastomosados formando aréolas prominentes, nervadura terciaria inconspicuamente reticulada, nervadura levemente elevada en ambas superficies; pecíolos 0.5–0.7 (–2) cm de largo, vaginados, papilados, con un desarrollo estipular discreto, 1 mm de largo, caduco. Inflorescencias erectas y blancas o amarillo pálidas en la antesis, eventualmente péndulas y verdes en fruto, pedúnculo 0.6–1 cm de largo, glabro, raquis 1–2.5 cm de largo, puberulento, brácteas florales ovadas a deltoides, 0.3–0.5 mm de ancho, fimbriadas, flores densamente agrupadas en el raquis sin formar bandas alrededor de la espiga, sésiles; estambres 4, filamentos tan largos como las anteras, éstas con dehiscencia vertical, conectivo prominente y negro-punteado; pistilo umbonado con 3 estigmas sobre un estilo prominente. Frutos globosos a ovoides, 2.5 mm de largo, cortamente apiculados (el estilo o la porción basal persistentes), glabros, ocres cuando secos.

Ocasional, en sitios sombríos de remanentes de bosques húmedos a premontanos, zonas norcentral y atlántica; 0–1300 m; fl y fr aparentemente durante todo el año; *Grijalva 3640, Stevens 23110*; sur de Guatemala al sureste de Panamá y Venezuela a Ecuador. Se utiliza como anestésico para el dolor de muelas. "Alcotán".

Piper polytrichum C. DC., Candollea 1: 110. 1923.

Arbustos 1.5–3.4 m de alto, densamente ramificados; tallos verde nítidos, entrenudos 1.5–3 cm de largo en el ápice y 4–7 cm de largo en la base, inconspicuamente punteado-glandulares, densamente pubescentes. Profilo 10–13 mm de largo, setoso-pubescentes dorsalmente, tempranamente caduco. Hojas relativamente uniformes en forma y tamaño a lo largo de todos los ejes, profundamente asimétricas en tallos simpódicos, simétricas en tallos monopódicos, (9.5–) 11–16 (–18) cm de largo y 4–5.6 cm de ancho, ápice largamente acuminado, base inequilátera en tallos simpódicos, equilátera en tallos monopódicos, obtusas y con un lado 2–3 mm más largo que el otro y en ocasiones traslapando el pecíolo parcialmente, punteado-glandulares en el envés, verde nítidas en la haz, verde pálidas en el envés, membranáceas a cartáceas, negras o café obscuras cuando secas, densamente setoso-pubescentes en ambas superficies particularmente a lo largo de los nervios en el envés, pinnatinervias con 5–6 pares de nervios secundarios emergiendo entre la base y los 2/3 del nervio principal, divergiendo en ángulos de 40–45°, no paralelos o equidistantes, interconectados y anastomosados por nervios terciarios formando aréolas rectangulares casi paralelas, nervadura impresa en la haz, elevada y prominente en el envés; pecíolos 0.4–0.6 cm de largo, densamente setoso-pubescentes. Inflorescencias erectas en todos los estadios, blancas en la antesis, verdes en fruto, pedúnculo 0.2–0.4 cm de largo, setoso-pubescente, raquis 4–7 cm de largo, brácteas florales cuculadas (umbonadas vistas desde arriba), 0.3–0.4 mm de ancho, remota y cortamente fimbriadas, glabrescentes, flores densamente agrupadas en todos los estadios formando bandas conspicuas alrededor de la espiga (en la antesis), sésiles; estambres 4, filamentos 0.1–0.2 mm de largo, anteras con dehiscencia vertical, conectivo eglandular; pistilo ovoide con 3 estigmas sésiles. Frutos ovoides a oblongos, comprimidos lateralmente, 0.7–0.8 mm de largo, apicalmente obtusos, papilados a puberulentos apicalmente, verdes cuando secos.

Ocasional, en áreas perturbadas y a lo largo de bosques secundarios en bosques húmedos y bosques premontanos, zona atlántica; 100–500 m; fl y fr sep–ene; *Rueda 5310, Téllez 4930*; sur de Nicaragua al norte de Panamá.

Piper pseudofuligineum C. DC., Linnaea 37: 355. 1872; *P. quadratilimbum* Trel.

Arbustos 0.8–3 m de alto, esciófilos o heliófilos, profusamente ramificados; tallos verde pálidos, entrenudos (1.5–) 2.5–4 (–8) cm de largo, estriados a canaliculados cuando secos, inconspicuamente pelúcido-punteados, densa y largamente adpreso-tomentosos. Profilo 10–25 mm de largo, pubescente, tomentoso a menudo sólo dorsalmente, glabrescente, caduco. Hojas uniformes en forma y tamaño a lo largo de todos los ejes, asimétricas, ovadas, elíptico-ovadas, obovadas o romboides, (7–) 13–17 (–18) cm de largo y (6–) 7.5–9 (–11) cm de ancho, ápice largamente acuminado, base inequilátera, obtusa a lobulada, el lóbulo basal más largo traslapando parcial a totalmente el pecíolo, el lóbulo más corto obtuso a redondeado, o la base equilátera y obtusa a redondeada basalmente (en ejes monopódicos), inconspicuamente pelúcido-punteadas, verde nítidas en la haz y verde pálidas en el envés, delgadamente cartáceas, verde obscuras y opacas cuando secas, laxa a densamente pubescentes en ambas superficies, estrigosas, ocasionalmente glabrescentes en la haz, pinnatinervias con 4–5 pares de nervios secundarios emergiendo entre la base y la 1/2 del nervio principal, divergiendo en ángulos de 45° a 60°, muy espaciados y no equidistantes o paralelos, anastomosados marginalmente, nervadura terciaria formando aréolas prominentes, nervadura a menudo discolora en hojas secas, ligeramente elevada o impresa en la haz, elevada en el envés; pecíolos 0.7–1.2 (–2.1) cm de largo, densamente adpreso-pubescentes, tomentosos, con un desarrollo estipular discreto, 1 mm de largo, caduco. Inflorescencias erectas en todos los estadios, amarillo pálidas en la antesis, verde pálidas en fruto, pedúnculo 0.6–0.8 (–1) cm de largo, densamente tomentoso, raquis (5–) 6–8.5 cm de largo, glabro, brácteas florales angostamente triangulares, 0.3 mm de ancho, fimbriadas, flores densamente agrupadas en el raquis sin formar bandas alrededor de la espiga, sésiles; estambres 4, filamentos tan cortos como las anteras, éstas con dehiscencia oblicua; pistilo piriforme con 3 estigmas sésiles. Frutos obovoides, 0.6 mm de largo, glabros y negros cuando secos.

Común, en sitios parcial a totalmente expuestos, en bosques secundarios tanto en bosques húmedos como premontanos, pero más frecuente en bosques secos, de amplia distribución en todas las zonas del país; 200–1300 m; fl y fr durante todo el año; *Castro 2242, Moreno 17759*; sur de México a Colombia y Venezuela.

Piper pseudolindenii C. DC., Linnaea 37: 335. 1872; *P. pertractatum* Trel.

Arbustos 1.5–4 m de alto, heliófilos, profusamente ramificados; tallos verde nítidos, entrenudos (1.5–) 2.5–6 (–8) cm de largo, teretes o canaliculados cuando secos, inconspicuamente pelúcido-punteados, escasamente puberulentos cerca a los nudos, glabres-

centes. Profilo 5–7 (9) mm de largo, ocasionalmente puberulento marginalmente, caduco. Hojas uniformes en forma y tamaño a lo largo de todos los ejes, asimétricas, elíptico-ovadas, ampliamente ovadas o lanceoladas, (6–) 7.5–14 (–16) cm de largo y 3.5–6 (–9) cm de ancho, ápice acuminado, base inequilátera, lobada sobre un lado, cuneada a levemente obtusa o redondeada sobre el otro, el lóbulo oblicuo y casi tan largo como el pecíolo y traslapándolo parcial a completamente, cartáceas, inconspicuamente pelúcido-punteadas en el envés, verde pálidas concoloras y verde pálidas a grisáceas cuando secas, glabras en la haz, puberulentas a lo largo de los nervios principales en el envés o glabras, palmatinervias con 3–4 nervios principales divergiendo de la base en ángulos de 45°, curvados y ascendentes hasta el ápice, anastomosados marginalmente formando aréolas prominentes, nervadura impresa en la haz, elevada en el envés; pecíolos 0.6–0.7 (–1.2) cm de largo, puberulentos, glabrescentes, con un desarrollo estipular discreto, 2 mm de largo, caduco. Inflorescencias erectas en todos los estadios, blancas en la antesis, verde pálidas en fruto, pedúnculo 1.3–1.8 cm de largo, puberulento, glabrescente, raquis 4–5.5 cm de largo, puberulento, brácteas florales discoides, 0.1–0.2 mm de ancho, o cuculadas, puberulentas marginalmente, flores densa a laxamente agrupadas en el raquis sin formar bandas alrededor de la espiga, sésiles; estambres 4, filamentos tan largos como las anteras, éstas con dehiscencia horizontal, conectivo discreto y eglandular; pistilo umbonado con 3–4 estigmas sésiles. Frutos globosos, 0.7–0.9 mm de largo, apiculados y basalmente inmersos en el raquis, puberulentos basalmente, cafés cuando secos.

Frecuente, en sotobosque de bosques parcialmente perturbados, en bosques húmedos y premontanos, zonas norcentral y atlántica; 0–1000 m; fl y fr ene–ago; *Moreno 14855, Soza 148*; norte de Nicaragua al suroeste de Panamá.

Piper reticulatum L., Sp. Pl. 29. 1753; *P. discophorum* C. DC.

Arbustos u ocasionalmente arboles, 1–3 (–6) m de alto, mayormente esciófilos, profusamente ramificados; tallos verde pálidos o amarillos, entrenudos 4.5–6 (–8.5) cm de largo, estriados a canaliculados, inconspicuamente pelúcido-punteados, papilados, glabros. Profilo 5–8 mm de largo, papilado. Hojas uniformes en forma y tamaño a lo largo de todos los ejes, simétricas, ovado-elípticas o ampliamente ovadas, 15–23 (–25) cm de largo y (8.5–) 10–11.5 (–14) cm de ancho, ápice acuminado, base casi equilátera, cuneada y decurrente en ambos lados, o un lado cuneado y 1 mm más largo, y el otro lado levemente redondeado y más corto, inconspicuamente pelúcido-punteadas, verde pálido concoloras, cartáceas, amarillentas y opacas cuando secas, papiladas en el envés, glabras, palmatinervias con 5–6 nervios principales divergiendo de la base en ángulos de 45°, arqueados y ascendentes, los nervios más externos anastomosados, los nervios terciarios formando aréolas rectangulares prominentes, nervadura elevada en ambas superficies; pecíolos (0.6–) 1–1.4 (–2.5) cm de largo, glabros, con un desarrollo estipular discreto, menos de 1 mm de largo, caduco. Inflorescencias erectas en todos los estadios, blancas a verde pálidas en la antesis, verdes o amarillentas en fruto, pedúnculo 1.8–2.6 (–2.8) cm de largo, estriado, puberulento, raquis 4–10 cm de largo, densamente hírtulo y papilado, brácteas florales cuculadas, 0.1 mm de ancho, puberulentas basalmente, flores laxamente agrupadas en el raquis sin formar bandas alrededor de la espiga, sésiles; estambres 4–5, filamentos más cortos que las anteras, éstas con dehiscencia horizontal, conectivo discreto y eglandular; pistilo umbonado con 3–4 estigmas sésiles. Frutos globosos, ovoides, 1–1.5 mm de largo, obtusos con una zona anular discreta conformada por el tejido estigmático, papilados, cafés cuando secos.

Rara, en sotobosque de bosques húmedos, en sitios secos, aparentemente restringida al sur de la zona atlántica; 80–200 m; fl y fr aparentemente durante todo el año; *Neill 4177, Sandino 3348*; sur de Nicaragua a Ecuador y en las Antillas.

Piper sanctum (Miq.) Schltdl. ex C. DC. in A. DC., Prodr. 16(1): 330. 1869; *Artanthe sancta* Miq.; *P. papantlense* C. DC.; *P. dissimulans* Trel.

Arbustos o árboles pequeños, (0.8–) 4 (–6) m de alto, esciófilos; tallos verde pálidos, entrenudos (2.5–) 3.5–6 (–9) cm de largo, estriados, glabros. Profilo 10–15 mm de largo, glabro, a menudo persistente en nudos floríferos superiores. Hojas uniformes en forma y tamaño a lo largo de todos los ejes, simétricas, ovadas, ampliamente ovadas o elíptico-ovadas, (9–) 11–15 (–19) cm de largo y (5.5–) 6–8.5 (–10) cm de ancho, ápice largamente acuminado, base equilátera, cuneada, decurrente, a menudo con callosidades basales, cartáceas, inconspicuamente pelúcido-punteadas, verde nítidas en ambas superficies, verde pálidas y opacas cuando secas, glabras, palmatinervias con 3–5 (–7) nervios principales divergiendo de la base en ángulos de 40°, arqueados, los 2 nervios más internos extendiéndose hasta el ápice, los más externos anastomosados marginalmente, ramificados distalmente, con nervios secundarios prominentes, nervadura primaria elevada en ambas superficies; pecíolos 1.5–2 cm de largo,

glabros, con un desarrollo estipular discreto, 2 mm de largo, persistente. Inflorescencias erectas y blancas en la antesis, péndulas y verde pálidas en fruto, pedúnculo 1.5–2.3 cm de largo, glabro, raquis 10–15 (–22) cm de largo, glabro, brácteas florales triangulares a deltoides, 0.2 mm de ancho, cortamente fimbriadas, flores laxamente agrupadas en el raquis, sin formar bandas alrededor de la espiga, sésiles; estambres 4–5, filamentos tan largos como las anteras, éstas con dehiscencia horizontal, conectivo discreto y eglandular; pistilo globoso con 3–5 estigmas sésiles. Frutos ovoides, 0.8–1 mm de largo, retusos, glabros, cafés cuando secos.

Frecuente, en bosques de galería secundarios, en todo el país; 200–1000 m; fl y fr aparentemente durante todo el año; *Gentry 43970, Sandino 2941*; suroeste de México al noreste de Costa Rica.

Piper scalarispicum Trel., Field Mus. Nat. Hist., Bot. Ser. 17: 353. 1938; *P. segoviarum* Standl. & L.O. Williams.

Arbustos 1–3 m de alto, esciófilos, profusamente ramificados; tallos verde pálidos, entrenudos 2.5–3.5 cm de largo, estriados, inconspicuamente pelúcido-punteados, densa y cortamente retrorso-puberulentos, glabrescentes. Profilo 6–15 mm de largo, cortamente pubescente en el lado dorsal, caduco. Hojas uniformes en forma y tamaño a lo largo de todos los ejes, asimétricas, elíptico-lanceoladas a oblanceoladas, (5–) 6–11 cm de largo y 1.5–3 (–3.8) cm de ancho, ápice atenuado, base inequilátera, cuneada, el lado más largo obtuso, oblicuo y lobulado traslapando el pecíolo, el más corto cuneado, inconspicuamente pelúcido-punteadas, verde nítidas en la haz y verde pálidas en el envés, cartáceas o membranáceas y verde opacas en ambas superficies cuando secas, glabras en la haz, densamente retrorso-pubescentes sobre los nervios en el envés, pinnatinervias con 3–4 pares de nervios secundarios emergiendo entre la base y los 2/3 del nervio principal, divergiendo en ángulos de 45°, arqueados y ascendentes, no equidistantes o paralelos, generalmente con 2–3 pares divergiendo del 1/3 basal de la lámina y a 3–4 cm de un par de nervios superiores que divergen de los 2/3 superiores, inconspicuamente anastomosados, nervadura impresa en la haz, elevada en el envés; pecíolos 0.2–0.3 cm de largo, retrorso-puberulentos, con un desarrollo estipular discreto, 1 mm de largo en los nudos floríferos, prominente en los nudos estériles formando una pseudolígula 0.4–0.5 mm de largo. Inflorescencias erectas en todos los estadios, blancas en la antesis, verde pálidas en fruto, pedúnculo 0.5–0.8 (–1.2) cm de largo, glabro, raquis 3.5–6 (–6.5) cm de largo, glabro, brácteas florales deltoides a triangulares, 0.2 mm de ancho, densamente fimbriadas, flores densamente agrupadas en el raquis sin formar bandas alrededor de la espiga, sésiles; estambres 4, filamentos más cortos que las anteras, éstas con dehiscencia vertical, conectivo discreto y eglandular; pistilo cónico con 3 estigmas sésiles o sobre un estilo de 0.1 mm de largo. Frutos globosos, obovoides, 0.3 mm de largo, apicalmente obtusos, glabros, negros cuando secos.

Ocasional, en sotobosque de nebliselvas, zona norcentral; 1200–1500 m; fl y fr aparentemente todo el año; *Sandino 1066, Stevens 22494*; suroeste de Guatemala al noreste de Nicaragua.

Piper schiedeanum Steud., Nomencl. Bot., ed. 2, 2: 343. 1841; *P. casimirianum* Hemsl.; *P. carrilloanum* C. DC.

Arbustos 2–5 m de alto, esciófilos, profusamente ramificados; tallos verde pálidos, entrenudos 2.5–4.5 cm de largo apicalmente, a menudo 10–15 cm de largo basalmente, estriados a canaliculados cuando secos, pelúcido-punteados, escasamente puberulentos, glabrescentes o glabros en todos sus estadios. Profilo 20–30 mm de largo, glabro, persistente en todos los nudos. Hojas a menudo muy variables en forma y tamaño a lo largo de algunos o todos los ejes, simétricas o asimétricas, elíptico-lanceoladas en nudos basales, ampliamente ovadas en nudos distales, en general ovadas o ampliamente ovadas, 15–22 (–30) cm de largo y 10–18 (–22) cm de ancho, ápice largamente acuminado, base equilátera, redondeada a cordada, cartáceas, inconspicuamente pelúcido-punteadas, verde pálidas en ambas superficies, opacas o discoloras (particularmente los nervios), glabras en ambas superficies o hírtulas y glabrescentes a lo largo de los nervios en el envés, pinnatinervias con 3–4 pares de nervios secundarios emergiendo entre la base y los 1/3–2/3 del nervio principal, divergiendo en ángulos de 45°, arqueados, a menudo con un par adicional de nervios divergiendo de los 2/3 superiores de la lámina, inconspicuamente anastomosados, nervadura terciaria formando aréolas rectangulares prominentes, nervadura impresa en la haz, elevada y prominente en el envés; pecíolos 4–7 (–15) cm de largo, en los nudos distales a menudo insertados a 4 cm del margen, glabros, con un desarrollo estipular discreto, 2–3 mm de largo, caduco. Inflorescencias erectas en todos los estadios, blancas o amarillo pálidas en la antesis, verde pálidas en fruto, pedúnculo 1.2–2.4 cm de largo, escasamente hírtulo, raquis 10–18 (–20) cm de largo, glabro, brácteas florales oblongas a triangulares, 0.2 mm de ancho, papiladas a remotamente cilioladas, flores densamente agrupadas en el raquis sin formar bandas

alrededor de la espiga, sésiles; estambres 3–4, filamentos tan largos como las anteras, éstas con dehiscencia vertical, conectivo discreto y eglandular; pistilo piriforme con 3 estigmas sésiles. Frutos ovoides, 1 mm de largo, apicalmente obtusos, glabros, verde pálidos cuando secos.

Frecuente, en sotobosque de bosques húmedos, zonas norcentral y atlántica; 190–400 m; fl y fr ene–sep; *Moreno 23604, Pipoly 4859*; sur de Guatemala al sureste de Venezuela a Ecuador.

Piper silvivagum C. DC., Anales Inst. Fís.-Geogr. Nac. Costa Rica 9: 162. 1897; *P. vitabundum* Trel.

Arbustos inicialmente erectos, eventualmente postrados y lianescentes o incluso escandentes, más de 6 m de largo, esciófilos, profusamente ramificados; tallos verde pálidos, entrenudos 3.5–6 cm de largo en tallos ortotrópicos y hasta 70 cm de largo en tallos (lianescentes) plagiotrópicos, estriados, inconspicuamente pelúcido-punteados, laxa a densamente híspido-adpresos cuando jóvenes, glabrescentes, granulosos o papilados. Profilo 3–7 mm de largo, retrorso puberulento o híspido, caduco. Hojas generalmente uniformes en forma y tamaño a lo largo de todos los ejes, simétricas (particularmente en ejes plagiotrópicos y monopódicos), elíptico-ovadas a lanceoladas o incluso obovadas, (6–) 10–11 cm de largo y 1–3.5 cm de ancho, ápice largamente acuminado, base equilátera o inequilátera, obtusas y/o cuneadas en uno o ambos lados, si obtusas y cuneadas, un lado (basal) lobulado y traslapando el pecíolo, inconspicuamente pelúcido-punteadas, verde nítidas en ambas superficies, cartáceas y verde opacas cuando secas, glabras en la haz (?), adpreso-pubescentes o híspidas en el envés a lo largo de los nervios, pinnatinervias con 3–4 pares de nervios secundarios emergiendo entre la base y la 1/2 o los 2/3 del nervio principal, divergiendo en ángulos de 45°, arqueados y ascendentes, no equidistantes o paralelos, inconspicuamente anastomosados, nervadura terciaria inconspicua, nervadura impresa en la haz y elevada en el envés; pecíolos 0.3–0.5 cm de largo, retrorso-puberulentos o híspidos, con un desarrollo estipular discreto, 2 mm de largo. Inflorescencias erectas en todos los estadios, blancas en la antesis y verde pálidas en fruto, pedúnculo 0.6–1.2 cm de largo, glabro, raquis 6–11 cm de largo, glabro, brácteas florales triangulares, 0.3 mm de ancho, fimbriadas, flores densamente agrupadas en el raquis formando bandas alrededor de la espiga, sésiles; estambres 4, filamentos más cortos que las anteras, éstas con dehiscencia horizontal, conectivo discreto y eglandular; pistilo piriforme con 3 estigmas sésiles. Frutos ovoides, 0.5 mm de largo, depresos apicalmente, papilados, verde-cafés cuando secos.

Rara, en sotobosque de bosques húmedos, zona atlántica; 75–300 m; fl y fr ene–sep; *Moreno 20654-b, Stevens 13073*; sur de México hasta el noreste de la Amazonia en Perú.

Piper sinugaudens C. DC., Bot. Gaz. (Crawfordsville) 70: 188. 1920.

Sufrútices o arbustos 0.8–1.5 m de alto, esciófilos, laxamente ramificados; tallos verde pálidos, entrenudos 1–3.5 (–5) cm de largo, estriados, pelúcido-punteados, retrorso-puberulentos, glabrescentes. Profilo 4–6 mm de largo, densamente retrorso-puberulento, caduco. Hojas uniformes en forma y tamaño a lo largo de todos los ejes, asimétricas, elíptico-lanceoladas, ocasionalmente elíptico-ovadas, 12–15 cm de largo y 2.5–4 cm de ancho, ápice cortamente acuminado, base inequilátera, lobulada a cordada, un lóbulo a menudo tan largo como el pecíolo y traslapándolo parcialmente, pelúcido- o anaranjado-punteadas y verde nítidas en ambas superficies, cartáceas y verde opacas cuando secas, glabras en la haz, retrorso-puberulentas en el envés a lo largo de los nervios secundarios, pinnatinervias con 3–4 pares de nervios secundarios emergiendo entre la base y la 1/2 o los 2/3 del nervio principal, divergiendo en ángulos de 45°, arqueados y ascendentes, inconspicuamente anastomosados, nervadura terciaria prominente, nervadura impresa en la haz, elevada en el envés; pecíolos 0.3–0.6 cm de largo, en nudos floríferos, hasta 2 cm en nudos estériles, densamente retrorso-puberulentos, con un desarrollo estipular discreto, menos de 1 mm de largo, caduco. Inflorescencias erectas en todos los estadios, amarillo pálidas en la antesis, verdes en fruto, pedúnculo 0.3–0.6 cm de largo, puberulento, raquis 2.5–3.8 cm de largo, glabro, brácteas florales deltoides o en forma de V, 0.3 mm de ancho, remotamente cilioladas, papiladas, flores densamente agrupadas en el raquis sin formar bandas alrededor de la espiga, sésiles; estambres 3, filamentos más cortos que las anteras, éstas con dehiscencia vertical, conectivo discreto y eglandular; pistilo umbonado con 3 estigmas sobre un estilo 0.1 mm de largo. Frutos oblongos, 0.6 mm de largo, apiculados, a menudo con el estilo persistente (0.3 mm), glabros, cafés cuando secos.

Ocasional, en sotobosque de bosques húmedos, zona atlántica; 50–200 m; fl y fr oct–abr; *Neill 3524, Stevens 5075*; Nicaragua al noroeste de Panamá.

Piper subsessilifolium C. DC., Bull. Soc. Roy. Bot. Belgique 30(1): 216. 1891; *P. sulcinervosum* Trel.

Bejucos escandentes (?), 2–3 m de largo, esciófilos, laxamente ramificados; tallos verde pálidos o rojizos, entrenudos 1.5–6 cm de largo, estriados a levemente canaliculados cuando secos, hirsutos en estadios juveniles, glabrescentes. Profilo 25–68 mm de largo, dorsalmente hirsuto, glabrescente, caduco. Hojas variables en forma y tamaño a lo largo de algunos o todos los ejes, simétricas (en ejes monopódicos) o asimétricas en ejes simpódicos, ovadas, elíptico-ovadas o elíptico-lanceoladas, a veces ampliamente ovadas, (7.5–) 10–20 cm de largo y 2.5–8 (–13) cm de ancho, ápice largamente acuminado, base inequilátera o equilátera, cordada, obtusa o lobulada, los lóbulos convergentes sin traslapar el pecíolo, pelúcido-punteadas en el envés, verde nítidas en ambas superficies, membranáceas y verde pálidas cuando secas, glabras o hírtulas en ambas superficies, pinnatinervias con 4–6 pares de nervios secundarios emergiendo entre la base y la 1/2 del nervio principal, divergiendo en ángulos de 45°, arqueados y ascendentes, subequidistantes y paralelos, anastomosados, aréolas prominentes en el envés, nervadura impresa a levemente sulcada en la haz, elevada en el envés; pecíolos 0.3–0.7 cm de largo, hirsutos, puberulentos o glabrescentes, con un desarrollo estipular prominente en todos los nudos, 4–6 mm de largo, caduco. Inflorescencias erectas en todos los estadios, rojo-purpúreas en la antesis a café obscuras o verde nítidas en fruto, pedúnculo 0.3–1 cm de largo, hírtulo, glabrescente, raquis 3–7.5 cm de largo, glabro, brácteas florales cupuladas, estrechamente triangulares, 0.3 mm de ancho, densamente fimbriadas, flores densamente agrupadas en el raquis formando bandas alrededor de la espiga, sésiles; estambres 4, filamentos más largos que las anteras, éstas con dehiscencia vertical, conectivo discreto y eglandular; pistilo obovoide con 3 estigmas sésiles. Frutos obpiramidales, 0.4 mm de largo, apicalmente truncados a depresos, glabros, negros cuando secos.

Aún no reportada para Nicaragua, muy posiblemente presente en la zona atlántica, en la frontera con la Provincia de Limón, Costa Rica, donde ha sido recientemente colectada. *P. subsessilifolium* es frecuente en sotobosque de bosques húmedos, desde el nivel del mar a 400 m. Al presente la especie es conocida de Costa Rica a Panamá y en Colombia y Ecuador.

Piper tonduzii C. DC., Anales Inst. Fís.-Geogr. Nac. Costa Rica 9: 170. 1897; *P. ripense* C. DC.; *P. nanum* C. DC.

Sufrútices o arbustos pequeños, 0.4–1.5 m de alto, esciófilos u ocasionalmente heliófilos, laxamente ramificados; tallos verde pálidos, entrenudos 1.5–3.5

(–10) cm de largo, teretes o canaliculados cuando secos, inconspicuamente pelúcido-punteados, laxa a densamente adpreso-tomentosos, glabrescentes. Profilo 20–30 mm de largo, dorsalmente hírtulo, persistente en la mayoría de los nudos. Hojas uniformes en forma y tamaño a lo largo de todos los ejes, simétricas, elíptico-ovadas a elíptico-lanceoladas, 10–16 (–18) cm de largo y 3.5–7 (–9) cm de ancho, ápice cortamente acuminado, base inequilátera, obtusa y lobulada, con un lado basal tan largo como el pecíolo y traslapándolo, ocasionalmente cuneadas en ambos lados y decurrentes sobre el pecíolo, ocasionalmente anaranjado-punteadas en la haz, verde nítidas en la haz y verde pálidas en el envés, cartáceas o membranáceas, verde-gris y opacas cuando secas, lisas en ambas superficies, glabras o retrorso puberulentas basalmente en el nervio principal en la haz, densamente adpreso-pubescentes a lo largo de los nervios secundarios en el envés, pinnatinervias con 4–6 pares de nervios secundarios emergiendo entre la base y los 2/3 del nervio principal, divergiendo en ángulos de 40°, arqueados y ascendentes, ampliamente espaciados, no equidistantes o paralelos, con numerosos nervios terciarios paralelos a los nervios secundarios, abolladas tardíamente, nervadura impresa en la haz, elevada en el envés; pecíolos 0.4–1.2 cm de largo, densa y cortamente pilosos, con un desarrollo estipular prominente en todos los nudos, 1 cm de largo, persistente en nudos distales. Inflorescencias erectas en todos los estadios, blancas en la antesis, verde pálidas en fruto, pedúnculo 0.3–0.6 cm de largo, retrorso-puberulento, glabrescente, raquis 3.5–4.5 cm de largo, glabro, brácteas florales deltoides, 0.3 mm de ancho, adaxialmente con un penacho de tricomas, flores laxamente agrupadas en el raquis sin formar bandas alrededor de la espiga, sésiles; estambres 4, filamentos más cortos que las anteras, éstas con dehiscencia vertical, conectivo prominente y anaranjado-punteado; pistilo umbonado con 3 estigmas en un estilo prominente de 0.4–0.5 mm de largo. Frutos ovoides, globosos, 1–1.2 mm de largo, apiculados, con el estilo persistente, glabros, negros cuando secos.

Ocasional, en sotobosque de bosques nublados perturbados, zona atlántica; 100–775 m; fl y fr feb–sep; *Nee 28432, Stevens 5027*; Nicaragua y Costa Rica.

Piper trigonum C. DC., J. Bot. 4: 212. 1866; *P. trichopus* Trel.; *P. acutissimum* Trel.; *P. machadoanum* C. DC.

Arbustos 1–4 m de alto, esciófilos, laxamente ramificados; tallos verde nítidos, entrenudos 2–3.5 (–8) cm de largo, teretes a canaliculados cuando secos, inconspicuamente negro-punteados, densamente adpreso-tomentosos a estrigosos, glabrescentes. Profilo 10–15 mm de largo, estrigoso, glabrescente, caduco. Hojas uniformes en forma y tamaño a lo largo de todos los ejes, simétricas, elíptico-lanceoladas, 12–15 (–18) cm de largo y 2.5–4 cm de ancho, ápice cortamente acuminado, base equilátera, cuneada, un lado 1–3 mm más largo, decurrente sobre el pecíolo, densamente negro- a rojo-punteadas y verde nítidas en ambas superficies, cartáceas y verde opacas o negras cuando secas, glabras en la haz, retrorso-pubescentes a lo largo de los nervios en el envés, pinnatinervias en toda su longitud, con 4–7 pares de nervios secundarios divergiendo del nervio principal en ángulos de 45°, ampliamente espaciados, no equidistantes o paralelos, anastomosados marginalmente formando aréolas prominentes, nervadura impresa en la haz, elevada en el envés; pecíolos 0.3–0.5 (–1) cm de largo, retrorso-puberulentos o cortamente pilosos, con un desarrollo estipular discreto, 2 mm de largo, caduco. Inflorescencias erectas en todos los estadios, blancas en la antesis y verde-cafés en fruto, pedúnculo 0.2–0.6 cm de largo, glabro, raquis 2.5–9 cm de largo, glabro, brácteas florales deltoides, 0.2–0.3 mm de ancho, remotamente cilioladas, flores laxamente agrupadas en el raquis sin formar bandas alrededor de la espiga, sésiles; estambres 3, filamentos más cortos que las anteras, éstas con dehiscencia vertical, conectivo prominente y negro-punteado; pistilo piriforme con 3 estigmas en un estilo de 0.1 mm de largo. Frutos ovoides a globosos, 0.8–1 mm de largo, apiculados, glabros, café obscuros cuando secos.

Frecuente, en sotobosque de bosques muy húmedos, aparentemente restringida al sur de la zona atlántica; 30–400 m; fl y fr feb–nov; *Moreno 15056, Stevens 12158*; sur de Guatemala al noroeste del Ecuador.

Piper tuberculatum Jacq., Icon. Pl. Rar. 2: 2, t. 211. 1795; *Artanthe tuberculata* (Jacq.) Miq.; *P. arboreum* ssp. *tuberculatum* (Jacq.) Tebbs; *P. ellipticum* Hook. & Arn.

Arbustos o árboles pequeños, (1–) 2–6 m de alto, heliófilos, profusamente ramificados; tallos verde pálidos, tuberculados, entrenudos (0.8–) 1.5–4.5 (–8) cm de largo, teretes, inconspicuamente pelúcido-punteados, escasa a densamente hírtulos, glabrescentes. Profilo 1–2 mm de largo, obtuso, membranáceo, glabro, caduco. Hojas uniformes en forma y tamaño a lo largo de todos los ejes, asimétricas, elíptico-ovadas a oblongas u oblongo-lanceoladas, ampliamente ovadas, ocasionalmente en nudos estériles, (5–) 6.5–11 (–13) cm de largo y (2–) 3.5–5 (–9) cm de ancho, ápice obtuso, redondeado a cortamente acuminado, base inequilátera, truncada y lobulada, el lóbulo más largo tan largo como el pecíolo, el más corto obtuso y oblicuo sobre la base de la lámina, cartáceas, inconspicuamente pelúcido-punteadas, verde nítidas en la haz, verde pálidas en el envés, ocres o verde pálidas en ambas superficies cuando secas, glabras en ambas superficies o hírtulas a lo largo del nervio principal, junto a la base en la haz y/o escasa a densamente hírtulas y glabrescentes a lo largo de los nervios secundarios en el envés, pinnatinervias en toda su longitud, con 6–7 pares de nervios secundarios divergiendo del nervio principal en ángulos de 60°, subequidistantes y paralelos, anastomosados marginalmente, nervadura terciaria formando aréolas irregulares, nervadura impresa en la haz, elevada en el envés; pecíolos (0.1–) 0.3–0.5 cm de largo, densamente hírtulos, con un desarrollo estipular prominente, 0.3–0.5 mm de largo, tardíamente caduco. Inflorescencias erectas en todos los estadios, amarillas o blancas en la antesis, verde pálidas en fruto, pedúnculo (0.7–) 1.1–2.2 cm de largo, escasa a densamente hírtulo, raquis 8–9 cm de largo, glabro, brácteas florales triangulares, 0.2 mm de ancho, cortamente fimbriadas, flores densamente agrupadas en el raquis formando bandas (espiraladas) alrededor de la espiga, sésiles; estambres 4, filamentos más cortos que las anteras, éstas con dehiscencia horizontal, conectivo discreto y eglandular; pistilo oblongo con 3 estigmas sésiles. Frutos ovoides, 0.8–1 mm de largo, obtusos, glabros, café cuando secos.

Frecuente, particularmente común en bosques secos, sabanas y zonas de manglares, ampliamente distribuida en todas las zonas del país; 0–1000 m; fl y fr durante todo el año; *Grijalva 2598, Moreno 17085*; América tropical. Recientemente Tebbs reduce *P. tuberculatum* como variedad de *P. arboreum*.

Piper umbellatum L., Sp. Pl. 30. 1753; *Pothomorphe umbellata* (L.) Miq.

Sufrútices o arbustos, 1.5–3 m de alto, heliófilos, ramificados en la base pero no distalmente; tallos verde pálidos, entrenudos (3–) 5–9 (–11) cm de largo, estriados, canaliculados cuando secos, pelúcido-punteados, cortamente retrorso-puberulentos, glabrescentes. Profilo 10–20 mm de largo, glabro, caduco. Hojas uniformes a lo largo de todos los ejes, simétricas, ampliamente ovadas, (9–) 13–24 (–30) cm de largo y (11–) 16–35 (–42) cm de ancho, ápice cortamente acuminado a obtuso, base equilátera, cordada, lobulada, los lóbulos divergentes y más cortos que el pecíolo, pelúcido-punteadas en ambas superficies, verde opacas en la haz y verde pálidas en el envés, cartáceas o membranáceas y verde pálidas

en ambas superficies cuando secas, puberulentas a pilosas a lo largo de los nervios principales en ambas superficies, glabrescentes en la haz, ocasionalmente pilosas en el limbo, palmatinervias con 7–12 pares de nervios secundarios divergiendo de la base en ángulos de 45–70°, ramificadas distalmente, el nervio principal con 1–3 pares de nervios divergiendo del 1/3 basal, nervadura impresa en la haz, elevada y prominente en el envés; pecíolos (10–) 15–25 (–30) cm de largo, retrorso-puberulentos o pilosos, glabrescentes, con un desarrollo estipular de 5 mm de largo. Inflorescencias compuestas, axilares, subyacentes a un pedúnculo común de (0.5–) 1.5–2.5 cm de largo, glabro, (3–) 7–13 espigas terminales en ramas muy reducidas y subyacentes a brácteas pequeñas de 1–2 cm de largo, caducas y dejando en la base de los pedúnculos cicatrices prominentes, pedúnculo 0.6–0.8 cm de largo, retrorso-puberulento, raquis 6–10 cm de largo, glabro, brácteas florales ovoides a orbiculares, 0.2 mm de ancho, densamente fimbriadas, flores densamente agrupadas en el raquis formando bandas discretas alrededor de la espiga, sésiles; estambres 2, filamentos más cortos que las anteras, éstas con dehiscencia oblicua a horizontal; pistilo umbonado con 3 estigmas sésiles. Frutos ovoides, 0.5 mm de largo, apicalmente truncados, glabros, café-anaranjados cuando secos.

Común, en sitios parcialmente expuestos, anegados, generalmente en remanentes de bosques nublados o premontanos, en todas las zonas del país; 400–1400 m; fl y fr durante todo el año; *Moreno 11104, Sandino 2413*; América tropical.

Piper umbricola C. DC., Bull. Soc. Roy. Bot. Belgique 30(1): 215. 1891; *P. imparipes* Trel.

Arbustos 1–2 m de alto, esciófilos, laxamente ramificados; tallos verde pálidos, entrenudos 2.5–4 (–8) cm de largo, estriados a canaliculados cuando secos, inconspicuamente pelúcido-punteados, papilados cuando jóvenes, glabros. Profilo 25–35 mm de largo, glabro, caduco. Hojas uniformes en forma y tamaño a lo largo de todos los ejes, asimétricas, elíptico-ovadas a elíptico-lanceoladas, ocasionalmente oblanceoladas, (9–) 11–18 cm de largo y 4 5–7 cm de ancho, ápice largamente acuminado, base inequilátera, obtusa a lobulada sobre uno o ambos lados, uno de los lóbulos a menudo tan largo como el pecíolo y traslapándolo, el otro más corto y excepcionalmente cuneado, o en nudos estériles basales las hojas cuneadas, densamente anaranjado-punteadas en ambas superficies particularmente en el envés, verde nítidas en la haz y verde pálidas en el envés, cartáceas, verde pálidas a opacas en ambas superficies cuando secas, glabras en la haz, puberulentas a lo largo de los nervios en el envés, pinnatinervias con 3–4 (–5) pares de nervios secundarios emergiendo entre la base y la 1/2 del nervio principal, divergiendo en ángulos de 45°, no equidistantes o paralelos, inconspicuamente anastomosados, nervadura terciaria prominente, nervadura elevada en la haz, impresa en el envés; pecíolos 0.4–0.7 cm de largo, glabros, con un desarrollo estipular prominente de 13 mm de largo. Inflorescencias erectas en todos los estadios, blancas en la antesis, verde pálidas en fruto, pedúnculo 1.1–2 cm de largo, glabro, raquis, 4–7.5 cm de largo, glabro, brácteas florales triangulares o deltoides, papiladas, escasamente cilioladas, flores densamente agrupadas en el raquis formando bandas alrededor de la espiga, sésiles; estambres 4, filamentos más cortos que las anteras, éstas con dehiscencia horizontal; pistilo obovoide con 3 estigmas sésiles. Frutos ovoide-oblongos, 0.6 mm de largo, apicalmente obtusos a retusos, papilados, escasamente puberulentos, glabrescentes, negros cuando secos.

Ocasional, en sotobosque de bosques húmedos, zona pacífica; 300–1350 m; fl y fr mar–nov; *Araquistain 1125, Moreno 18829*; Nicaragua a Panamá.

Piper urophyllum C. DC., Anales Inst. Fís.-Geogr. Nac. Costa Rica 9: 170. 1897; *P. sarapiquinum* C. DC.

Arbustos 1–3 m de alto, esciófilos/heliófilos, profusamente ramificados; tallos verde nítidos o amarillentos, entrenudos 1–2.5 (–6) cm de largo, teretes o estriados, inconspicuamente pelúcido-punteados, glabros. Profilo 4–5 mm de largo, papilado, caduco. Hojas uniformes en forma y tamaño a lo largo de todos los ejes, simétricas, ovadas, elíptico-ovadas, raramente lanceoladas, (4.5–) 6–12 (–15) cm de largo y (2.5–) 3.5–6 (–7) cm de ancho, ápice largamente acuminado, base equilátera, cuneada y decurrente, un lado más largo que el otro, inconspicuamente pelúcido-punteadas, verde nítidas concoloras, cartáceas y verde-grises cuando secas, glabras en ambas superficies, pinnatinervias en toda su longitud con 4–7 pares de nervios secundarios divergiendo en ángulos de 45°, subequidistantes, no paralelos, nervadura terciaria densamente reticulada, nervadura levemente elevada a impresa en la haz, elevada y prominente en el envés; pecíolos 7–12 (–15) mm de largo, glabros, con un desarrollo estipular discreto, 2–3 mm de largo, persistente en la mayoría de los nudos. Inflorescencias erectas en todos los estadios, levemente curvadas distalmente y blancas en la antesis u ocasionalmente péndulas y verde pálidas en fruto, pedúnculo 0.7–1.2 cm de largo, glabro, raquis 4–8 (–10) cm de largo, glabro, brácteas florales cuculadas

(triangulares a ovadas vistas desde arriba), 0.1–0.2 mm de ancho, glabras, flores densamente agrupadas en el raquis sin formar bandas alrededor de la espiga; estambres 4, filamentos levemente más largos que las anteras, éstas con dehiscencia vertical, conectivo discreto y eglandular; pistilo umbonado con 3 estigmas sésiles o sobre un estilo corto y casi obsoleto. Frutos obovado-oblongos, 0.8–1 mm de largo, algo distantes del raquis, apiculados, papilados, inconspicuamente pelúcido-punteados, verde pálidos cuando secos.

Común, en sotobosque de bosques húmedos perturbados, zona atlántica; 10–1400 m; fl y fr durante todo el año; *Miller 1115, Stevens 21013*; Nicaragua y Costa Rica y discontinuo en el suroeste de Colombia.

Piper urostachyum Hemsl., Biol. Cent.-Amer., Bot. 3: 57, t. 72. 1882; *P. cuasianum* Standl.

Arbustos 1–2 m de alto, esciófilos, laxamente ramificados; tallos cafés a verde pálidos, entrenudos (2.5–) 3.5–5 (–8) cm de largo, estriados, densamente pubescentes. Profilo 5–8 mm de largo, híspido a piloso, ferrugíneo cuando seco, caduco. Hojas generalmente variables en forma y tamaño a lo largo de los ejes, hojas en nudos monopódicos simétricas y más pequeñas y asimétricas en ejes simpódicos, ovadas, elíptico-ovadas a elíptico-lanceoladas u oblongas, 5–7 cm de largo y 2.8–4.5 (–9) cm de ancho en nudos sobre ejes monopódicos, 11–19 (–24) cm de largo y 5.8–7 (–9) cm de ancho sobre ejes simpódicos, ápice largamente acuminado, base inequilátera (en nudos floríferos), lobulada o cordada, el lóbulo más largo traslapando el pecíolo parcial o totalmente, o cordada y equilátera (en nudos estériles) con los lóbulos divergentes, pelúcido-punteadas en ambas superficies particularmente en el envés, verde nítidas en la haz y verde pálidas en el envés, cartáceas y cafés en ambas superficies cuando secas, velloso-estrigosas en ambas superficies particularmente a lo largo de los nervios secundarios, glabrescentes en la haz, pinnatinervias con 4–5 pares de nervios secundarios emergiendo entre la base y la 1/2 del nervio principal, divergiendo en ángulos de 45°, subequidistantes y subparalelos, anastomosados, aréolas rectangulares prominentes, nervadura terciaria densamente reticulada, nervios rojizo-ferrugíneos en ambas superficies, nervadura sulcada en la haz, elevada en el envés; pecíolos 0.5–1.8 cm de largo, densamente pubescentes, con un desarrollo estipular discreto, 2 mm de largo, caduco. Inflorescencias erectas y blancas en la antesis, péndulas y verdes en fruto, pedúnculo 3.5–5 cm de largo, con indumento ferrugíneo dimorfo similar al de las hojas, raquis 3.5–5 cm de largo, densamente pubescente, brácteas florales estrechamente deltoides, 0.2–0.4 mm de ancho, adaxialmente con un penacho de tricomas rígidos y prominentes, flores laxamente agrupadas en el raquis sin formar bandas alrededor de la espiga, sésiles; estambres 4, filamentos tan largos como las anteras, éstas con dehiscencia vertical; pistilo umbonado con 3 estigmas en un estilo de 1 mm de largo. Frutos globosos, ovoides, 1.5–2 mm de largo, apiculados y con un estilo persistente, glabros, verde pálidos cuando secos.

Frecuente, en el sotobosque de bosques húmedos y premontanos, en las zonas norcentral y atlántica; 100–800 m; fl y fr mar–sep; *Araquistain 2520, Stevens 7061*; norte de Nicaragua a Panamá (Darién).

Piper villiramulum C. DC., Smithsonian Misc. Collect. 71(6): 11. 1920; *P. granulatum* Trel.; *P. tikalense* Trel.

Arbustos 1–3 m de alto, heliófilos, profusamente ramificados; tallos verde pálidos, entrenudos (2.5–)3.5–6 (–7) cm de largo, estriados, inconspicuamente pelúcido-punteados, densamente híspidos o hirsutos y adpresos, glabrescentes. Profilo 12–16 mm de largo, densamente hirsuto a híspido dorsalmente, caduco. Hojas uniformes en forma y tamaño a lo largo de todos los ejes, asimétricas, elípticas, elíptico-ovadas o ampliamente ovadas, (9–) 10–15 (–19) cm de largo y 5.5–7 (–9.5) cm de ancho, ápice atenuado y largamente acuminado, base inequilátera, obtusa a levemente lobulada en un lado, cuneadas en el otro, pelúcido-punteadas en el envés, verde pálidas en ambas superficies, coriáceas y verde opacas cuando secas, densamente hirsutas a híspidas en ambas superficies particularmente a lo largo de los nervios secundarios, pinnatinervias con 4–5 pares de nervios secundarios emergiendo entre la base y la 1/2 del nervio principal, divergiendo en ángulos de 45°, equidistantes y subparalelos, anastomosados, nervadura impresa en la haz, prominente y elevada en el envés; pecíolos 0.4–0.7 cm de largo, densamente híspidos, con un desarrollo estipular discreto, 0.3–0.7 mm de largo, caduco. Inflorescencias erectas en todos los estadios, blancas o amarillo pálidas en la antesis, verde pálidas en fruto, pedúnculo 0.3–0.6 cm de largo, híspido-estrigoso, raquis 6–7.5 (–8.5) cm de largo, glabro, brácteas florales triangulares, 0.2 mm de ancho, densamente fimbriadas, flores densamente agrupadas en el raquis formando bandas alrededor de la espiga, sésiles; estambres 4, filamentos tan largos como las anteras, éstas con dehiscencia horizontal, conectivo discreto y eglandular; pistilo ovoide con 3 estigmas sésiles. Frutos ovoides, 0.6–0.9 mm de largo, obtusos, hírtulos apicalmente, café obscuros cuando secos.

Ocasional, en bosques perturbados, en sitios expuestos de bosques húmedos o premontanos, en las zonas norcentral y atlántica; 0–400 m; fl y fr aparentemente durante todo el año; *Grijalva 3586, Moreno 23115*; sur de Guatemala al norte de Panamá.

Piper xanthostachyum C. DC., Anales Inst. Fís.-Geogr. Nac. Costa Rica 9: 169. 1897; *P. opacibracteum* Trel.

Bejucos hemiepífitos y/o escandentes, 6–12 m de largo, esciófilos, profusamente ramificados; tallos verde nítidos, entrenudos 2.5–4.5 (–6) cm de largo (hasta 90 cm en tallos monopódicos escandentes), inconspicuamente pelúcido-punteados, remotamente papilados, glabros. Profilo 6–10 mm de largo, papilado, ocasionalmente puberulento en el ápice, caduco. Hojas uniformes en forma y tamaño a lo largo de todos los ejes, asimétricas, elíptico-ovadas a oblongas, ocasionalmente obovadas a elíptico-lanceoladas (jóvenes), (10–) 11–16 (–17.5) cm de largo y 4.5–6 (–8.5) cm de ancho, ápice largamente acuminado, base inequilátera con callosidades, obtusa a lobulada en uno o ambos lados, o cuneadas sobre un lado, el más largo obtuso y traslapando parcialmente el pecíolo, amarillo- o anaranjado-punteadas, verde nítidas en la haz y verde pálidas en el envés, cartáceas o coriáceas y verde opacas cuando secas, glabras en ambas superficies o remotamente puberulentas a lo largo del nervio principal en la haz, papiladas en el envés, pinnatinervias con 3–4 pares de nervios secundarios emergiendo entre la base y la 1/2 o los 2/3 del nervio principal, divergiendo en ángulos de 45°, subequidistantes y paralelos, ascendentes, anastomosados marginalmente, nervadura terciaria reticulada, nervadura impresa en la haz, elevada en el envés; pecíolos 0.3–0.7 cm de largo, puberulentos, glabrescentes, con un desarrollo estipular de 2 mm de largo, caduco. Inflorescencias erectas en todos los estadios, blancas o amarillo pálidas en la antesis, verde pálidas en fruto, pedúnculo 0.4–0.9 cm de largo, glabro, raquis 5–10 cm de largo, glabro, brácteas florales deltoides, 0.2 mm de ancho, densamente fimbriadas, flores densamente agrupadas en el raquis sin formar bandas alrededor de la espiga, sésiles; estambres 4, filamentos tan largos como las anteras, éstas con dehiscencia oblicua, conectivo discreto y eglandular; pistilo piriforme con 3 estigmas sésiles. Frutos obovoides a cilíndricos, 1 mm de largo, obtusos, glabros, cafés cuando secos.

Rara, en sotobosque de bosques húmedos poco perturbados, zona atlántica sur; 60–100 m; fl y fr oct–feb; *Moreno 15170, Ortiz 503*; sur de Guatemala al noreste de Panamá.

Piper yucatanense C. DC., Linnaea 37: 334. 1872;
    P. thiemeanum Trel.; *Arctottonia pittieri* Trel.;
    P. tatei Trel.

Sufrútices o arbustos, 1.5–2 m de alto, esciófilos u ocasionalmente heliófilos, profusamente ramificados; tallos verde nítidos, entrenudos (1.5–) 2.5–3.5 (–6.8) cm de largo, estriados, inconspicuamente pelúcido-punteados, glabros. Profilo 4–6 mm de largo, caduco. Hojas uniformes en forma y tamaño a lo largo de todos los ejes, simétricas, ovadas a elíptico-lanceoladas, (6–) 8.5–14 (–16) cm de largo y 3–4.5 (–5.5) cm de ancho, ápice largamente acuminado, base equilátera o inequilátera, obtusa a cortamente lobulada sobre un lado, cuneada en el otro, o cuneadas en ambos lados o cordadas (en nudos estériles), decurrentes, inconspicuamente pelúcido-punteadas, verde nítidas en ambas superficies, cartáceas y verde opacas a verde pálidas cuando secas, glabras en ambas superficies, palmatinervias con 5 nervios primarios divergiendo desde la base en ángulos de 35°–50°, ascendentes, los 3 nervios más internos extendiéndose hasta el ápice, los dos más externos anastomosados cerca a los márgenes, nervios secundarios formando aréolas prominentes, nervadura impresa en la haz, elevada en el envés; pecíolos 0.3–0.5 cm de largo en nudos floríferos, 1.5–2.5 cm en nudos estériles, glabro, con un desarrollo estipular discreto, 1 mm de largo, tempranamente caduco. Inflorescencias erectas en la antesis, péndulas en fruto, blancas en la antesis, verde pálidas en fruto, pedúnculo 0.5–1 cm de largo, glabro, raquis 3.5–4 cm de largo, glabro, brácteas florales cuculadas, 0.3 mm de ancho, glabras, flores muy laxamente dispuestas sobre el raquis sin formar bandas alrededor de la espiga, pedicelo 2 mm de largo; estambres 4–8, filamentos más largos que las anteras, éstas con dehiscencia vertical, conectivo discreto y eglandular; pistilo ovoide o cilíndrico con 3–4 estigmas sésiles. Frutos globosos o elipsoides, 2 mm de largo, cortamente apiculados, rugulosos, pelúcido-punteados y negros cuando secos.

Ocasional, en bosques húmedos o bosques enanos, parcialmente perturbados, en sitios sombreados, localmente abundante en bosques secundarios, zonas atlántica y norcentral; 100–1600 m; fl y fr durante todo el año; *Grijalva 1115, Stevens 23160*; sur de México al norte de Panamá.

Piper zacatense C. DC., Anales Inst. Fís.-Geogr.
    Nac. Costa Rica 9: 161. 1897.

Arbustos 1–2 m de alto, esciófilos, laxamente ramificados; tallos verde pálidos, entrenudos 2–3.5 (–7) cm de largo, estriados, canaliculados cuando secos, inconspicuamente pelúcido-punteados, densamente tomentosos o estrigosos. Profilo 10–15 mm de largo, adpreso-tomentoso, caduco. Hojas uniformes (?) en forma y tamaño a lo largo de todos (?) los ejes, asimétricas, elíptico-ovadas, 14–22 cm de largo y (5–) 6.5–9 cm de ancho, ápice largamente acuminado y caudado, base inequilátera, cuneada a obtusa y oblicua en uno o ambos lados, el lado más largo obtuso, el más corto cuneado, nunca lobuladas, anaranjado-punteadas en el envés, verde nítidas en la haz y verde pálidas en el envés, cartáceas, verde-grises y opacas en ambas superficies cuando secas, cortamente pilosas o hírtulas a lo largo de los nervios en la haz, densamente hirsutas a lo largo de los nervios en el envés, pinnatinervias con 4–5 pares de nervios secundarios emergiendo entre la base y la 1/2 del nervio principal, divergiendo en ángulos de 45°, arqueados, subequidistantes, inconspicuamente anastomosados marginalmente, nervadura terciaria reticulada, nervadura impresa a sulcada en la haz, elevada en el envés; pecíolos 1.2–2 cm de largo, densamente estrigosos, con un desarrollo estipular 0.5 mm de largo, caduco. Inflorescencias erectas en todos los estadios, blancas o amarillo pálidas en la antesis, verde pálidas en fruto, pedúnculo 0.4–0.7 cm de largo, densamente hírtulo, raquis 4–7 cm de largo, glabro, brácteas florales triangulares, 0.4 mm de ancho, densamente fimbriadas, flores densamente agrupadas en el raquis formando bandas alrededor de la espiga, sésiles; estambres 4, filamentos tan largos como las anteras, éstas con dehiscencia vertical; pistilo piriforme con 3 estigmas sésiles. Frutos ovoides, 0.7 mm de largo, apicalmente truncados, hírtulo-papilados, cafés cuando secos.

Rara, en sotobosque de bosques húmedos, zona atlántica; 10–880 m; fl y fr jun; *Neill 4342, Rueda 6481*; Nicaragua y Costa Rica.

SARCORHACHIS Trel.

Sarcorhachis naranjoana (C. DC.) Trel., Contr.
    U.S. Natl. Herb. 26: 17. 1927; *Piper naranjoanum* C. DC.; *S. anomala* Trel.

Bejucos, arbustivos en sus estadios juveniles, 6–15 m de largo, escandentes, esciófilos a heliófilos, profusamente ramificados y conformando densas matas sobre el dosel del bosque, con las ramas péndulas; entrenudos teretes, 3.5–5.5 (–7) cm de largo, inconspicuamente pelúcido-punteados, remotamente papilados, glabros, verde nítidos, negros cuando secos. Profilo 10 mm de largo, truncado, membranáceo, glabro. Hojas uniformes en forma y tamaño a lo largo de todos los ejes, simétricas, ovadas o ampliamente ovadas, 9.5–12 cm de largo y 5–9 (–11) cm de ancho, ápice acuminado, base equilátera, cuneada, obtusa o redondeada en ambos lados, membranáceas y verde nítidas concoloras cuando frescas, cartáceas y verde pálidas cuando secas, inconspicuamente pelúcido-punteadas, glabras en ambas superficies, pinnatinervias 1/3 de su longitud con 5–6 pares de nervios secundarios divergiendo en ángulos de 45°, con el par central de nervios extendiéndose casi hasta el ápice, los más externos anastomosados marginalmente, nervios terciarios opacos, nervadura impresa en la haz, elevada en el envés; pecíolos 1.5–3.5 (–4) cm de largo, inconspicuamente papilados, glabros, con un desarrollo estipular prominente, 3–4 mm de largo, extendiéndose más allá de la base de la lámina (1 cm), caduco. Inflorescencias simples o geminadas, conformadas por una espiga axilar (ésta realmente terminal a una rama axilar muy reducida) o un par de espigas, una terminal y la otra axilar, erectas en la antesis y/o péndulas en fruto, blancas o amarillo pálidas en la antesis, verde ocres a cafés en fruto, pedúnculo 1–1.5 cm de largo, estriado, glabro, bracteado, raquis 9–16 cm de largo y 4–6 mm de ancho, carnoso, puberulento, brácteas florales triangulares, 0.4–0.6 mm de ancho, abaxialmente fimbriadas, flores densamente agrupadas e inmersas en el raquis sin formar bandas alrededor de la espiga, sésiles; estambres 6, filamentos más cortos que las anteras, éstas con dehiscencia vertical; pistilos muy comprimidos lateralmente con 4–5 estigmas sésiles. Frutos oblongos, 1–3 mm de largo, completamente inmersos en el raquis, obtusos o truncados, glabros, verde opacos cuando secos.

Conocida en Nicaragua por una sola colección (*Gentry 43854*) estéril realizada en el Cerro Oluma, Chontales; 840 m; Nicaragua y Costa Rica. Las especies de *Sarcorhachis* florecen periódicamente y sólo cuando han llegado a un estado adulto, conformado por plantas muy ramificadas y completamente expuestas en el dosel del sotobosque, a menudo la planta permanece estéril por largos períodos de tiempo y puede pasar fácilmente inadvertida para el no especialista.

PLANTAGINACEAE Juss.

Knud Rahn

Hierbas anuales o perennes, raramente arbustos pequeños, tallos generalmente cortos con las hojas alternas y arrosetadas o raramente alargados con las hojas opuestas o ternadas (*Plantago* subgénero *Psyllium*); plantas hermafroditas (en Nicaragua) o raramente monoicas o dioicas. Hojas con nervadura longitudinal; estípulas ausentes. Flores bracteadas, generalmente agrupadas en espigas localizadas en el extremo del escapo, ebracteoladas; sépalos 4, libres o los pares anteriores unidos basalmente; corola gamopétala, 4-lobada, membranácea; estambres generalmente 4, insertados en el tubo de la corola y entre los lóbulos; ovario súpero, 2-carpelar, estilo corto con estigma largo y filiforme, generalmente 2-locular con la placenta en el septo con 1 a numerosos óvulos hemianátropos, rara vez (subgéneros *Bougueria* y *Littorella*, no presentes en Nicaragua) 1-locular con la placenta basal con 1 óvulo solitario anátropo o anfítropo. Fruto un pixidio, rara vez una nuez; semillas con embrión grande.

Familia cosmopolita con un solo género, *Plantago* (incluyendo *Bougueria* y *Littorella*) con ca 235 especies; 2 especies en Nicaragua.

Fl. Guat. 24(10): 462–466. 1974; Fl. Pan. 58: 363–369. 1971; R. Pilger. Plantaginaceae. *In:* A. Engler. Pflanzenr. IV 269(Heft 102): 1–466. 1937; K. Rahn. A phylogenetic study of the Plantaginaceae. Bot. J. Linn. Soc. 120: 145–198. 1996.

PLANTAGO L.

Características de la familia.

Este género se distribuye en todo el mundo y en todos los climas, excepto en las tierras bajas tropicales; 2 especies han sido colectadas en Nicaragua, 1 especie es probablemente nativa y la otra introducida. *Plantago lanceolata* L., una maleza europea comúnmente introducida en los países no tropicales, probablemente no sea capaz de sobrevivir por largos períodos en Nicaragua. Se caracteriza por el pixidio con 2 semillas, cada una con el lado placentario excavado, brácteas con ápice acuminado y membranáceo, sépalos anteriores unidos en casi toda su longitud y hojas lanceoladas. *Plantago nivea* Kunth es una especie nativa y común en México y Guatemala a elevaciones entre 1600 y 4200 m, tiene semillas similares a la anterior, pero las hojas son lineares, las brácteas no acuminadas y los sépalos solamente connados basalmente. En la *Flora Nicaragüense* existe el nombre *P. major* var. *pilosiuscula* Ram. Goyena, el cual no conozco y al momento prefiero no tratarlo ya que los nombres subespecíficos de *P. major* necesitan una revisión crítica. "Llantén".

K. Rahn. *Plantago* section *Virginica*. Dansk Bot. Ark. 30(2): 1–180. 1974.

1. Fruto con 3 semillas; corola cerrada o abierta en la antesis, lobos (1.5–) 2–2.8 (–3.7) mm de largo; hojas elípticas, cuneadas en la base, poco diferenciadas del pecíolo .... **P. australis**
1. Fruto con 8–27 semillas; corola abierta en la antesis, lobos 0.7–1 mm de largo; hojas ovadas, generalmente truncadas, obtusas o raramente cuneadas en la base, diferenciadas del pecíolo .... **P. major**

Plantago australis Lam., Tabl. Encycl. 1: 339. 1792; *P. hirtella* Kunth; *P. veratrifolia* Decne.; *P. schiedeana* Decne.; *P. galeottiana* Decne.

Hierbas perennes con numerosas raíces adventicias. Hojas arrosetadas, elípticas, (2.5–) 10–25 (–50) cm de largo incluyendo el pecíolo y (0.6–) 2–4 (–9) cm de ancho, cuneadas en la base, casi siempre pilosas, márgenes con cilios cortos. Escapo generalmente tan largo como las hojas, con tricomas antrorso-aplicados, espigas (1–) 12–35 (–56) cm de largo, brácteas 1.5–3 (–7) mm de largo; sépalos anteriores asimétricos, connados en la base, (1.7–) 2–2.5 (–3.4) mm de largo y 0.7–1.5 mm de ancho, los posteriores más anchos; corola generalmente cerrada con lobos erectos y anteras enanas, menos frecuentemente abierta con lobos patentes y anteras grandes, lobos (1.5–) 2–2.8 (–3.7) mm de largo. Pixidio con 3 semillas de 1.2–2.8 mm de largo.

Rara en áreas abiertas, especialmente en bosques de pino-encinos, zona norcentral; 1400–1700 m; fl y fr durante todo el año; *Moreno 507, 26407*; desde el sur de los Estados Unidos hasta Argentina. Las colecciones centroamericanas pertenecen a la subespecie más común, *P. australis* ssp. *hirtella* (Kunth) Rahn,

que tiene una distribución similar a la de toda la especie.

Plantago major L., Sp. Pl. 112. 1753.

Hierbas perennes con raíces adventicias. Hojas arrosetadas, ovadas, 5–16 cm de largo y (1.7–) 2.9–11 cm de ancho, truncadas, obtusas o raramente cuneadas en la base, glabras o pilosas; pecíolos 2–28 cm de largo. Escapo igual o más corto que las hojas, glabro o con tricomas antrorsos, espigas 3–16 cm de largo, brácteas 1.2–2.5 mm de largo; sépalos anteriores simétricos, libres, 1.3–1.9 mm de largo y 1–1.4 mm de ancho, los posteriores similares o ligeramente más anchos; corola abierta con lobos patentes, lobos 0.7–1 mm de largo, anteras más grandes que la corola. Pixidio con 8–27 semillas de 0.7–1 mm de largo.

Localmente común, en áreas abiertas, zona norcentral; (700–) 1200–1400 (–1600) m; fl y fr durante todo el año; *Moreno 585, Stevens 20623*; nativa de Europa y Asia occidental e introducida en casi todo el mundo. Todas las colecciones de esta especie en América tropical, pertenecen a la variedad *P. major* var. *sinuata* (Lam.) Decne.

PLUMBAGINACEAE Juss.

James L. Luteyn

Hierbas perennes, subarbustos o plantas trepadoras; plantas hermafroditas. Hojas simples, alternas, basales o caulinares, enteras, pecioladas con base persistente y frecuentemente envainadora al tallo, exestipuladas. Inflorescencia en racimos o panículas, terminales o axilares, frecuentemente espigadas, nudos florales bracteolados, flores actinomorfas, 5-meras, hipóginas, bracteadas, a veces heterostilas; cáliz gamosépalo, plegado, 5-acostillado, escarioso; corola simpétala o con pétalos casi libres, marcescente, exerta más allá del cáliz, lobos convoluto-imbricados; estambres libres, a veces epipétalos, opuestos a los lobos de la corola, anteras introrsas; estigmas 5, lineares, estilos 1 ó 5, ovario 5-carpelar, 1-locular, generalmente 5-acostillado, óvulo solitario, anátropo. Fruto cápsula o utrículo, parcial o totalmente rodeado por el cáliz; semilla con embrión recto, endosperma blanco, farináceo.

Familia con ca 12 géneros y 400 especies ampliamente distribuidos en todo el mundo, pero mejor representados en la región mediterránea, sobre todo en áreas xerofíticas, salinas y suelos calcáreos; un sólo género con 1 especie nativa y 1 especie cultivada en Nicaragua.

Fl. Guat. 24(8): 207–210. 1966; Fl. Pan. 57: 55–58. 1970; J.L. Luteyn. Plumbaginaceae. Fl. Ecuador 39: 39–47. 1990.

PLUMBAGO L.

Arbustos perennes o hierbas sufruticosas, tallo acostillado, frecuentemente alargado y trepador. Hojas caulinares, membranáceas. Flores a veces heterostilas, pedicelo corto; cáliz tubular, capitado-glanduloso a lo largo de las 5 costillas, lobos triangulares, 1–2 mm de largo; corola hipocrateriforme, lobos obovados, redondeados o truncados, mucronados; estambres libres de la corola, incluidos o exertos; estilo 1, incluido o exerto. Cápsula incluida, rostrada, las valvas cohesionadas en el ápice.

Un género con quizás 20 especies de las cuales 3 especies son nativas de América tropical, 2 especies en Nicaragua.

1. Corola azul pálida, tubo 2 veces o más largo que el cáliz; cáliz con tricomas glandulares y no glandulares; inflorescencia compacta, 2.5–3 (–5) cm de largo .... **P. auriculata**
1. Corola blanca, tubo más corto que el cáliz; cáliz sólo con tricomas glandulares; inflorescencia alargada, 3–40 cm de largo .... **P. scandens**

Plumbago auriculata Lam., Encycl. 2: 270. 1786; *P. capensis* Thunb.

Arbustos perennes, erectos, rastreros o trepadores; tallos glabros abajo tornándose pubescentes hacia arriba. Hojas elípticas, oblanceoladas, obovado-espatuladas, 2.5–6.5 cm de largo y 1–2.5 cm de ancho, ápice agudo u obtuso, mucronado, base largo atenuada o a veces auriculada, glabras; sésiles. Inflorescencia compacta 2.5–3 (–5) cm de largo, raquis cortamente piloso, no glanduloso, brácteas florales lanceoladas, 4–9 mm de largo, flores heterotristilas; cáliz 10–13 mm de largo, tubo por lo general cortamente piloso y con tricomas glandulares a lo largo de 1/2–3/4 superior de las costillas; corola 37–53 mm de largo, azul pálida, tubo 28–40 mm de largo, lobos obovados, 10–16 mm de largo y 6–15 mm de ancho, redondeados; estambres incluidos o exertos. Cápsula alargado-elíptica, 8 mm de largo; semilla 7 mm de largo, café, funiculada.

Ampliamente cultivada; fl todo el año; 140–430 m; *Guzmán 30, Stevens 16834*; cultivada desde Estados Unidos (Florida) hasta Paraguay, nativa de Sudáfrica.

Plumbago scandens L., Sp. Pl., ed. 2, 215. 1762.

Hierbas sufruticosas erectas, postradas o trepadoras; tallos estriados, glabros. Hojas ovadas, lanceolado-elípticas, espatuladas a oblanceoladas, 3–13 cm de largo y 1–6 cm de ancho, ápice agudo, acuminado u obtuso, base aguda hasta largamente atenuada, glabras, pero frecuentemente con apariencia lepidota en el envés debido a la presencia de depósitos salino-glandulares; pecíolos 5–10 mm de largo, con base abrazadora. Inflorescencia alargada, frondosa, a veces ramificada cerca de la base, 3–40 cm de largo, raquis glabro pero glanduloso y víscido, brácteas florales lanceoladas, 2–7 mm de largo; cáliz 7–11 mm de largo, tubo glabro excepto por los tricomas glandulares setosos a todo lo largo de las costillas; corola 17–30 mm de largo, blanca, tubo 12.5–20 mm de largo, lobos obovados, 4.5–8 mm de largo y 2.5–5 mm de ancho, mucronados; estambres incluidos. Cápsula alargado ovoide, 7.5–8 mm de largo; semilla 5–6 mm de largo, rojiza o café obscura, funiculada.

Ocasional a localmente abundante, orillas de caminos hasta bosques secos o bosques de galería, Nueva Segovia a Río San Juan; 0–300 m (–1100) m; fl todo el año, fr sep–feb; *Moreno 6829, Sandino 3724*; Estados Unidos (Florida) hasta Chile. Las hojas, cuando se aplican y se oprimen sobre la piel, causan enrojecimiento y ampollas; éstas son venenosas si se administran oralmente. "Hierba del diablo".

POACEAE (R. Br.) Barnhart

Gerrit Davidse, Richard W. Pohl†, Charlotte G. Reeder, Patricia Dávila,
Emmett J. Judziewicz, Lynn G. Clark y Victoria C. Hollowell

Por Gerrit Davidse y Richard W. Pohl

Hierbas anuales o perennes, raramente arbustos o árboles (bambúes), cespitosas, rizomatosas o estoloníferas; tallos erectos a reptantes, raramente escandentes, cilíndricos, raramente aplanados, articulados, fistulosos o sólidos en los entrenudos, sólidos en los nudos, generalmente ramificados en la base, a veces en los nudos superiores; ramas con una hoja subyacente, con una vaina sin lámina (profilo) 2-carinada en el nudo inferior; perennes con tallos estériles (brotes, renuevos basales) y tallos con flores entremezclados, anuales con sólo tallos con flores. Hojas solitarias, 2-seriadas, alternas, basales y caulinares, típicamente consistiendo de una vaina, lígula y lámina; vainas con los márgenes generalmente libres y traslapándose o menos frecuentemente connadas, los hombros a veces extendidos hacia arriba como aurículas; lígula interna una membrana con o sin cilios, o un fleco de tricomas, en el haz en la unión de la vaina y la lámina, raramente ausente; lígula externa a veces desarrollada, generalmente un borde membranáceo, en el envés en la unión de la vaina y la lámina; láminas generalmente lineares, a veces lanceoladas a ovadas, aplanadas a teretes, paralelinervias, raramente con nervaduras transversales, generalmente pasando gradualmente a la vaina, a veces amplexicaules o con aurículas falcadas, a veces angostadas en un pseudopecíolo o articuladas con la vaina. Inflorescencia compuesta de espiguillas dispuestas en panículas o en espigas o racimos, éstos solitarios, digitadas, o dispuestas a lo largo de un eje central, generalmente terminales, a veces axilares; espiguillas típicamente consistentes de brácteas dísticamente dispuestas a lo largo de una raquilla, las 2 brácteas inferiores (glumas) vacías, las siguientes 1 a muchas brácteas (lemas) cada una usualmente subyacente a una flor y opuesta a una escama 2-carinada (pálea), cada unidad (lema, pálea y flor) un flósculo, base de la espiguilla o flósculo a veces con una proyección dura (callo), glumas y/o lemas frecuentemente con 1 o más aristas, brácteas de las espiguillas variadamente ausentes o modificadas; flores bisexuales, a veces unisexuales o pequeñas e inconspicuas; perianto representado por 2, raramente 3, diminutas escamas hialinas o carnosas (lodículas); estambres 1–6, generalmente 3, raramente más, hipóginos, los filamentos alargados, las anteras con 2 tecas, abriéndose por una hendidura longitudinal o raramente por un poro terminal; ovario 1-locular, óvulo 1, anátropo, generalmente adnado al lado adaxial del carpelo, estilos generalmente 2, raramente 1 ó 3, estigmas generalmente plumosos. Fruto generalmente una cariopsis con un pericarpo delgado adnado a la semilla, raramente el pericarpo libre, o el fruto aqueniforme o carnoso; cariopsis comúnmente adnada a distintas partes de la espiguilla, o menos frecuentemente a partes de la inflorescencia; semilla con endosperma amiláceo, un embrión abaxial, y un hilo adaxial marcando la conexión entre pericarpo y semilla.

Familia cosmopolita con ca 660 géneros y 10000 especies, también conocida con el nombre tradicional Gramineae; 100 géneros y 342 especies se conocen de Nicaragua y 5 géneros y 46 especies adicionales se esperan encontrar.

Fl. Guat 24(2): i–ix, 1–390. 1955; Fl. Pan. 30: 104–280. 1943; Fl. Mesoamer. 6: 184–262. 1994; A. Hitchcock. The grasses of Central America. Contr. U.S. Natl. Herb. 24: 557–762. 1930; S.T. Blake. Taxonomic and nomenclatural studies in the Gramineae, no. 1. Proc. Roy. Soc. Queensland 80: 55–84. 1969; F.A. McClure. Genera of bamboos native to the New World (Gramineae: Bambusoideae). Smithsonian Contr. Bot. 9: 1–148. 1973; F.O. Zuloaga, A.A. Saenz y O. Morrone. El género *Panicum* (Poaceae: Paniceae) sect. *Cordovensia*. Darwiniana 27: 403–429. 1986; R. McVaugh. Gramineae. Fl. Novo-Galiciana 14: 1–436. 1983; W.D. Clayton y S.A. Renvoize. Genera graminum. Grasses of the World. Kew Bull., Addit. Ser. 13: 1–389. 1986; T.R. Soderstrom y R.P. Ellis. The position of bamboo genera and allies in a system of grass classification. *In*: T.R. Soderstrom, K.W. Hilu, C.S. Campbell y M.E. Barkworth. Grass Systematics and Evolution. 225–238. 1987.

1. Tallos generalmente 2 m de largo o más largos, delgados o hasta 20 cm de grosor, generalmente leñosos, perennes; láminas foliares frecuentemente pseudopecioladas, con frecuencia únicamente en ramas; algunas especies raramente floreciendo
  2. Tallos suaves, aplastables entre los dedos, generalmente anuales
    3. Láminas con pseudopecíolos cortos .... **Olyra**
    3. Láminas carentes de pseudopecíolos
      4. Panícula no plumosa; espiguillas con 2 flósculos, tornándose negras y brillantes en la madurez, subglobosas; flósculo superior endurecido .... **Lasiacis**
      4. Panícula plumosa; espiguillas con 3–7 flósculos, pajizas; flósculos membranáceos, suaves
        5. Láminas foliares basalmente fuertemente cordado-auriculadas; lema pilosa con tricomas patentes, largos y sedosos; raquilla glabra .... **Arundo**
        5. Láminas foliares basalmente angostadas; lema glabra; raquilla pilosa con tricomas largos y sedosos .... **Phragmites**
  2. Tallos duros y leñosos, durando varios años
    6. Ramas generalmente con espinas rectas o unciformes
      7. Láminas de las hojas del tallo apicalmente auriculadas; nudos de los tallos sin bandas blancas; quillas de las páleas sin alas; especies cultivadas e introducidas .... **Bambusa**
      7. Láminas de las hojas del tallo no auriculadas; nudos de los tallos con bandas blancas pilosas; quillas de las páleas con alas; especies nativas, silvestres o cultivadas .... **Guadua**
    6. Ramas sin espinas
      8. Entrenudos del tallo sólidos
        9. Ramas numerosas de la mayoría de los nudos; láminas foliares menos de 50 cm de largo; bambúes silvestres nativos .... **Chusquea**
        9. Ramas pocas o ninguna; láminas foliares 100–200 cm de largo
          10. Hojas principalmente basales o portadas hacia el ápice del tallo; plantas silvestres nativas sin jugo dulce; espiguillas solitarias, unisexuales .... **Gynerium**
          10. Hojas distribuidas a lo largo del tallo; plantas cultivadas con abundante jugo dulce; espiguillas pareadas, bisexuales .... **Saccharum**
      8. Entrenudos del tallo fistulosos
        11. Ramas numerosas, brotando de un meristemo aplanado triangular adnado por arriba de cada nudo
          12. Vainas del tallo principal con una lámina angosta reflexa; espiguillas divergentes del raquis; tallos con una banda de tricomas blancos por debajo de la línea nodal .... **Merostachys**
          12. Vainas del tallo principal con una lámina erecta de amplia base; espiguillas adpresas al raquis; tallos sin una banda de tricomas por debajo de la línea nodal .... **Rhipidocladum**
        11. Ramas 1–varias por nudo, no brotando de un meristemo triangular
          13. Ramas 2–3 por nudo .... **Phyllostachys**
          13. Ramas 1 por nudo, a veces volviéndose a ramificar inmediatamente por encima de la base
            14. Láminas de las vainas de los tallos reflexas, muy angostas; cerdas auriculares muy largas .... **Elytrostachys**
            14. Láminas de las vainas de los tallos erectas, con bases anchas; cerdas auriculares no prominentes
              15. Rama primaria surgiendo de una prominencia justo por encima del nudo; bambúes nativos, arqueados o semitrepadores e inclinados .... **Arthrostylidium**
              15. Rama primaria surgiendo de un surco justo por encima del nudo; bambúes asiáticos cultivados, erectos .... **Bambusa**
1. Tallos raramente más de 2 m de alto, generalmente delgados, no leñosos ni perennes; láminas foliares en los tallos principales; casi todas las especies floreciendo anualmente
  16. Todas o algunas de las espiguillas ocultas en cipselas erizadas, entrenudos del raquis blanco hueco, estructuras a manera de cuerno o moniliformes, o fascículos desprendibles de brácteas duras, o completamente escondidas en las vainas foliares con sólo los estambres y estigmas visibles
    17. Espiguillas 1–pocas, ocultas dentro de las vainas foliares superiores .... **Pennisetum**
    17. Espiguillas no todas ocultas entre las hojas superiores, portadas en inflorescencias exertas
      18. Inflorescencia una espiga de fascículos de espiguillas desprendibles
        19. Fascículos de brácteas glabras, aplanadas, rígidas .... **Anthephora**
        19. Fascículos de brácteas aplanadas, pilosas y espinosas o de cerdas unidas en la base .... **Cenchrus**
      18. Inflorescencia sin fascículos desprendibles
        20. Plantas estoloníferas o rizomatosas; tallos erectos, hasta 50 cm de alto
          21. Vainas redondeadas; espiguillas unisexuales; plantas dioicas; espiguilla pistilada oculta en cuernos desprendibles, falcados y rígidos .... **Jouvea**

        21. Vainas fuertemente carinadas; espiguillas bisexuales, hundidas en un lado del raquis
           suberoso .... **Stenotaphrum**
     20. Plantas cespitosas, no estoloníferas; tallos generalmente 1 m de alto o más altos
        22. Espiguillas pistiladas portadas en involucros óseos, solitarios y globosos en las puntas de
           los pedúnculos, sólo los estigmas y las inflorescencias estaminadas salientes .... **Coix**
        22. Espiguillas pistiladas varias a numerosas, portadas en una espiga segmentada, blanca y
           ósea, u ocultas entre las vainas en una mazorca
           23. Espiguillas estaminadas y pistiladas en una única espiga; espiguillas pistiladas
               solitarias, en entrenudos basales, blancos y óseos por debajo de las espiguillas
               estaminadas apareadas .... **Tripsacum**
           23. Espiguillas estaminadas en una panícula terminal; espiguillas pistiladas en una espiga
               axilar envuelta en 1 o numerosas espatas .... **Zea**
16. Espiguillas expuestas en panículas, racimos o inflorescencias espiciformes
   24. Láminas foliares con pseudopecíolos delgados, 5 mm de largo o más largos
     25. Espiguillas teretes, sésiles en una espiga terminal, sus aristas alargadas retorcidas y enredadas
        entre sí .... **Streptochaeta**
     25. Espiguillas no teretes, pediceladas en panículas o racimos; aristas ausentes o muy cortas
        26. Panícula grande y difusa; espiguillas con 2 (3) flósculos, en pedicelos filiformes muy largos;
           flósculo inferior bisexual; quillas de la pálea abrazando apretadamente al entrenudo superior
           de la raquilla .... **Orthoclada**
        26. Panícula no difusa; espiguillas con 1–numerosos flósculos, brevipediceladas; flósculo inferior
           o la espiguilla unisexual; quillas de la pálea sin abrazar al entrenudo superior de la raquilla
           27. Láminas foliares invertidas, las nervaduras principales divergiendo de la costilla media
               hacia los márgenes; espiguillas pistiladas desarticulándose arriba de las glumas, el
               flósculo solitario, endurecido .... **Pharus**
           27. Láminas foliares no invertidas, las nervaduras principales paralelas entre sí de la base al
               ápice; espiguillas con 1–numerosos flósculos .... **Zeugites**
   24. Láminas foliares adheridas directamente a las vainas o raramente con pseudopecíolos 1–3 mm de
     largo
     28. Espiguillas desarticulándose por encima de las glumas, generalmente rompiéndose en flósculos
        separados, o si no rompiéndose, entonces con 2 flósculos, el flósculo superior bisexual y el
        inferior estéril o estaminado; glumas vacías permaneciendo adheridas a los pedicelos como
        brácteas visibles
        29. Espiguillas con 1 flósculo, sin flósculos rudimentarios adicionales
           30. Espiguillas unisexuales, los 2 tipos distintos en apariencia
              31. Nervaduras de las láminas foliares divergiendo en ángulo agudo de la nervadura
                 media hacia los márgenes de la lámina; láminas invertidas, lanceoladas u ovadas .... **Pharus**
              31. Nervaduras de las láminas foliares paralelas de la base a la punta; láminas no
                invertidas
                32. Flósculo truncado, obpiramidal, comprimido lateralmente .... **Lithachne**
                32. Flósculo agudo u obtuso, elíptico o lanceolado a obovoide, comprimido
                  dorsalmente
                  33. Tallos generalmente 7–80 cm de largo; espiguillas pistiladas con un
                     entrenudo alargado entre las glumas y el flósculo, este entrenudo engrosado y
                     aceitoso en la madurez .... **Cryptochloa**
                  33. Plantas generalmente 80–400 cm de largo; espiguillas pistiladas sin un
                     entrenudo alargado entre las glumas y el flósculo .... **Olyra**
           30. Espiguillas bisexuales, todas iguales
              34. Plantas enanas, menos de 5 cm; espiguillas 1–7, en una inflorescencia oculta entre las
               hojas .... **Muhlenbergia**
               34. Plantas grandes o pequeñas; espiguillas numerosas, en una inflorescencia por encima
               de las hojas
                35. Inflorescencia de 1–numerosas espigas o racimos unilaterales
                  36. Inflorescencia de varias a numerosas espigas o racimos unilaterales .... **Cynodon**
                  36. Inflorescencia una única espiga erecta, unilateral .... **Microchloa**
                35. Inflorescencia una panícula condensada a abierta
                  37. Flósculo de textura dura, aristado .... **Aristida**
                  37. Flósculo de textura suave, aristado o sin arista

38. Cada espiguilla fértil rodeada por un aro de cerdas formado de espiguillas
    estériles .... **Pereilema**
38. Espiguillas todas fértiles, no rodeadas de un aro de cerdas o espiguillas estériles
    39. Ambas glumas más largas que la lema .... **Muhlenbergia**
    39. Ambas glumas o una más corta que la lema
        40. Lema 3-nervia, frecuentemente aristada; lígula una membrana, a veces
            ciliada; pericarpo no gelatinoso; fruto una cariopsis .... **Muhlenbergia**
        40. Lema 1-nervia, sin arista; lígula una hilera de tricomas; pericarpo
            gelatinoso cuando húmedo; fruto un utrículo .... **Sporobolus**
29. Espiguillas con 2–muchos flósculos, los flósculos todos completamente desarrollados o algunos
    reducidos o estériles
    41. Inflorescencia una única espiga o racimo bilateral o unilateral
        42. Flósculos enmarañándose mediante los estilos y estigmas alargados, espiralmente enrollados,
            rígidos; estigmas 3; hojas con una lígula interna y externa .... **Streptogyna**
        42. Flósculos no enmarañados; estilos cortos, estigmas 2; hojas con sólo una lígula interna
            43. Inflorescencia una espiga o racimo bilateral; espiguillas portadas en 2 lados del raquis .... **Jouvea**
            43. Inflorescencia una espiga unilateral; espiguillas todas en 1 lado del raquis .... **Tripogon**
    41. Inflorescencia una panícula o grupo de espigas o racimos portados en un pedúnculo o raquis común
        44. Plantas altas y robustas, generalmente 2–12 m de alto; panículas grandes, generalmente
            plumosas
            45. Tallos sólidos; hojas en un agregado con forma de abanico hacia la parte superior del
                tallo; espiguillas unisexuales; plantas dioicas; flósculos pistilados generalmente 2 .... **Gynerium**
            45. Tallos fistulosos; hojas basales o caulinares; flósculos más de 2, bisexuales o unisexuales
                46. Lemas pilosas; raquilla glabra; flósculo más bajo similar a los superiores y todos
                    desarticulándose individualmente .... **Arundo**
                46. Lemas glabras; raquilla serícea; flósculo más bajo estaminado o estéril, persistente;
                    flósculos superiores bisexuales y desarticulándose individualmente .... **Phragmites**
        44. Plantas de varias estaturas, generalmente menos de 2 m de alto; inflorescencias no plumosas
            47. Ambas glumas más de 4/5 del largo de la espiguilla, excluyendo a las aristas
                48. Espiguillas en tríades; flósculo inferior estéril, sin arista; flósculo superior bisexual,
                    largamente aristado, con un callo basal largo piloso, afilado .... **Tristachya**
                48. Espiguillas solitarias o apareadas, sin la combinación de otros caracteres
                    49. Espiguillas apareadas, con 2 flósculos; flósculo inferior estéril o estaminado, sin
                        aristas; flósculo superior bisexual, aristado .... **Arundinella**
                    49. Espiguillas solitarias, sin la combinación de otros caracteres
                        50. Lemas 3-nervias; espiguillas sésiles en 2 hileras en el lado inferior del raquis,
                            las ramas principales de la panícula simples; arista, si presente, terminal ... **Leptochloa**
                        50. Lemas 5–multinervias; espiguillas pediceladas en panículas densas a abiertas,
                            las ramas principales de la panícula con ramas; arista dorsal .... **Trisetum**
            47. Una o ambas glumas menos de 4/5 del largo de la espiguilla
                51. Lemas con 5 o más nervaduras inconspicuas, o raramente con sólo una nervadura media
                    52. Plantas cespitosas o rizomatosas, no en las costas; espiguillas no muy aplanadas;
                        flósculos inferiores bisexuales, con páleas; lígula una membrana .... **Poa**
                    52. Plantas estoloníferas de dunas de arenas costeras; espiguillas muy aplanadas;
                        flósculos inferiores, por lo menos los 2 (–6) inferiores, estériles y sin páleas;
                        lígula una hilera de tricomas .... **Uniola**
                51. Lemas con 3 nervaduras conspicuas
                    53. Espiguillas con 1 flósculo bisexual basal y 1–varios flósculos rudimentarios
                        reducidos por encima
                        54. Lemas comprimidas dorsalmente .... **Enteropogon**
                        54. Lemas comprimidas lateralmente
                            55. Tallos sólidos; espiguillas verdosas o café-amarillentas; lema
                                generalmente aristada, con una arista por lo menos 1 mm de largo; gluma
                                superior aguda o 2-denticulada, sin una arista .... **Chloris**
                            55. Tallos fistulosos; espiguillas café obscuras; lema generalmente no
                                aristada o al menos con una arista no más de 0.5 mm de largo; gluma
                                superior obtusa o 2-lobada, cortamente aristada .... **Eustachys**
                    53. Espiguillas con varios flósculos bisexuales similares
                        56. Espiguillas sésiles, pectinadas en espigas unilaterales, cortas, gruesas,
                            verticiladas

57. Raquis sobresaliendo más allá de las espiguillas; gluma superior con una arista corta sobresaliente .... **Dactyloctenium**

57. Raquis con espiguillas hasta la punta; espiguillas sin arista .... **Eleusine**

56. Espiguillas pediceladas, en panículas o racemosas a lo largo de ramas delgadas

58. Pálea largamente pilosa por encima de la mitad; playas caribeñas .... **Triplasis**

58. Pálea no largamente pilosa por encima de la mitad; ampliamente distribuidas, hábitos varios

59. Ramas de la panícula con ramas secundarias; espiguillas no en hileras .... **Eragrostis**

59. Ramas de la panícula simples; espiguillas en 2 hileras en los lados inferiores del raquis

60. Gluma inferior 1–5-nervia, la superior 3–7-nervia; lemas largamente aristadas; espiguillas 10–20 mm de largo .... **Gouinia**

60. Glumas 1-nervias; lemas sin arista o cortamente aristadas; espiguillas hasta 10 mm de largo o menos .... **Leptochloa**

28. Espiguillas desarticulándose por debajo de las glumas, cayendo como una unidad, o en agregados o adheridos a otras partes de la inflorescencia; ninguna gluma vacía permaneciendo adherida a los pedicelos, o raramente permaneciendo como una cúpula diminuta

61. Espiguillas, o por lo menos algunas, caedizas en agregados o con entrenudos del raquis, pedicelos o ramas estériles a manera de cerdas adheridas

62. Inflorescencias espiciformes y desarticulándose en entrenudos individuales, cada uno con 1 espiguilla pistilada oculta dentro de un anillo de espiguillas estaminadas; inflorescencias generalmente surgiendo directamente del suelo en tallos cortos con hojas sin o casi sin láminas .... **Pariana**

62. Inflorescencias todas en tallos foliosos, variadas pero no como arriba

63. Espiguillas, individualmente o en grupos, rodeadas por un fascículo de cerdas, los fascículos caedizos como unidades del raquis persistente; inflorescencia una panícula cerdosa espiciforme, cilíndrica, densa .... **Pennisetum**

63. Espiguillas no rodeadas por un fascículo de cerdas; inflorescencia un racimo solitario o una panícula o grupo de espigas, racimos o fascículos espiciformes

64. Raquis permaneciendo intacto o articulado tardíamente, grupos de espiguillas caedizos de él, o toda la inflorescencia caediza como una unidad

65. Inflorescencia una espiga única o racimo aplanado o cilíndrico, sin ramas visibles, los racimos a veces agregados en una falsa panícula compuesta

66. Gluma inferior tan larga como la espiguilla, cartácea, caudada; lema superior hialina .... **Hemarthria**

66. Gluma inferior mucho más corta que la espiguilla, membranácea, obtusa; lema superior rígida .... **Stenotaphrum**

65. Inflorescencia una panícula o racimo de fascículos de espiguillas o de espigas cortas unilaterales

67. Espiguillas portadas en espigas cortas unilaterales de más de 3 espiguillas, gluma inferior lanceolada .... **Bouteloua**

67. Espiguillas portadas en fascículos de 1–3 espiguillas, frecuentemente con cerdas cortas adheridas, gluma inferior una cerda rígida .... **Pentarrhaphis**

64. Raquis de la espiga o racimo desarticulándose en entrenudos individuales, cada uno con espiguillas

68. Espiguillas sésiles comprimidas lateralmente; glumas prominentemente carinadas

69. Espiguillas pareadas, dimorfas, las pediceladas agrandadas y aplanadas; tallos erectos; láminas foliares lineares, obtusas o angostadas en la base .... **Andropogon**

69. Espiguillas solitarias, monomorfas, la pedicelada generalmente no desarrollada y representada sólo por el pedicelo; tallos decumbentes y enraizando en los nudos basales; láminas foliares ovado-oblongas a linear-lanceoladas, cordadas en la base .... **Arthraxon**

68. Espiguillas todas comprimidas dorsalmente o globosas; glumas no prominentemente carinadas

70. Inflorescencia plumosa; espiguillas ocultas por y más cortas que los abundantes tricomas

71. Inflorescencia lobado-cilíndrica, los tricomas café-dorados .... **Eriochrysis**

71. Inflorescencia abierta, piramidal, los tricomas blancos .... **Saccharum**

70. Inflorescencia no plumosa; espiguillas visibles

72. Espiguillas, todas o algunas, hundidas en cavidades de los entrenudos cilíndricos, engrosados del raquis
    73. Espiguilla sésil de cada par bisexual; inflorescencia un racimo uniforme con espiguillas apareadas .... **Rottboellia**
    73. Espiguillas todas unisexuales; porción inferior de cada racimo una serie de entrenudos cilíndricos blanquecinos, óseos, cada uno ocultando una única espiguilla pistilada; porción superior del raquis aplanada, con espiguillas estaminadas apareadas .... **Tripsacum**
72. Espiguillas no hundidas en el raquis; entrenudos del raquis delgados o sólo ligeramente engrosados
    74. Racimo 1 en cada pedúnculo
        75. Racimo con 1–varios pares de espiguillas monomorfas en la base, los pares superiores de espiguillas dimorfas
            76. Espiguilla sésil comprimida dorsalmente; callo obtuso .... **Dichanthium**
            76. Espiguilla sésil cilíndrica; callo alargado, afilado, oblicuo .... **Heteropogon**
        75. Racimo con todos los pares de espiguillas dimorfas
            77. Espiguillas sésiles globosas, negras, rugosas, sin arista; pedicelo adnado al entrenudo del raquis .... **Hackelochloa**
            77. Espiguillas sésiles cilíndricas a lanceoloides, agudas, aristadas o sin aristas; pedicelo libre del entrenudo del raquis
                78. Espiguilla sésil con la gluma inferior someramente cóncava, enervia entre las quillas
                .... **Andropogon**
                78. Espiguilla sésil con la gluma inferior convexa a aplanada, con nervaduras entre las quillas .... **Schizachyrium**
    74. Racimos 2–numerosos en cada pedúnculo
        79. Gluma inferior de la espiguilla sésil fuerte y transversalmente rugosa .... **Ischaemum**
        79. Gluma inferior de la espiguilla sésil lisa
            80. Espiguilla inferior de cada par de espiguillas subsésil; flósculo inferior de la espiguilla sésil estaminado .... **Ischaemum**
            80. Espiguilla inferior de cada par de espiguillas sésil; flósculo inferior de la espiguilla sésil estéril
                81. Entrenudos del raquis y pedicelos con un surco central angosto, hialino y translúcido
                    82. Racimos sólo con pares de espiguillas dimorfas .... **Bothriochloa**
                    82. Racimos con 1–3 pares de espiguillas homomorfas en la base, los pares superiores dimorfos .... **Euclasta**
                81. Entrenudos del raquis y pedicelos sin un surco central translúcido
                    83. Hojas cuando trituradas con un fuerte olor a limón; plantas raramente floreciendo
                    .... **Cymbopogon**
                    83. Hojas sin olor a limón; plantas floreciendo anualmente
                        84. Inflorescencia con más de 10 racimos en una panícula, los racimos sin espatas
                            85. Espiguillas pediceladas estériles, ausentes o unos rudimentos diminutos, sus pedicelos pilosos presentes .... **Sorghastrum**
                            85. Espiguillas pediceladas bien desarrolladas, estaminadas, sin arista .... **Sorghum**
                      84. Inflorescencia con 2–9 racimos, los racimos pareados o subdigitados, con o sin espatas
                            86. Racimos con todos los pares de espiguillas dimorfas, cada par con una espiguilla sésil, bisexual, y una espiguilla pedicelada, estéril o estaminada; gluma de la espiguilla sésil cóncava .... **Andropogon**
                            86. Racimos con 1–2 pares de espiguillas homomorfas en la base, sin aristas, estaminadas o estériles; gluma inferior de la espiguilla sésil convexa o cilíndrica
                                87. Espiguillas sésiles con un callo basal alargado, afilado; gluma inferior de la espiguilla sésil con un surco longitudinal profundo .... **Hyperthelia**
                                87. Espiguillas sésiles con un callo basal muy corto, obtuso; gluma inferior de la espiguilla sésil sin un surco
                                    88. Inflorescencias pocas, no espatáceas, ni agregadas en una panícula compuesta; lema superior entera .... **Dichanthium**
                                  88. Inflorescencias numerosas, espatáceas, agregadas en una falsa panícula compuesta; lema superior 2-dentada .... **Hyparrhenia**
61. Espiguillas todas caedizas como unidades, sin estructuras accesorias
    89. Espiguillas de 2 tipos distintos, generalmente unisexuales

90. Espiguillas estaminadas y pistiladas en inflorescencias separadas; plantas estoloníferas o
    cespitosas .... **Luziola**
90. Espiguillas estaminadas y pistiladas todas en una sola inflorescencia; plantas no estoloníferas
    91. Inflorescencia una panícula; espiguillas solitarias, todas caedizas, sin aristas; láminas foliares
        lanceoladas, obtusas, con pseudopecíolos cortos; plantas semitrepadoras .... **Parodiolyra**
    91. Inflorescencia de 1 a varios racimos, solitarios o racemosos; espiguillas pareadas, la
        espiguilla bisexual de cada par caediza individualmente y con una arista conspicua, las
        espiguillas estaminadas persistentes; láminas foliares lineares, acuminadas, sin
        pseudopecíolos; plantas cespitosas .... **Trachypogon**
89. Espiguillas todas iguales y con por lo menos 1 flósculo bisexual
    92. Espiguillas maduras cubiertas de tricomas gruesos, uncinados de base tuberculada .... **Pseudechinolaena**
    92. Espiguillas no cubiertas de tricomas uncinados
        93. Espiguillas comprimidas lateralmente
            94. Espiguillas grandes, muy aplanadas, con más de 5 flósculos
                95. Plantas estoloníferas de playas marinas; láminas lineares, sin pseudopecíolos;
                    flósculos inferiores, al menos los 2–6 inferiores, estériles; flósculos superiores
                    bisexuales, el más superior rudimentario .... **Uniola**
                95. Plantas cespitosos de elevaciones medias; láminas lanceoladas, con pseudopecíolos
                    largos; flósculo inferior pistilado; flósculos superiores estaminados .... **Zeugites**
            94. Espiguillas pequeñas, con 1–2 flósculos
                96. Inflorescencia de 1 o más espigas o racimos
                    97. Espigas o racimos numerosos .... **Oplismenus**
                  97. Espigas o racimos solitarios
                    98. Racimo patente o reflexo .... **Echinolaena**
                    98. Racimo o espiga erectos
                      99. Glumas ambas visibles; flósculos 2, no ocultos, el inferior estéril o
                        estaminado, el superior bisexual; lema superior rígida; plantas nativas
                        silvestres .... **Mesosetum**
                    99. Gluma únicamente una visible, ésta ocultando al único flósculo bisexual;
                        lema membranácea; plantas cultivadas de césped .... **Zoysia**
                96. Inflorescencia una panícula densa o abierta
                  100. Brácteas de la espiguilla 2; glumas ausentes o reducidas a crestas diminutas;
                    pálea 1-carinada, 3-nervia .... **Leersia**
                  100. Brácteas de la espiguilla 3 o más; glumas 1 ó 2; pálea 2-carinada, 2-nervia
                      101. Hojas densamente víscido-pilosas; lema inferior con una arista más de 5 mm
                      de largo .... **Melinis**
                    101. Hojas glabras a velutinas, pero no víscidas; lema inferior sin arista o con una
                    arista hasta 2 mm de largo
                      102. Láminas foliares con pseudopecíolos largos y nervaduras transversales;
                        panículas grandes, difusas; quillas de la pálea apretadamente abrazando
                        el entrenudo superior de la raquilla .... **Orthoclada**
                    102. Láminas foliares sin pseudopecíolos y sin nervaduras transversales;
                      panículas variadas; quillas de la pálea no abrazando al entrenudo de la
                    raquilla
                      103. Glumas iguales o subiguales, más largas que el flósculo .... **Polypogon**
                    103. Glumas, o al menos la inferior, más cortas que el flósculo
                        104. Glumas (morfológicamente lemas estériles) iguales; flósculo
                        desarrollado 1 .... **Oryza**
                      104. Glumas muy desiguales; flósculos 2
                        105. Espiguillas glabras o cortamente pilosas, sin aristas .... **Ichnanthus**
                      105. Espiguillas cubiertas de tricomas largos rosados o blancos;
                        gluma inferior cortamente aristada .... **Rhynchelytrum**
        93. Espiguillas comprimidas dorsalmente
            106. Espiguillas todas o algunas acompañadas por ramas estériles en forma de cerdas
                107. Espiguillas todas, o por lo menos la más superior de cada rama, acompañadas de 1–
                  varias cerdas; espiguillas maduras sin la pálea inferior o la gluma superior aladas .... **Setaria**
                107. Espiguillas todas acompañadas de una única cerda; espiguillas maduras con la pálea
                  inferior o la gluma superior aladas

108. Gluma superior herbácea, obtusa en la base, sin ala; pálea del flósculo inferior alada; ramas de la panícula largas, patentes, la panícula abierta .... **Ixophorus**
108. Gluma superior rígida, auriculada, alada; pálea del flósculo inferior sin ala; ramas de la panícula cortas, la panícula angostamente cilíndrica o espiciforme .... **Setariopsis**
106. Espiguillas no acompañadas de cerdas estériles
   109. Inflorescencia de 1–numerosas espigas o racimos espiciformes sin ramas
      110. Inflorescencia un racimo solitario
         111. Espiguillas en (1) 2–4 hileras longitudinales; lemas inferiores apuntando hacia afuera; gluma inferior infrecuentemente presente o generalmente ausente .... **Paspalum**
         111. Espiguillas en una única hilera longitudinal, apareadas de tal manera que las lemas inferiores de 2 espiguillas sucesivas apuntan una hacia la otra; gluma inferior presente ... **Thrasya**
      110. Inflorescencia de varias a numerosas espigas o racimos
         112. Parte posterior de la lema superior y gluma superior giradas lejos del raquis, la gluma inferior mirando hacia el raquis cuando presente
            113. Gluma inferior ausente; espiguilla con 2 brácteas por debajo de la lema superior lisa .... **Axonopus**
            113. Gluma inferior en todas las espiguillas bien desarrollada; espiguilla con 3 brácteas por debajo de la lema superior rugosa transversalmente .... **Urochloa**
         112. Parte posterior de la lema superior y gluma superior giradas hacia el raquis, al menos en algunas de las espiguillas
            114. Lema superior suave y flexible o cartilaginosa, los márgenes aplanados, delgados y expuestos .... **Digitaria**
            114. Lema superior coriácea a cartácea, los márgenes enrollados hacia adentro y ocultos
               115. Lema superior lisa o estriada longitudinalmente
                   116. Lígula ausente; gluma superior y lema inferior marcadamente hispídulas, especialmente sobre las nervaduras; pálea inferior tan larga como la lema inferior .... **Echinochloa**
                   116. Lígula presente; gluma superior y lema inferior no hispídulas sobre las nervaduras; pálea inferior generalmente ausente .... **Paspalum**
               115. Lema superior rugosa o rugulosa transversalmente
                   117. Láminas foliares lineares; racimos erectos, adpresos; raquis generalmente terminando en una punta estéril aplanada .... **Paspalidium**
                   117. Láminas foliares linear-lanceoladas a lanceolado-ovadas; racimos divergentes; raquis terminando en una espiguilla .... **Urochloa**
109. Inflorescencia una panícula o una panícula de racimos, o al menos algunas de las ramas primarias inferiores con ramas secundarias
   118. Espiguillas largamente pilosas en el dorso y/o en el callo, ocultas o casi ocultas por tricomas sedosos, densos y casi tan largos como las espiguillas o más largos que ellas
      119. Gluma inferior mucho más corta que la espiguilla; flósculo superior rígido .... **Digitaria**
      119. Glumas tan largas como la espiguilla; flósculo superior delicado, delgado
         120. Inflorescencia café-dorada .... **Eriochrysis**
         120. Inflorescencia blanca o grisácea
            121. Panícula cilíndrica; raquis persistente; espiguillas desigualmente pediceladas .... **Imperata**
            121. Panícula abierta; raquis articulado; espiguillas sésiles y pediceladas .... **Saccharum**
   118. Espiguillas glabras o pilosas, pero no ocultas por tricomas sedosos largos
      122. Láminas foliares ovadas, longitudinalmente plegadas .... **Setaria**
      122. Láminas foliares lineares a ovadas pero nunca plegadas
         123. Espiguillas con un callo obpiriforme en la base, formado por la raquilla y gluma inferior reducida .... **Eriochloa**
         123. Espiguillas con un callo basal puntiagudo o sin un callo desarrollado; gluma inferior presente o ausente
            124. Espiguillas aristadas
               125. Plantas decumbentes y enraizando; láminas lanceoladas a ovadas .... **Oplismenus**
               125. Plantas generalmente erectas; láminas lineares
                   126. Espiguillas con un callo puntiagudo y piloso; glumas iguales, ambas más largas que los flósculos, largamente aristadas .... **Chaetium**
                   126. Espiguillas con la base obtusa, glabra; glumas desiguales, la inferior mucho más corta que los flósculos, no aristada, la superior a veces cortamente aristada .... **Echinochloa**

124. Espiguillas obtusas o agudas a acuminadas, nunca aristadas
   127. Espiguillas biconvexas, casi globosas; glumas subiguales, generalmente un poco más
      cortas que la espiguilla; flósculo inferior más largo que el superior, generalmente bi-
      sexual, a veces estaminado; flósculo superior generalmente pistilado, a veces bisexual .... **Isachne**
   127. Espiguillas lanceoloides o subglobosas; gluma inferior ausente o las glumas
      generalmente desiguales, si iguales, entonces glutinosas; flósculo inferior estaminado o
      estéril; flósculo superior bisexual
      128. Espiguillas con sólo 2 brácteas por debajo del flósculo superior bisexual; gluma
         inferior ausente
         129. Espiguillas glabras, puberulentas o adpreso pilosas, sésiles o subsésiles; dorso de
            la lema inferior hacia el raquis; vainas carinadas .... **Axonopus**
         129. Espiguillas marcadamente pilosas, largamente pediceladas; dorso de la lema
            inferior lejos del raquis; vainas redondeadas .... **Leptocoryphium**
      128. Espiguillas con 3 brácteas por debajo del flósculo superior bisexual; gluma inferior
         evidente
         130. Espiguillas subglobosas, colocadas oblicuamente en el pedicelo, tornándose
            negro brillantes cuando maduras, cortamente lanosas en el ápice de las glumas y
            lemas .... **Lasiacis**
         130. Espiguillas lanceoloides a ovoides, erectas en el pedicelo, permaneciendo verdes
            o verdes matizadas de púrpura cuando maduras, no pilosas en el ápice de todas
            las glumas y lemas
            131. Lema superior con 2 apéndices o 2 cicatrices pequeñas, deprimidas a lo
               largo de sus márgenes basales, tornándose carnosas o engrosadas con aceite
               durante la madurez de la cariopsis .... **Ichnanthus**
            131. Lema superior sin cicatrices o apéndices basales
              132. Panículas densas, cilíndricas, espiciformes
               133. Espiguillas no infladas; láminas más de 12 mm de ancho, cordadas
                  en la base; tallos generalmente 2–3 m de alto, sólidos con
                  aerénquima estrellado .... **Hymenachne**
               133. Espiguillas biconvexas a algo infladas en el costado de la gluma
                  superior; láminas hasta 10 mm de ancho, angostadas en la base;
                  tallos menos de 1 m de alto, fistulosos .... **Sacciolepis**
             132. Panículas más o menos abiertas, no espiciformes
               134. Gluma inferior más o menos tan larga como la superior, ambas tan
                largas o casi tan largas como la espiguilla .... **Homolepis**
               134. Gluma inferior más corta que la espiguilla
               135. Lema superior con un rostro aplanado lateralmente .... **Acroceras**
               135. Lema superior redondeada hasta la punta, no rostrada
                 136. Flósculo superior transversalmente rugoso
                  137. Ramas principales de la inflorescencia con espiguillas en
                    todos lados .... **Panicum**
                  137. Ramas principales de la inflorescencia con espiguillas
                    unilaterales .... **Urochloa**
               136. Flósculo superior liso
                 138. Espiguillas pareadas, subsésiles, en racimos simples;
                  gluma superior y lema inferior marcadamente
                  hispídulas, especialmente sobre las nervaduras .... **Echinochloa**
               138. Espiguillas solitarias o pareadas, sin la combinación de
                 otros caracteres
                 139. Inflorescencias terminales floreciendo primero con
                  espiguillas casmógamas, seguidas de las
                  inflorescencias axilares más pequeñas con
                  espiguillas cleistógamas; plantas frecuentemente con
                  dimorfismo foliar, produciendo rosetas basales de
                  hojas cortas, anchas .... **Dichanthelium**
               139. Inflorescencias todas floreciendo a la vez y
                  generalmente con espiguillas casmógamas; plantas
                  sin dimorfismo foliar, sin rosetas basales de hojas
                  cortas, anchas .... **Panicum**

ACROCERAS Stapf
Por Richard W. Pohl

Acroceras zizanioides (Kunth) Dandy, J. Bot. 69: 54. 1931; *Panicum zizanioides* Kunth; *A. oryzoides* Stapf; *P. oryzoides* Sw.

Perennes o anuales postradas; tallos hasta 2 m de alto, con raíces emergiendo de los nudos inferiores, ramificados libremente; entrenudos glabros, lisos, de paredes gruesas, fistulosos; nudos glabros o híspido-papilosos especialmente cerca del ápice; plantas polígamas. Hojas caulinares; vainas redondeadas, glabras o papiloso-híspidas; pseudolígula ca 0.2 mm de largo, lígula una membrana, 0.2–0.5 mm de largo; láminas lanceolado-ovadas, 8–10 cm de largo y 8–35 mm de ancho, aplanadas, cordadas en la base, glabras o a veces papiloso-híspidas; cortamente pseudopecioladas. Inflorescencia una panícula de racimos divergentes, 9–35 cm de largo y 2–10 cm de ancho, las espiguillas en su mayoría pareadas, una brevipedicelada, la otra longipedicelada; espiguillas grandes, elíptico-ovadas, 5.5–6.6 mm de largo, adpresas, apiculadas, glabras, con 2 flósculos, desarticulación por debajo de las glumas, la espiguilla caediza como una unidad; gluma inferior 4–5.4 mm de largo, 3–5-nervia, amplexicaule; gluma superior y lema inferior 5–6 mm de largo, herbáceas, 5-nervias, los ápices comprimidos lateralmente; flósculo inferior estami-nado, las anteras ca 2 mm de largo; lema inferior 4.5–5.4 mm de largo, 5-nervia, pálea inferior bien desarrollada, 3.5–4 mm de largo, membranácea; flósculo superior bisexual, 4.5–5 mm de largo, liso, lustroso; lema superior rígida, lisa, con un rostro aplanado lateralmente, herbáceo, verde, con un área circular deprimida en la parte dorsal arriba de la base, los márgenes engrosados no involutos; pálea superior aplanada, rígida, el ápice con un rostro pequeño, aplanado, 2-dentado y herbáceo; raquilla gruesa y endurecida, con entrenudos definidos entre las glumas y entre la gluma superior y la lema inferior; lodículas 2; estambres 3, las anteras ca 2 mm de largo, purpúreas; estilos 2. Fruto una cariopsis; embrión ca 1/2 o más la longitud de la cariopsis; hilo corta o largamente linear.

Poco común, orillas de ríos, pantanos, zanjas, zona atlántica; 10–800 m; fl y fr mar–oct: *Guzmán 807, Neill 3592*; trópicos de América, Asia y Africa. Género tropical con 22 especies.

F.O. Zuloaga. Estudio morfológico e histofoliar de las especies americanas del género *Acroceras* (Poaceae: Paniceae). Darwiniana 28: 191–217. 1988.

ANDROPOGON L.; *Diectomis* Kunth; *Hypogynium* Nees
Por Richard W. Pohl y Gerrit Davidse

Perennes o anuales, generalmente cespitosas, a veces cortamente rizomatosas; tallos ramificados desde los nudos medios y superiores; plantas polígamas. Vainas carinadas o redondeadas; lígula una membrana, glabra o ciliolada; láminas lineares, aplanadas. Inflorescencia espatácea, generalmente un par de racimos, raramente un racimo solitario, a veces 3 o más racimos digitados, las inflorescencias terminales y axilares, a menudo agregadas en una falsa panícula compuesta, raquis articulado, las espiguillas pareadas, las 2 espiguillas y 1 entrenudo del raquis caedizos como una unidad, entrenudos del raquis y pedicelos filiformes a claviformes, a menudo algo aplanados, ciliados, cupuliformes en el ápice; espiguillas dimorfas, comprimidas dorsalmente o lateralmente, sésiles y pediceladas, con 2 flósculos; espiguillas sésiles bisexuales, lanceoladas, agudas, aristadas o sin aristas, callo obtuso, glumas subiguales, membranáceas a cartáceas, ocultando completamente a los flósculos, gluma inferior membranácea a coriácea, aplanada o cóncava, con 2 quillas submarginales, los márgenes inflexos sobre los márgenes de la gluma superior, gluma superior convexa o carinada, con o sin arista, flósculo inferior estéril, lema inferior hialina, pálea inferior ausente, flósculo superior bisexual, lema superior hialina, entera cuando no aristada, o aristada entre 2 lobos, pálea superior ausente, lodículas 2, estambres 1 ó 3, estilos 2; espiguilla pedicelada rudimentaria y estéril a agrandada y estaminada, aristada o sin aristas, pedicelos libres. Fruto una cariopsis; hilo punteado.

Género con ca 100 especies, cosmopolita en climas cálidos y tropicales; 9 especies en Nicaragua.

F. Gould. The grass genus *Andropogon* in the United States. Brittonia 19: 70–76. 1967; S.T. Blake. Taxonomic and nomenclatural studies in the Gramineae, No. 1. Proc. Roy. Soc. Queensland 80: 55–84. 1969; W.D. Clayton. The awned genera of Andropogoneae. Studies in the Gramineae XXXI. Kew Bull. 27: 457–474. 1972; C.S. Campbell. Systematic of the *Andropogon virginicus* complex (Gramineae). J. Arnold Arbor. 64: 171–254. 1983.

1. Espiguillas todas sin una arista visible; anteras 3
    2. Racimo 1 por pedúnculo .... **A. virgatus**
    2. Racimos 2 por pedúnculo
        3. Espiguillas piceladas todas, o al menos algunas, agrandadas, estaminadas cuando agrandadas; plantas 100–250 cm de alto .... **A. bicornis**
        3. Espiguillas piceladas todas muy reducidas o rudimentarias; plantas 40–110 cm de alto
            4. Hojas 1.5–2.5 mm de ancho, atenuándose en un ápice acuminado; racimos 2–3 por pedúnculo .... **A. leucostachyus**
            4. Hojas hasta 5 mm de ancho, abruptamente redondeadas en un ápice cóncavo, navicular; racimos 3–5 por pedúnculo .... **A. selloanus**
1. Espiguillas sésiles con una conspicua arista exerta, fácilmente visible, dispuesta en la lema superior 2-lobada; anteras 1 ó 3
    5. Gluma superior de la espiguilla sésil largamente aristada; plantas anuales
        6. Racimos 2 por pedúnculo; gluma inferior de la espiguilla picelada no considerablemente agrandada; lígula 1–2.5 mm de largo .... **A. angustatus**
        6. Racimo 1 por pedúnculo; gluma inferior de la espiguilla pistilada considerablemente agrandada; lígula 5–11 mm de largo .... **A. fastigiatus**
    5. Glumas de la espiguilla sésil no aristadas; plantas perennes
        7. Espiguillas piceladas tan grandes como las sésiles, generalmente estaminadas; anteras 3 .... **A. lateralis**
        7. Espiguillas piceladas pequeñas o rudimentarias; antera 1
            8. Inflorescencias numerosas, formando una densa panícula compuesta, ovoide, en el ápice del tallo .... **A. glomeratus**
            8. Inflorescencias varias, escasamente traslapadas, formando una delgada panícula compuesta, alargada, en la 1/2 superior del tallo .... **A. virginicus**

Andropogon angustatus (J. Presl) Steud., Syn. Pl. Glumac. 1: 370. 1854; *Diectomis angustata* J. Presl; *D. laxa* Nees.

Anuales cespitosas; tallos 20–200 cm de alto. Hojas caulinares, glabras; vainas escasamente carinadas cerca del ápice; lígula 1–3.5 mm de largo, cilioladas, decurrentes; láminas hasta 30 cm de largo y 1.5–3 mm de ancho, aplanadas, el ápice acuminado. Inflorescencias numerosas, traslapadas, espatas angostas, racimos 2 por pedúnculo, 2–4 cm de largo, lateralmente pilosos con tricomas 1–1.5 mm de largo, entrenudos del raquis claviformes; espiguillas sésiles 4–5.3 mm de largo, callo marcadamente oblicuo, piloso con tricomas 1–1.5 mm de largo, gluma inferior profunda y angostamente sulcada, membranácea y enervia entre las quillas, aristada hasta 3 mm de largo, gluma superior marcadamente carinada, navicular, la arista 10–18 mm de largo, recta, arista de la lema superior 3–5 cm de largo, torcida y escabrosa en la 1/2 inferior, geniculada, anteras 3, 1.7–2.1 mm de largo; espiguillas piceladas 3–6.5 mm de largo, estériles o estaminadas, angostas, gluma inferior aristada 4.5–13 mm de largo, gluma superior aristada hasta 4 mm de largo, anteras 3, 2.5–3 mm de largo.

Rara, en flujos de lava, Volcán Masaya; 350–500 m; fl y fr oct, nov; *Neill 2822, 2927*; México a Bolivia y Brasil, también en Cuba.

Andropogon bicornis L., Sp. Pl. 1046. 1753.

Perennes cespitosas toscas; tallos hasta 250 cm de alto. Hojas basales y caulinares, generalmente glabras; vainas redondeadas; lígula 0.8–1.2 mm de largo, ciliolada; láminas hasta 50 cm de largo y 2–6 mm de ancho, aplanadas o dobladas, el ápice acuminado, escabroso. Inflorescencias numerosas, formando una panícula compuesta, grande, plumosa, ovoide, espatas angostas, racimos 2 (3) por pedúnculo, 2.5–3 cm de largo, vellosos con tricomas 5–9 mm de largo, entrenudos del raquis filiformes; espiguillas sésiles 3–3.5 mm de largo, callo sub-oblicuo, piloso con tricomas 1–1.5 mm de largo, glumas sin aristas, la gluma inferior sulcada, enervia y membranácea entre las quillas, glabra, anteras 3, 0.5–0.7 mm de largo; espiguillas piceladas sin aristas, reducidas excepto en el segmento terminal del raquis, que lleva 2 picelos, uno o ambos con espiguillas estaminadas agrandadas 3–5 mm de largo, anteras 3, 1–1.4 mm de largo.

Común, vegetación secundaria, en todo el país; 0–1200 m; fl y fr ene–oct; *Pipoly 5312, Stevens 13006*; México a Argentina y en las Antillas.

Andropogon fastigiatus Sw., Prodr. 26. 1788; *Diectomis fastigiata* (Sw.) P. Beauv.

Anuales cespitosas; tallos 30–200 cm de alto. Hojas generalmente caulinares; vainas inconspicuamente carinadas en el ápice; lígula 5–11 mm de largo, glabra, decurrente, conspicuamente nervada; láminas hasta 35 cm de largo y 1–3 mm de ancho, aplanadas, el ápice acuminado, escabrosas o puberulentas. Inflorescencias numerosas, traslapadas, espatas angostas, racimo 1 por pedúnculo, 3–5 cm de largo, entrenudos del raquis claviformes; espiguillas sésiles 4–5 mm de largo, callo marcadamente oblicuo, piloso con tricomas 2–3 mm de largo, gluma inferior profunda y angostamente sulcada, membranácea, enervia y pilosa entre las quillas, sin aristas, gluma superior carinada, navicular, la arista 10–20 mm de largo, divergente, no torcida, arista de la lema superior 3–4 cm de largo, glabra, torcida en la 1/2 superior, geniculada, anteras 3, 1.5–1.8 mm de largo; espiguillas pediceladas 7–8 mm de largo, estériles, gluma inferior conspicuamente agrandada, aplanada, la arista 6–10 mm de largo, recta, anteras ausentes.

Poco común, bosques secos, laderas rocosas, flujos de lava, zonas pacífica y norcentral; 10–900 m; fl y fr nov, dic; *Araquistain 467*, *Robleto 1409*; México a Bolivia y Brasil, las Antillas, y en los trópicos del Viejo Mundo.

Andropogon glomeratus (Walter) Britton et al., Prelim. Cat. 67. 1888; *Cinna glomerata* Walter; *A. macrourus* var. *abbreviatus* Hack.; *A. virginicus* var. *abbreviatus* (Hack.) Fernald & Griscom.

Perennes cespitosas; tallos 60–150 cm de alto. Hojas basales y caulinares, generalmente glabras, a veces esparcidamente pilosas; vainas agudamente carinadas; lígula 0.8–1.5 mm de largo, ciliadas; láminas hasta 60 cm de largo y 4–7 mm de ancho, aplanadas, el ápice acuminado. Inflorescencias numerosas, formando una panícula grande, compuesta, ovoide, plumosa, espatas angostas, racimos 2–3 por pedúnculo, 2–3 cm de largo, marcadamente sedosos con tricomas 5–8 mm de largo, entrenudos del raquis filiformes; espiguillas sésiles 3.2–3.5 mm de largo, glumas sin aristas, la superior apenas sulcada, enervia y membranácea entre las quillas, glabra, arista de la lema superior 10–15 mm de largo, débilmente torcida y geniculada cerca de la base, antera 1, 0.8–1.3 mm de largo; espiguillas pediceladas 1–2 mm de largo, abortivas.

Rara, dunas costeras, orillas de caminos, pastizales, Corn Island, Zelaya, Managua; 0–40 m; fl y fr ene, jul, ago, dic; *Seymour 1582*, *Stevens 9500*; Estados Unidos a Colombia y Venezuela, también en las Antillas, introducida en Sudáfrica.

Andropogon lateralis Nees in Mart., Fl. Bras. Enum. Pl. 2: 329. 1829; *A. hypogynus* Hack.

Perennes cespitosas, cortamente rizomatosas; tallos 150–180 cm de alto. Hojas glabras; vainas redondeadas a inconspicuamente carinadas en el ápice; lígula 1–2.1 mm de largo, ciliolada; láminas hasta 40 cm de largo y 3–6 mm de ancho, aplanadas, el ápice agudo, hirsutas en la garganta. Inflorescencias varias, escasamente traslapadas, espatas angostas, racimos 3–6, 2–6 cm de largo, hirsuto-ciliados con tricomas 0.5–3 mm de largo, entrenudos del raquis filiformes; espiguillas sésiles 3.5–4.5 mm de largo, sin aristas o débilmente aristadas, glumas sin aristas, la inferior sulcada, membranácea y enervia entre las quillas, glabras, arista del flósculo superior ausente o hasta 6 mm de largo, recta a débilmente torcida y geniculada, anteras 3, 0.8–1 mm de largo; espiguillas pediceladas 4.5–5.5 mm de largo, más largas que la espiguilla sésil, estaminadas, anteras 3, 2.3–2.5 mm de largo.

Rara, sabanas de pinos, Zelaya; 10 m; fl y fr jun, jul; *Kral 69237*, *Neill 4398*; Belice, Guatemala y Nicaragua a Argentina y en las Antillas. Esta es una especie resistente al fuego.

Andropogon leucostachyus Kunth in Humb., Bonpl. & Kunth, Nov. Gen. Sp. 1: 187. 1816.

Perennes cespitosas; tallos 40–100 cm de alto. Hojas generalmente glabras; vainas carinadas; lígulas 0.7–1.7 mm de largo; láminas hasta 32 cm de largo y 1.5–2.5 mm de ancho, aplanadas o dobladas, el ápice acuminado. Inflorescencias varias, racimos 2–3 por pedúnculo, 2–4 cm de largo, divergentes, vellosos con tricomas hasta 9 mm de largo, entrenudos del raquis filiformes; espiguillas sésiles 2.7–3.2 mm de largo, callo suboblicuo, piloso con tricomas 1–3 mm de largo, glumas sin aristas, la superior sulcada, membranácea y enervia entre las quillas, glabra, lema superior sin aristas o con la arista débilmente desarrollada y no exerta, anteras 3, 0.6–0.7 mm de largo; espiguillas pediceladas 1.1–1.5 mm de largo, abortivas.

Poco común, sabanas de pinos, norte de la zona atlántica; 0–100 m; fl y fr mar–oct; *Kral 69240*, *Neill 4420*; México a Argentina, introducida en Africa.

Andropogon selloanus (Hack.) Hack., Bull. Herb. Boissier, sér. 2, 4: 266. 1904; *A. leucostachyus* ssp. *selloanus* Hack.

Perennes cespitosas; tallos 40–110 cm de alto. Hojas generalmente glabras; vainas carinadas; lígula 0.3–1 mm de largo, diminutamente cilioladas; láminas hasta 40 cm de largo y 5 mm de ancho, aplanadas o dobladas, el ápice cóncavo, navicular, obtuso, a menudo dividido, ciliadas cerca de la base. Inflorescencias varias, escasamente traslapadas, espatas angostas, racimos 3–5 por pedúnculo, 3–6 cm de largo, divergentes, marcadamente sedosos con tricomas 6–9 mm de largo, entrenudos del raquis filiformes; espiguillas sésiles 3.2–3.5 mm de largo, glumas sin aristas, la inferior cóncava, enervia y membranácea entre las quillas, glabra, callo suboblicuo, piloso con tricomas 1–3 mm de largo, lema superior sin aristas, rara vez débilmente carinada pero entonces generalmente no exerta; espiguillas pediceladas 0.6–1.2 mm de largo, rudimentarias.

Rara, sabanas, zona atlántica; 30–400 m; fl y fr jul; *Pohl 12283, 12342*; México a Argentina y en las Antillas.

Andropogon virgatus Desv., Prodr. Pl. Ind. Occid. 9. 1825; *Hypogynium virgatum* (Desv.) Dandy.

Perennes cespitosas; tallos en su mayor parte sólidos, 95–165 cm de largo y 4 mm de ancho, en fascículos densos, grandes, erectos, ramificados hacia el ápice; entrenudos glabros; nudos obscuros, glabros. Vainas carinadas; lígula una membrana menos de 1 mm de largo; láminas lineares, hasta 90 cm de largo y 3 mm de ancho, aplanadas hacia la base, convolutas hacia el ápice, pilosas en la haz cerca de la lígula, las láminas superiores mucho más pequeñas. Inflorescencia un racimo solitario, espatáceo, los racimos terminales y axilares, agregados en una falsa panícula alargada, compuesta, 15–20 cm de largo y 6 cm de ancho, racimos 1–1.5 cm de largo, generalmente con 5–6 pares de espiguillas, raquis delgado, articulado, las espiguillas pareadas, las 2 espiguillas y 1 entrenudo del raquis caedizos como una unidad; espiguillas dimorfas, comprimidas dorsalmente, similares, lanceoladas, sin aristas, agudas, desigualmente pediceladas, con 2 flósculos; espiguillas subsésiles pistiladas, 2.8–3.1 mm de largo, pedicelos ca 0.2 mm de largo, gruesos, callo truncado, glumas tan largas como la · espiguilla,

coriáceas, la inferior aplanada, los márgenes agudamente inflexos, 2–3-nervia, híspida en los ángulos cerca del ápice, la superior carinada, 3–5-nervia, flósculos similares, las lemas ca 2 mm de largo, flósculo inferior estéril, lema inferior hialina, pálea inferior ausente, flósculo superior estaminado o pistilado, lema superior hialina, pálea superior ausente, lodículas 2, estilos 2; espiguillas pediceladas estaminadas, similares, pedicelos libres, ca 1 mm de largo, estambres 3, las anteras 1–1.2 mm de largo. Fruto una cariopsis; hilo punteado.

Poco común, lugares pantanosos en sabanas de pinos, zona atlántica; 0–100 m; fl y fr abr–jul; *Neill 4392, Stevens 8591*; México a Argentina, también en las Antillas y en Africa.

Andropogon virginicus L., Sp. Pl. 1046. 1753.

Perennes cespitosas; tallos 50–100 cm de alto. Vainas algo carinadas, ciliadas; lígula 0.5–1.2 mm de largo, cilioladas; láminas hasta 35 cm de largo y 2–5 mm de ancho, aplanadas a dobladas, el ápice acuminado, hirsutas cerca de la base. Inflorescencias varias, espatas angostas, a menudo cubriendo parcialmente los racimos, éstos 2–4 por pedúnculo, 2–3 cm de largo, en zigzag, divergentes, sedosos, con tricomas 6–7 mm de largo, entrenudos del raquis filiformes; espiguillas sésiles angostas, 3.8–4.1 mm de largo, glumas sin aristas, la inferior aplanada a ligeramente cóncava en el dorso, arista de la lema superior 11–17 mm de largo, torcida, antera 1, ca 0.8 mm de largo; espiguillas pediceladas rudimentarias o ausentes.

Rara, laderas húmedas, pantanos, suelos poco drenados, noreste de la zona atlántica; 0–100 m; fl y fr ago, dic; *Danin 77–2–3, Seymour 682*; Canadá (Ontario), este de los Estados Unidos a Colombia, también en las Antillas, naturalizada en California, Hawai, Japón y Australia.

ANTHEPHORA Schreb.

Por Gerrit Davidse

Anthephora hermaphrodita (L.) Kuntze, Revis. Gen. Pl. 2: 759. 1891; *Tripsacum hermaphroditum* L.

Anuales; tallos 15–50 cm de alto, erectos a decumbentes y enraizando en los nudos, ramificándose desde los nudos inferiores; plantas hermafroditas. Hojas generalmente caulinares, papilosopilosas a casi glabras; lígula 1.5–3 mm de largo, membranácea, café; láminas lineares, 4–20 cm de largo y 2–8 mm de ancho, aplanadas. Inflorescencia terminal, cilíndrica, espiciforme con fascículos de espiguillas, espiga 4–12 cm de largo y 5–8 mm de ancho, fascículos 40–60, 5–7 mm de largo, desarticulándose como una unidad, el estípite 0.3–0.7 mm

de largo; brácteas del involucro acuminadas, escasamente recurvadas; espiguillas fértiles 3.5–4.5 mm de largo, lanceoloides, agudas, con 2 flósculos, gluma inferior ausente, gluma superior subulada, 1.7–4.2 mm de largo, incluyendo una arista 0.5–1.4 mm de largo, 5-nervia, el dorso hacia el raquis, lema inferior tan larga como la espiguilla, 7-nervia, escabriúscula entre las nervaduras, flósculo superior bisexual, lema superior tan larga como la espiguilla, tenuemente 3-nervia, glabra, anteras 1.1–1.4 mm de largo. Cariopsis ca 2 mm de largo.

Común, vegetación secundaria, en todo el país; 0–900 m; fl y fr jul–ene; *Moreno 1910, Robleto 1431*;

México a Brasil y en las Antillas. Género con 12 especies, 1 en América tropical y 11 especies en Africa y Arabia.

J.R. Reeder. The systematic position of the grass genus *Anthephora*. Trans. Amer. Microscop. Soc. 79: 211–218. 1960.

ARISTIDA L.
Por Richard W. Pohl y Gerrit Davidse

Anuales o generalmente perennes, cespitosas, raramente rizomatosas; tallos cilíndricos o comprimidos, generalmente sólidos; plantas hermafroditas. Lígula una membrana diminuta, ciliolada; láminas lineares, aplanadas a plegadas o convolutas. Inflorescencia una panícula, solitaria, terminal, abierta a espiciforme; espiguillas solitarias, más o menos teretes, pediceladas, con 1 flósculo bisexual; desarticulación arriba de las glumas; glumas frecuentemente casi tan largas como la lema, iguales o desiguales, membranáceas, angostas, acuminadas, carinadas, 1–3 (–5)-nervias, enteras o emarginadas, múticas o cortamente aristadas, la inferior generalmente desarticulándose mucho más temprano que la superior; lema terete, convoluta o involuta, 3-nervia, rígida, a veces terminando en una columna angosta, recta o torcida, articulada o no, los márgenes traslapados a la pálea; aristas generalmente 3, terminales, generalmente glabras, la central tan larga como a más larga que las laterales, raramente las 2 laterales rudimentarias o ausentes; pálea pequeña, mucho más corta que la lema, hialina o membranácea; callo generalmente piloso, obtuso o acuminado, raramente 2-fido; lodículas 2; estambres 1 ó 3; estilos 2. Fruto una cariopsis, sulcada o no sulcada; hilo linear; embrión 1/3–1/2 la longitud de la cariopsis.

Género cosmopolita en climas templados y tropicales con ca 250 especies; 9 especies se encuentran en Nicaragua y 3 adicionales son esperadas. Las medidas de la lema incluyen el callo pero excluyen la columna.

A.S. Hitchcock. The North American species of *Aristida*. Contr. U.S. Natl. Herb. 22: 517–586. 1924; J.T. Henrard. A critical revision of the genus *Aristida*. Meded. Rijks-Herb. 54: 1–747. 1926–1933; A.S. Hitchcock. *Aristida* L. N. Amer. Fl. 17: 376–406. 1935; K.W. Allred. Morphologic variation and classification of the North American *Aristida purpurea* complex (Gramineae). Brittonia 36: 382–395. 1984; K.W. Allred. Studies in the *Aristida* (Gramineae) of the southeastern United States. IV. Keys and conspectus. Rhodora 88: 367–387. 1986; J.S. Trent y K.W. Allred. A taxonomic comparison of *Aristida ternipes* and *Aristida hamulosa* (Gramineae). Sida 14: 251–261. 1990.

1. Arista central bien desarrollada, las 2 aristas laterales rudimentarias o ausentes
    2. Plantas anuales; panícula 6–20 cm de largo; ramas pilosas; aristas laterales ausentes .... **A. jorullensis**
    2. Plantas perennes; panícula 20–50 cm de largo; ramas escabriúsculas o escabrosas; aristas laterales ausentes o hasta 3 mm de largo
        3. Lema terminando en una columna 4–6.5 mm de largo, torcida .... **A. schiedeana**
        3. Lema atenuándose gradualmente hacia una arista, sin una columna torcida .... **A. ternipes**
1. Aristas 3, bien desarrolladas, las 2 laterales a menudo más cortas que la central
    4. Lema involuta, sulcada .... **A gibbosa**
    4. Lema convoluta, no sulcada
        5. Panícula abierta, el raquis expuesto entre las ramas, las ramas patentes a inclinadas
            6. Lema 1.8–2.2 mm de largo; tallos 5–37 cm de largo; plantas anuales .... **A. capillacea**
            6. Lema 8–15 mm de largo; tallos 20–150 cm de largo; plantas perennes
                7. Ramas de la panícula ramificadas por debajo de la mitad, a menudo con espiguillas cerca de la base .... **A. laxa**
                7. Ramas de la panícula muy alargadas, ramificadas sólo por arriba de la mitad, las espiguillas agrupadas cerca de los ápices .... **A. longifolia**
        5. Panícula densa o muy delgada, las ramas adpresas o ascendentes, con espiguillas hasta la base
            8. Columna 2–4 mm de largo, torcida
                9. Aristas rectas o divergentes, pero no espiralmente contortas; láminas foliares basales rectas o curvadas, no enrolladas en espiral con la edad .... **A. appressa**
                9. Aristas espiralmente contortas en la base; láminas foliares basales persistentes, enrolladas en espiral con la edad .... **A. recurvata**
            8. Columna ausente

10. Plantas anuales; gluma inferior 1.5–3.6 mm más corta que la superior; arista central recta o divergente .... **A. adscensionis**
10. Plantas perennes; gluma inferior 1 mm más corta a algo más larga que la superior; arista central recurvada o escasamente contorta
    11. Arista escasamente contorta; anteras 0.4–0.5 mm de largo; panícula espiciforme, delgada .... **A. purpurascens** var. **tenuispica**
    11. Arista central marcadamente curvada; anteras 1–1.4 mm de largo; panícula cilíndrica, densa .... **A. tincta**

Aristida adscensionis L., Sp. Pl. 82. 1753.

Anuales; tallos 10–80 cm de alto, erectos o decumbentes, ramificados desde los nudos inferiores, glabros. Hojas caulinares, rectas; vainas glabras; láminas hasta 25 cm de largo y 1 mm de ancho, generalmente involutas, puberulentas en la haz. Panícula angosta, 5–15 cm de largo, densa, ramas generalmente adpresas, escabriúsculas, con espiguillas hasta la base; pedicelos adpresos, las espiguillas agrupadas; glumas 1-nervias, escabrosas en la quilla, la inferior 4.5–6 mm de largo, la superior 6–9 mm de largo; lema 6–9 mm de largo, convoluta, escabrosa hacia el ápice; columna ausente; aristas 3, 6–16 mm de largo, aplanadas, la central ligeramente más larga que las laterales, recta o divergente, las laterales rectas; callo 0.3–0.4 mm de largo, obtuso, piloso, los tricomas 0.6–1 mm de largo; anteras 1 ó 3, 0.8–1.5 mm de largo.

Conocida en Nicaragua por una sola colección (*Molina 23045*) hecha en matorrales a lo largo del Río Estelí, Estelí; 900 m; fl y fr nov; cosmopolita. Esta especie es probablemente introducida del Viejo Mundo. Es extremadamente variable y le han sido aplicados muchos nombres específicos y de variedades en otras partes del mundo.

Aristida appressa Vasey, Contr. U.S. Natl. Herb. 1: 282. 1893; *A. pseudospadicea* F.T. Hubb.

Perennes; tallos 25–105 cm de largo, erectos, simples o ligeramente ramificados desde los nudos inferiores, glabros. Hojas basales y caulinares, rectas o curvadas, no enrolladas en espiral con la edad; vainas glabras; láminas 10–35 cm de largo y 1–3 mm de ancho, aplanadas o plegadas, puberulentas y frecuentemente con tricomas largos esparcidos cerca de la base en la haz. Panícula angosta, 8–30 cm de largo, densa, a veces interrumpida por debajo, ramas adpresas, escabriúsculas, con espiguillas hasta la base; pedicelos adpresos; glumas en general cortamente aristadas, 1-nervias, la inferior 6.5–10.5 mm de largo, generalmente 2.5 mm más corta que la superior a casi tan larga como ella, a veces hasta 1 mm más larga que la superior, la quilla escabrosa, la superior 8–12.5 mm de largo; lema 7.5–9 mm de largo, convoluta, escabrosa hacia el ápice; columna 2–4 mm de largo, torcida, no articulada; aristas 3,

rectas a divergentes, la central 13–35 mm de largo, las laterales 9–25 mm de largo; callo 0.5–1 mm de largo, obtuso, piloso, los tricomas 1–1.4 mm de largo; anteras 3, 1.3–2.3 mm de largo.

Conocida en Nicaragua por una sola colección (*Seymour 4698*) hecha en Zelaya cerca de Bilwaskarma; 0–100 m; fl y fr mar; México a Panamá. El uso de este nombre para Mesoamérica es muy incierto. Esta especie ha sido por largo tiempo erróneamente identificada como *Aristida orizabensis* (aquí tratada como un sinónimo de *A. gibbosa*); se trata de una especie similar, pero con la lema sulcada.

Aristida capillacea Lam., Tabl. Encycl. 1: 156. 1791.

Anuales delicadas; tallos 5–37 cm de alto, erectos, esparcidamente ramificados desde los nudos inferiores, glabros. Hojas principalmente caulinares, rectas; vainas glabras; láminas hasta 5 cm de largo y 0.5–0.7 mm de ancho, aplanadas o plegadas, hirsutas en la haz. Panícula ovoide, 3–10 cm de largo, abierta, ramas patentes, escabrosas, desnudas en la base; pedicelos divergentes; glumas 2.2–3.5 mm de largo, 1-nervias, la inferior ligeramente más corta que la superior; lema 1.8–2.2 mm de largo, convoluta, escabrosa hacia el ápice; columna 1.5–2.2 mm de largo, torcida, no articulada; aristas 3, 4.5–8 mm de largo, escasamente contortas, la central un poco más larga que las laterales; callo ca 0.1 mm de largo, obtuso, piloso, los tricomas hasta 0.4 mm de largo; anteras 3, ca 0.3 mm de largo.

Rara, sabanas de pinos, norte de la zona atlántica; 0–100 m; fl y fr mar; *Seymour 4609, 4610*; México a Bolivia, Brasil y Argentina.

Aristida gibbosa (Nees) Kunth, Enum. Pl. 1: 189. 1833; *Chaetaria gibbosa* Nees; *A. marginalis* Ekman; *A. orizabensis* E. Fourn.; *A. sorzogonensis* J. Presl.

Perennes; tallos 50–95 cm de alto, erectos, simples, glabros. Hojas basales y caulinares, las basales en general marcadamente enrolladas en espiral con la edad, las caulinares generalmente rectas o curvadas; vainas glabras; láminas 15–25 cm de largo y 1–2 mm de ancho, aplanadas pero plegadas cerca del ápice, glabras en el envés, densamente puberulentas y a veces con tricomas alargados en la 1/2 inferior de la haz. Panícula angosta pero algo abierta, 10–30 cm de largo, ramas ascendentes, escabrosas, con espiguillas hasta la base; pedicelos ascendentes; glumas 1-nervias, la inferior 7.5–9.5 mm de largo, escabrosa en la quilla, cortamente aristada, la superior 7–8 mm de largo, glabra, acuminada; lema 6–7.6 mm de largo, involuta y conspicuamente sulcada, glabra; columna 1–4 mm de largo, torcida, no articulada; aristas 3, erectas a divergentes, la central 9–14 mm de largo, las laterales 6–12 mm de largo; callo 0.2–0.4 mm de largo, obtuso, piloso, los tricomas 0.5–0.7 mm de largo; anteras 3, 1.6–2.3 mm de largo.

Esperada en Nicaragua; México a Bolivia y Brasil.

Aristida jorullensis Kunth, Révis. Gramin. 62. 1829.

Anuales; tallos 10–60 cm de alto, erectos, ramificados, glabros. Hojas caulinares, rectas; vainas glabras; láminas 4–20 cm de largo y 1–1.5 mm de ancho, involutas, con largos tricomas en la haz. Panícula abierta, 6–20 cm de largo, ramas ascendentes, pilosas con tricomas largos, con espiguillas hasta la base; pedicelos adpresos a ascendentes; glumas escabrosas en las quillas, la inferior 4.5–9 (–19) mm de largo, 1–3-nervia, la superior 5–13 mm de largo, 1-nervia; lema 4–7 mm de largo, convoluta, escabrosa; columna ausente; arista 1, la central 30–60 mm de largo, algo comprimida lateralmente, curvada, escabrosa, las laterales ausentes; callo ca 0.5 mm de largo, obtuso, cortamente piloso; anteras 3, 1.1–1.7 mm de largo.

Poco común, en cimas rocosas, zonas pacífica y norcentral; 10–1000 m; fl y fr sep–nov; *Moreno 3611, 11558*; México a Venezuela.

Aristida laxa Cav., Icon. 5: 44. 1799; *A. spadicea* Kunth.

Perennes; tallos hasta 100 cm de alto, erectos, simples, glabros. Hojas basales y caulinares, torcidas en espiral con la edad; vainas glabras; láminas 15–30 cm de largo y 2–2.5 mm de ancho, aplanadas hacia la base, involutas hacia el ápice, glabras en el envés, con tricomas alargados en la haz. Panícula piramidal, 20–35 cm de largo, abierta, ramas patentes a inclinadas, escabrosas, ramificadas por debajo de la mitad, desnudas en la base; pedicelos adpresos; glumas subiguales, 1-nervias, la inferior 9.5–12 mm de largo, escabrosa, la superior 10–12 mm de largo, glabra; lema 10–12 mm de largo, convoluta, glabra; columna 5–9 mm de largo, torcida, no articulada; aristas 3, rectas, la central 10–20 mm de largo, las laterales 3–7 mm de largo; callo 0.4–0.5 mm de largo, obtuso, piloso, los tricomas hasta 1.5 mm de largo; anteras 3, ca 1.6 mm de largo.

Esperada en Nicaragua; México a Colombia y Ecuador.

Aristida longifolia Trin., Mém. Acad. Imp. Sci. St.-Pétersbourg, Sér. 6, Sci. Math. 1: 84. 1830.

Perennes; tallos 60–150 cm de alto, erectos, simples, glabros. Hojas basales y caulinares; vainas glabras; láminas 10–50 cm de largo y 2–4 mm de ancho, aplanadas en la base, involutas hacia el ápice, glabras en el envés, esparcidamente pilosas en la haz. Panícula ovoide, 30–60 cm de largo, muy abierta, ramas hasta 15 cm de largo, rígidas, patentes, ramificadas arriba de la mitad, desnudas en el 1/2–2/3 inferior; pedicelos adpresos, con espiguillas agrupadas sólo cerca del ápice; glumas 10–12 mm de largo, 1-nervias, la superior ligeramente más larga que la inferior; lema 11–15 mm de largo, convoluta, escabriúscula en la costilla; columna ausente; aristas 3, 15–25 mm de largo, rectas, la central 8–9 mm más larga que las laterales; callo 0.8–1 mm de largo, obtuso, piloso, los tricomas hasta ca 1 mm de largo; anteras 3, ca 1.9 mm de largo.

Conocida en Nicaragua por una sola colección (*McKee 11238*) de sabanas, zona atlántica; 10 m; fl y fr mar; Belice, Nicaragua, Colombia y Venezuela a Bolivia y Brasil.

Aristida purpurascens var. **tenuispica** (Hitchc.) Allred, Rhodora 88: 383. 1986; *A. tenuispica* Hitchc.

Perennes; tallos 30–75 cm de largo, erectos, simples, glabros. Hojas basales y caulinares, generalmente rectas; vainas glabras o las inferiores hirsutas; láminas generalmente 5–10 cm de largo y 1–1.5 mm de ancho, aplanadas hacia la base, plegadas hacia el ápice, glabras, frecuentemente pilosas hacia la base. Panícula espiciforme, 11–27 cm de largo, delgada, ramas adpresas, remotas, con espiguillas hasta la base; pedicelos adpresos; glumas 4.5–6.7 mm de largo, acuminadas o cortamente aristadas, escabrosas o casi glabras, la inferior algo más corta a algo más larga que la superior; lema 4.5–5.5 mm de largo, convoluta, escabrosa en la costilla; columna ausente; aristas 3, escasamente contortas en la base, la central 11–18 mm de largo, las laterales 9–15 mm de largo; callo 0.4–0.5 mm de largo, obtuso, piloso, los tricomas ca 0.5 mm de largo; anteras 3, 0.4–0.5 mm de largo.

Rara, orillas de caminos, zona atlántica; 20–40 m; fl y fr abr, jul; *Seymour 5969, Stevens 7674*; suroeste de los Estados Unidos hasta Nicaragua. Esta variedad fue identificada por Hitchcock (1930) como *Aristida virgata* Trin.

Aristida recurvata Kunth in Humb., Bonpl. & Kunth, Nov. Gen. Sp. 1: 123. 1816.

Perennes; tallos 50–100 cm de alto, erectos, simples, glabros. Hojas basales y caulinares, enrolladas en espiral con la edad; vainas glabras; láminas 15–30 cm de largo y 1–3 mm de ancho, aplanadas hacia la base, plegadas hacia el ápice, glabras en el envés, esparcidamente hirsutas en la haz. Panícula cilíndrica, 5–30 cm de largo, densa, a veces algo lobada, ramas adpresas, escabrosas, con espiguillas hasta la base; pedicelos adpresos; glumas 1-nervias, la inferior 8.5–12.5 mm de largo, escabrosa, la superior 8–12 mm de largo, glabra; lema 3.5–4 mm de largo, convoluta, escabrosa; columna 2–3 mm de largo, torcida, no articulada; aristas 3, 12–16 mm de largo, espiralmente contortas por encima de la base, la central un poco más larga que las laterales; callo ca 0.3 mm de largo, obtuso, piloso, los tricomas hasta 0.7 mm de largo; anteras 3, ca 1.4 mm de largo.

Esperada en Nicaragua; Belice a Bolivia y Brasil.

Aristida schiedeana Trin. & Rupr., Sp. Gram. Stipac. 120. 1842; *A. orcuttiana* Vasey.

Perennes; tallos 30–110 cm de alto, erectos, simples, glabros o escábridos. Hojas principalmente basales, rectas, pero las viejas frecuentemente enrolladas en espiral, glabras pero hirsutas en el cuello; láminas 20–45 cm de largo y 1–3 mm de ancho, involutas, escábridas en el envés. Panícula ovoide, 20–40 cm de largo, abierta, ramas divergentes, escabrosas, desnudas en la 1/2 inferior; pedicelos adpresos, las espiguillas agrupadas cerca de los ápices; glumas 6.5–12 mm de largo, a veces subiguales o la inferior con frecuencia ligeramente más corta que la superior, 1–3-nervias, cortamente aristadas, escabrosas; lema 7–9 mm de largo, convoluta, escabrosa hacia el ápice; columna 4–6.5 mm de largo, torcida, no articulada; aristas 1 ó 3, la central 9.5–14 cm de largo, recta, angulada desde la columna, las aristas laterales ausentes o hasta 2 mm de largo, erectas; callo 0.4–0.5 mm de largo, obtuso, piloso, los tricomas 0.8–1.3 mm de largo; anteras 3, 2.4–2.8 mm de largo.

Conocida en Nicaragua por una sola colección (*Stevens 10113*) hecha en bosques de pino-encinos, Jinotega; 1150–1250 m; fl y fr ago; suroeste de los Estados Unidos a Nicaragua.

Aristida ternipes Cav., Icon. 5: 46. 1799.

Perennes; tallos 80–150 cm de alto, erectos, simples, glabros. Hojas principalmente caulinares, curvadas; vainas glabras; láminas hasta 50 cm de largo y 3–5 mm de ancho, aplanadas hacia la base, involutas hacia el ápice, esparcidamente híspidas cerca de la base. Panícula piramidal, 20–50 cm de largo, abierta, ramas patentes, escabriúsculas, desnudas en la base; pedicelos adpresos; glumas 6.5–11 mm de largo, 1–3-nervias, la inferior ligeramente más larga que la superior, con una arista hasta 1 mm de largo; lema 15–23 mm de largo, convoluta, glabra; columna ausente; aristas 1 ó 3, la central 10–15 mm de largo, curvada, las aristas laterales ausentes o hasta 3 mm de largo; callo 0.5–1 mm de largo, obtuso, cortamente piloso; anteras 3, 2–2.7 mm de largo.

Común, bosques secos y áreas perturbadas, zona pacífica; 0–600 m; fl y fr jun–ene; *Robleto 1526*, *Stevens 23273*; suroeste de los Estados Unidos a Colombia y Venezuela y en las Antillas. Ha sido erróneamente identificada como *Aristida floridana* (Chapm.) Vasey.

Aristida tincta Trin. & Rupr., Sp. Gram. Stipac. 111. 1842; *A. breviglumis* Mez.

Perennes; tallos 25–95 cm de alto, erectos, simples, glabros. Hojas principalmente basales, rígidas; vainas glabras; láminas hasta 25 cm de largo y 1.5–3 mm de ancho, ascendentes, aplanadas o plegadas, glabras. Panícula cilíndrica, 10–30 cm de largo, densa, ramas adpresas a ascendentes, escabrosas, con espiguillas hasta la base; pedicelos adpresos; glumas 1-nervias, aristadas hasta 1.5 mm de largo, la inferior 4.5–6.7 mm de largo, ligeramente más corta a más larga que la superior, escabrosa, la superior 4.5–5.8 mm de largo, glabra; lema 4.2–6.3 mm de largo, convoluta, escabrosa; columna ausente; aristas 3, la central 15–25 mm de largo, marcadamente recurvada, las laterales 8–15 mm de largo, ascendentes; callo 0.2–0.3 mm de largo, obtuso, piloso, los tricomas hasta 0.6 mm de largo; anteras 3, 1–1.4 mm de largo.

Poco común, sabanas de pinos, norte de la zona atlántica; 0–100 m; fl y fr mar, ago; *Pohl 12689*, *Seymour 4608*; Belice a Colombia, Venezuela, Guayanas, Brasil. Esta especie se intergrada morfológicamente con *Aristida torta* (Nees) Kunth de Sudamérica, y quizá no sea distinta a ella.

ARTHRAXON P. Beauv.

Por Patricia Dávila

Arthraxon hispidus (Thunb.) Makino var. **hispidus**, Bot. Mag. (Tokyo) 26: 214. 1912; *Phalaris hispida* Thunb.; *Alectoridia quartiniana* A. Rich.; *Arthraxon quartinianus* (A. Rich.) Nash.

Anuales; tallos decumbentes, 45–100 cm de alto, generalmente enraizando en los nudos basales;

entrenudos glabros; nudos pilosos; plantas herma-froditas. Vainas ligeramente infladas, glabras, con el margen esparcido a densamente piloso, los tricomas bulbosos en la base; lígula 0.4–3.5 mm de largo, con el margen truncado, ciliado; láminas ovado-oblongas a linear-lanceoladas, 0.8–7.4 cm de largo y 2–8 mm de ancho, aplanadas, la base ligeramente cordada y amplexicaule, los márgenes del área sub-basal con tricomas bulbosos. Inflorescencia 0.4–11.8 cm de largo y 0.2–6 cm de ancho, racimos 1–30, con 1–varias espiguillas, raquis articulado; espiguillas pareadas o la espiguilla pedicelada reducida a un pedicelo pequeño, las 2 espiguillas y un entrenudo del raquis caedizos como una unidad; espiguillas sésiles bisexuales, 1.9–7.9 mm de largo y 0.4–1.5 mm de ancho, comprimidas lateralmente, con 2 flósculos, callo truncado, glumas iguales o sub-iguales, lanceoladas, gluma inferior redondeada, 1.7–7.7 mm de largo, cartácea, con espículas sobre las nervaduras, gluma superior 2.5–7.5 mm de largo, los lados hialinos, la quilla cartácea con espículas de diferente tamaños, flósculo inferior estéril, lema inferior 1.1–5.8 mm de largo, hialina, glabra, sin arista, a veces ausente, pálea inferior ausente, flósculo superior bisexual, lema superior 0.5–5.8 mm de largo, hialina, glabra, la arista exerta 3–5 mm de largo, pálea generalmente ausente, cuando presente hialina, lodículas 2, 0.2–0.6 mm de largo, estambres 2 ó 3, estilos 2; espiguillas pediceladas estériles, reducidas a un pedicelo muy pequeño, glabro; pedicelos libres. Fruto una cariopsis; hilo punteado.

Común, áreas alteradas en nebliselvas y bosques de pino-encinos, zonas norcentral y pacífica; 280–1600 m; fl y fr oct–dic; *Stevens 10853, 16209*; nativa de Asia tropical, naturalizada en América tropical. Género con 7 especies, nativo de los trópicos y subtrópicos del Viejo Mundo, introducido en las Américas.

P.C. van Welzen. A taxonomic revision of the genus *Arthraxon* Beauv. (Gramineae). Blumea 27: 255–300. 1981.

ARTHROSTYLIDIUM Rupr.

Por Richard W. Pohl y Gerrit Davidse

Arthrostylidium excelsum Griseb., Fl. Brit. W. I. 529. 1864; *Arundinaria excelsa* (Griseb.) Hack.

Bambúes cortos a medianos, sin espinas; rizomas paquimorfos; tallos leñosos, cilíndricos, 1–5 m de alto y 2–3 mm de ancho, semitrepadores, fistulosos, glabros; complemento de las ramas con 2–14 ramas por nudo cerca de la mitad del tallo; ramificación desde una sola yema, cubierta por un par de brácteas aplanadas; rama primaria con una prominencia en el entrenudo por debajo de la inserción de la rama; plantas hermafroditas. Hojas del tallo desconocidas; hojas de las ramas con las vainas glabras; pseudo-pecíolos cortos; setas orales 9–17 mm de largo, cilíndricas, simples, blancas a cafés; lígula interna 0.1–0.2 mm de largo; láminas aplanadas, lanceoladas, 10–16 cm de largo y 1.4–3.8 cm de ancho, 7–9 veces más largas que anchas, sin nervaduras pronunciadas en las comisuras, glabras. Racimos 9–16 cm de largo, bilaterales, raquis recto en el 2/3–4/5 inferior, en zigzag en el 1/5–1/3 superior; espiguillas 2.5–3.4 cm de largo, solitarias, subsésiles, adpresas o a veces divergentes en la 1/2 superior del raquis; flósculo más inferior estéril; flósculos fértiles 5–11, bisexuales, hendidos; gluma inferior 4.5–6 mm de largo, 3-nervia, gluma superior 5.3–6.9 mm de largo, 7-nervia; lemas 8–9.5 mm de largo, glabras a puberulentas, 9–11-nervias, agudas; callo glabro; entrenudos de la raquilla 2/5–1/2 de la longitud de la lema, glabros; lodículas 3; estambres 3, las anteras 4.5–5 mm de largo; estigmas 2. Fruto una cariopsis.

Rara, en nebliselvas, Cerro La Pimienta, Zelaya; 900–1200 m; fl y fr mar, abr; *Grijalva 345, Pipoly 6058*; México (Chiapas) a Panamá y en las Antillas. Casi todos los ejemplares de este taxón han sido iden-tificados en diversos períodos como *A. venezuelae* (Steud.) McClure. En la forma que aquí la estamos circunscribiendo, incluye al menos a tres elementos, uno centrado en México (Chiapas), otro en Honduras y Nicaragua, y el tercero en Panamá. Género con ca 20 especies en América tropical.

ARUNDINELLA Raddi

Por Richard W. Pohl y Gerrit Davidse

Perennes (Mesoamérica) cespitosas con rizomas cortos, escamosos; tallos fistulosos; plantas polígamas o hermafroditas. Vainas redondeadas; lígula una membrana, glabra o ciliada; láminas lineares, aplanadas o plegadas. Inflorescencia una panícula solitaria, terminal, abierta; espiguillas en su mayoría pareadas, desigualmente pediceladas, comprimidas dorsalmente, con 2 flósculos; desarticulación en la base del flósculo superior; glumas desiguales, membranáceas, conspicuamente nervadas, agudas o acuminadas, la inferior 3-nervia, ligeramente más corta o más larga que el flósculo inferior, la superior 3–5-nervia, mucho más larga que los flósculos, generalmente algo recurvada; flósculo inferior estéril o estaminado; lema inferior aguda, sin arista, membranácea, 3- o débilmente 5-nervia; flósculo superior bisexual; lema superior mucho más corta que la lema inferior, acuminada, débilmente nervada, en general largamente aristada desde la punta o entre 2 dientes diminutos, los dientes ocasionalmente aristados (Viejo Mundo), la arista geniculada, el segmento inferior generalmente torcido, el segmento superior recto, los márgenes plegados hacia adentro sobre los márgenes de la pálea superior; callo redondeado, piloso; raquilla no prolongada; lodículas 2; estambres 3; estilos 2. Fruto una cariopsis; embrión más de la mitad de la cariopsis; hilo punteado.

Género con 44 especies, distribuido en los trópicos del Nuevo y del Viejo Mundo; 2 especies se conocen y una adicional se espera encontrar.

H.J. Conert. Beitrage zur Monographie der Arundinelleae. Bot. Jahrb. Syst. 77: 226–354. 1957; J.B. Phipps. Studies in the Arundinelleae (Gramineae). V. The series of the genus *Arundinella*. Canad. J. Bot. 45: 1047–1057. 1967.

1. Arista hasta 6 mm de largo, el segmento inferior fuertemente torcido .... **A. hispida**
1. Arista 7.5–15 mm de largo, el segmento inferior casi no torcido o sólo laxamente torcido
  2. Láminas foliares 3–6 mm de ancho; tallos generalmente menos de 100 cm de alto y 1.5–2 mm de ancho; plantas generalmente creciendo sobre rocas y troncos a lo largo de arroyos y ríos .... **A. berteroniana**
  2. Láminas foliares 8–30 mm de ancho; tallos 100–400 cm de alto y 3–7 mm de ancho; plantas creciendo en su mayoría sobre pendientes expuestas y orillas de caminos .... **A. deppeana**

Arundinella berteroniana (Schult.) Hitchc. & Chase, Contr. U.S. Natl. Herb. 18: 290. 1917; *Trichochloa berteroniana* Schult.

Tallos 75–115 cm de alto y 1.5–2 mm de ancho, erectos a arqueados, simples; entrenudos glabros; nudos adpreso pilosos. Vainas adpreso papiloso-híspidas, los tricomas auriculares prominentes; lígula 0.5 mm de largo; láminas hasta 35 cm de largo y 3–6 mm de ancho, más o menos papiloso-híspidas en el envés y en la haz. Panícula 20–40 cm de largo, 4–6 veces más larga que ancha, ramas 10–15 cm de largo; espiguillas 3.6–5.5 mm de largo; gluma inferior 2.4–4.5 mm de largo, acuminada, las nervaduras frecuentemente escabrosas, gluma superior 3.6–5.5 mm de largo, atenuada hacia un ápice angosto pero a menudo truncado, lisa; flósculo inferior estéril; lema inferior aguda, glabra; pálea inferior 1.5–2 mm de largo; lema superior 1.5–1.8 mm de largo, escábrida, la arista 7.5–13.5 mm de largo, el segmento inferior laxamente torcido; anteras 0.6–0.7 mm de largo, purpúreas.

Común, orillas de arroyos y ríos sobre rocas y troncos sumergidos, adhiriéndose fuertemente, en todo el país; 10–360 (–1500) m; fl y fr feb–may; *Stevens 16566, 19184*; México a Brasil, Argentina, y en las Antillas. Esta especie, con su característico hábitat ripario, parece intergradar con *A. deppeana*.

Arundinella deppeana Nees ex Steud., Syn. Pl. Glumac. 1: 115. 1854.

Tallos 100–400 cm de alto y 3–7 mm de ancho, erectos a arqueados o enredaderas, simples o ramificados; entrenudos glabros; nudos adpreso pilosos. Vainas ciliadas sobre un margen, adpreso papiloso-híspidas; lígula 0.2–0.3 mm de largo; láminas 25–50 cm de largo y 8–30 mm de ancho, adpreso híspidas, especialmente arriba de la lígula. Panícula 20–60 cm de largo, 4–5 veces más larga que ancha, ramas 6–24 cm de largo; espiguillas 3.8–4.8 mm de largo; gluma inferior 2.5–3.2 mm de largo, acuminada, gluma superior 3.8–4.8 mm de largo, atenuada; flósculo inferior estéril; lema inferior 2.3–2.5 mm de largo, aguda, glabra; pálea inferior 1.5 mm de largo; lema superior ca 1.5 mm de largo, escábrida, la arista 10–15 mm de largo, el segmento inferior laxamente torcido; anteras 0.7–1 mm de largo, purpúreas.

Muy común, playas, flujos de lava y otras áreas abiertas, en todo el país; 50–1400 m; fl y fr dic–may; *Araquistain 1203, Stevens 7369*; México a Brasil, Paraguay y en las Antillas.

Arundinella hispida (Humb. & Bonpl. ex Willd.) Kuntze, Revis. Gen. Pl. 2: 761. 1891; *Andropogon hispidus* Humb. & Bonpl. ex Willd.; *Arundinella confinis* (Schult.) Hitchc. & Chase; *Piptatherum confine* Schult.

Tallos 75–200 cm de alto y 2–5 mm de ancho, erectos, simples; entrenudos glabros; nudos adpreso pilosos. Vainas glabras a adpreso hirsutas; lígula 0.2–0.5 mm de largo; láminas 20–35 cm de largo y 5–16 mm de ancho, papiloso-hirsutas con densos fascículos de tricomas blancos hasta 6 mm en la haz.

Panícula 20–45 cm de largo, 4–7 veces más larga que ancha, ramas 4–8 cm de largo; espiguillas 2.8–4.2 mm de largo; gluma inferior 2.2–3.2 mm de largo, abruptamente acuminada, escabrosa cerca del ápice, gluma superior 2.8–4.2 mm de largo, el ápice diminutamente 2-fido y apiculado; flósculo inferior estaminado o estéril; lema inferior 2.1–2.7 mm de largo, aguda, débilmente nervada, glabra; pálea inferior 1.8–2.5 mm de largo; lema superior 1.5–2 mm de largo, aguda, café, escábrida, la arista 2–6 mm de largo, el segmento inferior fuertemente torcido; anteras 0.8–1 mm de largo, purpúreas.

Esperada en Nicaragua. México a Argentina y en las Antillas.

ARUNDO L.
Por Richard W. Pohl

Arundo donax L., Sp. Pl. 81. 1753.

Perennes rizomatosas, formando grandes colonias. Rizomas gruesos, escamosos; tallos largos, fistulosos, hasta 8 m de largo y 4 cm de ancho, erectos o arqueados, simples o extravaginalmente ramificados arriba; nudos glabros, en su mayoría ocultos; plantas hermafroditas. Hojas caulinares, distribuidas más o menos de manera uniforme a lo largo del tallo excepto en tallos viejos, marcadamente dísticas; vainas traslapándose, glabras; lígula una membrana delgada, 1–1.5 mm de largo, blanquecina o café, diminutamente ciliada; láminas anchamente lineares, aplanadas, 1 m o más de largo y 6 cm de ancho, la base cordado-auriculada, más ancha que la vaina, el borde prominente, triangular, café, ciliado en los márgenes. Inflorescencia una panícula grande, terminal, plumosa, ovoide, hasta 60 cm de largo, densa; espiguillas comprimidas lateralmente, 10–14 mm de largo, plumosas, en forma de V, con 4–5 flósculos bisexuales; desarticulación arriba de las glumas y entre los flósculos; raquilla glabra; glumas casi iguales, lanceoladas, 11–13 mm de largo, acuminadas, membranáceas, 3–5-nervias, casi tan largas como toda la espiguilla; lemas lanceolado-ovadas, 8–12 mm de largo, ecarinadas, 3–7-nervias, las 3 nervaduras principales generalmente anastomosadas con la costilla media, con tricomas sedosos hasta 8 mm de largo en la 1/2 inferior, sus puntas casi todas al mismo nivel; pálea ca 1/2 la longitud de la lema, 2-carinada; callo corto, redondeado, con tricomas cortos; lodículas 2; estambres 3; ovario glabro, estilos 2. Fruto una cariopsis; hilo cortamente oblongo.

Conocida en Nicaragua por una sola colección (*Pohl 12254*) realizada en playas, Masachapa, Managua; nivel del mar; fl y fr jul; cultivada y escapada de cultivo a lo largo de las orillas de ríos, nativa del Viejo Mundo, introducida ampliamente en regiones tropicales y subtropicales del mundo. Género con 3 especies, nativo del Mediterráneo a Asia.

AXONOPUS P. Beauv.
Por Richard W. Pohl y Gerrit Davidse

Anuales o perennes, cespitosas, estoloníferas o rizomatosas; plantas hermafroditas. Vainas carinadas; lígula una membrana; láminas lineares a linear-lanceoladas, aplanadas o plegadas a involutas. Inflorescencia de varios a numerosos racimos delgados, digitados o paniculados, 1 o, más comúnmente, 2 o varios emergiendo de los nudos superiores o terminales, las espiguillas en 2 hileras alternadas en la porción inferior de un raquis aplanado o triquetro, traslapadas secuencialmente, los racimos generalmente simples, raramente ramificados, el raquis normalmente con una espiguilla en el ápice; espiguillas subsésiles o con pedicelos muy cortos, comprimidas dorsalmente, orientadas con el dorso de la gluma superior y de la lema superior lejos del raquis; gluma inferior generalmente ausente, gluma superior y lema inferior tan largas como el flósculo superior o escasamente más largas que él, subiguales, membranáceas, similares, 2–5-nervias; flósculo inferior estéril; pálea inferior ausente; flósculo superior bisexual, liso; lema superior rígida, sus márgenes ligeramente involutos; pálea superior similar en textura a la lema superior; lodículas 2; estambres 3; estilos 2. Fruto una cariopsis; embrión 1/3–1/2 de la longitud de la cariopsis; hilo elíptico o cortamente linear.

Género con ca 100 especies de los trópicos y subtrópicos americanos, 1 especie en Africa, varias especies ampliamente introducidas en los trópicos del Viejo Mundo; 6 especies se conocen en Nicaragua y 3 adicionales se esperan encontrar.

G.A. Black. Grasses of the genus *Axonopus* (a taxonomic treatment). Advancing Frontiers Pl. Sci. 5: 1–186. 1963; M.C.M. Hickenbick, J.F.M. Valls, F.M. Salzano y M.I.B. Moraes Fernandes. Cytogenetic and evolutionary relationships in the genus *Axonopus* (Gramineae). Cytologia 40: 163–204. 1975.

1. Raquis de los racimos con numerosos tricomas dorados y rígidos en los márgenes y abajo de cada
   espiguilla
   2. Raquis de los racimos ca 0.5 mm de ancho; espiguillas no hundidas en bolsas profundas; raquis con una
      espiguilla en el ápice .... **A. aureus**
   2. Raquis de los racimos 1–1.5 mm de ancho; espiguillas hundidas en bolsas profundas; raquis desnudo en y
      cerca del ápice, raramente con una espiguilla abortiva o normal en el ápice .... **A. chrysoblepharis**
1. Raquis de los racimos sin conspicuos tricomas dorados
   3. Espiguillas 1.2–1.6 mm de largo; plantas anuales con bases suaves, cespitosas .... **A. capillaris**
   3. Espiguillas 1.8–4.2 mm de largo; plantas perennes con bases duras, rizomatosas, estoloníferas o
      cespitosas
      4. Tallos 4–13 mm de ancho; racimos inferiores frecuentemente ramificados .... **A. micay**
      4. Tallos 3 mm o menos de ancho; racimos inferiores nunca ramificados
         5. Flósculo superior 0.4–1.4 mm más corto que la espiguilla
            6. Espiguillas 3–4.2 mm de largo; plantas cespitosas o cortamente rizomatosas .... **A. centralis**
            6. Espiguillas 2.4–2.7 mm de largo; plantas generalmente estoloníferas (los estolones raramente
               presentes en ejemplares de herbario) .... **A. compressus**
         5. Flósculo superior tan largo como la espiguilla o hasta 0.3 mm más corto que ella
            7. Espiguillas 2.5–3.5 mm de largo .... **A. poiophyllus**
            7. Espiguillas 1.5–2.3 mm de largo
               8. Tricomas de las espiguillas no extendiéndose más allá de las puntas de la gluma superior
                  y la lema inferior; plantas estoloníferas (los estolones raramente presentes en ejemplares
                  de herbario) .... **A. fissifolius**
               8. Tricomas de las espiguillas extendiéndose marcadamente más allá de las puntas de la
                  gluma superior y la lema inferior; plantas cespitosas .... **A. purpusii**

Axonopus aureus P. Beauv., Ess. Agrostogr. 12. 1812; *A. chrysites* (Steud.) Kuhlm.; *A. exasperatus* (Nees ex Steud.) G.A. Black; *Panicum exasperatum* Nees ex Steud.; *P. chrysites* Steud.; *Paspalum exasperatum* Nees.

Perennes rizomatosas; rizomas cortos, nodosos; tallos 40–90 cm de alto y 1–1.5 mm de ancho, generalmente decumbentes, esparcidamente ramificados; entrenudos y nudos glabros. Hojas caulinares; vainas glabras o papiloso-híspidas, ciliadas; cuello glabro; lígula ca 0.5 mm de largo, ciliolada; láminas 8–15 cm de largo y 4–7 mm de ancho, aplanadas, glabras o papiloso-híspidas, el ápice acuminado. Inflorescencia 1, hasta 9 cm de largo, terminal, racimos 2–10, 4–9 cm de largo, ascendentes, el raquis ca 0.5 mm de ancho, triquetro, fuertemente papiloso-ciliado a lo largo de los márgenes y abajo de las espiguillas con tricomas 2–3 mm de largo, robustos y dorados; espiguillas 1.2–1.5 mm de largo, glabras o esparcidamente adpreso puberulentas; gluma superior y lema inferior débilmente 2–3-nervias; flósculo superior tan largo como la espiguilla, café, el ápice glabro; anteras 0.7–0.9 mm de largo.

Conocida en Nicaragua por una sola colección (*Grijalva 1596*) hecha en sabanas de pinos, norte de la zona atlántica; 0–100 m; fl y fr oct; México a Bolivia, Brasil y en las Antillas.

Axonopus capillaris (Lam.) Chase, Proc. Biol. Soc. Wash. 24: 133. 1911; *Paspalum capillare* Lam.

Anuales cespitosas; tallos 20–40 cm de alto y hasta 0.7 mm de ancho, a menudo geniculados y desparramados, ramificados; entrenudos y nudos glabros. Hojas principalmente caulinares; vainas glabras, ciliadas; lígula 0.3–0.5 mm de largo, ciliolada; láminas 1.5–7 cm de largo y 3–7 mm de ancho, aplanadas, glabras, ciliadas, el ápice agudo. Inflorescencias 1–3, 2–4 cm de largo, terminales y axilares, racimos 2, 2–3.5 cm de largo, conjugados, raramente 3, el raquis 0.3–0.5 mm de ancho, triquetro, escabriúsculo en los márgenes; espiguillas 1.2–1.6 mm de largo, diminutamente puberulentas; gluma superior 4-nervia; lema inferior 2-nervia; flósculo superior tan largo como la espiguilla, pajizo, el ápice glabro; anteras ca 0.4 mm de largo.

Esperada en Nicaragua en áreas con malezas, playas, orillas de caminos, potreros, cafetales; Guatemala a Bolivia, Brasil, Paraguay y en las Antillas.

Axonopus centralis Chase, J. Wash. Acad. Sci. 17: 143. 1927.

Perennes cespitosas; tallos 35–90 cm de alto y 1.5–3 mm de ancho, erectos, simples; entrenudos glabros; nudos glabros o diminutamente lanosos. Hojas caulinares; vainas ciliadas; cuello piloso; lígula 0.2–0.3 mm de largo, ciliolada; láminas 8–50 cm de largo y 8–15 mm de ancho, aplanadas, papiloso-ciliadas, el ápice agudo. Inflorescencias 1–2, 8–17 cm de largo, terminales y axilares, eje hasta 6 cm de largo, racimos 2–4, 7–16 cm de largo, ascendentes a patentes, el raquis 0.5–0.7 mm de ancho, triquetro, escabriúsculo en los márgenes; espiguillas 3–3.6 mm de largo, pilosas; gluma superior 4 (5)-nervia, 3-fida en el ápice, las nervaduras con bandas pilosas, las nervaduras laterales diminutamente exertas; lema inferior 4 (5)-nervia, 3-fida a subaguda, pilosa; flósculo superior 1–1.4 mm más corto que la espiguilla, pajizo, el ápice muy esparcidamente puberulento; anteras 0.6–0.9 mm de largo, frecuentemente abortivas.

Rara, potreros, zonas pacífica y atlántica; 100–375 m; fl y fr jul, oct; *Seymour 6240, Stevens 23250*; suroeste de México a Ecuador y Brasil. Esta especie es probablemente apomíctica, ya que comúnmente tiene anteras abortivas.

Axonopus chrysoblepharis (Lag.) Chase, Proc. Biol. Soc. Wash. 24: 134. 1911; *Cabrera chrysoblepharis* Lag.; *A. appendiculatus* (J. Presl) Hitchc. & Chase; *Paspalum appendiculatum* J. Presl.

Anuales o perennes cespitosas; tallos 70–100 cm de alto y 1–2 mm de ancho, erectos, libremente ramificados; entrenudos glabros; nudos glabros o pilosos. Hojas principalmente caulinares; vainas glabras, pilosas o papiloso-híspidas; cuello glabro o piloso; lígula 0.3–1.2 mm de largo, ciliolada; láminas 5–30 cm de largo y 5–15 mm de ancho, aplanadas, papiloso-híspidas, el ápice acuminado. Inflorescencias 1 ó 2, 4–14 cm de largo, terminales y axilares, eje 1–2 cm de largo, racimos 4–10, 4–13 cm de largo, ascendentes, el raquis 1–1.5 mm de ancho, aplanado, con cavidades profundas, los márgenes densamente papiloso-ciliados con tricomas dorados, la costilla media papiloso-híspida, el ápice desnudo o raramente con una espiguilla abortiva o normal en el ápice; espiguillas 1.2–1.6 mm de largo, glabras; gluma superior y lema inferior 2-nervias, las nervaduras submarginales; flósculo superior tan largo como la espiguilla, café, el ápice glabro; anteras 0.5–0.6 mm de largo.

Esperada en Nicaragua en sabanas secas; Guatemala a Bolivia, Brasil y Paraguay, también en Trinidad.

Axonopus compressus (Sw.) P. Beauv., Ess. Agrostogr. 12, 154. 1812; *Milium compressum* Sw.

Perennes estoloníferas o cespitosas; tallos hasta 60 cm de largo y 1–3 mm de ancho, ramificados desde la base o desde estolones enraizantes; entrenudos glabros; nudos glabros o pilosos. Hojas basales y caulinares; vainas ciliadas; cuello a menudo piloso; lígula 0.2–0.5 mm de largo, ciliolada; láminas 8–26 cm de largo y 7–13 mm de ancho, aplanadas, glabras o adpreso pilosas en la haz, los márgenes ciliados cerca de la base, el ápice agudo. Inflorescencias 1–2, 4–10 cm de largo, terminales y axilares, eje hasta 3.5 cm de largo, racimos 2–6, 2.5–12 cm de largo, divergentes, el raquis 0.5–0.7 mm de ancho, tri-

quetro, escabriúsculo marginalmente; espiguillas 2.4–2.7 mm de largo, pilosas; gluma superior y lema inferior 2 ó 4 (5)-nervias, iguales, las nervaduras submarginales pilosas; flósculo superior 0.4–0.8 mm más corto que la espiguilla, pajizo, el ápice puberulento; anteras 0.5–1 mm de largo.

Común, orillas de caminos, bosques siempreverdes, playas, en todo el país; 0–1500 m; fl y fr dic-mar, jul–oct; *Moreno 11929, Stevens 18847*; nativa de América tropical y subtropical, introducida en los trópicos y subtrópicos del Viejo Mundo. Esta especie es morfológica y citológicamente muy variable.

Axonopus fissifolius (Raddi) Kuhlm., Com. Lin. Telegr., Bot. 11: 87. 1922; *Paspalum fissifolium* Raddi; *A. affinis* Chase; *A. ater* Chase.

Perennes cespitosas o estoloníferas; tallos 20–60 cm de alto y hasta 2 mm de ancho, erectos o decumbentes, simples; entrenudos glabros; nudos glabros o pilosos. Hojas basales y caulinares, generalmente glabras en el dorso pero ciliadas en los márgenes; cuello glabro; lígula 0.3–0.5 mm de largo, ciliolada; láminas 4–15 cm de largo y 3–5 mm de ancho, aplanadas o plegadas, ciliadas en la base, raramente pilosas en la haz, el ápice obtuso. Inflorescencias 1–2, 5–11 cm de largo, terminales y axilares, eje hasta 3 cm de largo, racimos 2–4 (–7), 3.5–5 cm de largo, divergentes, el raquis 0.4–0.5 mm de ancho, triquetro, escabriúsculo marginalmente; espiguillas 1.5–2.3 mm de largo, ligeramente pilosas en los márgenes; gluma superior y lema inferior 2-nervias; flósculo superior 0.1–0.3 mm más corto que la espiguilla, pajizo, el ápice glabro o puberulento; anteras 0.9–1.3 mm de largo.

Común, bosques abiertos de pinos, laderas rocosas, potreros, zonas norcentral y atlántica; 30–1500 m; fl y fr ene, jun–ago; *Moreno 24547, Stevens 10188*; sureste de los Estados Unidos a Argentina, introducida en los trópicos y subtrópicos del Viejo Mundo.

Axonopus micay García-Barr., Caldasia 8: 432. 1960.

Perennes cespitosas o estoloníferas; tallos hasta 150 cm de largo y 4–8 mm de ancho, erectos o largamente decumbentes y enraizando, esparcidamente ramificados; entrenudos y nudos glabros. Hojas principalmente caulinares; vainas generalmente glabras, raramente pilosas, a veces ciliadas; cuello frecuentemente piloso o a veces glabro; lígula 0.5–0.9 mm de largo, ciliolada; láminas 15–38 cm de largo y 12–18 mm de ancho, glabras en el envés, glabras o esparcidamente pilosas en la haz, ciliadas hacia la base, el ápice obtuso. Inflorescencias 1–2, 10–21 cm de largo, terminales y axilares, racimos 3–24, 6–16 cm de largo, ascendentes, los inferiores frecuentemente ramificados, el raquis 0.4–0.7 mm de ancho, triquetro, marginalmente escabroso y a veces con algunos tricomas alargados; espiguillas 2.2–2.8 mm de largo, esparcidamente pilosas; gluma superior y lema inferior 4-nervias, adpreso pilosas en los márgenes; flósculo superior tan largo como la espiguilla o hasta 0.2 mm más corto que ella, pajizo, el ápice esparcidamente puberulento; anteras 1–1.5 mm de largo.

Pasto cultivado para forraje, probablemente presente en Nicaragua, nativa de Colombia y Venezuela; introducida en Mesoamérica y en otras partes de Sudamérica, al menos hasta Ecuador.

Axonopus poiophyllus Chase, Proc. Biol. Soc. Wash. 24: 133. 1911; *A. blakei* Hitchc.; *A. caespitosus* Swallen; *A. reederi* G.A. Black; *A. rhizomatosus* Swallen.

Perennes cespitosas o rizomatosas; tallos 25–100 cm de alto y 1–3 mm de ancho, erectos, simples; entrenudos glabros; nudos pilosos. Hojas basales y caulinares; vainas generalmente papiloso-hirsutas, a veces glabras, ciliadas; cuello piloso o raramente glabro; lígula 0.3–0.5 mm de largo, ciliolada; láminas 13–33 cm de largo y hasta 5 mm de ancho, aplanadas o plegadas, pilosas o glabras, el ápice obtuso. Inflorescencias 1–2, 5–19 cm de largo, terminales y axilares, eje hasta 4 cm de largo, racimos 3–7, hasta 11 cm de largo, ascendentes, el raquis 0.3–0.5 mm de ancho, triquetro, escabriúsculo marginalmente; espiguillas 2.5–3.3 mm de largo, generalmente pilosas, raramente glabras o casi glabras; gluma inferior raramente presente; gluma superior y lema inferior 4–5-nervias, los márgenes generalmente pilosos, raramente glabros; flósculo superior 0.1–0.3 mm más corto que la espiguilla, pajizo, puberulento en el ápice; anteras 1.5–1.8 mm de largo.

Común, sabanas, zona atlántica; 0–475 m; fl y fr abr–ago; *Stevens 7829, 22432*; México a Colombia,

también en Cuba. Esta especie es interpretada en un sentido amplio. Es muy variable en cuanto a la pilosidad foliar y de las espiguillas, al desarrollo de la nervadura media de la gluma superior y de la lema inferior, al tamaño de la espiguilla y a la producción de rizomas cortos. Los extremos de variación de varios de estos caracteres han sido nombrados, pero con los numerosos ejemplares ahora disponibles, es evidente que existe una completa intergradación. Contrariamente a la opinión de Black de que las láminas son agudas en la colección tipo, en realidad las láminas no dobladas son obtusas.

Axonopus purpusii (Mez) Chase, J. Wash. Acad. Sci. 17: 144. 1927; *Paspalum purpusii* Mez; *A. anomalus* Swallen.

Perennes densamente cespitosas; tallos 50–80 cm de alto y hasta 1 mm de ancho, erectos, simples; entrenudos glabros; nudos glabros o pilosos. Hojas en su mayoría basales; vainas glabras o densamente pilosas; cuello piloso; lígula 0.3–0.6 mm de largo, ciliada; láminas 15–25 cm de largo y 2–4 mm de ancho, plegadas hacia la base, generalmente aplanadas hacia el ápice, papiloso-pilosas, abruptamente agudas. Inflorescencias 1–3, 8–11 cm de largo, terminales y axilares, eje 1–3 cm de largo, racimos 3–6, 4–8 cm de largo, ascendentes, el raquis 0.3–0.4 mm de ancho, triquetro, escabriúsculo marginalmente; espiguillas 1.8–2.3 mm de largo, pilosas; gluma superior y lema inferior 2-nervias, las nervaduras sedosas, los tricomas proyectándose marcadamente más allá de la punta de la espiguilla; flósculo superior 0.2–0.3 mm más corto que la espiguilla, pajizo, el ápice puberulento; anteras 1–1.2 mm de largo.

Conocida en Nicaragua por una sola colección (*Neill 4413-a*) hecha en sabanas de pinos, norte de la zona atlántica; 10 m; fl y fr jun; México a Brasil, Paraguay y Argentina.

BAMBUSA Schreb.
Por Richard W. Pohl

Bambúes altos, densamente cespitosos; rizomas paquimorfos, tallos leñosos, cilíndricos, fistulosos; complemento de las ramas con 1 rama mayor por nudo, acompañadas por varias ramas basales menores, fasciculadas, raramente con espinas; plantas hermafroditas. Hojas del tallo con las vainas prontamente deciduas, a menudo auriculadas, no pseudopecioladas; láminas pequeñas, generalmente erectas, raramente reflexas, persistentes; hojas de las ramas pseudopecioladas, con lígulas externas e internas; setas orales generalmente presentes. Inflorescencias una serie de pseudoespiguillas sésiles agrupadas, dispuestas en un raquis afilo; espiguillas con varios flósculos; desarticulación entre los flósculos; brácteas basales estériles varias; lemas subiguales, 11–19-nervias, sin aristas; páleas con 2 quillas ciliadas, no aladas; lodículas 2–3; estambres 6; estigmas 3. Fruto una cariopsis; hilo linear.

Género con ca 120 especies de Asia tropical. Varias especies se cultivan en Mesoamérica, particularmente en jardines botánicos y estaciones agrícolas experimentales. Las 3 especies más comúnmente cultivadas se revisan a continuación. En Nicaragua también se conoce *B. multiplex* (Lour.) Raeusch. ex Schult. & Schult. f. cultivada en la estación Experimental El Recreo.

F.A. McClure. The genus *Bambusa* and some of its first-known species. Blumea, Suppl. 3: 90–112. 1946; N.H. Xia y C.M.A. Stapleton. Typification of *Bambusa bambos* (L.) Voss (Gramineae: Bambusoideae). Kew Bull. 52: 693–698. 1997.

1. Ramas inferiores con espinas; vainas foliares del tallo sin aurículas .... **B. bambos**
1. Ramas inferiores sin espinas; vainas foliares del tallo con grandes aurículas pilosas
    2. Vainas foliares del tallo casi glabras; entrenudos verdes; pseudoespiguillas 40–70 mm de largo; lemas
        10–30 mm de largo .... **B. longispiculata**
    2. Vainas foliares del tallo densamente híspidas con tricomas adpresos, cafés; entrenudos generalmente
        listados con verde y amarillo o a veces amarillo; pseudoespiguillas 10–15 m de largo; lemas 7–10 mm de
        largo .... **B. vulgaris**

Bambusa bambos (L.) Voss, Vilm. Blumengärt., ed. 3, 1: 1189. 1895; *Arundo bambos* L.; *Bambos arundinacea* Retz.; *Bambusa arundinacea* (Retz.) Willd.

Tallos hasta 25 m de largo y 12 cm de ancho, ramificándose desde todos los nudos excepto desde los más inferiores, las ramas inferiores muy espinosas; entrenudos hasta 10–15 cm de largo, verdes. Hojas del tallo con las vainas 20–40 cm de largo, pilosas con tricomas cafés cuando jóvenes; aurículas y setas orales ausentes; láminas ca 12 cm de largo y 6 cm de ancho, mucho más angostas que el ápice de la vaina, reflexas, glabrescentes en el envés, estrigosas o híspidas en la haz; láminas foliares de las ramas 12–18 cm de largo y 1–2 cm de ancho, glabras. Pseudoespiguillas 10–30 mm de largo; flósculos 3–6; entrenudos de la raquilla ca 3 mm de largo, pilosos por debajo de cada flósculo; lemas 7–8 mm de largo, glabras; páleas escasamente más largas que las lemas; anteras 5 mm de largo.

Cultivada, Zelaya; 15 m; fl y fr nov; *Ríos 154, Salas 2466*; nativa desde la India hasta Birmania; ampliamente cultivada en los trópicos. Este es el bambú espinoso comúnmente cultivado en América tropical. Muchas colonias florecieron y murieron durante la década de 1970.

Bambusa longispiculata Gamble ex Brandis, Indian Trees 668. 1906.

Tallos hasta 12–15 m de alto y 4–8 cm de ancho, ramificándose por encima de la mitad, las ramas sin espinas; entrenudos hasta 20 cm de largo, verdes. Hojas del tallo con las vainas esparcidamente híspidas con tricomas negros deciduos; aurículas y setas orales bien desarrolladas; láminas casi tan anchas como el ápice de la vaina, erectas; láminas foliares de las ramas 15–25 cm de largo y 2–3 cm de ancho, pilosas en el envés, glabras en la haz. Pseudoespiguillas 40–70 mm de largo; flósculos 4–9; entrenudos de la raquilla 4–10 mm de largo, ciliados en el ápice; lemas 10–30 mm de largo, glabras; páleas 10–19 mm de largo; anteras ca 10 mm de largo.

Cultivada, Zelaya; 15 m; fl y fr may; *Sandino 2642*; Asia, introducida en América tropical. Esta especie sólo se cultiva ocasionalmente. Florece con frecuencia, en ocasiones sin morir.

Bambusa vulgaris Schrad. ex J.C. Wendl., Coll. Pl. 2: 26. 1808.

Tallos 10–20 m de alto y 5–10 cm de ancho, ramificándose desde todos los nudos excepto desde los más inferiores, las ramas sin espinas; entrenudos hasta 45 cm de largo, generalmente listados con verde y amarillo o a veces amarillo. Hojas del tallo con las vainas 10–30 cm de largo, pilosas con tricomas cafés, deciduos; aurículas 1 cm o más, setas orales 7 mm o más; láminas hasta 7–10 cm de largo y 6–9 cm de ancho, mucho más angostas que el ápice de la vaina, generalmente erectas, hirsutas o glabrescentes; láminas foliares de las ramas 9–30 cm de largo y 1–4 cm de ancho, glabras. Pseudoespiguillas 10–15 mm de largo; flósculos 5–10; entrenudos de la raquilla 1–3 mm de largo, glabros; lemas 7–10 mm de largo, pilosas cerca de los márgenes; páleas un poco más cortas que las lemas; anteras 6 mm de largo.

Cultivada, Matagalpa; 1300–1400 m; *Long 15, Vincelli 341*; Asia, ampliamente cultivada en los trópicos y subtrópicos. Esta especie es la más común de los bambúes asiáticos introducidos y se cultiva ampliamente para ornato o leña en altitudes menores. La forma comúnmente cultivada es *B. vulgaris* var. *vittata* Rivière & C. Rivière, la cual tiene tallos listados con verde y amarillo. Esta especie raramente florece y nunca produce semillas.

BOTHRIOCHLOA Kuntze

Por Gerrit Davidse y Richard W. Pohl

Perennes cespitosas, rizomatosas o estoloníferas; tallos fistulosos; plantas hermafroditas o polígamas. Lígula una membrana; láminas lineares, aplanadas. Inflorescencia de pocos a varios racimos subdigitados a paniculados, racimos con espiguillas hacia la base, raquis articulado, las espiguillas pareadas, las 2 espiguillas y 1 entrenudo del raquis caedizos como una unidad, entrenudos del raquis y pedicelos lineares, con un surco central angosto, hialino, translúcido, en general densamente sedoso-ciliados; espiguillas dimorfas, comprimidas dorsalmente, sésiles y pediceladas, con 2 flósculos; espiguillas sésiles bisexuales, lanceoladas a elíptico-lanceoladas, aristadas, callo obtuso, piloso, glumas iguales, cartilaginosas, ocultando a los flósculos, gluma inferior aplanada o ligeramente cóncava en el dorso, a veces con una fóvea circular, multinervia, 2-carinada, los márgenes abrazando a la gluma superior, gluma superior 3-nervia, carinada, flósculo inferior estéril, lema inferior delgada, hialina, enervia, pálea inferior ausente, flósculo superior bisexual, lema superior reducida hacia la base de la arista, entera, la arista geniculada, torcida, café, exerta, lodículas 2, estambres 3, estilos 2; espiguillas pediceladas estériles o estaminadas, similares a las espiguillas sésiles, o más pequeñas o reducidas, sin aristas, pedicelos libres. Fruto una cariopsis; hilo punteado.

Género tropical con ca 35 especies; 3 especies se conocen en Nicaragua.

R.P. Celarier y J.R. Harlan. Studies on Old World Bluestems. Oklahoma Agric. Exp. Sta. Techn. Bull. T-58: 5–31. 1955; F.W. Gould. New North American Andropogons of subgenus *Amphilophis* and a key to those species occuring in the United States. Madroño 14: 18–29. 1957; K.W. Allred y F.W. Gould. Systematics of the *Bothriochloa saccharoides* complex (Poaceae: Andropogoneae). Syst. Bot. 8: 168–184. 1983.

1. Racimos inferiores generalmente más largos que el eje de la panícula .... **B. pertusa**
1. Racimos inferiores generalmente más cortos que el eje de la panícula
    2. Inflorescencia no plumosa, los tricomas del raquis y pedicelos cortos, sin ocultar a las espiguillas .... **B. bladhii**
    2. Inflorescencia conspicuamente plumosa, los tricomas del raquis y pedicelos largos, ocultando a las espiguillas .... **B. saccharoides** ssp. **saccharoides**

Bothriochloa bladhii (Retz.) S.T. Blake, Proc. Roy. Soc. Queensland 80: 62. 1969; *Andropogon bladhii* Retz.; *A. intermedius* R. Br.; *B. intermedia* (R. Br.) A. Camus.

Cespitosas o rizomatosas; tallos 50–150 cm de alto; entrenudos glabros; nudos glabros o pilosos. Vainas glabras; lígula ca 1 mm de alto; láminas 10–55 cm de largo y 2–12 mm de ancho, glabras en el envés, papiloso-hirsutas en la haz. Inflorescencia 4–24 cm de largo, no plumosa, eje 6–20 cm de largo, racimos numerosos, 2–5 cm de largo, paniculados, ascendentes, entrenudos del raquis y pedicelos esparcidamente ciliados con tricomas hasta 1.4 mm de largo, el surco central más ancho que las costillas; espiguillas sésiles 3–4.5 mm de largo, gluma inferior débilmente 7-nervia, sin o con una fóvea, pilosa cerca de la base, lisa o punteada, gluma superior glabra, lema inferior 2–2.5 mm de largo, arista 10–25 mm de largo; espiguillas pediceladas 2–3.5 mm de largo, gluma inferior ca 7-nervia.

Rara, en áreas cultivadas, Managua; 100 m; fl y fr jul; *Zelaya 2251*; nativa de los trópicos del Viejo Mundo, cultivada y naturalizada en las regiones con climas cálidos.

Bothriochloa pertusa (L.) A. Camus, Ann. Soc. Linn. Lyon, sér. 2, 76: 164. 1931; *Holcus pertusus* L.; *Andropogon pertusus* (L.) Willd.

Tallos 30–100 cm de alto, postrados, decumbentes o estoloníferos, ramificados; entrenudos glabros; nudos pilosos. Vainas carinadas, hirsutas; lígula 0.7–1.2 mm de largo, ciliada; láminas 5–13 cm de largo y 3–4 mm de ancho, glabras excepto papiloso-hirsutas marginalmente y atrás de la lígula. Inflorescencia 3–7 cm de largo, no plumosa, eje 0.2–2 cm de largo, racimos 3–7, 3–6.5 cm de largo, subdigitados o racemosos, entrenudos del raquis y pedicelos moderadamente ciliados con tricomas 2–3.5 mm de largo, el surco central más ancho que las costillas; espiguillas sésiles 3.2–4 mm de largo, gluma inferior ca 9-nervia, con una fóvea central prominente, gluma superior ciliada hacia el ápice, lema inferior 2.5–2.7 mm de largo, arista 14–20 mm de largo, anteras 1–1.8 mm de largo; espiguillas pediceladas 3.5–4.5 mm de largo, estériles, gluma inferior multinervia.

Poco común, orillas de caminos, escapada de cultivo, zona pacífica; 10–740 m; fl y fr jul–nov; *Pohl 12337, Stevens 23399*; nativa de Eurasia, ampliamente naturalizada en América tropical.

Bothriochloa saccharoides (Sw.) Rydb. ssp. **saccharoides**, Brittonia 1: 81. 1931; *Andropogon saccharoides* Sw.

Cespitosas; tallos 20–110 cm de alto; entrenudos glabros; nudos pilosos. Vainas glabras; lígula 1–2 mm de largo; láminas 6–20 cm de largo y 2–6 mm de ancho, papiloso-hirsutas. Inflorescencia 8–15 cm de largo, conspicuamente plumosa, eje 5–8 cm de largo, racimos numerosos, 2.5–5 cm de largo, racemosos, entrenudos del raquis y pedicelos ciliados con trico-mas hasta 6.5 mm de largo, el surco central más angosto que las costillas marginales; espiguillas sésiles 4–5 mm de largo, gluma inferior 9-nervia, sin una fóvea, pilosa en la 1/2 inferior, gluma superior glabra, lema inferior ca 2.7 mm de largo, arista 8–20 mm de largo; espiguillas piceladas hasta 5 mm de largo, estériles, gluma inferior 7–9-nervia.

Según Allred y Gould esta especie se encuentra en Nicaragua pero no ha podido ser documentada; México a Venezuela y Ecuador, también en las Antillas.

BOUTELOUA Lag.

Por Richard W. Pohl

Anuales o perennes, cespitosas, estoloníferas o rizomatosas; plantas hermafroditas o polígamas. Lígula una membrana ciliada; láminas lineares, aplanadas o plegadas. Inflorescencia un racimo de 1–numerosas espigas cortas, unilaterales; espigas desarticulándose como una unidad y las espiguillas a veces también desarticulándose arriba de las glumas; espiguillas generalmente (raramente 1) 3–numerosas por espiga, en 2 hileras a lo largo del lado inferior del raquis de la espiga, generalmente agrupadas; espiguillas comprimidas lateralmente, con 1 flósculo bisexual inferior y 1–2 flósculos superiores estaminados o estériles modificados de varias maneras u ornamentados; glumas desiguales a subiguales, más cortas que los flósculos, 1-nervias, la inferior más corta que la superior; lema fértil cartilaginosa, 3-nervia, las nervaduras a menudo excurrentes como aristas; pálea 2-carinada, el ápice 2-dentado o 2-mucronado; lodículas 2; estambres 3; estilos 2. Fruto una cariopsis; embrión 1/2–3/4 la longitud de la cariopsis; hilo punteado.

Género con 24 especies, distribuido desde Canadá hasta Argentina; 5 especies se encuentran en Nicaragua y 2 adicionales se esperan encontrar. Las medidas de las espiguillas excluyen las aristas.

D. Griffiths. The grama grasses: *Bouteloua* and related genera. Contr. U.S. Natl. Herb. 14: 343–428. 1912; F.W. Gould y Z.J. Kapadia. Biosystematic studies in the *Bouteloua curtipendula* complex II. Taxonomy. Brittonia 16: 182–207. 1964; F.W. Gould. Taxonomy of the *Bouteloua repens* complex. Brittonia 21: 261–274. 1969; F.W. Gould. The genus *Bouteloua* (Poaceae). Ann. Missouri Bot. Gard. 66: 348–416. 1979.

1. Espigas 20–80 por inflorescencia, inclinadas o péndulas
  2. Tallos débiles, postrados o decumbentes; anteras ca 1.5 mm de largo; plantas anuales .... **B. disticha**
  2. Tallos erectos, densamente cespitosos; anteras 2.8–4 mm de largo; plantas perennes
    3. Entrenudos alargados del tallo 1–3; espiguillas 2–6 por espiga; arista central del flósculo rudimentario hasta 5 mm de largo .... **B. curtipendula** var. **caespitosa**
    3. Entrenudos alargados del tallo 4–7; espiguillas 7–13 por espiga; arista central del flósculo rudimentario 5–10 mm de largo .... **B. media**
1. Espigas 10 o menos, generalmente erectas o ascendentes
  4. Raquis de la espiga y las quillas de las glumas híspidos o hirsutos
    5. Plantas anuales; tallos desparramados o decumbentes; anteras 1.1–1.3 mm de largo; aristas del flósculo superior 12–17 mm de largo .... **B. alamosana**
    5. Plantas perennes; tallos erectos; anteras 2.8–3.5 mm de largo; aristas del flósculo superior 2–7 mm de largo .... **B. chondrosioides**
  4. Raquis de la espiga y glumas glabros o escabrosos; aristas generalmente conspicuas
    6. Raquis de las espigas 2–4 cm de largo, con espiguillas casi hasta la punta .... **B. americana**
    6. Raquis de las espigas 1 cm o menos, con espiguillas solamente en la 1/2 inferior .... **B. repens**

Bouteloua alamosana Vasey, Contr. U.S. Natl. Herb. 1: 115. 1891; *B. longiseta* Gould.

Anuales; tallos 20–80 cm de alto, desparramados o decumbentes, ramificados libremente; entrenudos y nudos glabros. Vainas glabras o papiloso-hirsutas; lígula 0.2–0.3 mm de largo; láminas 3–7 cm de largo y 1.5–3 mm de ancho, papiloso-hirsutas. Inflorescencias 2–7 cm de largo, terminales y axilares; espigas 4–9, ca 1 cm de largo, ascendentes o patentes, con 3–4 espiguillas, raquis de las espigas generalmente híspido, con espiguillas solamente en la 1/2 inferior, las espiguillas amontonadas y ca 8 mm de largo; glumas 5–7 mm de largo, subiguales, las quillas hirsutas o escabrosas; lema inferior 6–6.5 mm de largo, glabra, con 3 aristas cortas; callo glabro; anteras 1.1–1.3 mm de largo, anaranjadas; flósculo superior estaminado; lema superior 5.5–6 mm de largo, las 3 aristas 12–17 mm de largo, escabrosas.

Común, laderas rocosas, orillas de caminos, potreros, zonas pacífica y norcentral; 50–900 m; fl y fr jul–dic; *Stevens 9360, 9399*; México (Sonora) a Costa Rica.

Bouteloua americana (L.) Scribn., Proc. Acad. Nat. Sci. Philadelphia 1891: 306. 1891; *Aristida americana* L.

Duración indefinida; tallos 25–100 cm de alto, postrado-ascendentes, ramificados; entrenudos y nudos glabros. Hojas numerosas; vainas glabras; lígula 0.5–0.8 mm de largo; láminas 4–11 cm de largo y 2–4 mm de ancho, ciliado-pustulosas. Inflorescencias 6–12 cm de largo, terminales y axilares; espigas 5–9, 2–4 cm de largo, ascendentes, con 5–10 espiguillas, raquis de las espigas triquetro, escabroso, con espiguillas casi hasta la punta, las espiguillas algo remotas, espaciadas por 2–6 mm, 5.5–8 mm de largo, adpresas; glumas 3.5–4.5 mm de largo, subiguales; lema inferior 4.5–7 mm de largo, glabra, con 3 aristas pequeñas, la central hasta 2 mm de largo; callo escasamente piloso; anteras 0.8–1 mm de largo, amarillas; flósculo superior 5–10 mm de largo, estéril, reducido a 3 aristas escabrosas; raquilla prolongada más allá del flósculo superior.

Poco común, cenizas volcánicas, zona pacífica; 60–600 m; fl y fl oct, nov; *Moreno 4161, 18305*; México a Colombia y Brasil, también en las Antillas.

Bouteloua chondrosioides (Kunth) Benth. ex S. Watson, Proc. Amer. Acad. Arts 18: 179. 1883; *Dinebra chondrosioides* Kunth.

Perennes cespitosas; tallos 10–50 cm de alto, erectos, simples; entrenudos 2–5, glabros; nudos glabros. Vainas glabras; lígula diminuta; láminas 1–10 cm de largo y 1.5 3 mm de ancho, glabras o pustuloso-híspidas. Inflorescencia 3–7 cm de largo; espigas 3–8, 8–10 mm de largo, ascendentes a adpresas, con 8–10 espiguillas, raquis de las espigas fuertemente hirsuto, sin espiguillas en los últimos 5 mm, las espiguillas amontonadas, densamente traslapándose, 7–7.5 mm de largo; glumas con las quillas híspidas, la inferior 2.5–4.5 mm de largo, la superior 4.5–6.5 mm de largo; lema inferior 4.7–6.2 mm de largo, híspida en el 3/4 superior, especialmente sobre las nervaduras, las aristas muy cortas; anteras 2.8–3.5

mm de largo, amarillas; callo glabro; flósculo superior estéril, reducido a 3 aristas 2–7 mm de largo, la central frecuentemente con alas membranáceas.

Esperada en Nicaragua; sur de los Estados Unidos a Costa Rica.

Bouteloua curtipendula var. **caespitosa** Gould & Kapadia, Brittonia 16: 203. 1964.

Perennes densamente cespitosas; tallos 30–100 cm de alto, erectos; entrenudos generalmente 3 o menos, glabros; nudos glabros. Vainas glabras; lígula 0.4–0.5 mm de largo; láminas en su mayoría glabras. Inflorescencia 9–15 cm de largo, muy variable; espigas 30–80, 1–3 cm de largo, inclinadas, con 2–6 espiguillas, 6–8 mm de largo; gluma inferior 3–4 mm de largo, glabra, gluma superior 5.5–8 mm de largo, escabrosa en la quilla; lema inferior 5–7 mm de largo, glabra, 3-fida, las nervaduras extendidas como mucrones; anteras 3–4 mm de largo, anaranjadas; flósculo superior 1, la lema ca 2 mm de largo, con 3 aristas, la central hasta 5 mm de largo, las laterales cortas, rudimentarias.

Conocida en Nicaragua por una sola colección (*Stevens 11221*) de suelos calcáreos, Estelí; 650–700 m; fl y fr dic; suroeste de los Estados Unidos a Argentina. Estas plantas en su mayoría son apomícticas.

Bouteloua disticha (Kunth) Benth., J. Linn. Soc., Bot. 19: 105. 1881; *Polyodon distichum* Kunth; *B. pilosa* (Hook f.) Benth. ex S. Watson; *Eutriana pilosa* Hook f.

Anuales; tallos hasta 100 cm de alto, decumbentes o postrados, enraizando, ramificados abundantemente; entrenudos varios, glabros; nudos glabros. Vainas glabras a papiloso-hirsutas; lígula 0.2–0.5 mm de largo; láminas 6–13 cm de largo y 2–5 mm de ancho, glabras a papiloso-hirsutas. Inflorescencia 8–15 cm de largo, solitaria, terminal; espigas 25–50, 4–5.5 mm de largo, péndulas, con 2–6 espiguillas, raquis de las espigas escabroso, con espiguillas en el 1/4 inferior, las espiguillas amontonadas, 5.5–7.5 mm de largo; gluma inferior 3.8–5.5 mm de largo, gluma superior 5.5–7 mm de largo; lema inferior 5–7 mm de largo, glabra, 3-fida, con 3 aristas muy cortas; anteras ca 1.5 mm de largo, anaranjadas; callo glabro; flósculo superior estéril; lema superior muy corta a más larga que la lema inferior, 3-lobada, puberulenta en la 1/2 superior, las aristas laterales 4–8 mm de largo, la arista central 7–10 mm de largo; raquilla no prolongada arriba del flósculo superior.

Común, bosques secos, orillas de caminos, potreros, zonas pacífica y norcentral; 50–1400 m; fl y fr oct–dic; *Moreno 25061, Robleto 1593*; sur de México a Perú y en las Antillas.

Bouteloua media (E. Fourn.) Gould & Kapadia, Brittonia 16: 196. 1964; *Atheropogon medius* E. Fourn.

Perennes densamente cespitosas; tallos 70–200 cm de alto, erectos, generalmente simples; entrenudos 4–7, escabrosos o papiloso-hirsutos. Vainas escabrosas o papiloso-hirsutas; lígula 0.5–0.7 mm de largo; láminas 30 cm o más de largo y 4–6 mm de ancho, escabrosas y papiloso hirsutas. Inflorescencias 20–25 cm de largo, terminales y axilares; espigas hasta 40, 1–2 cm de largo, inclinadas, con 7–13 espiguillas, raquis de las espigas escabroso, con espiguillas casi hasta el ápice o desnudo en la punta, las espiguillas amontonadas, 5–6 mm de largo, algunas abortivas; glumas con las quillas escabrosas, la inferior 4–4.5 mm de largo, la superior 4.8–5.3 mm de largo; lema inferior 5–5.5 mm de largo, escabrosa o puberulenta en líneas, con 3 aristas muy cortas; callo glabro; anteras 2.8–3.5 mm de largo, amarillas o anaranjadas; flósculos rudimentarios 1–2, estériles; lema del primer flósculo rudimentario ca 3 mm de largo, las aristas laterales 4–5 mm de largo, la arista central 5–10 mm de largo; lema del segundo flósculo rudimentario hasta 3 mm de largo.

Esperada en Nicaragua; distribuida desde el centro de México hasta Uruguay.

Bouteloua repens (Kunth) Scribn., U.S.D.A. Div. Agrostol. Bull. 4: 9. 1897; *Dinebra repens* Kunth; *Atheropogon filiformis* E. Fourn.; *B. filiformis* (E. Fourn.) Griffiths; *B. heterostega* (Trin.) Griffiths; *Eutriana heterostega* Trin.; *B. pubescens* Pilg.

Perennes cespitosas; tallos 15–65 cm de alto, postrados a ascendentes; entrenudos y nudos glabros. Vainas glabras o pilosas; lígula 0.2–0.3 mm de largo; láminas 5–20 cm de largo y 1–4 mm de ancho, puberulentas a papiloso-hirsutas, ciliadas. Inflorescencia 4–14 cm de largo, solitaria, terminal; espigas 7–9, 1.5–2.5 cm de largo, ascendentes a patentes, con 4–8 espiguillas, raquis de las espigas escabroso o ciliado, con espiguillas solamente en la 1/2 inferior, las espiguillas amontonadas, 6–9 mm de largo; gluma inferior 4–6 mm de largo, escabrosa en la quilla, gluma superior 4–9 mm de largo, glabra; lema inferior 5–7.5 mm de largo, glabra, con 3 aristas ca 1 mm de largo; anteras 3.5–5.5 mm de largo, amarillas o anaranjadas; callo piloso; flósculo superior estaminado; lema superior 5.5–7 mm de largo, las 3 aristas 2–10 mm de largo; raquilla cortamente prolongada.

Común, lechos de ríos, sabanas y áreas perturbadas, zona pacífica; 0–1000 m; fl y fr sep–feb; *Stevens 11142, 23093*; sur de los Estados Unidos a Colombia, Venezuela y en las Antillas.

CENCHRUS L.
Por Richard W. Pohl y Gerrit Davidse

Anuales o perennes, cespitosas o rizomatosas; plantas polígamas. Lígula una membrana ciliolada; láminas lineares, aplanadas. Inflorescencia una espiga terminal en zigzag de cipselas erizadas espinosas o más o menos recta de fascículos cerdosos desarticulándose como una unidad; espinas y cerdas cilíndricas o aplanadas, en general retrorsamente escabrosas, a veces antrorsamente escabrosas; cipselas erizadas y los fascículos con 1–7 espiguillas retenidas adentro permanentemente, las espiguillas ocultas casi completamente en las cipselas erizadas o visibles en los fascículos; espiguillas comprimidas dorsalmente, con 2 flósculos; glumas membranáceas, la inferior corta, la superior más de la 1/2 de la longitud de la espiguilla; lema inferior tan larga como la espiguilla o más corta; flósculo inferior estéril o estaminado, flósculo superior rígido; lodículas ausentes o 2; anteras 3; estilos 1 ó 2. Fruto una cariopsis; embrión 1/3–9/10 la longitud de la cariopsis; hilo punteado o elíptico.

Género tropical y de áreas templadas con 22 especies; 6 especies se encuentran en Nicaragua. *Cenchrus* y *Pennisetum* están cercanamente emparentados y en algunas especies se puede evidenciar por la morfología intermedia del fascículo.

D.G. DeLisle. Taxonomy and distribution of the genus *Cenchrus*. Iowa State J. Sci. 37: 259–351. 1963; T.S. Filgueiras. O gênero *Cenchrus* L. no Brasil (Gramineae: Panicoideae). Acta Amazon. 14: 95–127. 1984.

1. Espinas o cerdas unidas solamente por debajo del 1/5 inferior, formando un fascículo con un disco pequeño o una copa poco profunda; plantas perennes
   2. Espiguillas 2.5–4.8 mm de largo; cerdas densamente ciliadas, la más interior hasta 1.5 o menos veces larga que el resto; láminas 2–8 mm de ancho .... **C. ciliaris**

2. Espiguillas 5–6 (–9) mm de largo; cerdas esparcida a moderadamente ciliadas, la más interior 2 o más
veces más larga que el resto; láminas 5–10 (–20) mm de ancho .... **C. multiflorus**
1. Espinas o cerdas, por lo menos las más interiores, unidas más o menos hasta la mitad, formando una cipsela
erizada espinosa; plantas anuales
   3. Espinas y cerdas antrorsamente escabrosas, no adhiriéndose a los objetos .... **C. pilosus**
   3. Espinas y cerdas retrorsamente barbadas, adhiriéndose a los objetos
      4. Cipselas erizadas sin un anillo de cerdas; todas las espinas casi del mismo tamaño .... **C. incertus**
      4. Cipselas erizadas con un anillo basal de cerdas delgadas
         5. Inflorescencia densa, el raquis oculto por las cipselas erizadas pajizas; cerdas exteriores tan largas
como la cipsela erizada .... **C. brownii**
         5. Inflorescencia laxa, el raquis visible entre las cipselas erizadas a menudo purpúreas; cerdas
exteriores menos de la mitad de la longitud de la cipsela erizada .... **C. echinatus**

Cenchrus brownii Roem. & Schult., Syst. Veg. 2: 258. 1817; *C. viridis* Spreng.

Anuales cespitosas; tallos 25–95 cm de alto, erectos o decumbentes, ramificados, glabros. Vainas carinadas, ciliadas; lígula 0.6–1.3 mm de largo; láminas 8–30 cm de largo y 4–11 mm de ancho, glabras o a veces pilosas en la haz. Inflorescencia 3–12 cm de largo y 1–1.5 cm de ancho; cipselas erizadas 5–8 mm de largo y 2–4.5 mm de ancho, cerdas exteriores tan largas como las espinas de la cipsela, libres, cilíndricas, retrorsamente escabrosas, espinas interiores unidas más o menos hasta mitad, aplanadas, pilosas; espiguillas 2–3 por cipsela erizada, 4–7 mm de largo; gluma inferior 0.5–2.5 mm de largo, 1-nervia, gluma superior 2.2–4.9 mm de largo, 3–5-nervia; flósculo inferior estaminado; lema inferior 3–5-nervia; pálea inferior casi tan larga como la lema inferior o ligeramente más larga que ella; flósculo superior 4.7–7 mm de largo y 1.2–2.3 mm de ancho; anteras 0.8–2.3 mm de largo.

Común, playas y áreas perturbadas, en todo el país; 0–800 m; fl y fr jul–ene; *Guzmán 1324, Stevens 5897*; trópicos y subtrópicos.

Cenchrus ciliaris L., Mant. Pl. 302. 1771; *Pennisetum ciliare* (L.) Link; *P. cenchroides* Rich. ex Pers.

Perennes emergiendo de una corona dura nodosa o de rizomas cortos; tallos 25–100 cm de alto, erectos, ramificados, glabros. Vainas carinadas, glabras o pilosas; lígula 0.5–2.5 mm de alto; láminas 3–24 cm de largo y 2–8 mm de ancho, escabrosas o pilosas. Inflorescencia 2–12 cm de largo y 1–2.5 cm de ancho; fascículos 9–13 mm de largo y 3–4 mm de ancho, cerdas exteriores libres, cilíndricas, antrorsamente escabrosas, las interiores unidas en la base, ligeramente aplanadas, ciliadas, la más interior 10–15 mm de largo; espiguillas 2–4 por fascículo, 2.5–4.8 mm de largo; gluma inferior 1–2.5 mm de largo, 1-nervia, gluma superior 1–3 mm de largo, 1–3-nervia; flósculo inferior estaminado; lema inferior 5–6-nervia; pálea inferior 2.5–4 mm de largo; flósculo

superior 2.2–4.5 mm de largo y 1–1.5 mm de ancho; anteras 2.4–2.6 mm de largo.

Poco común, cultivada como forraje y ampliamente naturalizada en áreas secas abiertas, zona pacífica; 0–300 m; fl y fr ene–jul, oct; *Moreno 21284, Soza 297*; nativa de los trópicos del Viejo Mundo, naturalizada en los trópicos y subtrópicos americanos.

Cenchrus echinatus L., Sp. Pl. 1050. 1753; *C. insularis* Scribn. ex Millsp.

Anuales cespitosas; tallos 15–85 cm de alto, erectos o decumbentes, ramificados, glabros. Vainas carinadas, glabras a marcadamente pilosas; lígula 0.7–1.7 mm de largo; láminas 4–26 cm de largo y 3.5–11 mm de ancho, glabras o esparcidamente pilosas en la haz hacia la base. Inflorescencia 2–10 cm de largo y 2 cm de ancho; cipselas erizadas 5–10 cm de largo y 3.5–6 mm de ancho, cerdas exteriores menos de la mitad de la longitud de las espinas de la cipsela, libres, cilíndricas, retrorsamente escabrosas, las espinas interiores unidas más o menos hasta la mitad, aplanadas, pilosas; espiguillas 2–3 por cipsela erizada, 5–7 mm de largo; gluma inferior 1.3–1.4 mm de largo, 1-nervia, gluma superior 3.8–5.7 mm de largo, 3–6-nervia; flósculo inferior estéril o estaminado; lema inferior 5–7-nervia; pálea inferior más o menos tan larga como la lema inferior; flósculo superior 4.7–7mm de largo y 1.2–2.3 mm de ancho; anteras 0.8–2.4 mm de largo.

Común, playas y sitios perturbados, en todo el país; 0–760 m; fl y fr durante todo el año; *Nee 28214, Stevens 2711*; trópicos y subtrópicos.

Cenchrus incertus M.A. Curtis, Boston J. Nat. Hist. 1: 135. 1835; *C. pauciflorus* Benth.

Anuales cespitosas; tallos 5–80 cm de alto, erectos o decumbentes, ramificados, glabros. Vainas carinadas, glabras a pilosas; lígula hasta 1.5 mm de largo; láminas 2–8 cm de largo y 2–6 mm de ancho, glabras en el envés, esparcidamente pilosas en la haz. Inflorescencia 2–8.5 cm de largo y 0.8–2 cm de ancho; cipselas erizadas 5–10 mm de largo y 2.5–5.5

mm de ancho, espinas unidas más o menos hasta la mitad, antrorsamente escabrosas y a veces pilosas, las exteriores cilíndricas, las interiores aplanadas; espiguillas 2–4 por cipsela erizada, 3.5–5.8 mm de largo; gluma inferior 1–3.3 mm de largo, 1-nervia, gluma superior 2.8–5 mm de largo, 5–7-nervia; flósculo inferior estaminado; lema inferior 4–7-nervia; pálea inferior 3.5–6.2 mm de largo; flósculo inferior 3.4–6 mm de largo; anteras 0.5–2 mm de largo.

Poco común, playas marinas arenosas, costas pacífica y atlántica; nivel del mar; fl y fr abr, oct, nov; *Stevens 7883, 20103*; sur de los Estados Unidos a Chile, Argentina, también en las Antillas, introducida en Africa.

Cenchrus multiflorus J. Presl in C. Presl, Reliq. Haenk. 1: 318. 1830; *Pennisetum karwinskyi* Schrad.; *P. multiflorum* E. Fourn.; *P. vulcanicum* Chase.

Perennes cespitosas, base con yemas escamosas; tallos 50–160 cm de alto, erectos, simples o esparcidamente ramificados, glabros o pilosos. Vainas escasamente carinadas, glabras a papiloso-pilosas, ciliadas; lígula 1.3–1.8 mm de largo; láminas 20–45 cm de largo y 5–10 (–20) mm de ancho, escabrosas y a veces esparcidamente papiloso-pilosas en la haz. Inflorescencia 5–10 (–18) mm de largo y 10–15 mm de ancho; fascículos 7–12 mm de largo y (2.5–) 3–3.5 mm de ancho, cerdas exteriores libres, cilíndricas, antrorsamente escabrosas, las interiores unidas solamente en la base, cilíndricas, esparcida a moderadamente ciliadas, la más interior 16–30 (–50) mm de largo; espiguillas 2–5 por fascículo, 5–6 (–9) mm de largo; gluma inferior 2.2–2.9 mm de largo, 1-nervia, gluma superior 3–5.2 mm de largo, 3–5-nervia; flósculo inferior generalmente estaminado; lema inferior 5–7-nervia; pálea inferior tan larga como la lema inferior o un poco más corta que ella; flósculo superior 5.2–6.6 mm de largo y 1–1.5 mm de ancho; anteras 1.9–3 mm de largo.

Rara, áreas abiertas en bosques secos, León, Managua; 0–300 m; fl y fr jul, oct; *Garnier 822, Neill 1148*; México a Costa Rica. Esta especie, interpretada en un sentido amplio, varía considerablemente en el tamaño de las cerdas interiores y exteriores, pero existen numerosos intermedios.

Cenchrus pilosus Kunth in Humb., Bonpl. & Kunth, Nov. Gen. Sp. 1: 116. 1816.

Anuales cespitosas; tallos 30–70 cm de alto, erectos o decumbentes, ramificados, glabros. Vainas carinadas, glabras o escabrosas; lígula hasta 1.6 mm de largo; láminas 6–30 cm de largo y 4–11 mm de ancho, glabras o pilosas. Inflorescencia 2–13 cm de largo y 2 cm de ancho; cipselas erizadas 5–8 mm de largo y 3–5.5 mm de ancho, cerdas interiores más de 2 veces más largas que las exteriores, libres, cilíndricas, antrorsamente escabrosas, las espinas interiores unidas más o menos hasta la mitad, aplanadas, pilosas; espiguillas 2–3 por cipsela erizada, 6–7.5 mm de largo; gluma inferior 1–4 mm de largo, enervia, gluma superior 3–6 mm de largo, 3–5-nervia; flósculo inferior estaminado o estéril; lema inferior 3–5-nervia; pálea inferior ligeramente más corta que la lema inferior; flósculo superior 5–7.5 mm de largo y 1–2.2 mm de ancho; anteras 0.9–2 mm de largo.

Muy común, áreas abiertas perturbadas, playas, zonas pacífica y norcentral; 0–1250 m; fl y fr durante todo el año; *Araquistain 1289, Moreno 1994*; sur de México a Perú y en las Antillas.

CHAETIUM Nees

Por Richard W. Pohl

Chaetium bromoides (J. Presl) Benth. ex Hemsl., Biol. Cent.-Amer., Bot. 3: 503. 1885; *Berchtoldia bromoides* J. Presl.

Perennes cespitosas; tallos fistulosos, 40–100 cm de alto, erectos o ascendentes, simples o ramificados; entrenudos comprimidos, glabros; nudos barbados; plantas hermafroditas. Vainas escasamente carinadas, glabras excepto en los márgenes; lígula una membrana ciliada 0.3–0.4 mm de largo, los cilios 1.2–2.1 mm de largo; láminas lineares, 10–30 cm de largo y 3–7 mm de ancho, papiloso-pilosas. Inflorescencias terminales y axilares; panículas 10–23 cm de largo y 1–2 cm de ancho; racimos erectos, adpresos; espiguillas pareadas, comprimidas dorsalmente, lanceoloides, aplanado-convexas, 8–10 mm de largo excluyendo las aristas, verdosas o purpúreas, con 2 flósculos; callo basal puntiagudo, 1.5–2.5 mm de largo, formado de la base de la gluma inferior y el entrenudo de la raquilla; desarticulación oblicua en la base del callo; glumas iguales, 6–10 mm de largo, más largas que los flósculos, herbáceas, 5–7-nervias, las aristas 20–35 mm de largo, flexuosas; flósculo inferior estéril; lema inferior 6–8 mm de largo, 3-nervia; pálea inferior ausente; flósculo superior bisexual; lema superior 6–8 mm de largo, lisa, atenuada o con una arista corta de hasta 2 mm de largo, los márgenes aplanados, cartácea; pálea superior atenuada en una arista corta; lodículas

2; estambres 3, las anteras ca 1.5 mm de largo; estilos 2. Fruto una cariopsis; embrión ca 1/2 la longitud de la cariopsis; hilo ca 3/10 la longitud de la cariopsis, linear-oblongo.

Conocida en Nicaragua por una sola colección (*Hitchcock 8664*) de áreas abiertas perturbadas, Carazo; 500 m; fl y fr nov; México a Panamá. Género

con 3 especies, distribuido desde México hasta Brasil y en las Antillas.

M.B. Montiel. Determinación taxonómica de la especie *Chaetium bromoides* (Presl) Benth. basada en el estudio anatómico. Revista Biol. Trop. 20: 45–79. 1972.

CHLORIS Sw.
Por Richard W. Pohl

Anuales o perennes, cespitosas o estoloníferas; tallos sólidos, glabros; plantas hermafroditas. Vainas carinadas; lígula una membrana generalmente ciliolada; láminas lineares, aplanadas o plegadas. Inflorescencia de 1 o más verticilos de espigas unilaterales, raramente de 1 espiga, las espiguillas sésiles, adpresas o pectinadas en 2 hileras sobre los lados inferiores del raquis; espiguillas comprimidas lateralmente, generalmente con 1 flósculo bisexual y 1 ó 2 flósculos estériles o raramente estaminados; desarticulación arriba de las glumas; glumas subiguales o la inferior más corta que la superior, más cortas que el flósculo fértil, membranáceas, 1-nervias, carinadas, agudas o acuminadas; lema fértil membranácea o cartilaginosa, carinada, 3-nervia, emarginada o bífida, generalmente aristada desde el ápice o justo debajo del ápice, las nervaduras marginales generalmente pilosas, la quilla pilosa o glabra; callo piloso; raquilla prolongada por encima del flósculo fértil y con flósculos rudimentarios; lodículas 2, adnadas a la pálea; estambres 3; estilos 2. Fruto una cariopsis; embrión 1/3–2/3 la longitud de la cariopsis; hilo punteado.

Género con ca 55 especies de climas cálidos del Nuevo y Viejo Mundo; 6 especies se encuentran en Nicaragua y una adicional se espera encontrar.

D.E. Anderson. Taxonomy of the genus *Chloris* (Gramineae). Brigham Young Univ. Sci. Bull., Biol. Ser. 19: 1–133. 1974.

1. Flósculo rudimentario 1
  2. Lema rudimentaria oblonga, truncada, 0.4–0.8 mm de ancho cuando doblada; lados de la lema fértil acanalados
    3. Perennes estoloníferas; lema fértil ligeramente curvada, los márgenes ciliados en los 3/4 superiores con tricomas 0.4–0.8 mm de largo .... **C. rufescens**
    3. Anuales generalmente cespitosas, raramente estoloníferas; lema fértil marcadamente gibosa, los márgenes marcadamente ciliados en el 1/3 superior con tricomas 1.5–2.5 mm de largo, glabros o inconspicuamente ciliados en los 2/3 inferiores .... **C. virgata**
  2. Lema rudimentaria delgada, aguda, menos de 0.2 mm de ancho cuando doblada; lados de la lema fértil aplanados
    4. Lema fértil con la arista 15–25 mm de largo, escabrosa, no conspicuamente ciliada; láminas glabras, el ápice muy obtuso .... **C. pycnothrix**
    4. Lema fértil con la arista 7–13 mm de largo, ciliada en los márgenes superiores; láminas hirsutas, el ápice a menudo agudo .... **C. radiata**
1. Flósculos rudimentarios 2–4
  5. Lema fértil con los lados conspicuamente acanalados entre la nervadura media y el margen .... **C. virgata**
  5. Lema fértil sin los lados acanalados
    6. Flósculos rudimentarios todos aristados .... **C. inflata**
    6. Flósculos rudimentarios sólo el inferior aristado
      7. Plantas anuales; quilla de la lema fértil fuertemente ciliada .... **C. ciliata**
      7. Plantas perennes; quilla de la lema fértil glabra .... **C. gayana**

Chloris ciliata Sw., Prodr. 25. 1788.

Perennes cespitosas; tallos 20–60 cm de alto, erectos, ramificados. Vainas glabras; lígula 0.3–0.4 mm de largo; láminas 10–20 cm de largo y 3–5 mm de ancho, glabras o escabrosas, acuminadas. Espigas 3–7, 3–6 cm de largo, en 1 verticilo, ascendentes;

espiguillas 2–2.5 mm de largo; gluma inferior 1.3–1.7 mm de largo, gluma superior 2–2.5 mm de largo; flósculos 3; lema fértil 1.9–2.6 mm de largo, elíptica, los márgenes y la quilla fuertemente ciliados, la arista 1–2 mm de largo; anteras 0.6–0.7 mm de largo; flósculos rudimentarios 2, el inferior 1.3–1.8 mm de largo y 0.8–1.8 mm de ancho, obtriangular, truncado, la arista 0.9–1.4 mm de largo, el superior 0.8–1.1 mm de largo y 0.9–1.2 mm de ancho, sin arista.

En la *Flora of Guatemala* se dice que se encuentra en Nicaragua, pero hasta el momento no se ha documentado con un espécimen; Estados Unidos a Brasil, Uruguay y Argentina, también en las Antillas.

Chloris gayana Kunth, Révis. Gramin. 293. 1830.

Perennes estoloníferas, los estolones hasta 100 cm de largo; tallos 50–200 (–300) cm de alto, erectos o geniculados, ramificados, glabros. Vainas glabras; lígula 0.3–0.5 mm de largo; láminas 20–45 cm de largo y 4–15 mm de ancho, aplanadas, acuminadas, glabras o escabrosas, conspicuamente papiloso-hirsutas justo arriba de la lígula y a veces esparcidamente papiloso-pilosas en la haz. Espigas 6–16 (–30), 5–9 (–15) cm de largo, en 1 verticilo, ascendentes a divaricadas; espiguillas 3–5 mm de largo, densamente imbricadas; gluma inferior 1.4–2.8 mm de largo, gluma superior 2.2–3.5 mm de largo; flósculos 3–5; lema inferior 2.7–4.2 mm de largo, lanceolada a elíptica, los márgenes generalmente ciliados, los tricomas más largos hacia el ápice, la quilla glabra, la arista 2–6.5 mm de largo; anteras ca 2 mm de largo; flósculos rudimentarios 2–4, estaminados o estériles, el inferior 2.2–3.2 mm de largo y 0.5–0.8 mm de ancho, cilíndrico, obtuso, la arista 0.8–3.2 mm de largo, los superiores progresivamente más pequeños y generalmente no aristados.

Cultivada para forraje, posiblemente escapada de cultivo, Matagalpa; 1600 m; fl y fr ago; *Araquistain 181*; nativa de Africa, introducida en el sur de los Estados Unidos a Argentina, Asia, Australia e Islas del Pacífico.

Chloris inflata Link, Enum. Hort. Berol. Alt. 1: 105. 1821.

Anuales cespitosas; tallos 35–96 cm de alto, erectos o decumbentes en las bases, ramificados. Vainas glabras; lígula 0.3–0.6 mm de largo; láminas 7–25 cm de largo y 3–6 mm de ancho, aplanadas o plegadas, acuminadas, glabras o esparcidamente pilosas. Espigas 7–13, 5–8 cm de largo, en 1 verticilo, erectas a ascendentes; espiguillas 2–2.5 mm de largo, densamente imbricadas; gluma inferior 1–1.3 mm de largo, gluma superior 1.8–2.3 mm de largo; flósculos 3; lema fértil 2–2.6 mm de largo, lanceolada o elíptica, los márgenes conspicuamente ciliados en el 2/3 superior con tricomas hasta 2 mm de largo, la quilla ciliada sobre los lados, la arista 4–8 mm de largo; anteras 0.6–0.7 mm de largo; flósculos rudimentarios 2, 0.9–1.3 mm de largo y 0.4–0.9 mm de ancho, obtriangulares, inflados, truncados, la arista

4–6 mm de largo, el superior un poco más pequeño que el inferior, aristado.

Espera en Nicaragua; sur de los Estados Unidos a Brasil, Argentina, también en las Antillas, Asia, Africa e Islas del Pacífico.

Chloris pycnothrix Trin., Gram. Unifl. Sesquifl. 234. 1824.

Anuales con estolones cortos; tallos hasta 45 cm de alto, decumbentes, ramificados. Vainas glabras o pilosas cerca del cuello; lígula ca 0.5 mm de largo; láminas 2–7 cm de largo y 2–5 mm de ancho, aplanadas, glabras o escabrosas, obtusas. Espigas 3–9, 3–8 cm de largo, en 1 (2) verticilo(s), divaricadas; espiguillas 2.5–3 mm de largo, densamente adpresas; gluma inferior 1.3–1.7 mm de largo, gluma superior 2.5–3.5 mm de largo; flósculos 2; lema fértil 2.5–3 mm de largo, glabra excepto por el callo, la arista 10–45 mm de largo; anteras ca 0.5 mm de largo; flósculo rudimentario 1, hasta 1 mm de largo y 0.2 mm de ancho, la arista 4–11 mm de largo.

Maleza en prados y orillas de caminos, Managua; 300–400 m; fl y fr jul, sep; *Danin 76-32-1*, *Stevens 2866*; Honduras a Brasil y Argentina, también en las Antillas y en Africa.

Chloris radiata (L.) Sw., Prodr. 26. 1788; *Agrostis radiata* L.

Anuales con estolones cortos; tallos 15–60 cm de alto, erectos, ramificados. Hojas glabras a hirsutas; lígula 0.5–0.7 mm de largo; láminas 6–12 cm de largo y 3–5 mm de ancho, aplanadas o plegadas, generalmente pilosas, agudas. Espigas 4–18, 3.5–7 cm de largo, en 1 ó 2 verticilos, ascendentes a divergentes; espiguillas 2.5–3.5 mm de largo, densamente imbricadas; gluma inferior 1.5–2.4 mm de largo, gluma superior 2.2–3.4 mm de largo; flósculos 2; lema fértil 2.5–3.4 mm de largo, lanceolada a elíptica, los márgenes cortamente ciliados en la 1/2 superior, la quilla glabra, la arista 7–13 mm de largo; anteras ca 0.5 mm de largo; flósculo rudimentario 1, 0.5–1.5 mm de largo y ca 0.1 mm de ancho, linear, agudo, la arista 2–7.5 mm de largo.

Común, orillas de caminos, cafetales, en todo el país; 200–1300 m; fl y fr durante todo el año; *Davidse 30399*, *Stevens 15660*; sur de los Estados Unidos a Bolivia, Brasil y en las Antillas.

Chloris rufescens Lag., Varied. Ci. 2(4): 143. 1805; *Agrostomia aristata* Cerv.; *C. aristata* (Cerv.) Swallen.

Perennes estoloníferas; tallos 15–80 cm de alto, erectos, simples. Vainas glabras; lígula ca 1 mm de largo; láminas 1–15 cm de largo y 1.4–5 mm de ancho, aplanadas o plegadas, escabrosas, especialmente sobre los márgenes y la quilla en el envés, obtusas. Espigas 4–8, 3–8 cm de largo, en 1 verticilo y generalmente con 1 racimo abajo del verticilo, ascendentes; espiguillas 3.8–4.1 mm de largo, adpresas; gluma inferior 1.8–2.2 mm de largo, gluma superior 3.1–4 mm de largo; flósculos 2; lema fértil 3.4–4.4 mm de largo, lanceolada a elíptica, los márgenes ciliados, los tricomas ligeramente divergentes en la 1/2 superior, la quilla generalmente glabra, a veces con algunos tricomas, la arista 6–11 mm de largo; anteras 0.5–0.8 mm de largo; flósculo rudimentario 1, 1.7–2.3 mm de largo y 0.6–0.7 mm de ancho, cilíndrico, truncado, con una arista 2.5–4 mm de largo.

Conocida en Nicaragua por una sola colección (*Croat 43031*) de bosques nublados, Jinotega; 1000 m; fl y fr ago; norte de México a Costa Rica. Ha sido erróneamente tratada como *Chloris orthonoton* Döll.

Chloris virgata Sw., Fl. Ind. Occid. 1: 203. 1797.

Anuales, generalmente cespitosas, a veces con estolones cortos; tallos 20–90 cm de largo, erectos, ramificados. Vainas glabras o papiloso-hirsutas; lígula 0.4–0.8 mm de largo; láminas hasta 25 cm de largo y 3–7 mm de ancho, aplanadas, glabras o papiloso-hirsutas, acuminadas. Espigas 4–9, 3–8 cm de largo, en 1 verticilo, conniventes; espiguillas 3–4 mm de largo, densamente imbricadas; gluma inferior 1.5–2.5 mm de largo, gluma superior 2.5–4.3 mm de largo; flósculos 2 (3); lema fértil 2.5–4.2 mm de largo, marcadamente convexa, los márgenes marcadamente ciliados en el 1/3 superior con tricomas hasta 10 mm de largo, glabros o inconspicuamente ciliados en los 2/3 inferiores, la quilla glabra o pilosa, los lados acanalados, la arista 8–15 mm de largo; anteras 0.4–0.5 mm de largo; flósculos rudimentarios 1 (2), el inferior 2–2.4 mm de largo y 0.4–0.8 mm de ancho, glabro, la arista 3–9.5 mm de largo, generalmente oculto, el rudimento superior más pequeño, el superior a veces reducido a la raquilla.

Común, en campos y orillas de caminos, zonas pacífica y norcentral; 0–1200 m; fl y fr may–nov; *Moreno 24396*, *Stevens 9520*; Estados Unidos a Chile, Argentina, también en las Antillas, Asia, Africa, Australia e Islas del Pacífico.

CHUSQUEA Kunth; *Swallenochloa* McClure

Por Lynn G. Clark

Tallos sólidos, generalmente fistulosos con la edad, normalmente ramificándose en estado vegetativo; plantas hermafroditas. Vainas foliares del tallo sin aurículas; láminas articuladas con las vainas, pero generalmente erectas, no pseudopecioladas, triangulares; nudos en el 1/2 del tallo con una yema central más grande y 2–numerosas yemas subsidiarias subyacentes más pequeñas, subiguales, independientes, consteladas, lineares o verticiladas, todas las yemas de 2 o raramente 3 tamaños, persistiendo este polimorfismo durante el desarrollo de las ramas. Inflorescencia generalmente una panícula, raramente un racimo pauciflor; espiguillas teretes, o comprimidas lateral o dorsalmente; glumas 2; lemas estériles 2; flósculo bisexual 1; desarticulación por encima de las glumas y debajo de las lemas estériles; raquilla no prolongada más allá de la pálea; lodículas 3; estambres 3, los filamentos filiformes, libres, las anteras lineares; ovarios glabros, estigmas 2. Fruto una cariopsis.

Género de América tropical con ca 120 especies, principalmente montano, extendiéndose a áreas templadas del norte de México a Chile y Argentina; 1 especie en Nicaragua y 1 más se espera encontrar. Al menos una especie más se encuentra en Nicaragua, pero está representada por material estéril inadecuado para su identificación.

T.R. Soderstrom y C.E. Calderón. The genus *Chusquea* (Poaceae: Bambusoideae) with verticillate buds. Brittonia 30: 154–164. 1978; T.R. Soderstrom y C.E. Calderón. *Chusquea* and *Swallenochloa* (Poaceae: Bambusoideae): Generic relationships and new species. Brittonia 30: 297–312. 1978; L.G. Clark. Systematics of *Chusquea* section *Swallenochloa*, section *Verticillatae*, and section *Longifoliae* (Poaceae-Bambusoideae). Syst. Bot. Monogr. 27: 1–127. 1989.

1. Inflorescencia una panícula 10–15 cm de largo y de 10 espiguillas o más; yema central circular; láminas foliares del tallo anchamente triangulares, erectas, persistentes .... **C. liebmannii**
1. Inflorescencia un racimo 1–3 cm de largo y de 3–4 espiguillas; láminas foliares del tallo filiformes, a menudo torcidas y curvadas .... **C. simpliciflora**

Chusquea liebmannii E. Fourn. in Hemsl., Biol. Cent.-Amer., Bot. 3: 587. 1885; *C. heydei* Hitchc.

Tallos 3–10 m de largo y 1–2.5 cm de ancho, arqueados y a veces semitrepadores. Hojas del tallo deciduas; vainas 9.5–21.5 cm de largo, (1.5–) 2.5–4 veces más largas que las láminas, escábridas en el envés excepto en la base; láminas 2.5–9 cm de largo, erectas, persistentes, lisas o escábridas en el envés; anillo 2–3 mm de ancho; nudos de color dorado más obscuro, con una yema central circular, las yemas subsidiarias numerosas y completamente verticiladas en 2–3 hileras, nudos inferiores carentes de yemas pero rodeados por espinas radicales, nudos superiores también frecuentemente con algunas espinas radicales presentes; cicatriz de la vaina hundiéndose por debajo de la yema central; ramificación infravaginal modificada, con el anillo desarrollado, pero la hoja del tallo aparentemente decidua durante el desarrollo de las ramas; láminas foliares de las ramas 2.7–8.5 cm de largo y 0.4–1.5 cm de ancho, 4.5–10.5 veces más largas que anchas, generalmente glabras en el envés pero con un fascículo de tricomas a lo largo de un lado de la costilla media cerca de la base, no teseladas, la base atenuada, el ápice apiculado. Panículas 10–15 cm de largo, abiertas, ramas y pedicelos todos fuertemente divergentes; espiguillas 7.2–9 mm de largo, comprimidas dorsalmente, glabras; glumas 0.6–1.4 mm de largo; primera lema estéril 2.4–3.1 mm de largo, 1/4–1/3 de la longitud de la espiguilla, segunda lema estéril 3.4–4 mm de largo, 1/3–1/2 de la longitud de la espiguilla, lema fértil 7.5–8 mm de largo, apiculada.

Aún no ha sido colectada en Nicaragua pero se espera encontrar; norte de México a Costa Rica.

Chusquea simpliciflora Munro, Trans. Linn. Soc. London 26: 54. 1868.

Tallos 5–25 m de alto y 0.5–1 cm de ancho, bejucosos. Vainas foliares del tallo 14–28.5 cm de largo, 8–11.5 (–23) veces más largas que las láminas, persistentes, muy angostas hacia el ápice, éste frecuentemente torcido, generalmente glabras en el envés pero a veces cubiertas con tricomas retrorsos vidriosos; láminas 0.6–3.7 cm de largo, erectas, filiformes, frecuentemente torcidas y curvadas, deciduas; anillo 1–2 (–5) mm de ancho; nudos con 1 yema central triangular y 30 o más yemas subsidiarias subyacentes; cicatriz de la vaina hundiéndose ligeramente por debajo de la yema central; ramificación extravaginal modificada, con el anillo rompiéndose completamente y las hojas del tallo separándose de la cicatriz de la vaina antes de que emerjan las ramas subsidiarias, pero especialmente en los nudos de las puntas de ramas o del tallo, ramificación extravaginal normal evidente; láminas foliares de las ramas 4–10 cm de largo y 0.7–1.5 cm de ancho, 5–8.5 veces más largas que anchas, generalmente glabras en el envés pero con un fascículo basal de tricomas a un lado de la costilla media, no teseladas, la base atenuada a atenuado-redondeada, el ápice apiculado. Racimos de 3–4 espiguillas, 1–3 cm de largo, abiertos; espiguillas 7.1–10.9 mm de largo, generalmente comprimidas dorsalmente, glabras; glumas 0.2–0.9 mm de largo; primera lema estéril 4.1–6.1 mm de largo, 5/8–1/2 de la longitud de la espiguilla, segunda lema estéril 4.5–6.9 mm de largo, 1/2–2/3 de la longitud de la espiguilla, lema fértil 6.6–6.9 mm de largo, apiculada.

Rara, laderas arboladas, nebliselvas, Chontales, Zelaya; 240–700 m; *Nee 28431, Pohl 12345*; Guatemala a Ecuador. Género con ca 120 especies, distribuido desde el norte de México hasta Chile y Argentina, principalmente en las zonas montañosas.

COIX L.

Por Richard W. Pohl

Coix lacryma-jobi L., Sp. Pl. 972. 1753.

Duración indefinida, altas, cespitosas, con aspecto de maíz; tallos sólidos, 90–300 cm de largo y hasta 1 cm de ancho, libremente ramificados hacia el ápice; plantas monoicas. Hojas glabras; lígula una membrana hasta 10 mm de largo; láminas anchamente lineares, 10–45 mm de largo y 20–55 mm de ancho, aplanadas, subcordadas basalmente. Inflorescencias terminales y axilares, numerosas; pedúnculos agrupados desde las axilas superiores, cada uno con un involucro globoso óseo (vaina modificada), con un ostíolo en el ápice, deciduo en la madurez, conteniendo una sola rama pistilada sésil y un pedúnculo saliente con una pequeña rama estaminada; involucros subesféricos, 8–13 mm de largo y 6–9 mm de ancho, grises o blancos hasta casi negros, brillantes; rama pistilada con 1 espiguilla sésil pistilada y 2 espiguillas pediceladas estériles, espiguilla pistilada anchamente obovoide, sésil, gibosa, con un rostro apical, glumas iguales, membranáceas y delicadas, casi enervias, flósculo inferior estéril, con sólo una lema membranácea, flósculo superior pistilado, con 1–3 estambres rudimentarios, lema y pálea membranáceas, los 2 estigmas exertos del ostíolo en la antesis, lodículas ausentes; rama estaminal 3–8 cm de largo, espiguillas estaminadas en pares o tríadas, 7–12 mm de largo, 1 pedicelada y 1 ó 2 sésiles, lanceoladas a oblanceoladas, herbáceas, pedicelos libres, glumas iguales, ocultando los flósculos, la inferior aplanada, 2-carinada, las quillas ligeramente aladas hacia el ápice, la superior navicular, flósculos estaminados 2, el inferior ligeramente más pequeño que el superior, lemas membranáceas, 3-nervias, páleas membranáceas, ligeramente más cortas que las lemas, estambres 3, las anteras 3–5 mm de largo, amarillas. Fruto una cariopsis marcadamente sulcada; hilo punteado.

Cultivada y naturalizada especialmente a lo largo de ríos y canales, en todo el país; 0–1300 m; fl y fr durante todo el año; *Araquistain 1638, Sandino 2751*; naturalizada ampliamente en climas cálidos, nativa de Asia tropical. Los involucros son utilizados para hacer rosarios y ornamentos. Género con ca 5 especies de Asia tropical, naturalizado en los trópicos. "Lágrima de San Pedro".

CRYPTOCHLOA Swallen
Por Gerrit Davidse

Perennes cespitosas; tallos con muchos nudos, simples, monomorfos o dimorfos; plantas monoicas. Pseudopecíolo corto; lígula membranácea, asimétrica, adnada a la aurícula de la vaina; láminas aplanadas, oblongas a ovadas, asimétricas, basalmente redondeadas. Inflorescencias racemiformes o paniculiformes, generalmente 1–8 surgiendo desde los nudos foliosos más superiores, a veces desde los nudos sin láminas más inferiores, inflorescencia terminal en general estrictamente estaminada, a veces bisexual, inflorescencias axilares usualmente bisexuales, rara vez estrictamente pistiladas; pedúnculos generalmente ocultos en las vainas, raramente exertos en inflorescencias terminales; pedicelos estaminados delgados, pedicelos pistilados engrosados en la punta; espiguillas unisexuales, dorsalmente comprimidas, solitarias o las estaminadas a veces pareadas, con 1 flósculo, espiguillas estaminadas en la base de la inflorescencia en inflorescencias bisexuales, más cortas que las espiguillas pistiladas, glumas ausentes, lema y pálea membranáceas, pálea 2-nervia, lodículas 3, estambres 2 ó 3; espiguillas pistiladas en las puntas de las ramas más superiores en inflorescencias bisexuales, fusiformes, desarticulación por encima de las glumas, glumas 2, subiguales o iguales, más largas o tan largas como el flósculo, herbáceas, no largamente persistentes, flósculo dispuesto en y cayendo con un entrenudo de la raquilla alargado y engrosado, lema y pálea endurecidas, brillantes y con manchas cafés en la madurez, lodículas 3, estilo 1, estigmas 2. Fruto una cariopsis; hilo linear, tan largo como la cariopsis; embrión ca 1/6 de la longitud de la cariopsis.

Género con 9 especies de América tropical; 2 especies en Nicaragua.

T.R. Soderstrom. New species of *Cryptochloa* and *Piresia* (Poaceae: Bambusoideae). Brittonia 34: 199–209. 1982; T.R. Soderstrom y F.O. Zuloaga. New species of *Arberella*, *Cryptochloa*, and *Raddia* (Poaceae: Bambusoideae: Olyreae). Brittonia 37: 22–35. 1985.

1. Láminas más grandes de los tallos mejor desarrollados (8–) 12–38, 1.5–3 cm de largo; lígula 0.4–1.6 mm de largo; inflorescencia estaminada terminal con 3–4 espiguillas .... **C. concinna**
1. Láminas más grandes de los tallos mejor desarrollados generalmente 4–13 (–18), 3.5–11 cm de largo; lígula (0.5–) 1–5.5 mm de largo; inflorescencia estaminada terminal con 7 o más espiguillas .... **C. strictiflora**

Cryptochloa concinna (Hook. f.) Swallen, Ann. Missouri Bot. Gard. 29: 320. 1942; *Olyra concinna* Hook. f.; *Raddia concinna* (Hook. f.) Chase.

Tallos 8–40 cm de alto, erectos a geniculados, monomorfos. Hojas con láminas (8–) 12–38 por tallo; vainas puberulentas a glabras, cilioladas; aurículas inconspicuas; lígula 0.4–1.6 mm de largo, glabra o puberulenta; láminas oblongo-lanceoladas, 1.5–3 cm de largo y 0.5–1 cm de ancho, glabras o puberulentas por el envés, glabras por la haz, verdes. Inflorescencias desde los nudos más superiores, racemiformes; inflorescencia terminal estaminada con 3–4 espiguillas; inflorescencias axilares bisexuales con 2 espiguillas pistiladas y 1 espiguilla estaminada; espiguillas estaminadas 2.1–2.7 mm de largo, glabras, agudas, anteras 3, 0.8–1.3 mm de largo; espiguillas pistiladas 8.4–11.7 mm de largo; glumas glabras, 5-nervias, agudas; flósculo 6.9–8.4 mm de largo y 1.3–1.7 mm de ancho; entrenudo 0.7–0.9 mm de largo.

Rara, en sotobosque de bosques perennifolios, zona atlántica; 10–100 m; fl y fr nov–mar; *Moreno 15003, Stevens 23474*; Nicaragua a Colombia.

Cryptochloa strictiflora (E. Fourn.) Swallen, Ann. Missouri Bot. Gard. 29: 321. 1942; *Strephium strictiflorum* E. Fourn.; *C. granulifera* Swallen.

Tallos 15–65 cm de alto, erectos, monomorfos. Hojas con láminas 4–10 (–13) por tallo; vainas glabras a puberulentas, ciliadas; aurículas conspicuas; lígula (0.5–) 1–5.5 mm de largo, glabra a puberulenta; láminas oblongas a oblongo-lanceoladas, 3.5–11 cm de largo y 0.8–2.3 (–2.8) cm de ancho, glabras, verdes o a veces purpúreas por el envés. Inflorescencias generalmente desde los nudos foliosos superiores, a veces también desde los nudos inferiores sin láminas; inflorescencias terminales paniculiformes, estaminadas, con 10–60 o más espiguillas, raramente bisexuales con una espiguilla pistilada y 10 o más espiguillas estaminadas, a veces los pedúnculos largamente exertos; inflorescencias axilares paniculiformes a racemiformes, bisexuales, con 2–5 espiguillas pistiladas y 5–20 o más espiguillas estaminadas; espiguillas estaminadas (3.2–) 4.4–6.2 mm de largo, glabras, lema aristada hasta 0.4–1 mm de largo, anteras 3, (1.3–) 1.5–4.1 mm de largo; espiguillas pistiladas 8.5–14 mm de largo; glumas glabras, la inferior 5 (–7)-nervia, aguda o aristada hasta 0.5 mm de largo, la superior 5-nervia, aguda a aristada hasta 0.4 mm de largo; flósculo 6.8–9.6 mm de largo y 1.5–2.1 mm de ancho; entrenudo 0.9–1.3 mm de largo.

Conocida en Nicaragua por una colección (*Atwood 6879*) de nebliselvas, Peñas Blancas, Jinotega; 1500 m; fl y fr dic; México (Veracruz) a Ecuador. El ejemplar citado es intermedio entre *C. strictiflora* y *C. variana* Swallen.

CYMBOPOGON Spreng.

Por Gerrit Davidse y Richard W. Pohl

Perennes cespitosas; tallos sólidos; plantas polígamas. Hojas generalmente aromáticas con olor a limón cuando trituradas; lígula una membrana ciliolada; láminas lineares, aplanadas. Inflorescencia un par de racimos cortos, los racimos agregados en una panícula compuesta, falsa, densa, espatácea, terminal, raquis articulado arriba del par basal de espiguillas, aplanado, las espiguillas pareadas, el par basal con las espiguillas similares, sin aristas, estaminadas, los otros pares de espiguillas con una espiguilla sésil bisexual, aristada, y la otra espiguilla pedicelada estaminada o estéril, las 2 más o menos de igual tamaño, las 2 espiguillas y 1 entrenudo del raquis caedizos como una unidad, o la pedicelada desarticulándose; espiguillas sésiles lanceoladas, con 2 flósculos, glumas iguales, coriáceas, ocultadas por los flósculos, la inferior aplanada, carinada lateralmente, los márgenes superiores agudamente inflexos, la superior navicular, carinada hacia el ápice, 1–3-nervia, flósculo inferior estéril, lema inferior enervia, hialina, ciliada, pálea inferior ausente, flósculo superior bisexual, lema superior hialina, profundamente 2-lobada, cortamente aristada desde el seno, pálea superior diminuta o ausente, lodículas 2, estambres 3, estilos 2; espiguillas pediceladas similares a las espiguillas sésiles pero la gluma inferior redondeada, herbácea, pedicelos libres, flósculo inferior ausente, flósculo superior estaminado, lema superior hialina, estambres 3. Fruto una cariopsis; hilo punteado.

Género con ca 30 especies, nativo de los trópicos y subtrópicos del Viejo Mundo; 2 especies cultivadas en Nicaragua.

S. Soenarko. The genus *Cymbopogon* Sprengel (Gramineae). Reinwardtia 9: 225–375. 1977.

1. Espiguilla sésil sin una arista; gluma inferior sin nervaduras visibles entre las quillas .... **C. citratus**
1. Espiguilla sésil con una arista; gluma inferior con 2 ó 3 nervaduras visibles entre las quillas .... **C. winterianus**

Cymbopogon citratus (DC.) Stapf, Bull. Misc. Inform. 1906: 322. 1906; *Andropogon citratus* DC.

Tallos hasta 200 cm de alto y 5–10 mm de ancho, glabros. Hojas glabras, todas basales en las formas vegetativas; vainas abriéndose con la edad y formando abanicos aplanados, glabros, fuertemente glaucos y ceráceos, pulverulentos; lígula 1–2.5 mm de largo; láminas hasta 70 cm de largo y 18 mm de ancho, verde claras; tallos floríferos generalmente ausentes. Inflorescencia hasta 60 cm de largo y 20 cm de ancho, racimos 1–1.5 cm de largo, con 1–4 pares de espiguillas y una tríada terminal de 1 espiguilla sésil y 2 espiguillas pediceladas; espiguillas sésiles 3.2–5 mm de largo y 0.7–0.8 mm de ancho, gluma inferior con las quillas angostamente aladas, ligeramente sulcada, generalmente sin nervaduras visibles entre las quillas o sólo hacia el ápice, angostamente alada en la 1/2 superior, el ápice 2-fido, lema inferior 2.8–3.2 mm de largo, lema superior 2–2.5 mm de ancho, la arista 1–2 mm de largo, no exerta, recta o ligeramente torcida basalmente, anteras 1–1.5 mm de largo; espiguillas pediceladas 2.5–4.4 mm de largo.

Cultivada, Jinotega, Zelaya; 10–650 m; *Sandino 16, 2442*; ampliamente cultivada en los trópicos. Conocida sólo en cultivo pero se piensa que se originó en Asia tropical. Esta especie raramente florece. Las plantas tienen un fuerte olor a limón y son utilizadas medicinalmente y para tés. "Zacate limón".

Cymbopogon winterianus Jowitt ex Bor, Oesterr. Bot. Z. 112: 185. 1965.

Tallos hasta 250 cm de alto y 5–8 mm de ancho, glabros. Hojas principalmente basales; vainas abriéndose con la edad, pajizas o verdes; lígula 10–15 mm de largo; láminas hasta 100 cm de largo y 13–20 mm de ancho, glaucas en el envés. Inflorescencia hasta 100 cm de largo y 20 cm de ancho, racimos 1.5–2.5 cm de largo, con 4–5 pares de espiguillas y una tríada terminal de 1 espiguilla sésil y 2 espiguillas pediceladas, entrenudos del raquis y pedicelos pilosos; espiguillas sésiles 4–5.5 mm de largo y 0.9–1.2 mm de largo, gluma inferior aplanada, generalmente con 2 ó 3 nervaduras visibles entre las quillas en la 1/2 inferior, angostamente alada, el ápice acuminado, lema inferior 3.2–4 mm de largo, lema superior 2.3–2.7 mm de largo, la arista hasta 5 mm de largo, generalmente exerta hasta 2 mm de largo, recta, anteras 1.8–2 mm de largo; espiguillas pediceladas 3.5–4.5 mm de largo.

Cultivada en la Estación Experimental El Recreo; 15 m; fl y fr ene; *Ríos 226-b*; introducida en América, hoy en día conocida sólo en cultivo pero se piensa que se originó en Asia tropical. Está cercanamente emparentada a *Cymbopogon citratus*.

CYNODON Rich.

Por Richard W. Pohl

Perennes estoloníferas o rizomatosas; estolones con entrenudos alternando largos y cortos, las hojas subopuestas; tallos glabros; plantas hermafroditas. Lígula una membrana ciliolada; láminas lineares, aplanadas o plegadas. Inflorescencia solitaria, terminal, de 1–varios verticilos de espigas delgadas, las espiguillas sésiles o casi sésiles, en 2 hileras a lo largo del lado inferior de un raquis delgado; espiguillas comprimidas lateralmente, solitarias, carinadas, sin aristas, con 1 flósculo bisexual; desarticulación arriba de las glumas; glumas generalmente más cortas que el flósculo, iguales o subiguales, membranáceas, carinadas; lema membranácea o cartilaginosa, navicular, carinada, 3-nervia, las nervaduras laterales marginales, glabras, la quilla escabrosa o cortamente ciliada; pálea casi tan larga como la lema, (1) 2-carinada; raquilla extendiéndose por detrás de la pálea como una cerda desnuda o con un pequeño rudimento; lodículas 2, adnadas a los márgenes de la pálea; estambres 3; estilos 2. Fruto una cariopsis; embrión ca 1/2 la longitud de la cariopsis; hilo punteado.

Género con 8 especies de los trópicos y subtrópicos del Viejo Mundo; 2 especies cultivadas y naturalizadas en Nicaragua.

W.D. Clayton y J.R. Harlan. The genus *Cynodon* L.C. Rich. in Tropical Africa. Kew Bull. 24: 185–189. 1970; J.M.J. de Wet y J.R. Harlan. Biosystematics of *Cynodon* L.C. Rich. (Gramineae). Taxon 19: 565–569. 1970; J.R. Harlan, J.M.J. de Wet, W.W. Huffine y J.R. Deakin. A guide to the species of *Cynodon* (Gramineae). Oklahoma Agric. Exp. Sta. Bull. B–673: 1–37. 1970.

1. Plantas generalmente no más de 20 cm de alto, rizomatosas y estoloníferas, los estolones delgados .... **C. dactylon**
1. Plantas 30–60 cm de alto, solamente estoloníferas, los estolones gruesos y ásperos .... **C. nlemfuensis**

Cynodon dactylon (L.) Pers., Syn. Pl. 1: 85. 1805; *Panicum dactylon* L.; *C. aristulatus* Caro & E.A. Sánchez; *C. umbellatus* (Lam.) Caro; *Paspalum umbellatum* Lam.

Plantas estoloníferas y rizomatosas; estolones ca 1 mm de ancho, glabros; tallos erectos 5–20 cm de largo y 1 mm de ancho, glabros. Vainas con tricomas suaves largos sobre las aurículas y el cuello; lígula 0.2–0.3 cm de largo; láminas 1–12 cm de largo y 2–4 mm de ancho, aplanadas o plegadas, glabras o esparcidamente pilosas detrás de la lígula en la haz y basalmente sobre los márgenes. Espigas 4–6, 1.5–3 cm de largo, en 1 verticilo; espiguillas 2–2.5 mm de largo; glumas 1.1–1.7 mm de largo, subiguales, la inferior linear, arqueada, adpresa, la superior recta, subulada, divergente; lema 2–2.5 mm de largo, en general ligeramente sedosa en la quilla, raramente glabra; pálea casi tan larga como la lema; raquilla ca 1/2 la longitud del flósculo, el rudimento ausente o hasta 0.6 mm de largo; anteras 1–1.4 mm de largo, amarillas.

Cultivada como pasto de prados y maleza, zonas pacífica y atlántica; 0–300 m; *Moreno 9022, Stevens 2697*; nativa del Viejo Mundo, ampliamente naturalizada en climas cálidos.

Cynodon nlemfuensis Vanderyst, Bull. Agric. Congo Belge 13: 342. 1922; *C. dactylon* var. *sarmentosus* Parodi.

Plantas estoloníferas; estolones 2–3 mm de ancho, ásperos; tallos erectos 30–60 cm de largo y 2 mm de ancho. Vainas glabras; lígula 0.3 mm de largo; láminas 5–16 cm de largo y 2–6 mm de ancho, aplanadas, con tricomas suaves largos en las aurícu-las y en la base de la lámina, especialmente detrás de la lígula. Espigas 4–9, 4–10 cm de largo, en 1–2 verticilos; espiguillas 2–3 mm de largo; glumas 1.8–2.3 mm de largo, subiguales, la inferior arqueada, linear, adpresa, la superior angostamente lanceolada, divergente; lema 2.5–2.8 mm de largo, suavemente adpreso pilosa sobre la quilla; pálea tan larga como la lema; raquilla ca 1/2 la longitud de la pálea, el rudimento diminuto; anteras 1.2 mm de largo, amarillas.

Cultivada como forraje y escapada de cultivo en orillas de caminos, Managua; fl y fr nov; *Areas s.n.*; nativa de Africa, introducida y naturalizada en otras partes de los trópicos y subtrópicos.

DACTYLOCTENIUM Willd.
Por Richard W. Pohl

Dactyloctenium aegyptium (L.) Willd., Enum. Pl. 1029. 1809; *Cynosurus aegyptius* L.

Anuales, extendiéndose por estolones cortos y formando tapetes radiales, las porciones erectas de los tallos 2–50 cm de largo, glabros, sólidos; nudos conspicuos; plantas hermafroditas. Vainas carinadas, glabras a pustuloso-vellosas; lígula una membrana, ca 0.5 mm de largo; láminas lineares, 1–7 cm de largo y 1–7 mm de ancho, papiloso-vellosas, ocasionalmente glaucas. Inflorescencia un verticilo de 2–4 espigas subsésiles, unilaterales, el eje prolongado como una punta desnuda más allá de las espiguillas; espiguillas ca 4 mm de largo, grises a purpúreas, sésiles, densamente imbricadas en 2 hileras a lo largo del lado inferior del raquis, comprimidas lateralmente, carinadas, con varios flósculos bisexuales, el más superior estéril; desarticulación generalmente arriba de la gluma inferior, el resto de la espiguilla caedizo como una unidad y la gluma superior y las lemas caedizas de la raquilla, las páleas permaneciendo; glumas 2, 1-nervias, anchas, la inferior ovada, 2 mm de largo, apiculada, la superior anchamente ovada, ca 3 mm de largo, truncada, con una arista corta y gruesa, divergente; flósculos 3; lemas fuertemente comprimidas, ovadas, 2–3 mm de largo, acuminadas, la quilla fuertemente arqueada, escábrida, la nervadura media conspicua, verde, las nervaduras laterales inconspicuas; páleas 2-carinadas, 3-nervias; lodículas 2, truncadas; estambres 3, las anteras ca 0.4 mm de largo, amarillas; estilos 2. Fruto un utrículo; semilla ampliamente ovada, truncada, fuertemente estriada; pericarpo delgado y delicado, evanescente.

Muy común, sabanas y áreas perturbadas, en todo el país; 0–760 m; fl y fr jul–mar; *Araquistain 1076, Moreno 2190*; nativa del Viejo Mundo, naturalizada en todos los trópicos y subtrópicos. Género con 13 especies, de los trópicos del Viejo Mundo.

B.S. Fisher y H.G. Schweickerdt. A critical account of the species of *Dactyloctenium* Willd. in southern Africa. Ann. Natal Mus. 10: 47–77. 1941.

DICHANTHELIUM (Hitchc. & Chase) Gould; *Panicum* subgen. *Dichanthelium* Hitchc. & Chase
Por Gerrit Davidse

Perennes cespitosas, a menudo con una roseta basal de láminas cortas y anchas en la etapa temprana de crecimiento; tallos simples a profusamente ramificados en los nudos medios y superiores ya más avanzada la estación de crecimiento, después produciendo generalmente panículas reducidas con espiguillas en su mayoría cleistógamas; plantas hermafroditas. Vainas redondeadas; lígula ausente, una membrana ciliada o reducidas a una hilera de cilios; láminas lineares a ovadas. Inflorescencia una panícula, las terminales en su mayor parte exertas, casmógamas, las axilares a menudo sólo parcialmente exertas, generalmente al menos parcialmente cleistógamas; espiguillas elipsoides a obovoides, sin aristas, con 2 flósculos; desarticulación por debajo de las glumas; glumas desiguales, la inferior generalmente 1/4–3/5 la longitud de la espiguilla, enervia o 1 (–3)-nervia, membranácea, gluma superior y lema inferior similares, herbáceas, casi tan largas como la espiguilla o la lema inferior ligeramente más corta; flósculo inferior generalmente estéril, raramente estaminado, flósculo superior bisexual, coriáceo, brillante, glabro; lodículas 2; estambres 3, purpúreos; estigmas 2, purpúreos. Fruto una cariopsis, embrión 1/3–1/2 la longitud de la cariopsis; hilo punteado.

Género con ca 50 especies distribuidas de Norteamérica a Sudamérica, en las Antillas y Hawai; 10 especies en Nicaragua.

F.W. Gould y C.A. Clark. *Dichanthelium* (Poaceae) in the United States and Canada. Ann. Missouri Bot. Gard. 65: 1088–1132. 1979; F.W. Gould. The Mexican species of *Dichanthelium* (Poaceae). Brittonia 32: 353–364. 1980; F.O. Zuloaga, R.P. Ellis y O. Morrone. A revision of *Panicum* subg. *Dichanthelium* sect. *Dichanthelium* (Poaceae: Panicoideae: Paniceae) in Mesoamerica, the West Indies, and South America. Ann. Missouri Bot. Gard. 80: 119–190. 1993.

1. Tallos largamente rastreros, generalmente enraizando a lo largo de la mitad inferior del tallo primario; lígula una membrana no ciliada
  2. Láminas foliares 7–12 mm de ancho, linear-lanceoladas a lanceoladas, obtusas o subcordadas basalmente; espiguillas 2.1–3.6 mm de largo .... **D. cordovense**
  2. Láminas foliares 8–30 mm de ancho, lanceolado-ovadas, marcadamente cordadas basalmente; espiguillas 1.5–1.8 mm de largo .... **D. sciurotoides**
1. Tallos erectos, normalmente no enraizando a lo largo de la mitad inferior del tallo, en contadas ocasiones algunos entrenudos inferiores decumbentes enraizando en los nudos más inferiores; lígula una membrana ciliada o una hilera de cilios
  3. Pseudolígula de tricomas 1.5–5.5 mm, conspicua detrás de la lígula en la base de la lámina
    4. Láminas foliares cordadas basalmente; espiguillas elipsoides .... **D. viscidellum**
    4. Láminas foliares angostadas a subcordadas basalmente; espiguillas oblanceoloides a obovoides
      5. Vainas con tricomas patentes o retrorsos 2–4.5 mm de largo; espiguillas 1.8–2.4 mm de largo
      .... **D. acuminatum** var. **villosum**
      5. Vainas glabras o pilosas con tricomas 1.5 mm o menos; espiguillas 0.9–1.9 (–2.5) mm de largo
        6. Espiguillas 1.6–1.9 (–2.5) mm de largo; láminas foliares 5–10 mm de ancho
        .... **D. acuminatum** var. **acuminatum**
        6. Espiguillas 0.9–1.6 mm de largo; láminas foliares 2–5 (–7) mm de ancho
        .... **D. acuminatum** var. **longiligulatum**
  3. Pseudolígula de tricomas ausente o menos de 1 mm de largo e inconspicua
    7. Láminas foliares, al menos las de las hojas inferiores, cordadas basalmente
      8. Espiguillas 2.1–3.2 mm de largo .... **D. commutatum**
      8. Espiguillas 1–2 mm de largo
        9. Espiguillas subesféricas a anchamente obovoides .... **D. sphaerocarpon** var. **sphaerocarpon**
        9. Espiguillas angostamente elipsoides
          10. Lígula una membrana no ciliada; espiguillas glabras .... **D. sciurotoides**
          10. Lígula una membrana ciliada; espiguillas puberulentas .... **D. viscidellum**
    7. Láminas foliares angostadas basalmente o cuando mucho subcordadas
      11. Espiguillas 2.9–3.3 mm de largo .... **D. aciculare** var. **ramosum**
      11. Espiguillas 0.9–2.8 mm de largo
        12. Vainas prominentemente pilosas con tricomas de al menos 2–3 mm de largo .... **D. laxiflorum**
        12. Vainas glabras, puberulentas, ciliadas o inconspicuamente pilosas con tricomas de menos de 2 mm de largo
          13. Plantas ramificándose principalmente en la base; hojas en su mayoría basales; láminas foliares en general conspicuamente ciliadas con tricomas rígidos, ampliamente espaciados .... **D. strigosum** var. **strigosum**
          13. Plantas ramificándose principalmente en los nudos medios y superiores; hojas en su mayoría caulinares; láminas foliares no como arriba
            14. Láminas foliares del medio del tallo rígidas, lineares a angostamente linear-lanceoladas, en su mayoría 5–13 cm de largo y 2–5 mm de ancho
            .... **D. aciculare** var. **aciculare**
            14. Láminas foliares del medio del tallo delgadas o moderadamente firmes, linear-lanceoladas, generalmente más de 5 mm de ancho cuando 6 cm o más largas
            .... **D. dichotomum** var. **unciphyllum**

Dichanthelium aciculare (Desv. ex Poir.) Gould & C.A. Clark, Ann. Missouri Bot. Gard. 65: 1116. 1979; *Panicum aciculare* Desv. ex Poir.

Plantas sin una roseta basal; tallos 15–45 (–80) cm de largo, erectos, ramificándose principalmente de los nudos medios y superiores; entrenudos alargados 4–7 (–12), puberulentos o glabros; nudos glabros o puberulentos. Hojas principalmente caulinares; vainas glabras a cortamente pilosas, ciliadas o sin cilios; lígula una hilera de cilios 0.2–0.8 mm de largo, sin tricomas pseudoligulares; láminas lineares o angostamente linear-lanceoladas, 5–13 (–18) cm de largo y 2–5 mm de ancho, basalmente angostadas, aplanadas o enrolladas, generalmente glabras, a veces cortamente pilosas. Panícula 3–8 cm de largo y 2–5 cm de ancho, pedúnculo y raquis generalmente glabros, raramente puberulentos o cortamente pilosos; espiguillas elipsoides, 2–3.6 mm de largo, apicalmente obtusas a agudas, puberulentas; gluma inferior 0.5–1.3 mm de largo, 1/4–1/3 la longitud de la espiguilla, obtusa a aguda.

Se distribuye desde el este de los Estados Unidos a Venezuela y en las Antillas. Dos variedades se encuentran en Nicaragua.

Dichanthelium aciculare var. **aciculare**; *Panicum aciculare* var. *angustifolium* (Elliott) Wipff & S.D. Jones; *P. aciculare* var. *arenicoloides* (Ashe) Beetle; *P. angustifolium* Elliott; *P. arenicoloides* Ashe.

Espiguillas 2–2.8 mm de largo, el ápice obtuso, la base no largamente atenuada.

Poco común, sabanas de pinos y bosques de pino-encinos, zona norcentral y norte de la zona atlántica; 0–1400 m; fl y fr ene–mar, jul–oct; *Kral 69195, Stevens 14831*; este de los Estados Unidos a Colombia, Venezuela y también en las Antillas.

Dichanthelium aciculare var. **ramosum** (Griseb.) Davidse, Novon 2: 104. 1992; *Panicum neuranthum* var. *ramosum* Griseb.; *P. fusiforme* Hitchc.

Espiguillas 2.9–3.3 (–3.6) mm de largo, el ápice agudo a subagudo, la base largamente atenuada con las glumas separadas por un entrenudo 0.3–0.5 mm de largo.

Conocida en Nicaragua por una sola colección (*Pohl 12261*) de sabanas de pinos, Zelaya; 40 m; fl y fr jul; sureste de los Estados Unidos a Nicaragua y en las Antillas.

Dichanthelium acuminatum (Sw.) Gould & C.A. Clark, Ann. Missouri Bot. Gard. 65: 1121. 1979; *Panicum acuminatum* Sw.

Plantas generalmente con una roseta basal; tallos 10–45 (–95) cm de largo, erectos, ramificándose desde los nudos medios y superiores; entrenudos alargados (2–) 4–7 (–9), glabros a pilosos; nudos glabros a pilosos. Hojas principalmente caulinares; vainas glabras a pilosas, ciliadas; lígula una hilera de

cilios 0.2–1 mm de largo, con una pseudolígula prominente de tricomas 2–6 mm de largo; láminas linear-lanceoladas, 4–11 cm de largo y 3–10 mm de ancho, basalmente angostadas, aplanadas, glabras a pilosas. Panícula 3–9 cm de largo y de ancho, pedúnculo y raquis glabros a pilosos; espiguillas oblanceoloides a obovoides, 1.7–2.4 mm de largo, apicalmente subagudas, puberulentas; gluma inferior 0.5–1.1 mm de largo, 1/3–1/2 la longitud de la espiguilla, típicamente inflada ligeramente, subaguda a aguda.

Especie distribuida desde el sur de Canadá hasta el norte de Sudamérica y en las Antillas; sus 3 variedades se encuentran en Nicaragua.

Dichanthelium acuminatum var. **acuminatum**; *Panicum lanuginosum* Elliott; *P. olivaceum* Hitchc. & Chase.

Nudos y entrenudos pilosos con tricomas (0.2–) 0.6–1.6 mm de largo. Vainas puberulentas o pilosas con tricomas 0.4–1.6 mm de largo; pseudolígula (1.5–) 3–4.5 mm de largo; láminas 3.5–8 (–10) cm de largo y 5–10 mm de ancho; espiguillas 1.6–1.9 (–2.5) mm de largo.

Poco común, sabanas, bosques de pinos y de pino-encinos, zonas atlántica y norcentral; 10–1400 m; fl y fr ene–mar, jun–ago; *Neill 4380, Seymour 4782*; sureste de Canadá, este de los Estados Unidos a Ecuador y en las Antillas.

Dichanthelium acuminatum var. **longiligulatum** (Nash) Gould & C.A. Clark, Ann. Missouri Bot. Gard. 65: 1127. 1979; *Panicum longiligulatum* Nash; *D. acuminatum* var. *wrightianum* (Scribn.) Gould & C.A. Clark; *D. leucothrix* (Nash) Freckmann; *D. longiligulatum* (Nash) Freckmann; *D. wrightianum* (Scribn.) Freckmann; *P. acuminatum* var. *leucothrix* (Nash) Lelong; *P. acuminatum* var. *longiligulatum* (Nash) Lelong; *P. leucothrix* Nash; *P. wrightianum* Scribn.

Nudos y entrenudos glabros a adpreso pilosos con tricomas hasta 1.5 mm de largo. Vainas glabras o pilosas con tricomas hasta 1.5 mm de largo; pseudolígula 1.5–3.5 mm de largo; láminas 2–6 cm de largo y 2–5 (–7) mm de ancho; espiguillas 0.9–1.6 mm de largo.

Común, orillas de manglares, caños, sabanas, zona atlántica; 0–100 m; fl y fr mar, abr, jul; *Seymour 5978, Stevens 7817*; sur de los Estados Unidos, sur de México a Colombia, Venezuela y en las Antillas.

Dichanthelium acuminatum var. **villosum** (A. Gray) Gould & C.A. Clark, Ann. Missouri Bot. Gard. 65: 1124. 1979; *Panicum nitidum* var.

villosum A. Gray; *D. lanuginosum* var. *villosissimum* (Nash) Gould; *D. villosissimum* (Nash) Freckmann var. *villosissimum*; *Panicum pseudopubescens* Nash; *P. villosissimum* Nash.
Nudos y entrenudos pilosos con tricomas 0.5–2.5 mm de largo. Vainas con tricomas patentes o retrorsos 2–4.5 mm de largo; pseudolígula 3–6 mm de largo; láminas 4–10 cm de largo y (3–) 5–10 mm de ancho; espiguillas 1.8–2.4 mm de largo.

Rara, bosques de pino-encinos, bosques de pinos, zona norcentral; 900–1400 m; fl y fr jul–oct; *Pohl 12199, Stevens 17972*; este de los Estados Unidos, México a Nicaragua.

Dichanthelium commutatum (Schult.) Gould, Brittonia 26: 59. 1974; *Panicum commutatum* Schult.; *P. divergens* Kunth; *D. albomaculatum* (Scribn.) Gould; *P. albomaculatum* Scribn.; *P. joorii* Vasey; *P. leiophyllum* E. Fourn.; *P. nervosum* Muhl. ex Elliott.
Plantas sin una roseta basal; tallos 36–120 cm de largo, erectos, ramificándose desde los nudos medios y superiores; entrenudos alargados 4–8, generalmente glabros, a veces pilosos; nudos generalmente glabros, a veces pilosos. Hojas caulinares; vainas glabras a pilosas, ciliadas; lígula una membrana ciliada, la membrana 0.1–0.7 (–1.4) mm de largo, sin tricomas pseudoligulares; láminas linear-lanceoladas, 7–16 cm de largo y 9–14 mm de ancho, basalmente cordadas, aplanadas, generalmente glabras, a veces pilosas, generalmente ciliadas en la mitad inferior o menos. Panícula 6–14 cm de largo y 5–7 cm de ancho, pedúnculo y raquis generalmente glabros, a veces pilosos; espiguillas elipsoides, (2.1–) 2.3–3.2 mm de largo, apicalmente subagudas, esparcidamente pilosas; gluma inferior 0.5–1.5 mm de largo, ca 1/4–1/2 la longitud de la espiguilla, aguda a subaguda.
Reportada para Nicaragua pero no confirmada; este de los Estados Unidos a Nicaragua.

Dichanthelium cordovense (E. Fourn.) Davidse, Novon 2: 105. 1992; *Panicum cordovense* E. Fourn.
Plantas sin una roseta basal; tallos hasta 200 cm de largo, largamente rastreros y enraizando libremente en los nudos del medio inferior, ramificándose extensivamente desde todos los nudos, excepto en los superiores, las ramas floríferas ascendentes hasta 120 cm de largo; entrenudos alargados numerosos, glabros o pilosos; nudos glabros o pilosos. Hojas caulinares; vainas glabras o papiloso-híspidas, ciliadas; lígula una membrana 0.2–0.5 mm de largo, sin tricomas pseudoligulares; láminas linear-lanceoladas a lanceoladas, 5.5–12 cm de largo y 8–12 mm de

ancho, basalmente obtusas o subcordadas, aplanadas, glabras o esparcidamente papiloso-pilosas. Panícula 13–30 cm de largo y 8–26 cm de ancho, pedúnculo y raquis glabros; espiguillas elipsoides, 3.1–3.6 mm de largo, apicalmente subagudas, glabras en panículas terminales y a veces en panículas axilares o a veces finamente pilosas en panículas axilares; gluma inferior 2.2–2.6 mm de largo, 2/3–7/8 la longitud de la espiguilla, subaguda a obtusa.

Conocida en Nicaragua por una sola colección (*Stevens 16241*) de nebliselvas, Cerro Quiabú, Estelí; 1550–1600 m; fl y fr nov; sur de México a Argentina. Las inflorescencias axilares pequeñas portan espiguillas cleistógamas y pilosas, mientras que las inflorescencias grandes, en los ápices de las ramas primarias, portan espiguillas casmógamas y glabras.

Dichanthelium dichotomum var. **unciphyllum** (Trin.) Davidse, Novon 2: 104. 1992; *Panicum unciphyllum* Trin.; *D. dichotomum* var. *tenue* (Muhl.) Gould & C.A. Clark; *D. ensifolium* var. *unciphyllum* (Trin.) B.F. Hansen & Wunderlin; *P. acuminatum* var. *unciphyllum* (Trin.) Lelong; *P. albomarginatum* Nash; *P. tenue* Muhl.
Plantas generalmente sin una roseta basal; tallos 10–14 cm de largo, erectos, ramificándose desde los nudos medios y superiores; entrenudos alargados (3–) 5–8 (–15), glabros; nudos glabros a retrorsamente pilosos. Hojas principalmente caulinares; vainas generalmente glabras, rara vez esparcidamente pilosas; lígula una hilera de tricomas 0.1–0.6 (–0.8) mm de largo, sin tricomas pseudoligulares; láminas linear-lanceoladas, 3–8 cm de largo y 3–6 mm de ancho, basalmente angostadas a subcordadas, aplanadas, glabras, los márgenes blanco cartilaginosos ca 2 mm de largo. Panícula 3–5 cm de largo y 2–3 cm de ancho, pedúnculo y raquis glabros; espiguillas elipsoides, 1.5–2.2 mm de largo, glabras a puberulentas, agudas apicalmente; gluma inferior 0.5–1 mm de largo, ca 1/3–1/2 la longitud de la espiguilla, aguda.
Registrada como presente en Nicaragua pero no confirmada; este de los Estados Unidos a Nicaragua y en las Antillas. La otra variedad, *D. dichotomum* (L.) Gould var. *dichotomum* se encuentra en el este de Norteamérica, este de México a Guatemala, Venezuela y en las Antillas.

Dichanthelium laxiflorum (Lam.) Gould, Brittonia 26: 60. 1974; *Panicum laxiflorum* Lam.; *P. xalapense* Kunth.
Plantas con una roseta basal de hojas alargadas; tallos 5–30 (–40) cm de largo, erectos, ramificándose sólo de los nudos basales; entrenudos alargados hasta 2 (–3), glabros o pilosos; nudos pilosos. Hojas

principalmente caulinares; vainas pilosas con tricomas 2–4 mm de largo, ciliadas; lígula 0.2–0.8 mm de largo, una membrana diminuta, ciliada, sin tricomas pseudoligulares; láminas linear-lanceoladas, 3–9(–135) cm de largo y 3–9 mm de ancho, basalmente angostadas, aplanadas, pilosas, ciliadas. Panícula 3–8 cm de largo y 2–6 cm de ancho, pedúnculo glabro o piloso, raquis piloso; espiguillas elipsoides, 1.7–2.3 mm de largo, apicalmente subagudas, puberulentas; gluma inferior 0.6–1 mm de largo, ca 1/3 la longitud de la espiguilla, obtusa a aguda.

Común, bosques de pinos, nebliselvas, zona norcentral; 900–1480 m; fl y fr jun–ene; *Moreno 17656, 18455*; este de los Estados Unidos, México a Costa Rica y en las Antillas.

Dichanthelium sciurotoides (Zuloaga & Morrone) Davidse, Novon 2: 104. 1992; *Panicum sciurotoides* Zuloaga & Morrone.

Plantas sin una roseta basal; tallos 30–200 cm de largo, erectos o rastreros con los entrenudos inferiores decumbentes y enraizando en los nudos, ramificándose esparcidamente desde los nudos medios y superiores; entrenudos alargados 7–30, glabros; nudos retrorsamente pilosos. Hojas caulinares; vainas generalmente pilosas en la base, si no, glabras, ciliadas; lígula 0.2–0.4 mm de largo, una membrana, sin tricomas pseudoligulares; láminas lanceolado-ovadas, 4–14 cm de largo y 8–30 mm de ancho, marcadamente cordadas y amplexicaules en la base, aplanadas, casi glabras a papiloso-pilosas, ciliadas en por lo menos el 1/3 inferior. Panícula 4–10 cm de largo y 4–8 cm de ancho, densamente floreada, las ramas implicadas, pedúnculo y raquis pilosos; espiguillas angostamente elipsoides, 1.5–1.8 mm de largo, glabras, apicalmente subagudas; gluma inferior 0.4–1 mm de largo, 1/3–1/2 la longitud de la espiguilla, aguda.

Conocida en Nicaragua por una sola colección (*Pohl 12294*) de áreas arbustivas, zona atlántica; 30 m; fl y fr jul; Belice al sur de Brasil. Ha sido erróneamente identificada como *D. viscidellum*, una especie cercana. Las espiguillas son conspicuamente aplanadas a ligeramente cóncavas, vistas lateralmente del lado de la gluma inferior, y las bases son generalmente purpúreas.

Dichanthelium sphaerocarpon (Elliott) Gould var. **sphaerocarpon**, Brittonia 26: 60. 1974; *Panicum sphaerocarpon* Elliott; *P. inflatum* Scribn. & J.G. Sm.; *P. sphaerocarpon* ssp. *inflatum* (Scribn. & J.G. Sm.) Hitchc.; *P. vicarium* E. Fourn.

Plantas con o sin una roseta basal inconspicua; tallos 15–40 (–60) cm de largo, erectos, ramifi-

cándose escasamente desde los nudos medios o inferiores; entrenudos alargados (2–) 3–6, generalmente glabros; nudos glabros o adpreso pilosos. Hojas principalmente caulinares; vainas glabras, generalmente ciliadas; lígula ausente o una hilera de cilios 0.8 mm de largo, sin tricomas pseudoligulares; láminas lanceoladas, 3–9.5 cm de largo y 7–18 mm de ancho, basalmente cordadas, aplanadas, glabras excepto por los cilios basales. Panícula 4–13 cm de largo y 2–6 cm de ancho, exerta, pedúnculo y raquis glabros; espiguillas anchamente obovoides a subesféricas, 1.4–1.8 mm de largo, apicalmente redondeadas, generalmente puberulentas; gluma inferior 0.4–0.7 mm de largo, ca 1/4 la longitud de la espiguilla, obtusa a subaguda.

Rara, bosques de pino-encinos y mesas, zona norcentral; 1200–1400 m; fl y fr ago–oct; *Stevens 14802, 18000*; este de los Estados Unidos a Ecuador. La otra variedad, *D. sphaerocarpon* var. *floridanum* (Vasey) Davidse, se encuentra en el sureste de los Estados Unidos, Belice, Honduras y Cuba.

Dichanthelium strigosum (Muhl. ex Elliott) Freckmann var. **strigosum**, Brittonia 33: 457. 1981; *Panicum strigosum* Muhl. ex Elliott; *D. leucoblepharis* var. *glabrescens* (Griseb.) Gould & C.A. Clark; *D. leucoblepharis* var. *pubescens* (Vasey) Gould & C.A. Clark; *D. strigosum* var. *glabrescens* (Griseb.) Freckmann; *P. ciliatum* Elliott; *P. ciliatum* var. *pubescens* (Vasey) Freckmann; *P. dichotomum* var. *glabrescens* Griseb.; *P. polycaulon* Nash.

Plantas con una roseta permanente; tallos 5–30 cm de largo, erectos, ramificándose principalmente de los nudos basales; entrenudos alargados 1–3 (–5), adpreso pilosos a glabros; nudos adpreso pilosos a glabros. Hojas principalmente basales; vainas glabras, generalmente ciliadas; lígula 0.1–0.2 mm de largo, una membrana ciliolada, sin tricomas pseudoligulares; láminas lanceoladas, 2.5–6 cm de largo y 3–8 mm de ancho, basalmente angostadas, aplanadas, glabras a esparcidamente pilosas, en general prominentemente papiloso-ciliadas casi hasta la punta, los cilios a veces ausentes. Panícula 2–6 cm de largo y 2–4 cm de ancho, pedúnculo generalmente piloso hacia el ápice, a veces completamente glabro, raquis generalmente piloso, raramente glabro; espiguillas elipsoides a oblanceoloides, 1.1–1.7 mm de largo, apicalmente redondeadas, glabras o puberulentas; gluma inferior 0.5–0.7 mm de largo, 1/3–1/2 la longitud de la espiguilla, subaguda.

Poco común, sabanas de pinos, orillas de caminos, manglares, norte de la zona atlántica; 0–500 m; fl y fr feb–ago; *Stevens 7649, 12809*; sureste de los

Estados Unidos, sur de México a Colombia y Venezuela, y en las Antillas.

Dichanthelium viscidellum (Scribn.) Gould, Brittonia 32: 357. 1980; *Panicum viscidellum* Scribn.; *P. blakei* Swallen; *P. furtivum* Swallen.

Plantas sin una roseta basal; tallos 30–200 cm de largo, generalmente erectos, a veces con algunos de los entrenudos inferiores decumbentes y enraizando en los nudos, ramificándose desde los nudos medios y superiores; entrenudos alargados 5–20, pilosos; nudos pilosos. Hojas caulinares; vainas pilosas, raramente puberulentas, ciliadas; lígula 0.2–0.8 (–1.3) mm de largo, los cilios más largos que la membrana, generalmente con tricomas pseudoligulares 1.8–4.5 mm de largo; láminas lanceolado-ovadas, 3–13 cm de largo y 8–23 mm de ancho, basalmente cordadas, aplanadas, generalmente pilosas o puberulentas, raramente casi glabras, ciliadas por lo menos en la mitad inferior. Panícula 0.3–1.2 cm de largo y 0.3–1.1 cm de ancho, pedúnculo y raquis pilosos, raramente glabros; espiguillas angostamente elipsoides, 1.5–2 mm de largo, apicalmente subagudas, puberulentas, a veces sólo muy esparcidamente a lo largo de los márgenes de la gluma superior y lema inferior, raramente glabras; gluma inferior 0.5–0.8 mm de largo, 1/4–1/3 la longitud de la espiguilla, aguda a subaguda.

Común, nebliselvas, bosques secundarios, orillas de caminos, zonas pacífica y norcentral; 0–1500 m; fl y fr durante todo el año; *Moreno 9670, Stevens 7650*; México a Ecuador, también en Cuba y Jamaica. Las espiguillas son proporcionalmente un poco más anchas y más infladas que en *D. sciurotoides*.

DICHANTHIUM Willemet

Por Gerrit Davidse y Richard W. Pohl

Dichanthium annulatum (Forssk.) Stapf in Prain, Fl. Trop. Afr. 9: 178. 1917; *Andropogon annulatus* Forssk.

Perennes cespitosas; tallos 50–90 cm de largo, decumbentes, ramificados; nudos pilosos; plantas hermafroditas. Vainas redondeadas, glabras; lígula una membrana ciliada 1.1–1.5 mm de largo; láminas 4–16 cm de largo y 2–5 mm de ancho, esparcidamente piloso-papilosas en la haz. Inflorescencia 3–7 cm de largo, pedúnculo glabro, racimos (1–) 2–7, subdigitados, pedunculados, raquis articulado con entrenudos ca 3 mm de largo, entrenudos del raquis y pedicelos sólidos, truncados a oblicuos en el ápice, ciliados marginalmente, pedicelos libres; espiguillas pareadas, los 1–varios pares inferiores homomorfos, con espiguillas estériles, bisexuales, sin aristas, los pares superiores dimorfos, con una espiguilla sésil, aristada y con una espiguilla pedicelada, estéril, no aristada; espiguillas sésiles 3–3.5 mm de largo, comprimidas dorsalmente, similares en tamaño y forma a las espiguillas pediceladas, marcadamente traslapadas, con 2 flósculos, callo obtuso, gluma inferior oblonga, obtusa, pilosa, ciliada, el ápice papiloso-ciliado, coriácea, redondeada en el dorso, 9–11-nervia, gluma superior tan larga como la inferior o un poco más corta que ella, membranácea, carinada, 3-nervia, flósculo inferior estéril, lema inferior 2.6–2.8 mm de largo, hialina, enervia, arista 15–20 mm de largo, geniculada, torcida, pálea inferior ausente, flósculo superior bisexual, lema superior entera, reducida a la base blanquecina de una arista geniculada, torcida y café, pálea superior ausente, lodículas 2, estambres 3, las anteras ca 2 mm de largo, estilos 2. Fruto una cariopsis; hilo punteado.

Escapada de cultivo y naturalizada, Granada, Managua; 60 m; fl y fr ago, nov; *Pedroza s.n., Stevens 20618*; nativa de Africa y Asia tropical, introducida a América tropical. Género con 20 especies del Viejo Mundo; algunas especies introducidas en América.

DIGITARIA Haller

Por Richard W. Pohl y Gerrit Davidse

Anuales o perennes, cespitosas, rizomatosas o estoloníferas; plantas hermafroditas. Lígula una membrana; láminas en su mayoría lineares, a veces linear-lanceoladas, aplanadas. Inflorescencias de varios a numerosos racimos unilaterales, éstos verticilados o racemosos, raquis de los racimos triquetro o aplanado, las espiguillas adpresas en 2 filas a lo largo de los lados inferiores del raquis, en pares o tríadas, raramente solitarias o en grupos de 4–5; espiguillas ovadas a lanceoladas o elípticas, comprimidas dorsalmente, aplanado-convexas, el dorso de la lema superior hacia el raquis de los racimos; desarticulación por debajo de las glumas, la espiguilla caediza como una unidad; gluma inferior diminuta o ausente, hialina a membranácea, gluma superior más corta que la espiguilla o tan larga como ella, membranácea, generalmente 3–5-nervia; flósculo inferior estéril; lema inferior frecuentemente tan larga como la espiguilla; flósculo superior bisexual; lema superior tan larga como la espiguilla, cartilaginosa, convexa, los márgenes delgados, aplanados; pálea superior aplanada, similar en textura a la lema superior; lodículas 2; estambres 3; estilos 2. Fruto una cariopsis; embrión ca 1/2 la longitud de la cariopsis; hilo punteado.

Género tropical de ca 170 especies, extendiéndose a áreas cálidas y templadas; 9 especies se conocen de Nicaragua y 3 adicionales se esperan encontrar. Numerosas especies de este género son malezas, unas cuantas son plantas forrajeras cultivadas.

J.T. Henrard. Monograph of the Genus *Digitaria*. 1950; J.F. Veldkamp. A revision of *Digitaria* Haller (Gramineae) in Malesia. Blumea 21: 1–80. 1973; R.D. Webster. Taxonomy of *Digitaria* section *Digitaria* in North America (Poaceae: Paniceae). Sida 12: 209–222. 1987; R.D. Webster y S.L. Hatch. Taxonomy of *Digitaria* section *Aequiglume* (Poaceae: Paniceae). Sida 14: 145–167. 1990.

1. Lema superior madura gris o pajiza
    2. Espiguillas 1.2–1.5 mm de largo; gluma superior tan larga o casi tan larga como la espiguilla .... **D. longiflora**
    2. Espiguillas 1.8 mm de largo o más larga; gluma superior más corta que la espiguilla o casi tan larga como ella
        3. Gluma inferior ausente o rudimentaria, raramente hasta 0.1 mm de largo .... **D. setigera** var. **setigera**
        3. Gluma inferior (0.1–) 0.2–0.4 (–0.7) mm de largo, fácilmente evidente
            4. Espiguillas pediceladas con un borde de finos cilios y con tricomas largos, marcadamente patentes en la madurez; espiguillas subsésiles generalmente sin estos tricomas largos .... **D. bicornis**
            4. Espiguillas sin cilios patentes; espiguilla pedicelada y subsésil parecidas
                5. Raquis de los racimos con tricomas esparcidos alargados de base pustulosa .... **D. horizontalis**
                5. Raquis de los racimos sin tricomas, escabrosos
                    6. Areas internervias centrales de la lema inferior más de 3 veces más anchas que las áreas internervias marginales; láminas generalmente papiloso-pilosas, por lo menos en la base; estolones ausentes, los tallos enraizando pero no estoloníferos .... **D. ciliaris**
                    6. Areas internervias centrales de la lema inferior 2 veces más anchas que las áreas internervias marginales o más angostas; láminas generalmente escabrosas; estolones generalmente abundantes .... **D. pentzii**
1. Lema superior madura café clara u obscura a negra
    7. Espiguillas conspicuamente sedosas con tricomas erectos sobrepasando la punta de la espiguilla y a veces ocultando la gluma inferior y lema inferior
        8. Tricomas de las espiguillas cafés o blanquecinos, sobrepasando a las espiguillas por 1–5 mm .... **D. insularis**
        8. Tricomas de las espiguillas purpúreos, sobrepasando ligeramente a las espiguillas hasta 1 mm .... **D. pittieri**
    7. Espiguillas no cubiertas con tricomas sedosos, pilosas o glabras pero las nervaduras de las brácteas visibles
        9. Espiguillas con tricomas rígidos, vidriosos y dorados, extendiéndose por encima de la punta de la espiguilla .... **D. argillacea**
        9. Espiguillas glabras o pilosas, pero sin tricomas vidriosos y dorados
            10. Lema superior madura café clara a café
                11. Racimos 1–5; espiguillas 1.4–1.9 mm de largo .... **D. cayoensis**
                11. Racimos 8–25; espiguillas 1–1.2 mm de largo .... **D. multiflora**
            10. Lema superior madura café obscura a negra
                12. Gluma superior más corta y angosta que la lema superior expuesta .... **D. cayoensis**
                12. Gluma superior casi tan larga y ancha como la espiguilla .... **D. violascens**

Digitaria argillacea (Hitchc. & Chase) Fernald, Rhodora 22: 104. 1920; *Syntherisma argillacea* Hitchc. & Chase; *D. hirtigluma* Hitchc.

Anuales cespitosas; tallos 28–60 cm de largo, erectos, ramificados; entrenudos y nudos glabros. Vainas papiloso-pilosas; lígula 0.7–1.6 mm de largo; láminas lineares, 4–15 cm de largo y 2–7 mm de ancho, papiloso-pilosas. Inflorescencia 6–19 cm de largo, racimos 2–9, 1–14.5 cm de largo, solitarios,

raquis de los racimos triquetro, 0.2–0.4 mm de ancho, escabroso, a veces con algunos tricomas largos; espiguillas elíptico-lanceoladas, 1.7–2.1 mm de largo, pareadas o en tríadas, pilosas; gluma inferior ausente, gluma superior triangular, 1.2–1.6 mm de largo, 3-nervia; lema inferior tan larga como la espiguilla, 5–7-nervia, glabra entre las nervaduras centrales, pilosa entre las nervaduras laterales con tricomas erectos o patentes en la madurez, vidriosos, dorados, hasta 1.5

mm más largos que el ápice de la espiguilla; lema superior 1.7–2.1 mm de largo, café obscura; anteras 0.3–0.4 mm de largo.

Conocida en Nicaragua por una sola colección (*Robleto 1497*) de flujos de lava, Rivas; 700–900 m; fl y fr oct; México a Panamá y Venezuela, también en las Antillas.

Digitaria bicornis (Lam.) Roem. & Schult., Syst. Veg. 2: 470. 1817; *Paspalum bicorne* Lam.; *D. diversiflora* Swallen.

Duración indefinida; tallos decumbentes, enraizando; ramas erectas 10–85 cm de largo, ramificadas; entrenudos glabros; nudos glabros o pilosos. Vainas papiloso-pilosas a casi glabras; lígula 1.5–3.2 mm de largo; láminas linear-lanceoladas, 3–14 cm de largo y 2–9 mm de ancho, casi glabras. Inflorescencia 4–15 cm de largo, racimos 5–14 cm de largo, a menudo en un simple verticilo de 3–6 racimos, a veces varios racimos solitarios y/o con otro verticilo de racimos, raquis de los racimos 0.7–1 mm de ancho, aplanado, angostamente alado, marginalmente escabroso; espiguillas 2.9–3.3 mm de largo, pareadas, dimorfas; gluma inferior deltoide o bífida, 0.2–0.4 mm de largo, enervia, gluma superior 1.5–2.2 mm de largo, 3-nervia; lema inferior tan larga como la espiguilla, 5-nervia, lema superior gris a pajiza; anteras 0.5–0.6 mm de largo; espiguillas subsésiles ligeramente ciliadas; espiguillas peciceladas fuertemente ciliadas y con tricomas largos, papiloso-amarillentos, patentes en la madurez.

Común, malezas en áreas cultivadas y vegetación secundaria, zonas pacífica y norcentral; 0–1400 m; fl y fr jun–ene; *Guzmán 404, Stevens 5900*; trópicos y subtrópicos. Ha sido erróneamente identificada como *D. sanguinalis* (L.) Scop.

Digitaria cayoensis Swallen, J. Wash. Acad. Sci. 28: 8. 1938; *D. hirsuta* Swallen.

Anuales cespitosas; tallos 30–80 cm de largo, ramificados desde la base, glabros. Vainas más o menos papiloso-híspidas; lígula 0.7–1.5 mm de largo; láminas lineares, 12–18 cm de largo y 2–5.5 mm de ancho, más o menos papiloso-hirsutas. Inflorescencia 3–17 cm de largo, racimos 1–5, 1.5–12 cm de largo, solitarios, raquis de los racimos triquetro, 0.4–0.5 mm de ancho, escabroso y a veces esparcidamente piloso con tricomas largos; espiguillas elípticas, 1.4–1.9 mm de largo, en tríadas, pilosas; gluma inferior ausente, gluma superior 7/10–4/5 la longitud de la espiguilla, 3-nervia, densamente adpreso pilosa con tricomas bulbosos en la punta; lema inferior tan larga como la espiguilla, 5–7-nervia, pilosa con tricomas blanquecinos, bulbosos en la punta, lema superior

1.4–1.9 mm de largo, café clara a obscura; anteras 0.3–0.4 mm de largo.

Esperada en Nicaragua; México (Oaxaca) a Panamá.

Digitaria ciliaris (Retz.) Koeler, Descr. Gram. 27. 1802; *Panicum ciliare* Retz.; *D. abortiva* Reeder; *D. adscendens* (Kunth) Henrard; *P. adscendens* Kunth.

Duración indefinida, formando tapetes; tallos decumbentes, enraizando, abundantemente ramificados; ramas erectas 30–60 cm de largo; entrenudos y nudos glabros. Hojas papiloso-pilosas; lígula 2–3.5 mm de largo; láminas lineares a linear-lanceoladas, 5–12 cm de largo y 5–9 mm de ancho. Inflorescencia 7–15 cm de largo, racimos 2–10, 7–14 cm de largo, solitarios hacia la punta y a menudo en 1–2 verticilos abajo, raquis de los racimos angostamente alado, 0.7–1 mm de ancho, marginalmente escabroso; espiguillas lanceoladas, 2.7–3.4 mm de largo, pareadas; gluma inferior deltoide, 0.3–0.5 mm de largo, enervia, gluma superior 1.7–2 mm de largo, 3-nervia, sedosa; lema inferior tan larga como la espiguilla, 3–5-nervia, marginalmente sedosa, las áreas internervias centrales más de 3 veces más anchas que las áreas internervias marginales, las nervaduras marginales glabras, lema superior 2.5–3 mm de largo, gris; anteras 1.2–1.3 mm de largo.

Común, malezas en áreas cultivadas y vegetación secundaria, zonas pacífica y norcentral; 25–1200 m; fl y fr abr–dic; *Neill 2198, Stevens 8124*; trópicos y subtrópicos. Ha sido erróneamente identificada como *D. sanguinalis*.

Digitaria horizontalis Willd., Enum. Pl. 92. 1809.

Duración indefinida; tallos decumbentes, enraizando, ramificados libremente; entrenudos y nudos glabros. Vainas papiloso-pilosas; lígula 1.5–1.8 mm de largo; láminas linear a linear-lanceoladas, 3–14 cm de largo y 3–9 mm de ancho, velutinas. Inflorescencia hasta 15 cm de largo, racimos 2–10, 4–12 cm de largo, los inferiores verticilados, los superiores solitarios u opuestos, raquis de los racimos triquetro, 0.4–0.7 mm de ancho, marginalmente escabroso, con tricomas vidriosos alargados; espiguillas lanceoladas, 2.1–2.4 mm de largo, pareadas, gluma inferior deltoide, 0.1–0.2 mm de largo, enervia, gluma superior 1–1.1 mm de largo, 3-nervia, ciliada; lema inferior tan larga como la espiguilla, 7-nervia, ciliada, lema superior escasamente más corta que la lema inferior, pajiza o gris; anteras 0.8–1 mm de largo.

Común, maleza en orillas de caminos, norte de la zona atlántica y Granada; 0–1000 m; fl y fr mar, jul–oct; *Seymour 7522, Stevens 7276*; trópicos.

Digitaria insularis (L.) Fedde, Just's Bot. Jahresber. 31: 778. 1904; *Andropogon insularis* L.; *D. insularis* (L.) Mez ex Ekman; *Trichachne insularis* (L.) Nees.

Perennes cespitosas; tallos 80–130 cm de largo, erectos, ramificados desde los nudos inferiores y medios; bases hinchadas, con brácteas lanosas; entrenudos y nudos glabros. Vainas en su mayoría papiloso-pilosas; lígula 4–6 mm de largo; láminas lineares, 20–50 cm de largo y 10–20 mm de ancho, escábridas. Inflorescencia 20–35 cm de largo, racimos numerosos, 10–15 cm de largo, solitarios, raquis de los racimos triquetro, 0.4–0.7 mm de ancho, escabroso; espiguillas lanceoladas, 4.2–4.6 mm de largo, pareadas, caudadas, densamente cubiertas con tricomas hasta 6 mm de largo, cafés o blanquecinos, extendiéndose hasta 5 mm del ápice de la espiguilla; gluma inferior triangular a ovada, hasta 0.6 mm de largo, enervia, membranácea, gluma superior 3.5–4.5 mm de largo, aguda, 3–5-nervia, ciliada; lema inferior tan larga como la espiguilla, acuminada, 7-nervia, cubierta por tricomas sedosos, lema superior 3.2–3.6 mm de largo, acuminada, café obscura; anteras 1–1.2 mm de largo.

Común, playas y áreas perturbadas, en todo el país; 0–1400 m; fl y fr mar, jun–dic; *Neill 2116, Stevens 9138*; nativa del sur de los Estados Unidos a Argentina, también en las Antillas, introducida en Asia tropical y algunas islas del Pacífico.

Digitaria longiflora (Retz.) Pers., Syn. Pl. 85. 1805; *Paspalum longiflorum* Retz.

Duración indefinida, estolonífera, formando césped; tallos erectos 10–25 cm de largo, ramificados; entrenudos y nudos glabros. Vainas glabras; lígula 0.5–1 mm de largo; láminas linear-lanceoladas, 1.5–4 cm de largo y 3–5 mm de ancho, glabras, ciliadas. Inflorescencia 4–5.5 cm de largo, racimos 2–3, 3.5–5.5 cm de largo, conjugados o digitados, raquis de los racimos alado, 0.8–1 mm de ancho, glabro; espiguillas elípticas, 1.2–1.3 mm de largo, en tríadas, puberulentas; gluma inferior ausente, gluma superior y lema inferior tan largas como la espiguilla o escasamente más cortas que ella, 5–7-nervias, puberulentas con tricomas verrugosos, lema superior ca 1.2 mm de largo, gris; anteras 0.7–0.8 mm de largo.

Esperada en el sur de Nicaragua; nativa del Viejo Mundo e introducida en Costa Rica, Sudamérica tropical y en las Antillas.

Digitaria multiflora Swallen, J. Wash. Acad. Sci. 28: 7. 1938.

Anuales cespitosas; tallos 25–130 cm de largo, erectos, esparcidamente ramificados; entrenudos y nudos glabros. Vainas glabras a papiloso-hirsutas; lígula 1–2 mm de largo; láminas 2–20 cm de largo y 2–6 mm de ancho, esparcidamente papiloso-hirsutas. Inflorescencia 6–25 cm de largo, racimos 8–25, hasta 9 cm de largo, solitarios, raquis de los racimos triquetro, 0.2–0.3 mm de ancho, escabroso; espiguillas elípticas, 1–1.2 mm de largo, 2–5 por nudo, pilosas, los tricomas con las puntas dilatadas; gluma inferior ausente, gluma superior casi tan larga como la espiguilla, 3–5-nervia, pilosa; lema inferior tan larga como la espiguilla o 0.1 mm más corta, 5–7-nervia, pilosa, translúcida, lema superior tan larga como la espiguilla, café; anteras 0.3–0.4 mm de largo.

Conocida en Nicaragua por una sola colección (*Stevens 10292*) de bosques de pino-encinos, León; 1200–1400 m; fl y fr ago; 1200–1400 m; Belice, El Salvador, Nicaragua.

Digitaria pentzii Stent, Bothalia 3: 147. 1930; *D. decumbens* Stent.

Perennes estoloníferas; tallos 60–100 cm de largo, decumbentes, enraizando, ramificados abajo; entrenudos y nudos glabros. Vainas glabras o papiloso-pilosas cerca de los nudos; lígula 1.8–2.5 mm de largo; láminas lineares, 5–20 cm de largo y 3–6 mm de ancho, escábridas. Inflorescencia hasta 20 cm de largo, racimos 5–7, 12–16 cm de largo, generalmente en 1 verticilo, raquis de los racimos angostamente alado, 0.6–0.8 mm de ancho, escabroso; espiguillas 3–3.5 mm de largo, pareadas; gluma inferior 0.3–0.4 mm de largo, deltoide, enervia, gluma superior 1/2–7/10 la longitud de la espiguilla, ciliada; lema inferior tan larga como la espiguilla, 5–7-nervia, los márgenes sedosos, las áreas internervias centrales 2 veces más anchas que las áreas internervias marginales o más angostas, las nervaduras marginales glabras, lema superior gris, acuminada; anteras 1.2–1.6 mm de largo.

Cultivada como forraje y escapada, nebliselvas, zona norcentral; 900–1500 m; fl y fr feb, jun; *Neill 2132, Williams 24655*; nativa de Africa, introducida en otras partes de los trópicos y subtrópicos. La forma introducida en Mesoamérica es un pasto importante para forrajes mejorados que ha sido conocida comúnmente como *D. decumbens*. Es una selección triploide de *D. pentzii* particularmente robusta y muy estolonífera que se propaga por estacas.

Digitaria pittieri (Hack.) Henrard, Blumea 1: 99. 1934; *Panicum pittieri* Hack.; *Trichachne pittieri* (Hack.) Hitchc.; *Valota pittieri* (Hack.) Chase.

Duración indefinida; tallos hasta 100 cm de largo, decumbentes, ramificados; entrenudos y nudos glabros. Vainas papiloso-hirsutas; lígula 1–2.5 mm de largo; láminas linear-lanceoladas, 6–10 cm de largo y 7–11 mm de ancho, papiloso-pilosas. Inflorescencia 6–12 cm de largo, racimos 5–10, 5–9 cm de largo, solitarios, raquis de los racimos triquetro, 0.4–0.5 mm de ancho, escabroso y esparcidamente papiloso-piloso con tricomas hasta 4 mm de largo; espiguillas lanceoladas, 3–3.7 mm de largo, pareadas o en tríadas, ciliadas con tricomas erectos, purpúreos, hasta 1 mm más largos que el ápice de la espiguilla; gluma inferior deltoide o bífida, hasta 0.3 mm de largo, truncada, enervia, o ausente, gluma superior 2–2.7 mm de largo, 3-nervia, ciliada; lema inferior tan larga como las espiguillas, 7-nervia, densamente ciliada, lema superior 2.8–3.4 mm de largo, café-rojiza; anteras ca 1 mm de largo.

Conocida en Nicaragua por una colección (*Stevens 5577*) de nebliselvas, Jinotega; 1460–1480 m; fl y fr dic; Nicaragua y Costa Rica.

Digitaria setigera Roth in Roem. & Schult. var. **setigera**, Syst. Veg. 2: 474. 1817.

Duración indefinida, formando césped; tallos decumbentes, enraizando; ramas erectas hasta 120 cm de largo; entrenudos y nudos glabros. Vainas papiloso-pilosas; lígula 2.5–3.5 mm de largo; láminas lineares a linear-lanceoladas, 4–28 cm de largo y 4–12 mm de ancho, escabrosas y en general esparcidamente papiloso-pilosas. Inflorescencia 10–15 cm de largo, racimos 3–11, 5–15 cm de largo, generalmente en 1–2 (3) verticilos, raquis de los racimos angostamente alado, 0.5–0.7 mm de ancho, marginalmente escabroso; espiguillas lanceoladas, 2.4–3.5 mm de largo, pareadas, pilosas; gluma inferior generalmente ausente, raramente hasta 0.1 mm de largo, enervia, gluma superior 0.7–1.3 mm de largo, rectangular o 2-lobada, 1–3-nervia, ciliada; lema inferior tan larga como la espiguilla, 5–7-nervia, sedoso-ciliada marginalmente, lema superior escasamente más corta que la lema inferior, pajiza o grisácea; anteras 0.7–1.3 mm de largo.

Poco común, playas, cafetales, dunas, manglares, zona norcentral y norte de la zona atlántica; 0–1000 m; fl y fr ene–ago; *Araquistain 1848*, *Stevens 19897*; nativa de Asia tropical, introducida en otras partes de los trópicos. La otra variedad, *D. setigera* var. *calliblepharata* (Henrard) Veldkamp, se restringe a Asia tropical y algunas de las Islas del Pacífico. Ha sido erróneamente identificada como *D. sanguinalis* y *D. adscendens*.

Digitaria violascens Link, Hort. Berol. 1: 229. 1827.

Anuales cespitosas; tallos 15–60 cm de largo, erectos, generalmente simples; entrenudos y nudos glabros. Hojas generalmente glabras; lígula 1–2.3 mm de largo; láminas lineares a linear-lanceoladas, 4–17 cm de largo y 3–5 mm de ancho. Inflorescencias 3–12 cm de largo, racimos 2–7, 3–12 cm de largo, en 1 ó 2 verticilos, raquis de los racimos alado, 0.6–1 mm de ancho, marginalmente escabroso; espiguillas elípticas, 1.4–1.5 mm de largo, en tríadas o en grupos de 4–5 por nudo, pilosas; gluma inferior ausente, gluma superior 1.3–1.4 mm de largo, 3-nervia; lema inferior tan larga como la espiguilla, 5–7-nervia, la gluma superior y lema inferior adpreso puberulentas con tricomas diminutamente verrugosos, lema superior casi tan larga como la espiguilla, café obscura; anteras 0.4–0.6 mm de largo.

Esperada en Nicaragua en sitios perturbados; nativa del Viejo Mundo e introducida en las Américas.

ECHINOCHLOA P. Beauv.

Por Richard W. Pohl y Gerrit Davidse

Anuales o perennes, cespitosas o rizomatosas; tallos generalmente sólidos; plantas hermafroditas o polígamas. Vainas carinadas; lígula una hilera de tricomas o ausente; láminas lineares, aplanadas. Inflorescencia una panícula terminal de racimos unilaterales cortos, las espiguillas apareadas o densamente agrupadas sobre ramitas secundarias cortas; espiguillas comprimidas dorsalmente, aplanado-convexas, aristadas o apiculadas, adpreso hispídulas, con 2 flósculos; desarticulación por debajo de las glumas, la espiguilla caediza como una unidad; glumas y lema inferior herbáceas, gluma inferior más corta que la gluma superior, 3–5-nervia, no aristada, gluma superior tan larga como la lema inferior, 3–7-nervia, a veces cortamente aristada; flósculo inferior estaminado o estéril; lema inferior frecuentemente aristada; pálea inferior generalmente presente, membranácea; flósculo superior bisexual; lema superior endurecida, brillante, los márgenes casi aplanados, cubriendo los bordes de la pálea excepto su ápice, el ápice comprimido lateralmente, membranáceo; lodículas 2; anteras 3; estilos 2. Fruto una cariopsis; embrión ca 1/2 la longitud de la cariopsis; hilo circular u oval.

Género con 15–20 especies, de distribución cosmopolita, la mayor parte en climas cálidos; 5 especies en Nicaragua. Las medidas de las espiguillas excluyen las aristas.

A.S. Hitchcock. The North American species of *Echinochloa*. Contr. U.S. Natl. Herb. 22: 133–153. 1920; K.M. Wiegand. The genus *Echinochloa* in North America. Rhodora 23: 49–65. 1921; F.W. Gould, M.A. Ali y D.E. Fairbrothers. A revision of *Echinochloa* in the United States. Amer. Midl. Naturalist 87: 36–59. 1972.

1. Lígula una hilera densa de tricomas; flósculo inferior generalmente estaminado
    2. Rizoma ausente, los tallos a veces decumbentes y enraizando; espiguillas 4.5–9.5 mm de largo, aristadas
      .... **E. polystachya** var. **polystachya**
    2. Rizoma corto, escamoso; espiguillas 2.9–3.5 mm de largo, sin arista .... **E. pyramidalis**
1. Lígula ausente; flósculo inferior estéril
    3. Espiguillas aristadas 3 mm de largo o más, algunas más cortas en la panícula; ápice membranáceo del flósculo superior 0.4–0.6 mm de largo .... **E. crus-pavonis**
    3. Espiguilla sin arista; ápice membranáceo del flósculo superior 0.2–0.3 mm de largo
      4. Espiguillas dispuestas regularmente en 4 hileras; flósculo superior 1.9–2 mm de largo .... **E. colona**
      4. Espiguillas dispuestas irregularmente en más de 4 hileras; flósculo superior 2.5–2.8 mm de largo
      .... **E. crusgalli**

Echinochloa colona (L.) Link, Hort. Berol. 2: 209. 1833; *Panicum colonum* L.

Anuales cespitosas; tallos 20–90 cm de largo, erectos o decumbentes y enraizando, ramificados; entrenudos glabros; nudos híspidos o glabros. Vainas glabras; lígula ausente; láminas 8–22 cm de largo y 3–8 mm de ancho, a veces con bandas purpúreas, generalmente glabras. Panícula 2–12 cm de largo, racimos 5–10, 0.7–3 cm de largo, simples; espiguillas en 4 hileras, 2.3–2.9 mm de largo, agudas o apiculadas; gluma inferior 1–1.5 mm de largo, 3-nervia, gluma superior tan larga como la espiguilla, 5-nervia; flósculo inferior estéril; pálea inferior casi tan larga como la lema inferior pero más angosta; flósculo superior 1.9–2.2 mm de largo, el ápice membranáceo 0.2–0.3 mm de largo; anteras 0.7–0.8 mm de largo.

Común, áreas húmedas perturbadas, en todo el país; 0–920 m; fl y fr durante todo el año; *Araquistain 313*, *Moreno 1411*; trópicos y subtrópicos.

Echinochloa crusgalli (L.) P. Beauv., Ess. Agrostogr. 161, 169. 1812; *Panicum crusgalli* L.; *Oplismenus zelayensis* Kunth.

Anuales cespitosas. Tallos 30–90 cm de alto, erectos o decumbentes y enraizando, ramificados o simples; entrenudos glabros; nudos glabros. Vainas glabras; lígula ausente; láminas 8–20 cm de largo y 6–9 mm de ancho, glabras. Panícula 5–12 cm de largo, racimos 7–13, 1–3 cm de largo, simples, las espiguillas irregularmente agrupadas; espiguillas 3.2–4.6 mm de largo, agudas o aristadas hasta 1.5 mm; gluma inferior 1.5–2 mm de largo, 3–5-nervia, gluma superior tan larga como la espiguilla o un poco más corta, 5–7-nervia; flósculo inferior generalmente estéril o raramente estaminado; pálea inferior 2/3–4/5 la longitud de la lema inferior pero más angosta; flósculo superior 2.8–3.2 mm de largo, el ápice membranáceo 0.2–0.3 mm de largo; anteras 0.7–0.8 mm de largo.

Conocida en Nicaragua por una sola colección (*Moreno 24687*) de áreas húmedas perturbadas, Estelí; 850 m; fl y fr sep; sur de Estados Unidos, México, Mesoamérica, Colombia. *E. crusgalli* no fue reportada por Pohl (1994) en la Flora Mesoamericana, pero además de la colección nicaragüense, actualmente se conocen también otras 2 colecciones de Costa Rica y 1 de Guatemala. A pesar de ser cosmopolita en áreas tropicales y templadas del mundo, es mucho más rara en Mesoamérica.

Echinochloa crus-pavonis (Kunth) Schult., Mant. 2: 269. 1824; *Oplismenus crus-pavonis* Kunth; *E. crusgalli* var. *crus-pavonis* (Kunth) Hitchc.

Duración indefinida; tallos 80–150 cm de largo, decumbentes y enraizando, ramificados; entrenudos y nudos glabros. Vainas glabras; lígula ausente; láminas 12–60 cm de largo y 7–25 mm de ancho, glabras. Panícula 10–30 cm de largo, racimos 6–22, 4–6 cm de largo, simples o ramificados, las espiguillas densa e irregularmente agrupadas; espiguillas 2.8–3.5 mm de largo, aristadas o apiculadas; gluma inferior 1.4–1.7 mm de largo, 3–4-nervia, gluma superior y lema inferior tan largas como la espiguilla, 5-nervia, la gluma cuspidada o aristada, la lema corta a largamente aristada hasta 11 mm de largo; flósculo inferior estéril; pálea inferior 2/3–3/4 la longitud de la lema inferior; flósculo superior 2.5–2.8 mm de largo, el ápice membranáceo 0.4–0.6 mm de largo; anteras 1–1.2 mm de largo.

Localmente comun, playas de lagos, arrozales, áreas húmedas, zona pacífica; 40–500 m; fl y fr ene, jun–oct; *Robleto 1428*, *Stevens 22826*; sur de los Estados Unidos a Argentina, también en Africa y en Australia.

Echinochloa polystachya (Kunth) Hitchc. var. **polystachya**, Contr. U.S. Natl. Herb. 22: 135. 1920; *Oplismenus polystachyus* Kunth.

Perennes; tallos 100–300 cm de largo, decumbentes y enraizando; entrenudos y nudos glabros. Vainas glabras o híspidas; lígula 2–4 mm de largo; láminas hasta 50 cm de largo y 35 mm de ancho. Panícula 20–35 cm de largo, racimos numerosos, 2–11 cm de largo, simples, las espiguillas apareadas, en tríadas o agrupadas irregularmente; espiguillas 4.5–6 mm de largo, apiculadas o aristadas; gluma inferior 1.9–4.2 mm de largo, 5–7-nervia, gluma superior y lema superior tan largas como la espiguilla, gluma superior 5–7-nervia, apiculada o con una arista hasta 7.5 mm de largo; lema inferior 5-nervia, apiculada o con una arista hasta 20 mm de largo; flósculo inferior estaminado; pálea inferior un poco más corta que la lema inferior; flósculo superior 2.5–5 mm de largo, el ápice membranáceo 0.6–1.2 mm de largo; anteras hasta 3.6 mm de largo.

Localmente común, playas marítimas, sabanas inundadas, costas pacífica y atlántica; 0–30 m; fl y fr feb, abr, sep, oct; *Sandino 4174, Stevens 20821*; sur de los Estados Unidos a Argentina y en las Antillas. Esta especie se cultiva como forraje en potreros húmedos. La variedad *E. polystachya* var. *spectabilis* (Nees ex Trin.) Mart. Crov. se encuentra en Sudamérica.

Echinochloa pyramidalis (Lam.) Hitchc. & Chase, Contr. U.S. Natl. Herb. 18: 345. 1917; *Panicum pyramidale* Lam.; *E. guadeloupensis* (Hack.) Wiegand; *P. spectabile* var. *guadeloupense* Hack.

Perennes rizomatosas; rizoma corto, escamoso; tallos hasta 200 cm de largo, erectos o decumbentes y flotantes; entrenudos y nudos glabros. Vainas glabras o híspidas; lígula 1–4 mm de largo; láminas 15–70 cm de largo y 5–13 mm de ancho, glabras. Panícula 13–45 cm de largo, racimos numerosos, hasta 10 cm de largo, simples o los inferiores cortamente ramificados, las espiguillas agrupadas; espiguillas 2.9–3.5 mm de largo, apiculadas; gluma inferior 1.5–2.2 mm de largo, 5-nervia; gluma superior y lema inferior tan largas como la cspiguilla, 5-nervias; flósculo inferior generalmente estaminado; pálea inferior casi tan larga como la lema inferior; flósculo superior 2.5–2.7 mm de largo, el ápice membranáceo 0.2–0.4 mm de largo; anteras hasta 2.3 mm de largo.

Poco común, sitios húmedos abiertos, aguas estancadas, márgenes de lagos, zona pacífica; 40–300 m; fl y fr jun–sep, dic; *Sandino 666, 1130*; nativa de Africa tropical y subtropical, introducida en los trópicos de América, Asia y Australia.

ECHINOLAENA Desv.

Por Gerrit Davidse y Richard W. Pohl

Echinolaena gracilis Swallen, J. Wash. Acad. Sci. 23: 457. 1933.

Anuales; tallos hasta 50 cm de largo, fistulosos, ramificados, rastreros y enraizando en los nudos inferiores; entrenudos adpreso pilosos; nudos pilosos; plantas polígamas. Vainas carinadas; lígula una hilera de tricomas hasta 0.5 mm de largo; láminas lanceoladas, 1–4 cm de largo y 3–6 mm de ancho, aplanadas, más bien firmes, cordadas en la base, glabras en el envés, papiloso-híspidas en la haz, los márgenes blanquecino-cartilaginosos y papiloso-híspidos. Inflorescencias espigas solitarias; espiguillas subsésiles o cortamente pediceladas, en 2 ó 4 hileras en la parte inferior de un raquis aplanado, 5.5–11 mm de largo, solitarias, pustuloso-híspidas, pectinadas, comprimidas dorsalmente o algo lateralmente hacia el ápice, con 2 flósculos; glumas y lema inferior herbáceas; desarticulación por debajo de las glumas y el flósculo superior; gluma inferior linear-triangular, 5.5–11 mm de largo, mirando hacia afuera, acuminada, 7–11-nervia, convexa abajo, carinada hacia la punta, pustuloso-híspida con tricomas patentes, gluma superior 5.5–6.5 mm de largo, 7–9-nervia, navicular, acuminada, papiloso-

híspida cerca de la punta; flósculo inferior estaminado; lema inferior lanceolada, 4.5–6.5 mm de largo, 5–7-nervia, ligeramente híspida cerca de la punta; pálea inferior 3.5–3.7 mm de largo, más angosta que la lema inferior, membranácea, 2-carinada; flósculo superior bisexual, 3.3–4 mm de largo, comprimido dorsalmente; lema superior más corta que la lema inferior, lisa y brillante, coriácea, cuculada, los márgenes delgados y expuestos cerca de la base, enrollados hacia adentro cerca de la punta; callo basal prominente, truncado y con los márgenes basales de la lema superior pareciendo cicatrices algo carnosas; pálea superior casi tan larga como la lema superior y de la misma textura que ésta; lodículas 2; estambres 3, las anteras 1.5–2 mm de largo, amarillas; estilos 2. Cariopsis 3.2–3.8 mm de largo, embrión ca 3/5 la longitud de la cariopsis; hilo linear, tan largo como la cariopsis.

Poco común, sabanas cienagosas, campos abiertos, pinares, norte de la zona atlántica; 0–100 m; fl y fr ene, mar; *Seymour 4578, Stevens 19432*; Belice a Colombia, Venezuela y Brasil. Género con 8 especies de América tropical y Africa.

M.T. Stieber. Revision of *Ichnanthus* sect. *Foveolatus* (Gramineae, Panicoideae). Syst. Bot. 12: 187–216. 1987; T.S. Filgueiras. A new species of *Echinolaena* (Poaceae: Paniceae) from Ecuador and a key to the New World species of the genus. Nordic J. Bot. 14: 379–381. 1994.

ELEUSINE Gaertn.
Por Richard W. Pohl

Eleusine indica (L.) Gaertn., Fruct. Sem. Pl. 1: 8. 1788; *Cynosurus indicus* L.

Anuales (Mesoamérica); tallos ramificándose en la parte inferior, 15–70 cm de alto, erectos o patentes, glabros; plantas hermafroditas. Vainas carinadas, glabras excepto por los tricomas suaves largos sobre los márgenes superiores y la garganta; lígula una membrana lacerada, 0.5–1 mm de largo; láminas lineares, 5–20 cm de largo y 2–5 mm de ancho, plegadas hacia la base, aplanadas hace el ápice, glabras en el envés con tricomas débiles largos, esparcidos en la haz. Inflorescencia terminal, de 1–6 espigas 1.5–16 cm de largo, en 1 verticilo, o con 1 ó 2 espigas 1–2 cm de largo abajo del verticilo, raquis 0.7–1 mm de ancho, sin alas; espiguillas sésiles, densamente imbricadas en 2 hileras sobre el lado inferior del raquis aplanado, comprimidas lateralmente, carinadas, sin aristas, con varios flósculos bisexuales, el más superior estéril; desarticulación arriba de las glumas y entre los flósculos; gluma inferior 1-nervia, gluma superior 2.2–2.8 mm de largo, inconspicuamente 5-nervia, más corta que los flósculos; lemas 2–3 mm de largo, sin arista, 3-nervias o raramente con un par de nervaduras adicionales cerca de los márgenes, glabras; pálea ligeramente más corta que la lema; lodículas 2; estambres 3, las anteras 0.2–0.5 mm de largo, purpúreas; estilos 2. Fruto un utrículo; semilla laxa en un pericarpio delgado, fuertemente estriada.

Maleza común, en todo el país; 0–1400 m; fl y fr durante todo el año; *Moreno 4303*, *Robleto 1268*; nativa del Viejo Mundo, maleza cosmopolita en climas tropicales a templados. Género con 9 especies, 1 sudamericana, 1 cosmopolita y las otras de Africa tropical. "Pata de gallina".

S.M. Phillips. A survey of the genus *Eleusine* Gaertn. (Gramineae) in Africa. Kew Bull. 27: 251–270. 1972.

ELYTROSTACHYS McClure
Por Richard W. Pohl

Elytrostachys clavigera McClure, J. Wash. Acad. Sci. 32: 176. 1942.

Bambúes altos; rizomas paquimorfos; tallos leñosos, agrupados, fistulosos, inicialmente erectos, posteriormente recargándose en los árboles, en grupos de 30–50, hasta 30 m de largo y 4–8 cm de ancho, glabros, verdes; entrenudos cilíndricos, con paredes delgadas; brote lateral inicial 1 por nudo, pero la rama primaria ramificándose pronto desde la base, produciendo un fascículo de numerosas ramas secundarias foliíferas, delgadas, generalmente una más larga que las demás; plantas hermafroditas. Hojas del tallo con las vainas obscuras, mucho más anchas que las láminas; setas orales alargadas, aplanadas, muy conspicuas en los brotes nuevos, 3–6 cm de largo; láminas 4–9 cm de largo y 1 cm de ancho, atenuadas, muy fuertemente reflexas, híspidas; ramas foliíferas 10 o más, hasta 50 cm de largo, naciendo de los nudos medios y superiores; hojas de las ramas con las vainas glabras a esparcidamente híspidas; pseudopecíolo hasta 3 mm de largo; lígula externa e interna presentes; láminas ovadas, aplanadas, 6–25 cm de largo y 13–45 mm de ancho. Inflorescencia compuesta por pseudoespiguillas formando falsos verticilos en los nudos; pseudoespiguillas hasta 32 mm de largo, compuestas de un par de brácteas glumiformes con un raquis rígido, aplanado, producido entre ellas y llevando 1 ó 2 flósculos bisexuales, la raquilla generalmente terminando en un rudimento; desarticulación abajo del flósculo, los pedicelos viejos con ápices caliciformes saliendo de las pseudoespiguillas; glumas ausentes; lema sin arista, hasta 23 mm de largo, alcanzando a la pálea solamente en la base, multinervia, acanalada en la parte dorsal y abrazando la raquilla; lodículas 3, desiguales, vasculares, ciliadas, aplanadas; estambres 6, las anteras hasta 12 mm de largo, amarillas; estilo 1, estigmas 2. Fruto una cariopsis.

Localmente común, pluvioselvas, zona atlántica; 30–140 m; fl y fr mar; *Davidse 30737*, *Pipoly 5038*; Honduras a Colombia. Género con 2 especies, distribuido desde Honduras a Venezuela y Brasil.

ENTEROPOGON Nees

Por Richard W. Pohl y Gerrit Davidse

Anuales o perennes, cespitosas o rizomatosas; plantas hermafroditas. Lígula una membrana ciliada; láminas lineares, aplanadas. Inflorescencia terminal (Mesoamérica) y axilar, una panícula de espigas unilaterales, delgadas, o las espigas subdigitadas o solitarias; espiguillas comprimidas dorsalmente, con 2 flósculos, el inferior bisexual, el superior rudimentario y estéril o raramente estaminado; desarticulación arriba de las glumas; glumas desiguales, subuladas a lanceoladas, membranáceas, la superior más corta a tan larga como el flósculo inferior, aguda o cortamente aristada; lema fértil redondeada a casi aplanada, rígida, 3-nervia, 2-dentada, 1-aristada; callo piloso; pálea casi tan larga como la lema, 2-carinada, 2-dentada; flósculo rudimentario aristado; lodículas 2; estambres 1–3; estilos 2. Fruto una cariopsis sulcada; embrión 1/4–1/2 la longitud de la cariopsis; hilo punteado.

Género con 17 especies en los trópicos; 2 especies se encuentran en Nicaragua.

D.E. Anderson. Taxonomy of the genus *Chloris* (Gramineae). Brigham Young Univ. Sci. Bull., Biol. Ser. 19(2): 1–133. 1974; W.D. Clayton. Notes on subfamily Chloridoideae (Gramineae). Kew Bull. 37: 417–420. 1982.

1. Plantas perennes con rizomas delgados con espiguillas subterráneas cleistógamas mucho más largas que las espiguillas aéreas; lema fértil 4.5–7.5 mm de largo; gluma inferior 0.5–2 mm de largo; anteras 3, 2–2.6 mm de largo .... **E. chlorideus**
1. Plantas anuales cespitosas, sin rizomas; lema fértil 2.5–4.5 mm de largo; gluma inferior 3–4 mm de largo; anteras 1 ó 2, ca 0.2 mm de largo .... **E. mollis**

Enteropogon chlorideus (J. Presl) Clayton, Kew Bull. 37: 419. 1982; *Dinebra chloridea* J. Presl; *Chloris chloridea* (J. Presl) Hitchc.

Perennes cespitosas, pero con rizomas alargados y delgados con cleistogenes subterráneos en las puntas, los cleistogenes hasta 9 mm de largo y 4.5 mm de ancho; tallos 50–95 cm de largo, erectos, simples; nudos y entrenudos glabros. Vainas glabras o hirsutas hacia el ápice; lígula 0.3–0.5 mm de largo, ciliolada; láminas hasta 28 cm de largo y 7–10 mm de ancho, aplanadas, escabrosas y a veces pilosas, carinadas. Panícula 7–21 cm de largo; espigas 3–15, (6–) 9–18 cm de largo, en 3–4 verticilos, a veces solitarias; espiguillas 4.5–7.5 mm de largo, distantes, adpresas; gluma inferior 0.5–2 mm de largo, gluma superior 1.2–3.5 mm de largo; lema fértil 4.5–7.5 mm de largo y ca 1 mm de ancho, café-purpúrea en la madurez, los márgenes ciliados, la quilla glabra, la arista 6–15 mm de largo; anteras 3, 2–2.8 mm de largo; flósculo rudimentario 1.5–3 mm de largo y 0.1–0.2 mm de ancho, cilíndrico, glabro o piloso, el callo glabro, la arista 2–8 mm de largo.

Poco común, en zonzocuitales, zona pacífica; 410–550 m; fl y fr nov, dic; *Stevens 5725, 18631*; sur de los Estados Unidos hasta Nicaragua y Venezuela.

Enteropogon mollis (Nees) Clayton, Kew Bull. 37: 419. 1982; *Gymnopogon mollis* Nees; *Chloris mollis* (Nees) Swallen.

Anuales cespitosas; tallos 40–60 cm de largo, erectos, simples; nudos y entrenudos glabros. Hojas pilosas; lígula hasta 3 mm de largo, ciliada; láminas hasta 30 cm de largo y 10 mm de ancho. Panícula 2.5–12.5 cm de largo; espigas 3–11, 6–9 cm de largo, frecuentemente en 1 verticilo, a veces en 2 verticilos con 1 ó 2 espigas solitarias por debajo de los verticilos; espiguillas 3–5 mm de largo, imbricadas, adpresas; gluma inferior 3–4 mm de largo, gluma superior 3–5 mm de largo; lema fértil 2.8–4.5 mm de largo y ca 0.3 mm de ancho, café obscura en la madurez, los márgenes cortamente ciliados en la 1/2 superior, la quilla glabra, la arista 3.6–7.5 mm de largo; anteras 1 ó 2, ca 0.2 mm de largo; flósculo rudimentario 1.2–1.6 mm de largo y 0.1–0.2 mm de ancho, cilíndrico, glabro, el callo piloso hasta 0.7 mm de largo, la arista 3.5–8 mm de largo.

Rara, orillas de caminos, zona norcentral; 800–1500 m; fl y fr nov; *Molina 23203, Seymour 6386*; Guatemala a Perú, Brasil y en las Antillas.

ERAGROSTIS Wolf

Por Gerrit Davidse

Anuales o perennes, cespitosas, estoloníferas o rizomatosas; plantas hermafroditas o monoicas. Lígula generalmente una línea de tricomas, raramente una membrana con o sin cilios; láminas lineares. Inflorescencia una panícula abierta a espigada o glomerulada; espiguillas pediceladas, comprimidas lateralmente, con 2–numerosos flósculos bisexuales o raramente unisexuales; desarticulación variada, principalmente (Mesoamérica) desde la base hacia arriba, las glumas cayendo primero desde la raquilla persistente, seguidas por la lema y cariopsis, la pálea generalmente persistente, o desarticulándose desde la punta hacia abajo, la raquilla rompiéndose entre los flósculos, la lema, pálea y cariopsis cayendo juntas; flósculos reducidos hacia arriba; glumas subiguales, generalmente más cortas que los flósculos más inferiores, generalmente lanceoladas (cuando dobladas) o subuladas, agudas, generalmente 1-nervias, raramente 3-nervias o la inferior enervia, generalmente escabriúscula o escabrosa en las nervaduras; lemas 3-nervias, aguda a anchamente carinadas, herbáceas a membranáceas, generalmente glabras o escabriúsculas, enteras, obtusas o emarginadas a acuminadas, las nervaduras laterales tenues o conspicuas; quillas de la pálea ciliadas, escabrosas o glabras; estambres 2 ó 3. Fruto una cariopsis, libre de la lema y pálea; embrión generalmente ca 1/2 la longitud de la cariopsis; hilo punteado.

Género con ca 350 especies, cosmopolita, pero especialmente diverso en los trópicos y subtrópicos; 18 especies se encuentran en Nicaragua. Las longitudes relativas de los pedicelos en las descripciones se refieren a las espiguillas laterales. Las descripciones del grado de traslapamiento de la lema se hacen con referencia a lemas adyacentes en el mismo lado que la raquilla, en la 1/2 inferior de la espiguilla. Las descripciones de la lema se refieren a aquellas de los flósculos más inferiores en su posición natural de perfil.

L.H. Harvey. *Eragrostis* in North and Middle America. Ph.D. Thesis, University of Michigan, Ann Arbor. 1948; S.D. Koch. The *Eragrostis pectinacea-pilosa* complex in North and Central America (Gramineae: Eragrostoideae). Illinois Biol. Monogr. 48: 1–75. 1974; J.T. Witherspoon. A Numerical Taxonomic Study of the *Eragrostis intermedia* Complex (Poaceae). Ph.D. Thesis, University of Montana, Missoula. 1975; J.T. Witherspoon. New taxa and combinations in *Eragrostis* (Poaceae). Ann. Missouri Bot. Gard. 64: 324–329. 1978; S.D. Koch. Notes on the genus *Eragrotis* (Gramineae) in the southeastern United States. Rhodora 80: 390–403. 1978; I. Sánchez Vega y S.D. Koch. Estudio biosistemático de *Eragrotis mexicana*, *E. neomexicana*, *E. orcuttiana* y *E. virescens* (Gramineae: Chloridoideae). Bol. Soc. Bot. México 48: 95–112. 1989.

1. Páleas prominentemente papiloso-ciliadas en las quillas; plantas anuales
    2. Tallos, hojas y panículas eglandulares o glandulares pero no víscidos; lígula una línea de tricomas
        3. Anteras 3; panícula abierta, oblongo-cilíndrica, el raquis visible en toda su extensión, las axilas pilosas .... **E. amabilis**
        3. Anteras 2; panícula generalmente densa, a veces abierta, las axilas glabras .... **E. ciliaris** var. **ciliaris**
    2. Tallos, hojas y panículas glandulares y densamente víscidos; lígula una membrana ciliada, al menos en las hojas inferiores
        4. Raquilla persistente; pedicelos laterales más cortos a más largos que las espiguillas, generalmente más de 2 mm de largo; lemas truncadas .... **E. hondurensis**
        4. Raquilla frágil, desarticulándose prontamente; pedicelos laterales más cortos que las espiguillas, generalmente menos de 2 mm de largo; lemas obtusas a truncadas .... **E. viscosa**
1. Páleas glabras a escabrosas en las quillas, si cilioladas, los tricomas menos de 0.1 mm de largo; plantas anuales o perennes
    5. Lígula una membrana sin cilios .... **E. glomerata**
    5. Lígula generalmente una línea de tricomas, raramente (*E. mexicana*) una membrana ciliada
        6. Plantas estoloníferas, los estolones enraizando en los nudos .... **E. hypnoides**
        6. Plantas cespitosas
            7. Cariopsis ligera a profundamente acanalada en sección transversal en el lado opuesto al embrión
                8. Plantas anuales .... **E. mexicana** ssp. **mexicana**
                8. Plantas perennes
                    9. Gluma inferior 1–1.7 mm de largo, la superior 1–1.9 mm de largo, siempre claramente traslapándose al segundo flósculo; lemas traslapándose casi hasta la 1/2 o más arriba en la parte inferior de las espiguilla; vainas redondeadas en el dorso .... **E. polytricha**
                    9. Gluma inferior 0.3–0.6 mm de largo, la superior 0.5–1 mm no alcanzando al segundo flósculo; lemas apenas traslapándose en la parte inferior de la espiguilla; vainas agudamente carinadas .... **E. tenuifolia**
            7. Cariopsis aplanada a obtusa en sección transversal en el lado opuesto al embrión
                10. Lemas acuminadas a marcadamente agudas, conspicuamente carinadas

11. Axilas de las ramas de la panícula glabras, raramente con unos pocos tricomas largos
.... **E. simpliciflora**
11. Axilas de las ramas de la panícula densamente pilosas
    12. Espiguillas 1.1–1.8 mm de ancho; panícula abierta; lemas 1.7–2.4 mm de largo, las
        puntas rectas; páleas 4/5–5/6 la longitud de las lemas, escabrosas en las quillas;
        cariopsis redonda en sección transversal, oblongo-lanceolada en perfil .... **E. acutiflora**
    12. Espiguillas 1.9–3.5 mm de ancho; panícula moderadamente abierta a densa; lemas
        2.3–2.8 mm de largo, las puntas divergentes; páleas 1/2–2/3 la longitud de las lemas,
        cilioladas en las quillas; cariopsis oblonga en sección transversal, oblongo-ovada en
        perfil .... **E. maypurensis**
10. Lemas agudas a subagudas, inconspicuamente carinadas o redondeadas en el dorso
    (agudamente carinadas en *E. rufescens* var. *mesoamericana*)
    13. Plantas perennes
        14. Anteras 3 .... **E. atrovirens**
        14. Anteras 2 .... **E. prolifera**
    13. Plantas anuales
        15. Espiguillas 2.4–4 mm de ancho; plantas glandulares, especialmente en las quillas de
            las vainas, glumas y lemas y en los márgenes de las vainas y láminas .... **E. cilianensis**
        15. Espiguillas 0.8–2.3 mm de ancho; plantas eglandulares
            16. Anteras 2 .... **E. rufescens** var. **mesoamericana**
            16. Anteras 3
                17. Espiguillas 0.8–1.1 mm de ancho .... **E. pilosa**
                17. Espiguillas 1.2–1.9 mm de ancho
                    18. Pedicelos divergentes .... **E. pectinacea** var. **miserrima**
                    18. Pedicelos adpresos .... **E. pectinacea** var. **pectinacea**

Eragrostis acutiflora (Kunth) Nees in Mart., Fl. Bras. Enum. Pl. 2: 501. 1829; *Poa acutiflora* Kunth.

Perennes cespitosas, eglandulares; tallos 15–80 cm de largo, erectos, generalmente glabros. Hojas generalmente basales; vainas redondeadas, glabras, el ápice piloso; lígula 0.1–0.2 mm de largo, una línea de tricomas; láminas 5–30 cm de largo y 2–5 (–6.5) mm de ancho, aplanadas o dobladas, escabriúsculas y a veces esparcidamente pilosas en la haz, glabras en el envés. Panícula 8–30 cm de largo y 3–15 cm de ancho, ovoide, abierta, las axilas pilosas, ramas con espiguillas hasta la base, a veces desnudas cerca de la base, pedicelos mucho más cortos que las espiguillas, adpresos; espiguillas oblongo-lanceoladas, 4–8.5 mm de largo y 1.1–1.8 mm de ancho, bicoloreadas verde-purpúreas y blanco-verdosas, desarticulándose desde la base, a veces desde arriba; raquilla algo frágil, brevemente persistente; glumas 1-nervias, agudas, la inferior 0.9–1.5 mm de largo, la superior 1.3–1.9 mm de largo; flósculos 7–23; lemas 1.7–2.4 mm de largo, marcadamente agudas o acuminadas, glabras o escabriúsculas en la quilla, conspicuamente carinadas, traslapándose a casi la 1/2, las nervaduras laterales tenues a conspicuas; páleas 4/5–5/6 la longitud de las lemas, las quillas escabrosas; anteras 2, 0.2–0.3 mm de largo, purpúreas. Cariopsis 0.7–0.9 mm de largo y 0.3–0.4 mm de ancho, oblongo-lanceolada en perfil, redonda en sección transversal, obtusa apicalmente.

Maleza de playas, dunas, áreas perturbadas, León y Zelaya; 0–500 m; fl y fr durante todo el año; *Moreno 24946, Stevens 23076*; México a Bolivia y Brasil, también en Trinidad.

Eragrostis amabilis (L.) Wight & Arn. ex Nees in Hook. & Arn., Bot. Beechey Voy. 251. 1838; *Poa amabilis* L.; *E. tenella* (L.) P. Beauv. ex Roem. & Schult.; *P. tenella* L.

Anuales cespitosas, glandulares; tallos 5–40 cm de largo, erectos a decumbentes, ramificados desde los nudos inferiores, glabros. Hojas generalmente caulinares; vainas redondeadas a inconspicuamente carinadas, marginalmente papiloso-pilosas, el ápice piloso; lígula 0.2–0.3 mm de largo, una línea de tricomas; láminas 3–10 cm de largo y 2–5 mm de ancho, aplanadas, glabras. Panícula oblongo-cilíndrica, 1.5–13 cm de largo y 1.5–4 (–6) cm de ancho, abierta, las axilas pilosas, ramas con espiguillas casi hasta la base, a menudo glandulares, pedicelos más cortos a más largos que las espiguillas, divergentes, a menudo glandulares; espiguillas ovado-oblongas a oblongas, 1.4–2.5 mm de largo y 0.9–1.4 mm de ancho, generalmente purpúreas, desarticulándose desde el ápice; raquilla frágil; glumas 1-nervias, agudas, la inferior 0.4–0.6 mm de largo, la superior 0.7–0.9 mm de largo; flósculos 4–8; lemas 0.8–1 mm de largo, obtusas, escabriúsculas, inconspicuamente carinadas, traslapándose al 1/2 o por encima, las nervaduras laterales conspicuas; páleas casi tan largas como las lemas, las quillas papiloso-ciliadas con tricomas divergentes 0.2–0.4 mm de largo; anteras 3, ca 0.2 mm de largo, purpúreas. Cariopsis 0.4–0.5 mm de largo y 0.2–0.3 mm de ancho, elíptica en perfil, redonda en sección transversal, obtusa apicalmente.

Rara, áreas perturbadas, zonas atlántica y nor-central; 200–1500 m; fl y fr nov–ene; *Seymour 3006, 6385*; nativa de los trópicos del Viejo Mundo, naturalizada en todos los trópicos y subtrópicos. Las ramas de la panícula y los pedicelos a menudo portan glándulas, pero aparentemente éstas producen poca o ninguna secreción.

Eragrostis atrovirens (Desf.) Trin. ex Steud., Nomencl. Bot., ed. 2, 1: 562. 1840; *Poa atrovirens* Desf.

Perennes cespitosas, eglandulares, glaucas; tallos 30–150 cm de largo, erectos, generalmente simples, glabros. Hojas generalmente basales; vainas redon-deadas, glabras, el ápice esparcidamente piloso, a veces glabro; lígula 0.2–0.3 mm de largo, una línea de tricomas; láminas 15–30 cm de largo y 2–4 mm de ancho, aplanadas o generalmente enrolladas, escabro-sas y a veces esparcidamente pilosas en la haz, glabras en el envés. Panícula ovoide, 4–40 cm de largo y 4–11 cm de ancho, abierta, las axilas glabras, ramas desnudas cerca de la base, pedicelos general-mente mucho más cortos que las espiguillas, adpre-sos; espiguillas oblongo-lanceoladas, 4.5–12 mm de largo y 1.5–2.5 mm de ancho, verde-grisáceas y en ocasiones teñidas con púrpura, desarticulándose des-de la base, raquilla persistente; glumas 1-nervias, agudas, la inferior 0.9–1.4 mm de largo, la superior 1.5–1.7 mm de largo; flósculos 7–25; lemas 1.4–2 mm de largo, agudas, diminutamente escabriúsculas, redondeadas en el dorso, traslapándose por encima de la 1/2, las nervaduras laterales evidentes; páleas ca 5/6 la longitud de las lemas, las quillas escabriús-culas; anteras 3, 0.5–0.8 mm de largo, purpúreas. Cariopsis 0.7–0.8 mm de largo y 0.4–0.5 mm de ancho, elíptica en perfil, redonda en sección trans-versal, obtusa apicalmente.

Rara, sabanas, bosques de pinos, Zelaya; 0–100 m; fl y fr jul, oct; *Grijalva 1607, Kral 69334*; nativa de África y Asia, naturalizada desde México hasta Venezuela y Perú.

Eragrostis cilianensis (All.) Vignolo ex Janch., Mitt. Naturwiss. Vereins Univ. Wien, n.s. 5: 110. 1907; *Poa cilianensis* All.; *E. megastachya* (Koeler) Link; *P. megastachya* Koeler.

Anuales cespitosas, glandulares; tallos (1–) 15–60 (–90) cm de largo, erectos a decumbentes, simples o ramificados desde los nudos inferiores y medios, glabros. Vainas carinadas, generalmente glandulares en las quillas y en los márgenes, glabras, el ápice piloso; lígula 0.3–0.5 mm de largo, una línea de tricomas; láminas 3–20 cm de largo y 3–8 mm de

ancho, generalmente aplanadas, glabras a muy espar-cidamente pilosas, glandulares marginalmente. Paní-cula ovoide, 3–16 cm de largo y 2–5 cm de ancho, densa a un tanto abierta, las axilas pilosas o glabras, ramas con espiguillas casi hasta la base, pedicelos mucho más cortos que las espiguillas, divergentes, generalmente eglandulares; espiguillas oblongo-lan-ceoladas, 5–20 mm de largo y 2.4–4 mm de ancho, verde-plomizas a pajizas, desarticulándose desde la base; raquilla persistente; glumas 1 (3)-nervias, agu-das, a veces esparcidamente glandulares en las qui-llas, la inferior 1.2–2 mm de largo, la superior 1.2–2.6 mm de largo; flósculos 10–40; lemas 2–2.8 mm de largo, subagudas, glabras, a veces escabriúsculas y/o glandulares a lo largo de la quilla, inconspicua-mente carinadas, traslapándose por encima de la 1/2, las nervaduras laterales conspicuas; páleas 3/5–4/5 la longitud de las lemas, las quillas cilioladas; anteras 3, 0.3–0.5 mm de largo, amarillas. Cariopsis 0.6–0.7 mm de largo y 0.4–0.5 mm de ancho, elíptica en perfil y en sección transversal, obtusa apicalmente.

Común, áreas perturbadas, zonas pacífica y norcentral; 40–1400 m; fl y fr jun–ene; *Moreno 9440, Stevens 2873*; nativa del Viejo Mundo, ahora cosmopolita en áreas cálidas.

Eragrostis ciliaris (L.) R. Br. in Tuckey var. **ciliaris**, Narr. Exped. Zaire 478. 1818; *Poa ciliaris* L.

Anuales cespitosas, eglandulares; tallos 3–45 (–82) cm de largo, erectos a decumbentes, ramificados desde los nudos inferiores, glabros. Hojas caulinares; vainas redondeadas, glabras o esparcidamente papilo-sas, ciliadas marginalmente, el ápice piloso; lígula 0.2–0.5 mm de largo, una línea de tricomas; láminas 4–10 cm de largo y 2–4 (–8) mm de ancho, general-mente aplanadas, glabras o esparcidamente papiloso-pilosas en la haz. Panícula espigado-cilíndrica, 2.5–17 cm de largo y 0.4–1.5 cm de ancho, las ramas adpresas al raquis o casi adpresas, las axilas glabras, ramas con espiguillas hasta la base, pedicelos mucho más cortos que las espiguillas, adpresos; espiguillas oblongo-elípticas, 1.8–2.5 (–3) mm de largo y 1.2–2 mm de ancho, densamente agrupadas, purpúreas o pajizas, desarticulándose desde el ápice; raquilla frágil; glumas 1-nervias, agudas, la inferior 0.8–1.2 mm de largo, la superior 1–1.3 mm de largo; flósculos 6–11; lemas 1–1.3 mm de largo, obtusas, escabriúsculas, inconspicuamente carinadas, trasla-pándose por encima de la 1/2, las nervaduras laterales conspicuas; páleas casi tan largas como las lemas, las quillas papiloso-ciliadas con tricomas divergentes 0.3–0.9 mm de largo; anteras 2, 0.2–0.3 mm de largo, purpúreas. Cariopsis 0.5–0.6 mm de largo y 0.2–0.3 mm de ancho, elíptico-lanceolada en perfil, redonda en sección transversal, obtusa apicalmente.

Común, áreas perturbadas, en todo el país; 0–1250 m; fl y fr durante todo el año; *Moreno 4031*, *Stevens 3751*; nativa de los trópicos y subtrópicos del Viejo Mundo, naturalizada en los trópicos y subtrópicos americanos.

Eragrostis glomerata (Walter) L.H. Dewey, Contr. U.S. Natl. Herb. 2: 543. 1894; *Poa glomerata* Walter; *Diandrochloa glomerata* (Walter) Burkart.

Anuales cespitosas, eglandulares; tallos 8–120 cm de largo, erectos, ramificados desde los nudos inferiores y medios, glabros. Hojas generalmente caulinares; vainas carinadas, glabras, el ápice glabro; lígula 0.4–0.5 mm de largo, una membrana; láminas 5–25 mm de largo y 3–8 mm de ancho, aplanadas, glabras. Panícula cilíndrica, (5–) 10–50 cm de largo y 1–3.5 cm de ancho, densa, las axilas glabras, ramas con espiguillas dispuestas densamente hasta la base, fasciculadas, pedicelos más cortos que las espiguillas, adpresos; espiguillas oblongo-lanceoladas, 2.8–3.4 mm de largo y 1.1–1.2 mm de ancho, verde-blanquecinas, desarticulándose desde el ápice; raquilla frágil; glumas agudas, la inferior 0.7–0.9 mm de largo, enervia, la superior 0.8–1 mm de largo, 1-nervia; flósculos 6–10; lemas 1–1.2 mm de largo, agudas, glabras, traslapándose por encima de la 1/2, anchamente carinadas, las nervaduras laterales conspicuas; páleas escasamente más cortas que las lemas, las quillas glabras, cilioladas en la punta; anteras 2, ca 0.2 mm de largo, blancas. Cariopsis 0.3–0.4 mm de largo y 0.2–0.3 mm de ancho, anchamente ovada a elíptica en perfil, redonda en sección transversal, obtusa apicalmente.

Rara, campos, remanentes de bosques, zona norcentral; 450–1300 m; fl y fr nov–ene; *Moreno 22808*, *Stevens 15641*; este de los Estados Unidos a Argentina. Esta especie es la única representante americana de un grupo, con lígulas membranáceas, estrechamente relacionado del Viejo Mundo; hasta que este grupo sea monografiado, parece más conveniente conservar el punto de vista tradicional de *E. glomerata*.

Eragrostis hondurensis R.W. Pohl, Iowa State J. Res. 54: 319. 1980.

Anuales cespitosas, glandulares, densamente víscidas; tallos 25–65 cm de largo, erectos, ramificados desde los nudos medios hasta los inferiores, glabros, los entrenudos a menudo con una línea de glándulas por debajo de los nudos. Hojas generalmente caulinares; vainas redondeadas a inconspicuamente carinadas, esparcidamente papiloso-pilosas, glandulares,

el ápice piloso; lígula 0.2–0.5 mm de largo, una membrana ciliada; láminas 4–10 cm de largo y 2–4 mm de ancho, aplanadas, glabras. Panícula ovoide-cilíndrica, 9–33 cm de largo y 3–10 cm de ancho, abierta, las axilas pilosas, ramas desnudas en el 1/5 inferior o con espiguillas casi hasta la base, glandulares, pedicelos más cortos a más largos que las espiguillas, divergentes, glandulares; espiguillas oblongas, 5–7.5 mm de largo y 0.9–1.3 mm de ancho, pajizas o a menudo purpúreas, secuencia de desarticulación irregular; raquilla persistente; glumas 1-nervias, agudas, la inferior 1.2–1.5 mm de largo, la superior 1.4–1.7 mm de largo; flósculos 5–14; lemas 1.4–1.5 mm de largo, truncadas, escabriúsculas, inconspicuamente carinadas, traslapándose por debajo de la 1/2, las nervaduras laterales conspicuas; páleas casi tan largas como las lemas, las quillas papiloso-ciliadas con tricomas divergentes 0.2–1.5 mm de largo; anteras 3, 0.1–0.3 mm de largo, purpúreas. Cariopsis 0.5–0.6 mm de largo y 0.2–0.3 mm de ancho, elíptica en perfil, redonda en sección transversal, obtusa apicalmente.

Conocida en Nicaragua por una sola colección (*Seymour 848*) de matorrales, Nueva Segovia; fl y fr dic; México (Oaxaca), Honduras, Nicaragua. Esta especie es sólo marginalmente distinta de la polimorfa *Eragrostis viscosa*. Dependiendo de un estudio a escala mundial de esta última, podría eventualmente ser mejor reconocida como una variedad.

Eragrostis hypnoides (Lam.) Britton et al., Prelim. Cat. 69. 1888; *Poa hypnoides* Lam.; *Neeragrostis hypnoides* (Lam.) Bush.

Anuales reptantes, estoloníferas, eglandulares; estolones muy ramificados, enraizando en los nudos; tallos floríferos 5–20 cm de largo, erectos, glabros. Hojas caulinares; vainas inconspicuamente carinadas, glabras, ciliadas marginalmente, el ápice cortamente piloso; lígula 0.3–0.5 mm de largo, una línea de tricomas; láminas 4–33 mm de largo y 1–1.7 mm de ancho, aplanadas o dobladas, papiloso-puberulentas en la haz, glabras en el envés. Panícula ovoide, 1–4.5 cm de largo y 1–4 cm de ancho, abierta a moderadamente densa, las axilas glabras, ramas con espiguillas hasta la base, pedicelos mucho más cortos que las espiguillas, patentes; espiguillas linear-lanceoladas u oblongas, 5–16 mm de largo y 1.5–3 mm de ancho, verdosas, desarticulándose desde la base; raquilla persistente; glumas 1 (3)-nervias, agudas, la inferior 0.6–0.8 mm de largo, la superior 0.9–1.6 mm de largo; flósculos 15–53; lemas 1.5–2.2 mm de largo, agudas, glabras, agudamente carinadas, traslapándose por encima de la 1/2, las nervaduras laterales conspicuas; páleas 1/3–1/2 la longitud de las lemas, las quillas escabrosas; anteras 2, 0.2–0.3 mm de largo, blancas. Cariopsis 0.4–0.5 mm de largo y 0.2–0.3 mm de ancho, elíptica en perfil y en sección transversal, obtusa apicalmente.

Común, áreas abiertas húmedas, bancos arenosos, zonas atlántica y norcentral; 0–980 m; fl y fr mar–jun, sep; *Robleto 259, Stevens 8086*; sur de Canadá a Perú, Bolivia, Brasil, Uruguay y Argentina y en las Antillas. Esta especie parece ser, en gran parte, cleistógama y por lo general sus estigmas no son exertos.

Eragrostis maypurensis (Kunth) Steud., Syn. Pl. Glumac. 1: 276. 1854; *Poa maypurensis* Kunth; *E. vahlii* (Roem. & Schult.) Nees; *P. vahlii* Roem. & Schult.

Anuales cespitosas, eglandulares; tallos 6–90 cm de largo, erectos a decumbentes, simples o ramificados desde los nudos inferiores, glabros. Hojas basales y caulinares; vainas redondeadas, glabras a densamente papiloso-pilosas, el ápice piloso; lígula 0.1–0.2 mm de largo, una línea de tricomas; láminas 5–12 cm de largo y 1–4 mm de ancho, aplanadas a enrolladas, glabras a densamente papiloso-pilosas. Panícula angostamente piramidal a contraída, 3–20 cm de largo y 2–12 cm de ancho, moderadamente abierta a densa, las axilas pilosas, ramas con espiguillas hasta la base, pedicelos mucho más cortos que las espiguillas, divergentes; espiguillas oblongas a oblongo-lanceoladas, 6–15 (–40) mm de largo y 2.2–3.5 mm de ancho, pajizas a rojizas, desarticulándose desde la base; raquilla persistente; glumas 1-nervias, acuminadas, la inferior 1.5–2.9 mm de largo, la superior 1.7–2.7 mm de largo; flósculos 8–28 (–55); lemas 2.3–2.8 mm de largo, acuminadas, escabriúsculas en la quilla, agudamente carinadas, traslapándose cerca de 3/4, las puntas algo divergentes, las nervaduras laterales conspicuas; páleas 1/2–2/3 la longitud de las lemas, las quillas cilioladas; anteras 2, 0.2–0.4 mm de largo, purpúreas. Cariopsis 0.5–0.7 mm de largo y 0.4–0.5 mm de ancho, oblongo-ovada en perfil, oblonga en sección transversal, obtusa apicalmente.

Común, áreas perturbadas, orillas de caminos, claros en bosques, zonas pacífica y atlántica; 0–500 m; fl y fr oct–ene; *Neill 2797, Stevens 5286*; México a Bolivia y Brasil.

Eragrostis mexicana (Hornem.) Link ssp. **mexicana**, Hort. Berol. 1: 190. 1827; *Poa mexicana* Hornem.; *E. limbata* E. Fourn.; *E. neomexicana* Vasey ex L.H. Dewey.

Anuales cespitosas, esparcidamente glandulares; tallos 10–80 (–140) cm de largo, erectos a geniculados, simples o ramificados desde los nudos inferiores, glabros, a menudo con un anillo de glándulas por debajo de los nudos. Hojas generalmente caulinares; vainas carinadas, glabras o esparcidamente papiloso-pilosas marginalmente, a veces glandulares, el ápice piloso; lígula 0.2–0.5 mm de largo, una membrana ciliada; láminas 5–25 cm de largo y 3–9 mm de ancho, aplanadas, glabras en el envés, escabriúsculas y a veces esparcidamente papiloso-pilosas en la haz, a veces glandulares. Panícula ovoide, (5–) 10–40 cm de largo y 2–18 cm de ancho, abierta, las axilas glabras o pilosas, ramas desnudas hacia la base, a veces glandulares, pedicelos marcadamente divergentes, eglandulares; espiguillas oblongo-ovoides, 4–7 mm de largo y 1.2–2.4 mm de ancho, verdosas a purpúreas, desarticulándose desde la base; raquilla persistente; glumas 1-nervias, agudas, la inferior 1.2–2.3 mm de largo, la superior 1.4–2.2 mm de largo; flósculos 6–10 (–13); lemas 1.4–2.3 mm de largo, agudas, escabriúsculas, la punta y a veces los márgenes con unos pocos tricomas, conspicuamente carinadas, traslapándose en el 1/2–2/3, las nervaduras laterales conspicuas; páleas ca 3/4 la longitud de las lemas, las quillas escabrosas; anteras 3, 0.2–0.3 mm de largo, purpúreas. Cariopsis 0.5–0.9 mm de largo y 0.3–0.4 mm de ancho, anchamente rectangular en perfil, trapezoidal y acanalada en sección transversal, truncada apicalmente.

Maleza en áreas cultivadas, orillas de caminos, áreas perturbadas en bosques de pino-encinos, zonas norcentral y pacífica; 450–1400 m; fl y fr jun–nov; *Croat 42838, Stevens 16107*; suroeste de los Estados Unidos a Brasil, introducida en Hawai y Australia. La otra subespecie, *E. mexicana* ssp. *virescens* (J. Presl) S.D. Koch & Sánchez Vega tiene una distribución discontinua en Estados Unidos (California y Nevada) y desde Ecuador hasta Chile, Brasil y Argentina.

Eragrostis pectinacea (Michx.) Nees, Fl. Afr. Austral. Ill. 406. 1841; *Poa pectinacea* Michx.

Anuales cespitosas, eglandulares; tallos 10–60 cm de largo, erectos a decumbentes, ramificados desde los nudos inferiores, glabros. Hojas generalmente caulinares; vainas redondeadas, glabras, el ápice piloso; lígula 0.2–0.5 mm de largo, una línea de tricomas; láminas 2–15 (–25) cm de largo y 1–4 (–6) mm de ancho, aplanadas o enrolladas, escabrosas en la haz, glabras en el envés. Panícula ovoide, 5–26 cm de largo y 2.5–15 cm de ancho, abierta, las axilas pilosas, ramas desnudas cerca de la base, pedicelos más cortos a generalmente más largos que las espiguillas, adpresos; espiguillas oblongo-lanceoladas, 4.5–11 mm de largo y 1.2–1.9 mm de ancho, grisáceas a verde claras, a menudo con un tinte purpúreo, desarticulándose desde la base; raquilla persistente; glumas 1-nervias, agudas, la inferior 0.5–1.5 mm de largo, la superior 1.1–1.7 mm de largo; flósculos 7–21; lemas 1.5–2.2 mm de largo, agudas, glabras, redondeadas en el dorso, traslapándose cerca de la 1/2, las nervaduras laterales evidentes; páleas 3/4–4/5 la longitud de las lemas, las quillas escabriúsculas; anteras 3, 0.2–0.4 mm de largo, purpúreas. Cariopsis 0.7–0.9 mm de largo y 0.3–0.4 mm de ancho, elíptica en perfil, oblonga en sección transversal, obtusa apicalmente.

Especie distribuida desde el sureste de Canadá hasta Argentina y en las Antillas; 2 variedades se encuentran en Nicaragua.

Eragrostis pectinacea var. **miserrima** (E. Fourn.) Reeder, Phytologia 60: 154. 1986; *E. purshii* var. *miserrima* E. Fourn.

Pedicelos divergentes.

Muy común, maleza, en todo el país; 0–1500 m; fl y fr todo el año; *Moreno 2282, 17430*; sureste de Canadá a Argentina y en las Antillas.

Eragrostis pectinacea var. **pectinacea**; *E. diffusa* Buckley.

Pedicelos adpresos o casi adpresos.

Conocida en Nicaragua por una sola colección (*Croat 43001*) de orillas de caminos, Jinotega, Lago de Apanás; 1000 m; fl y fr ago; sureste de Canadá a Venezuela, Brasil, Argentina y en las Antillas.

Eragrostis pilosa (L.) P. Beauv., Ess. Agrostogr. 162, 175. 1812; *Poa pilosa* L.

Anuales cespitosas, eglandulares; tallos 15–45 (–70) cm de largo, erectos o geniculados, generalmente simples o ramificados desde los nudos inferiores, glabros. Hojas basales y caulinares; vainas redondeadas, glabras, el ápice piloso; lígula 0.3–0.5 mm de largo, una línea de tricomas; láminas 5–25 cm de largo y 2–3.5 mm de ancho, aplanadas a enrolladas, escabriúsculas en la haz, glabras en el envés. Panícula ovoide, 4–22 cm de largo y 4–7.1 cm de ancho, abierta, las axilas esparcida a densamente pilosas, ramas desnudas en el 1/4 inferior, pedicelos escasamente más cortos a mucho más largos que las espiguillas, divergentes; espiguillas linear-lanceoladas, 3–7.6 mm de largo y 0.8–1.1 mm de ancho, verdosas, desarticulándose desde la base; raquilla persistente; glumas agudas, la inferior 0.4–0.8 mm de largo, enervia o 1-nervia, la superior 1.1–1.6 mm de largo, 1-nervia; flósculos 3–10; lemas 1.2–1.6 mm de largo, subagudas, glabras o escabriúsculas hacia la punta, redondeadas en el dorso, traslapándose por el 1/4–1/2, las nervaduras laterales tenues; páleas 3/4–4/5 la longitud de las lemas, las quillas escabriúsculas; anteras 3, 0.2–0.3 mm de largo, purpúreas. Cariopsis 0.7–1 mm de largo y 0.5 mm de ancho, elíptico-

oblonga en perfil, oblonga en sección transversal, obtusa apicalmente.

Rara, áreas perturbadas con malezas, zona pacífica; 0–920 m; fl y fr ago–oct; *Stevens 9140, 23045*; nativa de Eurasia, naturalizada en todos los continentes. Las ramas más inferiores de la panícula son marcadamente fasciculadas.

Eragrostis polytricha Nees in Mart., Fl. Bras. Enum. Pl. 2: 507. 1829; *E. floridana* Hitchc.; *E. trichocolea* Hack. & Arechav.; *E. trichocolea* var. *floridana* (Hitchc.) Witherspoon.

Perennes cespitosas, eglandulares; tallos 50–120 cm de largo, erectos, simples, glabros. Hojas basales y caulinares; vainas redondeadas, densamente papiloso-hirsutas, el ápice piloso; lígula 0.2–0.4 mm de largo, una línea de tricomas; láminas 12–50 cm de largo y 3–5 mm de ancho, aplanadas a un tanto enrolladas, papiloso-hirsutas. Panícula anchamente ovoide, 20–50 cm de largo y 20–30 cm de ancho, abierta, las axilas pilosas, ramas desnudas en el 1/3–1/2 inferior, pedicelos 2 o más veces más largos que las espiguillas, divergentes; espiguillas lanceoladas, 2.6–4 mm de largo y 1.3–1.9 mm de ancho, purpúreas, desarticulándose desde la base; raquilla persistente; glumas 1-nervias, agudas, la inferior 1–1.7 mm de largo, la superior 1–1.9 mm de largo; flósculos 2–5; lemas 1.8–2.3 mm de largo, agudas, escabriúsculas en las nervaduras, redondeadas en el dorso, traslapándose cerca de la 1/2, las nervaduras laterales tenues; páleas escasamente más cortas que las lemas, las quillas escabrosas; anteras 3, ca 0.4 mm de largo, purpúreas. Cariopsis 0.6–0.8 mm de largo y 0.4–0.5 mm de ancho, estriada, rectangular en perfil, conspicuamente acanalada en sección transversal, truncada apicalmente.

Conocida en Nicaragua por una sola colección (*Standley 10093*) de bosques de pinos, Jinotega; 1050–1350 m; fl y fr jun; México (Chiapas) a Nicaragua, Venezuela a Chile y Argentina. Ha sido erróneamente identificada como *Eragrostis hirsuta* (Michx.) Nees, una especie muy estrechamente emparentada del sureste de los Estados Unidos con anteras más grandes.

Eragrostis prolifera (Sw.) Steud., Syn. Pl. Glumac. 1: 278. 1854; *Poa prolifera* Sw.; *E. domingensis* (Pers.) Steud.; *P. domingensis* Pers.

Perennes cespitosas, eglandulares; tallos 100–200 cm de largo, erectos, simples o con frecuencia prolíficamente ramificados desde los nudos medios o superiores, glabros. Hojas basales y caulinares; vainas redondeadas, glabras, el ápice glabro o a veces con unos pocos tricomas largos; lígula 0.1–0.3 mm de largo, una línea de tricomas; láminas 12–60 cm de largo y 3–8 mm de ancho, aplanadas o enrolladas, escabriúsculas en la haz y densamente puberulentas por detrás de la lígula, a veces también con unos pocos tricomas largos, glabras en el envés. Panícula oblonga a elíptico-oblonga, 17–56 cm de largo y 1.5–12 cm de ancho, densa, las axilas glabras, ramas con espiguillas hasta la base, pedicelos más cortos que las espiguillas, adpresos; espiguillas oblongas a oblongo-lanceoladas, 5–11.5 mm de largo y 1.2–2 mm de ancho, pajizas a verdes, desarticulándose desde la base; raquilla persistente; glumas 1-nervias, agudas, la inferior 1.2–1.4 mm de largo, la superior 1.2–1.8 mm de largo; flósculos 8–24; lemas 1.3–2 mm de largo, agudas, glabras, redondeadas en el dorso, traslapándose entre el 1/2–3/4, las nervaduras laterales conspicuas; páleas casi tan largas como las lemas, las quillas escabriúsculas; anteras 2, 0.5–0.7 mm de largo, purpúreas. Cariopsis 0.7–0.9 mm de largo y 0.3–0.4 mm de ancho, aplanado-ovada en perfil, redondamente triangular en sección transversal, obtusa apicalmente.

Rara, playas, orillas de caminos, manglares, zona pacífica; 0–100 m; fl y fr jun–oct; *Pohl 12713*, *Stevens 3798*; México, Mesoamérica, Colombia, Venezuela y Brasil, y en las Antillas.

Eragrostis rufescens var. **mesoamericana** Davidse, Novon 2: 101. 1992.

Anuales cespitosas, eglandulares; tallos 3–35 cm de largo, erectos a decumbentes, generalmente simples, glabros. Hojas en su mayoría basales; vainas redondeadas, glabras a papiloso-pilosas, el ápice piloso; lígula 0.1–0.2 mm de largo, una línea de tricomas; láminas 5–20 cm de largo y 2–4.5 mm de ancho, aplanadas a enrolladas, papiloso-pilosas a glabras. Panícula elipsoide a ovoide, 2–13 cm de largo y 1.5–6 cm de ancho, moderadamente densa, las axilas densamente pilosas, rara vez esparcidamente pilosas o casi glabras, ramas con espiguillas hasta la base, pedicelos mucho más cortos que las espiguillas, escasamente divergentes; espiguillas oblongas a oblongo-lanceoladas, 8–15 mm de largo y 1.6–2.3 mm de ancho, purpúreas, desarticulándose desde la base; raquilla persistente; glumas 1-nervias, agudas, la inferior 1–2 mm de largo, la superior 1.2–1.8 mm de largo; flósculos 13–45; lemas 1.4–2.1 mm de largo, agudas, escabriúsculas en las quillas, agudamente carinadas, traslapándose 1/2–3/4, las nervaduras laterales evidentes; páleas 3/4 la longitud de las lemas a casi iguales, las quillas cilioladas; anteras 2, 0.2–0.3 mm de largo, purpúreas. Cariopsis 0.4–0.5 mm de largo y 0.3 mm de ancho, ovada en perfil, redondeadamente triangular en sección transversal, obtusa apicalmente.

Poco común, campos, sabanas de pinos, orillas de caminos, zona pacífica y norte de la zona atlántica; 0–270 m; fl y fr ene–abr, oct; *Neill 2778*, *Stevens 12780*; Oaxaca a Costa Rica. La variedad típica está restringida a Sudamérica.

Eragrostis simpliciflora (J. Presl) Steud., Syn. Pl. Glumac. 1: 278. 1854; *Megastachya simpliciflora* J. Presl.

Anuales cespitosas, eglandulares; tallos 10–45 cm de largo, erectos a postrados, ramificados desde los nudos inferiores, glabros. Hojas generalmente caulinares; vainas carinadas, glabras, el ápice piloso; lígula 0.1 mm de largo, una línea de tricomas; láminas 4–15 cm de largo y 2–5 mm de ancho, aplanadas a enrolladas, glabras en el envés, escabriúsculas y esparcidamente pilosas en la haz. Panícula ovoide a angostamente piramidal, 2–14 cm de largo y 1.5–7 cm de ancho, densa a abierta, las axilas glabras, raramente con unos pocos tricomas largos, ramas con espiguillas hasta la base, pedicelos mucho más cortos que las espiguillas, adpresos; espiguillas lineares, 9–30 mm de largo y 1.2–2.2 mm de ancho, purpúreas a pajizas, desarticulándose desde la base; raquilla persistente; glumas 1-nervias, agudas, la inferior 1.5–2.3 mm de largo, la superior 1.9–3 mm de largo; flósculos 10–30; lemas 3.4–5 mm de largo, acuminadas, escabrosas en la quilla, marcadamente carinadas, traslapándose en casi la 1/2, las nervaduras laterales conspicuas, a menudo dobles; páleas 1/2–2/3 la longitud de las lemas, las quillas escabrosas; anteras 2, 0.3–0.4 mm de largo, purpúreas. Cariopsis 0.7–1.1 mm de largo y 0.4–0.5 mm de ancho, lanceolado-oblonga a oblonga en perfil, elíptico-oblonga en sección transversal, obtusa apicalmente.

Rara, orillas de caminos, sabanas, zona pacífica; 50–280 m; fl y fr ene; *Stevens 5898*, *19070*; sur de México a Panamá. Esta especie es extraordinaria por su raquilla marcadamente zigzagueante, por tener lemas 3- ó 5-nervias mezcladas en la misma inflorescencia, y por tener los flósculos más largos en la mitad de la espiguilla.

Eragrostis tenuifolia (A. Rich.) Hochst. ex Steud., Syn. Pl. Glumac. 1: 268. 1854; *Poa tenuifolia* A. Rich.

Perennes cespitosas, eglandulares; tallos 30–75 cm de largo, erectos a geniculados, simples, glabros. Hojas generalmente basales; vainas agudamente carinadas, glabras, ciliadas marginalmente, el ápice piloso; lígula 0.1–0.3 mm de largo, una línea de tricomas; láminas 6–20 cm de largo y 2–3 mm de ancho, aplanadas a dobladas, glabras. Panícula piramidal, 5–

22 cm de largo y 6–14 cm de ancho, abierta, las axilas pilosas, ramas desnudas en la base, pedicelos generalmente más largos que las espiguillas, divergentes; espiguillas lineares, 6–14 mm de largo y 1.5–2 mm de ancho, plomizas, desarticulándose desde la base; raquilla persistente; glumas subuladas, la inferior 0.3–0.6 mm de largo, enervia, la superior 0.5–1 mm de largo, 1-nervia; flósculos 7–15; lemas 1.8–2.1 mm de largo, agudas, glabras, conspicuamente carinadas, apenas traslapándose en los flósculos más inferiores, las nervaduras laterales tenues; páleas 2/3–3/4 la longitud de las lemas, las quillas escabrosas; anteras 3, 0.3–0.5 mm de largo, blanquecinas. Cariopsis 0.9–1.1 mm de largo y 0.5–0.6 mm de ancho, aplanado-elíptica en perfil, linear y acanalada en sección transversal, obtusa a casi truncada apicalmente.

Conocida en Nicaragua por una colección (*Moreno 25934*) de Nueva Segovia; 1200 m; fl y fr jun; nativa de Africa tropical y Asia; naturalizada desde México a Argentina, y en Australia.

Eragrostis viscosa (Retz.) Trin., Mém. Acad. Imp. Sci. St.-Pétersbourg, Sér. 6, Sci. Math. 1: 397. 1830; *Poa viscosa* Retz.

Anuales cespitosas, glandulares, densamente víscidas; tallos 10–65 cm de largo, erectos a decumbentes, ramificados desde los nudos inferiores hasta los medios, glabros, los entrenudos generalmente con una línea conspicua de glándulas lineares por debajo de los nudos. Hojas generalmente caulinares; vainas redondeadas a inconspicuamente carinadas, marcadamente glandulares, marginalmente papiloso-pilosas, el ápice piloso; lígula ca 0.5 mm de largo, una membrana ciliada en las hojas inferiores o una línea de tricomas en las hojas superiores; láminas 3–20 cm de largo y 1–5 mm de ancho, aplanadas a algo enrolladas, glabras en el envés, esparcidamente papiloso-pilosas en la haz. Panícula ovoide a ovoide-cilíndrica, 4–20 cm de largo y 1.5–7 cm de ancho, abierta, las axilas pilosas, ramas con espiguillas casi hasta la base, glandulares, pedicelos más cortos que las espiguillas, divergentes, glandulares; espiguillas oblongas, 3–5.5 mm de largo y 1.5–2 mm de ancho, pajizas o purpúreas, desarticulándose desde el ápice; raquilla frágil; glumas 1-nervias, agudas, la inferior 0.8–1.3 mm de largo, la superior 1.1–1.5 mm de largo; flósculos 6–12; lemas 1.1–1.8 mm de largo, obtusas a truncadas, escabriúsculas, inconspicuamente carinadas, traslapándose en la 1/2 o por encima, las nervaduras laterales conspicuas; páleas casi tan largas como las lemas, las quillas papiloso-ciliadas con tricomas divergentes 0.4–0.8 mm de largo; anteras 3, 0.2–0.4 mm de largo, purpúreas. Cariopsis 0.5–0.6 mm de largo y 0.3 mm de ancho, elíptica en perfil, redonda en sección transversal, obtusa apicalmente.

Conocida en Nicaragua por una colección (*Harmon 5170*) de bosques secos, Estelí; 990 m; fl y fr dic; nativa de los trópicos del Viejo Mundo e introducida a los trópicos americanos.

ERIOCHLOA Kunth

Por Richard W. Pohl y Gerrit Davidse

Anuales o perennes, cespitosas o estoloníferas; plantas hermafroditas o polígamas. Lígula generalmente una membrana diminuta, ciliada, raramente una hilera de cilios; láminas lineares a linear-lanceoladas, aplanadas o raramente involutas. Inflorescencia una panícula de 1 a numerosos racimos espiciformes en un eje común, racimos con las espiguillas a lo largo del lado inferior del raquis, las espiguillas solitarias o apareadas, subsésiles o cortamente pediceladas, la lema inferior frente al raquis en las espiguillas solitarias; espiguillas comprimidas dorsalmente, elipsoides u ovoides, agudas a acuminadas o aristadas; desarticulación por debajo de las glumas, la espiguilla caediza como una unidad; entrenudo basal de la raquilla y la base de la gluma inferior unidos en un callo engrosado, sobresaliente o la gluma inferior reducida a una diminuta escama en forma de puño de camisa abrazado al entrenudo de la raquilla; gluma superior y lema inferior tan largas como la espiguilla, similares; flósculo inferior generalmente estéril y sin una pálea, raramente estaminado y con una pálea desarrollada; flósculo superior bisexual, más corto que la gluma superior y la lema inferior; lema superior coriácea, diminutamente estriado-rugosa o papilosa, la punta con una cerda diminuta o una pequeña arista generalmente más corta que la lema inferior, los márgenes no enrollados, cubriendo los márgenes de la pálea aplanada de textura similar; lodículas 2; estambres 3; estilos 2. Fruto una cariopsis; hilo elíptico.

Género con ca 25 especies, distribuido en los trópicos y subtrópicos; 4 especies se encuentran en Nicaragua y una adicional se espera encontrar.

R.B. Shaw y R.D. Webster. The genus *Eriochloa* (Poaceae: Paniceae) in North and Central America. Sida 12: 165–207. 1987.

1. Pedicelos con un anillo de tricomas casi tan largos como las espiguillas .... **E. nelsonii** var. **nelsonii**
1. Pedicelos sin un anillo de tricomas largos o raramente con algunos
    2. Panícula compuesta, los racimos ramificados; flósculo inferior generalmente estaminado; pálea inferior
        generalmente presente .... **E. polystachya**
    2. Panícula simple, los racimos simples; flósculo inferior estéril; pálea inferior ausente
        3. Espiguillas agudas; arista de la lema superior 0.9–1.1 mm de largo .... **E. punctata**
        3. Espiguillas acuminadas a cortamente aristadas; arista de la lema superior 0.1–0.6 mm de largo
            4. Raquis del racimo puberulento e hirsuto con tricomas esparcidos; hojas glabras o con tricomas
                esparcidos; panícula 6–15 cm de largo; anteras 0.5–0.6 mm de largo .... **E. aristata** var. **boxiana**
            4. Raquis del racimo densamente piloso; hojas densamente velutinas; panícula 17–21 cm de largo;
                anteras 1.1–1.3 mm de largo .... **E. stevensii**

Eriochloa aristata var. **boxiana** (Hitchc.) R.B. Shaw, Sida 12: 177. 1987; *E. boxiana* Hitchc.

Anuales cespitosas; tallos hasta 100 cm de largo y 2.5 mm de ancho, erectos; entrenudos glabros; nudos generalmente puberulentos. Vainas en su mayoría glabras, el cuello glabro; lígula hasta 1 mm de largo, una membrana ciliada; láminas hasta 20 cm de largo y 6–20 mm de ancho, glabras o con tricomas esparcidos. Panícula 6–15 cm de largo, pedúnculo puberulento y con tricomas esparcidos más largos, racimos hasta 20, 2–3 cm de largo, ascendentes, simples, puberulentos e hirsutos, las espiguillas solitarias o pareadas, pedicelos 0.5–3 mm de largo, desiguales si pareados, con algunos tricomas largos cerca del ápice; espiguillas 4–6.4 mm de largo, acuminadas, adpreso pilosas en la 1/2 inferior, menos pilosas hacia el ápice; callo ca 0.5 mm de largo; gluma superior 4–6 mm de largo, débilmente 5-nervia, caudada; flósculo inferior estéril; lema inferior más corta y menos acuminada que la gluma superior, 3–5-nervia; pálea inferior ausente; flósculo superior 2–2.5 mm de largo; lema superior elíptica, la arista 0.3–0.6 mm de largo, rígida; anteras 0.5–0.6 mm de largo, purpúreas.

Rara, maleza en playas, cerca de las costas, León; nivel del mar; fl y fr sep; *Stevens 23060, 23144*; oeste de México a Colombia, Venezuela y en las Antillas.

Eriochloa nelsonii Scribn. & J.G. Sm. var. **nelsonii**, U.S.D.A. Div. Agrostol. Bull. 4: 12. 1897.

Anuales cespitosas; tallos 30–150 cm de largo y 3.5 mm de ancho, erectos o las bases decumbentes y enraizantes; entrenudos glabros o variadamente hirsutos; nudos finamente pilosos. Vainas velutinas; lígula 0.5–1.5 mm de largo, una membrana ciliada; láminas 8–15 cm de largo y 8–17 mm de ancho, velutinas. Panícula 5–8 cm de largo, pedúnculo densamente velutino, racimos 3–7, 1–4 cm de largo, ascendentes, velutinos, las espiguillas solitarias o pareadas, en 2–4 hileras, pedicelos muy cortos, con un anillo de tricomas largos hasta 9 mm de largo; espiguillas 5–7 (–8) mm de largo, acuminadas, adpre- so híspidas; callo 0.5–0.6 mm de largo; gluma superior 4.3–6.5 mm de largo, 5- o débilmente 7-nervia, acuminada; flósculo inferior estéril; lema inferior 5-nervia; pálea inferior ausente; flósculo superior 1.8–2.1 mm de largo; lema superior elíptico-obovada, pajiza, lisa, obtusa o apiculada; anteras 1.7–2.7 mm de largo, anaranjadas.

Conocida en Nicaragua por una sola colección, (*Molina 23066*) de cerca del caño Estanzuela, Estelí; 1000 m; fl y fr nov; centro de México a Nicaragua. La variedad *E. nelsonii* var. *papillosa* R.B. Shaw, con lema superior diminutamente rugulosa, se encuentra en el centro de México.

Eriochloa polystachya Kunth in Humb., Bonpl. & Kunth, Nov. Gen. Sp. 1: 95. 1816.

Perennes; tallos 100–200 cm de largo y 3–4 mm de ancho, largamente decumbentes en la base y enraizantes en los nudos; entrenudos glabros; nudos barbados. Vainas híspido-papilosas; lígula 0.8–1.2 mm de largo, una membrana ciliada; láminas 10–25 cm de largo y 8–15 mm de ancho, glabras o esparcidamente papilosas. Panícula 15–25 cm de largo, pedúnculos glabros excepto por el ápice densamente piloso, racimos 2–6 cm de largo, generalmente ramificados, ascendentes, papiloso-hirsutos, con espiguillas solitarias o pareadas, pedicelos 0.3–1.3 mm de largo, desiguales si pareados, escabriúsculos y rara- mente con algunos tricomas largos; espiguillas 3.2–3.6 mm de largo, agudas, esparcidamente adpreso pilosas; callo pequeño; gluma inferior 0.2 mm de largo, gluma superior 3–3.5 mm de largo, 5-nervia, aguda; flósculo inferior generalmente estaminado, raramente estéril; lema inferior 3-nervia y con 2 nervaduras marginales débiles; pálea inferior ausente o hasta 3/4 la longitud de la lema inferior; flósculo superior 2.2–2.5 mm de largo; lema superior elíptica, blanca, débilmente estriada, la arista ca 0.1 mm de largo; anteras 1–1.5 mm de largo, verdosas.

Esperada en Nicaragua; cultivada como pasto para forraje; sur de los Estados Unidos a Perú, Brasil y en las Antillas. La especie es muy semejante a

Urochloa mutica en su apariencia general, pero se distingue fácilmente por su gluma inferior menos desarrollada y su lema superior apiculada. Probablemente es nativa de Sudamérica e introducida en otras partes.

Eriochloa punctata (L.) Desv. in Ham., Prodr. Pl. Ind. Occid. 5. 1825; *Milium punctatum* L.

Perennes cespitosas; tallos 30–150 cm de largo y 2–4 mm de ancho, erectos o enraizantes desde bases decumbentes; entrenudos glabros; nudos puberulentos. Vainas glabras excepto cerca de los nudos y del cuello; lígula ca 1 mm de largo, una membrana ciliada; láminas hasta 30 cm de largo y 12 mm de ancho, puberulentas en la haz cerca de la base. Panícula 12–23 cm de largo, pedúnculo 1–5 cm de largo, racimos hasta 20, 1–5 cm de largo, simples, ascendentes, hirsutos y puberulentos, las espiguillas en grupos de 3–5, o pareadas o solitarias en 2–4 hileras, pedicelos diminutos, puberulentos, a veces esparcidamente adpreso pilosos; espiguillas 3.4–5 mm de largo, agudas, pilosas; callo 0.2–0.4 mm de largo, brevemente cilíndrico; gluma superior 3.4–5 mm de largo, débilmente 5-nervia, cortamente acuminada; flósculo inferior estéril; lema inferior 3.4–4.8 mm de largo, débilmente 5-nervia; pálea inferior ausente; flósculo superior 2.3–2.5 mm de largo; lema superior elíptica, pajiza, la arista 0.9–1.1 mm de largo, rígida, hispídula; anteras ca 1.5 mm de largo, anaranjado-amarillas.

Rara, vegetación secundaria, Zelaya; 0–100 m; fl y fr abr, sep; *Molina 2351, Ortiz 171*; sur de los Estados Unidos a Chile y Argentina, también en las Antillas.

Eriochloa stevensii Davidse, Novon 2: 325. 1992; *E. multiflora* Renvoize.

Anuales cespitosas; tallos 50–100 cm de largo y 3–6 mm de ancho, erectos; entrenudos y nudos velutinos. Hojas densamente velutinas; lígula 0.6–1.2 mm de largo, una membrana ciliada; láminas 10–19 cm de largo y 4–10 mm de ancho. Panícula 17–21 cm de largo, pedúnculo densamente velutino, racimos 16–21, 1–3.5 cm de largo, simples, ascendentes, densamente velutinos, las espiguillas generalmente pareadas, pedicelos 0.3–0.8 mm de largo; espiguillas 3.7–5.2 mm de largo, acuminadas, adpreso pilosas; callo 0.2–0.3 mm de largo; gluma superior 3.5–4.9 mm de largo, 3-nervia, acuminada o aristada hasta 1 mm de largo; flósculo inferior estéril; lema inferior 2.8–4.6 mm de largo, 3-nervia; pálea inferior ausente; flósculo superior 1.9–2.3 mm de largo; lema superior elíptica, pajiza, la arista 0.1–0.2 mm de largo; anteras 1.1–1.3 mm de largo, amarillas.

Rara, en sabanas de jícaros, zona pacífica; 40–60 m; fl y fr ago, sep; *Nee 27604, Stevens 20608*; Nicaragua, Costa Rica, Ecuador y Perú.

ERIOCHRYSIS P. Beauv.

Por Richard W. Pohl

Eriochrysis cayennensis P. Beauv., Ess. Agrostogr. 8. 1812.

Perennes cespitosas; tallos en grupos densos, surgiendo de una base profundamente enterrada, fistulosos, 80–300 cm de largo y 2–4 mm de ancho; entrenudos glabros; nudos densamente pilosos; plantas polígamas. Hojas basales numerosas, densamente velutinas; vainas redondeadas; lígula una membrana ciliada, 1–2 mm de largo; láminas lineares, hasta 50 cm de largo y 4–8 mm de ancho, aplanadas o plegadas. Inflorescencia una panícula angosta, lobado-cilíndrica, densa, 12–18 cm de largo y 1–3 cm de ancho, plumosa, de racimos cortos, café dorada, raquis de los racimos articulado, las espiguillas pareadas, casi ocultas por la larga pilosidad sedosa, las 2 espiguillas y 1 entrenudo del raquis caedizos como una unidad, o la espiguilla pedicelada cayendo separadamente, racimos 1–3 cm de largo, entrenudos del raquis 1–1.3 mm de largo, sedoso velutinos, entrenudos, pedicelos y glumas densamente café-dorado sedosos; espiguillas 2–4.4 mm de largo, comprimidas dorsalmente, similares, lanceoladas, sin aristas, agudas, sésiles y brevipediceladas, con 2 flósculos; espiguillas sésiles bisexuales, callo obtuso, glumas iguales, cartáceas, ocultando completamente a los flósculos, la inferior aplanada, los márgenes inflexos, la superior carinada, flósculo inferior estéril, lema inferior hialina, enervia, ligeramente más corta que las glumas, pálea inferior ausente, flósculo superior bisexual, lema superior hialina, enervia, entera, carinada, pálea superior ausente, lodículas 2, estambres 3, las anteras 1.3–1.7 mm de largo, amarillas, estilos 2; espiguillas pediceladas pistiladas, ligeramente más cortas que las espiguillas sésiles, pedicelos libres, flósculo inferior estéril, flósculo superior pistilado. Fruto una cariopsis; hilo punteado.

Común, pantanos, áreas húmedas en sabanas de pinos, norte de la zona atlántica; 10–60 m; fl y fr mar, jun–ago; *Pohl 12281, Stevens 21743*; México a Brasil y Argentina, y en las Antillas. Género con 7 especies, distribuido en los trópicos de América, India, Africa.

J.R. Swallen. Notes on grasses. Phytologia 14: 65–98. 1966.

EUCLASTA Franch.

Por Richard W. Pohl

Euclasta condylotricha (Hochst. ex Steud.) Stapf in Oliv., Fl. Trop. Afr. 9: 181. 1917; *Andropogon condylotrichus* Hochst. ex Steud.; *Amphilophis piptatherus* (Hack.) Nash; *Andropogon piptatherus* Hack.

Anuales, postradas, débiles; tallos decumbentes, enraizando en los nudos inferiores, ramificándose libremente en la parte basal; entrenudos glabros; nudos pilosos; plantas hermafroditas. Vainas glabras o pilosas sobre el cuello; lígula una membrana ciliada, ca 1 mm de largo; láminas lineares, 7–20 cm de largo y 3–8 mm de ancho, aplanadas, glabras en la haz, hirsutas en el envés. Inflorescencia de racimos pedunculados, flexuosos, apareados o pocos y racemosos, pedúnculos muy delgados, profusamente pilosos en el ápice y en los nudos, racimos 2–6, 2–4 cm de largo, raquis articulado, entrenudos del raquis y pedicelos aplanados, ciliados, con un surco central angosto, hialino, translúcido; espiguillas apareadas, los 1–3 pares inferiores homomorfos, estériles, sin aristas, la espiguilla sésil no desarticulándose, la espiguilla pedicelada desarticulándose tardíamente, los pares superiores dimorfos, con una espiguilla sésil bisexual, aristada y una espiguilla pedicelada estéril, sin arista, las 2 espiguillas y 1 entrenudo del raquis caedizos como una unidad; espiguillas sésiles comprimidas dorsalmente, con 2 flósculos, callo corto, redondeado, glumas membranáceas, con tricomas rígidos patentes cerca de la base, la inferior sulcada, 5–7-nervia, los márgenes ciliados y ligeramente carinados en la 1/2 superior, la gluma superior más corta que la inferior, navicular, 3-nervia, pares superiores de espiguillas con espiguillas sésiles 3.5–3.8 mm de largo, gluma inferior hirsuto-cerdosa abajo, truncada en el ápice, flósculo inferior estéril, lema inferior 1.5–2.5 mm de largo, enervia, hialina, pálea inferior ausente; flósculo superior bisexual, lema superior entera, reducida a la arista, geniculada y torcida, lodículas 2, estambres 3, las anteras 1–1.2 mm de largo, estilos 2; espiguillas piceladas más largas que las espiguillas sésiles, 4–7 mm de largo, multinervias, pilosas, agudas, pedicelos libres; gluma inferior tan larga como la espiguilla, 15–17-nervia, pilosa, gluma superior más corta que la inferior, aplanada, 5-nervia, 2-carinada, flósculos ausentes. Fruto una cariopsis; hilo punteado.

Conocida en Nicaragua por una sola colección (*Hitchcock 8705*) de bosques secos, Masaya; 400 m; fl y fr nov; México a Perú y Brasil, también en las Antillas, la India y Africa tropical. Un género con 2 especies distribuidas en América, la India y Africa tropical.

EUSTACHYS Desv.

Por Richard W. Pohl

Eustachys petraea (Sw.) Desv., Nouv. Bull. Sci. Soc. Philom. Paris 2: 189. 1810; *Chloris petraea* Sw.

Perennes o anuales cespitosas, a menudo con estolones cortos; tallos 30–100 cm de largo y 2–3 mm de ancho, comprimidos, glabros, fistulosos; plantas hermafroditas. Hojas principalmente basales, glaucas; vainas marcadamente carinadas, las basales traslapándose ampliamente; lígula una membrana ciliada, ca 0.2 mm de largo; láminas lineares, 6–15 cm de largo y 4–7 mm de ancho, aplanadas o plegadas, fuertemente carinadas, glabras pero escabrosas sobre los márgenes y la nervadura media, el ápice obtuso, apiculado. Inflorescencia solitaria, terminal; espigas 3–8, 4–9 cm de largo, en 1 verticilo, unilaterales, ascendentes con espiguillas dispuestas densamente en los lados inferiores de un raquis triquetro delgado; espiguillas fuertemente comprimidas lateralmente, 1.6–2 mm de largo, con 1 flósculo bisexual y 1 flósculo terminal rudimentario, estéril o raramente estaminado; desarticulación arriba de las glumas; glumas desiguales, membranáceas, carinadas, la inferior lanceolada, 0.9–1.3 mm de largo, acuminada, 1-nervia, la quilla escabrosa, curvada, la superior oblonga, 1–1.5 mm de largo, aplanada en la parte dorsal, el ápice 2-lobado, la nervadura única saliendo como una arista subapical 0.3–0.5 mm de largo; lema fértil 1.6–2 mm de largo, ancha, carinada, obtusa, sin arista o casi sin arista, café obscura brillante, con un callo corto truncado, 3-nervia, las nervaduras laterales cerca de los márgenes, el callo y las nervaduras breviciliados; pálea 1.6–2 mm de largo, 2-carinada; raquilla inflada, con una lema rudimentaria claviforme truncada; lodículas 2, adnadas a la pálea; estambres 3, las anteras ca 0.6 mm de largo, amarillas; estigmas 2; flósculo rudimentario contraído en la base formando una raquilla gruesa, carnosa, blanquecina. Fruto una cariopsis sulcada; embrión ca 1/3 la longitud de la cariopsis; hilo punteado.

Poco común, playas arenosas, zona atlántica; 0–10 m; fl y fr ene–abr, ago–oct; *Stevens 7898, 20029*; Estados Unidos a Panamá, también en las Antillas e Islas del Pacífico. Género con 11 especies, distribuidas en los trópicos y subtrópicos americanos, 1 especie en Africa.

G.V. Nash. A revision of the genera *Chloris* and *Eustachys* in North America. Bull. Torrey Bot. Club 25: 432–450. 1898; P.M. McKenzie, L.E. Urbatsch y C. Aulbach-Smith. *Eustachys caribaea* (Poaceae). A species new to the United States and a key to *Eustachys* in the United States. Sida 12: 227–232. 1987.

GOUINIA E. Fourn. ex Benth.

Por Gerrit Davidse y Richard W. Pohl

Perennes cespitosas; tallos glabros; plantas hermafroditas. Lígula una membrana ciliada o sin cilios; láminas lineares, aplanadas. Inflorescencia una panícula terminal abierta de algunos racimos unilaterales, los racimos a veces cortamente ramificados, las espiguillas brevipediceladas, adpresas en 2 hileras a lo largo de los 2 lados inferiores de la rama; espiguillas comprimidas lateralmente, con varios flósculos bisexuales, el más superior estéril; desarticulación arriba de las glumas y entre los flósculos; raquilla generalmente terminando en un rudimento; glumas subiguales, más cortas que el flósculo inferior, carinadas, la inferior 1–5-nervia, la superior 3–7-nervia; lemas 3–7-nervias, carinadas, aristadas, pilosas en la mitad inferior de la quilla, los márgenes y el 1/4–1/2 inferior del dorso; páleas 2-carinadas, dentadas en el ápice; lodículas 2; estambres 3; estilos 2. Fruto una cariopsis sulcada; embrión ca 1/3 la longitud de la cariopsis; hilo punteado.

Género con 11 especies, distribuido en América tropical; 2 especies en Nicaragua.

J.R. Swallen. The grass genus *Gouinia*. Amer. J. Bot. 22: 31–41. 1935; J.J. Ortíz Díaz. Estudio sistemático de *Gouinia* (Gramineae, Chloridoideae, Eragrostideae). Acta Bot. Mex. 23: 1–33. 1993.

1. Ramas desnudas en la mitad inferior; gluma inferior 2–2.5 mm de ancho, abruptamente apiculada; arista de la lema 5–7 mm de largo; entrenudo inferior de la raquilla entre el primer y el segundo flósculo 0.5–1.5 mm de largo .... **G. latifolia** var. **guatemalensis**
1. Ramas con espiguillas casi hasta la base; gluma inferior 1.2–1.9 mm de ancho, gradualmente aguda; arista de la lema (7–) 9–17 mm de largo; entrenudo inferior de la raquilla entre el primer y el segundo flósculo 1.4–2.5 mm de largo .... **G. virgata**

Gouinia latifolia var. **guatemalensis** (Hack.) J.J. Ortíz, Acta Bot. Mex. 23: 21. 1993; *Diplachne guatemalensis* Hack.; *G. guatemalensis* (Hack.) Swallen; *G. ramosa* Swallen.

Tallos 100–400 cm de largo, enredándose, simples o ramificados. Vainas papiloso-pilosas, especialmente sobre el cuello y el ápice; lígula ca 1 mm de largo, erosa; láminas 10–20 cm de largo y 10–14 mm de ancho, escabriúsculas y más o menos papiloso-pilosas. Panícula 15–33 cm de largo, ramas 10–19 cm de largo, en su mayoría solitarias, a veces apareadas, simples, flexuosas, la mitad inferior desnuda, pedicelos (1–) 2–5 mm de largo; espiguillas (7–) 9.5–11 mm de largo; gluma inferior 3.8–6.6 mm de largo y 2–2.5 mm de ancho, 1–3-nervia, abruptamente apiculada; gluma superior 4–7.8 mm de largo, 1–7-nervia, a veces diminutamente aristada en la punta; flósculos 3–6; lema inferior 5–9 mm de largo, 3-nervia; arista 6–9 mm de largo, rígida; pálea 6–7 mm de largo, glabra; entrenudo inferior de la raquilla 0.5–1.5 mm de largo; anteras 1.5–1.7 mm de largo.

Rara, bosques a lo largo de ríos, Estelí; 900 m; fl y fr nov; *Friedrichsthal 1748, Molina 23146*; México (Oaxaca) a Nicaragua. La variedad típica está restringida a Sudamérica.

Gouinia virgata (J. Presl) Scribn., U.S.D.A. Div. Agrostol. Bull. 4: 10. 1897; *Bromus virgatus* J. Presl; *Festuca fournieriana* Hemsl.; *G. longiramea* Swallen; *G. polygama* E. Fourn.

Tallos 30–180 cm de largo, erectos, simples. Vainas ligeramente carinadas arriba, glabras o ligeramente híspidas cerca del cuello y la base de la lámina; lígula 0.5–1.5 mm de largo, ciliada; láminas 20–40 cm de largo y 4–15 mm de ancho, glabras o con pocos tricomas en el envés cerca de la base y en la haz, los márgenes escabrosos. Panícula 10–40 (–45) cm de largo; ramas 8–20 (–30) cm de largo, pocas, solitarias, en su mayoría simples, rígidamente patentes, con espiguillas casi hasta la base; pedicelos 1–5 mm de largo; espiguillas 8–13.5 mm de largo; gluma inferior 3.9–5.2 mm de largo y 1.2–1.9 mm de ancho, 1–3 (–5)-nervia, gradualmente aguda, mucronada; gluma superior 5–7.2 mm de largo, 5–7-nervia, apiculada; flósculos 2–4; lema inferior 6–10.2 mm de largo, 3–7-nervia; arista (7–) 9–17 mm de largo; pálea 6–8 mm dc largo, los márgenes pilosos; entrenudo inferior de la raquilla 1.4–2.5 mm de largo; anteras 0.4–1.5 mm de largo.

Rara, laderas, bosques caducifolios, zona pacífica; 10–350 m; fl y fr oct–dic; *Araquistain 381, Stevens 5450*; México a Perú, Bolivia, Brasil y en las Antillas.

GUADUA Kunth
Por Richard W. Pohl y Gerrit Davidse

Bambúes generalmente altos, espinosos; rizomas paquimorfos; tallos leñosos, cilíndricos, fistulosos o casi sólidos, generalmente con una banda de tricomas blancos cortos por encima y debajo de la línea nodal, ramificándose en los 2/3 superiores, generalmente con 1 rama primaria por nudo y generalmente con 1–2 (–5) espinas recurvadas o rectas, especialmente en las ramas inferiores; ramas secundarias escasas a muchas en los nudos basales de la rama primaria; plantas hermafroditas. Hojas del tallo con las láminas triangulares, erectas, más o menos continuas con la vaina, densamente híspidas entre las nervaduras en la haz; hojas de las ramas pseudopecioladas, lígula externa un diminuto borde, lígula interna una membrana. Inflorescencia paniculada, compuesta o sésil, generalmente (Mesoamérica) sobre ramas secundarias en su mayoría sin hojas, con pseudoespiguillas; pseudoespiguillas con sus profilos y brácteas basales a menudo encerrando yemas de espiguillas axilares; espiguillas con varios a numerosos flósculos, raramente con 1 solo flósculo bisexual y un rudimento; desarticulación entre los flósculos; lemas multinervias, generalmente sin aristas; páleas con 2 quillas generalmente aladas; lodículas 3; estambres 6, raramente 3; estigmas 3, estilo y 1/2 superior del ovario pilosos. Fruto una cariopsis; hilo linear.

Género con ca 30 especies distribuidas desde México hasta Argentina; 3 especies se encuentran en Nicaragua y 2 adicionales se esperan encontrar.

T.R. Soderstrom y X. Londoño. Two new genera of Brazilian bamboos related to *Guadua* (Poaceae: Bambusoideae: Bambuseae). Amer. J. Bot. 74: 27–39. 1987; S.M. Young y W.S. Judd. Systematics of the *Guadua angustifolia* complex (Poaceae: Bambusoideae). Ann. Missouri Bot. Gard. 79: 737–769. 1992.

1. Estambres 3; lemas con aristas 3–5 mm de largo; láminas foliares de las ramas (0.2–) 0.4–0.7 cm de ancho, 14–72 veces más largas que anchas, lineares .... **G. longifolia**
1. Estambres 6; lemas agudas a apiculadas; láminas foliares de las ramas 0.6–5.1 cm de ancho, 4–17 veces más largas que anchas, lanceoladas a linear-lanceoladas
  2. Láminas foliares de las ramas 0.6–1.2 (–1.4) cm de ancho; hojas del tallo con las láminas 4/5–1 1/2 veces más largas que la vainas; lemas 6–7 mm de largo .... **G. paniculata**
  2. Láminas foliares de las ramas 1.4–5.1 cm de ancho; hojas del tallo con las láminas 1/10–2/3 veces más largas que las vainas; lemas 8.5–17 mm de largo
    3. Tallos 10–20 cm de ancho .... **G. angustifolia** ssp. **angustifolia**
    3. Tallos 3–10 cm de ancho.
      4. Láminas foliares del tallo café híspidas en la haz; pseudoespiguillas 35–60 mm de largo y 4–5 mm de ancho; flósculos 6–10 .... **G. amplexifolia**
      4. Láminas del tallo generalmente blanco híspidas en la haz; pseudoespiguillas 10–15 mm de largo y ca 3 mm de ancho; flósculo 1 .... **G. macclurei**

Guadua amplexifolia J. Presl in C. Presl, Reliq. Haenk. 1: 256. 1830; *Bambusa amplexifolia* (J. Presl) Schult. f.

Tallos 10–20 m de largo y 6–10 cm de ancho, erectos, sólidos abajo, huecos arriba, el lumen menos de la 1/2 del diámetro; entrenudos verdes, glabros a papiloso-hispídulos. Hojas del tallo con las vainas glabrescentes, aurículas presentes o ausentes, las setas auriculares generalmente numerosas, setas orales escasas, hasta 8 mm de largo, láminas 5–20 cm de largo, 1/2–2/3 veces más largas que las vainas, los tricomas cafés; hojas de las ramas con las vainas glabras, generalmente auriculadas, aurículas hasta 35 mm de largo, usualmente triangulares, raramente ausentes, las setas auriculares prominentes, setas orales 6–11 mm de largo, lígula interna ca 0.5 mm de largo, láminas 16–24 cm de largo y 3–5.1 cm de

ancho, ca 5 veces más largas que anchas, anchamente lanceoladas, glabras. Pseudoespiguillas 35–60 mm de largo y 4–5 mm de ancho, escasas a varias por grupo; brácteas basales varias, 4–8 mm de largo; flósculos 6–10; lemas 14–16 mm de largo, 21–25-nervias, generalmente glabras, a veces pilosas, apiculadas; páleas escasamente más cortas que las lemas, las quillas cilioladas; estambres 6, las anteras 6–7 mm de largo.

Poco común, bosques de galería, cultivada, Rivas, Zelaya; 10–400 m; fl y fr feb, may; *Stevens 8606, 20574*; México a Venezuela. Ejemplares con lemas pilosas en un parche basal (p. ej., *Ortiz 2059, Stevens 19690*) se incluyen tentativamente en esta especie, pero pueden representar un taxón diferente. Estos además tienden a tener espiguillas más delgadas con la pálea relativamente más larga.

Guadua angustifolia Kunth ssp. **angustifolia**, Syn. Pl. 1: 253. 1822; *Bambusa guadua* Humb. & Bonpl.; *B. aculeata* (Rupr. ex E. Fourn.) Hitchc.; *G. aculeata* Rupr. ex E. Fourn.

Tallos hasta 30 m de largo y 10–20 cm de ancho, erectos, con paredes delgadas, el lumen más de la 1/2 del diámetro; entrenudos verdes, usualmente glabros. Hojas del tallo con las vainas prominentemente híspidas con tricomas cafés, aurículas y setas orales ausentes, láminas 2–15 cm de largo, 1/10–1/6 veces más largas que las vainas, con tricomas cafés; hojas de las ramas con las vainas cilioladas, glabras en el dorso, generalmente sin aurículas, setas orales 3–10 mm de largo, a veces escasas o no desarrolladas, lígula interna 0.1–0.5 (–1) mm de largo, láminas (7.5–) 10–20 (–23) cm de largo y 1.4–3.2 (–5) cm de ancho, 6–10 veces más largas que anchas, lanceoladas, muy variable dependiendo del orden de ramificación, generalmente glabras, a veces esparcidamente híspidas en el envés. Pseudoespiguillas (15–) 20–29 (–100) mm de largo y 3–8 mm de ancho, 2–5 (–8) por grupo; brácteas basales 2–5, 2–9.5 mm de largo; flósculos 3–14 (–18); lemas 10–17 mm de largo, 11–17-nervias, glabras o híspidas en la base, apiculadas; páleas más cortas que las lemas, las quillas cilioladas; estambres 6, las anteras 6–7 mm de largo.

Esperada en Nicaragua; México a Argentina. La otra subespecie se encuentra en Sudamérica. *Bambusa bambos*, una especie asiática que se encuentra en cultivo, es similar pero sus tallos carecen de bandas nodales blancas.

Guadua longifolia (E. Fourn.) R.W. Pohl, Novon 2: 92. 1992; *Arundinaria longifolia* E. Fourn.; *Arthrostylidium spinosum* Swallen; *Bambusa swalleniana* McClure; *G. spinosa* (Swallen) McClure.

Tallos 4–10 (–15) m de largo y 2–5 (–7) cm de ancho, erectos, con paredes anchas; entrenudos verdes, glabros. Hojas del tallo con las vainas glabras a esparcidamente adpreso pilosas con tricomas blancos, aurículas y setas orales ausentes, láminas 2–9 cm de largo, 3/8–2/3 veces más largas que las vainas, los tricomas blancos; hojas de las ramas con las vainas ciliadas, glabras a esparcidamente híspidas en el dorso, generalmente sin aurículas, setas orales 2–7 mm de largo, lígula interna 0.1–0.2 mm de largo, láminas 13–27 cm de largo y (0.2–) 0.4–0.7 cm de ancho, 14–72 veces más largas que anchas, lineares, generalmente glabras salvo por algunos cilios cerca de la base, a veces esparcidamente pilosas. Pseudoespiguillas 50–130 mm de largo y 3–4 mm de ancho, 3–16 en grupos o espigadas; brácteas basales 3–8, 3–

14 mm de largo; flósculos 5–8; lemas 15–21 mm de largo, 17–23-nervias, glabras, con una arista 3–5 mm de largo; páleas hasta 15 mm de largo, mucho más cortas que las lemas, las quillas prominentemente ciliadas; estambres 3, las anteras 7–8.5 mm de largo.

Esperada en Nicaragua; México a Honduras.

Guadua macclurei R.W. Pohl & Davidse, Novon 2: 92. 1992.

Tallos 6–15 m de largo y 3–4 cm de ancho, erectos a arqueados, péndulos arriba, de paredes delgadas; entrenudos verdes, adpreso pilosos. Hojas del tallo con las vainas adpreso híspidas con tricomas blancos, aurículas y setas orales ausentes, láminas 7–14 cm de largo, 1/2–3/4 veces más largas que las vainas, los tricomas blancos; hojas de las ramas con las vainas cilioladas, glabras a híspidas en el dorso, generalmente auriculadas, aurículas hasta 8.5 mm de largo, linear-falcadas, a veces deciduas o ausentes, las setas auriculares 5–9 mm de largo, setas orales 5–10 mm de largo, lígula interna 0.2–0.6 mm de largo, láminas 13–26 cm de largo y 1.6–4.8 cm de ancho, 4–9 veces más largas que anchas, lanceoladas, glabras a esparcidamente híspidas. Pseudoespiguillas 10–15 mm de largo y ca 3 mm de ancho, varias por grupo; brácteas basales 2–5, 2–5.5 mm de largo; flósculo 1; lema 8.5–9 mm de largo, 11–15-nervia, glabra, apiculada; pálea casi tan larga como la lema, las quillas glabras; estambres 6, las anteras ca 5 mm de largo.

Rara, en quebradas, vegetación secundaria, zona atlántica; 80 m; fl y fr ene; *McClure 21476, 21479*; Honduras a Panamá.

Guadua paniculata Munro, Trans. Linn. Soc. London 26: 85. 1868; *Bambusa paniculata* (Munro) Hack.

Tallos 5–10 m de largo y 1.5–3 cm de ancho, arqueados, de paredes gruesas o casi sólidas; entrenudos verdes, glabros. Hojas del tallo con las vainas glabrescentes a esparcidamente híspidas con tricomas blancos, aurículas ausentes, setas orales escasas o ausentes; láminas hasta 20 cm de largo, 4/5–1 1/2 veces más largas que las vainas, los tricomas blancos a cafés. Hojas de las ramas con las vainas cilioladas o glabras, a veces esparcidamente híspidas en el dorso o con un parche de tricomas en el envés; aurículas ausentes; setas orales 7–10 mm de largo; lígula interna ca 0.2 mm de largo; láminas 8–19 cm de largo y 0.6–1.2 (–1.4) cm de ancho, 10–17 veces más largas que anchas, linear-lanceoladas a lanceoladas, generalmente glabras, a veces esparcidamente híspidas. Pseudoespiguillas 20–35 mm de largo y ca 3 mm de ancho, solitarias o agrupadas; brácteas basales 2–

5, 2–4 mm de largo; flósculos 6–12; lemas 6–7 mm de largo, 11–15-nervias, glabras, apiculadas; páleas 3/4 a escasamente más largas que las lemas, las quillas ciliadas, escasamente aladas; estambres 6, las anteras 3–5 mm de largo.

Poco común, bosques siempreverdes, pastizales, márgenes de bosques deciduos, zona atlántica; 0–550 m; fl y fr mar–jun, oct, nov; *Stevens 21482, 23270*; oeste de México a Brasil. Algunas plantas pueden ser confundidas con *Chusquea* debido a los tallos casi sólidos. Difieren por la presencia de espinas y pseudoespiguillas.

GYNERIUM Willd. ex P. Beauv.
Por Richard W. Pohl

Gynerium sagittatum (Aubl.) P. Beauv., Ess. Agrostogr. 138. 1812; *Saccharum sagittatum* Aubl.

Perennes, gigantes, rizomatosas, formando colonias grandes; tallos hasta 10 m de largo y 2–5 cm de ancho, simples o con ramas extravaginales, las partes inferiores cubiertas con vainas sin láminas, las superiores con un gran grupo de hojas dísticas en forma de abanico; plantas dioicas. Hojas caulinares; vainas glabras o densamente pilosas en la mitad media hacia el ápice; lígula diminuta; láminas anchamente lineares, aplanadas, 0.4–2 m de largo y 2–8 cm de ancho, gosipinas arriba de la base, los márgenes muy escabrosos. Inflorescencia una panícula grande hasta 1.5 m de largo, solitaria, terminal, ramas inclinadas, delgadas, las panículas pistiladas plumosas; espiguillas unisexuales, dimorfas, comprimidas lateralmente, pediceladas, en densos grupos a lo largo de las ramas de 3 y 4 órdenes; desarticulación arriba de las glumas y entre los flósculos; espiguillas estaminadas 3–3.7 mm de largo, con 2–4 flósculos, no plumosas; glumas lanceoladas, 1.5–2.5 mm de largo, membranáceas, cafés, 1-nervias, la inferior más corta que la superior; lemas 2–3 mm de largo, 1-nervias, esparcidamente puberulentas en la base o con algunos tricomas largos arriba, purpúreas; páleas obtusas, casi tan largas como las 2 lemas, 2-carinadas; estambres 2, las anteras 1.5–2 mm de largo, amarillas; ovario rudimentario a veces presente; espiguillas pistiladas 8–10 mm de largo, a veces plumosas, generalmente con 2 flósculos; gluma inferior 3–4 mm de largo, angosta; gluma superior linear, 7–10 mm de largo, la quilla fuertemente recurvada; lema más inferior ca 5 mm de largo, 1-nervia, la superior más corta, atenuada, 3-nervia; lemas hialinas, con tricomas largos y sedosos en la 1/2 inferior; pálea linear, 1–1.5 mm de largo, glabra excepto en la punta, 2-carinada; callo con tricomas cortos, erectos; lodículas 2, truncadas; estaminodios 2; estilos 2. Cariopsis; hilo cortamente oblongo.

Común, arbustales costeros, zonas pacífica y atlántica; 0–200 m; fl y fr jun–ago, nov; *Nee 27570, Neill 4561*; México a Bolivia y Paraguay y en las Antillas. Género monotípico. "Caña Brava".

H.J. Conert. *Gynerium* Humb. & Bonpl. *In*: Die Systematik und Anatomie der Arundineae. 64–72. 1961.

HACKELOCHLOA Kuntze
Por Richard W. Pohl

Hackelochloa granularis (L.) Kuntze, Revis. Gen. Pl. 2: 776. 1891; *Cenchrus granularis* L.; *Mnesithea granularis* (L.) de Koning & Sosef.

Anuales cespitosas; raíces fúlcreas a menudo presentes; tallos 10–120 cm de alto, sólidos, muy ramificados, pustuloso-híspidos; plantas hermafroditas o polígamas. Vainas infladas, carinadas, pustuloso híspidas; lígula una membrana ciliada, 0.8–1.5 mm de largo, láminas anchamente lineares, 2–20 cm de largo y 4–15 mm de ancho, pustuloso-híspidas, aplanadas. Inflorescencia un racimo solitario, 7–15 mm de largo, los racimos terminales y axilares, exertos en grupos de las vainas medias y superiores, agregados en una falsa panícula compuesta, espatácea, raquis articulado, aplanado, glabro, las espiguillas pareadas, las 2 espiguillas y 1 entrenudo del raquis caedizos como una unidad; espiguillas dimorfas, sin aristas, sésiles y pediceladas; espiguillas sésiles globosas, 1–1.7 mm de largo, rígidas, con 2 flósculos; callo truncado, con una proyección cortamente cilíndrica (aceitosa en la madurez); gluma inferior 1.3–1.7 mm de largo, muy inflada, la porción superior redondeada, negruzca, 13–15-nervia, su superficie cubierta con cuadros esculpidos en hileras transversales, sus márgenes abrazando las orillas del entrenudo del raquis y del pedicelo; gluma superior oblonga, 0.8–1 mm de largo, adpresa al entrenudo del raquis, 3-nervia, obtusa, ligeramente carinada, cartácea, 3-nervia; flósculo inferior estéril; lema inferior hialina; pálea inferior ausente; flósculo superior bisexual; lema y pálea superior ca 0.9 mm de largo, hialinas, enervias, enteras; lodículas ausentes o reducidas; estambres 3, las anteras 0.2–0.3 mm de largo; estilos 2; fruto una cariopsis; hilo punteado; espiguillas pediceladas herbáceas, 1.5–2 mm de largo, estériles, raramente estaminadas; pedicelo adnado al entrenudo del raquis; gluma inferior aplanada, ovada, aguda, verde, 7–9-nervia, abrazando los márgenes de la gluma superior por 2 bordes; gluma superior plegada, fuertemente carinada, igual; flósculos ausentes o cuando desarrollados, el flósculo inferior estéril; lema inferior hialina; pálea inferior ausente; flósculo superior estaminado; lema y pálea inferior hialinas; lodículas 2; estambres 3, las anteras 0.9–1.1 mm de largo.

Común, bosques de pino-encinos, cenizas volcánicas y áreas perturbadas, zonas pacífica y norcentral; 40–1200 m; fl y fr jul–dic; *Nee 27542, Stevens 5141*; nativa del Viejo Mundo. Género con 2 especies, distribuido en los trópicos de Asia, esta especie naturalizada en todos los trópicos. Algunos autores consideran a este género como sinónimo de *Mnesithea*.

J.F. Veldkamp, R. de Koning y M.S.M. Sosef. Generic delimitation of *Rottboellia* and related genera (Gramineae). Blumea 31: 281–307. 1986.

HEMARTHRIA R. Br.

Por Richard W. Pohl

Hemarthria altissima (Poir.) Stapf & C.E. Hubb., Bull. Misc. Inform. 1934: 109. 1934; *Rottboellia altissima* Poir.; *Manisuris altissima* (Poir.) Hitchc.; *H. fasciculata* (Lam.) Kunth; *R. fasciculata* Lam.

Perennes postradas o estoloníferas; tallos 30–90 cm de largo, fistulosos, ramificándose libremente, glabros; entrenudos cortos, numerosos, comprimidos; plantas hermafroditas. Vainas laxas, carinadas, glabras o esparcidamente papiloso-híspidas; lígula una membrana ciliada. 0.5–1 mm de largo; láminas lineares, 3–23 cm de largo y 3–6 mm de ancho, glabras o esparcidamente papiloso-híspidas, plegadas o aplanadas. Inflorescencia un racimo solitario, 3–9 cm de largo y 2–4 mm de ancho, dorsiventral, espatáceo, la base incluida en una vaina sin lámina, los racimos terminales y axilares, agregados en una falsa panícula compuesta, raquis tardía y oblicuamente articulado, aplanado, los entrenudos claviformes, las espiguillas pareadas, la sésil hundida en una cavidad formada por el entrenudo fistuloso del raquis y por el pedicelo aplanado adnado de la espiguilla pedicelada acompañante; espiguillas comprimidas dorsalmente, bisexuales, iguales, sin aristas, sésiles y pediceladas, con 2 flósculos; espiguillas sésiles unilaterales, gluma inferior aplanada, ca 7 mm de largo, cartácea, caudada en un rostro angosto, 5–7-nervia, 2-carinada, cerrando la cavidad del entrenudo del raquis, gluma superior ca 6 mm de largo, membranácea, 1–3-nervia, carinada, coherente con el entrenudo del raquis y parcialmente adherente a él, blanca, flósculo inferior estéril, lema inferior 4–5 mm de largo, hialina, enervia, mútica, pálea inferior ausente, flósculo superior bisexual, lema superior 3.5–4.5 mm de largo, hialina, enervia, sin arista, pálea superior corta, hialina o ausente, lodículas 2, estambres 3, las anteras ca 1.6 mm de largo, amarillas, estilos 2; espiguillas pediceladas 6–6.8 mm de largo, no hundidas en el raquis. Fruto una cariopsis; hilo punteado.

Conocida en Nicaragua por una colección (*Pohl 12224*) hecha en las playas del Lago de Nicaragua; 30 m; fl y fr jul; naturalizada en áreas cálidas de las Américas. Género pantropical con 12 especies.

HETEROPOGON Pers.

Por Richard W. Pohl

Anuales o perennes, cespitosas (Mesoamérica) o rizomatosas; tallos sólidos, comprimidos; plantas polígamas. Vainas carinadas; lígula una membrana ciliada; láminas lineares, aplanadas o plegadas, carinadas en el envés. Inflorescencia un racimo solitario, cilíndrico, terminal o axilar, raquis sin desarticularse en la porción basal y con pares de espiguillas homomorfos, la porción superior desarticulándose entre pares de espiguillas dimorfas; espiguillas homomorfas comprimidas dorsalmente, sin aristas, una pedicelada y una sésil, ocultando al raquis, gluma inferior herbácea, asimétrica, convexa, 7–9-nervia, gluma superior más ancha que la inferior, herbácea, más simétrica, flósculo inferior estéril, flósculo superior estéril o estaminado, con 3 estambres, lema inferior y superior iguales, hialinas, pálea inferior y superior ausentes; espiguillas dimorfas con una espiguilla de cada par sésil y la otra brevipedicelada; espiguillas sésiles cilíndricas, rígidas, cafés, hispídulas, largamente aristadas, con 2 flósculos, callo alargado, oblicuo, afilado, densamente híspido, formado por el entrenudo basal del raquis, gluma inferior coriácea, convexa, truncada, los márgenes incurvados y abrazando a la gluma superior en 2 canales formados entre una costilla media saliente y 2 bordes marginales, flósculo inferior estéril, lema inferior hialina, ciliada hacia el ápice, enervia, pálea inferior ausente, flósculo superior bisexual, lema superior reducida a la base hialina angosta de la arista, entera, la arista geniculada, torcida, pilosa, largamente exerta, pálea superior ausente, lodículas 2, estambres 3, estilos 2; espiguillas pediceladas más largas que las espiguillas sésiles, comprimidas dorsalmente, herbáceas, similares a las espiguillas homomorfas, pedicelos libres. Fruto una cariopsis; hilo punteado.

Género cosmopolita con 6 especies, probablemente nativo del Viejo Mundo; 2 especies en Nicaragua.

1. Espiguillas homomorfas y pediceladas 8–10 mm de largo, a menudo con tricomas rígidos de base pustulosa cerca del ápice; gluma inferior sin una línea medial de glándulas .... **H. contortus**
1. Espiguillas homomorfas y pediceladas 16–21 mm de largo, glabras; gluma inferior con una línea medial de glándulas deprimidas .... **H. melanocarpus**

Heteropogon contortus (L.) P. Beauv. ex Roem. & Schult., Syst. Veg. 2: 836. 1817; *Andropogon contortus* L.

Perennes; tallos 30–100 cm de largo, glabros, ramificados. Vainas glabras o con algunos tricomas rígidos con bases pustulosas en la haz; lígula 0.7–1.5 mm de largo; láminas hasta 31 cm de largo y 4–7.5 mm de ancho, glabras o con tricomas esparcidos, híspidos con bases pustulosas. Racimos 3–6 cm de largo; espiguillas homomorfas 8–10 mm de largo, gluma inferior casi glabra o híspida con tricomas con bases pustulosas gruesas, gluma superior glabra, anteras 2.5–4 mm de largo, amarillas; espiguillas sésiles con el callo 2–2.5 mm de largo, gluma inferior 5–6 mm de largo, arista 6–10 cm de largo; espiguillas pediceladas 8–10 mm de largo, generalmente pustuloso-híspidas.

Rara, sabanas de pinos, orillas rocosas de ríos, pastizales, zona pacífica; 20–680 m; fl y fr jul; *Pohl 12193, 12376*; regiones cálidas del mundo, probablemente nativa del Viejo Mundo.

Heteropogon melanocarpus (Elliott) Benth., J. Linn. Soc., Bot. 19: 71. 1881; *Andropogon melanocarpus* Elliott.

Anuales; tallos 50–200 cm de largo, glabros, ramificados desde los nudos medios y superiores. Vainas glabras, con una hilera de glándulas crateriformes obscuras a lo largo de la costilla media; lígula 2–4 mm de largo; láminas 30–70 cm de largo y 5–10 mm de ancho, papiloso-híspidas en las aurículas y la haz. Racimos 3–5 cm de largo; espiguillas homomorfas 16–21 mm de largo, gluma inferior con una hilera de glándulas rectangulares deprimidas a lo largo de la línea media, gluma superior glabra, anteras 3.6–4.5 mm de largo; espiguillas sésiles con el callo ca 3 mm de largo, gluma inferior ca 6 mm de largo, arista 10–12 cm de largo; espiguillas pediceladas 16–21 mm de largo, generalmente con una línea de glándulas en la gluma inferior.

Conocida en Nicaragua por una sola colección (*Hitchcock 8735*) realizada en bosques semideciduos, Masaya; 500 m; fl y fr nov; regiones cálidas del mundo, probablemente nativa del Viejo Mundo.

HOMOLEPIS Chase

Por Richard W. Pohl y Gerrit Davidse

Perennes; tallos generalmente decumbentes o estoloníferos; nudos comprimidos; plantas hermafroditas o polígamas. Vainas carinadas; pseudolígula muy corta presente, lígula una membrana; láminas lineares a linearlanceoladas, aplanadas. Inflorescencia una panícula terminal; espiguillas lanceoloides u obovoides, comprimidas dorsalmente, con 2 flósculos, desarticulación por debajo de las glumas, la espiguilla caediza como una unidad; glumas ocultando a los flósculos, subiguales o la inferior un poco más larga que la superior, sus márgenes cubriendo la orillas de la segunda, gluma inferior 5–9-nervia, gluma superior 5–9 nervia; flósculo inferior generalmente estéril, raramente estaminado; lema inferior 5–7-nervia; pálea inferior pequeña, membranácea; flósculo superior bisexual, elipsoide; lema superior cartácea, aguda a acuminada, inconspicuamente nervada, glabra y brillante, los márgenes delgados, aplanados, traslapándose a los márgenes de la pálea; pálea superior similar en textura a la lema superior; lodículas 2; estambres 3; estigmas 2. Fruto una cariopsis; embrión 1/4–1/2 la longitud de la espiguilla; hilo linear.

Género neotropical con 5 especies; 2 especies en Nicaragua.

F.O. Zuloaga y T.R. Soderstrom. Classification of the outlying species of New World *Panicum* (Poaceae: Paniceae). Smithsonian Contr. Bot. 59: 1–63. 1985.

1. Espiguillas 7–7.7 mm de largo, no glutinosas; flósculo superior glabro en el ápice; hilo tan largo como la cariopsis .... **H. aturensis**
1. Espiguillas 2.7–3.5 mm de largo, glutinosas; flósculo superior escabroso en el ápice; hilo ca 1/2 la longitud de la cariopsis .... **H. glutinosa**

Homolepis aturensis (Kunth) Chase, Proc. Biol. Soc. Wash. 24: 146. 1911; *Panicum aturense* Kunth.

Extensamente estoloníferas; tallos floríferos 20–25 cm de largo, erectos o ascendentes; entrenudos y nudos glabros. Vainas glabras o pilosas, ciliadas; lígula 0.4–0.7 mm de largo, ciliolada; láminas linear-lanceoladas, 4–12 cm de largo y 7–20 mm de ancho, glabras a pilosas o velutinas, la base subcordada. Panícula angostamente elipsoide, 6–9 cm de largo, ramas solitarias o raramente pareadas, pulvínulos glabros; espiguillas fusiformes, 7–7.7 mm de largo, acuminadas; gluma inferior tan larga como la espiguilla, 7–9-nervia, glabra, gluma superior 6.4–7.2 mm de largo, 7-nervia, los márgenes ciliados; flósculo inferior generalmente estéril, raramente estaminado; lema inferior 5.2–6.8 mm de largo, 7-nervia, ciliada entre los pares marginales de nervaduras; pálea inferior 2–3.2 mm de largo, angosta; flósculo superior 4.8–6 mm de largo y 1.1–1.4 mm de ancho, glabro en el ápice; anteras 1.3–1.6 mm de largo, purpúreas. Hilo casi tan largo como la cariopsis.

Común, bosques de pinos, orillas de caminos, áreas pantanosas, zona atlántica; 0–100 (–360) m; fl y fr durante todo el año; *Moreno 14582, Pipoly 3958*; sur de México a Bolivia, Brasil, Trinidad.

Homolepis glutinosa (Sw.) Zuloaga & Soderstr., Smithsonian Contr. Bot. 59: 19. 1985; *Panicum glutinosum* Sw.

Tallos 55–160 cm de largo, decumbentes, enraizando desde los nudos inferiores; entrenudos glabros a pilosos; nudos glabros. Vainas papiloso-pilosas o glabrescentes; lígula 0.1–0.3 mm de largo, puberulenta abaxialmente; láminas 10–44 cm de largo y 6–28 mm de ancho, papiloso-pilosas o glabrescentes, la base angostada. Panícula anchamente ovoide, 12–35 cm de largo, difusa, ramas inferiores verticiladas, pulvínulos pilosos; espiguillas obovoides a anchamente elipsoides, 2.8–3.5 mm de largo, glutinosas en la madurez; gluma inferior 2.4–3.1 mm de largo, un poco más corta que la espiguilla, 5–9-nervia, obtusa, gluma superior 2.4–3 mm de largo, 7–9-nervia, glabra; flósculo inferior estéril; lema inferior 2.6–3.3 mm de largo, obtusa, 5–7-nervia, escabrosa hacia el ápice; pálea inferior 1.9–2.4 mm de largo; flósculo superior 2.5–3.3 mm de largo y 1–1.5 mm de ancho, elipsoide, escabroso en el ápice; anteras 1–1.5 mm de largo. Hilo ca 1/2 la longitud de la cariopsis.

Rara, caños, orillas de bosques, zonas norcentral y pacífica; 1000–1350; fl y fr sep–dic; *Moreno 24895, Stevens 23109*; México a Argentina y en las Antillas.

HYMENACHNE P. Beauv.

Por Richard W. Pohl

Perennes altas, acuáticas o paludícolas; tallos largamente decumbentes desde bases enraizadas, los entrenudos llenos de aerénquima estrellado, glabros; plantas hermafroditas. Vainas glabras pero ciliadas; lígula una membrana; láminas linear-lanceoladas a angostamente lanceoladas, aplanadas, glabras, cordadas en la base. Inflorescencia una panícula terminal densa, angostamente cilíndrica o espiciforme; espiguillas lanceoloides, acuminadas, comprimidas dorsalmente, con 2 flósculos; desarticulación por debajo de las glumas, la espiguilla caediza como una unidad; gluma inferior 1–3-nervia, ovada, un entrenudo de la raquilla distinto entre las glumas, gluma superior y lema inferior más largas que el flósculo superior, subiguales o más frecuentemente la lema un poco más larga que la gluma, 3–5-nervias, agudas a cortamente aristadas; flósculo inferior estéril; pálea inferior ausente; flósculo superior bisexual; lema superior lanceolada, cartácea, lisa y glabra, muy débilmente nervada, los márgenes delgados, no enrollados; pálea superior casi tan larga como la lema superior y similar en textura; lodículas 2; estambres 3; estilos 2. Fruto una cariopsis; embrión ca 1/3 la longitud de la espiguilla, hilo cortamente elíptico.

Género con 5 especies de los trópicos de América, Africa y Asia; 2 especies en Nicaragua.

1. Espiguillas 3.5–5.5 mm de largo; gluma superior y lema inferior 5-nervias; panículas espiciformes, las ramas adpresas .... **H. amplexicaulis**
1. Espiguillas 2.5–2.9 mm de largo; gluma superior y lema inferior 3-nervias; panículas angostamente cilíndricas, atenuadas, las ramas ascendentes .... **H. donacifolia**

Hymenachne amplexicaulis (Rudge) Nees in Mart., Fl. Bras. Enum. Pl. 2: 276. 1829; *Panicum amplexicaule* Rudge.

Tallos hasta 3.5 m de alto. Lígula 1–2.5 mm de largo; láminas 15–33 cm de largo y 12–38 mm de ancho, los márgenes fuertemente escabrosos, los lobos cordados amplexicaules, papiloso-ciliados. Panícula espiciforme, 10–40 cm de largo y 1–2 cm de ancho, a veces lobada cerca de la base, ramas hasta 8 cm de largo, adpresas; espiguillas 3.5–5.5 mm de largo, escabrosas sobre las nervaduras; gluma inferior 1–1.7 mm de largo, 3-nervia, caudada, gluma superior 2.8–3.9 mm de largo, 5-nervia, frecuentemente caudada; lema inferior 3.6–4.6 mm de largo, 5-nervia, caudada, lema superior 2.5–3.5 mm de largo; anteras 1.1–1.2 mm de largo, amarillentas o rosadas.

Común, orillas de ríos y lagos, pantanos, zonas pacífica y atlántica; 40–450 m; fl y fr jul–ene; *Neill 2661, Sandino 3732*; centro de México a Argentina, Uruguay y en las Antillas.

Hymenachne donacifolia (Raddi) Chase, J. Wash. Acad. Sci. 13: 177. 1923; *Panicum donacifolium* Raddi; *H. auriculata* (Willd. ex Spreng.) Chase; *P. auriculatum* Willd. ex Spreng.

Tallos 2–5 m de alto. Lígula 0.4–1.5 mm de largo; láminas 18–42 cm de largo y 25–52 mm de ancho, los márgenes escabrosos, los lobos esparcidamente papiloso-hirsutos. Panícula angostamente cilíndrica, 25–40 cm de largo y 4–5 cm de ancho, ramas hasta 12 cm de largo, ascendentes; espiguillas 2.5–2.9 mm de largo, escabriúsculas sobre las nervaduras; gluma inferior 0.8–1.1 mm de largo, 1-nervia, aguda, gluma superior 2–2.4 mm de largo, 3-nervia, acuminada; lema inferior tan larga como la espiguilla, 3-nervia, aguda, lema superior 2–2.4 mm de largo; anteras ca 0.5 mm de largo.

Rara, orillas de ríos y pantanos, zona norcentral; 190–1850 m; fl y fr mar, ago; *Grijalva 955, Stevens 16516*; Honduras hasta Argentina y en las Antillas.

HYPARRHENIA Andersson ex E. Fourn.

Por Richard W. Pohl

Anuales o perennes cespitosas; tallos sólidos o algo fistulosos; plantas polígamas. Vainas ligeramente carinadas hacia el ápice; lígula una membrana; láminas lineares, aplanadas. Inflorescencia espatácea, un par de racimos, los racimos agregados en una falsa panícula compuesta; espiguillas pareadas, comprimidas dorsalmente; pares basales de espiguillas homomorfos 1 ó 2 en el racimo inferior, ausente o hasta 2 en el racimo superior, sésiles, estaminadas o estériles, sin aristas, persistentes; pares superiores de espiguillas 1 o más, dimorfos, con 1 espiguilla sésil, bisexual, aristada, y 1 espiguilla pedicelada, generalmente estaminada, casi sin arista; raquis articulado arriba del par de espiguillas basales, las 2 espiguillas y 1 entrenudo del raquis caedizos como una unidad; espiguillas sésiles lanceoladas, con 2 flósculos, callo obtuso a acuminado, oblicuo, glumas iguales, coriáceas, ocultando a los flósculos, lanceoladas, gluma inferior ligeramente convexa, 7–9-nervia, sus márgenes incurvados, ligeramente carinados y ciliolados hacia el ápice, la punta bífida, gluma superior 3-nervia, flósculo inferior estéril, lema inferior hialina, débilmente nervada, flósculo superior bisexual, lema superior hialina, 2-dentada, escasamente más ancha que la base de la arista, la arista ancha y aplanada, exerta, torcida y geniculada, lodículas 2, estambres 3, estilos 2; espiguillas pediceladas en general ligeramente más largas que las espiguillas sésiles, estaminadas o estériles, gluma inferior 2-carinada, flósculo inferior estéril, reducido a una lema hialina, flósculo superior estaminado o estéril, lema superior hialina, sin arista, pálea superior ausente. Fruto una cariopsis; hilo punteado.

Género tropical con ca 55 especies; 1 especie se conoce en Nicaragua y otra se espera encontrar.

W.D. Clayton. A revision of the genus *Hyparrhenia*. Kew Bull., Addit. Ser. 2: 1–196. 1969.

1. Racimos de cada par fuertemente reflexos; pares de espiguillas sésiles y pedicelados generalmente 1–2 por racimo .... **H. bracteata**
1. Racimos de cada par ascendentes; pares de espiguillas sésiles y pedicelados generalmente 5 o más por racimo .... **H. rufa**

Hyparrhenia bracteata (Humb. & Bonpl. ex Willd.) Stapf in Prain, Fl. Trop. Afr. 9: 360. 1919; *Andropogon bracteatus* Humb. & Bonpl. ex Willd.

Perennes; tallos hasta 2.5 m de alto, erectos; entrenudos glabros o adpreso pilosos por debajo de los nudos; nudos glabros o pilosos. Vainas adpreso hirsutas; lígula 1–3 mm de largo, generalmente pilosa; láminas hasta 60 cm de largo y 5 mm de ancho, adpreso hirsutas en el envés, glabras o puberulentas en la haz. Inflorescencia hasta 50 cm de largo, pedúnculos densamente papiloso-hirsutos, racimos 5–15 mm de largo, reflexos, con 1 ó 2 pares de espiguillas sésiles y pediceladas, raquis con una bráctea oblonga justo arriba de las espiguillas estaminadas, entrenudos del raquis y pedicelos densamente ciliados con tricomas amarillos; par basal de espiguillas 5–5.5 mm de largo, gluma inferior 7-nervia, los márgenes plegados hacia adentro, ligeramente carinada y ciliolada cerca de la punta, flósculo superior estéril o estaminado, las anteras hasta 2 mm de largo; espiguilla sésil de los pares superiores 5.5–6.5 mm de largo, gluma inferior glabra, sulcada a ambos lados de la costilla media, lema inferior ca 5 mm de largo, lema superior ca 5 mm de largo, la arista 15–25 mm de largo, anteras ca 1.5 mm de largo, amarillas; espiguillas pediceladas ca 4.5 mm de largo, estaminadas.

Esperada en Nicaragua en sabanas y bosques de pinos; sur de México a Bolivia, Brasil y Paraguay, también en Africa.

Hyparrhenia rufa (Nees) Stapf in Prain, Fl. Trop. Afr. 9: 304. 1919; *Trachypogon rufus* Nees.

Perennes; tallos en su mayoría 1–2 m de alto, erectos; entrenudos glabros; nudos glabros. Vainas glabras a hirsutas; lígula 1–2.5 mm de largo, glabra; láminas hasta 70 cm de largo y 7 mm de ancho, glabras o hirsutas. Inflorescencia hasta 50 cm de largo, pedúnculos débilmente pilosos, racimos 1–4 cm de largo, ascendentes, con hasta 8 pares de espiguillas sésiles y pediceladas, raquis sin una bráctea en el ápice, entrenudos del raquis, pedicelos y espiguillas densamente pilosos con tricomas ascendentes ferrugíneos; par basal de espiguillas 4.5–5.5 mm de largo, gluma inferior 9–11-nervia, aplanada en la parte dorsal, los márgenes enrollados hacia adentro, no carinada excepto cerca de la punta, flósculo superior estaminado, las anteras 2.5–3 mm de largo; espiguilla sésil de los pares superiores 3.7–4.5 mm de largo, gluma inferior pilosa, ligeramente cóncava, lema inferior 3–4 mm de largo, lema superior ca 3 mm de largo, la arista 20–30 cm de largo, las anteras ca 2 mm de largo, amarillas o rojizas; espiguillas pediceladas 3.7–5.5 mm de largo, estériles.

Común, áreas perturbadas y pastizales, en todo el país; 10–1600 m; fl y fr nov–mar; *Stevens 5148, 12124*; nativa de Africa, naturalizada en los trópicos. "Jaragua".

HYPERTHELIA Clayton
Por Richard W. Pohl

Hyperthelia dissoluta (Nees ex Steud.) Clayton, Kew Bull. 20: 441. 1966; *Anthistiria dissoluta* Nees ex Steud.; *Hyparrhenia dissoluta* (Nees ex Steud.) C.E. Hubb.; *H. ruprechtii* E. Fourn.

Perennes cespitosas; tallos sólidos, 1–2 m de largo y 3–5 mm de ancho, glabros; plantas polígamas. Vainas ligeramente carinadas hacia el ápice, glabras o papiloso-hirsutas; lígula una membrana 2.5–4 mm de largo; láminas lineares, 7–66 cm de largo y 2–7 mm de ancho, generalmente puberulentas, aplanadas. Inflorescencia 30–50 cm de largo, un par de racimos espatáceos, 2–3 cm de largo, los racimos terminales y axilares, agregados en una falsa panícula compuesta, raquis articulado, con un apéndice papiráceo en el ápice; par basal de espiguillas homomorfos, lanceoladas, subsésiles, 11–13 mm de largo, agudas, sin aristas, estaminadas, comprimidas dorsalmente, adnadas a la rama inferior y quedando adheridas al pedúnculo, gluma inferior 11-nervia, carinada lateralmente, gluma superior carinada, 3-nervia; pares superiores de espiguillas dimorfos, con la espiguilla sésil bisexual, aristada, la pedicelada estaminada, mútica o cortamente aristada, el segmento terminal del racimo con 2 espiguillas estaminadas pediceladas y 1 espiguilla bisexual sésil, las 2 ó 3 espiguillas y 1 entrenudo del raquis caedizos como una unidad; espiguillas sésiles teretes, callo alargado, 5–6 mm de largo, agudo, densamente piloso con tricomas hasta 2 mm de largo, afilado, oblicuo, glumas ocultando a los flósculos, gluma inferior incluyendo el callo 11–13 mm de largo, coriácea, cilíndrica, con un surco longitudinal profundo, 11-nervia, el ápice membranáceo, gluma superior coriácea, igual a la inferior, convexa, 3-nervia, cortamente aristada, flósculo inferior estéril, lema inferior hialina, pálea inferior ausente, flósculo superior bisexual, lema superior 5–6 mm de largo, hialina, 2-dentada, la arista geniculada, 5–8 cm de largo, rígida, pilosa, fuertemente torcida; espiguillas pediceladas 10–12 mm de largo, comprimidas dorsalmente, la punta aristada, pedicelos adheridos al callo de las espiguillas sésiles, glumas subiguales, membranáceas, la inferior ca 15-nervia, aplanada, la superior 3-nervia, convexa, lemas 2, hialinas, flósculos estaminados, estambres 3, las anteras ca 4 mm de largo.

Conocida en Nicaragua por una sola colección (*Pohl 12377*) de pastizales rocosos, Volcán Santa Clara, León; 600 m; fl y fr jul; México a Colombia,

Brasil, Paraguay y Africa tropical. Género con 6 especies, distribuido en América y Africa tropical.

W.D. Clayton. Studies in the Gramineae. XII. Kew Bull. 20: 433–449. 1966.

ICHNANTHUS P. Beauv.

Por Patricia Dávila

Anuales o perennes; tallos frecuentemente decumbentes en los nudos inferiores; plantas hermafroditas. Hojas frecuentemente caulinares, en ocasiones basales; lígula una membrana esparcida a densamente ciliada; láminas lanceoladas a ovadas, aplanadas, a menudo con la base asimétrica y angostada, pseudopecioladas o sésiles. Inflorescencia una panícula simple o compuesta, generalmente una terminal y conspicuamente exerta de la vaina superior, en algunas especies con 1–varias panículas axilares menos exertas; espiguillas lanceoloides, pareadas, desigualmente pediceladas, comprimidas dorsalmente pero con las glumas prominentemente carinadas de manera que en muchas especies aparecen comprimidas lateralmente, con 2 flósculos; desarticulación por debajo de las glumas y a veces por debajo del flósculo superior; glumas desiguales, carinadas, la inferior generalmente más de la 1/2 del largo de la espiguilla; gluma superior y lema inferior casi iguales, más largas que el flósculo superior, herbáceas; flósculo inferior estéril o estaminado; pálea inferior membranácea; flósculo superior bisexual, comprimido dorsalmente; lema superior endurecida, la raquilla se continúa por abajo de la lema formando un pequeño pedicelo; pedicelo con apéndices membranáceos adnados en la base de la lema y libres en la parte superior (frecuentemente engrosados con aceite en la madurez), o los apéndices reducidos a pequeñas áreas esclerosadas o cicatrices en la base de la lema; lodículas 2; estambres 3; estilos 2. Fruto una cariopsis ovoide a elipsoide; embrión 1/3–1/2 la longitud de la cariopsis, hilo punteado.

Género con 39 especies, distribuido en América tropical, Asia, Africa y Australia; 4 especies en Nicaragua.

K.E. Rogers. Studies in *Ichnanthus* (Gramineae). I. New taxa and new combinations in section *Foveolata*. Phytologia 22: 97–105. 1971; M.T. Stieber. Revision of *Ichnanthus* sect. *Ichnanthus* (Gramineae, Panicoideae). Syst. Bot. 7: 85–115. 1982; M.T. Stieber. Revision of *Ichnanthus* sect. *Foveolatus* (Gramineae, Panicoideae). Syst. Bot. 12: 187–216. 1987.

1. Apéndices en la base de la lema superior una estructura membranosa de ca 1.5 mm de largo .... **I. nemoralis**
1. Apéndices en la base de la lema superior reducidos a cicatrices 0.5–1 mm de largo
    2. Gluma inferior hasta ca 3/4 de la longitud de la espiguilla, aguda o acuminada; panículas terminales con las ramas inferiores generalmente más de 5 cm de largo y generalmente vueltas a ramificar .... **I. pallens**
    2. Gluma inferior más de 3/4 de la longitud de la espiguilla a levemente más larga, cortamente aristada; panículas terminales con las ramas inferiores generalmente menos de 5 cm de largo, en su mayoría simples
        3. Gluma inferior 3–5-nervia, 3.2–4.7 veces de largo como el ancho doblado; pedúnculos rígidos exertos 3–6 cm .... **I. nemorosus**
        3. Gluma inferior 3-nervia, 6.5–9 veces de largo como el ancho doblado; pedúnculos delgados, exertos hasta 19 cm .... **I. tenuis**

Ichnanthus nemoralis (Schrad.) Hitchc. & Chase, Contr. U.S. Natl. Herb. 18: 334. 1917; *Panicum nemorale* Schrad.; *I. lagotis* (Trin.) Swallen; *P. lagotis* Trin.

Perennes; tallos hasta 100 cm de largo, decumbentes en la base, ramificados en la base y a menudo en las partes más apicales. Vainas glabras o pilosas; lígula 1 mm de largo, ciliada; láminas ovado-lanceoladas, 6–11 (–15) cm de largo y 1–3 cm de ancho, glabras, la base angostada en un pseudopecíolo, el ápice acuminado y piloso. Panículas 5–7 cm de largo, terminales y en ocasiones algunas axilares, simples o compuestas, ramas basales 9–15

cm de largo, erectas; espiguillas linear-oblongas, (4–) 5–6 mm de largo, glabras; gluma inferior oblongo-ovada, aguda, 3–5-nervia, gluma superior y lema inferior 5 (–7)-nervias; flósculo superior 2–2.5 mm de largo, lanceolado, agudo, no rotado sobre la raquilla, apéndices del flósculo membranáceos, ca 1.5 mm de largo.

Conocida en Nicaragua por una sola colección (*Seymour 3090*) de bosques siempreverdes, Siuna, Zelaya; 300–400 m; fl y fr ene; sur de México a Colombia, Venezuela, Guayanas, Brasil, también en Trinidad y Tobago.

Ichnanthus nemorosus (Sw.) Döll in Mart., Fl. Bras. 2(2): 289. 1877; *Panicum nemorosum* Sw.; *I. gracilis* Swallen; *I. nubigenus* Swallen; *I. scaberrimus* Swallen.

Anuales o perennes; tallos 30–60 cm de largo, rastreros, ramificando y enraizando en los nudos basales, los nudos a menudo pilosos. Vainas generalmente más cortas que los entrenudos, a veces más largas, pilosas especialmente a lo largo de los márgenes; lígula hasta 1 mm de largo, ciliada; láminas linear-lanceoladas a ovado-lanceoladas, 2–8.5 cm de largo y 0.5–3 cm de ancho, glabras o pilosas, a veces con tricomas papilosos, la base sésil, asimétricamente subcordada, el ápice acuminado. Panículas 3–10 cm de largo, terminales y axilares, ramas basales 2–4 cm de largo; espiguillas elípticas, 2–3.5 (–4) mm de largo, agudas a acuminadas, glabras a esparcidamente pilosas; glumas y lema inferior con los márgenes más o menos hialinos, gluma inferior levemente más larga a levemente más corta que la espiguilla (incluyendo una arista de hasta 1.5 mm de largo), ovado-lanceolada, cuspidado-acuminada hasta ligeramente aristada, 3–5-nervia, gluma superior y lema inferior prominentemente nervadas, a veces hasta 7-nervias; flósculo superior 2–2.5 mm de largo, ovado a elíptico, no rotado sobre la raquilla, apéndices del flósculo reducidos a cicatrices, ca 1 mm de largo.

Común, bosques húmedos abiertos o cerrados, en todo el país; 600–1540 m; fl y fr durante todo el año; *Davidse 30378*, *Moreno 18192*; sur de México a Bolivia, Brasil, Argentina y en las Antillas.

Ichnanthus pallens (Sw.) Munro ex Benth., Fl. Hongk. 414. 1861; *Panicum pallens* Sw.; *I. axillaris* (Nees) Hitchc. & Chase; *P. axillare* Nees; *I. brevivaginatus* Swallen.

Perennes; tallos hasta 80 (–300) cm de largo, muy ramificados, patentes o rastreros en la base, enraizando en los nudos. Vainas más cortas que los entrenudos, glabras a vellosas; lígula 1–2 (–2.5) mm de largo, ciliada; láminas ovado-acuminadas a ovado-elípticas hasta ovadas, (3–) 5–10 (–14) cm de largo y 1–3 (–5) cm de ancho, la base ligeramente asimétrica y cordado-amplexicaule, a veces subpeciolada. Panícula (1.5–) 5–10 (–20) cm de largo, terminales y axilares, ramas basales 1–6 (–12) cm de largo, rígidamente patentes; espiguillas lanceoladas a elípticas, (2.5–) 4–6.5 mm de largo, glabras o escabrosas, densas, agudas; gluma inferior 1/2–3/4 la longitud de las espiguillas, lanceolada, acuminada o cortamente atenuada, glabra o escabrosa, 3–5-nervia; flósculo superior (1.5–) 2–3.5 mm de largo, ovado, elíptico, agudo, rotado sobre la raquilla, apéndices del flósculo reducidos a cicatrices, ca 1 mm de largo.

Común, caños y áreas perturbadas, en todo el país; 0–1650 m; fl y fr sep–abr; *Stevens 18689, 19757*; pantropical.

Ichnanthus tenuis (J. Presl) Hitchc. & Chase, Contr. U.S. Natl. Herb. 18: 334. 1917; *Oplismenus tenuis* J. Presl.

Anuales; tallos 10–40 cm de largo, patentes o rastreros, a menudo amacollados, con raíces en los nudos basales, pilosos, los tricomas generalmente papilosos, pocas veces glabros. Vainas más cortas que los entrenudos, pilosas o papiloso pilosas, al menos en los márgenes; lígula 1–1.5 mm de largo, ciliada; láminas ovado-lanceoladas a lanceoladas, 2–6 cm de largo y 0.6–1.5 cm de ancho, generalmente pilosas, la base asimétricamente redondeada o casi cordada, el ápice acuminado. Panículas 6–20 cm de largo, terminales y axilares, ramas patentes o ascendentes o flexuosas y escasas en espiguillas o fuertes, con muchas espiguillas y en general densamente tomentosas; espiguillas lanceoladas, 3.5–5 mm de largo, esparcidamente pilosas, especialmente en los márgenes de las glumas; gluma inferior más de 3/4 la longitud de las espiguillas, cortamente aristada, 3-nervia, gluma superior y lema inferior elípticas, acuminado-aristadas, 5-nervias; flósculo superior 1.5–3 mm de largo, oblongo a elíptico, agudo a obtuso, no rotado sobre la raquilla, apéndices del flósculo reducidos a cicatrices, 0.5–1 mm de largo.

Poco común, bosques alterados, vegetación secundaria, caños, en todo el país; 0–1300 m; fl y fr ene–mar; *Stevens 12628, 16789*; México a Perú, Bolivia, Paraguay, Argentina y en las Antillas.

IMPERATA Cirillo

Por Richard W. Pohl

Perennes marcadamente rizomatosas, los rizomas largamente reptantes; tallos sólidos o fistulosos; plantas hermafroditas. Vainas redondeadas; lígula una membrana ciliolada; láminas lineares, aplanadas o convolutas. Inflorescencia una panícula cilíndrica, densa, plumosa, blanca, raquis persistente, pedicelos libres, algo dilatados en el ápice; espiguillas pareadas, comprimidas dorsalmente, similares, más o menos teretes, lanceoladas, agudas, desigualmente pediceladas, con 2 flósculos; desarticulación por debajo de las glumas, las espiguillas caedizas individualmente, ocultas por largos tricomas sedosos de ramas y glumas; glumas casi iguales, membranáceas, ocultando a los flósculos, sedosas; callo obtuso, con tricomas numerosos, alargados, sedosos; flósculo inferior estéril, flósculo superior bisexual; lema inferior y superior cortas, hialinas, enervias; pálea inferior ausente; lema superior entera, sin arista; pálea superior hialina, enervia; lodículas ausentes; estambres 1 ó 2; estilos 2. Fruto una cariopsis; hilo punteado.

Género pantropical con 9 especies; 2 especies esperadas en Nicaragua.

M.L. Gabel. A Biosystematic Study of the Genus *Imperata* (Gramineae: Andropogoneae). Ph.D. Thesis, Iowa State University, Ames. 1982.

1. Panícula 6–16 cm de largo; racimos inferiores 3–9 cm de largo; tallos 25–75 cm de largo; láminas foliares 6–15 cm de largo; espiguillas 3.5–4.5 mm de largo .... **I. brasiliensis**
1. Panícula 25–50 cm de largo; racimos inferiores 1–2.5 cm de largo; tallos generalmente 100–200 cm de largo; láminas foliares hasta 75 cm de largo; espiguillas 2.9–3.5 mm de largo .... **I. contracta**

Imperata brasiliensis Trin., Mém. Acad. Imp. Sci. St.-Pétersbourg, Sér. 6, Sci. Math. 2: 331. 1832.

Tallos 25–75 cm de largo; entrenudos sólidos, glabros; nudos pilosos. Hojas principalmente basales; hojas caulinares generalmente 3 o menos, pequeñas; vainas glabras, las exteriores se desintegran en fibras; lígula 0.6–1.7 mm de largo; láminas 6–15 cm de largo y 8–13 mm de ancho, en su mayoría glabras, ciliadas en la base. Panícula 6–15 cm de largo y 1–2 cm de ancho, racimos 1–2.5 cm de largo, adpresos; espiguillas 3.1–4.3 mm de largo; callo con tricomas 7–13 mm de largo; gluma inferior 3–5-nervia, gluma superior 5–7-nervia; lema inferior 1.7–3.1 mm de largo, lema superior 0.5–1.5 mm de largo; antera 1, 1.8–2.8 mm de largo.

Esperada en Nicaragua en áreas abiertas perturbadas; sur de los Estados Unidos a Chile, Argentina y en las Antillas.

Imperata contracta (Kunth) Hitchc., Annual Rep. Missouri Bot. Gard. 4: 146. 1893; *Saccharum contractum* Kunth.

Tallos 100–200 cm de largo; entrenudos fistulosos, glabros; nudos glabros. Hojas principalmente basales, en su mayoría glabras; hojas caulinares generalmente 3 ó 4, alargadas; vainas generalmente no desintegrándose en fibras; lígula 0.5–2.4 mm de largo; láminas hasta 70 cm de largo y 5–11 mm de ancho, generalmente glabras o con algunos tricomas alargados hacia la base. Panícula 25–50 cm de largo y 1–2 (–4) cm de ancho, racimos inferiores hasta 3–9 cm de largo, adpresos a ascendentes; espiguillas 2.9–3.5 mm de largo; callo con tricomas 8–12 mm de largo; gluma inferior y superior 3-nervias; lema inferior 1.2–2.4 mm de largo, lema superior 0.6–1.2 mm de largo; antera 1, 1.3–2 mm de largo.

Esperada en Nicaragua en áreas abiertas perturbadas; sur de México a Argentina y en las Antillas.

ISACHNE R. Br.

Por Richard W. Pohl y Gerrit Davidse

Anuales o perennes; tallos ramificados; plantas polígamas o hermafroditas. Hojas caulinares; vainas redondeadas; lígula una hilera de tricomas; láminas lineares a ovadas, aplanadas. Inflorescencia una panícula terminal, solitaria, piramidal; espiguillas biconvexas, con 2 flósculos; desarticulación arriba o por debajo de las glumas, o las glumas caedizas primero, los 2 flósculos caedizos como una unidad; glumas subiguales, herbáceas, más cortas que los flósculos, 5–7-nervias; flósculos similares o más o menos dimorfos, el inferior más largo, flósculo inferior estaminado o bisexual; lema inferior cartácea a coriácea; pálea inferior tan larga como la lema inferior y de la misma textura; flósculo superior pistilado o bisexual, flósculos permaneciendo juntos; lodículas 2; anteras 3; estilos 2. Fruto una cariopsis; embrión 1/4–1/3 la longitud de la espiguilla, hilo punteado o cortamente oblongo.

Género con ca 100 especies, pantropical; 2 especies en Nicaragua.

A.S. Hitchcock. The North American species of *Isachne*. Contr. U.S. Natl. Herb. 22: 115–121. 1920; S.A. Renvoize. A new *Isachne* (Gramineae) from Brazil. Kew Bull. 42: 927–928. 1987.

1. Plantas erectas o enredaderas; láminas 2–20 cm de largo, no cordadas; ambos flósculos glabros .... **I. arundinacea**
1. Plantas bajas rastreras; láminas 2–4 cm de largo, cordadas basalmente; flósculo superior piloso, flósculo inferior glabro .... **I. polygonoides**

Isachne arundinacea (Sw.) Griseb., Fl. Brit. W. I.
553. 1864; *Panicum arundinaceum* Sw.

Perennes, naciendo de coronas nodosas endurecidas; tallos hasta 500 cm de largo y 4–8 mm de ancho, leñosos, enredándose en matorrales o reclinándose, enraizando; entrenudos y nudos glabros. Vainas generalmente glabras excepto por el margen ciliado, raramente híspido-papilosas; lígula 0.5–4.5 mm de largo; láminas linear-lanceoladas, 9–20 cm de largo y 7–22 mm de ancho, laxas, escabrosas, raramente adpreso híspidas, la base redondeada. Panícula 8–12 cm de largo y 8–11 cm de ancho, eje glabro; espiguillas 1.3–1.8 mm de largo, negras en la madurez, agrupadas en las puntas de las ramas; glumas glabras o con algunos tricomas tiesos cerca de la punta, pronto caedizas, la inferior 1–1.4 mm de largo, 5-nervia, la superior 1–1.7 mm de largo, 7-nervia; flósculos persistentes, flósculo inferior 1.4–1.7 mm de largo, bisexual, coriáceo, glabro, flósculo superior 1–1.3 mm de largo, bisexual o pistilado, glabro; anteras ca 1 mm de largo. Hilo ca 1/3 la longitud de la cariopsis.

Común, nebliselvas, sabanas de pinos, en todo el país; 600–1650 m; fl y fr feb–may, oct; *Moreno 18260, Pipoly 5153*; sur de México a Brasil y en las Antillas.

Isachne polygonoides (Lam.) Döll in Mart., Fl. Bras. 2(2): 273. 1877; *Panicum polygonoides* Lam.

Duración indefinida; tallos 20–60 cm de largo, herbáceos, decumbentes, enraizando; entrenudos glabros; nudos glabros o papiloso-pilosos. Vainas papiloso-ciliadas o papiloso-híspidas; lígula 1–2.5 mm de largo; láminas lanceoladas, 2–4 cm de largo y 7–13 mm de ancho, suaves, escabrosas o puberulentas, la base cordada, papiloso-híspida. Panícula 2–6 cm de largo, eje glabro; espiguillas 1.3–2 mm de largo, solitarias; glumas glabras o papiloso-pilosas cerca de la punta, la inferior 1.2–1.8 mm de largo, 5-nervia, la superior 1.3–1.9 mm de largo, 7-nervia; flósculo inferior 1.5–1.7 mm de largo, estaminado, cartáceo, glabro, flósculo superior 1.2–1.5 mm de largo, pistilado, puberulento; anteras 0.4–0.6 mm de largo. Hilo ca 3/4 la longitud de la cariopsis.

Poco común, pantanos y márgenes de ríos, zacatales, norte de la zona atlántica; 60–1200; fl y fr ago–oct; *Ortiz 196, Stevens 3271*; sur de México a Colombia, Venezuela, Guayanas, Perú, Brasil y en las Antillas.

ISCHAEMUM L.

Por Richard W. Pohl y Gerrit Davidse

Anuales o perennes, cespitosas; tallos sólidos o fistulosos; plantas hermafroditas o polígamas. Vainas carinadas, al menos ligeramente hacia el ápice; lígula una membrana; láminas lineares a linear-lanceoladas, aplanadas. Inflorescencia de 2–numerosos racimos digitados o racemosos, raquis articulado, las espiguillas pareadas, las 2 espiguillas y 1 entrenudo del raquis caedizos como una unidad, o las espiguillas pediceladas desarticulándose separadamente; espiguillas comprimidas dorsalmente, iguales, desigualmente pediceladas o una sésil, con 2 flósculos; espiguillas sésiles o subsésiles, bisexuales, callo obtuso e insertado en el ápice cóncavo del entrenudo del raquis, glumas más largas que los flósculos, gluma inferior aplanada, rígida en la parte inferior, herbácea en la parte superior, gluma superior escasamente más larga que la gluma inferior, membranácea, carinada, 5–9-nervia, flósculo inferior estaminado, lema y pálea inferior hialinas, un poco más cortas que la espiguilla, flósculo superior pistilado o bisexual, lema superior hialina, 2-lobada hacia la mitad, aristada entre los lóbulos, la arista geniculada y torcida o no, pálea superior hialina, casi tan larga como la lema superior, lodículas 2, estambres 3, estilos 2; espiguillas pediceladas estaminadas, similares a las espiguillas sésiles, pero frecuentemente un poco más cortas, pedicelos libres, flósculos ambos estaminados. Fruto una cariopsis; hilo punteado.

Género con 65 especies, distribuido en los trópicos, especialmente del Viejo Mundo; 3 especies en Nicaragua.

1. Racimos 2, apretadamente adpresos, formando una espiga cilíndrica; gluma inferior de las espiguillas sésiles marcadamente corrugada transversalmente .... **I. rugosum**
1. Racimos 2–numerosos, divergentes; gluma inferior de las espiguillas subsésiles rígida, lisa abajo, herbácea arriba
   2. Racimos 3–numerosos; nudos y láminas foliares glabros; láminas 10–35 mm de ancho, no pseudopecioladas .... **I. latifolium**
   2. Racimos 2; nudos barbados hacia arriba; láminas foliares pilosas, 10 mm de ancho, láminas inferiores pseudopecioladas .... **I. timorense**

Ischaemum latifolium (Spreng.) Kunth, Révis. Gramin. 168. 1829; *Andropogon latifolius* Spreng.

Perennes; tallos 45–150 cm de largo, decumbentes, ramificados; entrenudos sólidos, glabros; nudos glabros. Hojas en su mayoría glabras; lígula 0.5–2 mm de largo, ciliada; láminas 6–24 cm de largo y 10–35 mm de ancho, la base redondeada. Racimos 5–17, 6–12 cm de largo, divergentes; espiguillas subsésiles 4.5–7 mm de largo, glabras o pilosas, gluma inferior con la 1/2 inferior endurecida, pajiza, lisa, las nervaduras no evidentes, la 1/2 superior herbácea, 5–7-nervia, el ápice agudo, los márgenes ciliados, gluma superior cortamente aristada, lema inferior 4–5.5 mm de largo, pálea inferior un poco más corta que la lema inferior, lema superior 3.5–4 mm de largo, la arista 5–9.5 mm de largo, pálea superior 3.5–4 mm de largo, anteras 2.1–2.3 mm de largo; espiguillas pediceladas similares a las espiguillas subsésiles, comprimidas lateralmente, arista 5–10 mm de largo.

Común, áreas húmedas, zona norcentral; 0–1300 m; fl y fr mar–oct; *Stevens 19398, 21590*; México a Perú, Brasil y en las Antillas.

Ischaemum rugosum Salisb., Icon. Stirp. Rar. 1, t. 1. 1791.

Anuales; tallos 55–130 cm de largo, erectos o decumbentes en la base, ramificados; entrenudos fistulosos, glabros; nudos pilosos. Vainas ciliadas hacia el ápice; lígula 2–5.5 mm de largo, glabra o esparcidamente adpreso pilosa; láminas 8–20 cm de largo y 4–15 mm de ancho, papiloso-pilosas, la base cortamente pseudopeciolada. Racimos 2, 3–10 cm de largo, apretadamente adpresos, con apariencia de espiga solitaria, cilíndrica; espiguillas sésiles 3.8–5 mm de largo, glabras, gluma inferior 3.8–5 mm de largo, el 3/5 inferior endurecido, amarillento, marcadamente corrugado transversalmente, las nervadu-

ras no visibles, el 2/5 superior herbáceo, el ápice obtuso, gluma superior aguda, lema inferior 3.5–4 mm de largo, pálea inferior rudimentaria, anteras 1.5–1.8 mm de largo, flósculo superior pistilado o bisexual, arista geniculada, la parte exerta 8–13 mm de largo; espiguillas pediceladas 1.5–4.5 mm de largo, generalmente estaminadas, gluma inferior undulada.

Rara, orillas de caminos, cenizas volcánicas, zona pacífica; 100–180 m; fl y fr nov, dic; *Stevens 5110, 20946*; nativa de Asia tropical, en la actualidad cosmopolita en los trópicos.

Ischaemum timorense Kunth, Révis. Gramin. 369. 1830.

Anuales; tallos postrados, enraizando, ramificados; ramas erectas 20–40 cm de largo; entrenudos fistulosos, glabros; nudos pilosos. Hojas papiloso-pilosas; lígula 0.5–1 mm de largo, adpreso pilosa y ciliada; láminas 4–9 cm de largo y 4–8 mm de ancho, la base pseudopeciolada en las hojas inferiores. Racimos 2, 6–8 cm de largo, divergentes; espiguillas subsésiles 3.5–5 mm de largo, glabras o esparcidamente pilosas, gluma inferior generalmente pilosa, el 1/3 inferior endurecido, pajizo, liso, las nervaduras no evidentes, los 2/3 superiores herbáceos, 7–9 nervios, el ápice 2-dentado, gluma superior acuminada, lema inferior ca 3.5 mm de largo, pálea inferior ca 3.5 mm de largo, anteras 1.6–2.2 mm de largo, pálea superior más larga que la lema superior, arista 5–9 mm de largo, anteras 1.6–2.2 mm de largo; espiguillas pediceladas similares a las espiguillas sésiles, pero más pequeñas.

Rara, bosques siempreverdes, Río San Juan; 50–70 m; fl y fr dic–feb; *Moreno 23312, Rueda 5082*; nativa de Asia tropical, naturalizada en América tropical. Ha sido erróneamente identificada como *Ischaemum indicum* (Houtt.) Merr., una especie con las quillas de la gluma inferior marcadamente aladas.

IXOPHORUS Schltdl.

Por Richard W. Pohl

Ixophorus unisetus (J. Presl) Schltdl., Linnaea 31: 421. 1862; *Urochloa uniseta* J. Presl.

Perennes cespitosas; tallos 50–140 cm de largo y 0.6–1 mm de ancho, suculentos, erectos, ramificados con la edad; nudos glabros o ligeramente adpreso pilosos; plantas monoicas. Vainas glabras, carinadas; lígula una membrana lacerada o ciliada, 1–2.5 mm de largo; láminas lineares, hasta 75 cm de largo y 10–25 mm de ancho, aplanadas, laxas, glabras. Inflorescencias terminales y axilares, panículas de racimos,

panícula 10–25 cm de largo, cilíndrico-ovoide, racimos numerosos, simples, 2–8 cm de largo, escabrosos; cada espiguilla con una cerda subyacente, 7–12.5 mm de largo, víscida, espiguillas 3.5–4.7 mm de largo, lanceoladas y agudas en la antesis, anchamente ovadas en la madurez, subsésiles en 2 hileras a lo largo de los lados inferiores del raquis triquetro; desarticulación por debajo de las glumas, la espiguilla caediza como una unidad; glumas desiguales, herbáceas, gluma inferior anchamente ovada, 0.7–1.5 mm de largo, aguda, 1–3-nervia, gluma superior y lema inferior 3.5–4.7 mm de largo, ocultando al flósculo superior; flósculo inferior estaminado, con 2 lodículas y 3 estambres, las anteras 2–3.4 mm de largo; pálea inferior 2-carinada, tornándose circular en la madurez, con una base cordada y amplias alas cartáceas, mucho más ancha que el resto de la espiguilla; flósculo superior pistilado, 2–3.3 mm de largo, raramente con estambres rudimentarios; lema superior

más corta que la espiguilla, elíptica, endurecida, apiculada, papilosa, los márgenes enrollados hacia adentro; pálea endurecida; lodículas 2; estilos 2. Fruto una cariopsis; embrión ca 1/2 de la longitud de la cariopsis, hilo ca 1/3 la longitud de la cariopsis, elíptico.

Común, áreas perturbadas, zona pacífica; 15–700 m; fl y fr jun–dic; *Nee 28205*, *Stevens 9532*; México a Brasil y en Cuba. Género monotípico.

JOUVEA E. Fourn.
Por Richard W. Pohl y Gerrit Davidse

Perennes estoloníferas; tallos ramificados, glabros; plantas dioicas. Hojas caulinares; vainas redondeadas; lígula una membrana ciliada; láminas lineares, punzantes. Inflorescencias unisexuales, dimorfas; inflorescencia estaminada una espiga, terminal y axilar, 1–3 agrupadas en cada axila, las espiguillas adpresas a lo largo de 2 lados de un raquis triquetro, delgado, traslapándose; espiguillas estaminadas sésiles, con numerosos flósculos, lateral y fuertemente comprimidas, carinadas, gluma inferior ausente o diminuta, gluma superior linear-lanceolada, 1-nervia, más corta que el primer flósculo, lemas débilmente 3-nervias, páleas tan largas como las lemas, raquilla no articulada, lodículas 2, estambres 3; inflorescencia pistilada terminal y axilar, un cuerpo corniforme, rígido, de punta aguzada, generalmente varios agrupados y todos, excepto el terminal, subyacentes a un profilo prominente, cuernos falcados, cilíndricos, duros, acerosos, conteniendo varios pistilos, atenuados a una base y un ápice rostrados, desarticulándose fácilmente, cada pistilo sellado dentro de una cavidad linear en el interior esponjoso, pálea pequeña, 2-carinada pero enervia, estaminodios 3, lodículas ausentes, estilo 1, emergiendo a través de un pequeño ostíolo apical, estigmas 2. Fruto una cariopsis linear, desnuda dentro de la cavidad o acompañada de una pálea pequeña; embrión ca 1/3 la longitud de la cariopsis, hilo punteado.

Género con 2 especies, distribuido en las costas de México a Ecuador; ambas especies se encuentran en Nicaragua. Los cuernos han sido interpretados como espiguillas por Weatherwax pero su estructura y agregación en grupos profilados son tan inusuales que hacen esa homología dudosa. Es más probable que los cuernos representen espigas altamente reducidas, ya que son comparables en posición a las espigas estaminadas. Bajo esta interpretación las espiguillas hipotéticamente se han reducido a flósculos solitarios.

P. Weatherwax. The morphology and phylogenetic position of the genus *Jouvea* (Gramineae). Bull. Torrey Bot. Club 66: 315–325. 1939.

1. Estolones 1.6–2.5 mm de ancho; entrenudos de los tallos erectos generalmente 2–6 cm de largo; láminas foliares persistentes; plantas de dunas arenosas y playas desprotegidas, formando densos montículos foliáceos .... **J. pilosa**
1. Estolones 0.7–1.1 mm de ancho; entrenudos de los tallos erectos generalmente 6–10 cm de largo; láminas foliares generalmente deciduas; plantas de planicies cenagosas, formando césped ralo y aplanado .... **J. straminea**

Jouvea pilosa (J. Presl) Scribn., Bull. Torrey Bot. Club 23: 143. 1896; *Brizopyrum pilosum* J. Presl.

Plantas formando densos montículos foliáceos; estolones hasta 200 cm de largo y 1.6–2.5 mm de ancho, robustos, a menudo enterrados en la arena, profusamente ramificados; tallos erectos con entrenudos generalmente 2–6 cm de largo. Vainas glabras excepto por los tricomas auriculares; profilos prominentes; lígula ca 1 mm de largo; láminas 5–15 cm de largo y 2–4 mm de ancho, rígidas, a menudo plegadas, persistentes, con largos tricomas esparcidos

en la haz, glabras en el envés. Espigas estaminadas 5–7 cm de largo, robustas, generalmente con 6–13 espiguillas; espiguillas estaminadas 1.5–4 cm de largo, gluma inferior ausente o hasta 1 mm de largo, enervia, gluma superior 3.5–4 mm de largo, flósculos 10–30 (–50), lemas 3.5–4.5 mm de largo, ovadas, carinadas, agudas, glabras, anteras 2.5 mm de largo; cuernos pistilados 2–4 cm de largo y 1.5–3 mm de largo; flores pistiladas 2–3 (–5).

Común, dunas bajas de arena y playas de la costa de la zona pacífica; 0–10 m; fl y fr jul–ene; *Stevens 22350, 23053*; México a Costa Rica.

Jouvea straminea E. Fourn., Bull. Soc. Roy. Bot. Belgique 15: 475. 1876.

Plantas formando césped ralo y aplanado; estolones hasta 150 cm de largo y 0.7–1.1 mm de ancho, delgados y alambrinos, esparcidamente ramificados; tallos erectos con entrenudos generalmente 6–10 cm de largo. Vainas glabras excepto por los tricomas auriculares; profilos inconspicuos; lígula 0.5–1 mm de largo; láminas 1.5–5 cm de largo y 2–3 mm de ancho, a menudo plegadas, prontamente deciduas, glabras. Espigas estaminadas 2–4 cm de largo, delgadas, generalmente con 2–4 espiguillas; espiguillas estaminadas 1–4 cm de largo, gluma inferior ausente o hasta 5 mm de largo, 1-nervia, gluma superior 4–6 mm de largo, flósculos 5–15 (–30), lemas 3.5–4 mm de largo, angostamente ovadas, carinadas, agudas, glabras, anteras ca 2.5 mm de largo; cuernos pistilados 1.5–3 cm de largo y ca 1.5 mm de largo; flores pistiladas 2–4 (–5).

Conocida en Nicaragua por una sola colección (*Pohl 12230*) realizada en playas, Rivas; nivel del mar; fl y fr jul; México a Ecuador.

LASIACIS (Griseb.) Hitchc.; *Panicum* sect. *Lasiacis* Griseb.

Por Gerrit Davidse

Perennes, raramente anuales, cespitosas y erectas, trepadoras o rastreras; plantas hermafroditas o polígamas. Vainas redondeadas; lígula una membrana; láminas lineares a ovadas, aplanadas, generalmente sin pseudopecíolos. Inflorescencia una panícula abierta o contraída; espiguillas subglobosas, obovoides o elipsoides, colocadas oblicuamente sobre el pedicelo, con 2 flósculos; desarticulación por debajo de las glumas, la espiguilla caediza como una unidad; glumas y lema inferior abruptamente apiculadas, lanosas apicalmente, negro brillantes y con la epidermis interior aceitosa en la madurez, gluma inferior 1/3–2/3 la longitud de la espiguilla, 5–13-nervia, gluma superior y lema inferior casi tan largas como la espiguilla inferior, 7–15-nervias; flósculo inferior estéril o estaminado; pálea inferior 1/4 a tan larga como la lema inferior; flósculo superior bisexual; lema y pálea superior fuertemente endurecidas, lanosas apicalmente en ligeras excavaciones; lodículas 2; estambres 3; estigmas 2. Fruto una cariopsis; embrión ca 1/2 la longitud de la cariopsis, hilo punteado o cortamente oblongo.

Género con 13 especies, distribuido en Estados Unidos (sur de Florida), México hasta Argentina y en las Antillas; 12 especies en Nicaragua. Las medidas de la lígulas excluyen los tricomas.

G. Davidse. A systematic study of the genus *Lasiacis* (Gramineae: Paniceae). Ann. Missouri Bot. Gard. 65: 1133–1254. 1979.

1. Tallos sólidos, medulosos; plantas normalmente rastreras y enraizando en los nudos inferiores
   2. Lígula 1.4–6 mm de largo, conspicua .... **L. oaxacensis** var. **oaxacensis**
   2. Lígula 0.4–1.5 mm de largo, inconspicua
      3. Láminas foliares 13–29 cm de largo y 1.2–2.4 cm de ancho, lineares a linear-lanceoladas
         .... **L. oaxacensis** var. **maxonii**
      3. Láminas foliares 8–13 (–17) cm de largo y 1.6–3.7 cm de ancho, lanceoladas .... **L. rhizophora**
1. Tallos fistulosos o parcialmente fistulosos con algunos restos de la médula; plantas rastreras y enraizando en los nudos inferiores o erectas arqueadas y/o trepadoras
   4. Plantas rastreras y enraizando en los nudos inferiores
      5. Lígula 0.3–0.6 mm de largo, inconspicua; pálea inferior tan larga o casi tan larga como el flósculo superior .... **L. grisebachii** var. **grisebachii**
      5. Lígula (4.5–) 5–7 (–9) mm de largo, conspicua; pálea inferior 1/4–1/3 la longitud del flósculo superior .... **L. standleyi**
   4. Plantas erectas
      6. Láminas foliares (14–) 18–35 (–42) cm de largo, conspicuamente cordadas, semiamplexicaules; plantas decumbentes, los nudos inferiores formando conspicuas raíces fúlcreas; panícula (20–) 32–120 cm de largo .... **L. procerrima**
      6. Láminas foliares 2.5–16 (–18) cm de largo, inconspicuamente cordadas; plantas sin raíces fúlcreas conspicuas; panícula (1–) 2–30 (–34) cm de largo
         7. Lígula de las hojas superiores (1.6–) 2–6 (–7) mm de largo, evidente
            8. Panícula (1–) 4–9 cm de largo, casi esférica, la base incluida en la vaina superior, rara vez completamente exerta; láminas foliares escabrosas en la haz; lígula (3.5–) 4–6 (–7) mm de largo .... **L. scabrior**

8. Panícula (5–) 9–25 (–35) cm de largo, ovoide, la base por lo general completamente exerta; láminas foliares puberulentas en la haz; lígula generalmente menos de 3.5 mm de largo .... **L. sorghoidea**
7. Lígula de las hojas superiores inconspicua, pero cuando evidente, la mayoría menos de 1.5 mm de largo
  9. Láminas foliares con alguna pilosidad, al menos en una de las superficies
    10. Láminas foliares 2–7 (–9.5) cm de largo y (0.5–) 0.8–2.8 cm de ancho, relativamente cortas y anchas, ovadas, dispuestas densamente sobre las ramas
      11. Láminas glabras a puberulentas en la haz; ramas de la panícula generalmente escábridas, puberulentas o con unos tricomas cortos, raramente pilosas .... **L. rugelii** var. **pohlii**
      11. Láminas híspidas, velutinas o pilosas en la haz; ramas de la panícula densamente pilosas .... **L. ruscifolia** var. **velutina**
    10. Láminas foliares (5–) 6–25 (–35) cm de largo y (0.3–) 0.6–4.4 (–5.6) cm de ancho, linear-lanceoladas a ovadas, ampliamente espaciadas sobre las ramas
      12. Espiguillas (3.6–) 4–5 (–5.5) mm de largo; panícula más bien abierta, con pocas espiguillas, los pedicelos ampliamente patentes .... **L. nigra**
      12. Espiguillas (2.6–) 2.8–4.1 (–4.3) mm de largo; panícula mucho más densa, los pedicelos no tan ampliamente patentes
        13. Láminas foliares lanceolado-ovadas a ovadas, proporcionalmente más cortas y anchas; espiguillas 2.6–3.8 (–4) mm de largo, generalmente globosas .... **L. ruscifolia** var. **ruscifolia**
        13. Láminas foliares linear-lanceoladas a lanceoladas; espiguillas (3–) 3.4–4.1 (–4.3) mm de largo, obovoides .... **L. sorghoidea**
  9. Láminas foliares glabras en ambas superficies, a veces con pocos tricomas pequeños dispersos en la base de la superficie del envés y de la haz
    14. Láminas foliares lineares a estrechamente lanceoladas, la mayoría menos de 2 cm de ancho
      15. Panícula con pocas espiguillas, las ramas inferiores de la panícula reflexas o ampliamente patentes con los pedicelos marcadamente divergentes en la madurez; tallos en zigzag .... **L. divaricata** var. **divaricata**
      15. Panícula diversa, pero la mayoría de las ramas inferiores de la panícula no reflexas; tallos rectos o en zigzag
        16. Base de la panícula incluida en la vaina; pedicelos y ramas de la panícula cortos .... **L. divaricata** var. **leptostachya**
        16. Base de la panícula generalmente exerta; pedicelos ampliamente patentes, algo flexuosos .... **L. nigra**
    14. Láminas foliares ovadas a ampliamente lanceoladas, la mayoría más de 2 cm de ancho
      17. Ramas principales de la panícula muy ramificadas, con numerosas espiguillas 2.6–3.8 (–4) mm de largo .... **L. ruscifolia** var. **ruscifolia**
      17. Ramas principales de la panícula escasamente ramificadas, con pocas espiguillas (3.6–) 4–5 (–5.5) mm de largo
        18. Pedicelos alargados, ampliamente patentes; láminas foliares (0.3–) 0.6–1.8 (–2.6) cm de ancho, sin pseudopecíolo .... **L. nigra**
        18. Pedicelos cortos, adpresos; láminas foliares (1.3–) 1.7–4 (–4.5) cm de ancho, con un corto pseudopecíolo 1–3 mm de largo, densamente piloso .... **L. sloanei**

Lasiacis divaricata (L.) Hitchc., Contr. U.S. Natl. Herb. 15: 16. 1910; *Panicum divaricatum* L.

Tallos (0.5) 1–5 (–7) m de largo, erectos, fistulosos, distalmente en zigzag. Vainas glabras o puberulentas; lígula 0.2–0.8 (–1.3) mm de largo, glabra a ciliada; láminas linear-lanceoladas a angostamente lanceoladas, (3–) 5–12 (–16) cm de largo y 0.3–1.8 (–3) cm de ancho, glabras. Panícula ovoide, 2–12 (–20) cm de largo, ramas reflexas a adpresas, escasamente ramificadas; espiguillas obovoides, (3.5–) 3.7–4.2 mm de largo, pocas y ampliamente espacia-das; gluma inferior (1.2–) 1.4–2.4 mm de largo, 7–11 (–13)-nervia, gluma superior 9–11-nervia; flósculo inferior estéril o estaminado; lema inferior 9–13-nervia; pálea inferior 1/2 a casi tan larga como el flósculo superior; flósculo superior 3.4–4.7 mm de largo y 1.8–2.1 mm de ancho.

Especie distribuida desde Estados Unidos (Florida) y centro de México hasta el norte de Argentina y en las Antillas. Dos de las 3 variedades se encuentran en Nicaragua, la tercera, *L. divaricata* var. *austroamericana* Davidse, habita en Sudamérica.

Lasiacis divaricata var. **divaricata**

Tallos glabros o con una línea puberulenta. Lígula glabra o ciliolada; láminas 5–11 (–14) cm de largo y 0.8–1.8 (–3) cm de ancho. Panícula generalmente exerta, ramas generalmente reflexas o ampliamente patentes; pedicelos marcadamente divergentes; espiguillas (3.5–) 3.7–4.3 (–4.5) mm de largo.

Poco común, bosques secundarios, maleza en campos, zonas pacífica y atlántica; 10–500 m; fl y fr jul–oct; *Ortiz 2156*, *Stevens 17811*; Estados Unidos (sur de Florida), centro de México al norte de Venezuela y en las Antillas.

Lasiacis divaricata var. **leptostachya** (Hitchc.) Davidse, Ann. Missouri Bot. Gard. 64: 375. 1978; *L. leptostachya* Hitchc.

Tallos densamente papiloso-pilosos o glabros. Lígula ciliada; láminas 5–10 cm de largo y 0.4–1.1 (–1.6) cm de ancho. Panícula generalmente con la base incluida, ramas cortas, generalmente ascendentes y adpresas, pedicelos cortos, ascendentes, algo divergentes en la madurez; espiguillas 4.2–5 mm de largo.

Rara, pastizales, bosques, zonas pacífica y norcentral; 500–1300 m; fl y fr dic, ene; *Grijalva 4185*, *Stevens 16320*; sur de México a Panamá.

Lasiacis grisebachii (Nash) Hitchc. var. **grisebachii**, Bot. Gaz. (Crawfordsville) 51: 302. 1911; *Panicum grisebachii* Nash.

Tallos hasta 0.6 m de largo, rastreros y enraizando en los nudos, fistulosos. Vainas generalmente puberulentas o hirsutas; lígula 0.3–0.6 mm de largo, glabra o ciliolada; láminas linear-lanceoladas, 6–14 cm de largo y 0.6–1.1 (–1.4) cm de ancho, generalmente puberulentas en el envés, generalmente glabras en la haz. Panícula ovoide, (2–) 5–13 (–16) cm de largo, exerta, las espiguillas distribuidas regularmente, ramas ascendentes, escasamente ramificadas, pedicelos cortos, adpresos a ascendentes; espiguillas globosas, 3.5–3.8 mm de largo, pocas; gluma inferior 1.5–2.2 mm de largo, 5–7-nervia, gluma superior 7–11-nervia; flósculo inferior generalmente estéril; lema inferior 7–11-nervia; pálea inferior tan larga o casi tan larga como el flósculo superior; flósculo superior 3–3.1 mm de largo y 2.3–2.5 mm de ancho.

Rara, orillas de ríos, bosques siempreverdes, zona pacífica; 190–340 m; fl y fr dic; *Moreno 19230*, *Stevens 16500*; México a Panamá, Cuba. La otra variedad, *L. grisebachii* var. *lindelieana* Davidse, se encuentra en el oeste de Cuba.

Lasiacis nigra Davidse, Phytologia 29: 152. 1974.

Tallos 1–8 m de largo, erectos, fistulosos. Vainas pilosas a glabras; lígula 0.5–1.3 (–2) mm de largo, glabra o pilosa; láminas lineares a lanceoladas, 5–11 (–15) cm de largo y (0.3–) 0.6–1.8 (–2.6) cm de ancho, glabras o más frecuentemente puberulentas o pilosas. Panícula ovoide o obovoide, (2–) 5–12 (–19) cm de largo, generalmente exerta, ramas ascendentes a divergentes, escasamente ramificadas, pedicelos alargados, ampliamente patentes, algo flexuosos; espiguillas obovoides, (3.6–) 4–5 (–5.5) mm de largo, moderadamente numerosas; gluma inferior (1.6–) 2–2.7 (–3.2) mm de largo, 5–13-nervia, gluma superior 7–13-nervia; flósculo inferior estéril o estaminado; lema inferior 9–11-nervia; pálea inferior 1/2 a casi tan larga como el flósculo superior; flósculo superior 3.8–4.6 mm de largo y 2.5–2.9 mm de ancho.

Muy común, nebliselvas, cafetales, bosques alterados, en todo el país; 200–1600 m; fl y fr sep–ene; abr–may; *Moreno 5185*, *Stevens 18028*; México a Bolivia. Esta es una especie compleja y variable. La forma con espiguillas pequeñas se diferencia de *L. sorghoidea* por sus hojas más pequeñas y su inflorescencia más abierta.

Lasiacis oaxacensis (Steud.) Hitchc., Proc. Biol. Soc. Wash. 24: 145. 1911; *Panicum oaxacense* Steud.

Tallos hasta 2 m de largo, rastreros en la base y enraizando en los nudos, sólidos. Vainas glabras, raramente puberulentas; lígula 0.5–5 (–6) mm de largo, pilosa en el envés, ciliada o lacerada; láminas linear-lanceoladas, (13–) 17–29 cm de largo y 1.2–2.4 cm de ancho, escábridas. Panícula obovoide, 16–31 cm de largo, exerta, ramas marcadamente divergentes, muy ramificadas, desnudas en sus 1/2–2/3 inferiores, pedicelos adpresos a divergentes; espiguillas globoso-obovoides, 3.8–4.2 mm de largo, numerosas; gluma inferior 1.6–2.3 mm de largo, 4–6-nervia, gluma superior 7–11-nervia; flósculo inferior generalmente estaminado; lema inferior 9–13-nervia; pálea inferior tan larga como el flósculo superior; flósculo superior 3.2–3.6 mm de largo y 1.9–2.3 mm de ancho.

Especie distribuida desde el centro de México a Perú y en las Antillas. Dos variedades se encuentran en Nicaragua.

Lasiacis oaxacensis var. **maxonii** (Swallen) Davidse, Ann. Missouri Bot. Gard. 64: 375. 1978; *L. maxonii* Swallen.

Cuello de la vaina glabro, puberulento, o puberulento sólo en el margen; lígula 0.5–1.5 mm de largo, glabra en el envés. Ramas de la panícula con espiguillas pareadas hacia sus extremos.

Rara, vegetación secundaria, lava volcánica, zonas pacífica y norcentral; 700–1400 m; fl y fr ene, oct; *Robleto 1494*, *Stevens 11474*; Honduras a Panamá.

Lasiacis oaxacensis var. **oaxacensis**

Cuello de la vaina por lo general densamente piloso con tricomas 0.5–2 mm sobre el margen o la parte posterior, a veces glabro; lígula (2–) 2.6–5 (–6) mm de largo, puberulenta o híspida en el envés. Ramas de la panícula con pares o grupos de espiguillas hacia sus extremos.

Común, caños, bosques siempreverdes, bosques secundarios, en todo el país; 15–1400 m; fl y fr durante todo el año; *Moreno 18803*, *Stevens 12899*; México a Perú y en las Antillas.

Lasiacis procerrima (Hack.) Hitchc., Proc. Biol. Soc. Wash. 24: 145. 1911; *Panicum procerrimum* Hack.

Tallos (0.5–) 1–2 (–5) m de largo, erectos o decumbentes en la base, con raíces fúlcreas conspicuas en la base, fistulosos. Hojas glabras o pilosas; lígula 0.5–1.5 (–2.1) mm de largo, ciliolada, generalmente glabra en el envés, a veces puberulenta; láminas linear-lanceoladas a lanceoladas, (14–) 18–35 (–42) cm de largo y (1.4–) 1.8–4.8 (–5.7) cm de ancho, conspicuamente cordadas y semiamplexicaules en la base, generalmente glabras a diminutamente velutinas, raramente híspidas. Panícula globosa a ovoide, (20–) 32–120 cm de largo, difusa, exerta, ramas ascendentes a patentes, muy ramificadas, con espiguillas sésiles o cortamente pediceladas en el 1/4–1/6 distal; espiguillas globosas, (3–) 3.5–4 (–4.8) mm de largo, numerosas; gluma inferior (1.4–) 1.6–2.1 (–3), 7–11-nervia, gluma superior 9–11-nervia; flósculo inferior generalmente estaminado; lema inferior 9–11-nervia; pálea inferior 3/4–5/6 la longitud del flósculo superior; flósculo superior 3.1–3.4 mm de largo y 1.8–2.1 mm de ancho.

Común, bosques de pinos, nebliselvas, vegetación secundaria, en todo el país; 0–1350 m; fl y fr mar, jul–nov; *Moreno 12624*, *Ortiz 142*; México a Perú y Brasil.

Lasiacis rhizophora (E. Fourn.) Hitchc., Proc. Biol. Soc. Wash. 24: 145. 1911; *Panicum rhizophorum* E. Fourn.

Tallos hasta 1 m de largo, rastreros, enraizando en los nudos inferiores, sólidos. Vainas puberulentas, a veces híspidas, hirsutas o glabras; lígula 0.4–0.7 (–1.1) mm de largo, ciliada; láminas lanceoladas, 8–13 (–17) cm de largo y 1.6–3.7 cm de ancho, generalmente puberulentas en el envés, escabrosas e híspidas en la haz. Panícula elíptico-ovoide, 10–19 (–24) cm de largo, exerta, ramas ascendentes a divergentes, escasamente ramificadas, con pares o pequeños grupos de espiguillas hacia sus puntas, desnudas abajo, pedicelos adpresos; espiguillas obovoides, (3.1–)

3.3–3.9 (–4) mm de largo, pocas; gluma inferior 1.4–2.1 mm de largo, 5–7-nervia, gluma superior 7–9-nervia; flósculo inferior estéril o rudimentariamente estaminado; lema inferior 7–9-nervia; pálea inferior hasta 3/4 la longitud del flósculo superior; flósculo superior 2.9–3.2 mm de largo y 1.7–2.2 mm de ancho.

Común, bosques alterados, cafetales, zonas pacífica y norcentral; 1100–1700 m; fl y fr ago–ene; *Sandino 1584*, *Stevens 23104*; centro de México hasta Colombia, Venezuela.

Lasiacis rugelii var. **pohlii** Davidse, Ann. Missouri Bot. Gard. 64: 375. 1978.

Tallos 0.6–5 m de largo, erectos, fistulosos, generalmente glabros o con una línea puberulenta. Vainas puberulentas a velutinas; lígula 0.1–0.4 mm de largo, glabra; láminas lanceolado-ovadas a lanceoladas, (2.5–) 3.5–7 (–9.5) cm de largo y (0.5–) 0.8–1.5 (–2.2) cm de ancho, glabras. Panícula ovoide, 3–7 cm de largo, no totalmente exerta, ramas ascendentes a patentes, escasamente ramificadas; espiguillas globosas, 3.6–4.2 mm de largo, pocas, distribuidas uniformemente; gluma inferior 1.5–2.1 (–2.5) mm de largo, 7–9-nervia, gluma superior 9–11-nervia; flósculo inferior estéril; lema inferior 9–11-nervia; pálea inferior 1/2 a tan larga como el flósculo superior; flósculo superior 3.8–4.1 mm de largo y 2.3–2.6 mm de ancho.

Rara, caños, sabanas de pinos, márgenes de bosques, zona atlántica; 40–150 m; fl y fr jul, nov; *Davidse 2303*, *Molina 4755*; México (Chiapas) a Panamá. La otra variedad, *L. rugelii* (Griseb.) Hitchc. var. *rugelii*, se encuentra desde México (San Luis Potosí) a Honduras, Cuba y La Española.

Lasiacis ruscifolia (Kunth) Hitchc., Proc. Biol. Soc. Wash. 24: 145. 1911; *Panicum ruscifolium* Kunth.

Tallos 1–8 m de largo, erectos, fistulosos. Hojas glabras a papiloso-pilosas o velutinas; lígula 0.2–0.8 (–1) mm de largo, glabra o ciliolada; láminas ovadas a ovado-lanceoladas, 2–14 (–16) cm de largo y (0.8–) 1.8–4.4 (–5.6) cm de ancho. Panícula ovoide, (2–) 4–16 (–22) cm de largo, generalmente exerta, ramas ascendentes a patentes, muy ramificadas, pedicelos divergentes; espiguillas globosas, 2.6–3.8 (–4) mm de largo, numerosas; gluma inferior (1–) 1.2–2.2 mm de largo, 9–13-nervia, gluma superior 11–15-nervia; flósculo inferior estéril; lema inferior 11–13-nervia; pálea inferior 2/3 a tan larga como el flósculo superior; flósculo superior 2.8–3.8 mm de largo y 2–2.9 mm de ancho.

Especie distribuida desde Estados Unidos (sur de

Florida), México a Argentina y en las Antillas. Dos variedades se encuentran en Nicaragua.

Lasiacis ruscifolia var. **ruscifolia**

Láminas ovadas a ovado-lanceoladas, (4–) 6–14 cm de largo y (1–) 1.8–4.4 (–5.6) cm de ancho, glabras, híspidas o vellosas. Ramas de la panícula escabrosas o puberulentas.

Muy común, bosques y áreas perturbadas, en todo el país; 0–1000 m; fl y fr durante todo el año; *Stevens 11027, 19104*; Estados Unidos (sur de Florida), México a Argentina y en las Antillas.

Lasiacis ruscifolia var. **velutina** (Swallen) Davidse, Ann. Missouri Bot. Gard. 64: 375. 1978; *L. velutina* Swallen.

Láminas ovadas, 2–7 (–9.5) cm de largo y 0.8–2.8 cm de ancho, pilosas con tricomas suaves y largos en el envés, híspidas a velutinas en la haz. Ramas de la panícula densamente pilosas.

Conocida en Nicaragua por una sola colección (*Moreno 17696*) hecha en Matagalpa; 900–1000 m; fl y fr oct; Honduras, Nicaragua, Venezuela.

Lasiacis scabrior Hitchc., Proc. Biol. Soc. Wash. 40: 85. 1927.

Tallos 1–6 m de largo, erectos o semitrepadores, fistulosos. Vainas pilosas; lígula (3.5–) 4–6 (–7) mm de largo, lacerada; láminas elíptico o linear-lanceoladas, (6–) 8–12 (–16) cm de largo y 1–2.2 (–3) cm de ancho, puberulentas en el envés, escábridas en la haz. Panícula casi esférica, (1–) 4–9 cm de largo, la base generalmente incluida, ramas divergentes o a veces algo reflexas, profusamente ramificadas, pedicelos patentes; espiguillas obovoides, (3.5–) 3.7–4.1 (–4.5) mm de largo; gluma inferior (1.2–) 1.7–2 (–2.8) mm de largo, 7–11-nervia, gluma superior 9–13-nervia; flósculo inferior estéril o rudimentariamente estaminado; lema inferior 11–13-nervia; pálea inferior 2/3 a casi tan larga como el flósculo superior; flósculo superior 3.5–3.6 mm de largo y 1.8–2 mm de ancho.

Común, linderos de bosques, vegetación secundaria, en todo el país; 0–1000 m; fl y fr feb–abr; *Pipoly 5994, Stevens 12280*; sur de México a Perú. "Zacate".

Lasiacis sloanei (Griseb.) Hitchc., Bot. Gaz. (Crawfordsville) 51: 302. 1911; *Panicum sloanei* Griseb.

Tallos 1–6 m de largo, erectos o trepadores, fistulosos. Hojas generalmente glabras; lígula 0.5–0.8 (–1) mm de largo, ciliolada; láminas ovadas a lanceoladas, 8–16 (–18) cm de largo y (1.3–) 1.7–4 (–4.5) cm de ancho, glabras o la haz puberulenta o

escabrosa a lo largo de la nervadura media, con un pseudopecíolo 1–3 mm de largo, densamente híspido. Panícula ovoide, 6–34 cm de largo, exerta, ramas ascendentes a divergentes, escasamente ramificadas, pedicelos cortos, adpresos; espiguillas obovoides, (4–) 4.3–4.8 (–5.3) mm de largo, pocas; gluma inferior (1.5–) 1.7–2.4 (–2.6) mm de largo, 7–9-nervia, gluma superior 9–13-nervia; flósculo inferior estéril o estaminado; lema inferior 9–13-nervia; pálea inferior 3/4 a casi tan larga como el flósculo superior; flósculo superior 3.8–4.3 mm de largo y 2.2–2.6 mm de ancho.

Poco común, bosques siempreverdes y áreas perturbadas, zonas pacífica y atlántica; 300–500 m; fl y fr jul–nov; *Moreno 2719, Neill 2515*; México a Ecuador y en las Antillas. "Trompilla".

Lasiacis sorghoidea (Desv.) Hitchc. & Chase, Contr. U.S. Natl. Herb. 18: 338. 1917; *Panicum sorghoideum* Desv.; *L. patentiflora* Hitchc. & Chase; *L. sorghoidea* var. *patentiflora* (Hitchc. & Chase) Davidse.

Tallos 1–10 m de largo, erectos, fistulosos. Vainas papiloso-pilosas, especialmente hacia arriba; lígula (0.3–) 0.5–1.5 (–2.6) mm de largo, generalmente ciliada; láminas generalmente linear-lanceoladas a elíptico-lanceoladas, (6–) 9–19 (–23) cm de largo y (0.6–) 1.2–3.4 (–4.6) cm de ancho, generalmente puberulentas en la haz, velutinas en el envés. Panícula ovoide, (5–) 9–25 (–35) cm de largo, exerta, ramas ascendentes a divergentes, muy ramificadas, pedicelos algo divergentes; espiguillas obovoides, (3–) 3.4–4.1 (–4.3) mm de largo, numerosas; gluma inferior (1.2–) 1.5–2.1 (–2.7) mm de largo, 7–11-nervia, gluma superior 9–13-nervia; flósculo inferior estéril o estaminado; lema inferior 9–11-nervia; pálea inferior 1/2 a tan larga como el flósculo superior; flósculo superior 2.9–3.8 mm de largo y 1.7–2.3 mm de ancho.

Común, bosques húmedos, vegetación secundaria, zonas pacífica y atlántica; 0–800 m; fl y fr nov–may; *Soza 295, Stevens 22598*; sur de México a Argentina y en las Antillas.

Lasiacis standleyi Hitchc., Proc. Biol. Soc. Wash. 40: 86. 1927; *L. longiligula* Swallen; *L. lucida* Swallen.

Tallos hasta 1 m de largo, rastreros y enraizando en los nudos, fistulosos. Vainas generalmente puberulentas o híspidas; lígula (4.5–) 5–7 (–9) mm de largo, lacerada; láminas anchamente elíptico-lanceoladas a linear-lanceoladas, 10–19 cm de largo y (0.8–) 1.2 –2.9 (–3.5) cm de ancho, escabrosas y puberulentas a hispídulas en la haz, generalmente puberulentas en el envés. Panícula elíptico-ovoide, 7–27 cm de largo, exerta, ramas generalmente ascendentes, moderadamente ramificadas, desnudas en el 1/3 inferior o con espiguillas abajo, pedicelos adpresos a divergentes; espiguillas 3.7–4.5 (–5) mm de largo; gluma inferior 1.8–3 mm de largo, 9–11-nervia, gluma superior 9–13-nervia; flósculo inferior estéril;

lema inferior 11–13-nervia; pálea inferior 1/4–1/3 la longitud del flósculo superior; flósculo superior 3.4–4.1 mm de largo y 2.2–2.5 mm de ancho.

Común, áreas alteradas, nebliselvas, en todo el país; 200–1650 m; fl y fr ene–mar; *Hahn 471, Stevens 11373*; México (Chiapas) a Colombia, Venezuela, Ecuador y Perú.

LEERSIA Sw.

Por Richard W. Pohl y Gerrit Davidse

Perennes, cespitosas o rizomatosas; plantas hermafroditas. Láminas lineares; lígula membranácea, adnada con las aurículas de la vaina. Inflorescencia una panícula terminal, abierta; espiguillas comprimidas lateralmente, carinadas, sin aristas, con 1 flósculo bisexual; desarticulación arriba de las glumas; glumas reducidas a crestas diminutas en la punta del pedicelo; lema carinada, 5-nervia; pálea tan larga como la lema, carinada, 3-nervia; lodículas 2; estambres 1–6; estilos y estigmas 2. Fruto una cariopsis comprimida lateralmente; embrión ca 2/5 la longitud de la cariopsis, hilo linear.

Género cosmopolita con 18 especies; 1 especie conocida en Nicaragua y otra se espera encontrar.

G. Pyrah. Taxonomic and distributional studies in *Leersia*. Iowa State Coll. J. Sci. 44: 215–270. 1969.

1. Plantas rizomatosas; espiguillas 3–5 mm de largo, ciliadas; estambres 6 .... **L. hexandra**
1. Plantas cespitosas; espiguillas 1.5–3 mm de largo, glabras a ciliadas; estambres 2 .... **L. ligularis** var. **grandiflora**

Leersia hexandra Sw., Prodr. 21. 1788.

Rizomatosas; tallos 25–100 cm de largo, decumbentes, glabros o escabrosos; nudos retrorsamente pilosos. Hojas escabrosas a glabras o pilosas; lígula 1–6 mm de largo; láminas 5–25 cm de largo y 3–15 mm de ancho. Panículas 5–15 cm de largo; espiguillas dispuestas en el 4/5–2/3 superior de las ramas; espiguillas 3–5 mm de largo y 1–1.5 mm de ancho; lema ciliada en la quilla, escabrosa a los lados; estambres 6, las anteras 2–3.5 mm de largo.

Común, pantanos, lugares húmedos abiertos, en todo el país; 20–1850 m; fl y fr jul–feb; *Moreno 1374, Stevens 15725*; trópicos y subtrópicos.

Leersia ligularis var. **grandiflora** (Döll) Pyrah,

Iowa State J. Sci. 44: 236. 1969; *Oryza monandra* var. *grandiflora* Döll.

Cespitosas; tallos hasta 200 cm de largo, erectos; nudos generalmente glabros. Hojas híspidas o glabras; lígula 1–4 mm de largo; láminas hasta 40 cm de largo y 8–25 mm de ancho. Panículas hasta 45 cm de largo; espiguillas dispuestas en el 1/3 superior de las ramas; espiguillas (2–) 2.3–3 mm de largo y 1.2–1.6 mm de ancho; lema glabra, ocasionalmente breveciliada en las quillas; estambres 2, las anteras 1–1.5 mm de largo.

Esperada en Nicaragua; Guatemala a Argentina. Otras 4 subespecies se encuentran desde México (Tamaulipas) hasta Argentina.

LEPTOCHLOA P. Beauv.; *Diplachne* P. Beauv.

Por Richard W. Pohl y Gerrit Davidse

Anuales o perennes, cespitosas; plantas hermafroditas. Lígula una membrana, ciliada o sin cilios; láminas lineares, generalmente aplanadas. Inflorescencia una panícula de racimos delgados unilaterales, las espiguillas brevipediceladas, en 2 hileras; espiguillas comprimidas lateralmente, carinadas, con 2–10 flósculos bisexuales, el más superior reducido; desarticulación arriba de las glumas y entre los flósculos; glumas más cortas que las espiguillas, 1-nervias, carinadas, la inferior más corta a casi tan larga como la superior; lemas membranáceas, 3-nervias, el ápice obtuso a 2-lobado, aristado o sin aristas; páleas más cortas que las lemas, 2-carinadas; lodículas 2; estambres 2 ó 3; estilos 2. Fruto una cariopsis, sulcado o no; embrión 1/3–2/5 la longitud de la cariopsis, hilo punteado.

Género tropical y de climas cálidos, con ca 40 especies; 5 especies se encuentran en Nicaragua. Las medidas de la lígula incluyen a los cilios, cuando presentes.

J.F.M. Valls. A Biosystematic Study of *Leptochloa* with Special Emphasis on *Leptochloa dubia* (Gramineae: Chloridoideae). Ph.D. Thesis, Texas A & M University, College Station. 1978; J. McNeill. *Diplachne* and *Leptochloa* (Poaceae) in North America. Brittonia 31: 399–404. 1979; S.M. Phillips. A numerical analysis of the Eragrostideae (Gramineae). Kew Bull. 37: 133–162. 1982; N. Snow. Phylogeny and Systematics of *Leptochloa* P. Beauvois *sensu lato* (Poaceae, Chloridoideae). Ph.D. Thesis, Washington University, St. Louis. 1997; N. Snow. Nomenclatural changes in *Leptochloa* P. Beauvois *sensu lato* (Poaceae, Chloridoideae). Novon 8: 77–80. 1998.

1. Espiguillas 5–10 mm de largo; flósculos 5–10 .... **L. fusca** ssp. **uninervia**
1. Espiguillas 1.8–5 mm de largo; flósculos 2–6
   2. Gluma superior más larga que el flósculo más inferior, la gluma inferior más larga que el flósculo más inferior o tan larga como éste; vainas generalmente papiloso hirsutas; plantas anuales .... **L. panicea** ssp. **brachiata**
   2. Gluma superior e inferior o por lo menos la inferior más cortas que el flósculo más inferior; vainas glabras o escabrosas en el envés; plantas anuales o perennes
      3. Plantas perennes; lígula 0.3–0.7 mm de largo, ciliolada; quilla de la lema más inferior glabra .... **L. virgata**
      3. Plantas anuales; lígula 1.5–4 mm de largo, ciliada o sin cilios; quilla de la lema más inferior pilosa
         4. Lígula glabra; flósculos anchamente triangulares en sección transversal .... **L. panicoides**
         4. Lígula ciliada o pilosa dorsalmente; flósculos triangulares en sección transversal .... **L. scabra**

Leptochloa fusca ssp. **uninervia** (J. Presl) N. Snow, Novon 8: 79. 1998; *Megastachya uninervia* J. Presl; *Diplachne uninervia* (J. Presl) Parodi; *L. uninervia* (J. Presl) Hitchc. & Chase.

Anuales; tallos 20–150 cm de largo, erectos, ramificados, glabros. Vainas redondeadas, glabras; lígula 2–5 mm de largo, glabra; láminas hasta 45 cm de largo y 2–5 mm de ancho, escabrosas. Panícula 10–40 cm de largo, abierta, racimos numerosos, ascendentes a patentes, el inferior 2–8 cm de largo; espiguillas 5–9 mm de largo; glumas 2–2.4 mm de largo, desiguales; flósculos 7–10, casi aplanados en sección transversal; lema más inferior 2.5–3.5 mm de largo, ascendente, pilosa en la 1/2 inferior a lo largo de los márgenes y a veces en la quilla, obtusamente emarginada y diminutamente mucronada en el ápice; callo glabro. Cariopsis no sulcada.

Rara, costas fangosas, áreas abiertas secundarias, Managua; 40–50 m; fl y fr jun; *Stevens 11062, 13157*; centro de los Estados Unidos hasta Chile y Argentina y en las Antillas.

Leptochloa panicea ssp. **brachiata** (Steud.) N. Snow, Novon 8: 79. 1998; *L. brachiata* Steud.; *Eleusine filiformis* Pers.; *Festuca filiformis* Lam.; *L. filiformis* (Pers.) P. Beauv.; *L. paniculata* E. Fourn.

Anuales; tallos 10–130 cm de largo, generalmente erectos, simples a muy ramificados, glabros. Vainas redondeadas, generalmente papiloso hirsutas, raramente glabras; lígula 0.5–1.5 (–2.2) mm de largo, ciliada y pilosa en la parte dorsal; láminas 4–23 cm de largo y 3–9 mm de ancho, escabrosas. Panícula 5–50 cm de largo, abierta, racimos numerosos, patentes, el más inferior 2–12 cm de largo; espiguillas 1.8–3 mm de largo; glumas 1.3–2 mm de largo, desiguales;

flósculos 2–4, triangulares en sección transversal; lema más inferior 1.1–1.8 mm de largo, pilosa en al menos los 3/4 inferiores de los márgenes y la quilla, diminutamente emarginada y mucronada en el ápice; callo glabro. Cariopsis sulcada.

Común, áreas abiertas perturbadas, zonzocuitales, zona pacífica; 0–540 m; fl y fr jun–feb; *Stevens 2722, 4558*; centro de los Estados Unidos a Brasil y Argentina, las Antillas; introducida en Africa y Australia. Plantas de este taxón han sido identificadas como *L. mucronata* (Michx.) Kunth (= *L. panicea* ssp. *mucronata* (Michx.) Nowack).

Leptochloa panicoides (J. Presl) Hitchc., Amer. J. Bot. 21: 137. 1934; *Megastachya panicoides* J. Presl; *Diplachne panicoides* (J. Presl) McNeill.

Anuales; tallos 20–66 cm de largo, erectos o decumbentes en la base, ramificados, glabros. Hojas glabras; vainas carinadas; lígula 2–4 mm de largo, glabra; láminas 10–50 cm de largo y 3–9 mm de ancho. Panícula 6–20 cm de largo, densa, racimos numerosos, ascendentes a patentes, el inferior 1.5–7 cm de largo; espiguillas 3–5 mm de largo; glumas 1.2–2 mm de largo, subiguales; flósculos 3–5, anchamente triangulares en sección transversal; lema más inferior 2–2.5 mm de largo, ascendente, pilosa en la 1/2 inferior a lo largo de los márgenes y la quilla, diminutamente emarginada y mucronada en el ápice; callo glabro. Cariopsis no sulcada.

Conocida en Nicaragua por una colección (*Kral 69075-c*) hecha en arrozales, Matagalpa; 460 m; fl y fr jun; centro de los Estados Unidos a Costa Rica, Perú, Brasil y en las Antillas.

Leptochloa scabra Nees in Mart., Fl. Bras. Enum. Pl. 2: 435. 1829.

Anuales; tallos 90–140 cm de largo, generalmente erectos, ramificados, glabros. Hojas escabrosas; vainas redondeadas; lígula 1.5–3 mm de largo, ciliada; láminas hasta 50 cm de largo y 6–14 mm de ancho. Panícula hasta 40 cm de largo, cilíndrica, abierta, racimos numerosos, patentes, los inferiores 7–10 cm de largo; espiguillas 3.7–4.5 mm de largo; glumas 0.7–1.7 mm de largo, desiguales; flósculos 3–6, triangulares en sección transversal; lema más inferior 2–2.5 mm de largo, pilosa en el 1/2–2/3 inferior a lo largo de los márgenes y el 1/4–1/2 inferior a lo largo de la quilla, obtusa y mucronada en el ápice; callo glabro. Cariopsis no sulcada.

Rara, orillas de lagos y ríos, zonas pacífica y atlántica; 10–55 m; fl y fr sep; *Moreno 22081*, *Pipoly 3703*; sur de los Estados Unidos a Paraguay, Argentina y en las Antillas.

Leptochloa virgata (L.) P. Beauv., Ess. Agrostogr. 161, 166. 1812; *Cynosurus virgatus* L.; *C. domingensis* Jacq.; *L. domingensis* (Jacq.) Trin.

Perennes; tallos 40–110 cm de largo, generalmente erectos, ramificados, glabros. Vainas redondeadas, glabras o ciliadas; lígula 0.3–0.7 mm de largo, ciliolada; láminas 10–26 cm de largo y 7–15 mm de ancho, glabras o hirsutas en la haz. Panícula 10–22 cm de largo, abierta, racimos pocos a numerosos, patentes, el inferior 7–13 cm de largo; espiguillas 2.5–3.6 mm de largo; glumas 1.2–2.5 mm de largo, desiguales; flósculos 3–6, triangulares en sección transversal; lema más inferior 1.7–2.6 mm de largo, ascendente, pilosa a lo largo de los márgenes y a veces esparcidamente adpreso pilosa a los lados, glabra sobre la quilla, obtusa a diminutamente emarginada en el ápice, no aristada a aristada hasta 2.2 mm de largo; callo glabro. Cariopsis anchamente sulcada.

Rara, áreas alteradas, bosques secos o semideciduos, zona pacífica; 100–500 m; fl y fr jul, nov; *Garnier 829*, *4447*; sur de los Estados Unidos y México a Paraguay, Argentina y en las Antillas, introducida a Nueva Guinea.

LEPTOCORYPHIUM Nees
Por Richard W. Pohl

Leptocoryphium lanatum (Kunth) Nees in Mart., Fl. Bras. Enum. Pl. 2: 84. 1829; *Paspalum lanatum* Kunth; *Anthaenantia lanata* (Kunth) Benth.

Perennes cespitosas, emergiendo de bases cormosas, duras, enterradas profundamente; tallos 60–90 cm de largo, erectos, simples; nudos glabros; plantas hermafroditas. Hojas en su mayoría basales; vainas redondeadas, rompiéndose en fibras ásperas, glabras; aurículas longipilosas; lígula una membrana ciliada diminuta, 0.2 mm de largo; láminas lineares, hasta 40 cm de largo y 2–3 mm de ancho, en su mayoría involutas, pilosas sobre los márgenes inferiores, fuertemente estriadas en la haz, la lámina más superior muy reducida. Inflorescencia una panícula solitaria, terminal, 8–15 cm de largo y 1–3 cm de ancho, delgada, cilíndrica, laxa, pedicelada, pilosa, con 2 flósculos, el dorso de la lema mirando lejos del raquis; desarticulación debajo de las glumas, ramas cortas, ascendentes, grisáceas y vellosas; espiguillas 3.5–4 mm de largo, ascendentes a adpresas, sedosas;

gluma superior y lema inferior 3.2–3.7 mm de largo, fuertemente 5–7-nervias, las internervaduras delgadas y translúcidas, las nervaduras densamente cubiertas por tricomas hasta 2 mm de largo, de base papilosa, adpresos o patentes; flósculo inferior estéril; pálea inferior ausente; flósculo superior bisexual, tan largo como la espiguilla, agudo, lanceolado; lema superior cartilaginosa, café en la madurez, los márgenes aplanados, hialinos, ciliados en la 1/2 superior, cubriendo las porciones inferiores de la pálea pero no la punta, el ápice hialino; pálea similar en textura a la lema superior; lodículas 2; estambres 3; anteras 2.5–3.1 mm de largo. Fruto una cariopsis; embrión escasamente más largo que la 1/2 de la longitud de la cariopsis, hilo ca 3/8 la longitud de la cariopsis, linear-oblongo.

Poco común, sabanas de pinos, pastizales, Volcán Santa Clara (León), Zelaya; 10–600 m; fl y fr mar–jul; *Kral 69344*, *Neill 4416*; México a Argentina y en las Antillas. Género con 2 especies, distribuido desde México hasta Argentina.

LITHACHNE P. Beauv.
Por Richard W. Pohl

Lithachne pauciflora (Sw.) P. Beauv., Ess. Agrostogr. 135, 168. 1812; *Olyra pauciflora* Sw.

Perennes cespitosas; tallos 20–75 cm de largo, erectos o arqueados, con numerosos nudos alargados,

simples; plantas monoicas. Hojas con los pseudopecíolos aplanados, pulviniformes; vainas esparcidamente hispídulas; pseudopecíolo ca 1 mm de largo, esparcidamente hirsuto por la haz; lígula una membrana 0.5–0.7 mm de largo; láminas aplanadas, lanceoladas a ovadas, 4–12 cm de largo y 1.3–4.5 cm de ancho, asimétricas, la base oblicuamente truncada, glabras o puberulentas en el envés. Inflorescencias axilares, 1–4 por nudo, generalmente bisexuales, con 1–3 espiguillas pistiladas y 1–10 espiguillas estaminadas, a veces pistiladas con 1 espiguilla; espiguillas estaminadas 4–6.3 mm de largo, sin glumas, lema y pálea casi iguales, angostamente lanceoladas, membranáceas, blancas, glabras, flósculo desarticulándose después de la floración, lema 3-nervia, sin arista, pálea 2-nervia, lodículas 3, truncadas, vascularizadas, estambres 3, las anteras 2.2–4.1 mm de largo; espiguillas pistiladas solitarias, 6–12 mm de largo, desarticulación arriba de las glumas, glumas subiguales, mucho más largas que el flósculo, persistentes por un corto tiempo, verdes, herbáceas, multinervias, caudado-ovadas, gluma inferior 7–10-nervia, gluma superior 7–8-nervia, flósculo 2.5–5 mm de largo, óseo, comprimido lateralmente, brillante, inicialmente blanco, café moteado en la madurez, lema obpiramidal, truncada, cuculada, comprimida lateralmente, dispuesta sobre un entrenudo grueso de la raquilla permanentemente unido, pálea abrazada por los márgenes de la lema, lodículas 3, truncadas, vascularizadas, estilos y estigmas 2. Fruto una cariopsis; embrión ca 2/5 la longitud de la cariopsis, hilo linear.

Rara, nebliselvas, zonas atlántica y norcentral; 0–1350 m; fl y fr jul–oct; *Pohl 12350, Stevens 23108;* México a Argentina y en las Antillas. Género con 4 especies distribuidas desde México hasta Argentina.

LUZIOLA Juss.; *Hydrochloa* P. Beauv.
Por Richard W. Pohl y Gerrit Davidse

Perennes, acuáticas o paludícolas; plantas monoicas. Lígula membranácea; láminas lineares. Inflorescencias unisexuales (Mesoamérica), axilares, las pistiladas panículas o pares de racimos conjugados, las estaminadas panículas terminales o racimos solitarios, raramente las espiguillas pistiladas y estaminadas en la misma inflorescencia; espiguillas unisexuales, con 1 flósculo, sin aristas, glumas reducidas a una cúpula diminuta, desarticulación arriba de la cúpula; espiguillas estaminadas con la lema y la pálea iguales, membranáceas, estambres 6–8; espiguillas pistiladas con la lema y la pálea iguales, membranáceas, prominentemente multinervias, estilos y estigmas 2. Fruto un aquenio endurecido, ovoide o esférico.

Género de los trópicos y subtrópicos americanos, con 12 especies; 2 especies se encuentran en Nicaragua y otra es esperada.

J.R. Swallen. The grass genus *Luziola*. Ann. Missouri Bot. Gard. 52: 472–475. 1965; E.E. Terrell y H. Robinson. Luziolinae, a new subtribe of oryzoid grasses. Bull. Torrey Bot. Club 101: 235–245. 1974.

1. Inflorescencias pistiladas más cortas que la vaina subyacente y lateralmente exerta de ella .... **L. subintegra**
1. Inflorescencias pistiladas a veces tan largas como la vaina subyacente y exerta de ella
   2. Espiguillas pistiladas 3.5–5.5 mm de largo; lema y pálea fuertemente 9–10-nervias; ramas de la panícula rígidas .... **L. bahiensis**
   2. Espiguillas pistiladas 2–2.5 mm de largo; lema y pálea ligeramente 7-nervias; ramas de la panícula delicadas, flexuosas .... **L. peruviana**

Luziola bahiensis (Steud.) Hitchc., Contr. U.S. Natl. Herb. 12: 234. 1909; *Caryochloa bahiensis* Steud.

Estoloníferas; tallos hasta 50 cm de alto. Hojas glabras; lígula 2–9 mm de largo; láminas hasta 35 cm de largo y 3–5 mm de ancho, acuminadas. Panículas estaminadas 3.5–5.5 cm de largo, piramidales, con 9–17 espiguillas, espiguillas 4.5–5.5 mm de largo, lema y pálea 5-nervias, anteras 6, 3–3.5 mm de largo; panículas pistiladas 5–10 cm de largo, piramidales, exertas de la vaina subyacente, ramas inferiores fuertemente reflexas, rígidas, espiguillas 3.5–5.5 mm de largo, lema y pálea fuertemente 9–10-nervias.

Aquenios 1.2–1.5 mm de largo, estriados.

Rara, caños, zona atlántica; 20–40 m; fl y fr abr, jul; *Seymour 5778, Stevens 7702;* sureste de los Estados Unidos a Argentina y en las Antillas.

Luziola peruviana J.F. Gmel., Syst. Nat. 2: 637. 1791.

Estoloníferas; tallos 10–40 (–60) cm de alto. Hojas glabras; lígula 3–7 mm de largo; láminas 7–20 (–38) cm de largo y 1–4 (–7) mm de ancho, acuminadas. Panículas estaminadas 4–6 cm de largo, angostamente piramidales, con 10–25 espiguillas, espiguillas 5–6.7 mm de largo, anteras 6, 2.5–3.5 mm de largo; panículas pistiladas ovoides, 3–6 (–11) cm de largo, exertas de la vaina subyacente, ramas inferiores patentes, delicadas, flexuosas, espiguillas 2–2.5 mm de largo, lema y pálea ligeramente 7-nervias. Aquenios 1.1–1.4 mm de largo, lisos.

Esperada en el sur de Nicaragua; Estados Unidos a Perú, Bolivia, Brasil, Paraguay y Argentina.

Luziola subintegra Swallen, Ann. Missouri Bot. Gard. 30: 165. 1943.

Estoloníferas; tallos 30–80 cm de alto. Hojas glabras; vainas infladas; lígula 3–4 cm de largo; láminas hasta 70 cm de largo y 8–18 mm de ancho, acuminadas. Panículas estaminadas 7–16 cm de largo, piramidales, con más de 25 espiguillas, espiguillas 5–7 mm de largo, lema 5-nervia, pálea 3-nervia, anteras 6, 3.5–5 mm de largo; panículas pistiladas 3–8 cm de largo, esférico-piramidales, exertas lateralmente de la vaina subyacente, ramas fuertemente reflexas, lisas, con una espiguilla en la punta, espiguillas 3.5–5.5 mm de largo, adpresas, lema 5–7-nervia, pálea 5-nervia. Aquenios 1.7–2.2 mm de largo, ligeramente estriados.

Rara, pantanos, pastizales inundables, costas, zona atlántica; 20–440 m; fl y fr dic; *Moreno 4912, Sandino 1752*; México (Tabasco) a Perú, Bolivia, Paraguay y en las Antillas. Es muy similar a *L. spruceana* Benth. ex Döll y posiblemente sean conespecíficas.

MELINIS P. Beauv.

Por Richard W. Pohl

Melinis minutiflora P. Beauv., Ess. Agrostogr. 54. 1812.

Perennes o anuales; tallos hasta 180 cm de largo pero generalmente más cortos, sólidos, decumbentes y a menudo enraizando cerca de la base, muy ramificados; entrenudos papiloso-pilosos; nudos barbados; plantas hermafroditas. Vainas densamente papiloso-pilosas, los tricomas con ampollas víscidas de material resinoso oloroso; lígula una hilera de tricomas, ca 1 mm de largo; láminas linear-lanceoladas, 5–15 cm de largo y 5–12 mm de ancho, aplanadas, velutinas. Inflorescencia una panícula terminal, angostamente piramidal, 9–22 cm de largo y 2–7 cm de ancho, purpúrea, ramas patentes solamente durante la antesis, ramitas flexuosas; espiguillas oblongas, 1.6–2.5 mm de largo, algo comprimidas lateralmente, glabras, con 2 flósculos; desarticulación por debajo de las glumas, la espiguilla caediza como una unidad; glumas desiguales, membranáceas, la inferior suborbicular, 0.2–0.3 mm de largo, la superior lanceolada, 1.9–2.5 mm de largo, recta, fuertemente 5–7-nervia, bífida con una arista diminuta entre los lóbulos; pálea inferior ausente; flósculo inferior estéril; lema inferior 1.8–2.4 mm de largo, 3–5-nervia, la arista 5–12 mm de largo; flósculo superior bisexual, 1.5–2 mm de largo; lema superior ovada, más corta que la inferior, membranácea, delgada y translúcida, 1-nervia, lisa y brillante; pálea superior casi tan larga como la lema superior, similar en textura; lodículas 2; estambres 3, las anteras 1–1.5 mm de largo, purpúreas; estilos 2. Fruto una cariopsis, fusiforme; embrión ca 1/2 la longitud de la cariopsis, hilo punteado.

Común, áreas perturbadas en todo el país; 100–1600 m; fl y fr nov–mar; *Stevens 5138, 16045*; nativa de Africa, ampliamente cultivada y naturalizada en los trópicos americanos. Género con 11 especies nativas de Africa.

G. Zizka. Revision der Melinideae Hitchcock (Poaceae: Panicoideae). Biblioth. Bot. 138: 1–149. 1988.

MEROSTACHYS Spreng.

Por Richard W. Pohl y Gerrit Davidse

Merostachys latifolia R.W. Pohl, Novon 2: 88. 1992.

Bambúes cortos a altos; rizomas paquimorfos; tallos leñosos, delgados, cilíndricos, 1.5–4 m de largo y ca 0.8 cm de ancho, moteados de púrpura, fistulosos, generalmente con una banda de tricomas blancos por debajo de la línea nodal, los entrenudos ásperos; complemento de las ramas hasta 10 por nudo cerca de la mitad del tallo, las ramas numerosas, hasta 45 cm de largo, ascendiendo en forma de abanico desde un meristemo adnado, aplanado y triangular; plantas hermafroditas. Hojas del tallo desconocidas, hojas de las ramas 2–6 por complemento, pseudopecioladas; vainas glabras a puberulentas; setas orales hasta 10 mm de largo; lígula interna 0.3–0.6 mm de largo, ciliolada; pseudopecíolo 6–10 mm de largo, aplanado; láminas aplanadas, ovadas, 11–20 cm de largo y 2.2–5.5 (–7.5) cm de ancho, 4.2–5.4 veces más largas que anchas, escabrosas a lo largo de un margen en la haz, glabras en el envés, verde obscuras. Inflorescencia unilateral, terminal en las ramas foliares, racimos 5–7 cm de largo, arqueados, con 10–30 espiguillas, raquis ca 1 mm de ancho, aplanado, densamente velutino; espiguillas 10–13 mm de largo, solitarias o pareadas, divergentes, falcadas; pedicelos 0.4–1.1 mm de largo, velutinos; gluma inferior ausente, gluma superior 1.5–3.5 mm de largo, triangular, 1-nervia; lema estéril 5–7 mm de largo, 7-nervia; flósculo más inferior estéril, desarticulación por encima del flósculo estéril y entre los flósculos fértiles; flósculo fértil 1, bisexual; lema fértil 9.5–10 mm de largo, 11-nervia, esparcidamente pilosa; pálea fértil más larga que la lema fértil, sulcada entre las quillas; entrenudo más superior de la raquilla 6.5–10 mm de largo, escabroso cerca de la punta; lodículas 3, aplanadas; anteras 3; estilos 2, separados, los estigmas plumosos.

Rara, nebliselvas, zona norcentral; 1400–1500 m; fl y fr may; *Moreno 16367*, *Stevens 22117*; Guatemala a Panamá. Género con 25–30 especies, distribuido desde Belice a Perú, Bolivia y especialmente Brasil.

MESOSETUM Steud.

Por Richard W. Pohl

Perennes o anuales cespitosas o comúnmente estoloníferas; plantas hermafroditas. Lígula una membrana ciliada; láminas lineares, aplanadas a cilíndricas. Inflorescencia un solo racimo espiciforme, erecto, unilateral, las espiguillas solitarias, en 2 hileras, adpresas, imbricadas, el raquis triquetro o alado; espiguillas comprimidas lateralmente, con 2 flósculos; desarticulación por debajo de las glumas, la espiguilla caediza como una unidad; callo obtuso; glumas subiguales, casi tan largas como la espiguilla, carinadas, rígidas; gluma inferior 3-nervia, girada hacia la costilla media del raquis; flósculo inferior estaminado o estéril; lema inferior casi tan larga como la espiguilla, generalmente sulcada a cada lado de la nervadura media; palea inferior presente o ausente; flósculo superior bisexual; lema superior rígida, carinada, aguda a acuminada, los márgenes aplanados, abrazando una pálea aplanada; lodículas 2; estambres 3; estilos 2. Fruto una cariopsis; embrión ca 1/2 de la longitud de la cariopsis, hilo linear.

Género con 25 especies, distribuido desde México a Sudamérica; 2 especies se conocen en Nicaragua y una más se espera encontrar.

J.R. Swallen. The grass genus *Mesosetum*. Brittonia 2: 363–392. 1937; T.S. Filgueiras. Revisão de *Mesosetum* Steudel (Gramineae: Paniceae). Acta Amazon. 19: 47–114. 1989.

1. Láminas cilíndricas .... **M. filifolium**
1. Láminas aplanadas o dobladas
　　2. Glumas no adnadas a la raquilla, no formando un estípite delgado en la base de la espiguilla .... **M. blakei**
　　2. Glumas adnadas a la raquilla, formando un estípite delgado en la base de la espiguilla .... **M. pittieri**

Mesosetum blakei Swallen, Brittonia 2: 390. 1937; *M. tabascoense* Beetle.

Perennes cespitosas o estoloníferas; tallos 50–87 cm de largo; nudos pilosos. Hojas en su mayoría basales, más o menos papiloso-hirsutas; lígula ca 0.5 mm de largo; láminas 8–32 cm de largo y 2–8 mm de ancho, generalmente aplanadas, a veces enrolladas. Inflorescencia 5–8 cm de largo y 3–5 mm de ancho, raquis 0.4–0.5 mm de ancho, triquetro; espiguillas 4.4–5.2 mm de largo; callo piloso; glumas libres, gluma inferior 3.5–4.8 mm de largo, triangular, apiculada hasta 0.2 mm de largo, en la 1/2 inferior longiciliada, gluma superior 4.4–5.2 mm de largo, ciliada en los 2/3 superiores, 3-nervia; lema inferior 4–4.5 mm de largo, 3-nervia, ciliada en el 1/3 medio; palea inferior ausente o hasta ca 2.5 mm de largo; lema superior 4–4.5 mm de largo; anteras 1.9–2.1 mm de largo.

Poco común, sabanas húmedas, norte de la zona atlántica; 10–30 m; fl y fr abr–jul; *Neill 4396*, *Vincelli 512*; México (Veracruz) a Nicaragua.

Mesosetum filifolium F.T. Hubb., Proc. Amer. Acad. Arts 49: 494. 1913; *M. angustifolium* (Swallen) Swallen; *Peniculus angustifolius* Swallen.

Perennes densamente cespitosas; tallos 40–65 cm de largo; nudos pilosos. Hojas en su mayoría basales, glabras; tricomas auriculares presentes; lígula ca 0.5 mm de largo; láminas hasta 35 cm de largo y 1 mm de ancho, cilíndricas. Inflorescencia 2–8 cm de largo y 5 mm de ancho, raquis 0.2–0.4 mm de ancho, triquetro; espiguillas 4–5 mm; callo piloso; glumas libres, gluma inferior 3–3.8 mm de largo, angostamente triangular, acuminada, longiciliada, gluma superior 4–5 mm de largo, ciliada en el 1/2–4/5 superior, esparcidamente pilosa en el dorso, 3-nervia; lema inferior 3.6–4.7 mm de largo, 3-nervia, ciliada en el 1/3 superior; pálea inferior ausente; lema superior 3.5–4.2 mm de largo; anteras 2.2–2.5 mm de largo.

Poco común, sabanas de pinos, norte de la zona atlántica; 10–40 m; fl y fr abr–jul; *Neill 4417*, *Vincelli 628*; Belice, Honduras, Nicaragua, Venezuela.

Mesosetum pittieri Hitchc., Proc. Biol. Soc. Wash. 40: 85. 1927.

Anuales estoloníferas; tallos 15–40 cm de largo, glabros; nudos pilosos. Hojas caulinares; vainas pilosas o glabras; lígula 0.2–0.5 mm de largo; láminas 5–9 cm de largo y 3–5 mm de ancho, papiloso-ciliadas o glabras, aplanadas o dobladas. Inflorescencia 3–7 cm de largo y 3–5 mm de ancho, raquis 0.7–1 mm de ancho, angostamente alado; espiguillas 4.8–6.2 mm de largo; callo glabro; glumas adnadas a la raquilla, formando un estípite delgado en la base de la espiguilla; gluma inferior 4.3–5.5 mm de largo, espatulada, la quilla angostamente alada en la 1/2 superior y la costilla media, pilosa en la 1/2 inferior; gluma superior y lema inferior con nérvulos transversales, gluma superior 4.6–6.1 mm de largo, pilosa en el 4/5 inferior, 5-nervia; lema inferior 4.6–6.2 mm de largo, 5-nervia, moderada a esparcidamente ciliada a lo largo de las nervaduras marginales en la 1/2 inferior y con un fascículo de tricomas a lo largo de la nervadura media; pálea inferior 3.6–5.2 mm de largo; lema superior 3.5–4.8 mm de largo; anteras ca 2 mm de largo.

Esperada en Nicaragua; Honduras a Panamá.

MICROCHLOA R. Br.

Por Gerrit Davidse

Microchloa kunthii Desv., Opusc. Sci. Phys. Nat. 75. 1831.

Perennes cespitosas; tallos 5–35 cm de alto, erectos, simples; entrenudos y nudos comprimidos, glabros; plantas hermafroditas. Hojas principalmente basales; vainas escabriúsculas, el cuello a veces piloso; lígula una pequeña membrana ciliada, 0.2–0.3 mm de largo; láminas lineares, 1–6 cm de largo y 1 mm de ancho, rígidas, aplanadas o generalmente plegadas, los márgenes a veces con tricomas débiles y alargados. Inflorescencia una espiga solitaria, terminal, unilateral, 4–10 cm de largo, marcadamente curvada en la madurez, raquis cortamente ciliado; espiguillas solitarias, en 2 hileras intercaladas en el lado inferior de un raquis arqueado, glumas superiores mirando hacia afuera, espiguillas 2.2–2.9 mm de largo, escasamente comprimidas dorsalmente, con 1 flósculo bisexual; desarticulación arriba de las glumas; glumas subiguales, más largas que el flósculo, membranáceas, 1-nervias, la inferior carinada, la superior aplanada dorsalmente, los márgenes reflexos; lema 1.7–2.2 mm de largo, membranácea, subaguda a emarginada y mucronada, 3-nervia, las nervaduras marginales y la quilla pilosas; callo agudo, piloso; pálea casi tan larga como la lema, 2-carinada, pilosa en las quillas; lodículas 2, adnadas a la pálea; estambres 3, las anteras 0.3–0.5 mm de largo, purpúreas; estilos 2. Fruto una cariopsis; embrión 1/4–1/3 la longitud de la cariopsis, hilo punteado.

Rara, sabanas de pino-encinos, afloramientos rocosos, Jinotega; 1150–1250; fl y fr jul, ago; *Kral 69267*, *Stevens 10141*; suroeste de los Estados Unidos a Chile y Argentina, Africa tropical y subtropical y Asia. Género con 4 especies tropicales.

E. Launert. A taxonomic review of the genus *Microchloa* R. Br. (Gramineae, Chloridoideae, Chloridineae). Senckenberg. Biol. 47: 291–301. 1966; T.S. Filgueiras. Nota sobre a longevidade de *Microchloa indica* (Gramineae). Atas Soc. Bot. Brasil, Secç. Rio de Janeiro 1: 17–18. 1982.

MUHLENBERGIA Schreb.

Por Charlotte G. Reeder

Anuales o perennes, desde bajas, delgadas y delicadas hasta altas, robustas y toscas, cespitosas, rizomatosas o a veces desparramadas, decumbentes y enraizando en los nudos inferiores; plantas hermafroditas. Lígula una membrana; láminas lineares, aplanadas, dobladas o involutas. Inflorescencia una panícula simple con pocas espiguillas hasta compuesta con numerosas ramificaciones, abierta y difusa a espigada; espiguillas pequeñas, con 1 (2) flósculos bisexuales; desarticulación arriba de las glumas; glumas mucho más cortas que la lema a más largas que ella, membranáceas, raramente hialinas, generalmente 1-nervias, ocasionalmente 2- o 3-nervias; lema por lo general marcadamente 3-nervia, membranácea, glabra a pilosa, sin aristas, mucronada, o variadamente aristada; pálea de la misma longitud y textura que la lema, 2-nervia; lodículas 2; anteras 3; estilos 2. Fruto una cariopsis fusiforme o elipsoide, el pericarpo envolviendo apretadamente a la semilla; embrión ca 1/2 la longitud de la cariopsis, hilo punteado.

Género con ca 160 especies, en su mayoría americanas, especialmente en el suroeste de los Estados Unidos y México, unas cuantas especies en el Viejo Mundo; 5 especies se conocen en Nicaragua y 2 adicionales se esperan encontrar.

F. Lamson-Scribner. Notes on the grasses in the Bernhardi herbarium, collected by Thaddeus Haenke and described by J. S. Presl. Annual Rep. Missouri Bot. Gard. 10: 35–59. 1899; J.R. Swallen. The awnless annual species of *Muhlenbergia*. Contr. U.S. Natl. Herb. 29: 203–208. 1947; J.R. Swallen. New grasses from Mexico, Central America, and Surinam. Contr. U.S. Natl. Herb. 29: 395–428. 1950; T.R. Soderstrom. Taxonomic studies of the subgenus *Podosemum* and section *Epicampes* of *Muhlenbergia* (Gramineae). Contr. U.S. Natl. Herb. 34: 75–189. 1967; P.M. Peterson. Chromosome numbers in the annual *Muhlenbergia* (Poaceae). Madroño 35: 320–324. 1988; P.M. Peterson y C.R. Annable. Systematics of the annual species of *Muhlenbergia* (Poaceae-Eragrostidae). Syst. Bot. Monogr. 31: 1–109. 1991.

1. Plantas perennes, densamente cespitosas
    2. Lema con una arista 6–15 (–20) mm de largo .... **M. breviligula**
    2. Lema no aristada o con una arista de 5 mm o más corta .... **M. robusta**
1. Plantas anuales, delgadas y delicadas
    3. Glumas (excluyendo las aristas) 0.2–0.3 (–0.5) mm de largo, dimorfas; espiguilla terminal de las ramas con una arista 1–7 mm en la gluma inferior; ramas desarticulándose en la base delgada junto con 2–4 (raramente más) espiguillas .... **M. diversiglumis**
    3. Glumas no como arriba; ramas sin desarticularse, las espiguillas desarticulándose por encima de las glumas
        4. Glumas acuminadas o cortamente aristadas
            5. Lema ciliada en las nervaduras laterales; ramas de la panícula algo distantes, densifloras, patentes o reflexas .... **M. ciliata**
            5. Lema escabrosa en las nervaduras; ramas de la panícula estrechamente adpresas a lo largo del eje principal .... **M. tenella**
        4. Glumas agudas, ovadas, obtusas o erosas.
            6. Espiguillas 2.5–4 mm de largo .... **M. implicata**
            6. Espiguillas 1.2–1.5 (–1.7) mm de largo .... **M. tenuissima**

Muhlenbergia breviligula Hitchc., N. Amer. Fl. 17: 458. 1935.

Perennes densamente cespitosas; tallos 75–150 cm de largo, escabriúsculos o hispídulos por debajo de los nudos. Vainas carinado-compresas, escabriúsculas, las inferiores tornándose cafés y fibrilosas con la edad, a veces cortamente pilosas en el cuello; aurículas de la vaina ausentes, a veces rudimentarias como puntas hialinas frágiles de hasta 3–6 mm de largo; lígula (1–) 3–7 (–9) mm de largo, las más largas en las láminas superiores, hialinas, laceradas; láminas 20–50 cm de largo y (1–) 3–4 mm de ancho, en su mayoría dobladas, escabriúsculas en la haz, escabrosas en el envés, los márgenes escabrosos. Panícula 20–50 cm de largo y (1.5–) 2–4 (–5) cm de ancho, purpúrea a café-purpúrea, café-amarillenta con la edad, un tanto nutante, ramas inferiores de la panícula 6–12 cm de largo, adpresas o ascendentes; espiguillas 2.5–3 (–4) mm de largo; pedicelos 0.5–1.5 (–3) mm de largo, escabrosos; glumas 2.5–3 (–4) mm de largo, subiguales, opacas, escabriúsculas, agudas o diminutamente aristadas; lema un poco más corta que las glumas, pilosa en el 1/3–1/2 inferior a lo largo de la nervadura central y los márgenes, la arista 6–15 (–20) mm de largo; pálea escabriúscula o más a menudo con unos pocos tricomas adpresos entre las nervaduras en el 1/2–2/3 inferior; callo cortamente piloso; anteras (1.3–) 1.5–1.7 (–1.8) mm de largo. Cariopsis fusiforme, 1.8–2 mm de largo.

Conocida en Nicaragua por una sola colección (*Moreno 25214*) de Nueva Segovia; 1200 m; fl y fr dic; México (Chiapas) a Nicaragua.

Muhlenbergia ciliata (Kunth) Trin., Gram. Unifl. Sesquifl. 193. 1824; *Podosemum ciliatum* Kunth; *P. brachyphyllum* Nees.

Anuales delicadas; tallos (7–) 15–25 (–35) cm de largo, delgados, laxos, glabros, a menudo ramificándose desde los nudos inferiores. Vainas redondeadas, glabras, pilosas en los márgenes superiores, las inferiores a menudo pilosas con tricomas cortos, la garganta con aurículas pilosas muy pequeñas;

lígula ca 0.3 mm de largo, una membrana ciliada y/o erosa; láminas 1.5–4 cm de largo y 1–1.5 (–2) mm de ancho, dobladas o involutas, esparcidamente pilosas en la haz, glabras en el envés, a menudo reflexas o anchamente patentes, frecuentemente en ángulos rectos con el tallo. Panícula (2.5–) 4–7 (–10) cm de largo, ramas (1–) 1.5–2 cm de largo, algo distantes, ampliamente patentes o reflexas, floríferas hasta la base; espiguillas 2 (–2.5) mm de largo, adpresas a las ramas y traslapándose; glumas subiguales, acuminadas o cortamente aristadas, la inferior 0.8–1 (–1.2) mm de largo, la superior 1–1.5 mm de largo; lema 2–2.2 (–2.5) mm de largo, 3-nervia, a menudo apareciendo 5-nervia a causa de crestas intermedias debidas a rastros vasculares, con cilios en las nervaduras laterales, raramente sólo las nervaduras escabrosas, la arista (3–) 5–7 (–10) mm de largo; callo cortamente piloso; anteras 0.3–0.4 (–0.5) mm de largo, amarillentas y tornándose pálidas con la edad. Cariopsis angostamente fusiforme, ca 1.2 mm de largo.

Esperada en Nicaragua; México a Perú.

Muhlenbergia diversiglumis Trin., Mém. Acad. Imp. Sci. Saint-Pétersbourg, Sér. 6, Sci. Math., Seconde Pt. Sci. Nat. 6: 298. 1841; *M. trinii* E. Fourn. ex Hemsl.

Anuales delicadas, laxas, desparramadas; tallos 20–50 (–60) cm de largo, glabros y lustrosos, los nudos inferiores retrorsos, cortamente pilosos, en ocasiones enraizando. Vainas en su mayoría más cortas que los entrenudos, redondeadas, las inferiores papiloso-pilosas, las superiores en su mayoría glabras, los márgenes extendiéndose en la punta como aurículas pilosas muy cortas; lígula (0.4–) 0.5–1 mm de largo, erosa y/o ciliada; láminas 1.5–4 (–6) cm de largo y 1–1.5 (–2) mm de ancho, aplanadas o muy laxamente involutas, glabras en el envés o papiloso-pilosas en el envés y/o la haz, particularmente cerca de la base. Panícula 4–10 (–14) cm de largo, abierta, verde pálida o a veces purpúrea, ramas generalmente 1–2 cm de largo, escabrosas o hirsutas, caedizas como una unidad junto con la base muy delgada y a menudo contorsionada, patentes, o inclinadas, ampliamente espaciadas, a menudo secundas; espiguillas (3–) 3.5–5 mm de largo, adpresas a las ramas; pedicelos cortos, escabrosos o cortamente ciliados; glumas 0.2–0.3 (–0.5) mm de largo, orbiculares, erosas, generalmente la gluma inferior de la espiguilla terminal (raramente otras) con una arista (1–) 2–5 (–7) mm de largo; lema (3–) 3.5–4.5 (–5) mm de largo, papiloso-áspera en el dorso, a veces aplanándose en la madurez, la arista 5–10 (–15) mm de largo, excurrente desde entre 2 dientes aristados; pálea 3–4 mm de largo, prominentemente 2-nervia, a veces 2-

dentada, papiloso-áspera entre las nervaduras; callo truncado, cortamente piloso en los márgenes; anteras 0.4–0.8 mm de largo, anaranjadas. Cariopsis angostamente fusiforme, 1.5–2 mm de largo.

Esperada en Nicaragua; México (Sinaloa) a Costa Rica, Venezuela a Perú.

Muhlenbergia implicata (Kunth) Trin., Gram. Unifl. Sesquifl. 193. 1824; *Podosemum implicatum* Kunth; *M. erecta* J. Presl.

Anuales delgadas; tallos 15–50 (–70) cm de largo, escabrosos a hispídulos por debajo de los nudos, ramificándose desde los nudos inferiores. Vainas más cortas que los entrenudos, redondeadas hacia la base, ligeramente carinadas hacia el ápice, glabras o diminutamente escabriúsculas; lígula (1.5–) 2–3 mm de largo, hialina; láminas 3–5 (–10) cm de largo y 1–2 mm de ancho, aplanadas o laxamente involutas, puberulentas en la haz, glabras o escabriúsculas en el envés. Panícula 7–12 (–20) cm de largo y 3–5 (–8) cm de ancho, abierta, difusa, implicada, eje diminutamente escabriúsculo; espiguillas 2.5–3 (–4) mm de largo, generalmente purpúreas; pedicelos largos, delgados, flexuosos, ligeramente hinchados por debajo de las espiguillas; glumas desiguales, obtusas, a menudo erosas, la inferior 0.2–0.3 mm de largo, la superior 0.3–0.5 mm de largo; lema 2.5–3 (–4) mm de largo, 3-nervia, a veces aparentemente 5-nervia debido a crestas intermedias, pero éstas sin rastros vasculares, escabriúsculas en las nervaduras, las nervaduras laterales extendiéndose como 2 pequeños dientes, la arista 10–25 mm de largo; pálea escabriúscula en y entre las nervaduras; callo con un mechón de tricomas hasta 0.5 mm de largo; anteras 0.6–0.8 mm de largo, purpúreas. Cariopsis fusiforme, ca 1.5 mm de largo.

Rara, nebliselvas, bosques de pino-encinos, zona norcentral; 980–1500; fl y fr oct–nov; *Moreno 22341, Williams 27924*; México (Durango) a Colombia y Venezuela.

Muhlenbergia robusta (E. Fourn.) Hitchc., N. Amer. Fl. 17: 462. 1935; *Epicampes robusta* E. Fourn.; *E. stricta* J. Presl; *M. presliana* Hitchc.

Perennes densamente cespitosas, toscas; tallos 100–300 cm de largo, erectos, glabros, generalmente ocultos por las vainas. Vainas inferiores carinado-comprimidas, glabras o diminutamente escabriúsculas; aurículas de la vaina 1.5–5 (–6) mm de largo, raramente ausentes; lígula 1.5–5 mm de largo, membranácea, deshilachada o finamente lacerada, a veces más larga en los brotes; láminas (25–) 30–50 (–90) cm de largo y (3.5–) 4–5 (–6) mm de ancho, dobladas en la base, escabrosas, serradas en los márgenes.

Panícula 30–60 cm de largo y 2–4 cm de ancho, densiflora, purpúrea o gris-verdosa, en general angostamente columnar, ramas inferiores 5–8 (–17) cm de largo, desnudas o floríferas cerca de la base; espiguillas 2.5–3 (–3.3) mm de largo; pedicelos ca 1 mm o menos, escabrosos; glumas 1.8–3 (–3.3) mm de largo, agudas u obtusas, casi iguales, glabras o escabriúsculas; lema (2–) 2.2–2.5 (–3) mm de largo, glabra o escabriúscula, generalmente con unos pocos tricomas cortos adpresos en la base de la nervadura central y los márgenes, no aristada o mucronada, el mucrón hasta 1 mm de largo, raramente más; pálea glabra o con muy pocos tricomas adpresos entre las quillas, a veces proyectándose como una punta acuminada más allá del ápice de la lema; callo generalmente con unos pocos tricomas cortos; anteras ca 1.5 mm de largo. Cariopsis fusiforme, 1.7–2 mm de largo.

Conocida en Nicaragua por una sola colección (*Garnier 1953*); México (Nayarit y Jalisco) a Guatemala y Nicaragua.

Muhlenbergia tenella (Kunth) Trin., Gram. Unifl. Sesquifl. 192. 1824; *Podosemum tenellum* Kunth.

Anuales delicadas; tallos (10–) 15–20 (–30) cm de largo, delgados, estriados, glabros, ramificándose desde los nudos inferiores. Vainas redondeadas, glabras, o algunas de las inferiores pilosas, especialmente en los márgenes, con pequeñas aurículas pilosas en el ápice, los tricomas hasta 1 mm de largo; lígula 0.2–0.3 (–0.5) mm de largo; láminas 2–4 (–5) cm de largo y 1 (–1.5) mm de ancho, aplanadas o laxamente involutas, cortamente pilosas con tricomas esparcidos en la haz, glabras en el envés o pilosas en ambas superficies, la costilla central prominente en el envés. Panícula 5–9 (–10) cm de largo y ca 0.5 cm de ancho o menos, verdoso pálida, a veces purpúrea, ramas adpresas, floríferas hasta la base; espiguillas 2–2.5 (–2.7) mm de largo, traslapándose en las ramas; pedicelos algo delgados y angulosos, escabriúsculos en los ángulos, erectos o adpresos hasta el eje glabro; glumas subiguales, acuminadas o cortamente aristadas, a menudo cortamente pilosas cerca del ápice y a lo largo de la punta de la arista, la inferior 1–1.2 (–1.5) mm de largo, la superior 1.5–2 mm de largo; lema 2–2.2 (–2.7) mm de largo, 3-nervia, a menudo apareciendo 5-nervia debido a crestas intermedias, pero éstas sin rastros vasculares, glabra pero las nervaduras escabrosas o con tricomas rígidos muy cortos en el 1/3–1/2 inferior, la arista

10–15 (–20) mm de largo; pálea glabra por debajo, escabrosa cerca de la punta; callo cortamente piloso; anteras 0.3–0.4 (–0.5) mm de largo, amarillas o anaranjadas. Cariopsis muy angostamente fusiforme, 1.5 (–1.7) mm de largo.

Poco común, áreas perturbadas y zonas rocosas, zona pacífica; 120–500 m; fl y fr mar, sep–nov; *Castro 2217, Stevens 23309*; México a Argentina. Esta especie está estrechamente emparentada con *M. ciliata* pero se distingue por la panícula angosta con ramas adpresas; las lemas son escabrosas, o tienen tricomas rígidos muy cortos en las nervaduras laterales. *Stevens 15913*, citada como *M. ciliata* por Peterson y Annable es atípica en tener las ramas patentes como aquellas de *M. ciliata*, pero los márgenes de las lemas son eciliados y las aristas son más típicas de *M. tenella*.

Muhlenbergia tenuissima (J. Presl) Kunth, Enum. Pl. 1: 198. 1833; *Podosemum tenuissimum* J. Presl; *M. nebulosa* Scribn. ex Beal.

Anuales delgadas; tallos (5–) 10–25 (–30) cm de largo, erectos o geniculadamente patentes, escabriúsculos por debajo de los nudos, ramificándose desde los nudos inferiores. Vainas más cortas que los entrenudos, un tanto comprimidas, generalmente glabras o escabriúsculas; lígula 0.5–1 mm de largo, hialina; láminas 2.5–3 (–5) cm de largo y 0.5–1 mm de ancho, aplanadas, dobladas o laxamente involutas, puberulentas en la haz, glabras en el envés. Panícula (2–) 4–6 (–8) cm de largo y 1.5–3 cm de ancho, café-amarillenta o pajiza, abierta, ramas patentes; espiguillas 1.2–1.5 (–1.7) mm de largo; pedicelos 0.5–2 mm de largo, glabros o diminutamente escabriúsculos, capilares, algo rígidamente adpresos o patentes, escasamente alargados por debajo de la espiguilla; glumas subiguales, agudas, la inferior 0.3–0.5 mm de largo, la superior 0.5–0.7 (–1) mm de largo; lema 1.2–1.5 (–1.7) mm de largo, con tricomas rígidos cortos en los márgenes por 1/2–2/3 y a lo largo de la nervadura central y en el 1/4–1/3 inferior, la arista (3–) 5–7 (–9) mm de largo; pálea acuminada, con tricomas cortos entre las nervaduras en el 2/3 inferior; anteras 0.5–0.6 mm de largo, purpúreas. Cariopsis angostamente fusiforme, 0.8–1 mm de largo.

Conocida en Nicaragua por una sola colección (*Stevens 19067*) de sabanas, Chontales; 55 m; fl y fr ene; suroeste de México a Panamá, Perú y Bolivia. Esta especie es inconspicua en el campo y probablemente con frecuencia pasa inadvertida.

OLYRA L.

Por Gerrit Davidse

Perennes; tallos alargados, con numerosos nudos, raramente dimorfos; plantas monoicas. Vainas generalmente ciliadas; pseudopecíolo corto; lígula membranácea, generalmente ciliada; láminas aplanadas, ovadas a lanceoladas, el ápice generalmente ciliado. Panículas terminales y axilares desde los nudos superiores, ramas simples o con ramificación compuesta, verticiladas en la base, basalmente con numerosas espiguillas estaminadas y apicalmente con 1 o pocas espiguillas pistiladas, las ramas inferiores a veces estrictamente estaminadas y las superiores pistiladas; pedicelos de las espiguillas pistiladas engrosados en la punta, los de las espiguillas estaminadas no engrosados; espiguillas unisexuales, dorsalmente comprimidas, con 1 flósculo; desarticulación generalmente por encima de las glumas, el flósculo pistilado a veces persistente con las glumas desarticulándose tempranamente; espiguillas estaminadas más cortas que las espiguillas pistiladas, pareadas, brevi- y longipediceladas, glumas ausentes, lema y pálea membranáceas, pálea 2 (4)-nervia, estambres 3, lodículos 3; espiguillas pistiladas solitarias, glumas 2, herbáceas, acuminadas a aristadas, desiguales a subiguales, lema y pálea endurecidas, más cortas que las glumas, lodículas 3, estigmas 2. Fruto una cariopsis; embrión 1/5 o menor que la longitud de la cariopsis, hilo tan largo como la cariopsis, linear.

Género con 23 especies, distribuido en América tropical, 1 especie también en Africa tropical y subtropical; 2 especies en Nicaragua. Las descripciones de la inflorescencia se refieren a las terminales, las axilares son generalmente más pequeñas. Las dimensiones de las espiguillas incluyen las aristas.

T.R. Soderstrom y F.O. Zuloaga. A revision of the genus *Olyra* and the new segregate genus *Parodiolyra* (Poaceae: Bambusoideae: Olyreae). Smithsonian Contr. Bot. 69: 1–79. 1989.

1. Lema de la espiguilla pistilada foveolada; tallos dimorfos; láminas de las hojas basalmente casi simétricas y cordadas .... **O. ecaudata**
1. Lema de la espiguilla pistilada lisa; tallos monomorfos; láminas de las hojas basalmente asimétricas y obtusas .... **O. latifolia**

Olyra ecaudata Döll in Mart., Fl. Bras. 2(2): 326. 1877.

Tallos 0.8–3 m de largo, dimorfos, los fértiles hasta 2 m de largo, sin láminas. Vainas glabras a puberulentas, aurículas no desarrolladas; lígula ca 1 mm de largo; láminas elípticas, (9–) 20–39 cm de largo y (2–) 5–7 cm de ancho, basalmente casi simétricas y cordadas, glabras. Panículas 8–14 cm de largo y 10–25 cm de ancho, ramas estriadas, pilosas, patentes; espiguillas estaminadas (7.5–) 10–12 mm de largo, en su mayoría en grupos de 3–5, lema 3-nervia, glabra, aristada, anteras 3.8–4.6 mm de largo; espiguillas pistiladas 1–3 (–6) por rama, 0.8–1.1 (–1.6) cm de largo, glumas subiguales, cortamente aristadas, glabras a puberulentas, las superiores 7–9-nervias, las inferiores 7-nervias, flósculo elipsoide, 5.8–7 mm de largo y 2.6–3.4 mm de ancho, foveolado y opaco, glabro, blanquecino en la madurez, no apendiculado, entrenudo ca 0.2 mm de largo.

Rara, bosques perennifolios, zona atlántica; 40–65 m; *Stevens 12897, 23494*; Nicaragua a Perú, Bolivia y Brasil.

Olyra latifolia L., Syst. Nat., ed. 10, 1261. 1759; *O. cordifolia* Kunth.

Tallos 1–6 m de largo, monomorfos. Vainas glabras a híspidas, ciliadas, aurículas prominentes; lígula 0.7–6 mm de largo, ciliada o no; láminas lanceoladas a ovadas, 6–31 cm de largo y 1.5–12 cm de ancho, glabras a híspidas, basalmente asimétricas y obtusas. Panículas 12–21 cm de largo y 4–14 cm de ancho, ramas triquetras, escabrosas a híspidas, patentes a ascendentes; espiguillas estaminadas 5.5–10 mm de largo, en su mayoría en pequeñas ramas secundarias, lema 3-nervia, glabra a escabrosa, aristada, anteras 2.5–3.5 mm de largo; espiguillas pistiladas 1 a numerosas por rama, 0.9–3.4 cm de largo, glumas desiguales, aristadas, glabras a híspidas, las inferiores 9–34 mm de largo, 5–9-nervias, largamente aristadas, las superiores 7–13 mm de largo, 7–9-nervias, cortamente aristadas, flósculo ovoide, 5.4–6.5 mm de largo y 2.8–3.5 mm de ancho, largamente persistente, liso y brillante, glabro, gris-azulado en la madurez, no apendiculado, entrenudo ca 0.2 mm de largo.

Muy común, vegetación secundaria, márgenes de bosques, en todo el país; 0–1100 m; fl y fr durante todo el año; *Pipoly 3792, Stevens 12055*; Estados Unidos (Florida), México a Argentina, las Antillas y en Africa tropical y subtropical.

OPLISMENUS P. Beauv.

Por Richard W. Pohl y Gerrit Davidse

Anuales o perennes; tallos ramificados, decumbentes y enraizando; plantas hermafroditas. Vainas redondeadas; lígula una membrana ciliada; láminas lanceoladas a ovadas, aplanadas. Inflorescencias terminales y axilares, panículas delgadas de racimos cortos, espiciformes, unilaterales, las espiguillas en 2 ó 4 hileras a lo largo de los lados inferiores del raquis; espiguillas pareadas, más o menos comprimidas lateralmente, biconvexas, con 2 flósculos; desarticulación por debajo de las glumas y por debajo del flósculo superior; glumas subiguales, más cortas que la espiguilla, herbáceas, 3–5-nervias, carinadas, aristadas; flósculo inferior estéril; lema inferior envolviendo al flósculo superior; pálea inferior ausente o pequeña y hialina; flósculo superior bisexual, comprimido dorsalmente; lema superior más corta que la lema inferior, coriácea; lodículas 2; estambres 3; estilos 2. Fruto una cariopsis; embrión ca 1/2 la longitud de la cariopsis, hilo ca 2/5 la longitud de la cariopsis, linear-oblongo.

Género con 10–15 especies, distribuido en los subtrópicos y trópicos; 2 especies se conocen en Nicaragua y una más se espera encontrar.

A.S. Hitchcock. The North American species of *Oplismenus*. Contr. U.S. Natl. Herb. 22: 123–132. 1920. J.C. Davey y W.D. Clayton. Some multiple discriminant function studies on *Oplismenus* (Gramineae). Kew Bull. 33: 147–157. 1978; U. Scholz. Monographie der Gattung *Oplismenus* (Gramineae). Phanerog. Monogr. 13: 1–213. 1981.

1. Aristas retrorsamente escabriúsculas; racimos conspicuamente blanquecino híspidos; glumas y lema inferior con estrías longitudinales
   2. Espiguillas 2.3–3.5 mm de largo; lema inferior esparcidamente pilosa en la 1/2 inferior; glumas sin lóbulos en la base de la arista o con lóbulos hasta 0.2 mm de largo .... **O. burmannii** var. **burmannii**
   2. Espiguillas (3–) 3.5–4.5 mm de largo; lema inferior densamente pilosa en el 2/3 inferior, especialmente en una banda alrededor de la mitad; glumas con lóbulos 0.3–0.5 mm de largo en la base de la arista .... **O. burmannii** var. **nudicaulis**
1. Aristas lisas, víscidas y a menudo con partículas adherentes; glumas y lema inferior sin estrías
   3. Racimos 2.5–11 cm de largo, muy delgados, el raquis escabriúsculo y piloso en los nudos; espiguillas ampliamente espaciadas, hasta 15 mm de separación .... **O. compositus**
   3. Racimos hasta 3 cm de largo, compactos, el raquis más o menos uniformemente piloso-híspido; espiguillas traslapándose, nunca más de 4 mm de separación
      4. Raquis del racimo más inferior 0.5–3 cm de largo .... **O. hirtellus** ssp. **hirtellus**
      4. Raquis del racimo más inferior 0.1–0.5 cm de largo .... **O. hirtellus** ssp. **setarius**

Oplismenus burmannii (Retz.) P. Beauv., Ess. Agrostogr. 54, 169. 1812; *Panicum burmannii* Retz.

Anuales; tallos erectos 10–30 (–50) cm de largo; entrenudos pilosos. Vainas papiloso-híspidas; lígula 0.7–1.2 mm de largo; láminas 2–5 cm de largo y 9–15 mm de ancho, escabrosas o papiloso-híspidas. Inflorescencia 3–6 cm de largo, densa, eje densamente papiloso-híspido, especialmente hacia el ápice, racimos 3–7, hasta 2 cm de largo, compactos, las espiguillas traslapándose, hasta 3 mm de separación, el raquis papiloso-híspido; espiguillas 2.3–4 (–4.5) mm de largo, traslapadas, las aristas escabriúsculas retrorsamente; gluma inferior 2–3.3 mm de largo, la arista 5–10 mm de largo, gluma superior 2.1–3.5 mm de largo, la arista 2.5–5 mm de largo; flósculo inferior estéril; lema inferior 2.1–3.9 mm de largo, 7–9-nervia, casi glabra a híspido-barbada, especialmente a la mitad; pálea inferior ausente; flósculo superior 1.9–2.1 mm de largo; anteras ca 1 mm de largo.

Pantropical. Dos variedades en Nicaragua.

Oplismenus burmannii var. **burmannii**; *O. affinis* var. *humboldtianus* U. Scholz; *O. humboldtianus* Nees.

Espiguillas 2.3–3.5 mm de largo; lema inferior esparcidamente pilosa en la 1/2 inferior; glumas sin lóbulos en la base de la arista o con lóbulos hasta 0.2 mm de largo.

Poco común, áreas perturbadas en nebliselvas, zona norcentral; 1000–1600 m; fl y fr sep–oct; *Moreno 2854*, *Soza 231*; pantropical.

Oplismenus burmannii var. **nudicaulis** (Vasey) McVaugh, Fl. Novo-Galiciana 14: 274. 1983; *O. humboldtianus* var. *nudicaulis* Vasey; *O. affinis* Schult.

Espiguillas (3–) 3.5–4.5 mm de largo; lema inferior densamente pilosa en el 2/3 inferior, especialmente en una banda alrededor de la mitad; glumas con lóbulos 0.3–0.5 mm en la base de la arista.

Común, áreas perturbadas, pastizales, sabanas, en todo el país; 0–1000 (–1400) m; fl y fr oct–abr; *Moreno 4030, Stevens 7273*; América tropical.

Oplismenus compositus (L.) P. Beauv., Ess. Agrostogr. 54, 169. 1812; *Panicum compositum* L.; *O. rariflorus* J. Presl.

Perennes; tallos erectos hasta 60 cm de largo; entrenudos glabros o pilosos. Hojas glabras o papiloso-pilosas; lígula 0.3–1 mm de largo; láminas 3.5–11.5 cm de largo y 8–30 mm de ancho. Inflorescencia 6–27 cm de largo, abierta, eje escabriúsculo, racimos 3–8, delgados, los inferiores 3–11 cm de largo, las espiguillas ampliamente espaciadas, hasta 15 mm de separación, el raquis escabriúsculo, piloso en los nudos; espiguillas 2.4–4 mm de largo, glabras o esparcidamente pilosas, las aristas lisas; gluma inferior 1.8–3.2 mm de largo, glabra, la arista hasta 16 mm de largo, gluma superior 2–3 mm de largo, glabra o esparcidamente pilosa, aguda o con una arista hasta 2.4 mm de largo; flósculo inferior estéril; lema inferior 2.4–3.7 mm de largo, glabra o esparcidamente pilosa, 5–7-nervia, cuspidada hasta 0.8 mm de largo; pálea inferior ausente; lema superior 2.4–3.1 mm de largo; anteras 1.4–2.1 mm de largo.

Esperada en Nicaragua; pantropical.

Oplismenus hirtellus (L.) P. Beauv., Ess. Agrostogr. 54, 170. 1812; *Panicum hirtellum* L.

Perennes; tallos erectos 60–90 cm de largo; entrenudos glabros. Hojas glabras o pilosas; lígula 0.6–1.5 mm de largo; láminas 4–12 cm de largo y 4–

20 mm de ancho. Inflorescencia 4–14 cm de largo, densa, eje escabroso, puberulento o piloso, racimos 3–10, hasta 3.5 cm de largo, compactos, las espiguillas traslapándose, hasta 4 mm de separación, el raquis más o menos uniformemente papiloso-híspido; espiguillas 3–4 mm de largo, glabras o pilosas, las aristas lisas; gluma inferior 1.7–2.5 mm de largo, la arista 4–16 mm de largo, gluma superior 1.8–2.7 mm de largo, la arista 1.5–4 mm de largo; flósculo inferior estéril; lema inferior 2.4–3.5 mm de largo, 5–9-nervia; pálea inferior ausente; lema superior 2.3–3 mm de largo; anteras 1.3–1.7 mm de largo.

Pantropical. Existe una amplia intergradación entre ambas subespecies, y sería más realista reconocerlas en una categoría inferior.

Oplismenus hirtellus ssp. **hirtellus**

Racimos 3–10, el más inferior 0.5–3.5 cm de largo, cada uno generalmente con 8–30 espiguillas. Arista de la gluma inferior 6–16 mm de largo.

Común, nebliselvas, áreas arenosas, cafetales, en todo el país; 0–1650; fl y fr oct–may; *Stevens 6703, 11384*; pantropical.

Oplismenus hirtellus ssp. **setarius** (Lam.) Mez ex Ekman, Ark. Bot. 11(4): 26. 1912; *Panicum setarium* Lam.; *O. setarius* (Lam.) Roem. & Schult.

Racimos 3–5, el más inferior hasta 0.4 cm de largo, cada uno generalmente con 4–8 espiguillas densamente agrupadas. Arista de la gluma inferior 4–9 mm de largo.

Conocida en Nicaragua por una sola colección (*Pipoly 4390*) del Cerro Waylawás, Zelaya; 80 m; fl y fr mar; pantropical.

ORTHOCLADA P. Beauv.
Por Richard W. Pohl

Orthoclada laxa (Rich.) P. Beauv., Ess. Agrostogr. 149, 168. 1812; *Aira laxa* Rich.

Perennes, cespitosas; tallos 50–120 cm de largo, simples, glabros o ligeramente puberulentos; plantas hermafroditas. Vainas con aurículas prominentes, erectas, con micrópilos uncinados; lígula una membrana, menos de 1 mm de largo; pseudopecíolos 0.5–4 cm de largo; láminas angostamente ovadas, 10–20 cm de largo y 1.7–3.5 cm de ancho, conspicuamente nervadas transversalmente, con microtricomas uncinados. Inflorescencia una panícula grande, hasta 35 cm de largo y ca 35 cm de ancho, extremadamente abierta, las ramas delgadas con pocas espiguillas cerca de sus puntas, pedicelos largos, filiformes; espiguillas 8–10 mm de largo, bisexuales, compri-

midas lateralmente y carinadas, con 2–3 flósculos, los 2 flósculos inferiores bisexuales, el superior estéril y rudimentario; desarticulación abajo de las glumas y en el segundo flósculo; gluma inferior 3.5–4.5 mm de largo, lanceolada, 3-nervia, gluma superior 4–5 mm de largo, angostamente ovada, 5-nervia; flósculos 5–7 mm de largo, ovados, agudos o con la punta aristada, escábridos en las partes superiores; pálea prominente, tan larga como la lema, escábrida; raquilla delgada, alargada, sostenida por las quillas de la pálea y generalmente un flósculo, los entrenudos de la raquilla 2–4 mm de largo; flósculo rudimentario hasta 3 mm de largo; estambres 3, las anteras ca 1 mm de largo.

Común, bosques de pinos, bosques de galería,

campos abiertos, zona atlántica; 10–400 m; fl y fr dic–abr; *Moreno 23323*, *Stevens 13032*; sur de México a Bolivia y Brasil. Género con 2 especies, una en América y otra en Africa tropical.

C.E. Hubbard. *Orthoclada africana* C.E. Hubbard. *In*: Gramineae. Tribus Centhotheceae. Hooker's Icon. Pl. 35: t. 3419. 1940.

ORYZA L.
Por Richard W. Pohl y Gerrit Davidse

Anuales o perennes, simples, cespitosas, acuáticas o paludícolas; tallos fistulosos, glabros; plantas hermafroditas. Vainas auriculadas; lígula membranácea; láminas lineares. Inflorescencia una panícula terminal; espiguillas fuertemente comprimidas lateralmente y carinadas, con 3 flósculos, los flósculos desarticulándose de una cúpula como una unidad; glumas reducidas a crestas diminutas o a una cúpula en la punta del pedicelo; flósculos inferiores estériles 2, cada uno reducido a 1 lema subulada, 1-nervia (con la apariencia de una gluma), flósculo terminal bisexual; lema superior 5-nervia, navicular, coriácea, apiculada o aristada, los márgenes involutos encerrando a las crestas marginales de la pálea 3-nervia, oblonga, aquillada; lodículos 2; estilos 2; estambres 6. Fruto una cariopsis; embrión ca 1/5 la longitud de la cariopsis, hilo linear, tan largo como la cariopsis.

Género tropical con 23 especies; 3 especies en Nicaragua.

D. Chatterjee. A modified key and enumeration of the species of *Oryza* Linn. Indian J. Agric. Sci. 18: 185–192. 1948; R.J. Porteres. Taxonomie agrobotanique de riz cultivés *O. sativa* Linné & *O. glaberrima* Steudel. Agric. Trop. Bot. Appl. 3: 341–384, 541–580, 627–700, 821–856. 1956; T. Tateoka. Taxonomic studies of *Oryza* I. *O. latifolia* complex. Bot. Mag. (Tokyo) 75: 418–427. 1962, II. Several species complexes. 75: 455–461. 1962, III. Key to the species and their enumeration. 76: 165–173. 1963; H. Duistermaat. A revision of *Oryza* (Gramineae) in Malesia and Australia. Blumea 32: 157–193. 1987.

1. Lígula 7–30 mm de largo .... **O. sativa**
1. Lígula 3–6 mm de largo
  2. Espiguillas 7–9 mm de largo; aristas 3–5 cm de largo .... **O. alta**
  2. Espiguillas 5–7 mm de largo; aristas 0.7–3.5 cm de largo .... **O. latifolia**

Oryza alta Swallen, Publ. Carnegie Inst. Wash. 461: 156. 1936.

Perennes; tallos hasta 4 m de alto. Vainas glabras; lígula 5–6 mm de largo, pilosa y ciliada; láminas 25–80 cm de largo y 15–30 mm de ancho, escabriúsculas. Panículas 20–40 cm de largo, abiertas, ramas inferiores hasta 15 cm de largo, verticiladas; espiguillas 7–9 mm de largo; lemas estériles con la inferior 2–4 mm de largo, la superior 3–6 mm de largo, lema fértil oblonga, 7–9 mm de largo y 2.2–2.8 mm de ancho, híspida sobre la quilla y las nervaduras, la arista 3–5 cm de largo; anteras 4.5 mm de largo, amarillas.

Conocida en Nicaragua por una sola colección (*Shimek s.n.*); México (Tabasco) a Brasil y Paraguay.

Oryza latifolia Desv., J. Bot. Agric. 1: 77. 1813.

Perennes; tallos hasta 2 m de alto. Vainas glabras; lígula 3–6 mm de largo, puberulenta a pilosa y ciliada; láminas hasta 55 cm de largo y 35 mm de ancho. Panículas 15–40 cm de largo, abiertas, ramas inferiores hasta 30 cm de largo, verticiladas; espi-

guillas 5–7 mm de largo; lemas estériles con la inferior 1–2 mm de largo, la superior 1.5–2 mm de largo, lema fértil elíptico-oblonga, 5–7 mm de largo y 2–2.5 mm de ancho, rugosa, híspido-ciliada sobre los márgenes, nervaduras y a veces entre las nervaduras, con una arista 0.7–3.5 cm de largo; anteras 2–3 mm de largo, amarillas.

Común, áreas perturbadas húmedas, en todo el país; 0–1000 m; fl y fr may–nov; *Nee 27601*, *Sandino 970*; oeste de México a Bolivia, Brasil, Paraguay y en las Antillas.

Oryza sativa L., Sp. Pl. 333. 1753.

Anuales; tallos 40–150 cm de alto. Vainas glabras; lígula 7–30 mm de largo, glabra; láminas 24–60 mm de largo y 6–22 mm de ancho, glabras. Panículas 9–30 cm de largo, laxamente contraídas, ramas inferiores hasta 13 cm de largo, 1–3 juntas; espiguillas 7–10.9 mm de largo y 2.5–4 mm de ancho, oblongas; lemas estériles 1.5–4 mm de largo, lema fértil 7–10.9 mm de largo y 1.6–2.5 mm de ancho, escabrosa sobre y entre las nervaduras, sin arista o con una arista hasta 7 cm de largo; anteras 0.8–2.4 mm de largo, amarillas.

Cereal cultivado y ocasionalmente escapado de cultivo, en todo el país; 0–300 m; fl y fr abr–dic; *Moreno 22055, Vincelli 408*; nativa de Asia tropical, ampliamente cultivada en los trópicos. Las espiguillas pueden ser aristadas o sin aristas. Hay una miríada de líneas cultivadas que difieren principalmente por sus características agronómicas. Una clasificación detallada de éstas ha sido presentada por Porteres. Como todos los cereales cultivados, las espiguillas son retenidas en la planta pasada la madurez, permitiendo su cosecha eficiente. "Arroz".

PANICUM L.
Por Gerrit Davidse

Anuales o perennes; plantas hermafroditas o polígamas. Vainas redondeadas o raramente carinadas; lígula una hilera de tricomas o una membrana ciliada o sin cilios, raramente ausente; láminas lineares a ovadas. Inflorescencia una panícula abierta a contraída, las ramas a veces racemiformes, generalmente solitarias, raramente verticiladas; espiguillas globosas a aplanado-convexas, dorsalmente comprimidas, sin arista, con 2 flósculos; desarticulación generalmente por debajo de las glumas, la espiguilla caediza como una unidad, a veces también por debajo del flósculo superior; glumas y lema inferior generalmente herbáceas o la gluma inferior membranácea, gluma inferior generalmente más corta que la espiguilla, a veces ausente o tan larga como la espiguilla, gluma superior y lema inferior generalmente similares, generalmente tan largas o casi tan largas como la espiguilla; flósculo inferior estaminado o estéril; pálea inferior tan larga como la lema inferior, reducida o ausente; flósculo superior bisexual, generalmente sésil, a veces cortamente estipitado; lema y pálea superiores endurecidas, la lema generalmente lisa y generalmente glabra, a veces rugosa o pilosa, los márgenes enrollados hacia adentro; lodículas 2; estambres generalmente 3 (2 en *P. laxum* y *P. hians*); estigmas 2. Fruto una cariopsis; embrión 1/3–1/2 del largo de la cariopsis, hilo punteado.

Género cosmopolita con ca 500 especies; 34 especies se conocen en Nicaragua y 4 adicionales se esperan encontrar. En las descripciones el largo de las ramas se refiere a la rama más larga de cada inflorescencia.

A.S. Hitchcock y A. Chase. The North American species of *Panicum*. Contr. U.S. Natl. Herb. 15: 1–396. 1910; A.S. Hitchcock y A. Chase. Tropical North American species of *Panicum*. Contr. U.S. Natl. Herb. 17: 459–539. 1915; P.G. Palmer. A biosystematic study of the *Panicum amarum-P. amarulum* complex (Gramineae). Brittonia 27: 142–150. 1975; F.O. Zuloaga. Notas sinónimas en el género *Panicum* (Gramineae). Darwiniana 23: 639–649. 1981; F.O. Zuloaga. El género *Panicum* (L.) sección *Parviglumia*. Darwiniana 26: 353–369. 1985; F.O. Zuloaga. A revision of *Panicum* subgenus *Panicum* sect. *Rudgeana* (Poaceae: Paniceae). Ann. Missouri Bot. Gard. 74: 463–478. 1987; F.O. Zuloaga. Systematics of the New World species of *Panicum* (Poaceae: Paniceae). *In:* T.R. Soderstrom, K.W. Hilu, C.S. Campbell y M.E. Barkworth. Grass Systematics and Evolution. 287–306. 1987; F.O. Zuloaga y T. Sendulsky. A revision of *Panicum* subgenus *Phanopyrum* section *Stolonifera* (Poaceae: Paniceae). Ann. Missouri Bot. Gard. 75: 420–455. 1988; F.O. Zuloaga, R.P. Ellis y O. Morrone. A revision of *Panicum* subgenus *Phanopyrum* section *Laxa* (Poaceae: Panicoideae: Paniceae). Ann. Missouri Bot. Gard. 79: 770–818. 1992; F.O. Zuloaga y O. Morrone. Revisión de las especies americanas de *Panicum* subgénero *Panicum* sección *Panicum* (Poaceae: Panicoideae: Paniceae). Ann. Missouri Bot. Gard. 83: 200–280. 1996.

1. Ramas de la panícula todas en verticilos
    2. Espiguillas 2.5–3 mm de largo, lanceoloides .... **P. grande**
    2. Espiguillas 3.5–7.7 mm dc largo, obovoides .... **P. mertensii**
1. Ramas de la panícula en su mayoría solitarias o únicamente verticiladas en los nudos más inferiores
    3. Flósculo superior piloso
        4. Flósculo superior ruguloso; plantas rizomatosas, los segmentos del rizoma cormiformes .... **P. bulbosum**
        4. Flósculo superior liso o diminutamente papiloso; plantas cespitosas, no rizomatosas
            5. Espiguillas 2.8–3.3 mm de largo; vainas híspidas con tricomas irritantes; pedicelos largos .... **P. incumbens**
            5. Espiguillas 1.5–2.7 mm de largo; vainas glabras o pilosas pero sin tricomas irritantes; pedicelos cortos .... **P. trichidiachne**
    3. Flósculo superior glabro o escabriúsculo, a veces puberulento únicamente en la punta
        6. Flósculo superior rugoso o ruguloso

7. Espiguillas 1.1–2.3 mm de largo
    8. Espiguillas 1.9–2.3 mm de largo; anteras 1.1–1.3 mm de largo .... **P. sellowii**
    8. Espiguillas 1.1–1.3 mm de largo; anteras 0.3–0.5 mm de largo .... **P. trichoides**
7. Espiguillas 2.8–5.4 mm de largo
    9. Plantas rizomatosas, cada segmento del rizoma cormiforme; membrana de la lígula 0.1–0.6 mm
      de largo .... **P. bulbosum**
    9. Plantas cespitosas, sin rizomas cormiformes; membrana de la lígula 0.5–1.7 mm de largo
      10. Espiguillas glabras .... **P. maximum** var. **maximum**
      10. Espiguillas pilosas .... **P. maximum** var. **pubiglume**
6. Flósculo superior liso o rara vez finamente estriado
    11. Espiguillas unilaterales a lo largo de las ramas principales o secundarias de la panícula, las ramas
      racemiformes
      12. Láminas foliares lanceoladas a ovadas
        13. Flósculo superior casi tan largo como la espiguilla, sésil
          14. Espiguillas subagudas; láminas foliares cordadas en la base; anteras (0.5–) 0.6–0.8 mm
            de largo; pálea inferior tan larga como la lema inferior .... **P. hylaecium**
          14. Espiguillas agudas; láminas foliares redondeadas a subcordadas en la base; anteras 0.3–
            0.4 mm de largo; pálea inferior generalmente ausente, a veces hasta 4/5 del largo de la
            lema inferior, pero entonces angosta .... **P. polygonatum**
        13. Flósculo superior mucho más corto que la espiguilla, corto pero notoriamente estipitado, el
          estípite no caedizo con el flósculo superior en la madurez
          15. Espiguillas pilosas; lema inferior con un par de glándulas estipitadas .... **P. pulchellum**
          15. Espiguillas glabras; lema inferior sin glándulas .... **P. stoloniferum** var. **major**
      12. Láminas foliares lineares o linear-lanceoladas
        16. Pálea inferior generalmente ausente, raramente hasta 4/5 del largo de la lema inferior, pero
          entonces angosta; espiguillas agudas
          17. Flósculo superior 1–1.3 mm de largo, 0.2–0.5 mm más corto que la gluma superior; lígula
            0.2–0.3 mm de largo; anteras 0.3–0.4 mm de largo .... **P. polygonatum**
          17. Flósculo superior 1.4–1.7 mm de largo, 0.2–0.6 mm más largo que la gluma superior;
            lígula 0.6–1.1 mm de largo; anteras 0.6–1.1 mm de largo .... **P. stagnatile**
        16. Pálea inferior ligeramente más corta a ligeramente más larga que la lema inferior; espiguillas
          obtusas
          18. Estambres 2 .... **P. laxum**
          18. Estambres 3
            19. Láminas foliares cordadas en la base; lígula con la membrana 0.1–0.4 mm de largo y
            cilios 0.1–0.3 mm de largo .... **P. hylaeicum**
            19. Láminas foliares redondeadas a subcordadas en la base; lígula ausente o raramente
            con una hilera diminuta de cilios de hasta 0.1 mm
              20. Racimos primarios con ramas secundarias obvias; tallos 90–200 cm de largo;
                láminas foliares 20–35 cm de largo .... **P. pilosum** var. **lancifolium**
              20. Racimos primarios sin ramificar o a veces con grupos de 4 espiguillas en los
                racimos inferiores; tallos 20–80 cm de largo; láminas foliares 5–22 cm de largo
                .... **P. pilosum** var. **pilosum**
    11. Espiguillas dispuestas en panículas difusas a compactas, no unilaterales
      21. Espiguillas en ángulos rectos en el pedicelo; pedicelos glandulares; gluma inferior tan larga como
        la espiguilla, gluma superior pilosa; láminas foliares lanceoladas a ovadas; plantas anuales .... **P. hirtum**
      21. Espiguillas erectas o ligeramente oblicuas en el pedicelo; pedicelos eglandulares; gluma superior
        glabra o pilosa; láminas foliares lineares a ovadas; plantas anuales o perennes
        22. Espiguillas pilosas en las glumas y lema inferior
          23. Espiguillas 3–3.5 mm de largo .... **P. rudgei**
          23. Espiguillas 1.1–2.6 mm de largo
            24. Espiguillas 1.1–1.3 mm de largo .... **P. trichoides**
            24. Espiguillas 1.9–2.6 mm de largo
               25. Flósculo superior liso; espiguillas 2.2–2.6 mm de largo; gluma inferior 1.1–1.3
                mm de largo, 3-nervia .... **P. haenkeanum**
               25. Flósculo superior ruguloso; espiguillas 1.9–2.3 mm de largo; gluma inferior 1–
                1.5 mm de largo, 1-nervia .... **P. sellowii**
        22. Espiguillas glabras
          26. Láminas foliares lanceoladas a ovadas
            27. Gluma inferior 1/6–1/3 del largo de la espiguilla .... **P. trichanthum**

27. Gluma inferior 1/3 a tan larga como la espiguilla
    28. Láminas foliares 4.5–10 cm de largo, ascendentes a adpresas; tallos generalmente erectos
    .... **P. cyanescens**
    28. Láminas foliares 1–3 (–5) cm de largo, patentes; tallos decumbentes y enraizando en los
    nudos inferiores .... **P. parvifolium**
26. Láminas foliares lineares a linear-lanceoladas o linear-elípticas
    29. Espiguillas acuminadas o cortamente aristadas, 2.5–3.6 mm de largo; láminas foliares
    largamente atenuadas a pseudopecioladas; gluma inferior 1/30–1/5 de la longitud de la
    espiguilla, hialina, enervia .... **P. tuerckheimii**
    29. Espiguillas subagudas o agudas, nunca aristadas, raramente acuminadas; láminas foliares
    inferiores anchas, no largamente atenuadas a pseudopecioladas; gluma inferior 1/5 hasta de la
    misma longitud que la espiguilla
        30. Pálea inferior agrandada en la madurez, ligeramente más larga que el flósculo superior;
        espiguillas cortipediceladas, dispuestas en agregados unilaterales hacia el final de las
        ramas de la panícula .... **P. hians**
        30. Pálea inferior no agrandada en la madurez, 1/2–2/3 a tan larga como la espiguilla o
        ausente
            31. Gluma inferior 1/5–1/3 del largo de la espiguilla, obtusa a aguda
                32. Plantas marcadamente rizomatosas .... **P. repens**
                32. Plantas sin rizomas
                    33. Espiguillas 1.6–1.9 mm de largo .... **P. stagnatile**
                    33. Espiguillas 2.8–4.7 mm de largo
                        34. Pálea inferior ausente; tallos 100–600 cm de largo; flósculo superior 3–4
                        mm de largo .... **P. elephantipes**
                        34. Pálea inferior desarrollada, ligeramente más larga o hasta 1/2 del largo de
                        la lema inferior; tallos 10–90 cm de largo; flósculo superior 2.2–2.6 mm
                        de largo
                            35. Flósculo inferior estaminado; estambres 1.4–1.6 mm de largo
                            .... **P. aquaticum** var. **aquaticum**
                            35. Flósculo inferior estéril; estambres ausentes .... **P. sublaeve**
            31. Gluma inferior 1/2 a tan larga como la espiguilla, aguda
                36. Láminas foliares 30–50 mm de ancho; plantas 200–400 cm de largo, acuáticas;
                vainas glabras .... **P. grande**
                36. Láminas foliares hasta 25 mm de ancho; plantas en su mayoría menos de 200 cm
                de largo; vainas glabras o pilosas
                    37. Panículas angostas y paucifloras; tallos alambrinos; láminas foliares involutas
                    hacia el ápice y frecuentemente involutas al secarse
                        38. Espiguillas agudas; flósculo superior marcadamente más corto que la
                        gluma superior y lema inferior .... **P. tenerum**
                      38. Espiguillas subagudas; flósculo superior casi tan largo como la gluma
                      superior y lema inferior
                        39. Espiguillas 2–2.4 mm de largo, obovoides, con un entrenudo alargado
                        entre las glumas; gluma superior 9-nervia, ligeramente más corta que
                        la espiguilla .... **P. caricoides**
                      39. Espiguillas 1.2–1.9 mm de largo, ovoide-elipsoides, sin un entrenudo
                      alargado entre las glumas; gluma superior 5–7-nervia, tan larga como
                      la espiguilla .... **P. stenodes**
                37. Panículas abiertas a contraídas, multifloras; tallos no alambrinos; láminas
                foliares generalmente aplanadas
                    40. Espiguillas 4–7.7 mm de largo
                        41. Plantas perennes, rizomatosas; vainas glabras .... **P. altum**
                        41. Plantas anuales, cespitosas; vainas híspidas .... **P. parcum**
                    40. Espiguillas 1.5–3.9 mm de largo
                        42. Gluma inferior 3/10–1/2 del largo de la espiguilla; espiguillas
                      lanceoloide-elipsoides .... **P. aquaticum** var. **aquaticum**
                    42. Gluma inferior 1/2 a tan larga como la espiguilla; espiguillas
                    lanceoloides, ovoides y obovoides
                        43. Plantas perennes
                          44. Espiguillas 1.6–1.9 mm de largo .... **P. stagnatile**
                        44. Espiguillas 2.4–3.9 mm de largo

45. Vainas basales con hojas (catafilos) prominentes, densamente adpreso pilosas; láminas foliares glabras; lema inferior marginalmente hialina; espiguillas agudas; gluma superior 5–7-nervia .... **P. antidotale**
45. Vainas basales sin hojas (catafilos) o al menos con hojas no prominentes; láminas foliares papiloso-híspidas; lema inferior marginalmente herbácea; espiguillas acuminadas; gluma superior 9–13-nervia .... **P. ghiesbreghtii**
43. Plantas anuales
46. Flósculo superior estipitado, el estípite 0.1–0.3 mm de largo; panículas terminales y axilares, formando una panícula compuesta alargada .... **P. cayennense**
46. Flósculo superior no estipitado; panículas terminales, no compuestas
47. Espiguillas 1.8–2.2 mm de largo .... **P. hirsutum**
47. Espiguillas 2.4–3.8 mm de largo
48. Pálea inferior ausente a 1/4 del largo de la lema inferior .... **P. hirticaule**
48. Pálea inferior 2/3 a tan larga como la lema inferior .... **P. hispidifolium**

Panicum altum Hitchc. & Chase, Contr. U.S. Natl. Herb. 17: 488. 1915; *P. lundellii* Swallen.

Perennes rizomatosas; tallos 100–400 cm de largo, generalmente decumbentes y esparcidos, generalmente ramificados desde los nudos inferiores y medios; entrenudos y nudos glabros. Vainas glabras; membrana ligular 0.2–0.7 mm de largo, los cilios 1.1–1.8 mm de largo; láminas lineares, 20–70 cm de largo y 8–20 mm de ancho, aplanadas, redondeadas en la base, glabras. Panículas 20–40 cm de largo, terminales, ramas 10–25 cm de largo, solitarias o pareadas, escabrosas, patentes; espiguillas ovoides, 3.2–4.9 mm de largo, solitarias, adpresas, acuminadas, glabras; gluma inferior 2.1–3.6 mm de largo, 2/3–3/4 del largo de la espiguilla, amplexicaule, 5–7-nervia, acuminada, gluma superior tan larga como la espiguilla, 7–9-nervia, acuminada; flósculo inferior estaminado; lema inferior ligeramente más corta que la gluma superior, 7–9-nervia, aguda; pálea inferior casi tan larga como la lema inferior; anteras 1.6–1.9 mm de largo; flósculo superior 2.3–2.5 mm de largo y 1–1.1 mm de ancho, liso, brillante, glabro, sub-agudo, sésil; anteras 1.3–1.6 mm de largo.

Conocida en Nicaragua por una sola colección (*Hitchcock 8685*) de bosques semideciduos en la zona pacífica; 400 m; fl y fr nov; México a Venezuela, Brasil, Trinidad y Tobago. Como ya ha sido notado por Hitchcock y Chase (1915), esta especie difiere de la polimorfa *P. virgatum* L. únicamente en su hábito de crecimiento y es quizá solamente un ecótipo tropical costero de *P. virgatum*.

Panicum antidotale Retz., Observ. Bot. 4: 17. 1786.

Perennes rizomatosas con las vainas del rizoma densamente adpreso pilosas; tallos 50–200 cm de largo, erectos a decumbentes, generalmente ramificados; entrenudos pruinosos, generalmente aplanados, nudos glabros o pilosos. Vainas glabras; membrana ligular ca 1 mm de largo, los cilios ca 1 mm de largo; láminas lineares, 10–50 cm de largo y 4–20 mm de an-

cho, aplanadas, glabras. Panículas 10–45 cm de largo, terminales, ramas 4–12 cm de largo, solitarias, escabrosas, patentes; espiguillas elipsoide-lanceoloides, 2.5–3.1 mm de largo, en pares desigualmente pedicelados en la base, solitarias hacia la punta, adpresas, agudas, glabras; gluma inferior 1.4–1.7 mm de largo, ca 1/2 del largo de la espiguilla, 3–5-nervia, aguda, gluma superior tan larga como la espiguilla o ligeramente más corta que ella, 5–7-nervia, aguda; flósculo inferior estaminado; lema inferior tan larga como la espiguilla, 5–7-nervia, hialina en los márgenes, obtusa; pálea inferior casi tan larga como la lema inferior; anteras ca 1.4 mm de largo; flósculo superior 1.8–2.8 m de largo y 0.7–1.2 mm de ancho, liso, brillante, glabro, agudo, sésil; anteras ca 1.6 mm de largo.

Pasto de forraje cultivado en potreros, escapado en orillas de caminos, zona pacífica; 40–50 m; fl y fr ene, jul, ago; *Molina 27271, Seymour 5446*; nativa de la India; introducida en todos los trópicos.

Panicum aquaticum Poir. var. **aquaticum**, Encycl., Suppl. 4: 281. 1816.

Perennes; tallos 25–90 cm de largo, erectos a geniculados, ramificados o simples; entrenudos y nudos glabros. Vainas glabras; membrana ligular 0.2–0.4 mm de largo, los cilios 0.4–1.3 mm de largo; láminas lineares, 6–30 cm de largo y 4–8 mm de ancho, generalmente patentes, escasamente angostadas en la base, aplanadas, glabras o pilosas en la haz en la base. Panículas 4–20 cm de largo, terminales y axilares, ramas 2.5–13 cm de largo, solitarias, escabriúsculas, ascendentes; espiguillas 2.8–3.4 mm de largo, en pares desigualmente pedicelados en la base, solitarias hacia la punta, adpresas, lanceoloide-elipsoides, agudas, glabras; gluma inferior 1–1.5 mm de largo, 2/5–1/2 del largo de la espiguilla, amplexicaule, 1–3-nervia, obtusa a aguda, gluma superior tan larga como la lema inferior o ligeramente más larga, 7–9-nervia, aguda; flósculo inferior estaminado, las anteras 1.4–1.6 mm de largo; lema inferior tan larga como la espiguilla o ligeramente más corta, 9-nervia, aguda; pálea inferior tan larga como la lema inferior o ligeramente más larga; flósculo superior 2.2–2.3 mm de largo y 0.9–1 mm de ancho, liso, brillante, glabro, agudo, sésil; anteras 1.2–1.6 mm de largo.

Conocida en Nicaragua por una sola colección (*Seymour 2895*) de arbustales costeros, Puerto Isabel, Zelaya; nivel del mar; fl y fr ene; México (Yucatán) a Argentina y en las Antillas. Esta especie está cercanamente emparentada con *P. dichotomiflorum* Michx. En Mesoamérica *P. aquaticum* parece tener de manera consistente flores estaminadas completamente desarrolladas. La variedad *P. aquaticum* var. *cartagoense* Davidse es endémica de Costa Rica.

Panicum bulbosum Kunth in Humb., Bonpl. & Kunth, Nov. Gen. Sp. 1: 99. 1816; *P. paucifolium* Swallen.

Perennes rizomatosas, cada segmento de rizoma hinchado, cormiforme, hasta 2.2 cm de largo y 1.8 cm de ancho, cada cormo produciendo un tallo, los catafilos densamente pilosos; tallos (30–) 100–200 cm de largo, erectos, simples; entrenudos y nudos glabros. Vainas glabras a adpreso pilosas; membrana ligular 0.1–0.6 mm de largo, los cilios 0.2–0.7 mm de largo; láminas lineares, 15–60 cm de largo y 5–14 mm de ancho, ensanchadas a subcordadas en la base, aplanadas, glabras, a veces esparcidamente pilosas en la haz. Panículas 9–40 cm de largo, terminales, ramas 4–18 cm de largo, solitarias, escabrosas, ascendentes a patentes; espiguillas elipsoides o lanceoloides, 3.3–5.4 mm de largo, solitarias, ascendentes, agudas a subagudas, glabras; gluma inferior 1.6–3 mm de largo, 2/5–3/5 del largo de la espiguilla, 3–5-nervia, generalmente obtusa, raramente aguda, gluma superior 3/5 a casi tan larga como la espiguilla, 5–7-nervia, obtusa; flósculo inferior estéril o estaminado; lema inferior tan larga como la espiguilla a ligeramente más corta que el flósculo superior, 5-nervia, subaguda; pálea inferior 4/5 del largo de la lema inferior a más larga que el flósculo superior; anteras 2–2.7 mm de largo; flósculo superior 3.2–3.9 mm de largo y 1.1–1.3 mm de ancho, ruguloso, opaco, pubérulo o subescabriúsculo, rara vez esparcidamente piloso en la parte de atrás, agudo, sésil; anteras 2.1–2.8 mm de largo.

Rara, áreas abiertas en bosques de pino-encinos, Estelí; 1140–1400 m; fl y fr jul, ago; *Kral 69194, Moreno 16811*; suroeste de los Estados Unidos a Ecuador.

Panicum caricoides Nees ex Trin., Gram. Panic. 149. 1826; *P. stenodoides* F.T. Hubb.

Perennes cespitosas; tallos 10–50 cm de largo, erectos, alambrinos, simples excepto por las inflorescencias axilares; entrenudos y nudos glabros o pilosos. Vainas glabras a pilosas; lígula una hilera de cilios 0.1–0.2 mm de largo, la membrana ausente; láminas lineares, 4–14 cm de largo y 1–2 mm de ancho, involutas en el ápice, aplanadas a dobladas en la base, glabras a pilosas, más anchas en la base. Panículas 1–3 cm de largo, angostas, terminales y axilares, paucifloras, ramas 3–7 mm de largo, solitarias, glabras o con algunos tricomas largos por debajo de la espiguilla, adpresas; espiguillas obovoides, 2–2.4 mm de largo, solitarias, adpresas, glabras, subagudas; gluma inferior 1.1–1.4 mm de largo, ca 1/2 del largo de la espiguilla, 3–5-nervia, obtusa a subaguda, el entrenudo glumar alargado, gluma superior ligeramente más corta que la espiguilla, 9-nervia, obtusa; flósculo inferior estéril; lema inferior tan larga como la espiguilla, 5–7-nervia, obtusa; pálea inferior 1/3–1/2 del largo de la lema inferior; flósculo superior 1.6–1.8 mm de largo y 0.7–1 mm de ancho, liso, brillante, glabro, subagudo, sésil; anteras 0.5–0.7 mm de largo.

Conocida en Nicaragua por una sola colección (*Pohl 12282*) de Bilwaskarma, Zelaya; 30 m; fl y fr jul; México (Chiapas) a Colombia, Venezuela, Guayanas, Brasil, también en Trinidad.

Panicum cayennense Lam., Tabl. Encycl. 1: 173. 1791.

Anuales cespitosas; tallos 10–110 cm de largo, erectos, ramificados desde los nudos inferiores y medios; entrenudos híspidos a glabros, nudos híspidos. Vainas papiloso-pilosas; membrana ligular 0.1–0.3 mm de largo, los cilios 0.8–1.8 mm de largo; láminas lineares, 5–28 cm de largo y 4–10 mm de ancho, redondeadas en la base, aplanadas, papiloso-híspidas a glabrescentes. Panículas 5–30 cm de largo, terminales y axilares, formando una panícula compuesta alargada 2/3 del largo de la planta, ramas 3–13 cm de largo, solitarias, escabrosas, divaricadas; espiguillas 2.1–2.6 mm de largo, solitarias, patentes, obovoides, agudas, glabras; gluma inferior 1.1–1.8 mm de largo, ca 1/2 del largo de la espiguilla, amplexicaule, 5-nervia, aguda, gluma superior tan larga como la espiguilla, 7-nervia, aguda; flósculo inferior estéril; lema inferior tan larga como la espiguilla, 7-nervia, aguda; pálea inferior tan larga como la lema inferior; flósculo superior 1.5–1.8 mm de largo y 0.9–1.2 mm de ancho, liso, brillante, glabro, obtuso, estipitado 0.1–0.3 mm de largo; anteras 0.7–0.9 mm de largo.

Esperada en Nicaragua; México a Bolivia, Brasil, Argentina y en las Antillas.

Panicum cyanescens Nees ex Trin., Gram. Panic. 202. 1826.

Perennes cespitosas; tallos 30–70 cm de largo, generalmente erectos, raramente decumbentes y con raíces en la base, ramificados desde los nudos medios y superiores; entrenudos y nudos glabros. Vainas ciliadas, por lo demás glabras; membrana ligular 0.2–0.3 mm de largo, los cilios ausentes o hasta 0.1 mm de largo; láminas lanceoladas, 4.5–10 cm de largo y 4–8 mm de ancho, aplanadas, ascendentes o adpresas, glabras, generalmente con una hilera de tricomas 3–4 mm por detrás de la lígula, angostadas en la base. Panículas 3–15 cm de largo, terminales, ramas 4–11 cm de largo, solitarias, glabras, ascendentes a patentes; espiguillas elipsoides a subglobosas, 1.4–1.9 mm de largo, solitarias, divergentes, obtusas, glabras; gluma inferior 1.2–1.3 mm de largo, 1/2–6/7 del largo de la espiguilla, 3-nervia, obtusa, gluma superior tan larga como la lema inferior, 5-nervia, obtusa; flósculo inferior estéril o estaminado; lema inferior tan larga como la espiguilla, 5-nervia, obtusa; pálea inferior tan larga como la lema inferior; anteras 1–1.1 mm de largo; flósculo superior 1.4–1.7 mm de largo y 0.8–0.9 mm de ancho, liso, brillante, con unos pocos tricomas adpresos, diminutos o casi glabro, subagudo; anteras 0.9–1 mm de largo.

Común, áreas pantanosas, sabanas húmedas, márgenes de ríos, norte de la zona atlántica; 5–100 m; fl y fr jun–ago; *Neill 4399, Pohl 12297*; sur de México a Bolivia, Brasil y en las Antillas. Esta especie está cercanamente emparentada con *P. parvifolium* y es difícil asignar especímenes de hojas pequeñas y con bases decumbentes a cualquiera de las dos especies. En general *P. cyanescens* posee un hábito mucho más erecto y panículas y hojas más grandes con las láminas más adpresas al tallo.

Panicum elephantipes Nees ex Trin., Gram. Panic. 206. 1826; *P. sucosum* Hitchc. & Chase.

Perennes; tallos 100–600 cm de largo, en general largamente decumbentes y enraizando en los nudos, frecuentemente inflados y flotantes, frecuentemente ramificados; entrenudos y nudos glabros. Vainas glabras, nervadas transversalmente; membrana ligular 0.3–0.7 mm de largo, los cilios 2.2–3 mm de largo; láminas lineares, 15–50 cm de largo y 0.7–2 cm de ancho, ligeramente angostadas en la base, aplanadas, glabras o pilosas en la haz por lo menos en la base. Panículas 25–40 cm de largo, terminales, ramas 10–20 cm de largo, generalmente solitarias, escabrosas, patentes, las ramillas adpresas; espiguillas lanceoloides, 3.3–4.7 mm de largo, pareadas, adpresas, acuminadas, glabras; gluma inferior 1–1.5 mm de largo, 1/5–1/3 del largo de la espiguilla, amplexi-

caule, 1-nervia, obtusa a aguda, gluma superior casi tan larga como la lema inferior, 7–9-nervia, acuminada; flósculo inferior estéril; lema inferior tan larga como la espiguilla, 7–9-nervia, acuminada; pálea inferior ausente; flósculo superior 3–4 mm de largo y 0.8–0.9 mm de ancho, 0.4–0.6 mm más corto que la lema inferior, liso, brillante, glabro, acuminado, sésil; anteras 1.5–1.8 mm de largo.

Esperada en Nicaragua; México a Bolivia, Brasil, Argentina y en las Antillas.

Panicum ghiesbreghtii E. Fourn., Mexic. Pl. 2: 29. 1886.

Perennes cespitosas; tallos 40–120 cm de largo, erectos, ramificados desde los nudos inferiores; entrenudos y nudos hirsutos. Vainas papiloso-hirsutas; membrana ligular 0.3–0.5 mm de largo, los cilios 0.3–0.6 mm de largo; láminas lineares, 15–40 cm de largo y 7–12 mm de ancho, redondeadas en la base, aplanadas, papiloso-hirsutas. Panículas 10–32 cm de largo, terminales y axilares, ramas hasta 22 cm de largo, solitarias, escabriúsculas, ascendentes; espiguillas lanceoloides, 2.6–3.8 mm de largo, solitarias, adpresas o divergentes, acuminadas, glabras; gluma inferior 1.2–1.9 mm de largo, 1/2–2/3 del largo de la espiguilla, amplexicaule, 5–7-nervia, aguda, gluma superior tan larga como la lema inferior, 9–13-nervia, aguda; flósculo inferior estéril; lema inferior tan larga como la espiguilla, 9–11-nervia, aguda; pálea inferior ca 1/3 del largo de la lema inferior; flósculo superior 1.8–2.1 mm de largo y 0.8–0.9 mm de ancho, liso, brillante, glabro, subagudo, sésil; anteras 0.9–1.3 mm de largo.

Poco común, sabanas rocosas, zonas pacífica y norcentral; 60–920 m; fl y fr may–ago; *Pohl 12210, Stevens 21647*; México a Colombia, Venezuela, Ecuador y en las Antillas.

Panicum grande Hitchc. & Chase, Contr. U.S. Natl. Herb. 17: 529. 1915.

Perennes, a veces estoloníferas, con estolones alargados; tallos 200–400 cm de largo, decumbentes en la base y con raíces en los nudos inferiores, generalmente simples o ramificados; entrenudos glabros, nudos adpreso pilosos. Vainas glabras; membrana ligular 1–2.5 mm de largo, los cilios 0.4–0.6 mm de largo; láminas linear-elípticas, 35–75 cm de largo y 30–50 mm de ancho, angostadas en la base, aplanadas, glabras, los márgenes fuertemente escabrosos. Panículas 55–70 cm de largo, terminales, ramas 12–40 cm de largo, verticiladas, escabriúsculas, patentes; espiguillas lanceoloides, 2.5–3 mm de largo, solitarias, adpresas, glabras, agudas a acuminadas; gluma inferior 1.6–2 mm de largo, ca 2/3 del largo de la espiguilla, 3-nervia, aguda, gluma superior tan larga como la lema inferior, 5-nervia, aguda; flósculo inferior estéril; lema inferior tan larga como la espiguilla, 5-nervia, aguda; pálea inferior ausente; flósculo superior 1.5–1.8 mm de largo y 0.6–0.8 mm de ancho, 0.5–0.9 mm más corto que la gluma superior y lema inferior, liso, brillante, glabro excepto diminutamente piloso en el ápice, agudo, sésil; anteras 0.7–1.1 mm de largo.

Conocida en Nicaragua por una colección (*Rueda 2633*) de márgenes de ríos en bosques siempreverdes, Zelaya; 50 m; fl y fr ene; sur de México a Perú, Brasil y en las Antillas.

Panicum haenkeanum J. Presl in C. Presl, Reliq. Haenk. 1: 304. 1830; *P. costaricense* Hack.

Perennes; tallos 50–200 cm de largo, desparramados, decumbentes en la base y con raíces en los nudos inferiores, ramificados desde los nudos inferiores a medios; entrenudos esparcidamente pilosos, nudos glabros. Vainas esparcidamente pilosas; membrana ligular 0.3–0.5 mm de largo, los cilios 0.2–0.3 mm de largo; láminas linear-lanceoladas, 3–15 cm de largo y 3–16 mm de ancho, angostadas en la base, aplanadas, hirsutas. Panículas 7–25 cm de largo, terminales, ramas 3–11 cm de largo, solitarias, escabrosas, divergentes; espiguillas elipsoides, 2.2–2.6 mm de largo, solitarias, divergentes, agudas, esparcidamente pilosas; gluma inferior 1.1–1.3 mm de largo, ca 1/2 del largo de la espiguilla, 3-nervia, amplexicaule, aguda a acuminada, gluma superior tan larga como la lema inferior, 5-nervia, aguda, esparcidamente pilosa; flósculo inferior estéril; lema inferior tan larga como la espiguilla, 5-nervia, aguda, esparcidamente pilosa; pálea inferior ausente o hasta 1 mm y angosta; flósculo superior 1.7–1.8 mm de largo y 0.6–0.8 mm de ancho, liso, brillante, glabro, subagudo, sésil; anteras 0.9–1 mm de largo.

Rara, bosques siempreverdes, bosques macrófilos, zona atlántica; hasta 60 m; fl y fr feb–may; *Stevens 8561, 12849*; México a Venezuela, Brasil, Bolivia.

Panicum hians Elliott, Sketch Bot. S. Carolina 1: 118. 1816; *P. exiguiflorum* Griseb.; *Steinchisma hians* (Elliott) Nash.

Perennes cespitosas; tallos 20–70 cm de largo, erectos o geniculados y con raíces en los nudos inferiores, simples o escasamente ramificados; entrenudos y nudos glabros. Vainas glabras, carinadas; membrana ligular 0.3–0.5 mm de largo, los cilios ca 0.1 mm de largo; láminas 5–15 cm de largo y 1–5 mm de ancho, glabras o pilosas en la haz hacia la base. Panículas 5–20 cm de largo, terminales, ramas 2–9 cm de largo, delgadas, más bien distantes, ascen-

dentes o patentes o inclinadas distalmente, generalmente desnudas en la 1/2 inferior; espiguillas elipsoides, 2.2–2.4 mm de largo, aglomeradas y unilaterales en las ramillas cortas, adpresas, subagudas, glabras; gluma inferior 0.8–1.3 mm de largo, 1/4–1/2 del largo de la espiguilla, 3-nervia, aguda, gluma superior tan larga como la lema superior o escasamente más corta, 5-nervia, flósculo inferior estéril; lema inferior tan larga como la espiguilla, 3–5-nervia; pálea inferior tornándose agrandada y endurecida, expandiendo a la espiguilla, ligeramente más larga que el flósculo superior; flósculo superior 1.6–1.9 mm de largo y 0.6–0.7 mm de ancho, liso, brillante, subagudo, sésil; anteras 2, 0.4–0.6 mm de largo.

Conocida en Nicaragua por una sola colección (*Davidse 30617*) hecha en pastizales, Mesas Moropotente, Estelí; 1100–1300 m; fl y fr may; sureste de los Estados Unidos a Colombia, Brasil, Argentina, introducida en Sudáfrica.

Panicum hirsutum Sw., Fl. Ind. Occid. 1: 173. 1797.

Anuales cespitosas; tallos 80–200 cm de largo, erectos, generalmente simples; entrenudos glabros o papiloso-híspidos, nudos adpreso pilosos. Vainas papiloso-hirsutas; membrana ligular 0.3–0.6 mm de largo, los cilios 0.1–0.5 mm de largo; láminas lineares, 20–70 cm de largo y 10–35 mm de ancho, redondeadas en la base, aplanadas, a veces esparcidamente papiloso-híspidas, generalmente glabras y con una hilera de tricomas híspidos 1.5–4 mm por detrás de la lígula. Panículas 20–43 cm de largo, terminales, ramas 20–35 cm de largo, solitarias o las inferiores verticiladas, escabrosas, ascendentes a patentes; espiguillas ovoides, 1.8–2.2 mm de largo, solitarias, adpresas, agudas, glabras; gluma inferior 0.8–1.2 mm de largo, ca 1/2 del largo de la espiguilla, amplexicaule, 3–5-nervia, aguda, gluma superior tan larga como la lema inferior, 7–9-nervia, aguda; flósculo inferior estéril; lema inferior tan larga como la espiguilla, 7–9-nervia, aguda; pálea inferior ca 3/4 del largo de la lema inferior, angosta; flósculo superior 1.2–1.4 mm de largo y 0.6–0.7 mm de ancho, liso, brillante, glabro, agudo, sésil; anteras 0.7–0.9 mm de largo.

Rara, márgenes de ríos, vegetación secundaria, norte de la zona atlántica; 100 m; fl y fr may; *Neill 3910, Stevens 7982*; Estados Unidos (sur de Texas), México a Perú, Brasil, Argentina y en las Antillas.

Panicum hirticaule J. Presl in C. Presl, Reliq. Haenk. 1: 308. 1830; *P. capillare* var. *hirticaule* (J. Presl) Gould; *P. capillare* var. *miliaceum* Vasey; *P. hirticaule* var. *miliaceum* (Vasey) Beetle; *P. sonorum* Beal; *P. flabellatum* E. Fourn.

Anuales cespitosas; tallos 12–130 cm de largo, erectos a geniculados, simples o ramificados desde los nudos inferiores; entrenudos y nudos generalmente papiloso-hirsutos, raramente glabros. Vainas papiloso-hirsutas; membrana ligular 0.3–0.7 mm de largo, los cilios 0.5–1.5 mm de largo; láminas lineares a lanceoladas, 5–40 cm de largo y 4–25 mm de ancho, cordadas a redondeadas en la base, aplanadas, papiloso-hirsutas a casi glabras. Panículas 5–35 cm de largo, terminales y axilares, ramas 4–19 cm de largo, solitarias, escabrosas a esparcidamente pilosas, divergentes a inclinadas; espiguillas lanceoloides, 2.4–3.3 mm de largo, solitarias, adpresas, agudas, glabras; gluma inferior 1.4–1.9 mm de largo, 1/2–3/4 del largo de la espiguilla, amplexicaule, 5-nervia, aguda, gluma superior tan larga como la espiguilla, 7–11-nervia, acuminada; flósculo inferior estéril; lema inferior ligeramente más corta que la gluma superior, 9–11-nervia, acuminada; pálea inferior ausente o hasta 1/4 del largo de la lema inferior; flósculo superior 1.7–2.3 mm de largo y 0.8–1 mm de ancho, liso, brillante, glabro, subagudo, sésil; anteras 1–1.3 mm de largo.

Maleza común, áreas perturbadas, zonas pacífica y norcentral; 0–1000 m; fl y fr jun–sep, dic; *Moreno 21833, Robleto 1269*; sur de Estados Unidos a Bolivia, Brasil, Paraguay, Argentina y en las Antillas. Las espiguillas de esta especie son típicamente rojizas.

Panicum hirtum Lam., Encycl. 4: 741. 1798.

Anuales; tallos 20–40 cm de largo, decumbentes y con raíces en los nudos, ramificados; entrenudos y nudos papiloso-puberulentos. Vainas pilosas; membrana ligular 0.2–0.3 mm de largo, sin cilios; láminas ovadas a lanceoladas, 2–6 cm de largo y 8–20 mm de ancho, cordadas en la base, aplanadas, pilosas en el envés, escabrosas en la haz, ciliadas en los 2/3 inferiores. Panículas 3–7 cm de largo, terminales, eje piloso, ramas 2–5 cm de largo, solitarias, glabras, glandulares, divergentes; espiguillas 1.2–1.5 mm de largo, solitarias, aplanado-convexas, agudas, divergentes, dispuestas en ángulos rectos en los pedicelos, inconspicua a prominentemente papiloso-hirsutas; gluma inferior 1.2–1.5 mm de largo, tan larga como la espiguilla, 3-nervia, esparcidamente puberulenta, aguda, gluma superior tan larga como la lema inferior o ligeramente más larga que ella, 5-nervia, aguda, esparcidamente corti- a longipapiloso-híspida; flósculo inferior estéril; lema inferior tan larga como la espiguilla o ligeramente más corta, 5-nervia, glabra, marcadamente más delgada en medio que a lo largo de los márgenes; pálea inferior ligeramente más corta que la lema inferior; flósculo superior 1.1 mm de largo y 0.5–0.6 mm de ancho, ca 0.3 mm más corto

que la gluma superior y lema inferior, separadamente deciduo, liso, brillante, esparcidamente puberulento con diminutos tricomas globulares, diminutamente estipitado; anteras 0.4–0.6 mm de largo.

Rara, sabanas de pinos, zona atlántica; 10–100 m; fl y fr ene; *Atwood 3546, Seymour 3760*; México (Oaxaca) a Ecuador, Brasil, las Antillas, Africa tropical. Las espiguillas difieren frecuentemente en el número y largo de los tricomas en la gluma superior. La gluma superior y flósculo superior frecuentemente se desarticulan individualmente dejando a la gluma inferior y flósculo inferior en el pedicelo. Esta especie pudo haber sido introducida de Africa tropical (donde generalmente es llamada *Panicum heterostachyum* Hack.) y está cercanamente emparentada con *P. brevifolium* L. del Viejo Mundo.

Panicum hispidifolium Swallen, Contr. U.S. Natl. Herb. 29: 424. 1950; *P. hispidum* Swallen.

Anuales cespitosas; tallos 15–90 cm de largo, erectos a geniculados, simples o ramificados desde los nudos inferiores y medios; entrenudos papiloso-híspidos, nudos glabros a híspidos. Vainas papiloso-híspidas; membrana ligular 0.4–0.9 mm de largo, los cilios 0.1–1.5 mm de largo; láminas lineares, 9–37 cm de largo y 3–10 mm de ancho, redondeadas en la base, aplanadas, papiloso-híspidas. Panículas 10–35 cm de largo, terminales y axilares, ramas 7–18 cm de largo, escabrosas, patentes; espiguillas ovoides, 3–3.8 mm de largo, solitarias, divergentes, agudas, glabras; gluma inferior 1.8–2.6 mm de largo, 1/2–3/5 del largo de la espiguilla, amplexicaule, 5-nervia, aguda, escabrosa en la nervadura media, gluma superior tan larga como la lema inferior o ligeramente más larga que ella, 7-nervia, aguda; flósculo inferior estéril; lema inferior tan larga como la espiguilla, 7-nervia, aguda; pálea inferior 2/3–3/4 del largo de la lema inferior; flósculo superior 2.2–2.5 mm de largo y 1.2–1.3 mm de ancho, liso, brillante, glabro, obtuso, sésil; anteras 0.9–1.3 mm de largo.

Conocida en Nicaragua por una sola colección (*Neill 1115*) hecha en flujos de lava cerca del Volcán Santiago, Masaya; 350 m; fl y fr oct; sur de México a Colombia y Venezuela.

Panicum hylaeicum Mez, Notizbl. Bot. Gart. Berlin-Dahlem 7: 75. 1917; *P. minutiflorum* Döll; *P. doellii* Mez; *P. guianense* Hitchc.; *P. laxum* var. *amplissimum* Hack.; *P. laxum* var. *pubescens* Döll.

Perennes; tallos 50–125 cm de largo, erectos a reptantes y con raíces en los nudos inferiores, ramificados desde los nudos inferiores y medios; entrenudos y nudos glabros. Vainas ciliadas, por lo demás glabras; membrana ligular 0.1–0.4 mm de largo, los cilios 0.1–0.3 mm de largo; láminas lanceoladas a linear-lanceoladas, 6–16 cm de largo y 8–22 mm de ancho, cordadas y ciliadas en la base, aplanadas, glabras. Panículas 10–21 cm de largo, terminales, ramas 2–8 cm de largo, solitarias, ascendentes a patentes, escabrosas, racemiformes, aplanadas, los pulvínulos generalmente pilosos; espiguillas ovoides, 1.2–1.7 mm de largo, en su mayoría pareadas, desigualmente pediceladas, unilaterales, glabras, raramente puberulentas, subagudas; gluma inferior 0.5–0.8 mm de largo, 2/5–1/2 del largo de la espiguilla, 3-nervia, aguda, gluma superior ligeramente más corta que la lema inferior, 3–5-nervia, subaguda; flósculo inferior 0.5 mm de largo, generalmente estéril, raramente estaminado con 2 anteras; lema inferior tan larga como la espiguilla, 3-nervia, subaguda; pálea inferior tan larga como el flósculo superior; flósculo superior 1.1–1.4 mm de largo y 0.5–0.7 mm de ancho, liso, brillante, glabro, escabriúsculo en el ápice, agudo, sésil; anteras (0.5–) 0.6–0.8 mm de largo.

Poco común, bosques de galería, bosques secundarios, zonas pacífica y norcentral; 100–1400 m; fl y fr may–sep; *Davidse 30780, Guzmán 815*; sur de México a Bolivia, Brasil, Paraguay, Argentina y en las Antillas. Las plantas mesoamericanas son en general más pequeñas que las sudamericanas y comúnmente poseen un hábito reptante.

Panicum incumbens Swallen, Contr. U.S. Natl. Herb. 29: 417. 1950.

Perennes cespitosas; tallos 60–500 cm de largo, en su mayoría erectos a un tanto decumbentes, ramificados; entrenudos y nudos híspidos. Vainas papiloso-híspidas con tricomas irritantes; membrana ligular 0.2–0.3 mm de largo, los cilios 0.1–0.3 mm de largo; láminas linear-lanceoladas, 17–25 cm de largo y 12–25 mm de ancho, obtusas en la base, aplanadas, glabras a esparcidamente papiloso-híspidas, con una hilera prominente de tricomas por detrás de la lígula. Panículas 15–50 cm de largo, terminales, ramas 12–25 cm de largo, solitarias, escabrosas a pilosas, ascendentes; espiguillas elipsoides, 2.8–3.3 mm de largo, solitarias o en pares desigualmente y largamente pediceladas, divergentes, glabras, subagudas; gluma inferior 0.4–0.6 (–1.1) mm de largo, 1/10–3/10 del largo de la espiguilla, enervia, obtusa o aguda, gluma superior tan larga como la lema inferior, 5–7-nervia, obtusa; flósculo inferior estéril; lema inferior tan larga como la espiguilla, 5–7-nervia, obtusa; pálea inferior ausente; flósculo superior 2.5–2.9 mm de largo y 1.3–1.5 mm de ancho, liso, brillante, adpreso piloso, obtuso, sésil; anteras 0.5–0.8 mm de largo.

Conocida en Nicaragua por una sola colección (*Stevens 15202*) hecha en bosques en el Volcán Yalí, Jinotega; 1200–1400 m; fl y fr oct; México (Chiapas) a Nicaragua.

Panicum laxum Sw., Prodr. 23. 1788; *P. boliviense* Hack.; *P. hondurense* Swallen.

Perennes; tallos 20–80 cm de largo, erectos a decumbentes o estoloníferos, con raíces y ramificación desde los nudos inferiores; entrenudos y nudos glabros. Vainas ciliadas, por lo demás glabras; membrana ligular 0.3–0.5 mm de largo, diminutamente ciliolada; láminas linear-lanceoladas, 5–23 cm de largo y 3–10 mm de ancho, angostadas a subcordadas en la base, aplanadas, glabras, a veces con unos pocos tricomas largos en la base de la haz. Panículas 7–33 cm de largo, terminales, ramas 3–13 cm de largo, solitarias, generalmente con por lo menos algunas ramas secundarias en las ramas primarias inferiores, glabras, ascendentes a patentes, las últimas ramillas algo aplanadas; espiguillas abruptamente lanceoloides, 1.4–1.9 mm de largo, en su mayoría pareadas, desigualmente pediceladas, unilaterales, obtusas, glabras; gluma inferior 0.6–1 mm de largo, 2/5–1/2 del largo de la espiguilla, 3-nervia, aguda, gluma superior ligeramente más corta que la lema inferior a tan larga como ella, 3–5-nervia, subaguda; flósculo inferior estéril; lema inferior tan larga como la espiguilla, 3-nervia, subaguda; pálea inferior tan larga como la lema inferior a ligeramente más larga; flósculo superior 1.2–1.5 mm de largo y 0.5–0.6 mm de ancho, liso, brillante, glabro, diminutamente escabriúsculo en la punta, agudo, sésil; anteras 2, 0.4–0.8 mm de largo.

Común, en bosques, sabanas y áreas perturbadas, en todo el país; 0–1400 m; fl y fr durante todo el año; *Moreno 23837, Neill 2520*; América tropical, introducida a Africa Occidental tropical. El tamaño de los tallos y la cantidad de ramificaciones secundarias varían tremendamente en esta especie. Las plantas grandes con ramas secundarias largas, más ramificadas y patentes han sido nombradas *P. hondurense*. Los especímenes sudamericanos ocasionalmente presentan espiguillas pilosas y otros raramente presentan espiguillas con una mezcla de 2 ó 3 estambres por flósculo. Es posible que los del segundo tipo sean de origen híbrido dado que la especie presenta normalmente 2 estambres por flósculo.

Panicum maximum Jacq., Icon. Pl. Rar. 1: 2. 1781; *Urochloa maxima* (Jacq.) R.D. Webster.

Perennes cespitosas; tallos 50–300 cm de largo, erectos a geniculados, comprimidos, infrecuentemente ramificados; entrenudos glabros, nudos glabros o pilosos. Vainas glabras a papiloso-hirsutas, ciliadas, el cuello generalmente hirsuto; membrana ligular 0.5–1.7 mm de largo, los cilios 0.2–0.7 mm de largo; láminas lineares, 20–85 cm de largo y 8–35 mm de ancho, aplanadas, densamente hirsutas por detrás de la lígula, escabrosas, glabras a hirsutas. Panículas 13–60 cm de largo, terminales, raramente axilares, ramas 8–35 cm de largo, las inferiores verticiladas, escabriúsculas, ascendentes a patentes, los pulvínulos pilosos, los pedicelos a veces con algunos tricomas largos; espiguillas oblongo-elipsoides, 2.8–3.7 mm de largo, adpresas a ascendentes, solitarias, glabras o pilosas, subagudas; gluma inferior 1–1.7 mm de largo, 1/3–1/2 del largo de la espiguilla, 3-nervia, aguda, gluma superior ligeramente más corta que la lema inferior o tan larga como la espiguilla, 5–9-nervia, subaguda; flósculo inferior estaminado; lema inferior tan larga como la espiguilla, casi tan larga como el flósculo superior, 5–7-nervia, subaguda; pálea inferior tan larga como la lema inferior; anteras 1.4–2.1 mm de largo; flósculo superior 2.3–2.8 mm de largo y 0.9–1 mm de ancho, rugoso, opaco, diminutamente puberulento en el ápice, subagudo, sésil; anteras 1.3–1.7 mm de largo.

Es un importante pasto forrajero que ha sido ampliamente naturalizado; nativa de Africa e introducida a todos los trópicos y subtrópicos. Dos variedades se encuentran en Nicaragua.

Panicum maximum var. **maximum**
Nudos pilosos; espiguillas 2.8–3.8 mm de largo, glabras; gluma inferior 1–1.7 mm de largo; flósculo superior 2.3–2.8 mm de largo y 0.9–1 mm de ancho.

Común, áreas perturbadas secas y húmedas, en todo el país; 0–1300 m; fl y fr abr–dic; *Guzmán 439, Moreno 1932*; nativa de Africa y hoy en día ampliamente introducida a todos los trópicos y subtrópicos.

Panicum maximum var. **pubiglume** K. Schum. in Engl., Pflanzenw. Ost-Afrikas B(2/3): 85. 1895; *P. maximum* var. *trichoglume* Robyns; *Urochloa maxima* var. *trichoglumis* (Robyns) R.D. Webster.
Nudos glabros; espiguillas 2.5–2.7 mm de largo, pilosas; gluma inferior 0.7–1.1 mm de largo; flósculo superior 1.9–2 mm de largo y 0.8–0.9 mm de ancho.

Conocida en Nicaragua por una sola colección (*Zelaya 2246*), cultivada; fl y fr jul; nativa de Africa, esporádicamente introducida a los trópicos americanos y asiáticos.

Panicum mertensii Roth in Roem. & Schult., Syst. Veg. 2: 458. 1817; *P. megiston* Schult.
Perennes; tallos 100–300 cm de largo, erectos a decumbentes en la base y con raíces en los nudos inferiores, simples; entrenudos glabros, nudos glabros. Vainas papiloso-híspidas con tricomas irritantes; membrana ligular 2–3 mm de largo, los cilios ca 0.3 mm de largo; láminas lineares, 30–60 cm de largo y 14–25 mm de ancho, obtusas a subcordadas en la base, aplanadas, glabras. Panículas 40–50 cm de largo, terminales, ramas 8–16 cm de largo, verticiladas, escabrosas, patentes; espiguillas obovoides, 3.5–4 mm de largo, solitarias o en pares desigualmente pedicelados, adpresas, agudas, glabras; gluma inferior 1.4–1.7 mm de largo, 1/4–3/10 del largo de la espiguilla, amplexicaule, 3-nervia, subaguda, gluma superior tan larga como la lema inferior, 9-nervia, subaguda; flósculo inferior estéril o estambres abortivos a veces presentes; lema inferior tan larga como la espiguilla, 9-nervia, subaguda; pálea inferior 2/3 hasta tan larga como la lema inferior; flósculo superior 2.7–3 mm de largo y 1.5–1.9 mm de ancho, liso, brillante, glabro, agudo, sésil; anteras 1.3–1.5 mm de largo.

Esperada en Nicaragua en pantanos, lagos y ríos; sur de México a Argentina y en las Antillas.

Panicum parcum Hitchc. & Chase, Contr. U.S. Natl. Herb. 15: 68. 1910.
Anuales cespitosas; tallos 30–90 cm de largo, erectos a geniculados, simples o ramificados desde los nudos inferiores a medios; entrenudos glabros o papiloso-pilosos, nudos glabros. Vainas papiloso-híspidas; membrana ligular 0.2–0.5 mm de largo, los cilios 0.4–1.1 mm de largo; láminas lineares, 10–25 cm de largo y 3–10 mm de ancho, redondeadas en la base, aplanadas, papiloso-pilosas, ciliadas. Panículas 7–35 cm de largo, terminales y axilares, ramas 9–18 cm de largo, solitarias, escabriúsculas, patentes; espiguillas ovoides, 4.7–5.8 mm de largo, solitarias, divergentes, acuminadas, glabras; gluma inferior 2.9–4.2 mm de largo, 3/5–4/5 del largo de la espiguilla, amplexicaule, 5–7-nervia, acuminada, el entrenudo glumar alargado, gluma superior tan larga como la espiguilla, 9–11-nervia, acuminada; flósculo inferior estéril; lema inferior ligeramente más corta que la gluma superior, 9–11-nervia, acuminada; pálea inferior 1/3–1/2 del largo de la lema inferior; flósculo superior 2.8–3.4 mm de largo y 1.5–2 mm de ancho, liso, brillante, glabro, obtuso, sésil; anteras 1.4–2 mm de largo.

Rara, orillas de caminos, sabanas, León; 0–40 m; fl y fr ago, sep; *Pohl 12707, Stevens 23096*; México a Costa Rica.

Panicum parvifolium Lam., Tabl. Encycl. 1: 173. 1791.

Perennes; tallos 30–70 cm de largo, decumbentes y con raíces en la base, ramificados desde los nudos inferiores y medios; entrenudos y nudos glabros. Vainas glabras o pilosas; membrana ligular 0.1–0.2 mm de largo, sin cilios; láminas lanceoladas, 1–3 (–5) cm de largo y 2–7 mm de ancho, subcordadas en la base, aplanadas, patentes, glabras a pilosas, frecuentemente con una marcada hilera de tricomas por detrás de la lígula. Panículas 1.5–6 (–8) cm de largo, terminales, ramas 0.7–4 (–5) cm de largo, solitarias, glabras, divergentes; espiguillas elipsoides a subglobosas, 1.3–1.8 mm de largo, solitarias, divergentes, obtusas, glabras; gluma inferior 0.9–1.1 mm de largo, 1/2–5/6 del largo de la espiguilla, 3-nervia, obtusa, gluma superior tan larga como la lema inferior o ligeramente más corta, 5-nervia, obtusa; flósculo inferior estéril o estaminado; lema inferior tan larga como la espiguilla, 5-nervia, obtusa; pálea inferior 4/5 a tan larga como la lema inferior; anteras 0.9–1 mm de largo; flósculo superior 1.1–1.5 mm de largo y 0.7–0.8 mm de ancho, finamente estriado, brillante, glabro, obtuso, sésil; anteras 0.7–1.1 mm de largo.

Común, orillas de ríos y lagos, pantanos, sabanas húmedas, norte de la zona atlántica; 0–100 m; fl y fr ene–ago; *Pipoly 4996, Stevens 12794*; México (Tabasco) a Bolivia, Brasil, Paraguay, Argentina, también en las Antillas, Africa tropical y Madagascar.

Panicum pilosum Sw., Prodr. 22. 1788; *P. distichum* Lam.

Perennes estoloníferas; tallos 20–80 (–200) cm de largo, reptantes y con raíces en la base, ramificados; entrenudos glabros, nudos pilosos o glabros. Vainas frecuentemente mimetizando pseudopecíolos, ciliadas, por lo demás generalmente glabras, el cuello frecuentemente piloso; lígula ausente o raramente una hilera diminuta de cilios 0.1 mm o menos; láminas linear-lanceoladas, 5–22 (–35) cm de largo y 5–22 (–25) mm de ancho, subcordadas a redondeadas en la base, aplanadas, teseladas, glabras a esparcidamente pilosas. Panículas 7–26 (–40) cm de largo, terminales, ramas 2–4.5 (–10) cm de largo, solitarias, ligeramente aplanadas, generalmente pilosas, a veces escabrosas, ascendentes a patentes, racemiformes; espiguillas obtusamente ovoides, 1.2–1.7 mm de largo, en su mayoría pareadas, desigualmente brevipediceladas, unilaterales, glabras, subagudas a obtusas; gluma inferior 0.6–0.9 mm de largo, 1/3–1/2 del largo de la espiguilla, 1–3-nervia, aguda, gluma superior ligeramente más corta a tan larga como la lema inferior, 5-nervia, subaguda; flósculo inferior estéril; lema inferior tan larga como la espiguilla, 3-nervia, subaguda; pálea inferior 3/4–4/5 del largo de la lema inferior, ancha; flósculo superior 1–1.3 mm

de largo y 0.4–0.7 mm de ancho, liso, brillante, glabro, diminutamente escabriúsculo en la punta, agudo, sésil; anteras 0.5–0.7 mm de largo.

Especie de América tropical introducida a los trópicos del Viejo Mundo. Dos variedades en Nicaragua.

Panicum pilosum var. **lancifolium** (Griseb.) R.W. Pohl, Fieldiana, Bot., n.s. 4: 381. 1980; *P. distichum* var. *lancifolium* Griseb.; *P. milleflorum* Hitchc. & Chase.

Tallos 90–200 cm de alto. Láminas 20–35 cm de largo y 1.5–2.5 cm de ancho. Inflorescencia 30–40 cm de largo; racimos primarios 7–10 cm de largo, por lo menos los inferiores con ramas secundarias hasta 0.5–3 cm de largo.

Rara, pluvioselvas o bosques semideciduos, zona atlántica; 30–180 m; fl y fr jul, nov; *Moreno 9919, 13111*; Belice a Perú.

Panicum pilosum var. **pilosum**

Tallos 20–80 cm de alto. Láminas 5–22 cm de largo y 5–22 mm de ancho. Inflorescencia 7–26 cm de largo; racimos primarios 2–4.5 cm de largo, simples, a veces con grupos de 4 espiguillas en los racimos inferiores.

Común, campos perturbados, caños, zona atlántica; 0–400 m; fl y fr abr, may, sep, dic; *Guzmán 914, Stevens 19752*; América tropical, introducida a los trópicos del Viejo Mundo.

Panicum polygonatum Schrad. in Schult., Mant. 2: 256. 1824.

Perennes; tallos 15–80 (–200) cm de largo, decumbentes, frecuentemente reptantes, enraizando y ramificándose desde los nudos inferiores; entrenudos generalmente glabros, a veces híspidos, nudos en general densamente pilosos, a veces glabros. Vainas ciliadas, por lo demás generalmente glabras o a veces pilosas hacia el ápice; membrana ligular 0.2–0.3 mm de largo, diminutamente ciliolada; láminas lanceoladas a linear-lanceoladas, 4–16 cm de largo y 7–15 (–32) mm de ancho, cordadas a redondeadas en la base, aplanadas, generalmente longiciliadas en la base y glabras, a veces esparcidamente pilosas. Panículas 4–21 (–41) cm de largo, terminales, ramas 1.5–9 (–13) cm de largo, generalmente solitarias, ligeramente aplanadas, glabras a pilosas, divergentes; espiguillas lanceoloides, 1.3–1.8 mm de largo, en su mayoría pareadas, desigualmente pediceladas o las inferiores casi unilaterales, agudas, glabras o las glumas y lema inferior puberulentas en los márgenes; gluma inferior 0.5–1.1 mm de largo, 1/3–1/2 del largo de la espiguilla, 1–3-nervia, aguda, gluma superior subigual a o ligeramente más corta que la lema inferior, 3–5-nervia, aguda; flósculo inferior estéril; lema inferior tan larga como la espiguilla, 3-nervia, aguda; pálea inferior generalmente ausente, raramente hasta 4/5 del largo de la lema inferior; flósculo superior 1–1.3 mm de largo y 0.4–0.5 mm de ancho, liso, brillante, glabro, escabriúsculo en el ápice, agudo, sésil; anteras 0.3–0.4 mm de largo.

Común, áreas perturbadas, zonas norcentral y atlántica; 30–1300 m; fl y fr durante todo el año; *Davidse 30705, Moreno 849*; América tropical. Esta es una especie muy variable.

Panicum pulchellum Raddi, Agrostogr. Bras. 42. 1823.

Anuales; tallos 10–65 cm de largo, largamente decumbentes y con raíces en los nudos inferiores, libremente ramificados; entrenudos glabros a pilosos, nudos pilosos. Vainas glabras a pilosas, ciliadas; membrana ligular 0.2–0.4 mm de largo, los cilios 0.1–0.2 mm de largo; láminas ovado-lanceoladas, 2.5–5.5 cm de largo y 9–20 mm de ancho, asimétricas y subcordadas en la base, aplanadas, glabras a estrigosas, con una hilera de tricomas por detrás de la lígula (pseudolígula). Panículas 3–20 cm de largo, principalmente terminales, ocasionalmente axilares, ramas 0.5–3.5 cm de largo, solitarias, híspidas a escabrosas, racemiformes; espiguillas lanceoloide-ovoides, 1.7–2.3 mm de largo, pareadas, unilaterales, agudas, pilosas; glumas y pálea inferior pilosas, especialmente en los márgenes; gluma inferior 0.8–1.1 mm de largo, 1/3–1/2 del largo de la espiguilla, 3-nervia, gluma superior más corta que la lema inferior, 5-nervia, aguda; flósculo inferior estaminado; lema inferior tan larga como la espiguilla, 5-nervia, aguda, con 2 glándulas estipitadas en la parte convexa posterior; pálea inferior casi tan larga como la lema inferior; estambres rudimentarios o hasta 1.1 mm de largo; flósculo superior 1.1–1.5 mm de largo y 0.5–0.7 mm de ancho, liso, brillante, glabro, cortamente estipitado; anteras 0.7–0.9 mm de largo.

Común, pastizales, orillas de lagunas, bosques, zonas norcentral y atlántica; 130–1100 m; fl y fr dic-abr; *Araquistain 944, Stevens 21401*; México (Oaxaca y Veracruz) a Bolivia, Brasil y en las Antillas. El flósculo superior se desarticula prontamente durante la maduración de la cariopsis.

Panicum repens L., Sp. Pl., ed. 2, 87. 1762; *P. gouinii* E. Fourn.

Perennes rizomatosas; tallos 19–40 cm de largo, erectos, simples o esparcidamente ramificados desde los nudos medios e inferiores; entrenudos y nudos glabros. Vainas esparcidamente pilosas a glabras; membrana ligular 0.4–0.5 mm de largo, los cilios

0.2–0.5 mm de largo; láminas lineares, 3–17 cm de largo y 2–6 mm de ancho, angostadas en la base, aplanadas, glabras a esparcidamente pilosas. Panículas 4–15 cm de largo, terminales, ramas 2–11 cm de largo, generalmente solitarias, escabrosas, ascendentes a patentes; espiguillas elipsoides, 2.4–2.7 mm de largo, solitarias, adpresas, agudas, glabras; gluma inferior 0.5–1 mm de largo, 1/5–2/5 del largo de la espiguilla, débilmente 3–5-nervia, truncada a aguda, gluma superior ligeramente más corta que la lema inferior a tan larga como ella, 7–9-nervia, aguda; flósculo inferior generalmente estaminado; lema inferior tan larga como la espiguilla, 7–9-nervia, aguda; pálea inferior ca 1/2 del largo del flósculo inferior; anteras 1.7–2.2 mm de largo; flósculo superior 2.6–2.7 mm de largo y 1–1.3 mm de ancho, liso, brillante, glabro, agudo, sésil; anteras ca 1.7 mm de largo.

Conocida en Nicaragua por una sola colección (*Flint s.n.*); nativa de los trópicos y subtrópicos del Viejo Mundo, introducida desde el sur de los Estados Unidos hasta Argentina.

Panicum rudgei Roem. & Schult., Syst. Veg. 2: 444. 1817.

Perennes cespitosas; tallos 30–130 cm de largo, erectos en la base pero frecuentemente desparramados, con ramificación libre; entrenudos pilosos o glabros, nudos densamente pilosos. Vainas papiloso-híspidas; membrana ligular 0.1–0.4 mm de largo, los cilios 0.3–0.8 mm de largo; láminas lineares, 20–43 cm de largo y 0.6–1.1 mm de ancho, angostadas en la base, aplanadas o con los márgenes involutos, híspidas a glabrescentes. Panículas 10–25 cm de largo, terminales y axilares, formando una inflorescencia compuesta 1/3–1/2 del largo de la planta, ramas 3–13 cm de largo, las inferiores verticiladas, solitarias hacia el ápice, escabrosas, divaricadas; espiguillas ovoides, 3–3.5 mm de largo, solitarias, patentes, agudas, esparcidamente hirsutas; gluma inferior 2–2.9 mm de largo, 2/3–4/5 del largo de la espiguilla, 3–5-nervia, acuminada, gluma superior tan larga como la espiguilla, 7–9-nervia, acuminada; flósculo inferior estaminado; lema inferior ligeramente más corta que la gluma superior, 7–9-nervia, aguda; pálea inferior ca 4/5 del largo de la lema inferior; anteras 0.6–0.8 mm de largo; flósculo superior 1.7–2.2 mm de largo y 0.8–1.1 mm de ancho, liso, brillante, glabro, obtuso, estipitado 0.4–0.5 mm de largo; anteras 0.9–1.1 mm de largo.

Conocida en Nicaragua por una sola colección (*Seymour 4977*) hecha en sabanas de pinos, zona atlántica; 10–100 m; fl y fr mar; México a Bolivia, las Guayanas, Brasil y en las Antillas.

Panicum sellowii Nees in Mart., Fl. Bras. Enum. Pl. 2: 153. 1829.

Perennes cespitosas; tallos 50–150 cm de largo, decumbentes y con raíces en la base, libremente ramificados; entrenudos y nudos pilosos a glabros. Vainas pilosas a glabras, ciliadas; membrana ligular 0.2–0.3 mm de largo, los cilios hasta 0.2 mm de largo; láminas lanceoladas a lanceolado-ovadas, 5–17 cm de largo y 7–28 mm de ancho, cordadas y a veces ciliadas en la base, aplanadas, asimétricas, casi glabras a pilosas. Panículas 10–28 cm de largo, terminales, ramas 5–14 cm de largo, solitarias, escabriúsculas a pilosas, ampliamente patentes; espiguillas obaplanado-convexas en vista lateral, 1.9–2.3 mm de largo, en su mayoría solitarias, a veces en pares desigualmente pediceladas, adpresas, obtusas a subagudas, generalmente papiloso-puberulentas, a veces glabras; gluma inferior 1–1.5 mm de largo, 1/2–2/3 del largo de la espiguilla, no amplexicaule, 1-nervia, aguda, gluma superior ligeramente más corta que la lema inferior a 2/3 del largo de ésta, 5-nervia, obtusa; flósculo inferior estéril; lema inferior tan larga como la espiguilla, 3–5-nervia, obtusa; pálea inferior 1/2–2/3 del largo de la lema inferior, angosta; flósculo superior 1.7–2.1 mm de largo y 0.9–1 mm de ancho, inconspicuamente ruguloso, brillante, glabro, subagudo, sésil; anteras 1.1–1.3 mm de largo.

Rara, valle fluvial, zona atlántica; 0–100 m; fl y fr mar, jul; *Pohl 12257, Seymour 4665-b*; sur de México a Bolivia, Brasil, Paraguay, Argentina y en las Antillas.

Panicum stagnatile Hitchc. & Chase, Contr. U.S. Natl. Herb. 17: 528. 1915.

Perennes; tallos 100–200 cm de largo, decumbentes y enraizando en la base, ramificados desde los nudos inferiores y medios; entrenudos y nudos glabros o pilosos. Vainas ciliadas, por lo demás glabras; membrana ligular 0.6–1.1 mm de largo, ciliolada; láminas (17–) 20–37 cm de largo y 15–31 mm de ancho, linear-lanceoladas, redondeadas a subcordadas en la base, aplanadas, glabras en el envés, glabras a esparcidamente híspidas en la haz. Panículas 20–51 cm de largo, terminales, ramas 10–15 cm de largo, solitarias, escabrosas, los pulvínulos frecuentemente pilosos, patentes, las últimas ramillas aplanadas; espiguillas 1.6–1.9 mm de largo, en su mayoría pareadas, desigualmente pediceladas, a veces solitarias, ternadas o en pequeños grupos, unilaterales, lanceoloides, agudas, glabras pero escabrosas en la nervadura media de las brácteas; gluma inferior 0.6–1 mm de largo, 1/3–1/2 del largo de la espiguilla, 3-nervia, aguda, gluma superior 0.3–0.6 mm más corta que la lema inferior, 3–5-nervia, aguda; flósculo

inferior estéril; lema inferior tan larga como la espiguilla, 3-nervia, aguda; pálea inferior ausente; flósculo superior 1.4–1.7 mm de largo y 0.4 mm de ancho, liso, brillante, glabro pero escabriúsculo hacia la punta, sésil; anteras 0.6–1.1 mm de largo.

Conocida en Nicaragua por una sola colección (*Martínez 2135*) de bosques siempreverdes semi-inundados, Río San Juan; 10 m; fl y fr sep; México (Puebla) a Panamá. Esta especie está cercanamente emparentada con *P. polygonatum* y es probablemente un derivado más grande y más acuático. Formas grandes de *P. polygonatum* pueden ser diferenciadas mediante sus lígulas y anteras más cortas y flósculos superiores proporcionalmente más cortos.

Panicum stenodes Griseb., Fl. Brit. W. I. 547. 1864.

Perennes cespitosas; tallos 15–120 cm de largo, erectos, alambrinos, simples excepto por la inflorescencia axilar; entrenudos y nudos glabros. Vainas glabras excepto por algunos tricomas auriculares largos; lígula una hilera de cilios 0.1–0.2 mm de largo, la membrana ausente; láminas lineares, 2–8 cm de largo y 1–2 mm de ancho, no angostadas en la base, aplanadas, involutas hacia la punta, glabras. Panículas 1–2.5 cm de largo, angostas, terminales y axilares, paucifloras, ramas 0.5–1.5 cm de largo, solitarias, escabriúsculas, adpresas; espiguillas ovoide-elipsoides, 1.2–1.9 mm de largo, solitarias, adpresas, subagudas, glabras; gluma inferior 0.7–1 mm de largo, 1/2–3/5 del largo de la espiguilla, amplexicaule, 1–3-nervia, subaguda a obtusa, gluma superior tan larga como la espiguilla, 5–7-nervia, obtusa; flósculo inferior estéril; lema inferior tan larga como la espiguilla, 5-nervia, obtusa; pálea inferior 1/3–1/2 del largo de la lema inferior; flósculo superior 1.1–1.5 mm de largo y 0.6–0.8 mm de ancho, liso, brillante, glabro, obtuso, sésil; anteras 2 ó 3, 0.4–0.7 mm de largo.

Rara, pantanos, caños, norte de la zona atlántica; 30 m; fl y fr jul; *Pohl 12325, Seymour 5695*; sur de México a Brasil y en las Antillas.

Panicum stoloniferum var. **major** (Trin.) Kunth, Révis. Gramin. 389. 1831; *P. ctenodes* var. *major* Trin.; *P. frondescens* G. Mey.; *P. kegelii* Steud.

Perennes; tallos 10–100 cm de largo, reptantes y con raíces en la base, libremente ramificados; entrenudos pilosos en una hilera, nudos glabros a pilosos. Vainas esparcidamente pilosas a glabras, ciliadas; membrana ligular 0.2–0.4 mm de largo, sin cilios o los cilios esparcidos y menos de 0.1 mm de largo; láminas ovadas a lanceoladas, 6–16.5 cm de largo y 10–35 mm de ancho, asimétricas y subcordadas a obtusas en la base, aplanadas, glabras o pilosas, con una hilera de tricomas por detrás de la lígula (pseudolígula). Panículas 4–25 cm de largo, terminales, ramas 0.5–5.5 cm de largo, solitarias, glabras, pilosas en los pulvínulos, racemiformes, racimo más grande 1–5.5 cm de largo; espiguillas lanceoloides, 2.2–3.2 mm de largo, pareadas, unilaterales, acuminadas, glabras; gluma inferior 0.7–1.3 mm de largo, 1/4–1/3 del largo de la espiguilla, 3-nervia, aguda, gluma superior más corta que la lema inferior, 5 (–7)-nervia, gibosa, aguda; flósculo inferior estéril; lema inferior tan larga como la espiguilla, 5 (–7)-nervia, acuminada a aguda; pálea inferior ca 1/2 del largo de la lema inferior; flósculo superior 1.3–1.9 mm de largo y 0.4–0.6 mm de ancho, liso, brillante, glabro, cortamente estipitado; anteras 0.5–0.8 mm de largo.

Rara, caños, zona atlántica; 100–180 m; fl y fr may; *Moreno 24009*, *Vincelli 338-a*; América tropical. La otra variedad, *P. stoloniferum* Poir. var. *stoloniferum*, se encuentra de Guatemala a Perú y en el este de Brasil.

Panicum sublaeve Swallen, Contr. U.S. Natl. Herb. 29: 424. 1950; *P. rigidum* Swallen.

Perennes cespitosas; tallos 10–90 cm de largo, erectos a geniculados, simples o ramificados desde los nudos inferiores; entrenudos y nudos glabros. Vainas glabras; membrana ligular 0.2–0.4 mm de largo, los cilios 0.6–1.1 mm de largo; láminas lineares, 8–25 cm de largo y 3–12 mm de ancho, redondeadas y amplexicaules en la base, aplanadas, glabras o papiloso-pilosas en la haz. Panículas 5–23 cm de largo, terminales y axilares, ramas 4–17 cm de largo, sin espiguillas en la base, solitarias o pareadas, escabrosas, divergentes; espiguillas elipsoides, 3.5–4.1 mm de largo, solitarias, adpresas, agudas, glabras; gluma inferior 1.1–1.5 mm de largo, 1/4–3/10 del largo de la espiguilla, amplexicaule, 3–7-nervia, aguda, gluma superior tan larga como la lema inferior, 11–13-nervia, aguda; flósculo inferior estéril; lema inferior tan larga como la espiguilla, 11–13-nervia, aguda; pálea inferior tan larga como la lema inferior, las quillas angostamente aladas en la 1/2 superior; flósculo superior 2.5–2.6 mm de largo y 1–1.2 mm de ancho, liso, brillante, glabro pero puberulento en el ápice, agudo, sésil; anteras 1.4–2 mm de largo.

Esperada en Nicaragua; México (Colima) a Panamá y Venezuela.

Panicum tenerum Beyr. ex Trin., Mém. Acad. Imp. Sci. Saint-Pétersbourg, Sér. 6, Sci. Math., Seconde Pt. Sci. Nat. 3: 341. 1834.

Perennes cespitosas; tallos 40–90 cm de largo, erectos, alambrinos, simples excepto por las inflorescencias axilares; entrenudos y nudos glabros. Vainas generalmente glabras; lígula una hilera de cilios 0.1–0.4 mm de largo, la membrana ausente; láminas lineares, 4–19 mm de largo y 2–3 mm de ancho, dobladas a aplanadas en la base, involutas en el ápice, más anchas en la base, glabras a esparcidamente pilosas. Panículas 4–12 cm de largo, angostas, terminales y axilares, pauciflóras, ramas 1–4 cm de largo, solitarias, escabriúsculas, generalmente con unos pocos tricomas por debajo de las espiguillas, adpresas; espiguillas lanceoloides, 1.8–2.2 mm de largo, solitarias, adpresas, glabras, agudas; gluma inferior 0.9–1.3 mm de largo, ca 1/2 del largo de la espiguilla, amplexicaule, 1–3-nervia, aguda, gluma superior tan larga como la espiguilla, 5-nervia, aguda; flósculo inferior estéril; lema inferior tan larga como la espiguilla, 5-nervia, aguda; pálea inferior 1/2–2/3 del largo de la lema inferior; flósculo superior 1.1–1.4 mm de largo y 0.6–0.7 mm de ancho, liso, brillante, glabro, subagudo, sésil; anteras 0.5–0.6 mm de largo.

Rara, sabanas húmedas de pinos, áreas arenosas, zona atlántica; 5–10 m; fl y fr jul; *Pohl 12298*, *Stevens 17778*; sureste de los Estados Unidos a Panamá, las Bahamas, Cuba y Puerto Rico.

Panicum trichanthum Nees in Mart., Fl. Bras. Enum. Pl. 2: 210. 1829.

Perennes cespitosas; tallos 75–150 cm de largo, trepadores o decumbentes, con raíces en los nudos inferiores, ramificados; entrenudos y nudos glabros. Vainas ciliadas, glabras en el envés; membrana ligular 0.2–0.4 mm de largo, sin cilios; láminas lanceoladas, 5.5–15 cm de largo y 8–23 mm de ancho, cordadas en la base, aplanadas, generalmente glabras, a veces pilosas. Panículas 16–30 cm de largo, terminales, ramas 8–19 cm de largo, solitarias, glabras, anchamente divergentes; pedicelos alargados; espiguillas elipsoides, 1.2–1.6 mm de largo, solitarias, divergentes, subagudas, generalmente glabras, rara vez esparcidamente pilosas, diminutamente buliformes; gluma inferior 0.2–0.4 mm de largo, 1/6–1/4 del largo de la espiguilla, enervia, truncada a obtusa, gluma superior tan larga como la lema inferior o ligeramente más corta, 5-nervia, obtusa; flósculo inferior estéril; lema inferior tan larga como la espiguilla, 3–5-nervia, obtusa; pálea inferior 1/2–2/3 del largo de la lema inferior, angosta; flósculo superior 1–1.1 mm de largo y 0.5–0.6 mm de ancho, liso, brillante, glabro, subagudo, sésil; anteras 0.5–0.8 mm de largo.

Conocida en Nicaragua por una sola colección (*Molina 2102*) de pantanos a lo largo de ríos, Zelaya;

nivel del mar; fl y fr abr; México hasta Argentina y en las Antillas.

Panicum trichidiachne Döll in Mart., Fl. Bras. 2(2): 339. 1877; *P. schiffneri* Hack.; *P. schmitzii* Hack.

Perennes cespitosas; tallos 20–120 cm de largo, decumbentes y con raíces en los nudos, ramificados; entrenudos pilosos a glabros, nudos pilosos. Vainas pilosas; membrana ligular 0.1–0.5 mm de largo, los cilios 0.1–0.3 mm de largo; láminas lanceoladas, (5–) 11–14 (–17) cm de largo y 11–20 (–31) mm de ancho, angostadas y asimétricas en la base, aplanadas, pilosas a glabras. Panículas (3–) 7–14 (–18) cm de largo, terminales, ramas 2–4 cm de largo, solitarias, escabrosas, a veces hirsutas, ascendentes a patentes; pedicelos cortos; espiguillas elipsoides, 1.6–1.9 (–2.2) mm de largo, solitarias, adpresas, obtusas, glabras; gluma inferior 0.3–0.5 mm de largo, ca 1/5 del largo de la espiguilla, 1-nervia o enervia, aguda, gluma superior tan larga como la lema inferior, 5–7-nervia, obtusa; flósculo inferior estéril; lema inferior tan larga como la espiguilla, 5-nervia, obtusa; pálea inferior ausente; flósculo superior (1.3–) 1.5–1.8 mm de largo y 0.7–0.9 mm de ancho, diminutamente papiloso, brillante, adpreso piloso, obtuso, sésil; anteras ca 0.5 mm de largo.

Rara, bosques siempreverdes, zonas pacífica y norcentral; 800–1700 m; fl y fr ago–oct; *Moreno 4074, 24938*; México a Ecuador, Brasil, Paraguay, Argentina y en las Antillas.

Panicum trichoides Sw., Prodr. 24. 1788.

Anuales; tallos 10–85 cm de largo, decumbentes y con raíces en la base, libremente ramificados; entrenudos y nudos pilosos. Vainas papiloso-pilosas, ciliadas; membrana ligular 0.2–0.4 mm de largo, los cilios 0.1–0.5 mm de largo; láminas ovadas a ovado-lanceoladas, 2–9 cm de largo y 7–20 mm de ancho, cordadas y ligeramente amplexicaules en la base, aplanadas, asimétricas, glabras a pilosas, longiciliadas hacia la base. Panículas 5–24 cm de largo, terminales, pilosas en el raquis, ramas 2–10 cm de largo, solitarias o pareadas, glabras, patentes; espiguillas obaplanado-convexas en vista lateral, 1.1–1.3 mm de largo, solitarias, en general cortamente pilosas, a veces casi glabras, subagudas; gluma inferior 0.6–0.8 mm de largo, 2/5–1/2 del largo de la espiguilla, 1–3-nervia, aguda, gluma superior 0.1–0.2 mm más corta que la lema inferior, 3–5-nervia, subaguda; flósculo inferior estéril; lema inferior tan larga como la espiguilla, 3–5-nervia,

subaguda; pálea inferior 1/3–1/2 del largo de la lema inferior; flósculo superior 0.9–1.2 mm de largo y 0.5–0.6 mm de ancho, inconspicuamente ruguloso, opaco, glabro, subagudo, sésil; anteras 0.3–0.5 mm de largo.

Común, bosques, áreas perturbadas, en todo el país; 0–900 (–1300) m; fl y fr durante todo el año; *Moreno 11157, 18081*; América tropical, introducida a los trópicos del Viejo Mundo. Plantas con espiguillas casi glabras se presentan en todo Mesoamérica, pero son especialmente frecuentes en Nicaragua y Costa Rica. A la madurez de la cariopsis el flósculo superior se desarticula por encima de la gluma superior y lema inferior.

Panicum tuerckheimii Hack., Allg. Bot. Z. Syst. 12: 60. 1906.

Perennes cespitosas; tallos 60–80 cm de largo, erectos a geniculados, comprimidos, simples; entrenudos glabros, nudos adpreso pilosos. Vainas glabras a pilosas, el cuello hirsuto, membrana ligular 0.3–0.8 mm de largo, eciliada; láminas linear-lanceoladas a linear-oblanceoladas, 16–54 cm de largo y 10–28 mm de ancho, subcordadas en la base en las láminas caulinares superiores pero largamente atenuadas, dobladas y pseudopecioladas en las láminas basales, aplanadas, densamente hirsutas por detrás de la lígula, frecuentemente ciliadas en la base, por lo demás glabras a pilosas, especialmente a lo largo de la nervadura media. Panículas 15–57 cm de largo, terminales, ramas 18–29 cm de largo, solitarias o pareadas, glabras, los pulvínulos pilosos, patentes; espiguillas lanceoloides, 2.5–3.6 mm de largo, acuminadas o cortamente aristadas, en su mayoría pareadas y desigualmente pediceladas, adpresas a ascendentes, adpreso pilosas; gluma inferior 0.1–1 mm de largo, 1/30–1/5 del largo de la espiguilla, enervia, aguda a truncada, hialina, gluma superior tan larga como la espiguilla, 5-nervia, aristada, adpreso pilosa; flósculo inferior estéril; lema inferior ligeramente más corta que la gluma superior, 3–5-nervia, glabra a adpreso puberulenta; pálea inferior ausente o hasta 3/4 del largo de la lema superior; flósculo superior 2.4–2.5 mm de largo y 0.6–0.8 mm de ancho, liso, brillante, puberulento en el ápice, agudo, sésil, a veces con una proyección estéril diminuta en la base; anteras 0.8–1.1 mm de largo.

Conocida en Nicaragua por una sola colección (*Rueda 3831*) de bosques siempreverdes, sur de la zona atlántica; 300 m; fl y fr nov; México (Veracruz) hasta Nicaragua.

PARIANA Aubl.

Por Victoria C. Hollowell

Pariana parvispica R.W. Pohl, Iowa State J. Res. 47: 73. 1972.

Perennes; tallos conspicuamente dimorfos; tallos estériles hasta 50 cm de largo, los nudos generalmente pilosos; tallos fértiles hasta 10 cm de largo, sin láminas u ocasionalmente las inflorescencias en tallos foliosos similares en apariencia y talla a los tallos estériles; plantas monoicas. Hojas laminares 6–13 por complemento; vainas truncadas o auriculadas, puberulentas o glabrescentes; setas orales numerosas, hasta 1.5 cm de largo; lígula hasta 0.5 mm de largo; pseudopecíolo hasta 1.5 mm de largo, puberulento; láminas lanceoladas, hasta 13 cm de largo y 3 cm de ancho, acuminadas apicalmente, cuneadas basalmente, con nervaduras teseladas, las nervaduras medias prominentes en el envés, glabras. Inflorescencia espiciforme, ginandra, hasta 4 cm de largo y 0.3–0.5 cm de ancho, delgada, a menudo no enteramente exerta de la vaina subyacente en la antesis; verticilos de espiguillas 3–4, dimorfos, no traslapándose a los pedicelos del siguiente verticilo o sólo hasta 1.5 mm de largo; raquis desarticulándose en los nudos cupulados, la porción basal de los segmentos a menudo hinchada de aceite cuando las espiguillas maduran; espiguillas comprimidas dorsalmente, unisexuales, dimorfas, con 1 flor, persistentes en los segmentos del raquis; espiguillas estaminadas 1.5 mm de largo, pedicelos ca 8 mm de largo, por lo menos 4 veces más largos que la lema, cartilaginosos, laminares, glumas triangulares, 1–1.5 mm de largo, 2/3 la longitud de la lema, agudas u obtusas, 1–2-nervias, las glumas adyacentes de un par de espiguillas sobre un pedicelo común a menudo fusionado y entonces 2-fido y con 2 o más nervaduras, lemas oblongas, ca 1.5 mm de largo, agudas, cartilaginosas con márgenes membranáceos involutos, 3-nervias con las 2 nervaduras externas marginales y nervaduras transversales sinuosas desarrollándose a menudo en la porción superior, puberulentas, pálea subigual y similar a la lema, estambres 2, las anteras menos de 0.8 mm de largo; espiguillas pistiladas 8–9 mm de largo, angostamente oblongas, sésiles, glumas casi tan largas como el flósculo, glabras excepto por los márgenes ciliados, 1-nervias, flósculo más corto que las glumas, ovado, cartilaginoso, la lema 3-nervia, estilo 1, estigmas 2, barbados. Cariopsis libre dentro del flósculo persistente; embrión pequeño, hilo linear.

Esperada en Nicaragua; endémica de Costa Rica (Atlántico). Está cercanamente relacionada con *P. lanceolata* Trin., especie endémica de las selvas costeras del Atlántico de Bahía, Brasil. Género con 38 especies, distribuido desde Costa Rica hasta Perú, Bolivia y Brasil.

T.G. Tutin. A revision of the genus *Pariana* (Gramineae). J. Linn. Soc., Bot. 50: 337–362. 1936; V.C. Hollowell. Systematics of the Subtribe Parianinae (Poaceae: Bambusoideae: Olyreae). Ph.D. Thesis, University of South Carolina, Columbia. 1989.

PARODIOLYRA Soderstr. & Zuloaga

Por Gerrit Davidse

Parodiolyra lateralis (J. Presl ex Nees) Soderstr. & Zuloaga, Smithsonian Contr. Bot. 69: 66. 1989; *Panicum laterale* J. Presl ex Nees; *Olyra lateralis* (J. Presl ex Nees) Chase; *O. sarmentosa* Döll.

Perennes; tallos hasta 8 m de largo, generalmente semitrepadores, ramificándose en los nudos superiores; entrenudos basales prominentemente alargados con vainas sin láminas; plantas monoicas. Vainas puberulentas, ciliadas; lígula una membrana ciliada, 0.2–2.5 mm de largo; láminas lanceoladas, 1.5–5 cm de largo y 0.5–1.3 cm de ancho, cordadas y asimétricas basalmente, glabras, generalmente ciliadas al menos en la base y el ápice. Panículas 1.3–3 cm de largo y 1.5–3.5 cm de ancho, terminales y axilares en los nudos superiores, ramas en la base sólo con espiguillas estaminadas y en el ápice sólo con espiguillas pistiladas, las ramas intermedias a veces mixtas, pedicelos de todas las espiguillas no engrosados en la punta; desarticulación por debajo de las glumas; espiguillas estaminadas solitarias, 3–4 mm de largo, con 1 flósculo, glumas ausentes, lema 3-nervia, glabra o esparcidamente puberulenta, pálea 2-nervia, estambres 3, las anteras 2–2.8 mm de largo; espiguillas pistiladas solitarias, elipsoides, 2–3.3 mm de largo, dorsalmente comprimidas, glumas 2, subiguales, agudas, puberulentas, endurecidas y negras en la madurez, raquilla endurecida entre la gluma superior y la inferior, gluma inferior 5–7-nervia, la superior 2–5-nervia, lema y pálea endurecidas, más cortas que las glumas, lisas y brillantes, flósculo 1, 1.4–1.5 mm de largo, lodículas 3, estigmas 2. Fruto una cariopsis, hilo 1/2–3/4 de la longitud de la cariopsis, linear.

Rara, pluvioselvas, Río San Juan; 50–400 m; fl y fr jul; *Rueda 4494, 4497*; Nicaragua a Guyana, Perú, Bolivia y Brasil. Género con 5 especies, distribuido desde Nicaragua hasta Bolivia y Brasil.

PASPALIDIUM Stapf

Por Richard W. Pohl y Gerrit Davidse

Paspalidium geminatum (Forssk.) Stapf in Prain, Fl. Trop. Afr. 9: 583. 1920; *Panicum geminatum* Forssk.; *P. paludivagum* Hitchc. & Chase; *Paspalidium paludivagum* (Hitchc. & Chase) Parodi; *P. geminatum* var. *paludivagum* (Hitchc. & Chase) Gould.

Perennes; tallos 40–140 cm de largo y 3–7 mm de ancho, erectos, las bases a menudo largamente decumbentes y enraizando; entrenudos y nudos glabros; plantas polígamas. Vainas generalmente glabras; lígula una membrana ciliada, 0.7–2.7 mm de largo; láminas lineares, 6–20 cm de largo y 5–8 mm de ancho, aplanadas o algo enrolladas, glabras o diminutamente escabriúsculas en la haz. Inflorescencia una panícula de racimos, delgada, terminal o axilar desde los nudos superiores, panícula 10–30 cm de largo, racimos sésiles, delgados, erectos, adpresos, unilaterales, los inferiores hasta 5 cm de largo, el pico del racimo hasta 3.3 mm de largo, raramente con una espiguilla rudimentaria en el ápice, los superiores más cortos y más cercanos, las espiguillas en 2 hileras a lo largo de los lados inferiores de un raquis triquetro; espiguillas elipsoides, 2–3.1 mm de largo, agudas, comprimidas dorsalmente, no aristadas; desarticulación por debajo de las glumas, la espiguilla caediza como una unidad; gluma inferior 0.7–0.9 mm de largo, obtusa, tenuemente 3–5-nervia, mirando hacia afuera, con 2 flósculos, gluma superior 1.3–2.3 mm de largo, obtusa a subaguda, 5–7-nervia; flósculo inferior estaminado; lema inferior aplanada o sulcada, 5–7-nervia, tan larga como la espiguilla; pálea inferior tan larga como la lema inferior; flósculo superior bisexual, 1.7–2.5 mm de largo, ruguloso; lema superior coriácea, elíptica, 5-nervia, aguda, rugulosa, expuesta en el ápice, con una aréola basal prominente, los márgenes inflexos; pálea superior similar a la lema superior; estambres 3, las anteras 1.2–1.5 mm de largo, anaranjadas; estilos 2. Fruto una cariopsis; hilo punteado.

Poco común, pantanos y orillas de lagos, zonas pacífica y atlántica; 0–145 m; fl y fr jul–ene; *Pohl 12220, Stevens 20723*; sur de los Estados Unidos a Perú y Brasil, Asia tropical y Africa. Género con ca 37 especies de las regiones tropicales y subtropicales, especialmente en el Viejo Mundo.

PASPALUM L.; *Dimorphostachys* E. Fourn.

Por Richard W. Pohl y Gerrit Davidse

Anuales o perennes, cespitosas, estoloníferas o rizomatosas; plantas hermafroditas o polígamas. Lígula una membrana glabra o ciliada; láminas lineares, generalmente aplanadas, raramente convolutas. Inflorescencia 1 o varias, axilares y/o terminales, de 1 a numerosos racimos unilaterales, los racimos a veces desprendiéndose como una unidad, raquis filiforme a alado; espiguillas comprimidas dorsalmente, abaxiales, solitarias o pareadas, en (1) 2–4 filas, brevipediceladas, generalmente aplanado-convexas, a veces biconvexas o cóncavo-convexas, obtusas, con 2 flósculos; desarticulación por debajo de las glumas, la espiguilla caediza como una unidad; gluma inferior generalmente ausente, raramente presente y entonces siempre más pequeña que la gluma superior y frecuentemente excéntrica, gluma superior generalmente casi tan larga como la espiguilla a un poco más corta que ella, raramente ausente o reducida, membranácea, generalmente 3–5-nervia; flósculo inferior generalmente estéril y sin una pálea o flor, raramente estaminado y con una pálea; lema inferior generalmente similar a la gluma superior; flósculo superior bisexual, cartáceo a coriáceo y endurecido; lema superior lisa a estriada, convexa, los márgenes enrollados sobre las orillas de la pálea; pálea superior aplanada; lodículas 2; estambres 3; estilos 2. Fruto una cariopsis; hilo punteado o linear.

Género con ca 330 especies, en su mayoría americanas, algunas especies del Viejo Mundo; 44 especies se conocen en Nicaragua y 4 adicionales se esperan encontrar. En las espiguillas pareadas, la que tiene el pedicelo más largo se acostumbra llamar espiguilla primaria, y la que tiene el pedicelo más corto espiguilla secundaria.

A. Chase. The North American species of *Paspalum*. Contr. U.S. Natl. Herb. 28: 1–310. 1929; D.J. Banks. Taxonomy of *Paspalum setaceum* (Gramineae). Sida 2: 269–284. 1966; O. Morrone, F.O. Zuloaga y E. Carbonó. Revisión del grupo *Racemosa* del género *Paspalum* (Poaceae). Ann. Missouri Bot. Gard. 82: 82–116. 1995.

1. Espiguillas menos de 1.3 mm de largo
   2. Plantas erectas, cespitosas; espiguillas obovadas a elíptico-obovadas; flósculo superior pajizo ...... **P. clavuliferum**
   2. Plantas estoloníferas; espiguillas suborbiculares; flósculo superior café-rojizo . ... **P. orbiculatum**
1. Espiguillas 1.5 mm de largo o más largas
   3. Espiguillas sin glumas, consistentes de la lema inferior y el flósculo superior
      4. Racimos 6–23, 2–2.5 mm de ancho, alados, caedizos como unidades del eje, las alas herbáceas; anuales, los tallos postrados o trepadores, enraizando en los nudos inferiores .... **P. candidum**
      4. Racimos 2–4, 0.7–1 mm de ancho, no alados, las espiguillas caedizas individualmente del raquis persistente; perennes densamente cespitosas, los tallos erectos .... **P. pulchellum**
   3. Espiguillas con 1 ó 2 glumas
      5. Raquis 2 mm de ancho o más ancho, membranáceo
         6. Espiguillas glabras o pilosas, nunca marcadamente ciliadas; plantas acuáticas; racimos 20–100 ... **P. repens**
         6. Espiguillas pilosas y/o marcadamente ciliadas; plantas terrestres; racimos 1–4 (5)
            7. Espiguillas hasta 3.2 mm de largo
               8. Espiguillas pareadas .... **P. cymbiforme**
               8. Espiguillas solitarias .... **P. stellatum**
            7. Espiguillas 4.2–6.7 mm de largo
               9. Racimo 1; láminas foliares 1–2 mm de ancho; gluma superior no alada, redondeada en la base .... **P. carinatum**
               9. Racimos (1) 2 (3); láminas foliares 3–9 mm de ancho; gluma superior alada, cordada en la base .... **P. pectinatum**
      5. Raquis menos de 2 mm de ancho, no membranáceo
         10. Gluma inferior presente en al menos una espiguilla del par
            11. Inflorescencia de 1 racimo; flósculo inferior estaminado .... **P. pilosum**
            11. Inflorescencia de 2–numerosos racimos; flósculo inferior estéril
               12. Espiguillas solitarias
                  13. Racimos 2 (3), conjugados; espiguillas 2.7–3.2 mm de largo, esparcidamente pilosas; tallos hasta 30 cm de largo .... **P. distichum**
                  13. Racimos 8–33, racemosos, la inflorescencia flabeliforme; espiguillas 3.7 mm de largo o más largas, ciliadas; tallos hasta 500 cm de largo .... **P. fasciculatum**
               12. Espiguillas pareadas
                  14. Inflorescencia solitaria, terminal
                     15. Espiguillas 2–2.5 mm de largo, puberulentas; lígula 1–1.5 mm de largo; láminas foliares 12–24 mm de ancho; inflorescencia 10–32 cm de largo .... **P. botteri**
                     15. Espiguillas 1.5–2 mm de largo, glabras; lígula 2.5–4.5 mm de largo; láminas foliares 8–14 mm de ancho; inflorescencia 4–8 cm de largo .... **P. squamulatum**
                  14. Inflorescencias 2 a varias de la vaina terminal
                     16. Espiguillas glabras
                        17. Espiguillas 2–2.7 mm de largo; plantas perennes .... **P. adoperiens**
                        17. Espiguillas 1.5–1.7 mm de largo; plantas anuales .... **P. decumbens**
                   16. Espiguillas pilosas
                     18. Espiguillas suborbiculares, obtusas, esparcidamente puberulentas .... **P. adoperiens**
                     18. Espiguillas suborbiculares o elíptico-obovadas, subagudas, densamente pilosas
                       19. Gluma inferior de la espiguilla primaria generalmente ausente; espiguillas 2–2.5 mm de largo .... **P. botteri**
                       19. Gluma inferior de la espiguilla primaria generalmente presente; espiguillas 2–3.3 mm de largo .... **P. langei**
         10. Gluma inferior ausente
            20. Inflorescencias terminales y axilares varias en pedúnculos desnudos de las vainas superiores (las inflorescencias secundarias frecuentemente ocultas dentro de las vainas, especialmente en plantas jóvenes)
               21. Gluma inferior generalmente presente; pálea inferior a veces presente, hasta 1.8 mm de largo; racimo 1 .... **P. nutans**
               21. Gluma inferior ausente; pálea inferior ausente; racimos generalmente 2–numerosos
                  22. Racimos hasta 35 .... **P. microstachyum**
                  22. Racimos 1–2 .... **P. setaceum** var. **ciliatifolium**
            20. Inflorescencia terminal solitaria de la vaina terminal
               23. Espiguillas siempre solitarias

24. Inflorescencia plumosa, flabeliforme, de numerosos racimos; espiguillas sedoso-ciliadas con tricomas 4–6 mm de largo; flósculo superior 0.6–1.1 mm más corto que la espiguilla .... **P. saccharoides**
24. Inflorescencia variada, no plumosa; espiguillas varias, no como arriba
  25. Gluma superior alada, cordada en la base; lema inferior fuertemente pustuloso-ciliada con cilios hasta 2 mm de largo .... **P. pectinatum**
  25. Gluma superior no alada, obtusa en la base; lema inferior glabra o pilosa pero nunca pustuloso-ciliada con cilios hasta 2 mm de largo (a veces la gluma superior ciliada)
    26. Flósculo superior café brillante .... **P. centrale**
    26. Flósculo superior pajizo o blanquecino, raramente café-rojizo, nunca café brillante
      27. Espiguillas 3–5 mm de largo
        28. Racimos 8–33 .... **P. fasciculatum**
        28. Racimos 1–5
          29. Espiguillas con la gluma superior marcadamente pustuloso-ciliada con tricomas 2–3 mm de largo .... **P. humboldtianum**
          29. Espiguillas glabras
            30. Plantas cespitosas, la base fibrosa con vainas viejas; láminas foliares 1–1.5 mm de ancho, casi cilíndricas, la haz con un surco angosto; espiguillas 4.1–5 mm de largo, elípticas .... **P. lineare**
            30. Plantas rizomatosas, la base no fibrosa; láminas foliares 1–10 mm de ancho, lineares, aplanadas a involutas; espiguillas 3–4 mm de largo, elíptico-ovadas a obovadas
              31. Espiguillas 2.3–2.8 mm de ancho, obtusas; raquis 0.7–0.9 mm de ancho .... **P. notatum**
              31. Espiguillas 1.2–1.5 mm de ancho, agudas; raquis 1–2.5 mm de ancho .... **P. vaginatum**
      27. Espiguillas menos de 3 mm de largo
        32. Plantas acuáticas, frecuentemente flotantes; vainas infladas, auriculadas; racimos caedizos enteros en la madurez .... **P. repens**
        32. Plantas terrestres, nunca flotantes; vainas no infladas, ni auriculadas; racimos persistentes, las espiguillas caedizas individualmente del raquis
          33. Espiguillas 2–3 mm de largo
            34. Espiguillas no bandeadas, uniformemente verdes; espiguillas 1.5–1.6 mm de ancho .... **P. minus**
            34. Espiguillas bandeadas transversalmente con líneas café-rojizas; espiguillas 2.2–2.4 mm de ancho .... **P. serpentinum**
          33. Espiguillas menos de 2 mm de largo
            35. Racimos 2 (3) conjugados, raramente con un tercero por debajo
              36. Espiguillas con la gluma superior marcadamente ciliada marginalmente; plantas ampliamente estoloníferas .... **P. conjugatum**
              36. Espiguillas con la gluma superior con tricomas globulares diminutos; plantas cespitosas .... **P. multicaule**
            35. Racimos racemosos
              37. Anuales cespitosas; flósculo superior café-rojizo; raquis 1.2–1.5 mm de ancho .... **P. hitchcockii**
              37. Perennes rizomatosas; flósculo superior pajizo .... **P. standleyi**
23. Espiguillas en su mayoría pareadas
  38. Flósculo superior café en la madurez
    39. Plantas altas y robustas; tallos 80–250 cm de largo, generalmente más de 100 cm de largo ...... **P. virgatum**
    39. Plantas delgadas; tallos generalmente menos de 100 cm de largo
      40. Raquis 1.5–2 mm de ancho
        41. Espiguillas glabras, cafés; plantas de áreas húmedas .... **P. boscianum**
        41. Espiguillas puberulentas, oliváceas; plantas de áreas secas .... **P. convexum**
      40. Raquis hasta 1.3 mm de ancho
        42. Lema inferior corrugada transversalmente, al menos cerca de los márgenes; plantas perennes; estambres 1.5–1.7 mm de largo .... **P. plicatulum**
        42. Lema inferior aplanada; plantas anuales; estambres 0.8–1.1 mm de largo
          43. Espiguillas 1.3–1.5 veces más largas que anchas, elíptico-obovadas, glabras .... **P. centrale**
          43. Espiguillas 1–1.3 veces más largas que anchas, obovadas a suborbiculares, adpreso pilosas o glabras .... **P. convexum**
  38. Flósculo superior pajizo o blanquecino en la madurez

44. Espiguillas más de 3 mm de largo
  45. Espiguillas esparcidamente pilosas; racimos conjugados, raramente con un tercero por debajo
    .... **P. distichum**
  45. Espiguillas sedoso-pilosas o marcadamente pustuloso-ciliadas; racimos racemosos
    46. Espiguillas sedoso-pilosas en el dorso, sin cilios patentes; plantas cespitosas o con bases
      cormosas .... **P. erianthum**
    46. Espiguillas marcadamente ciliadas, con tricomas patentes 2–3 mm de largo; plantas
      rizomatosas con rizomas largos .... **P. humboldtianum**
44. Espiguillas hasta 3 mm de largo
  47. Espiguillas hasta 2.1 mm de largo
    48. Plantas perennes, robustas; tallos 1–2 m de largo; espiguillas orbicular-obovadas; racimos
      40–150 .... **P. densum**
    48. Plantas perennes o anuales, delgadas; tallos generalmente menos de 1 m de largo; espiguillas
      elípticas u obovadas a suborbiculares; racimos generalmente menos de 40 (hasta 70 en *P.*
      paniculatum)
      49. Racimos 1–2 (3), generalmente conjugados; gluma superior con tricomas capitelados;
        plantas 10–40 cm de largo, anuales .... **P. claviferum**
      49. Racimos generalmente 3–numerosos, racemosos; gluma superior glabra o pilosa; plantas
        20–150 cm de largo, perennes
        50. Racimos generalmente 4–6 (–10) por inflorescencia; espiguillas glabras .... **P. squamulatum**
        50. Racimos (4–) 9–70 por inflorescencia; espiguillas puberulentas o diminutamente
          piloso-papilosas
          51. Vainas en su mayoría glabras; lígula 1.5–3 mm de largo; espiguillas 1.4–1.8 mm
            de largo y 1.4–1.5 mm de ancho .... **P. lentiginosum**
          51. Vainas papiloso-híspidas; lígula 0.5–1 mm de largo; espiguillas 1.2–1.5 mm de
            largo y 1–1.2 mm de ancho .... **P. paniculatum**
  47. Espiguillas 2.1–3 mm de largo
    52. Plantas decumbentes, rizomatosas o estoloníferas; espiguillas pilosas
      53. Racimos 2 (3), conjugados; gluma superior inconspicuamente adpreso puberulenta ... **P. distichum**
      53. Racimos 2–12, racemosos; gluma superior pilosa .... **P. hartwegianum**
    52. Plantas erectas, cespitosas, no decumbentes; espiguillas glabras o pilosas
      54. Espiguillas suborbiculares, casi tan largas como anchas, glabras .... **P. millegrana**
      54. Espiguillas obovadas o elíptico-obovadas a elípticas u ovadas, 1.3–2.1 veces más largas
        que anchas, glabras o pilosas
        55. Espiguillas glabras
          56. Racimos 40–150 .... **P. turriforme**
          56. Racimos generalmente menos de 20
            57. Plantas 100–200 cm de largo; racimos 10–20; láminas foliares hasta 80 cm de
              largo .... **P. arundinaceum**
            57. Plantas generalmente menos de 100 cm de largo; racimos 2–6; láminas
              foliares hasta 30 cm de largo .... **P. ligulare**
        55. Espiguillas pilosas
          58. Raquis del racimo 1–2 mm de ancho, aplanado
            59. Racimos 4–30; raquis no ciliado; vainas no reticuladas .... **P. hartwegianum**
            59. Racimos 30–80; raquis ciliado; vainas reticuladas .... **P. plenum**
          58. Raquis del racimo hasta 0.9 mm de ancho, triquetro o angostamente alado
            60. Vainas inferiores papiloso-híspidas; racimos (6–) 15–44 .... **P. coryphaeum**
            60. Vainas inferiores generalmente glabras; racimos 5–7 .... **P. costaricense**

Paspalum adoperiens (E. Fourn.) Chase, Contr. U.S. Natl. Herb. 28: 102. 1929; *Dimorphostachys adoperiens* E. Fourn.; *P. guatemalense* Bartlett.

Perennes cespitosas; tallos erectos o decumbentes, ramificados; entrenudos y nudos glabros. Vainas más o menos pilosas, especialmente en los márgenes; lígula 2–4 mm de largo; láminas lineares, 6–15 cm de alto y 6–13 mm de ancho, aplanadas, pilosas. Inflorescencias varias, terminales y axilares, racimos (1) 2–4, 2–7 cm de largo, racemosos, ascendentes, raquis 0.5–0.8 mm de ancho, glabro o esparcidamente ciliado, con una espiguilla en el ápice, triquetro; espiguillas suborbiculares, 2–2.7 mm de largo y 1.7–1.8 mm de ancho, obtusas, glabras o esparcidamente puberulentas, pareadas, en 4 filas; gluma inferior 0.3–1.5 mm de largo, obtusa, más pequeña en la espiguilla primaria, gluma superior más corta que la espiguilla, 5-nervia, a veces esparcidamente puberulenta; lema inferior tan larga como la espiguilla, 5-nervia, glabra; flósculo superior tan largo como la espiguilla, endurecido, estriado, glabro, pajizo.

Rara, bosques de pinos, caños, zona norcentral; 900–1500 m; fl y fr ene, mar, jul; *Pohl 12198, Stevens 11806*; sur de México a Nicaragua.

Paspalum arundinaceum Poir., Encycl., Suppl. 4: 310. 1816.

Perennes cespitosas; tallos 100–200 cm de largo, erectos, simples; entrenudos y nudos glabros. Hojas glabras; lígula 2.5–4 mm de largo; láminas lineares, hasta 80 cm de largo y 5–10 mm de ancho, rígidas, plegadas cerca de la base, por lo demás aplanadas, con un grupo de tricomas alargados por detrás de la lígula, escábridas. Inflorescencia 13–25 cm de largo, solitaria, terminal, racimos generalmente 10–20, 5–11 cm de largo, racemosos, ascendentes a patentes, laxos, raquis 0.5–1 mm de ancho, escabroso, con una espiguilla en el ápice; espiguillas obovadas, 2.2–2.8 mm de largo y ca 1.8 mm de ancho, obtusas, glabras, pareadas, en 4 filas; gluma inferior ausente, gluma superior y lema inferior tan largas como la espiguilla, 3-nervias, glabras, la gluma apiculada; flósculo superior tan largo como la espiguilla, endurecido, papiloso-estriado, glabro, pajizo.

Conocida en Nicaragua por una sola colección (*Stevens 20011*) realizada en la playa en Monkey Point, Zelaya; 0–20 m; fl y fr abr; sur de los Estados Unidos, México a Uruguay y en las Antillas.

Paspalum boscianum Flüggé, Gram. Monogr., Paspalum 170. 1810.

Anuales cespitosas; tallos 25–100 cm de largo, erectos a decumbentes, ramificados; entrenudos y nudos glabros. Vainas glabras; lígula 2–3 mm de largo; láminas lineares, 8–36 cm de largo y 5–12 mm de ancho, aplanadas, pilosas detrás de la lígula. Inflorescencia 3–13 cm de largo, solitaria, terminal, racimos 2–12, 5–7 cm de largo, racemosos, ascendentes, raquis 1.5–2 mm de ancho, escabroso marginalmente, con una espiguilla en el ápice, aplanado, herbáceo; espiguillas obovadas, 1.9–2.4 mm de largo y 1.7–2.2 mm de ancho, obtusas, glabras, pareadas, en 4 filas; gluma inferior ausente, gluma superior y lema inferior tan largas como la espiguilla, 5-nervias, glabras, frágiles; flósculo superior tan largo como la espiguilla, endurecido, papiloso-estriado, glabro, café brillante.

Esperada en Nicaragua; este de los Estados Unidos a Bolivia, Brasil y en las Antillas.

Paspalum botteri (E. Fourn.) Chase, J. Wash. Acad. Sci. 13: 436. 1923; *Dimorphostachys botteri* E. Fourn.

Perennes cespitosas, base nodulosa; tallos 40–110

cm de largo, ascendentes, simples o esparcidamente ramificados; entrenudos glabros, nudos glabros o adpreso pilosos. Vainas carinadas, papiloso-híspidas, ciliadas, cuello piloso; lígula 1–1.5 mm de largo; láminas linear-lanceoladas, 17–44 cm de largo y 12–24 mm de ancho, aplanadas, papiloso-pilosas, con una hilera de tricomas alargados por detrás de la lígula. Inflorescencia 10–32 cm de largo, generalmente solitaria, terminal, raramente 1–2 axilares, racimos 3–7, 5–20 cm de largo, racemosos, ascendentes, raquis ca 1 mm de ancho, esparcidamente ciliado, con una espiguilla terminal, aplanado; espiguillas elíptico-obovadas, 2–2.5 mm de largo y 1.3–1.4 mm de ancho, subagudas, puberulentas, pareadas, en 4 filas, gluma inferior ausente en la espiguilla primaria, gluma inferior ausente o hasta 1.6 mm de largo en la espiguilla secundaria, excéntrica, angostamente triangular, aguda, 1-nervia, gluma superior ligeramente más corta que la espiguilla, 3–5-nervia, puberulenta; lema inferior tan larga como la espiguilla, 3–5-nervia, glabra o puberulenta; flósculo superior 2.2–2.4 mm de largo, endurecido, diminutamente papiloso-estriado, glabro blanquecino.

Común, sabanas y áreas perturbadas, zonas pacífica y norcentral; 170–1150 m; fl y fr jul–ene; *Moreno 22115, Nee 27682*; México a Costa Rica.

Paspalum candidum (Humb. & Bonpl. ex Flüggé) Kunth, Mém. Mus. Hist. Nat. 2: 68. 1815; *Reimaria candida* Humb. & Bonpl. ex Flüggé; *P. scabrum* Scribn.

Anuales; tallos hasta 120 cm de largo, postrados o trepadores, enraizando en los nudos inferiores, ramificados; entrenudos glabros, nudos glabros, retrorsamente escábridos o raramente pilosos. Vainas glabras o escabrosas; lígula 1–2.8 mm de largo; láminas lanceoladas a linear-lanceoladas, 4–12 cm de largo y 8–28 mm de ancho, aplanadas, glabras, finamente papiloso-pilosas o puberulentas. Inflorescencia 7–20 cm de largo, solitaria, terminal, racimos 6–23, 1–4 cm de largo, racemosos, ascendentes a patentes, deciduos enteros en la madurez, raquis 2–2.5 mm de ancho, escabroso, sin una espiguilla en el ápice, acuminado, alado, las alas membranáceas a herbáceas, inflexas sobre las espiguillas, espiguillas clípticas, 1.7–2.4 (–2.7) cm de largo y 0.8–1.2 mm de ancho, agudas a obtusas, glabras, solitarias, en 2 filas o raramente en 1 fila; glumas ausentes; lema inferior tan larga como la espiguilla, 3-nervia; flósculo superior 2–2.3 (–2.6) mm de largo, cartáceo, liso, blanquecino, glabro.

Rara, cimas abiertas en nebliselvas, zona norcentral; 1000–1600 m; fl y fr oct–ene; *Araquistain 911, Stevens 16215*; México a Bolivia y Chile.

Paspalum carinatum Humb. & Bonpl. ex Flüggé, Gram. Monogr., Paspalum 65. 1810.

Perennes densamente cespitosas; tallos 47–95 cm de largo, erectos, simples; entrenudos y nudos glabros. Hojas papiloso-pilosas o glabras; lígula 0.5–1 mm de largo; láminas lineares, 6–11 cm de largo y 1–2 mm de ancho, convolutas. Inflorescencia 5–10 cm de largo, solitaria, terminal, racimo 1, algo falcado, raquis 2–2.3 mm de ancho, glabro, sin una espiguilla en el ápice, angostamente alado, la costilla media verde, las alas ca 1 mm de ancho, hialinas, café-amarillentas; espiguillas angostamente elípticas, 4.2–5.1 mm de largo y 1.1–1.3 mm de ancho, subagudas, pilosas, solitarias, en 2 filas; gluma inferior ausente, gluma superior tan larga como la espiguilla, 3-nervia, densamente pilosa con tricomas hasta 4 mm en el 1/3 inferior y esparcidamente ciliada en el ápice; lema inferior casi tan larga como la espiguilla, 3-nervia, pilosa a los lados de la nervadura central en la 1/2 inferior; flósculo superior ca 1.4 mm más corto que la gluma superior, cartáceo, liso, puberulento en el ápice, cortamente estipitado.

Rara, sabanas, norte de la zona atlántica; 40–100 m; fl y fr jul; *Pohl 12267, 12274*; Nicaragua, Colombia, Venezuela, Guyana, Surinam, Bolivia, Brasil y Trinidad.

Paspalum centrale Chase, J. Wash. Acad. Sci. 17: 145. 1927.

Anuales cespitosas; tallos 30–85 cm de largo, erectos o decumbentes, ramificados; nudos y entrenudos glabros. Vainas papiloso-pilosas; lígula 3–5 mm de largo; láminas lineares, 9–24 cm de largo y 3–11 mm de ancho, aplanadas, papiloso-pilosas. Inflorescencia 4–12 cm de largo, solitaria, terminal, racimos 1–9, 2–7 cm de largo, racemosos, ascendentes, raquis 1–1.3 mm de ancho, hispídulo y a veces con algunos tricomas alargados, con una espiguilla en el ápice; espiguillas elíptico-obovadas, 2–2.5 mm de largo y 1.7–1.8 mm de ancho, obtusas, glabras, solitarias o pareadas, en 2–4 filas; gluma inferior ausente, gluma superior y lema inferior tan largas como la espiguilla, 4–5-nervias, glabras; flósculo superior tan largo como la espiguilla, endurecido, liso, glabro, café brillante.

Poco común, sabanas y potreros, zona pacífica; 0–450 m; fl y fr ago–oct; *Moreno 2397, Stevens 3813*; Honduras a Panamá.

Paspalum clavuliferum C. Wright, Anales Acad. Ci. Méd. Habana 8: 203. 1871; *P. pittieri* Hack. ex Beal.

Anuales cespitosas; tallos 10–40 cm de largo, erectos, ramificados; entrenudos y nudos glabros.

Vainas comprimidas, densa a esparcidamente papiloso-pilosas; lígula 0.6–1 mm de largo; láminas lineares, 1.3–14 cm de largo y 1.5–3 mm de ancho, aplanadas, papiloso-pilosas. Inflorescencia 1–5 cm de largo, solitaria, terminal, racimos 1–2 (3), 1–5 cm de largo, conjugados cuando 2, raramente con un tercero por debajo, ascendentes, raquis 0.4–0.5 mm de ancho, escabriúsculo, con una espiguilla en el ápice, triquetro; espiguillas elíptico-obovadas, 1.1–1.4 mm de largo y ca 0.8 mm de ancho, obtusas, glabras o piloso-glandulares, pareadas, en 2–4 filas; gluma inferior ausente, gluma superior casi tan larga como el flósculo superior, 3-nervia, glabra o piloso-glandular con tricomas capitelados; lema inferior tan larga como el flósculo superior, 2–3-nervia, glabra; flósculo superior 1.1–1.4 mm de largo, endurecido, diminutamente papiloso, glabro, pajizo.

Rara, sabanas, bosques de pino-encinos, laderas rocosas, zonas pacífica y norcentral; 0–1020 m; fl y fr sep–nov; *Moreno 2451, Stevens 23092*; México a Bolivia, Guyana, Brasil y en las Antillas.

Paspalum conjugatum Bergius, Acta Helv. Phys.-Math. 7: 129. 1762; *P. conjugatum* var. *pubescens* Döll.

Perennes estoloníferas, estolones hasta 3 m de largo; tallos ramificados, las ramas erectas 20–50 (–100) cm de largo; entrenudos glabros, nudos glabros o pilosos. Vainas carinadas, glabras, generalmente ciliadas; lígula 0.3–1.5 mm de largo; láminas lineares, 7–21 cm de largo y 7–14 mm de ancho, aplanadas, generalmente glabras pero con un grupo de tricomas en la base, a veces pilosas. Inflorescencia 6–17 cm de largo, solitaria, terminal, racimos 2, 6–16 cm de largo, conjugados, raramente con un tercero por debajo, patentes, raquis 0.5–1 mm de ancho, sin una espiguilla en el ápice, angostamente alado; espiguillas ovadas, 1.3–1.9 mm de largo y 1–1.2 mm de ancho, subagudas a apiculadas, ciliadas, solitarias, en 2 filas; gluma inferior ausente, gluma superior y lema inferior tan largas como la espiguilla, 2-nervias, la gluma papiloso-ciliada, la lema glabra, escasamente cóncava; flósculo superior escasamente más corto que la espiguilla, cartáceo, liso, glabro, blanquecino.

Maleza común en áreas abiertas y húmedas, en todo el país; 0–1480 m; fl y fr durante todo el año; *Moreno 24357, Stevens 11472*; trópicos y subtrópicos, nativa de América tropical.

Paspalum convexum Humb. & Bonpl. ex Flüggé, Gram. Monogr., Paspalum 175. 1810.

Anuales cespitosas; tallos 10–60 cm de largo, erectos o decumbentes, ramificados; entrenudos y nudos glabros. Vainas carinadas, glabras a papiloso-pilosas; lígula 1–3 mm de largo; láminas anchamente lineares, 5–25 cm de largo y 5–10 mm de ancho, aplanadas, glabras a papiloso-pilosas. Inflorescencia 4–14 cm de largo, solitaria, terminal, racimos 1–5, 3–7 cm de largo, racemosos, ascendentes a patentes, raquis 1–2 mm de ancho, glabro, con una espiguilla en el ápice; espiguillas obovadas a suborbiculares, 1.8–2.5 (–3) cm de largo y 1.7–2.4 mm de ancho, obtusas, puberulentas, oliváceas, pareadas o solitarias, en 2–4 filas; gluma inferior ausente, gluma superior casi tan larga como la espiguilla, 5–7-nervia, adpreso puberulenta; lema inferior tan larga como la espiguilla, 5-nervia, adpreso puberulenta; flósculo superior tan largo como la espiguilla, endurecido, liso, glabro, café brillante.

Común, bosques de pino-encinos y áreas perturbadas, en todo el país; 60–1400 m; fl y fr jun–dic; *Moreno 3331*, *Stevens 15639*; sur de los Estados Unidos a Perú, Brasil y en las Antillas.

Paspalum coryphaeum Trin., Gram. Panic. 114. 1826.

Perennes cespitosas a partir de coronas duras; tallos 65–400 cm de largo, erectos, ramificados; entrenudos glabros o pilosos, nudos pilosos. Vainas redondeadas, papiloso-híspidas, o las superiores casi glabras; lígula 1–4.5 mm de largo; láminas lineares, 30–50 cm de largo y 10–23 mm de ancho, aplanadas, glabras o puberulentas, con un grupo de tricomas largos por detrás de la lígula. Inflorescencia 8–26 cm de largo, solitaria, terminal, racimos (6–) 15–44, 5–13 cm de largo, racemosos, patentes a péndulos, raquis 0.3–0.4 mm de ancho, generalmente escabriúsculo marginalmente, raramente densa y largamente ciliado con tricomas 5–6 mm de largo, con una espiguilla en el ápice, triquetro; espiguillas elípticas, 2–2.5 mm de largo y 1.8–1.9 mm de ancho, subagudas, papiloso-pilosas, pareadas, en 4 filas; gluma inferior ausente, gluma superior casi tan larga como la espiguilla, 3-nervia, papiloso-pilosa; lema inferior tan larga como la espiguilla, 3-nervia, papiloso-pilosa a casi glabra; flósculo superior casi tan largo como la espiguilla, endurecido, finamente estriado, glabro, blanquecino.

Esperada en Nicaragua; Belice a Colombia, Venezuela, Guayanas, Brasil y Trinidad.

Paspalum costaricense Mez, Repert. Spec. Nov. Regni Veg. 15: 72. 1917.

Perennes cespitosas, base nodosa; tallos 30–75 cm de largo, erectos o decumbentes, simples; entrenudos y nudos glabros. Vainas carinadas, glabras; lígula 2–5 mm de largo; láminas linear-lanceoladas, 10–18 cm de largo y 15–30 mm de ancho, aplanadas,

glabras. Inflorescencia 6–13 cm de largo, solitaria, terminal, racimos 5–7, 4–7 cm de largo, racemosos, ascendentes a divergentes, raquis 0.6–0.9 mm de ancho, con una espiguilla en el ápice, angostamente alado; espiguillas elípticas, 2.4–2.8 mm de largo y 1.2–1.3 mm de ancho, subagudas, puberulentas, pareadas, en 4 filas; gluma inferior ausente, gluma superior y lema inferior tan largas como la espiguilla, 3–5-nervia, esparcidamente adpreso puberulentas o glabras; flósculo superior 2.2–2.5 mm de largo, endurecido, diminutamente estriado, glabro, pajizo.

Rara, pastizales, cafetales, zonas pacífica y norcentral; 330–1400 m; fl y fr may–dic; *Davidse 30387*, *Moreno 2842*; México (Oaxaca) a Costa Rica.

Paspalum cymbiforme E. Fourn., Mexic. Pl. 2: 5. 1886.

Perennes cespitosas; tallos 65–95 cm de largo, erectos, esparcidamente ramificados; entrenudos glabros o a veces pilosos, nudos adpreso-pilosos. Vainas glabras; lígula 1–1.5 mm de largo; láminas lineares, 7–15 cm de largo y 3–7 mm de ancho, con unos pocos cilios marginales. Inflorescencia 10–14 cm de largo, solitaria, terminal, racimos (1) 2–4 (5), 4–8 cm de largo, racemosos, arqueados, raquis ca 2 mm de ancho, glabro, sin una espiguilla en el ápice, angostamente alado, las alas membranáceas, cafés; espiguillas elípticas, 2.9–3 mm de largo y 1 mm de ancho, agudas, pilosas, pareadas, en 4 filas; gluma inferior ausente, gluma superior tan larga como la lema inferior, 3-nervia, pilosa en la 1/2 inferior, longiciliada con tricomas sedosos; lema inferior 3-nervia, glabra, escasamente sulcada; flósculo superior ca 2.5 mm de largo, cartáceo, liso, glabro, blanquecino.

Conocida en Nicaragua por una colección (*Rueda 1200*) de bosques de pino-encinos, Chinandega; 1300–1350 m; fl y fr oct; México (Chiapas) a Nicaragua.

Paspalum decumbens Sw., Prodr. 22. 1788.

Anuales cespitosas; tallos 15–40 cm de largo, decumbentes, enraizando, ramificados; entrenudos glabros, nudos pilosos. Hojas glabras o pilosas; vainas carinadas; lígula 0.5–1 mm de largo; láminas linear-lanceoladas, 3–7 cm de largo y 7–14 mm de ancho, aplanadas. Inflorescencias 1–6, terminales y axilares, racimo 1, 0.7–3 cm de largo, arqueado, raquis ca 0.5 mm de ancho, glabro a esparcidamente piloso dorsalmente, con una espiguilla en el ápice; espiguillas obovadas, 1.5–1.7 mm de largo y 1.3 mm de ancho, obtusas, glabras, pareadas, en 4 filas; gluma inferior 0.2–0.4 mm en espiguillas secundarias, generalmente más pequeñas en espiguillas primarias, gluma superior 1.1–1.2 mm de largo, 0.3–0.4 mm más corta que el flósculo superior, 3–5-nervia;

lema inferior tan larga como la espiguilla, 3-nervia; pálea inferior 1.2–1.4 mm de largo; flósculo superior 1.4–1.5 mm de largo, endurecido, diminutamente papiloso-estriado, glabro, blanquecino.

Poco común, pastizales húmedos, orillas de caminos, sabanas de pinos, norte de la zona atlántica; 10–160 m; fl y fr todo el año; *Ortiz 258, Stevens 19755*; sur de México a Bolivia, Brasil y en las Antillas.

Paspalum densum Poir., Encycl. 5: 32. 1804.

Perennes densamente cespitosas; tallos 100–200 cm de largo, erectos, simples, gruesos; entrenudos y nudos glabros. Hojas glabras excepto los márgenes de las vainas y detrás de la lígula; vainas basales carinadas, reticuladas; lígula 1.5–4 mm de largo; láminas lineares, 30–70 cm de largo y 7–10 mm de ancho, plegadas hacia la base, por lo demás aplanadas, rígidas, fuertemente escábridas. Inflorescencia 14–30 cm de largo, solitaria, terminal, racimos 40–150, 1–7 cm de largo, racemosos, ascendentes a patentes, raquis 1.2–1.5 mm de ancho, ciliado con tricomas 2–5 mm de largo, con una espiguilla en el ápice; espiguillas orbicular-obovadas, 1.6–2.1 mm de largo y ca 1.8 mm de ancho, glabras, pareadas, en 4 filas; gluma inferior ausente, gluma superior y lema inferior tan largas como la espiguilla, 3-nervias; flósculo superior casi tan largo como la espiguilla, diminutamente papiloso-estriado, glabro, pajizo.

Conocida en Nicaragua por una sola colección (*Ortiz 2025*) de Siuna, Zelaya; fl y fr jul; Nicaragua, Panamá, Colombia, Venezuela, Guayanas, Brasil, Bolivia y en las Antillas.

Paspalum distichum L., Syst. Nat., ed. 10, 855. 1759; *Digitaria paspalodes* Michx.; *P. paspalodes* (Michx.) Scribn.

Perennes rizomatosas; tallos 12–20 cm de largo, erectos, simples; entrenudos y nudos glabros. Hojas glabras a papiloso-pilosas; vainas carinadas; lígula 0.4–1.5 mm de largo; láminas lineares, 2.5–10 cm de largo y 3–6 mm de ancho, aplanadas, glabras o pilosas en la haz, los márgenes generalmente ciliados hacia la base. Inflorescencia 1–6 cm de largo, solitaria, terminal, racimos 2 (3), 1–6 cm de largo, conjugados, raramente con un tercero por debajo, raquis 1–2 mm de ancho, con una espiguilla en el ápice, alado, las alas herbáceas; espiguillas elípticas, 2.7–3.2 mm de largo y 1.3–1.5 mm de ancho, agudas, esparcidamente pilosas, solitarias o pareadas, en 2 ó 4 filas; gluma inferior generalmente ausente o hasta 1.9 mm de largo, 1 nervia, gluma superior y lema inferior iguales, tan largas como la espiguilla, 5–7-nervias, la gluma inconspicuamente adpreso pilosa, la lema glabra; flósculo superior 0.2–0.4 mm más corto que

la lema inferior, rígido, diminutamente estriado, glabro, pajizo.

Rara, zonas perturbadas, zona norcentral; 1200–1540 m; fl y fr may, sep; *Davidse 30422, Moreno 17514*; cosmopolita en climas cálidos.

Paspalum erianthum Nees ex Trin., Gram. Panic. 121. 1826; *P. trichoides* R. Guzmán.

Perennes cespitosas, bases cormosas; tallos 80–135 cm de largo, erectos, simples; entrenudos glabros, nudos pilosos. Vainas redondeadas, linear-lanceoladas, aplanadas, papiloso-pilosas a glabras; lígula 1–2 mm de largo; láminas anchamente lineares, 7–35 cm de largo y 4–17 mm de ancho, densamente papiloso-pilosas a glabras. Inflorescencia 5–17 cm de largo, solitaria, terminal, racimos 3–10, 2–6 cm de largo, racemosos, ascendentes, raquis 0.8–1 mm de ancho, escabriúsculo, con una espiguilla en el ápice, angostamente alado; espiguillas elípticas, 3.5–4.5 mm de largo y 1.4–2 mm de ancho, subagudas, sedoso-pilosas, pareadas, en 4 filas; gluma inferior ausente, gluma superior tan larga como la espiguilla, 3-nervia, sedoso-pilosa; lema inferior tan larga como el flósculo superior a ligeramente más corta que éste, 3-nervia, aplanada, pilosa, especialmente hacia los márgenes; flósculo superior 0.2–0.5 mm más corto que la lema inferior, liso, glabro, pajizo.

Rara, bosques de encinos, zona norcentral; 1000–1100 m; fl y fr jul; *Garnier 1954, Soza 118*; México (Chiapas), Honduras a Costa Rica, Bolivia, Brasil, Paraguay y Uruguay.

Paspalum fasciculatum Willd. ex Flüggé, Gram. Monogr., Paspalum 69. 1810.

Perennes estoloníferas; tallos hasta 500 cm de largo, largamente decumbentes y enraizando, simples o ramificados; entrenudos glabros, nudos glabros a pilosos. Vainas carinadas, glabras o papiloso-híspidas, ciliadas; lígula 0.3–1 mm de largo; láminas anchamente lineares, 20–70 cm de largo y 10–20 mm de ancho, aplanadas, glabras a pilosas. Inflorescencia 8–18 cm de largo, solitaria, terminal, flabeliforme, racimos 8–33, 7–16 cm de largo, racemosos, ascendentes a péndulos, raquis 0.8–1.4 mm de ancho, escabroso marginalmente y a veces esparcidamente ciliado con tricomas largos, sin o con una espiguilla en el ápice, aplanado; espiguillas elíptico-lanceoladas, 3.7–4.6 mm de largo y 1.5–1.8 mm de ancho, acuminadas, ciliadas, solitarias, en 2 filas; gluma inferior ausente o diminuta, gluma superior y lema inferior tan largas como la espiguilla, 3–7-nervias, ciliadas; flósculo superior 3.8–4.3 mm de largo, rígido, diminutamente estriado, glabro, café claro.

Rara, bancos de ríos, zona atlántica; 0–30 m; fl y

fr sep–oct; *Peterson 20*, *Riviere 330*; sur de México a Argentina y en las Antillas.

Paspalum hartwegianum E. Fourn., Mexic. Pl. 2: 12. 1886; *P. alcalinum* Mez.

Perennes cespitosas o estoloníferas, los estolones hasta 2 m de largo o ausentes; tallos 50–140 cm de largo, erectos o decumbentes; entrenudos glabros, nudos más o menos pilosos. Vainas carinadas, glabras; lígula 2–3 mm de largo; láminas lineares, 6–40 cm de largo y 3–6 mm de ancho, aplanadas, escábridas, pilosas en la garganta. Inflorescencia 8–16 cm de largo, solitaria, terminal, racimos 4–12, hasta 6 cm de largo, racemosos, divergentes, raquis hasta 1.6 mm de ancho, escabriúsculo, con una espiguilla en el ápice, aplanado; espiguillas elíptico-obovadas, 2.4–3 mm de largo y ca 1.5 mm de ancho, agudas, pilosas, pareadas, en 4 filas; gluma inferior ausente, gluma superior y lema inferior tan largas como la espiguilla, 3–5-nervias, pilosas; flósculo superior ca 2.5 mm de largo, más corto que la espiguilla, endurecido, estriado, pajizo, glabro.

Rara, sabanas y zanjas de caminos, zona norcentral; 700–890 m; fl y fr jul; *Pohl 12207, 12621*; sur de Estados Unidos, México, Paraguay y Argentina.

Paspalum hitchcockii Chase, Contr. U.S. Natl. Herb. 28: 160. 1929.

Anuales cespitosas; tallos 10–50 cm de largo, rastreros, ramificados; entrenudos y nudos glabros. Hojas glabras; vainas carinadas; lígula diminuta; láminas lineares, 2–14 cm de largo y 2–9 mm de ancho, aplanadas. Inflorescencia hasta 10 cm de largo, solitaria, terminal, racimos 2–3, 2–5 cm de largo, racemosos, ascendentes a divergentes, raquis 1.2–1.5 mm de ancho, con una espiguilla en el ápice, aplanado, herbáceo; espiguillas suborbiculares, 1.5–2 mm de largo y 1.5–1.6 mm de ancho, obtusas, glabras, solitarias; gluma inferior ausente, gluma superior y lema inferior tan largas como la espiguilla, 2–4-nervias, frágiles; flósculo superior escasamente más corto que la espiguilla, endurecido, liso, café-rojizo.

Conocida en Nicaragua por una sola colección (*Robleto 1282*) de cafetales, Volcán Maderas, Rivas; 200–300 m; fl y fr sep; Guatemala a Colombia y Venezuela.

Paspalum humboldtianum Flüggé, Gram. Monogr., Paspalum 67. 1810.

Perennes rizomatosas; tallos 60–120 cm de largo, erectos o decumbentes, ramificados; entrenudos glabros, nudos glabros o pilosos. Vainas glabras o papiloso-hirsutas; lígula 1.8–3.8 mm de largo; láminas linear-lanceoladas, 7–14 cm de largo y 8–17

mm de ancho, aplanadas, glabras a adpreso pilosas, ciliadas. Inflorescencia 5–11 cm de largo, solitaria, terminal, racimos 1–5, 4–7.5 cm de largo, racemosos, ascendentes, raquis 1–1.5 mm de ancho, escabriúsculo o glabro, con una espiguilla en el ápice, angostamente alado; espiguillas elípticas, 3–3.7 mm de largo y 1–1.1 mm de ancho, agudas, marcadamente ciliadas, pareadas o solitarias, en 2 ó 4 filas; gluma inferior ausente, gluma superior tan larga como la espiguilla, 3-nervia, pustuloso-ciliada con tricomas patentes 2–3 mm de largo, el dorso glabro o puberulento; lema inferior 3–3.5 mm de largo, 3-nervia, glabra o escabriúscula hacia el ápice, no ciliada; flósculo superior 2.3–2.7 mm de largo, cartáceo, liso, glabro, blanquecino.

Rara, zonas pacífica y norcentral; 800–1200 m; fl y fr ago–nov; *Moreno 24523, Stevens 4502*; México a Argentina.

Paspalum langei (E. Fourn.) Nash, N. Amer. Fl. 17: 179. 1912; *Dimorphostachys langei* E. Fourn.; *P. oricolum* Millsp. & Chase.

Perennes cespitosas; tallos 25–100 cm de largo, erectos a decumbentes, a veces ramificados; entrenudos y nudos glabros. Vainas carinadas, ciliadas, más o menos papiloso-pilosas; lígula hasta 1 mm de largo; láminas 8–30 cm de largo y 8–18 mm de ancho, glabras o papiloso-pilosas. Inflorescencias 1–3, terminales y axilares, racimos 1–5, 4–10 cm de largo, racemosos, divergentes, raquis glabro o a veces esparcidamente ciliado, con una espiguilla en el ápice; espiguillas elípticas a elíptico-obovadas, 2–3 mm de largo y 1.3–1.4 mm de ancho, subagudas, pilosas, pareadas, en 4 filas, gluma inferior de la espiguilla primaria ausente o hasta 0.5 mm de largo, deltoide, ciliada, gluma inferior de la espiguilla secundaria triangular, 1/4–1/3 del largo de la espiguilla, gluma superior escasamente más corta que la espiguilla; lema inferior tan larga como la espiguilla; gluma superior y lema inferior 5-nervias, finamente pilosas, moteadas con manchas glandulares cafés; flósculo superior 2.1–2.3 mm de largo, endurecido, diminutamente papiloso-estriado, glabro, pajizo.

Rara, orillas de caminos, zonas pacífica y norcentral; 1160–1200 m; fl y fr sep–nov; *Hitchcock 8681, Stevens 18098*; sur de los Estados Unidos, México a Venezuela y en las Antillas.

Paspalum lentiginosum J. Presl in C. Presl, Reliq. Haenk. 1: 218. 1830.

Perennes cespitosas; tallos 50–140 cm de largo, erectos o ascendentes, esparcidamente ramificados; entrenudos y nudos glabros. Hojas generalmente glabras excepto las partes basales; lígula 1.5–3 mm de largo; láminas lineares, 12–25 cm de largo y 8–14 mm de ancho, aplanadas, glabras. Inflorescencia hasta 1.5 cm de largo, solitaria, terminal, racimos (4–) 9–15, 4–7 cm de largo, racemosos, ascendentes a divergentes, raquis delgado, con una espiguilla en el ápice; espiguillas suborbiculares, 1.4–1.8 mm de largo y 1.4–1.5 mm de ancho, obtusas, diminutamente papiloso-pilosas, manchadas de púrpura, pareadas, en 4 filas; gluma inferior ausente, gluma superior y lema inferior iguales, tan largas como la espiguilla, 5-nervias, la gluma papiloso-pilosa, la lema glabra; flósculo superior tan largo como la lema inferior, endurecido, liso, glabro, pajizo.

Una colección de Nicaragua (*Stevens 16191*) hecha en pastizales en Estelí ha sido tentativamente identificada como esta especie; ca 1600 m; fl y fr nov; México a Honduras. Esta especie es similar a *P. paniculatum*, difiriendo fundamentalmente en sus espiguillas y lígulas ligeramente más largas.

Paspalum ligulare Nees in Mart., Fl. Bras. Enum. Pl. 2: 60. 1829; *P. setaceum* var. *dispar* R. Guzmán.

Perennes cespitosas, en fascículos grandes; tallos 80–120 cm de largo, erectos, simples; entrenudos y nudos glabros. Vainas comprimidas, ciliadas; lígula 1.5–5 mm de largo; láminas hasta 30 cm de largo y 2–6 mm de ancho, escábrido-ciliadas, puberulentas en la haz. Inflorescencia 9–15 cm de largo, solitaria, terminal, racimos 2–6, 7–12 cm de largo, racemosos, ascendentes, raquis angosto, con una espiguilla en el ápice; espiguillas elíptico-obovadas, 2–2.5 mm de largo, glabras, pareadas, en 4 filas; gluma inferior ausente, gluma superior y lema inferior subiguales, 3-nervias; flósculo superior tan largo como la espiguilla, endurecido, glabro, pajizo.

Rara, sabanas y áreas perturbadas, zona pacífica; 10–50 m; fl y fr jul, ago; *Pohl 12711, Vincelli 697*; México a Nicaragua, Venezuela y Brasil.

Paspalum lineare Trin., Gram. Panic. 99. 1826.

Perennes densamente cespitosas, base fibrosa con vainas viejas; tallos 40–110 cm de largo, erectos, simples; entrenudos glabros, nudos glabros o pilosos. Vainas comprimidas, glabras o pilosas; lígula 0.4–1 mm de largo, decurrente; láminas basales casi cilíndricas, hasta 60 cm de largo y 1–1.5 mm de ancho, las caulinares mucho más cortas, la haz con un surco. Inflorescencia 4–6 cm de largo, solitaria, terminal, racimos 2 (3), 3–6 cm de largo, aproximados entre sí, ascendentes, raquis 0.4–0.7 mm de ancho, escabroso marginalmente, con una espiguilla en el ápice, triquetro a angostamente aplanado, en zigzag; espiguillas elípticas, 4.1–5 mm de largo y 1.4–1.8 mm de

ancho, solitarias, en 2 filas; gluma inferior ausente, gluma superior y lema inferior tan largas como la espiguilla, 5-nervias, pilosas cerca de la base; flósculo superior 3.8–4.3 mm de largo, endurecido, pajizo, papiloso-estriado, glabro.

Conocida en Nicaragua por una colección (*Salas 2525*) de sabanas de pinos, Zelaya; 0–100 m; fl y fr may; sur de México hasta Argentina y en Cuba.

Paspalum microstachyum J. Presl in C. Presl, Reliq. Haenk. 1: 215. 1830.

Anuales cespitosas; tallos 15–85 cm de largo, erectos o decumbentes, ramificados; entrenudos y nudos glabros. Vainas carinadas, glabras o papiloso-pilosas; lígula 0.3–0.5 mm de largo; láminas linear-lanceoladas, 4–23 cm de largo y 6–23 mm de ancho, papiloso-pilosas. Inflorescencia 8–14 cm de largo, generalmente solitaria, terminal, a veces una segunda desde la vaina superior, racimos hasta 35, 5–30 cm de largo, racemosos, divergentes a pedúnculos, raquis 0.6–0.8 mm de ancho, esparcidamente piloso con tricomas hasta 4 mm de largo, con una espiguilla en el ápice, aplanado; espiguillas elípticas, 1.4–1.6 mm de largo y ca 0.9 mm de ancho, subagudas, puberulentas, pareadas, en 4 filas; gluma inferior ausente, gluma superior escasamente más corta que la espiguilla, 3–5-nervia, puberulenta; lema inferior tan larga como la espiguilla, 3-nervia, puberulenta; flósculo superior 1.4 mm de largo, endurecido, estriado, blanquecino.

Poco común, orillas de caminos, zonas pacífica y atlántica; 30–500 m; fl y fr sep–nov; *Moreno 2649, Ortiz 182*; Belice a Perú y Brasil.

Paspalum millegrana Schrad. in Schult., Mant. 2: 175. 1824.

Perennes cespitosas; tallos 100–200 cm de largo, erectos, simples; entrenudos y nudos glabros. Vainas glabras; lígula 1–2 mm de largo; láminas lineares, hasta 150 cm de largo y 7–14 mm de ancho, rígidas, plegadas cerca de la base, por lo demás aplanadas, escábridas en el envés, más o menos pilosas en la haz, con un grupo de tricomas alargados por detrás de la lígula. Inflorescencia 20–25 cm de largo, solitaria, terminal, racimos 6–20 (–60), 6–15 (–30) cm de largo, racemosos, ascendentes a patentes, raquis 0.9–1.5 mm de ancho, escabroso, esparcidamente ciliado, con una espiguilla en el ápice; espiguillas obovadas a suborbiculares, 2–2.4 mm de largo y 2–2.1 mm de ancho, obtusas, glabras, pareadas, en 4 filas; gluma inferior ausente, gluma superior tan larga como la lema inferior, escasamente más corta que el flósculo superior, 3-nervia; flósculo superior tan largo como la espiguilla, endurecido, papiloso-estriado, glabro, pajizo.

Conocida en Nicaragua por una sola colección (*Vincelli 671*) de manglares, Zelaya; nivel del mar; fl y fr jun; México, Nicaragua, Venezuela, Guayanas, Bolivia, Brasil, las Antillas y en las Bahamas.

Paspalum minus E. Fourn., Mexic. Pl. 2: 6. 1886.

Perennes rizomatosas, rizomas gruesos, escamosos; tallos 27–55 cm de largo, decumbentes o postrados; entrenudos y nudos glabros. Vainas carinadas, glabras, ciliadas; lígula 0.2–0.7 mm de largo; láminas lineares, 8–14 cm de largo y 4–7 mm de ancho, aplanadas pero plegadas cerca de la base, generalmente glabras, ciliadas hacia la base y con una hilera de tricomas por detrás de la lígula, a veces esparcidamente papiloso-pilosas en la haz. Inflorescencia 4–7 cm de largo, solitaria, terminal, racimos 2 (3), 4–7 cm de largo, conjugados, raramente con un tercero por debajo, raquis ca 0.5 mm de ancho, con una espiguilla en el ápice, triquetro, en zigzag; espiguillas ovadas, 2.4–2.5 mm de largo y 1.5–1.6 mm de ancho, obtusas, glabras, solitarias, en 2 filas; gluma inferior ausente, gluma superior y lema inferior tan largas como la espiguilla, 3–5-nervias, glabras; flósculo superior 2.1–2.2 mm de largo, endurecido, diminutamente estriado, glabro, blanquecino.

Poco común, suelos mojados, áreas abiertas perturbadas, sabanas, en todo el país; 10–740 m; fl y fr ene, jun–ago; *Neill 2225*, *Pohl 12335*; sur de México a Bolivia, Brasil, Paraguay y en las Antillas.

Paspalum multicaule Poir., Encycl., Suppl. 4: 309. 1816.

Anuales cespitosas; tallos 5–40 cm de largo, erectos, ramificados desde los nudos inferiores; entrenudos y nudos glabros. Vainas carinadas, glabras a papiloso-híspidas; lígula 0.3–0.6 mm de largo; láminas lineares, 4–12 cm de largo y 1.5–3 mm de ancho, aplanadas o los márgenes revolutos, papiloso-híspidas y puberulentas. Inflorescencia 1–4 cm de largo, solitaria, terminal, racimos 2 (3), 1–4.5 cm de largo, conjugados o raramente con un tercero por debajo, raquis ca 0.5–0.7 mm de ancho, escabriúsculo, con una espiguilla en el ápice, aplanado, en zigzag; espiguillas suborbiculares, 1.1–1.5 mm de largo y 1–1.2 mm de ancho, obtusas, solitarias, en 2 filas; gluma inferior ausente, gluma superior y lema inferior tan largas como la espiguilla, 2–3-nervias, esparcida a densamente cubiertas con tricomas globulares diminutos; flósculo superior tan largo como la espiguilla, endurecido, finamente papiloso-estriado, glabro, blanquecino.

Poco común, sabanas, zonas pacífica y atlántica;

25–40 m; fl y fr dic–feb, jul, ago; *Pohl 12266*, *Stevens 12779*; sur de México a Perú, Bolivia, Brasil y en las Antillas.

Paspalum notatum Flüggé, Gram. Monogr., Paspalum 106. 1810.

Perennes rizomatosas, rizomas gruesos, escamosos; tallos 40–70 cm de largo, erectos, simples; entrenudos glabros, comprimidos, nudos glabros. Vainas carinadas, glabras o ciliadas; lígula 0.2–0.5 mm de largo; láminas lineares, 6–24 cm de largo y 6–10 mm de ancho, aplanadas pero plegadas hacia la base, glabras, pero ciliadas hacia la base. Inflorescencia 3–10 cm de largo, solitaria, terminal, racimos 2 (3), 3–10 cm de largo, conjugados, raramente con un tercero por debajo, raquis 0.7–0.9 mm de ancho, en zigzag, con una espiguilla en el ápice o a veces las espiguillas superiores abortivas; espiguillas ovadas a obovadas, 3–3.8 mm de largo y 2.3–2.8 mm de ancho, obtusas, glabras, solitarias, en 2 filas, glabras; gluma inferior generalmente ausente, gluma superior y lema inferior tan largas como la espiguilla, 5-nervias, glabras; flósculo superior 2.8–3.3 mm de largo, endurecido, diminutamente estriado, glabro, pajizo.

Común, pastizales y áreas abiertas perturbadas, zonas pacífica y norcentral; 125–1250 m; fl y fr jun–ago; *Stevens 2902, 3207*; este de México a Argentina, las Antillas, introducida a los Estados Unidos y el Viejo Mundo. Esta especie es ampliamente cultivada como forraje y pasto para césped.

Paspalum nutans Lam., Tabl. Encycl. 1: 175. 1791.

Perennes cespitosas; tallos 25–55 cm de largo, decumbentes, enraizando, ramificados; entrenudos y nudos glabros. Vainas carinadas, glabras, ciliadas, las inferiores adpreso pilosas; lígula 1.2–2 mm de largo; láminas lanceoladas, 9–13 cm de largo y 7–14 mm de ancho, aplanadas, adpreso pilosas. Inflorescencias 1–3, terminales y axilares, racimo 1, 3–5 cm de largo, arqueado, raquis ca 0.5 mm de ancho, los márgenes incurvados; espiguillas elíptico-obovadas, 1.7–2.2 mm de largo y 1.2–1.3 mm de ancho, obtusas, generalmente pareadas, a veces solitarias, en 2–4 filas; gluma inferior generalmente ausente en la espiguilla primaria, gluma inferior hasta 0.4 mm y enervia en la espiguilla secundaria, gluma superior 1.6–2 mm de largo, 0.1–0.3 mm más corta que la espiguilla, 5-nervia, glabra o esparcidamente pilosa hacia los márgenes; lema inferior tan larga como la espiguilla, 5-nervia, glabra; pálea inferior a veces presente, hasta 1.8 mm de largo; flósculo superior 1.8–2 mm de largo, endurecido, diminutamente estriado, glabro, blanquecino.

Poco común, suelos rocosos, manglares, bosques de pinos, zona atlántica; 0–10 m; fl y fr abr, jul, oct; *Stevens 20089, 20768*; México (Chiapas) a Ecuador, las Guayanas, Brasil, las Antillas e introducida en Mauricio.

Paspalum orbiculatum Poir., Encycl. 5: 32. 1804; *P. orbiculatum* var. *lanuginosum* Henrard; *P. orbiculatum* ssp. *potarense* Chase.

Perennes estoloníferas, estolones hasta 1 m de largo; tallos ramificados, las ramas erectas 5–20 cm de largo; entrenudos glabros, nudos generalmente glabros, a veces pilosos. Vainas comprimidas, glabras, ciliadas; lígula 0.1–0.3 mm de largo; láminas anchamente lineares a linear-lanceoladas, 1–8 cm de largo y 1–9 mm de ancho, aplanadas, generalmente glabras y con un grupo de tricomas largos por detrás de la lígula. Inflorescencia hasta 4 cm de largo, solitaria, terminal, racimos 2–6, 0.8–2.4 cm de largo, racemosos, ascendentes a patentes, raquis 0.7–0.8 mm de ancho, escabriúsculo marginalmente, con una espiguilla en el ápice, angostamente alado, las alas 0.2–0.3 mm de ancho, herbáceas; espiguillas suborbiculares, 0.8–1.2 mm de largo y 0.7–1 mm de ancho, obtusas, glabras o puberulentas, solitarias, en 2 filas; gluma inferior ausente, gluma superior y lema inferior tan largas como la espiguilla, 2 (3)-nervias, hialinas, glabras o puberulentas; flósculo superior ca 0.1 mm más corto que la espiguilla, endurecido, liso, glabro, café-rojizo.

Poco común, áreas húmedas, zona atlántica; nivel del mar; fl y fr mar, dic; *Harmon 5098, Seymour 5287*; sur de México a Argentina, Paraguay, Brasil y en las Antillas.

Paspalum paniculatum L., Syst. Nat., ed. 10, 855. 1759.

Perennes cespitosas, bases densamente hirsutas; tallos 75–150 cm de largo, generalmente erectos, ramificados; entrenudos glabros, nudos pilosos. Vainas carinadas, más o menos papiloso-híspidas; lígula 0.5–1 mm de largo; láminas anchamente lineares, 17–35 mm de largo y 11–24 mm de ancho, aplanadas, híspidas, escabrosas, o casi glabras. Inflorescencia 5–30 cm de largo, solitaria, terminal, racimos 18–70, 4–12 cm de largo, racemosos, patentes, a veces arqueados, raquis 0.3–0.5 mm de ancho, esparcidamente piloso con tricomas alargados, con una espiguilla en el ápice, triquetro; espiguillas suborbiculares a obovadas, 1.2–1.5 mm de largo y 1–1.2 mm de ancho, obtusas, puberulentas, pareadas, en 4 filas; gluma inferior ausente, gluma superior y lema inferior tan largas como la espiguilla, 3-nervias, puberulentas; flósculo superior casi tan largo como la espiguilla,

endurecido, diminutamente estriado, glabro, pajizo.

Común, áreas abiertas perturbadas, bosques secos y húmedos, zonas pacífica y norcentral; 140–1400 m; fl y fr may–sep, dic; *Nee 27718, Robleto 948*; sur de México a Argentina y en las Antillas; introducida en los Estados Unidos y los trópicos del Viejo Mundo.

Paspalum pectinatum Nees ex Trin., Sp. Gram. 1: t. 117. 1828.

Perennes cespitosas de bases enterradas; tallos 30–100 cm de largo, erectos, simples; entrenudos y nudos glabros. Vainas redondeadas, hirsutas cerca del ápice; lígula 0.5–1 mm de largo; láminas lineares, 11–65 cm de largo y 3–7 mm de ancho, generalmente aplanadas, hirsutas. Inflorescencia 5–7 cm de largo, solitaria, terminal, racimos (1) 2 (3), 5–7 cm de largo, generalmente conjugados, raramente con un tercero por debajo, raquis 1.6–2.5 mm de ancho, glabro, con una espiguilla en el ápice, alado, las alas 0.6–0.8 mm de ancho, cartáceas, café-doradas; espiguillas lanceoladas, 4.5–6.7 mm de largo y 2–2.8 mm de ancho, agudas, aladas, ciliadas, solitarias, en 2 filas; gluma inferior ausente, gluma superior tan larga como la espiguilla, 3–5-nervia, alada, cordada en la base; lema inferior más angosta y corta que la gluma superior, 3-nervia, fuertemente pustuloso-ciliada con cilios hasta 2 mm de largo; flósculo superior 4.2–4.5 mm de largo, más corto que la lema inferior, cartáceo, puberulento en el ápice, escabroso en los márgenes, blanquecino.

Rara, sabanas secas, campos, zona atlántica; 10–250 m; fl y fr jun, jul; *Kral 69245, Pohl 12361*; sur de México a Colombia, Venezuela, Guyana, Surinam, Brasil y Bolivia.

Paspalum pilosum Lam., Tabl. Encycl. 1: 175. 1791.

Perennes cespitosas; tallos 50–130 cm de largo, erectos a decumbentes, ramificados; entrenudos glabros, nudos pilosos o glabros. Hojas papiloso-pilosas a glabras; vainas carinadas, ciliadas; lígula 0.6–2.5 mm de largo; láminas lineares, hasta 35 cm de largo y 5–10 mm de ancho, aplanadas a plegadas. Inflorescencias 1–3, terminales y axilares de las vainas superiores, racimo 1, 6–16 cm de largo, arqueado, raquis 1–1.5 mm de ancho, los márgenes generalmente ciliados, incurvados, con una espiguilla en el ápice, aplanado; espiguillas elíptico-obovadas, 2.6–3.2 mm de largo y 1.5–1.7 mm de ancho, dimorfas, glabras, pareadas, en 4 filas irregulares; gluma inferior de la espiguilla primaria ausente o hasta 0.3 mm de largo, obtusa, enervia, gluma inferior de la espiguilla secundaria 0.2–2 mm de largo, obtusa a acuminada, 1-nervia, frecuentemente carinada, gluma superior 2.4–3 mm de largo, más corta que el flósculo superior, 5-nervia; flósculo inferior generalmente estaminado; lema inferior 2.6–3.2 mm de largo, (4) 5-nervia, sulcada; pálea inferior casi tan larga como la lema inferior; flósculo superior 2.5–3 mm de largo, endurecido, diminutamente papiloso-estriado, glabro, pajizo.

Rara, arbustales, sabanas de pinos, áreas perturbadas, zona atlántica; 30 m; fl y fr jul, nov; *Pohl 12287, Seymour 5802*; sur de México a Bolivia y Brasil, también en Trinidad.

Paspalum plenum Chase, Contr. U.S. Natl. Herb. 28: 202. 1929.

Perennes cespitosas; tallos hasta 250 cm de largo, erectos, simples; entrenudos y nudos glabros. Vainas carinadas, glabras, reticuladas; lígula 1–2 mm de largo; láminas lineares, hasta 90 cm de largo y 2.5 cm de ancho, plegadas hacia la base, por lo demás aplanadas, glabras excepto detrás de la lígula, los márgenes escábridos. Inflorescencia 20–40 cm de largo, solitaria, terminal, racimos 30–80, hasta 18 cm de largo, racemosos, patentes, raquis 1.2–1.5 mm de ancho, marcadamente ciliado, con una espiguilla en el ápice, aplanado; espiguillas elíptico-obovadas, 2.3–3 mm de largo y 1.3–1.5 mm de ancho, subagudas, pareadas, en 4 filas; gluma inferior ausente, gluma superior y lema inferior tan largas como la espiguilla, 3-nervias, la gluma puberulenta hacia el ápice, la lema puberulenta marginalmente; flósculo superior 2.4–2.5 mm de largo, endurecido, estriado, glabro, pajizo.

Conocida en Nicaragua por una colección (*Kral 69482*) de áreas abiertas húmedas, Estelí; 1000–1400 m; fl y fr jul; México a Perú, también en Brasil.

Paspalum plicatulum Michx., Fl. Bor.-Amer. 1: 45. 1803; *P. plicatulum* var. *glabrum* Arechav.; *P. plicatulum* var. *villosissimum* Pilg.

Perennes cespitosas; tallos 55–150 cm de largo, erectos, ramificados; entrenudos glabros, comprimidos, nudos glabros. Vainas carinadas, glabras a pilosas; lígula 1–3.5 mm de largo; láminas hasta 50 cm de largo y 2–12 mm de ancho, plegadas cerca de la base, por lo demás aplanadas. Inflorescencia 6–22 cm de largo, solitaria, terminal, racimos 2–14, 3–11 cm de largo, racemosos, patentes, raquis 0.5–1.1 mm de ancho, escabriúsculo marginalmente, con una espiguilla en el ápice, angostamente alado, en zigzag; espiguillas elíptico-obovadas, 2.2–2.8 mm de largo y 1.7–1.8 mm de ancho, generalmente adpreso pilosas, raramente glabras, pareadas, en 4 filas; gluma inferior ausente, gluma superior escasamente más corta que la espiguilla, 5–7-nervia, adpreso pilosa o glabra; lema inferior tan larga como la espiguilla, 5-nervia,

corrugada transversalmente hacia los márgenes, glabra o adpreso pilosa; flósculo superior tan largo como la lema inferior, endurecido, estriado longitudinalmente, glabro, café brillante.

Común, áreas abiertas perturbadas, herbáceas, en todo el país; 10–1200 m; fl y fr durante todo el año; *Neill 4411, Stevens 14579*; sur de los Estados Unidos a Argentina y en las Antillas. Esta especie es muy variable con respecto a pilosidad (glabra a pilosa), tamaño de la planta y tamaño de las hojas. Se han propuesto numerosas variedades y especies segregadas en este complejo, particularmente en Sudamérica. Hasta que se realice un estudio biosistemático en todo el grupo de *Plicatula*, es mejor tratar a esta especie en un sentido amplio.

Paspalum pulchellum Kunth, Mém. Mus. Hist. Nat. 2: 68. 1815; *Reimaria elegans* Humb. & Bonpl. ex Flüggé.

Perennes densamente cespitosas; tallos 15–65 cm de largo, erectos, simples; entrenudos glabros, nudos pilosos. Hojas principalmente basales; vainas papiloso-pilosas o raramente glabras; lígula 0.2–0.4 mm de largo; láminas filiformes, hasta 20 cm de largo y 1–2 mm de ancho, involutas, papiloso-pilosas. Inflorescencia 2–7 cm de largo, solitaria, terminal, racimos 2–4, 2–8 cm de largo, aproximados o racemosos, ascendentes a divergentes, raquis 0.7–1 mm de ancho, con una espiguilla en el ápice, aplanado, en zigzag; espiguillas elípticas, 1.7–2 mm de largo y ca 1 mm de ancho, obtusas, glabras, solitarias, en 2 filas; glumas ausentes; lema inferior tan larga como el flósculo superior, 3-nervia, purpúrea; flósculo superior endurecido, liso, glabro, pajizo.

Poco común, sabanas de pinos, orillas de caminos, norte de la zona atlántica; 0–40 m; fl y fr mar–jul; *Kral 69238, Stevens 8590*; sur de México a Colombia, Venezuela, Guayanas, Brasil y en las Antillas.

Paspalum repens Bergius, Acta Helv. Phys.-Math. 7: 129. 1762; *Ceresia fluitans* Elliott; *P. fluitans* (Elliott) Kunth.

Probablemente perennes, acuáticas; tallos hasta 200 cm de largo, largamente rastreros o flotantes, enraizando; entrenudos y nudos glabros. Vainas redondeadas, glabras o papiloso-pilosas, infladas, auriculadas; lígula 2.5–3.5 mm de largo; láminas anchamente lineares a lanceoladas, 20–40 cm de largo y 8–17 mm de ancho, aplanadas, suavemente pilosas o escabrosas. Inflorescencia 9–16 cm de largo, solitaria, terminal, racimos 20–100, 4–7 cm de largo, racemosos, ascendentes a patentes, deciduos, enteros en la madurez, raquis 1.5–2.2 mm de ancho, escabroso, excurrente, sin una espiguilla en el ápice, alado, las alas herbáceas; espiguillas elípticas, 1.8–2.1 mm de largo y 0.6–0.8 mm de ancho, agudas, generalmente glabras, a veces puberulentas, solitarias, en 2 filas; gluma inferior ausente, gluma superior y lema inferior tan largas como la espiguilla, 2–3-nervias, hialinas; flósculo superior 1.4–1.7 mm de largo, cartáceo, liso, glabro, blanquecino.

Conocida en Nicaragua por una sola colección anónima; Estados Unidos a Bolivia, Uruguay, Paraguay, Argentina y en las Antillas.

Paspalum saccharoides Nees ex Trin., Sp. Gram. 1: t. 107. 1828.

Perennes cespitosas; tallos alargados, gruesos, postrados, enraizando en los nudos inferiores; entrenudos glabros a pilosos, nudos hinchados, glabros. Vainas a veces papiloso-pilosas, ciliadas; lígula 0.2–0.3 mm de largo; láminas lineares, 10–40 cm de largo y 5–13 mm de ancho, aplanadas, a veces algo involutas, pilosas, con una hilera de tricomas hasta 10 mm por detrás de la lígula. Inflorescencia 12–30 cm de largo, solitaria, terminal, flabeliforme, plumosa, racimos numerosos, 9–25 cm de largo, racemosos y aproximados, divergentes y péndulos, raquis ca 0.5 mm de ancho, escabroso marginalmente, con una espiguilla en el ápice, triquetro; espiguillas linear-lanceoladas, 2–3 mm de largo y ca 0.7 mm de ancho, agudas, ciliadas, solitarias, en 2 filas; gluma inferior ausente, gluma superior tan larga como la espiguilla, 2 (3)-nervia, hialina, densamente sedoso-ciliada con tricomas 4–6 mm de largo; lema inferior escasamente más corta que la gluma superior, glabra, 2-nervia, hialina; flósculo superior 1.6–1.8 mm de largo, 0.6–1.1 mm más corto que la espiguilla, cartáceo, liso, glabro, pajizo.

Conocida en Nicaragua por una sola colección (*Téllez 5140*) de bosques enanos, Volcán Mombacho, Granada; 1250 m; fl y fr nov; Nicaragua a Bolivia, Brasil y en las Antillas.

Paspalum serpentinum Hochst. ex Steud., Syn. Pl. Glumac. 1: 22. 1853.

Perennes cespitosas; tallos 60–100 cm de largo, erectos, simples; entrenudos y nudos glabros. Vainas densamente pilosas; lígula 0.3–0.6 mm de largo; láminas lineares, hasta 30 cm de largo y 3–4 mm de ancho, aplanadas a involutas, papiloso-pilosas. Inflorescencia 3–7 cm de largo, solitaria, terminal, racimos 2, 3–7 cm de largo, subconjugados, divergentes, raquis 0.4–0.7 mm de ancho, glabro o puberulento, con una espiguilla en el ápice, triquetro; espiguillas suborbiculares, 2.5–2.8 mm de largo y 2.2–2.4 mm de ancho, obtusas, glabras, solitarias, en 2 filas; gluma inferior ausente, gluma superior y lema infe-

rior tan largas como la espiguilla, bandeadas transversalmente con líneas café-rojizas, 3-nervias; flósculo superior tan largo como la espiguilla, endurecido, diminutamente papiloso-estriado, glabro, pajizo.

Rara, pastizales húmedos, sabanas, norte de la zona atlántica; 0–20 m; fl y fr may–jul; *Pohl 12301, Stevens 8590-a*; sur de México a Panamá, Venezuela, Guayanas, Brasil, también en Trinidad.

Paspalum setaceum var. **ciliatifolium** (Michx.) Vasey, Contr. U.S. Natl. Herb. 3: 17. 1892; *P. ciliatifolium* Michx.; *P. propinquum* Nash.

Perennes cespitosas, bases nodulosas; tallos 35–65 cm de largo, ascendentes; entrenudos y nudos glabros. Vainas ciliadas; lígula 0.3–0.5 mm de largo; láminas lineares, 8–19 cm de largo y 7–11 mm de ancho, aplanadas, glabras excepto ciliadas y con una hilera de tricomas por detrás de la lígula. Inflorescencias 1–3, terminales y axilares, racimos 1–2, 4–8 cm de largo, divergentes, arqueados, raquis 0.7–0.8 mm de ancho, con una espiguilla en el ápice; espiguillas obovadas, 1.5–1.7 mm de largo y ca 1.3 mm de ancho, obtusas, capitelado-puberulentas, pareadas, en 4 filas; gluma inferior ausente, gluma superior y lema inferior tan largas como la espiguilla, 2–3-nervias, café moteadas, esparcidamente a densamente capitelado-puberulentas; flósculo superior tan largo como la espiguilla, endurecido, pajizo, estriado.

Rara, en suelos arenosos, zona atlántica y Managua; 0–900 m; fl y fr dic; *Seymour 636, Standley 8646*; Estados Unidos a Panamá y en las Antillas. Las otras 8 variedades están en su mayoría restringidas al este de Norteamérica, las Antillas o el norte de México.

Paspalum squamulatum E. Fourn., Mexic. Pl. 2: 11. 1886.

Perennes cespitosas; tallos 20–60 cm de largo, erectos o decumbentes y enraizados, ramificados; entrenudos y nudos glabros. Vainas carinadas, glabras, ciliadas; lígula 2.5–4.5 mm de largo; láminas lineares, 7–11 cm de largo y 8–14 mm de ancho, aplanadas, glabras o pilosas. Inflorescencia 4–8 cm de largo, solitaria, terminal, racimos 4–6 (–12), 2–8 cm de largo, racemosos, ascendentes a patentes, raquis 0.5–0.6 mm de ancho, escabriúsculo marginalmente, rara vez esparcidamente ciliado con una espiguilla en el ápice, triquetro, en zigzag; espiguillas elíptico-obovadas, 1.5–2 mm de largo y 1.2–1.4 mm de ancho, obtusas, glabras, pareadas, en 4 filas; gluma inferior generalmente ausente, rara e irregularmente presente en la espiguilla primaria, gluma superior 1.3–1.8 mm de largo, escasamente más corta que la espiguilla, 3–5-nervia; lema inferior tan larga como la espiguilla, 3-nervia; flósculo superior 1.5–1.9 mm de largo, endurecido, diminutamente estriado, glabro, blanquecino.

Poco común, bosques de pino-encinos, zona norcentral; 900–1600 m; fl y fr jul–nov; *Pohl 12201*, *Stevens 16203*; México a Panamá.

Paspalum standleyi Chase, J. Wash. Acad. Sci. 17: 146. 1927.

Perennes rizomatosas; tallos 10–32 cm de largo, erectos, simples; entrenudos glabros o pilosos, nudos pilosos. Vainas carinadas, glabras o las inferiores pilosas, ciliadas; lígula ca 0.2 mm de largo; láminas lineares, 2.5–7 cm de largo y 2.5–5 mm de ancho, aplanadas, glabras o pilosas. Inflorescencia hasta 6 cm de largo, solitaria, terminal, racimos 2–5, 1–4 cm de largo, racemosos, divergentes, raquis 0.5–0.6 mm de ancho, glabro, con una espiguilla en el ápice, aplanado, en zigzag; espiguillas ovadas, 1.4–1.6 mm de largo y 0.9 mm de ancho, agudas, glabras, solitarias, en 2 filas; gluma inferior ausente, gluma superior y lema inferior tan largas como la espiguilla, 2-nervias; flósculo superior escasamente más corto que la lema inferior, cartáceo, diminutamente estriado, glabro, pajizo.

Esperada en Nicaragua, en bancos de arena; Honduras a Venezuela y Ecuador.

Paspalum stellatum Humb. & Bonpl. ex Flüggé, Gram. Monogr., Paspalum 62. 1810.

Perennes cespitosas; tallos 50–85 cm de largo, erectos, simples; entrenudos glabros o los superiores esparcidamente adpreso pilosos, nudos glabros. Vainas pilosas hacia el ápice; lígula 0.2–0.6 mm de largo, ciliada; láminas lineares, hasta 25 cm de largo y 2–4 mm de ancho, generalmente involutas, hirsutas. Inflorescencia 3.5–10 cm de largo, solitaria, terminal, racimos 1–2, 3.5–10 cm de largo, conjugados cuando 2, falcados, raquis 5–8 mm de ancho, glabro, con una espiguilla en el ápice, alado, las alas 2–3 mm de largo, papiráceas, coloreado; pedicelos marcadamente pilosos; espiguillas elípticas, 3–3.2 mm de largo y 1.5 mm de ancho, agudas, densamente pilosas en la base, sedosociliadas, solitarias, en 2 filas; gluma inferior ausente, gluma superior tan larga como la espiguilla, membranácea, 2-nervia, densamente sedosociliada con tricomas hasta 3 mm de largo; lema inferior 2.5–2.9 mm de largo, 2-nervia, sedosociliada; flósculo superior 2–2.2 mm de largo, cartáceo, liso, glabro, blanquecino.

Esperada en Nicaragua; sur de México a Uruguay, Argentina y en las Antillas.

Paspalum turriforme R.W. Pohl, Fieldiana, Bot., n.s. 4: 455. 1980.

Perennes cespitosas; tallos hasta 300 cm de largo, erectos, simples; entrenudos glabros, nudos glabros o adpreso pilosos. Vainas basales fuertemente carinadas, traslapándose dísticamente, cuello piloso; lígula 2–5 mm de largo; láminas lineares, 40–95 cm de largo y 12–17 mm de ancho, marcadamente plegadas cerca de la base, por lo demás aplanadas, glabras excepto con una hilera de tricomas largos por detrás de la lígula, los márgenes escabrosos. Inflorescencia 30–50 cm de largo, solitaria, terminal, racimos 40–150, 7–11 cm de largo, racemosos, ascendentes a péndulos, raquis 1.2–1.5 mm de ancho, papilosociliado con tricomas hasta 6 mm de largo, aplanado; espiguillas obovadas, 2.2–2.5 mm de largo, obtusas, glabras, pareadas, en 4 filas; gluma inferior ausente, gluma superior y lema inferior tan largas como la espiguilla, 3-nervias; flósculo superior tan largo como la espiguilla, endurecido, estriado, pajizo.

Conocida en Nicaragua por una sola colección (*Stevens 15381*) de laderas abiertas, Jinotega; 1100–1150 m; fl y fr oct; sur de México a Costa Rica.

Paspalum vaginatum Sw., Prodr. 21. 1788.

Perennes rizomatosas y estoloníferas; tallos ramificados, las ramas erectas 2–50 cm de largo; entrenudos y nudos glabros. Vainas carinadas, glabras excepto por tricomas auriculares prominentes; lígula 0.6–1 mm de largo; láminas lineares, 2–14 cm de largo y 1–4 mm de ancho, aplanadas a involutas, rígidas, glabras o esparcidamente ciliadas. Inflorescencia hasta 10 cm de largo, solitaria, terminal, racimos 2 (–5), 2–8 cm de largo, conjugados cuando 2, divergentes, raquis 1–2.5 mm de ancho, con una espiguilla en el ápice, aplanado; espiguillas elíptico-ovadas a obovadas, 3.2–4 mm de largo y 1.2–1.5 mm de ancho, agudas, glabras, solitarias, en 2 filas; gluma inferior ausente, gluma superior y lema inferior tan largas como la espiguilla, (4) 5-nervias; flósculo superior 2.5–3.2 mm de largo, endurecido, diminutamente estriado, glabro, blanquecino.

Común, playas costeras, pantanos salobres, playas de lagos, zona pacífica; 0–100 m; fl y fr mar, jul–ago, dic; *Moreno 9057*, *Soza 471*; cosmopolita en climas costeros cálidos.

Paspalum virgatum L., Syst. Nat., ed. 10, 855. 1759.

Perennes cespitosas; tallos 80–250 cm de largo, erectos, simples; entrenudos y nudos glabros. Vainas redondeadas o comprimidas, glabras, ciliadas; lígula 1–3 mm de largo; láminas lineares, 30–75 cm de largo y 10–30 mm de ancho, aplanadas, glabras o puberulentas, con una hilera de tricomas por detrás de la lígula. Inflorescencia 12–30 cm de largo, solitaria, terminal, racimos 8–13, 6–18 cm de largo, racemosos, ascendentes a patentes o péndulos, raquis 1–1.7 mm de ancho, escabroso y esparcidamente ciliado, con una espiguilla en el ápice, aplanado; espiguillas obovadas, 2.6–3.2 mm de largo y 1.8–2.4 mm de ancho, obtusas, puberulentas, pareadas, en 4 filas; gluma inferior ausente, gluma superior y lema inferior tan largas como la espiguilla, 5-nervias, puberulentas; flósculo superior tan largo como la espiguilla, endurecido, papiloso-estriado, glabro, café.

Común, pastizales, zanjas, áreas abiertas húmedas, zonas norcentral y atlántica; 0–1300 m; fl y fr abr–ene; *Moreno 1396, Neill 2372*; Estados Unidos (sur de Texas) a Brasil, Paraguay, Argentina y en las Antillas.

PENNISETUM Rich.
Por Richard W. Pohl y Gerrit Davidse

Perennes o anuales, cespitosas, rizomatosas o estoloníferas; plantas hermafroditas o polígamas. Lígula una membrana ciliada o una línea de tricomas; láminas lineares, aplanadas a involutas. Inflorescencia una espiga cilíndrica densa de fascículos cerdosos deciduos (muy reducidos en *P. clandestinum*); desarticulación por debajo de los fascículos, caedizos como una unidad con 1–4 espiguillas, fascículos sésiles o estipitados, cerdas (ramillas estériles) numerosas, libres, conspicuas, escabrosas o ciliadas; espiguillas comprimidas dorsalmente, lanceoladas, con 2 flósculos; glumas membranáceas, desiguales, la inferior ausente o más que la 1/2 de la longitud de la espiguilla, enervia, la superior casi tan larga como la espiguilla, raramente obsoleta, 1–7-nervia; flósculo inferior estéril o estaminado; lema inferior membranácea, generalmente 5–7-nervia; pálea inferior ausente o casi tan larga como la lema inferior; flósculo superior bisexual; lema superior tan larga o escasamente más corta que la espiguilla, membranácea a cartácea, 3–5-nervia, los márgenes delgados, aplanados; pálea superior tan larga como la lema superior, similar en textura a la lema superior; lodículas ausentes o 2; estambres 3; estilos 1 ó 2. Fruto una cariopsis; embrión ca de la 1/2 de la longitud de la cariopsis, hilo elíptico o circular.

Género con ca 80 especies en áreas con climas cálidos de ambos hemisferios; 5 especies en Nicaragua.

A. Chase. The North American species of *Pennisetum*. Contr. U.S. Natl. Herb. 22: 209–234. 1921; J.N. Brunken. A systematic study of *Pennisetum* sect. *Pennisetum* (Gramineae). Amer. J. Bot. 64: 161–176. 1977; J.N. Brunken. Cytotaxonomy and evolution in *Pennisetum* section *Brevivalvula* (Gramineae) in Tropical Africa. Linn. Soc., Bot. 79: 37–49, 51–64. 1979; A.M. Türpe. Las gramíneas sudamericanas del género *Pennisetum* L.C. Richard (Gramineae). Lilloa 36: 105–129. 1983.

1. Plantas bajas estoloníferas; inflorescencia de 1–4 espiguillas, ocultas dentro de las vainas, sólo los estambres
   y estigmas exertos .... **P. clandestinum**
1. Plantas erectas, cespitosas o rizomatosas; inflorescencia exerta, de numerosos fascículos cerdosos en un
   raquis alargado
   2. Cerdas del fascículo ciliadas, al menos la interna
      3. Fascículos con 1–5 espiguillas; cerdas interiores escabrosas, solamente la interna ciliada; raquis
         densamente piloso, estriado; tallos sólidos .... **P. purpureum**
      3. Fascículos con 1 espiguilla; cerdas interiores todas marcadamente plumosas; raquis escabroso, con
         alas angostas decurrentes por debajo de los fascículos; tallos fistulosos .... **P. setosum**
   2. Cerdas del fascículo todas escabrosas o escabriúsculas
      4. Flósculo inferior estaminado; pálea inferior tan larga como la lema inferior .... **P. complanatum**
      4. Flósculo inferior estéril; pálea inferior ausente .... **P. nervosum**

Pennisetum clandestinum Hochst. ex Chiov., Annuario Reale Ist. Bot. Roma 8: 41. 1903.

Perennes, estoloníferas y rizomatosas; tallos muy ramificados, ramas erectas 5–15 (–55) cm de largo y 1–4 mm de ancho; entrenudos fistulosos, glabros, nudos glabros. Hojas glabras o pilosas; vainas carinadas; lígula hasta 2 mm de largo, una membrana ciliada; láminas 3–9 cm de largo y 2–5 mm de ancho, plegadas. Inflorescencia compuesta, con numerosas espigas cortas axilares, ocultas en las vainas foliares superiores, sólo los estambres y los estigmas exertos, fascículos con 1–4 espiguillas, sésiles, cerdas ca 20, desiguales, generalmente menos de la mitad de las espiguillas, escabriúsculas; espiguillas 19–22 mm de largo, agudas, sin desarticularse de la planta; glumas ausentes u obsoletas; flósculo inferior estéril; lema inferior 19–22 mm de largo, 10–13-nervia; pálea inferior ausente; lema superior 19–22 mm de largo, 10–13-nervia, glabra; lodículas ausentes; anteras 4–7 mm de largo; estilo 1.

Pasto de forraje común en potreros de tierras altas, escapando del cultivo, zona norcentral; 1200–1350 m; fl y fr sep; *Stevens 23111*; nativa del este de Africa; ampliamente introducida en las áreas tropicales, subtropicales y mediterráneas. "Kikuyo", "Pasto kikuyo".

Pennisetum complanatum (Nees) Hemsl., Biol. Cent.-Amer., Bot. 3: 507. 1885; *Gymnotrix complanata* Nees.

Perennes rizomatosas; tallos 75–200 cm de largo y 2–3 mm de ancho, erectos, ramificados; entrenudos fistulosos, nudos glabros o adpreso híspidos. Vainas algo carinadas, glabras pero ciliadas; lígula 1–1.6 mm de largo, una membrana ciliada; láminas 15–55 cm de largo y 3–7 mm de ancho, aplanadas o plegadas, escabrosas, hirsutas cerca de la base. Inflorescencias terminales y solitarias, espigas 8–17 cm de largo y 10–25 mm de largo, purpúreas, raquis estriado, marcadamente escabroso, recto a flexuoso, fascículos con 1 espiguilla, estipitados, el estípite 0.5–1 mm de largo, densamente piloso, cerdas ca 40, 1–12 mm de largo, escabrosas, la interna 10–19 mm de largo; espiguillas 5–6 mm de largo, sésiles, agudas; gluma inferior ca 1.5 mm de largo, 1-nervia o enervia, aguda, gluma superior 3.8–4.6 mm de largo, 5–7-nervia, aguda; flósculo inferior estaminado, las anteras 2.4–3.4 mm de largo; lema inferior 4.4–5.7 mm de largo, 5–7-nervia, aguda; pálea inferior 4.4–5.7 mm de largo; lema superior 4.5–5.7 mm de largo, cartácea en la 1/2 inferior, membranácea en la 1/2 superior, glabra; lodículas ausentes; anteras 3–3.6 mm de largo, glabras; estilo 1.

Poco común, áreas abiertas, suelos volcánicos, zona pacífica; 200–1300 m; fl y fr abr–dic; *Grijalva 3963, Stevens 20952*; sur de México a Panamá.

Pennisetum nervosum (Nees) Trin., Mém. Acad. Imp. Sci. Saint-Pétersbourg, Sér. 6, Sci. Math., Seconde Pt. Sci. Nat. 3: 177. 1834; *Gymnotrix nervosa* Nees.

Perennes cespitosas; tallos 150–300 cm de largo y 4–9 mm de ancho, erectos, ramificados; entrenudos fistulosos, glabros, nudos pilosos. Vainas ligeramente carinadas hacia el ápice, papiloso-pilosas o glabras; lígula 0.5–1.3 mm de largo, una membrana ciliada; láminas 15–40 cm de largo y 8–18 mm de ancho, aplanadas, glabras en ramas foliares. Inflorescencias principalmente terminales, solitarias o unas pocas axilares, espigas 15–30 cm de largo y

12–15 mm de ancho, pajizas, amarillas o purpúreas, raquis estriado, densamente puberulento, flexuoso, fascículos con 1 espiguilla, sésiles, cerdas ca 50, desiguales, hasta 15 mm de largo, escabrosas, la interna hasta 20 mm de largo; espiguillas 5–6.3 mm de largo, sésiles, acuminadas; gluma inferior hasta 1.8 mm de largo, enervia, obtusa o subaguda, gluma superior tan larga como la espiguilla o hasta 1 mm más corta que ella, 7-nervia, acuminada; flósculo inferior estéril; lema inferior tan larga como la espiguilla, 5–7-nervia, acuminada; pálea inferior ausente; lema superior tan larga como la espiguilla o ligeramente más corta que ella; lodículas 2; anteras 1.8–2 mm de largo; estilos 2.

Conocida en Nicaragua por una sola colección (*Kral 69179*) de arrozales, Matagalpa; 500 m; fl y fr jul; sur de los Estados Unidos a Bolivia, Paraguay, Uruguay y Argentina.

Pennisetum purpureum Schumach., Beskr. Guin. Pl. 64. 1827.

Perennes cespitosas; tallos hasta 800 cm de largo y 10–25 mm de ancho, erectos, en general esparcidamente ramificados, las bases decumbentes; entrenudos sólidos, generalmente glabros, nudos glabros o híspidos. Vainas ligeramente carinadas, glabras o hirsutas; lígula 1.5–3.5 mm de largo, una membrana ciliada; láminas hasta 125 cm de largo y 40 mm de ancho, aplanadas, glabras o pilosas. Inflorescencia compuesta, las espigas terminales y axilares, espigas hasta 30 cm de largo y 10–20 mm de ancho, amarillas o raramente purpúreas, raquis estriado, piloso, recto, con obvias bases de los estípites, fascículos con 1–5 espiguillas, cortamente estipitadas, los estípites hasta 0.5 mm de largo, pilosos, cerdas numerosas, 10–15 mm de largo, escabrosas, la interna hasta 40 mm de largo, esparcidamente ciliada o escabrosa; espiguillas 4.5–7 mm de largo, sésiles o pediceladas hasta 1 mm, caudadas hasta 2.6 mm; gluma inferior ausente o hasta 0.7 mm de largo, obtusa o aguda, enervia, gluma superior 1.5–2.6 mm de largo, 1-nervia, aguda; flósculo inferior generalmente estaminado, las anteras 2.7–3.6 mm de largo, puberulentas en el ápice; lema inferior 4–5.2 mm de largo, 3-nervia, acuminada; pálea inferior 4–5 mm de largo; lema superior 4.6–7 mm de largo, brillante y cartácea en los 3/4 inferiores, membranácea en el 1/4 superior, escábrida en las nervaduras; lodículas ausentes; anteras 2.7–3.6 mm de largo; estilo 1.

Común, cultivada como forraje y naturalizada, especialmente en orillas de caminos y ríos, en todo el país; 0–1300 m; fl y fr jun–feb; *Moreno 3256, Stevens 3917*; nativa de Africa; introducida en los demás trópicos y subtrópicos.

Pennisetum setosum (Sw.) Rich. in Pers., Syn. Pl. 1: 72. 1805; *Cenchrus setosus* Sw.; *P. nicaraguense* E. Fourn.; *P. polystachion* ssp. *setosum* (Sw.) Brunken.

Perennes cespitosas, emergiendo de coronas cormosas nodosas; tallos 100–200 cm de largo y 3–5 mm de ancho, erectos, ramificados desde los nudos medios y superiores; entrenudos fistulosos, glabros, nudos glabros. Vainas ligeramente carinadas, glabras o pilosas; lígula 1.5–2.7 mm de largo, una membrana ciliada; láminas 15–55 cm de largo y 4–18 mm de ancho, aplanadas, generalmente glabras en el envés, papiloso-híspidas o hirsutas en la haz. Inflorescencias terminales y axilares, solitarias o numerosas, generalmente purpúreas, a veces amarillas, espigas 10–25 cm de largo y 1.5–3 cm de ancho, raquis con alas angostas y decurrentes por debajo de los fascículos, escabroso, flexuoso, fascículos con 1 espiguilla, sésiles, cerdas numerosas, 3–22 mm de largo, desiguales, las exteriores hasta 3 mm de largo, escabrosas, las interiores 6–12 mm de largo, conspicuamente plumosas en el 1/2–3/4 inferior, la interna 16–22 mm de largo, plumosa; espiguillas 3.7–4.5 mm de largo, sésiles, agudas; gluma inferior ausente o hasta 1 mm de largo, enervia, obtusa, gluma superior 3.7–4.5 mm de largo, 5–7-nervia, diminutamente 3-lobada; flósculo inferior estaminado o estéril, las anteras 2–2.7 mm de largo, glabras; lema inferior 3–3.9 mm de largo, 5–7-nervia, aguda; pálea inferior ligeramente más corta que la lema inferior; flósculo superior tempranamente deciduo; lema superior 2.2–3 mm de largo, cartácea, brillante; lodículas ausentes; anteras 1.7–2.1 mm de largo, glabras; estilos 2.

Conocida en Nicaragua por una sola colección (*Zelaya 2245*) de la Escuela Nacional de Agricultura, Managua; fl y fr jul; Estados Unidos (Florida), sur de México a Brasil y en las Antillas. El espécimen citado es atípico en cuanto a las cerdas plumosas esparcidas. Esta especie es indudablemente más común en Nicaragua de lo que indica esta sola colección.

PENTARRHAPHIS Kunth

Por Richard W. Pohl

Anuales o perennes cespitosas, pequeñas; tallos sólidos; plantas hermafroditas o polígamas. Lígula una membrana ciliada; láminas lineares, aplanadas o plegadas. Inflorescencias terminales y axilares, de espigas con fascículos espiciformes deciduos, racemosos, sobre un eje delgado, aplanado, con el ápice bifurcado, fascículos desarticulándose como una unidad, compuestos de 1–2 espiguillas y 3 ó 4 cerdas rígidas, ciliadas (representando glumas inferiores y el ápice del raquis), la espiguilla inferior (Mesoamérica) reducida a 2 cerdas; espiguillas fértiles con 2 flósculos; gluma inferior una cerda rígida, ciliada, gluma superior angosta, bífida en el ápice, con una arista corta; flósculo inferior bisexual; lema inferior profundamente 3-lobada, 3-nervia, las 2 nervaduras laterales extendiéndose hacia los lobos, los lobos laterales en forma de arista, divergentes, surgiendo por debajo de la mitad de la lema, el lobo central 2-fido en el ápice y largamente aristado entre los 2 lóbulos, los lóbulos con 2 dientes acuminados; pálea inferior casi tan larga como la lema inferior, 2-carinada, bífida o 2-aristada; flósculo superior similar al inferior pero más pequeño, estéril o estaminado, el callo piloso; raquilla a veces prolongada y la espiguilla reducida a una cerda diminuta; lodículas 2; estambres 3; estilos 2. Fruto una cariopsis; embrión 9/10 la longitud de la cariopsis, hilo punteado.

Género con 3 especies distribuidas desde México a Venezuela; 2 esperadas en Nicaragua.

1. Plantas anuales con bases delicadas; anteras 0.7–1 mm de largo .... **P. annua**
1. Plantas perennes con bases duras; anteras 1.5–2.5 mm de largo .... **P. scabra**

Pentarrhaphis annua Swallen, Ceiba 4: 286. 1955.

Anuales con las bases delicadas, ligeramente enraizadas. Tallos 10–25 cm de largo, erectos, abundantemente ramificados; entrenudos y nudos glabros. Vainas mucho más cortas que los entrenudos, glabras; lígula ca 0.3 mm de largo; láminas 1–4 cm de largo y 1 mm de ancho, con tricomas largos esparcidos en las aurículas y la haz. Espigas terminales 2–3 cm de largo, con 5–10 fascículos; espiguillas fértiles 8–9 mm de largo incluyendo las aristas, con 4 cerdas subyacentes; gluma inferior 2–2.5 mm de largo, gluma superior 3.5–4 mm de largo, subulada, pilosa en la base; lema inferior 3.2–3.8 mm de largo, excluyendo la arista, el dorso con tricomas rígidos adpresos hasta la mitad, las aristas laterales 4–5 mm de largo, la arista central 4–5 mm de largo, rígida, escabrosa; anteras 0.7–1 mm de largo, purpúreas; lema superior 2.5–3 mm de largo, glabra, las aristas 4–10 mm de largo; raquilla prolongada como una cerda diminuta o ausente.

Esperada en Nicaragua. Sabanas y áreas abiertas con suelos secos y rocosos; Honduras a Panamá, Colombia y Venezuela.

Pentarrhaphis scabra Kunth in Humb., Bonpl. & Kunth, Nov. Gen. Sp. 1: 178. 1816.

Perennes con las bases duras. Tallos 25–54 cm de largo, erectos, esparcidamente ramificados; entrenudos glabros o diminutamente escábridos cerca del ápice, nudos glabros o pilosos. Vainas cortas, glabras o las aurículas con tricomas; lígula 0.2–0.3 mm de largo; láminas hasta 13 cm de largo y 1–2 mm de ancho, rígidas y ásperas, con tricomas pustulosos esparcidos en la haz. Espigas terminales 4–6 cm de largo, con 6–20 fascículos; espiguillas fértiles 7–8 mm de largo incluyendo las aristas, solitarias, con 4 cerdas ciliadas subyacentes; gluma inferior 2.5–3.5 mm de largo, gluma superior 2.5–3.2 mm de largo, oblonga, pilosa en el 1/2 inferior del dorso; lema inferior 2.7–3.5 mm de largo excluyendo la arista, pilosa en el 1/2 inferior, las aristas laterales 3.5–5 mm de largo, la arista central 3–4 mm de largo; anteras 1.5–2.5 mm de largo, purpúreas; flósculo superior generalmente estaminado o estéril; lema superior 2–3 mm de largo, glabra, las aristas 4–5.5 mm de largo; raquilla rudimentaria o prolongada hasta 3.5 mm y con una arista hasta 3 mm de largo.

Esperada en Nicaragua. Sabanas rocosas y secas con *Curatella* o pinos; sur de México (Tabasco) a Honduras.

PEREILEMA J. Presl

Por Richard W. Pohl

Pereilema crinitum J. Presl in C. Presl, Reliq. Haenk. 1: 233. 1830.

Anuales cespitosas; tallos 15–90 cm de alto, frecuentemente decumbentes y produciendo raíces en los nudos, generalmente ramificados, glabros; plantas hermafroditas. Hojas escabriúsculas; vainas con aurículas ciliadas; lígula una membrana, 0.3–0.5 mm de largo; láminas lineares, 5–15 cm de largo y 2–3 mm de ancho, aplanadas. Inflorescencia una panícula densa, lobada, cilíndrica, 5–20 cm de largo y 2–3 cm de ancho, ramas 0.5–3.5 cm de largo; espiguillas en fascículos de varias espiguillas funcionales, dentro de un involucro de espiguillas estériles reducidas a cerdas escábridas de 2–3 mm de largo, espiguillas funcionales con 1 flósculo bisexual; desarticulación arriba de las glumas; glumas iguales, ca 1 mm de largo, membranáceas, 1-nervias, aristadas ca 2 mm con el ápice 2-fido; flósculo subterete; lema 1.5–2.6 mm de largo, 3-nervia, membranácea pero más firme que las glumas, escabrosa, con una arista flexuosa 2–3 cm de largo; callo con tricomas 0.3–1 mm de largo; pálea tan larga como la lema, 2-aristada; estambres 3, las anteras 0.4–0.9 mm de largo, amarillas; estilo 1, estigmas 2. Fruto una cariopsis elipsoide; hilo punteado.

Conocida en Nicaragua por una sola colección (*Robleto 157*) hecha en lava en la Isla de Ometepe, Rivas; fl y fr feb; México a Venezuela y Ecuador. Género con 4 especies, distribuido desde México hasta Brasil.

PHARUS P. Browne

Por Emmett J. Judziewicz

Hierbas perennes; tallos hasta 1 m de largo, erectos, cespitosos o producidos a partir de tallos decumbentes o rizomas rastreros; plantas monoicas. Hojas glabras a puberulentas; lígula corta, membranácea, ciliada; pseudopecíolos conspicuos, torcidos 180 grados en la cúspide e invirtiendo la lámina; láminas lineares a obovadas, las nervaduras divergiendo oblicuamente desde la costilla media, la superficie inferior teselada. Inflorescencia una panícula abierta, ramas uncinado-pilosas, desarticulándose del raquis en la madurez, raquis terminando en una espiguilla estaminada o una cerda desnuda; espiguillas en ramitas cortas, unisexuales, dimorfas, los sexos pareados o las pistiladas solitarias; espiguillas estaminadas más pequeñas, membranáceas, elípticas, los largos pedicelos adpresos a las ramas e insertos por debajo de la espiguilla pistilada, glumas desiguales, la inferior corta o ausente, lema más larga que las glumas, ovada, 3-nervia, estambres 6, las anteras blanquecinas, sobresaliendo desde la espiguilla; espiguillas pistiladas más grandes, subsésiles, alargadas, desarticulación arriba de las glumas, glumas subiguales, lanceoladas, persistentes, con varias nervaduras, lema más larga que las glumas, endurecida, cilíndrica, linear a sigmoide, variadamente cubierta con tricomas uncinados, los márgenes enrollados, estaminodios 6, diminutos, estilo 1, estigmas 3, híspidos. Fruto una cariopsis; embrión ca 1/15 la longitud de la cariopsis, hilo linear.

Género con 7 especies, distribuido desde Estados Unidos (centro de Florida), México hasta Argentina, Uruguay y en las Antillas; 4 especies se encuentran en Nicaragua y 1 es esperada. Este es un género anómalo, adaptado a la dispersión exozoica.

A. Lourteig. Nomenclatura plantarum americanum. I. Gramineae. Phytologia 53: 245–249. 1983; E.J. Judziewicz. Taxonomy and Morphology of the Tribe Phareae (Poaceae: Bambusoideae). Ph.D. Thesis, University of Wisconsin, Madison. 1987.

1. Lema pistilada curvada o uncinada y densamente pilosa con tricomas uncinados cerca del ápice, la parte inferior glabra
  2. Lema pistilada 19–26 mm de largo, 4–5 veces tan larga como las glumas; láminas foliares a menudo con franjas oblicuas blancas .... **P. vittatus**
  2. Lema pistilada 10.5–19 mm de largo, cuando mucho 2 veces tan larga como las glumas; láminas foliares sin franjas blancas
    3. Lema pistilada 12.5–19 mm de largo, recta en la 1/2 inferior, curvada en la 1/2 superior; glumas pistiladas 9–15.5 mm de largo, la superior 7-nervia .... **P. latifolius**
    3. Lema pistilada 10.5–13.5 mm de largo, marcadamente sigmoide, curvada en toda su longitud; glumas pistiladas 5.5–9 mm de largo, la superior 3-nervia .... **P. mezii**
1. Lema pistilada recta en toda su extensión, cubierta con tricomas uncinados en toda su longitud (exceptuando el rostro glabro)
  4. Láminas foliares angostamente elípticas a obovadas; plantas generalmente cespitosas; panícula generalmente terminando en una espiguilla estaminada; envés de las hojas sin bandas intercostales fibrosas entre las nervaduras laterales adyacentes .... **P. lappulaceus**
  4. Láminas foliares lanceoladas a alargado-lineares; plantas con tallos y/o rizomas decumbentes; panícula terminando en una cerda desnuda; envés de las hojas con bandas intercostales fibrosas entre las nervaduras laterales adyacentes
    5. Láminas foliares 18–32 cm de largo y 2–3.5 cm de ancho, alargado-lineares; nervaduras laterales divergiendo 4–8 de la costilla media; tallos erectos 60–125 cm de largo .... **P. parvifolius** ssp. **elongatus**
    5. Láminas foliares 6.5–15 cm de largo y 1–2.5 cm de ancho, lanceoladas; nervaduras laterales divergiendo 7–11 de la costilla media; tallos erectos 25–50 cm de largo .... **P. parvifolius** ssp. **parvifolius**

Pharus lappulaceus Aubl., Hist. Pl. Guiane 2: 859. 1775; *P. glaber* Kunth.

Tallos 25–80, cespitosos y/o con tallos enraizantes decumbentes. Láminas foliares angostamente elípticas a obovadas, 8–30 cm de largo y 2–6.5 cm de ancho, la haz verde obscura, el envés verde a blanquecino, sin bandas fibrosas intercostales. Panícula (8–) 15–20 cm de largo, ramas desarticulándose individualmente, cerda terminal 1–5 cm de largo, generalmente terminando en una espiguilla estaminada; espiguillas estaminadas café-purpúreas, pedicelos 4–11 mm de largo, gluma inferior ausente o hasta 2.5 mm de largo, 1-nervia o enervia, gluma superior 1.5–3.2 mm de largo, 1–3-nervia, lema 2.1–3.7 mm de largo; espiguillas pistiladas escasamente divergiendo de las ramas, glumas cafés, la inferior 4–7 mm de largo, 5-nervia, la superior 5–8 mm de largo, 3-nervia, lema 7.5–12 mm de largo, linear-oblonga, abruptamente rostrada, pilosa con tricomas uncinados excepto en el rostro.

Esperada en Nicaragua en bosques húmedos de montaña; Estados Unidos (centro de Florida), México (San Luis Potosí) a Argentina, Uruguay y en las Antillas.

Pharus latifolius L., Syst. Nat., ed. 10, 1269. 1759.

Tallos 30–110 cm de largo, marcadamente cespitosos, erectos. Láminas foliares elípticas a oblan-

ceoladas u obovadas, 11–33 cm de largo y 2.5–9 cm de ancho, la haz verde obscura, a menudo con bandas verdes más claras, sin franjas oblicuas blancas, el envés verde claro a verde-blanquecino, con bandas fibrosas intercostales. Panícula (9–) 15–20 (–35) cm de largo, ramas desarticulándose individualmente, cerda terminal 1–6 mm de largo, desnuda; espiguillas estaminadas café-purpúrea, pedicelos 8–16 mm de largo, gluma inferior ausente o hasta 1.5 mm de largo, enervia, gluma superior 1.5–3.5 mm de largo, 1–3-nervia, lema 3.1–4.8 mm de largo; espiguillas pistiladas divergiendo escasamente de las ramas, glumas cafés, la inferior 9–13 mm de largo, 7–9-nervia, la superior 9.5–15.5 mm de largo, 7-nervia, lema 12.5–19 mm de ancho, generalmente recta y glabra por debajo, el ápice falcado, en ocasiones recto en toda su extensión y atenuándose gradualmente hacia el ápice, densamente piloso.

Común, bosques de galería, zonas atlántica y norcentral; 0–1200 m; fl y fr todo el año; *Moreno 19170, Stevens 19761*; México (Veracruz) a Bolivia, Brasil y en las Antillas.

Pharus mezii Prod., Bot. Arch. 1: 250. 1922; *P. longifolius* Swallen.

Tallos 50–80 (–125) cm de largo, cespitosos, erectos. Láminas foliares generalmente elípticas en la parte inferior del tallo y oblanceoladas en la parte superior, 16–35 cm de largo y 4–7.5 cm de ancho, la haz verde obscura, sin franjas oblicuas blancas, el envés verde, sin bandas fibrosas intercostales. Panícula 10–25 (–40) cm de largo, ramas desarticulándose individualmente, cerda terminal 2–8 cm de largo, desnuda; espiguillas estaminadas cafés, pedicelos 4–7.5 mm de largo, gluma inferior 0.2–2.4 mm de largo, 1-nervia o enervia, gluma superior 1–3.2 mm de largo, 1–3-nervia, lema 2.5–4 mm de largo; espiguillas pistiladas divergiendo marcadamente de las ramas en la madurez, glumas cafés, la inferior 5.5–8 mm de largo, 7-nervia, la superior 6–9 mm de largo, 3-nervia, doblada cerca de la mitad, lema 10.5–13.5 mm de largo, marcadamente sigmoide, densamente pilosa con tricomas uncinados cerca del ápice.

Rara, bosques húmedos, Isla Zapatera, Granada; 400–625 m; fl y fr nov; *Grijalva 1921, Soza 272*; México (Jalisco) a Venezuela y Ecuador. El tipo de *P. longifolius* (*Pittier 6941*) es una variante robusta.

Pharus parvifolius Nash, Bull. Torrey Bot. Club 35: 301. 1908.

Tallos 25–125 cm de largo, las porciones erectas produciéndose individualmente en los nudos de tallos decumbentes o rizomas aéreos (ocasionalmente subterráneos), sostenidos algunos centímetros por encima del suelo por abundantes raíces fúlcreas. Láminas foliares lanceoladas a alargado-lineares, 6.5–32 cm de largo y 1–3.3 cm de ancho, la haz verde obscura, el envés verde con bandas fibrosas intercostales. Panícula 8–35 cm de largo, ramas desarticulándose individualmente, cerda terminal 2–9 cm de largo, desnuda; espiguillas estaminadas café-purpúreas, pedicelos 4–11 mm de largo, gluma inferior 0.2–2.2 mm de largo, 1-nervia o enervia, gluma superior 2–3.6 mm de largo, 3-nervia, lema 2–3.9 mm de largo; espiguillas pistiladas divergiendo escasamente de las ramas, glumas cafés, la inferior 5–8 mm de largo, 5–7-nervia, la superior 5–9 mm de largo, 3–5-nervia, lema 8–16 mm de largo, linear-oblonga, pilosa con tricomas uncinados excepto en el rostro atenuado, agudamente apiculado.

Especie distribuida desde México (Veracruz) a Bolivia, Brasil y en las Antillas. Dos variedades se encuentran en Nicaragua.

Pharus parvifolius ssp. **elongatus** Judz., Ann. Missouri Bot. Gard. 72: 874. 1985.

Tallos erectos 60–125 cm de largo, desde tallos decumbentes o rizomas aéreos robustos. Láminas foliares alargado-lineares, 18–32 cm de largo y 2–3.5 cm de ancho, atenuándose hacia la base y ápice, nervaduras laterales divergiendo 4–8 de la costilla media. Panícula 20–35 cm de largo, cerda terminal 3.5–9 cm de largo; espiguillas estaminadas 2.3–3.8 mm de largo; espiguillas pistiladas 10–16 mm de largo.

Poco común, bosques siempreverdes, zonas atlántica y norcentral; 190–1000 m; fl y fr ene–mar, jul; *Stevens 12087, 16471*; México (Veracruz) a Bolivia, Brasil y en Haití. Esta subespecie es mucho más común en Mesoamérica que la subespecie típica.

Pharus parvifolius ssp. **parvifolius**

Tallos erectos 25–50 cm de largo, desde un rizoma delgado. Láminas foliares lanceoladas, 6.5–15 cm de largo y 1–2.5 cm de ancho, asimétricas, el ápice atenuado, nervaduras laterales divergiendo 7–11 de la costilla media. Panícula 8–15 cm de largo, cerda terminal 2–5 cm de largo; espiguillas estaminadas 2.1–3.5 mm de largo; espiguillas pistiladas 8–14 mm de largo.

Rara, valles boscosos en sabanas, bosques siempreverdes, zona atlántica; 160 m; fl y fr abr, jul; *Grijalva 5951, Pohl 12316*; Belice a Ecuador, Brasil y en las Antillas.

Pharus vittatus Lem., Fl. Serres Jard. Eur. 3: sub t. 265, misc. 50. 1847; *P. cornutus* Hack.

Tallos 35–75 cm de largo, cespitosos u ocasionalmente decumbentes. Láminas foliares elíptico-obovadas, 8–16 cm de largo y 4–7 cm de ancho, la haz verde obscura, generalmente con franjas oblicuas blancas, el envés verde, con bandas fibrosas intercostales. Panícula 10–25 cm de largo, ramas desarticulándose individualmente, cerda terminal 1.5–3.5 cm con una espiguilla estaminada en el ápice; espiguillas estaminadas purpúreas, pedicelos 4–10.5 mm de largo, gluma inferior 1.1–2.5 mm de largo, 1–3-nervia, gluma superior 2.4–4.5 mm de largo, 3-nervia, lema 2.8–4.5 (–6.3) mm de largo; espiguillas pistiladas marcadamente divergentes de las ramas, glumas café-purpúreas, la inferior 3–5 mm de largo, 3-nervia, la superior 4.5–6 mm de largo, 5-nervia, lema 19–26 mm de largo, blanca en la antesis (pronto tornándose amarillenta), linear, la base curvada, glabra, el ápice uncinado y piloso con tricomas uncinados.

Conocida en Nicaragua por una sola colección (*Pipoly 6127*) de pluvioselvas, zona atlántica; 750–800 m; fl y fr mar; Belice a Panamá y es de esperarse en Colombia.

PHRAGMITES Adans.

Por Richard W. Pohl

Phragmites australis (Cav.) Trin. ex Steud., Nomencl. Bot., ed. 2, 2: 324. 1841; *Arundo australis* Cav.; *A. phragmites* L.; *P. communis* Trin.

Perennes rizomatosas, coloniales. Rizomas 1–2 cm de ancho, abundantes, longitudinalmente estriados, fistulosos; tallos altos, 2–8 m de largo y 1–2 cm de ancho, fistulosos, robustos, sin ramificar excepto cuando lesionados; plantas hermafroditas o polígamas. Hojas caulinares; vainas generalmente traslapadas, glabras excepto por los tricomas auriculares; lígula una membrana ciliada; láminas anchamente lineares, 30–50 cm de largo y 1.5–2.5 cm de ancho, numerosas, glabras. Inflorescencia una panícula grande, terminal, solitaria, hasta 45 cm de largo, más bien densa, piramidal; espiguillas cuneiformes, 11–15 mm de largo, numerosas, con el flósculo más inferior estaminado o estéril y 3–9 flósculos bisexuales, el terminal estéril y reducido; desarticulación arriba del primer flósculo y en la base del entrenudo de la raquilla debajo de cada flósculo subsiguiente; glumas desiguales, más cortas que los flósculos, lanceoladas, carinadas, agudas, la inferior 3.8–5.2 mm de largo, 3-nervia, la superior 5.5–6.5 mm de largo, 5-nervia, un entrenudo evidente entre las glumas; entrenudos de las raquillas, excepto el más bajo, cubiertos con numerosos tricomas largos, sedosos; flósculo estaminado más bajo persistente, su lema 5-nervia; flósculos bisexuales con las lemas delgadas, 3-nervias, acuminadas, glabras; lemas 3–5, las más inferiores 9–10 mm de largo; páleas mucho más cortas que las lemas, 2–3.5 mm de largo, 2-carinadas; flósculos más superiores más cortos que los inferiores; lodículas 2; estambres 3; ovario glabro, estilos 2. Cariopsis; hilo cortamente oblongo.

Común, estuarios marinos, costas de lagos, zona pacífica; 0–160 m; fl y fr ene–ago; *Hahn 450, Sandino 2262*; regiones templadas del mundo, poco frecuente en los trópicos. Numerosas plantas mesoamericanas de esta especie raramente florecen, o producen sólo espiguillas estériles o rudimentarias. Género con 4 especies, ampliamente distribuido en las zonas templadas y cálidas del mundo.

H.J. Conert. *Phragmites* Adans. *In*: Die Systematik und Anatomie der Arundineae. 36–63. 1961; W.D. Clayton. The correct name of the common reed. Taxon 17: 168–169. 1968; E.G. Voss. Additional nomenclatural and other notes on Michigan monocots and gymnosperms. Michigan Bot. 11: 26–37. 1972.

PHYLLOSTACHYS Siebold & Zucc.

Por Richard W. Pohl

Phyllostachys aurea Rivière & C. Rivière, Bull. Soc. Natl. Acclim. France, sér. 3, 5: 716. 1878.

Bambúes con tallos hasta 10 m de largo y 1–4 cm de ancho, en grupos densos o abiertos, amarillos, ramificándose en la 1/2 superior, rizomas leptomorfos; tallos leñosos, erectos; entrenudos fistulosos, acanalados por arriba de los nudos (en forma de D en sección transversal); complemento de ramas típicamente con 2 ramas desiguales por nudo, raramente 3; plantas hermafroditas. Hojas del tallo con las vainas ciliadas, prontamente deciduas, generalmente auriculadas y con setas orales, láminas reducidas; hojas de las ramas 4–10 cm de largo y 5–16 mm de ancho, pseudopecioladas, teseladas, prontamente deciduas. Inflorescencia 35–60 cm de largo, paniculada, de pseudoespiguillas agrupadas y cubiertas con vainas infladas que encierran 1–3 espiguillas, las espiguillas con 1–3 flósculos; glumas 1–2, 9–11-nervias; flósculos fértiles 1–2; lemas 9–11-nervias, acuminadas; páleas con 2 quillas, multinervias; lodículas 3; estambres 3, las anteras 9–11 mm de largo; estigmas 3. Fruto una cariopsis; hilo linear.

Esperada en Nicaragua, ampliamente cultivada para ornato o como setos podados; China, cultivada en climas templados y tropicales. Género con ca 50 especies, distribuido en Asia, especialmente China; numerosas especies han sido ampliamente introducidas al cultivo.

F.A. McClure. Bamboos of the genus *Phyllostachys* under cultivation in the United States. Agric. Handb. 114: 1–69. 1957.

POA L.

Por Richard W. Pohl y Gerrit Davidse

Poa annua L., Sp. Pl. 68. 1753.

Anuales cespitosas; tallos 5–35 cm de largo, erectos y fasciculados, o decumbentes en sitios húmedos; plantas hermafroditas. Hojas glabras;

márgenes de las vainas libres; lígula una membrana 1–4 mm de largo; láminas lineares, 5–11 cm de largo y 1–4 mm de ancho, aplanadas, el ápice cóncavo, navicular, las láminas basales blandas, patentes. Panícula terminal, 1.5–11 cm de largo y 1–5 cm de ancho, piramidal, abierta, ramas 1–2 en el nudo más inferior, patentes, desnudas en el 1/10–1/2 inferior; espiguillas 4–5.5 mm de largo, agrupadas, comprimidas lateralmente, con varios flósculos; desarticulación por encima de las glumas entre los flósculos; gluma inferior 1.5–2.7 mm de largo, 1-nervia, gluma

superior 1.5–2.7 mm de largo, 3-nervia; flósculos 2–6, bisexuales; lemas 2.6–3.8 mm de largo, las nervaduras y el callo pilosos; páleas pilosas en las quillas. Fruto una cariopsis; hilo linear.

Rara, nebliselvas, zona norcentral; 800–1500 m; fl y fr may, oct; *Guzmán 2073*, *Moreno 517*; cosmopolita, presumiblemente introducida de Europa. Género con ca 500 especies, cosmopolita en regiones árticas y templadas, y en grandes altitudes en los trópicos.

POLYPOGON Desf.; *Chaetotropis* Kunth

Por Patricia Dávila

Polypogon elongatus Kunth in Humb., Bonpl. & Kunth, Nov. Gen. Sp. 1: 134. 1816.

Perennes, cespitosas; tallos erectos; plantas hermafroditas. Vainas cartilaginosas en los márgenes; lígula una membrana 4–8 mm de largo, decurrente hacia los márgenes de la vaina; láminas lineares, 15–30 cm de largo y 1–7 mm de ancho, glabras. Inflorescencia una panícula elipsoide, 10–30 cm de largo y 1–7 cm de ancho, densa, raquis, pedicelos y ramas escabrosos; espiguillas lateralmente comprimidas, con 1 flósculo bisexual, desarticulación junto con el pedicelo completo o parte de él, formando un pequeño callo; gluma inferior 3–5 mm de largo, con una

arista 1–2 mm de largo, gluma superior 3–4.5 mm de largo, con una arista 1–2 mm de largo; lema hialina, glabra, truncada, 5-nervia, las nervaduras laterales formando dientes apicales, la nervadura central formando una arista escabrosa de 1.2–2 mm de largo; pálea pequeña, hialina; raquilla no prolongada; lodículas 2; estambres 3; estigmas 2, ovario glabro. Cariopsis elipsoide; hilo generalmente punteado.

Conocida en Nicaragua por una sola colección (*Araquistain 769*) de bosques siempreverdes, Jinotega; 1200 m; fl y fr ene; México a Argentina. Género con 18 especies, distribuido en las regiones templadas y zonas montañosas de las regiones tropicales.

PSEUDECHINOLAENA Stapf

Por Richard W. Pohl

Pseudechinolaena polystachya (Kunth) Stapf in Prain, Fl. Trop. Afr. 9: 495. 1919; *Echinolaena polystachya* Kunth.

Anuales o perennes reptantes; tallos hasta 1 m de alto, porciones basales extensamente reptantes y ramificadas, porciones erectas simples; nudos y entrenudos más o menos hirsutos; plantas hermafroditas o polígamas. Vainas glabras a hirsutas; lígula una membrana, 0.5–1.5 mm de largo; láminas ovado-lanceoladas, 1.5–7.5 cm de largo y 5–16 mm de ancho, aplanadas, asimétricas, adpreso hirsutas. Inflorescencia una panícula terminal de pocos racimos delgados, 7–20 cm de largo, ramas 2–6 cm de largo; espiguillas 3.2–4.4 mm de largo, pareadas, adpresas, comprimidas lateralmente, gibosas en vista lateral, con 2 flósculos; desarticulación por debajo de las glumas, la espiguilla caediza como una unidad; glumas y la punta de la lema inferior adpreso híspidas cuando jóvenes, en la madurez cercadas con gruesos tricomas uncinados de base tuberculada, glumas y lema inferior herbáceas; gluma inferior ovada, 2.5–

3.6 mm de largo, acuminada, casi tan larga como la espiguilla, 3-nervia, carinada, gluma superior 3.2–4 mm de largo, 5-nervia, navicular, carinada; flósculo inferior estéril o raramente estaminado; lema inferior ampliamente oblonga, 3–3.7 mm de largo, 5-nervia, lema superior 2–2.2 mm de largo, acuminada; palea inferior presente; flósculo superior bisexual; lema superior 2/3 la longitud de la espiguilla, angostamente ovada, coriácea, los márgenes no enrollados; pálea superior tan larga como la lema superior y de textura similar a ella; lodículas 2; estambres 3, las anteras 1.2–1.5 mm de largo, amarillas; estilo 1, estigmas 2. Fruto una cariopsis; embrión ca 1/2 la longitud de la cariopsis, hilo elíptico.

Común, áreas secundarias en selvas altas, matorrales, zona norcentral; 1000–1540 m; fl y fr may, jun, sep–ene; *Araquistain 679*, *Stevens 18106*; pantropical. Las espiguillas maduras se adhieren al pelaje de los animales y a la ropa de los humanos. Género con 6 especies, 1 especie pantropical y 5 de Madagascar.

RHIPIDOCLADUM McClure

Por Richard W. Pohl y Gerrit Davidse

Bambúes cortos a medianos, delgados, rizomas paquimorfos; tallos cilíndricos, fistulosos, leñosos, inermes, generalmente glabros; ramas pocas a muchas por nudo; plantas hermafroditas. Hojas del tallo deciduas, generalmente no auriculadas o pseudopecioladas, lígula membranácea, setas orales generalmente ausentes, láminas persistentes, erectas, de base ancha; hojas de las ramas pseudopecioladas, aurículas, cuando presentes, adnadas a la lígula y entonces más largas en un lado del pseudopecíolo, lígulas externas e internas presentes, la interna membranácea, láminas linear-lanceoladas a lanceoladas. Inflorescencia generalmente un racimo terminal, delgado, las espiguillas generalmente adpresas en 2 hileras en los lados inferiores del raquis; espiguillas con varios flósculos, los 1 ó 2 más inferiores estériles, los próximos 2–5 (–12) fértiles, los 1–2 superiores estériles; desarticulación arriba del flósculo estéril y entre los flósculos fértiles; glumas generalmente 2, a menudo 1 en la espiguilla terminal; lemas 5–9-nervias, agudas o aristadas; páleas anchamente sulcadas, 2-carinadas; lodículas 3; estambres 3; estigmas 2. Fruto una cariopsis.

Género con ca 16 especies, distribuido desde México a Perú, Bolivia, Brasil y en las Antillas; 3 especies en Nicaragua. Las plantas juveniles y los nudos inferiores y superiores del tallo pueden contar con menos ramas que los nudos cerca de la mitad del tallo de las plantas adultas.

R.W. Pohl. Three new species of *Rhipidocladum* from Mesoamerica. Ann. Missouri Bot. Gard. 72: 272–276. 1985; L.G. Clark y X. Londoño. A new species and new sections of *Rhipidocladum* (Poaceae: Bambusoideae). Amer. J. Bot. 78: 1260–1279. 1991.

1. Complemento de las ramas con 18–40 ramas por nudo cerca de la mitad del tallo .... **R. pacuarense**
1. Complemento de las ramas con 45–80 ramas por nudo cerca de la mitad del tallo
   2. Apice de la vaina foliar de las ramas prolongándose en aurículas erectas y adnadas a la lígula; setas orales ausentes; láminas foliares de las ramas 6–17 mm de ancho .... **R. pittieri**
   2. Apice de la vaina foliar de las ramas truncado; setas orales 4–8 mm de largo; láminas foliares de las ramas 5–9 mm de ancho .... **R. racemiflorum**

Rhipidocladum pacuarense R.W. Pohl, Ann. Missouri Bot. Gard. 72: 273. 1985.

Tallos hasta 12 m de largo y 2–3 cm de ancho, erectos en la parte inferior, arqueándose arriba; complemento de las ramas con 18–30 ramas por nudo cerca de la mitad del tallo, las ramas 20–60 cm de largo. Vainas foliares de las ramas glabras; aurículas 0.2–0.4 mm de largo; setas orales hasta 10 mm de largo; lígula interna 0.2–0.4 mm de largo; láminas 7–12 cm de largo y 10–22 mm de ancho, 6–9 veces más largas que anchas, glabras excepto las bases vellosas en el envés. Racimos 9–17 cm de largo; espiguillas 22–25 por racimo, 18–19 mm de largo; gluma inferior 2.5–3.5 mm de largo, acicular, aristada 3–5 mm de largo, gluma superior 4.5 6 mm de largo, aristada menos de 4 mm de largo; lema estéril 7–8 mm de largo, aristada 2.5–3.5 mm de largo, lemas fértiles 3, 7–8 mm de largo, glabras, aristadas 3–4 mm de largo; anteras 2–3 mm de largo.

Conocida en Nicaragua por una sola colección (*Moreno 20636*) de bosques siempreverdes, Zelaya; 200–210 m; fl y fr feb; Nicaragua y Costa Rica. La colección de Nicaragua es, por el momento, tentativamente incluida en esta especie.

Rhipidocladum pittieri (Hack.) McClure, Smithsonian Contr. Bot. 9: 105. 1973; *Arthrostylidium pittieri* Hack.

Tallos hasta 10 m de largo y 5–10 mm de ancho, erectos en la parte inferior, arqueándose e inclinados arriba; complemento de las ramas con 45–60 ramas por nudo cerca de la mitad del tallo, las ramas hasta 60 cm de largo. Vainas foliares de las ramas glabras; aurículas 1.5–2.5 mm de largo; setas orales ausentes; lígula interna 1.5–2.5 mm de largo; láminas 7–12 cm de largo y 6–17 mm de ancho, 7–10 veces más largas que anchas, glabras excepto las bases vellosas en el envés sobre un lado de la costilla media. Racimos 3–10 cm de largo; espiguillas 9–20 por racimo, ca 20 mm de largo; gluma inferior 2.5–4.5 mm de largo, acicular, gluma superior 4.9–6.7 mm de largo, acuminada; lema estéril 6.5–7.9 mm de largo, aristada hasta 2 mm de largo, lemas fértiles 2, 10–11 mm de largo, hispídulas a lo largo de los márgenes y el ápice, aristadas 1–2 mm; anteras 3.5–6 mm de largo.

Rara, bosques subcaducifolios, zona pacífica; ca 1100 m; *Greenman 5811*, *Grijalva 5240*; México (Michoacán) a Costa Rica.

Rhipidocladum racemiflorum (Steud.) McClure, Smithsonian Contr. Bot. 9: 106. 1973; *Arthrostylidium racemiflorum* Steud.

Tallos 10–15 m de largo y 5–10 mm de ancho, erectos en la base, arqueándose arriba; complemento de las ramas con 60–80 ramas por nudo cerca de la mitad del tallo, las ramas 20–40 cm de largo, a veces ramificadas. Vainas foliares de las ramas glabras o puberulentas; aurículas ausentes; setas orales 4–8 mm de largo; lígula interna 0.2–0.5 mm de largo; láminas 6–8 cm de largo y 5–9 mm de ancho, 9–12 veces más largas que anchas, puberulentas a glabras excepto por la base vellosa en el envés, glabras en la haz.

Racimos 4–6 cm de largo; espiguillas ca 10 por racimo, 14–18 mm de largo; gluma inferior 2.8–3.9 mm de largo, acicular, gluma superior 4.4–5.3 mm de largo, aguda a aristada hasta 1 mm de largo; lema estéril 6–6.5 mm de largo, aristada 1–2 mm de largo, lemas fértiles 2, 8–10 mm de largo, glabras o hispídulas cerca del ápice, aristadas 1–2 mm de largo; anteras 5 mm de largo.

Rara, conocida de 2 colecciones estériles de nebliselvas, faldas del Volcán Maderas, Rivas; 600–1000 m; *Nee 28032, Neill 3280*; México a Colombia, Venezuela y Ecuador.

RHYNCHELYTRUM Nees

Por Richard W. Pohl

Rhynchelytrum repens (Willd.) C.E. Hubb., Bull. Misc. Inform. 1934: 110. 1934; *Saccharum repens* Willd.; *Melinis repens* (Willd.) Zizka; *R. roseum* (Nees) Stapf & C.E. Hubb.; *Tricholaena repens* (Willd.) Hitchc.; *T. rosea* Nees.

Perennes, cespitosas; tallos hasta 100 cm de largo, erectos o decumbentes, ramificados desde los nudos inferiores, papiloso-hirsutos; plantas polígamas. Vainas papiloso-hirsutas a glabras; lígula una hilera de tricomas 0.8–1.2 mm de largo; láminas lineares, 6–17 cm de largo y 2–5 mm de ancho, aplanadas, hirsutas. Inflorescencia una panícula sedosa, 14–22 cm de largo, piramidal, pedicelos flexuosos; espiguillas 3.5–5 mm de largo, ovadas, comprimidas lateralmente, con 2 flósculos, cubiertas con tricomas hasta 8.5 mm de largo, rojizas, rosadas o blanco-plateadas; desarticulación por debajo de las glumas y prontamente por debajo del flósculo superior; glumas desiguales, gluma inferior linear, 1–1.6 mm de largo, entrenudo entre las glumas ca 0.5 mm de largo, gluma superior y lema inferior subiguales, 3.5–4.5 mm de largo, cartáceas, gibosas en la 1/2 inferior,

adelgazándose hacia el ápice, 5–7-nervias, carinadas, la gluma cortamente aristada; flósculo inferior estaminado; pálea inferior ca 3 mm de largo, ciliada apicalmente, 2-carinada; flósculo superior bisexual, 2.2–2.8 mm de largo, liso, brillante, cortamente estipitado; lema superior ca 2/3 la longitud de la espiguilla, navicular, cartácea, no aristada, los márgenes delgados y aplanados; pálea superior subigual a la lema superior; lodículas 2, estambres 3, las anteras 2.1–2.3 mm de largo; estilos 2. Fruto una cariopsis; embrión 1/2–2/3 la longitud de la cariopsis, hilo cortamente elíptico.

Muy común, áreas perturbadas, zonas pacífica y norcentral; 80–1500 m; fl y fr abr–dic; *Moreno 8363, Stevens 2699*; nativa de Africa, ahora pantropical. Género con 14 especies africanas, es unido en algunas ocasiones a *Melinis*, sin embargo las espiguillas difieren en forma, particularmente la gluma superior.

G. Zizka. Revision der Melinideae Hitchcock (Poaceae: Panicoideae). Biblioth. Bot. 138: 1–149. 1988.

ROTTBOELLIA L. f.

Por Richard W. Pohl

Rottboellia cochinchinensis (Lour.) Clayton, Kew Bull. 35: 817. 1981; *Stegosia cochinchinensis* Lour.

Anuales cespitosas, generalmente con raíces fúlcreas; tallos 50–200 cm de alto, sólidos, ramificados; entrenudos y nudos glabros; plantas polígamas. Vainas fuertemente papiloso-hirsutas (los tricomas molestos para el ganado); lígula una membrana ciliada, ca 1 mm de largo; láminas anchamente lineares, 25–40 cm de largo y 10–20 mm de ancho, aplanadas, papiloso-híspidas. Inflorescencia un racimo solitario,

cilíndrico, 5–15 cm de largo y 1–3 mm de ancho, atenuado, con las espiguillas hundidas en el raquis grueso, fistuloso, la porción terminal con espiguillas reducidas a rudimentarias, entrenudos del raquis 6–8.5 mm de largo, raquis articulado, las espiguillas pareadas, las 2 espiguillas y 1 entrenudo del raquis caedizos como una unidad, el entrenudo adnado con un margen del pedicelo adyacente; espiguillas comprimidas dorsalmente, con 2 flósculos, sésiles y pediceladas, sin aristas; espiguillas sésiles bisexuales, oblongo-elípticas, 3.7–5 mm de largo y ca 1.5 mm de ancho, callo truncado, con una proyección cortamente cilíndrica (carnoso-globosa y aceitosa en la madurez), la cual embona en la cavidad del ápice del entrenudo inmediato inferior, gluma inferior coriácea, convexa, 2-carinada, lisa, ocultando a la espiguilla deprimida, angostamente ciliada hacia el ápice, gluma superior navicular, flósculo inferior estaminado, ca 3.5 mm de largo, lema y pálea inferiores membranáceas, flósculo superior bisexual, ca 3 mm de largo, lema superior hialina, entera, pálea superior más corta que la lema, hialina, lodículas 2, estambres 3, las anteras ca 1.5 mm de largo, estilos 2; espiguillas pediceladas abortivas, herbáceas, reducidas, 3–4 mm de largo. Fruto una cariopsis; hilo punteado.

Maleza agresiva en potreros y áreas abiertas, zona pacífica; 0–600 m; fl y fr sep–nov; *Nee 28334*, *Stevens 23080*; nativa de Asia tropical, naturalizada en América y Africa tropical. Género con 4 especies de los trópicos del Viejo Mundo, con esta especie ampliamente introducida como maleza.

SACCHARUM L.; *Erianthus* Michx.

Por Gerrit Davidse y Richard W. Pohl

Saccharum officinarum L., Sp. Pl. 54. 1753.

Perennes altas, cespitosas; tallos gruesos, cilíndricos, erectos, simples, sólidos, hasta 5 m de alto y 2–5 cm de ancho, con numerosos entrenudos alargados vegetativamente, dulces y jugosos, desnudos abajo; plantas hermafroditas. Hojas alargadas, caulinares; vainas glabras o pilosas; lígula una membrana ciliada, 2–4 mm de largo; láminas lineares, 1–2 m de largo y 2–6 cm de ancho, aplanadas, glabras o la costilla media pilosa, los márgenes escabrosos. Inflorescencia una panícula terminal, piramidal, abierta, 25–50 cm de largo, generalmente muy plumosa, blanca a grisácea, pedúnculo glabro o densamente puberulento, eje glabro o piloso, ramas 1-ramificadas, raquis de los racimos articulado, la espiguilla sésil, el entrenudo del raquis y el pedicelo caedizos como una unidad; las espiguillas pediceladas desarticulándose del pedicelo en la madurez, entrenudos del raquis delgados pero algo claviformes hacia el ápice, ca 5 mm de largo, pedicelos libres; espiguillas pareadas, lanceoladas, 3–4 mm de largo, no aristadas, agudas o acuminadas, comprimidas dorsalmente, con tricomas hasta 7 mm de largo, similares, sésiles y pediceladas, con 2 flósculos bisexuales, callo obtuso, largamente piloso, gluma inferior tan larga como la espiguilla, aplanada, con ligeras quillas marginales hacia la punta, firme, débilmente nervada, glabra, el ápice 2-dentado, los márgenes inflexos, gluma superior firme, carinada, 1–3-nervia, flósculo inferior estéril, lema inferior ciliada en la 1/2 superior, un poco más corta que las glumas, hialina, pálea inferior ausente, flósculo superior bisexual, lema superior ausente, la arista ausente, pálea superior ausente, lodículas 2, estambres 3, las anteras 1.5–2 mm de largo, estilos 2. Fruto una cariopsis; hilo punteado.

Cultivada en Nicaragua; nativa de Nueva Guinea, cultivada en todos los trópicos y subtrópicos. Género con 25 especies, distribuido en los trópicos y subtrópicos del Nuevo y Viejo Mundo. "Caña de azúcar".

E. Artschwager y E.W. Brandes. Sugarcane (*Saccharum officinarum* L.): Origin, classification, characteristics and descriptions of representative clones. Agric. Handb. 122: 1–307. 1958; S.K. Mukherjee. Revision of the genus *Erianthus* Michx. (Gramineae). Lloydia 21: 157–188. 1958; J.R. Swallen. Notes on grasses. Phytologia 14: 65–98. 1966.

SACCIOLEPIS Nash

Por Richard W. Pohl

Anuales o perennes; tallos fistulosos; plantas hermafroditas o polígamas. Lígula una membrana; láminas lineares, aplanadas o enrolladas. Inflorescencia una panícula densa espiciforme o un racimo; espiguillas biconvexas o algo infladas en el costado de la gluma superior, a veces con la gluma y la lema inferiores aplanadas, comprimidas dorsalmente, pero algo comprimidas lateralmente hacia el ápice, sin arista, con 2 flósculos; desarticulación por debajo de las glumas y el flósculo superior; glumas desiguales, herbáceas, gluma superior tan larga como la espiguilla, navicular, sacciforme cerca de la base; flósculo inferior estéril o estaminado; lema inferior tan larga como la espiguilla, herbácea, 5–7-nervia; flósculo superior bisexual, mucho más corto que la espiguilla, comprimido dorsalmente, prontamente decidua, agudo; lema superior cartácea, lisa y brillante, los márgenes aplanados; pálea superior tan larga como la lema superior, cartácea; lodículas 2; estambres 3; estilos 2. Fruto una cariopsis; embrión 2/5–1/2 la longitud de la cariopsis, hilo elíptico.

Género tropical con ca 30 especies, con pocas especies en América y Asia, numerosas en Africa; 2 especies en Nicaragua.

E.J. Judziewicz. A new South American species of *Sacciolepis* (Poaceae: Panicoideae: Paniceae), with a summary of the genus in the New World. Syst. Bot. 15: 415–420. 1990.

1. Lámina foliar más superior 1–4 cm de largo; lígula 0.1–0.3 mm de largo; espiguillas 2.5–2.8 mm de largo ..... **S. indica**
1. Lámina foliar más superior 15–25 cm de largo; lígula 1–2.5 mm de largo; espiguillas 2–2.2 mm de largo .... **S. myuros**

Sacciolepis indica (L.) Chase, Proc. Biol. Soc. Wash. 21: 8. 1908; *Aira indica* L.

Anuales cespitosas, decumbentes o débilmente rizomatosas; tallos 15–50 cm de largo, delgados; entrenudos y nudos glabros. Vainas glabras; lígula 0.1–0.3 mm de largo; láminas 3–10 cm de largo y 2–4 mm de ancho, glabras, la más superior 1–4 cm de largo. Panícula 1.5–7 cm de largo y menos de 5 mm de ancho, cilíndrica; espiguillas 2.5–2.8 mm de largo, glabras; gluma inferior navicular, 1.1–1.5 mm de largo, 5-nervia, gluma superior navicular, angostándose en un ápice obtuso, 7-nervia; lema inferior similar a la gluma superior, sacciforme, 7–9-nervia; pálea inferior ca 1 mm de largo; lema superior ca 1.5 mm de largo; anteras 0.6–0.9 mm de largo, purpúreas.

Rara, playas arenosas, zona atlántica; nivel del mar; fl y fr mar, sep, oct; *Stevens 20717, 20877*; nativa de Asia tropical, introducida en los subtrópicos y trópicos.

Sacciolepis myuros (Lam.) Chase, Proc. Biol. Soc. Wash. 21: 7. 1908; *Panicum myuros* Lam.; *P. phleiforme* J. Presl.

Anuales, erectas, cespitosas; tallos 20–50 cm de largo, gruesos y suculentos; entrenudos y nudos glabros. Vainas glabras; lígula 1–2.5 mm de largo; láminas 15–25 cm de largo y 2.5 mm de ancho, esparcida y débilmente pilosas en la haz, glabras en el envés. Panícula 4–18 cm de largo y 5–8 mm de ancho, cilíndrica; espiguillas 2–2.2 mm de largo; gluma inferior ovada, 0.9–1.2 mm de largo, obtusa, convexa, 3-nervia, gluma superior y lema inferior similares, naviculares, 7-nervias, suavemente ciliadas en el 1/3 superior, la lema inferior más sacciforme cerca de la base; pálea inferior ca 1/2 la longitud de la lema inferior, rígida, angosta; lema superior 1–1.2 mm de largo; anteras 0.5–0.7 mm de largo, purpúreas.

Poco común, áreas pantanosas en sabanas, zona atlántica; 0–70 m; fl y fr ene, mar; *Stevens 19078, 19413*; México a Paraguay y en las Antillas.

SCHIZACHYRIUM Nees

Por Richard W. Pohl

Perennes o anuales; tallos sólidos, comprimidos, ramificados, los entrenudos y nudos glabros; plantas hermafroditas o polígamas. Vainas carinadas; lígula una membrana; láminas lineares, aplanadas o plegadas. Inflorescencia un racimo solitario, pedunculado, espatáceo, los racimos generalmente varios, terminales y axilares, cada uno de varias a numerosas espiguillas pareadas, raquis articulado, los entrenudos y pedicelos generalmente claviformes, a veces lineares, las 2 espiguillas y 1 entrenudo del raquis caedizos como una unidad; espiguillas dimorfas, comprimidas dorsalmente, sésiles y pediceladas; espiguillas sésiles bisexuales, lanceoladas o lineares, agudas, generalmente aristadas, raramente sin aristas, con 2 flósculos, callo obtuso, piloso, insertado en el ápice cupuliforme del entrenudo del raquis, glumas tan largas como la espiguilla, ocultando a los flósculos, coriáceas, gluma inferior aplanada o convexa, con 2 nervaduras principales marginales, 2-carinada, 1–9-nervia entre las quillas, los márgenes inflexos sobre los márgenes de la gluma superior, gluma superior subigual en la gluma inferior, carinada, 1 (3)-nervia, flósculo inferior estéril, lema inferior pequeña, hialina, pálea inferior ausente, flósculo superior bisexual, lema superior pequeña, hialina, por lo general fuertemente 2-lobada, con una arista torcida, geniculada, insertada en el ápice, lodículas 2, estambres 1 ó 3, estilos 2; espiguillas pediceladas frecuentemente muy reducidas, a veces tan largas como las espiguillas sésiles, estériles o estaminadas, pedicelos libres. Fruto una cariopsis; hilo punteado.

Género con 60 especies, cosmopolita en climas cálidos y templados; 5 especies en Nicaragua.

G.V. Nash. 21. *Schizachyrium*. N. Amer. Fl. 17: 100–109. 1912; S.T. Blake. Revision of the genera *Cymbopogon* and *Schizachyrium* (Gramineae) in Australia. Contr. Queensland Herb. 17: 1–70. 1974; S.L. Hatch. Nomenclatural changes in *Schizachyrium*. Brittonia 30: 496. 1978; A.M. Türpe. Revision of the South American species of *Schizachyrium* (Gramineae). Kew Bull. 39: 169–178. 1984.

1. Raquis de los racimos fuertemente flexuoso, en zigzag, las espiguillas divergentes; raquis y pedicelos ciliados; antera 1 .... **S. microstachyum**
1. Raquis de los racimos recto, las espiguillas adpresas; raquis y pedicelos glabros o pilosos; anteras 3
    2. Espiguillas sésiles 2–4.6 mm de largo, escabrosas; láminas foliares 1–3.5 cm de largo; plantas anuales enanas .... **S. brevifolium**
    2. Espiguillas sésiles 4.5–7.8 mm de largo, glabras o pilosas; láminas foliares generalmente más de 5 cm de largo; plantas anuales o perennes
        3. Plantas anuales .... **S. malacostachyum**
        3. Plantas perennes
            4. Láminas foliares 3–5 mm de ancho, agudas; gluma inferior de la espiguilla sésil convexa, el dorso glabro o piloso; espiguillas pediceladas reducidas, mucho más cortas que las espiguillas sésiles .... **S. sanguineum**
            4. Láminas foliares 1–3 mm de ancho, acuminadas; gluma inferior de la espiguilla sésil aplanada o débilmente convexa, el dorso glabro; espiguillas pediceladas casi tan largas y anchas como las espiguillas sésiles .... **S. tenerum**

Schizachyrium brevifolium (Sw.) Nees ex Büse in Miq., Pl. Jungh. 359. 1854; *Andropogon brevifolius* Sw.

Anuales enanas; tallos 4–60 cm de largo, decumbentes. Vainas glabras; lígula 0.3–0.7 mm de largo; láminas 1–3.5 cm de largo y 1–4 mm de ancho, glabras, obtusas. Inflorescencia relativamente simple, racimos 1–2.5 cm de largo, delgados, rectos, raquis y pedicelos generalmente glabros, a veces ciliados; espiguillas sésiles 2–4.6 mm de largo, adpresas, escabrosas, simétricas, gluma inferior ligeramente convexa, 2–4-nervia, escabrosa, bífida, lema inferior casi tan larga como la lema superior, lema superior ca 2 mm de largo, glabra, 2-lobada casi hasta la base, la arista exerta 5–10 mm de largo, geniculada, anteras 3, 0.4–0.6 mm de largo; espiguillas pediceladas muy reducidas, estériles, cortamente aristadas.

Común, sabanas de pinos, bosques secos, flujos de lava, áreas pantanosas cerca de playas, en todo el país; 0–1020 m; fl y fr nov–mar; *Grijalva 1816, Neill 3037*; México a Bolivia, Brasil y las Antillas, también en los trópicos del Viejo Mundo.

Schizachyrium malacostachyum (J. Presl) Nash, N. Amer. Fl. 17: 102. 1912; *Andropogon malacostachyus* J. Presl; *A. yucatanus* Swallen.

Anuales cespitosas; tallos 10–80 cm de largo, erectos. Hojas glabras; lígula 0.5–1 mm de largo; láminas 2–8 cm de largo y 1.5–4 mm de ancho, agudas. Inflorescencia relativamente simple, racimos 2–4 cm de largo, delgados, rectos, raquis y pedicelos densamente hirsutos; espiguillas sésiles 5–7.5 mm de largo, adpresas, hirsutas, simétricas, gluma inferior densamente hirsuta, el ápice 2-dentado, lema superior profundamente 2-lobada, la arista exerta 10–12 mm, geniculada, anteras 3, 0.7–1.5 mm de largo; espiguillas pediceladas ca 3 mm de largo, la arista hasta 5 mm de largo.

Conocida en Nicaragua por una sola colección (*Grijalva 1832*) de bosques de galería, León; 10 m; fl y fr nov; México a Nicaragua, Colombia y en las Antillas.

Schizachyrium microstachyum (Desv.) Roseng. et al., Bol. Fac. Agron. Univ. Montevideo 103: 35. 1968; *Andropogon microstachyus* Desv.; *A. condensatus* ssp. *elongatus* Hack.; *S. microstachyum* ssp. *elongatum* (Hack.) Roseng. et al.

Perennes cespitosas, robustas; tallos 90–150 cm de largo, erectos. Vainas glabras o raramente puberulentas; lígula 0.7–2 mm de largo; láminas hasta 40 cm de largo y 3–8 mm de ancho, glabras, el ápice abruptamente acuminado. Inflorescencia compuesta, racimos 2.5–6 cm de largo, delgados, flexuosos, en zigzag, raquis y pedicelos ciliados; espiguillas sésiles 4.5–5 mm de largo, divergentes, glabras, simétricas, gluma inferior ligeramente convexa, 1 (3)-nervia, escabrosa en la quilla, el ápice 2-fido, lema inferior 3.2–3.8 mm de largo, ciliolada, lema superior 3–3.5 mm de largo, 2-lobada casi hasta la base, los lobos ciliolados, la arista exerta 5–10 mm, geniculada, antera 1, ca 1 mm de largo; espiguillas pediceladas 1–2 mm de largo, abortivas, aristadas hasta 2 mm.

Poco común, pantanos, sabanas de pinos, orillas de caminos, en todo el país; 25–1500 m; fl y fr feb–sep; *Robleto 161, Stevens 12813*; México a Sudamérica y en las Antillas. Esta es miembro de un complejo de especies que se extiende desde México hasta Argentina. También está incluida a veces en *Schizachyrium condensatum* (Kunth) Nees.

Schizachyrium sanguineum (Retz.) Alston, Handb. Fl. Ceylon 6: 334. 1931; *Rottboellia sanguinea* Retz.; *Andropogon hirtiflorus* (Nees) Kunth; *A. hirtiflorus* var. *brevipedicellatus* Beal; *A. hirtiflorus* var. *oligostachyus* (Chapm.) Hack.; *A. oligostachyus* Chapm.; *A. sanguineus* (Retz.) Merr.; *A. semiberbis* (Nees) Kunth; *S.*

hirtiflorum Nees; *S. sanguineum* var. *brevipedi-cellatum* (Beal) S.L. Hatch; *S. semiberbe* Nees.

Perennes cespitosas; tallos 90–150 cm de largo, erectos. Vainas glabras; lígula 0.8–1 mm de largo; láminas hasta 19 cm de largo y 3–5 mm de ancho, glabras, agudas. Inflorescencia relativamente simple, racimos 3–13 cm de largo, delgados, rectos, raquis y pedicelos hirsutos; espiguillas sésiles 5.8–7.8 mm de largo, adpresas, generalmente pilosas, a veces glabras, simétricas, gluma inferior convexa, generalmente pilosa o glabra, el ápice 2-fido, las nervaduras no evidentes excepto hacia el ápice, lema inferior 4–5 mm de largo, lema superior 4–4.5 mm de largo, ciliada, 2-lobada hasta el 1/3 inferior, la arista exerta hasta 10 mm de largo, geniculada, anteras 3, 1.5–2 mm de largo; espiguillas pediceladas 2.5–4 mm de largo, generalmente estériles, aristadas 1–3.5 mm de largo.

Rara, sabanas, bosques de pinos, zona atlántica; 30 m; fl y fr abr, jul; *Pohl 12291, Stevens 8194*; sur de los Estados Unidos a Argentina y en las Antillas, también en el Viejo Mundo. Esta especie es muy variable.

Schizachyrium tenerum Nees in Mart., Fl. Bras. Enum. Pl. 2: 336. 1829; *Andropogon tener* (Nees) Kunth.

Perennes cespitosas; tallos 40–110 cm de largo, erectos o decumbentes. Vainas glabras; lígula 0.5–0.7 mm de largo; láminas hasta 25 cm de largo y 1–3 mm de ancho, glabras o a veces con unos pocos tricomas alargados cerca de la base en la haz, acuminadas. Inflorescencia relativamente simple, racimos 3–10 cm de largo, delgados, rectos, cilíndricos, raquis y pedicelos ciliados; espiguillas sésiles 4.5–5 mm de largo, adpresas, glabras, simétricas, gluma inferior aplanada o débilmente convexa, débilmente 5–7-nervia, el ápice 2-fido, lema inferior 3.2–4 mm de largo, ciliada, lema superior 3.5–4 mm de largo, 2-lobada, ciliada, la arista exerta 5–10 mm, geniculada, anteras 3, ca 2 mm de largo; espiguillas pediceladas 4.7–5.2 mm de largo, estériles, sin flósculos, acuminadas.

Conocida en Nicaragua por una sola colección (*Standley 10089*) de bosques de pinos, Jinotega; 1050–1350 m; fl y fr jun; sur de los Estados Unidos a Argentina y en las Antillas.

SETARIA P. Beauv.
Por Richard W. Pohl

Anuales o perennes, cespitosas o rizomatosas; plantas hermafroditas o polígamas. Vainas redondeadas o carinadas; lígula una membrana; láminas lineares a anchamente elípticas o lanceoladas, aplanadas a involutas o plegadas longitudinalmente. Inflorescencia una panícula cerdosa cilíndrica, densa o raramente abierta, algunas o todas las espiguillas con 1 ó más cerdas subyacentes (ramitas estériles), éstas antrorsa o retrorsamente escabrosas; espiguillas comprimidas dorsalmente, aplanadas en el lado de la gluma inferior y convexas en el lado opuesto, glabras; desarticulación por debajo de las glumas, raramente por encima; glumas desiguales, herbáceas, gluma inferior más corta que la superior, deltoide, 1–3-nervia, gluma superior más corta que la espiguilla o casi tan larga como ella, 5–7-nervia; flósculo inferior generalmente estéril, raramente estaminado; lema inferior herbácea, 5–7-nervia; pálea inferior presente o ausente; flósculo superior bisexual; lema superior convexa, rígida, rugosa a lisa con márgenes inflexos; pálea superior aplanada, rígida; lodículas 2; estambres 3; estilos 2. Fruto una cariopsis; embrión 1/2 o un poco más de la longitud de la cariopsis, hilo punteado.

Género con ca 125 especies, de distribución cosmopolita en áreas tropicales a templadas; 10 especies en Nicaragua. Las medidas del ancho de la inflorescencia incluyen las cerdas.

J.M. Rominger. Taxonomy of *Setaria* (Gramineae) in North America. Illinois Biol. Monogr. 29: 1–132. 1962; M. Kerguélen. Notes agrostologiques II. Bull. Soc. Bot. France 124: 337–349. 1977; W.D. Clayton. Notes on *Setaria* (Gramineae). Kew Bull. 33: 501–509. 1979.

1. Láminas foliares elípticas a lanceoladas, pseudopecioladas, plegadas longitudinalmente, en general (10–) 30–100 mm de ancho
   2. Ramas inferiores de la panícula 6–35 cm de largo; panícula anchamente ovoide .... **S. paniculifera**
   2. Ramas inferiores de la panícula generalmente 1–8 cm de largo; panícula cilíndrico-piramidal a angostamente piramidal .... **S. poiretiana**
1. Láminas foliares menos de 35 mm de ancho, lineares o angostamente lanceoladas, aplanadas, generalmente no pseudopecioladas, no plegadas
   3. Cada espiguilla o grupo de espiguillas abrazadas por 4–12 cerdas amarillas o purpúreas; márgenes de las vainas foliares glabros, translúcidos

4. Panícula 1–8 cm de largo; tallos 30–60 (–120) cm de largo; anteras 0.6–0.8 mm de largo .... **S. parviflora**
4. Panícula 8–25 cm de largo; tallos 100–200 cm de largo; anteras 1.4–1.5 mm de largo
.... **S. sphacelata** var. **sericea**
3. Cada espiguilla abrazada por 1–3 cerdas verdosas; márgenes de las vainas foliares ciliados o glabros
   5. Cerdas parcialmente o en su totalidad retrorsamente escabrosas
      6. Espiguillas 1.4–2 mm de largo; pálea inferior pequeña, hasta 1/2 del largo de la lema inferior o
         ausente, cerdas sólo con unas cuantas barbas retrorsas cerca al ápice .... **S. scandens**
      6. Espiguillas 2.3–2.6 mm de largo; pálea inferior tan larga como la lema inferior, barbas de las
         cerdas antrorsas y retrorsas entremezcladas en toda la longitud de las cerdas .... **S. tenax** var. **tenax**
   5. Cerdas sólo antrorso-escabrosas
      7. Panícula densa, el eje oculto por fascículos de espiguillas traslapados .... **S. vulpiseta**
      7. Panícula algo abierta, el eje visible entre algunos fascículos de espiguillas
         8. Pálea inferior más corta que la lema inferior o ausente .... **S. liebmannii**
         8. Pálea inferior tan larga como la lema inferior
            9. Panícula 25–35 cm de largo; láminas foliares hasta 60 cm de largo y 35 mm de ancho,
               pseudopecioladas .... **S. vulpiseta**
            9. Panícula 3–30 cm de largo; láminas foliares 15–20 cm de largo y 7–22 mm de ancho, no
               pseudopecioladas
               10. Eje de la panícula híspido con tricomas 2–6 mm de largo; lema superior toscamente
                  rugosa, las arrugas menos de 10 .... **S. longipila**
               10. Eje de la panícula esparcidamente piloso con tricomas ca 1 mm de largo; lema
                  superior finamente rugosa, las arrugas más de 10 .... **S. macrostachya**

Setaria liebmannii E. Fourn., Mexic. Pl. 2: 44. 1886.

Anuales cespitosas; tallos 30–120 cm de largo, erectos o decumbentes, ramificados, glabros. Vainas redondeadas, glabras, los márgenes ciliados; lígula 1.5–2 mm de largo, ciliada; láminas lineares o angostamente lanceoladas, 5–15 cm de largo y 4–24 mm de ancho, aplanadas, escabrosas, la base redondeada. Inflorescencia cilíndrica, 5–20 cm de largo y 2–3.5 cm de ancho, interrumpida, eje visible, escabroso, ramitas inferiores 0.5–2.5 cm de largo, cerdas 7–20 mm de largo, 1 por espiguilla, antrorsamente escabrosas; espiguillas ovadas, 2.3–2.7 mm de largo; gluma inferior deltoide, 0.8–1 mm de largo, 3-nervia, gluma superior 1.9–2.2 mm de largo, 5–7-nervia; flósculo inferior estéril; lema inferior tan larga como la espiguilla, 5–7-nervia; pálea inferior ausente; lema superior 2–2.3 mm de largo, el 1/3 intermedio marcadamente rugoso; anteras 1.2–1.3 mm de largo.

Común, áreas perturbadas secas, zonas pacífica y atlántica; 0–600 m; fl y fr may–oct; *Sandino 3036, Stevens 3811*; Estados Unidos (Arizona) a Costa Rica.

Setaria longipila E. Fourn., Mexic. Pl. 2: 47. 1886.

Anuales cespitosas; tallos 30–60 cm de largo, erectos; entrenudos glabros, nudos adpreso pilosos. Vainas comprimidas, los márgenes ciliados con tricomas vidriosos; lígula 1–2 mm de largo, densamente ciliada con tricomas vidriosos; láminas lineares, 5–20 cm de largo y 6–12 mm de ancho, aplanadas, escabrosas o papiloso-pilosas, angostadas hacia la base. Inflorescencia cilíndrica, 3–12 cm de largo y 1–2 cm de ancho, algo densa, eje visible en parte, densamente adpreso híspido con tricomas 2–3 mm de largo, ramitas cortas, cerdas 5–10 mm de largo, generalmente 1 por espiguilla, antrorsamente escabrosas; espiguillas obovadas, 1.9–2.2 mm de largo, marcadamente convexas; gluma inferior 0.6–1.2 mm de largo, 3-nervia, gluma superior 1.7 mm de largo, 5–7-nervia; flósculo inferior estéril; lema inferior tan larga como la espiguilla, 5-nervia; pálea inferior tan larga como la lema inferior; lema superior ca 2 mm de largo, toscamente rugosa, con menos de 10 arrugas.

Común, áreas basálticas, sabanas estacionalmente inundadas, orillas de caminos, zona norcentral; 280–1400 m; fl y fr may, jun, sep; *Moreno 2992, Stevens 17723*; sur de México a Nicaragua. A pesar que Rominger sólo incluyó plantas con láminas foliares escabrosas, aquí se incluyen también plantas con láminas pilosas de Honduras, El Salvador y Nicaragua. Este material tiene también el eje híspido, pero los tricomas son más pequeños y más delicados.

Setaria macrostachya Kunth in Humb., Bonpl. & Kunth, Nov. Gen. Sp. 1: 110. 1816.

Perennes cespitosas; tallos 60–120 cm de largo, erectos, glabros. Vainas carinadas, glabras, ciliadas; lígula 2–4 mm de largo, ciliada; láminas lineares, 15–20 cm de largo y 7–15 mm de ancho, aplanadas, escabrosas. Inflorescencia cilíndrica, 8–30 cm de largo y 1–2 cm de ancho, algo densa, eje visible en parte, esparcidamente piloso con tricomas ca 1 mm de largo, ramitas inferiores ca 1 cm de largo, adpresas, cerdas 6–20 mm de largo, generalmente 1 por espiguilla, antrorsamente escabrosas; espiguillas marcadamente gibosas, 2–2.5 mm de largo; gluma inferior 1.2–1.5 mm de largo, 3-nervia, gluma superior 2–2.2 mm de largo, 5–7-nervia; flósculo inferior estéril; lema inferior tan larga como la espiguilla, 5-nervia; pálea inferior tan larga como la lema inferior, angosta; lema superior tan larga como la lema inferior, finamente rugosa, las arrugas más de 10.

Conocida en Nicaragua por una sola colección (*Pohl 12194-a*) de sabanas, Madriz; 680 m; fl y fr jul; sur de los Estados Unidos a Nicaragua y en las Antillas. Esta especie tiene una lígula exterior pilosa.

Setaria paniculifera (Steud.) E. Fourn. ex Hemsl., Biol. Cent.-Amer., Bot. 3: 505. 1885; *Panicum paniculiferum* Steud.

Perennes cespitosas; tallos 100–400 cm de largo, erectos, glabros o híspidos cerca de los nudos. Vainas carinadas, papiloso-híspidas; lígula hasta 2 mm de largo, híspida; láminas lanceoladas, 30–60 cm de largo y 100 mm de ancho, plegadas, híspidas, pseudopecioladas. Inflorescencia paniculada, anchamente ovoide, 25–60 cm de largo y 10–25 cm de ancho, abierta, eje escabroso, ramas 6–35 cm de largo, cerdas hasta 18 mm de largo, 1 presente en algunas de las espiguillas, antrorsamente escabrosa; espiguillas ovadas, 3.2–3.8 mm de largo, acuminadas; gluma inferior 1.8–2 mm de largo, 3–4-nervia, gluma superior 2.4–2.7 mm de largo, 5-nervia; lema inferior tan larga como la espiguilla, 5-nervia; pálea inferior presente o ausente; lema superior escasamente más corta que la espiguilla, rugulosa; anteras 1–1.5 mm de largo.

Común, orillas de caminos, pastizales, bosques, zonas pacífica y norcentral; 400–1450 m; fl y fr mar, ago–dic; *Moreno 3148, 24913*; sur de México a Colombia, Venezuela, Guayana Francesa y en las Antillas. Esta especie presenta una lígula externa.

Setaria parviflora (Poir.) Kerguélen, Lejeunia, n.s. 120: 161. 1987; *Cenchrus parviflorus* Poir.; *Panicum geniculatum* Lam.; *S. gracilis* Kunth.

Perennes cespitosas desde rizomas cortos; tallos 30–60 (–120) cm de largo, erectos, ramificados, glabros. Vainas carinadas, glabras, los márgenes translúcidos y glabros; lígula 0.5–1 mm de largo, ciliada; láminas lineares, hasta 25 cm de largo y 2–10 mm de ancho, aplanadas, generalmente glabras, a veces esparcidamente pilosas hacia la base en la haz. Inflorescencia cilíndrica, 1–8 cm de largo y 0.5–2.5 cm de ancho, densa, rígida, eje puberulento o rara vez esparcidamente piloso, ramitas muy cortas, cerdas 2–15 mm de largo, 4–12 en un grupo, antrorsamente escabrosas; espiguillas elípticas, 2–2.8 mm de largo; gluma inferior ca 1 mm de largo, 3–4-nervia, gluma superior 1.1–1.4 mm de largo, 5-nervia; flósculo

inferior estéril, raramente estaminado y con 3 anteras 0.6–0.8 mm de largo; lema inferior tan larga como la espiguilla, 5–7-nervia; pálea inferior tan larga como la lema inferior, ancha; lema superior casi tan larga como la espiguilla, rugosa; anteras 0.6–0.8 mm de largo.

Muy común, áreas alteradas, sabanas, bosques de pino-encinos, en todo el país; 15–1400 m; fl y fr durante todo el año; *Henrich 452, Stevens 17803*; Estados Unidos a Argentina, ampliamente introducida en otras partes del mundo. Esta especie varía ampliamente tanto en color de la inflorescencia como en la longitud de las cerdas.

Setaria poiretiana (Schult.) Kunth, Révis. Gramin. 47. 1829; *Panicum poiretianum* Schult.; *P. elongatum* Poir.

Perennes cespitosas; tallos 100–300 cm de largo, erectos, glabros o híspidos cerca de los nudos. Vainas carinadas, papiloso-híspidas; lígula 1.5–3 mm de largo, ciliada; láminas elípticas, 25–70 cm de largo y 40–100 mm de ancho, plegadas, híspidas, con un pseudopecíolo alargado. Inflorescencia 35–80 cm de largo y 2–9 cm de ancho, abierta, paniculada, cilíndrico-piramidal, eje escabroso, ramas 2–8 cm de largo, verticiladas, ascendentes, cerdas 10–15 mm de largo, 1 presente en algunas de las espiguillas, antrorsamente escabrosas; espiguillas ovadas, 3–3.7 mm de largo, gluma inferior 1.7–1.8 mm de largo, ovada, 3-nervia; gluma superior 2–2.4 mm de largo, 5–8-nervia; lema inferior 3–3.5 mm de largo, tan larga como la espiguilla, 5-nervia; pálea inferior presente o ausente; lema superior 2.9–3.5 mm de largo, rugulosa; anteras 1.4–2 mm de largo.

Conocida en Nicaragua por una sola colección (*Moreno 26389*) de bosques de pino-encinos, Nueva Segovia; 1000–1500 m; fl y fr sep; México a Panamá, Guayanas, Brasil, Bolivia, Uruguay, Argentina y en las Antillas.

Setaria scandens Schrad. in Schult., Mant. 2: 279. 1824.

Anuales cespitosas; tallos 20–80 cm de largo, erectos, ramificados, glabros; nudos pilosos o glabros. Vainas carinadas, papiloso-pilosas a glabras en el dorso, los márgenes ciliados; lígula 0.5–1 mm de largo, ciliada; láminas linear-lanceoladas, 5–16 cm de largo y 7–16 mm de ancho, aplanadas, pilosas y escabrosas en ambos lados, angostadas hacia la base. Inflorescencia cilíndrica, 3–6 cm de largo y ca 1 cm de ancho, densa, eje escabroso y piloso con tricomas alargados, ramitas muy cortas, cerdas 3–5 mm de largo, 1–3 por espiguilla, antrorsamente escabrosas, pero en el ápice esparcida y retrorsamente escabrosas;

espiguillas marcadamente aplanado-convexas, 1.5–1.8 mm de largo; gluma inferior 3-nervia, gluma superior 1.4–1.7 mm de largo, 5-nervia; flósculo inferior estéril; lema inferior 5-nervia; pálea inferior ca 1/2 de la longitud de la lema inferior; lema superior 1.3–1.6 mm de largo, marcadamente rugosa; anteras ca 0.5 mm de largo.

Rara, caños, zona norcentral; 900–1140 m; fl y fr oct; *Moreno 24903, Stevens 14407*; sur de México a Argentina y en las Antillas.

Setaria sphacelata var. **sericea** (R.E. Massey ex Stapf) Clayton, Kew Bull. 33: 506. 1979; *S. anceps* var. *sericea* R.E. Massey ex Stapf; *S. anceps* Stapf.

Perennes con rizomas cortos; tallos 100–200 cm de largo, erectos, simples, glabros. Vainas carinadas, glabras, los márgenes glabros, translúcidos; lígula 1.5–2.5 mm de largo, ciliada; láminas lineares, hasta 45 cm de largo y 13 mm de ancho, aplanadas, glabras, la base redondeada. Inflorescencia cilíndrica, 8–25 cm de largo y 1 cm de ancho, densa, eje escabroso, ramitas muy cortas, cerdas 5–10 mm de largo, 5–10 en un grupo, antrorsamente escabrosas; espiguillas ovadas, 2.4–2.8 mm de largo; gluma inferior 1.2–1.3 mm de largo, 3–5-nervia, gluma superior 1.5 mm de largo, 3–5-nervia; flósculo inferior estaminado; lema inferior tan larga como la espiguilla, 5-nervia; pálea inferior tan larga como la lema inferior; lema superior ca 2.3 mm de largo, marcadamente rugosa; anteras 1.4–1.5 mm de largo.

Pasto cultivado para forraje, posiblemente escapada, Estelí; 850 m; fr y fr ago; *Moreno 24400*; nativa de Africa y ampliamente introducida en los trópicos. Esta es una especie muy variable a la que se le han asignado numerosos nombres. Las introducciones en Mesoamérica parecen pertenecer a esta variedad.

Setaria tenax (Rich.) Desv. var. **tenax**, Opusc. Sci. Phys. Nat. 78. 1831; *Panicum tenax* Rich.

Perennes cespitosas desde coronas nodosas; tallos 50–200 cm de largo, erectos, glabros. Vainas carinadas hacia el ápice, glabras o pilosas, los márgenes ciliados; lígula 0.7–3 mm de largo, ciliada; láminas lineares, hasta 32 cm de largo y 7–22 mm de ancho,

aplanadas, escabrosas o pilosas, angostadas hacia la base. Inflorescencia cilíndrica, 5–20 cm de largo y 2–3 cm de ancho, algo densa, eje visible en parte, piloso con tricomas hasta 6 mm de largo, ramitas hasta 0.6 cm de largo, cerdas hasta 15 mm de largo, 1 por espiguilla, antrorsas hacia la base y retrorsa y antrorsas hacia el ápice; espiguillas ovadas, 2.3–2.6 mm de largo, marcadamente convexas; gluma inferior 1–1.4 mm de largo, 3–5-nervia, gluma superior 1.5–1.8 mm de largo, 7–9-nervia; flósculo inferior estéril; lema inferior tan larga como la espiguilla, 5–7-nervia; pálea inferior tan larga como la lema inferior; lema superior 2.2–2.4 mm de largo, rugosa; anteras 0.6–1.2 mm de largo.

Conocida en Nicaragua por una sola colección (*Stevens 3044*) de bosques de pinos, Nueva Segovia; 700–760 m; fl y fr ago; sur de México a Sudamérica y en las Antillas. La otra variedad, *S. tenax* var. *antrorsa* Rominger se distribuye del sur de México a Honduras.

Setaria vulpiseta (Lam.) Roem. & Schult., Syst. Veg. 2: 495. 1817; *Panicum vulpisetum* Lam.

Perennes cespitosas desde coronas duras; tallos hasta 200 cm de largo, erectos, glabros o pilosos cerca de los nudos. Vainas carinadas, pilosas, los márgenes ciliados; lígula hasta 3 mm de largo, ciliada; láminas linear-lanceoladas, hasta 60 cm de largo y 35 mm de ancho, angostadas hacia la base, aplanadas, escabrosas, pseudopecioladas. Inflorescencia anchamente cilíndrica, 25–35 cm de largo y 3–6 cm de ancho, densa, eje piloso, ramitas hasta 2.5 cm de largo, cerdas 10–15 mm de largo, generalmente 1–2 por espiguilla, antrorsamente escabrosas; espiguillas ovadas, 2.4–2.6 mm de largo; gluma inferior 1–1.5 mm de largo, 3–5-nervia, gluma superior 1.9–2 mm de largo, 7-nervia; flósculo inferior estéril; lema inferior tan larga como la espiguilla, 5-nervia; pálea inferior tan larga como la lema inferior; lema superior 2.2–2.3 mm de largo, rugosa; anteras 0.7–1 mm de largo.

Poco común, bosques húmedos, cafetales, zonas pacífica y atlántica; 30–800 m; fl y fr ene, sep, nov; *Fonseca 99, Ortiz 1474*; sur de México a Sudamérica y en las Antillas. Esta especie tiene una pequeña lígula externa.

SETARIOPSIS Scribn.

Por Richard W. Pohl

Setariopsis auriculata (E. Fourn.) Scribn., Publ. Field Columbian Mus., Bot. Ser. 1: 289. 1896; *Setaria auriculata* E. Fourn.; *Setariopsis scribneri* Mez.

Anuales cespitosas; tallos simples, 70–125 cm de alto, erectos o con la base decumbente y enraizando, adpreso pilosos abajo de los nudos; plantas hermafroditas. Vainas puberulentas o glabras; lígula una membrana ciliada, ca 1 mm de largo; láminas lineares, hasta 25 cm de largo y 10 mm de ancho, aplanadas, puberulentas a glabras. Inflorescencia una panícula terminal, 8–16 cm de largo y 0.8–1.5 cm de ancho, raquis piloso, ramas cortas, ascendentes, cada espiguilla acompañada por una ramilla estéril setiforme; espiguillas ovadas, 2.7–3.5 mm de largo, aplanado-convexas, agudas, glabras, sin arista, algo infladas, con 2 flósculos; desarticulación por debajo de las glumas, la espiguilla caediza como una unidad; gluma inferior ca 1 mm de largo, 5–7-nervia, gluma superior ovada, 2.7–3.2 mm de largo, abruptamente ensanchada y auriculada arriba de una base angosta, 11–17-nervia, alada y algo endurecida en la madurez; flósculo inferior estéril; lema inferior ovado-triangular, más larga que la gluma superior, endurecida en la madurez, aguda, 7–9-nervia, con 2 gibas prominentes cerca de la base; pálea inferior 1/3–2/3 de la longitud de la lema inferior, membranácea; flósculo superior bisexual; lema superior 2.3–2.5 mm de largo, rígida, rugosa, fuertemente convexa, los márgenes revolutos encerrando a la pálea aplanada excepto cerca de la punta; estambres 3, purpúreos, las anteras 1–1.2 mm de largo. Fruto una cariopsis; embrión 1/2 la longitud de la cariopsis, hilo punteado.

Rara, áreas alteradas, sabanas de pinos, zona norcentral; 600–700 m; fl y fr jul, ago; *Croat 42834, Pohl 12194*; México (Baja California) a Nicaragua, Colombia y Venezuela. Género con 2 especies de América tropical.

SORGHASTRUM Nash
Por Patricia Dávila y Richard W. Pohl

Anuales o perennes, cespitosas o rizomatosas; tallos fistulosos; nudos pilosos; plantas hermafroditas. Lígula una membrana, glabra o pilosa; láminas lineares, aplanadas a convolutas. Inflorescencia una panícula solitaria, terminal, contraída o abierta, de numerosos racimos cortos, racimos de 1–varios entrenudos, cada nudo con una espiguilla sésil y un pedicelo delgado piloso con una espiguilla rudimentaria o la espiguilla ausente, raquis articulado, el entrenudo y pedicelo filiformes, la espiguilla sésil, el pedicelo y 1 entrenudo del raquis caedizos como una unidad; espiguillas dimorfas; espiguillas sésiles comprimidas dorsalmente, lanceoladas a oblongas, bisexuales, con 2 flósculos, callo corto y obtuso (Mesoamérica) o alargado y oblicuo, piloso, glumas iguales, coriáceas, lanceoladas, ocultando a los flósculos, la inferior aguda, pilosa, 7–9-nervia, la superior ligeramente más larga que la inferior, truncada, generalmente glabra y lustrosa, 5-nervia, flósculo inferior estéril, lema inferior hialina, ciliada, 2-nervia, pálea inferior ausente, flósculo superior bisexual, lema superior hialina, 3-nervia, bífida, la arista originándose entre dientes ciliados, geniculada, frecuentemente torcida, generalmente exerta, lodículas 2, estambres 3, estilos 2; espiguillas piceladas generalmente reducidas al pedicelo, raramente tan largas y similares a las espiguillas sésiles, pedicelos libres. Fruto una cariopsis; hilo punteado.

Género con 17 especies, distribuido en América y Africa; 2 especies en Nicaragua.

P.D. Dávila. Systematic Revision of the Genus *Sorghastrum* (Poaceae: Andropogoneae). Ph.D. Thesis, Iowa State University, Ames. 1988.

1. Plantas anuales decumbentes .... **S. incompletum** var. **incompletum**
1. Plantas perennes cespitosas o rizomatosas, erectas .... **S. setosum**

Sorghastrum incompletum (J. Presl) Nash var. **incompletum**, N. Amer. Fl. 17: 130. 1912; *Andropogon incompletus* J. Presl.

Anuales cespitosas; tallos 25–100 (–130) cm de largo, generalmente decumbentes, a veces erectos, ramificados; entrenudos glabros. Vainas glabras o papiloso-híspidas; lígula 1–3 mm de largo; láminas 5–30 cm de largo y 1–10 mm de ancho, aplanadas, generalmente glabras, raramente pilosas. Panícula 5–15 cm de largo, cilíndrica, laxa o compacta; espiguillas 4–6 (–7) mm de largo, blanquecinas; gluma inferior 3.5–5.5 (–6.5) mm de largo, 7–9-nervia, híspida, gluma superior 3.5–5.5 (–7) mm de largo, 5-nervia, glabra; lema inferior 2.5–3 mm de largo; lema superior 2–4 mm de largo, muy angosta, la arista exerta 10–35 mm de largo, apretadamente torcida, 2-geniculada; anteras 1–3.5 mm de largo.

Rara, bosques de pino-encinos, campos, zona norcentral; 900–1100 m; fl y fr oct, nov; *Moreno 17837, Téllez 4823*; México a Colombia y Venezuela. La otra variedad se encuentra en Africa tropical.

Sorghastrum setosum (Griseb.) Hitchc., Contr. U.S. Natl. Herb. 12: 195. 1909; *Andropogon setosus* Griseb.; *A. agrostoides* Speg.; *S. agrostoides* (Speg.) Hitchc.; *S. parviflorum* Hitchc. & Chase; *Sorghum parviflorum* Desv.

Perennes cespitosas; tallos 80–180 (–230) cm de largo, simples; entrenudos glabros o ligeramente pilosos cerca de los nudos. Vainas glabras; lígula 1.5–3.5 (–4.6) mm de largo; láminas 15–50 cm de largo y (2.5–) 4–8 mm de ancho, convolutas, glabras. Panícula 10–40 cm de largo, laxa, erecta; espiguillas 3.5–5 mm de largo, cafés a amarillentas; gluma inferior (3.6–) 4–5 mm de largo, 7–9-nervia, pilosa, gluma superior 3.5–5 mm de largo, 5-nervia, glabra; lema inferior 2.5–4 (–5) mm de largo; lema superior 2–4 (–4.6) mm de largo, la arista exerta 1–12 mm de largo, generalmente no geniculada, raramente 1-geniculada; anteras 1.5–3 mm de largo.

Rara, orillas de caminos, pantanos en sabanas, zona atlántica; 0–400 m; fl y fr jul, oct; *Pohl 12338, Stevens 10611*; México a Brasil, Paraguay, Argentina y en las Antillas.

SORGHUM Moench

Por Richard W. Pohl

Anuales o perennes, cespitosas o rizomatosas; tallos sólidos o fistulosos, erectos; plantas polígamas. Hojas generalmente caulinares; lígula una membrana; láminas lineares, aplanadas. Inflorescencia una panícula grande, terminal, de numerosos racimos cortos, pedunculados, raquis del racimo articulado, las espiguillas pareadas, las 2 espiguillas y 1 entrenudo del raquis caedizos como una unidad; espiguillas comprimidas dorsalmente, dimorfas, sésiles y pediceladas, con 2 flósculos; espiguillas sésiles bisexuales, frecuentemente aristadas, callo obtuso o punzante, gluma inferior rígida, convexa, ocultando a los flósculos delicados, redondeada sobre los márgenes pero 2-carinada y alada cerca del ápice, flósculo inferior estéril, lema inferior hialina, pálea inferior ausente, flósculo superior bisexual, lema superior 2-lobada, la arista surgiendo entre los lobos y exerta, pálea superior diminuta o ausente, lodículas 2, estambres 3, estilos 2; espiguillas pediceladas herbáceas, generalmente estaminadas, pedicelos libres, glumas iguales, ocultando a los flósculos, flósculo inferior estéril, lema inferior rudimentaria, pálea inferior ausente, flósculo superior generalmente estaminado, lema superior hialina, pálea superior ausente o reducida, lodículas 2, estambres 0–3, pistilo ausente. Fruto una cariopsis; hilo punteado.

Género con ca 50 especies, 1 especie en América tropical, las otras del Viejo Mundo, muchas cultivadas en climas cálidos; 2 especies en Nicaragua.

J.M.J. de Wet. Systematics and evolution of *Sorghum* sect. *Sorghum* (Gramineae). Amer. J. Bot. 65: 477–484. 1978.

1. Plantas anuales toscas, parecidas vegetativamente al maíz, rizomas ausentes; entrenudos del tallo gruesos, sólidos; cariopsis generalmente más grande que las glumas .... **S. bicolor**
1. Plantas perennes delgadas, rizomatosas, no parecidas al maíz; entrenudos sólidos o fistulosos; cariopsis oculta dentro de las glumas .... **S. halepense**

Sorghum bicolor (L.) Moench, Methodus 207. 1794; *Holcus bicolor* L.; *Andropogon sorghum* var. *technicus* Körn.; *H. caffrorum* Thunb.; *H. cernuus* Ard.; *H. durra* Forssk.; *Milium nigricans* Ruiz & Pav.; *S. caffrorum* (Thunb.) P. Beauv.; *S. cernuum* (Ard.) Host; *S. coriaceum* Snowden; *S. dochna* (Forssk.) Snowden; *S. durra* (Forssk.) Stapf; *S. exsertum* Snowden; *S. guineense* Stapf; *S. nervosum* Besser ex Schult.; *S. nigricans* (Ruiz & Pav.) Snowden; *S. vulgare* Pers.

Anuales cespitosas, parecidas al maíz; tallos 0.5–5 m de largo y 1–5 cm de ancho, glabros, sólidos. Vainas glabras a hirsutas; lígula 1–4 mm de largo; láminas hasta 100 cm de largo y 10 cm de ancho, glabras a hirsutas. Panícula 5–60 cm de largo y 3–30 cm de ancho, compacta a muy abierta y laxa, racimos con 1–5 pares de espiguillas, los entrenudos generalmente no desarticulándose; espiguillas sésiles elípticas a obovadas, 3–6 (–9) mm de largo, glabras a hirsutas, gluma inferior tan larga como la espiguilla a más corta que ella, el ápice anchamente agudo u obtuso, a veces 3-denticulado, lema superior hasta 5 mm de largo, la arista ausente o hasta 10 mm de largo; espiguillas pediceladas 4–6 mm de largo, estériles o estaminadas.

Ampliamente cultivada y escapada, en todo el país; 0–700 m; fl y fr abr–dic; *Guzmán 1022, Robleto*

904; nativa de Africa, cultivada a través del mundo en climas cálidos. Existen las siguientes razas agronómicas: sorgos de grano, cultivados por las cariopsis grandes y esféricas; sorgos dulces, con tallos dulces y jugosos, cultivados para melaza; sorgo (broomcorn), con panículas de ramas alargadas y laxas, cultivado para hacer escobas. "Trigo".

Sorghum halepense (L.) Pers., Syn Pl. 1: 101. 1805; *Holcus halepensis* L.

Perennes rizomatosas, rizomas escamosos, prominentes; tallos hasta 2 m de largo y 0.4–2 cm de ancho, sólidos, glabros. Vainas generalmente glabras, rara vez esparcidamente pilosas; lígula 3–6 mm de largo; láminas hasta 90 cm de largo y 1.2–4 cm de ancho, generalmente glabras. Panícula 10–50 cm de largo y 5–25 cm de ancho, piramidal, abierta, racimos con 1–5 pares de espiguillas, adpresos, los entrenudos desarticulándose en el ápice; espiguillas sésiles elíptico-lanceoladas, 4–6.5 mm de largo, glabras o adpreso híspidas, gluma inferior 7–11-nervia, el ápice 3-denticulado, gluma superior 5–7-nervia, lema superior 3–4 mm de largo, la arista ausente o hasta 16 mm de largo, geniculada, anteras 2–2.6 mm de largo; espiguillas pediceladas 4–5.7 mm de largo, estaminadas, anteras 2–2.5 mm de largo.

Maleza en campos de cultivo y en orillas de caminos, zona pacífica; 200–400 m; fl y fr jun; *Hitchcock 8707, Robleto 868-a*; nativa del Viejo Mundo, ampliamente naturalizada en climas cálidos.

SPOROBOLUS R. Br.
Por Richard W. Pohl, Charlotte G. Reeder y Gerrit Davidse

Anuales o perennes, cespitosas o rizomatosas; plantas hermafroditas. Vainas redondeadas o carinadas; lígula una hilera de tricomas; láminas aplanadas a convolutas, raramente cilíndricas. Inflorescencia una panícula, espiciforme a abierta; espiguillas pequeñas, comprimidas lateralmente o redondeadas, con 1 flósculo bisexual; desarticulación arriba de las glumas o quedando intactas hasta la expulsión de la semilla; glumas iguales o desiguales, hialinas o membranáceas, 1-nervias o enervias, a veces con nervaduras laterales débiles, la inferior más corta que el flósculo, la superior más corta a tan larga como el flósculo; lema 1-nervia, membranácea, sin arista; pálea casi tan larga como la lema, a menudo separándose entre las nervaduras cuando los frutos maduran; lodículas 2; estambres 1–3; estilos 2. Fruto un utrículo con el pericarpo maduro generalmente tornándose gelatinoso al humedecerse, expulsando la semilla desnuda; embrión ca 1/2 la longitud del utrículo, hilo punteado.

Género con ca 160 especies de los trópicos y subtrópicos, pocas especies en áreas templadas; 8 especies se conocen en Nicaragua y una adicional se espera encontrar.

W.D. Clayton. Studies in the Gramineae: IV. Kew Bull. 19: 287–296. 1965; P. Jovet y M. Guédès. Le *Sporobolus indicus* (L.) R. Br. var. *fertilis* (Steud.) Jov. & Gued. naturalisé en France, avec une revue du groupe du *Sporobolus indicus* dans le monde. Bull. Centr. Etudes Rech. Sci. 7: 47–75. 1968; P. Jovet y M. Guédès. Validation of names in *Sporobolus*. Taxon 22: 163. 1973; G.J. Baaijens y J.F. Veldkamp. *Sporobolus* (Gramineae) in Malesia. Blumea 35: 393–458. 1991.

1. Plantas rizomatosas; tallos con numerosas hojas; orilla del mar .... **S. virginicus**
1. Plantas cespitosas; tallos con pocas hojas; hábitats variados
    2. Espiguillas 0.8–1 mm de largo; panícula muy abierta y difusa, muy ramificada; plantas anuales delicadas
    .... **S. tenuissimus**
    2. Espiguillas 1.1–4.2 mm de largo; panícula abierta a espiciforme; plantas anuales o perennes
        3. Ramas de la panícula solitarias o pareadas, raramente más, pero nunca verticiladas
            4. Panícula abierta o difusa, las ramas patentes, exponiendo claramente al raquis .... **S. diandrus**
            4. Panícula espiciforme o contraída, las ramas ascendentes o adpresas, ocultando al raquis
                5. Espiguillas 2.1–2.7 mm de largo; entrenudos sólidos, nudos 1–2 mm de largo; panícula
                    densa; plantas de altitudes medias .... **S. indicus**
                5. Espiguillas 1.5–1.8 mm de largo; entrenudos fistulosos, nudos menos de 0.5 mm de largo;
                    panícula laxa; plantas de altitudes bajas .... **S. jacquemontii**
        3. Ramas de la panícula verticiladas, por lo menos en la 1/2 inferior de la panícula
            6. Espiguillas 1.5–2.4 mm de largo
                7. Panícula ca 0.5 cm de ancho, angostamente espiciforme; espiguillas cafés .... **S. piliferus**
                7. Panícula (1–) 2–6 cm de ancho, abierta, las ramas ascendentes o patentes; espiguillas café-
                amarillentas, argénteas o verde-grisáceas .... **S. pyramidatus**

6. Espiguillas 2.5–4.2 mm de largo
    8. Bases de los tallos profundamente enterradas, cubiertas por vainas foliares largamente
        persistentes y con los márgenes densamente ciliado-afelpados .... **S. cubensis**
    8. Bases de los tallos no profundamente enterradas, vainas no largamente persistentes y menos
        conspicuamente ciliadas .... **S. purpurascens**

Sporobolus cubensis Hitchc., Contr. U.S. Natl. Herb. 12: 237. 1909.

Perennes densamente cespitosas, con fascículos duros profundamente enterrados; tallos 50–70 cm de largo, erectos, simples, glabros, los entrenudos fistulosos. Hojas principalmente basales; vainas basales redondeadas, densamente afelpado-pilosas sobre los márgenes, persistentes por largo tiempo; lígula 0.1–0.3 mm de largo; láminas basales 20–60 cm de largo y 3–4 mm de ancho, dobladas o involutas, glabras; láminas caulinares reducidas. Panícula 8–15 cm de largo y 2–4 cm de ancho, abierta, eje expuesto, ramas verticiladas, divergentes, rígidas, con espiguillas cerca de las puntas; espiguillas 3.1–4.2 mm de largo, purpúreas, adpresas; gluma inferior 1.6–2.2 mm de largo, aguda, inconspicuamente 1-nervia, gluma superior 2.6–3.1 mm de largo, aguda, 1-nervia; lema 2.8–4 mm de largo, débilmente nervada; anteras 3, 2.5–2.8 mm de largo. Utrículo 1.8–2.2 mm de largo, angostamente elíptico en sección transversal, redondeado en el ápice.

Rara, sabanas de pinos, norte de la zona atlántica; 0–100 m; fl y fr mar, jul; *Kral 69345, Stevens 19657*; México (Tabasco, Chiapas) a Bolivia, las Guayanas, Brasil y en las Antillas.

Sporobolus diandrus (Retz.) P. Beauv., Ess. Agrostogr. 26, 147. 1812; *Agrostis diandra* Retz.; *S. indicus* var. *diandrus* (Retz.) Jovet & Guédès.

Perennes cespitosas; tallos 30–85 cm de largo, erectos, simples, glabros, los entrenudos sólidos. Hojas basales y caulinares; vainas redondeadas, glabras pero cilioladas y con un fascículo de tricomas auriculares conspicuo; lígula 0.1–0.2 mm de largo; láminas 6–25 cm de largo y 1–3 mm de ancho, en su mayoría involutas, a veces aplanadas, glabras. Panícula angostamente piramidal, 9–20 cm de largo y 3–6 cm de ancho, abierta, eje expuesto, ramas solitarias, anchamente patentes, con espiguillas hasta la base; espiguillas 1.5–1.6 mm de largo, verde-grisáceas, adpresas; gluma inferior 0.4–0.6 mm de largo, obtusa a erosa, enervia, gluma superior 0.7–1 mm de largo, obtusa a anchamente aguda, 1-nervia; lema 1.5–1.6 mm de largo; anteras 2, 0.6–0.7 mm de largo. Utrículo 0.8–1 mm de largo, cuadrangular en sección transversal, truncado en el ápice.

Conocida en Nicaragua por una colección (*Moreno 28258*) de Zelaya; 15 m; fl y fr ene; maleza citadina, nativa de Asia tropical, Australia.

Sporobolus indicus (L.) R. Br., Prodr. 170. 1810; *Agrostis indica* L.; *S. berteroanus* (Trin.) Hitchc. & Chase; *Vilfa berteroana* Trin.

Perennes densamente cespitosas; tallos 55–95 cm de largo, erectos, simples, glabros, los entrenudos sólidos con nudos de 1–2 mm de largo. Hojas basales y caulinares; vainas redondeadas a ligeramente carinadas, glabras, cilioladas; lígula hasta 0.3 mm de largo; láminas 15–35 cm de largo y 3–5 mm de ancho, aplanadas, glabras. Panícula cilíndrica, 15–33 cm de largo y 0.5–1 (–3) cm de ancho, densa, eje oculto, ramas 1–4 a un lado del raquis, adpresas, con espiguillas hasta la base; espiguillas 2.1–2.7 mm de largo, grisáceas, adpresas; gluma inferior 0.5–1 mm de largo, redondeada, enervia, gluma superior 0.9–1.5 mm de largo, aguda a redondeada, débilmente 1-nervia; lema 2.1–2.5 mm de largo; anteras 3, 0.5–1 mm de largo. Utrículo 1–1.2 mm de largo, cuadrangular a aplanado-cuadrangular en sección transversal, casi truncado en el ápice.

Común, arvense, áreas perturbadas abiertas, zonas pacífica y norcentral; 700–1600 m; fl y fr durante todo el año; *Guzmán 1944, Stevens 16202*; sur de los Estados Unidos a Argentina, Chile y en las Antillas. Las inflorescencias son infectadas frecuentemente por el tizón *Bipolaris ravenelii* (Curt.) Subram. & Jain cuando las semillas son expulsadas. Las plantas infectadas pueden ser tóxicas al ganado.

Sporobolus jacquemontii Kunth, Révis. Gramin. 427. 1831; *S. pyramidalis* var. *jacquemontii* (Kunth) Jovet & Guédès; *Vilfa jacquemontii* (Kunth) Trin.

Perennes cespitosas; tallos 40–110 cm de largo, erectos, simples, glabros, los entrenudos fistulosos con los nudos menores de 0.5 mm de largo. Hojas basales y caulinares; vainas redondeadas, glabras, ciliadas arriba; lígula 0.2–0.3 mm de largo; láminas 12–30 (–60) cm de largo y 2–5 mm de ancho, glabras, en su mayoría involutas. Panícula contraída, 13–25 cm de largo y 1–3 cm de ancho, laxa, eje no oculto, pero cubierto por las ramas, ramas en su mayoría solitarias, laxamente ascendentes, con espiguillas hasta la base; espiguillas 1.5–1.8 mm de largo, grisáceas, adpresas; gluma inferior 0.4–0.8 mm de largo, obtusa, enervia, gluma superior 0.7–1 mm de largo, obtusa, 1-nervia; lema 1.5–1.7 mm de largo, débilmente nervada; anteras 3, 0.8–1.1 mm de largo. Utrículo 0.9–1.1 mm de largo, cuadrangular en sección transversal, anchamente redondeado a casi truncado en el ápice.

Común, playas, áreas abiertas perturbadas, zonas atlántica y pacífica; 0–375 m; fl y fr jun–dic; *Neill 4385, Stevens 23340*; sureste de los Estados Unidos a Perú, Bolivia, Brasil y en las Antillas, introducida a Africa tropical y Australia. Esta especie aparece frecuentemente cerca del nivel del mar, pero se encuentra ocasionalmente a lo largo de los caminos a altitudes mayores. Es remplazada ecológicamente por *S. indicus* en altitudes medias y altas. Ha sido erróneamente identificada como *S. indicus*.

Sporobolus piliferus (Trin.) Kunth, Enum. Pl. 1: 211. 1833; *Vilfa pilifera* Trin.; *S. ciliatus* J. Presl.

Anuales cespitosas; tallos 10–35 cm de largo, erectos, ramificados, glabros o maculado-glandulares, los entrenudos fistulosos. Hojas principalmente basales; vainas carinadas, papiloso-ciliadas; lígula 0.2–0.3 mm de largo; láminas 1.5–6.5 cm de largo y 2–4.5 mm de ancho, aplanadas, firmes, con base cordada, papiloso-ciliadas. Panícula espiciforme, 2–9 cm de largo y ca 0.5 cm de ancho, delgada, eje oculto, ramas verticiladas, al menos en los nudos inferiores, cortas, erectas, densifloras hasta la base, maculado-glandulares; espiguillas 1.8–2 mm de largo, cafés, adpresas; gluma inferior 0.6–0.7 mm de largo, aguda, generalmente enervia, a veces 1-nervia, gluma superior 1.6–1.7 mm de largo, aguda, 1-nervia; lema 1.7–1.9 mm de largo; anteras 3, 0.5–0.6 mm de largo. Utrículo 1–1.3 mm de largo, aplanado en sección transversal, redondeado en el ápice.

Conocida en Nicaragua por una sola colección (*Seymour 2689*) de márgenes de ríos en bosques siempreverdes, Chontales; 200 m; fl y fr dic; Nicaragua a Panamá, Venezuela, Guyana, Guayana Francesa, Brasil, Asia y Africa tropical.

Sporobolus purpurascens (Sw.) Ham., Prodr. Pl. Ind. Occid. 5. 1825; *Agrostis purpurascens* Sw.; *S. muelleri* (E. Fourn.) Hitchc.; *Vilfa muelleri* E. Fourn.

Perennes cespitosas; tallos 11–65 cm de largo, erectos, ramificados desde los nudos inferiores, glabros, los entrenudos fistulosos. Hojas principalmente basales; vainas redondeadas, glabras, ciliadas; lígula 0.4–1 mm de largo; láminas 4–19 cm de largo y 3–5 mm de ancho, aplanadas, conspicuamente papiloso-ciliadas en los márgenes especialmente cerca de la base. Panícula espiciforme, 6–12 cm de largo y 5 mm de ancho, eje oculto, ramas verticiladas, adpresas a ascendentes, con espiguillas hasta la base; espiguillas 2.5–3.3 mm de largo, gris acero a purpúreas, adpresas; gluma inferior 1–2 mm de largo, aguda, enervia, gluma superior 2.5–3.3 mm de largo, aguda, 1-nervia; lema 2.4–2.9 mm de largo; anteras 3, 0.9–1.1 mm de largo. Utrículo 1.6–1.8 mm de largo, aplanado en sección transversal, redondeado en el ápice.

Común, bosques de pino-encinos, áreas húmedas, zonas pacífica y norcentral; 800–1700 m; fl y fr may–nov; *Moreno 24412, Stevens 3192*; sur de los Estados Unidos, a Bolivia, Brasil y en las Antillas.

Sporobolus pyramidatus (Lam.) Hitchc., Man. Grasses W. Ind. 84. 1936; *Agrostis pyramidata* Lam.; *S. argutus* (Nees) Kunth; *S. patens* Swallen; *S. pulvinatus* Swallen; *Vilfa arguta* Nees.

Anuales o perennes cespitosas; tallos 15–60 cm de largo, patentes, glabros, los entrenudos fistulosos. Hojas principalmente basales; vainas redondeadas, ciliadas, con tricomas largos en la garganta; lígula (0.3–) 0.5 mm de largo; láminas 4–19 cm de largo y 2–4 mm de ancho, aplanadas, ciliado-pustulosas marginalmente cerca de la base. Panícula piramidal, 3–13 cm de largo y (1–) 2–6 cm de ancho, abierta, eje y las ramas expuestos, comúnmente con glándulas 0.2–1 (–2.5) mm de largo, especialmente cerca de la base de las ramas, pero también sobre las ramas y ramitas, ramas verticiladas, patentes, las inferiores con espiguillas en el 1/2–2/3 externo, las superiores con espiguillas casi hasta la base; espiguillas (1.5–) 1.6–1.8 (–2.2) mm de largo, café-amarillentas, grisáceas o argénteas, adpresas; gluma inferior (0.5–) 0.6–0.7 mm de largo, subulada, 1-nervia o enervia, gluma superior (1.5–) 1.6–1.8 mm de largo, aguda, 1-nervia; lema 1.5–1.7 mm de largo; anteras 3, (0.3–) 0.4–0.5 mm de largo. Utrículo (0.8–) 1–1.2 mm de largo, aplanado-cuadrangular en sección transversal, redondeado en el ápice.

Poco común, playas marinas y salinas, zona pacífica; 0–35 m; fl y fr jul–sep; *Grijalva 3888, Stevens 23142*; sur de los Estados Unidos hasta Argentina y en las Antillas. Algunas poblaciones anuales han sido descritas como *S. patens* y *S. pulvinatus*. Las plantas perennes florecen a menudo el primer año, por lo que parecen ser anuales. Las panículas pueden estar contraídas antes y después de la antesis.

Sporobolus tenuissimus (Mart. ex Schrank) Kuntze, Revis. Gen. Pl. 3(3): 369. 1898; *Panicum tenuissimum* Mart. ex Schrank.

Anuales cespitosas delicadas; tallos 15–90 cm de largo, erectos, ramificados abajo, glabros, los entrenudos fistulosos. Hojas basales y caulinares, glabras; vainas carinadas; lígula ca 0.2 mm de largo; láminas 4–15 cm de largo y 2–3 mm de ancho, aplanadas o dobladas. Panícula abierta, 8–20 cm de largo y 3–5 cm de ancho, muy ramificada, difusa, eje expuesto, ramas solitarias, patentes, con espiguillas longipediceladas cerca de las puntas; espiguillas 0.8–1 mm de largo, grisáceas, divergentes; gluma inferior 0.2–0.3 mm de largo, aguda, enervia, gluma superior 0.3–0.5 mm de largo, obtusa, enervia; lema 0.8–1 mm de largo, casi enervia; anteras 3, 0.3 mm de largo. Utrículo 0.6–0.7 mm de largo, cuadrangular en sección transversal, truncado en el ápice.

Esperada en Nicaragua. Maleza en áreas perturbadas abiertas; sur de México a Brasil, Paraguay y las Antillas, introducida en Asia tropical y en Africa.

Sporobolus virginicus (L.) Kunth, Révis. Gramin. 67. 1829; *Agrostis virginica* L.; *A. littoralis* Lam., *S. littoralis* (Lam.) Kunth.

Perennes rizomatosas, con rizomas vigorosos, escamosos, ampliamente reptantes; tallos 5–85 cm de largo, erectos, ramificados libremente, glabros, los entrenudos fistulosos. Hojas numerosas, caulinares; vainas redondeadas, ciliadas, con tricomas auriculares conspicuos; lígula 0.2–0.4 mm de largo; láminas 3–14 cm de largo y 2–5 mm de ancho, en su mayoría dobladas, glabras en el envés, escabrosas y a veces esparcidamente papiloso-pilosas en la haz. Panícula cilíndrica, 2–9 cm de largo y 3–10 mm de ancho, densa, eje oculto, ramas en su mayoría solitarias, erectas, densifloras hasta la base; espiguillas 2–3.3 mm de largo, grisáceas o pajizas, adpresas; gluma inferior 1.7–2.4 mm de largo, 1-nervia, acuminada, gluma superior 2–3.1 mm de largo, 1-nervia, acuminada; lema 1.9–2.5 mm de largo; anteras 3, 0.8–1.6 mm de largo. Utrículo 0.9–1.2 mm de largo, elíptico en sección transversal, redondeado en el ápice.

Rara, playas y dunas arenosas, zonas pacífica y atlántica; 0–10 m; fl y fr jul; *Pohl 12299*, *Vincelli 688*; sureste de los Estados Unidos a Perú y Brasil y en las Antillas, trópicos y subtrópicos del Viejo Mundo. En esta especie raramente se producen semillas, probablemente porque es autoincompatible y la mayoría de las poblaciones son clonales y de un solo genotipo.

STENOTAPHRUM Trin.

Por Richard W. Pohl

Stenotaphrum secundatum (Walter) Kuntze, Revis. Gen. Pl. 2: 794. 1891; *Ischaemum secundatum* Walter.

Perennes, reptantes extensamente por estolones rígidos; tallos erectos generalmente 10–25 cm de largo, sólidos, ramificados, aplanados, glabros; nudos prominentes, usualmente con 2 hojas subopuestas y 2 ramas erectas en cada nudo; plantas hermafroditas o polígamas. Hojas caulinares; vainas glabras excepto por cilios cortos en el cuello; lígula una membrana ciliada, 0.3–0.5 mm de largo; láminas lineares, 5–20 cm de largo y 5–11 mm de ancho, glabras, carinadas hacia la base, aplanadas hacia el ápice, el ápice obtuso, redondeado o emarginado. Inflorescencia una espiga suberosa, aplanada, falcada, con grupos de espiguillas hundidos alternadamente en 2 hileras a lo largo de uno o ambos lados del raquis, desarticulándose tardíamente en segmentos individuales, raquis 5–10 cm de largo y 3–5 mm de ancho; espiguillas 3.5–5.2 mm de largo, comprimidas dorsalmente, con 2 flósculos lanceoloides u ovoides, agudas, no aristadas; gluma inferior fuera del raquis, 0.5–1.6 mm de largo, obtusa, redondeada o truncada, generalmente enervia, gluma superior tan larga como la lema inferior, membranácea, marcadamente gibosa, ovada, aguda; flósculo inferior estéril, estaminado o bisexual; lema inferior tan larga como la espiguilla, firme, 3–5-nervia, aplanada en el envés; pálea inferior rígida, aguda, gibosa, débilmente 5-nervia, los márgenes delgados; pálea superior endurecida; lodículas 2; estambres 3, las anteras 2–2.5 mm de largo, café-amarillentas o purpúreas; estilos 2. Fruto una cariopsis; embrión ca 1/2 de la longitud de la cariopsis, hilo cortamente linear-oblongo. Algunos clones estériles presentes.

Poco común, playas, dunas, cultivada, Managua, Zelaya; 0–125 m; fl y fr ene, jun–oct; *Moreno 12503*, *Stevens 13292*; pantropical en áreas costeras. Esta especie es ampliamente usada como césped en altitudes bajas y medias en los trópicos y subtrópicos. Una forma listada de blanco es frecuentemente empleada como ornamental. Género con 7 especies de los trópicos y subtrópicos principalmente del Viejo Mundo. "Grama San Agustín".

J.D. Sauer. Revision of *Stenotaphrum* (Gramineae: Paniceae) with attention to its historical geography. Brittonia 24: 202–222. 1972.

STREPTOCHAETA Schrad. ex Nees

Por Richard W. Pohl

Hierbas erectas perennes emergiendo de coronas nodosas; tallos en su mayoría simples; plantas hermafroditas. Lígula ausente; pseudopecíolo anchamente sulcado, terminando en un corto pulvínulo; láminas aplanadas, ovadas, asimétricas, teseladas. Inflorescencia una espiga solitaria terminal de pseudoespiguillas dispuestas en espiral en el delgado raquis angular, desarticulándose de éste en grupo y por lo general pendiendo por algún tiempo de la punta del mismo, enredadas en las aristas ensortijadas y retorcidas; pseudoespiguillas teretes, sésiles, usualmente con 11 brácteas rígidas espiralmente imbricadas; brácteas 1–5 mucho más cortas que el resto, dispuestas en espiral, bráctea 6 la más larga, rematada en una arista alargada, retorcida, enrollada en espiral, brácteas 7 y 8 lado con lado, brácteas 9–11 verticiladas, formando un cono alrededor de la flor bisexual; lodículas ausentes; estambres 6, unidos en la base de los filamentos; ovario fusiforme; estilos 3. Fruto una cariopsis.

Género con 3 especies de América tropical; 2 especies en Nicaragua.

V.M. Page. Leaf anatomy of *Streptochaeta* and the relation of this genus to the bamboos. Bull. Torrey Bot. Club 74: 232–239. 1947; V.M. Page. Morphology of the spiklets of *Streptochaeta*. Bull. Torrey Bot. Club 78: 22–37. 1951; T.R. Soderstrom. Some evolutionary trends in the Bambusoideae (Poaceae). Ann. Missouri Bot. Gard. 68: 15–47. 1981; E.J. Judziewicz y T.R. Soderstrom. Morphological, anatomical, and taxonomic studies in *Anamochloa* and *Streptochaeta* (Poaceae: Bambusoideae). Smithsonian Contr. Bot. 68: 1–52. 1989.

1. Espiga densa, con 40–100 pseudoespiguillas; entrenudos del raquis 1–4 mm de largo .... **S. sodiroana**
1. Espiga delgada, con 5–11 pseudoespiguillas; entrenudos del raquis 10–25 mm de largo .... **S. spicata** ssp. **spicata**

Streptochaeta sodiroana Hack., Oesterr. Bot. Z. 40: 113. 1890.

Tallos 70–130 cm de largo, en pequeños grupos, a veces decumbentes y enraizando en los nudos inferiores, glabros; nudos puberulentos. Vainas glabras; láminas elíptico-ovadas, 15–32 cm de largo y 5–9 cm de ancho, acuminadas, glabras. Espigas 15–32 cm de largo, densamente cilíndricas, pedúnculo incluido o largamente exerto, ángulos del raquis y cúpulas de las espiguillas papiloso-pilosos, entrenudos del raquis 1–4 mm de largo; pseudoespiguillas 40–100, 13–17 mm de largo; brácteas 1–5, 1–3 mm de largo, bráctea 6, ca 15 mm de largo, brácteas 7–8, 9–12 mm de largo; anteras 4–5 mm de largo.

Común, bosques siempreverdes, zonas norcentral y atlántica; 75–1000 m; fl y fr ene–mar; *Moreno 20923, Stevens 13084*; México (Chiapas) a Panamá, Venezuela, Ecuador y Perú.

Streptochaeta spicata Schrad. ex Nees in Mart. ssp. spicata, Fl. Bras. Enum. Pl. 2: 537. 1829.

Tallos 25–90 cm de largo, erectos o a veces decumbentes en la base y enraizando, glabros excepto por una línea puberulenta; nudos adpreso pilosos. Vainas puberulentas; láminas 8–15 cm de largo y 2.5–4.5 cm de ancho, ovadas, agudas, glabras. Espigas 6–12 cm de largo, delgadas, relativamente abiertas, pedúnculo incluido en su mayor parte, ángulos del raquis y cúpulas de las espiguillas puberulentos, entrenudos del raquis 10–25 mm de largo; pseudoespiguillas 5–11, 18–24 mm de largo; brácteas 1–5, 1–6 mm de largo, brácteas 6, ca 20 mm de largo, brácteas 7–8, 13–18 mm de largo, anteras 3.5–4.5 mm de largo.

Poco común, pluvioselvas, zona atlántica; 100–300 m; fl y fr jul, sep; *Pohl 12319, Grijalva 1108*; México (Veracruz y Oaxaca) a Ecuador, Perú, Brasil y Paraguay. La otra subespecie, reconocida por Judziewicz y Soderstrom (1989), está restringida a Ecuador.

STREPTOGYNA P. Beauv.

Por Richard W. Pohl

Streptogyna americana C.E. Hubb., Hooker's Icon. Pl. 36: t. 3572. 1956.

Hierbas perennes rizomatosas, rizomas cortos, nodosos; tallos sólidos, 50–150 cm de alto, erecto-arqueados, simples; plantas hermafroditas. Hojas en su mayoría basales; vainas marcadamente acostilladas, los márgenes libres, glabras excepto retrorsamente híspidas cerca del ápice; setas orales ausentes; lígula externa un borde endurecido, 0.6–1.1 mm de largo; lígula interna una membrana, 1.1–2.7 mm de largo, ciliada; láminas lineares, 55–75 cm de largo y 10–15 mm de ancho, aplanadas, en su mayoría glabras. Inflorescencia un racimo unilateral, 30–47 cm de largo, raquis triquetro con espiguillas en 2 lados, pedicelos 1–3 mm de largo; espiguillas solitarias, adpresas, con varios flósculos, 3–5 cm de largo, excluyendo las aristas y las ramas del estilo; desarticulación arriba de las glumas entre los flósculos bisexuales; gluma inferior 4–9 mm de largo, 3–5-nervia, gluma superior 11–15 mm de largo, 7–9-nervia, terminando en una arista 1–3 mm de largo; flósculos 3–6, el apical rudimentario; lemas 15–25 mm de largo, glabras, inconspicuamente 7–9-nervias, glabras, tuberculadas, la arista 20–25 mm de largo; callo oblicuo, 1–3 mm de largo, obtuso; lodículas 3, espatuladas, vascularizadas; flores bisexuales; estambres 2, las anteras 2.5–3.5 mm de largo; estilo 1,

terminando en 3 ramas estigmáticas rígidas, torcidas, enmarañándose en la madurez, los flósculos del mismo racimo cayendo como una unidad. Cariopsis cilíndrica, 12–15 mm de largo y 1–1.2 mm de ancho; embrión casi tan largo como la cariopsis, hilo linear, tan largo como la cariopsis.

Poco común, bosques siempreverdes, sabanas y pantanos, zona atlántica; 40–160 m; fl y fr ene–jul; *Moreno 25450*, *Stevens 7629*; México (Veracruz) a Perú y este de Brasil. Género con 2 especies tropicales, una americana y otra del Viejo Mundo.

T.R. Soderstrom y E.J. Judziewicz. Systematics of the amphi-Atlantic bambusoid genus *Streptogyna* (Poaceae). Ann. Missouri Bot. Gard. 74: 871–888. 1987.

THRASYA Kunth
Por Gerrit Davidse

Perennes (en Mesoamérica) o anuales; tallos fistulosos; plantas polígamas o hermafroditas. Vainas carinadas; lígula una membrana; láminas lineares, aplanadas. Inflorescencia un solo racimo, unilateral, generalmente arqueado, pedúnculos 1–varios desde los nudos más superiores, terminales y axilares, raquis aplanado, los márgenes alados; espiguillas dispuestas en 1 ó 2 hileras a lo largo de la costilla media del raquis, aparentemente solitarias u obviamente pareadas, cuando aparentemente solitarias, la espiguilla superior del par con el pedicelo largo casi completamente adnado al raquis y la porción libre del pedicelo a menudo casi tan larga como la de la espiguilla inferior y los miembros de cada par colocados dorso contra dorso, con las lemas inferiores dispuestas una hacia la otra y las glumas superiores y lemas superiores con las caras apartadas, cuando obviamente pareadas, la disposición dorso contra dorso a menudo irregular y los pedicelos desiguales, con el pedicelo superior adnado al raquis basalmente, los pares en caras alternas del raquis, espiguillas comprimidas dorsalmente; desarticulación por debajo de las glumas; gluma inferior corta u obsoleta, a menudo dimorfa y muy variable en longitud y forma en las espiguillas inferiores, gluma superior más corta a más larga que el flósculo superior; flósculo inferior estaminado o estéril; lema inferior casi tan larga como el flósculo superior o escasamente más larga que él, rígida (en Mesoamérica), generalmente sulcada en la 1/2 y a menudo partiéndose longitudinalmente al madurar; pálea inferior generalmente tan larga como la lema inferior, frecuentemente sulcada, la nervadura media por lo general pobremente desarrollada; flósculo superior bisexual; lema superior coriácea, diminutamente papilosa (en Mesoamérica), débilmente 5-nervia, generalmente pilosa en el ápice, sus márgenes enrollados sobre los bordes de la pálea; pálea superior tan larga como la lema y de igual textura; lodículas 2; estambres 3; estilos 2. Fruto una cariopsis; embrión ca 1/2 la longitud de la cariopsis, hilo angostamente elíptico.

Género con 20 especies distribuidas desde México a Perú, Bolivia, Brasil y Paraguay; 3 especies se encuentran en Nicaragua y una adicional es esperada.

A.G. Burman. The genus *Thrasya* H.B.K. (Gramineae). Acta Bot. Venez. 14(4): 7–93. 1987.

1. Raquis extendiéndose más allá de la espiguilla más distal como una proyección estéril
    2. Espiguillas con un callo basal conspicuo; racimos 12–30 cm de largo; espiguillas 2.8–5.5 mm de largo
    .... **T. petrosa**
    2. Espiguillas sin un callo basal; racimos 2–5 (–8.5) cm de largo; espiguillas 2.5–3 mm de largo .... **T. trinitensis**
1. Raquis terminando en una espiguilla
    3. Espiguillas 2–3 mm de largo y 0.8–1.5 mm de ancho; racimos 4–10 cm de largo; láminas 3–10 mm de ancho .... **T. campylostachya**
    3. Espiguillas 3.4–4 mm de largo y 1.4–1.8 mm de ancho; racimos 10–16 cm de largo; láminas 9–16 mm de ancho .... **T. mosquitiensis**

Thrasya campylostachya (Hack.) Chase, Proc. Biol. Soc. Wash. 24: 115. 1911; *Panicum campylostachyum* Hack.; *T. ciliatifolia* Swallen; *T. gracilis* Swallen.

Tallos 15–110 cm de largo, erectos a decumbentes, ramificándose desde los nudos inferiores y medios, los entrenudos glabros o pilosos justo debajo del ápice, los nudos pilosos. Vainas glabras a pilosas; lígula 0.7–1.5 mm de largo; láminas 6–20 cm de largo y 3–10 mm de ancho, glabras a pilosas. Pedúnculos pilosos o glabros, racimos 4–10 cm de largo, raquis 1–2 mm de ancho, con espiguillas en la punta, generalmente glabro, raramente piloso por debajo, los márgenes generalmente glabros, a veces ciliados; espiguillas 2–3 mm de largo y 0.8–1.5 mm de ancho, generalmente glabras, raramente con unos pocos tricomas, obtusas, en 1 ó 2 hileras, orientadas dorso contra dorso cuando solitarias, irregulares cuando pareadas, generalmente pareadas; pedicelos desiguales, puberulentos, el superior 0.6–1.3 mm de largo, el inferior 0.1–0.2 mm de largo; callo no desarrollado; gluma inferior 0.2–2.1 mm de largo, dimorfa en las espiguillas inferiores, obtusa a aristada, enervia o 1-nervia, 0.2–0.6 mm en las espiguillas superiores, enervia o 1-nervia, obtusa, gluma superior 1.5–2.2 mm de largo, 3/4–5/6 de la longitud del flósculo superior, 5-nervia, abruptamente aguda, glabra, raramente con unos pocos tricomas cerca de los márgenes; flósculo inferior estaminado; lema inferior escasamente más larga que el flósculo superior, sulcada, no partiéndose prontamente, glabra o raramente con unos pocos tricomas cerca de los márgenes; lema superior ca 2 mm de largo, glabra o diminutamente pubérula en la punta; anteras 0.8–1.5 mm de largo, purpúreas. Cariopsis 1.3–1.5 mm de largo y 0.7–0.8 mm de ancho.

Poco común, sabanas de pinos, norte de la zona atlántica; 55–160 m; fl y fr mar, jul; *Pipoly 4999, Pohl 12695*; sur de México a Colombia y Venezuela.

Thrasya mosquitiensis Davidse & A.G. Burm., Ann. Missouri Bot. Gard. 74: 434. 1987.

Tallos 65–110 cm de largo, erectos o a veces enraizando en los nudos inferiores, los entrenudos en su mayoría glabros, las porciones superiores y los nudos adpresamente pilosos. Vainas glabras o puberulentas a adpresamente pilosas en el ápice; lígula 1.5–2.4 mm de largo; láminas 16–32 cm de largo y 9–16 mm de ancho, glabras o puberulentas hacia la base en el envés. Pedúnculos puberulentos cerca de la punta o enteramente glabros, racimos 1–16 cm de largo, raquis 2–2.8 mm de ancho, con espiguillas en la punta, glabro, el margen diminutamente escabroso; espiguillas 3.4–4 mm de largo y 1.4–1.8 mm de ancho, glabras, anchamente agudas, en 1 hilera, orientadas dorso contra dorso, pareadas; pedicelos desiguales, puberulentos, el superior 1.8–2 mm de largo, el inferior 0.2–0.4 mm de largo; callo no desarrollado; gluma inferior 0.6–2.5 mm de largo, dimorfa en las espiguillas inferiores, enervia o 1-nervia, obtusa a aristada, 0.7–1.2 mm en las espiguillas superiores, enervia, aguda, gluma superior 2.8–3.4 mm de largo, ca 3/4 de la longitud del flósculo superior, 5 (–7)-nervia, abruptamente aguda; flósculo inferior estaminado; lema inferior escasamente más larga que el flósculo superior, profundamente sulcada, a veces partiéndose en la madurez; lema superior 3–3.6 mm de largo, pilosa en la punta; anteras 1.3–1.9 mm de largo, purpúreas. Cariopsis ca 1.7 mm de largo y 1.1 mm de ancho.

Rara, bosques de galería, zona atlántica; 50 m; fl y fr mar, jul; *Pipoly 4107, Seymour 5803*; Honduras y Nicaragua.

Thrasya petrosa (Trin.) Chase, Proc. Biol. Soc. Wash. 24: 115. 1911; *Panicum petrosum* Trin.

Tallos 60–150 cm de largo, erectos, ramificándose desde la base, los entrenudos glabros o pilosos, los nudos adpresamente puberulentos. Vainas casi glabras a marcadamente papiloso-pilosas; lígula 1–2.8 mm de largo; láminas 15–70 cm de largo y 4–8 mm de ancho, papiloso-pilosas a casi glabras. Pedúnculos puberulentos a pilosos, racimos 12–28 cm de largo, raquis 4–5.5 mm de ancho, excurrente y generalmente más largo que la espiguilla más distal, glabro por debajo y por arriba, los márgenes glabros o ciliados; espiguillas 4.5–5.5 mm de largo y 1.5–1.6 mm de ancho, pilosas, agudas, en 1 hilera, orientadas dorso contra dorso, solitarias; pedicelos ausentes o hasta ca 0.6 mm de largo, subiguales, glabros; callo 0.3–0.6 mm de largo, prominente, carnoso, hinchado con aceite en la madurez; gluma inferior hasta 1.5 mm de largo, enervia, aguda a acuminada, gluma superior 4.5–5.5 mm de largo, más larga que el flósculo superior, débilmente 5-nervia, pilosa, acuminada; flósculo inferior estaminado; lema inferior prominentemente sulcada, partiéndose en la madurez, pilosa; lema superior 2.8–3.5 mm de largo, pilosa en la punta; anteras 1.3–1.5 mm de largo, purpúreas.

Esperada en Nicaragua, Guatemala a Bolivia, Brasil y Paraguay.

Thrasya trinitensis Mez, Repert. Spec. Nov. Regni Veg. 15: 125. 1918.

Tallos 20–65 cm de largo, erectos, simples o ramificándose desde los nudos inferiores y a veces desde los medios, los entrenudos glabros, los nudos pilosos o puberulentos. Vainas papiloso-pilosas con tricomas largos y pequeños mezclados; lígula 0.8–1.3 mm de largo; láminas 3.5–18 cm de largo y 1.5–3.5 mm de ancho, con tricomas rígidos, alargados y con papilas en las bases en la costilla media, márgenes y superficies, puberulentas entre los tricomas largos. Pedúnculos generalmente glabros, raramente puberulentos cerca de la punta, racimos 2–5 (–8.5) cm de largo, raquis 1.6–2.2 mm de ancho, excurrente hasta 2 mm de la espiguilla más distal, glabro por debajo, glabro o puberulento por arriba, los márgenes conspicuamente papiloso-ciliados; espiguillas 2.5–3 mm de largo y 0.6–1 mm de ancho, agudas, pilosas, en 1 hilera, orientadas dorso contra dorso, solitarias; pedicelos 0.1–0.4 mm de largo, subiguales, pu-

berulentos; callo no desarrollado; gluma inferior obsoleta o deltoide y 0.3–0.5 mm de largo, enervia, gluma superior 1.5–1.8 mm de largo, 2/3 a casi tan larga como el flósculo superior, obtusa, pilosa, débilmente 1–3-nervia; flósculo inferior estaminado; lema inferior más larga que el flósculo superior, profundamente sulcada, partiéndose prontamente, pilosa con mechones en el 1/4–1/2 superior, a veces también diminutamente puberulenta sobre el dorso; lema superior 1.8–2.3 mm de largo, ciliada en el 1/4–1/6 superior; anteras 0.8–1.3 mm de largo, amarillas.

Poco común, sabanas secas, bosques de pinos, norte de la zona atlántica; 0–100 m; fl y fr mar–jul; *Stevens 8189, 8589*; Belice a Colombia, Venezuela, Guyana, Brasil, también en Trinidad.

TRACHYPOGON Nees
Por Patricia Dávila

Perennes o anuales cespitosas, a veces con rizomas cortos; tallos sólidos, simples; plantas polígamas. Vainas redondeadas; lígula una membrana glabra, adnada a los márgenes de la vaina; láminas lineares, generalmente aplanadas, a veces convolutas. Inflorescencia terminal, solitaria, de 1 racimo solitario o de pocos digitados, raquis persistente, entrenudos del raquis y pedicelos lineares; espiguillas apareadas, dimorfas, desigualmente pediceladas, con 2 flósculos; espiguillas largamente pediceladas caedizas individualmente, casi teretes, bisexuales, aristadas, callo puntiagudo, oblicuo, piloso, gluma inferior coriácea, angostamente elíptica, truncada, gluma superior tan larga como la gluma inferior, 3-nervia, el ápice envolviendo la base de la arista, flósculo inferior estéril, lema inferior 2-nervia, pálea inferior ausente, flósculo superior bisexual, lema superior firme pero con la base hialina, aplanada, angostándose en el ápice hasta formar la base de la arista, la arista torcida, híspida, 2-geniculada, exerta, pálea superior ausente, estilos 2; espiguillas cortamente pediceladas angostamente elípticas, comprimidas dorsalmente, persistentes, estaminadas, sin aristas, gluma inferior coriácea, aplanada o algo convexa en el dorso, 5–11-nervia, los márgenes inflexos, gluma superior tan larga como la gluma inferior, membranácea, 3-nervia, flósculo inferior estéril, flósculo superior estaminado, lema inferior y superior iguales, hialinas, páleas ausentes, estambres 3. Fruto una cariopsis; hilo punteado.

Género con 6 especies, distribuido en América tropical y Africa; 2 especies en Nicaragua. Las medidas de las espiguillas incluyen al callo.

1. Plantas glabras, a veces las vainas basales ligeramente pilosas; racimos solitarios, raramente pareados ...... **T. plumosus**
1. Plantas con las vainas y láminas conspicuamente pilosas; racimos en tríadas, raramente solitarios o pareados
.... **T. vestitus**

Trachypogon plumosus (Humb. & Bonpl. ex Willd.) Nees in Mart., Fl. Bras. Enum. Pl. 2: 344. 1829; *Andropogon plumosus* Humb. & Bonpl. ex Willd.; *A. montufarii* Kunth; *Heteropogon secundus* J. Presl; *T. gouinii* E. Fourn.; *T. montufarii* (Kunth) Nees; *T. secundus* (J. Presl) Scribn.
Tallos 65–150 cm de largo, erectos. Vainas glabras, a veces las basales ligeramente pilosas; lígula (1.5–) 3–10 (–12) mm de largo; láminas 10–30 cm de largo y 1–4 mm de ancho, aplanadas o convolutas, generalmente glabras. Racimos 1 (2), 5–20 cm de largo, erectos, eje con algunos tricomas delicados; espiguillas bisexuales (7–) 9.5–10.5 mm de largo, callo

1–2.5 mm de largo, gluma inferior 6.5–9.5 mm de largo, 9-nervia, lema inferior tan larga como las glumas, ciliada en el ápice, lema superior con la arista (3–) 5–6.5 cm de largo, el segmento basal adpreso híspido, los tricomas 0.2–0.5 (–2) mm de largo, anteras 3–5 mm de largo, amarillas; espiguillas estaminadas 4–7 mm de largo, gluma inferior 5–7 mm de largo, 6–9-nervia, pilosa, gluma superior 5–6 mm de largo, 3-nervia, glabra, lema inferior 4–7 mm de largo, lema superior 3–5 mm de largo, anteras 3–4 mm de largo.

Poco común, sabanas, zonas norcentral y atlántica; 40–1300 m; fl y fr mar, jul, oct, nov; *Pohl 12305, Soza 210*; sur de los Estados Unidos a Argentina y en las Antillas.

Trachypogon vestitus Andersson, Öfvers. Förh. Kongl. Svenska Vetensk.-Akad. 14: 52. 1857.

Tallos 40–110 cm de largo, erectos. Vainas densamente pilosas, los tricomas suaves y grisáceos, la pilosidad más prominente en las vainas basales; lígula 1–10 mm de largo; láminas 15–30 cm de largo y 2–5 mm de ancho, aplanadas o dobladas, densamente pilosas en ambas superficies. Racimos (1–) 3, 5–23 cm de largo, eje glabro; espiguillas bisexuales 6–9 mm de largo, callo 1–2 mm de largo, gluma inferior 7–9-nervia, con unos surcos longitudinales a ambos lados de la nervadura central, lema inferior ca 6 mm de largo, ciliada, lema superior con la arista 3–6 cm de largo, anteras ca 3.8 mm de largo; espiguillas estaminadas 5.7–7 mm de largo, gluma inferior 9–11-nervia, ligeramente pilosa en la porción basal, el ápice obtuso, gluma superior ciliada, lema inferior 5–6 mm de largo, hialina, ciliada, lema superior 4–6 mm de largo, anteras ca 4 mm de largo.

Conocida en Nicaragua por una sola colección (*Stevens 23256*) de sabanas rocosas, Chontales; 120–375 m; fr y fr oct; Honduras a Brasil.

TRIPLASIS P. Beauv.

Por Richard W. Pohl

Triplasis purpurea var. **caribensis** R.W. Pohl, Iowa State J. Res. 47: 76. 1972.

Probablemente perennes, densamente cespitosas, rizomas cortos ocasionales; tallos 60–75 cm de largo, simples; entrenudos glabros, nudos pilosos; plantas hermafroditas. Hojas caulinares, 17–21, escábridas; vainas traslapadas; lígula una hilera de tricomas, 0.5–1 mm de largo; láminas lineares, aplanadas, las inferiores 10–15 cm de largo y 2–4 mm de ancho, las superiores más cortas. Inflorescencias panículas pequeñas, terminales y axilares, exertas, 5–8 cm de largo y 3–4 cm de ancho, abiertas, con pocas espiguillas; cleistogenes también ocultos dentro de las vainas foliares inferiores ligeramente infladas; espiguillas lineares, 6–8 mm de largo, comprimidas lateralmente, pediceladas, con varios flósculos bisexuales; desarticulación arriba de las glumas y entre los flósculos; glumas subiguales, 2–3 mm de largo, 1-nervias, bífidas; flósculos 2–3; entrenudos de la raquilla largos, pilosos; lemas lanceoladas, 3.6–4.4 mm de largo, 2-lobadas, carinadas, 3-nervias, la arista hasta 1.5 mm de largo, serícea; páleas 2.7–3 mm de largo; lodículas 2; estambres 3; estilos 2. Cariopsis con embrión ca 1/2 la longitud de la cariopsis; hilo elíptico, ca 1/4 la longitud de la cariopsis.

Esperada en Nicaragua en las playas de la zona atlántica; Honduras y Costa Rica. La otra variedad se encuentra en Canadá y el este de los Estados Unidos. Género con 2 especies, distribuido desde Canadá (Ontario) hasta el este de los Estados Unidos, también en Honduras y Costa Rica.

TRIPOGON Roem. & Schult.

Por Richard W. Pohl

Tripogon spicatus (Nees) Ekman, Ark. Bot. 11(4): 36. 1912; *Bromus spicatus* Nees.

Perennes cespitosas diminutas; tallos 5–25 cm de largo, simples; brotes intravaginales; plantas hermafroditas. Hojas en su mayoría basales; vainas basales glabras, fibrosas; lígula una membrana ciliada, 0.2–1.2 mm de largo; láminas lineares, generalmente filiformes, 1–4 cm de largo y ca 1 mm de ancho, flexuosas, largamente hirsutas en la haz. Inflorescencia una espiga unilateral, delgada, solitaria, terminal, 2.5–7 cm de largo; espiguillas lineares, comprimidas lateralmente, 10–14 mm de largo y 4.7–8.2 mm de ancho, sésiles en 2 hileras en el raquis triquetro, adpresas, con 6–13 flósculos bisexuales, el más superior estéril; desarticulación arriba de las glumas y entre los flósculos; glumas desiguales, 1.5–3.2 mm de largo, membranáceas, 1-nervias, la inferior más corta que la superior; lemas 2.2–3.7 mm de largo, 4 veces más largas que anchas cuando plegadas, membranáceas, 3-nervias, glabras, carinadas, emarginadas, la arista 0.5–1 mm de largo; pálea ca 1/2 la longitud de la lema, 2-carinadas, las quillas angostamente aladas; callo barbado; lodículas 2; estambres 2 ó 3, las anteras 0.4–0.5 mm de largo; estilos 2. Cariopsis con embrión ca 1/3 la longitud de la cariopsis; hilo punteado.

Conocida en Nicaragua por una sola colección (*Stevens 20189*) de afloramientos rocosos, Estelí; 900 m; fl y fr may; suroeste de los Estados Unidos a Argentina y Chile y en las Antillas. Género con ca 30 especies en Africa, sólo esta especie en las Américas.

S.M. Phillips y E. Launert. A revision of the African species of *Tripogon* Roem. & Schult. Kew Bull. 25: 301–322. 1971.

TRIPSACUM L.

Por Gerrit Davidse y Richard W. Pohl

Perennes robustas, erectas, generalmente rizomatosas, raramente cespitosas, rizoma corto y grueso; entrenudos del tallo sólidos, a menudo gruesos; plantas monoicas. Lígula una membrana; láminas anchas, aplanadas. Inflorescencias de racimos terminales y axilares, 1–numerosas por pedúnculo terminal, 1 (–4) por pedúnculo axilar; racimos con una porción basal de una serie de entrenudos cilíndricos, blanquecinos, fistulosos y óseos, cada uno ocultando una sola espiguilla pistilada, los entrenudos desarticulándose en la madurez, porción superior aplanada, unilateral, cada nudo con un par de espiguillas estaminadas, la totalidad de la porción estaminada entera desarticulándose como una unidad en la madurez; espiguillas pistiladas solitarias, gluma inferior rígida, cerrando la cavidad del raquis, aplanada dorsalmente, ovado-triangular, sin arista, los márgenes inflexos, gluma superior tan larga como la gluma inferior, acuminada, multinervia, flósculo inferior estéril, lema y pálea inferiores membranáceas, flósculo superior pistilado, lema superior hialina, pálea superior tan larga como la lema superior, hialina, estilos 2; espiguillas estaminadas ambas subsésiles o 1 pedicelada y 1 sésil, sin aristas, oblongas u obovadas, comprimidas dorsalmente, gluma inferior multinervia, los márgenes inflexos, gluma superior membranácea, carinada, tan larga como la gluma inferior, flósculos 2, estaminados, iguales, lemas y páleas hialinas, iguales, anteras 3, ovario ausente.

Género con 13 especies, distribuido en América templada y tropical; 2 especies se conocen en Nicaragua y 1 adicional se espera encontrar. Las revisiones florísticas previas de *Tripsacum* en Mesoamérica son poco confiables. Este tratamiento se basó casi completamente en el trabajo por de Wet y colaboradores citado en la bibliografía.

J.M.J. de Wet, J.R. Gray y J.R. Harlan. Systematics of *Tripsacum* (Gramineae). Phytologia 33: 202–227. 1976; J.M.J. de Wet, J.R. Harlan y D.E. Brink. Systematics of *Tripsacum datyloides* (Gramineae). Amer. J. Bot. 69: 1251–1257. 1982; J.M.J. de Wet, G.B. Fletcher, K.W. Hilu y J.R. Harlan. Origin of *Tripsacum andersonii* (Gramineae). Amer. J. Bot. 70: 706–711. 1983; D. Brink y J.M.J. de Wet. Supraspecific groups in *Tripsacum* (Gramineae). Syst. Bot. 8: 243–249. 1983; J.M.J. de Wet, D.E. Brink y C.E. Cohen. Systematics of *Tripsacum* section *Fasciculata* (Gramineae). Amer. J. Bot. 70: 1139–1146. 1983.

1. Láminas 1.8–3 cm de ancho; tallos hasta 2.5 m de largo, delgados .... **T. dactyloides** var. **hispidum**
1. Láminas 4–10 cm de ancho; tallos generalmente 3–5 m de largo, robustos
   2. Espiguillas estaminadas 6–10 mm de largo, agudas, una del par sésil, la otra pedicelada 1–3 mm de largo; plantas que no producen semillas .... **T. andersonii**
   2. Espiguillas estaminadas 3–5 mm de largo, obtusas, ambas sésiles o una del par pedicelada hasta 0.4 mm de largo; plantas que producen semillas .... **T. latifolium**

Tripsacum andersonii J.R. Gray, Phytologia 33: 204. 1976.

Plantas rizomatosas; tallos generalmente 3–5 m de largo, ascendentes, robustos, glabros; bases a veces largamente decumbentes y enraizando; entrenudos 2–3 cm de ancho. Vainas inferiores pilosas, las superiores glabras; lígula ca 1 mm de largo; láminas hasta 120 cm de largo y 4–10 cm de ancho, glabras en el envés, esparcidamente papiloso-pilosas en la haz. Inflorescencia terminal con 3–8 racimos fasciculados, entrenudos pistilados 6–10 mm de largo y 4–5.5 mm de ancho, racimos estaminados erectos; espiguillas estaminadas 6–10 mm de largo, una del par sésil, la otra sobre un pedicelo 1–3 mm de largo, glumas inferiores coriáceas, agudas, diminutamente híspidas, ciliadas.

Conocida en Nicaragua por una colección (*Rueda 3987*) naturalizada en orillas de ríos de la Reserva Bosawas, Zelaya,; 80 m; fl y fr ene; México a Perú, Brasil, Trinidad. De acuerdo con de Wet et al. (1983), este taxón es un híbrido intergenérico entre *Tripsacum* y *Zea* que probablemente se originó en Mesoamérica. Las plantas son estériles y aparentemente son transportadas por el hombre para su uso como forraje. Las inflorescencias están algunas veces infestadas de cornezuelo.

Tripsacum dactyloides var. **hispidum** (Hitchc.) de Wet & J.R. Harlan, Amer. J. Bot. 69: 1254. 1982; *T. dactyloides* ssp. *hispidum* Hitchc.

Plantas rizomatosas; tallos decumbentes, delgados, hasta 2.5 m de largo; entrenudos 0.3–0.5 cm de ancho. Hojas basales y caulinares; vainas pilosas en las hojas inferiores, glabras o esparcidamente híspidas en las hojas superiores; láminas hasta 120 cm de largo y 1.8–3 cm de ancho. Inflorescencia terminal con 1–4 racimos subdigitados y delgados, eje hasta 1.5 cm de largo, entrenudos pistilados 3–5.5 mm de ancho, racimos estaminados erectos a curvados; espiguillas estaminadas 7–12 mm de largo, ambas sésiles o una del par cortamente pedicelada hasta 2 mm de largo, glumas inferiores coriáceas, obtusas, agudas o bífidas, glabras o esparcidamente hirsutas.

Esperada en Nicaragua; norte de México a Panamá. La especie se distribuye desde el este de los Estados Unidos hasta Colombia y Venezuela, también en las Antillas.

Tripsacum latifolium Hitchc., Bot. Gaz. (Crawfordsville) 41: 294. 1906.

Plantas rizomatosas; tallos hasta 5 m de largo, largamente decumbentes, robustos; entrenudos hasta 1 cm de ancho. Vainas glabras o pilosas; lígula ca 3 mm de largo; láminas 30–90 cm de largo y 4–7 cm de ancho, glabras en el envés, pilosas en la haz. Inflorescencia terminal con 1–3 racimos, entrenudos pistilados 5–7 mm de largo y 2.5–3.5 mm de ancho, racimos estaminados inclinados; espiguillas estaminadas 3–5 mm de largo, ambas sésiles o una del par pedicelada hasta 0.4 mm de largo, glumas inferiores rígidas, obtusas, híspido-ciliadas.

Rara, bosques de pinos y sabanas, norte de la zona atlántica; 30–260 m; fl y fr abr; *Ortiz 1347, Stevens 8207*; México a Nicaragua.

TRISETUM Pers.

Por Richard W. Pohl y Gerrit Davidse

Trisetum deyeuxioides (Kunth) Kunth, Révis. Gramin. 102. 1829; *Avena deyeuxioides* Kunth; *Deyeuxia evoluta* E. Fourn.; *T. deyeuxioides* var. *pubescens* Scribn. ex Beal; *T. evolutum* (E. Fourn.) Hitchc.

Perennes; tallos 50–120 cm de largo, glabros, simples; plantas hermafroditas. Vainas glabras o débilmente pilosas; lígula una membrana, 0.5–3.5 mm de largo; láminas lineares, 2–6 mm de ancho, aplanadas, glabras o pilosas. Inflorescencia una panícula terminal, piramidal, 10–20 cm de largo y 1–4 cm de ancho, laxa, péndula, plumosa, eje escabroso a escabriúsculo, visible al menos en parte, ramas adpresas a ascendentes; espiguillas comprimidas lateralmente, 5–6 mm de largo; glumas 4.2–5.5 mm de largo, subiguales, 1-nervias; flósculos 2, bisexuales; desarticulación arriba de las glumas y entre los flósculos; lema inferior 4.2–5 mm de largo, glabra, 2-lobada; arista 5–9 mm de largo, insertada 2–3 mm arriba de la base de la lema, torcida en el 1/4 inferior; callo con tricomas hasta 0.5 mm de largo; raquilla con abundantes tricomas 2.5 mm de largo o más largos; lodículas 2; estambres 2, las anteras ca 1.5 mm de largo; estilos 2, muy cortos, ovario glabro (Mesoamérica) o piloso. Cariopsis fusiforme 1.8–2.5 mm de largo, libre de la lema y pálea, glabra, endosperma pastoso; hilo punteado o muy cortamente linear, inconspicuo.

Conocida en Nicaragua por una sola colección (*Seymour 7637*) de bosques de pino-encinos, Estelí; 1300 m; fl y fr ago; México a Colombia, Venezuela y Ecuador.

TRISTACHYA Nees

Por Richard W. Pohl y Gerrit Davidse

Tristachya avenacea (J. Presl) Scribn. & Merr., U.S.D.A. Div. Agrostol. Bull. 24: 23. 1901; *Monopogon avenaceus* J. Presl.

Perennes cespitosas; tallos fistulosos, hasta 150 cm de largo; entrenudos glabros o adpreso pilosos, nudos puberulentos; plantas hermafroditas o polígamas. Vainas cortas, redondeadas, glabras o adpreso híspidas; lígula una hilera de tricomas ca 1 mm de largo; láminas 20–40 cm de largo y 4–6 mm de ancho, glabras o papiloso-híspidas. Inflorescencia una panícula delgada, terminal, solitaria, 10–18 cm de largo, ascendente, pedicelos connados, ramas pocas, las tríadas en su mayoría solitarias; espiguillas pocas, en tríadas, 18–32 mm de largo, comprimidas dorsalmente, café-amarillentas o rojizas, con 2 flósculos; desarticulación entre los flósculos superior e inferior; glumas desiguales, angostamente triangulares, más largas que el flósculo superior, membranáceas, 3-nervias, los márgenes envolviendo a los flósculos; gluma inferior 15–20 mm de largo, gluma superior 23–31 mm de largo, algo aplanada en la 1/2 superior; flósculo inferior estaminado o estéril; lema inferior 19–28 mm de largo, membranácea, 3-nervia, sin arista; pálea inferior 2-carinada, flósculo superior bisexual; lema superior cilíndrica, 6–7 mm de largo, coriácea, 7-nervia, envolviendo a la pálea, 2-lobada, los 2 lóbulos 1.4–2.2 mm de largo, la arista 40–63 mm de largo, desarticulándose prontamente, 2-geniculada, los 2 segmentos inferiores torcidos, el más superior curvado; callo alargado, 2–2.5 mm de largo, los tricomas hasta 3.5 mm de largo; lodículas 2; anteras 3, ca 3 mm de largo. Fruto una cariopsis; embrión ca 1/2 la longitud de la cariopsis, hilo linear.

Conocida en Nicaragua por una sola colección (*Kral 69481*) de bosques de pino-encinos, Estelí; 1400–1500 m; fl y fr jul; México a Nicaragua.

Género con 24 especies, distribuido en Africa y América tropical.

H.J. Conert. Beitrage zue Monographie der Arundinelleae. Bot. Jahrb. Syst. 77: 226–354. 1957; M.R. Guzmán. Taxonomía y distribución de las gramíneas de México. II. Nuevas especies de zacates. Phytologia 51: 463–472. 1982.

UNIOLA L.
Por Richard W. Pohl y Gerrit Davidse

Uniola pittieri Hack., Oesterr. Bot. Z. 52: 309. 1902.

Perennes estoloníferas, ásperas; tallos 75–150 cm de alto, glabros; estolones hasta 18 m de largo, robustos, extensos, abundantes; plantas hermafroditas. Hojas basales y caulinares; vainas redondeadas, en su mayoría glabras o cilioladas, con tricomas auriculares prominentes pero prontamente deciduos; lígula una hilera de tricomas, ca 1 mm de largo; láminas lineares, aplanadas, hasta 70 cm de largo y 15 mm de ancho, escabrosas, coriáceas, la punta convoluta. Inflorescencia una panícula grande, terminal, solitaria, densa, 20–40 cm de largo, cilíndrica, angosta, pedicelos 0.5–1 mm de largo, puberulentos, marcadamente unilaterales en 2 hileras a lo largo de las ramas; espiguillas 8–25 mm de largo y 7–8.5 mm de ancho, fuertemente comprimidas y carinadas, no aristadas, los flósculos inferiores estériles y sin páleas, los otros bisexuales; desarticulación sólo abajo de las glumas; glumas subiguales, 3–6 mm de largo, más cortas que las lemas, agudas, 3-nervias, las quillas escabrosas; flósculos 10–20; lemas 4.5–5.5 mm de largo, glabras o cilioladas; lodículas 3; estambres 3, las anteras 2–3 mm de largo; estilo 1. Cariopsis no vistas.

Común en playas arenosas de la zona pacífica; 0–100 m; fl y fr jun–dic; *Kral 69249, Stevens 3760*; México hasta Colombia y Ecuador. Género con 2 especies, distribuido por las costas del sur de los Estados Unidos a Colombia y Ecuador.

H.O. Yates. Revision of the grasses traditionally referred to *Uniola*, I. *Uniola* and *Leptochloöpsis*. Southw. Naturalist 11: 372–394. 1966.

UROCHLOA P. Beauv.
Por Gerrit Davidse y Richard W. Pohl

Anuales o perennes, cespitosas, estoloníferas o rizomatosas; plantas hermafroditas o polígamas. Vainas redondeadas; lígula una membrana ciliada; láminas lineares a linear-lanceoladas. Inflorescencias terminales o terminales y axilares, panículas de varios a numerosos racimos simples o ramificados, las espiguillas en 2 hileras, solitarias y brevipediceladas sobre los lados inferiores del raquis, las glumas inferiores mirando hacia la costilla media del raquis, o las espiguillas irregularmente pareadas sobre los lados inferiores del raquis o sobre las ramas del raquis, generalmente con una orientación alternante del inferior con respecto a la rama; espiguillas elípticas a ovadas, sin aristas, comprimidas dorsalmente, aplanado-convexas o biconvexas, con 2 flósculos; desarticulación por debajo de las glumas, la espiguilla caediza como una unidad; gluma inferior corta, enervia o hasta 11-nervia, gluma superior y lema inferior casi tan largas como la espiguilla, herbáceas, 5–11-nervias, frecuentemente con nervaduras transversales; flósculo inferior estaminado o estéril; pálea inferior ausente o presente; flósculo superior bisexual, cartilaginoso o rígido, ruguloso, obtuso a apiculado, los márgenes enrollados sobre la pálea; pálea tan larga como la lema superior y de la misma textura; lodículas 2; estambres 3; estilos 2. Fruto una cariopsis; embrión 1/2–4/5 la longitud de la cariopsis, hilo elíptico o circular.

Género pantropical con ca 130 especies; 6 especies se conocen en Nicaragua y 2 adicionales se esperan encontrar. Las especies mesoamericanas han sido tradicionalmente tratadas como parte de *Brachiaria*, sin embargo de acuerdo a varios autores, *Brachiaria* debe restringirse a la especie tipo. Hemos seguido en gran parte la clasificación de Webster y Morrone y Zuloaga (1992, 1993), pero no estamos convencidos de que el ahora heterogéneo *Urochloa* sea la solución definitiva. Parece conveniente que se segreguen más géneros, paso que aún no estamos preparados a dar con base en los pocos representantes mesoamericanos del género.

A. Chase. The North American species of *Brachiaria*. Contr. U.S. Natl. Herb. 22: 33–43. 1920; S.T. Blake. New criteria for distinguishing genera allied to *Panicum* (Gramineae). Proc. Roy. Soc. Queensland 70: 15–19. 1958; R.D. Webster. The Australian Paniceae (Poaceae). 1–322. 1987; O. Morrone y F.O. Zuloaga. Revisión de las especies Sudamericanas nativas e introducidas de los géneros *Brachiaria* y *Urochloa* (Poaceae: Panicoideae: Paniceae). Darwiniana 31: 43–109. 1992; O. Morrone y F.O. Zuloaga. Sinopsis del género *Urochloa* (Poaceae: Panicoideae: Paniceae) para México y América Central. Darwiniana 32: 59–74. 1993.

1. Raquis de los racimos triquetro, no alado; plantas anuales
    2. Espiguillas 3.4–4 mm de largo, densamente papiloso-vellosas .... **U. mollis**
    2. Espiguillas 1.8–3 mm de largo, glabras
        3. Espiguillas 2.1–3 mm de largo, biconvexas; gluma inferior 3–5-nervia .... **U. fasciculata**
        3. Espiguillas 1.8–2.1 mm de largo, aplanado-convexas; gluma inferior enervia .... **U. reptans**
1. Raquis de los racimos aplanado, angosto a anchamente alado; plantas perennes (*U. subquadripara* y *U. plantaginea* anuales)
    4. Raquis de los racimos inferiores cortamente ramificado; espiguillas generalmente pareadas, también solitarias o en grupos de 2–5 .... **U. mutica**
    4. Raquis de los racimos no ramificado; espiguillas solitarias
        5. Espiguillas 3.5–3.8 mm de largo .... **U. subquadripara**
        5. Espiguillas 4.5–5.6 mm de largo
            6. Flósculo superior 0.9–1.1 mm más corto que la gluma superior; raquis de los racimos escabriúsculo; plantas anuales .... **U. plantaginea**
            6. Flósculo superior 0.2 mm más corto o más largo que la gluma superior; raquis de los racimos ciliado; plantas perennes
                7. Raquis de los racimos 1–1.7 mm de ancho .... **U. decumbens**
                7. Raquis de los racimos (2–) 3–4.5 mm de ancho .... **U. ruziziensis**

Urochloa decumbens (Stapf) R.D. Webster, Austral. Paniceae 234. 1987; *Brachiaria decumbens* Stapf.

Perennes; tallos hasta 100 cm de largo, decumbentes y enraizando, ramificados; entrenudos y nudos pilosos. Vainas papiloso-hirsutas; lígula 0.7–0.8 mm de largo; láminas anchamente lineares, 13–27 cm de largo y 10–16 mm de ancho, glabras o papiloso-hirsutas, la base redondeada a subcordada. Inflorescencia 9–14 cm de largo, eje 4–13 cm de largo, escabroso y ciliado, racimos 2–6, 4.5–8.5 cm de largo, simples, el raquis 1–1.7 mm de ancho, aplanado, angostamente alado, marcadamente ciliado marginalmente, el dorso glabro; espiguillas elípticas a elíptico-obovadas, 4.5–5 mm de largo, solitarias, aplanado-convexas, glabras o pilosas; gluma inferior 2.2–2.4 mm de largo, 9–11-nervia, gluma superior 7-nervia, glabra o esparcidamente pilosa; entrenudo entre las glumas alargado, 0.3–0.4 mm de largo; flósculo inferior estaminado, las anteras 2.1–2.2 mm de largo; lema inferior 5-nervia, glabra o esparcidamente pilosa; pálea inferior tan larga como la lema inferior; flósculo superior 4.5–4.6 mm de largo, tan largo como la gluma superior o un poco más largo que ella, obtuso; anteras 2–2.1 mm de largo.

Cultivada para forraje y escapada, Managua; *Seymour 6287, Zelaya 2247*; fl y fr jul, ago, dic; nativa de Africa; ahora pantropical. Como ha sido apuntado por todos los que han discutido a esta especie, las formas cultivadas tienden a ser intermedias entre las formas silvestres de *Urochloa decumbens* y *U. brizantha* (Hochst. ex A. Rich.) R.D. Webster. El material mesoamericano es considerado *U. decumbens* debido a que los raquis de los racimos son angostamente alados.

Urochloa fasciculata (Sw.) R.D. Webster, Austral. Paniceae 235. 1987; *Panicum fasciculatum* Sw.; *Brachiaria fasciculata* (Sw.) Parodi.

Anuales cespitosas; tallos 10–100 cm de largo, erectos a decumbentes, ramificados; entrenudos y nudos pilosos. Hojas más o menos papiloso-híspidas; lígula 0.3–2.3 mm de largo; láminas lineares a linear-lanceoladas, 4–30 cm de largo y 7–20 mm de ancho, la base obtusa o subcordada. Inflorescencia 3–18 cm de largo, eje 2–15 cm de largo, escabroso, racimos numerosos, 5–10 cm de largo, generalmente simples, raramente los inferiores esparcidamente ramificados, el raquis 0.3–0.4 mm de ancho, triquetro, escabroso; espiguillas obovadas, 2.1–3 mm de largo, solitarias, pareadas, o en grupos de 2–5, biconvexas, glabras, abruptamente agudas; gluma inferior 1–1.5 mm de largo, 3–5-nervia, gluma superior 9-nervia; entrenudo entre las glumas 0.1–0.2 mm de largo; flósculo inferior estéril; lema inferior 5–7-nervia; pálea inferior un poco más corta que la lema inferior; lema superior 1.9–2.5 mm de largo, 0.2–0.3 mm más corta que la gluma superior, obtusa o inconspicuamente apiculada; anteras 0.6–0.8 mm de largo.

Muy común, áreas abiertas perturbadas, zonas

pacífica y norcentral; 0–1000 m; fl y fr may–ene; *Guzmán 614*, *Moreno 10735*; sur de los Estados Unidos a Paraguay, Argentina y en las Antillas.

Urochloa mollis (Sw.) Morrone & Zuloaga, Darwiniana 33: 85. 1992; *Panicum molle* Sw.; *Brachiaria mollis* (Sw.) Parodi; *P. didistichum* Mez.

Anuales cespitosas; tallos 10–90 cm de largo, erectos a postrados, ramificados; entrenudos y nudos papiloso-pilosos. Hojas papiloso-pilosas o velutinas; lígula 0.5–1 mm de largo; láminas anchamente lineares a linear-lanceoladas, 6–14 cm de largo y 5–15 mm de ancho, la base subcordada. Inflorescencia 3–7 cm de largo, eje 2–6 cm de largo, piloso, racimos hasta 13, 1–6 cm de largo, generalmente simples, raramente los inferiores esparcidamente ramificados, el raquis ca 0.5 mm de ancho, triquetro, densamente piloso; espiguillas obovadas, 3.4–4 mm de largo, solitarias o pareadas, biconvexas, apiculadas, densamente papiloso-vellosas; gluma inferior 2–2.7 mm de largo, 5-nervia, gluma superior 5-nervia; entrenudo entre las glumas alargado, ca 0.3 mm de largo; flósculo inferior estéril; lema inferior 7-nervia; pálea inferior 2.7–3 mm de largo; flósculo superior 2.6–3.1 mm de largo, tan largo como la gluma superior, apiculado; anteras 1–1.1 mm de largo.

Común, orillas de caminos, áreas abiertas perturbadas, zona pacífica; 15–900 m; fl y fr jun–nov; *Moreno 8995*, *Sandino 1246*; México a Argentina y en las Antillas.

Urochloa mutica (Forssk.) T.Q. Nguyen, Novosti Sist. Vyss. Rast. 1966: 13. 1966; *Panicum muticum* Forssk.; *Brachiaria glabrinodis* (Hack.) Henrard; *B. mutica* (Forssk.) Stapf; *B. purpurascens* (Raddi) Henrard; *P. barbinode* Trin.; *P. glabrinode* Hack.; *P. purpurascens* Raddi.

Perennes; tallos hasta 600 cm de largo, decumbentes y enraizando, ramificados; entrenudos glabros, nudos pilosos. Vainas papiloso-hirsutas o glabras; lígula 1.5–1.8 mm de largo; láminas lineares, hasta 25 cm de largo y 15 mm de ancho, glabras, la base obtusa. Inflorescencia hasta 20 cm de largo, eje hasta 19 cm de largo, escabroso y a veces esparcidamente piloso, racimos 7 a numerosos, 1–7 cm de largo, generalmente los inferiores cortamente ramificados, el raquis 0.8–1 mm de ancho, angostamente alado, los márgenes escabrosos; espiguillas elípticas, 3.2–3.4 mm de largo, pareadas, solitarias o agrupadas, aplanado-convexas, agudas, glabras; gluma inferior 0.8–1.2 mm de largo, 1-nervia, gluma superior 5–7-nervia; entrenudo entre las glumas no alargado; lema inferior 5-nervia; flósculo inferior estaminado; pálea

inferior tan larga o escasamente más larga que la lema inferior; flósculo superior 2.1–2.5 mm de largo, 0.3–0.6 mm más corto que la gluma superior, obtuso.

Poco común, cerca de agua, a veces flotando, zonas pacífica y atlántica; 0–340 m; fl y fr ene–abr, jul; *Stevens 16550*, *19796*; trópicos, ampliamente cultivada y naturalizada, en potreros húmedos de climas cálidos.

Urochloa plantaginea (Link) R.D. Webster, Syst. Bot. 13: 607. 1988; *Panicum plantagineum* Link; *Brachiaria plantaginea* (Link) Hitchc.

Anuales; tallos hasta 100 cm de largo, decumbentes, enraizando, ramificados; entrenudos y nudos glabros. Vainas glabras, ciliadas; lígula 0.5–1.5 mm de largo; láminas 4–21 cm de largo y 6–13 mm de ancho, glabras, ciliadas, la base obtusa a subcordada. Inflorescencia 12–40 cm de largo, eje hasta 34 cm de largo, glabro o escabriúsculo, racimos 4–5, 2–18 cm de largo, simples, el raquis 1.1–1.5 mm de ancho, angostamente alado, los márgenes escabriúsculos, el dorso glabro; espiguillas obovadas, 4.5–5.3 mm de largo, solitarias, aplanado-convexas, glabras, agudas; gluma inferior 1.9–2.5 mm de largo, 9–11-nervia, gluma superior 7-nervia; entrenudo entre las glumas alargado 0.4–0.5 mm de largo; lema inferior 5-nervia; flósculo inferior estéril; pálea inferior casi tan larga como la lema inferior; flósculo superior 3.2–3.6 mm de largo, 0.9–1.1 mm más corto que la gluma superior, obtuso; anteras 0.7–1 mm de largo.

Común, orillas de caminos, zonas pacífica y norcentral; 60–1600 m; fl y fr jul–nov; *Moreno 1318*, *2995*; Estados Unidos a Argentina y en las Antillas.

Urochloa reptans (L.) Stapf in Prain, Fl. Trop. Afr. 9: 601. 1920; *Panicum reptans* L.; *Brachiaria reptans* (L.) C.A. Gardner & C.E. Hubb.

Anuales; tallos decumbentes y enraizando, ramificados; ramas erectas 10–40 cm de largo; entrenudos glabros, nudos puberulentos. Vainas glabras o papiloso-híspidas; lígula 0.7–1 mm de largo; láminas lanceolado-ovadas, 2.5–6.5 cm de largo y 6–10 mm de ancho, glabras a híspido-papilosas, la base cordada, ciliada, los márgenes blanquecino cartilaginosos. Inflorescencia 2.5 cm de largo, eje 1.5–6.5 cm de largo, escabroso, racimos 3–14, 1–3.5 cm de largo, simples, el raquis 0.1–0.3 mm de ancho, triquetro, escabriúsculo; espiguillas elípticas, 1.8–2.1 mm de largo, pareadas, aplanado-convexas, glabras, agudas; gluma inferior 0.3–0.5 mm de largo, enervia, gluma superior 7-nervia; entrenudo entre las glumas no alargado; flósculo inferior estéril; pálea inferior casi tan larga como la lema inferior; lema inferior 5-nervia; flósculo superior 1.6–1.7 mm de largo, mucronado, el mucrón ca 0.1 mm de largo; anteras 0.9–1.2 mm de largo.

Común, áreas abiertas, zona pacífica; 0–750 m; fl y fr jun–dic; *Moreno 17982, Stevens 2615*; nativa del Viejo Mundo, naturalizada en los trópicos y subtrópicos americanos.

Urochloa ruziziensis (R. Germ. & Evrard) Morrone & Zuloaga, Darwiniana 31: 101. 1992; *Brachiaria ruziziensis* R. Germ. & Evrard.

Perennes; tallos hasta 200 cm de largo, largamente decumbentes y enraizando, ramificados; entrenudos y nudos pilosos. Hojas papiloso-pilosas; lígula 1–1.5 mm de largo; láminas lanceolado-lineares a elíptico-lineares, 12–29 cm de largo y 10–24 mm de ancho, la base redondeada a obtusa. Inflorescencia 10–15 cm de largo, eje 6–15 cm de largo, piloso, racimos 5–9, 2.5–7.5 cm de largo, simples, el raquis (2–) 3–4.5 mm de ancho, aplanado, anchamente alado, largamente ciliado marginalmente, el dorso piloso; espiguillas anchamente elípticas, 4.8–5.6 mm de largo, solitarias, biconvexas, pilosas, agudas; gluma inferior 2.4–2.9 mm de largo, 9–11-nervia, gluma superior 7-nervia, pilosa; entrenudo entre las glumas 0.4–0.7 mm de largo; flósculo inferior estaminado, las anteras 2.3–3.2 mm de largo; lema inferior 5-nervia; pálea inferior tan larga como la lema inferior; flósculo superior 4.3–4.5 mm de largo, 0.2 mm más corto que la gluma superior a tan largo como ella, subagudo y a veces diminutamente

apiculado; anteras ca 2.7 mm de largo.

Esperada en Nicaragua; cultivada como forraje y escapada en áreas abiertas, nativa de Africa, introducida en otras partes de los trópicos.

Urochloa subquadripara (Trin.) R.D. Webster, Austral. Paniceae 252. 1987; *Panicum subquadriparum* Trin.

Perennes; tallos hasta 70 cm de largo, decumbentes, enraizando, las ramas erectas 20–30 cm de largo; entrenudos glabros o esparcidamente pilosos, nudos glabros. Vainas glabras a pilosas; lígula 0.5–1.3 mm de largo; láminas anchamente lineares, 3–9 cm de largo y 4–8 mm de ancho, esparcidamente híspidas, la base redondeada. Inflorescencia 4–13 cm de largo, eje 2–7 cm de largo, escabriúsculo, racimos 3–5, hasta 6 cm de largo, simples, el raquis 0.7–1 mm de ancho, angostamente alado, los márgenes escabriúsculos, el dorso glabro; espiguillas elípticas, 3.5–3.8 mm de largo, solitarias, aplanado-convexas, glabras, agudas; gluma inferior 1.4–1.6 mm de largo, 9–11-nervia, gluma superior 7-nervia; entrenudo entre las glumas alargado, 0.4–0.5 mm de largo; flósculo inferior estéril; pálea inferior ca 1/3 la longitud de la lema inferior, angosta; lema inferior 5-nervia; flósculo superior 2.6–2.9 mm de largo, ca 0.3 mm más corto que la gluma superior, obtuso; anteras 1.7–1.8 mm de largo.

Esperada en Nicaragua; nativa de Asia, introducida de México a Venezuela, Brasil y en las Antillas.

ZEA L.; *Euchlaena* Schrad.

Por Gerrit Davidse

Anuales robustas o perennes, cespitosas o rizomatosas; tallos con muchos entrenudos, sólidos, a menudo con raíces fúlcreas; plantas monoicas. Hojas en su mayoría caulinares; lígula una membrana; láminas grandes, lineares, aplanadas. Inflorescencias unisexuales; inflorescencia estaminada una panícula de racimos, terminal, entrenudos del raquis no articulados, delgados; espiguillas estaminadas pareadas, unilaterales, una espiguilla de cada par sésil o subsésil, la otra pedicelada, los pedicelos libres, glumas herbáceas, multinervias, flósculos superiores e inferiores similares, ambos estaminados, lema y pálea hialinas, lodículas 3, estambres 3; inflorescencia pistilada una espiga solitaria, axilar, delgada, envuelta en 1–numerosas espatas, entrenudos del raquis desarticulándose, hinchados, espiguillas pistiladas sésiles, solitarias, dísticas en 2 hileras, profundamente hundidas y casi envueltas por el entrenudo del raquis (cúpula), callo oblicuo, truncado o aplanado, gluma inferior endurecida, lisa, inconspicuamente alada en la punta, gluma superior membranácea, flósculo inferior estéril, lema inferior pequeña, hialina, pálea inferior pequeña, hialina, flósculo superior pistilado, lodículas ausentes, estilo y estigma solitarios, muy largos, las puntas extendiéndose más allá de las espatas envolventes. Fruto una cariopsis; hilo punteado. En *Zea mays* ssp. *mays* la inflorescencia pistilada es una mazorca masiva, dura, fibrosa, entrenudos del raquis no desarticulándose, espiguillas pareadas, sésiles, polísticas en 4–36 hileras, insertadas superficialmente en la mazorca, callo agudo, glumas membranáceas, flósculo inferior generalmente estéril o raramente pistilado, flósculo superior pistilado, lemas y páleas membranáceas.

Género con 4 especies, nativo de México y norte de Mesoamérica, ampliamente cultivado; 2 especies en Nicaragua.

P.C. Mangelsdorf. Corn. Its Origin, Evolution and Improvement. 1974; J.F. Doebley y H.H. Iltis. Taxonomy of *Zea* (Gramineae). I. A subgeneric classification with key to genera. Amer. J. Bot. 67: 982–993. 1980; H.H. Iltis y J.F. Doebley. Taxonomy of *Zea* (Gramineae). II. Subspecific categories in the *Zea mays* complex and a generic synopsis. Amer. J. Bot. 67: 994–1004. 1980.

1. Espiguillas pistiladas dísticas en 2 hileras en una espiga delgada, raquis desarticulándose; espigas (1–) 2 o más por rama lateral; cariopsis oculta por los entrenudos cupulados del raquis y por la gluma inferior endurecida, todos desarticulándose como una unidad; espatas envolviendo la espiga 1; panícula estaminada con el racimo central terminal laxo, tan delgada como los racimos laterales .... **Z. luxurians**
1. Espiguillas pistiladas polísticas en 4–36 hileras en una mazorca masiva, raquis no desarticulándose; mazorcas 1 por rama; cariopsis desnuda, no desarticulándose, gluma inferior membranácea; espatas envolviendo la mazorca 8 o más; panícula estaminada con el racimo central terminal erecto, mucho más grueso que los racimos laterales .... **Z. mays** ssp. **mays**

Zea luxurians (Durieu & Asch.) R.M. Bird, Taxon 27: 363. 1978; *Euchlaena luxurians* Durieu & Asch.; *E. mexicana* var. *luxurians* (Durieu & Asch.) Haines.

Anuales 2–3 m de alto, con raíces fúlcreas; renuevos numerosos. Vainas glabras; lígula 3–3.5 mm de largo; láminas 20–80 cm de largo y 3–8 cm de ancho, glabras. Panícula estaminada 12–21 cm de largo, racimos 1–10 (–25), una capa basal de abscisión bien desarrollada, eje 3.5–7 cm de largo, racimo terminal laxo, casi tan delgado como los racimos laterales; espiguillas estaminadas 8–10.5 mm de largo, pedicelos 3–5 mm de largo, gluma inferior aplanada en el dorso, (9–) 12–20 (–24)-nervia, carinada, las quillas angostamente aladas hacia el ápice, ciliadas; espigas pistiladas 2 o más por rama lateral, 5–9 cm de largo, dísticas, delgadas, espata 1, entrenudos del raquis 6.5–10 mm de largo, desarticulándose; espiguillas pistiladas solitarias, en 2 hileras, entrenudos cupulados del raquis trapezoides, gluma inferior endurecida, brillante. Cariopsis oculta en el entrenudo cupulado del raquis.

Rara, áreas estacionalmente inundadas, campos cultivados, vegetación secundaria abierta, Chinandega, León; 0–15 m; fl y fr oct–dic; *Iltis 30831, Rueda 1347*; Guatemala a Nicaragua.

Nota editorial: el material nicaragüense está siendo descrito por H.H. Iltis y B.F. Benz como una especie nueva.

Zea mays L. ssp. **mays**, Sp. Pl. 971. 1753.

Anuales 1–5 m de alto, con raíces fúlcreas; renuevos pocos. Vainas glabras o pilosas; lígula 2.5–8 mm de largo; láminas 20–160 cm de largo y 3–10 cm de ancho, glabras o pilosas. Panícula estaminada 20–35 cm de largo, racimos 3–40, sin una capa basal de abscisión, eje 2–21 cm de largo, racimo terminal erecto, más grueso que los racimos laterales; espiguillas estaminadas 7–12 mm de largo, pedicelos 2–5 mm de largo; espiga pistilada 1 por rama lateral, una mazorca masiva, fibrosa, polística, espatas 8 o más, entrenudos del raquis no desarticulándose; espiguillas pistiladas pareadas, en 8–30 hileras, cúpulas de los entrenudos del raquis rudimentarias, más o menos ocultas, gluma inferior membranácea, opaca. Cariopsis desnuda.

Cultivada, en todo el país; ca 500 m; fl y fr sep–nov; *Araquistain 406, Nee 27969*; nativa de México, hoy en día cultivada, cosmopolita. El maíz es una de las plantas cultivadas más importantes del mundo. Se conocen numerosas variedades agrícolas, las cuales muestran una enorme variación, especialmente en las características de la mazorca y las cariopsis. Las variedades agrícolas del maíz pueden ser ampliamente caracterizadas como palomera, dulce e indentada. Para una bibliografía que conduzca a la enorme cantidad de literatura acerca del maíz véase Mangelsdorf. "Maíz".

ZEUGITES P. Browne

Por Gerrit Davidse

Perennes; tallos delgados y rastreros o robustos y erectos; plantas monoicas. Hojas generalmente caulinares; lígula una membrana; pseudopecíolos generalmente bien desarrollados; láminas lanceoladas a ovadas, aplanadas, generalmente delgadas, nervadas transversalmente. Inflorescencia una panícula terminal, abierta, eje principal y ramas a menudo víscidos; espiguillas bisexuales, pediceladas, solitarias, comprimidas lateralmente, con 3–15 flósculos dimorfos, unisexuales; glumas más cortas que la espiguilla, anchas, obtusas o truncadas, a menudo irregularmente dentadas o lobadas, con nervaduras transversales conspicuas, la superior generalmente más angosta que la inferior; unión de la raquilla entre los flósculos pistilados y estaminados generalmente alargada; desarticulación por debajo de las glumas y la base del flósculo estaminado más inferior, los flósculos estaminados caedizos como una unidad; flósculo más inferior pistilado; lema ancha, generalmente obtusa, pálea un poco más larga o un poco más corta que la lema; lodículas 2, truncadas, vascularizadas; estilos 2, los estigmas plumosos; flósculos superiores estaminados 2–14, generalmente más angostos que el flósculo pistilado, agudos o subobtusos, pálea casi tan larga como la lema, estambres 3. Fruto una cariopsis; embrión 1/4–1/3 la longitud de la cariopsis, hilo punteado.

Género con ca 8 especies distribuidas desde México hasta Bolivia y en las Antillas; 1 especie se encuentra en Nicaragua y otra es esperada.

E.C. Tenório. The Subfamily Centostecoideae (Gramineae). Ph.D. Thesis, University of Maryland, College Park. 1978.

1. Tallos 15–50 cm de largo, generalmente decumbente-patentes con ramas erectas o ascendentes, delgados; láminas 1.5–6 cm de largo y 0.6–1.9 cm de ancho; lígula adnada a las aurículas .... **Z. americana** var. **mexicana**
1. Tallos 100–400 cm de largo, erectos, robustos; láminas 17–45 cm de largo y 3–7 cm de ancho; lígula libre .... **Z. pittieri**

Zeugites americana var. **mexicana** (Kunth) Mc-Vaugh, Fl. Novo-Galiciana 14: 413. 1983; *Despretzia mexicana* Kunth; *Senites mexicana* (Kunth) Hitchc.; *Z. americana* ssp. *mexicana* (Kunth) Pilg.; *Z. mexicana* (Kunth) Trin. ex Steud.

Tallos 15–50 cm de largo y 1–2 mm de ancho, delgados, desparramados, decumbentes y enraizando en la base, ramificados libremente, glabros. Vainas redondeadas o subagudas en el ápice, glabras o hirsutas; lígula 0.7–2 mm de largo, a veces pilosa en el dorso, adnada con las aurículas; pseudopecíolos 7–10 mm de largo, con un pulvínulo piloso purpúreo en el ápice; láminas ovadas, 1.9–4.4 cm de largo y 0.5–2.1 cm de ancho, glabras u ocasionalmente con unos pocos tricomas largos en la haz. Panícula 6–9 cm de largo, ramas escasas, patentes, algo flexuosas, las inferiores a menudo reflexas, con espiguillas solitarias en los ápices; espiguillas 5–8 mm de largo, pocas, verdes, generalmente glabras; gluma inferior 2.1–3 mm de largo, anchamente oblonga, 3–5-nervia, ciliolada, raramente puberulenta, el ápice truncado, crenado o dentado, gluma superior angostamente oblonga, 2.1–2.5 mm de largo, 3-nervia, el ápice obtuso, crenado o dentado; lema pistilada 3.8–5.6 mm de largo, eroso-truncada, 7–13-nervia, sin arista; pálea pistilada escasamente más larga que la lema pistilada; flósculos estaminados 1–4, ocasionalmente el ultimo reducido a un rudimento; lemas estaminadas 3–5.1 mm de largo, 5–7-nervias, agudas, generalmente sin una arista o con una arista hasta 5 mm de largo; anteras 2–2.4 mm de largo.

Conocida en Nicaragua por una sola colección (*Grant 7313*) de márgenes de ríos, Jinotega; 1300 m; México a Perú, Bolivia y en las Antillas.

Zeugites pittieri Hack., Oesterr. Bot. Z. 52: 373. 1902.

Tallos 150–400 cm de largo y 5–10 mm de ancho, robustos, erectos o arqueados, simples o ramificados por encima, glabros. Vainas truncadas en el ápice, diminutamente puberulentas; lígula 0.5–2 mm de largo, ciliolada, libre; pseudopecíolos 2–12 mm de largo, los pulvínulos en la base y el ápice densamente hirsutos en el envés; láminas oblongo-lanceoladas, 17–45 cm de largo y 3–7 cm de ancho, glabras. Panícula 20–30 cm de largo, ramas rígidamente ascendentes o patentes, las inferiores a veces reflexas, por lo general densamente pilosas en las axilas, con espiguillas casi hasta la base; espiguillas 7–20 mm de largo, numerosas, verdes, glabras; gluma inferior obovada, 3.5–6.5 mm de largo, anchamente 9–11-nervia, ciliolada, el ápice dentado, gluma superior 3–6 mm de largo, oblonga, 7–9-nervia, ciliolada, el ápice obtuso o abruptamente agudo; lema pistilada 3.5–5 mm de largo, aguda o a veces diminutamente aristada desde un ápice 2-fido, 7–15-nervia, ciliolada; pálea pistilada casi tan larga como la lema pistilada; flósculos estaminados 6–14; lemas estaminadas 3–5 mm de largo, 7–8-nervias, agudas o diminutamente aristadas, glabras; anteras 2–3.5 mm de largo.

Esperada en Nicaragua; México (Chiapas) a Panamá.

ZOYSIA Willd.
Por Richard W. Pohl y Gerrit Davidse

Zoysia matrella (L.) Merr., Philipp. J. Sci. 7: 230. 1912; *Agrostis matrella* L.

Perennes rizomatosas y estoloníferas, frecuente-mente formando montículos laxos; plantas hermafroditas. Hojas glabras; lígula una membrana ciliada diminuta; láminas lineares, aplanadas o involutas,

2–8 cm de largo y 0.5–2.8 mm de ancho, aplanadas a involutas. Inflorescencia un racimo terminal solitario, erecto, 1–4 cm de largo, con 5–20 espiguillas solitarias, adpresas, comprimidas lateralmente, con 1 flósculo bisexual, pedicelos aplanados; espiguillas 2.4–2.8 mm de largo, sin arista; desarticulación por debajo de las glumas, la espiguilla caediza como una unidad; gluma inferior ausente, gluma superior lanceolada como plegada tan larga como la espiguilla, carinada, rígida, aguda o terminada en una arista, inconspicuamente 5-nervia, los márgenes unidos abajo; flósculo ocultado dentro de la gluma; lema delgada, 1-nervia, sin arista; pálea generalmente ausente; lodículas ausentes; lema angostamente lanceolada, 1-nervia; anteras 3, 1–1.4 mm de largo; estilos 2, terminalmente exertos. Fruto una cariopsis; embrión ca 1/2 la longitud de la cariopsis, hilo punteado.

Cultivada para césped y a veces escapada; nativa de Asia y las Islas del Pacífico e introducida en América. Dos variedades se encuentran en Nicaragua. Género con ca 6 especies en Asia y Australia.

I. Forbes, Jr. Chromosome numbers and hybrids in *Zoysia*. Agron. J. 44: 194–199. 1952; W.D. Clayton y F.R. Richardson. The tribe Zoysieae Miq. Studies in the Gramineae XXXII. Kew Bull. 28: 37–48. 1973; P.C. Goudswaard. The genus *Zoysia* in

Malesia. Blumea 26: 169–175. 1980.

1. Láminas foliares 1.5–2.6 mm de ancho, algo patentes .... **Z. matrella** var. **matrella**
1. Láminas foliares 0.7–1 mm de ancho, erectas .... **Z. matrella** var. **pacifica**

Zoysia matrella var. **matrella**

Láminas foliares hasta 8 cm de largo y 1.5–2.8 mm de ancho, frecuentemente aplanadas, algo patentes. Racimo hasta 4 cm de largo, exerto.

Cultivada, Managua; fl y fr dic; *Seymour 918-a, 1073*; nativa de Asia tropical y subtropical, ampliamente introducida en otros continentes.

Zoysia matrella var. **pacifica** Goudswaard, Blumea 26: 172. 1980.

Láminas foliares hasta 2–6 cm de largo y 0.5–1 mm de ancho, generalmente involutas y erectas. Racimo hasta 1.5 cm de largo, frecuentemente no completamente exerto.

Poco común, bosques secos, zona pacífica; ca 50 m; fl y fr may, ago–oct; *Grijalva 3151, Stevens 22115*; nativa de Asia e islas del Pacífico, cultivada en los trópicos y subtrópicos de América. Ha sido erróneamente identificada como *Z. tenuifolia* Willd. ex Thiele.

PODOSTEMACEAE Rich. ex C. Agardh

Robert R. Haynes

Hierbas anuales o perennes, acuáticas, creciendo en rápidos y saltos de ríos, mayormente adheridas a piedras, sumergidas con inflorescencias emergentes, tallos frecuentemente taloides, usualmente ancladas al substrato; plantas hermafroditas. Hojas sumergidas, alternas o raramente verticiladas, sésiles y simples o pecioladas y pinnadamente compuestas; pecíolos, cuando presentes, teretes. Flores solitarias, pediceladas, pedicelo con o sin ápice ensanchado y cupuliforme, actinomorfas o raramente zigomorfas; perianto de 2–numerosos tépalos, en 1 o varios verticilos o en un lado de la flor, los tépalos reducidos a escamas o petaloides, libres o unidos en la base; estambres 1–numerosos, mayormente alternos con los tépalos, en 1 ó 2 verticilos o en un lado de la flor, filamentos libres o unidos, anteras introrsas o extrorsas, basifijas o dorsifijas, abriéndose por hendeduras paralelas y verticales; carpelos 1–3, unidos, ovario súpero, adelgazado en la base o cortamente pediculado, raramente orientado oblicuamente en la flor, 1–3-locular, estilos lineares a filiformes, cohesionados basalmente, estigmas iguales en número a los carpelos, placentación axial con 2–numerosos óvulos anátropos. Fruto una cápsula de paredes delgadas, emergente, elipsoide a globosa; semillas 2–numerosas, sin endosperma, embrión recto.

Familia con 43 géneros y alrededor de 200 especies de aguas dulces, principalmente tropicales y subtropicales pero también de regiones templadas; 2 géneros y 5 especies se conocen en Nicaragua y 1 especie adicional se espera encontrar. Las plantas son fértiles cuando están expuestas al aire por el cambio de nivel de los ríos en el verano.

Fl. Guat. 24(4): 401–403. 1946; Fl. Pan. 37: 124–137. 1950; P. van Royen. The Podostemaceae of the New World, Pt. 1. Meded. Bot. Mus. Herb. Rijks Univ. Utrecht 107: 1–150. 1951; P. van Royen. The Podostemaceae of the New World, Pt. 2. Acta Bot. Neerl. 2: 1–21. 1953, Pt. 3. 3: 215–263. 1954; W. Burger. Podostemaceae. *In:* Fl. Costaricensis. Fieldiana, Bot., n.s. 13: 1–8. 1983.

1. Hojas compuestas, 1–50 cm de largo; tépalos 3–25, escuamiformes; ovario 2-locular .... **Marathrum**
1. Hojas simples, diminutas, hasta 4 mm de largo; tépalos 3–5, anchos; ovario 3-locular .... **Tristicha**

MARATHRUM Bonpl.

Hojas pecioladas, pinnadamente compuestas o raramente subenteras con unos pocos lobos distales, láminas variando en tamaño y forma. Inflorescencia de flores solitarias o fasciculadas naciendo entre las bases de las hojas, pedicelo con o sin ápice ensanchado y cupuliforme; perianto de 3–25 tépalos, en 1 o varios verticilos o en un lado de la flor, los tépalos lanceolados a lineares o filiformes o reducidos y escuamiformes en la base de la flor, libres o unidos en la base; estambres 2–25, verticilados o en un lado de la flor, unidos en la base, anteras introrsas; ovario 2-locular, con 6 u 8 costillas longitudinales, estilos 2, subulados, 1–1.5 mm de largo, piramidales cuando jóvenes, libres o apenas coherentes cerca de la base o raramente casi hasta los ápices. Fruto una cápsula, separándose a lo largo de las costillas en 2 valvas iguales; semillas pequeñas y numerosas.

Género con 19 especies, todas nativas a Centro y Sudamérica; 4 especies conocidas en Nicaragua y otra esperada.

1. Estambres y tépalos 2–3, en un lado de la flor .... **M. tenue**
1. Estambres y tépalos 5–10, en verticilos
   2. Pedicelo usualmente ensanchándose y tornándose cupuliforme en el ápice
      3. Hojas con segmentos repetidamente furcados, con las divisiones terminales largas y muy delgadas, nunca pinnatisectas en apariencia .... **M. foeniculaceum**
      3. Hojas con segmentos usualmente pinnatífidos, las divisiones terminales 1–3 mm ancho o si delgadas usualmente menos de 5 mm de largo .... **M. schiedeanum**
   2. Pedicelo apenas ligeramente agrandado en el ápice, nunca cupuliforme en la base de la flor
      4. Estilos espatulados, cohesionados solamente en la base .... **M. minutiflorum**
      4. Estilos filiformes, dilatados en los ápices, cohesionados hasta cerca del ápice .... **M. oxycarpum**

Marathrum foeniculaceum Bonpl. in Humb. & Bonpl., Pl. Aequinoct. 1: 40. 1806.

Hierbas hasta 50 cm de largo, unidas al substrato por una base irregular de hasta 60 cm de largo y 2 cm de ancho. Hojas repetidamente furcadas, 2.5–50 cm de largo, divisiones últimas angostas, 0.5–12 mm de largo; pecíolos 1–8 cm de largo, dilatados en la base, sin vainas; estípulas 2–3 mm de largo. Flores solitarias o fasciculadas; pedicelo 1–3.5 cm de largo, ensanchado en el ápice; tépalos 5–8, en un verticilo, ca 1 mm de largo; estambres 5–8, 5–5.5 mm de largo; ovario 3–4.5 mm de largo y 1–1.5 mm de diámetro, con 8 costillas prominentes, estilos comprimidos a subulados, cohesionados en la base. Cápsula ca 4.5 mm de largo, cada valva con costillas prominentes.

Conocida de Nicaragua por una sola colección (*Haynes 8351-b*) de corrientes de aguas poco profundas, Matagalpa; 200–500 m; fl y fr ene–may; Belice hasta Colombia. Se distingue de las otras especies de *Marathrum* en Centroamérica por las hojas furcadas.

Marathrum minutiflorum Engl., Bot. Jahrb. Syst. 61(Beibl. 138): 4. 1927.

Hierbas hasta 10 cm de largo, unidas al substrato por una base plana de hasta 1 cm de largo. Hojas repetidamente pinnadas, hasta 13 cm de largo, divisiones últimas mayormente espatuladas, hasta 1.5 mm de largo; pecíolos hasta 5 cm de largo y ca 1 mm de diámetro, no dilatados, sin vainas; estípulas ca 1 mm de largo. Flores solitarias; pedicelo hasta 3.5 cm de largo, no ensanchado ni cupuliforme en el ápice; tépalos 5–8, en un verticilo, 3.5–4.5 mm de largo; ovario 2–3.5 mm de largo y 1–1.5 mm de diámetro, con 8 costillas ligeramente prominentes, estilos espatulados, hasta 2 mm de largo, obtusos, cohesionados en la base. Cápsula ca 3 mm de largo, cada valva con 5 costillas prominentes.

Localmente abundante en corrientes de aguas claras y poco profundas, en Matagalpa; 0–500 m; fl y fr ene–may; *Haynes 8340, Rothschuh 411*; México a Panamá. La colección de Rothschuh, realizada cerca de Muy Muy en el siglo pasado, es el tipo.

Marathrum oxycarpum Tul., Ann. Sci. Nat. Bot., sér. 3, 11: 94. 1849.

Hierbas hasta 50 cm de largo, unidas al substrato por una base irregular de hasta 3 cm de largo. Hojas repetidamente pinnadas, 3–50 cm de largo, divisiones últimas espatuladas, 0.5–3 cm de largo; pecíolos hasta 12 cm de largo, dilatados y envainadores en la base; estípulas 1.5–2.5 mm de largo. Flores solitarias; pedicelo 4–9 cm de largo, algo ensanchado en el ápice pero no cupuliforme; tépalos 8–10, en un verticilo, 0.5–1 mm de largo; estambres 8–10, 5–6 mm de largo; ovario 3.5–5 mm de largo y 1.5–2 mm de diámetro, con 8 costillas distintas, estilos emarginados, cohesionados casi por completo. Cápsula 2.5–5 mm de largo, elipsoide, cada valva con 5 costillas prominentes.

Localmente abundante en corrientes de aguas poco profundas, en Chontales, Jinotega, Matagalpa y Zelaya; 75–975 m; fl y fr ene–may; *Haynes 8368, Stevens 22857*; Honduras a Colombia. Esta especie no puede ser separada de *M. schiedeanum* cuando estéril. La única diferencia fácil de observar radica en el ápice del pedicelo, el cual es cupuliforme en *M. schiedeanum* y agrandado pero no cupuliforme en *M. oxycarpum*. Este carácter, según van Royen, solamente está bien desarrollado cuando en fruto. Desafortunadamente, el carácter parece ser algo variable y hay plantas individuales con toda la serie de formas. Es posible, como también sugiere Burger, que estas dos sean la misma especie. Sin embargo, el carácter es muy fácil de observar cuando está bien desarrollado y estoy siguiendo a van Royen en mantener las dos especies separadas.

Marathrum schiedeanum (Cham.) Tul., Ann. Sci. Nat. Bot., sér. 3, 11: 95. 1849; *Lacis schiedeanum* Cham.

Hierbas hasta 50 cm de largo, unidas al substrato por una base irregular de hasta 55 cm de largo y 2 cm de ancho. Hojas repetidamente pinnadas, hasta 40 cm de largo, divisiones últimas casi filiformes, hasta 2.5 mm de largo; pecíolos 0.5–13 cm de largo, dilatados en la base, sin vainas; estípulas ca 1.5 mm de largo. Flores solitarias o fasciculadas; pedicelo 1–9 cm de largo, ápice cupuliforme o disciforme; tépalos 5–8, en un verticilo, 0.5–1.5 mm de largo; estambres 5–8, 4–4.5 mm de largo; ovario 2–5.5 mm de largo y 1.5–3 mm de diámetro, con 8 costillas ligeramente prominentes, estilos subulados, 1–2 mm de largo. Cápsula hasta 5.5 mm de largo, elipsoide, cada valva con 5 costillas prominentes.

Común a abundante en corrientes de aguas poco profundas, en Chontales, Jinotega y Zelaya; 200–1600 m; fl y fr ene–may; *Haynes 8367, Stevens 21486*; México a Costa Rica.

Marathrum tenue Liebm., Förh. Skand. Naturf. Möte 5: 511. 1849.

Hierbas hasta 20 cm de largo, unidas al substrato por una base plana o ramificada hasta 1.5 cm de largo. Hojas repetidamente pinnadas, hasta 15 cm de largo, divisiones últimas casi filiformes, hasta 1.5 mm de largo; pecíolos hasta 3.5 cm de largo y 1.5–3.5 mm de diámetro, ensanchados y envainadores en la base; estípulas ausentes. Flores solitarias o fasciculadas; pedicelo hasta 2.5 cm de largo, algo asimétricos en el ápice; tépalos 2–3, en un lado de la flor, ca 1 mm de largo; estambres 2–3, 3–4.5 mm de largo; ovario 2–3 mm de largo y 1–2 mm de diámetro, con 8 costillas prominentes, estilos subulados, 1–1.5 mm de largo, piramidales cuando jóvenes, libres o ligeramente cohesionados en la base. Cápsula ca 3 mm de largo, cada valva con 5 costillas prominentes o 3 prominentes y 2 menos prominentes.

Ampliamente distribuida desde México hasta Costa Rica y esperada en Nicaragua. Fácil de distinguir de las demás especies de *Marathrum* en Centroamérica por tener el perianto en un solo lado de la flor.

TRISTICHA Thouars

Tristicha trifaria (Bory ex Willd.) Spreng., Syst. Veg., ed. 16, 1: 22. 1824; *Dufourea trifaria* Bory ex Willd.

Hierbas 1–10 cm de alto, con el aspecto de musgo, tallos teretes. Hojas simples, verticiladas, imbricadas, ovadas a espatuladas, 0.3–4 mm de largo y hasta 0.5 mm de ancho, enteras y sésiles. Flores solitarias; pedicelo hasta 2 cm de largo, sin ápice especializado; perianto de 3 tépalos, en un verticilo, libres o unidos, 1–2 mm de largo; estambre 1, 1.5–2.5 mm de largo, anteras introrsas; ovario 3-locular, cada lóculo con 3 costillas longitudinales, estilos 3, libres, ca 0.5 mm de largo. Cápsula elipsoide, ca 1.5 mm de largo, con costillas prominentes; semillas pequeñas y numerosas.

Localmente abundante en corrientes de aguas claras y poco profundas y en saltos en Chontales, Matagalpa, Jinotega y Zelaya; 75–850 m; fl y fr ene–may; *Haynes 8359, Stevens 24175*; México hasta Argentina, también en Africa. Un género con 2 ó 3 especies, las otras en Africa y Asia tropical.

POLEMONIACEAE Juss.

Gene A. Sullivan

Hierbas anuales o perennes, subarbustos o raramente arbustos, trepadoras o árboles pequeños, frecuentemente glandulosos; plantas hermafroditas. Hojas alternas u opuestas, simples o raramente pinnadas (*Cobaea*), enteras a palmati- o pinnatilobadas; exestipuladas. Flores solitarias o en cimas o raramente panículas, axilares o terminales, regulares a ligeramente irregulares (*Loeselia*); sépalos 5, connados o raramente distintos (*Cobaea*), imbricados o valvados; pétalos 5, connados, contortos, corola hipocrateriforme, rotácea o raramente campanulada (*Cobaea*); estambres 5, epipétalos, frecuentemente unidos al tubo floral a diferentes alturas, filamentos distintos, a veces barbados en la base, anteras 2-loculares, con dehiscencia longitudinal; ovario súpero, 2–3 (–4)-carpelar y -locular, con placentación axial, óvulos 1–numerosos, estilo 1, terminando en 2–3 ramas, éstas a su vez terminando en estigmas. Fruto una cápsula loculicida o raramente septicida (*Cobaea*); semillas frecuentemente con una testa mucilaginosa cuando humedecidas, a veces aladas.

Familia con 18 géneros y ca 316 especies, mayormente en áreas templadas y subtropicales de Norteamérica; 1 género y 2 especies se encuentran en Nicaragua. Otro género, *Cobaea*, es conocido de otros países centroamericanos, incluyendo Costa Rica y Guatemala y 1 especie, *C. scandens* Cav. es ampliamente cultivada como ornamental. *Cobaea* es una trepadora herbácea, de hojas alternas, pinnadas y con el folíolo terminal modificado en forma de zarcillo, flores solitarias, axilares y con la corola campanulada, el fruto es una cápsula septicida.

Fl. Guat. 24(9): 85–96. 1970; Fl. Pan. 58: 355–361. 1971.

LOESELIA L.

Hierbas anuales o perennes, o arbustos. Hojas alternas, simples, márgenes enteros, serrados o dentados, usualmente pecioladas. Flores solitarias o en cimas conglomeradas o en panículas, axilares o terminales, subsésiles, sostenidas por numerosas brácteas imbricadas; cáliz tubular, ligeramente irregular, lobos herbáceos a membranáceos; corola usualmente hipocrateriforme y bilabiada; estambres naciendo a la misma altura; ovario glabro, sobre un disco pequeño. Fruto una cápsula loculicida envuelta por el cáliz; semillas 1–numerosas, aladas.

Género con ca 9 especies tropicales y subtropicales, distribuidas desde los Estados Unidos (sur de Arizona) hasta Venezuela; 2 especies se encuentran en Nicaragua.

B.L. Turner. Synopsis of the North American species of *Loeselia* (Polemoniaceae). Phytologia 77: 318–337. 1994.

1. Flores en panículas; brácteas ampliamente ovadas a redondeado-deltoides, con dientes terminando en cerdas rígidas; flores blancas a amarillas .... **L. ciliata**
1. Flores en cimas conglomeradas; brácteas lineares a lanceoladas, con las superficies exteriores cubiertas de tricomas glandulares; flores rosadas a moradas .... **L. glandulosa**

Loeselia ciliata L., Sp. Pl. 628. 1753; *Hoitzia lupulina* Hook. & Arn.

Anuales, sufruticosas a frutescentes, hasta 1 m de alto, tallos estrigosos, glabrescentes. Hojas ovadas a ovado-elípticas, 2.5–8.5 cm de largo y 1.5–3.5 cm de ancho, ápice agudo, base atenuada a subcordada, márgenes gruesamente serrados, cada diente terminando en una cerda y frecuentemente con cerdas entre ellos, escasamente estrigosas. Flores en panículas agrupadas en los ápices de pedúnculos largos, brácteas 3–numerosas, ampliamente ovadas, angular-ovadas o redondeado-deltoides,

0.3–1 cm de largo, márgenes gruesamente dentados, cada diente terminando en una cerda 2–4 mm de largo, las inferiores abrazando el pedúnculo, bractéolas 1–2, lanceoladas, aristadas, escariosas; lobos del cáliz 5–7 mm de largo, aristados; corola hipocrateriforme, 0.5–1.5 (–2) cm de largo, blanca a amarillo pálida. Cápsula 3–4 mm de largo; semillas 1–2 por lóculo.

Común en áreas secas y perturbadas, en las zonas pacífica y norcentral; 20–800 m; fl nov–mar, fr dic–may; *Grijalva 1755*, *Stevens 21448*; México al noroeste de Sudamérica.

Loeselia glandulosa (Cav.) G. Don, Gen. Hist. 4: 248. 1838; *Hoitzia glandulosa* Cav.

Anuales, sufruticosas, hasta 0.8 m de alto, tallos estrigosos con los tricomas a veces glandulares, glabrescentes. Hojas pocas, lanceoladas a ovadas, 1–4.5 cm de largo y 0.5–2 cm de ancho, ápice agudo, base atenuada, márgenes serrados, cada diente terminando en una cerda, estrigosas. Flores en cimas conglomeradas, éstas agrupadas en los ápices de los pedúnculos, brácteas 4–numerosas, lineares a lanceoladas, 5–6 mm de largo y 1 mm de ancho, las superficies exteriores cubiertas de tricomas glandulares, gruesamente dentadas cerca del ápice, cada diente terminando en una cerda, las brácteas internas tornándose membranáceas; lobos del cáliz 3–5 mm de largo, aristados, con un nervio sobresaliente en cada lado del ápice, membranáceos, menudamente papilosos; corola hipocrateriforme, 0.5–1 cm de largo, rosada a morada. Cápsula 2–4 mm de largo; semillas 1–3 por lóculo.

Poco común en áreas secas, en la zona norcentral; 900–1300 m; fl nov–mar, fr dic–jun; *Moreno 14247*, *Stevens 22771*; Estados Unidos (sur de Arizona) al noroeste de Sudamérica.

POLYGALACEAE R. Br.

Thomas L. Wendt

Hierbas, arbustos, árboles, bejucos o saprófitas sin clorofila; plantas hermafroditas. Hojas simples, alternas, verticiladas u opuestas, con margen entero o ligeramente denticulado, a veces con glándulas en el tejido, con pubescencia de tricomas simples; estípulas ausentes pero a veces glándulas anulares o cónicas presentes en la posición estipular. Inflorescencias racimos, espigas o panículas, axilares, terminales o extraaxilares, flores hipóginas o períginas, zigomorfas o casi actinomorfas, bracteadas y casi siempre bibracteoladas; sépalos 5, libres o 2 de ellos o todos unidos, los 2 laterales (internos) a menudo (siempre en Nicaragua) mucho más grandes y petaloides ("alas"); pétalos 3 ó 5, libres entre sí pero cada uno adnado al tubo estaminal, casi todos iguales o ligeramente diferenciados, en las especies nicaragüenses el pétalo abaxial forma una quilla con base espatulada (uña), una "bolsa" sacciforme y a menudo un apéndice distal, los 2 adaxiales (superiores) más o menos oblongos, y los 2 laterales muy reducidos o ausentes; estambres 3–10, unidos en la base formando un tubo abierto al lado adaxial, anteras basifijas, con 2–4 esporangios, lóculos generalmente confluentes antes de la antesis, dehiscencia longitudinal o por una línea subapical corta (aparentemente poricida); disco intrastaminal a menudo presente, anular o modificado formando una glándula adaxial; ovario 1–8-locular, cada lóculo con 1 óvulo, estilo 1, raras veces ausente, generalmente curvado o geniculado, estigma capitado o bilobado, lóbulos iguales o diferenciados. Fruto una cápsula loculicida a veces indehiscente, o una drupa, sámara o nuez; semilla 1 por lóculo, a veces arilada, endosperma abundante o escaso, generalmente aceitoso.

Familia con ca 18 géneros y 800 especies en su mayoría tropicales y subtropicales, pero con muchas especies de *Polygala* en las zonas templadas; 4 géneros con 26 especies en Nicaragua. El género neotropical *Moutabea* tiene su límite septentrional en el norte de Costa Rica en la zona fronteriza con Nicaragua; sus miembros son árboles, arbustos o bejucos y se diferencian fácilmente de los otros géneros colectados en Nicaragua por el hipanto y los pétalos laterales bien desarrollados y el ovario 4 ó 5-locular. Las flores de las Poligaláceas se confunden frecuentemente con las de las Papilionáceas, sin embargo, se las puede distinguir por sus sépalos libres (o solamente los 2 inferiores unidos), alas de origen sepalino, pétalos unidos al tubo estaminal, ovario frecuentemente 2-locular y 1 óvulo por lóculo.

Fl. Guat. 24(6): 5–22. 1949; Fl. Pan. 56: 9–28. 1969; S.F. Blake. Polygalaceae. N. Amer. Fl. 25: 305–379. 1924.

1. Ovario con 1 lóculo fértil, el segundo muy reducido o ausente; fruto una sámara indehiscente o una drupa; semilla 1, testa poco desarrollada, glabra
   2. Arbustos, sufrútices o arbustos raramente escandentes o hierbas anuales; alas azul obscuras; quilla sin apéndice apical; fruto una drupa jugosa; sin glándulas estipulares .... **Monnina**
   2. Arbustos escandentes o bejucos; alas rosadas a violetas; margen de la quilla convoluto distalmente formando un apéndice apical; fruto una sámara; glándulas anulares o cónicas en la posición estipular .... **Securidaca**

1. Ovario con 2 lóculos fértiles; fruto una cápsula dehiscente; semillas 2, testa bien desarrollada, pubescente o comosa y generalmente con un arilo o carúncula

    3. Semilla con una coma de tricomas más largos que la semilla surgiendo de una carúncula hilar, la testa además serícea; inflorescencia paniculada; bejucos, arbustos o arbolitos .... **Bredemeyera**

    3. Semilla pubescente y generalmente con carúncula o arilo pero sin tricomas más largos que la semilla; inflorescencia racemosa; hierbas, sufrútices, arbustos o bejucos pequeños .... **Polygala**

BREDEMEYERA Willd.

Bredemeyera lucida (Benth.) Klotzsch ex Hassk., Ann. Mus. Bot. Lugduno-Batavum 1: 189. 1864; *Catocoma lucida* Benth.

Arbustos o arbolitos hasta 8 m de alto o bejucos más altos; ramitas jóvenes tomentosas con tricomas cortos amarillento pálidos o glabras. Hojas alternas, enteras, lámina elíptica, ovalada o algo ovada, 4–12 cm de largo y 2–6 cm de ancho, ápice obtuso a cortamente acuminado, base redondeada, a veces aguda, nervios laterales 6–12 pares, fuertemente divergentes, no diferenciados de los nervios terciarios, coriáceas, haz glabra excepto el nervio central, obscuro y brillante, envés estrigoso o pubescente con tricomas cortos; pecíolo 5–10 mm de largo, tomentoso a glabro, glándulas estipulares ausentes. Inflorescencia una panícula racemosa muy abierta, 2–30 cm de largo, axilar (a veces apareciendo como terminal), pedúnculo hasta 4 cm de largo; ramas laterales inferiores hasta 12 cm de largo, con ramificación secundaria, abrazadas por brácteas foliáceas de hasta 3 cm de largo, ejes densamente tomentosos con tricomas cortos, flores en grupos esparcidos en ramas laterales, pedicelos 0.5–1 mm de largo, gruesos, tomentosos; sépalos externos 1–2 mm de largo, alas obovado-suborbiculares, 2.5–4 mm de largo, pubérulas con tricomas adpresos en el centro, por fuera y levemente por dentro, blanco-verdosas o amarillentas; quilla sin apéndice apical; estambres 8; disco anular; ovario 2-locular, estigma con 2 lóbulos terminales, apicales e iguales. Fruto una cápsula dehiscente, 2-locular, espatulada, 10–13 mm de largo, coriácea, con ápice emarginado; cuerpo de la semilla estrechamente oblongo, 4.5–6.5 mm de largo, densamente seríceo, coma con numerosos tricomas más largos que el cuerpo, ca 10–11 mm de largo, surgiendo de una carúncula hilar, pequeña, 0.8–1.5 mm de largo.

Localmente común en bosques de galería, sabanas de pinos, bosques inundables, norte de la zona atlántica; 0–500 m; fl feb–mar, fr feb–abr; *Pipoly 3922, Stevens 8458*; sureste de México a Brasil y en Trinidad. Un género con ca 15 especies, las demás sudamericanas; además, algunos autores incluyen *Comesperma* (ca 30 especies, Australia, Tasmania) y *B. papuana* Steenis (=*Polygala papuana* (Steenis) Meijden de Nueva Guinea).

M.C. Mendes Marques. Revisão das espécies do gênero *Bredemeyera* Willd. (Polygalaceae) do Brasil. Rodriguésia 32(54): 269–321. 1980.

MONNINA Ruiz & Pav.

Arbustos, sufrútices, arbolitos, raramente escandentes o hierbas anuales. Glándulas estipulares ausentes o a veces presentes (en especies sudamericanas). Inflorescencia un racimo o una panícula, flores zigomorfas; sépalos libres o los 2 inferiores unidos, caducos en fruto, alas bien desarrolladas, petaloides, en general fuertemente reflexas y cóncavas; quilla más o menos 3-lobada, lóbulo central generalmente emarginado, sin apéndice apical; estambres 6 (en Nicaragua) u 8, filamentos en general divididos en 2 grupos, en Nicaragua el tubo densamente piloso distalmente; disco desarrollado como glándula adaxial prominente; ovario 1–2-locular, cuando 1, el lóculo superior suprimido, estigma bilobado, lóbulos usualmente diferenciados. Fruto una drupa jugosa (en Nicaragua) o seco e indehiscente; testa glabra, poco desarrollada, sin arilo.

Género con ca 160 especies, en su mayoría sudamericanas, algunas en Centroamérica, México y el suroeste de los Estados Unidos; 4 especies se conocen en Nicaragua y Centroamérica.

C.M. Taylor. A revision of the Central American species of *Monnina* (Polygalaceae). Rhodora 87: 159–188. 1985.

1. Tricomas de las ramitas jóvenes erectos, 0.3–0.7 mm de largo .... **M. ferreyrae**

1. Tricomas de las ramitas jóvenes adpresos o irregularmente ascendentes, 0.1–0.2 mm de largo

2. Inflorescencias paniculadas terminales, hasta con 4 ramas laterales no abrazadas por hojas, frecuentemente con 1–2 inflorescencias axilares, a veces ramificada desde su base; tubo estaminal 1.8–2.5 mm de largo (medido en la línea media abaxial) .... **M. parasylvatica**
2. Inflorescencias terminales simples, a menudo con una inflorescencia axilar surgiendo de su base; tubo estaminal 2.5–4.5 mm de largo
   3. Brácteas florales más grandes 3.5–6.5 mm de largo .... **M. sylvatica**
   3. Brácteas florales más grandes 1.2–3 (–3.5) mm de largo .... **M. xalapensis**

Monnina ferreyrae C.M. Taylor, Rhodora 87: 185. 1985.

Sufrútices o arbustos, 0.5–2 m de alto; ramas a menudo huecas, el lumen generalmente pequeño, ramitas jóvenes densamente pilosas. Hojas elípticas u obovadas, 4.5–12.5 cm de largo y (1.2–) 1.5–5 (–6.5) cm de ancho, ápice agudo a acuminado, base cuneada, haz pilosa o glabra, envés ligera a densamente piloso, con 4–6 pares de nervios laterales; pecíolos 3–7 mm de largo, pilosos. Inflorescencia simple, terminal, a menudo opositifolia, con una sola inflorescencia axilar en su base, 3.5–15 cm de largo, eje y pedúnculo pilosos, brácteas estrechamente lanceoladas, (2.5–) 3–7.5 mm de largo, ciliadas, más o menos pilosas, mucho más largas que las yemas, ápice de la inflorescencia por lo tanto comoso, pedicelos 0.6–1.5 (–2.5) mm de largo; sépalos exteriores puberulentos, ciliados, deltados a elípticos con ápices agudos, el superior profundamente cimbiforme, 2.5–5 mm de largo, los inferiores libres, 1.7–4 mm de largo, alas ampliamente elípticas a suborbiculares, 4–5.5 mm de largo, ciliadas, azules o azul-morado obscuras; quilla del mismo color con ápice amarillo; tubo estaminal 2.5–3 (–3.5) mm de largo. Fruto con endocarpo 6–8 mm de largo y 3.5–4.5 mm dorsiventralmente.

Común, nebliselvas, bosques húmedos de pino-encinos, a menudo en áreas alteradas, zona norcentral; 1300–1600 m; fl y fr todo el año; *Henrich 377, Moreno 19360*; Honduras y Nicaragua. Véase discusión en *M. sylvatica*.

Monnina parasylvatica C.M. Taylor, Rhodora 87: 170. 1985.

Sufrútices o arbustos débiles, a menudo escandentes, 0.5–3 m de alto; ramas huecas, el lumen grande, finamente puberulentas. Hojas elípticas o algo ovadas u obovadas, 6–14.5 cm de largo y 2–8 cm de ancho, ápice acuminado a ampliamente agudo, base redondeada a cuneada, fina y ligeramente puberulentas o glabras, con 4–6 pares de nervios laterales; pecíolos 3–8 (–10) mm de largo, puberulentos. Inflorescencia paniculada, terminal, hasta con 4 ramas laterales no abrazadas por hojas, a menudo con 1–2 inflorescencias axilares (a veces ramificadas) en su base, 4–15 cm de largo, ramas hasta 10 cm de largo, ejes ligera a densamente pube-

rulentos, brácteas estrechamente ovadas a lanceoladas, 1.5–3.5 (–4) mm de largo, ciliadas, ligeramente puberulentas, igual o más largas que las yemas, ápice de la inflorescencia por lo tanto ligeramente comoso, pedicelos 0.5–1.5 mm de largo; sépalos exteriores generalmente puberulentos y ligeramente ciliados, el superior elíptico-ovalado, profundamente cimbiforme, 1.8–2.5 (–3.4) mm de largo, ápice obtuso a redondeado, los inferiores libres, ovados, 1.3–2 mm de largo, ápice anchamente agudo a redondeado, alas suborbiculares, (3–) 3.3–4.5 mm de largo, glabras, a menudo ligeramente ciliadas apicalmente, azules o azul-morado obscuras; quilla del mismo color con ápice amarillo; tubo estaminal 1.8–2.5 mm de largo. Fruto con endocarpo (5.5–) 6–7.5 mm de largo y 3–4 mm dorsiventralmente.

Común, bosques húmedos a menudo perturbados, zonas norcentral y atlántica; 250–1500 m; fl y fr todo el año; *Araquistain 1374, Sandino 5082*; Guatemala a Panamá. Esta especie generalmente se encuentra en zonas más bajas que las demás especies nicaragüenses de *Monnina*, aunque existe un amplio traslape. Véase también la discusión en *M. sylvatica*. Algunos especímenes nicaragüenses han sido identificados como *M. deppei* G. Don.

Monnina sylvatica Schltdl. & Cham., Linnaea 5: 231. 1830.

Arbustos o raramente hierbas gruesas, 1–6 m de alto; ramas huecas, el lumen grande, tallos moderada a densamente puberulentos o tomentulosos. Hojas elípticas a elíptico-ovadas, 6.5–14 (–16) cm de largo y (1.8) 2–5 (6) cm de ancho, esparcida a moderadamente puberulentas a casi glabras; pecíolos 3–6 mm de largo. Inflorescencia racemosa, los racimos 3–10, (6) 7.5–15 (27) cm de largo, simples u ocasionalmente el racimo terminal ramificado una o dos veces, ejes y pedicelos densamente puberulentos o tomentulosos, brácteas estrechamente lanceoladas, las más grandes 3.5–6.5 mm de largo, ciliadas, moderadamente puberulentas, ápice de la inflorescencia por lo tanto fuertemente comoso, pedicelos 0.8–1.5 mm de largo; sépalos exteriores ovados, cuculados, moderadamente puberulentos, ciliados, el superior 1.8–2.8 (3.2) mm de largo, los inferiores libres, 1–2 (2.5) mm de largo, alas 3–5 mm de largo, glabras a muy dispersamente puberulentas, ciliadas basalmente;

quilla verde-amarilla; tubo estaminal 2.5–4 (–4.5) mm de largo.

Rara, nebliselvas, áreas perturbadas, zona norcentral; 600–1300 m; fl y fr probablemente todo el año; *Atwood 6819, Hall 7939*; México a Panamá. En el área geográfica que comparten *M. sylvatica* y *M. xalapensis* parecen ser especies más o menos distintas, tanto en regiones al norte como al sur de Nicaragua; sin embargo, la situación no es clara en Nicaragua. Gran parte del material de *M. xalapensis* muestra brácteas largas y delgadas de hasta 3 o aún 3.5 mm de largo, acercándose en este carácter clave a *M. sylvatica*. Por otro lado, material referido a *M. sylvatica* tiene brácteas más largas, 3.5–4 mm de largo, y en los otros caracteres es similar a *M. xalapensis*. Taylor incluye 2 colecciones nicaragüenses dentro de *M. sylvatica*, y menciona la existencia de ejemplares intermedios y la posibilidad de hibridación entre las 2 especies en Honduras, El Salvador, Costa Rica y Panamá. Las otras 3 especies son muy distintas en Nicaragua pero *M. sylvatica* no se encuentra en forma pura en el país y quizás es una variación genética de *M. xalapensis*.

Monnina xalapensis Kunth in Humb., Bonpl. & Kunth, Nov. Gen. Sp. 5: 414. 1823.

Arbustos o sufrútices, 1–2 (–7) m de alto; ramas a veces huecas, el lumen pequeño, finamente puberulentas. Hojas elípticas, estrechamente elípticas u oblanceoladas, (2.5–) 3–11 (–15) cm de largo y 0.5–4 (–6) cm de ancho, ápice acuminado, base cuneada, ligeramente puberulentas, con 4–8 nervios laterales; pecíolos 1–5 mm de largo, puberulentos. Inflorescencia simple, terminal, a menudo rápidamente oppositifolia, a menudo con 1–2 inflorescencias axilares en su base, 2–15 cm de largo, ejes ligera a densamente puberulentos, brácteas elípticas a estrechamente ovadas, 1.2–3 (–3.5) mm de largo, ciliadas y puberulentas, desde más cortas hasta un poco más largas que las yemas, ápice de la inflorescencia ligeramente comoso, pedicelos 0.8–2 (–3) mm de largo; sépalos exteriores en general ligeramente puberulentos, ciliados, con ápices agudos, el superior ovado a lanceolado, cimbiforme, (1.2–) 1.7–3.5 (–4.2) mm de largo, los inferiores libres, ovados a estrechamente deltados, (1.2–) 1.5–2.5 (–4) mm de largo, alas ampliamente elípticas o suborbiculares, (3.5–) 4–6 (–6.5) mm de largo, ciliadas, glabras externamente, azules o azul-morado obscuras; quilla del mismo color con ápice amarillo; tubo estaminal 2.5–3.7 (–4.5) mm de largo. Fruto con endocarpo 5–8 mm de largo y 3–4 mm en el sentido dorsiventral.

Común, nebliselvas, bosques enanos, a menudo en áreas perturbadas, zona norcentral y también en el Volcán Mombacho; (700–) 1250–1700 m; fl y fr todo el año; *Moreno 59, Stevens 11439*; México a Panamá. Taylor delimita a *M. xalapensis* de una manera muy amplia, poniendo en sinonimia varias de las especies de Blake. Bajo esa definición, la especie es muy variable y de amplia distribución. Mucha de la variación es fuertemente geográfica y probablemente se deba de reconocer algunas variedades. Véase también la discusión en *M. sylvatica*.

POLYGALA L.

Hierbas anuales o perennes, sufrútices, arbustos, arbolitos, raras veces bejucos o trepadoras; glándulas estipulares ausentes. Inflorescencia generalmente un racimo, flores zigomorfas; sépalos libres o los 2 inferiores unidos, parcialmente persistentes o totalmente caducos en fruto, alas bien desarrolladas y más o menos petaloides; quilla 3-lobulada o entera, a veces con un apéndice apical rostrado o una cresta fimbriada compuesta de 1–varios pares de lóbulos lineares o laminares, apéndice no formado por enrollamiento del margen de la quilla; estambres 6–8, filamentos unidos más o menos igualmente la mayor parte de su longitud, no divididos en 2 grupos, ciliados o glabros; disco anular o desarrollado como una glándula adaxial, o casi ausente; ovario 2-locular, estigma generalmente 2-lobado, los lóbulos a menudo fuertemente diferenciados, uno a menudo estéril y fimbriado. Fruto una cápsula, frecuentemente emarginada, a veces el lóculo abaxial más pequeño e indehiscente; semillas fusiformes u ovoides, testa dura, negra, generalmente con tricomas rectos o uncinados dirigidos hacia la cálaza, arilo funicular presente, a veces muy reducido o ausente, generalmente compuesto de un umbón de textura compacta o celular y un margen grande o pequeño, entero o lobulado, descendente, escarioso o celular.

Género con ca 500 especies, casi cosmopolita excepto en Nueva Zelandia, Polinesia (pero introducido) y altas latitudes, generalmente ausente en bosques muy húmedos; 19 especies se conocen en Nicaragua. Las raíces con fuerte olor a salicilato de metilo son usadas en la medicina casera. La circunscripción del género es mucho más amplia que las de los otros géneros de la familia. En las claves y las descripciones se utilizan las siguientes definiciones: A. El extremo de la cálaza (no arilado) de la semilla se toma como la base. B. La longitud del racimo se toma desde el ápice hasta las cicatrices inferiores de frutos caídos, sin incluir el pedúnculo propiamente dicho; la longitud del racimo, cuando fértil, sólo incluye desde el ápice hasta los frutos o flores más inferiores todavía presentes. El pedúnculo se toma en el sentido estricto, aunque muchas veces parece ser mucho más largo debido a la caída de los frutos y de las hojas superiores.

S.F. Blake. A revision of the genus *Polygala* in Mexico, Central America, and the West Indies. Contr. Gray Herb. 47: 1–122, t. 1–2. 1916; M.C. Mendes Marques. Revisão das espécies do gênero *Polygala* L. (Polygalaceae) de estado do Rio de Janeiro. Rodriguésia 31(48): 69–339. 1979.

1. Quilla sin apéndice apical; sépalos caducos en fruto o, si persistentes, los 2 inferiores unidos más de la mitad de su longitud
   2. Sépalos inferiores libres, sépalos caducos antes de la madurez del fruto
      3. Semilla con tricomas sedosos y finos, los más largos (basales) de 0.2–0.5 mm; perfil del arilo formando 1/4–3/8 (–1/2) partes de un círculo; alas de las flores más grandes 7–10.5 mm de largo o, en la época de floración cuando ya se presentan frutos, solamente flores más pequeñas presentes .... **P. costaricensis**
      3. Semilla con tricomas gruesos y cónicos, los más largos (basales) de 0.7–1 mm; perfil del arilo formando 3/8–1/2 partes de un círculo; alas (4–) 4.5–6.5 (–7) mm de largo .... **P. platycarpa**
   2. Sépalos inferiores unidos más de la mitad de su longitud, sépalos persistentes en fruto
      4. Alas 7–12 mm de largo; hojas 1–3.7 cm de ancho
         5. Alas 7–10.5 mm de largo, verde claras o blanquecinas; hojas glabras o puberulentas con tricomas adpresos o incurvados .... **P. hondurana**
         5. Alas 10–12 mm de largo, rosadas; hojas pilosas con tricomas erectos, con textura aterciopelada .... **P. securidaca**
      4. Alas 2.8–6 mm de largo; hojas 1–14 mm de ancho
         6. Planta con raíz gruesa algo leñosa; hojas pubescentes cerca del margen con tricomas 0.2–0.7 (–1) mm de largo, incurvados o erectos; racimos terminales o extraaxilares en la parte superior de la planta, a menudo sobrepasando la parte vegetativa, pedúnculos de racimos extraaxilares de diámetro más o menos igual al del tallo adyacente .... **P. monticola**
         6. Planta con raíz delgada; hojas puberulentas cerca del margen de tricomas 0.1–0.3 (–0.4) mm de largo, incurvados; racimos cerca del ápice de la planta generalmente sobrepasados por la parte vegetativa, racimos extraaxilares a lo largo del tallo, pedúnculos más delgados que el tallo adyacente .... **P. violacea**
1. Quilla con una cresta fimbriada apical; sépalos persistentes en fruto, los inferiores libres
   7. Cuerpo de la semilla cónico, ápice estrechamente puntiagudo, base truncada y con una coma de tricomas que sobrepasa la base por 0.4–1 mm; alas más largas que el fruto; glándulas prominentes y generalmente anaranjadas en material seco, presentes en el fruto, la bolsa de la quilla y en otras partes
      8. Pedicelos 1.5–4.5 mm de largo; cicatrices de los pedicelos menos de 0.5 mm entre sí, el eje del racimo abajo de los frutos casi completamente áspero; ápices de las alas conspicuamente cuspidados (0.3–0.5 mm) .... **P. longicaulis**
      8. Pedicelos 0.4–1.5 mm de largo; cicatrices de los pedicelos ca 0.5 mm entre sí; ápices de las alas redondeados o inconspicuamente cuspidados
         9. Arilo ausente o muy pequeño, cuando mas una estructura linear no dividida de 0.1 mm de largo; quilla, incluyendo la cresta, 4.5–9.5 mm de largo, la cresta, la bolsa y a menudo parte de la base exertas de las alas; pétalos superiores unidos al tubo estaminal 4/5 o más del largo de las alas; alas 2.7–4.3 veces más largas que anchas .... **P. adenophora**
         9. Arilo 0.2–1 mm de largo, con 2 lóbulos conspicuos, o muy raramente ausente; quilla, incluyendo la cresta, 2–4 mm de largo, cuando mas una parte de la cresta exerta; pétalos superiores unidos al tubo estaminal 1/4–1/2 de la longitud de las alas; alas 1.6–2.7 veces más largas que anchas .... **P. variabilis**
   7. Cuerpo de la semilla elipsoide o subcilíndrico, ápice redondeado o abrupta y anchamente agudo, base redondeada y sin coma de tricomas tan largos, o si la semilla cónica con ápice agudo y base comosa (*P. berlandieri*), entonces las alas mucho más cortas que el fruto; glándulas del fruto y otras partes no conspicuas o no anaranjadas
      10. Semillas con tricomas uncinados .... **P. glochidiata**
      10. Semillas con tricomas rectos o rizados pero no uncinados en su ápice
         11. Tallos con abundantes tricomas diminutos, gruesos, capitados

12. Brácteas persistentes, fina e irregularmente ciliado-glandulares; fruto 1.3–1.8 mm de largo, cuerpo de la semilla 0.7–1 mm de largo .... **P. pseudocoelosioides**
12. Brácteas caducas antes de la antesis, no ciliadas; fruto 1.8–4 mm de largo, cuerpo de la semilla 1.1–2 mm de largo
    13. Fruto maduro 2.5–4 mm de largo, 2.2–3 veces más largo que ancho, las alas persistentes y 0.5–0.75 veces el largo del fruto; cuerpo de la semilla 1.5–2 mm de largo, cónico con ápice estrechamente puntiagudo, base comosa, los tricomas más largos (basales) de 0.4–0.7 (–0.9) mm .... **P. berlandieri**
    13. Fruto maduro 1.8–2.7 (–2.9) mm de largo, 1.8–2.4 veces más largo que ancho, las alas persistentes y 0.9–1.3 veces el largo del fruto; cuerpo de la semilla 1.1–1.7 mm de largo, subcilíndrico, ápice anchamente agudo, oblicuo, generalmente dirigido ventralmente, base no comosa, los tricomas más largos (basales) de 0.1–0.2 mm .... **P. paniculata**
11. Tallos glabros o ligeramente puberulentos con diminutos tricomas adpresos o incurvados
    14. Quilla 5–10 mm de largo, más de 2 veces el largo de las alas; arilo erecto y en forma de casco, fuertemente celular, 0.9–1.2 mm de alto, los 2 lóbulos anchamente obovado-redondeados y apenas cubriendo el ápice de la semilla .... **P. incarnata**
    14. Quilla más corta, apenas sobrepasando a las alas o más corta que éstas; arilo con 2 lóbulos lineares u oblongos descendiendo sobre los lados de la semilla, no obviamente celular, o muy pequeño o ausente
        15. Alas 3–5 mm de largo, fuertemente cóncavas y con el nervio central fuertemente carinado abaxialmente en la parte inferior .... **P. hygrophila**
        15. Alas 1.2–2.7 mm de largo, más o menos planas, no carinadas
            16. Hojas verticiladas en el 1/3 inferior de la planta o más
                17. Racimos estrechamente cilíndrico-cónicos, cuando fértiles hasta 2.4 cm de largo, ápice agudo; pedicelos cuando en fruto 0.3–0.8 mm de largo .... **P. asperuloides**
                17. Racimos esferoide-capitados, cuando fértiles 0.3–0.7 cm de largo, ápice redondeado; pedicelos cuando en fruto 1–2 mm de largo .... **P. conferta**
            16. Hojas alternas, cuando mas con 1–2 verticilos de hojas pronto caducas en la base del tallo
                18. Brácteas persistentes, fina e irregularmente ciliadas .... **P. pseudocoelosioides**
                18. Brácteas deciduas antes de la antesis, no ciliadas
                    19. Eje del racimo fina y esparcidamente puberulento con tricomas incurvados o irregularmente erectos (más obvios en la parte más joven); arilo 0.3–0.6 mm de largo o más, claramente compuesto de un umbón y 2 lóbulos descendentes; frutos maduros fuertemente ascendentes .... **P. gracilis**
                    19. Eje del racimo glabro; arilo 0.1 mm de largo, inconspicuamente 2-lobado; frutos maduros (por lo menos los inferiores) generalmente colgantes o patentes .... **P. leptocaulis**

Polygala adenophora DC., Prodr. 1: 327. 1824.

Hierbas anuales erectas, 8–50 cm de alto; pocas ramas erectas o no ramificadas, tallos glabros o muy esparcida e inconspicuamente puberulentos en la parte inferior con tricomas incurvados. Hojas alternas, las de la parte media del tallo linear-aciculares, 3–17 mm de largo y 0.3–0.6 mm de ancho, ápice mucronado, glabras, hojas inferiores a menudo más cortas y relativamente más anchas, pronto caducas, hojas distales generalmente escuamiformes e inconspicuamente glandulares cuando secas; pecíolos cortos. Racimos terminales, capitados a ampliamente cilíndricos, densamente florecidos, hasta 7 cm de largo, cuando fértiles 0.5–2 cm de largo, pedúnculo 0.5–4 cm de largo, glándulas anaranjadas prominentes en material seco, redondeadas o alargadas, siempre presentes en el eje del racimo, las brácteas, los sépalos inferiores, la bolsa de la quilla y muy raramente también en las alas y el sépalo superior, brácteas ampliamente ovadas, 0.5–1 mm de largo, pronto caducas, pedicelos 0.4–1.5 mm de largo,

glabros, ascendentes en fruto; sépalos persistentes en fruto, glabros, el superior elíptico, 1.2–2.2 mm de largo, los inferiores libres, 0.8–1.5 mm de largo, alas estrechamente elíptico-obovadas, 3–5.7 mm de largo, moradas; quilla con cresta fimbriada prominente. Cápsula estrechamente elíptica, (2.5–) 3–5 mm de largo, glabra; cuerpo de la semilla cónico, 1.1–2 mm de largo, tricomas sobrepasando la base truncada por 0.4–0.7 mm, arilo ausente o una estructura linear diminuta ca 0.1 mm de largo.

Frecuente, sabanas de pinos y pantanos, norte de la zona atlántica; 0–100 m; fl y fr jul–mar; *Stevens 19419, 21740*; sureste de México a Nicaragua y en Sudamérica hasta Brasil.

Polygala asperuloides Kunth in Humb., Bonpl. & Kunth, Nov. Gen. Sp. 5: 403. 1823.

Hierbas anuales o débilmente perennes, 4–45 cm de alto; a menudo ramificadas cerca de la base o no ramificadas, tallos estrechamente alados, glabros. Hojas en verticilos generalmente de 4–5, las distales en general lanceolado-ovadas o lanceolado-elípticas, 5–27 mm de largo y 2–10 mm de ancho, ápice redondeado a agudo, mucronado, base cuneada a aguda, con numerosas glándulas en el tejido, aquellas cerca de la base obovadas; pecíolos cortos. Racimos terminales o axilares, estrechamente cilíndrico-cónicos con ápice agudo, densamente florecidos, hasta 6 cm de largo, cuando fértiles 0.7–2.4 cm de largo, subsésiles o con pedúnculo hasta 3.5 cm de largo, brácteas lanceoladas o lanceolado-ovadas, 0.5–1.2 mm de largo, caducas, pedicelos 0.3–0.8 mm de largo, glabros, ascendentes en fruto; sépalos persistentes en fruto, los exteriores glabros excepto ligeramente cioliolados distalmente, el superior suborbicular-ovado, cimbiforme, 0.8–1.3 mm de largo, los inferiores libres, 0.6–1.1 mm de largo, alas elípticas u ovadas, 1.2–2 mm de largo, blancas o rosadas; quilla con cresta fimbriada. Cápsula anchamente ovado-suborbicular, 1.4–2.1 mm de largo, glabra; cuerpo de la semilla estrechamente ovoide-elipsoide, 1.2–1.8 mm de largo, con tricomas 0.1–0.2 mm de largo sin cubrir completamente la testa, arilo 0.6–1.5 mm de largo, con 2 lóbulos oblongos.

Rara, en sabanas y potreros, zona atlántica; 0–350 m; fl y fr sep–oct; *Stevens 4115, 10645*; sur de México a Bolivia. En la *Flora of Panama* esta especie fue tratada como *P. aparinoides* Hook. & Arn., una especie distinta de las tierras altas de México, Guatemala, El Salvador y Honduras; por otro lado, la especie que se denomina *P. asperuloides* en la *Flora of Panama* es en realidad *P. galioides* Poir., una especie de Panamá y Sudamérica.

Polygala berlandieri S. Watson, Proc. Amer. Acad. Arts 21: 416. 1886.

Hierbas anuales erectas, 3–30 cm de alto; ramas pocas a numerosas, ascendentes y arqueado-patentes especialmente en la parte superior, tallos glandular-estipitados con tricomas gruesos y capitados. Hojas numerosas cerca de la base, en verticilos generalmente de 4, distalmente alternas, en la parte media del tallo oblanceolado-lineares, (3–) 8–25 mm de largo y 0.5–2.2 mm de ancho, ápice mucronado, base estrechamente cuneada, inconspicuamente glandulares cuando secas, glabras, hojas inferiores a menudo relativamente más anchas y pronto caducas; pecíolos cortos. Racimos terminales, generalmente opositifolios, estrechamente cilíndricos con ápice cónico, esparcidamente florecidos, hasta 10 cm de largo, cuando fértiles 1.5–6 cm de largo, pedúnculo hasta 1 cm de largo, brácteas lanceoladas, 0.7–1.5 mm de largo, pronto caducas, pedicelos 0.5–1.3 mm de largo en fruto, glabros, reflexos; sépalos persistentes en fruto, glabros, el superior suborbicular,

0.8–1.2 mm de largo, los inferiores libres, 0.6–1 mm de largo, alas elípticas, 1.4–2.7 mm de largo, blancas o rosadas; quilla con cresta fimbriada. Cápsula estrechamente elíptica o ligeramente ovado-elíptica, (2.5–) 2.9–4 mm de largo, glabra; cuerpo de la semilla cónico-elipsoide, 1.5–2 mm de largo, los tricomas más largos (basales) de 0.4–0.7 (–0.9) mm, arilo 0.3–0.7 mm de largo, con 2 lóbulos lineares.

Común, bosques de pino-encinos, matorrales, zonas pacífica y norcentral; 650–1300 m; fl y fr jun–oct; *Moreno 22255, Stevens 3101*; norte de México a Nicaragua. Algunas muestras, especialmente de la cadena volcánica, al parecer son intermedios en varios grados a *P. paniculata*. Además, flores rosadas (típicas de *P. paniculata*) son mucho más comunes en *P. berlandieri* en Nicaragua que en el resto de su distribución, en donde el blanco es el color predominante. Estas 2 especies son generalmente muy distintas, pero en Nicaragua se traslapan en cierto grado.

Polygala conferta A.W. Benn. ex Hemsl., Diagn. Pl. Nov. Mexic. 2. 1878.

Hierbas anuales erectas, 5–16 cm de alto; ramas generalmente divergentes o erectas y a menudo iguales o más largas que el tallo principal y en verticilos, glabras. Hojas en verticilos de 4–5 en el 1/3–2/3 basales de la planta, distalmente alternas, la base de la planta con 1–2 verticilos de hojas obovadas, 3–12 mm de largo y 1.7–4.7 mm de ancho, ápice ampliamente agudo o redondeado, las superiores llegando a ser lineares o lanceoladas, 3–21 mm de largo y 0.5–1.5 mm de ancho, ápice estrechamente agudo y mucronado, inconspicuamente pelúcido-glandulares; sésiles o subsésiles. Racimos terminales, densamente esferoide-capitados con ápice redondeado, hasta 12 mm de largo, cuando fértiles 3–7 mm de largo, pedúnculo (0.2–) 0.5–4 cm de largo, brácteas lanceoladas a lanceolado-ovadas, 0.6–1 mm de largo, en general persistentes, pedicelos 1–2 mm de largo en fruto (más cortos en flor), glabros; sépalos persistentes en fruto, los exteriores glabros, el superior ampliamente ovado a suborbicular, 0.6–1 mm de largo, los inferiores libres, 0.5–1 mm de largo, alas elípticas, 1.3–2.4 mm de largo, rosadas o blancas; quilla con cresta fimbriada. Cápsula ampliamente ovada, 1.2–2 mm de largo (incluyendo la base), glabra; cuerpo de la semilla estrechamente ovoide, 1–1.3 mm de largo, con tricomas ca 0.1 mm de largo sin cubrir completamente la testa, arilo 0.3–0.8 mm de largo, con 2 lóbulos oblongos.

Conocida en Nicaragua de una sola colección (*Stevens 3102*) realizada en bosques de pino-encinos, Nueva Segovia; 800–1125 m; fl y fr ago; México, Guatemala y Nicaragua.

Polygala costaricensis Chodat, Bull. Soc. Roy. Bot. Belgique 30(1): 298. 1891; *P. isotricha* S.F. Blake.

Hierbas perennes, a menudo rizomatosas, 10–100 cm de alto o más; tallos erectos a decumbentes o algo escandentes, generalmente con 2 tipos de tricomas, incurvados y/o erectos. Hojas alternas, ovadas a lanceolado-ovadas, 20–75 mm de largo y (6–) 8–45 mm de ancho, reducidas en la parte basal de la planta, ápice acuminado o agudo, base estrechamente aguda a ampliamente redondeado-truncada o cordada, no glandulares, pubescentes como el tallo; pecíolos 2–3 mm de largo. Racimos terminales, a menudo oposítifolios, esparcidamente florecidos, 2–10 cm de largo o a veces muy reducidos, pedúnculo corto, brácteas lanceoladas o linear-lanceoladas, 1–2.5 mm de largo, caducas o subpersistentes, pedicelos 1–3.5 mm de largo, generalmente ascendentes o patentes en fruto; sépalos caducos en fruto, los exteriores pubescentes, el superior lanceolado, 3–5 mm de largo, los inferiores libres, 2.5–4.5 mm de largo, alas obovadas o elípticas, 7–10.5 mm de largo, azules o moradas; quilla sin apéndice apical. Cápsula orbicular o anchamente obovada, 7–11.5 mm de largo, ciliada y pubescente; cuerpo de la semilla ovado-triangular en perfil y fuertemente comprimido lateralmente, 3.3–5 mm de largo, con tricomas finos y sedosos, los más largos (basales) de 0.2–0.5 mm, arilo 2.3–5 mm de largo, en perfil formando la 1/4–3/8 (–1/2) parte de un círculo con un umbón poco notable en el centro, ligeramente puberulento, margen entero o irregularmente eroso.

Común, bosques de pino-encinos, nebliselvas, zona norcentral; 1000–1550 m; fl y fr ago–ene; *Moreno 22372, Stevens 3315*; México a Costa Rica. Véase discusión en *P. platycarpa.*

Polygala glochidiata Kunth in Humb., Bonpl. & Kunth, Nov. Gen. Sp. 5: 400. 1823.

Hierbas anuales erectas, 4–20 (–30) cm de alto; ramas pocas a numerosas o no ramificadas, ascendentes o divergentes, tallos ligera a densamente glandular-estipitados con tricomas capitados, o raramente glabros. Hojas en verticilos generalmente de 5 en el (1/3–) 1/2–3/4 inferior o en toda la planta, las de la parte media oblanceoladas o lineares, 4–13 mm de largo y 0.5–1.1 (–1.5) mm de ancho, ápice mucronado, base cuneada, con glándulas poco obvias cuando secas, glabras, las distales alternas, las basales a menudo más cortas y relativamente más anchas, a menudo caducas; pecíolos cortos. Racimos terminales, a veces oposítifolios, estrechamente cilíndricos con ápice cónico, esparcidamente florecidos, hasta 11 cm de largo, cuando fértiles 1–5.5 cm de largo,

pedúnculo hasta 1.3 cm de largo, brácteas lanceoladas o lanceolado-ovadas, 0.5–1 mm de largo, pronto caducas, pedicelos 0.5–1 mm de largo en fruto, glabros, reflexos; sépalos persistentes en fruto, glabros, el superior ampliamente elíptico-ovado, 0.8–1.2 mm de largo, los inferiores libres, 0.6–1 mm de largo, alas elípticas, 1.5–2.2 (–2.5) mm de largo en fruto, rosadas o blancas; quilla con cresta fimbriada. Cápsula ovalada, 1.2–2.1 mm de largo, glabra; cuerpo de la semilla elipsoide, 0.7–1.1 mm de largo, los tricomas más largos de (0.1–) 0.3–0.5 mm, arilo ausente o de hasta 0.1 mm de largo sobre la punta apical de la semilla.

Frecuente, bosques de pino-encinos, vegetación abierta, a menudo en áreas rocosas, zonas pacífica y norcentral; 400–1400 m; fl y fr may–dic; *Moreno 17738, Stevens 17946*; suroeste de Estados Unidos a Brasil y en Cuba.

Polygala gracilis Kunth in Humb., Bonpl. & Kunth, Nov. Gen. Sp. 5: 401. 1823.

Hierbas anuales erectas, 10–60 cm de alto; ramas ascendente-erectas especialmente en la parte superior o no ramificadas, tallos glabros o muy ligera e inconspicuamente puberulentos con tricomas incurvado-adpresos. Hojas alternas y esparcidas, linear-lanceoladas, hasta 15 mm de largo y 1 mm de ancho, ápice estrechamente agudo, mucronado, glabras; subsésiles. Racimos terminales, a veces oposítifolios, densamente florecidos, hasta 12 cm de largo, cuando fértiles 0.5–7 cm de largo, brácteas lanceoladas, 1–2 mm de largo, caducas, pedicelos 0.5–1.2 mm de largo, glabros; sépalos persistentes en fruto, glabros, el superior ovado a elíptico, 1–1.5 mm de largo, los inferiores libres, 0.9–1.2 mm de largo, alas muy estrechamente elípticas, 1.8–2.7 mm de largo, lila-rosadas; quilla con cresta fimbriada. Cápsula ovalada a ovado-elíptica, 1.4–2 mm de largo, glabra; cuerpo de la semilla estrechamente ovoide a cilíndrico, 1–1.3 mm de largo, ligeramente pubescente con tricomas ca 0.1 mm de largo, arilo 0.3–0.6 mm de largo, compuesto de un umbón y 2 lóbulos oblongos.

Conocida en Nicaragua de una sola colección (*Seymour 2791*) de bosques húmedos, zona atlántica; 400–500 m; fl y fr dic; México (Chiapas), Nicaragua, Panamá, Colombia, Venezuela, Brasil.

Polygala hondurana Chodat, Bot. Jahrb. Syst. 52(Beibl. 115): 75. 1914; *P. tonsa* S.F. Blake.

Hierbas perennes o sufrútices, erectas, 30–100 cm de alto; tallos puberulentos con tricomas incurvados, tallos y raíces aromáticos. Hojas alternas, ovadas a lanceoladas, (25–) 40–140 mm de largo y (7–) 10–35 mm de ancho, a veces reducidas en las bases de las ramas, ápice acuminado, base aguda a redondeada, con glándulas en el tejido, glabras o puberulentas sobre los nervios en el envés y en el margen; pecíolos 2–4 mm de largo. Racimos básicamente opositifolios, a veces al parecer extraaxilares, esparcidamente florecidos, 1.5–7.5 (–10) cm de largo, brácteas lanceoladas, 1–2.5 mm de largo, caducas, pedicelos 4–8 mm de largo, puberulentos; sépalos persistentes en fruto, los exteriores ciliados y finamente puberulentos, el superior ovado o elíptico, fuertemente cimbiforme, 3–4 mm de largo, los inferiores unidos en casi toda su longitud, 2–3.3 mm de largo, alas oblicuamente suborbicular-ovadas, 7–10.5 mm de largo, verde claras o blanquecinas; quilla sin apéndice apical. Cápsula anchamente ovada o cuadrada, 6.5–8 mm de largo, ligeramente ciliada o glabra, estrechamente alada distalmente, profundamente emarginada; cuerpo de la semilla ca 3 mm de largo, con tricomas sedosos de 0.3–0.5 mm de largo sin cubrir completamente la testa, arilo en forma de casco, 2.2–2.6 mm de largo, inconspicuamente 3-lobado.

Común, bosques húmedos y lugares abrigados, zonas pacífica y norcentral; 400–1600 m; fl y fr todo el año, especialmente dic–jun; *Molina 20475*, *Moreno 6942*; México (Chiapas) a Nicaragua. "Ipecacuana".

Polygala hygrophila Kunth in Humb., Bonpl. & Kunth, Nov. Gen. Sp. 5: 395. 1823.

Hierbas anuales erectas, 15–60 cm de alto; generalmente no ramificadas o a veces con ramas erectas o ascendentes, tallos acostillados o estrechamente alados, glabros. Hojas en verticilos de 4 desde la base hasta la mitad de la planta, las distales alternas, las de la parte media del tallo lanceolado-lineares, 7–20 mm de largo y 0.7–2.2 mm de ancho, ápice agudo y mucronado, base aguda, glándulas poco visibles en material seco, glabras, hojas inferiores oblanceoladas a obovadas, hojas distales escuamiformes; subsésiles. Racimos terminales, cortamente obcónicos a cilíndrico-obcónicos con ápice agudo, muy densamente florecidos, hasta 6.8 cm de largo, cuando fértiles 0.8–2.5 cm de largo, pedúnculo 0.5–3.5 cm de largo, brácteas angostamente lanceoladas, 1.5–3.5 mm de largo, persistentes hasta la caída de los frutos, pedicelos 0.2–0.4 mm de largo, la flor aparece como sésil; sépalos persistentes en fruto, glabros, el superior ovado-lanceolado, 1.2–2 mm de largo, los inferiores libres, 1.1–2 mm de largo, alas ovado-orbiculares, (3) 3.5–5 mm de largo en fruto, verde claras a menudo teñidas de morado o a veces fuertemente moradas; quilla con cresta fimbriada. Cápsula ovado- u ovalado-suborbicular, 1.5–2 mm de largo (más pequeña cuando seca), glabra, con glándulas lineares en el tejido; cuerpo de la semilla elipsoide, 1–1.6 mm

de largo, densamente pubescente con tricomas 0.1–0.15 mm de largo, arilo 0.9–1.6 mm de largo, con umbón redondeado pequeño y 2 lóbulos lineares.

Frecuente, sabanas de pinos, norte de la zona atlántica; 0–100 m; fl y fr ene–oct; *Sandino 3985*, *Stevens 7669*; sureste de México, Centroamérica hasta Brasil y en La Española.

Polygala incarnata L., Sp. Pl. 701. 1753.

Hierbas anuales erectas, 15–70 cm de alto; ramas pocas, erectas o ascendentes, glabras, o no ramificadas. Hojas esparcidas o alternas, lanceolado-lineares o escuamiformes, hasta 8 (–16) mm de largo y 1 mm de ancho, ápice mucronado, inconspicuamente glandulares. Racimos terminales, densamente florecidos, hasta 7 (–12) cm de largo, cuando fértiles 1–3.5 (–5) cm de largo, obviamente divididos en una parte apical de 10–15 mm de grueso (flores) y una parte basal de 6–7 mm de grueso (frutos), pedúnculo 1–5 cm de largo, brácteas lanceolado-deltadas, 1–1.5 (–2) mm de largo, pronto caducas, pedicelos 0.5–0.9 mm de largo; sépalos persistentes en fruto, glabros, el superior elíptico, cimbiforme, 1.5–2.5 (–3) mm de largo, los inferiores libres, 1–1.7 mm de largo, alas linear-elípticas o espatuladas, 2–3 (–4) mm de largo, verdosas o rosadas; quilla con una cresta fimbriada prominente. Cápsula ampliamente ovada, 2.3–2.7 (–4) mm de largo, glabra; cuerpo de la semilla redondeado-elipsoide, 1.3–1.7 (–2) mm de largo, tricomas ca 0.2 mm de largo, arilo en forma de casco, 0.9–1.2 mm de largo, compuesto de 2 lóbulos obovado-redondeados que apenas cubren el ápice de la semilla.

Rara, sabanas de pinos, norte de la zona atlántica; 0–100 m; fl y fr ene–oct; *Stevens 7709, 12776*; Canadá a Nicaragua. Las flores, frutos y semillas de las poblaciones nicaragüenses son relativamente pequeños dentro de la variación total de la especie.

Polygala leptocaulis Torr. & A. Gray, Fl. N. Amer. 1: 130. 1838.

Hierbas anuales erectas, 15–50 (–70) cm de alto; ramas ascendentes o erectas especialmente en la parte superior, glabras. Hojas alternas, esparcidas, linear-lanceoladas, hasta 20 (–25) mm de largo y 1 (–1.5) mm de ancho, ápice estrechamente agudo y mucronado; subsésiles. Racimos terminales, a veces opositifolios, densamente florecidos, hasta 10 (–23) cm de largo, cuando fértiles 2–6 (–11) cm de largo, brácteas lanceoladas, 0.6–1.1 mm de largo, caducas, pedicelos 0.4–0.8 (–1) mm de largo; sépalos persistentes en fruto, glabros, el superior ovado a elíptico, 0.7–1 mm de largo, los inferiores libres, 0.5–0.9 mm de largo, alas estrechamente elípticas, 1.4–2.4 mm de largo, lilas o morado claras; quilla con cresta fimbriada.

Cápsula elíptica a ovado-elíptica, 1.4–2 mm de largo, glabra, con glándulas en el tejido a lo largo del septo; cuerpo de la semilla elipsoide-ovoide o cilíndrico, 0.9–1.4 mm de largo, puberulento con tricomas ca 0.1 mm de largo, arilo ca 0.1 mm de largo, inconspicuamente 2-lobado.

Común, sabanas, bosques de pino-encinos, en todo el país; 10–1300 m; fl y fr jun–nov; *Moreno 9745, Stevens 4052*; sureste de Estados Unidos a Argentina, también en Cuba y Jamaica.

Polygala longicaulis Kunth in Humb., Bonpl. & Kunth, Nov. Gen. Sp. 5: 396. 1823.

Hierbas anuales erectas, 12–90 cm de alto; ramas pocas, erectas o arqueadas o no ramificadas, tallos conspicua a inconspicuamente papiloso-puberulentos especialmente cerca de la base, glabros o con tricomas diminutos. Hojas esparcidas, alternas excepto en 1–2 verticilos de 3–4 cerca de la base, las de la parte media del tallo linear-aciculares a lineares, 6–25 mm de largo y 0.6–2 mm de ancho, ápice mucronado, con glándulas en el tejido, glabras, hojas inferiores espatuladas a obovadas, las distales escuamiformes; pecíolos cortos. Racimos terminales, a veces agregados en tallos afilos cortos y cercanos, capitados con ápice truncado-redondeado, más anchos que largos, densamente florecidos, hasta 3.5 cm de largo, cuando fértiles 0.6–1.7 cm de largo, pedúnculo 0.5–8 cm de largo, glándulas anaranjadas prominentes en material seco, redondeadas u oblongas, presentes en el eje del racimo, las brácteas, los sépalos exteriores, la bolsa de la quilla, el fruto y a veces también en las alas, brácteas lanceolado-deltadas, 1–2.2 mm de largo, caducas con los frutos, pedicelos (1.5–) 2–4.5 mm de largo, glabros, ascendentes en fruto; sépalos persistentes en fruto, glabros, el superior elíptico, 1.5–2.4 mm de largo, los inferiores libres, 1–1.8 mm de largo, alas oblicuamente obovadas a elípticas, 4–7 mm de largo, moradas o raras veces blancas; quilla con cresta fimbriada a veces exerta. Cápsula elíptica a ovado-elíptica, 3.4–4.7 mm de largo, glabra; cuerpo de la semilla cónico, 1.2–1.7 mm de largo, los tricomas sobrepasando la base truncada por 0.5–1 mm, arilo ausente o cuando más una estructura linear entera de hasta 0.1 mm de largo.

Frecuente, sabanas de pinos, bosques de pino-encinos, en casi todo el país; 0–1200 m; fl y fr abr–oct; *Miller 1345, Stevens 10602*; oeste y sur de México, Centroamérica a Brasil y Paraguay, también en las Antillas.

Polygala monticola Kunth in Humb., Bonpl. & Kunth, Nov. Gen. Sp. 5: 405. 1823; *P. mollis* Kunth.

Hierbas perennes, generalmente erectas, 3–35 (–70) cm de alto; tallos con tricomas erectos e incurvados. Hojas alternas, ovadas o elípticas a lanceoladas o lineares, 5–32 (–65) mm de largo y 2–14 mm de ancho, ápice estrechamente redondeado a agudo, base redondeada a estrechamente aguda, sin glándulas, pubescentes cerca del margen con tricomas erectos a incurvados; pecíolos cortos. Racimos generalmente terminales o extraaxilares en la parte superior de la planta, esparcidamente florecidos, 1.5–9 cm de largo, brácteas lanceoladas a deltadas, 0.4–1.2 mm de largo, caducas, pedicelos 1.5–2.5 (–3.5) mm de largo, glabros; sépalos persistentes en fruto, los exteriores ciliados, generalmente sin cilios glandulares, el superior elíptico a ovado, profundamente cimbiforme, 1.4–2.2 (–2.6) mm de largo, los inferiores unidos hasta más de la mitad, 1.3–2 (–2.3) mm de largo, alas anchamente flabelado-obovadas, 2.8–4.5 (–6) mm de largo, rosadas o purpúreo-rojizas, perdiendo su color en fruto; quilla sin apéndice apical. Cápsula ovalada o algo ovada, 2.7–4.2 mm de largo, glabra; cuerpo de la semilla 1.7–2.3 mm de largo, con tricomas sedosos de ca 0.5 mm de largo cubriendo la testa, arilo en forma de casco, 0.6–1 mm de largo, 3-lobulado.

Rara, en sabanas de pinos, norte de la zona atlántica; 0–50 m; fl y fr mar–jun; *Neill 4419, Stevens 19652*; Nicaragua, Panamá, Colombia, Venezuela, las Guayanas y Brasil. Las poblaciones de Sudamérica generalmente muestran flores más grandes que en Nicaragua y la pubescencia es más variable. La especie está estrechamente emparentada con *P. violacea*; aunque las dos especies parecen ser bien distintas en Nicaragua, la situación en Sudamérica es más difícil. El complejo de especies que incluye a éstas dos, a *P. grandiflora* Walter (sureste de los Estados Unidos y las Antillas) y a especies afines es poco entendido.

Polygala paniculata L., Syst. Nat., ed. 10, 1154. 1759.

Hierbas anuales erectas, 5–50 cm de alto; ramas pocas a muchas, ascendentes o divergentes, tallos estipitado-glandulares con tricomas gruesos y capitados. Hojas casi siempre numerosas, en verticilos generalmente de 4 en la base (o hasta la mitad en plantas pequeñas), las distales alternas, las de la parte media del tallo lineares a oblanceoladas, 5–30 mm de largo y 0.7–2 (–3) mm de ancho, ápice mucronado, base cuneada, con glándulas poco visibles (cuando secas) en el tejido, glabras, las inferiores en general relativamente más anchas pero pronto caducas; pecíolos cortos. Racimos terminales, generalmente pronto opositifolios, estrechamente cilíndricos con ápice cónico, esparcidamente florecidos, hasta 18 cm de largo, cuando fértiles 1–6 cm de largo, pedúnculo hasta 1 cm de largo, brácteas lanceoladas, 0.6–1.2 mm de largo, pronto caducas, pedicelos 0.6–1.4 mm de largo en fruto, glabros, reflexos en fruto; sépalos persistentes en fruto, glabros, el superior suborbicular-ovado, 0.7–1.3 mm de largo, los inferiores libres, 0.6–1.1 mm de largo, alas elípticas o estrechamente elípticas, (1.5–) 2–3 mm de largo, rosadas, lilas o a veces blancas; quilla con cresta fimbriada. Cápsula oblongo-elíptica o algo ovada, 1.8–2.7 (–2.9) mm de largo, glabra; cuerpo de la semilla elipsoide-subcilíndrico, 1.1–1.7 mm de largo, los tricomas más largos (basales) de 0.1–0.2 mm, arilo (0.3) 0.4–1 mm de largo, con 2 lóbulos linear-oblongos.

Abundante, en terrenos perturbados en áreas de bosques húmedos y sabanas, en todo el país; 0–1000 (–1500) m; fl y fr todo el año; *Moreno 19509*, *Stevens 20705*; nativa y de amplia distribución en América tropical, llegando a ser una maleza pantropical. Véase discusión en *P. berlandieri*.

Polygala platycarpa Benth., Pl. Hartw. 113. 1843; *P. durandii* Chodat; *P. consobrina* S.F. Blake.

Hierbas perennes, a menudo rizomatosas, 6–60 cm de alto; tallos generalmente con 2 tipos de tricomas, incurvados y/o erectos. Hojas alternas, ovadas a elípticas, a veces angostamente así, 15–85 mm de largo y 7–37 mm de ancho, reducidas en las bases de los tallos, ápice agudo a acuminado, base cuneada, redondeada pero no cordada, no glandular, pubescentes como el tallo; pecíolo 1–3 mm de largo. Racimos terminales, a menudo opos0tifolios o a veces axilares, esparcidamente florecidos, (1–) 2–12 cm de largo, pedúnculos cortos, brácteas lanceoladas o linear-lanceoladas, 1–2 mm de largo, pedicelos 1.5–4 mm de largo, generalmente ascendentes a patentes en fruto; sépalos caducos en fruto, los exteriores pubescentes, el superior lanceolado, 2–3.8 mm de largo, los inferiores libres, 1.5–3.5 mm de largo, alas obovadas o elípticas, (4–) 4.5–6.5 (–7) mm de largo, azules o moradas; quilla sin apéndice apical. Cápsula ovado-orbicular, profundamente emarginada, 8–10.5 mm de largo, ciliada y pubescente; cuerpo de la semilla ovado-triangular en perfil, 3–4.7 mm de largo, con tricomas cónicos gruesos, los más largos (basales) de 0.7–1 mm, arilo 2.5–4 mm de largo.

Común, bosques secos o húmedos, especialmente de pino-encinos y bosques deciduos, a veces en áreas perturbadas, en todo el país; (80–) 500–1700 m; fl y fr (may) ago–ene; *Stevens 4520, 21436*; México a Panamá, Ecuador y Perú. El complejo de México, Centroamérica y norte de Sudamérica que incluye a esta especie y a *P. costaricensis*, necesita mayores

estudios ya que los tratados anteriores claramente reconocen demasiadas especies basadas en caracteres variables. Las 2 especies incluidas para Nicaragua son muy distintas, aunque a veces se necesitan semillas maduras para la identificación segura. La sinonimia que aquí se incluye para estas 2 especies es incompleta y provisional.

Polygala pseudocoelosioides Chodat, Mém. Soc. Phys. Genève 31(2): 237. 1893; *P. mosquitiensis* Proctor.

Hierbas anuales, erectas, 10–30 cm de alto; generalmente con pocas a muchas ramas ascendentes en la parte superior, tallos esparcidos e inconspicuamente puberulentos con tricomas glandulares, gruesos y cortos. Hojas alternas, apretadas, linear-aciculares, 3–10 mm de largo y hasta 0.7 mm de ancho, ápice mucronado, glabras o con tricomas esparcidos como los del tallo; subsésiles. Racimos terminales, cilíndricos con ápice redondeado a abruptamente agudo-apiculado, densamente florecidos, 0.5–4.5 cm de largo, pedúnculo corto, brácteas lanceoladas, 1–1.5 mm de largo, persistentes, pedicelos (0.5–) 1–1.8 mm de largo, ascendentes a reflexos en fruto; sépalos persistentes en fruto, glabros, el superior elíptico, 0.8–1.3 mm de largo, los inferiores libres, 0.6–1.3 mm de largo, alas estrechamente elípticas, 1.8–2.6 mm de largo, más o menos blancas en la antesis pero a menudo rosadas en yema; quilla con cresta fimbriada. Cápsula elíptico-suborbicular, 1.3–1.8 mm de largo, glabra; cuerpo de la semilla elipsoide, aplanado o ligeramente cóncavo ventralmente, 0.7–1 mm de largo, muy ligeramente puberulento con tricomas de ca 0.1 mm de largo, arilo 0.5–0.8 mm de largo, con 2 lóbulos oblongo-lineares.

Rara, sabanas de pinos, norte de la zona atlántica; 0–100 m; fl y fr dic–mar; *Atwood 3626, Stevens 19596*; Honduras y Nicaragua, también en las Guayanas y Brasil. La distribución de esta especie demuestra un ejemplo de la relación fitogeográfica de las sabanas de Centroamérica con las de las Guayanas y Brasil.

Polygala securidaca Chodat, Bot. Jahrb. Syst. 52(Beibl. 115): 76. 1914.

Arbustos o bejucos bajos, 1–4 m de alto; tallos tomentosos con tricomas erectos o arqueados. Hojas alternas, elípticas a ovado-elípticas, 20–80 mm de largo y 10–45 mm de ancho, ápice redondeado a cortamente acuminado, base aguda a obtusa, pilosas; pecíolo 2–4 mm de largo. Racimos terminales, a menudo oposititolios, hasta 20 cm de largo, cuando fértiles 2–15 cm de largo, brácteas lanceoladas, 1–2 mm de largo, caducas, pedicelos 0.7–1.8 cm de largo, filiformes, densamente pilosos; sépalos persistentes en fruto, los exteriores puberulentos y densamente ciliados, el superior ovado-suborbicular, cimbiforme, 3.5–5 mm de largo, los inferiores casi o completamente unidos, 3.5–5 mm de largo, alas oblicuamente suborbicular-cuadradas, 10–12 mm de largo, rosadas; quilla con 2 lóbulos laterales y uno central mucho más largo, sin apéndice apical. Cápsula suborbicular, estipitada, 9–10.5 mm de largo (incluyendo el estípite), estrechamente alada en el margen, emarginadas; cuerpo de la semilla globoso, ca 3 mm de largo, densamente pubescente con tricomas ca 0.2 mm de largo, arilo en forma de casco, ca 2.5 mm de largo, con 3 lóbulos muy apretados y retorcidos.

Rara, bosques de pino-encinos, matorrales, zona norcentral; 1250–1300 m; fl y fr oct–mar; *Moreno 14272, 26432*; Honduras y Nicaragua. La especie está muy estrechamente emparentada con *P. floribunda* Benth., nativa de Honduras a México y a veces cultivada en otras partes (ej. Costa Rica), y posiblemente se encuentre en forma cultivada en Nicaragua. *P. floribunda* difiere por las hojas ligeramente estrigosas o glabras y es posible que *P. securidaca* se deba tratar como una variedad de esta especie. Las 2 especies se destacan por sus inflorescencias rosadas vistosas.

Polygala variabilis Kunth in Humb., Bonpl. & Kunth, Nov. Gen. Sp. 5: 397. 1823.

Hierbas anuales erectas, 13–60 cm de alto (3–9 cm en el ecótipo de playa); ramas pocas, erectas o no ramificadas, tallos fuertemente acostillados, glabras o muy esparcida e inconspicuamente puberulento-glandulares con tricomas capitados diminutos (más densamente así en el ecótipo de playa). Hojas alternas, las de la parte media del tallo linear-aciculares, 5–14 mm de largo y 0.5–1 mm de ancho, ápice mucronado, glabras o con tricomas glandulares muy esparcidos, las distales generalmente escuamiformes, hojas del ecótipo de playa linear a estrechamente elípticas, 3–10 mm de largo y 0.7–1.3 (–1.7) mm de ancho; pecíolo corto. Racimos terminales, capitados o ampliamente cilíndricos con ápice obtuso o agudo, densamente florecidos, hasta 5 (7) cm de largo, cuando fértiles 0.5–2.5 cm de largo, pedúnculo 0.5–2.5 cm de largo, glándulas anaranjadas presentes en el material seco, redondeadas o alargadas, presentes en el eje del racimo, las brácteas, los sépalos inferiores, la bolsa de la quilla, el fruto y raramente presentes en las alas, brácteas ovadas, 0.6–1.1 mm de largo, caducas, pedicelos 0.5–1 mm de largo, ascendentes en fruto; sépalos persistentes en fruto, el superior ovado-elíptico, 1.1–2 mm de largo, los inferiores libres, 0.9–1.5 mm de largo, alas elípticas a elíptico-

ovadas, 2.8–5 mm de largo, morado obscuras o blancas; quilla con cresta fimbriada, a veces exerta. Cápsula ovada a elíptica, 2–3.8 mm de largo, glabra; cuerpo de la semilla cónico, 1.3–2.1 mm de largo, los tricomas más largos (basales) sobrepasando la base truncada por 0.4–1 mm, arilo 0.2–1 mm de largo, con 2 lóbulos conspicuos o muy raramente ausente.

Frecuente, sabanas de pinos, norte de la zona atlántica; 0–100 (–700) m; fl y fr todo el año; *Stevens 7664, 7682*; sureste de México a Brasil. El ecótipo de playa crece sobre escarpados y en otras áreas cerca de la playa en la región de Puerto Cabezas (ej. *Stevens 10691*); estas plantas más pequeñas se caracterizan por las hojas más apretadas, más carnosas y relativamente más anchas y las flores siempre blancas. Colectas intermedias también existen del área. Flores tanto moradas como blancas se presentan en la mayoría de las poblaciones de *P. variabilis*, con predominio de las moradas.

Polygala violacea Aubl., Hist. Pl. Guiane 2: 735, t. 294. 1775; *P. angustifolia* Kunth; *P. brizoides* A. St.-Hil. & Moq.; *P. nicaraguensis* Chodat; *P. monticola* var. *brizoides* (A. St.-Hil. & Moq.) Steyerm.

Hierbas anuales erectas, 6–50 cm de alto; ramas varias, ascendentes o decumbentes especialmente desde la base o no ramificadas, tallos pubescentes con 2 tipos de tricomas, erectos y/o incurvados, o a veces solamente erectos. Hojas alternas, angostamente ovadas o elípticas a lanceoladas o lineares, 10–50 mm de largo y 1–14 mm de ancho, ápice y base redondeados a estrechamente agudos, no glandulares, finamente puberulentas cerca de los márgenes y sobre los nervios en el envés, con tricomas incurvados; pecíolo corto. Racimos extraaxilares a lo largo del tallo inclusive cerca de la base, esparcidamente florecidos, 1–10 cm de largo, los distales generalmente sobrepasados por la parte vegetativa de la planta, brácteas lanceoladas a deltadas, 0.4–1.2 mm de largo, caducas, pedicelos 1–2 mm de largo, ligeramente puberulentos o glabros; sépalos persistentes en fruto, sépalos exteriores ciliados, el superior ovado-elíptico o lanceolado, cimbiforme, (1.1–) 1.5–2.5 mm de largo, los inferiores unidos más de la mitad de su longitud, (0.9–) 1.2–2 mm de largo, alas anchas y oblicuamente obovadas a suborbiculares, 2.8–5.5 mm de largo, rosadas o moradas, perdiendo su color en fruto; quilla sin apéndice apical. Cápsula ovalada o algo ovada, 2.7–4.2 mm de largo, glabra; cuerpo de la semilla 1.7–2.3 mm de largo, con tricomas sedosos de ca 0.5 mm de largo cubriendo la testa, arilo en forma de casco, 0.6–1 mm de largo, con 3 lóbulos cortos.

Común, sabanas secas, bosques abiertos de pino-encinos, en las zonas pacífica y norcentral; 0–1200 m; fl y fr jun–oct; *Stevens 4083, 20475*; México a Bolivia y Brasil, también en las Antillas. Véase discusión en *P. monticola.*

SECURIDACA L.

Arbustos más o menos escandentes o bejucos a menudo grandes. Hojas alternas; glándulas presentes en la posición estipular. Inflorescencia simple o paniculada, flores zigomorfas; sépalos libres, caducos en fruto, alas bien desarrolladas y petaloides; quilla con apéndice apical formado del doblamiento del margen alrededor del ápice emarginado, raramente (nunca en Nicaragua) sin apéndice; estambres 8, filamentos unidos igualmente o (nunca en Nicaragua.) divididos en 2 grupos; disco generalmente bien desarrollado, anular, oblicuo; ovario con 1 lóculo fértil, segundo lóculo vestigial o ausente, estigma 2-lobado, lóbulos generalmente iguales. Fruto una sámara indehiscente, con un ala abaxial grande, oblicua y unilateral, a veces con un ala adaxial más pequeña; semilla elipsoide o globosa, glabra, sin arilo, testa delgada y suave, generalmente con una cálaza gruesa.

Género con ca 70 especies tropicales, 9 especies en el Viejo Mundo; 2 especies en Nicaragua.

1. Envés de las hojas estriguloso con tricomas adpresos de hasta ca 0.2 mm de largo y tricomas más largos patentes que cuando presentes están restringidos a la parte inferior del nervio central .... **S. diversifolia**
1. Envés de las hojas piloso sobre toda la superficie con tricomas patentes 0.3–0.5 mm de largo .... **S. sylvestris**

Securidaca diversifolia (L.) S.F. Blake, Contr. U.S. Natl. Herb. 23: 594. 1923; *Polygala diversifolia* L.; *Elsota diversifolia* (L.) S.F. Blake.

Ramas laterales a menudo cortas o a veces los ápices de las ramas normales modificados en zarcillos gruesos; ramitas estrigulosas con tricomas adpresos o a veces también con tricomas irregularmente patentes y esparcidos, a veces pronto glabrescentes. Hojas (excepto las de la inflorescencia) amplia a angostamente ovadas o elípticas, 3–12 cm de largo y 1.4–5.7 cm de ancho, ápice cortamente acuminado a agudo, base obtusa o redondeada, margen enrollado en la base, con 5–9 pares de nervios laterales, a menudo irregularmente espaciados y no muy diferenciados de los nervios terciarios, con los 1–2 pares inferiores muy cerca de la base y fuertemente ascendentes, retículo prominente en ambas superficies, haz ligeramente estrigulosa, a veces glabra, brillante, envés estriguloso con tricomas adpresos de 0.1–0.2 mm de largo y tricomas patentes (hasta 0.3 mm de largo) a menudo abundantes en la mitad basal del nervio principal; pecíolos 2–7 mm de largo, densamente pubescentes a estrigosos o glabros. Racimos terminales en ramas laterales cortas con las hojas reducidas en su parte basal (hasta 3 cm de largo), relativamente más anchas y más redondeadas en el ápice que las otras hojas, a veces con racimos secundarios en sus axilas, longitud total de la ramita con racimo 4–15 cm, longitud del racimo 1–8 cm, eje densamente estrigoso o también con tricomas irregularmente ascendentes, pedicelo 4–9 mm de largo, con tricomas como los del eje; sépalos exteriores abaxialmente puberulentos en el centro con tricomas adpresos o incurvados, margen ciliado, sépalo superior anchamente ovado, cimbiforme, 2.5–4.5 mm de largo, los inferiores anchamente ovado-suborbiculares, 2–3.7 mm de largo, alas amplia y a menudo oblicuamente ovado-suborbiculares con base unguiculada, 7.5–12 mm de largo, glabras excepto ciliadas en la parte media, rosadas. Sámara densa y finamente puberulenta, cuerpo del fruto elipsoide, 6–9 mm de largo, reticulado, ala abaxial 3–5 cm de largo y 1.1–1.7 cm de ancho en la parte mas ancha, oblicua, unilateral, los nervios numerosos y prominentes, ala adaxial 3–7 mm de largo, generalmente deltada.

Común, bosques cálido-húmedos, sabanas de pinos y pantanos, en todo el país; 0–1000 m; fl mar–abr, fr abr; *Bunting 1097, Moreno 7825*; México a Brasil y Bolivia, también en las Antillas.

Securidaca sylvestris Schltdl., Linnaea 14: 381. 1840; *Elsota sylvestris* (Schltdl.) Kuntze.

Ramas teretes, densamente pubescentes; ramitas patentes a flexibles. Hojas (excepto las de la inflorescencia) ovadas a elípticas, 3.7–8 cm de largo y 1.8–4.4 cm de ancho, ápice agudo, acumen obtuso, base obtusa, a veces aguda, margen revoluto, haz esparcidamente pilosa a casi glabra con el nervio principal esparcida a densamente piloso especialmente en la unión con el pecíolo, todo el envés piloso a densamente así, 5–9 pares de nervios laterales; pecíolos ca 2 mm de largo, densamente pilosos. Racimos terminales, 3.5–11 cm de largo, con hojas reducidas en su parte basal (de hasta 3.5 cm de largo), relativamente más anchas y más redondeadas en el ápice que las otras hojas, a veces con racimos secundarios en sus axilas, eje del racimo y pedicelos densamente pilosos, pedicelos 6–7 mm de largo; sépalos exteriores ca 3 mm de largo, densamente pilosos, alas 6–8 mm de largo, glabras o a veces ciliadas hacia la base, violetas a moradas. Sámara densamente pubescente, cuerpo del fruto elipsoide, 7–8 mm de largo, reticulado pero el retículo oculto por el indumento, ala abaxial 1–3.5 cm de largo y ca 1 cm de ancho en la parte más ancha, oblicua, unilateral, los nervios numerosos y prominentes, ala adaxial 3–4 mm de largo.

Poco común, sabanas secas y bosques tropicales secos, zona pacífica; 0–400 m; fl ene–abr, fr mar–abr; *Neill 3441, Stevens 22878*; México a Panamá. Este taxón probablemente representa una variedad o forma de áreas secas de *S. diversifolia* de la cual se diferencia por tener todo el envés de la hoja, el eje del racimo, los pedicelos y los sépalos exteriores cubiertos con abundantes tricomas patentes de 0.3–0.5 mm de largo. Sin embargo, cambios nomenclaturales tienen que esperar más estudios de las especies emparentadas en Sudamérica.

POLYGONACEAE Juss.

Richard A. Howard

Hierbas, bejucos herbáceos y leñosos, arbustos o árboles, ocasionalmente con brotes cortos, éstos frondosamente floridos o terminados en espinas; tallos frecuentemente abultados en los nudos, entrenudos huecos o con una médula sólida; plantas hermafroditas o dioicas. Hojas alternas, simples, enteras y pecioladas; estípulas ocreadas. Inflorescencias racimos, espigas o panículas, terminales o axilares, ocasionalmente terminadas en un zarcillo; cáliz uniseriado o biseriado, tépalos 3–6 libres o parcialmente unidos, verdosos a rojos o blancos; hipanto variadamente desarrollado, lo mismo que el tubo o los lobos o ambos, extendiéndose durante el desarrollo del fruto, o los lobos carinados, la quilla semejante a un ala y a veces extendiéndose hasta el pedicelo; estambres generalmente 6–9, filamentos aplanados, generalmente glabros, fusionados cerca de la base y/o parcialmente adnados al perianto, rudimentarios o estaminodiales en las flores pistiladas; ovario súpero, triquetro o lenticular, 1-locular, con 1 óvulo erecto, estilos 1, 2 ó 3, o estigmas 3, filiformes, divididos y capitados en el ápice. Aquenio redondo, triquetro o lenticular, cubierto por un hipanto adherente o rodeado por uno cartáceo o por los lobos del perianto o los lobos del perianto extendidos como alas, pericarpo generalmente lustroso, delgado, endosperma farináceo, frecuentemente ruminado.

Familia con ca 30 géneros y más de 1500 especies, ampliamente distribuidas en las regiones templadas y tropicales de ambos hemisferios, desde el nivel del mar hasta áreas alpinas y desde áreas secas hasta pantanos como plantas acuáticas; 9 géneros y 27 especies en Nicaragua.

Fl. Guat. 24(4): 104–137. 1946; Fl. Pan. 47: 323–359. 1960; W. Burger. Polygonaceae. *In:* Fl. Costaricensis. Fieldiana, Bot., n.s. 13: 99–138. 1983.

1. Plantas herbáceas rastreras o subiendo por medio de los zarcillos de las inflorescencias supraaxilares; flores perfectas .... **Antigonon**
1. Plantas erectas, sin zarcillos; flores perfectas o no
  2. Hierbas; flores perfectas
    3. Segmentos del perianto 5, dispuestos en espiral, no notablemente acrescentes; flores espigadas; estigmas no fasciculados .... **Polygonum**
    3. Segmentos del perianto 6, en 2 verticilos, los interiores acrescentes, los exteriores generalmente reflexos o patentes; flores comúnmente en verticilos; estigmas fasciculados .... **Rumex**
  2. Arbustos o árboles; flores perfectas o no
    4. Arbustos, tallos aplanados como cladodios, verdes; hojas pequeñas, de corta duración; flores perfectas, agrupándose a lo largo de los tallos; cultivada .... **Homalocladium**
    4. Arboles o arbustos, tallos ni aplanados ni verdes
      5. Plantas hermafroditas
        6. Alas del perianto fructífero ensanchadas distalmente pero no decurrentes sobre el pedicelo; ramitas frondosas no desarrolladas, sin espinas; flores en panículas, filamentos pubescentes; hojas orbiculares, más de 8 cm de largo, emarginadas en el ápice .... **Neomillspaughia**

6. Alas del perianto fructífero ensanchadas desde el dorso del nervio principal y decurrentes sobre el pedicelo; ramitas frondosas terminando en espinas; flores en fascículos, filamentos glabros; hojas ovadas o angostas, hasta 4 cm de largo, ápice obtuso a redondeado .... **Podopterus**

5. Plantas dioicas

    7. Fruto falsamente drupáceo, en general estrechamente envuelto por el hipanto carnoso agrandado o por los lobos del perianto; estípulas ocreadas, la porción apical marchitándose o caduca, la porción basal comúnmente persistente; aquenio redondeado en corte transversal no angulado o fuertemente triquetro .... **Coccoloba**

    7. Tépalos exteriores de las flores pistiladas fusionados para formar un tubo libre del aquenio, éstos extendiéndose en el fruto formando alas; estípulas enteramente caducas

        8. Entrenudos sólidos; hojas con menos de 12 pares de nervios principales, 3–11 cm de largo; aquenio con 3 surcos longitudinales separando 3 lados redondeados, flojamente envuelto dentro del perianto fructífero .... **Ruprechtia**

        8. Entrenudos huecos y frecuentemente habitados por hormigas que muerden; hojas con más de 12 pares de nervios secundarios, 15–35 cm de largo; aquenio con 3 crestas aguzadas y 3 caras cóncavas planas, estrechamente envuelto dentro del perianto fructífero .... **Triplaris**

ANTIGONON Endl.

Herbáceas o trepadoras sufruticosas, o rastreras o trepando por medio de zarcillos desarrollados en el ápice de las inflorescencias; plantas hermafroditas. Hojas cordadas a deltoides, agudas a acuminadas, pecíolos teretes o alados; ócreas pequeñas. Inflorescencias axilares y terminales, racimos o panículas, ejes pubescentes, terminados en un zarcillo simple o ramificado, pedicelos articulados, en fascículos ocreados; perianto con 5 tépalos libres y desiguales, los 3 externos más anchos que los 2 internos, verdes, rojos o blancos, algo acrescentes en el fruto; estambres 8, filamentos unidos en la parte inferior; ovario triquetro, estilos 3; estigmas peltados. Aquenio obtusamente 3-angulado, envuelto por el cáliz acrescente, café y lustroso.

Un género con 8 especies de América tropical, 2 especies se encuentran en Nicaragua.

1. Tépalos exteriores durante la antesis y en el fruto por lo menos tan anchos como largos; pecíolos más cortos que los senos, menos de 1 cm de largo; ócreas persistentes en la base de los pedicelos .... **A. guatimalense**

1. Tépalos exteriores durante la antesis más largos que anchos, en fruto 1.5 veces más largos que anchos; pecíolos más de 1 cm de largo; ócrea caduca .... **A. leptopus**

Antigonon guatimalense Meisn. in A. DC., Prodr. 14: 184. 1856; *Polygonum grandiflorum* Bertol.; *A. grandiflorum* B.L. Rob.

Hojas ampliamente cordadas, 3–10 cm de largo y 2.5–10 cm de ancho, ápice abruptamente acuminado, base ampliamente cordada, margen levemente ondulado, entero, cinéreo pubescentes en el envés; pecíolo terete, casi siempre menos de 1 cm de largo. Inflorescencias hasta 25 cm de largo; raquis cinéreo pubescente; pedicelos 10–15 mm de largo, articulados en el medio, densamente hirsutos; tépalos en la antesis tan largos como anchos, ca 10 mm de largo y de ancho, rosados, en el fruto 25 mm de largo y 10–13 mm de ancho. Aquenio 7–8 mm de largo y 5 mm de diámetro.

Común, orillas de caminos, pastizales, bosques alterados, zonas pacífica y norcentral; 50–1000 m; fl durante todo el año, fr ene–feb; *Moreno 1902, Stevens 9377*; nativa de Centroamérica pero introducida y cultivada en otras partes.

Antigonon leptopus Hook. & Arn., Bot. Beechey Voy. 308. 1838.

Hojas ampliamente ovadas, 3–9 cm de largo y 3–6 cm de ancho, ápice acuminado, base profundamente cordada, margen undulado o eroso, pubescentes; pecíolos teretes o alados, más de 1 cm de largo. Inflorescencias hasta 25 cm de largo; raquis con pubescencia rosada o blanca; pedicelos 3–10 mm de largo, mayormente articulados por debajo del medio, glabros a pubescentes; tépalos cordados, en la antesis 5 mm de largo y 3 mm de ancho, rosados o blancos, en el fruto 8–25 mm de largo y 4–20 mm de ancho. Aquenio hasta 1 cm de largo y 5–7 mm de diámetro.

Común como maleza en orillas de caminos o en campos abandonados o cultivada, zonas pacífica y atlántica; 15–500 m; fl y fr durante todo el año; *Neill 3052, Sandino 2117*; nativa de México y Centroamérica pero actualmente distribuida y naturalizada en áreas tropicales.

COCCOLOBA P. Browne; *Guaiabara* Mill.

Arboles, arbustos o trepadoras leñosas; plantas dioicas. Hojas generalmente coriáceas, plantas juveniles o brotes adventicios comúnmente con las hojas relativamente mucho más grandes; pecíolos cortos; estípulas formando una ócrea, con el pecíolo surgiendo desde la base de la ócrea o arriba de ésta, ócrea completamente caduca o la porción superior membranácea y marchitándose y la porción basal coriácea y persistente. Inflorescencias axilares o terminales, en espigas o racimos, las flores estaminadas agrupadas, las pistiladas solitarias; pedicelos ocreados, cortos o aumentando su longitud en el fruto, flores articuladas con el pedicelo; perianto de 5 tépalos verdes o blancos, actinomorfo o ligeramente zigomorfo, tépalos unidos en la base para formar un hipanto, el cual puede aumentar de tamaño en el fruto o los tépalos pueden aumentar de tamaño; estambres 8, filamentos teretes, unidos en la base, rudimentarios en flores pistiladas; pistilo con ovario triangular; estilos 3, libres, rudimentarios en flores estaminadas. Fruto globoso, ovoide u obovoide, hipanto carnoso o los lobos del perianto carnosos o los tépalos imbricados y coronando al fruto; aquenio café o café-amarillento.

Un género del Nuevo Mundo con cerca de 400 especies; 12 especies en Nicaragua. A menudo los árboles o arbustos talados rápidamente forman vástagos con entrenudos largos y hojas generalmente más grandes y con diferentes formas. En estos especímenes se hace difícil una identificación, excepto por asociación. Las plantas juveniles también pueden tener hojas diferentes hasta su madurez. Dentro de las poblaciones de plantas maduras, el tamaño, la forma y la pubescencia de los brotes y del follaje pueden también variar mucho. Varias especies son poco conocidas. Se conoce que algunas especies de este género forman híbridos con *Coccoloba uvifera* en otras áreas, por lo tanto es de esperar que ejemplares híbridos aparezcan también en Nicaragua. Estos híbridos presentan una gran variación, pero generalmente es posible determinar la especie parental. La variante ortográfica *Coccolobis* ha sido usada en algunas publicaciones.

R.A. Howard. Studies on the genus *Coccoloba*, VII. A synopsis and key to the species in Mexico and Central America. J. Arnold Arbor. 40: 176–220. 1959; R.A. Howard. Collected notes on *Coccoloba* L. (Polygonaceae). Brittonia 44: 356–367. 1992.

1. Plantas deciduas durante parte del año (taxón aún poco conocido) .... **C. nicaraguensis**
1. Plantas perennifolias
  2. Flores en espigas paniculadas
    3. Hojas cordadas o subcordadas en la base, coriáceas, lustrosas, cafés cuando secas .... **C. belizensis**
    3. Hojas cuneadamente adelgazadas, la base misma aguda u obtusa, superficie generalmente corrugada, cartácea, obscureciéndose al secarse .... **C. tuerckheimii**
  2. Flores en espigas simples, no ramificadas
    4. Hojas casi todas ampliamente redondeadas u obtusas en el ápice
      5. Hojas hírtulas o pilosas en el envés por lo menos en los nervios .... **C. caracasana**
      5. Hojas glabras o meramente puberulentas en el envés
        6. Lobos del perianto rodeando el aquenio; hojas más anchas arriba de la mitad .... **C. floribunda**
        6. Hipanto envolviendo al aquenio, los lobos del perianto imbricados o coronados; hojas más anchas en la mitad o abajo
          7. Hojas ovadas a elípticas, más largas que anchas, secándose negras, pedicelos hasta escasamente 1 mm de largo, apenas excediendo a las ócreas; fruto 8–10 mm de largo .... **C. swartzii**
          7. Hojas orbiculares, más anchas que largas, secándose café-amarillentas pálidas, pedicelos en fruto fuertes, hasta 4 mm de largo; fruto 13–20 mm de largo .... **C. uvifera**
    4. Hojas agudas a acuminadas en el ápice
      8. Aquenio rodeado por los lobos del perianto; pedicelos más cortos que o apenas excediendo a las ócreolas
        9. Hojas largamente acuminadas, más anchas por debajo del medio; inflorescencias 15–45 cm de largo, fascículos de flores separados, ocréolas inconspicuas .... **C. acuminata**
        9. Hojas abrupta y cortamente acuminadas, más anchas en la parte media superior; inflorescencias 10–14 cm de largo, densas, ocréolas múltiples, conspicuas y membranáceas .... **C. venosa**
      8. Aquenio rodeado por un hipanto agrandado, lobos imbricados o coronados; pedicelos evidentes en fruto
        10. Pedicelos fuertes, hasta 1 mm de largo; hojas ovadas a ovado-oblongas, mayormente 4–8 cm de largo, obtusas o agudas en la base .... **C. cozumelensis**
        10. Pedicelos delgados, 3–4 mm de largo en fruto

11. Hojas anchamente oblongas a elíptico-oblongas, 9–23 cm de largo y 6–11 cm de ancho, redondeadas en la base; pecíolos 15–30 mm de largo .... **C. guanacastensis**
11. Hojas lanceolado-oblongas, 12–20 cm de largo y 4.5–8 cm de ancho, subcordadas en la base; pecíolos 8–11 mm de largo .... **C. lindaviana**

Coccoloba acuminata Kunth in Humb., Bonpl. & Kunth, Nov. Gen. Sp. 2: 176. 1817; *C. acuminata* var. *pubescens* Lindau, *C. acuminata* var. *glabra* Lindau; *C. strobilulifera* Meisn.

Arbustos o árboles pequeños, delgados, hasta 8 m de alto; tallos glabros. Hojas angostamente elípticas a elíptico-oblongas o lanceoladas, 8–22 cm de largo y 3–8 cm de ancho, ápice largamente acuminado, base aguda a obtusa, delgadamente cartáceas, penachos de tricomas en las axilas de los nervios y tricomas persistentes a lo largo del nervio principal, tornándose negras al secarse; pecíolos 6–15 mm de largo, surgiendo de la base de la ócrea; ócreas 3–15 mm de largo, densamente hírtulas, con tricomas cafés o con secreciones café-rojizas. Inflorescencias 15–45 cm de largo, frecuentemente péndulas, flores en fascículos claramente separados, pedúnculo 2–5 cm de largo, raquis puberulento a corto e hirsuto, pedicelos más cortos que las ócreolas. Fruto globoso, 6–8 mm de diámetro, perianto inicialmente unido sólo cerca de la base, pero luego el área basal se expande y los lobos van cubriendo la 1/2–2/3 del aquenio, blanco translúcido al madurar, pedicelos 1–2 mm de largo; aquenio 5–6 mm de largo y 4 mm de ancho, liso, lustroso, café obscuro a café-amarillento.

Común, bosques perennifolios y semideciduos, zonas pacífica y atlántica; 0–300 m; fl y fr durante todo el año; *Ortiz 208, Sandino 1781*; Guatemala a Perú y Brasil. "Papaturro".

Coccoloba belizensis Standl., Trop. Woods 16: 38. 1928.

Arboles pequeños a grandes, hasta 30 m de alto; tallos densa y cortamente hirsutos y glabrescentes, tricomas café-amarillentos a café obscuros. Hojas oblongas a ampliamente ovadas, 16–30 cm de largo y 8–14 cm de ancho, ápice atenuado a obtuso, base obtusa a redondeada, con frecuencia ligeramente cordadas, subcoriáceas, lisas en el envés, tornándose cafés al secarse, hojas de brotes adventicios de hasta 40 cm de largo y 20 cm de ancho; pecíolos 15–30 mm de largo, surgiendo debajo de la ócrea; ócreas 10–40 mm de largo, inicialmente cubriendo el ápice de la yema, eventualmente rompiéndose de manera irregular, densamente puberulentas. Inflorescencias paniculadas con racimos o espigas de casi igual longitud, hasta 30 cm de largo, flores en fascículos distintos, pedúnculo hasta 2.5 cm de largo, raquis puberulento y profundamente acostillado, pedicelos

más cortos que las ócreolas. Fruto globoso a ovoide, 5–6 mm de diámetro, aquenio cubierto por el hipanto y los lobos del perianto, ambos acrescentes, blancos y carnosos, pedicelos 1 mm de largo; aquenio 5 mm de diámetro, superficie lustrosa, café.

Poco frecuente, bosques húmedos, zona atlántica; 0–800 m; fl feb–nov, plantas pistiladas no han sido colectadas en Nicaragua; *Neill 4182, Sandino 5022*; Belice a Nicaragua. "Papalón".

Coccoloba caracasana Meisn. in A. DC., Prodr. 14: 157. 1856; *C. caracasana* f. *glabra* Lindau.

Arboles pequeños a medianos, 2–12 m de alto, frecuentemente con troncos múltiples; tallos puberulentos a glabrescentes. Hojas ampliamente oblongas o suborbiculares, 8–20 cm de largo y 6–15 cm de ancho, redondeadas y frecuentemente emarginadas en el ápice, redondeadas a truncadas a subcordadas en la base, secándose cartáceas a subcoriáceas, café obscuras o gris pálidas, haz lisa y glabra, envés puberulento y con nervadura reticulada; pecíolos 8–20 mm de largo, insertados en la base de la ócrea; ócreas 10–20 mm de largo, puberulentas con secreciones resinosas. Inflorescencias 15–25 cm de largo, pedúnculo 1–3 cm de largo, raquis densamente puberulento, pedicelos generalmente más cortos que las ócreolas. Fruto subgloboso, 6–8 mm de diámetro, perianto semisuculento, lobos del perianto cubriendo los 2/3 del aquenio, blancos, pedicelos 2–3 mm de largo; aquenio 3–5 mm de largo y 5–6 mm de ancho, lustroso, café obscuro.

Común, bosques deciduos, zona pacífica; 0–500 m; fl la mayor parte del año, no colectada con flores pistiladas o con fruto en Nicaragua; *Moreno 686, Sandino 1550*; El Salvador a Panamá y norte de Sudamérica.

Coccoloba cozumelensis Hemsl., Biol. Cent.-Amer., Bot. 4: 108. 1887; *C. yucatana* Lindau.

Arbustos o árboles pequeños, 9 m de alto; tallos glabros o casi glabros. Hojas ovado-oblongas o lanceolado-oblongas, 3–10 cm de largo y 2–4 cm de ancho, ápice agudo o acuminado, frecuentemente obtuso, base obtusa, cartáceas, generalmente barbadas en las axilas, verde-grises al secarse; pecíolos 4–5 mm de largo, surgiendo de la base de la ócrea; ócreas 4–5 mm de largo, glabras. Racimos delgados, 13 cm de largo, frecuentemente recurvados, con numerosas flores, pedúnculos 1–3 cm de largo, raquis glabro, pedicelos cortos o ausentes. Fruto ovoide-globoso, 5–6 mm de diámetro, aquenio rodeado por el hipanto acrescente, hipanto y lobos del perianto blancos, pedicelos 1 mm de largo; aquenio 4–5 mm de largo y de ancho, café obscuro.

Rara, cafetales y remanentes de nebliselvas, Chontales, Matagalpa; 1200 m; fr jul; *Moreno 25385, Neill 625(7463)*; México a Costa Rica.

Coccoloba floribunda (Benth.) Lindau, Bot. Jahrb. Syst. 13: 217. 1890; *Campderia floribunda* Benth.; *Campderia mexicana* Meisn.

Arboles o arbustos densamente ramificados, 2–9 m de alto; ramas glabras. Hojas obovadas u obovado-oblongas, 5–15 cm de largo y 3–7 cm de ancho, ápice redondeado a subagudo, base adelgazada a subaguda o subredondeada, coriáceas, penachos de tricomas axilares presentes en el envés, haz café hasta negra y envés café claro cuando secas; pecíolos 4–8 mm de largo, surgiendo de la base de la ócrea; ócreas 8 mm de largo, puberulentas. Racimos 4–10 cm de largo, densamente floridos, pedúnculo 1–1.5 cm de largo, raquis puberulento, pedicelos más cortos que las ocréolas. Fruto ovoide-globoso, 5–6 mm de diámetro, lobos del perianto acrescentes y envolviendo al aquenio, rosados o blancos, pedicelos 0.5 mm de largo; aquenio 5–7 mm de diámetro, negro azulado o rojo purpúreo.

Común a lo largo de playas y áreas inundables en bosques bajos y densos, zona pacífica; 0–500 (700) m; fl y fr durante todo el año; *Sandino 977, Stevens 6643*; México a Panamá. Previamente, y en base a material limitado, pensé que esta especie era igual a *C. venosa*, de las Antillas Menores. Es quizás la especie de *Coccoloba* más comúnmente colectada en Nicaragua pero aún poco entendida. La diferencia de sexos entre plantas estaminadas y pistiladas no es clara y es posible que algunas plantas tengan flores perfectas o los sexos mezclados en una misma inflorescencia. Los brotes adventicios no han sido colectados o descritos. "Iril", "Papaturro".

Coccoloba guanacastensis W.C. Burger, Phytologia 49: 387. 1981.

Arboles hasta 20 m de alto; entrenudos glabros. Hojas anchamente oblongas a elíptico-oblongas, 9–23 cm de largo y 6–11 cm de ancho, ápice obtuso o cortamente agudo a casi redondeado, base obtusa a redondeada, lisas y glabras, cartáceas y verde-grises al secarse; pecíolo 15–30 mm de largo, surgiendo arriba de la base de la ócrea; ócreas 4–8 mm de largo, glabras. Inflorescencias racemosas, 10–15 cm de largo, pedúnculo 0.2–1.5 cm de largo, raquis glabro, pedicelo más de 4 veces la longitud de las ocréolas.

Fruto globoso-ovoide, 8–10 mm de diámetro, aquenio rodeado en su mayoría por el hipanto acrescente, lobos del perianto más pequeños que el hipanto, hipanto y lobos verdes; pedicelo 4–5 mm de largo; aquenio 8–10 mm de diámetro, café-amarillento.

Rara, bosques secos, zona pacífica; 30–780 m; fr jun; *Moreno 24211, Robleto 824*; Nicaragua y Costa Rica. Material con flores sólo se conoce de Costa Rica. Los ejemplares estériles sugieren brotes adventicios con hojas más grandes. Algunos especímenes han sido colectados en bosques húmedos al sur de Zelaya y Río San Juan, los cuales encajan en esta especie. Estos difieren en tener el fruto oblongo más grande, pedicelos más cortos, y hojas café obscuras al secar y podrían representar otra especie. "Papaturro negro".

Coccoloba lindaviana R.A. Howard, J. Arnold Arbor. 40: 201. 1959; *C. itzana* Lundell.

Arboles hasta 8 m de alto; tallos glabros. Hojas lanceolado-oblongas a oblongo-elípticas, 12–20 cm de largo y 4.5–8.5 cm de ancho, ápice agudo a cortamente acuminado, base redondeada a truncada, coriáceas, glabras, café-verdosas al secarse; pecíolo 8–11 mm de largo, surgiendo arriba de la base de la ócrea; ócreas 9–12 mm de largo, estrigosas a glabras. Inflorescencias 12–15 cm de largo, pedúnculo 1–1.5 cm de largo, raquis glabro, flores desconocidas. Fruto ovoide, 8 mm de largo y 6 mm de diámetro, aquenio rodeado por el hipanto acrescente y obtusamente rematado por los lobos del perianto, hipanto y lobos blancos, pedicelos 2–2.5 mm de largo; aquenio 8 mm de largo y 6 mm de diámetro, lustroso, café.

Conocida en Nicaragua por una sola colección (*Neill 4301*) del Cerro La Calera, Zelaya; México a Nicaragua.

Coccoloba nicaraguensis Standl. & L.O. Williams, Ceiba 3: 198. 1953.

Arbustos a árboles 6 m de alto; ramas glabras, deciduos. Hojas lanceolado-elípticas a oblongo-elípticas, 5.5–11.5 cm de largo y 2.5–5 cm de ancho, ápice acuminado a largamente adelgazado, atenuado-acuminado, base obtusa a aguda, glabras en el envés, subrígido-membranáceas; pecíolos 6–8 mm de largo; ócreas 8 mm de largo, subtruncadas, base persistente. Inflorescencia erecta, espigada, tan larga como las hojas. Fruto no conocido.

Conocida en Nicaragua por una colección (*Standley 10409*) de nebliselvas, Jinotega; 1050–1350 m; fl jun; endémica. Esta colección tiene solamente hojas juveniles, frágiles, negras y muy retorcidas y aparentemente las plantas son deciduas;

además, las flores son muy inmaduras y sin estructuras definidas.

Coccoloba swartzii Meisn. in A. DC., Prodr. 14: 159. 1856; *C. corozalensis* Lundell; *C. gentlei* Lundell.

Arboles hasta 20 m de alto; tallos glabros, ramas puberulentas. Hojas ovadas a elípticas, 2.2–15 cm de largo y 1.3–7.5 cm de ancho, ápice agudo a redondeado, base adelgazada, redondeada o ligeramente cordada, coriáceas, glabras, tornándose negras al secarse; pecíolos de las hojas normales 10–18 mm de largo, surgiendo de la base de la ócrea; ócreas 10–12 mm de largo, porción superior membranácea y decidua, puberulenta a glabra; vástago adventicio con hojas ovadas a lanceoladas, 23–70 cm de largo y 8.5–25 cm de ancho, pecíolos 15–25 mm de largo. Inflorescencias 10–15 cm de largo, pedúnculo 0.2–1 cm de largo, raquis glandular-pubescente, pedicelos más cortos que las ocréolas. Fruto ovoide, 8–10 mm de largo y 6 mm de diámetro, aquenio rodeado por el hipanto acrescente, con los lobos del perianto 1–1.5 mm de largo, hipanto y lobos morados, pedicelos 0.5 mm de largo; aquenio 5 mm de largo y 3 mm de ancho, café obscuro.

Rara, bosque húmedo, Zelaya cerca de Monkey Point; 1–5 m; fl y fr oct; *Moreno 11958, 12535*; Belice a Nicaragua, norte de Sudamérica y en las Antillas.

Coccoloba tuerckheimii Donn. Sm., Bot. Gaz. (Crawfordsville) 37: 213. 1904.

Arboles 7–20 m de alto; tallos glabrescentes. Hojas obovadas a ampliamente elíptico-oblongas, 20–45 cm de largo y 10–25 cm de ancho, abruptamente adelgazadas en el ápice y cortamente acuminadas, adelgazadas a agudas o redondeadas en la base, subtruncadas o decurrentes sobre el pecíolo, margen ligeramente undulado, lisas y glabras o menudamente pubérulas, axilas con penachos de tricomas, tornándose rígidamente cartáceas y cafés al secarse, hojas de brotes adventicios 45 cm de largo y 20 cm de ancho; pecíolos 5–45 mm de largo, surgiendo arriba de la base de la ócrea; ócreas 2–5 cm de largo, traslapándose cerca del ápice del tallo hasta 25 mm de ancho, rígidamente cartáceas, glabras. Inflorescencias paniculadas con 10–20 racimos de casi igual longitud, 20–40 cm de largo, pedúnculo menos de 5 cm de largo, raquis puberulento, pedicelos 4 veces más largos que las ocréolas. Fruto ovoide, 11–14 mm de largo y 6–9 mm de diámetro, aquenio rodeado por el hipanto, suculento y acrescente, con los lobos del perianto cubriendo sólo el ápice, hipanto y lobos verdes, base estrechada hasta formar un pedículo 1–2

mm de largo, pedicelos 1–3 mm de largo; aquenio 6 mm de largo y 5 mm de ancho, café obscuro.

Común, bosques muy húmedos, bosques premontanos, cafetales, zona atlántica; 250–800 m; fl ene, fr ago; *Ortiz 541, Sandino 4482*; Guatemala a Panamá. Ramírez Goyena usó el nombre *C. latifolia* Lam. para esta especie. "Tabacón".

Coccoloba uvifera (L.) L., Syst. Nat., ed. 10, 1007. 1759; *Polygonum uvifera* L.

Arboles, 2–17 m de alto, frecuentemente muy ramificados desde la base; tallos menudamente puberulentos. Hojas orbiculares a reniformes, 7–14 cm de largo y 10–18 cm de ancho, ápice redondeado, truncado o emarginado, base redondeada a ampliamente cordada con 1 lobo frecuentemente extendiéndose alrededor del pecíolo, glabras en ambas superficies, gruesamente coriáceas, de color tostado al secarse, hojas de brotes adventicios variables en tamaño, frecuentemente obovadas; pecíolos fuertes, 7–10 mm de largo, surgiendo desde la base de la ócrea; ócreas 3–8 mm de largo, puberulentas. Inflorescencias 15–30 cm de largo, pedúnculo 1–3 cm de largo, raquis menudamente pubescente, pedicelos 1–2 mm de largo, un poco más largo hasta casi igualando las ocréolas. Fruto obpiriforme, 13–20 mm de largo y 8–10 mm de diámetro, adelgazado en la base, redondeado o truncado en el ápice, aquenio rodeado por el hipanto acrescente, con los lobos del perianto aplicados contra el ápice, hipanto y lobos rosado-morados cuando maduros, pedicelos 4–5 mm de largo; aquenio 10–13 mm de largo y 10 mm de ancho, negro.

Común, áreas costeras marinas, raramente tierra adentro, costa atlántica; 0–30 (–100) m; fl y fr durante todo el año; *Sandino 2172, Stevens 10693*; Estados Unidos (Florida), México al norte de Sudamérica y también en las Antillas. Las hojas jóvenes con frecuencia son rojo brillantes y lustrosas. "Grape", "Uva".

Coccoloba venosa L., Syst. Nat., ed. 10, 1007. 1759; *C. nivea* Jacq.; *C. molinae* Standl. & L.O. Williams.

Arboles hasta 15 m de alto; tallos glabros. Hojas oblongo-lanceoladas a elíptico-obovadas, 8–27 cm de largo y 4–10.6 cm de ancho, ápice abrupta y cortamente acuminado, base adelgazada, ligeramente cordada u obtusa, membranáceas, glabras excepto por los fascículos de tricomas en las axilas de los nervios principales, generalmente verde obscuras al secarse, hojas de brotes adventicios más o menos de la misma forma y tamaño que las hojas de los brotes normales, entrenudos más largos, ócreas más grandes; pecíolos

5–10 mm de largo, surgiendo debajo de la ócrea; ócreas hasta 20 mm de largo, glabras. Inflorescencias 10–17 cm de largo, pedúnculo 1–2 cm de largo, raquis muy menudamente puberulento o glabro, pedicelos 1–2 mm de largo, más cortos que las ocréolas. Fruto ovoide, 3–5 mm de largo y 4 mm de ancho,

lobos del perianto carnosos envolviendo al aquenio, blancos o rosados, pedicelos 0.5 mm de largo; aquenio 3–4 mm de largo y ancho, negro.

Poco común, bosques, costa atlántica; nivel del mar; fl abr–may; *Molina 2291, 2436*; Nicaragua, Venezuela y en las Antillas.

HOMALOCLADIUM (F. Muell.) L.H. Bailey

Homalocladium platycladum (F. Muell.) L.H. Bailey, Gentes Herb. 2: 58. 1929; *Polygonum platycladum* F. Muell.; *Muehlenbeckia platyclada* (F. Muell.) Meisn.

Arbustos hasta 4 m de alto; tallos aplanados y acintados, hasta 3 cm de ancho, verdes; plantas hermafroditas. Hojas presentes en los brotes más jóvenes, o persistentes por más tiempo en los brotes estériles, lanceoladas, 1–3 cm de largo y 3–7 mm de ancho, ápice agudo, base cuneada; ócreas membranáceas, tempranamente caducas, dejando una cicatriz persistente que da la apariencia de una articulación en

el tallo. Flores en fascículos sésiles en los nudos o lateralmente o alrededor del tallo, verdes a rosadas; perianto 4 ó 5-partido; estilos 3. Aquenio triquetro, hasta 3 mm de largo, café, liso, incluido en un hipanto carnoso, rojo o morado, lobos imbricados o ligeramente coronados.

Cultivada o infrecuentemente naturalizada en valles abiertos y bosques, zona norcentral; 1100–1400 m; fl feb, fr mar; *Moreno 21283, Soza 479*; nativa de las Islas Solomón, actualmente es común su cultivo en América. Género monotípico.

NEOMILLSPAUGHIA S.F. Blake

Neomillspaughia paniculata (Donn. Sm.) S.F. Blake, Bull. Torrey Bot. Club 48: 85. 1921; *Campderia paniculata* Donn. Sm.

Arbustos hasta 2–3 m de alto, árboles hasta 6 m de alto; ramas cinéreas puberulentas; plantas hermafroditas. Hojas orbiculares, 12–22 cm de largo y 10–20 cm de ancho, ápice profunda y angostamente emarginado, base abierta y levemente cordada, puberulentas a cortamente pilosas; pecíolos 1.5–3 cm de largo; ócreas 4 mm de largo, caducas. Panículas grandes y piramidales, 20–30 cm de largo, pedicelos

3–4 mm de largo, articulados en la parte media inferior, alados en la parte media superior, flores fasciculadas, blancas o blanco verdosas, tépalos 5, filamentos pubescentes; estilos 3. Perianto fructífero 5–6 mm de largo, alas de los tépalos 1 mm de ancho, adelgazadas hacia los pedicelos; aquenio triquetro, ovoide, 3 mm de largo, subagudo, lados planos.

Común, bosques deciduos y semideciduos, zona norcentral; 250–850 m; fl sep–nov, fr jun–dic; *Moreno 2044, Neill 1195*; México (Yucatán) a Nicaragua. Género centroamericano con 2 especies. "Tapatamal".

PODOPTERUS Bonpl.

Podopterus mexicanus Bonpl. in Humb. & Bonpl., Pl. Aequinoct. 2: 89. 1812.

Arbustos o árboles pequeños, 2–5 m de alto, deciduos, generalmente ramificados cerca de la base; tallos con brotes frondosos cortos terminados en una espina; plantas hermafroditas. Hojas en fascículos de 2–5, deciduas, ampliamente elípticas a obovadas, 2–7 cm de largo y 1.5–4.5 cm de ancho, ápice redondeado a obtuso, base adelgazada a cuneada, rígidamente cartáceas al secarse, lisas en ambas superficies, glabras o menudamente puberulentas en el envés; pecíolos 5–20 mm de largo, puberulentos; estípulas ocreadas caducas, generalmente no aparentes. Inflorescencias en fascículos de 5–20 flores en los brotes cortos, pedicelos articulados cerca de la base,

flores pequeñas tornándose blancas; perianto con las 3 partes exteriores con alas longitudinales a lo largo del nervio central, decurrentes sobre el pedicelo; filamentos glabros; ovario triquetro; estilos 3. Perianto fructífero envolviendo al aquenio, delgado, blanquecino a café pálido o amarillento, 2–3 cm de largo incluyendo el pedicelo, alas de las 3 partes exteriores del perianto 10–15 mm de largo y 2–3 mm de ancho y decurrentes en los pedicelos por 5–10 mm; aquenio 5 mm de largo y 3 mm de ancho, con 3 costillas angostas longitudinales, café lustroso.

Rara, bosques deciduos, Boaco y Granada; 0–150 m; fr abr, jun; *Moreno 32, Stevens 22919*; México a Costa Rica. Un género centroamericano con 3 especies.

POLYGONUM L.

Hierbas; plantas hermafroditas. Hojas alternas, enteras; ócreas cilíndricas, en general membranáceas, frecuentemente marginadas o divergentes en el ápice. Inflorescencias en racimos semejantes a espigas, a veces ramificadas, flores amontonadas o laxamente distribuidas, ocréolas infundibuliformes, pedicelos articulados en la base del cáliz; tépalos mayormente 5; estambres 4–8, filamentos erectos o casi erectos; estilos 2 ó 3. Aquenio envuelto en los lobos del perianto, lenticular o 3-angulado o plano-convexo, mayormente negro, lustroso.

El género es frecuentemente dividido, pero en un sentido amplio tiene ca 300 especies con distribución cosmopolita, desde malezas de jardín hasta plantas de ambientes muy húmedos; 7 especies en Nicaragua.

J.K. Small. A monograph of the North American species of the genus *Polygonum*. Mem. Dept. Bot. Columbia Coll. 1: 1–184. 1895.

1. Aquenio generalmente triquetro
  2. Tépalos, hojas y ócreas inconspicuamente pelúcido-punteados; nervio principal de las hojas estrigoso o estriguloso; racimos continuos .... **P. hydropiperoides**
  2. Tépalos, hojas y ócreas con puntos obscuros; nervio principal de las hojas ni estrigoso ni estriguloso; racimos generalmente discontinuos .... **P. punctatum**
1. Aquenio generalmente lenticular
  3. Ocreas cilíndricas con rebordes reflexos o patentes, verdes, densamente híspidas y ciliadas .... **P. hispidum**
  3. Ocreas cilíndricas sin rebordes patentes
    4. Ocreas y ocréolas con cilios largos en el ápice cuando maduras .... **P. acuminatum**
    4. Ocreas y ocréolas generalmente sin cilios cuando maduras, éstos, si están presentes cuando jóvenes, débiles y poco desarrollados
      5. Pedúnculos con glándulas pediculadas; hojas punteado-glandulosas .... **P. segetum**
      5. Pedúnculos glabros
        6. Plantas terrestres, tallos delgados, entrenudos no conspicuamente huecos; inflorescencias generalmente no ramificadas; aquenios 2.5 mm de largo, oblongos a obovoides, 1 cara plana la otra convexa .... **P. densiflorum**
        6. Plantas de ambientes acuáticos, tallos fuertes, entrenudos huecos; inflorescencias generalmente paniculadas; aquenios 3–3.5 mm de largo, orbiculares, las caras ligera a conspicuamente cóncavas cerca del ápice .... **P. ferrugineum**

Polygonum acuminatum Kunth in Humb., Bonpl. & Kunth, Nov. Gen. Sp. 2: 178. 1817; *P. acuminatum* var. *glabrescens* Meisn.; *P. acuminatum* var. *weddellii* Meisn.

Hierbas perennes; tallos fuertes, erectos, hasta 2 m de alto, glabros abajo, estrigosos arriba. Hojas lanceoladas, 6–30 cm de largo y 2.5 cm de ancho, ápice largo acuminado, base adelgazada y decurrente; pecíolos menos de 10 mm de largo; ócreas 20–40 mm de largo, estrigosas, con cerdas largas en los márgenes. Racimos pocos o varios, 8–15 cm de largo, en pedúnculos 3–6 cm de largo, densos con numerosas flores; ocréolas 3 mm de largo, marginadas, pedicelos 2–4 mm de largo; tépalos 3–4 mm de largo, blancos. Aquenio 2–2.5 mm de largo, brillante, negro.

Rara, generalmente en pantanos, Zelaya; 0–100 m; fl y fr feb, mar; *Haynes 8362, Rueda 3109*; México a Sudamérica y en las Antillas.

Polygonum densiflorum Meisn. in Mart., Fl. Bras. 5(1): 13. 1855; *P. portoricense* Bertol. ex Small.

Hierbas perennes, robustas, rastreras o erectas, hasta 1.5 m de alto; tallos glabros. Hojas lanceoladas

a linear-lanceoladas, 4–30 cm de largo y 1–4 cm de ancho, acuminadas en ambos extremos, inconspicuamente punteadas; pecíolos 2–5 mm de largo; ócreas hasta 20 mm de largo, sin cilios, a veces débilmente cerdadas cuando jóvenes. Racimos 2.5–13 cm de largo, densamente floridos, erectos; ocréolas y pedicelos 1 mm de largo; tépalos 1.5 mm de largo, blancos. Aquenio 2–3 mm de largo, liso, brillante o menudamente granuloso, negro.

Poco frecuente, a lo largo de caños o ríos en bosques siempreverdes, zonas norcentral y atlántica; 0–1200 m; fl y fr mar–ago; *Moreno 1630, Pipoly 4815*; Centroamérica y en las Antillas. El nombre *P. glabrum* Willd. ha sido usado para estas plantas.

Polygonum ferrugineum Wedd., Ann. Sci. Nat. Bot., sér. 3, 13: 252. 1849.

Hierbas perennes, 1 m de alto; tallo grueso. Hojas lanceoladas, 9–25 cm de largo y 2–5 cm de ancho, ápice largamente atenuado, base aguda o acuminada, escasamente estrigosa en los nervios del envés; pecíolos 10–20 mm de largo; ócreas 20–40 mm de largo, escasamente ciliadas cuando jóvenes. Inflorescencias paniculadas, racimos espiciformes, 2–7 cm de largo, densamente floridos; ocréolas y pedicelos 3 mm de largo; tépalos 3–3.5 mm de largo, rosados. Aquenio 3–3.5 mm de largo, lustroso, casi negro.

Conocida en Nicaragua por una sola colección (*Atwood 5011*) de áreas pantanosas, Zelaya; 200–500 m; fl y fr mar; Centroamérica, Brasil y en las Antillas.

Polygonum hispidum Kunth in Humb., Bonpl. & Kunth, Nov. Gen. Sp. 2: 178. 1817.

Hierbas perennes, 0.5–1.5 m de alto; tallos frecuentemente gruesos y viscosos, hasta 2 cm de grosor, en general densamente estrigosos a híspidos con tricomas rígidos y pálidos de 2–6 mm de largo, y pequeñas glándulas rojizas en la punta de los tricomas. Hojas ovado-triangulares a angostamente ovado-elípticas a lanceoladas, 7–30 cm de largo y 3–12 cm de ancho, ápice atenuado, agudo o acuminado, base abruptamente redondeada pero gradualmente decurrente sobre el pecíolo, tornándose cartáceas al secarse, estrigoso-híspidas en los nervios; pecíolos 10–60 mm de largo, estrigoso-híspidos; ócreas 2–20 mm de largo, cerdas en el margen distal 2–5 mm de largo, con reborde distal redondeado, reflexo o patente, tricomas ascendentes largos y pequeñas glándulas en la punta de los tricomas. Inflorescencias hasta 30 cm de largo, generalmente paniculadas con 3 ramas, pedúnculo principal 5–10 cm de largo, ramas 4–16 cm de largo, flores agrupadas; pedicelos ligeramente más largos que las ocréolas; perianto rosado profundo a rojo. Aquenio 3–4 mm de largo, lustroso, negro o café obscuro.

Común, borde de lagunas y arroyos, y en áreas pantanosas, zonas norcentral y pacífica; 400–1400 m; fl y fr feb, ago, nov; *Guzmán 1707, Stevens 9890*; Centroamérica, Sudamérica y en las Antillas.

Polygonum hydropiperoides Michx., Fl. Bor.-Amer. 1: 239. 1803.

Hierbas anuales, decumbentes a erectas de 1 m de alto; tallos glabros o con pocos tricomas estrigulosos. Hojas muy angostamente elípticas o elíptico-lanceoladas a linear-lanceoladas, 5–12 cm de largo y 0.4–1 cm de ancho, atenuándose en un ápice agudo, base atenuada, tornándose cartáceas al secarse, pelúcido punteadas; pecíolos 2–10 mm de largo; ócreas 8–20 mm de largo, márgenes enteros o con cerdas peque-

ñas y delgadas de 1–2 mm de largo. Inflorescencias hasta 15 cm de largo, paniculadas o no ramificadas, la parte fértil espiciforme o racemiforme, densa, de 1–5 cm de largo; ocréolas y pedicelos 1 mm de largo; lobos exteriores del perianto blancos o rosados. Aquenio 2–3 mm de largo y 1.4–5 mm de ancho, lustroso, café a negro.

Común, márgenes de los ríos, suelos húmedos o áreas pantanosas, zonas norcentral y atlántica; 0–1500 m; fl y fr mar–dic; *Stevens 7977, 13116*; Estados Unidos a Centroamérica.

Polygonum punctatum Elliott, Sketch Bot. S. Carolina 1: 455. 1817; *P. acre* Kunth.

Hierbas anuales o perennes, hasta 1.2 m de alto; tallos postrados a erectos o ascendentes, simples o ramificados. Hojas lanceoladas u oblongo-lanceoladas, 3–15 cm de largo y 1–2.5 cm de ancho, acuminadas en ambos extremos; pecíolos 2–4 mm de largo; ócreas 12–25 mm de largo, marginadas con cerdas largas, caducas. Racimos 2–8 cm de largo, flores laxas o geniculadas, erectas o lánguidas; ocréolas y pedicelos 1 mm de largo; tépalos 1–2 mm de largo, verdosos, escasa a densamente punteados. Aquenio 2.5 mm de largo, liso, brillante, negro.

Maleza común de áreas muy húmedas, en todo el país; 20–1000 m; fl y fr durante todo el año; *Ortiz 141, Stevens 3895*; Estados Unidos a Sudamérica y en las Antillas. "Chilillo de perro".

Polygonum segetum Kunth in Humb., Bonpl. & Kunth, Nov. Gen. Sp. 2: 177. 1817.

Hierbas hasta 1 m de alto; tallos lisos, glabros o con tricomas con glándulas en los ápices. Hojas lineares a lanceoladas, 5–16 cm de largo y 1–2.5 cm de ancho, atenuándose en un ápice agudo o acuminado, hacia la base decurrentes sobre el pecíolo, cartáceas; pecíolos 2–15 mm de largo; ócreas 5–25 mm de largo, glabras, enteras o con pocas cerdas de 1 mm de largo. Inflorescencias solitarias o 2–3 juntas, espiciformes o racemosas de 20 cm de largo, flores en fascículos agrupados, rosadas o blancas; pedicelos iguales o más largos que las ocréolas. Aquenio 3–4 mm de largo, lustroso, café obscuro o negro.

Común, en pantanos, zonas pacífica y norcentral; 30–1500 m; fl y fr todo el año; *D'Arcy 10448, Stevens 3568*; México al norte de Sudamérica y en las Antillas.

RUMEX L.

Rumex crispus L., Sp. Pl. 335. 1753.

Hierbas perennes hasta 1 m de alto, glabras; plantas dioicas o poligamodioicas. Hojas inferiores oblongas a oblongo-lanceoladas, 15–30 cm de largo,

y 4–7 cm de ancho, hojas superiores angostamente oblongas o lanceoladas, 7–15 cm de largo, ápice acuminado o agudo, base cordada u obtusa, margen undulado o crispado; pecíolos 4–10 cm de largo;

ócreas frágiles, caducas. Panícula abierta, flores laxamente verticiladas; pedicelos en fruto articulados, el doble de largo de las alas del cáliz, alas cordadas, 3–4 mm de largo, truncadas o emarginadas en la base, eroso-dentadas en los márgenes o raramente enteras, cada una con una callosidad. Aquenio 2 mm de largo, 3-angulado, los ángulos generalmente marginados, café obscuro.

Común, ruderal de áreas alteradas, zona norcentral; 1100–1500 m; fl ene, ago, sep, fr probablemente todo el año; *Croat 42956*; *Stevens 10158*; nativa de Europa y ampliamente distribuida en el Nuevo Mundo. En sentido amplio es un género cosmopolita con 300 especies. Dos especies adicionales que son malezas cosmopolitas se podrían encontrar en Nicaragua: *R. acetosellus* L. con hojas hastadas en la base y *R. obtusifolius* L. con hojas arrosetadas, oblongas, cordadas en la base.

RUPRECHTIA C.A. Mey.

Ruprechtia costata Meisn. in A. DC., Prodr. 14: 180. 1856.

Arboles 2–10 m de alto, a veces aparentemente afilos; plantas dioicas. Hojas elípticas a elíptico-ovadas, 3–11 cm de largo y 1.5–5 cm de ancho, atenuándose en un ápice cortamente acuminado, base aguda a obtusa, margen ligeramente undulado-crenado, cartáceas o subcoriáceas cuando secas; pecíolos desde la base de la ócrea, 2–6 mm de largo, márgenes continuos con la lámina de la hoja; ócreas 1 mm de largo. Inflorescencias racemosas, 1–3 axilares, a veces paniculadas, raquis 3 cm de largo, flores fasciculadas, amarillo-verdosas; tépalos 3; estilos 3. Perianto fructífero agrandado y seco, rodeando al aquenio, pedicelos 2–4 mm de largo, con alas oblanceoladas, 20–40 mm de largo y 5–7 mm de ancho, rosado-café pálido; aquenio angostamente ovoide a elipsoide, 10 mm de largo y 3–4 mm de ancho con 3 surcos profundos longitudinales separando los 3 lados redondeados del fruto, la mitad superior generalmente puberulenta.

Común, bosques deciduos, zonas pacífica y norcentral; 40–1000 m; fl nov, fr dic–mar; *Moreno 5522*, *Stevens 10923*; Guatemala a Panamá. Un género con 20 especies mayormente de Sudamérica.

A.E. Cocucci. Revisión del género *Ruprechtia*. Kurtziana 1: 217–269. 1961; J. Brandbyge y B. Øllgaard. Inflorescence structure and generic delimitation of *Triplaris* and *Ruprechtia* (Polygonaceae). Nordic J. Bot. 4: 765–769. 1984.

TRIPLARIS Leofl. ex L.

Triplaris melaenodendron (Bertol.) Standl. & Steyerm., Publ. Field Mus. Nat. Hist., Bot. Ser. 23: 5. 1943; *Vellasquezia melaenodendron* Bertol.

Arboles, ramas mayormente huecas, con hormigas que muerden o pican viviendo en los tallos huecos o dentro de las ócreas; tallos café-rojizos, estrigosos a glabrescentes; plantas dioicas. Hojas ovado-elípticas a ovado-oblongas, 15–35 cm de largo y 6–25 cm de ancho, ápice agudo o cortamente acuminado, base redondeada a obtusa, frecuentemente desigual, cartáceas, estrigosas en el envés; pecíolos 4–20 mm de largo; ócreas 15–35 mm de largo, estrigosas, caducas o persistentes. Inflorescencias estaminadas semejantes a espigas, 1–8 desde las axilas, frecuentemente paniculiformes, las ramas 10–25 cm de largo, flores fasciculadas, densamente amarillo-café estrigosas, 5 mm de largo, perianto de 3 tépalos lineares y 3 angostamente deltoides todos unidos abajo; inflorescencias pistiladas en racimos compactos, solitarias o apareadas, 5–20 cm de largo, brácteas amarillo-café estrigosas, flores solitarias, 10–15 mm de largo, estilos 3. Perianto fructífero envolviendo estrechamente al aquenio, seco, persistente, largamente alado, alas oblanceoladas, 30–50 mm de largo y 6–10 mm de ancho, partes internas del perianto mucho más pequeñas, adnadas al tubo cerca de la base; aquenio ovado, 11 mm de largo y 7 mm de ancho, fuertemente 3-angulado, caras ligeramente convexas, café-negro lustroso.

Común, bosques secos, zona pacífica; 0–300 m; fl y fr feb, mar; *Sandino 4315, 4959*; centro de México al norte de Sudamérica. Ramírez Goyena menciona *T. cumingiana* C.A. Mey., pero según Brandbyge esa es una especie distribuida desde Panamá hasta el norte de Colombia. Un género con 25 especies de Centro y Sudamérica, algunas ampliamente cultivadas por sus vistosos colores y por su fruto único en forma de banderilla.

J. Brandbyge. A revision of the genus *Triplaris* (Polygonaceae). Nordic J. Bot. 6: 545–570. 1986.

PONTEDERIACEAE Kunth

Charles N. Horn y Robert R. Haynes

Acuáticas perennes o anuales, enraizadas o flotantes; tallos de 2 tipos, indeterminados y vegetativos con muchas hojas o determinados y fértiles con una sola hoja; plantas hermafroditas. Hojas sésiles o pecioladas, las sésiles lineares, de ápice acuminado y con muchos nervios, las pecioladas simples, enteras, cordadas, oblongas, reniformes u ovadas; estípulas truncadas, transparentes, marcescentes. Inflorescencia una panícula o espiga o las flores solitarias; espata linear u obovada y a veces con una extensión semejante a una hoja; flores individuales sésiles; perianto hipocrateriforme o infundibuliforme, morado o blanco, pubescente-glandular, zigomorfo, 6-lobulado; estambres 3 ó 6, adnados al tubo del perianto, las anteras introrsamente dehiscentes; ovario súpero, incompletamente 3-locular, óvulos numerosos o 1 por aborto. Fruto una cápsula o aquenio; semillas con alas o costillas longitudinales.

Familia con 7 géneros y alrededor de 33 especies, distribuidas en los trópicos y en las regiones templadas de las Américas; 3 géneros y 10 especies conocidos de Nicaragua. Todas las plántulas de esta familia tienen hojas sumergidas y sésiles. Existen 2 formas básicas de plántulas, una de hojas en roseta y la otra de tallo alargado y de hojas alternas; las típicas hojas pecioladas se producen desde las plántulas.

Fl. Guat. 24(3): 42–52. 1952; Fl. Pan. 31: 151–157. 1944; Fl. Mesoamer. 6: 65–71. 1994. E.J. Alexander. Pontederiaceae. N. Amer. Fl. 19: 51–60. 1937; T.J. Rosatti. The genera of Pontederiaceae in the Southeastern United States. J. Arnold Arbor. 68: 35–71. 1987.

1. Estambres 3; perianto hipocrateriforme .... **Heteranthera**
1. Estambres 6; perianto infundibuliforme
   2. Ovario con muchos óvulos; fruto una cápsula con muchas semillas de alas longitudinales .... **Eichhornia**
   2. Ovario con 1 óvulo fértil; fruto un aquenio de costillas longitudinales, con 1 semilla .... **Pontederia**

EICHHORNIA Kunth; *Piaropus* Raf.

Anuales o perennes, enraizadas o flotantes; tallo vegetativo alargado o corto. Hojas sésiles formando una roseta basal o alternas en un tallo alargado; hojas pecioladas con láminas redondeadas o cordadas. Inflorescencia una panícula o espiga; espata linear a obovada; perianto infundibuliforme, morado o blanco; estambres 6, de longitudes diferentes, los 3 superiores cortos, los 3 inferiores largos y exertos desde el tubo del perianto, anteras ovales, menos de 5 mm de largo; óvulos numerosos. Fruto capsular; semillas con alas longitudinales.

Un género con 7 especies en los trópicos, mayormente restringidas al Nuevo Mundo, 5 especies en Nicaragua. 2 especies (*E. azurea* y *E. crassipes*) son consideradas malezas acuáticas.

1. Hojas cordadas y más de 4 cm de largo; inflorescencia una panícula .... **E. paniculata**
1. Hojas redondeadas y de largo variable, o cordadas y menos de 4 cm de largo; inflorescencia una espiga
   2. Plantas flotando libremente, tallos compactos (excepto cuando ramificados); pecíolos usualmente engrosados .... **E. crassipes**
   2. Plantas enraizadas (pero una parte del tallo flotante), tallos alargados; pecíolos nunca engrosados
      3. Hojas de base cordada; flores menos de 2 cm de diámetro .... **E. diversifolia**
      3. Hojas de base truncada a obtusa; flores más de 2.5 cm de diámetro
         4. Inflorescencia moderada a densamente pubescente; lóbulos del perianto 13–25 mm de largo, el lóbulo medio-superior con una mácula amarilla .... **E. azurea**
         4. Inflorescencia glabra o casi glabra; lóbulos del perianto 8–10 mm de largo, el lóbulo medio-superior sin una mácula amarilla .... **E. heterosperma**

Eichhornia azurea (Sw.) Kunth, Enum. Pl. 4: 129. 1843; *Pontederia azurea* Sw.

Perennes, enraizadas; tallos vegetativos alargados y flotantes, los fértiles 8–12 cm de largo. Hojas sésiles alternas, 6–11 cm de largo, dispuestas en el tallo alargado; hojas pecioladas con láminas redondeadas, 7–16 cm de largo y con el ápice obtuso, el pecíolo 11–25 cm de largo. Inflorescencia una espiga con 7–50 flores desarrollándose en 2–3 días; pedúnculo pubescente con tricomas anaranjados; espata obovada, 3–6 cm de largo; perianto morado o blanco, el tubo 15–20 mm de largo, los lóbulos 13–25 mm de largo, los márgenes erosos, el lóbulo medio-superior morado obscuro en la base y con una mácula amarilla sobre la parte morada; trístilas. Semillas 1–1.6 mm de largo.

Ocasional a común en aguas poco profundas o en áreas inundadas, en la zona atlántica; 0–160 m; fl y fr oct–abr; *Haynes 8385, Stevens 20845*; Guatemala hasta Argentina. Morfológicamente bastante variable, se diferencia de *E. heterosperma* por tener el pedúnculo densamente pubescente, los lóbulos 13–25 mm de largo y el lóbulo medio-superior con una mácula amarilla.

Eichhornia crassipes (Mart.) Solms in A. DC. & C. DC., Monogr. Phan. 4: 527. 1883; *Pontederia crassipes* Mart.; *Piaropus crassipes* (Mart.) Raf.; *E. speciosa* Kunth.

Perennes, flotando libremente; tallo vegetativo compacto excepto al ramificarse, tallo fértil hasta 25 cm de largo. Hojas sésiles en rosetas basales; hojas pecioladas con láminas redondeadas, 2.5–11 cm de largo y con el ápice obtuso, el pecíolo al menos ligeramente engrosado, 3.5–38 cm de largo; hojas de la inflorescencia reducidas, 1–3.5 cm de largo. Inflorescencia una espiga con 4–15 flores desarrollándose en 1–2 días; pedúnculo ligeramente pubescente; espata obovada, 4–11 cm de largo; perianto morado, el tubo 10–12 mm de largo, los lóbulos 16–37 mm de largo, el medio-superior morado obscuro y con una mácula amarilla en el centro; trístilas. Semillas ca 1.2 mm de largo.

Abundante, flotando en aguas estancadas o en áreas inundadas, en todas las zonas del país; 0–1000 m; fl y fr durante todo el año; *Haynes 8648, Seymour 2342*; en las zonas tropicales y subtropicales del mundo. En la familia, ésta es la única especie verdaderamente flotante. "Reina de agua".

Eichhornia diversifolia (Vahl) Urb., Symb. Antill. 4: 147. 1903; *Heteranthera diversifolia* Vahl; *H. cordata* Vahl; *E. pauciflora* Seub.

Perennes, enraizadas en lodo; tallos vegetativos alargados y flotantes, tallos fértiles 1.5–3 cm de largo. Hojas sésiles alternas, 3.5–7 cm de largo, dispuestas en un tallo alargado; hojas pecioladas con láminas redondeadas a cordadas, 1.3–3.2 cm de largo y con el ápice obtuso a agudo, el pecíolo 2.5–5 cm de largo. Inflorescencia una espiga con 2–4 flores, éstas abriéndose a la vez; pedúnculos glabros; espata linear, 1.3–1.9 mm de largo; perianto morado, el tubo

8–15 mm de largo, los lóbulos 4–10 mm de largo, el medio-superior morado obscuro en la base y con una mácula amarilla encima de la parte morada. Semillas 0.4–0.8 mm de largo.

Ocasional en aguas poco profundas y en áreas inundadas, en la zona atlántica; 0–100 m; fl y fr oct–mar; *Haynes 8379, Stevens 20850*; Nicaragua hasta Brasil, también en Cuba.

Eichhornia heterosperma Alexander, Lloydia 2: 170. 1939.

Perennes, enraizadas en lodo; tallos vegetativos alargados y flotantes, tallos fértiles 1.5–5 cm de largo. Hojas sésiles alternas, 6–11 cm de largo, dispuestas en el tallo alargado; hojas pecioladas con láminas redondeadas, 3–9 cm de largo y con el ápice obtuso, el pecíolo 6–14 cm de largo. Inflorescencia una espiga con 4–14 flores, éstas abriéndose a la vez; pedúnculos glabros; espata linear a obovada, 18–40 mm de largo; tubo del perianto morado, 10–18 mm de largo, los lóbulos 8–10 mm de largo, los márgenes algo erosos, el lóbulo medio-superior sin una mácula amarilla. Semillas 1–1.8 mm de largo.

Rara a ocasional en aguas poco profundas y áreas inundadas, en las zonas norcentral y atlántica; 0–1000 m; fl y fr dic–jul; *Haynes 8398, Stevens 21522*; Nicaragua hasta Brasil.

Eichhornia paniculata (Spreng.) Solms in A. DC. & C. DC., Monogr. Phan. 4: 530. 1883; *Pontederia paniculata* Spreng.; *E. tricolor* Seub.

Anuales, enraizadas; tallos vegetativos cortos, tallos fértiles hasta 55 cm de alto. Hojas sésiles en rosetas basales; hojas pecioladas con láminas cordadas, 7.5–15 cm de largo y con el ápice agudo a acuminado, el pecíolo hasta 60 cm de largo. Inflorescencia una panícula de hasta 100 flores, éstas desarrollándose en el transcurso de varios días, las flores individuales abriéndose solamente durante un día; pedúnculos ligeramente pubescentes; espata linear, 13–35 mm de largo; perianto morado o blanco, el tubo 8–10 mm de largo, los lóbulos 12–15 mm de largo, el medio-superior blanquecino y con 2 máculas amarillas hacia la base. Semillas 0.6–0.8 mm de largo.

Rara, en aguas poco profundas o en áreas inundadas, en Rivas; 32 m; conocida fértil en mar y jun; *Haynes 8425, 8603*; conocida de una sola localidad en Nicaragua, de lo contrario restringida en su distribución al noreste de Brasil. Las inflorescencias paniculadas que esta especie produce son obviamente diferentes de las espigadas que producen las otras especies del género.

HETERANTHERA Ruiz & Pav.; *Leptanthus* Michx.; *Phrynium* Loefl. ex Kuntze; *Schollera* Schreb.

Anuales, enraizadas; tallos vegetativos alargados o cortos. Hojas sésiles formando una roseta basal; hojas pecioladas de láminas ovales, oblongas, reniformes o cordadas. Inflorescencia una espiga o las flores solitarias; espata doblada, linear; perianto hipocrateriforme, morado o blanco; estambres 3, 1 largo y 2 cortos, las anteras redondas, oblongas o sagitadas; óvulos numerosos. Fruto capsular; semillas numerosas, con alas longitudinales.

Un género con 10 especies distribuidas en los trópicos, subtrópicos y regiones templadas del Nuevo Mundo y 1 especie en Africa tropical; 4 especies conocidas de Nicaragua. Vegetativamente las especies son bastante variables.

1. Flores solitarias, tubo del perianto 10–50 mm de largo
  2. Tallo vegetativo usualmente corto, hojas maduras alargadas a ovales; lóbulo superior del perianto sin rebordes basales, filamentos de los estambres laterales rectos .... **H. limosa**
  2. Tallo vegetativo usualmente alargado, hojas maduras ovales a redondeadas; lóbulo superior del perianto con rebordes basales, filamentos de los estambres laterales encorvados cerca del ápice .... **H. rotundifolia**
1. Flores 3–30 por espiga, tubo del perianto menos de 10 mm de largo
  3. Flores 3–8, todas abriéndose a la vez .... **H. reniformis**
  3. Inflorescencia de 10–30 flores (excepto en las inflorescencias sumergidas), desarrollándose en varios días
  .... **H. spicata**

Heteranthera limosa (Sw.) Willd., Ges. Naturf. Freunde Berlin Neue Schriften 3: 439. 1801; *Pontederia limosa* Sw.; *Leptanthus ovalis* Michx.

Tallos vegetativos sumergidos y con entrenudos alargados, o emergentes y cortos, tallos fértiles 2–24 cm de largo. Hojas pecioladas de láminas oblongas a ovadas, 1–5 cm de largo, el ápice agudo. Flor 1; perianto morado o blanco, el tubo 15–44 mm de largo, los lóbulos 5–16 mm de largo, el medio-superior amarillo en la base; estambres laterales amarillos, 2.3–7.8 mm de largo, los filamentos rectos, las anteras oblongas, el estambre central 3.3–7.2 mm de largo, morado o blanco y con la antera sagitada. Semillas 0.5–0.8 mm de largo.

Ocasional en áreas inundadas o en charcos, en la zona pacífica; 50–500 m; fl y fr durante todo el año; *Haynes 8426, 8585*; distribuida en el Nuevo Mundo. Esta especie se puede distinguir de *H. rotundifolia* por sus hojas ovadas, por la ausencia de rebordes en el lóbulo del perianto y por sus filamentos rectos.

Heteranthera reniformis Ruiz & Pav., Fl. Peruv. 1: 43. 1798; *H. acuta* Willd.

Tallos vegetativos alargados y procumbentes, tallos fértiles 2–13 cm de largo. Hojas pecioladas de láminas reniformes, 1–4 cm de largo, el ápice obtuso a ligeramente agudo. Inflorescencia una espiga con 3–8 flores, 5–42 mm de largo, las flores abriéndose a la vez; espata linear, 8–55 mm de largo; perianto blanco, el tubo 5–10 mm de largo, los lóbulos 3–7 mm de largo; estambres laterales 0.9–2.2 mm de largo, amarillos, los filamentos pubescentes con tricomas multicelulares, las anteras redondeadas,

estambre central 2.2–4.7 mm de largo, el filamento escasamente pubescente y la antera oblonga. Semillas 0.5–0.9 mm de largo.

Común en áreas inundadas y flotantes en aguas poco profundas, en todas las zonas del país; 0–1400 m; fl y fr durante todo el año; *Haynes 8345, Stevens 10906*; sureste de Estados Unidos hasta Argentina.

Heteranthera rotundifolia (Kunth) Griseb., Cat. Pl. Cub. 252. 1866; *H. limosa* var. *rotundifolia* Kunth.

Tallos vegetativos sumergidos y con entrenudos alargados, o emergentes y poco procumbentes, tallos fértiles 2–12 cm de largo. Hojas pecioladas de láminas redondeadas a oblongas, 1–5 cm de largo, el ápice obtuso. Flor 1; espata linear, abrazando el tubo del perianto, 10–28 mm de largo, el ápice a veces con una extensión con aspecto de hoja; perianto blanco a morado, el tubo 11–29 mm de largo, los lóbulos 5–18 mm de largo, el lóbulo superior-central con rebordes laterales y con una mácula amarilla hacia la base; estambres laterales 2.8–8 mm de largo, amarillos o morados, los filamentos incurvados cerca del ápice, las anteras oblongas, estambre central 3.9–8.5 mm de largo, morado o blanco y con la antera sagitada. Semillas 0.5–1 mm de largo.

Ocasional en áreas inundadas o en charcos, en la zona pacífica y norcentral; 50–1300 m; fl y fr jun–nov; *Haynes 8582, 8647*; en el Nuevo Mundo. Se distingue de otras especies por los rebordes en el lóbulo superior central del perianto y por tener los filamentos de los estambres laterales incurvados; frecuentemente confundida con *H. limosa*; la mayor parte de las muestras de Nicaragua tienen flores blanquecinas.

Heteranthera spicata C. Presl, Symb. Bot. 1: 18. 1830.

Tallos vegetativos sumergidos y con los entrenudos ligeramente alargados, o emergentes y cortos, tallos fértiles 2–10 cm de largo. Hojas pecioladas de láminas cordadas, 2–6 cm de largo, con el ápice acuminado. Inflorescencia una espiga con 10–30 flores, reducida cuando sumergida, 3–14 cm de largo, las flores desarrollándose en varios días; espata linear, 6–25 mm de largo; perianto blanco, el tubo 2– 7 mm de largo, los lóbulos 1–3 mm de largo; estambres laterales 0.7–1.7 mm de largo, blancos, las anteras redondeadas, estambre central 1.2–2.1 mm de largo, blanco y con la antera oblonga. Semillas 0.4–0.5 mm de largo.

Ocasional en áreas inundadas o en charcos, en la zona pacífica; 50–450 m; fl y fr dic–ago; *Haynes 8604, Stevens 9993*; Nicaragua hasta el noreste de Sudamérica.

PONTEDERIA L.; *Unisema* Raf.; *Reussia* Endl.

Pontederia rotundifolia L., Pl. Surin. 7. 1775; *Reussia rotundifolia* (L.) A. Cast.

Anuales o perennes, enraizadas; tallos vegetativos alargados y flotantes o enraizados, tallos fértiles procumbentes con láminas erectas, hasta 26 cm de largo. Hojas sésiles formando rosetas basales; hojas pecioladas de láminas reniformes, sagitadas o cordadas, 3–15 cm de largo, con el ápice obtuso, el pecíolo 7–30 cm de largo. Inflorescencia una espiga con 3–25 flores, 1.4–4 cm de largo; espata linear, 1.6–4.5 cm de largo; perianto infundibuliforme, morado o blanco, el tubo 5–8 mm de largo, los lóbulos 7–12 mm de largo, el lóbulo superior central con una mácula amarilla y bilobada; estambres 6, de longitudes diferentes, los 3 cortos envueltos en el tubo, los 3 largos exertos; ovario con un óvulo sencillo; trístilas. Fruto un aquenio con crestas longitudinales espinosas, 5–7 mm de largo.

Ocasional, puede formar densas colonias a lo largo de los márgenes de lagunetas, produciendo tallos alargados y flotantes que se alejan de las costas, en todas las zonas del país; 0–1300 m; fl y fr durante todo el año; *Haynes 8563, Stevens 6656*; en Centro y Sudamérica. Un género con 5 especies, distribuidas desde el noreste de los Estados Unidos hasta el noreste de Argentina; otras 3 especies se encuentran en Centroamérica, *P. cordata* L. en Belice, *P. sagittata* C. Presl desde México hasta el noreste de Honduras y *P. parviflora* Alexander en Panamá. *P. rotundifolia* puede distinguirse de las otras especies por tener los brotes florales procumbentes con láminas erectas, mientras que las otras especies los tienen erectos. *P. parviflora* puede separarse de las otras dos restantes por tener el estilo de la misma longitud de los estambres más largos y las hojas subcordadas, mientras que *P. cordata* y *P. sagittata* tienen los estilos de longitudes diferentes a los estambres y las hojas cordadas a sagitadas. *P. cordata* se puede separar por tener los frutos con crestas dentadas mientras que *P. sagittata* los tiene con crestas lisas.

PORTULACACEAE Juss.

Roy E. Gereau

Hierbas anuales o perennes o sufrútices, frecuentemente suculentos; plantas hermafroditas o raramente monoicas. Hojas alternas u opuestas, frecuentemente en rosetas basales, simples, enteras, generalmente carnosas; estípulas escariosas, modificadas en forma de fascículos de tricomas o ausentes. Inflorescencia en cimas o en tirsos, a veces la inflorescencia contraída y racemosa o las flores solitarias o en glomerulos; sépalos generalmente 2, a veces hasta 9; pétalos (2-) 4–6, separados o connados en la base; estambres 4–40, generalmente hipóginos, a veces epipétalos, filamentos libres, anteras ditecas con dehiscencia longitudinal; ovario súpero a parcialmente ínfero, 1-locular, óvulos solitarios a numerosos, placentación libre central o basal, estilos y estigmas 2–9. Fruto una cápsula, dehiscente por válvulas o circuncísil, o raramente una nuececilla indehiscente; semillas generalmente lenticulares, frecuentemente estrofioladas, el embrión grande y curvado alrededor del perispermo.

Familia cosmopolita con 20–21 géneros y 400–500 especies, la mayoría en el occidente de Norteamérica, en los Andes y en la planicie costera de Chile; 2 géneros con 6 especies en Nicaragua. Todas las medidas se basan en los especímenes de herbario; las dimensiones en las plantas frescas (especialmente de las partes vegetativas) pueden ser hasta un 30% más grandes. Debido a la carencia de una cantidad suficiente de especímenes con flores abiertas, las descripciones de las partes florales se basan parcialmente en material no nicaragüense. Las dimensiones de las semillas se miden en la dirección del máximo diámetro, generalmente desde el hilo hacia el borde opuesto.

Fl. Guat. 24(4): 207–214. 1946; Fl. Pan. 48: 85–88. 1961; P.A. Rydberg y P. Wilson. Portulacaceae. N. Amer. Fl. 21: 279–336. 1932.

1. Inflorescencias de flores solitarias o en glomérulos en los ápices de las ramas; ovario parcialmente ínfero; cápsula circuncísil .... **Portulaca**
1. Inflorescencias de cimas o tirsos terminales o de flores solitarias en las axilas foliares; ovario súpero; cápsula dehiscente por 3 válvulas .... **Talinum**

PORTULACA L.

Hierbas anuales o raramente perennes, carnosas a suculentas. Hojas generalmente alternas, ocasionalmente opuestas, teretes o aplanadas. Inflorescencias de flores solitarias o en glomérulos en los ápices de las ramas, las hojas apicales subyacentes verticiladas y formando un involucro. Sépalos 2, adnados a la base del ovario; pétalos 4–6, generalmente 5, caducos; estambres 6–40; ovario parcialmente ínfero, estilos 3–9, connados en la base. Cápsula circuncísil; semillas numerosas, reniformes o cocleadas, la testa lisa o tuberculada.

Un género con 40–100 especies en áreas tropicales y cálidas del hemisferio occidental, con una especie agresiva y cosmopolita; 4 especies en Nicaragua. *Portulaca grandiflora* Hook., nativa de Sudamérica se cultiva frecuentemente como ornamental.

1. Axilas foliares con fascículos de tricomas 3–10 mm de largo; flores abrazadas por tricomas 3–8 mm de largo
   2. Lámina foliar aplanada cuando fresca, 2.4–6.8 mm de ancho cuando seca; pétalos amarillos o anaranjados; cápsula 4–4.6 mm de diámetro; semillas ca 0.8 mm de diámetro .... **P. conzattii**
   2. Lámina foliar terete o subterete cuando fresca, 1.1–2 mm de ancho cuando seca; pétalos de color violeta-rosado a purpúreo o rojo obscuro; cápsula 2.6–3.5 mm de diámetro; semillas 0.5–0.7 mm de diámetro ..... **P. pilosa**
1. Axilas foliares sin tricomas o con tricomas inconspicuos 0.3–1.5 mm de largo; flores sin tricomas subyacentes o con tricomas inconspicuos 0.3–0.9 mm de largo
   3. Sépalos carinados; estambres 6–10; cápsula ovoide-globosa, circuncísil hacia el medio, sin ala en el borde superior; semillas negras, 0.6–0.8 mm de diámetro .... **P. oleracea**
   3. Sépalos no carinados; estambres ca 20; cápsula oblato-globosa, circuncísil en la tercera parte superior, con un ala persistente 1–1.4 mm de ancho en el borde superior; semillas grises, 0.8–1 mm de diámetro
      .... **P. umbraticola**

Portulaca conzattii P. Wilson, Torreya 28: 28. 1928.

Hierbas anuales, erguidas, 9–29 cm de alto. Hojas alternas, aplanadas, lineares a oblanceoladas, 1.4–3 cm de largo y 0.24–0.68 cm de ancho, obtusas a agudas en el ápice, con fascículos de tricomas blancos o pardos 5–10 mm de largo en las axilas. Flores 2–4, terminales, abrazadas por 6–8 hojas involucrales y tricomas de 5–8 mm de largo; sépalos ca 5–6 mm de largo y 4–6 mm de ancho, ecarinados; pétalos obovados o elíptico-obovados, 7–8 mm de largo y 3–3.5 mm de ancho, amarillos o anaranjados; estambres 20–25; estilos 4–7. Cápsula ovoide-globosa, 4–4.6 mm de diámetro, circuncísil hacia el medio; semillas ca 0.8 mm de diámetro, negras, la testa con tubérculos redondeados.

Poco común, en áreas rocosas, Jinotega; 1000–1250 m; fl y fr jul, ago; *Croat 43017, Stevens 10179*; México (Oaxaca), Guatemala y Nicaragua.

Portulaca oleracea L., Sp. Pl. 445. 1753; *P. neglecta* Mack. & Bush; *P. retusa* Engelm.; *P. oleracea* ssp. *nicaraguensis* Danin & H.G. Baker.

Hierbas anuales, generalmente postradas o ascendentes, ocasionalmente erguidas, el tallo 11–29 cm de largo. Hojas alternas a subopuestas u opuestas, aplanadas, espatuladas, obovadas u oblongo-obovadas, 0.9 3.2 cm de largo y 0.5–1.7 cm de ancho, redondeadas a truncadas en el ápice, sin tricomas en las axilas o con tricomas inconspicuos 0.3–1 mm de largo. Flores 2–6, terminales, abrazadas por 2–6 hojas involucrales, sin tricomas subyacentes o con tricomas inconspicuos de 0.3–0.6 mm de largo; sépalos 3–4.2 (–4.9) mm de largo y 2.8–3.4 (–4.8) mm de ancho, carinados; pétalos 3–4.6 mm de largo y 1.8–3 mm de ancho, amarillos; estambres 6–10; estilos 4–6. Cápsula ovoide-globosa, 3.1–4.2 mm de diámetro, circuncísil hacia el medio; semillas 0.6–0.8

mm de diámetro, negras, la testa con tubérculos redondeados a granulares.

Común, en áreas abiertas, en todo el país; 0–700 m; fl may–dic, fr durante todo el año; *Neill 2066*, *Stevens 19963*; especie de origen desconocido, en la actualidad cosmopolita en zonas tropicales y templadas. Esta especie presenta una gran variación morfológica y citológica. Utilizada en todo el mundo para ensalada. "Verdolaga".

J.F. Matthews, D.W. Ketron y S.F. Zane. The biology and taxonomy of the *Portulaca oleracea* L. (Portulacaceae) complex in North America. Rhodora 95: 166–183. 1993.

Portulaca pilosa L., Sp. Pl. 445. 1753; *P. mundula* I.M. Johnst.

Hierbas anuales, postradas o ascendentes, el tallo 6–22 cm de largo. Hojas alternas, teretes o subteretes cuando vivas, algo aplanadas cuando secas, lineares a linear-lanceoladas u -oblanceoladas, 0.7–1.8 cm de largo y 0.11–0.2 cm de ancho, obtusas a agudas en el ápice, con fascículos de tricomas blancos o pardos 3–7 mm de largo en las axilas. Flores 2–4, terminales, abrazadas por 5–14 hojas involucrales y tricomas 3–5 mm de largo; sépalos 2–4 mm de largo y 1.5–3 mm de ancho, ecarinados; pétalos obovados a anchamente obovados, 3.8–7 mm de largo y 2.2–4.5 mm de ancho, color violeta-rosado a purpúreo o rojo obscuro; estambres 15–18 (–32); estilos 4. Cápsula ovoide-u oblongoide-globosa, 2.6–3.5 mm de diámetro, circuncísil desde el 1/4 inferior hasta la parte media;

semillas 0.5–0.7 mm de diámetro, negras, la testa con tubérculos redondeados o un poco espinosos.

Común en áreas secas alteradas y rocosas, zonas pacífica y norcentral; 0–1300 m; fl y fr may–oct; *Moreno 17951, Stevens 23057*; ampliamente distribuida desde el sur de los Estados Unidos hasta Chile y Argentina, también en las Antillas.

Portulaca umbraticola Kunth in Humb., Bonpl. & Kunth, Nov. Gen. Sp. 6: 72. 1823; *P. coronata* Small; *P. lanceolata* Engelm.

Hierbas anuales, ascendentes o erguidas, el tallo 11–28 cm de largo. Hojas alternas, aplanadas, espatuladas a oblongas u oblongo-obovadas, 1.2–2.7 cm de largo y 0.3–1.3 cm de ancho, redondeadas a obtusas en el ápice, sin tricomas en las axilas o con tricomas inconspicuos 0.7–1.5 mm de largo. Flores 1–6, terminales, abrazadas por 3–5 hojas involucrales, sin tricomas subyacentes o con tricomas inconspicuos 0.6–0.9 mm de largo; sépalos 3.7–4.9 mm de largo y 1.8–2.1 mm de ancho, ecarinados; pétalos amarillos, ca 6.5 mm de largo; estambres ca 20; estilos 4. Cápsula oblato-globosa, 4–5 mm de diámetro, circuncísil en la tercera parte superior, marginada en el borde superior por un ala persistente de 1–1.4 mm de ancho; semillas 0.8–1 mm de diámetro, grises, la testa con tubérculos espinosos.

Poco común, en áreas abiertas, en todo el país; 200–1000 m; fl y fr jun y jul; *Stevens 9392, 17711*; extremo sur de los Estados Unidos hasta el norte de Sudamérica.

TALINUM Adans.

Hierbas o sufrútices, carnosos, frecuentemente con raíces tuberosas. Hojas alternas o subopuestas, teretes o aplanadas. Inflorescencias en cimas o tirsos terminales, a veces contraídas y racemosas, o flores solitarias en las axilas foliares; sépalos 2; pétalos generalmente 5, ocasionalmente más, caducos; estambres 5–45; ovario súpero, estilos 3, connados en la base. Cápsula dehiscente por 3 válvulas; semillas numerosas, reniformes, la testa lisa, áspera, tuberculada o marcada de costillas concéntricas.

Un género con ca 50 especies en áreas tropicales y cálidas de ambos hemisferios, principalmente en América del Norte; 2 especies en Nicaragua.

1. Inflorescencia un tirso, 12–65 cm de largo; pedicelos teretes; sépalos 2–4 mm de largo, deciduos; pétalos 3.5–4.8 mm de largo; estambres 14–20; cápsula 3–4.5 mm de diámetro; semillas con costillas concéntricas .... **T. paniculatum**
1. Inflorescencia una cima, frecuentemente contraída y racemosa, 1–10 cm de largo; pedicelos triangulares; sépalos 4–6 mm de largo, persistentes; pétalos 7–10 mm de largo; estambres 25–33; cápsula 4.5–6 mm de diámetro; semillas sin costillas concéntricas .... **T. triangulare**

Talinum paniculatum (Jacq.) Gaertn., Fruct. Sem. Pl. 2: 219. 1791; *Portulaca paniculata* Jacq.

Hierbas perennes o sufrútices, 30–93 cm de alto. Hojas aplanadas, elípticas u obovadas, 4.8–12.6 cm

de largo y 2.8–5.4 cm de ancho, obtusas a agudas en el ápice. Inflorescencia un tirso terminal 12–65 cm de largo, pedicelos 6–16 mm de largo, teretes; sépalos 2–4 mm de largo, deciduos; pétalos ovados u orbiculares, 3.5–4.3 (–4.8) mm de largo, rosados o amarillos; estambres 14–18 (–20). Cápsula 3–4.5 mm de diámetro; semillas 1–1.3 mm de diámetro, menudamente estriadas o tuberculadas, con costillas concéntricas.

Común, áreas alteradas y rocosas, zonas pacífica y norcentral; 110–1020 m; fl y fr may–oct; *Robleto 941*, *Stevens 20301*; ampliamente distribuida en las zonas cálidas del hemisferio occidental, introducida en Asia, Africa y Madagascar.

Talinum triangulare (Jacq.) Willd., Sp. Pl. 2: 862. 1799; *Portulaca triangularis* Jacq.; *T. triangulare* var. *purpureum* Ram. Goyena.

Hierbas perennes o sufrútices, 12–60 cm de alto. Hojas aplanadas, oblanceoladas a obovadas, 2.4–8.3

cm de largo y 0.9–3.1 cm de ancho, truncadas o redondeadas a agudas en el ápice. Inflorescencia una cima, frecuentemente contraída y racemosa, 1–10 cm de largo, pedicelos 7–13 mm de largo, triangulares; sépalos 4–6 mm de largo, persistentes; pétalos anchamente elípticos a ovados, 7–10 mm de largo, blancos, rosados o amarillos, a veces teñidos de morado; estambres 25–33. Cápsula 4.5–6 mm de diámetro; semillas 1–1.2 mm de diámetro, tuberculadas, sin costillas concéntricas.

Común, en áreas alteradas y rocosas, zonas norcentral y pacífica; 0–900 m; fl y fr may–dic; *Moreno 726*, *Neill 2266*; ampliamente distribuida en las zonas cálidas del hemisferio occidental, introducida en Africa occidental y central y en las Filipinas.

POTAMOGETONACEAE Dumort.

Robert R. Haynes

Hierbas anuales o perennes, creciendo en aguas dulces o salobres; plantas hermafroditas. Hojas alternas, sumergidas y/o flotantes, con 1 a varios nervios, enteras o raramente serradas, sésiles o pecioladas, estipuladas; estípulas formando una vaina tubular alrededor del tallo, libres o adnadas a la base de la lámina. Inflorescencias sumergidas o emergentes, espigas terminales o axilares; tépalos 4, libres, redondos, unguiculados; estambres 4, opuestos a los tépalos, los filamentos adnados a las uñas, anteras 2-loculares, lineares, con dehiscencia longitudinal; gineceo de 4 carpelos. Frutos en drupas con exocarpo membranoso, mesocarpo carnoso y endocarpo endurecido; semillas solitarias, endosperma ausente.

Una familia de distribución casi cosmopolita, con 2 géneros y cerca de 100 especies; un género con 1 especie ocurre en Nicaragua y otra especie se espera encontrar.

Fl. Guat. 24(1): 68–73. 1958; Fl. Pan. 62: 1–10. 1975; Fl. Mesoamer. 6: 13–15. 1994; N. Taylor. Zannichelliaceae. N. Amer. Fl. 17: 13–27. 1909; R.R. Haynes. Potamogetonaceae in the Southeastern United States. J. Arnold Arbor. 59: 170–191. 1978.

POTAMOGETON L.

Hierbas anuales o perennes, sumergidas, creciendo en aguas dulces o salobres, reproduciéndose por semillas, turiones o rizomas; tallos de largos diversos, dependiendo en la profundidad del agua donde crecen, ramificados o no, teretes o comprimidos, con raíces en los nudos, los nudos ocasionalmente con glándulas de aceite. Hojas sumergidas o sumergidas y flotantes, alternas o subopuestas; hojas sumergidas sésiles o pecioladas, lineares a orbiculares, subuladas a obtusas en el ápice, agudas a perfoliadas en la base, pelúcidas, los márgenes enteros a serrados, raramente encrespados, con 1–35 nervios; hojas flotantes mayormente pecioladas o raramente subsésiles, elípticas a ovadas, agudas a obtusas en el ápice, cuneadas a redondeadas o cordadas en la base, coriáceas, los márgenes enteros, con 1–51 nervios; estípulas connadas o convolutas, libres o adnadas a la base de las hojas sumergidas, libres de la base en las hojas flotantes; turiones presentes o ausentes, con entrenudos extremadamente acortados, divididos entre las hojas internas y externas; turiones internos pocos a numerosos, enrollados formando una estructura fusiforme, acortados y orientados perpendicularmente hacia las hojas exteriores, o no modificados; turiones externos 1–5 por lado, mayormente similares a las hojas vegetativas, raramente corrugados cerca de la base. Inflorescencias axilares o terminales, a capitadas o espigas cilíndricas o panículas de espigas con 1–20 verticilos de flores cada una, éstos compactos o monoliformes, con 2–4 flores por verticilo, sumergidos o por encima de la superficie del agua; perianto de 4 segmentos cortamente unguiculados, libres y redondeados; androceo de 4 segmentos, los filamentos adnados al perianto unguiculado, las anteras 2-loculares, extrorsas, el tapete ameboide, el polen esférico a fusiforme, adornado; gineceo de 4 carpelos, los óvulos ortótropos o campilótropos, micrópilo formado por el integumento interno. Fruto dorsalmente redondeado o aquillado, rostrado; embrión en espiral.

Un género de distribución casi cosmopolita con unas 100 especies; 1 especie se encuentra en Nicaragua y otra se espera encontrar.

M.L. Fernald. The linear-leaved North American species of *Potamogeton*, section *Axillares*. Mem. Amer. Acad. Arts, n.s. 17: 1–183. 1932; E.C. Ogden. The broad-leaved species of *Potamogeton* of North America north of Mexico. Rhodora 45: 57–105, 119–163, 171–214. 1943; R.R. Haynes. A revision of North American *Potamogeton* subsection *Pusilli* (Potamogetonaceae). Rhodora 76: 564–649. 1974.

1. Hojas sumergidas (por lo menos las totalmente desarrolladas) más de 5 mm de ancho, hojas flotantes presentes o ausentes; frutos 2.2–2.7 mm de largo, con quilla dorsal .... **P. illinoensis**
1. Hojas sumergidas menos de 5 mm de ancho, hojas flotantes ausentes; frutos 1.5–2.2 mm de largo, sin quilla dorsal .... **P. pusillus**

Potamogeton illinoensis Morong, Bot. Gaz. (Crawfordsville) 5: 50. 1880.

Hojas sumergidas y flotantes o solamente sumergidas, pecioladas; hojas sumergidas delgadas, elípticas a lanceoladas, 5.7–17 cm de largo y 1–3.2 cm de ancho, con 7–17 nervios; hojas flotantes (con frecuencia ausentes) más o menos coriáceas, elípticas a oblongoelípticas, 4.5–6.2 cm de largo y 1.5–3 cm de ancho, con 11–13 nervios. Inflorescencias emergentes, terminales, con 10–16 verticilos de flores, 2–4.5 cm de largo y 0.4–0.8 cm de diámetro; pedúnculos 4.8–16.2 cm de largo. Fruto 2.2–2.7 mm de largo y 2.1–2.5 mm de ancho, con 1 quilla dorsal y 2 laterales.

No se ha colectado en Nicaragua, pero se espera encontrar; sur de Canadá hasta Panamá.

Potamogeton pusillus L., Sp. Pl. 127. 1753.

Hojas sumergidas, delicadas, lineares, 1.4–6.5 cm de largo y 0.5–1.9 mm de ancho, con 1–3 nervios, sésiles. Inflorescencias sumergidas o emergentes, axilares, 2.5–10.1 mm de largo y 1.2–4.7 mm de diámetro, con 2–4 verticilos de flores; pedúnculos 1–6.2 cm de largo. Fruto 1.5–2.2 mm de largo y 1.2–1.5 mm de ancho, sin quilla.

Conocida en Nicaragua solamente de una laguna artificial en Selva Negra, Matagalpa; 1200 m; fl y fr probablemente durante todo el año; *Haynes 8262, Stevens 17835*; Alaska hasta el sur de Sudamérica, también en Europa. La especie ha sido separada en 4 variedades, la población de Nicaragua pertenece a *P. pusillus* var. *pusillus*.

PRIMULACEAE Vent.

W. D. Stevens

Herbáceas o raramente sufrutescentes, anuales o perennes; plantas hermafroditas. Hojas alternas, opuestas, verticiladas o basales, generalmente simples, exestipuladas. Inflorescencias panículas, umbelas, racimos, capítulos o flores solitarias, terminales o axilares, bracteadas, flores actinomorfas, (3–) 5 (–9)-meras, frecuentemente heterostilas; cáliz gamosépalo, profundamente lobado, persistente; corola gamopétala o raramente polipétala o apétala, lobos imbricados; estambres en igual número y opuestos a los lobos de la corola, epipétalos, anteras 2-loculares, introrsas; ovario súpero o semiínfero (*Samolus*), 1-locular, placentación libre-central, óvulos más o menos numerosos, estilo 1, estigma 1, capitado. Fruto una cápsula dehiscente mediante valvas o circuncísil; semillas pocas a numerosas, angulares.

Familia con ca 30 géneros y 1000 especies, mayormente en las regiones nortempladas; 1 género y 3 especies en Nicaragua. *Samolus ebracteatus* Kunth se encuentra esporádicamente en Centroamérica (Belice, Guatemala, Panamá) en regiones bajas y podría encontrarse en Nicaragua; esta especie se puede distinguir fácilmente por la inflorescencia en largos racimos escapiformes.

Fl. Guat. 24(8): 200–207. 1966; Fl. Pan. 57: 51–54. 1970.

ANAGALLIS L.; *Centunculus L.*

Herbáceas, anuales o perennes, erectas, decumbentes o postradas, tallos teretes a angulados, glabros. Hojas alternas, opuestas o verticiladas, simples, enteras; sésiles o cortamente pecioladas. Inflorescencias racimos terminales o flores solitarias y axilares, flores 4–6 (–9)-meras; gamopétalas; ovario súpero. Cápsula (pixidio) globosa y con numerosas semillas.

Género con ca 29 especies, ampliamente distribuidas pero mayormente africanas; 2 especies se encuentran en Nicaragua y una más se espera encontrar.

P. Taylor. The genus *Anagallis* in Tropical and South Africa. Kew Bull. 10: 321–350. 1955.

1. Hojas opuestas o verticiladas, abrazadoras; corola azul o roja .... **A. arvensis**
1. Hojas, al menos las superiores, alternas, no abrazadoras; corola blanca
   2. Hojas cortamente pecioladas; flores esencialmente sésiles, más cortas que las hojas subyacentes .... **A. minima**
   2. Hojas sésiles; flores pediceladas, del mismo tamaño o más largas que las hojas subyacentes .... **A. pumila**

Anagallis arvensis L., Sp. Pl. 148. 1753.

Tallos hasta 50 cm de largo. Hojas opuestas o verticiladas, ovadas, 10–20 mm de largo y 5–14 mm de ancho, ápice agudo a obtuso, base levemente cordada; sésiles. Pedicelos 15–30 mm de largo, recurvados cuando en fruto; perianto 4–6 mm de largo. Cápsulas 4–6 mm de diámetro.

Aun no colectada en Nicaragua, pero se espera encontrar en el norte del país, ya que es una especie común en la parte adyacente de Honduras, a elevaciones de más de 800 m; nativa de Europa Occidental pero ya casi cosmopolita como maleza.

Anagallis minima (L.) E.H.L. Krause in Sturm, Deutschl. Fl., ed. 2, 9: 251. 1901; *Centunculus minimus* L.

Tallos hasta 15 cm de largo. Hojas alternas, espatuladas, 3–5 mm de largo y 2–3 mm de ancho, ápice obtuso a redondeado, base acuminada; pecíolo 1–2 mm de largo. Pedicelos hasta 1 mm de largo; perianto ca 1.5 mm de largo. Cápsulas ca 1.5 mm de diámetro.

Rara o raramente colectada, en lugares abiertos y húmedos, Estelí y Jinotega; 1200–1400 m; fl y fr oct–nov; *Stevens 15145, 15596*; casi cosmopolita.

Anagallis pumila Sw., Prodr. 40. 1788.

Tallos hasta 30 cm de largo. Hojas inferiores opuestas, las superiores alternas, todas elípticas a angostamente elípticas o espatuladas, 3–8 mm de largo y 2–5 mm de ancho, ápice agudo a obtuso o redondeado, base aguda a obtusa; sésiles. Pedicelos 3–12 mm de largo, esencialmente rectos cuando en fruto; perianto 2–3 mm de largo. Cápsula ca 2 mm de diámetro.

Probablemente común, en lugares abiertos, zonas norcentral y atlántica; 50–1200 m; fl y fr ago–feb; *Stevens 15887, 22643*; ampliamente distribuida en los trópicos y subtrópicos.

PROTEACEAE Juss.

Bruce A. Stein

Arboles o arbustos con madera aromática; plantas generalmente hermafroditas. Hojas generalmente alternas, simples a variadamente divididas, frecuentemente dimorfas, pecioladas; sin estípulas. Inflorescencias axilares o terminales, racimos, paniculas, umbelas o cabezuelas; flores actinomorfas o zigomorfas, perianto uniseriado; tépalos 4, petaloides, valvados, ensanchados hacia el ápice, cuando en yema formando un tubo, pero abriéndose en la antesis; estambres 4, opuestos a los tépalos, filamentos adnados a los tépalos, anteras diteas, con dehiscencia longitudinal; disco basal, nectarífero; ovario súpero, 1-locular, óvulos 1–numerosos, estilo simple. Fruto generalmente un folículo; semillas 1–numerosas, a menudo aladas.

Familia con 75 géneros y más de 1000 especies, ampliamente distribuidas en regiones tropicales del hemisferio sur, con concentraciones en Australia y el sur de Africa; 2 géneros y 2 especies en Nicaragua.

Fl. Guat. 24(4): 58–62. 1946; Fl. Pan. 47: 199–203. 1960; H. Sleumer. Proteaceae Americanae. Bot. Jahrb. Syst. 76: 139–211. 1954.

1. Flores zigomorfas, amarillo-anaranjadas; frutos ca 1.5 cm de largo, estilo persistente; hojas maduras pinnatífidas .... **Grevillea**
1. Flores actinomorfas, blancas; frutos más de 2 cm de largo, estilo generalmente deciduo; hojas maduras simples .... **Roupala**

GREVILLEA R. Br. ex Salisb.

Grevillea robusta A. Cunn. ex R. Br., Suppl. Prodr. Fl. Nov. Holl. 24. 1830.

Arboles hasta 20 m de alto. Hojas 20 cm o más de largo, pinnatífidas, con segmentos profundos, agudos e incisos, glabras en la haz, dorado-pubescentes en el envés. Inflorescencias panículas racemosas hasta 15 cm de largo, pedicelos 10–15 mm de largo, flores densas, orientadas hacia arriba; perianto zigomorfo, tépalos ca 20 mm de largo, amarillo-anaranjados. Fruto un folículo ca 1.5 cm de largo, leñoso, dehiscente, estipitado, estilo persistente; semillas 2, aladas.

Ocasionalmente cultivada en la zona norcentral y quizás naturalizada; 1350 m; fr sep; *Neill 824*; nativa de Australia. Género austral-asiático con ca 190 especies. "Grevillo".

ROUPALA Aubl.

Roupala montana Aubl., Hist. Pl. Guiane 1: 83. 1775; *R. borealis* Hemsl.; *R. complicata* Kunth.

Arbustos o árboles hasta 10 m de alto, ramitas jóvenes ferrugíneo-estrigosas. Hojas dimorfas, las juveniles pinnaticompuestas, folíolos elíptico-lanceolados a ovado-lanceolados, 3–15 cm de largo, ápice agudo a acuminado, base asimétrica, margen gruesamente serrado, hojas maduras simples, mayormente ovadas, 6–12 cm de largo y 4–10 cm de ancho, ápice acuminado a obtuso, margen irregularmente dentado. Inflorescencia axilar, racemosa, hasta 18 cm de largo, ferrugíneo-estrigosa, flores apareadas, sésiles o en pedúnculos cortos; perianto actinomorfo, tépalos 7– 8.5 mm de largo, reflexos; ovario estrigoso con estilo glabro y erecto. Fruto un folículo 3 cm de largo, aplanado, 2-valvado, estilo deciduo; semillas 2, aladas.

Poco común, mayormente en bosques nublados, en todas las zonas del país; 10–1500 m; fl y fr feb–jun; *Moreno 475, Stevens 22158*; México a Sudamérica. Un género con ca 50 especies, en América tropical y subtropical. *R. glaberrima* Pittier se encuentra en el oeste de Costa Rica y quizás en Nicaragua; se diferencia de *R. montana* por sus flores más grandes (10–16 mm de largo) e inflorescencia y flores glabras.

PUNICACEAE Horan.

Clement W. Hamilton

Arbustos o árboles pequeños, a veces espinosos; plantas hermafroditas. Hojas opuestas a subopuestas, simples, enteras, pecioladas; sin estípulas. Flores terminales, solitarias o agrupadas, actinomorfas; cáliz con 5–8 lobos valvados, carnosos, adnados al ovario y persistentes; corola con 5–8 lobos imbricados y contraídos cuando en yema; estambres numerosos, epíginos, filamentos libres, anteras biloculares, dorsifijas y con dehiscencia longitudinal; ovario ínfero de (3–) 8–12 carpelos usualmente arreglados en 2 series superpuestas, la inferior (interior) con placentación axial y la superior (exterior) con placentación parietal, óvulos numerosos, estilo y estigma 1. Fruto una baya esférica; semillas numerosas, con la testa exterior carnosa.

Familia monogenérica, con el género *Punica* con 2 especies, *P. granatum*, del sur de Eurasia y ampliamente cultivada en los trópicos y subtrópicos, y la otra de la Isla Socotora.

Fl. Guat. 24(7): 260–261. 1962; F. Niedenzu. Punicaceae. *In:* A. Engler y K. Prantl. Nat. Pflanzenfam. 3(7): 22–25. 1892.

PUNICA L.

Punica granatum L., Sp. Pl. 472. 1753.

Hojas elípticas, 2–6 cm de largo y 0.6–2.5 cm de ancho, glabras, con los nervios secundarios uniéndose lejos del margen, pecíolos 2–6 mm de largo.

Cáliz rojo-anaranjado intenso; corola rojo intenso. Frutos 5–10 cm de diámetro, rojos, con la pulpa algo rosada; semillas 5–7 mm de largo, más o menos triangulares en sección transversal.

Cultivada en regiones bajas; fl y fr durante todo el año; *Araquistain 78*, *Guzmán 47*; nativa de Eurasia. Los frutos son comestibles y de ellos se prepara la bebida llamada granadina. "Granada".

PYROLACEAE Dumort.

James L. Luteyn y Robert L. Wilbur

Hierbas perennes o subarbustos, micotróficos; plantas hermafroditas. Hojas generalmente alternas, simples; exestipuladas. Inflorescencias racimos, umbelas, corimbos o flores solitarias, bracteadas pero sin bractéolas. Flores actinomorfas e hipóginas; sépalos (4) 5, libres o ligeramente connados, persistentes; pétalos (4) 5, libres, imbricados; estambres (8) 10, libres, unidos al receptáculo, las anteras invirtiéndose durante el desarrollo y abriéndose por poros en el aparente ápice, las tecas ocasionalmente extendidas como tubos pequeños, granos de polen en tétrades o monades (*Orthilia*); pistilo 5-carpelar, estilo 1, estigma débilmente 5-lobado y sésil, ovario súpero, más o menos 5-locular. Fruto una cápsula loculicida; semillas pequeñas y numerosas.

Familia con 4 géneros y quizás 40 especies, todas del hemisferio norte; 1 género con 1 especie se encuentran en Nicaragua.

Fl. Guat. 24(8): 81–86. 1966; L.J. Dorr. Ericaceae subfamily Pyroloideae. Fl. Neotrop. 66: 28–53. 1995.

CHIMAPHILA Pursh

Chimaphila maculata (L.) Pursh, Fl. Amer. Sept. 1: 300. 1814; *Pyrola maculata* L., *C. maculata* var. *acuminata* Lange; *C. acuminata* (Lange) Rydb.; *C. guatemalensis* Rydb.; *C. dasystemma* Torr. ex Rydb.

Subarbustos perennifolios, sufrutescentes o casi herbáceos, 1–2 dm de alto, con rizomas escamosos. Hojas alternas pero con apariencia casi opuesta o algunas veces verticiladas, lanceoladas a oblongo-lanceoladas, 3–9 cm de largo, ápice agudo a acuminado, base aguda, serradas, coriáceas, manchadas a lo largo del nervio principal, pecíolo corto. Inflorescencia un corimbo terminal con 1–5 flores, pedicelos menudamente puberulentos, con una bráctea subyacente más o menos decidua; cáliz de 5 lobos basalmente unidos, elípticos a oblongos, ciliados, persistentes; pétalos 5, libres, orbiculares a oblongo-orbiculares, ceráceos, blancos a rosados; estambres 10, libres, filamentos ensanchados en la base, ciliados; ovario súpero, 5-locular con placentación axial en la base y 1-locular con placentación parietal en el ápice. Cápsulas deprimido-globosas, 5-valvadas, 7–8 mm de diámetro.

Poco frecuente, en bosques de pino-encinos, en la zona norcentral; 900–1400 m; fl y fr oct–ene; *Moreno 14318, 17680*; Canadá hasta Panamá. Un género con ca 5 especies distribuidas en el hemisferio norte.

QUIINACEAE Engl.

William J. Hahn

Arboles, arbustos o bejucos; plantas polígamas o dioicas. Hojas opuestas o verticiladas, simples o pinnaticompuestas, enteras o dentadas, pinnatinervias con numerosos nervios secundarios diminutos y paralelos, pecioladas; estípulas laterales o interpeciolares. Inflorescencias panículas o racimos, terminales o axilares; flores hipóginas y actinomorfas; sépalos 4–5; pétalos 4–8, usualmente alternos con los sépalos; estambres 15 a muchos, libres o connados en la base, anteras basifijas, ditecas, longitudinalmente dehiscentes; gineceo de 2–3 ó 6–12 carpelos unidos y 1-loculares, estilos libres y lineares, óvulos 2 por lóculo, ascendentes y anátropos.

Fruto abayado, carnoso, dehiscente al madurarse, frecuentemente 1–2 locular por aborto, con 1–4 semillas; semillas ovoides, tomentosas o glabras, embrión recto, endosperma ausente.

Una familia con 4 géneros y 40 especies distribuidas en América tropical, principalmente en la región amazónica; 2 géneros y 2 especies conocidos de Nicaragua.

Fl. Guat. 24(7): 23–25. 1946; Fl. Pan. 67: 965–968. 1980.

1. Hojas verticiladas; fruto maduro hasta 7 cm de largo, usualmente 1 por infructescencia; ovario 6–12 locular, estilos varios .... **Lacunaria**
1. Hojas opuestas; fruto maduro hasta 1.5 cm de largo, usualmente 2–20 por infructescencia; ovario 2–3 locular, estilos 2 .... **Quiina**

LACUNARIA Ducke

Lacunaria panamensis (Standl.) Standl., Ann. Missouri Bot. Gard. 29: 358. 1942; *Quiina panamensis* Standl.

Arboles hasta 15 m de alto, las ramas glabras y amarillentas; plantas dioicas. Hojas verticiladas o raramente opuestas, elípticas a oblongo-elípticas, 5–25 cm de largo y 2–8 cm de ancho, cuspidadas en el ápice, atenuadas en la base, glabras y más obscuras en la haz, con los márgenes enteros a ligeramente serrados y espinulosos, 8–14 pares de nervios principales curvado-ascendentes, nervios secundarios numerosos, transverso-paralelos y obscuros; pecíolos 5–10 mm de largo; estípulas interpeciolares, linear-lanceoladas. Inflorescencias racimos terminales, el raquis aplicado-piloso con tricomas café-dorados, pedicelos 5–15 mm de largo, abrazados por brácteas 2 mm de largo; sépalos 4, ampliamente elíptico-ovados, 5 mm de largo, externamente obscuro-pilosos, persistentes; pétalos ampliamente ovados, 4–6 mm de largo, blanco-cremosos; flores masculinas con estambres numerosos, 2–3 mm de largo, anteras oblongas; flores femeninas con gineceo oblongo-elipsoide, 2–3 mm de largo, estilos varios. Fruto esférico, elipsoide u oblato, hasta 7 cm de largo y 9 cm de diámetro, exocarpo café con surcos longitudinales, leñoso, 2–4 mm de espesor, mesocarpo carnoso; semillas 6–12, elipsoides, 1–2 cm de largo y 10–12 mm de diámetro, con tomento amarillo-café.

Ocasional, en bosques siempreverdes en la zona atlántica; 0–200 m; fl y fr durante todo el año; *Araquistain 3467, Moreno 23380*; Guatemala y Belice hasta Panamá. Un género con 15 especies distribuidas principalmente en la región amazónica.

QUIINA Aubl.

Quiina schippii Standl., Publ. Field Columbian Mus., Bot. Ser. 8: 26. 1930.

Arbustos o árboles hasta 20 m de alto; plantas polígamas. Hojas opuestas, curvado-ascendentes, elípticas a obovadas, 6–18 cm de largo y 3–8 cm de ancho, acuminadas a caudadas en el ápice, atenuadas en la base, glabras, más obscuras en la haz, con 10–15 pares de nervios principales; pecíolos 0.5–1 cm de largo; estípulas laterales, usualmente 4, deciduas, linear-lanceoladas a lanceoladas, 8–12 mm de largo. Inflorescencias racimos usualmente simples y axilares, de 5–25 flores, 2–6 cm de largo, raquis hírtulo, pedicelos 1–4 mm de largo, glabros; sépalos 4, ovados a ampliamente ovados, 1.5–2 mm de largo, ciliados y persistentes; pétalos 4, ovados, 2–4 mm de largo, glabros, blancos y ciliolados; estambres numerosos, 1 mm de largo, anteras globoides; ovario cónico-ovoide, 1.5–2 mm de largo. Frutos ovoide-fusiformes, 8–12 mm de largo y 4–6 mm en diámetro, exocarpo delgado, fibroso, rojo cuando maduro, estigma bífido y persistente, mesocarpo fibroso y seco; semillas solitarias, ovoides, 4–8 mm de largo, con tomento café-dorado.

Ocasional, en bosques siempreverdes en la zona atlántica; 0–200 m; fl may–jun, fr jun–oct; *Little 25361, Sandino 4528*; Belice a Panamá. Un género con 10–15 especies, distribuido principalmente en la región amazónica. "Campeche".

RAFFLESIACEAE Dumort.

Job Kuijt

Plantas sin clorofila, parásitas en las raíces o tallos de plantas leñosas; órganos absorbentes extremadamente difusos y delicados; plantas dioicas o hermafroditas. Hojas reducidas a escamas, frecuentemente carnosas, alternas o verticiladas, a veces reducidas a unas pocas situadas debajo de las flores sésiles. Flores solitarias y emergiendo directamente de los tejidos del huésped o dispuestas en una espiga carnosa, actinomorfas, usualmente unisexuales (entonces especies dioicas), monoclamídeas; pétalos 4–12, carnosos, unidos en su parte inferior alrededor de un receptáculo crateriforme o en algunos géneros (extraterritoriales) con una estructura transversal como diafragma; estambres variables en número, filamentos adnados formando una masiva columna central, anteras libres o fusionadas con la columna; flores pistiladas similares a las estaminadas, estilo masivo, estigma ampliamente capitado (en nuestras especies), ovario ínfero, usualmente complejamente locular.

Familia con 8 géneros, mayormente tropicales pero representados en algunas zonas xerofítico-templadas de Chile, suroeste de los Estados Unidos, Sudáfrica y el Mediterráneo; 4 géneros se encuentran en Mesoamérica, 1 género con 1 especie se encuentra en Nicaragua y otro género con 1 especie se espera encontrar. Una especie del género pequeño *Mitrastemon* (Mitrastemonaceae) ha sido colectada en México (Chiapas) y Guatemala, de lo contrario el género es conocido solamente desde Japón hasta Sumatra. Al igual que *Bdallophytum*, éste es un género que crece parasitando en raíces, pero tiene flores solitarias en pedículos cortos y erectos.

Fl. Guat. 24(4): 101–104. 1946; Fl. Pan. 60: 17–21. 1973; H. Harms. Rafflesiaceae. *In:* A. Engler y K. Prantl. Nat. Pflanzenfam., ed. 2, 16b: 243–281. 1935; L. Gómez. Rafflesiaceae. *In:* Fl. Costaricensis. Fieldiana, Bot., n.s. 13: 89–93. 1983.

1. Flores diminutas, solitarias y sésiles; parásitas en ramas, mayormente en Flacourtiaceae .... **Apodanthes**
1. Flores grandes, agrupadas en el ápice de una espiga carnosa y erecta, con hojas escamosas; parásitas en las raíces de plantas leñosas, frecuentemente en Burseraceae .... **Bdallophytum**

APODANTHES Poit.

Apodanthes caseariae Poit., Ann. Sci. Nat. (Paris) 3: 422. 1824.

Plantas inconspicuas; dioicas. Flores pequeñas, blanquecinas, sésiles, emergiendo solitarias y numerosas de las ramas del huésped; brácteas varias, subyacentes a la flor; pétalos usualmente 4; flores pistiladas con el estilo y estigma representado por una columna gruesa y de ápice capitado y expandido, colocada en la parte central de la flor, ovario ínfero o semiínfero; flores estaminadas con una columna semejante, la cual abraza abajo de su ápice capitado a numerosas anteras diminutas, sésiles y dispuestas en 2 hileras. Fruto una baya pequeña, amarillenta a anaranjada; semillas numerosas, diminutas, con un corto apéndice vermiforme, dispuestas en los pliegues de una cavidad sencilla o parcialmente subdividida. Los géneros *Apodanthes* y *Pilostyles* son muy poco conocidos y a veces han sido combinados en uno solo. Colecciones de ambos géneros han sido realizadas hacia el norte y hacia el sur de Nicaragua. Se dice que *Apodanthes* es parásita solamente en Flacourtiaceae y *Pilostyles* en leguminosas, pero ésta es una diferenciación poco satisfactoria ya que se han encontrado muestras parasitando en *Guarea* (Meliaceae) y *Psidium* (Myrtaceae). Varias especies de *Pilostyles* han sido descritas de México y de áreas adyacentes, mientras que *Apodanthes* ha sido considerada más bien sudamericana; el nombre *A. caseariae* ha sido usado en Costa Rica y Belice y la misma especie podría encontrarse en Nicaragua. Probablemente los dos géneros tendrán eventualmente que unirse y en este caso, el nombre *Apodanthes* tiene prioridad. Quizás unas 20 especies en los dos géneros.

BDALLOPHYTUM Eichler

Bdallophytum americanum (R. Br.) Eichler ex Solms in Engl. & Prantl, Nat. Pflanzenfam. 3(1): 282. 1889; *Cytinus americanus* R. Br.; *Scytanthus americanus* (R. Br.) Solms; *S. bambusarum* Liebm.; *B. bambusarum* (Liebm.) Harms; *B. ceratantherum* Eichler.

Plantas carnosas, erectas, no ramificadas; tallos emergiendo desde el huésped a través de una protuberancia de tejido de 1 cm de diámetro, tallos amarillo opacos cuando jóvenes, densamente cubiertos de tricomas claviformes y multicelulares; dioicas. Hojas dispuestas en fascículos irregulares de 3 hojas, éstas escamosas y anchas, 1 cm de largo, patentes, algo carnosas y de color morado opaco. Flores 9–12 por planta, ca 1.5 cm de ancho en la antesis, dispuestas a los lados de la mitad o tercio superior del tallo y arregladas en fascículos de 3, éstos axilares o dispuestos encima de las axilas de las brácteas; brácteas grandes y abrazando la parte inferior de la yema; pétalos 6–8, formando una yema plana, patentes en la antesis, morado opacos y aterciopelados cuando jóvenes; columna estaminada 5 mm de largo y 3 mm de grueso, anteras 8–12, alargadas hasta 4 mm y cada una terminando en un conectivo ahusado, carnoso y de 2–3 mm de largo, sacos polínicos 2 por antera; estilo pistilado ca 8 mm de largo y 2 mm de grueso en su parte inferior, estigma masivo y acojinado, con márgenes radiales y con una ligera depresión central, estilo y estigma de color paja en la antesis, ovario ínfero, fusionado al eje en un cojín elíptico y amarillento, el cual tiene los mismos tricomas que el resto del tallo. Fruto compuesto, carnoso, formado por la combinación de los ovarios y los ejes; semillas numerosas y diminutas.

Poco común, bosque caducifolio, Chontales, Granada y León; 40–400 m; fl y fr jul–nov; *Moreno 17067, Stevens 20527*; México a Costa Rica. Un género con 2 ó 3 especies, la otra (u otras) endémicas de México. Aparentemente los individuos pistilados son más comunes que los estaminados. El huésped más común es *Bursera simaruba*.

RANUNCULACEAE Juss.

Amy Pool

Hierbas terrestres o a veces acuáticas, arbustos o trepadoras más o menos leñosas; plantas hermafroditas, dioicas o polígamas. Hojas alternas u opuestas, simples o más generalmente compuestas, estípulas ausentes o presentes y vestigiales. Inflorescencias más o menos cimosas, frecuentemente racemiformes o paniculiformes, a veces solitarias, flores hipóginas, comúnmente actinomorfas, partes del perianto a veces arregladas en espiral sobre el receptáculo comúnmente cónico; sépalos (3–) 5–8 o más, libres, frecuentemente petaloides; pétalos ausentes o si presentes comúnmente de origen estaminodial, pocos a numerosos, libres y nectaríferos hacia la base; estambres comúnmente numerosos, libres, frecuentemente arreglados en espiral; carpelos 1–muchos, comúnmente libres, cada uno con un estilo, óvulos 1–numerosos, placentación basal, axial o parietal. Fruto un folículo, un aquenio o raramente una baya.

Familia con ca 50 géneros y 2000 especies, ampliamente distribuida especialmente en áreas templadas y boreales; 2 géneros con 4 especies se encuentran en Nicaragua. Un tercer género, *Ranunculus*, cuyas especies son hierbas con pétalos amarillos o raramente blancos, se encuentra en Centroamérica, pero está restringido principalmente a las regiones altas. *R. flagelliformis* Sm., una hierba frecuentemente semiacuática, con 3 a 4 pétalos de 1–2 mm de largo, podría encontrarse en Nicaragua; otras especies que se puedan encontrar se deben identificar usando los trabajos de Duncan.

Fl. Guat. 24(4): 243–256. 1946; Fl. Pan. 49: 144–153. 1962; T. Duncan. *Ranunculus geranioides* H.B.K. ex DC. in Costa Rica and Panama. Madroño 25: 228–231. 1978; T. Duncan. A taxonomic study of the *Ranunculus hispidus* Michaux complex in the Western Hemisphere. Univ. Calif. Publ. Bot. 77: 1–124. 1980.

1. Trepadoras leñosas con hojas opuestas; aquenios con estilo alargado plumoso .... **Clematis**
1. Hierbas perennes con hojas alternas; aquenios sin estilo alargado plumoso .... **Thalictrum**

CLEMATIS L.

Trepadoras leñosas, en nuestras especies trepando por medio de las partes foliares retorcidas; plantas dioicas o polígamas. Hojas opuestas, ternado-, pinnati- o bipinnaticompuestas, folíolos enteros o frecuentemente irregularmente dentados, 3–7-plinervios. Inflorescencias paniculiformes, terminales o axilares, con los nudos terminales cimosos, verticilados o umbeliformes, bracteadas; sépalos 4 (5), blancos a blanco-verdosos en Nicaragua; pétalos ausentes; estambres numerosos, filamentos aplanados; carpelos numerosos y libres. Frutos aquenios lateralmente aplanados, con estilo plumoso, alargado y retenido.

Género con ca 300 especies, en las regiones templadas y tropicales de ambos hemisferios, principalmente en zonas altas; 3 especies se encuentran en Nicaragua. Una cuarta especie, *C. rhodocarpa* Rose distribuida desde México hasta el suroeste de Honduras, tiene las hojas maduras trifoliadas, serradas a enteras, aquenios ampliamente ovados y un par de bractéolas diminutas generalmente insertadas en la mitad de pedicelo. *C. acapulcensis* y *C. polygama* fueron tratadas en la *Flora of Guatemala* y *Flora of Panama* como *C. dioica* L., especie restringida a la Península de Yucatán.

N.P. Moreno. Taxonomic Revision of *Clematis* L. subgenus *Clematis* (Ranunculaceae) for Latin America and the Caribbean. Ph.D. Thesis, Rice University, Houston. 1993.

1. Aquenios fusiformes, tricomas de los aquenios y carpelos restringidos principalmente a los márgenes, estilos retenidos en los aquenios comúnmente de 6–8 cm de largo; pedicelos de los nudos terminales de la inflorescencia con brácteas espatuladas; hojas trifoliadas .... **C. polygama**
1. Aquenios ovados, lanceolados o elípticos, tricomas de los aquenios y carpelos en las caras y los márgenes, estilos retenidos en los aquenios comúnmente de 2–3.5 cm de largo; pedicelos de los nudos terminales de la inflorescencia con brácteas no espatuladas; hojas 3–15 foliadas
   2. Hojas maduras uni o bipinnadas (trifoliadas), 3–15 folíolos, folíolos ovados o lanceolados, base comúnmente redondeada, comúnmente enteras (1 ó 2 dientes en cada lado), dispersamente seríceas o glabras en el envés .... **C. acapulcensis**
   2. Hojas maduras una vez pinnadas, 5 ó 7 folíolos, folíolos ampliamente ovados a deltoides, base comúnmente cordada, 3 ó 4 dientes en cada lado (o 3-lobada y 3–4 dientes en cada lobo), densamente suaves, pilosos o vellosos en el envés .... **C. grossa**

Clematis acapulcensis Hook. & Arn., Bot. Beechey Voy. 410. 1840; *C. stipulata* Kuntze.

Plantas con tallos jóvenes glabros, dispersamente seríceas a cortamente pilosas o tomentosas, los tricomas blancos; plantas dioicas o a veces poligamodioicas. Hojas maduras pinnadas con (3) 5 folíolos primarios, éstos a su vez trifoliados, pinnados, lobados o enteros, brácteas que abrazan a la inflorescencia similares a las hojas vegetativas, pero más comúnmente 5 foliadas y enteras, último folíolo lanceolado u ovado, 2.5–10 cm de largo y 1.5–6 cm de ancho, ápice acuminado (agudo), base redondeada (subcordada o cordada), comúnmente entero, o menos frecuentemente con 1 ó 2 dientes en cada lado, dispersamente seríceo en el envés, con tricomas en las axilas de los nervios principales o a veces glabro, 3 ó 5 plinervio. Pedicelos de los nudos terminales con brácteas comúnmente lanceoladas u oblanceoladas de 1.5–5 (–18) mm de largo, trilobadas o enteras; sépalos 5–9 mm de largo. Aquenios ovados o lanceolados (elípticos), 2–3 (–4.5) mm de largo y 1.5–2.5 mm de ancho, hírtulos, con tricomas abundantes en toda la superficie, cafés (café rojizos) cuando secos pero con apariencia blanquecina debido a los tricomas, estilo 2–3.5 (–6.5) cm de largo.

Muy común, en áreas alteradas de las zonas norcentral y pacífica; 110–1500 m; fl ago–mar, fr oct–feb; *Stevens 11033, 15543*; centro y oeste de México hasta Panamá. "Colocho".

Clematis grossa Benth., Pl. Hartw. 33. 1840.

Plantas con tallos jóvenes cortamente pilosos a tomentosos, los tricomas blancos (amarillos); plantas dioicas o a veces androdioicas. Hojas maduras pinnadas, comúnmente con 5 (7) folíolos, pero aquellas cercanas a la inflorescencia con 3, folíolos deltoides a ampliamente ovados, 5.5–11 cm de largo y 4.5–9 cm de ancho, ápice agudo a acuminado, base comúnmente cordada (subcordada a redondeada), frecuentemente 3-lobados, comúnmente con 3 ó 4 dientes en cada lado, densa y suavemente pilosos a vellosos en el envés, 5–7-plinervios. Pedicelos de los nudos terminales con brácteas lanceoladas de 1.5–3 mm de largo; sépalos 7–10 mm de largo. Aquenios ampliamente elípticos, 2.5 (–3.5) mm de largo y (1.5–) 2.5 mm de ancho, totalmente hírtulos, café cuando secos, estilo (2–) 3.5 (–5) cm de largo.

Común en remanentes de nebliselvas, zona

norcentral y Volcán Mombacho (Granada); (640–) 1000–1600 m; fl dic–feb, fr feb; *Stevens 11479, 11799*; centro de México hasta Panamá.

Clematis polygama Jacq., Enum. Syst. Pl. 24. 1760.

Plantas con partes jóvenes frecuentemente amarillo-velutinas o densamente pilosas a vellosas con los tricomas blancos o amarillos; plantas dioicas o a veces poligamodioicas. Hojas maduras y brácteas foliares trifoliadas, folíolos ovados a ampliamente lanceolados, 4–10.5 cm de largo y 2–8.5 cm de ancho, ápice agudo a acuminado, base redondeada (cordada), comúnmente 1 ó 2 (–4) dientes en cada lado o menos frecuentemente enteras, dispersamente séríceas, especialmente sobre los nervios en el envés, 3–5-plinervios. Pedicelos de los nudos terminales con brácteas espatulado-oblongas a espatulado-oblanceoladas de 5–14 mm de largo; sépalos 7–10 mm de largo. Aquenios fusiformes o angostamente elípticos, 3–5 mm de largo, 1.5–2 mm de ancho, ligeramente hírtulos (tricomas principalmente restringidos a los márgenes), café rojizos cuando secos, estilo (4.5) 6–8 cm de largo.

Común en áreas alteradas, en todo el país; 250–600 (–1000) m; fl dic–ene, fr ene–mar; *Atwood 6831, Moreno 19149*; centro y este de México hasta Panamá y en las Antillas Mayores.

THALICTRUM L.

Thalictrum guatemalense C. DC. & Rose, Contr. U.S. Natl. Herb. 5: 188. 1899; *T. hondurense* Standl.

Hierbas perennes con tallo engrosado en la base arbustiva, 1 m de alto, hirsutas, con tricomas largos a cortos, densos a dispersos; plantas hermafroditas. Hojas (3) 4 (5)-ternadas o a veces 3-ternadas e imparipinnadas, folíolos ampliamente ovados u obovados a orbiculares, 1–3 cm de largo y 1–3.5 cm de ancho, ápice agudo a redondeado, base truncada a redondeada, 3 (4)-lobados, con o sin algunos dientes anchos, redondeados, escabroso hirsutos, peltados; pecíolo muy dilatado y envainador en la base. Inflorescencia paniculiforme, terminal o terminal y axilar, bracteada; sépalos 4, ca 3 mm de largo, tempranamente caducos; pétalos ausentes; estambres numerosos, filamentos filiformes y purpúreos, anteras ligeramente más largas que los filamentos; estilo largamente filamentoso, puberulento, caduco en fruto, carpelos libres. Fruto un aquenio, 1–6 por flor, 5–6 mm de largo y 2–2.5 mm de ancho, lateralmente comprimidos, arqueados y ampliamente oblicuos, marcadamente 5–9 acostillados.

Rara, bosques de pino-encinos, zona norcentral; 1100–1200 m; fr jul–ago; *Kral 69250, Moreno 16890*; México hasta Nicaragua. Género con ca 85 especies distribuidas en las regiones templadas del hemisferio norte, América tropical y sur de Africa. Algunas otras especies se conocen en Centroamérica y podrían encontrarse en Nicaragua. *T. guatemalense* es la única que tiene tanto los folíolos peltados como la pubescencia caulina hirsuta.

B. Benson. American Thalictra and their Old World allies. Rhodora. 46: 337–377, 391–445, 453–483. 1944.

RHAMNACEAE Juss.

Marshall C. Johnston

Arboles o lianas, a veces subarbustos o hierbas anuales, a veces con zarcillos (*Gouania*); plantas hermafroditas, monoicas o raramente dioicas. Hojas alternas u opuestas, simples y no lobadas, serradas, crenadas o enteras; estípulas presentes o raramente ausentes, libres, interpeciolares o intra-axilares. Inflorescencias cimas, tirsos, fascículos o reducidas a flores solitarias; flores pequeñas, radialmente simétricas, períginas o epíginas, 4–8-meras; cúpula floral, cuando está libre del ovario, revestida con un tejido intrastaminal nectarífero delgado, o el disco engrosado y cerca o sobre el margen de la cúpula y libre del ovario o adnado a él completamente o a diferentes niveles, sépalos, pétalos y estambres unidos en el margen de la cúpula; sépalos valvados, deltoides, casi siempre del mismo largo que la cúpula; pétalos en igual número que los sépalos o a veces ausentes, envueltos por el cáliz en la yema y casi siempre más cortos que los sépalos, delgados, generalmente unguiculados; estambres alternisépalos, arqueados hacia adentro en la yema; ovario sincárpico, lóculos (1–) 2–3 (–4), estilo diminuto, con (0–) 2–3 (–10) lobos estigmáticos microscópicos en el ápice, o 2–4-partido más o menos hasta la mitad de su longitud, placenta basimarginal, 1 óvulo por lóculo. Fruto seco y separándose en 3 partes cada una con 1 semilla al madurar, o carnoso y con un hueso solitario con 1–4 semillas; rafe dorsal o lateral, embrión grande y recto, endosperma masivo a raramente ausente, raramente ruminado.

Familia con 45 géneros y más de 800 especies distribuidas en regiones cálidas, cerca de igual número en las regiones templadas y tropicales; 7 géneros y 14 especies han sido colectados en Nicaragua y 1 género y 2 especies más se esperan encontrar.

Fl. Guat. 24(6): 277–293. 1949; Fl. Pan. 58: 267–283. 1971.

1. Zarcillos presentes (no incluidos en algunas colecciones); ovario ínfero; lianas o plantas escandentes .... **Gouania**
1. Zarcillos ausentes; ovario súpero, o al principio aparentando ínfero en *Colubrina*; arbustos o árboles
   2. Fruto algo seco al madurar, dehiscencia al principio septicida y luego loculicida
      3. Flores azuladas o azul violeta a casi blancas, la flor entera casi del mismo color; restos de la cúpula y disco más o menos persistentes sobre el pedicelo y tornándose más o menos libres del ovario y no formando parte en la dehiscencia .... **Ceanothus**
      3. Flores amarillo-verdes a verde-oliva, usualmente los pétalos más pálidos que el resto de la flor; restos de la cúpula floral y disco formando parte en la dehiscencia del fruto .... **Colubrina**
   2. Fruto carnoso y drupáceo al madurar
      4. Fruto con 2 ó 3 huesos libres cuando maduro
         5. Pubescencia sin tricomas mediifijos; disco no cilíndrico; hueso con o sin sutura ventral; plantas no espinosas; hojas definitivamente alternas .... **Rhamnus**
         5. Pubescencia al menos en parte con tricomas mediifijos; disco usualmente casi cilíndrico; cada hueso con una sutura ventral; plantas usualmente espinosas; hojas a veces subopuestas u opuestas .... **Sageretia**
      4. Fruto con un hueso solitario
         6. Plantas armadas, algunos nudos con 2 espinas; ramas usualmente en zigzag; disco nectarífero generalmente engrosado alrededor del ovario e inicialmente cubriéndolo, luego hipógino; hojas alternas .... **Ziziphus**
         6. Plantas inermes; ramas no conspicuamente en zigzag; disco nectarífero no conspicuamente engrosado alrededor del ovario; hojas opuestas o alternas
            7. Hojas opuestas, agudas; hueso del fruto frecuentemente con más de 2 semillas; cada nervio secundario del envés frecuentemente con franjas alternas de coloración obscura y más pálida; pétalos presentes .... **Karwinskia**
            7. Hojas alternas o subopuestas, usualmente romas; hueso del fruto con 1 ó 2 semillas; cada nervio secundario de color casi uniforme; pétalos ausentes .... **Krugiodendron**

CEANOTHUS L.

Ceanothus caeruleus Lag., Gen. Sp. Pl. 11. 1816.

Arbolitos o arbustos, inermes o raramente espinosos; plantas hermafroditas. Hojas alternas, láminas ovadas, 5–10 cm de largo y 1–4 cm de ancho, dentadas, penninervadas o frecuentemente 3-nervias desde la base, envés pálido debido a un tomento denso; pecioladas; estípulas pequeñas, generalmente caducas. Inflorescencias tirsos terminales, uniformemente azul violeta o raramente blancos; cúpula revestida con tejido nectarífero, desde muy temprano firmemente adherido a la base del gineceo y acrescente con el gineceo; sépalos (4–) 5 (–8), deltoides, ca 2 mm de largo, más o menos persistentes; pétalos en forma de cuchara, más o menos del mismo largo que los sépalos, patentes, caducos; ovario 3-locular, estilo corto, 3-fido. Fruto levemente 3-lobado, en la dehiscencia liberándose de la cúpula y del disco, la dehiscencia primero septicida y luego cada carpidio se separa a lo largo de la sutura ventral y hasta cierto punto a lo largo del nervio principal dorsal.

Todavía no ha sido encontrada en el país pero su distribución conocida está muy cerca de Nicaragua; México a Honduras, también en Panamá. Un género con ca 55 especies, desde el sur de Canadá hasta Centroamérica.

COLUBRINA Brongn.

Arboles o arbustos; plantas hermafroditas. Hojas alternas o raramente opuestas, láminas frecuentemente con glándulas pequeñas y redondeadas, pecioladas; estípulas laterales y basales o raramente interpeciolares. Inflorescencias cimas o usualmente tirsos pequeños, axilares o terminales, con pocas flores inconspicuas, verde-amarillentas o pálidas; cúpula más o menos hemisférica, después de la polinización se separan en una zona anular paralela al margen, parte inferior fuertemente acrescente y persistentemente cubriendo la 1/5 parte hasta la 1/2 inferior del fruto, tejido nectarífero masivo, casi llenando la cúpula y al principio ocultando al ovario, acrescente junto con la cúpula; sépalos casi siempre 5, deltoides, patentes, deciduos con el margen de la cúpula; pétalos deciduos con el margen de la cúpula; ovario 3 (–4)-locular, estilo 3-fido. Fruto más o menos globoso, cubierto en la base por los restos de la cúpula y el disco adnado y acrescente, mesocarpo delgado, seco, coriáceo a escamoso, débilmente cohesionado al endocarpo al madurar y abriéndose irregularmente en la dehiscencia, endocarpo cartilaginoso, al madurar 3 endocarpidios tornándose libres uno del otro y cada uno dehiscente a lo largo de la sutura ventro-axial y en algunas especies también a lo largo del trazo dorsal, soltando así la semilla; semillas casi siempre con 2 caras ventrales y fuertemente convexas dorsalmente, obscuras, testa gruesa y ósea.

Género con ca 35 especies, algunas en Madagascar, pocas en Asia, más en América tropical y extendiéndose hasta el suroeste de los Estados Unidos; 5 especies en Nicaragua.

1. Láminas serrado-glandulares .... **C. triflora**
1. Láminas enteras
  2. Glándulas del envés de la hoja numerosas, más o menos regularmente alineadas en una zona submarginal en cada lado .... **C. arborescens**
  2. Glándulas del envés de las hojas pocas, colocadas en el margen o en el extremo de la base
    3. Glándulas sólo 2 por hoja y colocadas inmediatamente adyacentes a la base del nervio principal; plantas inermes .... **C. spinosa**
    3. Glándulas más de 2 por hoja, las 2 inferiores no inmediatamente adyacentes a la base del nervio principal; plantas armadas o inermes
      4. Plantas inermes .... **C. elliptica**
      4. Plantas espinosas .... **C. heteroneura**

Colubrina arborescens (Mill.) Sarg., Trees & Shrubs 2: 167. 1911; *Ceanothus arborescens* Mill.; *Colubrina ferruginosa* Brongn.

Arboles 4–25 (–30) m de alto, entrenudos jóvenes con tricomas sedosos. Hojas remotamente alternas, persistentes, láminas ovado-oblongas o algunas veces oblongo-elípticas u oblongo-obovadas, 4–20 cm de largo y 2–12 cm de ancho, ápice latiagudo y usualmente breviacuminado, base redondeada o muy levemente cordada, margen perfectamente entero, la haz y el envés con tricomas finos, pajizos y sedosos o casi glabros, finalmente glabrescentes, envés con glándulas obscuras, casi siempre redondeadas, más o menos alineadas en la zona submarginal en la parte media proximal, las 2 glándulas inferiores frecuentemente más grandes que las otras; pecíolo 5–30 mm de largo; estípulas subuladas, 2–3 mm de largo, caducas. Tirsos 10–15 mm de largo, con 10–30 flores, pedúnculos 2–8 mm de largo, pedicelos 2–3 mm de largo, 4–10 mm cuando en fruto; cúpula 2–2.5 mm de diámetro. Fruto 6–8 mm de largo (cúpula cerca 2/5 de esa longitud), con paredes más o menos gruesas y duras en la periferia, más delgadas entre los lóculos, luego explosivamente dehiscentes.

Aparentemente rara en bosques húmedos, zona atlántica, cultivada en Managua y Granada; 20–500 m; fr mar y sep; *Little 25223, Neill 2489*; Estados Unidos (sur de Florida), México (Yucatán) a Panamá y en las Antillas. "Sonzonate".

Colubrina elliptica (Sw.) Brizicky & W.L. Stern, Trop. Woods 109: 95. 1958; *Rhamnus elliptica* Sw.; *C. reclinata* (L'Hér.) Brongn.; *C. hondurensis* A. Molina R.

Arbustos o árboles 2–6 (–20) m de alto, entrenudos jóvenes con tricomas antrorsos, aplicados, sedosos y amarillentos. Hojas alternas, láminas ovado-elípticas, a veces ovadas, raramente obovadas, o muy raramente casi lanceoladas, 2.5–9 (–12.5) cm de largo y 1.5–4.3 (–7) cm de ancho, ápice agudo a generalmente acuminado o raramente redondeado, base redondeada o laticuneada, margen entero pero con glándulas marginales a cada lado 1–10 mm desde la base y frecuentemente a 5–15 mm de la base otra glándula marginal y rara vez con otra glándula cerca del punto medio del margen, haz casi glabra, envés con tricomas muy cortos, pajizos a amarillentos y sedosos, o glabro; pecíolo 5–25 mm de largo; estípulas subuladas, 2–3 mm de largo. Tirsos 10–15 mm de largo, con 8–20 flores, pedúnculos 1–7 mm de largo, pedicelos 2–4 mm de largo, 8–15 mm de largo cuando en fruto; cúpula 2–3 mm de diámetro. Fruto 6–7 mm de largo (cúpula 1/4–1/3 de esa longitud), tempranamente dehiscente, paredes delgadas (paredes radiales membranáceas y a veces persistentes después de la dehiscencia como una columela 3-alada).

Poco común en bosques deciduos a subhúmedos, zonas norcentral y pacífica; 120–640 m; fl may–sep, fr nov–dic; *Neill 1196, Stevens 20291*; Estados

Unidos (sur de Florida), México a Nicaragua, norte de Venezuela y en las Antillas.

Colubrina heteroneura (Griseb.) Standl., J. Wash. Acad. Sci. 15: 285. 1925; *Ziziphus heteroneurus* Griseb.

Arbustos o árboles 2–7 m de alto, ramas jóvenes con tricomas antrorsos ferrugíneos, mayormente agrupados en los nudos, espinas axilares 5–20 mm de largo, representando pedúnculos alargados de tirsos axilares. Hojas remotamente alternas o raramente fasciculadas, láminas obovadas a raramente ovadas, 2.5–8.5 cm de largo y 1.7–6 cm de ancho, ápice agudo a redondeado o a veces débilmente acuminado, base redondeada a usualmente laticuneada, margen entero, casi glabras con glándulas marginales a cada lado 0.5–5 mm desde la base; pecíolos 3–18 mm de largo; estípulas lanceolado-subuladas, 3–4 mm de largo, caducas, nervio principal con una estructura semejante a una espina en el ápice. Tirsos 8–18 mm de largo, con 15–40 flores a ambos lados de la espina, casi sésiles, pedicelos 1–3 mm de largo, 10–18 mm de largo cuando en fruto; cúpula 1–1.5 mm de diámetro. Fruto 5–6 mm de largo (cúpula 1/5–1/4 de esa longitud), ca 7 mm de diámetro, pared gruesa, tempranamente dehiscente dejando una columela membranácea y 3-alada.

Rara en los bosques subhúmedos, Río San Juan; 150–200 m; fl dic, fr ene, feb; *Almanza 47*, *Sandino 5047*; México a Panamá.

Colubrina spinosa Donn. Sm., Bot. Gaz. (Crawfordsville) 23: 4. 1897.

Arbustos o árboles 3–12 m de alto, entrenudos jóvenes con pocos tricomas antrorsos, aplicados, rígidos y amarillentos. Hojas remotamente alternas, láminas ovadas a obovadas, 10–22 cm de largo y 4–7 cm de ancho, ápice redondeado pero cuspidado-acuminado, base ampliamente cuneada a redondeada, margen entero, casi glabras en ambas superficies, base misma del envés con una glándula cupuliforme o en forma de hongo muy distinta y obscura a cada lado del nervio principal; pecíolos 10–18 mm de largo; estípulas lanceoladas con una costa semejante a una espina bien pronunciada, 2–4 mm de largo, caducas y dejando una cicatriz blanca. Tirsos 5–8 mm de largo, con 10–40 flores, pedicelos unidos solamente a un montículo en forma de hongo, representando el eje y las ramas reducidos, pedicelos 2–3 (–4.5) mm de largo, 6–14 mm cuando en fruto; cúpula 1.5–2 mm de diámetro. Fruto 7–8 mm de largo (cúpula ca 1/3 de esa longitud), 8–9 mm en diámetro casi esférico, tempranamente dehiscente dejando una columela membranácea y 3-alada.

Aparentemente poco común en Nicaragua, conocida sólo en bosques perennifolios de Río San Juan; 40–200 m; fl mar y fr abr; *Neill 3327*, *Stevens 23415*; Nicaragua a Panamá, con otra variedad en el suroeste de México (Nayarit). "Pichapán".

Colubrina triflora Brongn. ex Sweet, Hort. Brit., ed. 2, 113. 1830; *C. glomerata* (Benth.) Hemsl.

Arbustos delgados y pequeños o árboles 2–8 (–15) m de alto, ramitas delgadas, acostilladas, con frecuencia débilmente en zigzag, con tricomas sedosos y aplicados. Hojas alternas, láminas ovadas a lanceolado-ovadas, 3–14 cm de largo y 10–65 mm de ancho, ápice fuertemente acuminado, base redondeada, las 3/4–4/5 partes distales del margen a cada lado, con 3–10 dientes prominentes, aplicados y redondeados, cada diente marcado por una glándula apical obscura, siendo ésta más conspicua en el envés, haz escasamente estrigosa a glabra, envés escasa a densamente cubierto con tricomas laxos, grisáceos y sedosos; pecíolos 8–40 mm de largo; estípulas subuladas, 2–3 mm de largo. Tirsos hasta 1 cm de largo, con 10–30 flores, pedúnculos hasta 1 mm de largo, pedicelos 1–4 mm de largo, 6–12 mm de largo cuando en fruto; cúpula 2–2.5 mm de diámetro. Fruto 6–8 mm de largo (cúpula ca 1/3 de esa longitud), casi esférico o muy levemente tricoco, paredes delgadas, dehiscencia repentina 1–3 meses después de la antesis.

Rara en bosques secos, Managua; 40–200 m; fl oct–nov, fr dic; *Moreno 4223*, *Stevens 21939*; México a Nicaragua.

GOUANIA Jacq.

Arbustos trepadores, lianas o raramente arbustos erectos, con zarcillos solitarios; plantas hermafroditas (en Nicaragua) o monoicas. Hojas alternas, láminas generalmente agudas, a menudo serrado- o crenado-glandulares, pilosas; pecioladas. Inflorescencias cimas pequeñas generalmente agregadas en tirsos afilos terminales y alargados, los cuales a su vez están a menudo agregados en panículas ampliamente frondoso-bracteadas o afilas, flores subsésiles a brevipediceladas; cúpula obcónica a subcampanulada, adnada a los lados del ovario, tejido nectarífero grueso, frecuentemente 5-lobado o pentagonal, cada lóbulo opuesto a un sépalo y distendido hasta una estructura corta semejante a un estaminodio ligeramente truncado o redondeado o bilobado en el ápice; sépalos 5, más o menos persistentes; pétalos unguiculados; ovario 3-locular, estilo 3-fido o 3-lobado. Fruto una regma seca, durante sus etapas finales de maduración, las extremidades del endocarpo y exocarpo de cada uno de los 3 mericarpos proliferan lateralmente formando 3 alas grandes y delgadas, (cada ala compuesta por las partes de los 2 mericarpos adyacentes) o para muy pocas especies se dice que no producen tales alas (estos comentarios pueden estar basados en la observación de gineceos inmaduros); semillas obovadas, algo lenticulares, abaxialmente convexas, lustrosas, endosperma delgado.

Un grupo tropical y subtropical con quizás 35 especies; 2 especies se encuentran en Nicaragua. De todos los géneros de Rhamnaceae, *Gouania* es uno de los más críticos y necesita más estudios de campo y revisiones para un buen entendimiento biológico y taxonómico; el tratamiento ofrecido aquí es meramente provisional.

1. Láminas membranáceas, menudamente puberulentas, la red de nervios poco prominente .... **G. lupuloides**
1. Láminas gruesas, tomentosas por lo menos en el envés, la red de nervios prominente .... **G. polygama**

Gouania lupuloides (L.) Urb., Symb. Antill. 4: 378. 1910; *Banisteria lupuloides* L.

Arbustos escandentes hasta 15 m de alto, ramas glabras o con tricomas diminutos e inconspicuos. Láminas ovadas a elípticas, mayormente 4–10 cm de largo y 2–6 cm de ancho, ápice agudo o breviacuminado, base redondeada a subcordada, margen crenado o serrado, glabras o casi glabras, excepto con algunos tricomas aplicados cerca de los nervios poco prominentes del envés; pecíolos 5–25 mm de largo; estípulas deltoides, 3–6 mm de largo, glabras o puberulentas, caducas. Inflorescencias panículas de tirsos semejantes a espigas, frecuentemente 20 cm de largo y 10–15 cm de ancho, cada tirso terminando en una ramita lateral y arqueada, frecuentemente 5–15 cm de largo y 6–13 mm de ancho, cada nudo del tirso con pequeños glomérulos de cimas con pocas flores, pedúnculo de la cima 1–4 mm de largo, pedicelos 1–3 mm de largo; sépalos 1–1.5 mm de largo, cubiertos dorsalmente con tricomas inconspicuos. Fruto usualmente 6–10 mm de largo y 8–12 (–15) mm de ancho, glabro o casi glabro, las alas usualmente más anchas que altas.

Común casi siempre en bosques subhúmedos a húmedos o a lo largo de riachuelos en áreas secas, en todas las zonas; 40–1300 m; fl y fr mayormente nov–ene; *Moreno 5029, 5876*; ampliamente distribuida desde el sur de Estados Unidos (Florida) y México hasta el centro de Sudamérica. Ver observación al final del próximo taxón.

Gouania polygama (Jacq.) Urb., Symb. Antill. 4: 378. 1910; *Rhamnus polygama* Jacq.

Arbusto escandente, hasta 10 m de alto, ramitas y follaje densamente cubiertos con tomento de tricomas más o menos rígidos y amarillo-cafés a grises. Láminas ovadas a latielípticas, 5–14 cm de largo y 2–8 cm de ancho, ápice breviacuminado o redondeado, base redondeada o truncada o raramente brevicordada, margen débil a gruesamente crenado o serrado, haz ligeramente más obscura que el envés y tomentosa al menos cerca de los nervios, envés más densamente tomentoso, nervios más o menos prominentes en el envés; pecíolos 5–25 mm de largo; estípulas deltoides, 3–6 mm de largo, cilioladas, caducas. Inflorescencias panículas amplias de 6–20 tirsos semejantes a espigas, tirsos más o menos arqueados, 6–20 cm de largo y 5–15 mm de ancho, pedicelos ca 1 mm de largo; sépalos ca 1 mm de largo, dorsalmente tomentosos. Fruto 5–8 mm de largo y 6–13 mm de ancho, alas 1–1.5 mm de grosor a lo largo de los ángulos exteriores, inconspicuamente reticuladas y con tricomas cortos o glabros.

Aparentemente común en bosques subhúmedos a húmedos, menos común cerca de riachuelos en lugares secos, en todas las zonas; 40–1400 m; fl y fr mayormente oct–mar; *Moreno 6488, Vincelli 200*; ampliamente distribuida en los trópicos americanos, posiblemente sólo sea una forma pubescente de *G. lupuloides* que igualmente tiene distribución amplia y uniforme.

KARWINSKIA Zucc.

Karwinskia calderonii Standl., J. Wash. Acad. Sci. 13: 352. 1923.

Arbustos o árboles pequeños, inermes, 2–12 m de alto, glabros o finamente puberulentos en las ramas y en el envés de las hojas, ramas opuestas; plantas hermafroditas. Hojas opuestas o casi opuestas, láminas lanceolado-oblongas o latilanceoladas o lanceolado-elípticas o a veces oblongo-ovadas, 3.5–10 cm de largo y 1.5–3.5 (–4.5) cm de ancho, ápice muy

agudo, usualmente longiacuminado, base redondeada, margen entero u ondulado, haz verdosa, envés pálido, nervios secundarios prominentes en el envés, elegantemente paralelos, usualmente cada uno muestra alternativamente porciones pálidas y porciones obscuras, nervios terciarios elegantemente paralelos; pecíolos 6–12 mm de largo; estípulas 1.5–2 mm de largo. Inflorescencias pequeñas cimas axilares, con 5–15 (–20) flores, pedúnculos 2–7 mm de largo, pedicelos 1.5–4 mm de largo; cúpula ca 1.5 mm de largo, libre del ovario, revestida con un tejido nectarífero delgado; sépalos ca 1.5 mm de largo, cuando en fruto ca 2 mm de largo y persistentes; pétalos pálidos; ovario 2–4-locular, estilo 1–2 mm de largo, débilmente bífido. Fruto subgloboso, 6–8 mm de largo, drupáceo con mesocarpo delgadamente carnoso y con un hueso de pared delgada con un máximo de 2 lóculos y óvulos funcionales, negro.

Común en matorrales secos y semihúmedos, zonas norcentral y pacífica; 40–1000 m; fl y fr durante todo el año; *Moreno 9991, 22576*; sur de México a Nicaragua. Un género con ca 12 especies distribuidas desde Estados Unidos (Texas) hasta el sur de Colombia y en Cuba. "Güiligüiste".

KRUGIODENDRON Urb.

Krugiodendron ferreum (Vahl) Urb., Symb. Antill. 3: 314. 1902; *Rhamnus ferrea* Vahl; *Myginda integrifolia* Poir.; *Ziziphus emarginata* Sw.; *Ceanothus ferreus* (Vahl) DC.; *Scutia ferrea* (Vahl) Brongn.; *Condalia ferrea* (Vahl) Griseb.; *R. purpusii* Brandegee; *R. brandegeana* Standl.; *K. ferreum* f. *continentale* Suess.

Arbustos inermes 3–6 m de alto o usualmente arbolitos 5–8 m o más altos; plantas hermafroditas. Hojas opuestas a subopuestas, láminas elíptico-ovadas a raramente elíptico-oblongas, 2.5–5 (–8.5) cm de largo y 2–4 cm de ancho, ápice adelgazado y mayormente emarginado, base redondeada, margen entero, a veces revoluto e irregularmente eroso pero no dentado cuando seco, haz glabra, envés pálido, con tricomas dispersos o agrupados en los nervios; pecíolos (1–) 2–3.5 mm de largo; estípulas subuladas, diminutas, caducas. Inflorescencias axilares, cimas semejantes a umbelas con pocas flores, pedúnculos cortos, flores amarillo-verdosas; cúpula corta, libre del ovario, cubierta con un tejido nectarífero delgado que termina arriba en un margen ondulado en la base de la inserción de los estambres; sépalos (4–) 5 (–6); pétalos ausentes; ovario 2-locular, óvulo 1 por lóculo, estilo 1, profundamente 2-fido, cada una de las 2 ramas con un diminuto estigma capitado. Fruto ovoide a globoso-ovoide, 1–1.5 cm de diámetro cuando maduro (raramente visto en especímenes secos), drupáceo con un mesocarpo delgado carnoso y un hueso con la pared relativamente delgada la cual tiene 2 o comúnmente, por aborto, 1 lóculo funcional.

Aparentemente rara en matorrales o bosques subhúmedos, zonas norcentral y atlántica; 200–1100 m; fl mar y fr mar–jul; *Moreno 21543, 23550*; Estados Unidos (sur de Florida) y México hasta Costa Rica, también en las Antillas. Género monotípico.

RHAMNUS L.

Arboles o arbustos, raramente escandentes; plantas hermafroditas (en Nicaragua), monoicas o dioicas. Hojas opuestas o usualmente alternas; pecioladas; estípulas pequeñas, libres, casi siempre deciduas. Inflorescencia usualmente cimas axilares o éstas reducidas a fascículos o flores solitarias, o raramente panículas o tirsos más elaborados, flores períginas; cúpula libre del ovario revestida con tejido nectarífero delgado; sépalos 4–5; pétalos presentes o raramente ausentes; ovario (2–) 3 (–4)-locular; estilo usualmente 3-partido más o menos hasta la mitad de su longitud. Fruto una drupa carnosa con (2–) 3 (–4) huesos libres, endocarpos con 1 semilla, cada hueso permanece intacto o a veces eventualmente separándose en la sutura medio-ventral; cotiledones gruesos o delgados.

Género con unas 150 especies en regiones templadas y tropicales; 2 especies se conocen en Nicaragua y 1 especie más se espera encontrar.

M.C. Johnston y L.A. Johnston. *Rhamnus*. Fl. Neotrop. 20: 1–96. 1978.

1. Tricomas en algunas partes de la planta presentes en grupos de 2 o más, tricomas partiendo de un mismo punto; envés de las hojas pálido-tomentoso .... **R. sharpii**
1. Tricomas no partiendo de un mismo punto en grupos de 2 o más; envés de las hojas tomentoso o no
    2. Hojas con pubescencia conspicuamente densa sobre los nervios principales del envés especialmente en las axilas .... **R. capraeifolia**
    2. Hojas sin pubescencia conspicuamente densa en el envés .... **R. sphaerosperma**

Rhamnus capraeifolia Schltdl., Linnaea 15: 464. 1841.

Arbustos o árboles (1.5–) 3–23 m de alto, ramitas pilosas, especialmente en la región terminal. Hojas alternas, láminas mayormente elípticas, a veces ovadas u obovadas, (3.6–) 5.5–16 (–18) cm de largo y (1.9–) 2.2–7.6 (–8.5) cm de ancho, 1.4–2.5 (–3) veces más largas que anchas, ápice breviacuminado o a veces agudo, base cuneada a redondeada, márgenes crenados a serrados con dientes usualmente distantes (3–6 por cm) y usualmente mucronados, delgadas a coriáceas, haz verde y glabra o moderadamente pilosa, envés más piloso que la haz o a veces glabro entre los nervios y con tricomas más agrupados sobre los nervios principales; pecíolos 0.5–1.7 cm de largo; estípulas 2–3 mm de largo, caducas. Inflorescencia umbeliforme, hasta con 21 flores, sésil o más o menos pedunculada, pedicelos 2–6 mm de largo; flores 5-meras; cúpula 1–2 mm de largo y (1.2–) 1.5–3 mm de diámetro; sépalos 1–1.7 mm de largo; pétalos 0.9–1.6 mm de largo; ovario glabro o piloso en la mitad inferior. Frutos 4–7 por axila, prolatos o globosos, 4–7 (–8) mm de largo, glabros o pilosos en la mitad inferior, pedúnculos ausentes o hasta 15 mm de largo, pedicelos (3–) 4–7 (–8) mm de largo.

No encontrada aún en Nicaragua, pero es esperada, ya que *R. capraeifolia* var. *grandifolia* M.C. Johnst. & L.A. Johnst. se encuentra en México (Chiapas), Guatemala, El Salvador y Costa Rica; estas plantas se pueden encontrar en bosques montañosos muy húmedos en elevaciones moderadas; otras variedades aparecen en otras partes de México.

Rhamnus sharpii M.C. Johnst. & L.A. Johnst., Fl. Neotrop. 20: 74. 1978; *R. capraeifolia* var. *discolor* Donn. Sm.; *R. discolor* (Donn. Sm.) Rose; *R. capraeifolia* ssp. *discolor* (Donn. Sm.) C.B. Wolf.

Arbustos o árboles 2–15 m de alto, toda la planta con tricomas y en algunas partes con puntos dispersos, de los cuales surgen 2 a 6 tricomas en un solo punto. Hojas alternas, láminas usualmente elípticas, raramente obovadas, 5–15 (–17) cm de largo y (1.3–) 2–6 (–8) cm de ancho, 2–3 veces más largas que anchas, ápice acuminado o raramente agudo, base cuneada a redondeada, margen revoluto, serrado o crenado o raramente entero, los dientes a veces mucronados, haz pilosa o a veces glabra, envés plateado- o canescente-tomentoso tricomas usualmente obscureciendo la epidermis; pecíolos (5–) 8–15 (–20) mm de largo; estípulas 1.5–3 mm de largo, caducas. Inflorescencia umbeliforme con (4–) 7–15 (–20) flores, sésil, pedicelos 1–5 mm de largo; cúpula 1–1.5 mm de largo y de diámetro; sépalos 1–1.5 mm de largo; pétalos 0.7–1 mm de largo; ovario con tricomas largos, generalmente agrupados. Fruto 5–8 mm de diámetro, con tricomas largos o muy

raramente glabros, pedúnculos ausentes o 2–3.5 (–8) mm de largo, pedicelos 2–6 mm de largo.

Conocida de Nicaragua por una sola colección (*Pipoly 5151*) de bosques enanos de la cima del Cerro El Hormiguero, Zelaya; 1100 m; fl abr; México (Chiapas) a Panamá.

Rhamnus sphaerosperma Sw., Prodr. 50. 1788.

Arbustos o árboles pequeños 1–20 m de alto, tallos puberulentos a densamente brevipilosos. Hojas alternas, angostas a ampliamente elípticas, obovado-ovadas u oblongo-elípticas, (2.5–) 2.7–14 (–16) cm de largo y (1.3–) 1.8–6.2 (–7.3) cm de ancho, 1.5–3 veces más largas que anchas, ápice acuminado o raramente agudo, base redondeada a cuneada, margen serrado o crenado, dientes típicamente mucronados, delgadas a coriáceas, haz usualmente glabra o con tricomas dispersos, envés glabro o con diferentes cantidades de tricomas aplicados o erectos, más pálido que la haz y generalmente amarillento o grisáceo; pecíolos (0.6–) 0.8–2 (–2.3) cm de largo; estípulas 1–4 (–5) mm de largo, caducas. Inflorescencia cima o dicasio, con (4–) 5–25 (–40) flores, sésil o más frecuentemente pedunculada, pedúnculos frecuentemente compuestos, hasta 20 mm de largo, pedicelos 0.5–7 mm de largo; cúpula 1–2 mm de largo y 1.5–2.3 (–3) mm de diámetro; sépalos 5, 1–2 mm de largo; pétalos 1–1.2 mm de largo; ovario glabro o piloso. Infructescencias sésiles o con pedúnculos 1.5–14 mm de largo, frecuentemente compuestos de subdivisiones adicionales más cortas, pedicelos 2–9 mm de largo; drupas 2.5–7 (–8.5) mm de diámetro, glabras o pilosas.

Rara en bosques nublados, Jinotega y Estelí; 1300 m; fr may; *Moreno 17490, Sandino 4319*; especie algo variable y ampliamente distribuida desde el sur de México hasta Sudamérica y en las Antillas. Esta especie está representada en Nicaragua por *R. sphaerosperma* var. *polymorpha* (Reissek) M.C. Johnst. ampliamente distribuida en Sudamérica y hacia el noroeste hasta Nicaragua; *R. sphaerosperma* var. *sphaerosperma* se encuentra en Cuba y Jamaica, *R. sphaerosperma* var. *longipes* M.C. Johnst. & L.A. Johnst. en La Española y Puerto Rico, y la cuarta variedad, *R. sphaerosperma* var. *mesoamericana* L.A. Johnst. & M.C. Johnst., se conoce desde Oaxaca hasta Honduras, cerca de Nicaragua, y se puede esperar en bosques a elevaciones moderadas. Esta última variedad tiene el envés de las hojas descolorido por un tomento denso y pálido, y se parece superficialmente a *R. sharpii*, pero se distingue por los caracteres indicados en la clave.

SAGERETIA Brongn.

Sageretia elegans (Kunth) Brongn., Mém. Fam. Rhamnées 53. 1826; *Rhamnus elegans* Kunth

Arbustos, con frecuencia escandentes, casi siempre espinosos, 2–4 (–15) m o más de alto, ramas opuestas o subopuestas, pubescencia escasa pero doble, con tricomas cortos rectos y basifijos, y otros tricomas mediifijos y dibraquiados con los 2 brazos usualmente espiralados, rizados o crespos; plantas hermafroditas. Hojas opuestas o subopuestas, láminas ovadas o lanceolado-ovadas, 1–8 (–10) cm de largo y 0.6–4 (–6) cm de ancho, ápice agudo, base redondeada a muy levemente cordada, usualmente serrulado-glandulares; pecíolos 3–6 (–8) mm de largo; estípulas deltoides, 1.3–5 mm de largo, puberulentas, caducas. Inflorescencias semejantes a espigas, espigas frecuentemente muy reducidas y paniculadas, flores sésiles; cúpula campanulada u obcónica, libre del ovario, revestida de tejido nectarífero delgado engrosado arriba del margen de la cúpula formando un anillo corto, plano y libre, con frecuencia levemente 5-crenado, opuesto a los sépalos; sépalos 5, diminutos; pétalos unguiculados, ápice apiculado o emarginado, blanquecinos; ovario subgloboso, glabro, 2–3-locular, estilo 2–3 mm de largo, 3-fido cerca de 1/3 de su longitud. Fruto una drupa subglobosa a ligeramente obovoide, 5–6 mm de largo, tornándose casi negra, con un mesocarpo delgado carnoso y 2 ó 3 huesos libres cada uno con 1 semilla, cada hueso delgado, cuando seco dehiscente a lo largo de la sutura ventral longitudinal y a veces también en la parte superior del nervio principal.

Poco común o rara en Nicaragua, en vegetación perturbada, Estelí; 800–1300 m; fl nov, fr jun; *Moreno 21662, Stevens 15504*; ampliamente distribuida pero en forma discontinua desde México hasta Argentina. Un género con ca 10 especies, incluidas 2 especies de las partes más cálidas de América, las otras 8 especies en el Viejo Mundo.

ZIZIPHUS Mill.

Arboles o arbustos, raramente arbustos escandentes o lianas, frecuentemente armados de estructuras semejantes a espinas en los nudos, las ramas frecuentemente en zigzag; plantas hermafroditas. Hojas alternas o raramente opuestas, láminas frecuentemente ovadas o elípticas, márgenes serrulados o raramente enteros, frecuentemente 3- ó 5-nervias desde la base y penninervadas arriba de la base; pecioladas; estípulas presentes. Inflorescencias axilares, usualmente cimas o tirsos pequeños; flores 5-meras, períginas; cúpula libre del ovario, revestida de un tejido nectarífero engrosado cerca y alrededor del ovario, pero fácilmente desprendiéndose del ovario; pétalos presentes o raramente ausentes; estambres abrazadores o al menos en algunas etapas filamentos abrazadores; ovario 2–4-locular, estilo columnar en la base, 2–4-fido cerca de 1/4–1/3 de su longitud. Fruto una drupa con un hueso solitario, hueso con 2 a 4 lóculos.

Género con ca 90 especies, todas de regiones cálidas; 2 especies en Nicaragua.

1. Envés de las hojas verde, más o menos glabro; espinas cuando presentes usualmente 1 por nudo, casi rectas .... **Z. guatemalensis**
1. Envés de las hojas blanco-tomentoso; espinas cuando presentes 2 por nudo, 1 de ellas mucho más encorvada que la otra .... **Z. mauritiana**

Ziziphus guatemalensis Hemsl., Diagn. Pl. Nov. Mexic. 6. 1878.

Arboles pequeños (3–) 4–10 (–15) m de alto, ramas más o menos en zigzag y las ramas más maduras frecuentemente con 2 espinas en algunos nudos, espinas 4–15 mm de largo, ramitas de la estación densamente hispídulas. Láminas oblongo-elípticas a rotundamente obovadas, 3.5–8 cm de largo y 3–5 mm de ancho, ápice ampliamente redondeado o a veces obtuso, base redondeada y 3- o 5-nervia, serrulado- o crenado-glandulares, casi glabras, envés ligeramente más pálido que la haz y a veces con tricomas esparcidos cerca de la base; pecíolos 3–6 mm de largo. Inflorescencias cimas ca 1 cm de largo, brevipedunculadas, semejantes a umbelas, cada una con ca 10 flores; flores verdes o verde-amarillentas; cúpula ca 2 mm de diámetro; tejido del disco amarillo brillante; sépalos ca 1 mm de largo; pétalos ca 1 mm de largo; ovario 2-locular. Fruto casi siempre 1 madurando por axila, ligeramente prolato, cuando está perfectamente maduro ca 2 cm de diámetro y casi esférico, pero ca 1 cm de largo un poco antes de que el mesocarpo alcance su total carnosidad, anaranjado cuando maduro.

Común en matorrales y bosques secos, zonas nor-central y pacífica; 3–500 m; fl abr, fr may–jul; *Stevens 3727, 13142*; Guatemala a Costa Rica. "Nancigüiste".

Ziziphus mauritiana Lam., Encycl. 3: 319. 1789; *Z. jujuba* (L.) Gaertn.

Arbustos o árboles pequeños 3–8 (–16) m de alto, armados con 2 espinas (o estípulas espinosas) por nudo, casi siempre 1 de las espinas más o menos recta y larga y la otra más o menos uncinada y corta, ramitas menuda pero densamente pubescentes y casi siempre marcadamente en zigzag. Láminas elípticas a ovadas o casi orbiculares, 3–8 cm de largo y 1.5–5 cm de ancho, ápice agudo a obtuso, base casi redondeada y simétrica, obtusa, haz casi glabra, envés densamente tomentoso; pecíolos 5–10 mm de largo. Inflorescencias cimas 1–2 cm de largo y ancho, con pocas a numerosas flores, pedúnculos 1–4 mm de largo, pedicelos 2–4 mm de largo cuando en flor y 3–6 mm de largo cuando en fruto; cúpula ca 1.5 mm de diámetro; sépalos 1.5–2 mm de largo; pétalos 1–1.5 mm de largo; ovario 2-locular. Drupa globosa a elipsoide, 1–2 cm de diámetro.

Aparentemente rara, cultivada en Granada; fl y fr oct; *Sandino 3710*; nativa del Viejo Mundo, quizás originaria del este de Africa, la Península arábica o la India. Por su mesocarpo comestible es ampliamente cultivada en todas las regiones cálidas, incluyendo el sur de México, Centroamérica y el Caribe.

RHIZOPHORACEAE R. Br.

Ghillean T. Prance

Arboles o arbustos; plantas hermafroditas. Hojas simples, opuestas o verticiladas, pecioladas, enteras o serradas, glabras o con tricomas simples; estípulas pequeñas a grandes, interpeciolares, subpersistentes o caducas. Inflorescencias cimas axilares dicótomas o fasciculadas, o flores solitarias; flores actinomorfas; sépalos 4–5, valvados; pétalos 4–5, libres, en igual número que sépalos, valvados, frecuentemente unguiculados, márgenes vellosos o fimbriados; estambres 8–40, insertos en el margen de un disco lobado, los filamentos cortos, las anteras introrsas, longitudinalmente dehiscentes, con numerosos lóculos en *Rhizophora*; ovario súpero o ínfero, 2–4-locular, 2 óvulos en cada lóculo, óvulos anátropos, péndulos, placentación axial, estilo filiforme, erecto, el estigma 2–4-lobado. Fruto una cápsula o una drupa coriácea vivípara.

Familia con 16 géneros y ca 120 especies, con distribución pantropical y subtropical; 2 géneros y 4 especies se encuentran en Nicaragua.

Fl. Guat. 24(7): 263–268. 1962; Fl. Pan. 45: 136–142. 1958.

1. Ovario súpero; fruto una cápsula; plantas sin raíces zancudas .... **Cassipourea**
1. Ovario ínfero; fruto una drupa vivípara; plantas con raíces zancudas .... **Rhizophora**

CASSIPOUREA Aubl.

Cassipourea elliptica (Sw.) Poir., Encycl., Suppl. 2: 131. 1811; *Legnotis elliptica* Sw.; *C. belizensis* Lundell; *C. podantha* Standl.

Arbustos o árboles hasta 10 m de alto, ramas jóvenes glabras, raíces zancudas ausentes. Hojas elípticas o lanceoladas, 4–12.5 cm de largo y 2–5.5 cm de ancho, ápice obtuso a agudo o acuminado-falcado, base cuneada a redondeada, márgenes enteros a menudamente serrados, glabras o a veces con largos tricomas adpresos en el envés, coriáceas, nervios principales anastomosados cerca de los márgenes; pecíolos 2–5 mm de largo, glabros; estípulas subpersistentes a caducas, 4–5 mm de largo, aplicado-pilosas por fuera. Inflorescencia usualmente de numerosas flores en fascículos en las axilas de las hojas o raramente flores solitarias; pedicelos 2–5 mm de largo, articulados en el ápice, glabros; brácteas basales, diminutas; cáliz campanulado, 4–5 mm de largo, 4–5-lobado, los lobos frecuentemente pequeños e indefinidos, glabros por fuera, densamente seríceos por dentro; pétalos 4–5, unguiculados, ampliamente espatulados, laciniados, elaboradamente fimbriados, densamente blanco-pilosos, blancos; estambres 12–30, insertos en el margen del disco tubular, las bases ligeramente connadas; ovario súpero, 3-locular, aplicado-piloso, estigma capitado, inconspicuamente 3–4-lobado. Cápsula oblonga, escasamente pilosa, coronada por el cáliz persistente.

Común en manglares de la costa atlántica, ocasional en bosques nublados de la zona norcentral; 0–1200 m; fl ene–sep, fr mar–oct; *Stevens 11682, 20067*; Honduras a Panamá y costa pacífica de

Colombia y Ecuador, abundante en las Antillas. Un género con 70 especies, principalmente africanas y extendiéndose al sur de India, Sri Lanka y las Islas Comores, ca 10 especies en América tropical. Esta especie fue tratada como *C. guianensis* Aubl. en la *Flora of Guatemala*.

RHIZOPHORA L.

Arboles con raíces zancudas. Hojas opuestas, enteras, coriáceas; estípulas grandes, foliáceas, caducas. Inflorescencias cimas axilares y dicótomas, raramente flores solitarias; flores 2-bracteoladas; sépalos 4, valvados, gruesos y coriáceos; pétalos 4, coriáceos, iguales o más cortos que los sépalos, márgenes vellosos; estambres 8–12, filamentos muy cortos, disco grande; ovario ínfero, 2-carpelar, 2-locular, estigma bilobado. Fruto una drupa coriácea, con sépalos persistentes en el ápice, unilocular; semillas 1 (–2), germinando mientras están unidas al árbol madre y produciendo una radícula larga que surge desde el ápice del fruto.

Un género con 7 especies confinado a los manglares costeros de los trópicos de todo el mundo, escasamente llegando a las zonas subtropicales; 3 especies se encuentran en Nicaragua. La corteza es rica en taninos y la madera es muy usada para leña, carbón y construcción de barcos. Las especies de *Rhizophora* son extremadamente importantes ecológicamente como estabilizadores de lodazales costeros. Los manglares también son áreas importantes de reproducción de muchas especies silvestres.

1. Inflorescencia simple o una vez ramificada con 2–4 flores; pedicelos 6–22 mm de largo; cúpula bracteolar delgada, tornándose bilabiada; radícula 15–20 cm de largo .... **R. mangle**
1. Inflorescencia 3–6-ramificada, con numerosas flores; pedicelos 3–11 mm de largo; cúpula bracteolar gruesa, bilabiada o lacerado-dentada; radícula 11–50 cm de largo
    2. Radícula 11–25 cm de largo; cúpula bracteolar de grosor intermedio, bilabiada; pedicelos 3–11 mm de largo; yema floral ovada a ligeramente elíptica, aguda en el ápice .... **R. harrisonii**
    2. Radícula 25–65 cm de largo; cúpula bracteolar gruesa, lacerado-dentada; pedicelos 3–5 mm de largo; yema floral elíptica, aguda a obtusa en el ápice .... **R. racemosa**

Rhizophora harrisonii Leechm., Bull. Misc. Inform. 1918: 8. 1918.

Arboles hasta 20 m de alto. Hojas elípticas, 11–15 cm de largo y 4–7 cm de ancho, ápice agudo, base cuneada, glabras, envés con puntos negros. Inflorescencia 5–12 cm de largo, 3–5 veces ramificada, con numerosas flores, pedúnculo 2–7 cm de largo, brácteas gruesas, bífidas; pedicelos 3–11 mm de largo, flores 1 cm de largo; estambres 8; yema floral ovada o ligeramente elíptica, ápice agudo. Fruto ovado-lanceolado, 4 cm de largo y 1.5 cm de ancho, radícula 11–25 cm de largo.

Rara, en manglares de la costa pacífica; 0–5 m; fl may; *Grijalva 5158*, *Stevens 17303*; Nicaragua hasta Ecuador en el Pacífico y desde el Caribe hasta las Guayanas. Se dice que esta especie es un híbrido entre *R. mangle* y *R. racemosa*.

Rhizophora mangle L., Sp. Pl. 443. 1753.

Arboles 4–15 m de alto. Hojas elípticas, 8–14 cm de largo y 4–7 cm de ancho, ápice agudo, base cuneada, glabras, envés con puntos negros. Inflorescencia 1.7–6 cm de largo, ramificada una vez o no ramificada, con 2–4 flores agrupadas, pedúnculo 1.7–9 cm de largo, brácteas delgadas, bífidas; pedicelos 6–22 mm de largo, flores 8–10 mm de largo; estambres 8; yema floral ovada, ápice agudo. Fruto ovado-lanceolado, 1.5–3 cm de largo y 1–1.5 cm de ancho, radícula 15–20 cm de largo.

Común, en pantanos costeros salobres (manglares) en ambas costas; 0–5 m; fl y fr feb–sep; *Moreno 6557*, *Vincelli 657*; México hasta Ecuador en la costa pacífica y desde Estados Unidos (Florida) hasta el sur de Brasil en la costa atlántica, también en Africa. "Mangle colorado".

Rhizophora racemosa G. Mey., Prim. Fl. Esseq. 185. 1818.

Arboles 16–22 m de alto. Hojas elípticas, 9–15 cm de largo y 3–5 cm de ancho, ápice agudo, base cuneada, glabras, envés con puntos negros. Inflorescencia 4–11 cm de largo, 5–6 veces ramificada, con numerosas flores, pedúnculo 1.5–6 cm de largo, brácteas gruesas, irregularmente lacerado-dentadas; pedicelos 3–5 mm de largo, flores 1 cm de largo; estambres 8; yema floral elíptica, ápice agudo a obtuso. Fruto ovoide, 2–3 cm de largo, radícula 25–65 cm de largo.

Rara, en manglares costeros en sitios salobres, tierra adentro, León; 0–5 m; fl ene, fr oct; *Grijalva 5157, 5254*; Nicaragua y Ecuador en el Pacífico, y desde el Caribe hasta Brasil (Maranhão). "Mangle rojo".

ROSACEAE Juss.

Richard J. Pankhurst

Arboles, arbustos o hierbas, frecuentemente aculeados o espinosos; plantas hermafroditas (en Nicaragua) o dioicas. Hojas comúnmente alternas, simples o compuestas; estipuladas. Flores solitarias o inflorescencias variadamente cimosas; flores actinomorfas y mayormente con hipanto; pétalos y sépalos comúnmente 5; estambres comúnmente numerosos; carpelos 1 hasta muchos y distintos o unidos en el ovario. Frutos variados, comúnmente folículos o aquenios libres o compuestos por muchas drupéolas, o una drupa, cinorrodon o pomo.

Familia con ca 100 géneros y 3000 especies casi cosmopolitas en su distribución, pero más comúnmente en las zonas templadas y subtropicales del hemisferio norte; 6 géneros y 14 especies se conocen en Nicaragua y 2 especies más se esperan encontrar. Muchas especies son cultivadas por sus frutos o como ornamentales.

Fl. Guat. 24(4): 432–484. 1946; Fl. Pan. 37: 147–178. 1950; P.A. Rydberg. Rosaceae. N. Amer. Fl. 22: 239–533. 1908–1918; P.C. Standley. Rosaceae. *In:* Fl. Costa Rica. Publ. Field Mus. Nat. Hist., Bot. Ser. 18: 476–485. 1937.

1. Hojas compuestas; plantas aculeadas
   2. Frutos formados por aquenios híspidos dentro de un receptáculo carnoso (cinorrodon); cultivada .... **Rosa**
   2. Frutos formados por numerosas drupéolas carnosas en un receptáculo cónico; silvestre o cultivada .... **Rubus**
1. Hojas simples; plantas no aculeadas
   3. Frutos compuestos, formados por ca 5 folículos; arbustos cultivados .... **Spiraea**
   3. Frutos simples, indehiscentes; árboles o arbustos silvestres o cultivados
      4. Ovario súpero .... **Prunus**
      4. Ovario ínfero
         5. Hojas ferrugíneo-tomentosas en el envés; carpelos completamente unidos; cultivada .... **Eriobotrya**
         5. Hojas maduras no tomentosas en el envés; carpelos libres en el ápice; silvestre .... **Photinia**

ERIOBOTRYA Lindl.

Eriobotrya japonica (Thunb.) Lindl., Trans. Linn. Soc. London 13: 102. 1821; *Mespilus japonicus* Thunb.

Arboles perennifolios 5–10 m de alto. Hojas obovadas a oblanceoladas, 12–30 cm de largo, ápice agudo a obtuso, base atenuada, apenas dentadas, brillantes en la haz y ferrugíneo-tomentosas en el envés, subsésiles. Flores en panículas terminales grandes, blancas, fragantes, 1 cm de ancho; estambres 20; estilos 2–5, fusionados en la parte inferior. Fruto un pomo, 3–4 cm de largo, amarillo, jugoso; semillas 1–2, 1–1.5 cm de largo.

Cultivada por sus frutos comestibles en Madriz y Matagalpa; 1000–1200 m; fr oct–nov; *Moreno 3438*, *Vincelli 843*; nativa de China, cultivada a través de Centroamérica. Género con ca 10 especies en el este de Asia. "Ciruela japonesa".

PHOTINIA Lindl.

Photinia microcarpa Standl., Publ. Carnegie Inst. Wash. 461: 57. 1935.

Arboles 5–15 m de alto, troncos hasta 45 cm de diámetro, ramitas ferrugíneo-tomentosas cuando jóvenes. Hojas alternas, elíptico-oblongas a obovadas u oblanceoladas, hasta 10 cm de largo, atenuadas en la base, crenadas o enteras, coriáceas, tomentosas cuando jóvenes, glabrescentes, pecíolos 7–12 mm de largo. Flores en corimbos cortos y terminales, peque-ñas, blancas; sépalos triangular-ovados y obtusos; pétalos el doble de largo que los sépalos; estambres ca 20; estilos 2–5, libres. Fruto obovoide, hasta 1 cm de largo, rojo, tomentoso cuando joven.

Poco común, bosque nublado en Matagalpa y Jinotega; 1200–1350 m; fl mar; *Molina 20460*, *Stevens 11519*; sur de México hasta Nicaragua. Género con ca 25 especies en Asia y Norteamérica.

PRUNUS L.

Arboles o arbustos, a veces espinosos. Hojas alternas, simples, comúnmente serradas. Flores en fascículos o racimos, blancas o rosadas; pétalos insertos en la garganta del hipanto; estambres 5–20, insertos en la garganta del hipanto; carpelo 1. Fruto una drupa con pulpa jugosa, hueso duro; semilla 1.

Género con ca 200 especies en zonas templadas y tropicales de Europa, Asia y las Américas; 1 especie cultivada se ha colectado en Nicaragua y otra se espera encontrar. Además, se dice que *Prunus skutchii* I.M. Johnst., especie nativa de Centroamérica, con hojas elíptico-oblongas, enteras, glabras y coriáceas, y racimos axilares de pequeñas flores blancas se encuentra en Nicaragua.

1. Flores blancas, ca 1 cm de diámetro, en racimos .... **P. capuli**
1. Flores rosadas, ca 3 cm de diámetro, comúnmente solitarias .... **P. persica**

Prunus capuli Cav., Anales Hist. Nat. 2: 110. 1800; *P. salicifolia* Kunth; *P. serotina* var. *salicifolia* (Kunth) Koehne.

Arboles hasta 15 m de alto, corteza café o gris y casi lisa, ramitas glabras. Hojas lanceoladas u ovadas, 6–20 cm de largo, largamente acuminadas, agudas u obtusas en la base, serradas, más o menos glabras, glanduloso-pecioladas. Flores en racimos y con pedicelos delgados, ca 1 cm de diámetro, blancas; sépalos glabros o pubescentes. Fruto globoso y glabro, 1 cm o más de diámetro, rojo a negro.

No colectada todavía pero cultivada en Guatemala y México por sus frutos comestibles. "Capulín".

Prunus persica (L.) Batsch, Beytr. Entw. Gewächreich 30. 1801; *Amygdalus persica* L.

Arboles hasta 8 m de alto, corteza lisa, gris-café, ramitas glabras. Hojas elíptico- u oblongo-lanceoladas, 8–15 cm de largo, acuminadas, cuneadas en la base, serruladas, glabras, glanduloso-pecioladas. Flores mayormente solitarias, casi sésiles, 2.5–3.5 cm de diámetro, rosadas; sépalos pubescentes. Fruto subgloboso y tomentoso, 3–10 cm de diámetro, amarillento y matizado de rojo, hueso muy duro.

Cultivada, Jinotega; 1400–1500 m; fl ene–feb y esporádicamente todo el año; *Moreno 528*; nativa de China. "Durazno".

ROSA L.

Arbustos espinosos; hermafroditas. Hojas alternas, pinnaticompuestas. Flores solitarias o en corimbos, vistosas. Fruto de aquenios híspidos dentro de un receptáculo carnoso (cinorrodon).

Género con ca 200 especies, todas en el hemisferio norte. El material de Nicaragua fue examinado por E.F. Allen, British Rose Society, y 2 especies en sus formas cultivadas son conocidas en el país. "Rosa".

1. Estilos libres, más o menos la mitad del largo de los estambres .... **R. chinensis**
1. Estilos unidos formando una columna, más o menos del mismo largo que los estambres .... **R. multiflora**

Rosa chinensis Jacq., Observ. Bot. 3: 7. 1768; *R. montezumae* Bertol.

Arbustos erectos perennifolios, comúnmente espinosos. Hojas con 3–7 folíolos ovado-acuminados, serrulados, glabros y lustrosos. Flores en corimbos o solitarias, pedicelos glabros o ligeramente glandulosos; pétalos ca 2 cm de largo, blancos, rosados o rojos. Fruto 1.5–2 cm de largo, café.

Cultivada como ornamental; fl y fr probablemente durante todo el año; *Cardenal 8, Guzmán 33*; nativa de China, ampliamente cultivada.

Rosa multiflora Thunb. ex Murray, Syst. Veg., ed. 14, 474. 1784.

Arbustos suberectos o escandentes, aculeados. Hojas con 5–9 folíolos obovados u oblongos, agudos u obtusos, serrados y pubescentes. Flores comúnmente en corimbos, pedicelos glandulosos; pétalos ca 1 cm de largo, blancos a rosado obscuros. Fruto ca 1 cm de largo, rojo.

Cultivada como ornamental; fl y fr probablemente durante todo el año; *Araquistain 44*; nativa de Japón y Corea, ampliamente cultivada.

RUBUS L.

Arbustos perennes con tallos bianuales, erectos, arqueados o rastreros, frecuentemente aculeados y pilosos y a veces también con glándulas pediculadas o cerdas sin glándulas. Hojas alternas, ternadas, pedatiquinadas, o pinnadas, estipuladas. Inflorescencias laterales o terminales en los tallos del segundo año, flores solitarias o en corimbos o panículas; sépalos 5, persistentes; pétalos 5 en un disco alrededor de la base del receptáculo; estambres y carpelos numerosos. Fruto una drupa compuesta, 0.5–2 cm de largo, drupéolas carnosas.

Género con más de 400 especies, principalmente en las zonas templadas del norte, pero también en las montañas tropicales de los dos hemisferios; ca 40 especies son conocidas de Centroamérica, 8 de ellas en Nicaragua y además 1 se espera encontrar. Varias especies tal como *R. niveus* y *R. eriocarpus* son cultivadas por sus frutos, para preparar postres o bebidas; la decocción de la raíz es usada como medicina; *R. rosifolius* es cultivada como ornamental. Todas las especies florecen y fructifican esporádicamente durante todo el año. "Zarzamora".

1. Hojas pinnadas
    2. Envés de las hojas densamente gris-blanco piloso y sin glándulas sésiles; pétalos rosados; drupéolas pilosas .... **R. niveus**
    2. Envés de las hojas verde o verde pálido y con glándulas sésiles y amarillentas; pétalos blancos; drupéolas glabras .... **R. rosifolius**
1. Hojas digitadas
    3. Tallo con cerdas hasta 5 mm de largo, densas y no glandulares .... **R. urticifolius**
    3. Tallo sin cerdas no glandulares
        4. Hojas gris-blancas en el envés .... **R. eriocarpus**
        4. Hojas verde pálidas o café-amarillentas en el envés
            5. Hojas coriáceas con dientes distantes; pétalos más o menos del mismo tamaño que los sépalos .... **R. ostumensis**
            5. Hojas no o escasamente coriáceas, con dientes contiguos; pétalos 1–2 veces el tamaño de los sépalos
                6. Eje de la inflorescencia y los pedicelos sin tricomas glandulares
                    7. Acúleos ausentes o pocos en el eje de la inflorescencia y en los pedicelos .... **R. coriifolius**
                    7. Acúleos numerosos en el eje de la inflorescencia y en los pedicelos .... **R. sapidus**
                6. Eje de la inflorescencia y los pedicelos con tricomas glandulares, dispersos o densos
                    8. Tricomas glandulares densos en el tallo e inflorescencia, amarillentos, numerosos y largos (hasta 5 mm); folíolos angosto-oblongos, poco pilosos en el envés .... **R. adenotrichus**
                    8. Tricomas glandulares ausentes en el tallo, dispersos en las inflorescencia; folíolos elípticos, oblongos, u obovados, densamente pilosos en el envés
                        9. Folíolos biserrados, tricomas en el envés parejos en su distribución; fruto ovoide .... **R. coriifolius**
                        9. Folíolos uniserrados, tricomas en el envés más numerosos en los nervios; fruto oblongo .... **R. macrogongylus**

Rubus adenotrichus Schltdl., Linnaea 13: 267. 1839.

Tallos arqueados, con acúleos rectos o encorvados, con muchos tricomas simples y numerosas glándulas pediculadas y amarillo-anaranjadas, sin cerdas no glandulares. Hojas ternadas a quinadas, folíolos oblongo-elípticos o lanceolados, regular y finamente uniserrados o biserrados, en el envés más pálidos, con algunos tricomas simples mayormente en los nervios, y sin glándulas sésiles. Inflorescencia paniculada, amplia, eje con densos tricomas simples, numerosos tricomas desiguales glandulares y pocos acúleos, sin cerdas no glandulares; sépalos patentes cuando en fruto; pétalos 0.4–1 cm de largo, 1–2 veces el largo de los sépalos, blancos o rosados. Fruto ovoide, pequeño, negro, drupéolas glabras, cayendo junto con el receptáculo.

Común en bosques nublados y áreas perturbadas, en la zona norcentral; 1200–1800 m; *Moreno 1089, Stevens 9207*; a través de Centroamérica.

Rubus coriifolius Liebm., Vidensk. Meddel. Dansk Naturhist. Foren. Kjøbenhavn 1852: 157. 1853.

Tallos arqueados, con acúleos encorvados y muchos tricomas simples, sin glándulas pediculadas o cerdas. Hojas quinadas, folíolos elípticos u obovados, casi siempre irregularmente biserrados con dientes grandes y contiguos, con tricomas simples, densos y continuos en el envés. Panícula con 10–50 flores, eje densamente piloso, glándulas pediculadas ausentes o pocas, cortas y desiguales, cerdas ausentes, acúleos en el eje y en los pedicelos ausentes o pocos; sépalos patentes cuando en fruto; pétalos 0.9–1.5 cm de largo, 1–2 veces el largo de los sépalos, blancos o rosados. Fruto ovoide, mediano, negro, drupéolas pocas y grandes, glabras, cayendo junto con el receptáculo.

Poco frecuente en bosques nublados, Estelí; 1300–1400 m; *Guzmán 1244, Moreno 15742*; ampliamente distribuida a través de Centroamérica. Especie variable y formando parte de un complejo polimorfo con *R. sapidus*, *R. macrogongylus* y otras especies. Schlechtendal usó el nombre *R. floribundus* Kunth para esta especie, concepto erróneo que sin embargo ha sido usado por más de un siglo.

D.L.F. Schlechtendal. *Rubus.* In: De plantis mexicanis a G. Schiede, M. Dr., Car. Ehrenbergio aliisque collectis (continuatio). Linnaea 13: 266–271. 1839.

Rubus eriocarpus Liebm., Vidensk. Meddel. Dansk Naturhist. Foren. Kjøbenhavn 1852: 162. 1853; *R. glaucus* Benth.

Tallos ascendentes, a veces pruinosos, con acúleos rectos, escasamente pilosos, con muchos tricomas glandulares, sin cerdas no glandulares. Hojas ternadas, folíolos ovados, elípticos o lanceolados, variadamente serrados, dientes contiguos, densa y parejamente gris-blanco pilosas en el envés, sin glándulas. Inflorescencia cimosa, con 2–25 flores, eje glabro o piloso, tricomas glandulares ausentes a numerosos y cerdas largas y no glandulares ausentes; sépalos erectos o reflexos cuando en fruto; pétalos 0.5–0.9 cm de largo, más o menos de igual largo que los sépalos, blancos. Fruto ovoide u oblongo, 0.7–2.2 cm de largo, rojo o negro, drupéolas pilosas, cayendo juntas y separadas del receptáculo.

No ha sido colectada en Nicaragua, pero es probable que se encuentre; Centroamérica.

Rubus macrogongylus Focke, Repert. Spec. Nov. Regni Veg. 9: 236. 1911.

Tallos arqueados, con acúleos encorvados y muchos tricomas simples, sin glándulas pediculadas o cerdas. Hojas quinadas, folíolos elípticos u obovados, en general irregularmente biserrados con dientes grandes y contiguos, con tricomas simples densos y contiguos en el envés. Panícula con 10–50 flores, eje densamente piloso, glándulas pediculadas pocas a muchas, moderadamente largas y desiguales, cerdas ausentes, acúleos sobre el eje y los pedicelos ausentes o pocos; sépalos patentes cuando en fruto; pétalos 0.5–0.7 cm de largo, 1–2 veces el largo de los sépalos, blancos o rosados. Fruto oblongo, mediano, negro, drupéolas 50–100, glabras, cayendo junto con el receptaculo.

Conocida de Nicaragua por una sola colección (*Moreno 14336*) realizada en bosques de pino-encinos, Madriz; 1300 m; excepto por esta colección solamente conocida en Guatemala. Estrechamente relacionada con *R. coriifolius*, de la cual se distingue por el eje de la inflorescencia con pocos a muchos tricomas glandulares más largos, pétalos 0.5–0.7 cm de largo y fruto oblongo con 50–100 drupéolas.

Rubus niveus Thunb., Rubo 9. 1813; *R. albescens* Roxb.

Tallos ascendentes, frecuentemente pruinosos, glabros, acúleos muy numerosos y rectos. Hojas pinnadas, folíolos ovados, biserrados con dientes contiguos, densa y parejamente gris-blanco pilosas en el envés, sin glándulas. Inflorescencia paniculada, con 15–60 flores, eje con tricomas simples, sin glándulas o cerdas, acúleos pocos a muchos; sépalos patentes cuando en fruto; pétalos 0.5 cm de largo, más o menos del largo de los sépalos, rosados. Fruto hemisférico, 0.4–0.6 (–1?) cm, negro cuando maduro, drupéolas 50–80, pilosas.

Introducida, cultivada por sus frutos en Matagalpa; 1300 m; *Moreno 18178*; nativa del norte de la India.

Rubus ostumensis A. Molina R., Ceiba 18: 97. 1974.

Tallos postrados o rastreros, pubescentes, acúleos ausentes o pocos y pequeños, ligeramente glandulosos, sin cerdas. Hojas quinadas, folíolos elípticos u oblongos, regularmente uniserrados con dientes cortos y distantes, coriáceas, café-amarillentas y algo pilosas en el envés, principalmente en los nervios prominentes, sin glándulas sésiles. Inflorescencia paniculada, con 15–50 flores, eje densamente piloso y glanduloso, sin cerdas o acúleos; sépalos reflexos cuando en fruto; pétalos 0.5–1 cm de largo, más o menos del largo de los sépalos, blancos. Fruto ovoide o globoso, 0.4–1.2 cm de largo, negro, drupéolas 10–30, pilosas en la base.

Poco común en bosques nublados, en Matagalpa y Jinotega; 1200–1500 m; *Molina 20335, Moreno 17018*; endémica. Está relacionada con *R. fagifolius* Schltdl. & Cham. y *R. verae-crucis* Rydb.

Rubus rosifolius Sm., Pl. Icon. Ined. t. 60. 1791; *R. coronarius* (Sims) Sweet.

Tallos erectos, poco pilosos, acúleos pocos o muchos, sin glándulas o cerdas. Hojas pinnadas, folíolos lanceolados, regularmente biserrados con dientes contiguos, verdes y poco pilosas en los nervios del envés, con numerosas glándulas sésiles. Inflorescencia con 1–3 flores, eje densamente piloso, no glanduloso o cerdoso, acúleos pocos; sépalos patentes o reflexos cuando en fruto; pétalos 0.8–1.5 cm de largo, más o menos del largo de los sépalos, blancos. Fruto oblongo, 1–3.5 cm de largo, rojo, drupéolas 50–200, glabras, cayendo juntas pero sin el receptáculo.

Cultivada como ornamental, en Matagalpa; 1300 m; *Cisneros 34, Molina 31624*; nativa del sur y este de Asia, naturalizada en el Caribe. *R. rosifolius* var. *coronarius* Sims tiene flores dobles.

Rubus sapidus Schltdl., Linnaea 13: 269. 1839.

Tallos arqueados, acúleos encorvados y con muchos tricomas simples, sin glándulas pediculadas o cerdas. Hojas quinadas, folíolos elípticos u obovados, con frecuencia irregularmente biserrados con dientes grandes y contiguos, con tricomas simples, densos y continuos en el envés. Panícula con 10–50 flores, eje densamente piloso, glándulas pediculadas pocas, cortas y desiguales, cerdas ausentes, acúleos en el eje y los pedicelos, numerosos; sépalos patentes cuando en fruto; pétalos 0.9–1.5 cm de largo, 1–2 veces el largo de los sépalos, blancos o rosados. Fruto ovoide, mediano, negro, drupéolas pocas y grandes, glabras, cayendo junto con el receptáculo.

Común en bosques nublados, zona norcentral; 1200–1400 m; *Moreno 21355, Stevens 10339*; a través de Centroamérica. Está estrechamente relacionada con *R. coriifolius*, de la cual solo difiere por tener acúleos numerosos en el eje de la inflorescencia y en los pedicelos.

Rubus urticifolius Poir., Encycl. 6: 246. 1804; *R. trichomallus* Schltdl.

Tallos ascendentes, escasamente pubescentes, más o menos aculeados, acúleos encorvados, con cerdas no glandulares y sin tricomas glandulares. Hojas quinadas, folíolos elípticos u oblongos, variadamente serrados con dientes contiguos, pálidas o gris-blancas en el envés con tricomas simples, densos y continuos, sin glándulas. Inflorescencia con 60–100 flores, eje densamente piloso, no glanduloso, con cerdas no glandulares, aculeado; sépalos patentes cuando en fruto; pétalos 0.3–0.5 cm de largo, más o menos del largo de los sépalos, blancos. Fruto ovoide, 0.5–1.2 cm de largo, rojo, drupéolas 25–40, glabras, cayendo con el receptáculo.

Común en bosques nublados en las zonas norcentral y pacífica; 400–1400 m; *Sandino 2338, Stevens 4318*; a través de Centroamérica.

SPIRAEA L.

Spiraea cantoniensis Lour., Fl. Cochinch. 332. 1790.

Arbustos hasta 1.5 m de alto, más o menos perennifolios, glabros. Hojas romboide-oblongas o lanceoladas, agudas u obtusas en el ápice, cuneadas en la base, serradas, verde obscuras en la haz y más pálidas en el envés, pecíolos cortos, sin estípulas. Flores en umbelas pequeñas y densas, ca 1 cm de diámetro, blancas, generalmente dobles, por lo tanto sin estambres, ni estilos, ni frutos.

Cultivada como ornamental, Matagalpa; 1500 m; fl y fr todo el año; *Grijalva 2999*; nativa de China y el Japón. Género con ca 100 especies de zonas templadas. "Novia".

RUBIACEAE Juss.

Charlotte M. Taylor

Arboles, arbustos, sufrútices, hierbas, enredaderas o lianas, terrestres o raras veces epífitos, a veces con rafidios; plantas generalmente hermafroditas, a veces dioicas o poligamodioicas. Hojas opuestas o a veces verticiladas, lámina entera o raramente pinnatífida (*Pentagonia, Simira*), a veces con acarodomacios cortamente pilosos o de tipo "cripto", con la nervadura menor a veces clatrada (i.e., lineolada) o rara vez finamente estriada (*Pentagonia*); generalmente pecioladas; estípulas interpeciolares y a veces además intrapeciolares, o caliptradas o raramente libres, persistentes o caducas, triangulares, bilobadas o setosas, o raramente las estípulas son foliáceas e indistinguibles de las hojas (*Galium*). Inflorescencias terminales, pseudoaxilares (i.e., presentes sólo en una axila de un nudo, en realidad terminal, pero aparentemente axilares por crecimiento simpodial de la yema axilar) o axilares, cimosas, paniculadas, espiciformes, capitadas o reducidas a una flor solitaria, generalmente bracteadas, flores actinomorfas o rara vez ligeramente zigomorfas, homostilas o distilas; cáliz gamosépalo, (3) 4–5 (9)-lobado o raramente espatáceo o con 1 lobo expandido y petaloide (i.e. semáfilo); corola gamopétala, (3) 4–5 (9)-lobada, con prefloración imbricada, quincuncial, convoluta, valvar o valvar-induplicada; estambres epipétalos, alternos a los lobos corolinos e isómeros, anteras ditecas o raramente los sacos polínicos divididos en varios lóculos por medio de divisiones internas; ovario ínfero (en nuestras especies), lóculos (1) 2 (–12) o incompletamente 1 (*Coussarea, Faramea*), óvulo 1 o varios a numerosos por lóculo, con placentación de varios tipos; estigma simple o 2 (–8)-lobado; disco generalmente presente. Fruto simple o raramente múltiple y sincárpico (*Morinda*), abayado, drupáceo, capsular o esquizocárpico; pirenos cuando presentes 1–9-loculares; semillas angulosas, redondeadas, aplanadas y/o aladas o raramente con un penacho de tricomas (*Hillia*).

Familia con 10 mil especies en 500–700 géneros, cosmopolita, pero principalmente tropical; 66 géneros con 226 especies se encuentran en Nicaragua y 3 especies adicionales se esperan encontrar. Es característica la combinación de las estípulas interpeciolares, las hojas opuestas o verticiladas, la corola gamopétala y el ovario ínfero; solamente *Cassipourea* (Rhizophoraceae), *Hedyosmum* (Chloranthaceae) y *Pilea* (Urticaceae) también tienen estípulas interpeciolares. Varias especies de Rubiaceae tienen un pulvínulo (abultado cuando vivo, constreñido cuando seco) por abajo de los nudos en las ramitas, mientras que esta estructura se encuentra por encima de los nudos en las Acanthaceae. La mayoría de nuestras especies son arbolitos y arbustos. Algunas especies se cultivan como ornamentales; los productos útiles derivados de especies de Rubiaceae incluyen la quinina, el café y la droga ipecacuanha. *Cinchona pubescens* Vahl, una especie de arbustos y árboles, fue ampliamente cultivada en Centroamérica en zonas de bosques húmedos a 500–1700 m y algunos árboles aún persisten o son cultivados. No se han registrado muestras de esta especie de Nicaragua, pero es probable que se pueda encontrar, y Barrett (1994) y Coe y Anderson (1996) la citan con los nombres vulgares "Quina" y "Quinina". En la clave de géneros se identificaría como *Ferdinandusa* de la cual se distingue por las estípulas complanadas y las corolas hipocrateriformes, amarillas a rojas, barbadas en la garganta y con los lobos valvares. *Deppea grandiflora* Schltdl., una especie de arbustos o arbolitos típicos de bosques húmedos o de pino-encinos a 1200–2900 m, se ha registrado de Honduras y Costa Rica y posiblemente se pueda encontrar en Nicaragua. En la clave de géneros se identificaría como *Bouvardia* de la cual se distingue por las corolas campanuladas y amarillo fuerte y las semillas angulosas (i.e. no aladas). *Pogonopus exsertus* (Oerst.) Oerst. se ha registrado de bosques secos de Honduras, El Salvador y el sur de Costa Rica y posiblemente se pueda encontrar en Nicaragua, aunque colecciones de esta especie llamativa no se han visto hasta ahora. Esta especie se parece a *Calycophyllum candidissimum*, pero se distingue por las estípulas triangulares e interpeciolares y las láminas calicinas petaloides generalmente rosadas.

Fl. Guat. 24(9): 1–274. 1975; Fl. Pan. 67: 1–522. 1980; K.S. Bawa y J.H. Beach. Self-incompatibility systems in the Rubiaceae of a tropical lowland wet forest. Amer. J. Bot. 70: 1281–1288. 1983; T.B. Croat. Rubiaceae. Flora of Barro Colorado Island. 791–828. 1978; D.H. Lorence y J.D. Dwyer. A revision of *Deppea*. Allertonia 4: 389–436. 1988; C.M. Taylor. Rubiaceae. *In*: The Vascular Flora of the La Selva Biological Station, Costa Rica. Selbyana 12: 141–190. 1991; W.C. Burger y C.M. Taylor. Rubiaceae. *In*: Fl. Costaricensis. Fieldiana, Bot., n.s. 33: 1–333. 1993; L. Andersson. Rubiaceae—Introduction and Anthospermeae. Fl. Ecuador 47: 1–38. 1993; L. Andersson y C.M. Taylor. Rubiaceae—Cinchoneae—Coptosapelteae. Fl. Ecuador 50: 1–114. 1994; J.H. Kirkbride, Jr. Manipulus rubiacearum—VI. Brittonia 49: 354–379. 1997; P.G. Delprete. Rubiaceae (part 3)—Tribe 7. Condamineeae. Fl. Ecuador 62: 5–53. 1999; L. Andersson y B. Ståhl. Rubiaceae (part 3)—Tribe 8. Isertieae. Fl. Ecuador 62: 55–129. 1999; C.M. Taylor y L. Andersson. Rubiaceae (part 3)—Tribe 18. Psychotrieae (1). Fl. Ecuador 62: 131–241. 1999; C.M. Taylor. Rubiaceae (part 3)—Tribe 20. Coussareeae. Fl. Ecuador 62: 243–314. 1999.

1. Hojas en verticilos de 4–10, sin estípulas .... **Galium**
1. Hojas opuestas o en verticilos de 3, con estípulas interpeciolares (profundamente bilobadas en *Isertia*)
  2. Hojas con la nervadura menor lineolada o finamente estriada
    3. Hojas 20–80 cm de largo, con la nervadura menor finamente estriada; estípulas 25–80 mm de largo
      .... **Pentagonia**
    3. Hojas 3.5–35 cm de largo, con la nervadura menor lineolada; estípulas 3–35 mm de largo
      4. Frutos abayados, completamente blandos, con numerosas semillas
        5. Flores solitarias; limbo calicino espatáceo, 25–40 mm de largo .... **Hippotis**
        5. Flores en cimas tirsoides; limbo calicino 5-lobado, 2–5 mm de largo .... **Sommera**
      4. Frutos drupáceos, con pericarpo blando y 1 pireno duro, 2–9-locular con 1 semilla en cada lóculo
        6. Corola con lobos imbricados o quincunciales; árboles o arbustos inermes .... **Guettarda**
        6. Corola con lobos valvares o valvar-induplicados; árboles, arbustos o lianas inermes o
          armados
          7. Arboles o arbustos; inflorescencias con ramitas dicasiales .... **Chomelia**
          7. Lianas o arbustos escandentes; inflorescencias con ramitas espiciformes .... **Malanea**
  2. Hojas con la nervadura menor reticulada, no lineolada ni estriada

8. Estípulas fimbriadas, laciniadas o setosas con 3–15 lobos, cerdas o proyecciones glandulares
  9. Frutos maduros carnosos, 5–12 mm de largo
    10. Frutos abayados, blandos, con semillas numerosas
      11. Sufrútices; frutos maduros morados a negros; tubo corolino 25–50 mm de largo .... **Amphidasya**
      11. Hierbas rastreras; frutos maduros azules a morados; tubo corolino 4–8 mm de largo ... **Coccocypselum**
    10. Frutos drupáceos, con 2 pirenos duros, cada uno con 1 semilla
      12. Inflorescencias capitadas; hierbas o sufrútices hasta 0.5 m de alto .... **Psychotria**
      12. Inflorescencias cimosas a paniculadas; arbustos o arbolitos hasta 8 m de alto .... **Rudgea**
  9. Frutos maduros secos, 1–7 mm de largo
    13. Frutos cápsulas circuncísiles .... **Mitracarpus**
    13. Frutos cápsulas con dehiscencia longitudinal, esquizocárpicos o indehiscentes
      14. Frutos completamente indehiscentes o esquizocárpicos con los mericarpos indehiscentes
        15. Frutos con 3 mericarpos; lobos corolinos generalmente 6 .... **Richardia**
        15. Frutos indehiscentes o con 2 mericarpos; lobos corolinos generalmente 4
          16. Frutos con mericarpos separándose de un eje o carpóforo persistente .... **Crusea**
          16. Frutos indehiscentes o con las valvas o mericarpos separándose completamente, sin
              dejar eje ni carpóforo .... **Diodia**
      14. Frutos con 1 o ambas valvas dehiscentes
        17. Frutos capsulares, con dehiscencia loculicida y varias semillas; hierbas
          18. Cáliz y corola 4-lobados .... **Oldenlandia**
          18. Cáliz y corola 5-lobados .... **Pentodon**
        17. Frutos capsulares o semiesquizocárpicos (i.e. sólo una valva dehiscente), con dehiscencia
          septicida y 2 semillas; hierbas, sufrútices o arbustos bajos
          19. Frutos con 2 valvas iguales, ambas dehiscentes .... **Borreria**
          19. Frutos con 2 valvas desiguales, ligeramente diferentes en tamaño, una dehiscente y la
              otra indehiscente .... **Spermacoce**
8. Estípulas truncadas, subuladas, oblanceoladas, obovadas, liguladas, triangulares, bilobadas, bidentadas o
  caliptradas, con lobos o cerdas ausentes o si presentes 1–2
  20. Hierbas rastreras o débiles, ramificadas o no
    21. Hojas marcadamente anisofilas, la más pequeña la mitad o menos el largo y ancho de la más
      grande; inflorescencia envuelta por 2 brácteas 1–2 cm de ancho .... **Didymochlamys**
    21. Hojas isofilas; inflorescencia bracteada, pero las brácteas no involucrales, menos de 5 mm de
      ancho o sin brácteas
      22. Frutos maduros capsulares, secos y dehiscentes
        23. Cáliz y corola 4-lobados .... **Oldenlandia**
        23. Cáliz y corola 5-lobados .... **Sipanea**
      22. Frutos maduros carnosos e indehiscentes
        24. Frutos maduros abayados, blandos, con numerosas semillas pequeñas
          25. Frutos azules o morados, huecos; hojas planas, 1.1–5.5 cm de largo .... **Coccocypselum**
          25. Frutos rojos, suculentos; hojas frecuentemente ampollosas, 5–19 cm de largo .... **Hoffmania**
        24. Frutos maduros drupáceos, con 2 pirenos duros
          26. Pecíolos 10–140 mm de largo, generalmente glabros, pero con una línea longitudinal
            pilosa .... **Geophila**
          26. Pecíolos 1–9 mm de largo, uniformemente glabros o pubescentes
            27. Frutos maduros morados a negros .... **Didymaea**
            27. Frutos maduros rojos o anaranjados
              28. Inflorescencias pedunculadas, subcapitadas con 3–7 flores; limbo calicino
                1.5–4.5 mm de largo .... **Geophila**
              28. Flores solitarias y subsésiles; limbo calicino ausente .... **Nertera**
  20. Arboles, arbustos, sufrútices leñosos por lo menos en la base, enredaderas, lianas o hierbas erguidas y
  casi no ramificadas o no ramificadas
    29. Enredaderas o lianas terrestres
      30. Lianas armadas con espinas .... **Uncaria**
      30. Enredaderas herbáceas o lianas, inermes
        31. Estípulas obtusas a redondeadas, reflexas .... **Sabicea**
        31. Estípulas agudas a acuminadas, adpresas
          32. Frutos maduros secos, capsulares, verdes, con varias semillas .... **Manettia**
          32. Frutos maduros carnosos, drupáceos, blancos o amarillos, con 2 pirenos duros
            33. Frutos simples, 4–10 mm de diámetro, lateralmente aplanados .... **Chiococca**
            33. Frutos múltiples, sincárpicos, 10–15 mm de diámetro, subglobosos .... **Morinda**

29. Arboles, arbustos, hierbas, sufrútices erguidos o ligeramente reclinados o lianas epífitas
    34. Frutos múltiples, sincárpicos .... **Morinda**
    34. Frutos simples
        35. Ovulos y semillas 1 por lóculo, semillas generalmente 1, 2 o hasta 9 por fruto; flores
            hermafroditas (unisexuales en *Coussarea talamancana*)
            36. Frutos maduros secos
                37. Frutos samaroides, aplanados, papiráceos .... **Allenanthus**
                37. Frutos esquizocárpicos o dídimos
                    38. Frutos dídimos, ca 2 mm de largo, con los cocos orbiculares, sin carpóforo ni eje;
                        sufrútices hasta 1 m de alto, en sabana .... **Declieuxia**
                    38. Frutos esquizocárpicos, 5–7 mm de largo, con los mericarpos elipsoide-oblongos,
                        separándose de un carpóforo; árboles o arbustos hasta 8 m de alto, en bosques
                        costeros .... **Machaonia**
            36. Frutos maduros carnosos
                39. Frutos abayados, 1-loculares, con 1 semilla
                    40. Hojas decusadas; estípulas truncadas a triangulares o caliptradas, no aristadas .... **Coussarea**
                    40. Hojas generalmente dísticas; estípulas caliptradas o triangulares y aristadas .... **Faramea**
                39. Frutos drupáceos con 1–5 pirenos, con 2–9 semillas
                    41. Pirenos solitarios, 2–9-loculares
                      42. Frutos elipsoides a fusiformes, 15–20 mm de largo .... **Chione**
                      42. Frutos elipsoides, 6–12 mm de largo
                        43. Corola con lobos valvares o valvar-induplicados; hojas 2–9 cm de largo y 2–
                        4.5 cm de ancho .... **Chomelia**
                      43. Corola con lobos imbricados o quincunciales; hojas 9–30 cm de largo y 4–16
                        cm de ancho .... **Guettarda**
                  41. Pirenos 2–5, 1-loculares
                    44. Estípulas con proyecciones glandulares en el ápice, éstas tempranamente caducas
                      .... **Rudgea**
                    44. Estípulas sin proyecciones glandulares en el ápice, a veces con lobos o cerdas
                    persistentes o con coléteres persistentes dentro de la vaina
                      45. Corola con lobos convolutos
                        46. Inflorescencias todas axilares .... **Coffea**
                        46. Inflorescencias terminales o a veces además en las axilas superiores .... **Ixora**
                    45. Corola con lobos valvares
                      47. Pirenos 5 por fruto
                        48. Estípulas con 2 dientes angostos .... **Psychotria**
                        48. Estípulas triangulares, agudas .... **Vangueria**
                    47. Pirenos 2 por fruto
                      49. Corola con la base abultada y adentro con un anillo de pubescencia
                      pilosa inmediatamente por encima del abultamiento .... **Palicourea**
                    49. Corola con la base recta, glabra por dentro o uniformemente
                    pubescente en todas partes o sólo en la parte superior
                      50. Ovulos y semillas insertados en el septo .... **Appunia**
                      50. Ovulos y semillas basales .... **Psychotria**
    35. Ovulos y semillas varios a numerosos por lóculo, 3–numerosos por fruto; flores hermafroditas o
        unisexuales
        51. Inflorescencia con 1 o varias flores que tienen el limbo calicino diferente del de las otras,
            produciendo 1 lobo alargado con una lámina petaloide 2–10 cm de largo (los lobos alargados
            a veces se confunden con brácteas)
            52. Láminas petaloides del cáliz blanco verdosas, 2–4 cm de largo; árboles en bosques secos
                y estacionales .... **Calycophyllum**
            52. Láminas petaloides del cáliz rojo intensas, 3–10 cm de largo; árboles y arbustos en
                bosques húmedos .... **Warszewiczia**
        51. Todas las flores con el limbo calicino igual, a veces con los lobos desiguales, pero esta
            condición presente en todas las flores y los lobos calicinos más grandes hasta 15 mm de largo
            y no petaloides
            53. Frutos maduros secos, capsulares y dehiscentes (o a veces drupáceos en *Isertia*); flores
                hermafroditas
                54. Frutos drupáceos, con numerosas semillas contenidas dentro de 6 pirenos duros .... **Isertia**
                54. Frutos capsulares, con varias a numerosas semillas libres en los lóculos

55. Semillas no evidentemente adaptadas para la dispersión por viento, pequeñas y angulosas
  56. Cápsulas maduras 30–40 mm de largo; inflorescencias con 1–6 flores .... **Augusta**
  56. Cápsulas maduras 1–12 mm de largo; inflorescencias con 5–numerosas flores
    57. Cápsulas maduras 1–2.5 mm de largo .... **Chimarrhis**
    57. Cápsulas maduras 4–12 mm de largo
      58. Hojas sin puntos glandulares; limbo calicino 0.5–15 mm de largo .... **Rondeletia**
      58. Hojas generalmente con puntos glandulares; limbo calicino 1–1.5 mm de
        largo .... **Rustia**
55. Semillas evidentemente adaptadas para la dispersión por viento, aplanadas y aladas y/o
  con un penacho de tricomas largos
  59. Plantas suculentas, generalmente epífitas o hemiepífitas, las hojas secas coriáceas
    60. Semillas aladas, sin tricomas; flores en cimas de 3–9, blancas .... **Cosmibuena**
    60. Semillas aladas y con un penacho de tricomas largos; flores solitarias y blancas o
      1–3 y rojas .... **Hillia**
  59. Plantas no o sólo ligeramente suculentas, terrestres, las hojas secas membranáceas a
    cartáceas
    61. Cápsulas maduras 2.5–15 mm de largo
      62. Cápsulas con dehiscencia septicida .... **Exostema**
      62. Cápsulas con dehiscencia loculicida
        63. Limbo calicino 4-lobado; lobos corolinos valvares .... **Bouvardia**
        63. Limbo calicino 5-lobado; lobos corolinos imbricados .... **Rondeletia**
    61. Cápsulas maduras 25–90 mm de largo
      64. Cápsulas elipsoides, 2 o más veces más largas que anchas .... **Ferdinandusa**
      64. Cápsulas anchamente elipsoides a globosas, iguales en diámetro por todos los
        lados o menos de 2 veces más largas que anchas
        65. Cápsulas anchamente elipsoides, aplanadas; semillas 7–15 mm de largo;
          cortes del tejido no purpúreos al oxidarse .... **Coutarea**
        65. Cápsulas globosas, redondeadas; semillas 12–25 mm de largo; cortes del
          tejido generalmente purpúreos al oxidarse .... **Simira**
53. Frutos maduros carnosos, drupáceos o abayados, indehiscentes; flores hermafroditas o
  unisexuales
  66. Frutos drupáceos, con numerosas semillas secas contenidas dentro de pirenos duros; flores
    hermafroditas
    67. Estípulas triangulares .... **Gonzalagunia**
    67. Estípulas bilobadas .... **Isertia**
  66. Frutos abayados, con varias a numerosas semillas separadas y embebidas en la pulpa blanda,
    el fruto completo a veces con una capa dura; flores hermafroditas o unisexuales
    68. Flores hermafroditas, o unisexuales en plantas dioicas en *Amaioua*; flores y frutos varios
      a numerosos en cada inflorescencia
      69. Frutos maduros 40–80 mm de largo; estípulas triangulares a lanceoladas, en general
        conspicuamente aplanadas en el ápice del tallo .... **Posoqueria**
      69. Frutos maduros 2–20 mm de largo; estípulas caliptradas, triangulares, lanceoladas o
        bilobadas, completamente unidas, imbricadas o inconspicuamente adpresas en el
        ápice del tallo
        70. Inflorescencias todas axilares .... **Hoffmannia**
        70. Inflorescencias terminales o a veces también en las axilas superiores
          71. Estípulas caliptradas; frutos maduros 10–20 mm de largo .... **Amaioua**
          71. Estípulas interpeciolares y a veces además brevemente intrapeciolares; frutos
            maduros 3–15 mm de largo
            72. Estípulas bilobadas .... **Isertia**
            72. Estípulas triangulares
              73. Corolas amarillas, anaranjadas o rojas, con lobos imbricados; ovario
                y frutos 4 ó 5-loculares .... **Hamelia**
              73. Corolas blancas o amarillo pálidas, con lobos convolutos o valvares;
                ovario y frutos 2-loculares
                74. Flores subsésiles; corola con lobos convolutos .... **Bertiera**
                74. Flores pediceladas; corola con lobos valvares .... **Raritebe**
    68. Flores unisexuales en plantas dioicas; flores pistiladas y frutos solitarios, flores
      estaminadas solitarias o varias en cada inflorescencia
      75. Plantas armadas con espinas .... **Randia**

ALIBERTIA A. Rich.

Alibertia edulis (Rich.) A. Rich. ex DC., Prodr. 4: 443. 1830.

Arbustos o árboles, hasta 6 m de alto; plantas dioicas. Hojas opuestas, elípticas a elíptico-oblongas, 5–20 cm de largo y 1.5–8 cm de ancho, ápice agudo o acuminado, base cuneada a obtusa, cartáceas a subcoriáceas, glabras o a veces cortamente pilosas en el envés, nervios secundarios 6–12 pares, a veces con domacios; pecíolos 2–5 (10) mm de largo; estípulas interpeciolares, triangulares, 7–20 mm de largo, acuminadas, generalmente persistentes. Flores fragantes, las estaminadas 3–8 en fascículos, las pistiladas solitarias y algo más pequeñas, pedicelos 1–3 mm de largo, brácteas reducidas o ausentes; limbo calicino 2–6 mm de largo, brevemente 4–5-lobado; corola hipocrateriforme, glabra externamente, blanca cambiándose a amarilla después de la antesis, tubo 15–30 mm de largo, lobos 4–5, 10–20 mm de largo, convolutos; ovario 2–8-locular, óvulos numerosos por lóculo. Frutos abayados, subglobosos, 2–4 cm de diámetro, cafés a amarillentos, pericarpo coriáceo a leñoso, pulpa suculenta; semillas angulosas, 3–8 mm de largo.

Frecuente en bosques húmedos, en la zona atlántica, menos frecuente en la zona pacífica; 0–1000 m; fl probablemente durante todo el año, fr jul–mar; *Stevens 20778, 21722*; centro de México hasta Bolivia y Brasil, también en Cuba. Género con unas 35 especies, la mayoría en Sudamérica. "Guayabillo", "Sul sul".

ALLENANTHUS Standl.

Allenanthus hondurensis Standl., Ceiba 1: 45. 1950.

Arboles hasta 20 m de alto; plantas hermafroditas. Hojas lanceoladas, 6–14 cm de largo y 2.5–5.5 cm de ancho, ápice longiacuminado, base cuneada a obtusa, papiráceas, glabrescentes, nervios secundarios 5–8 pares, a veces con domacios; pecíolos 3–10 mm de largo; estípulas interpeciolares, triangulares, generalmente persistentes con las hojas, 3–6 mm de largo, agudas a acuminadas. Inflorescencias terminales y a veces axilares, paniculadas, redondeadas, 4–11 cm de largo y 6–18 cm de ancho, con ejes hírtulos, pedúnculos 2–5 cm de largo, brácteas reducidas, pedicelos 2–6 mm de largo; limbo calicino con 4 lobos, ca 0.5 mm de largo, triangulares; corola infundibuliforme, externamente glabra, barbada en la garganta, crema, tubo ca 2 mm de largo, lobos 4, triangulares, ca 2 mm de largo, valvares o subimbricados; ovario 2-locular, óvulo 1 por lóculo. Frutos samaroides, obovados, 5–6 mm de largo y 4–5 mm de ancho, aplanados, papiráceos, rojos.

Ocasional en bosques siempreverdes, Chontales y Boaco; 400–800 m; fl y fr sep–oct; *Moreno 24880, Nee 28474*; sur de México a Nicaragua. Género con unas 3 especies centroamericanas.

AMAIOUA Aubl.

Amaioua corymbosa Kunth in Humb., Bonpl. & Kunth, Nov. Gen. Sp. 3: 419, t. 294. 1820.

Arbustos o árboles, hasta 15 m de alto, seríceos; plantas dioicas. Hojas elípticas, 5–18 (23) cm de largo y 3–10 (13) cm de ancho, ápice brevemente acuminado, base cuneada a redondeada, cartáceas a subcoriáceas, nervios secundarios 5–10 pares, con domacios; pecíolos 3–18 (30) mm de largo; estípulas caliptradas, caducas, 8–10 (20) mm de largo, densamente seríceas. Inflorescencias terminales, en 2–3 pedúnculos radiados, brácteas reducidas, flores estaminadas fasciculadas, con pedicelos 1–3 mm de largo, las pistiladas subcapitadas; limbo calicino 2.5–7.5 mm de largo, brevemente 6-lobado; corola hipocrateriforme, externamente serícea, blanca, tubo 5–10 mm de largo, lobos 6, contortos, lanceolados, 5–10 mm de largo; ovario 2-locular, óvulos numerosos. Frutos abayados, elipsoides, 10–20 mm de largo y 5–10 mm de ancho, lisos, morados tornándose negros; semillas angulosas a aplanadas.

Frecuente en bosques húmedos, zona atlántica; 0–400 m; fl feb–jul, fr todo el año; *Moreno 23168*, *Stevens 19834*; sur de México a Brasil y Bolivia. Entre las muestras herborizadas, los frutos se encuentran frecuentemente, las flores estaminadas raras veces y las flores pistiladas casi nunca. Género con unas 7 especies, la mayoría en Sudamérica.

AMPHIDASYA Standl.

Amphidasya ambigua (Standl.) Standl., Field Mus. Nat. Hist., Bot. Ser. 11: 181. 1936; *Sabicea ambigua* Standl.

Sufrútices hasta 0.4 (1) m de alto, hírtulos a glabrescentes; plantas hermafroditas. Hojas opuestas y generalmente agrupadas en los ápices de las ramas, elípticas a oblanceoladas, 12–28 cm de largo y 4.5–10 cm de ancho, ápice acuminado, base atenuada, papiráceas, nervios secundarios 15–21 pares, sin domacios; pecíolos 1.5–5 cm de largo; estípulas interpeciolares, persistentes, 12–45 mm de largo, profundamente 4–10-lobadas, lobos lineares a angostamente elípticos. Inflorescencias terminales y axilares, subsésiles, subcapitadas, 3–5 cm de largo, bráteas 1–5 mm de largo, flores aparentemente nocturnas; limbo calicino 8–18 mm de largo, 5–6-lobado, lobos desiguales; corola hipocrateriforme, glabra, blanca, tubo 2.5–5 cm de largo, lobos 5–6, 5–15 mm de largo, angostamente triangulares, valvares; ovario 2-locular, óvulos numerosos. Frutos abayados, subglobosos, 8–12 mm de largo, carnosos, morados a negros; semillas angulosas, ca 0.3 mm de largo.

Rara, bosques muy húmedos, Río San Juan; 200 m; fl abr; *Neill 3616*, *Rueda 5214*; Nicaragua a Sudamérica. Género neotropical con unas 5 especies. Las flores aparentemente se encogen, a veces muy marcadamente, al secarse.

APPUNIA Hook. f.

Appunia guatemalensis Donn. Sm., Bot. Gaz. (Crawfordsville) 48: 294. 1909; *Morinda guatemalensis* (Donn. Sm.) Steyerm.

Arbustos y arbolitos hasta 3 m de alto, glabrescentes; plantas hermafroditas. Hojas opuestas, elípticas, 10–16 cm de largo y 5–7 cm de ancho, ápice agudo a ligeramente acuminado, base aguda, papiráceas a cartáceas, nervios secundarios 5–6 pares, generalmente con domacios; pecíolos 3–5 mm de largo; estípulas interpeciolares, persistentes, triangulares a deltoides, 3–5 mm de largo. Inflorescencias terminales y axilares, pedúnculos 1–4 cm de largo, cabezuelas 1–3, hemisféricas, 6–7-floras, bráteas reducidas; limbo calicino hasta 0.5 mm de largo, truncado; corola infundibuliforme, glabra, blanca, tubo 5–10 mm de largo, lobos 5, 5–6 mm de largo, angostamente ligulados, valvares; ovario 2-locular, óvulo 1 por lóculo. Frutos drupáceos, elipsoides, 5–8 mm de diámetro, carnosos, morados; pirenos 2, 1-loculares.

Ocasional en sabanas y bosques costeros, zona atlántica; 0–600 m; fl sep–abr, fr feb–oct; *Moreno 12473*, *Stevens 19409*; Belice a Costa Rica. Esta especie se puede confundir con *Psychotria erecta* y *P. emetica*. Género neotropical con unas 20 especies, la mayoría en Sudamérica. *Appunia* y *Morinda* se distinguen por la condición de sus ovarios y frutos, los cuales son unidos en *Morinda* y libres en *Appunia*; Steyermark consideró a *Appunia* como un sinónimo de *Morinda* basándose en 2 especies sudamericanas que él consideró tenían ovarios a veces parcialmente unidos. Los géneros se distinguen claramente en Centroamérica y, mientras no se hagan estudios adicionales, prefiero mantenerlos separados.

AUGUSTA Pohl; *Lindenia* Benth.

Augusta rivalis (Benth.) J.H. Kirkbr., Brittonia 49: 358. 1997; *Lindenia rivalis* Benth.

Arbustos hasta 1 m de alto, glabrescentes; plantas hermafroditas. Hojas opuestas, angostamente elípticas a oblanceoladas, 3–12 cm de largo y 0.8–2.5 cm de ancho, ápice agudo, base aguda a atenuada, papiráceas a cartáceas, nervios secundarios 6–8 pares, sin domacios; pecíolos 1–10 mm de largo; estípulas interpeciolares, triangulares, 3–5 mm de largo, agudas y aristadas, persistentes. Cimas terminales, con 1–6 flores homostilas, fragantes; limbo calicino 10–17 mm de largo, profundamente 5-lobado, lobos lineares; corola hipocrateriforme, cortamente pilosa a pubérula externamente, blanca a rosada, tubo 10–17 cm de largo, lobos 5, elípticos, 15–27 mm de largo, convolutos; ovario 2-locular, óvulos numerosos.

Frutos cápsulas septicidas, piriformes a obovoides, 30–40 mm de largo y 10–25 mm de ancho, leñosas; semillas angulosas, 1.5–2 mm de largo.

Ocasional en márgenes de ríos, generalmente en bosques de galería, en todo el país; 10–400 m; fl mar–jul, fr ene, jul; *Araquistain 2926, Grijalva 3424*; noreste de México a Panamá. Género con unas 4 especies de América e islas del océano Pacífico; a veces se confunde con *Hippobroma* (Campanula-ceae), que tiene hábito, hábitat y aspecto similares, pero que se distingue por sus hojas pinnatífidas y savia blanca.

S. Darwin. Revision of *Lindenia*. J. Arnold Arbor. 57: 426–449. 1976; W.A. Haber y G.W. Frankie. A tropical hawkmoth community: Costa Rican dry forest Sphingidae. Biotropica 21: 155–172. 1989.

BERTIERA Aubl.

Arbustos o arbolitos; plantas hermafroditas. Hojas opuestas, a veces con domacios; estípulas interpeciolares y también brevemente intrapeciolares, persistentes, triangulares, agudas a acuminadas. Inflorescencias terminales, tirsoides con ejes secundarios generalmente escorpioides, bracteadas, flores subsésiles, homostilas; limbo calicino 5-lobado; corola infundibuliforme, internamente vellosa, blanca, lobos 5, triangulares, convolutos; ovario 2-locular, óvulos varios por lóculo. Frutos abayados, subglobosos, carnosos, morados a negros; semillas angulosas, generalmente 3–6.

Género con unas 5 especies neotropicales y más de 50 en Africa y Asia; 2 especies en Nicaragua.

1. Inflorescencias con los ejes secundarios escorpioides, aparentemente sin ramificarse, con brácteas florales liguladas a lanceoladas, 4–15 mm de largo y 1–4 mm de ancho .... **B. bracteosa**
1. Inflorescencias con los ejes secundarios dicasiales, con la ramificación produciendo una flor terminal y 2 ramitas escorpioides, con brácteas florales lineares, 1–4 mm de largo y hasta 1 mm de ancho .... **B. guianensis**

Bertiera bracteosa (Donn. Sm.) B. Ståhl & L. Andersson, Fl. Ecuador 62: 127. 1999; *Gonzalea bracteosa* Donn. Sm.; *Gonzalagunia bracteosa* (Donn. Sm.) B.L. Rob.; *B. oligosperma* Wernham.

Hasta 4 m de alto, estrigosos. Hojas elípticas a oblanceoladas, 6–22 cm de largo y 2.5–8.5 cm de ancho, ápice acuminado, base cuneada, papiráceas, nervios secundarios 5–7 pares; pecíolos 2–10 mm de largo; estípulas 8–22 mm de largo. Inflorescencias cilíndricas, 6–25 cm de largo y 2–7 cm de ancho, con ejes secundarios escorpioides, pedúnculos 2–8 cm de largo, brácteas florales 4–15 mm de largo; limbo calicino 0.5–0.8 mm de largo; corola externamente serícea, tubo 2–3 mm de largo, lobos 1–2 mm de largo. Frutos 3–5 mm de diámetro.

Ocasional en bosques húmedos, zona atlántica; 80–900 m; fl ene, feb, sep, fr, jul–sep; *Grijalva 3460, Sandino 3306*; Nicaragua a Ecuador. Las címulas de los ejes secundarios son muy congestionadas al inicio y se alargan mientras se desarrollan los frutos, dando a veces apariencias muy diferentes a las inflores-cencias jóvenes y a las infructescencias maduras en la misma planta.

Bertiera guianensis Aubl., Hist. Pl. Guiane 1: 180, t. 69. 1775.

Hasta 5 (10) m de alto, estrigosos a glabrescentes. Hojas elípticas a lanceoladas, 8–21 cm de largo y 2–8 cm de ancho, ápice agudo a ligeramente acuminado, base aguda, papiráceas, nervios secundarios (3) 6–8 pares; pecíolos 2–20 mm de largo; estípulas 5–15 mm de largo. Inflorescencias piramidales, 6–24 cm de largo y 3–7 cm de ancho, con ejes secundarios dicasiales y luego escorpioides, pedúnculos 4–10 cm de largo, brácteas florales 1–4 mm de largo; limbo calicino 0.5–1 mm de largo; corola externamente serícea a glabrescente, tubo 3–6 mm de largo, lobos 1.5–2.5 mm de largo. Frutos 5–6 mm de diámetro.

Poco común en bosques húmedos, zona atlántica; 40–400 m; fl feb, abr, fr feb, abr y jul; *Moreno 25955, Neill 3681*; sur de México a Perú y Brasil, también en las Antillas Mayores.

BOROJOA Cuatrec.

Borojoa panamensis Dwyer, Phytologia 17: 446. 1968.

Arboles o arbustos, glabros, hasta 18 m de alto; plantas dioicas. Hojas opuestas, elípticas a ovadas, 12–25 cm de largo y 6–13 cm de ancho, ápice agudo, base acuminada, cartáceas, nervios secundarios 8–11 pares, a veces con domacios; pecíolos 5–15 mm de largo; estípulas interpeciolares y parcialmente intra-peciolares, generalmente persistentes, triangulares, 10–15 mm de largo, agudas, acostilladas. Flores terminales, subsésiles, las estaminadas 3–8 y sub-capitadas, las pistiladas solitarias, las inflorescencias de ambos tipos abrazadas por un involucro de 1–2 pares de estípulas sin hojas; limbo calicino 8–10 mm de largo, subtruncado a brevemente 6-lobado; corola infundibuliforme, externamente serícea, crema, tubo 10–15 mm de largo, lobos 6, lanceolados, 12–15 mm de largo, acuminados, convolutos; ovario 6–8-locular, óvulos numerosos. Frutos abayados, subglobosos, 4.5–7 cm de diámetro, carnosos, café-amarillentos, pericarpo grueso, pulpa mucilaginosa; semillas aplanadas, elípticas, 4–5 mm de diámetro.

Poco común en bosques húmedos, Río San Juan; 40 m; fl jul, fr ene, jul, ago; *Moreno 26024, Rueda 1980*; sur de Nicaragua a Panamá. Los frutos de otras especies son comestibles; las flores pistiladas de esta especie no se han observado. Género neotropical con unas 8 especies.

J. Cuatrecasas. *Borojoa*, nuevo género rubiáceo. Revista Acad. Colomb. Ci. Exact. 7: 474–477. 1950; J. Cuatrecasas. Características del género *Borojoa*. Acta Agron. 3: 89–98. 1953.

BORRERIA G. Mey.; *Hemidiodia* K. Schum.

Hierbas o sufrútices débiles o erguidos; plantas hermafroditas. Hojas subsésiles, opuestas, sin domacios; estípulas interpeciolares y unidas a los pecíolos, persistentes, truncadas a redondeadas, setosas con 2–15 cerdas. Glomérulos axilares o terminales con 3–30 flores, brácteas reducidas, flores homostilas o distilas; limbo calicino 2 ó 4-lobado; corola infundibuliforme, glabra o barbada en la garganta, generalmente blanca, lobos 4, valvares; ovario 2-locular, óvulo 1 por lóculo. Fruto una cápsula septicida, elipsoide a subglobosa, cartácea, seca, las 2 valvas dehiscentes por la cara adaxial; semillas elipsoides.

Género neotropical con unas 30 especies; 11 especies en Nicaragua. Género similar a *Spermacoce*, *Diodia*, *Mitracarpus*, *Richardia* y *Crusea*, los cuales se distinguen por la dehiscencia de los frutos. *Borreria* ha sido tratado como sinónimo de *Spermacoce* por varios autores.

N.L. Bacigalupo y E.L. Cabral. Infrageneric classification of *Borreria* (Rubiaceae–Spermacoceae) on the basis of American species. Opera Bot. Belg. 7: 297–308. 1996.

1. Plantas acuáticas a hidrófilas con los tallos principales rizomatosos, produciendo raíces en la mayoría de los nudos .... **B. scabiosoides**
1. Plantas de sitios secos o húmedos con los tallos principales erguidos a débiles, no produciendo raíces en la mayoría de los nudos
    2. Lobos calicinos 2, ó 4 y desiguales en pares con 2 de ellos menos de la mitad de la longitud de los 2 grandes, todos agudos
        3. Inflorescencias en glomérulos de 5–30 mm de diámetro; lobos calicinos 0.5–1.5 mm de largo; hojas linear-lanceoladas, aparentemente verticiladas, con hojas opuestas y varias hojas adicionales producidas en las axilas de yemas que no producen entrenudos expandidos
            4. Glomérulos generalmente hemisféricos, 5–20 mm de diámetro; tubo corolino igual o más corto que los lobos calicinos; frutos 2–4 mm de largo, angostamente elipsoides, generalmente con líneas púrpuras .... **B. densiflora**
            4. Glomérulos subglobosos, 10–30 mm de diámetro; tubo corolino ligeramente más largo que los lobos calicinos; frutos 1.5–2 mm de largo, elipsoides, verdes o a veces con unas líneas púrpuras y débiles .... **B. verticillata**
        3. Inflorescencias en glomérulos de 2–8 mm de diámetro; lobos calicinos hasta 1.2 mm de largo; hojas linear-lanceoladas a elípticas, pareadas, sólo con unas pocas hojas adicionales producidas en las axilas o sin éstas
            5. Cápsulas membranáceas; semillas con estrías finas y horizontales; hojas linear-lanceoladas .... **B. exilis**
            5. Cápsulas cartilaginosas; semillas con fóveas isodiamétricas arregladas en filas longitudinales; hojas angosta a ampliamente elípticas .... **B. prostrata**
    2. Lobos calicinos 4, subiguales o iguales, agudos a redondeados
        6. Tallos generalmente determinados, inflorescencias con glomérulos axilares y además con un glomérulo terminal
            7. Hojas 1–5 mm de ancho; lobos calicinos 1.5–2 mm de largo, agudos .... **B. suaveolens**
            7. Hojas 8–40 mm de ancho; lobos calicinos 0.2–1.5 mm de largo, obtusos a redondeados
                8. Lobos calicinos 0.2–1 mm de largo; frutos 1.5–2 mm de largo .... **B. assurgens**
                8. Lobos calicinos 1–1.5 mm de largo; frutos 3–3.5 mm de largo .... **B. tonalensis**

6. Tallos generalmente indeterminados, inflorescencias con todos los glomérulos axilares o axilares y
terminales
9. Frutos maduros ca 1 mm de largo
10. Semillas con 10–15 filas longitudinales de fóveas .... **B. ovalifolia**
10. Semillas con ca 8 filas longitudinales de fóveas .... **B. prostrata**
9. Frutos maduros 1.5–4 mm de largo
11. Frutos subglobosos; tubo corolino 1.5–2 mm de largo; plantas secas frecuentemente verde-
amarillentas .... **B. latifolia**
11. Frutos elipsoides; tubo corolino 4–8 mm de largo; plantas secas verdes a grises o cafés .... **B. ocymifolia**

Borreria assurgens (Ruiz & Pav.) Griseb., Abh.
Königl. Ges. Wiss. Göttingen 19: 159. 1874;
Spermacoce assurgens Ruiz & Pav.

Hierbas o sufrútices hasta 1 m de alto, hirsútulos
a glabros. Hojas opuestas o aparentemente verticiladas, agrupadas por abajo de las inflorescencias o
en las axilas, lanceoladas a elípticas, 1.5–6.5 cm de
largo y 0.8–2.5 cm de ancho, ápice y base agudos,
papiráceas, nervios secundarios 4–6 pares; estípulas
con vaina 2–6 mm de largo, cerdas 5–9, 2–10 mm de
largo. Glomérulos terminales y axilares, con 5–20
flores, hemisféricos a subglobosos; lobos calicinos 4,
0.2–1 mm de largo; corola blanca a lila, tubo 3–3.5
mm de largo, lobos 1–1.5 mm de largo. Frutos elipsoides, 1.5–2 mm de largo.

Frecuente en sitios ruderales, generalmente en zonas húmedas, en todo el país; 0–1600 m; fl y fr todo
el año; *Moreno 892, 1368*; ampliamente distribuida
en la zona neotropical y en las islas del Pacífico. Esta
es la especie de *Borreria* más frecuentemente colectada y frecuentemente confundida con *B. prostrata*.
Fue erróneamente identificada como *B. laevis* (Lam.)
Griseb. por la mayoría de autores anteriores.

Borreria densiflora DC., Prodr. 4: 542. 1830;
Spermacoce densiflora (DC.) Alain; *S. spinosa*
L.; *B. spinosa* Cham. & Schltdl.

Hierbas o sufrútices hasta 0.8 m de alto, glabras a
pubérulas. Hojas linear-lanceoladas, 0.5–7 cm de
largo y 0.3–1.5 cm de ancho, ápice y base agudos,
papiráceas, nervios secundarios 3–5 pares; estípulas
con vaina 4–10 mm de largo, cerdas 5–9, 3–8 mm de
largo. Glomérulos terminales y axilares, con 5–30
flores, generalmente hemisféricos; lobos calicinos 2,
1–1.5 mm de largo; corola blanca, tubo ca 1 mm de
largo, lobos ca 1 mm de largo. Frutos angostamente
elipsoides, 2–4 mm de largo.

Poco frecuente en sitios ruderales, zonas pacífica
y atlántica; 0–500 m; fl y fr sep–ene; *Moreno 4034,
4318*; ampliamente distribuida en la zona neotropical.
Es superficialmente similar a *Mitracarpus hirtus*.

Borreria exilis L.O. Williams, Phytologia 28: 227.
1974; *B. gracilis* L.O. Williams; *Spermacoce
mauritiana* Gideon.

Hierbas hasta 0.3 m de alto, glabras a cortamente
pilosas. Hojas por lo general aparentemente verticiladas, opuestas y con nudos agrupados, linear-
lanceoladas a elípticas, 1–4 cm de largo y 0.5–2 cm
de ancho, ápice y base agudos a obtusos, papiráceas,
nervios secundarios 3–5 pares; estípulas con vaina 2–
3 mm de largo, cerdas 2–7, 1–3 mm de largo. Glomérulos terminales y axilares, con 5–15 flores, hemisféricos o a veces subglobosos; lobos calicinos 2, 0.5–
1 mm de largo; corola blanca, 0.5–1 mm de largo.
Frutos elipsoides, ca 1 mm de largo.

Poco común en sitios ruderales en todo el país; 0–
500 m; fl y fr ago–abr; *Grijalva 855, Stevens 20018*;
variable morfológicamente y ampliamente distribuida
en la zona neotropical y las islas del océano Pacífico.
Similar a *B. prostrata* y *B. ovalifolia* (véase el
comentario bajo de *B. prostrata*).

Borreria latifolia (Aubl.) K. Schum. in Mart., Fl.
Bras. 6(6): 61. 1888; *Spermacoce latifolia* Aubl.

Hierbas hasta 1 m de alto, glabras a pilosas. Hojas
opuestas, elípticas a lanceoladas, 3.5–7 cm de largo y
1–3 cm de ancho, ápice y base agudos, papiráceas,
nervios secundarios 3–5 pares; estípulas con vaina 3–
5 mm de largo, cerdas 3–9, 1–5 mm de largo. Glomérulos axilares y a veces terminales, con 5–10
flores, hemisféricos a subglobosos; lobos calicinos 4,
1–2 mm de largo; corola blanca a azul pálida, tubo
1.5–2 mm de largo, lobos 1–2 mm de largo. Frutos
subglobosos, 1.5–3 mm de largo.

Poco común en sitios ruderales en zonas húmedas
y generalmente en micrositios pantanosos, zonas
pacífica y atlántica; 0–775 m; fl y fr mar–may y sep–
nov; *Moreno 11683, Stevens 8618*; amplia y esporádicamente distribuida en la zona neotropical y en las
islas del Pacífico.

Borreria ocymifolia (Willd. ex Roem. & Schult.)
Bacigalupo & E.L. Cabral, Opera Bot. Belg. 7:
307. 1996; *Spermacoce ocymifolia* Willd. ex
Roem. & Schult.; *Hemidiodia ocymifolia*
(Willd. ex Roem. & Schult.) K. Schum.; *Diodia
ocymifolia* (Willd. ex Roem. & Schult.)
Bremek.

Hierbas o sufrútices perennes hasta 0.5 m de alto,

glabras a pilosas o hispídulas. Hojas linear-oblongas, 1–3 cm de largo y 0.1–0.8 cm de ancho, ápice y base agudos, márgenes engrosados, escábridas, cartáceas, nervios secundarios 2–3 pares; estípulas con vaina 1–2 mm de largo, cerdas 6–8, 2–10 mm de largo. Flores 1–4 por axila; lobos calicinos 4, 1.5–2.5 mm de largo; corola blanca a rosada, tubo 4–8 mm de largo, lobos 2–5 mm de largo. Frutos elipsoides, 2.5–4 mm de diámetro.

Frecuente en sitios ruderales, generalmente en zonas secas, comúnmente sobre suelos arenosos, zonas atlántica y norcentral; 0–1000 m; fl y fr todo el año; *Ortiz 187*, *Pipoly 4903*; México y las Antillas a Sudamérica. Se confunde frecuentemente con *Diodia sarmentosa*. Las corolas viejas a veces se encogen marcadamente en las muestras herborizadas. Ha sido incluida en *Diodia* por unos autores, pero tiene varios caracteres conflictivos incluso frutos dehiscentes; aquí sigo a Bacigalupo y Cabral que incluyen esta especie en *Borreria*.

Borreria ovalifolia M. Martens & Galeotti, Bull. Acad. Roy. Sci. Bruxelles 11(1): 129. 1844; *Spermacoce ovalifolia* (M. Martens & Galeotti) Hemsl.; *S. ernstii* Fosberg & D. Powell.

Hierbas hasta 0.6 m de alto, glabras a cortamente pilosas. Hojas opuestas o aparentemente verticiladas, agrupadas y/o con hojas adicionales surgiendo de las axilas, linear-lanceoladas a elípticas, 1–3 cm de largo y 0.3–1 cm de ancho, ápice y base agudos, papiráceas, nervios secundarios 3–5 pares; estípulas con vaina 2–3 mm de largo, cerdas 2–7, 1–3 mm de largo. Glomérulos terminales y axilares, con 5–10 flores, hemisféricos o a veces subglobosos; lobos calicinos 4, 0.8–1.2 mm de largo, en pares desiguales; corola blanca, 1–1.5 mm de largo. Frutos elipsoides, ca 1 mm de largo.

Ocasional en sitios ruderales en todo el país; 35–1400 m; fl y fr probablemente todo el año; *Guzmán 1389*, *Moreno 4167*; variable morfológicamente y ampliamente distribuida en la zona neotropical y en las islas del Pacífico; similar a *B. exilis* y *B. prostrata*, véase el comentario bajo esta última.

Borreria prostrata (Aubl.) Miq., Stirp. Surinam. Select. 177. 1851; *Spermacoce prostrata* Aubl.; *B. parviflora* G. Mey.; *S. parviflora* (G. Mey.) Hemsl.

Hierbas hasta 0.6 m de alto, glabras a cortamente pilosas. Hojas opuestas o aparentemente verticiladas, agrupadas y/o con hojas adicionales surgiendo de las axilas, linear-lanceoladas a elípticas, 1–3 cm de largo y 0.3–1 cm de ancho, ápice y base agudos, papiráceas, nervios secundarios 3–5 pares; estípulas con

vaina 2–3 mm de largo, cerdas 2–7, 1–3 mm de largo. Glomérulos terminales y axilares, con 5–10 flores, hemisféricos o a veces subglobosos; lobos calicinos 2 ó 4, 0.8–1.2 mm de largo, cuando 4 entonces en pares desiguales; corola blanca, 1–1.5 mm de largo. Frutos elipsoides, ca 1 mm de largo.

Frecuente en sitios ruderales, en todo el país; 0–1400 m; fl y fr todo el año; *Moreno 12485*, *Stevens 20786*; variable morfológicamente y ampliamente distribuida en la zona neotropical. Varios autores han tratado a esta especie bajo el nombre *B. ocymoides* (Burm. f.) DC., pero otros autores han rechazado la aplicación de este nombre a las plantas americanas. Este tratamiento está de acuerdo al trabajo extenso y cuidadoso que Adams está haciendo para la *Flora Mesoamericana* y distingue 3 especies en Nicaragua, *B. exilis*, *B. ovalifolia* y *B. prostrata*, entre las plantas que antes han sido incluidas en *Borreria ocymoides*; éstas se distinguen por caracteres de las semillas.

Borreria scabiosoides Cham. & Schltdl., Linnaea 3: 318. 1828; *Spermacoce scabiosoides* (Cham. & Schltdl.) Kuntze.

Hierbas o sufrútices perennes hasta 0.3 m de alto, glabros a pubérulos. Hojas linear-lanceoladas, 1.5–8 cm de largo y 0.5–1 cm de ancho, ápice y base agudos, papiráceas, nervios secundarios 3–5 pares; estípulas con vaina 4–6 mm de largo, cerdas 3–5, 1–9 mm de largo. Glomérulos terminales y a veces axilares, con 2–10 flores; lobos calicinos 4, 0.5–1.5 mm de largo; corola blanca, tubo 2–3.5 mm de largo, lobos 1–1.5 mm de largo. Frutos obovoides, 4–5 mm de largo.

Conocida en Nicaragua por una sola colección (*Seymour 6159*) de sitios pantanosos y acuáticos, Río San Juan; 0–50 m; fr jul; Nicaragua a Brasil.

Borreria suaveolens G. Mey., Prim. Fl. Esseq. 81. 1818; *Spermacoce suaveolens* (G. Mey.) Kuntze; *Borreria capitata* var. *suaveolens* (G. Mey.) Steyerm.

Hierbas o sufrútices hasta 0.6 m de alto, glabros a pubérulos. Hojas en general aparentemente verticiladas, opuestas y varias agrupadas en las axilas, linear-lanceoladas, 1.5–8 cm de largo y 0.1–0.5 cm de ancho, ápice y base agudos, papiráceas, nervios secundarios 3–4 pares; estípulas con vaina 2–6 mm de largo, cerdas 3–9, 3–6 mm de largo. Glomérulos terminales y axilares, con 5–15 flores, hemisféricos o a veces subglobosos; lobos calicinos 4, 1.5–2 mm de largo; corola blanca, tubo 1.5–2.5 mm de largo, lobos 1.5–2.5 mm de largo. Frutos elipsoides, 1–2 mm de largo.

Frecuente en sitios ruderales, en todo el país; 0–

1400 m; fl y fr probablemente todo el año; *Moreno 11797, Stevens 22416*; ampliamente distribuida en la zona neotropical y variable morfológicamente. Similar a *B. verticillata*.

Borreria tonalensis Brandegee, Univ. Calif. Publ. Bot. 6: 191. 1915; *Spermacoce tonalensis* (Brandegee) Govaerts; *B. vegeta* Standl. & Steyerm.

Hierbas o sufrútices hasta 1 m de alto, hirsútulos a glabros. Hojas aparentemente verticiladas, agrupadas por abajo de las inflorescencias, linear-lanceoladas, 2.5–11 cm de largo y 1–4 cm de ancho, ápice y base agudos, papiráceas, nervios secundarios 5–8 pares; estípulas con vaina 4–5 mm de largo, cerdas 7–13, 5–10 mm de largo. Glomérulos terminales y axilares, con 10–30 flores, hemisféricos; lobos calicinos 4, 1–1.5 mm de largo; corola blanca, tubo 1.8–2.5 mm de largo, lobos 1–2 mm de largo. Frutos angostamente elipsoides, 3–3.5 mm de largo.

Poco común en sitios ruderales, zona norcentral; 700–1000 m; fl feb, sep, oct, fr dic; *Moreno 3090,*
13850; esporádicamente desde el sur de México hasta Argentina.

Borreria verticillata (L.) G. Mey., Prim. Fl. Esseq. 83. 1818; *Spermacoce verticillata* L.

Hierbas o sufrútices hasta 0.5 m de alto, glabros a pubérulos. Hojas aparentemente verticiladas, opuestas y con varias hojas adicionales agrupadas en las axilas, linear-lanceoladas, 1–5 cm de largo y 0.1–0.5 cm de ancho, ápice y base agudos, papiráceas, nervios secundarios 3–4 pares; estípulas con vaina 1.5–2.5 mm de largo, cerdas 5–9, 1–5 mm de largo. Glomérulos terminales y axilares, con 5–30 flores, subglobosos; lobos calicinos 2, 0.5–1.5 mm de largo; corola blanca, tubo 0.8–2.5 mm de largo, lobos 1–1.5 mm de largo. Frutos elipsoides, 1.5–2 mm de largo.

Frecuente en sitios ruderales, zona norcentral; 800–1400 m; fl y fr probablemente todo el año; *Moreno 16864, 17671*; ampliamente distribuida en la zona neotropical y subtropical y naturalizada en Africa y Asia.

BOUVARDIA Salisb.

Sufrútices o arbustos; plantas hermafroditas. Hojas opuestas o verticiladas, sin domacios; estípulas interpeciolares y unidas a los pecíolos, persistentes, subuladas (o con 2–5 lobos o cerdas fuera de Nicaragua). Flores terminales o axilares, solitarias o en cimas, bracteadas, distilas; limbo calicino 4 (5)-lobado; corola tubular-infundibuliforme, blanca a roja, lobos 4, valvares; ovario 2-locular, óvulos numerosos por lóculo. Fruto una cápsula subglobosa a elipsoide, leñosa, con dehiscencia loculicida y basípeta; semillas orbiculares, aplanadas, con ala marginal membranácea.

Género con 31 especies, distribuidas desde el sur de los Estados Unidos (Arizona) hasta Costa Rica; 2 especies en Nicaragua.

W.H. Blackwell. Revision of *Bouvardia* (Rubiaceae). Ann. Missouri Bot. Gard. 55: 1–30. 1968.

1. Hojas generalmente 3 por nudo, con nervios secundarios pinnados; flores en cimas de 6–30; corola roja ..... **B. leiantha**
1. Hojas 2 por nudo, con nervios secundarios subpalmados (con todos o la mayoría de los nervios surgiendo en la mitad basal de la lámina); flores en cimas de 2–3; corola blanca .... **B. multiflora**

Bouvardia leiantha Benth., Pl. Hartw. 85. 1841; *B. corymbosa* Oerst.

Arbustos hasta 1.5 m de alto, hírtulos a glabrescentes. Hojas verticiladas, ovadas a lanceoladas, 1.7–7.5 cm de largo y 0.7–3.5 cm de ancho, ápice agudo a acuminado, base obtusa a redondeada, papiráceas, nervios secundarios 4–8 pares; pecíolos 1–3 mm de largo; estípulas 1.5–2 mm de largo, subuladas. Cimas terminales, 6–30-floras, pedúnculos 0.5–1 cm de largo, pedicelos 1–6 mm de largo; lobos calicinos 2–5.5 mm de largo, lineares; corola glabra, roja, tubo 10–19 mm de largo, lobos 1.5–3.5 mm de largo, lanceolados. Cápsulas 2.5–5.5 mm de largo y 3.5–6 mm de ancho; semillas 1.5–2 mm de largo.

Ocasional en bosques de pino-encinos, zona norcentral; 1000–1400 m; fl jun–ene, fr may; *Stevens 15527, 20210*; centro de México hasta Nicaragua.

Bouvardia multiflora (Cav.) Schult. & Schult. f., Mantissa 3: 118. 1827; *Aeginetia multiflora* Cav.

Arbustos hasta 2 m de alto, pubérulos a glabrescentes. Hojas opuestas, ovadas a lanceoladas, 0.7–6.5 cm de largo y 0.5–3.5 cm de ancho, ápice agudo a ligeramente acuminado, base cuneada a truncada, papiráceas, nervios secundarios 6–9 pares; pecíolos 4–10 mm de largo; estípulas subuladas, 2–3 mm de largo, persistentes. Cimas 2–3-floras, terminales en ramitas y a veces además axilares, pedúnculos 5–10 mm de largo, pedicelos 1–6 mm de largo; lobos calicinos 1–8 mm de largo, lanceolados; corola glabra, blanca, tubo 7–10 mm de largo, lobos 9–12 mm de largo. Cápsulas 10–14 mm de largo y 3–5 mm de ancho; semillas 6–9 mm de largo.

Ocasional en bosques caducifolios, zona norcentral; 500–1250 m; fl may–jul, fr ago–nov; *Davidse 30684*, *Soza 179*; norte de México a Nicaragua. *B.*

laevis M. Martens & Galeotti ha sido registrada de Honduras y Costa Rica, y puede encontrarse en Nicaragua; esta especie se distingue de *B. multiflora* por sus flores en cimas de 3–10 con pedicelos 3–27 mm de largo, lobos calicinos 4–12 mm de largo, corola roja con tubo 16–39 mm de largo y lobos 2.5–5.5 mm de largo, y cápsulas 4–9 mm de largo y 5–10 mm de ancho.

CALYCOPHYLLUM DC.

Calycophyllum candidissimum (Vahl) DC., Prodr. 4: 367. 1830; *Macrocnemum candidissimum* Vahl.

Arboles hasta 20 m de alto, glabrescentes; corteza exfoliante en placas dejando un tronco variegado con castaño, blanco y a veces verde; plantas hermafroditas. Hojas opuestas, elípticas, 4–13 cm de largo y 1.5–8 cm de ancho, ápice acuminado, base cuneada y atenuada, papiráceas, nervios secundarios 4–7 pares, con domacios; pecíolos 4–30 mm de largo; estípulas caliptradas, 5–10 mm de largo, agudas, caducas dejando un anillo de tricomas. Inflorescencias terminales, paniculadas, redondeadas, 2–3 cm de largo y 1–3 cm de ancho, pedúnculos 1–3 cm de largo, brácteas caliptradas, 5–10 mm de largo, flores sésiles a brevemente pediceladas en címulas, fragantes; limbo calicino ausente excepto 1–3 flores en cada címula con 1 lobo alargado (semáfilo), petaloide, con estípite 1–2.5 cm de largo, lámina obovada a oblonga, 2–4 cm de largo y 1–3 cm de ancho, redondeada, papirácea, blanco verdosa; corola infundibuliforme a subcampanulada, barbada en la garganta, blanca, tubo 2–3.5 mm de largo, lobos 4, 3–4.5 mm de largo, triangulares, imbricados; ovario 2-locular, óvulos numerosos. Frutos cápsulas septicidas, cilíndricas, 6–12 mm de largo y 3–4 mm de ancho, leñosas; semillas aplanadas, fusiformes, papiráceas, 3–5 mm de largo, aladas.

Frecuente en bosques secos y estacionales y sembrada en cercos por todo el país; 0–1000 m; fl sep–ene, fr ene–abr; *Grijalva 2016*, *Sandino 3898*; centro de México al noroeste de Colombia. Es el árbol nacional de Nicaragua. Los lobos calicinos alargados y llamativos a veces se confunden con brácteas florales. Género neotropical con unas 15 especies, la mayoría en Sudamérica. "Madroño".

CHIMARRHIS Jacq.

Chimarrhis parviflora Standl., Trop. Woods 11: 26. 1927.

Arboles hasta 25 m de alto, glabrescentes; plantas hermafroditas. Hojas opuestas, elípticas, 8–18 cm de largo y 3–7.5 cm de ancho, ápice agudo a brevemente acuminado, base aguda a cuneada, papiráceas, nervios secundarios 5–10 pares, sin domacios; pecíolos 5–22 mm de largo; estípulas interpeciolares, generalmente caducas, triangulares, 5–20 (30) mm de largo, acuminadas. Inflorescencias terminales, paniculadas, redondeadas, 2–12 (15) cm de largo y 3.5–8 cm de ancho, pedúnculos 2–9 cm de largo, brácteas reducidas, flores protoginas, fragantes, subsésiles en címulas congestionadas; limbo calicino hasta 0.5 mm de largo, 5-lobado; corola infundibuliforme, barbada en la garganta, blanca, tubo 1.5–2 mm de largo, lobos 5, triangulares, 1–2 mm de largo, imbricados; ovario 2-locular, óvulos numerosos. Frutos cápsulas septicidas, obovoides, 1–2.5 mm de largo, leñosas; semillas angulosas, ca 1 mm de diámetro.

Poco común en bosques húmedos, zona atlántica; 70–500 m; fl feb–may, fr may, jul; *Moreno 23868*, *Sandino 3355*; centro de Nicaragua a Panamá. Esta especie se conoce de pocos ejemplares, pero es probable que sea más frecuente y que no se la haya colectado debido a su gran tamaño. Género neotropical con unas 14 especies, la mayoría en Sudamérica.

CHIOCOCCA P. Browne

Enredaderas, lianas, arbustos o árboles; plantas hermafroditas. Hojas opuestas, sin domacios; estípulas interpeciolares y parcialmente intrapeciolares, triangulares, persistentes, agudas. Inflorescencias axilares y a veces además terminales, racemosas a paniculadas, flores con limbo calicino 5-lobado; corola infundibuliforme, glabra, lobos 5, valvares; ovario 2-locular, óvulo 1 por lóculo. Fruto drupáceo, carnoso, esponjoso, suborbicular y lateralmente aplanado, blanco; pirenos 2, 1-loculares.

Género con unas 20 especies, distribuidas desde Estados Unidos (Texas y Florida) hasta Bolivia y Brasil; 4 especies en Nicaragua. Las especies se distinguen principalmente por caracteres de las flores, pero la gran mayoría de las colecciones tienen sólo frutos.

1. Arboles o arbolitos erguidos; anteras completamente exertas en la antesis, con los filamentos parcial o completamente visibles; plantas de bosques húmedos generalmente sobre los 1000 m .... **C. pachyphylla**
1. Enredaderas, lianas o arbustos generalmente débiles; anteras incluidas o sólo parcialmente exertas en la antesis, con los filamentos no visibles; plantas de bosques secos o húmedos, 0–1500 m
   2. Ovario densamente piloso y hojas moderada a densamente pilosas por lo menos en el envés; plantas de zonas secas .... **C. semipilosa**
   2. Ovario y hojas glabros o pubérulos; plantas de zonas húmedas
      3. Hojas papiráceas a cartáceas, verdes cuando secas, con los nervios secundarios no u ocasionalmente broquidódromos, uniéndose en un solo lazo; corola crema a amarillo pálida .... **C. alba**
      3. Hojas subcoriáceas, cafés cuando secas, con los nervios secundarios broquidódromos uniéndose generalmente en un lazo principal acompañado por 1–2 lazos adicionales y menores; corola amarillo limón .... **C. belizensis**

Chiococca alba (L.) Hitchc., Annual Rep. Missouri Bot. Gard. 4: 94. 1893; *Lonicera alba* L.

Enredaderas, lianas o arbustos generalmente débiles, glabros o pubérulos, hasta 2 (8) m de alto. Hojas lanceoladas a elípticas, 2.5–13 cm de largo y 1–6 cm de ancho, ápice agudo a brevemente acuminado, base cuneada, papiráceas a cartáceas, nervios secundarios 3–5 pares; pecíolos 3–20 mm de largo; estípulas 1–5 mm de largo. Inflorescencias generalmente racemosas, 2–11 cm de largo y 1.5–5 cm de ancho, pedúnculos 1–7 cm de largo, pedicelos 1–8 (12) mm de largo; limbo calicino 0.5–1.5 mm de largo; corola crema a amarillo pálida, externamente glabra, tubo 3–7 mm de largo, lobos 2–4 mm de largo. Frutos 4–8 mm de diámetro.

Común en bosques húmedos y estacionales, generalmente en vegetación secundaria, en todo el país; 0–1400 m; fl jul–ago, fr jul–feb; *Moreno 24392, Stevens 21674*; sur de los Estados Unidos a Brasil y Bolivia. Otra enredadera, *C. phaenostemon* Schltdl., posiblemente se puede encontrar en bosques húmedos sobre 1000 m; se distingue de *C. alba* por tener las flores con anteras completamente exertas en la antesis.

Chiococca belizensis Lundell, Amer. Midl. Naturalist 29: 492. 1943; *C. durifolia* Dwyer.

Enredaderas y lianas glabras. Hojas elípticas a lanceoladas, 5–12 cm de largo y 2–5 cm de ancho, ápice agudo a brevemente acuminado, base cuneada, subcoriáceas, nervios secundarios 3–5 pares; pecíolos 5–10 mm de largo; estípulas 1–3 mm de largo. Inflorescencias generalmente racemosas, 3–8 cm de largo y 2–4 cm de ancho, pedúnculos 0.5–1 cm de largo, pedicelos 2–8 mm de largo; limbo calicino 0.5–1.5 mm de largo; corola amarillo limón, externamente glabra, tubo 5–8 mm de largo, lobos 2–4 mm de largo. Frutos 7–10 mm de diámetro.

Raras veces colectada en bosques húmedos y estacionales, zonas atlántica y norcentral; 10–1500 m; fr sep, oct, ene; *Molina 22872, Moreno 24641*; sur de México al noroeste de Colombia. Esta especie a veces ha sido confundida con *C. alba*.

Chiococca pachyphylla Wernham, J. Bot. 51: 323. 1913.

Arboles o arbolitos erguidos, hasta 14 m de alto, glabros. Hojas elípticas, 4–13 cm de largo y 1.5–5 cm de ancho, ápice agudo a ligeramente acuminado, base cuneada, papiráceas, nervios secundarios 5–8 pares; pecíolos 10–30 mm de largo; estípulas 2–4 mm de largo. Inflorescencias racemosas, 3–12 cm de largo y 2–5 cm de ancho, pedúnculos 1–4 cm de largo, pedicelos 0.5–3 mm de largo; limbo calicino ca 1 mm de largo; corola subcampanulada, externamente glabra, crema, tubo 3–6 mm de largo, lobos 3–4 mm de largo. Frutos 4–6 mm de diámetro.

Conocida en Nicaragua por una sola colección (*Hall 7686*) de bosques húmedos, Estelí; ca 1300 m; fr ago; centro de México a Panamá. Esta especie se distingue generalmente por el hábito; ha sido tratada amplia pero incorrectamente bajo el nombre *C. phaenostemon*.

Chiococca semipilosa Standl. & Steyerm., Publ. Field Mus. Nat. Hist., Bot. Ser. 22: 279. 1940.

Enredaderas leñosas o arbustos débiles, moderada a densamente pilosos. Hojas elípticas a lanceoladas, 3–7 cm de largo y 1–2 cm de ancho, ápice agudo a ligeramente acuminado, base aguda a cuneada, papiráceas, nervios secundarios 3–4 pares; pecíolos 1–3 mm de largo; estípulas 1–2 mm de largo. Inflorescencias racemosas, 1–3 cm de largo y 1.5–2 cm de ancho, pedúnculos 5–10 mm de largo, pedicelos 2–6 mm de largo; limbo calicino ca 1 mm de largo; corola externamente pilosa, blanca, tubo 5–6 mm de largo, lobos 2–3 mm de largo. Frutos 5–7 mm de diámetro.

Frecuente en bosques secos y estacionales en las zonas pacífica y norcentral; 100–1000 m; fl jul–ago y nov, fr sep y nov; *Araquistain 3660, Stevens 20544*; centro de México al norte de Costa Rica. Esta especie ha sido considerada un sinónimo de *C. alba*, pero me parece distinta por su pubescencia distintiva, hojas normalmente más pequeñas y más agrupadas y distribución casi siempre en bosques secos.

CHIONE DC.; *Oregandra* Standl.

Chione sylvicola (Standl.) W.C. Burger in C.M. Taylor et al., Selbyana 12: 138. 1991; *Chomelia sylvicola* Standl.; *Oregandra panamensis* Standl.; *Chione costaricensis* Standl.; *C. guatemalensis* Standl. & Steyerm.; *C. chiapasensis* Standl.

Arboles y arbustos hasta 23 m de alto, glabrescentes; plantas hermafroditas. Hojas opuestas, elípticas, 3–23 cm de largo y 1–10 cm de ancho, ápice agudo a ligeramente acuminado, base cuneada a obtusa, papiráceas a cartáceas, nervios secundarios (3) 4–9 pares, generalmente con domacios; pecíolos 5–25 mm de largo; estípulas interpeciolares, caducas, triangulares, 3–8 mm de largo. Inflorescencias terminales, paniculadas, redondeadas, 2–12 cm de largo y 3–8 cm de ancho, pedúnculos 1.5–4 cm de largo, pedicelos 2–10 mm de largo, brácteas reducidas, flores homostilas; limbo calicino ca 1 mm de largo, ligeramente 5-lobado; corola infundibuliforme, glabra, blanca, tubo 3–6 mm de largo, lobos 1.5–3 mm de largo, redondeados, imbricados; ovario 2-locular, 1 óvulo por lóculo. Frutos drupáceos, elipsoides a fusiformes, 15–20 mm de largo y 8–10 mm de ancho, carnosos, rojos o morados; pireno 1, 2-locular.

Ocasional en bosques siempreverdes, en las zonas atlántica y norcentral; 40–1400 m; fl feb, may, fr todo el año; *Moreno 23330, Stevens 21392*; sur de México al oeste de Colombia. Especie con morfología variable y posiblemente se trate de 2 especies en Nicaragua. Género con unas 10 especies de Centroamérica y las Antillas Mayores. "Jagua".

C.M. Taylor, B.E. Hammel y W.C. Burger. New species, combinations, and records in Rubiaceae from the La Selva Biological Station, Costa Rica. Selbyana 12: 134–140. 1991.

CHOMELIA Jacq.; *Anisomeris* C. Presl

Arbustos, árboles o raras veces lianas, a veces armados con espinas; plantas hermafroditas. Hojas opuestas, a veces con la nervadura menor lineolada, a veces con domacios; estípulas interpeciolares, triangulares, caducas o persistentes. Flores axilares o terminales, solitarias o en cimas, distilas; limbo calicino 4-lobado; corola hipocrateriforme, externamente serícea, blanca, lobos 4, valvares o valvar-induplicados, con márgenes a veces crispados y/o apendiculados; ovario 2-locular, 1 óvulo por lóculo. Fruto drupáceo, elipsoide a fusiforme, carnoso, morado; pireno 1, 2-locular.

Género con unas 50 especies neotropicales y asiáticas, en América la mayoría de bosques secos o estacionales; 3 especies en Nicaragua. Es afín a *Guettarda*, que se distingue por sus lobos corolinos imbricados o quincunciales y pirenos 3–8-loculares. *Anisomeris* se distinguía por sus lobos corolinos crispados y a veces apendiculados, pero varias especies muestran condiciones intermedias, por lo que los dos géneros no se pueden mantener separados.

J.A. Steyermark. *Chomelia. In:* The Botany of the Guayana Highland–Part VII. Mem. New York Bot. Gard. 17(1): 333–341. 1967.

1. Hojas con la nervadura menor reticulada, no lineolada; flores 1–5 en cabezuelas sésiles y terminales .... **C. recordii**
1. Hojas con la nervadura menor estrechamente lineolada; flores más de 5 en cimas pedunculadas y axilares
   2. Plantas no armadas; corola con lobos ligulados, 1–1.5 mm de largo, obtusos a redondeados; brácteas de la inflorescencia hasta 0.5 mm de largo; bosques húmedos y bosques de galería en sabanas en el este del país .... **C. protracta**
   2. Plantas frecuentemente armadas con espinas; corola con lobos angostamente lanceolados, 4–7 mm de largo, acuminados; brácteas de la inflorescencia 0.8–5 mm de largo; bosques secos y bosques de galería en el centro y oeste del país .... **C. spinosa**

Chomelia protracta (Bartl. ex DC.) Standl., Contr. U.S. Natl. Herb. 23: 1384. 1926; *Guettarda protracta* Bartl. ex DC.; *Anisomeris protracta* (Bartl. ex DC.) Standl.

Arbustos hasta 2.5 m de alto, puberulentos a seríceos. Hojas elípticas a lanceoladas, 3.5–13.5 cm de largo y 1–8 cm de ancho, ápice acuminado, base aguda a cuneada, papiráceas a cartáceas, nervios secundarios 5–7 pares, nervadura menor estrechamente lineolada; pecíolos 4–15 mm de largo; estípulas 4–12 mm de largo, caducas. Inflorescencias en cimas congestionadas, axilares, 1–2 cm de largo y 1–2.5 cm de ancho, con pedúnculos 0.8–2.5 cm de largo, ramitas cuando se alargan escorpioides, brácteas hasta 0.5 mm de largo, flores sésiles; limbo calicino ca 0.5 mm de largo; tubo de la corola 8–10 mm de largo, lobos ligulados, 1–1.5 mm de largo, obtusos a redondeados. Frutos 5 mm de largo y 3–4 mm de ancho.

Frecuente en bosques húmedos y bosques de galería en sabanas, zona atlántica; 0–100 (1000) m; fl jul–ago, fr feb–abr, jul–sep; *Sandino 3998, Stevens 21710*; sur de México a Nicaragua.

Chomelia recordii Standl., Trop. Woods 7: 9. 1926; *C. englesingii* Standl.; *Anisomeris recordii* (Standl.) Standl.; *A. englesingii* (Standl.) Standl.

Arbustos o árboles hasta 15 m de alto, estrigosos. Hojas elípticas, 2–9 cm de largo y 2–4.5 cm de ancho, ápice ligeramente acuminado, base obtusa a redondeada, papiráceas, nervios secundarios 3–7 pares, nervadura menor reticulada; pecíolos 2–5 mm de largo; estípulas 3–5 mm de largo, persistentes. Flores 1–5 en cabezuelas terminales o axilares, sésiles, con brácteas 3–5 mm de largo; limbo calicino 3–4 mm de largo; tubo corolino 12–18 mm de largo, lobos angostamente lanceolados, 4–5 mm de largo, agudos. Frutos ca 10 mm de largo y 4 mm de ancho.

Raras veces colectada en bosques siempreverdes, zona atlántica; 20–350 m; fl ene–mar, fr mar–oct; *Little 25175, Sandino 4594*; Guatemala a Colombia.

Chomelia spinosa Jacq., Enum. Syst. Pl. 12. 1760; *C. filipes* Benth.

Arbustos o árboles hasta 9 m de alto, puberulentos a seríceos, frecuentemente armados. Hojas elípticas a ovadas, 3.5–9 cm de largo y 2–5 cm de ancho, ápice acuminado, base cuneada y atenuada, papiráceas, nervios secundarios 3–8 pares, nervadura menor estrechamente lineolada; pecíolos 5–20 mm de largo; estípulas 4–8 mm de largo, persistentes. Inflorescencias en cimas congestionadas, axilares, 1–4 cm de largo y 1–2 cm de ancho, pedúnculos 1–8 cm de largo, brácteas 0.8–5 mm de largo, flores subsésiles; limbo calicino 0.5–1 mm de largo; tubo corolino 12–14 mm de largo, lobos angostamente lanceolados, 4–7 mm de largo, acuminados. Frutos 9–12 mm de largo y 3–6 mm de ancho.

Frecuentemente colectada en bosques secos y de galería, zona pacífica; 20–525 m; fl jul–nov, fr ago–ene; *Grijalva 3263, Moreno 9971*; sur de México a Bolivia y Brasil.

COCCOCYPSELUM P. Browne; *Tontanea* Aubl.

Hierbas rastreras, frecuentemente pilosas, con raíces adventicias surgiendo de los nudos; plantas hermafroditas. Hojas opuestas, sin domacios; estípulas interpeciolares, persistentes, subuladas o con varios lobos o cerdas. Inflorescencias terminales o pseudoaxilares, capitadas, bracteadas, flores homostilas o distilas, generalmente sin olor; limbo calicino 4-lobado; corola infundibuliforme, azul a morada, lobos 4, valvares; ovario 2-locular, óvulos numerosos. Fruto abayado, elipsoide a subgloboso, carnoso, aerenquimatoso o esponjoso, hueco, azul fuerte; semillas angulosas.

Género neotropical con unas 10–20 especies, generalmente en formaciones húmedas; 3 especies en Nicaragua. Los frutos azules y llamativos son distintivos. *Coccocypselum* se confunde frecuentemente con *Geophila* que tiene flores blancas y frutos drupáceos y negros, morados, anaranjados o rojos. Las delimitaciones entre algunas especies de *Coccocypselum* son dudosas. En la *Flora of Panama* se dice que *C. lanceolatum* (Ruiz & Pav.) Pers. está en Nicaragua, pero no he encontrado material nicaragüense; esta especie es característica de sitios muy húmedos a 1200–2500 m de altitud, y se distingue por sus hojas lanceoladas con 8–13 pares de nervios secundarios y cabezuelas globosas con 8–10 flores.

1. Hojas con la base redondeada a ligeramente cordada, no atenuada al pecíolo .... **C. cordifolium**
1. Hojas con la base cuneada a redondeada y atenuada al pecíolo
    2. Inflorescencia del nudo distal sésil y las de los nudos inferiores sésiles o con pedúnculos hasta 10 mm de largo .... **C. herbaceum**
    2. Inflorescencia del nudo distal por lo menos brevemente pedunculada y las de los nudos inferiores con pedúnculos 12–30 mm de largo .... **C. hirsutum**

Coccocypselum cordifolium Nees & Mart., Nova
    Acta Phys.-Med. Acad. Caes. Leop.-Carol. Nat.
    Cur. 12: 14. 1824; *C. rothschuhii* Loes.; *C.
    pleuropodum* (Donn. Sm.) Standl.

Plantas hirsutas a vellosas con tricomas hasta 1.5
mm de largo. Hojas ovadas, 11–35 (40) mm de largo
y 12–42 mm de ancho, ápice obtuso, base redondeada
a ligeramente cordada con las aurículas a veces
sobrepuestas, papiráceas, nervios secundarios 2–3
pares; pecíolos 5–40 mm de largo; estípulas con el
lobo central 1.5–3 mm de largo. Inflorescencias pseudoaxilares, pedúnculo 5–35 (45) mm de largo, brácteas 3–4 mm de largo, flores 2–5 en una cabezuela
hemisférica; limbo calicino 1.5–2.5 mm de largo;
tubo corolino 4–5 (7) mm de largo, lobos 4–5 mm de
largo. Frutos 5–6 mm de largo y 4–5 mm de ancho.

Ocasional en nebliselva, zona norcentral; 940–
1450 m; fl y fr todo el año; *Moreno 18128, Stevens
21033*; sur de México a Brasil. Las medidas en
paréntesis se tomaron de la descripción de *C.
rothschuhii* pero no se han observado en el material
estudiado.

Coccocypselum herbaceum P. Browne, Civ. Nat.
    Hist. Jamaica 144, t. 6, f. 2. 1756; *C. repens*
    Sw.; *C. hispidulum* (Standl.) Standl.

Plantas esparcida a moderadamente hirsutas con
tricomas hasta 1.5 mm de largo o a veces glabrescentes. Hojas ovadas a elípticas, 20–55 mm de largo
y 10–35 mm de ancho, ápice agudo a ligeramente
acuminado, base cuneada a obtusa y generalmente
atenuada, papiráceas, nervios secundarios 3–6 pares;
pecíolos 5–27 mm de largo; estípulas con el lobo
central 3–4 mm de largo. Inflorescencias terminales y
pseudoaxilares, sésiles o con pedúnculos hasta 10
mm de largo, brácteas 2–3 mm de largo, flores 2–5;
limbo calicino 2–4 mm de largo; tubo corolino 6–8
mm de largo, lobos 1–2 mm de largo. Frutos ca 10
mm de diámetro.

Ocasional en bosques húmedos, zonas norcentral
y atlántica; 0–1345 m; fl jul–dic, fr oct–mar; *Araquistain 3196, Moreno 19221*; sur de México a Brasil y
en las Antillas. Esta especie se distingue de las
plantas subglabras de *C. hirsutum* únicamente por el
arreglo de la inflorescencia, y posiblemente se trata
de una sola especie, pero faltan estudios de la
variación de la longitud del pedúnculo.

Coccocypselum hirsutum Bartl. ex DC., Prodr. 4:
    396. 1830; *C. glabrum* Bartl. ex DC.

Plantas esparcida a densamente hirsutas con tricomas hasta 1.5 mm de largo o a veces glabrescentes.
Hojas ovadas a lanceoladas o elípticas, 20–50 mm de
largo y 15–30 mm de ancho, ápice agudo a ligeramente acuminado, base cuneada a redondeada y
generalmente atenuada, papiráceas, nervios secundarios 3–5 pares; pecíolos 5–20 mm de largo;
estípulas con lobo central 2–5 mm de largo. Inflorescencias terminales y pseudoaxilares, con pedúnculos
5–30 mm de largo, brácteas 4–7 mm de largo, flores
2–5; limbo calicino 2–4 mm de largo; tubo corolino
5–6 mm de largo, lobos 3–4 mm de largo. Frutos 5–
12 mm de largo y 7–10 mm de ancho.

Frecuentemente colectada, bosques siempreverde-
des, sabanas de pinos, nebliselvas, orillas de caminos,
zonas norcentral y atlántica; 0–1345 m; fl y fr todo el
año; *Miller 1407, Stevens 19835*; México a Brasil y
Bolivia y en las Antillas. Algunos autores reconocen
dos variedades de esta especie, *C. hirsutum* var.
hirsutum con pubescencia y *C. hirsutum* var. *glabrum*
(Bartl. ex DC.) L.O. Williams, que es glabra.
Williams comentó en la publicación de esta variedad,
que ésta sólo se distingue por la pubescencia, y que
dudaba del valor de distinguir este taxón habiendo
varios especímenes con las dos variedades mezcladas; estas variedades no se reconocen en este tratamiento. La circunscripción de *C. hirsutum* incluye a
plantas tratadas por otros autores como *C. guianense*
(Aubl.) K. Schum. Estas 2 especies se distinguen sólo
por la densidad de su pubescencia, y para cada
especie se describieron una variedad glabra y otra
pubescente. Hasta tener un estudio definitivo, el
nombre *C. hirsutum* se prefiere usar para las plantas
nicaragüenses porque ha sido aplicado más frecuentemente en las plantas centroamericanas, además el
tipo de *C. guianense* viene de Sudamérica y su
equivalencia con plantas centroamericanas no se ha
demostrado. "Iskadura saika".

COFFEA L.

Arbustos o árboles; plantas hermafroditas. Hojas opuestas o verticiladas, a veces con domacios; estípulas
interpeciolares, triangulares, generalmente persistentes. Flores en glomérulos o fascículos axilares y sésiles,
bracteadas; limbo calicino 5–8-lobado o reducido; corola hipocrateriforme, blanca a rosada, lobos 5–8,
convolutos; ovario 2-locular, óvulo 1 por lóculo. Fruto drupáceo, elipsoide, carnoso, rojo (a amarillos o
morados en razas cultivadas); pirenos 2, plano-convexos, 1-loculares.

Género con unas 90 especies paleotropicales, con 2–4 especies e híbridos cultivados en América por sus semillas que constituyen el "café", que en Nicaragua es uno de los principales productos agrícolas de exportación. Además de las 3 especies tratadas, posiblemente se pueden encontrar algunos híbridos comerciales. Véase en la *Flora of Guatemala* una discusión acerca del cultivo en Centroamérica y Purseglove acerca de su cultivo mundial.

J.W. Purseglove. *Coffea* L. *In*: Tropical Crops, Dicotyledons 2: 458–492. 1968.

1. Corola con (5) 6–8 lobos; frutos 12–25 mm de largo; hojas cartáceas a subcoriáceas .... **C. liberica**
1. Corola con 5 (6) lobos; frutos 10–16 mm de largo; hojas papiráceas
   2. Limbo calicino 0.5–1 mm de largo; hojas con base aguda a acuminada .... **C. arabica**
   2. Limbo calicino ca 0.1 mm de largo; hojas con base obtusa a cuneada .... **C. canephora**

Coffea arabica L., Sp. Pl. 172. 1753.

Arbustos o arbolitos hasta 8 m de alto, glabrescentes. Hojas opuestas, elíptico-oblongas, 8–15 (25) cm de largo y 2.5–10 cm de ancho, ápice acuminado, base aguda a acuminada, papiráceas, brillantes en la haz, nervios secundarios 7–10 pares; pecíolos 6–15 mm de largo; estípulas 3–12 mm de largo. Inflorescencias con bractéolas hasta 2 mm de largo, flores subsésiles; limbo calicino 0.5–1 mm de largo; tubo corolino 5–11 mm de largo, lobos 5, 9–20 mm de largo. Frutos 10–16 mm de largo y 8–13 mm de ancho.

Ampliamente cultivada en zonas de bosques siempreverdes en las zonas pacífica y norcentral; 30–1650 m; fl feb–may, fr jun–ene; *Grijalva 2886*, *Moreno 534*; nativa de Etiopía, cultivada en todas las zonas húmedas tropicales. Esta especie produce las semillas preferidas para el comercio. Las plantas a veces persisten después del cultivo, pero casi nunca se escapan ni se naturalizan. "Café ".

Coffea canephora Pierre ex A. Froehner, Notizbl. Königl. Bot. Gart. Berlin 1: 237. 1897.

Arbustos o arbolitos hasta 4 m de alto, glabros. Hojas opuestas, elípticas a elíptico-oblongas, 15–25 cm de largo y 6–9.5 cm de ancho, ápice agudo a generalmente acuminado, base obtusa a cuneada, papiráceas, brillantes u opacas en la haz, nervios secundarios 9–12 pares; pecíolos 10–12 mm de largo; estípulas 4–7 mm de largo. Inflorescencias con bractéolas hasta 8 mm de largo, flores subsésiles; limbo calicino ca 0.1 mm de largo; tubo corolino 10–12 mm de largo, lobos 5 (6), 10–14 mm de largo. Frutos ca 10 mm de largo y 8 mm de ancho.

Ocasionalmente cultivada en zonas de bosques siempreverdes, Río San Juan; fl feb; *Rueda 4162*; nativa de Africa ecuatorial, ampliamente cultivada en las zonas húmedas tropicales. "Café robusto".

Coffea liberica W. Bull. ex Hiern, Trans. Linn. Soc. London, Bot. 1: 171, t. 24. 1876; *C. excelsa* A. Chev.; *C. dewevrei* De Wild. & Th. Dur.

Arboles hasta 20 m de alto, glabrescentes. Hojas opuestas, elípticas, (8) 12–24 (30) cm de largo y 4–20 cm de ancho, ápice obtuso a agudo, base obtusa a redondeada, cartáceas a subcoriáceas, brillantes en la haz, nervios secundarios 8–12 pares; pecíolos 4–24 mm de largo; estípulas 3–5 mm de largo. Inflorescencias con bractéolas hasta 2 mm de largo, flores subsésiles; limbo calicino ca 0.1 mm de largo; tubo corolino 4–15 mm de largo, lobos (5) 6–8, 8–16 mm de largo. Frutos 12–25 mm de largo y 9–16 mm de ancho.

Raras veces cultivada en zonas de bosques siempreverdes, zona atlántica; fr feb; *Gillis 10286*; nativa de Liberia, cultivada en todas las zonas húmedas tropicales, pero más frecuentemente en zonas calientes y de baja altitud. Esta especie se cultiva en Centroamérica más frecuentemente por interés o como novedad que para la producción comercial. "Café robusto".

COSMIBUENA Ruiz & Pav.

Arbustos, lianas o arbolitos suculentos, generalmente epífitos y glabros; plantas hermafroditas. Hojas opuestas, subcoriáceas a coriáceas, sin domacios; estípulas interpeciolares y también parcialmente intrapeciolares, oblanceoladas a obovadas, redondeadas, caducas. Cimas terminales de flores homostilas, pediceladas, con brácteas reducidas o ausentes; limbo calicino 5 (6)-lobado; corola hipocrateriforme, glabra, blanca, lobos 5 (6), quincunciales o convolutos; ovario 2-locular, óvulos numerosos por lóculo. Fruto una cápsula cilíndrica, cartácea a leñosa, con dehiscencia septicida y basípeta; semillas rómbicas, aplanadas, con ala membranácea marginal.

Género neotropical con 4 especies, distribuidas desde México hasta Bolivia y Brasil; 3 especies se encuentran en Nicaragua. Es afín a *Hillia*, el cual se distingue por sus semillas con un penacho largo de tricomas y flores normalmente solitarias.

C.M. Taylor. Revision of *Cosmibuena* (Rubiaceae). Ann. Missouri Bot. Gard. 79: 886–900. 1992.

1. Cápsulas 73–112 mm de largo; semillas 7–9 mm de largo; hojas con nervios secundarios generalmente rectos y formando un ángulo agudo con el nervio principal .... **C. macrocarpa**
1. Cápsulas 28–65 mm de largo; semillas 5–6 mm de largo; hojas con nervios secundarios rectos a generalmente curvos y casi perpendiculares con el nervio principal
    2. Limbo calicino truncado a lobulado con los lobos iguales o más cortos que el tubo; hojas 3.6–16 cm de ancho, con (3) 4–6 pares de nervios secundarios .... **C. grandiflora**
    2. Limbo calicino lobulado con los lobos más largos que el tubo; hojas 3–8 cm de ancho, con (6) 7–9 pares de nervios secundarios .... **C. matudae**

Cosmibuena grandiflora (Ruiz & Pav.) Rusby, Bull. New York Bot. Gard. 4: 368. 1907; *Cinchona grandiflora* Ruiz & Pav.; *Buena skinneri* Oerst.; *Cosmibuena skinneri* (Oerst.) Hemsl.; *C. ovalis* Standl.

Plantas hasta 12 m de alto. Hojas elípticas a suborbiculares, 6.5–19.5 cm de largo y 3.6–16 cm de ancho, ápice agudo, base cuneada a aguda, nervios secundarios (3) 4–6 pares; pecíolos 5–40 mm de largo; estípulas 8–30 mm de largo. Flores 3–5 (9), pedicelos 5–30 mm de largo; limbo calicino 4–15 mm de largo, lobos ausentes o hasta 4 mm de largo; tubo corolino 58–90 mm de largo, lobos 15–35 mm de largo y 6–20 mm de ancho. Cápsulas 40–65 mm de largo y 6–13 mm de ancho; semillas 5–6 mm de largo.

Poco frecuente, en bosques generalmente estacionales, zona pacífica; 200–500 m; fl oct, fr feb; *Neill 1113, Robleto 137*; sur de Nicaragua a Bolivia.

Cosmibuena macrocarpa (Benth.) Klotzsch ex Walp., Repert. Bot. Syst. 6: 69. 1846; *Buena macrocarpa* Benth.

Plantas hasta 12 m de alto. Hojas elípticas a obovadas, 5–15 cm de largo y 2.5–8 cm de ancho, ápice obtuso a redondeado, base aguda, nervios secundarios 4–6 pares; pecíolos 5–18 mm de largo; estípulas 6–20 mm de largo. Flores 3–8, pedicelos 9–16 mm de largo; limbo calicino 1.5–9 mm de largo incluyendo los lobos de 0.5–4 mm de largo; tubo corolino 58–93 mm de largo, lobos 18–30 mm de largo y 6–20 mm de ancho. Cápsulas 73–112 mm de largo y 7–8 mm de ancho; semillas 7–9 mm de largo.

Conocida en Nicaragua por una sola colección (*Neill 3952*) de bosques húmedos costeros, Zelaya; 260 m; fl may; Nicaragua a Ecuador. Ha sido erróneamente identificada como *C. skinneri*.

Cosmibuena matudae (Standl.) L.O. Williams, Fieldiana, Bot. 31: 45. 1965; *Hillia matudae* Standl.; *C. holdridgei* Monach.

Plantas hasta 16 m de alto. Hojas elípticas, 6.5–13 cm de largo y 3–8 cm de ancho, ápice agudo, base cuneada a aguda, nervios secundarios (6) 7–9 pares; pecíolos 10–30 mm de largo; estípulas 15–30 mm de largo. Flores (2) 3 (4), pedicelos 6–15 mm de largo; limbo calicino 7–13 mm de largo incluyendo los lobos de 5–8 mm de largo; tubo corolino 60–82 mm de largo, lobos 25–35 mm de largo y 6–20 mm de ancho. Cápsulas 28–65 mm de largo y 6–13 mm de ancho; semillas 5–6 mm de largo.

Ocasional, generalmente en nebliselvas, zona norcentral; 1200–1400 m; fl jun–ago, fr todo el año; *Moreno 9550, Stevens 11505*; Chiapas, México a Nicaragua.

COUSSAREA Aubl.

Arbustos o arbolitos; plantas hermafroditas. Hojas opuestas, a veces con domacios de tricomas o del tipo cripto; estípulas caliptradas o interpeciolares y a veces además parcialmente intrapeciolares, triangulares a truncadas, caducas o persistentes. Flores terminales o raras veces axilares, solitarias o generalmente en cimas o panículas, bractéas reducidas, flores homostilas, distilas o raras veces unisexuales; limbo calicino 4-lobado o reducido; corola hipocrateriforme, glabra por dentro, blanca, lobos 4, valvares; ovario 1-locular, óvulo 1. Fruto abayado, globoso a elipsoide, suculento o esponjoso, negro o blanco; semilla elipsoide.

Género neotropical con unas 100 especies de zonas húmedas; 3 especies se encuentran en Nicaragua y una más se espera encontrar. A veces se confunde con *Psychotria*, que se distingue por su ovario 2–5-locular y fruto drupáceo.

1. Pecíolos 1–3 mm de largo; hojas elípticas o generalmente oblanceoladas con la base truncada a ligeramente cordada .... **C. impetiolaris**
1. Pecíolos 4–35 mm de largo; hojas elípticas a obovadas con la base obtusa a aguda
    2. Inflorescencias espiciformes, generalmente con las flores directamente sobre el eje primario, sin ejes secundarios; estípulas caliptradas .... **C. talamancana**
    2. Inflorescencias paniculadas a corimbiformes, con las flores sobre ejes secundarios; estípulas interpeciolares y a veces además intrapeciolares formando una vaina tubular
        3. Estípulas interpeciolares, triangulares, 8–15 mm de largo; plantas verdes o tornándose cafés cuando secas .... **C. hondensis**
        3. Estípulas interpeciolares y además intrapeciolares formando una vaina tubular, la porción interpeciolar redondeada a truncada, 1–2 mm de largo; plantas tornándose negras o azul-negras cuando secas .... **C. nigrescens**

Coussarea hondensis (Standl.) C.M. Taylor & W.C. Burger in C.M. Taylor et al., Selbyana 12: 138. 1991; *Psychotria hondensis* Standl.; *P. ostaurea* Dwyer & M.V. Hayden.

Arboles o arbustos hasta 10 m de alto, pubérulos a cortamente pilosos. Hojas elípticas a obovadas, 11–28 cm de largo y 5–15 cm de ancho, ápice acuminado, base cuneada a obtusa, papiráceas, nervios secundarios 7–10 pares, sin domacios; pecíolos 10–35 mm de largo; estípulas interpeciolares, triangulares, 8–15 mm de largo, persistentes. Inflorescencias redondeadas, corimbiformes, 4–15 cm de largo y 8–15 cm de ancho, pedúnculo 3–10 cm de largo, pedicelos hasta 3 mm de largo, flores distilas; limbo calicino sinuado, ca 2 mm de largo; corola pubérula externamente, tubo 15–20 mm de largo, lobos 8–12 mm de largo. Frutos 10–12 mm de diámetro.

Rara, bosques húmedos, Río San Juan; 50 m; fl sep, fr feb; *Riviere 356*, *Rueda 4079*; sureste de Nicaragua a Panamá.

Coussarea impetiolaris Donn. Sm., Bot. Gaz. (Crawfordsville) 37: 418. 1904.

Arboles o arbustos hasta 15 m de alto, glabrescentes. Hojas elípticas o generalmente oblanceoladas, 7–18 cm de largo y 3–9 cm de ancho, ápice acuminado, base truncada a ligeramente cordada, papiráceas, nervios secundarios 4–7 pares, a veces con domacios; pecíolos 1–3 mm de largo; estípulas interpeciolares, triangulares, 1.5–3 mm de largo, caducas. Inflorescencias subespiciformes a paniculadas, cilíndricas, 2.5–5 cm de largo y 5–7 cm de ancho, pedúnculo 1–2.5 cm de largo, flores monomórficas, subsésiles, en glomérulos de 2–3; limbo calicino truncado, 2–3 mm de largo; corola pubérula externamente, tubo 8–14 mm de largo, lobos 6–8 mm de largo. Frutos 15–20 mm de largo y 14–15 mm de ancho.

Ocasional en bosques húmedos, zona atlántica; 0–100 (–200) m; fl ene–mar, fr ene–sep; *Moreno 23338*, *Neill 3369*; Nicaragua hasta el noroeste de Colombia.

Coussarea nigrescens C.M. Taylor & Hammel in C.M. Taylor et al., Selbyana 12: 134. 1991.

Arbolitos o arbustos hasta 7 m de alto, glabrescentes. Hojas elípticas, 8–14 cm de largo y 3.5–6 cm de ancho, ápice acuminado, base cuneada, papiráceas, nervios secundarios 9–11 pares, sin domacios; pecíolos 10–15 mm de largo; estípulas interpeciolares y además intrapeciolares, truncadas a redondeadas, 1–2 mm de largo, persistentes. Inflorescencias redondeadas, corimbiformes a paniculadas, 1–3.5 cm de largo y 1–4 cm de ancho, pedúnculo 1.5–2 cm de largo, flores sésiles en glomérulos de 3–7; limbo calicino lobulado, ca 0.5 mm de largo; corola glabra, tubo 22–24 mm de largo, lobos 6–8 mm de largo. Frutos ca 26 mm de largo y 18 mm de ancho.

Conocida en Nicaragua por una sola colección (*Moreno 13290*) de bosques húmedos, Barra de Punta Gorda, Zelaya; nivel del mar; fl nov; Nicaragua al sur de Costa Rica.

Coussarea talamancana Standl., Publ. Field Mus. Nat. Hist., Bot. Ser. 18: 1288. 1938.

Arbolitos o arbustos hasta 5 m de alto, glabrescentes. Hojas elípticas a obovadas, 12–28 cm de largo y 4–18 cm de ancho, ápice acuminado, base cuneada a aguda, papiráceas, nervios secundarios 7–10 pares, sin domacios; pecíolos 4–13 mm de largo; estípulas caliptradas, 8–10 mm de largo, caducas. Inflorescencias espiciformes, 3–8 cm de largo y 3–5 cm de ancho, pedúnculo 0.5–1.5 cm de largo, flores sésiles en glomérulos; limbo calicino truncado, ca 2 mm de largo; corola glabra, tubo 4–6 mm de largo, lobos 4–6 mm de largo. Frutos 15–22 mm de largo y 17–24 mm de ancho.

No ha sido colectada en Nicaragua, pero probablemente se encuentre en bosques húmedos en el sur de la zona atlántica; Costa Rica.

COUTAREA Aubl.

Coutarea hexandra (Jacq.) K. Schum. in Mart., Fl. Bras. 6(6): 196. 1889; *Portlandia hexandra* Jacq.

Arbustos o arbolitos hasta 8 m de alto, glabrescentes; plantas hermafroditas. Hojas opuestas, elípticas a ovadas, 5–15 cm de largo y 2–9 cm de ancho, ápice agudo a acuminado, base cuneada a obtusa, papiráceas, nervios secundarios 4–10 pares, a veces con domacios; pecíolos 2–15 mm de largo; estípulas interpeciolares y a veces también parcialmente intrapeciolares, triangulares, 1–5 mm de largo, persistentes. Flores ligeramente zigomorfas, homostilas, nocturnas, 3–9 en cimas terminales, pedicelos 2–15 mm de largo, con brácteas reducidas; limbo calicino 4–12 mm de largo, lobos 5–6, acuminados; corola ampliamente infundibuliforme, blanca o blanco verdosa a rosada, tubo 45–80 mm de largo, lobos 5–6, 10–20 mm de largo, imbricados; ovario 2-locular, óvulos numerosos por lóculo. Fruto una cápsula septicida y basípeta, anchamente elipsoide, lateralmente comprimida, 25–45 mm de largo y 15–28 mm de ancho, leñosa; semillas rómbicas, 7–15 mm de largo, aplanadas, con ala membranácea marginal.

Ocasional en bosques perturbados, secos o húmedos, zona pacífica; 30–300 m; fl ene–ago, fr jul–mar; *Moreno 17926, Stevens 3361*; México a Argentina. Género neotropical con 3 especies. "Qüina blanca".

H. Ochoterena Booth. Revisión taxonómica del género *Coutarea* Aublet (Rubiaceae). Tesis M.C., Universidad Nacional Autónoma de México, México. 1994.

CRUSEA Schltdl. & Cham.

Hierbas o sufrútices; plantas hermafroditas. Hojas subsésiles a pecioladas, opuestas, sin domacios; estípulas interpeciolares y unidas a los pecíolos, persistentes, setosas, truncadas a redondeadas con 3–15 cerdas. Flores 2–numerosas en glomérulos axilares y terminales, bracteadas, homostilas; limbo calicino 4-lobado; corola infundibuliforme a hipocrateriforme, blanca o coloreada, lobos 4, valvares; ovario 2-locular, óvulo 1 por lóculo. Fruto esquizocárpico, seco, mericarpos 2, elipsoides, papiráceos a cartáceos, indehiscentes, separándose de un eje (carpóforo) persistente; semillas elipsoides.

Género neotropical con unas 13 especies; 3 especie se conocen en Nicaragua. Similar a *Spermacoce*, *Borreria*, *Diodia*, *Richardia* y *Mitracarpus*, los cuales se distinguen por el tipo de dehiscencia de los frutos.

W.R. Anderson. A monograph of the genus *Crusea* (Rubiaceae). Mem. New York Bot. Gard. 22(4): 1–128. 1972.

1. Estípulas de los nudos basales con las cerdas unidas en un grupo central y dendroide; tallos con los tricomas concentrados en los ángulos .... **C. setosa**
1. Estípulas de los nudos basales con las cerdas separadas o las centrales ligeramente agrupadas; tallos con los tricomas distribuidos igualmente en los lados y los ángulos
   2. Corola blanca a lila, con tubo cilíndrico de 6–11 mm de largo .... **C. longiflora**
   2. Corola blanca, con tubo infundibuliforme de 2–4 mm de largo .... **C. parviflora**

Crusea longiflora (Willd. ex Roem. & Schult.) W.R. Anderson, Mem. New York Bot. Gard. 22(4): 89. 1972; *Spermacoce longiflora* Willd. ex Roem. & Schult.

Hierbas anuales o perennes, hasta 0.5 m de alto, pilosas o hirsútulas. Hojas lanceolado-elípticas, 1–5 cm de largo y 0.3–2 cm de ancho, ápice y base agudos, papiráceas, nervios secundarios 2–3 pares; pecíolos hasta 6 mm de largo; estípulas con vaina 1–3 mm de largo, cerdas 3–8, 1–4 mm de largo. Glomérulos 0.5–2 cm de diámetro; lobos calicinos 1.5–4.5 mm de largo; corola blanca a lila, tubo 6–11 mm de largo, lobos 2–3.5 mm de largo. Mericarpos 1–2 mm de largo.

Poco común en sitios ruderales, zona pacífica; 390–1400 m; fl y fr sep; *Grijalva 1216, Stevens 21825*; norte de México a Costa Rica.

Crusea parviflora Hook. & Arn., Bot. Beechey Voy. 430. 1840.

Hierbas anuales o perennes hasta 0.5 m de alto, pilosas o hirsútulas. Hojas lanceolado-elípticas, 2.5–9 cm de largo y 1–3.5 cm de ancho, ápice y base agudos, papiráceas, nervios secundarios 3–5 pares; pecíolos 2–15 mm de largo; estípulas con vaina 1–3 mm de largo, cerdas 3–5, 1–5 mm de largo. Glomérulos 0.5–1 cm de diámetro; lobos calicinos 1–3.5 mm de largo; corola blanca, tubo 2–4 mm de largo, lobos 1.5–3 mm de largo. Mericarpos 1–1.5 mm de largo.

Poco común en sitios ruderales, zona pacífica; 0–100 m; fl dic, fr ene; *Araquistain 550, Stevens 23516*; centro de México a Costa Rica.

Crusea setosa (M. Martens & Galeotti) Standl. & Steyerm., Publ. Field Mus. Nat. Hist., Bot. Ser. 23: 22. 1943; *Borreria setosa* M. Martens & Galeotti; *C. longibracteata* Benth.

Hierbas anuales o perennes hasta 1.5 m de alto, glabras a hispídulas. Hojas lanceolado-elípticas, 3.5–12 cm de largo y 0.5–2 cm de ancho, ápice y base agudos, papiráceas, nervios secundarios 4–5 pares; pecíolos 2–10 mm de largo; estípulas con vaina 3.5–6.5 mm de largo, cerdas 5–9, 5–14 mm de largo. Glomérulos 0.5–1 cm de diámetro; lobos calicinos 1.5–4 mm de largo; corola blanca a rosada, tubo 2–5 mm de largo, lobos 1–3 mm de largo. Mericarpos 1–1.5 mm de largo.

Poco común en sitios ruderales, Estelí y Granada; 980–1020 m; fr nov; *Oersted 39* (no vista), *Stevens 15919*; centro de México a Nicaragua.

DECLIEUXIA Kunth

Declieuxia fruticosa (Willd. ex Roem. & Schult.) Kuntze, Revis. Gen. Pl. 1: 279. 1891; *Houstonia fruticosa* Willd. ex Roem. & Schult.; *D. fruticosa* var. *mexicana* (DC.) Standl.

Sufrútices hasta 1 m de alto, glabrescentes, pirófilos, perennes con tallos anuales surgiendo de raíces leñosas; plantas hermafroditas. Hojas opuestas o verticiladas, elípticas, 2–5 cm de largo y 0.4–2.2 cm de ancho, ápice obtuso, base aguda a cuneada, papiráceas, nervios secundarios 2–6 pares, sin domacios; subsésiles; estípulas interpeciolares, subuladas, 2–5 mm de largo, persistentes. Inflorescencias terminales, cimosas a paniculadas, redondeadas, 1–4 cm de largo y 1.5–5 cm de ancho, pedúnculos 5–40 mm de largo, brácteas reducidas, flores distilas, subsésiles; limbo calicino ca 1 mm de largo, 4-lobado; corola infundibuliforme, glabra, pero barbada en la garganta, blanca, tubo 3–4.5 mm de largo, lobos ca 2 mm de largo, triangulares, valvares; ovario 2-locular, óvulo 1 por lóculo. Frutos drupáceos, lateralmente comprimidos, ca 2 mm de largo y 3 mm de ancho, dídimos, secos, lobos orbiculares; pirenos 2, 1-loculares.

Ocasional en sabanas de pinos, menos frecuente en bosques de pino-encinos, zona norcentral y norte de la zona atlántica; 10–60 (1000) m; fl y fr feb–oct; *Stevens 3289, 12756*; México a Brasil. Género neotropical con unas 40 especies, la mayoría en Brasil.

J.H. Kirkbride, Jr. A revision of the genus *Declieuxia* (Rubiaceae). Mem. New York Bot. Gard. 28(4): 1–87. 1976.

DIDYMAEA Hook. f.

Didymaea alsinoides (Cham. & Schltdl.) Standl., Publ. Field Mus. Nat. Hist., Bot. Ser. 18: 1291. 1938; *Nertera alsinoides* Cham. & Schltdl.; *D. australis* (Standl.) L.O. Williams; *D. hispidula* L.O. Williams.

Hierbas débiles, pubérulas a híspidas o hirsutas; plantas hermafroditas. Hojas opuestas, elípticas a lanceoladas, 0.5–3 cm de largo y 0.3–1.5 cm de ancho, ápice agudo, base cuneada a redondeada, membranáceas a papiráceas, nervios secundarios 1–3 pares, sin domacios; pecíolos 2–8 mm de largo; estípulas interpeciolares, bilobadas, 0.5–2.5 mm de largo, persistentes. Flores solitarias, axilares, homostilas, con pedúnculos 1–8 mm de largo, sin brácteas; limbo calicino hasta 0.2 mm de largo; corola campanulada a rotácea, glabra, verde pálida a veces matizada con morado, tubo ca 1.5 mm de largo, lobos ca 1.5 mm de largo, triangulares, valvares; ovario 2-locular, óvulo 1 por lóculo. Frutos drupáceos, subglobosos, 4–8 mm de diámetro, ligeramente dídimos, carnosos, azules a negros; pirenos 2, 1-loculares.

Raras veces colectada en bosques de pino-encinos, Estelí; 1100–1200 m; fl y fr oct–ene; *Stevens 14931, 22776*; sur de México a Panamá. Género mesoamericano con unas 6 especies; se confunde frecuentemente con *Nertera*, que se distingue por sus frutos rojos a anaranjados. En la *Flora of Guatemala* se distinguieron varias especies y se consideró a *D. alsinoides* como una especie restringida a Costa Rica y Panamá, pero casi toda la variación morfológica que se usó para separar a las plantas de Guatemala se encuentra también en las plantas costarricenses. Por tanto, parece ser que el género consta de 1–3 especies muy variables.

DIDYMOCHLAMYS Hook. f.

Didymochlamys whitei Hook. f., Hooker's Icon. Pl. 12: t. 1122. 1876.

Hierbas epífitas, hasta 0.3 m de alto, glabras; plantas hermafroditas. Hojas opuestas, marcadamente anisofilas, la hoja mayor oblanceolada, 3–7.5 cm de largo y 0.5–1.4 cm de ancho, ápice agudo a ligeramente acuminado, base obtusa a truncada, papiráceas a cartáceas, nervios secundarios no evidentes, sin domacios, pecíolos ca 1 mm de largo, la hoja menor linear-lanceolada, 0.6–1.5 cm de largo y 0.1–0.2 cm de ancho, ápice agudo a ligeramente acuminado, base obtusa, papirácea, nervios secundarios no evidentes, sin domacios, subsésiles; estípulas caducas, angostamente triangulares, interpeciolares, 0.5–1 mm de largo, agudas. Inflorescencias terminales, pedúnculos 0.5–2.5 cm de largo, brácteas involucrales 2, ovadas

a suborbiculares, 1–2 cm de largo y de ancho, redondeadas a brevemente acuminadas, flores 2–4, fasciculadas, sobre pedicelos 1–4 mm de largo; limbo calicino 5-lobado hasta la base, lobos triangulares, 4–5 mm de largo; corola infundibuliforme, glabra excepto por un anillo cortamente piloso cerca de la base en el interior, blanca, a veces matizada con azul o violeta, tubo 13–14 mm de largo, lobos 5, valvares, 1.5–2 mm de largo, crispados o lobulados; ovario 2-locular, óvulos numerosos por lóculo. Frutos abayados, cupuliformes, 4–5 mm de largo, carnosos; semillas no observadas.

Conocida en Nicaragua por una colección estéril (*Rueda 4550*) de bosques húmedos, Río San Juan; 350–380 m; Nicaragua a Ecuador. Género neotropical de 2 especies (o posiblemente monotípico).

DIODIA L.

Hierbas o sufrútices anuales o perennes, débiles o erguidos; plantas hermafroditas. Hojas subsésiles, opuestas, sin domacios; estípulas interpeciolares y unidas a los pecíolos, persistentes, setosas, truncadas a redondeadas con 3–12 cerdas. Flores homostilas o distilas, 1–5 en glomérulos axilares, con brácteas reducidas; limbo calicino 4-lobado; corola infundibuliforme, usualmente barbada en la garganta, blanca a rosada, lobos 4, valvares; ovario 2-locular, óvulo 1 por lóculo. Fruto elipsoide a subgloboso, seco, indehiscente o esquizocárpico con mericarpos indehiscentes; semillas elipsoides.

Género neotropical con unas 30 especies; 5 especies en Nicaragua. Similar a *Spermacoce*, *Borreria*, *Mitracarpus*, *Richardia* y *Crusea*, los cuales se distinguen por el tipo de dehiscencia de los frutos.

1. Plantas suculentas, con los tallos principales rastreros y produciendo raíces adventicias en los nudos; frutos 5–6 mm de diámetro; costas marinas, los tallos principales frecuentemente enterrados en la arena .... **D. serrulata**
1. Plantas no muy suculentas, con tallos erguidos o escandentes, sin raíces adventicias; frutos 2–5 mm de diámetro; en todos tipos de hábitats, los tallos principales no enterrados
   2. Plantas escábridas y perennes con los tallos débiles, generalmente escandentes y de más de 1 m de largo; frutos elipsoides, lisos .... **D. sarmentosa**
   2. Plantas lisas a ligeramente escábridas, anuales o perennes, con los tallos erguidos de hasta 0.5 m de alto; frutos elipsoides u obovoides, lisos o con varios ángulos o costillas
      3. Frutos elipsoides, lateralmente aplanados, ca 7 mm de largo .... **D. virginiana**
      3. Frutos obovoides, redondeados, 2–5 mm de largo, lisos o 3-angulados o 3-acostillados
         4. Plantas perennes, generalmente sufrutescentes; hojas glabrescentes a cortamente pilosas; tubo corolino 4–8 mm de largo; frutos con 3 ángulos o costillas longitudinales, glabros a cortamente pilosos, los mericarpos planos o ligeramente cóncavos en la cara adaxial .... **D. apiculata**
         4. Plantas anuales, generalmente colectadas con las raíces todavía adheridas, a veces sufrutescentes en la base, hojas pilosas, por lo menos esparcidamente; tubo corolino 2–4 mm de largo; frutos lisos, 3-angulados y/o con 1 costilla dorsal, cortamente pilosos, los mericarpos cóncavos o con 2 excavaciones marcadas en la cara adaxial .... **D. teres**

Diodia apiculata (Willd. ex Roem. & Schult.) K. Schum., Bot. Jahrb. Syst. 10: 313. 1889; *Spermacoce apiculata* Willd. ex Roem. & Schult.; *D. rigida* (Kunth) Schltdl. & Cham.

Hierbas o sufrútices perennes hasta 0.5 m de alto, glabras a pilosas o hispídulas. Hojas linear-oblongas, 1–3 cm de largo y 0.1–0.8 cm de ancho, ápice y base

agudos, cartáceas, márgenes engrosados, escábridos, nervios secundarios 2–3 pares; estípulas con vaina 1–2 mm de largo, cerdas 6–8, 2–10 mm de largo. Flores 1–4 por axila; limbo calicino 1.5–2.5 mm de largo; corola blanca a rosada, tubo 4–8 mm de largo, lobos 2–5 mm de largo. Frutos obovoides, 2.5–4 mm de diámetro, 3-angulados a 3-acostillados.

Frecuente en sitios ruderales, generalmente en zonas secas, comúnmente sobre suelos arenosos, en todo el país; 0–1400 m; fl y fr todo el año; *Miller 1314, Soza 305*; México y las Antillas a Sudamérica. Las corolas viejas a veces se encogen marcadamente en las muestras herborizadas. Se confunde frecuentemente con *D. teres.*

Diodia sarmentosa Sw., Prodr. 30. 1788.

Sufrútices escábridos, perennes, tallos débiles a escandentes, hasta 4 m de largo. Hojas lanceoladas a elípticas, 3–6 cm de largo y 0.8–2.5 cm de ancho, ápice obtuso, base aguda a cuneada, cartáceas, nervios secundarios 4–5 pares; estípulas con vaina 2–3 mm de largo, cerdas 5–12, 2–7 mm de largo. Flores 4–10 por axila; limbo calicino 2–2.5 mm de largo; corola blanca, tubo 0.5–1.5 mm de largo, lobos 1–1.5 mm de largo. Frutos elipsoides, 3.5–5 mm de diámetro, lisos.

Poco común, pero probablemente poco recolectada, en bosques húmedos, zona atlántica; 0–500 m; fl y fr ene, feb, ago, dic; *Hamblett 456, Narváez 2892*; centro de México y las Antillas al norte de Sudamérica, también en Africa y Madagascar.

Diodia serrulata (P. Beauv.) G. Taylor in Exell, Cat. Vasc. Pl. S. Tomé 220. 1944; *Spermacoce serrulata* P. Beauv.; *D. maritima* Thonn. ex Schumach.

Sufrútices glabros y suculentos, perennes, con tallos rastreros hasta 2 m de largo, ramas hasta 0.5 m de largo. Hojas lanceolado-elípticas, 1–4.5 cm de largo y 0.4–1.5 cm de ancho, ápice obtuso, base obtusa a redondeada, papiráceas, nervios secundarios 4–5 pares; estípulas con vaina ca 2 mm de largo, cerdas 5–8, 2–7 mm de largo. Flores 1–2 por axila; limbo calicino 1.5–2.5 mm de largo; corola blanca, tubo 2–4.5 mm de largo, lobos 1.5–2.5 mm de largo. Frutos 5–6 mm de diámetro, elipsoides, lisos, ligeramente suberosos.

Poco común en playas caribeñas, Río San Juan; nivel del mar; fr ago–oct; *Araquistain 3294, Stevens 20810*; costas del Caribe y del oeste de Africa.

Diodia teres Walter, Fl. Carol. 87. 1788; *D. prostrata* Sw.

Hierbas anuales, a veces sufrutescentes en la base, hasta 0.5 m de alto, hispídulas a pilosas. Hojas linear-oblongas, 0.4–3 cm de largo y 0.1–0.8 cm de ancho, ápice y base agudos, márgenes ligeramente engrosados, escábridos, papiráceas a cartáceas, nervios secundarios ca 2 pares; estípulas con vaina 1–2 mm de largo, cerdas 6–9, 2–8 mm de largo. Flores 1–4 por axila; limbo calicino 0.5–3 mm de largo; corola blanca a rosada, tubo 2–4 mm de largo, lobos 1.5–2.5 mm de largo. Frutos obovoides, 2–5 mm de diámetro, lisos o 3-angulados y/o con 1 costilla longitudinal.

Frecuente en sitios ruderales, generalmente en zonas secas, comúnmente sobre suelos arenosos, zona pacífica; 40–1400 m; fl y fr may–nov; *Moreno 9232, 11582*; sur de los Estados Unidos hasta Sudamérica. Se confunde frecuentemente con *D. apiculata.*

Diodia virginiana L., Sp. Pl. 104. 1753.

Hierbas anuales, hasta 0.3 m de alto, glabrescentes. Hojas lanceoladas a angostamente elípticas, 1.4–1.5 cm de largo y 0.4–0.5 cm de ancho, ápice y base agudos, papiráceas, nervios secundarios 3–5 pares; estípulas con vaina 2–3 mm de largo, cerdas 3–5, 1–4 mm de largo. Flores 1 por axila; limbo calicino 2.5–3.5 mm de largo; corola blanca a rosada, tubo 6–7 mm de largo, lobos 4.5–5 mm de largo. Frutos elipsoides, 7 mm de largo y 4–4.5 mm de ancho, lateralmente aplanados, con varias costillas longitudinales.

Conocida en Nicaragua por una sola colección (*Seymour 5316*), ruderal en micrositios húmedos, Río San Juan; 0–10 m; fl y fr mar; sureste de los Estados Unidos y Nicaragua.

EXOSTEMA (Pers.) Bonpl.

Arbustos o árboles; plantas hermafroditas. Hojas opuestas o raras veces verticiladas, a veces con domacios; estípulas interpeciolares y a veces también parcialmente intrapeciolares, triangulares, persistentes. Flores homostilas, generalmente fragantes, terminales o axilares, solitarias o en cimas compuestas, bracteadas; limbo calicino (4) 5 (6)-lobado; corola hipocrateriforme, blanca tornándose rosada o morada con la edad, lobos (4) 5 (6), quincunciales; ovario 2-locular, óvulos numerosos por lóculo. Fruto una cápsula con dehiscencia septicida y basípeta, leñosa; semillas oblongas, aplanadas, con ala membranácea marginal.

Género con 25 especies, distribuidas desde el centro de México hasta Bolivia y en las Antillas; 2 especies en Nicaragua.

T.D. McDowell, Revision of *Exostema* (Rubiaceae). Ph.D. Thesis, Duke University, Durham. 1995.

1. Flores solitarias, axilares, pedúnculos 4–10 mm de largo; tubo corolino 23–25 mm de largo; cápsulas 6–14 mm de ancho .... **E. caribaeum**
1. Flores numerosas en cimas compuestas y terminales, pedúnculos 15–40 mm de largo; tubo corolino 7–10 mm de largo; cápsulas 3–5 mm de ancho .... **E. mexicanum**

Exostema caribaeum (Jacq.) Roem. & Schult., Syst. Veg. 5: 18. 1819; *Cinchona caribaea* Jacq.

Arbustos hasta 8 m de alto, glabrescentes. Hojas elípticas a ovadas, 4–11 cm de largo y 1.5–5 cm de ancho, ápice acuminado, base aguda, papiráceas, nervios secundarios 4–5 pares; pecíolos 6–12 mm de largo; estípulas 1–5 mm de largo, angostamente triangulares a subuladas. Flores solitarias, axilares, pedúnculos 4–10 mm de largo; limbo calicino 0.5–1 mm de largo, lobulado; corola glabra, tubo 23–25 mm de largo, lobos 25–40 mm de largo. Cápsulas 7–15 mm de largo y 6–14 mm de ancho; semillas 3–6 mm de largo.

Ocasional, en bosques secos, zona pacífica; 40–800 m; fl jul–nov, fr sep–ene; *Moreno 21713, 22493*; centro de México a Costa Rica y en las Antillas.

Exostema mexicanum A. Gray, Proc. Amer. Acad. Arts 5: 180. 1861.

Arboles hasta 20 m de alto, glabrescentes. Hojas elípticas a ovadas, 5–18 cm de largo y 2–10 cm de ancho, ápice acuminado, base aguda a truncada, papiráceas, nervios secundarios 6–9 pares; pecíolos 4–10 mm de largo; estípulas 2–3 mm de largo, persistentes. Inflorescencias terminales, cimosas, 3–7 cm de largo y 4–7 cm de ancho, pedúnculos 1.5–4 cm de largo; limbo calicino ca 0.5 mm de largo, lobulado; corola glabra, tubo 7–10 mm de largo, lobos 9–12 mm de largo. Cápsulas 10–14 mm de largo y 3–5 mm de ancho; semillas 6–9 mm de largo.

Ocasional en bosques secos, zonas pacífica y nor-central; 50–1000 m; fl jul–oct, fr ene–may; *Grijalva 2896, Moreno 15994*; centro de México a Panamá.

FARAMEA Aubl.

Arboles o arbustos; plantas hermafroditas. Hojas opuestas, generalmente dísticas, sin domacios; estípulas caliptradas o interpeciolares y a veces también intrapeciolares, persistentes o caducas. Flores homostilas, fragantes, terminales o axilares, solitarias o en fascículos o cimas a veces compuestas, bracteadas; limbo calicino 4 (5)-lobado; corola hipocrateriforme, glabra, blanca a azul o morada, lobos 4, valvares; ovario 1-locular, óvulo solitario. Fruto abayado, generalmente oblato, coriáceo a carnoso, azul a morado; semilla 1, elipsoide.

Género neotropical con unas 100–150 especies; 5 especies en Nicaragua.

1. Hojas subsésiles y amplexicaules; hipanto y cáliz carinados, con 8 costillas longitudinales .... **Faramea** sp. A
1. Hojas pecioladas, con la base libre del tallo; hipanto y cáliz lisos
  2. Estípulas caliptradas, caducas, no aristadas; inflorescencias con 3–15 pedúnculos radiados y cada uno con 1–3 flores .... **F. parvibractea**
  2. Estípulas interpeciolares y a veces también intrapeciolares, formando una vaina, caducas o persistentes, aristadas; flores en cimas con 3–30 flores sobre un solo pedúnculo
    3. Hojas con nervadura marcadamente broquidódroma, los nervios secundarios de cada lado enlazándose formando un nervio submarginal casi recto y casi tan marcado como el nervio principal que corre a todo lo largo de la lámina .... **F. suerrensis**
    3. Hojas con nervadura no muy marcadamente broquidódroma, los nervios secundarios de cada lado enlazándose, pero sólo formando un nervio submarginal ampliamente arqueado y débil en comparación con el nervio principal y que generalmente no corre a todo lo largo de la lámina
      4. Estípulas interpeciolares y también parcialmente intrapeciolares, formando una vaina por lo menos corta; inflorescencias terminales; frutos oblatos y aplanados lateralmente .... **F. multiflora**
      4. Estípulas interpeciolares; inflorescencias terminales y/o axilares; frutos oblatos a subglobosos, no aplanados lateralmente .... **F. occidentalis**

Faramea multiflora A. Rich. ex DC., Prodr. 4: 497. 1830; *F. talamancarum* Standl.

Arbustos hasta 5 m de alto, glabrescentes. Hojas elíptico-oblongas, 6–17 cm de largo y 1.5–7 cm de ancho, ápice acuminado, base obtusa a cuneada, papiráceas, nervios secundarios 6–12 pares;

pecíolos 4–10 mm de largo; estípulas interpeciolares y también parcialmente intrapeciolares, triangulares, 4–10 mm de largo, aristadas, persistentes. Inflorescencias terminales, paniculadas, 3–10 cm de largo, pedúnculos 1–3 cm de largo, pedicelos 3–10 mm de largo; limbo calicino 0.5–1 mm de largo, liso, dentado; corola azul, tubo 6–16 mm de largo, lobos 3–10 mm de largo, lanceolados. Frutos oblatos, aplanados lateralmente, 7–8 mm de largo y 8–13 mm de ancho.

Ocasional en bosques húmedos, zona atlántica; 0–350 m; fl oct, fr oct–abr; *Sandino 4608, Stevens 18768*; Nicaragua a Bolivia y Brasil. *F. glandulosa* Poepp. (incluyendo *F. stenura* Standl.) ha sido colectada en bosques húmedos en Honduras y Costa Rica, y podría encontrarse en Nicaragua; esta especie se distingue de *F. multiflora* por sus estípulas caducas y frutos jóvenes generalmente con costillas longitudinales.

Faramea occidentalis (L.) A. Rich., Mém. Soc. Hist. Nat. Paris 5: 176. 1834; *Ixora occidentalis* L.

Arbustos o arbolitos hasta 5 (10) m de alto, glabros. Hojas elípticas a elíptico-oblongas, 8–18 cm de largo y 2.5–11 cm de ancho, ápice acuminado, base obtusa a cuneada, cartáceas, nervios secundarios 6–10 pares; pecíolos 6–15 mm de largo; estípulas interpeciolares, 5–25 mm de largo, triangulares, longi-aristadas, persistentes o deciduas. Inflorescencias terminales y/o axilares, cimosas, 5–12 cm de largo, pedúnculos 1.5–6 cm de largo, pedicelos 3–20 mm de largo; limbo calicino 1.5–3 mm de largo, liso, truncado; corola blanca, tubo 12–22 mm de largo, lobos 8–25 mm de largo, triangulares. Frutos oblatos a subglobosos, 6–15 mm de diámetro.

Frecuente en bosques siempreverdes, zonas atlántica y norcentral; 0–1200 m; fl jul–sep, fr sep–mar; *Stevens 20744, 20756-b*; México a Bolivia y en las Antillas. Las flores son nocturnas.

Faramea parvibractea Steyerm., Mem. New York Bot. Gard. 17(1): 376. 1967.

Arbustos o arbolitos hasta 8 (20) m de alto, glabros. Hojas elípticas a elíptico-oblongas, 7–17 cm de largo y 1.5–7.5 cm de ancho, ápice acuminado, base cuneada, cartáceas, nervios secundarios 6–10 pares; pecíolos 5–20 mm de largo; estípulas caliptradas, en la yema angostamente triangulares, 5–20 mm de largo, caducas. Flores terminales, solitarias o en fascículos con 2–3 flores sobre 3–15 pedúnculos radiados, 1–3 cm de largo, los fascículos a veces abrazados por 2 brácteas ovadas o lanceoladas hasta 1 cm de largo, pedicelos 0.5–3 mm de largo; limbo calicino 0.5–1.5 mm de largo, liso, dentado; corola blanca, tubo 5–8 mm de largo, lobos 6–10 mm de largo, lanceolados. Frutos oblatos, lateralmente aplanados, 4–5 mm de largo y 8–12 mm de ancho.

Ocasional en bosques húmedos, sur de la zona atlántica; 15–50 m; fl may–sep; *Moreno 26022, Rueda 5809*; Nicaragua a Brasil.

Faramea suerrensis (Donn. Sm.) Donn. Sm., Bot. Gaz. (Crawfordsville) 44: 112. 1907; *F. trinervia* var. *suerrensis* Donn. Sm.

Arbustos o arbolitos hasta 6 m de alto, glabros. Hojas elíptico-oblongas, 9–30 cm de largo y 4–9 cm de ancho, ápice acuminado, base obtusa a cuneada, papiráceas, nervios secundarios 8–16 pares, con nervios submarginales marcados; pecíolos 4–28 mm de largo; estípulas interpeciolares y también parcialmente intrapeciolares, 5–10 mm de largo, triangulares, aristadas, persistentes o parcialmente caducas dejando una base truncada y persistente de 1–3 mm de largo. Inflorescencias terminales, paniculadas, 5–10 cm de largo, pedúnculos 3–7 cm de largo, pedicelos 2–7 mm de largo; limbo calicino ca 0.5 mm de largo, liso, dentado; corola azul, tubo 7–9 mm de largo, lobos 3–5 mm de largo, lanceolados. Frutos oblatos, lateralmente aplanados, 8–10 mm de largo y 10–15 mm de ancho.

Ocasional en bosques húmedos, zona atlántica; 20–1200 m; fl abr, fr feb, nov; *Moreno 20281, Neill 3480*; Nicaragua al noroeste de Colombia. Una especie similar, *F. eurycarpa* Donn. Sm., ha sido registrada de Costa Rica y se podría encontrar en el sureste de Nicaragua; se distingue de *F. suerrensis* por sus estípulas completamente caducas dejando sólo una cicatriz linear.

Faramea sp. A.

Arbustos hasta 3 m de alto, glabros. Hojas elíptico-oblongas, 10–16 cm de largo y 4.8–6.2 cm de ancho, ápice cuspidado, base cortamente cordada y amplexicaule, papiráceas, nervios secundarios 12–13 pares; pecíolos hasta 2 mm de largo; estípulas interpeciolares, ca 3 mm de largo, deltoides, aristadas, caducas. Inflorescencias terminales, ebracteadas, pedúnculos 3, fasciculados, 15–17 mm de largo; limbo calicino longitudinalmente 8-carinado, tubo 9–10 mm de largo, dientes 4, lineares, 5–6 mm de largo; corola en botón morada. Frutos inmaduros subglobosos, 10–12 mm de diámetro.

Conocida en Nicaragua por una sola colección (*Rueda 8546*) de bosques húmedos, sur de la zona atlántica; 0–100 m; fr sep; Nicaragua al noreste de Costa Rica. Esta especie, que está siendo descrita por botánicos del Herbario Nacional de Costa Rica, se distingue de las otras especies de *Faramea* por su hipanto y limbo calicino carinados.

FERDINANDUSA Pohl

Ferdinandusa panamensis Standl. & L.O. Williams, Ceiba 3: 34. 1952.

Arboles hasta 20 m de alto, glabrescentes a pilosos; plantas hermafroditas. Hojas opuestas, elípticas a elíptico-oblongas, 6–22 cm de largo y 4–10 cm de ancho, ápice acuminado, base obtusa a cuneada, papiráceas a cartáceas, nervios secundarios 6–9 pares, sin domacios; pecíolos 2–10 mm de largo; estípulas interpeciolares, triangulares, 5–20 mm de largo, acuminadas, contortas, caducas. Inflorescencias terminales, en cimas compuestas, 6–15 cm de largo, pedúnculos 1–5 cm de largo, pedicelos 5–12 mm de largo, brácteas reducidas, flores ligeramente zigomorfas, homostilas; limbo calicino 1–1.5 mm de largo, 5-lobado; corola infundibuliforme, blanca a amarillento-verdosa, tubo 6–25 mm de largo, lobos 5, 4–6 mm de largo, obtusos, convolutos; ovario 2-locular, óvulos numerosos por lóculo. Frutos cápsulas leñosas, septicidas y basípetas, elipsoides, lisas, 30–65 mm de largo y 5–15 mm de ancho; semillas elípticas, 10–20 mm de largo, aplanadas, con ala membranácea marginal.

Ocasional en bosques húmedos, zona atlántica; 10–100 m; fl nov–dic, fr sep; *Riviere 326, Stevens 23468*; Nicaragua al noroeste de Colombia. Esta especie es probablemente más común, pero raras veces recolectada debido a su gran tamaño. *F. panamensis* es posiblemente un sinónimo de *F. chlorantha* (Wedd.) Standl. de Sudamérica. Género neotropical con unas 25 especies.

GALIUM L.; *Relbunium* (Endl.) Hook. f.

Hierbas con tallos débiles, a veces con tricomas glandulares; plantas frecuentemente dioicas o poligamo-dioicas. Hojas verticiladas, subsésiles, sin domacios, aparentemente sin estípulas (las estípulas foliáceas), los nervios secundarios generalmente no evidentes. Flores solitarias o en cimas terminales y axilares, a veces bracteadas, bisexuales o unisexuales; limbo calicino ausente; corola campanulada a rotácea, lobos 4, valvares; ovario 2-locular, óvulo 1 por lóculo. Fruto seco o carnoso, dídimo, mericarpos 2, subglobosos a elipsoides, indehiscentes, a veces con tricomas alargados a uncinados.

Género cosmopolita con unas 300–400 especies, típico de áreas frescas a frías; 2 especies en Nicaragua. Las hojas verticiladas aparentemente se componen de hojas y estípulas foliáceas muy similares a las hojas. El género *Relbunium* se distinguió de *Galium* por tener flores solitarias y sésiles o subsésiles abrazadas por un verticilo de brácteas foliáceas y frutos generalmente carnosos, pero Dempster demostró que frutos carnosos se encuentran en varias especies de ambos géneros con o sin involucro, y que el arreglo de las inflorescencias de las especies incluidas en *Relbunium* muestra una variación continua con las especies incluidas en *Galium*, por lo tanto es mejor considerar a *Relbunium* como un sinónimo. Varias otras especies de *Galium* que crecen en Honduras y Costa Rica posiblemente se pueden encontrar en Nicaragua, pero se distinguen de las especies nicaragüenses por sus hojas en verticilos de 4 (6), las flores con pedicelos desarrollados por encima de las hojas y las brácteas y los frutos secos. Otras especies que según Dempster se encuentran en México y Centroamérica, pero no especifica Nicaragua en su distribución, son: *G. aschenbornii* Schauer, de México a Panamá, que se distingue por sus frutos glabros y, entre las especies con frutos con tricomas uncinados, *G. uncinulatum* DC. de México a Panamá que se distingue por tener en sus hojas tricomas de 0.4 mm de largo o más largos y *G. orizabense* Hemsl. de Honduras y Costa Rica que se distingue por tener en sus hojas tricomas de hasta 0.2 mm de largo.

L.T. Dempster. The genus *Galium* (Rubiaceae) in Mexico and Central America. Univ. Calif. Publ. Bot. 73: 1–33. 1978; L.T. Dempster. The genus *Galium* (Rubiaceae) in South America. IV. Allertonia 5: 283–344. 1990.

1. Hojas 4 por nudo; flores solitarias, pedunculadas desde la axila, pero sésiles o subsésiles sobre 4 brácteas involucrales y foliáceas; fruto carnoso, anaranjado a rojo, glabro o piloso .... **G. hypocarpium**
1. Hojas 6–8 (10) por nudo; flores 2–3 en címulas, con pedicelos desarrollados por encima de las hojas y brácteas; fruto seco, verde a negro, con tricomas uncinados .... **G. mexicanum**

Galium hypocarpium (L.) Endl. ex Griseb., Fl. Brit. W. I. 351. 1861; *Valantia hypocarpia* L.; *Relbunium hypocarpium* (L.) Hemsl.

Hierbas débiles con tallos hasta 1 m de alto, pilosas o hírtulas a glabrescentes, generalmente escábridas. Hojas 4 por nudo, elípticas, 0.4–1.5 cm de largo y 0.1–0.4 cm de ancho, ápice obtuso a agudo, base obtusa, papiráceas. Flores solitarias, axilares, sobre un pedúnculo 5–15 mm de largo que termina en un involucro de 4 hojas o brácteas foliares de 3–8 mm de largo que abraza a la flor; corola 1.5–2.5 mm de largo, blanca, lobos triangulares. Frutos carnosos, anaranjados a rojos, 2–3 mm de largo y 3–3.5 mm de ancho, glabros o pilosos.

Poco común, en áreas húmedas y frescas, zona norcentral; 1000–1550 m; fl y fr probablemente durante todo el año; *Moreno 14329, 25893*; centro de México a Tierra del Fuego, las Antillas e islas en los océanos Atlántico y Pacífico; muy variable morfológicamente.

Galium mexicanum Kunth in Humb., Bonpl. & Kunth, Nov. Gen. Sp. 3: 337. 1819.

Hierbas débiles, hírtulas a glabrescentes. Hojas 6–8 (10) por nudo, elípticas a angostamente elíptico-oblongas, 0.5–2 cm de largo y 0.1–0.3 cm de ancho, ápice y base agudos, papiráceas. Flores 2–3 en címulas terminales, pedicelos 1–3 mm de largo; corola blanca a roja, 1–1.5 mm de largo, lobos triangulares. Frutos secos, ca 3 mm de diámetro, verdes a negros, con tricomas uncinados.

Poco común en zonas húmedas y frescas; no se han observado ejemplares de Nicaragua, pero fue citada por Dempster (1978); suroeste de los Estados Unidos a Panamá.

GARDENIA J. Ellis

Gardenia augusta (L.) Merr., Interpr. Herb. Amboin. 485. 1917; *Varneria augusta* L.; *G. jasminoides* J. Ellis; *G. maruba* Siebold.

Arboles o arbustos glabrescentes, hasta 8 m de alto; plantas dioicas. Hojas opuestas, elípticas a oblanceoladas, 2–12 cm de largo y 1.5–5 cm de ancho, ápice agudo a cortamente acuminado, base cuneada a atenuada, cartáceas, nervios secundarios 6–9 pares, a veces con domacios; pecíolos 1–4 mm de largo; estípulas interpeciolares y también parcialmente intrapeciolares, persistentes, triangulares, 5–10 mm de largo, agudas. Flores 1–3, homostilas, nocturnas, muy fragantes, terminales o axilares, pedúnculos hasta 1 cm de largo, brácteas reducidas; limbo calicino 8–40 mm de largo, profundamente 5–8-lobado;

corola infundibuliforme a hipocrateriforme, glabra, blanca tornándose amarilla con la edad, tubo 2–5 mm de largo, lobos 6–8 o varios en las flores dobles, 2–3 cm de largo, obtusos, convolutos; ovario 1-locular, óvulos numerosos. Frutos abayados, carnosos a ligeramente leñosos, elipsoides a subglobosos; semillas aplanadas, elípticas.

Ocasionalmente cultivada; fl esporádicamente durante todo el año, pero no produce frutos; *De Angelis 154, Sandino 4544*; nativa de Asia, cultivada en las zonas tropicales y subtropicales de todo el mundo por su follaje ornamental y flores vistosas y fragantes. Género con unas 200 especies paleotropicales. "Gardenia".

GENIPA L.

Genipa americana L., Syst. Nat., ed. 10, 931. 1759; *G. caruto* Kunth; *G. americana* var. *caruto* (Kunth) K. Schum.

Arboles o arbustos hasta 15 (27) m de alto, glabros a cortamente pilosos; plantas dioicas (pero a veces difícil de observar). Hojas opuestas, elípticas a obovadas, 10–42 cm de largo y 4–19 cm de ancho, ápice agudo a cortamente acuminado, base cuneada a atenuada, papiráceas a cartáceas, nervios secundarios 9–18 pares, sin domacios; pecíolos 2–13 mm de largo; estípulas interpeciolares y también parcialmente intrapeciolares, generalmente persistentes, triangulares, 10–25 mm de largo, agudas. Flores unisexuales, terminales o axilares, solitarias o hasta 10 en cimas hasta 10 cm de largo, bracteadas, con pedicelos hasta 12 mm de largo; limbo calicino 4–10 mm de largo, truncado; corola infundibuliforme a hipocrateriforme, crema tornándose amarilla cuando vieja, externamente serícea, barbada en la garganta,

tubo 5–15 mm de largo, lobos 6, lanceolados, 5–12 mm de largo, agudos, convolutos; ovario 1-locular, con placentación parietal, óvulos numerosos por lóculo. Frutos abayados, carnosos, elipsoides a subglobosos, 4–11 cm de diámetro, café-amarillentos, pericarpo blando, algo grueso, azul al oxidarse, pulpa mucilaginosa; semillas aplanadas, elípticas, 6–12 mm de largo.

Frecuente en bosques secos, estacionales y siempreverdes, en todo el país; 15–600 m; fl jun–nov, fr todo el año; *Moreno 22948, Stevens 9424*; sur de los Estados Unidos (Florida) a Bolivia y en las Antillas. Género con unas 5 especies neotropicales. Los frutos son comestibles, aunque no muy sabrosos; los tejidos cortados frecuentemente se vuelven azules al oxidarse. La morfología vegetativa varía marcadamente, en particular el tamaño y la forma de la hojas. Varios autores reconocen dos variedades, *G. americana* var. *caruto* con pubescencia en las ramitas jóvenes y en el envés de las hojas y *G. americana* var. *americana* con pubescencia esparcida o ausente; la mayoría de las muestras de Nicaragua caerían dentro de la primera variedad. Si bien considero muy probable la existencia de taxones restringidos a hábitats secos o muy húmedos, la presencia y densidad de la pubescencia no muestra correlación con el hábitat, ni con otros aspectos morfológicos, ni con la distribución geográfica, por lo que no reconozco las variedades. La descripción de esta especie como dioica proviene de muy pocas observaciones. "Iguatíl".

GEOPHILA D. Don; *Geocardia* Standl.

Hierbas rastreras con raíces adventicias surgiendo de los nudos; plantas hermafroditas. Hojas opuestas, cordiformes, sin domacios, con nervios secundarios subpalmados; estípulas interpeciolares, persistentes o caducas, triangulares. Inflorescencias axilares o generalmente terminales en ramitas cortas y laterales, sub-capitadas, bracteadas, flores homostilas o distilas; limbo calicino 5-lobado; corola infundibuliforme, blanca, lobos 5, valvares; ovario 2-locular, óvulo 1 por lóculo. Fruto drupáceo, elipsoide a subgloboso, carnoso, anaranjado, rojo, morado o negro; pirenos 2.

Género pantropical con 20–30 especies, generalmente en formaciones húmedas; 2 especies se encuentran en Nicaragua y una más se espera encontrar.

L.O. Williams. *Geophila* (Rubiaceae) in North America. Phytologia 26: 263–264. 1973.

1. Plantas pilosas .... **G. cordifolia**
1. Plantas glabrescentes o los pecíolos a veces con líneas pilosas
    2. Frutos morados a negros; hojas con las aurículas basales separadas .... **G. macropoda**
    2. Frutos anaranjados a rojos; hojas con las aurículas basales con los lados en contacto a sobrepuestas .... **G. repens**

Geophila cordifolia Miq., Stirp. Surinam. Select. 176. 1851.

Plantas pilosas. Hojas ovadas, 2.5–7 cm de largo y 1.5–8 cm de ancho, ápice agudo, base cordada con las aurículas separadas, papiráceas, nervios secundarios 3–5 pares; pecíolos 1–13 cm de largo, estípulas 2–6 mm de largo, persistentes. Inflorescencias con pedúnculos 0.5–5 cm de largo, flores 5–15; limbo calicino ca 3 mm de largo; tubo corolino 2–4.5 mm de largo, lobos 1.5–2.5 mm de largo. Frutos ovoides a elipsoides, 6–8 mm de largo y 3–4 mm de ancho, anaranjados; pirenos acostillados.

Esperada en Nicaragua; Belice y Costa Rica a Brasil. Esta especie se confunde frecuentemente con *Coccocypselum*, que se distingue por sus flores generalmente azules a moradas y frutos azules y abayados con varias semillas pequeñas.

Geophila macropoda (Ruiz & Pav.) DC., Prodr. 4: 537. 1830; *Psychotria macropoda* Ruiz & Pav.

Plantas glabrescentes, pero los pecíolos a veces con líneas pilosas. Hojas ovadas, 2.5–9 cm de largo y 2–8 cm de ancho, ápice obtuso a subredondeado, base cordada con las aurículas separadas, papiráceas, nervios secundarios 3–5 pares; pecíolos 2–14 cm de largo, estípulas 2–6 mm de largo, caducas. Inflorescencias con pedúnculos 1.5–5 cm de largo, flores 3–7; limbo calicino 1.5–3 mm de largo; tubo corolino 3–4 mm de largo, lobos 2–3 mm de largo. Frutos elipsoides a ovoides, 5–10 mm de largo y 3–4 mm de ancho, morados a negros; pirenos lisos.

Ocasional en bosques húmedos, Chinandega y Zelaya; ca 100 m; fr durante todo el año; *Ortiz 382, 1450*; sur de México a Argentina. Esta especie se confunde frecuentemente con *Coccocypselum*, que se distingue por su indumento generalmente estrigoso a piloso, flores generalmente azules a moradas y frutos abayados con varias semillas pequeñas.

Geophila repens (L.) I.M. Johnst., Sargentia 8: 281. 1949; *Rondeletia repens* L.; *G. herbacea* (Jacq.) K. Schum.

Plantas glabrescentes, pero los pecíolos a veces con líneas pilosas. Hojas ovadas a elíptico-obovadas, 1–5.5 cm de largo y 1–5 cm de ancho, ápice obtuso a subredondeado, base cordada con las aurículas con los lados en contacto a sobrepuestas, papiráceas a membranáceas, nervios secundarios 3–5 pares; pecíolos 1–8 cm de largo; estípulas 0.5–2 mm de largo, caducas o persistentes. Inflorescencias con pedúnculos 5–35 mm de largo, flores 3–7; limbo calicino 2–4.5 mm de largo; tubo corolino 6–9 mm de largo, lobos 3–5 mm de largo. Frutos elipsoides a ovoides, 8–10 mm de largo y 3–4 mm de ancho, anaranjados a rojos; pirenos acostillados.

Frecuente en formaciones húmedas, en especial

en el sotobosque de sitios perturbados o cultivados, en todo el país; 50–1200 m; fr sep–mar; *Grijalva 1903, Stevens 21801*; sur de México a Bolivia, las Antillas y en el oeste de Africa, Asia y varias islas del océano Pacífico.

GONZALAGUNIA Ruiz & Pav.; *Gonzalea* Pers., *Duggena* Vahl

Arbustos o arbolitos, a veces escandentes; plantas hermafroditas. Hojas opuestas, a veces con domacios; estípulas interpeciolares y a veces también intrapeciolares, triangulares, persistentes. Inflorescencias terminales y a veces axilares, generalmente inclinadas, espiciformes con un eje primario bien desarrollado y varias cimas laterales y generalmente congestionadas, con brácteas reducidas, flores homostilas o distilas; limbo calicino 5-lobado; corola hipocrateriforme, barbada en la garganta, lobos 5, imbricados; ovario 2 ó 4-locular, óvulos numerosos por lóculo. Fruto drupáceo, subgloboso, carnoso o esponjoso, generalmente blanco o azul; pirenos 2 o generalmente 4, cada uno con numerosas semillas angulosas.

Género neotropical con unas 20–35 especies; 2 especies en Nicaragua. Este género se confunde a veces con *Rondeletia*, que se distingue por sus frutos capsulares.

1. Hojas ovadas, 3.5–7 cm de ancho, con pecíolos 1–3 mm de largo; lobos calicinos 1–2 mm de largo, ligera a fuertemente desiguales; tubo corolino 2–4 mm de largo .... **G. ovatifolia**
1. Hojas lanceoladas, 1–4 cm de ancho, con pecíolos 4–30 mm de largo; lobos calicinos 0.3–1 mm de largo, iguales o subiguales; tubo corolino 8–13 mm de largo .... **G. panamensis**

Gonzalagunia ovatifolia (Donn. Sm.) B.L. Rob., Proc. Amer. Acad. Arts 45: 405. 1910; *Gonzalea ovatifolia* Donn. Sm.

Arbustos o arbolitos hasta 4 m de alto, estrigosos. Hojas ovadas, 5–16 cm de largo y 3.5–7 cm de ancho, ápice acuminado, base cuneada a obtusa, papiráceas, nervios secundarios 6–10 pares; pecíolos 1–3 mm de largo; estípulas 6–10 mm de largo. Inflorescencias 6–45 cm de largo, pedúnculo 1–3 cm de largo, pedicelos hasta 1 mm de largo; limbo calicino profundamente lobulado, lobos 1–2 mm de largo, triangulares a angostamente elípticos, ligeramente o en general fuertemente desiguales; corola externamente estrigosa, tubo 2–4 mm de largo, lobos 1–2 mm de largo, redondeados. Frutos 2–3 mm de largo y 3–4 mm de ancho, blancos.

Ocasional en bosques húmedos, zonas norcentral y atlántica; 120–1000 m; fl may–ago, fr nov–ago; *Sandino 3370, 5152*; Nicaragua al noroeste de Colombia.

Gonzalagunia panamensis (Cav.) K. Schum. in Mart., Fl. Bras. 6(6): 292. 1889; *Buena panamensis* Cav.

Arbustos o arbolitos hasta 5 m de alto, estrigosos. Hojas lanceoladas, 5–15 cm de largo y 1–4 cm de ancho, ápice acuminado, base cuneada a obtusa, papiráceas, nervios secundarios 5–8 pares; pecíolos 4–30 mm de largo; estípulas 6–27 mm de largo. Inflorescencias 6–30 cm de largo, pedúnculo 1–5 cm de largo, flores sésiles o con pedicelos hasta 1 mm de largo; limbo calicino 0.3–1 mm de largo, profundamente lobulado, lobos triangulares a angostamente elípticos; corola externamente estrigosa a glabrescente, tubo 8–13 mm de largo, lobos 2–3 mm de largo, redondeados. Frutos 3–4 mm de largo y 3–8 mm de ancho, rojos luego morados a negros.

Frecuente en bosques húmedos, generalmente en vegetación secundaria o perturbada, en todo el país; 50–1200 m; fl may–jun, fr jul–mar; *Moreno 11614, Stevens 22453*; centro de México al norte de Colombia. Morfológicamente variable.

GUETTARDA L.

Arbustos o árboles; plantas hermafroditas o a veces poligamodioicas. Hojas opuestas, a veces con la nervadura menor lineolada, a veces con domacios; estípulas interpeciolares, triangulares, agudas a acuminadas, caducas, imbricadas o convolutas. Inflorescencias axilares, en cimas frecuentemente dicasiales, generalmente bracteadas, flores homostilas, fragantes, sésiles; limbo calicino generalmente truncado; corola hipocrateriforme, externamente glabra a serícea, blanca a roja, lobos 5, imbricados a quincunciales, con márgenes a veces crispados; ovario 2–9-locular, óvulo 1 por lóculo. Fruto drupáceo, elipsoide a oblato, carnoso, morado a negro; pireno 1, 2–9-locular.

Género con unas 60–80 especies neotropicales y paleotropicales; 4 especies en Nicaragua. Género afín a *Chomelia*, que se distingue por sus lobos corolinos valvares y pirenos 2-loculares y a veces por sus espinas.

1. Frutos elipsoides, con pireno 4-angulado con caras cóncavas; 900–1400 m .... **G. poasana**
1. Frutos subglobosos a oblatos o elipsoides, con pireno redondeado, liso; 10–1500 m
   2. Estípulas glabras; hojas 9–30 cm de largo .... **G. turrialbana**
   2. Estípulas pilosas a estrigosas; hojas 4–18 cm de largo
      3. Hojas con la nervadura menor prominente en el envés, reticulada o inconspicuamente lineolada ..... **G. combsii**
      3. Hojas con la nervadura menor plana o casi plana en el envés, en general evidentemente lineolada
      .... **G. macrosperma**

Guettarda combsii Urb., Symb. Antill. 6: 48. 1909.

Arboles hasta 7 (25) m de alto, densa y cortamente pilosos. Hojas elípticas a obovadas, 9–18 cm de largo y 5.5–14 cm de ancho, ápice cortamente acuminado, base truncada a ligeramente cordada, cartáceas a subcoriáceas, nervios secundarios 8–11 pares, nervadura menor reticulada o inconspicuamente lineolada; pecíolos 2–5 cm de largo; estípulas 8–15 mm de largo, caducas, densamente pilosas. Cimas 1–5 cm de largo y de ancho, dicasiales con las ramitas rectas, pedúnculos 6–12 cm de largo, brácteas 1–5 mm de largo; limbo calicino 1.5–2 mm de largo, truncado; corola externamente serícea, blanca a crema, tubo 16–18 mm de largo, lobos ligulados, 4–5 mm de largo, redondeados. Drupas elipsoides a subglobosas, 6–8 mm de diámetro, densamente velutinas; pireno redondeado.

Poco común en vegetación costera y sobre substratos calizos, norte de la zona atlántica; 20–250 m; fl mar–jun, fr oct; *Moreno 24970, Stevens 7407*; México a Nicaragua y en las Antillas; especie muy ornamental.

Guettarda macrosperma Donn. Sm., Bot. Gaz. (Crawfordsville) 18: 204. 1893.

Arboles o arbustos hasta 15 (30) m de alto, estrigosos. Hojas elípticas a obovadas, 4–14 cm de largo y 2–9 cm de ancho, ápice obtuso a agudo o cortamente acuminado, base aguda a redondeada, papiráceas, nervios secundarios 6–8 pares, nervadura menor lineolada; pecíolos 0.4–4 cm de largo; estípulas 3–8 mm de largo, caducas, densamente estrigosas. Cimas 1–5 cm de largo y de ancho, ligeramente dicasiales y generalmente congestionadas, pedúnculos 0.4–2.5 cm de largo, brácteas reducidas; limbo calicino hasta 1 mm de largo, truncado; corola externamente serícea, blanca a amarilla, tubo 8–12 mm de largo, lobos elípticos, 3–4 mm de largo. Drupas subglobosas a oblatas, 12–15 mm de diámetro, densamente velutinas; pireno redondeado.

Frecuente en bosques estacionales, de galería y a veces siempreverdes, en todo el país; 10–1500 m; fl mar–jul, nov–dic, fr jul–feb; *Sandino 943, Stevens 21568*; Guatemala a Panamá. Variable morfológicamente, en particular en la forma de las hojas. Ha sido identificada como *G. deamii* Standl., una especie que se distingue por tener hojas obtusas a redondeadas en el ápice y densamente patente-tomentosas a velutinas en el envés, brácteas florales más largas que el cáliz y por ser caducifolia y producir hojas y flores al mismo tiempo y por temporadas, mientras que *G. macrosperma* generalmente no es caducifolia y produce sus hojas y flores a ritmos distintos.

Guettarda poasana Standl., J. Wash. Acad. Sci. 18: 182. 1928.

Arboles hasta 15 m de alto, pilosos. Hojas elípticas a lanceoladas, 7–16 cm de largo y 1.5–9 cm de ancho, ápice acuminado, base aguda, papiráceas, nervios secundarios 5–7 pares, nervadura menor lineolada; pecíolos 1–7 cm de largo; estípulas 12–20 mm de largo, caducas, acostilladas, la costa pilosa. Cimas 3–6 cm de largo y de ancho, dicasiales con las ramitas escorpioides, pedúnculos 1–3 cm de largo, brácteas reducidas; limbo calicino hasta 1 mm de largo, truncado a denticulado; corola externamente serícea, blanca a rosada, tubo 16–20 mm de largo, lobos redondeados, 4–6 mm de largo, con márgenes crispados. Drupas elipsoides, ca 8 mm de largo y 6 mm de ancho; pireno 4-angulado.

Ocasional en bosques premontanos y montanos, Zelaya y Granada; 900–1400 m; fl abr–may, sep, fr mar–abr, sep–nov; *Neill 781, Pipoly 5163*; Nicaragua al norte de Costa Rica. Especie muy afín a *G. crispiflora* Vahl, del centro de Costa Rica a Bolivia y las Antillas, que se distingue por su pubescencia densamente tomentosa a pilosa en los pecíolos, ramitas y estípulas. Las plantas de Nicaragua difieren de las costarricenses por la pubescencia moderada a densa en los pecíolos, las ramitas y las estípulas, mientras que la pubescencia es esparcida a ausente en las plantas costarricenses.

Guettarda turrialbana N. Zamora & Poveda, Ann. Missouri Bot. Gard. 75: 1157. 1988.

Arboles hasta 30 m de alto, glabrescentes. Hojas elípticas, 9–30 cm de largo y 4–16 cm de ancho, ápice acuminado, base aguda a acuminada, cartáceas, nervios secundarios 8–10 pares, nervadura menor no lineolada; pecíolos 2–3 cm de largo; estípulas 12–20 mm de largo, glabras, caducas. Cimas 2–8 cm de largo y de ancho, ligeramente dicasiales y congestionadas, pedúnculos 3–5 cm de largo, brácteas reducidas; limbo calicino 2–5 mm de largo, truncado;

corola blanca, externamente glabra, tubo 40–54 mm de largo, lobos elipsoides, 5–6 mm de largo, redondeados. Drupas angostamente elipsoides, 6–12 mm de diámetro; pireno redondeado.

Esta especie se incluye provisionalmente ya que se conoce de un solo ejemplar estéril (*Salick 8145*) de bosques húmedos de tierras bajas, Río San Juan; 0–50 m; sureste de Nicaragua al este de Costa Rica.

HAMELIA Jacq.

Arbustos o arbolitos; plantas hermafroditas. Hojas opuestas o verticiladas, a veces con domacios; estípulas interpeciolares, triangulares, generalmente caducas. Inflorescencias terminales, cimosas, dicasiales a escorpioides, con ramitas frecuentemente secundas, brácteas reducidas, flores homostilas; limbo calicino 5-lobado; corola tubular o infundibuliforme, amarilla, anaranjada o roja, lobos 5, imbricados; ovario 4–5-locular, óvulos numerosos por lóculo. Fruto abayado, globoso a elipsoide u ovoide, suculento, rojo luego negro; semillas angulosas.

Género neotropical con unas 16 especies; 5 especies en Nicaragua. Elias separó el género sólo en dos secciones, que son equivalentes a los subgéneros de otros géneros de Rubiaceae.

T. Elias. A monograph of the genus *Hamelia* (Rubiaceae). Mem. New York Bot. Gard. 26(4): 81–144. 1976.

1. Corola infundibuliforme, expandida marcadamente hacia la boca, amarilla (Sección *Amphituba*)
   2. Tubo corolino 10–15 mm de largo, glabro externamente, lobos 1–2 mm de largo; frutos 4–7 mm de largo .... **H. axillaris**
   2. Tubo corolino 18–35 mm de largo, pubescente externamente, lobos 2–9 mm de largo; frutos 11–15 mm de largo .... **H. xerocarpa**
1. Corola tubular, no expandida marcadamente hacia la boca, generalmente anaranjada a roja o a veces amarilla (Sección *Hamelia*)
   3. Lobos calicinos 2–4.5 mm de largo; ramitas de la inflorescencia, ovario y corola densamente patente-vellosos .... **H. rovirosae**
   3. Lobos calicinos 0.5–1.5 mm de largo; ramitas de la inflorescencia, ovario y corola glabros a adpreso- o patente-vellosos
      4. Pedicelos 5–12 mm de largo; hojas apareadas .... **H. longipes**
      4. Pedicelos (sin las puntas no alargadas de las ramitas de las inflorescencias) hasta 4.5 mm de largo; hojas apareadas o generalmente verticiladas .... **H. patens**

Hamelia axillaris Sw., Prodr. 46. 1788; *H. lutea* Rohr ex Sm.

Plantas hasta 5 m de alto, pubérulas a glabrescentes. Hojas 2–3 (4) por nudo, elípticas a oblanceoladas, 5–18 cm de largo y 2–8 cm de ancho, ápice cortamente acuminado, base cuneada, papiráceas, nervios secundarios 5–9 pares; pecíolos 1–7 cm de largo; estípulas 2–6 mm de largo. Inflorescencias 3–8 cm de largo y de ancho, pedúnculo 5–15 mm de largo; lobos calicinos ca 1 mm de largo; corola infundibuliforme, glabra externamente, amarilla, tubo 10–15 mm de largo, lobos 1–2 mm de largo. Frutos 4–7 mm de largo y 3–5 mm de ancho.

Ocasional, generalmente en el sotobosque de bosques húmedos, zona atlántica; 10–700 m; fl abr–oct, fr jul–feb; *Moreno 14835, 25995*; México a Bolivia y en las Antillas.

Hamelia longipes Standl., Proc. Biol. Soc. Wash. 37: 53. 1924.

Plantas hasta 5 m de alto, glabrescentes a pubé-rulas. Hojas apareadas, 12–25 cm de largo y 4.5–10 cm de ancho, ápice acuminado, base cuneada a obtusa, papiráceas, nervios secundarios 8–11 pares; pecíolos 4–6 cm de largo; estípulas 3–4 mm de largo. Inflorescencias 4–8 cm de largo y 5–14 cm de ancho, pedúnculos 1–5 cm de largo; lobos calicinos ca 1 mm de largo; corola tubular, glabra externamente, anaranjado-amarillenta a roja, tubo 11.5–17.5 mm de largo, lobos 1–1.5 mm de largo. Frutos 5–8 mm de largo y 5–7 mm de ancho.

Ocasional en bosques siempreverdes y premontanos, zonas atlántica y norcentral; 60–900 m; fl abr–jul, fr sep–abr; *Moreno 17209, Stevens 21769*; México a Nicaragua. Aquí se amplía la distribución de esta especie; Elias la citó sólo hasta el norte de Honduras.

Hamelia patens Jacq., Enum. Syst. Pl. 16. 1760; *H. erecta* Jacq.; *H. nodosa* M. Martens & Galeotti.

Plantas hasta 7 m de alto, glabras a adpreso- o patente-vellosas. Hojas (2) 3 (4) por nudo, elípticas a elíptico-oblanceoladas, 5–23 cm de largo y 1–10 cm de ancho, ápice acuminado, base aguda a obtusa, papiráceas, nervios secundarios 5–11 pares; pecíolos 5–80 mm de largo; estípulas 1.5–6 mm de largo. Inflorescencias 3–15 cm de largo y 5–20 cm de ancho, pedúnculos 5–40 mm de largo; lobos calicinos 0.5–1.5 mm de largo; corola tubular, glabra a adpreso- o patente-vellosa externamente, amarillo obscura, anaranjada o roja, tubo 12–23 mm de largo, lobos 1–2.5 mm de largo. Frutos 7–13 mm de largo y 4–10 mm de ancho.

Común, generalmente en vegetación secundaria, en todo el país; 0–1600 m; fl y fr todo el año; *Sandino 780*, *Stevens 22353*; sur de los Estados Unidos (Florida) y México hasta Argentina. Elias la separó en dos variedades basadas en la densidad de la pubescencia, *H. patens* var. *patens* con hojas, ovario y corola esparcida a densamente vellosos (pero no tanto como *H. rovirosae*) y *H. patens* var. *glabra* Benth. con hojas (en particular en el envés), ovario y corola glabros o a veces esparcidamente vellosos. La variedad *glabra* tiene una distribución con su centro en el norte de Sudamérica, llegando apenas al sur de Nicaragua (Elias cita sólo el tipo de Río San Juan, Nicaragua), y una tendencia a tener corolas más cortas. Elias no indica que existen, ni yo puedo encontrar, otras diferencias que tienen correlación con aspectos de la ecología ni la morfología, por lo tanto estas dos variedades no se separan en este tratamiento. "Mazamora".

Hamelia rovirosae Wernham, J. Bot. 49: 211. 1911.
Plantas hasta 10 m de alto. Hojas (2) 3 por nudo, elípticas a elíptico-lanceoladas, 2.5–10 (15) cm de largo y 1.5–6 cm de ancho, ápice agudo a acuminado, base cuneada, papiráceas, nervios secundarios 3–5 pares; pecíolos 3–20 mm de largo; estípulas 2–6 mm de largo. Inflorescencias 4–12 cm de largo y de ancho, densamente patente-vellosas, pedúnculos 1–3 cm de largo; lobos calicinos 2–4.5 mm de largo; corola tubular, densamente patente-vellosa externamente, roja, tubo 16–22 mm de largo, lobos 1–2 mm de largo. Frutos elipsoides, 8–14 mm de largo y 4–8 mm de ancho, densamente patente-vellosos.

Poco común en bosques húmedos, zona atlántica; 10–200 m; fl y fr mar, jun–jul; *Neill 4356*, *Rueda 1921*; México a Panamá.

Hamelia xerocarpa Kuntze, Revis. Gen. Pl. 1: 284. 1891; *H. magniloba* Wernham; *H. costaricensis* Standl.; *H. rowleei* Standl.
Plantas hasta 5 m de alto, vellosas. Hojas 3 por nudo, elípticas a elíptico-obovadas, 8–37 cm de largo y 3.5–14 cm de ancho, ápice acuminado, base aguda, papiráceas, nervios secundarios 9–18 pares, sin domacios; pecíolos 1–8.5 cm de largo; estípulas 6–17 mm de largo. Inflorescencias 3–15 cm de largo y de ancho, pedúnculo 1–5.5 cm de largo; lobos calicinos hasta 2 mm de largo; corola infundibuliforme, pubescente externamente, amarilla, tubo 18–35 mm de largo, lobos 2–9 mm de largo. Frutos 11–15 mm de largo y 3–5 mm de ancho.

Conocida en Nicaragua sólo por el tipo de *H. magniloba* (*Tate 200*) de Chontales; Nicaragua al noroeste de Colombia. La especie similar *H. macrantha* Little posiblemente se pueda encontrar en Nicaragua; se distingue por su corola 3 veces más amplia en la garganta que en la base, mientras que la corola de *H. xerocarpa* es ca 2 veces más amplia.

HILLIA Jacq.; *Ravnia* Oerst.

Arbustos, lianas o arbolitos suculentos, generalmente epífitos y glabros; plantas hermafroditas. Hojas opuestas, coriáceas, nervios secundarios generalmente no evidentes, sin domacios; estípulas interpeciolares, liguladas a oblanceoladas, redondeadas, caducas. Flores terminales, 1–3, subsésiles, homostilas, brácteas reducidas o ausentes; limbo calicino lobulado o ausente; corola hipocrateriforme, infundibuliforme o tubular-abultada, blanca o roja, glabra, lobos 4–6, convolutos; ovario 2-locular, óvulos numerosos por lóculo. Fruto una cápsula cilíndrica, cartácea a leñosa, con dehiscencia septicida y basípeta; semillas rómbicas, aplanadas, con ala membranácea marginal y un penacho de tricomas en uno de los extremos.

Género neotropical con unas 24 especies; 5 especies en Nicaragua. Género afín a *Cosmibuena*, que se distingue por sus semillas sin tricomas y flores normalmente en cimas de 3–11. *Ravnia* se consideraba un género distinto caracterizado por sus corolas rojas e infundibuliformes a tubular-abultadas, pero recientes estudios demuestran que constituye un grupo artificial y por tanto aquí no se lo separa.

C.M. Taylor. Revision of *Hillia* subg. *Ravnia* (Rubiaceae: Cinchonoideae). Selbyana 11: 26–34. 1989; C.M. Taylor. Revision of *Hillia* (Rubiaceae). Ann. Missouri Bot. Gard. 81: 571–609. 1994.

1. Corola roja, tubular y abultada en la mitad distal, con 6 lobos; flores generalmente 3 por inflorescencia; hojas con ápice agudo a acuminado .... **H. triflora** var. **triflora**
1. Corola blanca, hipocrateriforme con tubo cilíndrico, con 4 lobos; flores generalmente solitarias; hojas con ápice redondeado a obtuso
   2. Tubo corolino 42–55 mm de largo, lobos 10–27 mm de largo y 8–17 mm de ancho
      3. Cápsula lisa o con costillas longitudinales ligeras; hojas coriáceas y gruesas .... **H. maxonii**
      3. Cápsula con costillas longitudinales bien desarrolladas, a veces aladas; hojas subcoriáceas a coriáceas, pero no muy gruesas .... **H. tetrandra**
   2. Tubo corolino 24–40 mm de largo, lobos 8–15 mm de largo y 3–15 mm de ancho
      4. Lobos corolinos redondeados, 8–15 mm de largo y 6–15 mm de ancho .... **H. palmana**
      4. Lobos corolinos agudos, 8–10 mm de largo y 3–5 mm de ancho .... **H. panamensis**

Hillia maxonii Standl., J. Wash. Acad. Sci. 18: 163. 1928.

Hasta 5 m de alto. Hojas elípticas a oblanceoladas, 2.5–10 cm de largo y 1.5–3.5 cm de ancho, ápice obtuso a redondeado, base cuneada a aguda, coriáceas, gruesas; pecíolos 3–8 (15) mm de largo; estípulas 12–32 mm de largo y 8–10 mm de ancho. Flores nocturnas, fragantes, solitarias, pedúnculo 1–2 mm de largo; limbo calicino ausente o en 4 lobos ligulados, 5–6 mm de largo y 0.5–2 mm de ancho; corola hipocrateriforme, blanca, tubo 42–55 mm de largo, lobos 4, elípticos, 10–27 mm de largo y 8–17 mm de ancho, redondeados. Cápsulas 20–60 mm de largo y 5–9 mm de ancho, lisas o con costillas longitudinales ligeras; semillas 2–4 mm de largo, con tricomas 6–13 mm de largo.

Rara, conocida por 2 colecciones del sur de Managua; 800–900 m; fr jun; *Garnier 135, Maxon 7501*; Nicaragua a Ecuador.

Hillia palmana Standl., J. Wash. Acad. Sci. 18: 164. 1928.

Hasta 5 m de alto. Hojas elípticas a oblanceoladas, 2–7 cm de largo y 1.5–3.5 cm de ancho, ápice obtuso a redondeado, base cuneada a aguda, coriáceas, gruesas; pecíolos 3–8 mm de largo; estípulas 12–20 mm de largo y 8–10 mm de ancho. Flores nocturnas, fragantes, solitarias, pedúnculo 1–2 mm de largo; limbo calicino ausente o en 4 lobos ligulados, 4–6 mm de largo y 1–2 mm de ancho; corola hipocrateriforme, blanca, tubo 35–40 mm de largo, lobos 4, elípticos a suborbiculares, 8–15 mm de largo y 6–15 mm de ancho, redondeados. Cápsulas 30–60 mm de largo y 5–8 mm de ancho, lisas; semillas 2–4 mm de largo, con tricomas 6–13 mm de largo.

Colectada dos veces en el país, en bosques húmedos y generalmente premontanos o montanos, Matagalpa y Granada; 800–1000 m; fl jul; *Moreno 8510, Stevens 9616*; centro de Nicaragua al centro de Panamá.

Hillia panamensis Standl., N. Amer. Fl. 32: 117. 1921; *H. chiapensis* Standl.

Hasta 4 m de alto. Hojas elípticas, 6–15 mm de largo y 3–10 mm de ancho, ápice obtuso a redondeado, base cuneada a aguda, subcoriáceas a coriáceas; pecíolos 1–2 mm de largo; estípulas 4–5 mm de largo y 1–1.5 mm de ancho. Flores nocturnas, fragantes, solitarias, pedúnculo ca 1 mm de largo; limbo calicino ausente o en 4 lobos ligulados, 6–7 mm de largo y 1–3 mm de ancho; corola hipocrateriforme, blanca, tubo 24–35 mm de largo, lobos 4, lanceolados, 8–10 mm de largo y 3–5 mm de ancho, agudos. Cápsulas 20–40 mm de largo y 3 mm de ancho, lisas; semillas 1–2 mm de largo, con tricomas 6–13 mm de largo.

Ocasional en bosques húmedos y generalmente premontanos, Volcanes Maderas y Concepción, Isla de Ometepe; 800–1200 m; fr nov–feb; *Moreno 18806, 19852*; México (Chiapas) al oeste de Panamá.

Hillia tetrandra Sw., Prodr. 58. 1788.

Hasta 4 m de alto. Hojas elípticas a obovadas, 2–7.5 cm de largo y 1–3 cm de ancho, ápice obtuso a redondeado, base cuneada a aguda, subcoriáceas a coriáceas; pecíolos 1–11 mm de largo; estípulas 8–30 mm de largo y 5–20 mm de ancho. Flores nocturnas, fragantes, solitarias, pedúnculo 1–5 mm de largo; limbo calicino ausente o en 4 lobos ligulados, 7–19 mm de largo y 1–3 mm de ancho; corola hipocrateriforme, blanca, tubo 42–50 mm de largo, lobos 4, elípticos, 10–27 mm de largo y 8–17 mm de ancho, redondeados. Cápsulas 25–80 mm de largo y 5–9 mm de ancho, con costillas longitudinales bien desarrolladas, a veces aladas; semillas 2.5–3.5 mm de largo, con tricomas 8–17 mm de largo.

Ocasional, generalmente en bosques húmedos, zonas atlántica y norcentral; 80–1300 m; fl may, fr dic–mar; *Moreno 23735, Neill 382 (7259)*; sur de México al centro de Nicaragua, Cuba, Jamaica y La Española.

Hillia triflora (Oerst.) C.M. Taylor var. **triflora**, Selbyana 11: 30. 1989; *Ravnia triflora* Oerst.

Hasta 3 m de alto. Hojas lanceoladas a lanceolado-elípticas, 4.5–16.5 cm de largo y 1.5–8 cm de ancho, ápice agudo a acuminado, base cuneada a aguda, subcoriáceas a coriáceas; pecíolos 1–7 mm de largo; estípulas 28–43 mm de largo y 5–10 mm de ancho. Flores diurnas, sin olor, generalmente 3, pedúnculos 1–6 mm de largo; limbo calicino en 6 lobos ligulados, 3–13 mm de largo y 1–3 mm de ancho; corola tubular y abultada en la mitad distal, roja, tubo 40–65 mm de largo, lobos 6, triangulares,

2–8 mm de largo, agudos a redondeados. Cápsulas 45–95 mm de largo y 5–12 mm de ancho, lisas o con costillas longitudinales ligeras; semillas 1–2.5 mm de largo, con tricomas 15–30 mm de largo.

Ocasional en bosques húmedos premontanos, zona norcentral e Isla de Ometepe; 700–1450 m; fl ene, fr feb, mar; *Moreno 7417, Stevens 22725*; sur de Nicaragua al oeste de Panamá.

HIPPOTIS Ruiz & Pav.

Hippotis sp. A.

Arboles o arbustos hasta 17 m de alto, estrigosos a hirsutos; plantas hermafroditas. Hojas opuestas, elípticas a elíptico-oblongas, 12–35 cm de largo y 5.5–18 cm de ancho, ápice acuminado, base obtusa a ligeramente cordada, papiráceas, nervios secundarios 7–10 pares, a veces con domacios, nervadura menor lineolada; pecíolos 10–35 mm de largo; estípulas interpeciolares, triangulares, 15–30 mm de largo, caducas. Flores axilares, solitarias, sobre pedúnculos 1–10 mm de largo, homostilas; limbo calicino 25–40 mm de largo, triangular, espatáceo, densamente hirsuto a piloso; corola infundibuliforme, externamente hirsuta, blanca tornándose amarilla o café con

la edad, tubo 35–45 mm de largo, lobos 5, triangulares, 5–8 mm de largo, valvares y plicados; ovario 2-locular, óvulos numerosos. Frutos abayados, elipsoides, 3–4 cm de largo y 1–3 cm de ancho, carnosos; semillas angulosas, ca 2 mm de largo.

Ocasional en bosques húmedos, zona atlántica; 10–300 m; fl feb–mar, jun; *Moreno 14734, 26007*; Nicaragua al noroeste de Sudamérica. La combinación de la nervadura menor estrechamente lineolada con el limbo calicino espatáceo es distintiva. Ha sido erróneamente identificada como *H. albiflora* H. Karst. y *H. brevipes* Spruce ex K. Schum. Género neotropical con unas 10 especies.

HOFFMANNIA Sw.; *Ophryococcus* Oerst.

Arbustos, sufrútices y hierbas; plantas hermafroditas. Hojas opuestas, a veces con domacios; estípulas interpeciolares, triangulares, frecuentemente suculentas, generalmente caducas. Inflorescencias axilares, 1–varias por nudo, cimosas a glomeruladas, con ramitas frecuentemente secundas, con brácteas reducidas, flores homostilas; limbo calicino 4-lobado; corola tubular o infundibuliforme, amarilla, anaranjada o roja, lobos 4, imbricados; ovario 2-locular, óvulos numerosos por lóculo. Fruto abayado, globoso a elipsoide, suculento, rojo; semillas angulosas.

Género neotropical con unas 100–150 especies; 5 especies en Nicaragua. Las especies son muy variables morfológicamente, al parecer debido en parte a su tendencia a formar series poliploides; algunas especies aquí se delimitan y se les dan nombres provisionales.

L.O. Williams. Hoffmannias from Mexico and Central America. Fieldiana, Bot. 36: 51–60. 1973.

1. Plantas con hojas, tallos e inflorescencias vellosas a hirsutas con tricomas 1–3 mm de largo .... **H. gesnerioides**
1. Plantas glabras o pubérulas con tricomas diminutos
    2. Hierbas algo suculentas, con tallos rastreros con raíces en la base, la porción erguida hasta 0.3 m de alto
    .... **H. bullata**
    2. Arbustos o sufrútices con tallos erguidos hasta 5 m de alto
        3. Inflorescencias producidas en los nudos jóvenes junto con las hojas, por todo el tallo y casi hasta el ápice .... **H. oreophila**
        3. Inflorescencias producidas principalmente en los nudos viejos y afilos, en la parte basal del tallo
            4. Hojas oblanceoladas a obovadas, papiráceas, base aguda y atenuada, subsésiles o terminando indistintamente en un pecíolo hasta 1 cm de largo .... **H. hamelioides**
            4. Hojas elípticas, membranáceas, base aguda terminando en un pecíolo distinto de 1–6 cm de largo
            .... **H. pallidiflora**

Hoffmannia bullata L.O. Williams, Fieldiana, Bot. 36: 52. 1973.

Hierbas hasta 0.3 m de alto, glabrescentes a pubérulas, algo suculentas. Hojas elípticas a oblanceoladas, 5–19 cm de largo y 2.5–6 cm de ancho, ápice agudo a brevemente acuminado, base aguda, papiráceas, frecuentemente ampollosas, nervios secundarios 8–12 pares; pecíolos 3–5 mm de largo; estípulas 1–3 mm de largo. Inflorescencias cimosas, 1–1.5 cm de largo, pedúnculos 1–8 cm de largo, pedicelos 2–5 mm de largo, flores 3–10; lobos calicinos 1–2 mm de largo; corola tubular a rotácea, glabra, rosada a roja, tubo ca 4 mm de largo, lobos ca 3 mm de largo. Frutos 6–9 mm de diámetro.

Ocasional en bosques húmedos y premontanos, Zelaya, Rivas; 300–1150 m; fl may, jun, fr feb–nov; *Grijalva 308, Ortiz 1956*; sur de México a Panamá.

Hoffmannia gesnerioides (Oerst.) Kuntze, Revis. Gen. Pl. 1: 285. 1891; *Ophryococcus gesnerioides* Oerst.

Arbustos o sufrútices hasta 2 m de alto, hirsutos a vellosos con tricomas 1–3 mm de largo. Hojas elípticas, 6–18 cm de largo y 2–5 cm de ancho, ápice acuminado, base aguda y atenuada, papiráceas, nervios secundarios 6–9 pares; pecíolos 1–2 cm de largo; estípulas 8–10 mm de largo. Inflorescencias cimosas a umbeliformes, producidas con las hojas, 1–1.5 cm de largo, pedúnculos 10–50 mm de largo, pedicelos 1–5 mm de largo, flores 2–10; lobos calicinos 1–4 mm de largo; corola tubular a rotácea, vellosa, blanca a blanco verdosa, tubo ca 2 mm de largo, lobos ca 8 mm de largo. Frutos 5–10 mm de diámetro.

Frecuente en bosques húmedos y premontanos, zona norcentral; 600–1700 m; fl ene–abr, fr todo el año; *Moreno 7609, 18145*; endémica.

Hoffmannia hamelioides Standl., J. Wash. Acad. Sci. 15: 8. 1925.

Arbustos o sufrútices hasta 2 m de alto, glabrescentes a pubérulos. Hojas oblanceoladas a obovadas, 12–20 cm de largo y 4–8 cm de ancho, ápice acuminado, base aguda y atenuada, papiráceas, nervios secundarios 8–15 pares; pecíolos 2–10 mm de largo; estípulas 1.5–2 mm de largo. Inflorescencias cimosas, producidas debajo de las hojas, 1–2 cm de largo,

pedúnculos 5–15 mm de largo, pedicelos 1–5 mm de largo, flores 2–10; lobos calicinos ca 0.5 mm de largo; corola tubular a rotácea, glabra, blanca a amarillenta, tubo 1.5–2 mm de largo, lobos 2–3 mm de largo. Frutos 2–4 mm de diámetro.

Poco común en bosques húmedos y premontanos, Rivas y Río San Juan; 0–1000 m; fl jun, jul; *Robleto 2067, Rueda 1867*; sur de México a Panamá.

Hoffmannia oreophila L.O. Williams, Fieldiana, Bot. 36: 57. 1973.

Arbustos o sufrútices hasta 5 m de alto, glabrescentes a pubérulos. Hojas oblanceoladas a obovadas, 12–20 cm de largo y 3–6 cm de ancho, ápice acuminado, base aguda y atenuada, papiráceas, nervios secundarios 7–11 pares; pecíolos 1–1.5 cm de largo; estípulas 1.5–2 mm de largo. Inflorescencias cimosas, producidas junto con las hojas, 1–2 cm de largo, pedúnculos 5–25 mm de largo, pedicelos 1–5 mm de largo, flores 3–10; lobos calicinos ca 0.5 mm de largo; corola tubular a rotácea, glabra, blanca a amarilla a veces matizada de rosado, tubo ca 2 mm de largo, lobos ca 4 mm de largo. Frutos 5–8 mm de diámetro.

Frecuente en bosques premontanos y montanos, en todo el país; 600–1650 m; fl y fr todo el año; *Moreno 16024, Stevens 21603*; endémica de Nicaragua, pero tal vez se encuentre en el este de Honduras.

Hoffmannia pallidiflora Standl., J. Wash. Acad. Sci. 15: 9. 1925.

Arbustos o sufrútices hasta 1.5 m de alto, glabrescentes a pubérulos. Hojas elípticas, 11–20 cm de largo y 4–9 cm de ancho, ápice acuminado, base aguda, membranáceas, nervios secundarios 9–12 pares; pecíolos 1–6 cm de largo; estípulas ca 3 mm de largo. Inflorescencias cimosas, producidas debajo de las hojas, 0.5–3 cm de largo, pedúnculos 15–35 mm de largo, pedicelos 3–5 mm de largo, flores 3–20; lobos calicinos ca 1 mm de largo; corola tubular a rotácea, glabra, blanca a blanco verdosa, tubo 3–4 mm de largo, lobos ca 8 mm de largo. Frutos 7–8 mm de diámetro.

Poco común en bosques húmedos y premontanos, zonas atlántica y norcentral; 200–1000 m; fr ene, feb, nov; *Gentry 43894, Vincelli 221*; Nicaragua a Panamá.

ISERTIA Schreb.

Arbustos o arbolitos; plantas hermafroditas. Hojas opuestas, sin domacios; estípulas interpeciolares o intrapeciolares, triangulares o bilobadas, generalmente persistentes. Inflorescencias terminales, piramidales, tirsoides con las ramitas generalmente dicasiales, bracteadas, flores homostilas; limbo calicino 4–6-lobado; corola infundibuliforme a hipocrateriforme, blanca o coloreada, barbada en la garganta, lobos 4–6, imbricados o valvares; ovario 2–6-locular, óvulos numerosos por lóculo. Fruto abayado o drupáceo, globoso a elipsoide, suculento o seco; pirenos (cuando presentes) 2–6, con numerosas semillas; semillas angulosas.

Género neotropical con 14 especies; 2 especies en Nicaragua. *Isertia* se distingue por sus anteras con las tecas loculares (sacos polínicos con divisiones horizontales), el carácter que une a las especies a pesar de la variación en el tipo de fruto y la prefloración de los lobos corolinos; las ramas estériles frecuentemente producen hojas notablemente grandes.

B. Boom. A revision of the genus *Isertia* (Isertieae: Rubiaceae). Brittonia 36: 424–454. 1984.

1. Corolas amarillas a rojas, tubo 17–25 mm de largo; frutos drupáceos, 4–5 mm de largo y 6–8 mm de ancho, en la madurez mayormente secos .... **I. haenkeana**
1. Corolas blancas, tubo 30–55 mm de largo; frutos abayados, 8–12 mm de diámetro, en la madurez carnosos ..... **I. laevis**

Isertia haenkeana DC., Prodr. 4: 437. 1830.

Hasta 6 (20) m de alto, cortamente pilosas a glabrescentes. Hojas elípticas a elíptico-oblongas, 7–60 cm de largo y 4–25 cm de ancho, ápice acuminado, base cuneada a aguda, papiráceas, a veces grisáceas en el envés, nervios secundarios 14–22 pares; pecíolos 0.5–5 cm de largo; estípulas interpeciolares, profundamente bilobadas hasta aparentemente libres, 7–15 mm de largo. Inflorescencias 8–20 cm de largo y 6–12 cm de ancho, pedúnculo 2–5 cm de largo, pedicelos 0–2 mm de largo; limbo calicino ca 0.2 mm de largo, 5–6-lobado; corola externamente pubérula a glabrescente, amarilla a roja, tubo 17–25 mm de largo, lobos ligulados, 5–7 mm de largo. Frutos drupáceos, subglobosos a oblatos, 4–5 mm de largo y 6–8 mm de ancho, en la madurez generalmente secos; pirenos 6.

Frecuente en bosques húmedos y de galería, comúnmente en vegetación secundaria, zona atlántica; 0–150 m; fl y fr todo el año; *Grijalva 1639*, *Moreno 24648*; sur de México a Venezuela y Colombia, también en Cuba. Esta especie se confunde frecuentemente con *Palicourea guianensis*, la cual se distingue por su corola glabra en la garganta y frutos carnosos con 1–2 pirenos, cada uno con una sola semilla.

Isertia laevis (Triana) B.M. Boom, Brittonia 36: 433. 1984; *Cassupa laevis* Triana.

Plantas hasta 15 m de alto, cortamente pilosas a glabrescentes. Hojas elípticas, 15–60 cm de largo y 7–20 cm de ancho, ápice acuminado, base obtusa a cuneada, papiráceas, a veces blanquecinas en el envés, nervios secundarios 15–22 pares; pecíolos 1.5–7.5 cm de largo; estípulas interpeciolares, profundamente bilobadas hasta aparentemente libres, 7–15 mm de largo. Inflorescencias 7–35 cm de largo y 5–15 cm de ancho, pedúnculo 2–6 cm de largo, flores sésiles; limbo calicino hasta 1 mm de largo, 5–6-lobado; corola externamente pubérula a glabrescente, blanca, tubo 30–55 mm de largo, lobos ligulados, 10–14 mm de largo. Frutos abayados, elipsoides a subglobosos, 8–12 mm de diámetro, carnosos.

Poco común en bosques húmedos, zona atlántica; 50–200 m; fl jul, fr ene, jul; *Moreno 24623*, *Rueda 1970*; Nicaragua a Bolivia. Esta especie ha sido tratada erróneamente como *I. hypoleuca* Benth. en la *Flora of Panama* y por Croat (1978).

IXORA L.

Arbustos o árboles; plantas hermafroditas. Hojas opuestas, sin domacios; estípulas interpeciolares y a veces además parcialmente intrapeciolares, triangulares, frecuentemente aristadas, persistentes o caducas. Inflorescencias generalmente terminales, tirsoides a cimoso-corimbiformes, bracteadas, flores homostilas; limbo calicino 4-lobado, corola hipocrateriforme, blanca o coloreada, lobos 4, convolutos; ovario 2-locular, óvulo 1 por lóculo. Fruto drupáceo, globoso a elipsoide, suculento, rojo a negro; pirenos 2, 1-loculares, plano-convexos.

Género pantropical con unas 400 especies, la mayoría en Asia y Africa; 2 especies nativas y 3 cultivadas se encuentran en Nicaragua. Las especies cultivadas raras veces producen frutos.

1. Tubo corolino 3–6 mm de largo; plantas nativas, silvestres
  2. Hojas 15–24 cm de largo; flores subsésiles en címulas o cabezuelas; ramitas de la inflorescencia tomentulosas a hírtulas .... **I. floribunda**
  2. Hojas 7–16 cm de largo; flores sobre pedicelos 5–10 mm de largo; ramitas de la inflorescencia glabras a glabrescentes .... **I. nicaraguensis**

1. Tubo corolino 20–45 mm de largo; plantas cultivadas
   3. Hojas sésiles, la base en general ligeramente cordada o truncada .... **I. coccinea**
   3. Hojas por lo menos brevemente pecioladas, con la base cuneada a aguda
      4. Lobos calicinos hasta 1.5 mm de largo; corola rosada a roja .... **I. casei**
      4. Lobos calicinos 3–4 mm de largo; corola blanca .... **I. finlaysoniana**

Ixora casei Hance, Ann. Bot. Syst. 2: 754. 1852.

Arbustos hasta 2 m de alto, glabros a glabrescentes. Hojas elípticas a elíptico-oblongas, 6–16 cm de largo y 1.5–6 cm de ancho, ápice brevemente acuminado, base cuneada a aguda, papiráceas, nervios secundarios 7–12 pares; pecíolos 1–5 mm de largo; estípulas interpeciolares, persistentes, triangulares, 2–4 mm de largo y además la arista de 2–4 mm de largo. Inflorescencias redondeadas, cimoso-corimbosas, 5–9 cm de largo y 6–10 cm de ancho, pedicelos hasta 2 mm de largo; limbo calicino 0.5–1.5 mm de largo, parcialmente lobulado; corola glabra, rosada a roja, tubo 20–35 mm de largo, lobos elípticos, 8–12 mm de largo, agudos. Frutos no observados.

Ocasionalmente cultivada; *Guzmán 1067, Moreno 3*; fl todo el año; nativa de Micronesia (Islas Carolinas). Esta especie a menudo se confunde con *I. coccinea*. "Genciana".

Ixora coccinea L., Sp. Pl. 110. 1753.

Arbustos hasta 5 m de alto, glabros a glabrescentes. Hojas elípticas a obovadas, 2–16 cm de largo y 1.5–6 cm de ancho, ápice obtuso a agudo, base truncada a ligeramente cordada, cartáceas, nervios secundarios 5–6 pares; sésiles; estípulas interpeciolares, persistentes, triangulares, 2–4 mm de largo y además la arista de 2–6 mm de largo. Inflorescencias redondeadas, cimoso-corimbosas, 5–15 cm de largo y de ancho, flores subsésiles; limbo calicino 0.5–1 mm de largo, dentado; corola glabra, amarilla, roja o anaranjada, tubo 25–45 mm de largo, lobos elípticos, 10–15 mm de largo, agudos. Frutos no observados.

Ocasionalmente cultivada; 15–500 m; fl todo el año, fr ago; *Araquistain 35, Grijalva 1784*; nativa de India. Esta especie frecuentemente se confunde con *I. casei*. "Genciana".

Ixora finlaysoniana Wall. ex G. Don, Gen. Hist. 3: 572. 1834.

Arbustos hasta 5 m de alto, glabros. Hojas elípticas a elíptico-oblongas, 6–18 cm de largo y 2–6 cm de ancho, ápice agudo, base cuneada a aguda, papiráceas a cartáceas, nervios secundarios 6–8 pares; pecíolos 4–20 mm de largo; estípulas interpeciolares, persistentes, triangulares, 2–7 mm de largo y además la arista caduca de 2–3 mm de largo. Inflorescencias redondeadas, cimoso-corimbosas, 5–

10 cm de largo y de ancho, flores subsésiles; limbo calicino 3–4 mm de largo, profundamente lobulado; corola glabra, blanca, tubo 20–30 mm de largo, lobos angostamente elípticos, 4–8 mm de largo, agudos. Frutos no observados.

Ocasionalmente cultivada; 60–280 m; fl todo el año; *Grijalva 2984, Robleto 406*; nativa de India. La variante ortográfica *findlaysoniana* ha sido a veces usada, pero es incorrecta. "Corona de novia".

Ixora floribunda (A. Rich.) Griseb., Cat. Pl. Cub. 134. 1866; *Siderodendron floribundum* A. Rich.

Arbustos o arbolitos hasta 15 m de alto, glabros a pubérulos. Hojas elípticas a elíptico-oblongas u obovadas, 15–24 cm de largo y 4–10 cm de ancho, ápice agudo a brevemente acuminado, base aguda a atenuada, papiráceas a cartáceas, nervios secundarios 6–10 pares; pecíolos 10–25 mm de largo; estípulas interpeciolares, caducas, triangulares, membranáceas, adaxialmente seríceas, 4–10 mm de largo y además la arista de ca 1 mm de largo. Inflorescencias tomentulosas a hírtulas, piramidales, cimoso-paniculadas, 5–12 cm de largo y 5–10 cm de ancho, flores subsésiles; limbo calicino 0.5–1 mm de largo, truncado a dentado; corola glabra, blanca, tubo 3.5–4 mm de largo, lobos elípticos, 3–4 mm de largo, obtusos. Frutos subglobosos, 6–10 mm de diámetro, rojos.

Ocasional en bosques siempreverdes a premontanos y sobre substratos calizos, zona atlántica; 40–800 m; fl mar, fr mar, abr; *Robleto 292, Stevens 19339*; Honduras a Colombia y en Cuba. Quizás no es distinta de *I. peruviana* (Spruce ex K. Schum.) Standl. de Sudamérica.

Ixora nicaraguensis Wernham, J. Bot. 50: 243. 1912.

Arbustos o arbolitos hasta 10 m de alto, glabros a pubérulos. Hojas elípticas a elíptico-oblongas, 7–16 cm de largo y 2–6 cm de ancho, ápice agudo a brevemente acuminado, base cuneada a aguda, cartáceas, nervios secundarios 6–12 pares; pecíolos 3–10 mm de largo; estípulas interpeciolares, generalmente persistentes, triangulares, 4–10 mm de largo y además con la arista de ca 1 mm de largo. Inflorescencias glabras a glabrescentes, piramidales, cimoso-paniculadas, 3–10 cm de largo y 3–9 cm de ancho, gráciles, pedicelos 0.5–5 mm de largo; limbo calicino 0.5–5 mm de largo, truncado a dentado; corola glabra, blanca, tubo 3–6 mm de largo, lobos elípticos, 3–4.5 mm de largo, obtusos. Frutos globosos, 4–8 mm de diámetro, anaranjados a rojos.

Ocasional en bosques húmedos, zona atlántica; 10–170 m; fl ene–may, sep, fr ago–ene; *Miller 1150*, *Moreno 25483*; Belice a Panamá.

MACHAONIA Bonpl.

Machaonia martinicensis (DC.) Standl., Publ. Field Mus. Nat. Hist., Bot. Ser. 22: 193. 1940; *Tetrea martinicensis* DC.; *M. rotundata* var. *dodgei* Standl.

Arboles y arbustos hasta 8 m de alto, a veces escandentes, glabrescentes, a veces armados con espinas; plantas hermafroditas. Hojas opuestas, elípticas a ovadas, 4–9 cm de largo y 1.5–5 cm de ancho, ápice brevemente acuminado a redondeado, base cuneada a truncada, papiráceas, nervios secundarios 5–7 pares, con domacios; pecíolos 3–12 mm de largo; estípulas interpeciolares, triangulares, 2.5–4 mm de largo, persistentes. Inflorescencias terminales, paniculadas, piramidales a redondeadas, 4–14 cm de largo y de ancho, pedúnculos 1–6 cm de largo, brácteas lanceoladas a triangulares, 2–8 mm de largo, flores subsésiles en címulas o glomérulos; limbo calicino 0.5–1.5 mm de largo, 5-dentado; corola infundibuliforme, barbada en la garganta, blanca a verde pálida, tubo 1.5–3 mm de largo, lobos 5, 1–2 mm de largo, triangulares, quincunciales; ovario 2-locular, óvulo 1 por lóculo. Frutos esquizocárpicos, secos, elipsoide-oblongos, cartáceos a leñosos, 5–7 mm de largo y 2–3 mm de ancho; mericarpos 2, indehiscentes, separándose de un carpóforo más o menos persistente.

Poco común en bosques costeros, Zelaya; 0–15 m; fl ene, fr nov; *Moreno 13211, 28251*; Nicaragua a Colombia y en Jamaica. Género neotropical con 25–30 especies.

MALANEA Aubl.

Malanea erecta Seem., Bot. Voy. Herald 136. 1854; *Chomelia coclensis* Dwyer; *M. colombiana* Standl.

Lianas o arbustos escandentes sobre árboles, glabrescentes a estrigosos; plantas hermafroditas. Hojas opuestas, elípticas a ovadas, 5–12 cm de largo y 2.5–8 cm de ancho, ápice agudo a acuminado, base cuneada a obtusa, cartáceas, nervios secundarios 5–8 pares, con domacios, nervadura menor estrechamente lineolada; pecíolos 4–20 mm de largo; estípulas interpeciolares, oblanceoladas, 6–15 mm de largo, caducas. Inflorescencias axilares, paniculadas con ramitas espiciformes, piramidales, 4–12 cm de largo y 4–10 cm de ancho, pedúnculos 5–60 mm de largo, brácteas reducidas, flores subsésiles en glomérulos; limbo calicino ca 0.5 mm de largo, 4-dentado; corola infundibuliforme a rotácea, barbada en la garganta, blanca a cremosa, tubo 1.5–2.5 mm de largo, lobos 4, 1–2 mm de largo, ligulados, valvares; ovario 2-locular, óvulo 1 por lóculo. Frutos drupáceos, carnosos, elipsoides, 5–6 mm de largo y 3–4 mm de ancho, rojos a purpúreos; pireno 1, 2-locular.

Rara, sabanas y pinares, zona atlántica; 80–400 m; fr jul, ago; *Molina 15125, Rueda 4500*; Belice a Colombia. Género neotropical con 10–30 especies.

MANETTIA Mutis ex L.

Enredaderas o lianas; plantas hermafroditas. Hojas opuestas, sin domacios; estípulas interpeciolares y unidas con los pecíolos, persistentes, triangulares o laciniadas. Flores axilares, solitarias o en cimas, bracteadas, a veces distilas; limbo calicino 4–8-lobado; corola tubular-infundibuliforme a hipocrateriforme, blanca a roja, lobos 4, valvares; ovario 2-locular, óvulos numerosos. Fruto una cápsula subglobosa a elipsoide u ovoide, cartácea, con dehiscencia septicida y basípeta; semillas orbiculares, aplanadas, con ala membranácea marginal.

Género con unas 80 especies, México y las Antillas a Argentina; 2 especies en Nicaragua.

1. Cáliz con 6 lobos, 1.5–5 mm de largo; pedicelos 10–25 mm de largo .... **M. longipedicellata**
1. Cáliz con 6–8 lobos, 5–14 mm de largo; pedicelos 5–10 mm de largo .... **M. reclinata**

Manettia longipedicellata C.M. Taylor, Novon 5: 202. 1995.

Enredaderas hasta 3 m de alto, glabrescentes.

Hojas elípticas a ovadas, 3–12 cm de largo y 1.5–5 cm de ancho, ápice agudo a acuminado, base cuneada a obtusa, papiráceas, nervios secundarios 4–6 pares;

pecíolos 5–15 mm de largo; estípulas ca 1 mm de largo. Flores 1–4, pedúnculos 1–2.5 cm de largo, pedicelos 10–25 mm de largo; lobos calicinos 6, 1.5–5 mm de largo, lineares, fuertemente recurvados; corola glabra, blanca a verde pálida o rosada, tubo 6–10 mm de largo, lobos lanceolados, 3–4 mm de largo. Cápsulas obovoides, 5–9 mm de diámetro.

Ocasional en bosques húmedos, zona atlántica; 10–200 m; fl feb, nov, fr feb, abr; *Moreno 14776*, *Stevens 4942*; Nicaragua a Costa Rica.

Manettia reclinata L., Mant. Pl. 558. 1771; *M. costaricensis* Wernham.

Enredaderas hasta 4 m de alto, glabrescentes a estrigosas. Hojas elípticas a ovadas, 2–10 cm de largo y 1–5 cm de ancho, ápice agudo a acuminado, base cuneada a aguda, papiráceas, nervios secundarios 4–6 pares; pecíolos 2–20 mm de largo; estípulas 1–2 mm de largo. Flores 1–3, pedúnculos 1–3 cm de largo, pedicelos 5–15 mm de largo; lobos calicinos 6–8, 5–14 mm de largo, lineares a triangulares, reflexos a recurvados; corola glabra, rosada a rojo obscura, tubo 6–13 mm de largo, lobos 2–2.5 mm de largo, lanceolados. Cápsulas obovoides, 6–10 mm de diámetro.

Ocasional en bosques siempreverdes, zona norcentral y Granada; 40–1400 m; fl y fr ene, jun; *Moreno 16535*, *Stevens 21094*; sur de México a Brasil y en las Antillas.

MITRACARPUS Zucc. ex Schult. & Schult. f.

Hierbas, sufrútices o arbustos bajos; plantas hermafroditas. Hojas opuestas, sin domacios; subsésiles; estípulas interpeciolares y unidas a los pecíolos, persistentes, setosas, truncadas a redondeadas con 3–15 cerdas. Flores varias en glomérulos axilares y terminales, bracteadas, homostilas o distilas; limbo calicino 4–5-lobado; corola infundibuliforme a hipocrateriforme, blanca, barbada en la garganta, lobos 4–5, valvares; ovario 2-locular, óvulo 1 por lóculo. Fruto una cápsula circuncísil, subglobosa a elipsoide, cartácea a subleñosa, seca; semillas elipsoides a oblatas, lisas, con una cicatriz en forma de X.

Género neotropical con unas 30 especies; 2 especies en Nicaragua. Género similar a *Spermacoce*, *Borreria*, *Diodia*, *Richardia* y *Crusea*, los cuales se distinguen por el tipo de dehiscencia de los frutos.

1. Hojas 5–20 mm de ancho, elípticas; tallos tomentulosos y pilosos o hirsutos, con tricomas de dos longitudes distintas .... **M. hirtus**
1. Hojas 1–5 mm de ancho, angostamente elípticas; tallos glabros o con los ángulos híspidos .... **M. rhadinophyllus**

Mitracarpus hirtus (L.) DC., Prodr. 4: 572. 1830; *Spermacoce hirta* L.; *M. villosus* (Sw.) DC.

Hierbas anuales o perennes hasta 0.5 m de alto, tomentulosas y pilosas o hirsutas, los tallos con tricomas de dos longitudes distintas. Hojas elípticas, 1–8 cm de largo y 0.5–2 cm de ancho, ápice y base agudos a obtusos, papiráceas, nervios secundarios 3–6 pares; estípulas con vaina 1–4 mm de largo, cerdas 3–8, 1–5 mm de largo. Glomérulos 5–20 mm de diámetro; limbo calicino profundamente 4-lobado, lobos subiguales, 1–2.5 mm de largo; corola glabra a hírtula, tubo 1.5–2 mm de largo, lobos 0.5–1 mm de largo. Cápsulas 2–3.5 mm de diámetro.

Ocasional en sitios ruderales, en todo el país; 0–1500 m; fl y fr jul–mar; *Grijalva 1502*, *Stevens 23202*; sur de los Estados Unidos a Brasil, las Antillas y adventicia en el Africa y Asia.

Mitracarpus rhadinophyllus (B.L. Rob.) L.O.

Williams, Fieldiana, Bot. 29: 371. 1961; *Borreria rhadinophylla* B.L. Rob.

Hierbas o sufrútices perennes hasta 0.6 m de alto, glabros o híspidos en los ángulos. Hojas angostamente elípticas, 1–6 cm de largo y 0.1–0.5 cm de ancho, ápice y base agudos, papiráceas, nervios secundarios 2–3 pares; estípulas con vaina 1.5–2.5 mm de largo, cerdas 1–3, 1–3 mm de largo. Glomérulos 6–15 mm de diámetro; limbo calicino profundamente 4-lobado, lobos en pares desiguales, los menores 0.8–1.5 mm de largo, los mayores 2–3.5 mm de largo; corola glabra, tubo 3–4.5 mm de largo, lobos 1–1.5 mm de largo. Cápsulas 1–1.5 mm de diámetro.

Ocasional en sitios sobre substratos volcánicos, zonas pacífica y norcentral; 800–1400 m; fl y fr ago–dic; *Miller 1318*, *Stevens 11016*; sur de México a Nicaragua.

MORINDA L.

Arbustos o arbolitos; plantas hermafroditas. Hojas opuestas o verticiladas, a veces con domacios; estípulas interpeciolares y a veces además parcialmente intrapeciolares, persistentes o caducas, generalmente triangulares. Inflorescencias terminales y axilares, en cabezuelas pedunculadas, ebracteadas, generalmente globosas, flores distilas, todas las de una cabezuela unidas por los ovarios; limbo calicino truncado a dentado; corola infundibuliforme a hipocrateriforme, blanca, lobos 4–7, valvares; ovario 2–4-locular, óvulo 1 por lóculo. Fruto drupáceo, múltiple, sincárpico, carnoso; pirenos 2–4 por flor, 1–4-loculares.

Género pantropical con 50–80 especies, la mayoría paleotropicales; 3 especies en Nicaragua. Género afín a *Appunia*, véase la discusión bajo ese género.

1. Hojas elíptico-oblongas a lanceolado-oblongas, 1–4.5 cm de ancho; estípulas 1–2 mm de largo; árboles o generalmente arbustos a veces escandentes, de sabanas y vegetación costera .... **M. royoc**
1. Hojas elípticas a ampliamente elípticas, 5–24 cm de ancho; estípulas 3–12 mm de largo; arbustos o generalmente árboles de vegetación costera, bosques de galería y bosques húmedos a estacionales
    2. Hojas 7–24 cm de ancho; estípulas 6–12 mm de largo; fruto en la madurez elipsoide a ovoide, 5–12 cm de largo; generalmente en vegetación costera .... **M. citrifolia**
    2. Hojas 5–8 cm de ancho; estípulas 3–6 mm de largo; fruto en la madurez subgloboso, 1–4 cm de diámetro; generalmente no en vegetación costera .... **M. panamensis**

Morinda citrifolia L., Sp. Pl. 176. 1753.

Arboles hasta 12 m de alto, glabrescentes. Hojas elípticas a ampliamente elípticas, 12–40 cm de largo y 7–24 cm de ancho, ápice agudo, base cuneada a obtusa, papiráceas, nervios secundarios 5–8 pares; pecíolos 12–20 mm de largo; estípulas deltoides, 6–12 mm de largo. Inflorescencias elipsoides, 1–2 cm de largo y 0.5–1 cm de ancho, pedúnculos 0.5–1 cm de largo; limbo calicino 0.5–1 mm de largo, truncado; tubo corolino 3.5–10 mm de largo, lobos 5, 3–8 mm de largo. Frutos elipsoides a ovoides, 5–12 cm de largo y 3–5 cm de ancho, blanco sucios a amarillo pálidos.

Ocasional en bosques costeros, menos frecuente en bosques secos y a veces cultivada en cafetales, zonas atlántica y pacífica; 0–800 m; fl may, fr sep–feb; *M. Castro 50, Robleto 534*; nativa de los océanos Indico y Pacífico, adventicia y hoy en día pantropical en las costas marinas. Los frutos son comestibles aunque no muy sabrosos.

Morinda panamensis Seem., Bot. Voy. Herald 136. 1854.

Arboles o arbustos hasta 25 m de alto, glabrescentes, con madera amarilla. Hojas elípticas, 9–21 cm de largo y 5–8 cm de ancho, ápice agudo a ligeramente acuminado, base cuneada a obtusa, papiráceas a cartáceas, nervios secundarios 6–8 pares; pecíolos 5–25 mm de largo; estípulas deltoides, 3–6 mm de largo. Inflorescencias globosas, 0.5–1 cm de diáme-tro, pedúnculos 0.5–3.5 cm de largo; limbo calicino 0.5–1 mm de largo, truncado; tubo corolino 5–10 mm de largo, lobos 5, 3–6 mm de largo. Frutos sub-globosos, 1–4 cm de diámetro, blanco sucios.

Ocasional en bosques costeros y campos abiertos, frecuente en bosques pantanosos, zona atlántica; 0–600 m; fl mar–ene, fr todo el año; *Ortiz 62, Stevens 19507*; Estados Unidos (Florida) y México a Panamá, también en las Antillas. Los frutos son comestibles y el árbol aparentemente se cultiva. Es de pensar que el nombre vulgar se refiere a la madera amarilla. "Yema de huevo".

Morinda royoc L., Sp. Pl. 176. 1753.

Arbustos o arbolitos, a veces escandentes, hasta 6 m de alto, glabrescentes. Hojas elíptico-oblongas a lanceolado-oblongas, 4.5–12.5 cm de largo y 1–4.5 cm de ancho, ápice agudo a ligeramente acuminado, base cuneada a aguda, papiráceas a cartáceas, nervios secundarios 5–6 pares; pecíolos 2–5 mm de largo; estípulas deltoides, 1–2 mm de largo. Inflorescencias globosas, 0.5–1 cm de diámetro, pedúnculos 0.3–1.5 cm de largo; limbo calicino ca 1 mm de largo, truncado; tubo corolino 4–5 mm de largo, lobos 5, ca 2 mm de largo. Frutos subglobosos, 1–1.5 cm de diámetro, amarillos.

Ocasional en sabanas y vegetación costera, Zelaya; 0–65 m; fl abr, nov, fr feb, abr, jun, nov; *Stevens 7666, 19892*; sur de México a Venezuela y en las Antillas Mayores.

NERTERA Banks & Sol. ex Gaertn.; *Gomozia* Mutis ex L. f.

Nertera granadensis (Mutis ex L. f.) Druce, Bot. Soc. Exch. Club Brit. Isles 1916: 637. 1917; *Gomozia granadensis* Mutis ex L. f.; *N. depressa* Banks & Sol. ex Gaertn.

Hierbas rastreras, glabrescentes, con raíces sur-giendo de los nudos; plantas hermafroditas. Hojas opuestas, elípticas a ovadas, 0.15–1.3 cm de largo y 0.1–1.2 cm de ancho, ápice obtuso a redondeado, base truncada a redondeada, membranáceas, nervios secundarios 2–4 pares, sin domacios; pecíolos 1–9 mm de largo; estípulas interpeciolares, unidas a los pecíolos, triangulares a bilobadas, 0.5–1 mm de largo, persistentes. Flores solitarias, axilares y terminales, subsésiles, homostilas, sin brácteas; limbo calicino ausente; corola infundibuliforme a tubular, glabra, verde amarillenta a blancuzca, tubo 0.5–1 mm de largo, lobos 5, ca 0.5 mm de largo, triangulares, valvares; ovario 2-locular, óvulo 1 por lóculo. Frutos drupáceos, subglobosos, 4–8 mm de diámetro, carnosos a jugosos, anaranjados a rojos; pirenos 2, 1-loculares.

Conocida en Nicaragua por una sola colección (*Moreno 7810*) de bosques enanos, Jinotega; 1500–1665 m; fl y fr mar; México a Tierra del Fuego y en Hawai. Género con unas 6 especies neotropicales y del sur del océano Pacífico. *Nertera* se confunde frecuentemente con *Didymaea*, que se distingue por sus frutos negros a azules.

OLDENLANDIA L.

Hierbas o a veces sufrútices; plantas hermafroditas. Hojas opuestas, sin domacios; estípulas interpeciolares y unidas a los pecíolos, persistentes, triangulares o setosas con 2–4 lobos o cerdas. Flores terminales o axilares, solitarias o en cimas, con brácteas reducidas, distilas u homostilas; limbo calicino reducido o 4-lobado; corola hipocrateriforme, tubular o rotácea, blanca, lobos 4, valvares; ovario 2-locular, óvulos numerosos por lóculo. Fruto una cápsula subglobosa a elipsoide, membranácea, con dehiscencia loculicida y basípeta; semillas angulosas.

En su circunscripción más limitada, un género paleotropical o pantropical con unas 150 especies; 3 especies en Nicaragua. A veces es tratado como sinónimo de *Hedyotis* y entonces este último género resulta ser pantropical con unas 350 especies. Las delimitaciones genéricas en este grupo son controvertibles e inestables. Es similar a *Pentodon*.

E.E. Terrell y W.H. Lewis. *Oldenlandiopsis* (Rubiaceae), a new genus for the Caribbean Basin, based on *Oldenlandia callitrichoides*. Brittonia 42: 185–190. 1990; E.E. Terrell. Overview and annotated list of North American species of *Hedyotis*, *Houstonia*, *Oldenlandia* (Rubiaceae), and related genera. Phytologia 71: 212–243. 1991.

1. Hojas ovadas, 1–3.5 mm de largo; hierbas rastreras enraizando en los nudos .... **O. callitrichoides**
1. Hojas angostamente elípticas a lineares, 7–60 mm de largo; hierbas débiles con tallos florecidos semierguidos
    2. Flores en címulas de 2–4; cápsulas 1.5–2 mm de diámetro .... **O. corymbosa**
    2. Flores solitarias; cápsulas 2–3 mm de diámetro .... **O. lancifolia**

Oldenlandia callitrichoides Griseb., Mem. Amer. Acad. Arts, n.s. 8: 506. 1863; *Oldenlandiopsis callitrichoides* (Griseb.) Terrell & W.H. Lewis.

Hierbas rastreras, enraizando en los nudos, glabras. Hojas ovadas, 1–3.5 mm de largo y 0.5–3 mm de ancho, ápice obtuso, base truncada a redondeada, membranáceas, híspidas en la haz, nervios secundarios no evidentes; pecíolos 1–2 mm de largo; estípulas hasta 0.5 mm de largo. Flores solitarias, pedúnculos 6–12 mm de largo; lobos calicinos ca 0.5 mm de largo, ligulados; corola infundibuliforme, glabra, blanca, ca 1 mm de largo. Cápsulas 1.5–2 mm de largo y 1–1.5 mm de ancho.

Poco común en sitios ruderales y húmedos, zona pacífica; 100–300 m; fl y fr jul, oct; *Grijalva 1730*, *Stevens 2894*; México a Panamá. Terrell & Lewis han separado esta especie en el género monotípico *Oldenlandiopsis*.

Oldenlandia corymbosa L., Sp. Pl. 119. 1753; *Hedyotis corymbosa* (L.) Lam.

Hierbas débiles, anuales, hasta 0.3 m de alto, glabras. Hojas angostamente elípticas, 7–30 mm de largo y 0.5–4 mm de ancho, ápice y base agudos, papiráceas, nervios secundarios no evidentes; subsésiles; estípulas 0.5–3 mm de largo, con varias cerdas. Címulas con 2–4 flores o a veces algunas flores solitarias, pedúnculos (0) 2–8 mm de largo, pedicelos 2–8 mm de largo; limbo calicino 0.5–1.5 mm de largo, dentado; corola rotácea, glabra, blanca a lila, 1–2 mm de largo. Cápsulas 1.5–2 mm de diámetro.

Ocasional en sitios ruderales, zonas pacífica y atlántica; 0–300 m; fl y fr aparentemente todo el año; *Nee 28160*, *Stevens 10377*; nativa de Africa, naturalizada en toda América tropical y subtropical, en Asia y en las islas del Pacífico.

Oldenlandia lancifolia (Schumach.) DC., Prodr. 4: 425. 1830; *Hedyotis lancifolia* Schumach.

Hierbas débiles, anuales o perennes, glabras, tallos hasta 1 m de largo. Hojas angostamente elípticas a lineares, 10–60 mm de largo y 2–10 mm de ancho, ápice y base agudos, papiráceas, nervios secundarios 3–5 pares; subsésiles; estípulas 1–3 mm de largo, con varias cerdas. Flores solitarias, pedúnculos 5–30 mm de largo; limbo calicino 1–2 mm de largo, dentado; corola rotácea, glabra, blanca a lila, 1–3 mm de largo. Cápsulas 2–3 mm de diámetro.

Ocasional en sitios ruderales y generalmente húmedos, zona atlántica; 0–150 m; fl y fr oct–mar; *Pipoly 3711*, *Stevens 22641*; nativa de Africa, naturalizada en toda América tropical y subtropical y en Asia. Ha sido tratada incorrectamente por algunos autores como *O. herbacea* (L.) Roxb., otra especie africana y similar, pero no registrada en América.

PALICOUREA Aubl.

Arbustos o arbolitos; plantas hermafroditas. Hojas opuestas o verticiladas, sin domacios; estípulas unidas alrededor del tallo en una vaina continua, con 2 dientes o lobos en cada lado interpeciolar, persistentes. Inflorescencias terminales, tirsoides o paniculadas, bracteadas, flores generalmente distilas; limbo calicino 5-lobado; corola tubular o tubular-infundibuliforme, abultada y generalmente gibosa en la base, por dentro glabra excepto por un anillo de tricomas inmediatamente por encima de la base abultada, generalmente coloreada, lobos 5, valvares; ovario 2-locular, óvulo 1 por lóculo. Fruto drupáceo, globoso a elipsoide, suculento, azul, morado o negro; pirenos 2, 1-loculares.

Género neotropical con unas 200 especies de zonas húmedas; 6 especies en Nicaragua. Este género a veces se confunde con *Psychotria*, que se distingue por su corola que es recta en la base, glabra por dentro y generalmente blanca.

C.M. Taylor. Revision of *Palicourea* (Rubiaceae) in Mexico and Central America. Syst. Bot. Monogr. 26: 1–102. 1989.

1. Hojas en verticilos de 3 .... **P. triphylla**
1. Hojas opuestas
  2. Estípulas con los lobos obtusos a redondeados
    3. Limbo calicino hasta 0.6 mm de largo; corola amarilla a anaranjada .... **P. guianensis**
    3. Limbo calicino 1.5–3 mm de largo; corola azul a púrpura .... **P. seemannii**
  2. Estípulas con los lobos agudos
    4. Estípulas con la vaina que conecta a los lobos cóncava y 0.1–2 mm de largo, los lobos lineares a angostamente triangulares, deltoides o ligulados; plantas de bosques húmedos en tierras bajas............ **P. crocea**
    4. Estípulas con la vaina que conecta a los lobos truncada y 1.5–4 mm de largo, los lobos lineares a angostamente triangulares; plantas de bosques premontanos y montanos
      5. Limbo calicino 1–1.5 mm de largo; corola blanca o matizada de azul o morado, tubo 6–10 mm de largo .... **P. adusta**
      5. Limbo calicino 0.5–1.2 mm de largo; corola amarilla a anaranjada, tubo 8–18 mm de largo ..... **P. padifolia**

Palicourea adusta Standl., J. Wash. Acad. Sci. 18: 279. 1928.

Arbustos o arbolitos hasta 2 m de alto, glabros. Hojas opuestas, elípticas, 4–7.5 cm de largo y 2–3.5 cm de ancho, ápice acuminado, base aguda a cuneada, papiráceas, nervios secundarios 8–11 pares; pecíolos 5–10 mm de largo; estípulas con vaina 1.5–3 mm de largo, lobos angostamente triangulares, 1–3 mm de largo, agudos. Inflorescencias piramidales, 3–8 cm de largo y 3–6 cm de ancho, pedúnculo 1.5–4 cm de largo, pedicelos 0.5–5 mm de largo, brácteas 1–4 mm de largo, flores distilas; limbo calicino 1–1.5 mm de largo; corola externamente glabra, blanca o matizada de azul o morado, tubo 6–10 mm de largo, lobos 1–3 mm de largo. Frutos 3–4 mm de largo y 3–4.5 mm de ancho.

Poco común en bosques premontanos y montanos, Volcán Maderas, Isla de Ometepe; 400–1350 m; fl ene, fr sep–ene; *Moreno 19769-b, Nee 28090-b*; Nicaragua al oeste de Panamá.

Palicourea crocea (Sw.) Roem. & Schult., Syst. Veg. 5: 193. 1819; *Psychotria crocea* Sw.

Arbustos o arbolitos hasta 3 m de alto, hírtulos a glabrescentes. Hojas opuestas, elípticas, 4.5–19 cm de largo y 3–6.5 cm de ancho, ápice agudo a acuminado, base cuneada a aguda, membranáceas, nervios secundarios 8–14 pares; pecíolos 2–20 mm de largo; estípulas con vaina 0.1–0.6 mm de largo, lobos lineares a angostamente triangulares, 1–3 mm de largo, agudos. Inflorescencias piramidales, 3–10.5 cm de largo y 1.6–6.5 cm de ancho, pedúnculo 1.5–11.5 cm de largo, pedicelos 4.5–10 mm de largo, brácteas 0.5–10 mm de largo, flores distilas; limbo calicino hasta 0.5 mm de largo; corola anaranjada a roja o a veces con la base amarilla, externamente glabra, tubo 7–9 mm de largo, lobos 1–2.5 mm de largo. Frutos 4–6 mm de diámetro.

Ocasional en bosques húmedos, zona atlántica; 0–50 m; fl y fr todo el año; *Stevens 7731, 8246*; sur de México a Argentina y en las Antillas.

Palicourea guianensis Aubl., Hist. Pl. Guiane 1: 173, t. 66. 1775.

Arbustos o arbolitos hasta 4 m de alto, glabrescentes. Hojas opuestas, elípticas, 12–30 cm de largo y 6–18 cm de ancho, ápice agudo a acuminado, base obtusa a aguda, membranáceas a papiráceas, nervios secundarios 14–16 pares; pecíolos 1–2 cm de largo; estípulas con vaina 1–2 mm de largo, lobos ligulados a deltoides, 5–10 mm de largo, obtusos a redondeados. Inflorescencias piramidales, 5–12 cm de largo y 3.5–12 cm de ancho, pedúnculo 4–12 cm de largo, pedicelos 2–5 mm de largo, brácteas 0.5–6 mm de largo, flores homostilas; limbo calicino hasta 0.6 mm de largo; corola externamente pubescente con tricomas gruesos, amarilla a anaranjada, tubo 9–25 mm de largo, lobos 1–2 mm de largo. Frutos 5–7 mm de largo y 3–3.5 mm de ancho.

Ocasional en bosques húmedos, zona atlántica; 0–500 m; fl may–jul, fr may–nov, feb; *Davidse 30761, Ortiz 198*; sur de México y las Antillas a Brasil.

Palicourea padifolia (Willd. ex Roem. & Schult.) C.M. Taylor & Lorence, Taxon 34: 669. 1985; *Psychotria padifolia* Willd. ex Roem. & Schult.; *Palicourea mexicana* Benth.; *P. costaricensis* Benth.

Arbustos o arbolitos hasta 4 m de alto, hírtulos a glabrescentes. Hojas opuestas, elípticas, 6–15 cm de largo y 2–5 cm de ancho, ápice agudo a acuminado, base obtusa a aguda, papiráceas, nervios secundarios 9–15 pares; pecíolos 8–20 mm de largo; estípulas con vaina 1.5–4 mm de largo, lobos lineares a angostamente triangulares, 3–10 mm de largo, agudos. Inflorescencias piramidales, 4–15 cm de largo y de ancho, pedúnculo 1.5–5 cm de largo, pedicelos 2–10 mm de largo, brácteas 0.5–8 mm de largo, flores distilas; limbo calicino 0.5–1.2 mm de largo; corola externamente glabra a hírtula, amarilla a anaranjada, tubo 8–18 mm de largo, lobos 2–3 mm de largo. Frutos 4–6 mm de largo y 3–6 mm de ancho.

Común en bosques premontanos y montanos, zonas pacífica y norcentral; 650–1600 m; fl nov–ene, fr aparentemente todo el año; *Moreno 7580, 9148*; sur de México a Panamá.

Palicourea seemannii Standl., Publ. Field Columbian Mus., Bot. Ser. 7: 240. 1931; *P. mexiae* Standl.; *Psychotria copensis* Dwyer.

Arbustos o arbolitos hasta 5 m de alto, pubérulos o cortamente pilosos a glabrescentes. Hojas opuestas, elípticas a oblanceoladas, 15.5–30 cm de largo y 6.5–14 cm de ancho, ápice acuminado, base aguda a atenuada, papiráceas, nervios secundarios 14–22 pares; pecíolos 10–45 mm de largo; estípulas con vaina 2–7 mm de largo, lobos anchamente triangulares, 4–6 mm de largo, obtusos a redondeados. Inflorescencias piramidales, 6–14 cm de largo y 7.5–22 cm de ancho, pedúnculo 2–4.5 cm de largo, pedicelos 0.5–4.5 mm de largo, brácteas 0.5–9 mm de largo; flores distilas; limbo calicino 1.5–3 mm de largo; corola externamente pubérula con tricomas gruesos, azul a púrpura, tubo 12–15 mm de largo, lobos 2.5–6 mm de largo. Frutos 6–8 mm de largo y 5–6 mm de ancho.

Conocida en Nicaragua por una sola colección (*Rueda 10077*) de bosques húmedos, sur de la zona atlántica; 50–200 m; fl ene; Nicaragua a Ecuador.

Palicourea triphylla DC., Prodr. 4: 526. 1830.

Arbustos o arbolitos hasta 3 m de alto, cortamente pilosos a glabrescentes. Hojas en verticilos de 3, elípticas, 6–17 cm de largo y 3–8 cm de ancho, ápice agudo a acuminado, base cuneada, papiráceas, nervios secundarios 7–11 pares; pecíolos 1–15 mm de largo; estípulas con vaina 1–2 mm de largo, lobos lanceolados, 5–15 mm de largo, agudos. Inflorescencias piramidales, 6–15 cm de largo y 3–10 cm de ancho, pedúnculo 5–18 cm de largo, pedicelos 1–5 mm de largo, brácteas 0.5–30 mm de largo, flores distilas; limbo calicino hasta 1 mm de largo; corola externamente glabra a hírtula, amarilla a roja, tubo 9–14 mm de largo, lobos 1–2 mm de largo. Frutos 3.5–5 mm de diámetro.

Ocasional en bosques húmedos y a veces en sabana de pinos, en la zona atlántica; 0–60 m; fl y fr todo el año; *Stevens 19415, 21727*; sur de México y oeste de Cuba a Brasil.

PENTAGONIA Benth.

Arbustos o arbolitos, generalmente monocaules; plantas hermafroditas. Hojas opuestas, a veces pinnatífidas, con nervadura finamente estriada, sin domacios; estípulas interpeciolares, triangulares, generalmente caducas. Inflorescencias axilares, cimosas o en glomérulos, bracteadas, flores homostilas; limbo calicino truncado, espatáceo o 5–6-lobado; corola tubular o infundibuliforme, carnosa, generalmente externamente serícea y barbada en la garganta, lobos 5–6, valvares; ovario 2-locular, óvulos numerosos por lóculo. Fruto abayado, globoso a elipsoide, carnoso; semillas angulosas.

Género neotropical con unas 20 especies poco conocidas; 2 especies en Nicaragua.

1. Inflorescencias cimosas, con pedicelos y pedúnculos desarrollados; limbo calicino 2–4 mm de largo, sinuado a brevemente lobulado; arbustos o arbolitos ramificados .... **P. costaricensis**
1. Inflorescencias congestionadas a glomeruladas, sin pedicelos o pedúnculos o éstos poco desarrollados; limbo calicino 5–10 mm de largo, profundamente lobulado; arbustos o arbolitos generalmente monocaules .... **P. donnell-smithii**

Pentagonia costaricensis (Standl.) W.C. Burger & C.M. Taylor, Fieldiana, Bot., n.s. 33: 213. 1993; *Nothophlebia costaricensis* Standl.

Arbustos o arbolitos ramificados, hasta 20 m de alto, pubérulos a glabrescentes. Hojas ampliamente elípticas, 20–55 cm de largo y 10–20 cm de ancho, ápice obtuso, base redondeada a truncada, cartáceas, nervios secundarios 8–11 pares; pecíolos 2.5–7 cm de largo; estípulas 30–80 mm de largo. Inflorescencias cimosas, 7–12 cm de largo y 5–15 cm de ancho, pedúnculo 5–10 mm de largo, pedicelos 0–7 mm de largo; limbo calicino 2–4 mm de largo, sinuado a brevemente lobulado; corola infundibuliforme, cremosa a amarilla, tubo 16–20 mm de largo, lobos 3–6 mm de largo. Frutos 1.5–2 cm de diámetro.

Conocida en Nicaragua por una sola colección (*Neill 3546*) de bosques húmedos, Río San Juan; ca 200 m; fl abr; sureste de Nicaragua al oeste de Panamá.

Pentagonia donnell-smithii (Standl.) Standl., J. Wash. Acad. Sci. 17: 170. 1927; *Watsonamra donnell-smithii* Standl.

Arbustos o arbolitos generalmente monocaules, hasta 7 m de alto, pubérulos a glabrescentes. Hojas ampliamente elípticas, 15–80 cm de largo y 10–50 cm de ancho, ápice obtuso, base redondeada a truncada, cartáceas, nervios secundarios 10–14 pares; pecíolos 3–12 cm de largo; estípulas 25–70 mm de largo. Inflorescencias congestionadas a glomeruladas, 2–5 cm de largo y 3–8 cm de ancho, pedúnculo 0–2 mm de largo, pedicelos hasta 6 mm de largo; limbo calicino 5–10 mm de largo, profundamente lobulado, verde; corola infundibuliforme, cremosa a amarilla o verde amarillenta, tubo 18–30 mm de largo, lobos 3–10 mm de largo. Frutos 1.5–4 cm de diámetro, anaranjados.

Poco común en bosques húmedos, Río San Juan; 0–100 m; fl feb, fr jul, dic; *Araquistain 3443*, *Rueda 4164*; Guatemala a Costa Rica. Este nombre se aplica aquí provisionalmente porque sólo se han visto muestras con frutos de Nicaragua. *P. macrophylla* Benth. también se puede encontrar en Nicaragua, y se distingue de *P. donnell-smithii* por su cáliz rojo y su corola blanco brillante.

PENTODON Hochst.

Pentodon pentandrus (Schumach. & Thonn.) Vatke, Oesterr. Bot. Z. 25: 231. 1875; *Hedyotis pentandra* Schumach. & Thonn.

Hierbas débiles, algo suculentas, glabras; plantas hermafroditas. Hojas opuestas, elípticas a lanceoladas, 1.5–5 cm de largo y 0.5–2.5 cm de ancho, ápice obtuso a agudo, base aguda a redondeada y atenuada, membranáceas, nervios secundarios 2–3 pares, sin domacios; subsésiles; estípulas interpeciolares, unidas a los pecíolos, 1–2 mm de largo, triangulares y setosas con 2–5 cerdas, persistentes. Flores en cimas terminales y pseudoaxilares, brácteas reducidas, pedicelos 3–10 mm de largo; limbo calicino ca 1 mm de largo, 5-dentado; corola infundibuliforme, glabra, verde cremosa a blanca, tubo 2–3 mm de largo, lobos 5, 0.5–1 mm de largo, triangulares, valvares; ovario 2-locular, óvulos numerosos por lóculo. Frutos capsulares, subglobosos a elipsoides, 2–4 mm de diámetro, con dehiscencia loculicida y basípeta; semillas angulosas.

Poco común en playas de agua dulce, zona atlántica; 45–100 m; fl y fr jun–ago; *Grijalva 2878*, *Robleto 896*; nativa del Africa, naturalizada en México, Centroamérica y el Caribe. Género africano con 1 ó 2 especies.

POSOQUERIA Aubl.

Arbustos o árboles; plantas hermafroditas. Hojas opuestas, sin domacios; estípulas interpeciolares, triangulares a lanceoladas, caducas. Inflorescencias terminales, cimosas, con brácteas reducidas, flores nocturnas, homostilas; limbo calicino 5-lobado; corola hipocrateriforme con tubo alargado, blanca, lobos 5, imbricados o convolutos; ovario 2-locular, óvulos numerosos por lóculo. Fruto abayado, subgloboso a elipsoide, exocarpo generalmente coriáceo a leñoso, pulpa carnosa; semillas angulosas.

Género neotropical con 12–16 especies; 2 especies en Nicaragua. Algunas especies se cultivan por sus flores vistosas; los frutos aparentemente son comestibles.

1. Haz de las hojas brillante y con la nervadura menor evidente y a veces ligeramente prominente; frutos subglobosos, con el pericarpo cartáceo a leñoso de 1–3 mm de grosor .... **P. latifolia**
1. Haz de las hojas opaca y con la nervadura menor no evidente; frutos elipsoides, con el pericarpo coriáceo de 5–15 mm de grosor .... **P. panamensis**

Posoqueria latifolia (Rudge) Roem. & Schult., Syst. Veg. 5: 227. 1819; *Solena latifolia* Rudge.

Arbustos o arbolitos hasta 10 m de alto, glabros. Hojas elípticas a ovadas, 5–25 cm de largo y 4–15 cm de ancho, ápice obtuso a ligeramente acuminado, base obtusa a redondeada, cartáceas a subcoriáceas, nervios secundarios 5–7 pares; pecíolos 5–20 mm de largo; estípulas 5–18 mm de largo. Cimas 1–5 cm de largo (excluidas las corolas), pedúnculos 1–2 cm de largo, pedicelos 3–10 cm de largo; limbo calicino 0.5–2 mm de largo, sinuado a lobulado; corola glabra, pero barbada en la garganta, tubo 7.5–16 cm de largo, lobos elípticos, 12–20 mm de largo, obtusos a redondeados. Frutos subglobosos, 4–5 cm de diámetro en la madurez; semillas 5–10 mm de largo.

Frecuente, en bosques estacionales o húmedos, zona atlántica; 0–700 m; fl y fr todo el año; *Ortiz 2075*, *Sandino 2184*; México a Brasil. Las anteras tienen dehiscencia explosiva: los estambres inicialmente se encuentran cerca de los lobos de la corola con los filamentos reflexos y bajo tensión, hasta que algún insecto los toca, y entonces saltan hacia adelante dispersando el polen. "Lirio".

Posoqueria panamensis (Walp. & Duchass.) Walp., Ann. Bot. Syst. 2: 797. 1852; *Stannia panamensis* Walp. & Duchass.; *P. grandiflora* Standl.

Arbustos o arbolitos hasta 10 m de alto, glabros. Hojas elípticas a ovadas, 13–36 cm de largo y 3.5–15 cm de ancho, ápice agudo a brevemente acuminado, base cuneada a redondeada, subcoriáceas, nervios secundarios 5–7 pares; pecíolos 5–20 mm de largo; estípulas 5–12 mm de largo. Cimas 1–5 cm de largo (excluidas las corolas), pedúnculos 1–2 cm de largo, pedicelos 3–10 cm de largo; limbo calicino 0.5–2 mm de largo, sinuado a lobulado; corola glabra, pero barbada en la garganta, tubo 12.5–19 cm de largo, lobos elípticos, 15–38 mm de largo, obtusos a redondeados. Frutos elipsoides, 5–8 cm de largo y 5–6.5 cm de ancho en la madurez; semillas 5–10 mm de largo.

Raras veces colectada en bosques húmedos, zona atlántica; 10–300 m; fl feb, fr ene–oct; *Araquistain 3117*, *Moreno 14727*; Nicaragua a Brasil.

PSYCHOTRIA L.; *Cephaelis* Sw.

Hierbas, arbustos o arbolitos terrestres o raras veces epífitos (a veces enredaderas en especies paleotropicales); plantas hermafroditas. Hojas opuestas, con o sin domacios cortamente pilosos o del tipo cripto; estípulas de varias formas: unidas alrededor del tallo en una vaina continua, generalmente con 2 dientes o lobos en cada lado interpeciolar y persistentes (subg. *Heteropsychotria*); interpeciolares y a veces además parcial a completamente intrapeciolares, triangulares a bífidas o caliptradas y generalmente caducas (subg. *Psychotria*); interpeciolares, triangulares y endureciéndose (subg. *Tetrandrae*); o unidas alrededor del tallo en una vaina continua y prolongada en una lámina interpeciolar o la vaina truncada y con un apéndice cónico y caduco producido del centro de la porción interpeciolar (sec. *Notopleura*). Inflorescencias terminales, axilares (i.e., producidas en ambas axilas del nudo) o pseudoaxilares (i.e., producidas sólo en una axila del nudo, sec. *Notopleura*), tirsoides o paniculadas a capitadas, con brácteas muy reducidas a bien desarrolladas y a veces involucrales, flores generalmente distilas; limbo calicino 4–5-lobado; corola generalmente tubular a infundibuliforme, recta en la base, por dentro glabra o variadamente pubescente, blanca, lobos 4–5, valvares; ovario 2–5-locular, óvulo 1 por lóculo. Fruto drupáceo, globoso a elipsoide, suculento, blanco, anaranjado, rojo, azul, morado o negro; pirenos 2–5, 1-loculares, en la cara abaxial (dorsal) lisos o con costillas longitudinales.

Género neotropical con unas 1000 especies, de zonas secas y más frecuentemente húmedas; 69 especies en Nicaragua. Este género se confunde a veces con *Palicourea*, que se distingue por su corola con la base abultada, con un anillo pubescente por encima de la parte abultada por dentro y por ser generalmente coloreada. Cuatro grupos distintos se distinguen en *Psychotria* en su sentido amplio: el subgénero *Psychotria*, el subgénero *Heteropsychotria* (el más similar a *Palicourea*), el subgénero *Tetrandrae* y la sección *Notopleura*. Estos grupos eventualmente se van a separar como géneros distintos. Si bien *P. parvifolia* Benth. se ha registrado en Nicaragua, de acuerdo a Hamilton no se ha encontrado ninguna muestra nicaragüense. Ramírez Goyena registró *P. nutans* Sw., pero esta especie se encuentra sólo en las Antillas Mayores; este nombre aparentemente ha sido aplicado incorrectamente a la especie continental afín *P. microdon*.

C. Hamilton. A revision of Mesoamerican *Psychotria* subg. *Psychotria* (Rubiaceae). Ann. Missouri Bot. Gard. 76: 67–111, 386–429, 886–916. 1989; C.M Taylor y D.H. Lorence. Notes on *Psychotria* subg. *Heteropsychotria* (Rubiaceae: Psychotrieae) in Mexico and northern Central America. Novon 2: 259–266. 1992.

1. Plantas epífitas, herbáceas, suculentas, con tallos generalmente débiles a rastreros
   2. Hojas elíptico-oblongas a oblanceoladas, 4.5–10 cm de largo; inflorescencias con 2–5 pares de ejes secundarios y 10–30 flores .... **P. epiphytica**
   2. Hojas lanceoladas, 1–5 cm de largo; inflorescencias generalmente con un par de ejes secundarios y 3–7 flores .... **P. guadalupensis**
1. Plantas terrestres, herbáceas, sufrutescentes o leñosas, de textura normal a suculenta, con tallos erguidos o a veces débiles
   3. Inflorescencias axilares o pseudoaxilares
      4. Inflorescencias axilares
         5. Hierbas o sufrútices rizomatosos, hasta 1 m de alto; tallos con pubescencia patente; pedúnculos 2 (4) por nudo .... **P. emetica**
         5. Arbustos hasta 3 m de alto; tallos glabros o con pubescencia adpresa; pedúnculos 3–4 (8) por nudo .... **P. erecta**
      4. Inflorescencias pseudoaxilares
         6. Inflorescencias capitadas o subcapitadas, a veces expandiéndose cuando los frutos maduran
            7. Inflorescencias con pedúnculos 1–6 cm de largo; hojas obtusas a redondeadas en el ápice, con los nervios secundarios ligeramente prominentes en la haz .... **P. polyphlebia**
            7. Inflorescencias sésiles o con pedúnculos hasta 8 mm de largo; hojas agudas a acuminadas en el ápice, con los nervios secundarios planos en la haz
               8. Estípulas en la porción interpeciolar con vaina truncada a anchamente redondeada con un apéndice carnoso y cónico, el apéndice caduco y la vaina decidua por separado .... **P. aggregata**
               8. Estípulas en la porción interpeciolar alargadas y bilobadas con los lobos redondeados y persistentes
                  9. Hojas con 6–8 pares de nervios secundarios; limbo calicino 1–2 mm de largo ..... **P. aubletiana**
                  9. Hojas con 10–12 (15) pares de nervios secundarios; limbo calicino ca 1 mm de largo .... **P. cooperi**
      6. Inflorescencias ramificadas
         10. Pirenos lisos, hemisféricos; frutos maduros anaranjados a rojos .... **P. siggersiana**
         10. Pirenos con 1–5 costillas longitudinales, hemisféricos a dorsiventralmente aplanados; frutos maduros blancos, verde amarillentos, o anaranjados a rojos tornándose morados o negros
            11. Pirenos hemisféricos a ligeramente aplanados dorsiventralmente, con 3–5 costillas longitudinales y los márgenes generalmente no engrosados o sólo ligeramente así .... **P. macrophylla**
            11. Pirenos dorsiventralmente aplanados, con 1 costilla longitudinal y los márgenes engrosados
               12. Frutos maduros blancos; flores sésiles en glomérulos densos de 5–10 .... **P. aggregata**
               12. Frutos maduros anaranjados, rojos, morados, negros o verde amarillentos; flores brevemente pediceladas o sésiles y separadas o en grupos de 2–8
                  13. Frutos verde amarillentos; hojas hírtulas en el envés por lo menos cuando jóvenes, con 15–25 pares de nervios secundarios, unidos en un nervio submarginal distinto .... **P. capacifolia**
                  13. Frutos anaranjados a rojos tornándose morados o negros; hojas glabras, con 9–15 pares de nervios secundarios, generalmente libres .... **P. uliginosa**
   3. Inflorescencias terminales, aunque a veces las infructescencias se encuentran en posición aparentemente axilar debido al crecimiento desde los nudos subyacentes
      14. Inflorescencias subcapitadas con las flores sésiles o subsésiles y todas producidas desde 1 nudo sobre 1 pedúnculo en un arreglo umbeliforme o fasciculado, o capitadas con las flores sésiles en una sola cabezuela rodeada por brácteas o estípulas involucrales

15. Por lo menos algunas flores piceladas; inflorescencias sésiles o subsésiles .... **P. cooperi**
15. Todas las flores sésiles o subsésiles; inflorescencias sésiles a pedunculadas
   16. Flores sésiles a subsésiles, todas producidas desde 1 nudo sobre 1 pedúnculo en un arreglo umbeliforme o fasciculado .... **P. haematocarpa**
   16. Flores todas sésiles en una cabezuela densa rodeada por brácteas o estípulas involucrales
      17. Inflorescencias sésiles o subsésiles, con pedúnculos hasta 2 mm de largo por encima de la vaina estipular
         18. Estípulas caducas, unidas en un tubo 3–10 mm de largo, con una arista 1–3 mm de largo a cada lado interpeciolar, a veces caliptradas; cabezuelas 5–15 mm de diámetro .... **P. chagrensis**
         18. Estípulas persistentes, unidas en una vaina 0.5–2 mm de largo, truncada a anchamente redondeada a cada lado interpeciolar; cabezuelas 18–35 mm de diámetro .... **P. glomerulata**
      17. Inflorescencias con pedúnculos 3–220 mm de largo por encima de la vaina estipular
         19. Inflorescencias rodeadas por 4–6 brácteas subiguales, 8–18 mm de largo, lineares a angostamente elípticas, ovadas u oblongas, verdes a moradas
            20. Arbustos hasta 4 m de alto; inflorescencias con brácteas involucrales lineares a muy angostamente elípticas, 1–4 mm de ancho; infrutescencias con frutos separados, sin brácteas y a veces sobre ramas muy breves .... **P. furcata**
            20. Hierbas o sufrútices hasta 1 m de alto; inflorescencias con brácteas involucrales ovadas a oblongas, 4–12 mm de ancho; infrutescencias capitadas, con frutos agrupados y rodeadas por brácteas
               21. Estípulas con 2 lobos o aristas a cada lado interpeciolar; pecíolos 20–95 mm de largo .... **P. guapilensis**
               21. Estípulas con 3–8 aristas a cada lado interpeciolar; pecíolos 3–8 mm de largo .... **P. ipecacuanha**
         19. Inflorescencias rodeadas por 2 brácteas dos veces o más grandes que las otras, 15–55 mm de largo, ovadas, rosadas, moradas, anaranjadas o rojas
            22. Tallos, hojas y pedúnculos pilosos a vellosos .... **P. poeppigiana**
            22. Tallos, hojas y pedúnculos glabros
               23. Inflorescencias deflexas a péndulas, 3–4 cm de diámetro excluyendo las brácteas involucrales, con pedúnculos 8–22 cm de largo .... **P. correae**
               23. Inflorescencias erguidas a patentes, 1.5–2.5 cm de diámetro excluyendo las brácteas involucrales, con pedúnculos 2–13 cm de largo .... **P. elata**
14. Inflorescencias por lo menos una vez ramificadas, con las flores sésiles en varios glomérulos a veces rodeados por brácteas, a separadas y piceladas, con 1–varios pedúnculos
   24. Estípulas caducas, presentes solamente en el ápice o a veces además en el penúltimo nudo
      25. Flores abrazadas por brácteas de 8–15 mm de largo .... **P. capitata**
      25. Flores abrazadas por brácteas diminutas, hasta 5 mm de largo o brácteas ausentes
         26. Flores y frutos sésiles en glomérulos densos de 2–8
            27. Inflorescencias con los glomérulos terminales en 3–5 pedúnculos radiados en el ápice del tallo o en un pedúnculo hasta 1 cm de largo; limbo calicino 1.5–2 mm de largo; frutos elipsoides .... **P. psychotriifolia**
            27. Inflorescencias con los glomérulos terminales en ejes secundarios o de orden superior, en una panícula piramidal sobre un pedúnculo 1–10 cm de largo; limbo calicino 0.2–2 mm de largo; frutos subglobosos o elipsoides
               28. Tallos jóvenes, hojas y ejes de las inflorescencias glabros .... **P. viridis**
               28. Tallos jóvenes, hojas y ejes de las inflorescencias densa a cortamente pilosos
                   29. Inflorescencias con 2 ejes secundarios por nudo; limbo calicino con tubo 0.5–1 mm de largo y lobos 0.5–1 mm de largo .... **P. jinotegensis** var. **jinotegensis**
                   29. Inflorescencias generalmente con 4–6 ejes secundarios por nudo, 2–4 de ellos más cortos; limbo calicino 0.2–1 mm de largo
                      30. Limbo calicino 0.8–1 mm de largo; hojas ligeramente cordadas a cordadas en la base .... **P. hamiltoniana**
                      30. Limbo calicino ca 0.2 mm de largo; hojas agudas a cuneadas en la base .... **P. micrantha**
         26. Flores y frutos subsésiles a picelados, o a veces sésiles y solitarios o en grupos de 2 y separados por las ramitas de la inflorescencia
            31. Hojas, pecíolos y ejes de la inflorescencia cortamente pilosos a hírtulos
               32. Inflorescencias con pedúnculo 3–8 cm de largo, panículas 5–10 cm de largo; estípulas en la porción interpeciolar con un lobo linear, 3–6 mm de largo y bífido .... **P. neillii**

32. Inflorescencias sésiles o con pedúnculo hasta 1 cm de largo, con 3–5 ejes radiados, 0.5–3 cm de largo; estípulas en la porción interpeciolar triangulares a redondeadas .... **P. nervosa**
31. Hojas, pecíolos y ejes de la inflorescencia glabros a pubérulos, pero a veces las hojas con los márgenes ciliolados o los tallos jóvenes cortamente pilosos
  33. Estípulas 1–4 mm de largo, triangulares, endureciéndose y fragmentándose
    34. Limbo calicino 0.3–0.5 mm de largo; inflorescencias sésiles o con pedúnculos hasta 1 cm de largo .... **P. impatiens**
    34. Limbo calicino 0.5–2 mm de largo; inflorescencias con pedúnculos 2–7 cm de largo .... **P. microdon**
  33. Estípulas 1–30 mm de largo, triangulares a bilobadas o caliptradas, uniformemente membranáceas a papiráceas, cayendo enteras o sólo los lobos separándose
    35. Estípulas con la porción interpeciolar acuminada o terminando en 1–2 cerdas o lobos lineares
      36. Estípulas acuminadas o con 1 lobo por lado (2 en total)
        37. Inflorescencias con pedúnculos 1.5–5 cm de largo, con 2 ejes por nudo; hojas con 4–10 pares de nervios secundarios .... **P. chiriquina**
        37. Inflorescencias con pedúnculos 5.5–22 cm de largo, generalmente con 4 ejes por nudo con 2 de ellos más cortos; hojas con 9–15 pares de nervios secundarios .... **P. costivenia** var. **costivenia**
      36. Estípulas con 2 lobos o cerdas por lado interpeciolar (4 en total)
        38. Lobos o cerdas de las estípulas cortamente pilosos; limbo calicino 0.8–1.5 mm de largo; corola con tubo 2.5–3.5 mm de largo .... **P. graciliflora**
        38. Lobos o cerdas de las estípulas glabros a pubérulos; limbo calicino 0.5–0.8 mm de largo; corola con tubo 1.5–2 mm de largo
          39. Hojas 5–9 cm de largo, con 4–7 pares de nervios secundarios, pecíolos 2–5 mm de largo; estípulas con la porción interpeciolar por abajo de los lobos o cerdas 1.5–3 mm de largo; inflorescencias con pedúnculos evidentes, 0.3–2.5 cm de largo .... **P. fruticetorum**
          39. Hojas 6–20 cm de largo, con 7–13 pares de nervios secundarios, pecíolos 2–25 mm de largo; estípulas con la porción interpeciolar por abajo de los lobos o cerdas 3–12 mm de largo; inflorescencias sésiles o subsésiles, con pedúnculos hasta 3 mm de largo .... **P. tenuifolia**
    35. Estípulas caliptradas o con la porción interpeciolar obtusa a aguda, sin lobos lineares ni cerdas
      40. Inflorescencias con 1 pedúnculo de 1–10 cm de largo
        41. Inflorescencias generalmente con 4 ejes secundarios por nudo, 2 de ellos menores
          42. Limbo calicino 1.5–3 mm de largo .... **P. horizontalis**
          42. Limbo calicino hasta 1 mm de largo
            43. Pedúnculos 2–4.5 cm de largo; panículas 2–6 cm de largo .... **P. carthagenensis**
            43. Pedúnculos 2.5–5 cm de largo; panículas 6–9 cm de largo .... **P. clivorum**
        41. Inflorescencias con 2 ejes secundarios por nudo
          44. Hojas con márgenes ciliolados; pedicelos 1–3 mm de largo en flor, hasta 6 mm de largo en fruto; frutos subglobosos .... **P. marginata**
          44. Hojas con márgenes enteros; pedicelos hasta 3 mm de largo en flor y fruto; frutos elipsoides o subglobosos
            45. Inflorescencias con ejes y flores ascendentes, panículas 2–6 cm de largo; hojas 6–19 cm de largo y 2–7.5 cm de ancho.
              46. Estípulas interpeciolares, triangulares a ovadas .... **P. carthagenensis**
              46. Estípulas caliptradas .... **P. mexiae**
            45. Inflorescencias con ejes y flores patentes a ca 90° o más, panículas 3–12 cm de largo; hojas 5–24 cm de largo y 1.5–7.5 cm de ancho
              47. Hojas 5–16 cm de largo y 1.5–6 cm de ancho, elípticas a oblanceoladas; frutos subglobosos, 4–5 mm de largo .... **P. laselvensis**
              47. Hojas 10–24 cm de largo y 3–7.5 cm de ancho, elíptico-oblongas; frutos elipsoides, 7–9 mm de largo .... **P. remota**
      40. Inflorescencias subsésiles o con 1–varios pedúnculos hasta 2 cm de largo
        48. Hojas con 5–11 pares de nervios secundarios y la base aguda a en general breve y abruptamente cuneada o redondeada a truncada; inflorescencias con 2–9 pedúnculos radiados o fasciculados
          49. Hojas con 5–7 pares de nervios secundarios; estípulas agudas; flores sésiles .... **P. quinqueradiata**

49. Hojas con 8–11 pares de nervios secundarios; estípulas obtusas; flores con
pedicelos 0.5–1.5 mm de largo .... **P. lamarinensis**
48. Hojas con 8–19 pares de nervios secundarios y la base uniformemente aguda a
obtusa; inflorescencias paniculadas con un pedúnculo corto o sésiles y aparentemente
con 3 pedúnculos
50. Frutos secos obovoides .... **P. trichotoma**
50. Frutos secos elipsoides a subglobosos, más anchos en el medio
51. Limbo calicino ca 0.3 mm de largo .... **P. mexiae**
51. Limbo calicino 0.5–1 mm de largo
52. Estípulas interpeciolares, ovadas a triangulares .... **P. limonensis**
52. Estípulas unidas alrededor del tallo hasta caliptradas
53. Hojas elípticas a oblanceoladas, 2–5 cm de ancho; inflorescencias
0.5–3 cm de largo .... **P. nervosa**
53. Hojas elípticas, 4–13 cm de ancho; inflorescencias 5–12 cm de largo
54. Hojas 15–28 cm de largo y 5.5–13 cm de ancho, con 14–19 pares
de nervios secundarios; frutos 5.5–7 mm de largo
.... **P. panamensis** var. **compressicaulis**
54. Hojas 9–15 cm de largo y 4–6 cm de ancho, con 8–16 pares de
nervios secundarios; frutos 7–8 mm de largo
.... **P. panamensis** var. **panamensis**
24. Estípulas persistentes por lo menos en los 3 nudos más distales
55. Estípulas con la porción interpeciolar truncada o redondeada a obtusa, a veces partiéndose con la
edad, o emarginada a denticulada, brevemente bífida con los lobos redondeados a obtusos
56. Limbo calicino 3–5 mm de largo; tubo corolino 20–45 mm de largo; frutos 12–16 mm de
largo .... **P. chiapensis**
56. Limbo calicino 0.2–2 mm de largo; tubo corolino 2–10 mm de largo; frutos 3–10 mm de
largo
57. Limbo calicino 0.2–0.5 mm de largo, dentado; inflorescencias con ejes secundarios
generalmente 4 por nudo y subiguales .... **P. simiarum**
57. Limbo calicino 0.5–2 mm de largo, subtruncado a dentado; inflorescencias con ejes
secundarios 2 por nudo
58. Brácteas subyacentes a las flores 1.8–10 mm de largo; frutos maduros azules a
morados o negros
59. Flores sésiles en glomérulos, con las brácteas subyacentes 3–10 mm de largo
.... **P. brachiata**
59. Flores sésiles y pediceladas en címulas generalmente congestionadas, con las
brácteas subyacentes 1.8–3 mm de largo .... **P. luxurians**
58. Brácteas subyacentes a las flores hasta 1.5 mm de largo; frutos maduros rojos,
anaranjados, azules o negros
60. Inflorescencias en cimas o panículas sésiles o subsésiles .... **P. cooperi**
60. Inflorescencias en panículas con un pedúnculo bien desarrollado
61. Flores sésiles; frutos 8–20 mm de largo, azules a negros .... **P. eurycarpa**
61. Flores pediceladas; frutos 7–10 mm de largo, rojos o anaranjados .... **P. microdon**
55. Estípulas en la porción interpeciolar aguda o distintamente bilobada con los lobos agudos,
lineares, deltoides o triangulares
62. Estípulas de cada lado interpeciolar ovadas y agudas a acuminadas; inflorescencias
generalmente con 4 ejes secundarios por nudo, 2 de ellos más cortos .... **P. grandis**
62. Estípulas de cada lado interpeciolar ovadas a truncadas y bilobadas o con 2 lobos o cerdas;
inflorescencias con 2 ejes secundarios por nudo o 4 e iguales
63. Estípulas maduras 6–25 mm de largo incluyendo los lobos o cerdas
64. Tallos y hojas pilosos a híspidos .... **P. pilosa**
64. Tallos y hojas glabros a pubérulos o cortamente pilosos
65. Hojas con los nervios secundarios extendiéndose fuertemente a unirse con el
margen marcadamente cartilaginoso .... **P. cincta**
65. Hojas con los nervios secundarios libres, unidos en un nervio submarginal o
débilmente unidos con los márgenes, éstos no marcadamente cartilaginosos
66. Inflorescencias con la panícula 1–5 cm de largo; tallos jóvenes generalmente
pubérulos; frutos generalmente con 5 pirenos (a veces menos) .... **P. racemosa**
66. Inflorescencias con la panícula 1–12 cm de largo; tallos glabros o cortamente
pilosos; frutos con 2 pirenos (a veces menos)

67. Brácteas subyacentes a las flores 1–8 mm de largo; pirenos (y entonces frutos
secos) con ángulos longitudinales y la superficie lisa .... **P. steyermarkii**
67. Brácteas subyacentes a las flores diminutas, hasta 4 mm de largo; pirenos
(y entonces frutos secos) con la superficie diminutamente alveolada
    68. Estípulas con lobos lineares .... **P. deflexa**
    68. Estípulas con lobos lanceolados a ovados .... **P. microbotrys**
63. Estípulas maduras 1–5.5 mm de largo incluyendo los lobos o cerdas
  69. Tallos cortamente pilosos por lo menos sobre los nudos .... **P. cyanococca**
  69. Tallos totalmente glabros o pubérulos
    70. Brácteas de la inflorescencia lanceoladas o liguladas a elípticas, cubriendo a las yemas y
a veces a las flores
      71. Brácteas subyacentes a las flores 12–23 mm de largo; plantas con las hojas e
inflorescencias típicamente matizadas con púrpura cuando secas........................... **P. suerrensis**
      71. Brácteas subyacentes a las flores 1–8 mm de largo; plantas no matizadas con púrpura
cuando secas
        72. Inflorescencias con pedúnculos 4–10 cm de largo y panículas 5–16 cm de largo
        .... **P. berteriana**
        72. Inflorescencias con pedúnculos 0.3–4 cm de largo y panículas 1–5 cm de largo
          73. Frutos secos elipsoides y ligeramente aplanados lateralmente, 3–4 mm de
largo, pirenos con ángulos longitudinales .... **P. gracilenta**
          73. Frutos secos subglobosos, 4–6 mm de largo, pirenos con costillas
longitudinales redondeadas .... **P. officinalis**
    70. Brácteas de la inflorescencia ausentes, diminutas o lineares, no cubriendo ni a las yemas
ni a las flores
      74. Brácteas subyacentes a las flores siempre presentes, lineares a angostamente
triangulares, 0.5–14 mm de largo
        75. Pirenos con costillas longitudinales redondeadas; corola con tubo 5–10 mm de
largo .... **P. galeottiana**
        75. Pirenos con ángulos planos y longitudinales; corola con tubo 2–4 mm de largo
        .... **P. pubescens**
      74. Brácteas subyacentes a las flores ausentes o variablemente presentes, triangulares y
hasta 6 mm de largo
        76. Pirenos subglobosos, en la cara adaxial (dorsal) lisos, los frutos secos entonces
dídimos .... **P. acuminata**
        76. Pirenos hemisféricos, en la cara adaxial (dorsal) con ángulos o costillas
longitudinales y a veces alveolados, los frutos secos entonces elipsoides a
subglobosos .... **P. domingensis**

Psychotria acuminata Benth., Bot. Voy. Sulphur
    107. 1845.
Arbustos hasta 3 m de alto, glabros. Hojas elípticas, 5–12 cm de largo y 2–4.5 cm de ancho, ápice
acuminado con el acumen frecuentemente angosto y
alargado, base cuneada a obtusa o casi redondeada,
papiráceas, nervios secundarios 7–11 pares, unidos
en un nervio submarginal; pecíolos 5–18 mm de
largo; estípulas persistentes, unidas alrededor del
tallo en una vaina truncada, 0.5–2 mm de largo, con 2
lobos a cada lado, angostamente triangulares, 1.5–3
mm de largo. Inflorescencias terminales, glabras,
paniculadas, corimbiformes, con 2 ejes por nudo,
pedúnculos 1–4 cm de largo, panículas 1.5–4 cm de
largo, brácteas triangulares, hasta 1 mm de largo,
pedicelos 0–2 mm de largo, flores en címulas de 3–7;
limbo calicino 0.5–0.8 mm de largo, subtruncado;
corola infundibuliforme, blanca a amarilla, tubo 2.5–
5 mm de largo, lobos 1.5–2.5 mm de largo. Frutos 3–
4 mm de largo y 5–6 mm de ancho, azules o

morados, dicocos; pirenos 2, subglobosos, lisos.
Frecuente en bosques húmedos o de galería en la
zona atlántica; 0–820 m; fl jul, fr ago–feb; *Sandino
4547, Stevens 21694*; centro de México a las Guayanas y Perú, también en las Antillas. Esta especie ha
sido tratada incorrectamente por varios autores como
P. cuspidata Bredem. ex Roem. & Schult., una
especie sudamericana.

Psychotria aggregata Standl., Contr. U.S. Natl.
    Herb. 18: 128. 1916; *Psychotria tonduzii* Standl.
Hierbas o sufrútices hasta 2 m de alto, glabros a
pubérulos, generalmente poco ramificados o no.
Hojas elíptico-oblongas, 12–38 cm de largo y 2.5–17
cm de ancho, ápice agudo a acuminado, base obtusa a
aguda, suculentas, cuando secas papiráceas, nervios
secundarios 10–19 pares, generalmente libres; pecíolos 1.5–12 cm de largo; estípulas en la porción interpeciolar unidas alrededor del tallo en una vaina
truncada a anchamente redondeada, 1–5 mm de largo,

con un apéndice carnoso y cónico, 3–4 mm de largo, el apéndice caduco y la vaina decidua, pero por separado. Inflorescencias pseudoaxilares, sésiles o con pedúnculos hasta 8 mm de largo, capitadas con 1 cabezuela 1–3 cm de diámetro a ramificadas y piramidales, 1–8 cm de largo, brácteas triangulares, 1–8 mm de largo, flores sésiles, en las inflorescencias ramificadas en 2–5 glomérulos de 5–15 flores; limbo calicino 0.5–4 mm de largo, lobulado; corola infundibuliforme, blanca, tubo 2–4 mm de largo, lobos ca 1 mm de largo, con apéndice hasta 1 mm de largo. Frutos elipsoides, 5–7 mm de largo y 4–5 mm de ancho, blancos; pirenos 2, dorsiventralmente aplanados, con una costilla central y los márgenes engrosados.

Ocasional en bosques húmedos, zonas norcentral y atlántica; 200–1400 m; fl feb–may, fr ene, abr–jul, nov; *Araquistain 2502, Neill 1803*; Nicaragua al noroeste de Colombia. Esta especie está aquí tratada en sentido más estricto del que utilizaron Burger y Taylor, pero todavía incluye una variación notable en la forma de la inflorescencia, que merece estudios adicionales. Los dos nombres propuestos por Standley se aplican a la forma con la inflorescencia capitada o subcapitada.

Psychotria aubletiana Steyerm., Mem. New York Bot. Gard. 23: 694. 1972; *Cephaelis axillaris* Sw.; *P. aubletiana* var. *centro-americana* Steyerm.

Sufrútices o arbustos, hasta 1.5 (4) m de alto, glabros. Hojas elípticas a elíptico-oblongas, 4–16 cm de largo y 1–7 cm de ancho, ápice acuminado, base aguda a obtusa, papiráceas, nervios secundarios 6–8 pares, libres o llegando al margen; pecíolos 6–20 mm de largo; estípulas persistentes, con la porción interpeciolar ovada, 5–10 mm de largo, bilobada, lobos redondeados. Inflorescencias pseudoaxilares, capitadas, sésiles, cabezuela 1, subglobosa, 1–2 cm de diámetro, brácteas obovadas, 2–7 mm de largo, a veces moradas; limbo calicino 1–2 mm de largo, lobulado; corola infundibuliforme, blanca, tubo 8–10 mm de largo, lobos 3–3.5 mm de largo. Frutos elipsoides, 3–5 mm de largo y 2–4 mm de diámetro, azules; pirenos 2, con 3–4 costillas débiles.

Ocasional en bosques húmedos, zonas norcentral y atlántica; 700–1600 m; fl y fr ene–jun; *Moreno 7795, Pipoly 5944*; sur de México al norte de Sudamérica y en las Antillas Menores.

Psychotria berteriana DC., Prodr. 4: 515. 1830.

Arbustos hasta 3 m de alto, glabros a pubérulos. Hojas elípticas a elíptico-oblongas, 8–26 cm de largo y 3–11 cm de ancho, ápice acuminado, base cuneada a obtusa, papiráceas, nervios secundarios 7–15 pares, libres o ligeramente unidos en un nervio submarginal; pecíolos 1–5 cm de largo; estípulas persistentes, unidas alrededor del tallo en una vaina truncada, 0.5–2 mm de largo, con 2 lobos a cada lado, triangulares, 1–3.5 mm de largo. Inflorescencias terminales, glabras o pubérulas, paniculadas, piramidales, con 2 ejes secundarios por nudo, pedúnculos 4–10 cm de largo, panículas 5–16 cm de largo, brácteas elípticas a lanceoladas, 1–8 mm de largo, flores subsésiles en címulas de 2–4; limbo calicino ca 0.5 mm de largo, dentado; corola infundibuliforme, blanca a verde pálida, tubo 1.5–4 mm de largo, lobos 1–1.5 mm de largo. Frutos elipsoides, 3–4 mm de largo y 3–4 mm de ancho, morados a negros, con las ramitas de la inflorescencia alargándose y las brácteas frecuentemente caducas; pirenos 2, con costillas longitudinales.

Ocasional en bosques húmedos o de galería, en todo el país; 30–1400 m; fl feb–jun, fr probablemente todo el año; *Araquistain 3099, Moreno 9101*; centro de México a las Guayanas y Perú, también en las Antillas.

Psychotria brachiata Sw., Prodr. 45. 1788.

Arbustos o arbolitos hasta 5 m de alto, glabros a pubérulos. Hojas elípticas a elíptico-oblongas, 9–20 cm de largo y 3–8 cm de ancho, ápice brevemente acuminado, base cuneada a aguda, papiráceas, nervios secundarios 7–10 pares, por lo menos ligeramente unidos en un nervio submarginal; pecíolos 10–35 mm de largo; estípulas generalmente persistentes, interpeciolares, ovadas, 3–8 mm de largo, redondeadas a brevemente bífidas con lobos obtusos a redondeados. Inflorescencias terminales, paniculadas, glabras, piramidales, con 2 ejes secundarios por nudo, pedúnculos 1.5–6 cm de largo, panículas 8–14 cm de largo, brácteas ovadas a elípticas, 3–10 mm de largo, flores sésiles en glomérulos de 3–8; limbo calicino ca 1 mm de largo, subtruncado; corola infundibuliforme, blanca a amarillo pálida, a veces con puntos azules, tubo ca 3.5 mm de largo, lobos 1–1.5 mm de largo. Frutos elipsoides, 4–5 mm de largo y 3–5 mm de ancho, morados a azules generalmente intensos; pirenos 2, con costillas longitudinales generalmente débiles.

Frecuente en bosques muy húmedos a premontanos, zona atlántica; 0–800 m; fl feb–ago, fr jul–abr; *Moreno 11912, 23285*; sur de México al este de Panamá y en las Antillas. Esta especie ha sido confundida con *P. solitudinum* Standl. de Costa Rica, Panamá y Colombia, que tiene todas las flores separadas. *P. brachiata* es afín a *P. caerulea* Ruiz &

Pav. de Sudamérica y la relación entre ellas es similar a la descrita para *P. glomerulata* y *P. apoda*.

Psychotria capacifolia Dwyer, Ann. Missouri Bot. Gard. 67: 353. 1980; *P. dosbocensis* Dwyer.

Hierbas o sufrútices hasta 2 m de alto, glabras a hírtulas, generalmente poco ramificadas o no. Hojas elíptico-oblongas, 15–40 cm de largo y 9–16 cm de ancho, ápice brevemente acuminado, base cuneada a redondeada, suculentas, cuando secas membranáceas, nervios secundarios 15–25 pares, unidos en un nervio submarginal; pecíolos 3–10 cm de largo; estípulas en la porción interpeciolar unidas alrededor del tallo en una vaina truncada a anchamente redondeada, 1–6 mm de largo, con un apéndice carnoso y cónico, 3–3.5 mm de largo, el apéndice caduco y la vaina decidua por separado. Inflorescencias pseudoaxilares, paniculadas, piramidales, pedúnculos 2–22 cm de largo, panículas 5–15 cm de largo, brácteas triangulares, 0.5–2 mm de largo, flores sésiles, separadas o en címulas de 2–3; limbo calicino ca 1 mm de largo, dentado; corola infundibuliforme, blanca, tubo 2.5–3 mm de largo, lobos ca 1 mm de largo. Frutos elipsoides, 5–6 mm de largo y 3–4 mm de ancho, verde amarillentos; pirenos 2, dorsiventralmente aplanados, con una costilla central y los márgenes engrosados.

Ocasional en bosques húmedos, zonas atlántica y norcentral; 260–1400 m; fl mar–jun, fr ene–jul; *Grijalva 371, Ortiz 1378*; Nicaragua a Perú.

Psychotria capitata Ruiz & Pav., Fl. Peruv. 2: 59. 1799.

Arbolitos o arbustos hasta 4.5 m de alto, glabros. Hojas elípticas a elíptico-oblongas, 10–23 cm de largo y 3.5–8.5 cm de ancho, ápice agudo a brevemente acuminado, base aguda a cuneada, papiráceas a cartáceas, nervios secundarios 11–14 pares, libres o ligeramente unidos en un nervio submarginal; pecíolos 7–20 mm de largo; estípulas caducas, interpeciolares, lanceoladas, 10–22 mm de largo, bífidas hasta ca 1/4 del largo, lobos agudos. Inflorescencias terminales, glabras, paniculadas, piramidales, con 2 ejes secundarios por nudo, pedúnculos 5–8 cm de largo, panículas 2–6 cm de largo, brácteas elípticas a angostamente lanceoladas, verde pálidas a blancas, 8–15 mm de largo, flores sésiles, separadas o en glomérulos de 2–5; limbo calicino ca 0.8 mm de largo, dentado; corola infundibuliforme, blanca, tubo 9–10 mm de largo, lobos 3–6 mm de largo. Frutos subglobosos, 5–7 mm de diámetro, azules o morados a negros, con brácteas moradas; pirenos 2, lisos o con costillas longitudinales débiles.

Ocasional en bosques húmedos y de galería, zona atlántica; 10–100 m; fl mar–jul, fr abr, jul–oct;

Stevens 19965, 21669; sur de México y Guatemala a las Guayanas y Perú.

Psychotria carthagenensis Jacq., Enum. Syst. Pl. 16. 1760.

Arbustos hasta 4 m de alto, glabros a pubérulos. Hojas elípticas, 6–13 cm de largo y 2–5 cm de ancho, ápice agudo a acuminado, base aguda a cuneada, papiráceas, nervios secundarios 6–8 pares, unidos por lo menos ligeramente en un nervio submarginal; pecíolos 3–10 mm de largo; estípulas caducas, interpeciolares, triangulares a ovadas, 3–8 mm de largo, agudas a obtusas. Inflorescencias terminales, glabras a pubérulas, paniculadas, piramidales, con 2 ejes secundarios por nudo o generalmente 4 y 2 de ellos más cortos, pedúnculos 2–4.5 cm de largo, panículas 2–6 cm de largo, brácteas triangulares, 0.5–1.5 mm de largo, pedicelos hasta 2 mm de largo, flores en címulas de 2–5; limbo calicino hasta 0.5 mm de largo, dentado; corola infundibuliforme, blanca, tubo 2.5–3 mm de largo, lobos 1–2 mm de largo. Frutos elipsoides, 4–6 mm de largo y 4–4.5 mm de ancho, anaranjados a rojos o morados; pirenos 2, con costillas longitudinales.

Frecuente en bosques húmedos y de galería, generalmente en vegetación perturbada, en todo el país; 30–900 m; fl may, jun, fr jul–abr; *Moreno 5449, Stevens 22161*; sur de México a Argentina y en las Antillas. Esta especie muestra una variación notable en el tamaño de las hojas y la expansión y organización de la inflorescencia, pero no tan extrema como ha sido descrita por varios autores. Este epíteto ha sido escrito incorrectamente como *carthaginensis*; esta especie ha sido confundida con *P. alba* Ruiz & Pav. de Sudamérica.

Psychotria chagrensis Standl., J. Wash. Acad. Sci. 15: 105. 1925.

Arbustos hasta 3 m de alto, glabros. Hojas elípticas a oblanceoladas, 2.5–10 cm de largo y 1–3.5 cm de ancho, ápice ligeramente acuminado, base cuneada a aguda, papiráceas, nervios secundarios 6–9 pares, unidos en un nervio submarginal; pecíolos 1–15 mm de largo; estípulas caducas, a veces caliptradas, unidas alrededor del tallo en un tubo 3–10 mm de largo, con una arista 1–3 mm de largo a cada lado interpeciolar. Inflorescencias terminales, capitadas, sésiles, cabezuela 1, 5–15 mm de diámetro, rodeada por estípulas y brácteas involucrales, 4–10 mm de largo, flores 5–15; limbo calicino 2–4 mm de largo, lobulado; corola infundibuliforme, blanca, tubo 4–9 mm de largo, lobos 2–3 mm de largo. Frutos elipsoides, 6–8 mm de largo y 3–6 mm de ancho, rojos; pirenos 2, con costillas longitudinales.

Ocasional en bosques siempreverdes a húmedos, zona atlántica; 0–400 m; fl mar–jul, fr sep–may; *Grijalva 3843, Stevens 19747*; sur de México a Perú.

Psychotria chiapensis Standl., Contr. U.S. Natl. Herb. 23: 1390. 1926.

Arbustos o arbolitos hasta 10 m de alto, glabros a pubérulos. Hojas elípticas, elíptico-oblongas u obovadas, 9–26 cm de largo y 3–11.5 cm de ancho, ápice agudo a ligeramente acuminado, base cuneada a aguda, papiráceas, nervios secundarios 9–12 pares, libres o muy ligeramente unidos en un nervio submarginal; pecíolos 7–35 mm de largo; estípulas persistentes, interpeciolares, redondeadas a truncadas, 2–5 mm de largo. Inflorescencias terminales, paniculadas, glabras, corimbiformes, con 2 ejes secundarios por nudo, pedúnculos 1–8 cm de largo, panículas 4–12 cm de largo, brácteas triangulares a elípticas, 3–10 mm de largo, flores sésiles o subsésiles en glomérulos de 2–6; limbo calicino 3–5 mm de largo, lobulado; corola hipocrateriforme, blanca, tubo 20–45 mm de largo, lobos 9–15 mm de largo. Frutos elipsoides, 12–16 mm de largo y 9–13 mm de ancho, negros; pirenos 2, triangulares en sección transversal dando al fruto seco una forma tetrangular, con los ángulos agudos.

Frecuente en bosques húmedos, generalmente colectada en vegetación secundaria, zona atlántica; 50–700 m; fl may–jul, fr sep–may; *Moreno 23603, Ortiz 2066*; sur de México al centro de Panamá.

Psychotria chiriquina Standl., Contr. U.S. Natl. Herb. 18: 129. 1916.

Arbustos o arbolitos hasta 6 m de alto, glabros. Hojas elípticas a oblanceoladas, 5–15 cm de largo y 2–6 cm de ancho, ápice agudo a ligeramente acuminado, base aguda, papiráceas, nervios secundarios 4–10 pares, libres o ligeramente unidos en un nervio submarginal; pecíolos 7–15 mm de largo; estípulas caducas, interpeciolares, ovadas a triangulares, 4–10 mm de largo, agudas a generalmente acuminadas, frecuentemente separándose con los márgenes revolutos. Inflorescencias terminales, glabras, paniculadas, piramidales, con 2 ejes secundarios por nudo, pedúnculos 1.5–5 cm de largo, panículas 2–7 cm de largo, brácteas triangulares, hasta 1 mm de largo, pedicelos hasta 3 mm de largo, flores en címulas de 2–3; limbo calicino ca 1 mm de largo, dentado; corola infundibuliforme, blanca, tubo 2–6 mm de largo, lobos 1.5–2 mm de largo. Frutos elipsoides, 4–8 mm de largo y 4–6 mm de ancho, anaranjados o rojos; pirenos 2, con costillas longitudinales.

Ocasional en bosques húmedos premontanos, zona norcentral; 900–1600 m; fl may, oct, fr ago–

may; *Moreno 2870, 21678*; Nicaragua a Colombia.

Psychotria cincta Standl., Publ. Field Columbian Mus., Bot. Ser. 7: 90. 1930.

Arbustos hasta 6 m de alto, glabros. Hojas elípticas a elíptico-oblongas, 12–20 cm de largo y 3.5–7 cm de ancho, ápice acuminado, base aguda a cuneada, papiráceas, nervios secundarios 9–12 pares, unidos con los márgenes marcadamente cartilaginosos; pecíolos 8–20 mm de largo; estípulas persistentes, unidas alrededor del tallo en una vaina truncada, 1–3 mm de largo, con 2 lobos a cada lado, lineares, 6–14 mm de largo. Inflorescencias terminales, glabras, paniculadas, cilíndricas, con 2 ejes secundarios por nudo, pedúnculos 6–14 cm de largo, flexuosos, panículas 6–14 cm de largo, brácteas lineares, hasta 5 mm de largo, pedicelos hasta 2 mm de largo, flores en címulas de 3–7; limbo calicino 0.3–0.5 mm de largo, subtruncado; corola infundibuliforme, blanca, tubo 2–3 mm de largo, lobos 1–1.5 mm de largo. Frutos subglobosos, 4–6 mm de diámetro, azules a morados; pirenos 2, lisos.

Poco común en bosques húmedos, Río San Juan; 10–50 m; fl sep, fr jul–sep; *Martínez 2011, Rueda 1951*; Nicaragua a Perú.

Psychotria clivorum Standl. & Steyerm., Publ. Field Mus. Nat. Hist., Bot. Ser. 23: 87. 1944.

Arbustos o arbolitos hasta 6 m de alto, glabros a pubérulos. Hojas elípticas, 12–22 cm de largo y 4–6.5 cm de ancho, ápice acuminado, base aguda a cuneada, papiráceas, nervios secundarios 9–13 pares, unidos en un nervio submarginal; pecíolos 4–12 mm de largo; estípulas caducas, interpeciolares, triangulares a ovadas, 8–15 mm de largo, agudas. Inflorescencias terminales, glabras a pubérulas, paniculadas, piramidales, generalmente con 4 ejes secundarios por nudo, 2 de ellos más cortos, pedúnculos 2.5–5 cm de largo, panículas 6–9 cm de largo, brácteas triangulares, 0.5–2 mm de largo, pedicelos hasta 1 mm de largo, flores en címulas de 2–5; limbo calicino 0.3–0.5 mm de largo, dentado; corola infundibuliforme a campanulada, blanca, tubo 2–2.5 mm de largo, lobos ca 2 mm de largo. Frutos elipsoides, 5–6 mm de largo y 4–4.5 mm de ancho, anaranjados o rojos; pirenos 2, con costillas longitudinales.

Poco común en bosques mesófilos, zona norcentral y Chontales; 200–1050 m; fl may, fr ene, nov; *Neill 285 (7167), Sandino 5155*; sur de México a Nicaragua.

Psychotria cooperi Standl., Publ. Field Columbian Mus., Bot. Ser. 4: 296. 1929.

Arbustos o arbolitos hasta 8 m de alto, cortamente

pilosos a glabros. Hojas elípticas a oblanceoladas, 8–21 cm de largo y 3.5–7 cm de ancho, ápice agudo a acuminado, base aguda a cuneada, cartáceas, nervios secundarios 10–12 (15) pares, generalmente libres; pecíolos 7–25 mm de largo; estípulas persistentes, interpeciolares a unidas alrededor del tallo en una vaina, con la porción interpeciolar ovada, 5–11 mm de largo, cortamente emarginadas, lobos redondeados. Inflorescencias terminales, frecuentemente con apariencia pseudoaxilar debido al crecimiento desde los nudos subyacentes, cortamente pilosas, subcapitadas a cimosas o paniculadas, subglobosas, generalmente con 2 ejes secundarios por nudo, subsésiles a sésiles, 1–3.5 cm de diámetro, brácteas ovadas, 1–10 mm de largo, pedicelos ca 1 mm de largo; flores en címulas de 3–5; limbo calicino ca 1 mm largo, dentado; corola infundibuliforme a hipocrateriforme, blanca, tubo 4–5 mm de largo, lobos ca 2 mm de largo. Frutos obovoides, 4–5 mm de largo y 2.5–4 mm de ancho, azules a negros, con pedicelos 1–6 mm de largo; pirenos 2, con costillas longitudinales.

Conocida en Nicaragua por una sola colección (*Rueda 8950*) de bosques húmedos, sur de la zona atlántica; 200–300 m; fr sep; Nicaragua a Colombia.

Psychotria correae (Dwyer & M.V. Hayden) C.M. Taylor in W.C. Burger & C.M. Taylor, Fieldiana, Bot., n.s. 33: 244. 1993; *Cephaelis correae* Dwyer & M.V. Hayden.

Arbustos o arbolitos hasta 3 m de alto, glabros. Hojas elípticas a elíptico-oblongas, 11–28 cm de largo y 5–13 cm de ancho, ápice agudo a acuminado, base cuneada a obtusa, papiráceas, nervios secundarios 13–17 pares, generalmente unidos en un nervio submarginal; pecíolos 15–80 mm de largo; estípulas persistentes, unidas alrededor del tallo en una vaina 1–3 mm de largo, en cada lado interpeciolar con 2 lobos deltoides a triangulares, 3–4 mm de largo. Inflorescencias terminales, glabras, capitadas, con pedúnculos 8–22 cm de largo, cabezuela 1, 3–4 cm de diámetro, rodeada por 2 brácteas involucrales, ovadas, 2.5–5 cm de largo, rosadas a moradas, flores 8–30; limbo calicino ca 1 mm de largo, dentado; corola infundibuliforme, blanca, tubo ca 10 mm de largo, lobos 2–4 mm de largo. Frutos elipsoides, 10–15 mm de largo y 5–6 mm de ancho, azules, con brácteas moradas; pirenos 2, con costillas longitudinales.

Poco común en bosques húmedos, zona norcentral; 700–1400 m; fr oct; *Pipoly 5267*, *Stevens 15079*; Nicaragua a Panamá.

Psychotria costivenia Griseb. var. **costivenia**, Pl. Wright. 2: 508. 1862.

Arbustos hasta 5 m de alto, glabros a pubérulos. Hojas elípticas a oblanceoladas, 8–17 cm de largo y 3.5–6 cm de ancho, ápice agudo a ligeramente acuminado, base aguda a cuneada, papiráceas, nervios secundarios 9–15 pares, libres o unidos con el margen; pecíolos 5–15 mm de largo; estípulas caducas, interpeciolares, ovadas, 6–10 mm de largo, acuminadas. Inflorescencias terminales, pubérulas, paniculadas, piramidales, generalmente con 4 ejes por nudo, 2 de ellos más cortos, pedúnculos 5.5–22 cm de largo, panículas 2.5–11.5 cm de largo, brácteas triangulares, 1–5 mm de largo, pedicelos hasta 1.5 mm de largo, flores en címulas de 2–7; limbo calicino ca 0.3 mm de largo, dentado; corola hipocrateriforme, blanca, tubo 2–3.5 mm de largo, lobos 1.5–2 mm de largo. Frutos subglobosos, 5–7 mm de diámetro, anaranjados o rojos; pirenos 2, con costillas longitudinales.

Poco común en bosques mixtos y húmedos, zonas atlántica y norcentral; 10–1400 m; fl jun, fr sep–nov; *Moreno 12850*, *Neill 2201*; centro de México a Nicaragua. Esta especie consta de 2 variedades y se distribuye de México a Nicaragua. Es similar a *P. grandis*, que tiene estípulas más grandes y generalmente persistentes en varios nudos distales.

Psychotria cyanococca Seem. ex Dombrain, Fl. Mag. (London) 9: t. 479. 1870; *P. pittieri* Standl.; *P. dispersa* Standl.

Arbustos hasta 2 m de alto, cortamente pilosos por lo menos sobre los nudos, a glabros o glabrescentes. Hojas elíptico-oblongas, 6–11 cm de largo y 2–4 cm de ancho, ápice acuminado, base aguda a cuneada, papiráceas, nervios secundarios 8–11 pares, por lo menos ligeramente unidos en un nervio submarginal; pecíolos 4–15 mm de largo; estípulas persistentes, unidas alrededor del tallo en una vaina truncada, 0.5–2 mm de largo, con 2 lobos lineares a cada lado, 1.5–5 mm de largo. Inflorescencias terminales, glabrescentes a pubérulas o cortamente pilosas, paniculadas, piramidales, con 2 ejes secundarios por nudo, pedúnculos 1–3 cm de largo, deflexos, panículas 3–7 cm de largo, brácteas triangulares, 0.5–8 mm de largo, flores sésiles en glomérulos de 2–3; limbo calicino 0.2–0.5 mm de largo, dentado; corola infundibuliforme, blanca a verde pálida, tubo 2–4 mm de largo, lobos 0.5–1 mm de largo. Frutos elipsoides, 3–4 mm de largo y 2.5–3.5 mm de ancho, azul brillantes y aerenquimatosos; pirenos 2, con costillas longitudinales.

Frecuente en bosques húmedos y de pinos, zonas atlántica y norcentral; 0–1200 m; fl feb, jul, ago, fr ago–feb, may; *Moreno 12857*, *Sandino 3261*; Belice al centro de Panamá.

Psychotria deflexa DC., Prodr. 4: 510. 1830.

Arbustos hasta 3 m de alto, glabros. Hojas elípticas a ligeramente ovadas, 7–15 cm de largo y 1.5–7 cm de ancho, ápice acuminado, base obtusa a cuneada, papiráceas, nervios secundarios 4–8 pares, libres o débilmente unidos con los márgenes; pecíolos 3–12 mm de largo; estípulas persistentes, unidas alrededor del tallo en una vaina truncada, 0.5–2 mm de largo, con 2 lobos a cada lado, lineares, 5–8 mm de largo. Inflorescencias terminales, glabras, paniculadas, cilíndricas, con 2 ejes secundarios por nudo, pedúnculos 2.5–5 cm de largo, flexuosos, panículas 3–8 cm de largo, brácteas triangulares, hasta 1 mm de largo, pedicelos hasta 2 mm de largo, flores separadas en címulas fuertemente dicasiales; limbo calicino ca 0.5 mm de largo, dentado; corola infundibuliforme, blanca, tubo 1.5–3 mm de largo, lobos ca 1 mm de largo. Frutos subglobosos, 2.5–3.5 mm de diámetro, azules a morados tornándose blancos a veces matizados con azul y aerenquimatosos; pirenos 2, con ángulos longitudinales y la superficie diminutamente alveolada.

Ocasional en bosques húmedos, zona atlántica; 0–600 m; fl jul, ago, fr todo el año; *Ortiz 98, Sandino 3284*; sur de México a Bolivia y las Guayanas, también en las Antillas.

Psychotria domingensis Jacq., Enum. Syst. Pl. 16. 1760; *Palicourea domingensis* (Jacq.) DC.; *P. pavetta* (Sw.) DC.; *Psychotria mombachensis* Standl.

Arbustos hasta 3 m de alto, glabros. Hojas elíptico-oblongas, 8–19 cm de largo y 3–7 cm de ancho, ápice acuminado, base cuneada a obtusa, papiráceas, nervios secundarios 8–11 pares, libres o ligeramente unidos en un nervio submarginal; pecíolos 5–20 mm de largo; estípulas persistentes, unidas alrededor del tallo en una vaina truncada, 0.5–1 mm de largo, con 2 lobos a cada lado, triangulares, 1–4 mm de largo. Inflorescencias terminales, glabras, paniculadas, corimbiformes, con 2 ejes secundarios por nudo, pedúnculos 3–20 mm de largo, panículas 3–8 cm de largo, brácteas triangulares, 0–6 mm de largo, flores sésiles, separadas o en glomérulos de 2–3; limbo calicino 1.2–1.5 mm de largo, lobulado; corola hipocrateriforme, blanca a rosada, tubo 10–15 mm de largo, lobos 4–5 mm de largo. Frutos subglobosos, 4–6 mm de diámetro, morados tornándose negros; pirenos 2, con costillas longitudinales y generalmente agudas, la superficie generalmente alveolada.

Poco común en bosques húmedos, Volcanes Mombacho y San Cristóbal; 260–800 m; fl may–ago, fr jul, ago; *Moreno 1459, 8399*; sur de México al Ecuador y en las Antillas.

C.M. Taylor. Reconsideration of the generic placement of *Palicourea domingensis* Jacq. (Rubiaceae: Psychotrieae). Ann. Missouri Bot. Gard. 74: 447–448. 1987.

Psychotria elata (Sw.) Hammel in C.M. Taylor et al., Selbyana 12: 139. 1991; *Cephaelis elata* Sw.

Arbustos o arbolitos hasta 5 m de alto, glabros. Hojas elípticas a elíptico-oblongas, 6–25 cm de largo y 2.5–8.5 cm de ancho, ápice agudo a brevemente acuminado, base cuneada a obtusa, papiráceas a cartáceas, nervios secundarios 12–20 pares, generalmente unidos por lo menos ligeramente en un nervio submarginal; pecíolos 4–30 mm de largo; estípulas persistentes, unidas alrededor del tallo en una vaina 1–2 mm de largo, en cada lado interpeciolar con 2 lobos triangulares, 2–5 mm de largo. Inflorescencias terminales, glabras, capitadas, con pedúnculos 2–13 cm de largo, cabezuela 1, 1.5–2.5 cm de diámetro, rodeada por 2 brácteas involucrales, ovadas, 1.5–5.5 cm de largo, rosadas a anaranjadas, rojas o moradas, flores 8–30; limbo calicino ca 1 mm de largo, dentado; corola infundibuliforme, blanca, tubo 10–16 mm de largo, lobos 2–4 mm de largo. Frutos elipsoides, 5–10 mm de largo y 2–5 mm de ancho, azules a negros, con brácteas moradas; pirenos 2, con costillas longitudinales.

Frecuente en bosques húmedos, zonas atlántica y norcentral; 10–1550 m; fl y fr probablemente durante todo el año; *Moreno 7928, Stevens 22133*; sur de México al Ecuador y en las Antillas.

Psychotria emetica L. f., Suppl. Pl. 144. 1782.

Hierbas o sufrútices rizomatosos, hasta 1 m de alto, cortamente pilosos a hírtulos. Hojas elíptico-oblanceoladas, 7–15 cm de largo y 2–5 cm de ancho, ápice agudo a acuminado, base cuneada a obtusa, papiráceas, nervios secundarios 5–9 pares; pecíolos 3–12 mm de largo; estípulas deciduas, interpeciolares, lineares a angostamente triangulares, 2–4 mm de largo. Inflorescencias axilares, subcapitadas, 2 (4) pedúnculos por nudo, 3–15 mm de largo, brácteas triangulares, 1–2 mm de largo, flores 3–10; limbo calicino 1–1.5 mm de largo, lobulado; corola infundibuliforme, blanca, tubo 2–4 mm de largo, lobos 1.5–2 mm de largo. Frutos elipsoides, 8–10 mm de largo y 4–6 mm de ancho, negros; pirenos 2, lisos.

Poco común en bosques húmedos, zona atlántica; 10–500 m; fl may, jun, fr sep; *Ortiz 2141, Stevens 19311*; Guatemala a Brasil y Bolivia. Esta especie aparentemente sirve para la extracción de la droga ipecac, aunque se la obtiene mayormente de *P. ipecacuanha*; confundida frecuentemente con *P. erecta*. "Raicillo macho".

Psychotria epiphytica K. Krause, Verh. Bot. Vereins Prov. Brandenburg 50: 108. 1908; *P. orchidearum* Standl.

Epífitas herbáceas o sufrutescentes hasta 1 m de alto, suculentas, glabras. Hojas elíptico-oblongas a oblanceoladas, 4.5–10 cm de largo y 1–3 cm de ancho, ápice agudo, base obtusa a redondeada, muy suculentas, cuando secas coriáceas, nervios secundarios 2–5 pares casi no evidentes; pecíolos 1–6 mm de largo; estípulas deciduas, unidas alrededor del tallo en una vaina truncada, 0.5–1.5 mm de largo. Inflorescencias terminales, paniculadas, pedúnculo 0.5–2 cm de largo, panículas 1–2 cm de largo, brácteas reducidas, flores en címulas de 2–5; limbo calicino 1–1.5 mm de largo, dentado; corola infundibuliforme, blanca, tubo 4–8 mm de largo, lobos 1.5–2 mm de largo. Frutos subglobosos, 3–6 mm de diámetro, rojos tornándose negros; pirenos 2–4, lisos.

Conocida en Nicaragua por dos colecciones del Cerro Musún, Matagalpa; 200–800 m; fl abr, may; *Araquistain 2630, Neill 1775*; Nicaragua a Bolivia.

Psychotria erecta (Aubl.) Standl. & Steyerm., Publ. Field Mus. Nat. Hist., Bot. Ser. 23: 24. 1943; *Ronabea erecta* Aubl.; *P. axillaris* Willd.

Arbustos hasta 3 m de alto, glabros a seríceos. Hojas elípticas, 8–20 cm de largo y 3–9 cm de ancho, ápice acuminado, base obtusa, rígidamente papiráceas, nervios secundarios 5–8 pares; pecíolos 8–20 mm de largo; estípulas persistentes, interpeciolares, lineares a angostamente triangulares, 2–6 mm de largo. Inflorescencias axilares, subcapitadas, pedúnculos 3–4 (8) por nudo, 2–20 mm de largo, brácteas 0.1–1 mm de largo, flores 2–10; limbo calicino ca 1 mm de largo, dentado; corola infundibuliforme, blanca, tubo 3–4 mm de largo, lobos 1.5–3 mm de largo. Frutos elipsoides, 8–10 mm de largo y 5–8 mm de ancho, negros; pirenos 2, lisos.

Poco común en bosques de galería y sabanas, zona atlántica; 10–700 m; fl jun, jul, fr todo el año; *Stevens 18692, 21749*; sur de México a Brasil y Bolivia, también en las Antillas; similar y frecuentemente confundida con *P. emetica*.

Psychotria eurycarpa Standl., J. Wash. Acad. Sci. 18: 275. 1928.

Arbustos o arbolitos hasta 7 m de alto, glabros. Hojas elípticas, 6–14 cm de largo y 2.5–7 cm de ancho, ápice agudo a ligeramente acuminado, base aguda a cuneada, papiráceas, nervios secundarios 4–7 pares; pecíolos 12–30 mm de largo; estípulas persistentes, interperciolares, redondeadas a 2-denticuladas, 0.5–3 mm de largo. Inflorescencias terminales, paniculadas, corimbiformes, con 2 ejes secundarios por nudo, pedúnculo 1.5–5.5 cm de largo, panícula 4–8 cm de largo, brácteas 0.5–1 mm de largo, flores sésiles en glomérulos de 2–5; limbo calicino ca 0.5 mm de largo, dentado; corola infundibuliforme, blanca o a veces rosada, tubo 6–15 mm de largo, lobos 3–8 mm de largo. Frutos subglobosos a elipsoides, 8–20 mm de largo y 7–15 mm de ancho, azules o negros; pirenos 2, con ángulos o costillas débiles.

Colectada dos veces en bosques húmedos, zona atlántica; 130–560 m; fr ene, oct; *Rueda 4971, 5431*; sur de Nicaragua al oeste de Panamá.

Psychotria fruticetorum Standl., J. Arnold Arbor. 11: 42. 1930

Arbustos hasta 3 m de alto, glabros. Hojas elípticas a oblanceoladas, 5–9 cm de largo y 2–4 cm de ancho, ápice agudo a ligeramente acuminado, base aguda a cuneada, papiráceas, nervios secundarios 4–7 pares, unidos por lo menos ligeramente, en un nervio submarginal; pecíolos 2–5 mm de largo; estípulas caducas, interpeciolares o unidas alrededor del tallo, la porción interpeciolar ovada a triangular, 1.5–3 mm de largo, con 2 lobos lineares o cerdas adicionalmente 1–3 mm de largo, glabros o pubérulos. Inflorescencias terminales, glabras, paniculadas, piramidales a corimbiformes, generalmente con 2 ejes secundarios por nudo, pedúnculos 0.3–2.5 cm de largo, panículas 1.5–4.5 cm de largo, brácteas triangulares, ca 0.5 mm de largo, pedicelos 0.5–1 mm de largo, flores en címulas de 2–4; limbo calicino ca 0.5 mm de largo, subtruncado; corola hipocrateriforme, blanca, tubo ca 2 mm de largo, lobos 1.5–2 mm de largo. Frutos elipsoides a subglobosos, 4–5 mm de largo y 3–3.5 mm de ancho, anaranjados o rojos; pirenos 2, con costillas longitudinales.

Frecuente en bosques de pinos, mixtos y de galería o raras veces en sitios perturbados en zonas húmedas, zona atlántica; 0–440 m; fl dic–abr, jul, fr todo el año; *Pipoly 4045, Stevens 19836*; sur de México a Nicaragua y Panamá. El nombre *P. oaxacana* Standl. (sinónimo de la especie similar *P. graciliflora*) ha sido aplicado incorrectamente.

Psychotria furcata DC., Prodr. 4: 512. 1830.

Arbustos hasta 4 m de alto, glabros. Hojas elípticas a lanceolado-elípticas, 5–14 cm de largo y 1.5–6 cm de ancho, ápice acuminado, base cuneada, papiráceas, nervios secundarios 5–9 pares, a veces ligeramente unidos en un nervio submarginal; pecíolos 2–8 mm de largo; estípulas persistentes, unidas alrededor del tallo en una vaina 0.5–2 mm de largo, en cada lado interpeciolar con 2 lobos lineares, 1–3 mm de largo. Inflorescencias terminales, capitadas, con pedúnculos 0.3–2 cm de largo, cabezuela 1, rodeada por 4–6 brácteas involucrales, lineares a muy angostamente elípticas, 8–18 mm de largo, flores 5–12; limbo calicino 0.5–0.8 mm de largo, dentado; corola infundibuliforme, blanca, tubo 2–6 mm de largo, lobos 1.5–2 mm de largo. Frutos subglobosos, 3–6 mm de diámetro, morados a negros, con brácteas moradas; pirenos 2, con costillas longitudinales.

Ocasional en bosques siempreverdes a húmedos, zona atlántica; 15–160 m; fr sep–feb; *Araquistain 3199, Sandino 4612*; sur de México a Panamá. Esta especie ha sido tratada incorrectamente por varios autores como *P. involucrata*, un sinónimo de la especie similar *P. officinalis*.

Psychotria galeottiana (M. Martens) C.M. Taylor & Lorence, Taxon 34: 669. 1985; *Palicourea galeottiana* M. Martens; *P. seleri* Loes.; *Psychotria skutchii* Standl.; *P. persearum* Standl.; *P. pachecoana* Standl. & Steyerm.; *P. orogenes* L.O. Williams.

Arbustos o arbolitos hasta 3 m de alto, glabros a cortamente pilosos. Hojas elípticas a lanceolado-elípticas, 4–15 cm de largo y 1.2–4 cm de ancho, ápice acuminado, base obtusa a cuneada, papiráceas, nervios secundarios 7–18 pares, libres o ligeramente unidos en un nervio submarginal; pecíolos 2–17 mm de largo; estípulas persistentes, unidas alrededor del tallo en una vaina truncada, 1–2 mm de largo, con 2 lobos a cada lado, lineares a angostamente triangulares, 0.5–4 mm de largo. Inflorescencias terminales, glabras a cortamente pilosas, paniculadas, piramidales, con 2 ejes secundarios por nudo, pedúnculos 1–4 cm de largo, panículas 1.5–9.5 cm de largo, brácteas angostamente triangulares a lineares, 0.5–14 mm de largo, pedicelos 0–5 mm de largo, flores en címulas de 3–7; limbo calicino 0.5–1.5 mm de largo, lobulado; corola infundibuliforme, blanca a rosada, tubo 5–10 mm de largo, lobos 2–3 mm de largo. Frutos elipsoides, 3–4 mm de largo y de ancho, azules o morados tornándose negros; pirenos 2, con costillas longitudinales.

Poco común en nebliselvas, zona norcentral; 1100–1665 m; fl abr–jun, fr may; *Davidse 30342, Neill 3855*; sur de México a Nicaragua.

Psychotria glomerulata (Donn. Sm.) Steyerm., Mem. New York Bot. Gard. 23: 670. 1972; *Cephaelis glomerulata* Donn. Sm.

Arbustos hasta 4 m de alto, glabros. Hojas elíptico-oblongas, 5–14 cm de largo y 1.5–5 cm de ancho, ápice acuminado, base cuneada, papiráceas, nervios secundarios 9–13 pares, unidos en un nervio submarginal; pecíolos 3–11 mm de largo; estípulas persistentes, unidas alrededor del tallo en una vaina

0.5–2 mm de largo, truncada a anchamente redondeada en cada lado interpeciolar. Inflorescencias terminales, capitadas, sésiles a subsésiles, cabezuela 1, 18–35 mm de diámetro, rodeada por brácteas involucrales, 10–15 mm de largo, verde amarillentas a blanquecinas, flores 8–20; limbo calicino 0.5–1.5 mm de largo, dentado; corola infundibuliforme, blanca, tubo 10–15 mm de largo, lobos 1.5–3 mm de largo. Frutos elipsoides, 6–13 mm de largo y 5–10 mm de ancho, azules con brácteas moradas; pirenos 2, lisos.

Ocasional en bosques siempreverdes a húmedos, mayormente en la zona atlántica; 0–1000 m; fl feb–sep, fr nov–jul; *Moreno 20731, Stevens 21697*; sur de México a Panamá. Steyermark encontró diferencias morfológicas entre estas plantas centroamericanas y las sudamericanas similares, lo que le motivó a clasificarlas en 2 especies distintas, pero hermanas, ésta y *P. apoda* Steyerm.

Psychotria gracilenta Müll. Arg., Flora 59: 545. 1876; *P. brachybotrya* Müll. Arg.

Arbustos hasta 3 m de alto, glabros. Hojas elípticas, 9–16 cm de largo y 3–8 cm de ancho, ápice acuminado, base cuneada a obtusa, papiráceas, nervios secundarios 4–8 pares, libres o a veces ligeramente unidos en un nervio submarginal; pecíolos 3–10 mm de largo; estípulas persistentes, unidas alrededor del tallo en una vaina truncada a cóncava, 0.5–1 mm de largo, con 2 lobos a cada lado, angostamente triangulares, 2–5 mm de largo. Inflorescencias terminales, glabras o pubérulas, paniculadas, corimbiformes a piramidales, con 2 ejes secundarios por nudo, pedúnculos 0.3–2.5 cm de largo, panículas 1–3 cm de largo, brácteas elípticas a triangulares, 1–6 mm de largo, flores sésiles en glomérulos de 2–5; limbo calicino ca 0.3 mm de largo, dentado; corola infundibuliforme, blanca, tubo 1.5–4 mm de largo, lobos 1–1.5 mm de largo. Frutos elipsoides, 3–4 mm de largo y de ancho, morados a negros, con brácteas moradas; pirenos 2, con ángulos longitudinales.

Ocasional en bosques húmedos o de galería, zona atlántica; 0–140 (–600) m; fl jul, fr sep–ene; *Ríos 239, Stevens 21730*; Nicaragua a las Guayanas y Perú. Esta especie es similar y frecuentemente confundida con *P. officinalis*.

Psychotria graciliflora Benth., Vidensk. Meddel. Dansk Naturhist. Foren. Kjøbenhavn 1852: 35. 1853; *P. vallensis* Dwyer.

Arbustos hasta 3 m de alto, glabros. Hojas elípticas a oblanceoladas, 1.5–8 cm de largo y 0.8–3 cm de ancho, ápice agudo a generalmente acuminado, base aguda o abruptamente cuneada, papiráceas, nervios secundarios 3–6 pares, unidos en un nervio submarginal; pecíolos 2–10 mm de largo; estípulas caducas, interpeciolares, ovadas a triangulares, 1–2 mm de largo, con 2 lobos lineares o cerdas adicionalmente 1–2 mm de largo, cortamente pilosos. Inflorescencias terminales, glabras, paniculadas, piramidales a corimbiformes, con 2 ejes secundarios por nudo, pedúnculos 1–2 cm de largo, panículas 1–3 cm de largo, brácteas triangulares, 0.5–1 mm de largo, pedicelos hasta 0.5 mm de largo, flores en címulas de 2–4; limbo calicino 0.8–1.5 mm de largo, lobulado; corola hipocrateriforme, blanca, tubo 2.5–3.5 mm de largo, lobos 1–2 mm de largo. Frutos anaranjados o rojos, elipsoides a subglobosos, 4–6 mm de largo y 3–5 mm de ancho; pirenos 2, con costillas longitudinales.

Frecuente en bosques húmedos y premontanos, zonas norcentral y atlántica; 10–1600 m; fl feb, may, jun, fr sep–abr; *Moreno 12858, Robleto 479*; centro de México al noroeste de Colombia.

Psychotria grandis Sw., Prodr. 43. 1788.

Arbolitos o arbustos hasta 10 m de alto, glabros. Hojas oblanceoladas, 15–40 cm de largo y 4–16 cm de ancho, ápice agudo a acuminado, base aguda a atenuada, papiráceas a cartáceas, nervios secundarios 12–16 pares, libres o ligeramente unidos en un nervio submarginal; pecíolos 5–35 mm de largo; estípulas persistentes por lo menos en los nudos distales, interpeciolares, ovadas, 8–30 mm de largo, acuminadas, generalmente acostilladas y con los márgenes revolutos. Inflorescencias terminales, glabras, paniculadas, piramidales, con los ejes secundarios típicamente 4 por nudo con 2 menores, pedúnculos 11–18 cm de largo, panículas 6–18 cm de largo, brácteas triangulares, 0.5–1 mm de largo, pedicelos 1–3 mm de largo, flores en címulas de 2–5; limbo calicino ca 0.5 mm de largo, dentado; corola infundibuliforme, blanca a amarilla, tubo 2–4 mm de largo, lobos 1.5–2 mm de largo. Frutos subglobosos, 5–7 mm de diámetro, anaranjados o rojos; pirenos 2, lisos o con costillas longitudinales débiles.

Ocasional en bosques muy húmedos, zona atlántica; 0–1260 m; fl may–jul, fr jul–feb; *Miller 1068, Robleto 1853*; sur de México a Venezuela y Ecuador, también en las Antillas Mayores. Similar a *P. costivenia*; estas especies son difíciles a separar y posiblemente no son completamente distintas.

Psychotria guadalupensis (DC.) R.A. Howard, J. Arnold Arbor. 47: 139. 1966; *Loranthus guadalupensis* DC.; *P. pendula* (Jacq.) Urb.; *P. parasitica* Sw.

Epífitas herbáceas o sufrutescentes hasta 0.5 m de alto, suculentas, glabras. Hojas lanceoladas, 1–5 cm de largo y 0.5–2 cm de ancho, ápice agudo, base cuneada a obtusa, muy suculentas, cuando secas coriáceas, nervios secundarios 2–5 pares, pero casi no evidentes; pecíolos 1–6 mm de largo; estípulas deciduas con la hojas, unidas alrededor del tallo en una vaina truncada, 0.5–1.5 mm de largo. Inflorescencias terminales, paniculadas, pedúnculo 5–20 mm de largo, panículas ca 1 cm de largo, brácteas reducidas, flores en címulas de 2–3; limbo calicino 1–1.5 mm de largo, dentado; corola infundibuliforme, blanca, tubo 4–8 mm de largo, lobos 1.5–2 mm de largo. Frutos subglobosos, 3–6 mm de diámetro, rojos tornándose negros; pirenos 2–4, lisos.

Ocasional en bosques húmedos, zona norcentral; 600–1600 m; fl sep, fr ene–abr, sep, oct; *Neill 860, Stevens 11300*; sur de México al noreste de Sudamérica y en las Antillas.

Psychotria guapilensis (Standl.) Hammel in C.M. Taylor et al., Selbyana 12: 139. 1991; *Evea guapilensis* Standl.; *Cephaelis guapilensis* (Standl.) Standl.; *C. discolor* Pol.; *C. tonduzii* K. Krause; *C. nicaraguensis* Standl.; *C. nana* (Standl.) Standl.

Hierbas o sufrútices hasta 1 m de alto, glabros. Hojas elípticas a elíptico-oblongas, 9–24 cm de largo y 3.5–10 cm de ancho, ápice acuminado, base cuneada, papiráceas, nervios secundarios 8–10 pares, unidos en un nervio submarginal; pecíolos 2–9.5 cm de largo; estípulas persistentes, unidas alrededor del tallo en una vaina 2–4 mm de largo, en cada lado interpeciolar con 2 lobos, angostamente triangulares, 3–9 mm de largo. Inflorescencias terminales, cortamente pilosas, capitadas, con pedúnculos 0.4–4 cm de largo, cabezuela 1, 2–3 cm de diámetro, rodeada por brácteas involucrales ovadas a oblongas, 8–10 mm de largo, moradas, flores 8–25; limbo calicino 0.8–1.5 mm de largo, lobulado; corola infundibuliforme, rosada, tubo 2.5–3 mm de largo, lobos 1.5–3 mm de largo. Frutos azules, elipsoides, 8–10 mm de largo y 6–8 mm de ancho, con brácteas moradas; pirenos 2, lisos a ligeramente angulados.

Conocida en Nicaragua por dos colecciones de Río San Juan y Jinotega; 100–930 m; fr jul, oct; *Araquistain 3261, Sandino 158*; Nicaragua a Colombia.

Psychotria haematocarpa Standl., J. Wash. Acad. Sci. 18: 274. 1928.

Arbustos hasta 2.5 m de alto, glabros, a veces sufrutescentes. Hojas elípticas, 6–15 cm de largo y 2–5.5 cm de ancho, ápice agudo a generalmente acuminado, base aguda a cuneada, papiráceas, nervios secundarios 6–10 pares, por lo menos ligeramente unidos en un nervio submarginal; pecíolos 2–8 mm de largo; estípulas persistentes, unidas alrededor del tallo en una vaina truncada, ca 1 mm de largo, con 2 lobos a cada lado, lineares, 2–5 mm de largo, frecuentemente caducos. Inflorescencias terminales, glabras, pedúnculos 2–5 mm de largo, brácteas hasta 2 mm de largo, flores 2–10, todas producidas desde 1 nudo en un arreglo umbeliforme a subcapitado; limbo calicino 1–2 mm de largo, lobulado; corola infundibuliforme, verde pálida a blanca, tubo 2–2.5 mm de largo, lobos 0.5–1 mm de largo. Frutos subglobosos, 5–6 mm de diámetro, anaranjados a rojos; pirenos 2, con costillas longitudinales, pero generalmente débiles.

Poco común en bosques húmedos, zona atlántica; 10–600 m; fl ago, fr sep–nov; *Miller 1136, Sandino 4666*; Nicaragua al oeste de Panamá.

Psychotria hamiltoniana C.M. Taylor, Novon 9: 425. 1999.

Arbustos hasta 3 m de alto, densamente ferrugíneo-pilosos. Hojas opuestas, lanceoladas a elípticas, 14–33 cm de largo y 6–17.5 cm de ancho, ápice acuminado, base ligeramente cordada a cordada, papiráceas, nervios secundarios 13–17 pares; pecíolos 3–8 cm de largo; estípulas caducas, interpeciolares, lanceoladas a triangulares, 15–33 mm de largo, acostilladas, brevemente bilobadas, lobos agudos. Inflorescencias terminales, paniculadas, piramidales a subglobosas, con pedúnculo 2.5–3.5 cm de largo, panícula 3–5.5 cm de largo, con ejes secundarios 4–6 por nudo, desiguales con los menores deflexos, brácteas triangulares a liguladas, truncadas a agudas, 1.5–4 mm de largo, flores sésiles en glomérulos de 2–4; cáliz y corola no observados. Frutos elipsoides, 5–6 mm de largo y 3.5–4 mm de ancho, amarillos, con limbo calicino 0.8–1 mm de largo, dentado; pirenos 2, acostillados.

Rara, en bosques húmedos, Río San Juan; 120–250 m; fr ene, feb, dic; *Rueda 5322, 5618*; aparentemente endémica.

Psychotria horizontalis Sw., Prodr. 44. 1788.

Arbustos hasta 3 m de alto, glabros o los tallos jóvenes a veces cortamente pilosos. Hojas elípticas a oblanceoladas, 3–9 cm de largo y 1.5–4.5 cm de ancho, ápice agudo a ligeramente acuminado, base cuneada o abruptamente redondeada a truncada, papiráceas, nervios secundarios 5–9 pares, unidos por lo menos ligeramente en un nervio submarginal; pecíolos 1–7 mm de largo; estípulas caducas, interpeciolares, triangulares a ovadas, 2–7 mm de largo, agudas a redondeadas. Inflorescencias terminales, paniculadas, glabras a cortamente pilosas, corimbi-

formes, con 4 ejes secundarios subiguales por nudo, pedúnculos 1–4 cm de largo, panículas 1–5 cm de largo, brácteas triangulares, 0.5–1 mm de largo, pedicelos hasta 2 mm de largo, flores en címulas de 2–5; limbo calicino 1.5–3 mm de largo, lobulado; corola infundibuliforme, blanca, tubo 2.5–3.5 mm de largo, lobos ca 1.5 mm de largo. Frutos elipsoides, 4–8 mm de largo y 3–6 mm de ancho, anaranjados o rojos; pirenos 2, con costillas longitudinales.

Frecuente en bosques secos, de galería, perennifolios y a veces húmedos, vegetación perturbada, en todo el país; 0–1220 m; fl abr–jul, fr jul–mar; *Ortiz 1017, Stevens 21781*; sur de México a Brasil y Ecuador y en las Antillas.

Psychotria impatiens Dwyer, Ann. Missouri Bot. Gard. 67: 385. 1980.

Arbustos hasta 2 m de alto, glabros. Hojas elípticas a oblanceoladas, 8–20 cm de largo y 4–6.6 cm de ancho, ápice acuminado, base cuneada a aguda y luego atenuada, papiráceas, nervios secundarios 7–11 pares, libres o por lo menos ligeramente unidos en un nervio submarginal; pecíolos 3–15 mm de largo; estípulas caducas, interpeciolares, triangulares a ovadas, 1–4 mm de largo, agudas, endureciéndose y luego partiéndose y fragmentándose. Inflorescencias terminales, paniculadas, glabras, corimbiformes, con 2 ejes secundarios por nudo, sésiles o con pedúnculos hasta 1 cm de largo, panículas 3–6 cm de largo, brácteas triangulares, hasta 1 mm de largo, pedicelos 0.5–2 mm de largo, flores en címulas de 3–5; limbo calicino 0.3–0.5 mm de largo, dentado; corola infundibuliforme, blanca, tubo 4–6 mm de largo, lobos 2–3 mm de largo. Frutos elipsoides, 6–7 mm de largo y 3–5 mm de ancho, anaranjados o rojos; pirenos 2, con costillas longitudinales.

Poco común en bosques húmedos, zona atlántica; 60–240 m; fr feb, ago, nov; *Miller 1266, Moreno 12874*; sureste de Nicaragua y disyunta en el este de Panamá. En Panamá, esta especie es caducifolia, produciendo las flores con las hojas nuevas, un hábito raro en las especies americanas de *Psychotria*; faltan observaciones de su fenología en Nicaragua.

Psychotria ipecacuanha (Brot.) Stokes, Bot. Mat. Med. 1: 365. 1812; *Callicocca ipecacuanha* Brot.; *Cephaelis ipecacuanha* (Brot.) A. Rich.

Hierbas o sufrútices hasta 0.5 m de alto, rizomatosos, glabros. Hojas elípticas a obovadas, 7–17 cm de largo y 4–9 cm de ancho, ápice brevemente acuminado, base cuneada a brevemente redondeada a truncada, papiráceas, nervios secundarios 5–7 pares, generalmente libres; pecíolos 3–8 mm de largo; estípulas persistentes, laciniadas, la porción interpeciolar triangular, 2–4 mm de largo, con 3–8 aristas, 5–8 mm de largo. Inflorescencias terminales, glabras, capitadas, con pedúnculos 1–4 cm de largo, cabezuela 1, 1–2 cm de diámetro, rodeada por brácteas involucrales, ovadas, 5–10 mm de largo, flores 5–12; limbo calicino ca 0.5 mm de largo, dentado; corola infundibuliforme, blanca, tubo 3–4 mm de largo, lobos 1.5–2.5 mm de largo. Frutos elipsoides, 8–10 mm de largo y 4–5 mm de ancho, rojos tornándose negros, con brácteas verdes a moradas; pirenos 2, con costillas longitudinales.

Poco común en bosques húmedos, Río San Juan; 50–200 m; fl jul, fr oct; *Moreno 26094, Salick 8085*; Nicaragua a Brasil. El rizoma de esta especie sirve para la extracción de la droga ipecac; esta especie o es nativa e infrecuente desde Nicaragua a Brasil, o más probablemente ha sido sembrada o cultivada intermitentemente en bosques de zonas húmedas, y las plantas persisten en esos lugares. Las plantas normalmente se encuentran en la fase estéril, pero sus estípulas con varias aristas lineares son distintivas. "Raicilla".

Psychotria jinotegensis C. Nelson et al. var. **jinotegensis**, Phytologia 50: 1. 1981.

Arbustos hasta 3 m de alto, cortamente pilosos. Hojas elípticas, 9–14 cm de largo y 2.5–4.5 cm de ancho, ápice agudo a obtuso, base aguda a cuneada, papiráceas, nervios secundarios 9–14 pares, unidos en un nervio submarginal; pecíolos 5–15 mm de largo; estípulas caducas, caliptradas, 15–23 mm de largo, agudas. Inflorescencias terminales, paniculadas, cortamente pilosas, piramidales, con 2 ejes secundarios por nudo, pedúnculos hasta 4 cm de largo, panículas 4–6.5 cm de largo, brácteas lineares, 1.5–3 mm de largo, flores sésiles en glomérulos de 3–6; limbo calicino 1–2 mm de largo, lobulado; corola infundibuliforme, blanca, tubo 3.5–4 mm de largo, lobos 1.5–2.5 mm de largo. Frutos elipsoides, 5.5–6.5 mm de largo y 4–5 mm de ancho, anaranjados o rojos; pirenos 2, con costillas longitudinales.

Conocida en Nicaragua por dos colecciones (no estudiadas) de bosques de pinos y mixtos a premontanos, Jinotega; 1000–1400 m; fl jun; *Standley 10214, 10314*; Guatemala al noreste de Nicaragua. La especie, que tiene la misma distribución, consta de otra variedad más.

Psychotria lamarinensis C.W. Ham., Phytologia 64: 227. 1988.

Arbustos hasta 3 m de alto, glabros. Hojas elíptico-obovadas, 13–22 cm de largo y 5–13 cm de ancho, ápice agudo a ligeramente acuminado, base aguda a abruptamente cuneada o truncada, papirá-

ceas, nervios secundarios 8–11 pares, libres o débilmente unidos en un nervio submarginal; pecíolos 2–8 mm de largo; estípulas caducas, interpeciolares, elípticas a obovadas, 8–20 mm de largo, obtusas. Inflorescencias con las címulas de flores terminales sobre 2–3 pedúnculos, 0.5–2 cm de largo, radiados o fasciculados desde el ápice del tallo, brácteas 0.5–2 mm de largo, pedicelos 0.5–1.5 mm de largo; limbo calicino ca 0.5 mm de largo, subtruncado; corola tubular, blanca, tubo 2.5–3 mm de largo, lobos 1–2 mm de largo. Frutos elipsoides, 7–8 mm de largo y 4–5 mm de ancho, amarillos; pirenos 2, ligeramente acostillados.

Rara, en bosques húmedos, Río San Juan; 250 m; fr ene; *Rueda 5549, 5554*; sur de Nicaragua al noreste de Costa Rica.

Psychotria laselvensis C.W. Ham., Phytologia 64: 228. 1988.

Arbustos hasta 4 m de alto, glabros. Hojas elípticas a oblanceoladas, 5–16 cm de largo y 1.5–6 cm de ancho, ápice agudo a acuminado, base cuneada a aguda y en general breve y abruptamente redondeada a truncada, papiráceas, nervios secundarios 7–10 pares, unidos en un nervio submarginal; pecíolos 1–7 mm de largo; estípulas caducas, interpeciolares, triangulares a ovadas, 2–6 mm de largo, agudas. Inflorescencias terminales, paniculadas, glabras, piramidales, con 2 ejes secundarios por nudo, pedúnculos 4–9 cm de largo, panículas 3–8 cm de largo, brácteas triangulares, 0.5–3 mm de largo, pedicelos ca 0.5 mm de largo, flores en címulas de 3–5; limbo calicino 0.2–0.5 mm de largo, dentado; corola infundibuliforme, blanca, tubo 1.5–3 mm de largo, lobos 1.5–2 mm de largo. Frutos subglobosos, 4–5 mm de diámetro, anaranjados o rojos, sobre pedicelos hasta 3 mm de largo; pirenos 2, con costillas longitudinales.

Conocida en Nicaragua por una colección (*Rueda 4875*) de bosques muy húmedos, Río San Juan; 0–50 m; fr ago; sur de Nicaragua y noreste de Costa Rica.

Psychotria limonensis K. Krause, Bot. Jahrb. Syst. 54(Beibl. 119): 43. 1916.

Arbustos o arbolitos hasta 5 m de alto, glabros. Hojas elípticas, 11–22 cm de largo y 5–12 cm de ancho, ápice obtuso a redondeado, abrupta y brevemente acuminado, base cuneada a obtusa, papiráceas, nervios secundarios 10–19 pares, unidos en un nervio submarginal; pecíolos 1–6 cm de largo; estípulas caducas, interpeciolares, triangulares a ovadas, 5–12 mm de largo, agudas a obtusas. Inflorescencias terminales, paniculadas, glabras, corimbiformes, con 2 ejes secundarios por nudo, pedúnculos hasta 1 cm de largo, panículas 3–7 cm de largo, brácteas triangulares, 0.5–1.5 mm de largo, pedicelos hasta 1.5 mm de largo, flores en címulas de 3–6; limbo calicino 0.5–1 mm de largo, dentado; corola infundibuliforme a rotácea, blanca, tubo 2–2.5 mm de largo, lobos ca 1.5 mm de largo. Frutos elipsoides a subglobosos, 4–5 mm de largo y 3–4 mm de ancho, anaranjados o rojos; pirenos 2, con costillas longitudinales.

Poco común en bosques muy húmedos, zona atlántica; 0–1000 m; fl may–jun, fr oct; *Moreno 12064, Robleto 598*; sur de México a Colombia. Esta especie se confunde a veces con *P. panamensis*, que tiene frutos más grandes.

Psychotria luxurians Rusby, Mem. Torrey Bot. Club 6: 50. 1896; *P. berteriana* ssp. *luxurians* (Rusby) Steyerm.

Arbustos hasta 8 m de alto, glabrescentes. Hojas elípticas a elíptico-oblongas, 12–26 cm de largo y 5–11 cm de ancho, ápice agudo a acuminado, papiráceas, nervios secundarios 8–14 pares; pecíolos 5–35 mm de largo; estípulas persistentes, interpeciolares, ovadas, 3–9 mm de largo, redondeadas a emarginadas. Inflorescencias terminales, paniculadas, piramidales, con 2 ejes secundarios por nudo, pedúnculos 2–8 cm de largo, panículas 5–20 cm de largo, brácteas triangulares a elípticas, 1–12 mm de largo, flores sésiles o sobre pedicelos de hasta 2 mm de largo en címulas de 3–10; limbo calicino ca 0.5 mm de largo, dentado; corola infundibuliforme, blanca, tubo 2–4 mm de largo, lobos 1–1.5 mm de largo. Frutos elipsoides, 3–5 mm de largo y 3–6 mm de ancho, negros; pirenos 2, acostillados.

Conocida en Nicaragua por una colección estéril (*Rueda 5474*) de bosques húmedos, Río San Juan; 400–600 m; sur de Nicaragua a Bolivia.

Psychotria macrophylla Ruiz & Pav., Fl. Peruv. 2: 56. 1799.

Hierbas o sufrútices hasta 2 m de alto, glabras a pubérulas. Hojas elípticas a elíptico-oblongas, 12–32 cm de largo y 4–14 cm de ancho, ápice agudo a acuminado, base cuneada a aguda, suculentas, cuando secas membranáceas, nervios secundarios 8–17 pares, generalmente libres o llegando a los márgenes; pecíolos 2–8 cm de largo; estípulas unidas alrededor del tallo en una vaina truncada a anchamente redondeada, 1–3 mm de largo, con un apéndice carnoso, cónico, 3–4 mm de largo, el apéndice caduco y la vaina decidua, pero por separado. Inflorescencias pseudoaxilares, paniculadas, piramidales a cilíndricas, pedúnculos 0.5–8 cm de largo, panículas 3–10 cm de largo, brácteas 0.5–10 mm de largo, flores subsésiles en címulas de 2–3; limbo calicino ca 1 mm de largo, dentado; corola infundibuliforme,

blanca, tubo 2–4 mm de largo, lobos 1–2 mm de largo. Frutos elipsoides, 5–7 mm de largo y 3–4 mm de ancho, blancos; pirenos 2, hemisféricos o ligeramente aplanados dorsiventralmente, lisos o con 3–5 costillas débiles.

Frecuente en bosques húmedos, en todo el país; 200–1600 m; fl feb, mar, fr jul–may; *Moreno 2875, 20063*; sur de México a Bolivia.

Psychotria marginata Sw., Prodr. 43. 1788; *P. nicaraguensis* Benth.; *Uragoga nicaraguensis* (Benth.) Kuntze.

Arbustos o arbolitos hasta 3 m de alto, glabros. Hojas elípticas a oblanceoladas, 6–17 cm de largo y 2–6 cm de ancho, ápice acuminado, base aguda a cuneada, papiráceas, con márgenes ciliolados, nervios secundarios 7–13 pares, libres o ligeramente unidos en un nervio submarginal; pecíolos 4–25 mm de largo; estípulas caducas, interpeciolares, triangulares a ovadas, 5–15 mm de largo, agudas. Inflorescencias terminales, paniculadas, glabras, piramidales, con 2 ejes secundarios por nudo, pedúnculos 2–7 cm de largo, panículas 5–10 cm de largo, brácteas triangulares, 0.5–3 mm de largo, pedicelos 1–3 mm de largo, flores en címulas de 3–5; limbo calicino ca 0.8 mm de largo, dentado; corola infundibuliforme, amarilla, tubo 2–3 mm de largo, lobos 1–1.5 mm de largo. Frutos subglobosos, 3–6 mm de diámetro, anaranjados o rojos, sobre pedicelos hasta 6 mm de largo; pirenos 2, con costillas longitudinales.

Común en bosques siempreverdes y húmedos a premontanos, zonas atlántica y norcentral; 0–1200 m; fl sep–mar, fr ene–oct; *Moreno 7713, Soza 374*; sur de México a Bolivia y en las Antillas.

Psychotria mexiae Standl., Publ. Field Columbian Mus., Bot. Ser. 4: 296. 1929.

Arbustos o arbolitos hasta 5 m de alto, glabros. Hojas elípticas, 8–19 cm de largo y 2.5–7.5 cm de ancho, ápice acuminado, base cuneada a aguda, papiráceas, nervios secundarios 10–13 pares, por lo menos ligeramente unidos en un nervio submarginal; pecíolos 3–25 mm de largo; estípulas caducas, caliptradas, 12–20 mm de largo, agudas. Inflorescencias terminales, paniculadas, glabras, corimbiformes, con 2 ejes secundarios por nudo, pedúnculos 0–25 mm de largo, panículas 3–6 cm de largo, brácteas ausentes, pedicelos 0.5–1 mm de largo, flores en címulas de 3–8; limbo calicino ca 0.3 mm de largo, dentado; corola infundibuliforme, blanca, tubo 2.5–4.5 mm de largo, lobos 1.5–2 mm de largo. Frutos elipsoides a subglobosos, 4.5–6 mm de largo y 3.5–5 mm de ancho, anaranjados o rojos; pirenos 2, con costillas longitudinales.

Poco común en bosques premontanos, zona norcentral; 1250–1300 m; fl ene, fr feb; *Henrich 325, Moreno 15487*; sur de México al norte de Costa Rica. Esta especie se confunde a veces con *P. panamensis*, que tiene el limbo calicino más largo.

Psychotria micrantha Kunth in Humb., Bonpl. & Kunth, Nov. Gen. Sp. 3: 363, t. 284. 1819.

Arbustos o arbolitos hasta 8 m de alto, cortamente pilosos. Hojas elípticas, 12–30 cm de largo y 4–13 cm de ancho, ápice agudo a ligeramente acuminado, base aguda a cuneada, papiráceas, nervios secundarios 14–22 pares, unidos en un nervio submarginal; pecíolos 6–26 cm de largo; estípulas caducas, interpeciolares, ovadas a triangulares, 9–18 mm de largo, bífidas. Inflorescencias terminales, cortamente pilosas, paniculadas, piramidales, generalmente con 4 ejes secundarios por nudo, 2 de ellos más cortos, pedúnculos 4–10 cm de largo, panículas 3–10 cm de largo, brácteas triangulares, 0.5–3 mm de largo, flores sésiles en glomérulos de 3–7; limbo calicino ca 0.2 mm de largo, dentado; corola hipocrateriforme, blanca, tubo 1.5–2.5 mm de largo, lobos 1.5–2 mm de largo. Frutos subglobosos, 3–7 mm de diámetro, anaranjados o rojos; pirenos 2, con costillas longitudinales.

Poco común en bosques húmedos, zona atlántica; 40–600 m; fl jul, fr ene, sep, nov; *Moreno 25965, Ortiz 204*; sur de México a Bolivia y Venezuela.

Psychotria microbotrys Ruiz ex Standl., Publ. Field Columbian Mus., Bot. Ser. 8: 204. 1930.

Arbustos hasta 4 m de alto, glabros. Hojas elípticas, 11–27 cm de largo y 4–13 cm de ancho, ápice acuminado, base obtusa, papiráceas, nervios secundarios 7–12 pares, libres; pecíolos 7–25 mm de largo; estípulas persistentes, unidas alrededor del tallo, la porción interpeciolar 7–21 mm de largo, profundamente bilobada, lobos ovados a lanceolados, agudos a acuminados. Inflorescencias terminales, glabras, paniculadas, piramidales, con 2 ejes secundarios por nudo, pedúnculos 2–6 cm de largo, panículas 3–12 cm de largo, brácteas triangulares, 1–4 mm de largo, pedicelos 0–1 mm de largo, flores en címulas de 2–4; limbo calicino ca 0.3 mm de largo, subtruncado; corola hipocrateriforme, blanca, tubo 2–3.5 mm de largo, lobos ca 1 mm de largo. Frutos subglobosos, 3–4.5 mm de largo y de ancho, azules o blancos; pirenos 2, con costillas longitudinales y la superficie diminutamente alveolada.

Rara, bosques húmedos, zona atlántica; 30–500 m; fr ene, may; *Araquistain 2665, Rueda 1479*; Nicaragua a Perú.

Psychotria microdon (DC.) Urb., Symb. Antill. 9: 539. 1928; *Rondeletia microdon* DC.

Arbustos hasta 3 m de alto, a veces escandentes, glabros. Hojas elípticas a oblanceoladas, 4–18 cm de largo y 1.5–6 cm de ancho, ápice agudo a redondeado y brevemente acuminado, base cuneada a aguda y a veces atenuada, papiráceas, nervios secundarios 3–7 pares, libres o muy ligeramente unidos en un nervio submarginal; pecíolos 3–15 mm de largo; estípulas persistentes o caducas, interpeciolares, triangulares a ovadas, 1–3 mm de largo, obtusas, endureciéndose, a veces partiéndose o fragmentándose. Inflorescencias terminales, paniculadas, glabras, corimbiformes, con 2 ejes secundarios por nudo, pedúnculos 2–7 cm de largo, panículas 2–5 cm de largo, brácteas triangulares, hasta 1.5 mm de largo, pedicelos 0.5–4 mm de largo, flores en címulas de 2–5; limbo calicino 0.5–2 mm de largo, subtruncado; corola hipocrateriforme, blanca, tubo 6–10 mm de largo, lobos 2–6 mm de largo. Frutos elipsoides, 7–10 mm de largo y 5–10 mm de ancho, anaranjados o rojos; pirenos 2, lisos o con 1–3 costillas longitudinales débiles.

Ocasional en bosques secos y de galería a húmedos, en todo el país; 0–840 m; fl may–sep, fr ago–dic; *Araquistain 2914, Grijalva 3354*; centro de México a Venezuela y Perú, también en las Antillas.

Psychotria neillii C.W. Ham. & Dwyer, Phytologia 64: 231. 1988.

Arbustos hasta 4 m de alto, cortamente pilosos a hírtulos. Hojas elípticas, 8–18 cm de largo y 3–7.5 cm de ancho, ápice brevemente acuminado, base aguda luego abruptamente truncada, papiráceas, nervios secundarios 8–12 pares, unidos en un nervio submarginal; pecíolos 2–8 mm de largo; estípulas caducas, interpeciolares, ovadas, 3–6 mm de largo, acuminadas con el acumen bífido. Inflorescencias terminales, cortamente pilosas a hírtulas, paniculadas, piramidales, generalmente con 4 ejes secundarios por nudo, 2 de ellos ligeramente más pequeños, pedúnculos 3–8 cm de largo, panículas 5–10 cm de largo, brácteas triangulares, 0.5–4 mm de largo, pedicelos hasta 1 mm de largo, flores en címulas de 2–5; limbo calicino ca 0.5 mm de largo, dentado; corola infundibuliforme, blanca, tubo 1–1.5 mm de largo, lobos ca 1 mm de largo. Frutos elipsoides, 5–7 mm de largo y 3–5 mm de ancho, anaranjados o rojos; pirenos 2, con costillas longitudinales.

Poco común en bosques húmedos, Río San Juan; 50–250 m; fl feb, fr ene–mar; *Moreno 22981, 23402*; Nicaragua y Costa Rica.

Psychotria nervosa Sw., Prodr. 43. 1788; *P. undata* Jacq.; *P. elongata* Benth.

Arbustos hasta 3 m de alto, cortamente pilosos a glabros. Hojas elípticas a oblanceoladas, 7–13 cm de largo y 2–5 cm de ancho, ápice agudo a ligeramente acuminado, base aguda a cuneada, papiráceas, nervios secundarios 8–13 pares, unidos por lo menos ligeramente en un nervio submarginal; pecíolos 2–20 mm de largo; estípulas caducas, unidas alrededor del tallo hasta caliptradas, 2–8 mm de largo, con la porción interpeciolar triangular a redondeada. Inflorescencias terminales, cortamente pilosas a glabras, paniculadas, corimbiformes, sésiles o con pedúnculo hasta 1 cm de largo, con 3–5 ejes radiados, 0.5–3 cm de largo, brácteas triangulares, ca 0.5 mm de largo, pedicelos hasta 0.5 mm de largo, flores en címulas de 3–7; limbo calicino 0.5–1 mm de largo, subdentado; corola hipocrateriforme, blanca a cremosa, tubo 2–4 mm de largo, lobos 1–2 mm de largo. Frutos elipsoides, 6–8 mm de largo y 3–4 mm de ancho, anaranjados o rojos; pirenos 2, con costillas longitudinales.

Frecuente en bosques húmedos y/o sobre roca caliza, generalmente en vegetación secundaria, zonas pacífica y atlántica; 0–500 m; fl ene–may, sep, oct, fr jul–abr; *Ortiz 1157, Stevens 7416*; sur de México a Ecuador, norte de Venezuela y en las Antillas. Esta especie se considera en este tratamiento como especie variable, en particular en cuanto a la forma de sus hojas y la densidad de su pubescencia. Se puede confundir con *P. psychotriifolia*, una especie menos común.

Psychotria officinalis (Aubl.) Sandwith, Bull. Misc. Inform. 1931: 473. 1931; *Nonatelia officinalis* Aubl.; *P. involucrata* Sw.

Arbustos hasta 3 m de alto, glabros a pubérulos. Hojas elípticas, 7–18 cm de largo y 3–8 cm de ancho, ápice acuminado, base cuneada a obtusa, papiráceas, nervios secundarios 6–10 pares, libres o a veces ligeramente unidos en un nervio submarginal; pecíolos 4–20 mm de largo; estípulas persistentes, unidas alrededor del tallo en una vaina truncada a cóncava, 0.5–1 mm de largo, con 2 lobos a cada lado, angostamente triangulares, 1–3 mm de largo. Inflorescencias terminales, glabras o pubérulas, paniculadas, corimbiformes a piramidales, con 2 ejes secundarios por nudo, pedúnculos 1–4 cm de largo, panículas 1–5 cm de largo, brácteas elípticas a triangulares, 1–8 mm de largo, flores sésiles en glomérulos de 2–5; limbo calicino ca 0.5 mm de largo, ligeramente dentado; corola infundibuliforme, blanca a amarillo pálida, tubo 2–5 mm de largo, lobos 1–2 mm de largo. Frutos subglobosos, 4–6 mm de diámetro, morados a negros, con brácteas moradas; pirenos 2, con costillas longitudinales.

Poco común en bosques húmedos a premontanos,

zonas atlántica y norcentral; 190–1000 m; fr mar, abr; *Pipoly 5091, 6128*; sur de México a las Guayanas y Perú. Esta especie es similar y frecuentemente confundida con *P. gracilenta*.

Psychotria panamensis var. **compressicaulis** (K. Krause) C.W. Ham., Phytologia 64: 233. 1988; *P. compressicaulis* K. Krause.

Arbustos o arbolitos hasta 12 m de alto, glabros. Hojas elípticas, 15–28 cm de largo y 5.5–13 cm de ancho, ápice agudo a generalmente acuminado, base cuneada a aguda, papiráceas, nervios secundarios 14–19 pares, unidos en un nervio submarginal; pecíolos 5–50 mm de largo; estípulas caducas, caliptradas, 5–25 mm de largo, agudas. Inflorescencias terminales, paniculadas, glabras, piramidales a corimbiformes, con 2 ejes secundarios por nudo, sésiles o con pedúnculos hasta 1 cm de largo, panículas 5–12 cm de largo, brácteas triangulares, 0.5–1 mm de largo, pedicelos hasta 1 mm de largo, flores en címulas de 3–8; limbo calicino 0.5–0.8 mm de largo, dentado; corola infundibuliforme, blanca, tubo 2–3 mm de largo, lobos 1–3 mm de largo. Frutos elipsoides a subglobosos, 5.5–7 mm de largo y 4.5–6 mm de ancho, anaranjados o rojos; pirenos 2, con costillas longitudinales.

Ocasional en bosques húmedos y raras veces de galería, zona atlántica; 10–1000 m; fl sep, fr nov–abr; *Nee 27802, Sandino 4948*; Nicaragua y Costa Rica. Para especies similares, véase el comentario bajo la var. *panamensis*. Posiblemente es mejor tratar a este taxón como una especie distinta, pero faltan estudios conclusivos.

Psychotria panamensis Standl. var. **panamensis**, Contr. U.S. Natl. Herb. 18: 132. 1916; *P. grandistipula* Standl.; *P. yunckeri* Standl.; *P. molinae* Standl.; *P. durilancifolia* Dwyer.

Arbustos o arbolitos hasta 12 m de alto, glabros. Hojas elípticas, 9–15 cm de largo y 4–6 cm de ancho, ápice agudo a generalmente acuminado, base cuneada a aguda, papiráceas, nervios secundarios 8–16 pares, unidos en un nervio submarginal; pecíolos 5–50 mm de largo; estípulas caducas, caliptradas, 5–25 mm de largo, agudas. Inflorescencias terminales, paniculadas, glabras, piramidales a corimbiformes, con 2 ejes secundarios por nudo, sésiles o con pedúnculos hasta 1 cm de largo, panículas 5–12 cm de largo, brácteas triangulares, 0.5–1 mm de largo, pedicelos hasta 1 mm de largo, flores en címulas de 3–8; limbo calicino 0.5–0.8 mm de largo, dentado; corola infundibuliforme, blanca, tubo 2–3 mm de largo, lobos 1–3 mm de largo. Frutos elipsoides a subglobosos, 7–8 mm de largo y 5.5–6.5 mm de ancho, anaranjados o rojos; pirenos 2, con costillas longitudinales.

Ocasional en bosques húmedos a premontanos, en todo el país; 20–1650 m; fl ene, jul, sep, fr oct–jul; *Moreno 1369, 7125*; centro de México a Nicaragua. Esta especie, que consta de 4 variedades y se distribuye desde México hasta Colombia, a veces se confunde con *P. mexiae*, *P. limonensis* y *P. trichotoma*; véase las diferencias bajo esas especies.

Psychotria pilosa Ruiz & Pav., Fl. Peruv. 2: 60. 1799; *P. costaricensis* Pol.

Arbustos hasta 2 m de alto, a veces sufrutescentes, pilosos o híspidos. Hojas elípticas, 12–27 cm de largo y 4–13 cm de ancho, ápice acuminado, base aguda a cuneada, papiráceas, nervios secundarios 9–18 pares, unidos en un nervio submarginal; pecíolos 12–40 mm de largo; estípulas generalmente persistentes, interpeciolares, lanceoladas a ovadas, 8–25 mm de largo, bífidas hasta ca la mitad, lobos agudos. Inflorescencias terminales, pilosas, paniculadas y congestionadas, piramidales, con 2 ejes secundarios por nudo, pedúnculos 1–8 cm de largo, panículas 3–10 cm de largo, brácteas elípticas a ovadas, verde pálidas, 3–8 mm de largo, flores sésiles en glomérulos de 5–15; limbo calicino ca 1 mm de largo, dentado; corola infundibuliforme, blanca, tubo 3–6 mm de largo, lobos 1–3 mm de largo. Frutos elipsoides, 3–6 mm de largo y 3–5 mm de ancho, azules con brácteas verdes a moradas; pirenos 2, con costillas longitudinales débiles.

Poco común en bosques húmedos y premontanos, zonas atlántica y norcentral; 120–1200 m; fl jul, fr feb, jul, dic; *Robleto 1749, Sandino 157*; Nicaragua a Perú.

Psychotria poeppigiana Müll. Arg. in Mart., Fl. Bras. 6(5): 370. 1881; *Cephaelis tomentosa* (Aubl.) Vahl.

Arbustos hasta 3 m de alto, pilosos a vellosos. Hojas elípticas, 8–18 cm de largo y 3–8 cm de ancho, ápice acuminado, base cuneada a obtusa, papiráceas, nervios secundarios 6–12 pares, libres o raras veces ligeramente unidos en un nervio submarginal; pecíolos 4–20 mm de largo; estípulas persistentes, unidas alrededor del tallo en una vaina 2–8 mm de largo, en cada lado interpeciolar con 2 lobos angostamente triangulares, 4–16 mm de largo. Inflorescencias terminales, pilosas, capitadas, con pedúnculos 1–8 cm de largo, cabezuela 1, 1.5–2.5 cm de diámetro, rodeada por 2 brácteas involucrales, ovadas, 30–40 mm de largo, anaranjadas a rojas, flores 8–30; limbo calicino 0.5–2 mm de largo, lobulado; corola infundibuliforme, amarilla o a veces

blanca, tubo 10–15 mm de largo, lobos 2–3 mm de largo. Frutos elipsoides, 10–15 mm de largo y 5–10 mm de ancho, azules, con brácteas rojas; pirenos 2, con costillas longitudinales.

Común en bosques húmedos, en particular en vegetación perturbada o secundaria, zonas atlántica y norcentral; 0–1050 m; fl y fr todo el año; *Grijalva 1191, Moreno 20748*; sur de México a Brasil y Bolivia. "Sore mouth bush".

Psychotria polyphlebia Donn. Sm, Bot. Gaz. (Crawfordsville) 33: 253. 1902.

Hierbas o sufrútices rizomatosos, hasta 0.5 m de alto, cortamente pilosos o hírtulos a glabrescentes. Hojas elípticas a oblanceoladas, 7–16 cm de largo y 3–7 cm de ancho, ápice obtuso a redondeado, base obtusa a cuneada, papiráceas, nervios secundarios 10–25 pares, unidos en un nervio submarginal, ligeramente prominentes en la haz; pecíolos 1–5 cm de largo; estípulas unidas alrededor del tallo en una vaina truncada, 0.5–1 mm de largo, con un apéndice triangular, 1–3 mm de largo, caduco. Inflorescencias pseudoaxilares, capitadas, pedúnculo 1–6 cm de largo, cabezuela 1, hemisférica a subglobosa, 1–3.5 cm de diámetro, brácteas ovadas, 5–8 mm de largo; limbo calicino 0.5–0.8 mm de largo, subtruncado; corola infundibuliforme, blanca, tubo 4–5 mm de largo, lobos 1–1.5 mm de largo. Frutos elipsoides, 6–9 mm de largo y 4–6 mm de ancho, anaranjados o rojos tornándose negros; pirenos 2, dorsiventralmente aplanados, con 3–4 costillas.

Ocasional en bosques húmedos, zonas atlántica y norcentral; 60–1200 m; fl abr, may, nov, fr mar–nov; *Araquistain 2620, Pipoly 5226*; Nicaragua al este de Perú.

Psychotria psychotriifolia (Seem.) Standl., Contr. U.S. Natl. Herb. 18: 133. 1916; *Cephaelis psychotriifolia* Seem.

Arbustos hasta 4 m de alto, cortamente pilosos a glabrescentes. Hojas oblanceoladas, 5–15 cm de largo y 2.5–7 cm de ancho, ápice agudo a ligeramente acuminado, base aguda y a veces breve y abruptamente redondeada, papiráceas, nervios secundarios 8–14 pares, unidos en un nervio submarginal; pecíolos 3–10 cm de largo; estípulas caducas, unidas alrededor del tallo en una vaina truncada, 3–14 mm de largo, en cada lado interpeciolar con un lobo linear, 1–5 mm de largo, bífido. Inflorescencias con los glomérulos de flores terminales sobre 3–5 pedúnculos, 1–2 cm de largo, radiados desde el ápice del tallo o de un pedúnculo terminal hasta 1 cm de largo, brácteas ovadas, 2–5 mm de largo, flores sésiles en glomérulos de 3–7; limbo calicino 1.5–2 mm de largo, lobulado; corola rotácea, blanca a verde pálida, tubo 1–2 mm de largo, lobos 1–1.5 mm de largo. Frutos elipsoides, 5–6 mm de largo y 3–4 mm de ancho, anaranjados o rojos; pirenos 2, con costillas longitudinales.

Poco común en bosques húmedos, Rivas y Zelaya; 130–1000 m; fl ago, fr ago–nov; *Miller 1254*, *Ortiz 115*; Nicaragua a Ecuador y Venezuela. Esta se puede confundir con la especie más común *P. nervosa*.

Psychotria pubescens Sw., Prodr. 44. 1788.

Arbustos hasta 3 m de alto, cortamente pilosos por lo menos en el crecimiento joven. Hojas elípticas, 7–15 cm de largo y 2–5 cm de ancho, ápice por lo menos ligeramente acuminado, base aguda a cuneada, papiráceas, nervios secundarios 9–12 pares, libres o ligeramente unidos en un nervio submarginal; pecíolos 4–28 mm de largo; estípulas persistentes, unidas alrededor del tallo en una vaina truncada, 1–2 mm de largo, en cada lado con 2 lobos triangulares, 1–4 mm de largo. Inflorescencias terminales, cortamente pilosas, paniculadas, corimbiformes, con 2 ejes secundarios por nudo, pedúnculos 0.5–3 cm de largo, panículas 1–5 cm de largo, brácteas triangulares, 0.5–6 mm de largo, pedicelos 0–2 mm de largo, flores en címulas de 3–7; limbo calicino ca 0.5 mm de largo, dentado; corola infundibuliforme, blanca a rosada, tubo 2–4 mm de largo, lobos 1–1.5 mm de largo. Frutos elipsoides, 5–6 mm de largo y de ancho, morados tornándose negros; pirenos 2, con ángulos longitudinales.

Ocasional en bosques húmedos y de galería en todo el país; 0–1400 m; fl feb, may–oct, fr ago–feb; *Grijalva 3297*, *Moreno 11947*; centro de México a Colombia y en las Antillas.

C.M. Taylor. *Psychotria hebeclada* DC. (Rubiaceae), an overlooked species from Central America. Ann. Missouri Bot. Gard. 71: 169–175. 1984.

Psychotria quinqueradiata Pol., Linnaea 41: 570. 1877; *P. oerstediana* Standl.

Arbustos hasta 3 m de alto, glabros. Hojas oblanceoladas, 3–13 cm de largo y 2–5.5 cm de ancho, ápice agudo a ligeramente acuminado, base aguda y en general breve y abruptamente redondeada a truncada, papiráceas, nervios secundarios 5–7 pares, generalmente por lo menos ligeramente unidos en un nervio submarginal; pecíolos 1.5–6 mm de largo; estípulas caducas, interpeciolares, triangulares a ovadas, 4–12 mm de largo, agudas. Inflorescencias con los glomérulos de flores terminales o paniculadas sobre 3–9 pedúnculos 1–2.5 cm de largo, radiados o

fasciculados desde el ápice del tallo, brácteas diminutas, flores sésiles en glomérulos de 3–5; limbo calicino ca 0.5 mm de largo, dentado; corola infundibuliforme, blanca, tubo 4–5 mm de largo, lobos 1.5–3 mm de largo. Frutos elipsoides, 6–9 mm de largo y 4–6 mm de ancho, anaranjados o rojos; pirenos 2, con costillas longitudinales.

Frecuente, especialmente en bosques secos, en todo el país; 15–1500 m; fl ene, feb, jun, fr jun–mar; *Sandino 1283*, *2761*; centro de México al oeste de Panamá.

Psychotria racemosa Rich., Actes Soc. Hist. Nat. Paris 1: 107. 1792; *Nonatelia racemosa* Aubl.

Arbustos hasta 4 m de alto, glabros, pero con los tallos pubérulos. Hojas elípticas a elíptico-oblongas, 9–20 cm de largo y 3–9 cm de ancho, ápice acuminado, base aguda a cuneada, papiráceas, nervios secundarios 7–12 pares, libres o débilmente llegando a los márgenes; pecíolos 5–20 mm de largo; estípulas persistentes, unidas alrededor del tallo en una vaina truncada, 1–3 mm de largo, en cada lado con 2 lobos angostamente triangulares a lineares, 6–14 mm de largo. Inflorescencias terminales, pubérulas, paniculadas, piramidales, con 2 ejes secundarios por nudo, pedúnculos 1–4 cm de largo, panículas 1–5 cm de largo, brácteas lineares, 0.5–6 mm de largo, pedicelos hasta 2 mm de largo, flores separadas o en címulas de 2–3; limbo calicino 0.5–0.8 mm de largo, dentado; corola infundibuliforme, blanca, tubo 1–3 mm de largo, lobos 0.5–1 mm de largo. Frutos subglobosos, 4–7 mm de diámetro, amarillos o anaranjados tornándose rojos luego morados o negros; pirenos 5 (a veces menos), con costilla longitudinales.

Ocasional en bosques húmedos a muy húmedos, zona atlántica; 0–700 m; fr sep–mar; *Moreno 13272*, *Ortiz 283*; sur de México a Brasil y Bolivia.

Psychotria remota Benth., J. Bot. (Hooker) 3: 225. 1841; *P. alboviridula* K. Krause.

Arbustos o arbolitos hasta 5 m de alto, glabros. Hojas elíptico-oblongas, 10–24 cm de largo y 3–7.5 cm de ancho, ápice acuminado, base cuneada, papiráceas, nervios secundarios 7–10 pares, libres o ligeramente unidos en un nervio submarginal; pecíolos 5–25 mm de largo; estípulas caducas, interpeciolares, triangulares, 3–6 mm de largo, agudas a obtusas. Inflorescencias terminales, paniculadas, glabras, piramidales, con 2 ejes secundarios por nudo, pedúnculos 2–7 cm de largo, panículas 5–12 cm de largo, brácteas triangulares, 0.5–3 mm de largo, pedicelos hasta 0.5 mm de largo, flores en címulas de 3; limbo calicino ca 0.5 mm de largo, dentado; corola campanulada, blanca, tubo 1.5–2 mm de largo, lobos

1 mm de largo. Frutos elipsoides, 7–9 mm de largo y 4–6 mm de ancho, anaranjados o rojos; pirenos 2, con costillas longitudinales.

Colectada dos veces en el país, en bosques húmedos, Río San Juan; 50–200 m; fl ene; *Rueda 1885, 2851*; sureste de Nicaragua a Bolivia.

Psychotria siggersiana Standl., J. Wash. Acad. Sci. 15: 289. 1925; *P. morii* Dwyer.

Hierbas o sufrútices hasta 2 m de alto, glabros a cortamente pilosos, poco ramificados o no. Hojas elíptico-oblongas, (12) 20–35 cm de largo y (6) 11–17 cm de ancho, ápice agudo a acuminado, base obtusa a redondeada, suculentas, cuando secas membranáceas, nervios secundarios 8–11 pares, generalmente llegando a los márgenes; pecíolos 4.5–10 cm de largo; estípulas unidas alrededor del tallo en una vaina truncada a anchamente redondeada, 2–5 mm de largo, con un apéndice carnoso, cónico, 3–7 mm de largo, el apéndice caduco y la vaina decidua, pero por separado. Inflorescencias pseudoaxilares, paniculadas, piramidales a corimbiformes, pedúnculos 5–11 cm de largo, panículas 2–10 cm de largo, brácteas triangulares a lanceoladas, 2.5–8 mm de largo, flores subsésiles en glomérulos de 3–7; limbo calicino 0.5–1 mm de largo, dentado; corola infundibuliforme, blanca, tubo ca 3 mm de largo, lobos ca 1 mm de largo. Frutos elipsoides, 5–6 mm de largo y de ancho, anaranjados a rojos; pirenos 2, hemisféricos, lisos.

Poco común en bosques húmedos, zona norcentral; 800–1550 m; fl mar, fr mar, abr; *Grijalva 378, Moreno 7475*; Nicaragua a Perú.

Psychotria simiarum Standl., Publ. Field Columbian Mus., Bot. Ser. 4: 344. 1929.

Arbustos o arbolitos hasta 7.5 m de alto, glabros. Hojas elípticas, 8–15 cm de largo y 2.5–7 cm de ancho, ápice ligeramente acuminado, base cuneada a aguda, papiráceas, nervios secundarios 5–7 pares, por lo menos ligeramente unidos en un nervio submarginal; pecíolos 10–25 mm de largo; estípulas generalmente persistentes, interpeciolares, redondeadas a truncadas, 1–2 mm de largo, a veces muy ligeramente bífidas. Inflorescencias terminales, paniculadas, glabras, piramidales, generalmente con 4 ó 2 ejes secundarios por nudo y subiguales, pedúnculos 1.5–2.5 cm de largo, panículas 1.5–3.5 cm de largo, brácteas diminutas, pedicelos hasta 0.5 mm de largo, flores subsésiles o pediceladas, separadas o en glomérulos de 2–3; limbo calicino 0.2–0.5 mm de largo, dentado; corola infundibuliforme, blanca a amarilla, tubo ca 4 mm de largo, lobos ca 2.5 mm de largo. Frutos elipsoides, ca 6 mm de largo y 5 mm de ancho, morados a negros; pirenos 2, aparentemente lisos.

Ocasional en bosques húmedos a premontanos, zonas norcentral y atlántica; 40–1150 m; fl mar–abr, fr jul–oct; *Grijalva 427, Sandino 3354*; centro de México a Nicaragua.

Psychotria steyermarkii Standl., Publ. Field Mus. Nat. Hist., Bot. Ser. 22: 387. 1940.

Arbustos hasta 4 m de alto, glabrescentes a cortamente pilosos. Hojas elíptico-oblongas, 3.5–11 cm de largo y 1–3.5 cm de ancho, ápice agudo a ligeramente acuminado, base aguda a cuneada, papiráceas, nervios secundarios 9–14 pares, unidos en un nervio submarginal; pecíolos 4–15 mm de largo; estípulas persistentes, unidas alrededor del tallo en una vaina truncada a cóncava, 1–5 mm de largo, en cada lado con 2 lobos triangulares y acuminados, 2–5 mm de largo. Inflorescencias terminales, glabras a pubérulas, paniculadas, piramidales, con 2 ejes por nudo, pedúnculos 1.5–2.5 cm de largo, panículas 1–6 cm de largo, brácteas triangulares a elípticas, 1–8 mm de largo, verde pálidas a blanquecinas, flores sésiles en glomérulos de 2–3; limbo calicino 0.5–1 mm de largo, lobulado; corola infundibuliforme, blanca, tubo ca 3 mm de largo, lobos ca 1.5 mm de largo. Frutos elipsoides, 3.5–5 mm de diámetro, azul brillantes a morados; pirenos 2, con ángulos longitudinales.

Ocasional en bosques húmedos a premontanos, zonas atlántica y norcentral; 600–1600 m; fl jun–ago, fr mar, ago–dic; *Moreno 2874, Sandino 3467*; sur de México al oeste de Panamá.

Psychotria suerrensis Donn. Sm., Bot. Gaz. (Crawfordsville) 27: 337. 1899.

Arbustos o arbolitos hasta 3 m de alto, glabros. Hojas elípticas a elíptico-oblongas, 10–20 cm de largo y 3–8 cm de ancho, ápice acuminado, base cuneada a obtusa, papiráceas, nervios secundarios 6–11 pares, libres o ligeramente unidos en un nervio submarginal; pecíolos 3–10 mm de largo; estípulas persistentes, unidas alrededor del tallo en una vaina truncada a cóncava, 1–3 mm de largo, en cada lado interpeciolar con 2 lobos lineares a angostamente triangulares, 3–5 mm de largo. Inflorescencias terminales, paniculadas y congestionadas a subcapitadas, glabras a pubérulas, corimbiformes, con 2 ejes secundarios por nudo, pedúnculos 7–28 mm de largo, panículas 1–3 cm de largo, brácteas elípticas a liguladas, 12–23 mm de largo, verdes a moradas, frecuentemente acostilladas, flores sésiles o en glomérulos de 3–8; limbo calicino 0.5–1.2 mm de largo, dentado; corola infundibuliforme, blanca a amarilla, tubo 9–13 mm de largo, lobos 2–4 mm de largo. Frutos ligeramente dídimos, 4–5 mm de diámetro, morados a azules, subglobosos con brácteas moradas; pirenos 2, lisos a alveolados, a veces con ángulos longitudinales.

Ocasional en bosques muy húmedos a premontanos, zonas atlántica y norcentral; 0–1200 m; fl feb–may, fr feb–abr, jul–nov; *Araquistain 2503, Sandino 4562*; Honduras al centro de Panamá. Es afín a *P. lupulina* Benth., especie de Sudamérica, siendo la relación entre ellas similar a la descrita para *P. glomerulata* y *P. apoda*.

Psychotria tenuifolia Sw., Prodr. 43. 1788; *P. granadensis* Benth.

Arbustos hasta 3 m de alto, glabrescentes. Hojas elíptico-oblongas, a veces angostamente, 6–20 cm de largo y 2–6.5 cm de ancho, ápice agudo a brevemente acuminado, base aguda a cuneada, papiráceas, nervios secundarios 7–13 pares, unidos en un nervio submarginal; pecíolos 2–25 mm de largo; estípulas caducas, interpeciolares o unidas alrededor del tallo, porción interpeciolar ovada, 3–12 mm de largo, con 2 lobos lineares o cerdas 2–4 mm de largo, glabros. Inflorescencias terminales, glabrescentes, paniculadas, corimbiformes, sésiles o con pedúnculo hasta 3 mm de largo, panícula 1–4 cm de largo, brácteas lineares, 0.5–1 mm de largo, pedicelos hasta 1 mm de largo, flores en címulas congestionadas de 3–7; limbo calicino 0.5–0.8 mm de largo, dentado; corola hipocrateriforme, blanca a cremosa, tubo 1.5–2 mm de largo, lobos 1–2 mm de largo. Frutos subglobosos, 4–5 mm de diámetro, anaranjados o rojos; pirenos 2, con costillas longitudinales.

Ocasional en bosques húmedos o de galería, a veces sobre roca caliza, generalmente en vegetación secundaria, en todo el país; 0–1000 m; fl feb–nov, fr jun–mar; *Moreno 404, 6299*; centro de México a Ecuador y en las Antillas.

Psychotria trichotoma M. Martens & Galeotti, Bull. Acad. Roy. Sci. Bruxelles 11(1): 227. 1844.

Arbustos o arbolitos hasta 6 m de alto, glabros. Hojas elípticas, 13–23 cm de largo y 6.5–12 cm de ancho, ápice agudo a obtuso y abruptamente acuminado, base cuneada a obtusa, papiráceas, nervios secundarios 14–18 pares, unidos en un nervio submarginal; pecíolos 1–4 cm de largo; estípulas caducas, caliptradas, 20–30 mm de largo, agudas. Inflorescencias terminales, paniculadas, glabras, piramidales, con 2 ejes secundarios por nudo, sésiles o raras veces con pedúnculos hasta 1 cm de largo, panículas 7–16 cm de largo, brácteas diminutas, pedicelos 0.5–1 mm de largo, flores en címulas de 3–8; limbo calicino 0.2–0.5 mm de largo, dentado a subtruncado; corola infundibuliforme, blanca, tubo ca 2.5 mm de

largo, lobos 2–2.5 mm de largo. Frutos obovoides, 6–8 mm de largo y 4.5–5.5 mm de ancho, anaranjados o rojos; pirenos 2, con costillas longitudinales.

Ocasional en bosques premontanos, en todo el país; 600–1600 m; fl jul–sep, fr ene, abr, ago–oct; *Moreno 15666, Stevens 23106*; sur de México a Nicaragua, y en los Andes desde Venezuela a Bolivia. Esta especie se confunde a veces con *P. panamensis*, que tiene los frutos elipsoides.

Psychotria uliginosa Sw., Prodr. 43. 1788.

Hierbas o sufrútices hasta 1.5 m de alto, glabros, poco ramificados o no. Hojas elíptico-oblongas, 11–35 cm de largo y 3–13 cm de ancho, ápice agudo a acuminado, base cuneada a aguda, suculentas, cuando secas membranáceas, con la haz frecuentemente muy lisa y el envés notablemente pálido, nervios secundarios 9–15 pares, generalmente libres; pecíolos 2–6 cm de largo; estípulas unidas alrededor del tallo en una vaina truncada a anchamente redondeada, 2–6 mm de largo, con un apéndice carnoso, ca 1 mm de largo, el apéndice caduco y la vaina decidua, pero por separado. Inflorescencias pseudoaxilares, paniculadas, piramidales a cilíndricas, pedúnculos 1–6 cm de largo, panículas 1–8 cm de largo, brácteas triangulares, 1–4 mm de largo, flores subsésiles en glomérulos de 3–8; limbo calicino 0.8–1.5 mm de largo, subtruncado; corola infundibuliforme, blanca a rosada, tubo 1–2.5 mm de largo, lobos 0.5–1.5 mm de largo. Frutos elipsoides, 7–10 mm de largo y 6–8 mm de ancho, anaranjados o rojos tornándose morados a negros; pirenos 2, dorsiventralmente aplanados, con una costilla central y los márgenes engrosados.

Común en bosques húmedos, generalmente en sotobosques sombríos, en todo el país; 0–1600 m; fl y fr todo el año; *Pipoly 5199, Robleto 512*; sur de México a Bolivia y Brasil, también en las Antillas.

Psychotria viridis Ruiz & Pav., Fl. Peruv. 2: 61. 1799.

Arbustos o arbolitos hasta 5 m de alto, glabros. Hojas elípticas a oblanceoladas, 5–15 cm de largo y 2–5.5 cm de ancho, ápice agudo a acuminado, base aguda a cuneada, papiráceas, nervios secundarios 5–7 pares, libres o ligeramente unidos en un nervio submarginal, típicamente con domacios prominentes del tipo cripto; pecíolos 3–9 mm de largo; estípulas caducas, interpeciolares, obovadas, 7–14 mm de largo, agudas a acuminadas. Inflorescencias terminales, glabras, paniculadas, piramidales, generalmente con 4 ejes por nudo, 2 de ellos diminutos o reducidas a un glomérulo sésil, pedúnculos 1–10 cm de largo, brácteas diminutas, flores sésiles en glomérulos de 3–8; limbo calicino ca 0.5 mm de largo, subtruncado;

corola urceolada, blanca, tubo ca 1.5 mm de largo, lobos ca 1 mm de largo. Frutos subglobosos, 4–6 mm de diámetro, anaranjados o rojos; pirenos 2, con costillas longitudinales.

Conocida en Nicaragua por una colección (*Stevens 6867*) de pluvioselvas, Zelaya; 600–800 m; fr mar; Belice a Bolivia, Venezuela y en Cuba, notablemente colectada con más frecuencia en Sudamérica.

RANDIA L.

Arbustos, árboles o lianas (fuera de Nicaragua), frecuentemente armados con espinas apareadas; plantas generalmente dioicas (en Nicaragua). Hojas opuestas, a veces agrupadas en espolones, a veces anisofilas, sin domacios; estípulas interpeciolares y a veces además intrapeciolares, triangulares, persistentes o caducas. Flores axilares o terminales, solitarias o en fascículos, fragantes, generalmente sin brácteas; limbo calicino 5–6-lobado; corola hipocrateriforme a infundibuliforme, blanca tornándose amarilla después de la antesis, lobos 5–6, convolutos; ovario 1-locular, óvulos numerosos, parietales. Fruto abayado, subgloboso a elipsoide, con pericarpo coriáceo a leñoso; semillas comprimidas, envueltas en una pulpa suculenta y frecuentemente negra.

Género neotropical con unas 70 especies distribuidas desde Estados Unidos (Florida) y México hasta Argentina, generalmente en vegetación seca; 12 especies en Nicaragua y una adicional se espera encontrar. Se distingue dentro de los géneros afines por su ovario 1-locular con placentación parietal y polen en tétrades permanentes; este género es similar a *Alibertia*, *Borojoa* y *Genipa*, los cuales carecen de espinas y tienen ovarios 2–8-loculares y granos polínicos libres.

D.H. Lorence y J.D. Dwyer. New taxa and a new name in Mexican and Central American *Randia* (Rubiaceae, Gardenieae). Bol. Soc. Bot. México 47: 37–48. 1987; D.H. Lorence. New species and combinations in Mesoamerican *Randia* (Rubiaceae; Gardenieae). Novon 8: 247–251. 1998.

1. Hojas principales 0.8–6 cm de largo y 0.5–3 cm de ancho, atenuadas y subsésiles en la base
   2. Hojas en pares anisofilos, la hoja mayor elíptica y la menor ovada a suborbicular y menos de la mitad del largo de la mayor .... **R. brenesii**
   2. Hojas generalmente isofilas, apareadas en nudos separados o agrupadas en espolones
      3. Hojas truncadas a emarginadas en el ápice .... **R. obcordata**
      3. Hojas obtusas en el ápice
         4. Frutos 3–4 cm de diámetro .... **R. thurberi**
         4. Frutos 0.8–1.5 cm de diámetro
            5. Limbo calicino e hipanto estrigulosos; plantas de sitios perturbados y/o suelos degradados .... **R. aculeata**
            5. Limbo calicino e hipanto glabros o pubérulos; plantas de nebliselvas .... **R. karstenii**
1. Hojas principales 6–44 cm de largo y 2–7 cm de ancho, agudas a obtusas o a veces atenuadas en la base, evidentemente pecioladas
   6. Arbustos o arbolitos generalmente armados, creciendo en vegetación caducifolia o bosques de galería
      7. Lobos corolinos lanceolados, longiacuminados; frutos cortamente pilosos a seríceos .... **R. monantha**
      7. Lobos corolinos elípticos, agudos a obtusos; frutos glabros
         8. Limbo calicino con lobos 4–6 mm de largo .... **R. armata**
         8. Limbo calicino con lobos ca 1 mm de largo .... **R. nicaraguensis**
   6. Arbustos o árboles inermes o armados, creciendo en vegetación húmeda
      9. Limbo calicino lobado hasta la base
         10. Hojas agrupadas en los ápices de las ramitas, 3.5–6 cm de ancho .... **R. armata**
         10. Hojas distribuidas a lo largo de los tallos, 9–16 cm de ancho .... **R. grayumii**
      9. Limbo calicino lobado parcialmente, con un tubo basal
         11. Frutos 2.5–3.5 cm de largo .... **R. grandifolia**
         11. Frutos 5–10 cm de largo
            12. Limbo calicino con lobos 8–28 mm de largo; hojas papiráceas, agrupadas en los ápices de las ramitas .... **R. genipoides**
            12. Limbo calicino con lobos 1–2 mm de largo; hojas cartáceas a subcoriáceas, apareadas en cada nudo y distribuidas a lo largo de las ramitas
               13. Limbo calicino con tubo 5–6 mm de largo; flores terminales .... **R. matudae**
               13. Limbo calicino con tubo 10–15 mm de largo; flores caulógenas .... **R. mira**

Randia aculeata L., Sp. Pl. 1192. 1753; *R. mitis* L.; *R. aculeata* var. *mitis* (L.) Griseb.

Arbustos hasta 4 m de alto, glabros a pubérulos, generalmente armados con espinas apareadas, 6–15 mm de largo. Hojas generalmente isofilas, apareadas en nudos separados o agrupadas en espolones, elípticas a oblanceoladas, 1–6 cm de largo y 0.5–3 cm de ancho, ápice obtuso, base cuneada a aguda y atenuada, papiráceas, nervios secundarios 4–6 pares; subsésiles; estípulas caducas, 1–1.5 mm de largo. Flores terminales en espolones, subsésiles, las estaminadas solitarias o fasciculadas, las pistiladas solitarias; limbo calicino ca 1 mm de largo, 5-lobado; corola glabra, excepto vellosa en la garganta, tubo 4–8 mm de largo, lobos 5, 4–5 mm de largo. Frutos globosos, 0.8–1.5 cm de diámetro, lisos, glabros, verde pálidos a blanquecinos o amarillentos.

Ocasional en sitios perturbados, en pastizales y/o suelos muy degradados, en áreas húmedas a secas, zonas atlántica y norcentral; 0–1520 m; fl may, fr jul–mar; *Moreno 10226*, *Robleto 630*; Estados Unidos (Florida), México al norte de Sudamérica y en las Antillas. Muy variable morfológicamente; las flores se recolectan muy raras veces, las pistiladas casi nunca. Las plantas sin espinas han sido separadas por unos autores como *Randia mitis*, pero éstas en general parecen corresponder mejor a una variante morfológica que a un taxón distinto. Ocasionalmente se usa como cerca viva.

Randia armata (Sw.) DC., Prodr. 4: 387. 1830; *Gardenia armata* Sw.; *R. spinosa* (Jacq.) H. Karst.; *R. nitida* (Kunth) DC.

Arbustos o arbolitos hasta 6 m de alto, glabros a pubérulos, generalmente armados con espinas en grupos de 4, 5–10 mm de largo. Hojas generalmente isofilas, agrupadas en los ápices de las ramitas, elípticas a oblanceoladas, 6–15 cm de largo y 3.5–6 cm de ancho, ápice agudo a ligeramente acuminado, base cuneada a aguda, papiráceas, nervios secundarios 5–9 pares; pecíolos 3–5 mm de largo; estípulas caducas, 3–6 mm de largo. Flores terminales, con pedúnculos 2–6 mm de largo, solitarias; limbo calicino 4–6 mm de largo, 5-lobado hasta la base, lobos oblanceolados; corola glabra, tubo 20–25 mm de largo, lobos 5, elípticos, 4–5 mm de largo. Frutos elipsoides, 1–2 cm de largo y 1.5–2 cm de ancho, lisos, glabros, amarillos o café-amarillentos.

Frecuente en bosques de galería, húmedos y secos, en todo el país; 10–600 m; fl may, fr ago–oct, dic–feb; *Grijalva 2464*, *Moreno 24435*; México al norte de Sudamérica y en las Antillas. Especie variable morfológicamente y con frecuencia confundida con *R. grandifolia*, especie inerme o con espinas

apareadas y con frutos anaranjados que crece en el sotobosque de bosques húmedos. "Cruceto".

Randia brenesii Standl., Publ. Field Mus. Nat. Hist., Bot. Ser. 18: 1365. 1938.

Arbustos hasta 5 m de alto, generalmente armados con espinas solitarias o apareadas, 5–18 mm de largo; tallos en general densamente rojo-tomentosos. Hojas generalmente en pares anisofilos producidos sobre nudos separados, las hojas mayores elípticas, 2–4 cm de largo y 0.5–1.5 cm de ancho, ápice agudo, base atenuada, papiráceas, nervios secundarios 2–4 pares, las hojas menores ovadas a orbiculares, 0.5–0.8 cm de largo y de ancho; subsésiles; estípulas caducas, 1–1.5 mm de largo. Flores terminales, subsésiles, solitarias; limbo calicino 2–5 mm de largo, 5-lobado hasta la base, lobos ovados a orbiculares; corola glabra, tubo 25–35 mm de largo, lobos 5, 12–26 mm de largo. Frutos globosos, 2–3 cm de diámetro, lisos, glabros, anaranjados a amarillos.

Poco común, bosques húmedos, Río San Juan; 100–250 m; fr ene, oct; *Araquistain 3281*, *Rueda 5589*; Nicaragua al oeste de Panamá.

Randia genipoides Dwyer in W.C. Burger & C.M. Taylor, Fieldiana, Bot., n.s. 33: 284. 1993.

Arboles hasta 21 m de alto, glabros a pubérulos, inermes o armados con espinas apareadas, 5–15 mm de largo. Hojas generalmente isofilas, agrupadas en los ápices de las ramitas, elípticas a oblanceoladas u obovadas, 14–35 cm de largo y 7–15 cm de ancho, ápice brevemente acuminado, base cuneada a aguda, papiráceas, nervios secundarios 12–15 pares; pecíolos 3–6 mm de largo; estípulas caducas o persistentes, 5–25 mm de largo. Flores terminales, subsésiles, las estaminadas fasciculadas, las pistiladas solitarias o en grupos de 3; limbo calicino con tubo 8–18 mm de largo, lobos 5, triangulares, 8–28 mm de largo; corola estrigosa, tubo 5–9.5 cm de largo, lobos 5, 35–55 mm de largo. Frutos subglobosos, 6–8 cm de diámetro, lisos, glabros, amarillentos.

Poco común en bosques húmedos, zona atlántica; 20–740 m; fr sep–ene; *Moreno 12981*, *Stevens 4807*; Nicaragua a Costa Rica.

Randia grandifolia (Donn. Sm.) Standl., J. Wash. Acad. Sci. 18: 166. 1928; *Basanacantha grandifolia* Donn. Sm.

Arbustos o arbolitos hasta 5 m de alto, glabros a pubérulos, inermes o armados con espinas apareadas, 3–10 mm de largo. Hojas generalmente isofilas, ligera a fuertemente agrupadas en los ápices de las ramitas, elípticas a lanceoladas, 9–30 cm de largo y 4–15 cm de ancho, ápice agudo a acuminado, base cuneada a aguda, papiráceas, nervios secundarios 7–12 pares; pecíolos 5–15 mm de largo; estípulas caducas, 3–8 mm de largo. Flores terminales, subsésiles, las estaminadas fasciculadas, las pistiladas solitarias; limbo calicino con tubo 3–5 mm de largo, lobos 5, triangulares a angostamente elípticos, 2–5 mm de largo; corola glabra, tubo 12–20 mm de largo, lobos 5, 10–15 mm de largo. Frutos elipsoides a subglobosos, 2.5–3.5 cm de largo y de ancho, lisos, glabros, anaranjados.

Poco común en el sotobosque de bosques húmedos, zona atlántica; 10–300 m; fr jul, oct–feb; *Moreno 12825, 26040*; sur de México a Panamá. Especie similar a *R. armata*, véase la discusión bajo esa especie. "Guayabillo".

Randia grayumii Dwyer & Lorence in W.C. Burger & C.M. Taylor, Fieldiana, Bot., n.s. 33: 285. 1993.

Arbustos o arbolitos hasta 6 m de alto, glabros, inermes. Hojas generalmente isófilas, distribuidas a lo largo de los tallos, elípticas a anchamente elípticas, 17–33 cm de largo y 9–16 cm de ancho, ápice agudo a acuminado, base cuneada, papiráceas, nervios secundarios 7–12 pares; pecíolos 10–15 mm de largo; estípulas caducas, 3–4 mm de largo. Flores terminales con pedicelos 3–10 mm de largo y brácteas ovadas de 3–12 mm de largo, las estaminadas fasciculadas, las pistiladas solitarias; limbo calicino 3–5 mm de largo, 5-lobado hasta la base, lobos lineares; corola glabra, tubo 22–28 mm de largo, lobos 5, 5–10 mm de largo. Frutos subglobosos, 2–5 cm de diámetro, lisos, amarillos.

No ha sido colectada en Nicaragua, pero se espera encontrar en el sureste del país ya que se conoce en Costa Rica al otro lado de la frontera.

Randia karstenii Pol., Linnaea 41: 568. 1877.

Arbustos hasta 3 m de alto, glabros a cortamente pilosos, generalmente armados con espinas apareadas, 8–20 mm de largo. Hojas generalmente isófilas, apareadas en nudos separados o a veces agrupadas en espolones, elípticas a oblanceoladas, 0.8–4 cm de largo y 0.5–1.5 cm de ancho, ápice obtuso, base cuneada a aguda y atenuada, papiráceas, nervios secundarios 4–5 pares; subsésiles; estípulas caducas, 1–3 mm de largo. Flores terminales en espolones, subsésiles, solitarias; limbo calicino con tubo 1.5–3 mm de largo, lobos 5, triangulares, ca 0.5 mm de largo; corola glabra, pero vellosa en la garganta, tubo 3–8 mm de largo, lobos 5, 2–3 mm de largo. Frutos globosos, 0.8–1 cm de diámetro, lisos, glabros, verde pálidos a blanquecinos.

Conocida en Nicaragua por una sola colección (*Stevens 9216*) de nebliselvas, Jinotega; 1460–1480

m; fl jun; Nicaragua a Costa Rica y probablemente en Panamá. Similar a *R. aculeata* y posiblemente no es completamente distinta.

Randia matudae Lorence & Dwyer, Bol. Soc. Bot. México 47: 42. 1987.

Arboles hasta 30 m de alto, glabrescentes, inermes, a veces epífitos. Hojas generalmente isófilas, apareadas en cada nudo y distribuidas a lo largo de las ramitas, elípticas a oblanceoladas, 10–20 cm de largo y 4–10 cm de ancho, ápice agudo a ligeramente acuminado, base cuneada a aguda, subcoriáceas, nervios secundarios 6–7 pares; pecíolos 5–20 mm de largo; estípulas caducas o persistentes, 4–5 mm de largo. Flores terminales, 1–5, sésiles o con pedúnculos y pedicelos hasta 10 mm de largo; limbo calicino con tubo 5–6 mm de largo, lobos 5, triangulares, 1–2 mm de largo; corola glabra, tubo ca 35 mm de largo, lobos 5, 25–30 mm de largo. Frutos globosos, 6–10 cm de diámetro, lisos, glabros, verdes.

Poco común en bosques premontanos y montanos, zonas atlántica y norcentral; 780–1330 m; fr ene–jun; *Pipoly 6044, Stevens 11559*; sur de México a Costa Rica. Esta especie ha sido confundida con *Glossostipula concinna* (Standl.) Lorence, una especie hasta el momento no conocida de Nicaragua que se distingue por su placentación central y estípulas obovadas de 1–3 cm de largo.

Randia mira Dwyer, Ann. Missouri Bot. Gard. 67: 450. 1980.

Arbustos o arbolitos hasta 8 m de alto, glabrescentes, inermes, Hojas generalmente isófilas, apareadas en cada nudo y distribuidas a lo largo de las ramitas, elípticas a obovadas, 24–44 cm de largo y 8–17 cm de ancho, ápice agudo a acuminado, base cuneada, cartáceas a subcoriáceas, nervios secundarios 10–16 pares; pecíolos 5–25 mm de largo; estípulas caducas o persistentes, 6–10 mm de largo, aristadas. Flores caulógenas, 1–pocas, sésiles, con brácteas ca 3 mm de largo; limbo calicino pubérulo, tubo 10–15 mm de largo, lobos (5) 6–7, lineares, 1–3 mm de largo; corola pubérula, tubo 55–80 mm de largo, lobos (5) 6–7, 45–70 mm de largo. Frutos globosos a elipsoides, 5–7 mm de diámetro, lisos, glabros, amarillos a amarillo-anaranjados.

Poco común, en bosques húmedos, sur de la zona atlántica; 150–350 m; fr ene, sep; *Rueda 8586, 10212*; Nicaragua a Panamá.

Randia monantha Benth., Pl. Hartw. 84. 1841; *R. albonervia* Brandegee; *R. subcordata* (Standl.) Standl.

Arbustos o arbolitos hasta 6 m de alto, pubérulos

a cortamente pilosos, generalmente armados con espinas en grupos de 4, 5–12 mm de largo. Hojas generalmente isofilas, agrupadas en espolones, elípticas a oblanceoladas, 6–12 cm de largo y 2–5 cm de ancho, ápice agudo, base obtusa a aguda, papiráceas, nervios secundarios 5–7 pares; pecíolos 5–40 mm de largo; estípulas caducas, 3–5 mm de largo. Flores terminales en ramitas o espolones, solitarias; limbo calicino con tubo 3–10 mm de largo, lobos 5, lineares, 3–8 mm de largo; corola serícea, tubo 3–5 cm de largo, lobos 5, lanceolados, 15–30 mm de largo. Frutos globosos, 4–7 cm de diámetro, lisos, cortamente pilosos a seríceos, amarillos a anaranjados.

Poco común en bosques de galería y bosques secos, zona pacífica; 0–850 m; fl may, jun, fr jul–sep, ene–mar; *Grijalva 2463*, *Moreno 22852*; sur de México a Panamá. Es morfológicamente muy variable; cuando no tiene flores, se puede confundir con *R. nicaraguensis*.

Randia nicaraguensis Lorence & Dwyer, Novon 8: 247. 1998.

Arbustos o arbolitos hasta 6 m de alto, pubérulos a glabros, generalmente armados con espinas en grupos de 4, 5–12 mm de largo. Hojas generalmente isofilas, agrupadas en espolones, elípticas a oblanceoladas, 5–12 cm de largo y 2–5 cm de ancho, ápice obtuso, base cuneada a aguda, papiráceas, nervios secundarios 5–7 pares; pecíolos 1–10 mm de largo; estípulas caducas, 3–5 mm de largo. Flores terminales en ramitas o espolones, solitarias; limbo calicino con tubo 3–5 mm de largo, lobos 5, lineares, ca 1 mm de largo; corola glabra, tubo 16–18 cm de largo, lobos 5, elípticos, 18–22 mm de largo. Frutos globosos, 4–7 cm de diámetro, lisos, glabros, amarillos a anaranjados.

Frecuente en bosques secos, zonas pacífica y norcentral; 15–1100 m; fl may, jun, fr jun–mar; *Stevens 15553*, *22924*; endémica de Nicaragua. Variable morfológicamente; cuando no tiene flores, se puede confundir con *R. monantha*. "Cruceto".

Randia obcordata S. Watson, Proc. Amer. Acad. Arts 24: 53. 1889.

Arbustos hasta 4 m de alto, glabros, armados con espinas apareadas, 8–12 mm de largo. Hojas generalmente isofilas, agrupadas en espolones, obovadas, 0.8–2 cm de largo y 0.6–1.6 cm de ancho, ápice truncado a emarginado, base cuneada y atenuada, papiráceas, nervios secundarios 1–2 pares; subsésiles; estípulas caducas, ca 1 mm de largo. Flores laterales, sésiles, solitarias; limbo calicino ca 1 mm de largo, 5-dentado; corola glabra, tubo ca 2 mm de largo, lobos 5, ca 1 mm de largo. Frutos globosos, 8–15 mm de diámetro, lisos, glabros, verde pálidos a blanquecinos.

Conocida en Nicaragua por una sola colección (*Moreno 18693*) de bosques secos, Chontales; 120–200 m; fr nov; norte de México a Nicaragua. Las flores casi nunca han sido colectadas.

Randia thurberi S. Watson, Proc. Amer. Acad. Arts 24: 53. 1889; *R. crescentioides* Standl.

Arbustos o arbolitos hasta 6 m de alto, glabros a pubérulos, generalmente armados con espinas apareadas, 5–20 mm de largo. Hojas generalmente isofilas y agrupadas en espolones, oblanceoladas a obovadas, 1–6 cm de largo y 0.5–3 cm de ancho, ápice obtuso, base cuneada a aguda y atenuada, papiráceas, nervios secundarios 4–6 pares; subsésiles; estípulas caducas, 1–1.5 mm de largo. Flores terminales en espolones, subsésiles, solitarias; limbo calicino 1–2 mm de largo, 5-lobado; corola glabra, tubo ca 15 mm de largo, lobos 5, 7–19 mm de largo. Frutos globosos, 3–4 cm de diámetro, lisos, glabros, verde pálidos.

Poco común en bosques de galería y matorrales espinosos, zona pacífica; 10–200 m; fl jun, fr jul, nov, may; *Moreno 21432*, *24310*; norte de México a Costa Rica. Se dice que el fruto es comestible, pero más de dos producen vómito.

RARITEBE Wernham; *Dukea* Dwyer

Raritebe palicoureoides ssp. **dwyerianum** J.H. Kirkbr., Brittonia 31: 304. 1974; *Dukea panamensis* Dwyer; *Coussarea villosula* Dwyer; *D. trifoliata* Dwyer & M.V. Hayden; *R. panamensis* (Dwyer) Dwyer; *R. trifoliatum* (Dwyer & M.V. Hayden) Dwyer.

Arboles o arbustos hasta 4 m de alto, seríceos a glabrescentes; plantas hermafroditas. Hojas opuestas, elípticas a oblanceoladas, 12–33 cm de largo y 4–16 cm de ancho, ápice agudo a acuminado, base aguda a cuneada, papiráceas a cartáceas, nervios secundarios 10–18 pares, sin domacios; pecíolos 5–30 mm de largo; estípulas interpeciolares, deciduas o persistentes, triangulares, 10–15 mm de largo, agudas. Inflorescencias terminales, paniculadas, piramidales, 6–8 cm de largo y 3–9 cm de ancho, pedúnculos 0.5–8 cm de largo, brácteas reducidas o ausentes, pedicelos 2–10 mm de largo, flores homostilas, en címulas de 3–11; limbo calicino 1–2 mm de largo, 4–5-denticulado; corola hipocrateriforme, externamente pubérula, papilosa a pilosa en la garganta, blanca a amarillo pálida, tubo 5–7 mm de largo, lobos 5, angostamente triangulares, valvares, 3–5 mm de largo; ovario 2-locular, óvulos numerosos por lóculo. Frutos abayados, subglobosos, 3–5 mm de diámetro, carnosos; semillas angulosas.

Conocida en Nicaragua por una colección (*Rueda*

5597) de bosques húmedos, Río San Juan; 250 m; fl y fr ene; Nicaragua a Colombia. Género neotropical monotípico; Nicaragua a Perú.

J.H. Kirkbride, Jr. *Raritebe*, an overlooked genus of Central America. Brittonia 31: 299–312. 1979.

RICHARDIA L.

Richardia scabra L., Sp. Pl. 330. 1753.

Hierbas anuales, pilosas a hirsutas, tallos hasta 0.7 m de largo; plantas hermafroditas. Hojas opuestas, elípticas a oblanceoladas, 1–7 cm de largo y 0.3–2 cm de ancho, ápice y base agudos, papiráceas, nervios secundarios 2–3 pares, sin domacios; subsésiles; estípulas interpeciolares y unidas a los pecíolos, persistentes, truncadas a redondeadas con vainas 1–4 mm de largo, setosas con 3–15 cerdas de 1–5 mm de largo. Inflorescencias capitadas, terminales, 5–15 mm de diámetro, abrazadas por 2 brácteas foliosas u hojas involucrales, ovadas, sésiles, flores homostilas; limbo calicino 6-lobado, 1.5–3 mm de largo, lobos triangulares a lanceolados; corola infundibuliforme a rotácea, blanca a rosada, tubo 3–8 mm de largo, lobos 6, 1–3 mm de largo, valvares; ovario 3-locular, óvulo 1 por lóculo. Frutos esquizocárpicos, mericarpos 3, elipsoides, 2–3.5 mm de largo, secos, indehiscentes, con una cicatriz ancha en la cara adaxial (ventral), híspidos en la cara abaxial (dorsal), separados entre sí y del cáliz persistente.

Frecuente en sitios ruderales en todo el país; 0–1400 m; fl y fr mar–dic; *Moreno 2991, 8335*; sur de los Estados Unidos hasta Brasil, en las Antillas y adventicia en Africa y Asia. Género neotropical con unas 15 especies; similar a *Borreria*, *Crusea*, *Diodia*, *Mitracarpus* y *Spermacoce*, los cuales se distinguen por el tipo de dehiscencia de los frutos.

W.H. Lewis y R.L. Oliver. Revision of *Richardia* (Rubiaceae). Brittonia 26: 271–301. 1974.

RONDELETIA L.; *Arachnothryx* Planch.; *Rogiera* Planch.; *Javorkaea* Borhidi & Komlódi

Arbustos o arbolitos, a veces sufrútices; plantas hermafroditas. Hojas opuestas o verticiladas, generalmente con domacios; estípulas interpeciolares y triangulares o raras veces unidas alrededor del tallo en una vaina continua, persistentes o caducas. Inflorescencias terminales o a veces axilares, bracteadas, cimosas a paniculadas o espiciformes con un eje primario bien desarrollado y los ejes secundarios cortos y congestionados, flores homostilas o distilas; limbo calicino 4–5-lobado, lobos generalmente desiguales; corola hipocrateriforme, a veces barbada en la garganta, lobos 4–5, ligulados a elípticos, redondeados, imbricados; ovario 2-locular, óvulos numerosos por lóculo. Fruto capsular, globoso, cartáceo a leñoso, con dehiscencia loculicida o septicida; semillas angulosas o brevemente aplanadas y aladas.

Género neotropical con unas 125 especies; 7 especies en Nicaragua. Este género se confunde a veces con *Gonzalagunia*, que se distingue por sus frutos con 2 ó 4 pirenos que contienen numerosas semillas. Algunos autores separan *Arachnothryx*, con su corola y cáliz 4-lobados, cápsulas septicidas, semillas aplanadas, pero no aladas y pubescencia generalmente aracnoide, de *Rondeletia*, con su cáliz y corola 5-lobados, cápsulas loculicidas, semillas aladas y pubescencia generalmente no aracnoide; Lorence (1991) resume las dificultades en separar estos géneros, incluso la existencia de varias especies con caracteres de ambos grupos.

J.H. Kirkbride, Jr. A revision of the Panamanian species of *Rondeletia* (Rubiaceae). Ann. Missouri Bot. Gard. 55: 372–391. 1969; D.H. Lorence. New species and combinations in Mexican and Central American *Rondeletia* (Rubiaceae). Novon 1: 135–157. 1991.

1. Lobos corolinos 4
   2. Inflorescencias cimosas, con 2–5-flores, 0.5–2 cm de largo; hojas verdes en el envés .... **R. deamii**
   2. Inflorescencias espiciformes, con más de 20 flores, 6–20 cm de largo; hojas blancas en el envés
      3. Tallos jóvenes, pecíolos y el eje primario de la inflorescencia glabrescentes a estrigosos o adpreso-aracnoides .... **R. buddleioides**
      3. Tallos jóvenes, pecíolos y el eje primario de la inflorescencia vellosos a pilosos o tomentosos .... **R. nebulosa**

1. Lobos corolinos 5
    4. Lobos calicinos 0.5–2 mm de largo
        5. Tallos jóvenes, pecíolos y el eje primario de la inflorescencia vellosos a pilosos o tomentosos .... **R. amoena**
        5. Tallos jóvenes, pecíolos y el eje primario de la inflorescencia glabros a estrigosos .... **R. nicaraguensis**
    4. Lobos calicinos 5–15 mm de largo
        6. Tallos jóvenes e inflorescencia vellosos a pilosos; hojas blancas en el envés .... **R. hondurensis**
        6. Tallos jóvenes e inflorescencia glabros a estrigosos; hojas verdes en el envés .... **R. strigosa**

Rondeletia amoena (Planch.) Hemsl., Diagn. Pl.
Nov. Mexic. 26. 1879; *Rogiera amoena*
Planch.; *Rondeletia latifolia* Oerst.

Arbustos o arbolitos hasta 7 m de alto, tallos
vellosos a pilosos o tomentosos. Hojas ovadas a
elípticas, 6–16 cm de largo y 3–9 cm de ancho, ápice
agudo a acuminado, base obtusa a redondeada,
cartáceas, densamente vellosas a cortamente pilosas o
tomentosas y verdes en el envés, nervios secundarios
5–8 pares; pecíolos 3–15 mm de largo; estípulas
triangulares, 10–20 mm de largo, recurvadas. Inflorescencias piramidales a redondeadas, 5–20 cm de
largo y de ancho, vellosas a pilosas o tomentosas,
pedúnculo 1–10 cm de largo, pedicelos 0–3 mm de
largo; limbo calicino profundamente 5-lobado, lobos
angostamente triangulares a lineares, 0.5–2 mm de
largo; corola con tricomas amarillos en la garganta,
externamente estrigosa, blanca a rosada, tubo 9–15
mm de largo, lobos 5, 1.5–2.5 mm de largo. Cápsulas
3–5 mm de diámetro, loculicidas, dehiscentes hasta
cerca de la mitad.

Ocasional en bosques húmedos en la zona norcentral; (0–) 800–1550 m; fl sep, oct, fr oct–abr; *Moreno 7967, 22390*; sur de México a Panamá.

Rondeletia buddleioides Benth., Pl. Hartw. 69.
1840; *Arachnothryx buddleioides* (Benth.)
Planch.; *R. affinis* Hemsl.; *R. rothschuhii* Loes.

Arbustos o arbolitos hasta 8 m de alto, tallos
glabrescentes o con pubescencia aracnoide. Hojas
elípticas a angostamente elípticas o lanceolado-elípticas, 5–20 cm de largo y 1.5–7 cm de ancho, ápice
agudo a acuminado, base aguda, papiráceas, densamente aracnoide-pubescentes y blancas en el envés,
nervios secundarios 8–12 pares; pecíolos 3–20 mm
de largo; estípulas triangulares, 4–11 mm de largo.
Inflorescencias espiciformes, 10–20 cm de largo y 1–
4 cm de ancho, densamente aracnoide-pubescentes,
pedúnculo 0.5–3 cm de largo, flores subsésiles; limbo
calicino profundamente 4-lobado, lobos angostamente triangulares a lineares, 0.5–1 mm de largo;
corola externamente estrigosa o aracnoide-pubes-
cente, blanca a rosada o lila, tubo 6–11 mm de largo,
lobos 4, 1.5–2.5 mm de largo. Cápsulas 3–4 mm de
diámetro, septicidas, dehiscentes casi hasta la mitad.

Frecuente en bosques húmedos, zonas atlántica y
norcentral; (0–) 800–1550 m; fl jun–feb, fr oct–abr;

Guzmán 2122, Stevens 22472; centro de México a
Panamá. Esta especie a veces se confunde con el
género *Buddleja* (Buddlejaceae) con ovario súpero.

Rondeletia deamii (Donn. Sm.) Standl., N. Amer.
Fl. 32: 60. 1918; *Bouvardia deamii* Donn. Sm.;
Arachnothryx deamii (Donn. Sm.) Borhidi.

Arbustos hasta 6 m de alto, tallos glabros a
estrigosos. Hojas lanceoladas a elíptico-rómbicas,
2.5–6.5 cm de largo y 1–2.5 cm de ancho, ápice
agudo a acuminado, base cuneada a redondeada,
papiráceas, glabras a estrigosas, verdes en el envés,
nervios secundarios 3–5 pares; pecíolos 2–3 mm de
largo; estípulas triangulares, ca 1 mm de largo.
Inflorescencias cimosas, redondeadas, 0.5–2 cm de
largo y de ancho, glabras a estrigosas, pedúnculo 3–6
mm de largo, pedicelos 2–10 mm de largo; limbo
calicino profundamente 4 (–6)-lobado, lobos lineares
a angostamente elípticos, 1–4 mm de largo; corola
externamente estrigosa, rosada a anaranjada, tubo 7–
12 mm de largo, lobos 4, ca 3 mm de largo. Cápsulas
5–6 mm de diámetro, loculicidas, dehiscentes hasta
casi la mitad.

Ocasional en bosques siempreverdes y caducifolios, zonas pacífica y norcentral; 100–1035 m; fl
may, jun, fr jun–ene; *Stevens 9938, 17649*; centro de
México al centro de Nicaragua.

Rondeletia hondurensis Donn. Sm., Bot. Gaz.
(Crawfordsville) 27: 335. 1899; *Javorkaea
hondurensis* (Donn. Sm.) Borhidi & Komlódi.

Arbustos hasta 3 m de alto, tallos vellosos a
pilosos. Hojas oblanceoladas a elípticas, 6.5–15 cm
de largo y 2–6.5 cm de ancho, ápice agudo a acuminado, base aguda a cuneada, papiráceas, densamente
aracnoide-pubescentes y blancas en el envés, nervios secundarios 5–8 pares; pecíolos 3–5 mm de
largo; estípulas unidas alrededor del tallo en una
vaina truncada y membranácea, 5–6 mm de largo.
Inflorescencias subcapitadas a cimosas y congestionadas, 2–5 cm de largo y de ancho, vellosas a
pilosas, pedúnculo 1–2 cm de largo, pedicelos 0–2
mm de largo; limbo calicino con tubo 2–4 mm de
largo, lobos 5 (–7), angostamente elípticos a
lineares, 5–15 mm de largo; corola densamente
estrigosa a vellosa externamente, blanca, tubo ca 23
mm de largo, lobos 5, ca 11 mm de largo. Cápsulas

5–7 mm de diámetro, septicidas, dehiscentes hasta casi la mitad.

Conocida en Nicaragua por una sola colección (*Moreno 5650*), Nueva Segovia; 540–560 m; fl y fr dic; Honduras a Nicaragua.

Rondeletia nebulosa Standl., Trop. Woods 37: 32. 1934; *Arachnothryx nebulosa* (Standl.) Borhidi.

Arbustos o arbolitos hasta 8 m de alto, tallos vellosos a pilosos o tomentosos. Hojas elípticas a lanceoladas, 9–16 cm de largo y 4–7 cm de ancho, ápice agudo a acuminado, base obtusa a redondeada, papiráceas, vellosas a pilosas o tomentosas y blancas en el envés, nervios secundarios 7–10 pares; pecíolos 8–15 mm de largo; estípulas triangulares, 5–8 mm de largo. Inflorescencias espiciformes, 6–15 cm de largo y 1–4 cm de ancho, tomentosas a vellosas o pilosas, pedúnculo 0.5–3 cm de largo, flores subsésiles; limbo calicino profundamente 4-lobado, lobos angostamente triangulares a lineares, 0.5–1.5 mm de largo; corola externamente estrigosa a vellosa, roja, tubo 13–15 mm de largo, lobos 4, 2.5–3.5 mm de largo. Cápsulas 4–5 mm de diámetro, septicidas, dehiscentes por ca 2/3.

Poco común en bosques húmedos, montanos y premontanos, Jinotega y Matagalpa; 1200–1540 m; fl feb–may, fr may; *Davidse 30347, Moreno 8046*; Honduras a Nicaragua.

Rondeletia nicaraguensis Oerst., Vidensk. Meddel. Dansk Naturhist. Foren. Kjøbenhavn 1852: 43. 1853; *Arachnothryx nicaraguensis* (Oerst.) Borhidi.

Arbustos hasta 4 m de alto, tallos glabros a estrigosos. Hojas elípticas a obovadas, 2–6.5 cm de largo y 1.5–4.5 cm de ancho, ápice obtuso a redondeado, base cuneada a redondeada, papiráceas, gla-bras a estrigosas, verdes en el envés, nervios secundarios 4–6 pares; pecíolos 2–10 mm de largo; estípulas triangulares, 2–5 mm de largo. Inflorescencias cimosas, redondeadas, 1.5–3.5 cm de largo y 2–6 cm de ancho, estrigosas, pedúnculo 2–5.5 cm de largo, pedicelos 0.5–2 mm de largo; limbo calicino profundamente 5-lobado, lobos lineares a angostamente elípticos, 0.5–2 mm de largo; corola externamente glabra a estrigosa, blanca, tubo 9–16 mm de largo, lobos 5, 3–5 mm de largo. Cápsulas 4–5 mm de diámetro, loculicidas, dehiscentes por ca 2/3.

Poco común en bosques caducifolios a premontanos, zonas pacífica y norcentral; 300–1300 m; fl jun–sep, fr jun; *Moreno 21574, 21879*; endémica de Nicaragua.

Rondeletia strigosa (Benth.) Hemsl., Diagn. Pl. Mexic. 27. 1879; *Bouvardia strigosa* Benth.; *Rogiera strigosa* (Benth.) Borhidi.

Sufrútices hasta 0.8 m de alto, tallos glabros a estrigosos. Hojas opuestas a verticiladas, elípticas a lanceoladas, 1–4 cm de largo y 0.8–1.5 cm de ancho, ápice agudo a acuminado, base obtusa a redondeada, papiráceas, glabras a estrigosas, verdes en el envés, nervios secundarios 3–4 pares; pecíolos 1–2 mm de largo; estípulas triangulares, 1–2 mm de largo. Inflorescencias cimosas a fasciculadas, 1–1.5 cm de largo y de ancho, estrigosas, pedúnculos o pedicelos 2–5 mm de largo; limbo calicino profundamente 5-lobado, lobos lineares a angostamente elípticos, 7–10 mm de largo; corola roja, tubo 18–25 mm de largo, lobos 5, 4–8 mm de largo. Cápsulas 6–8 mm de diámetro, loculicidas, dehiscentes casi hasta la mitad.

Poco común en bosques premontanos, zona norcentral; 980–1540 m; fl dic–abr, fr feb–abr; *Moreno 14285, 20228*; sur de México (Chiapas) al centro de Nicaragua.

RUDGEA Salisb.

Rudgea cornifolia (Kunth) Standl., Publ. Field Columbian Mus., Bot. Ser. 7: 432. 1931; *Psychotria cornifolia* Kunth; *P. concolor* Benth.

Arbustos o arbolitos hasta 6 m de alto, glabrescentes; plantas hermafroditas. Hojas opuestas, elípticas a oblanceoladas, 5–18 cm de largo y 2–9 cm de ancho, ápice acuminado, base cuneada y luego abruptamente truncada a ligeramente cordada, papiráceas, nervios secundarios 5–12 pares, con domacios del tipo cripto; subsésiles; estípulas caducas, unidas alrededor del tallo en una vaina continua, 1.5–3 mm de largo, truncadas a redondeadas con 5–8 cerdas o dientes glandulares, 0.5–1 mm de largo y caducos. Inflorescencias terminales, cimosas a paniculadas, redondeadas, 1–5 cm de largo y 2–7 cm de ancho, pedúnculos 1–5 cm de largo, brácteas reducidas, pedicelos 0–5 mm de largo, flores distilas; limbo calicino 5-lobado, 1–2.5 mm de largo, sinuado a truncado; corola infundibuliforme a hipocrateriforme, glabra, blanca, tubo 3–5 mm de largo, lobos 5, 2–4.5 mm de largo, triangulares, valvares; ovario 2-locular, óvulo 1 por lóculo. Frutos drupáceos, globosos, 5–9 mm de diámetro, blancos; pirenos 2, 1-loculares.

Ocasional en bosques húmedos, zona atlántica; 0–750 m; fl jul–sep, fr nov–abr; *Moreno 26076, Stevens 8261*; sur de México a Brasil. Con frecuencia se la confunde con *Psychotria*, género que tiene estípulas que carecen de los dientes glandulares y sólo algunas especies con domacios del tipo cripto. Género neotropical con unas 100 especies. El nombre *P. concolor* se asigna provisionalmente aquí; su descrip-

ción es bastante general, pero Oersted la presenta como muy similar a *P. fimbriata* Benth., un sinónimo de *R. cornifolia.*

RUSTIA Klotzsch

Rustia occidentalis (Benth.) Hemsl., Biol. Cent.-Amer., Bot. 2: 14. 1881; *Exostema occidentale* Benth.

Arbustos o arbolitos hasta 6 m de alto, glabrescentes; plantas hermafroditas. Hojas opuestas, elípticas a oblanceoladas, 13–33 cm de largo y 4–11 cm de ancho, ápice acuminado, base aguda a cuneada, papiráceas, con puntos glandulares, nervios secundarios 9–12 pares, sin domacios; pecíolos 1–3.5 cm de largo; estípulas interpeciolares, triangulares, 15–25 mm de largo, acuminadas, caducas. Inflorescencias terminales, tirsoides a paniculadas, 4–15 cm de largo y 2–8 cm de ancho, pedúnculo 5–30 mm de largo, pedicelos 3–12 mm de largo, brácteas reducidas, flores homostilas; limbo calicino 5-lobado, 1–

1.5 mm de largo, sinuado a truncado; corola infundibuliforme, rosada a morada, tubo 6–9 mm de largo, lobos 5, ca 5 mm de largo, valvares; ovario 2-locular, óvulos numerosos por lóculo. Frutos capsulares, leñosos, obcónicos, con dehiscencia loculicida y basípeta, 8–12 mm de largo y 6–8 mm de ancho, algo comprimidos lateralmente; semillas diminutas, aplanadas y con un ala marginal.

Poco común en bosques húmedos, costa del Atlántico; nivel del mar; fl nov, fr feb; *Moreno 13314, 15219*; Nicaragua a Colombia. Género neotropical con unas 15 especies que se distingue por sus anteras con dehiscencia por valvas, característica única en la familia, y las hojas pelúcido-punteadas.

SABICEA Aubl.

Enredaderas herbáceas o sufrutescentes; plantas hermafroditas. Hojas opuestas, sin domacios; estípulas interpeciolares, triangulares a liguladas u ovadas, obtusas a redondeadas, persistentes. Inflorescencias axilares, glomeruladas a cimosas o paniculadas, bracteadas, flores homostilas o distilas; limbo calicino 5-lobado; corola hipocrateriforme a infundibuliforme, barbada en la garganta, lobos 5, valvares; ovario 3–5-locular, óvulos numerosos por lóculo. Fruto abayado, globoso, carnoso, rojo o morado tornándose negro; semillas anguladas.

Género pantropical con unas 120–135 especies; 2 especies en Nicaragua. Este género se confunde a veces con *Manettia*, que se distingue por sus frutos capsulares.

1. Inflorescencias cimosas, con pedicelos y ramitas generalmente cortos, pero evidentes .... **S. panamensis**
1. Inflorescencias glomeruladas y sésiles, sin pedicelos ni ramificación evidente .... **S. villosa**

Sabicea panamensis Wernham, Monogr. Sabicea 30. 1914; *S. costaricensis* Wernham.

Plantas estrigosas a hirsutas. Hojas elípticas, 5–16 cm de largo y 2–7 cm de ancho, ápice agudo a acuminado, base cuneada a obtusa, papiráceas, nervios secundarios 7–11 pares; pecíolos 5–20 mm de largo; estípulas 5–10 mm de largo. Inflorescencias cimosas, 1–3 cm de largo, pedúnculo 2–10 mm de largo, pedicelos 2–8 mm de largo; limbo calicino profundamente lobulado, 2–3 mm de largo, lobos triangulares; corola externamente estrigosa, blanca, tubo 6–8 mm de largo, lobos 2–4 mm de largo. Frutos 5–10 mm de diámetro.

Ocasional en bosques húmedos, generalmente en vegetación secundaria, zona atlántica; 10–600 m; fl dic–jul, fr ene–oct; *Moreno 20683, Neill 3685*; Belice a Bolivia.

Sabicea villosa Roem. & Schult., Syst. Veg. 5: 265. 1819.

Plantas moderada a densamente hirsutas con tricomas patentes o raras veces glabrescentes. Hojas elípticas, 3.5–15 cm de largo y 2–6 cm de ancho, ápice agudo a acuminado, base cuneada a obtusa, papiráceas, nervios secundarios 7–11 pares; pecíolos 2–20 mm de largo; estípulas 3–10 mm de largo. Inflorescencias glomeruladas, sésiles, 5–15 mm de diámetro; limbo calicino profundamente lobulado, 2.5–5 mm de largo, lobos triangulares; corola externamente hirsuta, blanca, tubo 3–6 mm de largo, lobos 1–2 mm de largo. Frutos 5–10 mm de diámetro.

Ocasional en bosques húmedos, generalmente en vegetación secundaria, zona atlántica; 10–600 m; fl y fr todo el año; *Miller 1188, Ortiz 2153*; sur de México a Bolivia.

SIMIRA Aubl.; *Sickingia* Willd.

Simira maxonii (Standl.) Steyerm., Mem. New York Bot. Gard. 23: 306. 1972; *Genipa maxonii* Standl.; *Sickingia maxonii* (Standl.) Standl.

Arbustos o árboles hasta 20 m de alto, glabrescentes; plantas hermafroditas. Hojas opuestas, elípticas a obovadas o rómbicas, 20–50 cm de largo y 18–32 cm de ancho, ápice acuminado, base truncada, cartáceas, raras veces pinnatífidas, nervios secundarios 12–18 pares, a veces con domacios; pecíolos 5–15 mm de largo; estípulas interpeciolares, imbricadas, triangulares, 2–4 mm de largo, acuminadas, caducas. Inflorescencias terminales, cimosas, 6–22 cm de largo y 7–18 cm de ancho, pedúnculos 0–5 cm de largo, pedicelos 0–3 mm de largo, con brácteas reducidas, flores homostilas; limbo calicino 1–2 mm de largo, 5-lobado; corola infundibuliforme a campanulada, crema o amarillo verdosa, tubo 4–5 mm de largo, lobos 5, 2–3 mm de largo, imbricados; ovario 2-locular, óvulos numerosos por lóculo. Frutos cápsulas loculicidas, subglobosas, 3–9 cm de diámetro, leñosas; semillas 12–25 mm de largo, aplanadas con un ala membranácea.

Ocasional en bosques húmedos, zona atlántica; 10–200 m; fr dic–mar, jul; *Araquistain 3435*, *Robleto 1834*; Nicaragua a Panamá. Cuando se corta la madera se oxida a un color púrpura o morado muy característico; las muestras herborizadas frecuentemente se oxidan así. Género neotropical con unas 30 especies. "Iguatíl rojo".

SIPANEA Aubl.

Sipanea biflora (L. f.) Cham. & Schltdl., Linnaea 4: 168. 1829; *Virecta biflora* L. f.; *Manettia hydrophila* Dwyer.

Hierbas acuáticas o subacuáticas, débiles a rastreras, glabrescentes, enraizando en los nudos; plantas hermafroditas. Hojas opuestas, lanceoladas, 1.2–5.5 cm de largo y 0.6–2.5 cm de ancho, ápice agudo, base cuneada a redondeada, membranáceas, nervios secundarios 3–5 pares, sin domacios; pecíolos 3–20 mm de largo; estípulas interpeciolares, triangulares, redondeadas a bilobadas, ca 0.5 mm de largo, persistentes. Flores terminales, 1–5 en cimas escorpioides, pedúnculos 7–15 mm de largo, delicadas, sin brácteas; limbo calicino 5-lobado hasta la base, lobos angostamente triangulares a lineares, 2–4 mm de largo; corola infundibuliforme a tubular, externamente glabrescente, barbada en la garganta, lila, tubo 5–14 mm de largo, lobos 5, 3–8 mm de largo, triangulares, convolutos; ovario 2-locular, óvulos numerosos por lóculo. Frutos capsulares, subglobosos, 3–4 mm de diámetro, papiráceos a cartáceos, con dehiscencia loculicida y basípeta; semillas angulosas, diminutas.

Rara o poco colectada, en bosques húmedos, Río San Juan; 0–100 m; fl y fr jul, dic; *Araquistain 3357*, *Rueda 1847*; Nicaragua al noreste de Sudamérica. Género neotropical con unas 20 especies.

SOMMERA Schltdl.

Sommera donnell-smithii Standl., Contr. U.S. Natl. Herb. 17: 436. 1914.

Arboles o arbustos hasta 10 m de alto, estrigosos a seríceos; plantas hermafroditas. Hojas opuestas, elípticas a obovadas, 10–25 cm de largo y 5–12 cm de ancho, ápice acuminado, base obtusa a cuneada, papiráceas, nervios secundarios 11–15 pares, a veces con domacios, nervadura menor lineolada; pecíolos 1–4 cm de largo; estípulas interpeciolares, triangulares, 1.5–3.5 cm de largo, caducas. Inflorescencias axilares, cimosas a tirsoides, pedúnculos 1–3 cm de largo, pedicelos hasta 4 mm de largo, brácteas 1–10 mm de largo, flores homostilas; limbo calicino 2–5 mm de largo, profundamente 5-lobado, lobos triangulares; corola infundibuliforme, externamente serícea a estrigosa, barbada en la garganta, blanca o blancoverdosa, tubo 3–4 mm de largo, lobos 5, triangulares, 2–3 mm de largo, valvares; ovario 2-locular, óvulos numerosos por lóculo. Frutos abayados, globosos, 6–10 mm de diámetro, carnosos, rojos a morados; semillas angulosas.

Poco común en bosques húmedos, Nueva Segovia y Matagalpa; 700–900 m; fl abr, fr ene–abr; *Neill 1674*, *Sandino 5085*; Nicaragua a Panamá. Género neotropical con unas 10 especies.

L.O. Williams. *Sommera* (Rubiaceae) in North America. Phytologia 26: 121–126. 1973.

SPERMACOCE L.

Hierbas o sufrútices débiles o erguidos; plantas hermafroditas. Hojas opuestas, sin domacios; subsésiles; estípulas interpeciolares y unidas a los pecíolos, persistentes, con vaina truncada a redondeada, setosas con 3–

15 cerdas. Flores 3–15 en glomérulos sésiles, axilares o terminales, con brácteas reducidas, homostilas o distilas; limbo calicino 2 ó 4-lobado; corola infundibuliforme, glabra o barbada en la garganta, generalmente blanca, lobos 4, valvares; ovario 2-locular, óvulo 1 por lóculo. Fruto esquizocárpico, elipsoide a subgloboso, cartáceo, seco, con una valva dehiscente y la otra indehiscente y generalmente menor; semillas elipsoides.

Género neotropical con unas 30 especies; 3 especies en Nicaragua. Género similar a *Crusea*, *Diodia*, *Borreria*, *Mitracarpus* y *Richardia*, los cuales se distinguen por el tipo de dehiscencia de los frutos. A veces *Borreria* se incluye en *Spermacoce*.

1. Tallos pilosos a híspidos con tricomas 1–2 mm de largo .... **S. tetraquetra**
1. Tallos glabros o hirsútulos, escábridos, hispídulos o pubérulos en los ángulos con tricomas menos de 1 mm de largo
   2. Frutos subglobosos a elipsoides, redondeados en el ápice, con las valvas muy desiguales, densamente hispídulos o cortamente pilosos en una valva y glabra a esparcidamente pubescentes en la otra .... **S. confusa**
   2. Frutos obcónicos a oblanceoloides, truncados en el ápice, con las valvas subiguales, glabros o cortamente pilosos de igual manera en todas partes .... **S. tenuior**

Spermacoce confusa Rendle, J. Bot. 74: 12. 1936.

Hierbas hasta 0.8 m de alto, a veces escandentes, glabras a pubérulas o escábridas. Hojas linear-lanceoladas, 2–6 cm de largo y 0.2–1 cm de ancho, ápice y base agudos, membranáceas, nervios secundarios 2–3 pares; estípulas con vaina 1–1.5 mm de largo, cerdas 2–10, 1–7 mm de largo. Glomérulos axilares y a veces terminales, con 2–10 flores, con brácteas filamentosas casi tan largas como los frutos; lobos calicinos 4, 1–2 mm de largo; corola blanca, tubo ca 1.5 mm de largo, lobos 0.5–1 mm de largo. Frutos elipsoides a subglobosos, 1.5–2.5 mm de largo, glabros a hispídulos o cortamente pilosos con la pubescencia diferente en las 2 valvas.

Ocasional en sitios ruderales, zonas pacífica y norcentral; 10–920 m; fl may–dic, fr may–feb; *Grijalva 794*, *Moreno 5450*; México y las Antillas a Brasil. Varios autores han confundido esta especie con *Spermacoce tenuior*. Gillis intentó validar la publicación de este nombre, pero para la mayoría de autores la publicación original de Rendel ya es válida.

W.T. Gillis. The confused *Spermacoce*. Phytologia 29: 185–187. 1974.

Spermacoce tenuior L., Sp. Pl. 102. 1753; *S. riparia* Cham. & Schltdl.

Hierbas hasta 1 m de alto, glabras a pubérulas o hispídulas. Hojas linear-lanceoladas, 3–6 cm de largo y 0.3–1.5 cm de ancho, ápice y base agudos, membranáceas, nervios secundarios 3–5 pares; estípulas con vaina 1–1.5 mm de largo, cerdas 3–9, 1–6 mm de largo. Glomérulos axilares y a veces terminales, con 4–15 flores, con brácteas filamentosas hasta 1 mm de largo; lobos calicinos 4, 0.5–1 mm de largo; corola blanca, tubo 0.5–1 mm de largo, lobos 0.5–1.5 mm de largo. Frutos obcónicos a oblanceoloides, 2–3 mm de largo, glabros o pilosos de igual manera en las 2 valvas.

Poco común en sitios ruderales, zona pacífica; 10–800 m; fl y fr ene–ago; *Araquistain 1242*, *Sandino 1107*; sur de los Estados Unidos, México a Brasil y también en las Antillas.

Spermacoce tetraquetra A. Rich. in Sagra, Hist. Fis. Cuba, Bot. 11: 29. 1850.

Hierbas hasta 1 m de alto, pilosas a híspidas. Hojas linear-lanceoladas, 1–8 cm de largo y 0.2–2.5 cm de ancho, ápice y base agudos, membranáceas, nervios secundarios 3–5 pares; estípulas con vaina 1–2.5 mm de largo, cerdas 5–9, 2–6 mm de largo. Glomérulos axilares y a veces terminales, con 4–15 flores, con brácteas filamentosas casi iguales a los frutos; lobos calicinos 4, 0.8–1.5 mm de largo; corola blanca a lila, tubo 1–1.5 mm de largo, lobos 0.8–1.2 mm de largo. Frutos elipsoides a subglobosos, 1.5–2 mm de largo, cortamente pilosos a hispídulos con la pubescencia igual o diferente entre las 2 valvas.

Poco común en sitios ruderales, zona pacífica; 15–340 m; fl oct, nov, fr nov; *Grijalva 1795*, *Stevens 4694*; sur de los Estados Unidos y México a Nicaragua y también en las Antillas.

UNCARIA Schreb.

Uncaria tomentosa (Willd. ex Roem. & Schult.) DC., Prodr. 4: 349. 1830; *Nauclea tomentosa* Willd. ex Roem. & Schult.

Lianas o arbustos escandentes, subiendo hasta el dosel, glabrescentes, armados con espinas rectas a recurvadas, apareadas, 1–2 cm de largo; plantas hermafroditas. Hojas opuestas, elípticas a elíptico-oblongas, 7–15 cm de largo y 4–9 cm de ancho, ápice brevemente acuminado, base truncada a ligeramente cordada o redondeada, papiráceas, nervios secundarios 5–10 pares, frecuentemente con domacios; pecíolos 8–18 mm de largo; estípulas interpeciolares, liguladas, 8–14 mm de largo, redondeadas a obtusas, persistentes. Inflorescencias en 3–5 cabezuelas arregladas en cimas axilares, las cabezuelas globosas, 15–25 mm de diámetro, pedúnculos 1–7 cm de largo, sin brácteas; limbo calicino 0.5–1 mm de largo, 5-dentado; corola infundibuliforme, glabra, anaranjada a amarilla, tubo 4.5–6 mm de largo, lobos 5, elípticos, 1–1.5 mm de largo, valvares; ovario 2-locular, óvulos numerosos por lóculo. Frutos capsulares, fusiformes, 7–9 mm de largo y 4 mm de ancho, cartáceos, secos; semillas 3–5 mm de largo, aplanadas, con alas marginales.

Ocasional en bosques húmedos, zona atlántica; 0–360 m; fl ene–abr, fr mar–jul; *Moreno 23769, Neill 3983*; Guatemala y Belice a Perú. Género pantropical con 35 especies, la mayoría paleotropicales. Las espinas se forman de pedúnculos modificados, entonces las inflorescencias surgen de ellas. Hoy en día hay mucho interés en la química de ésta y la otra especie americana, *U. guianensis* (Aubl.) J.F. Gmel., debido a rumores no confirmados, de que un extracto de alguna parte de esta planta puede curar el sida. *U. tomentosa* se puede confundir con *Randia altiscandens* (Ducke) C.M. Taylor, otro bejuco con espinas colectado en el noreste de Costa Rica y que posiblemente se presente además en Nicaragua; tiene flores y frutos solitarios y frutos carnosos de 5–9 cm de largo.

VANGUERIA Juss.

Vangueria madagascariensis J.F. Gmel., Syst. Nat. 2: 367. 1791; *V. edulis* Vahl.

Arbustos hasta 5 m de alto, glabrescentes; plantas hermafroditas. Hojas opuestas, elípticas a elíptico-ovadas, 8–28 cm de largo y 3–15 cm de ancho, ápice agudo, base obtusa, membranáceas a papiráceas, nervios secundarios 6–12 pares, a veces con domacios; pecíolos 1–2 cm de largo; estípulas interpeciolares y además brevemente intrapeciolares, triangulares, 5–15 mm de largo, agudas, deciduas. Inflorescencias axilares, cimosas, 1–4.5 cm de largo y de ancho, ebracteadas, pedúnculos ca 1 cm de largo, pedicelos 2–4 mm de largo, flores en címulas de 2–3; limbo calicino 1–3 mm de largo, brevemente 5-lobado; corola infundibuliforme, glabra, verde a cremosa, tubo 3–4.5 mm de largo, lobos 5, 3.5–4.5 mm de largo, valvares; ovario 5-locular, óvulo 1 por lóculo. Frutos drupáceos, subglobosos, 2.5–5 cm de diámetro, carnosos, verdes a amarillentos o más o menos cafés; pirenos 5, 1-loculares, lisos.

Conocida en Nicaragua por una colección (*Lara 158*) de vegetación secundaria, Masaya; fr jul; nativa de Africa, antes cultivada en América por sus frutos comestibles y hoy en día persistente y un algo adventicia. Género con 27 especies de Africa y Madagascar, sólo esta especie naturalizada en Centroamérica y en las Antillas.

WARSZEWICZIA Klotzsch

Warszewiczia coccinea (Vahl) Klotzsch, Monatsber. Königl. Preuss. Akad. Wiss. Berlin 1853: 497. 1853; *Macrocnemum coccineum* Vahl.

Arbustos o árboles hasta 15 m de alto, estrigosos a glabrescentes; plantas hermafroditas. Hojas opuestas, elípticas a obovadas, 16–60 cm de largo y 7–25 cm de ancho, ápice acuminado, base cuneada a aguda, papiráceas, nervios secundarios 13–20 pares, a veces con domacios; pecíolos 1–5 cm de largo; estípulas interpeciolares, contortas, triangulares, 1–4 cm de largo, acuminadas, caducas. Inflorescencias terminales y a veces además axilares, espiciformes, 20–80 cm de largo y 3–6 cm de ancho, con un eje primario bien desarrollado y numerosas címulas laterales congestionadas, pedúnculos 1–10 cm de largo, brácteas reducidas, flores subsésiles, proteróginas; limbo calicino 0.5–1 mm de largo, 5-lobado, lobos iguales o 1–2 flores por címula con 1 lobo expandido en una lámina petaloide, elíptica a rómbica, 3–10 cm de largo y 1–4 cm de ancho, rojo intensa, con estípite 1.5–3 cm de largo; corola infundibuliforme, glabra, amarilla a anaranjada, tubo 3–5 mm de largo, lobos 5, 2–4 mm de largo, imbricados; ovario 2-locular, óvulos numerosos por lóculo. Frutos capsulares, obcónicos, 2–5 mm de largo y 3–4 mm de ancho, leñosos, con dehiscencia septicida y basípeta; semillas aplanadas a angulosas.

Poco común en bosques húmedos, Río San Juan; 10–200 m; fl may–sep, fr feb, jul, sep; *Neill 3401, Riviere 332*; Nicaragua a Bolivia. Género neotropical con unas 6 especies.

RUPPIACEAE Hutch.

Robert R. Haynes

Hierbas perennes o anuales, creciendo sumergidas en aguas saladas o salobres; plantas hermafroditas. Hojas sumergidas, alternas o subopuestas, consistiendo de lámina y vaina estipular, sésiles, láminas lineares, ápice agudo a truncado, márgenes enteros hacia la base y diminutamente serrulados hacia el ápice, con 1 nervio; estípula adnada a la lámina en toda su longitud, formando así la vaina estipular. Inflorescencia una espiga de pocas flores, al principio envueltas por las vainas de las hojas, pedúnculos alargados en la antesis, elevando las flores casi hasta la superficie del agua; perianto ausente; estambres 2, polen alargado; gineceo de 2–16 carpelos libres y sésiles, el ginóforo alargándose después de la antesis, óvulos 1 por carpelo. Fruto una drupa, terete o con cresta dorsal, rostrada o no, sésil o largamente estipitada; endosperma ausente.

Una familia de distribución casi cosmopolita con 1 género y unas 10 especies; 1 especie conocida de Nicaragua. Fue tratada como parte de Potamogetonaceae en la *Flora of Guatemala* y *Flora of Panama*.

Fl. Guat. 24(1): 73. 1958; Fl. Pan. 62: 4–6. 1975; N. Taylor. Zannichelliaceae. N. Amer. Fl. 17: 13–27. 1909.

RUPPIA L.

Ruppia maritima L., Sp. Pl. 127. 1753.
Inflorescencias unas espigas de dos flores cada una; gineceo de 4 ó 5 carpelos libres y estipitados. Fruto terete, rostrado, largamente estipitado.

Abundante, en aguas salobres de bahías y lagunas a lo largo de la costa del Atlántico; nivel del mar; fl y fr probablemente todo el año; *Haynes 8407, Stevens 20035*; Canadá hasta el sur de Sudamérica y Europa.

RUTACEAE Juss.

Amy Pool, Duncan M. Porter y Fernando Chiang

Por Amy Pool

Arboles o arbustos aromáticos, a veces hierbas, perennifolios o deciduos, a veces espinosos; plantas hermafroditas, monoicas, dioicas o polígamas. Hojas alternas o a veces opuestas, raramente verticiladas, a menudo pinnaticompuestas o 3-folioladas, también simples, unifolioladas o palmaticompuestas, generalmente punteado-pelúcidas; estípulas ausentes. Flores generalmente en cimas, menos frecuentemente en racimos o solitarias, axilares o terminales, hipóginas (períginas), actinomorfas o zigomorfas; sépalos (2–) 5 o raramente ausentes, libres o connados cerca de la base, quincunciales (imbricados); pétalos generalmente en igual número que los sépalos y alternando con ellos o a veces ausentes, imbricados o valvados, libres o menos frecuentemente connados; androceo variado, estambres si en 1 verticilo a menudo en igual número que pétalos o 2 ó 3 fértiles y el resto estaminodiales, o si en 2 verticilos en doble número a numerosos, siendo los del verticilo exterior frecuentemente más cortos que los internos y a veces reducidos a estaminodios, filamentos libres o connados, frecuentemente dilatados en la base, anteras con dehiscencia longitudinal, disco nectarífero generalmente presente, intrastaminal; ovario generalmente súpero, (2–) 4 ó 5 (–numerosos) carpelos libres o parcial a completamente connados formando un ovario compuesto típicamente plurilocular, con placentas axiales o raramente 1-locular y con placenta parietal, estilos basales, laterales o terminales, libres, conniventes o connados, estigmas enteros o lobados, óvulos (1) 2 (–varios) por lóculo. Fruto variado, cápsula generalmente de 2–5 (–varios) mericarpos o 1–5 folículos, libres o connados, drupa o baya.

Una familia con ca 150 géneros y 1500 especies, ampliamente distribuida en las áreas tropicales y templadas, más abundante en América tropical, en el sur de Africa y Australia; 16 géneros y 41 especies se encuentran en Nicaragua y, además, 3 géneros y 5 especies se han incluido como taxones esperados. Tres géneros adicionales, cada uno representado por una especie, se encuentran en países adyacentes y podrían llegar a encontrarse en Nicaragua. *Decatropis paucijuga* (Donn. Sm.) Loes., de México, Guatemala y Honduras, puede ser identificada como *Megastigma* usando la clave de géneros. Se diferencia por tener 5 pétalos y 10 estambres y frutos con 2 alas dorsales en cada mericarpo. *Lubaria aroensis* Pittier ha sido registrada en Guanacaste (Costa Rica) a 500 metros. Esta especie se identificaría en el numeral 12' en la clave de géneros, pero tiene una corola con 2 pétalos (uno de ellos 4-lobado), hojas simples y opuestas (característica poco usual en la familia, que también se encuentra en *Ravenia rosea*). *Raputia heptaphylla* Pittier ha sido encontrada en Costa Rica a 850–1200 m. Se identificaría en el numeral 9', pero tiene hojas palmaticompuestas con 4–6 folíolos.

Fl. Guat. 24(5): 398–425. 1946; Fl. Pan. 66: 123–164. 1979; P. Wilson. Rutaceae. N. Amer. Fl. 25: 173–224. 1911; G. Brizicky. The genera of Rutaceae in the Southeastern United States. J. Arnold Arbor. 43: 1–22. 1962; R.C. Kaastra. A monograph of the Pilocarpinae (Rutaceae). Fl. Neotrop. 33: 1–197. 1982; R.E. Gereau. *Achuaria*, nuevo género de Rutaceae, con una sinopsis de las Cuspariinae peruanas. Candollea 45: 363–372. 1990; Q. Jiménez y R. Gereau. *Peltostigma parviflorum* (Rutaceae), nueva especie de Costa Rica y Colombia. Ann. Missouri Bot. Gard. 78: 527–530. 1991; J.A. Kallunki. A revision of *Erythrochiton sensu lato* (Cuspariinae, Rutaceae). Brittonia 44: 107–139. 1992; J.A. Kallunki y J.R. Pirani. Synopses of *Angostura* Roem. & Schult. and *Conchocarpus* J.C. Mikan (Rutaceae). Kew Bull. 53: 257–334. 1998.

1. Fruto carnoso, un hesperidio, drupa o baya
    2. Hojas palmaticompuestas .... **Casimiroa**
    2. Hojas pinnadas, 3-folioladas, o unifolioladas
        3. Hojas unifolioladas; flores solitarias o en racimos con pocas flores
            4. Flores con estambres 4 veces el número de pétalos o más; fruto un hesperidio .... **Citrus**
            4. Flores con estambres en igual número que pétalos; fruto una drupa .... **Stauranthus**
        3. Hojas pinnadas o 3-folioladas; inflorescencia una panícula o cima
            5. Folíolos alternos (o subopuestos), 5–8; cultivada o naturalizada .... **Murraya**
            5. Folíolos imparipinnados, con los laterales opuestos o las hojas 3-folioladas; nativa o cultivada
                6. Espinas "estipulares" ausentes; pétalos 3–4 mm de largo; nativa .... **Amyris**
                6. Espinas "estipulares" presentes; pétalos más de 1 cm de largo; cultivada o escapada .... **Triphasia**
1. Fruto seco, una cápsula con mericarpos o folículos libres a parcialmente fusionados
    7. Flores generalmente unisexuales (al menos funcionalmente), plantas dioicas; al menos los troncos armados de acúleos .... **Zanthoxylum**
    7. Flores perfectas; plantas inermes
        8. Estambres fértiles en doble número que los pétalos o más numerosos
            9. Hojas pinnatipinnatífidas o bipinnatipinnatífidas; pétalos conspicuamente marginados (cultivada o naturalizada) .... **Ruta**
            9. Hojas una vez pinnadas, palmadas o unifolioladas; pétalos no marginados
                10. Hojas imparipinnadas con 11–17 folíolos .... **Megastigma**
                10. Hojas unifolioladas, palmaticompuestas o 3-folioladas
                    11. Inflorescencia una panícula racemiforme; sépalos 5 .... **Decazyx**
                    11. Inflorescencia de cimas con pocas flores o flores solitarias; sépalos 3 ó 4 .... **Peltostigma**
        8. Estambres fértiles en igual o menor número que los pétalos o los lobos de la corola
            12. Flores pequeñas, pétalos libres, 2.5–4 mm de largo; yemas florales globosas
                13. Inflorescencia paniculada; pétalos redondeados o agudos en el ápice .... **Esenbeckia**
                13. Inflorescencia un racimo; pétalos uncinados en el ápice .... **Pilocarpus**
            12. Flores grandes, pétalos connados o adheridos en la base, 14 mm o más largos; yemas florales oblongas, elípticas o lanceoladas
                14. Sépalos blancos o rojos, 1 cm o más largos en flor, persistentes y envolviendo o rodeando y sobrepasando al fruto; hojas unifolioladas o simples
                    15. Hojas opuestas; inflorescencia con pedúnculo de hasta 1.5 cm de largo, o flores solitarias, sépalos rojos .... **Ravenia**
                    15. Hojas alternas; inflorescencia con pedúnculo de más de 10 cm de largo, sépalos blancos
                        16. Pétalos glabros, connados, estambres 5 (estaminodios ausentes), mericarpos sin ala dorsal .... **Erythrochiton**
                        16. Pétalos lanosos, adheridos, estambres 2 (estaminodios 3 ó 5), mericarpos con ala dorsal .... **Toxosiphon**
                14. Sépalos verdes, pequeños (lobos menos de 2 mm de largo), sin envolver o sobrepasar al fruto; hojas 1- ó 3-folioladas
                    17. Hojas 1-folioladas; corola adherida en un pseudotubo de 10 mm de largo o más corto .... **Conchocarpus**

17. Hojas 3-folioladas; corola connada en un tubo de 14.5 mm de largo o más largo
   18. Inflorescencia un tirso terminal, largo y delgado; cáliz y corola con tricomas diminutamente radiados; fruto de 2–5 mericarpos libres .... **Angostura**
   18. Inflorescencia una cima axilar pequeña; cáliz y corola con tricomas simples; fruto con 4 ó 5 mericarpos connados formando una cápsula subglobosa .... **Galipea**

AMYRIS P. Browne

Por Amy Pool

Arbustos o árboles, inermes; plantas generalmente hermafroditas (en Nicaragua). Hojas opuestas o a veces alternas, pinnaticompuestas (imparipinnadas en Nicaragua), 1–11-folioladas. Inflorescencia de panículas (corimbos) terminales o axilares, con pocas a numerosas flores, a veces solitarias, yemas florales obovadas o globosas, flores actinomorfas; cáliz cupuliforme, en Nicaragua hasta 1 mm de largo y 4-lobado, verde; corola en Nicaragua de 4 pétalos libres, imbricados, oblanceolados, blancos o cremas; estambres en Nicaragua 8, libres, anteras ovadas a oblongas, apéndice ausente, estaminodios ausentes; disco con apariencia de ginóforo presente (en Nicaragua) o ausente, estilo 1, corto y grueso (o ausente), estigma capitado o discoide-sub-capitado. Drupa con 1 semilla.

Género con ca 40 especies distribuidas desde el sur de los Estados Unidos (Florida y Texas) hasta Venezuela y Perú, también en las Antillas; 3 especies se conocen en Nicaragua y una cuarta se espera encontrar.

R.E. Gereau. El género *Amyris* (Rutaceae) en América del Sur, con dos especies nuevas de la Amazonia occidental. Candollea 46: 227–235. 1991; A. Pool. *Amyris oblanceolata* (Rutaceae), a new species from Nicaragua. Novon 8: 61. 1998.

1. Hojas alternas, 3-folioladas; ramas de la inflorescencia glabras .... **A. sylvatica**
1. Hojas opuestas, 3–7-folioladas; ramas de la inflorescencia menudamente tomentosas
   2. Folíolos grandes, el terminal 15–28 cm de largo; pecíolos 9–24 cm de largo .... **A. brenesii**
   2. Folíolos de tamaño medio, el terminal (4.5–) 8–11 cm de largo; pecíolos 1.5–6.5 cm de largo
      3. Folíolos (3) 5 (7), generalmente cartáceos (subcoriáceos), ápice acuminado y entero; flores pediceladas .... **A. balsamifera**
      3. Folíolos 3, coriáceos, ápice agudo a redondeado y retuso; flores sésiles .... **A. oblanceolata**

Amyris balsamifera L., Syst. Nat., ed. 10, 1000. 1759.

Arboles, 6–25 m de alto, perennifolios. Hojas opuestas o subopuestas, folíolos (3) 5 (7), folíolo terminal elíptico, (4.5–) 8–11 cm de largo y 1.8–4.5 cm de ancho, ápice acuminado, base cuneada (aguda), margen entero, subglabro, nervio principal puberulento en ambas superficies, puberulento en la base del envés, cartáceo a subcoriáceo, peciólulo 1–2.5 cm de largo; pecíolo 2.5–6.5 cm de largo, no alado. Inflorescencia una panícula pseudoterminal con numerosas flores pediceladas, tan larga o más corta que las hojas, 7–11 cm de largo y 7–12 cm de ancho, ramas tomentosas; lobos del cáliz triangulares, ápice obtuso; pétalos 3 mm de largo; ovario con pocos tricomas en la base. Fruto elipsoide a globoso, 0.8 cm de largo y 0.4–0.7 cm de ancho, glabro o con pocos tricomas en la base, verde.

Rara, nebliselvas y pluvioselvas, zonas pacífica y atlántica; 40–700 m; fl jul–oct; *Moreno 1519, 24845*; Estados Unidos (Florida) hasta Perú y en las Antillas. El material nicaragüense es bastante consistente con respecto a la forma de la hoja y pubescencia de la

inflorescencia y el ovario, caracteres que son muy variables a los largo de la distribución de la especie. Tiene mucho parecido con *A. pinnata* Kunth, y es probable que futuros estudios demuestren que los dos nombres son sinónimos. También está estrechamente relacionada con *A. elemifera* L., la cual se puede diferenciar por sus hojas relativamente más anchas y generalmente 3-folioladas, ramas de la inflorescencia y ovario glabros, y filamentos más pequeños (ca 1 mm de largo vs. 2.5–3 mm de largo in *A. balsamifera*) con anteras más largas (ca 1 mm vs. ca 0.5 mm in *A. balsamifera*). La *Flora of Guatemala* trata a *A. elemifera* y *A. balsamifera* como *A. elemifera*, pero *A. elemifera* parece estar restringida al sur de México (Chiapas, Península de Yucatán), las Antillas e islas de la costa de Venezuela.

Amyris brenesii Standl., Publ. Field. Mus. Nat. Hist., Bot. Ser. 18: 565. 1937; *A. costaricensis* Standl.

Arbustos o árboles pequeños, 2.5–7 m de alto, perennifolios. Hojas opuestas, folíolos 3, folíolo terminal elíptico a oblongo-elíptico, 15–28 cm de largo y 7–11.5 cm de ancho, ápice agudo, base redondeada, margen entero, glabro, cartáceo, peciólulo 3–6 cm de largo; pecíolo 9–24 cm de largo, no alado. Inflorescencia una panícula terminal con numerosas flores pediceladas, más corta que las hojas, 20–30 cm de largo y 9–20 cm de ancho, ramas menudamente tomentosas; lobos del cáliz ovados, ápice redondeado; pétalos 3 mm de largo; ovario glabro. Fruto elipsoide, 1.5 cm de largo y 1 cm de ancho, glabro, blanco y morado.

No se conoce pero se espera encontrar en Nicaragua. Ha sido colectada en Costa Rica (Alajuela y Limón), entre 20–1200 m de altura.

Amyris oblanceolata A. Pool, Novon 8: 61. 1998.

Arbustos o árboles pequeños, 2–7 m de alto, perennifolios. Hojas opuestas, folíolos 3, folíolo terminal oblanceolado, 6.5–9 cm de largo y 2–3.5 cm de ancho, ápice agudo a redondeado y retuso, base cuneada a atenuada, margen entero, glabro excepto el nervio principal puberulento en la haz, coriáceo, peciólulo 0.4–0.7 cm de largo; pecíolo 1.5–2.5 cm de largo, no alado. Inflorescencia una panícula pseudoterminal con numerosas flores sésiles, más corta que las hojas, 1–2.5 cm de largo y 0.5–1.5 cm de ancho, ramas tomentosas, conocida sólo en yema y pasada la madurez; lobos del cáliz triangulares, ápice agudo; ovario con escasos tricomas en la base. Fruto no conocido.

Rara, en bosques mixtos muy húmedos, zona norcentral; 550–1350 m; fl feb (en yema); *Moreno 22909, Salas 2267*; endémica.

Amyris sylvatica Jacq., Select. Stirp. Amer. Hist. 107. 1763.

Arboles, 6 m de alto, perennifolios. Hojas alternas, folíolos 3, folíolo terminal ovado, 4.5–8.5 cm de largo y 3–5.5 cm de ancho, ápice agudo (obtuso o acuminado), base obtusa, margen entero, glabro, subcoriáceo, peciólulo 1.5–3 cm de largo; pecíolo 1.5–3 cm de largo, no alado. Inflorescencia una panícula terminal o axilar con numerosas flores pediceladas, más corta que las hojas, 4–5 cm de largo y 5–7 cm de ancho, ramas glabras; lobos del cáliz ovados, ápice redondeado; pétalos 4 mm de largo; ovario glabro. Fruto globoso, 0.3–0.5 cm de largo y de ancho, glabro, verde.

Conocida de Nicaragua sólo de una colección (*Neill 4294*) de rocas calizas en bosques muy húmedos, Zelaya; 350 m; yema jun; México a Costa Rica, Venezuela y Colombia, también en las Antillas.

ANGOSTURA Roem. & Schult.

Por Amy Pool

Angostura granulosa (Kallunki) Kallunki, Kew Bull. 53: 263. 1998; *Galipea granulosa* Kallunki.

Arboles o arbustos, 2–12 m de alto, perennifolios, inermes; plantas hermafroditas. Hojas alternas, 3-folioladas, folíolo terminal angostamente obovado (oblanceolado a angostamente ovado), 12–34 cm de largo y 4–16 cm de ancho, ápice acuminado, base cortamente decurrente a cuneada, glabro, cartáceo; pecíolo 3–20.5 cm de largo, sin ala. Inflorescencia un tirso largo y angosto (racemiforme pero con numerosas cimas con pocas flores), terminal, 11.9–65 cm de largo y 1.5–3 cm de ancho, con 50–200 flores, pedúnculo 3.7–16 cm de largo, flores levemente zigomorfas, yema oblonga; cáliz cupular, verde, copa 2–3 mm de alto, lobos 5, triangulares, ca 0.5 mm de largo; corola blanca, con tubo 14.5–19 mm de largo, lobos 5, imbricados, oblanceolados, 8–8.5 mm de largo, ápice redondeado, corola y cáliz densamente puberulentos con tricomas diminutamente radiados en el exterior; estambres fértiles 2, adnados al ápice del tubo de la corola, filamentos 2.5 mm de largo, menudamente puberulentos, anteras lineares, 3–4 mm de largo, apéndice 0.5 mm de largo, estaminodios 5, 4.5–6.5 mm de largo; disco nectarífero ciatiforme, estilo 1, simple, 18–22 mm de largo, estigma capitado. Fruto de 2–5 mericarpos libres, 0.8–1 cm de largo y 2–2.5 cm de ancho, cada mericarpo 0.6–0.8 cm de ancho, densamente puberulento con tricomas diminutamente radiados en el exterior y de apariencia granulada, cada uno con un rostro dorsal de ca 2–3.5 mm de alto, también con frecuencia menudamente tuberculado y lateralmente acostillado, verde, cáliz persistente y expandido; semilla 1 por mericarpo, elíptica, 5–7.5 mm de largo y 3.5–5 mm de ancho, glabra.

Común, pluvioselvas y bosques de pinos, zona atlántica; 0–700 m; fl may, ago–oct, fr dic–abr; *Sandino 4720, Stevens 8308*; Nicaragua y Costa Rica. Género con 7 especies distribuidas desde Nicaragua hasta el norte de Venezuela, norte de Bolivia y sur de Brasil.

CASIMIROA La Llave & Lex.; *Sargentia* S. Watson
Por Fernando Chiang

Casimiroa sapota Oerst., Pl. Nov. Centroamer. III: 1. 1857; *C. sapota* var. *villosa* f. *ovandoensis* Martínez.

Arboles 6–20 (–30) m de alto, inermes; plantas funcionalmente dioicas. Hojas alternas, palmaticompuestas, 3–5-folioladas, folíolos elípticos u obovados, 5–20 cm de largo y 3–8 cm de ancho, ápice cortamente acuminado o a veces agudo, generalmente emarginado, base cuneada o redondeada, margen entero o inconspicuamente crenado, ligeramente revoluto, glabros a velutinos, papiráceos a cartáceos, peciólulos 5–17 mm de largo, generalmente vellosos; pecíolos 4–14 cm de largo. Inflorescencias en panículas axilares y terminales, desde muy cortas hasta sobrepasando a los pecíolos, generalmente vellosas, flores actinomorfas, blanco-verdosas, pedicelos hasta 5 mm de largo; cáliz cupuliforme, ca 1 mm de largo, muy cortamente 4 ó 5-lobulado, los lóbulos triangulares, ciliados; pétalos 4 ó 5, oblongo-elípticos a obovados, 3–4 mm de largo y 1.5–2 mm de ancho, agudos en el ápice, valvados; estambres (estériles en las flores pistiladas) en igual número que pétalos y alternos con éstos, filamentos subulados, 2–3 mm de largo, insertados en la base del disco, anteras elípticas a ovales, apéndices ausentes; ovario abortado en las flores estaminadas, 3–5-locular, estilo ausente, estigma capitado, 4 ó 5-lobulado, todavía evidente en el fruto. Fruto una drupa globosa, hasta 12 (–15) cm de diámetro, carnosa, verde o amarillenta, a menudo con prominencias más o menos irregulares, la pulpa blanco-verdosa, de sabor dulce; semillas 1–5, grandes, con testa apergaminada, reticulada, blanca.

Común, bosques secos a bosques húmedos montanos, en todo el país; 0–1450 m; fl y fr durante todo el año; *Neill 2697, Stevens 16376*; México a Costa Rica. Esta especie ha sido generalmente incluida en *C. edulis* La Llave & Lex. y numerosos ejemplares de herbario han sido identificados como pertenecientes a esta última. En este tratamiento, y de acuerdo a Martínez, se las considera como 2 especies separadas pero que forman híbridos. *C. edulis* se caracteriza por sus peciólulos largos y delgados y los folíolos elípticos a angostamente elípticos, mientras que *C. sapota* tiene los peciólulos más cortos y rollizos y los folíolos obovados más grandes y anchos. Martínez propuso muchos taxones infraespecíficos basados, en gran parte, en caracteres tan variables como la pubescencia. En el presente tratamiento, estoy considerando tanto las formas glabras como las velutinas como pertenecientes al mismo taxón. Los frutos son comestibles, muy apreciados por la pulpa blanco-verdosa de sabor dulce y se cultivan en las casas. Se dice que tiene propiedades soporíferas. El género consta de aproximadamente 9 especies mayormente en México, distribuidas desde Estados Unidos (Texas) hasta Costa Rica. "Matasano".

M. Martínez. Las Casimiroas de México y Centroamérica. Anales Inst. Biol. Univ. Nac. México, Bot. 22: 25–81. 1951; F. Chiang y F. González Medrano. Nueva especie de *Casimiroa* (Rutaceae) de la zona árida oaxaqueño-poblana. Bol. Soc. Bot. México 41 : 23–26. 1981; F. Chiang. *Casimiroa greggii*, formerly in *Sargentia* (Rutaceae). Taxon 38: 116–119. 1989.

CITRUS L.
Por Amy Pool

Arboles pequeños, generalmente con espinas simples en las axilas de las hojas, las ramas viejas frecuentemente sin espinas, perennifolios; plantas hermafroditas o a veces andromonoicas. Hojas alternas, unifolioladas, subcoriáceas; pecíolo generalmente alado y articulado con la lámina. Inflorescencia de flores solitarias o racimos corimbosos cortos, axilar, yemas floríferas globosas a oblongas, flores actinomorfas; cáliz cupuliforme, con 4 ó 5 lobos, verde; corola con (4) 5 (–8) pétalos libres, imbricados; estambres generalmente 4 (6–10) veces el número de pétalos, en grupos adheridos en la base, anteras oblongas a sagitadas, sin apéndice, estaminodios ausentes; disco anular corto, estilo 1, corto, estigma capitado. Fruto un hesperidio con 8–25 carpelos unidos, amarillo o anaranjado al madurar, cubierta punteada con numerosas glándulas; el número de semillas depende del cultivar.

Género con ca 18 especies, probablemente originario de las áreas tropicales secas del sureste de Asia y cultivado en Asia y en China por miles de años, volviéndose muy popular en otras partes del mundo sólo a principios del siglo XIX. En la actualidad se cultiva en las zonas tropicales y especialmente subtropicales. En este tratado se incluyen 3 especies y 3 híbridos, uno de ellos con tres grupos de cultivares. No hay ninguna evidencia de que estas especies naturalicen en Nicaragua, pero los árboles cultivados son frecuentemente abandonados y se vuelven parte de la vegetación secundaria. Debido a la escasez de material, las descripciones se basan en la literatura y pueden no describir exactamente las especies tal y como se presentan en Nicaragua. El fruto frecuentemente madura manteniendo su color verde.

E.A. Salter. Rutáceas. *In:* De la Flora Nicaraguense. Arboles y Arbustos Más Notables. 103–106. 1954; W.T. Swingle y P.C. Reece. The botany of *Citrus* and its wild relatives. *In:* W. Reuther, H.J. Webber y L.D. Batchelor. The *Citrus* Industry 1: 190–430. 1967; J.W. Purseglove. Rutaceae. *In:* Tropical Crops. Dicotyledons 2: 493–522. 1968; L.R. Holdridge y L.J. Poveda. *Citrus. In:* Arboles de Costa Rica 1: 453–460. 1975; J. León. Rutáceas. *In:* Botánica de los Cultivos Tropicales. 238–252. 1987; D.J. Mabberly. A classification for edible *Citrus* (Rutaceae). Telopea 7: 167–172. 1997.

1. Pecíolos sin alas, sin aparente articulación en el ápice; frutos grandes (15–25 cm de largo), oblongos, con corteza muy gruesa .... **C. medica**
1. Pecíolos usualmente alados o marginados, claramente articulados en el ápice; fruto pequeño a grande, si grande subgloboso a piriforme, corteza delgada a gruesa
  2. Al menos algunos pecíolos ampliamente alados en el ápice (más de 5 mm de ancho), abruptamente estrechados hacia la base
    3. Hojas pubescentes en los nervios del envés; fruto muy grande de 10–30 cm de diámetro, vesículas de la pulpa separándose fácilmente .... **C. maxima**
    3. Hojas glabras; fruto mediano a grande de 4.5–15 cm de diámetro, vesículas de la pulpa adheridas
      4. Fruto 8–15 cm diámetro; alas del pecíolo grandes; poco cultivada en Nicaragua, pero más abundante en la costa atlántica .... **C. ×aurantium** (Grapefruit Group)
      4. Fruto 4.5–6 cm de diámetro; alas del pecíolo medianas (0.5–1 cm); comúnmente cultivada en la zona pacífica .... **C. ×aurantium** (Sour Orange Group)
  2. Pecíolos angostamente marginados o si alados entonces el ala uniforme o estrechándose desde el ápice (generalmente 1–4 mm de ancho) gradualmente hacia la base
    5. Espinas numerosas, 5–13 mm de largo
      6. Pétalos 8–12 mm de largo, blancos; fruto subgloboso (algunas veces con una papila apical pequeña) y corteza delgada, menos de 1 mm .... **C. ×aurantiifolia**
      6. Pétalos ca 19 mm de largo, purpúreos en la superficie abaxial (rosados en yema); fruto obovado con una papila apical grande y corteza gruesa, 4–5 mm .... **C. ×limon**
    5. Espinas pocas o ausentes, 1–3 mm de largo
      7. Corteza gruesa (5–9 mm), adherida a la pulpa .... **C. ×aurantium** (Sweet Orange Group)
      7. Corteza delgada (ca 1 mm), desprendiéndose fácilmente de la pulpa .... **C. reticulata**

Citrus ×aurantiifolia (Christm.) Swingle (pro sp.), J. Wash. Acad. Sci. 3: 465. 1913; *Limonia ×aurantiifolia* Christm. (pro sp.).

Arbustos o árboles, 3–5 m de alto, con numerosas espinas fuertes de 5–13 mm de largo. Hojas ampliamente elípticas o lanceoladas, 4.5–9 cm de largo y 2.7–4.5 cm de ancho, ápice (agudo-) redondeado-emarginado, base obtusa o a veces redondeada o aguda, margen crenulado, glabras; pecíolo 0.7–2.5 cm de largo, obviamente articulado con la base de la lámina, angostamente alado, 0.2–0.4 (–0.6) cm de ancho, ala uniforme o gradualmente atenuada desde el ápice. Flores solitarias o en racimos cortos con pocas flores; cáliz 1.5 mm de largo, lobos 4 ó 5, 1.2 mm de largo; pétalos 4 ó 5, oblanceolados, 8–12 mm de largo y 3–5 mm de ancho, blancos; estambres 20–25; estilo bien diferenciado del ovario. Fruto subgloboso y frecuentemente con una papila apical pequeña, 1.7–3 cm de diámetro, verde, corteza menos de 1 mm de grueso; pulpa ácida (insípida).

Comúnmente cultivada, en todo el país; 0–1400 m; fl dic–abr, fr abr–oct; *Araquistain 2057, Robleto 16*; probablemente de origen híbrido, siendo *C. maxima* uno de los padres, originaria del archipiélago Indico o norte de la India, introducida a Europa en el siglo XIII y llevada al Nuevo Mundo por los españoles; en la actualidad cultivada en los trópicos. Usada para hacer refrescos, cocinar y como medicina. Dos colecciones de árboles pequeños cultivados (*Robleto 1165* y *Stevens 21113*) son similares al resto del material de esta especie, excepto que tienen el fruto más grande (ca 5–5.5 cm diámetro) y parecen representar una variedad. En la colección de Stevens se dice que los frutos maduros son amarillo-verde pálidos. Esta variedad fue tratada en la *Flora of Guatemala* como *C. limetta* Risso y se dice que tiene un sabor algo insípido. León trata como "Lima dulce" = *C. limettoides* Tanaka y como "Lima" = *C. limetta*. "Lima".

Citrus ×**aurantium** L. (pro sp.), Sp. Pl. 782. 1753.

C. ×aurantium (Sour Orange Group)

Arboles, 5–6 m de alto, espinas ausentes hasta pocas, delgadas, 1–2 mm de largo. Hojas elípticas, obovadas u ovadas, 7–10 cm de largo y 4.3–5.3 cm de ancho, ápice acuminado, agudo o emarginado, base aguda, obtusa o redondeada, margen undulado o crenulado, glabras; pecíolo 2–2.5 cm de largo, obviamente articulado con la base de la lámina, con un ala mediana, 0.5–1 cm de ancho en el ápice y abruptamente atenuado hacia la base no alada (raramente ausente). Flores solitarias; cáliz 4.5 mm de largo, lobos 5, 3 mm de largo; pétalos 5, oblongos, 18 mm de largo y 6.5 mm de ancho, blancos; estambres 20; estilo bien diferenciado del ovario. Fruto deprimido-subgloboso sin papila apical, 4.5–6 cm diámetro, amarillo, amarillo-anaranjado, corteza 4–5 mm de grueso; pulpa agria.

Comúnmente cultivada en todo el país; 300–1600 m; fl jun, fr may–sep; *Robleto 781, Stevens 18092*; híbrido entre *C. maxima* y *C. reticulata*, este grupo exhibe más caracteres de *C. maxima*, originaria del sureste de Asia, posiblemente de Cochinchina. Fue introducida en Europa en siglo XI, siendo uno de los primeros *Citrus* introducidos en el Nuevo Mundo; en la actualidad es cultivada en los trópicos y especialmente en los subtrópicos. La corteza se usa para hacer perfumes y medicinas y añadida a otras medicinas, disipa su sabor. Con el jugo se hace una bebida refrescante y también se lo usa en la preparación de comidas. "Naranja agria".

C. ×aurantium (Sweet Orange Group); *C. ×aurantium* (pro sp.) var. *sinensis* L., Sp. Pl. 783. 1753; *C. ×sinensis* (L.) Osbeck (pro sp.).

Arbustos o árboles, 4–5 m de alto, espinas ausentes hasta pocas, 2–3 mm de largo. Hojas ampliamente elípticas (obovadas), 6–11 cm de largo y 3–6 cm de ancho, ápice obtuso o agudo, base cuneada a redondeada, margen undulado, serrulado o entero, glabras; pecíolo 1–1.2 cm de largo, obviamente articulado con la base de la lámina, angostamente alado, 0.1–0.3 cm de ancho, alas uniformes o gradualmente atenuadas desde el ápice. Flores solitarias o en racimos cortos con pocas flores; cáliz 6 mm de largo, 5-lobado, lobos 2 mm de largo; pétalos (3–) 5, blancos; estambres 20–25; estilo bien diferenciado del ovario. Fruto subgloboso sin papila apical, 2.5–5 cm de diámetro, verde y tornándose amarillo-anaranjado, corteza 5–9 mm de grueso; pulpa dulce.

Comúnmente cultivada en todo el país; 300–600 m; fr mar, may, sep; *Guzmán 791, Sandino 2848*; híbrido entre *C. maxima* y *C. reticulata*, este grupo exhibe más caracteres de *C. reticulata*, probable-mente del sureste de Asia, India o China, introducida en los jardines romanos en el siglo primero, actual-mente ampliamente cultivada en los trópicos y subtrópicos. El fruto es delicioso y nutritivo y el jugo se toma como refresco. "Naranja".

C. ×aurantium (Grapefruit Group); *C. ×paradisi* Macfad. (pro sp.), Bot. Misc. 1: 304. 1830.

Arboles, 10–15 m de alto, espinas ausentes? o pocas y pequeñas? Hojas ovadas, ca 9.5 cm de largo y 5–6 cm de ancho, ápice obtuso, base redondeada, margen entero a crenulado, glabras; pecíolo obviamente articulado con la base de la lámina, ampliamente alado, oblanceolado a obovado, ampliamente redondeado apicalmente. Flores solitarias o en racimos cortos con pocas flores; cáliz 5-lobado; pétalos (4) 5, linear-oblongos, 15–17 mm de largo, blancos; estambres 20–25. Fruto generalmente globoso, 8–15 cm de diámetro, verdoso a amarillo pálido; pulpa algo amarga.

Comúnmente cultivada en todo el país. Este es un retrocruce entre una naranja y *C. maxima* realizado en Barbados en el siglo XVIII, retrocruces adicionales entre ésta y *C. maxima* se encuentran en el comercio; cultivada en los trópicos y subtrópicos. El fruto tiene un jugo dulce amargo del cual se hace una bebida refrescante. La corteza y la pulpa se usan para hacer conservas y mermeladas y la corteza confitada se usa en muchos platos. "Toronja".

Citrus ×**limon** (L.) Osbeck (pro sp., como 'limonia') Reise Ostindien 250. 1765; *C. medica* var. *limon* L.; *C. limonum* Risso.

Arbustos o árboles, ca 6 m de alto, con numerosas espinas fuertes de 5–11 mm de largo. Hojas obovadas, elípticas o lanceoladas, 7–15 cm de largo y 3.5–8 cm de ancho, ápice redondeado o agudo, base cuneada o redondeada, margen crenulado o subserrado, glabras; pecíolo ca 1.5 cm de largo, obviamente articulado con la base de la lámina, marginado o angosta y uniformemente alado, 0.12–0.2 cm de ancho. Flores solitarias o en racimos cortos con pocas flores; cáliz 5 mm de largo, lobos 5, poco profundos de ca 1 mm de largo; pétalos 5, oblongos, 19 mm de largo y 7 mm de ancho, blancos en la superficie adaxial y purpúreos en la superficie abaxial (yema rosada); estambres 20–40; ovario gradualmente atenuado hacia el estilo. Fruto obovado con papila apical grande, 3–5 cm de largo y 2.5–3.5 cm de ancho, verde (amarillo cuando maduro?), corteza 4–5 mm de grueso; pulpa ácida.

Cultivada en todo el país; 1100–1200 m; fr ago–sep; *Guzmán 890, Sandino 4515*; quizás un híbrido con *C. medica* como uno de los padres, de la India.

En la actualidad se cultiva en los trópicos y subtrópicos. Usada en medicina, bebidas y para cocinar. Salter encuentra 6 variedades cultivadas en Nicaragua; pero no es claro si el se refiere a ésta o a *C. ×aurantiifolia*. Un espécimen (*Stevens 12386*) tiene la corteza mucho más gruesa (1 cm) y frutos más grandes y más alargados (6 cm de largo y 3.5 cm de ancho), y quizás represente un retrocruce con *C. medica*. "Limón real", "Limón".

Citrus maxima (Rumph. ex Burm.) Merr., Interpr. Herb. Amboin. 296. 1917; *Aurantium maximum* Rumph. ex Burm.; *C. grandis* (L.) Osbeck; *C. ×aurantium* var. *grandis* L.

Arboles, 5–15 m de alto, con numerosas espinas de 2–3 mm de largo. Hojas ovaladas o elíptico-ovaladas, 5–20 cm de largo y 2–12 cm de ancho, ápice obtuso, agudo (acuminado), base redondeada u obtusa, margen crenulado, pubescentes en los nervios en el envés; pecíolo 4 cm de largo, obviamente articulado con la base de la lámina, ampliamente alado, ca 3.2 cm de ancho, alas truncadas en el ápice y cuneiformes. Flores solitarias o en racimos cortos con pocas flores de 30–70 mm de diámetro; cáliz 5-lobado; pétalos (4) 5, de color crema; estambres 20–25, anteras grandes; estilo bien diferenciado del ovario. Fruto subgloboso, oblato-esférico o subpiriforme deprimido apicalmente y frecuentemente sin papila apical, 10–30 cm de diámetro, verde a amarillo (rosado o rojo), corteza gruesa; pulpa ácida o dulzona.

Cultivada en todo el país; probablemente nativa de Tailandia y Malasia y dispersada hacia China, India y Persia llegando a Europa en los siglos XII o XIII desde donde fue introducida al Nuevo Mundo. "Pomelo".

Citrus medica L., Sp. Pl. 782. 1753.

Arbustos o árboles pequeños, ca 3 m de alto, con espinas fuertes y cortas. Hojas elíptico-ovadas u ovado-lanceoladas, 8–20 cm de largo y 3–9 cm de ancho, ápice obtuso o redondeado, base cuneada o redondeada, margen undulado o serrulado, glabras; pecíolo corto, no obviamente articulado con la base de la lámina, sin alas o angostamente marginado. Flores en racimos cortos con pocas flores de 30–40 mm de diámetro; pétalos 5, blancos en la superficie adaxial, rosados en la superficie abaxial (yema purpúrea); estambres 30–40 (–60); ovario atenuado gradualmente hacia el estilo. Fruto oblongo u ovalado, con el ápice algo papiloso, 15–25 cm de largo, amarillo, corteza muy gruesa; pulpa esparcida, ácida o dulce.

Cultivada en todo el país; *Smith s.n.*; origen incierto, quizás de algún área entre la India y Africa.

Fue el primer *Citrus* introducido en Europa. Crece en la mayoría de países tropicales, pero no tiene mucha importancia económica. "Cidro".

Citrus reticulata Blanco, Fl. Filip. 610. 1837.

Arbustos o árboles, 1.5–5 m de alto, espinas ausentes hasta pocas, 1–2 mm de largo. Hojas elípticas u obovadas, 3–7 cm de largo y 1.5–4 cm de ancho, ápice obtuso (agudo), base cuneada, margen crenulado, glabras; pecíolo 0.5–2 cm de largo, obviamente articulado con la base de la lámina, angostamente alado o marginado, 0.1–0.3 cm de ancho, alas uniformes o gradualmente atenuadas desde el ápice. Flores solitarias o en racimos cortos con pocas flores; cáliz 3 mm de largo, lobos 5, 1 mm de largo; pétalos 5, oblanceolados a oblongos, 7–8 mm de largo y 2–4 mm de ancho, blancos; estambres 18–23. Fruto deprimido-globoso, a veces con papila apical, 2.8–4 cm de largo y 3–5 cm de ancho, verde a amarillo o a veces anaranjado pálido o rojo-anaranjado, corteza 1 mm de grueso y fácilmente desprendible de la pulpa; pulpa dulce y jugosa.

Comúnmente cultivada en todo el país; 20–100 m; fr ago, sep, dic; *Guzmán 1069*, *Robleto 1656*; probablemente originaria de la Cochinchina, cultivada en China y Japón, y llegando a Europa en 1805. En la actualidad cultivada en los trópicos y subtrópicos. Según Salter, dos cultivares se encuentran en Nicaragua "Naranjo mandarina" (fruto amarillo o anaranjado pálido) y "Naranjo tangerina" (fruto rojo-anaranjado). Dos híbridos se cultivan en Nicaragua: *C. ×tangelo* J.W. Ingram & H.E. Moore, que se cree es un retrocruce entre *C. reticulata* y *C. ×aurantium* (Grapefruit Group), tiene el ala del pecíolo angosta y la corteza desprendible de *C. reticulata* y un fruto con tamaño y dulzor intermedio entre ambos padres; cultivada, Zelaya, 15 m, fr feb, *Sandino 4066*; cultivada en todos los trópicos y subtrópicos. El otro híbrido es *×Citrofortunella microcarpa* (Bunge) Wijnands, el cual se cree que es un híbrido entre *C. reticulata* y posiblemente *Fortunella margarita* (Lour.) Swingle, y es muy similar a *C. reticulata* pero tiene un fruto más pequeño (2.5 cm de diámetro, cuando fresco) y una pulpa extremadamente ácida; se dice que es ampliamente cultivado en Nicaragua como árbol ornamental y por sus frutos de los cuales se hace una bebida muy popular. "Mandarina".

J. Ingram y H.E. Moore. Rutaceae. *In:* Nomenclatural notes for Hortus Third. Baileya 19: 169–171. 1975; D.O. Wijnands. Nomenclatural notes on the calamondrin [Rutaceae]. Baileya 22: 135. 1984.

CONCHOCARPUS J.C. Mikan

Por Amy Pool

Arbustos o árboles pequeños, perennifolios, inermes; plantas hermafroditas. Hojas alternas, unifolioladas (en Nicaragua) o palmaticompuestas, enteras, glabras o casi glabras; pecíolo no alado, extremo distal hinchado. Inflorescencia tirso o dicasio, terminal, yemas florales oblongas, flores actinomorfas hasta levemente zigomorfas; cáliz cupular, apicalmente ondulado hasta 5-lobado, verde (en Nicaragua) o blanco; pétalos 5, iguales, oblongos con ápice redondeado, imbricados, en la antesis adheridos en la base formando un pseudotubo; estambres fértiles 2 ó 5, libres de la corola o adheridos al pseudotubo de la corola, libres entre sí o con las anteras lateralmente connadas, anteras lineares, 5–6 mm de largo y mucronadas, a veces con apéndice, estaminodios 0–3; disco nectarífero ciatiforme presente, estilo 1, simple, estigma alargado, acanalado a levemente lobado. Fruto una cápsula de (1–3) 4 ó 5 mericarpos fusionados en la base, copa del cáliz persistente, mericarpos 1–1.3 cm de ancho, lateralmente estriados pero sin alas o protuberancias; semilla 1 por mericarpo, reniforme, 7–11 mm de largo y 4–7 mm de ancho, glabra.

Género con ca 45 especies distribuidas desde Nicaragua hasta el norte de Bolivia y sur de Brasil; 2 especies en Nicaragua.

1. Hojas elípticas, 12–30 cm de largo; inflorescencia un dicasio corto y amplio sobre un pedúnculo largo; cáliz undulado en el ápice; estambres fértiles 5 .... **C. guyanensis**
1. Hojas oblanceoladas, 28–50 cm de largo; inflorescencia un tirso largo y delgado; cáliz marcadamente 5-lobado; estambres fértiles 2 .... **C. nicaraguensis**

Conchocarpus guyanensis (Pulle) Kallunki & Pirani, Kew Bull. 53: 300. 1998; *Almeidea guyanensis* Pulle; *Ticorea unifoliolata* T.S. Elias.

3–12 m de alto. Hojas elípticas, 12–30 cm de largo y 6–11.5 cm de ancho, ápice acuminado, base cuneada, subcoriáceas; pecíolo 1–7 cm de largo, extremo distal hinchado y obscuro al secar. Inflorescencia un dicasio corto y amplio sobre un pedúnculo largo, 20–26 cm de largo y 3–6 cm de ancho, con 15–25 flores, pedúnculo 15–20 cm de largo; cáliz 3 mm de largo, ápice entero a undulado, glabro; pétalos 17–28 mm de largo y 3–4 mm de ancho, tomentosos, cremas a anaranjado pálidos o amarillos o blancos; estambres fértiles 5, adheridos a la corola, no connados, parte libre de los filamentos 2–3 mm, largamente pilosos, apéndice presente, estaminodios ausentes; estilo 6–10 mm de largo. Fruto de (1–3) 4 mericarpos fusionados en la base al receptáculo, 1.3– 2 cm de alto y 3.5–4 cm de ancho, glabros, verdes.

Rara, pero quizás localmente común, bosques perennifolios, Río San Juan; 40–100 m; yemas florales feb, sep, dic, fr feb, dic; *Moreno 23079, Stevens 23490*; Nicaragua hasta Panamá, Surinam, Guayana Francesa, Perú y Brasil.

Conchocarpus nicaraguensis (Standl. & L.O. Williams) Kallunki & Pirani, Kew Bull. 53: 314. 1998; *Galipea nicaraguensis* Standl. & L.O. Williams; *Angostura nicaraguensis* (Standl. & L.O. Williams) T.S. Elias.

2–8 m de alto. Hojas oblanceoladas, 28–50 cm de largo y 7–12 cm de ancho, ápice acuminado o agudo (obtuso), base atenuada a cuneada, membranáceas; pecíolo 5.5–9.5 cm de largo, extremo distal hinchado pero no obscuro al secar. Inflorescencia un tirso largo y delgado, 14–15 cm de largo y 3–4.5 cm de ancho, con 20–35 flores, pedúnculo 4–5.5 cm de largo; cáliz 3 mm de largo, puberulento a tomentoso, marcadamente 5-lobado, lobos ovados, 1.5 mm de largo y 2–2.5 mm de ancho; pétalos 14 mm de largo y 2–2.5 mm de ancho, tomentosos, cremas, blancos o amarillos; estambres fértiles 2, libres de la corola, lateralmente connados en las anteras, filamentos libres, 3 mm de largo, tomentosos, dilatados pero sin apéndice, estaminodios 3, 9–10 mm de largo, tomentosos; estilo 2 mm de largo. Fruto de 4 ó 5 mericarpos fusionados ventralmente en la base, 1.5 cm de largo y 2–3.5 cm de ancho, puberulentos, verdes.

Poco común, pero quizás localmente abundante, bosques perennifolios, zona atlántica; 10–600 m; fl feb–mar (yemas jul, nov), fr probablemente todo el año; *Moreno 23149, 26027*; Nicaragua hasta Ecuador.

DECAZYX Pittier & S.F. Blake

Por Amy Pool

Decazyx macrophyllus Pittier & S.F. Blake, Contr.
U.S. Natl. Herb. 24: 9. 1922.

Arboles 5–15 m de alto, perennifolios, inermes;
plantas hermafroditas. Hojas alternas o subopuestas,
unifolioladas, oblanceoladas, 8–31 cm de largo y 2–9
cm de ancho, ápice redondeado y brevemente acuminado (o emarginado), base largamente atenuada,
margen entero, glabras, subcoriáceas; pecíolo 2.5–3.5
cm de largo, no alado, extremos distales hinchados.
Inflorescencia panícula racemiforme delgada, terminal y axilar hacia los ápices de las ramas, 12–27 cm
de largo y 1.8 cm de ancho, pedúnculo 1.5–4.5 cm de
largo, flores actinomorfas; sépalos 5, casi libres,
ovados, ca 1 mm de largo, verdes; pétalos 5, libres,
imbricados, rómbico-cuneados, ca 3.5 mm de largo y
1.4 mm de ancho, blancos; estambres fértiles 10,
filamentos de diferente longitud connados en un tubo,
libres de la corola, anteras ampliamente elípticas, sin
apéndices; disco corto y grueso, estilo 1, simple.
Fruto de 1–5 mericarpos libres, 0.4–0.8 cm de largo,
cada mericarpo 0.3 cm de ancho, escasamente piloso,
ligeramente acostillado y menuda pero densamente
tuberculado-glandular, verde; semilla 1 por mericarpo, oblongo-elipsoide, 3–5 mm de largo y 2 mm de
ancho, glabra.

No ha sido aún colectada en Nicaragua, pero se
espera encontrar. Se conoce en Guatemala, Honduras
y Costa Rica entre 700 y 1320 m. Género monotípico.

ERYTHROCHITON Nees & Mart.

Por Amy Pool

Erythrochiton gymnanthus Kallunki, Brittonia 44:
132. 1992.

Arbustos o árboles pequeños 1.5–6 m de alto,
perennifolios, inermes; plantas hermafroditas. Hojas
alternas, unifolioladas, oblanceoladas o a veces
angostamente obovadas, 17.5–36.5 cm de largo y
4.5–11 cm de ancho, ápice acuminado, base cuneada
a largamente decurrente, margen entero, glabras,
cartáceas; pecíolo 0.5–3 cm de largo, no alado,
extremo distal hinchado. Inflorescencia un dicasio de
2 ó 3 fascículos con pocas flores, cerca del extremo
de un pedúnculo largo, terminal, 28–43 cm de largo y
9–14 cm de ancho, pedúnculo 20–34.5 cm de largo,
yemas lanceoladas, flores ligeramente zigomorfas;
cáliz connado por 13–15 mm, lobos 5, lanceolados,
15–17 mm de largo y 6–11 mm de ancho, ápice
agudo, densamente glanduloso-tuberculados, blancos
(verde pálidos en yema); corola connada formando
un tubo de 25–40 mm de largo, lobos 5, imbricados,
ampliamente obovados, 17–18 mm de largo y 15 mm
de ancho, ápice redondeado, blancos; estambres
fértiles 5, filamentos connados en un tubo y adnados
al ápice del tubo de la corola, filamentos libres por 3–
5 mm, anteras oblongas, 7–7.5 mm de largo, sin
apéndice, estaminodios ausentes; disco más grande
que el ovario, estilo 1, simple, hasta 44 mm de largo,
estigma capitado, ligeramente lobado. Fruto de 5
mericarpos libres, 1.5–2 cm de largo y 2–2.5 cm de
ancho, envuelto por los sépalos persistentes, cada
mericarpo 0.7–0.9 cm de ancho, glabro, ligeramente
acostillado y menudamente tuberculado, café; semillas 1 ó 2 por mericarpo, (sub) reniformes, 6.5 mm de
largo y 5 mm de ancho, menudamente tomentosas y
obviamente tuberculadas.

No ha sido aún colectada en Nicaragua pero se
espera encontrar ya que se conoce en Costa Rica
(Puntarenas y Alajuela). Género con 7 especies distribuidas desde Costa Rica hasta Brasil y Bolivia.

ESENBECKIA Kunth

Por Amy Pool

Arbustos o árboles pequeños, inermes; plantas hermafroditas. Hojas alternas (en Nicaragua) u opuestas,
simples o 1–5-folioladas (3-folioladas en Nicaragua). Inflorescencia paniculada, terminal (en Nicaragua) o
axilar, yemas floríferas globosas, flores actinomorfas; sépalos 5, connados sólo en la base, verdes; pétalos 5,
libres pero adheridos en el ápice cuando en yema, imbricados o valvados; estambres 5, libres, anteras cordadas,
con o sin (en Nicaragua) apéndices, estaminodios ausentes; nectario en forma de roseta o cúpula, 5- ó 10-
lobado, estilo 1, simple, estigma 4 ó 5-lobado. Fruto una cápsula con (4) 5 mericarpos fusionados, semillas 1 ó
2 por mericarpo.

Género con 26 especies distribuidas desde México hasta Argentina y en las Antillas; 2 especies se conocen
en Nicaragua.

1. Folíolo terminal generalmente 5–14 cm de largo, suavemente piloso, generalmente sin peciólulo (raramente con peciólulo de 2–5 mm de largo); perianto largamente piloso; fruto 1.5–2 cm de largo, sin protuberancias prominentes irregulares .... **E. berlandieri** ssp. **litoralis**
1. Folíolo terminal 13–23 cm de largo, glabro, peciólulo 5–10 mm de largo; perianto estriguloso; fruto 3–3.5 cm de largo, con protuberancias prominentes irregulares .... **E. pentaphylla** ssp. **australensis**

Esenbeckia berlandieri ssp. **litoralis** (Donn. Sm.) Kaastra, Acta Bot. Neerl. 26: 471. 1977; *E. litoralis* Donn. Sm.

Arbustos o árboles, 2–15 m de alto, deciduos (?). Folíolo terminal obovado o elíptico, 5–14 (19) cm de largo y 2.5–10.5 cm de ancho, ápice agudo o redondeado (acuminado), base generalmente atenuada y decurrente o redondeada y sésil (cuneada y con un peciólulo 2–5 mm de largo), margen entero, suavemente piloso, cartáceo; pecíolo 1–6 cm de largo, frecuentemente alado. Inflorescencia generalmente extendida más allá de las hojas, 12–15 cm de ancho, con numerosas flores de 6–8 mm de diámetro; sépalos ovados, 1–2 mm de largo y 1–1.5 mm de ancho, ápice agudo, densamente pilosos abaxialmente; pétalos persistentes, lanceolados u oblongos, 2.5–3 mm de largo y 1–1.5 mm de ancho, ápice redondeado o agudo, densamente pilosos abaxialmente, amarillo pálidos; filamentos 2–2.5 mm de largo; carpelos ornamentados con numerosas protuberancias en la superficie dorsal superior. Fruto 1.5–2 cm de largo y 2.5–3 cm de ancho, a veces con una pequeña punta dorsal de 1–2 mm de largo, glabro, rugoso, verde; semillas 1 por mericarpo, con forma de lágrima oblicua y con rostro encorvado en el ápice, 8–13 mm de largo y 6–9 mm de ancho, glabra.

Común, bosques secos y de galería, y áreas alteradas, zonas pacífica y norcentral; 0–950 m; fl jun–nov, fr oct–ene; *Moreno 22551, Stevens 10927*; México a Panamá. Las otras 2 subespecies están restringidas a México. "Comancuabo".

Esenbeckia pentaphylla ssp. **australensis** Kaastra, Acta Bot. Neerl. 26: 471. 1977.

Arboles, 6–15 m de alto, perennifolios (?). Folíolo terminal oblanceolado (elíptico), 13–23 cm de largo y 5.5–8 cm de ancho, ápice acuminado o agudo, base cuneada y decurrente con peciólulo 5–10 mm de largo, margen entero, glabro, cartáceo; pecíolo 5–9 cm de largo, no alado. Inflorescencia más corta o tan larga como las hojas, 10–25 (–36) cm de ancho, con numerosas flores de 8 mm de diámetro; sépalos ovados, 1–1.5 mm de largo y 1.5–2 mm de ancho, ápice redondeado, aplicado-estrigulosos abaxialmente; pétalos caedizos, ovados o subelípticos, 3.7–4 mm de largo y ca 2 mm de ancho, ápice redondeado, estrigulosos abaxialmente, blancos; filamentos 3.5–4 mm de largo; carpelos ornamentados con numerosas protuberancias en la superficie dorsal superior. Fruto 3–3.5 cm de largo y 3.5–5 cm de ancho, cada mericarpo con una punta gruesa y prominente de 5–7 mm de grueso en la superficie dorsal superior y protuberancias irregulares adicionales, glabro pero densamente piloso cuando inmaduro, gris-verde; semilla 1 por mericarpo, con forma de lágrima oblicua, con rostro encorvado en el ápice, 15–19 mm de largo y 8–9 mm de ancho, glabra.

Rara, se conoce en Nicaragua de una sola colección (*Stevens 19714*), en remanentes de bosques perennifolios, Matagalpa; 580 m; fr mar; Nicaragua a Colombia. Fue tratada en la *Flora of Panama* como *E. alata* (H. Karst. & Triana) Triana & Planch. Las otras 2 subespecies reconocidas por Kaastra se encuentran, una en Jamaica y la otra en el sur de México (Península de Yucatán).

GALIPEA Aubl.

Por Amy Pool

Galipea dasysperma Gómez-Laur. & Q. Jiménez, Novon 4: 347. 1994.

Arbolitos o arbustos, 2–6 m de alto, perennifolios, inermes; plantas hermafroditas. Hojas alternas, 3-folioladas, folíolo terminal elíptico, 7–8 cm de largo y 1.5–6 cm de ancho, ápice largamente acuminado, base largamente atenuada y decurrente, glabro, cartáceo; pecíolo 2.5–8 cm de largo, sin ala. Inflorescencia una cima pequeña con pocas flores sobre un pedúnculo delgado, axilar, 5.5–12 cm de largo y 1.5– 4 cm de ancho, con 3–8 flores por inflorescencia, pedúnculo 3.5–9.5 cm de largo, flores zigomorfas, yemas oblongas; cáliz cupular, verde, copa 3–5 mm de alto, lobos apenas distinguibles, menos de 0.5 mm de largo; corola blanca, con tubo 20–21 mm de largo, lobos 5, imbricados, oblanceolados, claramente de diferente tamaño, el más largo de 12–15 mm, ápice redondeado, corola y cáliz externamente con numerosas glándulas y tricomas diminutos simples y rectos, dispersos en el cáliz, densos en la corola;

estambres fértiles 2, adnados al ápice del tubo de la corola, filamentos 1 mm de largo, anteras lineares, 3 mm de largo, a veces con un apéndice diminuto, estaminodios 5, alternando en longitud, el más largo de 4 ó 5 mm; disco nectarífero ciatiforme, estilo 1, simple, 14–16 mm de largo. Fruto una cápsula de 4 ó 5 mericarpos connados, globoso-deprimido, 1–2 cm de largo y ancho, externamente glabro, conspicuamente glandular y menudamente rugoso, sin ninguna otra ornamentación o rostro, verde, cáliz persistente, ensanchado y rasgado; semillas 2 por mericarpo, elípticas, 6 mm de largo y 4–5 mm de ancho, densa y largamente pilosas.

Rara, bosques húmedos, zona atlántica; 70–180 m; fl sep, fr nov, feb; *Moreno 23068, Stevens 5024*; Nicaragua y Costa Rica. Género con 8–10 especies encontradas desde Nicaragua hasta Bolivia y sur de Brasil.

MEGASTIGMA Hook. f.

Por Amy Pool

Megastigma skinneri Hook. f. in Benth. & Hook. f., Gen. Pl. 1: 299. 1862.

Arboles o arbustos, 2–7 m de alto, deciduos, inermes; plantas hermafroditas. Hojas alternas, imparipinnadas, 7.5–10 cm de largo y 1.5–5 cm de ancho, con 5–8 pares de folíolos, los folíolos 0.4–2.7 cm de largo y 0.25–1.5 cm de ancho, el terminal obovado con ápice obtuso y base cuneada, los laterales oblongos con ápice redondeado y base marcadamente inequilátera, y los del par inferior orbiculares y diminutos, todos con márgenes enteros, densa y suavemente pilosos, membranáceos; peciólulo y pecíolos ausentes o hasta de 0.5 mm de largo. Inflorescencia de panículas delicadas surgiendo desde las axilas de las hojas más jóvenes, ca 2 cm de largo, con pedicelos y ramas de la inflorescencia filiformes, ca 12 flores actinomorfas, yema globosa; sépalos pateliformes, ca 0.5 mm de largo, connados en la base, 4 lobos orbiculares diminutos; pétalos 4, libres, subvalvados, oblanceolados, 3–4 mm de largo y 2–2.5 mm de ancho, ápice redondeado, marcadamente punteado-glandulares, blancos; estambres 8, libres de la corola, no connados, filamentos 4.5 mm de largo, anteras globosas, 1 mm de largo, sin apéndices, estaminodios ausentes; disco con apariencia de ginóforo, estilo ca 0.8 mm de largo, estigma 2-lobado. Fruto reportado como una cápsula (no se han observado abiertos), globoso, 0.7 cm de diámetro, glabro, glandular-tuberculado, verde; semillas no observadas.

Poco común, bosques mixtos rocosos, zona norcentral; 830–1400 m; fl jun, fr ago; *Moreno 21816, Standley 9797*; México, Guatemala, Honduras y Nicaragua. Género con 2 especies, la otra restringida a México.

MURRAYA J. König ex L.

Por Amy Pool

Murraya paniculata (L.) Jack, Malayan Misc. 1: 31. 1820; *Chalcas paniculata* L.

Arboles o arbustos, 1–6 m de alto, perennifolios, inermes; plantas hermafroditas. Hojas alternas, imparipinnadas o paripinnadas, 6–14 cm de largo y 3–7 cm de ancho, con 5–8 folíolos alternos (raramente subopuestos), todos los folíolos de forma similar, obovados, ápice obtuso, redondeado o redondeado y brevemente acuminado, base cuneada, folíolos distales más grandes, 3–5.5 cm de largo y 1.2–2.2 cm de ancho, todos con márgenes enteros, glabros, cartáceos, peciólulo hasta 7 mm de largo; pecíolos 0.5–2 cm de largo. Inflorescencia una panícula densa, terminal, 1.5–4 cm de largo y 3–5 cm de ancho, con numerosas flores actinomorfas, yema oblanceolada; sépalos 5, casi libres, ovados, 1–1.5 mm de largo; pétalos 5, libres, imbricados, oblanceolados, 14 mm de largo y 4–5 mm de ancho, ápice agudo o redondeado, blancos; estambres 10, libres de la corola, no connados, alternando en tamaño, los filamentos más largos de 8–9 mm de largo, anteras globosas, 1 mm de largo, sin apéndices, estaminodios ausentes; disco con apariencia de ginóforo, estilo 6 mm de largo, estigma capitado y ligeramente lobado. Fruto una baya subglobosa, 0.6–1 cm de diámetro, glabra, glanduloso-tuberculada, roja; semillas 1 ó 2, ovadas, 6 mm de largo y de ancho, densamente lanosas.

Cultivada como ornamental y naturalizada, en bosques secundarios semideciduos, en todo el país; 40–700 m; fl ago, fr ago–abr; *Robleto 1004, Sandino 3711*; nativa del sureste de Asia y cultivada en los trópicos. Se usa para el dolor de muelas. Género con 4 especies nativas de Indomalasia y el Pacífico. "Jazmín de Arabia", "Limonaria".

PELTOSTIGMA Walp.

Por Amy Pool

Arbustos o árboles pequeños, inermes; plantas hermafroditas. Hojas alternas, palmaticompuestas o unifolioladas. Inflorescencia de cimas con pocas flores o las flores solitarias, axilar, yemas florales globosas, flores casi actinomorfas; sépalos 3 ó 4 (si 4 entonces los 2 internos más grandes y petaloides), libres, verdes; corola de 3–8 pétalos libres, imbricados; estambres 10–numerosos, libres, anteras oblongas o elípticas, apéndice ausente, estaminodios ausentes; disco nectarífero presente, estilos 6–10, muy cortos, estigmas 6–10. Fruto de 2–10 mericarpos unidos sólo en la base; semillas 1 ó 2 por mericarpo.

Género con 3 especies distribuidas desde México hasta Colombia y en Jamaica; 1 especie se conoce en Nicaragua y una adicional se espera encontrar.

1. Hojas unifolioladas; estambres 10–12; mericarpo sin alas dorsales .... **P. guatemalense**
1. Hojas palmaticompuestas; estambres 35–45; cada mericarpo con 2 alas dorsales .... **P. pteleoides**

Peltostigma guatemalense (Standl. & Steyerm.) Gereau, Novon 5: 34. 1995; *Galipea guatemalensis* Standl. & Steyerm.; *P. parviflorum* Q. Jiménez & Gereau.

Arbustos o árboles, 1–11 m de alto, perennifolios. Hojas unifolioladas, ovado-elípticas a ovado-oblongas, 3–20 cm de largo y 1–10.5 cm de ancho, ápice obtuso a acuminado, base redondeada a cuneada, margen entero, glabras, submembranáceas a cartáceas; pecíolo 0.2–5.5 cm de largo, no alado. Sépalos 3, angostamente ovados a suborbiculares, 2.5–3 mm de largo y 2–3 mm de ancho, ápice obtuso, ciliados, puberulentos a glabros; pétalos 3, ovados a suborbiculares, 8–10 mm de largo y de ancho, glabros y generalmente ciliados, blancos o cremas; estambres 10–12, de diferentes longitudes. Fruto con mericarpos de 1.5–2 cm de largo y 0.5–1 cm de ancho, puberulento cuando joven pero glabro al madurar, rugoso, con crestas laterales irregulares, sin alas dorsales, verde; semillas fusiforme-elipsoides, oblicuas, 8–10 mm de largo y 3.5–5 mm de ancho, glabras, papilosas.

Esta especie esperada en Nicaragua, se conoce en Guatemala, Costa Rica, Panamá, Colombia y Perú.

Peltostigma pteleoides (Hook.) Walp., Repert. Bot. Syst. 5: 387. 1846; *Pachystigma pteleoides* Hook.

Arbustos o árboles, 2–7 m de alto, perennifolios. Hojas palmaticompuestas con 3–5 folíolos, folíolo terminal oblanceolado o elíptico, 8–13 cm de largo y 3.5–5.5 cm de ancho, ápice obtuso y cortamente cuspidado, acuminado (apenas obtuso), base atenuada y largamente decurrente sobre el peciólulo, margen entero, glabro, cartáceo; pecíolo 5.5–9 cm de largo, no alado. Sépalos 3 ó 4, de diferente forma y tamaño, frecuentemente los 2 exteriores mucho más pequeños que los 2 internos, los exteriores reniformes, 2 mm de largo y 5 mm de ancho, los internos deprimido-orbiculares, 8 mm de largo y 12 mm de ancho, todos con ápice redondeado y abaxialmente tomentosos; pétalos 5, suborbiculares, 12–13 mm de largo y de ancho, tomentosos abaxialmente, blancos; estambres 35–45, subiguales. Fruto con mericarpos de 2 cm de largo y 1 cm de ancho, tomentoso, rugoso, con 2 alas dorsales, gris-verde; semillas ampliamente elipsoides, oblicuas, 7 mm de largo y 5 mm de ancho, glabras.

Poco común, bosques nublados y enanos, zona norcentral; 1300–1600 m; fl feb, abr, nov, fr feb, mar; *Neill 1586, 3454*; México a Costa Rica y Jamaica.

PILOCARPUS Vahl

Por Amy Pool

Pilocarpus racemosus ssp. **viridulus** Kaastra, Acta Bot. Neerl. 26: 486. 1977.

Arboles, 6–15 m de alto, inermes, perennifolios (?); plantas hermafroditas. Hojas alternas, imparipinnadas, 3 ó 5-folioladas (1-folioladas o 1–3-yugadas), folíolo terminal oblongo-elíptico, 7.5–12 cm de largo y 2.5–4.5 cm de ancho, ápice redondeado y emarginado, base cuneada y decurrente a lo largo del peciólulo margen entero, glabro, subcoriáceo, peciólulo a veces alado, 0.5–3 mm de largo; pecíolo 3–6 cm de largo, generalmente no alado. Inflorescencia un racimo subterminal, 5–50 cm de largo y 3.5–5 cm de ancho, con numerosas flores, pedúnculo ausente, flores actinomorfas, yema globosa; cáliz menos de 1 mm de largo, connado en la base, con 5 lobos diminutos de hasta 0.5 mm de largo, glabros; pétalos

5, libres (o adheridos en las puntas), subvalvados, ovados, 3–4 mm de largo y 1.5–2 mm de ancho, apicalmente uncinados e inflexos, glabros, marcadamente punteado-glandulares, amarillos o verdosos; estambres 5, libres de la corola, no connados, anteras cordadas, sin apéndices, estaminodios ausentes; disco la mitad de la longitud del ovario, estilo diminuto, estigma 5-lobado. Fruto de 1–4 mericarpos unidos sólo en la base, 0.9–1.2 cm de largo, cada mericarpo 0.8–0.9 cm de ancho, ligeramente mucronado en el ápice, glanduloso, glabro, verde; semilla 1 por

mericarpo, reniforme, 6–9 mm de largo y 5–6 mm de ancho, glabra.

Rara, bosques secos, norte de la zona atlántica y Rivas; 250–400 m; fl y fr feb; *Sandino 4118, 4344*; Belice, El Salvador, Nicaragua y Costa Rica. Otra subespecie se encuentra en México, Venezuela, Guayana Francesa y en las Antillas. El género consta de 13 especies distribuidas desde México hasta Argentina. El alcaloide pilocarpina, aislado de varias especies del género se usa en el tratamiento de glaucoma (Kaastra 1982).

RAVENIA Vell.
Por Amy Pool

Ravenia rosea Standl., Trop. Woods 16: 43. 1928.

Arbustos o árboles pequeños, 1–4 m de alto, perennifolios, inermes; plantas hermafroditas. Hojas opuestas, simples, elípticas, oblanceoladas u obovadas, 15–33 cm de largo y 5–12 cm de ancho, ápice acuminado, base cuneada, margen entero, glabras o subglabras, cartáceas; pecíolo 0.3–1 cm de largo, no alado o hinchado. Inflorescencia una cima terminal, con 2–4 flores o flores solitarias, pedúnculo 0.5–1.5 cm de largo, yemas elípticas, flores zigomorfas; sépalos 5, libres, desiguales, ampliamente elipsoides, 9–11 mm de largo y 5–6 mm de ancho, ápice redondeado, menudamente puberulentos, marcadamente punteado-glandulares, rojos; corola rosada, tubo 17–20 mm de largo, lobos 5, desiguales, imbricados, oblanceolados, el más largo de 15–20 mm de largo y 4–5 mm de ancho, glabros, punteado-glandulares; estambres fértiles 2 (observados sólo en yema), adnados al ápice del tubo de la corola, filamentos no connados, anteras connadas o adheridas, oblongas, con apéndice uncinado, estaminodios 3; disco más largo a más corto que el ovario, estilo 1,

simple, 17 mm de largo, estigma alargado, no notablemente lobado. Fruto de (2–) 4 (5) mericarpos libres, 1–1.5 cm de largo y 2–3 cm de ancho, bastante envuelto en el cáliz ensanchado, cada mericarpo 0.6–0.7 cm de ancho, glabro, lateralmente acostillado pero sin alas o protuberancias, blanco-verdoso; semillas 2 por mericarpo, irregularmente globosas o subreniformes, 4–5 mm de largo y de ancho, glabras, obviamente tuberculadas.

Común, bosques perennifolios, zona atlántica; 10–800 m; fl mar–may, sep–dic, fr dic–may; *Moreno 14661, Stevens 9005*; Honduras a Colombia. Fue descrita e ilustrada en la *Flora of Panama* como *Erythrochiton incomparabilis* L. Riley. Esta última es una especie única, actualmente tratada como el único miembro del género *Desmotes* (*D. incomparabilis* (L. Riley) Kallunki), restringido a la Isla Coiba de Panamá. Si bien es similar a *R. rosea* en varios caracteres, ésta tiene el cáliz con 5 sépalos connados hasta la mitad de su longitud. *Ravenia* consiste de 11 especies distribuidas desde Honduras hasta Perú y Brasil y en las Antillas.

RUTA L.
Por Amy Pool

Ruta chalepensis L., Mant. Pl. 1: 69. 1767.

Arbustos, 1–1.5 m de alto, perennifolios, inermes; plantas hermafroditas. Hojas alternas, pinnatipinnatífidas o bipinnatipinnatífidas, 5–11 cm de largo y 2–6 cm de ancho, todos los folíolos de forma similar, lineares o angostamente oblanceolados, 0.6–2 cm de largo y 0.1–0.5 cm de ancho, ápice redondeado, base cuneada, márgenes enteros, glabros, membranáceo-cartáceos; pecíolo 2.5–3.5 cm de largo. Inflorescencia de cimas paniculadas, terminales, ca 8 cm de largo y 5–9 cm de ancho, con 25–30 flores actinomorfas, yema globosa; sépalos 4, libres, lanceolados, 2.5–3.5

mm de largo, ápice acuminado; pétalos 4, libres, imbricados, obovados, 5–7 mm de largo y 4–5 mm de ancho, ápice redondeado, margen marcadamente fimbriado, glabros, amarillo brillantes; estambres 8, libres de la corola, no connados, filamentos 5–6 mm de largo, anteras globosas, sin apéndices, estaminodios ausentes; disco corto y grueso, estilo 3.5 mm de largo, estigma capitado, ligeramente lobado. Fruto de 5 mericarpos fusionados por 3/4 de su longitud, 0.6–0.8 cm de diámetro, glabro, tuberculado-glandular, verde; semillas no vistas.

Rara, cultivada y naturalizada, en todo el país;

230–1400 m; *Coe 1041, Sánchez s.n.*; nativa de Europa y ampliamente cultivada en las áreas tropicales y cálidas. Usada como saborizante y en

medicina. Género con 7 especies de Macaronesia, región mediterránea y suroeste de Asia. "Ruda".

STAURANTHUS Liebm.
Por Amy Pool

Stauranthus perforatus Liebm., Vidensk. Meddel. Dansk Naturhist. Foren. Kjøbenhavn 1853: 92. 1854.

Arbustos o árboles pequeños, 3–16 m de alto, inermes, perennifolios; plantas funcionalmente dioicas. Hojas alternas, unifolioladas, elípticas u oblanceoladas, 4.5–19.5 cm de largo y 1.8–9 cm de ancho, ápice cortamente acuminado y emarginado o raramente cuspidado, base cuneada, margen entero, glabras, subcoriáceas; pecíolo 0.5–3 cm de largo, alado, extremo distal hinchado. Inflorescencias racimos axilares pequeños, 1.5–3.5 cm de largo y 1–1.5 cm de ancho, con pedúnculo 0.3–0.5 cm de largo y 4–10 flores actinomorfas, yema globosa u obovada; cáliz

verde, cúpula poco profunda ca 1 mm de largo, con 4 ó 5 dientes; pétalos 4 ó 5, libres, valvados, obovados o lanceolados, 4–4.5 mm de largo y 1.2–2.5 mm de ancho, ápice agudo y uncinado e inflexo, blancos; estambres 4 ó 5, libres, anteras oblongas, sin apéndices; disco ausente, estilo ausente, estigma grande y capitado. Fruto una drupa ovoide a oblonga, 1.5–2.5 cm de largo y 1–1.7 cm de ancho, glabra, tuberculada, negro-morada; semilla 1.

Esta especie esperada en Nicaragua, se ha colectado en México, Costa Rica y Panamá. El género consta de 2 especies, la segunda está restringida a México.

TOXOSIPHON Baill.
Por Amy Pool

Toxosiphon lindenii Baill., Adansonia 10: 312. 1872; *Erythrochiton lindenii* (Baill.) Hemsl.

Arbustos o árboles pequeños, 1–6 m de alto, perennifolios, inermes; plantas hermafroditas. Hojas alternas, unifolioladas, oblanceoladas (angostamente obovadas), 18–37 cm de largo y 8.5–14 cm de ancho, ápice obtuso o redondeado y entonces cuspidado, base cuneada, margen entero, glabras, cartáceas; pecíolo 5–19 cm de largo, no alado, extremo distal hundido y obscuro cuando seco. Inflorescencia un dicasio de 2 fascículos en el extremo de un pedúnculo largo, terminal, 16–26 cm de largo y 9–10 cm de ancho, con pedúnculo 11–20 cm de largo y 12–16 flores zigomorfas, yema lanceolada; sépalos 5, libres, ligeramente desiguales, lanceolados, ca 25 mm de largo y 5 mm de ancho, ápice agudo, externamente glabros, ligeramente glandulares, blancos; pétalos 5, blancos, adheridos formando una estructura basal tubiforme de ca 25 mm de largo, porciones libres imbricadas, desigualmente obovadas, ca 15 mm de largo y 8 mm de ancho, ápice redondeado, lanosos

externamente; estambres fértiles 2, filamentos adheridos a la corola la mayor parte de su longitud, libres apicalmente por ca 2 mm, anteras oblongas, 10 mm de largo, con apéndice bilobado, de ca 1 mm de largo, estaminodios 3 ó 5 adheridos a la corola, ápice libre ca 5 mm; disco la mitad de la longitud del ovario, estilo 1, simple, 10 mm de largo, estigma capitado, lobado. Fruto de 5 mericarpos libres, 1.5–2 cm de largo y 2.5–3 cm de ancho, rodeado por los sépalos persistentes, cada mericarpo 1–1.4 cm de ancho, glabro, punteado-glandular, no tuberculado, apenas lateralmente acostillado y con un ala dorsal definida de ca 1.5–2 mm de ancho, verde; semillas 2 por mericarpo, subreniformes, 8–9 mm de largo y 5–6 mm de ancho, glabras y obviamente tuberculadas.

Común, sotobosque de bosques perennifolios, zona atlántica; 200–800 m; fl dic, fr oct–abr; *Ortiz 514, Stevens 19322*; México, Nicaragua, Costa Rica y Panamá. Género con 4 especies distribuidas desde México hasta el norte de Bolivia y zona adyacente de Brasil. Se usa para postes.

TRIPHASIA Lour.
Por Amy Pool

Triphasia trifolia (Burm. f.) P. Wilson, Torreya 9: 33. 1909; *Limonia trifolia* Burm. f.

Arbustos o árboles pequeños, 2–5 m de alto, perennifolios, con espinas "estipulares" de 4–10 mm

de largo; plantas hermafroditas. Hojas alternas, 3-folioladas, (1–) 3.5–4.5 cm de largo y de ancho, folíolo terminal más grande, rómbico a ampliamente elíptico, (1–) 3–3.5 cm de largo y 1–1.5 cm de ancho, ápice obtuso a truncado y emarginado, base cuneada, margen ligeramente crenado, glabras, coriáceas; pecíolos 1–3 mm de largo. Inflorescencia cimas axilares, con pocas flores actinomorfas, yemas oblongas; cáliz verde, cupuliforme, 1.5 mm de largo, (3) 4-lobado, lobos ampliamente triangulares; pétalos (3) 4, libres, imbricados, ampliamente oblongos, 11–16 mm de largo y ca 3 mm de ancho, ápice redondeado, blancos; estambres 6, libres de la corola, no connados, filamentos 5–6 mm de largo, anteras oblongas, sin apéndices, estaminodios ausentes; disco corto y grueso, estilo 3 mm de largo, estigma capitado. Fruto abayado, 1–2 cm de largo y 1–1.5 cm de ancho, glabro, punteado, rojo; semillas 1–3, lenticulares, ca 10 mm de largo y 8 mm de ancho.

Cultivada en la zona atlántica; 0–30 m; fl y fr may; *Molina 1831, Standley 20042*; nativa del sureste de Asia, cultivada y naturalizada en Centroamérica. Género con 3 especies nativas del sureste de Asia y las Filipinas.

ZANTHOXYLUM L.
Por Duncan M. Porter

Arbustos o árboles, raramente escandentes, perennifolios o deciduos, troncos y ramas a menudo armados de acúleos, ramitas con acúleos pequeños o inermes, corteza y madera aromática; plantas dioicas. Hojas alternas, imparipinnadas o paripinnadas, folíolos opuestos a alternos, con margen entero a crenado, frecuentemente inequilátero, a veces con numerosas escamas peltadas diminutas; pecíolo y raquis a veces alados, inermes o aculeados. Inflorescencias axilares a subterminales o terminales, generalmente paniculadas, a veces corimbosas, racemosas o espiciformes, rara vez en brotes laterales cortos, flores pequeñas, actinomorfas, blancas o amarillo-verdosas o rojas; sépalos 3–5, libres o connados; pétalos 3–5, libres, imbricados o valvados; estambres 3–5, rudimentarios o ausentes en las flores pistiladas, filamentos libres y sin apéndices, anteras elípticas a ovadas; pistilos 1–5, sésiles o estipitados, libres o connados, rudimentarios o ausentes en las flores estaminadas. Frutos de 1–5 folículos, folículos libres o connados, 3–6 mm de diámetro, sésiles o estipitados, coriáceos, punteado-glandulares, cada uno con 1 semilla; semillas generalmente negras y lustrosas.

Género con más de 200 especies, principalmente pantropicales, pero unas pocas en las zonas templadas de Norte y Sudamérica y el este de Asia; probablemente 50 especies se encuentran en Centroamérica, 15 de ellas en Nicaragua.

1. Folíolo 1, hojas aparentemente simples .... **Z. monophyllum**
1. Folíolos 5 o más, hojas pinnaticompuestas
   2. Hojas paripinnadas
      3. Folíolos y frutos estrigulosos .... **Z. kellermanii**
      3. Folíolos y frutos con diminutas escamas peltadas .... **Z. procerum**
   2. Hojas imparipinnadas
      4. Raquis de la hoja amplia a angostamente alado
         5. Folíolos 13–17, hasta 1.3 cm de largo y 0.7 cm de ancho .... **Z. nicaraguense**
         5. Folíolos 5–9, hasta 5 cm de largo y 2.5 cm de ancho
            6. Hojas glabras, raquis hasta 4 mm de ancho .... **Z. caribaeum**
            6. Hojas menudamente pubescentes, raquis hasta 12 mm de ancho .... **Z. culantrillo**
      4. Raquis de la hoja no alado
         7. Hojas glabras
            8. Folíolos 7–11, inermes .... **Z. elephantiasis**
            8. Folíolos 40 o más, armados con pequeños acúleos recurvados .... **Z. foliolosum**
         7. Hojas pubescentes
            9. Pubescencia estrellada
               10. Folíolos inconspicuamente crenulados y marcadamente revolutos, subsésiles, hasta 17 cm de largo y 3.5 cm de ancho .... **Z. belizense**
               10. Folíolos crenados, cortamente peciolulados, hasta 9 cm de largo y 3 cm de ancho
                   .... **Z. microcarpum**
            9. Pubescencia no estrellada
               11. Pubescencia del raquis de la hoja adpresa (estrigulosa)
                   12. Pecíolos y raquis inermes, flores con 3 pistilos .... **Z. panamense**
                   12. Pecíolos y raquis armados de pequeños acúleos recurvados, flores con 5 pistilos
                      .... **Z. setulosum**
               11. Pubescencia del raquis de la hoja no adpresa (puberulenta a pilosa)

Zanthoxylum anodynum A. Molina R., Ceiba 3: 166. 1953.

Arbustos o árboles, 2.8 m de alto, tronco y ramas armados con acúleos. Hojas imparipinnadas, hasta 35 cm de largo, pilosas, folíolos 11–15, oblongos a ovado-oblongos, hasta 8 cm de largo y 5 cm de ancho, ápice agudo a obtuso, margen entero a undulado o crenado, puntuaciones pequeñas en toda la lámina y más grandes en la base de las crenas, más o menos subsésiles. Panículas terminales, fasciculadas, hasta 14 cm de largo, densamente pilosas; sépalos, pétalos y estambres 3–5. Folículo 1, 4–5 mm de diámetro, sésil, cortamente piloso, verrugoso-glandular.

Poco común, bosques secos, zona norcentral; ca 1000 m; fr jun–ago; *Moreno 24173, Stevens 9946*; Nicaragua y Honduras. "Jorillo".

Zanthoxylum belizense Lundell, Contr. Univ. Michigan Herb. 6: 35. 1941.

Arboles, hasta 35 m de alto, troncos armados con acúleos. Hojas imparipinnadas, hasta 55 cm de largo, estrellado-pubescentes, folíolos 19, oblongos, hasta 17 cm de largo y 3.5 cm de ancho, ápice acuminado, margen inconspicuamente crenulado y marcadamente revoluto, punteados en toda la lámina y en la base de las crenas, subsésiles. Panículas terminales, densamente ramificadas, hasta 11.5 cm de largo, estrellado-pubescentes; sépalos, pétalos y estambres 5. Folículos 1 ó 2, 4–5 mm de diámetro, cortamente estipitados, connados en la base, con numerosas escamas diminutas, punteado-verrugosos.

Conocida por una sola colección (*Little 25191*) de bosques húmedos, Puerto Cabezas, Zelaya; 40 m; fr mar; sur de México a Panamá, tal vez en Colombia.

Zanthoxylum caribaeum Lam., Encycl. 2: 39. 1786.

Arbustos o árboles, 1–7 m de alto, troncos y ramas armados de acúleos. Hojas imparipinnadas, hasta 12 cm de largo, glabras, folíolos (5–) 7–9, elípticos a oblongos, hasta 5 cm de largo y 2.5 cm de ancho, ápice agudo a obtuso, desigualmente articulados en la base, margen crenado, pequeñas puntuaciones en toda la lámina y más grandes en las bases de las crenas, más o menos sésiles. Panículas terminales y axilares, hasta 8.5 cm de largo, glabras, con ramas suberoso-engrosadas; sépalos, pétalos y estambres 5. Folículos 1 (2), 4 mm de diámetro, cortamente estipitados, connados en la base, glabros.

Común, en bosques secos a muy húmedos en las zonas norcentral y pacífica; 80–1300 m; fl ago–feb, fr ene–mar, jun–dic; *Moreno 17965, 19346*; ampliamente distribuida desde el sur de México hasta Colombia, Guyana, Puerto Rico y en las Antillas Menores. "Chinche".

Zanthoxylum culantrillo Kunth in Humb., Bonpl. & Kunth, Nov. Gen. Sp. 6: 2. 1823.

Arbustos o árboles, 2–12 m de alto, troncos, ramas y ramitas armadas con acúleos. Hojas imparipinnadas, hasta 12.5 cm de largo, menudamente puberulentas, folíolos 5–7 (–9), oblongo-ovados a obovados, hasta 5 cm de largo y 2.5 cm de ancho, ápice agudo a obtuso, margen crenulado a subentero, pequeñas puntuaciones en toda la lámina y más grandes en las bases de las crenas, con 2 glándulas conspicuas en la base, cortamente peciolulados. Racimos axilares, fasciculados, hasta 2 cm de largo, menudamente pubescentes; sépalos, pétalos y estambres 4. Folículos 1 (–2), 4 mm de diámetro, libres, estipitados, glabros.

Común, bosques secos a húmedos, zona norcentral; 100–1200 m; fl dic–feb, may, fr feb, may, jul–oct; *Moreno 22956, Stevens 22263*; Guatemala a Perú. "Chinche".

Zanthoxylum elephantiasis Macfad., Fl. Jamaica 1: 193. 1837.

Arboles, 5–15 m de alto, troncos armados con acúleos. Hojas imparipinnadas, hasta 30 cm de largo, glabras, folíolos 7–11, elípticos a angostamente ovados, hasta 11.5 cm de largo y 4 cm de ancho, ápice agudo a angostamente acuminado, margen crenado, puntuaciones en toda la lámina y más grandes en las bases de las crenas, peciolulados. Panículas terminales y axilares, amontonadas, glabras, ramitas suberoso-engrosadas, las estaminadas de hasta 11.5 cm de largo, las pistiladas de hasta 8.5 cm de largo; sépalos, pétalos y estambres 5. Folículos 1–4, 5 mm de diámetro, estipitados, connados en la base, glabros.

Poco frecuente, bosques húmedos, zonas norcentral y pacífica; 100–1000 m; fl feb–abr, fr sep–dic; *Moreno 20365, 25128*; Nicaragua a Panamá y en las Antillas Mayores.

Zanthoxylum foliolosum Donn. Sm., Bot. Gaz. (Crawfordsville) 18: 1. 1893.

Arbustos 2 m de alto o bejucos creciendo hasta el dosel del bosque, troncos, ramas, ramitas y hojas armadas de acúleos. Hojas imparipinnadas, hasta 29 cm de largo, glabras, folíolos más de 40, oblongos, menos de 2 cm de largo y 1 cm de ancho, ápice redondeado, margen crenulado, puntuaciones en las bases de las crenas, más o menos sésiles. Panículas axilares, hasta 13 cm de largo, puberulentas; sépalos, pétalos y estambres 4. Folículos 1–2, 5 mm de diámetro, muy cortamente estipitados, connados en la base, glabros, punteado-verrugosos.

Rara, en bosques húmedos, zona norcentral; 1200–1500 m; fl oct, fr abr y may; *Moreno 7982, Stevens 15101*; México (Chiapas), Guatemala y Nicaragua.

Zanthoxylum kellermanii P. Wilson, N. Amer. Fl. 25: 195. 1911.

Arboles, 10–18 m de alto, troncos y ramas armados con acúleos. Hojas paripinnadas, hasta 44 cm de largo, estrigulosas, folíolos 8–14, oblongos, hasta 15 cm de largo y 5 cm de ancho, ápice abrupta y cortamente acuminado, margen entero, puntuaciones en toda la lámina y en el margen, peciolulados. Panículas axilares, estrigulosas, las estaminadas de hasta 20 cm de largo, las pistiladas de hasta 12 cm de largo; sépalos, pétalos y estambres 5. Folículos 3–4, 5–6 mm de diámetro, estipitados, connados en la base y lateralmente, estrigulosos.

Poco frecuente, bosques húmedos, zonas norcentral y atlántica; 60–700 m; fl nov, fr may, ago; *Sandino 4532, Stevens 5844*; Belice a Nicaragua.

Zanthoxylum melanostictum Schltdl. & Cham., Linnaea 5: 231. 1830.

Arboles, 3–10 m de alto, troncos armados con acúleos. Hojas imparipinnadas, hasta 25 cm de largo, menudamente puberulentas, folíolos 5–9, elípticos a obovados, hasta 11 cm de largo y 6.5 cm de ancho, ápice acuminado a redondeado, margen crenulado, puntuaciones en toda la lámina, con numerosas escamas peltadas diminutas, peciolulados. Panículas subterminales y axilares, hasta 9 cm de largo, menudamente puberulentas; sépalos, pétalos y estambres 4. Folículo 1, 5 mm de diámetro, cortamente estipitado, glabro, a menudo con numerosas gotitas de resina anaranjada en la superficie.

Poco frecuente, bosques secos, zona pacífica; 100–580 m; fl jun–jul, fr jun–oct; *Grijalva 2778, Stevens 9458*; sur de México a Panamá.

Zanthoxylum microcarpum Griseb., Fl. Brit. W. I. 138. 1859; *Fagara rothschuhii* Loes.

Arbustos o árboles, 2–15 m de alto, troncos, ramas y ramitas armados de acúleos. Hojas imparipinnadas, hasta 43 cm de largo, estrellado-pubes-

centes y puberulentas, folíolos 23–27, angostamente elípticos, hasta 9 cm de largo y 3 cm de ancho, ápice acuminado, margen gruesamente crenado, puntuaciones en toda la lámina y en las bases de las crenas, peciolulados. Panículas terminales y subterminales, 15–25 cm de largo, estrellado-pubescentes; sépalos, pétalos y estambres 5. Folículos 1 (2), 3–4 mm de diámetro, cortamente estipitados, connados en la base, glabros, punteado-verrugosos.

Poco frecuente, bosques muy húmedos, zonas norcentral y pacífica; 500–1000 m; fl jul, fr ago–dic; *Grijalva 3925, Moreno 25265*; sur de México a Colombia, Trinidad y en las Antillas Menores.

Zanthoxylum monophyllum (Lam.) P. Wilson, Bull. Torrey Bot. Club 37: 86. 1910; *Fagara monophylla* Lam.

Arbustos o árboles, 2–8 m de alto, troncos, ramas y ramitas armados con acúleos. Hojas unifolioladas de apariencia simple, el folíolo elíptico a oblongo, hasta 13.5 cm de largo y 6 cm de ancho, ápice agudo a obtuso, margen más o menos entero, menudamente puberulento a glabrescente, puntuaciones en toda la lámina y en el margen, peciolulado. Panículas terminales, menudamente puberulentas, las estaminadas de hasta 2.5 cm de largo, las pistiladas de hasta 7 cm de largo; sépalos, pétalos y estambres 5. Folículos 1 ó 2, 3–6 mm de diámetro, cortamente estipitados, connados en la base, glabros.

Poco frecuente, bosques secos, zona pacífica; 100–700 m; fl jun, fr jun–oct; *Moreno 21550, 21984*; Nicaragua a Colombia y Trinidad y en las Antillas.

Zanthoxylum nicaraguense Standl. & L.O. Williams, Ceiba 3: 207. 1953.

Arboles, 4–7 m de alto, troncos, ramas y ramitas armados con acúleos. Hojas imparipinnadas, hasta 6.5 cm de largo, glabras, folíolos 13–17, oblongos a obovados, hasta 1.3 cm de largo y 0.7 cm de ancho, ápice redondeado, margen entero, puntuaciones en toda la lámina, sésiles. Racimos axilares, 2 cm de largo, cortamente pilosos; sépalos, pétalos y estambres 4. Folículos 1–2, 4 mm de diámetro, estipitados, connados en la base, glabros.

Poco común, bosques secos, zona norcentral; 1100–1300 m; fl ene, fr jun y nov; *Moreno 22701, Stevens 16043*; endémica.

Zanthoxylum panamense P. Wilson, Contr. U.S. Natl. Herb. 20: 479. 1922.

Arboles, 8–15 m de alto, troncos armados con acúleos. Hojas imparipinnadas, hasta 33 cm de largo, estrigulosas, folíolos 7–11, elípticos a oblongos, hasta 13.5 cm de largo y 5 cm de ancho, ápice abruptamente acuminado, margen entero a inconspicuamente crenulado, puntuaciones en toda la lámina y en las bases de las crenas, peciolulados. Panículas terminales, hasta 15 cm de largo, puberulentas; sépalos, pétalos y estambres 5. Folículos 1 ó 2 (3), 4 mm de diámetro, cortamente estipitados, connados en la base, glabros.

Poco común, bosques húmedos, zona atlántica; 100–180 m; fr ago–sep; *Nee 27839, Sandino 4507*; Nicaragua a Panamá.

Zanthoxylum procerum Donn. Sm., Bot. Gaz. (Crawfordsville) 23: 4. 1897.

Arboles, 6–20 m de alto, troncos y ramas armados con acúleos, a veces las ramitas y las hojas armadas. Hojas paripinnadas, hasta 45 cm de largo, menudamente puberulentas a glabrescentes, folíolos 8–14, ovalados, hasta 20 cm de largo y 6.5 cm de ancho, ápice acuminado, margen crenulado, con numerosas escamas peltadas diminutas, puntuaciones sólo en el margen de la lámina, peciolulados. Panículas terminales, menudamente puberulentas, con numerosas escamas peltadas diminutas, las estaminadas de hasta 17 cm de largo, las pistiladas corimbosas y de hasta 14 cm de largo; sépalos, pétalos y estambres 3. Folículo 1, 4 mm de diámetro, cortamente estipitado, con diminutas escamas peltadas.

Poco frecuente, bosques húmedos, zonas atlántica y norcentral; 40–930 m; fl may–jun, fr mar, jul; *Sandino 133, Stevens 8682*; sur de México a Panamá. "Chinche".

Zanthoxylum setulosum P. Wilson, Contr. U.S. Natl. Herb. 20: 480. 1922.

Arbustos o árboles, 3–20 m de alto, troncos, ramas, ramitas y hojas armados con acúleos. Hojas imparipinnadas, hasta 37 cm de largo, estrigulosas, folíolos 11–17, elípticos a lanceolados, hasta 11.5 cm de largo y 4.5 cm de ancho, ápice largamente acuminado, margen crenulado, puntuaciones en toda la lámina y en las bases de las crenas, peciolulados. Panículas axilares, hasta 8 cm de largo, hispídulas; sépalos, pétalos y estambres 5. Folículos 1 ó 2 (–5), 3 mm de diámetro, cortamente estipitados, connados en la base, glabros.

Poco frecuente, bosques húmedos, zonas pacífica y atlántica; 60–600 m; fr jul–sep; *Moreno 24465, Stevens 4173*; Nicaragua a Panamá. "Pochotillo".

Zanthoxylum williamsii Standl., Ceiba 1: 41. 1950.

Arbustos, 2–4 m de alto, troncos armados con acúleos; hojas y flores dispuestas en brotes laterales cortos con tricomas lanoso-rojizos. Hojas imparipinnadas, hasta 7.5 cm de largo, pilosas, folíolos 5–7, ovalados, hasta 4 cm de largo y 2 cm de ancho, ápice agudo a obtuso, margen crenulado, puntuaciones en toda la lámina y en las bases de las crenas, sésiles. Umbelas con ca 4 flores, hasta 2.5 cm de largo; sépalos, pétalos y estambres 5. Folículo 1, 5–6 mm de diámetro, sésil, glabro.

Poco frecuente, bosques húmedos, zona norcentral; 1000–1300 m; fl mar y jun, fr oct–dic; *Moreno 21168, 22349*; Honduras y Nicaragua.

SABIACEAE Blume

Alwyn H. Gentry†

Arboles, arbustos o bejucos; plantas hermafroditas. Hojas alternas a subopuestas, simples a pinnaticompuestas, exestipuladas. Inflorescencia paniculada, racemosa o cimosa, ramiflora o cauliflora, terminal o axilar, flores pequeñas; sépalos 3–5, imbricados; pétalos (4–) 5 (–6), opuestos a los sépalos; estambres 2–5, si 2 entonces con 3 estaminodios, opuestos a los pétalos y unidos a sus bases; ovario ovoide a cónico, 2-locular, 2 óvulos por lóculo y generalmente superpuestos, disco generalmente presente, 3–8-dentado. Fruto drupáceo con 1 semilla o de 2 carpelos drupáceos parcialmente fusionados, exocarpo carnoso, endocarpo más o menos leñoso, a veces conspicuamente labrado.

Familia con 3 géneros y 90 especies, disyunta entre el sureste de Asia y América tropical; 6 especies se encuentran en Nicaragua y 2 son esperadas. Sólo el género *Meliosma* se encuentra en Centroamérica; el segundo es exclusivamente sudamericano y el tercero es asiático.

Fl. Guat. 24(6): 273–275. 1949; Fl. Pan. 67: 949–963. 1980; A. Gentry. New Neotropical species of *Meliosma* (Sabiaceae). Ann. Missouri Bot. Gard. 73: 820–824. 1987.

MELIOSMA Blume

Arboles (en Nicaragua) y arbustos. Hojas alternas, frecuentemente agrupadas en los ápices de las ramitas, simples (Nicaragua) o pinnaticompuestas, enteras o frecuentemente dentadas; pecíolo generalmente engrosado en la base. Inflorescencia paniculada, generalmente piramidal, terminal a cauliflora, flores zigomorfas; sépalos 5 (en Nicaragua); pétalos 5, los 3 exteriores más grandes y usualmente más o menos suborbiculares, los 2 internos mucho más reducidos, delgados y en forma de cinta, opuestos a los estambres fértiles y más o menos fusionados con la base de los filamentos; estambres fértiles 2, filamentos cortos, planos, curvados en el ápice; estaminodios 3, opuestos y más o menos fusionados a las bases de los pétalos más grandes; ovario globoso a cónico, bilocular. Fruto globoso a obovoide con una semilla grande solitaria (raramente se desarrollan 2 óvulos por fruto), endocarpo a menudo extremadamente duro.

Un género con ca 65 especie, 15 en el sureste de Asia y ca 50 en América tropical concentradas en el norte de los Andes y en el sur de Centroamérica; 6 especies en Nicaragua y 2 más se esperan encontrar.

1. Hojas muy grandes, más de 30 cm de largo, subsésiles o con un pecíolo corto y grueso de menos de 1 cm de largo, ahusadas para formar una base angostamente subcordada .... **M. donnellsmithii**
1. Hojas pequeñas a medianamente grandes, menos de 33 cm de largo, usualmente largamente pecioladas al menos en parte, bases más o menos cuneadas
    2. Inflorescencia corimboso-paniculada, plana arriba; hojas oblanceoladas a muy angostamente elípticas, 3 veces más largas que anchas .... **M. corymbosa**
    2. Inflorescencia piramidal a angostamente racemoso-paniculada; hojas elípticas u obovadas a oblanceoladas, mayormente menos de 3 veces más largas que anchas
        3. Frutos menos de 1 cm diámetro, globosos; inflorescencia terminal o en las axilas de las hojas superiores, flores individuales conspicuamente pediceladas
            4. Pétalos 2–3 mm de largo; fruto ca 1 cm de largo; ramitas y pecíolos pubescentes con tricomas cortos y erectos .... **M. dentata**
            4. Pétalos ca 1 mm de largo; fruto 0.6–0.8 cm de largo; ramitas y pecíolos glabros o con unos pocos tricomas diminutos y aplicados .... **M. idiopoda**
        3. Frutos más de 1.5 cm de largo, obovoides a piriformes; inflorescencia frecuentemente ramiflora; flores sésiles o subsésiles
            5. Hojas glabras, pecíolo glabro o prontamente glabrescentes
                6. Hojas cartáceas, las más grandes más de 15 cm de largo; bosque muy húmedo .... **M. glabrata**
                6. Hojas coriáceas, menos de 16 cm de largo; localmente endémica en bosque enano en los Cerros La Pimienta y Hormiguero .... **M. nanarum**
            5. Hojas persistentemente puberulentas al menos a lo largo de los nervios del envés y sobre el pecíolo
                7. Hojas submembranáceas a cartáceas, las más grandes más de 19 cm de largo; inflorescencias mayormente subterminales; fruto menos de 2 cm de largo; bajo 1200 m de altitud .... **M. grandifolia**
                7. Hojas coriáceas, menos de 19 cm de largo; inflorescencias ramifloras; fruto más de 2 cm de largo; sobre 1200 m de altitud .... **M. vernicosa**

Meliosma corymbosa A.H. Gentry, Ann. Missouri Bot. Gard. 73: 821. 1987.

Arboles 20 m de alto. Hojas oblanceoladas a muy angostamente elípticas, 5–13 cm de largo y 1.4–4 cm de ancho, ápice agudo, base angostamente cuneada, margen entero, coriáceas, glabras; pecíolo 0.5–2 cm de largo, glabro. Inflorescencia corimboso-paniculada, terminal, plana distalmente y sobrepasando a las hojas superiores, flores pediceladas; sépalos menos de 1 mm de largo, ciliados; pétalos ca 2 mm de largo. Frutos subglobosos, asimétricos, 1.6–1.8 cm de largo y 1.5–1.6 cm de ancho, menudamente papiloso-glandulares, por lo demás glabros.

Ocasional, en bosques montanos muy húmedos, Matagalpa y Jinotega; 950–1400 m; fl ago, fr ago, nov, dic; *Neill 2342*, *Stevens 22542*; endémica de la zona norcentral de Nicaragua.

Meliosma dentata (Liebm.) Urb., Ber. Deutsch. Bot. Ges. 13: 212. 1895; *Lorenzanea dentata* Liebm.

Arboles hasta 25 m de alto. Hojas obovadas a angostamente elípticas, 4–15 cm de largo y 1.6–6 cm de ancho, ápice acuminado, base cuneada, margen entero (en Nicaragua) a conspicuamente serrado, cartáceas, pubescentes en las axilas del nervio principal con los secundarios; pecíolo 0.5–1.4 cm de largo, puberulento. Inflorescencia una panícula alargada, mayormente terminal o subterminal, puberulenta, algunos de los tricomas frecuentemente con glándulas en el ápice, flores pediceladas;

sépalos 1–1.5 mm de largo, glabros excepto por los márgenes menudamente ciliados; pétalos 2–3 mm de largo. Frutos globosos, ca 1 cm en diámetro cuando secos.

Conocida en Nicaragua por una colección estéril (*Gentry 44027*) realizada en bosques de encinos y Juglandaceae en el Cerro Picacho, Matagalpa; 1400 m; México a Nicaragua.

Meliosma donnellsmithii Urb., Bot. Gaz. (Crawfordsville) 37: 214. 1904.

Arboles pequeños, 3–20 m de alto. Hojas grandes, oblanceoladas, 30–54 cm de largo y 10–25 cm de ancho, ápice abruptamente acuminado, base gradualmente atenuada con el extremo auriculado-redondeado, margen entero a inconspicuamente serrado hacia el ápice, cartáceas, glabras excepto por unos pocos tricomas aplicados a lo largo del nervio principal; pecíolo menos de 1 cm de largo, escasamente pubescente a glabro. Inflorescencia abiertamente paniculada, cauliflora o ramiflora, flores subsésiles; sépalos 1 mm de largo; pétalos ca 1.5 mm de largo. Frutos obovoide-globosos, 1.5–2 cm de largo y de ancho, glabros.

Rara, bosques perennifolios muy húmedos, Río San Juan; 0–50 m; fr feb, jul; *Rueda 2710, 4060*; Nicaragua y Costa Rica.

Meliosma glabrata (Liebm.) Urb., Ber. Deutsch. Bot. Ges. 13: 212. 1895; *Lorenzanea glabrata* Liebm.

Arboles 7–15 m de alto. Hojas angostamente elípticas a oblongo-obovadas, 6.5–20 (–32) cm de largo y 2–7.5 (–11) cm de ancho, ápice agudo a cortamente acuminado, base cuneada, margen entero o con unos pocos dientes hacia el ápice, cartáceas, glabras; pecíolo 1–2.4 cm de largo, glabro. Inflorescencia paniculada, ramiflora, flores subsésiles o los pedicelos menos de 1 mm de largo; sépalos 1 mm de largo, ciliados; pétalos 2 mm de largo. Frutos piriforme-globosos, 1.5–2.5 cm de largo y 1.5–2 cm de ancho, glabros.

Ocasional, en bosques perennifolios muy húmedos, zona atlántica; 250–1400 m; fl abr, fr ene–may; *Neill 1864, Moreno 7779*; México al oeste de Ecuador.

Meliosma grandifolia (Liebm.) Urb., Ber. Deutsch. Bot. Ges. 13: 211. 1895; *Lorenzanea grandifolia* Liebm.; *M. maxima* Standl. & Steyerm.

Arboles 10–15 m de alto. Hojas obovadas a angostamente elípticas, 11–28 cm de largo y 5–9 cm de ancho, ápice acuminado a abruptamente cuspidado, base cuneada, margen entero a irregularmente algo serrado o serrulado, submembranáceas a cartáceas, conspicuamente puberulentas en el envés, especialmente a lo largo de los nervios principales; pecíolo 1–3 cm de largo, rojizo puberulento. Inflorescencia una panícula piramidal, un poco abierta, generalmente subterminal, flores sésiles arregladas algo densamente a lo largo de las últimas ramas; sépalos ca 1 mm de largo, puberulentos; pétalos 1–1.5 cm de largo. Frutos obovoide-globosos, 1.7–2 cm de largo y 1.5–2 cm de ancho, glabros, ocasionalmente con 2 carpelos desarrollados para formar un fruto profundamente bilobado.

Local y raramente colectada en bosques perennifolios muy húmedos, zona atlántica; 500–1200 m; fl abr, fr ene–may; *Araquistain 2486, Neill 1812*; México a Nicaragua.

Meliosma idiopoda S.F. Blake, J. Wash. Acad. Sci. 14: 289. 1924; *M. dives* Standl. & Steyerm.

Arbustos o árboles de 2–13 m de alto. Hojas obovadas a angostamente elípticas, 8.5–17 cm de largo y 2–5.5 cm de ancho, ápice acuminado, base atenuada, margen entero a conspicua y remotamente serrado, cartáceas a coriáceas, glabras excepto por los tricomas simples y conspicuos en las axilas de los nervios laterales en el envés; pecíolo 0.5–2 cm de largo, glabro. Inflorescencia abiertamente paniculada, terminal o en las axilas de las hojas superiores, flores piceladas; sépalos 1–1.2 mm de largo, ciliados; pétalos ca 1 mm de largo. Frutos globosos, 0.6–0.8 cm en diámetro, esparcidamente pubescentes.

No ha sido aun colectada pero se encuentra en los países adyacentes y en Nicaragua se podría encontrar en bosques montanos muy húmedos sobre 1300 m de altura; sur de México a Panamá.

Meliosma nanarum A.H. Gentry, Ann. Missouri Bot. Gard. 73: 821. 1987.

Arboles 6–15 m de alto. Hojas oblanceoladas a angostamente elípticas, 3–16 cm de largo y 1.2–4.5 cm de ancho, ápice agudo a cortamente acuminado, base cuneada, margen entero, coriáceas, esencialmente glabras; pecíolo 1–2 cm de largo, glabro. Inflorescencia una panícula piramidal, abajo de las hojas cuando en fruto. Frutos obpiriformes, 1.7–2 cm de largo y 1.3–1.9 cm de ancho, glabros.

Localmente común en bosques enanos en el Cerro La Pimienta y Cerro El Hormiguero, Zelaya; 800–1180 m; fr mar, abr; *Grijalva 318, Pipoly 5169*; endémica de Nicaragua.

Meliosma vernicosa (Liebm.) Griseb., Cat. Pl. Cub. 47. 1866; *Lorenzanea vernicosa* Liebm.

Arboles 7–12 m de alto. Hojas elípticas a

obovado-elípticas, 11–19 cm de largo y 6–9 cm de ancho, ápice obtuso o agudo a corta y abruptamente acuminado, base cuneada a redondeada, margen entero a distal e inconspicuamente serrado, coriáceas, puberulentas en la haz y en el envés, más o menos glabrescentes excepto a lo largo de los nervios principales en el envés; pecíolo 1–2.5 cm de largo, puberulento. Inflorescencia paniculada, ramiflora, flores sésiles; sépalos ca 1 mm de largo, ciliados; pétalos exteriores 2 mm de largo. Frutos obovoide-globosos, 2.2–2.5 cm de largo y 1.8–2 cm de ancho, glabros.

No ha sido aun colectada pero se conoce en los países adyacentes y en Nicaragua se podría encontrar en los bosques de la zona central; sur de México a Panamá. Posiblemente no es más que una forma de *M. grandifolia* de las zonas altas.

SALICACEAE Mirb.

Laurence J. Dorr

Arboles o arbustos; plantas dioicas o raramente monoicas. Hojas alternas, simples, deciduas, estípulas persistentes o caducas. Inflorescencias en amentos axilares, flores abrazadas por una bráctea escamiforme; perianto reducido a un disco cóncavo o a 1 ó 2 glándulas diminutas; flores estaminadas con (1) 2–numerosos estambres, anteras biloculares, dehiscencia longitudinal; flores pistiladas con ovario súpero de 2 (–4) carpelos unidos, 1-locular, óvulos 2–numerosos, anátropos, estilo 1, estigmas 2–4, a veces lobados. Fruto una cápsula 2–4-valvada; semillas pequeñas, comosas.

Familia con 2 géneros y ca 335 especies, comúnmente distribuidas en las regiones templadas del hemisferio norte; 1 especie se encuentra en Nicaragua.

Fl. Guat. 24(3): 342–348. 1952; Fl. Pan. 65: 1–4. 1978; C. Schneider. A conspectus of West Indian, Central and South American species and varieties of *Salix*. Bot. Gaz. (Crawfordsville) 65: 1–41. 1918; L.D. Gómez P. Salicaceae. *In:* Fl. Costaricensis. Fieldiana, Bot. 40: 14–17. 1977.

SALIX L.

Salix humboldtiana Willd., Sp. Pl. 4: 657. 1806.

Arboles o arbustos, 4–15 m de alto, corteza profundamente acanalada; ramas delgadas, flexuosas, puberulentas, con la corteza rojiza al secarse, ramitas jóvenes amarillentas al secarse; plantas dioicas. Hojas linear-lanceoladas, 4–15 cm de largo y 0.4–1 cm de ancho, ápice atenuado a agudo, base aguda a angostamente cuneada, márgenes serrulados, pilosas cuando jóvenes, glabras con la edad; pecíolos 3–7 mm de largo, acanalados en su parte adaxial, estípulas caducas. Inflorescencias 2–5.5 cm de largo, el raquis piloso o glabro; flores estaminadas con 3–5 (–7) estambres; flores pistiladas estipitadas, el estípite 1–1.5 mm de largo, ovario angostamente elipsoide. Fruto ovoide a elipsoide, ca 3 mm de largo, 2-valvado, glabro; semillas numerosas, ca 1 mm de largo.

Comúnmente cultivada, en bosques de galería, márgenes de ríos y bancos de arena, en todas las zonas del país; 0–950 m; fl y fr durante todo el año; *Moreno 4892, Stevens 21419*; México y Belice hasta Chile y Argentina. Un género con ca 300 especies, mayormente distribuidas en las regiones templadas del hemisferio norte. Según Schneider el nombre *S. chilensis* Molina es ambiguo y probablemente se aplique a una planta de otra familia. *S. babylonica* L., nativa de Eurasia, es cultivada en Nicaragua, sin embargo no ha sido recolectada; se puede distinguir de *S. humboldtiana* por sus flores estaminadas con 2 estambres por flor, sus flores pistiladas sésiles y sus hojas discoloras. Fue tratada como *S. chilensis* en la *Flora of Guatemala*. "Sauce llorón".

SAPINDACEAE Juss.

R. Laurie Robbins

Arboles grandes o pequeños, bejucos leñosos o trepadoras herbáceas; plantas polígamas o dioicas. Hojas alternas, simples, biternadas, paripinnadas, imparipinnadas, o pinnaticompuestas, géneros trepadores con zarcillos, savia lechosa, generalmente con estípulas, frecuentemente con madera compuesta (un haz central con 1–varios haces periféricos); folíolos enteros, dentados, crenados o lobados, generalmente pinnatinervios. Inflorescencias de tirsos o cincinos en racimos bracteolados o panículas, flores actinomorfas o zigomorfas, generalmente pequeñas y blancas; sépalos 4–5 (6), libres o connados, frecuentemente desiguales e imbricados; pétalos generalmente 3–6 o ausentes, iguales o desiguales, frecuentemente escamosos o barbados por dentro, imbricados; disco variado, completo o incompleto, frecuentemente glandular; estambres 8 (raramente 5–10), generalmente hipóginos e insertos en el disco, filamentos generalmente filiformes, frecuentemente vellosos, anteras oblongas, ditecas, versátiles, basifijas, introrsas, con dehiscencia longitudinal; ovario súpero, central o excéntrico, entero, lobado o partido casi hasta la base, lóculos 2–3, carpelos 2–3, estilo simple o dividido, terminal o ginobásico, óvulos anátropos, campilótropos o anfítropos, 1–2 (raramente más) en cada lóculo, adheridos al eje, ascendentes. Fruto capsular o drupáceo, dehiscente o indehiscente, entero, lobado o alado, frecuentemente de 2–3 sámaras, carpelos frecuentemente separados del eje central al madurar; semillas globosas o comprimidas, con o sin arilo, sin endosperma; embrión generalmente grueso, frecuentemente plegado o convoluto y en espiral; cotiledones generalmente plano-convexos, desiguales, radícula corta, inflexa, ínfera.

La familia consiste de ca 150 géneros de las regiones tropicales y subtropicales; 14 géneros y 60 especies se han colectado en Nicaragua, 2 géneros adicionales y 10 especies se esperan encontrar. Radlkofer subdividió a la familia en 2 subfamilias, las Eusapindaceae (Sapindoideae) con 1 óvulo en cada lóculo y las Dyssapindaceae (Dodonaeoidea) con 2 o más óvulos en cada lóculo; además delimita 14 tribus, 9 de las cuales se colocan en la primera subfamilia. La mayoría de las especies se encuentran en Africa, Asia, Australia y Madagascar y ca 35 géneros en América tropical. De los 5 géneros introducidos a los trópicos el mejor establecido es *Sapindus*, el cual se encuentra en toda América tropical y subtropical. Además, *Filicium*, *Litchi*, *Euphoria* y *Nephelium* a veces se encuentran como cultivares en América tropical. Varios taxones que podrían llegar a encontrarse en el país, pero que al momento no merecen ser tratados en esta contribución, se mencionan brevemente.

Fl. Guat. 24(6): 234–273. 1949; Fl. Pan. 63: 419–540. 1976; L. Radlkofer. Sapindaceae. *In:* A. Engler. Pflanzenr. IV. 165 (Heft 98 a–h): 1–1539. 1933–1934.

1. Plantas escandentes, generalmente con zarcillos
    2. Fruto generalmente de 3 sámaras, con alas basales .... **Serjania**
    2. Fruto no en sámaras, alas, si presentes laterales hasta la porción en donde se encuentra la semilla
        3. Fruto una cápsula gruesa y a veces alada; folíolos 3–numerosos; tallos completamente leñosos .... **Paullinia**
        3. Fruto una cápsula membranácea y a veces alada; tallos herbáceos en la parte superior
            4. Hojas biternadas; inflorescencia un tirso; fruto hinchado y en forma de vejiga, nunca alado .... **Cardiospermum**
            4. Hojas 3-folioladas; inflorescencia racemosa; fruto nunca hinchado, alado lateralmente .... **Urvillea**
1. Plantas erectas, nunca con zarcillos
    5. Hojas simples; fruto una cápsula alada .... **Dodonaea**
    5. Hojas compuestas; fruto variable
        6. Hojas bipinnadas, con numerosos folíolos pequeños .... **Dilodendron**
        6. Hojas una vez pinnadas, a veces con 2 ó 3 folíolos
            7. Hojas 3-folioladas, con folíolo terminal; sépalos o lobos del cáliz 4
                8. Fruto no alado y algo carnoso; sépalos libres .... **Allophylus**
                8. Fruto conspicuamente alado y seco; sépalos connados .... **Thouinia**
            7. Hojas con 2, 4, o más folíolos, sin folíolo terminal; sépalos o lobos del cáliz 5 (6)

9. Fruto dehiscente, capsular
　10. Estambres largamente exertos; fruto generalmente 5 cm de largo o más largo; árboles cultivados ... **Blighia**
　10. Estambres casi o completamente envueltos por el perianto; fruto generalmente 2 cm de largo o más corto; árboles nativos
　　11. Sépalos libres; hojas con margen en general marcadamente dentado, frecuentemente pubescentes .... **Cupania**
　　11. Sépalos connados; hojas con margen generalmente entero, glabras o casi así .... **Matayba**
9. Fruto indehiscente, seco o carnoso
　12. Fruto sámaras aladas .... **Thouinidium**
　12. Fruto sin alas
　　13. Fruto de 1–3 cocos carnosos o lobos bien definidos, 1 o más de los cocos o lobos muy pequeños, representando un lóculo abortivo; anteras versátiles .... **Sapindus**
　　13. Fruto una baya o drupa, no lobado; anteras basifijas
　　　14. Hojas generalmente con más de 4 pares de folíolos frecuentemente grandes, con peciólulos abultados; fruto una baya; arbustos delgados; nativas .... **Talisia**
　　　14. Hojas con 1–3 pares de folíolos, sésiles o casi así; fruto una drupa o una baya; árboles con troncos fuertes; a veces cultivadas
　　　　15. Hojas con 3 pares de folíolos; inflorescencia un racimo simple o ramificada; pétalos 5; fruto una baya .... **Exothea**
　　　　15. Hojas con 1–2 pares de folíolos; inflorescencia una panícula; pétalos 4; fruto una drupa .... **Melicoccus**

ALLOPHYLUS L.

Arbustos o árboles; plantas polígamas. Hojas comúnmente 1–3 (–5)-folioladas (3-folioladas en Nicaragua), pecioladas; folíolos enteros o serrados, frecuentemente con puntos o líneas. Inflorescencia paniculada o racemosa, axilar, flores zigomorfas pequeñas de hasta 2 mm de largo, blancas, piceladas, frecuentemente cerradas en antesis; sépalos 4, imbricados en pares opuestos, membranáceos, los 2 exteriores más pequeños; pétalos 4, pequeños, glabros; disco unilateral, lobado o con 4 glándulas cortas; estambres 8, mayormente excéntricos, incluidos o cortamente exertos; ovario excéntrico, generalmente 2-locular, 2-lobado, estilo 2–3-lobado, óvulos solitarios, basalmente unidos. Fruto 1 (raramente 2) coco indehiscente, ovoide-globoso, seco o carnoso; semilla obovoide con arilo corto.

Género con ca 190 especies ampliamente distribuidas en las regiones tropicales y subtropicales del mundo. Radlkofer listó 53 para las Américas, mayormente de Sudamérica; 5 especies se encuentran en Centroamérica y 3 de ellas en Nicaragua. Según Radlkofer, *Allophylus* está estrechamente emparentado con *Thouinia* en la sección Thouinieae.

1. Folíolos densa y conspicuamente pubescentes en el envés; racimos mayormente simples, más cortos que las hojas; frutos puberulentos .... **A. racemosus**
1. Folíolos glabros en el envés o casi así; racimos simples o ramificados, a menudo más largos que las hojas; frutos glabros o menudamente puberulentos
　2. Racimos simples, raquis mayormente glabro; folíolos coriáceos o subcoriáceos, no verde claros al secar, no ancistrosos en las axilas .... **A. camptostachys**
　2. Racimos en general cortamente ramificados, si no así, las ramas densa y cortamente pilosas; folíolos membranáceos, verdes al secar, generalmente ancistrosos en las axilas .... **A. psilospermus**

Allophylus camptostachys Radlk., Sitzungsber. Math.-Phys. Cl. Königl. Bayer. Akad. Wiss. München 38: 213. 1908.

Arbustos o árboles hasta 13 m de alto; tallos jóvenes escasamente puberulentos o casi glabros, densamente pálido-lenticelados. Folíolos lanceolados a obovado-lanceolados, 7–15 cm de largo y 3–6 cm de ancho, agudos a acuminados en el ápice, margen sinuado-dentado o repando-denticulado, coriáceos o subcoriáceos, frecuentemente lustrosos, glabros o ca-

si así, cortamente peciolulados; pecíolos 1.5–2 cm de largo. Inflorescencia de racimos simples generalmente más largos que las hojas, frecuentemente curvados, pedicelos 1 mm de largo, flores 1.5 mm de diámetro, casi glabras, blanco-cremosas; sépalos ciliolados. Fruto obovoide, 7 mm de largo, menudamente puberulento, blanco-amarillento; semilla glabra.

Conocida en Nicaragua por una colección (*Ortiz 1902*) de bosques muy húmedos, Zelaya; 300–400 m; fr mar; México a Nicaragua.

Allophylus psilospermus Radlk., Sitzungsber. Math.-Phys. Cl. Königl. Bayer. Akad. Wiss. München 20: 230. 1890.

Arbustos o árboles hasta 15 (–20) m de alto; tallos jóvenes puberulentos, glabros con la edad. Folíolos lanceolado-oblongos a oblongo-elípticos u oblanceolados, 2.5–26 cm de largo y 1.5–7.5 cm de ancho, acuminados en el ápice, margen remotamente serrado, membranáceos, glabros excepto por la escasa pubescencia de los nervios en el envés y ancistrosos en las axilas de los nervios, subsésiles; pecíolos 2–5 (–7.5) cm de largo. Inflorescencia paniculada o a veces simple, mayormente de tirsos axilares, generalmente más larga que las hojas, flores 2 mm de diámetro, glabras, amarillo-verdes; sépalos ciliolados. Fruto obovoide, mayormente 6–9 mm de largo, amarillo-anaranjado tornándose rojo y glabro al madurar; semilla glabra.

Ocasional, bosques secos a húmedos y muy húmedos, zonas atlántica y norcentral; 0–1100 m; fl ene–may, fr may–ago; *Araquistain 2694*, *Guzmán 1223*; México a Panamá y en las Antillas.

Allophylus racemosus Sw., Prodr. 62: 1788; *A. occidentalis* (Sw.) Radlk.

Arbustos o árboles hasta 10 m de alto; tallos jóvenes densa y menudamente tomentulosos, glabros con la edad. Folíolos obovados a elípticos o rómbico-lanceolados, 5–25 cm de largo y 3–7 cm de ancho, agudos a acuminados en el ápice, margen repando-dentado a subentero, membranáceos, glabros o inconspicuamente pubescentes en la haz, envés densamente piloso con tricomas suave-patentes y nervios tomentosos, sésiles; pecíolos 2–6 cm de largo. Inflorescencia de racimos simples más o menos de la misma longitud que los pecíolos, flores hasta 1.5 mm de diámetro, blanco-cremosas; sépalos ciliolados, pubescentes por fuera, densamente pubescentes por dentro. Fruto obovoide-globoso, 6 mm de largo, escasamente pubescente, rojo; semilla canescente-híspida.

Común, bosques secos y semihúmedos, sabanas y márgenes de ríos, zonas pacífica y norcentral; 0–1000 m; fl y fr may–jun; *Araquistain 2883*, *Stevens 20132*; ampliamente distribuida desde México hasta el norte de Sudamérica y en las Antillas.

BLIGHIA K.D. Koenig

Blighia sapida K.D. Koenig, Ann. Bot. (König & Sims) 2: 571, t. 16–17. 1806.

Arboles hasta 20 (–50) m de alto; tallos amarillento-tomentosos, glabros con la edad; plantas polígamas. Hojas pinnadas, generalmente 4 (2–5) pares de folíolos; folíolos cuneado-obovados a elípticos u oblongos, 4–20 cm de largo, obtusos, redondeados o cortamente acuminados en el ápice, cartáceos o subcoriáceos, glabros en la haz, vellosos en el envés al menos en el nervio principal, peciólulos 3–7 mm de largo. Inflorescencia de racimos en las axilas de las hojas terminales, simples o ramificados, tomentosos, flores fragantes, 3.5–4.5 mm de largo, color crema; cáliz profundamente 5 (6) lobado, tomentoso; pétalos 5, vellosos; estambres exertos en las flores estaminadas; disco anular aplanado, tomentoso. Fruto capsular, oblongo-obovado, obtusamente 3-lobado, hasta 10 cm de largo y 1.8 cm de ancho, 3-valvado, glabro por fuera, densamente lanoso por dentro, dehiscente, rojo, amarillento; semillas generalmente 3, globosas, hasta 18 mm de diámetro, negras, lustrosas, café obscuras al secar, arilo carnoso muy grande.

Ocasionalmente cultivada en Nicaragua; 0–1000 m; fl y fr todo el año; *Grijalva 2249*, *Sandino 4316*; esta es la única especie cultivada en América tropical. Género con 6 especies nativas de Africa tropical. Radlkofer localiza *Blighia* en la misma subtribu con *Pseudima* y *Dilodendron* (*Dipterodendron*) y en la misma tribu con *Cupania* y *Matayba*. "Akee", "Seso vegetal".

CARDIOSPERMUM L.

Trepadoras perennes o anuales; tallos delgados, herbáceos a leñosos, con estela simple; plantas polígamas. Hojas biternadas; folíolos con margen profundamente crenado o serrado, híspidos a glabros, frecuentemente con puntos o rayas pelúcidos. Inflorescencia de tirsos axilares, pedúnculos con 2 zarcillos, flores zigomorfas pequeñas, blancas; sépalos 4 (en Nicaragua) ó 5, el par exterior más pequeño; pétalos 4, los 2 más grandes con una escama grande, los 2 más pequeños con una pequeña escama crestada; glándulas del disco 4, las 2 inferiores obsoletas, las 2 superiores ovadas o corniformes; estambres 8, excéntricos, filamentos desiguales, libres o connados en la base; ovario sésil o estipitado, lóculos 3, estigmas 3, óvulos solitarios. Fruto una cápsula hinchada, con 3 carpelos, membranácea o subcartácea; semillas globosas, con testa crustácea y arilo blanco reducido, cordiforme o reniforme, embrión con cotiledones biplicados.

Género con 16 especies, distribuidas en las áreas cálidas de América y algunas se extienden a los trópicos del Viejo Mundo; 3 especies se encuentran en Nicaragua. Este género está más estrechamente relacionado con *Urvillea*.

1. Fruto 5–6 cm de largo, glabro, más largo que ancho; flores 6–9 mm de largo; glándulas del disco alargadas, corniformes .... **C. grandiflorum**
1. Fruto menos de 4 cm de largo, ligeramente pubescente, igual de ancho que de largo o más ancho que largo; flores 5 mm de largo o más cortas; glándulas del disco cortas, suborbiculares u obsoletas
  2. Fruto tan largo como ancho, 3–4 cm de largo; flores 4–5 mm de largo .... **C. halicacabum**
  2. Fruto más ancho que largo, 1 cm de largo; flores 2–3 mm de largo .... **C. microcarpum**

Cardiospermum grandiflorum Sw., Prodr. 64. 1788.

Trepadoras herbáceas, pequeñas o grandes; tallos 5–6 acostillados, glabros o puberulentos. Folíolos ovados, oblongos, obovados, 5–8 cm de largo y 2–3.5 (–4) cm de ancho, mayormente (agudos) acuminados en el ápice, margen gruesamente serrado o inciso-dentado, escasamente pubescentes a subglabros, mayormente peciolulados; pecíolos 2–5 cm de largo, estípulas 0.5 mm de largo, subuladas. Inflorescencia de tirsos largamente pedunculados, en los zarcillos, flores 6–9 mm de largo, glabras; sépalos exteriores híspidos, los internos glabros; disco con 2 glándulas corniformes delgadas, 2–3.5 mm de largo. Fruto 3-angulado, 5–6 cm de largo, agudo en ambos extremos, membranáceo, glabro; semillas 7 mm de diámetro, negras, arilo reniforme.

Poco común, en bosques secos a húmedos, zona norcentral; 300–500 m; fl dic–feb, fr dic–mar; *Araquistain 1619, Moreno 20375*; México a Sudamérica, las Antillas y Africa tropical.

Cardiospermum halicacabum L., Sp. Pl. 366. 1753.

Trepadoras herbáceas, pequeñas o grandes; tallos 5–6 acostillados, glabros o puberulentos. Folíolos ovados a oblongos o lanceolados, 2–8 cm de largo y 1–2.5 cm de ancho, agudos a acuminados en el ápice, margen profundamente inciso-dentado, glabros o pubescentes, folíolo terminal peciolulado, los laterales cortamente peciolulados a sésiles; pecíolo 1–1.8 cm de largo, estípulas lanceoladas, 1 mm de largo. Inflorescencia de tirsos umbeloides largamente pedunculados, en los zarcillos, flores hasta 4 5 mm de largo, glabras; sépalos pubescentes; disco con 2 glándulas suborbiculares conspicuas. Fruto subgloboso, 3–4 cm de largo, 3-lobado, membranáceo, pubescente; semillas 3–5 mm de diámetro, negras, arilo cordiforme.

Ocasional a frecuente, en áreas alteradas, en todo el país; 0–2000 m; fl jul–dic, fr ago–mar; *Hernández 623, Moreno 18003*; sur de Estados Unidos a Sudamérica, las Antillas y en los trópicos del Viejo Mundo. Está estrechamente relacionada con *C. microcarpum*.

Cardiospermum microcarpum Kunth in Humb., Bonpl. & Kunth, Nov. Gen. Sp. 5: 104. 1821.

Trepadoras herbáceas, pequeñas; tallos 6-acostillados, glabros. Folíolos oblongos a lanceolados, 1.5–4.5 cm de largo y 0.5–1.8 cm de ancho, obtusos o subagudos en el ápice, margen profundamente inciso-dentado, escasamente estrigulosos especialmente en los nervios, sésiles a cortamente peciolulados; pecíolos 0.5–4 cm de largo, estípulas diminutas. Inflorescencia de tirsos umbelados largamente pedunculados, flores 2.3 mm de largo, estrigosas; sépalos glabros a escasamente estrigosos; disco con 2 glándulas globosas. Fruto obreniforme, 1 cm de largo y 2 cm de ancho, 3-lobado, subcartáceo, ligeramente pubescente; semillas 4 mm de largo, negras, arilo reniforme.

Poco común, áreas alteradas, en todo el país; 0–700 m; fl probablemente la mayor parte del año, fr abr–oct; *Araquistain 318, Sandino 814*; pantropical. Está estrechamente relacionada con *C. halicacabum*. Algunos autores colocan *C. microcarpum* como una variedad de *C. halicacabum*.

CUPANIA L.

Arbustos y árboles glabros o pubescentes; tallos teretes o sulcados, troncos 25–30 cm de diámetro; plantas poligamodioicas. Hojas generalmente paripinnadas, pecioluladas; folíolos alternos u opuestos en el raquis, con margen entero o dentado, frecuentemente glabros en la haz y glabros o pubescentes en el envés. Inflorescencia paniculada o un tirso racemoso, flores actinomorfas pequeñas, blancas o color crema; sépalos 5, libres, imbricados en 2 hileras; pétalos 5; disco anular y tumescente; estambres generalmente 8, insertos en el disco, exertos en las flores estaminadas; ovario 2–3-locular, óvulos solitarios. Cápsula obovoide, obcordada, raramente globosa, glabra o tomentosa, dehiscente; semillas subglobosas a oblongas, arilo amarillo o anaranjado en nuestras especies, testa crustácea, embrión grueso y curvado, cotiledones plano-convexos, radícula inflexa.

Género con ca 45 especies distribuidas en América tropical; 8 especies en Nicaragua. *Cupania* es difícil de distinguir de *Matayba*, género con el que está estrechamente relacionado.

P.C. Standley. Ten new species of trees from Salvador. J. Wash. Acad. Sci. 13: 350–354. 1923; P.C. Standley y L.O. Williams. Plantae Centrali-Americanae. IV. Ceiba 3: 101–132. 1952; C.L. Lundell. Plantae Mayanae. II. Wrightia 2: 111–216. 1961.

1. Hojas densamente pubescentes en el envés
  2. Envés de los folíolos blanquecino; cápsulas obovadas, redondeadas o levemente lobadas, café claras a pálido-tomentosas .... **C. cinerea**
  2. Envés de los folíolos café; cápsulas turbinadas, levemente lobadas, café obscuras a café-rojizas
    3. Cápsulas levemente 3-lobadas, sin ángulos aguzados; folíolos agudos u obtusos en el ápice, agudos pero no inequiláteros en la base, membranáceos .... **C. guatemalensis**
    3. Cápsulas triquetro-turbinadas con ángulos aguzados semejantes a alas; folíolos mayormente redondeados en el ápice, generalmente inequiláteros en la base, coriáceos .... **C. rufescens**
1. Hojas glabras o casi así
  4. Cápsulas pubescentes; folíolos agudos a acuminados en el ápice
    5. Cápsula 2-lobada, obovada, no acostillada en los lobos, café-tomentosa; panícula más corta que las hojas; peciólulos abultados .... **C. livida**
    5. Cápsula 3-lobada, piriforme, lobos agudos, semejantes a cornículos, café-rojiza tomentosa por fuera, lanoso-tomentosa por dentro; panícula igual o más larga que las hojas; peciólulos no conspicuamente abultados .... **C. scrobiculata**
  4. Cápsulas glabras o casi así; folíolos redondeados o subagudos en el ápice
    6. Cápsulas profundamente 3-lobadas; folíolos 2–6, márgenes enteros o casi así .... **C. cubensis**
    6. Cápsulas turbinado-globosas, levemente 3-lobadas; folíolos 6–14, márgenes serrado-dentados, crenados, o subenteros
      7. Panículas ca 20 cm de largo, frecuentemente tan largas como las hojas; flores con pedicelos 1 mm de largo o menos; hojas foveoladas en las axilas de los nervios en el envés .... **C. dentata**
      7. Panículas 11–20 cm de largo, más cortas que las hojas; flores con pedicelos 2–3 mm de largo; hojas no foveoladas en la axilas de los nervios en el envés .... **C. glabra**

Cupania cinerea Poepp., Nov. Gen. Sp. Pl. 3: 38. 1844.

Arbustos a árboles hasta 3–10 (–15) m de alto; tallos teretes, estriados, conspicuamente lenticelados, pubescentes cuando jóvenes, glabros con la edad. Hojas pinnadas; folíolos 4–8, obovado-oblongos, (5–) 10–15 (–20) cm de largo y 2–7 cm de ancho, redondeados a emarginados en el ápice, margen serrado-dentado, glabros en la haz, densamente blanquecino-pubescentes en el envés, coriáceos, nervios en el envés ligeramente prominentes. Panículas densas, terminales o subterminales, racemosas, tomentosas, flores 2 mm de largo, blancas; sépalos tomentosos. Cápsula obovada, redondeada a 3-lobada, 1.5 cm de largo y 1 cm de ancho, pálido-tomentosa por fuera, lanosa por dentro, café clara, cortamente estipitada.

Ocasional, en bosques húmedos o muy húmedos y áreas alteradas, zona atlántica; 0–1000 m; fl jun–ago, fr ago–oct; *Ortiz 111, Sandino 4654*; Honduras a Bolivia y en las Antillas. "Cola de pava blanca".

Cupania cubensis M. Gómez & Molinet, Fl. Cuba 35. 1887; *C. macrophylla* A. Rich.

Arbustos a árboles hasta 10 (–15) m de alto; tallos estriados, glabros o puberulentos cuando jóvenes. Hojas pinnadas; folíolos 2–6, obovados a obovado-oblongos, 5–14 cm de largo y 2.5–8 cm de ancho, redondeados u obtusos en el ápice, margen entero o casi así, glabros, membranáceos o cartáceos, generalmente foveolados. Panículas axilares, generalmente más cortas que las hojas, puberulentas, pedicelos 1–2 mm de largo, flores hasta 2 mm de largo, blancas o color crema; sépalos puberulentos; pétalos 1 mm de largo. Cápsula profundamente 3-lobada con los lobos dorsalmente agudos, 1–1.5 cm de largo y 2 cm de ancho, cartácea, glabra a esparcidamente pubescente, café clara, estipitada.

Poco común, en bosques húmedos y muy húmedos, zona atlántica; 0–1500 m; fl mayormente nov–dic, fr feb–jun; *Little 25114, Neill 3774*; México a Costa Rica y las Antillas. Una especie de Costa Rica que podría encontrarse en el sur de Nicaragua es *C. macropoda* Standl., la cual se identificaría como *C. cubensis* en la clave, pero difiere por tener las hojas coriáceas, los peciólulos 5–10 mm de largo, pedicelos hasta 1 cm de largo, sépalos patentes de 2.5 mm de ancho y fruto 2 cm de largo con estípite 8 mm de largo.

Cupania dentata DC., Prodr. 1: 614. 1824.

Arbustos o árboles hasta 20 m de alto; tallos teretes a sulcados, glabros con la edad, frecuentemente con lenticelas conspicuas a lo largo de las crestas. Hojas pinnadas; folíolos 6–14, lanceolado-oblongos a obovado-oblongos, 8–20 cm de largo y 3–7 cm de ancho, mayormente redondeados en el ápice, margen subcrenado o serrado-dentado hasta raramente entero, glabros, a veces menudamente pubescentes en el envés, subcoriáceos, foveolados. Panículas axilares, frecuentemente tan largas como las hojas, densamente puberulentas, flores 2 mm de largo, de color crema; sépalos puberulentos. Cápsula turbinado-globosa, levemente 3-lobada, 1.5 cm de largo y de ancho, café obscura a negra al secar, glabra, estipitada.

Frecuente en bosques tropicales, nebliselvas mixtas y bosques muy húmedos, zonas pacífica y norcentral; 0–1400 m; fl may–sep, fr sep–mar; *Araquistain 3622, Moreno 21910*; México a Costa Rica. Está estrechamente relacionada con *C. glabra* y se ha sugerido que son la misma especie. "Piojillo".

Cupania glabra Sw., Prodr. 61. 1788.

Arbustos o árboles hasta 25 (–35) m de alto; tallos de corteza gris clara, lisa. Hojas pinnadas; folíolos 6–14, obovado-oblongos a angostamente oblongos, 6–20 cm de largo y 2–7 cm de ancho, generalmente redondeados en el ápice, margen subentero a repando-dentado, glabros en la haz, glabros a escasamente pubescentes en el envés, subcoriáceos, no foveolados. Panículas axilares o subterminales, más cortas o raramente iguales a las hojas, 11–20 cm de largo, puberulentas, con numerosas flores de 2 mm de largo, blancas; sépalos pubescentes. Cápsula turbinado-globosa, escasamente 3-lobada, 1.5–2 cm de largo y 1.7 cm de ancho, glabra, café, estipitada.

Poco común en bosques húmedos o muy húmedos y nebliselvas, zonas pacífica y norcentral; 0–1700 m; fl ago–sep, fr nov–jul; *Moreno 21282, Robleto 1205*; Estados Unidos (sur de Florida), México a Costa Rica y en las Antillas. Estrechamente emparentada con *C. dentata*.

Cupania guatemalensis (Turcz.) Radlk., Sitzungsber. Math.-Phys. Cl. Königl. Bayer. Akad. Wiss. München 9: 517. 1879; *Paullinia guatemalensis* Turcz.

Arbustos o árboles hasta 15 m de alto; tallos teretes, estriados, densamente amarillo-tomentosos cuando jóvenes, glabros con la edad. Hojas pinnadas; folíolos 6–10, oblongo-lanceolados a ovados, 5–20 cm de largo y 2–6.5 cm de ancho, obtusos a agudos en el ápice, margen remotamente dentado a sub-

entero, glabros en la haz excepto por la pubescencia en los nervios, densamente velutino-pilosos en el envés, membranáceos. Panícula axilar o terminal, más corta que las hojas y escasamente ramificada, densamente tomentosa, flores 3 mm de largo, blancas; sépalos tomentulosos. Cápsula turbinado-globosa, levemente 3-lobada, 1.5–2 cm de largo y 1–1.5 cm de ancho, glandulosa por dentro, densa y suavemente pilosa, amarillenta a café-rojiza por fuera, estípite hasta 3 mm de largo.

Ocasional, en matorrales, bosques húmedos y bosques siempreverdes, zonas pacífica y norcentral; 0–1500 m; fl ene–feb, fr mar–ago; *Araquistain 3784, Robleto 349*; México a Panamá. Está estrechamente relacionada con *C. rufescens* la cual muestra una distribución similar. Para las especies de países adyacentes que podrían ser identificadas en la clave como *C. guatemalensis* o *C. rufescens*, véase la discusión de *C. rufescens*. "Cola de pava".

Cupania livida (Radlk.) Croat, Ann. Missouri Bot. Gard. 63: 438. 1976; *Matayba livida* Radlk.

Arboles hasta 18 m de alto; tallos débilmente acostillados, densamente rojizo-tomentosos cuando jóvenes, casi teretes y glabros con la edad. Hojas pinnadas; folíolos 4–9, oblongo-lanceolados a oblongo-elípticos, 7–33 cm de largo y 3.5–10 cm de ancho, agudos a acuminados en el ápice, margen entero o inconspicuamente sinuado, cartáceos, glabros en la haz excepto menudamente puberulentos en los nervios principales, densamente rojizo-tomentosos en el envés y sobre el raquis, pecíolos y peciólulos. Panícula terminal o en las axilas superiores, más corta que las hojas, 10–20 cm de largo, ramificada, rojizo-tomentosa, flores 2 mm de largo, color crema; sépalos rojizo-tomentosos por fuera, tomentulosos por dentro. Cápsula obovada, 2-lobada, 1.3–1.7 cm de largo y 1.5 cm de ancho, café tomentosa, sésil o casi así.

Rara, en bosques húmedos, zona atlántica; 60–150 m; fl may, fr ago; *Robleto 604, Sandino 4529*; Nicaragua a Panamá. Croat en la *Flora of Panama*, comenta que esta especie podría ser *Cupania* o *Matayba*, en base a los residuos del material floral, pero por los caracteres vegetativos se parece más a *Cupania*, por lo que hizo la combinación en este género. El estudio de material floral más completo apoya esta conclusión. La especie es única en Centroamérica por tener cápsulas sólo 2-lobadas.

Cupania rufescens Triana & Planch., Ann. Sci. Nat. Bot., sér. 4, 18: 374. 1862; *C. asperula* Standl.

Arbustos o árboles hasta 25 m de alto; tallos de corteza café-rojiza con fisuras horizontales y verticales; tallos jóvenes sulcados y densamente rojizo-hirsutos. Hojas pinnadas; folíolos 3–7 (–9), obovado-oblongos u obovados, 7.5–21 (–25) cm de largo y 3.5–7.5 (–10.5) cm de ancho, redondeados u obtusos en el ápice, margen entero a denticulado, glabros en la haz excepto por la pubescencia en los nervios principales, hirsutos en el envés, especialmente en los nervios, coriáceos, peciólulos 2–3 mm de largo. Panícula axilar, más o menos de la misma longitud que las hojas, escasamente ramificada, densamente rojizo-hirsuta, flores 2.5–3.5 mm de largo, blancas; sépalos densamente hírtulos. Cápsula ampliamente triquetro-turbinada con ángulos aguzados casi como alas, 1.5–2 cm de largo y de ancho, densamente tomentosa o hirsuta, rojo-café o anaranjado-café obscura, cortamente estipitada.

Frecuente, en bosques húmedos y pluvioselvas, zona atlántica; 0–500 m; fl feb–mar, fr mar–jun; *Ortiz 1254*, *Robleto 634*; México a Colombia, Venezuela, las Guayanas y Brasil. Está muy estrechamente relacionada con *C. guatemalensis*. Otras 3 especies que se encuentran en países adyacentes podrían ser identificadas en la clave como *C. rufescens* o *C. guatemalensis*, todas ellas densamente hirsutas; *C. sordida* Standl. & L.O. Williams, una especie encontrada a 1700 m en Alajuela, Costa Rica, con el envés de las hojas densamente ferrugíneo-piloso, difiere de *C. rufescens* por tener peciólulos hasta 4 mm de largo y folíolos más elíptico-oblongos, frutos desconocidos; *C. mollis* Standl. cuyo tipo es de El Salvador, tiene el envés de las hojas densamente velutino-piloso y ca 14 folíolos, frutos glabros; *C. hirsuta*

Radlk., con *C. cooperi* Standl. como sinónimo, se encuentra en Alajuela, Costa Rica, en bosques húmedos, posee 6–12 folíolos elíptico-oblongos a obovado-lanceolados, acuminados en el ápice y membranáceo-cartáceos, fruto turbinado, 3-lobado e hirsuto por dentro y por fuera. "Cola de pava colorada".

Cupania scrobiculata Rich., Actes Soc. Hist. Nat. Paris 1: 109. 1792.

Arbustos o árboles hasta 15 (–20) m de alto (en Nicaragua hasta 10 m); tallos sulcados, puberulentos a tomentosos cuando jóvenes, glabros con la edad. Hojas pinnadas; folíolos 6–8 (10 ó 12), ovados a elíptico-oblongos, 5–18 cm de largo y 2.5–10 cm de ancho, obtusos, agudos a cortamente acuminados en el ápice, margen entero a undulado o sinuado-dentado, cartáceos, glabros o a veces escasamente puberulentos en los nervios del envés, nervios laterales ligeramente prominentes en el envés. Panícula axilar o subterminal, igual o más larga que las hojas, ramas menudamente cinéreo-seríceas, flores hasta 1.5 mm de largo, blancas; sépalos densamente puberulentos. Cápsula piriforme, 3-lobada con los lobos agudos semejantes a cornículos, 1–2 cm de largo y 1.3–1.6 cm de ancho, tomentosa por fuera, lanoso-tomentosa por dentro, café-rojiza, estipitada.

Ocasional, en bosques húmedos y muy húmedos, zona atlántica; 0–500 m; fl mar–abr, jul, fr ago–oct; *Moreno 16049*, *Sandino 4584*; México a Panamá, Venezuela, las Guayanas y Brasil. Está estrechamente relacionada con *C. hirsuta*, *C. rufescens* y *C. guatemalensis*. "Cola de pava".

DILODENDRON Radlk.; *Dipterodendron* Radlk.

Dilodendron costaricense (Radlk.) A.H. Gentry & Steyerm., Ann. Missouri Bot. Gard. 74: 536. 1987; *Dipterodendron costaricense* Radlk.

Arboles grandes hasta 40 m de alto, troncos hasta 1 m de diámetro o más; tallos teretes, pilosos a glabros, conspicuamente lenticelados; plantas dioicas. Hojas bipinnadas, 30–79 cm de largo, pinnas alternas a subopuestas, 7–14 cm de largo, deciduas, raquis puberulento; folíolos numerosos, oblongos, 10–40 mm de largo y 6–12 mm de ancho, redondeados a agudos en el ápice, inequiláteralmente agudos en la base, márgenes serrados a crenados, glabros, lustrosos, nervios reticulados ligeramente prominentes. Tirsos en las axilas superiores, 8–18 cm de largo, pedicelos hasta 1.5 cm de largo, flores verdosas; cáliz 5-lobado, rotáceo, pubescente; pétalos ausentes; estambres 6–8, 3 mm de largo, filamentos glabros o casi así, exertos; disco grueso, tomentoso, no lobado.

Cápsula ovoide a globosa, 2.5–3 cm de diámetro, 2–3-lobada, 2–3-locular, glabra por fuera, tomentosa por dentro, rojiza; semillas 15–18 mm de largo, negras, lustrosas, con arilo blanco en la base.

No ha sido colectada en Nicaragua pero se espera encontrar en el sur del país, en los bosques húmedos de la zona pacífica. Esta especie se conoce de Costa Rica y Panamá, florece entre abril y mayo y los frutos están presentes desde junio a diciembre. Género con 3 especies distribuidas desde Costa Rica hasta Venezuela. *D. elegans* (Radlk.) A.H. Gentry & Steyerm., de Costa Rica, es escasamente pubescente a estrigulosa en el envés de las hojas y ha sido colectada a 1400 m. Standley (1937) sugiere que podría tratarse de una forma de *D. costaricense*. De acuerdo a Radlkofer, este género está relacionado con *Pseudima* (sur de Centroamérica), *Cupania*, *Matayba* y *Blighia*.

DODONAEA Mill.

Dodonaea viscosa Jacq., Enum. Syst. Pl. 19. 1760.

Arbustos o árboles hasta 5 m de alto; tallos rojizos, glabros, con diminutas fisuras y lenticelas; plantas dioicas. Hojas simples, oblongo-lanceoladas a linear-oblanceoladas, 5–12 cm de largo y 1.5–5 cm de ancho, agudas a redondeadas en el ápice, margen entero, víscidas, glabras; sésiles o casi así. Tirsos axilares o terminales, más cortos que las hojas, en inflorescencias racemosas o corimbosas, flores amarillo pálidas; sépalos generalmente 4, 3 mm de largo; pétalos ausentes; estambres 5–8, filamentos cortos en las flores estaminadas; estilo 3–6-partido en las flores pistiladas, óvulos 2 por lóculo. Fruto una cápsula suborbicular, 2.2 cm de largo y 2.5 cm de ancho, cordada en la base y en el ápice, membranácea con 3 alas delgadas, 3-locular; semillas subglobosas, hasta 8 mm de ancho, sin arilo.

Poco común, matorrales costeros y playas, costa del Atlántico; nivel del mar; fl y fr durante todo el año; *Atwood 5260, Neill 4553*; ampliamente distribuida desde el suroeste de los Estados Unidos y México a Sudamérica, las Antillas y los trópicos del Viejo Mundo, en matorrales desérticos hasta bosques caducifolios y a elevaciones de hasta 2400 m. El género contiene 54 especies, 52 de ellas en Australia. Según Radlkofer este género está estrechamente relacionado con 3 géneros del Viejo Mundo.

EXOTHEA Macfad.

Exothea paniculata (Juss.) Radlk. in T. Durand, Index Gen. Phan. 81. 1888; *Melicocca paniculata* Juss.

Arbustos o árboles, hasta 20 m de alto, tronco hasta 60 cm de diámetro; tallos jóvenes glabros; plantas polígamas. Hojas pinnadas; folíolos 4–6, oblongos a elíptico-oblongos o lanceolado-oblongos, 8–11 cm de largo, obtusos a agudos o cortamente acuminados en el ápice, glabros. Panícula muy ramificada, con muchas flores, casi igualando a las hojas, densamente puberulenta, tomentosa, pedicelos 2–3 mm de largo, flores 6–7 mm de ancho, blancas; cáliz profundamente 5-lobado; pétalos 5, 4 mm de largo; disco densamente pubescente; estambres 7–10. Fruto una baya 1.5 cm de diámetro, rojo obscura o purpúreo-negruzca.

Esta especie, esperada en Nicaragua, se conoce desde Estados Unidos (sur de Florida) hasta Costa Rica y en las Antillas, en bosques premontanos entre 300 y 1350 m. El género tiene 2, o posiblemente sólo 1 especie más dentro de la misma área de distribución. Está relacionado con *Filicium* y *Dodonaea*.

MATAYBA Aubl.

Arboles o arbustos; tallos teretes o sulcados, lenticelados, menudamente pubescentes cuando jóvenes, glabros con la edad; plantas polígamas. Hojas alternas o subopuestas, paripinnaticompuestas, exestipuladas; folíolos generalmente enteros y gruesos. Inflorescencia de panículas axilares o terminales, o racimos, flores actinomorfas pequeñas; cáliz cupular, levemente 5-lobado; pétalos 5; estambres 8; ovario subgloboso a subobovoide. Cápsula elipsoide, 3-lobada o ligeramente alada, dehiscente, sésil o estipitada; semillas con testa crustácea y arilo.

Género con ca 45 especies, todas en América tropical; 3 especies han sido colectadas en Nicaragua y una cuarta se espera encontrar. Este género está cercanamente relacionado con *Cupania*.

1. Folíolos con margen serrado-dentado .... **M. scrobiculata**
1. Folíolos con margen entero
   2. Hojas alternas, folíolos ovados a oblongo-ovados, márgenes revolutos, flores 2.3 mm de largo; cápsula rojiza a purpúreo-violeta, más larga que ancha; panícula más corta que las hojas .... **M. glaberrima**
   2. Hojas opuestas o subopuestas, folíolos mayormente elíptico-lanceolados, márgenes no revolutos; flores 1 mm de largo; cápsula rojiza, tan larga como ancha; panícula frecuentemente más larga que las hojas
      3. Folíolos 4–6, peciolulados, más de 3 cm de ancho, obtusos a agudos en el ápice; tallos obviamente lenticelados .... **M. clavelligera**
      3. Folíolos generalmente más de 6, sésiles, 1.8–2.5 (–3.5) cm de ancho, agudos a acuminados en el ápice; tallos no obviamente lenticelados .... **M. oppositifolia**

Matayba clavelligera Radlk., Bot. Gaz. (Crawfordsville) 33: 250. 1902.

Arboles hasta 15 m de alto; tallos menudamente tomentosos, terete-sulcados, lenticelados. Hojas alternas a subopuestas; folíolos 4–6, angostamente obovados a elípticos, 8.5–18 cm de largo y 3–7.5 cm de ancho, obtusos a agudos en el ápice, margen entero, cartáceos a subcoriáceos, menudamente punteados y glabros en ambas superficies, nervios elevados, peciólulos 7–10 mm de largo. Panícula terminal y axilar, 7–24 cm de largo, menudamente tomentosa, flores 5–6 mm de largo; cáliz tomentoso; pétalos 1.5 mm de largo. Cápsula turbinada, 3-lobada, 1.5 cm de largo y 1.2–1.8 cm de ancho, glabra, muy esparcidamente setosa, roja, estípite 2 mm de largo; semillas ovoides, 8 mm de largo, negras, lisas, arilo blanco.

Ocasional, orillas de caminos y alrededor de las viviendas, zona atlántica; 130–160 m; fl dic, fr feb; *Rueda 5077, Sandino 4814*; Guatemala y Nicaragua. Está relacionada con *M. floribunda* Radlk.

Matayba glaberrima Radlk., Sitzungsber. Math.-Phys. Cl. Königl. Bayer. Akad. Wiss. München 9: 628. 1879.

Arbustos o árboles pequeños hasta 15 m de alto; tallos teretes, glabros. Hojas alternas; folíolos 2–6, ovados, oblongo-ovados, elípticos, 4.5–17 (–20) cm de largo y 1.3–6 (–8) cm de ancho, obtusos a agudos u obtusamente acuminados en el ápice, margen entero y revoluto, coriáceos, glabros, ancistrosos en las axilas de los nervios del envés. Panícula terminal o subterminal, 10–15 cm de largo, más corta que las hojas, ligeramente pubescente, flores 2.5 mm de largo, blancas; cáliz aplicado-pubescente, con densos fascículos de tricomas en el ápice. Cápsula obtusamente 3-lobada, 1.5 cm de largo y 1 cm de ancho, glabra excepto en el estípite, rojiza a purpúreo-violeta, estípite 3–4 mm de largo; semillas obovoides, 10 mm de largo, azuladas, arilo blanco.

Ocasional, sabanas de *Tabebuia* y bosques caducifolios, zona atlántica; 0–500 m; fl abr–may, fr may–sep; *Stevens 4137, 22443*; México a Panamá. Está estrechamente relacionada con *M. scrobiculata*.

Matayba oppositifolia (A. Rich.) Britton in Britton & P. Wilson, Bot. Porto Rico 5: 528. 1924; *Cupania oppositifolia* A. Rich.; *C. apetala* Macfad.; *M. apetala* (Macfad.) Radlk.

Arbustos o árboles hasta 23 m de alto; tallos teretes a levemente sulcados, menudamente puberulentos cuando jóvenes, glabros con la edad. Hojas opuestas a subopuestas; folíolos 4–17, elíptico-lanceolados a oblongo-ovados, 6–12 cm de largo y 1–2.5 (–3.5) cm de ancho, subagudos a cortamente acuminados en el ápice, margen entero y no revoluto, subcoriáceos, glabros o casi así, nervio principal prominente en ambas superficies, sésiles. Panícula axilar o terminal, 4–20 cm de largo, frecuentemente más larga que las hojas, raquis densamente puberulento, flores 1 mm de largo, blancas a amarillentas a verdosas; cáliz densamente aplicado-pubescente; pétalos rudimentarios. Cápsula profundamente 2–3 lobada, 10–12 (–20) mm de largo y 10–15 (–18) mm de ancho, glabra o casi así, rojiza, cortamente estipitada; semillas subglobosas, 6–10 mm de largo, lustrosas, negras, arilo anaranjado.

Frecuente, en bosques húmedos o muy húmedos, zonas atlántica y norcentral; 0–1500 m; fl ene–mar, fr mar–jun; *Pipoly 3857, Stevens 8397*; México a Panamá, Cuba y Puerto Rico. Está estrechamente relacionada con *M. peruviana* Radlk. y *M. domingensis* Radlk.

Matayba scrobiculata Radlk., Sitzungsber. Math.-Phys. Cl. Königl. Bayer. Akad. Wiss. München 9: 523. 1879; *Cupania scrobiculata* Kunth.

Arboles 5–15 m de alto; tallos teretes a sulcados, glabros con la edad. Hojas alternas a subopuestas; folíolos 2–7, obovado-oblongos a obovados, 3–8 cm de largo y 1.5–5.5 cm de ancho, retusos a redondeados en el ápice, margen serrado-dentado, membranáceos, glabros, escrobiculado-foveolados en las axilas de los nervios del envés. Panícula axilar cerca del ápice del tallo, más corta o igual que las hojas, 8–15 (–17) cm de largo, esparcidamente pubescente, flores 1 mm de largo, verdes; cáliz tomentuloso. Cápsula obcordado-piriforme, 1–1.5 cm de largo y 1.2–1.5 cm de ancho, glabra por fuera, café-rojiza cuando madura, abruptamente estipitada, estípite 3 mm de largo; semillas obovoides, 10 mm de largo, arilo presente.

Aún no ha sido colectada en Nicaragua pero se espera encontrar. Se distribuye desde México a Bolivia, en bosques húmedos, bosques siempreverdes húmedos y bosques secos. Está estrechamente relacionada con *M. glaberrima*.

MELICOCCUS P. Browne

Melicoccus bijugatus Jacq., Enum. Syst. Pl. 19. 1760.

Arboles hasta 30 m de alto, troncos hasta 60 cm de diámetro, corteza gris, lisa; tallos glabros, grisáceo obscuros; plantas polígamas. Hojas pinnadas, hasta 26 cm de largo, pecíolo hasta 7 cm de largo, a veces alado cerca del ápice, raquis a veces alado; folíolos 2–4, elípticos a ovado-elípticos, 7–14 cm de largo y 2.5–6 cm de ancho, agudos a acuminados en el ápice, márgenes enteros, ondulados, casi sésiles.

Inflorescencia racimos terminales, ramificados o simples, con numerosas flores, pedicelos hasta 3.5 mm de largo, flores 6–8 mm de diámetro, blancas; cáliz profundamente 4–5 lobado; pétalos 4, 3 mm de largo; disco glabro; estambres 8–10. Drupa globosa, 2–3 cm de diámetro, verde a amarillo clara, café al secar, mesocarpo amarillento, translúcido y jugoso; semillas globosas, 15–20 mm de diámetro, testa crustácea.

Muy frecuentemente cultivada, zonas pacífica y norcentral; 0–900 m; fl ene–abr, fr mar–ago; *Sandino 2220, Stevens 22874*; ampliamente distribuida desde Honduras hasta Sudamérica, nativa de Colombia y las Guayanas. Este género estrechamente relacionado con *Talisia*, consta de 2 especies sudamericanas de las cuales sólo *M. bijugatus* se encuentra en Centroamérica. "Mamón".

PAULLINIA L.

Bejucos leñosos o arbustos escandentes, generalmente con zarcillos; tallos frecuentemente con savia lechosa; madera simple o compuesta; zarcillos axilares en el pedúnculo, a veces furcados. Hojas alternas, simples, ternadas, pinnadas, biternadas, bipinnadas, o ternado-pinnadas, pecíolo y raquis frecuentemente con alas; folíolos membranáceos a cartáceos a coriáceos, margen entero a serrado, dentado, crenado, o lobado, dientes frecuentemente con glándulas, estípulas deciduas o presentes. Inflorescencia una espiga, un racimo o un tirso, axilar, terminal, subterminal o en los nudos afilos, generalmente solitaria, a menudo con 2 zarcillos, cuando no es solitaria entonces 2–varios tirsos paniculados en los nudos afilos de los tallos más viejos. Fruto capsular, 1–3-locular, cada lóculo con 1 semilla; cápsulas dehiscentes con 3 valvas, sésiles o estipitadas, globosas a piriformes, aladas o alas ausentes, raramente espinosas; semillas cortamente ariladas con testa crustácea, embrión generalmente curvado.

Género con ca 200 especies de América tropical y 1 especie, *P. pinnata* L., también ocurre en Africa tropical; 14 especies se conocen en Nicaragua y 3 más se esperan encontrar. Este género está estrechamente relacionado con *Serjania*, *Urvillea* y *Cardiospermum*. Los miembros de este género se conocen como "Barbasco" en toda Centroamérica y se usan como veneno para peces.

1. Hojas 3-folioladas o biternadas (3 pares de 3 folíolos)
    2. Hojas ternadas
       3. Pecíolo alado .... **P. cururu**
       3. Pecíolo no alado
          4. Folíolos con margen entero, coriáceos; fruto una cápsula espinosa; tallo sin lenticelas conspicuas
          .... **P. granatensis**
          4. Folíolos con margen subentero a serrado-dentado o serrado-crenado, membranáceos a
          subcoriáceos; fruto una cápsula lisa; tallo con lenticelas cafés conspicuas .... **P. turbacensis**
    2. Hojas biternadas
       5. Raquis no alado .... **P. brenesii**
       5. Raquis alado
          6. Cápsula sin alas; flores 2–2.5 mm de largo .... **P. costaricensis**
          6. Cápsula con alas; flores 2.5–4.5 mm de largo
             7. Hojas pubescentes en el envés; cápsula vellosa por dentro; tallos no conspicuamente lenticelados; flores 3.5–4.5 mm de largo .... **P. fuscescens** var. **fuscescens**
             7. Hojas glabras; cápsula glabra por dentro; tallos conspicuamente lenticelados; flores 2.5–3.5 mm de largo .... **P. fuscescens** var. **glabrata**
1. Hojas pinnadas, bipinnadas, o ternado-pinnadas
    8. Hojas bipinnadas o ternado-pinnadas .... **P. serjaniifolia**
    8. Hojas pinnadas
       9. Hojas 7 (–9)-folioladas; pecíolo y raquis alados .... **P. pterophylla**
       9. Hojas 5-folioladas; pecíolo y raquis alados o no
          10. Pecíolo sin alas, raquis sin alas o a veces sólo muy angostamente marginado (en *P. costata*)
             11. Tallo, pecíolo, raquis y nervio principal de hoja densamente rojizo e hírtulo-tomentosos; estípulas suborbiculares de más de 10 mm de ancho, profundamente laciniadas; madera simple .... **P. rugosa**
             11. Tallo, pecíolo, raquis y nervio principal variadamente pubescentes, pero no densamente rojizo e hírtulo-tomentosos; estípulas deltoides a lanceolado-lineares de menos de 10 mm de ancho o inconspicuas
                12. Madera compuesta (3 haces pequeños alrededor del haz central) .... **P. hymenobracteata**

12. Madera simple
    13. Estípulas inconspicuas; fruto no alado o angostamente marginado .... **P. costata**
    13. Estípulas conspicuas, fruto alado .... **P. pterocarpa**
10. Pecíolo y raquis alados
    14. Inflorescencia glomerulada, ramificada, pedicelos con pubescencia erecto patente .... **P. alata**
    14. Inflorescencia un racimo alargado, pedicelos pubescentes a tomentosos
        15. Madera simple
            16. Folíolos elíptico-lanceolados a obovado-oblongos, coriáceos; estípulas 1–1.5 cm de largo, oblongas; flores 3 mm de largo, pediceladas; cápsulas con 1 semilla .... **P. clavigera**
            16. Folíolos elípticos, ovado-elípticos, subcoriáceos; estípulas 1–3 cm de largo, linear-lanceoladas; flores 5 mm de largo y de ancho, sésiles; cápsulas con 2 (–3) semillas .... **P. sessiliflora**
        15. Madera compuesta, haz central con 1–3 haces periféricos pequeños
            17. Estípulas 2–4 cm de largo, persistentes; flores hasta 5.5 mm de largo; frutos 3–5 cm de largo y 2.5 cm de ancho .... **P. bracteosa**
            17. Estípulas menos de 10 mm de largo, deciduas; flores menos de 3 mm de largo; frutos 2–4 cm de largo y 10–14 mm de ancho .... **P. pinnata**

Paullinia alata (Ruiz & Pav.) G. Don, Gen. Hist. 1: 660. 1831; *Semarillaria alata* Ruiz & Pav.

Bejucos; tallos 3-angulados, los más jóvenes vellosos, glabros con la edad; madera compuesta con una estela grande y 3 haces periféricos más pequeños, cada uno a su vez subdividido en 2 haces. Hojas pinnadamente 5-folioladas, pecíolo y raquis ampliamente alados; folíolos elípticos, ovados a lanceolados, 8.5–14.5 cm de largo y 4.5–8.5 (–9) cm de ancho, acuminados en el ápice, margen remotamente serrado-dentado, membranáceos, glabros excepto el nervio principal en la haz, ancistrosos en las axilas de los nervios del envés y los pecíolos pubescentes, estípulas angostamente triangulares, deciduas. Inflorescencia glomerulada a fasciculada en las axilas de los tallos más viejos, ocasionalmente en los zarcillos, esparcidamente pubescente, flores 3–4 mm de largo, blancas; sépalos glabros. Fruto no alado, obovado, 1.8 cm de largo y de ancho, con una proyección tumescente en el ápice de cada valva, débilmente estriado, glabro, rojo, estípite hasta 7 mm de largo; semillas 3, lateralmente comprimidas, 10 mm de largo.

Rara, en las playas rocosas de la zona atlántica; 0–10 m; fl jun, oct, fr oct; *Rueda 2692, Stevens 20802*; sur de Nicaragua hasta la Amazonia de Perú y Bolivia. Radlkofer colocó esta especie en el subgrupo que incluye a *P. fasciculata* Radlk., *P. cururu* y *P. pinnata*.

Paullinia bracteosa Radlk., Bull. Herb. Boissier, sér 2, 5: 321. 1905.

Bejucos; tallos jóvenes 5-sulcados, tallos más viejos con 3 alas anchas y suberosas, tallo, pecíolo, y raquis frecuentemente con largos tricomas esparcidos; madera compuesta con una estela central y 3 haces periféricos pequeños e inconspicuos. Hojas pinnadamente 5-folioladas, pecíolo alado, raquis

ampliamente alado; folíolos elíptico-oblongos a obovados, 8–27.5 cm de largo y (5–) 7–11 (–13) cm de ancho, acuminados en el ápice, margen levemente dentado en la mitad superior, dientes glandulosos, pecíolo, raquis y estípulas escasamente ciliolados, débilmente abollados, glabros en la haz excepto por la pubescencia en el nervio principal, glabras a débilmente híspidas en el envés, estípulas lanceoladas, 20–40 mm de largo y 4–15 mm de ancho, persistentes. Racimo axilar, tomentoso, flores hasta 5.5 mm de largo, blancas; sépalos tomentulosos, ciliolados. Fruto no alado, elíptico a piriforme, 3–5 cm de largo y 2.5 cm de ancho, ápice obtuso a apiculado, puberulento a glabro, rojo, valvas gruesas y estriadas, estípite 6–13 mm de largo; semilla generalmente 1, 17–22 mm de largo, envuelta en un mesodermo rojo, arilo ausente.

Poco común, bosques húmedos en el sur de la zona atlántica; 0–50 m; fl dic–mar, fr feb–sep; *Moreno 25512, Stevens 8913*; Nicaragua a Panamá, Venezuela, Brasil, Perú y Bolivia. Está más estrechamente relacionada con *P. clavigera, P. fibrigera* Radlk. y *P. sessiliflora*.

Paullinia brenesii Croat, Ann. Missouri Bot. Gard. 63: 464. 1976.

Bejucos; tallos teretes, café-pubescentes cuando jóvenes, glabros y purpúreos con la edad, con rayas café-rojizas en la peridermis; madera simple. Hojas biternadas, pecíolo y raquis no alados; folíolos ovados, ovado-elípticos u obovados, 2–8 (–10) cm de largo y 1–4.5 (–6) cm de ancho, obtusos a agudos a raramente acuminados en el ápice, margen conspicuamente crenado-lobado, superficie víscida, pubescente en la haz y en el envés con tricomas arqueados y erectos, nervio principal de la haz prominente, conspicuamente más pubescente que la superficie, axilas de los nervios del envés ancistrosas, estípulas no persistentes. Tirsos axilares o en panículas terminales, completa y densamente café o grisáceo-pubescentes, flores 5 mm de largo, blancas; sépalos pubescentes. Fruto alado, ampliamente obovado, 1.2 cm de largo y 1.2–2.5 cm de ancho, emarginado a truncado en el ápice, escasamente pubescente, rojo, alas hasta 7 mm de ancho, estípite hasta 3 mm de largo; semillas 1–3, arilo blanco.

Aunque esta especie no ha sido aún colecta en Nicaragua, es muy posible que se encuentre en el país. Se conoce en pluvioselvas desde Honduras a Panamá, entre el nivel del mar y 1650 m. Está estrechamente relacionada con *P. fuscescens*.

Paullinia clavigera Schltdl., Linnaea 10: 239. 1836.

Bejucos; tallos 4–6 acostillados, casi completamente glabros; madera simple. Hojas pinnadamente 5-folioladas, pecíolo y raquis ampliamente alados; folíolos elíptico-lanceolados a obovado-oblongos, 6–14 cm de largo y 2–5.5 cm de ancho, agudos o acuminados en el ápice, margen subentero a remota y gruesamente serrado-dentado, coriáceos, glabros excepto por las axilas ancistrosas de los nervios del envés, estípulas oblongas, 10–15 mm de largo, persistentes. Racimos solitarios, axilares, tomentulosos, flores generalmente numerosas, 3 mm de largo, blancas; sépalos puberulentos. Fruto no alado, piriforme, obovado, hasta 4 cm de largo y 1.5 cm de ancho, glabro, rojo, estípite 15–20 mm de largo; semillas 3, 6 mm de largo, arilo blanco.

Ocasional, bosques húmedos, bosques secos y áreas alteradas, zonas pacífica y atlántica; 0–800 m; fl may–jul, fr ago–nov; *Grijalva 1370, Moreno 9944*; México a Nicaragua. Radlkofer también reportó esta especie de la cuenca amazónica en Brasil. Está estrechamente relacionada con *P. fibrigera, P. sessiliflora, P. bracteosa* y *P. pinnata*. Se parece a *P. pinnata*, pero se diferencia de ésta por tener la madera simple y las estípulas grandes.

Paullinia costaricensis Radlk., Abh. Math.-Phys. Cl. Königl. Bayer. Akad. Wiss. 16: 157. 1886.

Bejucos; tallos teretes, en general densamente pubescentes o a veces glabros; madera simple. Hojas biternadas, pecíolo desnudo, raquis alado; folíolos elíptico-lanceolados a rómbicos, 1.2–3 cm de largo y 1–4.8 cm de ancho, agudos o redondeados y apiculados en el ápice, margen lobado-dentado, membranáceos, generalmente ancistrosos en las axilas de los nervios, mayormente glabros en la haz excepto por la escasa pubescencia en los nervios prominentes, escasa a densamente pubescentes en el envés, estípulas diminutas. Tirsos solitarios en las axilas de las hojas o agrupados en el ápice del tallo, a veces con

zarcillos, puberulentos, flores 2–2.5 cm de largo, blancas; sépalos densamente pubescentes. Fruto no alado, subgloboso, 1 cm de largo y de ancho, rostrado, puberulento, generalmente rojo obscuro, estípite 4–5 mm de largo; semillas 1–3, 5–7 mm de largo, arilo blanco.

Poco común, bosques húmedos, zonas atlántica y norcentral; 0–1000 m; fl nov–ene, fr dic–mar; *Sandino 3901, Stevens 6047*; México a Panamá. Está estrechamente relacionada con *P. sonorensis* S. Watson de México, pero en Nicaragua se parece más a *P. fuscescens* y ambas son difíciles de separar vegetativamente.

Paullinia costata Schltdl. & Cham., Linnaea 5: 216. 1830.

Bejucos; tallos teretes, glabros, café-rojizos con numerosas lenticelas; madera simple. Hojas pinnadamente 5-folioladas, pecíolo no alado y canaliculado adaxialmente, raquis no alado o angostamente marginado; folíolos ovalados, elípticos, oblongo-lanceolados, 4.5–12 cm de largo y 2–4.5 cm de ancho, acuminados en el ápice, margen entero o remotamente crenado en la mitad superior, coriáceos y lustrosos, glabros excepto ocasionalmente barbados en las axilas de los nervios en el envés, estípulas inconspicuas. Tirsos solitarios, en racimos axilares o terminales, completamente canescente-tomentosos, flores ca 4 mm de largo; sépalos exteriores densamente tomentosos. Fruto no alado, 3-acostillado cuando joven, 6-acostillado con la edad, subgloboso o elipsoide, 2.5–4 cm de largo y 2–2.5 cm de ancho, glabro a puberulento, frecuentemente rostrado en el ápice, valvas densamente lanosas por dentro, rojo, estípite 6–10 mm de largo; semillas generalmente 2, 8–20 mm de largo, arilo blanco.

No ha sido aún colectada en Nicaragua, pero se espera encontrar en Zelaya. En otros sitios se encuentra en bosques húmedos y muy húmedos; conocida desde México a Panamá y también en las Guayanas. Está estrechamente relacionada con *P. rugosa* y *P. costaricensis*.

Paullinia cururu L., Sp. Pl. 365. 1753.

Bejucos; tallos débilmente acostillados a teretes, completamente glabros; madera compuesta con una estela central y 1–3 haces periféricos pequeños. Hojas ternadas, pecíolo alado; folíolos elípticos a elíptico-lanceolados, 4–13 cm de largo y 1.5–5 cm de ancho, agudos a obtusos en el ápice, margen remotamente serrado-dentado, membranáceos a subcoriáceos, glabros, axilas de los nervios densamente ancistrosas, estípulas lanceoladas, 4 mm de largo, no persistentes. Tirsos axilares, más cortos que las hojas, puberulentos, flores 5 mm de largo, blancas; sépalos glabros. Fruto no alado, piriforme o claviforme, en general obviamente curvado, 1.5–2.5 cm de largo y 0.5–0.6 cm de ancho, rojo, estípite 2–3 mm de largo; semilla 1, 7–9 mm de largo, arilo blanco.

Común, bosques secos a muy húmedos, áreas alteradas, en todas las zonas del país; 0–1000 m; fl may–jul, fr jul–sep; *Araquistain 102, Moreno 752*; México a Colombia, Venezuela, Brasil y también en las Antillas. Está estrechamente relacionada con *P. pinnata*, a la cual se parece mucho excepto por el número de folíolos.

Paullinia fuscescens Kunth in Humb., Bonpl. & Kunth var. **fuscescens**, Nov. Gen. Sp. 5: 120. 1821.

Bejucos; tallos teretes y pilosos, los más jóvenes densamente rojizos, pilosos a vellosos; madera simple, zarcillos bífidos. Hojas biternadas, pecíolo no alado, raquis alado; folíolos ovados a obovados, 1.1–7 cm de largo y 0.7–3.4 cm de ancho, obtusos, agudos o acuminados en el ápice, margen crenado, dentado o lobado, subcartáceos, haz escasamente pubescente en la superficie, densamente en los nervios, envés conspicua y densamente pubescente, especialmente en las axilas de los nervios, estípulas pequeñas. Tirsos axilares, frecuentemente portados en zarcillos o agrupados en el extremo del tallo, densamente pubescentes, flores 3.5–4.5 mm de largo, blancas; sépalos puberulentos. Fruto 3-alado, suborbicular a ampliamente obovado, 1.3–2 cm de largo y 1.4 cm de ancho, redondeado a emarginado en el ápice, moderada a densamente piloso, rojo-anaranjado, estípite 1–2 mm de largo; semillas 1–3, 4–5 mm de largo, arilo blanco.

Ampliamente distribuida, principalmente en bosques secos y áreas alteradas, en todas las zonas del país; 0–1500 m; fl nov–feb, fr generalmente feb–may; *Moreno 7169, Sandino 4984*; México a Brasil y en las Antillas. Aunque se parece mucho a *P. brenesii* y *P. costaricensis*, Radlkofer la consideró más cercanamente relacionada con *P. hymenobracteata*, *P. pterocarpa* y *P. serjaniifolia*.

Paullinia fuscescens var. **glabrata** Croat, Ann. Missouri Bot. Gard. 63: 480. 1976.

Bejucos; tallos teretes, puberulentos, lenticelados; madera simple, zarcillos bífidos. Hojas biternadas, pecíolos no alados pero con un margen prominente y pubescentes adaxialmente, raquis angostamente alado; folíolos elípticos a oblanceolados, 1.5–10 cm de largo y (0.8) 1–4.5 cm de ancho, generalmente agudos a acuminados en el ápice, margen escasamente crenado, subcartáceos, glabros excepto en el

elevado nervio principal en la haz, ancistrosos en las axilas de los nervios del envés, estípulas pequeñas. Tirsos axilares, frecuentemente en los zarcillos o agrupados en el extremo del tallo, puberulentos, flores 2.5–3.5 mm de largo, blancas; sépalos escasa a moderadamente aplicado-pubescentes. Fruto 3-alado, suborbicular a ampliamente obovado, 1–1.5 cm de largo y 1.5 cm de ancho, alas 7–8 mm de ancho, rostrado, escasamente pubescente a glabro, rojo, cortamente estipitado; semillas 1–3, arilo blanco.

Dispersa en bosques húmedos en todas las zonas del país; 200–1200 m; fl dic–feb, fr feb–may; *Moreno 5611, Stevens 7399*; México a Panamá y Venezuela. Difiere de *P. fuscescens* var. *fuscescens* principalmente por sus hojas casi glabras.

Paullinia granatensis (Planch. & Linden) Radlk., Monogr. Serjania 76. 1875; *Castanella granatensis* Planch. & Linden.

Bejucos escandentes; tallos teretes a estriados, glabros; madera simple. Hojas ternadas, pecíolo sin alas; folíolos obovado-elípticos, 7–16.5 (–24) cm de largo y 3–8.5 (–10.5) cm de ancho, cortamente acuminados en el ápice, margen entero, coriáceos, glabros, estípulas no persistentes. Tirsos axilares, solitarios, puberulentos, flores no observadas. Fruto no alado, subgloboso, 2–3 cm de diámetro, rojo-anaranjado, con espinas flexibles de hasta 1 cm de largo, separándose a lo largo de 3 suturas, subsésil; semilla 1, café-rojiza, arilo blanco cubriendo hasta la mitad de la semilla.

Rara, en bosques muy húmedos, sur de la zona atlántica; 50–100 m; fr sep; *Moreno 26070, 26261*; Nicaragua a Colombia y Venezuela. Está relacionada con otras especies de fruto espinoso tales como *P. hystrix* Radlk. y *P. paullinioides* Radlk. que se encuentran en Sudamérica.

Paullinia hymenobracteata Radlk., Bot. Gaz. (Crawfordsville) 20: 282. 1895.

Bejucos; tallos triquetros o subteretes, tricomas patentes; madera compuesta con estela central y 3 haces periféricos. Hojas pinnadamente 5-folioladas, pecíolo y raquis hirsutos; folíolos desiguales, irregular y ampliamente rómbicos o ampliamente ovados, 5–12 cm de largo y 3–10 cm de ancho, obtusos o agudos en el ápice con acumen corto, margen gruesa e irregularmente dentado, membranáceos, setoso-pilosos en la haz, densamente amarillento-hirsutos en el envés, estípulas deltoides, 7 mm de largo y 5–6 mm de ancho, persistentes. Tirsos en racimos axilares, más largos o más cortos que las hojas, cortamente hirsutos, flores 2–3 mm de largo, blancas (?); sépalos vellosos. Fruto desconocido.

Rara, bosques perennifolios, Boaco y Chontales; 1000 m; fl sep; *Stevens 18939, Tate 59*; México, Guatemala y Nicaragua. En estado vegetativo *P. hymenobracteata* se parece mucho a *Serjania valerioi*, pero sus estípulas son anchas y conspicuas y sus folíolos crenado-rómbicos, en contraste con la segunda especie que posee folíolos más elípticos y estípulas inconspicuas.

Paullinia pinnata L., Sp. Pl. 366. 1753.

Bejucos; tallos triquetros o con 5–6 costillas, mayormente glabros o a veces menudamente puberulentos; madera compuesta con una estela central y 1–3 haces periféricos pequeños. Hojas pinnadamente 5-folioladas, pecíolo y raquis alados; folíolos oblongos o lanceolados, (2.5) 4.5–13.5 cm de largo y (1.5–) 3–5.5 cm de ancho, cortamente acuminados a obtusos en el ápice, margen remota y gruesamente serrado-crenado, dientes glandulares, subcoriáceos, frecuentemente lustrosos, glabros excepto estrigulosos en la parte adaxial del pecíolo, en el raquis y en el nervio principal, y ancistrosos en las axilas de los nervios, estípulas lanceoladas, menos de 10 mm de largo y 2–3 mm de ancho, deciduas. Racimo de tirsos solitarios, frecuentemente en los zarcillos, flores más anchas que largas (3 mm de ancho), blancas o amarillentas; sépalos puberulentos. Fruto no alado, ampliamente claviforme, 2–4 cm de largo y 10–14 mm de ancho, abruptamente acuminado en el ápice, glabro, rojo, largamente estipitado; semillas 12–15 mm de largo, arilo blanco.

Ocasional, bosques húmedos y bosques secos, áreas alteradas a lo largo de los ríos, zona atlántica; 0–140 m; fl may–nov, fr ago–feb; *Sandino 1543, Stevens 8270*; en toda América tropical y también en Africa tropical. Está muy estrechamente relacionada con *P. cururu, P. alata* y *P. fasciculata.*

Paullinia pterocarpa Triana & Planch., Ann. Sci. Nat. Bot., sér. 4, 18: 356. 1862.

Bejucos; tallos 3-acostillados, glabros; madera simple. Hojas pinnadamente 5-folioladas, pecíolo y raquis sin alas; folíolos ovado-elípticos, 5.5–17 (–26) cm de largo y (2.5) 4.5–8 (–9.5) cm de ancho, en general largamente acuminados en el ápice, margen entero a remotamente dentado, cartáceos, glabros, nervadura reticulada ligeramente prominente en la haz y en el envés, estípulas lanceolado-lineares, 8–12 mm de largo, no persistentes. Inflorescencias racemosas en las axilas de las hojas, en los nudos afilos, o en los zarcillos, a veces hasta 4 tirsos cortos por nudo, de apariencia glomerulada, glabras a puberulentas, flores 4 mm de largo, blancas; sépalos glabros o puberulentos. Fruto ampliamente 3-alado, amplia-

mente obovado, 1.4–2.5 cm de diámetro, emarginado a truncado en el ápice, glabro con tricomas finos ocasionales en los nervios principales, rojo, alas 3–7 (–13) mm de diámetro, sólo 1 de los 3 lóculos funcional, estípite 4–5 mm de largo; semilla 1, 8–9 mm de largo, arilo blanco.

Rara, bosques siempreverdes húmedos y muy húmedos, Río San Juan; 50 m; fl ago–nov, fr sep–mar; *Moreno 26243, Rueda 2707*; Nicaragua a Perú. Está estrechamente relacionada con *P. serjaniifolia.*

Paullinia pterophylla Triana & Planch., Ann. Sci. Nat. Bot., sér. 4, 18: 354. 1862.

Bejucos; tallos teretes, puberulentos, tornándose glabros con la edad; madera simple. Hojas pinnadamente 7 (–9)-folioladas, pecíolo y raquis alados; folíolos lanceolado-oblongos, 6–12.5 cm de largo y (1.5–) 2.5–4 cm de ancho, largamente acuminados en el ápice, margen serrado-dentado en la mitad superior, cartáceos, glabros, ancistrosos en las axilas de los nervios del envés, nervadura reticulada, estípulas linear-lanceoladas, 4–5 mm de largo, deciduas. Tirsos solitarios y axilares o en panículas y terminales, puberulentos, flores 2.5–3 mm de largo; sépalos aplicado-pubescentes. Fruto no alado, globoso, 1 cm de diámetro, glabro a cortamente tomentoso, verde cuando joven, estípite 10–15 mm de largo; semillas 2, 9 mm de largo, arilo blanco.

Rara, bosques muy húmedos, Zelaya; 0–150 m; fl feb–abr, fr mar; *Moreno 23696, Sandino 4892-a*; Nicaragua, Costa Rica y Colombia. La especie más cercanamente relacionada es *P. grandifolia* Benth. ex Radlk. la cual se encuentra desde Costa Rica hasta Sudamérica.

Paullinia rugosa Benth. ex Radlk., Abh. Math.-Phys. Cl. Königl. Bayer. Akad. Wiss. 19: 219. 1896.

Bejucos; tallos generalmente 5-acostillados; tallos, zarcillos, pecíolos y raquis densamente rojizos e hírtulo-tomentosos; madera simple, zarcillos fuertes y furcados. Hojas pinnadamente 5-folioladas, pecíolo no alado, raquis sin alas o sólo a veces muy angostamente marginado; folíolos ampliamente elípticos a ovados u obovados, 20–40 (–60) cm de largo y 3.5–8 cm de ancho, acuminados en el ápice, margen serrado, cada diente apiculado terminando en un nervio lateral mayor, coriáceos, hírtulos en los nervios de la haz, hirsutos en el envés, estípulas orbiculares, 10–20 mm de largo, fimbriadas, persistentes. Tirsos axilares, frecuentemente con zarcillos o amontonados en el ápice del tallo, a veces ramificados, híspidos, flores 3.5 mm de largo, blancas; sépalos tomentosos. Fruto no alado, suborbicular, 1.8 cm de largo y 1.4 cm de ancho, ápice corto y rostrado, densamente tomentoso, estípite 3–4 mm de largo; semilla 1, ca 10 mm de largo, arilo blanco.

No ha sido aún colectada en Nicaragua, pero se espera encontrar en el sur del país en bosques húmedos y siempreverdes; norte de Costa Rica a Perú y Brasil. Está estrechamente relacionada con *P. costaricensis*.

Paullinia serjaniifolia Triana & Planch., Ann. Sci. Nat. Bot., sér. 4, 18: 356. 1862.

Bejucos; tallos triangulares hasta 3–4-sulcados a casi teretes, glandulosos, glabros a escasamente pubescentes o con tricomas largos y esparcidos; madera simple, ocasionalmente con 1 haz pequeño. Hojas variables, bipinnadamente compuestas o ternado-pinnadas, las inferiores frecuentemente con 5 folíolos, pecíolos sin alas o con márgenes angostos, raquis alado; folíolos lanceolado-elípticos a subrómbicos, 1–7.5 cm de largo y 0.8–2.5 (–3.5) cm de ancho, acuminados en el ápice, margen entero a crenado-dentado en la mitad superior, membranáceos, glabros excepto en el nervio principal en la haz y en el envés y generalmente ancistrosos en las axilas de los nervios, estípulas linear-lanceoladas, 7–15 mm de largo, más o menos persistentes. Tirsos agrupados en nudos afilos abajo de las hojas formando fascículos conglomerados, glabros a finamente puberulentos, flores 3.5 mm de largo, blancas; sépalos ciliados, finamente puberulentos a casi glabros. Fruto ampliamente 3-alado, globoso, 2–3 cm de largo y 2.5–3.3 cm de ancho, glabro, rojo, alas hasta 1 cm de ancho, no estipitado; semilla 1, 7–8 mm de largo, con pubescencia suave, arilo blanco.

Ocasional, pluvioselvas, Río San Juan; 0–100 m; fl may–oct, fr ago–mar; *Moreno 23311, 23393*; Nicaragua a Colombia. Está estrechamente relacionada con *P. pterocarpa* y *P. hymenobracteata*. Otras 2 especies pueden ser identificadas en la clave como *P. serjaniifolia*: *P. grandifolia* de Costa Rica a Surinam, Brasil y Perú, con hojas ternado-pinnadas y cartáceas, raquis no alado, inflorescencia grande de hasta 30 cm de largo en panículas solitarias o axilares y cápsulas no aladas, y *P. glomerulosa* Radlk. de México, Panamá, Venezuela y las Antillas, la cual se diferencia por el pecíolo y raquis solo angostamente marginados, inflorescencia glomerulada en los nudos afilos o en las axilas de las hojas y cápsulas suborbiculares y sin alas.

Paullinia sessiliflora Radlk., Contr. U.S. Natl. Herb. 1: 317. 1895.

Bejucos; tallos 3–6-sulcados, hirsutos a puberulentos; madera simple, zarcillos fuertes. Hojas pinnadamente 5-folioladas, pecíolo y raquis alados; folíolos oblongo-elípticos u ovado-elípticos, (2–) 3.5–14.5

cm de largo y 1.8–6.8 cm de ancho, agudos a acuminados en el ápice, margen gruesamente dentado en la mitad superior, dientes frecuentemente con glándulas, subcoriáceos, glabros en la haz, glabros a pubescentes en el envés, frecuentemente ancistrosos en las axilas de los nervios, estípulas linear-lanceoladas, 10–30 mm de largo, persistentes. Racimo de tirsos solitarios, axilares, puberulento a tomentoso, frecuentemente con zarcillos, flores 5 mm de largo, blancas a cremas; sépalos pubescentes. Fruto no alado, piriforme, 2–3.5 cm de largo y 1.2–1.4 cm de ancho, finamente estriado, glabro, rojo, estípite 3–10 mm de largo, semillas 2 (–3), ca 10 mm de largo, arilo blanco.

Poco común, bosques húmedos, Chontales y Río San Juan; 0–1400 m; fl ene–mar, fr feb–jun; *Ríos 35, Salick 8074*; México a Panamá. Está estrechamente relacionada con *P. bracteosa*, *P. clavigera* y *P. fibrigera*.

Paullinia turbacensis Kunth in Humb., Bonpl. & Kunth, Nov. Gen. Sp. 5: 114. 1821.

Bejucos; tallos teretes, glabros, con lenticelas cafés, conspicuas; madera simple. Hojas ternadas, pecíolo sin alas o con márgenes muy angostos; folíolos oblongo-lanceolados, elípticos, ovados, 10–20 cm de largo y 2.5–8.5 cm de ancho, apiculados a acuminados en el ápice, margen subentero a remota y gruesamente crenado-dentado, membranáceos a subcoriáceos, glabros, estípulas deltoides, 1 mm de largo, más o menos persistentes. Tirsos solitarios a agrupados en los nudos, a veces en los nudos afilos, hasta 7 cm de largo, densamente tomentosos, flores 5 mm de largo, blancas; sépalos tomentulosos en el exterior. Fruto carinado, elíptico a obovado, 2 cm de largo y 1 cm de ancho, escasa o densamente pubescente, rojo, valvas 3, patentes, estípite 1–2 mm de largo; semillas 1–3, menos de 10 mm de largo, arilo blanco y carnoso.

Ocasional, bosques siempreverdes, zona atlántica; 200–500 m; fl nov–ene, fr ene–mar; *Moreno 23556, Vincelli 24*; México a Colombia. Radlkofer colocó esta especie en una sección sin ninguna especie relacionada de Centroamérica. Se parece a *P. cururu*, pero carece del pecíolo alado y tiene tallos conspicuamente lenticelados. Radlkofer registró a *P. nitida* Kunth como presente en Nicaragua, Venezuela y Colombia, pero no se han visto especímenes de esta especie colectados recientemente. Esta última podría ser identificada en la clave como *P. turbacensis*, pero puede distinguirse por sus tirsos axilares, cortos (1 cm de largo), híspidos y con pocas flores pequeñas de 2 mm de largo y cápsulas subclavadas y triquetras de hasta 2 cm de largo y 7 mm de ancho.

SAPINDUS L.

Sapindus saponaria L., Sp. Pl. 367. 1753.

Arboles hasta 17 (–25) m de alto; tallos canaliculados, corteza gris, glabros a pubescentes. Hojas paripinnadas con 6–12 folíolos, raquis a menudo angostamente alado; folíolos angostamente lanceolados a oblongos, frecuentemente falcados, 5–18 cm de largo y 3–5 (–7.5) cm de ancho, obtusos a acuminados en el ápice, asimétricos en la base, margen entero, coriáceos, glabros. Inflorescencia panícula terminal muy ramificada, 5–25 cm de largo, densamente puberulenta, flores blancas en pedicelos hasta 1.5 mm de largo; sépalos 3 mm de largo, puberulentos; pétalos 1.5 mm de largo, ciliados, glabros en el exterior, basalmente vellosos en el interior; disco carnoso y glabro; estambres 8, hasta 3 mm de largo, exertos, filamentos vellosos en la mitad inferior;

ovario 3-lobado, glabro. Fruto indehiscente de 1–3 cocos globosos, 1.5 cm de diámetro, carnosos, glabros, lustrosos, cafés a amarillos; semillas globosas, 12 mm de diámetro, arilo ausente.

Común, bosques secos a húmedos, nebliselvas, llanos, frecuentemente cultivada en todas las zonas del país; 0–2000 m; fl y fr durante todo el año; *Moreno 24932, Sandino 2523*; sur de Estados Unidos a Sudamérica, en las Antillas y en los trópicos del Viejo Mundo. Género con ca 13 especies, sólo 3 de ellas en el Viejo Mundo. La mayoría de autores sugieren que *S. drummondii* Hook. & Arn. y *S. marginatus* Willd. son probablemente *S. saponaria*. Radlkofer agrupó a *Sapindus* con *Thouinidium* y también con *Toulicia* y *Porocystis* de Sudamérica. "Jaboncillo".

SERJANIA Mill.

Bejucos leñosos o arbustos escandentes, grandes o pequeños; tallos teretes a prominentemente acostillados; madera simple o compuesta, generalmente con 3 o más haces periféricos solitarios o apareados, teretes o aplanados, zarcillos axilares o pedunculados, frecuentemente bifurcados en el ápice y los brazos enrollados como un resorte; plantas polígamas. Hojas ternadas, biternadas, pinnadas, bipinnadas o ternado-pinnadas, frecuentemente pelúcido-punteadas, estípulas pequeñas o ausentes. Inflorescencia un tirso o tirsoides, axilar y/o terminal, frecuentemente con zarcillos, flores zigomorfas pequeñas, blancas; sépalos 4 ó 5, 2 de ellos frecuentemente connados, los exteriores más pequeños; pétalos 4, por dentro con una escama crestada compleja, más corta que los pétalos; glándulas del disco 2–4; estambres 8, desiguales, connados en la base; ovario 3-locular y lobado, estilo 3-lobado, óvulo solitario en cada lóculo. Fruto generalmente ovado-cordado, compuesto de 3 mericarpos samaroides, con la porción que mantiene la semilla (coco) en el ápice y tornándose ampliamente alado en la base, esquizocárpico, la pared del mericarpo de los cocos con particiones anchas (más de 1 mm) y firmes, o angostas (1 mm) y laxas adheridas unas con otras; semillas a veces con residuo arilado, testa crustácea, embrión con cotiledones rectos, biplicados.

Género con ca 230 especies distribuidas desde el sur de Estados Unidos hasta Sudamérica tropical; 20 especies se han colectado en Nicaragua y 3 adicionales se esperan encontrar. Según Radlkofer, *Serjania*, *Paullinia*, *Cardiospermum*, *Urvillea* y el género boliviano *Lophostigma* forman la subtribu Eupaullinieae de la tribu Paullinieae. El género *Thinouia* no se ha incluido en este tratamiento pero eventualmente se podría encontrar en Nicaragua. *T. myriantha* Triana & Planch. se podría identificar en la clave como una especie de *Serjania* debido a su hábito lianoide, tirsos axilares con un zarcillo y por su fruto de sámaras 3-aladas, pero se puede diferenciar en varias formas de otras especies trepadoras en Nicaragua. El tirso es umbelado en vez de racemoso o paniculado, algo similar al de *Cardiospermum*. *Thinouia* tiene hojas 3-folioladas mientras que *Cardiospermum* las tiene biternadas. Además, en *Thinouia* la parte basal del fruto es la que lleva la semilla y no la apical, y las alas son terminales contrariamente a lo que ocurre en *Serjania*. Asimismo, en *Thinouia* las flores son actinomorfas, los 5 sépalos están fusionados y la glándula anular del disco es 5-lobada, mientras que en *Serjania* las flores son zigomorfas, los sépalos son libres y el disco con 2–4 glándulas.

P.C. Standley. Sapindaceae. *In:* Fl. Costa Rica. Publ. Field Mus. Nat. Hist., Bot. Ser. 18: 637–647. 1937; P.C. Standley y J.A. Steyermark. Studies of Central American plants III. Publ. Field Mus. Nat. Hist., Bot. Ser. 23: 3–28. 1943; P.C. Standley y L.O. Williams. Plantae Centrali-Americanae I. Ceiba 1: 141–170. 1950.

1. Hojas 3-folioladas
    2. Madera simple; cocos del fruto membranosos e hinchados .... **S. grosii**
    2. Madera compuesta; cocos del fruto ni leñosos, ni membranosos, ni hinchados
        3. Hojas densamente tomentosas, pilosas o pubescentes
            4. Folíolos de las hojas con márgenes dentado-crenados y nervios no obviamente prominentes, densamente rojo-tomentosos; flores hasta 7 mm de largo; cocos del fruto triquetros y velloso-tomentosos .... **S. grandis**
            4. Folíolos de las hojas con márgenes gruesamente crenados y nervios ligeramente prominentes, densamente pubescentes en el envés; flores hasta 4 mm de largo; cocos del fruto subglobosos e híspidos .... **S. tailloniana**
        3. Hojas glabras
            5. Hojas membranáceas; cocos del fruto lisos o nervios sólo ligeramente elevados, fuertemente comprimidos; tallos triangulares .... **S. cardiospermoides**
            5. Hojas cartáceas; cocos del fruto con nervios prominentes, no comprimidos; tallos teretes cuando jóvenes .... **S. circumvallata**
1. Hojas pinnadas, bipinnaticompuestas o biternadas
    6. Hojas pinnadas, 5-folioladas
        7. Tallo con pubescencia larga e híspida; fruto hasta 4 cm de largo; folíolos mayormente oblongos a ovados a elípticos .... **S. valerioi**
        7. Tallo densamente tomentoso con tricomas blanquecinos o fusco-ferrugíneos; fruto hasta 2.5 cm de largo; folíolos mayormente ampliamente rómbicos
            8. Tallos fusco-ferrugíneos, al principio menudamente gris-puberulentos; haces periféricos 3 (–5) .... **S. lobulata**
            8. Tallos muy densamente tomentosos con tricomas densos, amarillentos a blanquecinos; haces periféricos 3 .... **S. schiedeana**
    6. Hojas bipinnadamente compuestas o biternadas
        9. Hojas bipinnadamente compuestas
            10. Madera simple; tallos 6-acostillados .... **S. rachiptera**
            10. Madera compuesta; tallos agudamente angulados .... **S. trachygona**
        9. Hojas biternadas
            11. Madera simple
                12. Hojas glabras; raquis siempre alado
                    13. Hojas subcoriáceas a coriáceas, márgenes de los folíolos enteros o casi así; tallos frecuentemente armados con acúleos; cocos del fruto fuertemente comprimidos, lenticulares .... **S. mexicana**
                    13. Hojas membranáceas, márgenes de los folíolos gruesamente serrados; tallos inermes; cocos del fruto hinchados, esféricos .... **S. racemosa**
                12. Hojas pubescentes en una o ambas superficies; raquis alado o no
                    14. Raquis angostamente alado; flores hasta 7 mm de largo, unisexuales; cocos del fruto setoso-pilosos con un cornículo agudo; fruto más de 3.5 cm de largo .... **S. cornigera**
                    14. Raquis sin alas
                        15. Folíolos elíptico-oblongos a ovado-lanceolados, margen entero a remotamente paucidentado, subcoriáceos, finamente pubescentes a vellosos en el envés, esparcidamente pubescentes, especialmente en los nervios prominentemente elevados; flores 3–4 mm de largo, cocos del fruto pubescentes, fruto menos de 2.5 cm de largo .... **S. acuta**
                        15. Folíolos rómbicos, margen gruesamente crenado, membranáceos, con tricomas setosos blancos sobre los nervios principales de la haz y dispersos en el envés; flores y frutos no conocidos .... **S. setulosa**
            11. Madera compuesta
                16. Raquis generalmente alado
                    17. Folíolos con margen entero o casi así; envés de las hojas, flores y frutos con rayas obscuras conspicuas y partidas .... **S. atrolineata**
                    17. Folíolos con margen serrado, dentado o crenado; envés de las hojas, flores y frutos sin rayas obscuras conspicuas
                        18. Folíolos glabros .... **S. paucidentata**
                        18. Folíolos pubescentes en una o ambas superficies

19. Folíolos glabros en la haz, pubescentes en el envés, lanceolado-elípticos a ovado-elípticos; frutos 4–4.5 cm de largo .... **S. macrocarpa**
19. Folíolos densamente pubescentes en ambas superficies, ovados a romboides; frutos hasta 2.2 cm de largo .... **S. rhombea**
  16. Raquis no alado
    20. Hojas densamente pubescentes en el envés .... **S. triquetra**
    20. Hojas glabras o subglabras
      21. Madera compuesta con menos de 6 haces periféricos pequeños; tallos débilmente 5-sulcados .... **S. paniculata**
      21. Madera compuesta con una estela central y más de 6 haces periféricos pequeños; tallos teretes (o débilmente 10-acostillados en *S. pyramidata*)
        22. Madera compuesta con (6–) 8 haces periféricos .... **S. caracasana**
        22. Madera compuesta con (8–) 10 haces periféricos .... **S. pyramidata**

Serjania acuta Triana & Planch., Ann. Sci. Nat. Bot., sér. 4, 18: 349. 1862.

Tallos 5–6-sulcados, rojizo-vellosos; madera simple. Hojas biternadas, pecíolo y raquis no alados; folíolos elíptico-oblongos a ovado-lanceolados, 1.5–7 cm de largo y 0.6–3 cm de ancho, agudos en el ápice, margen entero o a veces remotamente paucidentado, subcoriáceos, glabros a escasamente pubescentes en la haz, especialmente en los nervios mayores prominentes, finamente pubescentes a vellosos en el envés. Tirsos solitarios en las axilas de las hojas o tirsoides terminales, hasta 12 cm de largo, densamente rojizo-tomentosos, flores 3–4 mm de largo; sépalos rojizo-tomentosos. Fruto ovado-cordado, 2–2.5 cm de largo y 2 cm de ancho, porción que contiene la semilla densamente pubescente con tricomas blancos, contraído abajo de los cocos, alas glabras o casi así, división entre los cocos angosta y laxa.

Poco común, bosques mixtos húmedos y áreas perturbadas, zona atlántica; 30–360 m; fl feb, fr abr; *Stevens 8008, 12406*; México a Venezuela. Según Radlkofer las especies más cercanamente relacionadas son *S. grosii, S. racemosa* y *S. rufisepala* Radlk.

Serjania atrolineata C. Wright, Anales Acad. Ci. Méd. Habana 5: 292. 1868.

Tallos teretes a triangulares, pubescentes cuando jóvenes, glabros con la edad, madera compuesta con una estela central rodeada por 3 haces periféricos triangulares o aplanados. Hojas biternadas, pecíolo sin alas o hasta con márgenes, raquis angostamente alado; folíolos oblongos a lanceolados a elíptico-oblongos, (1.5) 4–12 cm de largo y 1.5–4.5 cm de ancho, obtusos, agudos, acuminados o a veces mucronados en el ápice, margen entero o con pocos dientes o crenas en la mitad superior, coriáceos a membranáceos, glabros, envés con rayas irregulares negras. Tirsos solitarios en las axilas de las hojas, 5–6

cm de largo, o tirsoides axilares o terminales de hasta 25 cm de largo, esparcida a densamente tomentosos, flores 3–5 mm de largo; sépalos exteriores densamente tomentulosos. Fruto ovado-cordado, 2–2.5 cm de largo y 1.5–2 cm de ancho, nervadura reticulada, blanquecino-hírtulo, contraído abajo de los cocos, alas hírtulas en el margen interior, con rayas irregulares negras, la división entre los cocos angosta y laxa.

Abundante, en áreas alteradas, bosques secos y húmedos, en todas las zonas del país; 0–500 (–1000) m; fl ene–mar, fr feb–abr; *Moreno 7260, Pipoly 4348*; México a Venezuela y Cuba. Está estrechamente relacionada con *S. paniculata*.

Serjania caracasana (Jacq.) Willd., Sp. Pl. 2: 465. 1799; *Paullinia caracasana* Jacq.

Tallos teretes o subteretes hasta 6–8-estriados, puberulentos cuando jóvenes, glabros con la edad; madera compuesta con una estela grande central y 6 (–8) haces periféricos más pequeños. Hojas biternadas, pecíolo y raquis no alados; folíolos oblongos a elípticos o lanceolados, 2–12 cm de largo y 1.2–4 cm de ancho, obtusos o acuminados en el ápice, margen crenado o serrado, subcoriáceos, glabros. Tirsos solitarios en las axilas de las hojas y frecuentemente más largos que éstas o tirsoides terminales, 4–10 cm de largo (excluyendo el pedúnculo abajo del zarcillo), esparcidamente tomentosos, flores 4.5–7 mm de largo, sépalos glabros. Fruto ovado-cordado, 3.5–4 cm de largo y 3 cm de ancho, glabro, cocos subglobosos, alas no contraídas abajo de los cocos, división entre los cocos angosta y laxa.

Conocida en Nicaragua por una colección (*Moreno 19224*) de bosque muy húmedo, oeste de Matagalpa; 250–300 m; fl dic; ampliamente distribuida desde México hasta Argentina y Paraguay, también en Trinidad y Tobago y Cuba. Está cercanamente relacionada con *S. adusta* Radlk. de Venezuela y Cuba.

Serjania cardiospermoides Schltdl. & Cham., Linnaea 6: 418. 1831.

Tallos fuertemente triangulares, glabros o pubérulos; madera compuesta con una estela grande central y 3 haces periféricos más pequeños. Hojas ternadas, pecíolo no alado; folíolos ovados o rómbico-ovados, 2.5–12 cm de largo y 1.1–7 cm de ancho, el terminal acuminado en el ápice, los laterales agudos a obtusos en el ápice, margen gruesa y remotamente serrado o dentado, membranáceos, glabros o a veces puberulentos en el envés. Tirsos axilares, frecuentemente más largos que las hojas, 2–14.5 cm de largo (excluyendo el pedúnculo abajo del zarcillo), puberulentos, flores raramente amarillo claras, en pedicelos de hasta 8 mm de largo, articulados en el medio, flores 5 mm de largo; sépalos menudamente puberulentos. Fruto ovado-cordado, 3.5–4.5 cm de largo y 2.5–3.5 cm de ancho, glabro, cocos fuertemente comprimidos, alas no contraídas abajo de los cocos, división entre los cocos angosta y laxa.

Conocida en Nicaragua por una colección (*Stevens 21421*) de orilla de camino, Matagalpa; 500 m; fl ene; México a Costa Rica.

Serjania circumvallata Radlk., Monogr. Serjania 345. 1875.

Tallos jóvenes teretes a estriados, los maduros sulcados y glabros; madera compuesta con una estela grande rodeada por 3–6 haces periféricos más pequeños, frecuentemente apareados y subteretes. Hojas ternadas, pecíolo no alado; folíolos ovados, elípticos o lanceolado-elípticos, 3.3–16 cm de largo y 1.2–7.5 cm de ancho, agudos a acuminados en el ápice, ligeramente revolutos, margen con dientes grandes y a menudo glandulares, cartáceos, glabros, nervios reticulados y ligeramente prominentes. Tirsos axilares, frecuentemente más largos que las hojas subyacentes o en tirsoides axilares o terminales, 2.2–12 cm de largo, ramas y pedicelos densamente blanquecino-tomentulosos, flores hasta 3 mm de largo; sépalos densamente blanquecino-tomentulosos. Fruto ovado-cordado, 4.5–5 cm de largo y 3.5 cm de ancho, porción que contiene la semilla glabra, nervios prominentes, alas con nervios ligeramente prominentes, contraídas abajo de los cocos, división entre los cocos ancha y firme.

Conocida en Nicaragua por una sola colección (*Sandino 2403*) de bosques húmedos, Zelaya; 600 m; fr mar; Nicaragua a Colombia.

Serjania cornigera Turcz., Bull. Soc. Imp. Naturalistes Moscou 32(1): 267. 1859.

Tallos 5-acostillados, pubescencia rojiza, densa;

madera generalmente simple, a veces con haces periféricos pequeños en los tallos grandes. Hojas biternadas, pecíolo no alado, raquis con márgenes angostos; folíolos lanceolados, (1–) 2.5–12 cm de largo y 1–5.5 cm de ancho, agudos en el ápice, margen remota y gruesamente serrado-dentado, membranáceos, pubescentes en el envés. Tirsos axilares o tirsoides terminales, 2.5–9.5 cm de largo (excluyendo el pedúnculo abajo del zarcillo), densamente rojizo-pubescentes, flores hasta 7 mm de largo; sépalos tomentulosos. Fruto algo oblongo, 4 cm de largo y 3.5 cm de ancho, no contraído abajo de los cocos, cocos setoso-pilosos, con una proyección semejante a un cornículo, márgenes exteriores de los cocos comprimidos formando alas marginales, alas pubescentes, división entre los cocos angosta y laxa.

No ha sido aún colectada en Nicaragua, pero se espera encontrar en bosques húmedos; Honduras a Panamá y posiblemente en Colombia. Las especies más cercanamente relacionadas son *S. setigera* Radlk. de Brasil y otra especie en Perú.

Serjania grandis Seem., Bot. Voy. Herald 92. 1853.

Tallos teretes a 6-sulcados, completamente rojo-tomentosos; madera compuesta con una estela central grande y 3–6 haces periféricos más pequeños, a veces apareados y aplanados. Hojas ternadas, pecíolos no alados; folíolos ovados, obovados o subrómbicos, 4–15 cm de largo y 1.8–8.9 cm de ancho, obtusos o redondeados en el ápice, margen crenado-dentado, subcoriáceos, densamente tomentoso-pilosos especialmente en los nervios. Tirsos axilares o tirsoides amontonados y terminales, 5–10 cm de largo, rojo-tomentosos, flores hasta 7 mm de largo; sépalos tomentosos. Fruto ovado-cordado, 2–3.5 cm de largo y 2.8–3 cm de ancho, ápice triquetro, apenas contraído abajo de los cocos, cocos velloso-tomentosos, alas pilosas, división entre los cocos ancha y firme.

No ha sido aún colectada en Nicaragua, pero se espera encontrar. Se encuentra desde Honduras a Perú en bosques húmedos y bosques siempreverdes muy húmedos. Está estrechamente relacionada con *S. schiedeana*.

Serjania grosii Schltdl., Linnaea 18: 42. 1844.

Tallos 5–6-sulcados, ligeramente pilosos o glabros; madera simple. Hojas ternadas, pecíolos no alados; folíolos ampliamente ovados a rómbicos, 5–8 cm de largo y 1.5–7 cm de ancho, obtusos o agudos en el ápice, margen remotamente serrado, dentado o a veces crenado, subcartáceos a membranosos, glabros en la haz, glabros o pilosos en el envés, ancistrosos en las axilas de los nervios.

Tirsos solitarios axilares o tirsoides terminales, 3.5–13 cm de largo, escasamente puberulentos, flores 2 mm de largo; sépalos tomentulosos o glabros. Fruto ovado-cordado, 2.5 cm de largo y 1.5 cm de ancho, glabro, no contraído abajo de los cocos, cocos a menudo algo inflados, alas delgadas, división entre los cocos angosta y laxa.

Muy común, en bosques secos y áreas alteradas, zonas pacífica y norcentral; 0–1300 m; fl dic–ene, fr ene–mar; *Araquistain 582, Moreno 19946*; México a Nicaragua. Está muy estrechamente relacionada con *S. emarginata* Kunth de México, *S. racemosa* y *S. acuta*.

Serjania lobulata Standl. & Steyerm., Publ. Field Mus. Nat. Hist., Bot. Ser. 23: 14. 1943.

Tallos subteretes, fusco-ferrugíneos, menudamente grisáceo-puberulentos cuando jóvenes; madera compuesta con una estela grande central y 3 (–5) haces periféricos pequeños. Hojas pinnadas, 5-folioladas, pecíolo y raquis no alados; folíolos ovados, ovado-rómbicos, oblongo-elípticos, 2–10.5 cm de largo y (1–) 1.5–5.5 cm de ancho, agudos u obtusos en el ápice, margen gruesamente crenado o sublobado en la mitad superior, membranáceos, puberulentos en la haz, densa y cortamente pilosos en el envés. Tirsos axilares o tirsoides terminales, densamente ocre-tomentulosos, 5–10 cm de largo (excluyendo el pedúnculo abajo del zarcillo), pedicelos cortos, flores 4–5 mm de largo; sépalos densamente blanquecino-tomentulosos. Fruto anchamente cordado, 2 cm de largo y 2.5 cm de ancho, densamente hírtulo, rugoso-nervoso, no contraído abajo de los cocos, cocos leñosos, alas delgadas, puberulentas, división entre los cocos ancha y firme.

Común, en bosques secos, áreas alteradas y a veces en bosques siempreverdes húmedos, zona pacífica; 0–1000 m; fl jul–oct, fr sep–dic; *Moreno 2498, Sandino 862*; México a Costa Rica. Está relacionada con *S. schiedeana*, a la cual se parece por tener las hojas 5-folioladas; sin embargo, se diferencia por tener la pubescencia café-ferrugínea en vez de blanquecino-tomentosa y por tener frutos más largos que anchos.

Serjania macrocarpa Standl. & Steyerm., Publ. Field Mus. Nat. Hist., Bot. Ser. 23: 15. 1943; *S. macrocarpa* var. *glabricarpa* Croat.

Tallos 6-acostillados y rojizo-tomentosos, tornándose 3-angulados y víscidos con pubescencia en líneas con la edad; madera compuesta con una estela central y 3 haces periféricos pequeños. Hojas biternadas, pecíolo no alado, raquis con alas angostas; folíolos lanceolado-elípticos a ovado-elípticos, 3–9

(–12) cm de largo y 1.5–4 (–6.5) cm de ancho, agudos a acuminados en el ápice, margen crenado-serrado, dientes glandulosos, membranáceos, glabros a estrigulosos en la haz, envés con pubescencia moderada de tricomas cortos, curvados y blanquecinos, la pubescencia más densa en los nervios sobre ambas superficies. Tirsos terminales o tirsoides en las axilas superiores, 4–12 cm de largo, tomentosos, flores 4–5 mm de largo; sépalos tomentosos. Fruto ovado-cordado, 4–4.5 cm de largo y 3.3–3.7 cm de ancho, emarginado en el ápice, porción que contiene la semilla triangular en corte transversal, rugoso, glabro, margen de las alas extendiéndose a lo largo del margen de los cocos, división entre los cocos ancha y firme.

Conocida en Nicaragua por una colección (*Stevens 19201*) de bosques perennifolios a lo largo del Río Matagalpa; 310–350 m; fl mar; sur de México al norte de Costa Rica.

Serjania mexicana (L.) Willd., Sp. Pl. 2: 465. 1799; *Paullinia mexicana* L.; *Serjania angustifolia* Willd.

Tallos 5-sulcados, frecuentemente con acúleos cortos cuando maduros; madera simple. Hojas biternadas, a veces 2- ó 3-pinnadas, frecuentemente reducidas cerca de la inflorescencia, pecíolo no alado, raquis alado; folíolos elípticos, ovados, obovados u oblongos, (1.5–) 3.5–14 cm de largo y 2–6 cm de ancho, a menudo reducidos en la inflorescencia, agudos a acuminados en el ápice, margen entero o escasamente dentado cerca del ápice, subcoriáceos a coriáceos, glabros. Tirsos en las axilas de las hojas o tirsoides terminales, 6.5–12 cm de largo, el terminal hasta 30 cm de largo, densamente puberulentos, flores 2.5–3.5 mm de largo; sépalos densamente blanco-tomentosos. Fruto ovado-cordado, 1.7–2.7 cm de largo y 2 cm de ancho, glabro, frecuentemente con nervios prominentes, sólo ligeramente contraído abajo de los cocos, cocos fuertemente comprimidos, división entre los cocos angosta y laxa.

Común, en bosques húmedos y muy húmedos, pantanos y márgenes de ríos, en todo el país; 0–1000 m; fl feb–may, fr mar–jun; *Stevens 7810, 18699*; México a Colombia y Venezuela. Está estrechamente relacionada con *S. brachycarpa* A. Gray ex Radlk., del norte de México, y con *S. rubicaulis* Benth. ex Radlk., de Sudamérica. Usada como veneno para peces. "Barbasco".

Serjania paniculata Kunth in Humb., Bonpl. & Kunth, Nov. Gen. Sp. 5: 111. 1821.

Tallos ligeramente 5-sulcados, víscidos; tallos jóvenes tomentulosos, costillas tornándose casi glabras con la edad, permaneciendo pubescentes entre las costillas; madera compuesta con una estela central grande y 5 haces periféricos pequeños. Hojas biternadas, pecíolo y raquis no alados; folíolos elípticos, ovados, obovados o rómbicos, 2.5–10 cm de largo y 1.5–7 cm de ancho, obtusos o agudos en el ápice y frecuentemente mucronados, margen gruesamente crenado en la mitad superior, glabros excepto por los nervios estrigulosos, y frecuentemente ancistrosos en las axilas de los nervios. Tirsos axilares o tirsoides terminales, 7–12 cm de largo (tirsos individuales excluyendo el pedúnculo abajo del zarcillo), víscido-tomentosos, flores 4.5–5.5 mm de largo; sépalos tomentulosos en ambas superficies. Fruto ovado-cordado, 2–2.7 cm de largo y 1.5–1.9 cm de ancho, ligeramente contraído abajo de los cocos, cocos víscido-tomentosos, sulcados entre los nervios, división entre los cocos angosta y laxa.

Poco común, orillas de caminos y faldas de montañas, zona norcentral; 600–900 m; fl nov–feb, fr ene–mar; *Moreno 6964, 15278*; México a Colombia y Venezuela. Está muy estrechamente relacionada con *S. atrolineata*.

Serjania paucidentata DC., Prodr. 1: 603. 1824.

Tallos con 3 costillas grandes y 3 más pequeñas, glabros; madera compuesta con una estela central y 3 haces periféricos pequeños y teretes. Hojas biternadas, pecíolo no alado, raquis alado; folíolos angostamente elípticos a lanceolados a oblanceolados, 4.5–11 cm de largo y 3–5.5 cm de ancho, agudos a acuminados en el ápice, profundamente incisos a cada lado del acumen, margen mayormente entero, a veces con pocos dientes cerca del ápice, dientes frecuentemente glandulosos, acumen con apículo glandular en el ápice, subcoriáceos, glabros. Tirsos axilares o terminales, hasta 20 cm de largo, débilmente tomentosos, excepto los pedicelos densamente tomentosos, flores hasta 4.5 mm de largo; sépalos densamente tomentosos. Fruto angostamente ovado-cordado, 2.3–2.8 cm de largo y 1.8 cm de ancho, cocos densamente café-híspidos, margen exterior de los cocos aplanado formando un ala marginal angosta, alas ligeramente contraídas abajo de los cocos y escasamente pilosas, división entre los cocos estrecha o laxa.

Poco común, bosques siempreverdes húmedos, zona norcentral; 500–900 m; fl mar–abr, fr abr–may; *Neill 1624, 1793*; México hasta las Guayanas, Brasil y Perú, y también en Trinidad. *S. paucidentata* está estrechamente relacionada con *S. lethalis* A. St.-Hil. y *S. obtusidentata* Radlk. de Brasil. Se parece a *S. paniculata,* pero tiene el raquis alado y 3 haces periféricos en el tallo en vez de 5. *S. paucidentata*

también se parece a *S. mexicana*, pero tiene madera compuesta en vez de simple y carece de aguijones en los tallos.

Serjania pyramidata Radlk., Monogr. Serjania 155. 1875; *S. decapleuria* Croat.

Tallos débilmente 10-acostillados, menudamente puberulentos cuando jóvenes, glabros con la edad; madera compuesta con una estela central rodeada por (8–) 10 haces periféricos pequeños y uniformemente teretes. Hojas biternadas, pecíolo y raquis no alados; folíolos oblongo-ovados a elípticos, 1.5–10 cm de largo y 1–4.5 cm de ancho, agudos a acuminados en el ápice, margen entero a dentado, subcartáceos, glabros, a veces estrigulosos en los nervios principales en la haz, a veces con penachos de tricomas en las axilas de los nervios del envés, a veces ligeramente pubescentes en el envés. Tirsos axilares o tirsoides terminales, 3–10 cm de largo (excluyendo el pedúnculo abajo del zarcillo), hírtulos, flores 4–4.5 mm de largo; sépalos tomentulosos. Fruto ovado-cordado, 3.5–4 cm de largo y 3–3.5 cm de ancho, cocos puberulentos, alas subglabras, sólo ligeramente contraídas abajo de los cocos, división entre los cocos angosta y laxa.

Poco común, en bosques perennifolios y márgenes de bosques, zonas pacífica y atlántica; 0–600 m; fl ene–mar, fr ene–mar o más tardíamente; *Araquistain 1497, Pipoly 3776*; Nicaragua a Brasil. Se parece mucho a *S. atrolineata* excepto por el número de haces periféricos en la madera compuesta, 10 subteretes en *S. pyramidata* y 3 triangulares a subteretes en *S. atrolineata*.

Serjania racemosa Schumach., Skr. Naturhist.-Selsk. 3: 127. 1794.

Tallos 5–6-sulcados, glabros o casi así; madera simple. Hojas biternadas, pecíolo desnudo, raquis angostamente alado; folíolos ovados a elípticos, 2–5 (–7.5) cm de largo y 1–3.8 cm de ancho, agudos a acuminados en el ápice, margen serrado-crenado o a veces subentero, membranáceos, glabros o casi así, a veces puberulentos en el envés. Tirsos axilares o tirsoides terminales, 4–6.5 cm de largo, raquis puberulento a casi glabro, flores 2.5–3 mm de largo; sépalos puberulentos. Fruto ovado-cordado, 2–2.5 cm de largo y 1–1.7 cm de ancho, glabro con la edad, cocos esféricos, algo hinchados, alas delgadas, a-penas contraídas abajo de los cocos, división entre los cocos angosta y laxa.

Común, en bosques húmedos o muy húmedos y nebliselvas, zonas pacífica y norcentral; 300–1600 m; fl oct–ene, fr nov–mar; *Araquistain 1616, Guzmán 1612*; México a Costa Rica. Está estrechamente relacionada con *S. grosii*, *S. acuta* y *S. punctata* Radlk. (especie hondureña), por tener madera simple, flores ligeramente más pequeñas (3.5 mm de largo en *S. punctata*) y frutos más largos que anchos (tan largos como anchos, 1.5–1.8 cm, en *S. punctata*).

Serjania rachiptera Radlk., Bot. Gaz. (Crawfordsville) 16: 192. 1891.

Tallos 6-acostillados, glabros o hírtulos; madera simple. Hojas bipinnadamente compuestas o decompuestas, pinnas inferiores generalmente 9-folioladas, pecíolo y raquis alados; folíolos elípticos a suborbiculares, 1–2.5 cm de largo y 0.5–1.2 cm de ancho, agudos en el ápice, margen paucidentado, subcartáceos, glabros o a veces finamente pubescentes en el envés. Tirsos axilares o tirsoides terminales, 6 cm de largo (tirsos) o 13 cm de largo (panículas), ramas finamente pubescentes o glabras, flores hasta 3.5 mm de largo; sépalos puberulentos. Fruto cordado-ovado, 2 cm de largo y de ancho, cocos pubescentes, nervadura reticulada, alas glabras, frecuentemente rojas, división entre los cocos angosta y laxa.

Ocasional, en bosques húmedos y bosques nublados, zona norcentral; 1000–1500 m; fl ene–mar, fr mar–abr; *Croat 43042*, *Moreno 23513*; sur de México a Nicaragua. Está muy estrechamente relacionada con *S. cambessedeana* Schltdl. & Cham. y *S. adiantoides* Radlk. de México.

Serjania rhombea Radlk., Monogr. Serjania 324. 1875.

Tallos 6-sulcados, café-hírtulos especialmente en las costillas; madera compuesta con una estela central y 3 haces periféricos pequeños. Hojas biternadas, pecíolo no alado, raquis con alas angostas; folíolos ovados a romboides, 1.5–8 cm de largo y 1.2–5 cm de ancho, obtusos a acuminados en el ápice, margen gruesamente dentado en la mitad superior, subcoriáceos, cortamente pilosos en el envés, a veces cortamente pilosos en la haz, a menudo especialmente también en el nervio principal en la haz. Tirsos terminales o tirsoides axilares, 3–9 cm de largo (excluyendo el pedúnculo abajo del zarcillo), panícula hasta 25 cm de largo, ramas con pubescencia suave, flores ca 3 mm de largo; sépalos tomentosos. Fruto cordado-ovado, 1.5–2.2 cm de largo y de ancho, frecuentemente rojizo, cocos pubescentes, alas ligeramente contraídas abajo de los cocos, división entre los cocos ancha y firme.

Frecuente, en bosques húmedos, zonas atlántica y norcentral; 0–1100 m; fl nov–feb, fr dic–mar; *Araquistain 1686*, *Stevens 5839*; México a Venezuela y Ecuador. Los parientes más cercanos de esta especie son *S. triquetra* y *S. goniocarpa* Radlk.

Serjania schiedeana Schltdl., Linnaea 18: 44. 1844.

Tallos obtusamente triquetros, densamente tomentosos con tricomas sórdidos, amarillentos a blanquecinos; madera compuesta con una estela grande y 3 haces periféricos pequeños. Hojas pinnadas, 5-folioladas, pecíolo y raquis no alados; folíolos ampliamente rómbicos a elíptico-oblongos, 3–5.5 cm de largo y 2–4 cm de ancho, obtusos a cortamente acuminados en el ápice, subcoriáceos, margen gruesamente crenado, densamente pubescentes en ambas superficies. Tirsos axilares o tirsoides terminales, 6–7.5 cm de largo, densamente tomentosos, flores 6 mm de largo; sépalos tomentosos. Fruto ovado-cordado, 2.5 cm de largo y 2 cm de ancho, densamente pubescente, un poco contraído abajo de los cocos, división entre los cocos ancha y firme.

Poco frecuente, bosques secos, zona pacífica; 200–400 m; fl sep–dic, fr dic–mar; *Moreno 16961*, *Neill 3438*; México a Nicaragua. Tiene apariencia similar a *S. lobulata* pero su pubescencia es blanquecina en vez de café-ferrugínea. También se parece a *S. triquetra* pero sus hojas son 5-folioladas en vez de biternadas.

Serjania setulosa Radlk., Monogr. Serjania 337. 1875.

Tallos 5-angulados, ángulos con tricomas blancos y setosos, glabros entre los ángulos; madera simple. Hojas biternadas, pecíolo y raquis no alados; folíolos subrómbicos hasta rómbico-ovados, ápice obtuso con una proyección corta, margen gruesamente crenado en la mitad superior, membranáceos, tricomas setosos pequeños y blancos sobre las venas en ambas superficies, tricomas blancos algo más grandes esparcidos en el envés y los márgenes, rayas pelúcidas en el envés. Inflorescencia, flores y frutos desconocidos.

Conocida sólo del tipo, *Friedrichsthal 592*, un espécimen juvenil y estéril, colectado en 1841 en San Juan del Norte. Radlkofer designó una distribución incierta a esta especie e indicó que se parece mucho a *S. membranacea* Splitg. de Perú, Surinam y Costa Rica y que, pese a ciertas diferencias, podría ser un estado juvenil de esta especie. Sin embargo, declinó incluirla en *S. membranacea* hasta que se disponga de otras colecciones. Se considera aquí lo suficientemente distinta de otros especímenes de *Serjania* en Nicaragua, por lo que merece ser considerada como una especie distinta en este tratamiento, a pesar de que flores y frutos serán necesarios para resolver definitivamente la posición de este taxón.

Serjania tailloniana Standl. & L.O Williams, Ceiba 1: 153. 1950.

Tallos obtusamente 6-angulados, densamente pilosos; madera compuesta con una estela central y 3 haces periféricos pequeños. Hojas ternadas, pecíolo no alado y densamente híspido; folíolos ovado-rómbicos, 5.5–10 cm de largo y 5–12 cm de ancho, obtusos a agudos en el ápice, margen gruesamente crenado, subcoriáceos, menudamente puberulentos en la haz, especialmente en los nervios, nervio principal prominente y nervios reticulados ligeramente prominentes, densa y suavemente pubescentes en el envés. Tirsos axilares o en tirsoides terminales, 1–3 cm de largo (excluyendo el pedúnculo abajo del zarcillo), ramas densamente rojizo-tomentosas, flores hasta 4 mm de largo; sépalos densamente tomentosos. Fruto ovado-cordado, 2.5–3 cm de largo y de ancho, cocos subglobosos y pubescentes, márgenes laterales de los cocos aplanados formando alas, alas delgadas, densamente pilosas, no contraídas abajo de los cocos, división entre los cocos ancha y firme.

Conocida en Nicaragua por una colección (*Hernández 666*) de bosques de pino-encinos, Madriz; 1200 m; fl ago; común en Honduras. Al parecer está estrechamente relacionada con *S. schiedeana*. En apariencia es similar a *S. grandis*.

Serjania trachygona Radlk., Monogr. Serjania 327. 1875.

Tallos 6-acostillados, estriados, aquellos maduros 3-acostillados, hirsuto-pilosos en los ángulos; madera compuesta con una estela central y 6 haces periféricos, a menudo en pares. Hojas bi- o tripinnaticompuestas, frecuentemente 4 a 5 veces pinnadas, pecíolo marginado, raquis angostamente alado; folíolos ovado-oblongos a rómbicos, 0.5–4.7 cm de largo y 0.4–1.7 cm de ancho, agudo-acuminados en el ápice, margen inciso-dentado a crenado, subcoriáceos, generalmente glabros, pero a veces hirsutos en el nervio principal en la haz y en la superficie del envés. Tirsos axilares o tirsoides terminales, 15 cm de largo o más cortos, esparcidamente hírtulos, flores 2–3 mm de largo; sépalos hírtulos. Fruto ovado-cordado, 1.5–2.1 cm de largo y 1.5–2.2 cm de ancho, más o menos tan ancho o más ancho que largo, cocos escasamente hirsutos con nervios prominentes, alas casi glabras, contraídas en la base de los cocos, división entre los cocos ancha y firme.

Conocida en Nicaragua por una colección (*Moreno 6939*) de bosques húmedos, Madriz; 1000 m; fl feb (en yema); Nicaragua a Panamá, Perú y Bolivia. Está estrechamente relacionada con *S. rhombea*, *S. rachiptera* y *S. cambessedeana*.

Serjania triquetra Radlk., Monogr. Serjania 305. 1875.

Bejucos grandes y gruesos; tallos 6-sulcados, con densos tricomas sórdidos amarillo-grises hasta glabros; madera compuesta con una estela central grande y 3 (–5 ó 6) haces periféricos pequeños. Hojas biternadas o raramente 5-pinnado-folioladas, pecíolo y raquis no alados; folíolos ampliamente ovados a rómbicos, 4–8 cm de largo y 1.6–6 cm de ancho, obtusos a acuminados en el ápice, margen gruesamente crenado-serrado, membranáceos o más gruesos, densa y suavemente pubescentes en el envés, variablemente glabros, escasamente pubescentes a pubescentes en la haz. Tirsos axilares o tirsoides terminales, 2–7 cm de largo (tirsos (excluyendo el pedúnculo abajo del zarcillo), panículas hasta 35 cm de largo, densamente pubescentes, flores 4 mm de largo; sépalos densamente blanquecino-tomentosos. Fruto ovado-cordado, 2 cm de largo y 1.3–1.8 cm de ancho, más o menos igual de ancho que de largo, cocos leñosos, nervadura reticulada, hírtulos, redondeados o frecuentemente acostillados dorsalmente, a veces algo triquetros, alas delgadas, generalmente glabrescentes, contraídas abajo de los cocos, división entre los cocos ancha y firme.

Común, bosques húmedos o matorrales secos, en todas las zonas del país; 0–1850 m; fl nov–mar, fr ene–may; *Araquistain 2092*, *Sandino 291*; México a Costa Rica. Está estrechamente relacionada con *S. grandis*, *S. schiedeana*, *S. goniocarpa* (de México) y *S. rhombea*.

Serjania valerioi Standl., Publ. Field Mus. Nat. Hist., Bot. Ser. 18: 646. 1937.

Tallos acostillados a triquetros, largamente híspidos; madera compuesta con una estela central y 3 haces periféricos. Hojas pinnadas, 5-folioladas, pecíolo y raquis no alados; folíolos oblongos a ovados a elípticos, acuminados o largamente atenuados en el ápice, margen gruesamente dentado, membranáceos, pubescentes, tricomas más largos sobre los nervios. Tirsos axilares, densamente hirsutos, 1 cm de largo; sépalos tomentosos. Fruto ovado-oblongo, hasta 4 cm de largo y 2.5 cm de ancho, completamente piloso a hirsuto, apenas contraído o no abajo de los cocos, márgenes exteriores de los cocos alados, división entre los cocos ancha y firme.

No ha sido aún colectada en Nicaragua pero se espera encontrar en bosques muy húmedos en el sur del país; conocida en Costa Rica desde ca 600 hasta 700 m. Aunque los frutos son similares a los de *S. cornigera*, *S. valerioi* difiere por tener hojas 5-folioladas, pubescencia más larga y flores más pequeñas.

TALISIA Aubl.

Arbustos o árboles; plantas polígamas. Hojas alternas, paripinnadas, margen entero, generalmente coriáceas, pecioladas, exestipuladas; folíolos opuestos o alternos, peciólulos cortos con bases abultadas. Inflorescencia una panícula, grande o pequeña, terminal, subterminal o axilar, flores actinomorfas pequeñas; cáliz 5-lobado frecuentemente hasta la base; pétalos 5, unguiculados, vellosos en los márgenes, con un apéndice semejante a una escama en el interior, generalmente patentes en la antesis; disco anular o cupuliforme, lobado, carnoso, piloso; estambres 5–8; ovario sésil, velloso, carpelos 3, lóculos 3, óvulos solitarios, basales. Fruto abayado, ovoide o elipsoide, generalmente indehiscente, generalmente 1-locular y con 1 semilla por aborto; semilla elipsoide.

Género con ca 40 especies distribuidas en América tropical; 1 especie ha sido colectada en Nicaragua y otra se espera encontrar. Este género está estrechamente relacionado con *Melicoccus*.

1. Folíolos 10–16, 20–45 cm de largo .... **T. nervosa**
1. Folíolos 4, 5–12 cm de largo .... **T. oliviformis**

Talisia nervosa Radlk., Smithsonian Misc. Collect. 61(24): 4. 1914.

Arbustos o árboles pequeños, hasta 8 (–10) m de alto, generalmente no ramificados; tallos glabros. Hojas pinnaticompuestas, amontonadas en el ápice del tallo, 1 m de largo o más largas, pecíolos hasta 25 cm de largo; folíolos 5–8 pares, oblongo-elípticos, 20–45 cm de largo y 6.5–13 cm de ancho, agudos en el ápice y en la base, margen entero, coriáceos, glabros, a veces puberulentos en el envés, nervios laterales mayores encontrándose cerca del margen, peciólulos 5–10 mm de largo, hinchados. Inflorescencia terminal y subterminal, hasta 70 cm de largo, ampliamente ramificada, ramas mayores acostilladas, puberulentas a tomentosas, pedicelos 2 mm de largo, flores 6–7 mm de largo, blancas; cáliz ciliado; pétalos seríceos; disco prominente, 6-angulado; estambres 5 u 8. Fruto 2–3 cm de largo, glabro.

Poco común, bosques húmedos y muy húmedos, zona atlántica; 0–300 m; fl mar–may, fr jul–oct; *Miller 1117, Sandino 3268*; Nicaragua a Colombia. Está estrechamente relacionada con *T. dwyeri* Croat de Panamá. Se usa para postes.

Talisia oliviformis (Kunth) Radlk., Sitzungsber. Math.-Phys. Cl. Königl. Bayer. Akad. Wiss. München 8: 342. 1878; *Melicocca oliviformis* Kunth.

Arboles hasta 25 m de alto, con corona densa y patente; tallos jóvenes y pecíolos puberulentos a glabros. Hojas pinnadas, opuestas, pecíolos 2.8–5 cm de largo; folíolos 4, elípticos a lanceolado-oblongos, 5–12 cm de largo y 1.5–6 cm de ancho, obtusos a cortamente acuminados con ápice obtuso, margen entero, delgadamente coriáceos, glabros, nervios no conspicuos en el envés. Inflorescencia axilar, frecuentemente glomerulada, en los extremos de las ramas, generalmente más corta que las hojas, 4–14.5 cm de largo, densamente tomentulosa, flores 3–4 mm de largo, blancas, en pedicelos 1–2 mm de largo; cáliz tomentuloso; pétalos ciliados; disco lobado, glabro; estambres 5–7. Fruto ca 2 cm de largo, papilado en el ápice, densa y menudamente pálido-tomentoso.

No ha sido aún colectada en Nicaragua, pero se espera encontrar; México a Colombia y Venezuela, desde el nivel del mar hasta 600 m. Su pariente más cercano es *T. intermedia* Radlk. de Venezuela y Brasil.

THOUINIA Poit.

Arbustos erectos o árboles; tallos teretes; plantas polígamas. Hojas 3-folioladas (en Nicaragua) o simples; folíolos con margen entero a serrado o dentado, membranáceos a subcoriáceos, sésiles o peciolulados. Inflorescencias racemosas o paniculadas, flores actinomorfas; cáliz 4-lobado; pétalos 4, crenulados en el ápice, con una escama basal interior; disco anular, lobado; estambres 8, filamentos pilosos; ovario 3-lobado, 3-locular, estigma 3-lobado, óvulos solitarios, basales. Fruto de 3 sámaras fusionadas en los lóculos, cada una con un ala terminal larga y patente; semilla 1 por lóculo, oblonga, testa membranácea, arilo ausente.

Radlkofer lista 27 especies de *Thouinia* para Centroamérica y las Antillas, pero en un manuscrito reciente, Votava reduce el número a 14. En este último trabajo, las 2 especies aquí tratadas son colocadas bajo una tercera especie, *T. serrata* Radlk. Me parece que las 2 especies son lo suficientemente distintas y merecen ser tratadas como diferentes en este tratamiento, por lo menos hasta que el trabajo mencionado anteriormente sea revisado y publicado. *Thouinia* está estrechamente relacionada con *Allophylus*.

F.V. Votava. A Taxonomic Revision of Genus *Thouinia* (Sapindaceae). Ph.D. Thesis, Columbia University, New York. 1973.

1. Inflorescencia ramificada, paniculada, frecuentemente tan larga como las hojas; folíolos ovado-lanceolados
.... **T. acuminata**
1. Inflorescencia simple, racemiforme, mucho más corta que las hojas; folíolos elípticos .... **T. brachybotrya**

Thouinia acuminata S. Watson, Proc. Amer. Acad. Arts 25: 145. 1890.

Arbustos o árboles hasta 12 m de alto; ramas jóvenes puberulentas a glabras. Folíolos ovado-lanceolados, 5–12 cm de largo y 2.5–6 cm de ancho, acuminados en el ápice, margen aplicado-serrado, membranáceos, casi glabros excepto por las axilas ancistrosas de los nervios del envés. Inflorescencia axilar, ramificada, paniculada, 5.2–15 cm de largo, puberulenta, flores 2 mm de largo, blancas; sépalos glabros a pubescentes. Fruto generalmente 2-locular por aborto, cada lóculo y ala 1.2–3 cm de largo y 4–6 mm de ancho, ala redondeada u obtusa en el ápice.

Común, bosques húmedos, Estelí; 100–1500 m; fl ago–oct, fr oct–nov; *Laguna 293*, *Stevens 14382*; México a Nicaragua.

Thouinia brachybotrya Donn. Sm., Bot. Gaz. (Crawfordsville) 52: 45. 1911.

Arboles hasta 8 (–10) m de alto; tallos jóvenes cinéreo-pubescentes. Folíolos elípticos, 7–14 cm de largo y 3.5–7 cm de ancho, agudos a obtusos en el ápice, margen crenado-dentado, membranáceos a subcoriáceos, grisáceo-velutinos en la haz, con glándulas microscópicas más densamente grisáceo-velutinas en el envés, frecuentemente ancistrosos en las axilas. Inflorescencia axilar simple, racemiforme, hasta 6 cm de largo, finamente tomentosa, flores 1.5 mm de largo; sépalos puberulentos. Fruto de 3 sámaras, cada una 2.5–3 cm de largo y 7–9 mm de ancho, lóculo piloso, ala puberulenta.

Poco común, bosques secos a húmedos, zona norcentral; 700–1300 m; fr may–jul; *Sandino 2993*, *Stevens 22217*; Honduras, Guatemala y Nicaragua.

THOUINIDIUM Radlk.

Thouinidium decandrum (Bonpl.) Radlk., Sitzungsber. Math.-Phys. Cl. Königl. Bayer. Akad. Wiss. München 8: 284. 1878; *Thouinia decandra* Bonpl.

Arboles generalmente 10 (–15) m de alto; tallos aplicado-pubescentes o casi glabros. Hojas paripinnadas con 4–14 folíolos; folíolos linear-lanceolados a lanceolados, algo falcados, hasta 3 cm de ancho, agudos a acuminados en el ápice, margen serrado, gruesamente membranáceos y generalmente lustrosos, glabros a casi así, sésiles o casi así. Panículas grandes, terminales, escasamente pilosas o glabras, pedicelos 2 mm de largo, flores numerosas, 3 mm de largo y 5 mm de ancho, blancas, glabras; sépalos 5, los 2 más exteriores más pequeños, 1.5 mm de largo; pétalos generalmente 4; estambres 6–8. Fruto indehiscente de 3 sámaras 2.5–3.5 cm de largo, unidas en los lóculos, glabras, alas 1 cm de ancho, libres, ampliamente patentes, agudas y tornándose redondeadas u obtusas con la edad.

Común, bosques secos a húmedos y matorrales, en todas las zonas del país; 0–1500 m; fl ene–abr, fr feb–jun; *Moreno 7318*, *Sandino 2878*; México y Centroamérica. El género está distribuido en México, Centroamérica y las Antillas, y consiste de ca 6 especies. "Melero".

URVILLEA Kunth

Urvillea ulmacea Kunth in Humb., Bonpl. & Kunth, Nov. Gen. Sp. 5: 106. 1821.

Lianas, partes más jóvenes herbáceas; tallos más jóvenes pubescentes o glabros, tallos teretes a 3-sulcados con una estela solitaria. Hojas 3-folioladas, 4–15 mm de largo, membranáceas, pecíolos 1–6 cm de largo, sin alas; folíolos rómbico-ovados a ovado-lanceolados, acuminados a agudos en el ápice, margen gruesamente crenado o serrado, glabros en la haz excepto en los nervios vellosos, densamente pilosos a casi glabros en el envés. Inflorescencia racemosa de tirsos axilares, frecuentemente más largos que las hojas, flores hasta 4 mm de largo, blancas, en pedicelos 1.5–2.5 mm de largo; sépalos 5, pubescentes, los 2 exteriores más pequeños; pétalos 4, todos con una escama basal; glándulas del disco 2, grandes; estambres 8, excéntricos, libres con filamentos glabros; ovario sésil, excéntrico, 3-locular, estilo corto, 3-ramificado, óvulo solitario. Fruto una cápsula 3-alada, elíptica, 2–3 (–4) cm de largo y 2 cm de ancho, redondeada u obtusa en el ápice, cortamente estipitada a aguda en la base, lóculos ligeramente hinchados con alas marginales, alas delgadas y suaves; semillas ovaladas, 3–4 mm de largo, negras, lustrosas, con un arilo blanco reniforme.

Común, bosques secos, húmedos y muy húmedos y áreas alteradas, en todas las zonas del país; 0–1600 m; fl y fr nov–mar; *Araquistain 1920*, *Sandino 2127*; sur de Estados Unidos hasta Argentina. Está estrechamente relacionada con *U. biternata* Weath. de México. Este género está estrechamente emparentado con *Cardiospermum* y consta de ca 16 especies de América tropical.

SAPOTACEAE Juss.

Amy Pool

Arboles grandes o pequeños o arbustos, frecuentemente con contrafuertes, a menudo con corteza agrietada o escamosa, a veces espinosa (brotes axilares modificados, en especies de *Sideroxylon*), látex presente, comúnmente espeso y pegajoso, blanco, crema claro (raramente amarillo), tricomas 2-armados (malpigiáceos), 1 brazo generalmente más corto que el otro (hasta obsoleto), frecuentemente junto con tricomas simples; plantas hermafroditas, dioicas, o menos frecuentemente monoicas. Hojas alternas, opuestas, verticiladas, en espiral y frecuentemente agrupadas en el ápice de las ramas o menos frecuentemente dísticas, simples, mayormente enteras (siempre en las especies nicaragüenses), nervadura pinnada; estípulas comúnmente ausentes, o a veces presentes (en algunas especies de *Manilkara* y *Pouteria*) y bien desarrolladas (no en Nicaragua). Inflorescencia fascículos cimosos, comúnmente solitarios o arreglados a lo largo de brotes afilos cortos (raramente panículas), axilares o comúnmente agrupados en ramitas abajo de las hojas, a veces caulifloras, o flores solitarias y axilares, frecuentemente bracteoladas, actinomorfas, hipóginas, perfectas o unisexuales, las unisexuales frecuentemente con remanentes bien desarrollados del sexo opuesto y las flores pistiladas frecuentemente más pequeñas que las estaminadas; sépalos libres o casi libres, 4 ó 5 (6) en un verticilo imbricado o, 2 verticilos cada uno de (2) 3 (4) sépalos, con el verticilo exterior valvado (*Manilkara*), o 4–12 en un espiral estrechamente traslapado (*Pouteria*); corola simpétala con 4–9 lobos imbricados, los lobos a veces subdivididos en 3 ó 5 segmentos; estambres 4–6 (–12), en 1 verticilo, adnados al tubo de la corola (raramente libres), opuestos a los lobos de la corola, anteras ditecas con dehiscencia longitudinal, estaminodios 0–6 (–9), en 1 verticilo, alternos a los lobos de la corola, en el seno de los lobos de la corola, simples, dentados o divididos y a veces petaloides; disco nectarífero pobremente desarrollado o comúnmente ausente; ovario (1–) 5–30-locular, 1 (2) óvulos por lóculo, óvulos axiales o axial-basales. Fruto una baya (en Nicaragua) o drupa, indehiscente, pericarpo carnoso, coriáceo (o leñoso o una cápsula loculicida seca, sólo en Africa); semillas 1–muchas, frecuentemente con testa café lustrosa y con una cicatriz conspicua, áspera y pálida, cicatrices pequeñas hasta grandes, basales, basiventrales o adaxiales.

Una familia pantropical con 53 géneros y ca 1000 especies; 5 géneros y 33 especies se conocen en Nicaragua y, 2 géneros y 6 especies se esperan encontrar. Muchas de las especies nicaragüenses producen frutos comestibles, los cuales son consumidos localmente y la mayoría de los árboles grandes de todas las especies (con la posible excepción de *Sideroxylon capiri* ssp. *tempisque*) presentan cicatrices dejadas por el sangrado. Los géneros de Sapotaceae son pobremente definidos y consecuentemente controversiales. Las Sapotaceae son frecuentemente colectadas estériles, pero felizmente muchos de los caracteres vegetativos son útiles. De particular ayuda es la nervadura; la terminología empleada aquí es la de Pennington (1990). La nervadura secundaria en nuestras especies es ya sea broquidódroma (nervios consecutivos unidos por un cordón submarginal), eucamptódroma (nervios gradualmente disminuyendo antes de alcanzar el margen de la hoja) o craspedódroma (nervios terminando en el margen de la hoja, en nuestras especies sólo en *Micropholis*). La nervadura intersecundaria en las especies nicaragüenses se inicia en el nervio principal, excepto en *Manilkara* donde se inicia en el cordón submarginal de los nervios broquidódromos. En ambos casos generalmente se encuentra más o menos paralela a la secundaria. Hay 3 tipos de nervios terciarios. 1) Nervios que conectan nervios secundarios consecutivos: éstos pueden estar perpendicularmente orientados al nervio principal, llamados horizontales, o a un ángulo de menos de 90 grados con el nervio principal, llamados oblicuos. 2) Nervios reticulados: nervios que se anastomosan con otros nervios terciarios y con otros de orden superior formando un retículo laxo o fino, abierto o cerrado. 3) Nervios que descienden desde el cordón submarginal de nervios secundarios broquidódromos hacia el nervio principal y están orientados paralelos a los secundarios. Este tipo de nervadura se encuentra en todas nuestras especies de *Manilkara* y en algunas especies de *Sideroxylon* y *Chrysophyllum*. El término nervadura de orden superior se usa para describir los nervios más finos que los terciarios.

Fl. Guat. 24(8): 211–244. 1967; Fl. Pan. 55: 145–169. 1968; G.E. Pilz. The Sapotaceae of Panama. Ann. Missouri Bot. Gard. 68: 172–203. 1981; T.D. Pennington. Sapotaceae. Fl. Neotrop. 52: 1–770. 1990; T.D. Pennington. The Genera of Sapotaceae. 1991.

1. Cáliz de 2 verticilos con 3 sépalos cada uno, los del verticilo exterior valvados o sólo ligeramente imbricados; lobos de la corola simples o 3-segmentados, si 3-segmentados los segmentos laterales tan largos o más largos que el medio; hojas con los nervios intersecundarios y terciarios que se inician en el cordón submarginal de nervios secundarios y descienden paralelos a los secundarios hacia el nervio principal; ápice del tallo frecuentemente lustroso .... **Manilkara**
1. Cáliz de 1 verticilo con 4–8 sépalos imbricados o quincunciales o 7–12 sépalos en espiral estrechamente traslapado; lobos de la corola simples, o si 3-segmentados, el segmento medio mucho más grande que los laterales; hoja con nervadura variada; ápice del tallo no lustroso
    2. Lobos de la corola 3-segmentados, tubo mucho más corto que los lobos, lobos patentes; estambres exertos; espinas a veces presentes; semilla con cicatriz basal o basiventral (excepto en *S. portoricense* y *S. contrerasii*) de 1–4 mm de largo y ancho .... **Sideroxylon**
    2. Lobos de la corola simples, tubo más corto hasta más largo que los lobos, lobos erectos o patentes, estambres incluidos o exertos; espinas ausentes; semilla con cicatriz adaxial o si basiventral al menos de 4 mm de largo
        3. Estaminodios no desarrollados (raramente desarrollados en *Chrysophyllum cainito* y *C. venezuelanense*); semilla con cicatriz basiventral, o adaxial y desde 1/5 hasta en toda su longitud
            4. Corola campanulada, infundibuliforme o globosa; estambres incluidos .... **Chrysophyllum**
            4. Corola rotácea; estambres exertos
                5. Hojas con 6 ó 7 pares de nervios secundarios, nervios terciarios 4 ó 5/cm; pecíolo 0.8–1.8 cm de largo .... **Elaeoluma**
                5. Hojas con 9–14 pares de nervios secundarios, nervios terciarios 5–8/cm; pecíolo (2–) 3–9.5 cm de largo .... **Sideroxylon**
        3. Estaminodios desarrollados, a veces muy pequeños, comúnmente en igual número que los lobos de la corola; semilla con cicatriz adaxial en toda su longitud (y frecuentemente extendiéndose alrededor de la base) excepto por *Sideroxylon capiri*
            6. Estambres incluidos, lobos de la corola erectos, tubos ligeramente más cortos hasta mucho más largos que los lobos
                7. Hojas dísticas, finamente estriadas con nervios secundarios, intersecundarios y terciarios cercanamente paralelos .... **Micropholis**
                7. Hojas en espiral, no finamente estriadas, nervadura variada pero no cercanamente paralela ..... **Pouteria**
            6. Estambres exertos, lobos de la corola patentes, tubos desde más cortos hasta de la misma longitud de los lobos
                8. Hojas dísticas; corola y estaminodios carnosos, tubo casi de la misma longitud de los lobos .... **Sarcaulus**
                8. Hojas en espiral; corola y estaminodios no carnosos, tubo mucho más corto que los lobos
                    9. Pecíolos 1/10–1/4 de la longitud de la lámina; pedicelos 1–1.5 mm de largo; corola 3.2–4.5 mm de largo; semilla con cicatriz en casi toda su longitud .... **Pouteria**
                    9. Pecíolos ca 1/2 de la longitud de la lámina; pedicelos 5–7 mm de largo; corola 6–6.5 mm de largo; semilla con cicatriz en 1/4–1/3 de su longitud .... **Sideroxylon**

CHRYSOPHYLLUM L.

Espinas ausentes; plantas hermafroditas, monoicas o dioicas. Hojas alternas, dísticas o en espiral, nervadura eucamptódroma o broquidódroma, a veces finamente estriada; estípulas ausentes. Inflorescencia en fascículos (o flores solitarias), axilar, o en las axilas de hojas caídas, ramifloras o caulifloras; sépalos (4) 5 (6) en un verticilo quincuncial o imbricado; corola verde, amarillo-verdosa, crema o blanquecina, con tubo más corto, igual o más largo que los lobos, lobos (4) 5 (–8), patentes (o erectos), no segmentados; estambres (4–) 5 (–8), filamentos bien desarrollados o no, adnados al tubo de la corola o a la base de los lobos, incluidos, estaminodios comúnmente ausentes (raramente presentes como pequeñas estructuras vestigiales en los senos de los lobos de la corola); ovario (4) 5 (–12)-locular, óvulos axilares, estilo incluido. Fruto una baya con 1–muchas semillas, semillas lateralmente comprimidas con cicatriz adaxial angosta (que a veces se extiende alrededor de la base) o no lateralmente comprimidas y con cicatriz más ancha, basiventral o adaxial, endosperma tan grueso como los cotiledones a copioso.

Género con ca 43 especies en América tropical, con ca 28 especies en Africa, Madagascar, Asia–Malasia y Australia; 6 especies se han colectado en Nicaragua. Otra especie la cual podría encontrarse en Nicaragua es *C. hirsutum* Cronquist, conocida desde el norte de Costa Rica hasta Panamá entre 400 y 1500 m; difiere del resto de nuestras especies por tener hojas y tallos con tricomas ásperos los cuales no están aplicados a la superficie. En otros aspectos ésta es similar a *C. brenesii* y se diferencia principalmente por las flores más grandes, sépalos 3–4 mm de largo, corola 4.5–6.5 mm de largo, con tubo de más de 3 veces la longitud de los lobos.

1. Hojas en espiral, nervios terciarios oblicuos a horizontales; al menos los sépalos internos y/o los lobos de la corola ciliados
   2. Hojas opacas, 11–21 pares de nervios secundarios; tubo de la corola menos 1/2 de la longitud de los lobos, lobos internamente pilosos en la base, no ciliados, estambres adnados al ápice del tubo; fruto no lenticelado, testa de la semilla áspera y opaca, adherida al pericarpo, cicatriz 7–9 mm de ancho .... **C. colombianum**
   2. Hojas lustrosas, 7–14 pares de nervios secundarios; tubo de la corola de 2–3 veces la longitud de los lobos en las flores estaminadas y casi de la misma longitud de los lobos en las flores pistiladas, lobos glabros y comúnmente ciliados, estambres adnados en la 1/2 basal del tubo; fruto densamente lenticelado, testa de la semilla lisa y brillante, no adherida al pericarpo, cicatriz 2–4 mm de ancho .... **C. venezuelanense**
1. Hojas dísticas, nervios terciarios paralelos a los secundarios y descendiendo desde el cordón marginal; sépalos y lobos de la corola no ciliados
   3. Tubo de la corola de casi 3 veces la longitud de los lobos, filamentos más largos que las anteras; hojas abaxialmente con pocos tricomas aplicados; frutos subglobosos y con varias semillas .... **C. argenteum** ssp. **panamense**
   3. Tubo de la corola más corto, igual o ligeramente más largo que los lobos, filamentos más cortos o iguales a las anteras; hojas esparcida a densamente seríceas; frutos variados, si subglobosos o con varias semillas entonces las hojas abaxialmente densa y persistentemente dorado a ferrugíneo seríceas
      4. Hojas con el envés esparcida a densamente seríceo, los tricomas cremosos o blanco-iridiscentes, (7–)9–13 pares de nervios secundarios, muy fácilmente distinguibles de los intersecundarios y terciarios; tubo de la corola ligeramente más largo que los lobos, filamentos de la misma longitud que las anteras .... **C. brenesii**
      4. Hojas con el envés densamente dorado o ferrugíneo seríceo (a veces se vuelve blanquecino o argénteo con la edad), 13–24 pares de nervios secundarios, difíciles de distinguir de los intersecundarios y terciarios; tubo de la corola desde más corto hasta de la misma longitud que los lobos, filamentos más cortos que las anteras
         5. Lobos de la corola medialmente seríceos externamente; frutos ovoides o subglobosos, 4–7 cm de largo con 2–varias semillas, cicatriz adaxial en más de 1/2 a casi toda la longitud de la semilla; estigma 8–12-lobado; pecíolo 9–22 mm de largo .... **C. cainito**
         5. Lobos de la corola glabros; frutos angostamente oblongos, 0.8–1.5 cm de largo con 1 semilla, cicatriz basiventral en 1/3–1/2 de la longitud de la semilla; estigma 4 ó 5 (6)-lobado; pecíolo 4–12 mm de largo .... **C. mexicanum**

Chrysophyllum argenteum ssp. panamense (Pittier) T.D. Penn., Fl. Neotrop. 52: 548. 1990; *C. panamense* Pittier.

Arbustos o árboles, 2–20 m de alto, ramitas jóvenes dorado a ferrugíneo seríceas, pronto glabrescentes; plantas hermafroditas. Hojas dísticas, ampliamente oblongas, ampliamente elípticas, u obovadas, 6.5–11 cm de largo y 4.5–6 cm de ancho, ápice redondeado-cuspidado, base aguda a redondeada, envés con dispersos tricomas aplicados, tricomas ferrugíneos (blanquecinos), nervadura broquidódro-

ma, 11–14 pares de nervios secundarios, fácilmente distinguibles de los intersecundarios y terciarios, nervios intersecundarios presentes y largos, nervios terciarios paralelos a los secundarios y descendiendo desde el cordón marginal (pocos); pecíolo 3–8 mm de largo. Inflorescencias de fascículos axilares, pedicelo ca 6 mm de largo, seríceo; sépalos 4 ó 5, 2.3–2.7 mm de largo, seríceos externamente, con pocos tricomas aplicados a glabros interna y apicalmente, no ciliados; corola 4–5 mm de largo, tubo de casi 3 veces la longitud de los lobos, lobos 4 ó 5, externamente seríceos en la parte media, internamente glabros, no ciliados; estambres 4 ó 5, ca 0.8 mm de largo, adnados al ápice del tubo, filamentos ligeramente hasta 2 veces más largos que la longitud de las anteras, estaminodios ausentes; ovario hírtulo, estigma 4 ó 5-lobado. Fruto subgloboso, 1.8–3 cm de largo, ápice y base redondeados, glabro, liso, morado; semillas comúnmente varias, elipsoides, no lateralmente comprimidas (a comprimidas), 1.2–1.3 cm de largo, testa lisa y mate (brillante), cicatriz adaxial (basiventral) 8–10 mm de largo y ca 5 mm de ancho (casi tan ancha como la semilla).

Rara, bosques muy húmedos, zona atlántica; hasta 100 m; fl mar–abr; *Moreno 25575, Sandino 4955*; Nicaragua a Panamá, Colombia y Ecuador.

Chrysophyllum brenesii Cronquist, Bull. Torrey Bot. Club 72: 196. 1945.

Arboles, 8–20 m de alto, ramitas jóvenes aplicado-puberulentas o seríceas con tricomas cremosos a blanquecino-iridiscentes, pronto glabrescentes; plantas hermafroditas. Hojas dísticas, angostamente oblongas o elípticas, 2.3–9 (–14.5) cm de largo y 1.5–4 (–4.5) cm de ancho, ápice obtusamente atenuado o agudo, base atenuada o cuneada, envés densa a esparcidamente seríceo, tricomas cremosos o blanco-iridiscentes, nervadura broquidódroma, (7–) 9–13 pares de nervios secundarios, moderadamente distinguibles de los intersecundarios y terciarios, nervios intersecundarios presentes y largos, nervios terciarios paralelos a los secundarios y descendiendo desde el cordón marginal (pocos); pecíolo 4–9 mm de largo. Inflorescencias de fascículos axilares o desde nudos defoliados, pedicelo 2.5–4 (–7) mm de largo, aplicado-puberulento o seríceo; sépalos 5, 1–1.3 (–2) mm de largo, externamente aplicado-puberulentos a seríceos, internamente con pocos tricomas aplicados a glabros, no ciliados; corola 3–3.5 mm de largo, tubo desde ligeramente más largo hasta 1.5 veces la longitud de los lobos, lobos 5, escasamente seríceos en la parte media externa, glabros internamente, no ciliados; estambres 5, ca 1 mm de largo, adnados al ápice del tubo, filamentos de la misma longitud que las anteras, estaminodios ausentes; ovario hirtulo, estigma 5 (6)-lobado. Fruto angostamente elíptico, 1.2–1.8 cm de largo, ápice y base atenuados, glabro o puberulento, liso, verde pálido; semilla 1, elipsoide, no lateralmente comprimida, 0.9–1.3 cm de largo, testa lisa y mate (brillante), cicatriz basiventral 4.5–6.5 mm de largo y ca 5 mm de ancho, circundando la base oblicua.

Poco común, cafetales y bosques semideciduos, Rivas; 200–800 m; fl sep; *Moreno 22118, Sandino 3594*; Nicaragua a Panamá. Los especímenes de *C.*

brenesii a veces se confunden con *C. mexicanum*. Además de los caracteres dados en la clave, especímenes en flor de *C. mexicanum* pueden distinguirse de *C. brenesii* por los lobos de la corola que son glabros.

Chrysophyllum cainito L., Sp. Pl. 192. 1753.

Arboles, 5–20 m de alto, ramitas jóvenes ferrugíneas a dorado seríceas; plantas hermafroditas. Hojas dísticas, elípticas (obovadas), 4.3–14 cm de largo y 2.5–6 cm de ancho, ápice comúnmente obtuso-cuspidado o -apiculado, a veces acuminado, redondeado-apiculado, o agudo- o redondeado-emarginado, base cuneada, envés dorado o ferrugíneo seríceo, nervadura broquidódroma, 13–22 pares de nervios secundarios, difícilmente distinguibles de los intersecundarios y terciarios, nervios intersecundarios presentes y largos, nervios terciarios paralelos a los secundarios y descendiendo desde el cordón marginal; pecíolo 9–22 mm de largo. Inflorescencias de fascículos axilares o desde nudos defoliados, pedicelo 5–9 mm de largo, seríceo; sépalos (4) 5 (6), 1–1.3 mm de largo, externamente seríceos, internamente con pocos tricomas aplicados a glabros, no ciliados; corola 3–4 mm de largo, tubo ligeramente más corto o igual a los lobos, lobos 5 ó 6, seríceos en la parte media externa, glabros internamente, no ciliados; estambres 5 ó 6, 0.7–1.2 mm de largo, adnados al ápice del tubo, filamentos 1/3 a ligeramente más cortos que las anteras, estaminodios ausentes (o raramente presentes hasta 1 mm de largo); ovario hírtulo, estigma 8–12-lobado. Fruto ovoide, obovoide, elipsoide o subgloboso, 4–7 cm de largo, ápice y base obtusos a redondeados, glabro, liso, morado; semillas (2) 3–10, en forma de cuña, lateralmente comprimidas, 1.5–1.9 cm de largo, testa lisa y brillante, café-oliva con una marca cremosa cerca de la quilla, cicatriz adaxial 14–17 mm de largo y 7–10 mm de ancho, casi tan ancha como la semilla.

Cultivada y naturalizada en bosques secundarios, en todo el país; 40–200 m; fl abr, ago–oct, fr ene–mar; *Stevens 7159, 20622*; probablemente nativa de las Antillas Mayores, cultivada y naturalizada en toda América tropical por sus frutos sabrosos. "Caimito".

Chrysophyllum colombianum (Aubrév.) T.D. Penn., Fl. Neotrop. 52: 596. 1990; *Prieurella colombianum* Aubrév.

Arboles, 10–30 m de alto, ramitas jóvenes ferrugíneas a dorado aplicado-puberulentas; plantas monoicas. Hojas en espiral, estrechamente agrupadas en el ápice del tallo, oblongas, elípticas o angostamente oblanceoladas, 14–33 cm de largo y 4–10 cm de ancho, ápice atenuado o acuminado (agudocuspidado), base cuneada o atenuada, envés con tricomas aplicados comúnmente ferrugíneos o dorados (blanquecinos), denso a subglabro (tricomas sólo en el nervio principal), nervadura eucamptódroma, 11–21 pares de nervios secundarios, muy fácilmente distinguibles de los terciarios, nervios intersecundarios ausentes, nervios terciarios oblicuos a horizontales, 5–9/cm; pecíolo 25–40 mm de largo. Inflorescencias de fascículos ramifloros (a veces los fascículos estrechamente agrupados), pedicelo 8–13 mm de largo, aplicado-puberulento; sépalos 5, 3–3.5 mm de largo, densamente aplicado-puberulentos en ambas superficies, sépalos internos largamente ciliados; corola 2.5–3.5 mm de largo, tubo ligeramente menos de 1/2 de la longitud de los lobos, lobos 5, glabros externamente, pilosos internamente en la base y no ciliados; estambres 5, ca 2 mm de largo, adnados al ápice del tubo, filamentos casi de la misma longitud de las anteras, anteras ausentes en las flores pistiladas, estaminodios ausentes; ovario aplicado-puberulento, estigma probablemente lobado (pistilodio bien desarrollado en las flores estaminadas). Fruto subgloboso, ovoide, o anchamente elipsoide, ca 4.5 cm de largo, ápice comúnmente redondeado-apiculado (redondeado-emarginado) y base redondeada o truncada y luego ligeramente deprimida, puberulento a glabro al madurar, liso o áspero (pero no lenticelado), morado, anaranjado o café; semillas varias (4), elipsoides, lateralmente comprimidas, 2.5–3 cm de largo, testa opaca y áspera, adherida al pericarpo, cicatriz adaxial 22–26 mm de largo y 7–9 mm de ancho, casi del mismo ancho de la semilla.

Probablemente representada en Nicaragua por una colección estéril (*Rueda 8568*) de pluvioselvas, Río San Juan; 150–200 m; Costa Rica a Colombia. Las colecciones estériles han sido confundidas con *Pouteria sapota*. Esta última tiene nervaduras de orden superior mucho más finamente reticuladas y frecuentemente menos (4–7) nervaduras terciarias por centímetro.

Chrysophyllum mexicanum Brandegee ex Standl., Contr. U.S. Natl. Herb. 23: 1114. 1924.

Arbustos o árboles pequeños, 1.5–6 m de alto, las ramitas jóvenes ferrugíneas o dorado seríceas se vuelven blanquecinas con la edad; plantas hermafroditas. Hojas dísticas, oblongas (elípticas), 4.8–12.5 cm de largo y 2.3–5.5 cm de ancho, ápice agudo, agudo- u obtuso-apiculado o emarginado (acuminado), base aguda a redondeada, envés dorado o ferrugíneo seríceo que se vuelve blanquecino con la edad, nervadura broquidódroma, 13–24 pares de nervios secundarios, difíciles de distinguir de los

intersecundarios y terciarios, nervios intersecundarios presentes y largos, nervios terciarios paralelos a los secundarios y descendiendo desde el cordón marginal; pecíolo 4–12 mm de largo. Inflorescencia de fascículos axilares o de nudos defoliados, pedicelo 3–6 mm de largo, seríceo; sépalos 5, 1–1.5 mm de largo, externamente seríceos, internamente con pocos tricomas aplicados a glabros, no ciliados; corola 2.5–3 mm de largo, tubo ligeramente más corto o igual a los lobos, lobos (4) 5, glabros, no ciliados; estambres (4) 5, 0.4–0.6 mm de largo, adnados al ápice del tubo, filamentos 1/5–1/2 de la longitud de las anteras, estaminodios ausentes; ovario hírtulo, estigma 4 ó 5 (6)-lobado. Fruto angostamente oblongo, 0.8–1.5 cm de largo, ápice y base redondeados o atenuados, glabro o puberulento, liso, negro; semilla 1, elipsoide, no lateralmente comprimida, 0.8–1.5 cm de largo, testa lisa y brillante, cicatriz basiventral 4–6 mm de diámetro, circundando la base.

Común, en bosques de galería y sabanas de pinos, Zelaya; 10–100 m; fl sep, fr feb; *Little 25021, Moreno 24626*; México a Nicaragua. *C. mexicanum* puede ser confundida con *C. brenesii* cuando el envés de las hojas es argénteo y con *C. cainito* cuando el envés es cobrizo.

Chrysophyllum venezuelanense (Pierre) T.D. Penn., Fl. Neotrop. 52: 607. 1990; *Cornuella venezuelanensis* Pierre; *Chrysophyllum excelsum* Huber; *Pouteria lucentifolia* (Standl.) Baehni.

Arbustos o arboles, 4–7 (–40) m de alto, ramitas jóvenes menudamente ferrugíneas a dorado aplicado-puberulentas, pronto glabrescentes; plantas dioicas. Hojas en espiral, bien espaciadas o levemente agrupadas, oblanceoladas a elípticas, 10–23.5 cm de largo y 3–7 cm de ancho, ápice atenuado, base cuneada o atenuada, envés glabro o con pocos tricomas aplicados en el nervio principal, nervadura eucamptódroma, 7–14 pares de nervios secundarios, muy fácilmente distinguibles de los terciarios, nervios intersecundarios presentes o ausentes, cortos a largos, nervios terciarios oblicuos a horizontales (algo reticulados), 2 ó 3/cm; pecíolo 7–23 mm de largo. Inflorescencias de fascículos axilares o en los nudos defoliados, pedicelo 1.5–2 (–7) mm de largo, escasamente aplicado-puberulento; sépalos 5, 2–3 (–4) mm de largo, aplicado-puberulentos a subglabros externamente, glabros o pubescentes internamente, sépalos internos largamente ciliados; corola 2–4.5 mm de largo, tubo de 2–3 veces la longitud de los lobos en las flores estaminadas, casi de la misma longitud de los lobos en las pistiladas, lobos 5, glabros, comúnmente ciliados; estambres 5, 1.7–3.5

mm de largo, adnados en la 1/2 basal del tubo, filamentos tan largos como las anteras o hasta 2 veces la longitud de éstas, estambres o al menos las anteras frecuentemente ausentes en las flores pistiladas, estaminodios ausentes o vestigiales; ovario densa a escasamente pubescente, estigma no lobado a ligeramente 5-lobado. Fruto subgloboso u ovoide, 3–5.5 cm de largo, ápice redondeado-apiculado (redondeado-emarginado) y base redondeada o truncada y luego ligeramente deprimida, glabro, liso pero densamente lenticelado, profundamente arrugado al secarse, café (amarillo); semillas varias (4 ó 5),

elipsoides, lateralmente marcadamente comprimidas, 2.5–2.7 cm de largo, testa lisa y brillante, cicatriz adaxial 24–27 mm de largo y 2–4 mm de ancho.

Poco frecuente, bosques muy húmedos, zona atlántica; menos de 100 m; fl mar, fr mar, sep–dic; *Laguna 77, Robleto 1826*; México a Panamá, Colombia a Bolivia y Guayana Francesa. Los especímenes estériles de *Sideroxylon contrerasii* se confunden fácilmente con esta especie. *S. contrerasii* puede reconocerse por sus hojas con nervadura de orden superior finamente reticulada; está restringida a bosques montanos.

ELAEOLUMA Baill.

Elaeoluma glabrescens (Mart. & Eichler) Aubrév., Adansonia, n.s. 1: 26. 1961; *Lucuma glabrescens* Mart. & Eichler

Arboles medianos a grandes, ramitas jóvenes aplicado-puberulentas, pronto glabrescentes; estado sexual no conocido. Hojas alternas y en espiral, elípticas a oblanceoladas, 7–18 cm de largo y 3.5–6.5 cm de ancho, ápice obtuso-cuspidado, base caudada, envés glabro o con pocos tricomas aplicados en el nervio principal, nervadura eucamptódroma, 6 ó 7 pares de nervios secundarios, nervios intersecundarios ausentes, nervios terciarios casi horizontales, 4 ó 5/cm, nervios de orden superior levemente reticulados; pecíolo 8–18 mm de largo; estípulas ausentes. Inflorescencias de fascículos abajo de las hojas, 1–5 flores por fascículo, pedicelo 6–7 mm de largo, comúnmente glabro o con tricomas velloso-enredados en la superficie adaxial (algunas veces sólo pocos tricomas pilosos); sépalos en 1 verticilo, quincunciales, ca 3.5 mm de largo, externamente glabros o con pocos tricomas pilosos, o algunas veces vellosos en el ápice; corola rotácea, ca 5.5 mm de largo,

externamente glabra, blanca, tubo ca 1/4 de la longitud de los lobos, lobos 5, enteros, patentes; estambres 5, ca 2.5 mm de largo, adnados al ápice del tubo, exertos, filamentos casi de la misma longitud que las anteras, anteras glabras, estaminodios ausentes. Fruto desconocido.

Esta especie ha sido registrada en la frontera entre Costa Rica y Nicaragua en Boca Tapada, Llanura de San Carlos, a una elevación de 20 m. Esta descripción se basó en material proveniente del sur de Costa Rica. El nombre *E. glabrescens* se aplica aquí de manera dudosa. Las hojas del material sudamericano son punteadas (no lo son los especímenes de Costa Rica), generalmente con más nervios secundarios (9–12), los cuales son más rectos y los terciarios son obscuros y reticulados. No se ha visto material en fruto de Costa Rica. Otras especies en el género tienen bayas con 1 semilla, la semilla con testa brillante y la cicatriz adaxial tan larga como la semilla y con una delgada capa de endosperma. Género con 4 ó 5 especies de Centro y Sudamérica.

MANILKARA Adans.

Espinas ausentes; plantas hermafroditas. Hojas alternas, densamente agrupadas en el ápice del brote (alternas pero no agrupadas en espiral, opuestas o verticiladas, no en nuestras especies), nervadura broquidódroma, nuestras con nervios secundarios rectos y paralelos e intersecundarios y terciarios paralelos a los secundarios y descendiendo desde el cordón marginal, nervadura de orden superior moderada a finamente reticulada; estípulas caducas y pequeñas o ausentes. Inflorescencia axilar o en las axilas de las hojas caídas, flores en fascículos o solitarias; cáliz de 2 verticilos de 3 (raramente 2 ó 4) sépalos, los del verticilo exterior valvados (ligeramente imbricados); corola blanco-verdosa, blanca o crema, tubo frecuentemente mucho más corto que los lobos, menos frecuentemente igualándolos o excediéndolos, lobos en todas nuestras especies típicamente 6 (raramente 7 u 8), erectos o patentes, simples a divididos en 3 segmentos hasta la base, segmentos laterales de igual tamaño a más largos que el medio; estambres en todas nuestras especies típicamente 6 (–12 en otras partes), filamentos pequeños a bien desarrollados, generalmente adnados al ápice del tubo de la corola (raramente en el tubo), exertos o incluidos, estaminodios en todas nuestras especies típicamente 6 (–9 en otras partes), enteros o variadamente dentados o lobados; ovario 6–12-locular, óvulos axilares o basiventrales, estilo exerto. Fruto baya con (1) 2–varias semillas; semillas elipsoides a obovoides, lateralmente marcadamente comprimidas, testa brillante, cicatriz angostamente alargada, basiventral o adaxial y casi de toda la longitud de la semilla, endosperma copioso.

Género pantropical con ca 65 especies, 3 se conocen en Nicaragua. Una especie adicional, *M. spectabilis* (Pittier) Standl., de los bosques de tierras bajas del Atlántico en Costa Rica, podría encontrarse en Nicaragua. Vegetativamente es similar a *M. chicle* pero los lobos de la corola son 3-segmentados y los estaminodios tienen margen profundamente fimbriado. Las frutas de las especies nicaragüenses se conocen como "Níspero".

1. Hojas comúnmente oblanceoladas u oblongas (elípticas), menudamente aplicado-puberulentas a glabras en el envés, comúnmente amarillo-verdosas en el envés y opacas, y verde-grisáceas o verde-cafés en la haz cuando secas; fascículos de 2–5 flores; lobos de la corola simples, estambres exertos, con filamentos largos, rectos y erectos; cicatriz en menos de 1/2 de la longitud de la semilla .... **M. chicle**
1. Hojas elípticas (oblongas), glabras en el envés, más o menos lustrosas en la haz, comúnmente verde-cafés o verdes en ambas superficies cuando secas; flores solitarias o apareadas; lobos de la corola simples o 3-segmentados, estambres incluidos con filamentos cortos marcadamente curvados; cicatriz ca 1/2 hasta más de 3/4 de la longitud de la semilla
    2 Pedicelos furfuráceo-puberulentos; tubo de la corola ca de 1/2 de la longitud de los lobos, lobos 3-segmentados, los segmentos laterales anchamente lanceolados y el medio en forma de banda angosta, estaminodios curvados hacia abajo y densamente pubescentes; semilla con cicatriz ca 1/2 de su longitud .... **M. staminodella**
    2. Pedicelos tomentosos; tubo de la corola desde igual hasta de 2 veces la longitud de los lobos, lobos simples o si segmentados, todos los segmentos similares en forma (lanceolados), estaminodios erectos y comúnmente glabros; semilla con cicatriz en 3/4 o más de su longitud .... **M. zapota**

Manilkara chicle (Pittier) Gilly, Trop. Woods 73: 14. 1943; *Achras chicle* Pittier.

Arboles pequeños a grandes, ramitas jóvenes comúnmente no lustrosas en el ápice, con tricomas furfuráceo-puberulentos, glabrescentes. Hojas comúnmente oblanceoladas u oblongas (elípticas), 6.5–18.5 cm de largo y 2.8–7 cm de ancho, ápices agudos (redondeados u obtusos), base cuneada o atenuada, en la haz generalmente opacas y verde-grisáceas o verde-cafés cuando secas, en el envés con diminutos tricomas aplicados o glabras, comúnmente amarillo-verdosas (dorado- o verde-cafés) cuando secas, nervio principal ligeramente deprimido en la haz, 17–25 pares de nervios secundarios; pecíolo 15–25 mm de largo; estípulas ausentes. Flores 2–5 por fascículo, pedicelos (6–) 12–18 mm de largo, aplicado-puberulentos; sépalos 6–7 (–8.5) mm de largo, aplicado-puberulentos en el exterior; corola campanulada a rotácea, (5.5–) 7–8 mm de largo, tubo 1/2 de la longitud de los lobos o más corto, lobos simples, patentes, lanceolados, erosos; estambres exertos, 5–6 mm de largo, filamentos erectos, de 1.5–2 veces la longitud de las anteras, anteras glabras, estaminodios lanceolados, 3–5 mm de largo, erosos, erectos, comúnmente glabros. Fruto globoso, 2.3–4 cm de largo, ápice redondeado, áspero y escamoso, café; semilla (1) 2–5, 1.6–1.8 (–2.5) cm de largo, cicatriz basiventral 0.6–0.8 (–1.1) cm de largo.

Común, en bosques deciduos alterados, bosques perennifolios altos, bosques de galería, sabanas y áreas perturbadas, en todo el país; 50–900 m; fl may–

jul (nov), fr oct–mar; *Robleto 666, Stevens 12027*; sur de México al norte de Colombia. "Chicle".

Manilkara staminodella Gilly, Trop. Woods 73: 10. 1943.

Arboles grandes, ramitas jóvenes lustrosas en el ápice, con tricomas furfuráceo-puberulentos, glabrescentes. Hojas elípticas, (4.5–) 6.5–13 (–17) cm de largo y 2.2–5 (–6) cm de ancho, ápices agudos o acuminados, base cuneada o atenuada, en la haz más o menos lustrosas y verde-cafés o verdes al secarse, en el envés glabras, nervio principal plano en la haz, (14–) 16–18 (–21) pares de nervios secundarios; pecíolo 8–25 (–34) mm de largo; estípulas presentes, diminutas y rápidamente caducas. Flores solitarias o apareadas, pedicelos (10–) 18–22 mm de largo, furfuráceo-puberulentos; sépalos 6–8 (–9) mm de largo, los externos furfuráceo-puberulentos a tomentosos externamente, los internos tomentosos externamente; corola campanulada, 6.2–8 (–11) mm de largo, tubo comúnmente un poco más de 1/2 de la longitud de los lobos o más corto, lobos 3-segmentados hasta cerca de la base, segmentos patentes, segmento medio en forma de banda angosta, casi tan largo como los laterales pero mucho más angosto, segmentos laterales ampliamente lanceolados; estambres incluidos, 1.7–3 mm de largo, filamentos marcadamente curvados, 1/2 de la longitud de las anteras o más cortos, anteras generalmente con pocos tricomas dispersos, estaminodios ampliamente oblongos u ovados, 0.7–2 mm de largo, enteros (lobados), curvados hacia adentro y hacia abajo, densamente pubescentes. Fruto globoso deprimido, 3–3.3 (–5) cm de largo, ápice redondeado (comúnmente apiculado), áspero y escamoso, café; semillas varias, 2–2.5 cm de largo, cicatriz adaxial (o basiventral) 0.9–1.4 cm de largo.

Rara, bosques perennifolios, zona atlántica; hasta 150 m; fl y fr feb–abr; *Moreno 23232, Stevens 7573*; Guatemala a Costa Rica.

Manilkara zapota (L.) P. Royen, Blumea 7: 410. 1953; *Achras zapota* L.; *M. striata* Gilly; *M. meridionalis* Gilly; *M. breviloba* Gilly; *M. achras* (Mill.) Fosberg.

Arboles medianos a grandes, ramitas jóvenes lustrosas en el ápice, con tricomas furfuráceo-puberulentos, glabrescentes. Hojas elípticas (oblongas), 6–15 cm de largo y 3–5.5 cm de ancho, ápice agudo (redondeado y emarginado), base cuneada o aguda, en la haz más o menos lustrosas y verde-cafés o verdes cuando secas, en el envés glabras, nervio principal plano en la haz, 15–29 pares de nervios secundarios; pecíolo 8–23 mm de largo; estípulas ausentes. Flores solitarias, pedicelos 10–17 mm de largo, tomentosos; sépalos 6–9 mm de largo, tomentosos en el exterior; corola anchamente cilíndrica, 8–11 mm de largo, tubo igual hasta de 2 veces la longitud de los lobos, lobos simples o 3-segmentados hasta cerca de la base, todos los lobos o segmentos erectos, lobos simples ovados, erosos a 2–3 lobados, lobos segmentados con todos los segmentos lanceolados, de longitud similar, segmentos laterales más anchos que el medio; estambres incluidos, 2.7–3.5 mm de largo, filamentos marcadamente curvados, 1/2 de la longitud de las anteras o más cortos, anteras glabras, estaminodios elípticos o lanceolados (raramente más o menos unguiculados), 3–4 mm de largo, erosos a irregularmente dentados, erectos, comúnmente glabros. Fruto ovoide, elipsoide o subgloboso, 3–4 (–8) cm de largo, ápice agudo a redondeado (comúnmente apiculado), áspero y escamoso, café; semillas (1) 2–10, (1.5–) 2.1–2.3 cm de largo, cicatriz adaxial (o basiventral) (1–) 1.5–1.8 cm de largo.

Comúnmente cultivada al oeste de Nicaragua y posiblemente naturalizada en Rivas en bosques secundarios secos, probablemente nativa de bosques muy húmedos, zona atlántica; 60–500 m; fl ene–jun, fr dic–abr; *Moreno 23137, Sandino 4718*; probablemente nativa de México, Guatemala y Nicaragua, cultivada en toda Centroamérica y las Antillas.

MICROPHOLIS (Griseb.) Pierre

Micropholis melinoniana Pierre, Not. Bot. 40. 1891; *M. mexicana* Gilly ex Cronquist; *M. guatemalensis* Lundell.

Arboles medianos a grandes, las ramitas jóvenes diminutamente adpreso-puberulentas, pronto glabrescentes; plantas monoicas (?). Hojas alternas y dísticas, elípticas u oblongas, 7–24 cm de largo y 2–8.5 cm de ancho, ápice agudo y cortamente cuspidado o atenuado, base aguda o caudada, envés glabro o seríceo en el nervio medio, nervadura craspedódroma (a casi así), nervios secundarios, intersecundarios y terciarios indistinguibles entre sí, finamente estriados; pecíolo 7–20 mm de largo; estípulas ausentes. Fascículos axilares o abajo de las hojas, 3–12 flores por fascículo, pedicelo 2–8 (–15 en fruto) mm de largo; sépalos en un verticilo, quincunciales, 2–4 mm de largo, con tricomas adpresos externamente; corola ampliamente tubular, (2.5–) 3.5–4.5 mm de largo, serícea externamente, blanca o blanco-verdosa, tubo levemente más largo que los lobos, lobos 5, enteros, erectos; estambres 5, adnados al ápice del tubo de la corola, incluidos, 1.5–2 mm de largo, filamentos levemente más cortos (levemente más largos) que las anteras, vestigiales en las flores pistiladas, estaminodios 5, subulados, 1–1.5 mm de largo. Fruto ovoide, 4–7 cm de largo, ápice gruesamente apiculado, base redondeada, glabrescente, arrugado cuando seco, amarillo, naranja, rojizo o púrpura; semillas (1–) 3–5, elipsoides, 2.5–3.5 cm de largo, testa lisa y mate a brillante, cicatriz adaxial, de toda la longitud de la semilla y 3–8 mm de ancho, endosperma presente, pero no copioso.

Rara, pluvioselvas, zona atlántica; 120–600 m; fr ene; *Rueda 5350, 5561*; México a Panamá (no registrada en Honduras), norte de Sudamérica hasta Perú y Brasil. Género con 38 especies conocidas de Centro y Sudamérica y las Antillas. Otra especie, *M. crotonoides* (Pierre) Pierre, se encuentra hacia el norte hasta el norte de Costa Rica a elevaciones tan bajas como 250 m. Esta difiere de *M. melinoniana* en la nervadura de la hoja, con 12–15 pares de nervios secundarios conspicuos, broquidódromos a eucamptódromos, con numerosos nervios intersecundarios largos paralelos a los secundarios, en tener fascículos florales que se convierten en braquiblastos gruesos y recurvados de ca 0.5 cm de largo, los cuales son retenidos en la madera vieja, y en tener frutos elipsoides a obovoides con una sola semilla.

POUTERIA Aubl.

Espinas ausentes; plantas monoicas, dioicas o hermafroditas. Hojas alternas, comúnmente en espiral, nervadura eucamptódroma (broquidódroma), nunca finamente estriada; estípulas ausentes (excepto en *P. congestifolia* Pilz). Inflorescencia fascículos axilares, en las axilas de hojas caídas, ramifloras o a veces arregladas en brotes afilos cortos; sépalos 3–6 en 1 verticilo imbricado o quincuncial o 4–12 en un espiral estrechamente traslapado; corola verde, crema o blanquecina, con tubo más corto, igual o más largo que los lobos, lobos 4–6 (–9), comúnmente erectos y no patentes, no segmentados; estambres 4–6 (–9), filamentos bien desarrollados o no, adnados al tubo de la corola o a la base de los lobos, comúnmente incluidos, estaminodios comúnmente en igual número que los lobos de la corola, a veces reducidos en número o ausentes, subulados a lanceolados; ovario 1–6 (–15) locular, óvulos axilares, estilo incluido o exerto. Fruto baya con 1–varias semillas; semillas elipsoides, plano-convexas, en forma de cuña o lateralmente comprimidas, cicatriz adaxial, angosta a cubriendo casi toda la longitud de la semilla, endosperma generalmente ausente.

Género con ca 190 especies en América tropical y ca 150 especies en Asia tropical y el Pacífico; 16 especies se conocen en Nicaragua y 3 adicionales se esperan encontrar. Otra especie que ha sido colectada al norte de Costa Rica en elevaciones de 500–1500 m, posiblemente se extienda hasta Nicaragua. Se trata de *P. juruana* K. Krause o de una especie distinta pero muy similar. El material en flor de esta especie se identificaría en el numeral 20' de esta clave (pero la corola es 4–6.5 mm de largo), y el material en fruto en el numeral 20. Las hojas son pequeñas a medianas, con 5–8 nervios secundarios y nervios terciarios oblicuos a horizontales 6–8/cm y las flores tienen filamentos estaminales ca 4 veces la longitud de las anteras. Pocas colecciones existen para la mayoría de las especies. Las descripciones (especialmente de flores) fueron recopiladas usando especímenes de Centro y Sudamérica, así como también parte de la literatura citada para la familia.

1. Sépalos (4–) 7–12 en un espiral estrechamente traslapado, incrementando en tamaño de afuera hacia adentro; lobos de la corola y estambres 5 ó 6
    2. Hojas elípticas u oblongas, con nervios terciarios reticulados u horizontales y reticulados; corola pequeña a mediana, 2.5–5 mm de largo
        3. Hojas con 12–17 pares de nervios secundarios, nervadura terciaria y de orden superior finamente reticulada; fruto 4–6 cm de largo, abultado en la base ocultando los sépalos y el pedicelo, tomentoso, no arrugado al secarse; fascículos florales no en brotes cortos .... **P. foveolata**
        3. Hojas con 4–10 pares de nervios secundarios, nervadura terciaria horizontal hasta algo reticulada, nervadura de orden superior laxamente reticulada; fruto 2–3 cm de largo, bases no abultadas, glabro, arrugado al secarse; fascículos florales axilares o en brotes afilos cortos .... **P. izabalensis**
    2. Hojas oblanceoladas, con nervios terciarios oblicuos; corola mediana a grande, 5–13 mm de largo
        4. Envés de las hojas con numerosos tricomas erectos de brazos patentes; margen del sépalo entero; frutos maduros al menos parcialmente verdes y lisos .... **P. viridis**
        4. Envés de las hojas con tricomas restringidos a los nervios, tricomas aplicados; al menos algunos sépalos en la flor emarginados a bífidos; frutos maduros cafés o gris-cremosos, lisos o ásperos
            5. Ramitas jóvenes aplicado-puberulentas; hojas con 13–18 (–20) pares de nervios secundarios, terciarios 2–4/cm; tubo de la corola de 1.5–3 veces la longitud de los lobos; frutos comúnmente lisos en parte, gris-cremosos .... **P. fossicola**
            5. Ramitas jóvenes con largos tricomas patentes dorados; hojas con 18–28 pares de nervios secundarios, terciarios 4–7/cm; tubo de la corola más corto o de igual longitud que los lobos; frutos totalmente ásperos, cafés .... **P. sapota**
1. Sépalos 4–6 en 1 verticilo, imbricados o quincunciales, todos de tamaño similar; los lobos de la corola y los estambres comúnmente igual en número (raramente más) que los sépalos
    6. Flores y frutos sésiles o subsésiles (pedicelos hasta 3 mm de largo)
        7. Envés de las hojas con tricomas erectos de brazos patentes (numerosos a dispersos), nervios terciarios oblicuos y prominentes; fruto cubierto de proyecciones pilosas largas .... **P. torta** ssp. **tuberculata**
        7. Envés de las hojas glabro, seríceo (los tricomas aplicados) o menudamente puberulento, nervios terciarios reticulados u oblicuos a horizontales, no prominentes; fruto sin proyecciones largas
            8. Hojas con nervios terciarios reticulados, glabras o con pocos tricomas aplicados en los nervios
                9. Hojas con nervadura conspicua, nervios mucho más claros que la superficie de la hoja al secarse; flores 4-meras; cicatriz de la semilla angosta (1–6 mm de ancho) .... **P. caimito**
                9. Hojas con nervadura no conspicua, nervios del mismo color de la superficie de la hoja al secarse; flores 5-meras; cicatriz comúnmente cubriendo 1/3 de la semilla ..... **P. durlandii** ssp. **durlandii**
            8. Hojas con nervios terciarios oblicuos a horizontales, seríceas, glabras o puberulentas

10. Envés de las hojas glabro; flores 5-meras, el tubo de la corola 1/3–1/2 de la longitud de los lobos, estambres exertos; fruto 2–3 cm de largo, truncado en la base; testa de la semilla lisa y brillante .... **P. subrotata**
10. Envés de las hojas seríceo o menudamente puberulento (subglabrescente); flores 4-meras, el tubo de la corola más largo que los lobos, estambres incluidos; fruto 2.5–9 cm de largo, la base estipitada o abultada; testa de la semilla áspera y opaca
  11. Hojas elípticas, 12–16 pares de nervios secundarios, los terciarios 5–7/cm; tubo de la corola casi de 4 veces la longitud de los lobos; el fruto elipsoide abruptamente se estrecha a un estípite grueso, base no abultada .... **P. filipes**
  11. Hojas comúnmente oblanceoladas, 10–21 pares de nervios secundarios, los terciarios 7–11/cm; tubo de la corola sólo ligeramente más largo que los lobos; fruto globoso deprimido (frecuentemente de forma irregular), base abultada y cubriendo el brote .... **P. glomerata**
6. Flores y frutos pedicelados, pedicelos más de 3 mm de largo
  12. Envés de las hojas con numerosos tricomas erectos de brazos patentes; sépalos vellosos .... **P. bulliformis**
  12. Envés de las hojas seríceo, menudamente puberulento o glabro; sépalos con tricomas aplicados o glabros
    13. Envés de las hojas con densos tricomas aplicados persistentes
      14. Nervios terciarios oblicuos, 2 ó 3/cm; flores comúnmente 5-meras (también 4 y 6), estambres hasta 1 mm de largo, anteras más largas que los filamentos; testa de la semilla lisa y brillante .... **P. calistophylla**
      14. Nervios terciarios oblicuos a horizontales, 5–11/cm; flores 4-meras, estambres 1–3 mm de largo, anteras más cortas que los filamentos; testa de la semilla áspera y opaca
        15. Hojas elípticas, 12–16 pares de nervios secundarios, los terciarios 5–7/cm; tubo de la corola casi de 4 veces la longitud de los lobos; el fruto elipsoide abruptamente se estrecha hacia un estípite grueso, base no abultada .... **P. filipes**
        15. Hojas comúnmente oblanceoladas, 10–21 pares de nervios secundarios, los terciarios 7–11/cm; tubo de la corola sólo ligeramente más largo que los lobos; fruto globoso deprimido (frecuentemente de forma irregular), base abultada y cubriendo el brote .... **P. glomerata**
    13. Envés de las hojas glabro, con dispersos tricomas aplicados o menudamente puberulento
      16. Hojas con nervadura terciaria reticulada, pecíolo 4–15 mm de largo; filamentos más cortos que las anteras
        17. Hojas con nervadura terciaria y de orden superior finamente reticulada, comúnmente punteadas; lobos de la corola ciliados, anteras comúnmente pubescentes; testa de la semilla brillante .... **P. reticulata** ssp. **reticulata**
        17. Hojas con nervadura terciaria y de orden superior leve a finamente reticulada, no punteadas; lobos de la corola enteros, anteras glabras; testa de la semilla brillante o mate
          18. Pecíolo generalmente 4–6 (–10) mm de largo; flores en fascículos sésiles, corola 3.5–6 mm de largo en las flores estaminadas, 2.5–3.5 mm de largo en las flores pistiladas, tubo más corto que los lobos; fruto pubescente (glabrescente), pedicelo fructífero hasta 3 mm de largo .... **P. durlandii** ssp. **durlandii**
          18. Pecíolo 7–15 mm de largo; flores en fascículos o en fascículos sobre brotes cortos, corola 1.5–2 mm de largo, tubo igual hasta mucho más largo que los lobos; frutos glabros, pedicelo fructífero 8–20 mm de largo
            19. Hojas con nervadura terciaria y de orden superior finamente reticulada; flores con sépalos y lobos de la corola 4 ó 5; fruto con cubierta dura, algo leñosa, áspera y a menudo densamente lenticelada .... **P. amygdalicarpa**
            19. Hojas con nervadura terciaria y de orden superior levemente reticulada; flores 4-meras; fruto con cubierta delgada no leñosa, lisa y no lenticelada .... **P. belizensis**
      16. Hojas con nervadura terciaria oblicua a horizontal, pecíolo 3–45 mm de largo; filamentos de la misma longitud o más largos que las anteras
        20. Sépalos 5 ó 6, otras partes florales 4–7, corola 7–13 mm de largo; semilla con testa lisa y brillante .... **P. campechiana**
        20. Flores 4-meras, corola 2–5.5 mm de largo; semilla con testa lisa o áspera, mate u opaca
          21. Sépalos glabros o puberulentos, estilo exerto; cicatriz de la semilla ca 2 mm de ancho .... **P. leptopedicellata**
          21. Al menos los 2 sépalos exteriores densamente seríceos, estilo incluido (no conocido en *Pouteria* sp. A); cicatriz cubriendo al menos 3/4 de la semilla

22. Hojas con 10–21 pares de nervios secundarios, terciarios 7–11/cm; estambres 1–2.2 mm de largo, filamentos ligeramente más largos hasta de 2 veces la longitud de las anteras; base del fruto ocultando el pedicelo, testa de la semilla áspera, cicatriz cubriendo la mayor parte de la semilla .... **P. glomerata**
22. Hojas con 7–9 pares de nervios secundarios, terciarios 3–5/cm; estambres ca 3.5 mm de largo, filamentos de 2–3 veces la longitud de las anteras; base del fruto no ocultando el pedicelo, testa de la semilla lisa, cicatriz cubriendo 3/4 de la semilla .... **Pouteria sp. A**

Pouteria amygdalicarpa (Pittier) T.D. Penn., Fl. Neotrop. 52: 255. 1990; *Sideroxylon amygdalicarpa* Pittier; *P. heterodoxa* Standl. & L.O. Williams ex P.H. Allen.

Arboles pequeños a grandes, ramitas jóvenes diminutamente seríceas (glabrescentes); plantas dioicas. Hojas levemente agrupadas hasta bien espaciadas, elípticas u oblanceoladas, 5.5–9 (–12.5) cm de largo y 2.4–6 cm de ancho, ápice obtuso con una cúspide redondeada y corta o acuminada hasta atenuada, base estrechamente atenuada y enrollada hacia adentro, envés diminutamente seríceo (glabro), nervadura eucamptódroma, 7 u 8 (–12) pares de nervios secundarios, nervios intersecundarios ausentes o presentes y de mediana longitud, nervios terciarios y de orden superior finamente reticulados, no marcadamente prominentes, del mismo color de la superficie de la hoja al secarse; pecíolo 7–15 mm de largo. Inflorescencias de fascículos axilares o abajo de las hojas (algunas veces varias en un brote corto), 3–7 flores por fascículo, pedicelo 4–5 (en fruto hasta 20) mm de largo; sépalos 4 ó 5, en un verticilo, 1.5–2 mm de largo, ápice agudo a redondeado, diminutamente puberulento externamente; corola tubular gruesa, 1.5–2 mm de largo, tubo de 1.5–2 veces la longitud de los lobos, lobos 4 ó 5, suborbiculares, ápice redondeado y entero, glabros externamente; estambres 4 ó 5, adnados al ápice del tubo de la corola, incluidos, ca 1.2 mm de largo, filamentos más cortos que las anteras, anteras glabras (vestigiales a ausentes en las flores pistiladas), estaminodios 4 ó 5, ca 0.5 mm de largo. Fruto elipsoide, ca 4 cm de largo, base aguda, glabro, áspero y con cubierta dura o algo leñosa, algunas veces fina pero densamente lenticelada, café; semilla 1, elipsoide, ca 2.5 cm de largo, testa lisa y brillante, cicatriz de toda la longitud de la semilla y 4–6 mm de ancho.

Conocida en Nicaragua de una sola colección (*Rueda 5634*) colectada en pluvioselvas, Río San Juan; 50–100 m; fr ene; Nicaragua a Panamá, Colombia y Venezuela.

Pouteria belizensis (Standl.) Cronquist, Lloydia 9: 267. 1946; *Lucuma belizensis* Standl.; *P. lundellii* (Standl.) L.O. Williams.

Arboles medianos a grandes, ramitas jóvenes ferrugíneo-puberulentas, pronto glabrescentes; plantas hermafroditas (?). Hojas levemente agrupadas

hasta bien espaciadas, elípticas, 6–21 cm de largo y 2.5–6.5 cm de ancho, ápice atenuado, base atenuada, envés glabro o menudamente puberulento sobre el nervio principal en la base, nervadura eucamptódroma (a broquidódroma apicalmente), 8–15 pares de nervios secundarios, nervios intersecundarios presentes y largos, nervios terciarios y de orden superior levemente reticulados, no marcadamente prominentes en el envés, del mismo color de la superficie de la hoja al secarse; pecíolo 8–15 mm de largo. Inflorescencias de fascículos axilares o abajo de las hojas (a veces varios en un brote corto), (1–) 4–15 flores por fascículo, pedicelo (2.5–) 4–6 (en el fruto hasta 12) mm de largo; sépalos 4, en 1 verticilo, ca 1.5 mm de largo, ápice obtuso, menudamente puberulentos externamente; corola campanulada, ca 2 mm de largo, tubo más largo o igual a los lobos, lobos 4, suborbiculares, ápice redondeado y entero, externamente glabros; estambres 4, adnados al ápice del tubo, incluidos, 0.5–0.7 mm de largo, filamentos más cortos que las anteras, anteras glabras, estaminodios 4, ca 0.5 mm de largo. Fruto obovoide, 2.5–3.3 cm de largo, base aguda, glabro, liso, amarillo o púrpura-verdoso; semilla 1, elipsoide, 1.5 cm de largo, testa lisa y mate, cicatriz de toda la longitud de la semilla y ca 5 mm de ancho.

Rara, bosques muy húmedos, zona atlántica; 0–15 m; fl abr, fr mar; *Sandino 4897, Stevens 20070*; costa atlántica desde México hasta Nicaragua.

Pouteria bulliformis Q. Jiménez & T.D. Penn., Novon 7: 169. 1997.

Arboles medianos a grandes, ramitas jóvenes dorado a ferrugíneo velloso-tomentosas; plantas hermafroditas (?). Hojas estrechamente agrupadas comúnmente en pseudoverticilos de 3, anchamente oblongas a obovadas, 10.5–19.5 (–33) cm de largo y 8–10 (–16) cm de ancho, ápice redondeado-apiculado, base redondeada a truncada, envés con numerosos tricomas dorados erectos de brazos patentes, nervadura eucamptódroma (broquidódroma apicalmente), 7–14 (–23) pares de nervios secundarios, nervios intersecundarios pocos y cortos o ausentes, terciarios oblicuos, 2 ó 3/cm, nervios de orden superior levemente reticulados, nervios terciarios marcadamente prominentes en el envés, los nervios terciarios y los de orden superior del mismo color de la superficie de la hoja al secarse; pecíolo

10–25 mm de largo. Inflorescencias axilares o en fascículos abajo de las hojas, 2–8 flores por fascículo, fascículos densamente agrupados, pedicelo 4–6 (–21) mm de largo; sépalos 5, en 1 verticilo, 4–4.5 mm de largo, ápice redondeado, los externos densamente vellosos externamente, los internos pubescentes externamente sólo medialmente y ciliados; corola ciatiforme, 6–6.5 mm de largo, el tubo casi tan largo como los lobos, lobos 5, ampliamente ovados, redondeados apicalmente, externamente glabros; estambres 5, adnados al ápice del tubo, incluidos, 2.75–3.3 mm de largo, filamentos menos 1/2 de la longitud de las anteras, anteras glabras, estaminodios 5, 2.5–3 mm de largo. Fruto elipsoide, ca 4 cm de largo, base obtusa, glabro, liso, negro; semilla 1, elipsoide, 2–3 cm de largo, testa áspera y opaca, cicatriz de toda la longitud de la semilla y ca 7 mm de ancho.

Rara, pluvioselvas, zona atlántica; 100–200 m; fr ene–mar; *Rueda 3622, 10348*; Nicaragua, Costa Rica y Colombia.

Q. Jiménez M. y T.D. Pennington. A new species of *Pouteria* Aublet (Sapotaceae) from Costa Rica and Colombia. Novon 7: 169–171. 1997.

Pouteria caimito (Ruiz & Pav.) Radlk., Sitzungsber. Math.-Phys. Cl. Königl. Bayer. Akad. Wiss. München 12: 333. 1882; *Achras caimito* Ruiz & Pav.

Arboles pequeños a grandes, ramitas jóvenes doradas aplicado seríceas o seríceas y pilosas; plantas hermafroditas. Hojas mayormente agrupadas (hasta bien espaciadas), oblanceoladas, 8.5–21.5 cm de largo y 3.3–7 cm de ancho, ápice atenuado, base atenuada, envés glabro o con largos tricomas dorados aplicados en los nervios principales, nervadura eucamptódroma a broquidódroma, 9–11 pares de nervios secundarios, nervios intersecundarios cortos a largos o ausentes, terciarios pocos y reticulados, nervios de orden superior moderada a finamente reticulados, nervios terciarios y de orden superior no marcadamente prominentes en el envés, conspicuamente de color más claro que la superficie de la hoja al secarse; pecíolo ca 6 mm de largo. Inflorescencias de fascículos axilares y abajo de las hojas, 1–3 (–5) flores por fascículo, pedicelo 0–2 mm de largo; sépalos 4, en 1 verticilo, 3–5.5 mm de largo, ápice agudo a obtuso, levemente pubescentes externamente; corola tubular, 4–8 mm de largo, tubo de 4 veces la longitud de los lobos, lobos 4, oblongos a suborbiculares, ápice redondeado a truncado, comúnmente ciliados, papilosos externamente; estambres 4, adnados cerca de la mitad del tubo de la corola, incluidos, 2.5–4.3 mm de largo, filamentos de 2

veces la longitud de las anteras, anteras glabras, estaminodios 4, 1–1.5 mm de largo. Fruto elipsoide a globoso, 2.5–7.5 cm de largo, base redondeada a truncada, puberulento, velutino o glabro, liso, amarillo, anaranjado (verde); semillas 1–4, elipsoides, 1.5–5 cm de largo, testa lisa y brillante, cicatriz de toda la longitud de la semilla y 1–6 mm de ancho.

Rara, bosques muy húmedos, Zelaya; 40–200 m; fr ago; *Araquistain 3160, Laguna 100*; Nicaragua a Panamá, Venezuela y Colombia hasta Perú y Brasil. Se dice que tiene un fruto particularmente delicioso y es cultivada en al menos algunos sitios a lo largo de su distribución.

Pouteria calistophylla (Standl.) Baehni, Candollea 9: 419. 1942; *Lucuma calistophylla* Standl.

Arboles medianos a grandes, ramitas jóvenes seríceo ferrugíneas; plantas hermafroditas (?). Hojas bien espaciadas, oblanceoladas, (11.5–) 18–35 cm de largo y (3.5–) 6.5–11.5 cm de ancho, ápice atenuado u obtuso y cuspidado, base atenuada, envés con densos tricomas rojizos estrechamente aplicados y persistentes, nervadura eucamptódroma, 11–26 pares de nervios secundarios, nervios intersecundarios cortos o ausentes, terciarios oblicuos, 2 ó 3/cm, nervios de orden superior finamente reticulados, ni los nervios terciarios ni los de orden superior marcadamente prominentes en el envés, del mismo color de la superficie de la hoja al secarse; pecíolo 8–30 mm de largo. Inflorescencias de fascículos axilares, 15–35 flores por fascículo, pedicelo 4–9 mm de largo; sépalos (4) 5 (6), en 1 verticilo, 1.5–2 mm de largo, ápice obtuso a redondeado, densamente seríceos externamente; corola campanulada, 2.2–2.5 mm de largo, tubo más corto o de la misma longitud de los lobos, lobos (4) 5 (6), ovados, ápice agudo y ciliado, glabros o puberulentos externamente; estambres (4) 5 (6), adnados en la 1/2 superior del tubo de la corola, incluidos, 0.5–1 mm de largo, filamentos más cortos que las anteras, anteras glabras, estaminodios (4) 5 (6), 0.5–1 mm de largo. Fruto oblongo a elipsoide, 3–3.5 cm de largo, base atenuada a truncada, puberulento a glabro, liso, verde pálido; semilla 1, elipsoide, ca 2.5 cm de largo, testa lisa y brillante, cicatriz de toda la longitud de la semilla y ca 10 mm de ancho.

No se conoce en Nicaragua pero se la ha colectado en el noreste de Costa Rica en regiones bajas.

Pouteria campechiana (Kunth) Baehni, Candollea 9: 398. 1942; *Lucuma campechiana* Kunth.

Arboles pequeños a grandes, ramitas jóvenes aplicado-puberulentas a diminutamente seríceas, pronto glabrescentes; plantas hermafroditas (?). Hojas agrupadas, oblanceoladas (elípticas), 7–25 cm de largo y

3–8 cm de ancho, ápice acuminado, atenuado, o agudo y cuspidado, base cuneada o atenuada, envés glabro o con dispersos tricomas diminutos aplicados, nervadura eucamptódroma, 10–19 pares de nervios secundarios, nervios intersecundarios ausentes, terciarios oblicuos (a casi horizontales), 3–6/cm, nervios de orden superior finamente reticulados, ni los nervios terciarios ni los de orden superior marcadamente prominentes en el envés, del mismo color de la superficie de la hoja al secarse; pecíolo 10–45 mm de largo. Inflorescencias de fascículos axilares o abajo de las hojas, 1–3 flores por fascículo, pedicelo 9–15 mm de largo; sépalos 5 ó 6, en 1 verticilo, 6–9 mm de largo, ápice obtuso a redondeado, densamente tomentosos o seríceos externamente; corola cilíndrica, 7–13 mm de largo, tubo ligeramente más largo que los lobos, lobos 4–7, oblongos, ápice truncado y entero, pubescentes externamente; estambres 4–7, adnados al ápice del tubo o en la 1/2 superior del tubo, incluidos, 2–4.5 mm de largo, filamentos de la misma longitud que las anteras, anteras glabras, estaminodios 5–7, 2–4 mm de largo. Fruto obovoide o elipsoide, a veces elipsoide con estípite grueso, 2.5–7 cm de largo, base redondeada, comúnmente pubescente al menos en la base, liso (algo áspero), amarillo, anaranjado, café, o verde obscuro; semillas 1–6, elipsoides (o en forma de cuña), 2–4 cm de largo, testa lisa y brillante, cicatriz de toda la longitud de la semilla y 3.5–10 mm de ancho.

Ocasional, en bosques muy húmedos, en la zona atlántica y cultivada en la zona pacífica; 30–800 m; fl yemas feb–abr, fr probablemente todo el año; *Nee 27831, Soza 15*; México a Panamá. Cultivada por su fruto dulce. *P. congestifolia*, una especie de Costa Rica y Panamá, que ocurre en bosques muy húmedos entre 450 y 1500 m de altura, podría también encontrarse en Nicaragua e identificarse como esta especie usando la clave. Difiere de *P. campechiana* por tener savia amarilla, estípulas pronto caducas, pero dejando una cicatriz visible, hojas con ápice redondeado, flores 5-meras, sépalos 3–3.5 mm de largo, corola 5–6 mm de largo, filamentos de 2.5–3.5 veces la longitud de las anteras y la semilla con cicatriz cubriendo casi toda la superficie. "Zapote calentura".

Pouteria durlandii (Standl.) Baehni ssp. **durlandii**, Candollea 9: 422. 1942; *Lucuma durlandii* Standl.

Arboles pequeños a grandes, ramitas jóvenes puberulentas, pronto glabrescentes; plantas dioicas. Hojas levemente agrupadas a bien espaciadas, oblanceoladas (elípticas), 6–18 (–30) cm de largo y 2.5–6.5 (–9) cm de ancho, ápice atenuado, base atenuada, envés glabro o menudamente puberulento

sobre el nervio principal en la base, nervadura eucamptódroma (a broquidódroma apicalmente), 7–12 (–14) pares de nervios secundarios, nervios intersecundarios comúnmente ausentes (pocos), nervios terciarios y de orden superior moderadamente reticulados, ni los nervios terciarios ni los de orden superior marcadamente prominentes en el envés, del mismo color de la superficie de la hoja al secarse; pecíolo 4–6 (–10) mm de largo. Inflorescencias de fascículos axilares o abajo de las hojas, 1–4 (–6) flores por fascículo, pedicelo 1–2 (–3) mm de largo; sépalos (4) 5, en 1 verticilo, (2–) 3–4 (–5) mm de largo, ápice agudo, externamente con densos tricomas aplicados; corola rotácea, 3.5–6.5 mm de largo en las flores estaminadas y 2.5–3.5 mm de largo en las pistiladas, tubo más corto que los lobos, lobos 5, ovados, ápice obtuso y entero, externamente glabros; estambres 5, adnados al ápice del tubo, incluidos, 2 (–4.5) mm de largo, filamentos ligeramente más cortos que las anteras, (ausentes o vestigiales en las pistiladas), anteras glabras, estaminodios 5, 1–3 mm de largo (vestigiales en las pistiladas). Fruto elipsoide a subgloboso, 2–3.5 cm de largo, base redondeada o truncada, con diminutos tricomas aplicados a glabrescente, liso, amarillo o anaranjado (verde); semillas 1–3, elipsoides, 1.1–1.3 (–2.7) cm de largo, testa lisa y brillante o mate, cicatriz de toda la longitud de la semilla y comúnmente 6–7 mm de ancho, raramente angosta, ca 3.5 mm de ancho.

Muy rara, bosques muy húmedos, zona atlántica; 25–100 m; fr feb y oct; *Araquistain 3278, Sandino 2235*; México a Panamá, Colombia y Venezuela a Perú, Bolivia y Brasil.

Pouteria filipes Eyma, Recueil Trav. Bot. Néerl. 33: 180. 1936.

Arboles medianos a grandes, ramitas jóvenes aplicado-puberulentas; plantas dioicas. Hojas bien espaciadas, elípticas, 9.5–12.5 cm de largo y 4–5 cm de ancho, ápice atenuado o acuminado, base aguda, envés densamente seríceo, tricomas blanquecinos, amarillos o rojizos, nervadura eucamptódroma, 12–16 pares de nervios secundarios, nervios intersecundarios ausentes, terciarios oblicuos a horizontales, 5–7/cm, nervios de orden superior levemente reticulados, ni los nervios terciarios ni los de orden superior marcadamente prominentes en el envés, del mismo color de la superficie de la hoja al secarse; pecíolo 12–25 mm de largo. Inflorescencias de fascículos axilares o abajo de las hojas, 2–15 flores por fascículo, pedicelo 2–7 mm de largo; sépalos 4, en 1 verticilo, 2–3 mm de largo, ápice obtuso a truncado, aplicado-puberulentos externamente; corola anchamente tubular, 2.2–4.5 mm de largo, tubo de casi 4 veces la longitud de los lobos, lobos 4, ampliamente oblongos, ápice truncado y largamente ciliado, glabros externamente; estambres 4, adnados en la 1/2 basal del tubo, incluidos, 1.5–3 mm de largo, filamentos de 3 veces la longitud de las anteras, anteras glabras (ausentes en las flores pistiladas), estaminodios 4, 0.3–1 mm de largo. Fruto ovoide a elipsoide, atenuado en la base hacia un estípite grueso de ca 2 cm de largo, parte superior 2–3 cm de largo, puberulento, liso, verde o amarillo-verdoso; semilla 1, elipsoide, 1.5 cm de largo, testa áspera y opaca, cicatriz de toda la longitud de la semilla y ca 5 mm de ancho.

Rara, pluvioselvas, sur de la zona atlántica; 50–70 m; yema jul, fr muy inmaduros feb; *Moreno 23341-a*, *Rueda 8279*; Nicaragua, Costa Rica, Venezuela a Brasil. Es posible que el material de Nicaragua y Costa Rica represente una especie diferente pero estrechamente relacionada. La descripción del fruto se hizo de material de Costa Rica y las descripciones florales de material Sudamericano.

Pouteria fossicola Cronquist, Lloydia 9: 289. 1946.

Arboles pequeños a grandes, ramitas jóvenes aplicado-puberulentas; plantas hermafroditas. Hojas densamente agrupadas, oblanceoladas, (13.5–) 17.5–36.5 cm de largo y (4.5–) 7–10 cm de ancho, ápice obtuso-cuspidado, agudo o acuminado, base aguda o atenuada, envés con tricomas aplicados en los nervios, nervadura eucamptódroma, 13–18 (–20) pares de nervios secundarios, nervios intersecundarios pocos y cortos o ausentes, terciarios oblicuos, 2–4/cm, nervios de orden superior finamente reticulados, ni los nervios terciarios ni los de orden superior marcadamente prominentes en el envés, ambos del mismo color de la superficie de la hoja al secarse; pecíolo 20–45 mm de largo. Inflorescencias de fascículos abajo de las hojas, 1–3 flores por fascículo, a veces los fascículos densamente agrupados y rodeando la ramita, pedicelo 2–4.5 mm de largo; sépalos 7–12, en un espiral estrechamente traslapado e incrementando en tamaño de afuera hacia adentro, densamente seríceos externamente, los externos 1.5–2.5 mm de largo, ápice redondeado o emarginado, los internos 6–7 mm de largo, ápice redondeado a emarginado; corola ampliamente tubular, 10–13 mm de largo, tubo de 1.5–3 veces la longitud de los lobos, lobos 5, ampliamente oblongos, ápice redondeado y entero, medialmente seríceos externamente; estambres 5, adnados al ápice del tubo, incluidos, 3.5–6 mm de largo, filamentos de 1.5–2 veces la longitud de las anteras, anteras glabras, estaminodios 5, 2–3 mm de largo. Fruto ampliamente elipsoide a ovoide, 6.5–25 cm de largo, base redondeada a truncada, puberulento a glabro, liso a áspero, gris-cremoso; semilla 1, elipsoide a obovoide, 6–7 cm de largo, testa lisa y brillante, cicatriz de toda la longitud de la semilla y 20–25 mm de ancho.

Raramente colectada en Nicaragua, mayormente cultivada, también encontrada en bosques muy húmedos, Zelaya; 15–40 m; fl ene, sep, fr mar; *Little 25113, Ríos 252*; Nicaragua a Panamá. Flores maduras no vistas. Esta especie parece intermedia entre *P. sapota* y *P. viridis*. Cultivada por su fruto sabroso. "Zapote de montaña".

Pouteria foveolata T.D. Penn., Fl. Neotrop. 52: 510, f. 119. 1990.

Arboles medianos a grandes, ramitas jóvenes aplicado-puberulentas, pronto glabrescentes; plantas hermafroditas. Hojas bien espaciadas, elípticas a oblongas, 5.5–15 cm de largo y 2–5.5 cm de ancho, ápice atenuado, obtuso u obtuso y cuspidado, base obtusa a cuneada, envés glabro o con dispersos tricomas aplicados sobre el nervio principal en la base, nervadura eucamptódroma, 12–17 pares de nervios secundarios, nervios intersecundarios comúnmente presentes, cortos a largos, nervios terciarios y de orden superior finamente reticulados, ni los nervios terciarios ni los de orden superior marcadamente prominentes en el envés, del mismo color de la superficie de la hoja al secarse; pecíolo 5–8 mm de largo. Inflorescencias de fascículos axilares o abajo de las hojas, 3–15 flores por fascículo, subsésiles; sépalos 8 ó 9, en un espiral estrechamente traslapado e incrementando en tamaño de afuera hacia adentro, ápice obtuso a redondeado, los externos ca 1 mm de largo, densamente seríceos externamente, los internos 2–2.5 mm de largo, subglabros externamente, en general largamente ciliados; corola ampliamente tubular, ca 4 mm de largo, tubo ca 1.5 veces la longitud de los lobos, lobos 5 ó 6, ampliamente oblongos, ápice redondeado y entero, glabros externamente; estambres 5 ó 6, adnados al ápice del tubo, incluidos, ca 1 mm de largo, filamentos iguales en longitud o ligeramente más cortos que las anteras, anteras glabras, estaminodios 5 ó 6, ca 1 mm de largo. Fruto ampliamente elipsoide u ovoide, 4–6 cm de largo, base aguda a obtusa, abultada y ocultando el pedicelo y los sépalos, tomentoso (glabrescente), liso, anaranjado, café-anaranjado (morado obscuro); semilla 1, elipsoide, 2.5–4 cm de largo, testa profunda e irregularmente foveolada y arrugada, cicatriz de toda la longitud de la semilla y de 9–20 mm de ancho, se extiende alrededor de la base.

Conocida de Nicaragua por una colección estéril, (*Ll. Williams 17422*), colectada en bosques húmedos, Villa Somoza, Chontales; 100 m; Costa Rica y

Nicaragua. Flores y frutos maduros no observados. Los especímenes estériles de *Sideroxylon portoricense* ssp. *minutiflorum* pueden confundirse con esta especie pero ésta última tiene el envés de las hojas con tricomas aplicados ferrugíneos esparcidos a densos y nervadura de orden superior menos finamente reticulada. "Chico rico".

Pouteria glomerata (Miq.) Radlk., Sitzungsber. Math.-Phys. Cl. Königl. Bayer. Akad. Wiss. München 12: 333. 1882; *Lucuma glomerata* Miq.

Arboles pequeños a grandes, ramitas jóvenes aplicado-puberulentas; plantas monoicas o dioicas. Hojas agrupadas en el ápice hasta bien espaciadas, oblanceoladas (elípticas), 6–24 cm de largo y 2.7–8.5 cm de ancho, ápice atenuado, obtuso o redondeado, base atenuada a redondeada, envés densamente seríceo con diminutos tricomas amarillo-cremosos, o menudamente puberulento con tricomas levemente aplicado blanquecinos (subglabros), nervadura eucamptódroma, 10–21 pares de nervios secundarios, nervios intersecundarios ausentes, nervios terciarios horizontales o casi así, 7–11/cm, nervios de orden superior levemente reticulados, ni los nervios terciarios ni los de orden superior marcadamente prominentes en el envés, del mismo color de la superficie de la hoja al secarse; pecíolo 3–16 mm de largo. Inflorescencias de fascículos axilares o abajo de las hojas, 2–10 flores por fascículo, pedicelo 0.5–3 mm de largo; sépalos 4, en 1 verticilo, 2–5 mm de largo, ápice agudo a redondeado, los 2 externos seríceos externamente, los internos glabros o medialmente pubescentes externamente; corola ampliamente cilíndrica, 2–5.3 mm de largo, tubo ligeramente más largo que los lobos, lobos 4, ampliamente oblongos, ápice redondeado o truncado y ligeramente ciliado a entero, glabros externamente; estambres 4, adnados a la 1/2 basal del tubo, incluidos, 1–2.2 mm de largo, filamento desde ligeramente más largo hasta de 2 veces la longitud de las anteras, anteras glabras, (reducidas o ausentes en las flores pistiladas), estaminodios 4, 0.3–2 mm de largo. Fruto globoso deprimido, o muy irregular, 2.5–9 cm de largo, base abultada y cubriendo el brote, glabro a tomentoso, áspero o liso, amarillo o café; semilla 1–varias, elipsoides, 2–4.5 cm de largo, testa áspera y opaca, cicatriz cubriendo la mayor parte de la semilla.

No se han visto especímenes de Nicaragua. Esta especie se conoce desde el sur de México a Panamá y Sudamérica hasta Perú y Brasil, entre 0 y 1300 m. El fruto es comestible y se dice muy popular. Se reconocen 2 subespecies, las cuales se esperan encontrar en Nicaragua. *P. glomerata* ssp. *glomerata* (incluyendo *P. hypoglauca* (Standl.) Baehni) tiene hojas con bases agudas a redondeadas, ápice comúnmente obtuso y tricomas menudamente puberulentos, blanquecinos y frecuentemente no persistentes. *P. glomerata* ssp. *stylosa* (Pierre) T.D. Penn. (incluyendo *P. stylosa* (Pierre) Dubard) tiene hojas con base y ápice estrechamente atenuados, y tricomas persistentes amarillo-cremoso seríceos. *P. macrocarpa* (Mart.) D. Dietr., una especie de las tierras bajas del norte de Costa Rica, podría también encontrarse en Nicaragua. Esta difiere de *P. glomerata* ssp. *glomerata* principalmente en sus hojas más grandes (25–45 cm de largo y 9–14.5 cm de ancho) las cuales tienen bases abruptamente redondeadas o truncadas y más pares de nervios secundarios (19–28). Otra especie de las tierras bajas al norte de Costa Rica la cual podría encontrarse en Nicaragua es *P. silvestris* T.D. Penn. Esta última es similar a *P. glomerata* ssp. *stylosa* en muchos aspectos, pero puede distinguirse por las hojas con ápice obtuso a atenuado, base aguda a redondeada, los tricomas seríceos café-dorados persistentes, más pares de nervios secundarios (22–27) y los nervios terciarios más oblicuos.

Pouteria izabalensis (Standl.) Baehni, Candollea 9: 347. 1942; *Lucuma izabalensis* Standl.

Arboles pequeños a grandes, ramitas jóvenes aplicado-puberulentas, pronto glabrescentes; plantas hermafroditas. Hojas bien espaciadas, elípticas a oblongas, 7.5–16 (–19) cm de largo y 2.5–5.5 cm de ancho, ápice atenuado u obtuso y cuspidado, base aguda a atenuada, envés glabro, nervadura eucamptódroma, 4–10 pares de nervios secundarios, nervios intersecundarios cortos o ausentes, los terciarios horizontales a algo reticulados, 3 ó 4/cm, nervios de orden superior levemente reticulados, ni los nervios terciarios ni los de orden superior marcadamente prominentes (o algo así) en el envés, del mismo color de la superficie de la hoja al secarse; pecíolo (4–) 9–15 mm de largo. Inflorescencias de fascículos axilares o en brotes afilos cortos, 1–5 flores por fascículo, pedicelo hasta 1 mm de largo; sépalos (4–) 7, en un espiral estrechamente traslapado e incrementando en tamaño de afuera hacia adentro, ápice redondeado, los externos ca 1 mm de largo, seríceos externamente, los internos ca 2 mm de largo, subglabros externamente; corola ampliamente tubular, 2.5–5 mm de largo, tubo de 2–4 veces la longitud de los lobos, lobos 5, ovados, ápice redondeado y entero, glabros externamente; estambres 5, adnados al ápice del tubo, incluidos, ca 1 mm de largo, filamentos más cortos que las anteras, anteras glabras, estaminodios 5, ca 1 mm de largo. Fruto inmaduro subgloboso (obovado?), 2–3 cm de largo, base redondeada, glabro, liso pero arrugado al secarse (pared delgada), café-rojizo; semilla 1, ampliamente elipsoide o subglobosa, 1.3–2.5 cm de largo, testa lisa y brillante, cicatriz cubriendo ca 1/2 de la semilla.

Rara, bosques semideciduos, zona atlántica; 60–90 m; fl y fr feb; *Englesing 46, Rueda 3638*; Guatemala, Belice, Honduras y Nicaragua. Esta es la única especie de *Pouteria* en Nicaragua con frutos que se arrugan al secarse; a veces es confundida con *P. exfoliata* T.D. Penn. de Costa Rica, la cual tiene frutos, flores e inflorescencia muy similares y se diferencia por tener las hojas generalmente más pequeñas, los nervios terciarios y de orden superior más finamente reticulados y cicatrices cubriendo al menos 2/3 de la semilla.

Pouteria leptopedicellata Pilz, Ann. Missouri Bot. Gard. 68: 195. 1981.

Arboles medianos a grandes, ramitas jóvenes ferrugíneo y aplicado-puberulentas, pronto glabrescentes; plantas hermafroditas. Hojas bien espaciadas, ampliamente oblanceoladas a ampliamente oblongas, 18–27 cm de largo y 10–14 cm de ancho, ápice redondeado u obtuso y luego cortamente cuspidado, base aguda u obtusa, envés glabro (o con pocos tricomas aplicados en los nervios), nervadura eucamptódroma, 8–13 pares de nervios secundarios, nervios intersecundarios ausentes, los terciarios oblicuos, 2–5/cm, nervios de orden superior levemente reticulados, ni los nervios terciarios ni los de orden superior marcadamente prominentes en el envés, del mismo color de la superficie de la hoja al secarse; pecíolo 15–45 mm de largo. Inflorescencias de fascículos axilares o abajo de las hojas, 10–20 flores por fascículo, pedicelo 7–10 mm de largo; sépalos 4 (5), en 1 verticilo, 2–3 mm de largo, ápice obtuso, menudamente puberulentos o glabros externamente, los 2 internos ciliados; corola anchamente cilíndrica, 4–5 mm de largo, tubo de 2–3 veces la longitud de los lobos, lobos 4, oblongos, ápice truncado y entero a menudamente ciliado, medialmente puberulento externamente; estambres 4, adnados al 1/3 superior del tubo, incluidos, ca 2.5 mm de largo, filamentos de 2 veces la longitud de las anteras, anteras glabras, estaminodios 4, ca 1 mm de largo. Fruto inmaduro globoso, ca 3 cm de largo, base redondeada, ferrugíneo furfuráceo en la base, liso (o ligeramente áspero en el ápice), verde con café o amarillo o anaranjado; semillas 3, elipsoides, testa lisa y mate, cicatriz ca 2 mm de ancho.

Esta especie ha sido colectada en el noreste de Costa Rica y se espera encontrar en Nicaragua; Costa Rica y Panamá. Los especímenes estériles de *Elaeoluma glabrescens* podrían confundirse con ésta,

pero tiende a tener las hojas relativamente más angostas (ancho 1/3–1/2 de su longitud) y los pecíolos más cortos (8–18 mm de largo).

Pouteria reticulata (Engl.) Eyma ssp. **reticulata**, Recueil Trav. Bot. Néerl. 33: 183. 1936; *Chrysophyllum reticulatum* Engl.; *P. unilocularis* (Donn. Sm.) Baehni.

Arboles pequeños a grandes, ramitas jóvenes aplicado-puberulentas; plantas dioicas (?). Hojas levemente agrupadas hasta bien espaciadas, elípticas (oblanceoladas), (5–) 8–13 (–29) cm de largo y 2–4.5 (–6) cm de ancho, ápice atenuado (acuminado), base atenuada (aguda), envés glabro o con dispersos tricomas diminutos aplicados, punteado, nervadura eucamptódroma (broquidódroma), 8–17 pares de nervios secundarios, nervios intersecundarios comúnmente presentes, cortos a largos, nervios terciarios y de orden superior finamente reticulados, ni los nervios terciarios ni los de orden superior marcadamente prominentes en el envés, del mismo color de la superficie de la hoja al secarse; pecíolo 6–15 mm de largo. Inflorescencias de fascículos axilares o abajo de las hojas, (1–) 8–25 flores por fascículo, pedicelo 4–6.5 (–10) mm de largo; sépalos (4) 5 (6), en 1 verticilo, 1.5–2 mm de largo, ápice agudo a redondeado, densamente seríceos externamente; corola campanulada, (1.5–) 2–2.2 (–3) mm de largo, tubo de la misma longitud o ligeramente más corto que los lobos, lobos (4) 5 (6), ovados, ápice agudo y ciliado, glabros o externamente pubescentes; estambres (4) 5 (6), adnados al ápice o en la 1/2 superior del tubo, incluidos, (0.6–) 1–1.2 (–2.5) mm de largo, filamentos ligeramente más cortos que las anteras, anteras pubescentes (glabras), estaminodios (4) 5 (6), ca 1 mm de largo. Fruto elipsoide u ovoide, 1.4–2 (–4) cm de largo, base atenuada a truncada o redondeada, glabro, liso, verde (reportados anaranjados, rojos, morados o negros al madurar); semilla 1, elipsoide, 1–2.5 cm de largo, testa lisa y brillante, cicatriz de toda la longitud de la semilla y (2–) 7–8 (–10) mm de ancho.

Poco común, bosques muy húmedos, zona atlántica; 100–700 m; fl abr, fr abr y sep; *Nee 27959, Neill 1709*; sur de México al norte de Sudamérica. Los especímenes de Nicaragua sugieren que esta especie puede ser decidua. Pennington la ha registrado con una tolerancia ecológica amplia, desde bosques secos estacionales hasta pluvioselvas hasta bosques húmedos montanos.

Pouteria sapota (Jacq.) H.E. Moore & Stearn, Taxon 16: 383. 1967; *Sideroxylon sapota* Jacq.; *P. mammosa* (L.) Cronquist.

Arboles medianos a grandes, ramitas jóvenes con

largos tricomas patentes dorados a cafés; plantas dioicas (o hermafroditas). Hojas densamente agrupadas, oblanceoladas, 10–27 cm de largo y 3.5–11 cm de ancho, ápice comúnmente redondeado- u obtusocuspidado o agudo, base aguda o atenuada, envés con tricomas aplicados en los nervios, nervadura eucamptódroma, 18–28 pares de nervios secundarios, nervios intersecundarios pocos y cortos o ausentes, los terciarios oblicuos, 4–7/cm, nervios de orden superior finamente reticulados, ni los terciarios ni los nervios de orden superior marcadamente prominentes en el envés, ambos del mismo color de la superficie de la hoja al secarse; pecíolo 15–40 mm de largo. Inflorescencia de fascículos comúnmente abajo de las hojas, 3–6 flores por fascículo, a veces en fascículos densamente agrupados y circundando la ramita o en la madera vieja, pedicelo 0–2 (–3, en el fruto hasta 10) mm de largo; sépalos 8–11, en un espiral estrechamente traslapado e incrementando en tamaño de afuera hacia adentro, densamente seríceos externamente, los externos 1.5–2.5 mm de largo, ápice redondeado o emarginado, los internos 4.5–6 mm de largo, ápice 2–4-hendido (truncado); corola ampliamente tubular, 5–10 mm de largo, tubo desde 1/10 hasta de la misma longitud de los lobos, lobos 5, oblongos o lanceolados, ápice redondeado a truncado, medialmente seríceos externamente; estambres 5, adnados al ápice del tubo, incluidos, 3–5 mm de largo, filamentos casi de la misma longitud o más largos que las anteras, anteras glabras (presentes como estaminodios en las flores pistiladas), estaminodios 5, 1.5–2 (–3) mm de largo. Fruto ovoide (elipsoide), 4.5–9.5 (–12) cm de largo, base redondeada, puberulento a glabro, áspero y escamoso y café en su totalidad; semillas 1 (2), elipsoides, 5–7 cm de largo, testa lisa y brillante, con cicatriz de casi toda la longitud de la semilla y (10–) 25 (–30) mm de ancho.

Común, como árboles remanentes en pastizales y en bosques húmedos a muy húmedos, cultivada, naturalizada o nativa en todo el país; 30–1000 m; fl jun–nov, fr todo el año; *Nee 28128, Stevens 17554*; sur de México a Nicaragua. Cultivada por su fruto sabroso en toda Centroamérica hasta el norte de Sudamérica y las Antillas. Las colecciones estériles se confunden fácilmente con *Chrysophyllum colombianum*. Esta última tiene la nervadura de orden superior más levemente reticulada y frecuentemente tiene más nervios terciarios por cm (5–9). "Zapote".

Pouteria subrotata Cronquist, Lloydia 9: 277. 1946.

Arboles pequeños a grandes, ramitas jóvenes doradas aplicado-puberulentas, glabrescentes; plantas hermafroditas. Hojas bien espaciadas, oblanceoladas, obovadas, o ampliamente elípticas, (6.5–) 13–27 cm de largo y (3.1–) 7–12 cm de ancho, ápice agudo u obtuso y cuspidado (acuminado o redondeado), base aguda (obtusa a atenuada), envés glabro (o con pocos tricomas aplicados dispersos), nervadura eucamptódroma, 6–24 pares de nervios secundarios, nervios intersecundarios ausentes (pocos y cortos), los terciarios oblicuos a horizontales, 8–11/cm, los nervios de orden superior levemente reticulados, ni los nervios terciarios ni los de orden superior marcadamente prominentes en el envés, del mismo color de la superficie de la hoja al secarse; pecíolo 15–65 mm de largo. Inflorescencias de fascículos axilares o abajo de las hojas, 3–15 flores por fascículo, pedicelo 1–1.5 mm de largo (en fruto con apariencia sésil); sépalos 5, en 1 verticilo, 2–3 mm de largo, ápice agudo (a redondeado), aplicado-puberulentos externamente; corola rotácea, 3.2–4.5 mm de largo, tubo 1/3–1/2 de la longitud de los lobos, lobos 5, lanceolados, ápice truncado y entero, glabros externamente; estambres 5, adnados al ápice del tubo, exertos, ca 2 mm de largo, filamentos de 2–3 veces la longitud de las anteras, anteras glabras, estaminodios 5, 2–3 mm de largo. Fruto globoso deprimido (elipsoide), 2–3 cm de largo, base truncada, glabro, liso, verde, amarillo o anaranjado; semilla 1, elipsoide, 2–2.5 cm de largo, testa lisa y brillante, con cicatriz de casi toda la longitud de la semilla, ca 10 mm de ancho.

Rara, bosques muy húmedos, zona atlántica; 120–300 m; fr sep; *Araquistain 3189, Sandino 3386*; Nicaragua a Perú. "Zapotillo".

Pouteria torta ssp. **tuberculata** (Sleumer) T.D. Penn., Fl. Neotrop. 52: 483. 1990; *Lucuma tuberculata* Sleumer; *P. neglecta* Cronquist.

Arboles pequeños a grandes, ramitas jóvenes ferrugíneas aplicadas a tomentosas; plantas hermafroditas. Hojas densamente agrupadas, oblanceoladas, (15–) 25–37 (–45) cm de largo y 8–15 cm de ancho, ápice atenuado u obovado-cuspidado, base comúnmente atenuada (aguda a redondeada o truncada), envés con al menos pocos tricomas dispersos en los nervios, tricomas erectos de brazos patentes, nervadura eucamptódroma, (17–) 20–28 (–37) pares de nervios secundarios, nervios intersecundarios pocos y cortos o ausentes, los terciarios oblicuos, 2–4/cm, nervios de orden superior laxos a finamente reticulados, terciarios marcadamente prominentes en el envés, los nervios terciarios y los de orden superior del mismo color (o ligeramente más claros) de la superficie de la hoja al secarse; pecíolo (4–) 15–30 (–65) mm de largo. Inflorescencias de fascículos comúnmente abajo de las hojas, 4–6 flores por fascículo, pedicelo 0–2 mm de largo; sépalos 4, en 1 verticilo, 7–9 mm de largo, ápice redondeado, seríceos externamente; corola infundibuliforme, 7–16 mm de largo, tubo de 2–3 veces la longitud de los lobos, lobos 4, suborbiculares, ápice redondeado, entero o ciliado, glabros externamente; estambres 4, adnados entre la 1/2 y los 3/4 basales del tubo de la corola, incluidos, 3.2–6.5 mm de largo, filamentos ca 2 veces la longitud de las anteras, anteras glabras, estaminodios 4 (a veces divididos en 2), 1–3 mm de largo. Fruto subgloboso, (2.5–) 3–4 (–6.5) cm de largo, base redondeada y abultada ocultando el pedicelo, densamente cubierto por proyecciones largas, proyecciones densa y suavemente pubescentes, verde, café-amarillento, o café; semillas 1–4, elipsoides, (1.7) 2 (–3.5) cm de largo, testa lisa y brillante, cicatriz de toda la longitud (y a veces se extiende alrededor de la base) y ca 5 (–10) mm de ancho.

Poco frecuente, en bosques perennifolios muy húmedos, zona atlántica; 40–300 m; fr ago–oct; *Araquistain 3121, 3190*; México a Panamá (no registrada de El Salvador), Colombia a Perú, Amazonia brasileña y Guayana Francesa. *Pouteria torta* ssp. *gallifructa* (Cronquist) T.D. Penn. (basada en *P. gallifructa* Cronquist) también podría encontrarse en Nicaragua. Es muy similar a la ssp. *tuberculata* pero difiere en tener las hojas glabras y algo más pequeñas (16–25 cm), a veces obtusas apicalmente, pocos pares de nervios secundarios (14–19) y los nervios terciarios menos prominentes. Se ha registrado de pluvioselvas en tierras bajas y bosques estacionales semi-siempreverdes de Guatemala, Belice y Costa Rica.

Pouteria viridis (Pittier) Cronquist, Lloydia 9: 290. 1946; *Calocarpum viride* Pittier.

Arboles medianos a grandes, ramitas jóvenes dorado- a café aplicado-puberulentas a tomentosas; plantas hermafroditas. Hojas densamente agrupadas, oblanceoladas (angostamente oblongas), 10–29 cm de largo y 3.5–13 cm de ancho, ápice redondeado y cuspidado o agudo (acuminado), base aguda o atenuada, envés con numerosos tricomas erectos de brazos patentes, nervadura eucamptódroma, 13–23 pares de nervios secundarios, nervios intersecundarios pocos y cortos o ausentes, los terciarios oblicuos, 2–4/cm, nervios de orden superior finamente reticulados, ni los nervios terciarios ni los de orden superior marcadamente prominentes en el envés (ocasionalmente sí en las hojas viejas), del mismo color de la superficie de la hoja al secarse; pecíolo 12–35 mm de largo. Inflorescencias de fascículos comúnmente abajo de las hojas, 1–5 flores por fascículo, pedicelo 0–2.5 (–4.5, en el fruto hasta 6) mm de largo; sépalos 7–10, en un espiral estrechamente traslapado e incrementando en tamaño de afuera hacia adentro, densamente seríceos exter-namente, los externos 2–3 mm de largo, ápice obtuso, los internos (5–) 8–10 mm de largo, ápice truncado o redondeado; corola ampliamente tubular, 8–12 mm de largo, tubo ligeramente más largo que los lobos, lobos 5, oblongos, ápice redondeado, entero (ciliado), seríceos externamente; estambres 5, adnados en el 1/4 superior del tubo de la corola, incluidos, 4–5 mm de largo, filamentos casi de la misma longitud o más largos que las anteras, anteras glabras, estaminodios 5, 2–3.5 mm de largo. Fruto elipsoide u ovoide, 7.5–11 cm de largo, base redondeada, puberulento a glabro, liso y verde pero frecuentemente con lenticelas ásperas, cafés; semillas 1–3, elipsoides hasta en forma de cuña, 3.5–9 cm de largo, testa lisa y brillante, cicatriz de toda la longitud de la semilla y 10–25 mm de ancho.

Ocasional, frecuentemente como árbol remanente en pastizales, también en bosques secundarios muy húmedos, zona atlántica; 140–840 m; flores viejas ago y sep, fr ene, mar, ago, nov; *Miller 1087, Sandino 4823*; sureste de México, Guatemala, Honduras a Costa Rica. Cultivada en Centroamérica por su fruto sabroso, se dice que tiene un sabor más delicado que *P. sapota*. "Zapote".

Pouteria sp. A.

Arboles pequeños a medianos, ramitas jóvenes aplicado-puberulentas; plantas hermafroditas (?). Hojas agrupadas en el ápice hasta bien espaciadas, ampliamente oblanceoladas, 8.5–15 cm de largo y 4–6.5 cm de ancho, ápice obtuso o redondeado, base aguda, envés con dispersos tricomas aplicados (subglabro), nervadura eucamptódroma (broquidódroma apicalmente), 7–9 pares de nervios secundarios, nervios intersecundarios ausentes, nervios terciarios oblicuos a casi horizontales, 3–5/cm, nervios de orden superior finamente reticulados, ni los nervios terciarios ni los de orden superior marcadamente prominentes en el envés, del mismo color de la superficie de la hoja al secarse; pecíolo 12–15 mm de largo. Inflorescencias de fascículos axilares, pedicelo ca 6 mm de largo; sépalos 4, en 1 verticilo, 6 mm de largo, ápice agudo, seríceos externamente; corola 4.5 (?) mm de largo, tubo ca de 3 veces la longitud de los lobos, lobos ampliamente oblongos, ápice redondeado, enteros, glabros externamente; estambres 3.5 mm de largo, filamentos de 2–3 veces la longitud de las anteras, anteras glabras, estaminodios ca 1 mm de largo. Fruto globoso deprimido e irregular, 3–3.5 cm de largo, base obtusa, tomentoso, liso, café; semilla 1, elipsoide, 2 cm de largo, testa lisa y opaca, cicatriz cubriendo 3/4 de la semilla.

Rara, bosques montanos perennifolios, Selva Negra, Matagalpa; ca 1500 m; fr may; *Davidse*

30287, Grijalva 2988; endémica. La descripción floral se basó en fragmentos de flores aparentemente caídos pero atrapados en las axilas de las hojas. No corresponde a ninguna especie nativa de Centroamérica o norte de Sudamérica, y probablemente representa una especie nueva. Es probablemente cercana a *P. austin-smithii* (Standl.) Cronquist de los bosques montanos y nebliselva de Costa Rica, la cual difiere en tener hojas relativamente más angostas (ancho ca 1/3 de su longitud), con más pares de nervios secundarios (9–15) los cuales son más paralelos y sólo ligeramente arqueados, más terciarios (6–8/cm) los cuales son más horizontales, sépalos internos glabros externamente y frutos ovoides más grandes. También muy cercana a *P. glomerata* la cual tiene más pares de nervios secundarios (10–21) y terciarios (7–11/cm) y sépalos internos glabros.

SARCAULUS Radlk.

Sarcaulus brasiliensis (A. DC.) Eyma, Recueil Trav. Bot. Néerl. 33: 192. 1936; *Chrysophyllum brasiliense* A. DC.; *C. macrophyllum* Mart.

Arboles medianos a grandes, ramitas jóvenes aplicado-puberulentas, pronto glabrescentes; plantas dioicas. Hojas alternas y dísticas, elípticas, 5.5–11 (–24) cm de largo y 3–4.5 (–9.4) cm de ancho, ápice atenuado, base caudada (obtusa a redondeada), envés glabro o menudamente aplicado-puberulento cuando muy joven, nervadura eucamptódroma a broquidódroma, 8–12 pares de nervios secundarios, nervios intersecundarios comúnmente presentes, frecuentemente largos, nervios terciarios y de orden superior moderadamente reticulados, con frecuencia conspicuamente más claros que la superficie de la haz cuando secos, algo prominentes en el envés; pecíolo 4–13 mm de largo; estípulas ausentes. Inflorescencias de fascículos axilares o abajo de las hojas, 1 ó 2 (–8) flores por fascículo, pedicelo 7–15 mm de largo, comúnmente nodulado cerca del ápice; sépalos en 1 verticilo, quincunciales, 1.5–2.5 mm de largo, externamente con tricomas aplicados; corola rotácea, (2.5–) 4 (–5) mm de largo, serícea externamente, blanca o blanco-amarillenta, tubo levemente más corto que los lobos (a ligeramente más largo), carnoso, lobos 5, enteros, patentes; estambres 5 (–7), adnados al ápice del tubo, exertos, 1–1.5 mm de largo, filamentos 1/4–1/2 de la longitud de las anteras, carnosos, anteras ausentes en las flores pistiladas, anteras glabras, estaminodios 3–5, (0.5–) 1.2–1.5 mm de largo. Fruto elipsoide a subgloboso, 1.9–2.5 (–3.2) cm de largo, base redondeada o atenuada, puberulento a glabrescente, liso, amarillo; semillas 1–3, elipsoides, 0.95–1.8 cm de largo, testa lisa y brillante, cicatriz adaxial de toda la longitud de la semilla y frecuentemente continuando alrededor de la base y de 2–5 mm de ancho, endosperma ausente.

No ha sido colectada aún en Nicaragua pero se espera encontrar en regiones bajas y de elevaciones medias. Conocida desde el norte de Costa Rica hasta Brasil. Los especímenes estériles y en fruto frecuentemente son confundidos con *Pouteria durlandii* y *P. caimito*. Los especímenes en fruto pueden reconocerse por el pedicelo largo, mientras que los frutos de *P. durlandii* y *P. caimito* son sésiles o casi así. *P. durlandii* y *P. caimito* tienen hojas en espiral mientras que *Sarcaulus* tiene hojas dísticas. Género con 5 especies desde Centroamérica hasta Sudamérica tropical.

SIDEROXYLON L.; *Bumelia* Sw.; *Dipholis* A. DC.; *Mastichodendron* (Engler) H.J. Lam

Espinas presentes o ausentes, si presentes entonces axilares y frecuentemente desarrollándose en ramas con hojas y flores; plantas hermafroditas en Nicaragua. Hojas alternas y en espiral u opuestas, a veces fasciculadas, nervadura eucamptódroma o broquidódroma, a veces finamente estriadas; estípulas ausentes. Inflorescencia axilar o en las axilas de hojas caídas, flores en fascículos o solitarias; sépalos 5 (–8), en verticilo quincuncial (imbricado); corola verde, crema o blanquecina, tubo comúnmente más corto que los lobos (raramente igualándolos o ligeramente excediéndolos), lobos (4) 5 (–7), patentes, simples o divididos en 1 segmento medio grande y 2 segmentos laterales más pequeños, segmentos comúnmente erosos a dentados; estambres (4) 5 (–7), filamentos bien desarrollados, adnados al ápice del tubo de la corola, exertos, estaminodios (4) 5 (–7) o ausentes, comúnmente bien desarrollados, frecuentemente lanceolados, erosos, doblados hacia adentro y curvados alrededor del estilo (ocasionalmente semejantes a estambres); ovario (1–) 5 (–8)-locular, óvulos basiaxilares a basales, estilo incluido o exerto. Fruto baya con 1 (2) semillas, semillas globosas, ovoides, oblongas o elipsoides, no lateralmente comprimidas, cicatriz basal o basiventral y pequeña (a mediana), o en *S. contrerasii*, adaxial, larga y ancha, endosperma ausente a copioso.

Género con ca 70 especies, 49 encontradas en América tropical, ca 20 conocidas de Africa, Madagascar e

Islas Mascareñas; 7 especies conocidas de Nicaragua. Una octava especie, *S. retinerve* T.D. Penn. (*Bumelia hondurensis* Lundell), conocida de centro y sur de Honduras entre 800 y 1200 m de altura, podría encontrarse en las tierras altas del norte y centro de Nicaragua. Es un árbol pequeño o arbusto, con hojas alternas y no fasciculadas, con 15 ó 16 pares de nervios secundarios y tomentosas a lo largo del nervio principal en el envés, los pedicelos son 1.5–2.5 mm de largo y tomentosos; el fruto es 0.6–0.7 cm de largo y la semilla tiene una cicatriz de ca 1 mm de diámetro.

1. Hoja con nervadura eucamptódroma (raramente broquidódroma apicalmente); espinas ausentes; ovario glabro, más o menos gradualmente atenuado a un estilo grueso; ápice del fruto variado pero finalmente apiculado; semillas con cicatriz mediana a grande, 4–16 mm de largo y 2–10 mm ancho
    2. Hojas comúnmente con pecíolos largos, (2–) 3–9.5 cm de largo, base con margen involuto y fusionado formando un bolsillo, a veces con una proyección frondosa, nervios terciarios horizontales y reticulados, numerosos, 5–8/cm; cáliz y pedicelos aplicado-puberulentos, lobos de la corola no segmentados, estaminodios comúnmente ausentes o diminutos (menos de 1 mm de largo) .... **S. capiri** ssp. **tempisque**
    2. Hojas comúnmente con pecíolos de longitud mediana, 0.4–2.5 cm de largo, base con margen plano o revoluto, nervios terciarios oblicuos a horizontales, 2 ó 3/cm o reticulados; cáliz y pedicelos glabros (o casi así), cada lobo de la corola con 1 segmento medio grande y 2 segmentos laterales angostos, estaminodios presentes, 2–4 mm de largo
        3. Envés de las hojas comúnmente glabro (o con pocos tricomas en el nervio principal), nervio principal plano en la superficie adaxial; corola con pocos tricomas largos enredados en la base de los estaminodios; semilla con cicatriz 4/5 de su longitud .... **S. contrerasii**
        3. Envés de las hojas comúnmente con densos a esparcidos tricomas aplicados ferrugíneos, nervio principal deprimido en la superficie adaxial; corola glabra internamente; semilla con cicatriz menos de 1/2 de su longitud .... **S. portoricense** ssp. **minutiflorum**
1. Hoja con nervadura broquidódroma; espinas frecuentemente presentes; ovario estrigoso en la base, abruptamente comprimido a un estilo filiforme; fruto con ápice redondeado a truncado, no apiculado; semillas con cicatriz pequeña a mediana, 1–4 mm de largo y ancho
    4. Hojas opuestas (raramente fasciculadas, luego los fascículos opuestos), o subopuestas, envés comúnmente con tricomas persistentes aplicado seríceos .... **S. obtusifolium** ssp. **buxifolium**
    4. Hojas, o fascículos de las hojas, alternas, envés de las hojas maduras glabro o casi así (a veces densamente cubierto con tricomas aplicados cuando jóvenes)
        5. Hojas alternas, no fasciculadas, 9–15 (–20) pares de nervios secundarios, nervios terciarios paralelos a los secundarios, descendiendo desde el cordón marginal, conspicuos, hojas lustrosas, con un tinte café-rojizo cuando secas, no manchadas; testa de la semilla obscura, no manchada .... **S. persimile** ssp. **persimile**
        5. Hojas alternas o fasciculadas, 4–9 pares de nervios secundarios, nervios terciarios reticulados o si paralelos a los secundarios y descienden desde el cordón marginal, entonces los nervios inconspicuos, hojas opacas comúnmente verde o verde-grisáceas cuando secas, frecuentemente manchadas; testa de la semilla clara y con manchas obscuras
            6. Hojas en su mayoría fasciculadas (en espiral en brotes jóvenes), lámina no conduplicada, nervadura inconspicua, nervios terciarios paralelos a los secundarios y descendiendo del cordón marginal; pedicelos y cáliz glabros .... **S. celastrinum**
            6. Hojas raramente fasciculadas en brotes viejos, lámina frecuentemente conduplicada, nervadura conspicua, nervios terciarios reticulados; pedicelos y sépalos aplicado-puberulentos ...... **S. stenospermum**

Sideroxylon capiri ssp. **tempisque** (Pittier) T.D. Penn., Fl. Neotrop. 52: 158. 1990; *S. tempisque* Pittier; *Mastichodendron capiri* ssp. *tempisque* (Pittier) Cronquist.

Arboles medianos a grandes, espinas ausentes. Hojas alternas, no fasciculadas, elípticas (oblanceoladas u orbiculares), 5.5–15 cm de largo y 2.5–6 cm de ancho, ápice comúnmente agudo- a redondeado-apiculado (agudo, retuso, atenuado), base cuneada con margen involuto y fusionado formando un bolsillo, a veces con una proyección foliar, nervio principal deprimido en la haz, envés glabro o con esparcidos tricomas diminutos aplicados, nervadura eucamptódroma, conspicua, 9–14 pares de nervios secundarios, nervios intersecundarios comúnmente presentes, largos, los terciarios horizontales y reticulados (5–8/cm), comúnmente verde-amarillento pálidas al secarse; pecíolo (20–) 30–95 mm de largo. Inflorescencias de fascículos en nudos abajo de las hojas, 4–25 flores por fascículo, pedicelos 5–7 mm de largo, aplicado-puberulentos; sépalos 5 (6), 1.5–3.5 mm de largo, externamente aplicado-puberulentos, internamente glabros o con pocos tricomas largos en la base; corola 6–6.5 mm de largo, externamente glabra o aplicado-puberulenta medialmente, internamente glabra o con pocos tricomas largos en la base de los filamentos y estaminodios, tubo 0.7–1 mm de largo, lobos 5–7, enteros, estambres 5–7, estaminodios generalmente ausentes (en Nicaragua) o 5–7, ca 0.5 mm de largo; ovario glabro, más o menos gradualmente atenuado a un estilo, estilo 1.5–2 mm de largo, glabro. Fruto ampliamente elipsoide a globoso, 2–4 cm de largo, ápice agudo- a redondeado-apiculado, verde glauco (madurando amarillo o violeta?); semilla elipsoide, 17–28 mm de largo, testa lisa y brillante, café obscura, cicatriz basiventral, 4–9.5 mm de largo y 2–6 mm ancho.

Común, en bosques secos deciduos, zona pacífica; 10–600 m; fl sep–may, fr nov–jul; *Moreno 22077, Stevens 22957*; México a Panamá, también en las Antillas. "Tempisque".

Sideroxylon celastrinum (Kunth) T.D. Penn., Fl. Neotrop. 52: 123. 1990; *Bumelia celastrina* Kunth.

Arbustos densos a árboles pequeños, espinas numerosas comúnmente presentes. Hojas principalmente fasciculadas en brotes espolonados cortos, los fascículos alternos (hojas en brotes jóvenes alternas y no fasciculadas), espatuladas u oblanceoladas (obovadas), 0.7–6.5 cm de largo y 0.3–3.5 cm de ancho, ápice redondeado, obtuso o truncado (retuso), base estrechamente atenuada con margen plano o ligeramente involuto, nervio principal plano en la haz, envés glabro o con dispersos tricomas aplicados cuando muy joven, nervadura broquidódroma, inconspicua, 5–8 pares de nervios secundarios, nervios intersecundarios presentes y largos, comúnmente obscuros, terciarios paralelos a los secundarios y descendiendo desde el cordón marginal, pocos y comúnmente obscuros, verde-grisáceas, a veces manchadas; pecíolo 0.5–10 mm de largo. Inflorescencias de fascículos axilares o en nudos defoliados, 2–10 flores por fascículo, pedicelos 2–7 mm de largo, glabros; sépalos 5, 1.5–2.5 mm de largo, glabros; corola 2.5–3.5 mm de largo, glabra, tubo 0.5–1 mm de largo, lobos (4) 5 (6), 3-segmentados, segmentos laterales 1–1.7 mm de largo, raramente ausentes; estambres (4) 5 (6), estaminodios (4) 5 (6), 1.5–2 mm de largo; ovario estrigoso en la base, abruptamente comprimido a un estilo, estilo 2.2–3.5 mm de largo, glabro. Fruto estrechamente oblongo, 0.9–1.3 cm de largo, ápice redondeado a truncado, morado o negruzco; semillas oblongas, 7.5–13 mm de largo, testa lisa y brillante, clara y con manchas obscuras, cicatriz basal, 1–2 mm de largo y ancho.

Rara, en bosques espinosos secos y manglares, zona pacífica; 0–150 m; fr abr; *M. Castro 111, Stevens 9257*; sur de Estados Unidos, México a Panamá y las Antillas.

Sideroxylon contrerasii (Lundell) T.D. Penn., Fl. Neotrop. 52: 135. 1990; *Bumelia contrerasii* Lundell; *Pouteria odorata* Lundell.

Arboles pequeños a grandes, espinas ausentes. Hojas alternas, no fasciculadas, elípticas a oblanceoladas, 7–21 cm de largo y 3–7.5 cm de ancho, ápice comúnmente agudo (acuminado, obtuso o redondeado), base atenuada o cuneada con margen plano, lámina frecuentemente conduplicada, nervio principal plano en la haz, envés glabro o con pocos tricomas en el nervio principal, nervadura eucamptódroma (apicalmente broquidódroma), conspicua (inconspicua en hojas viejas), (6–) 8–11 pares de nervios secundarios, nervios intersecundarios presentes y cortos (o ausentes), los terciarios oblicuos a horizontales y más o menos reticulados, 2 ó 3/cm, verdes a cafés al secarse; pecíolo 4–16 mm de largo. Inflorescencias de fascículos axilares o en nudos abajo de las hojas, 5–30 flores por fascículo, pedicelos (4–) 10–17 mm de largo, glabros; sépalos 5 (6), (2–) 3–4 mm de largo, externamente glabros o con tricomas aplicados esparcidos, internamente con pocos tricomas en la base; corola 4.5–7 mm de largo, externamente glabra, internamente con pocos tricomas enredados en la base de los estaminodios, tubo 1.5–2.5 mm de largo, lobos 5 (6), 3-segmentados, segmentos laterales 1.5–3 mm de largo; estambres 5 (6), estaminodios 5 (6), 2–3 mm de largo; ovario glabro, gradualmente atenuado hacia un estilo, estilo 1.5–3 mm de largo, glabro. Fruto anchamente elipsoide u ovoide, 2.2–2.7 cm de largo, ápice agudo- o obtuso-apiculado, verde; semilla ampliamente elipsoide, 17–20 mm de largo, testa lisa y brillante, café clara, cicatriz adaxial, 15–16 mm de largo y 9–10 mm ancho.

Una colección conocida de Nicaragua (*Pipoly 5152*) de bosques enanos de Cerro El Hormiguero, Zelaya; 1100–1183 m; fr abr; vertientes del Atlántico desde México hasta Panamá. Una colección adicional, *Rueda 6967*, de nebliselvas, Jinotega, 1200–1400 m, probablemente corresponde a esta especie. Los especímenes estériles de *Chrysophyllum venezuelanense* podrían confundirse con esta especie. *C. venezuelanense* tiene hojas con nervadura de orden superior más levemente reticulada y está restringida a los bosques de las tierras bajas.

Sideroxylon obtusifolium ssp. **buxifolium** (Roem. & Schult.) T.D. Penn., Fl. Neotrop. 52: 116. 1990; *Bumelia buxifolia* Roem. & Schult.; *B. nicaraguensis* Loes.; *B. obtusifolia* var. *buxifolia* (Roem. & Schult.) Miq.

Arboles pequeños a medianos, numerosas espinas comúnmente presentes. Hojas principalmente opuestas (raramente fasciculadas en brotes espolonados cortos), espatuladas, oblanceoladas, obovadas, o elípticas, (1.2–) 3.5–6.3 (–8.5) cm de largo y (0.4–) 1.5–2.5 (–4) cm de ancho, ápice redondeado u obtuso, base estrechamente atenuada o cuneada con margen plano o ligeramente involuto, nervio principal plano o ligeramente deprimido en la haz, envés persistentemente aplicado seríceo (glabro), nervadura broquidódroma, inconspicua, (5–) 8–10 (–11) pares de nervios secundarios, nervios intersecundarios presentes y largos, comúnmente obscuros, los terciarios paralelos a los secundarios y descendiendo desde el cordón marginal, pocos y comúnmente obscuros, verde claras y frecuentemente manchadas al secarse; pecíolo 6–15 mm de largo. Inflorescencias de fascículos axilares, 10–20 flores por fascículo, pedicelos 1.5–3 mm de largo, tomentosos; sépalos 5, 1.5–2.5 mm de largo, externamente puberulentos al menos medialmente, internamente escasamente puberulentos a glabros; corola 3–4.5 mm de largo, glabra, tubo 1.5 mm de largo, lobos (4) 5, 3-segmentados, segmentos laterales 1–2 mm de largo, raramente ausentes; estambres (4) 5, estaminodios (4) 5, 2.5–3 mm de largo; ovario estrigoso (al menos en la base), abruptamente contraído a un estilo, estilo 2–3 mm de largo, glabro. Fruto elipsoide a subgloboso, 1–2 cm de largo, ápice redondeado a truncado, morado o negruzco; semilla elipsoide a subglobosa, 7–8 (–14) mm de largo, testa lisa y brillante, obscura, cicatriz basal ca (1–) 1.5 (–4) mm de largo y ca 1 mm de ancho.

Poco común, bosques secos, zona pacífica; 300–600 m; fl dic–feb, fr mar; *Moreno 22883, 23526*; México a Costa Rica, Colombia, Venezuela y Trinidad.

Sideroxylon persimile (Hemsl.) T.D. Penn. ssp. **persimile**, Fl. Neotrop. 52: 100. 1990; *Bumelia persimilis* Hemsl.; *B. pleistochasia* Donn. Sm.

Arboles medianos a grandes, algunas espinas comúnmente presentes. Hojas alternas, no fasciculadas, elípticas a oblanceoladas, 3.5–7.5 (–12) cm de largo y (1.3–) 2–3 (–4) cm de ancho, ápice agudo a obtuso, base cuneada con margen plano o ligeramente revoluto, nervio principal plano o ligeramente deprimido en la haz, envés glabro o con pocos tricomas aplicados sobre el nervio principal (densamente cubierto cuando jóvenes), nervadura broquidódroma, más o menos conspicua, 9–15 (–20) pares de nervios secundarios, nervios intersecundarios presentes, largos, los terciarios paralelos a los secundarios y descendiendo desde el cordón marginal, verde obscuro lustrosas con tinte café-rojizo; pecíolo 2–5 (20) mm de largo. Inflorescencias de fascículos axilares, 1–3 (–15) flores por fascículo, pedicelos 2–5

(–8) mm de largo, puberulentos a glabros; sépalos 5, 2–4 mm de largo, externamente glabros o aplicado-puberulentos, internamente glabros; corola (3–) 5 (–6) mm de largo, externamente glabra, internamente menudamente puberulenta o glabra, tubo 1–1.5 mm de largo, lobos 5, 3-segmentados, segmentos laterales 1–2.5 mm de largo; estambres 5, estaminodios 5, 1.5–3 (–4) mm de largo; ovario estrigoso en la base, abruptamente comprimido a un estilo, estilo (2.5)–4.5 (–7) mm de largo, glabro. Fruto oblongo, 1.1–2 cm de largo, ápice redondeado a truncado, morado o negruzco; semilla elipsoide, 8–15 mm de largo, testa lisa y brillante, obscura, cicatriz basiventral, 2–4 mm de largo y ancho.

Rara, bosques premontanos, zona norcentral; 250–1300 m; fl may; *Araquistain 3542, Moreno 24491*; México al norte de Colombia y Venezuela.

Sideroxylon portoricense ssp. **minutiflorum** (Pittier) T.D. Penn., Fl. Neotrop. 52: 142. 1990; *Dipholis minutiflora* Pittier; *D. matudae* (Lundell) Lundell.

Arboles pequeños a grandes, espinas ausentes. Hojas alternas, no fasciculadas, oblanceoladas (oblongas, elípticas), 6.5–14 (–20) cm de largo y 3–5.5 (–6.7) cm de ancho, ápice agudo a redondeado, base cuneada a atenuada con margen revoluto, nervio principal deprimido en la haz, envés con densos a esparcidos tricomas aplicados, ferrugíneos (glabro), nervadura eucamptódroma, más o menos conspicua, 8–10 (–15) pares de nervios secundarios, nervios intersecundarios comúnmente presentes, largos, los terciarios reticulados o levemente oblicuos, verdes a cafés al secarse; pecíolo 6–25 mm de largo. Inflorescencias de fascículos en los nudos abajo de las hojas, (5–) 15 (–20) flores por fascículo, pedicelos (3.5–) 8–11 mm de largo, glabros (aplicado-puberulentos); sépalos (4) 5, 1.5–2.5 (–3.5) mm de largo, externamente glabros (aplicado-puberulentos), internamente glabros; corola (4–) 5.5–7 mm de largo, glabra, tubo 1.5 (–2) mm de largo, lobos 5, 3-segmentados, segmentos laterales (1–) 2–2.5 (–3) mm de largo; estambres 5, estaminodios 5, 2–2.5 (–4) mm de largo; ovario glabro, gradualmente atenuado a un estilo, estilo 1–2 mm de largo, glabro. Fruto anchamente elipsoide u ovoide, (1.6–) 2.5–3 cm de largo, ápice agudo- u obtuso-apiculado, rojo-purpúreo; semilla subglobosa, elipsoide, (lateralmente comprimidas cuando 2), 13–25 mm de largo, testa lisa y brillante, obscura, cicatriz basiventral, 5–11 mm de largo y 2–7 mm ancho.

Poco común, bosques montanos bajos a nebliselvas, zona norcentral; 1360–1500 m; fl ago–oct, fr nov–may; *Guzmán 2143, Sandino 1534*; México a

Panamá. Especímenes estériles de *Pouteria foveolata* se asemejan a ésta pero tienen las hojas glabras o casi glabras con nervadura de orden superior mucho más finamente reticulada.

Sideroxylon stenospermum (Standl.) T.D. Penn., Fl. Neotrop. 52: 109. 1990; *Bumelia stenosperma* Standl.

Arbustos a árboles medianos, algunas espinas frecuentemente presentes. Hojas alternas, no fasciculadas (o fasciculadas en brotes viejos), anchamente elípticas a oblanceoladas, u ovadas a lanceoladas, (2.5–) 4–7.5 cm de largo y (1.5–) 2.2–4.5 cm de ancho, ápice agudo a redondeado, base cuneada con margen plano, lámina frecuentemente conduplicada, nervio principal plano o ligeramente deprimido en la haz, envés glabro o con pocos tricomas dispersos aplicados, nervadura broquidódroma, comúnmente conspicua, (4) 5–7 (–9) pares de nervios secundarios, nervios intersecundarios presentes, largos, los terciarios reticulados, de color verde-oliva a cafés, frecuentemente algo manchadas; pecíolo 4–20 mm de largo. Inflorescencias de fascículos axilares, (2–) 4–8 flores por fascículo, pedicelos 2.5–7 mm de largo, aplicado-puberulentos; sépalos 5, 3–4.5 mm de largo, externamente aplicado-puberulentos, sépalos exteriores con superficie interna pubescente (al menos apicalmente); corola 5–7 mm de largo, glabra, tubo 1.5–2.5 (–3) mm de largo, lobos 5 (6), 3-segmentados, segmentos laterales 1.5–3 mm de largo; estambres 5 (6), estaminodios 5 (6), 1.5–4 mm de largo; ovario estrigoso al menos en la base, abruptamente comprimido a un estilo, estilo 4–7 mm de largo, glabro. Fruto elipsoide u oblongo, 1.2–2.2 cm de largo, ápice redondeado; semilla angostamente oblonga, 10–15 mm de largo, testa lisa y brillante, clara y con manchas obscuras, cicatriz basiventral, 3–4 mm de largo y 2 mm de ancho.

Frecuente, bosques deciduos, zonas pacífica y norcentral; 30–700 m; fl mar–jun; *Moreno 8629, 24195*; México al noroeste de Costa Rica. La ilustración marcada como *Bumelia pleistochasia* en Salas 1993 es probablemente *S. stenospermum*. "Sombra de armado.

SCROPHULARIACEAE Juss.

David A. Sutton y Rachel J. Hampshire

Hierbas, trepadoras o arbustos, raramente árboles, a veces hemiparásitos u holoparásitos; plantas hermafroditas. Hojas simples, enteras a pinnatilobadas o palmatilobadas, opuestas, alternas o verticiladas, a veces todas basales; exestipuladas. Inflorescencia de racimos, espigas o panículas, terminales o axilares o flores solitarias en las axilas de las hojas, zigomorfas o raramente subactinomorfas, más raramente en cimas; cáliz generalmente 4 ó 5-lobado, los lobos a veces más o menos unidos; corola simpétala y frecuentemente bilabiada, el labio adaxial 1 ó 2-lobado, el labio abaxial generalmente 3-lobado, los lobos ocasionalmente más o menos unidos o profundamente emarginados; estambres fértiles 2–4 (5), estaminodios 0–3, epipétalos, las anteras igual o a veces desigualmente ditecas, raramente unitecas; ovario súpero, (1) 2-locular, cada lóculo con numerosos óvulos, raramente uniovular, estilo simple o a veces bífido, terminal, estigma entero o 2-lobado. Fruto una cápsula con dehiscencia septicida, loculicida o poricida, raramente una baya indehiscente; semillas numerosas o raramente pocas, pequeñas, la testa generalmente ornamentada, el endosperma abundante o raramente ausente, el embrión pequeño.

Familia con ca 250 géneros y 5000 especies ampliamente distribuidas principalmente en las regiones templadas; 22 géneros y 38 especies se encuentran en Nicaragua y 1 género y 4 especies adicionales se esperan encontrar.

Fl. Guat. 24(9): 319–416. 1973; Fl. Pan. 66: 173–274. 1979.

1. Lobos del cáliz unidos más o menos hasta la mitad o casi hasta el ápice, aunque a veces se rompen en el fruto
   2. Cáliz inflado, más ancho en la parte media, nervios medios ampliamente alados .... **Torenia**
   2. Cáliz no inflado, generalmente más ancho en el ápice, nervios medios no alados
      3. Brácteas frecuentemente matizadas de rojo o anaranjado; cáliz más o menos 2-lobado, los lobos laterales, a veces dentados en el ápice, distalmente rojos, anaranjados o amarillos; corola galeada .... **Castilleja**

3. Brácteas no matizadas de rojo o anaranjado; cáliz 4 ó 5-lobado, los lobos enteros, no coloreados de rojo, anaranjado o amarillo; corola no galeada
    4. Hojas mayormente lineares, el margen entero o remotamente dentado hacia el ápice
        5. Cáliz más de 10 mm de largo; tubo corolino más de 40 mm de largo; cápsula más de 10 mm de largo .... **Escobedia**
        5. Cáliz menos de 10 mm de largo; tubo corolino menos de 40 mm de largo; cápsula menos de 10 mm de largo
            6. Flores pediceladas; cáliz campanulado, glabro externamente .... **Agalinis**
            6. Flores sésiles; cáliz tubular, nervios híspidos externamente .... **Buchnera**
    4. Hojas lanceoladas, ovadas, obovadas u orbiculares, el margen generalmente dentado, crenado o serrado
        7. Corola hasta 10 mm de largo, principalmente blanca, violeta o purpúrea; hojas generalmente menos de 15 mm de ancho
            8. Hojas inferiores formando una roseta laxa; flores en racimos terminales laxos .... **Mazus**
            8. Hojas inferiores no arrosetadas; flores solitarias o en fascículos de pocas flores en las axilas de las hojas
                9. Cáliz 4-lobado; tallos teretes .... **Bacopa**
                9. Cáliz 5-lobado; tallos 4-angulados .... **Lindernia**
        7. Corola 10–60 mm de largo, principalmente amarilla o roja; hojas generalmente más de 15 mm de ancho
          10. Tallos y hojas conspicuamente pilosos, escábridos o pubescentes
             11. Flores mayormente solitarias en las axilas de las hojas; corola campanulada, menos de 15 mm de largo, amarilla .... **Alectra**
             11. Flores en racimos terminales densos; corola tubular, más de 15 mm de largo, principalmente roja .... **Lamourouxia**
          10. Tallos y hojas glabros o subglabros
             12. Tallo alado; hojas sésiles, amplexicaules; flores en cimas bracteadas, axilares; fruto una baya carnosa, indehiscente .... **Leucocarpus**
             12. Tallo no alado; hojas pecioladas o las superiores amplexicaules; flores solitarias en las axilas de las hojas; fruto una cápsula seca, dehiscente .... **Mimulus**
1. Lobos del cáliz libres excepto en la base
  13. Lobos del cáliz conspicuamente desiguales, imbricados, el lobo adaxial mucho más largo que los 2 lobos medios
    14. Cáliz con 2 lobos abaxiales mucho más angostos que el lobo adaxial y apenas sobrepasando a los lobos medios .... **Achetaria**
    14. Cáliz con 2 lobos abaxiales casi igualando al lobo adaxial y mucho más largos que los lobos medios
        15. Hojas sésiles o indistintamente pecioladas; bractéolas apicales o arriba de la parte media de los pedicelos, a veces ausentes; corola blanca, morada o azul .... **Bacopa**
        15. Hojas pecioladas; bractéolas en la base de los pedicelos; corola amarilla .... **Mecardonia**
  13. Lobos del cáliz más o menos iguales, valvados
    16. Acuáticas sumergidas; hojas finamente divididas, los segmentos filiformes .... **Benjaminia**
    16. Terrestres o acuáticas flotantes; hojas simples o si divididas entonces los segmentos no filiformes
        17. Flores (1) 2–30, mayormente en inflorescencias axilares ramificadas; cápsula con tricomas internos a modo de eláteres entre las semillas .... **Russelia**
        17. Flores generalmente solitarias en las axilas de hojas o brácteas, raramente en inflorescencias no ramificadas con pocas flores; cápsula sin tricomas internos
          18. Arbustos; ramas y hojas alternas; estambres fértiles 4 ó 5 .... **Capraria**
          18. Hierbas, raramente sufruticosas perennes o arbustos débiles; ramas y hojas opuestas o verticiladas; estambres fértiles 4 ó 2
             19. Corola 8–20 mm de ancho; cápsula 4–8 mm de ancho
                20. Corola rotácea, principalmente anaranjada o blanca, el labio abaxial no bisacado; cápsula ovoide, aguda .... **Alonsoa**
                20. Corola cupuliforme-campanulada, principalmente azul, el labio abaxial bisacado; cápsula globosa o ampliamente elipsoide, truncada .... **Angelonia**
             19. Corola menos de 8 mm de ancho; cápsula menos de 4 mm de ancho
                21. Corola menos de 4 mm de largo, subrotácea o campanulada
                  22. Acuáticas flotantes o raramente terrestres; hojas enteras; estambres fértiles 2 .... **Micranthemum**
                  22. Terrestres; hojas pinnatífidas a subenteras; estambres fértiles 4 .... **Scoparia**
                21. Corola al menos 4 mm de largo, tubular-bilabiada

23. Hojas mayormente pinnatisectas; cápsula linear .... **Schistophragma**
23. Hojas enteras, serradas o dentadas; cápsula globosa, ovoide o elipsoide
    24. Hierbas anuales con tallos y hojas glabros; estambres fértiles 2 .... **Lindernia**
    24. Hierbas anuales o perennes con tallos y hojas pubescentes o vellosos o arbustos débiles y glabros;
        estambres fértiles 4 .... **Stemodia**

ACHETARIA Cham. & Schltdl.

Achetaria scutellarioides (Benth.) Kuntze, Revis. Gen. Pl. 2: 456. 1891; *Beyrichia scutellarioides* Benth.; *A. scutellarioides* (Benth.) Wettst.

Hierbas decumbentes a erectas, sufrutescentes, perennes, 15–50 cm de alto; tallos 4-angulados, pubescentes, punteado-glandulares. Hojas opuestas, ovadas, 3–10 mm de largo y 2–8 mm de ancho, margen crenado; pecíolos 1–3 mm de largo. Flores solitarias, axilares, pedicelos 1–2 mm de largo, apicalmente bibracteolados; cáliz 5-lobado, 2–4 mm de largo, los lobos libres más o menos hasta la base, desiguales e imbricados, el lobo adaxial ovado y sobrepasando a los 4 lobos laterales, los 2 lobos medios linear-subulados, los 2 lobos abaxiales linear-lanceolados y apenas sobrepasando a los lobos medios; corola bilabiada, 4–6 mm de largo, blanca o lila, el labio adaxial bífido, el abaxial 3-lobado; estambres fértiles 2; estilo simple, estigma clavado. Cápsula subglobosa, 1.5–2.5 mm de largo, septicida y secundariamente loculicida, la placenta en forma de clavija; semillas oblongo-ovoides, escasamente reticulado-alveoladas.

Poco común, en lugares húmedos, noreste de Zelaya; 0–80 m; fl y fr ago–oct; *Stevens 10679, Vincelli 587*; Brasil y este de Nicaragua. Un género con unas 5 especies distribuidas en el noreste de Nicaragua, Colombia, Sudamérica tropical y las Antillas.

AGALINIS Raf.

Hierbas anuales o perennes o arbustos, generalmente erectos, hemiparásitos; tallos simples o ramificados. Hojas más o menos enteras, sésiles o indistintamente pecioladas. Flores en racimos terminales o panículas, pedicelos bibracteolados o ebracteolados; cáliz campanulado, 5-lobado, los lobos unidos excepto en el ápice; corola campanulada o a veces bilabiada, 5-lobada; estambres fértiles 4, didínamos, los filamentos insertos medialmente en el tubo corolino; estilo simple, estigma linear, entero. Cápsula generalmente globosa, mucronulada, loculicida y a veces secundariamente septicida, leñosa o coriácea; semillas reticuladas.

Género con ca 50 especies desde los Estados Unidos hasta el norte de Argentina y en las Antillas; en Nicaragua se conoce 1 especie y una más se espera encontrar. Las especies de este género han sido erróneamente tratadas como *Gerardia*.

1. Flores cortamente pediceladas, el pedicelo mucho más corto que el cáliz; tubo calicino menos de 3 mm de largo .... **A. albida**
1. Flores largamente pediceladas, el pedicelo mucho más largo que el cáliz; tubo calicino más de 3 mm de largo .... **A. hispidula**

Agalinis albida Britton & Pennell, Bull. Torrey Bot. Club 42: 391. 1915.

Anuales, 27–60 cm de alto; tallos algo 4-angulados basalmente, glabros. Hojas opuestas o subopuestas apicalmente, lineares, 0.9–1.5 cm de largo, el margen y la haz con pústulas grandes y blancas, haz con pequeños tricomas adpresos, puberulenta en la base. Inflorescencia con 2–16 flores, pedicelos 1–2 mm de largo (escasamente alargándose en fruto), ebracteolados; tubo calicino 2–2.5 mm de largo, los lobos 0.7–1.5 mm de largo, internamente con tricomas cortos y aplicados; corola 8–12 mm de largo, blanca, a veces matizada con purpúreo, los lobos 2–3 mm de largo, ciliados; estambres lanosos. Cápsula 4–7 mm de largo.

Frecuente, en riberas, bosques muy húmedos y sabanas, norte de Zelaya; 0–100 m; fl y fr ene–abr; *Stevens 7718, 8594*; Cuba, Jamaica, sureste de Honduras y noreste de Nicaragua.

Agalinis hispidula (Mart.) D'Arcy, Ann. Missouri Bot. Gard. 65: 770. 1979; *Gerardia hispidula* Mart.; *Anisantherina hispidula* (Mart.) Pennell.

Anuales, 26–50 cm de alto; tallos teretes o indistintamente 4-angulados, hispídulos. Hojas opuestas basalmente, lineares, 1.4–8 cm de largo, margen remotamente denticulado, escabrosas en la haz, glabras en el envés. Inflorescencia con 10–14 flores, pedicelos 15–35 mm de largo (alargándose en fruto), bibracteolados cerca del medio; tubo calicino 4.5–5.5 mm de largo, los lobos 2–2.5 mm de largo, glabros, acrescentes; corola 12–15 mm de largo, rosada, los lobos 2–3 mm de largo, glabros; estambres largamente pilosos arriba. Cápsula 4–9 mm de largo.

Aún no ha sido colectada en Nicaragua pero se espera encontrar entre 0 y 500 m de altura, en sabanas y bordes de lagunas en pinares; se conoce de Cuba, Belice a Brasil.

ALECTRA Thunb.

Alectra aspera (Cham. & Schltdl.) L.O. Williams, Fieldiana, Bot. 34: 118. 1972; *Glossostylis aspera* Cham. & Schltdl.; *A. fluminensis* (Vell.) Stearn.

Hierbas anuales, erectas, 30–100 cm de alto; tallos pilosos. Hojas subopuestas, ovadas a deltadas, 1.6–4 (–7.3) cm de largo y 0.8–2.7 cm de ancho, reducidas apicalmente, margen crenado a dentado, escabrosas en la haz, escabriúsculas en el envés, con tricomas aciculares de bases multicelulares; sésiles o con pecíolos de hasta 2 mm de largo. Flores solitarias en las axilas de las hojas o a veces en racimos, pedicelos 1–2 mm de largo, glabros, con bractéolas solitarias e hirsutas cerca del ápice del pedicelo; cáliz 5-lobado, campanulado, 8–12 mm de largo, hirsuto, los lobos unidos hasta el medio, acrescentes, rompiéndose en fruto; corola campanulada, 10–13 mm de largo, amarilla; estambres fértiles 4, didínamos; estilo circinado en la yema, estigma emarginado. Cápsula deprimido-globosa, loculicida; semillas profundamente reticuladas.

Poco común, en áreas abiertas, zona atlántica; 0–500 m; fl y fr feb; *Harmon 5148, Moreno 23305*; Guatemala a Brasil y las Antillas. Un género con ca 50 especies, mayormente africanas y asiáticas.

ALONSOA Ruiz & Pav.

Alonsoa meridionalis (L. f.) Kuntze, Revis. Gen. Pl. 2: 457. 1891; *Scrophularia meridionalis* L. f.; *A. caulialata* Ruiz & Pav.

Hierbas perennes y erectas, 60–100 (–180) cm de alto, glabras o escasamente puberulento-glandulares arriba; tallos angostamente alados por debajo de los nudos. Hojas opuestas, ternadas o las superiores a veces alternas, lanceolado-ovadas, 35–80 mm de largo y 14–32 (–45) mm de ancho, margen serrado o dentado; pecíolo 9–14 (–29) mm de largo. Racimos terminales con 8–26 flores resupinadas, brácteas basales foliáceas, pedicelos 10–25 mm de largo, glabros, ebracteolados; cáliz 5-lobado, 2.5–6 mm de largo, acrescente, los lobos divididos más o menos hasta la base, iguales, glabros o puberulento-glandulares en la base; corola 5-lobada, rotácea, 10–12 mm de largo, rojizo-anaranjada o blanca con manchas amarillas en el labio inferior, los 2 lobos adaxiales libres casi hasta la base, el lobo medio abaxial más largo que los lobos laterales; estambres fértiles 4; estigma capitado, entero. Cápsula ovada, 7–13 mm de largo y 4–7 mm de ancho, septicida y cortamente loculicida; semillas longitudinalmente acostilladas.

Aún no ha sido colectada en Nicaragua pero se espera encontrar; conocida desde México hasta Perú entre 1400 y 2000 m de altura. Un género con ca 15 especies de Centro y Sudamérica.

ANGELONIA Bonpl.

Hierbas anuales o perennes. Hojas opuestas o las superiores subopuestas a alternas; indistintamente pecioladas. Flores solitarias en las axilas de las hojas o agregadas en racimos o espigas, pediceladas; cáliz 5-lobado, los lobos libres más o menos hasta la base, ovados e iguales; corola cupuliforme-campanulada y bilabiada, el labio adaxial 2-lobado, el labio abaxial 3-lobado y bisacado en la garganta; estambres fértiles 4, didínamos, los filamentos cortos. Cápsula globosa o ampliamente elipsoide, loculicida y a veces secundariamente septicida; semillas profundamente reticulado-alveoladas.

Género con ca 30 especies de Centroamérica, Sudamérica y las Antillas; 2 especies se encuentran en Nicaragua.

1. Hojas subglabras, atenuadas en la base .... **A. angustifolia**
1. Hojas vellosas, auriculadas en la base .... **A. ciliaris**

Angelonia angustifolia Benth. in A. DC., Prodr. 10: 254. 1846.

Hierbas perennes, erectas; tallos 10–60 (–120) cm de alto, subglabros. Hojas lanceoladas a oblanceoladas, 1.7–6.3 cm de largo y 3.5–10 mm de ancho, margen serrulado hacia el ápice, atenuadas en la base, subglabras. Flores solitarias o en racimos terminales, pedicelos 9–15 mm de largo; cáliz 2–4 mm de largo; corola 15–20 mm de ancho, azul o violeta, el tubo blanco, verde o amarillo, maculado con morado. Cápsula 4–8 mm de ancho.

Poco frecuente, en sabanas, zona atlántica; 0–200 m; fl y fr mar–sep; *Ortiz 129, Vincelli 674*; norte de México a Panamá.

Angelonia ciliaris B.L. Rob., Proc. Amer. Acad. Arts 45: 400. 1910.

Hierbas perennes, erectas; tallos 30–60 cm de alto, largamente ciliados en los ángulos. Hojas oblongo-lanceoladas o espatulado-oblongas, 2–6 (–8.8) cm de largo y 5–19 mm de ancho, margen serrado y ciliado, auriculadas en la base, vellosas o escasamente vellosas. Flores en racimos terminales, pedicelos 9–13 mm de largo; cáliz 3.5–4.5 mm de largo; corola 8–15 mm de ancho, azul o lila, el tubo amarillo-verdoso maculado con café, el labio inferior con bolsa verde. Cápsula 5–7 mm de ancho.

Rara, en sitos inundados y sabanas, zona atlántica; 0–100 (–1500) m; fl y fr ene–dic; *Davidse 2315, van der Sluijs S371*; sur de México a Nicaragua y en las Antillas.

BACOPA Aubl.

Hierbas frecuentemente palustres, erectas o postradas, frecuentemente punteado-glandulares. Hojas opuestas; sésiles o indistintamente pecioladas. Flores solitarias o en fascículos axilares, a veces agregadas en racimos o panículas terminales, subsésiles o con pedicelos ebracteolados o con 2 bractéolas unidas apicalmente o por encima de la parte media del pedicelo; cáliz 4- ó 5-lobado, si 4-lobado, los lobos iguales y libres la mitad de su longitud, si 5-lobado, los lobos desiguales y libres más o menos hasta la base, el lobo adaxial mucho más largo y traslapando los 2 lobos medios, los 2 lobos abaxiales casi igualando al lobo adaxial y traslapando los lobos medios; corola bilabiada, 3–5-lobada; estambres fértiles 4 (didínamos) ó 3; estilo simple o bífido, estigmas capitados o emarginados. Cápsula globosa u ovoide, loculicida y secundariamente septicida; semillas oblongas, a menudo algo curvadas, longitudinalmente acostilladas o reticuladas.

Género con ca 70 especies distribuidas desde Estados Unidos hasta Paraguay y en las Antillas, Africa, Asia y este de Australia; 8 especies se encuentran en Nicaragua y 2 más se esperan encontrar.

1. Plantas procumbentes, postradas o flotantes
  2. Lobos del cáliz 4, unidos hasta la mitad .... **B. egensis**
  2. Lobos del cáliz 5, más o menos libres
    3. Tallos vellosos; hojas casi tan anchas como largas; lobos exteriores del cáliz basalmente cordados
       .... **B. salzmannii**
    3. Tallos más o menos glabros; hojas más largas que anchas; lobos del cáliz basalmente truncados o cuneados
       4. Bractéolas 2; lobos del cáliz 2–4 mm de ancho .... **B. monnieri**
       4. Bractéolas ausentes; lobos del cáliz 1–1.5 mm de ancho .... **B. repens**
1. Plantas erectas
  5. Parte superior de los tallos y pedicelos glabros
    6. Lobos exteriores del cáliz 5–6 mm de largo; corola más de 5 mm de largo .... **B. lacertosa**
    6. Lobos exteriores del cáliz 2–5 mm de largo; corola menos de 5 mm de largo .... **B. sessiliflora**
  5. Parte superior de los tallos y pedicelos escabriúsculos o pubescentes a vellosos
    7. Tallos 4-angulados y angostamente alados; pedicelos 2–8 mm de largo
       8. Lobos exteriores del cáliz basalmente cordados, cubriendo a la cápsula; pedicelos pubescentes
          .... **B. bacopoides**
       8. Lobos exteriores del cáliz basalmente cuneados, raramente cubriendo a la cápsula; pedicelos escabriúsculos .... **B. laxiflora**
    7. Tallos teretes y no alados; pedicelos 0.5–2 mm de largo
       9. Tallos completamente vellosos; lobos exteriores del cáliz 2.5–3.5 mm de largo .... **B. axillaris**
       9. Tallos glabros basalmente, aplicado-pubescentes apicalmente; lobos exteriores del cáliz 1–2 mm de largo .... **B. monnierioides**

Bacopa axillaris (Benth.) Standl., J. Wash. Acad. Sci. 15: 460. 1925; *Herpestis axillaris* Benth.

Hierbas erectas, 12–21 cm de alto; tallos teretes, vellosos, con tricomas multicelulares blancos y glándulas sésiles, blancas e inconspicuas. Hojas oblongo-oblanceoladas, 20–50 mm de largo y 6–12 mm de ancho, obtusamente serradas hacia el ápice, cuneadas o algo amplexicaules en la base, punteado-glandulares en el envés. Flores solitarias o en fascículos de 2–6, pedicelos 0.5–2 mm de largo, glabros o escasamente pilosos, bractéolas apicales en el pedicelo; lobos exteriores del cáliz 2.5–3.5 mm de largo y 1.5–2 mm de ancho, escasamente acrescentes, más o menos glabros excepto por algunas glándulas sésiles; corola 2–4 mm de largo, blanca. Cápsula angostamente cónica, 2–3 mm de largo.

Poco común, en sitios muy húmedos, zona atlántica; 0–400 m; fl y fr jun–dic; *Stevens 4165, 21661*; Guatemala a Colombia.

Bacopa bacopoides (Benth.) Pulle, Enum. Vasc. Pl. Surinam 415. 1906; *Herpestis bacopoides* Benth.; *B. bracteolata* Pennell ex Standl.

Hierbas erectas, 29–40 cm de alto; tallos 4-angulados y angostamente alados, subglabros excepto por glándulas amarillo-cafés, sésiles y esparcidas. Hojas ovadas, obovadas o ampliamente elípticas, (10–) 18–25 mm de largo y 3.5–9 mm de ancho, margen serrulado hacia el ápice, atenuadas en la base, inconspicuamente punteado-glandulares, escabriúsculas en la haz. Flores solitarias o en fascículos de 2, pedicelos 2–7 mm de largo, pubescentes, bractéolas apicales en el pedicelo; lobos exteriores del cáliz 4–5 mm de largo y 2–4 mm de ancho, acrescentes, puberulentos, hasta 15 mm de largo en fruto y parecidos a un ala; corola 4–9 mm de largo, blanca. Cápsula globosa, 2–4 mm de largo.

Poco común, en zanjas y pastizales muy húmedos, Boaco y Chontales; 0–1000 m; fl y fr dic–ene; *Nichols 1744, Stevens 5833*; Guatemala y Belice a Brasil.

Bacopa egensis (Poepp.) Pennell, Proc. Acad. Nat. Sci. Philadelphia 98: 96. 1946; *Hydranthelium egense* Poepp.

Hierbas acuáticas con hojas flotantes o postradas en el fango; tallos teretes, glabrescentes abajo, pubescentes arriba, enraizando en los nudos. Hojas espatuladas u oblanceoladas a suborbiculares, (7–) 17–23 mm de largo y (2–) 5–14 mm de ancho, margen gruesamente serrado hacia el ápice, atenuadas a cuneadas en la base, punteado-glandulares. Flores solitarias, pedicelos 3–6 mm de largo, glabros a pubescentes, bractéolas ausentes; cáliz 2–4 mm de largo, los lobos iguales y unidos en el medio, subglabros o pubescentes; corola ca 3 mm de largo, 3-lobada, blanca; estambres fértiles 3. Cápsula ovoide, 3–4 mm de largo.

Rara, en márgenes de ríos o lagunas y en charcos poco profundos, Rivas, Río San Juan; 20–50 m; fl y fr may, sep; *Herrera 3888, Nee 28147*; sureste de Nicaragua y noreste de Costa Rica, Colombia y Brasil. Las plantas terrestres tienen hojas más pequeñas y más indumento que las acuáticas.

Bacopa lacertosa Standl., Field Mus. Nat. Hist., Bot. Ser. 11: 140. 1932.

Hierbas erectas, (6–) 23–70 cm de alto; tallos teretes, glabros o rara vez escasamente pilosos abajo. Hojas lanceoladas, (15–) 24–70 mm de largo y 1–10 (–15) mm de ancho, margen crenado-serrado, densamente punteado-glandulares, glabras. Flores mayormente solitarias, pedicelos 1–7 mm de largo, glabros, bractéolas arriba de la mitad del pedicelo; lobos exteriores del cáliz ampliamente ovados, 5–6 mm de largo y 2.5–3.5 mm de ancho, acrescentes (hasta 9 mm de largo en fruto), glabros; corola 6–7 mm de largo, blanca o matizada con purpúreo. Cápsula ovoide, 4–5 mm de largo.

Poco común, en pantanos y sitios muy húmedos, a veces en áreas salobres, zona atlántica; 0–40 m; fl y fr oct–abr; *Stevens 7697, 19620*; Belice a Nicaragua. Este taxón es muy parecido a y podría ser conespecífico con la especie africana *B. decumbens* (Fernald) F.N. Williams, pero se diferencia por los márgenes ciliados de los lobos exteriores del cáliz.

Bacopa laxiflora (Benth.) Wettst. ex Edwall, Bol. Commiss. Geogr. Estado São Paulo 13: 180. 1897; *Herpestis laxiflora* Benth.; *B. auriculata* (B.L. Rob.) Greenm.

Hierbas erectas, 25–45 cm de alto; tallos 4-angulados y angostamente alados, glabros o a veces escasamente pubescente-glandulares distalmente. Hojas oblongas u ovadas, 10–16 (–30) mm de largo y 3–10 mm de ancho, margen apicalmente serrado, auriculadas en la base, escabriúsculas y subglabras en la haz, punteado-glandulares en el envés. Flores solitarias o en fascículos de 2, pedicelos 3–8 mm de largo, escabriúsculos, bractéolas apicales en el pedicelo; lobos exteriores del cáliz ovados, 4–5.5 mm de largo y 2–2.5 mm de ancho, no acrescentes, escabriúsculos hacia el ápice; corola 8–10 mm de largo, lila. Cápsula subglobosa, 3–4 mm de largo.

Aún no ha sido colectada en Nicaragua pero se espera encontrar en pantanos y lugares húmedos en sitios bajos; conocida desde el centro de México hasta Brasil.

Bacopa monnieri (L.) Wettst. in Engl. & Prantl, Nat. Pflanzenfam. 4(3b): 77. 1891; *Lysimachia monnieri* L.; *B. monnieri* (L.) Pennell; *B. monnieri* (L.) Wettst. ex Edwall.

Hierbas procumbentes; tallos teretes, glabros. Hojas angostamente obovadas a espatuladas, 10–18 mm de largo y 2–8 mm de ancho, margen entero o serrulado hacia el ápice, cuneadas o algo perfoliadas en la base, punteado-glandulares. Flores solitarias, pedicelos (7–) 14–30 mm de largo (alargándose en fruto), glabros, bractéolas apicales en el pedicelo; lobos exteriores del cáliz ampliamente ovado-deltados, 5–7 mm de largo y 2–4 mm de ancho, escasamente acrescentes (hasta 8 mm de largo en fruto); corola 7–11 mm de largo, blanca, a veces matizada con purpúreo. Cápsula ovoide, 4–5 mm de largo.

Común, en sitios muy húmedos y playas, zonas pacífica y atlántica; 0–600 m; fl y fr todo el año; *Moreno 5509*, *Stevens 20100*; pantropical, en América desde el sur de los Estados Unidos a Sudamérica tropical y en las Antillas.

Bacopa monnierioides (Cham.) B.L. Rob., Proc. Amer. Acad. Arts 44: 614. 1909; *Ranaria monnierioides* Cham.; *B. parviflora* Pennell ex Standl.

Hierbas erectas, 11–45 cm de alto; tallos teretes, glabros abajo, aplicado-pubescentes con tricomas blancos arriba. Hojas angostamente oblongas, 22–30 mm de largo y 3–6 (–8) mm de ancho, margen entero o denticulado, amplexicaules en la base, punteado-glandulares. Flores solitarias o en fascículos de 2–5, pedicelos 0.5–1 mm de largo, glabros o escasamente aplicado-pubescentes, bractéolas apicales en el pedicelo; lobos exteriores del cáliz ovados, 1–2 mm de largo y 0.5–0.7 mm de ancho, no acrescentes, punteado-glandulares; corola 1.5–2.5 mm de largo, blanca o matizada con azul. Cápsula ovoide, 1–2 mm de largo.

Aún no ha sido colectada en Nicaragua pero se espera encontrar en sabanas húmedas y pantanos en sitios bajos; Guatemala a Paraguay.

Bacopa repens (Sw.) Wettst. in Engl. & Prantl, Nat. Pflanzenfam. 4(3b): 76. 1891; *Gratiola repens* Sw.; *B. curtipes* Standl. & L.O. Williams.

Hierbas postradas; tallos teretes, glabrescentes, pubescentes distalmente. Hojas ovado-elípticas, (7.5–) 9–20 mm de largo y 3–12 (–15) mm de ancho, margen entero o undulado, cuneadas o amplexicaules en la base, glabras o pubescentes. Flores solitarias o a veces en fascículos de 2 ó 3, pedicelos 2.5–16 mm de largo (alargándose en fruto), pilosos, bractéolas au-

sentes; lobos exteriores del cáliz oblongos, 2.5–3 mm de largo y 1–1.5 mm de ancho, escasamente acrescentes; corola 3–4 mm de largo, blanca o matizada con purpúreo. Cápsula globosa, 2–3 mm de largo.

Común en lagunas, arroyos y pantanos, en todo el país; 0–400 (–1500) m; fl y fr todo el año; *Kral 69296*, *Stevens 21657*; centro de México a Ecuador y las Antillas. Los registros de *B. rotundifolia* (Michx.) Wettst. de Centroamérica probablemente corresponden a esta especie.

Bacopa salzmannii (Benth.) Wettst. ex Edwall, Bol. Commiss. Geogr. Estado São Paulo 13: 181. 1897; *Herpestis salzmannii* Benth.; *B. violacea* (Pennell) Standl.

Hierbas acuáticas, flotantes o postradas en el fango; tallos vellosos. Hojas ampliamente ovadas a orbiculares, 7–17 mm de largo y 6–15 mm de ancho, margen entero, amplexicaules en la base, punteado-glandulares. Flores solitarias, pedicelos 6–15 mm de largo, vellosos, bractéolas ausentes; lobos exteriores del cáliz ampliamente ovados a cordados, 4.5–7 mm de largo y 1.5–4 mm de ancho, escasamente acrescentes, ciliados; corola 7–10 mm de largo, azul o blanca. Cápsula ampliamente ovoide, 2–3 mm de largo.

Poco común, en charcos, pastizales muy húmedos, zona atlántica; 0–400 (–1900) m; fl y fr sep–oct; *Stevens 4164*, *20833*; centro de México a Paraguay.

Bacopa sessiliflora (Benth.) Pulle, Enum. Vasc. Pl. Surinam 415. 1906; *Herpestis sessiliflora* Benth.

Hierbas erectas, 6–50 cm de alto; tallos glabros. Hojas oblanceoladas, (6–) 15–35 mm de largo y 1.5–5.5 mm de ancho, margen serrado hacia el ápice, atenuadas en la base, punteado-glandulares. Flores solitarias o en fascículos de 2, pedicelos hasta 1.5 mm de largo, glabros, bractéolas apicales en el pedicelo; lobos exteriores del cáliz oblongo-ovados, 2–5 mm de largo y 1.3–2.5 mm de ancho, con glándulas sésiles amarillo-cafés; corola 3–4.5 mm de largo, azul o blanca. Cápsula ovoide, 2–4 mm de largo.

Común, cerca de charcos, orillas de zanjas y agua salobre, zona atlántica; 0–200 m; fl y fr oct–mar; *Ortiz 697*, *Stevens 10710*; México a Ecuador y en las Antillas.

BENJAMINIA Mart. ex Benj.

Benjaminia reflexa (Benth.) D'Arcy, Ann. Missouri Bot. Gard. 66: 194. 1979; *Herpestis reflexa* Benth.; *Bacopa naias* Standl.

Hierbas acuáticas, enraizadas y mayormente sumergidas, subglabras o con tricomas glandulares o eglandulares. Hojas verticiladas, imparipinnadas, 2–

35 mm de largo, los segmentos filiformes. Flores solitarias, axilares, aéreas, pedicelos 1–18 mm de largo (alargándose en fruto), ebracteolados; cáliz 5-lobado, 2–4 mm de largo, acrescente, lobos libres más o menos hasta la base, subiguales, punteado-glandulares, ciliolados en el ápice; corola bilabiada, 3–6 mm de largo, azul o morada con garganta amarilla; estambres fértiles 4; estigma entero. Cápsula oblongo-ovoide, 2–3 mm de largo, escasamente puberulento-glandular, loculicida; semillas oblongo-fusiformes, reticuladas.

Poco frecuente en charcos poco profundos y arroyos, zona atlántica; 0–30 m; fl y fr mar; *Haynes 8411, Stevens 10385*; Belice a Brasil y en las Antillas. Género monotípico.

BUCHNERA L.

Buchnera pusilla Kunth in Humb., Bonpl. & Kunth, Nov. Gen. Sp. 2: 340. 1818; *B. pilosa* Benth.

Hierbas anuales, (8–) 15–70 cm de alto, estrigosas o híspidas; tallos teretes. Hojas opuestas o sub-opuestas apicalmente, lineares o las basales ovado-oblongas, 5–55 mm de largo y 1–2 (–6.5) mm de ancho, margen entero o a veces dentado, sésiles. Flores en espigas bracteadas terminales, sésiles, bibracteoladas; cáliz tubular, 5–9 mm de largo, 5-lobado, los lobos unidos excepto en el ápice, 10-nervio, los nervios híspidos; corola hipocrateriforme, 5-lobada, blanca, a veces matizada con rosado o azul, el tubo 5–10 mm de largo y mayormente glabro, los lobos 4–10 mm de largo, subiguales y enteros; estambres fértiles 4, algo didínamos, anteras unitecas; estigma claviforme, entero. Cápsula oblongo-cilíndrica, 4.5–7 mm de largo, comprimida, loculicida, la placenta angostamente cilíndrica; semillas oblongas, longitudinalmente acostilladas.

Localmente común en sabanas y bosques secos, en todo el país; 0–1500 m; fl y fr todo el año; *Moreno 13901, Stevens 7655*; México a Colombia y Venezuela. Un género con ca 100 especies desde Canadá hasta Paraguay y en las Antillas, también de Asia, Australia y Africa.

D. Philcox. Contributions to the flora of Tropical America: LXXIV. Revision of the New World species of *Buchnera* L. (Scrophulariaceae). Kew Bull. 18: 275–315. 1965.

CAPRARIA L.

Capraria biflora L., Sp. Pl. 628. 1753.

Arbustos erectos, hasta 2 m de alto, pilosos a subglabros; ramas alternas. Hojas alternas, lanceoladas a oblanceoladas, 30–120 mm de largo y 6–25 mm de ancho, margen serrado hacia el ápice, suavemente pilosas o glabrescentes, con glándulas sésiles inconspicuas; indistintamente pecioladas. Inflorescencias con 1 ó 2 (hasta muchas) flores, pedicelos 1–2 cm de largo, ebracteolados; cáliz 5-lobado, los lobos 4–6 mm de largo, libres más o menos hasta la base, ciliados; corola campanulada, 6–9 mm de largo, 5-lobada, blanca, generalmente barbada en la garganta; estambres fértiles 4 ó 5, desiguales; estigma linear, entero. Cápsula ovoide, 4–6 mm de largo, punteado-glandular, loculicida y secundariamente septicida, la placenta en forma de clavija, reticulado-foveolada; semillas oblongas, finamente reticuladas.

Común en áreas perturbadas, zonas pacífica y norcentral; 0–1000 m; fl y fr todo el año; *Araquistain 523, Moreno 6825*; Estados Unidos (Florida) hasta Argentina y en las Antillas, naturalizada en las Islas de Cabo Verde, Costa de Oro y Mauricio. Un género con 5 especies desde Estados Unidos (Florida) hasta Argentina y las Antillas.

CASTILLEJA Mutis ex L. f.

Hierbas anuales o perennes, arbustos o hemiparásitos. Hojas alternas, enteras o lobadas, caulinares; sésiles. Flores en racimos o espigas, brácteas frecuentemente foliáceas basalmente, a veces conspicuamente coloreadas, ebracteoladas, pediceladas o sésiles, conspicuas u ocultas por las brácteas; cáliz tubular, 2 ó 4-lobado, si 4-lobado entonces los lobos más o menos unidos en 2 lobos principales, el seno abaxial ligeramente hasta mucho más largo que el seno adaxial; corola tubular y bilabiada, el labio adaxial entero y galeado, el labio abaxial con 3 lobos o dientes; estambres fértiles 4, didínamos, las anteras desigualmente ditecas; estilo simple, estigma capitado o levemente bilobado. Cápsula loculicida; semillas reticulado-alveoladas.

Género con ca 200 especies de América y norte de Asia; 2 especies se encuentran en Nicaragua.

1. Hojas lanceoladas a elípticas u obovadas, las inferiores carnosas y escuamiformes; cáliz 9–12 mm de largo, la corola incluida .... **C. arvensis**
1. Hojas lineares, las inferiores no escuamiformes; cáliz 18–30 mm de largo, la corola exerta .... **C. integrifolia**

Castilleja arvensis Schltdl. & Cham., Linnaea 5: 103. 1830; *C. communis* Benth.

Hierbas anuales, 10–80 cm de alto, vellosas o hirsutas con tricomas glandulares y eglandulares; tallos erectos o ascendentes, generalmente con hojas carnosas y escuamiformes en la base. Hojas angostamente lanceoladas a elípticas u obovadas, 30–60 (–100) mm de largo y 5–15 (–22) mm de ancho. Inflorescencia una espiga densa con numerosas flores, las flores frecuentemente ocultadas por las brácteas; cáliz 9–12 mm de largo, el ápice rojo, anaranjado o a veces amarillo, frecuentemente separándose hasta la base en fruto, los 2 lobos principales redondeados o truncados, enteros, el seno abaxial escasamente sobrepasando al seno adaxial; corola 8–12 mm de largo, amarillo-verdosa. Cápsula 5–7 mm de largo.

Ampliamente distribuida en áreas alteradas en las zonas pacífica y norcentral; 500–1650 m; fl y fr sep–may; *Moreno 15392, 16199*; México a Paraguay, introducida en Hawai y en La Española.

Castilleja integrifolia L. f., Suppl. Pl. 293. 1782.

Hierbas perennes o arbustos, 0.5–1 (–3) m de alto, densamente hispídulas o pilosas con tricomas eglandulares; tallos erectos o pendientes, sin hojas escuamiformes en la base. Hojas lineares o linear-filiformes, (4–) 9–28 (–40) mm de largo y 1–3 mm de ancho. Inflorescencia un racimo algo laxo con pocas flores, frecuentemente secundiflora, las flores conspicuamente exertas de las brácteas; cáliz 18–30 mm de largo, rojo o con el ápice rojo, los 2 lobos principales agudos, dentados, el seno abaxial mucho más largo que el seno adaxial; corola 25–40 mm de largo, amarilla, matizada con rojo. Cápsula 8–14 mm de largo.

Poco común en bosques de pino-encinos, zona norcentral; 900–1400 m; fl y fr jun–feb; *Moreno 14363, 26416*; sur de México a Colombia.

ESCOBEDIA Ruiz & Pav.

Escobedia laevis Schltdl. & Cham., Linnaea 5: 108. 1830; *E. linearis* Schltdl.

Hierbas perennes, erectas, 40–100 cm de alto, glabras; tallos simples o raramente ramificados. Hojas opuestas o subopuestas arriba, lineares, (1.5–) 7–15 (–20) cm de largo y 2–10 mm de ancho, atenuadas en la base, margen entero o remotamente denticulado; sésiles. Flores solitarias en las axilas de las hojas, pedicelos 2.5–7 cm de largo, bibracteolados en o bajo del medio; cáliz 5-lobado, 4–7 cm de largo, los lobos unidos excepto en el ápice, los dientes 9–18 mm de largo; corola hipocrateriforme, 5-lobada, conspicua, blanca, el tubo 9–12 cm de largo, los lobos 2–4 cm de largo; estambres fértiles 4, iguales; estilo simple, estigma linear, entero. Cápsula elipsoide, 15–25 mm de largo, loculicida; semillas cilíndrico-cónicas, alargado-reticuladas.

Conocida en Nicaragua por una sola colección (*Seemann s.n.*) de pantanos o ciénagas, Chontales; 1500–1800 m; fl y fr jul–dic; sur de México a Nicaragua. Un género con ca 6 especies distribuidas desde México a Brasil.

LAMOUROUXIA Kunth

Lamourouxia viscosa Kunth in Humb., Bonpl. & Kunth, Nov. Gen. Sp. 2: 338. 1818; *L. viejensis* Oerst.

Hierbas perennes, sufruticosas, hemiparásitas, hasta 3 m de alto, pubescentes a piloso-glandulares. Hojas ampliamente ovadas a lanceoladas, mayormente (1.4–) 2.5–5 (–11.2) cm de largo y 1–2.5 (–5.3) cm de ancho, las superiores más pequeñas, truncadas o cordadas en la base, coriáceas; sésiles. Flores en racimos terminales densos, pedicelos 2–6 mm de largo, ebracteolados; cáliz 4 ó 5-lobado, 5–8 mm de largo, los lobos unidos más o menos hasta el medio; corola tubular, bilabiada, 5-lobada, 3–6 cm de largo, roja, a veces matizada con anaranjado, rosado o purpúreo, tomentoso-glandular; estambres fértiles 2; estigma capitado. Cápsula ovoide, 8–13 mm de largo, loculicida; semillas profundamente reticulado-alveoladas.

Variable y ampliamente distribuida, comúnmente en pastizales en bosques de pino-encinos, zonas pacífica y norcentral; 400–1300 m; fl y fr todo el año; *Stevens 3306, 16161*; norte de México a Panamá. Un género con ca 26 especies, distribuidas desde el norte de México al centro de Perú.

W.R. Ernst. Floral morphology and systematics of *Lamourouxia* (Scrophulariaceae: Rhinanthoideae). Smithsonian Contr. Bot. 6: 1–63. 1972.

LEUCOCARPUS D. Don

Leucocarpus perfoliatus (Kunth) Benth. in A. DC., Prodr. 10: 335. 1846; *Mimulus perfoliatus* Kunth; *L. alatus* (J. Graham) D. Don.

Arbustos erectos o hierbas perennes, sufrutescentes, 0.4–2.5 m de alto, subglabros; tallos 4-angulados, alados. Hojas opuestas, lanceoladas, 9–21 (–28.5) cm de largo y 1.3–4.2 (–5.6) cm de ancho, amplexicaules, pareciendo perfoliadas. Flores en cimas axilares, bracteadas y pedunculadas, con 2–9 (–14) flores en pedicelos 5–11 mm de largo, ebracteolados; cáliz campanulado, 5-lobado, 6–12 mm de largo, los lobos subiguales y unidos hasta arriba de la mitad, la porción libre 2–5 mm de largo; corola campanulada, 4-lobada, 15–22 mm de largo, amarillo-verdosa o amarillo-blanquecina, barbada dentro de la boca; estambres fértiles 4, didínamos; estigma linear, entero. Fruto abayado, elipsoide u ovoide, 10–18 mm de ancho, septicidamente sulcado, rostrado, blanco, indehiscente; semillas oblongo-elipsoides, finamente reticuladas.

Conocida de Nicaragua por una sola colección (*Stevens 11747*) de márgenes de ríos, Jinotega; 1500–1700 m; fl y fr ene; sur de México a Bolivia. Género monotípico.

LINDERNIA All.

Hierbas anuales, pequeñas; tallos 4-angulados. Hojas opuestas; pecioladas o sésiles. Flores solitarias, axilares, ebracteoladas; cáliz 5-lobado, los lobos unidos más o menos hasta la mitad o libres casi hasta la base, iguales, enteros; corola bilabiada, 5-lobada, el labio adaxial 2-lobado, el labio abaxial más largo que el adaxial y 3-lobado, con un paladar basal bajo formado por 2 crestas; estambres fértiles 2 ó 4; estilo bífido, estigmas comprimidos y enteros. Cápsula septicida, la placenta aplanada; semillas oblongo-elipsoides.

Género con ca 70 especies de zonas cálidas, mayormente de Africa y Asia; 3 especies se encuentran en Nicaragua.

1. Hojas sésiles; lobos del cáliz libres casi hasta la base; estambres fértiles 2 .... **L. dubia**
1. Hojas pecioladas; lobos del cáliz unidos más o menos hasta el medio y frecuentemente separándose en fruto; estambres fértiles 4
   2. Lobos del cáliz hasta 2 mm de largo; cápsulas globosas, menos de 5 mm de largo .... **L. crustacea**
   2. Lobos del cáliz 2 mm de largo o más largos; cápsulas elipsoide-fusiformes, más de 5 mm de largo .... **L. diffusa**

Lindernia crustacea (L.) F. Muell., Syst. Census Austral. Pl. 97. 1882; *Capraria crustacea* L.

Postradas a ascendentes; tallos (2–) 5–15 cm de largo, aplicado-pubescentes. Hojas ovadas, 6.5–16 mm de largo y 6–13 mm de ancho, margen crenado, subglabras excepto por el nervio medio aplicado-pubescente y el margen cortamente ciliado; pecíolo 1–7 mm de largo. Pedicelos (3.5–) 7–25 mm de largo; cáliz 3–4.2 mm de largo, los lobos unidos hasta arriba de la mitad, la porción libre 0.6–2 mm de largo; corola 5–7 mm de largo, purpúrea con una mancha amarilla o blanca en la garganta; estambres fértiles 4. Cápsula globosa, 2.8–4.6 mm de largo, glabrescente; semillas finamente alveoladas.

Común en sitios muy húmedos o alterados, en todo el país; 0–400 (–1400) m; fl y fr sep–abr; *Ortiz 681, Stevens 21816*; pantropical y en América desde el sur de los Estados Unidos hasta Brasil y las Antillas.

Lindernia diffusa (L.) Wettst. in Engl. & Prantl, Nat. Pflanzenfam. 4(3b): 79. 1891; *Vandellia diffusa* L.

Postradas, enraizando en los nudos inferiores; tallos 5–18 cm de largo, pilosos. Hojas ovadas a orbiculares, 10–22 mm de largo y 8–21 mm de ancho, margen crenado, glabrescentes a escasamente puberulentas excepto por el nervio principal piloso y el margen ciliado; pecíolo 1–3 mm de largo. Pedicelos 1–4.5 mm de largo; cáliz 4.5–7 mm de largo, los lobos unidos más o menos hasta la mitad, la porción libre 2–4 mm de largo; corola 6–9 mm de largo, blanca, el labio superior a veces matizado con rosado; estambres fértiles 4. Cápsula elipsoide-fusiforme, 6–12 mm de largo, puberulenta; semillas finamente alveoladas.

Común en sitios muy húmedos, zona atlántica; 0–450 m; fl y fr oct–abr; *Stevens 7320, 12424*; México (Chiapas) a Brasil y en las Antillas, también en Africa tropical.

Lindernia dubia (L.) Pennell, Acad. Nat. Sci. Philadelphia Monogr. 1: 141. 1935; *Gratiola dubia* L.; *L. anagallidea* (Michx.) Pennell; *L. dubia* var. *anagallidea* (Michx.) Cooperr.

Erectas o ascendentes; tallos 9–34 cm de alto, glabros. Hojas lanceoladas a ovadas u obovadas, 5.5–20 (–30) mm de largo y 4–11 mm de ancho, margen crenado, serrado o entero; sésiles. Pedicelos 6–25 mm de largo; lobos del cáliz libres casi hasta la base, lineares, 1.7–4.5 (–5.5) mm de largo; corola 4–10 mm de largo, azul o raramente blanca; estambres fértiles 2. Cápsula elipsoide, 3.5–6 mm de largo; semillas longitudinalmente acostilladas, cuadrado-reticuladas.

Frecuente en riberas, sitios muy húmedos, en todo el país; 0–1400 m; fl y fr todo el año; *Stevens 7317, 8241*; Estados Unidos a Brasil y en las Antillas.

MAZUS Lour.

Mazus pumilus (Burm. f.) Steenis, Nova Guinea, n.s. 9: 31. 1958; *Lobelia pumila* Burm. f.; *M. japonicus* (Thunb. ex Murray) Kuntze; *M. rugosus* Lour.

Hierbas anuales, ascendentes a erectas, 2.5–15 cm de alto, cortamente pubescentes. Hojas obovadas, 6–30 mm de largo y 4–14 mm de ancho, margen subentero a serrado, las inferiores en una roseta laxa, las superiores alternas y más pequeñas que las basales; pecíolo hasta 18 mm de largo. Flores en racimos terminales laxos, pedicelos 3–6 (–12) mm de largo, ebracteolados; cáliz 5-lobado, (3–) 5–10 mm de largo, los lobos unidos más o menos hasta la mitad, la porción libre 2–6 mm de largo; corola bilabiada, 6–10 mm de largo, el tubo violeta, el labio adaxial ligeramente bífido, el labio abaxial 3-lobado, más pálido con 2 manchas amarillas y tricomas blancos; estambres 4. Cápsula subglobosa, 2–4 mm de largo, loculicida; semillas oblongas, finamente reticuladas.

Maleza localmente común, especialmente en jardines, Managua; 200–300 m; fl y fr ene–abr; *Garnier A286*; nativa del sureste de Asia. Un género asiático con ca 40 especies.

MECARDONIA Ruiz & Pav.

Mecardonia procumbens (Mill.) Small, Fl. S.E. U.S. 1338. 1903; *Erinus procumbens* Mill.; *Bacopa procumbens* (Mill.) Greenm.

Hierbas procumbentes, glabras, punteado-glandulares, mayormente ennegrecidas cuando secas; tallos 5–40 cm de largo, 4-alados. Hojas ovadas, 7–25 mm de largo y 3–16 mm de ancho, margen crenado; pecioladas. Flores solitarias, axilares, pedicelos 8–20 (–26) mm de largo, bibracteolados basalmente; cáliz 5-lobado, los lobos desiguales y más o menos libres hasta la base, imbricados, el lobo adaxial ampliamente lanceolado a ovado, 5–9.5 mm de largo y 3–6 mm de ancho, algo acrescente, mucho más largo y traslapando los 2 lobos medios, los 2 lobos abaxiales casi igualando al lobo adaxial y traslapando los lobos medios; corola 5-lobada, 7–8 mm de largo, amarilla con purpúreo en la garganta, barbada en la boca; estambres fértiles 4. Cápsula ovoide, 5–7 mm de largo, loculicida; semillas ovoides, reticuladas.

Maleza frecuente en áreas alteradas, en todo el país; 0–1350 m; fl y fr todo el año; *Henrich 344, Stevens 17469*; Estados Unidos (sur de Florida) hasta Uruguay y en las Antillas. Un género con ca 15 especies, mayormente sudamericanas.

MICRANTHEMUM Michx.

Micranthemum pilosum Ernst, Flora 57: 215. 1874.

Hierbas enanas, flotantes o postradas, glabras excepto las flores; tallos 3–20 cm de largo, muy ramificados, enraizando en los nudos. Hojas opuestas, elípticas a orbiculares, 2–8 mm de largo; sésiles o subsésiles. Flores solitarias en las axilas de las hojas, subsésiles o con pedicelos cortos de hasta 0.3 mm de largo, ebracteolados; cáliz 4-lobado, 0.5–1 mm de largo, los lobos iguales y libres hasta cerca de la base, escasamente pilosos y ciliados; corola campanulada, 0.5–1.5 mm de largo, blanca, a veces matizada con purpúreo; estambres fértiles 2; estilo simple, estigma comprimido y emarginado. Cápsula globosa, 0.7–1 mm de largo, septicida; semillas cilíndricas, longitudinalmente acostilladas, finamente cuadrado-reticuladas.

Poco común, en sitios muy húmedos o flotante en las aguas, Estelí y sur de Nicaragua; 0–1650 m; fl y fr nov–mar; *Stevens 22671, 23183*; Centroamérica al norte de Sudamérica. Un género con 2–4 especies distribuidas desde el este de los Estados Unidos hasta Sudamérica.

MIMULUS L.

Mimulus glabratus Kunth in Humb., Bonpl. & Kunth, Nov. Gen. Sp. 2: 370. 1818.

Hierbas perennes, glabras o escasamente puberulentas; tallos 7–30 (–60) cm de largo, rastreros, decumbentes, enraizando en los nudos inferiores, a veces parcialmente flotantes. Hojas opuestas, ovadas a orbiculares, 9–35 mm de largo y 8–30 mm de ancho, margen irregularmente dentado o a veces subentero, ampliamente cuneadas a truncadas en la base, pecioladas, o las superiores algo auriculadas y más o menos sésiles; pecíolos hasta 20 mm de largo. Flores solitarias en las axilas de las hojas, pedicelos 10–40 mm de largo, ebracteolados; cáliz 5-lobado, 6–12 mm de largo, acrescente, los lobos desiguales y unidos excepto por dientes cortos de 0.6–3 mm de largo, los senos ciliados; corola bilabiada, 5-lobada, 12–20 mm de largo, amarilla, frecuentemente maculada con café-rojizo, el paladar barbado; estambres fértiles 4,

didínamos; estilo cortamente bífido, los estigmas comprimidos, enteros. Cápsula ampliamente ovoide, 5–7 mm de largo, loculicida; semillas ovoide-elipsoides, indistintamente reticuladas en hileras longitudinales.

Conocida en Nicaragua de una sola colección (*Atwood AN148*) de orillas de arroyos y sitios muy húmedos, zona norcentral; ca 1000 m; fl y fr jul; Estados Unidos a Sudamérica. Un género con ca 150 especies en el sur de Africa, Asia y América, mayormente de Norteamérica.

A.L. Grant. A monograph of the genus *Mimulus*. Ann. Missouri Bot. Gard. 11: 98–388. 1924.

RUSSELIA Jacq.

Arbustos alambrinos o hierbas sufruticosas; tallos generalmente acostillados o angulados. Hojas opuestas o verticiladas, margen dentado o entero, a veces reducidas o caducas; sésiles o pecioladas. Flores conspicuas en inflorescencias simples o ramificadas, cimosas, racemosas o paniculadas, con 1–3 inflorescencias en cada axila, brácteas foliáceas basales o en todas partes, generalmente pedunculadas, pedicelos delgados y ebracteolados; cáliz 5-lobado, los lobos iguales y libres casi hasta la base, los márgenes hialinos; corola tubular y algo bilabiada, 5-lobada, generalmente roja o rosada; estambres fértiles 4, didínamos e incluidos. Cápsula septicida, los espacios entre las semillas llenos de tricomas a modo de eláteres derivados de las placentas; semillas longitudinalmente estriadas o reticuladas.

Género con ca 50 especies americanas, mayormente de México; 2 especies se encuentran en Nicaragua.

M.C. Carlson. Monograph of the genus *Russelia* (Scrophulariaceae). Fieldiana, Bot. 29: 231–292. 1957.

1. Plantas casi sin hojas; ramas generalmente verticiladas, delgadas; inflorescencias de pocas flores; corola 15–30 mm de largo .... **R. equisetiformis**
1. Plantas frondosas; ramas mayormente opuestas o ternadas, robustas; inflorescencias generalmente de muchas flores; corola 6–15 mm de largo .... **R. sarmentosa**

Russelia equisetiformis Schltdl. & Cham., Linnaea 6: 377. 1831.

Tallos hasta 1 m de alto, las ramas generalmente verticiladas. Hojas opuestas o verticiladas, 2–10 mm de largo y 0.2–6 mm de ancho, margen entero o serrado, glabras. Inflorescencia con 1 ó 2 (–6) flores, pedúnculos 10–40 mm de largo, pedicelos 6–15 mm de largo; cáliz 2–3 mm de largo; corola 15–30 mm de largo, glabra internamente.

Cultivada y naturalizada en las ciudades; 0–200 m; fl y fr dic–abr; *Guzmán 1786*, *Sandino 2520*; quizás nativa de México, ampliamente cultivada en muchos países tropicales y subtropicales.

Russelia sarmentosa Jacq., Enum. Syst. Pl. 25.

1760; *R. sarmentosa* var. *nicaraguensis* Carlson.

Tallos hasta 2 m de alto, las ramas opuestas o ternadas. Hojas opuestas o ternadas, 14–70 mm de largo y 8–50 mm de ancho, margen serrado a serrado-crenado, escasamente pubescentes con escamas peltadas en la haz y raramente en el envés. Inflorescencia con 3–30 flores, pedúnculos 4–13 (–18) mm de largo, pedicelos 1–5 mm de largo; cáliz 2–4 mm de largo; corola 6–15 mm de largo, pubescente internamente.

Común, ampliamente variable, en áreas perturbadas en todo el país; 0–1500 m; fl y fr todo el año; *Moreno 2802*, *Stevens 3417*; México a Colombia, también en Cuba.

SCHISTOPHRAGMA Benth. ex Endl.

Schistophragma pusilla Benth. in A. DC., Prodr. 10: 392. 1846.

Hierbas anuales, inconspicuas, erectas a decumbentes, subglabras o pubescente-glandulares abajo y en la inflorescencia; tallos (2.5–) 6–22 cm de alto, 4-angulados. Hojas opuestas, 5–15 mm de largo, generalmente pinnatisectas. Flores solitarias en las axilas de las hojas, pedicelos 3–5 mm de largo, bibracteolados; cáliz 2–4 mm de largo, 5-lobado, los lobos iguales y libres casi hasta la base; corola tubular, bilabiada, 4-lobada, 4–6 mm de largo, violeta o azul, el labio adaxial emarginado, el labio abaxial 3-lobado; estambres fértiles 4, didínamos e incluidos. Cápsula linear, 10–15 mm de largo, comprimida, bisulcada, septicida; semillas oblongo-cilíndricas, espiraladamente estriadas.

Poco común, en sitios muy húmedos, zonas pacífica y norcentral; 0–1100 m; fl y fr may–sep; *Moreno 11796, Stevens 3029*; México a Colombia. Un género monotípico.

SCOPARIA L.

Hierbas, a veces sufruticosas, punteado-glandulares; tallos 4- ó 5-angulados. Hojas opuestas o verticiladas. Flores solitarias o en inflorescencias de varias flores en las axilas de las hojas; cáliz 4- ó 5-lobado, los lobos libres más o menos hasta la base, uno de ellos a menudo más largo que los otros; corola subrotácea, 4-lobada, barbada en la garganta; estambres fértiles 4, iguales; estigma truncado o emarginado y exerto. Cápsula septicida y a menudo secundariamente loculicida; semillas reticuladas.

Género con ca 22 especies de Asia, Africa tropical, Australia, Centroamérica, Sudamérica y las Antillas; 2 especies se conocen en Nicaragua.

1. Hojas inferiores generalmente pinnatífidas; cáliz 5-lobado; corola amarilla .... **S. annua**
1. Hojas inferiores generalmente dentadas pero no pinnatífidas; cáliz 4-lobado; corola blanca .... **S. dulcis**

Scoparia annua Schltdl. & Cham., Linnaea 6: 375. 1831.

Hierbas anuales, erectas, (5.5–) 9–20 (–30) cm de alto, glabras. Hojas inferiores ovadas, las superiores oblanceoladas, 8–20 (–35) mm de largo, pinnatífidas, margen crenado-dentado o subentero; pecioladas. Flores generalmente solitarias, pedicelos 5–15 mm de largo; cáliz 5-lobado, 1–3 mm de largo; corola 2–2.5 mm de largo y 3.5–4.5 mm de ancho, amarilla. Cápsula ovoide-elipsoide, 2.5–3.5 mm de largo.

Poco común, en matorrales húmedos, zona norcentral; 0–1000 m; fl y fr todo el año; *Moreno 14183, Stevens 9876*; México a Nicaragua.

Scoparia dulcis L., Sp. Pl. 116. 1753.

Hierbas anuales o perennes, erectas, frecuentemente sufruticosas, (17–) 30–100 (–150) cm de alto, glabras o los tallos a veces ciliados en los nudos. Hojas linear-oblanceoladas a angostamente obovadas, (9–) 14–45 (–53) mm de largo, margen dentado; indistintamente pecioladas. Flores solitarias o en fascículos de 2 ó 3, pedicelos 4–6 (–7) mm de largo; cáliz 4-lobado, 1.5–2 mm de largo; corola 2–2.5 mm de largo y 3–4 mm de ancho, blanca, a veces purpúrea en la garganta. Cápsula ovoide-globosa y 4-sulcada, (2–) 2.5–4 mm de largo.

Maleza frecuente en áreas perturbadas, en todo el país; 0–1400 m; fl y fr todo el año; *Ortiz 395, Sandino 3544*; pantropical. "Escoba".

STEMODIA L.

Hierbas, a veces sufruticosas, o raramente arbustos. Hojas opuestas o verticiladas. Flores solitarias o fasciculadas en las axilas de las hojas, a veces agregadas en racimos o espigas terminales, subsésiles o con pedicelos bibracteolados o ebracteolados; cáliz 5-lobado, los lobos iguales y libres más o menos hasta la base; corola tubular, bilabiada y 4- ó 5-lobada, el labio adaxial emarginado o entero, externo en la yema, el labio abaxial 3-lobado; estambres fértiles 4, didínamos e incluidos; estilo bífido, estigmas comprimidos y enteros. Cápsula septicida y secundariamente loculicida, el estilo persistente, placenta irregularmente lobada; semillas longitudinalmente acostilladas o alveoladas.

Género con ca 35 especies de América tropical; 4 especies se conocen en Nicaragua.

1. Flores obviamente pediceladas, pedicelos más de 3 mm de largo
    2. Hierbas, no sufruticosas; hojas opuestas, pubescentes; flores solitarias; corola hasta 9 mm de largo ..... **S. angulata**
    2. Arbustos o hierbas sufruticosas; hojas 3-verticiladas, glabras o glabrescentes; fascículos de pocas flores o flores solitarias; corola más de 9 mm de largo .... **S. fruticosa**

1. Flores subsésiles, los pedicelos menos de 3 mm de largo
   3. Tallos erectos; hojas oblanceoladas o lanceoladas, sésiles, auriculadas en la base .... **S. durantifolia**
   3. Tallos decumbentes o procumbentes; hojas ovadas, pecioladas, ampliamente cuneadas en la base ..... **S. verticillata**

Stemodia angulata Oerst., Vidensk. Meddel. Dansk Naturhist. Foren. Kjøbenhavn 1853: 22. 1854.

Hierbas postradas o ascendentes, escasamente pubescentes; tallos 5–25 cm de largo. Hojas opuestas, ampliamente ovadas, 10–20 mm de largo y 4–17 mm de ancho, ampliamente cuneadas o truncadas en la base, margen crenado-serrado; pecíolo 2–12 mm de largo. Flores solitarias en las axilas de las hojas, pedicelos 5–20 mm de largo; cáliz 3.5–6 mm de largo; corola 6–9 mm de largo, blanca o crema, el tubo matizado con amarillo o rojo. Cápsula angostamente ovoide, 3–5 mm de largo; semillas 0.3–0.4 mm de largo, longitudinalmente acostilladas y reticulado-alveoladas.

Poco frecuente en sitios húmedos, zonas pacífica y norcentral; 30–900 m; fl y fr ago–mar; *Robleto 1188*, *Stevens 3486*; sur de México a Perú. A veces se la relaciona con la especie mexicana *S. jorullensis* Kunth aunque por la descripción del tipo de esta última, los 2 taxones son probablemente distintos.

Stemodia durantifolia (L.) Sw., Observ. Bot. 240. 1791; *Capraria durantifolia* L.

Hierbas erectas, a veces sufruticosas, pilosoglandulares; tallos 20–100 cm de alto. Hojas 3-verticiladas basalmente y alternas apicalmente, oblanceoladas a lanceoladas, (9–) 30–85 mm de largo y (2–) 6–22 mm de ancho, auriculadas en la base, margen serrado-dentado; sésiles. Flores en racimos parecidos a espigas, pedicelos 0.5–1.2 mm de largo; cáliz 3.5–5.5 mm de largo; corola 5–7 mm de largo, azul a lila con garganta amarilla. Cápsula ovoide-elipsoide, 3.5–4.5 mm de largo; semillas 0.2–0.3 mm de largo, reticulado-alveoladas.

Común y ampliamente distribuida, en sitios húmedos, zonas pacífica y norcentral; 0–900 m; fl y fr todo el año; *Moreno 10050*, *Stevens 5213*; suroeste

de los Estados Unidos a Brasil y las Antillas.

Stemodia fruticosa Lundell, Contr. Univ. Michigan Herb. 4: 27. 1940; *S. glabra* Oerst.

Arbustos erectos o hierbas sufruticosas, glabros o glabrescentes excepto las flores; tallos 90–120 cm de alto. Hojas 3-verticiladas, ovadas a rómbico-ovadas, 20–60 (–70) mm de largo y 12–25 (–35) mm de ancho, cuneadas en la base, margen gruesamente crenado-serrado arriba de la mitad; pecíolos 2–6 (–10) mm de largo. Flores en fascículos de pocas flores o solitarias en las axilas de las hojas, pedicelos 9 (–20) mm de largo; cáliz 5–6 mm de largo; corola 12–17 mm de largo, blanca. Cápsula ovoide, 3–5 mm de largo; semillas 0.7–0.9 mm de largo, longitudinalmente acostilladas.

Rara en laderas rocosas, secas, Matagalpa; 300–1500 m; fl y fr ene–jun; *Moreno 25397*, *Sandino 3075*; Belice a Nicaragua.

Stemodia verticillata (Mill.) Hassl., Trab. Mus. Farmacol. 21: 110. 1909; *Erinus verticillatus* Mill.

Hierbas decumbentes o postradas, velloso-glandulares; tallos 4.5–12 (–18) cm de alto. Hojas mayormente 3-verticiladas, ovadas, 6–15 mm de largo y 3–12 mm de ancho, ampliamente cuneadas en la base, margen crenado-dentado; pecíolo 3–13 mm de largo. Flores solitarias en las axilas de las hojas, pedicelos 1–2.5 mm de largo; cáliz 2.7–4.2 mm de largo; corola 4–5 mm de largo, azul, violeta o rosada con nervios purpúreos. Cápsula subglobosa a ampliamente ovoide, 1.8–2.5 mm de largo; semillas 0.3–0.5 mm de largo, longitudinalmente acostilladas e inconspicuamente alveoladas.

Frecuente en sitios húmedos, zonas pacífica y atlántica; 0–900 m; fl y fr mar–oct; *Moreno 983*, *Stevens 3955*; México a Sudamérica y las Antillas.

TORENIA L.

Torenia fournieri Linden ex E. Fourn., Ill. Hort. 23: 129, t. 249. 1876.

Hierbas erectas o decumbentes, escasamente pilosas; tallos 11–60 cm de alto, 4-angulados, generalmente ramificados. Hojas opuestas, ovadas, 15–40 (–50) mm de largo y (7–) 15–25 mm de ancho, margen serrado a crenulado; pecíolos 4–15 mm de largo. Flores solitarias en las axilas de las hojas o en racimos bracteados laxos, terminales o

axilares, con 2–5 (–8) flores pediceladas, pedicelos 10–20 mm de largo, ebracteolados; cáliz 5-lobado, 14–24 mm de largo, acrescente, hinchado, los lobos unidos excepto en el ápice, los nervios medios conspicuamente alados, las alas 1.5–2 mm de ancho, ciliadas; corola hipocrateriforme, bilabiada, 4-lobada, 25–35 mm de largo, el labio adaxial entero, azul claro, el labio abaxial 3-lobado, los lobos laterales purpúreo-negruzcos, el lobo medio más pálido con un ojo amarillo; estambres fértiles 4, didínamos; estilo levemente bífido, estigmas aplanados y aplicados. Cápsula septicida; semillas globosas, tuberculadas.

Cultivada y quizás naturalizada, Zelaya; 0–50 m; fl y fr mar; *Molina 1830*; sureste de Asia. Un género con ca 80 especies nativo de los trópicos del Viejo Mundo.

SIMAROUBACEAE DC.

William J. Hahn y W. Wayt Thomas

Por William J. Hahn

Arbustos o árboles, con triterpenos amargos en muchas de sus partes; plantas hermafroditas, monoicas o mayormente dioicas. Hojas alternas, generalmente pinnaticompuestas, nunca punteado-glandulares, con los márgenes enteros a crenulados; estípulas generalmente ausentes. Inflorescencias panículas o racimos con pocas a muchas flores, terminales o axilares; sépalos 3–5 (–8), libres o connados, generalmente imbricados, deciduos o persistentes; pétalos 3–5 o raramente ausentes, libres, imbricados o valvados; estambres en igual o en doble número que sépalos, filamentos libres, generalmente delgados, glabros o pubescentes, a veces con un apéndice basal, anteras versátiles o basifijas, con 2–4 tecas en la antesis, introrsas, longitudinalmente dehiscentes, rudimentarias en las flores pistiladas; gineceo súpero, 2–8-carpelar, sincárpico o apocárpico, reducido en las flores estaminadas, 2–4-carpelar y 2–4-locular en las flores sincárpicas, estilos 1–5 (–8), basales, laterales o apicales, libres a parcial o completamente connados. Frutos bayas, drupas o cápsulas samaroides.

Familia con ca 30 géneros y unas 200 especies, de distribución pantropical y subtropical, 1 género presente en las regiones templadas del este de Asia; 5 géneros y 7 especies se encuentran en Nicaragua. *Simaba cedron* Planch. se encuentra en Costa Rica y eventualmente se podría encontrar en el este de Nicaragua. Este género se diferencia de *Simarouba* por tener más de 20 folíolos con una glándula en el ápice, las flores de más de 1 cm de largo y los frutos de más de 2 cm de largo.

Fl. Guat. 24(5): 425–434. 1946; Fl. Pan. 60: 23–39. 1973; A. Cronquist. Studies on the Simaroubaceae— IV. Resume of the American genera. Brittonia 5: 128–147. 1944; G.K. Brizicky. The genera of Simaroubaceae and Burseraceae in the Southeastern United States. J. Arnold Arbor. 43: 173–186. 1962.

1. Ovulos 2 (–3) por lóculo; gineceo 2–3-carpelar, carpelos completamente unidos; frutos bayas o cápsulas samaroides
    2. Fruto una cápsula samaroide; las hojas más grandes con 20–50 folíolos, los folíolos más grandes 0.8–3 cm de largo .... **Alvaradoa**
    2 Fruto una baya; las hojas más grandes con 3–20 folíolos, los folíolos más grandes 5–13.5 cm de largo
    .... **Picramnia**
1. Ovulo 1 por lóculo; gineceo 5-carpelar, carpelos libres a ligeramente unidos en la base; frutos drupáceos
    3. Estambres en igual número que sépalos, filamentos sin apéndices; frutos menos de 1 cm de largo .... **Picrasma**
    3. Estambres en doble número que sépalos, filamentos con apéndices; frutos mas de 1 cm de largo
       4. Hojas con el raquis alado; flores perfectas, 2–3.5 cm de largo .... **Quassia**
       4. Hojas con el raquis no alado; flores unisexuales por aborto, menos de 1 cm de largo .... **Simarouba**

ALVARADOA Liebm.

Por William J. Hahn

Alvaradoa amorphoides Liebm., Vidensk. Meddel. Dansk Naturhist. Foren. Kjøbenhavn 1853: 101. 1854.

Arbustos a árboles pequeños; plantas dioicas. Hojas pinnadas, generalmente con 20–50 folíolos, folíolos elíptico-oblongos, 8–30 mm de largo y 7–11

mm de ancho, verde obscuros y glabros en la haz, verde pálidos, glaucos y puberulentos en el envés. Racimos 10–25 cm de largo; sépalos 5, 1–2 mm de largo, velloso-puberulentos; pétalos ausentes; estambres 5, filamentos 3–5 mm de largo; estilos 2–3, ovario 2–3 carpelar, óvulos 2 por lóculo. Fruto una cápsula samaroide con 1 semilla y generalmente con 2 alas; semillas café obscuras.

Común en las regiones más secas de la zona nor-central; 500–1000 m; fl sep–ene, fr dic–abr; *Neill 1207, Stevens 15811*; sur de Estados Unidos (Florida)

a Centroamérica, Cuba y las Bahamas. Género con 5 especies, 2 de las cuales se encuentran en Bolivia y Argentina y las otras 3 en las Antillas Mayores, 1 de ellas llegando hasta Centroamérica.

PICRAMNIA Sw.

Por W. Wayt Thomas

Arbustos o árboles pequeños; plantas dioicas. Hojas irregularmente pinnadas, con los folíolos alternos o subalternos, enteros. Inflorescencias espigas o racimos largos y delgados u ocasionalmente panículas péndulas y opuestas a las hojas; flores pequeñas, verdosas, amarillentas o algo rosadas; cáliz 3–5-partido, los segmentos imbricados y persistentes; pétalos 3–5 o raramente ausentes, elípticos e imbricados; estambres 3–5, opuestos a los pétalos e insertados en la base del disco, filamentos desnudos, inflexos a rectos; disco deprimido y lobado; ovario 2 (3)-locular, estigma sésil y 2 (3)-ramificado, óvulos 2 por lóculo, dispuestos colateralmente cerca del ápice del lóculo. Fruto una baya con 1 ó 2 lóculos, éstos con 1 semilla; semillas péndulas, plano-convexas y con la testa membranácea, endosperma ausente.

Género con unas 60 especies, distribuidas en los trópicos y subtrópicos americanos; 3 especies en Nicaragua, 1 de éstas con 2 subespecies.

W.W. Thomas. A conspectus of Mexican and Central American *Picramnia* (Simaroubaceae). Brittonia 40: 89–105. 1988.

1. Folíolos distales angostamente elípticos, 2.5–3.5 veces más largos que anchos, ápice agudo a ligeramente acuminado .... **P. sphaerocarpa**
1. Folíolos distales ovados a elípticos, 1.5–2.5 veces más largos que anchos, ápice en general al menos ligeramente acuminado
   2. Folíolos opacos en la haz, esparcidamente pubescentes en el envés, el nervio principal, los secundarios y aun algunos de los terciarios conspicuamente prominentes en el envés .... **P. teapensis**
   2. Folíolos lustrosos a brillantes en la haz, glabros o raramente glabrescentes en el envés, nervio principal generalmente puberulento, el principal y algunos de los secundarios algo prominentes en el envés
      3. Hojas más grandes con 9–14 folíolos, los terminales 4.5–9 (–10) cm de largo, ápice de los folíolos con frecuencia prominentemente caudado, base mayormente oblicua; pedicelos dilatados en la base del fruto y tornándose obcónicos .... **P. antidesma** ssp. **fessonia**
      3. Hojas más grandes generalmente con 3–5 folíolos, los terminales 8–13.5 cm de largo, ápice de los folíolos en su mayoría ligeramente caudado, base cuneada y la de los folíolo más distales raramente oblicua; pedicelos más o menos cilíndricos en la base del fruto, no fuertemente dilatados .... **P. antidesma** ssp. **nicaraguensis**

Picramnia antidesma ssp. **fessonia** (DC.) W.W. Thomas, Brittonia 40: 91. 1988; *P. fessonia* DC.; *P. andicola* Tul.; *P. bonplandiana* Tul.; *P. quaternaria* Donn. Sm.; *P. brachybotryosa* Donn. Sm.; *P. allenii* D.M. Porter.

Arbustos o árboles pequeños, 2–10 (–15) m de alto. Hojas más grandes con 9–14 folíolos, folíolos glabros a glabrescentes en la haz, pubescentes a glabrescentes en el envés, folíolos terminales elípticos a obovados, 5.4–7.8 cm de largo y 2–3.5 (–4) cm de ancho, ápice caudado, base cuneada u ocasionalmente más o menos oblicua y redondeada, folíolos laterales distales similares a los terminales pero con las bases más oblicuas, folíolos volviéndose más cortos, proporcionalmente más anchos y con la base más oblicua a medida que se acercan hacia la base de la hoja; pecíolo 2–3.6 cm de largo, raquis, incluyendo el pecíolo, 11–20 cm de largo. Inflorescencia racemosa, péndula, subterminal o naciendo de los brotes jóvenes, 10–35 cm de largo, racimos pistilados con 30–60 flores, los estaminados con 70–120, flores 3–4-meras, 1–varias dispuestas en fascículos a lo largo del racimo, verde-amarillentas; flores esta-minadas con sépalos elípticos, 1.3–1.5 mm de largo y 0.7–0.8 mm de ancho, pubescentes, pétalos angos-tamente obovados, 1.5–1.8 mm de largo y 0.4–0.5 mm de ancho, glabros, filamentos 1.8–2.5 mm de largo, anteras 0.3–0.4 mm de largo; flores pistiladas con sépalos ampliamente elípticos a ovados, 1.2–1.4 mm de largo y 0.8–0.9 mm de ancho, pubescentes, pétalos obovados cuando 3, 1.3–1.5 mm de largo y 0.6–0.8 mm de ancho y angostamente elípticos cuando 4, 1.6–1.8 mm de largo y 0.4–0.6 mm de ancho, glabros o con una línea de pubescencia basal y central, ovario muy anchamente ovado, 1–1.4 mm de largo y 1–1.2 mm de ancho, lobos estigmáticos 2, papilosos, cada uno 0.2–0.5 mm de largo. Bayas ampliamente elipsoides, 0.5–1 cm de largo y 0.4–0.8 cm de ancho, rojas al madurar, después tornándose negras, lobos del estigma persistentes en el ápice de los frutos maduros; pedicelos de los frutos 10–25 mm de largo, dilatados y al menos en su inserción a la base del fruto angostamente obcónicos, sépalos patentes y persistentes cuando en fruto.

Común, en bosques húmedos, frecuentemente en suelos volcánicos y a lo largo de caños, en todo el país; 200–1200 m; fl y fr esporádicamente durante todo el año; *Nee 28034*, *Robleto 231*; México tropical hasta el norte de Sudamérica. Las plantas con hojas más largas y angostas, que crecen en regiones más secas, con frecuencia han sido llamadas *P. quaternaria*, especie que parece estar en el extremo de un continuo que no puede ser fácilmente separado de *P. antidesma* ssp. *fessonia* en sentido estricto.

Picramnia antidesma ssp. **nicaraguensis** W.W. Thomas, Brittonia 40: 91. 1988.

Arbustos o árboles pequeños, 2–5 m de alto. Hojas más grandes con 3–5 folíolos, folíolos elípticos a ovados u ocasionalmente angostamente ovados, más o menos cartáceos, ápice acuminado a ligeramente caudado, base cuneada a atenuada y más o menos asimétrica, glabros o glabrescentes, folíolos terminales 8–13.5 cm de largo y 3–4.7 cm de ancho, folíolos laterales más grandes, 7.5–11 cm de largo y 2.5–4 cm de ancho; pecíolos 2–4 cm de largo, raquis, incluyendo el pecíolo, 7.5–13 cm de largo. Inflorescencia racemosa, terminal o subterminal, 8–22 cm de largo, con 20–40 flores en los nudos; flores no conocidas. Bayas generalmente con 4 pliegues longitudinales y evidentes, contraídas en la base por arriba de los sépalos, 1.3–2 (–2.5) cm de largo y 0.7–1.1 (–1.5) cm de ancho, epidermis de los frutos secos irregularmente rugosa, ápice ahusado a agudo, lobos del estigma persistentes, lobos estigmáticos 2, cada uno 0.3–0.7 mm de largo, pedicelos fructíferos 8–12 mm de largo y 0.4–0.7 mm de ancho, sépalos inclinados o patentes y persistentes cuando en fruto.

Poco común, en bosques siempreverdes y en orillas de ríos, en la zona norcentral; 400–1400 m; fr oct–feb; *Moreno 25118*, *Vincelli 12*; endémica. Este taxón es único tanto por tener pocos folíolos como por las bayas largas, atenuadas y generalmente plegadas longitudinalmente al secarse. Hasta ahora, no se ha visto material con flores y tampoco se ha visto material de otras partes de Centroamérica.

Picramnia sphaerocarpa Planch., London J. Bot. 5: 578. 1846; *P. corallodendron* Tul.; *P. kunthii* Tul.

Arboles pequeños, 5–10 m de alto. Hojas más grandes con 6–11 folíolos, folíolos glabros a glabrescentes, a veces puberulentos a lo largo del nervio principal, folíolos terminales angostamente elípticos, 5–10 cm de largo y 0.9–2.8 cm de ancho, ápice acuminado, base cuneada, folíolos laterales más grandes angostamente elípticos a angostamente ovados, 5–8 cm de largo y 1.5–2.3 cm de ancho, ápice acuminado y con el extremo generalmente redondeado, base en general ligeramente oblicua y cuneada; pecíolos 1.5–3 cm de largo, raquis, incluyendo el pecíolo, 9–13 cm de largo. Inflorescencia terminal o subterminal, con frecuencia ramificándose cerca de la base, eje principal 6–20 cm de largo, puberulento, con 1–varias flores en cada uno de sus 20–50 nudos, flores 3–4-meras; flores estaminadas con sépalos elípticos, 1.3–1.9 mm de largo y 0.8–1 mm de ancho, pubescentes, pétalos angostamente elípticos a angostamente obovados, 2.5–3 mm de largo y 0.5–0.6 mm de ancho, glabros, filamentos completamente ensanchados y 2.5–3.5 mm de largo, anteras 0.5–0.6 mm de largo; flores pistiladas con sépalos triangulares cuando 4, 0.7–0.9 mm de largo y 0.7–0.8 mm de ancho en la base, pubescentes, frecuentemente de longitudes variables cuando 3, siendo los más largos hasta 1.5 mm de largo, el resto de las características como los anteriores, pétalos angostamente elípticos, 1.4–1.8 mm de largo y 0.3–0.5 mm de ancho, glabros o raramente esparcido-pubescentes en la parte abaxial, ovario urceolado, 0.8–1.1 mm de largo y 0.8–1 mm de ancho, glabro, lobos estigmáticos 2, papilosos, cada uno 0.5–0.6 mm de largo y recurvado. Bayas elipsoides a orbiculares, 0.8–1.5 cm de largo y 0.7–1.2 cm de ancho, rojas hasta negras al madurarse, negras al secarse, pedicelos 10–20 mm de largo y no ensanchados cerca de los sépalos, sépalos persistentes y como los de las flores pistiladas, más o menos declinados.

Rara, en nebliselvas, en la zona norcentral; 1300–1600 m; fl y fr esporádicamente durante todo el año; *Molina 20568*, *Sandino 4708*; México tropical a Panamá.

Picramnia teapensis Tul., Ann. Sci. Nat. Bot., sér. 3, 7: 265. 1847; *P. carpinterae* Polak.; *P. antidesma* var. *carpinterae* (Polak.) Kuntze.

Arbustos o árboles pequeños, 2–6 m de alto. Hojas más grandes con (5–) 7–11 folíolos, folíolos verde lustrosos y con los márgenes undulados cuando frescos, mates al secarse, glabros a glabrescentes en la haz y con los nervios puberulentos, envés glabrescente pero puberulento en los nervios principales, folíolos terminales elípticos a angostamente elípticos, 5–11.5 cm de largo y 2.3–5.1 cm de ancho, ápice ligeramente caudado o acuminado, base cuneada, folíolos laterales más grandes ovados a angostamente ovados u ocasionalmente elípticos, 5.8–12.5 cm de largo y 2–4 (–5) cm de ancho, folíolos volviéndose más cortos, proporcionalmente más anchos y con la base más oblicua hacia la base de la hoja; pecíolos 1.5–3.5 cm de largo, raquis, incluyendo el pecíolo, 9–18 cm de largo. Inflorescencia racemosa, no ramificada, terminal o subterminal, raramente cauliflora, 10–30 cm de largo, flores 3–4-meras, solitarias o en fascículos de 2–3 a lo largo del racimo, rosadas a rojas; flores estaminadas con sépalos ampliamente ovados, 1–1.5 mm de largo y 0.8–1.2 mm de ancho, glabros, pétalos angostamente elípticos, 1.3–1.7 mm de largo y 0.3–0.5 mm de ancho, glabros, filamentos 2.5–4 mm de largo, anteras 0.4 mm de largo; flores pistiladas con sépalos amplia a muy ampliamente elípticos, con frecuencia algo recurvados, 0.6–0.8 mm de largo y 0.6–0.7 mm de ancho, glabros o muy escasamente pubescentes, pétalos angostamente elípticos, 0.4–0.7 mm de largo y 0.2–0.3 mm de ancho, ovario piriforme, 0.6–0.9 mm de largo y 0.6–0.7 mm de ancho, lobos estigmáticos 2 en el ápice del ovario, papilosos, 0.3 mm de largo. Bayas elipsoides a ampliamente elipsoides, 1–1.7 cm de largo y 0.6–1.2 cm de ancho, rojas al madurarse, después tornándose negras, pedicelos 5–10 mm de largo.

Frecuente, en bosques siempreverdes en la zona atlántica; 60–1000 m; fl mar–abr, fr ene, feb; *Moreno 23129*, *Pipoly 6189*; México tropical al norte de Sudamérica.

PICRASMA Blume

Por William J. Hahn

Picrasma excelsa (Sw.) Planch., London J. Bot. 5: 574. 1846; *Quassia excelsa* Sw.; *Simarouba excelsa* (Sw.) DC.

Arboles o arbustos, 2–15 m de alto; plantas incompletamente dioicas. Hojas imparipinnadas, 5–13 cm de largo, folíolos 5–13, elípticos, elíptico-ovados u obovados, 5–12 cm de largo y 1.5–5 cm de ancho, agudos en el ápice y en la base, glabros o a veces puberulentos. Cimas puberulentas; sépalos 4 ó 5, 1 mm de largo, más cortos en las flores perfectas; pétalos 4 ó 5, 2–4 mm de largo; estambres 4 ó 5, alternos con los pétalos, carpelos 2–5, unidos en los estilos. Drupas ca 5–8 mm en diámetro, negras.

Infrecuente en lugares abiertos, zona norcentral; 800–1400 m; fr may; *Davidse 30453*, *Molina 30503*; Centroamérica a Ecuador y en las Antillas. Un género con 8 especies, 6 en América tropical y 2 en Asia.

QUASSIA L.

Por William J. Hahn

Quassia amara L., Sp. Pl., ed. 2, 553. 1762; *Q. officinalis* Rich.; *Q. alatifolia* Stokes.

Arbustos o árboles pequeños, 2–8 m de alto; plantas hermafroditas. Hojas imparipinnadas, 20–30 cm de largo, folíolos (3–) 5 (–7), ovados, 5–20 cm de largo y 2–6 cm de ancho, raquis alado. Inflorescencia racemosa, 5–25 cm de largo; sépalos 5, ca 2 mm de largo y de ancho, rosados a rojos; pétalos 5, 3–5 cm de largo, erectos en la antesis, rosados a rojos; estambres 10, filamentos filiformes y pubescentes, cada uno con un apéndice basal; estilo solitario, tan largo o más largo que los pétalos, carpelos 5, libres abajo pero unidos en la base del estilo, óvulos 1 por lóculo. Drupas 1–5, 1–1.5 cm de largo, verdes tornándose rojas al madurar.

Común en bosques siempreverdes, zonas pacífica y atlántica; 0–500 m; fl nov–jun, fr feb–jul; *Araquistain 1531*, *Stevens 12648*; sur de México al norte de Sudamérica. Género monotípico. "Quinina".

SIMAROUBA Aubl.

Por William J. Hahn

Simarouba amara Aubl., Hist. Pl. Guiane 2: 860, t. 331, 332. 1775; *Quassia simarouba* L. f.; *Zwingera amara* (Aubl.) Willd.; *S. glauca* DC.

Arboles o arbustos, 3–30 m de alto; plantas dioicas. Hojas imparipinnadas, 10–30 cm de largo, folíolos 6–18, obovados, 3–9 cm de largo y 1–3 cm de ancho, redondeados a emarginados en el ápice, acuminados a agudos en la base, generalmente verde obscuros o verde olivos en la haz, amarillo-verdosos y más claros en el envés. Panículas 10–30 cm de largo, flores unisexuales, sépalos 5, 1 mm de largo, verdes o verde olivos; pétalos 5, 4–7 mm de largo, generalmente amarillos pero frecuentemente con matices verdes o rojos; estambres 10, filamentos 1–2.5 mm de largo, con un apéndice en la base, anteras 1–1.5 mm de largo, muy reducidas en las flores pistiladas; gineceo 5-carpelar y 5-locular, estigmas libres. Drupas 1–5, comprimidas, elíptico-lenticulares, 1.5–2 cm de largo y 1–1.5 cm de ancho, anaranjadas o rojas al madurarse.

Común en lugares abiertos y bosques caducifolios, zonas pacífica y atlántica; 0–500 m; fl dic–feb, fr ene–abr; *Croat 39064*, *Moreno 7224*; Belice a Brasil y en las Antillas. Existen dos formas de esta especie: una que corresponde al tipo de *S. amara* y es un árbol grande de bosques, con pétalos y anteras más pequeños; y la otra forma, típica de ambientes abiertos, es un árbol más pequeño, con pétalos y anteras ligeramente más grandes y es representativo del taxón llamado *S. glauca*. La dificultad de asignar todos los especímenes a una de estas dos especies descritas además de la existencia de numerosas formas intermedias, son argumentos para unir estos nombres bajo una sola especie. Género con 5 especies distribuidas en América tropical. "Acetuno", "Talcochote".

SMILACACEAE Vent.

Michael J. Huft

Trepadoras leñosas o a veces herbáceas, a veces hierbas erectas o arbustos, rizomatosas; plantas dioicas o hermafroditas. Hojas alternas o a veces opuestas, simples, generalmente pecioladas y comúnmente con un par de zarcillos que surgen desde la base ensanchada del pecíolo, mayormente 3–9-nervias, los nervios secundarios reticulados. Inflorescencias generalmente umbelas o a veces racimos, espigas, o flores solitarias; flores pequeñas, las pistiladas generalmente con estaminodios, las estaminadas sin pistilodio; tépalos generalmente 6 en 2 series; estambres 6, raramente más numerosos o sólo 3; ovario súpero (ínfero en *Petermannia*), 3-locular o a veces 1-locular con placentación axial o parietal respectivamente, estilos 3 o raramente 1, óvulos 1–numerosos en cada lóculo. Fruto una baya; semillas 1–3.

Familia con ca 12 géneros y ca 400 especies, distribuida en las regiones tropicales y subtropicales, más diversa en el hemisferio sur y bien representada en la zona templada del hemisferio norte; 1 género con 12 especies se encuentran en Nicaragua. La familia está dominada por el género *Smilax*, que es el único representado en Centroamérica. Smilacaceae tradicionalmente ha sido incluida en Liliaceae, donde es aberrante por su hábito trepador generalmente por medio de zarcillos, por ser a menudo leñosas y por tener las hojas pediceladas, anchas y la nervadura reticulada.

Fl. Guat. 24(3): 92–100. 1952; Fl. Pan. 32: 6–11. 1945; Fl. Mesoamer. 6: 20–25. 1994.

SMILAX L.

Trepadoras leñosas o a veces herbáceas; los tallos y las hojas a menudo armados con acúleos, frecuentemente trepando por medio de zarcillos; dioicas. Hojas alternas, simples, 3–9-nervias desde la base o con el par interno surgiendo algo más arriba de la base (triplinervias). Flores actinomorfas, arregladas en umbelas axilares, éstas a veces racemosas; pedúnculo terete o aplanado; tépalos libres, iguales; estambres 6, libres, las anteras 2-loculares, introrsas; ovario súpero, 3-locular, estilos 3, óvulos 1 ó 2 en cada lóculo. Fruto con endosperma duro.

Género con ca 350 especies en las regiones tropicales y templadas de ambos hemisferios; 19 especies se encuentran en Centroamérica y 12 en Nicaragua. "Zarzaparilla", "Cuculmeca".

1. Plantas variadamente pubescentes, a veces casi glabras cuando maduras, pero entonces con al menos unos pocos tricomas persistentes, inermes
    2. Ramitas obtusamente cuadrangulares, generalmente glabras cuando maduras; inflorescencias y brotes jóvenes rojo-tomentosos .... **S. subpubescens**
    2. Ramitas teretes, generalmente pubescentes cuando maduras, al menos en los nudos, la pubescencia no rojo-tomentosa

3. Tallos y hojas lanoso-tomentosos .... **S. velutina**
3. Tallos y hojas glabros, o si pubescentes, nunca lanosos, los tricomas patentes
    4. Tallos y hojas densamente piloso-hirsutos; hojas ampliamente ovadas; tépalos estaminados ca 6 mm de largo .... **S. hirsutior**
    4. Tallos y hojas finamente tomentosos a glabros, nunca densamente pubescentes; hojas ovado-oblongas; tépalos estaminados 3–4 (–6) mm de largo .... **S. mollis**
1. Plantas completamente glabras, frecuentemente armadas de aguijones en los tallos, ramitas u hojas
    5. Flores estaminadas 2.5 mm de largo o más cortas
        6. Hojas con nervios secundarios inconspicuos; tallos teretes, más o menos rectos .... **S. luculenta**
        6. Hojas con nervios secundarios conspicuos; tallos angulares apicalmente, generalmente en zig-zag ... **S. spinosa**
    5. Flores estaminadas 4 mm de largo o más largas
        7. Pedúnculos más cortos que los pecíolos subyacentes
            8. Hojas coriáceas, los nervios principales conspicuamente impresos en la haz .... **S. engleriana**
            8. Hojas membranáceas a cartáceas, los nervios principales no impresos en la haz
                9. Hojas 5-nervias desde la base .... **S. domingensis**
                9. Hojas 7–9-nervias desde la base .... **S. kunthii**
        7. Pedúnculos más largos que los pecíolos subyacentes
            10. Hojas tornándose negras cuando secas; anteras más cortas que los filamentos .... **S. jalapensis**
            10. Hojas sin tornarse negras cuando secas; anteras más largas que los filamentos
                11. Tallos teretes; umbelas estaminadas solitarias .... **S. panamensis**
                11. Tallos agudamente cuadrangulares; umbelas estaminadas generalmente racemosas .... **S. regelii**

Smilax domingensis Willd., Sp. Pl. 4: 783. 1806.

Plantas completamente glabras, tallos teretes, escasamente armados hacia abajo con acúleos recurvados fuertes, inermes hacia arriba. Hojas ovadas, ovado-lanceoladas o lanceoladas, 6–15 cm de largo y 1.5–10 cm de ancho, 1.4–6 veces más largas que anchas, ápice cortamente acuminado o cortamente cuspidado, base aguda, margen entero, inermes, cartáceas, 5-nervias desde la base, los nervios exteriores submarginales, los nervios secundarios conspicuos, prominentes; pecíolos 0.5–2 cm de largo. Umbelas solitarias; las estaminadas con pedúnculo terete o algo aplanado, 1–5 mm de largo, más corto que el pecíolo subyacente, tépalos 4–6 mm de largo, filamentos 2–4 mm de largo, anteras 1–2 mm de largo, más cortas que los filamentos; las pistiladas con pedúnculo subterete, 1–5 mm de largo, más corto que el pecíolo subyacente, tépalos ca 4 mm de largo. Bayas 7–10 mm de diámetro, rojas, moradas o negras.

Común, en pluvioselvas, bosques de galería, bosques deciduos y bosques de pino-encinos, zonas norcentral y atlántica; 0–1400 m; fl y fr durante todo el año; *Grijalva 249*, *Moreno 24971*; México hasta Panamá y las Antillas.

Smilax engleriana F.W. Apt, Repert. Spec. Nov. Regni Veg. 18: 407. 1922.

Plantas completamente glabras, tallos teretes, inermes. Hojas ovadas a lanceoladas, 7–15 cm de largo y 2–6 cm de ancho, 2–3.3 (–4) veces más largas que anchas, ápice acuminado a cuspidado, base obtusa a aguda, margen entero, inermes, coriáceas, 5–7-nervias desde la base, los nervios principales impresos en la haz, prominentes en el envés, los

nervios secundarios inconspicuos; pecíolos 1–2 cm de largo. Umbelas solitarias; las estaminadas con pedúnculo subterete, 2–6 mm de largo, más corto que el pecíolo subyacente, tépalos 4.5–5 mm de largo, filamentos ca 2.5 mm de largo, anteras ca 2 mm de largo, más cortas que los filamentos; las pistiladas con pedúnculo terete, 3–6 mm de largo, más corto que el pecíolo subyacente, tépalos ca 4 mm de largo. Bayas 6–10 mm de diámetro, rojas.

Conocida de Nicaragua de una sola colección (*Neill 3511*) realizada en bosques muy húmedos, Río San Juan; ca 200 m; fl mar, fr mar–jun; Nicaragua y Costa Rica.

Smilax hirsutior (Killip & C.V. Morton) C.V. Morton, Brittonia 14: 307. 1962; *S. mollis* var. *hirsutior* Killip & C.V. Morton.

Plantas con tallos teretes, inermes, densamente hirsutos. Hojas ampliamente ovadas, 11–14 cm de largo y 7–10.5 cm de ancho, 1.2–1.8 veces más largas que anchas, ápice abrupta y cortamente cuspidado, base amplia y profundamente cordada, margen entero, piloso-hirsutas con tricomas amarillos a anaranjados, inermes, membranáceas a subcartáceas, 7-nervias desde la base, los nervios exteriores submarginales, los nervios secundarios conspicuos, prominentes; pecíolos 2–3 cm de largo. Umbelas estaminadas solitarias, el pedúnculo terete, 3–4 cm de largo, más largo que el pecíolo subyacente, tépalos ca 6 mm de largo, filamentos ca 2.5 mm de largo, anteras ca 1.5 mm de largo, más cortas y más angostas que los filamentos; umbelas y flores pistiladas desconocidas. Bayas desconocidas.

Una colección estéril de Nicaragua (*Standley*

9045) realizada en bosques mixtos, La Libertad, Chontales, 500–700 m, parece corresponder a esta especie, pero por la ausencia de flores no es posible asignarla con certeza. El tipo (*Donnell Smith 4971*) es de Cartago, Costa Rica, 480 m.

Smilax jalapensis Schltdl., Linnaea 18: 451. 1844; *S. jalapensis* var. *botteri* (A. DC.) Killip & C.V. Morton; *S. botteri* A. DC.

Plantas completamente glabras, tallos teretes u obtusa a agudamente cuadrangulares, escasamente armados de acúleos rectos, aplanados, las ramitas jóvenes a veces densamente cubiertas con numerosos acúleos cortos, rectos y aciculares. Hojas ovadas a ovado-lanceoladas, 4–15 cm de largo y 1.2–9 cm de ancho, 1.2–2.8 veces más largas que anchas, ápice agudo o cortamente acuminado, base redondeada a subcordada, margen entero, inermes, membranáceas a cartáceas, 7-nervias desde la base, los nervios principales prominentes en el envés, el par exterior submarginal, los nervios secundarios conspicuos, prominentes en el envés; pecíolos 0.5–2 cm de largo. Umbelas solitarias; las estaminadas con pedúnculo aplanado, 1–4 cm de largo, más largo que el pecíolo subyacente, tépalos 4–4.5 mm de largo, filamentos 2–3 mm de largo, anteras 1.5–2.5 mm de largo, más cortas que los filamentos; las pistiladas con pedúnculo aplanado, 1–1.5 cm de largo en la antesis, más largo que el pecíolo subyacente, hasta 3 cm de largo cuando maduro, tépalos 2.5–3 mm de largo. Bayas 5–8 mm de diámetro, negras.

Ocasional, en bosques montanos, Jinotega, León y Matagalpa; 1200–1600 m; fl y fr durante todo el año; *Grijalva 173*, *Moreno 16350*; México hasta Nicaragua.

Smilax kunthii Killip & C.V. Morton, Publ. Carnegie Inst. Wash. 461: 269. 1936; *S. floribunda* Kunth.

Plantas completamente glabras, tallos teretes, escasamente armados de acúleos cortos, anchos, o inermes. Hojas ampliamente ovadas a lanceoladas, 8–10 cm de largo y 2.7–11 cm de ancho, (0.9–) 1.25–3 veces más largas que anchas, ápice acuminado, base cordada, redondeada u obtusa, margen entero, inermes, cartáceas, 7–9-nervias desde la base, los nervios principales prominentes en el envés, los nervios secundarios conspicuos; pecíolos 1–3.5 cm de largo. Umbelas solitarias; las estaminadas con pedúnculo subterete, 3–7 mm de largo, más corto que el pecíolo subyacente, tépalos 4–5 mm de largo, filamentos 2.5–3 mm de largo, anteras 1.5–2 mm de largo, más cortas que los filamentos; las pistiladas con pedúnculo subterete o aplanado, 7–11 mm de

largo, más corto que el pecíolo subyacente, frecuentemente alargándose en el fruto hasta 4.5 cm, tépalos 4–4.5 mm de largo. Bayas 8–10 mm de diámetro, anaranjado brillantes.

Conocida en Nicaragua de una sola colección (*Stevens 15107*) realizada en nebliselvas y bosques de pino-encinos, Jinotega; 1200–2000 m; fr oct; Honduras, El Salvador, Nicaragua y Panamá.

Smilax luculenta Killip & C.V. Morton, Publ. Carnegie Inst. Wash. 461: 289. 1936; *S. munda* Killip & C.V. Morton.

Plantas completamente glabras, tallos teretes, escasamente armados hacia abajo con acúleos fuertes y planos, e inermes hacia arriba. Hojas oblongo-lanceoladas, 5–25 cm de largo y 1.5–10 cm de ancho, 1.5–5 veces más largas que anchas, ápice agudo a obtuso, base aguda a obtusa, margen entero, inermes, cartáceas a coriáceas, 5–7-nervias desde la base, los nervios principales prominentes en el envés, no impresos en la haz, los nervios secundarios inconspicuos; pecíolos 1–2 (–3) cm de largo. Umbelas solitarias; las estaminadas con pedúnculo subterete o aplanado, 1.5–7 (–20) mm de largo, más corto que el pecíolo subyacente, tépalos 1.5–2 mm de largo, filamentos ca 0.5 mm de largo, anteras 0.5–0.7 mm de largo, tan largas o ligeramente más largas que los filamentos; las pistiladas con pedúnculo aplanado, 2–4 mm de largo, más corto que el pecíolo subyacente, tépalos ca 1.5 mm de largo. Bayas 5–9 mm de diámetro, negras o morado obscuras.

Ocasional, en pluvioselvas, zona atlántica; 0–1100 m; fl feb–jul, fr durante todo el año; *Seymour 5071*, *Stevens 20334*; sur de México hasta Nicaragua. Muy cercana a *S. spinosa* y quizás no verdaderamente distinta.

Smilax mollis Humb. & Bonpl. ex Willd., Sp. Pl. 4: 785. 1806.

Plantas con tallos teretes, inermes, delgadamente tomentosos, rápidamente glabros. Hojas ovado-oblongas, 4.5–21 cm de largo y 2.5–10 cm de ancho, 1.7–3.5 veces más largas que anchas, ápice agudo, base cordada, margen entero, tomentosas cuando jóvenes, posteriormente glabras o rara vez persistentemente tomentosas, inermes, cartáceas a subcoriáceas, algo rugosas, 7-nervias desde la base o raramente triplinervias, los nervios principales prominentes en el envés, el par exterior submarginal, los nervios secundarios prominentes; pecíolos 0.5–2 cm de largo. Umbelas solitarias; las estaminadas con pedúnculo terete, 1–2.5 (–3.2) cm de largo, más largo que el pecíolo subyacente, tépalos 3–4 (–6) mm de largo, filamentos ca 2 (–4) mm de largo, anteras 0.7–

1 (–1.3) mm de largo, más cortas que los filamentos; las pistiladas con pedúnculo aplanado, (0.8–) 1–2.5 cm de largo, más largo que el pecíolo subyacente, tépalos 3–3.5 mm de largo. Bayas 6–12 (–15) mm de diámetro, anaranjadas.

Común, en pluvioselvas, bosques montanos y nebliselvas, zona atlántica; 0–1400 m; fl y fr durante todo el año; *Moreno 23981, Pipoly 6163*; México hasta Panamá.

Smilax panamensis Morong, Bull. Torrey Bot. Club 21: 441. 1894.

Plantas completamente glabras, tallos teretes, armados hacia abajo con acúleos rectos de hasta 2 cm de largo, e inermes hacia arriba. Hojas ovado-lanceoladas a lanceolado-oblongas, 7–20 cm de largo y 1.8–10 cm de ancho, 1.8–3 (–4) veces más largas que anchas, ápice cortamente acuminado o cuspidado, base redondeada a cortamente acuminada, margen entero, inermes, membranáceas a cartáceas, 7-nervias desde la base, los nervios exteriores submarginales, los nervios secundarios conspicuos, prominentes; pecíolos 0.5–2.5 cm de largo. Umbelas solitarias; las estaminadas con pedúnculo aplanado, 1–3 cm de largo, más largo que el pecíolo subyacente, tépalos 4–6 mm de largo, filamentos 1–1.5 mm de largo, anteras 2–2.5 mm de largo, más largas que los filamentos; las pistiladas con pedúnculo aplanado, 1–2 cm de largo, más largo que el pecíolo subyacente, tépalos 4–5 mm de largo. Bayas 7–12 mm de diámetro, anaranjadas o rojas, raramente negras.

Poco común, en bosques húmedos, zona atlántica y Rivas; 0–300 m; fl ene–abr, fr durante todo el año; *Robleto 384, Sandino 2234*; Guatemala hasta Panamá.

Smilax regelii Killip & C.V. Morton, Publ. Carnegie Inst. Wash. 461: 272. 1936; *S. grandifolia* Regel; *S. regelii* var. *albida* Killip & C.V. Morton.

Plantas completamente glabras, tallos agudamente cuadrangulares, armados hacia abajo con acúleos fuertes y aplanados, hacia arriba con acúleos más pequeños y en menor número o inermes. Hojas ovadas a ovado-oblongas u ovado-lanceoladas, frecuentemente hastadas en la base, 8–30 cm de largo y 4–22 cm de ancho, 1.3–2.7 veces más largas que anchas, ápice cortamente acuminado o cuspidado, base cordada, truncada u obtusa, margen entero, frecuentemente aculeadas en los nervios principales del envés, membranáceas, cartáceas o subcoriáceas, 7–9-nervias desde la base, los nervios secundarios conspicuos, prominentes en el envés; pecíolos 0.5–3.5 cm de largo. Umbelas estaminadas racemosas u

ocasionalmente solitarias, pedúnculo aplanado, 1–4.5 cm de largo, más largo que el pecíolo subyacente, tépalos 4–5 mm de largo, filamentos ca 0.5 mm de largo, anteras 1–1.5 mm de largo, más largas que los filamentos; umbelas pistiladas solitarias, pedúnculo aplanado, 3–6 cm de largo, más largo que el pecíolo subyacente, flores pistiladas no vistas. Bayas 0.7–1.5 cm de diámetro, negras o raramente blancas.

Poco común, pluvioselvas, Zelaya; 0–350 m; fl mar–abr, fr durante todo el año; *Moreno 15156, Sandino 4751*; sur de México hasta Nicaragua.

Smilax spinosa Mill., Gard. Dict., ed. 8, Smilax no. 8. 1768; *S. lundellii* Killip & C.V. Morton.

Plantas completamente glabras, tallos teretes hacia abajo, obtusamente angulados hacia arriba, generalmente en zig-zag, armados con fuertes acúleos aplanados, o inermes. Hojas amplia a angostamente ovadas o lanceoladas, 4–10 (–15) cm de largo y 2–6 (–10) cm de ancho, (1.3–) 2–4 (–4.5) veces más largas que anchas, ápice agudo, rara vez abrupta y cortamente cuspidado, base redondeada a subcordada, margen entero, frecuentemente aculeadas en el envés, generalmente cartáceas, ocasionalmente algo coriáceas, 5-nervias desde la base, los nervios principales prominentes en ambos lados, los nervios secundarios conspicuos; pecíolos 0.5–1.2 (–1.5) cm de largo. Umbelas solitarias; las estaminadas con pedúnculo aplanado, 3–5 mm de largo, más corto que el pecíolo subyacente, tépalos 1.8–2.5 mm de largo, filamentos ca 0.5 mm de largo, anteras 0.4–0.6 mm de largo, más cortas o más largas que los filamentos; las pistiladas con pedúnculo aplanado, 3–10 mm de largo, más corto que el pecíolo subyacente, tépalos ca 2 mm de largo. Bayas hasta 1.5 cm en diámetro, negras, lustrosas.

Común, en bosques, pantanos y pastizales, en todo el país; 0–1400 m; fl feb–jun, fr durante todo el año; *Neill 3715, Ortiz 226*; México hasta Panamá.

Smilax subpubescens A. DC. in A. DC. & C. DC., Monogr. Phan. 1: 69. 1878.

Plantas con tallos obtusamente cuadrangulares, inermes, rojo-tomentosos, glabros con la edad o a veces persistentemente tomentosos. Hojas ampliamente ovadas, más angostamente así hacia el ápice del brote, 4–20 cm de largo y 1.5–15 cm de ancho, 1.3–2.7 veces más largas que anchas, ápice acuminado, base profundamente cordada hacia abajo, redondeada o truncada hacia el ápice del brote, margen entero, glabras en la haz u ocasionalmente pubescentes cerca de la base, rojo-tomentosas en el envés, glabras con la edad o raramente con pubescencia persistente, inermes, cartáceas a subcoriáceas,

5–7-nervias, los nervios principales prominentes en el envés, el par exterior submarginal, los nervios secundarios prominentes; pecíolos 1.5–6 cm de largo. Umbelas solitarias; las estaminadas con pedúnculo aplanado, 1–5 cm de largo, generalmente más corto que el pecíolo subyacente, ocasionalmente más largo, tépalos 4–5.5 mm de largo, filamentos ca 3 mm de largo, anteras 1.5–2 mm de largo, más cortas que los filamentos; las pistiladas con pedúnculo aplanado, 1–3 (–5) cm de largo, más corto que el pecíolo subyacente, tépalos 3–3.5 mm de largo. Bayas 6–8 mm de diámetro, anaranjado brillantes.

Poco común, en pluvioselvas, zona atlántica; 0–1500 m; fl feb–ago, fr durante todo el año; *Neill N206, Stevens 9002*; México hasta Panamá.

Smilax velutina Killip & C.V. Morton, Publ. Carnegie Inst. Wash. 461: 283. 1936.

Plantas con tallos teretes, inermes, densamente lanoso-tomentosos. Hojas ovado-oblongas a ovado-lanceoladas, 5–26 cm de largo y 3–17 cm de ancho, 1.4–2.5 veces más largas que anchas, ápice apiculado o raramente apenas agudo, base cordada o sub-cordada, margen entero, glabras en la haz o con unos pocos tricomas a lo largo del nervio principal, densamente tomentosas en el envés, inermes, cartáceas, (5–) 7–9-nervias, triplinervias, los nervios secundarios conspicuos, prominentes; pecíolos 0.5–3 cm de largo. Umbelas solitarias; las estaminadas con pedúnculo terete, 0.7–1.5 cm de largo, más corto a más largo que el pecíolo subyacente, tépalos 5–6 mm de largo, filamentos 3–4 mm de largo, anteras 0.7–1.2 mm de largo, más cortas que los filamentos; las pistiladas con pedúnculo terete, 1–1.5 cm de largo, más corto a más largo que el pecíolo subyacente, tépalos 4–5 mm de largo. Bayas 5–8 mm de diámetro, negras o rojas.

Común, en pluvioselvas y bosques de galería, Zelaya; 0–200 m; fl y fr durante todo el año; *Stevens 8150, 10613*; México hasta Nicaragua.

SOLANACEAE Juss.

William D'Arcy †

Hierbas, arbustos, trepadoras o árboles, a veces epífitos, glabros o con varios tipos de pubescencia, a veces armados; plantas generalmente hermafroditas (en Nicaragua) o a veces andromonoicas en algunas especies de *Solanum*. Hojas alternas, a veces en pares (geminadas), simples, lobadas o compuestas, enteras, dentadas; pecíolos generalmente presentes, estípulas ausentes. Inflorescencias cimosas, variadamente agrupadas, a veces reducidas a una sola flor, terminales pero mayormente apareciendo axilares o laterales en los tallos, brácteas o bractéolas a veces presentes, flores actinomorfas o zigomorfas, mayormente 5-meras; cáliz cupuliforme, tubular o campanulado, lobado o dividido, frecuentemente acrescente en el fruto; corola simpétala, valvada, imbricada o quincuncial en la yema, rotácea, campanulada, tubular, infundibuliforme o hipocrateriforme, mayormente lobada; estambres insertos en el tubo de la corola, alternando con los lobos de la corola, a veces parcialmente fusionados, a veces 1 o más reducidos a estaminodios, anteras con dehiscencia longitudinal o por poros terminales; pistilo 1, ovario a veces con un disco nectarífero basal, carpelos mayormente 2, lóculos 1 a varios con septos falsos, la placentación principalmente axial, óvulos 1–muchos en cada lóculo, estilo solitario. Fruto baya o cápsula, mayormente con muchas semillas, o a veces un aquenio; semillas mayormente con el embrión ya sea doblado alrededor de la periferia de la testa o casi recto y central, endosperma presente.

Familia con ca 95 géneros y 2300 especies distribuidas en todos los continentes, pero especialmente en América tropical; 22 géneros y 117 especies se encuentran en Nicaragua. Los géneros *Brugmansia*, *Brunfelsia*, *Datura*, *Lycopersicon*, *Nicandra* y *Nicotiana* están representados sólo por especies introducidas, y *Acnistus* y *Capsicum* tal vez hayan sido introducidos naturalmente desde otros sitios. Especies de esta familia son importantes como alimento ("Chiles", "Papas", "Tomates"), droga ("Tabaco", "Atropina"), ornamento ("Floripondio") y algunas son malezas nocivas. Aunque muchas especies están relacionadas a actividades humanas, como plantas de cultivo o como malezas, muchas otras se encuentran en áreas de vegetación no alterada. La familia tiende a ser algo calcícola.

Fl. Guat. 24(10): 1–151. 1974; Fl. Pan. 60: 573–780. 1974; A.T. Hunziker. Estudios sobre Solanaceae. V. Contribución al conocimiento de *Capsicum* y géneros afines (*Witheringia*, *Acnistus*, *Athenaea*, etc.) Primera parte. Kurtziana 5: 101–179. 1969; M. Nee. Solanaceae I. Fl. Veracruz 49: 1–191. 1986.

1. Pedúnculos ausentes u obsoletos, flores solitarias o en fascículos sésiles
    2. Estambres en pares desiguales, 4; corola hipocrateriforme con un tubo largo, delgado, exerto, lobos abruptamente patentes
        3. Hierbas; tubo de la corola hasta 15 mm de largo, limbo hasta 15 mm de diámetro; frutos cápsulas completamente envueltas en el cáliz papiráceo .... **Browallia**
        3. Arbustos o árboles cultivados; tubo de la corola más de 15 mm de largo, limbo más de 20 mm de diámetro; frutos bayas coriáceas (no se sabe que las semillas germinen en Nicaragua) .... **Brunfelsia**
    2. Estambres iguales o uno de ellos ligeramente más largo, mayormente (4) 5; corola con un tubo corto abierto desde cerca de la boca del cáliz
        4. Flores más de 6 cm de largo; fruto una cápsula o baya generalmente más de 3 cm de diámetro
            5. Corola amarilla o anaranjado obscura; hojas coriáceas; anteras fabiformes; arbustos ornamentales o hemiepífitas altamente trepadoras .... **Solandra**
            5. Corola blanca, rosada, amarillenta o purpúrea a malva; hojas membranáceas; anteras lineares u oblongas; hierbas, árboles o arbustos
                6. Cáliz separándose longitudinalmente; árboles o arbustos; ovario alargado, fruto alargado, liso, no formado en Nicaragua; cultivada como planta ornamental .... **Brugmansia**
                6. Cáliz circuncísil; hierbas o a veces arbustos robustos de hasta 2.5 m de alto; ovario redondeado; fruto redondeado, espinoso o tuberculado; malezas, raramente cultivadas .... **Datura**
        4. Flores menos de 5 cm de largo; fruto una baya mayormente menos de 3 cm de diámetro
            7. Cáliz truncado, dientes cuando presentes 5 ó 10, diminutos o delgados y surgiendo desde los lados del cáliz
                8. Anteras connadas o libres, dehiscencia por poros terminales o connadas y dehiscentes por pequeñas hendeduras apicales introrsas .... **Lycianthes**
                8. Anteras libres, dehiscencia por hendeduras longitudinales y laterales
                    9. Flores solitarias (raramente en pares); fruto hueco en el centro, picante .... **Capsicum**
                    9. Flores varias a numerosas en fascículos; fruto sin centro hueco, nunca picante
                        10. Anteras largamente exertas; árboles pequeños; hojas solitarias .... **Acnistus**
                        10. Anteras inclusas; hierbas; hojas desiguales en cada par .... **Witheringia**
            7. Cáliz con 5 dientes apicales conspicuos (lobos)
                11. Flores pocas a numerosas en fascículos o racimos cortos y congestionados o umbeliformes; cáliz no envolviendo al fruto
                    12. Corola tubular-campanulada; anteras con dehiscencia por hendeduras longitudinales .... **Brachistus**
                    12. Corola rotácea; anteras con dehiscencia por poros terminales .... **Solanum**
                11. Flores solitarias; cáliz envolviendo al fruto
                    13. Corola azul con blanco; lobos del cáliz más largos que el tubo cuando en fruto; baya seca .... **Nicandra**
                    13. Corola amarilla, frecuentemente con manchas basales obscuras; lobos del cáliz más cortos que el tubo cuando en fruto; baya jugosa .... **Physalis**
1. Pedúnculos presentes, inflorescencias con varias a muchas flores
    14. Flores grandes, corola más de 4 cm de largo
        15. Hojas sinuado-lobadas, estrellado-tomentosas, frecuentemente armadas; corola rotácea; anteras con dehiscencia terminal .... **Solanum**
        15. Hojas enteras, glabras o con tricomas no ramificados, inermes; corola tubular-campanulada o hipocrateriforme; anteras con dehiscencia longitudinal
            16. Arbustos terrestres, hemiepífitas o trepadoras, glabrescentes; inflorescencias fascículos de flores en pedúnculos largos y péndulos; fruto un baya carnosa .... **Merinthopodium**
            16. Hierbas robustas, víscido-pubescentes; inflorescencias panículas erectas; fruto una cápsula papirácea .... **Nicotiana**
    14. Flores más pequeñas, corola menos de 4 cm de largo
        17. Corola tubular, infundibuliforme o hipocrateriforme, el tubo más largo que el cáliz y que el limbo; fruto una cápsula seca o una baya con pocas semillas
            18. Estambres fértiles 5 e iguales (subiguales); mayormente arbustos o árboles de más de 1 m de alto
                19. Anteras redondeadas; corola angostamente tubular .... **Cestrum**
                19. Anteras puntiagudas; corola campanulada a infundibuliforme .... **Cuatresia**
            18. Estambres 4 y desiguales o sólo 2; hierbas o subarbustos mayormente menos de 60 cm de alto
                20. Corola hipocrateriforme, vistosa, lobos redondeados .... **Browallia**
                20. Corola tubular, inconspicua, a veces nocturna
                    21. Corola menos de 3 mm de largo; fruto un aquenio labrado-tuberculado con 1 semilla .... **Melananthus**
                    21. Corola más de 7 mm de largo; fruto una cápsula lisa, con varias semillas .... **Schwenckia**

17. Corola rotácea, campanulada u obcónica, el tubo mucho más corto que el limbo y envuelto en el cáliz; fruto una baya con muchas semillas
    22. Cáliz truncado, dientes, si presentes surgiendo desde los lados del cáliz
        23. Anteras abriéndose por poros terminales o por pequeñas hendeduras introrsas; cáliz con 10 costillas (a veces indistintas); a veces hemiepífitas trepando alto .... **Lycianthes**
        23. Anteras abriéndose por hendeduras longitudinales y laterales; cáliz con 5 costillas (indistintas); hierbas terrestres o arbustos .... **Witheringia**
    22. Cáliz con dientes apicales conspicuos (lobos)
        24. Flores amarillo brillantes; anteras cohesionadas en un tubo; fruto una baya grande, roja, jugosa, abrazada por los dientes salientes del cáliz .... **Lycopersicon**
        24. Flores blancas, azules, purpúreas, verdosas, no amarillo brillantes
            25. Anteras mucho más cortas que los filamentos, dehiscencia longitudinal; cáliz conspicuamente más grande en el fruto
                26. Flores verde-amarillentas; lobos del cáliz fusionados basalmente, ampliamente patentes en la base del fruto; fruto una baya jugosa, negra o purpúrea... **Jaltomata**
                26. Flores azules y blancas; lobos del cáliz basalmente cordados, envolviendo al fruto; fruto una baya seca, café o verde-amarillenta .... **Nicandra**
            25. Anteras mucho más largas que los filamentos, dehiscencia por poros terminales; cáliz a veces ligeramente más grande en el fruto
                27. Base de las hojas cordada; conectivo de la antera ampliamente engrosado .... **Cyphomandra**
                27. Base de las hojas truncada a acuminada; conectivo de las anteras hundido, no engrosado
                .... **Solanum**

ACNISTUS Schott

Acnistus arborescens (L.) Schltdl., Linnaea 7: 67. 1832; *Atropa arborescens* L.; *Dunalia arborescens* (L.) Sleumer.

Arbustos o árboles pequeños, hasta 8 m de alto, inermes, corteza suberosa, pubescencia de tricomas simples. Hojas solitarias, simples, elípticas a lanceoladas, 7–20 cm de largo y 3–8 cm de ancho, ápice agudo, base cuneada o atenuada, enteras, haz glabra, envés escasamente tomentoso con tricomas simples y ramificados; pecíolos 2–4 cm de largo. Inflorescencias numerosas de fascículos agregados a lo largo de 5–25 cm del tallo leñoso, con muchas flores en brotes cortos de 1–5 mm de largo (braquiblastos), pedicelos 1.5–3 cm de largo, delgados, glabros, flores fragantes, actinomorfas, 5-meras; cáliz campanulado o cupuliforme, 2–4 mm de largo, truncado en la yema, glabro, papiráceo, rápidamente separándose en lobos ligeramente desiguales y redondeados en 1/4–1/3 de su longitud; corola tubular-campanulada, 8–12 mm de largo, blanca, lobada menos de la 1/2 de su longitud, lobos valvados, redondeados, finamente pubescentes por fuera, amarillentos por dentro, el tubo glabro; filamentos insertados justo por abajo de la parte media del tubo de la corola, glabros, anteras oblongas, 3–4 mm de largo, puntiagudas, basalmente dorsifijas, largamente exertas, con dehiscencia longitudinal; ovario basalmente hundido en un disco nectarífero, glabro, estigma 2-lobado, exerto, glabro. Fruto una baya, 5–6 mm de largo, jugosa, anaranjada o amarilla, pericarpo con células escleróticas (esclerócitos); semillas numerosas, discoides, 1.5–2 mm de ancho, con el embrión enrollado.

Común, en bosques alterados secos a húmedos, zonas pacífica y norcentral; 500–1400 m; fl y fr todo el año; *Laguna 437*, *Stevens 3519*; sur de México al norte de Sudamérica, más abundante hacia el sur de Nicaragua. Los frutos se consumen en algunos países. *Acnistus* es un género monotípico quizás nativo del noroeste de Sudamérica. "Güitite".

A.T. Hunziker. Estudios sobre Solanaceae. XVII. Revisión sinóptica de *Acnistus*. Kurtziana 15: 81–102. 1982.

BRACHISTUS Miers

Brachistus stramoniifolius (Kunth) Miers, Ann. Mag. Nat. Hist., ser. 2, 3: 263. 1849; *Witheringia stramoniifolia* Kunth; *Capsicum stramoniifolium* (Kunth) Kuntze; *Bassovia stramoniifolia* (Kunth) Standl.

Arbustos, hasta 6 m de alto, inermes; tallos delgados, acostillados, pubescencia de tricomas simples y débiles, erectos o raramente ramificados. Hojas mayormente en pares desiguales, simples, ovadas, hasta 18 cm de largo y 14 cm de ancho, ápice agudo, base obtusa o truncada y mayormente algo oblicua, enteras o sinuado lobadas, escasamente pubescentes;

pecíolos mucho más cortos que las hojas, delgados. Inflorescencias fascículos con varias a numerosas flores, axilares a las hojas o en las dicotomías de las ramas, pedicelos 8–15 mm de largo, delgados, puberulentos, flores actinomorfas, 5-meras; cáliz cupuliforme, 2–3 mm de largo, puberulento, lobos apicales cortamente deltoides o alargados; corola tubular-campanulada, 7–9 mm de largo, lobada 2/3 de su longitud, glabra por fuera y por dentro excepto por anillos de pubescencia en la parte superior del tubo y en el punto de inserción de los estambres, amarillenta; filamentos insertos cerca de la parte media del tubo de la corola, puberulentos, anteras alargadas, 2–

3 mm de largo, generalmente no apiculadas, basifijas, con dehiscencia longitudinal. Fruto una baya, ca 10 mm de diámetro, mayormente roja, cáliz subyacente a la baya como un plato, sin separarse; semillas numerosas, 1–1.5 mm de largo, comprimidas, con el embrión doblado alrededor de la periferia de la testa.

Rara, nebliselvas, zona norcentral; 1200–1540 m; fl y fr may; *Atwood A115*, *Davidse 30361*; México al oeste de Panamá. El género incluye ca 4 especies del sur de México y norte de Centroamérica. *Brachistus* se diferencia de *Witheringia* por el cáliz dentado en vez de truncado y por tener semillas con retículo de paredes gruesas en vez de paredes delgadas.

BROWALLIA L.

Browallia americana L., Sp. Pl. 631. 1753.

Hierbas erectas o decumbentes, hasta 70 cm de alto, pubescencia de tricomas simples o glandulares, cortos; tallos delgados, puberulentos con tricomas acrópetos. Hojas simples, ovadas, 2–7 cm de largo y 1.5–4 cm de ancho, ápice agudo o acuminado, base cuneada o acuminada, enteras, ciliadas, haz escasamente pubescente, envés puberulento sobre los nervios principales; pecíolos 3–10 mm de largo. Inflorescencia de flores solitarias o en pares, abrazadas por una hoja reducida, a veces agregadas o de apariencia racemosa, pedicelos 3–6 (–15) mm de largo, a veces glandulosos, flores pequeñas pero vistosas, zigomorfas; cáliz cupuliforme, 5–10 mm de largo, conspicuamente nervado cuando seco, mayormente puberulento y frecuentemente glanduloso, los 5 lobos subiguales y agudos; corola hipocrateriforme, 10–15 mm de diámetro, azul, malva o purpúrea con un ojo blanco o blanca con un ojo amarillo, el tubo 10–15 mm de largo, angosto y pube-

rulento, los 4 lobos poco profundos y de diferente ancho, la garganta tapada por la parte posterior de los filamentos superiores; estambres 4, didínamos, anteras amarillas, con dehiscencia longitudinal; ovario apicalmente pubescente, el estigma aparentemente 4-lobado. Fruto una cápsula erecta contenida en el cáliz papiráceo; semillas numerosas, rectangulares, 0.4–0.7 mm de largo, foveoladas, cafés, embrión casi recto.

Común, en bosques alterados o como maleza en pastizales y orillas de caminos, en todo el país; 0–1200 m, más común entre 300–800 m; fl y fr todo el año; *Moreno 10650*, *Stevens 4078*; México a Perú, Venezuela y en las Antillas. *Browallia* comprende 4 ó 5 especies de América tropical y cálido-templada, 2 de ellas son ornamentales ampliamente cultivadas especialmente en las áreas templadas. *B. speciosa* Hook., la cual tiene flores más grandes, se distribuye desde Costa Rica hacia el sur y podría estar cultivada en Nicaragua.

BRUGMANSIA Pers.

Arbustos o árboles, inermes, pubescencia de tricomas simples. Hojas simples, subenteras; pecioladas. Flores solitarias, muy grandes, en los nudos de las hojas cerca de los extremos de las ramas, actinomorfas, 5-meras; cáliz tubular; corola hipocrateriforme, mayormente con 5 dientes puntiagudos; estambres insertos cerca de la parte media del tubo, a veces geniculados, filamentos a veces pubescentes, anteras lineares con dehiscencia longitudinal; ovario cónico, 4-locular, estigma menudamente lobado, situado con las anteras. Fruto (no conocido en Nicaragua) una cápsula indehiscente, alargada o redondeada, inerme, leñosa.

Brugmansia incluye ca 5 especies nativas de Sudamérica, 2 de las cuales se encuentran en Nicaragua. Algunos autores incluyen estas especies en *Datura*, género que se diferencia por su forma de crecimiento, patrón de la ramificación, persistencia del cáliz, construcción del ovario, tipo de fruto, semillas, adaptaciones biológicas y otras características. Las especies son ampliamente cultivadas como plantas ornamentales. "Floripondio".

1. Cáliz con tubo delgado, espatiforme, 1-dentado, glabro por fuera, la boca casi ocupada por el tubo de la corola; anteras 22–23 mm de largo .... **B. ×candida**
1. Cáliz hinchado, 5-dentado o hendido, pubescente por fuera, el tubo de la corola menos de la 1/2 del ancho de la boca del cáliz; anteras 25–35 mm de largo .... **B. suaveolens**

Brugmansia ×candida Pers. (pro sp.), Syn. Pl. 1: 216. 1805; *Datura candida* (Pers.) Saff.; *D. arborea* Ruiz & Pav.

Arbustos o árboles, hasta 5 m de alto. Hojas ovadas o elípticas, 10–25 cm de largo y 5–12 cm de ancho, ápice agudo, base redondeada u obtusa, subenteras, mayormente dimidiadas, haz puberulenta, envés con tricomas dispersos. Flores péndulas, pedicelos 3–8 cm de largo; cáliz hinchado en la yema pero angostamente tubular en flor, persistente, 8–12 cm de largo y 1.5–3 cm de ancho, apicalmente espatiforme, 1-dentado, la boca casi ocupada por el tubo de la corola; corola mayormente 25–30 cm de largo, puberulenta en las costillas por fuera, blanca, el limbo bastante ensanchado, sinuado-lobado, con 5 dientes lanceolados; estambres insertados inmediatamente por abajo de la parte media del tubo, filamentos pilosos cerca del punto de inserción, anteras 22–23 mm de largo.

Arbusto ornamental cultivado; 800–900 m; fl nov–feb; *Moreno 14062, Stevens 10944*; nativa de Sudamérica, ampliamente cultivada en los jardines tropicales. Observadores fortuitos generalmente la consideran igual a *B. suaveolens*.

Brugmansia suaveolens (Willd.) Bercht. & J. Presl, Prir. Rostlin 1(Solanac.): 45. 1823; *Datura suaveolens* Willd.

Arbustos o árboles, hasta 5 m de alto. Hojas ovadas, 15–30 cm de largo y 8–15 cm de ancho, ápice agudo o acuminado, base redondeada u obtusa, subenteras, frecuentemente dimidiadas, pubescentes en ambas superficies; pecíolos 2–8 cm de largo. Flores péndulas, pedicelo 2–5 cm de largo; cáliz hinchado en la yema y en la flor, cayendo junto con la flor, 9–12 cm de largo y 3–4 cm ancho en la parte más ancha, con 5 lobos subiguales, agudos u obtusos, la boca más de 2 veces el ancho del tubo de la corola; corola 25–30 cm de largo, puberulenta por fuera, blanca, rosada o amarillenta, el limbo sinuado-lobado con 5 dientes angostamente lanceolados; estambres insertados inmediatamente por abajo de la parte media del tubo, a veces geniculados, filamentos pilosos cerca del punto de inserción, anteras 25–35 mm de largo.

Arbusto ornamental cultivado, a veces escapado; 600–1300 m; fl ene, feb, may–jun, oct; *Henrich 368, Sandino 5077*; nativa de Sudamérica, ampliamente cultivada en jardines tropicales.

BRUNFELSIA L.

Arbustos o arbolitos, inermes. Hojas simples, enteras; pecioladas. Inflorescencias fascículos subterminales o las flores solitarias en las axilas de las hojas, a menudo vistosas y a veces con olor nocturno, zigomorfas; cáliz campanulado, 5-lobado hasta la 1/2 de su longitud; corola hipocrateriforme, 5-lobada; estambres 4, anteras oblongas o elípticas, inclusas, dehiscencia longitudinal; ovario 2-locular. Fruto (no conocido en Nicaragua) una baya coriácea.

Género con ca 40 especies de Sudamérica y las Antillas, siendo varias especies cultivadas; 2 especies en Nicaragua.

T.C. Plowman. A revision of the South American species of *Brunfelsia* (Solanaceae). Fieldiana, Bot., n.s. 39: 1–135. 1998.

1. Corola azul o violeta, blanca cuando marchita, el tubo menos de 5 cm de largo .... **B. grandiflora**
1. Corola blanca, amarilla cuando marchita, el tubo más de 5 cm de largo .... **B. undulata**

Brunfelsia grandiflora D. Don, Edinburgh New Philos. J. 7: 86. 1829.

Arbustos o arbolitos hasta 1.5 m de alto, glabros; tallos y ramitas café-grisáceas cuando secas. Hojas elípticas, 9–13 cm de largo y 2.5–5 cm de ancho, ápice obtuso o redondeado; pecíolos ca 10 mm de largo. Inflorescencia un fascículo terminal con 1–20 flores, pedicelos 1–3 mm de largo; cáliz campanulado, 8–10 mm de largo, lobado 1/4–1/3 de su longitud, lobos agudos; corola azul o violeta, pero blanca cuando marchita, tubo 1.5–4 cm de largo y ca

2 mm de ancho, a veces pubescente por dentro en la mitad inferior, limbo 2–4 cm de diámetro incluyendo los lobos redondeados.

Arbusto ornamental cultivado; 0–500 m; fl feb; *Rueda 4051*; nativa de Sudamérica, ocasionalmente cultivada en jardines tropicales. "Huele noche".

Brunfelsia undulata Sw., Prodr. 90. 1788.

Arbustos o arbolitos hasta 5 m de alto, glabros; tallos y ramitas café-grisáceas cuando secas. Hojas elípticas u obovadas, más amplias en la mitad superior, 7–12 cm de largo y 2.5–4.5 cm de ancho, ápice agudo o acuminado; pecíolos ca 5 mm de largo. Inflorescencia un fascículo subterminal con 1–5 flores, pedicelos 8–15 mm de largo; cáliz campanulado, 8–12 mm de largo, lobado hasta la 1/2 de su longitud, lobos redondeados; corola blanca pálida a amarilla, a veces con un ojo café pequeño, tubo 8–10 cm de largo y 2–4 mm de ancho, pubescente por dentro en la mitad inferior, limbo 3–4 cm de diámetro incluyendo los 5 lobos redondeados.

Arbusto ornamental; 0–200 m; fl todo el año; *Nee 28190, Stevens 20038*; nativa de Jamaica, comúnmente cultivada en jardines tropicales. Género neotropical con 25–30 especies. "Huele noche".

CAPSICUM L.

Hierbas o arbustos, generalmente ramificados, a veces postrados, inermes, pubescencia de tricomas simples. Hojas solitarias o en pares, simples, mayormente ovadas o elípticas, enteras; pecioladas. Flores solitarias (raramente en pares) en las axilas de las hojas o en las dicotomías de las ramas 5-meras, actinomorfas, los pedicelos con una curvatura conspicua en la inserción del cáliz; cáliz cupuliforme, truncado, frecuentemente con dientes o umbones emergentes en los lados; corola campanulada, parcialmente lobada; filamentos insertos cerca de la base del tubo, anteras oblongas, frecuentemente azuladas, dehiscencia longitudinal; ovario 2-locular pero a veces con placentas múltiples. Fruto una baya carnosa, jugosa o seca, hueca en el centro, frecuentemente picante; semillas numerosas, discoides, 3.5–5 mm de diámetro, amarillas, cremas o negras, con el embrión enrollado.

Género con ca 20 especies, mayormente de Sudamérica; 2 especies nativas o naturalizadas en Nicaragua, una de las cuales es una maleza. Además de los caracteres indicados en la clave, *Capsicum* se distingue de otras Solanaceae por tener una capa de células gigantescas dentro del ovario, la cual es visible con lupa de mano en un corte manual del fruto.

1. Dientes del cáliz ausentes o menos de 0.6 mm de largo; lobos de la corola blancos, a veces amarillentos o violetas, sin manchas .... **C. annuum**
1. Dientes del cáliz 1.5–2.5 mm de largo; lobos de la corola amarillos, mayormente maculados en el interior .... **C. rhomboideum**

Capsicum annuum L., Sp. Pl. 188. 1753.

Hierbas o arbustos, erectos o trepadores, ramificados, hasta 4 m de alto. Hojas solitarias o en pares, ovadas, hasta 10 cm de largo y 4 cm de ancho, ápice acuminado, base cuneada o atenuada, escasamente pubescentes; pecíolos 0.3–4 (–7) cm de largo. Flores solitarias o en pares, pedicelo 2–7 cm de largo; cáliz con umbones de hasta 0.5 mm de largo; corola 2–7 mm de largo, lobada hasta ca la 1/2 de su longitud, blanca o verdosa, sin marcas, a veces amarillenta o violeta; anteras 1.5 mm de largo. Fruto una baya mayormente globosa, ovoide o piriforme pero también de forma y tamaño variado, seca o carnosa, amarilla, roja, morada o verde; semillas de diferente tamaño, amarillas.

Ampliamente distribuida en las tierras bajas de América tropical, pero probablemente nativa de Sudamérica, domesticada en México antes de la conquista. Las plantas con crecimiento leñoso inusual, generalmente con frutos delgados, a veces se identifican como *C. frutescens*. Las plantas con frutos redondeados y pericarpo más grueso a veces con coloración rosada se identifican como *C. chinense*

(*Robleto 902, 1179*). Dos variedades se encuentran en Nicaragua.

1. Fruto más de 7 mm de ancho; semillas mayormente más de 3.5 mm de diámetro; plantas cultivadas .... **C. annuum** var. **annuum**
1. Fruto menos de 7 mm de ancho; semillas mayormente 4 mm de diámetro o menos; plantas silvestres .... **C. annuum** var. **aviculare**

Capsicum annuum var. **annuum**; *C. chinense* Jacq.

Hierbas erectas o arbustos, hasta 1.5 m de alto. Corola 4–7 mm de largo. Fruto muy variable en tamaño y forma, mayormente más de 2 cm de largo y más de 8 mm de ancho, rojo, amarillo o morado, pedicelos fructíferos apicalmente robustos, a veces inclinados; semillas 3–6 mm de diámetro, variables en tamaño.

Planta comestible, cultivada y ornamental en todo el país; 0–500 (–1000) m; fl jun–dic, fr todo el año; *Nee 27927, Stevens 20687*; actualmente cultivada en casi todo el mundo. "Chile", "Chile cabro", "Chiltoma".

Capsicum annuum var. **aviculare** (Dierb.) D'Arcy & Eshbaugh, Phytologia 25: 350. 1973; *C. indicum* var. *aviculare* Dierb.; *C. frutescens* L. var. *frutescens*; *C. annuum* var. *glabriusculum* (Dunal) Heiser & Pickersgill.

Hierbas erectas o trepadoras o arbustos hasta 4 m de alto. Corola 2–4 mm de largo. Fruto mayormente globoso o cónico, hasta 1.5 cm de largo y 7 mm de ancho, rojo, pedicelos fructíferos erectos, delgados; semillas 3.5–4 mm de diámetro.

Frecuente, en bosques alterados y matorrales, en todo el país; 0–300 (–1000) m; fl y fr todo el año; *Nee 27608*, *Stevens 3431*; esta variedad está ampliamente distribuida en la región tropical y subtropical del Nuevo Mundo. Puede hibridizar con la var. *annuum*, y formas intermedias se pueden encontrar cerca de las viviendas. Se cosecha para preparar salsas. "Chile congo".

Capsicum rhomboideum (Dunal) Kuntze, Revis. Gen. Pl. 2: 450. 1891; *Witheringia rhomboidea* Dunal; *W. ciliata* Kunth; *C. ciliatum* (Kunth) Kuntze; *Brachistus pringlei* S. Watson; *C. pringlei* (S. Watson) J.F. Macbr. & Standl.

Arbustos delgados, hasta 2 (–3) m de alto. Hojas solitarias o en pares desiguales, las mayores ovadas a ampliamente elípticas, 2.5–10 cm de largo y 1.5–6 cm de ancho, ápice acuminado, base abruptamente atenuada, puberulentas en ambas superficies con tricomas simples, cortos y recurvados, frecuentemente glabrescentes; pecíolos 0.5–3 cm de largo, alados en la mitad basal. Flores solitarias o en pares, pedicelos 1–2.5 cm de largo (pedicelo fructífero algo más largo); cáliz con dientes de 1.5–2.5 mm de largo, emergentes desde el ápice, reflexos en el fruto; corola 4–6 mm de largo, levemente lobada, amarillenta, frecuentemente maculada; anteras 1.5–2 mm de largo. Fruto una baya globosa, 6–8 mm de diámetro, jugosa, roja; semillas 2–2.5 mm de largo, amarillas.

Común, arbusto del sotobosque, zonas pacífica y norcentral; 100–1250 m; fl y fr abr–nov; *Moreno 21761*, *Stevens 16042*; nativa desde el centro de México a Nicaragua, ampliamente naturalizada en Sudamérica tropical. Las plantas de Nicaragua son menos pubescentes que aquellas más al norte.

CESTRUM L.

Arbustos o raramente árboles pequeños o escandentes, inermes, pubescencia de tricomas simples o dendríticos. Hojas frecuentemente fétidas, mayormente solitarias con las hojas menores mayormente ausentes, simples, enteras; pecioladas. Inflorescencias paniculadas, racemosas o fasciculadas, apareciendo axilares o terminales, con (1)–muchas flores, pedúnculos a veces alargados y muy ramificados, las últimas divisiones a veces parecidas a pedicelos, pedicelos presentes u obsoletos, brácteas a veces foliosas pero mayormente escuamiformes y abrazando la flor, frecuentemente persistentes, flores frecuentemente con olor nocturno, subactinomorfas, 5-meras; cáliz cupuliforme a campanulado, a veces urceolado, lobos mayormente deltoides; corola tubular, lobos angostamente triangulares, patentes; filamentos iguales o subiguales, insertos a varios niveles dentro del tubo de la corola, a veces hinchados, dentados, o pubescentes cerca del punto de inserción, anteras inclusas, con dehiscencia longitudinal; ovario 2-locular, con varios a muchos óvulos, estilo inserto o ligeramente exerto. Baya frecuentemente ovoide o subglobosa, mayormente jugosa, blanca o negro-purpúreo obscura, cáliz rara vez acrescente; semillas 1–pocas, angulares.

Género con ca 175 especies ampliamente distribuidas en las regiones cálidas de América; 12 especies se conocen en Nicaragua. Unas pocas especies se cultivan como plantas ornamentales.

P. Francey. Monographie du genre *Cestrum* L. Candollea 6: 46–398, 7: 1–132. 1936.

1. Plantas copiosamente pubescentes con tricomas ramificados o estrellados .... **C. tomentosum**
1. Plantas glabras o con tricomas simples
    2. Corola anaranjado brillante, vistosa, el tubo más de 2.5 mm de ancho en la boca; flores diurnas; cáliz florífero 4–5 mm de largo; frutos blancos; hojas conspicua y finamente reticuladas en el envés cuando secas; filamentos libres por 5 mm o más .... **C. aurantiacum**
    2. Corola inconspicua, verdosa, amarillenta o blanca, a veces purpúrea, el tubo menos de 2.5 mm de ancho; flores nocturnas; cáliz florífero generalmente hasta 4 mm de largo (hasta 6 mm en *C. dumetorum*); frutos negro-purpúreos o blancos; hojas no conspicua y finamente reticuladas en el envés; filamentos libres hasta por 4 (–5) mm
        3. Hojas maduras con pubescencia en todo el envés, o sólo permanente en los domacios y en los nervios o sólo a lo largo de los nervios; frutos negro-purpúreos

4. Envés de las hojas con domacios tricomatosos en las axilas de los nervios; yemas axilares conspicuas, persistentemente blanco-tomentosas; filamentos con un diente; tubo de la corola hasta 12 mm de largo .... **C. dumetorum**
4. Envés de las hojas sin domacios tricomatosos en las axilas de los nervios; yemas axilares no conspicuas, amarillento- o blanco-pubérulas, glabrescentes; filamentos sin diente; tubo de la corola 17 mm de largo o más

    5. Base de las hojas aguda, hojas maduras con diminutos tricomas igualmente distribuidos, haz lisa; inflorescencia un fascículo compacto; cáliz glabro excepto por el margen ciliado .... **C. alternifolium**
    5. Base de las hojas redondeada u obtusa, hojas maduras con tricomas restringidos a los nervios, haz rugosa; inflorescencia una panícula abierta; cáliz puberulento con tricomas persistentes en el fruto .... **C. reflexum**

3. Hojas maduras glabras en el envés; frutos blancos, azules o negro-purpúreos

    6. Pecíolos hasta 8 mm de largo; hojas menores auriculadas evidentes; inflorescencias panículas terminales; frutos blancos .... **C. fragile**
    6. Pecíolos más de 9 mm de largo; hojas menores ausentes; inflorescencias varias; frutos blancos, azules o negro-purpúreos

        7. Trepadoras; flores en panículas laxas; tubo de la corola 18–20 mm de largo, lobos 7–9 mm de largo .... **C. scandens**
        7. Arbustos o árboles; flores en racimos generalmente cortos, éstos a veces agrupados en panículas en *C. nocturnum*; tubo de la corola 10–19 mm de largo, lobos hasta 5 mm de largo

            8. Tubo de la corola 14–19 mm de largo; filamentos libres por 3–5 mm, glabros; racimos a menudo amontonados y paniculados; frutos blancos ....**C. nocturnum**
            8. Tubo de la corola 10–16 mm de largo; filamentos libres por 1–3 mm o si libres hasta 4.5 mm, entonces los filamentos pubescentes justo por encima de la inserción; racimos no paniculados; frutos negros o purpúreos

                9. Hojas membranáceas, 9–17.5 cm de largo, nervios secundarios 10–18 (o si menos, entonces con numerosos nervios intersecundarios conspicuos), formando un ángulo de 60–90° con el nervio principal y ampliamente curvados hacia el margen; inflorescencia generalmente, e infructescencia siempre, más largas que el pecíolo subyacente; filamentos sin diente, glabros o rara vez pubescentes por abajo

                    10. Hojas con base atenuada (aguda), nervios secundarios 7–10; inflorescencia menudamente puberulenta, glabrescente; cáliz glabro excepto por los ápices de los lobos con un mechón piloso, glabrescentes; corola pubescente por dentro en los 2/3 basales, lobos ciliolados .... **C. microcalyx**
                    10. Hojas con base redondeada (obtusa), nervios secundarios 13–18; inflorescencia persistentemente tomentosa; cáliz densamente pubescente, pubescencia persistente; tubo de la corola glabro, lobos tomentosos en los márgenes ...... **C. racemosum**

                9. Hojas a menudo subcoriáceas, 11–34 cm de largo, nervios secundarios 6–11, sin nervios intersecundarios conspicuos, formando un ángulo de ca 45° con el nervio principal, más pronunciadamente ascendentes; inflorescencia e infructescencia más cortas que el pecíolo subyacente; filamentos a menudo con un diente diferenciado o la pubescencia del filamento justo por encima del punto de inserción

                    11. Hojas elípticas a lanceoladas, base obtusa a cuneada, nervio principal y nervios secundarios del envés de color más claro que la superficie al secarse, amarillos o anaranjados, retículo terciario inconspicuo; filamentos con un diente, glabros .... **C. glanduliferum**
                    11. Hojas oblanceoladas a elípticas, base atenuada (aguda), nervio principal y nervios secundarios del envés más obscuros o del mismo color que la superficie al secarse, retículo terciario conspicuo, a menudo blanquecino; filamentos generalmente sin diente (a veces hinchados), pubescentes justo por encima del punto de inserción .... **C. megalophyllum**

Cestrum alternifolium (Jacq.) O.E. Schulz in Urb., Symb. Antill. 6: 270. 1909; *Ixora alternifolia* Jacq.

Arbustos 1–3 m de alto, con ramitas delgadas, puberulentas. Hojas ovadas, 3–7 cm de largo, ápice agudo o acuminado, base aguda, envés uniforme y persistentemente puberulento; pecíolos 0.2–0.8 cm de largo, puberulentos. Inflorescencias fascículos con pocas flores, compactas, terminales o axilares, raquis puberulento, pedicelos 0.5 mm de largo, flores nocturnas y fragantes; cáliz cupuliforme, ca 3 mm de largo, apicalmente ciliado, de otro modo glabro (en

Nicaragua), lobos deltoides de 0.3–1 mm de largo; corola verdosa, a veces purpúrea, tubo delgado, 17–21 mm de largo, expandiéndose alrededor de las anteras, glabro, lobos 4–6 mm de largo, ciliados; filamentos libres por 0.5–1 mm de su longitud, sin dientes, glabros. Baya ovoide, 8–14 mm de largo, purpúreo obscura; semillas 5–6 mm de largo.

Común, bosques secos, zonas pacífica y norcentral; 0–810 (–1000) m; fl sep–ene, fr oct, nov, feb; *Moreno 22842, Robleto 1632*; ampliamente distribuida desde el sur de México hasta el norte de Sudamérica, más abundante hacia el sur de Nicaragua.

Cestrum aurantiacum Lindl., Edwards's Bot. Reg. 30: misc. 71. 1844.

Arbustos o árboles pequeños, 2–5 m de alto, con ramitas glabras. Hojas ovadas o elípticas, 7–13 cm de largo, ápice acuminado, base obtusa, glabras; pecíolos 1.5–3 cm de largo, glabros. Inflorescencias mayormente de fascículos con varias flores, terminales en brotes axilares cerca de los extremos de las ramas, a veces paniculadas, raquis glabro, pedicelos ca 1 mm de largo, flores diurnas y vistosas; cáliz tubular, 4–5 mm de largo, glabro o apicalmente ciliolado, lobos subulados, ligeramente desiguales, extendiéndose 1–2 mm de la costa, a veces purpúreos; corola amarillo brillante o anaranjada, tubo obcónico, 14–20 mm de largo, glabro, lobos 3–4 mm de largo, a veces más obscuros, menudamente puberulentos o ciliolados; filamentos libres por 5–8 mm de su longitud, denticulados, pubescentes en y por abajo del punto de inserción. Baya ovoide, 7–11 mm de largo, blanca, cáliz abrazador frecuentemente separándose; semillas 4–5 mm de largo.

Abundante, en vegetación secundaria de bosques montanos húmedos, zonas pacífica y norcentral; 700–1700 m; fl y fr todo el año; *Henrich 223, Miller 1397*; muy común en Guatemala y Nicaragua, probablemente introducida en otros países de América tropical y a veces cultivada en jardines. Esta especie se puede reconocer por sus flores amarillo-anaranjado brillantes y sus bayas blancas. Los ejemplares de herbario en fruto se pueden reconocer por el cáliz grande y partido.

Cestrum dumetorum Schltdl., Linnaea 7: 61. 1832; *C. laxiflorum* Francey; *C. honduro-nicaraguense* C. Nelson.

Arbustos o árboles, 2–7 m de alto, con ramitas tomentulosas, glabrescentes, yemas axilares tomentosas. Hojas mayores angostamente ovadas o elípticas, 7–13 (–20) cm de largo, ápice agudo o acuminado, base obtusa, ambas superficies suavemente tomentosas, glabrescentes excepto en los nervios y los domacios conspicuos en las axilas de los nervios en el envés; pecíolos 1–3.5 cm de largo, tomentosos y glabrescentes, hojas menores a veces evidentes. Inflorescencias panículas laxas con muchas flores, en los extremos de las ramas, raquis tomentuloso, pedicelos obsoletos, flores nocturnas; cáliz tubular, 4–6 mm de largo, tomentoso especialmente en las costas, lobos desiguales, en su mayoría muy pequeños, 0.1–0.2 mm de largo, con 1 ó 2 senos separándose profundamente hasta 2.5 mm; corola verde, tubo obcónico, 8–12 mm de largo, ligeramente ensanchado alrededor de las anteras, frecuentemente casi la mitad incluida en el cáliz, glabro, lobos 4–6 mm de largo, tomentosos en el margen; filamentos libres por 1–2 mm de su longitud, denticulados, pubescentes por abajo del diente y glabros por encima. Baya ovoide, 6–8 mm de largo, purpúreo obscura, parcialmente incluida en el cáliz irregular; semillas 3–4 mm de largo.

Común, áreas alteradas, zonas pacífica y norcentral; 200–1100 m; fl y fr todo el año; *Moreno 20135, Stevens 6200*; centro de México a Costa Rica. *C. laxiflorum* (=nom. nov. *C. honduro-nicaraguense*) fue descrita de material de Nicaragua (*Baker 2122*) y Honduras, ninguno de los cuales se ha visto, por lo que se la ha puesto en sinonimia con ciertas dudas. En el tratado de Francey, tanto *C. dumetorum* como *C. laxiflorum* tienen un domacio de tricomas en las axilas de los nervios en el envés, los cuales de otra manera son diagnósticos de *C. dumetorum* en Centroamérica y, las diferencias atribuidas a *C. laxiflorum*, como son los lobos de la corola 6.5 mm de largo y las inflorescencias compactas, son algunas veces observadas en el grupo al que aquí se ha referido como *C. dumetorum*. "Hediondillo".

Cestrum fragile Francey, Candollea 7: 27. 1936.

Arbustos o árboles pequeños, 1–2 m de alto, con ramitas puberulentas de tricomas erectos. Hojas mayores angostamente ovadas, 7–14 cm de largo, ápice largamente agudo o acuminado, base obtusa o redondeada, glabras o menudamente puberulentas en los nervios; pecíolos hasta 0.8 cm de largo, tomentosos; hojas menores conspicuas, ca 5 mm de largo, auriculadas, falcadas. Inflorescencias mayormente de panículas laxas, abiertas, terminales en las ramas frondosas, raquis escasamente puberulento, pedicelos obsoletos o de hasta 6 mm de largo en la misma inflorescencia, flores nocturnas; cáliz tubular-campanulado o urceolado, 3–4 mm de largo, a veces puberulento, lobos deltoides, ca 1 mm de largo; corola amarillo-verdosa, tubo delgado, ca 18 mm de largo, expandiéndose cerca de las anteras, glabro, lobos 6–7 mm de largo, ciliados; filamentos libres por 3–4 mm de su longitud, denticulados, pubescentes cerca del punto de inserción, de otro modo frecuentemente glabros. Baya ovoide, 10–15 mm de largo, blanca; semillas 5–6 mm de largo.

Poco común, bosques siempreverdes, nebliselvas, cafetales, zona norcentral; 500–1300 (–1500) m; fl feb, fr jul, ago, dic; *Stevens 9575, 22707*; Nicaragua, Costa Rica y posiblemente Panamá.

Cestrum glanduliferum Francey, Candollea 6: 386. 1936.

Arbustos o árboles, 2–8 m de alto, con ramitas menudamente puberulentas, rápidamente glabrescentes, al secarse lustrosas con estrías angostas. Hojas elípticas o lanceoladas, 11–22 cm de largo, ápice agudo o acuminado, base obtusa a cuneada, glabras o menudamente glandulosas; pecíolos hasta 2.5 cm de largo, a veces suberosos. Inflorescencias no ramificadas, de racimos cortos con muchas flores, axilares, raquis glandular-puberulento a glabro, pedicelos obsoletos hasta de 2 mm de largo, flores nocturnas; cáliz tubular, 2–3 mm de largo, apicalmente ciliolado, lobos deltoides, 0.5–0.7 mm de largo; corola amarillo-blanquecina, tubo angosto, ca 10 mm de largo, expandido en el 1/3 apical, glabro por fuera, a veces puberulento por dentro, lobos 1.7–3 mm de largo, ciliados; filamentos libres por 2–3 mm de su longitud, denticulados, glabros. Baya ovoide, 6–8 mm de largo, negruzca; semillas 4–6 mm de largo.

Común, colectada mayormente en cafetales, zonas pacífica y norcentral; 400–1500 m; fr feb–may; *Robleto 289, 1944*; México a Colombia.

Cestrum megalophyllum Dunal in A. DC., Prodr. 13(1): 638. 1852; *C. baenitzii* Lingelsh.

Arbustos o árboles pequeños, 2–10 m de alto, con ramitas robustas puberulentas, glabrescentes. Hojas obovadas o elípticas, 11–34 cm de largo, ápice redondeado, agudo o cortamente acuminado, base atenuada (aguda), glabras en la madurez excepto en algunos nervios en el envés; pecíolos 1–3.5 cm de largo, glabros. Inflorescencias racimos cortos y axilares, raquis tomentuloso, pedicelos hasta 1 mm de largo, flores nocturnas; cáliz tubular-campanulado, 2–3.2 mm de largo, lobos deltoides, 0.2–0.7 mm de largo, con un mechón de tricomas en el ápice, purpúreos; corola blanco-verdosa, a veces purpúrea, tubo angostamente obcónico, 10–15 mm de largo, expandiéndose ligeramente en el 1/3 apical y ligeramente contraído por abajo de los lobos, glabro excepto en la base por dentro, lobos 3–5 mm de largo, puberulentos; filamentos libres por 3–4.2 mm de su longitud, a veces hinchados, rara vez con un diente cerca del punto de inserción, glabros o pubes-

centes justo por encima del punto de inserción. Baya ovoide, 7–9 mm de largo, purpúreo obscura; semillas 4–6 mm de largo.

Común, bosques húmedos, zonas atlántica y pacífica; 400–600 m; fl dic–mar, fr dic–may; *Stevens 18783, Tomlin 98*; ampliamente distribuida en América tropical.

Cestrum microcalyx Francey, Candollea 6: 301. 1936.

Arbustos o árboles, 2–10 m de alto, con ramas menudamente puberulentas o glabras. Hojas elípticas a oblongas, 9.5–17 cm de largo, a menudo angostas, ápice acuminado o agudo, base atenuada (aguda), glabras cuando maduras; pecíolos 1–1.5 cm de largo, puberulentos a glabrescentes. Inflorescencias racimos cortos y axilares, raquis menudamente puberulento o glabro, pedicelos obsoletos hasta 1 mm de largo, flores nocturnas; cáliz urceolado, 1.5–2.2 mm de largo, glabro excepto por los ápices de los lobos con mechones pilosos, lobos deltoides, 0.3–0.5 mm de largo; corola blanca, tubo angostamente obcónico, 15–15.5 mm de largo, ligeramente contraído justo por encima de las anteras, glabro por fuera, pubescente en los 2/3 basales por dentro, lobos 2.5–4 mm de largo, ciliolados; filamentos libres por 1–1.5 mm de su longitud, sin dientes, glabros. Baya globosa, ca 9 mm de largo, purpúrea; semillas 5 mm de largo.

Ocasional, bosques húmedos, zona atlántica; 10–800 m; fl jul, fr may; *Araquistain 2436, Sandino 3393*; Nicaragua a Perú.

Cestrum nocturnum L., Sp. Pl. 191. 1753.

Arbustos o árboles, hasta 5 m de alto, con ramitas menudamente pubescentes, glabrescentes. Hojas ovadas o elípticas, 6–11 cm de largo, ápice acuminado, base obtusa, glabras cuando maduras; pecíolos 1–2 cm de largo, glabros. Inflorescencias racimos cortos con muchas flores, axilares o terminales, frecuentemente en las ramas frondosas, a menudo amontonadas o formando panículas, raquis a veces puberulento, alargándose en el fruto, pedicelos subobsoletos, flores nocturnas y conspicuamente fragantes; cáliz cupuliforme, 2–3 mm de largo, glabro, lobos angostamente deltoides, 0.4 (–1.5) mm de largo; corola amarilla o verdosa, tubo delgado, 14–19 mm de largo, expandiéndose en el 1/3 apical, piloso por dentro en el punto de inserción de los filamentos, glabro por fuera, lobos ca 3 mm de largo, puberulentos; filamentos libres por 3–5 mm de su longitud, denticulados, glabros. Baya globosa, hasta 7–10 mm de largo, blanca; semillas 3–6 mm de largo.

Abundante, bosques secos a húmedos, en todo el

país; 40–1000 m; fl todo el año, fr sep–ene; *Stevens 8112, 11844*; ampliamente distribuida en Mesoamérica y en las Antillas, ampliamente cultivada en jardines tropicales por su fragancia nocturna. "Huele noche".

Cestrum racemosum Ruiz & Pav., Fl. Peruv. 2: 29, t. 154. 1799.

Arbustos o árboles, hasta 12 m de alto, con ramitas glabras o con tricomas ascendentes diminutos. Hojas ovadas o angostamente ovadas, 9–17.5 cm de largo, ápice acuminado, base redondeada (obtusa), glabras cuando maduras; pecíolos hasta 1.6 cm de largo, glabros (puberulentos). Inflorescencias 1–3 racimos cortos, abiertas, mayormente axilares en las hojas normales, raquis menudamente tomentoso, tricomas persistentes, pedicelos obsoletos, flores nocturnas; cáliz tubular, 2.5–3.5 mm de largo, densamente pubescente, tricomas persistentes, lobos deltoides de 0.5–1.2 mm de largo; corola verdosa o amarillenta, tubo delgado, 10–15 mm de largo, expandiéndose cerca del ápice, glabro, lobos 2.2–3.5 mm de largo, menudamente tomentosos en los márgenes; filamentos libres por 1–2.2 mm de su longitud, sin dientes, a veces pubescentes por abajo. Baya ovoide, 6–8 mm de largo, negra; semillas 3–4 mm de largo.

Poco frecuente, bosques de galería, zonas atlántica y norcentral; 0–800 (–1200) m; fl feb, may; *Araquistain 2643, Neill 3756*; México a Bolivia.

Cestrum reflexum Sendtn. in Mart., Fl. Bras. 10: 218. 1846.

Arbustos, hasta 3 m de alto, con ramitas y ramas tomentulosas en líneas. Hojas ovadas, 6–10 cm de largo, ápice agudo o acuminado, base obtusa o redondeada, envés puberulento, tricomas persistentes en los nervios, frecuentemente con un tinte grisáceo cuando secas; pecíolos hasta 1–2 cm de largo, tomentosos. Inflorescencias panículas, en brotes laterales frondosos, los racimos abiertos, terminales y en las axilas de las hojas de menor tamaño, raquis tomentuloso, pedicelos obsoletos, pero los últimos elementos del raquis parecidos a pedicelos, flores nocturnas; cáliz tubular, ca 3.5 mm de largo, pubescente, lobos desiguales y ensanchados, 0.5 (–1) mm de largo, ciliados; corola amarillo-verdosa o blanca, tubo delgado, ca 25 mm de largo, expandiéndose cerca del ápice, glabro, lobos (5–) 7 (–8) mm de largo, pubescentes en los márgenes; filamentos libres por 1–1.5 mm de su longitud, sin dientes, glabros. Baya ovoide, 9–12 mm de largo, lustrosa, negra, conspicuamente abrazada por el cáliz obcónico; semillas 3.5–5 mm de largo.

Rara, principalmente en bosques muy húmedos,

zona atlántica; 0–350 m; fl feb, ago, fr feb, sep; *Moreno 14713, Rueda 4881*; Nicaragua a Bolivia.

Cestrum scandens Vahl, Eclog. Amer. 1: 24. 1797.

Trepadoras leñosas, hasta de varios metros de largo, con ramitas glabrescentes. Hojas ovadas, de varios tamaños en la misma rama, mayormente 9–14 cm de largo, ápice agudo, base obtusa o redondeada, a veces rápidamente glabrescentes; pecíolos hasta 1.5 cm de largo, glabrescentes. Inflorescencias panículas laxas con varias flores, axilares o terminales, con hojas normales disminuyendo hacia arriba y volviéndose brácteas pequeñas, raquis glabro, pedicelos ausentes, la última rama de la inflorescencia parecida a un pedicelo, flores nocturnas y fragantes; cáliz tubular-campanulado, 3–4 mm de largo, glabro, lobos deltoides, ca 1 mm de largo; corola verde-amarillenta, a veces purpúrea, tubo delgado, 18–20 mm de largo, apenas ensanchado alrededor de las anteras, glabro por fuera, a veces pubescente por dentro, lobos 7–9 mm de largo, marginalmente tomentulosos; filamentos libres hasta 0.5 mm de su longitud, sin dientes, glabros. Baya elipsoide u obovoide, 6–8 mm de largo, azul, negruzca o blanca; semillas 5 mm de largo.

Poco común, bosques de galería, bosques secos, zona pacífica; hasta 600 m; fl dic–feb, fr feb; *Sandino 4097, Stevens 22627*; México (Veracruz) a Colombia y Venezuela.

Cestrum tomentosum L. f., Suppl. Pl. 150. 1782; *C. lanatum* M. Martens & Galeotti.

Arbustos o árboles pequeños, 2–4 m de alto, con ramitas tomentulosas. Hojas mayores ovadas o elípticas, 7–14 cm de largo, ápice agudo o acuminado, base obtusa, haz glabra, envés suavemente tomentoso; pecíolo hasta 2 cm de largo, tomentoso; hojas menores a veces presentes. Inflorescencias mayormente de racimos cortos con muchas flores, amontonados entre las hojas cerca de los extremos de las ramas, raquis tomentoso, algo alargado en el fruto, pedicelos subobsoletos; cáliz tubular, 4–5 mm de largo, tomentoso excepto a veces cerca de la base, lobos deltoides, ca 2 mm de largo; corola verdosa, blanquecina o amarillenta, a veces purpúrea, tubo 10–15 mm de largo, basalmente delgado y expandiéndose en el 1/3 apical, glabro, lobos ca 3 mm de largo, puberulentos; filamentos libres por ca 5 mm de su longitud, hinchados (algo denticulados), glabros o pubescentes cerca del punto de inserción. Baya ovoide, 6–8 mm de largo, negruzca; semillas 3–4 mm de largo.

Común, bosques de pino-encinos, cafetales, zonas pacífica y norcentral; 500–1500 m; fl y fr ene–may; *Sandino 3091, Stevens 19020*; México a Perú.

CUATRESIA Hunz.

Cuatresia exiguiflora (D'Arcy) Hunz., Opera Bot. 92: 75. 1987; *Witheringia exiguiflora* D'Arcy.

Arbustos, 1–3 m de alto, ramas jóvenes glabras. Hojas simples, dimorfas, las mayores elípticas a oblanceoladas, 21–31 cm de largo y 8.8–15 cm de ancho, ápice agudo, base redondeada a obtusa, enteras, coriáceas, glabras; pecíolos 0.6–1.2 cm de largo, glabros. Inflorescencias cimoso-racemosas, con pocas flores, pedúnculo 5–10 mm de largo, pedicelos 4–10 mm de largo, robustos, vellosos con tricomas brillantes, café claros, flores actinomorfas, 5-meras; cáliz campanulado, 5–6 mm de largo, densamente velloso por fuera con tricomas colapsados, brillantes, café claros, lobos deltoides, ca 2 mm de largo; corola campanulada a infundibuliforme, apicalmente plicada, 10–12 mm de largo, pubescente por fuera, amarilla, lobos 2.5–3.5 mm de largo; filamentos insertados en el 1/3 basal del tubo de la corola, casi glabros, anteras oblongas, 2.5–2.8 mm de largo, ventrifijas, inclusas, con dehiscencia longitudinal; ovario basalmente rodeado por un disco nectarífero grande. Fruto una baya, elíptica o angostamente piriforme, rodeada laxamente por el cáliz acrescente.

Rara, bosques húmedos, zonas pacífica y atlántica; 20–540 m; fl feb, oct; *Grijalva 1482, Rueda 4068*; Nicaragua, Panamá a Perú. Otra especie, *C. riparia* (Kunth) Hunz., de Guatemala y Costa Rica a Perú se podría encontrar en Nicaragua; se diferencia de nuestra especie por tener las hojas más pequeñas (hasta ca 13 cm de largo), pedicelos largos y delgados, cáliz glabro y lobos de la corola más largos que el tubo. Género neotropical con ca 10 especies.

CYPHOMANDRA Sendtn.

Cyphomandra hartwegii (Miers) Walp., Repert. Bot. Syst. 6: 579. 1847; *Pionandra hartwegii* Miers; *C. rojasiana* Standl. & Steyerm.; *Solanum circinatum* Bohs.

Arbustos débiles o árboles, fétidos, hasta 10 m de alto, inermes, ramitas puberulentas con tricomas diminutos, erectos y glandulares, glabrescentes. Hojas solitarias o en pares, ovadas, hasta 30 cm de largo, ápice acuminado, base cordada, mayormente enteras pero a veces profundamente lobadas o sinuado-lobadas, haz menudamente glanduloso-pubescente especialmente en los nervios, envés con tricomas cortamente puntiagudos, glabrescentes, subcoriáceas, obscuras cuando secas; pecíolos hasta 10 cm de largo, puberulentos. Inflorescencias racimos péndulos desde la bifurcación del tallo, pedúnculo hasta 25 cm de largo, alargado, a veces ramificado, apicalmente doblado, con varias a muchas flores 5-meras, pedicelos hasta 4 cm de largo, las cicatrices de los pedicelos conspicuas; cáliz ampliamente campanulado, ca 5 mm de largo, lobos deltoides a redondeados, apiculados, 1.5–3.5 mm de largo, a veces muy desiguales con unos más pequeños de ca 0.5 mm de largo; corola ampliamente campanulada a rotácea, 1–2 cm de diámetro, profundamente lobada casi hasta la base, amarillenta, verdosa o café; anteras lanceoladas, ca 10 mm de largo, mucho más largas que los filamentos, conectivo grueso de color violeta o café, tecas amarillas, dehiscencia terminal por poros diminutos. Baya péndula, elipsoide, ca 3 cm de largo, mayormente verde o con rayas de color café; semillas numerosas, comprimidas, ca 5 mm de largo, con el embrión enrollado.

Poco común, en bosques muy húmedos tropicales, zona atlántica; 0–300 m; fl y fr todo el año; *Miller 1106, Stevens 4938*; México a Perú. Ha sido tratada como *C. tegore* (Aubl.) Walp. Además de la especie aquí registrada, *C. betacea* (Cav.) Sendtn., "Tomate de árbol", es a veces cultivada en otras partes de Centroamérica por sus frutos comestibles. Es similar a *C. hartwegii*, pero se diferencia por tener hojas pubescentes más grandes, fruto rojo y semillas negras pilosas. Género con ca 35 especies, mayormente de Sudamérica. Recientemente las especies de este género fueron transferidas a *Solanum*.

L. Bohs. *Cyphomandra* (Solanaceae). Fl. Neotrop. 63: 1–175. 1994; L. Bohs. Transfer of *Cyphomandra* (Solanaceae) and its species to *Solanum*. Taxon 44: 583–587. 1995.

DATURA L.

Hierbas grandes o arbustos pequeños, inermes; tallos a veces purpúreos, con pubescencia de tricomas simples. Hojas simples, mayormente ovadas, enteras, dentadas o lobadas; pecioladas. Flores solitarias en las dicotomías del tallo, pediceladas, nocturnas, fragantes, grandes, actinomorfas, 5-meras; cáliz tubular, circuncísil desde cerca de la base en el fruto dejando un reborde que se puede agrandar formando un escudo o copa subyacente al fruto, en Nicaragua apicalmente con 5 lobos cortos (en otros sitios a veces con una hendedura y espatáceo); corola tubular-infundibuliforme (hipocrateriforme), mayormente con 5 ó 10 (a veces dobles o triples) lobos cortamente apiculados, blanca, azul, purpúrea o malva; estambres insertos cerca de la parte media del tubo de la corola, anteras oblongas, exertas, dehiscentes longitudinalmente hacia adentro; ovario redondeado, 4-locular. Fruto una cápsula seca, ovoide o subglobosa, espinosa o tuberculada, apicalmente dehiscente o indehiscente; semillas numerosas, discoides, de color café o negro, una carúncula (eleosoma) frecuentemente presente, con el embrión curvado.

Género con ca 13 especies de las regiones templadas, con su mayor concentración en México. Las 3 especies que se encuentran en Nicaragua son malezas ampliamente distribuidas.

K. Hammer, A. Romeike y C. Tittel. Vorarbeiten zur monographischen Darstellung von Wildpflanzensortimenten: *Datura* L., sectiones *Dutra* Bernh., *Ceratocaulis* Bernh. et *Datura*. Kulturpflanze 31: 13–75. 1983.

1. Fruto cubierto de tubérculos cónicos, inerme, péndulo; plantas generalmente más de 1 m de alto, ornamentales, cultivadas .... **D. metel**
1. Fruto cubierto de acúleos, erecto o péndulo; plantas rara vez más de 1 m de alto, malezas de sitios alterados
    2. Fruto péndulo, dehiscente tardía e irregularmente, pubescente; plantas finamente pubescentes; cáliz mayormente más de 6 cm de largo con dientes acuminados, éstos más largos que anchos y frecuentemente desiguales; semillas carunculadas de color café; anteras más de 7 mm de largo .... **D. inoxia**
    2. Fruto erecto, dehiscente desde el ápice por medio de valvas, glabro; plantas glabras; cáliz mayormente menos de 6 cm de largo con dientes deltoides e iguales; semillas ecarunculadas de color negro; anteras menos de 5 mm de largo .... **D. stramonium**

Datura inoxia Mill., Gard. Dict., ed. 8, Datura no. 5. 1768.

Hierbas anuales, hasta 1 m de alto, robustas, finamente pubescente-glandulosas, a veces con rizoma persistente. Hojas ovadas, 8–12 cm de largo y 4–8 cm de ancho, ápice agudo, base redondeada a cuneada, a menudo asimétrica, subenteras o sinuado-lobadas; pecíolos 3–8 cm de largo. Pedicelos floríferos erectos, 6–8 cm de largo; cáliz 6–9 cm de largo, algo hinchado basalmente, dientes acuminados, frecuentemente desiguales; corola 9–18 cm de largo, con 10 puntas, blanca; anteras 8–14 mm de largo. Cápsula ovoide, péndula, 2–3 cm de diámetro, cubierta de acúleos débiles, dehiscente tardía e irregularmente; semillas carunculadas, 3–4 mm de diámetro, cafés.

Maleza raramente colectada, en orillas de caminos, zona pacífica; hasta 500 m; fl sep–nov, fr jun, nov; *Guzmán 975, Moreno 18378*; quizás nativa de México, hoy en día ampliamente distribuida en las áreas tropicales.

Datura metel L., Sp. Pl. 179. 1753.

Hierbas robustas y perennes o arbustos hasta 2.5 m de alto, casi glabros; tallos a veces purpúreos. Hojas ampliamente ovadas, 8–22 cm de largo y 5.5–11 cm de ancho, ápice agudo a acuminado, base cuneada o truncada, sinuado-lobadas; pecíolos 8–15 cm de largo. Pedicelos floríferos erectos, 6–10 cm de largo, doblados hacia abajo en el fruto; cáliz 5–7 cm de largo, dientes deltoides, mayormente más largos

que anchos, subiguales; corola 8–20 cm de largo, con 5–10 puntas, a veces doble o triple, blanca o purpúrea; anteras ca 10 mm de largo. Cápsula ovoide, péndula, 3 cm de diámetro, cubierta de tubérculos cónicos, tardíamente dehiscente; semillas carunculadas, 3–5 mm de diámetro, cafés.

Arbusto ornamental, poco cultivado y a veces escapado, en todo el país; 0–900 m; fl sep–nov; *Nee 27726, Stevens 19842*; aunque se dice que es nativa de la India, es probablemente nativa de México.

Datura stramonium L., Sp. Pl. 179. 1753.

Hierbas anuales, hasta 1 m de alto, robustas, glabras; tallos a veces purpúreos. Hojas ovadas a deltoides, 8–20 cm de largo y 5–19 cm de ancho, ápice y lobos agudos o acuminados, base cuneada o acuminada, prominentemente sinuado-lobadas o dentadas; pecíolos 3–12 cm de largo. Pedicelos floríferos erectos, 4–6 cm de largo; cáliz 3–5 cm de largo, dientes deltoides, iguales; corola 6–9 cm de largo, lobos 5, blanca, azul o malva; anteras 3–4 mm de largo. Cápsula ovoide, erecta, 3–4 cm de diámetro, copiosamente cubierta de acúleos rígidos y puntiagudos, dehiscente desde el ápice; semillas sin carúncula, 3–4 mm de diámetro, negras.

Maleza común, en pastizales y orillas de caminos, zona norcentral; mayormente 1000–1300 m; fl y fr jul–dic; *Stevens 9957, 10242*; aunque se dice que es nativa de la India, es probablemente nativa de México pero actualmente está ampliamente distribuida.

JALTOMATA Schltdl.

Jaltomata repandidentata (Dunal) Hunz., Kurtziana 10: 8. 1977; *Saracha procumbens* var. *repandidentata* Dunal.

Hierbas erectas o escandentes, hasta 2 m de alto, inermes, frecuentemente casi glabras, ramificadas; tallos a veces gruesos y huecos, a veces angulados, a veces con tricomas blancos al secarse. Hojas solitarias o en pares, simples, ovadas o elípticas, 5–10 cm de largo y 2–5 cm de ancho, pero a veces mucho más grandes, ápice acuminado, base atenuada u obtusa, enteras o sinuado-dentadas, casi glabras, envés a veces pubescente a lo largo de los nervios; pecíolos hasta 5 cm de largo, frecuentemente apareciendo alados. Inflorescencias umbelas solitarias en las dicotomías del tallo, pedúnculo hasta 4 cm de largo, mayormente delgado, pedicelos 2–15, 1 cm de largo, más largos en el fruto, las flores colgantes, actinomorfas, 5-meras; cáliz cupuliforme, ca 5 mm de largo, lobado hasta la 1/2 de su longitud, rápidamente partiéndose hasta cerca de la base, lobos ovados, agudos; corola subrotácea, reflexa, verde-amarillenta, frecuentemente con algunos puntos verdosos a lo largo de la costa, lobos deltoides, 10–15 mm de largo; filamentos insertados cerca de la base del tubo de la corola, delgados, glabros o pubescentes, anteras elipsoides, ca 2 mm de largo, las 2 tecas y el conectivo similares cuando frescos, conectivo encogido y antera plana cuando secos, exertas, dehiscencia longitudinal; ovario 2-locular, estilo excediendo a los estambres, estigma pequeño, capitado. Fruto una baya globosa, 8–12 mm de diámetro, negro-purpúrea, lustrosa, abrazada por el cáliz acrescente y patente; semillas numerosas, discoides, 1.5–4 mm de diámetro, amarillentas, con embrión enrollado.

Abundante, en matorrales y orillas de caminos, en todo el país; 200–1000 m; fl y fr jul–oct; *Stevens 14697, 22970*; México a Bolivia. Esta especie está cercanamente relacionada y es muy difícil de distinguir de *J. procumbens* (Cav.) J.L. Gentry, la cual podría también encontrarse en Nicaragua. *J. procumbens* tiene los estambres de igual longitud con los filamentos rectos, mientras que *J. repandidentata* tiene los estambres de diferente longitud con filamentos sigmoides. Género con ca 28 especies distribuidas desde el sur de Estados Unidos hasta Argentina y en las Antillas. Las hojas y los frutos son a veces comestibles.

LYCIANTHES (Dunal) Hassl.

Hierbas, arbustos, árboles pequeños o enredaderas, trepadoras terrestres o hemiepífitas, inermes; pubescencia de tricomas simples, dendríticos o estrellados, a veces glandulares. Hojas solitarias o en pares desiguales, simples, mayormente enteras; pecioladas. Inflorescencias mayormente fascículos axilares en brotes cortos (braquiblastos), raramente apareciendo pedunculados, o las flores solitarias, frecuentemente nocturnas, subactinomorfas, 5-meras, pedúnculo ausente, pedicelos mayormente presentes, brácteas y bractéolas ausentes; cáliz cupuliforme a campanulado, apicalmente truncado en un margen delgado, frecuentemente con (1–) 5 ó 10 dientes o umbones surgiendo por abajo del margen, dientes a veces alargados; corola mayormente rotácea, lobos anchos y poco profundos o angostos y hasta la base, iguales; estambres iguales o 1 más largo que los otros, insertos en el ápice del tubo de la corola, libres o cohesionados en un tubo, anteras dehiscentes por poros terminales o raramente longitudinales (*L. anomala* y *L. sanctaeclarae* en Nicaragua); ovario 2-locular, con muchos óvulos, estilo ligeramente exerto. Baya mayormente subglobosa, jugosa, roja o anaranjada, cáliz y pedicelos fructíferos frecuentemente algo acrescentes; semillas numerosas, discoides, con el embrión enrollado.

Género con ca 175 especies ampliamente distribuidas en las partes cálidas de las América y también en el sureste de Asia y Australasia; 12 especies se encuentran en Nicaragua. La mayoría de las colecciones de estas especies están en fruto y los detalles de las flores son poco conocidos. El género es poco entendido en Nicaragua, por lo que varias colecciones no pudieron asignarse a una especie. El tratado presentado a continuación es bastante provisional. Las especies de *Lycianthes* son bastante similares a *Solanum*, las cuales se diferencian por tener cáliz de 5 lobos vascularizados directamente desde la base. En *Lycianthes* el cáliz es truncado y los dientes que aparecen en algunas especies surgen por abajo del ápice. Algunas especies se usan como plantas ornamentales (no en Nicaragua) y algunas especies herbáceas se cultivan por sus frutos comestibles (no en Nicaragua).

1. Plantas al menos con algunos tricomas estrellados o dendríticos; filamentos generalmente desiguales
   2. Cáliz sin dientes, a veces con umbones; anteras connadas abriéndose por hendeduras introrsas; corola lobada más de la 1/2 de su longitud
      3. Plantas casi glabras, las hojas glabras excepto por los domacios en las axilas de los nervios en el envés; cáliz florífero menos de 5 mm de largo .... **L. anomala**
      3. Plantas copiosamente estrellado pubescentes en la mayoría de las partes; cáliz florífero más de 5 mm de largo .... **L. sanctaeclarae**
   2. Cáliz con 10 dientes subapicales evidentes; anteras libres abriéndose por poros apicales; corola lobada hasta la 1/2 o menos
      4. Hojas mayormente hasta 5 cm de largo y 4 cm de ancho, a menudo basalmente truncadas, haz con copiosos tricomas finos, cortamente pediculados, mayormente 2 ó 3 radiados .... **L. lenta**
      4. Hojas mayormente más de 5 cm de largo y de ancho, basalmente obtusas o redondeadas, raramente truncadas, haz con dispersos tricomas finos y sésiles o gruesos y pediculados
         5. Dientes del cáliz proximalmente tomentosos, los ápices glabros y frecuentemente apareciendo como protuberancias obscuras y glabras; filamentos iguales; hojas mayormente solitarias a lo largo de los tallos .... **L. ocellata**
         5. Dientes del cáliz uniformemente pubescentes o glabrescentes, los ápices sin apariencia contrastante; 1 filamento generalmente excediendo a los otros; hojas mayormente en pares desiguales
            6. Tricomas de la haz de las hojas gruesos y pediculados, mayormente 2 ó 3-radiados, los brazos frecuentemente casi tan largos como los pedículos, ascendentes, apenas recurvados; flores 1– 6 por inflorescencia; pedicelos 10–25 mm de largo, conspicuamente tomentulosos con tricomas ascendentes pediculados .... **L. chiapensis**
            6. Tricomas de la haz de las hojas débiles o diminutos, cortamente pediculados o sésiles, los brazos en número variado, más largos que los pedículos, alargados y undulados o en mechones cortos; flores 5–12 por inflorescencia; pedicelos 6–8 mm de largo, glabros o puberulentos con tricomas débiles, desordenados, generalmente aplicados .... **L. multiflora**
1. Plantas con todos los tricomas simples o glabras; filamentos mayormente iguales
   7. Plantas copiosamente pubescentes en los tallos, envés de las hojas y en otras partes; cáliz con dientes subapicales; corola profunda o levemente lobada; estambres a veces iguales
      8. Hojas menores conspicuas, pequeñas, ovadas; hojas mayores conspicuamente oblicuas con 10–15 nervios en cada lado; estambres iguales, anteras cohesionadas .... **L. amatitlanensis**
      8. Hojas menores ausentes o similares en forma a las hojas mayores; hojas mayores más o menos simétricas con 3–6 nervios en cada lado; estambres desiguales, anteras libres
         9. Pedicelos más de 2 cm de largo; dientes del cáliz generalmente iguales a la cúpula hasta más largos; pubescencia de tricomas patentes débiles; hierbas con rizomas subterráneos .... **L. acapulcensis**
         9. Pedicelos menos de 1.5 cm de largo; dientes del cáliz más cortos que la cúpula; pubescencia de tricomas erectos, recurvados; arbustos .... **L. arrazolensis**
   7. Plantas glabras o con tricomas diminutos o evidentes sólo en los nuevos brotes o en los domacios de las hojas; cáliz sin dientes, a veces con umbones subapicales; corola angostamente lobada hasta cerca de la base; estambres iguales
      10. Anteras abriéndose hacia adentro por hendeduras introrsas; plantas mayormente hemiepífitas; hojas generalmente con domacios en las axilas de los nervios en el envés .... **L. anomala**
      10. Anteras abriéndose por poros terminales, diminutos, antrorsos; plantas terrestres o hemiepífitas; hojas sin domacios en las axilas de los nervios en el envés
         11. Arbustos epífitos; hojas coriáceas, hojas menores conspicuas, redondeadas, menos de la mitad de la longitud de las hojas mayores, hojas emergentes ausentes o diminutas, menos de 2 mm de ancho durante la floración o fructificación; cicatrices de los pedicelos formando una inflorescencia corta; semillas en forma de D .... **L. nitida**
         11. Plantas terrestres; hojas cartáceas, hojas menores mayormente similares a las hojas mayores, mayormente ovadas, puntiagudas, hojas emergentes mayormente presentes durante la floración y la fructificación; cicatrices de los pedicelos frecuentemente presentes pero sin formar una inflorescencia; semillas discoides
            12. Hojas ovadas, mayormente más anchas en la mitad basal, menudamente cubiertas de tricomas simples en el envés; cáliz generalmente con rayos longitudinales verde obscuros, a veces con umbones o dientes; anteras 5–9 mm de largo, libres pero lateralmente cohesionadas .... **L. heteroclita**
            12. Hojas generalmente angostas, mayormente más anchas en la mitad apical, glabras; cáliz frecuentemente con umbones o dientes cortos pero sin costillas; anteras 4–5 mm de largo, connadas o conniventes .... **L. maxonii**

Lycianthes acapulcensis (Baill.) D'Arcy, Solanaceae Newslett. 2(4): 23. 1986; *Parascopolia acapulcensis* Baill.

Hierbas terrestres, hasta 30 cm de alto, rizoma engrosado y segmentado; tallos a menudo patentes, sulcados y verdosos cuando secos, glabros o puberulentos con tricomas patentes simples y multicelulares. Hojas en pares desiguales, oblanceoladas, obovadas o rómbicas, las mayores 4–9 (–13.3) cm de largo, ápice agudo u obtuso, base estrecha, uniformemente puberulentas con tricomas multicelulares simples, cortos, débiles y oblongos, nervios laterales 3–6 en cada lado; sésiles o con pecíolos hasta 7 mm de largo, pubescentes; hojas menores irregular y ampliamente ovadas, ovadas o rómbicas, menos de la mitad del tamaño de las mayores, apicalmente redondeadas u obtusas. Inflorescencias de una flor solitaria en un nudo, pedicelos 20–60 mm de largo, delgados, a veces puberulentos; cáliz con cúpula ca 4 mm de largo, con 10 nervios conspicuos que se extienden más allá del borde y forman 10 dientes, dientes 4–8 mm de largo, los nervios y dientes ciliados; corola 20–50 mm de diámetro, menudamente puberulenta en el ápice, blanca o blanca con rayas verdes, levemente lobada; filamentos desiguales, anteras iguales, 4–6 mm de largo, libres, dehiscencia por poros terminales. Baya ovoide, puntiaguda, ca 20–50 mm de largo, rojiza, cáliz y pedicelo fructíferos acrescentes pero sin envolver la baya.

Rara, en bosques húmedos a secos, Managua; 0–125 m; fl jun, ago, sep; *Neill 2122, Stevens 20625*; México (Hidalgo) a Costa Rica. Esta especie pertenece a un grupo pequeño de especies herbáceas centradas en el sur de México. Ha sido identificada como *L. ciliolata* (M. Martens & Galeotti) Bitter. Plantas con tricomas bifurcados en el ápice se conocen de México, pero no se han observado en Nicaragua ni en Costa Rica.

Lycianthes amatitlanensis (J.M. Coult. & Donn. Sm.) Bitter, Abh. Naturwiss. Vereine Bremen 24: 441. 1920; *Solanum amatitlanense* J.M. Coult. & Donn. Sm.

Hierbas o subarbustos, hasta 75 cm de alto; tallo principal flexuoso, frecuentemente arqueado, ramitas estrigosas con tricomas patentes y simples de 1–3 mm de largo, verdosas cuando secas. Hojas en pares desiguales, las mayores lanceoladas o elípticas, asimétricas, 15–20 cm de largo, ápice acuminado, base redondeada u obtusa, haz con tricomas alargados dispersos, envés suavemente hirsuto, nervios laterales 10–15 a cada lado, ascendentes, mayormente paralelos y arqueados cerca de los márgenes; pecíolos 4–

9 mm de largo, estrigosos; hojas menores ovadas, menos de 18 mm de largo, puntiagudas. Inflorescencias fascículos con pocas flores, pedicelos 6–15 mm de largo, estrigosos, flores inconspicuas colgantes; cáliz con cúpula 1–2 mm de largo, hirsuto excepto el margen, con 10 dientes de 2.5–3.5 mm de largo, pubescentes, surgiendo desde los lados de la cúpula; corola 5–8 mm de diámetro, densamente pubescente por fuera con largos tricomas patentes, blanca, profundamente lobada; filamentos iguales, anteras iguales, 3–4 mm de largo, cohesionadas en un cono, dehiscencia por poros terminales. Baya subglobosa, 6–10 mm de diámetro, roja, abrazada por las hojas, cáliz y pedicelos fructíferos ligeramente acrescentes pero no envolviendo la baya.

Rara, en sotobosques de bosques húmedos y no alterados, zonas pacífica y atlántica; 200–1100 m; fl ene, fr ene, may–jun; *Araquistain 2753, Gentry 43890*; Nicaragua hasta Bolivia.

Lycianthes anomala Bitter, Abh. Naturwiss. Vereine Bremen 24: 514. 1920.

Arboles o arbustos, mayormente epífitos, con raíces adventicias; tallos teretes, ramificados, corteza lisa frecuentemente blanquecina o grisácea, partes emergentes con tricomas dendríticos y reducidos, rápidamente glabros. Hojas en pares desiguales, ovadas o elípticas, las mayores 10–15 cm de largo, ápice acuminado y con punta de goteo, base obtusa, glabras excepto por los domacios en las axilas del nervio principal en el envés, nervios inconspicuos, cuando secas exhibiendo 5–6 nervios laterales a cada lado y anastomosados cerca del margen; pecíolos 11–15 mm de largo, glabros; hojas menores ampliamente elípticas, menos de la 1/2 de la longitud de las mayores, ápice redondeado. Inflorescencias de flores solitarias en las axilas de las hojas, a veces desarrollándose en un braquiblasto corto formado por las cicatrices de los pecíolos, pedicelos 10–12 mm de largo, glabros o esparcida y diminutamente estrellado-puberulentos, obscuros cuando secos; cáliz 2.5–4 mm de largo, glabro o esparcida y diminutamente estrellado-puberulento, a veces desarrollando conspicuos umbones muy por abajo del ápice; corola 20–28 mm de diámetro, glabra, verde clara por fuera, morada con una costilla blanca por dentro, profundamente lobada; filamentos iguales, anteras iguales, 6–10 mm de largo, connadas, con dehiscencia longitudinal en la mitad distal interior. Baya deprimido-globosa, 8–12 mm de diámetro, amarilla, cáliz fructífero ensanchado o pateliforme.

Rara, en nebliselvas, zona norcentral; (200) 900–1000 m; fl may, ago, fr ago–oct; *Moreno 10587, Stevens 14588*; México (Veracruz) a Panamá.

Lycianthes arrazolensis (J.M. Coult. & Donn. Sm.) Bitter, Abh. Naturwiss. Vereine Bremen 24: 388. 1920; *Solanum arrazolense* J.M. Coult. & Donn. Sm.

Arbustos erectos y delgados, hasta 4 m de alto, tricomas simples, a menudo gruesos; tallos teretes, verdes cuando secos, ramitas pilosas. Hojas generalmente en pares, a veces solitarias, las mayores ovadas o elípticas, 8–17 cm de largo, ápice acuminado, base aguda, pubescentes en ambas superficies, nervios laterales 3–6 en cada lado; pecíolos 10–15 mm de largo, pilosos; hojas menores elípticas, menos de la 1/2 de la longitud de las mayores, ápice acuminado (agudo). Inflorescencias fascículos con pocas a muchas flores, pedicelos ca 11 mm de largo, pilosos; cáliz densamente piloso, cúpula 2–3 mm de largo, 10 dientes de 0.5–1 mm de largo en 2 verticilos, surgiendo justo por abajo del margen; corola ca 20 mm de diámetro, puberulenta por fuera excepto en las suturas, blanca o violeta, levemente lobada; filamentos desiguales, anteras subiguales, ca 4 mm de largo, libres, dehiscencia por poros terminales. Baya subglobosa, ca 10 mm de diámetro, roja, cáliz fructífero con dientes de 1–2 mm de largo, glabrescente.

Rara, en bosques húmedos, zona norcentral; 900–1600 m; fl sep, fr ene, jul, sep y oct; *Moreno 6071, Stevens 18071*; México a Nicaragua. Un ejemplar en mal estado, *Moreno 24615*, colectado en Nueva Segovia a 700 m probablemente corresponde a esta especie.

Lycianthes chiapensis (Brandegee) Standl., Field Mus. Nat. Hist., Bot. Ser. 11: 173. 1936; *Solanum chiapense* Brandegee.

Trepadoras leñosas altas o arbustos hasta 1 m de alto; tallos delgados, frecuentemente algo obscuros cuando secos, al emerger con tricomas ramificados y estrellados, pediculados y furcados, subsésiles, frecuentemente glabrescentes y lustrosos, estriados. Hojas generalmente en pares desiguales, elípticas, las mayores 5–10 cm de largo, ápice acuminado, base redondeada u obtusa, ambas superficies con dispersos tricomas gruesos y estrellados, los brazos mayormente 2 ó 3, ascendentes y casi tan largos como el pedículo, glabrescentes, el nervio principal no más pubescente que la lámina, nervios laterales 3 ó 4 en cada lado, arqueado-ascendentes sin formar un nervio submarginal; pecíolos 5–14 mm de largo, puberulentos; hojas menores similares a las mayores pero mucho más pequeñas y a menudo tempranamente caducas. Inflorescencias fascículos con varias (–6) flores, a veces apareciendo pedunculadas, umbeladas o compuestas por reducción o eliminación de la hoja abrazadora, pedicelos 10–25 mm de largo, con tricomas furcados, pediculados; cáliz con tricomas estrellados gruesos y con pedículo largo, cúpula 2–3.5 mm de largo, con 10 dientes de menos de 1 (–1.5) mm de largo en 2 verticilos, surgiendo desde los lados de la cúpula; corola ca 18 mm de diámetro, pubescente por fuera excepto en las suturas, blanca, levemente lobada; 1 filamento ligeramente más largo que los otros, anteras subiguales, ligeramente encorvadas, 3.5–5 mm de largo, libres, dehiscencia por poros terminales. Baya subglobosa u obovoide, ca 10 mm de largo cuando seca, roja o anaranjada, cáliz fructífero ca 5 mm de ancho, con los dientes alcanzando 2–4 mm de largo, pedicelos volviéndose rígidos, ca 10 (–15) mm de largo.

Ocasional, en bosques muy húmedos, zona norcentral; 800–1600 m; fl ene–jun, fr ene, may–ago; *Moreno 7763, Stevens 22144*; México (Veracruz) a Nicaragua, aparentemente abundante en Guatemala. Esta especie se diferencia por sus tricomas gruesos pero cortamente bifurcados, y por sus flores pequeñas. Es muy variable en el tamaño de la hoja y de la inflorescencia.

Lycianthes heteroclita (Sendtn.) Bitter, Abh. Naturwiss. Vereine Bremen 24: 494. 1920; *Solanum heteroclitum* Sendtn.; *Brachistus escuintlensis* J.M. Coult.; *S. mitratum* Greenm.; *L. mitrata* (Greenm.) Bitter; *Bassovia escuintlensis* (J.M. Coult.) Standl.; *S. escuintlense* (J.M. Coult.) Hunz.; *L. escuintlensis* (J.M. Coult.) D'Arcy.

Arbustos grandes o arbolitos hasta 3 m de alto; tallos sulcados y verdosos cuando secos, al menos en parte, menudamente puberulentos con tricomas ascendentes simples, rápidamente glabrescentes. Hojas en pares desiguales, ovadas, las mayores 8–18 cm de largo, ápice acuminado, base aguda o acuminada, menudamente puberulentas con tricomas simples, especialmente en el envés y sobre los nervios, nervios laterales (3–) 5–7 en cada lado; hojas menores ovadas, menos de la 1/2 de la longitud de las mayores, puntiagudas. Inflorescencias fascículos con varias flores, pedicelos 5–10 mm de largo, menudamente puberulentos; cáliz ca 3 mm de largo, los lados generalmente rectos, menudamente puberulentos con rayas longitudinales verde obscuras; corola ca 20 mm de diámetro, menudamente granuloso-puberulenta y verdosa por fuera, purpúrea y con líneas amarillas por dentro, profundamente lobada; filamentos iguales, anteras iguales, 5–9 mm de largo, lateralmente coherentes, dehiscencia por poros terminales muy pequeños. Baya globosa o deprimido-globosa, 4–6 mm de diámetro, anaranjada o amarilla, la base del estilo persistente, cáliz fructífero algo ensanchado, ca 7 mm de ancho, mayormente sin líneas al secarse.

Común en claros de bosques húmedos y muy húmedos, en todo el país; 100–1350 m; fl y fr todo el año pero la mayoría de las colecciones de jul–nov; *Grijalva 1471, Moreno 24281*; México (Veracruz) a Panamá. Esta especie se parece a *L. synanthera* (Sendtn.) Bitter y a *L. nitida*, diferenciándose de la primera por los lados del cáliz rectos y sin nervios y de la segunda por la tendencia de las ramas jóvenes a secarse colapsadas o al menos sulcadas. Al igual que las especies de *Witheringia*, las flores apuntan hacia abajo, pero los pedicelos se curvan para mantener al fruto erecto.

Lycianthes lenta (Cav.) Bitter, Abh. Naturwiss. Vereine Bremen 24: 364. 1920; *Solanum lentum* Cav.; *L. lenta* var. *utrinquemollis* Bitter; *L. nocturna* (Fernald) Bitter; *S. nocturnum* Fernald.

Trepadoras leñosas altas o arbustos hasta 3 m de alto; tallos delgados y glabrescentes, de color café cuando secos, al emerger tomentulosos con tricomas estrellados de 4–6 brazos, pequeños y cortamente pediculados. Hojas en pares desiguales o de apariencia solitaria, las mayores en la región de la inflorescencia ampliamente ovadas o elípticas, 2–5 cm de largo, ápice redondeado u obtuso, base redondeada o subtruncada, uniforme y suavemente pubescentes, con tricomas paucirradiados erectos y pediculados, los tricomas más grandes y más densos en el envés, nervios laterales mayormente inconspicuos, 2–4 en cada lado, ascendentes y arqueados, hojas por abajo de la región de la inflorescencia a veces mucho más grandes, de hasta 9 cm de largo; pecíolos 1–10 mm de largo, pubescentes; hojas menores similares a las mayores, a menudo ligeramente más pequeñas. Inflorescencias fascículos con varias a muchas flores, a veces en panículas aglomeradas y con muchas flores, terminales, pedicelos 10–20 mm de largo, pubescencia granulosa de tricomas estrellados, reducidos, sésiles; cáliz puberulento o granuloso con tricomas estrellados reducidos, cúpula 3–4 mm de largo, el margen a veces menudamente eroso, con 10 dientes casi tan largos como la cúpula y en 2 verticilos, surgiendo desde los lados de la cúpula; corola ca 25 mm de diámetro, por fuera puberulenta con tricomas reducidos excepto el 1/4 basal que es obscuro cuando seco, blanca o azul clara, levemente lobada; filamentos desiguales, anteras desiguales, 3–6 mm de largo, libres, dehiscencia por poros terminales. Baya subglobosa, 8–15 mm de diámetro, roja o anaranjada, cúpula calicina fructífera 8–10 mm de ancho, aplicada o reflexa cuando seca, con dientes ligeramente acrescentes.

Común, en bosques húmedos, zonas pacífica y atlántica; 0–900 m; fl y fr todos los meses excepto dic y ene; *Stevens 6636, 13125*; México (Veracruz) a Costa Rica.

Lycianthes maxonii Standl., J. Wash. Acad. Sci. 17: 14. 1927.

Hierbas o arbustos terrestres de hasta 3 m de alto, sarmentosos; tallos delgados, puberulentos con tricomas ascendentes simples, cortos y débiles, rápidamente glabros, café obscuros cuando secos. Hojas solitarias o en pares desiguales, las mayores oblanceoladas o elípticas, 9–14 cm de largo, ápice acuminado, base aguda o acuminada, glabras excepto a veces en los nervios en el envés, nervios laterales 4–6 (10) en cada lado; pecíolos 2–10 mm de largo, glabros o casi glabros, a veces obscureciéndose; hojas menores ovadas u obovadas, menos de la 1/2 de la longitud de las mayores, puntiagudas. Inflorescencias de flores solitarias o hasta fascículos con 5 flores, pedicelos filiformes, 10–15 mm de largo, glabros; cáliz ca 2 mm de largo, glabro o casi glabro, los lados rectos o con umbones dentiformes cerca del ápice; corola 14–18 mm de diámetro, glabra, azul o purpúrea, profundamente lobada; filamentos iguales, anteras iguales, 4–5 mm de largo, conniventes o connadas, dehiscencia por poros terminales. Baya globosa o elipsoide, 5 mm de diámetro, roja, cáliz fructífero no acrescente o sólo ligeramente acrescente, pedicelo filiforme pero alargándose.

Ocasional, bosques húmedos y muy húmedos, zonas pacífica y atlántica; 0–200 m; fl may–oct, fr ago–oct; *Neill 4346, Sandino 4535*; Nicaragua a Panamá. Esta especie es muy similar a *L. nitida*, pero se diferencia por su hábito terrestre de sotobosque, sus hojas más pequeñas y angostas y sus flores pequeñas en pedicelos delgados.

Lycianthes multiflora Bitter, Abh. Naturwiss. Vereine Bremen 24: 361. 1920; *L. brevipes* Bitter; *L. sideroxyloides* var. *transitoria* Bitter.

Trepadoras leñosas muy altas o arbustos hasta 4 m de alto; tallos delgados, glabrescentes, finamente estriados y menudamente punteados, de color café cuando secos, tallos emergentes acostillados, tomentulosos con tricomas estrellados pequeños, cortamente pediculados o subsésiles. Hojas en pares desiguales, generalmente apareciendo solitarias, lanceoladas o elípticas, las mayores 5–15 cm de largo, ápice acuminado, base redondeada u obtusa, haz con dispersos tricomas paucirradiados cortamente pediculados, los brazos más largos que el pedículo, rápidamente glabrescentes, pero con tricomas persistentes en el nervio principal, el envés densamente pubescente con tricomas paucirradiados erectos de brazos casi tan largos como el pedículo y generalmente recurvados, nervios laterales 3–5 en cada lado, ascendentes, evanescentes cerca de los márgenes; pecíolos 7–25 mm de largo, puberulentos; hojas menores similares a las mayores pero más pequeñas. Inflorescencias fascículos con varias a muchas flores, frecuentemente apareciendo pedunculadas, umbeladas o compuestas por reducción o eliminación de las hojas abrazadoras, pedicelos 6–8 mm de largo, pubescentes (glabrescentes); cáliz glabro o tomentuloso, generalmente al menos con pocos tricomas estrellados, cúpula 2.5–3.5 mm de largo, margen a veces tornándose eroso, con 10 dientes de hasta 4 mm de largo en 2 verticilos, surgiendo de los lados de la cúpula; corola 17–20 mm de diámetro, pubescente excepto a lo largo de las suturas por fuera y en la base, blanca, levemente lobada; 1 filamento más largo que los otros, anteras subiguales, ligeramente incurvadas, 4–5.5 mm de largo, libres, dehiscencia por poros terminales. Baya subglobosa u obovoide, 8–10 mm de largo cuando seca, roja, cáliz fructífero 8–10 mm de ancho, generalmente reflexo cuando seco, dientes tornándose 2 mm de largo, pedicelos volviéndose rígidos, ca 15 mm de largo.

Rara, bosques muy húmedos, en todo el país; 10–1600 m; fl ene–may, fr mar–oct; *Moreno 1014, Stevens 4834*; Nicaragua a Costa Rica. *L. brevipes* fue originalmente descrita de Nicaragua. *L. multiflora* es muy similar a *L. sideroxyloides* (Schltdl.) Bitter, de México, pero se diferencia por el tipo de tricomas, las flores más pequeñas y los dientes más conspicuos en el cáliz fructífero.

Lycianthes nitida Bitter, Abh. Naturwiss. Vereine Bremen 24: 501. 1920; *Solanum calochromum* S.F. Blake.

Arbustos epífitos, glabros; tallos teretes y frecuentemente obscuros cuando secos. Hojas mayormente en pares desiguales, las mayores elípticas a oblongas, 12–19 cm de largo, ápice acuminado, base aguda, lustrosas cuando secas, 4–6 nervios laterales en cada lado; pecíolos 10–15 mm de largo; hojas menores redondeadas, menos de la mitad de la longitud de las mayores. Inflorescencias fascículos con varias flores, pedicelos 10–15 mm de largo; cáliz 2–3 mm de largo, los lados rectos (o con umbones); corola ca 15 mm de diámetro, violeta, lobada casi hasta la base; filamentos iguales, anteras iguales, 6 mm de largo, cohesionadas en un cono, dehiscencia por poros terminales. Baya subglobosa, 6–8 mm de diámetro, anaranjada o amarilla, base del estilo persistente y depresa, cáliz fructífero liso y algo proyectado cuando seco.

Ocasional, bosques húmedos y muy húmedos,

zonas atlántica y norcentral; 200–1160 m; fl y fr mar–jun; *Moreno 7393, Neill 1733*; México (Veracruz) a Panamá.

Lycianthes ocellata (Donn. Sm.) C.V. Morton & Standl., Publ. Field Mus. Nat. Hist., Bot. Ser. 22: 274. 1940; *Solanum sideroxyloides* var. *ocellatum* Donn. Sm.; *L. sideroxyloides* ssp. *ocellata* (Donn. Sm.) Bitter.

Arbustos o trepadoras leñosas, hasta 5 m de alto o quizás más altas; tallos delgados y tomentosos, rojizos a amarillentos, los tricomas multiangulados y cortamente ramificados, mayormente con pedículos cortos, la corteza subyacente estriado-crestada. Hojas solitarias, ovadas o elípticas, 4–14 cm de largo, ápice acuminado, base obtusa o redondeada, haz con dispersos tricomas multi- y paucirradiados subsésiles, glabrescente y lustrosa pero con unos pocos tricomas persistentes, especialmente a lo largo de los nervios principales, envés tomentuloso con tricomas estrellados cortamente pediculados, a veces glabrescentes excepto a lo largo de los nervios principales, nervios laterales 3–5 en cada lado, ascendentes, arqueados cerca de los márgenes sin formar un nervio submarginal evidente; pecíolos 12–25 mm de largo, tomentulosos. Inflorescencias grupos paniculados de fascículos con 6–10 flores, en los extremos de las ramas, a veces abrazados por hojas reducidas, apareciendo pedunculadas, pedicelos 4–6 mm de largo, pubescentes; cáliz con cúpula 2–2.5 mm de largo, uniformemente tomentosa con tricomas estrellados débiles, con 10 dientes de hasta 1 mm de largo en 2 verticilos, surgiendo de los lados de la cúpula, dientes proximalmente pubescentes, generalmente glabros en la parte distal y apareciendo obscuros; corola 12–16 mm de diámetro, uniformemente tomentosa por fuera, blanca o violeta pálida, levemente lobada a lobada la 1/2 de su longitud; filamentos subiguales (iguales), anteras desiguales, ligeramente incurvadas, 3–4 mm de largo, libres, dehiscencia por poros terminales. Baya subglobosa, 7–18 mm de largo cuando seca, anaranjada o roja, cáliz fructífero ca 5 mm de ancho, generalmente algo reflexo cuando seco, dientes apareciendo como umbones en la cúpula, pedicelos 10–12 mm de largo.

Rara, en bosques muy húmedos, zona norcentral; 1000–1760 m; fl jul, fr sep; *Stevens 11812, Webster 12499*; Guatemala a Nicaragua. Esta especie generalmente se reconoce por los dientes del cáliz torulosos y obscuros cuando secos. Es también diferente por su tomento generalmente rojizo, y por la ausencia de hojas menores. Los filamentos de los estambres aparentemente iguales también la diferencian de otras especies similares.

Lycianthes sanctaeclarae (Greenm.) D'Arcy, Ann. Missouri Bot. Gard. 63: 364. 1977; *Solanum sanctaeclarae* Greenm.

Arboles o arbustos grandes, epífitos; ramas teretes, espiraladas y ramificadas, ramitas lanadas con tricomas erectos mayormente 1-ramificados de color café-amarillento o rojizo. Hojas en pares desiguales, elípticas u obovadas, las mayores 10–20 cm de largo, ápice acuminado, base obtusa, simétrica, oblicuas o a veces dimidiadas, haz glabra excepto a lo largo de los nervios principales, rápidamente glabrescentes, envés uniformemente aterciopelado con tricomas erectos y ramificados, tomentoso a lo largo de los nervios principales, nervios laterales 4 ó 5 en cada lado, con nervaduras menores evidentes en el envés cuando secas; pecíolos mayormente 8–15 mm de largo, a veces obsoletos, estrigosos; hojas menores elípticas, menos de la 1/2 de la longitud de las mayores, ápice redondeado. Inflorescencias fascículos con pocas flores, pedicelos 4–10 mm de largo, lanoso-tomentulosos; cáliz 6–8 mm de largo, los lados rectos, sin dientes o umbones, con tricomas ramificados cafés, margen glabrescente; corola 20–25 mm de diámetro, glabra, verde clara por fuera, morada por dentro, profundamente lobada, lobos con una costilla de color claro; filamentos iguales, anteras iguales, 8.5–11 mm de largo, connadas, dehiscencia longitudinal apical interior. Baya ovoide, ca 14 mm de diámetro, anaranjada, cáliz fructífero envolviendo laxamente la mitad basal de la baya, tornándose irregularmente redondeado-lobado.

Rara, en bosques muy húmedos, zona atlántica; 40–200 m; fl y fr mar–jul; *Moreno 26060, Pipoly 3771*; Nicaragua a Panamá.

LYCOPERSICON Mill.

Lycopersicon esculentum Mill., Gard. Dict., ed. 8, Lycopersicon no. 2. 1768; *Solanum lycopersicum* L.; *L. lycopersicum* (L.) H. Karst.

Hierbas erectas o escandentes, hasta 80 cm de alto, inermes, viscosas. Hojas mayormente pinnadas o pinnatisectas, ovadas, los folíolos 8–20 cm de largo y 4–12 cm de ancho, ápice y lobos agudos o acuminados, base cuneada o acuminada, dentado-lobadas, haz escasamente pubescente; pecíolos 3–7 cm de largo. Inflorescencias racimos cortos o alargados, a veces ramificados, mayormente en las dicotomías del tallo o en los nudos de las hojas, pedunculadas, pedicelo 1–3 cm de largo, flores actinomorfas, 5–9-meras; cáliz lobado casi hasta la base, lobos 4–6 mm de largo, apicalmente agudos y apiculados; corola rotácea, amarilla brillante, profundamente 5–9-lobada, lobos 3–4 cm de largo; estambres 5–9, insertos cerca de la base del tubo, filamentos basalmente tomentosos, anteras oblongas con ápices delgados estériles unidos en una columna, amarillas, longitudinalmente dehiscentes por dentro del tubo; ovario 3–5-locular, el estilo basalmente pubescente. Fruto una baya roja y jugosa; semillas numerosas, discoides, 3 mm de diámetro, pubescentes, amarillas, con el embrión enrollado.

Ampliamente distribuida en las tierras bajas de América tropical, cultivada en las regiones tropicales y templadas, a veces escasamente naturalizada. Aunque las flores de esta especie son mayormente 5–9-meras, otras especies silvestres del género son generalmente 5-meras. Dos variedades se encuentran en Nicaragua. El género consta de 8 especies nativas del oeste de Sudamérica. "Tomate".

1. Fruto menos de 2.5 cm de ancho, 2-locular; flores 5-meras .... **L. esculentum** var. **cerasiforme**
1. Fruto más de 3 cm de ancho, 2–varios lóculos; flores 5–9-meras .... **L. esculentum** var. **esculentum**

Lycopersicon esculentum var. **cerasiforme** (Dunal) A. Gray, Syn. Fl. N. Amer., ed. 2, 2: 226. 1886; *L. cerasiforme* Dunal.

Común, cultivada y maleza en pastizales y orillas de caminos, en todo el país; 0–1200 m; fl y fr todo el año; *Neill 1768, Stevens 17343*.

Lycopersicon esculentum var. **esculentum**

Planta cultivada, comestible, en todo el país; 0–500 m; fl y fr todo el año; *Robleto 179, Stevens 9831*.

MELANANTHUS Walp.

Melananthus guatemalensis (Benth. ex Hemsl.) Soler., Ber. Deutsch. Bot. Ges. 9: 84. 1891; *Microschwenkia guatemalensis* Benth. ex Hemsl.

Hierbas erectas, ensortijadas, 15–40 cm de alto; tallos puberulentos con tricomas recurvados, las hojas inferiores caducas. Hojas simples, lineares, 5–20 m de largo y hasta 2 mm de ancho, ápice y base puntiagudos, enteras, puberulentas o glabras, sólo la costa evidente; subsésiles. Inflorescencias subespigadas, flores solitarias en las axilas de las hojas las cuales se reducen hacia arriba en los ejes volviéndose brácteas triangulares acostilladas, pedicelos ca 0.3 mm de largo; cáliz tubular a cupuliforme, ca 1 mm de largo, 5-lobado 1/3–1/2 de su longitud, lobos oblongos; corola angostamente tubular, 1–2 mm de largo, morado obscura, los 5 lobos 3-lobados con el lóbulo del medio más largo, apicalmente ensanchados y glandulosos; estambres 4, didínamos, filamentos insertos justo por abajo de la parte media del tubo, anteras libres, inclusas, basifijas, longitudinalmente dehiscentes, el par superior oblongo, el par inferior corto y a veces estéril; ovario cónico, 1-locular, 1-ovulado, hundido en un disco, el estigma diminuto,

incluido. Fruto un aquenio oblicuo, ovado, 3 mm de largo, puntiagudo, glabro, profundamente labrado-tuberculado; semilla 1, con el embrión recto.

Poco común, sabanas y pastizales secos, abiertos, campos de lava, Estelí; 800–900 m; fl y fr ago–sep; *Moreno 24397*, *Stevens 9107*; Nicaragua al sur de México. Género con ca 5 especies, las restantes en Cuba y Sudamérica.

L. d'A. Freire de Carvalho. O gênero *Melananthus* no Brasil (Solanaceae). Sellowia 18: 51–66. 1966.

MERINTHOPODIUM Donn. Sm.

Merinthopodium neuranthum (Hemsl.) Donn. Sm., Bot. Gaz. (Crawfordsville) 23: 12. 1897; *Markea neurantha* Hemsl; *Merinthopodium internexum* S.F. Blake; *Markea internexa* (S.F. Blake) Lundell; *M. dressleri* D'Arcy.

Arbustos terrestres o hemiepífitos, o trepadoras, ramitas de color café-rojizo cuando secas con tricomas cortos de base fuerte, rápidamente glabrescentes; tallos con corteza escamosa cuando secos. Hojas simples, elípticas, 8–25 cm de largo, ápice agudo o cortamente acuminado, base redondeada u obtusa, enteras, envés glabro o con algunos tricomas diminutos en el nervio principal; pecíolos delgados. Inflorescencia péndula, fascículos en los extremos de pedúnculos alargados y cordelados de hasta 70 cm de largo, a veces ramificados cerca de los extremos, ásperos por las cicatrices de los pedicelos, pedicelos 3–10 cm de largo, delgados, ensanchándose distalmente, flores actinomorfas, 5-meras, nocturnas; cáliz 2–3 cm de largo, glabro o puberulento, lobado hasta cerca de la base, lobos ovado-lanceolados; corola tubular-campanulada, 4–7 cm de largo, verdosa y purpúrea, el tubo incluido en el cáliz, el limbo cupuli-

forme, especialmente puberulento en las costillas, lobos redondeados; filamentos insertos justo por encima de la base del tubo de la corola, anteras 10–13 mm de largo, apiculadas, con dehiscencia longitudinal; ovario angostamente cónico. Fruto una baya carnosa, ovoide-cónica, ca 2 cm de largo, casi tan larga como el cáliz; semillas numerosas, planas, ca 2.5–3 mm de largo, embrión curvo.

Poco común, en bosques húmedos y muy húmedos, zonas atlántica y norcentral; 0–900 m; fl feb–oct, fr ago; *Moreno 23392*, *Stevens 17595*; Guatemala al norte de Sudamérica. Las plantas con un cáliz inusualmente grande (3 cm de largo o más) se han identificado como *Markea internexa*, y aquellas con nervadura conspicuamente ascendente desde la base de hojas inusualmente anchas, como *Markea dressleri*. Género con ca 5 especies distribuidas desde México hasta Colombia.

A.T. Hunziker. Rehabilitación de *Merinthopodium*: su presencia en Sud América. Kurtziana 10: 30–31. 1977.

NICANDRA Adans.

Nicandra physalodes (L.) Gaertn., Fruct. Sem. Pl. 2: 237. 1791; *Atropa physalodes* L.

Hierbas erectas, hasta 80 cm de alto, glabras. Hojas simples, ovadas, 8–20 cm de largo y 4–12 cm de ancho, ápice y lobos agudos o acuminados, base cuneada o acuminada, dentado-lobadas, haz escasamente pubescente; pecíolos 3–7 cm de largo. Flores solitarias, actinomorfas, 5-meras, mayormente en las dicotomías del tallo o en las axilas de las hojas, pedicelo 1–3 cm de largo; cáliz 1–2.5 cm de largo, lobado casi hasta la base, lobos apicalmente agudos y apiculados, apareciendo basalmente sagitados; corola

campanulada, 1.5–3 cm de largo, blanca con una mancha azul cerca de la base de cada lobo, distalmente azulada o purpúrea, levemente lobada, lobos mayormente obtusos; estambres insertos cerca de la base del tubo, filamentos basalmente tomentosos, anteras oblongas, inclusas, amarillas, dehiscencia longitudinal; ovario 3–5-locular. Fruto una baya seca, 2 cm de ancho, verde-amarillenta, envuelta por el cáliz acrescente, cáliz fructífero en forma de vesícula, angular, 2–3 cm de largo; semillas numerosas, subdiscoides, 1.5–2 mm de diámetro, cafés, con el embrión enrollado.

Maleza de pastizales y orillas de caminos, zonas pacífica y norcentral; 575–1200 m; fl y fr todo el año, pero mayormente florece la segunda mitad del año; *Stevens 9967, 15588*; nativa de Perú, hoy en día ampliamente distribuida. Género monotípico.

P. Horton. Taxonomic account of *Nicandra* (Solanaceae) en Australia. J. Adelaide Bot. Gard. 1: 351–356. 1979.

NICOTIANA L.

Nicotiana tabacum L., Sp. Pl. 180. 1753.

Hierbas robustas y erectas, hasta 3 m de alto, víscido-pubescentes, inermes. Hojas simples, ovadas, 8–50 cm de largo y 5–20 cm de ancho, ápice agudo o acuminado, decurrentes pero estrechas justo encima de la base, enteras, apareciendo pecioladas y estipuladas. Inflorescencias panículas terminales de hasta 30 cm de largo, pedúnculos presentes, pedicelos hasta 2 cm de largo, bracteados y bracteolados, flores ligeramente zigomorfas, 5-meras; cáliz campanulado, 10–18 mm de largo, lobado 1/3–1/4 de su longitud, persistente, lobos desiguales, agudos o acuminados; corola hipocrateriforme, 4–6 cm de largo, pubescente por fuera, blanca, rosada o roja, el tubo angosto, 2.5–3 cm de largo y ensanchándose hacia arriba, el limbo campanulado, ca 1 cm de diámetro en la boca, lobos puntiagudos; estambres 4, subiguales, 1 más corto, filamentos insertos por abajo de la parte media del tubo, basalmente pubescentes, anteras oblongas, 6 mm de largo, versátiles, exertas, dehiscencia longitudinal; ovario en un disco hipógino, angostamente cónico, 2-locular, estigma globoso, ligeramente exerto. Fruto una cápsula elipsoide, 1.5–2 cm de largo, papirácea, dehiscente apicalmente, mayormente envuelta por el cáliz; semillas numerosas, subglobosas, 0.6–0.8 mm de diámetro, con el embrión linear y ligeramente doblado.

Planta narcótica cultivada, rara vez escapada, zonas pacífica y norcentral; 0–1300 m; fl mayormente jul–oct; *Moreno 22367, Stevens 10159*; nativa de Sudamérica, actualmente cultivada en todo el mundo. Género con ca 80 especies de México, Sudamérica, Australia y Africa. "Tabaco".

T.H. Goodspeed. The genus *Nicotiana*. Chron. Bot. 16: i–536. 1954.

PHYSALIS L.

Hierbas anuales o perennes o arbustos pequeños, mayormente ramificados, inermes, pubescencia mayormente de tricomas simples. Hojas solitarias o en pares, simples, enteras o dentadas; pecioladas. Inflorescencias de flores solitarias (raramente varias) en las axilas de las hojas o dicotomías de las ramas, pedúnculos ausentes, flores actinomorfas, 5-meras; cáliz cupuliforme, subcónico o infundibuliforme, lobado y envolviendo el fruto; corola rotácea a campanulada, a menudo levemente lobada, plegada, amarilla y frecuentemente maculada en la base por dentro; filamentos insertos cerca del ápice del tubo, anteras oblongas o elipsoides, amarillas o a veces azuladas, dehiscencia longitudinal; ovario 2-locular, óvulos numerosos. Fruto una baya globosa y jugosa, cáliz fructífero acrescente y envolviendo a la baya, a menudo laxamente, típicamente 5- ó 10-angulado, verde (Nicaragua); semillas numerosas, discoides, con el embrión enrollado.

Género ampliamente distribuido con ca 100 especies mejor representadas en México; 11 especies en Nicaragua. La mayoría de las especies son malezas en terrenos alterados. Unas pocas especies se cultivan por sus frutos comestibles. "Popa".

U.T. Waterfall. *Physalis* in Mexico, Central America and the West Indies. Rhodora 69: 83–120, 203–239, 319–329. 1967; M. Martínez. Revision of *Physalis* section *Epeteiorhiza* (Solanaceae). Anales Inst. Biol. Univ. Nac. Auton. México, Bot. 69: 71–117. 1998.

1. Cáliz fructífero 10-angulado o redondeado, mayormente glabro a simple vista; lobos del cáliz florífero mayormente deltoides y permaneciendo así; plantas mayormente eglandulosas
   2. Hojas comúnmente dentadas; cáliz florífero más de 2 mm de diámetro, escasamente pubescente
      3. Pedicelos fructíferos más de 10 mm de largo; hojas mayormente angostas .... **P. angulata**
      3. Pedicelos fructíferos hasta 10 mm de largo; hojas comúnmente anchas .... **P. philadelphica**
   2. Hojas subenteras o sinuadas, raramente dentadas; cáliz florífero frecuentemente menos de 2 mm de diámetro, si más grande entonces mayormente hirsuto

4. Pecíolos o pedicelos con algunos tricomas alargados, articulados, l–2 mm de largo; plantas perennes, mayormente hirsutas .... **P. gracilis**

4. Plantas sin tricomas más de 1 mm de largo, mayormente glabrescentes; plantas mayormente anuales y generalmente casi glabras

   5. Cáliz fructífero 1.3 cm de largo o más, ángulos irregulares, a veces con tricomas blancos en las enaciones; corola 5–7 mm de diámetro .... **P. lagascae**

   5. Cáliz fructífero hasta 1.2 cm de largo (hasta 1.8 cm en *P. minuta*), ángulos lisos; corola hasta 4 mm de diámetro

      6. Hojas mayormente lanceoladas, largamente acuminadas o agudas en el ápice; planta con tricomas esparcidos, largos, cáliz fructífero glabro; pedicelos fructíferos hasta 4 mm de largo; anteras menos de 1.3 mm de largo .... **P. microcarpa**

      6. Hojas ampliamente ovadas o elípticas, obtusas u obtusamente agudas en el ápice; toda la planta uniformemente cubierta de tricomas microscópicos; pedicelos fructíferos 4 mm de largo o más; anteras más de 1.3 mm de largo .... **P. minuta**

1. Cáliz fructífero fuertemente 5-angulado, a menudo copiosamente pubescente; lobos del cáliz tornándose mayormente subulados o angostamente deltoides justo después de la antesis; plantas frecuentemente glandulosas

   7. Cáliz fructífero menos de 10 mm de ancho; plantas glabras a simple vista; la mayoría de las hojas menos de 2 cm de largo; cáliz florífero menos de 2 mm de ancho, lobos deltoides y permaneciendo así .... **P. minuta**

   7. Cáliz fructífero más de 12 mm de ancho; plantas pubescentes; mayormente con muchas hojas de más de 2 cm de largo; cáliz florífero más de 2 mm de ancho, lobos tornándose subulados o angostamente deltoides justo después de la antesis

      8. Tallos lanosos cerca de la base, con tricomas gruesos de 1 mm de largo; cáliz fructífero pubescente con tricomas patentes, algunos largos y articulados .... **P. pubescens**

      8. Tallos con tricomas casi de la misma longitud en la mayoría de las partes, no especialmente largos cerca de la base; cáliz fructífero glabro, puberulento o puberulento-glanduloso

         9. Pecíolos y pedicelos con algunos tricomas de más de 1.5 mm de largo .... **P. pruinosa**

         9. Plantas sin tricomas de 1.5 mm de largo o más

            10. Plantas uniformes y densamente pubescentes con tricomas cortos y erectos; lobos del cáliz angostamente triangulares .... **P. ignota**

            10. Cáliz fructífero glabrescente, pubescencia persistente irregular o ausente; lobos del cáliz subulado-triangulares inmediatamente después de la antesis

               11. Pubescencia eglandular; cáliz fructífero glabro; semillas menos de 2 mm de diámetro .... **P. cordata**

               11. Pubescencia glandular, víscida; cáliz fructífero desigualmente pubescente; semillas más de 2 mm de diámetro .... **P. nicandroides**

Physalis angulata L., Sp. Pl. 183. 1753.

Hierbas anuales, hasta 50 cm de alto; tallos erectos, angulados, puberulentos con líneas de tricomas simples, glabrescentes. Hojas ovadas o lanceoladas, hasta 10 cm de largo, ápice acuminado, agudo u obtuso, base angosta, irregularmente dentadas pero a veces subenteras, glabras; pecíolos 1–4 cm de largo. Flores con pedicelo 1–12 mm de largo, con pocos tricomas cortos y recurvados; cáliz subcónico, 3–4 mm de largo, lobado hasta la 1/2 de su longitud, lobos deltoides, escasamente puberulentos en líneas; corola rotácea, 8–12 mm de diámetro, blanca o amarilla, sin marcas o con un ojo borroso; anteras 1.8–2.5 mm de largo, purpúreas. Baya 10–12 mm de diámetro, cáliz redondeado o ligeramente 10-angulado, 20–35 mm de largo, con pocos tricomas en las costillas o en los ápices, de otro modo glabro, pedicelos 10–25 mm de largo, glabros; semillas 1.6–1.7 mm de diámetro, amarillentas.

Común, maleza en ciudades y cultivos, en todo el país; mayormente cerca del nivel del mar pero hasta 1600 m; fl y fr en la segunda mitad del año; *Stevens 9437, 19863*; Estados Unidos hasta Argentina y en las Antillas, naturalizada en casi todo el mundo.

Physalis cordata Mill., Gard. Dict., ed. 8, Physalis no. 14. 1768; *P. porrecta* Waterf.

Hierbas anuales, hasta 1 m de alto; tallos mayormente erectos, teretes, puberulentos con tricomas antrorsos cortos, glabrescentes. Hojas ampliamente ovadas u ovadas, 3–8 cm de largo, ápice acuminado, base redondeada o truncada, mayormente obtusoserradas, envés puberulento en los nervios, de otro modo glabro; pecíolos cerca de la mitad o tan largos como las láminas. Flores con pedicelo ascendente de 4–8 mm de largo, puberulento con tricomas cortos; cáliz cupuliforme, 3–6 mm de largo, lobado algo más de la 1/2 de su longitud, lobos angostamente triangulares, glabros; corola rotácea, 6–20 mm de diámetro, amarilla con un ojo obscuro; anteras 1.7–2 mm de largo, azuladas. Baya 6–15 mm de diámetro, cáliz conspicuamente 5-angulado, 25–35 mm de largo, glabro, pedicelos 10–25 mm de largo, glabros; semillas 1.4–1.6 mm de diámetro, amarillentas.

Común, maleza en las zonas pacífica y atlántica; mayormente bajo 400 m pero ascendiendo a 600 m; fl y fr principalmente la segunda mitad del año; *Nee 27553, Sandino 3267*; sur de los Estados Unidos hasta Panamá y en las Antillas. *P. porrecta*, descrita de la zona alta (1160 m) de Costa Rica, fue considerada distinta de *P. cordata* por tener la pubescencia del tallo más abundante y localizada, las manchas de la corola menos prominentes, los pedicelos fructíferos más cortos, y los cálices fructíferos más abruptamente rostrados. Las colecciones del Volcán Mombacho y del departamento de León a 1150 m, se parecen al material de Costa Rica llamado *P. porrecta*, que también tiene las hojas más grandes, pero éstas y otras colecciones vistas de *P. porrecta* parecen ser *P. cordata*.

Physalis gracilis Miers, Ann. Mag. Nat. Hist., ser. 2, 4: 37. 1849.

Hierbas perennes, hasta 1 m de alto; tallos mayormente erectos, frecuentemente angulados cuando secos, puberulentos con tricomas cortos y dispersos tricomas multicelulares blancos de 1–1.5 mm de largo, glabrescentes. Hojas ovadas, 2–8 cm de largo, ápice obtuso, base obtusa o redondeada, subenteras, casi glabras pero ocasionalmente con tricomas multicelulares alargados; pecíolos 1–4 cm de largo. Flores con pedicelo delgado de 7–20 mm de largo, con tricomas alargados dispersos; cáliz subcónico, 3–6 mm de largo, lobado casi hasta la 1/2 de su longitud, lobos deltoides, pubescentes con tricomas patentes; corola rotácea, reflexa, 15–18 mm de diámetro, amarilla con máculas obscuras en la garganta; anteras 3–4 mm de largo, a veces azuladas. Baya 8–15 mm de diámetro, cáliz redondeado o ligeramente 5–10-angulado, ca 20–30 mm de largo, con pocos tricomas en las costillas o ápices, de otro modo glabro, pedicelos 10–25 mm de largo, glabros; semillas 1–2 mm de diámetro, amarillentas.

Común, en áreas muy húmedas, en todo el país; 600–1600 m; fl y fr todo el año; *Stevens 9579, 9664*; México a Ecuador. *P. gracilis* se parece a las plantas silvestres de *P. philadelphica* pero se diferencia en su hábito perenne y por tener tricomas blancos, alargados, esparcidos, articulados o moniliformes.

Physalis ignota Britton, Mem. Torrey Bot. Club 16: 100. 1920; *P. pentagona* S.F. Blake.

Hierbas anuales, hasta 1 m de alto; tallos erectos, teretes, glabros, otras partes con densos tricomas multicelulares grisáceos, pegajosos, cortos y finos. Hojas ovadas, 6–15 cm de largo, ápice agudo u

obtuso, base obtusa, truncada o cordada, subenteras o sinuado-dentadas, envés más pubescente en los nervios; pecíolos la mitad o tan largos como las láminas. Flores con pedicelo 2–7 mm de largo; cáliz cupuliforme, 3–6 mm de largo, lobado hasta cerca de la 1/2 de su longitud, lobos angostamente triangulares; corola rotáceo-campanulada, 6–11 mm de diámetro, amarilla sin manchas; anteras 2–2.5 mm de largo, amarillas o azuladas. Baya 9–15 mm de diámetro, cáliz hinchado, conspicuamente 5-angulado, 30–50 mm de largo, bastante invaginado basalmente, uniformemente pubescente por fuera, glanduloso por dentro, pedicelos 7–14 mm de largo; semillas ca 3 mm de diámetro, amarillentas.

Abundante, maleza en todo el país; 0–800 m; fl y fr principalmente en la segunda mitad del año; *Stevens 3295, 9523*; sur de México y las Antillas hasta Panamá.

Physalis lagascae Roem. & Schult., Syst. Veg. 4: 679. 1819.

Hierbas anuales, hasta 1 m de alto; tallos rastreros o erectos, teretes (generalmente sulcados cuando secos), tallos y pedicelos con tricomas simples cortos y pocos tricomas multicelulares de 1 mm de largo. Hojas ovadas, 3–6 cm de largo, ápice acuminado, agudo u obtuso, base truncada o cordada, subenteras o sinuado-dentadas, envés con tricomas largos generalmente presentes en los nervios; pecíolos la mitad o tan largos como la lámina. Flores con pedicelo 2–4 mm de largo; cáliz infundibuliforme, 3–5 mm de largo, lobado 1/3 de su longitud, lobos deltoides, por fuera con tricomas largos en las costillas y el margen; corola rotácea, 5–7 mm de diámetro, amarilla con un ojo basal; anteras 1.2–1.5 mm de largo, azuladas. Baya 6–10 mm de diámetro, cáliz hinchado, redondeado o ligeramente 10-angulado, 13–20 mm de largo, con tricomas fuertes y pequeñas enaciones en las costillas, de otro modo glabro, pedicelos 3–5 mm de largo, glabros; semillas ca 1.5 mm de diámetro, amarillentas.

Común, maleza en las zonas pacífica y norcentral; mayormente bajo 600 m pero ocasionalmente hasta los 1200 m; fl y fr la segunda mitad del año; *Stevens 2892, 4715*; Estados Unidos a Panamá e introducida en otros sitios. Ha sido erróneamente tratada como *P. minima* L.

Physalis microcarpa Urb. & Ekman, Ark. Bot. 21A(5): 59. 1927.

Hierbas anuales, 15–30 (–60) cm de alto; tallos erectos a casi postrados, con tricomas multicelulares esparcidos, patentes y débiles. Hojas ovadas, elípticas o lanceoladas, 1.5–3 cm de largo, ápice agudo, base obtusa o redondeada, subenteras, glabras o con algunos tricomas patentes débiles, especialmente a lo largo de los nervios y cerca de los márgenes; pecíolos 3–14 mm de largo. Flores con pedicelo 3–5 mm de largo, puberulento; cáliz cupuliforme, 1–2 mm de largo, lobado 1/3 de su longitud, lobos deltoides, puberulentos a pilosos; corola campanulada, 1.7–2 mm de diámetro, amarilla; anteras 0.5–1.1 mm de largo, azules o violetas (amarillas). Baya 4–6 mm de diámetro, cáliz fructífero a veces redondeado o débilmente 5–10-angulado, hasta 12 mm de largo, glabro, pedicelo fructífero 2–4 mm de largo, glabro; semillas ca 1.5 mm de diámetro, cafés.

Rara, áreas alteradas, Estelí; 700–960 m; fl y fr ago, sep; *Moreno 3064, Stevens 9979*; ampliamente distribuida en Centroamérica y en las Antillas. *P. microcarpa* se distingue por sus hojas, flores y frutos de tamaño pequeño, por sus cálices pubescentes y pedicelos cortos en el fruto.

Physalis minuta Griggs, Torreya 3: 138. 1903.

Hierbas desparramadas, anuales, hasta 80 cm de alto; tallos desparramados o erectos, teretes a angulados, inconspicua y uniformemente puberulentos con tricomas multicelulares diminutos, débiles, a veces glandulosos. Hojas ovadas o elípticas, menos de 2 cm de largo, ápice y base obtusos, mayormente subenteras o serradas, puberulentas con tricomas diminutos, glabrescentes, bases de los tricomas persistentes con la edad; pecíolos 1–3 cm de largo. Flores con pedicelo 3–8 mm de largo, menudamente puberulento; cáliz cupuliforme, 2–4 mm de largo, lobado hasta la 1/2 de su longitud, lobos deltoides, menudamente puberulentos; corola rotácea, 2.5–4 mm de diámetro, blanca o amarilla, marcada o no; anteras 1.3–2.5 mm de largo, azules o amarillas. Baya ca 7 mm de diámetro, cáliz redondeado o débilmente 5-angulado, 15–18 mm de largo, menudamente puberulento, pedicelos 4–10 mm de largo, glabros; semillas 1.6–1.7 mm de diámetro, amarillentas.

Común, en arenales costeros principalmente cerca del mar, zona pacífica; 0–80 m; fl y fr jul–nov; *Stevens 3785, 9740*; México (Guerrero) a Panamá a lo largo de la costa pacífica. Se ha reportado que los frutos son comestibles.

Physalis nicandroides Schltdl., Linnaea 19: 311. 1846.

Hierbas anuales, víscidas, hasta 1 m de alto; tallos erectos, teretes a angulados, otras partes con densos tricomas multicelulares pegajosos, cortos y finos. Hojas ovadas, 5–8 cm de largo, ápice cortamente agudo, base obtusa, redondeada, o truncada, mayor-

mente con dentículos cortos, haz glabrescente, envés más pubescente en los nervios; pecíolos cerca de la mitad o tan largos como las láminas. Flores con pedicelo 1–4 mm de largo; cáliz cupuliforme, 2–5 mm de largo, lobado casi la 1/2 de su longitud, lobos subulado-triangulares; corola rotáceo-campanulada, 10–15 mm de diámetro, amarilla o blanca, maculada; anteras 1.5–2 mm de largo, amarillas o azuladas. Baya 12–22 mm de diámetro, cáliz hinchado, fuertemente 5-angulado, 30–50 mm de largo, bastante invaginado basalmente, puberulento-glanduloso y glabrescente por fuera, pedicelos 7–25 mm de largo; semillas ca 2.5 mm de diámetro, amarillentas.

Ocasional, zona pacífica; 100–900 m; fl jul–oct, fr ago–nov; *Stevens 9970, i5954*; México (Veracruz) a Nicaragua, rara vez hacia el sur. *P. nicandroides* es similar en muchos aspectos, tales como gran estatura, frutos grandes y pubescencia víscida a *P. ignota*, pero se diferencia por sus hojas generalmente más denticuladas, flores más pequeñas, pubescencia distribuida menos uniformemente, cálices fructíferos más fuertes y los lobos que tienden a ser más estrechos y más largos. *P. ignota* se encuentra principalmente desde el sur de Nicaragua hasta Panamá.

Physalis philadelphica Lam., Encycl. 2: 101. 1786.

Hierbas anuales, hasta 1 m de alto; tallos erectos, angulados cuando secos, glabros o puberulentos con tricomas simples, glabrescentes. Hojas ovadas, 4–10 cm de largo, ápice acuminado o agudo, base estrecha, subenteras o irregularmente dentadas, glabras; pecíolos 2–4 cm de largo. Flores con pedicelo 1–5 mm de largo, menudamente pubescente; cáliz subcónico, 3–5 mm de largo, lobado menos de la 1/2 de su longitud, lobos ampliamente deltoides, escasamente puberulentos; corola rotáceo-reflexa, 8–12 mm de diámetro, amarilla con manchas de color café-purpúrea intenso; anteras 2.5–3 mm de largo, azuladas. Baya 10–12 (–50) mm de diámetro, cáliz redondeado o ligeramente 10-angulado, 20–50 mm de largo, menudamente ciliolado, de otro modo glabro, pedicelos 7–10 mm de largo, glabros; semillas 3 mm de diámetro, amarillentas o cafés.

Cultivada, en todo el país; 100–1300 m; fl y fr jun, nov; *Kral 69010, Stevens 23392*; nativa de México e introducida esporádicamente en los Estados Unidos, Centroamérica y en las Antillas. Los frutos comestibles se usan para la preparación de salsas. "Tomatillo".

Physalis pruinosa L., Sp. Pl. 184. 1753; *P. maxima* Mill.

Hierbas anuales, hasta 1.5 m de alto; tallos erectos, angulados cuando secos, pubescentes con tricomas glandulares cortos y tricomas dispersos de 2–4 mm de largo. Hojas ovadas, 4–9 cm de largo, ápice acuminado, base redondeada u obtusa, a menudo irregularmente dentadas pero a veces subenteras, ambas superficies con dispersos tricomas mayormente cortos y débiles; pecíolos 1–5 cm de largo. Flores con pedicelo de 1–35 mm de largo, generalmente con algunos tricomas alargados; cáliz subcónico, 4–9 mm de largo, lobado la 1/2 de su longitud o más, lobos subulado-deltoides, glanduloso-pubescentes; corola rotácea, ligeramente excediendo los lobos del cáliz, 10–15 (–20) mm de diámetro, blanca o amarilla, mayormente maculada; anteras 2.5–3.5 mm de largo, amarillas o azuladas. Baya 10–20 mm de diámetro, cáliz fuertemente 5-angulado, 20–70 mm de largo, glanduloso-pubescente, pedicelos 20–30 mm de largo, tomentulosos y con dispersos tricomas alargados; semillas ca 2 mm de diámetro, amarillentas.

Ocasional, en áreas alteradas, zonas pacífica y norcentral; 0–1200 m; fl y fr jul–oct; *Nee 27746*, *Stevens 9892*; norte de México a Costa Rica. Se diferencia de otras especies de *Physalis* de flores grandes, por la presencia de tricomas alargados esparcidos en los tallos jóvenes, pecíolos y pedicelos.

Physalis pubescens L., Sp. Pl. 183. 1753.

Hierbas anuales, hasta 1 m de alto; tallos erectos o escandentes, teretes, vellosos, frecuentemente glandulosos, lanosos con tricomas multicelulares gruesos de 1–4 mm de largo cerca de la base, a veces glabrescentes hacia arriba. Hojas redondeadas, ovadas o lanceoladas, 2–5 (–10) cm de largo, ápice agudo o acuminado, base redondeada u obtusa, dentadas, sinuadas o subenteras, vellosas a puberulentas, más así en el envés, raramente glabras y entonces la hoja membranácea; pecíolos 1–4 cm de largo. Flores con pedicelo 3–7 mm de largo, velloso con tricomas hasta 1 mm de largo; cáliz subcónico, 3–6 mm de largo, lobado hasta la 1/2 de su longitud, lobos angostamente deltoides, a veces pubescentes; corola rotácea, 10–15 mm de diámetro, amarilla, con manchas obscuras conspicuas; anteras 1.5–3 mm de largo, azuladas, frecuentemente contortas en la antesis. Baya 10–15 mm de diámetro, cáliz fuertemente 5-angulado, 20–40 mm de largo, basalmente invaginado, mayormente con tricomas patentes, algunos largos y articulados, al menos en las costillas, pedicelos menos de la 1/2 de la longitud del cáliz, vellosos con tricomas hasta 1 mm de largo; semillas 1.2–1.5 mm de diámetro, amarillentas.

Común, áreas alteradas, en todo el país; 0–400 (1000–1500) m; fl y fr todo el año; *Stevens 2649*, *10678*; Estados Unidos a través de Centroamérica y en Sudamérica. Puede reconocerse por sus tricomas lanosos cerca de la base del tallo, así como por su cáliz fuertemente 5-angulado. Esta especie a veces se usa con fines medicinales.

SCHWENCKIA L.

Hierbas o subarbustos, inermes, pubescentes con tricomas simples, a veces glandulares. Hojas alternas o fasciculadas, simples, enteras; con pecíolos (en Nicaragua) o sésiles. Inflorescencias con flores solitarias o en pares, agregadas en espigas terminales de panículas, frecuentemente bracteadas, pedunculadas; cáliz tubular o campanulado, 5-dentado ó 5-lobado; corola angostamente tubular, a veces ensanchada alrededor de las anteras, subactinomorfa, apicalmente con 5 lobos cortamente deltoides a aciculares y a veces alternando con 2–5 apéndices delgados; estambres 2 (en Nicaragua) ó 4, con 0–3 estaminodios, filamentos insertos cerca de la parte media del tubo, a veces basalmente pubescentes, anteras estrechamente cohesionadas, inclusas (en Nicaragua) o exertas, dehiscencia longitudinal; ovario 2-locular. Fruto una cápsula seca con numerosas semillas; semillas diminutas.

Género con ca 20 especies mayormente restringidas a Sudamérica, siendo las 2 especies nicaragüenses las únicas fuera de su extensión geográfica. Una especie, *S. americana*, se encuentra en Centro y Sudamérica y en Africa.

L. d'A. Freire de Carvalho. O gênero *Schwenckia* D. van Rooyen ex Linnaeus no Brasil — Solanaceae. Rodriguésia 29(44): 307–524. 1978.

1. Cáliz menos de 5 mm de largo; apéndices apicales de la corola mayormente 2–4, desiguales, hasta 2 mm de largo; cápsula globosa; ramas de la inflorescencia casi afilas .... **S. americana**
1. Cáliz 5 mm de largo o más; apéndices apicales de la corola 5, iguales, más de 6 mm de largo; cápsula cónica; ramas de la inflorescencia frondosas .... **S. lateriflora**

Schwenckia americana L., Gen. Pl., ed. 6, 577. 1764.

Hierbas erectas, ramificadas, 15–40 cm de alto; tallos puberulentos con tricomas recurvados. Hojas ovadas o elípticas, 1–2 cm de largo y 6–15 mm de ancho, frecuentemente más grandes cerca de la base de la planta, ápice agudo u obtuso, base aguda o cuneada, puberulentas o glabras. Inflorescencias sub-espigadas o las ramas superiores paniculadas, con flores irregularmente espaciadas, pedicelos 1 mm de largo, solitarios en las axilas de brácteas foliáceas escuamiformes, flores pequeñas e inconspicuas; cáliz tubular, 3–4 mm de largo, lobado por 1/3 de su longitud, lobos agudos; corola angostamente tubular, 7–10 mm de largo, apicalmente purpúrea obscura, más clara basalmente, con 2–4 apéndices apicales angostos de 1–2 mm de largo, glandulosos y alternando con los lóbulos intermedios redondeados. Cápsula subglobosa, papirácea, mayormente incluida en el cáliz.

Ocasional, en pastizales y zonas alteradas, en las zonas pacífica y norcentral; 100–700 m (–1500) m; fl y fr todo el año; *Stevens 3196, 11218*; Centroamérica, Sudamérica, Cuba y Africa tropical. Plantas con pubescencia canescente y hojas generalmente verde obscuras cuando secas han sido identificadas como *S. americana* var. *hirta* (Klotzsch) Carvalho. Plantas con hojas lineares e inflorescencias glabras, encontra-das en los países vecinos (Belice), se han identificado como *S. americana* var. *angustifolia* J.A. Schmidt.

Schwenckia lateriflora (Vahl) Carvalho, Loefgrenia 37: 2. 1969; *Chaetochilus lateriflorus* Vahl; *S. browallioides* Kunth.

Hierbas o subarbustos, erectos, ramificados, hasta 1.5 m de alto; tallos puberulentos con tricomas recurvados. Hojas ovadas, 2–5 cm de largo y 10–30 mm de ancho, más grandes cerca de la base de la planta, ápice agudo u obtuso, base obtusa o truncada, aplicado-puberulentas. Inflorescencias espigadas o las ramas superiores paniculadas, pedicelos 1–2 mm de largo, solitarios o en pares en las axilas de brácteas foliáceas, flores nocturnas, fragantes; cáliz angostamente tubular, 5–7 mm de largo, lobado por 1/3–1/2 de su longitud, lobos aciculares o agudos; corola angostamente tubular con la porción exerta ensanchada, ca 25 mm de largo, verde o amarilla, con 5 apéndices apicales lineares de más de 6 mm de largo y alternando con lóbulos redondeados intermedios. Cápsula cónica, papirácea, incluida en el cáliz tardíamente partido.

Rara, bosques secos, Isla de Ometepe, Rivas; 100–400 m; fl ago–oct; *Robleto 973, 1341*; esta especie es nativa de Sudamérica donde se ha registrado en Brasil y Venezuela. También se conoce un viejo registro de Costa Rica.

SOLANDRA Sw.

Arbustos escandentes o hemiepífitos de varios metros de alto, inermes. Hojas mayormente solitarias, simples, enteras, glabras o pubescentes con tricomas simples, glandulares o dendríticos; pecioladas. Inflorescencias fascículos en los extremos de las ramitas o brotes cortos, con 1–pocas flores grandes, 5-meras, pedicelos fuertes dejando una cicatriz en la ramita; cáliz tubular a campanulado, frecuentemente angulado y separándose en flor o fruto; corola campanulada, crateriforme o infundibuliforme, ligeramente zigomorfa, lobos enteros a fimbriados, blanquecina, amarilla o anaranjada; filamentos alargados, insertos en el ápice del tubo, anteras fabiformes, 4-loculares, no apiculadas, dehiscencia longitudinal; ovario parcialmente ínfero, 4-locular, a veces parcialmente 2-locular, el estilo largamente exerto. Fruto una baya coriácea ligeramente exerta del cáliz partido; semillas numerosas, discoides, grandes.

Género con 9–10 especies del norte de México a Brasil y en las Antillas; 2 especies se conocen en Nicaragua. Algunas especies son plantas ornamentales pantropicales.

L.M. Bernardello y A.T. Hunziker. A synoptical revision of *Solandra* (Solanaceae). Nordic J. Bot. 7: 639–652. 1987.

1. Hojas puberulentas en el nervio principal en el envés; expansión de la corola mayormente empezando a nivel del ápice del cáliz, el tubo a veces ca 10 mm de ancho .... **S. brachycalyx**
1. Hojas glabras; expansión de la corola mayormente empezando muy por encima del cáliz, el tubo delgado, 5–8 mm de ancho .... **S. maxima**

Solandra brachycalyx Kuntze, Revis. Gen. Pl. 2: 453. 1891.

Arbustos hemiepífitos. Hojas ampliamente ova-das, ca 15 cm de largo, ápice cortamente acuminado, base obtusa, glabras excepto por la puberulencia en el nervio principal y los domacios en las axilas de los nervios en el envés. Flores solitarias en los extremos de las ramas, pedicelos 10–15 mm de largo, fuertes y ensanchándose en el cáliz; cáliz tubular, 7–12 cm de largo, 5-angulado; corola crateriforme, 15–25 cm de largo, amarillo-blanquecina volviéndose anaranjada con la edad, por dentro con 5–10 líneas moradas, carnosa, el tubo delgado, el limbo cupuliforme, lobos ca 3 cm de largo, emarginados y ligeramente laciniados, glabros por dentro y por fuera excepto por los domacios justo por abajo de la inserción del filamento; filamentos insertos en la base del limbo, ca 9 cm de largo, pubescentes basalmente, anteras 9–12 mm de largo. Baya deprimido-globosa, 10 cm de diámetro, menudamente apiculada.

Rara, en nebliselvas relativamente secas, zona norcentral; 1200–1300 m; fl may; *Neill 365(7244)*, *Stevens 11507*; Nicaragua al oeste de Panamá. Las colecciones de México, Guatemala y Honduras han sido separadas de las de Costa Rica y Panamá, como es el caso de *S. nizandensis* Matuda, con el criterio de que tienen los estambres insertos más arriba en el tubo de la corola, pero tal inserción ocurre en algunos ejemplares de *S. brachycalyx* a lo largo de su extensión geográfica y no justifica una separación taxonómica. Los especímenes nicaragüenses tienen el tubo del cáliz mucho más largo (10 cm) de lo usual, pero tales cálices largos a veces se encuentran con unos más cortos en especímenes de Costa Rica y Panamá. La pubescencia en los nervios y en los domacios en el envés de la hoja que caracteriza a esta especie, está a veces ausente en algunas hojas (completamente glabras) de la planta.

Solandra maxima (Sessé & Moç.) P.S. Green, Bot. Mag. 176: t. 506. 1967; *Datura maxima* Sessé & Moç.; *S. hartwegii* N.E. Br.; *S. hartwegii* C.F. Ball.

Arbustos hemiepífitos. Hojas ampliamente ovadas, 12–18 cm de largo, ápice agudo u obtuso, base obtusa, glabras. Flores solitarias en los extremos de las ramas, pedicelos 10–15 mm de largo, fuertes y ensanchándose en el cáliz; cáliz tubular, 4–7 cm de largo, 5-angulado; corola crateriforme, 15–25 cm de largo, amarilla, carnosa, el tubo delgado, el limbo cupuliforme, lobos ca 3 cm de largo, crenado-laciniados, glabros por dentro y por fuera excepto por los domacios justo por abajo de la inserción del filamento; filamentos insertos en la base del limbo, ca 9 cm de largo, pubescentes basalmente, anteras (9) 10–13 mm de largo. Baya piriforme, 10 cm de ancho, apiculada.

Poco común, en bosques húmedos, zonas pacífica y norcentral; 0–1400 m; fl y fr sep–ene; *Grijalva 2205*, *Moreno 22597*; México a Colombia y Venezuela. *S. grandiflora* Sw., nativa de Jamaica, es comúnmente cultivada en jardines tropicales. Se diferencia de *S. maxima* por las flores y anteras más pequeñas (limbo de la corola 6–8.5 cm de ancho en vez de 8–13 cm de ancho, anteras de 7–10 mm de largo). Quizás parte del material aquí incluido como *S. maxima* es realmente *S. grandiflora*.

SOLANUM L.

Arboles, arbustos, trepadoras o hierbas, glabros o pubescentes con tricomas simples, ramificados o estrellados, a veces armados. Hojas alternas o en pares, simples y enteras a lobadas o compuestas; pecioladas o sésiles. Inflorescencias básicamente cimosas, racemosas, paniculadas o las flores solitarias, terminales pero tornándose axilares, laterales u opuestas a las hojas, mayormente ebracteadas, pedúnculos presentes o ausentes, pedicelos generalmente presentes, flores (4) 5 (6)-meras; cáliz generalmente campanulado o cupuliforme; corola rotácea, actinomorfa o a veces zigomorfa, leve o profundamente lobada, frecuentemente con abundante tejido intersticial; estambres insertos en la base del tubo de la corola, los filamentos basalmente unidos en el punto de inserción, generalmente iguales, las anteras oblongas o atenuadas, dehiscencia por poros terminales y más tarde a veces por hendeduras longitudinales; ovario 2-carpelar, a veces 4-locular por la formación de septos falsos, óvulos mayormente numerosos, nectario ausente, el estilo pequeño, a veces exerto. Fruto una baya, jugosa o seca; semillas generalmente numerosas, mayormente amarillentas o café claras, comprimidas y discoides, lenticulares o aplanadas, con el embrión enrollado.

Uno de los géneros más grandes de plantas con flores, con más de 1000 especies, distribuidas en todos los continentes, pero mejor representado en América tropical; 53 especies en Nicaragua. La colección tipo de *S. nicaraguense* Rydb., *Flint 8* (US, no examinada), supuestamente colectada en Nicaragua, es en verdad *S. commersonii* Dunal, una especie restringida al noreste de Argentina y Uruguay. No se conoce ningún otro espécimen de Centroamérica que se parezca a esta especie de papa silvestre. *S. commersonii* fue descrita en 1813, y Hawkes relacionó el espécimen de Flint con esta especie. *S. sanctae-catharinae* Dunal, una especie de Brasil, fue erróneamente asignada a Nicaragua en el *Index Kewensis*.

D. Correll. The potato and its wild relatives. Contr. Texas Res. Found., Bot. Stud. 4: vii–606. 1962; J.G. Hawkes. A revision of the tuber-bearing Solanums (second edition). Rec. Scott. Pl. Breed. Sta. 1963: 76–181. 1963; K.E. Roe. A revision of *Solanum* sect. *Brevantherum* (Solanaceae) in North and Central America. Brittonia 19: 353–373. 1967; K.E. Roe. A revision of *Solanum* sect. *Brevantherum* (Solanaceae). Brittonia 24: 239–278. 1972; M.D. Whalen, D.E. Costich y C.B. Heiser. Taxonomy of *Solanum* section *Lasiocarpum*. Gentes Herb. 12: 41–129. 1981; S.D. Knapp. A Revision of *Solanum* section *Geminata* (G. Don) Walpers. Ph.D. Thesis, Cornell University, Ithaca. 1986; M. Nee. Solanaceae II. Fl. Veracruz 72: 1–158. 1993.

1. Plantas sin tricomas estrellados, hojas con tricomas simples o glabras; plantas mayormente inermes
    2. Plantas con acúleos en los tallos y en el envés de las hojas
        3. Acúleos rectos, aciculares y largos; hojas con tricomas simples largos, especialmente en la haz de las hojas; inflorescencias racimos cortos con pocas flores .... **S. capsicoides**
        3. Acúleos recurvados y cortos; plantas glabras; inflorescencias panículas con muchas flores
            4. Plantas con todas las hojas completamente enteras; anteras iguales; corola profundamente lobada .... **S. cobanense**
            4. Plantas con al menos algunas hojas lobadas, al menos parcialmente; anteras desiguales; corola levemente lobada .... **S. wendlandii**
    2. Plantas inermes
        5. Al menos algunas hojas lobadas, disectadas o divididas
            6. Plantas erectas o escandentes, hasta 1.5 m de largo
                7. Hojas enteras o lobadas, glabrescentes; plantas erectas, silvestres .... **S. allophyllum**
                7. Hojas pinnaticompuestas, frecuentemente con folíolos intersticiales, abundantemente pubescentes; plantas escandentes o erectas, cultivadas, con tubérculos comestibles .... **S. tuberosum**
            6. Plantas trepadoras, mayormente más de 1 m de largo
                8. Cáliz truncado o casi así, sin separarse en senos .... **S. seaforthianum**
                8. Cáliz con lobos evidentes, separándose en senos
                    9. Hojas con folíolos intersticiales .... **S. canense**
                    9. Hojas sin folíolos intersticiales
                        10. Hojas y pecíolos con tricomas patentes largos en ángulos rectos con la superficie; bayas ovoides; lobos del cáliz lanceolados; tallos sin enraizar en los nudos; cáliz más de 3 mm de largo .... **S. caripense**
                        10. Hojas casi glabras, pecíolos pilosos a tomentosos; bayas globosas o subglobosas; lobos del cáliz ovados; tallos frecuentemente enraizando en los nudos; cáliz menos de 3 mm de largo
                            11. Hojas con 3–5 folíolos; anteras apicalmente redondeadas .... **S. appendiculatum**
                            11. Hojas con 5–9 folíolos; anteras apicalmente agudas o aristadas .... **S. skutchii**
        5. Hojas enteras o dentadas, nunca lobadas, disectadas o compuestas
            12. Hierbas o trepadoras; inflorescencias interaxilares o terminales; hojas enteras a anguladas o dentadas
                13. Trepadoras leñosas; corolas azules o purpúreas, más de 2 cm de diámetro; inflorescencias panículas ramificadas con muchas flores .... **S. dulcamaroides**
                13. Hierbas, erectas o rastreras; corolas blancas, hasta 1.5 cm de diámetro; inflorescencias no ramificadas, a veces racimos umbelados
                    14. Partes jóvenes, incluyendo la inflorescencia, hirsutas; pedúnculos obsoletos; lobos del cáliz fructífero lineares, casi tan largos como la baya; frutos maduros opalescente-blanquecinos u opalescente-rosados .... **S. adscendens**
                    14. Partes jóvenes mayormente poco pubescentes; pedúnculos evidentes, más de 5 mm de largo; lobos del cáliz fructífero obtusos, menos de la mitad de la longitud de la baya; frutos negros o verdes
                        15. Anteras hasta 1.7 mm de largo; fruto negro lustroso; cáliz conspicuamente reflexo en el fruto; pedicelos fructíferos más o menos erectos; plantas de tierras bajas y altas
                            .... **S. americanum**
                        15. Anteras 1.7 mm de largo o más; fruto maduro negro opaco o verde; cáliz aplicado al fruto; pedicelos fructíferos bastante deflexos; plantas de tierras altas .... **S. nigrescens**
            12. Arbustos o árboles; inflorescencias opuestas a las hojas (muy rara vez interaxilares justo por abajo de los nudos); hojas siempre enteras

16. Envés de la hoja mayormente con domacios de tricomas en las axilas de los nervios, de otro
modo glabrescente; hojas menores generalmente similares a las mayores excepto por el tamaño
   17. Flores frecuentemente con un tinte purpúreo cuando secas; cáliz con tricomas simples
      ocasionales o abundantes, alargados, blancos; corteza de los tallos más viejos verde-
      blanquecina, áspera; anteras 2.5–3 mm de largo; nervios de la hoja 6–8 en cada
      lado.. **S. aphyodendron**
   17. Flores amarillentas cuando secas; cáliz glabro; corteza de los tallos café obscura y
      lustrosa, lisa; anteras 1.2–2.5 mm de largo; nervios de la hoja 8–10 en cada lado .... **S. nudum**
16. Envés de la hoja sin domacios de tricomas en las axilas de los nervios, de otro modo glabro o
pubescente; hojas menores generalmente diferentes en forma y tamaño de las hojas mayores
   18. La mayoría de las hojas menos de 30 mm de ancho, con 4–5 nervios en cada lado;
      pedicelos fructíferos delgados
      19. Pedicelos fructíferos hasta 12 mm de largo; hojas comúnmente obtusas o
         redondeadas en el ápice; pecíolos 2–5 mm de largo .... **S. diphyllum**
      19. Pedicelos fructíferos frecuentemente más de 15 mm de largo; hojas comúnmente
         acuminadas en el ápice; pecíolos 4–15 mm de largo
         20. Tallos jóvenes pubescentes con largos tricomas patentes rojos o pajizos ...... **S. valerianum**
         20. Tallos jóvenes glabros o menudamente puberulentos y rápidamente glabrescentes
            21. Envés de la hoja con los nervios finamente tomentosos, al menos en parte;
               1–3 flores por inflorescencia .... **S. pertenue**
            21. Envés de la hoja glabro; 5–15 flores por inflorescencia .... **S. tuerckheimii**
   18. La mayoría de las hojas más de 30 mm de ancho, con 6 o más nervios en cada lado;
      pedicelos fructíferos delgados o fuertes y leñosos
      22. Hojas coriáceas, nervios prominentemente elevados en el envés; inflorescencias a
         veces ramificadas; pedicelos fructíferos fuertes y leñosos, no muy expandidos
         distalmente, menos de 20 mm de largo
         23. Hojas de color café-rojizo cuando secas especialmente en el envés; inflores-
            cencias no ramificadas, produciendo 1–2 flores a la vez, 1–3 frutos; las cicatrices
            de los pedicelos muy cercanamente espaciadas y traslapadas .... **S. arboreum**
         23. Hojas amarillentas cuando secas en el envés; inflorescencias frecuentemente
            ramificadas, produciendo varias a muchas flores a la vez, 1–muchos frutos;
            las cicatrices de los pedicelos uniformes y cercanamente espaciadas, no
            traslapadas .... **S. rovirosanum**
      22. Hojas membranáceas, nervios aplanados en el envés; inflorescencias no ramificadas;
         pedicelos fructíferos basalmente delgados, algo expandidos distalmente,
         frecuentemente más de 20 mm de largo
         24. Hojas maduras tomentosas en los nervios principales en el envés .... **S. pertenue**
         24. Hojas maduras glabras o con tricomas largos y esparcidos en el envés
            25. Inflorescencias cortas, menos de 7 mm de largo; tallos puberulentos en líneas
               de tricomas rizados .... **S. valerianum**
            25. Inflorescencias mayormente alargadas, más de 1 cm de largo; tallos glabros o
               uniformemente puberulentos
                  26. Lobos del cáliz apicalmente engrosados y ensanchados en proyecciones
                     con forma de oreja .... **S. pastillum**
                  26. Lobos del cáliz no ensanchados apicalmente .... **S. tuerckheimii**
1. Plantas con tricomas estrellados al menos en el envés de las hojas, partes emergentes e inflorescencias;
plantas mayormente armadas
  27. Haz de las hojas con tricomas simples
     28. Hojas enteras o subenteras, menos de 5 cm de ancho; plantas inermes .... **S. lignescens**
     28. Hojas lobadas, al menos en parte, mayormente más de 5 cm de ancho; plantas en general armadas
        29. Corola más de 5 cm de diámetro; árboles cultivados, hasta 12 m de alto o arbustos grandes; cáliz
           acrescente y adherido a la base del fruto .... **S. wrightii**
        29. Corola menos de 4 cm de diámetro; hierbas o arbustos pequeños hasta 1.5 m de alto; cáliz no
           acrescente
          30. Semillas bastante comprimidas, con un ala marginal; flores blancas o amarillo-verdosas
             31. Fruto negro, menos de 2 cm de diámetro; hojas con pequeños tricomas estrellados
                mezclados con tricomas simples, víscido-vellosas en la haz .... **S. acerifolium**
             31. Fruto anaranjado, mayormente más de 2 cm de diámetro; hojas maduras sin tricomas
                estrellados, esparcidamente pubescentes en la haz .... **S. capsicoides**
          30. Semillas lenticulares, sin alas; flores purpúreas o verde-amarillentas a blanquecinas

32. Flores purpúreas; anteras más de 10 mm de largo; frutos más de 3 cm de diámetro, lobados, piriformes o a veces globosos .... **S. mammosum**

32. Flores verde-amarillas a blanquecinas; anteras menos de 8 mm de largo; frutos menos de 3 cm de diámetro, globosos .... **S. myriacanthum**

27. Haz de las hojas con tricomas estrellados

    33. Inflorescencias muy ramificadas de muchas flores, por encima de las hojas, con pedúnculo alargado, erecto, generalmente más de 5 cm de largo; hojas enteras, inermes; anteras fuertes

        34. Cáliz con cúpula abultada en la base; ovario glabro; hojas pecioladas .... **S. hazenii**

        34. Cáliz no abultado o demarcado en la base; ovario a veces tomentoso; hojas pecioladas o aladas en la base

            35. Hoja con tricomas sésiles en el envés; base del cáliz mayormente obscura cuando seca ...... **S. rugosum**

            35. Hoja con tricomas mayormente pediculados en el envés; base del cáliz no diferenciada

                36. Cáliz florífero lobado hasta cerca de la 1/2 de su longitud; yemas floríferas turbinadas; hojas basalmente redondeadas u obtusas, el pecíolo conspicuo .... **S. erianthum**

                36. Cáliz florífero lobado mucho más de la 1/2 de su longitud; yemas floríferas subglobosas o elipsoides; hojas basalmente acuminado-cuneadas, u obtusas y entonces atenuadas la mayor parte del pecíolo

                    37. Hojas mayormente menos de 8 cm de ancho; partes de la inflorescencia hirsuto-tomentosas con algunos tricomas largos de pedículos gruesos, estrellados y multiangulados con 4–12 brazos; ovario glabro .... **S. umbellatum**

                    37. Hojas mayormente más de 8 cm de ancho; partes de la inflorescencia aplicado-tomentosas con tricomas subsésiles equinoides con más de 12 brazos, sin tricomas largamente pediculados; ovario pubescente

                        38. Base de las hojas obtusa y luego atenuada la mayor parte de la longitud del pecíolo; cáliz pubescente en la mitad apical por dentro; baya persistentemente tomentosa .... **S. atitlanum**

                        38. Base de las hojas cortamente atenuada; cáliz glabro o con tricomas ocasionales por dentro; baya glabrescente .... **S. chiapasense**

    33. Inflorescencias poco o no ramificadas, de pocas o muchas flores, mayormente intraxilares entre las ramas y hojas, con pedúnculo menos de 5 (–6) cm de largo; hojas a menudo lobadas o dentadas, a menudo armadas; anteras generalmente delgadas

        39. Hojas sésiles, basalmente cuneadas; erectas o escandentes; lobos del cáliz subulados .... **S. jamaicense**

        39. Hojas pecioladas, basalmente variadas; erectas o trepadoras; lobos del cáliz de varias formas, no subulados

            40. Frutos mayormente pubescentes, al menos al alcanzar su madurez; ovario copiosamente pubescente

                41. Hojas completamente enteras, raramente subenteras; plantas inermes; frutos ca 10 mm de diámetro .... **S. schlechtendalianum**

                41. Hojas mayormente lobadas; plantas frecuentemente armadas; frutos ca 15 mm de diámetro, si más pequeños, entonces los lobos del cáliz truncados y las hojas lobadas

                    42. Lobos del cáliz truncados o redondeados, menos de 2 mm de largo; tricomas estrellados del tallo con el brazo central más corto que el resto de los brazos; tallos y pecíolos sin tricomas largos gruesamente pediculados; lobos de la hoja frecuentemente puntiagudos, mucronulados, láminas mayormente menos de 25 cm de largo .... **S. stramoniifolium**

                    42. Lobos del cáliz puntiagudos u obtusos, más de 2 mm de largo; la mayoría de los tricomas estrellados del tallo con el brazo central más largo que el resto de los brazos (más cortos en *S. erythrotrichum* y *S. sessiliflorum*); tallos y pecíolos mayormente con algunos tricomas largos de pedículo grueso; lobos de la hoja mayormente redondeados u obtusos (puntiagudos en *S. erythrotrichum* y *S. sessiliflorum*), láminas frecuentemente más de 25 cm de largo

                        43. Tricomas estrellados del tallo con el brazo central corto; pedicelos en la flor mayormente menos de 6 mm de largo; lobos de la hoja mayormente puntiagudos, mucronulados; pubescencia del fruto decidua

                            44. Hojas subenteras; pedúnculo 2–4 cm de largo; flores generalmente purpúreas, rara vez blancas; baya ca 1.5 cm de diámetro .... **S. erythrotrichum**

                            44. Hojas generalmente con 5–8 lobos en cada lado; pedúnculo obsoleto hasta 0.2 cm de largo; flores blancas; baya 3–9 cm de diámetro .... **S. sessiliflorum**

43. Algunos de los tricomas estrellados del tallo con el brazo central largo; pedicelos en la flor mayormente más de 6 mm de largo; lobos de la hoja mayormente redondeados u obtusos; pubescencia del fruto persistente
    45. Bayas 1.5–2 cm de diámetro; acúleos del tallo densos, finos (menos de 2 mm de grueso); lobos del cáliz reflexos en la flor; hojas pequeñas, mayormente menos de 25 cm de largo .... **S. hirtum**
    45. Bayas 2.5–5 cm de diámetro; acúleos del tallo (cuando presentes) esparcidos, frecuentemente gruesos (más de 2 mm de grueso); lobos del cáliz erectos en la flor; hojas grandes, mayormente más de 25 cm de largo
        46. Indumento claro, epidermis frecuentemente purpúrea; acúleos del tallo y las hojas (cuando presentes) frecuentemente más de 5 mm de largo y 2 mm de grueso; fruto con pulpa amarillo pálida o anaranjada .... **S. candidum**
        46. Indumento purpúreo; acúleos del tallo (cuando presentes) mayormente menos de 3 mm de largo y 2 mm de grueso; fruto con pulpa verde .... **S. quitoense**
40. Frutos glabros; ovario casi glabro
    47. Trepadoras copiosamente armadas con acúleos recurvados de 1–6 mm de largo
        48. Tallos con numerosos acúleos pequeños de 1–2 mm de largo; hojas enteras o subenteras; frutos 10 mm de diámetro o menos; pedicelos floríferos delgados, casi filiformes .... **S. lanceifolium**
        48. Tallos con pocos o muchos acúleos grandes de 1–6 mm de largo; hojas a menudo conspicuamente anguladas o lobadas; frutos (8–) 10 mm de diámetro o más; pedicelos floríferos robustos, más de 0.6 mm de grueso
            49. Plantas mayormente sin cerdas; frutos hasta 10 mm de diámetro; hojas a menudo conspicuamente lobadas, lobos frecuentemente angulares .... **S. adhaerens**
            49. Cálices, inflorescencias y frecuentemente otras partes con abundantes cerdas fuertes, amarillas o anaranjadas (tricomas rígidos multiseriado-pediculados, estrellados, los brazos frecuentemente suprimidos); frutos más de 18 mm de diámetro; hojas mayormente enteras .... **S. aturense**
    47. Hierbas, arbustos o árboles, no trepadoras, con acúleos recurvados esparcidos o ausentes, o si trepadoras, entonces inermes
        50. Arbustos o árboles, mayormente más de 1 m de alto
            51. Indumento de los tallos y de las inflorescencias persistentemente ferrugíneo con tricomas estrellados de pedículo largo; partes jóvenes y nervios principales de las hojas a menudo con copiosos acúleos casi rectos .... **S. chrysotrichum**
            51. Indumento de los tallos maduros y de las inflorescencias blanquecino (o negro en los pedicelos) con tricomas estrellados mayormente sésiles; acúleos mayormente esparcidos y recurvados
                52. Corola azul (o purpúrea), 30–50 mm de diámetro; cáliz 6–9 mm de largo; hojas densamente blanco-tomentosas en el envés, a menudo como fieltro ....**S. lanceolatum**
                52. Corola blanca, 10–30 mm de diámetro; cáliz 3–5 mm de largo; hojas mayormente cafés, verdosas u ocre-tomentosas en el envés, cartáceas
                    53. Pedicelos y base del cáliz casi negros con al menos algunos tricomas glandulares, simples, erectos; lobos del cáliz apicalmente agudos con puntas delgadas, conspicuas, los senos casi glabros; pedicelos floríferos muy delgados, filiformes; pubescencia de la inflorescencia y tallos jóvenes densa y adpresa a la superficie
.... **S. torvum**
                    53. Pedicelos y base del cáliz cafés, eglandulosos; lobos del cáliz apicalmente obtusos o redondeados, las puntas cortas e inconspicuas, senos pubescentes; pedicelos floríferos algo engrosados, no filiformes; pubescencia de la inflorescencia y tallos jóvenes laxa y enmarañada .... **S. hayesii**
        50. Hierbas o subarbustos menos de 1 m de alto o trepadoras delgadas
            54. Cáliz fructífero copiosamente armado de acúleos planos, rectos, mayormente amarillos; tallos copiosamente armados de acúleos rectos, aciculares .... **S. campechiense**
            54. Cáliz fructífero inerme o con pocos aguijones inconspicuos, fuertes y recurvados; tallos inermes, armados con acúleos gruesos, planos o escasamente armados con acúleos frecuentemente recurvados
                55. Hojas comúnmente más de 7 cm de ancho; corola más de 3 cm de diámetro; flores (1) 2 en racimos abiertos; fruto más de 3 cm de diámetro; plantas cultivadas ....**S. melongena**
                55. Hojas menos de 7 cm de ancho; corola rara vez más de 3 cm de diámetro; varias flores en fascículos; fruto menos de 1.5 cm de diámetro; plantas no cultivadas

56. Hojas con ápice acuminado, tricomas de la haz con brazos centrales muy largos; lobos del cáliz foliáceos .... **S. cordovense**
56. Hojas con ápice redondeado, obtuso o agudo, tricomas de la haz variados pero no con brazos centrales desarrollados; lobos del cáliz angostamente deltoides
    57. Lobos del cáliz ascendentes; tricomas con más de 5 brazos; plantas armadas .... **S. dasyanthum**
    57. Lobos del cáliz reflexos; tricomas mayormente con menos de 5 brazos; plantas inermes .... **S. lignescens**

Solanum acerifolium Dunal, Solan. Syn. 41. 1816; *S. quinquangulare* Willd. ex Roem. & Schult.

Hierbas o arbustos víscidos, hasta 1.5 m de alto, copiosamente armados; tallos víscido-vellosos con tricomas simples y armados con numerosos acúleos casi rectos, aciculares o basalmente aplanados de hasta 15 mm de largo. Hojas solitarias o en pares, ovadas, 7–16 cm de largo, mayormente 3–5-sinuado lobadas, ápice deltoide, base cordada o truncada, no denticuladas, pilosas con tricomas glandulares simples en ambas superficies y también tricomas estrellados pequeños en el envés y en el margen, nervios principales armados de acúleos rectos, aplanados, verdes o anaranjados; pecíolos hasta 12 cm de largo, pubescentes y armados. Inflorescencias racimos contraídos con pocas flores, volviéndose axilares o laterales, pedúnculos y pedicelos híspidos y espinosos, pedúnculos 0.6–1 cm de largo, pedicelos 6–10 mm de largo; cáliz 2–4 mm de largo, piloso con largos tricomas simples, frecuentemente espinoso, profundamente lobado, lobos angostos; corola 15–20 mm de diámetro, amarillo-verdosa, lobada más de la 1/2 de su longitud, lobos angostos; anteras 5–6 mm de largo. Baya globosa, ca 1.5 cm de diámetro, glabra, lustrosa, con rayas verdes y negras cuando madura, pedicelos fructíferos delgados pero expandiéndose distalmente, patentes; semillas circulares, 3–4 mm de diámetro, aladas.

Común, en claros de nebliselvas, cafetales y orillas de arroyos, zonas norcentral y pacífica; 1000–1600 m; fl y fr todo el año; *Moreno 3443, Stevens 11748*; sur de México al norte de Sudamérica, disyunta en el este de Brasil y este de Paraguay. Fue tratada como *S. acerosum* Sendtn. en la *Flora of Panama* y como *S. quinquangulare* en la *Flora of Guatemala*.

Solanum adhaerens Roem. & Schult., Syst. Veg. 4: 669. 1819; *S. enoplocalyx* Dunal; *S. donnell-smithii* J.M. Coult.; *S. purulense* Donn. Sm.

Trepadoras leñosas, hasta 2 m de largo, frecuentemente muy altas y ramificadas, armadas; tallos glabrescentes o pubescentes, con tricomas estrellados multiangulados, pediculados, armados con numerosos acúleos pequeños y recurvados de 1–3 mm de largo. Hojas en pares subiguales, ampliamente ovadas, 4–8 cm de largo, ápice agudo o acuminado, base obtusa o redondeada, enteras o a menudo lobadas, a veces afelpadas, haz con dispersos tricomas porrectos subsésiles, envés suavemente tomentoso con tricomas multiangulados, pediculados, los nervios principales a veces armados; pecíolos hasta 3 cm de largo, tomentosos y en su mayoría armados. Inflorescencias racimos aglomerados con 8–15 flores, volviéndose laterales, con tricomas estrellados sésiles, inermes o con pocas cerdas, pedúnculos hasta 1 cm de largo, a veces bifurcados, pedicelos hasta 10 mm de largo; cáliz ca 3 mm de largo, lobado hasta cerca de la 1/2 de su longitud, lobos triangular-acuminados; corola ca 15 mm de diámetro, blanca o azulada, profundamente lobada, lobos angostamente triangulares; anteras ca 5 mm de largo. Baya globosa, 0.8–1 cm de diámetro, glabra, anaranjada lustrosa cuando madura, pedicelos fructíferos más largos, gruesos y curvados; semillas aplanadas, ca 3 mm de diámetro.

Abundante en áreas abiertas, en todo el país; 0–1300 m; fl y fr todo el año; *Stevens 12990, 22666*; México al norte de Sudamérica. Fue tratada como *S. lanceifolium* en la *Flora of Panama*.

Solanum adscendens Sendtn. in Mart., Fl. Bras. 10: 17, t. 1, f. 9–12. 1846; *S. deflexum* Greenm.

Hierbas erectas, 10–30 cm de alto, inermes; tallos hispídulos con tricomas simples, cortos y recurvados. Hojas solitarias o en pares subiguales, ovadas, 1–5 cm de largo, ápice agudo, base obtusa o redondeada, enteras, hirsutas; pecíolos hasta 1.5 cm de largo, hirsutos. Inflorescencias racimos umbelados con pocas flores, volviéndose laterales, a veces agrupadas justo encima del suelo además de en el ápice de la planta, pedúnculos obsoletos, pedicelos 6–15 mm de largo, hirsutos; cáliz 3–4 mm de largo, hirsuto, profundamente lobado, lobos lanceolados; corola 7–10 mm de diámetro, blanca, levemente lobada, tomentosa por fuera; anteras ca 2 mm de largo. Baya globosa, 0.5–0.8 cm de diámetro, glabra, blanca opalescente y rayada, a veces rojiza, pedicelos fructíferos a veces sólo ligeramente acrescentes, patentes; semillas discoides, 2–3 mm de diámetro.

Común, áreas abiertas poco drenadas, zonas pacífica y norcentral; 0–700 m; fl y fr may–oct; *Stevens 2610, 9363*; México a Paraguay, introducida en Africa.

Solanum allophyllum (Miers) Standl., J. Wash. Acad. Sci. 17: 16. 1927; *Pionandra allophylla* Miers; *Cyphomandra allophylla* (Miers) Hemsl.

Hierbas erectas o arbustos, hasta 1.5 m de alto, glabrescentes, inermes; tallos a veces huecos, a veces purpúreos y a menudo lenticelados. Hojas generalmente en pares desiguales, enteras y profundamente 3–5-lobadas en la misma planta, frecuentemente argénteas en el envés, hojas enteras mayormente ovadas o elípticas, 3–10 cm de largo, ápice acuminado, base truncada, hojas lobadas ampliamente ovadas, profunda y ampliamente lobadas en la porción basal, los senos redondeados; pecíolos más de la mitad de la longitud de la hoja. Inflorescencia frecuentemente de racimos una vez ramificados con 4–8 flores, en las ramificaciones del tallo, pedúnculo hasta 4 cm de largo, pedicelos 4–6 (–10) mm de largo; cáliz 2–4 mm de largo, profundamente deltoide-lobado; corola 12–15 mm de diámetro, blanco-amarillenta, lobada ca la 1/2 de su longitud, lobos agudos; anteras ca 6 mm de largo. Baya elipsoide y radialmente aplanada, ca 2 cm de largo, dura, blanco-carnosa a veces rayada, pedicelos fructíferos más fuertes y más largos, deflexos; semillas comprimidas, ca 1.2 mm de diámetro.

Común, en bosques secundarios, zona pacífica; 0–900 m; fl y fr mayormente jun–dic; *Nee 28133, Stevens 22977*; Nicaragua a Colombia.

Solanum americanum Mill., Gard. Dict., ed. 8, Solanum no. 5. 1768; *S. nodiflorum* Jacq.; *S. nigrum* var. *nodiflorum* (Jacq.) A. Gray; *S. nigrum* var. *americanum* (Mill.) O.E. Schulz.

Hierbas perennes de vida corta, hasta 1 m de alto, inermes; tallos a veces con dientes suaves, glabrescentes o puberulentos con tricomas eglandulares simples, recurvados. Hojas solitarias o en pares desiguales, con las hojas más pequeñas similares en forma a las mayores, ovadas a lanceoladas, 2–10 cm de largo, ápice puntiagudo, base obtusa o estrecha, subenteras o sinuado-dentadas, glabras o puberulentas; pecíolos hasta 3 cm de largo, puberulentos (glabrescentes), apicalmente alados. Inflorescencias racimos subumbelados hasta con 10 flores, volviéndose laterales, aplicado-pubescentes, pedúnculos no ramificados, 0.5–3 cm de largo, pedicelos 3–10 mm de largo; cáliz ca 1 mm de largo, subtruncado a lobado hasta la 1/2 de su longitud; corola 6–10 mm de diámetro, blanca, raramente azulada o con un ojo conspicuo, lobada hasta la 1/2 de su longitud, lobos lanceolados a oblongos; anteras 0.8–1.7 mm de largo. Baya globosa, 0.4–0.8 cm de diámetro, glabra, negro lustrosa cuando madura, pedicelos fructíferos delgados pero ligeramente más largos, ascendentes a patentes; semillas lenticulares, 1.2–1.5 mm de diámetro.

Maleza abundante en todo el país; 0–1600 m; fl y fr todo el año; *Stevens 3571, 7310*; cosmopolita, quizás nativa de Sudamérica. Esta especie diploide, perteneciente al complejo *S. nigrum* (sección *Solanum*), se diferencia de la planta hexaploide *S. nigrum* L., de Europa templada, por sus frutos lustrosos y erectos, y las anteras y semillas pequeñas. Se parece bastante a *S. nigrescens* pero tiene las anteras pequeñas y es el único miembro de este grupo que se encuentra a elevaciones bajas en Nicaragua. Los frutos y el follaje se comen en algunos sitios, aunque algunas razas son tóxicas.

Solanum aphyodendron S. Knapp, Ann. Missouri Bot. Gard. 72: 565. 1985; *Bassovia foliosa* Brandegee.

Arboles, hasta 7 m de alto, inermes; tallos glabros, blanquecinos cuando secos. Hojas solitarias o en pares subiguales, obovadas o elípticas, 10–15 cm de largo, ápice generalmente acuminado, base aguda o acuminada, enteras, haz glabra, envés glabrescente pero con domacios blanquecinos de tricomas simples en las axilas de los nervios y ocasionalmente tricomas dispersos en la lámina; pecíolos 1–2 cm de largo, glabros. Inflorescencias racimos subumbelados cortos con 10–15 flores, opuestos a las hojas, principalmente cerca de los extremos de las ramas, glabrescentes, pedúnculo no ramificado, 0.3–1 cm de largo, pedicelos 10–20 mm de largo; cáliz 2–3 mm de largo, profundamente lobado, lobos deltoides, apicalmente con tricomas simples y basalmente glabros; corola 9–12 mm de diámetro, blanca, frecuentemente con un tinte purpúreo cuando seca, profundamente lobada, lobos oblongos, glabros; anteras ca 3 mm de largo. Baya globosa, ca 1.3 cm de diámetro, glabra, verde-amarilla, pedicelos fructíferos acrescentes, aún delgados, patentes a deflexos; semillas aplanadas, ca 3 mm de diámetro.

Poco común, bosques montanos alterados, en todo el país; 700–1600 m; fl y fr todo el año; *Nee 27681, Stevens 16917*; sur de México hasta Bolivia. Esta especie es muy parecida a *S. tuerckheimii*, pero se diferencia por la pubescencia en las axilas de los nervios de las hojas, ápice de los lobos del cáliz pubescente, corolas frecuentemente azuladas cuando secas, pedicelos fructíferos delgados, y porte más grande. Fue tratada como *S. nudum* en la *Flora of Panama*.

Solanum appendiculatum Dunal, Solan. Syn. 5. 1816; *S. inscendens* Rydb.; *S. connatum* Correll.

Trepadoras leñosas, enraizando en los nudos, a veces trepando alto, inermes; ramitas glabras a vellosas con tricomas simples. Hojas solitarias, 3–5-imparipinnadas, folíolos ovados o elípticos, 1–8 cm de largo, ápice agudo o acuminado, base obtusa, pubescentes o glabrescentes, folíolo terminal más grande, folíolos basales reducidos, folíolos intersticiales ausentes; pecíolos delgados, 1–3.5 cm de largo, largamente pilosos a tomentosos; folíolos pseudoestipulares pequeños. Inflorescencias panículas cimosas pequeñas, frecuentemente laterales en las ramas frondosas, pedúnculo hasta 2 cm de largo, tricomas pilosos a adpresos, pedicelos 5–8 mm de largo, aplicado-pubescentes a glabros; cáliz 2–2.5 mm de largo, con tricomas adpresos o glabro, lobado hasta cerca de la 1/2 de su longitud, lobos ovados; corola ca 12 mm de diámetro, blanca o purpúrea, profundamente lobada, lobos oblongos, menudamente puberulentos en el ápice; anteras 2–3 mm de largo. Baya globosa, ca 1 cm de diámetro, glabra, roja, pedicelos fructíferos ligeramente más largos y más gruesos, curvados o patentes; semillas aplanadas.

Poco común, bosques muy húmedos, zona norcentral; 1300–1500 m; fl y fr todo el año; *Stevens 5969, 9193*; México a Panamá.

Solanum arboreum Dunal, Solan. Syn. 20. 1816.

Arbustos hasta 4 m de alto, inermes; tallos relativamente robustos y escasamente ramificados, rojo obscuros cuando secos, glabrescentes, las partes jóvenes menudamente puberulentas con densos tricomas diminutos, simples y rectos. Hojas mayormente en pares desiguales, ampliamente obovadas, las hojas mayores hasta 13–40 cm de largo, ápice y base agudos o acuminados, enteras, haz glabra, envés glabrescente pero los nervios generalmente con diminutos tricomas simples y erectos, las hojas menores mucho más pequeñas y anchas; pecíolos 0.6–3 cm de largo, puberulentos o glabrescentes. Inflorescencias racimos cortos con pocas flores, opuestos a las hojas, glabros o menudamente puberulentos, pedúnculo desde obsoleto hasta 2 cm de largo, no ramificado, pedicelo hasta 10 mm de largo; cáliz 2–3 mm de largo, profundamente lobado, lobos deltoides, glabros o menudamente ciliados; corola 6–9 mm de diámetro, blanca, profundamente lobada, lobos oblongos o lanceolados, glabros; anteras ca 2 mm de largo. Baya globosa, ca 1.2 cm de diámetro, glabra, verde, pedicelos fructíferos gruesos y leñosos, 0.6–1 (–2?) cm de largo, erectos; semillas aplanadas, ca 3–4 mm de diámetro.

Poco común, principalmente en bosques muy húmedos de tierras bajas, zona atlántica; 10–400 m; fl feb, jul, fr ene, jul, sep; *Moreno 13149, Sandino 3381*; Nicaragua hasta el norte de Sudamérica. Esta especie se parece mucho a *S. nudum* de la cual se diferencia por los tricomas diminutos sobre los nervios en el envés, ausencia de pubescencia en las axilas de los nervios, pedicelo fructífero fuerte y estatura pequeña.

Solanum atitlanum K.E. Roe, Brittonia 19: 364. 1967.

Arbustos o árboles pequeños, hasta 15 m de alto, inermes; tallos granuloso-tomentosos, con tricomas equinoides cortamente pediculados y sésiles. Hojas solitarias o en pares subiguales, las hojas mayores ovadas, 8–20 cm de largo, ápice agudo o cortamente acuminado, base obtusa y entonces atenuada la mayor parte de la longitud del pecíolo, enteras, haz escabriúscula con tricomas multiangulados y equinoides dispersos, pequeños y subsésiles, envés suavemente tomentoso con tricomas multiangulados pediculados y sésiles, las hojas menores caducas; pecíolos hasta 10 (20) cm de largo, angostamente alados desde la base, hirsuto-tomentosos. Inflorescencias cimas paniculado-helicoides con muchas flores, apicales y erectas, aplicado-tomentosas, pedúnculo hasta 8 cm de largo, granuloso-tomentoso con tricomas de muchos brazos y equinoides, pediculados y sésiles, pedicelos 3–6 mm de largo, tomentosos; cáliz 2–6 mm de largo, densamente tomentoso en la base, profundamente lobado, lobos obtusos, uniformemente estrellado-tomentosos; corola 10–18 mm de diámetro, blanca (purpúrea?), lobada más de la 1/2 de su longitud, lobos obtusos y finamente apiculados, tomentosos por fuera; anteras ca 3 mm de largo. Baya globosa, 0.7–1 cm de diámetro, pubescente, amarilla cuando madura, pedicelos fructíferos ligeramente alargados, muy engrosados y erectos; semillas aplanadas, ca 2 mm de diámetro.

Común en claros y márgenes de bosques, zonas pacífica y norcentral; (60–) 600–1600 m; fl mayormente jul–oct, fr ago–nov; *Stevens 17662, 23031*; sur de Guatemala a Nicaragua.

Solanum aturense Dunal, Solan. Syn. 32. 1816; *S. siparunoides* Ewan.

Trepadoras, arbustos o árboles, armados; tallos híspidulos con cerdas duras de 2–6 mm de largo y tricomas estrellados con pedículo corto o sésiles, copiosamente armados con acúleos recurvados, gruesos. Hojas mayormente en pares subiguales, lanceoladas a ovadas, 5–15 cm de largo, ápice agudo, acuminado o redondeado, base obtusa o redondeada, a menudo oblicua, enteras, ambas superficies hirsutas con tricomas estrellados, en la haz los brazos centrales más largos que los laterales, en el envés los brazos casi iguales, nervio principal a menudo armado en el envés; pecíolos hasta 5 cm de largo, hirsutos, con tricomas estrellados, mayormente armados.

Inflorescencias racimos simples con 3–10 flores, laterales en el tallo, pubescencia estrellada con cerdas ocasionales, pedúnculo 0.3–1.3 cm de largo, pedicelos 6–15 mm de largo, estrellado-hirsutos; cáliz 4–6 mm de largo, estrellado-hirsuto y a menudo aguijonoso, lobados hasta la 1/2 de su longitud, lobos triangular-acuminados; corola 30–50 mm de diámetro, blanca, profundamente lobada, lobos angostamente triangulares, tomentosa por fuera; anteras 10–12 mm de largo. Baya globosa, 2–3 cm de diámetro, glabra, roja o anaranjada, pedicelos fructíferos alargados, engrosados y curvados; semillas discoides, 3.5–6 mm de diámetro.

Poco común, áreas perturbadas, zona atlántica; 0–800 m; fl y fr todo el año; *Guzmán 825*, *Stevens 6400*; sur de México al norte de Sudamérica. Fue tratada como *S. siparunoides* en la *Flora of Panama*.

Solanum campechiense L., Sp. Pl. 187. 1753.

Hierbas anuales, erectas o laxas, hasta 60 cm de alto, armadas con acúleos aciculares y mayormente rectos; tallos con abundantes tricomas estrellados multiangulados, sésiles y con pedículos gruesos, cerdas y acúleos. Hojas solitarias, ovadas, mayormente 3–12 cm de largo, ápice agudo, base truncada o cordada, leve o profundamente dentado-lobadas, estrellado-pubescentes en ambas superficies, los nervios principales armados; pecíolos 1–6 cm de largo, con tricomas como los del tallo, armados. Inflorescencias racimos con 1–3 flores, laterales en los tallos o en los nudos, cerdosas y tomentosas con tricomas estrellados como los del tallo, pedúnculo 2–5 cm de largo, pedicelos 6–15 mm de largo; cáliz 3–6 mm de largo, lobado hasta la 1/2 de su longitud, lobos angostos; corola 15–20 mm de diámetro, azul o morada, leve o profundamente lobada, lobos agudos con densos tricomas estrellados con brazos de varias longitudes; anteras 5–6 mm de largo. Baya globosa, 1.5 cm de diámetro, glabra, morada, abrazada por los lobos del cáliz conspicuamente espinosos, pedicelos fructíferos alargados, engrosados especialmente en el ápice, deflexos; semillas aplanadas, 2 mm de diámetro, con el margen labrado.

Común, estacional en las orillas de ríos y lagunas, también en matorrales, zonas pacífica y atlántica; 0–400 m; fl y fr feb–sep; *Stevens 3554, 10019*; México a Costa Rica y también en las Antillas.

Solanum candidum Lindl., Edwards's Bot. Reg. 25: misc. 73. 1839; *S. tequilense* A. Gray.

Arbustos, hasta 2 m de alto, armados; tallos tomentosos con los tricomas multiangulados de pedículos largos y sésiles, el brazo central por lo general tan largo como el resto de los brazos pero a veces más

largo, a veces armados con acúleos aciculares rectos de 2–12 mm de largo. Hojas solitarias, ampliamente ovadas, hasta 45 cm de largo, sinuado-lobadas, ápice agudo u obtuso, base truncada o cordada, enteras, afelpadas, la pubescencia a veces con tintes morados, haz finamente tomentosa con tricomas porrectos sésiles de brazo central largo, envés suavemente tomentoso con tricomas multiangulados pediculados, los nervios principales generalmente armados; pecíolos hasta 15 cm de largo, tomentosos, a veces armados. Inflorescencias racimos aglomerados con 8–20 flores, laterales, densamente estrellado-pubescentes, a veces menudamente aguijonosas, subsésiles, pedicelos 6–14 mm de largo, frecuentemente ocultados por el tomento; cáliz 10–20 mm de largo, tomentoso por fuera con tricomas multiangulados, glabro por dentro excepto en los ápices, lobado hasta la 1/2 de su longitud, lobos deltoides; corola 30–50 mm de diámetro, blanca, profundamente lobada, lobos ovado-lanceolados, tomentosos por fuera; anteras 7–10 mm de largo. Baya globosa, 2.5–4.5 cm de diámetro, densamente (a veces esparcidamente en la madurez) cubierta con tricomas estrellados sésiles, el brazo central largo y erecto y los laterales cortos y adpresos, anaranjada cuando madura, pedicelos fructíferos cortos, gruesos, erectos; semillas aplanadas, ca 3 mm de diámetro, amarillentas.

Poco común, a lo largo de caminos, márgenes de ríos y pastizales, quizás cultivada, zona atlántica; 0–1100 m; fl feb, mar, fr ene, mar, ago; *Moreno 23458*, *Nee 27577*; México a Perú. Ha sido tratada como *S. flavescens* Dunal en la *Flora of Panama*.

Solanum canense Rydb., Bull. Torrey Bot. Club 51: 174. 1924.

Trepadoras herbáceas, inermes; ramitas delgadas y casi glabras. Hojas solitarias, 9–15 imparipinnadas, folíolos angostamente elípticos o lanceolados, mayormente 1–15 cm de largo, ápice agudo o acuminado, base redondeada, oblicua, glabrescentes, los nervios medios puberulentos; folíolos intersticiales generalmente pequeños y redondeados; pecíolos frecuentemente con folíolos intersticiales, 1–5 cm de largo, glabros o con tricomas adpreso-ascendentes esparcidos; folíolos pseudostipulares pequeños. Inflorescencias panículas racemosas con pocas flores, laterales en las ramas frondosas, glabras o con tricomas adpresos o ascendentes, pedúnculo 3–11 cm de largo, generalmente bifurcado, pedicelos 5–8 mm de largo; cáliz 1–2 mm de largo, ligeramente lobado, lobos apiculados (redondeados); corola 15 mm de diámetro, blanca, frecuentemente con un ojo obscuro, lobada hasta la 1/2 de su longitud, lobos oblongos a lanceolados, puberulentos; anteras 2–3 mm de largo. Baya globosa o elipsoide, 1.5–2.5 cm de diámetro, glabra, verde y rayada, pedicelos fructíferos delgados, ligeramente alargados, patentes.

Poco común, en claros y márgenes de bosques, zonas atlántica y norcentral; 200–1000 m; fl y fr todo el año; *Stevens 9632, 14535*; Guatemala a Venezuela y Ecuador. Esta especie es muy parecida a *S. suaveolens* Kunth & C.D. Bouché, la cual se encuentra en ambientes similares desde México a Bolivia, pero aún no ha sido colectada en Nicaragua. Esta especie se diferencia por tener la corola rotácea sólo ligeramente lobada y el cáliz lobado hasta la mitad y generalmente aplicado-estrigoso.

Solanum capsicoides All., Mélanges Philos. Math. Soc. Roy. Turin 5: 64. 1773; *S. ciliatum* Lam.

Hierbas o arbustos, hasta 80 cm de alto, copiosamente armados; tallos escasamente pilosos con tricomas simples largos y armados de numerosos acúleos aciculares rectos de hasta 15 mm de largo. Hojas en pares desiguales, ovadas, mayormente 3–5-lobadas y sinuado-denticuladas, 7–14 cm de largo, ápice agudo, base cordada o truncada, márgenes ciliados, haz escasamente pilosa con tricomas simples gruesos, envés glabrescente, los nervios principales armados de acúleos rectos, aplanados, verdes o anaranjados; pecíolos 2–6 cm de largo, glabros o con largos tricomas simples esparcidos, armados. Inflorescencias racimos comprimidos con pocas flores, axilares, casi sésiles, glabros o con largos tricomas simples esparcidos, espinosos, pedicelos ca 10 mm de largo; cáliz 2–3 mm de largo, lobado 2/3 de su longitud, lobos angostos; corola 14–20 mm de diámetro, blanca, profundamente lobada, lobos angostos; anteras ca 6 mm de largo. Baya globosa, 1.5–5 cm de diámetro, glabra, rojo-anaranjada mate cuando madura, pedicelos fructíferos algo leñosos, ligeramente alargados, deflexos por el peso del fruto; semillas aplanadas, 2–5 mm de diámetro, con una ala delgada ancha.

Poco común, en áreas perturbadas, en todo el país; 0–1100 m; fl sep, dic, fr todo el año; *Moreno 22185, Stevens 10524*; nativa de Argentina o Brasil, hoy en día naturalizada en varios países. Ha sido tratada como *S. aculeatissimum* Jacq. y *S. ciliatum*.

Solanum caripense Dunal, Solan. Syn. 8. 1816; *S. fraxinifolium* Dunal; *S. grossularia* Wercklé ex Bitter.

Hierbas escandentes o trepadoras, inermes; ramitas pubescentes con tricomas patentes simples. Hojas solitarias, 5–7-imparipinnadas, folíolos ovados o elípticos, hasta 12 cm de largo, ápice agudo o acuminado, base obtusa o redondeada, oblicua, pubescentes con tricomas patentes, folíolo terminal más grande, folíolos basales reducidos; folíolos intersticiales diminutos o ausentes; pecíolos delgados, 1–4.5 cm de largo, con tricomas patentes; folíolos pseudostipulares presentes. Inflorescencias panículas racemosas con pocas flores, laterales en las ramas frondosas, pedúnculo y pedicelos con tricomas patentes, largos, densos, pedúnculo hasta 8 cm de largo, pedicelos hasta 8 mm de largo; cáliz ca 6 mm de largo, aplicado-pubescente, lobado más de la 1/2 de su longitud, lobos lanceolados, largamente acuminados; corola 10–20 mm de diámetro, blanca o purpúrea, levemente lobada, lobos deltoides, con densos tricomas adpresos; anteras ca 4 mm de largo. Baya ovoide, 1–1.5 cm de diámetro, glabra, verde y rayada, pedicelos fructíferos delgados, hinchados apicalmente, alargados, erectos; semillas aplanadas, menos de 1 mm de diámetro, aladas.

Conocida en Nicaragua por una sola colección (*Williams 42665*) de Santa María de Ostuma, Matagalpa; 1200–1500 m; fl dic; México al norte de Sudamérica. Algunas colecciones de esta especie que tienen más folíolos de lo usual han sido separadas como *S. fraxinifolium*, pero esto no parece ser una diferencia taxonómica válida. *S. grossularia* fue descrita de plantas de los jardines botánicos europeos pensando que tenían un origen nicaragüense o guatemalteco. El nombre fue tratado por Correll como un sinónimo de *S. fraxinifolium*.

Solanum chiapasense K.E. Roe, Brittonia 19: 367. 1967.

Arbustos o árboles pequeños, hasta 5 m de alto, inermes; tallos granuloso-tomentosos con tricomas equinoides de pedículos cortos y sésiles. Hojas solitarias, elípticas o angostamente obovadas, 8–13 cm de largo, ápice agudo, base cortamente atenuada, enteras, frecuentemente afelpadas, haz con dispersos tricomas equinoides diminutos, subsésiles, envés suavemente tomentoso con tricomas equinoides aplicados de pedículos cortos; pecíolos 1.5–4 cm de largo. Inflorescencias paniculadas de cimas helicoides con numerosas flores, terminales y erectas por encima del follaje, granuloso y aplicado-tomentosa, pedúnculo 3–8 cm de largo, pedicelos 3–5 mm de largo; cáliz 1.4–4.3 mm de largo, glabro o con unos pocos tricomas simples o estrellados por dentro, lobos deltoides profundamente separados; corola 12–17 mm de diámetro, blanca, lobada hasta la base, tomentulosa por fuera; anteras 4–5 mm de largo. Baya globosa, 0.8 cm de diámetro, glabra, obscura cuando seca, reticulado-verrugosa, pedicelos fructíferos fuertes y erectos; semillas 1.4–1.9 mm de diámetro.

Conocida en Nicaragua por una sola colección

(*Wilbur 16535*) de nebliselvas, cerca de Santa María de Ostuma, Matagalpa; ca 1500 m; fl may; México (Chiapas), Guatemala y Nicaragua. Las hojas de *S. chiapasense* a veces se parecen a las de *S. erianthum* o *S. atitlanum*, pero los pecíolos son definitivamente alados por las bases de las hojas, por lo menos una corta distancia y los cálices de estas especies no se parten hasta la base en la antesis.

Solanum chrysotrichum Schltdl., Linnaea 19: 304. 1846.

Arbustos, hasta 3 m de alto, escasamente armados; tallos tomentosos con tricomas multiangulados de pedículos largos y gruesos, con el brazo central a veces alargado y con acúleos cortos, rectos o incurvados de 2–5 mm de largo. Hojas solitarias, ampliamente ovadas, hasta 40 cm de largo, ápice agudo, base truncada o cordada, enteras o con lobos salientes, afelpadas, el tomento frecuentemente ferrugíneo, haz hirsuta con tricomas estrellados sésiles de brazos centrales largos, envés suavemente tomentoso con tricomas multiangulados de pedículos gruesos, los nervios principales a veces armados; pecíolos hasta 15 cm de largo, tomentosos, a veces armados. Inflorescencias simples, cimosas, con pocas ramas, cada rama racemosa, con varias flores, laterales, pedúnculos ramificados una o más veces, los primarios obsoletos o hasta 1.5 cm de largo, cerdoso-híspidos, pedicelos ca 15 mm de largo, con tricomas de brazos centrales largos, inermes; cáliz ca 5 mm de largo, tomentoso por fuera con tricomas multiangulados, lobado 1/3 de su longitud, lobos angostamente triangulares; corola 30–50 mm de diámetro, blanca, lobada 1/3 de su longitud, lobos ovados, pubescentes en el medio; anteras 6–10 mm de largo. Baya globosa, 1–1.5 cm de diámetro, glabra, verde, pedicelos fructíferos gruesos, no alargados, erectos; semillas aplanadas, 2.2–2.6 mm de diámetro.

Común, en sitios alterados, zona norcentral; 1100–1600 m; fl casi todo el año, fr may–sep; *Stevens 9204, 16915*; México a Sudamérica. Esta especie se reconoce mejor por su tomento lanoso-ferrugíneo. Fue tratada como *S. hispidum* Pers. por la *Flora of Guatemala* y la *Flora of Panama*.

Solanum cobanense J.L. Gentry, Phytologia 26: 276. 1973; *Cyphomandra aculeata* Donn. Sm.

Trepadoras glabras y armadas; tallos armados de acúleos recurvados de 1–2 mm de largo. Hojas solitarias, lanceoladas, oblongas o elípticas, 5–16 cm de largo, ápice agudo o cortamente acuminado, base truncada o angosta, enteras, nervios principales armados en el envés; pecíolos 1.5–6 cm de largo, armados. Inflorescencias panículas con muchas flores, axilares o laterales, inermes, pedúnculos ca 4.5 cm de largo, ramificados, pedicelos 10–15 mm de largo; cáliz 3 mm de largo, sinuado-lobado; corola 23 mm de diámetro, purpúreo obscura, deltoide-lobada hasta la 1/2 de su longitud y luego separándose hasta la base, menudamente ciliolada en el ápice; anteras 6 mm de largo. Baya globosa o elíptica, 3–4 cm de diámetro, glabra; semillas discoides, ca 6 mm de diámetro.

Rara, bosques de galería, Estelí; 920–1020 m; fr oct; *Rivera 41, Stevens 14381*; sur de México, Guatemala y Nicaragua. Algunas partes de la descripción se tomaron de la literatura y muestras de México donde se dice que el color de la flor es amarillo o purpúreo obscuro. No se conocen flores de Nicaragua.

Solanum cordovense Sessé & Moç., Fl. Mexic., ed. 2, 51. 1894; *S. extensum* Bitter; *S. lundellii* Standl.; *S. vernale* Standl. & L.O. Williams; *S. luridum* Dunal; *S. edwardsii* Standl.

Arbustos delgados o trepadoras, inermes; tallos víscido-pilosos con tricomas mayormente sésiles, porrectos, de brazos centrales largos. Hojas solitarias, ovadas, hasta 10 cm de largo, ápice acuminado, base obtusa o redondeada, ligeramente oblicua, enteras, afelpadas, tomentosas con tricomas sésiles, porrectos, de brazos centrales largos; pecíolos hasta 0.7 cm de largo, tomentosos. Inflorescencias racimos subumbelados con varias flores, volviéndose laterales, vellosos, pedúnculo menos de 0.1 cm de largo, pedicelos hasta 20 mm de largo; cáliz ca 5 mm de largo, lobado casi hasta la base, lobos subfoliáceos; corola ca 10 mm de diámetro, blanca, profundamente lobada, lobos lanceolados, pubescentes por fuera; anteras 4 mm de largo. Baya globosa, 0.8–1.5 cm de diámetro, glabra, negra, pedicelos fructíferos delgados, no alargados, erectos; semillas aplanadas, ca 3 mm de diámetro.

Rara, bosques alterados de tierras bajas y en matorrales, zona atlántica; 180–500 m; fl sep; *Moreno 20986, Nee 27784*; México a Panamá y quizás en el norte de Sudamérica. Las plantas de Nicaragua se parecen a las plantas vellosas de Costa Rica y Panamá que han sido llamadas *S. extensum*. Las plantas de las tierras altas de Costa Rica y Guatemala son mucho menos pubescentes.

Solanum dasyanthum Brandegee, Univ. Calif. Publ. Bot. 6: 193. 1915; *S. yucatanum* Standl.; *S. salsum* Standl.; *S. verapazense* Standl. & Steyerm.; *S. diaboli* Standl. & L.O. Williams.

Arbustos, hasta 1 m de alto, por lo general armados sólo en el tallo; tallos glabrescentes, armados de acúleos aplanados y fuertes de hasta 12 mm de largo, ramitas rojizo-tomentosas con tricomas estrellados de brazos largos. Hojas solitarias o en pares subiguales, ovadas, 3–8 cm de largo, ápice agudo u obtuso, base obtusa o redondeada, enteras, sinuadas o repandas, haz con tricomas dispersos de brazos largos y pedículo corto y fuerte, envés suavemente tomentoso con tricomas multiangulados pediculados; pecíolos hasta 1–2 cm de largo, tomentosos. Inflorescencias fascículos con 2–5 flores, axilares volviéndose laterales, sésiles, pedicelos 6–15 mm de largo, laxamente tomentosos; cáliz 6–8 mm de largo, densamente tomentoso, lobado más de la 1/2 de su longitud, lobos angostamente deltoides; corola ca 15 mm de diámetro, blanca, profundamente lobada, lobos angostos, laxamente tomentosos por fuera; anteras ca 7 mm de largo. Baya globosa, 1 cm de diámetro, glabra, roja cuando madura, pedicelos fructíferos engrosados pero aún delgados, ligeramente más gruesos distalmente, alargados, deflexos; semillas aplanadas, ca 3 mm de diámetro.

Rara, en matorrales espinosos, norte de la zona pacífica; 800–900 m; fl y fr may–ago; *Moreno 21814*, *Stevens 20178*; sur de México, Guatemala y Honduras. Todos los sinónimos citados están tipificados por plantas espinosas de hojas pequeñas, afelpadas, además de flores y frutos pequeños. Los especímenes de *S. yucatanum* tienen acúleos algo más pequeños que las otras. Es posible que todos éstos sean individuos de otra especie del grupo de *S. torvum* que se han reducido como resultado de una presión ambiental.

Solanum diphyllum L., Sp. Pl. 184. 1753.

Arbustos, hasta 2 m de alto, glabros excepto por dispersos tricomas simples en los brotes jóvenes y protuberancias glandulosas cerca de las axilas de los nervios de las hojas, inermes. Hojas solitarias o en pares desiguales, elípticas u obovadas, las hojas mayores hasta 12 cm de largo, ápice mayormente obtuso, base aguda o acuminada, enteras, las hojas menores más pequeñas y relativamente más anchas; pecíolos 0.2–0.5 cm de largo. Inflorescencias racimos subumbelados con 5–15 flores, opuestas a las hojas, pedúnculo no ramificado, 0.1–0.7 cm de largo, pedicelos ca 5 mm de largo; cáliz ca 2 mm de largo, el tubo ligeramente contraído apical y basalmente, lobado hasta la 1/2 de su longitud, lobos deltoides; corola 8–10 mm de diámetro, blanca, frecuentemente amarillenta cuando seca, profundamente lobada, lobos oblongos; anteras 1.5 mm de largo. Baya deprimido-globosa, ca 0.8 cm de diámetro, anaranjado opaca, pedicelos fructíferos delgados de 1–1.2 cm de largo, erectos; semillas aplanadas, ca 3 mm de diámetro.

Poco común, bosques secos, zona pacífica; principalmente bajo 100 m; fl y fr dic–jul; *Moreno 24241*, *Stevens 3898*; México a Costa Rica, en algunos países cultivada como cerca viva y naturalizada. Esta especie se parece a *S. aphyodendron* y *S. tuerckheimii*. Difiere de la primera por tener hojas glabras, por la ausencia de pubescencia en las axilas de los nervios, y por los pedicelos fructíferos delgados, y de la segunda por los frutos anaranjados, las hojas frecuentemente obtusas y la corola amarillenta cuando seca.

Solanum dulcamaroides Dunal in Poir., Encycl., Suppl. 3: 751. 1814; *S. macrantherum* Dunal.

Trepadoras leñosas, glabras, inermes; tallos delgados, menudamente pubescentes con tricomas simples. Hojas solitarias, ovadas, 2–10 cm de largo, ápice cortamente acuminado, base truncada o redondeada, enteras, glabrescentes o menudamente pilosas; pecíolos frecuentemente tan largos como la lámina, a menudo con líneas de tricomas. Inflorescencias panículas laxas con muchas flores, terminales o a veces laterales, glabrescentes o puberulentas, pedúnculos ramificados, 1–4 (–6) cm de largo, pedicelos 6–30 mm de largo; cáliz 2–3 mm de largo, sinuado-lobado, lobos pubescentes; corola 25–35 mm de diámetro, purpúrea, deltoide-lobada hasta la 1/2 de su longitud y luego hasta la base, menudamente ciliolada; anteras 5–6 mm de largo. Baya globosa, ca 1 cm de diámetro, glabra, roja, pedicelos fructíferos dejando cicatrices agrandadas al caer; semillas 3.5 mm de diámetro.

Rara, pastizales y bosques secos, Estelí; 1100–1300 m; fl may–ago; *Henrich 454*, *Hernández 650*; sur de México, Guatemala y Nicaragua. Las colecciones de Nicaragua son mucho menos pubescentes que la mayoría de ejemplares de México.

Solanum erianthum D. Don, Prodr. Fl. Nepal. 96. 1825.

Arbustos o árboles pequeños, hasta 8 m de alto, en general densamente estrellado-tomentosos con tricomas de varios brazos, pediculados y sésiles, los pedículos de varias células de grueso, inermes. Hojas solitarias, ovadas, 8–25 cm de largo, ápice agudo o acuminado, base redondeada u obtusa, enteras, haz con dispersos tricomas de pedículos cortos o sésiles, envés tomentoso con tricomas pediculados; pecíolos hasta 10 cm de largo, granuloso-tomentosos. Inflorescencias cimas helicoides y aplanadas, con muchas flores, erectas, volviéndose laterales, pedúnculos ramificados de hasta 16 cm de largo, granuloso-tomentosos con tricomas pediculados de varios brazos, pedicelos 3–8 mm de largo, tomentosos, tricomas con pedículos de brazos en toda su longitud; cáliz 2–5 mm de largo, lobado hasta cerca de la 1/2 de su longitud, lobos deltoides; corola 10–15 mm de diámetro, blanca, lobada más de la 1/2 de su longitud, lobos deltoides, tomentosos por fuera; anteras 2–3 mm de largo. Baya globosa, 0.8–1.2 cm de diámetro, glabrescente, amarilla, pedicelos fructíferos sólo ligeramente alargados pero mucho más gruesos, erectos; semillas aplanadas, 1.5–2 mm de diámetro.

Común, en áreas perturbadas, en todo el país; 0–1000 m; fl y fr la mayor parte del año; *D'Arcy 10433*, *Stevens 14572*; Estados Unidos (Texas) a Costa Rica, también en las Antillas e introducida en el Viejo Mundo. Ha sido identificada como *S. verbascifolium* L.

Solanum erythrotrichum Fernald, Proc. Amer. Acad. Arts 35: 561. 1900.

Arbustos hasta 2 m de alto, armados; tallos tomentosos con tricomas multiangulados de pedículos gruesos, armados de acúleos recurvados de 2–5 mm de largo. Hojas solitarias, ampliamente ovadas, hasta 20 cm de largo, ápice acuminado, base redondeada, subenteras, afelpadas, haz con tricomas porrectos sésiles, densos o dispersos, envés suavemente tomentoso con tricomas multiangulados pediculados y sésiles, acúleos ocasionales en el nervio principal en ambas superficies; pecíolos 1–2 cm de largo, tomentosos, acúleos ocasionales. Inflorescencias racemosas, con varias flores, volviéndose axilares o laterales, ferrugíneo estrellado-tomentosas, inermes, pedúnculo no ramificado, 2–4 cm de largo, pedicelos 5–10 mm de largo; cáliz 10–15 mm de largo, profundamente lobado, lobos lanceolados, subfoliáceos; corola ca 30 mm de diámetro, purpúrea o a veces blanca, profundamente lobada, lobos lanceolados; anteras 6–9 mm de largo. Baya globosa, ca 1.5 cm de diámetro, víscido-tomentosa, verde, pedicelos fructíferos engrosados pero no alargados, curvados; semillas aplanadas, 4–4.5 mm de diámetro.

Conocida en Nicaragua por una sola colección (*Sandino 2412*) de bosques secundarios, Zelaya; 540–580 m; fl y fr mar; Belice a Panamá.

Solanum hayesii Fernald, Proc. Amer. Acad. Arts. 35: 560. 1900.

Arbustos o árboles, hasta 15 m de alto, armados con acúleos fuertes generalmente restringidos al tronco; tallos con tomento amarillento suave de tricomas estrellados multiangulados, sésiles y con pedículos cortos, mayormente inermes. Hojas solitarias o en pares desiguales, elípticas u ovadas, 15–25 cm de largo, ápice agudo o cortamente acuminado, base obtusa o redondeada, enteras a sinuado-marginadas, haz con dispersos tricomas subsésiles, porrectos, envés tomentoso con tricomas multiangulados pediculados; pecíolos 1–6 cm de largo, tomentosos.

Inflorescencias panículas racemosas, volviéndose laterales, estrellado-tomentosas, inermes, pedúnculos frecuentemente ramificados, 1–3 cm de largo, pedicelos 6–15 mm de largo; cáliz 3–4 mm de largo, subtruncado, lobos umbonados; corola 10–12 mm de diámetro, blanca, lobada 3/4 de su longitud, lobos angostamente triangulares, tomentosos por fuera con tricomas equinoides o multiangulados reducidos; anteras 3–4 mm de largo. Baya globosa, 1–1.5 cm de diámetro, glabra, verde, pedicelos fructíferos engrosados, alargados, deflexos; semillas aplanadas, ca 2.5 mm de diámetro.

Común, en bosques siempreverdes, zona atlántica; 0–700 m; fl y fr todo el año; *Stevens 4828, 19994*; Nicaragua a Panamá.

Solanum hazenii Britton, Bull. Torrey Bot. Club 48: 338. 1922.

Arbustos o árboles pequeños, hasta 8 m de alto, inermes; ramitas finamente granuloso-pubescentes con tricomas equinoides de muchos brazos y pedículos cortos o sésiles, frecuentemente canaliculadas cuando secas. Hojas solitarias o a veces en pares subiguales, ovadas o elípticas, 8–20 cm de largo, ápice agudo, cortamente acuminado u obtuso, base obtusa o atenuada, enteras, haz con dispersos tricomas estrellados, diminutos y sésiles, envés suavemente tomentoso con tricomas estrellados pequeños de pedículos cortos; pecíolos hasta 1 cm de largo, densamente cubiertos con tricomas equinoides. Inflorescencias cimas helicoides con muchas flores, erectas, a veces surgiendo desde el nudo de una rama, pedúnculo hasta 15 cm de largo, finamente tomentoso con tricomas equinoides sésiles o pediculados, pedicelos 1–5 mm de largo, finamente tomentosos; cáliz 4–6 mm de largo, base expandida y con forma de cuello, ápice profundamente lobado, lobos obtusos, finamente tomentoso por dentro y por fuera con tricomas estrellados, equinoides y multiangulados de pedículos cortos; corola 10–15 mm de diámetro, blanca, lobada más de la 1/2 de su longitud, lobos lanceolados, pubescentes como el cáliz por fuera; anteras 2.5–3.5 mm de largo. Baya globosa, 0.8–1.1 cm de diámetro, glabra, amarilla cuando madura, pedicelos fructíferos algo alargados y engrosados, erectos; semillas aplanadas, 1.5–2 mm de diámetro.

Maleza abundante, zonas pacífica y norcentral; 0–850 m; fl may–dic, fr jun–feb; *Stevens 13249, 23322*; oeste de México a Sudamérica, también en Trinidad. Ha sido tratada como *S. verbascifolium*.

Solanum hirtum Vahl, Symb. Bot. 2: 40. 1791.

Arbustos, hasta 2 (–4) m de alto, armados; tallos

tomentosos con tricomas multiangulados de brazo central a veces alargado, sésiles o pediculados, el pedículo grueso y a veces alargado, con densos acúleos rectos, aciculares o planos de 3–20 mm de largo. Hojas solitarias, ampliamente ovadas, angulares o sinuado-lobadas, 10–25 cm de largo, ápice obtuso, base truncada o cordada, no denticuladas, haz mayormente con tricomas multiangulados sésiles, unos pocos con el brazo central largo, envés suavemente tomentoso con tricomas multiangulados pediculados, los nervios principales frecuentemente armados; pecíolos hasta 12 cm de largo, tomentosos, a veces armados. Inflorescencias fasciculadas o racimos umbeliformes de pocas flores, volviéndose laterales, hirsuto-tomentosas con tricomas multiangulados, inermes, subsésiles, pedicelos 4–10 mm de largo; cáliz 6–10 mm de largo, tomentosos con tricomas multiangulados, varios con el brazo central largo, profundamente lobado, lobos obtusos; corola 25–30 mm de diámetro, blanca, profundamente lobada, lobos lanceolados, pubescentes por fuera con tricomas de brazos centrales largos; anteras 6–10 mm de largo. Baya globosa, 1.5–2 cm de diámetro, densa y persistentemente pubescente con tricomas estrellados sésiles, los brazos centrales erectos y largos y los laterales más cortos y adpresos, amarillo-anaranjada cuando madura, pedicelo fructífero ligeramente alargado y engrosado, patente, cáliz persistente, algo acrescente y reflexo; semillas aplanadas, ca 3 mm de diámetro.

Poco común, en orillas de caminos y bosques secundarios, zona pacífica; 0–700 m; fl y fr aparentemente todo el año; *Moreno 6103*, *Stevens 9743*; México (Veracruz) a Colombia, Venezuela y Trinidad.

Solanum jamaicense Mill., Gard. Dict., ed. 8, Solanum no. 17. 1768.

Arbustos erectos o escandentes, 3 m de alto, ocráceo-tomentosos, armados; tallos tomentosos con tricomas equinoides estrellados de brazos alargados y pediculados, dendríticos, armados con acúleos recurvados de 5 mm de largo. Hojas en pares subiguales, ampliamente ovadas o rombico-ovadas, mayormente 2 ó 3 sinuado-lobadas en cada lado, 7–10 cm de largo, ápice deltoide, base cuneada, no denticuladas, tomentulosas con dispersos tricomas paucirradiados pediculados, a veces con acúleos ocasionales en el nervio principal; subsésiles. Inflorescencias racemosas o umbeladas, hasta con 15 flores, laterales, híspidas con tricomas estrellados y dendríticos de pedículos largos, inermes, sésiles o con pedúnculos hasta 0.3 cm de largo, pedicelos ca 5 mm de largo; cáliz 3–4 mm de largo, piloso, lobado hasta la 1/2 de su

longitud, lobos subulados; corola 8–11 mm de diámetro, blanca, lobada hasta la 1/2 de su longitud, lobos angostamente lanceolados, con densos tricomas estrellados casi sésiles; anteras 3–4 mm de largo. Baya globosa, 0.5 cm de diámetro, glabra, roja lustrosa, pedicelos fructíferos a veces ligeramente alargados, engrosados y deflexos; semillas lenticulares, 1.5–2 mm de diámetro.

Común, áreas alteradas, en todo el país; 0–1000 m; fl y fr todo el año; *Grijalva 3626*, *Stevens 12399*; Estados Unidos (Florida), México (Veracruz), Nicaragua, Panamá, parte de Sudamérica y en las Antillas.

Solanum lanceifolium Jacq., Collectanea 2: 286. 1789; *S. scabrum* Vahl; *S. sarmentosum* Lam.; *S. pavonii* Dunal; *S. hoffmannii* Bitter ex Standl. & C.V. Morton; *S. enoplocalyx* var. *mexicanum* Dunal.

Trepadoras leñosas, frecuentemente trepando alto, armadas; tallos suavemente tomentosos con tricomas estrellados multiangulados, pediculados, armados con numerosos acúleos recurvados de 1–2 mm de largo. Hojas en pares subiguales, ampliamente ovadas, 4–8 cm de largo, ápice agudo o acuminado, base obtusa o redondeada, enteras, a veces afelpadas, haz con dispersos tricomas porrectos subsésiles, envés suavemente tomentoso con tricomas multiangulados pediculados, los nervios principales a veces armados; pecíolos hasta 3 cm de largo, tomentosos, mayormente armados. Inflorescencias racimos amontonados con 4–12 flores, volviéndose laterales, tomentosos con tricomas estrellados sésiles y cortamente pedicelados, inermes (o menuda e inconspicuamente armados), pedúnculo hasta 1 cm de largo, a veces bifurcado, pedicelos hasta 10 mm de largo; cáliz ca 3 mm de largo, lobado hasta cerca de la 1/2 de su longitud, lobos angostos, los senos redondeados y tomentosos con tricomas multiangulados; corola ca 15 mm de diámetro, blanca o azulada por fuera, profundamente lobada, lobos angostos, por fuera pubescentes, más así distalmente; anteras ca 5 mm de largo. Baya globosa, 0.8–1 cm de diámetro, glabra, anaranjada, lustrosa cuando madura, pedicelos fructíferos algo acrescentes, permaneciendo delgados pero expandidos distalmente, erectos; semillas aplanadas, ca 3 mm de diámetro.

Común, bosques, en todo el país; 500–1300 m; fl y fr todo el año; *Moreno 1282*, *8494*; México al norte de Sudamérica, también en las Antillas. Esta especie es bastante similar a *S. adhaerens*, pero difiere en los acúleos más densos y las hojas subenteras; se encuentra en ambientes más alterados que *S. adhaerens*.

Solanum lanceolatum Cav., Icon. 3: 23. 1795; *S. hartwegii* Benth.

Arbustos o árboles, hasta 3 m de alto, escasamente armados; tallos tomentosos con tricomas multiangulados laxos, blancos, de pedículos largos con brazos largos pero el brazo central corto, acúleos cortos, rectos o recurvados de 1–3 mm de largo. Hojas solitarias, ampliamente ovadas, 10–15 cm de largo, ápice agudo, base obtusa o truncada, mayormente dimidiadas, subenteras o levemente lobadas, afelpadas, haz obscura con dispersos tricomas porrectos sésiles, envés suavemente tomentoso con tricomas multiangulados pediculados, ocasionalmente armadas en el nervio principal; pecíolos hasta 1–3 cm de largo, tomentosos, a veces armados. Inflorescencias de varias flores cimosas generalmente ramificadas una vez, con ramas racemosas, volviéndose laterales, tomentosas a lanosas con tricomas estrellados sésiles y pediculados, inermes, pedúnculo 2–6 cm de largo, una vez ramificado, pedicelos 5–8 mm de largo; cáliz 6–9 mm de largo, lobado hasta la 1/2 de su longitud, lobos lineares; corola 30–50 mm de diámetro, azul o purpúrea, lobada hasta la 1/2 de su longitud, lobos deltoides; anteras 6–10 mm de largo. Baya globosa, 0.8–1.5 cm de diámetro, glabrescente, amarilla, pedicelo fructífero engrosado y alargado, erecto; semillas aplanadas, ca 2 mm de diámetro.

Abundante, en bosques de pino-encinos, zona norcentral; 650–1500 m; fl y fr todo el año; *Croat 42835, Stevens 16218*; México a Sudamérica. Esta especie se reconoce por sus flores vistosas azul-purpúreas y sus hojas afelpadas.

Solanum lignescens Fernald, Proc. Amer. Acad. Arts 33: 91. 1897; *S. huehuetecum* Standl. & Steyerm.

Hierbas o arbustos, hasta 40 cm de alto, inermes; tallos con tricomas estrellados paucirradiados, porrectos, sésiles, ocasionalmente pediculados y sin brazos centrales, partes emergentes aplicado-tomentosas pero el indumento rápidamente deciduo y los tallos maduros escasamente pubescentes, longitudinalmente arrugados. Hojas solitarias y en pares desiguales, ovadas o ampliamente ovadas o rómbico-ovadas, 2–7 cm de largo, ápice redondeado, obtuso o agudo, base obtusa o redondeada, enteras o ligeramente sinuadas, haz glabra a casi canescente o casi vellosa con dispersos a densos tricomas simples o estrellados de hasta 1 mm de largo, los tricomas estrellados 2–4-ramificados con pedículos largos y brazos ascendentes o también tricomas paucirradiados pediculados, envés suavemente tomentoso con tricomas paucirradiados pediculados de brazos patentes; pecíolos delgados, 0.5–2 cm de largo, pubescentes. Inflorescencias fascículos interaxilares con 3–6 flores, escasamente velloso-pubescentes con tricomas multiangulados pediculados, pedúnculo obsoleto o hasta 0.4 cm de largo, pedicelos mayormente dirigidos hacia abajo, 10–15 mm de largo; cáliz 3–5 mm de largo, escasamente pubescente, profundamente lobado, lobos angostamente deltoides, reflexos; corola ca 25 mm de diámetro, blanca, lobada hasta la 1/2 de su longitud, lobos oblongos, pubescentes por fuera; anteras 5–6 mm de largo. Baya globosa, 0.7 cm de diámetro, glabra, verde, pedicelos fructíferos alargados y ligeramente engrosados, erectos; semillas aplanadas, ca 3 mm de diámetro.

Rara, sitios rocosos, Estelí; 1000–1310 m; fl y fr jun, jul; *Moreno 9768, Stevens 21623*; México a Nicaragua. Se reconoce por los lobos del cáliz planos, patentes o reflexos, el indumento de tricomas con pedículos y brazos delgados y las hojas enteras o subenteras. Puede confundirse con *S. adscendens*, pero esta última especie carece de tricomas ramificados y tiene flores más pequeñas.

Solanum mammosum L., Sp. Pl. 187. 1753.

Arbustos o hierbas, hasta 1.5 m de alto, generalmente vellosos y armados; tallos pilosos con tricomas simples largos, generalmente armados de acúleos planos o aciculares, rectos y recurvados de hasta 25 mm de largo. Hojas en pares desiguales, ovadas a suborbiculares, mayormente 3–5-lobadas y angular-sinuadas, ápice agudo, base cordada o truncada, copiosamente pilosas con tricomas simples gruesos mezclados con tricomas estrellados sésiles en el envés, los nervios principales frecuentemente armados con acúleos aplanados rectos; pecíolos hasta 2–6 cm de largo, pilosos y armados. Inflorescencias racimos comprimidos con varias flores, volviéndose laterales, sésiles o con pedúnculo hasta 0.7 cm de largo, pedúnculos y pedicelos pilosos y a veces espinosos, pedicelos 5–12 mm de largo; cáliz 4 mm de largo, piloso, inerme o con acúleos pequeños, profundamente lobado, lobos angostamente lanceolados; corola 30–40 mm de diámetro, purpúrea, lobada hasta la 1/2 de su longitud, lobos angostos, pilosos; anteras 10–12 mm de largo. Baya ovoide o globosa (piriforme), en la base frecuentemente con una o más protuberancias redondeadas de 2 cm de largo y una contracción en forma de tetilla en el ápice, 4–7 cm de diámetro, glabra, amarilla; semillas lenticulares comprimidas, 5–7 mm de diámetro.

Poco común, cerca de viviendas y en sitios muy alterados, zonas norcentral y atlántica; 0–900 m; fl jul–nov, fr sep–abr; *Miller 1262, Stevens 5098*;

quizás nativa del norte de Sudamérica y de las Antillas, con frecuencia cultivada como ornamental o para matar insectos.

Solanum melongena L., Sp. Pl. 186. 1753.

Hierbas grandes de hasta 60 cm de alto, a menudo armadas; tallos laxamente tomentosos, frecuentemente glabrescentes, los tricomas multiangulados, porrectos, pediculados y sésiles, a menudo escasamente armados de acúleos rectos o recurvados de 2–12 mm de largo. Hojas solitarias o en pares, ampliamente ovadas, mayormente sinuado-lobadas, hasta 25 cm de largo, ápice agudo u obtuso, base truncada o cordada, frecuentemente desigual, lobos mayormente redondeados, afelpadas, suavemente tomentosas con tricomas multiangulados sésiles; pecíolos hasta 6.5 cm de largo, tomentosos. Inflorescencias racimos abiertos con pocas flores, generalmente sólo una flor perfecta, volviéndose laterales, tomentosos con tricomas como los de los tallos, inermes o a veces aculeados, pedúnculo hasta 2.5 cm de largo, pedicelos 10–20 mm de largo; cáliz 8–12 mm de largo, tomentoso por fuera, lobado 1/3 de su longitud, lobos deltoides; corola 30–50 mm de diámetro, azul o purpúrea, levemente lobada, lobos ovados, tomentosos por fuera; anteras ca 6 mm de largo. Baya ovoide o globosa, hasta 40 cm diámetro, glabra, negra, anaranjada o rosada, frecuentemente de varios colores, pedicelos fructíferos engrosados y alargados, péndulos; semillas discoide-lenticulares, ca 4 mm de diámetro.

Cultivada, en todo el país; 100 m; *Stevens 23508*; fl y fr dic; nativa de Asia. "Berenjena".

Solanum myriacanthum Dunal, Hist. Nat. Solanum 218, t. 19. 1813.

Arbustos o hierbas, hasta 1 m de alto, armados; tallos escasamente pilosos con acúleos aciculares. Hojas solitarias o en pares desiguales, ovadas, 8–18 cm de largo, 3–7-lobadas, lobos poco profundos, ápice agudo, base cordada o truncada, glanduloso-tomentulosas con tricomas simples y tricomas estrellados sésiles, los nervios principales escasamente armados con acúleos aplanados rectos; pecíolos hasta 2–9 cm de largo, tomentoso-glandulosos, armados. Inflorescencias racimos comprimidos con pocas flores, axilares o laterales, subsésiles, pedúnculos y pedicelos frecuentemente tomentulosos y espinosos, pedicelos 6–9 mm de largo; cáliz 2–3 mm de largo, piloso y glandular, inerme, lobado 2/3 de su longitud, lobos angostos; corola 10–15 mm de diámetro, verde-amarilla a blanca, profundamente lobada, lobos angostos, pilosos y glandulosos; anteras 6–7 mm de largo. Baya globosa, 1.5–3 cm de diámetro, glabra, rayada de verde, amarilla cuando madura,

pedicelos alargados, fuertes, reflexos; semillas lenticulares, ca 2 mm de diámetro.

Común, en áreas alteradas, zonas norcentral y pacífica; 600–1100 m; fl y fr todo el año; *Stevens 3164, 15957*; México a Nicaragua. Fue tratada como *S. globiferum* Dunal en la *Flora of Guatemala*.

Solanum nigrescens M. Martens & Galeotti, Bull. Acad. Roy. Sci. Bruxelles 12(1): 140. 1845; *S. costaricense* Heiser; *S. leonii* Heiser.

Hierbas, hasta 1 m de alto, inermes; tallos teretes o algo angulados, glabrescentes o puberulentos con tricomas eglandulares simples, recurvados. Hojas solitarias o en pares, ovadas a lanceoladas, 2–8 cm de largo, ápice puntiagudo, base obtusa o angostada, subenteras o sinuado-dentadas, casi glabras o puberulentas; pecíolos hasta 3 cm de largo, puberulentos (glabrescentes), apicalmente alados. Inflorescencias racimos subumbelados, volviéndose laterales, aplicado-pubescentes, pedúnculo 1–3 cm de largo, no ramificado, pedicelos 4–10 mm de largo; cáliz ca 1 mm de largo, subtruncado a deltoide-lobado hasta la 1/2 de su longitud; corola 6–15 mm de diámetro, blanca, frecuentemente con un ojo conspicuo, lobada la 1/2 de su longitud o más, lobos lanceolados u oblongos, puberulentos; anteras 1.7–4 mm de largo. Baya globosa, 4–8 mm de diámetro, glabra, verde o parcialmente negra cuando madura, pedicelos fructíferos ligeramente más largos y delgados pero algo engrosados distalmente, deflexos; semillas lenticulares, 1.2–1.5 mm de diámetro.

Común, en áreas perturbadas, zonas pacífica y norcentral; 800–1500 m; fl todo el año, fr jul–feb; *Stevens 3969, 17912*; Estados Unidos (Florida), México a Sudamérica. Esta especie se parece bastante a *S. americanum*, pero difiere por sus flores a menudo más grandes, anteras más grandes y bayas deflexas en vez de erectas; las partes de la inflorescencia también tienden a ser más pubescentes. Es usada en la misma forma y se sospecha que es tóxica; ambas especies son además diploides. Algunas de las plantas aquí consideradas como *S. nigrescens* en realidad pueden ser poliploides que deben denominarse *S. macrotonum* Bitter.

Solanum nudum Dunal, Solan. Syn. 20. 1816; *S. antillarum* O.E. Schulz.

Arbustos o árboles, hasta 5 m de alto, inermes; partes emergentes menudamente puberulentas con tricomas simples reducidos, tallos obscuros cuando secos, glabros. Hojas mayormente en pares, las mayores y menores similares, ampliamente obovadas, 5–15 cm de largo, ápice y base agudos o acuminados, enteras, haz glabra, envés glabro pero con domacios de tricomas en las axilas de los nervios; pecíolos 0.5–1.2 cm de largo, casi glabros. Inflorescencias racimos subumbelados con 10–17 flores, opuestas a las hojas, glabras o con tricomas diminutos, pedúnculo hasta 1 cm de largo, no ramificado, pedicelos menos de 10 mm de largo; cáliz 2–3 mm de largo, lobado hasta 1/3 (–1/2) de su longitud, lobos deltoides; corola 7–10 (–12) mm de diámetro, blanca, amarillenta cuando seca, lobada hasta cerca de la 1/2 de su longitud, lobos deltoides, glabros; anteras ca 2 mm de largo. Baya globosa, ca 1 cm de diámetro, glabra, verde, pedicelos fructíferos volviéndose algo más largos y leñosos pero todavía delgados, erectos a patentes; semillas aplanadas, ca 1.5–3 mm de diámetro.

Abundante, bosques primarios muy húmedos, en todo el país; 10–1400 m; fl y fr todo el año; *Stevens 7222, 18695*; México a Ecuador y Venezuela y en las Antillas Mayores. Esta especie es muy parecida a *S. aphyodendron*, pero difiere por los tallos obscuros cuando secos, las flores amarillentas cuando secas y los frutos más pequeños. Fue tratada como *S. antillarum* en la *Flora of Panama*.

Solanum pastillum S. Knapp, Ann. Missouri Bot. Gard. 72: 558. 1985.

Arbustos o árboles pequeños, hasta 3–15 m de alto, inermes; ramitas glabrescentes, tallos con líneas peciolares delgadas y decurrentes que van de nudo a nudo. Hojas en pares a veces de tamaño desigual, angostamente ovadas, las hojas mayores 8.5–15 cm de largo, ápice agudo o acuminado, base cuneada o ligeramente atenuada y decurrente, enteras, glabras; pecíolos 0.5–1 cm de largo. Inflorescencias racimos compactos con (5–) 10–15 (–50) flores, redondeadas o planas en el ápice, opuestas a las hojas o interaxilares justo por abajo de los nudos, glabras, pedúnculo 2 cm de largo, no ramificado, pedicelos 7–10 mm de largo; cáliz 2–3 mm de largo, profundamente lobado, lobos deltoides, redondeados y espatulados, apicalmente engrosados, suculentos; corola 10–12 mm de diámetro, blanca, frecuentemente con un tinte purpúreo cuando seca, profundamente lobada, lobos oblongos; anteras 2.5–3 mm de largo. Baya globosa, 1–1.2 cm de diámetro, glabra, amarillo-verde, pedicelos fructíferos largos, muy expandidos en la punta distal, deflexos; semillas reniformes aplanadas, 2–2.5 mm de diámetro.

Rara, en vegetación secundaria, zona atlántica; 500–1400 m; fl abr, may; *Neill 1881, Pipoly 5136*; Nicaragua y Costa Rica.

Solanum pertenue Standl. & C.V. Morton, Publ. Field Mus. Nat. Hist., Bot. Ser. 18: 1089. 1938.

Arboles, hasta 4 m de alto, inermes, partes emergentes menudamente lenticeladas; tallos grises o verdes cuando secos, puberulentos y glabrescentes. Hojas en pares subiguales, ovadas o elípticas, 9–18 cm de largo, ápice largamente acuminado (hojas menores con ápices obtusos), base obtusa, aguda o acuminada, enteras, envés de las hojas maduras con los nervios principales finamente tomentosos; pecíolos 0.7–1 cm de largo, puberulentos o casi glabros. Inflorescencias racimos subumbelados con 1–3 flores, opuestas a las hojas, glabras o puberulentas, pedúnculo no ramificado de hasta 1 cm de largo, pedicelos hasta 10 mm de largo; cáliz 1–1.5 mm de largo, sinuado-truncado con lobos globosos surgiendo justo por abajo del margen, sin separarse en lobos en la antesis; corola 7–10 mm de diámetro, blanca, profundamente lobada, lobos oblongos, puntas papilares; anteras ca 2 mm de largo. Baya globosa, ca 1 cm de diámetro, glabra, verde o verde-amarillenta, pedúnculo y pedicelos fructíferos tornándose más largos, 2–2.2 cm de largo, basalmente delgados y expandiéndose distalmente; semillas ovoide-reniformes, ca 3 mm de diámetro.

Conocida en Nicaragua por una sola colección (*Moreno 19118*) de bosques húmedos, Zelaya; 700 m; fr joven dic; Nicaragua a Panamá. Esta especie es muy similar a *S. tuerckheimii*, pero difiere por tener las hojas menores relativamente más anchas que las hojas mayores y la inflorescencia con pocas flores. Fue tratada en la *Flora of Panama* como *S. antillarum*.

Solanum quitoense Lam., Tabl. Encycl. 2: 16. 1794.

Arbustos, hasta 2 m de alto, la pubescencia lanosa parcialmente con tintes morados, armados; tallos a veces armados con acúleos aciculares, rectos, 2–5 mm de largo, tomentosos con tricomas multiangulados, con pedículos gruesos, largos y sésiles, los brazos centrales a veces alargados, cortos o ausentes. Hojas solitarias, ampliamente ovadas, hasta 40 cm de largo, ápice agudo, base truncada o cordada, enteras a sinuado-lobadas, afelpadas, haz hirsuta con tricomas porrectos sésiles de brazos centrales largos, envés suavemente tomentoso con tricomas multiangulados pediculados, los nervios principales a veces armados; pecíolos hasta 15 cm de largo, tomentosos, a veces armados. Inflorescencias racimos amontonados con 1–24 flores, volviéndose laterales, lanosas con densos tricomas estrellados, inermes o menudamente aculeadas, subsésiles, pedicelos 6–14 mm de largo, frecuentemente ocultos por el tomento; cáliz 10–20 mm de largo, tomentoso por fuera con tricomas multiangulados, glabro por dentro excepto en los ápices, lobado hasta la 1/2 de su longitud, lobos deltoides, erectos; corola 30–50 mm de diámetro, blanca, profundamente lobada, lobos ovado-lanceolados, tomentosos por fuera; anteras 7–10 mm de largo. Baya globosa, 3.5–5 cm de diámetro, escasamente cubierta con tricomas estrellados sésiles, con brazos centrales largos y erectos y laterales cortos y adpresos, anaranjada cuando madura, pedicelos fructíferos alargados, engrosados, deflexos; semillas aplanadas, ca 3 mm de diámetro.

Escasa, cultivada por su fruto jugoso, escasamente naturalizada en las tierras altas, zonas pacífica y norcentral; 950–1650 m; fl jun–ene, fr nov–mar; *Robleto 863*, *Stevens 11708*; nativa de Ecuador y Colombia. "Naranjilla".

Solanum rovirosanum Donn. Sm., Bot. Gaz. (Crawfordsville) 48: 297. 1909; *S. brenesii* C.V. Morton & Standl.

Arbustos o árboles, hasta 7 m de alto, inermes; tallos relativamente fuertes, partes emergentes con tricomas simples diminutos, casi granulosos, erectos, amarillentos cuando secos, glabrescentes. Hojas en pares desiguales, las menores similares a las mayores pero mucho más pequeñas, redondeadas, obovadas o elípticas, las hojas mayores 15–40 cm de largo, ápice y base agudos o acuminados, ligeramente decurrentes sobre el pecíolo, enteras, haz glabra, envés glabro pero a veces con diminutos tricomas erectos sobre los nervios; pecíolos hasta 1–4 cm de largo, puberulentos o glabros. Inflorescencias racimos con varias flores, opuestos a las hojas, menudamente puberulentos o glabros, pedúnculo (obsoleto) 0.7–2 cm de largo, frecuentemente ramificado, pedicelos 6–10 mm de largo; cáliz 2–3 mm de largo, menudamente puberulento, lobado hasta la 1/2 de su longitud, lobos obtusos; corola 12–15 mm de diámetro, blanca, profundamente lobada, lobos oblongos, puberulentos, porrectos; anteras 3–4 mm de largo. Baya globosa, ca 1–1.5 cm de diámetro, glabra, amarilla, pedicelos fructíferos a veces sólo ligeramente más largos, fuertes, leñosos, erectos o deflexos por el peso; semillas aplanadas, 2–3 mm de diámetro.

Común, en bosques húmedos y muy húmedos, primarios y secundarios, en todas las zonas del país; 0–1500 m; fl abr–sep, fr jul–nov; *Laguna 154*, *Neill 3540*; sur de México al oeste de Panamá. Se puede diferenciar de especies similares (sección *Geminata*), tales como *S. aphyodendron* y *S. arboreum*, por su estatura robusta, la pubescencia diminuta casi granulosa en las partes emergentes y los frutos más grandes sobre pedúnculos ramificados.

Solanum rugosum Dunal in A. DC., Prodr. 13(1): 108. 1852.

Arbustos o árboles pequeños, hasta 9 m de alto,

inermes; tallos jóvenes escabriúsculos, pubescencia dispersa de tricomas porrecto-estrellados sésiles. Hojas solitarias, obovadas o elípticas, 10–25 cm de largo, ápice largamente acuminado, base atenuada, enteras, ambas superficies con dispersos tricomas porrecto-estrellados, sésiles, haz escabrosa; pecíolos poco diferenciados. Inflorescencias cimas helicoides aplanadas, con muchas flores, erectas, volviéndose axilares, pedúnculo hasta 18 cm de largo, escabriúsculo, pedicelos 3–8 mm de largo, pubescentes con tricomas porrecto-estrellados sésiles; cáliz 2–5 mm de largo, densamente cubierto con tricomas estrellados sésiles, lobado hasta la 1/2 de su longitud, lobos obtusos; corola 10–15 mm de diámetro, blanca, lobada más de la 1/2 de su longitud, lobos lanceolados, tomentosos por fuera; anteras 2–3 mm de largo. Baya globosa, 0.8–1.2 cm de diámetro, glabra, amarilla cuando madura, pedicelos fructíferos ligeramente alargados, fuertes, erectos; semillas aplanadas, 2 mm de diámetro.

Común, en áreas perturbadas de bosques húmedos, zonas norcentral y atlántica; 0–1000 m; fl y fr casi todo el año; *Stevens 5002*, *20685*; Belice a Panamá y norte de Sudamérica, las Antillas, e introducida en el Viejo Mundo.

Solanum schlechtendalianum Walp., Repert. Bot. Syst. 3: 61. 1844; *S. geminifolium* Schltdl.

Arbustos o árboles pequeños, hasta 6 m de alto, la mayoría de las partes densamente blanquecinas, aplicado-tomentosas, los tricomas porrecto-estrellados sésiles o con pedículos cortos, inermes. Hojas solitarias o en pares desiguales, las hojas mayores ovadas, 8–15 cm de largo, ápice acuminado, base mayormente redondeada, enteras, haz con tricomas sésiles finos, envés tomentoso con tricomas sésiles y pediculados, las hojas menores redondeadas; pecíolos 0.2–0.5 cm de largo. Inflorescencias cimas con varias flores, volviéndose opuestas a las hojas, pedúnculo 2–5 cm de largo, una vez ramificado, pedicelos 3–6 mm de largo; cáliz 3 mm de largo, lobado casi hasta la 1/2 de su longitud, lobos deltoides o redondeados; corola 8 mm de diámetro, blanca, profundamente lobada, lobos ovados; anteras 2–3 mm de largo. Baya globosa, 0.7–0.9 cm de diámetro, escasa a esparcidamente pubescente con diminutos tricomas estrellados sésiles, purpúreo obscura cuando madura, pedicelos fructíferos más largos pero no más gruesos en el fruto, deflexos; semillas discoides, 2–2.5 mm de diámetro.

Común, en bosques secundarios y matorrales, principalmente en bosques muy húmedos tropicales, en todo el país; 0–500 m; fl y fr casi todo el año; *Stevens 7022*, *12980*; México a Argentina. Ha sido tratada como *S. salviifolium* Lam.

Solanum seaforthianum Andrews, Bot. Repos. 8: t. 504. 1808.

Trepadoras leñosas, glabras, inermes. Hojas solitarias, más o menos lanceoladas, 8–15 cm de largo, ápice acuminado, base redondeada o truncada, enteras, lobadas o pinnadas, lobos o folíolos cuando presentes 5–7, los senos mayormente redondeados; folíolos intersticiales y pseudostipulares ausentes; pecíolos 3–5 cm de largo. Inflorescencias panículas racemosas con muchas flores, laxas, terminales o laterales en ramas frondosas, pedúnculo bifurcado, 1–6.5 cm de largo, pedicelos 8–15 mm de largo; cáliz 1–3 mm de largo, undulado-truncado; corola 20–30 mm de diámetro, azul, purpúrea o blanca, profundamente lobada, lobos oblongos o lanceolados; anteras 2.5–3.5 mm de largo. Baya globosa, 0.8–1.1 cm de diámetro, roja, pedicelos fructíferos no acrescentes, delgados, erectos a patentes; semillas aplanadas, 3–4 mm de diámetro.

Común, trepadora del dosel en laderas boscosas, especialmente en áreas húmedas, también cultivada como ornamental, zonas norcentral y atlántica; 0–1300 m; fl casi todo el año, fr jun–feb; *Guzmán 741*, *Stevens 2997*; común en los países del Caribe y cultivada en muchos otros países tropicales, a veces escapada del cultivo.

Solanum sessiliflorum Dunal in Poir., Encycl., Suppl. 3: 775. 1814; *S. topiro* Dunal.

Arbustos erectos o hierbas grandes, 1–2 m de alto, mayormente inermes; tallos tomentosos con tricomas estrellados multiangulados subsésiles y ocasionalmente con tricomas gruesos de pedículos largos, los brazos centrales más cortos que el resto de los brazos, a veces con acúleos cortos y rectos. Hojas en pares subiguales, ampliamente ovadas, 15–30 cm de largo, 5–8 lobadas a cada lado, ápice deltoide, base truncada y mayormente dimidiada, frecuentemente con lobos intermedios, lobos puntiagudos, haz con dispersos tricomas paucirradiados subsésiles de brazos centrales alargados, envés tomentoso con tricomas multirradiados de pedículos cortos y rayos patentes; pecíolos 1–4 cm de largo, tomentosos. Inflorescencias racimos subumbelados cortos con 6–16 flores, laterales, tomentosos generalmente con algunos tricomas gruesos de pedículos largos, pedúnculos obsoletos o hasta 0.2 cm de largo, pedicelos 2–8 mm de largo; cáliz ca 15 mm de largo, lobado casi hasta la 1/2 de su longitud, lobos ovados y conspicuamente acostillados; corola 15–25 mm de diámetro, blanca, profundamente lobada, lobos lanceolados; anteras 7–9 mm de largo. Baya globosa, 3–9 cm de diámetro, tomentosa, glabrescente, anaranjada o roja, pedicelos fructíferos muy gruesos, cortos,

erectos; semillas lenticulares, ca 3 mm de diámetro.

Rara, en bosques muy húmedos de tierras bajas, mayormente costera, cultivada y escapada, zona atlántica; 0–40 m; fl may, sep y nov, fr ene y sep; *Ríos 251*, *Robleto 696*; Nicaragua al norte de Sudamérica.

Solanum skutchii Correll, Contr. Texas Res. Found., Bot. Stud. 1: 4. 1950.

Trepadoras escandentes, enraizando en los nudos, inermes; ramitas puberulentas con tricomas patentes simples. Hojas solitarias, 5–9-imparipinnadas, folíolos obovados o elípticos, hasta 4 cm de largo, ápice redondeado, agudo o acuminado, base obtusa, redondeada o truncada, glabras en ambas superficies excepto por cortos tricomas ascendentes en el margen, la costa en la haz y los nervios principales en el envés, folíolo terminal agudo y ligeramente más grande, folíolos basales reducidos; folíolos intersticiales ausentes; pecíolos 1–6 cm de largo, pubescentes; folíolos pseudostipulares pequeños. Inflorescencias racimos de pocas flores, axilares, pedúnculo hasta 5 cm de largo, pubescente con tricomas largos débiles, pedicelos hasta 18 mm de largo, glabros; cáliz ca 2 mm de largo, glabro, cortamente lobado, lobos ovados, redondeado-apiculados; corola 12 mm de diámetro, blanca, profundamente lobada, lobos elíptico-lanceolados, puberulentos en el ápice; anteras 2–3 mm de largo. Baya subglobosa, 1–1.5 cm de diámetro, glabra, anaranjada, pedicelos fructíferos ligeramente engrosados, alargados, curvados; semillas discoides, angostamente aladas, ca 2.5 mm de diámetro.

Esta especie se cita con dudas por referencia de 2 colecciones no estudiadas, de nebliselvas y bosques de pino-encinos, Jinotega; 1200–1500 m; fr ene; *Standley 10676, Williams 27946*; México a Nicaragua. La descripción anterior se tomó, en parte, de la descripción del tipo y del tratado de Correll (1962). La especie se ha diferenciado por sus anteras apiculadas, pero podría no ser diferente de *S. appendiculatum*.

Solanum stramoniifolium Jacq., Misc. Austriac. 2: 298. 1781.

Arbustos erectos, 1–2 m de alto, mayormente armados; tallos finamente aplicado-tomentosos con tricomas estrellados multiangulados subsésiles de brazos centrales más cortos que el resto de los brazos, a veces glabrescentes, armados de acúleos planos grandes de hasta 55 mm de largo, rectos o recurvados. Hojas en pares subiguales, ampliamente ovadas o rómbico-ovadas, 10–25 cm de largo, mayormente 2 ó 3-lobadas a cada lado, ápice deltoide, base truncada, apenas denticuladas, lobos acuminados, puntiagudos, mucronulados, haz con dispersos tricomas pauci-rradiados sésiles de brazos aplicados, envés finamente tomentoso con tricomas multirradiados de pedículos cortos y brazos patentes, nervios del envés a veces armados; pecíolos 1–4 cm de largo, tomentosos, generalmente armados. Inflorescencias racimos subumbelados cortos con 6 (–30) flores, laterales, tomentosos con tricomas estrellados sésiles y cortamente pediculados, inermes, pedúnculos obsoletos o hasta 0.2 cm de largo, pedicelos 5–8 mm de largo; cáliz 3–4 mm de largo, lobado menos de la 1/2, lobos truncados o ampliamente redondeados; corola 15–25 mm de diámetro, blanca, profundamente lobada, lobos ovados a lanceolados, a veces con tricomas purpúreos; anteras 4.5–7 mm de largo. Baya globosa, 1.2–2.4 cm de diámetro, glabrescente, anaranjada o roja, pedicelos fructíferos engrosados, a veces sólo ligeramente alargados, erectos; semillas lenticulares, ca 3 mm de diámetro.

Conocida en Nicaragua por una sola colección (*Moreno 26105*) de tierras bajas constantemente alteradas, Río San Juan; 80–100 m; fl jul; Nicaragua al norte de Sudamérica.

Solanum torvum Sw., Prodr. 47. 1788.

Arbustos, hasta 5 m de alto, escasamente armados; ramitas tomentosas con tricomas estrellados porrectos de brazo central reducido y eglandular, los acúleos cortos, fuertes, rectos o recurvados. Hojas solitarias, ampliamente ovadas, 10–25 cm de largo, ápice agudo a acuminado, base asimétrica, redondeada a cuneada, mayormente sinuado-lobadas, haz tomentosa a escábrida con tricomas estrellados de brazo central bien desarrollado y pedículos cortos, envés tomentoso con tricomas estrellados de brazos centrales mayormente reducidos, pediculados, el nervio principal a veces armado; pecíolos 1–7 cm de largo, estrellado-tomentosos, a veces armados. Inflorescencias simples o con 2–4 cimas racemosas de varias flores, volviéndose laterales, con tricomas estrellados sésiles o cortamente pediculados, el brazo central a menudo glandular en la punta, a veces mezclados con tricomas glandulares simples, inermes, pedúnculo obsoleto o de hasta 2 cm de largo, no ramificado o 1 ó 2 veces ramificado, pedicelos 9–15 mm de largo; cáliz 5 mm de largo, ligeramente lobado, lobos triangulares, caudados pero a menudo partiéndose profundamente; corola 15–30 mm de diámetro, blanca, lobada 1/3 de su longitud, lobos ovado-triangulares; anteras 7–10 mm de largo. Baya globosa, 1–1.5 cm de diámetro, glabra, amarilla cuando madura, pedicelos fructíferos alargados, delgados pero

expandidos distalmente, erectos; semillas aplanadas, 2–2.5 mm de diámetro.

Común, en sitios alterados, en todo el país; 0–1400 m; fl y fr todo el año; *Moreno 9458*, *Stevens 3380*; áreas costeras de Centroamérica y en las Antillas. A veces se encuentran especímenes intermedios entre esta especie y *S. rudepannum* Dunal sin tricomas glandulares y con el cáliz 7–8 mm de largo, poco diferenciado de los pedicelos gruesos y profundamente ovado-lobados.

Solanum tuberosum L., Sp. Pl. 185. 1753.

Hierbas erectas o escandentes, hasta 1 m de alto, estoloníferas y con tubérculos, escasa o densamente víscido-pubescentes con tricomas simples, inermes. Hojas solitarias, mayormente 5–9-imparipinnadas, folíolos ovados o elípticos, hasta 8 cm de largo, ápice agudo o acuminado, base obtusa; folíolos intersticiales presentes o ausentes; pecíolos delgados, hasta 5 cm de largo; folíolos pseudostipulares hasta 1 cm de largo. Inflorescencias panículas terminales con muchas flores, tardíamente laterales, pedúnculos 4–10 cm de largo, bifurcados, pedicelos 10–20 mm de largo; cáliz 5–8 mm de largo, lobado hasta cerca de la 1/2 de su longitud, lobos lanceolados, largamente acuminados; corola 20–40 mm de diámetro, blanca, rosada, azul o purpúrea, frecuentemente amarilla cuando seca, levemente lobada, lobos ovados; anteras 5–7 mm de largo. Baya subglobosa, 1.5–2.5 cm de diámetro, glabra, amarilla; semillas ca 2 mm de diámetro.

Cultivada por sus tubérculos comestibles; 800–1000 m; fl feb, sep; *Grijalva 4029*, *Sandino 2314*; nativa del oeste de Sudamérica y cultivada en casi todo el mundo. "Papa".

Solanum tuerckheimii Greenm., Bot. Gaz. (Crawfordsville) 37: 212. 1904.

Arbustos, hasta 2 m de alto, glabros, inermes; tallos rojizos y perdiendo la epidermis cuando secos. Hojas solitarias o en pares desiguales, similares excepto en el tamaño, ovadas, obovadas o elípticas, 5–15 cm de largo, ápice agudo o acuminado, base aguda u obtusa, enteras, glabras; pecíolos 0.5–1.5 cm de largo. Inflorescencias racimos subumbelados con muchas flores, opuestos a las hojas, pedúnculo no ramificado, hasta 1 cm de largo, pedicelos menos de 10 mm de largo; cáliz ca 3 mm de largo, lobado hasta la 1/2 de su longitud, lobos obtusos; corola 7–10 mm de diámetro, blanca, lobada hasta la 1/2 de su longitud o más, lobos oblongos; anteras 2–3 mm de largo. Baya globosa, ca 1 cm de diámetro, glabra, verde, pedicelos fructíferos tornándose más largos (hasta 1.5–2 cm de largo) y leñosos pero todavía delgados, deflexos a erectos; semillas aplanadas, ca 3 mm de diámetro.

Poco común, mayormente en nebliselvas, zona norcentral; 1200–1600 m; fl todo el año, fr jun–nov; *Stevens 11681, 22169*; México a Costa Rica. Esta especie es muy parecida a *S. pastillum* pero difiere por tener los dientes del cáliz deltoides y las hojas con un tinte amarillento cuando secas.

Solanum umbellatum Mill., Gard. Dict., ed. 8, Solanum no. 27. 1768.

Arbustos o árboles pequeños, hasta 6 m de alto, inermes; tallos hirsuto-tomentosos, los tricomas porrecto-estrellados, pediculados y sésiles, algunos pedículos de varias células de grueso. Hojas solitarias o en pares subiguales, elípticas, 8–20 cm de largo, ápice y base agudos o acuminados, enteras, haz escabrosa con tricomas estrellados dispersos mayormente sésiles, envés suavemente tomentoso con tricomas estrellados pediculados y sésiles, frecuentemente obscuras cuando secas; pecíolos inconspicuos o hasta 10 cm de largo, alados desde cerca de la base, hirsuto-tomentosos. Inflorescencias cimas helicoides con muchas flores, erectas surgiendo desde un nudo de una rama, pedúnculo hasta 12 cm de largo, hirsuto-tomentoso con tricomas porrectos pediculados de muchos brazos, pedicelos 3–6 mm de largo, tomentosos, frecuentemente con algunos tricomas de pedículos gruesos, emergentes por encima de los otros tricomas; cáliz 2–6 mm de largo, la base estrellado-tomentosa, siempre con algunos tricomas estrellados de pedículos gruesos, lobado más de la 1/2 de su longitud, lobos obtusos; corola 10–16 mm de diámetro, blanca, lobada más de la 1/2 de su longitud, lobos lanceolados, tomentosos; anteras 2–3.5 mm de largo. Baya globosa, 0.8–1.2 cm de diámetro, glabra, amarilla cuando madura, pedicelos fructíferos no alargados, mucho más gruesos, erectos; semillas aplanadas, 1.2–2 mm de diámetro.

Común, en orillas de caminos, pastizales y matorrales, zonas pacífica y norcentral; 100–1600 m; fl y fr casi todo el año; *Stevens 3678, 9589*; norte de México a Colombia, Ecuador, también en las Antillas Mayores, introducida en Africa.

Solanum valerianum C.V. Morton & Standl., Publ. Field Mus. Nat. Hist., Bot. Ser. 18: 1097. 1938.

Arbustos, hasta 2 m de alto, inermes; ramitas con líneas de tricomas simples y rectos, obscuras cuando secas. Hojas solitarias, angostamente elípticas, 10–15 cm de largo, ápice y base agudos o acuminados, enteras, haz glabra, envés glabrescente o con tricomas simples a lo largo de los nervios o esparcidos; pecíolos 0.4–0.8 cm de largo, glabros o con tricomas como los de las ramitas. Inflorescencias racimos subumbelados con (1–) 3–6 flores, opuestos a las hojas, glabros o con tricomas como los de las ramitas, pedúnculo no ramificado de hasta 1 cm de largo, pedicelos menos de 10 mm de largo; cáliz 2–3 mm de largo, glabrescente, lobado 1/3 de su longitud, lobos deltoides; corola 8–10 mm de diámetro, blanca, frecuentemente amarillenta cuando seca, lobada hasta cerca de la 1/2 de su longitud, lobos ligeramente papilados; anteras ca 2 mm de largo. Baya globosa, ca 1 cm de diámetro, glabra, verde, pedicelos fructíferos más largos (1.5–2 cm de largo) y algo expandidos distalmente, deflexos; semillas aplanadas, ca 3 mm de diámetro.

Rara, bosques húmedos, zona atlántica; 80–100 m; fr jul; *Sandino 3321, Tate 275*; Nicaragua a Panamá. Esta especie se parece a *S. pastillum* y *S. tuerckheimii* pero difiere por la ausencia de hojas menores en los brotes floríferos y por las líneas de tricomas en las ramitas.

Solanum wendlandii Hook f., Bot. Mag. 113: t. 6914. 1887; *S. unguis-cati* Standl.

Trepadoras leñosas, robustas, frecuentemente trepando alto, glabras, armadas; tallos escasamente armados con acúleos recurvados cortos. Hojas solitarias, elípticas y ovadas, 10–20 cm de largo, ápice cortamente acuminado, base redondeada u obtusa, enteras o profundamente lobadas o pinnatífidas, lobos cuando presentes frecuentemente irregulares, los senos ampliamente redondeados, los nervios principales generalmente armados en el envés con fuertes acúleos recurvados; pecíolos 3–5 cm de largo, mayormente armados. Inflorescencias panículas racemosas con muchas flores, terminales o laterales en ramas frondosas, inermes o con algunos acúleos esparcidos, pedúnculo bifurcado, 4–10 cm de largo, pedicelos 10–20 mm de largo; cáliz ca 3 mm de largo, inerme, levemente deltoide-lobado; corola 35–50 mm de diámetro, azul o purpúrea, levemente lobada, lobos deltoides, puberulentos apicalmente; anteras 8–9 mm de largo, una más larga que las otras. Baya globosa u ovoide, 3–4 cm de diámetro, glabra, verde, pedicelos fructíferos acrescentes, fuertes y leñosos; semillas aplanadas, ca 6 mm de diámetro.

Poco común, en laderas boscosas, zonas pacífica y norcentral; mayormente 700–1300 m; fl casi todo el año, fr oct, nov; *Henrich 457, Stevens 17132*; Guatemala a Costa Rica, también cultivada como ornamental en Nicaragua y en muchos otros países tropicales. Las plantas cultivadas rara vez o nunca producen fruto.

Solanum wrightii Benth., Fl. Hongk. 243. 1861.

Arbustos o árboles, hasta 12 m de alto, armados;

ramitas tomentosas, setosas o flocosas con tricomas cerdiformes estrellados de pedículos gruesos, glabrescentes, frecuentemente con acúleos rectos. Hojas solitarias o en pares, las menores menos lobadas que las mayores, hojas mayores ovadas, hasta 35 cm de largo, ápice agudo u obtuso, base obtusa, truncada o redondeada, enteras o lobadas, lobos sinuados, poco profundos o profundos, haz áspera con dispersos tricomas simples doblados, envés suavemente tomentoso con tricomas multiangulados pediculados, el nervio principal en el envés frecuentemente con acúleos delgados, rectos; pecíolos hasta 1 cm de largo, pubescentes, frecuentemente armados. Inflorescencias panículas racemosas, tornándose laterales, híspido-glandulosas con tricomas estrellados sésiles y pedicelados esparcidos y tricomas cerdiformes simples, inermes, pedúnculo 2–4 cm de largo, pedicelos 6–15 mm de largo; cáliz 10–15 mm de largo, profundamente lobado, lobos angostamente deltoides con ápices delgados e involutos; corola 50–90 mm de diámetro, morado intensa, blanca al marchitarse, lobada 1/3 de su longitud, lobos puntiagudos, a veces erosos, finamente pubescentes por fuera; anteras 12–15 mm de largo. Baya globosa, 4 cm de diámetro, glabra, verde, pedicelos fructíferos engrosados, alargados, erectos; semillas lenticulares, 2–3 mm de diámetro.

Común, cultivada como ornamental y para dar sombra a los cafetales, a veces escapada; 0–1200 m; fl y fr todo el año; *Nee 27690, Sandino 5076*; nativa de Bolivia pero cultivada en muchos países tropicales.

WITHERINGIA L'Hér.

Hierbas, arbustos, raramente árboles, glabros o con tricomas simples, glandulares o dendríticos, inermes; tallos a veces huecos. Hojas mayormente en pares desiguales, simples, enteras; pecioladas. Inflorescencias de fascículos de pocas a muchas flores, axilares en pedúnculos rudimentarios o raramente alargados, pedicelos mayormente delgados, flores 4 ó 5-meras; cáliz cupuliforme, apicalmente entero y truncado, sin lobos, a veces separándose en la fructificación; corola tubular-campanulada o rotácea, la mayoría de especies con un anillo de pubescencia cerca del punto de inserción de los estambres; estambres insertos en el tubo de la corola, iguales o casi iguales, filamentos frecuentemente puberulentos, anteras ampliamente ovadas, apicalmente agudas, basifijas, inclusas, con dehiscencia longitudinal, en algunas especies el conectivo extendido y formando un apículo diminuto; ovario 2-locular con numerosos óvulos. Fruto una baya jugosa, mayormente roja; semillas numerosas, comprimidas; embrión curvado alrededor de la periferia de la testa.

El género consta de 10 especies distribuidas desde México hasta Bolivia; 5 especies se encuentran en Nicaragua. El principal centro de diversidad se encuentra desde Costa Rica hasta Colombia. Una especie, *W. solanacea*, es una maleza ampliamente distribuida en sitios húmedos en América tropical, mientras las otras especies se encuentran en bosques maduros y tienen distribución geográfica limitada.

1. Cáliz fructífero grande, más de 5 mm de largo; follaje e inflorescencias con tricomas débiles, frecuentemente glandulares, más de 1 mm de largo .... **W. correana**
1. Cáliz fructífero pequeño, menos de 5 mm de largo; pubescencia de tricomas más cortos, mayormente eglandulares
  2. Pedúnculo frecuentemente alargado y ramificado; anteras no apiculadas; flores en inflorescencias laxas, a veces péndulas .... **W. cuneata**
  2. Pedúnculo rudimentario; anteras apiculadas; flores dirigidas hacia abajo de las hojas
    3. Cáliz fructífero generalmente partiéndose en 2 ó 3 lobos; flores 5-meras .... **W. coccoloboides**
    3. Cáliz fructífero permaneciendo entero; flores 4 ó 5-meras
      4. Plantas glabras; flores 5-meras .... **W. meiantha**
      4. Plantas pubescentes, al menos en la base del envés de las hojas; flores mayormente 4-meras
        .... **W. solanacea**

Witheringia coccoloboides (Dammer) Hunz., Kurtziana 5: 132. 1969; *Acnistus coccoloboides* Dammer.

Hierbas o arbustos, 1 (–3) m de alto; tallos esparcidamente pubescentes con tricomas simples y dendríticos a menudo degenerados. Hojas en pares mayormente similares y desiguales, elípticas, 6–16 (–25) cm de largo, ápice acuminado, base obtusa, a menudo puberulentas a lo largo de los nervios del envés; pecíolos menos de 1/4 de la longitud de la lámina. Inflorescencias fascículos subsésiles con numerosas flores, pedicelos delgados, hasta 10 mm de largo, en flor curvados por abajo de las hojas, en fruto erectos por arriba de las hojas, flores 5-meras;

cáliz 0.5–5 mm de largo, entero, a menudo partiéndose en la fructificación; corola 6–15 mm de largo, lobada 2/3 de su longitud, puberulenta por fuera, casi glabra por dentro excepto por un anillo de pubescencia cerca de la boca, purpúrea, blanca, amarillenta o verdosa; filamentos insertos cerca del ápice del tubo de la corola, pubescentes, anteras iguales, anchamente ovoides, 2–3.8 mm de largo, apicalmente agudas y menudamente apiculadas, los conectivos a veces más obscuros cuando secos y contrastantes. Baya globosa, 4–8 mm de diámetro; semillas 2–3 mm de diámetro.

Conocida de Nicaragua por una sola colección (*Moreno 7546*) de bosques húmedos, Jinotega; 600–700 m; fr mar; Nicaragua a Colombia. Esta especie se puede distinguir por el cáliz relativamente grande que en la fructificación a menudo se parte en 2 ó 3 lobos.

Witheringia correana D'Arcy, Ann. Missouri Bot. Gard. 60: 766. 1974.

Hierbas erectas o arqueadas, hasta 1 m de alto; tallos débiles, suculentos, con copiosos tricomas simples, alargados, débiles y frecuentemente glandulares. Hojas generalmente en pares desiguales, ovadas, 7–18 cm de largo, ápice obtuso o acuminado, base obtusa, puberulentas con tricomas dispersos; pecíolos 1/3–1/2 de la longitud de la lámina. Inflorescencias fascículos subsésiles a largamente pedunculados, con pocas a muchas flores, pedúnculos a veces ramificados, 0.3–1.5 cm de largo, hasta 3 cm en fruto, pedicelos delgados de hasta 30 mm de largo, flores 4-meras; cáliz 3–6 mm de largo, apicalmente sinuado, glabro o piloso, tricomas frecuentemente glandulares; corola 10–15 mm de largo, lobada hasta la 1/2 de su longitud, a veces pilosa por fuera, glabra por dentro excepto por un anillo de pubescencia en la inserción de los filamentos, de color crema, a veces con marcas verdosas, cafés o purpúreas; filamentos insertos en el ápice del tubo de la corola (limbo), pubescentes, anteras iguales, ampliamente ovoides, 3–6 mm de largo, apicalmente agudas y apiculadas. Baya subglobosa, 6–8 mm de diámetro; semillas ca 2 mm de diámetro.

Conocida de Nicaragua por una sola colección (*Stevens 4821*) de pluvioselvas, Zelaya; 200–300 m; fr oct; Nicaragua a Panamá. Esta especie tiene inflorescencias típicamente erectas y conspicuamente ciliadas, apicalmente divididas, flores amarillas o color crema.

Witheringia cuneata (Standl.) Hunz., Kurtziana 5: 118. 1969; *Lycianthes cuneata* Standl.

Arbustos o árboles débiles, hasta 2 m de alto; tallos a veces huecos, ramitas puberulentas con diminutos tricomas simples, rápidamente glabros. Hojas en pares desiguales, glabras o con pulverulencia diminuta a lo largo de los nervios principales, las hojas mayores obovadas, 7–16 cm de largo, ápice cortamente acuminado, base obtusa, con pecíolos cerca de la 1/2 de la longitud de las hojas menores, las hojas menores redondeadas, 1–3 cm de largo, ápice redondeado u obtuso, cortamente pecioladas. Inflorescencias racimos o fascículos pedunculados, con pocas a muchas flores, péndulas al crecer, pedúnculos delgados, a veces ramificados, 1–4 (–7) cm de largo, pedicelos delgados, de hasta 5–30 mm de largo, flores 4 ó 5-meras; cáliz 2.5–3 mm de largo, entero, glabro; corola 7–9 mm de largo, lobada 1/3 de su longitud, glabra por fuera y por dentro excepto por un anillo de pubescencia cerca de la boca, amarillenta o verde; filamentos insertos cerca de la parte media del tubo de la corola, puberulentos, anteras iguales, ovoides, 2–3.5 mm de largo, no apiculadas. Baya globosa, 10–12 mm de diámetro; semillas ca 3 mm de diámetro.

Rara, bosques húmedos, zonas atlántica y norcentral; 10–90, 1350–1400 m; fl feb, mar, jul; *Moreno 14987, 15133*; Nicaragua a Venezuela. La especie se confunde fácilmente con *W. solanacea* y en fruto con especies de *Lycianthes*. Se diferencia de *W. solanacea* por sus anteras no apiculadas, las flores 5-meras, las inflorescencias ramificadas y sus pedúnculos y pedicelos delgados.

Witheringia meiantha (Donn. Sm.) Hunz., Kurtziana 5: 147. 1969; *Brachistus meianthus* Donn. Sm.

Hierbas o arbustos débiles, hasta 3 (–4) m de alto; plantas glabras. Hojas en pares, mayormente similares pero desiguales, elípticas, 7–18 cm de largo, ápice acuminado, base acuminada u obtusa; pecíolos mayormente menos de 1/5 de la longitud de la lámina. Inflorescencias fascículos subsésiles hasta con 12 flores, pedicelos delgados, hasta 8 mm de largo, en flor curvados por debajo de las hojas, en fruto erectos por arriba de las hojas, flores 5-meras; cáliz hasta 2.5 mm de largo, entero; corola 5–10 mm de largo, lobada hasta 2/3 de su longitud, a veces puberulenta, con un anillo de pubescencia cerca de la boca, verdosa, café o purpúrea; filamentos insertos en la 1/2 apical del tubo de la corola, pubescentes, anteras iguales, anchamente ovoides, 2–3.5 mm de largo, apicalmente agudas y menudamente apiculadas. Baya globosa, 4–8 (–12) mm de diámetro; semillas 1–2.5 mm de diámetro.

Rara, nebliselvas y pluvioselvas, zonas norcentral y pacífica; fl ago, dic, fr todo el año; 300–1200 m; *Araquistain 2452, Nee 27685*; México a Panamá. Muchos ejemplares de esta especie se parecen a

W. solanacea, pero las plantas tienden a ser más pequeñas, glabras, con menor número de flores por inflorescencia y las flores estrictamente 5-meras, mientras que en *W. solanacea* las hojas son pubescentes y las flores 4-meras. *W. meiantha* se encuentra en asociaciones con vegetación madura, mientras que *W. solanacea* es característica de hábitos alterados.

Witheringia solanacea L'Hér., Sert. Angl. 1: 33, t. 1. 1788; *Brachistus solanaceus* (L'Hér.) Hemsl.

Hierbas, arbustos o árboles débiles, hasta 1 (–4) m de alto; tallos frecuentemente huecos, glabros o variadamente pubescentes con tricomas simples, glandulares o dendríticos. Hojas en pares desiguales, ovadas, 7–18 cm de largo, ápice acuminado, base obtusa, variadamente puberulentas con tricomas simples; pecíolos 1/3–1/2 de la longitud de la lámina. Inflorescencias fascículos subsésiles, con muchas flores, pedicelos mayormente delgados, hasta 6 mm de largo, en flor curvados por abajo de las hojas y erectos en el fruto, flores 4-meras; cáliz 0.5–2 mm de largo, entero, piloso-glanduloso a glabro; corola 5–8 mm de largo, lobada 2/3 de su longitud, puberulenta por fuera, glabra por dentro excepto por un anillo de pubescencia cerca de la boca, verdosa, café o purpúrea; filamentos insertos en la porción apical del tubo de la corola, pubescentes, anteras iguales, anchamente ovoides, 2–3 mm de largo, apicalmente agudas y menudamente apiculadas. Baya globosa, 4–8 (–12) mm de diámetro; semillas ca 1–1.5 mm de diámetro.

Abundante, en áreas alteradas en bosques húmedos y muy húmedos, en todo el país; 0–1500 m; fl y fr todo el año; *Stevens 6348, 11787*; norte de México a Bolivia. Es bastante variable en la pubescencia, color de la flor y tamaño de la inflorescencia; las flores son mayormente 4-meras. Se confunde fácilmente con *W. correana*, *W. cuneata* y otras especies que tienen las flores 5-meras. Se conocen muchos sinónimos de esta especie y para una lista completa de éstos véase la publicación de Hunziker (1969).

SPHENOCLEACEAE DC.

Robert L. Wilbur

Hierbas anuales, palustres, con tallos algo esponjosos y suculentos; plantas hermafroditas. Hojas alternas, simples, enteras; exestipuladas. Inflorescencias espigas densas, terminales, pedunculadas, flores regulares, dispuestas en las axilas de brácteas pequeñas y basalmente bibracteoladas; cáliz gamosépalo, persistente, con los 5 lobos imbricados y conniventes sobre el ovario; corola simpétala, urceolado-campanulada, caduca, con los 5 lobos imbricados; estambres 5, alternos con los lobos de la corola, filamentos cortos, anteras abriéndose por hendeduras longitudinales; gineceo de 2 carpelos unidos, ovario ínfero o semiínfero, bilocular, estigma capitado, sésil o en un estilo muy corto, óvulos numerosos, placenta axial y esponjosa. Fruto una cápsula membranácea y circuncísil; semillas numerosas y pequeñas.

Una familia monogenérica con 2 especies paleotropicales, pero ampliamente introducidas en los trópicos y subtrópicos del Nuevo Mundo; 1 especie encontrada en Nicaragua.

Fl. Guat. 24(11): 398–400. 1976; Fl. Pan. 63: 649–653. 1976.

SPHENOCLEA Gaertn.

Sphenoclea zeylanica Gaertn., Fruct. Sem. Pl. 1: 113, t. 24, f. 5. 1788.

Tallos 0.5–1 (1.3) m de alto, glabros, usualmente fistulosos y ampliamente ramificados. Hojas ovadas a elípticas, mayormente 6–12 cm de largo y 2–3.5 (–6) cm de ancho, obtusas a agudas y obtusamente mucronadas apicalmente, cuneado-atenuadas basalmente, glabras; pecíolos mayormente 0.5–2 cm de largo, glabros. Espigas densamente amontonadas con hasta 100 flores, cilíndricas, usualmente 2.5–8 cm de largo y 6–9 mm de diámetro, pedúnculos 1.5–5 (–10) cm de largo, flores sésiles, brácteas espatuladas 2–3 mm de largo, con ápices agudos a acuminados, bractéolas apareadas y lineares; lobos del cáliz amplia y obtusamente deltoides a suborbiculares, 1.5–2.5 mm de largo y ligeramente menos anchos, ápice redondeado y escarioso, márgenes erosos, inflexos y parcialmente cubriendo el ápice de la cápsula en la madurez; corola ca 2.5 mm de largo, blanca, tubo 1–1.5 mm de largo, lobos triangulares, 1–1.2 mm de largo, no agudos; filamentos filiformes, ca 0.4 mm de largo, dispuestos en la mitad o un poco por abajo de la mitad del tubo de la corola; anteras ca 0.5 mm de largo. Cápsulas 2.5–3 mm de largo y 3–4 mm de diámetro; semillas oblongo-cilíndricas, ca 0.5 mm de largo, café-amarillento pálidas, lustrosas, longitudinalmente estriadas con 10–12 crestas, leve e indistintamente foveoladas entre las crestas.

Común en ambientes acuáticos y semiacuáticos en todo el país, principalmente en zonas bajas; fl y fr durante todo el año; *Sandino 3718*, *Stevens 9997*; introducida en América, desde el sur de los Estados Unidos hasta Sudamérica y el Caribe.

STAPHYLEACEAE Lindl.

James S. Miller

Arboles o arbustos; plantas hermafroditas. Hojas opuestas o raramente alternas, imparipinnadas o 1–3-foliadas; folíolos serrados, estípulas y estipelas generalmente presentes, a veces reducidas a glándulas o ausentes. Inflorescencias panículas péndulas o erectas o tirsos, terminales o axilares, flores pequeñas, actino-morfas; sépalos 5, desiguales, libres o fusionados, imbricados; pétalos 5, desiguales, libres, imbricados en la yema; estambres 5, libres, a veces insertos entre los lobos del disco, alternando con los pétalos, anteras ditecas, dehiscencia longitudinal; ovario súpero, entero a 3-partido, carpelos libres o unidos, 3-locular; óvulos pocos a numerosos, anátropos, estilos 3, libres o connados, estigmas capitados. Fruto una baya o una cápsula hinchada, dehiscente o indehiscente; semillas pocas, a veces ariladas, embrión recto, endosperma carnoso.

Familia con 5 géneros y ca 60 especies distribuidas en las Américas, Eurasia y el archipiélago malayo. *Turpinia* es el único género representado en Nicaragua, con 1 sola especie. El género *Staphylea* alcanza el norte de México y *Huertea* se encuentra en Sudamérica, en Honduras y en las Antillas.

Fl. Guat. 24(6): 223–225. 1949; Fl. Pan. 63: 393–397. 1976; S. Spongberg. Staphyleaceae in the South-eastern United States. J. Arnold Arbor. 52: 196–203. 1971.

TURPINIA Vent.

Turpinia occidentalis (Sw.) G. Don, Gen. Hist. 2: 3. 1832; *Staphylea occidentalis* Sw.

Arboles hasta 15 m de alto, las ramitas glabras. Hojas opuestas, pinnaticompuestas, 5–9-foliadas; pecíolo 3–9 cm de largo, peciólulos menos de 1 cm de largo; folíolos elípticos a lanceolado-elípticos, 4–12 cm de largo y 2–6 cm de ancho, ápice agudo a acuminado, base obtusa, margen serrado. Inflorescencia paniculada, terminal, hasta 30 cm de largo, ramificaciones glabras a puberulentas, pedicelos cortos hasta 3 mm de largo; sépalos hasta 2.5 mm de largo, redondeados en el ápice, persistentes; pétalos 2–3 mm de largo, blancos; anteras ovadas; gineceo con 3 carpelos libres, estilos connados. Fruto una baya subglobosa, 1–2 cm de ancho, con apéndices cortos o redondeada en el ápice, amarilla.

Las 2 subespecies reconocidas son bastante distintas aunque no presentan la separación altitudinal completa que aparentemente ocurre en Panamá. Las poblaciones de las tierras bajas son consistentemente glabras a lo largo del nervio medio mientras que las poblaciones de las tierras altas son generalmente puberulentas, si bien individuos glabros se pueden encontrar ocasionalmente en las tierras

altas. *Turpinia* consta de 10 especies, la mayoría en Asia tropical; 3 especies en América tropical, 1 ampliamente distribuida y las 2 restantes conocidas del sur de México y Guatemala.

1. Flores menos de 3.5 mm de largo; envés de los folíolos glabro a lo largo del nervio principal; frutos redondeados en el ápice; bajo 850 m de elevación ..... **T. occidentalis** ssp. **breviflora**
1. Flores más de 3.5 mm de largo; envés de los folíolos puberulento a lo largo del nervio principal; frutos con cortas proyecciones apicales; sobre 1000 m de elevación .... **T. occidentalis** ssp. **occidentalis**

Turpinia occidentalis ssp. **breviflora** Croat, Ann. Missouri Bot. Gard. 63: 397. 1977.

Folíolos glabros en el envés. Inflorescencia paniculada; pedúnculo y ramas glabras o escasamente puberulentas; flores menos de 3.5 mm de largo. Fruto redondeado en el ápice.

Común, bosques húmedos a muy húmedos, zonas atlántica y norcentral; 0–800 (–1400) m; fl jun–jul, fr ago–oct; *Miller 1167*, *Sandino 4506*; México al norte de Sudamérica y en las Antillas.

Turpinia occidentalis ssp. **occidentalis**; *Tournefortia paniculata* Vent.; *Lacepedea pinnata* Schiede; *Turpinia pinnata* (Schiede) Hemsl.

Folíolos puberulentos o raramente glabros a lo largo del nervio principal del envés. Inflorescencia paniculada; ramas usualmente puberulentas; flores más de 3.5 mm de largo. Fruto con 3 proyecciones en el ápice.

Común en nebliselvas, zona norcentral; (600–) 900–1500 m; fl abr–jun, fr may–oct; *Stevens 21538*, *Vincelli 743*; México a Sudamérica y en las Antillas.

STERCULIACEAE (DC.) Bartl.

Carmen L. Cristóbal

Arboles, arbustos o subarbustos, raramente lianas, con tricomas estrellados, simples y glandulares; plantas hermafroditas o funcionalmente diclino-monoicas. Hojas alternas, simples o a veces palmatisectas, aserradas, 3–5-lobadas o enteras, pecioladas, estipuladas. Inflorescencia de cimas abreviadas, axilares o terminales, con 2–numerosas flores pequeñas, homostilas o heterostilas, actinomorfas o zigomorfas, a veces caulifloría; cáliz valvado, sépalos 5, raramente 3, libres, soldados o connados en la base; pétalos 5 o ausentes, planos o con la uña cuculada y adosada al tubo estaminal, en este caso lámina presente o ausente, simple o bífida; androginóforo presente o no, más corto o más largo que la corola; estambres opositipétalos, 5–10–15, libres o soldados en una cabezuela, o en un tubo con 5 haces 2–3-anteríferos; anteras 2–3-tecas, tecas paralelas o divergentes; estaminodios 5, más o menos desarrollados o ausentes; ovario 5-carpelar, raramente 1-carpelar, súpero, 1–numerosos óvulos, placentación axilar, estilo 1–5, estigma capitado, penicilado o inconspicuo. Fruto capsular, abayado, drupáceo o plurifolicular; semillas lisas o tuberculadas, raramente aladas.

Familia con 67 géneros y ca 1100 especies en regiones tropicales y subtropicales de todo el mundo; 10 géneros y 26 especies se encuentran en Nicaragua.

Fl. Guat. 24(6): 403–428. 1949; Fl. Pan. 51: 69–107. 1964; K. Schumann. Sterculiaceae. *In*: C.F.P. von Martius. Fl. Bras. 12(3): 1–114, t. 1–24. 1886.

1. Hojas palmatisectas; pétalos cuculados, adosados al tubo estaminal; estambres 15 .... **Herrania**
1. Hojas simples; pétalos cuculados o planos; estambres 5–15
  2. Pétalos ausentes; flores estaminadas y pistiladas (con apariencia de perfectas); estambres 10–15 .... **Sterculia**
  2. Pétalos presentes; flores perfectas; estambres 5–15
    3. Androginóforo superando a la corola
      4. Cápsula espiralada, polisperma, semillas poliédricas; estambres 10, libres .... **Helicteres**
      4. Cápsula recta, 5–10 semillas, semillas aladas; estambres 15, unidos en una cabezuela .... **Veeresia**
    3. Androginóforo ausente o más corto que la corola
      5. Pétalos planos, espatulados; frutos pubescentes no aculeados
        6. Carpelos 5; estilos 5, agudos .... **Melochia**
        6. Carpelo 1; estilo 1, estigma plumoso o penicilado .... **Waltheria**
      5. Uña de los pétalos cuculada, adosada al tubo estaminal
        7. Lámina de los pétalos bífida, linear; fruto elipsoide o subesférico, 18–25 mm de largo, tuberculado, polispermo, indehiscente o con 5 grietas; estambres 15 .... **Guazuma**
        7. Lámina de los pétalos simple o ausente
          8. Arboles; fruto grande indehiscente, abayado o drupáceo, polispermo; estambres 10–15 .... **Theobroma**
          8. Arbustos o lianas; cápsula pequeña, semillas 5; estambres 5
            9. Anteras 3-tecas; lámina de los pétalos ausente o más pequeña que la uña, claviforme; aculéolos del fruto pequeños, no punzantes; arbustos o subarbustos inermes .... **Ayenia**
            9. Anteras 2-tecas; lámina de los pétalos más larga que la uña; aculéolos del fruto punzantes; arbustos o lianas, con aguijones o inermes .... **Byttneria**

AYENIA L.; *Cybiostigma* Turcz.; *Nephropetalum* B.L. Rob. & Greenm.

Arbustos o subarbustos erectos o semierectos, inermes; plantas hermafroditas. Hojas simples, aserradas, con tricomas estrellados y simples. Cimas abreviadas, axilares, flores actinomorfas, 3 mm de largo; sépalos 5, connados en la base; pétalos 5, rojizos, uña linear en los dos tercios basales, el tercio apical (capucha) romboidal, triangular o bilobado, con el ápice adosado al tubo estaminal, lamina ausente o reducida, claviforme, sobre el dorso de la capucha; androginóforo desarrollado o ausente; tubo estaminal urceolado, estambres 5, anteras 3-tecas; estaminodios 5, alternipétalos; carpelos 5, estilo simple, estigma capitado. Cápsula 5-coca, dehiscente, con tricomas estrellados y aculéolos pequeños no punzantes; semillas 5.

Género con 80 especies distribuidas en América tropical y subtropical, desde el sur de los Estados Unidos hasta Argentina y Uruguay; 2 especies se encuentran en Nicaragua.

C.L. Cristóbal. Revisión del género *Ayenia* (Sterculiaceae). Opera Lilloana 4: 1–230. 1960; C.L. Cristóbal. Nueva contribución al estudio del género *Ayenia* L. (Sterculiaccac). Anales Inst. Biol. Univ. Nac. México 32: 191–200. 1962.

1. Tallos y hojas con tricomas predominantemente simples o de dos brazos, a veces estrellados; hojas ca 3 cm de largo y 1.5 cm de ancho; capucha de los pétalos romboidal, lámina claviforme; androginóforo 2 mm de largo; cocos con aculéolos cilíndricos y tricomas estrellados largos .... **A. dentata**
1. Tallos y hojas con tricomas estrellados muy ramificados; hojas ca 7 cm de largo y 5 cm de ancho; capucha de los pétalos con 2 lobos profundamente escotados, lámina ausente; tubo estaminal subsésil; cocos velutinos, con aculéolos trígonos .... **A. micrantha**

Ayenia dentata Brandegee, Univ. Calif. Publ. Bot. 6: 56. 1914.

Subarbustos erectos, raramente semierectos, 0.3–1.5 m de alto, tallos densamente pubescentes, con tricomas simples, generalmente retrorsos, grisáceos. Hojas basales suborbiculares, medias ovadas u ovado-lanceoladas, apicales lanceoladas, ca 3 (–5.5) cm de largo y 1.5 (–2.5) cm de ancho, envés con tricomas simples, de dos brazos, o estrellados. Cimas con 7–9 flores por nudo; sépalos erectos; capucha de los pétalos romboidal, lámina claviforme muy pequeña; androginóforo 2 mm de largo. Cápsula 4–5 mm de diámetro, péndula, con aculéolos cilíndricos; semilla subovoide, tuberculada y dividida en cuadrantes por costillas.

Común, en bosques secos y áreas perturbadas, zona pacífica; 0–700 m; fl sep–dic, fr sep–jun; *Moreno 2127*, *Stevens 4707*; México a Nicaragua. En la *Flora of Guatemala* fue tratada como *A. pusilla* L.

Ayenia micrantha Standl., J. Wash. Acad. Sci. 14: 239. 1924.

Arbustos erectos poco ramificados, 0.75–3 m de alto, tallos velutinos, con tricomas estrellados muy ramificados, amarillentos. Hojas anchamente ovadas u ovadas, (4.5–) 7 (–11) cm de largo y (2.5–) 5 (–9) cm de ancho, envés con tricomas estrellados más largos. Cimas multifloras densas; sépalos reflexos; capucha de los pétalos con dos lobos profundamente escotados, lámina ausente; tubo estaminal subsésil. Cápsula 8–9 mm de diámetro, péndula, con aculéolos trígonos, agudos; semilla subovoide, corrugada y tuberculada.

Común, en bosques secos y áreas perturbadas, zona pacífica; 10–900 m; fl y fr sep–dic; *Nee 27614*, *Sandino 3246*; sur de México hasta Costa Rica.

BYTTNERIA Loefl.; *Chaetaea* Jacq.; *Pentaceros* G. Mey.

Arbustos o subarbustos, erectos o apoyantes, con aguijones, o también lianas inermes; plantas hermafroditas. Hojas simples aserradas o enteras; nectario 1 (–5) en el envés sobre la base del nervio medio, a veces también en los pares laterales. Cimas abreviadas axilares y terminales, flores actinomorfas; sépalos 5, connados en la base; pétalos 5, cuculados, la capucha adosada al tubo estaminal, lámina simple más larga que la uña; androginóforo ausente; tubo estaminal urceolado, estambres 5, anteras ditecas; estaminodios 5, alternipétalos; carpelos 5, estilo simple, estigma capitado. Cápsula 5-coca, cocos dehiscentes o indehiscentes, aculéolos punzantes; semillas 5.

Género pantropical con 136 especies, 81 de Sudamérica, 6 en Centroamérica y el Caribe, de las cuales 2 se encuentran también en Sudamérica, el resto predominantemente en Madagascar y sureste de Asia; 2 especies se encuentran en Nicaragua. Varios nombres fueron originalmente publicados bajo la variante ortográfica como *Buettneria*.

C.L. Cristóbal. Estudio taxonómico del género *Byttneria* Loefling (Sterculiaceae). Bonplandia 4: 1–428. 1976.

1. Arbustos trepadores, con aguijones recurvados y tricomas simples; pétalos purpúreos; cocos indehiscentes, con aculéolos punzantes, apiñados y gruesos en la base .... **B. aculeata**
1. Lianas inermes; pétalos blancos; cocos dehiscentes, con aculéolos aciculares .... **B. catalpifolia** ssp. **catalpifolia**

Byttneria aculeata (Jacq.) Jacq., Select. Stirp. Amer. Hist. 76. 1763; *Chaetaea aculeata* Jacq.; *B. carthagenensis* Jacq.; *B. guatemalensis* Loes.; *B. lanceolata* DC.

Trepadoras, 1–3 m de alto, tallos huecos, con tricomas simples y aguijones recurvados. Hojas ovalado-lanceoladas, lanceoladas, anchamente ovadas, raramente hastadas, 7 (–12.5) cm de largo y 3 (–10) cm de ancho, enteras o crenadas cerca del ápice, subglabras o con tricomas simples dispersos principalmente sobre la nervadura, nectario 1. Cimas 1–3 cm de largo, flores 4–6 mm de largo; lámina de los pétalos claviforme, purpúrea. Cápsula esferoidal o elipsoide, 4–11 mm de largo, cocos indehiscentes, con aculéolos apiñados de hasta 2 cm de largo, gruesos en la base; semilla ovoide, aguda o subaguda, 3–8 mm de largo y 2–4 mm de ancho, finamente tuberculada, café.

Común, frecuentemente forma matorrales en vegetación secundaria, en todas las zonas del país; 0–1300 m; fl oct–ene, fr nov–mar; *Guzmán 1164, Moreno 4334*; México hasta Bolivia, Polinesia. En la *Flora Nicaragüense* fue tratada como *B. ramosissima* Pohl.

Byttneria catalpifolia Jacq. ssp. **catalpifolia**, Pl. Hort. Schoenbr. 1: 21. 1797; *B. macrocarpa* Donn. Sm.

Lianas inermes, 2 m de alto o más, tallos macizos, con tricomas estrellados. Hojas ovadas u ovado-lanceoladas, 7–16 cm de largo y 4–12 cm de ancho, enteras, glabras o subglabras, con tricomas diminutos sobre la nervadura, nectario 1. Cimas 2–4 cm de largo, flores ca 5 mm de largo; lámina de los pétalos lanceolada, blanca. Cápsula subesferoidal, 1.2–2.5 cm de largo y 1.5–3.2 cm de ancho, cocos dehiscentes, con aculéolos aciculares de 5–17 mm de largo; semilla ovoide, 5–6 mm de largo y 4 mm de ancho, lisa, café obscura.

Común, en bosques siempreverdes, bosques de galería y bosques secos, en todas las zonas del país; 40–1050 m; fl oct–nov, fr dic–abr; *Guzmán 2067, Stevens 21423*; México hasta Bolivia, Tahití.

GUAZUMA Mill.

Guazuma ulmifolia Lam. var. **ulmifolia**, Encycl. 3: 52. 1789; *Theobroma guazuma* L.; *Bubroma guazuma* (L.) Willd.; *Diuroglossum rufescens* Turcz.; *G. tomentosa* Kunth.

Arboles 4–7 (–20) m de alto, tallos velutinos, con tricomas estrellados amarillentos; plantas hermafroditas. Hojas simples, oblongo-lanceoladas, a veces asimétricas, 8.5 (–16) cm de largo y 3.5 (–7) cm de ancho, aserradas, velutinas a pubescentes, con tricomas estrellados y simples. Cimas axilares multifloras, flores actinomorfas; cáliz reflexo, 2–3 partido; pétalos 5, amarillos, uña cuculada, adosada al tubo estaminal, lámina linear, bífida y ondulada; tubo estaminal campanulado, estambres 15, en 5 haces 3-anteríferos; estaminodios 5, alternipétalos; carpelos 5, estilo simple, estigma agudo. Cápsula elipsoide o subesférica, 18–25 mm de largo y 14–22 mm de ancho, leñosa, tuberculada, indehiscente, polisperma.

Común, especialmente en áreas perturbadas, en todas las zonas del país; 0–1400 m; fl abr–nov, fr jun–mar; *Moreno 4278, Stevens 5316*; México hasta Argentina. Fue tratada por Freytag como *G. tomentosa* Kunth. Otra variedad que posiblemente se encuentre en Nicaragua es *G. ulmifolia* var. *tomentella* K. Schum., que se caracteriza por poseer frutos parcialmente dehiscentes, con 5 grietas que no dejan salir las semillas y hojas desde pubescentes a subglabras; se distribuye desde Belice hasta Argentina y en las Antillas. Género con 3 especies, distribuidas desde México hasta Argentina; la corteza se usa como diurético. "Guácimo".

G.F. Freitag. A revision of the genus *Guazuma*. Ceiba 1: 193–225. 1951; C.L. Cristóbal. Comentarios acerca de *Guazuma ulmifolia* (Sterculiaceae). Bonplandia 6: 183–196. 1989.

HELICTERES L.; *Alicteres* Neck. ex Schott & Endl.; *Isora* Mill.; *Orthothecium* Schott & Endl.

Arbustos erectos, inermes; plantas hermafroditas. Hojas simples, aserradas. Cincinos bifloros, axilares y opuestos a las hojas, flores zigomorfas o subzigomorfas; sépalos 5, soldados; pétalos 5, sobrepasando al cáliz, desiguales, largamente unguiculados; androginóforo recto o encorvado, exerto; estambres 10, libres, tecas 2, divergentes; estaminodios 5, espatulados; ovario ovoide, estilos 5, estigmas inconspicuos, agudos. Cápsula cilíndrica, espiralada, hacia el ápice loculicida y septicida; semillas numerosas, poliédricas, irregulares, desiguales.

Género pantropical, en América ca 38 especies distribuidas desde México hasta el noroeste de Argentina, 2 se encuentran en Nicaragua.

1. Androginóforo encorvado, 8–11 cm de largo, tomentoso; cápsula, envés de la hoja y tallos velutinos, grisáceos .... **H. baruensis**
1. Androginóforo recto, 2.5–3.5 cm de largo, subglabro; cápsula glabra, negra, plantas pubescentes, con tricomas ásperos amarillentos .... **H. guazumifolia**

Helicteres baruensis Jacq., Enum. Syst. Pl. 30. 1760; *H. mollis* C. Presl.

Arbustos 2 m de alto. Hojas ovadas, a veces asimétricas, 9 (–16) cm de largo y 6 (–10) cm de ancho, ápice agudo, base cordada; pecíolo 1–3 cm de largo. Flores zigomorfas, oblicuas, nectarios lustrosos sobre el pedúnculo; cáliz tubular-campanulado, 2.5–3 cm de largo y 1 cm de ancho, bilabiado; pétalos acintados, verdosos; androginóforo encorvado, 8–11 cm de largo, tomentoso. Cápsula espiralada, a veces recta hacia el ápice, 2.3–4 cm de largo y 1–1.3 cm de ancho, grisácea.

Poco frecuente, bosques de galería, zonas pacífica y atlántica; 15–200 m; fl sep–ene, fr ago–oct; *Grijalva 4107*, *Moreno 2504*; México hasta Colombia, Venezuela, Surinam, Guyana y Brasil.

Helicteres guazumifolia Kunth in Humb., Bonpl. & Kunth, Nov. Gen. Sp. 5: 304. 1823; *H. carpinifolia* C. Presl; *H. mexicana* Kunth; *H. retinophylla* R.E. Fr.

Arbustos (0.7–) 2 (–5) m de alto. Hojas ovadas u ovales, a veces asimétricas, 6.5 (–14) cm de largo y 3.5 (–8) cm de ancho, ápice agudo, base redondeada; pecíolo 0.8 (–1.7) cm de largo. Flores subzigomorfas, rectas, sin nectarios sobre el pedúnculo; cáliz tubular, algo inflado, 1.5–2.3 cm de largo y 0.4–0.7 cm de ancho, 5-dentado; pétalos espatulados, rojos; androginóforo recto, 2.5–3.5 cm de largo, con tricomas glandulares diminutos, dispersos. Cápsula espiralada, 1.8–4 cm de largo y 0.7–1 cm de ancho, negra.

Común, en bosques secundarios, en todas las zonas del país; 0–940 m; fl y fr todo el año; *Henrich 160*, *Sandino 5023*; Centro y Sudamérica.

HERRANIA Goudot

Herrania purpurea (Pittier) R.E. Schult., Caldasia 2: 333. 1944; *Theobroma purpureum* Pittier.

Arboles pequeños de 2–5 m de alto, ramificados cerca del ápice; plantas hermafroditas. Hojas palmatisectas, folíolos 5, obovados, hasta 46 cm de largo y 17 cm de ancho, acuminados, enteros o subenteros, con tricomas estrellados dispersos en el envés; pecíolo hasta 48 cm de largo. Inflorescencias en la base del tronco, contraídas, flores actinomorfas, purpúreas; sépalos 3; pétalos 5, uña cuculada, lámina liguliforme; estambres 15, en 5 haces 3-anteríferos; estaminodios 5, alternipétalos, lobo oval, reflexo;

carpelos 5, estilo simple, estigma obtuso. Fruto elipsoide, 8–10 cm de largo y 4–5 cm de ancho, 10-acostillado, híspido, coriáceo, verde-amarillento; semillas numerosas, unidas por una pulpa agridulce blanca.

Común, pluvioselvas, sur de la zona atlántica; 70–400 m; fl feb–mar; *Araquistain 3061*, *Moreno 23067*; Nicaragua a Colombia. Un género con 17 especies, todas excepto ésta, sudamericanas. Fruto comestible. "Cacao mico".

R.E. Schultes. A synopsis of the genus *Herrania*. J. Arnold Arbor. 39: 217–295. 1958.

MELOCHIA L.; *Visenia* Houtt.; *Moluchia* Medik.; *Riedlea* Vent.; *Mougeotia* Kunth; *Physodium* C. Presl; *Anamorpha* H. Karst. & Triana; *Physocodon* Turcz.

Arbustos o subarbustos erectos o suberectos, inermes; plantas hermafroditas. Hojas simples, aserradas o crenado-aserradas. Cimas abreviadas, axilares y terminales u opuestas a las hojas, glomeruliformes, multifloras, umbeliformes o paniculiformes, flores actinomorfas, sésiles o pediceladas, homostilas o heterostilas; cáliz 5-dentado, a veces acrescente, dientes triangulares, acuminados o muy cortos y distantes entre sí; pétalos 5, espatulados, planos, purpúreos, violáceos, anaranjados o blancos; estambres 5, filamentos totalmente soldados o sólo en la base, anteras 2-tecas; carpelos generalmente 5, 2-ovulados, estilos 5, agudos. Cápsula piramidal o más o menos globosa, loculicida o septicida o ambos tipos a la vez, hirsuta o pubescente; semillas 1–2 por lóculo, ovoides, lisas.

Género pantropical con 63 especies, predominantemente en América desde el sur de los Estados Unidos hasta el centro de Argentina; 8 especies se encuentran en Nicaragua.

A. Goldberg. The genus *Melochia* L. (Sterculiaceae). Contr. U.S. Natl. Herb. 34: 191–363. 1967.

1. Cápsulas piramidales; cimas umbeliformes generalmente opuestas a las hojas y terminales; flores violáceas y purpúreas
  2. Plantas subglabras, con tricomas simples y estrellados, pequeños y dispersos; cápsula amarillenta con manchas purpúreas, alas agudas .... **M. pyramidata** var. **pyramidata**
  2. Plantas tomentosas, con tricomas estrellados; cápsula amarillenta, con las alas agudas o redondeadas .... **M. tomentosa** var. **tomentosa**
1. Cápsulas globosas y subglobosas; cimas axilares y/o terminales
  3. Inflorescencias amplias, paniculiformes, terminales; cápsulas en pares; plantas subglabras, pelos setiformes dispersos en el envés; pétalos anaranjados .... **M. kerriifolia**
  3. Inflorescencias contraídas, glomeruliformes
    4. Cáliz acrescente, membranáceo, nervado, amarillento; hojas densamente pubescentes, con tricomas estrellados cortos y simples largos; brácteas más cortas que las flores; pétalos blancos .... **M. lupulina**
    4. Cáliz no acrescente
      5. Plantas tomentosas, haz con tricomas simples, setiformes; inflorescencias axilares y terminales espiciformes; brácteas agudas, hirsutas, más largas que las flores, flores purpúreas ... **M. villosa** var. **villosa**
      5. Plantas glabras o poco pubescentes; inflorescencias axilares
        6. Cápsulas septicidas (separándose en cocos), hirsutas, con tricomas simples; brácteas más cortas que el cáliz; dientes del cáliz triangulares, largamente acuminados; flores heterostilas .... **M. nodiflora**
        6. Cápsulas loculicidas; dientes del cáliz cortos, distanciados; flores homostilas
          7. Cápsulas con tricomas glandulares capitados; brácteas no más largas que la cápsula; hojas 2.5–6 cm de largo .... **M. manducata**
          7. Cápsulas con tricomas simples; brácteas superando ampliamente a flores y frutos; hojas 1–2 cm de largo .... **M. melissifolia**

Melochia kerriifolia Triana & Planch., Ann. Sci. Nat. Bot., sér. 4, 17: 341. 1862; *M. humboldtiana* Steyerm.

Subarbustos erectos, hasta 1 m de alto, tallos hirsutos, con tricomas largos dispersos y cortos alineados, raramente glandulares. Hojas oblongas u oblongo-lanceoladas, 2.5–3.5 cm de largo y 1.3–1.5 cm de ancho, ápice agudo o subagudo, base redondeada, aserradas, la haz glabra, el envés con tricomas gruesos, simples, dispersos sobre los nervios; pecíolo 3–8 mm de largo. Cimas paniculiformes terminales, flores heterostilas, pediceladas; pétalos anaranjados. Cápsulas globosas de a pares, ca 4 mm de diámetro, loculicidas, tardíamente septicidas, hirsutas.

Conocida en Nicaragua por una sola colección (*Stevens 12040*) de orillas de caminos, Matagalpa; 300 m; fl y fr feb; México al centro de Brasil.

Melochia lupulina Sw., Prodr. 97. 1788; *Mougeotia inflata* Kunth; *Riedlea melissifolia* C. Presl; *Anamorpha waltherioides* H. Karst. & Triana; *Physocodon macrobotrys* Turcz.

Subarbustos erectos, rastreros o apoyantes, 1–2 m de alto, densamente pubescentes, con tricomas estrellados cortos y simples largos. Hojas ovadas, ca 7 (–11) cm de largo y 4 (7.5) cm de ancho, ápice agudo, base redondeada o cordada, doblemente aserradas, densamente pubescentes; pecíolo 1–4 cm de largo. Cimas glomeruliformes, axilares y terminales, flores heterostilas, pediceladas; pétalos blancos. Cápsula globosa, 2.4–4 mm de diámetro, septicida, finamente pubescente, cubierta por el cáliz acrescente y membranáceo.

Común, vegetación secundaria, zona norcentral; 310–1400 m; fl nov–may, fr dic–may; *Araquistain 1679, Moreno 6708*; México hasta Perú.

Melochia manducata C. Wright, Anales Acad. Ci. Méd. Habana 5: 241. 1868; *M. glandulifera* Standl.

Subarbustos, 1–1.5 m de alto, tallos huecos, subglabros, con tricomas glandulares capitados, dispersos y simples, pequeños, finos, alineados. Hojas ovadas u ovado-lanceoladas, 2.5–6 cm de largo y 1.5–3 cm de ancho, ápice agudo, base redondeada, aserradas, subglabras, con tricomas simples dispersos sobre las venas; pecíolo 1.5–2 cm de largo. Cimas umbeliformes, axilares, flores homostilas, pediceladas; pétalos rosados. Cápsula globosa, ca 3 mm de diámetro, loculicida, tardíamente septicida, hirsuta, con tricomas simples y glandulares capitados.

Escasa, vegetación secundaria, zona pacífica; 50–80 m; fl y fr oct–nov; *Moreno 11858, Robleto 1454*; México al norte de Brasil.

Melochia melissifolia Benth., J. Bot. (Hooker) 4: 129. 1841; *M. concinna* Miq.; *Riedlea sparsiflora* Klotzsch ex Walp.

Subarbustos semierectos, hasta 1 m de alto, tallos levemente pubescentes, con tricomas simples y estrellados muy finos, entremezclados con tricomas simples largos y glandulares. Hojas ovadas, 1–2 cm de largo y 0.8–1.2 cm de ancho, ápice agudo, base redondeada, aserradas, hirsutas, con tricomas simples muy largos, dispersos en ambas caras; pecíolo ca 5 mm de largo. Cimas glomeruliformes axilares, flores homostilas, sésiles; pétalos blancos o rosados. Cápsula globosa, ca 2 mm de diámetro, loculicida, tardíamente septicida, hirsuta, con tricomas simples.

Escasa, pastizales, zona atlántica; 0–60 m; fl dic, fr ene; *Rueda 2603, Seymour 1769*; Belice a Brasil, también Africa.

Melochia nodiflora Sw., Prodr. 97. 1788; *M. carpinifolia* J.C. Wendl.; *Riedlea urticifolia* Turcz.; *M. conglobata* Sessé & Moç.

Arbustos, 0.5–2 m de alto, ramas dísticas, tallos con tricomas cortos, finos y setosos entremezclados. Hojas ovado-lanceoladas, ovadas o lanceoladas, 3.5–6 (–10) cm de largo y 2–3 (–5.5) cm de ancho, ápice agudo, base redondeada o atenuada, aserradas, subglabras, con tricomas simples y largos, dispersos en ambas caras, especialmente sobre los nervios en el envés; pecíolo 0.5–1 (–4) cm de largo. Cimas glomeruliformes axilares, flores heterostilas sésiles; pétalos purpúreos o rosados. Cápsula subglobosa, ca 3 mm de diámetro, septicida, hirsuta, con tricomas simples.

Común, en bosques secos y húmedos y en vegetación secundaria, en todas las zonas del país; 0–815 m; fl oct–mar, fr nov–may; *Moreno 4953, Stevens 10971*; México a Brasil. No sorprendería el hallazgo de *M. nudiflora* Standl. & L.O. Williams, especie afín a *M. nodiflora*, ya que Nicaragua está comprendida en su área. Según Goldberg, se diferencian principalmente porque en *M. nudiflora* las inflorescencias son comúnmente terminales y el envés de las hojas es subcanescente o tomentoso-seríceo con tricomas estrellados, simples y bifurcados. En *M. nodiflora*, los glomérulos son por lo común axilares y el envés de las hojas es subglabro con tricomas simples raro bifurcados y estrellados.

Melochia pyramidata L. var. **pyramidata**, Sp. Pl. 674. 1753; *M. domingensis* Jacq.

Subarbustos erectos o decumbentes, (0.5–) 1 (–1.5) m de alto, tallos con tricomas pequeños dispersos y una banda longitudinal. Hojas ovalado-lanceoladas, más anchas y pequeñas hacia la base de las ramas, más angostas hacia el ápice, ca 3.5 (–8) cm de largo y 1.5 (–5) cm de ancho, ápice agudo, base redondeada, aserradas o crenadas, subglabras; pecíolo 1 cm de largo. Cimas umbeliformes, opuestas a las hojas y terminales, flores heterostilas, pediceladas; pétalos lilas o purpúreos. Cápsula piramidal, 6–7 mm de alto y 6–12 mm de ancho, loculicida, levemente pubescente, con alas agudas, amarillenta, a veces con máculas purpúreas.

Común, bosques secos y vegetación secundaria, en las zonas pacífica y norcentral; 0–1150 m; fl y fr todo el año; *Moreno 1970, Sandino 4103*; sur de los Estados Unidos a Argentina, adventicia en otros continentes.

Melochia tomentosa L. var. **tomentosa**, Syst. Nat., ed. 10, 1140. 1759; *M. crenata* Bertero ex Spreng.; *M. portoricensis* Spreng.; *M. plicata* C. Presl; *M. hypoleuca* Miq.

Subarbustos erectos, ca (0.4–) 1 (–2) m de alto, tallos velutinos. Hojas ovadas u ovado-lanceoladas, ca 6.5 cm de largo y 4 cm de ancho, ápice subagudo, base redondeada o cordada, gruesamente aserradas o crenado-aserradas, tomentosas, con tricomas estrellados; pecíolo 1–3 cm de largo. Cimas umbeliformes, opuestas a las hojas y terminales, flores heterostilas, pediceladas; pétalos purpúreos, violáceos o lilas. Cápsula piramidal, 11–13 mm de alto y 8–10 mm de ancho, loculicida, densamente pubescente, con alas agudas o redondeadas, amarillenta.

Común, en bosques secos, campos y sabanas, zona pacífica; 0–600 m; fl y fr todo el año; *Moreno 1723, Stevens 13301*; sur de los Estados Unidos al noreste de Brasil. *M. turpiniana* Kunth citada por Ramírez Goyena en la *Flora Nicaragüense* es considerada por Goldberg como *M. tomentosa* var. *turpiniana* (Kunth) K. Schum. La diferencia entre estas variedades reside en el grado de pubescencia de la haz y en el margen de las hojas.

Melochia villosa (Mill.) Fawc. & Rendle var. **villosa**, Fl. Jamaica 5: 165. 1926; *Sida villosa* Mill.; *M. hirsuta* Cav.; *Riedlea serrata* Vent.; *R. elongata* C. Presl; *M. vestita* Benth.; *R. jurgensenii* Turcz.; *R. heterotricha* Turcz.; *R. tenella* Turcz.

Subarbustos erectos o semierectos, 50–70 cm de alto, tallos tomentosos, amarillentos. Hojas ovadas u oblongas, 3 (–6) cm de largo y 1.5 (–3) cm de ancho, ápice agudo a redondeado, base redondeada, margen aserrado, con tricomas estrellados cortos, simples, setiformes; pecíolo 5–8 mm de largo. Cimas aglomeradas axilares y terminales formando una inflorescencia espiciforme generalmente interrumpida, flores sésiles; pétalos purpúreos, blancos hacia la base. Cápsula subglobosa, ca 3 mm de diámetro, loculicida, luego septicida.

Común, sabanas y pastizales a veces pantanosos, en bosques de pinos, vegetación secundaria, en todas las zonas del país; 0–1200 m; fl y fr ene–oct; *Stevens*

7586, 21515; sur de los Estados Unidos a Paraguay. Sobre el nombre de esta especie es necesario advertir que Fryxell publica *Melochia spicata* (L.) Fryxell, basada en *Malva spicata* L. Krapovickas y Cristóbal argumentan la lectotipificación de *Malva spicata* y por lo tanto el mantenimiento de *Melochia villosa* siguiendo el criterio de Schumann y Fawcett y Rendle.

W. Fawcett y A.B. Rendle. *Malvastrum* A. Gr. Fl. Jamaica 5: 104–106. 1926; P.A. Fryxell. Doubtful and excluded names. *In*: Malvaceae of Mexico. Syst. Bot. Monogr. 25: 455–458. 1988; A. Krapovickas y C. Cristóbal. La tipificación de *Malva spicata* L. (Malvaceae). Bonplandia 9: 257–258. 1997.

STERCULIA L.; *Ivira* Aubl.; *Mateatia* Vell.; *Chichaea* C. Presl; *Xylosterculia* Kosterm.

Arboles; plantas funcionalmente diclino-monoicas. Hojas simples, enteras o 3–5-lobadas o compuestas, pecioladas, agrupadas en los extremos floríferos. Inflorescencias paniculadas, laxas, multifloras, axilares o subterminales, flores estaminadas y pistiladas con apariencia de perfectas; cáliz campanulado, sépalos 5; corola ausente; androginóforo encorvado más corto que el cáliz; flor estaminada con 10–15 estambres soldados formando una cabezuela, anteras ditecas, gineceo rudimentario; flor pistilada con tubo estaminal abierto, anteras estériles, carpelos 5, estigma capitado. Plurifolículo leñoso, folículos a menudo velutinos por fuera, cubiertos de cerdas ferrugíneas por dentro; semillas 2–4.

Género pantropical con ca 200 especies, ca 38 en América; 2 especies se encuentran en Nicaragua.

A.H. Gentry. A new Panamanian *Sterculia* with taxonomic notes on the genus. Ann. Missouri Bot. Gard. 63: 370–372. 1976; N. Taroda. A revision of the Brazilian species of *Sterculia* L. Notes Roy. Bot. Gard. Edinburgh 42: 121–149. 1984; E.L. Taylor. Systematic Studies in the Tribe Sterculieae: A Taxonomic Revision of the Neotropical Species of *Sterculia* L. (Sterculiaceae). Ph.D. Thesis, Harvard University, Cambridge. 1989.

1. Hojas 3–5-lobadas, lisas, homótricas; sépalos 12–18 mm de largo y 6–8 mm de ancho .... **S. apetala**
1. Hojas de las ramas floríferas ovales u oblongas, ampolladas, heterótricas; sépalos 11 mm de largo y 2.5 mm de ancho, con una lengüeta en la cara interna .... **S. recordiana**

Sterculia apetala (Jacq.) H. Karst., Fl. Columb. 2: 35. 1862; *Helicteres apetala* Jacq.; *S. carthaginensis* Cav.; *S. chicha* A. St.-Hil.

Arboles (7–) 17 (–50) m de alto. Hojas 2–5-lobadas, lobos subagudos, enteros, el central 9–20 cm de largo y 6–11 cm de ancho, base cordada, haz subglabra, envés densamente pubescente, con tricomas estrellados pequeños, lisas, coriáceas. Panículas amplias, 13–20 cm de largo, amontonadas en el extremo de las ramas; cáliz campanulado, velutino, lobos triangulares, sépalos 12–18 mm de largo y 6–8 mm de ancho, verde-amarillentos con manchas rojizas; androginóforo sigmoide, 6 mm de largo, tricomas punctiformes glandulares dispersos; flores estaminadas con 15 estambres; flores pistiladas con tubo estaminal cupuliforme, anteras aparentemente

normales. Folículos 8–9 cm de largo y 4–5 cm de ancho; semillas subesféricas, lisas, negras.

Común, en bosques secos a húmedos, zonas pacífica y atlántica; 0–600 m; fl nov–abr, fr feb–nov; *Grijalva 712, Ríos 320*; México a Perú, Brasil y naturalizada en las Antillas. Las semillas son comestibles.

Sterculia recordiana Standl., Trop. Woods 44: 25. 1935.

Arboles, ca 30 m de alto. Hojas de las ramas floríferas enteras, ovales u oblongas, hasta 18 cm de largo y 10.5 cm de ancho, ápice obtuso con un pequeño mucrón, base redondeada, ampolladas, pecíolo y nervio principal con tricomas dispersos, estrellados, diminutos y grandes, rígidos y gruesos, tricomas estrellados medianos en los nervios secundarios y terciarios, algo más abundantes en el envés, coriáceas. Panículas erectas debajo de los ápices de las ramas principales, 7–20 cm de largo; sépalos lanceolados, 11 mm de largo y 2.5 mm de ancho, rojo obscuros, internamente vellosos en la base, con un reborde marginal en la mitad inferior que remata en una lengüeta central; androginóforo sigmoide, 7 mm de largo, grueso y pubescente en la base, luego fino y glabro; flores estaminadas con 8–10 estambres; flores pistiladas con tubo estaminal cupuliforme, anteras 10 en 2 ciclos, aglomeradas. Folículos ca 6–10 cm de largo y 4–6 cm de ancho; semillas 3–8 por folículo.

Conocida en Nicaragua por dos colecciones de bosques siempreverdes, Río San Juan; 70–100 m; fl y fr ene; *Moreno 26849, Rueda 5540*; Nicaragua a Colombia. Ha sido confundida con *S. costaricana* Pittier, especie del sur de Costa Rica y Panamá, que se diferencia por la carencia de indumento foliar y por el androginóforo rodeado por un anillo angosto de papilas diminutas y tricomas simples cortos arriba, mientras nuestra especie tiene un indumento foliar tomentoso y un anillo de tricomas vermiformes alargados que se extienden desde la base del androginóforo hasta la base de los lobos de los sépalos.

THEOBROMA L.; *Cacao* Mill.; *Tribroma* O.F. Cook

Arboles o arbustos; plantas hermafroditas. Hojas simples, obovadas, oblongas u ovales, grandes, abruptamente acuminadas, enteras o subenteras, pinnatinervias. Cimas axilares o sobre prominencias del tronco, pauci- o multifloras, flores actinomorfas pequeñas; sépalos 5; pétalos 5, rosados, rojos, amarillos, uña cuculada adosada al tubo estaminal, lámina redondeada o espatulada; tubo estaminal cilíndrico, estambres 10–15, en 5 haces 2–3-anaríferos, anteras 2-tecas; estaminodios 5, subulados, linear-oblongos u obovados, erectos o reflexos, tan largos como los pétalos o más largos. Fruto grande, abayado o drupáceo, ovoide, elipsoidal o cilíndrico-oblongo, liso o acostillado, epicarpo más o menos grueso, carnoso o leñoso; semillas numerosas recubiertas por una capa pulposa que las une entre sí.

Género neotropical distribuido desde el sur de México hasta la cuenca amazónica, 22 especies, varias de ellas se cultivan; 5 especies se encuentran en Nicaragua. Las semillas son de gran valor económico, las de *T. cacao* se usan comercialmente para la preparación del chocolate y para la extracción de varios productos secundarios; varias otras especies son aprovechadas localmente para el mismo fin, o para la preparación de bebidas refrescantes.

J. Cuatrecasas. Cacao and its allies: A taxonomic revision of the genus *Theobroma*. Contr. U.S. Natl. Herb. 35: 379–614. 1964.

1. Hojas glabras o subglabras; estaminodios subulados; plantas caulifloras; frutos acostillados .... **T. cacao**
1. Envés cubierto de tricomas
  2. Envés homótrico, nervadura y aréolas totalmente cubiertas de tricomas diminutos adpresos; estaminodios linear-oblongos, obtusos; frutos 10-acostillado, espacios intercostales reticulados; flores en ramitas axilares .... **T. bicolor**
  2. Envés heterótrico, nervadura más gruesa con tricomas amarillentos dispersos, aréolas cubiertas de tricomas diminutos
    3. Hojas 40–50 cm de largo y 15–21 cm de ancho; envés reticulado, nervadura sobresaliente; fruto elipsoidal-oblongo, ferrugíneo-tomentoso, liso; inflorescencias multifloras sobre prominencias de tronco .... **T. simiarum**
    3. Hojas 14–21 cm de largo y 5–6.5 cm de ancho; envés con nervadura menor cubierta de tricomas al igual que las aréolas; inflorescencias paucifloras axilares
      4. Estaminodios obovados, erectos en la antesis, tan largos como los pétalos; fruto ovoide- u oblongo-elipsoidal, con 5 costillas en la base, irregularmente tuberculado .... **T. angustifolium**
      4. Estaminodios flabeliformes, reflexos, mucho más largos y anchos que los pétalos; fruto cilíndrico-oblongo, liso, contraído bruscamente en el ápice .... **T. mammosum**

Theobroma angustifolium Sessé & Moç. ex DC., Prodr. 1: 484. 1824.

Arboles de 8–26 m de alto. Hojas oblongo-lanceoladas, 14–21 cm de largo y 5–6.5 cm de ancho, abruptamente acuminadas, acumen de 1–2 cm de largo, base algo asimétrica, haz glabra, envés heterótrico, nervios principal, secundarios y terciarios con tricomas amarillentos dispersos, el resto cubierto de tricomas más pequeños, cenicientos. Inflorescencias paucifloras axilares, generalmente bifloras; lámina de los pétalos largamente espatulada, glabra, amarilla; estambres 15, en 5 haces 3-anteríferos; estaminodios erectos, obovados, tan largos como los pétalos, glabros. Fruto abayado, oblongo-elipsoidal u ovoide-elipsoidal, 10–18 cm de largo y 6–9 cm de ancho, 5-acostillado en la base, tuberculado.

Escasa en bosques, frecuentemente cultivada, León; 70–100 m; fl ene; *Baker 2102, Preuss 1381*; aparentemente nativa solamente de Nicaragua a Panamá.

Theobroma bicolor Bonpl. in Humb. & Bonpl., Pl. Aequinoct. 1: 104. 1806.

Arboles de 7–12 m de alto. Hojas oblongas u ovadas, 20–36 cm de largo y 8–17 cm de ancho, ápice agudo, base redondeada o subcordada, haz glabra, envés homótrico, velutino-ceniciento incluso los nervios principales. Inflorescencias multifloras axilares; lámina de los pétalos redondeada, pubescente, roja; estambres 10, en 5 haces 2-anteríferos; estaminodios linear-oblongos, algo más largos que los pétalos, erectos, pubescentes. Fruto leñoso cuando seco, elipsoidal, 13 cm de largo y 8 cm de ancho, 10-acostillado, espacios intercostales marcadamente reticulados.

Muy escasa, bosques pantanosos, zona atlántica; 20–100 m; fr oct; *Araquistain 3272, Little 25142*; cultivada desde México hasta el noreste de Brasil y Perú, probablemente originaria de América Central. "Cacao pataste".

Theobroma cacao L., Sp. Pl. 782. 1753; *T. pentagonum* Bernoulli; *T. leiocarpum* Bernoulli; *T. sphaerocarpum* A. Chev.

Arboles o arbustos de 2–10 m de alto. Hojas ovalado-lanceoladas u ovado-lanceoladas, 18–34 cm de largo y 5–11 cm de ancho, ápice abruptamente afinado, base a veces algo asimétrica, glabras o subglabras, tricomas sobre los nervios principales. Inflorescencias sobre prominencias del tronco; lámina de los pétalos obovado-lanceolada, más corta que la capucha, glabra, blanco-amarillenta, la capucha 3-nervia, nervios laterales muy gruesos y purpúreos; estambres 10, en 5 haces 2-anteríferos; estaminodios largamente subulados, de la misma longitud que los pétalos, pubérulos. Fruto subabayado, ovoide o elipsoidal, muy variable en tamaño, 5–10-acostillado, verrugoso o liso, redondeado o afinado en el ápice.

Bosques regenerados en cultivos abandonados, nebliselvas y bosques pantanosos, no está fehacientemente registrada en Nicaragua como planta silvestre, en todas las zonas; 50–1400 m; fl sep, dic, fr mar, may; *Robleto 538, Stevens 7229*; aparentemente silvestre en el sur de México, Guatemala, Belice y en la cuenca amazónica, ampliamente difundida en los trópicos bajo cultivo. Cuatrecasas establece dos subspecies y dos formas sobre la base de variaciones en la forma del fruto y de la semilla, entre otros caracteres. Con el material de herbario no es posible identificar a nivel infraespecífico lo coleccionado en Nicaragua. "Cacao".

Theobroma mammosum Cuatrec. & Jorge León, Bol. Técn. Inst. Interamer. Ci. Agríc. 2: 1. 1949.

Arboles hasta 15 m de alto. Hojas obovado-lanceoladas u oblongo-lanceoladas, 17–19 cm de largo y 6–6.5 cm de ancho, abruptamente acuminadas, acumen de 1–1.5 cm de largo, sinuado-dentadas cerca del ápice, base asimétrica, haz glabra, envés heterótrico, nervio central, secundarios y terciarios con tricomas amarillentos dispersos, aréolas velutinas, cenicientas. Inflorescencias paucifloras axilares, bifloras; lámina de los pétalos espatulada, ferrugíneo-tomentosa; estambres 15, en 5 haces 3-anteríferos; estaminodios reflexos, flabeliformes, superando a los pétalos, pubescentes. Fruto abayado, cilíndrico-oblongo, 16–22 cm de largo y 6–8.5 cm de ancho, bruscamente contraído en el ápice, liso o subliso.

En Nicaragua conocida de una sola colección (*Neill 3557*) realizada a orillas de arroyos, Río San Juan; 20 m; fl abr; Costa Rica y Nicaragua.

Theobroma simiarum Donn. Sm. in Pittier, Prim. Fl. Costaric. 2: 52. 1898.

Arboles de 10–30 m de alto. Hojas obovadas u oblongas, 40–50 cm de largo y 15–21 cm de ancho, abruptamente acuminadas, enteras o sinuosas hacia el ápice, base cordada, haz glabra o subglabra, con tricomas diminutos sobre los nervios principales, envés reticulado, nervadura menor sobresaliente, heterótrico, nervios con tricomas dispersos ferrugíneos, cortos y largos, aréolas cubiertas de diminutos tricomas blancos. Inflorescencias multifloras sobre prominencias del tronco; pétalos espatulados, glabros, rojos; estambres 15, en 5 haces 3-anteríferos; estaminodios erectos, obovados, tan largos como los pétalos, glabros. Fruto abayado, elipsoidal, liso, ferrugíneo-tomentoso.

Escasa, bosques húmedos, zona atlántica; 100–165 m; fl feb, fr ago; *Laguna 20, Moreno 23189*; Nicaragua y Costa Rica, cultivada en Sudamérica. "Cacao curro".

VEERESIA Monach. & Moldenke

Veeresia clarkii Monach. & Moldenke, Bull. Torrey Bot. Club 67: 621. 1940.

Arboles 6–15 m de alto; plantas hermafroditas. Hojas ovadas, 8–15 cm de largo y 6–7.5 cm de ancho, ápice agudo, base redondeada, margen sinuoso, subentero, envés densamente pubescente, con tricomas estrellados; pecíolo 4–7 cm de largo. Cimas axilares y terminales, amplias, flores subzigomorfas, ca 2 cm de largo; cáliz tubular; pétalos 5, blancos o rosados virando a amarillo, superando al cáliz; androginóforo recto, exerto; estambres 15, conglomerados en una cabezuela, anteras ditecas; estaminodios 5, dentiformes, diminutos; gineceo cónico, incluido, estigma truncado. Cápsula elipsoidal, 2–2.5 cm de largo y 1.5 cm de ancho, 5-carpelar, 5-locular, loculicida, velutina; semillas 1–2 por lóculo, aladas.

Localmente común, bosques húmedos, Matagalpa; 200–1585 m; fl jun–ago, fr ago–ene; *Nee 27662*, *Vincelli 741*; México, Guatemala y Nicaragua. Género monotípico. De acuerdo a estudios de Solheim aún no formalmente publicados, *Veeresia* debería asimilarse al género asiático *Reevesia*.

J. Monachino. A new genus and species of Sterculiaceae. Bull. Torrey Bot. Club 67: 621–622. 1940; S.L. Solheim. *Reevesia* and *Ungeria* (Sterculiaceae): A Taxonomic and Biogeographic Study. Ph.D. Thesis, University of Wisconsin, Madison. 1991.

WALTHERIA L.; *Lophanthus* J.R. Forst. & G. Forst.; *Astropus* Spreng.

Subarbustos inermes; plantas hermafroditas. Hojas simples, aserradas, densamente pubescentes. Glomérulos sésiles, axilares y terminales, flores actinomorfas, sésiles, homostilas o heterostilas; cáliz obcónico, 5-dentado, ca 5 mm de largo; pétalos 5, amarillos, espatulados; estambres 5, anteras ditecas, filamentos totalmente soldados o sólo en la base, algo más cortos que el cáliz; carpelo 1, estilo lateral más corto o sobrepasando al cáliz, estigma plumoso o penicilado. Cápsula monococa, pubescente; semilla solitaria, obovoide, lisa.

Género pantropical con ca 60 especies; 2 especies se encuentran en Nicaragua.

1. Nervadura mayor y menor impresa en la haz y sobresaliente en el envés; brácteas y bractéolas velutinas, ovales u obovadas; flores heterostilas .... **W. glomerata**
1. Nervadura media y de primer orden impresa en la haz y sobresaliente en el envés; brácteas y bractéolas vellosas, lanceoladas, agudas; flores homostilas .... **W. indica**

Waltheria glomerata C. Presl, Reliq. Haenk. 2: 152. 1835; *W. rhombifolia* Donn. Sm.

Subarbustos, 1–2.5 m de alto. Hojas ovales, obovadas, 6–17 cm de largo y 4–12 cm de ancho, ápice obtuso o agudo, base redondeada o subcuneada, envés heterótrico, nervadura mayor y menor notable en ambas caras; pecíolo 0.5–1.3 cm de largo. Flores heterostilas, brácteas y bractéolas ovales, subagudas, 2–3-dentadas; pétalos algo más cortos que el cáliz, flores brevistilas con filamentos soldados el 1/4 basal y gineceo más corto que el cáliz, flores longistilas con filamentos soldados hasta el ápice; estilo sobrepasando ampliamente al perianto.

Común, en pastizales y sabanas, zona atlántica; 40–500 m; fl y fr dic–feb; *Stevens 19088, 22635*; México a Venezuela.

Waltheria indica L., Sp. Pl. 673. 1753; *W. americana* L.

Subarbustos, (0.3–) 1 (–1.5) m de alto, tomentosos, con tricomas largos, suaves, uniformes. Hojas ovales, oblongas u ovadas, 4–5 (–9) cm de largo y 2.5–3 (5.5) cm de ancho, ápice obtuso, base redondeada, nervios secundarios rectos y paralelos hasta el margen, impresos en la haz y sobresalientes en el envés; pecíolo 0.8–1 (–4) cm de largo. Flores homostilas, brácteas y bractéolas lanceoladas, agudas; pétalos algo más largos que el cáliz; filamentos soldados hasta el ápice; estilo más corto que el perianto.

Común, en áreas perturbadas en todas las zonas del país; 0–1250; fl y fr durante todo el año; *Araquistain 1060, Croat 39020*; maleza pantropical.

STRELITZIACEAE (K. Schum.) Hutch.

Carmen Ulloa Ulloa

Hierbas grandes perennes surgiendo desde rizomas cortos o simpódicos y alargados, o hierbas gigantes arborescentes, con hábito como de *Musa*, con un pseudotronco no ramificado y sin crecimiento secundario; plantas hermafroditas. Hojas de tamaño mediano a muy grandes, dísticas, enteras, simples, expandidas y generalmente fragmentadas, nervio principal prominente, nervios laterales numerosos, pinnatiparalelos, extendiéndose hacia el margen y entonces recurvados formando un nervio marginal; pecíolo largo y vaina basal corta. Inflorescencia terminal o axilar, con 1 a numerosas brácteas grandes, firmes, cimbiformes, dísticas, cada bráctea más o menos encerrando a una cima monocásica, compacta y de pocas flores; flores epíginas, zigomorfas, cada una abrazada por una bráctea floral; tépalos 6, en 2 ciclos, todos petaloides y diferentes, sépalos 3, libres y más o menos adnados a los pétalos; pétalos 3, ligera a marcadamente diferentes; estambres 6 en *Ravenala* y en los otros géneros sólo 5 funcionales, filamentos alargados, anteras ditecas, con hendeduras longitudinales; ovario ínfero, 3-carpelar, 3-locular, con nectarios septales, estilo terminal y 3 estigmas, numerosos óvulos en cada lóculo. Fruto una cápsula loculicida; semillas numerosas, ariladas.

Familia con 3 géneros y 7 especies de Sudamérica tropical, Sudáfrica y Madagascar; 2 géneros y 2 especies introducidas se encuentran en Nicaragua. Fue tratada como parte de Musaceae en la *Flora of Guatemala* y *Flora of Panama*.

Fl. Pan. 32: 48–57. 1945; Fl. Guat. 24(3): 178–191. 1952; R. Marloth. Musaceae. Fl. South Africa 4: 163–164, pl. 51 y 52. 1915; H. Perrier de la Bâthie. Musacées. Fl. Madagascar et des Comores 46: 1–7. 1946.

1. Plantas gigantes, arborescentes; pétalos sin formar un órgano sagitado .... **Ravenala**
1. Plantas herbáceas pequeñas; pétalos laterales conniventes formando un órgano sagitado .... **Strelitzia**

RAVENALA Adans.

Ravenala madagascariensis Sonn., Voy. Indes Orient. 2: 223, t. 124–6. 1782.

Plantas arborescentes, hasta 20 m de alto, con pseudotronco duro y fibroso. Hojas dispuestas en abanico, 2–4 m de largo, rígidas, laceradas a cada lado del nervio principal en segmentos pinnados de ca 60 cm de largo; pecíolo largo, a veces casi tan largo como la lámina. Inflorescencias numerosas, en las axilas de las bases de las hojas y por debajo de la corona de hojas, cada una con 5–15 brácteas fuertes, brácteas cimbiformes, congestionadas, las externas hasta 30 cm de largo y 5–6 cm de ancho en la base, finamente estriadas, gruesas, verde-rojizas, glaucas, cada una encerrando 10–16 flores blanco-cremas; tépalos 5 (2 péta-los unidos a lo largo de los márgenes), lanceolado-lineares, 15–18 cm de largo, coriáceos, finamente estriados; estambres lineares, ca 12 cm de largo, encerrados en los 2 pétalos fusionados, anteras el doble de largo que el filamento, recurvadas en la antesis, ovario 3–4 cm de largo, estilo casi tan largo como los tépalos, estigmas fusiformes ca 1 cm de largo, dentados en el ápice. Cápsula tardíamente dehiscente; semillas ca 12 mm de largo y 8 mm de ancho, negras con arilo aceitoso azul irregularmente lacerado.

Cultivada y ocasionalmente escapa en Nicaragua; nativa de Madagascar. Está ampliamente introducida como ornamental en los trópicos y en las zonas templadas es común en invernaderos. Género monotípico.

STRELITZIA Aiton

Strelitzia reginae Aiton, Hort. Kew. 1: 285, t. 2. 1789.

Hierbas con hábito como *Musa*, 1–1.5 m de alto. Hojas ca 0.5 m de largo, enteras. Inflorescencia condensada y encerrada en una bráctea grande envainadora, ésta 15–20 cm de largo, verde con el margen anaranjado, flores protandras, floreciendo progresivamente, generalmente una a la vez; sépalos ca 12 cm de largo, amarillo-anaranjados, el central algo cimbiforme; pétalos azules, los 2 laterales conniventes formando un órgano sagitado de ca 6 cm de largo que encierra a los estambres, el tercero reducido en un nectario; estilo ligeramente más corto que los sépalos, estigmas filiformes. Cápsula 3-valvada; semillas negras con un conspicuo arilo anaranjado brillante.

Cultivada por sus flores vistosas para arreglos florales; nativa de Sudáfrica (Cabo de Buena Esperanza) y ampliamente cultivada en todo el mundo. Género con 5 especies, nativas de Sudáfrica. "Ave del paraíso".

STYRACACEAE Dumort.

James S. Miller

Arboles o arbustos, frecuentemente con tricomas estrellados, a veces con escamas lepidotas; plantas hermafroditas o poligamodioicas (*Bruinsmia*). Hojas alternas, simples, enteras, serradas o denticuladas, pecioladas, estipuladas. Inflorescencias racimos, panículas o cimas, axilares o terminales, flores actinomorfas; cáliz tubular, truncado o 4–5-lobado; corola 4–5-lobada, raramente de pétalos libres, valvada o imbricada; estambres generalmente el doble o raramente igual en número a los lobos de la corola, los filamentos connados en la base, el tubo adnado a la corola, anteras ditecas, dehiscencia longitudinal; ovario súpero a ínfero, 3–5-carpelar, 3–5-locular; óvulos 1–numerosos en cada lóculo, anátropos, erectos o péndulos, estilo delgado, estigma capitado o 3–5-lobado. Fruto drupáceo o capsular, cáliz persistente; semillas 1–numerosas, con testa delgada, endosperma copioso, embrión recto o ligeramente encorvado.

Familia con 8–12 géneros con 150–200 especies en la mayor parte del mundo; 1 género con 4 especies se encuentran en Nicaragua.

Fl. Guat. 24(8): 258–261. 1967; Fl. Pan. 66: 165–172. 1979.

STYRAX L.

Arboles o arbustos. Hojas comúnmente deciduas, estrellado-pubescentes a lepidotas o glabras. Inflorescencias racimos cortos o cimas, axilares o terminales, los pedicelos abrazados por brácteas pequeñas; cáliz cupuliforme, frecuentemente adnado a la base del ovario; corola 5-lobada, blanca o matizada de rosado, los lobos erectos a patentes; estambres generalmente 10, los filamentos aplanados; ovario generalmente súpero, 3-locular en la base, 1-locular hacia arriba. Fruto drupáceo, ovoide a globoso, rodeado en la base por el cáliz persistente, generalmente con 1 semilla.

Género con ca 120 especies en las áreas tropicales y templadas excepto en Africa y Australia; 11 especies se encuentran en Centroamérica, 4 de las cuales están en Nicaragua. El nombre genérico *Styrax* ha sido tratado como género masculino, femenino y neutro por varios autores. He seguido a Nicholson y Steyskal al tratarlo como un género masculino.

G.J. Gonsoulin. A revision of *Styrax* (Styracaceae) in North America, Central America, and the Caribbean. Sida 5: 191–258. 1974; D.H. Nicholson y G.C. Steyskal. The masculine gender of the generic name *Styrax* Linnaeus (Styracaceae). Taxon 25: 581–587. 1976; P.W. Fritsch. A revision of *Styrax* (Styracaceae) for western Texas, Mexico, and Mesoamerica. Ann. Missouri Bot. Gard. 84: 705–761. 1998.

1. Lobos de la corola imbricados; hojas con envés glabro y margen generalmente denticulado o serrado .... **S. glabrescens** var. **glabrescens**
1. Lobos de la corola valvados; hojas con envés cubierto de tricomas estrellados y margen entero
  2. Indumento del cáliz de tricomas estrellados y escamas lepidotas; tricomas de los filamentos estaminales menos de 0.3 mm de largo .... **S. warscewiczii**
  2. Indumento del cáliz sólo de tricomas estrellados; tricomas de los filamentos estaminales más de 0.5 mm de largo
    3. Lobos de la corola 1.7–2.3 mm de ancho; cáliz sólo con tricomas estrellados verde-grises; algunos de los tricomas estaminales más de 1 mm de largo; bajo 1300 m .... **S. argenteus**
    3. Lobos de la corola 2.5–4 mm de ancho; cáliz con tricomas estrellados verde-grises y café-anaranjados; todos los tricomas estaminales de menos de 1 mm de largo; sobre 1300 m .... **S. nicaraguensis**

Styrax argenteus C. Presl, Reliq. Haenk. 2: 60. 1835.

Arboles hasta 12 m de alto; ramitas jóvenes estrellado-tomentosas. Hojas ovadas a elípticas, 7–14 cm de largo y 2.5–5.5 cm de ancho, ápice acuminado a agudo, margen entero, haz glabra, envés pálido tomentoso con tricomas estrellados. Inflorescencias mayormente racimos axilares o panículas escasamente ramificadas de hasta 10 cm de largo; cáliz 4–5 mm de largo, con pubescencia estrellada verde-gris; corola blanca o rosada, los lobos angostamente oblongos, 8–12 mm de largo y 1.7–2.3 mm de ancho, uniformemente pubescentes por fuera, estrellados por dentro, valvados en la yema; filamentos estaminales con tricomas erectos de 1–2 mm de largo. Drupa ovoide a elipsoide, hasta 2 cm de largo, lepidota.

Ocasional, bosques montanos húmedos, zona norcentral; 400–1300 m; fl y fr ago–abr; *Moreno 1883, Stevens 15494*; México a Panamá. De las especies centroamericanas densamente estrellado-pubescentes ésta es la más común y ha sido confundida con *S. nicaraguensis* y *S. warscewiczii*.

Styrax glabrescens Benth. var. **glabrescens**, Pl. Hartw. 66. 1840; *S. guatemalensis* Donn. Sm.

Arboles hasta 10 m de alto o más altos; ramitas jóvenes escasamente estrelladas. Hojas ovadas a elípticas, 8–17 cm de largo y 3.5–8.5 cm de ancho, ápice corta a largamente acuminado, margen entero a denticulado o serrado, glabras o casi así. Inflorescencia racimos terminales o axilares de hasta 11 cm de largo; cáliz 5–7 mm de largo; corola blanca, los lobos ovados a elíptico-ovados, 10–17 mm de largo, uniformemente estrellado-pubescentes por dentro y por fuera, imbricados en la yema; filamentos estaminales con tricomas patentes, menos de 0.2 mm de largo. Drupa globosa a ovoide, apiculada, hasta 1.5 cm de largo, estrellada a glabra.

Conocida en Nicaragua de una sola colección (*Stevens 6687*) de nebliselva, entre los Cerros El Inocente y Saslaya en Zelaya; 1000–1100 m; fl mar; México hasta Costa Rica. Todas las colecciones centroamericanas son de *S. glabrescens* var. *glabrescens*. La otra variedad, *S. glabrescens* var. *pilosus* Perkins, restringida a México, se diferencia por tener el envés de la hoja piloso.

Styrax nicaraguensis P.W. Fritsch, Ann. Missouri Bot. Gard. 84: 736. 1998.

Arboles hasta 12 m de alto; ramitas jóvenes con pubescencia estrellada amarilla a café. Hojas angosta-mente elíptico-ovadas, 8–14 cm de largo y 3–6 cm de ancho, ápice acuminado a agudo, base cuneada a redondeada, margen entero, glabras en la haz, envés con tricomas estrellados verde-grises y café-anaranjados. Inflorescencias de racimos axilares o panículas escasamente ramificadas, hasta 7 cm de largo; cáliz 3.5–5 mm de largo, con tricomas estrellados verde-grises y café-anaranjados; corola blanca, los lobos oblongos, 9–11 mm de largo y 2.5–4 mm de ancho, estrellados por fuera, valvados en yema; filamentos estaminales con tricomas patentes a erectos hasta 1 mm de largo. Drupa 15–20 mm de largo, rugosa.

Poco común, en nebliselvas, zona norcentral; 1100–1520 m; fl y fr may–jul; *Atwood A316, Stevens 20401*; Nicaragua y Costa Rica. Fritsch trata a las poblaciones de cada país como subespecies distintas siendo las plantas nicaragüenses la subespecie típica.

Styrax warscewiczii Perkins, Bot. Jahrb. Syst. 31: 480. 1901.

Arboles hasta 10 m de alto; ramitas jóvenes con pubescencia estrellada café-anaranjada. Hojas angostamente elípticas a lanceoladas, 5–11 cm de largo y 1.5–5 cm de ancho, ápice acuminado, base aguda a cuneada, margen entero, glabras en la haz, envés con tricomas estrellados verde-grises a café-anaranjados. Inflorescencias de racimos axilares o panículas escasamente ramificadas, hasta 6 cm de largo; cáliz 2.5–4 mm de largo con tricomas estrellados verde-grises y escamas lepidotas café-anaranjadas; corola blanca o rosada, los lobos oblongos, 9–17 mm de largo y 1.5–3 mm de ancho, estrellados por fuera, valvados en yema; filamentos estaminales con tricomas patentes cortos, menos de 0.3 mm de largo. Drupa elipsoide, 7–12 (15) mm de largo, rugosa.

Ocasional, en nebliselvas, zona norcentral; 1350–1600 m; fl may–sep, fr may; *Miller 1402, Neill 2313*; México a Panamá. La descripción del fruto se complementó con plantas de otras áreas.

J. Perkins. Beiträge zur Kenntnis der Styracaceae. Bot. Jahrb. Syst. 31: 478–488. 1901–1902.

SURIANACEAE Arn.

William J. Hahn

Arbustos o árboles pequeños; plantas hermafroditas. Hojas simples y alternas; estípulas pequeñas, pronto deciduas o ausentes. Cimas axilares o terminales; flores actinomorfas, hipóginas y pentámeras; pétalos y sépalos libres e imbricados; estambres 10; gineceo 1, 2, ó 5 carpelar, óvulos 2–5 por carpelo. Fruto indehiscente, drupáceo o como nuez, endosperma ausente.

Familia con 4 géneros y 4 especies, 3 en Australia y 1 tropical marítima; 1 género con 1 especie en Nicaragua.

Fl. Guat. 24(5): 424–434. 1946; P. Wilson. Surianaceae. N. Amer. Fl. 25: 225. 1911; G.K. Brizicky. The genera of Simaroubaceae and Burseraceae in the Southeastern United States. J. Arnold Arbor. 43: 176–177. 1962.

SURIANA L.

Suriana maritima L., Sp. Pl. 284. 1753.

Arbustos o raramente árboles pequeños, densamente puberulentos en sus partes vegetativas, con finos tricomas de color gris. Hojas agrupadas, enteras, linear-espatuladas, la base atenuada al pecíolo. Cimas axilares; sépalos 5, libres pero connados en la base, 5–8 mm de largo y 3–5 mm de ancho, acuminados, persistentes cuando en fruto; pétalos 5, ligeramente unguiculados, ampliamente ovados, 4–6 mm de largo y 3–5 mm de ancho, amarillos; filamentos 1.5–2.5 mm de largo, anteras mediifijas, introrsas y pequeñas, dispuestas en 2 series, las internas usualmente estériles; gineceo hipógino, 5-carpelar, cada carpelo con un estilo filiforme, óvulos 2 por carpelo, anátropos y bitegumentados. Fruto drupáceo, indehiscente, pentámero y con 1 semilla; semilla sin endosperma.

Rara, en la zona atlántica; al nivel del mar; fl nov–may, fr jun–nov; *Rueda 4197, Stevens 10501*; se encuentra en las costas arenosas de los trópicos y subtrópicos con excepción de las costas occidentales de Africa y del Nuevo Mundo. Género monotípico.

SYMPLOCACEAE Desf.

Frank Almeda

Arboles o arbustos perennifolios; plantas hermafroditas (en Nicaragua), raramente dioicas o polígamas. Hojas alternas, simples, arregladas en espiral o dísticas, penninervadas, membranáceas a coriáceas, típicamente glabras en la haz y glabras a variadamente pubescentes en el envés; exestipuladas. Inflorescencias axilares, frecuentemente racimos cortamente bracteados, espigas o panículas, a veces fasciculadas o reducidas a flores solitarias; flores actinomorfas; cáliz 5-lobado, imbricado; corola simpétala, dividida hasta la mitad o casi hasta la base en 5–10 lóbulos imbricados en 1 ó 2 verticilos; estambres numerosos, generalmente multi-seriados, filamentos connados formando un tubo adnado a la corola (en Nicaragua) o agrupados en fascículos, las partes libres de los filamentos liguladas, papilosas y contraídas apicalmente formando un estípite filiforme, anteras basifijas, redondeado-ovadas, biloculares y abriéndose por hendeduras longitudinales; ovario ínfero, 2–5-locular con 2–4 óvulos anátropos pendientes en placentas axiales, ápice del ovario coronado por un disco nectarífero inconspicuo intraestaminal, glabro, tomentoso o glanduloso, estilo recto y simple, estigma capitado, leve o profundamente lobado. Fruto una drupa coronada por los lobos del cáliz persistente, con un mesocarpo carnoso, suberoso o coriáceo y un endocarpo leñoso, redondeado, undulado o irregularmente estriado en corte transversal; semillas elipsoides, a veces encorvadas, 1 en cada lóculo, endosperma copioso.

La familia consiste de un solo género, *Symplocos*, con 250–300 especies ampliamente distribuidas en las regiones tropicales y subtropicales de América, el sur y sureste de Asia, Australia y las Indias Orientales; 4 especies se conocen en Nicaragua. Muchas especies con hojas que se vuelven amarillentas cuando secas acumulan aluminio. Esto podría funcionar como protección para repeler insectos y otros predadores. Muestras de *Symplococarpon* (Theaceae) con frutos tienen la apariencia de *Symplocos* y a menudo se confunden con éste. En *Symplococarpon* los frutos son 2-loculares, largamente pediceladas y fasciculados o solitarios por aborto, los 2 (3) estilos son libres hasta la base, el estigma es punctiforme, y las anteras son oblongo-elípticas y ahusadas en el ápice en un mucrón subulado. Se necesita un estudio de *Symplocos* en toda su extensión en América tropical. Varios taxones mesoamericanos se conocen originalmente de material en flor o en fruto lo que ha contribuido a la incertidumbre del límite de las especies en algunos complejos de especies muy variables. A menudo el tamaño y la forma de los frutos maduros junto con el número de lóculos en el endocarpo leñoso proveen caracteres útiles para separar a las especies. Para facilitar el acceso a este último carácter, los colectores deben hacer un corte transversal en el fruto maduro en el campo.

Fl. Guat. 24(8): 251–258. 1967; Fl. Pan. 63: 547–552. 1976; A. Brand. Symplocaceae. *In:* A. Engler. Pflanzenr. IV. 242(Heft 6): 1–100. 1901.

SYMPLOCOS Jacq.

Características de la familia.

1. Hojas maduras obviamente bicoloras cuando secas, la haz conspicuamente más obscura (hasta casi negra) que el envés; frutos 0.6–1 cm de largo y 0.4–0.7 cm de ancho
   2. Hojas elípticas a elíptico-obovadas; flores blancas; estilo glabro; frutos glabros .... **S. bicolor**
   2. Hojas elípticas a elíptico-ovadas; flores rosadas o moradas; estilo piloso basalmente; frutos persistentemente pubescentes .... **S. vernicosa**
1. Hojas maduras concoloras cuando secas o si algo bicoloras entonces las ramitas jóvenes y el envés de la hoja cubiertos con tricomas ferrugíneos patentes; frutos (1.2–) 1.5–2.3 cm de largo y 0.8–1.2 cm de ancho
   3. Nervio principal del envés de la hoja cubierto con tricomas ferrugíneos patentes; lobos del cáliz densamente pubescentes abaxialmente; ápice del ovario en los frutos maduros mayormente cubierto por los lobos inflexos del cáliz que se encuentran dentro de una cavidad crateriforme creada por los lobos irregularmente distendidos del mesocarpo carnoso .... **S. austin-smithii**
   3. Nervio principal del envés de la hoja glabro o escasamente cubierto con tricomas blancos aplicados; lobos del cáliz glabros abaxialmente; ápice del ovario en los frutos maduros algo elevado y claramente visible entre los lobos del cáliz patentes a aplicados .... **S. limoncillo**

Symplocos austin-smithii Standl., Publ. Field Mus. Nat. Hist., Bot. Ser. 18: 915. 1938.

Arboles 5–20 (–30) m de alto; las ramitas jóvenes, yemas vegetativas e inflorescencias hírtulas, los tricomas ferrugíneos, simples, antrorsa a ampliamente patentes y mayormente 0.5–1.5 mm de largo. Hojas elípticas a elíptico-obovadas, 7.2–15 cm de largo y 2.4–4.7 cm de ancho, ápice acuminado, base obtusa, márgenes enteros a serrulados, envés moderada a escasamente hírtulo sobre y entre los nervios principal y secundarios elevados; pecíolos 0.5–1.2 cm de largo. Inflorescencias racimos cortos, 0.5–0.8 cm de largo, o fascículos amontonados, con 3–9 flores sésiles, brácteas y bractéolas deciduas, oblongas a oblongo-elípticas, 3–4 mm de largo y 1.5–2.5 mm de ancho, abaxialmente seríceas; lobos del cáliz triangular-ovados, 2–2.5 mm de largo y 2 mm de ancho en la base, glabros adaxialmente y densamente seríceos abaxialmente; corola 5-lobada, 9–14 mm de largo, roja o rosada, tubo 5–6 mm de largo, los lobos oblongos a obovados, glabros a escasamente seríceos abaxialmente; estambres 3–4-seriados, filamentos connados basalmente por 6–9 mm, adnados a la corola por 6–7 mm en la base, la parte libre 2–4 mm de largo y 0.25–0.5 mm de ancho; ovario densamente seríceo, estilo 10–11.5 mm de largo, piloso en la base, estigma profundamente 5-lobado. Frutos elipsoides, 1.8–2.3 cm de largo y 0.9–1.1 cm de ancho, 5-loculares, endocarpo leñoso con perímetro irregularmente undulado a repando.

Común, en nebliselvas, zona norcentral; 1000–1500 m; fl ago–ene, fr ene–jun; *Sandino 4341, Stevens 21857*; Nicaragua hasta Panamá.

Symplocos bicolor L.O. Williams, Fieldiana, Bot. 31: 265. 1967.

Arboles 4–15 m de alto; ramas jóvenes, yemas vegetativas e inflorescencias moderadamente estrigoso-pubescentes, los tricomas lisos, adpresos a antrorsamente esparcidos y mayormente 0.5–1 mm de largo. Hojas elípticas a elíptico-obovadas, 5–13.5 cm de largo y 2–5 cm de ancho, ápice acuminado, base aguda, los márgenes crenulados, envés escasamente estriguloso a glabro; pecíolo 0.4–1 cm de largo. Inflorescencias cimas cortas o racimos, 0.5–2 cm de largo, con 3–6 flores subsésiles o cortamente pediceladas (hasta 1 mm de largo), brácteas y bractéolas persistentes, elípticas a elíptico-ovadas, raramente obovadas, 1–3 mm de largo y 0.5–2 mm de ancho, copiosamente estrigulosas abaxialmente; lobos del cáliz ampliamente ovados a suborbiculares, 0.5–1 mm de largo y 1 mm de ancho en la base, moderadamente seríceos y ciliados en la antesis y en fruto; corola 5-lobada, 5–7 mm de largo, blanca y aparentemente fragante, tubo 3 mm de largo, los lobos oblongo-obovados, glabros; estambres 3-seriados, filamentos connados basalmente por 3–4 mm y adnados a la corola por 3 mm en la base, la parte libre 1.5–3 mm de largo y 0.5–0.75 mm de ancho; ovario esencialmente glabro, la parte superior persistentemente serícea a estrigulosa como los lobos del cáliz, estilo 3–4 mm de largo, glabro, estigma irregularmente lobado. Frutos ovoides a elipsoides, 0.6–1 cm de largo y 0.4 0.7 cm de ancho, 3 5-loculares, endocarpo leñoso con perímetro redondeado.

Conocida en Nicaragua por una sola colección (*Moreno 24640*) de pluvioselvas, Zelaya; 80–100 m; fr sep; sur de México (Oaxaca) hasta Nicaragua. El ejemplar en fruto citado anteriormente es el único conocido de Nicaragua. Por esta razón la mayor parte de la descripción se basó en colecciones provenientes de Centroamérica. *S. bicolor* es similar a *S. martinicensis* Jacq. de las Antillas. Muchas de las colecciones centroamericanas anotadas por L.O. Williams como *S. bicolor* habían sido identificadas previamente como *S. martinicensis*. Esta última tiene pecíolos (0.7–1.5 cm de largo) y corolas (9–15 mm de largo) y frutos más grandes (1–2 cm de largo y 1 cm de ancho), oblongos a oblongo-obovoides. El significado de estas diferencias requerirá de evaluación como parte de la revisión taxonómica.

Symplocos limoncillo Bonpl. in Humb. & Bonpl., Pl. Aequinoct. 1: 196. 1808; *S. flavifolia* Lundell.

Arboles 7–20 m de alto; yemas vegetativas y raquis de la inflorescencia moderada a escasamente seríceos, los tricomas café-amarillentos y mayormente 0.5–1 mm de largo. Hojas elípticas a oblanceoladas, 6.6–13.5 cm de largo y 2–7 cm de ancho, ápice agudo a acuminado, base aguda, márgenes crenulados a serrulados, envés glabro o muy escasamente cubierto con tricomas blancos aplicados sobre el nervio principal elevado, típicamente amarillo-verdes y nítidas cuando secas; pecíolos 0.7–2 cm de largo. Inflorescencias racimos cortos, 1.5–4 cm de largo, con 2–6 flores sésiles o subsésiles, brácteas y bractéolas caducas, elípticas a elíptico-ovadas, 1.5–2 mm de largo y 0.5–1.5 mm de ancho, moderada a escasamente seríceas abaxialmente; lobos del cáliz ovados, 1–2 mm de largo y 1.5–2 mm de ancho en la base, glabros, márgenes ciliados; corola 5-lobada, 8–11 mm de largo, blanca o rosada, tubo 3–4 mm de largo, los lobos obovados, glabros; estambres 3-seriados, filamentos connados basalmente por 5–6 mm, adnados a la corola por 4–5 mm en la base, la parte libre 0.5–2.5 mm de largo y 0.25–0.5 mm de ancho; ovario glabro excepto la parte superior moderada a densamente serícea, estilo 7–9 mm de largo, glabro, estigma conspicuo pero irregularmente lobado. Frutos elipsoides a oblongos, (1.2–) 1.5–1.8 cm de largo y (0.8–) 1–1.2 cm de ancho, 3–5-loculares, endocarpo leñoso con perímetro redondeado.

Localmente común en neblíselvas, Matagalpa; 900–1500 m; fl ene–abr, fr jun–sep; *Grijalva 3712, Moreno 17066*; sur de México (Chiapas y Veracruz), Guatemala, Nicaragua y Costa Rica. Las flores de esta especie son fragantes y se dice que el follaje estrujado tiene un olor a limón lo cual podría explicar el origen del epíteto específico.

Symplocos vernicosa L.O. Williams, Fieldiana, Bot. 31: 267. 1967.

Arboles 4–8 m de alto; las ramitas jóvenes y yemas vegetativas e inflorescencias seríceas, los tricomas blancos, aplicados y mayormente menos de 0.5 mm de largo. Hojas elípticas a elíptico-ovadas, 4.1–7.5 cm de largo y 2–3.5 cm de ancho, ápice abruptamente cortamente acuminado, base aguda, márgenes serrulados a crenulados, envés escasa e inconspicuamente seríceo a glabro; pecíolos 0.5–1 cm de largo. Inflorescencias racimos cortos o espigas, 0.5–1 cm de largo, con 2–7 flores sésiles o subsésiles, brácteas y bractéolas persistentes, ovadas a redondeadas, 0.5–2 mm de largo y 1–1.5 mm de ancho, moderadamente seríceas abaxialmente; lobos del cáliz ampliamente ovados, 0.5–1 mm de largo y 1–2 mm de ancho en la base, seríceos y ciliados en la antesis, tornándose glabros en fruto; corola 5-lobada, 6–7 mm de largo, rosada, tubo ca 3 mm de largo, los lobos oblongo-obovados, glabros (en Nicaragua); estambres 3-seriados, filamentos connados basalmente por 3.5–6 mm, adnados a la corola por 2–5 mm en la base, la parte libre 0.5–2.5 mm de largo y 0.25–0.5 mm de ancho; ovario seríceo, tricomas inconspicuos pero persistentes en los frutos maduros, estilo 5–7 mm de largo, piloso en la base, estigma 5-lobado. Frutos elipsoides a oblongos, 0.6–0.9 cm de largo y 0.4–0.6 cm de ancho, 3-loculares, endocarpo leñoso con perímetro redondeado.

Localmente común en bosques enanos, Matagalpa y Zelaya (Cerros La Pimienta y El Hormiguero); 900–1600 m; fl dic–sep, fr ene–nov; *Pipoly 5170, 5237*; sur de México (Chiapas) a Nicaragua. Esta especie forma parte del complejo que incluye a *S. chiapensis* Lundell, *S. matudae* Lundell y posiblemente *S. pycnantha* Hemsl. Cuando se comprenda mejor a cada uno de estos taxones es probable que *S. vernicosa* se relegue a la sinonimia de uno de ellos.

THEACEAE D. Don

Amy Pool

Arbustos o árboles, generalmente siempreverdes; plantas hermafroditas, dioicas o ginodioicas. Hojas alternas, simples, enteras o dentadas, nervadura pinnada; sin estípulas. Flores actinomorfas, principalmente axilares, solitarias o en racimos; sépalos 5 (–10), libres o connados en la base, imbricados, generalmente persistentes, a menudo abrazados por 2–varias bractéolas, a menudo poco diferenciadas de los sépalos; pétalos (4) 5 (–numerosos), libres o connados en la base, generalmente alternando con los sépalos, opuestos a los sépalos en *Ternstroemia*, generalmente imbricados, a veces poco diferenciados de los sépalos; estambres (5, 10) numerosos, libres, connados basalmente formando un anillo o adnados a la corola basalmente, dehiscencia longitudinal; ovario generalmente súpero (semiínfero o ínfero), 2–5 (–15) carpelos unidos, lóculos en igual número que carpelos, óvulos (1) 2–numerosos por lóculo, estilos ausentes, libres o variablemente unidos, estigmas libres. Frutos de varios tipos, frecuentemente cápsulas con una columna central persistente y un pericarpio leñoso o coriáceo, loculicida o a veces septicida, indehiscente, o irregularmente dehiscente y entonces una baya seca o carnosa o el fruto abayado e indehiscente o parecido a un pomo; semillas 1–numerosas por lóculo, algunas veces aladas o ariladas.

Familia con 15–20 géneros y ca 500 especies, principalmente tropicales y subtropicales y algunas especies en las zonas templadas; 4 géneros y 7 especies nativos se conocen en Nicaragua y 1 género con 2 especies adicionales se esperan encontrar. *Camellia sinensis* (L.) Kuntze ("Té"), cultivada en la Estación Experimental El Recreo, se parece mucho a *Gordonia fruticosa* entre las especies centroamericanas, pero es un árbol más pequeño o arbusto con hojas elípticas y simétricas, flores con sépalos de apariencia diferente a la de los pétalos, pétalos con ápice entero, un estilo 3-fido en el ápice, frutos con una semilla suborbicular o hemisférica, 10–14 mm de largo, no alada.

Fl. Guat. 24(7): 24–36. 1961; Fl. Pan. 54: 41–56. 1967; H. Keng. Comparative morphological studies in Theaceae. Univ. Calif. Publ. Bot. 33: 269–384. 1962.

1. Fruto una cápsula loculicida, semillas con un ala apical membranácea; flores grandes, pétalos desiguales, el más largo 1.3–2.5 cm de largo, anteras versátiles .... **Gordonia**
1. Fruto indehiscente (o irregularmente dehiscente o circuncísil), semillas sin ala; flores de tamaño mediano a pequeño, pétalos hasta 1 cm de largo, anteras basifijas
   2. Ovario ínfero (parte apical ligeramente exerta de los lobos del cáliz); estilos 2 ó 3, libres hasta la base; fruto oblongo (las agallas de *Cleyera* se pueden parecer) .... **Symplococarpon**
   2. Ovario súpero; estilo 1 (estigmas 1–5); fruto cónico o globoso
      3. Hojas arregladas en espiral; fruto cónico, semillas grandes (8 mm de largo o más), con arilo; estilo no dividido con un estigma puntiforme; estambres biseriados .... **Ternstroemia**
      3. Hojas dísticas; frutos globosos, semillas pequeñas (hasta 3 mm de largo), sin arilo; estigma 2–5-dividido o lobado (ovario sin estigma en las flores estaminadas de *Freziera*); estambres uniseriados
         4. Flores rotáceas, perfectas, anteras setosas; semillas ca 3 mm de largo .... **Cleyera**
         4. Flores urceoladas, unisexuales (flores estaminadas perdiendo el pistilodio en la antesis, flores pistiladas con estaminodios sin anteras), anteras glabras; semillas hasta 1 mm de largo .... **Freziera**

CLEYERA Thunb.

Cleyera theaeoides (Sw.) Choisy, Mém. Soc. Phys. Genève 14(1): 110. 1855; *Eroteum theaeoides* Sw.; *C. costaricensis* Kobuski; *C. panamensis* (Standl.) Kobuski.

Arboles, 3–15 m de alto; plantas hermafroditas. Hojas dísticas, oblanceoladas o elípticas, 4.5–9 cm de largo y 2–4 cm de ancho, margen subentero a serrado, firmemente cartáceas, nervios secundarios visibles en la haz pero no en el envés; pecíolo 2–4 mm de largo. Flores axilares, generalmente en racimos de pocas flores con pedúnculo y raquis muy reducidos, de apariencia fasciculada o flores solitarias, bractéolas 2, pronto caducas; sépalos 5, persistentes, ovados, los exteriores 3–3.5 mm de largo y 2.5–3.5 mm de ancho, los internos más grandes; pétalos 5, ampliamente espatulados, 6–9.5 mm de largo y 7–8 mm de ancho en el ápice, ápice ligeramente retuso o bilobado, ligeramente connados en la base, verde-amarillos, amarillos o blancos; estambres ca 25, uniseriados, filamentos adnados a la base de los pétalos, anteras más cortas que los filamentos, basifijas, setosas; ovario súpero, estilo 1, estigmas 2 ó 3. Fruto indehiscente, abayado, globoso, 0.6–1 cm de largo y de ancho, apiculado por el estilo persistente, morado obscuro a negro brillante; semillas 3–14, 3 mm de largo y 2.5 mm de ancho, sin arilo y ala.

Rara, en nebliselvas, zona norcentral; 1200–1400 m; fr ene; *Standley 10452, Stevens 11500*; México a Panamá y en las Antillas. Las yemas vegetativas a menudo forman agallas que tienen la apariencia de frutos oblongo-apiculados, 1–1.5 cm de largo y 0.5–0.8 cm de ancho. Existe mucha variación en la presencia o ausencia de tricomas en los sépalos, pétalos, ovarios y envés de las hojas. Género con ca 10 especies distribuidas en México, Centroamérica y en las Antillas, una especie en Asia.

C. Kobuski. Studies in the Theaceae, VII–The American species of the genus *Cleyera*. J. Arnold Arbor. 22: 395–416. 1941.

FREZIERA Willd.; *Eroteum* Sw.; *Lettsomia* Ruiz & Pav.

Arbustos o árboles; plantas morfológicamente ginodioicas, pero funcionalmente dioicas. Hojas dísticas, generalmente serruladas, a veces subenteras, frecuentemente coriáceas, en Nicaragua con nervadura secundaria paralela visible en ambas superficies. Inflorescencia axilar, fascículos racemosos con pocas flores (hasta 15) o flores solitarias, bractéolas 2; sépalos 5, persistentes; pétalos 5, a menudo connados en la base o libres; flores estaminadas de apariencia hermafrodita, estambres (8–) 15–35 (–48), uniseriados, libres o adnados en la base al perianto, anteras generalmente más cortas que los filamentos, basifijas, glabras, gineceo aparentemente funcional pero caduco luego de la antesis; flores pistiladas con (6–) 15–35 (–38) estaminodios, ovario súpero, estilo 1, estigma 3–5-lobado. Fruto indehiscente, generalmente una baya jugosa, coronada por el estilo persistente; semillas (1–) 25–60 (–128), sin arilo y ala.

Género con 57 especies distribuidas desde el sur de México hasta el sur de Bolivia y también en las Antillas; 3 especies se encuentran en Nicaragua.

C. Kobuski. Studies in the Theaceae, VIII. A synopsis of the genus *Freziera*. J. Arnold Arbor. 22: 457–496. 1941; A. Weitzman. Systematics of *Freziera* Willd. (Theaceae). Ph.D. Thesis, Harvard University, Cambridge. 1987; A. Weitzman. Taxonomic studies in *Freziera* (Theaceae), with notes on reproductive biology. J. Arnold Arbor. 68: 323–334. 1987.

1. Hojas con envés glabro o glabrescente, margen serrado; sépalos glabros .... **F. friedrichsthaliana**
1. Hojas con envés densa y persistentemente pubescente, margen entero a serrulado; sépalos seríceos en el centro
    2. Tricomas de la yema terminal, las ramas jóvenes y el envés de la hoja seríceos, rectos, café-cremas a dorados .... **F. candicans**
    2. Tricomas de la yema terminal, las ramas jóvenes y el envés de la hoja vellosos, rizados, ferrugíneos .... **F. guatemalensis**

Freziera candicans Tul., Ann. Sci. Nat. Bot., sér. 3, 8: 328. 1847; *F. macrophylla* Tul.

Arboles, 7–15 m de alto, ramitas seríceas, yema terminal 2–6.5 cm de largo y 2–5 mm de ancho, café-crema a dorado-serícea. Hojas elípticas, 8–17 cm de largo y 3–6 cm de ancho, ápice agudo (acuminado), base inequilátera, margen entero a serrulado, haz completamente serícea o sólo en el nervio principal, densamente seríceas en el envés; pecíolo 1–2 cm de largo. Inflorescencia con pedúnculo hasta 2 mm de largo, pedicelo 2–5 mm de largo; sépalos suborbiculares a ovados, redondeados en el ápice, los exteriores 3–4 mm de largo, seríceos en el centro (hasta el margen) y ciliolados, los internos iguales o ligeramente más largos; pétalos 5.5–6.5 mm de largo, blancos o rosados; estambres 2–2.7 mm de largo, desiguales, anteras iguales o ligeramente más largas que los filamentos. Fruto inmaduro globoso, 6–8 mm de largo y de ancho, cortamente apiculado, verde; semillas numerosas, ca 1 mm de largo.

Rara, nebliselvas, Cerro Saslaya (Zelaya); 1100–1600 m; fl may; *Neill 1857, 3856*; México, Guatemala, Nicaragua a Panamá, Venezuela y Colombia.

Freziera friedrichsthaliana (Szyszyl.) Kobuski, Ann. Missouri Bot. Gard. 25: 354. 1938; *Eurya friedrichsthaliana* Szyszyl.

Arboles, (1–) 3–10 (–20) m de alto, ramitas gla-

bras o finamente seríceas y pronto glabrescentes, yema terminal, 3–9 cm de largo y 1–3 (4) mm de ancho, amarillo-serícea, superficie externa pronto glabrescente. Hojas elípticas o lanceoladas, 10–16 cm de largo y 3.5–7 cm de ancho, ápice acuminado (frecuentemente falcado), base cuneada a inequilátera, margen serrado, glabras o el envés con una pequeña banda de tricomas seríceos a ambos lados del nervio principal, pronto glabrescente; pecíolo 1.5–4 cm de largo. Inflorescencia con pedúnculo hasta 2 mm de largo, pedicelo 3–6 mm de largo; sépalos suborbiculares a ovados, redondeados en el ápice, los exteriores 3–4 mm de largo, ciliolados, los internos iguales o ligeramente más largos; pétalos 5–6.5 mm de largo, blancos o blancos con amarillo; estambres 1.5–3 mm de largo, desiguales, anteras iguales o ligeramente más cortas que los filamentos. Fruto globoso, 5–7 mm de largo y de ancho, cortamente apiculado, verde tornándose morado obscuro; semillas numerosas, ca 0.5 mm de largo.

Rara pero localmente abundante, nebliselvas, zona pacífica; 700–1600 m; fl y fr probablemente durante todo el año; *Moreno 16542, Nee 27674*; Nicaragua y Costa Rica.

Freziera guatemalensis (Donn. Sm.) Kobuski, Ann. Missouri Bot. Gard. 25: 354. 1938; *Eurya guatemalensis* Donn. Sm.

Arboles, 2–20 m de alto, ramitas vellosas, yema terminal (3–) 4.5–7.5 cm de largo y 4–5 mm de ancho, ferrugíneo-vellosa. Hojas elípticas a lanceoladas, 10–22 cm de largo y 3–7.5 cm de ancho, ápice agudo (acuminado), base inequilátera, margen entero a serrulado, haz glabra o con el nervio principal velloso, envés densamente velloso; pecíolo 1–1.5 cm de largo. Inflorescencia con pedúnculo hasta 1 mm de largo, pedicelo 2.5–5 mm de largo; sépalos suborbiculares a ovados, redondeados en el ápice, los exteriores 3.5–4 mm de largo, seríceos en el centro (hasta el margen) y ciliolados, los internos iguales o ligeramente más cortos; pétalos 5–6 (–7) mm de largo, blancos; estambres 2–3 mm de largo, desiguales, anteras la 1/2 a casi tan largas como los filamentos. Fruto globoso, 7–9 mm de largo y de ancho, cortamente apiculado, verde; semillas 2 a numerosas, ca 1 mm de largo.

Rara, nebliselvas, Cerro Kilambé (Jinotega); 1400–1800 m; fl abr, ago; *Rueda 8083, 8505*; México a Nicaragua.

GORDONIA J. Ellis; *Laplacea* Kunth

Arbustos o árboles; plantas hermafroditas o dioicas. Hojas espiraladas, a menudo amontonadas en los extremos de las ramas, margen dentado a entero, membranáceas a coriáceas, nervadura secundaria visible o inconspicua. Flores axilares, generalmente restringidas a los nudos apicales, generalmente solitarias, bractéolas 2 (o más), a menudo sepaloides; sépalos generalmente 5, persistentes o deciduos; pétalos generalmente 5 (hasta 10), libres o ligeramente connados basalmente; estambres numerosos, en numerosas series, filamentos generalmente adnados a la base de los pétalos, a veces connados en la base o por toda su longitud formado un tubo estaminal libre de los pétalos, anteras versátiles, glabras; ovario súpero, estilos (1–) 5 (–8) o ausentes, estigmas en igual número que estilos, excepto cuando el estilo es 1 o ausente entonces los estigmas son 5. Fruto una cápsula más o menos leñosa, loculicida, con columela persistente; semillas numerosas, sin arilo, con un ala apical membranácea oblicuamente unida.

Género con ca 15 especies en los trópicos y subtrópicos de América y en el sureste de Asia; 2 especies se esperan encontrar en Nicaragua.

C. Kobuski. Studies in the Theaceae, XX. Notes on the South and Central American species of *Laplacea*. J. Arnold Arbor. 31: 405–429. 1950; H. Keng. On the unification of *Laplacea* and *Gordonia* (Theaceae). Gard. Bull. Singapore 33: 303–311. 1980.

1. Hojas simétricas; sépalos de apariencia muy diferente a la de los pétalos y las bractéolas, persistentes en el fruto .... **G. brandegeei**
1. Hojas generalmente asimétricas; sépalos gradualmente transformándose en tamaño, forma y textura desde bractéolas a pétalos, no persistentes en el fruto .... **G. fruticosa**

Gordonia brandegeei H. Keng, Gard. Bull. Singapore 33: 310. 1980; *Laplacea grandis* Brandegee.

Arboles, 10–48 m de alto. Hojas elípticas a obovadas, simétricas, 6–16 cm de largo y 2.5–6 cm de ancho, ápice acuminado (agudo), menudamente estrellado-puberulentas en el envés y pronto glabrescentes; pecíolo 7–20 mm de largo. Pedicelo floral 2–5.5 cm de largo, bractéolas no sepaloides, lanceoladas, ca 6 mm de largo y 2 mm de ancho, acuminadas, cartáceas, caducas antes de la antesis; sépalos de apariencia diferente a la de los pétalos y bractéolas, casi iguales, subreniformes, 2–3 mm de largo; corola fusionada en la base por 2–4 mm, lobos 4 ó 5, desiguales, el más largo oblongo, 13–15 mm de largo, ápice obtuso, coriáceos, blancos; estambres fusionados al ápice del tubo, filamentos fusionados parcial o totalmente, parte libre del filamento hasta 1.5 mm de largo, anteras 1.2–1.5 mm de largo; estilo ausente, áreas estigmáticas 5. Fruto oblongo, 1.5–2.5 cm de largo, partiéndose desde el ápice hasta la base en 5 segmentos, café, cáliz persistente; semillas 14–15 mm de largo, ala 9–10 mm de largo.

No ha sido aún colectada en Nicaragua, pero se espera encontrar en la frontera con Costa Rica; México a Honduras, Costa Rica y Panamá.

Gordonia fruticosa (Schrad.) H. Keng, Gard. Bull. Singapore 33: 310. 1980; *Wikstroemia fruticosa* Schrad.; *Laplacea fruticosa* (Schrad.) Kobuski.

Arboles, 10–40 m de alto. Hojas angostamente oblanceoladas (elípticas a obovadas), en general marcadamente asimétricas arriba de la mitad (menos frecuentemente simétricas), (4–) 7–11 cm de largo y 1.5–3.5 cm de ancho, ápice agudo, glabras, a menudo seríceas en el margen y en el nervio principal del envés, setosas en los dientes; pecíolo menos de 1 mm de largo. Pedicelo floral ca 1 cm de largo, bractéolas sepaloides, ampliamente ovadas, 5–7 mm de largo y 6–8.5 mm de ancho, apiculadas o retusas, coriáceas, generalmente caducas antes de la antesis; sépalos gradualmente transformándose en tamaño, forma y textura desde bractéolas hasta pétalos, los exteriores subreniformes o suborbiculares, 8–10 mm de largo; pétalos libres (se dice que a veces están fusionados en la base) 8–10, desiguales, el más largo espatulado, 20–25 mm de largo, ápice bilobado, membranáceos,

blancos; estambres libres encima de la base (se dice que a veces están fusionados en un tubo), 5–8 mm de largo, anteras más cortas que los filamentos; estilos 6–8, 1.5–2.5 mm de largo. Fruto obovado, 3 cm de largo, partiéndose en 5–7 segmentos en los 2/3 apicales, café, cáliz caduco; semillas 14–20 mm de largo, ala 9–15 mm de largo.

No ha sido aún colectada en Nicaragua, pero se espera encontrar; Honduras y Costa Rica hasta Perú y Brasil.

SYMPLOCOCARPON Airy Shaw

Symplococarpon purpusii (Brandegee) Kobuski, J. Arnold Arbor. 22: 191. 1941; *Ternstroemia purpusii* Brandegee; *S. chiriquiense* Kobuski; *S. multiflorum* Kobuski; *S. brenesii* Kobuski; *S. lucidum* Lundell.

Arboles, 3–20 m de alto; plantas hermafroditas. Hojas débilmente espiraladas (dísticas), oblanceoladas o elípticas, 3.5–7 cm de largo y 1.5–2.5 cm de ancho, margen subentero a serrado, firmemente cartáceas, nervios secundarios visibles; pecíolo 0.2–0.7 cm de largo. Flores axilares, generalmente en fascículos de pocas flores o solitarias, bractéolas 2; sépalos 5, persistentes, ovados, los exteriores 1–1.5 mm de largo, los internos ligeramente más largos; pétalos 5, ligeramente connados en la base, ampliamente espatulados, ca 5 mm de largo y 4.5–5 mm de ancho en el ápice, ápice truncado o ligeramente

retuso, blancos o cremosos; estambres 20–30, uniseriados, filamentos adnados a la base de los pétalos, anteras más cortas que los filamentos, basifijas, glabras; ovario ínfero, porción apical ligeramente exerta de los lobos del cáliz, estilos 2 ó 3, libres hasta la base, estigma puntiforme y entero. Fruto indehiscente, casi seco, oblongo, 1.2–1.7 cm de largo y 1 cm de ancho, verde; semillas 1 ó 2, ca 7 mm de largo y 5 mm de ancho, sin arilo y ala.

Rara, nebliselvas, zona norcentral; 800–1800 m; fl abr, fr mar; *Pipoly 6047, 6158*; México a Venezuela y Colombia. Género monotípico.

C. Kobuski. Studies in the Theaceae, VI. The genus *Symplococarpon* Airy-Shaw. J. Arnold Arbor. 22: 188–196. 1941.

TERNSTROEMIA Mutis ex L. f.; *Mokof* Adans.; *Taonabo* Aubl.

Arbustos o árboles, ramas a menudo subopuestas o verticiladas; plantas hermafroditas (dioicas?). Hojas arregladas en espiral, generalmente amontonadas en los extremos de las ramas, enteras o subenteras, frecuentemente coriáceas, nervios secundarios inconspicuos (en Nicaragua). Flores axilares y generalmente solitarias, bractéolas 2; sépalos 5, persistentes; pétalos 5, libres o variadamente connados, opuestos a los sépalos; estambres numerosos, generalmente 2-seriados, filamentos generalmente connados la mayor parte de su longitud, los exteriores adnados a la base de los pétalos, anteras generalmente más largas que los filamentos, basifijas, glabras; ovario súpero, estilo 1, estigma puntiforme y entero (en Nicaragua). Fruto indehiscente (irregularmente dehiscente o circuncísil), suavemente coriáceo, generalmente coronado por el estilo persistente; semillas pocas y ariladas, sin ala.

Género con ca 85 especies, principalmente de los trópicos de América, también en los trópicos y subtrópicos de Asia, Australia, Nueva Guinea y Africa. El concepto de las especies es tentativo y el género necesita revisión; 2 especies se encuentran en Nicaragua.

C. Kobuski. Studies in the Theaceae, XIII. Notes on the Mexican and Central American species of *Ternstroemia*. J. Arnold Arbor. 23: 464–478. 1942; B. Bartholomew. Identification and typification of *Ternstroemia lineata* de Candolle (Theaceae). Novon 7: 14–16. 1997.

1. Sépalos exteriores 9–10 mm de largo; fruto gradualmente atenuado a un estilo grueso, 2 mm de ancho en la base; creciendo sobre 1000 m .... **T. landae**
1. Sépalos exteriores 4–7 mm de largo; fruto abruptamente contraído a un estilo delgado, menos de 1 mm de ancho en la base; en Nicaragua bajo 550 m .... **T. tepezapote**

Ternstroemia landae Standl. & L.O. Williams, Ceiba 1: 86. 1950.

Arboles, 3–10 m de alto. Hojas oblanceoladas, 3.5–6.5 (–9) cm de largo y 1.5–3 cm de ancho, ápice obtuso y luego cortamente acuminado, base atenuado-decurrente; pecíolo 0.5–0.7 cm de largo. Flores en los nudos apicales, pedicelo 1.5–2.5 cm de largo, bractéolas 3–5 mm de largo; sépalos oblongos a suborbiculares, los exteriores 9–10 mm de largo y 7–8 mm de ancho, dentado-glandulares en la base, los internos 9–10 mm de largo y 5–6 mm de ancho; pétalos 7–9 mm de largo y 4 mm de ancho, connados 4 mm, blancos con puntas amarillas; filamentos 1.5–2 mm de largo, connados la mayor parte de su longitud, anteras 2 mm de largo, conectivos proyectados 1 mm de largo. Fruto oblongo-cónico, 1.5–2 cm de largo y 1–1.5 cm de ancho, verde, estilo 2 mm de ancho en la base, cáliz fructífero café a rojizo; semillas 1–3, oblongas, 9–14 mm de largo y 6–9 mm de ancho, arilo de tricomas largos y entrelazados.

Rara, nebliselvas, zona norcentral; 1000–1500 m; fl ago, fr ene, abr; *Nee 27629, Pipoly 5235*; Honduras y Nicaragua. Esta especie tal vez resulte ser un sinónimo de *T. megaloptycha* Kobuski la cual tiene flores muy grandes, pétalos 11–12 mm de largo y anteras 4.5–5 mm de largo que son casi el doble de largo de los filamentos. B. Bartholomew sugiere que *T. landae* podría ser sinónima con *T. lineata* ssp. *chalicophylla* (Loes.) B.M. Barthol. En este tratamiento las mantengo separadas debido a que la última tiene típicamente los pedicelos más largos (2–4 cm), bractéolas más pequeñas, rápidamente caducas, ca 2 mm de largo, que surgen a mayor distancia de los sépalos, sépalos más pequeños (6–8 mm de largo) y hojas con el ápice retuso y nervios laterales notablemente impresos (inconspicuos en *T. landae*).

Ternstroemia tepezapote Schltdl. & Cham., Linnaea 6: 420. 1831; *T. seemannii* Triana & Planch.

Arboles o arbustos, 1.5–20 m de alto. Hojas elípticas a oblanceoladas, 5.5–12 cm de largo y 2.5–4.5 cm de ancho, ápice agudo u obtuso a redondeado (obtusamente acuminadas), base atenuado-decurrente; pecíolo 0.3–1.5 cm de largo. Flores no restringidas a los nudos apicales, pedicelo 1–3 cm de largo, bractéolas 2–3 mm de largo; sépalos suborbiculares, los externos 4–7 mm de largo y de ancho, dentado-glandulares al menos en la base (enteros), los internos 7–8 mm de largo y 5.5–6.5 mm de ancho; pétalos 6–8.5 mm de largo y 2–3.5 mm de ancho, connados 2–4 mm, blancos o blancos con tintes rosados; filamentos 1–1.4 mm de largo, connados desde la base hasta la mitad de su longitud, anteras 2–3 mm de largo, conectivos proyectados 1–2 mm de largo. Fruto ovoide-cónico, 1–2 cm de largo y de ancho, blanco opaco o verde, estilo 0.5–0.75 mm de ancho en la base, cáliz fructífero verde-blanquecino (rojo?); semillas 1 ó 2, oblonga, 8 mm de largo y 5 mm de ancho, arilo rojo-papiloso hasta con tricomas largos.

Común en bosques semicaducifolios alterados y sabanas de pinos, zona atlántica; 10–530 m; fl mar–may, fr may–ago; *Stevens 8575, 22437*; México a Panamá.

THEOPHRASTACEAE Link

Bertil Ståhl

Arbustos o árboles pequeños, generalmente siempreverdes, indumento variable pero tricomas glandulares hundidos siempre presentes en las hojas y en las partes florales; plantas hermafroditas o dioicas. Hojas alternas, a menudo arregladas en agregados terminales, simples, la mayoría con esclerénquima subepidérmico; pecioladas, sin estípulas. Inflorescencia terminal o lateral, racemosa, cada flor con una bráctea subyacente más o menos lanceolada; flores regulares o ligeramente zigomorfas, 4- ó 5-meras, protandras, estivación imbricada; cáliz persistente, lobos libres hasta la base, los márgenes membranáceos, erosos o ciliados; corola simpétala, generalmente firme y más o menos cerácea en textura; estambres homómeros, epipétalos, filamentos fusionados a la parte inferior de la corola, aplanados, connados sólo en la base o unidos en un tubo, anteras extrorsas, parte superior (principalmente) o inferior de las tecas con un polvo blanco de cristales de oxalato de calcio, polen amarillento; estaminodios presentes, fusionados al tubo de la corola, alternando con los lobos; pistilo 1, súpero, entero, 1-locular, ovario ovoide, estilo muy corto o apenas más largo que el ovario, estigma capitado o truncado, óvulos pocos a numerosos, insertos en espiral en una columna basal. Fruto una baya con un pericarpo seco, subglobosa, oblonga y ovoide, amarilla o anaranjada, indehiscente; semillas café claras a obscuras, embebidas en una pulpa jugosa y dulce (cuando madura), endosperma abundante.

Familia neotropical con 6 géneros y ca 100 especies, 4 géneros en Mesoamérica; 2 géneros y 5 especies se encuentran en Nicaragua.

Fl. Guat. 24(8): 127–133. 1966; Fl. Pan. 67: 1047–1055. 1980; B. Ståhl. A synopsis of Central American Theophrastaceae. Nordic J. Bot. 9: 15–30. 1989.

1. Arbustos o arbolitos no ramificados o escasamente ramificados; hojas grandes o muy grandes (hasta 120 cm de largo); flores crateriformes; estaminodios gibosos .... **Clavija**
1. Arbustos o arbolitos muy ramificados; hojas pequeñas (menos de 15 cm de largo); flores campanuladas; estaminodios aplanados .... **Jacquinia**

CLAVIJA Ruiz & Pav.

Clavija costaricana Pittier, Contr. U.S. Natl. Herb. 20: 131. 1918.

Arbustos o árboles pequeños hasta 4 m de alto, a veces más altos, no ramificados o escasamente ramificados, brotes jóvenes glabros; plantas funcionalmente dioicas, pero a menudo con flores morfológicamente perfectas. Lámina de las hojas oblanceolada o angostamente lanceolada, 26–120 cm de largo y 8–23 cm de ancho, ápice agudo, obtuso o a veces cortamente acuminado, base atenuada, márgenes enteros o apenas serrulados, nervios laterales conspicuos, con apariencia glabra, subcoriáceas; pecíolo 1–4 (–7) cm de largo y 1.7–5 (–7) cm de grosor. Racimos laterales o a veces subterminales, en las plantas masculinas y funcionalmente unisexuales hasta 27 cm de largo con 20–75 flores, en las plantas femeninas más cortos, hasta 3 cm de largo con 5–15 flores; flores 4-meras; lobos del cáliz 3–3.5 mm de largo y 2.5–3 mm de ancho; corola crateriforme, anaranjada, tubo de la corola 2–2.5 mm de largo, lobos suborbiculares con margen aplanado, 4–5 mm de largo y 4.5–7 mm de ancho; filamentos en las flores estaminadas y funcionalmente unisexuales (morfológicamente bisexuales) fusionados en un tubo, en las flores pistiladas connados en la base; estaminodios conspicuos, más o menos oblongos y gibosos; estilo más corto que el ovario, óvulos pocos hasta ca 25. Fruto 2–4.5 cm de diámetro, pericarpo delgado y quebradizo, por fuera más o menos liso; semillas (2–) 4–20, obtuso-anguladas, algo comprimidas, 6–11 mm de largo.

Poco común, en bosques húmedos siempreverdes, Río San Juan; 70–100 m; fl feb, fr ene–mar, jul; *Moreno 26784*, *Rueda 3578*; sur de Nicaragua al noroeste de Colombia. Género con ca 50 especies, distribuido desde el sur de Nicaragua hasta Paraguay y una especie en Haití.

JACQUINIA L.

Arbustos o árboles pequeños densamente ramificados, siempreverdes o a veces deciduos durante la época lluviosa; plantas hermafroditas. Hojas generalmente pequeñas (menos de 15 cm de largo), márgenes enteros, usualmente algo engrosados y deflexos, haz usualmente pubérula a lo largo del nervio principal, otras partes glabras, superficie lisa, estriada o ligeramente arrugada, envés estriado; pecíolo corto. Racimos terminales, con apariencia solitaria o a veces 2 ó 3 en conjunto, usualmente de pocas flores; flores 5-meras; corola campanulada, anaranjada, amarilla o blanca, lobos oblongos, a veces muy anchamente ovados, márgenes eventualmente deflexos; estambres al inicio de la antesis coherentes, eventualmente patentes, filamentos connados en la base; estaminodios conspicuos, aplanados, anchamente oblongos, redondeados o cortamente apiculados en el ápice, subcordados en la base; estilo algo más largo o igual al ovario, óvulos 40–240. Fruto amarillo a anaranjado obscuro, subgloboso u oblongo, a menudo cortamente apiculado, pericarpo a menudo grueso y leñoso, a veces delgado y quebradizo; semillas oblongas o suborbiculares, aplanadas y a menudo curvadas, cafés.

Género con ca 35 especies, distribuido desde los Estados Unidos (sur de Florida) hasta el norte de Sudamérica, 2 especies en el noroeste de Sudamérica y 1 en el sureste de Brasil; 4 especies en Nicaragua.

1. Superficie del fruto opaca, a menudo con manchas pálidas
   2. Ramas jóvenes cafés, lenticelas esparcidas o ausentes .... **J. montana**
   2. Ramas jóvenes blanquecinas, a menudo densamente lenticeladas .... **J. nervosa**
1. Superficie del fruto nítida, manchas pálidas ausentes

3. Corola 4.5–6.5 mm de largo, blanco-amarillenta; superficie de la haz de las hojas generalmente estriada; fruto oblongo, 9–16 mm de largo .... **J. longifolia**

3. Corola 11.5–13 mm de largo, anaranjada; superficie de la haz de las hojas lisa o apenas arrugada; fruto subgloboso, 15–25 mm de diámetro .... **J. nitida**

Jacquinia longifolia Standl., J. Wash. Acad. Sci. 14: 241. 1924.

Hasta 8 m de alto, raramente más altos, ramitas pubérulas o glabras, cafés, lenticelas esparcidas o ausentes. Hojas oblanceoladas a angostamente obovadas, 3.2–9.5 cm de largo y 1–2 cm de ancho, ápice obtuso o agudo, a veces con una espina rígida de 1 mm de largo, base atenuada a angostamente atenuada, ambas superficies estriadas, pero a veces vagamente así en la haz, coriáceas a subcoriáceas, nervios laterales inconspicuos; pecíolo 4–7 mm de largo y 0.3–0.6 mm de grosor. Racimos hasta 0.5 cm de largo con 4–8 flores, pedicelos 4.5–10 mm de largo; lobos de cáliz 2–2.5 (–3) mm de largo y 2–2.7 (–3.5) mm de ancho; corola amarillo pálida o blanca, tubo 2.2–3 mm de largo, lobos 2.5–3.2 mm de largo y 2–2.8 mm de ancho; estambres 3–3.7 mm de largo; estaminodios 2 (–2.2) mm de largo y 1.5–2 mm de ancho. Fruto oblongo, 9–16 mm de largo y 8–13 mm de ancho, anaranjado, nítido, pericarpo 0.3–0.9 mm de grosor, liso por fuera; semillas 3–5, 6.5–7 mm de largo.

Poco común, en bosques caducifolios secos, zona pacífica; 100–600 m; fr jun, sep; *Moreno 2473, 11483*; México (Yucatán) a Nicaragua.

Jacquinia montana B. Ståhl, Nordic J. Bot. 9: 27. 1989.

Hasta 5 m de alto, ramitas glabras o escasamente pubérulas, cafés, lenticelas esparcidas o ausentes. Hojas elípticas o angostamente ovadas, a veces angostamente obovadas, 2–5.5 cm de largo y 1–2 cm de ancho, ápice agudo con una espina rígida 1–2.5 mm de largo, base atenuada, ambas superficies estriadas, pero vagamente así en la haz, coriáceas, nervios laterales inconspicuos; pecíolo 1–2 mm de largo y 0.5–0.8 mm de grosor. Inflorescencia no conocida. Fruto subgloboso, ca 30 mm de diámetro, café-rojizo con manchas pálidas, opaco, pericarpo bastante grueso, liso por fuera.

Especie muy poco conocida, rara en bosques montanos, Jinotega; 1000–1400 m; fr jul; *Standley 9648, 10968*; endémica.

Jacquinia nervosa C. Presl, Reliq. Haenk. 2: 67. 1835; *J. angustifolia* Oerst.; *J. submembranacea* Mez; *J. aurantiaca* var. *pseudopungens* Mez.

Hasta 5 m de alto, a veces más altos, ramitas glabras o esparcidamente pubérulas, blanquecinas, mayormente lenticeladas. Hojas oblanceoladas, a veces angostamente obovadas o -elípticas, 3–10 cm de largo y 0.7–2 cm de ancho, ápice agudo u obtuso con una espina rígida 1–5 mm de largo, base atenuada, haz lisa o apenas arrugada, envés estriado, coriáceas a subcoriáceas, nervios laterales conspicuos; pecíolo 1.5–4 (–5) mm de largo y 0.3–0.7 mm de grosor. Racimos 0.8–3.2 cm de largo con 4–8 flores, pedicelos 4–8 mm de largo; lobos del cáliz 2.2–3.2 mm de largo y 3–4 mm de ancho; corola anaranjada, tubo 3.5–5 mm de largo, lobos 3.5–5 mm de largo y 3–4 mm de ancho; estambres 4.2–5.5 mm de largo; estaminodios 2.5–3.2 mm de largo y 2 mm de ancho. Fruto subgloboso u oblongo, 13–26 mm de diámetro, anaranjado o café-anaranjado, generalmente con manchas café-rojizas, opaco, pericarpo (0.8–) 1.2–2.4 (–3) mm de grosor, más o menos liso por fuera; semillas 5–16 (–20), 6–9 mm de largo.

Muy común, bosques secos caducifolios y áreas abiertas, zona pacífica; 0–700 m; fl ene–may, fr may–mar; *Moreno 6604, Sandino 366*; oeste de México al noroeste de Costa Rica. Ha sido a menudo erróneamente identificada como *J. pungens* A. Gray (= *J. macrocarpa* ssp. *pungens* (A. Gray) B. Ståhl) y *J. aurantiaca* W.T. Aiton (= *J. macrocarpa* Cav. ssp. *macrocarpa*). "Conjiniquil".

Jacquinia nitida B. Ståhl, Nordic J. Bot. 9: 24. 1989.

Hasta 4 m de alto, a veces más altos, ramitas pubérulas, blanquecinas o cafés, densamente lenticeladas. Hojas oblanceoladas, 5–8.5 cm de largo y 1–1.8 cm de ancho, ápice agudo u obtuso con una espina rígida 1–2.2 mm de largo, base atenuada, haz lisa o apenas arrugada, envés estriado, coriáceas, nervios laterales inconspicuos; pecíolo 3–5 mm de largo y 0.5–0.8 mm de grosor. Racimos 1–1.5 cm de largo con 7–12 flores, pedicelos 7–12 mm de largo; lobos de cáliz 5–6.2 mm de largo y 5.5–6.5 mm de ancho; corola anaranjada, tubo 5.5–6 mm de largo, lobos 6–7 mm de largo y 4–5 mm de ancho; estambres 6–8.2 mm de largo; estaminodios 5 mm de largo y 2.5–3 mm de ancho. Fruto subgloboso a anchamente oblongo, 15–25 mm de diámetro, nítido, amarillo o anaranjado, pericarpo 1.6–2.1 mm de grosor, liso por fuera; semillas 3–8, 6.5–9 mm de largo.

Rara, en matorrales secos, Estelí, Matagalpa; 550–1100 m; fl feb, fr ene–jul; *Moreno 20005, 22923*; oeste de Guatemala al norte de Costa Rica.

THYMELAEACEAE Juss.

Kerry A. Barringer y Lorin I. Nevling

Arboles o arbustos venenosos, corteza con fibras fuertes y enredadas; plantas hermafroditas, dioicas o monoicas. Hojas alternas o irregularmente verticiladas, simples, enteras, pinnatinervias, pecioladas o sésiles; estípulas ausentes. Inflorescencias terminales o axilares, racemosas o umbeliformes, pedunculadas; flores regulares o ligeramente irregulares, 4-meras, períginas; hipanto tubular a campanulado, bien desarrollado, frecuentemente coloreado; sépalos imbricados o raramente valvados o libres, petaloides; pétalos pequeños, frecuentemente formando un anillo faucial; estambres usualmente diplostémonos, reducidos o ausentes en las flores pistiladas, los filamentos exertos, cortos o ausentes; disco usualmente presente, anular o cupuliforme, usualmente rodeando al gineceo; ovario 1-carpelar, 1-locular, reducido a un pistilodio en las flores estaminadas, estilo alargado, delgado, el estigma capitado, óvulo 1, péndulo, anátropo, bitégmico, placentación parietal. Fruto indehiscente, drupáceo; semillas a veces ariladas.

Familia con 55 géneros y ca 500 especies, ampliamente distribuidas en las regiones tropicales y templadas, pero individualmente nunca siendo parte conspicua de la vegetación; 1 género con 2 especies se encuentran en Nicaragua. Otro género, *Schoenobiblus*, se encuentra desde Costa Rica hacia el sur; se distingue fácilmente por tener 4 estambres largamente exertos y los lobos del cáliz libres.

Fl. Guat. 24(7): 234–239. 1962; Fl. Pan. 45: 93–97. 1958.

DAPHNOPSIS Mart.; *Nordmannia* Fisch. & C.A. Mey.; *Hargasseria* Schiede & Deppe ex C.A. Mey.; *Hyptiodaphne* Urb.

Arbustos o árboles con madera suave y ramas flexibles; tallos desigualmente dicótomos, la corteza más o menos longitudinalmente rugosa; plantas dioicas. Hojas alternas o irregularmente verticiladas, membranáceas a subcoriáceas. Inflorescencias axilares o terminales, umbeliformes, racemiformes o raramente de flores solitarias; hipanto obcónico a urceolado o campanulado, más o menos conspicuamente acostillado, amarillo-verdoso a blanco, a veces densamente pubescente por dentro; lobos del cáliz subiguales o desiguales, imbricados; pétalos diminutos, 8 ó 4, connados y formando un anillo faucial inconspicuo, o a veces ausentes, insertos en la boca del hipanto; disco lobado o anular a cupuliforme, libre o adnado al hipanto, a veces ausente; flores estaminadas con 8 estambres en 2 verticilos, las anteras sésiles, subsésiles o con filamentos, basifijas, dehiscencia longitudinal, pistilodio pequeño; flores pistiladas a veces con 4 u 8 estaminodios papiliformes, el pistilo súpero, dispuesto sobre un ginóforo corto o largo, estilo terminal o raramente subterminal, el estigma a veces ligeramente bilobado. Fruto una drupa pequeña; semilla solitaria, usualmente sin albúmina.

Género con ca 55 especies neotropicales desde México hasta Argentina; 2 especies en Nicaragua.

1. Flores verde-amarillas, sésiles; anteras dispuestas en los lobos del cáliz .... **D. americana** ssp. **caribaea**
1. Flores blancas, pediceladas; anteras dispuestas en o debajo de la boca del tubo del cáliz .... **D. ficina**

Daphnopsis americana ssp. **caribaea** (Griseb.) Nevling, Ann. Missouri Bot. Gard. 46: 315. 1959; *D. caribaea* Griseb.; *D. seibertii* Standl.

Arboles hasta 10 m de alto; ramas jóvenes glabras. Hojas lanceoladas, 10–25 cm de largo y 2 5 cm de ancho, subcoriáceas. Inflorescencia ramificada dicotómicamente, hasta 10 cm de largo; flores verde-amarillas, sésiles, los estambres del verticilo exterior dispuestos en los lobos del cáliz. Drupa 6–8 mm de largo.

Ampliamente distribuida en bosques siempreverdes, zona norcentral; 500–1100 m; fl y fr dic–sep; *Moreno 25122, Stevens 10084*; Nicaragua hasta Colombia, Venezuela y las Antillas Menores. La subespecie *D. americana* (Mill.) J.R. Johnst. ssp. *americana* se encuentra en el este de México. "Mancumé".

Daphnopsis ficina Standl. & Steyerm., Publ. Field Mus. Nat. Hist., Bot. Ser. 22: 254. 1940.

Arboles grandes; ramas jóvenes seríceas, glabrescentes. Hojas ovadas a ligeramente obovadas, 6–9 cm de largo y 2–3 cm de ancho, membranáceas. Inflorescencia umbelada, hasta 4 cm de largo; flores blancas, pediceladas, los estambres del verticilo exterior dispuestos en la boca del tubo del cáliz. Drupa hasta 5 mm de largo.

Rara en nebliselvas, zona norcentral; 1100–2000 m; fl ene; *Pipoly 5195, Stevens 11516*; México, Guatemala, Nicaragua.

TICODENDRACEAE Gómez-Laur. & L.D. Gómez

Carmen Ulloa Ulloa

Arboles dioicos o a veces poligamodioicos, ramas teretes con las cicatrices de las estípulas evidentes; estípulas subuladas, rodeando al tallo, caducas. Hojas alternas, elíptico-ovadas, márgenes serrados desde la mitad hacia el ápice o a veces desde abajo de la mitad, 7–13 nervios secundarios, a veces con domacios en las axilas, subcoriáceas. Inflorescencias masculinas simples o ramificadas, a veces coronadas por 1 flor femenina solitaria; estambres numerosos, dispuestos en 2–4 verticilos, rodeados por 3 brácteas deciduas, anteras geminadas unidas en la base, el conectivo prolongado en un apéndice apiculado, dehiscencia longitudinal; flores femeninas solitarias en los pedicelos, rodeadas por 3 brácteas tempranamente deciduas, ovario ínfero, 2-carpelar, 4-locular, cada lóculo con 1 óvulo apical péndulo de los cuales sólo uno se desarrolla, placentación axial. Fruto drupáceo con 1 semilla.

Familia monotípica distribuida desde el sur de México hasta el centro de Panamá.

J. Gómez-Laurito y L.D. Gómez P. *Ticodendron*: A new tree from Central America. Ann. Missouri Bot. Gard. 76: 1148–1151. 1989; B. Hammel y W.C. Burger. Neither oak nor alder, but nearly: The history of Ticodendraceae. Ann. Missouri Bot. Gard. 78: 89–95. 1991; J. Gómez-Laurito y L.D. Gómez P. Ticodendraceae: A new family of flowering plants. Ann. Missouri Bot. Gard. 78: 87–88. 1991.

TICODENDRON Gómez-Laur. & L.D. Gómez

Ticodendron incognitum Gómez-Laur. & L.D. Gómez, Ann. Missouri Bot. Gard. 76: 1148. 1989.

Arboles 7–20 m de alto. Hojas 7–15 cm de largo y 4–8 cm de ancho, haz glabra, envés glabrescente; pecíolo 7–15 mm de largo. Flores masculinas arregladas en inflorescencias amentiformes, 1.5–4 cm de largo, estambres numerosos, filamentos 2–3 mm de largo, pilosos, anteras 2 mm de largo, brácteas anchamente ovadas a deltoides, 5 mm de largo y 5 mm de ancho en la base; flores femeninas en pedicelos de 3 mm de largo, adpreso-pilosos, brácteas ovadas, 2.5–3 mm de largo, adpreso-pilosas, ovario incluido en el tubo del perianto, estigmas 2, pilosos, 5–12 mm de largo. Fruto asimétrico, hasta 7 cm de largo y 4 cm de ancho, algo hinchado en un costado, ápice agudo, base redondeada, grueso, mucilaginoso, verde, endocarpo muy duro con estrías longitudinales.

En Nicaragua se conoce de una sola colección estéril (*Pipoly* 5233) de nebliselvas en el Cerro La Pimienta, Zelaya, donde al parecer es muy común; 900–1160 m; México (Oaxaca) hasta Panamá.

TILIACEAE Juss.

Willem Meijer

Arboles, arbustos, o algunas veces hierbas; plantas hermafroditas, monoicas o dioicas. Hojas alternas (en las especies nicaragüenses) o raramente opuestas, simples, a menudo lobadas y/o dentadas, a menudo con tomento estrellado o con escamas, generalmente palmatinervias o con nervios laterales basales fuertes; pecíolos generalmente hinchados en el ápice, estípulas presentes, generalmente caducas. Inflorescencias cimosas, cimas racemiformes, paniculiformes o umbeliformes, raras veces las flores solitarias o apareadas, axilares, terminales o algunas veces opuestas a las hojas, brácteas y bractéolas presentes, algunos géneros o subgéneros con epicáliz formado por las brácteas de cimas condensadas, flores actinomorfas, cáliz y corola (3) 4 ó 5-meros; cáliz valvado, sépalos libres o formando un tubo en la base, a menudo persistentes, algunas veces acrescentes; pétalos en general conspicuos, algunas veces ausentes, estivación variable, libres o raramente connados, algunas veces con glándulas en la base; estambres generalmente numerosos, a veces 5 ó 10, en muchos casos como estaminodios o reducidos en las flores femeninas funcionales, a menudo insertados arriba de la base de los pétalos en un androginóforo que a menudo tiene un anillo disciforme (el urcéolo), apical, generalmente ciliado, filamentos libres o connados en la base en un tubo o en 5 ó 10 falanges, anteras generalmente dorsifijas, raramente basifijas, tecas 2, dehiscencia longitudinal o poricida, algunas veces unidas en el ápice, conectivo algunas veces con apéndices; ovario generalmente súpero o a veces semiínfero, con 2–5

(–10) carpelos sincárpicos o en algunos casos con 3–6 carpelos apocárpicos, algunas veces con un septo falso, cada lóculo con 1–muchos óvulos, placenta generalmente axilar, estilo 1 o raramente ausente, estigma puntiforme, capitado o dividido en igual número que carpelos. Frutos cápsulas con dehiscencia loculicida o septicida, o una drupa seca o hasta carnosa con 1 o varios pirenos, o un fruto seco con 2 o más sámaras o folículos, algunas veces alados, algunas veces provistos de espínulas, tricomatosos o glabros; semillas 1–muchas por lóculo, algunas veces pubescentes, aladas o ariladas.

Familia con ca 48 géneros y más de 700 especies, en su mayoría tropicales y subtropicales; 9 géneros con 22 especies se conocen en Nicaragua, un género adicional (*Dicraspidia*) y 3 especies adicionales se esperan encontrar.

Fl. Guat. 24(6): 302–324. 1949; Fl. Pan. 51: 1–35. 1964; H.L. Setser. A Revision of Neotropical Tiliaceae: *Apeiba, Luehea* and *Luehopsis*. Ph.D. Thesis, University of Kentucky, Lexington. 1977; M.J. Jansen-Jacobs y W. Meijer. 49. Tiliaceae. Fl. Guianas, Ser. A, Phanerogams 17: 5–49. 1995.

1. Estípulas desiguales en los nudos, una filiforme, la otra grande y peltada; ovario semiínfero; margen de los sépalos con 4–8 apéndices filiformes, sépalos persistentemente rodeando el ápice del fruto maduro .... **Dicraspidia**
1. Estípulas iguales, no peltadas; ovario súpero; sépalos sin apéndices marginales o con un pequeño apéndice apical, sépalos persistentes o no
  2. Plantas herbáceas o arbustos leñosos, pequeños, de vida corta, en hábitats ruderales y campos abandonados
    3. Flores solitarias, opuestas a las hojas o axilares en grupos de 2 ó 3; sépalos sin apéndices apicales; pétalos presentes; androginóforo sin glándulas o urcéolo ciliado; cápsulas alargadas, dehiscentes por 2 ó 3 (–5) valvas, glabras o pubescentes pero sin espinas o espínulas .... **Corchorus**
    3. Flores en dicasios axilares o terminales con pocas a muchas flores aglomeradas; sépalos con apéndices apicales (frecuentemente diminutos), observables cuando en yema; androginóforo con glándulas y urcéolo ciliado (excepto por *T. lappula*, la cual es apétala); frutos generalmente globosos, indehiscentes o abriendo por 2 valvas, con espinas o espínulas, los ápices de los cuales son hialinos .... **Triumfetta**
  2. Plantas leñosas, arbustos o árboles en bosques primarios o secundarios o árboles en campos cultivados
    4. Frutos con espinas o cerdas
      5. Frutos 4.5–8 cm de ancho, globosos y transversalmente comprimidos, paredes gruesas; androginóforo ausente; anteras con apéndices; el margen serrado de las hojas no glandular .... **Apeiba**
      5. Frutos menos de 2 cm de ancho, ovoides o elípticos y lateralmente comprimidos o globosos, paredes delgadas; androginóforo presente; anteras sin apéndices; el margen serrado de las hojas glandular en la base
        6. Androginóforo sin glándulas y urcéolo ciliado; frutos lateralmente comprimidos, cerdas restringidas a los márgenes del fruto y extendiéndose al pedículo del fruto (ginóforo), ápice de la cerda no diferenciado .... **Heliocarpus**
        6. Androginóforo con glándulas y urcéolo ciliado; frutos generalmente globosos, espinas o espínulas presentes sobre toda la superficie, no extendiéndose al pedículo del fruto (androginóforo), ápice de la espina/espínula hialino .... **Triumfetta**
    4. Frutos inermes
      7. Frutos no cápsulas, al madurar con carpelos libres
        8. Frutos maduros de 4 (5) folículos obovados cada uno dehiscente hasta la base por medio de 2 valvas; epicáliz ausente; pétalo sin glándula basal .... **Christiana**
        8. Frutos de 3 (4) sámaras connadas que se separan al madurar; epicáliz con 3 brácteas involucrales presentes en flor, pétalo con glándula basal .... **Goethalsia**
      7. Frutos cápsulas, dehiscencia apical al menos por 2–5 valvas
        9. Hojas con margen entero, nervios laterales inconspicuos; pétalos sin glándula basal; anteras mucronadas en el ápice; cápsula subglobosa, semillas ariladas .... **Mortoniodendron**
        9. Hojas con margen serrulado, nervios basales laterales marcadamente desarrollados; pétalos con glándula basal; anteras no mucronadas; cápsulas no globosas, semillas sin arilo
          10. Cápsulas leñosas, teretes, dehiscencia apical por 5 valvas hasta 3/4 de la longitud o menos, semillas aladas; flores con epicáliz, perfectas; estambres y estaminodios basalmente connados en falanges .... **Luehea**
          10. Cápsulas con paredes delgadas, lateralmente comprimidas, dehiscencia casi hasta la base por medio de 2 valvas, semillas marcadamente ciliadas; flores sin epicáliz, unisexuales; estambres y/o estaminodios no connados .... **Trichospermum**

APEIBA Aubl.

Arboles; ramitas, pecíolos y estípulas con tricomas cafés, simples o estrellados; plantas hermafroditas. Hojas ovadas, elípticas u obovadas, ápice cortamente acuminado, base redondeada o cordada, márgenes enteros o serrulados, envés con tricomas estrellados, nervios laterales 4–10 pares, el par basal alcanzando el ápice a lo largo del margen, nérvulos terciarios prominentes, paralelos entre los laterales; estípulas largamente acuminadas, caducas. Inflorescencias paniculiformes opuestas a las hojas hacia la punta de las ramitas, con ramas de 3–5 órdenes, epicáliz ausente, flores 4 ó 5-meras; sépalos libres, angostamente lanceolados, densamente cubiertos con tricomas diminutos estrellado-furfuráceos, a veces con tricomas pilosos simples más largos, deciduos; pétalos obovados a espatulados, casi tan largos como los sépalos, amarillos o blancos, glándulas ausentes; estambres numerosos, los exteriores frecuentemente estériles, connados en la base, filamentos cortos, anteras lineares, basifijas, dehiscencia longitudinal, con apéndices membranosos estériles en el ápice; ovario súpero, 5–10-locular, numerosos óvulos por lóculo. Cápsulas leñosas, globosas, transversalmente comprimidas, frecuentemente con una depresión en el ápice, espinoso-tuberculada o con numerosas proyecciones pilosas suaves y cortas, dehiscencia apical por dientes o aperturas circulares; semillas numerosas, embebidas en una pulpa.

Un género neotropical con 6 especies distribuido desde el sur de México hasta Bolivia y el centro del Brasil, especialmente abundante en bosques secundarios; 2 especies se conocen en Nicaragua.

L.Y. Th. Westra. The indument of *Apeiba* Aubl. (Tiliaceae). Acta Bot. Neerl. 15: 648–667. 1967; M.J. Jansen-Jacobs y L.Y.Th. Westra. A new species of *Apeiba* (Tiliaceae) from the Venezuelan-Brazilian border. Brittonia 47: 335–339. 1995.

1. Ramitas y pecíolos menos pubescentes, predominantemente con tricomas estrellados diminutamente puberulentos, (frecuentemente también caducamente pilosos con tricomas simples dispersos); envés de las hojas con tricomas diminutamente estrellados, con penachos de tricomas simples más largos en las axilas de los nervios laterales con el nervio principal; fruto con espinas rígidas, glabras o puberulentas, ca 1.5 mm de largo; filamentos de los estambres connados en la base, apéndices de la antera 4.5–6 mm de largo .... **A. membranacea**
1. Ramitas y pecíolos densamente cubiertas con tricomas simples; envés de las hojas densamente cubierto con tricomas estrellados; fruto con cerdas hirsutas de hasta ca 15 mm de largo; filamentos de los estambres casi libres, apéndice de la antera 1–1.5 mm de largo .... **A. tibourbou**

Apeiba membranacea Spruce ex Benth., J. Proc. Linn. Soc., Bot. 5(Suppl. 2): 61. 1861.

Arboles de tamaño mediano, hasta 30 m de alto; ramas jóvenes, pecíolos e inflorescencias predominantemente con tricomas estrellados diminutamente puberulentos, frecuentemente con tricomas simples pilosos, dispersos y caducos. Hojas oblongo-elípticas a obovadas, 8–25 cm de largo y (2.5–) 5–10 cm de ancho, base redondeada a cordada, margen entero, ligeramente ondulado o serrado cerca del ápice, haz glabra a dispersa y diminutamente estrellado-puberulenta, envés densamente cubierto por diminutos tricomas estrellado-lepidotos, grisáceos o blanquecinos (visibles sólo al microscopio) y con penachos de tricomas simples más largos y café claros en las axilas del nervio principal con los nervios laterales, nervios laterales 6–9 pares, últimos nervios generalmente inconspicuos; pecíolos 1.5–4 cm de largo; estípulas 0.5 cm de largo. Inflorescencias 5–8 cm de largo, flores 5-meras, pedicelos 1–1.2 cm de largo; sépalos 1.5–2.6 cm de largo, ápice agudo y ligeramente cuculado; pétalos obovados, 1.5–2 cm de largo, ápice redondeado y emarginado, amarillos; filamentos de los estambres connados en la base, anteras 1.5–2 mm de largo, escasamente pilosas, apéndice 4.5–6 mm de largo, ápice redondeado o truncado. Fruto equinado, globoso y transversalmente deprimido, 1.5–2 cm de largo y 4.5–7.5 cm de ancho, con numerosas espinas de bases cónicas, 1.5 mm de largo, glabras a puberulentas, negras; semillas más o menos ovoides, 3.5–4 mm de largo y 2.5–3 mm de ancho.

Común, bosques húmedos perennifolios, zona atlántica; 0–300 m; fl may–oct, fr feb–may; *Coe 2376, Soza 24*; Honduras hasta Perú y Brasil. Numerosas colecciones nicaragüenses de esta especie han sido anotadas y distribuidas como *A. aspera* Aubl. "Peine de Mico".

Apeiba tibourbou Aubl., Hist. Pl. Guiane 1: 538, t. 213. 1775.

Arboles de tamaño pequeño a mediano, ca 20 m de alto; ramas jóvenes, pecíolos e inflorescencias híspidas con tricomas simples cafés. Hojas elípticas, 15–35 cm de largo y 9–17 cm de ancho, más grandes en las plantas jóvenes, base cordada, margen diminutamente serrado, haz con tricomas simples en los nervios, envés densamente cubierto con tricomas estrellados (visible con lentes de mano), nervios laterales 7–10 pares, últimos nervios en una red rectangular, ligeramente hundidos en la haz, haciendo rugosa a la superficie; pecíolos 2–3 cm de largo; estípulas 1.5–2.5 cm de largo. Inflorescencias 10–15 cm de largo, flores 4 ó 5-meras, pedicelos 0.5–1 cm de largo; sépalos 1.6–2.3 cm de largo, ápice agudo-cuculado; pétalos espatulados, 1.5–2 cm de largo, ápice redondeado a truncado, amarillos; filamentos de los estambres casi libres, anteras 3–3.5 mm de largo, parcial y largamente pilosas, apéndice 1–1.5

mm de largo, ápice algunas veces levemente bifurcado (estambres del verticilo exterior frecuentemente estériles). Fruto globoso, transversalmente deprimido, 2–4 cm de largo y 5–8 cm de ancho, densamente cubierto por cerdas flexibles, ca 15 mm de largo, hirsutas, verdes; semillas más o menos globosas, algo aplanadas, ca 2.5 mm de diámetro.

Común, generalmente en bosques alterados secos a húmedos, en todo el país; 50–1000 m; fl y fr todo el año; *Sandino 5014*, *Stevens 21473*; sur de México hasta Bolivia y Brasil. La corteza es usada como mecate. "Tapabotija".

CHRISTIANA DC.

Christiana africana DC., Prod. 1: 516. 1824.

Arboles pequeños, ca 4–7 m de alto; ramas jóvenes con tricomas fasciculado-estrellados; plantas dioicas. Hojas ampliamente ovadas, 20–30 cm de largo y 12–25 cm de ancho, ápice agudo, base cordada, margen entero o diminutamente serrado, haz con tricomas estrellados, envés más densamente estrellado-pubescente, 2 ó 3 pares de nervios laterales basales, 5 ó 6 pares de nervios laterales adicionales arriba de la base, nérvulos terciarios espaciados, ligeramente curvados entre el nervio principal y los nervios laterales; pecíolos 6–10 cm de largo, con tricomas fasciculado-estrellados, canaliculados adaxialmente; estípulas más o menos cuadrangulares. Inflorescencias paniculiformes, axilares, (10–) 14–20 cm de largo y 10–13 cm de ancho, pedúnculo ca 4–10 cm de largo, brácteas y profilos lineares, l–2.5 cm de largo, deciduos, epicáliz ausente; cáliz campanulado, 3–4 mm de largo y de ancho, connado en la base, tercio superior 3 ó 4-lobado, adpreso-estrellado, persistente; pétalos angostamente espatulados, 5–6 mm

de largo y 2 mm de ancho en el ápice, blancos, glándulas ausentes; estambres/estaminodios numerosos, glabros, estambres en las flores estaminadas 4 mm de largo, filamentos connados en el tercio basal, anteras 0.5 mm de largo, estaminodios en las flores pistiladas 2–3 mm de largo, filamentos sólo connados en la base, anteras estériles; pistilos en las flores pistiladas 4–5 mm de largo, ginóforo 0.3–0.5 mm de largo. Frutos con ca 4 carpelos libres, cada carpelo foliculiforme, obovado, ca 10 mm de largo, externamente pubescentes y café-ocres, internamente glabros y amarillo-anaranjados, dehiscencia completa por 2 valvas; semillas 1 por carpelo, globosa, 5 mm de diámetro, café con puntos blancos irregularmente redondeados.

Rara, en bosques densos perennifolios, zona atlántica; 50–200 m; fl jul–sep, fr feb; *Ortiz 1432*, *Stevens 12833*; México, Belice, Nicaragua, Venezuela, norte de Brasil, centro y oeste de Africa y Madagascar. Un género con 2 especies, la otra endémica del Amazonas.

CORCHORUS L.

Hierbas anuales o perennes algo leñosas o arbustos pequeños, con tricomas simples (en las especies nicaragüenses) o estrellados. Hojas ovadas hasta oblongas o elípticas, margen serrado o crenado, 3 nervios basales y 2–numerosos nervios laterales arriba, nérvulos terciarios generalmente inconspicuos; estípulas angostas y con apariencia de cerdas, frecuentemente tan largas como los pecíolos, persistentes. Flores solitarias o en fascículos o cimas de pocas flores, axilares u opuestas a las hojas, epicáliz ausente, flores 4 ó 5-meras; sépalos libres, deciduos; pétalos espatulados, casi tan largos como los sépalos, amarillos, glándulas ausentes; estambres 15–40 ó en las especies fuera de Mesoamérica doblando el número de pétalos, filamentos insertos en un androginóforo corto, anteras versátiles, mediifijas, tan largas como anchas o ligeramente más largas, dehiscencia longitudinal; ovario súpero, sésil sobre el androginóforo, 2–5-locular, numerosos óvulos por lóculo. Fruto cápsula loculicida, cilíndrica, dehiscencia por 2 ó 3 (–5) valvas hasta cerca de la base, frecuentemente con septos transversales; semillas numerosas, poligonales, ca 1–1.5 mm de largo.

Un género pantropical y subpantropical con ca 30 especies, muchas ruderales; 10 especies en América tropical, 4 de las cuales han sido registradas para Nicaragua.

M. Martínez. The Neotropical Species of the Genus *Corchorus*, Tiliaceae. M.S. Thesis, University of Kentucky, Lexington. 1981.

1. Estambres y ovario insertos en un androginóforo más o menos alargado que se amplía para formar un collar abajo de los filamentos; frutos con 5 ó 6 crestas aladas y 3 corrículos apicales recurvados, corrículos 3–5 mm de largo y a menudo bifurcados; hojas con dientes basales cortos y frecuentemente con puntas cerdosas .... **C. aestuans**
1. Estambres y ovario directamente insertos en un toro más plano; frutos con pequeños corrículos apicales hasta 0.3 mm de largo o ausentes; hojas con dientes sin cerdas
　　2. Cápsulas aplanadas, obtusas en el ápice, con 1–4 corrículos diminutos, 0.1–0.3 mm de largo; ovarios densamente puberulentos con tricomas diminutos; plantas arbustivas .... **C. siliquosus**
　　2. Cápsulas más o menos teretes, acuminadas en el ápice, sin corrículos; ovarios densamente seríceos; plantas herbáceas
　　　　3. Fruto dehiscente por 2 valvas, hirsuto con tricomas patentes, 1.5 mm de largo; pecíolos más cortos o tan largos como las estípulas y pedicelos asociados; tallos jóvenes densamente tomentosos e hirsutos con tricomas hasta 1.5 mm de largo .... **C. hirtus**
　　　　3. Fruto dehiscente por 3 valvas, glabro o con tricomas seríceos adpresos, menos de 1 mm de largo; pecíolos 2–10 veces más largos que las estípulas y pedicelos asociados; tallos jóvenes caducamente tomentosos y pilosos con tricomas de menos de 1 mm de largo .... **C. orinocensis**

Corchorus aestuans L., Syst. Nat., ed. 10, 1079. 1759; *C. acutangulus* Lam.

Hierbas anuales o perennes hasta 1 m de alto, algunas veces leñosas en la base; tallos jóvenes caducamente tomentosos o tomentosos y cortamente pilosos. Hojas ovadas, 2–6 cm de largo y 1–3.5 cm de ancho, ápice obtuso o subagudo, base redondeada o subcordada, márgenes crenados, dientes basales frecuentemente con una cerda en el ápice, haz caduca y dispersamente serícea hasta glabra, envés caduco y dispersamente seríceo con tricomas persistentes en los nervios; pecíolo 2–15 mm de largo, tomentoso o tomentoso y cortamente piloso; estípulas 1/4 a igual longitud que el pecíolo. Flores solitarias o apareadas, pedicelo hasta 2 mm de largo, más corto que el pecíolo subyacente; sépalos angostamente espatulados, 3–4 mm de largo, ápice cuspidado, glabros o con pocos tricomas dispersos; estambres 15–30; ovario en un androginóforo alargado, densamente seríceo. Cápsulas angostamente oblongas, 1.5–3 cm de largo, marcadamente 5 ó 6 anguladas con alas en los ángulos, ápice truncado con 3 (4) corrículos recurvados (2–) 3–5 mm de largo y a menudo levemente bifurcados, glabras, dehiscentes por 3 valvas.

Muy común en bosques secos y playas, zona pacífica; 40–400 m; fl sep, oct, fr nov–feb; *Moreno 3954, Stevens 11085*; México a Colombia y este de Brasil, también en las Antillas.

Corchorus hirtus L., Sp. Pl., ed. 2, 747. 1762.

Hierbas probablemente anuales hasta 1 m de alto, a veces leñosas en la base; tallos jóvenes densamente hirsutos con tricomas hasta 1.5 mm de largo, a menudo también se presenta una capa inferior de tricomas tomentosos más pequeños. Hojas ovado-lanceoladas hasta oblongas, 1.5–4.5 cm de largo y

0.8–1.7 cm de ancho, ápice acuminado, base redondeada a subcordada, márgenes dentado y sin cerdas, haz densamente serícea (dispersamente), envés hirsuto; pecíolo 2–4 (–8) mm de largo, hirsuto; estípulas tan largas o hasta 2 veces la longitud del pecíolo. Flores solitarias o apareadas, pedicelo 4–10 mm de largo, tan largo o hasta 2 veces la longitud del pecíolo subyacente; sépalos lineares, 6 mm de largo, ápice acuminado, pilosos; estambres ca 40; ovario en un toro corto, densamente seríceo. Cápsulas lineares, 3–5 cm de largo, teretes, acuminadas en el ápice, corrículos ausentes, hirsutas con tricomas ca 1.5 mm de largo, dehiscentes por 2 valvas.

Planta ruderal común en lugares alterados abiertos, zona norcentral; 120–1500 m; fl jul–ene, fr ago–ene; *Moreno 24585, Stevens 5860*; México a Colombia y Venezuela hasta Paraguay, Argentina y este de Brasil, también en las Antillas. Algunas plantas parecen ser híbridos entre esta especie y *C. orinocensis*. Estas se diferencian de *C. hirtus* en los tricomas pequeños y adpresos de la cápsula y en la ausencia de tricomas hirsutos en las partes vegetativas.

Corchorus orinocensis Kunth in Humb., Bonpl. & Kunth, Nov. Gen. Sp. 5: 337. 1823; *C. hirtus* var. *orinocensis* (Kunth) K. Schum.

Hierbas anuales hasta 2.5 m de alto, leñosas en la base; tallos jóvenes caducamente tomentosos o tomentosos y pilosos con tricomas de menos de 1 mm de largo. Hojas lanceolado-ovadas hasta oblongas, 1.5–6 cm de largo y 1–3.5 cm de ancho, ápice agudo a acuminado, base redondeada, márgenes crenados, dientes sin cerdas, haz dispersamente pilosa a casi glabra, envés piloso sobre los nervios; pecíolo 6–20 mm de largo, tomentoso o tomentoso y piloso; estípulas 1/10–1/3 (–1/2) la longitud del pecíolo. Flores solitarias o apareadas, pedicelos 0.5–2.5 mm de largo, 1/10–1/4 la longitud del pecíolo subyacente; sépalos lineares, 5–6 (–9) mm de largo, ápice agudo a acuminado, glabros hasta caducamente seríceos; estambres 20–30; ovario en un toro corto, densamente seríceo. Cápsulas lineares, 2.5–5 cm de largo, teretes, acuminadas en el ápice, cornículos ausentes, con tricomas caducos, adpresos, hasta ca 1 mm de largo o glabras al madurar, dehiscentes por 3 valvas.

Muy común en áreas abiertas alteradas, zonas pacífica y norcentral; 0–1300 m; fl y fr may y jun, sep–nov; *Stevens 10892, 20207*; México a Sudamérica a lo largo de los Andes y dispersas o poco colectadas en el este de Sudamérica, también en las Antillas. El nombre *C. quinquenervis* var. *nicaraguensis* Ram. Goyena probablemente es aplicable a esta especie. Investigaciones futuras podrían probar que el nombre *C. orinocensis* está mal aplicado a esta especie centroamericana. El material tipo difiere del nuestro en tener las hojas más delgadas y los frutos 2 valvados.

Corchorus siliquosus L., Sp. Pl. 529. 1753.

Arbustos pequeños perennes hasta 2 m de alto; ramas jóvenes glabras o caducamente tomentosas. Hojas ovadas a oblongo-lanceoladas, 0.5–3.3 cm de largo y 0.5–1.5 cm de ancho, agudas en el ápice, redondeadas o algo cordadas en la base, márgenes crenado-serrados, dientes sin cerdas, glabras a dispersamente puberulentas; pecíolos 2–5 mm de largo, tomentosos en el lado abaxial; estípulas 1/2 a igual longitud que los pecíolos. Inflorescencias cimosas con 1 ó 2 (3) flores, pedúnculo 1–4 mm de largo, pedicelos 3.5–5 mm de largo; sépalos lineares, 7–8 mm de largo, ápices acuminados, glabros; estambres al menos 30; ovario en un toro corto, puberulento. Cápsulas lineares, 4–8 cm de largo, comprimidas lateralmente, obtusas en el ápice, algunas veces con 1–4 cornículos diminutos de 0.1–0.3 mm de largo, caducamente puberulentas con tricomas diminutos, tricomas comúnmente persistentes en los márgenes de las valvas, de lo contrario frecuentemente glabros al madurar, dehiscencia por 2 valvas.

Común en áreas alteradas, en todo el país; 0–950 m; fl mar y abr, jul–sep, fr ene–dic; *Robleto 1185, Stevens 2821*; México hasta Colombia y las Guayanas, también en las Antillas.

DICRASPIDIA Standl.

Dicraspidia donnell-smithii Standl., Publ. Field Columbian Mus., Bot. Ser. 4: 227. 1929.

Arbustos o árboles pequeños, 3–10 m de alto; ramas con indumento disperso, blanquecino, de tricomas pilosos simples, sobre una cubierta densa de delicados tricomas estrellado-velutinos. Hojas ovadas a ovado-oblongas, 10–16 (–20) cm de largo y 4.5–7 cm de ancho, acuminadas en el ápice, ligeramente oblicuas y cordadas en la base, margen irregularmente crenado-dentado, haz escasamente pilosa y dispersamente estrellada, envés cubierto por indumento aracnoide blanquecino, 5 ó 6 nervios basales y 3 ó 4 pares de nervios laterales arriba, ramificados y conectados hacia el margen, nérvulos terciarios sin formar patrón escalariforme con el nervio principal y los nervios laterales; pecíolos 1–1.5 cm de largo; estípulas desiguales, persistentes, una filiforme de 1–1.2 cm de largo, la otra foliácea suborbicular de hasta 3 cm en diámetro y peltada. Flores solitarias, supraaxilares, pedicelo 4.5–5 cm de largo, hirsuto, epicáliz ausente, flores 5-meras, perianto y estambres subepíginos; sépalos triangular-acuminados, 1.5–2 cm de largo y 0.5–0.7 cm de ancho, márgenes con 4–8 apéndices filiformes de 0.7–1.2 cm de largo, internamente seríceos, externamente tomentosos e hirsutos, persistentes; pétalos obovados, 3–4 cm de largo y 2.8–3.5 cm de ancho, irregular y obtusamente dentados, glabros, delgadamente membranáceos, amarillo brillantes, glándulas ausentes; estambres numerosos, todos fértiles, libres, 0.3–0.7 cm de largo, filamentos desiguales, glabros, anteras oblongas, 1.2–1.5 mm de largo, basifijas, dehiscencia longitudinal; ovario semiínfero, sésil, 10–12-locular, cada lóculo con numerosos óvulos, densamente aracnoideo-velloso en el ápice, estilo simple, grueso, agrandado en la base, ca 0.8 cm de largo. Fruto una baya, transversalmente elíptica, 1–1.5 cm de largo y 1.5–1.8 cm de ancho, aracnoideo-hirsuto, apicalmente rodeado de sépalos persistentes; semillas numerosas, 0.4–0.5 mm de largo.

Un género con sólo 1 especie conocida de los bosques de Honduras, Costa Rica, Panamá y noreste de Colombia, se espera encontrar en Nicaragua. Colectada frecuentemente a lo largo de playas y márgenes de ríos. Bayer et al. tratan *Dicraspidia*, *Muntingia* (tratada aquí en las Flacourtiaceae) y probablemente también *Neotessmannia*, en una familia separada, Muntingiaceae.

C. Bayer, M.W. Chase y M.F. Fay. Muntingiaceae, a new family of dicotyledons with malvalean affinities. Taxon 47: 37–42. 1998.

GOETHALSIA Pittier

Goethalsia meiantha (Donn. Sm.) Burret, Notizbl. Bot. Gart. Berlin-Dahlem 9: 815. 1926; *Luehea meiantha* Donn. Sm.; *G. isthmica* Pittier.

Arboles 15–30 m de largo, contrafuertes prominentes; ramas café-rojizas con numerosas lenticelas blanquecinas, ramitas jóvenes con tricomas pilosos simples dispersos y caducos sobre una densa cubierta de tricomas diminutos fasciculado-estrellados. Hojas elíptico-oblongas u obovado-oblongas, 7–14 cm de largo y 5–8 cm de ancho, ápice angostamente acuminado, base aguda a redondeada, margen algo dentado, haz con tricomas estrellados dispersos sobre los nervios, envés blanquecino, densamente cubierto con tricomas estrellados adpresos, 2 ó 3 pares de nervios laterales, el par basal casi tan desarrollado como el nervio principal, nérvulos terciarios paralelos, ligeramente inclinados entre el nervio principal y los nervios laterales; pecíolos 10–12 mm de largo; estípulas pequeñas y caducas. Inflorescencias cimoso-paniculiformes, axilares o terminales, más cortas que las hojas, brácteas ovado-oblongas, 2 mm de largo, persistentes, cada flor envuelta por un epicáliz valvado de 3 brácteas, cada bráctea 3–4 mm de largo, pubescencia amarillo-blanquecina, flores 5-meras; sépalos libres, lanceolados, 10 mm de largo, cortamente unidos en la base, internamente vellosos con tricomas simples largos, externamente tomentosos con delicados tricomas estrellados, deciduos; pétalos oblongos a estrechamente obovados, ca 4 mm de largo, densamente vellosos sobre la uña, el resto papiloso y con tricomas estrellados largos dispersos, cafés, la base con glándulas oblongas largas; androginóforo ca 1.5–1.8 mm de largo, coronado por un urcéolo piloso corto e hinchado, ca 2 mm en diámetro, rodeando la base de los estambres; estambres ca 25, filamentos ligeramente connados en la base, desiguales, anteras globosas, mediifijas y con dehiscencia longitudinal; ovario súpero, sésil sobre el androginóforo, 3 ó 4-locular, cada lóculo con 4 óvulos. Fruto de 3 (4) sámaras connadas, eventualmente separándose del eje central, cada sámara oblonga en contorno, ampliamente alada alrededor de la parte central más o menos globular, la cual está claramente carinada por una cresta irregular transversa, alas 3.5–4 cm de largo y 1.5–2 cm de ancho, cada sámara con 1–4 semillas en la mitad; semillas en forma de pera, aplanadas, 2.8–4 mm de largo y 1.8–2.5 mm de ancho.

Poco común en bosques húmedos, zona atlántica; 40–200 m; fl sep, oct, fr nov, dic; *Sandino 4663, Stevens 23418*; Nicaragua hasta Colombia y Venezuela. Un género monotípico que ha pertenecido a la familia Flacourtiaceae. Esta especie es muy difícil de distinguir de *Trichospermum galeottii* cuando está estéril, sin embargo esta última tiene las hojas algo delgadas, más agudamente serradas y generalmente (excepto en plántulas) con algunos tricomas fasciculado-estrellados de brazos largos, además de los tricomas estrellados blanquecinos adpresos de brazos pequeños.

HELIOCARPUS L.

Arbustos o árboles, pubescencia de tricomas estrellados en varios grados; plantas dioicas (en Nicaragua) o ginodioicas. Hojas ovadas, a veces 3-lobadas, margen serrado, bases serrado-glandulares en la especies nicaragüenses, palmatinervias con 3, ó 5–7 nervios basales; estípulas caducas. Inflorescencias paniculiformes con eje principal simpódico y ramas terminales dicasiales con fascículos de 10–20 flores, terminales o a veces axilares, flores 4 ó 5-meras, epicáliz ausente; sépalos libres, frecuentemente con apéndices en los ápices, deciduos; pétalos ausentes o muy pequeños en las flores pistiladas, presentes y más cortos que los sépalos en las flores estaminadas y bisexuales, glándulas ausentes; estambres 12–40 en las flores perfectas y en las estaminadas y más largos que el pistilo o pistiloide, ausentes o estaminodiales en las flores pistiladas, sobre androginóforos agrandados, anteras lineares, más o menos mediifijas y versátiles, dehiscencia longitudinal; ovario súpero, sésil sobre el androginóforo o con un ginóforo marcado, 2-locular, cada lóculo con 2 óvulos. Fruto seco e indehiscente, elipsoide o globoso, lateralmente comprimido, el cuerpo rodeado por cerdas plumosas, las cuales en nuestras especies descienden hasta el pedúnculo del ginóforo; semillas (1) 2 (3), pequeñas y comprimidas.

Un género neotropical, estrechamente relacionado con *Triumfetta*, con cerca de 9–10 especies desde México hasta Argentina; 3 especies se conocen en Nicaragua. *H. donnell-smithii* Rose ha sido reportada de Nicaragua (*Baker 2490*, colectada en el Volcán Mombacho) pero considero que este espécimen es mejor identificarlo como *H. tomentosus*. *H. donnell-smithii* difiere de *H. tomentosus* en tener el fruto elíptico y densamente hirsuto.

K.K. Lay. A revision of the genus *Heliocarpus* L. Ann. Missouri Bot. Gard. 36: 507–541. 1949.

1. Envés de las hojas sólo con tricomas estrellados de brazos largos, brazos enredados; ramas de la inflorescencia predominantemente estrellado-vellosas con una capa inferior de glándulas claviformes diminutas; yemas florales casi glabras, generalmente sólo con glándulas claviformes diminutas, terminando en una protuberancia libre y ligeramente recurvada en el ápice de los sépalos; flores generalmente 5-meras; cuerpo del fruto elipsoide, casi glabro .... **H. mexicanus**
1. Envés de las hojas con una mezcla de tricomas estrellados de brazos cortos y tricomas simples erectos, con o sin tricomas estrellados de brazos largos, brazos rígidos y adpresos; ramas de la inflorescencia con una mezcla de indumento floculento-furfuráceo y tricomas velutinos perpendiculares; yemas florales densamente pubescentes, diminuto-estrelladas, ápice obtuso (no libre ni recurvado); flores 4-meras; cuerpo del fruto circular, densamente hirsuto
   2. Base de la hoja con aurículas pequeñas, envés de la hoja densamente cubierto con tricomas estrellados de brazos cortos con algunos tricomas simples largos y erectos sobre los nervios; ramas de la inflorescencia predominantemente floculento-furfuráceas y con pocos tricomas perpendiculares erectos; flores estaminadas con 20–30 estambres; fruto maduro rojo .... **H. appendiculatus**
   2. Base de la hoja sin aurículas, envés dc las hojas con una mezcla de tricomas estrellados de brazos largos y cortos y numerosos tricomas simples largos y erectos sobre los nervios; ramas de la inflorescencia en su mayoría predominantemente velutinas y con pocos tricomas floculento-furfuráceos; flores estaminadas con 15–20 estambres; fruto maduro café .... **H. tomentosus**

Heliocarpus appendiculatus Turcz., Bull. Soc. Imp. Naturalistes Moscou 31(1): 226. 1858; *H. chontalensis* Sprague.

Arboles 4–25 m de alto; ramas jóvenes densamente floculento-furfuráceas. Hojas a menudo ligeramente 3-lobadas, 7–21 cm de largo y 6–19 cm de ancho, ápice acuminado, base cordado-decurrente a obtusa con aurículas ovadas 3–5 mm de largo, envés blanquecino con densos tricomas estrellados de brazos cortos y con algunos tricomas simples erectos perpendiculares a y sobre los nervios. Inflorescencias generalmente terminales, predominantemente floculento-furfuráceas con algunos tricomas simples erectos perpendiculares, yemas obovoides, ligeramente contraídas abajo de la mitad, ápice obtuso, flores 4-meras; flores estaminadas con yemas 4–5 (–6) mm de largo, sépalos lineares, 4–6.5 mm de largo, externamente densamente cubiertos con tricomas diminuto-estrellados, pétalos linear-oblongos, 3–4 mm de largo, glabros con algunos tricomas estrellados en la base, estambres 20–30; flores pistiladas con perianto similar pero más pequeño, sépalos ca 4 mm de largo, pétalos ca 1.5 mm de largo, estaminodios ca 15, estilo con 2 ramificaciones largas. Cuerpo del fruto circular, 3 mm de diámetro, densamente hirsuto, rojo, con ginóforo 4–9 mm de largo.

Muy común en bosques alterados y carreteras, en todo el país; 10–1600 m; fl ene–feb, fr feb–jun; *Stevens 12472, 12599*; México hasta Costa Rica. "Majagua".

Heliocarpus mexicanus (Turcz.) Sprague, Bull. Misc. Inform. 1921: 272. 1921; *Adenodiscus mexicanus* Turcz.

Arboles pequeños 4–6 (–12) m de alto; ramas jóvenes con diminutas glándulas rojizas. Hojas rara vez ligeramente lobadas, 8.5–16 cm de largo y 6.5–

10 cm de ancho, ápice acuminado, base truncada a obtusa, sin aurículas, envés suavemente pubescente con tricomas estrellados de brazos largos, brazos enredados. Inflorescencias axilares o más o menos terminales, frecuentemente mezcladas con hojas reducidas, estrellado-vellosas con glándulas claviformes diminutas, yemas obovoides a elípticas, ligeramente contraídas cerca de la base, ápice con apéndices pequeños en el extremo de los sépalos, flores (4) 5-meras; flores estaminadas con yemas 4–5 mm de largo, sépalos lineares, 5–6.5 mm de largo, externamente casi glabros con glándulas diminutas, pétalos oblongos, 2.5–4 mm de largo, casi glabros con algunos tricomas estrellados en la base, estambres 25–35; flores pistiladas con perianto similar pero más pequeño, sépalos 4–4.5 mm de largo, pétalos 1–1.5 mm de largo, estaminodios ausentes en el material nicaragüense (se han registrado 20–30), estilo con 2 ramas diminutas. Cuerpo del fruto elíptico, 4–5 mm de largo y 2–3 mm de ancho, glabrescente, o con algunos tricomas erectos y numerosas glándulas, verde o café, con ginóforo 2–4 mm de largo.

Común en pastizales o bosques alterados, zonas pacífica y norcentral; 600–1400 m; fl nov y dic, fr ene y feb; *Moreno 22709, 25267*; sur de México hasta Costa Rica.

Heliocarpus tomentosus Turcz., Bull. Soc. Imp. Naturalistes Moscou 31(1): 225. 1858.

Arboles pequeños a grandes, 3–22 m de alto; ramas jóvenes predominantemente velutinas, a veces con una capa inferior de tricomas floculento-furfuráceos. Hojas a menudo ligeramente trilobadas, 10–20 cm de largo y 8–17 cm de ancho, ápice acuminado, base cordada o cordado-decurrente, sin aurículas, envés con tricomas estrellados de brazos erectos cortos y largos, y con numerosos tricomas simples erectos perpendiculares a y sobre los nervios. Inflorescencias terminales, predominantemente velutinas con una capa inferior de tricomas floculento-furfuráceos, yemas obovoides, ligeramente contraídas abajo de la mitad, ápice obtuso, flores 4-meras; flores estaminadas con yemas ca 3 mm de largo, sépalos linear-oblongos, 5–7 mm de largo, externamente con una densa cubierta de tricomas diminuto-estrellados, pétalos lineares a angostamente espatulados, 3–4.5 mm de largo, glabros, estambres 16–18 (–20); flores pistiladas con sépalos similares pero más pequeños,

2.5–3 mm de largo, pétalos ausentes, estaminodios ca 12, estilo con 2 ramas largas. Cuerpo del fruto subcircular, 3–3.5 mm de largo y 2.5–3 mm de ancho, densamente hirsuto, café al madurar, con ginóforo 6.5–10 mm de largo.

Común en bosques alterados, en todo el país; 80–1600 m; fl dic–mar, fr feb y mar; *Laguna 332, Moreno 15885*; México, Guatemala, Belice y Nicaragua. Posiblemente hibridiza con *H. americanus* L. en áreas donde se traslapan. Esta especie ha sido considerada sinónimo de *H. americanus*.

LUEHEA Willd.

Arboles, ramas jóvenes y pecíolos densamente cubiertos con tricomas estrellados. Hojas elípticas, ovado-oblongas, u oblongo-obovadas, margen frecuentemente dentado o serrado, nervios laterales 3–8 pares, con el par basal marcadamente desarrollado; estípulas caducas. Inflorescencias axilares o terminales, flores solitarias o apareadas, o paniculiformes con pocas a muchas flores, brácteas caducas, epicáliz de 6–19 bractéolas involucrales, bractéolas linear-oblongas, libres a largamente connadas en la base, caducas o bastante persistentes, flores 5-meras; sépalos libres o casi libres, oblongo-lanceolados, caducos; pétalos de forma variada, libres, más largos que los sépalos, blancos, amarillos o morados, en la base con glándulas gruesas y carnosas de forma variada; estambres numerosos, cortamente connados basalmente en 5 falanges, falanges rara vez unidas en un tubo estaminal corto, los estambres exteriores estaminodiales, ambos blanco-vellosos en la base, anteras versátiles y mediifijas, dehiscencia longitudinal; ovario súpero, comúnmente sésil, 5-locular, cada lóculo con muchos óvulos. Fruto una cápsula loculicida, cilíndrica a elipsoide, leñosa, dehiscencia apical por 5 valvas que se abren unos 3/4 de la longitud o menos; semillas numerosas, aladas en un lado.

Un género con ca 15 especies desde México hasta Argentina; 3 especies se encuentran en Nicaragua.

1. Ramas jóvenes y ramas florales sólo con tricomas estrellados de brazos largos; bractéolas involucrales 15–19, connadas en la base, 25–60 mm de largo, persistentes en el fruto joven; fruto 45–80 mm de largo, marcadamente 5-angulado y sulcado .... **L. candida**
1. Ramas jóvenes y ramas florales con tricomas furfuráceos, algunas veces con tricomas estrellados o dendroides; bractéolas involucrales 6–10, libres, 4.5–25 mm de largo, caducas antes de la fructificación; fruto 16–45 mm de largo, si más de 30 mm, entonces el fruto sólo levemente angulado y no sulcado
    2. Hojas con pubescencia aracnoide café-dorada en el envés; tricomas dendroides ausentes; bractéolas involucrales caducas en la antesis, 4.5–6.5 mm de largo; sépalos 7–15 mm de largo; frutos 16–30 mm de largo, marcadamente 5-angulados, sulcados .... **L. seemannii**
    2. Hojas con pubescencia aracnoide blanquecina en el envés; tricomas dendroides generalmente presentes en ramas jóvenes y ramas florales; bractéolas involucrales presentes durante toda la floración, 17–25 mm de largo; sépalos 20–35 mm de largo; frutos 25–45 mm de largo, algunas veces sólo ligeramente angulados, no sulcados .... **L. speciosa**

Luehea candida (Moç. & Sessé ex DC.) Mart., Nov. Gen. Sp. Pl. 1. 102. 1826; *Alegria candida* Moç. & Sessé ex DC.; *L. mexicana* DC. ex Spach; *L. scabrifolia* C. Presl; *L. endopogon* Turcz.; *L. nobilis* Linden & Planch.

Arboles 2–14 m de largo; ramas jóvenes con tricomas estrellados de brazos largos, enredados, café-amarillentos. Hojas elípticas a ovadas (obovadas), 9.5–27 cm de largo y 6.5–15 cm de ancho, ápice agudo (acuminado), base obtusa a subcordada, margen serrado casi hasta la base, haz con dispersos tricomas estrellados de brazos largos, envés con tricomas estrellados densos a dispersos, de brazos

largos, enredados y blancos hasta café-amarillentos sobre una capa inferior de tricomas blanco-aracnoides, nervios laterales 5–8 pares, par basal extendiéndose 1/3–3/4 la longitud de la hoja; pecíolos ca 0.5 cm de largo, densamente cubiertos con tricomas estrellados café-amarillentos de brazos largos. Flores solitarias o apareadas (3), bractéolas involucrales 15–19, 25–60 mm de largo, connadas basalmente 1/4–1/3, internamente densamente hirsutas a vellosas en el medio y aracnoides o cortamente estrelladas en los lados, externamente cortamente estrellado-tomentosas, persistentes en el fruto inmaduro; sépalos 30–40 mm de largo y 10 mm de ancho, internamente glabros a ligeramente pubescentes, externamente densamente tomentoso-estrellados; pétalos casi orbiculares, unguiculados, 40–55 mm de largo y 25–45 mm de ancho, glabros o cortamente blanco-vellosos en la base, blancos o amarillos; estaminodios 12–20 mm de largo, connados ca 1/3 basal, estambres 20–25 mm de largo, connados muy en la base; ovario 5-lobado. Fruto obovado a elíptico, 45–80 mm de largo y 25–50 mm de ancho, marcadamente 5-angulado y sulcado, dehiscencia apical 3/4 de la longitud, tricomas estrellados dispersos, glabrescente.

Común en bosques secos, laderas rocosas y escarpadas, y márgenes arenosos de ríos, conocida de todo el país excepto en el centro y sur de Zelaya y Río San Juan; 20–1300 m; fl jun–sep, fr abr–dic; *Guzmán 983, Sandino 657*; centro de México al este de Venezuela. "Molenillo".

Luehea seemannii Triana & Planch., Ann. Sci. Nat. Bot., sér. 4, 17: 348. 1862.

Arboles 1–24 (–40) m de alto; ramas jóvenes con indumento café-amarillento a dorado de tricomas estrellados dispersos, de brazos medianos sobre tricomas furfuráceos. Hojas oblongo-elípticas a oblongo-obovadas, 7.6–24 cm de largo y 3–12.5 cm de ancho, ápice acuminado (agudo), base obtusa a subcordada o redondeada, frecuentemente asimétrica, margen serrado por lo menos distalmente, haz con tricomas estrellados dispersos de brazos largos y medianos, glabrescente tempranamente, envés con indumento dorado de dispersos tricomas estrellados de brazos largos, caducos, sobre una capa inferior aracnoide, nervios laterales 5–7 pares, par basal extendiéndose 3/4 la longitud de la hoja; pecíolos 0.5–1.4 cm de largo, densamente cubiertos con indumento café-amarillento a dorado de tricomas estrellados de brazos largos, caducos, sobre tricomas aracnoides o furfuráceos. Inflorescencia con muchas flores, bractéolas involucrales 6–9, 4.5–6.5 mm de largo, libres hasta la base, internamente casi totalmente cubiertas con tricomas seríceos largos, blancos o amarillentos, y externamente tomentosas con tricomas estrellados de brazos medianos sobre tricomas furfuráceos o sólo estos últimos, ausentes en la antesis; sépalos 7–15 mm de largo y 2–4 mm de ancho, internamente glabros, externamente seríceos adpresos; pétalos angostamente espatulados, 6.5–11 mm de largo y 2–4 mm de ancho, glabros excepto por la base cortamente blanco-vellosa, blancos a amarillos; estaminodios 6–10 mm de largo, connados 1/3 basal, estambres 6–10 mm de largo, connados muy en la base; ovario 5-lobado. Frutos elípticos, 16–30 mm de largo y 7–15 mm de ancho, marcadamente 5-angulados y sulcados, dehiscencia apical 2/3 de la longitud, tricomas

dorados estrellados de brazos largos y cortos y furfuráceos.

Común, en bosques húmedos y secos y áreas perturbadas, zonas atlántica y pacífica; 10–600 m; fl dic–mar, fr ene–may; *Grijalva 3602, Ortiz 1877*; Belice hasta Colombia y Venezuela. "Guácimo macho".

Luehea speciosa Willd., Ges. Naturf. Freunde Berlin Neue Schriften 3: 410. 1801; *L. platypetala* A. Rich.; *L. ferruginea* Turcz.; *L. rufescens* Benth.; *L. tarapotina* J.F. Macbr.

Arboles 5–35 m de alto; ramas jóvenes y ramas florales con indumento rojo-dorado, una mezcla de tricomas dendroides, cortamente estrellados y furfuráceos, frecuentemente sólo los últimos presentes. Hojas oblongo-obovadas (oblongo-ovadas), 9.5–22 cm de largo y 5.5–14 cm de ancho, ápice cortamente acuminado, base redondeada, obtusa o subcordada, generalmente asimétrica, margen serrado por lo menos distalmente, haz con dispersos tricomas estrellados hasta glabrescente, envés con indumento blanquecino de tricomas estrellados de brazos largos sobre una capa inferior de tricomas aracnoides, nervios laterales 4–7 pares, par basal extendiéndose 3/4 la longitud de la hoja; pecíolos 0.7–1.1 cm de largo, indumento rojizo, densa y caducamente dendroide y estrellado con brazos cortos sobre una capa furfurácea persistente. Inflorescencia con 1 ó 2 flores hasta muchas, bractéolas involucrales 9–10, 17–22 (–25) mm de largo, libres hasta la base, internamente y hacia el centro con tricomas dorados estrellados de brazos largos, adpresos y lateralmente con tricomas aracnoides blancos, externamente rojizas con tricomas estrellados de brazos largos, dendroides y furfuráceos, persistentes durante toda la floración; sépalos (20–) 27–35 mm de largo y 5–15 mm de ancho, internamente glabros, externamente con una mezcla de tricomas estrellados de brazos largos, dendroides y furfuráceos; pétalos ampliamente espatulados, 30–38 mm de largo y 12–20 mm de ancho, glabros excepto por la base cortamente blanco-vellosa, blancos; estaminodios 8–9 mm de largo, connados 1/4–2/3 de su longitud, estambres 15–20 mm de largo, connados muy en la base; ovario no lobado o muy levemente lobado. Frutos elípticos, 25–45 mm de largo y 15–23 mm de ancho, algunas veces sólo ligeramente angulados, no sulcados, dehiscencia apical ca 1/2 de su longitud, con tricomas estrellados rojizos de brazos cortos y largos y furfuráceos.

Común en bosques alterados y otras áreas perturbadas, en todo el país; 10–1100 m; fl oct–feb, fr probablemente todo el año; *Sandino 3107, 5015*; centro de México hasta el norte de Sudamérica y en las Antillas. El complejo de la especie *L. speciosa*, debido a su variabilidad ha sorprendido a los científicos por muchas años. Hasta 16 epítetos han sido aplicados a variantes del grupo, poniendo mucho énfasis en la forma de los pétalos, la cual varía ampliamente dentro del complejo. Es conveniente ahora dividir el grupo en 3 especies: *L. speciosa*; *L. grandiflora* Mart. (sur de Brasil); y *L. tomentella*

Rusby (Bolivia). *L. grandiflora* puede ser distinguida de las otras dos especies por sus estaminodios connados en casi toda su longitud formando sólo una franja en el extremo superior de la falange. *L. tomentella* se diferencia de *L. speciosa* por la base de sus hojas más aguda.

MORTONIODENDRON Standl. & Steyerm.

Mortoniodendron guatemalense Standl. & Steyerm., Publ. Field Mus. Nat. Hist., Bot. Ser. 22: 157. 1940; *M. costaricense* Standl. & L.O. Williams.

Arbustos hasta árboles pequeños, 4–10 (–20) m de alto; ramas jóvenes café-pubescentes con tricomas diminuto-estrellados; plantas hermafroditas. Hojas generalmente oblongo-elípticas, o a veces angostamente lanceoladas u ovadas, 8–15 cm de largo y 1.5–5.5 cm de ancho, ápice abrupta y largamente acuminado, base ligeramente asimétrica, aguda a redondeada, márgenes enteros, haz glabra o con nervio principal estrellado-pubescente, envés con nervio principal escasamente estrellado-pubescente, el resto dispersamente estrellado a glabro, con pequeñas manchas (domacios?) en las axilas de los nervios laterales con el nervio principal, nervios laterales relativamente inconspicuos, (4) 5–7 pares, uniéndose en una serie de arcos cerca del margen, nérvulos terciarios más o menos dendroides, dicotómicamente ramificados, verdosas o verde oliva al secar; pecíolos 5–10 mm de largo, menudamente estrellado pubescentes. Inflorescencias cimosas, terminales, muy variables en longitud, 2–30 cm de largo, poco ramificadas, ca 1–7 flores por inflorescencia, ramas densamente pilosas con tricomas diminutos y pubescencia estrellado-adpresa, pedicelos 2–12 (–15) mm de

longitud, yemas ovoides, 7–8 mm de largo y 3 mm de ancho, epicáliz ausente, flores 5-meras; sépalos libres, ovados a oblongo-lanceolados, 6–10 mm de largo y 2–4 mm de ancho, ápice agudo, densamente estrellado pubescentes, deciduos, amarillo-ocráceos o blanquecinos; pétalos ovados a ovado-lanceolados, 5–8 mm de largo y 3–3.5 mm de ancho, agudos en el ápice, glabros, glándulas ausentes; estambres numerosos, opuestos a los pétalos, connados basalmente en falanges, desiguales en longitud, glabros, anteras oblongas, mucronadas en el ápice, basifijas, dehiscencia longitudinal; ovario súpero, sésil, 5-locular, cada lóculo con varios óvulos. Fruto cápsula subglobosa, 1.3–2 cm de largo y 1.2–1.3 cm de ancho, superficie arrugada, ligeramente acostillada a lo largo de las suturas, menudamente pubescente, ocráceo, dehiscencia loculicida por 3–5 valvas hasta la base; semillas 1 ó 2 por lóculo, oblongo-angulares, 7–8 mm de largo y 3–4 mm de ancho, café obscuras o negras, rodeadas cerca del punto de conexión por un arilo amarillo-anaranjado.

Rara o inadvertida, bosques muy húmedos, zona atlántica; 0–200 m; fr ene–mar; *Neill 3416, Rueda 2508*; Guatemala, Nicaragua, Costa Rica, Panamá y Colombia. Género de 5–12 especies, distribuido desde México hasta Colombia.

TRICHOSPERMUM Blume

Arboles; ramas, inflorescencias, envés de las hojas, nervio principal y nervios en la haz con indumento de tricomas estrellados; plantas dioicas. Hojas ovado-lanceoladas, margen entero o más comúnmente serrulado, frecuentemente serrado-glandulares, nervios basales laterales casi tan desarrollados como el nervio principal, 2 ó 3 pares de nervios laterales más pequeños en la mitad apical de la lámina, curvados y unidos cerca al margen, nérvulos terciarios más o menos paralelos entre el nervio principal y los laterales basales, 5–7 nervios sublaterales entre los laterales basales y el margen, domacios frecuentemente presentes en las axilas de los nervios; estípulas caducas. Inflorescencias paniculiformes o umbeliformes, axilares o terminales, bractéolas caducas, epicáliz ausente, flores 5-meras; sépalos libres, deciduos; pétalos más o menos ligulados, algo más cortos que los sépalos, retusos a bífidos en el ápice, rosado-blanquecinos o morado-azulados, base con una glándula grande redondeada a lobada; androginóforo desnudo, coronado por un urcéolo ondulado y densamente velutino rodeando la base de los estambres, estambres 15 (estaminodios presentes en las flores pistiladas), filamentos libres, anteras subglobosas, mediifijas, versátiles, dehiscencia longitudinal; ovario súpero, (pistilodio rudimentario presente en las flores estaminadas), sésil sobre el androginóforo, 2 (3)-locular, numerosos óvulos por lóculo. Fruto cápsula comprimida en sentido contrario a la partición, coriácea, con dehiscencia loculicida casi hasta la base por 2 valvas; semillas numerosas, discoides, largamente ciliadas en el margen.

Género con ca 36 especies conocidas de Malasia y 3 de América tropical; 1 especie conocida de Nicaragua y otra se espera encontrar. Muchos taxones han sido descritos en este género basados en su mayoría en la variación de la pubescencia. Esta variación puede deberse a diferencias en maduración y grado de exposición a la luz solar.

1. Sépalos (7–) 9–11 (–14) mm de largo; pétalos 8–12 mm de largo, morado-azulados, la base velutina externamente, con tricomas estrellados blancos de brazos cortos sólo en el margen, glándulas basales reniformes; cápsulas ca (17–) 20–25 mm de ancho, pilosas con tricomas estrellados largos sobre una densa cubierta de indumento furfuráceo-glandular suave .... **T. galeottii**
1. Sépalos 5–7 mm de largo; pétalos 4–7 mm de largo, blancos o rosados, la base densamente velutina externamente, con tricomas estrellados blancos de brazos cortos, glándulas basales redondeadas o débilmente retusas en el ápice; cápsulas 8–20 mm de ancho, pilosas con tricomas estrellados largos sobre una capa esparcida de tricomas estrellados de brazos cortos .... **T. grewiifolium**

Trichospermum galeottii (Turcz.) Kosterm., Reinwardtia 6: 278. 1962; *Belotia galeottii* Turcz.

Arboles 6–27 m de alto, fuste hasta 50 cm de diámetro; ramas jóvenes, pecíolos y ramas florales densamente cubiertas con tricomas estrellados fasciculados sobre una capa inferior furfurácea. Hojas 7–22 cm de largo y (2.5–) 3.5–9 cm de ancho, ápice largamente acuminado, base redondeada u obtusa hasta subcordada, margen distalmente serrulado, dientes no glandulares, haz con tricomas estrellados dispersos a densos, de brazos cortos y ocasionalmente de brazos largos en los nervios, envés con tricomas estrellados fasciculados de brazos largos sobre una capa densa de tricomas estrellados cortos y adpresos, los tricomas más largos concentrados y a veces restringidos a las axilas de los nervios con el nervio principal o completamente ausentes; pecíolos 8–12 mm de largo. Inflorescencias axilares o terminales, 3–6 cm de largo, pedicelos 3–6 (–9) mm de largo, yemas 8–10 mm de largo; sépalos oblongo-lanceolados, (7–) 9–11 (–14) mm de largo y (2–) 2.5–3.2 mm de ancho, internamente glabros o dispersamente pubérulos, externamente diminutamente pubérulos, 3–5-nervios, rosados; pétalos 8–9 (–12) mm de largo y 1–3 mm de ancho, esparcidamente pubérulos en el interior con tricomas simples y estrellado velutinos alrededor y arriba de la glándula basal, externamente con tricomas velutinos sólo en el margen basal, morado-azulados, glándula reniforme, ca 1 mm de diámetro; filamentos de los estambres desiguales, 5–9 mm de largo, ligeramente pubescentes, anteras ca 0.5 mm de largo, estaminodios 1.7–3.3 mm de largo; ovario ca 2.5–3 mm de largo, estilo 2.5–4 mm de largo, estigma bilobado, los lobos patentes y densamente laciniados. Cápsulas obovadas, 10–18 (–20) mm de largo, 17–25 mm de ancho y 4 mm de grueso, truncadas o deprimidas en el ápice con apículo 0.2–1.5 mm de largo, pilosas con

tricomas estrellados largos sobre una densa cubierta de suave indumento furfuráceo-glandular; semillas ca 12, ca 2.5 mm de diámetro con tricomas ciliados 2.5–3 mm de largo.

Se espera encontrar en Nicaragua; conocida del sur de México, Guatemala, Costa Rica, Panamá y norte de Sudamérica. Fue tratada en *Flora of Guatemala* como *Belotia mexicana* (DC.) K. Schum. y en *Flora of Panama* como *T. mexicanum* (DC.) Baill. *T. mexicanum* es una especie restringida al norte de México, con flores y frutos tan grandes o más grandes que los de *T. galeottii* pero difiere en sus hojas con frecuencia densamente velutinas en la haz y el envés con tricomas estrellados de brazos grandes, con ápices agudos, y pétalos cortamente velutinos en la base externamente.

Trichospermum grewiifolium (A. Rich.) Kosterm., Reinwardtia 6: 279. 1962; *Belotia grewiifolia* A. Rich.; *B. reticulata* Sprague; *T. reticulatum* (Sprague) Kosterm.; *B. campbellii* Sprague.

Arboles 5–30 m de alto, fuste hasta 30 cm de diámetro; ramas, pecíolos y ramas florales densamente cubiertas con tricomas estrellados fasciculados. Hojas (6–) 13–20 cm de largo y (3–) 6–7 (–9.5) cm de ancho, con ápice acuminado y base redondeada, margen distalmente serrulado-glandular, haz con dispersos tricomas estrellados de brazos cortos, especialmente sobre el nervio principal, o a veces con algunos tricomas fasciculados en el nervio principal, a menudo casi glabros, envés con tricomas pediculado-estrellados dispersos presentes o generalmente ausentes sobre una cubierta densa de tricomas estrellados de brazos cortos traslapados y adpresos, tricomas fasciculados de brazos largos frecuentemente en las axilas de los nervios laterales con el nervio principal (a veces en los nervios), las hojas de las plantas jóvenes sin la capa inferior de tricomas, pero con glándulas pequeñas blanquecinas o café brillantes; pecíolos 10–14 (–20) mm de largo. Inflorescencias axilares, (2.5–) 3–6 cm de largo, pedicelos ca 3 mm de largo, yemas hasta 4 mm de largo; sépalos lanceolados, (5–) 6–7 mm de largo y (1–) 1.75–2 mm de ancho, internamente glabros o ligeramente puberulentos, externamente escasamente pubescentes, 3-nervios, rosados o rosado-morados (cuando envejecen anaranjados); pétalos 4–7 mm de largo y 0.75 mm de ancho, internamente escasamente pubérulos con tricomas simples y estrellados velutinos alrededor y arriba de la glándula basal, externamente con la base marcadamente velutina, blancos o rosados (?), glándula más ancha que larga, 0.4–0.7 mm de largo y 0.5–1 mm de ancho, débilmente retusa o redondeada en el ápice; filamentos de los estambres subiguales, 4 mm de largo, casi glabros con sólo algunos tricomas en la base, anteras 0.25–0.5 mm de largo, estaminodios 1.5–2 mm de largo; ovario 3–4 mm de largo, estilo 1.5–2 mm de largo, estigma irregularmente ramificado con lobos puntiagudos. Cápsulas obovadas, 10–15 mm de largo, 8–20 mm de ancho y 2 mm de grueso, truncadas o deprimidas en el ápice con apículo 2–3 mm de largo, pilosas con tricomas estrellados de brazos largos sobre una capa esparcida de tricomas estrellados de brazos cortos; semillas ca 5–13, 3–6 mm de diámetro, con tricomas ciliados 1–2 mm de largo.

Común en bosques muy húmedos perennifolios, frecuentemente alterados o en carreteras, zona atlántica; 20–600 m; fl dic–may, fr ene–ago; *Grijalva 3500, Stevens 22722*; desde México tropical a Costa Rica y en las Antillas. "Capulín".

TRIUMFETTA L.

Arboles pequeños o arbustos débiles con pubescencia estrellada variada; plantas dioicas o hermafroditas. Hojas ovadas a elípticas u obovadas, frecuentemente 3-lobadas, indumento de tricomas estrellados y/o simples, margen irregularmente serrado, frecuentemente serrado-glandular, 3–7 nervios basales con nervios laterales adicionales arriba; estípulas generalmente persistentes. Inflorescencias cimosas, axilares o terminales, pocas a muchas flores amarillas, epicáliz ausente, pistilodio residual y estaminodios presentes en las flores unisexuales; sépalos 5, libres, frecuentemente con apéndices en el ápice, deciduos; pétalos 5 o ausentes en algunas especies (*T. lappula*), de forma variada, más cortos o iguales a los sépalos en longitud, glándulas ausentes; androginóforo presente (casi obsoleto en *T. lappula*), con 5 glándulas esféricas o alargadas (ausentes en *T. lappula*), cubiertas con un urcéolo generalmente ciliado y membranoso rodeando la base de los estambres; estambres (5–) 15–60, anteras más o menos oblongas, mediifijas y versátiles, dehiscencia longitudinal; ovario súpero, sésil en el androginóforo, cubierto por espínulas hialinas, 2 ó 3-loculares, cada lóculo con 2 óvulos. Frutos secos, cápsula indehiscente o dehiscente loculicida, terete, cubierta con tubérculos, espinas o cerdas, los ápices de los cuales son hialinos y erectos hasta marcadamente uncinados; semillas comprimidas ovoides o piriformes.

Un género pantropical grande con ca 150 especies, algunas ampliamente distribuidas como malezas en áreas cultivadas. Alrededor de 50 especies en la región neotropical, la mayoría en México, 6 conocidas y 1 más se espera encontrar en Nicaragua. También es posible que *T. grandiflora* Vahl sea encontrada en Nicaragua. Esta es una especie muy comúnmente distribuida desde México hasta Brasil y Bolivia (en Centroamérica generalmente sobre 1200 m), tiene frutos 3-loculares, 5–6 mm de diámetro, con muchas espinas curvadas y yemas florales oblongas de 14–18 mm de largo.

K.K. Lay. The American species of *Triumfetta* L. Ann. Missouri Bot. Gard. 37: 315–395. 1950; D. González. A Revision of the Venezuelan-Brazilian Species of the Genus *Triumfetta*, M.S. Thesis, University of Kentucky, Lexington. 1976; P.A. Fryxell. A synopsis of the Neotropical species of *Triumfetta*. *In*: P. Mathew y M. Sivadasan. Diversity and Taxonomy of Tropical Flowering Plants. 167–192. 1998

1. Flores y frutos grandes, sépalos más de 20 mm de largo y cuerpo de los frutos 8 mm de largo o más
    2. Hojas elípticas u obovadas, no lobadas; pecíolo hasta 1 cm de largo; pétalos subiguales en longitud a los sépalos; frutos completamente cubiertos por espínulas flexuosas densa y largamente plumosas .... **T. polyandra**
    2. Hojas ovadas típicamente 3-lobadas; pecíolo más de 1 cm de largo; pétalos ca 1/5 la longitud de los sépalos; cuerpo de los frutos visible entre numerosas espinas rígido-puberulentas o escasamente cortamente plumosas .... **T. speciosa**
1. Flores y frutos pequeños, sépalos hasta 13 mm de largo y cuerpo de los frutos hasta 5 mm de largo

3. Arboles o arbustos; flores unisexuales, yemas ampliamente ovoides, contraídas cerca a la base; sépalos completamente cubiertos con tricomas estrellado-vellosos blancos; fruto con espínulas flexuosas largamente plumosas .... **T. calderonii**

3. Arbustos; flores perfectas, yemas estrechamente oblongas a panduradas, contraídas en o arriba de la mitad; sépalos con pocos a numerosos tricomas estrellados; fruto con espinas rígidas retro-hispídulas o glabras

    4. Yemas florales panduriformes bulbosas en el ápice; sépalos marcadamente cuculados; frutos con espinas glabras .... **T. rhomboidea**

    4. Yemas florales estrechamente oblongas no bulbosas en el ápice; sépalos no cuculados; frutos con espinas retro-hispídulas

        5. Pétalos ausentes; androginóforo formado sólo de un urcéolo diminuto no ciliado, glándulas ausentes; fruto densa y persistentemente cubierto con tricomas estrellados de brazos largos .... **T. lappula**

        5. Pétalos presentes; urcéolo ciliado, 1/2–3/4 de la longitud del androginóforo, glándulas presentes; fruto puberulento a tomentoso con tricomas estrellados

            6. La haz de la hoja predominantemente con tricomas simples y estrellados solo con 2 brazos, y con pocos tricomas estrellados con muchos brazos .... **T. bogotensis**

            6. La haz de la hoja con tricomas estrellados de variado número de brazos, tricomas simples ausentes .... **T. semitriloba**

Triumfetta bogotensis DC., Prodr. 1: 506. 1824; *T. pilosa* Kunth; *T. dumetorum* Schltdl.

Arbustos 1–3 m de alto; ramas e inflorescencia dispersamente pilosas con tricomas estrellados de brazos largos sobre una capa densa a dispersa, tomentosa a cortamente pilosa, de tricomas estrellados de brazos cortos; plantas hermafroditas. Hojas ampliamente ovadas, frecuentemente 3-lobadas, lobo terminal con ápice acuminado, base redondeada a subcordada, margen irregularmente serrado, dientes basales glandulares, haz con tricomas adpresos, predominantemente simples y estrellados de 2 brazos, algunos tricomas estrellados de muchos brazos frecuentemente presentes, envés con numerosos tricomas estrellados de brazos largos; pecíolos 4–6 cm de largo, más cortos en las hojas subyacentes a las inflorescencias. Inflorescencia axilar, yemas oblongas, contraídas casi la mitad, (3–) 7–11 mm de largo; sépalos (7–) 8–13 mm de largo, con ápices no cuculados, apéndices 2–3 mm de largo, externamente puberulentos con tricomas estrellados de brazos cortos hasta hispídulos de brazos largos; pétalos ampliamente obovados, 5–9 mm de largo; androginóforo ca de 1 mm de largo, urcéolo ca 1/2 de esta longitud, no lobado, ciliado; estambres (15–) 25–30; ovario con espínulas marcadamente uncinadas en el ápice hialino, estilo 8–9 mm de largo. Frutos globosos, cuerpo 3–4 mm de diámetro, estrellado-puberulento hasta tomentosos, espinas delgadas y rígidas, ca 80–100, ca 3 mm de largo, retro-hispídulas, ápice hialino marcadamente uncinado; semillas 2–3 mm de largo.

Especie ruderal común en bosques secundarios, zonas pacífica y norcentral; 800–1600 m; fl y fr oct–feb; *Moreno 6675, Stevens 21018*; México hasta Argentina y en las Antillas. Esta especie está estrechamente relacionada con *T. semitriloba* y aparentemente puede formar híbridos con ésta donde llegan a encontrarse. Las colecciones con características intermedias han sido colectadas en Matagalpa, Jinotega, Estelí y Nueva Segovia.

Triumfetta calderonii Standl., J. Wash. Acad. Sci. 14: 98. 1924.

Arboles pequeños o arbustos grandes 6–8 m de alto; ramas jóvenes e inflorescencias dispersamente pilosas con tricomas simples largos sobre una capa tomentosa de tricomas pequeños fasciculado-estrellados y tomento furfuráceo adpreso; plantas dioicas. Hojas ampliamente ovadas, a menudo indistintamente 3-lobadas, ápice acuminado, base redondeada o subcordada, margen irregular y gruesamente serrado con dientes glandulares basales, haz con numerosos tricomas simples y estrellados de brazos largos, envés cubierto por una maraña densa de tricomas estrellados flexuosos de brazos largos, los brazos enredados y generalmente con apariencia aracnoide a simple vista; pecíolos 2.5–4 cm de largo. Inflorescencias terminales con muchas hojas y brácteas reducidas, yemas ampliamente ovoides, contraídas cerca de la base, ca 3–5 mm de largo; sépalos 5–7 mm de largo, con ápices no cuculados, apéndices 0.1–1.2 mm de largo, externamente longivellosos con tricomas estrellados; pétalos obovados, ca 2 mm de largo; androginóforo 0.5 mm de largo, urcéolo 1/2–3/4 de esta longitud, con muchos lobos, ciliado; estambres 40 en las flores estaminadas (pocos filamentos sin anteras en las pistiladas); ovario con espínulas erectas en el ápice hialino, estilo 2–3 mm de largo. Fruto globoso, cuerpo 2–3 mm de diámetro, densa y persistentemente velloso, espínulas delgadamente flexuosas, ca 50, 4–5 mm de largo, densamente blanco-plumosas, ápice hialino ligeramente deflexo; semillas ca 1 mm de largo.

Común en bosques alterados deciduos y laderas rocosas, zonas pacífica y norcentral; 400–1300 m; fl jul–nov, fr nov–feb; *Moreno 25052, Stevens 16002*; Honduras hasta Costa Rica. Investigaciones futuras probablemente mostraran que esta especie y *T. dioica* Brandegee son sinónimos de *T. arborescens* (Seem.) Sprague, extendiéndose así el área de distribución desde el sur de México hasta Panamá.

Triumfetta lappula L., Sp. Pl. 444. 1753.

Arbustos hasta 2.5 m de alto; ramas e inflorescencias pilosas con tricomas estrellados de brazos largos; plantas hermafroditas. Hojas ampliamente ovadas, frecuentemente 3-lobadas, lobo terminal acuminado, con base obtusa a truncada, márgenes irregularmente serrados, dientes (especialmente los basales) frecuentemente glandulares, haz densamente cubierta con tricomas estrellados de brazos largos (o de brazos largos y cortos), envés densamente cubierto con tricomas estrellados de brazos largos traslapados; pecíolos ca 6–8 cm de largo, más cortos distalmente. Inflorescencias axilares, pero todas juntas frecuentemente formando una panícula pseudo-terminal larga, con brácteas filiformes gradualmente reducidas, al madurar con numerosos frutos, yemas estrechamente oblongas, a veces ligeramente contraídas en la mitad, ca 3 mm de largo; sépalos 2.5–5 mm de largo, con ápices no cuculados y apéndices muy cortos hasta 0.2 mm de largo, externamente con densos a numerosos tricomas estrellados de brazos largos; pétalos ausentes; androginóforo presente sólo como urcéolo, glándulas ausentes, urcéolo diminuto, no lobado, no ciliado; estambres 5 ó 10 (o raramente 15); ovario con espínulas marcadamente uncinadas en el ápice hialino, estilo 3–4.5 mm de largo. Fruto ampliamente elíptico o globoso, cuerpo 2.5–4 mm de diámetro, densa y persistentemente cubierto con tricomas estrellados de brazos largos, espinas delgadas y rígidas, ca 50, 1.5–3.5 mm de largo, retrohispídulas, ápice hialino marcadamente uncinado; semillas ca 1.5–2 mm de largo.

Maleza común en áreas alteradas, en todo el país; 0–1000 m; fl nov–mar, fr dic–jul; *Stevens 7232, 19281*; México a Panamá, Sudamérica a Bolivia y en las Antillas. "Mozote".

Triumfetta polyandra DC., Prodr. 1: 508. 1824; *T. insignis* S. Watson.

Arboles pequeños o arbustos grandes, 3–4 m de alto; ramas e inflorescencias densamente pilosas con tricomas estrellados de brazos casi erectos, largos; plantas hermafroditas. Hojas ampliamente elípticas a obovadas, redondeadas a cortamente agudas en el ápice, redondeadas a cordadas en la base, margen serrulado al menos distalmente, haz con abundantes y dispersos tricomas estrellados de brazos largos, envés densamente cubierto con tricomas estrellados de brazos largos, patentes; pecíolos 0.5–1 cm de largo. Inflorescencias axilares y terminales, yemas oblongas, sin contracción, 25–35 mm de largo; sépalos 20–35 mm de largo, con ápice no cuculado y apéndices 1–3 mm de largo, externamente con densos tricomas estrellados de brazos largos; pétalos ampliamente obovados, hasta ca 35 mm de largo; androginóforo ca 0.75 mm de largo, urcéolo 1/2 de esta longitud, con muchos lobos, ciliado; estambres 40–50; ovario con espínulas erectas en el ápice hialino, estilo 25–28 mm de largo. Frutos fácilmente dehiscentes, globosos, cuerpo ca 10 mm de diámetro, glabros pero completamente cubiertos por espínulas, espínulas delgadamente flexuosas, muy numerosas, ca 10 mm de largo, densa y largamente plumosas, ápices hialinos erectos a ligeramente deflexos; semillas ca 2 mm de largo.

Rara en bosques de pino-encinos, Nueva Segovia; 600–700 m; fl sep, fr dic; *Moreno 13364, 24608*; sur de México (Nayarit, Jalisco) a Nicaragua.

Triumfetta rhomboidea Jacq., Enum. Syst. Pl. 22. 1760; *Bartramia indica* L.; *T. bartramia* L.

Arbustos 1–3 m de alto; ramas e inflorescencia dispersamente pilosas con tricomas estrellados de brazos largos sobre una capa densa a dispersa, tomentosa a cortamente pilosa, de tricomas estrellados de brazos cortos; plantas hermafroditas. Hojas ampliamente ovadas, a veces 3-lobadas, ápice obtuso a acuminado, base redondeada o aguda, márgenes irregularmente serrados, con dientes glandulares cerca de la base, haz con pocos a numerosos tricomas estrellados de brazos largos y cortos, envés con numerosos tricomas estrellados de brazos largos traslapados; pecíolos 3–5 cm de largo, más cortos en las hojas subyacentes a las inflorescencias. Inflorescencias axilares, yemas ligeramente panduradas con ápice más ancho que la base, ligeramente contraídas abajo del ápice bulbosamente lobado, 5–7 mm de largo; sépalos ca 6.5 mm de largo, con ápice conspicuamente cuculado, capuchones ca 1 mm de largo y apéndices 0.5–1 mm de largo, externamente con numerosos tricomas estrellados a glabrescentes; pétalos ampliamente obovados, 5–6 mm de largo; androginóforo 0.5–0.8 mm de largo, urcéolo ca 1/2 de esta longitud, no lobado (lobado), ciliado; estambres 10–15; ovario con espínulas marcadamente uncinadas en el ápice hialino, estilo 5–6 mm de largo. Frutos globosos, cuerpo 3–4 mm de diámetro, densa, persistente y cortamente blanco-vellosos, espinas delgadas y rígidas, 70–100, ca 0.8–1 mm de largo, glabras, ápice hialino marcada a débilmente arqueado; semillas 1.8–2.5 mm de largo.

Conocida en Nicaragua de una sola colección, (*Stevens 20869*) realizada en playas de mar, Río San Juan; nivel del mar; fl oct; una planta costera ruderal desde Estados Unidos (Florida) hasta Perú y este de Brasil, también en las Antillas. Aparentemente introducida en Centroamérica y luego en el Pacífico e Indo-Malasia. Tratada por Lay, 1950 y en la *Flora of Guatemala* bajo el nombre de *T. bartramia*, un nombre superfluo para *B. indica*.

Triumfetta semitriloba Jacq., Enum. Syst. Pl. 22. 1760.

Arbustos pequeños, 1–2 m de alto; ramas e inflorescencia con dispersos tricomas estrellados de brazos largos, pilosos sobre una capa densa a dispersa, tomentosa a cortamente pilosa, de tricomas estrellados de brazos cortos, plantas hermafroditas. Hojas generalmente ampliamente ovadas, las distales más elíptico-lanceoladas, frecuentemente más o menos 3-lobadas, ápice del lobo terminal acuminado, base cuneada o redondeada, margen irregularmente serrado y comúnmente glandular, haz con tricomas estrellados de brazos largos, con diferente número de brazos, envés con numerosos tricomas estrellados de brazos largos; pecíolos 3–6 cm de largo. Inflorescencias axilares, yemas angostamente oblongas, contraídas en la mitad, 3–7 mm de largo; sépalos 5–10 mm de largo con ápices no cuculados y apéndices 1–2 mm de largo, externamente con tricomas estrellados hispídulos a dispersos; pétalos linear-elípticos, 5–10 mm de largo; androginóforo 0.5–0.8 mm de largo, urcéolo ca 3/4 de esta longitud, lobado y ciliado; estambres 10–25 (–27); ovario con espínulas marcadamente uncinadas en el ápice hialino, estilo 5–7 mm de largo. Frutos subglobosos, cuerpo 3–5 mm de diámetro, estrellado-puberulentos (tomentosos), espinas delgadas y rígidas, 50–75, 2–3 mm de largo,

retro-hispídulo, ápice hialino marcadamente uncinado; semilla ca 1.5 mm de largo.

Planta común ruderal encontrada en vegetación secundaria, zonas pacífica y norcentral; 700–1500 m; fl y fr sep–may; *Moreno 14476, Stevens 17874*; casi pantropical, en América tropical desde México a Argentina y en las Antillas.

Triumfetta speciosa Seem., Bot. Voy. Herald 86. 1853.

Arbustos o árboles pequeños, 1.5–4 m de alto; ramas e inflorescencia densamente pilosos con tricomas estrellados de brazos largos sobre una capa de tricomas estrellado-puberulentos; plantas hermafroditas. Hojas ampliamente ovadas, frecuentemente 3-lobadas, ápice del lobo terminal acuminado, base redondeada a cordada, márgenes irregularmente serrados y glandulares, haz con abundantes a dispersos tricomas estrellados de brazos largos, envés con densos a abundantes tricomas estrellados de brazos largos; pecíolos 1–5 cm de largo. Inflorescencias axilares, yemas angostamente lanceoladas, a veces ligeramente contraídas arriba de la mitad, 25–35 (–40) mm de largo; sépalos 30–50 mm de largo, con ápices no cuculados y apéndices 2–3 mm de largo, externamente con numerosos a esparcidos tricomas estrellados; pétalos estrechamente lanceolados, ca 4–7 mm de largo; androginóforo ca 1 mm de largo, urcéolo la 1/2 de esta longitud, con margen ondulado, ciliado; estambres ca 20; ovario con espínulas erectas a deflexas en el ápice hialino, estilo 30–34 mm de largo. Fruto globoso, cuerpo 8–11 mm de diámetro, puberulento, espinas delgadamente rígidas, ca 100, 3–4 mm de largo, puberulentos a plumosos con tricomas cortos, ápice hialino deflexo a arqueado; semillas ca 2.5 mm de largo.

Se espera encontrar en Nicaragua. Una especie de áreas abiertas en áreas montañosas, frecuentemente en bosques de pino, desde México hasta Panamá.

TOVARIACEAE Pax

James S. Miller

Hierbas o arbustos, a veces escandentes, glabros, muy aromáticos; plantas hermafroditas. Hojas alternas, trifoliadas, sin estípulas. Inflorescencias racimos alargados, terminales, flores actinomorfas pequeñas, abrazadas por brácteas lanceoladas; sépalos (6–) 8 (9), libres, imbricados y deciduos; pétalos (6–) 8 (9), sésiles; estambres (6–) 8 (9), insertos en el disco nectarífero; ovario globoso, cortamente estipitado a casi sésil, 6–8-carpelar, óvulos numerosos, campilótropos, estilo corto o ausente, estigmas 6–8, cortos, sésiles o casi sésiles. Fruto una baya globosa, estigmas persistentes; semillas numerosas con el embrión encorvado y rodeado por endosperma aceitoso.

Familia con un solo género monotípico, *Tovaria*, ampliamente distribuida en América tropical, pero en las

Antillas solamente se conoce de Jamaica. La familia está estrechamente relacionada con Capparaceae pero se diferencia de ésta por el endosperma bien desarrollado, la placentación axilar y mayor número de sépalos, pétalos y carpelos.

Fl. Guat. 24(4): 380. 1946; Fl. Pan. 66: 117–121. 1979.

TOVARIA Ruiz & Pav.

Tovaria pendula Ruiz & Pav., Syst. Veg. Fl. Peruv. Chil. 85. 1798.

Hierbas, arbustos o raramente árboles, hasta 1.5 m de alto. Hojas con 3 folíolos lanceolados a lanceolado-ovados, el folíolo central más grande, usualmente 7–13 cm de largo y 1.5–5 cm de ancho, ápice agudo a largamente acuminado, base obtusa, márgenes enteros; pecíolo 2.5–5.5 cm de largo. Racimos laxos, hasta 30 cm de largo o raramente más largos, verdes o amarillos a blancos; sépalos lanceolados, 3–5 mm de largo; pétalos más o menos elípticos, 3–7 mm de largo; filamentos ca 1 mm de largo, aplanados, anteras 1–2 mm de largo; ovario globoso, 1-locular pero parcialmente dividido, estigmas 6–8. Fruto 1–1.5 cm de ancho.

Aún no ha sido colectada en Nicaragua pero se espera encontrar, especie rara de sitios alterados, en elevaciones medias y altas, distribuida desde México a Sudamérica y en Jamaica.

TRIGONIACEAE Endl.

Eduardo Lleras

Arboles, arbustos o arbustos escandentes; ramas teretes, lenticeladas; plantas hermafroditas. Hojas simples, enteras, alternas u opuestas, nervadura pinnada; estípulas interpeciolares presentes, deciduas o caducas. Inflorescencias tirsos, panículas o racimos a veces reducidas a cimas; flores bibracteoladas, zigomorfas, hipóginas a subperíginas, plano de simetría a través del tercer sépalo, receptáculo de forma y tamaño variados, ligeramente giboso en la base; cáliz gamosépalo, quincuncial, la base cupulada, sépalos imbricados en yema, desiguales; corola papilionácea, pétalos 5, contortos en yema, los 2 anteriores formando una quilla, a veces sacciformes, el pétalo posterior o estandarte sacciforme, los 2 pétalos laterales o alas espatulados; estambres 5–8, monadelfos, estaminodios 1–4 o ausentes, unilaterales, opuestos a los 2 pétalos de la quilla, tubo del filamento subperígino, anteras introrsas, ditecas, dehiscencia longitudinal; glándulas del disco opuestas al estandarte, a veces laciniadas; ovario súpero, básicamente 3-locular, a veces 4-locular, si 1-locular entonces por reducción de los septos parietales, columna central ausente, óvulos 1–numerosos, biseriados, anátropos, unidos a los extremos anteriores de los septos laterales, estilo terminal, simple, capitado. Fruto una cápsula septicida o una sámara 3-alada; semillas exalbuminadas, embrión recto, longitudinal o transverso al eje de la semilla, cotiledones planos, delgados, radícula muy corta.

Familia con 3 géneros y ca 30 especies, *Trigonia* en América tropical, un género en Madagascar y el otro en Malasia; 1 género con 1 especie se encuentra en Nicaragua y una especie adicional se espera encontrar.

Fl. Guat. 24(6): 1–2. 1949; Fl. Pan. 54: 207–210. 1967; E. Warming. Trigoniaceae. *In:* C.F.P. Martius. Fl. Bras. 13(2): 117–143. 1849; P.C. Standley. Trigoniaceae. N. Amer. Fl. 25. 297–298. 1924; E. Lleras. Trigoniaceae. Fl. Neotrop. 19: 1–73. 1978.

TRIGONIA Aubl.

Hojas opuestas. Inflorescencias tirsos (en Nicaragua), panículas o racimos. Fruto una cápsula dehiscente desde el ápice hasta la base; semillas 2–varias por lóculo, pubescentes.

Un género con unas 28 especies distribuidas desde el sur de México (Chiapas) hasta el norte de Paraguay, generalmente en bosques de baja altitud. Las semillas pubescentes, así como los datos de colección y observaciones personales, sugieren que el género se encuentra de manera general restringido a los márgenes de bosques o a bosques de galería.

1. Pecíolos 2–5 mm de largo; flores en cimas bifloras; estandarte espolonado .... **T. eriosperma** ssp. **membranacea**
1. Pecíolos 5–25 mm de largo; flores en dicasios de 1–3 flores; estandarte globoso .... **T. rugosa**

Trigonia eriosperma ssp. **membranacea** (A.C. Sm.) Lleras, Fl. Neotrop. 19: 47. 1978; *T. membranacea* A.C. Sm.; *T. rasa* Standl. & Steyerm.

Arbustos o arbustos escandentes; ramas estrigosas, glabrescentes. Hojas oblongo-obovadas a oblongo-elípticas, 4–9 cm de largo y 2.5–3.5 cm de ancho, ápice acuminado, base obtusa, membranáceas a cartáceas, ligeramente estrigosas a glabras, nervios secundarios 4–7 pares, impresos; pecíolos estrigosos, estípulas lineares, 1.5–4 mm de largo, estrigosas a casi glabras, caducas. Inflorescencias terminales, 3–10 cm de largo, pedúnculos 1–6 mm de largo, tomentulosos o estrigosos, brácteas lineares, 0.7–4 mm de largo, estrigosas, pedicelos 1–3 mm de largo, tomentulosos o estrigosos, bractéolas deltoides a lineares, 0.2–1 mm de largo; sépalos 2–3 mm de largos, tomentulosos o estrigosos; estandarte 4–5 mm de largo, la bolsa extendiéndose a 1/4 del tamaño, espolonado, barbado en la garganta, las alas espatuladas, 2.5–3.5 mm de largo, barbadas en la base, los pétalos de la quilla 2.8–3.5 mm de largo, la bolsa central en el pétalo, nasiforme; estambres 9–10, 6 fértiles y 3–4 estaminodios, filamentos 0.9–1.2 mm de largo, connados 4/5 de su longitud, los estaminodios con un pequeño apéndice terminal en forma de botón, anteras subglobosas; glándulas 2, bilobadas, vellosas; ovario densamente velloso, óvulos ca 4 por lóculo. Fruto oblongo, 1.5–2 cm de largo, exocarpo velutino cuando inmaduro, glabrescente; semillas subglobosas, ca 1 mm de diámetro, vellosas.

No se ha colectado en Nicaragua, pero se espera encontrar en la zona atlántica; áreas relativamente abiertas de la costa de México (Chiapas), Guatemala, Belice, Panamá y Colombia. Otras 2 subespecies se encuentran en el sur de Brasil.

Trigonia rugosa Benth., Bot. Voy. Sulphur 74. 1844; *T. floribunda* Oerst.; *T. rigida* Oerst.; *T. thyrsifera* Donn. Sm.; *T. euryphylla* Standl.; *T. panamensis* Standl.

Arbustos escandentes o subescandentes, las ramas jóvenes densamente tomentosas, glabrescentes. Hojas oblongo-elípticas a obovadas, (3.5–) 5–15 cm de largo y (2.5–) 4–8 cm de ancho, ápice redondeado o agudo, base obtusa o aguda, cartáceas o subcoriáceas, tomentosas a estrigosas, nervios secundarios 6–9 pares, pubescencia intercostal ausente en la haz, lanado-adpresa a aracnoide en el envés cuando joven, frecuentemente glabrescentes; pecíolos tomentosos o glabros, estípulas caducas. Inflorescencias terminales y subterminales, 7–25 cm de largo, dicasios dispuestos en inflorescencias secundarias que varían desde dicasios dicótomos a címulas individuales, ejes de las inflorescencias secundarias 4–7 mm de largo, tomentosos, brácteas ovadas, 2–3.5 mm de largo, tomentosas, pedúnculos 0.7–2 mm de largo, tomentosos, pedicelos 1–2 mm de largo, tomentosos, brácteas y bractéolas pedunculares de igual tamaño, 0.8–1.5 mm de largo, tomentosas; sépalos 2.2–3.5 mm de largo, lanados; estandarte 3.2–4 mm de largo, la bolsa globosa, extendiéndose hasta la mitad del tamaño, el ápice revoluto, barbado en la garganta, las alas anchamente espatuladas, 2.8–3.2 mm de largo, barbadas en la base, los pétalos de la quilla 2.7–2.9 mm de largo, a veces sin bolsa; estambres 8–10, 6 fértiles y 2–4 estaminodios, a veces con apéndices en forma de botón, filamentos 1–1.2 mm de largo, connados hasta la mitad, anteras oblongas; glándulas 2, 2–3-lobadas, vellosas o glabras; ovario cortamente velloso, óvulos numerosos. Fruto oblongo a elíptico, 2–3.2 cm de largo, exocarpo velutino-tomentoso, glabro cuando maduro, amarillento cuando joven; semillas ovadas, ca 0.4 mm de largo, velloso-barbadas.

Común, en bosques deciduos o mixtos o en bosques de galería y menos frecuente en áreas abiertas, zona pacífica; 40–600 m; fl jun–sep, fr jul–feb; *Stevens 3900, 9535*; sur de México hasta el norte de Colombia. Es sin duda, la especie mejor colectada del género; presenta una gran variación fenotípica, lo cual ha llevado a una extensa sinonimia.

TROPAEOLACEAE DC.

Carol A. Todzia

Hierbas anuales o perennes, muchas veces subsuculentas, escandentes o raramente procumbentes, a veces con rizomas tuberosos; plantas hermafroditas. Hojas alternas; láminas enteras, lobadas o palmadamente divididas, peltadas o subpeltadas, palmatinervias; pecíolos largos, normalmente del mismo largo de la lámina o más largos; estípulas presentes o ausentes. Flores comúnmente solitarias, axilares, vistosas, marcadamente irregulares o a veces subactinomorfas (*Trophaeastrum*), con pedúnculos largos y péndulos o erectos (*Trophaeastrum*); sépalos 5, libres, imbricados, uno de ellos en general largamente espolonado; pétalos 5, libres, imbricados, unguiculados, los 2 superiores usualmente más pequeños que los 3 inferiores, enteros, serrados o lobados, ciliados o no; estambres 8, filamentos libres, anteras pequeñas, basifijas, con dehiscencia longitudinal; pistilo simple, estilo delgado, estigma seco, 3-lobado, ovario 3-locular, con 1 óvulo por lóculo. Fruto un esquizocarpo con 3 mericarpos o sámaras (*Magallana*); semillas con un embrión grande y recto y 2 cotiledones gruesos, endosperma ausente.

Familia con 3 géneros y aproximadamente 90 especies, alcanzando desde las montañas de México hasta la Patagonia; 1 género con 3 especies se encuentra en Nicaragua.

Fl. Guat. 24(5): 385–387. 1946; Fl. Pan. 62: 15–20. 1975; B. Sparre y L. Andersson. A taxonomic revision of the Tropaeolaceae. Opera Bot. 108: 1–139. 1991.

TROPAEOLUM L.

Hierbas anuales o perennes, mayormente trepadoras, a veces con rizomas tuberosos. Hojas alternas, a veces estipuladas; láminas enteras, lobadas o palmadamente divididas, peltadas o subpeltadas. Flores generalmente solitarias, axilares, zigomorfas, largamente pedunculadas; cáliz 5-lobado, terminando en un espolón; pétalos 5, libres, imbricados, unguiculados; estambres 8; pistilo simple, estigma 3-lobado, ovario 3-locular. Fruto un esquizocarpo con 3 carpelos indehiscentes.

Género con ca 86 especies alcanzando desde el sur de México hasta la Patagonia y el sureste de Brasil; 3 especies en Nicaragua. *T. pendulum* Klotzsch es nativa de Centroamérica y conocida de Costa Rica y Panamá y *T. peregrinum* L., una especie nativa de Perú, se reporta como cultivada en Panamá.

1. Hojas con 3 nervios principales, los laterales furcados; pétalos inferiores no ciliados en la base de la lámina o en la uña .... **T. emarginatum**
1. Hojas con 5 o más nervios principales, los 3 medios no furcados; pétalos inferiores ciliados en la base de la lámina
   2. Pétalos superiores 30–40 mm de largo; espolón 25–35 mm de largo, más obscuro en el ápice .... **T. majus**
   2. Pétalos superiores 8–9 mm de largo; espolón 20–25 mm de largo, más claro en el ápice .... **T. moritzianum**

Tropaeolum emarginatum Turcz., Bull. Soc. Imp. Naturalistes Moscou 31(2): 425. 1858.

Trepadoras anuales hasta 8 m de alto, glabras o rara vez esparcidamente pubescentes en la base de los pecíolos. Hojas suborbiculares, 3–6 cm de largo y 4–7 cm de ancho, algo glaucescentes en el envés, 5-lobadas a sublobuladas, peltadas, con 3 nervios principales, los nervios laterales furcados; pecíolos 5–9 cm de largo. Pedúnculos 5–9 cm de largo; sépalos 9–10 mm de largo y 6–7 mm de ancho, rojos a amarillo-verdes, espolón 20–25 mm de largo; pétalos serrado-ciliados, amarillos, los superiores cuneados a espatulados, 8–9 mm de largo y 4 mm de ancho cerca del ápice, frecuentemente con una mácula morada, los inferiores 10–11 mm de largo y 4–5 mm de ancho, no maculados, con uña 5–6 mm de largo, no ciliada. Carpelos triangulares cuando en fruto, 5–6 mm de largo, acostillados.

Poco común, en nebliselvas en la zona norcentral; 1200–1400 m; fl ene, may; *Stevens 11410, 11452*; sur de México a Colombia.

Tropaeolum majus L., Sp. Pl. 345, errata. 1753.

Trepadoras o rastreras anuales. Hojas suborbiculares, 3–10 cm de diámetro, glabras, enteras o con los márgenes undulados, peltadas, con los 7–10 nervios principales no furcados; pecíolos 15–20 cm de largo. Pedúnculos 10–20 cm de largo; sépalos 15–18 mm de largo y 8–9 mm de ancho, verde-amarillentos, espolón 25–35 mm de largo; pétalos enteros o undulados, amarillos a rojos con líneas y puntos amarillos a morados, los superiores cuneados, 30–40 mm de largo, los inferiores 15–20 mm de largo y de ancho, con uña 12–15 mm de largo, ciliada. Carpelos ca 10 mm de largo cuando en fruto, con costillas rugosas.

Cultivada y naturalizada; *Zeledón 55*; desconocida como planta silvestre pero comúnmente cultivada en las regiones tropicales y templadas.

Tropaeolum moritzianum Klotzsch, Allg. Gartenzeitung 6: 241. 1838.

Trepadoras anuales hasta 10 m de largo, glabras. Hojas suborbiculares a orbiculares, 3.5–12.5 cm de largo y 4–11 cm de ancho, glaucescentes en el envés, ligeramente 5–7-lobadas a sublobadas, peltadas, con 5 nervios principales, los 3 medios no furcados; pecíolos 10–15 cm de largo. Pedúnculos 10–19 cm de largo; sépalos 10–12 mm de largo y 4–5 mm de ancho, rojos a verdes, espolón 20–25 mm de largo, rojo; pétalos serrado-ciliados, amarillos a rojos, los superiores cuneados a espatulados, 8–9 mm de largo y 4–5 mm de ancho, los inferiores 10–12 mm de largo, con uña ca 4 mm de largo, ciliada. Carpelos triangulares cuando en fruto, 10 mm de largo, acostillados.

Común, en bosques alterados y en las orillas de caminos, en la zona pacífica; 600–1300 m; fl may, sep–nov; *Moreno 4422*, *Stevens 4533*; Guatemala a Colombia y Venezuela.

TURNERACEAE DC.

María Mercedes Arbo

Hierbas anuales o perennes, arbustos o árboles, con pelos simples, glandulares o porrecto-estrellados; plantas hermafroditas. Hojas simples, alternas, con nervadura pinnada, pecioladas. Flores actinomorfas, solitarias (en Nicaragua) o a veces en racimos terminales o cimas axilares, profilos 2, generalmente opuestos; sépalos 5, prefloración quincuncial; pétalos 5, unguiculados, alternisépalos, prefloración contorta; estambres 5, episépalos; anteras ditecas, dehiscencia longitudinal introrsa, polen triaperturado; ovario súpero, 3-carpelar, unilocular, placentación parietal, óvulos anátropos, estilos 3, cilíndricos. Cápsulas loculicidas, 3-valvadas; semillas albuminadas, exóstoma prominente, rafe linear, arilo hilar, en vivo carnoso, blanquecino, en seco membranáceo.

Familia con 10 géneros, 6 africanos, 1 americano y 3 con representantes en América y Africa o Madagascar, con aproximadamente 160 especies tropicales y subtropicales; 3 géneros y 8 especies en Nicaragua. Hormigas de diferentes especies participan en la diseminación de las semillas y visitan con regularidad las plantas con nectarios foliares.

Fl. Guat. 24(3): 109–115. 1961; Fl. Pan. 54: 85–94. 1967; I. Urban. Monographie der Familie der Turneraceen. Jahrb. Königl. Bot. Gart. Berlin 2: 1–152. 1883.

1. Arboles 10–30 m de alto; flores rojas o rojizas, sépalos apenas connados en la base, pétalos libres .... **Erblichia**
1. Arbustos o hierbas; flores amarillas o rosadas, sépalos soldados entre sí en la porción basal, pétalos con la uña soldada al tubo calicino
   2. Pelos simples y porrecto-estrellados; pedúnculo largo, libre; pedicelo desarrollado; flores con corona membranácea inserta en la garganta, sobre sépalos y pétalos .... **Piriqueta**
   2. Pelos simples; pedúnculo corto, generalmente adnado al pecíolo; pedicelo ausente; flores sin corona .... **Turnera**

ERBLICHIA Seem.

Erblichia odorata Seem., Bot. Voy. Herald t. 27. 1853.

Arboles 10–30 m de alto, con pelos simples, yemas axilares únicas. Hojas lanceoladas u obovado-lanceoladas, 4–13 cm de largo, crenado-glandulosas. Flores axilares, pedúnculo libre, profilos foliáceos y caducos, pedicelo articulado y bien desarrollado; flores homostilas y fragantes; sépalos 40–64 mm de largo, apenas connados en la base; pétalos obovados, 2–4 mm de largo, base con un apéndice escamiforme, rojo-anaranjados; filamentos libres; ovario fusiforme, 8–11 mm de largo, estilos divergentes desde la base, estigmas brevemente divididos. Cápsulas ligeramente rugosas; semillas 4–6 mm de largo, episperma estriado, arilo envolvente y muy amplio.

Conocida de Nicaragua por una sola colección (*Salas s.n.*) de nebliselvas, Jinotega; 1200 m; fl feb; sur de México y Centroamérica. Un género con 5 especies, las 4 restantes en Madagascar.

M.M. Arbo. Revisión del género *Erblichia*. Adansonia, n.s. 18: 459–482. 1979.

PIRIQUETA Aubl.

Hierbas anuales, con pelos simples, porrecto-estrellados y glandulares, yemas axilares seriales o a veces únicas. Hojas eglandulosas. Flores axilares, pedúnculo libre, profilos muy pequeños o ausentes, pedicelo articulado y bien desarrollado; sépalos soldados en la porción basal (1/5–1/2); pétalos con la uña soldada al tubo calicino; corona anular membranácea, borde superior fimbriado, inserta en la garganta sobre sépalos y pétalos; filamentos insertos en la base del tubo calicino, anteras dorsifijas; ovario piloso. Cápsulas generalmente globosas; semillas obovoides, reticuladas, arilo unilateral y angosto.

Género con 41 especies americanas y 1 africana; 2 especies se encuentran en Nicaragua.

M.M. Arbo. Turneraceae. Parte I. *Piriqueta*. Fl. Neotrop. 67: 1–157. 1995.

1. Plantas no glutinosas, sin pelos glandulares; flores amarillas; frutos lisos .... **P. cistoides** ssp. **cistoides**
1. Plantas glutinosas, con pelos glandulares simples, largos, con cabeza diminuta; flores rosadas; frutos rugosos .... **P. viscosa** ssp. **viscosa**

Piriqueta cistoides (L.) Griseb. ssp. **cistoides**, Fl. Brit. W. I. 298. 1860; *Turnera cistoides* L.

Hierbas 10–65 cm de alto, con pelos porrecto-estrellados. Hojas angustiovadas o angustielípticas, 15–50 mm de largo y 1–6 mm de ancho, enteras o serruladas. Flores homostilas; cáliz 4.5–6 mm de largo; pétalos amarillos; estilos bifurcados, estigmas 0.2–0.3 mm de largo. Cápsulas lisas y pilosas; semillas 1.5–1.8 mm de largo y 0.9–1 mm de ancho.

Planta ruderal poco común, en sabanas y áreas perturbadas en la zona atlántica; 0–400 m; fl y fr mar–oct; *Stevens 17799, 19434*; México al norte de Argentina, también en el Caribe. *P. cistoides* ssp. *caroliniana* (Walter) Arbo, distribuida en el sur de Estados Unidos, en el Caribe y en Sudamérica, se diferencia por sus flores más grandes y heterostilas.

Piriqueta viscosa Griseb. ssp. **viscosa**, Cat. Pl. Cub. 114. 1866.

Hierbas 15–60 cm de alto, glutinosas, con abundantes pelos glandulares simples, con la base bulbosa y cabeza diminuta. Hojas ovadas, angustiovadas o elípticas, 20–55 mm de largo y 6–22 mm de ancho, aserradas. Flores homostilas; cáliz 5–10 mm de largo; pétalos rosados o purpúreos; estilos no bifurcados, estigmas penicilados, 0.5–1 mm de largo. Cápsulas rugosas; semillas 1.6–2.1 mm de largo y 0.6–0.8 mm de ancho, retículo con aréolas pequeñas.

Conocida de Nicaragua por una sola colección (*Moreno 11799*) de bosques de pino-encinos, Chinandega; 700 m; fl y fr sep; Guatemala hasta Bolivia, también en el Caribe. La otra subespecie, *P. viscosa* ssp. *tovarensis* Urb., de Panamá, Colombia y Venezuela, se diferencia por sus semillas más gruesas y con retículo de aréolas amplias.

TURNERA L.

Hierbas o arbustos con pelos simples, yemas axilares seriales. Hojas crenado-aserradas. Flores axilares; pedúnculos y profilos desarrollados, pedicelos ausentes; sépalos soldados en la porción basal (2/5–3/5); pétalos con la uña soldada al tubo calicino, amarillos; estigmas penicilados. Cápsulas generalmente globosas; semillas reticuladas, arilo unilateral, corto o tan largo como la semilla.

Género con 2 especies africanas y alrededor de 100 especies americanas, desde el sur de Estados Unidos hasta el centro de Argentina; 5 especies en Nicaragua. *T. aromatica* Arbo (tratada como *T. odorata* Rich. en la *Flora of Guatemala*), conocida del sur de México, Belice, Guatemala y Sudamérica tropical, probablemente también se llegue a encontrar en Nicaragua; se puede distinguir por tener hojas con 1–3 pares de nectarios pequeños, pedúnculo libre y semillas globoso-obovadas.

M.M. Arbo. Nuevas especies americanas de *Turnera* (Turneraceae). Bonplandia 7: 63–99. 1993.

1. Hojas sin nectarios; pedúnculo inserto en la base del pecíolo, porción apical libre; cápsulas elipsoides .... **T. diffusa**
1. Hojas con nectarios; pedúnculo adnado al pecíolo; cápsulas globosas
   2. Hierbas perennes; filamentos soldados sólo en la base y por la cara externa al tubo calicino; cápsulas lisas
      3. Cáliz 6–10 mm de largo; cápsulas pilosas; semillas con muros del retículo no prominentes, aréolas pequeñas .... **T. curassavica**

3. Cáliz 4–6 mm de largo; cápsulas glabras excepto en el ápice; semillas con muros prominentes, aréolas amplias .... **T. pumilea**
2. Arbustos; filamentos soldados por los bordes a la uña de los pétalos hasta la garganta; cápsulas rugosas
4. Flores heterostilas; profilos subulados .... **T. scabra**
4. Flores homostilas; profilos anchos y foliáceos .... **T. ulmifolia**

Turnera curassavica Urb., Jahrb. Königl. Bot. Gart. Berlin 2: 118. 1883.

Hierbas perennes, 6–35 cm de alto, vellosas. Hojas ovadas, elípticas u obovadas, 10–65 mm de largo, con nectarios marginales. Flores epifilas, heterostilas, agrupadas hacia los ápices; pedúnculo 1–6 mm de largo, adnado al pecíolo, profilos linear-lanceolados, 3–10 mm de largo; cáliz 7–12 mm de largo; corola 3–4 mm más larga que el cáliz; filamentos soldados en la base al tubo calicino, anteras 1.5–1.7 mm de largo; estilos subglabros, estigmas 1.5–2.5 mm de largo. Cápsulas lisas y pilosas; semillas curvadas, 1.2–1.5 mm de largo, retículo con muros no prominentes, aréolas pequeñas.

Escasa, en pantanos y sabanas de pinos en el norte de la zona atlántica; 0–100 m; fl y fr mar–jul; *Davidse 2370, Stevens 7590*; Belice, Honduras, Nicaragua, Colombia y Venezuela, también en las Antillas Holandesas.

Turnera diffusa Willd. ex Schult. in Roem. & Schult., Syst. Veg. 6: 679. 1820.

Arbustos o sufrútices hasta 2 m de alto, con ramas seriales desarrolladas. Hojas variables, 5–35 mm de largo, envés albido-pubescente a tomentoso, con pelos glandulares sésiles, sin nectarios. Flores heterostilas; pedúnculo 0.5–1.5 mm de largo, inserto en la base del pecíolo, porción apical libre, profilos lanceolados, 3–7 mm de largo; cáliz 5–8 mm de largo; corola 1–2.5 mm más larga que el cáliz; filamentos soldados en la base al tubo calicino, anteras 0.6–1 mm de largo; estilos vellosos, estigmas 0.3–0.6 mm de largo. Cápsulas rugosas; semillas obovado-oblongas, 1.5–1.8 mm de largo.

Común, en playas, bosques tropicales secos y sabanas de jícaros con suelos rocosos, en la zona pacífica; 0–100 (–1000) m; fl y fr may–dic; *Moreno 10516, Stevens 23034*; sur de Estados Unidos, Centroamérica y el Caribe, también en el nordeste de Brasil. Medicinal, muy aromática.

Turnera pumilea L., Syst. Nat., ed. 10, 965. 1759.

Hierbas anuales erectas o decumbentes, 7–45 cm de alto, vellosas. Hojas ovadas o elípticas, 15–50 mm de largo, con nectarios marginales. Flores epifilas, homostilas reunidas en racimos capituliformes foliáceos; pedúnculo totalmente adnado al pecíolo, profilos subulados, raramente foliáceos; cáliz 4–6 mm de largo; corola igual al cáliz o un poco más larga; filamentos soldados en la base al tubo calicino, anteras 0.5 mm de largo; estilos glabros o con pelos simples esparcidos, estigmas 1.2–1.5 mm de largo. Cápsulas lisas, glabras excepto en el ápice; semillas virguliformes, 1.8–2.1 mm de largo, muros del retículo prominentes, aréolas amplias.

Ocasional, en lugares rocosos, abiertos, en sabanas de jícaros, laderas, flujos de lava, zona pacífica; 15–500 m; fl y fr ago–dic; *Nee 27555, Neill 2944*; sur de Estados Unidos al nordeste de Argentina.

Turnera scabra Millsp., Publ. Field Columbian Mus., Bot. Ser. 2: 77. 1900; *T. ulmifolia* var. *intermedia* Urb.; *T. ulmifolia* var. *intermedia* f. *subglabra* Urb.

Arbustos hasta 1 m de alto, muy ramificados, brevemente pilosos a vellosos. Hojas ovadas o elípticas, 2–10 mm de largo, con nectarios basilaminares. Flores epifilas, heterostilas; pedúnculo adnado al pecíolo, profilos subulados y 4–16 mm de largo; cáliz 11–22 mm de largo; corola 4–12 mm más larga que el cáliz; anteras 2.5–5 mm de largo; estilos pilosos, estigmas 1–2.5 mm de largo. Cápsulas rugosas; semillas obovoides, 2.1–2.9 mm de largo.

Frecuente, en playas, bosques y áreas perturbadas en la zona pacífica, rara en el norte de la zona atlántica; 0–1200 m; fl y fr durante todo el año; *Moreno 24743, Stevens 3734*; sur de México hasta el nordeste de Brasil, también en el Caribe. El nombre *T. ulmifolia* ha sido usado para las plantas nicaragüenses. "María López".

Turnera ulmifolia L., Sp. Pl. 271. 1753; *T. angustifolia* Mill.; *T. ulmifolia* var. *angustifolia* (Mill.) Willd.

Arbustos aproximadamente 1 m de alto, muy ramificados y pilosos. Hojas angustiovadas o angusti-elípticas, 4.5–13 mm de largo, nectarios basilaminares. Flores epifilas, homostilas; pedúnculo adnado al pecíolo, profilos foliáceos y frecuentemente con nectarios; cáliz 18–25 mm de largo; corola 8–12 mm más larga que el cáliz; anteras 4–5 mm de largo; estilos pilosos, estigmas 1.5–2 mm de largo. Cápsulas rugosas; semillas obovoides, 2.1–2.7 mm de largo y 0.9 mm de ancho.

Maleza, en manglares en la costa atlántica e islas; 0–5 m; fl y fr abr–nov; *Marshall 6518*,

Stevens 19856; Estados Unidos (cayos de la Florida), México, Centroamérica y el Caribe, naturalizada en los trópicos del Viejo Mundo. A veces identificada como *T. panamensis* Urb., especie de Panamá y norte de Colombia, con flores reunidas en cimas axilares.

TYPHACEAE Juss.

Robert R. Haynes[*] y Lauritz B. Holm-Nielsen

Hierbas perennes, glabras, creciendo de rizomas rastreros; tallos erectos; plantas monoicas. Hojas alternas, consistiendo de lámina y vaina; láminas verde pálidas, lineares, planas o plano-convexas; vainas rodeando el tallo y con 2 aurículas en el ápice. Inflorescencias terminales, dispuestas en densos racimos semejando espigas; flores densamente agrupadas, abrazadas por brácteas fugaces; flores fértiles mezcladas con las estériles, flores estaminadas en la parte superior, las pistiladas abajo, café obscuras a café-bronceadas, frecuentemente separadas por un sector del raquis desnudo; perianto de cerdas numerosas; estambres 1–7, filamentos libres o connados, anteras oblongas, basifijas, con dehiscencia longitudinal, conectivo prolongándose en un ápice obtuso, polen solitario o en tétrades; carpelo 1, ovario súpero, cortamente pediculado, fusiforme, óvulos espatulados o romboide-fusiformes. Fruto un aquenio diminuto, subsésil a largamente estipitado, fusiforme a elipsoide; embrión recto, endosperma carnoso o farináceo.

Una familia de distribución casi cosmopolita con 1 género y unas 8–10 especies; 1 especie conocida de Nicaragua.

Fl. Guat. 24(1): 63–67. 1958; Fl. Pan. 30: 99. 1943; P. Wilson. Typhaceae. N. Amer. Fl. 17: 3–4. 1909.

TYPHA L.

Typha domingensis Pers., Syn. Pl. 2: 532. 1807; *T. truxillensis* Kunth.

Tallos 2.5–4 m de alto. Hojas 10 o más, lineares, planas, hasta 2.5 m de largo y 1.5 cm de ancho. Inflorescencias con las flores estaminadas y pistiladas separadas; inflorescencias carpeladas café-bronceadas; polen solitario.

Localmente abundante en aguas poco profundas o en áreas inundadas, en las zonas norcentral y pacífica; 0–900 m; fl y fr dic–jun; *Haynes 8397*, *Stevens 20050*; Golfo de México hasta Argentina.

ULMACEAE Mirb.

Carol A. Todzia

Arboles o arbustos, generalmente con madera dura y savia transparente; plantas monoicas, dioicas o raramente hermafroditas. Hojas simples, alternas o raramente opuestas (*Lozanella*), comúnmente dísticas, frecuentemente oblicuas en la base, serradas o enteras, pecioladas; estípulas laterales o interpeciolares, caducas. Inflorescencias axilares, cimosas y frecuentemente fasciculadas o las flores femeninas solitarias, en los brotes del mismo año o del año anterior. Flores pequeñas, generalmente unisexuales, raramente bisexuales, actinomorfas o ligeramente zigomorfas; sépalos 4–6 (raramente 2–9), libres o unidos en la base; pétalos 0; estambres en igual número que sépalos o raramente en doble número (*Ampelocera*), filamentos libres o surgiendo desde el tubo del cáliz, erectos en la yema, anteras ditecas, dehiscencia longitudinal; pistilodio generalmente presente en las flores masculinas; estaminodios presentes o ausentes en las flores femeninas; ovario súpero, sésil o estipitado, 1-locular o raramente 2-locular (en algunas especies de *Ulmus*), óvulo 1, péndulo desde el ápice del lóculo, estilo dividido en 2 lobos, éstos simples o bifurcados. Fruto una nuez, drupa o sámara; semillas generalmente sin endosperma.

---

[*] Contribución No. 72 del "University of Alabama Aquatic Biology Program".

Familia con 18 géneros con más de 150 especies, ampliamente distribuida en las regiones tropicales y templadas, pero especialmente en el hemisferio norte; 6 géneros y 11 especies se encuentran en Nicaragua y 1 género con 1 especie adicional se espera encontrar.

Fl. Guat. 24(4): 1–10. 1946; Fl. Pan. 47: 105–113. 1960; W. Burger. Ulmaceae. *In:* Fl. Costaricensis. Fieldiana, Bot. 40: 83–93. 1977; M. Nee. Ulmaceae. Fl. Veracruz 40: 1–38. 1984.

1. Hojas opuestas; estípulas unidas y dejando una cicatriz interpeciolar alrededor del tallo .... **Lozanella**
1. Hojas alternas; estípulas libres, sin dejar una cicatriz interpeciolar
  2. Fruto seco, más o menos samaroide (a veces alado)
    3. Fruto alado, no ciliado, 2–2.5 cm de largo; lámina con menos de 7 pares de nervios secundarios
      .... **Phyllostylon**
    3. Fruto no alado, largamente ciliado, ca 1 cm de largo; lámina con 7–16 pares de nervios secundarios ...... **Ulmus**
  2. Fruto drupáceo
    4. Frutos menos de 5 mm de diámetro .... **Trema**
    4. Frutos 7–20 mm de diámetro
      5. Estambres en doble número que las parte del perianto .... **Ampelocera**
      5. Estambres en igual número que las partes del perianto
        6. Hojas pinnatinervias hasta la base .... **Aphananthe**
        6. Hojas 3-nervias en la base .... **Celtis**

AMPELOCERA Klotzsch

Arboles inermes; plantas hermafroditas o andromonoicas. Hojas alternas, remotamente serradas o enteras, ligeramente oblicuas; estípulas laterales. Inflorescencias cimosas, fasciculadas o solitarias en las axilas de los brotes del año en curso; flores perfectas, 4–5 sépalos, fusionados en la base formando una cúpula poco profunda; estambres al menos en doble número que los lobos del cáliz, exertos; ovario sésil, 1-locular, ramas del estilo 2, fusionadas en la base, lineares, patentes, persistentes; flores masculinas con un pistilo rudimentario. Fruto una drupa.

Género con 8 ó 9 especies neotropicales, 2 de las cuales se encuentran en Centroamérica (y en Nicaragua) y el resto en las Antillas y en Sudamérica.

1. Hojas 3-nervias en la base; fruto simétrico, densamente velutino .... **A. hottlei**
1. Hojas pinnatinervias en toda su longitud; fruto asimétrico, menudamente pubérulo .... **A. macrocarpa**

Ampelocera hottlei (Standl.) Standl., Trop. Woods 51: 11. 1937; *Celtis hottlei* Standl.

Arboles hasta 30 m de alto; ramitas grises, puberulentas. Hojas ovadas, oblongas a oblongo-elípticas, 8–19 cm de largo y 4–10 cm de ancho, ápice acuminado, base obtusa a subtruncada o redondeada, enteras, 3-nervias en la base, glabrescentes. Inflorescencias cimas axilares, 1–2 cm de largo, con 10–15 flores; raquis hirsuto; cáliz ca 3 mm de largo, persistente en el fruto; estambres 8–10, filamentos delgados, ca 1.5 mm de largo; ovario globoso. Frutos elipsoides a globosos, más o menos simétricos, 8–10 mm de diámetro, densamente velutinos, amarillos.

Ocasional en bosques muy húmedos, zona atlántica; 120–380 m; fl feb, fr may–feb; *Moreno 24122, Neill 4157*; México hasta Colombia. La corteza tiene fibras comestibles. "Cuscano".

Ampelocera macrocarpa Forero & A.H. Gentry, Phytologia 55: 365. 1984.

Arboles 10–30 m de alto; ramitas café-grisáceas, glabras. Hojas muy angostamente oblongas a oblongo-elípticas, 8–30 cm de largo y 4–10 cm de ancho, ápice acuminado con el acumen 1–2 cm de largo, base redondeada y oblicua, enteras, pinnatinervias, glabrescentes, ligeramente escabrosas en el envés. Inflorescencias axilares de dicasios compuestos 2–2.5 cm de largo, con ca 20–50 flores; raquis menudamente puberulento; cáliz ca 1 mm de largo, persistente en el fruto; estambres 8–10, filamentos ensanchados en la mitad basal, ca 2 mm de largo; ovario globoso. Frutos subglobosos, asimétricos, 1.8–2 cm de diámetro, menudamente puberulentos, amarillos.

Poco común, en bosques muy húmedos, zona atlántica; 0–600 m; fl mar, fr mar, jun; *Moreno 25531, Ortiz 1938*; Nicaragua hasta Colombia. La madera se usa para la construcción de casas, como postes y para leña. "Yayo".

APHANANTHE Planch.; *Mirandaceltis* Sharp

Aphananthe monoica (Hemsl.) J.-F. Leroy, J. Agric. Trop. Bot. Appl. 8: 74. 1961; *Celtis monoica* Hemsl.

Arboles inermes, 6–30 m de alto; ramitas delgadas, estrigosas con tricomas blancos; plantas monoicas. Hojas angostamente ovadas, 4.5–15 cm de largo y 0.8–4.2 cm de ancho, ápice largamente acuminado y aristado, base redondeada a ampliamente atenuada, gruesamente serradas, delgadas, coriáceas, pinnatinervias, esencialmente glabras en la haz, estrigosas en el envés; estípulas laterales de 2–4 mm de largo, caducas, estrigosas. Inflorescencias axilares, las pistiladas formadas de flores solitarias o una cima simple cerca del ápice del tallo, las estaminadas cimosas, cerca de la base de los tallos jóvenes; flores estaminadas con perianto 4–5-lobado, 1–2 mm de largo, unidos en la base, estrigosos, estambres 4–5, pistilodio ausente, anteras con dehiscencia longitudinal; flores pistiladas con perianto 4–5-lobado, ovario sésil, ramas del estilo 2, lineares. Frutos drupas subglobosas a ovoides, ca 1.2 cm de largo, cubiertos de tubérculos aguzados, anaranjados en la madurez.

Conocida de Nicaragua por una sola colección (*Vincelli 753*) de bosques húmedos siempreverdes, Matagalpa; 1300 m; fl jul; México (Sonora y Chihuahua) hasta Nicaragua. Género con 1 especie en el Nuevo Mundo y 4 en el Viejo Mundo.

CELTIS L.; *Sparrea* Hunz. & Dottori

Arboles o arbustos, armados o inermes; plantas monoicas o poligamomonoicas. Hojas alternas, dísticas, serradas o enteras, frecuentemente oblicuas en la base, pinnatinervias o palmatinervias, 3-nervias en la base; estípulas laterales, libres. Inflorescencias axilares, generalmente en los brotes del año en curso, inflorescencias masculinas cimosas o fasciculadas, inflorescencias femeninas solitarias, o fasciculadas y con pocas flores; flores pequeñas y generalmente pediceladas, perfectas o unisexuales; sépalos 4–5, unidos en la base; estambres en igual número y opuestos a los lobos del cáliz; ovario sésil, 1-locular; ramas del estilo 2, simples o bífidas; flores masculinas con un pistilodio pequeño; flores femeninas sin estaminodios; receptáculo menuda a densamente piloso. Fruto una drupa ovoide o subglobosa, con un exocarpo delgado y suculento y un endocarpo duro; cotiledones anchos, conduplicados o raramente planos.

Género con ca 100 especies en las regiones templadas y tropicales de ambos hemisferios; 4 especies se conocen en Nicaragua.

1. Ramas generalmente armadas con espinas recurvadas; ápice de las hojas agudas a acuminadas con acumen por lo general menos de 1 cm de largo; ramas del estilo bifurcadas .... **C. iguanaea**
1. Ramas inermes; ápice de las hojas largamente acuminado con acumen 1–2 cm de largo; ramas del estilo simples, lineares
  2. Hojas, pecíolos, tallos y raquis de la inflorescencia glabros .... **C. schippii**
  2. Hojas, pecíolos, tallos y raquis de la inflorescencia variadamente pubescentes
    3. Hojas ovadas a ovado-lanceoladas, subcoriáceas, enteras, redondeadas, truncadas o cordadas en la base; frutos amarillos a anaranjados .... **C. caudata**
    3. Hojas lanceoladas a ovado-lanceoladas, cartáceas, gruesamente serradas, atenuadas a angostamente atenuadas en la base; frutos morado-negros .... **C. trinervia**

Celtis caudata Planch., Ann. Sci. Nat. Bot., sér. 3, 10: 294. 1848.

Arboles o arbustos inermes, 3–20 m de alto. Hojas ovadas a ovado-lanceoladas, 4–11 cm de largo y 2–5 cm de ancho, ápice largamente acuminado, base oblicuamente redondeada, truncada o cordada, enteras, subcoriáceas, glabras a ligeramente escabrosas en la haz, glabras a puberulentas en el envés. Inflorescencias polígamas, inflorescencias estaminadas en los nudos inferiores; flores estaminadas con perianto 4–5-lobado y 5 estambres; flores perfectas solitarias en las axilas de las hojas, perianto 5-lobado, ovario sésil, 1-locular, escasamente estrigoso, ramas del estilo simples, lineares. Fruto globoso, 9–10 mm de diámetro, glabro a escasamente puberulento, amarillo a anaranjado.

Poco común en bosques secos, zona pacífica; 200–400 m; fr jun–ago; *Araquistain 2947, Castro 2611*; México hasta Nicaragua.

Celtis iguanaea (Jacq.) Sarg., Silva 7: 64. 1895; *Rhamnus iguanaea* Jacq.

Arbustos escandentes o erectos, o árboles pequeños, armados, 2–12 m de alto. Hojas ovadas a elípticas u oblongas, 5–13 cm de largo y 2–6 cm de ancho, ápice agudo a cortamente acuminado, base obtusa a redondeada, serradas, cartáceas, glabras a puberulentas. Inflorescencias cimosas; flores estaminadas sésiles, sépalos 5, unidos en la base, ciliados, estambres 5; flores perfectas 1–3 por cima, perianto ciliado y tempranamente deciduo, sépalos 5, estambres 5, ovario sésil, 1-locular, puberulento, ramas del estilo 2, bifurcadas. Fruto elipsoide a globoso, 10–15 mm de diámetro, con rostro estilar persistente, amarillo a anaranjado.

Común en bosques secos y siempreverdes, zona pacífica; 0–1000 m; fl y fr durante todo el año; *Araquistain 2951*, *Moreno 1787*; sureste de los Estados Unidos, México a Sudamérica y las Antillas. "Cagalera".

Celtis schippii Standl., Field Mus. Nat. Hist., Bot. Ser. 12: 409. 1936; *Sparrea schippii* (Standl.) Hunz. & Dottori; *C. ferarum* Standl. & L.O. Williams.

Arboles inermes, 6–20 m de alto. Hojas elípticas, 6.5–16 cm de largo y 3–9 cm de ancho, ápice largamente acuminado, base atenuada y ligeramente oblicua, enteras, delgadas, glabras en la haz y el envés. Inflorescencias fasciculadas o cimoso-comprimidas; flores estaminadas, sépalos 5, estambres 5; flores pistiladas mayormente solitarias, pediceladas,

sépalos 5, persistentes, ovario sésil, 1-locular, ramas del estilo simples, lineares. Frutos elipsoides, ca 1.5 cm de largo, glabros, amarillos en la madurez.

Poco común en bosques muy húmedos, zona atlántica; 0–200 m; fr mar–abr (probablemente durante más tiempo); *Little 25396*, *Stevens 7498*; Guatemala hasta Perú.

Celtis trinervia Lam., Encycl. 4: 140. 1797.

Arboles inermes, 10–15 m de alto; corteza gris, lisa. Hojas angostamente ovado-lanceoladas, 4–13 cm de largo y 2–7.5 cm de ancho, ápice largamente acuminado, base atenuada a angostamente atenuada, serradas, cartáceas, glabras a escasamente pilosas en la haz, pilosas en el envés. Inflorescencias cimosas; flores estaminadas en la parte basal de la cima, sépalos 5, estambres 5; flores perfectas cerca del ápice de la cima, ovario sésil, 1-locular, ramas del estilo simples, lineares. Fruto subgloboso, 8–10 mm de diámetro, glabro a escasamente estrigoso distalmente, morado-negro.

Conocida de Nicaragua por una sola colección (*Neill 4304*) realizada en bosques muy húmedos en un afloramiento de piedra caliza, Zelaya; 100 m; fl jun; Guatemala, Nicaragua y las Antillas Mayores.

LOZANELLA Greenm.

Lozanella enantiophylla (Donn. Sm.) Killip & C.V. Morton, J. Wash. Acad. Sci. 21: 339. 1931; *Trema enantiophylla* Donn. Sm.; *L. trematoides* Greenm.

Arboles o arbustos, 3–10 m de alto; ramas densamente estrigosas; plantas dioicas. Hojas opuestas, ovadas a ovado-lanceoladas, 7–16 cm de largo y 4–8 cm de ancho, ápice agudo a acuminado, base atenuada a redondeada, serradas, escabrosas y estrigosas en la haz y el envés; estípulas liguladas, deciduas, dejan-

do una cicatriz interpeciolar. Inflorescencias axilares, cimosas; flores estaminadas pediceladas, con pistilodio, sépalos 5, unidos en la base, estambres 5; flores pistiladas subsésiles, sépalos 5, ovario lenticular, verde, ramas del estilo 2, lineares. Frutos drupas lenticulares, ca 1.5 mm de largo, amarillas a anaranjadas.

Aún no ha sido colectada en Nicaragua, pero tal vez se encuentre en regiones altas. Se conoce desde el centro de México hasta Bolivia. Género neotropical con 2 ó 3 especies.

PHYLLOSTYLON Capan. ex Benth.

Phyllostylon rhamnoides (J. Poiss.) Taub., Oesterr. Bot. Z. 40: 409. 1890; *Samaroceltis rhamnoides* J. Poiss.

Arboles o arbustos inermes, 4–20 m de alto, con ramas rígidas e irregulares; corteza gris, áspera, desprendiéndose en placas pequeñas; plantas monoicas. Hojas alternas, elípticas, ovadas a ampliamente ovadas, 2–6 cm de largo y 1–4 cm de ancho, ápice obtuso a agudo, base redondeada a subcordada, serradas, glabras o ásperas en la haz, escasamente pilosas en el envés. Inflorescencias fasciculadas en las axilas de las hojas deciduas; flores inferiores

estaminadas, largamente pedunculadas, sépalos 5–6, 1.5–2 mm de largo, estambres 5, filamentos 1–1.5 mm de largo; flores superiores funcionalmente pistiladas con anteras sin polen, ovario sésil, comprimido. Fruto una sámara comprimida, rematada por un ala grande, falciforme, membranácea y desigual, con otra ala pequeña en la base.

Localmente común en bosques secos, en terrazas arcillosas negras y lavas basálticas, zona pacífica; 0–450 m; fl mar–jun, fr abr–jun; *Moreno 21539*, *Stevens 22888*; México hasta Nicaragua, Sudamérica y las Antillas. Otra especie más se conoce en Brasil.

En la *Flora de Veracruz, P. rhamnoides* fue tratada como sinónimo de *P. brasiliense* Capan. ex Benth. pero al parecer este último es un taxon distinto confinado al sur de Brasil. "Escobillo".

TREMA Lour.

Arboles o arbustos inermes; plantas monoicas, dioicas o poligamodioicas. Hojas alternas, generalmente dísticas, pinnatinervias o palmatinervias, serradas o enteras, generalmente oblicuas en la base; estípulas laterales, apareadas. Inflorescencias axilares, cimosas, fasciculadas o solitarias; flores perfectas o unisexuales; sépalos 4–5, unidos en la base; estambres en igual número que y opuestos a los sépalos, filamentos cortos y erectos, anteras introrsas; ovario sésil, 1-locular, estilos unidos cerca de la base; flores masculinas con pistilodio pequeño; flores femeninas sin estaminodios. Fruto una drupa ovoide a globosa, pequeña, con el estilo persistente, exocarpo suculento y endocarpo duro.

Género con 35 especies subtropicales y tropicales; 2 especies se encuentran en Nicaragua.

1. Hojas con márgenes enteros .... **T. integerrima**
1. Hojas con márgenes serrados .... **T. micrantha**

Trema integerrima (Beurl.) Standl., Contr. Arnold Arbor. 5: 55. 1933; *Sponia integerrima* Beurl.

Arboles o arbustos 5–25 m de alto. Hojas lanceolado-ovadas, 6–14 cm de largo y 2–5 cm de ancho, ápice largamente acuminado, base redondeada, truncada a subcordada, margen entero, escabrosas, escasamente estrigosas, 3-nervias en la base. Inflorescencias axilares; flores estaminadas sésiles o pediceladas, sépalos 5, libres en la base, estrigosos, estambres 5; flores pistiladas pediceladas, sépalos 5, unidos en la base, estrigosos, ovario elipsoide, adelgazado en la base. Frutos globosos a elipsoides, 2–3 mm de diámetro, anaranjados.

Poco común en bosques muy húmedos, zona atlántica; 80–200 m; fl abr, jun, jul, fr ago; *Moreno 23963, Sandino 3292*; Nicaragua hasta Panamá y Venezuela hasta Perú. Esta especie es morfológicamente muy similar a *T. micrantha*; el carácter principal que las separa es el margen de la hoja. Se la usa para leña. "Capulín de montaña".

Trema micrantha (L.) Blume, Mus. Bot. 2: 58. 1856; *Rhamnus micrantha* L.; *Sponia micrantha* (L.) Decne.; *T. floridana* Britton ex Small; *T. strigillosa* Lundell; *T. micrantha* var. *floridana* (Britton ex Small) Standl. & Steyerm.; *T. micrantha* var. *strigillosa* (Lundell) Standl. & Steyerm.

Arboles o arbustos 1.5–12 m de alto. Hojas oblongo-ovadas a lanceolado-ovadas, 4–13 cm de largo y 1.5–4 cm de ancho, ápice agudo a acuminado, base desigualmente cordada a truncada, margen serrado, escabrosas y escasamente estrigosas en la haz, estrigosas en el envés, palmatinervias en la base. Inflorescencias axilares, cimosas; flores estaminadas sésiles, sépalos 4–5, unidos en la base, estrigosos, estambres 4–5; flores pistiladas pediceladas, sépalos 4–5, unidos en la base, estrigosos, ovario globoso a ovoide, adelgazado en la base. Fruto globoso a elipsoide, 2–4 mm de diámetro, amarillo, anaranjado o rojo.

Común, en todas las zonas; 0–1400 m; fl y fr durante todo el año; *Araquistain 151, Stevens 9966*; Estados Unidos (Florida), Centro y Sudamérica, y en las Antillas. "Capulín negro".

ULMUS L.; *Chaetoptelea* Liebm.

Ulmus mexicana (Liebm.) Planch. in A. DC., Prodr. 17: 156. 1873; *Chaetoptelea mexicana* Liebm.

Arboles grandes, 10–35 m de alto; plantas hermafroditas. Hojas alternas, lanceoladas a oblongo-ovadas, 4–9.7 cm de largo y 1.4–3.8 cm de ancho, ápice acuminado, base oblicua, redondeada a cordada, serradas, ligeramente escabrosas en la haz y el envés, pinnatinervias. Inflorescencias axilares, racemosas; sépalos 5, connados para formar un tubo campanulado, blancos; estambres 5; ovario obovado, estipitado, 2-carpelar, 1-locular, velutino en los márgenes; estilos introrsamente recurvados. Frutos secos, samaroides, ca 1 cm de largo, velutinos a lo largo de los márgenes.

Poco común en bosques nublados, Matagalpa, Jinotega; 1200–1400 m; fl mar, dic; *Grijalva 3708, Stevens 22541*; México hasta Panamá. Género con 30–40 especies distribuidas en las regiones templadas del hemisferio norte y en Centroamérica.

URTICACEAE Juss.

Amy Pool

Hierbas, subarbustos, raramente árboles pequeños de madera suave o bejucos (lianas), frecuentemente con tricomas urticantes, savia generalmente acuosa; plantas monoicas, dioicas o polígamas. Hojas alternas u opuestas, simples, frecuentemente con cistolitos de carbonato de calcio en la epidermis de la haz y/o del envés (10×); generalmente pecioladas, estípulas generalmente presentes (ausentes en *Parietaria*). Inflorescencias generalmente cimosas, frecuentemente axilares, flores pequeñas, mayormente unisexuales (*Parietaria* con algunas flores perfectas); flores masculinas generalmente verdes o blancas, perianto de (3) 4 ó 5 (6) tépalos iguales, valvados, libres o basalmente connados, estambres en general, y en Nicaragua, en igual número y opuestos a los tépalos, filamentos inflexos en la yema, polen dispersado explosivamente cuando los estambres se liberan de los tépalos, anteras ditecas con dehiscencia longitudinal; flores femeninas con perianto de 3–5 tépalos, libres o variadamente connados en un tubo o ausentes, a veces con estaminodios prominentes, ovario con 1 óvulo basal, estilo 1, estigma penicilado, linear o filiforme; flores perfectas con 4 tépalos y 4 estambres. Fruto un aquenio, frecuentemente parcial o completamente envuelto en un perianto acrescente (tornándose carnoso como en *Urera*, ausente en *Phenax*), semilla 1.

Familia con ca 40 géneros y 800 especies, mayormente tropicales y subtropicales en el Nuevo y Viejo Mundos, rara en las áreas templadas; 9 géneros con 34 especies se conocen en Nicaragua, 1 género adicional (*Parietaria*) y 5 especies más se esperan encontrar. El género *Urtica*, caracterizado por hojas opuestas y tricomas urticantes, no se encuentra en Nicaragua; *Urtica nicaraguensis* Liebm., fue nombrada por un pueblo en el Volcán Irazú, Costa Rica (Burger, 1977). Otra especie de afinidad desconocida de la vertiente atlántica del centro de Costa Rica entre 1000 y 1500 m, se podría encontrar en Nicaragua; difiere del resto de las Urticaceae en tener los ovarios 2-loculares cada uno con un óvulo, el cual posteriormente desarrolla una semilla, y se asemeja a algunas especies de *Boehmeria* en las hojas opuestas y frutos contenidos en lo que parece ser un perianto fuertemente adpreso.

Fl. Guat. 24(3): 396–430. 1952; Fl. Pan. 47: 179–198. 1960; H.A. Weddell. Urticaceae. *In*: A. de Candolle. Prodr. 16(1): 1–235(64). 1869; N.G. Miller. The genera of the Urticaceae in the Southeastern United States. J. Arnold Arbor. 52: 40–68. 1971; W. Burger. Urticaceae. *In*: Fl. Costaricensis. Fieldiana, Bot., n.s. 40: 218–283. 1977; C.M. Wilmot-Dear e I. Friis. The New World species of *Boehmeria* and *Pouzolzia* (Urticaceae, tribus Boehmerieae). A taxonomic revision. Opera Bot. 129: 1–103. 1996.

1. Hojas opuestas, iguales a muy desiguales en tamaño en cada nudo
  2. Ovario y aquenio envueltos en el tubo del perianto; estípulas generalmente libres, deciduas; hierbas, arbustos o árboles pequeños .... **Boehmeria**
  2. Sólo la base del ovario y del aquenio envueltos por el perianto femenino 3-partido (uno de los segmentos generalmente mucho más grande y cuculado); estípulas connadas adaxialmente a través de la base del pecíolo, persistentes o deciduas; herbáceas .... **Pilea**
1. Hojas alternas
  3. Plantas al menos con algunos tricomas urticantes, translúcidos, rectos y angostos y/o espinas urticantes
    4. Aquenio con paredes papiráceas hialinas (semillas visibles a través de la pared); flores masculinas con 5 tépalos; arbustos monoicos con tallos abultados .... **Discocnide**
    4. Aquenio sin paredes papiráceas hialinas; flores masculinas con 4 ó 5 tépalos; hierbas o arbustos (lianas), tallos no abultados
      5. Hierbas o subarbustos monoicos, tallos suculentos sin espinas; perianto persistente en la base del aquenio pero sin envolverlo, no tornándose carnoso en fruto .... **Laportea**
      5. Arbustos o árboles (lianas) monoicos o dioicos, con o sin espinas; perianto fructífero carnoso y abayado en el material fresco, bracteiforme en el material seco, en las especies sin o con pocas espinas el aquenio completamente envuelto por el perianto .... **Urera**
  3. Plantas sin tricomas urticantes o espinas
    6. Hojas enteras
      7. Flores femeninas sin perianto, pero abrazadas por 2 bractéolas pequeñas en la base; flores masculinas en espigas largas y péndulas (panículas en *M. obovata*); hojas con cistolitos lineares frecuentemente formando patrones radiados en la superficie del haz; arbustos a árboles medianos .... **Myriocarpa**

7. Flores femeninas con tubos del perianto fusionados; flores masculinas en glomérulos axilares; hojas con cistolitos punctiformes o ausentes; hábito variado
   8. Arbustos, árboles pequeños, bejucos (o hierbas); inflorescencias sin brácteas grandes; perianto fructífero elíptico .... **Pouzolzia**
   8. Hierbas (o subarbustos); inflorescencias femeninas o bisexuales con brácteas tanto o más largas que el perianto de la flor femenina; perianto fructífero ovado
      9. Estípulas ausentes; numerosas brácteas lineares o angostamente triangulares entremezcladas en la inflorescencia .... **Parietaria**
      9. Estípulas persistentes, 1.5–2.5 mm de largo; cada flor femenina abrazada por 1 bráctea ovada .... **Rousselia**
6. Hojas dentadas
   10. Inflorescencias en fascículos axilares pequeños o en glomérulos dispuestos a lo largo del eje no ramificado de la inflorescencia
      11. Perianto femenino ausente; brácteas numerosas, conspicuas, anchas y cartáceas .... **Phenax**
      11. Perianto femenino fusionado en un tubo; sin brácteas numerosas
         12. Tubo fuertemente persistente; estípulas deciduas .... **Boehmeria**
         12. Tubo rasgándose con la edad; inflorescencias al menos parcialmente envueltas en una estípula persistente .... **Pouzolzia**
   10. Inflorescencias más complejas
      13. Perianto de las flores femeninas fusionado en un tubo; inflorescencias pistiladas o bisexuales, plantas monoicas .... **Boehmeria**
      13. Perianto de las flores femeninas ausente o de 4 tépalos libres; inflorescencias generalmente unisexuales, plantas generalmente dioicas
         14. Perianto femenino ausente, pero 2 bractéolas abrazan a la flor femenina; inflorescencias espigas largas, péndulas y ramificadas en la base; tricomas urticantes ausentes .... **Myriocarpa**
         14. Perianto femenino de 4 tépalos libres, que se vuelven carnosos y envuelven al fruto; inflorescencias básicamente cimosas o paniculado-cimosas; algunos tricomas urticantes generalmente presentes .... **Urera**

BOEHMERIA Jacq.

Hierbas, arbustos o árboles pequeños, tricomas urticantes ausentes; plantas monoicas o dioicas. Hojas alternas u opuestas, márgenes dentados, cistolitos punctiformes generalmente presentes en la haz, 3-nervias desde la base; estípulas laterales y generalmente libres, deciduas. Inflorescencias variadas pero con flores en agregados o glomérulos; flores masculinas con perianto 3 ó 4-partido; flores femeninas con perianto fusionado y formando un tubo que envuelve completamente al ovario, dentado en el ápice, estilo y estigma lineares. Aquenio envuelto dentro del tubo fuertemente persistente.

Un género con 40–50 especies distribuidas principalmente en los trópicos de América y Asia pero extendiéndose a las zonas templadas del este de Asia y este de Norteamérica, también en Africa y Australia; en Nicaragua se conocen 5 especies. *B. radiata* W.C. Burger, ampliamente distribuida en Centroamérica pero raramente colectada, se reconoce por los tubos del perianto fructífero angostamente elipsoides, hirsútulos y de color café y se podría encontrar en Nicaragua. Dos especies adicionales se conocen de Costa Rica, *B. aspera* Wedd. y *B. bullata* ssp. *coriacea* (Killip) Friis & Wilmot-Dear, ambas con hojas alternas y ampollosas. *B. pavonii* Wedd. una especie que difiere del resto de las especies nicaragüenses en tener indumento sedoso-brillante muy adpreso en el envés de las hojas, ha sido reportada de Guatemala como una disyunción desde Panamá y Sudamérica.

1. Flores en glomérulos sobre un raquis complejamente ramificado; hojas con denso tomento aracnoide blanco en el envés .... **B. nivea**
1. Glomérulos en las axilas de las hojas o formando una espiga discontinua; hojas no tomentoso-aracnoides en el envés
   2. Hojas de los nudos adyacentes de tamaño muy desigual, las láminas más pequeñas de 1–1.5 mm de largo o no desarrolladas (inflorescencias alternas sin hojas abrazadoras), alternas; perianto fructífero lanceolado .... **B. ulmifolia**
   2. Hojas de los nudos adyacentes de igual tamaño (o menos del 75% diferente), alternas u opuestas; perianto fructífero no lanceolado

3. Estambres y segmentos del perianto masculino 3; inflorescencias siempre glomérulos axilares; todas las hojas alternas; perianto fructífero obovoide .... **B. ramiflora**

3. Estambres y segmentos del perianto masculino 4; inflorescencias generalmente espigas; todas o al menos algunas hojas opuestas; perianto fructífero no obovoide

    4. Todas las flores en espigas unisexuales largas, péndulas; perianto fructífero espatulado, 2–4.5 mm de largo; estípulas 5–13 mm de largo; todas las hojas opuestas .... **B. caudata**

    4. Flores en glomérulos unisexuales o bisexuales, axilares o en espigas bisexuales erectas y cortas; perianto fructífero ovado a circular, 1.3–1.5 mm de largo; estípulas 3–5 mm de largo; algunas hojas alternas .... **B. cylindrica**

Boehmeria caudata Sw., Prodr. 34. 1788.

Arbustos o árboles pequeños, 1.5–6 m de alto; plantas dioicas o raramente monoicas. Hojas opuestas (subopuestas), hojas de cada nudo y de nudos adyacentes de forma similar, de igual tamaño o variando hasta el 50%, elípticas, lanceoladas a ovadas, (6–) 9.5–15.5 (–19) cm de largo y (3–) 4.5–7.5 (–10) cm de ancho, ápice agudo a acuminado, base obtusa o redondeada, frecuentemente algo oblicua, margen con 3–6 dientes/cm, haz con numerosos tricomas adpresos parecidos a cistolitos lineares, envés velloso; estípulas 5–13 mm de largo. Inflorescencias unisexuales, espigas de glomérulos, no ramificadas, 5–34 cm de largo, raquis estrigoso a puberulento; flores masculinas con perianto 4-partido. Perianto fructífero espatulado, 2–4.5 mm de largo y 1.2–3 mm de ancho, ápice truncado y ligeramente rostrado, adelgazado hasta una base aguda, no muy aplanado, puberulento en el ápice.

Común, en lagos y caños, zona norcentral; (540–) 900–1300 m; fl feb–may, fr mar–abr; *Moreno 21124, Sandino 2404*; México a Argentina y en las Antillas.

Boehmeria cylindrica (L.) Sw., Prodr. 34. 1788; *Urtica cylindrica* L.

Hierbas o subarbustos leñosos, hasta 1 m de alto; plantas monoicas. Hojas alternas y subopuestas u opuestas, de tamaño similar en nudos adyacentes, angostamente ovadas, elípticas a lanceoladas, 4–8 cm de largo y 1.5–3.5 cm de ancho, ápice agudo a acuminado, base obtusa a redondeada, margen con 3–4 dientes/cm, glabras en la haz, el envés con una cubierta densa de tricomas, no tomentoso; estípulas 3–5 mm de largo. Inflorescencias glomérulos unisexuales o bisexuales en las axilas de las hojas o espigas bisexuales de glomérulos, 1.5–3 cm de largo, raquis pubescente; flores masculinas con perianto 4-partido. Perianto fructífero ovado a circular, 1.3–1.5 mm de largo y de ancho, ápice redondeado a ligeramente rostrado, base redondeada a truncada, aplanado lateralmente sobre el aquenio, con alas laterales definidas, puberulento.

Rara, en aguas poco profundas en los márgenes de los bosques, zonas pacífica y atlántica; 40–60 m; fl y fr feb, jul; *Haynes 8255, Moreno 7230*; Estados Unidos a Argentina y en las Antillas.

Boehmeria nivea (L.) Gaudich., Voy. Uranie 499. 1830; *Urtica nivea* L.

Hierbas o subarbustos, hasta 2 m de alto; plantas monoicas. Hojas alternas, generalmente de tamaño similar en nudos adyacentes, ovadas, 10–25 cm de largo y 9–13 cm de ancho, ápice agudo a acuminado, base gradualmente estrechada a obtusa o aguda, margen gruesamente serrado con 1–2 dientes/cm, la haz con pocos tricomas dispersos, el envés con denso tomento aracnoide blanco; estípulas ca 12 mm de largo. Inflorescencias ramificadas, paniculadas con ramas racemosas, 5–7 cm de largo, tomentosas, con flores en glomérulos pistilados o bisexuales; flores masculinas con perianto 4-partido. Perianto fructífero oblanceolado, 1–1.4 mm de largo y 0.4–0.6 mm de ancho, ápice agudo, base atenuada y aplanada, densamente híspido.

Escapada de cultivo, zona atlántica; 180 m; fl y fr ago; *Araquistain 3063, Salas 102*; probablemente nativa de China o del sureste de Asia.

Boehmeria ramiflora Jacq., Enum. Syst. Pl. 31. 1760; *B. cuspidata* Wedd.

Arbustos, 0.5–1.5 m de alto; plantas monoicas. Hojas alternas, hojas de nudos adyacentes de forma similar pero el tamaño variando hasta el 50%, asimétricamente elípticas, 4–15 cm de largo y 2–6 cm de ancho, ápice acuminado, base oblicuo-cordada o adelgazada en un lado y redondeada en el otro, margen con 2–4 dientes/cm, la haz glabra o con pocos tricomas dispersos, envés pubescente cubierto de tricomas cortos; estípulas 5–7 mm de largo. Inflorescencias pistiladas o bisexuales, de glomérulos en las axilas de las hojas; flores masculinas con perianto 3-partido. Perianto fructífero obovoide, 1.5–2 mm de largo y 1–1.5 mm de ancho, ápice rostrado, base truncada, aplanado lateralmente sobre el fruto, puberulento.

Rara, en depósitos de piedras calizas, norte de la zona atlántica; 175 m; fl y fr oct, ene y mar; *Grijalva 1668, Stevens 16623*; México a Colombia, Venezuela y en las Antillas.

Boehmeria ulmifolia Wedd., Ann. Sci. Nat. Bot., sér. 4, 1: 202. 1854.

Arbustos, 1–3 (5) m de alto; plantas monoicas. Hojas alternas, hojas de nudos adyacentes sin desarrollarse o generalmente de tamaño muy diferente, las más pequeñas 1–1.5 mm de largo, las más grandes asimétricas, lanceoladas, 8–13.5 cm de largo y 2–3.5 cm de ancho, ápice acuminado, base oblicuamente obtusa, margen con 2 dientes/cm, haz con numerosos tricomas aplicados pareciendo cistolitos lineares, el envés con tricomas dispersos a lo largo de los nervios; estípulas ca 5 mm de largo. Inflorescencias unisexuales o bisexuales, glomérulos en las axilas de las hojas; flores masculinas con perianto 4-partido. Perianto fructífero lanceolado, 1 mm de largo y 0.5 mm de ancho, angostado en el ápice y en la base, no aplanado, puberulento.

Rara, conocida en Nicaragua por una sola colección (*Stevens 21043*) de bosques nublados, Macizo de Peñas Blancas, Jinotega; 1000–1400 m; fl y fr ene; México a Ecuador.

DISCOCNIDE Chew

Discocnide mexicana (Liebm.) Chew, Gard. Bull. Singapore 21: 207. 1965; *Discocarpus mexicanus* Liebm.; *D. nicaraguensis* Liebm.; *Laportea liebmanii* Wedd.; *L. mexicana* (Liebm.) Wedd.; *L. nicaraguensis* (Liebm.) Wedd.; *Urticastrum nicaraguense* (Liebm.) Kuntze.

Arbustos, 2–5 m de alto, tallos abultados; plantas monoicas. Hojas alternas, ovadas, 8–14 cm de largo y 5.5–12.5 cm de ancho, ápice agudo, base truncada, redondeada o cordada, margen crenado a dentado con 1.5–3 dientes/cm, cistolitos muy cortamente lineares, la haz glabra o con tricomas dispersos de 0.4–0.6 mm de largo, nervios principales del envés con tricomas urticantes dispersos de 0.5–1.3 mm de largo, claros, translúcidos, nervadura pinnada; estípulas intrapeciolares completamente connadas. Inflorescencias unisexuales (raramente bisexuales), paniculadas, 6–25 cm de largo, con tricomas urticantes de 0.5–1.1 mm de largo; flores masculinas con perianto 5-partido de 1.4–2 mm de largo; flores femeninas con perianto 4-partido, los 2 segmentos laterales más grandes, ovados, 0.4 mm de largo, estigma filiforme, 1.5 mm de largo. Aquenio discoide aplanado, casi redondo, con paredes papiráceas hialinas, 4 mm de diámetro, glabro; semilla visible a través de las paredes del fruto.

Rara, bosques de pino-encinos, zona norcentral; 700–1000 m; fl masculina y fr abr; *Araquistain 2242, Oersted s.n.*; México a Nicaragua. Género monotípico.

LAPORTEA Gaudich.

Laportea aestuans (L.) Chew, Gard. Bull. Singapore 21: 200. 1965; *Urtica aestuans* L.; *Fleurya aestuans* (L.) Gaudich.; *F. aestuans* var. *racemosa* Wedd.; *F. aestuans* var. *petiolata* (Decne.) Wedd.

Hierbas anuales o subarbustos, 0.5–1 m de alto, tallos frecuentemente rojos, suculentos, glabrescentes o con tricomas urticantes dispersos de 0.9–1.7 mm de largo y claros; plantas monoicas. Hojas alternas, ovadas, 4.5–15 cm de largo y 3–11 cm de ancho, ápice agudo a acuminado, base truncada a redondeada, margen gruesamente dentado con 2–4 dientes/cm, cistolitos lineares, pequeños, visibles sólo en la haz (no siempre evidentes), tricomas urticantes dispersos en la superficie de la haz y sobre los nervios en el envés, a veces glabras, nervadura pinnada; estípulas intrapeciolares, connadas basalmente. Inflorescencias bisexuales con pocas flores masculinas o pistiladas (rara vez todas masculinas), cimoso-paniculadas, 1.5–23 cm de largo, con tricomas urticantes dispersos; flores masculinas con perianto 4-partido, 0.5–1 mm de largo; flores femeninas con perianto 4-partido, 2 segmentos laterales más grandes, ovados, 0.6–1.2 mm de largo, estigma cortamente linear y subterminal en el fruto. Aquenio asimétricamente ovoide y lateralmente aplanado, 1–1.9 mm de largo y 0.7–1.1 mm de ancho, glabro, reflexo en el pedículo, perianto generalmente persistente.

Común, en ambientes alterados, en todo el país; 0–700 m; fl y fr todo el año; *Miller 1377, Moreno 4183*; pantropical. Género con 22 especies pantropicales (principalmente de Africa y Madagascar), también regiones templadas del este de Asia y este de Norteamérica; sólo *L. aestuans* se encuentra en Centroamérica.

W.L. Chew. A monograph of *Laportea* (Urticaceae). Gard. Bull. Singapore 25: 111–178. 1969.

MYRIOCARPA Benth.

Arbustos a árboles de tamaño mediano, sin tricomas urticantes; plantas dioicas o raramente monoicas. Hojas alternas, margen dentado a entero, cistolitos lineares generalmente visibles en la haz, nervadura pinnada o subtrinervia; estípulas intrapeciolares completamente connadas, generalmente envolviendo el brote apical. Inflorescencias generalmente unisexuales, paniculadas o espigas muy largas desde una base ramificada; flores masculinas con perianto 4-partido; flores femeninas sin perianto pero abrazadas por 2 bractéolas pequeñas en la base, estigma oblongo a linear, densamente papiloso. Aquenio aplanado, bractéolas, estilo y estigma generalmente persistentes.

Un género con 7–16 especies distribuido desde el norte de México hasta Brasil y Bolivia; 4 especies se conocen en Nicaragua.

1. Inflorescencias paniculadas con ramas cortas; aquenio largamente estipitado y ciliado, 2–3 mm de largo; hojas obovadas a elípticas, con cistolitos dispersos en ambas superficies .... **M. obovata**
1. Inflorescencias espigas largamente péndulas desde la base ramificada; aquenio sésil o cortamente estipitado, no ciliado, hasta 2 mm de largo; hojas ovadas, elípticas o lanceoladas, cistolitos sólo en la superficie de la haz
   2. Cistolitos dispersos; aquenio 1.2–2 mm de largo; hojas elípticas a lanceoladas .... **M. heterospicata**
   2. Cistolitos en patrones radiados; aquenio 0.7–1.2 mm de largo; hojas ovadas a elípticas
      3. Inflorescencias tomentosas, espigas frecuentemente en las ramas afilas, cafés, rosadas o rojas, 3–15 cm de largo .... **M. bifurca**
      3. Inflorescencias glabras a puberulentas o con tricomas esparcidos más largos, generalmente en las axilas de las hojas, espigas pistiladas blancas, amarillas, verdes o cafés, 7.5–124.5 cm de largo .... **M. longipes**

Myriocarpa bifurca Liebm., Kongel. Danske Vidensk. Selsk. Skr., Naturvidensk. Math. Afd., ser. 5, 2: 307. 1851.

Arbustos grandes o árboles pequeños, 2–7 m de alto; plantas dioicas, raramente monoicas. Hojas ovadas a ampliamente elípticas, 7–15 cm de largo y 4–11 cm de ancho, ápice agudo a cortamente acuminado, base redondeada u obtusa, margen dentado con 3–6 dientes/cm o a veces casi entero, cistolitos visibles sólo en la haz, formando patrones radiados, glabras en la haz o con tricomas hacia el centro de los cistolitos, pubescentes en el envés. Inflorescencias unisexuales (o registradas como bisexuales?), generalmente en ramas afilas, espigas 3–15 cm de largo, raquis tomentoso, café, rosado o rojo; perianto de las flores masculinas puberulento a tomentoso; flores femeninas con bractéolas 0.2–0.4 mm de largo. Aquenio 0.8–1 mm de largo y 0.3–0.4 mm de ancho, sésil, pubescente, café, rosado o rojo.

Común, en laderas rocosas, flujos de lava, bosques secos, zonas pacífica y norcentral; 140–1100 m; fl y fr nov–mar; *Moreno 15316, Sandino 310*; Guatemala a Costa Rica.

Myriocarpa heterospicata Donn. Sm., Bot. Gaz. (Crawfordsville) 12: 133. 1887; *M. heterostachya* Donn. Sm.

Arbustos o árboles pequeños, hasta 9 m de alto; plantas dioicas o raramente monoicas. Hojas elípticas a lanceoladas, 5.5–18 cm de largo y 3–6 cm de ancho, ápice acuminado o agudo, base aguda a obtusa, margen entero a ligeramente dentado, cistolitos dispersos en la haz, haz glabra, envés glabro o con pocos tricomas sobre los nervios. Inflorescencias unisexuales en las axilas de las hojas; espigas masculinas 2–11.5 cm de largo, raquis glabro a puberulento, rosado, yemas puberulentas; espigas femeninas 8.5–20 cm de largo, raquis glabro a puberulento, verdoso o crema, bractéolas 0.5 mm de largo. Aquenio 1.2–2 mm de largo y 0.4–0.8 mm de ancho, sésil, pubescente, verdoso o crema.

Rara, bosques húmedos, Jinotega; 300–450 m; fl sep; *Rueda 7282, 7395*; México a Nicaragua.

Myriocarpa longipes Liebm., Kongel. Danske Vidensk. Selsk. Skr., Naturvidensk. Math. Afd., ser. 5, 2: 306. 1851; *M. longipes* var. *yzabalensis* Donn. Sm.; *M. yzabalensis* (Donn. Sm.) Killip.

Arbustos a árboles pequeños, 2–12 m de alto; plantas dioicas o raramente monoicas. Hojas ovadas a elípticas, 6.5–55 cm de largo y 2.5–23 cm de ancho, ápice agudo a acuminado, base redondeada a obtusa (aguda o cordada), margen con 2–5 dientes/cm, a veces casi entero, cistolitos visibles sólo en la haz, formando patrones radiados, glabras en la haz o con tricomas hacia el centro de los cistolitos, envés glabro a pubescente en los nervios. Inflorescencias unisexuales en las axilas de las hojas; espigas masculinas 2–35 cm de largo, raquis puberulento o con tricomas esparcidos más largos, blancas, amarillas, verdes o rosadas, perianto glabro a pubescente; espigas femeninas 7.5–124.5 cm de largo, raquis glabro hasta con pocos tricomas dispersos, amarillas, blancas, verdes o cafés, bractéolas 0.2–0.6 mm de largo. Aquenio 0.7–1.2 mm de largo y 0.2–0.6 mm de ancho, sésil o en estípite de hasta 0.25 mm de largo, glabro a pubescente con tricomas de 0.4–0.5 mm de largo, verdoso.

Abundante, principalmente en áreas alteradas en todo el país; 0–1600 m; fl y fr probablemente todo el año; *Moreno 23221, Ortiz 745*; México a Colombia (Chocó). Muchos de los especímenes colectados a elevaciones sobre 1100 m tienen las hojas más pequeñas y angostas y las inflorescencias más cortas que lo usual (*Stevens 21843, 23024*). "Chichicaste de montaña".

Myriocarpa obovata Donn. Sm., Bot. Gaz. (Crawfordsville) 46: 117. 1908; *M. paniculata* S.F. Blake.

Arbustos grandes o árboles pequeños, 3–10 m de alto; plantas dioicas. Hojas obovadas a elípticas, 7–22 cm de largo y 2.5–6 cm de ancho, ápice agudo a acuminado, base aguda a redondeada, margen ondulado a entero, cistolitos dispersos sobre ambas superficies, glabras. Inflorescencias unisexuales en las axilas de las hojas, panículas laxas, 2–9 cm de largo, raquis glabro o puberulento, verdoso o blanquecino; perianto de las flores masculinas glabro; bractéolas de las flores femeninas 0.2–0.6 mm de largo. Aquenio 2–3 mm de largo y 0.6–0.8 mm de ancho, sobre un estípite de 0.5–1 mm de largo, margen con cilios ca 0.6 mm de largo, verde pálido a blanco.

Común, en áreas alteradas, zonas pacífica y atlántica; 200–1000 m; fl y fr ene–mar, jun–ago; *Moreno 25418, Stevens 11837*; México a Costa Rica.

PARIETARIA L.

Parietaria debilis G. Forst., Fl. Ins. Austr. 73. 1786.

Hierbas, tallos viejos a veces tornándose leñosos, hasta 40 cm de alto, pilosas; plantas polígamas. Hojas alternas, angostamente ovadas a elípticas, 0.5–2.8 cm de largo y 0.4–1.2 cm de ancho, ápice agudo a acuminado, base redondeada a aguda, margen entero, cistolitos punctiformes, pilosas a escasamente pubescentes en la haz, tricomas en los nervios del envés, nervadura 3-plinervia o pinnada; pecíolos 0.3–1.5 cm de largo, pilosos, sin estípulas. Inflorescencias femeninas o bisexuales, axilares, con 1–8 flores, brácteas numerosas, entremezcladas en la inflorescencia, lineares o angostamente triangulares, 1–2 mm de largo y 0.3–0.5 mm de ancho; flores con perianto 4-partido, 1–1.5 mm de largo, flores masculinas y bisexuales con los segmentos del perianto casi libres; flores pistiladas con el perianto connado en un tubo encerrando al ovario, estigma penicilado. Perianto fructífero envolviendo el aquenio, ovoide, 0.7–1 mm de largo y 0.5–0.7 mm de ancho, cartáceo y persistente.

Se espera encontrar en Nicaragua; ampliamente distribuida en las regiones templadas y tropicales de ambos hemisferios, especialmente a elevaciones sobre los 1000 m. Género con ca 8 especies.

PHENAX Wedd.

Arbustos, hierbas (o árboles pequeños) sin tricomas urticantes; plantas monoicas (dioicas). Hojas alternas, márgenes crenados o serrados, cistolitos generalmente punctiformes, nervadura generalmente palmada; estípulas en pares y libres. Inflorescencias bisexuales (unisexuales) de glomérulos axilares, brácteas numerosas, amplias y cartáceas de color café; flores masculinas con perianto (3) 4 (5)-partido; flores femeninas sin perianto, estilo y estigma lineares. Aquenio protegido dentro de las brácteas, superficie glabra, lisa a pustulada.

Género con ca 12 especies, todas en América tropical, algunas naturalizadas en los trópicos de Asia; 3 especies se conocen en Nicaragua. Una especie adicional, *Phenax mexicanus* Wedd., se encuentra generalmente sobre 1000 m de elevación desde México hasta Panamá y eventualmente se podría encontrar en Nicaragua; es un arbusto o arbolito con hojas dentadas, muy angostamente elípticas (a lanceoladas) y aquenios 0.7–0.8 mm de largo. A menudo las especies de *Phenax* se confunden con *Boehmeria* y *Pouzolzia* pero difieren por tener flores femeninas y frutos sin perianto. Las brácteas de *Phenax* se separan fácilmente de las flores al frotar suavemente la inflorescencia entre los dedos. Las yemas de la flor masculina de *Phenax* a menudo pueden confundirse con las flores femeninas de *Boehmeria*.

1. Hierbas; brácteas de la inflorescencia ciliadas; yema de la flor masculina ovada a redondeada, 0.6–1 mm de largo con proyecciones apicales diminutas, con tricomas largos .... **P. sonneratii**
1. Generalmente arbustos; brácteas de la inflorescencia variadamente pubescentes pero no ciliadas; yema de la flor masculina elíptica, 1.1–2.5 mm de largo con proyecciones apicales largas, glabra a puberulenta
  2. Estípulas persistentes, 6–8 mm de largo; aquenio 1–1.2 mm de largo .... **P. hirtus**
  2. Estípulas generalmente caducas, 1.5–5 mm de largo; aquenio 0.4–0.7 mm de largo .... **P. rugosus**

Phenax hirtus (Sw.) Wedd. in A. DC., Prodr. 16(1): 235(38). 1869; *Boehmeria hirta* Sw.

Hierbas o a veces arbustos pequeños, hasta 1.5 m de alto; plantas monoicas. Hojas ovadas, 4.5–10.5 cm de largo y 2–4 cm de ancho, ápice acuminado, base truncada y entonces cortamente atenuada sobre el pedicelo u obtusa, margen dentado al menos arriba del 1/3 basal, 2.5–4 dientes/cm, cistolitos punctiformes, generalmente visibles sólo en la haz, envés puberulento sobre los nervios o glabras; estípulas 6–8 mm de largo, persistentes. Inflorescencias bisexuales, brácteas 2–2.5 mm de largo, glabras o puberulentas; yemas florales masculinas elípticas, 1.5–2.5 mm de largo, con proyecciones apicales de 0.5–1 mm de largo, ápice agudo a acuminado, base aguda, puberulentas en el ápice. Aquenio asimétrico, ovado o elíptico, 1–1.2 mm de largo y 0.5–0.8 mm de ancho, liso.

Conocida en Nicaragua por una sola colección (*Williams 27470*) de bosques siempreverdes, alrededores del Lago El Tuma, Jinotega; 1000 m; fl y fr ene; México a Bolivia y en las Antillas.

Phenax rugosus (Poir.) Wedd. in A. DC., Prodr. 16(1): 235(38). 1869; *Procris rugosa* Poir.

Arbustos (o hierbas), 0.5–2 (–4) m de alto; plantas monoicas. Hojas ovadas a elípticas, 3–10.5 cm de largo y 1.5–6 cm de ancho, ápice acuminado, base generalmente aguda a obtusa o raramente redondeada, a veces atenuada sobre el pecíolo, margen dentado al menos arriba del 1/3 basal, 2–6 dientes/cm, cistolitos punctiformes sólo en la haz (a veces no muy visibles), envés con pocos tricomas sólo en los nervios hasta con tricomas largos y seríceos o casi tomentosos; estípulas 1.5–5 mm de largo, generalmente caducas. Inflorescencias generalmente bisexuales o a veces completamente pistiladas, brácteas 0.6–1.5 mm de largo, glabras o puberulentas; yemas florales masculinas generalmente elípticas, 1.1–2 mm de largo, con proyecciones apicales de 0.1–0.4 mm de largo, ápice acuminado a raramente agudo, base atenuada a raramente redondeada, glabra o puberulenta en el ápice. Aquenio a menudo asimétrico, elíptico a ovado o casi redondo, 0.4–0.7 mm de largo y 0.3–0.6 mm de ancho, liso.

Común, en vegetación secundaria, zona norcentral y Granada; (600–) 1200–1600 m; fl y fr todo el año; *Moreno 10212, Stevens 16239*; México a Venezuela y Bolivia.

Phenax sonneratii (Poir.) Wedd. in A. DC., Prodr. 16(1): 235(37). 1869; *Parietaria sonneratii* Poir.

Hierbas, hasta 1 m de alto; plantas monoicas. Hojas ovadas a angostamente elípticas, 2.5–5.5 cm de largo y 1–2 cm de ancho, ápice acuminado, base obtusa, margen con dientes redondeados al menos arriba del 1/3 basal, 4–5 dientes/cm, cistolitos punctiformes generalmente visibles en la haz y a veces en el envés, envés glabro o con tricomas en los nervios; estípulas 1.5–3.5 mm de largo, persistentes. Inflorescencias bisexuales, brácteas 1.1–1.4 mm de largo, ciliadas; yemas florales masculinas ovadas a redondas, 0.6–1 mm de largo, con proyecciones apicales menos de 0.1 mm de largo, ápice y base obtusos, ápice con numerosos tricomas largos. Aquenio asimétricamente elíptico, 0.6–0.8 mm de largo y 0.4–0.7 mm de ancho, superficie con frecuencia bastante pustulada.

Poco frecuente, áreas alteradas, en todo el país; 20–900 m; fr y fr ago–dic; *Stevens 16346, 23385*; México a Perú, Brasil y en las Antillas, introducida y naturalizada en Africa e India.

I. Friis. The distribution of *Phenax sonneratii* and identity of *Pouzolzia conulifera* (Urticaceae). Kew Bull. 48: 407–409. 1993.

PILEA Lindl.

Hierbas, raramente subarbustos, anuales o perennes, erectas a rastreras o trepadoras, ocasionalmente epífitas, sin tricomas urticantes; plantas monoicas o dioicas. Hojas opuestas, iguales o desiguales, enteras o más frecuentemente serradas, cistolitos generalmente lineares o fusiformes, menos frecuentemente punctiformes o ramificados, la mayoría 3-nervias, a veces 3-plinervias o pinnatinervias; estípulas intrapeciolares, connadas. Inflorescencias axilares, básicamente cimosas, variando desde paniculadas abiertas a capitadas o espigadas; flores masculinas con (3) 4 segmentos, perianto unido al menos en la base, frecuentemente con apéndices verticales prolongados en el dorso de los segmentos; flores femeninas con perianto 3-partido, 1 segmento generalmente mucho más grande y algo cuculado, estigma sésil y penicilado. Aquenio generalmente envuelto en la base por el perianto persistente, ovado, orbicular o elíptico, lateralmente aplanado, ápice a veces curvado, estigma generalmente deciduo.

Género con al menos 600 especies, pantropical con unas pocas especies en las regiones templadas de ambos hemisferios, ausente en Europa, Australia y Nueva Zelandia; 10 especies se conocen en Nicaragua y 3 se tratan como esperadas, número muy inferior al de otros países centroamericanos. Muchas especies parecen estar restringidas a regiones altas y por tanto no se esperan encontrar en Nicaragua. Sin embargo, las especies de *Pilea* no son por lo general plantas muy vistosas y es probable que pasen desapercibidas. *P. pallida* Killip, una especie dioica conocida del norte de Costa Rica descendiendo hasta 700 m, podría encontrarse en Nicaragua; tiene hojas iguales en el mismo nudo, largas, angostas, serradas, de color verde-gris al secarse, flores masculinas en fascículos axilares grandes y apretados y flores femeninas en cimas axilares menos ramificadas con frutos menos de 1 mm de largo. *P. cadierei* Gagnep. & Guillaumin, se cultiva en Nicaragua como una planta de jardín, es una hierba con estípulas oblongas de 1 cm de largo, deciduas, hojas similares en cada nudo, marcadas con bandas plateadas discontinuas y con dientes muy separados en los márgenes, las flores masculinas están amontonadas en un capítulo grande de 1 cm de ancho sobre un pedúnculo de 4.5–6 cm de largo. *P. nummulariifolia* (Sw.) Wedd. con hojas suborbiculares muy pequeñas de 3–15 mm de largo, pubescentes, estípulas persistentes, reptante y enraizando en los nudos, es una planta cultivada que escapa y naturaliza en Honduras y Costa Rica y se podría encontrar en Nicaragua.

E. Killip. New species of *Pilea* from the Andes. Contr. U.S. Natl. Herb. 26: 367–394. 1936; E. Killip. The Andean species of *Pilea*. Contr. U.S. Natl. Herb. 26: 475–530. 1939.

1. Hojas con márgenes enteros
  2. Hierbas 2–40 cm de alto, frecuentemente procumbentes; hojas hasta 1.1 cm de largo, redondeadas u obtusas en el ápice
    3. Hojas en cada nudo de igual tamaño, generalmente ovadas u orbiculares, agrupadas en rosetas apicales; inflorescencias sésiles o subsésiles en estas rosetas .... **P. herniarioides**
    3. Hojas en cada nudo de diferente tamaño, generalmente obovadas o espatuladas, no agrupadas en el ápice; inflorescencias en numerosas axilas a lo largo del tallo .... **P. microphylla**
  2. Hierbas 15–200 cm de alto, generalmente erectas; hojas 1–22.5 cm de largo, agudas o acuminadas en el ápice
    4. Hojas ovadas, ampliamente elípticas o rómbicas, 1–2.5 cm de largo, ápice agudo, base aguda u obtusa, estípulas persistentes .... **P. parietaria**
    4. Hojas elípticas o falcadas, 5.5–22.5 cm de largo, ápice acuminado a atenuado, base atenuada a aguda, estípulas deciduas .... **P. quichensis**
1. Hojas, al menos las más grandes de cada nudo con márgenes dentados, a veces los dientes muy pequeños y confinados a la parte apical
  5. Hojas en cada nudo muy variables en tamaño y forma
    6. Plantas procumbentes en la base y luego erectas; hojas más grandes en cada nudo lanceoladas a angostamente elípticas, frecuentemente algo falcadas, 5.5–12.5 cm de largo, nervadura 3-nervia .... **P. diversissima**
    6. Plantas generalmente escandentes a menudo formando tapetes; hojas más grandes en cada nudo oblanceoladas o angostamente ovadas a angostamente elípticas, 1–4.6 cm de largo, nervadura pinnada .... **P. imparifolia**
  5. Hojas en cada nudo de igual tamaño (variando hasta el 50 %) y forma
    7. Hojas con dientes restringidos al ápice
      8. Hojas de 0.5–2 cm de largo, oblongas a espatuladas u orbiculares con el ápice redondeado u obtuso .... **P. fendleri**
      8. Hojas de 5.5–22.5 cm de largo, elípticas o falcadas con ápice acuminado a atenuado .... **P. quichensis**
    7. Hojas con margen dentado al menos en los 2/3 apicales
      9. Inflorescencias de fascículos pequeños con 1–15 flores en el ápice de un pedúnculo de 0.4–2 cm de largo, fruto 1.5–2 mm de largo .... **P. auriculata**
      9. Inflorescencias no como arriba descritas; fruto 0.4–1.8 mm de largo
        10. Hojas con ápice agudo a obtuso, láminas generalmente ovadas, 0.9–6.5 cm de largo; aquenio 0.4–0.7 mm de largo
          11. Estípulas rudimentarias de menos de 1 mm de largo, inconspicuas; pecíolos glabros o con un fascículo pequeño de tricomas en el ápice; inflorescencias en muchos nudos a lo largo del tallo .... **P. hyalina**
          11. Estípulas (1–) 1.5–3.5 mm de largo, persistentes; pecíolos densamente pubescentes; inflorescencias generalmente restringidas a los nudos distales .... **P. pubescens**
        10. Hojas con ápice largamente acuminado, láminas elípticas a lanceoladas (angostamente ovadas), 5–23 cm de largo; aquenio 0.7–1.8 mm de largo

12. Inflorescencias simples a poco ramificadas, sésiles o en pedúnculos de hasta 4 mm de largo; perianto masculino sin apéndices; hojas angostamente elípticas a lanceoladas, frecuentemente subfalcadas; estípulas 0.5–1.3 mm de largo .... **P. botterii**
12. Inflorescencias de panículas abiertas ramificadas sobre pedúnculos de 15–80 mm de largo; perianto masculino con apéndices de 0.2–0.5 mm de largo; hojas angostamente ovadas a elípticas; estípulas 4–15 mm de largo
    13. Aquenio 0.7–1 mm de largo; perianto masculino 1 mm de largo; base de la hoja obtusa o redondeada, 3 nervios principales surgiendo de la base de la lámina .... **P. acuminata**
    13. Aquenio 1.5–1.8 mm de largo; perianto masculino 1.2–2.3 mm de largo; base de la hoja atenuada, 3 nervios principales surgiendo a 0.6–5.5 cm por arriba de la base .... **P. ptericlada**

Pilea acuminata Liebm., Kongel. Danske Vidensk. Selsk. Skr., Naturvidensk. Math. Afd., ser. 5, 2: 302. 1851; *P. longipes* Liebm.

Hierbas, 5–75 cm de alto, erectas, poco o no ramificadas, tallos glabros; plantas monoicas o femeninas. Hojas de forma similar y aproximadamente del mismo tamaño en cada nudo, angostamente ovadas a elípticas, 5.5–14.5 cm de largo y 20–60 mm de ancho, ápice largamente acuminado, base obtusa o redondeada, margen con 1.5–3 dientes/cm, cistolitos lineares generalmente visibles, haz glabra o con tricomas dispersos de 1.1–1.5 mm de largo, envés glabro o cortamente puberulento en los nervios, nervadura 3-nervia; pecíolos 8–60 mm de largo, puberulentos a glabros, estípulas 7–15 mm de largo, deciduas o semipersistentes. Inflorescencias unisexuales o bisexuales, paniculadas abiertas, en las axilas de las hojas superiores, 5.5–10 cm de largo, pedúnculo 25–50 mm de largo; perianto masculino 1 mm de largo, con apéndices 0.3–0.5 mm de largo. Aquenio elíptico a ovado, 0.7–1 mm de largo y 0.4–0.6 mm de ancho, la parte más grande del perianto 0.5–0.8 mm de largo.

No se ha visto material nicaragüense, pero se podría encontrar. Conocida esporádicamente desde México hasta Colombia. Esta especie está cercanamente relacionada con *P. pittieri* Killip (con su límite norte hasta el norte de Costa Rica), la cual se caracteriza por tener las inflorescencias masculinas en capítulos sésiles a cortamente pedunculados y aquenios ca 1.2 mm de largo.

Pilea auriculata Liebm., Kongel. Danske Vidensk. Selsk. Skr., Naturvidensk. Math. Afd., ser. 5, 2: 299. 1851.

Hierbas, 4–26 cm de alto, generalmente la parte basal rastrera y enraizando en los nudos, tallos glabros; plantas monoicas o dioicas. Hojas de cada nudo similares en tamaño y forma, ovadas, 0.6–5 cm de largo y 3–25 mm de ancho, ápice agudo con un diente terminal, base estrechándose abruptamente y ligeramente atenuada sobre el pecíolo, margen con 2–4 dientes/cm, cistolitos lineares, haz glabra o con tricomas dispersos de 0.3–0.6 mm de largo, envés glabro, 3-nervias o 3-plinervias; pecíolos 2–25 mm de largo, glabros, estípulas (0.6–) 2–4.5 mm de largo, persistentes. Inflorescencias unisexuales o bisexuales, en las axilas de muchas hojas a lo largo del tallo, fascículo pequeño con 1–15 flores en el ápice de un pedúnculo de 4–20 mm de largo; perianto masculino 1.4–3 mm de largo con apéndices 0.5–1.5 mm de largo. Aquenio asimétricamente ovado, 1.5–2 mm de largo y 1–1.6 mm de ancho, la parte más grande del perianto 1–2 mm de largo.

No se ha visto material nicaragüense, pero se espera encontrar; conocida esporádicamente desde México a Panamá.

Pilea botterii Killip, Proc. Biol. Soc. Wash. 52: 27. 1939.

Hierbas, 23–38 cm de alto, erectas, tallos glabros; monoicas. Hojas en cada nudo de forma similar, de igual tamaño o variando hasta el 50%, angostamente elípticas a lanceoladas, frecuentemente subfalcadas, 6.5–14 cm de largo y 14–20 mm de ancho, ápice largamente acuminado, base aguda, margen con 2–3 dientes/cm, cistolitos cortamente lineares cuando visibles sólo en la haz, glabras, nervadura 3-plinervia, 3 nervios uniéndose ca 0.5 cm por arriba de la base o nervios de los lados subopuestos; pecíolos 7–20 mm de largo, glabros, estípulas 0.5–1.3 mm de largo, persistentes. Inflorescencias unisexuales, inflorescencias de ambos sexos separadas pero frecuentemente en la misma axila, simples a poco ramificadas, sésiles o con pedúnculo de menos de 4 mm de largo; inflorescencias masculinas mucho más grandes que las femeninas, 1.5–2.5 cm de largo, las flores ampliamente separadas, perianto 1–2 mm de largo, sin apéndices; inflorescencias femeninas 0.5–1 cm de largo, flores estrechamente agrupadas. Aquenio asimétricamente ovado, 1.2–1.5 mm de largo y 0.7–1 mm de ancho, la parte más grande del perianto 0.9–1.2 mm de largo.

Conocida en Nicaragua por una colección, *Neill 378 (7234)*, de Peñas Blancas, Jinotega; 1300 m; fl y fr may; México (Veracruz), Honduras y Nicaragua.

Pilea diversissima Killip, Publ. Field Mus. Nat. Hist., Bot. Ser. 18: 394. 1937.

Hierbas, 30 cm de alto, procumbentes en la base, tallos glabros; plantas dioicas. Hojas en cada nudo de diferente tamaño y forma, las hojas más pequeñas elípticas, 0.3–2.5 cm de largo y 1.5–6 mm de ancho, enteras o con pocos dientes en el ápice, sésiles o con pecíolos de hasta 6 mm de largo, las hojas más grandes lanceoladas a angostamente elípticas, frecuentemente algo falcadas, 5.5–12.5 cm de largo y 15–30 mm de ancho, ápice largamente acuminado, base aguda, decurrente sobre el pecíolo, margen con 2–3 dientes/cm, cistolitos no visibles, glabras en ambas superficies, nervadura 3-nervia; pecíolos 4–12 mm de largo, glabros, estípulas 0.5 mm de largo, deciduas. Inflorescencias unisexuales; inflorescencias masculinas en los nudos afilos inferiores abiertas y muy ramificadas, ca 1 cm de largo, el pedúnculo 1.5 mm de largo, perianto 1–1.5 mm de largo, sin apéndices; inflorescencias femeninas en las axilas de varios nudos a lo largo del tallo, cimoso-paniculadas, 0.3–0.8 cm de largo, pedúnculo hasta 2 mm de largo. Aquenio casi orbicular, 0.7–1.2 mm de largo y 0.5–1.2 mm de ancho, la parte más grande del perianto 0.4–0.6 mm de largo.

Rara, en matorrales, en el sur de la zona atlántica; 10–30 m; fr nov–dic; *Moreno 12963, Shank 4998*; Nicaragua a Panamá. Tal vez esta especie no se diferencie de *P. ecboliophylla* Donn. Sm. de Guatemala y Belice. Dos especies relacionadas, con las hojas en el mismo nudo marcadamente diferentes en forma y tamaño podrían encontrarse en Nicaragua, *P. tilarana* W.C. Burger con aquenios grandes de 3 mm de largo, y *P. donnell-smithiana* Killip de hojas grandes con nervios secundarios muy prominentes en el envés formando ángulos rectos con los nervios principales, y flores en un capítulo denso sobre un pedúnculo corto o a veces en un fascículo denso sobre un raquis algunas veces poco ramificado.

Pilea fendleri Killip, Field Mus. Nat. Hist., Bot. Ser. 13(2): 341. 1937; *P. dauciodora* var. *crenata* Wedd.; *P. leptophylla* Killip.

Hierbas, ascendiendo hasta 8 cm de alto, rastreras en la base y enraizando en los nudos, tallos glabros o con pocos tricomas diminutos curvados hacia arriba, numerosos cistolitos lineares piliformes; plantas monoicas. Hojas en el mismo nudo de forma y tamaño similares o la una el 75% de la otra, oblongas a espatuladas u orbiculares, 0.5–2 cm de largo y 5–10 mm de ancho, ápice redondeado u obtuso, base cuneada, margen menudamente ciliado con pocos dientes apicales redondeados o crenado en la 1/2 apical hasta con 5 dientes a cada lado, cistolitos fusiformes o lineares, muy frecuentes y conspicuos, haz glabra o con tricomas translúcidos esparcidos,

envés glabro, nervadura 3-nervia (nervios laterales a menudo inconspicuos); pecíolos 1–10 mm de largo, glabros (o pubescentes como el tallo), estípulas 1 (–2) mm de largo, persistentes. Inflorescencias generalmente unisexuales (o femeninas con pocas flores masculinas), limitadas a las axilas superiores, 0.5–1.5 cm de largo, pedúnculos delgados de 1–12 mm de largo; flores masculinas solitarias o 2–6 fascículos apretados en una cima poco ramificada, perianto 1–1.5 mm de largo con apéndice 0.3–0.5 mm de largo; cimas femeninas (o bisexuales) densifloras. Aquenio ovado, ca 0.8 mm de largo y 0.5 mm de ancho, la parte más larga del perianto 0.5–0.7 mm de largo.

Conocida en Nicaragua por una colección estéril (*Stevens 6593*) de nebliselvas, Isla de Ometepe, Rivas; 800–1000 m; Nicaragua, Venezuela a Colombia y Perú. Muy similar y fácilmente confundida con *P. dauciodora* Pav. ex Wedd., la cual tiene hojas ovadas, margen serrado hasta la base, nervios terciarios transversos y conspicuos en el envés y menos cistolitos.

Pilea herniarioides (Sw.) Lindl., Coll. Bot. index. 1826; *Urtica herniarioides* Sw.

Hierbas muy pequeñas, 2–4.5 cm de alto, frecuentemente formando tapetes, tallos glabros; plantas monoicas. Hojas agrupadas en el ápice en rosetas terminales, las del mismo nudo de tamaño y forma similares, orbiculares, deltoides u ovadas, 0.2–0.6 cm de largo y 2–5 mm de ancho, ápice obtuso a redondeado, base aguda u obtusa y atenuada sobre el pecíolo, margen entero, cistolitos ausentes o lineares en la haz, glabras en ambas superficies o la haz con tricomas dispersos de 0.4 mm de largo, nervadura inconspicua o 3-nervia; pecíolos 0.5–3 mm de largo, glabros, estípulas 0.1–0.4 mm de largo, persistentes. Flores masculinas solitarias en las axilas inferiores de la roseta terminal, pedúnculo 2 mm de largo, perianto 0.5 mm de largo, sin apéndices; inflorescencias femeninas consistiendo de un capítulo compacto en la roseta terminal, sésil. Aquenio elipsoide, 0.3–0.5 mm de largo y 0.2–0.3 mm de ancho, la parte más larga del perianto menos de 0.1 mm de largo.

No se ha visto material de Nicaragua, pero se cita para Nicaragua en la *Flora of Guatemala*; Estados Unidos (Florida), México a Panamá y en las Antillas.

Pilea hyalina Fenzl, Nov. Gen. Sp. Pl. 4. 1849.

Hierbas, 4–35 (–55) cm de alto, erectas, generalmente enraizando sólo desde la base, a menudo con una o más ramas, tallos frecuentemente suculentos, carnosos o acuosos, glabros; monoicas o femeninas (las flores masculinas caen tempranamente?). Hojas en cada nudo de tamaño y forma similares, ovadas a rómbicas o ampliamente elípticas (raramente orbiculares), 0.9–4.5 cm de largo y 8–30 mm de ancho, ápice agudo (raramente obtuso), base obtusa a redondeada (raramente aguda), margen con 2–6 dientes/cm, cistolitos (inconspicuos) visibles sólo en la haz, cortos, lineares o curvados, haz glabra o con dispersos tricomas translúcidos de 0.3–0.7 mm de largo, envés glabro, nervadura 3-nervia; pecíolos 4–50 mm de largo, glabros o con un fascículo pequeño de tricomas en el ápice, estípulas rudimentarias de menos de 1 mm de largo, inconspicuas. Inflorescencias bisexuales o femeninas, en las axilas de muchos nudos a lo largo del tallo, muy ramificadas, 0.2–2 cm de largo, pedúnculos muy cortos hasta 6 mm de largo; perianto masculino 0.5–0.7 mm de largo, con apéndices muy cortos de menos de 0.1 mm de largo. Aquenio elíptico, 0.4–0.6 mm de largo y 0.3–0.5 mm de ancho, la parte más larga del perianto 0.2–0.5 mm de largo.

Común, en áreas rocosas y perturbadas, en todo el país; 0–1450 m; fl y fr todo el año; *Stevens 15595, 22981*; México a Chile y Argentina, también en las Antillas Menores.

Pilea imparifolia Wedd., Ann. Sci. Nat. Bot., sér. 3, 18: 212. 1852.

Hierbas, escandentes o raramente erectas, frecuentemente epífitas, trepadoras o formando tapetes en las rocas, tallos glabros; dioicas o raramente monoicas. Hojas en cada nudo generalmente de tamaño y forma diferente (en pocos pares ocasionalmente similares), las hojas más pequeñas asimétricas, orbiculares, ovadas, elípticas u obovadas, 0.3–1.4 cm de largo y 3–9 mm de ancho, enteras, unduladas o dentadas, sésiles o con pecíolos de hasta 0.3 mm de largo, las hojas más grandes oblanceoladas o angostamente ovadas a angostamente elípticas, 1–4.6 cm de largo y 4–19 mm de ancho, ápice agudo o acuminado, base atenuada sobre el pecíolo, margen generalmente dentado distalmente con 3–4 dientes/cm, a veces profundamente lobadas o enteras a ligeramente unduladas, cistolitos lineares dispersos y generalmente visibles en la haz, frecuentemente visibles en el envés, glabras, nervadura pinnada; pecíolos 1–15 mm de largo, glabros, estípulas 0.1–0.2 mm de largo, inconspicuas. Inflorescencias unisexuales en las axilas a lo largo del tallo, muy cortas y con pocas flores; inflorescencias masculinas sésiles, perianto 0.9–1.2 mm de largo con apéndices de 0.1–0.2 mm de largo; inflorescencias femeninas en pedúnculos 0.2–0.7 mm de largo. Aquenio elíptico, 0.7–0.8 mm de largo y 0.5 mm de ancho, la parte más larga del perianto 0.2–0.3 mm de largo.

Conocida en Nicaragua por una colección estéril

(*Rueda 6116*) de pluvioselvas, Río San Juan; 200–300 m; Nicaragua a Perú y Brasil.

Pilea microphylla (L.) Liebm., Kongel. Danske Vidensk. Selsk. Skr., Naturvidensk. Math. Afd., ser. 5, 2: 296. 1851; *Parietaria microphylla* L.

Hierbas, 2–40 cm de alto, erectas y/o en parte procumbentes, tallos frecuentemente suculentos o carnosos, glabros; monoicas o dioicas. Hojas en cada nudo casi de igual tamaño a muy diferentes, frecuentemente asimétricas, generalmente espatuladas a obovadas (elípticas u orbiculares), 0.1–1.1 cm de largo y 0.9–6.5 mm de ancho, ápice redondeado a obtuso, base frecuentemente atenuada (o de forma variable), margen entero, cistolitos lineares largos visibles sólo en la haz, mayormente en ángulo recto con el nervio principal, glabras, nervadura pinnada, nervios secundarios inconspicuos; pecíolos 0.1–6 mm de largo, glabros, estípulas diminutas o no desarrolladas. Inflorescencias unisexuales o bisexuales, en las axilas de numerosas hojas a lo largo del tallo, con 1–25 flores/fascículo, sésiles o en pedúnculos de hasta 3.5 mm de largo; perianto masculino 0.3–0.8 mm de largo, sin apéndices. Aquenio elíptico, 0.4–0.6 mm de largo y 0.2–0.4 mm de ancho, la parte más grande del perianto 0.3–0.45 mm de largo.

Localmente común, cultivada como ornamental o creciendo como maleza de jardín, en todo el país; 0–1400 m; fl y fr probablemente todo el año; *Miller 1437, Stevens 4426*; Estados Unidos (Florida) a Perú, Brasil y Paraguay. Standley registró una planta similar cultivada en Juigalpa, *P. serpyllacea* (Kunth) Liebm., que se diferencia por tener las hojas redondeadas y a menudo crenuladas y los pedúnculos de 5–10 mm de largo.

Pilea parietaria (L.) Blume, Mus. Bot. 2: 48. 1856; *Urtica parietaria* L.

Hierbas, 15–30 cm de alto, procumbentes o erectas, leñosas en la base, tallos glabros; monoicas. Hojas de cada nudo generalmente con lámina de tamaño y forma similares pero el pecíolo frecuentemente diferente, ovadas, ampliamente elípticas a rómbicas, 1–2.5 cm de largo y 7–12 mm de ancho, ápice agudo, base aguda u obtusa, a menudo ligeramente desigual, margen entero, cistolitos cortamente lineares, glabras u ocasionalmente con unos pocos tricomas a lo largo del margen de la lámina, 3-nervias, nervios secundarios inconspicuos; pecíolos 3–20 mm de largo, glabros, estípulas 0.5–0.7 mm de largo, persistentes. Inflorescencias unisexuales o bisexuales, 0.6–2.3 cm de largo, flores en fascículos pequeños en un raquis no ramificado o una vez ramificado, pedúnculos 3–13 mm de largo; perianto masculino ca 0.7 mm de largo, con apéndices de 0.1 mm de largo. Aquenio elíptico, 0.5–0.6 mm de largo y 0.3 mm de ancho, la parte más larga del perianto 0.3–0.4 mm de largo.

Raramente colectada, a veces epífita o creciendo en rocas cubiertas de musgo, en ríos o terrestre, zona norcentral; 500–1400 m; fl y fr oct, may y ene; *Araquistain 2647*, *Moreno 24908*; Guatemala a Panamá y en las Antillas. En otras áreas de su extensión geográfica, las hojas son frecuentemente mucho más grandes y varían hasta lanceoladas.

Pilea ptericlada Donn. Sm., Bot. Gaz. (Crawfordsville) 31: 121. 1901.

Hierbas, 19–50 cm de alto, rastreras en la base tornándose erectas, tallos glabros a puberulentos; monoicas o dioicas. Hojas en cada nudo de forma y tamaño similares (o variando hasta el 50%), elípticas a oblanceoladas, 7.5–23 cm de largo y 30–80 mm de ancho, ápice agudo a acuminado, base largamente atenuada, margen con 1–2 dientes/cm (a menudo sólo el 1/3 distal), cistolitos lineares y punctiformes, visibles en la superficie de la haz, generalmente inconspicuos en el envés, haz glabra, envés glabro o puberulento a escasamente piloso en los nervios, nervadura 3-plinervia 0.6–5.5 cm por arriba de la base; pecíolos subsésiles o de hasta 30 mm de largo, glabros a puberulentos, estípulas 4–10 mm de largo, persistentes. Inflorescencias unisexuales, a veces inflorescencias de ambos sexos en el mismo nudo, panículas abiertas y ramificadas; inflorescencias masculinas 2.5–12 cm de largo, pedúnculo 15–80 mm de largo, perianto 1.2–2.3 mm de largo, con apéndices de 0.2–0.5 mm de largo; inflorescencias femeninas 2–4.5 cm de largo, pedúnculo 10–35 mm de largo. Aquenio ovado, 1.5–1.8 mm de largo y 1–1.2 mm de ancho, la parte más grande del perianto 1–1.5 mm de largo.

Esperada en el sureste de la zona atlántica; Costa Rica a Panamá. Es posible que *P. umbriana* Killip sea sinónimo de esta especie. Las plantas de regiones bajas tienden a tener las hojas más pequeñas y más puberulentas y las inflorescencias masculinas más pequeñas y menos ramificadas.

Pilea pubescens Liebm., Kongel. Danske Vidensk. Selsk. Skr., Naturvidensk. Math. Afd., ser. 5, 2: 302. 1851.

Hierbas, 4–30 cm de alto, erectas o las partes inferiores frecuentemente rastreras y enraizando en los nudos, tallos puberulentos (glabros); monoicas o femeninas. Hojas frecuentemente agrupadas en el ápice, en cada nudo de tamaño y forma similares, generalmente ovadas (elípticas a obovadas), 1.2–6.5 cm de largo y 7–48 mm de ancho, ápice agudo a obtuso, base generalmente obtusa a redondeada, menos frecuentemente aguda, margen con 1.5–6 dientes/cm, cistolitos lineares y dispersos, haz glabra o con dispersos tricomas translúcidos de 0.5–2 mm de largo, envés con tricomas cortos en los nervios, nervadura 3-nervia; pecíolos 1–30 mm de largo, densamente pubescentes, estípulas (1–) 1.5–3.5 mm de largo, persistentes. Inflorescencias femeninas o bisexuales, frecuentemente restringidas a las axilas de las hojas distales, cimoso-paniculadas, abiertamente ramificadas, 0.9–6.5 cm de largo, pedúnculo 0–55 mm de largo; flores masculinas frecuentemente dispuestas en las ramas inferiores de las inflorescencias principalmente femeninas, perianto 0.9–2 mm de largo, con apéndices 0.2–0.6 mm de largo. Aquenio elíptico (raramente ovado), 0.5–0.7 mm de largo y 0.3–0.5 mm de ancho, la parte más grande del perianto 0.3–0.7 mm de largo.

Común, a veces epífitas o sobre rocas, frecuentemente en áreas alteradas, zonas norcentral y atlántica; 10–1650 m; fl y fr abr–ene; *Moreno 24921*, *Stevens 20337*; México a Argentina y en las Antillas. Algunos individuos de *P. pubescens* con hojas superiores estrechamente agrupadas, cortamente pecioladas y hojas obovadas de bases agudas, se parecen mucho a *P. involucrata* (Sims) Urb., pero esta última tiene las hojas con ápices redondeados y no se encuentra de forma natural al norte de Panamá.

Pilea quichensis Donn. Sm., Bot. Gaz. (Crawfordsville) 19: 12. 1894.

Hierbas (o arbustos), 25–200 cm de alto, erectas, enraizando sólo desde la base, generalmente no ramificadas, tallos suculentos o acuosos, glabras; monoicas o dioicas. Hojas en cada nudo de tamaño y forma similares, elípticas a angostamente elípticas, frecuentemente algo falcadas, 5.5–22.5 cm de largo y 22–50 mm de ancho, ápice acuminado a atenuado, base atenuada a aguda, margen entero o serrado distalmente con 2 dientes/cm, cistolitos lineares o curvados generalmente visibles en la haz, glabras, 3-nervias o 3-plinervias ligeramente hasta 0.5 cm por arriba de la base, pecíolos 10–50 mm de largo, glabros, estípulas 0.4–0.5 mm de largo, deciduas. Inflorescencias unisexuales o bisexuales, panícula cimosa, 0.5–3 cm de largo, pedúnculos ca 0–4 mm de largo; perianto masculino 1–1.7 mm de largo con apéndices 0.1–0.2 mm de largo. Aquenio ovado a elíptico, asimétrico, 0.7–0.9 mm de largo y 0.6–0.7 mm de ancho, parte más grande del perianto 0.4–0.7 mm de largo.

Raramente colectada, localmente común en sotobosques, rocas, a lo largo de caños, zonas norcentral y atlántica; 250–1200 m; fl y fr may–oct y ene; *Neill 3758, Stevens 21362*; Guatemala a Costa Rica. Esta especie parece estar cercanamente relacionada, y tal vez es sinónima con *P. mexicana* Wedd.

POUZOLZIA Gaudich.

Arbustos, subarbustos o raramente árboles pequeños o bejucos, sin tricomas urticantes; plantas generalmente monoicas. Hojas alternas (en Nicaragua) y generalmente enteras (dentadas en *P. parasitica*), cistolitos punctiformes generalmente visibles en la haz, nervadura generalmente pinnada, con 2 nervios basales prominentes a los lados o 3-nervias; estípulas en pares en los nudos y libres. Flores agrupadas en glomérulos en las axilas de las hojas; flores masculinas con perianto (3) 4 (en Nicaragua) ó 5-partido, yemas a menudo apiculadas; flores femeninas con tubo del perianto fusionado, dentado en el ápice, más o menos acostillado longitudinalmente, ovario incluido, estigma linear. Aquenio envuelto en el perianto persistente y rasgándose con el tiempo.

Género pantropical con ca 50 especies; 3 especies se conocen de Nicaragua y otra se espera encontrar.

1. Hojas dentadas en los 2/3 apicales; 1–3 flores por glomérulo, ocultas por una estípula; nebliselvas entre 1500 y 1600 m de altura .... **P. parasitica**
1. Hojas enteras; más de 5 flores por glomérulo, no ocultas por una estípula; hasta 1100 m de altura
   2. Pecíolos 0.1–0.2 cm de largo; perianto fructífero pubescente con tricomas largos, costillas indefinidas, base aguda .... **P. obliqua**
   2. Pecíolos (0.5–) 1–11.5 cm de largo; perianto fructífero puberulento con tricomas cortos, con 14–30 costillas conspicuas, base truncada
      3. Envés de la hoja grisáceo a blanquecino con denso tomento aracnoide entre los nervios .... **P. guatemalana** var. **guatemalana**
      3. Envés de la hoja verde, tricomas seríceos y dispersos .... **P. occidentalis**

Pouzolzia guatemalana (Blume) Wedd. in A. DC. var. **guatemalana**, Prodr. 16(1): 233. 1869; *Boehmeria guatemalana* Blume.

Subarbustos o arbustos, 1–2 m de alto, erectos. Hojas elípticas u ovadas, 10–18 cm de largo y 3.5–8.5 cm de ancho, ápice caudado, base obtusa a cuneada, margen entero, haz con tricomas delgados y dispersos, envés con superficie grisácea o blanquecina con tomento aracnoide, tricomas más largos dispersos sobre los nervios; pecíolos 2.5–9 cm de largo, pilosos. Inflorescencias unisexuales o bisexuales, con 5–20 flores por glomérulo; perianto de las flores masculinas 1.4–2 mm de largo con puntas apiculadas a alargadas y angostas de 0.1–0.5 mm de largo, puberulento. Perianto fructífero no aplanado, elíptico, 1.5–2 mm de largo y 1–1.2 mm de ancho, ápice agudo, base truncada, 16–22 costillas conspicuas, puberulento; aquenio del mismo tamaño que el perianto, lustroso.

Se espera encontrar en Nicaragua; conocida de Guatemala, Costa Rica, Panamá y Ecuador.

Pouzolzia obliqua (Wedd.) Wedd., Arch. Mus. Hist. Nat. 9: 405. 1857; *Margarocarpus obliquus* Wedd.

Arbustos de 2–5 m de alto, erectos o a menudo escandentes. Hojas asimétricas, elípticas o lanceoladas, 3.5–5 cm de largo y 1.5–2 cm de ancho, ápice agudo a acuminado, base asimétrica redondeada en un lado y obtusa en el otro (subcordada), margen entero, haz con tricomas delgados y dispersos, envés con tricomas delgados en los nervios; pecíolos 0.1–0.2 cm de largo, híspidos. Inflorescencias unisexuales o bisexuales, con 5 o más flores por glomérulo; perianto de las flores masculinas 1–1.6 mm de largo, con puntas alargadas y delgadas de 0.2–0.4 mm de largo, puberulento. Perianto fructífero no aplanado, elíptico, 1.5–2.2 mm de largo y 1 mm de ancho, ápice agudo a acuminado, base aguda, costillas indefinidas, pubescente con tricomas largos de 0.3 mm de largo; aquenio del mismo tamaño que el perianto, lustroso.

Poco colectada, en vegetación secundaria, zona atlántica; 100–600 m; fl y fr may–ago; *Neill 2012, Ortiz 1452*; México a Venezuela y Perú.

Pouzolzia occidentalis (Liebm.) Wedd., Arch. Mus. Hist. Nat. 9: 410. 1857; *Leucococcus occidentalis* Liebm.

Arbustos o árboles pequeños, 1–6 m de alto (raramente hierbas de 0.6–0.7 m de alto), erectos. Hojas asimétricas a simétricas, ampliamente ovadas a angostamente elípticas, (4.5–) 6–15 cm de largo y 1.5–9.5 cm de ancho, ápice acuminado o agudo, base oblicuamente asimétrica, aguda, obtusa o redondeada en uno o ambos lados, margen entero, haz con tricomas numerosos a dispersos, envés con tricomas largos en los nervios, con numerosos a escasos tricomas seríceos entre ellos (nunca tomentosos); pecíolos (0.5–) 1–11.5 cm de largo, glabrescentes a híspidos. Inflorescencias unisexuales o bisexuales, con 5 o más flores por glomérulo; perianto de las flores masculinas 1.5–2.5 mm de largo con puntas delgadas y alargadas de 0.3–0.7 mm de largo, puberulento. Perianto fructífero no aplanado, elíptico, 1.4–2 mm de largo y 0.9–1.4 mm de ancho, ápice agudo a acuminado, base truncada, 14–30 costillas generalmente conspicuas, pubescencia corta; aquenio del mismo tamaño que el perianto, lustroso.

Común, en áreas abiertas y perturbadas, en todo el país; 0–1000 m; fl y fr probablemente todo el año; *Robleto 1553*, *Stevens 22405*; México a Colombia, Venezuela y Puerto Rico.

Pouzolzia parasitica (Forssk.) Schweinf., Bull. Herb. Boisser 4(Appendix 2): 145. 1896; *Urtica parasitica* Forssk.; *P. phenacoides* Killip.

Hierbas o subarbustos, 0.2–2 m de alto, a menudo trepadoras. Hojas angostamente ovadas a elípticas, 2.5–5 cm de largo y 1–2 cm de ancho, ápice acuminado, base simétrica, obtusa a redondeada, el 1/3 inferior del margen entero, los 2/3 superiores con 3–4 dientes/cm, la haz glabra o con tricomas delgados y dispersos, el envés con tricomas delgados en los nervios; pecíolos 0.5–3.2 cm de largo, puberulentos. Inflorescencias unisexuales o bisexuales, con 1–3 flores por glomérulo, a menudo ocultadas por una estípula aplicada; perianto de las flores masculinas 1 mm de largo sin puntas alargadas (hasta ca 0.1 mm de largo), puberulento. Perianto fructífero no aplanado, ovado, 2–2.5 mm de largo y 1.5–1.7 mm de ancho, ápice y base agudos, costillas indefinidas, suavemente puberulento hacia el ápice, tricomas muy cortos; aquenio del mismo tamaño que el perianto, lustroso.

Rara, en bosques enanos, Cerro Quiabú, Estelí; 1500–1600 m; fl y fr oct–ene; *Moreno 6069-b*, *Stevens 16258*; Guatemala a Costa Rica, Colombia, Perú y Bolivia, también en Africa y Yemen.

ROUSSELIA Gaudich.

Rousselia erratica Standl. & Steyerm., Ceiba 3: 43. 1952.

Hierbas anuales, hasta 20 cm de alto, pilosas, sin tricomas urticantes; plantas monoicas. Hojas alternas, asimétricamente elípticas, 0.8–5.5 cm de largo y 0.4–1.8 cm de ancho, ápice acuminado, base oblicua con un lado redondeado y el otro agudo, margen entero, cistolitos inconspicuos o punctiformes en la haz, pilosas o con pocos tricomas largos dispersos, nervadura pinnada con 3 nervios principales; pecíolos 0.1–0.8 cm de largo, pilosos, estípulas libres, 1.5–2.5 mm de largo, persistentes. Inflorescencias unisexuales y axilares con 1–3 flores; flores masculinas con perianto 4-partido, 0.8 mm de largo; flores femeninas cada una abrazada por una bráctea ovada, 1.5–2.5 mm de largo y 1.3–1.5 mm de ancho, perianto fusionado en un tubo, estigma filiforme. Aquenio envuelto en el tubo persistente del perianto, tubo angostamente ovado, 1.3–2.5 mm de largo y 0.7–1.4 mm de ancho, glabro a escasamente piloso.

Rara, bosques de galería, zona pacífica; 90 m; fl y fr jul; *Standley 11263*, *11582*; El Salvador, Nicaragua y Colombia. Una especie más se conoce en el género, *R. humilis* (Sw.) Urb., de México (Península de Yucatán), Guatemala y las Antillas.

URERA Gaudich.

Hierbas grandes, arbustos o árboles pequeños ocasionalmente escandentes (o lianas), frecuentemente con tricomas urticantes dispersos o espinas urticantes puntiagudas; plantas monoicas o dioicas. Hojas alternas, enteras, serradas o profundamente lobadas, cistolitos punctiformes o cortamente lineares, generalmente pinnatinervias; estípulas en pares, libres o más o menos fusionadas alrededor de la base del pecíolo. Inflorescencias paniculadas, cimosas o simples sólo con unas pocas flores agrupadas, axilares o caulifloras; flores masculinas con perianto 4 ó 5-partido; flores femeninas con perianto 4-partido, estigma generalmente penicilado (linear en *U. laciniata*), persistente en el fruto. Aquenio al menos parcialmente rodeado por el perianto agrandado y carnoso, abayado en el material fresco, delgado y en forma de bráctea en el material seco, aplicado al fruto y encerrándolo o abrazándolo.

Un género con 35–75 especies distribuidas en América tropical, Africa y Asia; 6 especies en Nicaragua.

T.B. Croat. *Urera*. Flora of Barro Colorado Island. 365, fig. 210. 1978.

1. Hojas o pecíolos con espinas urticantes, hojas con margen profundamente lobado o con dientes espaciados 0.5–3.5 cm, conspicuos; perianto fructífero 1/2 a 2/3 de la longitud del aquenio en especímenes secos

    2. Hojas con dientes conspicuos y muy espaciados; fruto 2.2–3.2 mm de largo; estigma penicilado .... **U. baccifera**

    2. Hojas profunda y pinnadamente lobadas; fruto 1.5–2 mm de largo; estigma linear .... **U. laciniata**

1. Hojas y pecíolos sin espinas, hojas con margen entero a agudamente dentado; perianto fructífero igual o más grande que el aquenio en los especímenes secos

    3. Plantas monoicas; inflorescencias masculinas axilares arriba de las femeninas; tallos jóvenes hirsutos con largos tricomas translúcidos 1.5–2.5 mm de largo; yemas florales masculinas ovadas, ápice agudamente puntiagudo .... **U. simplex**

    3. Plantas generalmente dioicas; raramente inflorescencias mixtas o las femeninas arriba de las masculinas; tallos jóvenes puberulentos a vellosos con tricomas opacos y generalmente cortos; yemas florales masculinas aplanado-circulares

        4. Hojas generalmente ovadas, generalmente con ápice agudo y base cordada o subcordada; perianto fructífero no curvado con la edad .... **U. corallina**

        4. Hojas elípticas u obovadas, con ápice acuminado y base variada pero no cordada; perianto fructífero a veces curvado con la edad

            5. Arbustos o árboles, a veces escandentes; perianto fructífero curvado con la edad; distancia entre los pares basales y secundarios de nervios similar a la distancia entre el segundo y tercer par de nervios .... **U. eggersii**

            5. Lianas comúnmente creciendo sobre árboles; perianto fructífero no curvado con la edad; distancia entre los pares basales y secundarios de nervios laterales mucho más grande (comúnmente 1.5 veces o más) que entre el segundo y tercer par .... **Urera** sp. A

Urera baccifera (L.) Gaudich. ex Wedd., Ann. Sci. Nat. Bot., sér. 3, 18: 199. 1852; *Urtica baccifera* L.

Hierbas erectas, arbustos o árboles pequeños, 0.5–5 m de alto, con espinas urticantes dispersas, 2–6 mm de largo, tallos jóvenes con tricomas cortos y opacos; plantas dioicas (raramente monoicas). Hojas ovadas (raramente elípticas), 5–31 cm de largo y 3–21 cm de ancho, ápice agudo (obtuso o acuminado), base generalmente cordada, subcordada (raramente redondeada), margen con dientes espaciados 0.5–3.5 cm; pecíolos 1–23 cm de largo, frecuentemente con espinas de 1–4 mm de largo, puberulentos. Inflorescencias unisexuales, paniculadas, 3–9 cm de largo, espinas dispersas de 0.5–1.5 mm de largo, glabras o puberulentas; yemas de las flores masculinas aplanado-circulares, 1.1–1.7 mm de ancho, puberulentas; flores femeninas 0.5–2 mm de largo, estigma penicilado de 0.1–0.5 mm de largo. Aquenio aplanado-ovado, 2.2–3.2 mm de largo y 1.6–2.7 mm de ancho, en el material fresco conspicuamente exerto más allá de perianto abayado y carnoso, blancuzco a rosado, perianto bracteiforme abrazando y envolviendo la base del aquenio en las colecciones secas, los 2 segmentos más grandes 1–2.4 mm de largo.

Común, en ambientes alterados, en todo el país; 0–1400 m; fl y fr todo el año; *Araquistain 2863, Pipoly 3731*; México a Argentina. "Chichicaste".

Urera corallina (Liebm.) Wedd. in A. DC., Prodr. 16(1): 90. 1869; *Urtica corallina* Liebm.; *U. verrucosa* Liebm.

Arboles pequeños, arbustos o hierbas, (0.8–) 2–4 (–15) m de alto, a veces débilmente urticantes, sin espinas, tallos jóvenes con tricomas cortos y opacos; plantas dioicas o monoicas. Hojas ovadas (raramente orbiculares o elípticas), 8–28 cm de largo y 6–24 cm de ancho, ápice agudo (raramente acuminado u obtuso), base cordada, subcordada (o raramente redondeada), margen con 1–4 dientes muy poco profundos/cm a serrado; pecíolos 3–18 cm de largo, glabros, escasamente pubescentes o densamente cubiertos de tricomas cortos y rectos. Inflorescencias generalmente unisexuales con las inflorescencias femeninas en las axilas superiores (cuando la inflorescencia es bisexual, los sexos se separan en la primera división de las cimas), 1.5–6 cm de largo, tricomas cortos, esparcidos a densos, con o sin tricomas urticantes; flores masculinas en densos fascículos globosos en los extremos de las ramas de la inflorescencia, yemas aplanado-circulares, 1.1–1.8 mm de ancho, puberulenta hasta con numerosos tricomas más largos; inflorescencias femeninas cimoso-paniculadas, flores femeninas 0.8–1.7 mm de largo, estigma penicilado de 0.1–0.3 mm de largo. Aquenio asimétrico, casi circular, 0.8–1 mm de largo y 0.7–1 mm de ancho, envuelto hasta que está muy maduro en un perianto suculento de color amarillo o anaranjado, irregular cuando está seco, aproximadamente elipsoide, no curvado, 1.2–2 mm de largo y 1.1–2 mm de ancho.

Común, en áreas sombreadas, en todas las zonas del país; 0–1500 m; fl abr–oct, fr jun–mar; *Fonseca 79, Sandino 1291*; México a Venezuela, Colombia y en las Antillas. Durante mucho tiempo los especímenes de esta especie han sido asignados a *U. caracasana* (Jacq.) Griseb. (Panamá, Sudamérica y

Trinidad), una especie con perianto fructífero 0.6–0.8 mm de largo, de color amarillo pálido, verde o blanco, que cubre sólo las 3/4 partes del aquenio.

Urera eggersii Hieron., Bot. Jahrb. Syst. 20(Beibl. 49): 3. 1895.

Arbustos o árboles, ocasionalmente escandentes, 2–6 m de alto, a veces débilmente urticantes, sin espinas, tallos jóvenes con tricomas cortos y opacos; plantas dioicas. Hojas elípticas u obovadas, 11–30 cm de largo y 3.5–13 cm de ancho, ápice acuminado, base aguda, obtusa o redondeada, margen dentado con 2–5 dientes/cm, serrado a más frecuentemente subentero; pecíolos 0.6–14 cm de largo, glabro, puberulento o con tricomas translúcidos largos. Inflorescencias unisexuales, 0.5–12.5 cm de largo, glabras, puberulentas o puberulentas con tricomas urticantes dispersos; flores masculinas en densos fascículos en los extremos de las ramas de la inflorescencia, yemas aplanado-circulares, 1–1.5 mm de ancho, glabras o pubescentes; inflorescencias femeninas paniculadas, flores 0.5–1.2 mm de largo, estigma penicilado de 0.2–0.3 mm de largo. Aquenio asimétrico, casi circular, 0.9–1.2 mm de largo y 0.6–1.2 mm de ancho, envuelto hasta que está muy maduro en un perianto de color amarillo, verde, anaranjado, rojo o café, irregular cuando seco, asimétricamente circular o simétricamente elíptico, generalmente curvado, 1.1–1.5 mm de largo y 0.8–1.5 mm de ancho.

Común, a lo largo de caños, zonas pacífica y norcentral; 10–1300 m; fl feb, may–ago, fr jul–ene; *Moreno 18147, Neill 4158*; México a Perú, Bolivia y en las Antillas. A veces las inflorescencias enfermas forman espigas complejas o simples cubiertas con brácteas de 0.5 cm de largo. *U. eggersii*, como se ha interpretado aquí, es una especie muy variable y ampliamente distribuida y podría incluir a más de 1 especie; ha sido frecuentemente confundida con *U. elata* (Sw.) Griseb. y aparece bajo ese nombre en la *Flora of Guatemala, Flora of Panama* y *Flora Costaricensis*. *U. elata* es una especie endémica de Jamaica con panículas de ramas más filiformes, fruto no curvado y tricomas urticantes con base estipitiforme. Estudios adicionales también podrían indicar que *U. eggersii* es un sinónimo de *U. aurantiaca* Wedd. "Chichicaste".

Urera laciniata Wedd., Ann. Sci. Nat. Bot., sér 3, 18: 203. 1852; *U. girardinioides* Seem.

Hierbas erectas, arbustos poco ramificados o árboles pequeños, 1–5 m de alto, con espinas urticantes dispersas de 5 mm de largo, tallos jóvenes con tricomas cortos y opacos; plantas dioicas. Hojas amplia-

mente triangulares u ovadas, profundamente pinnatilobadas, 10.5–20 cm de largo y 6.5–21 cm de ancho, ápice acuminado, base truncada o cordada; pecíolos 3.5–14 cm de largo, con espinas urticantes dispersas. Inflorescencias masculinas laxamente paniculadas, 10–15 cm de largo, puberulentas, flores en glomérulos a lo largo de las ramas de la inflorescencia, yemas aplanado-circulares, 1.1–1.6 mm de ancho, perianto puberulento; inflorescencias femeninas paniculadas, 4–7 cm de largo, con pocas espinas dispersas, glabras a puberulentas, flores 1 mm de largo, estigma linear de 0.5 mm de largo. Aquenio aplanado-ovado, 1.5–2 mm de largo y 1.3–1.7 mm de ancho; perianto semejante a 2 brácteas abrazando y envolviendo la base del aquenio en material seco, ovado, 1–1.6 mm de largo y 1.1–1.6 mm de ancho.

Rara, a lo largo de ríos, norte de la zona atlántica; 175 m; fl mar, fr jun; *Ortiz 2000, Stevens 16650*; Nicaragua a Perú y Bolivia. En las etiquetas del material sudamericano se indica que las plantas de esta especie tienen un látex lechoso, carácter inusual en esta familia. *U. laciniata* también es muy inusual en el género por tener el estigma alargado. "Chichicaste".

Urera simplex Wedd. in A. DC., Prodr. 16(1): 90. 1869; *U. tuerckheimii* Donn. Sm.

Arbustos, 1.5–3 m de alto, sin espinas, tallos jóvenes con tricomas urticantes translúcidos de 1.5–2.5 mm de largo; plantas monoicas. Hojas elípticas, 9–20 cm de largo y 4–12 cm de ancho, ápice cortamente acuminado, base obtusa a redondeada, margen con 3–5 dientes/cm; pecíolos 1–7.5 cm de largo, escasa a densamente hirsutos con tricomas largos. Inflorescencias unisexuales; inflorescencias masculinas en las axilas superiores, estrechamente cimosas en capítulos o pedúnculos con cimas capituliformes, capítulo 0.3–1 cm de ancho en un pedúnculo de hasta 1 cm de largo, densamente cubiertos de tricomas translúcidos largos, yemas ovadas con ápice agudo, 1–1.5 mm de largo y 0.6–1.5 mm de ancho, densamente cubiertas de tricomas translúcidos largos; inflorescencias femeninas cimoso-paniculadas, 0.5–2 cm de largo con tricomas translúcidos largos, flores 0.5 mm de largo, estigma penicilado de 0.2 mm de largo. Aquenio asimétricamente orbicular, 1 mm de largo y de ancho, envuelto hasta cuando muy maduro en el perianto carnoso de color anaranjado, cuando seco elíptico, 1–2.5 mm de largo y 0.8–2 mm de ancho.

Rara, conocida en Nicaragua de una colección (*Robleto 848*) de bosques húmedos, Isla de Ometepe, Rivas; 700–900 m; yema jun; México a Colombia y Venezuela.

Urera sp. A.

Lianas, espinas ausentes, no urticantes, tallos jóvenes con tricomas cortos y opacos; plantas dioicas. Hojas elípticas, 8.5–19 cm de largo y 4.5–8 cm de ancho, ápice acuminado, base redondeada a cuneada, margen undulado a ligeramente crenado (dentado) con 2–3 dientes/cm; pecíolos 2–10 cm de largo, glabros o escasamente pilosos. Inflorescencias unisexuales, 2–5 cm de largo, puberulentas con tricomas rígidos cortos, sin tricomas urticantes; flores masculinas en densos fascículos globosos, apretados en los extremos de las ramas de la inflorescencia, yemas aplanado-circulares, 1 mm de diámetro, gla-

bras o puberulentas; inflorescencias femeninas paniculadas, flores 0.2–1.5 mm de largo, estigma penicilado de 0.1–0.2 mm de largo. Aquenio ovado a casi circular, 1.1–1.2 mm de diámetro, envuelto hasta que está muy maduro en un perianto suculento anaranjado o amarillo, irregularmente circular cuando seco, no curvado, 2 mm de largo y 1.5 mm de ancho.

Rara, bosques húmedos, zona atlántica; 300–600 m; fl ago–sep, fr nov; *Neill 2378, Rueda 7669*; México a Ecuador y Venezuela. Fue tratada como *U. eggersii* por Croat y como *U. elata* en la *Flora of Panama*; los conceptos de las especies en este grupo son aún confusos.

VALERIANACEAE Batsch

Fred R. Barrie

Hierbas anuales, bianuales o perennes, raramente arbustos, comúnmente con un olor fétido característico, particularmente en las muestras herborizadas; plantas hermafroditas, dioicas, ginodioicas o poligamodioicas. Hojas opuestas, decusadas, simples a pinnatífidas o pinnaticompuestas, a veces envainadoras en la base; pecioladas o apecioladas, estípulas ausentes. Inflorescencias cimosas, comúnmente un tirso compacto, o un dicasio simple o compuesto, flores irregulares; cáliz de 5 sépalos foliáceos (*Nardostachys*), obsoleto o variadamente modificado, comúnmente dividido en numerosos segmentos plumosos que persisten cuando en fruto; corola simpétala, rotácea a infundibuliforme, frecuentemente gibosa o espolonada, con 5 lobos imbricados; estambres 1–4, epipétalos, alternos con los lobos de la corola, anteras con 2 tecas, dehiscentes longitudinalmente; ovario ínfero, 3-carpelar, con 2 lóculos estériles y 1 fértil, éste con un óvulo sencillo, pendiente, anátropo, estilo 1, estigmas 3. Fruto una cipsela.

Una familia pequeña con 7 géneros y aproximadamente 325 especies, dividida casi igualmente entre las regiones templadas del norte y las regiones montañosas y templadas de Sudamérica; 1 género con 5 especies ocurren en Nicaragua.

Fl. Guat. 24(11): 296–306. 1976; Fl. Pan. 63: 581–592. 1976; F. Höck. Beiträge zur Morphologie, Gruppirung und geographischen Verbreitung der Valerianaceen. Bot. Jahrb. Syst. 3: 1–73. 1882.

VALERIANA L.

Hierbas bianuales o perennes, raramente arbustos, ocasionalmente escandentes. Inflorescencia un dicasio con muchas flores, compuesto o aglomerado; cáliz de 6–30 setas plumosas, involutas en la antesis, desdoblándose cuando el fruto madura hasta formar una estructura como vilano que persiste cuando el fruto se dispersa; corola rotácea a infundibuliforme, frecuentemente gibosa, la corola de las flores femeninas comúnmente 1/3 a 1/2 del tamaño de las flores perfectas; estambres 3, vestigiales o ausentes en las flores femeninas; ovario con los 2 lóculos estériles reducidos o vestigiales. Fruto una cipsela con 3 nervios en el lado abaxial, 1 en el lado adaxial y 2 a lo largo del margen; cáliz plumoso persistente o raramente ausente.

Un género con unas 250 especies, de las cuales unas 100 son de Sudamérica y unas 100 de Eurasia; 40 especies ocurren en México y Centroamérica, solamente 5 especies se encuentran en Nicaragua. En las regiones tropicales y subtropicales, *Valeriana* se encuentra generalmente en elevaciones de más de 500 m, con excepción de unas pocas especies que crecen en sitios menos elevados.

F.G. Meyer. *Valeriana* in North America and the West Indies (Valerianaceae). Ann. Missouri Bot. Gard. 38: 377–503. 1951.

1. Hierbas perennes y escandentes
    2. Hojas simples .... **V. candolleana**
    2. Hojas ternadas .... **V. scandens**
1. Hierbas bianuales y erectas
    3. Hojas simples; corola 1.4–2.2 mm de largo, estambres exertos .... **V. urticifolia**
    3. Hojas pinnatífidas o pinnadamente compuestas; corola 0.5–1.4 mm de largo, estambres incluidos
        4. Plantas hasta 1.5 m de alto, hojas pinnatífidas (raramente simples y ovadas); frutos 2.4–3.2 mm de largo, márgenes alados .... **V. palmeri**
        4. Plantas 0.5–0.8 m de alto, hojas pinnadas; frutos 1.2–2 mm de largo, márgenes enteros .... **V. sorbifolia**

Valeriana candolleana Gardner, London J. Bot. 4: 112. 1845; *V. mikaniae* Lindl.; *V. scandens* var. *candolleana* (Gardner) K.A.E. Müll.

Trepadoras herbáceas, perennes; tallos volubles, hasta 6 m de largo, 4-acostillados basalmente hasta el primer o segundo nudo, teretes en la parte superior, glabros a esparcidamente pubescentes; plantas ginodioicas. Hojas simples, triangulares a ovadas, 4–12 cm de largo, acuminadas a agudas en el ápice, cordadas o truncadas en la base, enteras a dentadas o crenadas, glabras a esparcidamente pubescentes; láminas 2–10 cm de largo y 1–7 cm de ancho. Inflorescencias 20–30 cm de largo, numerosas, las ramificaciones terminales con 5–10 flores; cáliz de 10–14 segmentos; corola rotácea a subcampanulada, verde pálida a blanca; tubo de la corola de las flores hermafroditas 1.4–2 mm de largo y 0.7–0.8 mm de ancho, lobos 0.3–0.6 mm de largo, patentes o reflexos, estambres y estilos iguales en longitud al tubo de la corola o ligeramente exertos; corola de las flores femeninas 0.8–1.1 mm de largo y 0.6–1.1 mm de ancho, lobos 0.3–0.6 mm de largo, patentes, estilo exerto, 1–1.4 mm de largo, estigmas 0.3–0.5 mm de largo. Cipselas ovadas a piriformes, 1.8–3.5 mm de largo y 1.1–2 mm de ancho, con manchas cafés o moradas, glabras en la superficie abaxial y glabras a escasamente pilósulas en la superficie adaxial.

Común localmente en los márgenes de bosques en la zona norcentral y en el Volcán Masaya e Isla de Ometepe; 500–1600 m; fl y fr durante todo el año; *Moreno 6046, Stevens 6598*; México a Brasil y Argentina. *V. candolleana* ha sido con frecuencia considerada una variación de *V. scandens*, pero se diferencia de dicha especie por sus hojas simples y cordadas.

Valeriana palmeri A. Gray, Proc. Amer. Acad. Arts 22: 417. 1887.

Hierbas erectas, bianuales; tallos 75–150 cm de alto, glabros a escasamente pubescentes; plantas generalmente hermafroditas. Hojas pinnatífidas a pinnadas, raramente simples, ovaladas a obovadas, 5–19.5 cm de largo y 2–12 cm de ancho, márgenes serrado-dentados, raramente enteros, raquis comúnmente carinado, escasamente ciliado; folíolo terminal ovado a ovalado, 3–12 cm de largo y 2–7 cm de ancho, ápice acuminado a agudo, base atenuada; folíolos laterales 1–4 pares, ovalados a ovados, 0.8–4.5 cm de largo y 0.5–1.5 cm de ancho, ápice acuminado a agudo, base comúnmente atenuada. Inflorescencia 15–45 cm de largo, con 8–15 ramas apareadas, las ramificaciones terminales escorpioides y con 8–15 flores; flores perfectas o raramente femeninas, glabras; cáliz de 8–12 segmentos; corola infundibuliforme, blanca, tubo 0.7–1.4 mm de largo y 0.3–0.5 mm de ancho, lobos 0.2–0.3 mm de largo, patentes o reflexos; estambres incluidos. Cipselas ovaladas a ovadas, frecuentemente algo arqueadas, 2.4–3.2 mm de largo y 1.4–2 mm de ancho, márgenes alados, con manchas café-amarillentas o moradas, escasamente pubescentes.

Común localmente en sitios alterados en la zona norcentral; 500–1400 m; fl y fr jul–nov; *Moreno 24612, Stevens 14970*; México a Nicaragua.

Valeriana scandens L., Sp. Pl., ed. 2, 47. 1762.

Trepadoras herbáceas, perennes; tallos volubles, hasta 6 m de largo, teretes, glabros a escasamente pubescentes; plantas ginodioicas. Hojas ternadas, láminas 3–15 cm de largo y 2–10 cm de ancho, márgenes dentados a crenados o enteros; folíolo terminal angosta a ampliamente ovalado, 2–7 cm de largo y 0.5–3 cm de ancho, ápice acuminado a agudo, base cuneada; folíolos laterales angostamente ovalados a ovalados, 1–5 cm de largo y 0.5–2 cm de ancho, ápice acuminado a agudo, base cuneada. Inflorescencias 20–30 cm de largo, numerosas, las ramificaciones terminales con 5–10 flores; cáliz de 10–14 segmentos; corola rotácea a subcampanulada, verde pálida a blanca; tubo de la corola de las flores hermafroditas 1–2 mm de largo y 0.7–0.8 mm de ancho, lobos 0.3–0.6 mm de largo, patentes o reflexos, estambres y estilos iguales al tubo de la corola o ligeramente exertos; tubo de la corola de las flores femeninas 0.7–1.1 mm de largo y 0.5–1.1 mm de ancho, lobos 0.3–0.6 mm de largo, patentes, estilo exerto, 1–1.4 mm de largo, estigma 0.3–0.5 mm de largo. Cipselas ovadas a piriformes, 1.8–3.5 mm de largo y 1.1–2 mm de ancho, con manchas café-amarillentas o moradas, glabras en la superficie abaxial, glabras a pilósulas en la superficie adaxial.

Común localmente en los márgenes de bosques en las zonas norcentral y pacífica; 75–1000 m; fl y fr ene–may; *Stevens 8104, 19726*; Florida y México a Brasil y Argentina, también en Cuba y Puerto Rico. Similar a *V. candolleana* en la mayor parte de sus características, se diferencia por tener las hojas ternadas y no simples.

Valeriana sorbifolia Kunth in Humb., Bonpl. & Kunth, Nov. Gen. Sp. 3: 332. 1819.

Hierbas erectas, bianuales; tallos 25–80 cm de alto, escasamente pubescentes; plantas hermafroditas. Hojas imparipinnadas, ovaladas a ovadas, 3.5–13 cm de largo y 1–3 cm de ancho, glabras a escasamente pubescentes a lo largo de los nervios del envés, márgenes serrados; folíolo terminal 6–35 mm de largo y 4–15 mm de ancho, ápice agudo a acuminado, base cuneada; folíolos laterales en 1–4 pares, 5–20 mm de largo y 3–5 mm de ancho, ápice agudo a acuminado, base cuneada, margen inferior ligeramente atenuado. Inflorescencia 8–20 cm de largo, con 4–12 ramas apareadas, las ramificaciones terminales con 2–4 flores; cáliz de 6–8 segmentos; corola infundibuliforme, blanca, tubo 0.6–1.5 mm de largo y 0.5 mm de ancho, lobos 0.2–0.3 mm de largo, reflexos; estambres incluidos. Cipselas ovadas, 1.2–2 mm de largo y 0.5–1 mm de ancho, café-amarillentas a cafés, pilósulas, márgenes enteros.

Poco común, en sitios alterados en Estelí; 1100–1400 m; fl y fr oct–ene; *Moreno 17892, 18473*; México a Venezuela. En Centroamérica esta especie es comúnmente encontrada en bosques de pino-encinos, en elevaciones de más de 1000 m; sin embargo, en Nicaragua ha sido colectada (*Moreno 12799*) en Atlanta, departamento de Zelaya, a 10 m de elevación.

Valeriana urticifolia Kunth in Humb., Bonpl. & Kunth, Nov. Gen. Sp. 3: 330. 1819.

Hierbas erectas, bianuales; tallos 17–70 cm de alto, simples o a veces ramificados, glabros a pubescentes; plantas hermafroditas. Hojas predominantemente escapíferas, simples, ovadas a deltoides, 10–40 mm de largo y 9–34 mm de ancho, pecioladas a cortamente pecioladas o sésiles en las hojas superiores, ápice agudo o redondeado, base cordada a cuneada o truncada, a veces abrazadora, márgenes dentados a crenulados, raramente enteros, glabras a pubescentes. Inflorescencia 12 a 20 cm de largo, con 2–8 ramas apareadas, las ramificaciones terminales con 5–15 flores; segmentos del cáliz 10–12; corola infundibuliforme a subhipocrateriforme, blanca, a veces rosada cuando en yema, tubo 1.4–2.2 mm de largo, lobos patentes, 0.7–1.4 mm de largo; estambres exertos. Cipselas ovadas, 1.3–2.2 mm de largo y 0.7–1.7 mm de ancho, con manchas café-amarillentas a moradas, glabras a pilósulas, los márgenes reforzados y más gruesos que el cuerpo.

Común localmente a abundante en laderas alteradas y en las orillas de los caminos en la zona norcentral; 900–1500 m; fl y fr jul–dic; *Moreno 17588, Nee 27735*; México a Perú.

VERBENACEAE J. St.-Hil.

Amy Pool y Ricardo Rueda

Por Amy Pool

Hierbas, arbustos, bejucos o árboles, ramitas a menudo cuadrangulares; plantas hermafroditas, pero a menudo funcionalmente dioicas. Hojas opuestas o a veces verticiladas, alternas o ternadas, simples o a veces pinnadas o palmaticompuestas (*Vitex*), a menudo glandulares, sin estípulas. Inflorescencias variadas, cimosas, paniculadas, racemosas, espigadas o en capítulos, flores algunas veces heterostilas; cáliz gamosépalo, (0–) 4 ó 5 (–8)-dentado o lobado; corola simpétala, más o menos irregular, 4 ó 5 (–8)-lobada, a menudo con tubo delgado y limbo patente; estambres generalmente 4 (2 en *Stachytarpheta* y *Cornutia*) ó 5–8 (*Tectona*), a menudo didínamos, filamentos adnados al tubo de la corola alternando con los lobos, estaminodios casi siempre presentes; pistilo 1, ovario súpero, 2, 4 ó 5-carpelar, 1 carpelo a veces abortado, por lo general inicialmente 2–5-loculares y luego 4–10-loculares por la formación de falsos tabiques, estilo terminal. Fruto generalmente un esquizocarpo seco o drupáceo (cápsula en *Avicennia*) con un exocarpo grueso, seco o carnoso y un endocarpo más o menos duro, 2–4 lóculos e indehiscente o dehiscente en 2 (4–10) pirenos o mericarpos.

Familia con ca 100 géneros y 2600 especies de distribución pantropical, pocas especies en áreas templadas; 21 géneros y 62 especies se conocen de Nicaragua, y 3 especies adicionales se esperan encontrar. Dos especies, *Gmelina arborea* y *Tectona grandis*, han sido introducidas y se cultivan en Nicaragua por su madera. *Holmskioldia sanguinea* y algunas especies de *Clerodendrum* son cultivadas con fines ornamentales. Varias especies de *Glandularia* son ornamentales. Según Cantino y otros autores, la familia es parafilética y se ha sugerido restringir las Verbenaceae en el sentido estricto a las Verbenoideae y trasladar a la mayoría del resto de géneros a las Lamiaceae. Siguiendo este esquema, los siguientes géneros representados en Nicaragua que se retendrían en las Verbenaceae son: *Bouchea*, *Citharexylum*, *Duranta*, *Glandularia*, *Lantana*, *Lippia*, *Petrea*, *Priva*, *Rehdera*, *Stachytarpheta*, *Tamonea* y *Verbena*.

Fl. Guat. 24(9): 168–236. 1970; Fl. Pan. 60: 41–154. 1973; H. Moldenke. A sixth summary of the Verbenaceae, Avicenniaceae, Stilbaceae, Chloanthaceae, Symphoremaceae, Nyctanthaceae, and Eriocaulaceae of the world as to valid taxa, geographic distribution and synonymy. Phytologia Mem. 2: 1–629. 1980; H. Moldenke. A sixth summary of the Verbenaceae, Avicenniaceae, Stilbaceae, Chloanthaceae, Symphoremaceae, Nyctanthaceae, and Eriocaulaceae of the world as to valid taxa, geographic distribution and synonymy. Supplement 1. Phytologia 50: 233–270. 1982, Supplement 2. 52: 110–129. 1982, Supplement 3. 54: 228–245. 1983, Supplement 4. 57: 27–41. 1985; D. Nash y M. Nee. Verbenaceae. Fl. Veracruz 41: 1–154. 1984; P. Cantino. Evidence for a polyphyletic origin of the Labiatae. Ann. Missouri Bot. Gard. 79: 361–379. 1992.

1. Arboles o arbustos de manglares; cáliz en gran parte envuelto por una bráctea y 2 bractéolas subyacentes; fruto capsular coriáceo 1-locular .... **Avicennia**
1. Plantas de hábitos y ambientes variados; brácteas no como arriba; frutos drupáceos o esquizocarpos, indehiscentes o separándose en 2 ó 4 mericarpos o pirenos
  2. Hojas palmaticompuestas .... **Vitex**
  2. Hojas simples
    3. Inflorescencia cimosa o paniculada; fruto drupáceo
      4. Flores zigomorfas, claramente bilabiadas
        5. Cáliz rojo, discoide ca 2 cm de diámetro; cultivada como ornamental .... **Holmskioldia**
        5. Cáliz verde, cupuliforme en la flor, pateliforme en el fruto, menos de 5 mm de largo; nativa o cultivada
          6. Flores pequeñas (tubo de la corola ca 1 cm de largo), estambres fértiles 2; fruto subgloboso, menos de 1 cm de diámetro; nativa .... **Cornutia**
          6. Flores grandes (tubo de la corola ca 2 cm de largo), estambres fértiles 4 (5); fruto obovado-oblicuo, ca 2 cm de largo; cultivada por su madera .... **Gmelina**
      4. Flores casi regulares, no bilabiadas
        7. Estambres 6–8; cáliz en el fruto muy inflado; cultivada por su madera .... **Tectona**
        7. Estambres 4 ó 5; cáliz en el fruto no inflado; nativa o cultivada como planta ornamental
          8. Hojas con tricomas estrellados; estigma capitado, levemente 2-lobado .... **Callicarpa**
          8. Hojas con tricomas simples; estigma filiforme, marcadamente bífido
            9. Estigma con 2 ramas largas; fruto indehiscente .... **Aegiphila**
            9. Estigma menudamente bífido; fruto separándose en 4 pirenos al madurar (a veces unidos en pares) .... **Clerodendrum**
    3. Inflorescencia en racimo o espiga; fruto diverso
      10. Flores en densas espigas compactas o capítulos
        11. Arbustos o hierbas; cáliz tubular, no carinado, truncado o sinuado-dentado en el ápice; fruto drupáceo .... **Lantana**
        11. Arboles, arbustos o hierbas; cáliz ovoide-campanulado, 2-carinado, 2 ó 4-lobado; fruto seco
          12. Brácteas superiores de la inflorescencia espatuladas; plantas herbáceas (leñosas en la base en *P. dulcis*), decumbentes o procumbentes y enraizando en los nudos; tricomas malpigiáceos (simples en *P. dulcis*) .... **Phyla**
          12. Brácteas superiores de la inflorescencia ovadas, elípticas, u obovadas en *Lippia alba* y *Phyla stoechadifolia*; arbustos o árboles pequeños, erectos; tricomas simples
            13. Pedúnculos hasta 3 cm de largo .... **Lippia**
            13. Pedúnculos 4–6 cm de largo .... **Phyla**
      10. Flores en racimos o espigas no densas ni compactas ni en capítulos
        14. Flores y frutos estrechamente adpresos o parcialmente inmersos en el raquis; estambres 2 .... **Stachytarpheta**
        14. Flores y frutos no estrechamente adpresos ni parcialmente inmersos en el raquis; estambres 4
          15. Plantas leñosos, árboles, arbustos o bejucos
            16. Bejucos; cáliz vistoso, azul o morado (raramente blanco), profundamente lobado, hasta 2 cm de largo en el fruto .... **Petrea**

16. Arboles o arbustos; cáliz no vistoso, truncado a dentado o lobado, no más de 1 cm de largo en el fruto
    17. Corola con el tubo subigual a los lobos; fruto un esquizocarpo seco; cáliz caduco .... **Rehdera**
    17. Corola con el tubo 2 veces o más la longitud de los lobos; fruto drupáceo; cáliz persistente
        18. Cáliz en la flor cupuliforme, en el fruto no carnoso, corto, cupuliforme a pateliforme .... **Citharexylum**
        18. Cáliz en la flor angostamente tubular, en el fruto carnoso y envolviéndolo ..... **Duranta**
15. Plantas herbáceas, a veces leñosas en la base
    19. Cáliz por lo menos con algunos tricomas uncinados; cáliz en el fruto urceolado o subgloboso .... **Priva**
    19. Cáliz sin tricomas uncinados; cáliz en el fruto campanulado o tubular
        20. Fruto drupáceo con cáliz ampliamente campanulado .... **Tamonea**
        20. Fruto seco con cáliz tubular
            21. Fruto separándose en 2 mericarpos (cada uno 9–15 mm de largo), ápice rostrado .... **Bouchea**
            21. Fruto separándose en 4 mericarpos diminutos (cada uno menos de 2 mm de largo), ápice no diferenciado .... **Verbena**

AEGIPHILA Jacq.

Por Amy Pool

Arbustos, árboles o bejucos. Hojas simples, generalmente opuestas, enteras (en Nicaragua) o a veces dentadas. Inflorescencias cimosas, cimas frecuentemente paniculadas, umbeladas, capitadas, fasciculadas o reducidas a 1–pocas flores, brácteas casi siempre pequeñas e inconspicuas, flores heterostilas, generalmente blancas, verdosas o amarillentas; cáliz campanulado o tubular, acrescente en el fruto, ápice truncado ó 4 ó 5-dentado o lobado; corola infundibuliforme, regular, lobos 4 ó 5; estambres 4 ó 5, incluidos o exertos; estilo incluido o exerto, estigma bífido con ramas largas y en forma de aristas. Fruto drupáceo; semillas 4.

Un género con aproximadamente 150 especies, desde México hasta el norte de Argentina y en las Antillas; 8 especies se conocen en Nicaragua y 3 especies se esperan encontrar. *A. quararibeana* Rueda, conocida de Heredia, Alajuela y Puntarenas en Costa Rica se podría encontrar en elevaciones bajas a moderadas en Nicaragua; es un bejuco del dosel del bosque con inflorescencias en pedúnculos cortos, flores grandes con el tubo de la corola 20 mm de largo y los frutos grandes de 2.5–3 cm de diámetro.

H. Moldenke. A monograph of the genus *Aegiphila*. Brittonia 1: 245–477. 1934.

1. Inflorescencias sólo axilares
    2. Inflorescencias sésiles (nótese que *A. valerioi* puede parecer ser sésil cuando en fruto pero no lo es)
        3. Pubescencia dorado velutina; ramitas no gruesas (menos de 5 mm) .... **A. fasciculata**
        3. Plantas glabras o menudamente puberulentas; ramitas gruesas (5–15 mm) con médula esponjosa .... **A. monstrosa**
    2. Inflorescencias pedunculadas
        4. Pedicelos más de 6 mm de largo y filiformes, cimas con 2–6 flores .... **A. costaricensis**
        4   Pedicelos cortos no filiformes, cimas con numerosas flores
            5. Cimas con flores laxamente arregladas, ramas principales de las cimas ampliamente patentes, mayormente glabras o puberulentas .... **A. skutchii**
            5. Cimas densas, con tricomas más o menos adpresos formando densas marañas, mayormente amarillos .... **A. valerioi**
1. Inflorescencias terminales o terminales y axilares
    6. Tricomas del pedúnculo, pedículo y cáliz rígidos y perpendicularmente divergentes
        7. Ramitas agudamente cuadrangulares; fruto con el cáliz reflexo y dividido en lobos .... **A. falcata**
        7. Ramitas subteretes; fruto con el cáliz cupuliforme y entero a ligeramente rasgado .... **A. mollis**
    6. Pedúnculo, pedículo y cáliz glabros o con tricomas adpresos o vellosos
        8. Cimas con flores laxamente arregladas; hojas cartáceas; cáliz truncado .... **A. panamensis**
        8. Cimas con flores más o menos densas; hojas membranáceas; cáliz undulado a conspicuamente lobado

9. Pecíolo, pedúnculo y pedicelo glabros o con tricomas cortos y más o menos adpresos .... **A. elata**
9. Pecíolo, pedúnculo y pedicelo obviamente pubescentes con densos tricomas largos
  10. Tricomas largos y adpresos; frutos con ápice puntiagudo .... **A. cephalophora**
  10. Tricomas vellosos; frutos con ápice redondeado .... **A. deppeana**

Aegiphila cephalophora Standl., Publ. Field Columbian Mus., Bot. Ser. 4: 156. 1929.

Bejucos, arbustos escandentes o árboles pequeños; ramitas subteretes, 2–4 mm de ancho, con una capa delgada a densa de tricomas adpresos o glabras. Hojas elípticas u ovado-elípticas, 9–15 cm de largo y 2.5–7 cm de ancho, ápice acuminado a cuspidado, base redondeada u obtusa, haz con tricomas largos y más o menos adpresos o glabra (excepto en los nervios), envés como la haz o con tricomas densos, membranáceas; pecíolo con una cubierta densa de tricomas adpresos largos. Inflorescencia de cimas o panículas de cimas, terminal o axilar y terminal, las cimas densas apareciendo capitadas, la terminal 4–12.5 cm de largo y 1.6–4.5 cm de ancho, pedúnculo 1.8–4 cm de largo, pedúnculo, pedicelo y cáliz cubiertos con una maraña densa de tricomas más o menos adpresos y largos, blanco-amarillentos, pedicelo 1–2 mm de largo; cáliz 1.5–4 mm de largo y 2–4 mm de ancho, ápice con 4 lobos profundos; corola con tubo 3–9 mm de largo, lobos 2–4 mm de largo. Fruto ovado, 8 mm de largo y 9 mm de ancho, ápice puntiagudo, glabro; cáliz fructífero ligeramente cupuliforme a reflexo, 3 mm de largo y 6 mm de ancho, ápice inicialmente 4-lobado pero rasgándose irregularmente con la edad, tricomas largos y pálidos.

No ha sido colectada en Nicaragua pero se espera encontrar, pues ha sido colectada en el noreste de Costa Rica; Costa Rica y Panamá. Fácilmente distinguible de otras especies de *Aegiphila* en Nicaragua por sus bractéolas grandes de 4–7 mm de largo y pilosas, mientras que las otras especies poseen bractéolas diminutas. A veces se confunde con *A. hoehnei* var. *spectabilis* Moldenke, una especie de Panamá y Colombia, pero los tricomas de esta última son divergentes en vez de adpresos.

Aegiphila costaricensis Moldenke, Repert. Spec. Nov. Regni Veg. 33: 119. 1933.

Arbustos o árboles pequeños, 1–4 m de alto; ramitas subteretes, 2–5 mm de ancho, puberulentas. Hojas obovadas, 9.5–19 cm de largo y 4–9.5 cm de ancho, ápice acuminado o agudo, base cuneada o aguda, glabras, membranáceas o cartáceas; pecíolo glabro o puberulento. Inflorescencias de cimas muy laxas, 2.5–5 cm de largo y 1–5.5 cm de ancho, axilares, con 2–6 flores, pedúnculo 1.2–2 cm de largo, puberulento, pedicelo filiforme, 7–25 mm de largo, glabro; cáliz 2–3 mm de largo y 3 mm de ancho,

ápice entero o con dientes diminutos, glabro o puberulento; corola con tubo 5–10 mm de largo, lobos 3–5 mm de largo. Fruto obovoide a globoso, 7 mm de diámetro, redondeado en el ápice, glabro; cáliz fructífero bastante reflexo, 1 mm de largo y 4 mm de ancho, partido en lobos, glabro.

Poco común, bosques nublados y siempreverdes alterados, zonas pacífica y atlántica; 140–1350 m; fl ene–feb, fr may; *Robleto 466, Stevens 6531*; México a Venezuela. Ha sido erróneamente identificada como *A. pauciflora* Standl., una especie con pedículos muy cortos de 1 mm de largo y que se conoce sólo de Belice.

Aegiphila deppeana Steud., Nomencl. Bot., ed. 2, 1: 29. 1840.

Arbustos, bejucos o árboles, 1–4 m de alto; ramitas subteretes o subcuadradas, 2–7 mm de ancho, vellosas a puberulentas (glabras). Hojas elíptico-ovadas, 8–19 cm de largo y 3.5–9 cm de ancho, ápice agudo, acuminado (obtuso), base redondeado-obtusa, haz glabra excepto en los nervios, envés con tricomas vellosos (por lo menos en los nervios), membranáceas; pecíolo con tricomas dorado-vellosos. Inflorescencia panículas de cimas, terminal o terminal y axilar, la terminal 4–11 cm de largo y 3.5–7 cm de ancho, cimas compactas con numerosas flores, pedúnculo 1–5.5 cm de largo, pedúnculo, pedicelo y cáliz con pubescencia vellosa dorada, pedicelo 1–4 mm de largo; cáliz 3–5 mm de largo y 2–4 mm de ancho, 4 lobos conspicuos; corola con tubo 2–4 mm de largo, lobos 2–4 mm de largo. Fruto obovoide o elíptico, 7–10 mm de largo y 6–10 mm de ancho, ápice redondeado, glabro o puberulento, frecuentemente con apariencia granulosa (cuando seco); cáliz fructífero cupuliforme, 5–10 mm de largo y 5–12 mm de ancho, profundamente rasgado en el ápice formando lobos, puberulento.

Común, bosques húmedos, vegetación secundaria, zonas pacífica y atlántica; 90–1000 m; fl oct–jun, fr dic–jun; *Robleto 1702, Velásquez 18*; México a Panamá, Colombia y Venezuela.

Aegiphila elata Sw., Prodr. 31. 1788.

Arbustos, bejucos o árboles pequeños; ramitas subteretes o subcuadradas, 3–6 mm de ancho, glabras o ligeramente puberulentas. Hojas elípticas u ovado-elípticas, 11–15 cm de largo y 5–9 cm de ancho, ápice acuminado o agudo, base redondeada, obtusa (aguda), glabras (o en el envés con pocos tricomas en los nervios), membranáceas; pecíolo glabro o puberulento. Inflorescencia panículas de cimas, terminal y axilar, la terminal 6–12.5 cm de largo y 4–7 cm de ancho, cimas densas o más o menos abiertas con muchas flores, pedúnculo 3–4.5 cm de largo, menudamente puberulento o glabro, pedicelo 3–8 mm de largo, menudamente puberulento o puberulento con tricomas cortos más o menos adpresos; cáliz 2.5–4 mm de largo y 2.5–3 mm de ancho, menudamente puberulento, ápice conspicuamente lobado a meramente undulado (nunca truncado); corola con tubo 5–8 mm de largo, lobos 1.5–3 mm de largo. Fruto globoso u oblongo, 7–9 mm de largo y 6 mm de ancho, ápice redondeado, glabro; cáliz fructífero cupuliforme, 5–9 mm de largo y 7–8 mm de ancho, ápice truncado o con lobos definidos (cuando joven), rasgado irregularmente con la edad, glabro.

Poco común, bosques alterados, matorrales, zona atlántica; 50–1000 m; fl mar; *Araquistain 1782*, *Salick 8028*; México a Perú, las Guayanas y en las Antillas.

Aegiphila falcata Donn. Sm., Bot. Gaz. (Crawfordsville) 18: 7. 1893; *A. martinicensis* f. *falcata* (Donn. Sm.) D.N. Gibson.

Arbustos, árboles pequeños (hasta 4.5 m de alto), o bejucos; ramitas evidente a marcadamente cuadrangulares, más o menos profundamente canaliculadas lateralmente, 5–10 mm de ancho, glabras o menudamente puberulentas, tricomas perpendicularmente divergentes. Hojas oblongo-lanceoladas o elípticas, 12–33 cm de largo y 5–13 cm de ancho, ápice acuminado o cuspidado, base a menudo conduplicada, obtusa (aguda), glabras o menudamente puberulentas, cartáceas; pecíolo glabro o menudamente puberulento. Inflorescencia panículas de cimas, terminal y axilar, la terminal 4.5–12 cm de largo y 5.5–10 cm de ancho, cimas con numerosas flores laxamente arregladas, pedúnculo 2–5.5 cm de largo, pedúnculo, pedicelo y cáliz menudamente puberulentos, tricomas perpendicularmente divergentes, pedicelo 1.5–3 mm de largo; cáliz 1.5–3 mm de largo y de ancho, ápice truncado, undulado o lobado; corola con tubo 3–7 mm de largo, lobos 2–4 mm de largo. Fruto globoso con 4 lobos generalmente muy conspicuos (cuando secos), 5 mm de largo y 5–6 mm de ancho, glabro; cáliz fructífero muy reflexo, 1–2 mm de largo y 4–6 mm de ancho, profundamente dividido en 4 lobos redondeados, menudamente puberulentos o glabros.

No ha sido aún colectada en Nicaragua pero se espera encontrar en bosques muy húmedos y áreas alteradas; Guatemala, Honduras, Costa Rica y Pana-

má. En la *Flora of Guatemala* este taxón aparece como una variedad de *A. martinicensis* Jacq. y según el autor sólo difiere en sus hojas más grandes y engrosadas y en los nudos de las ramitas aplanados y engrosados. Sin embargo otra diferencia es que *A. martinicensis* tiene tricomas que no son perpendicularmente rígidos sino más parecidos a los de *A. panamensis*.

Aegiphila fasciculata Donn. Sm., Bot Gaz. (Crawfordsville) 57: 425. 1914.

Arboles, 5–6 m de alto; ramitas teretes, aplanadas en el ápice, 4–5 mm de ancho, con pubescencia dorado-velutina. Hojas elípticas, 13.5 21 cm de largo y 5–9.5 cm de ancho, ápice agudo (acuminado), base cuneada (aguda), haz con tricomas dispersos, envés velutino, membranáceas; pecíolo con pubescencia dorado-velutina. Inflorescencia fascículos sésiles, en las axilas de las hojas caídas, 1–2.5 cm de diámetro con numerosas flores (ca 15) agregadas, pedicelo fuerte de 3 mm de largo, pedicelo y cáliz con pubescencia dorado-velutina; cáliz 5 mm de largo y de ancho, con 4 lobos conspicuos y apiculados; corola con tubo 5 mm de largo, lobos 6 mm de largo. Fruto globoso, 5 mm de largo y 8–10 mm de ancho, ápice deprimido, glabro; cáliz fructífero cupuliforme, igual al fruto, ápice rasgándose irregularmente, pubescencia dorado-velutina.

Poco común, nebliselvas, zona norcentral; 1200–1600 m; fl ene, fr ene y mar; *Molina 20573, Sandino 4694*; Guatemala a Nicaragua.

Aegiphila mollis Kunth in Humb., Bonpl. & Kunth, Nov. Gen. Sp. 2: t. 130. 1817.

Arbustos o árboles pequeños, 2–6 m de alto; ramitas subteretes, 2–5 mm de ancho, puberulentas. Hojas oblongas, oblanceoladas o elípticas, 10–17.5 cm de largo y 3.5–8.5 cm de ancho, ápice acuminado, base cuneada, aguda u obtusa, haz con tricomas dispersos, envés con tricomas densos, los tricomas rígidos cortos y perpendiculares o ambas superficies glabras, excepto sobre los nervios, cartáceas; pecíolo puberulento. Inflorescencia panículas de cimas, terminal y axilar, la terminal 6.5–13 cm de largo y 4.5–10 cm de ancho, cimas con numerosas flores laxamente arregladas, pedúnculo 2.5–4 cm de largo, pedúnculo, pedicelo y cáliz con tricomas rígidos cortos y perpendiculares, dispersos a densos; pedicelo 3–5 mm de largo; cáliz 2–3 mm de largo y 2–2.5 mm de ancho, ápice truncado; corola con tubo 4–7 mm de largo, lobos 1–2.5 mm de largo. Fruto oblongo, 8–13 mm de largo y 6–11 mm de ancho, ápice deprimido, glabro; cáliz fructífero cupuliforme, 2–4 mm de largo y 6–8 mm de ancho, entero a ligeramente rasgado,

menudamente pubescente, con tricomas perpendiculares muy cortos.

Poco común, bosques muy húmedos, sur de la
zona atlántica; 5–50 m; fr dic–feb; *Araquistain 3385,
Moreno 23095*; Nicaragua a Brasil. Muy similar a *A.
panamensis* excepto por el tipo de pubescencia.

Aegiphila monstrosa Moldenke, Trop. Woods 25:
12. 1931.

Arbustos o árboles, 2–6 m de alto; ramitas subteretes, frecuentemente cuadrangulares arriba, 5–15
mm de ancho, glabras. Hojas elípticas, frecuentemente irregulares, 15–27.5 cm de largo y 5.5–13
cm de ancho, ápice agudo, base cuneada (aguda),
pubescentes con numerosos tricomas pequeños
fuertemente adpresos a glabras, membranáceas o
cartáceas; pecíolo glabro. Inflorescencia fascículos
sésiles, en las axilas de las hojas caídas, 2.5 cm de
diámetro con numerosas flores (ca 20) agregadas,
pedicelo 3 mm de largo, pedicelo y cáliz menudamente puberulentos; cáliz 3 mm de largo y 2 mm de
ancho, a veces con apariencia algo granulosa, ápice
claramente lobado a truncado; corola con tubo 4 mm
de largo, lobos 3.5 mm de largo. Fruto globoso, 8–10
mm de largo y 7–8 mm de ancho, ápice deprimido,
menudamente puberulento; cáliz fructífero cupuliforme a parcialmente reflexo, 3–7 mm de largo y 9–
12 mm de ancho, conspicuamente lobado con rasga-
duras adicionales a repando, menudamente puberulento, verrugoso.

Poco común, bosques secundarios, zona atlántica;
100–400 m; fl ene–mar, fr mar; *Araquistain 1791,
Ortiz 560*; México a Nicaragua. Se dice que tiene un
olor fuerte.

Aegiphila panamensis Moldenke, Trop. Woods 25:
14. 1931; *A. laxicupulis* Moldenke; *A. magnifica* Moldenke; *A. paniculata* Moldenke; *A.
glandulifera* Moldenke; *A. pendula* Moldenke;
A. magnifica var. *pubescens* Moldenke.

Arbustos, árboles o bejucos, 1–10 m de alto;
ramitas subteretes a cuadrangulares, algo aplanadas y
canaliculadas adaxialmente, 2–8 mm de ancho,
menudamente puberulentas con tricomas cortos curvados hacia arriba o glabras. Hojas elípticas, oblongas u oblanceoladas, 7–25 cm de largo y 3.5–10 cm
de ancho, ápice acuminado o cortamente cuspidado,
base cuneada o aguda, frecuentemente conduplicada
o a veces obtusa, glabras o menudamente puberulentas con tricomas cortos curvados hacia arriba, cartáceas o membranáceas; pecíolo menudamente puberulento con tricomas cortos curvados hacia arriba o
glabro. Inflorescencia panículas de cimas, terminal o
terminal y axilar, la terminal 5–17 cm de largo y 2.5–

10.5 cm de ancho, cimas con numerosas flores laxamente arregladas, pedúnculo 2–7.5 cm de largo,
pedúnculo, pedicelo y cáliz glabros o puberulentos
con tricomas cortos curvados hacia arriba, pedicelo
1–4 mm de largo; cáliz 2–4 mm de largo y de ancho,
ápice truncado; corola con tubo 4–7 mm de largo,
lobos 2–4 mm de largo. Fruto oblongo o globoso, 7–
12 mm de largo y 7–10 mm de ancho, ápice
deprimido, glabro; cáliz fructífero cupuliforme, 2–6
mm de largo y 6–10 mm de ancho, ápice entero,
ligera a profundamente rasgado, glabro a ligeramente
puberulento.

Común, bosques o pastizales muy húmedos a
muy secos, a menudo en áreas alteradas, en todas las
zonas del país; 0–900 m; fl jul–dic, fr sep–feb;
Moreno 11695, 13064; México a Perú y Brasil. Esta
es una especie, o grupo de especies, extremadamente
variable que se encuentra en una gran variedad de
ambientes. Los taxones reconocidos por Moldenke se
han basado principalmente en el desarrollo de caracteres tales como el grado de recubrimiento del cáliz al
fruto, grado de rasgamiento del cáliz alrededor del
fruto y los tamaños relativos del cáliz fructífero y el
fruto. En la *Flora of Guatemala* fue tratada como
sinónimo de *A. martinicensis*. Sin embargo el cáliz
florífero de *A. martinicensis* en general es por lo
menos ligeramente lobado (con frecuencia más profundamente lobado y mucronado) y el cáliz fructífero
es reflexo con lobos ampliamente redondeados.

Aegiphila skutchii Moldenke, Phytologia 1: 399.
1940.

Arboles ca 12 m de alto; ramitas subteretes, 2–5
mm de ancho, puberulentas con tricomas cortos
adpresos o glabros. Hojas elípticas, 10.5–14.5 cm de
largo y 2.5–5.5 cm de ancho, ápice acuminado, base
cuneada, con dispersos tricomas adpresos o glabras,
cartáceas; pecíolo puberulento con tricomas adpresos
cortos o glabros. Inflorescencia dicasial, axilar en
nudos distales, 4–9 cm de largo y 3–5 cm de ancho,
ramas primarias ampliamente patentes, numerosas
flores laxamente arregladas, pedúnculo 1.5–6 cm de
largo, pedúnculo, pedicelo y cáliz con tricomas cortos
aplicados, pedicelo 1–3 mm de largo; cáliz 2–4 mm
de largo y 2–3 mm de ancho, claramente lobado a
truncado; corola con tubo 3–5 mm de largo, lobos 2–
3 mm de largo. Fruto (inmaduro?) globoso, 5 mm de
largo y 4 mm de ancho, ápice redondeado, glabro;
cáliz fructífero cupuliforme, 5 mm de largo y 4 mm
de ancho, ápice profundamente lobado y luego
rasgándose, puberulento.

Conocida en Nicaragua de una sola colección
(*Stevens 10048*) de nebliselvas, Jinotega; 1460–1480
m; fl y fr ago; México a Nicaragua.

Aegiphila valerioi Standl., J. Wash. Acad. Sci. 15: 481. 1925.

Arboles 8–40 m de alto; ramitas subteretes, 3–7 mm de ancho, ramitas jóvenes abundantemente tapizadas con tricomas adpresos amarillos. Hojas elíptico-obovadas, 12–27 cm de largo y 5–13 cm de ancho, ápice agudo, obtuso-redondeado (acuminado), base largamente cuneada (aguda), ligeramente puberulentas, cartáceas a membranáceas; pecíolo abundantemente tapizado con tricomas adpresos amarillos o densamente puberulento con tricomas cortos blancos. Inflorescencia cimas axilares, 1.2–2 cm de largo y 1.1–2 cm de ancho, cimas densas con pocas flores (ca 15), pedúnculo 0.5–1 cm de largo, frecuentemente verrugoso, tapizado con tricomas amarillos y en su mayoría adpresos, pedicelo 2–5 mm de largo, pedicelo y cáliz con una cubierta densa de tricomas amarillos, no tapizados; cáliz 4–5 mm de largo y de ancho, ápice undulado o ligeramente lobado; corola con tubo 4–7 mm de largo, lobos 4–5 mm de largo. Fruto globoso, 8–10 mm de largo y 6–13 mm de ancho, ápice deprimido o redondeado, glabro; cáliz fructífero cupuliforme, 3–6 mm de largo y 12–16 mm de ancho, ápice rasgándose en lobos, puberulento y verrugoso.

Esperada en Nicaragua en bosques secos a húmedos; México, Guatemala y Costa Rica. Ha sido erróneamente identificada como *A. anomala* Pittier, una especie que se diferencia por sus flores mucho más grandes, con el cáliz 5–10 mm de largo, los lobos de la corola 5–12 mm de largo y los pedúnculos cortos, 0.5–4 mm de largo. También puede ser confundida, cuando en fruto, con *A. monstrosa* ya que el pedúnculo puede pasar desapercibido; sin embargo las diferencias en pubescencia pueden ser usadas para diferenciarlas.

AVICENNIA L.

Por Amy Pool

Arboles o arbustos. Hojas opuestas, simples, enteras, haz glabra, envés densamente cubierto con tricomas claviformes microscópicos dándole un tono gris opaco u olivo-blanquecino, coriáceas; pecíolo 0.5–2.5 cm de largo (en Nicaragua). Inflorescencias espigadas o capitadas arregladas más o menos en panículas, terminales o axilares, flores blancas, amarillas o anaranjadas, cada una abrazada por 1 bráctea y 2 bractéolas laterales ocultando a los sépalos; sépalos 5 (invariables en el fruto), casi libres, imbricados; corola campanulado-rotácea, regular, 4 (5)-lobada, lobos iguales o desiguales; estambres 4, exertos o incluidos; estilo incluido o exerto, estigma 2-lobado. Cápsula coriácea con 1 semilla.

Género con 8 especies en los trópicos y subtrópicos del Viejo y Nuevo Mundo; 2 especies se conocen de Nicaragua. Una tercera especie, *A. tonduzii* Moldenke se conoce de Costa Rica y Panamá; es similar a *A. germinans* (y tal vez no es distinta), pero las flores son más pequeñas con los lobos del cáliz 1.5 mm de largo y los de la corola 2 mm de largo y la inflorescencia es 2-compuesta. Este género es frecuentemente tratado en su propia familia, Avicenniaceae.

H. Moldenke. Materials toward a monograph of the genus *Avicennia*. I. Phytologia 7: 123–168, II. 7: 179–232, III. 7: 259–293. 1960; P.B. Tomlinson. Avicenniaceae. *In*: The Botany of Mangroves. 186–207. 1986.

1. Rara; hojas anchas (2 veces más largas que anchas o menos) ovadas u oblongo-ovadas, base obtusa o redondeada y luego abruptamente decurrente; inflorescencia (2–) 3-compuesta, flores generalmente apareadas, pares bien separados en el raquis; bractéolas no ciliadas; filamentos amplios especialmente en la base, los 2 internos marcadamente gibosos y arqueados .... **A. bicolor**
1. Común; hojas angostas (más de 2 veces más largas que anchas) elíptico-oblongas, base cuneada; inflorescencia 1 (2)-compuesta, flores generalmente muy agrupadas en los extremos de las ramas del raquis; bractéolas ciliadas; filamentos filiformes, no ampliados en la base .... **A. germinans**

Avicennia bicolor Standl., J. Wash. Acad. Sci. 13: 354. 1923.

Arboles 5–13 m de alto. Hojas ovadas, ovado-oblongas, 8–11 cm de largo y 4.5–8 cm de ancho, ápice redondeado-obtuso, base obtusa o redondeada y luego abrupta y cortamente decurrente. Inflorescencia panícula de espigas 2–3-compuestas, ca 10 cm de largo y 10–20 cm de ancho, flores casi siempre en pares bien separados en el raquis, bráctea floral oblonga, 3 mm de largo, bractéolas suborbiculares 2–2.5 mm de diámetro; cáliz 3.5–4 mm de largo; corola 5.5–7 mm de largo; estambres con anteras a la altura de la boca del tubo, filamentos 1–2 mm de largo, los 2 estambres internos con filamentos gibosos y arqueados, pareciendo más cortos que los 2 exteriores. Fruto elíptico, no oblicuo o apiculado, 1.5 cm de largo y 1 cm de ancho, escasamente seríceo.

Rara, en manglares, zona pacífica; nivel del mar; fl dic–may; *Araquistain 3828, Rueda 1435*; costas del Pacífico desde El Salvador hasta Panamá. Tomlinson consideró *A. tonduzii* como un sinónimo de esta especie.

Avicennia germinans (L.) L., Sp. Pl., ed. 3, 2: 891. 1764; *Bontia germinans* L.; *A. nitida* Jacq.

Arboles o arbustos, 3–10 m de alto. Hojas angostas, elíptico-oblongas, 6.5–10 cm de largo y 1.5–3 cm de ancho, ápice agudo (agudo-redondeado), base cuneada. Inflorescencia panícula de espigas 1 (2)-compuesta, ca 9 cm de largo y 2–5 cm de ancho, flores agrupadas en los extremos, bráctea floral ovada, 2.5–3 mm de largo, bractéolas lanceoladas 2.5–4 mm de largo; cáliz 3.5–4.5 mm de largo; corola 4.5–8 mm de largo; estambres con anteras exertas, filamentos 2.5–4 mm de largo, todos similares y filiformes. Fruto ovado-oblicuo, apiculado, 1.5–2 cm de largo y 1–1.5 cm de ancho, escasamente seríceo.

Común, en manglares, estuarios y playas, en las zonas pacífica y atlántica; 0–10 m; fl dic–jul, fr jul–oct; *Stevens 2743, 20110*; en la costa del Atlántico desde los Estados Unidos (sur de Florida) hasta Panamá, en las Antillas, en el oeste de Africa, y en el Pacífico desde México hasta Perú. "Mangle negro".

BOUCHEA Cham.

Por Amy Pool

Bouchea prismatica (L.) Kuntze var. **prismatica**, Revis. Gen. Pl. 2: 502. 1891; *Verbena prismatica* L.; *B. prismatica* var. *longirostra* Grenzeb.; *B. nelsonii* Grenzeb.; *B. ehrenbergii* Cham.

Hierbas hasta 1.5 m de alto. Hojas opuestas, simples, ovadas (lanceoladas), 3.5–9.5 cm de largo y 2–6 cm de ancho, ápice agudo, base truncada y luego abrupta y brevemente decurrente, margen mucronado-dentado, puberulentas. Inflorescencia racimos espigados de hasta 30 cm de largo, terminal o terminal y axilar, completamente puberulenta a tomentosa, pedicelos gruesos y muy cortos (ca 1 mm); brácteas lineares, 3–6 mm de largo; cáliz tubular de 6–10 mm de largo (alargándose sólo un poco en el fruto), dientes 4, desiguales, aristados, 1–2 mm de largo; corola hipocrateriforme, ligeramente zigomorfa, azul, morada o morada con centro blanco, tubo 7–11 mm de largo, lobos 5, desiguales; estambres 4, incluidos; estilo filiforme y exerto, estigma desigualmente 2-lobado. Fruto un esquizocarpo separándose en 2 mericarpos de 9–15 mm de largo, ápice con un rostro de 2–7 mm de largo; semilla 1 por mericarpo.

Común, en las orillas de caminos, zonas pacífica y norcentral; 60–900 m; fl y fr jun–dic; *Moreno 3047, 3667*; México al norte de Sudamérica y en las Antillas. Género con 11 especies, todas de América tropical. *B. prismatica* es la única especie conocida en Centroamérica; las otras 2 variedades se conocen de México y Guatemala.

M. Grenzebach. A revision of the genus *Bouchea* (exclusive of *Chascanum*). Ann. Missouri Bot. Gard. 13: 71–90, t. 8–12. 1926; H. Moldenke. A monograph of the genus *Bouchea*. Repert. Spec. Nov. Regni Veg. 48: 16–29, II. 48: 91–139. 1940.

CALLICARPA L.

Por Amy Pool

Callicarpa acuminata Kunth in Humb., Bonpl. & Kunth, Nov. Gen. Sp. 2: 252. 1818.

Arbustos 1.5–5 m de alto, ramas densamente estrelladas a glabrescentes. Hojas opuestas, simples, elípticas (ovadas, lanceoladas), 13–28 cm de largo y 5–12 cm de ancho, ápice largamente acuminado a cuspidado, base aguda (cuneada, obtusa o redondeada), margen entero, sinuado o menudamente serrado, haz con dispersos tricomas estrellados cuando jóvenes hasta glabrescentes, envés densa a escasamente estrellado sobre escamas pequeñas; pecíolo 1–2 cm de largo. Inflorescencia cimosa amplia, 5–10 cm de largo y de ancho, axilar, pedúnculo y pedicelos densamente estrellados a glabrescentes, brácteas inconspicuas; cáliz campanulado (pateliforme en el fruto), 1–1.5 mm de largo y 1.2–2 mm de ancho, ápice subtruncado o sinuado (menudamente 4-apiculado), con diminutas escamas dispersas; corola regular, infundibuliforme, blanca, tubo 1.2–2.5 mm de largo, lobos 4, subiguales, 1–1.5 mm de largo; estambres 4, exertos; estilo y estigma aparentemente ausentes en algunas plantas, en otras exertos e iguales a las anteras, estigma ca 1 mm de ancho, capitado, ligeramente 2-lobado. Fruto drupáceo subgloboso,

3–5 mm diámetro, verde, luego negro o morado, semillas 4.

Común, en áreas alteradas y también en bosques de pinos y bosques muy húmedos, zona atlántica; 0–600 m; fl feb–jul, fr sep–mar; *Moreno 19095, Ortiz 1946*; México a Bolivia. El género consta de ca 150 especies en las regiones cálidas de América tropical y subtropical, este y sur de Asia, Australia, Polinesia y Oceanía. *C. acuminata* es la única especie que ocurre en Centroamérica.

H. Moldenke. A monograph of the genus *Callicarpa* as it occurs in America and in cultivation. Repert. Spec. Nov. Regni Veg. 39: 288–317, II. 40: 38–131. 1936.

CITHAREXYLUM L.

Por Amy Pool

Arboles o arbustos. Hojas opuestas, a veces subopuestas, ternadas o verticiladas, a veces alternas, simples, margen entero o raramente dentado, a menudo con glándulas grandes en la base de la lámina. Inflorescencia racimos o espigas, terminal y axilar, mayormente alargada y con muchas flores casi siempre amarillas o blancas (en Nicaragua), a veces azules o lilas, cada flor abrazada por una bráctea inconspicua; cáliz tubular (no en Nicaragua) o cupuliforme (cupuliforme agrandado o pateliforme cuando en fruto), truncado, repando o con 5 dientes; corola infundibuliforme o hipocrateriforme, casi regular, en Nicaragua de 5–8 mm de largo, con 5 lobos casi iguales, 1.5–2 mm de largo; estambres 4, incluidos, con 1 estaminodio; estilo incluido, estigma cortamente 2-lobado. Fruto drupáceo, con exocarpo jugoso y endocarpo duro conteniendo 2 pirenos; semillas 2 por cada pireno.

Género con aproximadamente 100 especies, en América tropical y subtropical; 5 especies han sido colectadas en Nicaragua.

H. Moldenke. Materials toward a monograph of the genus *Citharexylum*. I. Phytologia 6: 242–256, II. 6: 262–320, III. 6: 332–368, IV. 6: 383–432. 1958, V. 6: 448–505, VI. 7: 7–48, VII. 7: 49–73. 1959; H. Moldenke. Additional notes on the genus *Citharexylum*. I. Phytologia 7: 73–77. 1959, II. 13: 277–304, III. 13: 310–317. 1966, IV. 14: 429–435, V. 14: 507–511. 1967, VI. 31: 300–304, VII. 31: 334–360, VIII. 31: 448–462, IX. 32: 48–74, X. 32: 195–200, XI. 32: 218–227. 1975, XII. 40: 486–492, XIII. 41: 62–74, XIV. 41: 105–122. 1978, XV. 47: 141–143, XVI. 47: 224, XVII. 47: 359–360. 1980.

1. Plantas con tricomas dendroides (en general densamente cubriendo las ramas jóvenes, envés de las hojas y pedicelos) .... **C. mocinnii**
1. Plantas glabras o con tricomas simples
   2. Hojas generalmente más anchas en la mitad superior, ápice mucronado o emarginado, margen fuertemente recurvado en la base de la lámina .... **C. caudatum**
   2. Hojas más anchas en el medio o en la mitad basal, ápice no mucronado ni emarginado, margen plano
      3. Hojas frecuentemente ternadas, haz opaca; cáliz multiestriado y pubescente .... **C. hexangulare**
      3. Hojas no ternadas, haz lustrosa; cáliz (en flor) no estriado, tricomas limitados al ápice
         4. Hojas grandes, 11–22 cm de largo, nervios secundarios (6–) 9–12 pares, nervios terciarios visibles en ambas superficies; corolas blancas .... **C. costaricense**
         4. Hojas pequeñas, 6–9 cm de largo, nervios secundarios 4–6 pares, nervios terciarios inconspicuos en ambas superficies; corolas amarillas .... **C. schottii**

Citharexylum caudatum L., Sp. Pl., ed. 2, 2: 872. 1763; *C. mucronatum* E. Fourn. ex Moldenke.

1.5–10 (–15) m de alto, ramitas teretes (o por lo menos no fuertemente anguladas), con numerosas crestas longitudinales, glabras. Hojas opuestas, oblanceoladas u oblongo-elípticas, 7–16.5 cm de largo y 2.5–6 cm de ancho, ápice redondeado o agudo, siempre con un mucrón corto de 1–2 mm de largo o emarginado, base cuneada, margen entero y por lo general ligeramente revoluto en casi toda su longitud, siempre fuertemente recurvado en la base (casi siempre ocultando 1 ó 2 pares de manchas oblongas glandulares planas), haz generalmente algo lustrosa, generalmente coriáceas (membranáceas), (4) 5 (–7) pares de nervios secundarios, nervios terciarios generalmente inconspicuos, glabras; pecíolo 0.6–1 (–1.3) cm de largo, glabro. Inflorescencia terminal o terminal y axilar, raramente ramificada, 4.5–19 cm de largo, raquis glabro, pedicelos 1–3 mm de largo, glabros; cáliz 3–4 mm de largo, en general débilmente

5-acostillado, no estriado, glabro, ápice truncado o con 5 dientes pequeños (0.5 mm de largo), en general ligeramente repando; corola blanca (blanco-cremosa). Infructescencia laxa, pedicelos 2–3 mm de largo, cáliz en general sin costas o estrías; fruto generalmente subgloboso, 5–8 (–10) mm de diámetro, tornándose de verde a anaranjado, hasta negro o morado obscuro.

Muy común, en vegetación perturbada en la zona atlántica; 0–600 m; fl y fr todo el año; *Moreno 24644, Stevens 10682*; México al norte de Sudamérica y en las Antillas. *C. macradenium* Greenm. se ha excluido de la sinonimia y se la considera restringida a regiones de más de 1300 m en Costa Rica y Panamá. Esta especie se reconoce fácilmente por tener hojas elípticas, ápices acuminados pero no mucronados ni emarginados y por un par de glándulas hinchadas grandes en la base de la haz de la lámina. "Panchíl".

Citharexylum costaricense Moldenke, Repert. Spec. Nov. Regni Veg. 37: 219. 1934; *C. standleyi* Moldenke.

6–15 m de alto, ramitas con frecuencia fuertemente cuadrangulares con crestas sobre los ángulos, glabras. Hojas opuestas, lanceolado-elípticas (ovadas), (11–) 15–22 cm de largo y (4.5–) 5.5–7.5 cm de ancho, ápice acuminado, base aguda, margen entero, generalmente involuto en la base, haz glabra o diminutamente puberulenta sobre el nervio principal, lustrosa, envés casi glabro con tricomas simples rectos sólo en las axilas del nervio principal con los nervios secundarios, a veces también con algunos tricomas en los nervios principal y secundarios, membranáceas, (6–) 9–12 pares de nervios secundarios, nervios terciarios visibles en ambas superficies; pecíolo 1.5–2 cm de largo, glabro. Inflorescencia terminal o terminal y axilar, a veces laxamente ramificada, 20–26 cm de largo, raquis glabro, pedicelos 1–1.5 mm de largo, glabros o puberulentos; cáliz 3 mm de largo, sin costas o estrías evidentes, glabro, excepto por cilios pequeños en el ápice, ápice ligeramente repando; corola blanca. Infructescencia laxa, pedicelos 2–3 mm de largo, cáliz estriado, frecuentemente con lenticelas en la base; fruto oblongo, 6–8 mm de largo y 3–5 mm de ancho, anaranjado (amarillo).

Poco común, en vegetación perturbada en la zona atlántica; 200–1000 m; fr ago–oct; *Nee 27946, Stevens 14575*; Nicaragua y Costa Rica. Moldenke citó erróneamente *Stevens 14575* como *C. viride* Moldenke, aquí interpretada como un sinónimo de *C. cooperi* Standl., una especie restringida a Costa Rica y Panamá que se diferencia de *C. costaricense* por tener infructescencias densamente compactas, pedi-

celos floríferos 0.5–1 mm de largo y fructíferos de 1 mm y el envés de la hoja piloso a velloso. *C. donnellsmithii* Greenm., se podría encontrar en las tierras altas del centro de Nicaragua ya que se conoce de México a Panamá entre 900 y 2700 metros y podría identificarse como esta especie usando la clave. Difiere de *C. costaricense* en tener las hojas relativamente más angostas (tres veces más largas que anchas), con la nervadura de orden superior menos prominente y más ligeramente reticulada y el cáliz fructífero sin estrías ni lenticelas.

Citharexylum hexangulare Greenm., Publ. Field Columbian Mus., Bot. Ser. 2: 187. 1907.

A veces referidos como herbáceos, 1–12 m de alto, ramitas fuertemente 4 ó 6-anguladas con numerosas crestas longitudinales, casi siempre con tricomas simples cortos. Hojas opuestas, ternadas o subopuestas, oblongo-elípticas, 5.5–13 cm de largo y 1.5–3 cm de ancho, ápice agudo (acuminado), base cuneada, margen entero (ligeramente repando), haz glabra o con pocos tricomas cortos en el nervio principal, opaca, envés glabro o con pocos tricomas cortos en las axilas de los nervios secundarios con el nervio principal, firmemente membranáceas, 4 pares de nervios secundarios, nervios terciarios generalmente visibles en ambas superficies; pecíolo 0.7–1.3 cm de largo, glabro o finamente puberulento. Inflorescencia terminal o terminal y axilar, ramificada o no, 11–22 cm de largo, raquis cortamente puberulento, pedicelo 1 mm de largo, densa y cortamente puberulento; cáliz 3.5–4 mm de largo, 5-acostillado y multiestriado, casi siempre con dispersos tricomas simples especialmente a lo largo del ápice, ápice repando hasta con 5 dientes (1 mm de largo) conspicuos; corola blanca. Infructescencia laxa, pedicelos 0.5 mm de largo, cáliz estriado; fruto subgloboso, 6 mm de largo y 4 mm de ancho, rojo.

Rara, en orillas de ríos, zona atlántica; 10–60 m; fl may–jun, nov, fr nov; *Moreno 12936, Ortiz 2020*; México a Costa Rica.

Citharexylum mocinnii D. Don, Edinburgh New Philos. J. 10: 238. 1831; *C. lankesteri* Moldenke; *C. mocinnii* f. *williamsii* Moldenke.

4–20 m de alto, ramitas en general no agudamente anguladas y sin crestas longitudinales, con densos a frecuentes tricomas dendroides. Hojas opuestas, oblongas (lanceolado-oblongas), 9–15 cm de largo y 1.5–4 cm de ancho, ápice acuminado, base cuneada o aguda, margen entero (raramente con dientes irregulares distales en los 2/3 del ápice), ligeramente revoluto, haz glabra o con pocos tricomas dendroides en los nervios principales, lustrosa, envés en general densamente cubierto con tricomas dendroides (raramente dispersos, o con tricomas dendroides sólo en las axilas de los nervios), coriáceas, 6–9 pares de nervios secundarios, nervios terciarios visibles a inconspicuos en la haz, inconspicuos en el envés; pecíolo 1.3–2 cm de largo, con dispersos a escasos tricomas dendroides. Inflorescencia terminal o terminal y axilar, no ramificada, 12.5–30 cm de largo, raquis y pedicelo tomentoso-dendroides, pedicelo 1.5–2 mm de largo; cáliz 2.5–4 mm de largo, 5-acostillado, no estriado, con escasos o dispersos tricomas simples y/o ramificados, ápice repando; corola blanca. Infructescencia laxa, pedicelos 1.5–3 mm de largo, cáliz no estriado, costas algunas veces levemente visibles; fruto ovoide, 0.7–1 cm de largo y 0.4–0.7 cm de ancho, anaranjado (amarillo).

Común, nebliselvas alteradas, zona norcentral; 1300–1500 m; fl ago–ene, fr nov–feb; *Stevens 21880, 22519*; México a Panamá. *C. mocinnii* var. *longibracteolatum* Moldenke se reconoce por sus bractéolas persistentes de 4–25 mm de largo vs. 1.3 mm de largo en la variedad típica. Ha sido registrada en México, Honduras y Guatemala y eventualmente se podría encontrar en Nicaragua.

Citharexylum schottii Greenm., Publ. Field Columbian Mus., Bot. Ser. 2: 190. 1907.

2–15 m de alto, ramitas generalmente no 4-anguladas, con numerosas crestas longitudinales, glabras. Hojas opuestas (a veces subopuestas), elípticas, 6–9 cm de largo y 2.5–3.5 cm de ancho, ápice acuminado (a veces falcado), base cuneada, margen entero, haz glabra y algo lustrosa, envés glabro o con unos pocos tricomas en las axilas de los nervios secundarios con el nervio principal, coriáceas o membranáceas, 4–6 pares de nervios secundarios, nervios terciarios inconspicuos en ambas superficies; pecíolo 1.2–2 cm de largo, glabro. Inflorescencia terminal y axilar, no ramificada, 4–17 cm de largo, raquis glabro, pedicelo 1 mm de largo, glabro; cáliz 2–2.2 mm de largo, por lo general débilmente 5-acostillado, no estriado, superficie externa glabra con tricomas diminutos en el ápice, superficie interna puberulenta, ápice apenas repando; corola amarilla. Infructescencia laxa, pedicelos 3.5 mm de largo, cáliz con costas generalmente no visibles; fruto subgloboso, 3–4 mm de diámetro, verde.

Rara, en vegetación perturbada, zona norcentral; 1000–1310 m; fl y fr jun; *Neill 504 (7356), Stevens 21627*; México (Yucatán), Nicaragua y Costa Rica. La presencia de esta especie en Nicaragua y Costa Rica es inusual y podría sugerir que se trata de otra entidad. Sin embargo, en el transcurso de este estudio no se ha encontrado una característica significativa que distinga a este material.

CLERODENDRUM L.

Por Ricardo Rueda

Arbustos o bejucos. Hojas simples o lobadas, opuestas o verticiladas. Inflorescencias cimosas, axilares o terminales, paniculadas, o en corimbos terminales, pedunculadas, brácteas generalmente foliáceas, flores blancas, azules o rojas; cáliz campanulado, 5-dentado o 5-lobado; corola hipocrateriforme recta o curvada, 5-lobada; estambres 4, didínamos, exertos. Fruto drupáceo, globoso, frecuentemente 4-sulcado, 4-lobado; cáliz fructífero envolviendo al fruto, cupuliforme y subyacente.

Género pantropical con unas 400 especies, el más grande de la familia con no más de 20 especies en el América tropical; en Nicaragua se conocen 2 especies nativas y 6 cultivadas y naturalizadas.

R.M. Rueda. *Clerodendrum* in Mesoamérica. M.S. Thesis, University of Missouri, St. Louis. 1989.

1. Plantas nativas
    2. Las hojas más grandes de menos de 4.5 cm de largo; cicatriz foliar subespinescente .... **C. pittieri**
    2. Las hojas más grandes de más de 4.5 cm de largo; cicatriz foliar elevada pero no subespinescente
        3. Hojas opuesto-decusadas, con el envés glabro .... **C. ligustrinum** var. **ligustrinum**
        3. Hojas ternadas, con el envés pubescente .... **C. ligustrinum** var. **nicaraguense**
1. Plantas cultivadas, algunas veces naturalizadas
    4. Las hojas más grandes de menos de 15 cm de largo
        5. Cáliz globoso, 1.5–2 cm de largo, lobos del cáliz 1–1.8 cm de largo .... **C. thomsonae**
        5. Cáliz no globoso, 0.7–1.3 cm de largo, lobos del cáliz 0.5–1 cm de largo .... **C. umbellatum**
    4. Las hojas más grandes de más de 15 cm de largo
        6. Inflorescencias cimosas, corimboso-paniculadas, 3–9 cm de largo
            7. Hojas regularmente serradas o serrado-dentadas, tubo de la corola más de 1.5 cm de largo .... **C. bungei**
            7. Hojas ásperas e irregularmente dentadas, tubo de la corola menos de 1.5 cm de largo .... **C. philippinum**

6. Inflorescencias paniculadas, 8–40 cm de largo
   8. Hojas 3–7-lobadas .... **C. paniculatum**
   8. Hojas sinuadas a crenadas .... **C. speciosissimum**

Clerodendrum bungei Steud., Nomencl. Bot., ed. 2, 1: 382. 1840.

Arbustos hasta 3 m de alto. Hojas deltoide-ovadas o elípticas, 5–18 cm de largo y 3–12 cm de ancho, ápice agudo o acuminado, base truncada o aguda; pecíolos 2–12.5 cm de largo, márgenes regularmente serrados o serrado-dentados, menudamente puberulentos o glabros. Inflorescencias corimboso-paniculadas, terminales o raras veces supraaxilares, 4–9 cm de largo, pedúnculos 0–5 cm de largo, pedicelos 1–6 mm de largo, densamente puberulentas, bractéolas y profilos linear-setáceos; cáliz 3–5 cm de largo, esparcidamente puberulento y granular-lepidoto o pubescente, algunas veces con glándulas discoides, lobos ovados de 1–3 mm de largo, verde; corola con tubo 1.5–2.5 cm de largo, lobos oblongo ovados de 4–7 mm de largo, glabra, roja o rosado-púrpura; ovario globoso. Fruto no visto.

Cultivada; 0–100 m; fl jul; *Rueda 4422*; nativa desde China hasta el norte de la India.

Clerodendrum ligustrinum (Jacq.) R. Br. in W.T. Aiton var. **ligustrinum**, Hortus Kew. 4: 64. 1812; *Volkameria ligustrina* Jacq.

Arbustos hasta 5 m de alto, ramas subteretes u obtusamente tetragonales, medulosas, menudamente puberulentas a glabras. Hojas opuesto-decusadas, elípticas a lanceoladas, 1.5–7.5 cm de largo y 0.6–3 cm de ancho, ápice acuminado, base aguda o cuneada, márgenes algunas veces sinuado-dentados; pecíolos 0.5–1 cm de largo, puberulentos. Inflorescencias cimosas, a menudo dos veces dicotómicas, supra-axilares o terminales, 3–7.5 cm de largo, pedúnculos 1.5–4 cm de largo, pedicelos 0.3–1 cm de largo, puberulentos, bractéolas y profilos lineares de 1–6 mm de longitud; cáliz 0.5–0.8 cm de largo, puberulento, lobos lanceolados o deltoides, verde; corola con tubo 1–2.5 cm de largo, lobos oblongos de 3–5 mm de largo, pubescente, resinoso-punteada, blanca; ovario oblongo, estilo de la misma longitud que los estambres. Fruto dividiéndose en pirenos cada uno con 2 semillas, rodeado por el cáliz 2-lobado.

Conocida en Nicaragua de una sola colección (*Moreno 24218*) de bosques secos, zona pacífica; 0–500 m; fl y fr jun; México a Panamá.

Clerodendrum ligustrinum var. **nicaraguense** Moldenke, Phytologia 1: 416. 1940.

Arbustos hasta 5 m de alto. Hojas ternadas, elípticas a lanceoladas, 1.5–7.5 cm de largo y 0.6–3 cm de ancho, ápice acuminado, base aguda o cuneada, márgenes algunas veces sinuado-dentados, pubescentes en el envés; pecíolos 0.5–1 cm de largo, pubescentes. Inflorescencias cimosas, axilares, 3–7.5 cm de largo, pedúnculos 1.5–4 cm de largo, pedicelos 0.3–1 cm de largo, puberulentas, bractéolas y profilos lineares; cáliz 0.5–0.8 cm de largo, puberulento, lobos lanceolados o deltoides; corola con tubo 1–2.5 cm de largo, lobos oblongos de 3–5 mm de largo, pubescente, resinoso-punteada, blanca; ovario oblongo. Fruto dividiéndose en pirenos cada uno con dos semillas, rodeado por el cáliz 2-lobado.

Común, en bosques secos y bosques húmedos en las zonas atlántica y pacífica; 0–900 m; fl y fr feb–ago; *Standley 11488, Stevens 12387*; Honduras a Panamá. Esta variedad se distingue de la variedad *ligustrina* por tener hojas y cimas axilares ternadas y la lámina de la hoja pubescente en el envés.

Clerodendrum paniculatum L., Mant. Pl. 1: 90. 1767.

Arbustos hasta 3 m de alto, ramas medulosas; nudos con un anillo de pelos. Hojas ovadas, 3–7-lobadas, 10–25 cm de largo y 8–20 cm de ancho, ápice agudo a acuminado, base cordada, los lobos triangular-ovados, el lobo central más grande que los laterales, con márgenes crenado-dentados o enteros, con escamas peltadas y puntos en el envés; pecíolos 9–17 cm de largo, menudamente puberulentos a glabros. Inflorescencia cimas axilares de 9–13 cm de largo, y panículas terminales de hasta 39 cm de largo, pedúnculos 1.5–10 cm de largo, pedicelos 5–20 mm de largo, bractéolas y profilos lineares de hasta 1 cm de largo; cáliz 0.3–0.5 cm de largo, cortamente pubescente, rojo a anaranjado; corola con tubo 1–2 cm de largo, lobos 5–8 mm de largo, del mismo color y pubescencia que el cáliz; ovario oblongo, estilo más largo que los estambres. Fruto negro, dividiéndose en pirenos y rodeado por el cáliz.

Cultivada; 0–100 m; fl jul, dic, fr oct–dic; *Araquistain 3371, Rueda 1902*; nativa del sureste de Asia.

Clerodendrum philippinum Schauer in A. DC., Prodr. 11: 667. 1847.

Arbustos hasta 2 m de alto, ramas medulosas, anguladas, finamente pubescentes. Hojas ovadas, 6–25 cm de largo y 4–18 cm de ancho, ápice subcuneado o agudo, base cordada a subtruncada, márgenes ásperamente serrados, pubescente en ambas superficies, algunas veces con glándulas discoides cerca de la base en el envés; pecíolos 2–12 cm de largo, puberulentos. Inflorescencias cimosas terminales de 3–9 cm de largo, corimbosas, pedúnculos 0–2 cm de largo, pedicelos 0.1–0.5 cm de largo, densa y cortamente pubescentes, brácteas y profilos foliáceos de 1–3 cm de largo; cáliz 1–1.5 cm de largo, puberulento, con glándulas en forma de disco, lóbulos lanceolados, verdes, a veces con manchas blancas; corola a menudo "doble", tubo de 1–1.5 cm de largo, lobos 0.8–1.5 cm de largo, glabra, blanca a rosada; estambres y pistilos a menudo modificados en pétalos supernumerarios.

Cultivada y naturalizada en muchas áreas, especialmente en bosques húmedos de la zona norcentral; 0–1500 m; fl feb–nov, fr feb–dic; *Moreno 7056, Neill 3008*; nativa de Asia. Usada como ornamental.

Clerodendrum pittieri Moldenke, Phytologia 1: 416. 1940.

Arbustos hasta 3 m de alto, ramas tetragonales, aplanadas en los nudos, puberulentas. Hojas opuesto-decusadas, ternadas o algunas veces agrupadas en ramas axilares cortas, lanceoladas a elípticas, 0.7–4 cm de largo y 0.3–2.5 cm de ancho, ápice agudo a obtuso, base aguda a cuneada, punteadas en el envés; cicatriz foliar subespinescente, hojas axilares sésiles o con pecíolos muy cortos. Inflorescencia cimas axilares solitarias de 3–5 cm de largo, pedúnculos 0.7–2 cm de largo, pedicelos 0.5–1.2 cm de largo, brácteas y profilos linear-subulados de 1–2 mm de largo; cáliz 0.2–0.4 cm de largo, truncado, 5-dentado, menudamente puberulento, verde; corola con tubo 1.5–2.2 cm de largo, lobos 4–8 mm de largo, puberulenta, blanca o con manchas rosado-purpúreas; ovario oblongo, estilo exerto, igual o más corto que los estambres. Fruto separándose en pirenos en la madurez, rodeado en el cáliz 2-lobado.

El autor ha observado esta especie creciendo en los manglares de la zona pacífica, pero no la ha colectado; 0–100 m; fr ene–sep; Guatemala a Panamá y probablemente hasta Venezuela y Ecuador.

Clerodendrum speciosissimum C. Morren, Hort. Belge 3: 322, t. 68. 1836.

Arbustos hasta 3 m de alto, ramas huecas, puberulentas, nudos anillados, algunas veces con una banda de pelos. Hojas opuesto-decusadas, ovadas, 7–15 cm de largo y 4–12 cm de ancho, ápice agudo o acuminado, base cordada, márgenes sinuados a crenados, pubescentes; pecíolos 1.2–12 cm de largo, puberulentos. Inflorescencia panículas terminales de 8–25 cm de largo, compuestas de 5–10 pares de cimas, pedúnculos 3–5 cm de largo, pedicelos 0.5–1 cm de largo, bractéolas y profilos lineares de 1–5 mm de largo, setáceos; cáliz 0.5–0.9 cm de largo, verde; corola con tubo 2–3 cm de largo, lobos 1.3–1.8 cm de largo, puberulento-glandular, roja o escarlata; ovario oblongo, estilo exerto, igual o más corto que los estambres. Fruto separándose en pirenos en la madurez, rodeado por el cáliz 2-lobado.

Cultivada; 0–100 m; fl oct, fr dic–mar; *Robleto 1385*; nativa de Indonesia, Islas Carolinas hasta Tahití y las Islas Marquesas.

Clerodendrum thomsonae Balf., Edinburgh New Philos. J., ser. 2, 15: 233. 1862.

Arbustos o enredaderas, ramas tetragonales ligeramente sulcadas, puberulentas. Hojas opuestas, elípticas o elíptico-ovadas, 6–14 cm de largo y 2–6 cm de ancho, ápice agudo, base cuneada, márgenes enteros, ciliados; pecíolos 0.8–3.5 cm de largo, puberulentos. Inflorescencias cimosas axilares de 5–9 cm de largo, pedúnculos 2.6–6.5 cm de largo, puberulentos, pedicelos 0.7–1.6 cm de largo, puberulentas, brácteas y profilos linear-subulados de 2–11 mm de largo; cáliz 1.5–2 cm de largo, lobos de 1–1.8 cm de largo, blanco amarillento; corola con tubo delgado de 1–2.5 cm de largo, el limbo de ca 1 cm de ancho, puberulento-glandular, roja. Fruto negro brillante con un arilo rojo uniendo los pirenos, cáliz rojo a rosado.

Cultivada; 0–100 m; fl ago, fr ago–dic; *Coe 2288, Long 208*; nativa del oeste de Africa.

Clerodendrum umbellatum Poir., Encycl. 5: 166. 1804.

Arbustos o enredaderas, ramas tetragonales, sulcadas, medulosas, cortamente pubescentes. Hojas opuesto-decusadas, elípticas u oblongas, 4–12 cm de largo y 2–8 cm de ancho, ápice cortamente acuminado o agudo, base obtusa o subcordada, con puntos impresos en el envés, margen entero, a veces ciliado; pecíolos 1–3 cm de largo. Inflorescencias cimosas de 10–20 cm de largo, axilares, en panículas terminales, subumbeladas, pedúnculos 2.5–6 cm de largo, pedicelos 0.5–15 cm de largo, brácteas elípticas, profilos lineares, filiformes o setáceos; cáliz 0.7–1.3 cm de largo, 5-lobado, lobos ovados o lanceolados, 0.5–1 cm de largo; corola 1.5–2.2 cm de largo y 1 cm de ancho, lobos obovados, 7–9 mm de largo, puberulenta a glabra, roja o rosada; ovario oblongo, estilo 3.8–4.2 cm de largo, de la misma longitud que los estambres. Fruto dividiéndose en pirenos, rodeado por el cáliz.

Cultivada; 0–800 m; fl durante todo el año, fr dic–jul; *Moreno 19659, Nissen 20*; nativa de Africa. Usada como ornamental.

CORNUTIA L.

Por Amy Pool

Cornutia pyramidata L., Sp. Pl. 628. 1753; *C. grandifolia* (Schltdl. & Cham.) Schauer; *C. grandifolia* var. *intermedia* Moldenke; *C. grandifolia* var. *normalis* (Kuntze) Moldenke; *C. grandifolia* var. *quadrangularis* Moldenke; *C. grandifolia* var. *storkii* Moldenke; *C. latifolia* (Kunth) Moldenke; *C. lilacina* Moldenke; *C. lilacina* var. *velutina* Moldenke; *C. pyramidata* var. *isthmica* Moldenke.

Arboles o arbustos, 2–10 m de alto, ramas cuadrangulares y cuando jóvenes densamente pubescentes. Hojas opuestas, simples, generalmente ovadas o ampliamente elípticas, 8–28 cm de largo (incluyendo el pecíolo) y 4.5–15 cm de ancho, ápice agudo o acuminado, base largamente decurrente sobre el pecíolo, margen entero o repando a levemente dentado, densamente pubescentes, punteado-glandulares. Inflorescencia panículas piramidales de 11–25 (–40) cm de largo y 4–12 (–16) cm de ancho, mayormente terminal, brácteas inconspicuas, flores heterostilas; cáliz cupuliforme (pateliforme en el fruto), 1.5–3 mm de largo, ápice entero, repando o 4-dentado con los dientes poco profundos; corola hipocrateriforme, curvada o recta, azul o morada (a veces reportada con un punto amarillo en los lobos), tubo 7–11 mm de largo y 2–4 mm de ancho en el ápice, 2-labiado, labio superior con 3 lobos subiguales de 2–4 mm de largo, labio inferior con un solo lobo grande de 3–7 mm de largo; estambres fértiles 2, exertos y de 4–6 mm de largo en las formas de estilo corto, en la boca de la corola y de 2–3 mm de largo en las formas de estilo largo, estaminodios 2, incluidos; estilo de 5–8 mm de largo en las formas de estilo corto e incluido y de 10–13 mm de largo en las formas de estilo largo y exerto, estigma pequeño, desigualmente 2-lobado. Fruto drupáceo subgloboso, 0.4–0.7 mm de diámetro, con exocarpo carnoso y endocarpo duro, azul, morado o negro, pireno con 4 semillas.

Común, áreas alteradas, en todas las zonas del país; 0–1700 m; fl ene–ago, fr jul–nov; *Moreno 22415, Stevens 9932*; México a Panamá y en las Antillas. *Cornutia cayennensis* Schauer fue citada por Ramírez Goyena su *Flora Nicaragüense* pero esa especie es endémica de la Guayana Francesa y el nombre fue probablemente usado en forma errónea para referirse a *C. pyramidata*. Género con ca 10 especies restringidas a América tropical. "Cucaracha".

H. Moldenke. A monograph of the genus *Cornutia*. Repert. Spec. Nov. Regni Veg. 40: 153–205. 1936; H. Moldenke. Additional notes on the genus *Cornutia*. I. Phytologia 7: 376–399. 1961, II. 14: 420–429. 1967, III. 32: 232–245, V. 32: 337–342. 1975, VI. 41: 123–130. 1978, VII. 55: 276–278, VIII. 56: 315–316, IX. 56: 345–353. 1984.

DURANTA L.

Por Amy Pool

Duranta erecta L., Sp. Pl. 637. 1753; *D. plumieri* Jacq.; *D. repens* L.

Arbustos 2–4 m de alto, con espinas o frecuentemente inermes (en Nicaragua). Hojas opuestas, simples, obovado-espatuladas a elípticas, 3.2–7 cm de largo y 1.5–3 cm de ancho, ápice agudo (a redondeado), base atenuada, margen entero o con pocos dientes irregulares en la mitad superior, glabrescentes, tricomas cuando presentes dispersos, cortos y adpresos. Inflorescencia racimos de 5–22 cm de largo, terminales y axilares, a veces presentándose como panículas, frecuentemente recurvada o péndula, bractéolas 3–4 mm de largo; cáliz angostamente tubular, (3–) 4 mm de largo, truncado en el ápice con 5 dientes diminutos de 0.5–1 mm de largo; corola zigomorfa, más o menos hipocrateriforme, azul, lila o blanca, con tubo angosto de 7–10 mm de largo, 5-lobada, lobos desiguales de 3–5 mm de largo; estambres 4, incluidos, didínamos, 2.5–3 mm de largo; estilo incluido, 2.5–3 mm de largo, estigma diminuto. Fruto estrecha y completamente envuelto por el cáliz acrescente, con apariencia abayada, jugoso (puede ser un poco amargo), amarillo a anaranjado brillante, tubo subgloboso 6–8 mm de largo, dientes extendidos más allá del fruto en un rostro torcido de 1–3 mm de largo; fruto drupáceo, pirenos 4, cada uno con 2 semillas.

Cultivada como ornamental y naturalizada, en todo el país; 40–1100 m; fl y fr todo el año; *Ortiz 1742, Stevens 13262;* especie muy variable desde el sur de Estados Unidos a Brasil y en las Antillas. Ampliamente cultivada. Ha sido a menudo identificada erróneamente como *D. stenostachya* Tod., una especie de las Antillas con hojas lanceoladas y acuminadas en el ápice. Género con 17 especies distribuidas desde los Estados Unidos (Florida y Texas) hasta Argentina y Brasil. Otras 2 especies ocurren en Centroamérica.

R.W. Sanders. Provisional synopsis of the species

and natural hybrids in *Duranta* (Verbenaceae). Sida 10: 308–318. 1984; G.L.R. Bromley. *Duranta repens versus D. erecta* (Verbenaceae). Kew Bull. 39: 803– 804. 1985; R.W. Sanders. *Duranta*. Fl. Lesser Antilles 6: 224–226. 1989.

GMELINA L.

Por Amy Pool

Gmelina arborea Roxb. ex Sm. in Rees, Cycl. 16: Gmelina no. 4. 1810.

Arboles de 5–15 m de alto. Hojas opuestas, simples, ovadas o triangulares, 10–24 cm de largo y 8–20 cm de ancho, ápice agudo o acuminado (obtuso), base truncada o cordada, margen entero, envés densamente cubierto con tricomas claviformes microscópicos dándole un tono verde oliva, con tricomas seríceos largos, esparcidos a densos (por lo menos a lo largo del nervio principal); pecíolo 3.5–9 cm de largo. Inflorescencia un tirso angosto, terminal, 9–15 cm de largo, tomentoso, pedicelo 4–7 mm de largo, brácteas inconspicuas; cáliz ligeramente cupuliforme (pateliforme en el fruto), menudamente 5-apiculado, 3 mm de largo; corola infundibuliforme, ancha, café y amarilla (en parte teñida de morado), tubo 20–25 mm de largo, 2-labiada, 5-lobada, los lobos desiguales, el más grande de 15–21 mm de largo; estambres 4 ó 5, exertos, didínamos, 12–20 mm de largo; estilo incluido de 18 mm de largo, estigma con 2 lobos desiguales muy pequeños. Fruto drupáceo, obovado-oblicuo, 20–25 mm de largo y 13 mm de ancho, verde, amarillo o amarillo-anaranjado cuando maduro; semillas 1 ó 2.

Cultivada; ca 100 m; fl ene–may, fr feb; *Robleto 1800, Stevens 20955*; nativa de Asia. Género con ca 35 especies de Africa tropical, Mascarenas, este de Asia, Indonesia y Australia. "Melina".

H. Moldenke. Notes on the genus *Gmelina* (Verbenaceae). Phytologia 55: 308–342. 1984; H. Moldenke. Additional notes on the genus *Gmelina*. I. 55: 424–442, II. 55: 460–499, III. 56: 32–54, IV. 56: 102–126, V. 56: 154–182, VI. 56: 309–315. 1984.

HOLMSKIOLDIA Retz.

Por Amy Pool

Holmskioldia sanguinea Retz., Observ. Bot. 6: 31. 1791.

Arbustos, 1.5–2 m de alto. Hojas opuestas, simples, lanceoladas, 6.5–12 cm de largo y 3.5–6.5 cm de ancho, ápice acuminado, base subtruncada, margen subentero a menudamente serrulado, envés con dispersas escamas diminutas y nervios seríceos; pecíolo 1.5–2.5 cm de largo. Inflorescencia cimosa, pedicelos 5–7 mm de largo, brácteas ausentes; cáliz discoide, 20–25 mm de diámetro, entero, rojo; corola marcadamente zigomorfa, infundibuliforme y curvada, amarilla, anaranjada o roja, tubo ca 22 mm de largo, 2-labiada, 5-lobada, el lobo más largo ca 4 mm de largo; estambres 4, exertos, 16–17 mm de largo; estilo exerto, igual a las anteras, 24–26 mm de largo, estigma filiforme, menudamente 2-dentado. Fruto (según Moldenke 1981) drupáceo pero casi seco y con apariencia capsular, globoso u obovoide, ápice profundamente 4-lobado, café.

Cultivada como ornamental y probablemente escapada; 150–1500 m; fl todo el año; *Guzmán 63, Moreno 6315*; nativa de Asia. Género monotípico.

H. Moldenke. Notes on the genus *Holmskioldia* (Verbenaceae). Phytologia 48: 313–356. 1981; H. Moldenke. Additional notes on the genus *Holmskioldia* I. Phytologia 48: 384–385. 1981; R. Fernandes. Notes sur les Verbenaceae V—Identification des éspèces d' *Holmskioldia* africaines et malgaches. Garcia de Orta, Sér. Bot. 7: 33–46. 1985.

LANTANA L.

Por Amy Pool

Arbustos o hierbas. Hojas opuestas o ternadas, simples, margen dentado. Inflorescencia espigas cilíndricas densas o comprimidas hasta formar capítulos, generalmente axilares, en Nicaragua subglobosa y de 0.5–2 cm de largo y de ancho, pedunculada, brácteas (por lo menos las más inferiores) relativamente conspicuas, flores amarillas a rojas o blancas a moradas o azules; cáliz tubular corto (en Nicaragua 1–2.2 mm de largo), truncado o sinuosamente dentado; corola zigomorfa, hipocrateriforme, con 4 ó 5 lobos desiguales; estambres 4, incluidos; estilo corto, estigma oblicuo. Fruto drupáceo cubierto por un cáliz muy delgado, estrechamente aplicado, acrescente y a menudo rasgándose, exocarpo generalmente más o menos carnoso, endocarpo duro, a veces separándose en 2 pirenos, cada uno con 1 semilla.

Un género con ca 50 especies, nativo de las regiones tropicales y subtropicales del Nuevo Mundo y naturalizado en los trópicos del Viejo Mundo. Las especies son muy variables y parecen formar híbridos muy fácilmente. Las interpretaciones taxonómicas varían mucho. El material nicaragüense se trata aquí en 5 especies, sin reconocer unidades subespecíficas.

S. López-Palacios. *Lantana. In:* Notas preliminares a las Verbenaceae para la flora de Venezuela. Revista Fac. Farm. Univ. Andes 15: 30–55. 1974; R. Sanders. Identity of *Lantana depressa* and *L. ovatifolia* (Verbenaceae) of Florida and the Bahamas. Syst. Bot. 12: 44–60. 1987; R. Sanders. *Lantana* L. Fl. Lesser Antilles 6: 226–232. 1989.

1. Corolas amarillas, anaranjadas o rojas (raramente blancas, moradas, rosadas o lilas); brácteas inferiores generalmente subuladas; envés de las hojas sin puntos glandulares sésiles anaranjados; tallos frecuentemente con espinas recurvadas y tricomas glandulares
   2. Tricomas sólo sobre los nervios en el envés de las hojas, estrigosos .... **L. camara**
   2. Tricomas cubriendo todo el envés de las hojas, aquellos en las aréolas erectos y finos .... **L. urticifolia**
1. Corolas blancas o moradas, rosadas, lilas (a veces amarillas en el centro); brácteas inferiores lanceoladas a ovadas; envés de las hojas con puntos glandulares sésiles anaranjados (a veces cubiertos por tricomas); tallos nunca con espinas recurvadas ni con tricomas glandulares
   3. Hojas ternadas u opuestas; infructescencia largamente cilíndrica; brácteas inferiores lanceoladas; superficie exterior de las brácteas superiores con tricomas adpresos, no diferenciados en el margen, densos en la base; flores en general moradas, rosadas o azules (raramente blancas) .... **L. trifolia**
   3. Hojas siempre opuestas; infructescencia subglobosa; brácteas inferiores suborbiculares, ovadas o ampliamente lanceoladas; superficie exterior de las brácteas superiores con tricomas no adpresos, márgenes ciliados o setosos, no más densos en la base; flores en general blancas (a morado pálidas o rosadas)
      4. Hojas angostamente lanceoladas a elípticas; envés de las hojas glabro o con tricomas limitados a los nervios, tricomas estrigosos (gruesos e inclinados); brácteas superiores membranáceas, superficie exterior con dispersos tricomas gruesos, margen setoso .... **L. hirta**
      4. Hojas ovadas a lanceoladas; envés de las hojas tomentoso, en general abundantemente cubierto con tricomas finos, arqueados a erectos; brácteas superiores cartáceo-hialinas, superficie exterior cubierta con tricomas finos, generalmente densos, margen ciliado .... **L. velutina**

Lantana camara L., Sp. Pl. 627. 1753.

Arbustos bajos, con o sin espinas recurvadas, híspidos en las ramas jóvenes. Hojas opuestas o ternadas, elípticas, ca 7 cm de largo y 2.7 cm de ancho, ápice agudo a acuminado, base tenuemente cuneada, envés con tricomas estrigosos pequeños limitados a los nervios, marcas glandulosas a manera de manchones obscuros irregulares y puntos iridiscentes, cartáceas. Inflorescencia con brácteas inferiores subuladas, 4–4.5 mm de largo y 0.7–1 mm de ancho, ápice agudo o acuminado, brácteas superiores con ápice agudo o cuspidado, margen no ciliado o setoso, superficie abaxial con pocos tricomas ascendentes, dispersos, membranáceas; corola roja o rosada, tubo 5–6 mm de largo. Infructescencia subglobosa, 0.7 cm de largo y de ancho; fruto globoso, 2 mm de diámetro.

Aparentemente rara, en márgenes de ríos o en las orillas de charcas, naturalizada en la zona atlántica; 120–500 m; fl todo el año, fr oct; *Ortiz 331, 1697*; Antillas Mayores e introducida en las áreas tropicales

y subtropicales del mundo. El nombre de *L. camara*, es aplicado con mucha indecisión; estos ejemplares ciertamente pertenecen a la sección *Camara* y son diferentes de las otras Lantanas nicaragüenses. Sin embargo, las colecciones de México y Centroamérica que he observado, tienen hojas ovadas o lanceoladas y no tienen marcas glandulosas en el envés de las hojas. Moldenke cita *L. hispida* var. *ternata* Moldenke para Nicaragua basándose en *Atwood 5016*, identificada aquí como *L. camara*. *L. hispida* var. *ternata* representa una forma ternada de *L. hirsuta* M. Martens & Galeotti, la cual está restringida a México.

Lantana hirta Graham, Edinburgh New Philos. J. 2: 186. 1826.

Arbustos bajos, hasta 1.5 m de alto, sin espinas, ramas por lo general estrigosas con o sin capa inferior de tricomas más pequeños o glabrescentes. Hojas opuestas, angostamente lanceoladas (lanceoladas) a elípticas, 2.2–5 (–6) cm de largo y 0.8–2.5 cm de ancho, ápice acuminado, base cuneada o con frecuencia aguda extendiéndose hasta la unión con el tallo (largamente decurrente y sésil), envés glabro o con tricomas estrigosos gruesos limitados a los nervios, con numerosas glándulas anaranjadas, generalmente membranáceas y rugosas. Inflorescencias con brácteas inferiores ampliamente lanceoladas a ovadas, 5–7 (–9) mm de largo y (3–) 3.5–5 (–6) mm de ancho, ápice agudo o acuminado, brácteas superiores con ápice agudo o acuminado, margen setoso, con tricomas patentes dispersos (ascendiendo) en la superficie abaxial, membranáceas; corola blanca o a veces lila o rosada, tubo 3–5 mm de largo. Infructescencia subglobosa, 0.6–1.2 cm de largo y de ancho; fruto globoso, 3–6 mm dc diámctro.

Común, en bosques de pino-encinos, zona norcentral; 1000–1500 m; fl y fr todo el año; *Moreno 11265, Sandino 1034*; México a Panamá. *Stevens 18104*, de Estelí, parece representar un híbrido entre *L. hirta* y *L. trifolia*. *L. hirta* puede también formar híbridos con *L. velutina* (véase discusión en *L. velutina*). Moldenke cita *L. hirta* f. *caerulea* Moldenke como presente en Nicaragua pero no he visto el tipo. *L. costaricensis* Hayek de Honduras y Costa Rica es bastante similar (y tal vez un sinónimo) a *L. hirta* pero se diferencia por tener las hojas ovadas con margen gruesamente serrado y las brácteas más inferiores de más de 1 cm de largo.

Lantana trifolia L., Sp. Pl. 626. 1753; *L. maxima* Hayek; *L. trifolia* f. *hirsuta* Moldenke; *L. trifolia* f. *albiflora* Moldenke; *L. trifolia* f. *oppositifolia* Moldenke.

Arbustos pequeños o hierbas ca 1 m de alto (0.5–2 m), sin espinas, ramas jóvenes con pubescencia estrigosa a híspida y frecuentemente con una capa inferior de tricomas cortos. Hojas ternadas u opuestas, lanceoladas, 5–14 (–16) cm de largo y 2.2–6.5 (–8.4) cm de ancho, ápice acuminado, base aguda (obtusa o redondeada), luego decurrente y extendiéndose por 0.2–1.2 (–1.7) cm, envés tomentoso (o puberulento) con tricomas finos cortos, erectos o curvados, con glándulas anaranjadas, cartáceas (membranáceas/rugosas). Inflorescencias con brácteas inferiores lanceoladas, raramente ovadas, 6–10 (–12) mm de largo y 1.5–5 mm de ancho, ápice largamente acuminado, brácteas superiores con ápice cuspidado (con cúspides 1–3 mm de largo) o largamente acuminado, margen no ciliado o setoso, superficie abaxial con tricomas finos, adpresos a ascendentes, con frecuencia densos en la base y ausentes en el ápice, membranáceas; corola morada, rosada, lila, rosado-purpúrea, morada con centro amarillo, azul o a veces blanca o amarilla, tubo 4–7 mm de largo. Infructescencia largamente cilíndrica, 1–4.5

cm de largo y 0.5–0.9 cm de ancho; fruto globoso, 2–3.5 mm de diámetro.

Muy común, en bosques muy húmedos, secos y en áreas alteradas, en todas las zonas del país; 10–1100 m; fl y fr todo el año; *Ortiz 31, Soza 424*; México a Argentina y en las Antillas. *Moreno 3105, 9365*, colectadas en Estelí, probablemente son híbridos de *L. trifolia* y *L. velutina*. Otro híbrido quizás exista entre *L. trifolia* y *L. hirta* (véase discusión en *L. hirta*). *L. achyranthifolia* Desf., conocida desde México a Honduras, posiblemente se encuentre en Nicaragua, se diferencia de *L. trifolia* por sus hojas con pocos dientes (6–12 a cada lado vs. 15–38 en *L. trifolia*), envés con tricomas más largos, gruesos y adpresos, pedúnculos al menos 2 veces más largos que las hojas subyacentes (en *L. trifolia* son más cortos o casi iguales a las hojas subyacentes); además las flores tienden a ser blancas. Frutos comestibles. "Chasquite".

Lantana urticifolia Mill., Gard. Dict., ed. 8, Lantana no. 5. 1768; *L. glandulosissima* Hayek; *L. glandulosissima* f. *albiflora* Moldenke; *L. glandulosissima* f. *parvifolia* Moldenke; *L. moritziana* Otto & A. Dietr.; *L. camara* var. *moritziana* (Otto & A. Dietr.) López-Pal.; *L. hispida* Kunth.

Arbustos bajos o hierbas hasta 3 m de alto, generalmente con algunas espinas recurvadas y/o (en las partes jóvenes) con tricomas glandulares perpendiculares, cortos, a veces también con tricomas híspidos, aromáticos. Hojas opuestas, ovadas o lanceoladas, 2–10 (–12) cm de largo y 1.2–7.5 cm de ancho, ápice agudo o acuminado (raramente redondeado u obtuso), base truncada o redondeada (obtusa), luego estrechándose y extendiéndose 0.1–1 cm, envés tomentoso con una cubierta densa de tricomas finos cortos, erectos a arqueados y enmarañados, sin glándulas sésiles o si las hay, son inconspicuas y verdes, membranáceas (cartáceas). Inflorescencias con brácteas inferiores generalmente subuladas, 4–8 (–10) mm de largo y 1–2.5 mm de ancho, ápice agudo, brácteas superiores con ápice agudo, márgenes ciliados, pubescencia variada (a menudo punteado-glandular), membranáceas; corola roja, anaranjada, amarilla, anaranjada con lila, raramente blanca o morado obscura con anaranjado pálido, tubo 4.5–8.5 mm de largo. Infructescencia raramente completa en las colecciones secas, subglobosa, ca 1–1.5 cm de diámetro; fruto globoso, 2.5–5.5 mm de diámetro.

Muy común, en bosques secos, bosques húmedos y áreas alteradas, en todas las zonas del país; 0–1000 (–1350) m; fl y fr todo el año; *Guzmán 678, Moreno 5868*; México a Argentina y en las Antillas. Moldenke registra para Nicaragua *L. notha* Moldenke, aparentemente basándose en *Maxon 7537* y *L. chiapasensis* var. *parvifolia* Moldenke, basándose en *Moreno 36*; ambas identificadas aquí como *L. urticifolia*. *L. camara* var. *moritziana* f. *parvifolia* Moldenke es registrada para Nicaragua basándose en especímenes que aquí han sido identificados como *L. urticifolia*. El tipo no ha sido examinado, pero probablemente sea un sinónimo de *L. urticifolia*. En la *Flora of Guatemala*, *L. hispida* fue usada para representar a *L. hirta* y *L. velutina*. "Guasquito".

Lantana velutina M. Martens & Galeotti, Bull. Acad. Roy. Sci. Bruxelles 11(2): 325. 1844; *L. involucrata* var. *velutina* (M. Martens & Galeotti) Standl.; *L. velutina* f. *macrophylla* Moldenke; *L. velutina* f. *albifructa* Moldenke; *L. costaricensis* var. *pubescens* Moldenke.

Arbustos bajos, 0.5–2 m de alto, sin espinas, ramas jóvenes generalmente híspidas (a glabrescentes), aromáticos. Hojas opuestas, ovadas a lanceoladas (suborbiculares o espatuladas), 2–7 (–9.7) cm de largo y 1.2–4 (–5.5) cm de ancho, ápice agudo, acuminado, raramente obtuso o redondeado, base aguda u obtusa o aguda u obtusa y luego cortamente decurrente y extendiéndose 0.15–0.6 (–1) cm, envés tomentoso con una espesa cubierta de tricomas finos cortos, erectos o arqueados (hasta casi adpresos), con glándulas anaranjadas, membranáceo-rugosas (cartáceas). Inflorescencias con brácteas inferiores ovadas o suborbiculares, 6–9 (–12) mm de largo y 4.5–8 mm de ancho, ápice en general agudo o apiculado, brácteas superiores con ápice apiculado o agudo (redondeado), margen ciliado, superficie abaxial con numerosos (esparcidos) tricomas finos divergentes o tomentosa, cartáceo-hialinas (incluso en el fruto); corola blanca o blanca con centro amarillo (morado pálida, rosada, morada), tubo 5–8 mm de largo. Infructescencia subglobosa a ampliamente cilíndrica, 1–1.7 cm de largo y 0.9–1.5 cm de ancho, fruto globoso, 3–5 mm de diámetro.

Muy común, bosques de galería, bosques secos y áreas alteradas, zonas norcentral y pacífica; 300–1300 m; fl may–ene, fr may–oct; *Moreno 9316, Stevens 20179*; México a Panamá. Híbridos aparentemente entre *L. velutina* y *L. trifolia* han sido colectados en Estelí (véase discusión en *L. trifolia*). *Guzmán 1258, Stevens 20254-a* también de Estelí, podrían representar híbridos entre *L. velutina* y *L. hirta*. *L. chiapasensis* Moldenke fue registrada para Nicaragua por Moldenke aparentemente basándose en *Stevens 9973* y *Zelaya 2273*, aquí identificadas como *L. velutina*. Muchos especímenes de *L. velutina* han sido erróneamente identificados como *L. involucrata* L. una especie cercanamente relacionada, que se encuentra principalmente en las Antillas, además de los Estados Unidos (Florida), México (Península de Yucatán), Panamá y Venezuela. Se diferencia de *L. velutina* por tener el ápice de la hoja redondeado u obtuso, haz con tricomas estrigosos rígidos y brácteas superiores no ciliadas ni cartáceo-hialinas.

LIPPIA L.

Por Amy Pool

Subarbustos, arbustos o árboles pequeños. Hojas opuestas (en Nicaragua) o ternadas, raramente alternas o 4 por nudo, simples, margen entero o dentado. Inflorescencias de espigas cilíndricas o espigas comprimidas formando capítulos más o menos globosos, espigas solitarias o fasciculadas en las axilas de las hojas o agregadas en panículas o corimbos terminales, flores pequeñas, blancas a variadamente coloreadas, en las axilas de las brácteas, brácteas generalmente conspicuas y persistentes; cáliz pequeño, ovoide-campanulado, 2-carinado, 2 ó 4-dentado; tubo de la corola cilíndrico, muy delgado, recto o curvado, limbo oblicuo, algo 2-labiado, 4-lobado, los lobos desiguales, el inferior a veces fuertemente bífido; estambres 4 (a veces menos en las plantas pistiladas) incluidos o exertos; estilo frecuentemente corto, estigma inconspicuamente 2-lobado, oblicuo o recurvado. Fruto pequeño, seco, incluido en el cáliz persistente, separándose en la madurez en 2 pirenos cada uno con una semilla.

Género con aproximadamente 200 especies, la mayoría en América tropical y subtropical y unas pocas en los trópicos del Viejo Mundo; 7 especies se encuentran en Nicaragua.

H. Moldenke. Materials toward a monograph of the genus *Lippia*. I. Phytologia 12: 6–71, II. 12: 73–120, III. 12: 130–181, IV. 12: 187–242, V. 12: 252–312, VI. 12: 331–367, VII. 12: 429–464. 1965, VIII. 12: 480–506, X. 13: 162–168, XI. 13: 169–179. 1966; H. Moldenke. Additional notes on the genus *Lippia*. I. Phytologia 13: 343–368. 1966, II. 14: 400–419. 1967; G.L. Neson. A new species of *Lippia* (Verbenaceae) from south-central Mexico, with comments on related peripheral species. Phytologia 77: 309–317. 1994.

1. Hojas 1–5.5 cm de largo; flores más largas que las brácteas subyacentes, marcadamente zigomorfas
  2. Las 2 brácteas inferiores fusionadas en la base; capítulos 4-angulados, 1–4 pedúnculos por axila de las hojas .... **L. graveolens**
  2. Brácteas inferiores libres; capítulos no angulados, pedúnculos solitarios en las axilas de las hojas
    3. Hojas elípticas o lanceoladas, margen serrado; flores morado pálidas, labio inferior no bífido .... **L. alba**
    3. Hojas espatuladas, margen entero o con pocos dientes en el ápice; flores blancas con centro amarillo, labio inferior fuertemente bífido .... **L. micromera**
1. Hojas 3–21 cm de largo, si 3–5.5 cm de largo, entonces ásperas en ambas superficies; flores iguales o más cortas que las brácteas subyacentes, no marcadamente zigomorfas
  4. Hojas enteras o con pocos dientes inconspicuos, más de 3 veces más largas que anchas; corola 2–3.25 mm de largo .... **L. myriocephala**
  4. Hojas dentadas, menos de 3 veces más largas que anchas; corola 4–7 mm de largo
    5. Hojas con haz suave y envés tomentoso; brácteas superiores generalmente mucronadas .... **L. substrigosa**
    5. Hojas con haz áspera y envés puberulento o con tricomas estrigosos en los nervios; brácteas superiores no mucronadas
      6. Hojas con envés áspero, con tricomas estrigosos en los nervios; brácteas inferiores 3.5–6 mm de largo; cáliz con tricomas largos, densos y gruesos en las carinas, lobos enteros .... **L. cardiostegia**
      6. Hojas con envés suave, finamente puberulento, sin tricomas estrigosos en los nervios; brácteas inferiores 1 cm de largo o más; cáliz finamente puberulento, cada lobo bífido .... **L. controversa**

Lippia alba (Mill.) N.E. Br. in Britton & P. Wilson, Bot. Porto Rico 6: 141. 1925; *Lantana alba* Mill.

Arbustos débiles o subarbustos, 0.5–2 m de alto, aromáticos con olor a menta. Hojas elípticas o lanceoladas (raramente ovadas), 1.5–5.5 cm de largo y 0.8–2.5 cm de ancho, ápice agudo, base decurrente-cuneada, margen serrado, haz suave, tricomas adpresos, densos a dispersos (frecuentemente difíciles de observar), envés suave, densamente tomentoso. Inflorescencia 0.5–1 cm de largo y de ancho (1–1.4 cm de largo y 0.5–0.6 cm de ancho en fruto), 1 espiga por axila, pedúnculo 0.1–1 cm de largo, brácteas verdes, bráctea inferior ovada (lanceolada), 3.5–5 mm de largo y 2–4 mm de ancho, bráctea superior obovada u oblonga, 3–5 mm de largo y 1.5–2.5 mm de ancho, ápice obtuso (agudo o acuminado), mucronado; cáliz 2-lobado, 1.5–2 mm de largo, velloso; corola 4.5–6 mm de largo, morado pálida (con garganta amarilla).

Común, en áreas alteradas, en todas las zonas del país; 0–700 m (1240 m); fl y fr feb–sep; *Nee 28157*, *Stevens 12390*; Estados Unidos (Texas) a Argentina y en las Antillas. Planta medicinal. "Guanislama".

Lippia cardiostegia Benth., Bot. Voy. Sulphur 153. 1846; *L. brenesii* Standl.; *L. lucens* Standl.

Arbustos (árboles pequeños), 1–3 (–6) m de alto, a veces con olor desagradable. Hojas ovadas, elípticas, obovadas y suborbiculares, (3–) 4–7 (–11.5) cm de largo y (1.5–) 3–5 (–7) cm de ancho, ápice agudo (acuminado, obtuso-redondeado), base decurrente, margen crenado (serrado), haz áspera, con abundantes tricomas ascendentes de bases agrandadas, a menudo sólo quedan las bases (raramente suave en

hojas jóvenes), envés áspero, generalmente con tricomas estrigosos retenidos sobre los nervios, tricomas más pequeños entre los nervios o glabros. Inflorescencia 0.5–1 cm de largo y de ancho (1–2 cm de largo y 0.7–1.2 cm de ancho en fruto), (1) 2–4 espigas fasciculadas por axila, pedúnculo 0.5–2.5 cm de largo, brácteas verdes o verde-cremas, bráctea inferior lanceolada, 3.5–6 mm de largo y 2–4 mm de ancho, bráctea superior ovada o ampliamente deltoide (lanceolada), 3–5 mm de largo y 2–4 mm de ancho, ápice acuminado (agudo), no mucronado; cáliz 2-lobado, 1.5–2 mm de largo, con densos tricomas largos en las carinas y tricomas pequeños entre las carinas; corola (3.5–) 4–5 mm de largo, blanca, crema, blanca con centro amarillo o a veces amarilla.

Muy abundante, en áreas alteradas, zonas pacífica y norcentral; 10–800 (–1100) m; fl abr–ene, fr may–feb; *Guzmán 666*, *Moreno 21869*; México a Costa Rica. Algunos ejemplares han sido erróneamente identificados y distribuidos como *L. controversa* o *L. curtisiana* Moldenke (un sinónimo de *L. chiapasensis* Loes.). "Chichinguaste".

Lippia controversa Moldenke, Phytologia 1: 423. 1940; *L. pinetorum* Moldenke.

Arbustos, 2–4 m de alto. Hojas elípticas a ovadas, 5.5–10 cm de largo y 2.5–5 cm de ancho, ápice agudo, base largamente decurrente, margen crenado, haz áspera con tricomas dispersos, a veces sólo quedan las bases agrandadas, envés finamente puberulento. Inflorescencia 1–1.5 cm de largo y de ancho (similar cuando en fruto), 1 ó 2 espigas en cada axila sólo en los 4 nudos más superiores, pedúnculo 2–3 cm de largo, brácteas verdes, bráctea inferior lanceolada o ampliamente lanceolada, 10–13 mm de largo y

6–9 mm de ancho, bráctea superior ovada a lanceolada, 8–10 m de largo y 5–8 mm de ancho, ápice agudo o acuminado, no mucronado; cáliz 2-lobado, con cada lobo bífido, 3 mm de largo, densa y finamente puberulento; corola 5–7 mm de largo, amarilla.

Rara, bosques de pino-encinos, Estelí; 1000–1200 m; fl oct; *Moreno 22264, 22336*; México a Costa Rica. Ha sido erróneamente identificada como *L. lucens* (un sinónimo de *L. cardiostegia*). Moldenke reporta *L. controversa* var. *brevipedunculata* Moldenke de Nicaragua basándose en especímenes que aquí han sido identificados como *L. cardiostegia*. *L. oxyphyllaria* (Donn. Sm.) Standl. (incluyendo *L. liberiensis* Moldenke) de Costa Rica y Panamá es muy similar a *L. controversa*, pero se diferencia por tener los lobos del cáliz no bífidos y con tricomas largos y gruesos, y las brácteas arregladas en una serie ordenada con las brácteas superiores tendiendo a ser más lanceoladas o elípticas.

Lippia graveolens Kunth in Humb., Bonpl. & Kunth, Nov. Gen. Sp. 2: 266. 1818.

Arbustos, 0.5–2 m de alto, aromáticos con fuerte olor a menta o tomillo. Hojas oblongas, angostamente lanceoladas o elípticas, 1.2–4 cm de largo y 1–2 cm de ancho, ápice agudo o agudo-redondeado, base obtusa u obtuso-redondeada, margen crenado, haz suave con densos a frecuentes tricomas adpresos, envés suave con abundantes a densos tricomas vellosos o lanados. Inflorescencia 0.3–0.7 cm de largo y 0.25–0.5 cm de ancho (0.9 cm de largo y 0.4 cm de ancho en fruto), 1–4 espigas por axila, pedúnculo 0.1–0.3 cm de largo, brácteas verdes, las 2 brácteas inferiores fusionadas en el 1/3 basal (justo en la base), cada una ovada a lanceolada, 3–3.5 mm de largo y 2–2.5 mm de ancho, bráctea superior ovada, 3 mm de largo y 2–2.5 mm de ancho, ápice agudo, generalmente mucronado; cáliz 2-lobado, 1.25–1.5 mm de largo, con abundantes tricomas largos, adpresos a ascendentes; corola 4–5 mm de largo, blanca.

Rara, bosques secos, Matagalpa; ca 150 m; fl dic; *Levy 250, Moreno 5307*; Estados Unidos (Texas) a Costa Rica. Moldenke cita a *L. graveolens* f. *macrophylla* Moldenke de Nicaragua, probablemente basado en una identificación errónea de *Levy 250*. La forma *macrophylla* no ocurre en Nicaragua y se distingue por tener las hojas (hasta 7.5 cm de largo) y la corola (7.5 mm de largo) más grandes y pedúnculos más largos (ca 1 cm).

Lippia micromera Schauer in A. DC., Prodr. 11: 587. 1847; *L. micromera* var. *helleri* (Britton) Moldenke; *L. helleri* Britton.

Arbustos, 0.5–2 m de alto, aromáticos con olor a menta o a tomillo. Hojas espatuladas, 1–1.5 cm de largo y 0.4–0.8 cm de ancho, ápice redondeado, base cuneado-decurrente, margen entero o con pocos dientes redondeados o agudos en el ápice, haz suave con densos tricomas adpresos, tricomas vellosos en la base decurrente, envés con tricomas largamente vellosos dispersos sobre los nervios. Inflorescencia 0.5–1 cm de largo y 0.7–1 cm de ancho, (no vista en fruto), 1 espiga por axila, pedúnculos 0.1–0.3 cm de largo, brácteas verdes, bráctea inferior oblonga, 4 mm de largo y 1.5–2 mm de ancho, bráctea superior elíptica, 3.5–4.5 mm de largo y 2 mm de ancho, ápice obtuso-redondeado, no mucronado; cáliz 2-lobado, 2 mm de largo, con densos tricomas largos y vellosos; corola 5–7 mm de largo, con el lobo inferior fuertemente bífido, blanca con centro amarillo.

Rara, en áreas alteradas, cultivada, zona atlántica; 0–400 m; fl mar y jun; *Barrett 42, Molina 1996*; Honduras, Nicaragua, Venezuela, las Guayanas y en las Antillas. Se usa para dolores estomacales y de parto, infecciones respiratorias y asma.

Lippia myriocephala Schltdl. & Cham., Linnaea 5: 98. 1830; *L. myriocephala* var. *hypoleia* (Briq.) Moldenke.

Arbustos o árboles, 1–15 m de alto. Hojas angostamente elípticas (lanceoladas o elípticas), frecuentemente falcadas, 8–21 cm de largo y 1.5–8 cm de ancho, ápice largamente acuminado (agudo), base largamente cuneada (aguda), margen casi entero con pocos dientes inconspicuos, haz suave con tricomas pequeños adpresos, frecuentes a dispersos, envés tomentoso con tricomas adpresos cortos, densos a frecuentes. Inflorescencia 0.4–0.7 cm de largo y de ancho (0.6–1 cm de largo y 0.5–0.9 cm de ancho en fruto), 3–8 espigas fasciculadas en cada axila, a veces las espigas arregladas en cimas dicasiales pareciendo umbelas o panículas terminales dispuestas en los 4 nudos apicales, pedúnculo (de las espigas individuales) 1–2 cm de largo, brácteas verdes, blanco-verdosas o cremas, bráctea inferior subulada (ovada, lanceolada), 3–4 mm de largo y 1.5–2.5 mm de ancho, bráctea superior ampliamente deltoide a subreniforme, 2–3 mm de largo y 2.5–3.25 mm de ancho, ápice agudo, no mucronado; cáliz 2-lobado, 1–2 mm de largo, las carinas con densos tricomas largos y gruesos, ligeramente puberulento entre las carinas; corola 2–3.25 mm de largo, blanca, blanca con centro amarillo o amarillenta.

Común, áreas alteradas, zonas norcentral y pacífica; 400–1500 m; fl nov–mar, fr ene–abr; *Sandino 2334, Stevens 20882*; México a Costa Rica. *L. costaricensis* Moldenke (tratada como un sinónimo en la *Flora of Guatemala* y la *Flora de Veracruz*) es considerada como una especie distinta basándose en la pubescencia de las hojas y ramas, la forma de las brácteas superiores y la longitud de la corola. *L. umbellata* Cav. se ha registrado en la *Flora de Veracruz* desde México hasta Costa Rica, posiblemente basándose en especímenes de *L. myriocephala* y *L. torresii* Standl. erróneamente identificados. *L. torresii* de Costa Rica y Panamá difiere de *L. umbellata* por la forma y margen de las hojas y el tamaño de la corola. "Mampas".

Lippia substrigosa Turcz., Bull. Soc. Imp. Naturalistes Moscou 36(2): 202. 1863.

Arbustos, 1–3 m de alto, aromáticos. Hojas lanceoladas, 8–20 cm de largo y 2.5–7 cm de ancho, ápice acuminado, base decurrente, margen crenado, haz suave con densos (abundantes) tricomas finos adpresos, (bases agrandadas en las hojas viejas), envés tomentoso. Inflorescencia 0.6–0.8 cm de largo y 0.8–1 cm de ancho (1–1.3 cm de largo y 1.2–1.5 cm de ancho en fruto), 2–4 espigas fasciculadas en cada axila dispuestas en los 4 nudos superiores, pedúnculo 1.5–3 cm de largo, brácteas verdes, bráctea inferior lanceolada (ovada), 7–10 mm de largo y 3–7 mm de ancho, bráctea superior ovado-subreniforme (ovada, suborbicular), 4–8 mm de largo y 3.5–8 mm de ancho, ápice agudo, generalmente mucronado; cáliz 2-lobado, 1.5–3 mm de largo, las carinas con densos tricomas largos y con tricomas más pequeños entre las carinas; corola 4–5.5 mm de largo, verde pálida o amarillo pálida.

Maleza poco frecuente, bosques de pino-encinos, zona norcentral; 1000–1500 m; fl nov–abr, fr feb–abr; *Moreno 7925, 20443*; México a Nicaragua. *Stevens 17326* de Cerro Quisuca en Madriz, ha sido colocada en esta especie con cierta duda. Se diferencia por tener hojas obovadas a rómbicas con ápice agudo a obtuso e inflorescencias más grandes ca 1 cm de largo y 1.3 cm de ancho, con las brácteas sin la típica punta mucronada. Moldenke probablemente citó *L. chiapasensis* de Nicaragua basándose en este ejemplar.

PETREA L.

Por Ricardo Rueda

Petrea volubilis L., Sp. Pl. 626. 1753; *P. aspera* Turcz.; *P. aspera* f. *albiflora* Moldenke; *P. volubilis* var. *pubescens* Moldenke.

Bejucos o arbustos semitrepadores, tallos puberulentos, algunas veces alcanzando 10 cm de diámetro. Hojas elíptico-oblongas, 5–16 cm de largo y 3–8 cm de ancho, ápice agudo u obtuso, base cuneada, margen entero, algunas veces sinuadas, glabras o pubescentes, ásperas al tacto; pecíolo 0.2–1 cm de largo. Inflorescencias racemosas 8–20 cm de largo, axilares o terminales, solitarias, raquis puberulento, flores 5-meras en pedicelos puberulentos sostenidos por una bráctea caduca; cáliz con el tubo 0.2–0.7 cm de largo, glabro o puberulento, los lobos oblongos 1–2.5 cm de largo; corola infundibuliforme, ca 1 cm de largo, puberulenta, azul; ovario y estilo glabros. Fruto drupáceo completamente encerrado en el cáliz acrescente, el cual actúa como alas o flotadores.

Poco común especialmente en orillas de ríos y quebradas, en todo el país; 0–700 m; fl y fr feb–may; *Grijalva 2430, Stevens 8757*; norte de México a Bolivia, Brasil y Paraguay y en las Antillas. Un género con 11 especies distribuidas principalmente desde el sur de México a Brasil, Paraguay y Bolivia, pasando por todo Centroamérica y el Caribe. Es usada como ornamental. "Machiguá".

PHYLA Lour.

Por Amy Pool

Hierbas perennes o raramente arbustos pequeños, a menudo decumbentes hasta postrados y enraizando en los nudos, a menudo con tricomas malpigiáceos. Hojas opuestas, simples, base decurrente sobre el pecíolo, margen dentado al menos apicalmente. Inflorescencia de espigas cilíndricas (mayormente alargadas en fruto), axilares, espigas solitarias o en fascículos de 2–4, flores pequeñas, blancas con manchas tubulares amarillas, a menudo tornándose púrpuras con la edad, en las axilas de las brácteas, brácteas persistentes y relativamente conspicuas, brácteas superiores espatuladas (oblanceoladas); cáliz ovoide-campanulado, 2-carinado, 2 (en Nicaragua) ó 4-dentado; tubo de la corola cilíndrico, muy angosto, erecto o curvado, limbo oblicuo, algo 2-labiado, 4-lobado, los lobos desiguales; estambres 4, incluidos o ligeramente exertos; estigma inconspicuamente 2-lobado, generalmente oblicuo. Fruto pequeño, seco, cubierto por el cáliz persistente, separándose al madurar en 2 pirenos cada uno con una semilla.

Género con 9 especies, nativas del Nuevo Mundo desde el norte de los Estados Unidos hasta la zona templada en Sudamérica, y en las Antillas; naturalizándose ampliamente en todas las áreas tropicales y cálidas del mundo; 5 especies en Nicaragua. El género esta cercanamente relacionado con *Lippia*, y *P. stoechadifolia* y *P. dulcis* serían mejor acomodadas en ese género.

K. Kennedy. A Systematic Study of the Genus *Phyla* (Verbenaceae: Verbenoideae, Lantanae). Ph.D. Thesis, The University of Texas, Austin. 1992.

1. Espigas subsésiles en pedúnculos cortos de 0.2–0.5 cm de largo, (1) 2–4 espigas por axila de la hoja; corola 1.2–1.7 mm de largo .... **P. betulifolia**
1. Espigas en pedúnculos de 2.5–6.5 cm de largo, 1 espiga por axila de la hoja; corola 3–4.5 mm de largo
    2. Hojas linear-oblongas, con 10–16 pares de nervios secundarios, envés con nervios prominentes .... **P. stoechadifolia**
    2. Hojas no linear-oblongas, con 4–6 pares de nervios o nervios inconspicuos en el envés
        3. Hojas con tricomas simples, los de la haz con base agrandada, margen de la hoja con dientes redondeados, base de la hoja abruptamente decurrente; cáliz densa y completamente cubierto de tricomas .... **P. dulcis**
        3. Hojas con tricomas malpigiáceos, margen de la hoja con dientes agudos, base de la hoja gradualmente decurrente; cáliz con tricomas limitados a las carinas
            4. Hojas espatuladas, ápice generalmente redondeado, envés con nervios inconspicuos, dientes limitados al 1/5–1/3 apical .... **P. nodiflora**
            4. Hojas oblongo-ovadas, ápice agudo, envés con nervios prominentes, dientes por lo menos hasta la mitad apical de la hoja .... **P. strigulosa**

Phyla betulifolia (Kunth) Greene, Pittonia 4: 48. 1899; *Lippia betulifolia* Kunth.

Herbáceas, decumbentes o postradas, enraizando en los nudos, o erectas, suculentas, aromáticas, tallos jóvenes con densos tricomas malpigiáceos. Hojas ovado-deltoides, 2.5–6 cm de largo y 2–4.5 cm de ancho, ápice agudo (obtuso), margen gruesamente dentado con dientes muy divergentes en los 2/3 apicales, tricomas malpigiáceos adpresos, densos a dispersos. Inflorescencia 0.3–0.5 cm de largo y de ancho (0.9–1.1 cm de largo y 0.3–0.4 cm de ancho en fruto), (1) 2–4 espigas por axila, pedúnculo 0.2–0.5 cm de largo, brácteas verdes, bráctea inferior angostamente lanceolada, 2–3 mm de largo y 1–1.25 mm de ancho, bráctea superior espatulada, 1.5–2.5 mm de largo y 0.75–1.25 mm de ancho, ápice truncado, largamente mucronado (raramente cortamente); cáliz 0.75–1 mm de largo, fino y menudamente puberulento; corola 1.2–1.7 mm de largo.

Poco común, encontrada en áreas alteradas muy húmedas, zona atlántica; 0–500 m; fl dic–may, fr feb–may; *Robleto 551, Stevens 12428*; México al norte de Argentina y en las Antillas.

Phyla dulcis (Trevir.) Moldenke, Torreya 34: 9. 1934; *Lippia dulcis* Trevir.; *Dipterocalyx scaberrimus* Schltdl.

Herbáceas pero a veces algo leñosas en la base (no suculentas), decumbentes o postradas, enraizando en los nudos, o erectas, aromáticas, tallos jóvenes con

tricomas simples diminutos, rápidamente glabros. Hojas ovadas (lanceoladas), 3–7 cm de largo y 1.5–4 cm de ancho, ápice agudo, margen gruesamente crenado en los 3/4 apicales o más, haz con tricomas simples adpresos, dispersos a abundantes, con bases agrandadas con la edad, envés puberulento. Inflorescencia 0.4–0.9 cm de largo y 0.4–0.6 cm de ancho (1–1.8 cm de largo y 0.5–0.6 cm de ancho en fruto), 1 espiga por axila, pedúnculo 2.5–5 cm de largo, brácteas verdes, bráctea inferior ovada o lanceolada, 3–4 mm de largo y 1.25–3 mm de ancho, bráctea superior obovado-espatulada (rómbica), 3 mm de largo y 1.25–2 mm de ancho, ápice redondeado, mucronado; cáliz 1–1.25 mm de largo, densamente cubierto de tricomas diminutos; corola 3 mm de largo.

Poco común, en áreas alteradas, en todo el país; (15) 320–900 m; fl y fr abr–oct; *Moreno 8316, Sandino 3686*; México al norte de Argentina y en las Antillas. Su distribución quizás refleje su cultivo histórico. "Orozul".

Phyla nodiflora (L.) Greene, Pittonia 4: 46. 1899; *Verbena nodiflora* L.; *Lippia nodiflora* (L.) Michx.; *P. nodiflora* var. *longifolia* Moldenke; *P. nodiflora* var. *texensis* Moldenke; *P. strigulosa* var. *sericea* (Kuntze) Moldenke; *P. incisa* Small; *L. incisa* (Small) Tidestr.; *P. nodiflora* var. *incisa* (Small) Moldenke.

Herbáceas, decumbentes o postradas, enraizando en los nudos, a veces formando tapices con ápices ascendentes, algo suculentas, no aromáticas, ramas jóvenes con abundantes tricomas malpigiáceos, pronto glabras. Hojas espatuladas, 1.2–4 (–5) cm de largo y 0.4–1.2 (–1.8) cm de ancho, ápice redondeado (agudo), margen casi entero con pocos dientes limitados al 1/5–1/3 apical, con escasos a abundantes tricomas malpigiáceos adpresos. Inflorescencia 0.4–0.7 cm de largo y de ancho (1–4 cm de largo y 0.4–0.7 cm de ancho en fruto), 1 espiga por axila, pedúnculo 3–6.5 (–10) cm de largo, brácteas moradas, cafés o verdes, brácteas inferiores ampliamente ovadas o lanceoladas, 2.5–4 mm de largo y 2–3 mm de ancho, bráctea superior ampliamente espatulada, 2.2–4 mm de largo y 1.5–3 mm de ancho, ápice obtuso no mucronado o redondeado y entonces mucronado; cáliz 1.5–2 mm de largo, las carinas con pocos tricomas cortos y divergentes; corola 3–3.5 mm de largo.

Abundante, frecuentemente asociada con aguas salobres o dulces, zonas pacífica y atlántica; 0–100 (200) m; fl y fr todo el año; *Nee 28220, Sandino 1110*; sur de los Estados Unidos y México hasta Uruguay, también en las Antillas y en el Viejo Mundo.

Phyla stoechadifolia (L.) Small, Bull. Torrey Bot. Club. 36: 162. 1909; *Verbena stoechadifolia* L.; *Lippia stoechadifolia* (L.) Kunth.

Herbáceas, arbustos pequeños hasta 5 dm de alto o sufruticosos y patentes, no aromáticos, ramas jóvenes con tricomas simples. Hojas linear-oblongas, 2–5 cm de largo y 0.4–1 cm de ancho, ápice agudo, margen marcadamente serrado (raramente con dientes diminutos) hasta cerca de la base, con densos tricomas simples. Inflorescencia 0.3–0.9 cm de largo y 0.3–0.6 cm de ancho (1–2.5 cm de largo y 0.5–0.8 cm de ancho en fruto), 1 espiga por axila, pedúnculo 4–6 cm de largo, bráctea inferior lanceolada u ovada, bráctea superior oblanceolada (obovada), 2.5–3 mm

de largo y 1.2–2 mm de ancho, ápice acuminado, no mucronado; cáliz 2.1–2.5 mm de largo, las carinas con tricomas largos y divergentes, ápice ciliado; corola 3–3.5 mm de largo.

Poco común, cerca de aguas dulces o pantanosas, zona pacífica; 30–145 (420) m; fl y fr ene–sep; *Haynes 8315, Sandino 3178*; sur de los Estados Unidos y México hasta el norte de Sudamérica y en las Antillas.

Phyla strigulosa (M. Martens & Galeotti) Moldenke, Phytologia 2: 233. 1947; *Lippia strigulosa* M. Martens & Galeotti.

Herbáceas, generalmente postradas y enraizando en los nudos, suculentas, no aromáticas, tallos jóvenes densamente cubiertos con tricomas malpigiáceos. Hojas oblongo-ovadas, 2.3–4.5 cm de largo y 1.4–2 cm de ancho, ápice agudo, margen gruesamente dentado con dientes fuertemente divergentes en la 1/2 apical o más, con densos tricomas malpigiáceos adpresos. Inflorescencia 0.6–0.8 cm de largo y de ancho (1.4–1.7 cm de largo y 0.6 cm de ancho en fruto), 1 espiga por axila, pedúnculo 3.5–5 cm de largo, brácteas a menudo purpúreas, bráctea inferior ovado-lanceolada, 3–4 mm de largo y 2.25–2.5 mm de ancho, bráctea superior espatulada, 3–3.5 mm de largo y 2–2.75 mm de ancho, ápice truncado-mucronado; cáliz 2–2.25 mm de largo, las carinas con tricomas vellosos largos; corola 4–4.5 mm de largo.

Poco común, en lugares húmedos en márgenes de charcas, fuentes de agua y en el lecho de lagos secos, zona norcentral; 350–1200 m; fl feb–sep, fr may, sep; *Moreno 7340, Stevens 20180*; Estados Unidos y México al norte de Argentina y en las Antillas. Fue tratada en la *Flora of Guatemala* como *Lippia reptans* Kunth, la cual según Kennedy es un híbrido entre esta especie y *P. nodiflora*.

PRIVA Adans.

Por Amy Pool

Hierbas anuales, erectas o ascendentes. Hojas opuestas o subopuestas, simples, mayormente dentadas. Inflorescencia un racimo (subespigado), terminal o terminal y axilar, brácteas inconspicuas; cáliz tubular en la flor, truncado, con 5 dientes pequeños o raramente 2-labiado con 5 dientes; corola hipocrateriforme, ligeramente 2-labiada, 5-lobada; estambres 4, incluidos o iguales al tubo, estilo incluido o ligeramente exerto, estigma con 2 lobos desiguales. Fruto seco, incluido en el cáliz acrescente, separándose en 2 mericarpos al madurar, cada mericarpo 2-locular (o 1 abortado) y con 2 semillas.

Género con ca 20 especies, de América tropical, Asia y Africa; 2 especies se encuentran en Nicaragua.

C. Kobuski. A revision of the genus *Priva*. Ann. Missouri Bot. Gard. 13: 1–34. 1926; H. Moldenke. A monograph of the genus *Priva*. Repert. Spec. Nov. Regni Veg. 41: 1–76. 1936; H. Moldenke. Additional notes on the genus *Priva* II. Phytologia 5: 61–80, III. 5: 105–111. 1954, IV. 14: 336–357, V. 14: 394–398. 1967, VI. 43: 324–334, VIII. 44: 92–110. 1979, IX. 49: 58–64, X. 49: 159–161. 1981.

1. Cáliz fructífero cubriendo estrechamente al fruto; cada mericarpo rugoso-reticulado en su superficie dorsal; parte de la corola exerta del cáliz densamente pubescente en el exterior; estilo 5 mm de largo, ligeramente exerto; creciendo sobre 1000 m .... **P. aspera**
1. Cáliz fructífero inflado; cada mericarpo equinado con 2 hileras paralelas longitudinales de espinas cortas y gruesas en la superficie dorsal; superficie exterior de la corola glabra; estilo ca 1 mm de largo, incluido; creciendo bajo 1000 m .... **P. lappulacea**

Priva aspera Kunth in Humb., Bonpl. & Kunth, Nov. Gen. Sp. 2: 278. 1818.

Hasta 2 m de alto, tallos jóvenes con tricomas uncinados, numerosos a escasos. Hojas ovadas o lanceoladas, 5–13.5 cm de largo y 2.5–6 cm de ancho, ápice agudo o acuminado, base decurrente, envés piloso con tricomas rectos o ligeramente uncinados. Inflorescencia 25–30 cm de largo, pedicelo 0.5–1 mm de largo; cáliz 3–4 mm de largo, con 5 dientes desiguales claramente definidos, puberulentos con tricomas uncinados pequeños y finos, y pocos tricomas más largos y rectos, menos densos en la base y en el ápice; corola blanca, rosada o morada, tubo 6–8 mm de largo. Cáliz fructífero estrechamente cubriendo al fruto, subgloboso con dientes retenidos en un rostro inconspicuo corto, 3.2–4.5 mm de diámetro; fruto subgloboso-cordado, 3–4 mm de diámetro; mericarpos libres en el ápice, superficie dorsal rugoso-reticulada.

Rara, en claros, zona norcentral; 1200–1700 m; fl y fr todo el año; *Moreno 11345, Sandino 1037*; México a Costa Rica. *P. mexicana* (L.) Pers., de México, Guatemala y El Salvador, tiene el fruto bastante parecido al de *P. aspera*, pero el cáliz fructífero es 1.5–2 mm de largo y está densamente cubierto de tricomas híspido-uncinados.

Priva lappulacea (L.) Pers., Syn. Pl. 2: 139. 1806; *Verbena lappulacea* L.; *P. lappulacea* f. *albiflora* Moldenke.

Menos de 1 m de alto, tallos jóvenes con tricomas rectos y uncinados, dispersos a escasos. Hojas ovadas, lanceoladas o deltoides, 3–12 cm de largo y 1.5–6.5 cm de ancho, ápice agudo o acuminado, base decurrente, envés con tricomas uncinados cortos, escasos o dispersos, a veces mezclados con tricomas rectos largos. Inflorescencia 5–15 cm de largo, pedicelo 0.5–1 mm de largo; cáliz 2.5–3 mm de largo, truncado o levemente 5-dentado, densamente hírtulo con tricomas uncinados de tamaño mediano y finos y tricomas rectos largos, más densamente en la base; corola blanca, morado pálida, morada, azul o rosado pálida, tubo 3–5.5 mm de largo. Cáliz fructífero inflado, urceolado con cortos dientes retenidos, 4–6 mm de largo y 2–5 mm de ancho; fruto oblanceolado, 3–5 mm de largo y 2–3 mm de ancho, mericarpos fusionados en toda su longitud, superficie dorsal equinada con 2 hileras paralelas y longitudinales de espinas cortas y gruesas.

Común, en áreas alteradas, en todo el país; 0–900 m; fl y fr todo el año; *Moreno 10742, Stevens 2798*; sur de los Estados Unidos a Bolivia y en las Antillas. "Mozote".

REHDERA Moldenke

Por Amy Pool

Rehdera trinervis (S.F. Blake) Moldenke, Repert. Spec. Nov. Regni Veg. 39: 52. 1935; *Citharexylum trinerve* S.F. Blake; *C. macrocarpum* Standl.; *R. mollicella* Standl. ex Moldenke; *R. trinervis* f. *mollicella* (Standl. ex Moldenke) Moldenke.

Arboles o arbustos 3–12 m de alto. Hojas opuestas, simples, obovadas (orbiculares u oblanceoladas), 4–10 cm de largo y 2.8–6.5 cm de ancho, ápice redondeado o redondeado con una cúspide corta, base aguda (redondeada o cuneada), margen entero, haz glabra, envés generalmente con tricomas a lo largo de la base del nervio principal y en las axilas inferiores, a veces cortamente puberulentas, raramente glabras; pecíolo 0.5–2 cm de largo. Inflorescencia racimo espigado, 1.5–4 cm de largo, axilar, bráicteas incons-

picuas; cáliz tubular con carinas prominentes, tubo (3–) 5 mm de largo, dientes 5, ca 0.5 mm de largo; corola hipocrateriforme, regular, blanca, tubo totalmente incluido o sólo ligeramente exerto del cáliz, 4–5 mm de largo, 5-lobada, lobos subiguales de 3.5–5 mm de largo; estambres 4, incluidos; estilo corto, incluido, estigma capitado (no obviamente 2-lobado). Cáliz fructífero cupuliforme, 3–5 mm de largo y 4–5 mm de ancho, caduco; fruto un esquizocarpo seco de 2 mericarpos, comprimido, angostamente oblanceolado, 1–1.8 cm de largo, verde matizado con morado; semillas 2 por mericarpo.

Común, áreas alteradas, zonas pacífica y norcentral; 60–850 m; fl abr–sep, fr jul–dic; *Araquistain 2953, Moreno 21512*; México a Costa Rica. Género con 2 especies. La otra especie, *R. penninervia*

Standl. ex Moldenke, tiene hojas angostamente elípticas con ápice largamente acuminado, y se encuentra
en México, Belice y Guatemala. "Chicharrón
blanco".

H. Moldenke. A monograph of the genus
Rehdera. Repert. Spec. Nov. Regni Veg. 39: 47–55.
1935.

STACHYTARPHETA Vahl

Por Amy Pool

Hierbas anuales o perennes o arbustos bajos. Hojas casi siempre opuestas (o alternas), simples, largamente
decurrentes en el pecíolo, dentadas. Inflorescencia en espigas terminales, flores sésiles y/o parcialmente
inmersas en el raquis, cada una en la axila de una bráctea pequeña; cáliz tubular, ápice 2-lobado (o diminuta e
inconspicuamente 5-dentado) o con 4 dientes (o con 1 diente adicional muy diminuto e inconspicuo), dientes
pequeños y desiguales; corola hipocrateriforme, casi regular, 5-lobada, lobos subiguales, blanca, azul, morada
o roja; estambres 2 (y 2 estaminodios), incluidos; estilo alargado, incluido, estigma terminal, subcapitado.
Fruto esquizocarpo seco, oblongo-linear, incluido en el cáliz fructífero, separándose al madurar en 2
mericarpos duros, cada mericarpo con una semilla.

Un género con ca 140 especies distribuidas en América tropical y subtropical y unas pocas (mayormente
naturalizadas) en Asia, Africa y Oceanía tropical; 5 especies conocidas de Nicaragua. *Stachytarpheta mutabilis*
(Jacq.) Vahl es algunas veces cultivada en la parte noroeste del país; es un arbusto pubescente el cual difiere de
las especies nativas por tener las hojas densamente canescente-tomentosas o velloso-velutinas en el envés y las
flores grandes y rojas (*Rueda 3716*).

A.A. Munir. A taxonomic revision of the genus *Stachytarpheta* Vahl (Verbenaceae) in Australia. J.
Adelaide Bot. Gard. 14: 133–168. 1992.

1. Hojas lineares, 10 o más veces más largas que anchas (incluyendo el pecíolo) .... **S. angustifolia**
1. Hojas oblanceoladas o espatuladas, menos de 10 veces más largas que anchas
   2. Hojas con numerosos tricomas dispersos en ambas superficies; raquis velloso o puberulento .... **S. frantzii**
   2. Hojas glabras o la haz con pocos tricomas dispersos y el envés con tricomas sólo en los nervios; raquis
      generalmente glabro
      3. Inflorescencia hasta 2 mm de ancho, bráctea hasta 1 mm de ancho .... **S. cayennensis**
      3. Inflorescencia 3–5 mm de ancho, bráctea 1.5–2.5 mm de ancho
         4. Cáliz 2-lobado, sin dientes observables; tallos en general abultados y suculentos, generalmente en
            zonzocuital cerca de lagos .... **S. calderonii**
         4. Cáliz con 4 dientes agudos observables; tallos raramente abultados, generalmente costera
         .... **S. jamaicensis**

Stachytarpheta angustifolia (Mill.) Vahl, Enum. Pl.
    1: 205. 1804; *Verbena angustifolia* Mill.

Hierbas erectas de menos de 1 m de alto, tallos
glabros excepto en los nudos. Hojas lineares, 7.5–11
cm de largo (incluyendo al pecíolo) y 0.5–1.2 cm de
ancho, ápice y base atenuados, margen distalmente
serrado, haz glabra o con pocos tricomas dispersos,
envés con tricomas en los nervios. Inflorescencia 12–
40 cm de largo y 3–5 mm de ancho, glabra, brácteas
ovadas, 5–7 mm de largo y 1.5–2 mm de ancho, aristadas; cáliz 5–7 mm de largo, 2-lobado sin dientes
observables; corola azul o morada. Fruto 4 mm de
largo.

Conocida de Nicaragua sólo por una colección
(*Miller 1358*) de aguas quietas, Río San Juan; 40 m;
fl y fr probablemente todo el año; México a Costa
Rica, norte de Sudamérica y en las Antillas.

Stachytarpheta calderonii Moldenke, Phytologia 1:
    455. 1940.

Hierbas erectas de hasta 1 m de alto, frecuentemente suculentas con tallos abultados, tallos generalmente glabros o con tricomas en los nudos, tallos
jóvenes a veces con tricomas dispersos. Hojas oblanceoladas, 4.5–10 (–12) cm de largo (incluyendo al
pecíolo) y (0.7–) 1–3 cm de ancho, ápice agudo o
agudo-redondeado, base atenuada, margen serrado,
glabras o en general la haz con pocos tricomas dispersos y el envés con tricomas restringidos a los
nervios. Inflorescencia 9–40 cm de largo y 3–5 mm
de ancho, glabra, brácteas lanceoladas u ovadas, 6–8
mm de largo y 1.5–2.5 mm de ancho, ápice acuminado o aristado; cáliz 6–8 (–9) mm de largo, 2-lobado
sin dientes observables; corola azul, lila o morada.
Fruto 4 mm de largo.

Común, en zonzocuitales alrededor de los lagos, zonas pacífica y norcentral; 30–500 (–900) m; fl ago–ene, fr ago–oct; *Nee 27667, Stevens 14660*; El Salvador a Costa Rica.

Stachytarpheta cayennensis (Rich.) Vahl, Enum. Pl. 1: 208. 1804; *Verbena cayennensis* Rich.; *S. guatemalensis* Moldenke; *S. tabascana* Moldenke; *S. guatemalensis* f. *albiflora* Moldenke.

Arbustos pequeños de hasta 2 m de alto, glabros o apenas puberulentos. Hojas oblanceoladas a oblongo-oblanceoladas, 8.5–10 cm de largo (incluyendo al pecíolo) y 2–3.2 cm de ancho, ápice agudo, base atenuada, margen serrado, glabras o el envés con pocos tricomas restringidos a los nervios. Inflorescencia 15–40 cm de largo y 1.5–2 mm de ancho, glabra, brácteas lanceoladas, 4–5 mm de largo y 0.5–1 mm de ancho, ápice aristado; cáliz 5.5–6 mm de largo, ápice con 4 dientes puntiagudos observables; corola morada. Fruto 4 mm de largo.

Poco común, en áreas alteradas, noroeste de Zelaya; 90–320 m; fl y fr abr–jun; *Neill 4152, Stevens 8102*; México a Sudamérica y en las Antillas, introducida y naturalizada en regiones tropicales del Viejo Mundo. Las plantas de Belice y de las Antillas a veces tienen tallos e inflorescencias más pubescentes. Algunos especímenes de Centroamérica tienen cáliz de hasta 7 mm de largo. Las corolas pueden ser blancas o rosadas.

Stachytarpheta frantzii Pol., Linnaea 41: 593. 1877; *S. frantzii* var. *patentiflora* Moldenke; *S. guatemalensis* var. *lundelliana* Moldenke; *S. robinsoniana* Moldenke; *S. mutabilis* var. *maxonii* Moldenke.

Hierbas o arbustos de hasta 1.5 m de alto, tallos pubescentes con tricomas largos no adpresos, glabrescentes con el tiempo. Hojas oblanceoladas a espatuladas, 3–13 cm de largo (incluyendo al pecíolo) y 1.5–6.5 cm de ancho, ápice agudo o agudo-redondeado, base atenuada, margen serrado, con numerosos tricomas dispersos en ambas superficies. Inflorescencia 15–60 cm de largo y 2–4 (–6) mm de ancho, vellosa a puberulenta, brácteas lanceoladas, 4–7 (–9) mm de largo y 1–2.5 mm de ancho, ápice acuminado o aristado; cáliz (6.5–) 7–9 (–11) mm de largo, ápice con 4 dientes agudos observables; corola morada, azul, lila, rosada, blanca o amarilla. Fruto 4–5 mm de largo.

Común, en áreas alteradas, en todas las zonas del país; 40–1400 m; fl y fr abr–ene; *Moreno 5039, Sandino 1578*; México a Costa Rica. Algunos ejemplares (particularmente de los Volcanes Mombacho, Maderas y Concepción) se aproximan a *S. mutabilis* var. *violacea* Moldenke, la cual difiere en tener las inflorescencias de 4–7 mm de ancho, brácteas 9–12 mm de largo y cáliz de 11.5–13 mm de largo.

Stachytarpheta jamaicensis (L.) Vahl, Enum. Pl. 1: 206. 1804; *Verbena jamaicensis* L.; *S. jamaicensis* f. *albiflora* Standl.; *S. jamaicensis* f. *atrocoerulea* Moldenke; *S. friedrichsthalii* Hayek.

Hierbas o arbustos bajos, menos de 1 m de alto, tallos glabros o con pocos tricomas dispersos, más concentrados en los nudos. Hojas oblanceoladas o espatuladas, 4–14.5 cm de largo (incluyendo al pecíolo) y 1–6 cm de ancho, ápice agudo-redondeado, base atenuada, margen serrado, glabras o la haz con pocos tricomas dispersos y el envés con tricomas restringidos a los nervios. Inflorescencia 10–45 cm de largo y 3–4.5 mm de ancho, glabra, brácteas lanceoladas u ovadas, 4.5–7 (–8) mm de largo y 1.5–2.5 mm de ancho, ápice acuminado o aristado; cáliz 6–8.5 mm de largo, ápice con 4 dientes agudos observables; corola morada o azul (raramente blanca). Fruto 4–5 mm de largo.

Común, a lo largo de las costas, zonas pacífica y atlántica; 0–200 m; fl y fr durante todo el año; *Araquistain 3296, Stevens 10676*; México al norte de Sudamérica y en las Antillas, introducida y naturalizada en regiones tropicales del Viejo Mundo.

TAMONEA Aubl.; *Ghinia* Schreb.

Por Amy Pool

Tamonea spicata Aubl., Hist. Pl. Guiane 660, t. 268. 1775; *Ghinia spicata* (Aubl.) Moldenke.

Hierbas perennes de ca 0.5 m de alto. Hojas opuestas, simples, ovadas a lanceoladas, 0.9–2.7 cm de largo y 0.6–1.8 cm de ancho, ápice redondeado-agudo, base truncada (subtruncada), margen crenado a serrado, abundante a densamente estrigosas. Inflorescencia racimo espigado, 4–10 cm de largo, axilar, con flores bien espaciadas y brácteas inconspicuas; cáliz tubular (tornándose campanulado-patente en el fruto), 2.5–3 mm de largo, 5-plegado, 5-dentado, los dientes aristados e iguales, 0.5 mm de largo; corola hipocrateriforme, azul o morada, tubo 3.5–4 mm de largo, 2-labiada, 5-lobada, los lobos ca 1 mm de largo; estambres 4, incluidos; estilo incluido, estigma oblongo. Fruto drupáceo,

3.5–4 mm de largo y 2–3 mm de ancho, base ligeramente encerrada por el cáliz, ápice con 4 protuberancias leves (pero sin espinas), negro lustroso y jugoso; semillas 4.

Poco común, en sabanas de pinos, norte de la zona atlántica; 5–50 (200) m; fl y fr durante todo el año; *Pipoly 4068, 4124*; Belice a Brasil. Planta medicinal para dolores menstruales y estomacales. Un género con 4 ó 5 especies de América tropical.

H. Moldenke. Notes on the genus *Ghinia* (Verbenaceae). Phytologia 47: 404–419. 1981; H. Moldenke. Additional notes on the genus *Ghinia*. I. Phytologia 47: 447–461, II. 48: 111–116. 1981.

TECTONA L. f.; *Theka* Adans.

Por Amy Pool

Tectona grandis L. f., Suppl. Pl. 151. 1782.

Arboles hasta 15 m de alto, ramas agudamente cuadrangulares, tomentosas con diminutos tricomas estrellados adpresos a glabrescentes. Hojas opuestas, simples, ovadas, lanceoladas u obovadas, 22–39 cm de largo y 12–22 cm de ancho, ápice agudo, base obtusa, y luego decurrente sobre el pecíolo, margen entero, haz glabrescente, envés densamente tomentoso con diminutos tricomas estrellados adpresos, dándole un tono blancuzco; pecíolo 3–5 cm de largo. Inflorescencia muy grande de panículas multiramificadas, axilares y terminales, densamente tomentosas con diminutos tricomas estrellados adpresos, brácteas inconspicuas; cáliz campanulado, 2–3.5 mm de largo, 5 ó 6-lobado, los lobos ca 1.5–2 mm de largo; corola campanulada, regular, blanca, tubo 1.5–2 mm de largo, lobos 5–8, subiguales, 1.5–2 mm de largo; estambres 6–8, exertos; estilo exerto, estigma diminuto, marcadamente 2-lobado. Cáliz fructífero acrescente, piriforme, inflado, papiráceo, totalmente envolviendo al fruto, 20–30 mm de largo y 20–25 mm de ancho, verde; fruto subgloboso, drupáceo, 20 mm de diámetro, densamente lanado; semillas 4.

Cultivada por la madera, posiblemente escapada; 120–300 m; fl ago, sep, fr sep, abr; *Araquistain 36, Stevens 10372*; nativa del sudeste de Asia; ampliamente cultivada en áreas tropicales. Género con ca 5 especies del sudeste de Asia. "Teca".

H. Moldenke. A monograph of the genus *Tectona* as it occurs in America and in cultivation. Phytologia 1: 154–164. 1935.

VERBENA L.

Por Amy Pool

Hierbas, a veces leñosas en la base. Hojas opuestas, raramente verticiladas, simples, dentadas, lobadas o incisas (raramente enteras). Inflorescencia espigada, terminal o terminal y axilar, espigas solitarias, paniculadas o cimosas, flores de varios colores, brácteas inconspicuas; cáliz generalmente tubular, 5-dentado (subtruncado), dientes desiguales; corola hipocrateriforme, ligeramente 2-labiada, 5-lobada; estambres 4, incluidos; estilo incluido, estigma con 2 lobos desiguales. Fruto un esquizocarpo, encerrado por el cáliz persistente y separándose en la madurez en 4 mericarpos, cada uno con 1 semilla.

Género con ca 100 especies, casi todas del Nuevo Mundo; 2 especies se encuentran en Nicaragua. Otras 2 especies se encuentran en Centroamérica, una de las cuales podría ser encontrada en Nicaragua. *V. rigida* Spreng., nativa de Brasil y Argentina, pero naturalizada en México y Costa Rica, tiene las hojas serradas, subcordadas y amplexicaules y flores más grandes con el tubo de la corola ca 10 mm de largo y brácteas más largas que el cáliz. Dos especies de *Glandularia*, un género cercanamente emparentado, son cultivadas en Nicaragua como plantas ornamentales. Ambas tienen hojas pinnatífidas y flores grandes y vistosas con el tubo de la corola 9–18 mm de largo; *G. tenuisecta* (Briq.) Small, nativa de Sudamérica, tiene hojas más marcadamente pinnatífidas, el punto más ancho de la lámina no es más ancho que el pecíolo (hasta 1 mm), el cáliz es consistentemente estrigoso con algunas glándulas peltadas sésiles y las costas no diferenciadas (*Garnier 615, Guzmán 22*); *G. bipinnatifida* (Nutt.) Nutt., nativa del suroeste de los Estados Unidos y México, tiene las hojas mucho más anchas que los pecíolos (4–7 mm) y el cáliz consistentemente estrigoso con algunos tricomas glandulares y costas prominentes (*Araquistain 43, Ruiz 13*). *Verbena andrieuxii* Schauer, citada por Moldenke para Nicaragua, es aquí tratada como un sinónimo de *G. bipinnatifida*. Uno de los especímenes examinados, *Guzmán 1784*, tal vez es un híbrido de *G. bipinnatifida*.

L. Perry. A revision of the North American species of *Verbena*. Ann. Missouri Bot. Gard. 20: 239–362. 1933; H. Moldenke. Materials towards a monograph of the genus *Verbena*. I. Phytologia 8: 95–104, II. 8: 108–152. 1961, III. 8: 175–216, IV. 8: 230–272, V. 8: 274–323, VI. 8: 371–384, VII. 8: 395–453. 1962, VIII. 8: 460–496, IX. 9: 8–54, X. 9: 59–97, XI. 9: 113–181, XII. 9: 189–238, XIII. 9: 267–336. 1963, XIV. 9: 351–407, XV. 9: 459–480, XVI. 9: 501–505, XVII. 10: 56–88, XVIII. 10: 89–161, XIX. 10: 173–236, XX. 10: 271–319, XXI. 10: 406–416, XXII. 10: 490–504, XXIII. 11: 1–68, XXIV. 11: 80–142, XXV. 11: 155–213. 1964, XXVI. 11: 219–287, XXVII. 11: 290–357, XXVIII. 11: 400–422. 1965; N. Troncoso. Dilucidación de las especies platenses de *Glandularia* (Verbenáceas) de hojas disectas. Darwiniana 13: 468–485. 1964; R. Umber. The genus *Glandularia* (Verbenaceae) in North America. Syst. Bot. 4: 72–102. 1979.

1. Tallos hirsutos, teretes; envés de las hojas hirsuto (por lo menos en los nervios); flores separadas en el raquis en la antesis, brácteas ca 1/2 de la longitud del cáliz, cáliz estrigoso sólo en las costas, costas prominentes, corola generalmente blanca (morada o azul pálida) .... **V. carolina**
1. Tallos glabros (rara vez menudamente estrigosos cuando jóvenes), cuadrangulares; envés de las hojas estrigoso (por lo menos en los nervios); flores traslapadas en la antesis, brácteas iguales o sólo ligeramente más cortas que el cáliz, cáliz completa y menudamente estrigoso, costas no prominentes, corola generalmente morada o azul .... **V. litoralis**

Verbena carolina L., Syst. Nat., ed. 10, 852. 1759.

Tallos teretes en general densamente hirsutos (por lo menos cuando jóvenes). Hojas lanceoladas, elípticas (oblanceoladas), 2–7 cm de largo y 0.7–3 cm de ancho, ápice agudo, obtuso o redondeado, base decurrente, margen crenado en los (1/2–) 2/3 apicales, haz estrigosa, envés hirsuto por lo menos en los nervios. Espigas 2.7–9 cm de largo, flores traslapadas en yema pero separadas en la antesis, brácteas 1.2–1.5 mm de largo; cáliz 2–3 mm de largo, costas prominentes extendiéndose hasta formar dientes mucronados, tricomas estrigosos limitados a las costas; corola blanca (morado pálida o azul pálida), tubo 2–3 mm de largo, limbo 0.5–1 mm de largo. Infructescencia alargándose hasta 20 cm, fruto bien separado; mericarpos triquetros, 1.5 mm de largo.

Maleza poco frecuente en pastizales y orillas de caminos, zona norcentral; 1100–1600 m; fl y fr may-dic; *Moreno 2965, 16874*; suroeste de los Estados Unidos a Nicaragua.

Verbena litoralis Kunth in Humb., Bonpl. & Kunth, Nov. Gen. Sp. 2: t. 137. 1817.

Tallos cuadrangulares, generalmente glabros (rara vez menudamente estrigosos cuando jóvenes). Hojas espatulado-oblanceoladas u oblongas, 3–11.5 cm de largo y 0.5–2.5 cm de ancho, ápice agudo u obtuso (acuminado), base decurrente, margen entero a serrado en la 1/2 apical, haz estrigosa, envés estrigoso por lo menos en los nervios. Espigas 1.5–6 cm de largo, flores traslapadas en la antesis, brácteas 1.7–2 mm de largo; cáliz 2–3 mm de largo con costas no prominentes y dientes diminutos, menudamente estrigosos, tricomas no limitados a las costas; corola morada o azul, tubo 3–4 mm de largo, limbo 0.5–1 mm de largo. Infructescencia alargándose hasta 23 cm, fruto bien separado; mericarpos triquetros, 1.5–1.7 mm de largo.

Maleza abundante, en las orillas de los caminos y otras áreas abiertas, zonas pacífica y norcentral; 600–1700 m; fl y fr abr–ene; *Guzmán 772, Stevens 10765*; sur de Estados Unidos a Sudamérica, introducida en Hawai y Australia. La infructescencia es frecuentemente parasitada y entonces el cáliz fructífero se agranda y los tricomas son largos.

VITEX L.

Por Amy Pool

Arboles o arbustos, a veces bejucos. Hojas opuestas, palmaticompuestas, (1–) 3–7 folíolos, enteras (en Nicaragua) o dentadas, raramente lobadas. Inflorescencias cimosas, axilares y/o terminales, solitarias o arregladas en panículas, brácteas inconspicuas; cáliz cupuliforme a tubular (en el fruto acrescente, pateliforme o levemente cupuliforme), 5-dentado, raramente 3 ó 6 dentado o subtruncado; corola infundibuliforme, zigomorfa, 4 ó 5-lobada, generalmente 2-labiada, el labio superior 2-lobado y el labio inferior 3-lobado; estambres 4, exertos; estigma corto, bífido. Fruto drupáceo, 4-locular.

Género con ca 250 especies, mayormente en áreas tropicales y subtropicales, unas pocas nativas de regiones templadas de Europa y Asia; ampliamente cultivada y naturalizada; 3 especies se conocen de Nicaragua.

H. Moldenke. Materials toward a monograph of the genus *Vitex*. I. Phytologia 5: 142–176, II. 5: 186–224, III. 5: 257–280, IV. 5: 293–336. 1955, V. 5: 343–393, VI. 5: 404–464. 1956, VII. 5: 465–507, VIII. 6: 13–64, IX. 6: 70–128. 1957, X. 6: 129–192, XI. 6: 197–231. 1958.

1. Hojas generalmente 3-foliadas, cartáceas; inflorescencia cimosa 3–4 veces dicotómicamente ramificada; cáliz cupuliforme, subtruncado .... **V. cooperi**
1. Hojas generalmente 5-foliadas, membranáceas; inflorescencia paniculada; cáliz campanulado con 5 dientes conspicuos
   2. Envés de las hojas, pecíolos y ramas jóvenes densamente tomentosos; cáliz generalmente 1–2 mm de largo, dientes generalmente menos de 1 mm de largo, ampliamente triangulares, no reflexos en la flor; fruto verdoso, 1–1.5 cm de diámetro .... **V. gaumeri**
   2. Envés de las hojas, pecíolos y ramas jóvenes puberulentos, glabrescentes o glabros; cáliz 2–5 mm de largo, dientes 1–2 mm de largo, lineares, reflexos; fruto amarillo o café-verdoso, ca 2 cm de diámetro... **V. kuylenii**

Vitex cooperi Standl., Publ. Field Columbian Mus., Bot. Ser. 4: 256. 1929.

Arboles 10–12 (40) m de alto, ramas menudamente pubescentes o glabrescentes. Hojas 3 (5)-foliadas, pecíolos 2.5–7.5 cm de largo y ca 1 mm de ancho, cortamente puberulentos y con tricomas largos en el punto de inserción con los peciólulos; folíolos obovados a elípticos, folíolos centrales 11–17 cm de largo y 5–8.5 cm de ancho, ápice cortamente cuspidado (raramente redondeado), envés dispersa y cortamente puberulento o glabrescente, cartáceos. Inflorescencia axilar, flores laxamente arregladas en cimas 3 ó 4 veces dicotómicamente ramificadas, 7–14 cm de largo y 5–8.5 cm de ancho, pedúnculo 6.5–9 cm de largo, puberulento; cáliz cupuliforme, 1–2 mm de largo, ápice subtruncado con 5 puntas, puberulento; corola 1 cm de largo, lila o azul. Fruto oblongo (globoso), 1–1.2 cm de largo y 0.6–1 cm de ancho, lustroso en especímenes secos, verde o rojo-verde cuando fresco; cáliz entero, 4–8 mm de diámetro, reflexo.

Poco común, bosques tropicales muy húmedos, bosques de galería, zona atlántica; (12) 160–180 m; fl jul, fr ago; *Araquistain 3064, Sandino 4521*; Guatemala a Panamá. "Bimbayán".

Vitex gaumeri Greenm., Publ. Field Columbian Mus., Bot. Ser. 2: 260. 1907.

Arboles 5–20 m de alto, ramas tomentosas a glabrescentes. Hojas (3–) 5-foliadas, pecíolos 8–18.5 cm de largo y 1.5–3 mm de ancho, tomentosos; folíolos elípticos a oblongos, folíolos centrales (7–) 15–20 (–28) cm de largo y (3.5–) 5–10 cm de ancho, ápice generalmente acuminado, envés densamente tomentoso, membranáceos. Inflorescencia una panícula axilar, 11–22 cm de largo y 6.5–14.5 cm de ancho, pedúnculo 4.5–11 cm de largo, tomentoso; cáliz campanulado, 1–2 (–3) mm de largo con dientes ampliamente triangulares y conspicuos pero diminutos, 0.5–1 mm de largo y no reflexos en la flor, tomentosos; corola 0.7–1.2 cm de largo, azul o azul-morado o a veces con una mancha blanca en la garganta. Fruto globoso u obovoide, 1–1.5 cm de diámetro, opaco en especímenes secos, verde o verde con morado cuando fresco, cáliz lobado, 6–11 mm de diámetro, reflexo.

Común, en bosques de galería, bosques secos, sabanas y bordes de caminos, zona norcentral; 300–1000 m; fl jun y jul, fr jun–dic; *Nee 27998, Stevens 22283*; México a Nicaragua. "Balona".

Vitex kuylenii Standl., Trop. Woods 8: 6. 1926.

Arbustos o árboles 3–9 m de alto, ramas puberulentas a glabrescentes. Hojas 5-foliadas, pecíolo 3.5–6.5 cm de largo y 1.5–2 mm de ancho, puberulento; folíolos elípticos a angostamente elípticos (oblongos), folíolos centrales 11.5–18 cm de largo y 5–6 cm de ancho, ápice acuminado (redondeado o agudo), glabros, membranáceos. Inflorescencia una panícula axilar, 12–18 cm de largo y 2.5–4 cm de ancho, pedúnculo 5.5–8.5 cm de largo, puberulento o glabro; cáliz campanulado, 2–5 mm de largo con dientes lineares largos, 1–2 mm de largo y reflexos, cortamente tomentoso a puberulento; corola 1.3–1.5 cm de largo, violeta. Fruto subgloboso, ca 2 cm diámetro, opaco en ejemplares secos, amarillo, verde-café cuando fresco; cáliz lobado, 5 mm de diámetro, reflexo.

Poco común, manglares, sabanas húmedas de pinos, zona atlántica; 0–20 m; fl feb y jun, fr jun, jul; *Neill 4581, Vincelli 545*; México a Nicaragua. Muy similar a *V. hemsleyi* Briq. de México y Guatemala pero se distingue por tener los lobos del cáliz ampliamente triangulares y no reflexos. Moldenke sugiere que *V. kuylenii* podría ser simplemente una variante de *V. hemsleyi*.

VIOLACEAE Batsch

Carol A. Todzia

Hierbas, arbustos, árboles, o raramente bejucos; plantas hermafroditas o a veces monoicas. Hojas alternas u ocasionalmente opuestas, simples, enteras a serradas, raramente lobadas; estípulas presentes. Flores en racimos, cimas, capítulos o panículas, o frecuentemente solitarias y axilares, hipóginas, actinomorfas o zigomorfas, bibracteoladas; sépalos 5, libres o casi así, imbricados, generalmente persistentes; pétalos 5, imbricados o convolutos, a veces el pétalo más inferior se prolonga formando un espolón; estambres 5, filamentos muy cortos, libres o más o menos connados; conectivo frecuentemente prolongado formando un apéndice membranáceo; ovario unilocular, con (2–) 3 (–5) carpelos unidos, estilo solitario, estigma simple o lobado. Fruto una cápsula loculicida o a veces una baya; semillas ariladas o no.

Familia cosmopolita con 16 géneros y ca 800 especies; 4 géneros y 13 especies se encuentran en Nicaragua y 1 género y 2 especies adicionales se esperan encontrar. Otros 4 géneros se encuentran en Centroamérica: *Amphirrox, Leonia* y *Paypayrola*, cada uno con 1 especie en Panamá, y *Viola* con ca 18 especies en las montañas centroamericanas.

Fl. Guat. 24(7): 70–82. 1961; Fl. Pan. 54: 65–84. 1967.

1. Flores actinomorfas; pétalos más o menos iguales, no espolonados en la base
    2. Frutos abayados; hojas alternas; inflorescencias en cimas axilares, ca 1 cm de largo; rara .... **Gloeospermum**
    2. Frutos capsulares; hojas opuestas; inflorescencias racemosas, raramente cimosas, generalmente más de 4 cm de largo; común .... **Rinorea**
1. Flores zigomorfas; pétalos desiguales, el inferior diferente de los otros, frecuentemente espolonado en la base
    3. Escandentes o arbustos erectos; pétalo inferior con un largo espolón basal, más largo que la lámina del pétalo; cápsula más de 4 cm de largo .... **Corynostylis**
    3. Hierbas, arbustos o árboles; pétalo inferior no espolonado, a veces cortamente sacciforme, pero nunca más largo que la lámina del pétalo; cápsula menos de 4 cm de largo
        4. Pétalo inferior conspicuamente unguiculado; flores solitarias en las axilas de las hojas; hierbas o arbustos .... **Hybanthus**
        4. Pétalo inferior subsésil; flores en cimas grandes, largamente pedunculadas, subumbeladas, agrupadas cerca de los extremos de las ramas; árboles .... **Orthion**

CORYNOSTYLIS Mart.

Corynostylis arborea (L.) S.F. Blake, Contr. U.S. Natl. Herb. 23: 837. 1923; *Viola arborea* L.

Trepadoras leñosas. Hojas alternas, elípticas, 6–11 cm de largo y 1.5–5 cm de ancho, cortamente acuminadas en el ápice, ampliamente cuneadas en la base, crenuladas o casi enteras; pecíolos cortos. Flores grandes, zigomorfas, axilares, solitarias, pero agrupadas hacia el ápice de las ramitas o en racimos terminales o laterales, blancas, pedicelos 10–60 mm de largo, articulados, filiformes, 2-bracteolados; sépalos ampliamente ovados, ca 3 mm de largo, menudamente ciliolados; pétalos muy desiguales, pétalo inferior largamente espolonado, espolón cilín-drico, 1.5–3 cm de largo; filamentos muy cortos, los 2 ó 4 inferiores dorsalmente espolonados, con apéndices membranáceos en el ápice. Cápsula ovoide, ca 5 cm de largo y ca 3.5 cm de ancho, 3-valvada, leñosa; semillas numerosas, comprimidas, irregulares en forma, ca 1 cm de diámetro.

Rara, bosques húmedos y a lo largo de caños o pantanos, zona atlántica; 0–45 m; fl abr–sep, fr jul; *Sandino 3137, Stevens 8200*; sur de México a Panamá, Surinam, Venezuela, Colombia, Ecuador y Perú. El género tiene 3 especies adicionales en Sudamérica.

GLOEOSPERMUM Triana & Planch.

Gloeospermum boreale C.V. Morton, Field Mus. Nat. Hist., Bot. Ser. 9: 309. 1940.

Arbustos glabros o árboles pequeños, 3–5 m de alto. Hojas alternas, elípticas, 8–20 cm de largo y 3–9 cm de ancho, acuminadas en el ápice, redondeadas a ampliamente cuneadas en la base, remotamente serradas, cartáceas; pecíolos cortos, estípulas 1–1.5 cm de largo, deciduas. Inflorescencias axilares, generalmente cimas simples de ca 1 cm de largo, a veces bifurcadas en pedúnculos cortos, flores actinomorfas, pedicelos ca 6 mm de largo; sépalos desiguales en tamaño, ca 1 mm de largo, verdes; pétalos iguales, ca 6.5 mm de largo; estambres con filamentos connados formando un tubo en la base, con apéndices del conectivo membranáceos, ca 1 mm de largo. Frutos abayados, indehiscentes, piriformes, ca 1.5 cm de diámetro; semillas pocas.

Al momento no se conoce de Nicaragua, pero se espera encontrar ya que ha sido colectada en el noreste de Costa Rica; Honduras a Costa Rica. Un género con ca 18 especies neotropicales; 6 especies adicionales se conocen en Costa Rica y Panamá.

HYBANTHUS Jacq.

Hierbas, arbustos o a veces árboles pequeños. Hojas alternas o raramente opuestas, generalmente crenadas o serradas, a veces enteras; pecioladas o sésiles, estípulas caducas o persistentes. Flores mayormente pequeñas e inconspicuas en nuestras especies, solitarias o fasciculadas, axilares, zigomorfas, pedicelos articulados; sépalos libres, subiguales, sin aurículas basales persistentes; pétalos desiguales, pétalo inferior ligera o pronunciadamente más grande que los otros, unguiculado, la uña gibosa o sacciforme en la base; anteras subsésiles o en filamentos distintos, libres o connados, el conectivo produciendo un apéndice membranáceo; estilo recurvado-claviforme en el ápice, estigma terminal. Cápsula elásticamente 3-valvada; semillas ovoides a globosas.

Género con 150 especies de los trópicos del Nuevo y Viejo Mundo, pero más abundante en Centro y Sudamérica; 6 especies se encuentran en Nicaragua y 1 más se espera encontrar; 8 especies adicionales se conocen en Centroamérica.

H.E. Ballard, M.A. Wetter y N. Zamora. Two new species of *Hybanthus* (Violaceae) from Central America and a regional key for the genus. Novon 7: 221–226. 1997.

1. Hojas opuestas a lo largo de todo el tallo, 5 veces más largas que anchas .... **H. oppositifolius**
1. Hojas alternas (excepto en *H. attenuatus*, donde las hojas inferiores son opuestas), menos de 4 veces más largas que anchas
   2. Arbustos o árboles pequeños; hojas y flores frecuentemente agrupadas en ramas cortas
      3. Inflorescencias cimas pedunculadas, pedúnculos 5–10 mm de largo; algunas ramas cortas desarrolladas como espinas con hojas .... **H. yucatanensis**
      3. Inflorescencias fascículos de flores en brotes cortos, pedúnculos ausentes; espinas ausentes
         4. Estípulas endurecidas, café-amarillentas, claras y persistentes; hojas 4.5–13 cm de largo, irregularmente doble serradas con dientes con puntas glandulares; pedicelos 5–20 mm de largo; sépalos ca 5 mm de largo; pétalo inferior ca 1 cm de largo; cápsulas 1 cm de largo; pluvioselvas .... **H. denticulatus**
         4. Estípulas cartáceas, verdes, caducas; hojas 1–4.5 (–5.5) cm de largo, crenadas; pedicelos ca 2 mm de largo; sépalos ca 2 mm de largo; pétalo inferior menos de 5 mm de largo; cápsulas ca 0.5 cm de largo; bosques secos y semiperennifolios .... **H. mexicanus**
   2. Hierbas, a veces con tallos perennes; hojas y flores nunca agrupadas en brotes cortos
      5. Plantas densamente pilosas, tricomas ca 3 mm de largo .... **H. calceolaria**
      5. Plantas pubescentes, puberulentas o cortamente pilosas, tricomas menos de 1 mm de largo
         6. Plantas anuales; hojas inferiores y ramas opuestas; pedicelos 10–20 mm de largo; común ..... **H. attenuatus**
         6. Plantas perennes; hojas inferiores y ramas alternas; pedicelos (10–) 30–40 mm de largo; poco común .... **H. thiemei**

Hybanthus attenuatus (Humb. & Bonpl. ex Roem. & Schult.) Schulze-Menz, Notizbl. Bot. Gart. Berlin-Dahlem 12: 114. 1934; *Ionidium attenuatum* Humb. & Bonpl. ex Roem. & Schult.

Hierbas anuales, erectas, hasta 50 cm de alto; tallos puberulentos o cortamente pilosos. Hojas alternas en la parte superior, opuestas en la inferior, elíptico-lanceoladas a ovadas, 1.5–9 cm de largo, atenuadas en el ápice, cuneadas en la base, gruesamente serradas, pubescentes en la haz, glabras a pubescentes en el envés; pecíolos cortos, estípulas 2–3 mm de largo, pilosas, caducas. Flores solitarias, morado pálidas, pedicelos delgados, 10–20 mm de largo; sépalos linear-lanceolados, ca 3 mm de largo, pubescentes; pétalo inferior ca 10 mm de largo. Cápsula ca 5 mm de largo; semillas ca 1 mm de diámetro.

Común, ruderal y en bosques secos, zonas pacífica y norcentral; 30–1000 m; fl may–dic, fr may–ene; *Stevens 9707, 22284*; México a Perú.

Hybanthus calceolaria (L.) Schulze-Menz, Notizbl. Bot. Gart. Berlin-Dahlem 12: 114. 1934; *Viola calceolaria* L.

Hierbas perennes, erectas, hasta 40 cm de alto; tallos densamente pilosos con tricomas largos, pálidos, patentes o subadpresos. Hojas alternas, elípticas a oblanceoladas, 2–4 cm de largo, obtusas a agudas en el ápice, cuneadas en la base, serradas, lanuginosas; pecíolos cortos, estípulas 5–10 mm de largo, pilosas, persistentes. Flores solitarias, blancas, pedicelos 5–15 mm de largo; sépalos lanceolados, ca 10 mm de largo, densamente pilosos, con apéndices verdes y carnosos; pétalo inferior ca 25 mm de largo. Cápsula 9–12 mm de largo; semillas ca 1 mm de diámetro.

No se conocen colecciones de Nicaragua, pero se espera encontrar en bosques estacionalmente secos de la zona pacífica; Belice a Panamá, Venezuela, Brasil.

Hybanthus denticulatus H.E. Ballard, Wetter & N. Zamora, Novon 7: 222. 1997.

Arbustos o árboles, hasta 7 m de alto; ramas jóvenes glabras, estriadas, gris claras. Hojas alternas, frecuentemente agrupadas en brotes cortos, elípticas, 4.5–13 cm de largo, atenuadas a acuminadas en el ápice, cuneadas en la base, irregularmente doble-serradas con dientes con puntas glandulares, lisas y glabras; pecíolos cortos, estípulas ca 5 mm de largo, con una quilla ósea y con márgenes cartáceos, glabros, persistentes. Flores en brotes cortos, blancas, pedicelos delgados, 5–20 mm de largo; sépalos lanceolados, ca 5 mm de largo, glabros; pétalo más inferior ca 12 mm de largo. Cápsula ca 10 mm de largo; semillas ca 3 mm de diámetro.

Común localmente, en pluvioselvas, zonas atlántica y norcentral; 0–750 m; fl mar–jun, fr ene, jun; *Pipoly 5053, Stevens 8832*; Nicaragua a Panamá. Las poblaciones nicaragüenses de *H. denticulatus* fueron identificadas previamente como *H. guanacastensis* Standl., una especie de Costa Rica.

Hybanthus mexicanus Ging. in DC., Prodr. 1: 312. 1824; *H. costaricensis* Melch.

Arbustos hasta 3 m de alto; tallos gris claros, alternadamente ramificados, tallos maduros glabros, tallos jóvenes con tricomas blancos recurvados hacia arriba. Hojas alternas, frecuentemente agrupadas en brotes cortos, espatuladas a elípticas, 1–4.5 (–5.5) cm de largo, atenuadas a retusas en el ápice, atenuadas en la base, crenadas, glabras, lisas; pecíolos cortos, estí-

pulas ca 2 mm de largo, puberulentas, caducas. Flores en brotes cortos, amarillo-verdes, pedicelos ca 2 mm de largo; sépalos ovados, ca 1.5 mm de largo, glabros; pétalo inferior menos de 5 mm de largo. Cápsula ca 5 mm de largo; semillas ca 2 mm de diámetro.

Localmente común, bosques secos y semi-perennifolios, zonas pacífica y norcentral; 100–1250 m; fl y fr may–ago; *Moreno 21834, Stevens 22213*; México a Costa Rica.

Hybanthus oppositifolius (L.) Taub. in Engl. & Prantl, Nat. Pflanzenfam. 3(6): 333. 1895; *Viola oppositifolia* L.

Hierbas perennes, erectas, hasta 50 cm de alto; tallos delgados, glabros. Hojas opuestas, lineares a linear-lanceoladas, 1.5–8 cm de largo, atenuadas en el ápice, redondeadas en la base, enteras o muy inconspicuamente serruladas, escabrosas y escasamente estrigosas en la haz, lisas y glabras en el envés; subsésiles, estípulas lineares, ca 2 mm de largo, estrigosas, persistentes. Flores solitarias, moradas o blancas, pedicelos delgados, 7–12 mm de largo; sépalos lanceolados, 3–4 mm de largo, glabros; pétalo inferior 10–12 mm de largo. Cápsula ca 5 mm de largo; semillas ca 2 mm de diámetro.

Poco común en sabanas, zona atlántica; 0–650 m; fl jun, oct y dic, fr dic; *Henrich 172, Moreno 25301*; México a Costa Rica, Venezuela y Surinam.

Hybanthus thiemei (Donn. Sm.) C.V. Morton, Contr. U.S. Natl. Herb. 29: 81. 1944; *Ionidium thiemei* Donn. Sm.

Hierbas perennes, erectas, 7–15 (–30) cm de alto, escasamente ramificadas, frecuentemente frondosas; tallos con tricomas recurvados hacia arriba. Hojas alternas, elípticas, 4–6 cm de largo, agudas a atenuadas en el ápice, cuneadas en la base, serradas, escasamente setosas en la haz, escasamente estrigosas en el envés; pecíolos cortos, estípulas ca 2.5 mm de largo, frecuentemente recurvadas, estrigosas, persistentes. Flores solitarias, blancas, pedicelos filiformes, (10–) 30–40 mm de largo; sépalos linear-lanceolados, 2.5–4 mm de largo, escasamente estrigosos, pétalo inferior ca 10 mm de largo. Cápsula ca 4 mm de largo; semillas ca 1.5 mm de diámetro.

Poco común en áreas alteradas, zonas pacífica y norcentral; 300–800 m; fl may–sep, fr sep; *Stevens 3684, 17657*; Belice, Guatemala a Panamá.

Hybanthus yucatanensis Millsp., Publ. Field Columbian Mus., Bot. Ser. 1: 404. 1898.

Arbustos 1.5–4 m de alto; tallos glabros, gris claros, algunas ramas cortas desarrolladas como espinas con hojas. Hojas alternas, a veces agrupadas en brotes cortos, elípticas a oblanceoladas, 2.5–7.5 cm de largo y 0.8–2.5 cm de ancho, atenuadas y retusas en el ápice, atenuadas en la base, crenadas, glabras, lisas; pecíolos cortos, estípulas ovadas, ca 1.5 mm de largo, glabras, caducas. Flores 10–20 en cimas umbeliformes pedunculadas, las cimas a veces agrupadas en brotes cortos, pedúnculo 5–10 mm de largo, flores blanco-verdosas, pedicelos 3–5 mm de largo; sépalos ovados, ca 1.5 mm de largo, menudamente puberulentos o glabros, menudamente ciliados; pétalo inferior 3–3.2 (–4) mm de largo. Cápsula 7–9 mm de largo; semillas ca 4 mm de diámetro.

Conocida en Nicaragua por una colección (*Robleto 1225*) de bosques secos, Rivas; 100–200 m; fl sep; México a Costa Rica.

ORTHION Standl. & Steyerm.

Orthion oblanceolatum Lundell, Lloydia 4: 54. 1941.

Árboles 9–15 m de alto, glabros. Hojas alternas, oblanceoladas, 7.5–23 cm de largo, acuminadas en el ápice, cuneadas en la base, remotamente serradas, glabras, cartáceas; pecíolos cortos, estípulas deciduas. Inflorescencias axilares, cimas subumbeladas de numerosas flores, 3.5–11 cm de largo, mayormente agrupadas en las axilas de las hojas superiores, flores blancas, con brácteas diminutas, pedicelos cortos, articulados abajo del medio; sépalos desiguales, ampliamente ovados, ca 2 mm de largo; pétalo inferior ligeramente más grande, ca 3 mm de largo, puberulento; estambres con apéndices del conectivo ovados, ca 2 mm de largo, con márgenes erosos. Cápsula obtusamente triquetra, elásticamente 3-valvada, grueso-coriácea, 1–1.5 cm de largo; semillas 3–5, globosas, ca 4 mm de diámetro.

Conocida en Nicaragua por una colección (*Shank 4761*) de pluvioselvas, Zelaya; 150 m; fl nov; Guatemala a Costa Rica. Un género con 3–5 especies distribuidas de México a Costa Rica.

RINOREA Aubl.; *Alsodeia* Thouars

Arbustos o árboles pequeños. Hojas opuestas (en nuestras especies) o alternas, enteras a serradas; estípulas pequeñas, deciduas. Inflorescencias axilares o terminales, racemosas, paniculadas, raramente cimosas o con flores solitarias (no en las especies nicaragüenses), flores pequeñas, actinomorfas, pedicelos articulados, bracteolados; sépalos libres, generalmente persistentes; pétalos libres, mayormente reflexos en el ápice; filamentos generalmente con apéndices dorsales, erectos, glandulosos, anteras libres, con los conectivos formando escamas delgadas y escariosas excediendo las anteras; ovario 3-carpelar, cada carpelo con 1–3 óvulos, estilo erecto. Cápsula loculicida y elásticamente 3-valvada; semillas 3–6, glabras o pubescentes.

Un género pantropical con ca 300 especie; 5 especies se encuentran en Nicaragua, otras 4 especies se conocen en Centro América.

H.A. Hekking. Violaceae. Part 1. *Rinorea* and *Rinoreocarpus*. Fl. Neotrop. 46: 1–207. 1988.

1. Pedicelos articulados en la base, 1–2.5 mm de largo; nervio principal ferrugíneo estrigoso en el envés; semillas glabras y maculadas .... **R. squamata**
1. Pedicelos articulados arriba de la base, 1–9 mm de largo; nervio principal glabro a estrigoso o setoso en el envés; semillas pilósulas a hírtulas, generalmente no maculadas (glabras y maculadas en *Rinorea* sp. A)
   2. Hojas oblicuas a subauriculadas en la base; domacios generalmente presentes; nervio principal escasamente estrigoso a setoso en el envés; pecíolos abultados
      3. Cápsula 2.5–3.5 cm de largo, semillas 6–8 mm de diámetro; base de la hoja ligeramente oblicua .... **R. dasyadena**
      3. Cápsula 1–2 cm de largo, semillas 2–5 mm de diámetro; base de la hoja obviamente subauriculada .... **R. deflexiflora**
   2. Hojas cuneadas a redondeadas en la base; domacios ausentes; nervio principal glabro en el envés; pecíolos no abultados
      4. Pétalos 4–5 mm de largo; glándulas dorsales 1–1.5 veces más largas que los filamentos; estilo 3–4 mm de largo, óvulos 2 por carpelo; cápsula 2–3.5 mm de largo .... **R. hummelii**
      4. Pétalos 2–3.5 mm de largo; glándulas dorsales ca 1.5 veces más largas que los filamentos; estilo 1–2 mm de largo, óvulo 1 por carpelo; cápsula 1–2 cm de largo .... **Rinorea** sp. A

Rinorea dasyadena A. Robyns, Ann. Missouri Bot. Gard. 54: 186. 1967.

Arbustos o árboles, 2–10 m de alto. Hojas elípticas, 8–16 cm de largo y 3–8 cm de ancho, acuminadas en el ápice, ligeramente oblicuas en la base, domacios generalmente presentes, nervio principal hispídulo en la haz, escasamente estrigoso en el envés. Inflorescencias 6–11 cm de largo, pedicelos 1–2 mm de largo, articulados arriba de la base, flores blanco-cremosas a amarillas; pétalos 3–4 mm de largo; filamentos libres, glándulas dorsales ca 1/2 de la longitud de los filamentos, pilósulas; estilo 1.5–2 mm de largo, óvulos 2 por carpelo. Cápsula 2.5–3.5 cm de largo; semillas 6–8 mm de diámetro, pilósulas, no maculadas.

Común, bosques muy húmedos perennifolios, zona atlántica; 0–600 m; fl y fr dic–ago; *Moreno 23075*, *Stevens 8400*; Nicaragua a Colombia.

Rinorea deflexiflora Bartlett, Proc. Amer. Acad. Arts 43: 56. 1907.

Arboles o arbustos, 1–9 m de alto. Hojas elípticas a ampliamente elípticas, 9–20 cm de largo y 3–10 cm de ancho, acuminadas en el ápice, cuneadas y oblicuas a subauriculadas en la base, con domacios, nervio principal hispídulo en la haz, setoso en el envés. Inflorescencias 5–9 cm de largo, pedicelos 2–9 mm de largo, articulados por arriba de la base, flores blancas; pétalos ca 3 mm de largo; filamentos libres, glándulas dorsales 1/3 de la longitud de los filamentos; estilo 2–3 mm de largo, óvulos generalmente 2 por carpelo. Cápsula 1–2 cm de largo; semillas 2–5 mm de diámetro, hírtulas, no maculadas.

Común en bosques muy húmedos alterados y no alterados, zona atlántica; 0–200 m; fl ene–feb, nov, dic, fr feb–mar; *Moreno 13015*, *Sandino 4762*; México a Panamá.

Rinorea hummelii Sprague, Bull. Misc. Inform. 1921: 307. 1921.

Arboles o arbustos, 2–8 m de alto. Hojas elípticas, 8–14 cm de largo y 3–6 cm de ancho, acuminadas en el ápice, redondeadas a agudas en la base, domacios ausentes, nervio principal hispídulo en la haz, glabro en el envés. Inflorescencias 5–8 cm de largo, pedicelos 2.5–6 mm de largo, articulados arriba de la base, flores blancas a amarillas; pétalos 4–5 mm de largo; filamentos unidos en un tubo glandular, a veces libres, glándulas dorsales ca 1/2 de la longitud de los filamentos, glabras; estilo ca 3–4 mm de largo, óvulos generalmente 2 por carpelo. Cápsula 2–3.5 cm de largo; semillas 5–7 mm de diámetro, pilósulas, no maculadas.

Común, bosques muy húmedos y bosques de galería en la zona atlántica; 0–400 m; fl feb–jun, fr abr–sep; *Neill 4500*, *Pipoly 4955*; sur de México a Panamá.

Rinorea squamata S.F. Blake, Contr. U.S. Natl. Herb. 20: 516. 1924.

Arboles o arbustos, 1.5–8 m de alto. Hojas elípticas, 7–15 cm de largo y 3–6 cm de ancho, acuminadas en el ápice, redondeadas a ligeramente oblicuas en la base, nervio principal ferrugíneo hispídulo en la haz, ferrugíneo estrigoso en el envés. Inflorescencias 5–9 cm de largo, pedicelos 1–2.5 mm de largo, articulados en la base, flores amarillo claras a café-anaranjadas; pétalos ca 2 mm de largo; filamentos libres, glándulas dorsales más o menos de la misma longitud que los filamentos, glabras; estilo 1–2 mm de largo, óvulos 1 por carpelo. Cápsula 1–2.5 cm de largo; semillas glabras, maculadas.

Común en bosques muy húmedos primarios y secundarios, zona atlántica; 0–850 m; fl ene–sep, fr ene–dic; *Miller 1090*, *Stevens 4793*; Nicaragua a Panamá. "Huesito".

Rinorea sp. A.

Arboles o arbustos, ca 2 m de alto. Hojas 8–19 cm de largo y 3–8 cm de ancho, acuminadas en el ápice, agudas a redondeadas y simétricas en la base, domacios ausentes, nervio principal glabro. Inflorescencias 5.5–9.5 cm de largo, laxamente florecidas, pedicelos ca 3 mm de largo, articulados más o menos en la mitad, flores amarillas a cremas; pétalos 2–3.5 mm de largo; glándulas dorsales 1–1.5 veces más largas que los filamentos, glabras; estilo 1–2 mm de largo, óvulos generalmente 1 por carpelo. Cápsula generalmente asimétrica, 1–2 cm de largo; semillas 5–6 mm de largo, glabras, maculadas.

Conocida en Nicaragua por una colección (*Sandino 2418*) hecha en bosques de galería y sucesión secundaria, Zelaya; 540–580 m; fl mar; Nicaragua a Colombia. Las flores de este espécimen se identifican en la clave como *R. lindeniana* var. *fernandeziana* Hekking; sin embargo, según Hekking (1988) ésta última tiene semillas pilósulas. El fruto de este espécimen se identifica como *R. guatemalensis* (S. Watson) Bartlett, sin embargo, las anteras no corresponden a las de esta especie. Ninguna de las especies anteriormente mencionadas se conocen en Nicaragua.

VISCACEAE Miers

Job Kuijt

Arbustos parásitos, epífitos, glabros, foliosos o escamosos; catafilos por lo general presentes en la base de las ramas laterales y/o inflorescencias, a veces interpolados entre pares sucesivos de hojas normales; plantas monoicas o dioicas. Hojas decusadas. Inflorescencias mayormente axilares, solitarias o en pequeños fascículos, formadas por un pedúnculo (en algunas con pares adicionales de catafilos basales) y 1 o más entrenudos fértiles en los cuales se encuentran las flores y frutos dispuestos en 1, 2 ó 3 series longitudinales arriba de cada bráctea fértil, flores frecuentemente hundidas en el eje, monoclamídeas, 3–4-partidas; anteras diminutas y sésiles, con 1 ó 2 lóculos; ovario ínfero. Fruto una baya con 1 semilla; semilla rodeada por un tejido víscido, endosperma y embrión de color verde lustroso.

Una familia de distribución cosmopolita con 7 géneros y ca 400 especies, 3 géneros se encuentran en el Nuevo Mundo; 1 género con 12 especies se encuentran en Nicaragua, además otras 2 especies y 1 género con 1 especie se esperan encontrar. Fue tratada como parte de Loranthaceae en la *Flora of Guatemala* y *Flora of Panama*. "Muérdago".

Fl. Guat. 24(4): 62–86. 1946; Fl. Pan. 47: 263–290. 1960; J. Kuijt. A revision of the Loranthaceae of Costa Rica. Bot. Jahrb. Syst. 83: 250–326. 1964; J. Kuijt. Commentary on the mistletoes of Panama. Ann. Missouri Bot. Gard. 65: 736–763. 1978; W. Burger y J. Kuijt. Loranthaceae. *In:* Fl. Costaricensis. Fieldiana, Bot., n.s. 13: 29–79. 1983; J. Kuijt. Viscaceae. Fl. Ecuador 24: 11–112. 1986.

1. Anteras uniloculares; plantas monoicas, creciendo en elevaciones altas .... **Dendrophthora**
1. Anteras biloculares; plantas monoicas o dioicas, creciendo en elevaciones medias y bajas .... **Phoradendron**

DENDROPHTHORA Eichler

Dendrophthora costaricensis Urb., Ber. Deutsch. Bot. Ges. 14: 285. 1896; *Phoradendron crispum* Trel.

Plantas foliosas, algo suculentas; ramas laterales con 1 o raramente 2 pares de catafilos basales, estos ausentes en las espigas; monoicas. Hojas obovado-ovadas a elípticas, usualmente con 3 nervios prominentes. Espigas con 2, raramente hasta 4, entrenudos fértiles en los cuales las flores estaminadas están colocadas distalmente y las pistiladas proximalmente, ambas dispuestas en 1 ó 3 series; anteras uniloculares. Fruto una baya globosa o algo comprimida, blanca.

No ha sido colectada en Nicaragua pero se espera encontrar en los lugares más elevados; El Salvador, Costa Rica y Panamá. Un género con unas 110 especies distribuidas desde el sur de México hasta Bolivia, muchas de ellas en el sector del Caribe donde crecen generalmente al nivel del mar, mientras que casi todas las especies continentales crecen en regiones altas. En el continente, *Dendrophthora* alcanza su máximo desarrollo en el sector norte de los Andes.

J. Kuijt. A revision of *Dendrophthora* (Loranthaceae). Wentia 6: 1–145. 1961; J. Kuijt. *Dendrophthora*: Additions and changes. Acta Bot. Neerl. 12: 521–524. 1963; J. Kuijt. An update on the genus *Dendrophthora* (Viscaceae). Bot. Jahrb. Syst. 122: 169–193. 2000.

PHORADENDRON Nutt.

Plantas foliosas; ramas laterales (en las especies de Nicaragua) con 1 o más catafilos basales; monoicas o dioicas. Hojas a veces algo suculentas o coriáceas. Entrenudos fértiles mayormente más de 3 por inflorescencia, frecuentemente abrazados por 1 o más pares de catafilos estériles; flores colocadas en 2 ó 3 series; anteras biloculares.

Un género muy grande y difícil, con ca 235 especies, las cuales crecen mayormente en regiones de elevaciones medias y bajas desde los Estados Unidos hasta Bolivia y parte norcentral de Argentina, también en las Antillas; 12 especies conocidas de Nicaragua y 2 más esperadas.

W. Trelease. The Genus *Phoradendron*. 1916.

1. Plantas dicótomas
   2. Dicotomía producida por una inflorescencia terminal .... **P. dichotomum**
   2. Dicotomía producida por aborto del ápice del brote
      3. Hojas lanceoladas a angostamente ovadas .... **P. nervosum**
      3. Hojas obovadas a elípticas u orbiculares
         4. Hojas mayormente orbiculares, evidentemente 5–7-palmatinervias .... **P. zelayanum**
         4. Hojas nunca orbiculares, nervadura inconspicua
            5. Hojas brillantes cuando frescas; plantas monoicas, flores masculinas escasas .... **P. nitens**
            5. Hojas opacas cuando frescas; plantas dioicas .... **P. robustissimum**
1. Plantas no dicótomas
   6. Catafilos intercalarios presentes
      7. Pares sucesivos de hojas separados por varios pares de catafilos la mayor parte de los cuales abrazan espigas .... **P. crassifolium**
      7. Pares sucesivos de hojas separados por 1 par de catafilos inferiores los cuales no abrazan espigas
         8. Plantas verde-amarillentas; hojas evidentemente palmatinervias .... **P. chrysocladon**
         8. Plantas verde obscuras (rojizas cuando expuestas); hojas pinnatinervias con nervadura inconspicua .... **P. piperoides**
   6. Catafilos intercalarios ausentes
      9. Hojas con nervadura evidentemente paralela o palmada
        10. Tallos jóvenes y maduros obviamente 2–4-marginados; frecuentemente hiperparásita en otras especies de *Phoradendron* .... **P. dipterum**
        10. Tallos teretes al menos cuando maduros; hiperparasitismo raro o desconocido
           11. Hojas extremadamente angostas, 4–5 veces más largas que anchas, frecuentemente amarillentas .... **P. tonduzii**
           11. Hojas elípticas a obovadas, usualmente menos de 3 veces más largas que anchas, verde opacas
               12. Hojas más anchas en el medio, ápice agudo, nervadura evidente; fruto usualmente globoso .... **P. nervosum**
               12. Hojas más anchas por arriba de la mitad, ápice obtuso, nervadura casi inconspicua, frecuentemente dicótoma; fruto ovoide .... **P. robustissimum**
      9. Hojas pinnatinervias o con nervadura inconspicua
        13. Inflorescencias en pedúnculos extremadamente cortos (ca 1 mm), espigas casi sésiles; espigas pistiladas con 1 flor por bráctea fértil .... **P. vernicosum**
        13. Inflorescencias en pedúnculos más largos, espigas no sésiles; espigas pistiladas con 3 o más flores por bráctea
           14. Plantas monoicas; nervadura pinnada, a veces inconspicua
               15. Tallos jóvenes cuadrangulares, tallos con 1 par de catafilos basales inconspicuos; frutos amarillentos .... **P. quadrangulare**
               15. Tallos jóvenes comprimidos y frecuentemente carinados, tallos con 1–2 pares de catafilos basales, el par superior 1 cm o más por encima de la axila; frutos blancos .... **P. undulatum**
           14. Plantas dioicas; nervadura palmada, a veces inconspicua
               16. Hojas con láminas delgadas; tallos nunca dicótomos, carinados cuando jóvenes; 3 flores por bráctea pistilada .... **P. molinae**
               16. Hojas con láminas gruesas; tallos frecuentemente dicótomos, teretes; 5 o más flores por bráctea pistilada .... **P. robustissimum**

Phoradendron chrysocladon A. Gray, U.S. Expl. Exped., Phan. 743. 1854; *P. supravenulosum* Trel.

Plantas amarillo-verdes o algo doradas; tallos teretes o ligeramente carinados; ramas laterales con 1–2 pares de catafilos basales, pares sucesivos de hojas normales separados por un par de catafilos intercalarios, éstos agudamente carinados; monoicas. Hojas ampliamente lanceoladas a elípticas, ápice agudo, a veces atenuado, lámina conspicuamente 3–5-palmatinervia; pecíolo indefinido. Espigas hasta ca 5 cm de largo, con 0–1 par de catafilos basales y con 8 o más entrenudos fértiles; flores hasta 15 en cada bráctea fértil, dispuestas en 3 series, la proporción de flores estaminadas y pistiladas variable. Fruto globoso, 3 mm de diámetro, blanco-amarillento.

Poco común, bosques siempreverdes a nebliselvas, zonas norcentral y atlántica; 100–1400 m; fl y fr ene–may; *Araquistain 1704, Stevens 21121*; Guatemala y Belice hasta Sudamérica, también en las Antillas. Ha sido erróneamente identificada como *P. flavens* Griseb., un nombre ilegítimo.

Phoradendron crassifolium (Pohl ex DC.) Eichler in Mart., Fl. Bras. 5(2): 125. 1868; *Viscum crassifolium* Pohl ex DC.

Plantas gruesas; tallos teretes; ramas laterales con 1–2 pares de catafilos basales; cada 2 pares sucesivos de hojas normales separados por ca 4 nudos con hojas escamiformes deciduas, el par inferior estéril, los otros abrazando 1–3 espigas, éstas también en las axilas de las hojas normales; monoicas. Hojas ampliamente lanceoladas, hasta 15 cm de largo y 6 cm de ancho, ápice y base agudos, palmatinervias, la nervadura inconspicua cuando frescas. Espigas con 2–6 pares de catafilos basales dispuestos en grupos y con 5–9 entrenudos fértiles; flores 3–7 dispuestas en 2 series en cada bráctea fértil, la flor terminal generalmente estaminada y las otras pistiladas. Fruto elipsoide, 3 mm de largo y 2 mm de ancho, amarillo.

Rara, bosques perennifolios, zona atlántica; 0–200 m; conocida fértil en mar y abr; *Pipoly 4980*, *Stevens 8166*; Guatemala y Belice hasta Brasil y Bolivia, también en las Antillas.

Phoradendron dichotomum (Bertero ex Spreng.) Krug & Urb., Bot. Jahrb. Syst. 24: 48. 1897; *Viscum dichotomum* Bertero ex Spreng.; *P. henslovii* (Hook. f.) B.L. Rob.

Plantas gruesas; tallos teretes, dicótomos a partir de una espiga terminal; ramas laterales con 2 pares de catafilos basales, el primero 3–5 mm arriba de la base y el segundo 2.5–3.5 cm, ambos envainadores; monoicas. Hojas lanceoladas, hasta 14 cm de largo y 5 cm de ancho, ápice obtuso, base atenuándose en un pecíolo grueso y corto, palmatinervias. Espigas hasta 6 cm de largo, las terminales sin catafilos basales y en pedúnculos 5 mm de largo, las restantes con 1 par de catafilos estériles, pedúnculo principal 8–12 mm de largo, entrenudos fértiles 6–9, ca 17 mm de largo; flores 20 o más en cada bráctea fértil, dispuestas en 3 o más series y frecuentemente confluentes alrededor del eje, las flores pistiladas y estaminadas colocadas en la misma espiga. Fruto ovoide, 3 mm de largo y 2 mm de ancho, blanco translúcido, pétalos cerrados.

Rara, bosques perennifolios, Matagalpa; 900–1100 m; fértil ene y ago; *Guzmán 1636*, *Moreno 21955*; El Salvador hasta Costa Rica, también en Venezuela, Islas Galápagos y las Antillas, posiblemente en Panamá.

Phoradendron dipterum Eichler in Mart., Fl. Bras. 5(2): 109. 1868; *P. tovarense* Urb.; *P. auriculatum* Trel.

Plantas verdes o verde olivas; tallos comprimidos o cuadrangulares, tornándose teretes; ramas laterales con 1 par de pequeños catafilos basales; plantas monoicas en Centroamérica (aparentemente dioicas en Sudamérica). Hojas variables en tamaño y forma, frecuentemente espatuladas a elípticas o falcadas, hasta 13 cm de largo y 4 cm de ancho, ápice redondeado a obtuso, base abrazando el tallo, nervios paralelos y conspicuos. Espigas hasta 7 cm de largo, sin catafilos basales y en pedúnculos cortos, entrenudos fértiles 5–7; flores anaranjado-amarillentas, frecuentemente dispuestas de manera irregular, mayormente en 3–5 series arriba de cada bráctea fértil. Fruto globoso, 2 mm de diámetro, blanco con el ápice anaranjado.

Rara, bosques de encinos, zona norcentral; 1200–1400 m; conocida fértil en may y sep; *Moreno 21366*, *Stevens 17931-a*; sur de México hasta el norte de Argentina. Comúnmente (pero es probable que no exclusivamente) hiperparásita en otras especies de *Phoradendron*.

Phoradendron molinae Kuijt, Ann. Missouri Bot. Gard. 74: 517. 1987.

Plantas medianas; entrenudos comprimidos, carinados, hasta 6 cm de largo; ramas laterales con 1 par de catafilos basales; dioicas. Hojas ovadas, hasta 10 cm de largo y 4.5 cm de ancho, lámina delgada y palmatinervia, la base abruptamente contraída en un pecíolo conspicuo, cuneiforme y hasta 1.5 cm de largo. Espigas pistiladas solitarias y pequeñas, frecuentemente con 1 par de catafilos estériles y con 2–3 entrenudos fértiles, pedúnculos ca 3 mm de largo cuando en fruto; flores 3 por bráctea fértil, colocadas justamente arriba de la parte media del entrenudo. Infructescencias ca 3 cm de largo; fruto ovoide, 3 mm de largo y 2 mm de ancho, liso, pétalos cerrados.

Conocida de una sola colección (*Molina 20270*) realizada en bosques nublados en el Volcán Somoto, Madriz; 1400 m; fl ene; posiblemente endémica de Nicaragua, aunque probablemente pudiera encontrarse en la parte adyacente de Honduras. No tenemos seguridad de la posición genérica de esta especie, ya que el carácter distintivo entre *Dendrophthora* y *Phoradendron* radica en las anteras y la muestra examinada es femenina.

Phoradendron nervosum Oliv., Vidensk. Meddel. Dansk Naturhist. Foren. Kjøbenhavn 1864: 175. 1865.

Plantas algo grandes; tallos comprimidos cuando jóvenes pero pronto tornándose teretes; ramas laterales con 1 ó 2 pares de catafilos basales grandes; monoicas. Hojas mayormente falcadas, hasta 15 cm de largo y 5 cm de ancho, ápice agudo, base largamente atenuada y estrechándose abruptamente en un pecíolo conspicuo y 5–10 mm de largo, palmatinervias, más o menos delgadas. Espigas solitarias o en pequeños fascículos de hasta 3 cm de largo cuando en fruto, con 0–1 par de catafilos basales y con ca 3 entrenudos fértiles; flores 3–7 por bráctea fértil, dispuestas en 2 series. Fruto ovoide, hasta 1 mm de largo y 1.5 mm de ancho, liso, pétalos cerrados.

Rara, bosques siempreverdes, zona norcentral y Boaco; 900–1400 m; fl y fr durante todo el año; *Stevens 15122, 20277*; México (Veracruz) y Nicaragua. Esta especie está estrechamente relacionada con la especie monoica *P. trianae* Eichler de Colombia y Ecuador, la cual es más grande en todos sus aspectos. La colección *Moreno 3213*, de Boaco, se coloca aquí provisionalmente; es posible que represente otra especie ya que en contraste con las definidas aquí como *P. nervosum*, ésta es dicótoma por aborto.

Phoradendron nitens Kuijt, Ann. Missouri Bot. Gard. 74: 519. 1987.

Plantas grandes y carnosas; tallos mayormente dicótomos, algo comprimidos cuando jóvenes, tornándose teretes; ramas laterales con 1 par de catafilos basales justamente encima de las axilas; monoicas. Hojas obovadas a casi elípticas, hasta 15 cm de largo y 7 cm de ancho o a veces más grandes, con la base atenuada o abruptamente contraída, gruesas y brillantes cuando frescas, rígidas, el pecíolo muy grueso y plano, hasta 6 mm de ancho. Espigas hasta 4 cm de largo, sin catafilos, entrenudos fértiles 3–4; flores 6–9 por bráctea fértil, colocadas en 2 series, las estaminadas muy escasas y dispuestas en la parte inferior de las series. Fruto elipsoide, 3 mm de largo y 1.5 mm de ancho, pétalos cerrados.

Rara, bosques deciduos a perennifolios, zonas norcentral y atlántica; 50–700 m; fl y fr aparentemente durante todo el año; *Moreno 1947, Ortiz 1031*; Nicaragua a Ecuador. Esta especie, la cual en otras partes de Centroamérica ha sido erróneamente identificada como *P. obliquum* (C. Presl) Eichler, es frecuentemente muy difícil de separar de *P. robustissimum* a partir de muestras herborizadas. En vivo, la especie es frecuentemente más grande y sus hojas brillantes contrastan con las de *P. robustissimum*, la cual es también estrictamente dioica, aunque la escasez de flores masculinas en *P. nitens* es a veces motivo de confusión.

Phoradendron piperoides (Kunth) Trel., Phoradendron 145. 1916; *Loranthus piperoides* Kunth.

Plantas verde obscuras; tallos teretes; ramas laterales con 2–numerosos pares de catafilos basales; pares sucesivos de hojas normales separados por 1 par de catafilos intercalarios colocados en la base del entrenudo; monoicas. Hojas ampliamente lanceoladas, hasta 14 cm de largo y 6 cm de ancho, ápice frecuentemente algo atenuado; pecíolo ca 5 mm, distinto. Espigas 3–4 cm de largo colocadas en las axilas de las hojas normales, con 0–3 pares de catafilos basales y 5–8 entrenudos fértiles; flores hasta 28 arregladas en 2 series encima de cada bráctea fértil, la flor apical estaminada, las otras usualmente pistiladas. Fruto globoso u ovoide, 3 mm de diámetro, amarillento.

Común, bosques deciduos a perennifolios, especialmente en las zonas atlántica y norcentral; 0–1200 m; fl y fr durante todo el año; *Moreno 13016, Stevens 9586*; México hasta Bolivia y Argentina, también en parte de las Antillas.

Phoradendron quadrangulare (Kunth) Griseb., Fl. Brit. W. I. 711. 1864; *Loranthus quadrangularis* Kunth; *P. ceibanum* Trel.; *P. rensonii* Trel.

Plantas algo pequeñas, verde brillantes; tallos erectos, rigurosamente cuadrangulares cuando jóvenes; ramas laterales con 1 par de catafilos basales; monoicas. Hojas obovadas a lanceoladas, a veces espatuladas, cerca de 3 cm de largo y 1.5 cm de ancho, ápice redondeado, pecíolo indefinido o muy corto. Espigas axilares, solitarias o en grupos de 3, hasta 3 cm de largo, sin catafilos basales, entrenudos fértiles 3–5; flores hasta 9 en cada bráctea fértil, colocadas en 2 series, las estaminadas escasas y en posiciones variables. Fruto más o menos globoso, 3 mm de diámetro, amarillento, pétalos cerrados.

Abundante, especialmente en bosques caducifolios en la zona pacífica; 0–1000 m; fl y fr durante todo el año; *Moreno 4177, Sandino 300*; México hasta Sudamérica. Es la especie más ampliamente distribuida del género y una especie variable con numerosos sinónimos potenciales que requieren ser estudiados. Debido a similitudes con *P. rubrum* (L.) Griseb., la cual crece en el Caribe, este nombre ha sido aplicado también a la especie continental que nos ocupa, procedimiento que no hemos seguido en este tratado.

Phoradendron robustissimum Eichler in Mart., Fl. Bras. 5(2): 122. 1868; *P. falcifolium* Trel.

Plantas algo gruesas; tallos usualmente dicótomos por aborto del ápice, cuando maduros teretes y gruesos; ramas laterales (i.e., casi todas) con un par de catafilos basales grandes; dioicas. Hojas ampliamente lanceoladas o más típicamente obovadas, hasta 10 cm de largo y 4.5 cm de ancho, ápice redondeado o mucronado, base gradualmente atenuada en un pecíolo grueso y muy corto, opacas, algo coriáceas, palmatinervias. Espigas agrupadas en los nudos más viejos, sin catafilos estériles; espigas estaminadas hasta 6 (11) cm de largo, con 4–6 entrenudos fértiles, pedúnculos hasta ca 5 mm de largo, flores 15 o más en cada bráctea fértil, colocadas en 2 series regulares; espigas pistiladas algo más cortas, con 3 ó 4 entrenudos fértiles y 5–7 flores por bráctea. Fruto ovoide, 5 mm de largo y 3 mm de ancho, pétalos cerrados.

Ocasional, en bosques deciduos a siempreverdes, en las zonas norcentral y pacífica; 0–1500 m; fl y fr durante todo el año; *Moreno 1568*, *Stevens 7373*; sur de México hasta Panamá. Es posible que algunas de las muestras estudiadas sean más correctamente ubicadas en *P. nitens*; véase el comentario bajo la descripción de esta especie.

Phoradendron tonduzii Trel., Phoradendron 67. 1916; *P. cooperi* Trel.; *P. novae-helvetiae* Trel.

Plantas café-amarillentas o café-anaranjadas, frecuentemente péndulas; tallos con entrenudos largos, aplanados o teretes; ramas laterales con 1–2 pares de catafilos basales, el par inferior envainador; dioicas. Hojas péndulas, alargadas, falcadas, lanceoladas o casi lineares, con varios nervios paralelos evidentes, pecíolos 1–2 cm de largo, indefinidos. Espigas frecuentemente agrupadas, sin catafilos basales, pedúnculos cortos; espigas estaminadas delgadas y frecuentemente sinuosas, 3–7 cm de largo, con 4–8 entrenudos fértiles, flores 45 o más arregladas mayormente en 3 o a veces en 2 series arriba de cada bráctea; espigas pistiladas algo más cortas, flores 7–10 por bráctea, colocadas en 3 series. Fruto globoso a ovoide, 3–4 mm de largo, blanco a anaranjado, translúcido.

No ha sido colectada pero es posible que se encuentre en Nicaragua; México y Guatemala a Panamá. Anteriormente llamada *P. angustifolium* (Kunth) Nutt. en Panamá, una especie similar pero monoica, restringida en su distribución a Ecuador y Perú.

Phoradendron undulatum (Pohl ex DC.) Eichler in Mart., Fl. Bras. 5(2): 122. 1868; *Viscum undulatum* Pohl ex DC.; *P. gracilispicum* Trel.

Plantas foliosas y grandes; tallos jóvenes comprimidos y carinados por debajo de las hojas; ramas laterales con 1–2 (3) pares de catafilos basales, el par superior 1 cm o más por encima de la axila; monoicas. Hojas lanceoladas, hasta 15 cm de largo y 5 cm de ancho, ápice y base agudos, pinnatinervias con

nervadura mayormente inconspicua con excepción del nervio principal, algo gruesas. Espigas 4–7 cm de largo, mayormente sin catafilos estériles, con 6–12 entrenudos fértiles; flores 5–7 arregladas en 2 series arriba de cada bráctea, flores estaminadas escasas, usualmente en el ápice de los entrenudos. Fruto globoso, ca 4 mm de diámetro, blanco.

No ha sido aún colectada en Nicaragua pero se espera encontrar en tierras bajas o en elevaciones medias; México (Chiapas), Guatemala, Costa Rica hasta Brasil y Bolivia, también en las Antillas Menores.

Phoradendron vernicosum Greenm., Publ. Field Columbian Mus., Bot. Ser. 2: 250. 1897.

Plantas no dicótomas; tallos teretes o ligeramente comprimidos justamente por debajo de los nudos más largos; ramas laterales comúnmente con 1 par de catafilos basales colocados 1–4 mm arriba de la axila, a veces con un segundo par más arriba, raramente los catafilos basales ausentes; catafilos basales ocasionalmente con espigas axilares; dioicas. Hojas elípticas, hasta 9 cm de largo y 4 cm de ancho, base cuneada, pecíolo corto e indefinido. Espigas en pedúnculos muy cortos (1–4 mm), sin catafilos; espigas estaminadas hasta 2 cm de largo, con 3–4 entrenudos fértiles, los distales muy cortos, los más largos con hasta 9 flores por bráctea, colocadas en 2 series regulares; espigas pistiladas hasta 1.5 cm de largo, con 2–5 entrenudos fértiles, cada bráctea fértil con una flor colocada en una depresión profunda. Fruto elipsoide, 3 mm de largo y 4 mm de ancho, pétalos cerrados.

Ocasional, bosques deciduos, zona norcentral hasta Chontales; 100–1300 m; fl y fr durante todo el año; *Moreno 3136*, *Neill 2544*; México (Yucatán) hasta Nicaragua.

Phoradendron zelayanum Kuijt, Ann. Missouri Bot. Gard. 74: 521. 1987.

Plantas dicótomas, con ápice abortado, las partes jóvenes amarillo opacas; tallos teretes, entrenudos hasta 8 cm de largo; ramas laterales con 1 par de catafilos basales; monoicas. Hojas ampliamente ovadas a orbiculares, hasta 8 cm de largo y 8 cm de ancho, 5–7-palmatinervias, pecíolos gruesos, ca 8 mm de largo. Espigas bisexuales, 4 cm de largo, sin catafilos estériles, entrenudos fértiles 3, pedúnculos hasta 3 mm de largo; flores 13–15 por bráctea fértil. Fruto desconocido.

Rara, en bosques de galería entre sabanas de pinos, Zelaya; 10 m; fl jul; *Grijalva 1665*, *Stevens 21717*; posiblemente endémica de Nicaragua, aunque probablemente pudiera encontrarse en la zona adyacente de Honduras.

VITACEAE Juss.

Clement W. Hamilton y Amy Pool

Trepadoras, bejucos o a veces arbustos escandentes o raramente hierbas o pequeños árboles, generalmente con savia acuosa; tallos generalmente simpódicos, zarcillos generalmente presentes, opuestos a las hojas o en el eje principal de la inflorescencia; plantas hermafroditas o poligamodioicas. Hojas generalmente alternas, simples o compuestas; pecioladas, estípulas generalmente presentes, frecuentemente caducas. Inflorescencias cimosas, racemosas, espigadas o paniculadas, opuestas a las hojas, flores actinomorfas pequeñas, brácteas y bractéolas presentes; cáliz generalmente reducido; pétalos (3) 4 ó 5 (–7), valvados, libres o connados (apicalmente en *Vitis*); disco presente; estambres opuestos a los pétalos; pistilo 1, súpero, frecuentemente inmerso en el disco, lóculos 2, estilo 1, estigma capitado, discoide o lobado. Fruto una baya; semillas 1–4 (–6), embrión embebido en un copioso endosperma.

Familia con 13 géneros y ca 800 especies, principalmente pantropicales y cálido templadas; 3 géneros y 13 especies se encuentran en Nicaragua y 2 especies más se esperan encontrar.

Fl. Guat. 24(6): 293–302. 1949; Fl. Pan. 55: 81–92. 1968; J.A. Lombardi. Types of names in *Ampelocissus* and *Cissus* (Vitaceae) referring to taxa in the Caribbean, Central and N. America. Taxon 46: 423–432. 1997; J.A. Lombardi. Vitaceae - Gêneros *Ampelocissus*, *Ampelopsis* e *Cissus*. Fl. Neotrop. 80. En prensa.

1. Inflorescencias cimosas; flores 4-meras; semillas 1 (–4) .... **Cissus**
1. Inflorescencias paniculadas; flores 5-meras; semillas (1) 2–4
    2. Pétalos libres, patentes; disco bien desarrollado, adnado a y encerrando al ovario, 5 ó 10-lobado o 5 ó 10-sulcado .... **Ampelocissus**
    2. Pétalos connados apicalmente, deciduos como una cúpula; disco reducido a 5 glándulas pequeñas.................. **Vitis**

AMPELOCISSUS Planch.

Ampelocissus javalensis (Seem.) W.D. Stevens & A. Pool, Novon 9: 424. 1999; *Vitis javalensis* Seem.; *Cissus javalensis* (Seem.) Planch.; *A. costaricensis* Lundell.

Bejucos; tallos teretes, no alados, tallos jóvenes blanquecino a ferrugíneo-aracnoideos, zarcillos presentes, dicotómicamente ramificados; plantas hermafroditas. Hojas simples, ovadas a oblongas, a menudo con 3 ó 5 lobos poco profundos, (8–) 15–22 cm de largo y (6.9–) 14–21.5 cm de ancho, ápice acuminado a caudado, base reniforme a cordada, margen dentado, densamente aracnoide a glabrescente, a veces puberulentas en los nervios, superficie abaxial teñida con rojo violeta; pecíolos (2.5–) 8–13.5 cm de largo; estípulas caducas. Inflorescencias panículas densas, 14–34 cm de largo, ramas aracnoides mezcladas con indumento clavado grueso, flores rojo-violetas; cáliz cupuliforme; corola en yema (1–) 1.5–2 mm de largo, pétalos 5, libres; disco sulcado por 5 ranuras profundas y 5 no tan profundas, estilo muy corto y grueso, no persistente, estigma inconspicuo, cóncavo. Fruto obovoide (subgloboso), 15–20 mm de largo, de color bronce; semillas 4, cuneiformes, 12–13 mm de largo.

Rara y tal vez ya no se encuentre en Nicaragua. Seemann publicó el nombre *Vitis javalensis* en 1869 basado en colecciones vivas de las minas de Javalí, en Chontales, que en esa época era un área de bosques siempreverdes húmedos. En la actualidad se la conoce de Costa Rica y Panamá. Género con unas 95 especies de México a Panamá, las Antillas, Africa y Asia. Dos otras especies, *A. acapulcensis* (Kunth) Planch. (México y El Salvador) y *A. erdvendbergiana* Planch. (México, El Salvador y Guatemala), se podrían encontrar en Nicaragua. Ambas ocurren en bosques secos y aparentemente son deciduas, floreciendo cuando las hojas han caído o cuando son muy jóvenes y tienen inflorescencias mucho más pequeñas (3.5–9.4 cm de largo) que nuestra especie. *A. acapulcensis* tiene pedicelos pubescentes y frutos (11–) 15 (–24) mm de largo y *A. erdvendbergiana* tiene pedicelos glabros y frutos 6–8 mm de largo.

CISSUS L.

Trepadoras, bejucos, hierbas o pequeños arbustos; tallos jóvenes glabros o pubescentes, zarcillos presentes, simples o dicotómicamente ramificados; plantas hermafroditas. Hojas simples o 3 (–5)-folioladas, láminas frecuentemente lobadas, márgenes enteros o dentados; estípulas presentes, generalmente caducas. Inflorescencias cimosas, frecuentemente corimbosas; pétalos 4, libres; disco 4-lobado; estilo frecuentemente persistente, estigma discoide. Fruto con 1 (–4) semillas; semillas subglobosas, obovoides, piriformes, lenticulares, a menudo irregularmente triquetras.

Género con ca 350 especies, pantropicales y cálido templadas; 11 especies se encuentra en Nicaragua y 1 adicional se espera encontrar. Se sabe que al menos dos de nuestras especies de *Cissus*, *C. verticillata* ssp. *verticillata* y *C. trifoliata* son parasitadas por un tizón (*Mycosyrinx cissi* (Poir.) Beck) que resulta en la producción de espirales de peculiares estructuras angostamente fusiformes con 2 ó 3 pequeñas puntas apicales. "Pica mano".

1. Hojas 3-folioladas o a veces digitadas en *C. cucurbitina* (también se dice que son raramente 3-folioladas en *C. verticillata*)
    2. Plantas glabras, folíolos marcadamente obtrulados, corola en yema amarilla o verde-amarilla con ápice apiculado .... **C. trifoliata**
    2. Plantas pubescentes, folíolos de varias formas, pero no obtrulados, corola en yema con ápice redondeado o si el ápice agudo a acuminado, las yemas rojas
        3. Yemas axilares conspicuas, clavadas; folíolo terminal generalmente 2–4 cm de largo; fruto maduro blanco o verde .... **C. trianae**
        3. Yemas axilares inconspicuas; folíolo terminal generalmente 3–16.5 cm de largo; fruto maduro purpúreo o negro
            4. Plantas con diminutos tricomas blancos, hojas simples, 3-folioladas y digitadas frecuentemente en el mismo ejemplar, ausentes de los ápices de las ramas reproductivas; corola en yema (2–) 3–4 mm de largo; fruto generalmente con 4 semillas .... **C. cucurbitina**
            4. Plantas con tricomas largos, café-amarillentos a ferrugíneos, hojas 3-folioladas (raramente simples), presentes en los ápices de las ramas reproductivas; corola en yema 1–2.5 mm de largo; fruto generalmente con 1 semilla
                5. Estípulas persistentes y reflexas; tricomas de punta glandular presente, especialmente en pedicelos y cálices, tricomas pilosos simples marcadamente septados, tricomas malpigiáceos ausentes .... **C. alata**
                5. Estípulas persistentes o no, no reflexas; tricomas de punta glandular ausentes, tricomas pilosos simples si presentes no marcadamente septados, tricomas malpigiáceos generalmente presentes
                    6. Domacios tricomatosos ausentes en el envés de la hoja; inflorescencias 7.5–12.5 cm de largo; pedicelos sólo con tricomas malpigiáceos; flores rojas a rojo-anaranjadas ....**C. erosa**
                    6. Domacios tricomatosos presentes en el envés de la hoja en las axilas de los nervios laterales con el nervio principal; inflorescencias 1.5–6 cm de largo; pedicelos con tricomas malpigiáceos o tricomas simple mezclados con tricomas malpigiáceos (o sólo tricomas simples); flores rojas, blancas, amarillas o verdes ....**C. microcarpa**
1. Hojas simples o unifolioladas (también se dice que a veces son así en *C. trifoliata*, *C. erosa* y *C. microcarpa*)
    7. Tricomas malpigiáceos ausentes; flores generalmente blancas, amarillas o verdes; hojas generalmente verde claras o verde amarillentas a olivo obscuras cuando secas
        8. Pedicelos y cáliz hírtulos o puberulentos, pedicelos marcadamente recurvados en el fruto joven; corola en yema 2–3 mm de largo .... **C. tiliacea**
        8. Pedicelos y cáliz glabros (papilados), pedicelos no curvados o sólo ligeramente así en fruto; corola en yema 1–2 mm de largo .... **C. verticillata** ssp. **verticillata**
    7. Tricomas malpigiáceos presentes, mejor observados en las ramas jóvenes, pedicelos y bases de las hojas; flores rojas en las especies más comunes, en las otras rojas, amarillas, verdes o blancas; hojas generalmente con tonos rojizos o cafés cuando secas
        9. Flores amarillentas, blancas o verdes, corola en yema 1–2 mm de largo; pedicelos marcadamente recurvados en el fruto joven
            10. Tallos jóvenes con tricomas malpigiáceos ferrugíneos, adpresos a patentes; hojas de contorno regular, no lobadas, más largas que anchas, ápice acuminado, axilas de los nervios laterales con el nervio principal del envés con domacios de tricomas simples; pedicelos floríferos con tricomas malpigiáceos ferrugíneos y patentes .... **C. cacuminis**
            10. Tallos jóvenes con tricomas malpigiáceos blancos a café-amarillos, adpresos, mezclados con diminutos tricomas puberulentos; hojas a menudo de contorno irregular a lobadas, a menudo más anchas que largas, ápice redondeado a obtuso (agudo), axilas de los nervios sin domacios tricomatosos; pedicelos floríferos con tricomas malpigiáceos blancos y adpresos .... **C. fuliginea**
        9. Flores rojas, corola en yema 2–4 mm de largo; pedicelos no curvados o sólo ligeramente así en fruto

11. Hojas generalmente ausentes en los ápices de las ramas reproductivas, ápice de las hojas simples redondeado, hojas compuestas frecuentemente presentes; corola en yema (2–) 3–4 mm de largo; tricomas malpigiáceos blancos; fruto generalmente con 4 semillas ....**C. cucurbitina**
11. Hojas presentes en los ápices de las ramas reproductivas, ápice generalmente obtuso a acuminado, hojas compuestas ausentes; corola en yema 2–3 mm de largo; tricomas malpigiáceos blancos a café-amarillentos o ferrugíneos; fruto generalmente con 1 semilla
  12. Hojas no lobadas, nervios terciarios conspicuos, cercanos y paralelos entre sí; corola en yema 2–3 mm de largo; fruto (11–) 13–15 mm de largo; tricomas malpigiáceos ferrugíneos .... **C. biformifolia**
  12. Hojas de los nudos no reproductivos generalmente 3 ó 5-lobadas, nervios terciarios reticulados, generalmente inconspicuos; corola en yema 2–2.5 mm de largo; fruto 6.5–10 mm de largo; tricomas malpigiáceos café-amarillentos a blancos .... **C. gossypiifolia**

Cissus alata Jacq., Select. Stirp. Amer. Hist. 23, t. 182, f. 10. 1763; *C. rhombifolia* Vahl.

Bejucos o trepadoras; tallos sulcados, angulados a raramente alados, tallos jóvenes con tricomas translúcidos con septos ferrugíneos, tricomas largos, simples y pilosos a veces mezclados con tricomas de punta glandular; yemas axilares inconspicuas. Hojas 3-folioladas, cartáceas, tricomas pilosos simples, esparcidos a densos, largos y similares a los del tallo y/o cortos, a veces mezclados con tricomas de punta glandular, envés con nervios a menudo aplanados y formando estructuras parecidas a domacios, pero sin concentración de tricomas, nervios terciarios a menudo conspicuos, moderadamente reticulados, láminas (al menos adaxialmente) con tonos cafés a verdes cuando secas; folíolo terminal elíptico o rómbico, (2.3–) 6.8–16.5 cm de largo y (0.8–) 2–9 cm de ancho, ápice agudo a acuminado, base cuneada, peciólulo 0–20 mm de largo, folíolos laterales inequiláteros, elípticos u ovados, (0.4–) 3.5–12 cm de largo y (0.3–) 2–8 cm de ancho, ápice agudo u obtuso, base oblicuo-redondeada, peciólulos 0–5 mm de largo; pecíolos 2.5–8 cm de largo, estípulas reflexas, 4–7.5 mm de largo. Inflorescencias 2.5–5.3 cm de largo, pedicelos 1.5–4 mm de largo, con tricomas simples y ferrugíneos, tricomas hispídulos cortos y gruesos y/o tricomas pilosos similares a los del tallo mezclados con tricomas de punta glandular, marcadamente recurvados en el fruto joven, flores cremas, amarillas, amarillo-verdes o rojizas; cáliz cupuliforme, basalmente con tricomas hispídulos, ferrugíneos, cortos y gruesos mezclados con tricomas de punta glandular y apicalmente granulosos, ápice truncado; corola en yema 1.5–2.5 mm de largo, glabra a papilada (puberulenta), ápice redondeado. Fruto obovoide, 7–9 mm de largo, purpúreo a negro; semilla 1, obovoide, 6–7 mm de largo.

Rara, bosques de galería, de pino-encinos o secos, zona atlántica; 75–280 m; fl ago; *Moreno 24425, Stevens 22990*; México, Nicaragua, Panamá a Bolivia. Una especie similar, *C. osaensis* Lombardi (de Costa Rica y Guatemala) se diferencia por tener

las estípulas no reflexas, peciólulos alados y folíolos de color rojo ladrillo cuando secos y caudados en el ápice. Los tricomas de punta glandular también se conocen en esta especie, pero tal vez son menos comunes ya que no se han observado en los ejemplares estudiados y los tricomas pilosos no son tan marcadamente septados.

Cissus biformifolia Standl., Publ. Field Columbian Mus., Bot. Ser. 4: 225. 1929.

Trepadoras; tallos teretes a tetragonales, no alados, tallos jóvenes con tricomas malpigiáceos ferrugíneos, esparcidos y aplicados; yemas axilares inconspicuas. Hojas simples, variables y dimorfas, glabras o con tricomas malpigiáceos adpresos y esparcidos, y/o nervio principal puberulento, domacios tricomatosos ausentes, nervios terciarios conspicuos, generalmente cercanos y paralelos entre sí, láminas a menudo verdes con tonos rojizos cuando secas (hojas más grandes a veces plateadas en la haz), hojas pequeñas angostamente elípticas a angostamente obovadas, 4–12 cm de largo y 1.5–5 cm de ancho, ápice acuminado, base cuneada, cartáceas, hojas grandes ovadas a ampliamente ovadas, 10–18 cm de largo y 5–13 cm de ancho, ápice agudo a acuminado, base cordada, coriáceas; pecíolos de las hojas pequeñas 1.5–4.5 cm de largo, los de las hojas grandes 3–7 cm de largo, estípulas erectas, 3–4 mm de largo, tempranamente caducas. Inflorescencias 2–3.5 cm de largo, pedicelos 2–4 mm de largo, con tricomas malpigiáceos adpresos, no curvados o rara vez ligeramente curvados en el fruto, flores rojas; cáliz cupuliforme a ligeramente urceolado, glabro o con tricomas malpigiáceos en la base, ápice truncado a undulado (raramente dentado); corola en yema 2–3 mm de largo, glabra o con tricomas malpigiáceos adpresos, ápice redondeado. Fruto obovoide, (11–) 13–15 mm de largo, purpúreo; semilla 1, obovoide, 9–11 (–13) mm de largo.

Común en pluvioselvas, áreas alteradas, zona atlántica; 0–1200 m; fl y fr durante todo el año; *Nee 28379, Stevens 6084*; México a Panamá. *Moreno*

24424 y *24466* se incluyen con duda ya que difieren del resto del material por tener los nervios terciarios reticulados y el cáliz marcadamente urceolado.

Cissus cacuminis Standl., Field Mus. Nat. Hist., Bot. Ser. 17: 375. 1938.

Bejucos o trepadoras; tallos teretes a débilmente tetragonales, no alados, tallos jóvenes con tricomas malpigiáceos ferrugíneos densos a esparcidos, patentes; yemas axilares inconspicuas. Hojas simples, ovadas o lanceoladas, 3–12 cm de largo y 2–8 cm de ancho, ápice acuminado, base truncada a cordada, cartáceas, con tricomas malpigiáceos esparcidos a dispersos, envés con domacios de tricomas simples en las axilas de los nervios secundarios con el principal, nervios terciarios reticulados, láminas con tonos rojo-cafés cuando secas (al menos en la haz); pecíolos 1.1–5.5 cm de largo, estípulas erectas, 2.5–3 mm de largo. Inflorescencias 2.5–3 cm de largo, pedicelos 2–4 mm de largo, con tricomas malpigiáceos patentes, en general marcadamente recurvados en el fruto joven, flores amarillentas o blancas; cáliz ligeramente cupuliforme, glabro o con tricomas malpigiáceos en la base, ápice undulado; corola en yema 1.5–2 mm de largo, glabra a papilada, ápice redondeado. Fruto subgloboso, 6–9 mm de largo, purpúreo; semilla 1, sublenticular, ca 6 mm de largo.

Rara, bosques de pinos, Nueva Segovia; ca 1200 m; fl sep; *Moreno 25897, 26420*; México a Costa Rica. *Cissus brevipes* C.V. Morton & Standl. (México, Costa Rica y Panamá) es similar por tener los tallos jóvenes con tricomas malpigiáceos patentes, hojas simples con nervadura terciaria reticulada y flores amarillentas de tamaño similar. Se diferencia por tener las hojas con base cuneada, sin domacios axilares y generalmente olivo obscuras cuando secas y los frutos elipsoides con semillas obovadas.

Cissus cucurbitina Standl., Contr. U.S. Natl. Herb. 23: 732. 1923.

Bejucos o trepadoras; tallos teretes o débilmente angulados, no alados, tallos jóvenes glabros o con diminuta pubescencia blanca, puberulenta, simple y/o tricomas malpigiáceos adpresos y/o furfuráceos; yemas axilares inconspicuas. Hojas simples, 3-folioladas o digitadas, generalmente las 3 condiciones se encuentran en la misma planta, cartáceas a subcoriáceas, glabras o menudamente adpreso-puberulentas adaxialmente, especialmente en el nervio principal, o esparcidamente adpreso-malpigiáceas abaxialmente, domacios tricomatosos ausentes, nervios terciarios reticulados, conspicuos, láminas con tonos verdes con café o amarillento cuando secas, hojas simples subelípticas, subdeltoides a rómbicas,

(4.4–) 6.6–9.2 (–13.8) cm de largo y (2.3–) 7.2–8.6 (–16) cm de ancho, ápice redondeado, base reniforme, truncada a cuneada; hojas 3-folioladas y digitadas con peciólulos 0–6 (–10) mm de largo, folíolo central ovado, elíptico a suborbicular, (4.5–) 5.4–12.5 (–17) cm de largo y (1.9–) 3.5–9.7 (–10.3) cm de ancho, ápice redondeado a agudo, base cuneada a atenuada, los folíolos laterales en su mayoría inequilátero-oblongos, a menudo lobados, (3.2–) 4.5–12.5 (–15.7) cm de largo y (1.1–) 2–9.3 cm de ancho, ápice redondeado a agudo, base oblicuamente cuneada; pecíolos (1.6–) 7–10 (–19) cm de largo, estípulas adpresas a los pecíolos, 2–4.5 mm de largo. Inflorescencias (3.2–) 4–7.9 cm de largo, pedicelos 2–4 mm de largo, con diminutos tricomas malpigiáceos adpresos, blancos, generalmente sólo ligeramente recurvados en el fruto, flores rojas; cáliz cupuliforme, glabro o con diminutos tricomas malpigiáceos adpresos y blancos, ápice undulado; corola en yema (2–) 3–4 mm de largo, con diminutos tricomas malpigiáceos adpresos y blancos, ápice acuminado a redondeado. Fruto subgloboso, 8–19 mm de largo, purpúreo a negro; semillas generalmente 4, cuneiformes, 6–8 mm de largo.

Conocida en Nicaragua por una sola colección (*Chávez 351*), sin información de la localidad; fl oct; México, El Salvador y Nicaragua.

Cissus erosa Rich., Actes Soc. Hist. Nat. Paris 1: 106. 1792; *C. salutaris* Kunth.

Trepadoras o bejucos; tallos tetragonales, a veces con alas cortas, tallos jóvenes con tricomas malpigiáceos adpresos y esparcidos, café-amarillentos a ferrugíneos; yemas axilares inconspicuas. Hojas 3-folioladas, cartáceas a subcoriáceas, con tricomas malpigiáceos adpresos y esparcidos a veces mezclados con tricomas simples, puberulentos o pilosos, domacios tricomatosos ausentes, nervios terciarios moderada a finamente reticulados, láminas verde-cafés cuando secas; folíolo terminal elíptico, lanceolado, obovado u ovado, 4.5–10 (–15) cm de largo y 1.5–5 (–8) cm de ancho, ápice agudo a subobtuso, base cuneada, peciólulo 0–4 (–9) mm de largo, folíolos laterales inequiláteros, ovados, lanceolados, elípticos a oblongos u obovados, 3.5–8 (–12) cm de largo y 2–5 cm de ancho, ápice agudo a obtuso, base oblicua y subcuneada, peciólulos 0–0.5 (–2) mm de largo; pecíolos 1.8–4.5 (–6.5) cm de largo, estípulas erectas, 3–4 mm de largo. Inflorescencias 7.5–12.5 cm de largo, pedicelos 1.5–3 mm de largo, con tricomas malpigiáceos patentes, sólo rara y ligeramente curvos en el fruto o no así, flores rojo brillantes a rojo-anaranjadas; cáliz cupuliforme, glabro o con algunos tricomas malpigiáceos en la base, ápice truncado a erosamente lobado; corola en yema 1.5–1.7 mm de largo, glabra, ápice redondeado. Fruto globoso a subpiriforme, 5–7.5 mm de largo, negro; semilla 1, piriforme, 4–7 mm de largo.

Rara en bosques húmedos o de pinos, zonas atlántica y norcentral; 300–900 m; fl ago–oct, fr inmaduros sep; *Grijalva 1620, Stevens 10422*; México a Brasil y Paraguay, también en las Antillas. Especímenes con hojas simples pero irregularmente 3-lobadas se conocen de Sudamérica. Otra especie, *C. obliqua* Ruiz & Pav., de Costa Rica a Perú y Bolivia, se podría encontrar en Nicaragua. Si bien se puede confundir con *C. erosa* y *C. microcarpa*, se diferencia de ambas por carecer de tricomas simples y por tener el cáliz generalmente redondeado-lobado y los peciólulos más largos (el terminal (4–) 11.5–27.5 (–37.5) mm de largo y los laterales (2–) 5–8 (–24) mm de largo), de *C. microcarpa* por carecer de domacios tricomatosos y de *C. erosa* por tener inflorescencias generalmente más pequeñas, 2.7–6.6 (–12.8) cm de largo.

Cissus fuliginea Kunth in Humb., Bonpl. & Kunth, Nov. Gen. Sp. 5: 224. 1822; *C. pseudosicyoides* Croat.

Bejucos o trepadoras; tallos teretes a angulares, no alados, tallos jóvenes con tricomas malpigiáceos adpresos, blancos a café-amarillentos mezclados con diminutos tricomas puberulentos (glabrescentes); yemas axilares inconspicuas. Hojas simples, variables, generalmente de contorno irregular, ovadas a reniformes (3 ó 5 lobadas en los nudos vegetativos), 6–10 cm de largo y 4.5–9.5 cm de ancho, ápice obtuso o redondeado (agudo), base cordada a cuneada, cartáceas, con tricomas malpigiáceos esparcidos, con o sin nervios principal y laterales menudamente puberulentos (glabrescentes), domacios tricomatosos ausentes, nervios terciarios reticulados, láminas olivo-cafés u olivo-grisáceas cuando secas; pecíolos 2.5–8 cm de largo, estipulas erectas, 2–3 mm de largo. Inflorescencias 1.5–2.8 (–4) cm de largo, pedicelos 1.5–3.5 mm de largo, con tricomas malpigiáceos adpresos a veces mezclados con diminutos tricomas puberulentos (glabrescentes), marcadamente recurvados en el fruto joven, flores verdes; cáliz cupuliforme, con tricomas malpigiáceos en la base, ápice truncado a undulado; corola en yema 1.5–2 mm de largo, con tricomas malpigiáceos adpresos o glabra, ápice redondeado. Fruto globoso, 5.5–7 mm de largo, purpúreo o negro-purpúreo; semilla 1, subglobosa, ca 4–5 mm de largo.

Poco común, bosques secos, zona pacífica; 80–300 m; fl ago–sep, fr joven oct; *Moreno 24470, Robleto 1378*; Nicaragua a Venezuela. Los especí-menes que no indican el color de la flor se confunden fácilmente con *C. gossypiifolia*; las corolas en yema de esta última son ligeramente más grandes, 2–2.5 mm de largo, los pedicelos son derechos en los frutos jóvenes y la presencia de hojas lobadas es mucho más común. *C. fuliginea* también es similar a *C. descoingsii* Lombardi (Costa Rica a Perú y Brasil) pero la última se diferencia por tener los tricomas malpigiáceos ferrugíneos, hojas bicoloras con el envés ocráceo a amarillento y papilado, y el fruto obovoide.

Cissus gossypiifolia Standl., Publ. Field Columbian Mus., Bot. Ser. 8: 23. 1930.

Bejucos o trepadoras; tallos tetragonales, no alados, tallos jóvenes con diminutos tricomas malpigiáceos adpresos, blancos a café-amarillentos a menudo mezclados con diminutos tricomas puberulentos, esparcidos a glabros; yemas axilares inconspicuas. Hojas simples, variables, las de los nudos cercanos a las inflorescencias generalmente de contorno irregular, ovadas, rómbicas, lanceoladas o elípticas y aquellas en las ramas vegetativas (y algunas en las ramas fértiles) 3 ó 5-lobadas, 5–13.5 cm de largo y 2.5–13 cm de ancho, ápice agudo u obtuso (redondeado o acuminado), base cuneada, truncada a cordada, cartáceas, con tricomas malpigiáceos esparcidos o glabras, domacios tricomatosos ausentes, nervios terciarios reticulados, a menudo inconspicuos, láminas verde-rojizas cuando secas; pecíolos 1.5–9.5 cm de largo, estípulas erectas, 1.5–2.5 mm de largo. Inflorescencias 2.5–5 cm de largo, pedicelos 1.5–2.5 mm de largo, con tricomas malpigiáceos adpresos, sólo ligeramente curvados en fruto o no así, flores rojas; cáliz cupuliforme, con tricomas malpigiáceos en la base, ápice deltoide-lobado o redondeado-lobado a undulado; corola en yema 2–2.5 mm de largo, con tricomas malpigiáceos adpresos, ápice redondeado a truncado. Fruto obovoide (subgloboso), 6.5–10 mm de largo, purpúreo o negro-purpúreo; semilla 1, obovoide, ca 5–7 mm de largo.

Esperada en Nicaragua; conocida de México, Guatemala, Belice, Costa Rica y Colombia. Las colecciones que no incluyen hojas lobadas se pueden confundir con *C. biformifolia*.

Cissus microcarpa Vahl, Eclog. Amer. 1: 16. 1797; *Vitis chontalensis* Seem.; *C. chontalensis* (Seem.) Planch.

Bejucos o trepadoras; tallos teretes a subangulados, no alados o con alas erosas; tallos jóvenes con tricomas café-amarillentos a ferrugíneos, malpigiáceos y adpresos y/o simple-pilosos; yemas axilares inconspicuas. Hojas 3-folioladas (raramente aquellas no asociadas con las inflorescencias son simples y profundamente lobadas), cartáceas a subcoriáceas, con tricomas malpigiáceos esparcidos a densos y/o tricomas pilosos simples, envés con domacios de tricomas simples en las axilas de los nervios secundarios con el nervio principal, nervios terciarios a menudo conspicuos, paralelos a laxamente reticulados, láminas con tonos cafés o verde obscuros (rojizos) cuando secas (al menos en la haz); folíolo terminal elíptico, obovado o subrómbico (orbicular u oblanceolado), 3–13 (–17) cm de largo y 1.4–10 cm de ancho, ápice agudo a acuminado, base atenuada (cuneada), peciólulo 0–8 (–23) mm de largo, folíolos laterales inequiláteros, elípticos, oblongos u ovados, 3–12 cm de largo y 1–8 cm de ancho, ápice agudo, acuminado u obtuso, base oblicuo-redondeada u oblicuo-cuneada, peciólulos 0–5 (–15) mm de largo; pecíolos 1.5–8 cm de largo, estípulas erectas, 2–4.5 mm de largo. Inflorescencias 1.5–6 cm de largo, pedicelos 1.5–5 mm de largo, con tricomas malpigiáceos adpresos a patentes o tricomas malpigiáceos adpresos mezclados con tricomas simples y pilosos o puberulentos, raramente glabros a papilados o sólo puberulentos, en general ligeramente curvados a marcadamente recurvados en los frutos tempranos (raramente se mantienen rectos), flores rojas, blancas, amarillas o amarillo-verdes; cáliz cupuliforme, generalmente con tricomas malpigiáceos en la base, raramente glabro a papilado o granuloso apicalmente, ápice truncado; corola en yema 1–2 mm de largo, con tricomas malpigiáceos esparcidos o glabra a papilada, ápice redondeado. Fruto obovoide, 7.5–9.5 (–13) mm de largo, purpúreo a negro; semilla 1, obovoide, 5.5–7 (–9) mm de largo.

Muy común, en bosques húmedos y áreas perturbadas en todo el país; 0–1300 m; fl y fr durante todo el año; *Sandino 1370, 1687*; México a Bolivia y en las Antillas. Esta es una especie extremadamente variable a lo largo de toda su distribución y en Nicaragua. Los ejemplares con flores blancas o amarillentas a amarillo-verdes con frecuencia se han identificado como *C. rhombifolia* (un sinónimo de *C. alata*). La mayoría de especímenes tienen al menos algunos tricomas malpigiáceos, pero otros como por ejemplo *Guzmán 1870* y *Grijalva 1373*, carecen totalmente de tricomas malpigiáceos. *Stevens 4935* se parece a *C. serrulatifolia* L.O. Williams (incluyendo *C. allenii* Croat, conocida de México, Costa Rica y Panamá) por carecer de tricomas malpigiáceos, por tener peciólulos inusualmente largos para *C. microcarpa*, domacios axilares tricomatosos (encontrados en ambas especies), pedicelos puberulentos y cálices granulosos. Sin embargo, *C. serrulatifolia* tiene cálices marcadamente urceolados.

Cissus tiliacea Kunth in Humb., Bonpl. & Kunth, Nov. Gen. Sp. 5: 222. 1822; *C. subtruncata* Rose; *C. pallidiflora* Lundell.

Bejucos o trepadoras; tallos teretes, no alados, tallos jóvenes con tricomas pilosos, simples, densos, blancos a café-amarillentos; yemas axilares inconspicuas. Hojas simples, ovadas a reniformes u obovadas (3 ó 5-lobadas), 3.5–7 cm de largo y 3–6.5 cm de ancho, ápice obtuso o redondeado (agudo), base cuneada a truncada o cordada, cartáceas, pilosas, nervios a veces aplanados y formando estructuras en forma de domacios, pero sin concentración de tricomas, nervios terciarios reticulados, láminas cuando secas verde claras; pecíolos 1–3 cm de largo, estípulas erectas, ca 1.5 mm de largo. Inflorescencias 2–3 cm de largo, pedicelos 2–3 mm de largo, hírtulos (puberulentos), marcadamente recurvados en el fruto joven, flores blancas; cáliz cupuliforme, hírtulo (puberulento), ápice undulado; corola en yema 2 (–3) mm de largo, glabra, ápice redondeado a ligeramente apiculado. Fruto subgloboso, 6–8 mm de largo, purpúreo; semilla 1, subglobosa a obovoide, 4–6 mm de largo.

Poco común, bosques secos, zona pacífica; 90–200 m; fl y fr joven jul–sep; *Moreno 1220, 3280*; México a Nicaragua. Los ejemplares del centro de México difieren de los nuestros por ser a menudo menos pubescentes y por tener pedicelos y cálices glabros.

Cissus trianae Planch. in A. DC. & C. DC., Monogr. Phan. 5: 555. 1887; *C. martiniana* Woodson & Seibert.

Bejucos o arbustos postrados; tallos teretes a subangulados, no alados, tallos jóvenes con tricomas malpigiáceos adpresos, ferrugíneos y esparcidos o glabros; yemas axilares conspicuas, clavadas. Hojas 3-folioladas, cartáceas, glabras o con tricomas malpigiáceos adpresos y esparcidos, sin domacios tricomatosos, nervios terciarios inconspicuos, reticulados, láminas negras, olivo obscuras, cafés o grises en la haz cuando secas, peciólulos ausentes; folíolo terminal elíptico a obovado, (1.5–) 2–4 (–6) cm de largo y (0.7–) 1–2.5 (–3) cm de ancho, ápice obtuso a agudo, base cuneada, folíolos laterales inequiláteros, obovados a obovado-elípticos, 1.5–4 (–5) cm de largo y (0.5–) 1–2 (–3) cm de ancho, ápice obtuso a agudo, base oblicuamente cuneada; pecíolos 1.5–3.5 cm de largo, estípulas erectas, 1.3–3 mm de largo. Inflorescencias 1.5–3.5 cm de largo, pedicelos 2.6–3 (–4) mm de largo, con tricomas malpigiáceos adpresos esparcidos a glabros, no curvados en el fruto, flores verde pálidas; cáliz cupuliforme, glabro, ápice ovado-lobado; corola en yema (1–) 2–2.3 mm de largo, glabra a papilada, ápice redondeado. Fruto globoso,

6–10 mm de diámetro, verde a blanco; semilla 1, piriforme, 5–7 mm de largo.

Rara, conocida en Nicaragua de material estéril, en nebliselvas, zonas pacífica y norcentral; 1200–1600 m; *Stevens 21226*, *Tomlin 134*; sur de México a Brasil y Bolivia.

Cissus trifoliata (L.) L., Syst. Nat., ed. 10, 2: 897. 1759; *Sicyos trifoliata* L.

Trepadoras o bejucos; tallos teretes, no alados, tallos jóvenes glabros; yemas axilares inconspicuas. Hojas 3-folioladas; folíolos obtrulados, 1–4.8 (–6.5) cm de largo y 0.6–3.7 (–5.6) cm de ancho, ápice redondeado a agudo, base cuneada a atenuada, suculentas pero cartáceas cuando secas, glabras, domacios tricomatosos ausentes, nervios terciarios inconspicuos, reticulados, láminas verde claras cuando secas, peciólulos terminales 0 (–10) mm de largo, peciólulos laterales 0 (–5) mm de largo; pecíolos (0.4–) 0.8–3.5 cm de largo, estípulas patentes, 2–5 mm de largo. Inflorescencias 2–4.2 cm de largo, pedicelos 2.5–4.5 (–5.5) mm de largo, glabros, ligeramente curvados a marcadamente recurvados en el fruto joven, flores amarillas o verde-amarillas; cáliz cupuliforme, glabro, ápice truncado a deltoide-lobado; corola en yema 1.5–3 mm de largo, glabra, ápice apiculado. Fruto subgloboso a obovado, 6–13 mm de largo, purpúreo; semilla 1, subglobosa a obovoide, 5–7 mm de largo.

Conocida en Nicaragua por una sola colección (*Moreno 21504*) de bosques secos, Boaco; 140–160 m; fl jun; sur de los Estados Unidos, México, Nicaragua, norte de Sudamérica y en las Antillas.

Cissus verticillata (L.) Nicolson & C.E. Jarvis ssp. **verticillata**, Taxon 33: 727. 1984; *Viscum verticillatum* L.; *C. sicyoides* L.; *C. digitinervis* Ram. Goyena.

Trepadoras o arbustos escandentes; tallos teretes, no alados, tallos jóvenes con tricomas pilosos simples, blancos a amarillentos, densos a esparcidos, puberulentos o glabros; yemas axilares inconspicuas. Hojas simples, variables pero no marcadamente dimorfas, ampliamente ovadas a ovado-elípticas a oblongas (lobadas a laciniadas), 2.5–15 cm de largo y 1.7–12.5 cm de ancho, ápice agudo a cortamente acuminado, base redondeada a cordada a subhastada, cartáceas, glabras a densamente pilosas, tricomas simples, nervios a menudo aplanados y formando estructuras como domacios, pero sin concentración de tricomas, nervios terciarios moderada a débilmente reticulados, láminas con tonos amarillentos a olivo obscuros cuando secas; pecíolos 1–6.5 (–8.5) cm de largo, estípulas erectas, 2–4 mm de largo. Inflorescencias 2.5–10 cm de largo, pedicelos 2–3 mm de largo, glabros (papilados), sólo ligeramente curvados en el fruto o no así, flores blanco-verdosas, blancas, amarillas (rojas); cáliz cupuliforme, glabro, ápice truncado a redondeado-lobado o deltoide-lobado; corola en yema 1–2 mm de largo, glabra, ápice redondeado (agudo o apiculado). Fruto obovoide a globoso, 6.5–10 mm de largo, purpúreo a negro; semilla 1, obovoide, 3.5–5 mm de largo.

Muy común en ambientes naturales y alterados en todas las zonas del país; 0–1500 m; fl y fr durante todo el año; *Moreno 14014, 18584*; sureste de los Estados Unidos a Sudamérica y también en las Antillas. Se dice que esta subespecie tiene hojas 3-folioladas en raras ocasiones, pero esto no se ha observado en Centroamérica. Sólo un espécimen con flores rojas se conoce de Nicaragua (*Moreno 1680*, también con cáliz curiosamente urceolado) y sólo uno (estéril y con identificación cuestionable) con hojas lobado-laciniadas. Este último podría ser *C. tiliacea*, que raramente presenta hojas laciniadamente lobadas.

VITIS L.

Bejucos; tallos jóvenes glabros a densamente tomentosos, zarcillos presentes, generalmente ramificados; plantas poligamodioicas. Hojas simples (en Nicaragua) o compuestas, generalmente lobadas, margen dentado; estípulas presentes, caducas. Inflorescencias panículas de pseudoumbelas, flores perfectas o estaminadas; pétalos 5, fusionados apicalmente para formar una caperuza decidua; disco de 5 glándulas libres o connadas; estilo no conspicuamente persistente, estigma generalmente 2-lobado. Fruto con (1) 2–4 semillas; semillas irregularmente piriformes, extremos angostos y rostrados.

Género con ca 65 especies del hemisferio norte, mayormente templadas; 2 especies, sólo 1 nativa en Nicaragua. Ambas especies, especialmente *V. vinifera* son cultivadas por su fruto comestible. "Uva".

1. Hojas densamente tomentosas, rojo-café pálidas en el envés, láminas levemente 3-lobadas; fruto esférico, 4.5–6.5 mm de diámetro .... **V. tiliifolia**
1. Hojas flocosas tornándose glabras en el envés, láminas profundamente 3 ó 5-lobadas; fruto elipsoide, 8–20 mm de largo y 7–12 mm de ancho .... **V. vinifera**

Vitis tiliifolia Humb. & Bonpl. ex Roem. & Schult., Syst. Veg. 5: 320. 1819.

Bejucos; tallos jóvenes densamente flocoso-tomentosos, glabrescentes, zarcillos opuestos a las hojas o surgiendo desde un pedúnculo, 1 vez ramificados. Hojas ovadas a levemente 3-lobadas, 7–16 cm de largo y 7–13 cm de ancho, ápice acuminado, base cordada, cartáceas, densamente rojo pálido tomentosas en el envés; pecíolos 4–12 cm de largo, estípulas redondeado-irregulares, 1–2 mm de largo, ápice obtuso. Eje principal de las inflorescencias 6–12 (–20) cm de largo, flores verdes. Fruto esférico, 4.5–6.5 mm de diámetro, morado obscuro; semillas (1) 2, ovoide-irregulares, 4–4.5 mm de largo.

Común en ambientes naturales o alterados, en todas las zonas del país; 100–1300 m; fl y fr durante todo el año; *Moreno 16131*, *Robleto 855*; Mesoamérica, Colombia y en las Antillas. Medicinal para los riñones. "Miona negra".

Vitis vinifera L., Sp. Pl. 202. 1753.

Bejucos; tallos jóvenes escasamente flocosos, tricomas persistentes, zarcillos opuestos a las hojas, 1 vez ramificados. Hojas profundamente 3 ó 5-lobadas, 4–15 cm de largo y 4–17 cm de ancho, ápice agudo a acuminado, base auriculada, cartáceas, frecuentemente flocosas tornándose glabras en el envés; pecíolos 2–13 cm de largo, estípulas irregulares, 1–2 mm de largo, ápice obtuso, laciniado. Eje principal de la inflorescencia 3–16 cm de largo, flores verdes a rojizas. Fruto elipsoide, 8–20 mm de largo y 7–12 mm de ancho, rojo obscuro o verde; semillas 2–4, elipsoide-irregulares, 3–4 mm de largo.

No ha sido aún colectada en Nicaragua, pero se encuentra cultivada. Esta especie es ampliamente cultivada en todo el mundo especialmente en climas con lluvias invernales moderadas.

VOCHYSIACEAE Endl.

James S. Miller

Arboles o arbustos, frecuentemente con savia resinosa; plantas hermafroditas. Hojas opuestas o verticiladas, simples, enteras, pinnatinervias; estípulas pequeñas y generalmente deciduas, a veces reducidas a glándulas o ausentes. Inflorescencias racemosas, paniculadas o tirsoides, terminales o axilares, flores zigomorfas, bibracteoladas; sépalos 5, connados en la base, imbricados, desiguales, 1 generalmente espolonado en la base; pétalos 1–3 (–5); estambres 1–5 (–7), anteras ditecas; ovario súpero, 3-carpelar, 3-locular, placentación axial. Fruto generalmente una cápsula loculicida; semillas frecuentemente aladas.

Familia con 7 géneros, todos neotropicales excepto *Erismadelphus* que es africano, con ca 200 especies. Sólo *Vochysia* y *Qualea* se encuentran en Centroamérica; 2 géneros y 3 especies en Nicaragua.

Fl Guat. 24(6): 2–5. 1949; Fl. Pan. 54: 1–7. 1967.

1. Pétalos 1; frutos con más de 1 semilla por lóculo .... **Qualea**
1. Pétalos 3; frutos con 1 semilla por lóculo .... **Vochysia**

QUALEA Aubl.

Qualea sp. A.

Arboles 18–25 m de alto; ramitas glabras, yemas axilares cafés, estrigosas. Hojas opuestas, láminas lanceoladas a lanceolado-oblongas, 8.5–16 cm de largo y 2–5 cm de ancho, ápice acuminado a caudado, base obtusa, el nervio principal impreso en la haz, prominente y ligeramente alado en el envés, glabras; pecíolos 2–5 mm de largo, adaxialmente acanalados, estípulas ovadas ca 1 mm de largo, con una cresta estipular ligeramente pubescente, generalmente con 1 par de glándulas axilares globosas.

Poco común, en bosques muy húmedos, zona atlántica; 0–100 m; *Laguna 128*, *Stevens 8837*; Nicaragua, Costa Rica y posiblemente Colombia (Chocó). Género neotropical con ca 65 especies concentradas en la Amazonia. La entidad representada en Nicaragua se conoce de 3 colecciones estériles. Es muy cercana a *Qualea lineata* Stafleu pero se diferencia por las hojas más angostas y ápices más prolongados. La asignación exacta de esta especie tendrá que esperar hasta tener material con flores.

F. Stafleu. A monograph of the Vochysiaceae III. *Qualea*. Acta Bot. Neerl. 2: 144–217. 1953.

VOCHYSIA Aubl.

Arboles o arbustos. Hojas opuestas o verticiladas, coriáceas; estípulas pequeñas y deciduas. Inflorescencias tirsoides con cincinos de 1–numerosas flores, terminales o axilares; cáliz con uno de los lobos muy alargado y generalmente con apariencia de espolón; pétalos generalmente 3, amarillos a anaranjados, el pétalo central mucho más grande que los laterales; ovario con 2 óvulos por lóculo. Cápsulas triangulares; 1 semilla por lóculo, alada.

Género neotropical ampliamente distribuido, con ca 100 especies concentradas en la Amazonia; 2 especies se conocen en Nicaragua.

F. Stafleu. A monograph of the Vochysiaceae I. *Salvertia* and *Vochysia*. Recueil Trav. Bot. Néerl. 41: 397–540. 1948.

1. Hojas opuestas, ápice acuminado a caudado, envés ferrugíneo-pubescente .... **V. ferruginea**
1. Hojas en verticilos de (2–) 3 (–4), ápice obtuso a cortamente acuminado, envés glabro .... **V. guatemalensis**

Vochysia ferruginea Mart., Nov. Gen. Sp. Pl. 1: 151, t. 92. 1826; *Cucullaria ferruginea* (Mart.) Spreng.; *V. tomentosa* Seem.; *Vochya ferruginea* (Mart.) Standl.

Arboles hasta 30 m de alto, las ramitas densamente ferrugíneo-pubescentes. Hojas opuestas, angostamente elípticas a lanceolado-elípticas, 6.5–16 cm de largo y 2.5–4.5 cm de ancho, ápice acuminado a caudado, base obtusa a cuneada, haz glabra, envés ferrugíneo-pubescente, muy densamente así a lo largo de los nervios principales; pecíolos 4–10 mm de largo. Inflorescencias alargadas con cincinos de 1–5 flores; cáliz con un espolón alargado, fuertemente recurvado, estriguloso; pétalos 3, amarillo-anaranjados. Cápsulas 1.5–3 cm de largo y 0.7–1 cm ancho; semillas samaroides, 1.8–2.5 cm de largo, con tricomas largos aplicados.

Común, en bosques muy húmedos, zona atlántica; 0–300 (–1200) m; fl abr–jul, fr jul–oct; *Robleto 671, Stevens 8495*; Honduras a Panamá.

Vochysia guatemalensis Donn. Sm., Bot. Gaz. (Crawfordsville) 12: 131, t. 23. 1887; *Vochya guatemalensis* (Donn. Sm.) Standl.; *Vochysia hondurensis* Sprague; *Vochya hondurensis* (Sprague) Standl.

Arboles hasta 40 m de alto, las ramitas estrigulosas a glabras, frecuentemente anguladas a ligeramente acostilladas. Hojas en verticilos de (2) 3 (4), oblongas a elíptico obovadas, 6–17 cm de largo y 3–6 cm de ancho, ápice obtuso a cortamente acuminado, base aguda a cuneada, glabras; pecíolos 1.3–3 cm de largo. Inflorescencias alargadas con cincinos de 2–5 flores; cáliz con un espolón alargado, casi recto, glabro; pétalos 3, amarillos. Cápsulas 4–5 cm de largo y 1.5–2 cm de ancho; semillas samaroides, 2.5–3 cm de largo, con tricomas dispersos aplicados.

Común, en bosques muy húmedos, zona atlántica; 0–800 m; fl abr–jun, fr sep; *Moreno 26324, Vincelli 526*; México hasta Nicaragua. En Zelaya este es un árbol maderable que al parecer se usa para madera contrachapada. "Palo de agua".

XYRIDACEAE C. Agardh

Robert Kral

Hierbas arrosetadas o caulescentes, graminiformes, terrestres o raramente acuáticas; raíces mayormente delgadas, fibroso-difusas, eje simpódico o monopódico; plantas hermafroditas. Hojas alternas, dísticas o espiraladas, a veces liguladas, las bases anchas, vainas patentes, frecuentemente equitantes y carinadas, las láminas lateral y dorsiventralmente comprimidas, raramente teretes, anguladas o variadamente acanaladas. Inflorescencia lateral o terminal, escapífera (raramente subsésil), los escapos 1–pocos desde las axilas de las vainas u hojas internas del escapo, desnudos o con hojas bracteales distantes o aproximadas, apicalmente cada escapo con 1 o más espigas imbricado-bracteadas, capítulos o panículas de espigas; flores 1–numerosas, solitarias, subsésiles o pediceladas, en las axilas de brácteas paleáceas, coriáceas o escariosas, perianto en 2 verticilos separados; sépalos (2–) 3, el anterior (interno) una escama reducida, o subigual a los otros, o (*Xyris*) membranáceo y rodeando la corola, desprendiéndose a medida que la flor se abre, los otros 2 subopuestos, conniventes a basalmente connados, paleáceos, mayormente naviculares, a menudo carinados, persistentes alrededor del fruto maduro; pétalos 3, iguales o desiguales, libres o unidos e hipocrateriformes o bilabiados, amarillos a blancos, azules o púrpuras, en su mayoría angostados a uñas conniventes o a un tubo delgado; estambres 3, epipétalos, estaminodios (1–) 3, escuamiformes, filamentosos o 2-braquiales y plumosos o ausentes, anteras tetraesporangiadas, generalmente ditecas en la antesis, con dehiscencia introrsa o lateral, abriéndose longitudinalmente; gineceo 3-carpelar, el ovario 1-locular hasta parcial o completamente 3-locular, la placentación marginal, parietal, basal, libre-central o axilar (todas estas condiciones encontradas en *Xyris*, en todos los otros géneros estrictamente axilares), estilo terminal, distalmente tubular, delgado, a veces con apéndices, apicalmente 3-ramificado o variadamente laminar, papilado o fimbriado, estigmas 3. Fruto capsular, mayormente loculicida; semillas generalmente numerosas (raramente 1), en su mayoría con fuertes crestas longitudinales y líneas finas al través, translúcidas u opaco-farinosas, el embrión pequeño, situado en la base de un abundante endosperma carnoso.

Familia con 5 géneros y ca 300 especies, la mayoría en *Xyris*, que es el único género no confinado al Nuevo Mundo, con la mayoría de especies en Sudamérica, pocas en Norte y Centroamérica, Africa y Australasia; los 4 géneros restantes son pequeños y en su mayoría confinados al norte de Sudamérica; 6 especies se conocen en Nicaragua y 3 especies y 1 variedad se esperan encontrar.

Fl. Guat. 24(1): 370–373. 1958; Fl. Pan. 31: 63–64. 1944; Fl. Mesoamer. 6: 174–177. 1994; G.O.A. Malme. Xyridaceae. N. Amer. Fl. 19: 3–15. 1937; R. Kral. The genus *Xyris* (Xyridaceae) in Venezuela and contiguous northern South America. Ann. Missouri Bot. Gard. 75: 522–722. 1988; R. Kral. A treatment of American Xyridaceae exclusive of *Xyris*. Ann. Missouri Bot. Gard. 79: 819–885. 1992.

XYRIS L.

Eje simpódico, generalmente corto; follaje externamente liso a variadamente papiloso o áspero. Hojas exteriores frecuentemente escamiformes, hojas principales mayormente lineares, equitantes, dísticas, las vainas se estrechan gradual o abruptamente en la unión con la lámina, y allí con o sin una lígula o aurícula, márgenes de la vaina ventral convergentes hasta formar un lado de la lámina, la quilla dorsal o el nervio forman el otro lado. Escapo envainado en la base, el resto desnudo, produciendo una cabezuela cónica o espiga terminal de brácteas paleáceas espiraladas o dísticamente imbricadas, las inferiores generalmente estériles, las fértiles cada una con una flor axilar sésil; sépalos zigomorfos, los 2 posteriores opuestos, conniventes alrededor de la base floral, libres o a veces raramente connados, el interno escarioso; pétalos iguales, libres, láminas amarillas a blancas o raramente anaranjadas; estambres iguales, estaminodios subiguales, 2-braquiales, barbados o a veces raramente reducidos y sin barba; ovario 1-locular o a veces parcialmente 3-locular, placentación al menos parcialmente marginal o parietal, axial, basal o libre-central.

Las 6 especies conocidas de Nicaragua pertenecen a la sección *Xyris*, la cual se distingue de las otras 2 secciones por su ovario 1-locular, parietal o marginal, aunque algunas especies de la sección *Xyris* tienen transición a placentación axial en la base del ovario; 3 especies adicionales se esperan encontrar.

1. Placentación central; quilla de los sépalos laterales firme, ciliolada .... **X. paraensis**
1. Placentación marginal o parietal (axial en la base del ovario en *X. elliottii*); quilla de los sépalos laterales variada
    2. Quilla de los sépalos laterales firme, entera a ciliolado-escábrida
        3. Láminas de las hojas con márgenes escabrosos, 5 mm de ancho o más anchas; brácteas fértiles 7–10 mm de largo, erectas y estrechamente imbricadas al madurar; sépalos laterales 5–6 mm de largo ... **X. ambigua**
        3. Láminas de las hojas con márgenes enteros o papilosos distalmente, 1–3 (–5) mm de ancho; brácteas fértiles 4–5 mm de largo, ápices patentes al madurar; sépalos laterales 3.5–4.5 mm de largo .... **X. navicularis**
    2. Quilla de los sépalos laterales delgada, lacerada o fimbriado-lacerada al menos distalmente
        4. Semillas oblongo-cilíndricas, 0.6–1 mm de largo
            5. Escapos igual o más anchos que las láminas de las hojas, distalmente teretes o angulados; espigas ampliamente ovoides a subglobosas, 4–7 mm de largo; estaminodios sin barbas .... **X. baldwiniana**
            5. Escapos definitivamente más angostos que las láminas de las hojas, distalmente leve hasta muy comprimidos; espigas maduras ovoides a elipsoides o cilíndricas, 10–40 mm de largo; estaminodios barbados

6. Apices de los sépalos laterales incluidos; semillas farinosas, café obscuras; los pétalos se abren por la mañana y se cierran al mediodía .... **X. laxifolia** var. **laxifolia**

6. Apices de los sépalos laterales exertos; semillas translúcidas, de color ámbar o café pálidas; los pétalos se abren al final de la tarde .... **X. smalliana**

4. Semillas elipsoidales u ovoides, 0.4–0.6 mm de largo

   7. Extremo distal del escapo con más de 2 crestas (costillas) pronunciadas, éstas y frecuentemente los senos, papiloso-escábridos; vainas de las hojas matizadas de rosado o morado cerca de la base

      8. Semillas de color ámbar, translúcidas; plantas mayormente 10–20 cm de alto; escapos filiformes; espigas maduras 3–5 (–7) mm de largo, agudas .... **X. difformis** var. **curtissii**

      8. Semillas farinosas, opacas; plantas generalmente de más de 20 cm de alto; escapos lineares; espigas maduras (3–) 4–8 (–12) mm de largo, angostamente agudas o acuminadas .... **X. difformis** var. **floridana**

   7. Extremo distal del escapo terete y sin crestas o con no más de 2 crestas pronunciadas, las crestas lisas o papilosas, los senos lisos; vainas de las hojas dorado lustrosas, cafés, verdes, o pajizas cerca de la base

      9. Hojas con márgenes engrosados y pálidos, lisos a papilosos, superficie de la hoja lisa; escapos sin crestas pronunciadas; brácteas fértiles maduras con ápices lacerados; ápices de los sépalos laterales frecuentemente exertos; base de la planta dura, dorado lustrosa o café ... **X. elliottii**

      9. Hojas con márgenes no engrosados ni pálidos; escapos generalmente con al menos 1 cresta pronunciada; brácteas fértiles maduras con ápices enteros o ligeramente erosos; ápices de los sépalos laterales incluidos; base de la planta suave, ni dorado lustrosa ni café .... **X. jupicai**

Xyris ambigua Beyr. ex Kunth, Enum. Pl. 4: 13. 1843.

Perennes, 0.5–1 m de alto, base sub-bulbosa, dura, cubierta con los vestigios fibrosos de las bases de las hojas viejas. Hojas flabelado-patentes, ampliamente lineares, 10–50 cm de largo y 5–15 mm de ancho, ápice agudo-curvado, margen escábrido. Escapos algo comprimidos, generalmente bicostados distalmente; espigas maduras ovoides, elipsoidales, o lanceolado-cilíndricas, mayormente 1–2.5 cm de largo; brácteas fértiles erectas, 7–10 mm de largo, subenteras, estrechamente imbricadas, áreas dorsales conspicuas, verdes o cafés; sépalos laterales 5–6 mm de largo, ciliados, café lustrosos, con una quilla firme entera a ciliolado-escábrida. Semillas ovoide-elipsoidales, ca 0.5 mm de largo, de color ámbar con líneas finas.

Frecuente, en sabanas húmedas a muy húmedas, norte de la zona atlántica; 0–100 m; fl y fr durante todo el año; *Stevens 8182, 10425*; sureste de los Estados Unidos a Nicaragua y también en Cuba. Es la única especie en Nicaragua con las quillas de los sépalos ciliadas.

Xyris baldwiniana Schult., Mant. 1: 351. 1822; *X. juncea* Baldwin ex Elliott; *X. setacea* Chapm.

Perennes fasciculadas, 0.2–0.5 m de alto, base firme, lustrosa, café o café-rojiza. Hojas ascendentes a erectas, angostamente lineares a filiformes, hasta 30 cm de largo y 1–1.5 mm de ancho, atenuadas hasta formar ápices delgadamente cónicos, teretes a anguladas, lisas. Escapos teretes o angulados; espigas maduras ampliamente ovoides a subglobosas o ampliamente elipsoidales, 4–7 mm de largo;

brácteas fértiles ovadas a obovadas, 4–5 mm de largo, sin carinas, laceradas en el ápice al envejecer, laxamente imbricadas, áreas dorsales conspicuas, verde opacas, café pálidas al envejecer; sépalos laterales ligeramente más cortos que las brácteas, café-rojizos, con una quilla delgada, proximalmente entera, distalmente ascendente-lacerada o lacerado-fimbriada. Semillas angostamente elipsoidales u oblongo-cilíndricas, (0.6–) 0.7–1 mm de largo, 2-caudadas, translúcidas, ámbar pálidas con líneas longitudinales.

Poco frecuente, en sabanas de pinos, norte de la zona atlántica; 0–100 m; fl y fr mar–sep; *Haynes 8376, Kral 69216*; sureste de los Estados Unidos a Nicaragua y también en Cuba. Es el único miembro centroamericano de la sección *Xyris* que carece de estaminodios barbados y cuyos escapos son más anchos que las láminas de las hojas.

Xyris difformis var. **curtissii** (Malme) Kral, Sida 2: 255. 1966; *X. curtissii* Malme; *X. serotina* var. *curtissii* (Malme) Kral.

Perennes fasciculadas, raramente más de 0.2 m de alto, bases suaves, rosadas o purpúreas. Hojas flabelado-patentes, lineares, 4–10 cm de largo y (1–) 1.5–3 (–4) mm de ancho, ápice agudo-curvado, márgenes papilosos o escabriúsculos, frecuentemente papilosas. Escapos teretes, distalmente 3–7 acostillados o angulados, al menos las crestas papilosas o escábridas; espigas ampliamente ovoides a elipsoidales, 3–5 (–7) mm de largo, aunque la mayoría alrededor de 5 mm de largo; brácteas fértiles suborbiculares hasta ampliamente obovadas, 3–4 mm de largo, enteras, imbricadas, lustrosas, áreas dorsales gris-verdosas;

sépalos laterales 3–4 mm de largo, café-rojizo lustrosos, con una quilla delgada, lacerada distalmente (raramente entera). Semillas oblongas o elipsoidales, ca 0.5 mm de largo, de color ámbar, translúcidas, con líneas finas longitudinales.

Se espera encontrar en Nicaragua, en pinares pantanosos en el norte de la zona atlántica. Es una variedad rara que crece entre 0–100 m, en la zona costera desde Estados Unidos (Virginia hasta Florida y Texas), Belice y Puerto Rico. Se diferencia de la variedad típica por su hábito más pequeño, espigas más pequeñas, mayor papilosidad, escapos más redondeados y más delgados.

Xyris difformis var. **floridana** Kral, Sida 2: 256. 1966.

Perennes fasciculadas, 0.3–0.4 (–0.5) m de alto, bases suaves, rosadas a purpúreas. Hojas flabeladamente patentes hasta ascendentes, lineares, hasta 30 cm de largo y 6 mm de ancho, ápice incurvado-agudo, márgenes delgados, mayormente ruguloso-papilosas. Escapos lineares, distalmente con 3–7 (–13) costas; espigas maduras mayormente ovoides, (3–) 4–8 (–12) mm de largo; brácteas fértiles obovadas hasta suborbiculares, 4–8 mm de largo, enteras, imbricadas en espiral, áreas dorsales verde opaco pálidas, café-amarillentas al envejecer; sépalos laterales hasta 5 mm de largo, cafés, con una quilla lacerada desde cerca de la base hasta el ápice. Semillas ampliamente elipsoidales, ca 0.5 mm de largo, farinosas, no translúcidas, usualmente negruzcas.

Poco frecuente, en pinares húmedos, norte de la zona atlántica; 0–100 m; fl y fr probablemente todo el año; *Kral 69300*, *Pipoly 4991*; Estados Unidos (Carolina del Norte a Florida y Texas), Belice y Nicaragua.

Xyris elliottii Chapm., Fl. South. U.S. 500. 1860.

Perennes fasciculadas, 0.4–0.6 (–0.7) m de alto, base dura, dorado lustrosa o café. Hojas erectas o ligeramente patentes, lineares, 10–30 cm de largo y 1–2 (2.5) mm de ancho, ápice angostamente agudo o agudo-curvado, márgenes engrosados y pálidos, lisos o papilosos, la superficie de la hoja lisa. Escapos distalmente teretes o ligeramente aplanados, no acostillados o con 1–2 costillas (raramente multiacostillados) lisas o papilosas; espigas maduras ovoides a ampliamente elipsoidales, 6–15 mm de largo; brácteas fértiles obovadas, 5–6 mm de largo, apicalmente laceradas, imbricadas en espiral, áreas dorsales verde opacas, café pálidas al envejecer; sépalos laterales 5–7 mm de largo, cafés, con una quilla delgada, lacerada o fimbriado-lacerada hacia el ápice. Semillas elipsoidales, 0.5–0.6 mm de largo, de

color ámbar, translúcidas, obviamente con líneas longitudinales, y con líneas transversales apenas visibles.

Esperada en Nicaragua, en pinares en el norte de la zona atlántica; sureste de los Estados Unidos a Belice y también en las Antillas. Es muy cercana a *X. baldwiniana,* la cual se distingue por las láminas de las hojas (usualmente) más anchas, más planas, y con margen engrosado, los estaminodios barbados y las semillas más cortas. Estas dos especies frecuentemente tienen placentación axial en la base del ovario, profundamente intrusiva-parietal hacia la mitad del ovario y 3 placentas separadas de la pared del ovario y dobladas hacia adentro distalmente.

Xyris jupicai Rich., Actes Soc. Hist. Nat. Paris 1: 106. 1792; *X. communis* Kunth; *X. laxifolia* var. *minor* Mart.; *X. arenicola* Miq.; *X. gymnoptera* Griseb.

Mayormente anuales, solitarias o fasciculadas, 0.2–0.7 m de alto, base suave, pajiza o verde pálida, que se vuelve café al envejecer. Hojas erectas o ligeramente patentes, lineares, 10–60 cm de largo y 5–10 mm de ancho, gradualmente atenuadas hasta un ápice agudo-curvado, márgenes delgados, lisas a papilosas. Escapos distalmente ovales o algo comprimidos, ca 2 mm de ancho o menos, 1–2-acostillados, con 1–2 costillas más grandes formando los márgenes, raramente con unas pocas crestas más o menos conspicuas, costillas lisas a papilosas, raramente escabriúsculas; espigas ovoides, elipsoidales u oblongas, 5–15 (–20) mm de largo; brácteas fértiles obovadas a ovadas, 5–7 mm de largo, enteras pero erosas al envejecer, apicalmente redondeadas, laxamente imbricadas, las áreas dorsales conspicuas, verde opacas, café pálidas al envejecer; sépalos laterales ca 3 mm de largo, generalmente caféverdosos a amarillento pálidos, con una quilla delgada y lacerada desde cerca de la mitad hasta el ápice agudo. Semillas ampliamente elipsoidales, ca 0.4–0.5 mm de largo, translúcidas, ámbar pálidas a obscuras, con numerosas costillas longitudinales apenas visibles.

Poco frecuente, en sabanas de pinos, norte de la zona atlántica; 0–100 m; fl y fr todo el año; *Pipoly 3942*, *Sandino 3972*; la especie más ruderal y más ampliamente distribuida desde el sureste de los Estados Unidos hasta el sur de Sudamérica y en las Antillas. En el mismo complejo se encuentran *X. laxifolia* y *X. difformis* Chapm. de las que se distingue principalmente por su hábito corto, hojas menos patentes con pigmentos rojos, espigas y semillas más pequeñas que la primera especie, y follaje más liso que la última.

Xyris laxifolia Mart. var. **laxifolia**, Flora 24(2, Beibl.): 53. 1841; *X. macrocephala* Vahl; *X. macrocephala* var. *major* (Mart.) L.A. Nilsson; *X. caroliniana* var. *major* (Mart.) Idrobo & L.B. Sm.; *X. jupicai* var. *major* (Mart.) L.B. Sm. & Downs.

Perennes, solitarias o en pequeños fascículos, 0.8–1.2 (–1.4) m de alto, base suave, usualmente rosada o morada. Hojas flabeladamente patentes hasta ascendentes, lineares, 30–80 cm de largo y 10–15 mm de ancho, ápice agudo-curvado, márgenes enteros, lisas. Escapos rectos, distalmente comprimidos, 2-marginados pero no acostillados, lisos; espigas ovoides a oblongas, 1–4 cm de largo; brácteas fértiles ovadas a obovadas o suborbiculares, 7–10 mm de largo, subenteras, sin carinas, imbricadas en espiral, café-rojizo obscuras a pálidas, las áreas dorsales conspicuas, usualmente más pálidas; sépalos laterales 5–6.5 mm de largo, curvados, café pálidos con carinas delgadas de color más obscuro, desde el medio hasta el ápice lacerados a lacerado-fimbriolados. Semillas oblongas a fusiformes, 0.7–0.9 mm de largo, café obscuras, ligera a conspicuamente farinosas, con 6–8 líneas longitudinales conspicuas y líneas transversales finas.

No ha sido aún colectada en Nicaragua, pero sin duda se encuentra en los márgenes de los bosques de galería en las sabanas de pinos del norte de la zona atlántica; sureste de los Estados Unidos hasta Sudamérica. Maleza casi tan ampliamente distribuida como *X. jupicai*, de la cual se puede diferenciar por ser más grande, tener sépalos laterales más grandes y de color más obscuro, escapos más anchos y semillas más grandes y farinosas.

Xyris navicularis Griseb., Cat. Pl. Cub. 223. 1866.

Anuales o perennes, solitarias o en fascículos, raramente hasta 0.4 m de alto, bases duras, cafés o dorado lustrosas. Hojas flabeladamente patentes (en abanicos), menos frecuentemente ascendentes, lineares y algo espiraladas, hasta 20 cm de largo y 3 (–5) mm de ancho, ápice agudo-curvado, engrosado, márgenes delgados, distalmente papiloso-escábridos o enteros, escábridas. Escapo distalmente aplanado, costado y a menudo 2 costas haciendo los bordes planos; espigas maduras angostamente ovoides, elipsoidales o ampliamente oblongas, mayormente 5–20 mm de largo; brácteas fértiles oblongas o ampliamente ovadas, 4–5 mm de largo, prontamente recurvadas, apicalmente enteras o ligeramente erosas, laxamente imbricadas, café-rojizo obscuras con las áreas dorsales más pálidas y frecuentemente inconspicuas; sépalos laterales 3.5–4.5 mm de largo, fuertemente curvados, cafés, con una quilla pronunciada,

ciliolada a casi entera. Semillas elipsoidales u ovoides, 0.5–0.6 mm de largo, translúcidas, de color ámbar, con líneas longitudinales finas.

Poco frecuente, en sabanas húmedas a muy húmedas, norte de la zona atlántica; 0–100 m; fl dic–abr, fr may–jul; *Kral 69302, Stevens 7679*; Belice a Nicaragua, Colombia, Venezuela y Cuba. Similar a *X. elliottii* pero menos fasciculada, los márgenes de las hojas no son engrosados, las brácteas fértiles más enteras con áreas dorsales menos conspicuas y sépalos laterales más bien ciliados que lacerados. El material nicaragüense parece ser anual.

Xyris paraensis Peopp. ex Kunth var. **paraensis**, Enum. Pl. 4: 9. 1843.

Anuales en aglomeraciones o perennes de vida corta, (0.05–) 0.1–0.3 (–0.4) m de alto, base suave, frecuentemente matizada con café-rojizo o rosado, papilosa. Hojas flabelado-patentes, lineares, (1–) 2–7 (–20) cm de largo y 1–2.5 mm de ancho, ápice agudo-curvado, ligeramente engrosado, márgenes delgados, mayormente enteros, frecuentemente matizadas de rojizo y lisas o rugoso-papilosas. Escapos filiformes a angostamente lineares, subteretes, lisos, frecuentemente con numerosas costillas bajas; espigas ampliamente ovoides a elipsoidales u oblongo-cilíndricas, de no más de 10 mm de largo; brácteas imbricadas en espiral, las fértiles suborbiculares a ampliamente obovadas, 3–4 mm de largo, enteras, café-amarillentas o café-rojizo pálidas, las áreas dorsales verdes o café-verdosas y al menos la mitad de la longitud de las brácteas, las inferiores estériles y más cortas; sépalos laterales 2–4 mm de largo, fuertemente curvados, inequiláteros, café pálidos, con una quilla angosta, firme, ciliolada. Semillas elipsoidales, 0.5–0.6 mm de largo, 2-apiculadas, translúcidas, café-rojizo pálidas con numerosas costillas longitudinales bajas.

Aún no ha sido colectada en Nicaragua, pero se espera encontrar en los pinares húmedos y ácidos en el norte de la zona atlántica; Belice, Trinidad, este de los Andes hasta la Guayana francesa y al sur hasta Brasil. En un ambiente similar también se espera encontrar, en Mesoamérica, *X. savanensis* Miq., la cual es muy similar a *X. paraensis* pero de follaje más papiloso, los márgenes de las láminas de las hojas son más gruesos y escabriúsculos, y las crestas del escapo escábridas. *X. paraensis* tiene estaminodios barbados; *X. savanensis* carece de barba en los estaminodios.

Xyris smalliana Nash, Bull. Torrey Bot. Club 22: 159. 1895; *X. caroliniana* var. *olneyi* A.W. Wood; *X. congdonii* Small; *X. smalliana* var.

congdonii (Small) Malme; *X. smalliana* var. *olneyi* (A.W. Wood) Gleason ex Malme.

Perennes, solitarias o en fascículos pequeños, 0.5–1.5 m de alto, base suave, frecuentemente matizada de rosado. Hojas flabeladamente patentes (abanico angosto) o ascendentes, lineares, mayormente 30–50 cm de largo y 5–15 mm de ancho, ápice agudo-curvado, márgenes lisos y delgados, lisas, lustrosas. Escapos distalmente algo comprimidos, 1–2-acostillados, lisos; espigas elipsoidales a angostamente ovoides u oblongas, mayormente 1–2 cm de largo; brácteas fértiles ovadas a ampliamente oblongas o suborbiculares, 5–7 mm de largo, apicalmente redondeadas y enteras, laxamente imbricadas en espiral, café pálidas con áreas dorsales conspicuas, verde-grises o café-rojizas; sépalos laterales 6–7.5

mm de largo, café pálidos, con una quilla delgada lacerada o lacerado-fimbriolada hacia el ápice. Semillas angostamente elipsoidales a ovoides, 0.7–0.8 mm de largo, translúcidas, ámbar pálidas a obscuras, con pocas costillas longitudinales y transversales, con apariencia reticulada.

Frecuente, en áreas muy húmedas y lagunas poco profundas en sabanas y pinares pantanosos, norte de la zona atlántica; 0–100 m; fl y fr durante todo el año; *Kral 69215, Stevens 19612*; sureste de los Estados Unidos, Belice, Nicaragua y Cuba. Muy similar a *X. jupicai* pero se diferencia por sus base rosadas, hábito perenne, tamaño más grande, flores y semillas más grandes y principalmente por las puntas exertas de los sépalos. Las corolas se abren al atardecer.

ZINGIBERACEAE Lindl.

Paul J. M. Maas y Hiltje Maas-van de Kamer

Hierbas perennes, aromáticas, no ramificadas, con rizomas subterráneos; plantas hermafroditas. Hojas dísticas con vainas abiertas, liguladas. Inflorescencia un tirso, un racimo o una espiga terminal en un tallo frondoso o basal en el ápice de un brote afilo (escapo); flores zigomorfas, usualmente durando 1 día, solitarias o en cincinos en las axilas de brácteas arregladas en espiral, bracteoladas; cáliz y corola tubulares, 3-lobados; labelo estaminodial, frecuentemente grande y vistoso, estaminodios laterales 2, grandes y petaloides o pequeños, libres o adnados al labelo, estambre 1, antera diteca; estilo filiforme, sostenido entre las tecas, estigma infundibuliforme, glándulas nectaríferas presentes, ovario ínfero, 3-locular, placentación axilar, óvulos numerosos, anátropos. Fruto una cápsula loculicida; semillas 1–numerosas, mayormente ariladas.

Familia con ca 1100 especies en 40 géneros, de las regiones tropicales y subtropicales especialmente en Asia; en Nicaragua se encuentran 5 géneros (4 de los cuales son cultivados) y 11 especies, adicionalmente 5 especies se esperan encontrar.

Fl. Guat. 24(3): 191–193. 1952; Fl. Pan. 32: 57–73. 1945; K. Schumann. Zingiberaceae. *In:* A. Engler. Pflanzenr. IV. 46(Heft 20): 1–458. 1904; T. Loesener. Zingiberaceae. *In:* A. Engler y K. Prantl. Nat. Pflanzenfam., ed. 2, 15a: 541–640. 1930; P.J.M. Maas. *Renealmia* (Zingiberaceae-Zingiberoideae). Fl. Neotrop. 18: 1–161. 1977.

1. Inflorescencia apareciendo antes que las hojas .... **Kaempferia**
1. Inflorescencia apareciendo junto con las hojas
   2. Inflorescencia basal terminando en un brote afilo
      3. Plantas cultivadas; inflorescencia un racimo espiciforme; flores 35–50 mm de largo, labelo morado obscuro maculado con amarillo, estambre con conectivo alargado envolviendo al estilo; rizoma amarillo por dentro .... **Zingiber**
      3. Plantas silvestres; inflorescencia un racimo o tirso más o menos amontonado; flores hasta 35 mm de largo, labelo blanco a amarillo, estambre sin conectivo alargado; rizoma blanco por dentro .... **Renealmia**
   2. Inflorescencia terminal en un tallo frondoso
      4. Inflorescencia una espiga; brácteas con ápice espinescente .... **Renealmia**
      4. Inflorescencia un racimo o tirso; brácteas sin ápice espinescente
         5. Lígula 5–12 mm de largo; brácteas grandes y rojas o ausentes; flores hasta 50 mm de largo, no fragantes, estambre incluido .... **Alpinia**
         5. Lígula 20–30 mm de largo; brácteas grandes y verdes; flores 110–120 mm de largo, fragantes, estambre exerto .... **Hedychium**

ALPINIA Roxb.

Hojas con pecíolo pequeño. Inflorescencia un racimo o tirso, terminal en un tallo frondoso, brácteas herbáceas y persistentes o ausentes, bractéolas tubulares o abiertas, cerradas antes de la antesis; labelo levemente 3-lobado, estaminodios laterales diminutos o petaloides y adnados al labelo. Cápsula subglobosa, roja.

Género con ca 250 especies, nativo de los subtrópicos de Asia e islas del Pacífico, representado en Nicaragua por 2 especies cultivadas.

1. Inflorescencia erecta, brácteas presentes, rojas, incluyendo por completo las bractéolas; flores blancas ... **A. purpurata**
1. Inflorescencia péndula, brácteas ausentes, bractéolas blancas con ápice rojo; flores blancas y amarillas rayadas con rojo .... **A. zerumbet**

Alpinia purpurata (Vieill.) K. Schum. in Engl., Pflanzenr. IV. 46(Heft 20): 323. 1904; *Guillainia purpurata* Vieill.

Hierbas 0.8–2.5 (–7) m de alto. Hojas angostamente elípticas, 20–50 (–80) cm de largo y 3.5–15 cm de ancho, ápice agudo, base cuneada, glabras; lígula 5–8 mm de largo. Inflorescencia un tirso espiciforme erecto, 8–25 (–90) cm de largo y 3.5–8 cm de ancho, cincinos con 1–5 flores, brácteas obovadas, 3–5 cm de largo, obtusas a agudas, glabras a pubérulas, rojas, bractéolas tubulares, 20–40 mm de largo, pedicelos 1–2 mm de largo; cáliz 10–20 mm de largo; corola 30–50 mm de largo, glabra, blanca; labelo hasta 55 mm de largo, blanco, estaminodios laterales petaloides. Cápsula subglobosa, hasta 30 mm de diámetro; semillas rojas, arilo ausente.

Cultivada; 0–120 m; fl abr, jun, dic; *Moreno 12747, Stevens 19889*; cultivada como ornamental en todos los trópicos; originaria de Polinesia.

Alpinia zerumbet (Pers.) B.L. Burtt & R.M. Sm., Notes Roy. Bot. Gard. Edinburgh 31: 204. 1972; *Costus zerumbet* Pers.; *A. speciosa* (J.C. Wendl.) K. Schum.

Hierbas 3 m de alto. Hojas angostamente elípticas, hasta 70 cm de largo y 10 cm de ancho, ápice acuminado, base cuneada, glabras a densa y menudamente pubérulas; lígula hasta 12 mm de largo. Inflorescencia un racimo o tirso péndulo, hasta 40 cm de largo y 10 cm de ancho, cincinos con 1 (–3) flores, brácteas ausentes, bractéolas ampliamente elípticas, 20–30 mm de largo, densamente ferrugíneo-hirsutas, blancas con ápice rojo, pedicelos hasta 3 mm de largo; cáliz 15–20 mm de largo; corola 40–50 mm de largo, casi glabra, blanca con ápice rojo; labelo 40–60 mm de largo, amarillo rayado con rojo, estaminodios laterales diminutos. Cápsula globosa, ca 20 mm de diámetro; semillas no vistas.

Cultivada; fl dic; *Nissen 25*; cultivada como ornamental, originaria de Asia.

HEDYCHIUM J. König

Hedychium coronarium J. König in Retz., Observ. Bot. 3: 73. 1783.

Hierbas 1–3 m de alto. Hojas angostamente elípticas, 20–60 cm de largo y 3–10 cm de ancho, ápice acuminado, base atenuada, haz glabra, envés cubierto de tricomas suaves, erectos y largos; lígula 20–30 mm de largo; pecíolo casi ausente. Inflorescencia un tirso espiciforme terminal, 4–20 cm de largo y 3–8 cm de ancho, cincinos con 2–6 flores, brácteas ovado-triangulares, 4–7 cm de largo, agudas, coriáceas, glabras, verdes, bractéolas tubulares, 30–35 mm de largo; flores fragantes; cáliz 25–45 mm de largo; corola 110–120 mm de largo, glabra; labelo

vistoso, 2-lobado, 40–45 mm de largo, blanco con base amarilla, estaminodios laterales petaloides, patentes, libres, 30–50 mm de largo, blancos, lobos del labelo y estaminodios laterales creando en conjunto una "flor" 4-lobada, estambre con filamento largo. Cápsula subglobosa, hasta 20 mm de largo, anaranjada; semillas rojas, arilo rojo-anaranjado.

Común a lo largo de caños y carreteras en todo el país; 40–1600 m; fl jul–oct, fr nov–dic; *Ortiz 373*; *Stevens 17372*; cultivada como ornamental y naturalizada en todos los trópicos. Género con ca 50 especies, nativo de Indomalasia y los Himalayas. "Heliotropo".

KAEMPFERIA L.

Kaempferia rotunda L., Sp. Pl. 3. 1753.

Hierbas hasta 0.5 m de alto; tallos cortos o ausentes. Hojas pecioladas, angostamente elípticas,

10–50 cm de largo y 5–15 cm de ancho, ápice agudo, base atenuada, haz variegada, subglabra, envés densamente pubérulo y purpúreo; lígula ca 4 mm de largo. Inflorescencia un racimo basal, espiciforme, terminal en un brote corto, afilo y apareciendo antes que las hojas, brácteas angostamente elípticas a ampliamente ovadas, 1–3.5 cm de largo, agudas, herbáceas, densamente pubérulas, blancas, bractéolas 15–30 mm de largo; flores fragantes; cáliz 30–70 mm de largo; corola 75–140 mm de largo, glabra, blanca; labelo vistoso, profundamente 2-lobado, 40–70 mm de largo, morado, estaminodios laterales petaloides, erectos, libres, 35–50 mm de largo, blancos, lobos del labelo y estaminodios laterales creando en conjunto una "flor" 4-lobada. Cápsula no vista.

Cultivada; *Guzmán 74*; cultivada como ornamental. Género con ca 50 especies, nativo de Asia tropical.

RENEALMIA L. f.

Hojas con vainas estriadas a reticuladas; pecíolo pequeño o ausente. Inflorescencia un tirso, racimo o raramente una espiga, terminal en un tallo frondoso o basal en el ápice de un brote afilo (escapo), brácteas usualmente herbáceas, persistentes a caducas en el fruto, bractéolas tubulares y cerradas antes de la antesis o raramente cupuliformes; cáliz tubular, turbinado o urceolado; corola glabra; labelo 3-lobado, lobos laterales involutos a horizontalmente patentes, estaminodios laterales diminutos. Cápsula irregularmente elipsoide; semillas café brillantes, arilo grande, rojo, amarillo o blanco.

Género con ca 85 especies en las regiones tropicales de América y Africa, 62 de las cuales se encuentran en América tropical; en Nicaragua se conocen 6 especies y 5 adicionales se esperan encontrar.

1. Inflorescencia terminal en un tallo frondoso .... **R. cernua**
1. Inflorescencia basal en el ápice de un brote afilo
   2. Inflorescencia un racimo, cincinos con 1 flor
      3. Cáliz rápidamente circuncísil justo encima de su base; bractéolas tubulares, completamente envolviendo a la yema floral, 15–30 mm de largo; flores pediceladas, pedicelos 2–15 mm de largo .... **R. alpinia**
      3. Cáliz no circuncísil; bractéolas cupuliformes, parcialmente envolviendo a la yema floral, 5–16 mm de largo; flores casi sésiles, pedicelos 1–2 mm de largo .... **R. thyrsoidea** ssp. **thyrsoidea**
   2. Inflorescencia un tirso, cincinos con 1–17 flores
      4. Hojas marcadamente 20–35-plegadas, vainas obviamente reticuladas; brácteas rojas .... **R. pluriplicata**
      4. Hojas no marcadamente plegadas, vainas no obviamente reticuladas, pero mayormente estriadas; brácteas verdes a rosadas
         5. Cápsula angostamente ovoide; hojas 2–5 cm de ancho; inflorescencia hasta 5 cm de largo .... **R. erythrocarpa**
         5. Cápsula globosa a elipsoide; hojas hasta 20 cm de ancho; inflorescencia hasta 55 cm de largo
            6. Inflorescencia con brácteas ampliamente ovadas a obovadas, obtusas
               7. Hojas sésiles, obovadas a angostamente elípticas, envés cubierto con tricomas de tipo aguja de brújula (malpigiáceos); cáliz verde a blanco, urceolado .... **R. congesta**
               7. Hojas pecioladas, pecíolo hasta 30 mm de largo, angostamente elípticas, envés cubierto con tricomas simples y furcados; cáliz rojo-rosado, tubular a turbinado .... **R. costaricensis**
            6. Inflorescencia con brácteas estrechamente ovadas a triangulares, agudas
               8. Cáliz obviamente urceolado, verde a anaranjado; envés de la hoja cubierto con tricomas tipo aguja de brújula .... **R. concinna**
               8. Cáliz tubular o turbinado, rojo o rosado; envés de la hoja no cubierto con tricomas tipo aguja de brújula
                  9. Cáliz tubular; cápsula 15–35 mm de largo, su pared 2–8 mm de grueso, con 50–100 semillas
                     10. Cáliz rápidamente circuncísil justo encima de su base; brácteas angostamente triangulares, agudas; pedúnculos 5–25 mm de largo; corola y labelo amarillos a rojos; inflorescencia cubierta con tricomas simples .... **R. alpinia**
                     10. Cáliz no circuncísil; brácteas ovadas, obtusas; pedúnculos 2–5 mm de largo; corola y labelo blancos; inflorescencia cubierta con tricomas simples y furcados
                        .... **R. scaposa**
                  9. Cáliz turbinado; cápsula 4–12 mm de largo, su pared 1 mm de grueso, con 3–25 semillas
                     11. Hojas sésiles, vainas estriadas; escapo 30–75 cm de largo; lobos del cáliz obtusos, regulares .... **R. aromatica**
                     11. Pecíolo hasta 50 mm de largo, vainas ligeramente reticuladas; escapo 5–25 cm de largo; lobos del cáliz acuminados, irregulares .... **R. mexicana**

Renealmia alpinia (Rottb.) Maas, Acta Bot. Neerl. 24: 474. 1976; *Amomum alpinia* Rottb.; *R. exaltata* L. f.

Hierbas 2–5 m de alto. Hojas angostamente elípticas, 30–110 cm de largo y 5–20 cm de ancho, ápice acuminado, base cuneada, glabras; vainas lisas a estriadas; lígula 1–2 mm de largo; pecíolo frecuentemente ausente, a veces hasta 30 mm de largo. Inflorescencia un racimo o tirso laxo, basal, 12–55 cm de largo y 4–8 cm de ancho, cincinos con 1–6 flores, escapo erecto, 15–50 cm de alto, brácteas angostamente triangulares a triangulares, 2–10 cm de largo, agudas, herbáceas, densa a escasamente cubiertas con tricomas simples, rosadas a rojas, caducas, pedúnculos 5–25 mm de largo, bractéolas tubulares, 15–30 mm de largo, pedicelos 2–15 mm de largo; cáliz tubular, rápidamente circuncísil justo encima de su base, 10–20 mm de largo, rosado a rojo; corola 18–32 mm de largo, amarilla a roja; labelo 10–12 mm de largo, amarillo; ovario rojo. Cápsula elipsoide, coronada por los restos del cáliz, 15–35 mm de largo, su pared 2–8 mm de grueso, roja, negro-morada cuando madura; semillas 50–100, arilo anaranjado.

Rara en bosques húmedos, zona norcentral y norte de la zona atlántica; 0–1500 m; fl feb, fr oct; *Pipoly 3634, Stevens 15316*; México hasta Sudamérica tropical y en las Antillas Menores.

Renealmia aromatica (Aubl.) Griseb., Abh. Königl. Ges. Wiss. Göttingen 7: 275. 1857; *Alpinia aromatica* Aubl.; *A. occidentalis* Sw.; *R. occidentalis* (Sw.) Sweet var. *occidentalis*.

Hierbas 1–3 m de alto. Hojas angostamente elípticas, 15–55 cm de largo y 4–12 cm de ancho, ápice acuminado, base cuneada, glabras; vainas estriadas; lígula 1–2 mm de largo; pecíolo mayormente ausente. Inflorescencia un tirso basal, laxo, 10–35 cm de largo y 2–7 cm de ancho, cincinos con 2–17 flores, escapo erecto, 30–75 cm de alto, brácteas angostamente triangular-ovadas a triangular-ovadas, 5–8 cm de largo, agudas a obtusas, herbáceas, glabras a densamente cubiertas con tricomas simples, verde pálidas, caducas, pedúnculos 4–10 mm de largo, bractéolas 7–17 mm de largo, pedicelos 3–10 mm de largo; cáliz turbinado, 4–7 mm de largo, rojo; corola 13–16 mm de largo, amarilla; labelo 7–10 mm de largo, amarillo; ovario rojo. Cápsula elipsoide a globosa, 4–12 mm de largo, su pared 1 mm de grueso, roja, negra cuando madura; semillas 10–25, arilo anaranjado.

Rara en bosques húmedos, zonas atlántica y pacífica; 100–500 m; fl jul, fr sep; *Ortiz 159, Robleto 929*; México hasta el noroeste de Sudamérica y en las Antillas.

Renealmia cernua (Sw. ex Roem. & Schult.) J.F. Macbr., Field Mus. Nat. Hist., Bot. Ser. 11: 14. 1931; *Costus cernuus* Sw. ex Roem. & Schult.

Hierbas 1–2 m de alto. Hojas angostamente elípticas, 20–45 cm de largo y 5–12 cm de ancho, ápice acuminado, base cuneada a ligeramente redondeada, glabras; vainas obviamente reticuladas; lígula 2–6 mm de largo; pecíolo frecuentemente ausente. Inflorescencia una espiga terminal, 5–15 cm de largo y 2–6 cm de ancho, cincinos con 1 flor, brácteas angostamente triangulares a triangular-ovadas, 1.5–3.5 cm de largo, agudas o con un ápice espinescente y calloso, coriáceas, densa a escasamente cubiertas con tricomas simples, amarillas a rojas, persistentes, pedúnculos ausentes, bractéolas 8–13 mm de largo, pedicelos ausentes; cáliz tubular, 9–15 mm de largo, amarillo a rojo; corola 18–22 mm de largo, amarilla; labelo 7–10 mm de largo, amarillo; ovario verde. Cápsula globosa a elipsoide, 6–11 mm de largo, su pared ca 1 mm de grueso, verde, anaranjada a negra cuando madura; semillas 8–15.

Común en bosques húmedos, zona atlántica; 0–1000 m; fl y fr durante todo el año; *Moreno 12815, Sandino 4792*; México hasta el noroeste de Sudamérica. Se usa contra picaduras de culebra.

Renealmia concinna Standl., J. Wash. Acad. Sci. 17: 249. 1927.

Hierbas 0.5–2 m de alto. Hojas angostamente elípticas, 30–50 cm de largo y 5–8 cm de ancho, ápice agudo a acuminado, base conspicuamente envainadora, haz glabra, envés escasa a densamente cubierto con tricomas de tipo aguja de brújula (malpigiáceos); vainas estriadas; lígula ca 1 mm de largo; pecíolo ausente. Inflorescencia un tirso espiciforme, basal, 7–20 cm de largo y 2–5 cm de ancho, cincinos con 4–5 flores, escapo erecto, 3–40 cm de alto, brácteas angostamente triangulares a ovado-triangulares, 0.8–2.5 cm de largo, agudas, herbáceas, cubiertas con tricomas de tipo aguja de brújula y/o plurifurcados, verdes, caducas, pedúnculos 2–6 mm de largo, bractéolas 7–10 mm de largo, pedicelos 2–5 mm de largo; cáliz urceolado, 3–8 mm de largo, verde a anaranjado; corola ca 10 mm de largo, blanca; labelo 7–8 mm de largo, blanco con centro amarillo; ovario anaranjado. Cápsula globosa a elipsoide, 4–8 mm de largo, su pared ca 1 mm de grueso, anaranjada a roja, negra cuando madura; semillas 2–8, arilo anaranjado.

Aun no ha sido colectada, pero se espera encontrar en el sureste del país; Costa Rica a Colombia.

Renealmia congesta Maas, Acta Bot. Neerl. 24: 475. 1976.

Hierbas 1–3 m de alto. Hojas estrechamente obovadas a angostamente elípticas, 25–50 cm de largo y 10–15 cm de ancho, 10–12-plegadas, ápice agudo a acuminado, base gradualmente estrechada, haz glabra, envés densamente cubierto con tricomas de tipo aguja de brújula; vainas estriadas; lígula 1–2 mm de largo; pecíolo ausente. Inflorescencia un tirso basal, espiciforme, 8–28 cm de largo y 2–6 cm de ancho, cincinos con 3–5 flores, escapo erecto, 10–40 cm de alto, brácteas ampliamente ovadas a ovadas, 2–3.5 cm de largo, obtusas, herbáceas, densamente cubiertas con tricomas plurifurcados y de tipo aguja de brújula, verdes, persistentes, pedúnculos 2–4 mm de largo, bractéolas 9–18 mm de largo, pedicelos 5–12 mm de largo; cáliz urceolado, 6–11 mm de largo, verde a blanco; corola 9–11 mm de largo, blanca; labelo 7.5–9 mm de largo, blanco con centro amarillo y base purpúrea; ovario anaranjado. Cápsula globosa, 7–8 mm de diámetro, su pared ca 0.5 mm de grueso, roja, negra cuando madura; semillas 6–9, arilo anaranjado.

Aun no ha sido colectada en Nicaragua, pero se espera encontrar en nebliselvas; Costa Rica y Panamá.

Renealmia costaricensis Standl., Publ. Field Mus. Nat. Hist., Bot. Ser. 18: 190. 1937.

Hierbas 0.5–3 m de alto. Hojas angostamente elípticas, 20–60 cm de largo y 5–15 cm de ancho, ápice cortamente acuminado-cuspidado, base cuneada, haz casi glabra, envés escasa a densamente cubierto con tricomas simples y furcados; vainas estriadas; lígula ca 1 mm de largo; pecíolo hasta 30 mm de largo. Inflorescencia un tirso basal, espiciforme, 6–15 cm de largo y 2.5–4 cm de ancho, cincinos con 1–3 flores, escapo erecto, 15–35 cm de alto, brácteas imbricadas, ampliamente ovado-obovadas, 1–3 cm de largo, obtusas, herbáceas, glabras a escasa a densamente cubiertas con tricomas simples y plurifurcados, verdes, persistentes, pedúnculos hasta 2 mm de largo, bractéolas 10–13 mm de largo, pedicelos hasta 2 mm de largo; cáliz tubular-turbinado, 6–8 mm de largo, rojo rosado, tornándose negro purpúreo cuando en fruto; corola 13–14 mm de largo, amarillo pálida a blanca; labelo 8–9 mm de largo, blanco con centro amarillo; ovario verde. Cápsula globosa, 5–8 mm de diámetro, su pared ca 0.2 mm de grueso, verde, roja a negro-morada cuando madura; semillas 4–7, arilo anaranjado.

No ha sido aun colectada, pero se espera encontrar en el sureste de Nicaragua; Costa Rica hasta Colombia.

Renealmia erythrocarpa Standl., J. Wash. Acad. Sci. 17: 248. 1927; *R. molinae* Standl. & L.O. Williams.

Hierbas 0.5–1 m de alto. Hojas angostamente elípticas, 10–25 cm de largo y 2–5 cm de ancho, ápice agudo a acuminado, base cuneada, glabras; vainas estriadas; lígula ca 1 mm de largo; pecíolo hasta 15 mm de largo. Inflorescencia un tirso basal, espiciforme, 3–5 cm de largo y 2–3 cm de ancho, cincinos con 1–3 flores, escapo erecto, 3–15 cm de alto, brácteas angostamente triangulares, 0.5–2.5 cm de largo, agudas, herbáceas, densamente cubiertas con tricomas simples y furcados, verdes, caducas, pedúnculos 2–3 mm de largo, bractéolas 8–9 mm de largo, pedicelos hasta 1 mm de largo; cáliz tubular, 7–10 mm de largo, verde; corola y labelo desconocidos; ovario verde obscuro. Cápsula angostamente ovoide, 15–18 mm de largo, su pared ca 0.5 mm de grueso, rojiza; semillas 8–13.

Conocida de Nicaragua por una sola colección (*Shank 4674*) de bosques húmedos, Zelaya; 130 m; fr nov; Nicaragua a Panamá.

Renealmia mexicana Klotzsch ex Petersen in Mart., Fl. Bras. 3(3): 45. 1890.

Hierbas 1–2 m de alto. Hojas angostamente elípticas, 25–60 cm de largo y 4–10 cm de ancho, ápice agudo a cortamente acuminado, base cuneada, glabras; vainas ligeramente reticuladas; lígula 1–2 mm de largo; pecíolo hasta 50 mm de largo. Inflorescencia un tirso basal, laxo, 5–25 cm de largo y 2–9 cm de ancho, cincinos con 3–11 flores, escapo erecto, 5–25 cm de alto, brácteas angostamente triangular-ovadas, 1–4 cm de largo, agudas, herbáceas, densa a escasamente cubiertas con tricomas furcados a plurifurcados, verdes, caducas, pedúnculos 4–8 mm de largo, bractéolas 10–15 mm de largo, pedicelos 5–7 mm de largo; cáliz turbinado, 3–6 mm de largo, rojo, lobos acuminados, irregulares; corola 10–11 mm de largo, blanca a amarilla; labelo 8–10 mm de largo, blanco con centro amarillo a completamente amarillo; ovario rojo. Cápsula globosa a elipsoide, 4–11 mm de largo, su pared ca 0.1 mm de grueso, roja, a veces negra; semillas 3–11, arilo anaranjado.

Poco común en bosques húmedos en todo el país; 60–1300 m; fl feb, jun, fr ago–feb; *Moreno 19029*; *Nichols 494*; México a Panamá y zonas adyacentes de Colombia y Venezuela.

Renealmia pluriplicata Maas, Acta Bot. Neerl. 24: 479. 1976.

Hierbas 0.5–3 m de alto. Hojas angostamente elípticas, 25–55 cm de largo y 5–15 cm de ancho, marcadamente 20–35-plegadas, ápice cortamente acuminado, base cuneada, haz subglabra, envés cubierto con tricomas simples; vainas obviamente reticuladas; lígula ca 1 mm de largo; pecíolo hasta 90 mm de largo. Inflorescencia un tirso espiciforme, basal, 8–22 cm de largo y 3–5 cm de ancho, cincinos con 2–4 flores, escapo erecto, 10–30 cm de alto, brácteas ovado-triangulares a ampliamente ovado-triangulares, 1–3.5 cm de largo, obtusas, herbáceas, densamente cubiertas con tricomas simples y bifurcados, rojas, persistentes, pedúnculos hasta 5 mm de largo, bractéolas 8–12 mm de largo, pedicelos hasta 5 mm de largo; cáliz turbinado a urceolado, 4–10 mm de largo, rojo; corola 12 mm de largo, blanca a amarilla; labelo 10 mm de largo, blanco con centro amarillo; ovario rojo. Cápsula elipsoide a globosa, 5–10 mm de largo, pared ca 1 mm de grueso, roja, negra cuando madura; semillas 1–7, arilo anaranjado.

Poco común en bosques húmedos, zona atlántica; 30–850 m; fl may–ago, fr oct–ene; *Araquistain 2616*, *Stevens 4796*; Nicaragua a Ecuador. Ha sido erróneamente tratada como *R. mexicana* en la *Flora of Panama*. "Jingebrón".

Renealmia scaposa Maas, Acta Bot. Neerl. 24: 479. 1976.

Hierbas 2.5–5 m de alto. Hojas angostamente elípticas, 40–60 cm de largo y 10–15 cm de ancho, ápice agudo a acuminado, base cuneada, casi glabras; vainas estriadas; lígula 1–3 mm de largo; pecíolo hasta 15 mm de largo. Inflorescencia un tirso basal espiciforme, 5–20 cm de largo y 2.5–8 cm de ancho, cincinos con 2–3 flores, escapo erecto a postrado (en fruto), 30–40 cm de alto, brácteas ovadas, 2.5–6 cm de largo, obtusas, herbáceas, densa a escasamente cubiertas con tricomas plurifurcados y simples, rosadas, caducas, pedúnculos 2–5 mm de largo, bractéolas 15–19 mm de largo, pedicelos 10–20 mm de largo; cáliz tubular, 10–18 mm de largo, rosado;

corola 23–25 mm de largo, blanca; labelo 12 mm de largo, blanco; ovario rojo. Cápsula globosa a elipsoide, 15–30 mm de largo, su pared 2–4 mm de grueso, rojo-rosada; semillas ca 100, arilo blanco.

Aun no ha sido colectada, pero se espera encontrar en el sureste de Nicaragua; Costa Rica.

Renealmia thyrsoidea (Ruiz & Pav.) Poepp. & Endl. ssp. **thyrsoidea**, Nov. Gen. Sp. Pl. 2: 25. 1838; *Amomum thyrsoideum* Ruiz & Pav.

Hierbas 1–5 m de alto. Hojas angostamente elípticas, 20–90 cm de largo y 5–20 cm de ancho, ápice mayormente acuminado, base cuneada, glabras o escasamente cubiertas con tricomas simples y furcados, sésiles; vainas estriadas a reticuladas; lígula 1–2 mm de largo; pecíolo hasta 30 mm de largo. Inflorescencia un racimo espiciforme basal, 7–30 cm de largo y 3–6 cm de ancho, cincinos con 1 flor, escapo erecto, 10–80 cm de largo, brácteas obovadas a ovadas, 1–5 cm de largo, obtusas a agudas, herbáceas, densa a escasamente cubiertas con tricomas furcados sésiles y simples, rosadas, rojo-anaranjadas o rojo-moradas, caducas, bractéolas cupuliformes, 5–16 mm de largo, pedicelos 1–2 mm de largo; cáliz tubular, 9–23 mm de largo, amarillo a rojo; corola 19–33 mm de largo, amarilla a anaranjada; labelo 8–15 mm de largo, amarillo a anaranjado; ovario verde a rojo. Cápsula globosa a elipsoide, 15–45 mm de largo, su pared 3–7 mm de grueso, roja, negro-morada cuando madura; semillas 30–75, arilo amarillo a rojo.

Esta subespecie aun no ha sido colectada, pero se espera encontrar en el sureste de Nicaragua; Costa Rica, Panamá, Trinidad, noroeste de Sudamérica; la otra subespecie se conoce solamente en Surinam.

ZINGIBER Boehm.

Zingiber officinale Roscoe, Trans. Linn. Soc. London 8: 348. 1807.

Hierbas hasta 2 m de alto. Hojas lineares, 5–25 cm de largo y 1–3 cm de ancho, ápice agudo, base cuneada, glabras; lígula 1–10 mm de largo; pecíolo ausente. Inflorescencia un racimo basal, espiciforme, en el ápice de un brote afilo, 3.5–7 cm de largo y 0.5–2.5 cm de ancho, cincinos con 1 flor, escapo 15–25 cm de largo, brácteas ovado-elípticas a obovadas, 2–3 cm de largo, obtusas, glabras, verde pálidas con márgenes rojos, bractéolas 20–30 mm de largo; cáliz 10–12 mm de largo; corola 35–50 mm de largo, glabra, amarillo verdosa; labelo vistoso, 10–15 mm de largo, morado obscuro, maculado con amarillo

cremoso, estaminodios laterales petaloides, adnados al labelo, formando en conjunto una estructura 3-lobada, estambre con conectivo largo y morado, envolviendo la parte superior del estilo. Cápsula subglobosa a elipsoide; semillas lustrosas negras, arilo blanco, lacerado.

Poco común en márgenes de bosque, zonas atlántica y pacífica; 0–900 m; fl sep–oct; *Nee 28451*, *Stevens 14706*; originaria de Asia, cultivada por sus rizomas, que se conocen comercialmente como "Jengibre". Usada como especia y planta medicinal. Género con ca 85 especies, nativo de Indomalasia, el este de Asia y Australia tropical.

ZYGOPHYLLACEAE R. Br.

Duncan M. Porter

Hierbas, arbustos o árboles, anuales o perennes; ramas usualmente divaricadas, con nudos angulados o abultados, simpódicas; plantas hermafroditas. Hojas opuestas u ocasionalmente alternas, usualmente paripinnadas, a veces simples o 2-folioladas, raramente 3–7-folioladas, persistentes, frecuentemente carnosas a coriáceas, pecioladas a subsésiles; folíolos enteros u ocasionalmente lobados, inequiláteros, peciolulados a subsésiles; estípulas apareadas, libres, persistentes o raramente caducas, foliáceas o carnosas o espinescentes. Flores (4) 5-meras, hipóginas, regulares o a veces ligeramente irregulares; pedúnculos terminales o pseudo-axilares, con 1 flor, solitarios u ocasionalmente varios juntos; sépalos (4) 5, libres o ligeramente connados en la base, imbricados cuando en yema, persistentes o a veces deciduos; pétalos (4) 5, libres o raramente connados en la base, frecuentemente unguiculados, a veces retorcidos e imbricados o convolutos, deciduos, raramente marcescentes; disco glandular extraestaminal y/o intraestaminal usualmente presente y conspicuo; estambres en (1) 2 verticilos de 5 cada uno, el verticilo más externo usualmente opuesto a los pétalos, con frecuencia verticilos alternamente desiguales o estériles, filamentos libres, subulados a filiformes o raramente alados, frecuentemente glandulosos o con apéndices en la base, los del verticilo exterior ocasionalmente adnados a los pétalos, insertos en el disco o debajo de éste, las anteras ditecas, subbasifijas a versátiles, introrsas, longitudinalmente dehiscentes; gineceo (2–) 5-carpelar, sincárpico, ovario súpero, (2–) 5 (–10)-lobado, (2–) 5 (–10)-locular, sésil o raramente en un ginóforo corto, los óvulos (1) 2–numerosos por lóculo, péndulos o ascendentes, anátropos, placentación axial o raramente basal, estilo terminal, usualmente simple, estigma menuda e inconspicuamente lobado a obviamente acostillado. Frutos cápsulas (2–) 5-lobadas, loculicidas o septicidas, o esquizocarpos que se separan longitudinalmente en 5 ó 10 mericarpos duros, tuberculados a espinosos o alados, o raramente drupas o bayas; semillas 1 (–numerosas) por lóculo, endosperma presente o ausente, embrión con cotiledones aplanados.

Familia con 24 géneros y ca 230 especies, ampliamente distribuidas, principalmente en las regiones más cálidas y secas del mundo; 2 géneros y 3 especies se conocen en Nicaragua. *Tribulus cistoides* L. es una maleza que se encuentra en México, Guatemala y en las Antillas, y eventualmente se podría encontrar en las áreas secas de la zona pacífica. Se caracteriza por sus ramas postradas o decumbentes, hojas paripinnadas con 5–10 pares de folíolos, flores amarillas 2–4 cm de diámetro y frutos espinosos que se parten al madurar en 5 mericarpos de 2–4 espinas.

Fl. Guat. 24(5): 393–398. 1946; Fl. Pan. 56: 1–7. 1969; A.M. Vail y P.A. Rydberg. Zygophyllaceae. N. Amer. Fl. 25: 103–116. 1910; D.M. Porter. The genera of Zygophyllaceae in the Southeastern United States. J. Arnold Arbor. 53: 531–552. 1972; M.C. Sheahan y M.W. Chase. A phylogenetic analysis of Zygophyllaceae R. Br. based on morphological, anatomical, and *rbc*L DNA sequence data. Bot. J. Linn. Soc. 122: 279–300. 1996.

1. Arboles o arbustos; flores azules o moradas; fruto una cápsula loculicida y 5-lobada .... **Guaiacum**
1. Hierbas; flores amarillas o blancas; fruto un esquizocarpo con 10 mericarpos .... **Kallstroemia**

GUAIACUM L.

Guaiacum sanctum L., Sp. Pl. 382. 1753; *G. guatemalense* Planch. ex Rydb.

Arbustos o árboles hasta 10 m de alto, de copa densa y redondeada, corteza gris, escamosa, presentando parches amarillos al caer las escamas. Hojas 2.5–7.5 cm de largo; folíolos (3–) 4 pares, angostamente oblongos a obovados, 2–3 cm de largo. Flores vistosas y abundantes, azules o moradas; pedúnculos en las axilas de brácteas axilares diminutas que se encuentran entre las estípulas, pocos a muchos juntos; sépalos 5, deciduos; pétalos 5, unguiculados, retorcidos basalmente dando a las flores apariencia zigomorfa, obovados, 7–12 mm de largo. Fruto obovoide, ca 1 cm de alto y 1.5 cm de ancho, amarillo a anaranjado cuando maduro; semillas 5 mm de largo, negras, rodeadas por un arilo rojo brillante, por lo general 1 ó 2 madurando en cada fruto.

Común, en bosques secos, zona pacífica; 0–540

m; fl durante todo el año, fr may–ene; *Porter 1221, Stevens 9684*; Estados Unidos (Florida) a Costa Rica y en las Antillas. Un género con 4 ó 5 especies distribuidas en América tropical. El género fue originalmente publicado como *Guajacum*. "Guayacán".

KALLSTROEMIA Scop.

Hierbas anuales; tallos herbáceos, difusamente ramificados, postrados a decumbentes, algo suculentos, hasta 1 m o más de largo, raíces axonomorfas. Hojas opuestas, paripinnadas, 1 de cada par alternamente abortada o a veces abortada; folíolos (2–) 3–4 pares, algo desiguales en tamaño, el par inferior marcadamente desigual, el par terminal curvado hacia adelante y más falcado, pubescentes. Flores solitarias y regulares; pedúnculos alternos en las axilas de las hojas más pequeñas; sépalos 5, libres, pubescentes y persistentes; pétalos 5, libres, hemisféricamente patentes, fugaces y marcescentes, blancos a anaranjados; disco carnoso, anular, inconspicuamente 10-lobado; estambres 10, los 5 opuestos a los pétalos adnados basalmente a ellos; ovario 10-lobado y 10-locular, glabro a pubescente, óvulos 1 por lóculo, estilo simple, más o menos 10-acostillado, persistente, formando un rostelo cuando en fruto. Fruto un esquizocarpo 10-lobado, dehiscente en la madurez en 10 mericarpos cada uno con una semilla.

Género con 17 especies en las Américas, 1 introducida en el oeste de Africa y en la India; 2 especies conocidas de Nicaragua; todas las especies, excepto 1, son ruderales.

D.M. Porter. The genus *Kallstroemia* (Zygophyllaceae). Contr. Gray Herb. 198: 41–153. 1969.

1. Ovario y fruto glabros u ocasionalmente estrigosos, ovoides; sépalos ovados con márgenes planos, abrazadores y casi cubriendo al fruto .... **K. maxima**
1. Ovario y fruto densamente aplicado y cortamente pilosos, piramidales; sépalos linear-lanceolados con márgenes involutos, patentes desde la base del fruto .... **K. pubescens**

Kallstroemia maxima (L.) Hook. & Arn., Bot. Beechey Voy. 282. 1838; *Tribulus maximus* L.; *K. maxima* (L.) Torr. & A. Gray.

Hojas 1.5–5 cm de largo y 1–3.5 cm de ancho; folíolos 3–4 pares, ampliamente oblongos a elípticos, 5–18 mm de largo y 3–11 mm de ancho. Flores ca 1 cm de diámetro; sépalos 4–5 mm de largo y 2 mm de ancho, hirsutos con tricomas aplicados a patentes; pétalos obovados, 4–6 mm de largo y hasta 6 mm de ancho, amarillos, ocasionalmente blancos o anaranjados; ovario verde. Fruto 4–5 mm de diámetro, verde, rostelo glabro, 3–6 mm de largo.

Común localmente en zonas perturbadas en las áreas más secas de la zona pacífica; 0–1100 m; fl y fr feb–nov; *Porter 1190, Stevens 17344*; sureste de Estados Unidos a Colombia y Venezuela, también en el Caribe.

Kallstroemia pubescens (G. Don) Dandy, Kew Bull.

10: 138. 1955; *Tribulus pubescens* G. Don; *K. caribaea* Rydb.

Hojas 1–5 cm de largo y 1.5–3.5 cm de ancho; folíolos (2–) 3 pares, elípticos a obovados, 3–26 mm de largo y 5–17 mm de ancho. Flores ca 1 cm de diámetro; sépalos 3.5–4 mm de largo y 1.5 mm de ancho, hispídulos con finos tricomas blancos de dos tamaños; pétalos obovados, ca 6 mm de largo y 5 mm de ancho, amarillos o blancos; ovario de apariencia blanca debido a los densos tricomas. Frutos 5–6 mm de diámetro, blanquecinos, rostelo cortamente piloso, casi tan largo como los frutos.

Común localmente en zonas perturbadas en las áreas más secas de la zona pacífica; 0–1100 m; fl y fr feb, may–nov; *Porter 1213, Stevens 13160*; oeste de México a Colombia y Venezuela, Jamaica, Puerto Rico y las Antillas Menores, introducida en Estados Unidos (Florida), Africa Occidental y la India. Con frecuencia crece junto con *K. maxima*.

ÍNDICE GENERAL DE NOMBRES VERNÁCULOS

ÍNDICE GENERAL DE NOMBRES CIENTÍFICOS

En el índice se indican los nombres aceptados en esta obra en **negritas** y los sinónimos en *cursivas*.

falcata, 956
fascicularis, 956
histrix, 956
histrix var. densiflora, 957
histrix var. histrix, 957
histrix var. incana, 957
incana, 957
nicaraguensis, 957
pratensis var. caribaea, 957
rudis, 957, 958
scabra, 957
sensitiva, 958
sensitiva var. hispidula, 958
sensitiva var. sensitiva, 958
standleyi, 958
villosa, 955, 958
villosa var. longifolia, 958
villosa var. villosa, 958
viscidula, 958
Agalinis, 2356
   albida, 2356
   hispidula, 2356
Agallostachys, 466
Agarista, 823
   mexicana var. pinetorum, 823
Agavaceae, 41
Agave, 42, 45
   americana, 42
   angustifolia, 43
   angustifolia var. marginata,
      43
   brachystachys, 46
   scabra, 46
   seemanniana, 43
   sisalana, 42
   thomasiae, 43
   wercklei, 43
Agdestis, 1925
   clematidea, 1925
Ageratina, 285, 322
   anchistea, 285
   anisochroma, 286
   aschenborniana, 286
   bimatra, 326
   bustamenta, 286
   cartagoensis, 286
   ciliata, 286
   crassiramea, 286
   pichinchensis, 286
   pichinchensis var. *bustamenta*,
      287
   vulcanica, 286
Ageratum, 287
   conyzoides, 287
   conyzoides ssp. latifolium,
      288
   corymbosum, 288
   houstonianum, 288
   microcarpum, 287
   panamense, 288

petiolatum, 288
reedii, 288
robinsonianum, 288
rugosum, 288
Agonandra, 1611
   macrocarpa, 1611
   obtusifolia, 1611
Agrostis
   diandra, 2134
   indica, 2134
   littoralis, 2136
   matrella, 2149
   purpurascens, 2135
   pyramidata, 2135
   radiata, 2018
   virginica, 2136
Agrostomia
   aristata, 2018
Ahzolia, 713
Aiouea
   inconspicua, 1190
Aira
   indica, 2125
   laxa, 2081
Aizoaceae, 48, 1507
Albizia, 1454
   adinocephala, 1454
   carbonaria, 1455
   caribaea, 1456
   colombiana, 1456
   guachapele, 1455
   hassleri, 1456
   lebbeck, 1455
   nicoyana, 1457
   niopoides, 1456
   pedicellaris, 1456
   saman, 1457
Alcea, 1297
   rosea, 1297
Alchornea, 853
   costaricensis, 853
   glandulosa var. pittieri, 853
   latifolia, 854
   oblongifolia, 862
   pittieri, 853
   triplinervia, 854
Aldama, 288
   dentata, 289
   mesoamericana, 289
Alectoridia
   quartiniana, 2003
Alectoroctonum
   ovatum, 883
Alectra, 2357
   aspera, 2357
   fluminensis, 2357
Alegria
   candida, 2460
Alepidocalyx, 1042

Aletris
   fragrans, 44
Alfaroa, 1161
   costaricensis, 1161
   williamsii ssp. tapantiensis,
      1161
   williamsii ssp. williamsii, 1161
Alfonsia
   oleifera, 212
Alibertia, 2211, 2274
   edulis, 2211
Alicteres, 2430
Alisma
   andrieuxii, 53
   bolivianum, 51
   flava, 1231
   floribundum, 52
   gradiflorum, 52
Alismataceae, 50
Allamanda, 118
   cathartica, 118
Allardtia
   cyanea, 483
Allenanthus, 2211
   hondurensis, 2211
Alliaceae, 1219
Allionia, 1581
   violacea, 1587
Allium, 1220
   cepa, 1220
Allocarpus
   integrifolius, 290
Alloispermum, 290
   integrifolium, 290
Allomarkgrafia, 118
   plumeriiflora, 118
Allophylus, 2308, 2330
   camptostachys, 2308
   occidentalis, 2309
   psilospermus, 2309
   racemosus, 2309
Alloplectus, 1117
   cucullatus, 1117
   tetragonus, 1117
Allosidastrum, 1297
   hilarianum, 1297
   interruptum, 1298
   pyramidatum, 1298
Almeidea
   guyanensis, 2293
Alnus, 402
Aloaceae, 56
Alocasia, 138, 187
   macrorrhizos, 138
Aloe, 56
   barbadensis, 56
   hyacinthoides, 47
   perfoliata var. *vera*, 56
   vera, 56

nigrescens var. *donnell-smithii*, 1550
nigropunctata, 1547, 1550
oerstediana, 1550
oliveri, 1551
ometepensis, 1551
opegrapha, 1551
palmana, 1552
paquitensis, 1551
pectinata, 1552
pellucida, 1552
pellucida var. *pectinata*, 1552
phaenostemona, 1557
picturata, 1551
polyantha, 1553
polydactyla, 1553
proctorii, 1553
propinqua, 1557
pulverulenta, 1550
ramiflora, 1563
revoluta, 1549, 1552
rigidifolia, 1549
rivasensis, 1548
robinsonii, 1556
salvadorensis, 1548
santafeana, 1553
scoparia, 1552
scopulina, 1552
seibertii, 1551
sessiliflora, 1549
skutchii, 1551
solanacea, 1546
spectabilis, 1554
spicigera, 1549
staminosa, 1556
standleyana, 1553
stevensii, 1553
subcoriacea, 1551
terrabana, 1553
turbacensis, 1562
tuxpanensis, 1549
venosa, 1564
venosissima, 1556
veraguasensis, 1548
wedelii, 1553
zelayensis, 1551
Arduina
macrocarpa, 119
Arecaceae, 192
Arenaria, 589
lanuginosa, 589
Arethusa
grandiflora, 1633
racemosa, 1807
trianthophoros, 1853
Argemone, 1912
mexicana, 1912
Argyranthemum, 292
frutescens, 292

frutescens ssp.
foeniculaceum, 292
Argyreia
nervosa, 653
Argythamnia, 854
guatemalensis, 854
Aristida, 2000
adscensionis, 2001
americana, 2013
appressa, 2001
breviglumis, 2003
capillacea, 2001
floridana, 2003
gibbosa, 2001
jorullensis, 2002
laxa, 2002
longifolia, 2002
marginalis, 2001
orcuttiana, 2003
orizabensis, 2001
pseudospadicea, 2001
purpurascens var. **tenuispica**, 2002
recurvata, 2003
schiedeana, 2003
sorzogonensis, 2001
spadicea, 2002
tenuispica, 2002
ternipes, 2003
tincta, 2003
torta, 2003
virgata, 2002
Aristolochia, 230
anguicida, 231
constricta, 231, 232
cruenta, 231
elegans, 231, 232
grandiflora, 232
inflata, 231, 232
leuconeura, 232
littoralis, 232
malacophylla, 233
maxima, 231, 232, 233
odoratissima, 232
pilosa, 232
ringens, 233
stevensii, 233
tonduzii, 231, 233
trilobata, 233
veraguensis, 232
Aristolochiaceae, 229
Arouna
divaricata, 538
guianensis, 538
Arpophyllum, 1627
alpinum, 1627
cardinale, 1627
giganteum, 1627
jamaicense, 1627
medium, 1627

spicatum, 1627
squarrosum, 1627
stenostachyum, 1627
Arrabidaea, 409
chica, 410
chica var. *viscida*, 412
corallina, 410
costaricensis, 411
florida, 411
inaequalis, 409
magnifica, 424
mollicoma, 411
mollissima, 411
patellifera, 411
potosina, 415
pubescens, 411
verrucosa, 412
viscida, 412
Arrhostoxylum
achimeniflorum, 31
stemonacanthoides, 33
Artanthe
adunca, 1955
glabrescens, 1966
grandifolia, 1966
imperialis, 1968
sancta, 1976
tuberculata, 1979
Artemisia
capillifolia, 322
Arthraxon, 2003
hispidus var. **hispidus**, 2003
quartinianus, 2003
Arthrostemma, 1345
alatum, 1345
caulialatum, 1342
ciliatum, 1346
fragile, 1346
macrodesmum, 1346
Arthrostylidium, 2004
excelsum, 2004
pittieri, 2122
racemiflorum, 2123
spinosum, 2051
venezuelae, 2004
Artocarpus, 1515
altilis, 1515
communis, 1515
heterophyllus, 1516
Arum
arborescens, 162
bicolor, 150
esculentum, 150
hederaceum, 170
macrorrhizon, 138
tripartitum, 176
Arundinaria
excelsa, 2004
longifolia, 2051

Cyrilla, 798
antillana, 798
racemiflora, 798
Cyrillaceae, 798
Cyrtodeira
chontalensis, 1125
Cyrtopera
longifolia, 1697
woodfordii, 1697
Cyrtopodium, 1655
gigas, 1655
punctatum, 1655
saintlegerianum, 1655
willmorei, 1655
woodfordii, 1697
Cytinus
americanus, 2190
Cytisus
cajan, 962
pinnatus, 1050
violaceus, 1007
Dactyloctenium, 2024
aegyptium, 2024
Dactylostemon, 884
Dahlia, 311
'hortulanorum', 311
imperialis, 311
variabilis, 311
Dalbergaria, 1120
Dalbergia, 984
amerimnum, 985
brownei, 985
calderonii, 985
calderonii var. **calderonii**, 985
calderonii var. **molinae**, 985
calycina, 985
campechiana, 986
chontalensis, 986
cibix, 987
cubilquitzensis, 986
ecastaphyllum, 985, 986
frutescens, 986
funera, 985
glabra, 986
glabra var. **chontalensis**, 986
glabra var. **glabra**, 987
glabra var. **paucifoliolata**, 986
heptaphylla, 1021
hypoleuca, 987
intibucana, 985
laevigata, 953
macrophylla, 1023
mexicana, 987
monetaria, 987
pentaphylla, 1021
purpusii, 987
retusa, 987
retusa var. **hypoleuca**, 987
retusa var. **retusa**, 987
tabascana, 987

tilarana, 988
tucurensis, 986
variabilis var. *cubilquitzensis*, 986
Dalea, 988, 1035
alopecuroides, 989
annua var. *willdenowii*, 989
carthagenensis, 989
carthagenensis var. **barbata**, 988
cliffortiana, 989
exserta, 989
leporina, 989
psoraleoides, 990
robusta, 989
scandens var. **vulneraria**, 989
sericea, 989
tomentosa var. **psoraleoides**, 990
virgata, 989
vulcanicola, 990
vulneraria var. *barbata*, 988
vulneraria var. *brevidens*, 988
vulneraria var. *vulneraria*, 989
Dalechampia, 875
canescens ssp. *canescens*, 876
canescens ssp. **friedrichsthalii**, 876
cissifolia ssp. **panamensis**, 876
dioscoreifolia, 876
friedrichsthalii, 876
heteromorpha, 876
panamensis, 876
scandens, 877
scandens var. *trisecta*, 876
shankii, 875
spathulata, 875
tiliifolia, 877
websteri, 877
Daphnopsis, 2451
americana ssp. **americana**, 2451
americana ssp. **caribaea**, 2451
caribaea, 2451
ficina, 2451
seibertii, 2451
Datura, 2376, 2387
arborea, 2380
candida, 2380
inoxia, 2388
maxima, 2403
metel, 2388
stramonium, 2388
suaveolens, 2380
Daucus
carota, 111
Davilla, 803
aspera, 803
aspera var. *matudae*, 803
kunthii, 803

matudae, 803
multiflora, 803
nitida, 803
Deamia, 518
Decatropis
paucijuga, 2285
Decazyx, 2294
macrophyllus, 2294
Declieuxia, 2227
fruticosa, 2227
fruticosa var. *mexicana*, 2227
Deguelia, 1020
Deiregyne
hemichrea, 1628
hondurensis, 1828
thelymitra, 1828
trilineata, 1828
Delilia, 311
berteri, 311
biflora, 311
Delonix, 538
regia, 538
Demidovia
tetragonoides, 49
Dendranthema, 311
indicum, 312
japonense, 312
morifolium, 311
ornatum, 312
Dendrobium
album, 1746
graminifolium, 1767
longifolium, 1697
polystachyon, 1804
quadrifidum, 1799
sertularioides, 1800
tribuloides, 1801
Dendrodaphne
macrophylla, 1200
Dendropanax, 189
arboreus, 189
concinnus, 189
leptopodus, 190
stenodontus, 189
Dendrophthora, 2531
costaricensis, 2531
Dendrorchis
caracasana, 1804
Dendrosicus, 407
kennedyi, 407
Deppea
grandiflora, 2207
Dermatocalyx
parviflorus, 425
Derris, 1020
glabrescens, 1020
grandifolia, 1047
indica, 1050
Desmanthodium, 306

ternifolia, 1276
velutina, 1275
Hirtella, 607
 americana, 608
 davisii, 608
 glaberrima, 537
 guatemalensis, 609
 hexandra, 610
 lemsii, 609
 media, 610
 polyandra, 607
 racemosa, 609
 racemosa var.
  glandipedicellata, 609
 racemosa var. **hexandra**, 610
 racemosa var. **racemosa**, 610
 triandra, 610
 triandra ssp. **media**, 610
 triandra ssp. **punctulata**, 610
 triandra ssp. **triandra**, 610
 trichotoma, 610
Hisingera
 cinerea, 1102
 elliptica, 1104
 intermedia, 1103
 paliurus, 1102
Hoffmannia, 2240
 bullata, 2241
 gesnerioides, 2241
 hamelioides, 2241
 oreophila, 2241
 pallidiflora, 2241
Hoitzia
 glandulosa, 2154
 lupulina, 2153
Holcus
 bicolor, 2132
 caffrorum, 2132
 cernuus, 2132
 durra, 2132
 halepensis, 2133
 pertusus, 2011
Holmskioldia, 2511
 sanguinea, 2497, 2511
Holosteum
 cordatum, 590
Homalium, 1094
 nicaraguense, 1094
 racemosum, 1094
Homalocladium, 2173
 platycladum, 2173
Homalomena
 wendlandii, 156
Homalopetalum, 1712
 pumilio, 1712
Homolepis, 2054
 aturensis, 2055
 glutinosa, 2055
Hormidium
 humile, 1813

pygmaeum, 1813
tripterum, 1813
uniflorum, 1813
Houlletia, 1712
 landsbergii, 1712
 tigrina, 1712
Houstonia
 fruticosa, 2227
Huertea, 2427
Hugoniaceae, 1148
Humboldtiella, 977
Humboltia
 angustifolia, 1788
 barbulata, 1788
 biflora, 1852
 bufonis, 1799
 cardiothallis, 1789
 circumplexa, 1790
 dubia, 1783
 endotrachys, 1792
 erinacea, 1792
 gelida, 1793
 grobyi, 1794
 immersa, 1796
 incompta, 1799
 krameriana, 1796
 lepanthiformis, 1851
 longissima, 1799
 luctuosa, 1797
 marginalis, 1794
 memor, 1852
 microphylla, 1797
 nicaraguensis, 1800
 obovata, 1798
 orbicularis, 1852
 pantasmi, 1798
 polyliria, 1793
 polystachya, 1799
 pruinosa, 1799
 pubescens, 1799
 quadrifida, 1800
 sertularioides, 1800
 smithiana, 1799
 stenostachya, 1783
 tenuissima, 1800
 testifolia, 1801
 tribuloides, 1801
 truxillensis, 1799
 ujarensis, 1818
 vittata, 1799
Humiriaceae, 1149
Humiriastrum, 1150
 diguense, 1150
Humulus, 564
 lupulus, 564
Huntleya, 1713
 burtii, 1713
Hura, 885
 crepitans, 886
 polyandra, 886

Hybanthus, 2527
 attenuatus, 2527
 calceolaria, 2528
 costaricensis, 2528
 denticulatus, 2528
 guanacastensis, 2528
 mexicanus, 2528
 oppositifolius, 2528
 thiemei, 2528
 yucatanensis, 2528
Hybochilus
 leochilinus, 1701
Hybosema, 1013
Hydrangea, 1151
 macrophylla, 1151
 steyermarkii, 1151
Hydrangeaceae, 1151
Hydranthelium
 egense, 2359
Hydrilla, 1153
 verticillata, 1153
Hydrocharitaceae, 1151
Hydrochloa, 2072
Hydrochorea
 acreana, 1445
Hydrocleys, 1229
 azurea, 1230
 commersonii, 1230
 humboldtii, 1230
 nymphoides, 1230
 oblongifolia, 1230
 parviflora, 1230
 standleyi, 1230
Hydrocotyle, 113
 bonariensis, 114, 115
 erecta, 111
 leucocephala, 114
 mexicana, 114
 pusilla, 114
 ranunculoides, 114
 umbellata, 114, 115
 verticillata, 115
Hydrolea, 1154
 cervantesii var. *cervantesii*,
  1155
 spinosa, 1155
 spinosa var. **cervantesii**, 1155
 spinosa var. *maior*, 1155
 spinosa var. **spinosa**, 1155
Hydromystria, 1153
 laevigata, 1153
 stolonifera, 1153
Hydrophyllaceae, 1154
Hyeronima, 886
 alchorneoides, 886
 guatemalensis, 886
 laxiflora, 886
 oblonga, 886
 oblonga var. *benthamii*, 886
 poasana, 886

Lycaste, 1730
  aromatica, 1731, 1733
  bradeorum, 1731
  brevispatha, 1731
  candida, 1731
  cochleata, 1731, 1733
  deppei, 1732
  dowiana, 1732
  macrophylla var. desboisiana, 1732
  suaveolens, 1733
Lycianthes, 2389
  acapulcensis, 2391
  amatitlanensis, 2391
  anomala, 2391
  arrazolensis, 2392
  brevipes, 2393
  chiapensis, 2392
  ciliolata, 2391
  cuneata, 2425
  escuintlensis, 2392
  heteroclita, 2392
  lenta, 2393
  lenta var. *utrinquemollis*, 2393
  maxonii, 2393
  mitrata, 2392
  multiflora, 2393
  nitida, 2393, 2394
  nocturna, 2393
  ocellata, 2394
  sanctaeclarae, 2395
  sideroxyloides, 2394
  sideroxyloides ssp. *ocellata*, 2394
  sideroxyloides var. *transitoria*, 2393
  synanthera, 2393
Lycopersicon, 2376, 2395
  cerasiforme, 2395
  esculentum, 2395
  esculentum var. cerasiforme, 2395
  esculentum var. esculentum, 2395
  lycopersicum, 2395
Lycoseris, 340
  latifolia, 340
Lyroglossa, 1733
  pubicaulis, 1733
Lysiloma, 1486
  acapulcense, 1486
  auritum, 1484, 1486
  australe, 1487
  calderonii, 1487
  chiapense, 1487
  cuernavacanum, 1486
  cuneatum, 1486
  desmostachyum, 1486
  divaricatum, 1487
  durangense, 1486

  jorullense, 1486
  kellermanii, 1487
  microphyllum, 1487
  multifoliolatum, 1486
  nelsonii, 1486
  pedicellatum, 1486
  platycarpum, 1486
  purpusii, 1486
  salvadorense, 1487
  schiedeanum, 1486
  seemannii, 1487
Lysimachia
  monnieri, 2359
Lysiostyles
  sericea, 673
Lythraceae, 1246
Lythrum
  carthagenense, 1250
Maba, 815
  nicaraguensis, 816
  verae-crucis, 816
Mabea, 889
  excelsa, 889
  klugii, 889
  montana, 890
  occidentalis, 889
Macfadyena, 417
  uncata, 417
  unguis-cati, 418
Machaerium, 1028
  acuminatum var. *latifolium*, 1031
  arboreum var. *latifolium*, 1031
  biovulatum, 1029
  cirrhiferum, 1029
  cobanense, 1029
  donnell-smithii, 1029
  falciforme, 1030
  floribundum, 1030
  floribundum var. floribundum, 1030
  isadelphum, 1030
  kegelii, 1030
  latifolium, 1031
  lunatum, 1031
  marginatum, 1030
  merillii, 1029
  nicaraguense, 1031
  pachyphyllum, 1030
  pittieri, 1031
  rosescens, 1030
  salvadorense, 1031
  seemannii, 1032
  setulosum, 1030
  woodworthii, 1030
Machaonia, 2244
  martinicensis, 2244
  rotundata var. *dodgei*, 2244
Macleania, 826
  compacta, 827

  costaricensis, 827
  glabra, 827
  insignis, 827
  insignis var. *linearifolia*, 827
  irazuensis, 827
  linearifolia, 827
  ovata, 827
  racemosa, 827
  rupestris, 827
  subracemosa, 827
  turrialbana, 827
Maclura, 1533
  brasiliensis, 1534
  pomifera, 1534
  tinctoria ssp. tinctoria, 1533
Macoucoua
  guianensis, 134
Macradenia, 1733
  brassavolae, 1733
Macroclinium, 1734
  bicolor, 1734
  paniculatum, 1734
Macrocnemum
  candidissimum, 2218
  coccineum, 2284
Macrohasseltia, 1097
  macroterantha, 1097
Macrolobium, 539
  costaricense, 540
  herrerae, 540
Macroptilium, 1032
  atropurpureum, 1033
  erythroloma, 1033
  gibbosifolium, 1033
  gracile, 1034
  heterophyllum, 1033
  heterophyllum var. *rotundifolium*, 1033
  lathyroides, 1034
  longipedunculatum, 1034
  monophyllum, 1032
Macrosamanea
  pedicellaris, 1456
Macroscepis, 254
  aurea, 254
  barbata, 254
  congestiflora, 255
  equatorialis, 254
  hirsuta, 254
  panamensis, 254
  pleistantha, 255
  trianae, 254
  tristis, 254
Macrostylis
  forcipigera, 1648
Magnolia, 1255
Magnoliaceae, 1255
Maianthemum, 1226
  flexuosum, 1227
  gigas var. gigas, 1227

dodecandrum, 1391
elatum, 1392
fasciculare, 1373
grossularioides, 1346
hirtum, 1355
holosericeum, 1394
ibaguense, 1395
icosandrum, 1364
impetiolare, 1395
lacerum, 1396
laevigatum, 1396
longifolium, 1398
micranthum, 1413
minutiflorum, 1399
montanum, 1365
nervosum, 1400
octonum, 1356
petiolare, 1357
prasinum, 1402
punctatum, 1403
quinquenervium, 1413
ramiflorum, 1370
serrulatum, 1357
splendens, 1405
strigillosum, 1360
succosum, 1371
tomentosum, 1406
trinervium, 1408
xalapense, 1369
Melastomataceae, 1339
Melia, 1424
americana, 1427
azadirachta, 1420
azedarach, 1424
Melicocca
oliviformis, 2330
paniculata, 2314
Melicoccus, 2315, 2330
bijugatus, 2315
Melinis, 2073
minutiflora, 2073
repens, 2123
Meliosma, 2304
corymbosa, 2304
dentata, 2304
dives, 2305
donnellsmithii, 2305
glabrata, 2305
grandifolia, 2305
idiopoda, 2305
maxima, 2305
nanarum, 2305
vernicosa, 2305
Melloa, 420
quadrivalvis, 420
Melocactus, 513
brongnartii, 513
curvispinus, 513
maxonii, 513
ruestii, 513

Melochia, 2431
carpinifolia, 2433
concinna, 2433
conglobata, 2433
crenata, 2433
depressa, 1306
domingensis, 2433
glandulifera, 2432
hirsuta, 2433
humboldtiana, 2432
hypoleuca, 2433
kerriifolia, 2432
lupulina, 2432
manducata, 2432
melissifolia, 2433
nodiflora, 2433
nudiflora, 2433
plicata, 2433
portoricensis, 2433
pyramidata var. **pyramidata**, 2433
spicata, 2434
tomentosa var. **tomentosa**, 2433
tomentosa var. **turpiniana**, 2433
turpiniana, 2433
vestita, 2433
villosa, 2434
villosa var. **villosa**, 2433
Melothria, 708
costensis, 709
donnell-smithii, 709
dulcis, 708
guadalupensis, 708
pendula, 708, 709
pringlei, 709
prunifera, 714
scabra, 709
trilobata, 709
Mendoncella, 1698
grandiflora, 1698
Mendoncia, 8, 1431
gracilis, 1431
lindavii, 1431
litoralis, 1431
retusa, 1431
tonduzii, 1432
Mendonciaceae, 1430
Menispermaceae, 1432
Mentha
×**piperita**, 1168
×**piperita** var. **citrata**, 1168
Mentzelia, 1234
aspera, 1234
Menyanthaceae, 1442
Menyanthes
indica, 1442
Merinthopodium, 2396
internexum, 2396

neuranthum, 2396
Merostachys, 2073
latifolia, 2073
Merremia, 676
aegyptia, 676
aturensis, 677
cissoides, 677
discoidesperma, 677
dissecta, 677
glabra, 677
macrocalyx, 677
pentaphylla, 676
quinquefolia, 678
tuberosa, 678
umbellata, 678
Mesadenella, 1759
tonduzii, 1759
Mesechites, 125
trifida, 125
Mesembryanthemum, 48
Mesicera
repens, 1709
Mesosetum, 2074
angustifolium, 2074
blakei, 2074
filifolium, 2074
pittieri, 2075
tabascoense, 2074
Mesosphaerum
nicaraguense, 1173
Mesospinidium, 1760
leochilinum, 1701
warscewiczii, 1760
Mespilus
japonicus, 2202
Messerschmidia
gnaphalodes, 454
hirsutissima, 454
Metalepis, 265
peraffinis, 265
Metastelma, 265
eulaxiflorum, 252
schlechtendalii, 267
sepicola, 267
trichophyllum, 266
sp. A, 266
sp. B, 267
Metrosideros
quinquenervia, 1574
viminalis, 1565
Meyenia
erecta, 35
Miconia, 1339, 1377
aeruginosa, 1384
affinis, 1385, 1395
albicans, 1385
ambigua, 1396
ampla, 1386
amplexans, 1406
angustispica, 1408

Omphalea (cont.)
  diandra, 893
  oleifera, 893
  panamensis, 893
Omphalobium
  lambertii, 652
Onagraceae, 1605
Oncidium, 1760, 1770
  alboviolaceum, 1774
  allemanii, 1816
  altissimum, 1771
  ampliatum, 1772, 1776
  ascendens, 1772, 1773
  aurisasinorum, 1772
  bernoullianum, 1772
  bolivianense, 1772
  brachiatum, 1637
  brachyphyllum, 1773
  bracteatum, 1777
  brassia, 1636
  cardiochilum, 1774
  carthagenense, 1775
  carthagenense var. *oerstedii*,
    1775
  caudatum, 1636
  cebolleta, 1772
  cepula, 1773
  cheirophorum, 1773
  cheirophorum var.
    exauriculatum, 1773
  crista-galli, 1773
  decipiens, 1773
  dielsianum, 1773
  emarginatum, 1660
  ensatum, 1773
  exauriculatum, 1773
  glaziovii, 1773
  gnomus, 1815
  guatemalense, 1775
  guttulatum, 1774
  helicanthum, 1772
  humboldtii, 1773
  incurvum, 1774
  iridifolium, 1773, 1816
  juncifolium, 1773
  labiatum, 1721
  longifolium, 1773
  luridum, 1771
  maculatum, 1777
  maculatum, 1771
  oberonia, 1815
  obovatum, 1630
  obsoletum, 1775
  ochmatochilum, 1774
  oerstedii, 1771, 1775
  oliganthum, 1775
  ornithorhynchum, 1774, 1775
  paleatum, 1777
  panamense, 1776
  planilabre, 1776

polycladium, 1774
powellii, 1777
pumilio, 1815
pusillum, 1816
pusillum var. *megalanthum*,
  1816
salvadorense, 1775
sphacelatum, 1776
splendidum, 1776
sprucei, 1773
stenoglossum, 1776
stenotis, 1777
stipitatum, 1778
subcruciforme, 1777
subulifolium, 1772
teres, 1777
titania, 1815
verrucosum, 1637
wittii, 1773
Onoctonia
  crassipes, 1344
Onoseris, 349
  onoseroides, 349
Onychacanthus
  arboreus, 15
  cumingii, 15
  speciosus, 15
Oocarpon, 1607
  jussiaeoides, 1610
  jussiaeoides f. *microcarpa*,
    1610
  torulosum, 1610
Operculina, 679
  aegyptia, 676
  discoidesperma, 677
  dissecta, 677
  populifolia, 677
  pteripes, 679
  tuberosa, 678
Ophiorrhiza
  mitreola, 1235
Ophryococcus, 2240
  gesnerioides, 2241
Ophrys
  ciliata, 1649
  peruviana, 1835
  quinquelobata, 1835
  torta, 1835
Opiliaceae, 1611
Oplismenus, 2080
  affinis, 2080
  affinis var. *humboldtianus*,
    2080
  burmannii, 2080
  burmannii var. **burmannii**,
    2080
  burmannii var. **nudicaulis**,
    2080
  compositus, 2081
  crus-pavonis, 2034

  hirtellus, 2081
  hirtellus ssp. **hirtellus**, 2081
  hirtellus ssp. **setarius**, 2081
  humboldtianus, 2080
  humboldtianus var. *nudicaulis*,
    2080
  polystachyus, 2034
  rariflorus, 2081
  setarius, 2081
  tenuis, 2059
  zelayensis, 2034
Opuntia, 514
  cochenillifera, 514
  decumbens, 514
  ficus-indica, 514
  guatemalensis, 515
  lutea, 515
  megacantha, 514
Orbignya, 219
  cohune, 219
Orchidaceae, 1612
Orchis
  entomantha, 1706
  foliosa, 1706
  monorrhiza, 1708
  quinqueseta, 1709
  repens, 1709
  setacea, 1708
Oregandra, 2220
  panamensis, 2220
Oreinotinus
  hartwegii, 586
Oreodaphne
  cernua, 1200
  helicterifolia, 1201
Oreomunnea, 1162
  mexicana ssp. **costaricensis**,
    1163
  mexicana ssp. **mexicana**, 1162
  munchiquensis, 1163
  pterocarpa, 1163
Oreopanax, 190
  capitatus, 190
  destructor, 190
  geminatus, 191
  lachnocephalus, 191
  liebmannii, 190
  nicaraguensis, 191
  xalapensis, 191
Ormosia, 1039
  coccinea var. **coccinea**, 1039
  coccinea var. **subsimplex**,
    1039
  isthmensis, 1039
  macrocalyx, 1040
  mexicana, 1005
  panamensis, 1040
  stipitata, 1040
  subsimplex, 1039
  toledoana, 1040

Panicum (cont.)
adscendens, 2031
albomaculatum, 2027
albomarginatum, 2027
altum, 2086
amplexicaule, 2056
angustifolium, 2026
antidotale, 2086
aquaticum var. **aquaticum**, 2086
aquaticum var. **cartagoense**, 2087
arenicoloides, 2026
arundinaceum, 2061
aturense, 2055
auriculatum, 2056
axillare, 2059
barbinode, 2146
blakei, 2029
boliviense, 2091
brevifolium, 2090
bulbosum, 2087
burmannii, 2080
campylostachyum, 2139
capillare var. *hirticaule*, 2089
capillare var. *miliaceum*, 2089
caricoides, 2087
cayennense, 2087
chrysites, 2007
ciliare, 2031
ciliatum, 2028
ciliatum var. *pubescens*, 2028
colonum, 2034
commutatum, 2027
compositum, 2081
cordovense, 2027
costaricense, 2089
crusgalli, 2034
ctenodes var. *major*, 2095
cyanescens, 2088
dactylon, 2023
dichotomiflorum, 2087
dichotomum var. *glabrescens*, 2028
didistichum, 2146
distichum, 2093
distichum var. *lancifolium*, 2093
divaricatum, 2065
divergens, 2027
doellii, 2090
donacifolium, 2056
elephantipes, 2088
elongatum, 2129
exasperatum, 2007
exiguiflorum, 2089
fasciculatum, 2145
flabellatum, 2089
frondescens, 2095
furtivum, 2029

fusiforme, 2026
geminatum, 2099
geniculatum, 2129
ghiesbreghtii, 2088
glabrinode, 2146
glutinosum, 2055
gouinii, 2094
grande, 2088
grisebachii, 2066
guianense, 2090
haenkeanum, 2089
heterostachyum, 2090
hians, 2089
hirsutum, 2089
hirtellum, 2081
hirticaule, 2089
hirticaule var. *miliaceum*, 2089
hirtum, 2090
hispidifolium, 2090
hispidum, 2090
hondurense, 2091
hylaeicum, 2090
incumbens, 2091
inflatum, 2028
joorii, 2027
kegelii, 2095
lagotis, 2058
lanuginosum, 2026
laterale, 2098
laxiflorum, 2027
laxum, 2091
laxum var. *amplissimum*, 2090
laxum var. *pubescens*, 2090
leiophyllum, 2027
leucothrix, 2026
longiligulatum, 2026
lundellii, 2086
maximum, 2091
maximum var. **maximum**, 2092
maximum var. **pubiglume**, 2092
maximum var. *trichoglume*, 2092
megiston, 2092
mertensii, 2092
milleflorum, 2093
minutiflorum, 2090
molle, 2146
muticum, 2146
myuros, 2125
nemorale, 2058
nemorosum, 2059
nervosum, 2027
neuranthum var. *ramosum*, 2026
nitidum var. *villosum*, 2027
oaxacense, 2066
olivaceum, 2026
oryzoides, 1996

pallens, 2059
paludivagum, 2099
paniculiferum, 2129
parcum, 2092
parvifolium, 2088, 2092
paucifolium, 2087
petrosum, 2139
phleiforme, 2125
pilosum, 2093
pilosum var. **lancifolium**, 2093
pilosum var. **pilosum**, 2093
pittieri, 2032
plantagineum, 2146
poiretianum, 2129
polycaulon, 2028
polygonatum, 2093, 2095
polygonoides, 2061
procerrimum, 2067
pseudopubescens, 2027
pulchellum, 2094
purpurascens, 2146
pyramidale, 2035
repens, 2094
reptans, 2146
rhizophorum, 2067
rigidum, 2096
rudgei, 2094
ruscifolium, 2067
schiffneri, 2097
schmitzii, 2097
sciurotoides, 2028
sellowii, 2095
setarium, 2081
sloanei, 2068
sonorum, 2089
sorghoideum, 2068
spectabile var. *guadeloupense*, 2035
sphaerocarpon, 2028
sphaerocarpon ssp. *inflatum*, 2028
stagnatile, 2095
stenodes, 2095
stenodoides, 2087
stoloniferum var. **major**, 2095
stoloniferum var. **stoloniferum**, 2096
strigosum, 2028
sublaeve, 2096
subquadriparum, 2147
sucosum, 2088
tenax, 2130
tenerum, 2096
tenue, 2027
tenuissimum, 2135
trichanthum, 2096
trichidiachne, 2097
trichoides, 2097
tuerckheimii, 2097
unciphyllum, 2027

vicarium, 2028
villosissimum, 2027
virgatum, 2086
viscidellum, 2029
vulpisetum, 2130
wrightianum, 2026
xalapense, 2027
zizanioides, 1996
Pankea
  insignis, 1129
Papaveraceae, 1911
Paradrymonia, 1127
  decurrens, 1127
Paragonia, 421
  pyramidata, 421
Paraphlomis
  javanica, 1168
Parascopolia
  acapulcensis, 2391
Parathesis, 1560
  aeruginosa, 1560
  chrysophylla, 1562
  fusca, 1561
  longipetiolata, 1562
  micranthera, 1556
  microcalyx, 1561
  pallida, 1562
  rothschuhiana, 1561
  trichogyne, 1562
  vulgata, 1562
Pariana, 2098
  lanceolata, 2098
  parvispica, 2098
Parietaria, 2484
  debilis, 2484
  microphylla, 2489
  sonneratii, 2485
Parkia, 1499
  pendula, 1499
Parkinsonia, 541
  aculeata, 541
Parmentiera, 421
  aculeata, 422
  cereifera, 422
  macrophylla, 422
  millspaughiana, 422
  trunciflora, 422
Parodiolyra, 2098
  lateralis, 2098
Parosela, 988
  barbata, 988
  costaricana, 989
  dalea, 989
  dalea var. *robusta*, 989
  leporina, 989
  psoraleoides, 990
  sericea, 989
  tomentosa var. *psoraleoides*,
    990
  vulneraria, 989

Paspalidium, 2099
  geminatum, 2099
  geminatum var. *paludivagum*,
    2099
  paludivagum, 2099
Paspalum, 2099
  adoperiens, 2102
  alcalinum, 2107
  appendiculatum, 2008
  arundinaceum, 2103
  bicorne, 2031
  boscianum, 2103
  botteri, 2103
  candidum, 2103
  capillare, 2007
  carinatum, 2104
  centrale, 2104
  ciliatifolium, 2112
  clavuliferum, 2104
  conjugatum, 2104
  conjugatum var. *pubescens*,
    2104
  convexum, 2104
  coryphaeum, 2105
  costaricense, 2105
  cymbiforme, 2105
  decumbens, 2105
  densum, 2106
  distichum, 2106
  erianthum, 2106
  exasperatum, 2007
  fasciculatum, 2106
  fissifolium, 2008
  fluitans, 2111
  guatemalense, 2102
  hartwegianum, 2107
  hitchcockii, 2107
  humboldtianum, 2107
  lanatum, 2071
  langei, 2107
  lentiginosum, 2107
  ligulare, 2108
  lineare, 2108
  longiflorum, 2032
  microstachyum, 2108
  millegrana, 2108
  minus, 2109
  multicaule, 2109
  notatum, 2109
  nutans, 2109
  orbiculatum, 2110
  orbiculatum ssp. *potarense*,
    2110
  orbiculatum var. *lanuginosum*,
    2110
  oricolum, 2107
  paniculatum, 2108, 2110
  paspalodes, 2106
  pectinatum, 2110
  pilosum, 2110

pittieri, 2104
  plenum, 2111
  plicatulum, 2111
  plicatulum var. *glabrum*, 2111
  plicatulum var. *villosissimum*,
    2111
  propinquum, 2112
  pulchellum, 2111
  purpusii, 2009
  repens, 2111
  saccharoides, 2112
  scabrum, 2103
  serpentinum, 2112
  setaceum var. **ciliatifolium**,
    2112
  setaceum var. *dispar*, 2108
  squamulatum, 2112
  standleyi, 2113
  stellatum, 2113
  trichoides, 2106
  turriforme, 2113
  umbellatum, 2023
  vaginatum, 2113
  virgatum, 2113
Passiflora, 1914
  adenopoda, 1916
  ambigua, 1914, 1916
  arbelaezii, 1917
  auriculata, 1917
  bicornis, 1917
  biflora, 1917
  capsularis, 1917
  ciliata, 1919
  coriacea, 1918
  costaricensis, 1918
  edulis, 1918
  filipes, 1918
  foetida, 1918
  foetida var. **gossypiifolia**, 1918
  foetida var. **hibiscifolia**, 1918
  foetida var. **maxonii**, 1918
  foetida var. **nicaraguensis**,
    1918
  gracilis, 1919
  gracillima, 1917
  guatemalensis, 1914, 1919
  hahnii, 1914, 1919
  helleri, 1919, 1922
  holosericea, 1919
  ligularis, 1914
  lunata var. *costata*, 1917
  membranacea, 1914
  menispermifolia, 1920
  misera, 1920
  nelsonii, 1914
  nitida, 1914
  obovata, 1920
  oerstedii, 1914, 1920
  pedata, 1920
  pittieri, 1914

guatemalense, 361
macrocephalum, 361
millspaughii, 361
nummularium, 361
pittieri, 361
punctatum, 361
ruderale ssp. *macrocephalum*,
   361
ruderale var.
   macrocephalum, 361
Portlandia
   hexandra, 2226
Portulaca, 2181
   conzattii, 2181
   coronata, 2182
   grandiflora, 2181
   lanceolata, 2182
   mundula, 2182
   neglecta, 2181
   oleracea, 2181
   oleracea ssp. *nicaraguensis*,
      2181
   paniculata, 2182
   pilosa, 2182
   portulacastrum, 48
   retusa, 2181
   triangularis, 2183
   umbraticola, 2182
Portulacaceae, 2180
Posadaea, 711
   sphaerocarpa, 711
Posoqueria, 2250
   grandiflora, 2251
   latifolia, 2251
   panamensis, 2251
Possira, 1060
   simplex, 1062
Potalia, 1236
   amara, 1236
Potamogeton, 2183
   illinoensis, 2184
   pusillus, 2184
   pusillus var. **pusillus**, 2184
Potamogetonaceae, 2183
Pothomorphe
   peltata, 1973
   umbellata, 1980
Pothos
   gracilis, 145
Poulsenia, 1536
   armata, 1536
Pourouma, 596
   aspera, 596
   bicolor ssp. **bicolor**, 596
   bicolor ssp. **scobina**, 596
   guianensis, 596
   minor, 596
   scobina, 596
   umbellifera, 596
Pouteria, 2332, 2340

amygdalicarpa, 2342
austin-smithii, 2350
belizensis, 2342
bulliformis, 2342
caimito, 2343, 2350
calistophylla, 2343
campechiana, 2343, 2344
congestifolia, 2340, 2344
durlandii, 2350
durlandii ssp. **durlandii**, 2344
filipes, 2344
fossicola, 2345
foveolata, 2345, 2354
gallifructa, 2349
glomerata, 2346, 2350
glomerata ssp. **glomerata**,
   2346
glomerata ssp. **stylosa**, 2346
heterodoxa, 2342
hypoglauca, 2346
izabalensis, 2346
juruana, 2340
leptopedicellata, 2347
lucentifolia, 2336
lundellii, 2342
macrocarpa, 2346
mammosa, 2347
neglecta, 2348
odorata, 2352
reticulata ssp. **reticulata**, 2347
sapota, 2336, 2345, 2347
silvestris, 2346
stylosa, 2346
subrotata, 2348
torta ssp. **gallifructa**, 2349
torta ssp. **tuberculata**, 2348
unilocularis, 2347
viridis, 2345, 2349
sp. A, 2349
Pouzolzia, 2491
   guatemalana var.
      guatemalana, 2491
   obliqua, 2491
   occidentalis, 2491
   parasitica, 2491, 2492
   phenacoides, 2492
Pratia
   tatea, 563
Prenanthes
   japonica, 391
Prescottia, 1808
   cordifolia, 1808
   filiformis, 1808
   gracilis, 1808
   longipetiolata, 1808
   myosurus, 1808
   oligantha, 1808
   panamensis, 1808
   schlechteri, 1808
   stachyodes, 1808

tenuis, 1808
viacola, 1808
Prestoea, 219, 221
   acuminata, 222
   allenii, 221
   decurrens, 222
   longepetiolata, 222
   shultzeana, 221
Prestonia, 127
   acutifolia, 129
   allenii, 128
   amanuensis, 128
   caudata, 122
   concolor, 128
   grandiflora, 129
   guatemalensis, 128
   longifolia, 128
   mexicana, 128
   portobellensis, 128
   quinquangularis, 129
   speciosa, 129
   woodsoniana, 122
Prieurella
   colombianum, 2335
Primulaceae, 2184
Prioria, 542
   copaifera, 542
Pristimera, 1144, 1146
   andina, 1145
   celastroides, 1145
   tenuiflora, 1145
Priva, 2519
   aspera, 2520
   lappulacea, 2520
   lappulacea f. *albiflora*, 2520
   mexicana, 2520
Prockia, 1098, 1099
   costaricensis, 1099
   crucis, 1099
Procris
   rugosa, 2485
Prosopis, 1502
   juliflora var. **juliflora**, 1502
Prosthechea, 1809
   abbreviata, 1810
   baculus, 1810
   brassavolae, 1811
   chacaoensis, 1811
   chondylobulbon, 1811
   cochleata, 1811
   fragans, 1812
   livida, 1812
   ochracea, 1812
   pygmaea, 1813
   radiata, 1811, 1813
   rhynchophora, 1814
   vespa, 1814
Prosthecidiscus, 269
   guatemalensis, 269
Proteaceae, 2185

epiphytica, 2262
erecta, 2212, 2261, 2262
eurycarpa, 2262
fimbriata, 2281
fruticetorum, 2262
furcata, 2262
galeottiana, 2263
glomerulata, 2258, 2263, 2273
gracilenta, 2263, 2269
graciliflora, 2263
granadensis, 2273
grandis, 2260, 2264
grandistipula, 2269
guadalupensis, 2264
guapilensis, 2264
haematocarpa, 2264
hamiltoniana, 2265
hondensis, 2225
horizontalis, 2265
impatiens, 2265
involucrata, 2263, 2269
ipecacuanha, 2261, 2265
jinotegensis var. jinotegensis, 2266
lamarinensis, 2266
laselvensis, 2266
limonensis, 2266, 2270
lupulina, 2273
luxurians, 2267
macrophylla, 2267
macropoda, 2234
marginata, 2267
mexiae, 2267, 2270
micrantha, 2268
microbotrys, 2268
microdon, 2252, 2268
molinae, 2269
mombachensis, 2261
morii, 2272
neillii, 2268
nervosa, 2268, 2271
nicaraguensis, 2267
nutans, 2252
oaxacana, 2262
oerstediana, 2271
officinalis, 2263, 2269
orchidearum, 2262
orogenes, 2263
ostaurea, 2225
pachecoana, 2263
padifolia, 2249
panamensis, 2267, 2268, 2273
panamensis var. compressicaulis, 2269
panamensis var. panamensis, 2269
parasitica, 2264
parvifolia, 2252
pendula, 2264

persearum, 2263
pilosa, 2270
pittieri, 2260
poeppigiana, 2270
polyphlebia, 2270
psychotriifolia, 2269, 2270
pubescens, 2271
quinqueradiata, 2271
racemosa, 2271
remota, 2271
siggersiana, 2272
simiarum, 2272
skutchii, 2263
solitudinum, 2257
steyermarkii, 2272
suerrensis, 2272
tenuifolia, 2273
tonduzii, 2256
trichotoma, 2270, 2273
uliginosa, 2273
undata, 2268
vallensis, 2263
viridis, 2273
yunckeri, 2269
Psygmorchis, 1815
gnoma, 1815
pumilio, 1815, 1816
pusilla, 1773, 1816
Pterocarpus, 1050
belizensis, 1051
gummifer, 961
hayesii, 1051
lunatus, 1031
michelianus, 1051
officinalis ssp. gilletii, 1051
officinalis ssp. officinalis, 1050
rohrii, 1051
suberosus, 1050
Pterolepis, 1414
fragilis, 1414
pumila, 1414
stenophylla, 1414
trichotoma, 1414
Pteromimosa, 1487
Pteroscleria
longifolia, 757
Ptychosperma, 222
macarthurii, 222
Pueraria, 1051
phaseoloides, 1051
phaseoloides var. javanica, 1052
Punica, 2186
granatum, 2186
Punicaceae, 2186
Purdiaea, 798
Puya
heterophylla, 476
maidifolia, 476

Pycreus
bipartitus, 745
flavescens, 748
flavescens var. *flavescens*, 749
flavescens var. *piceus*, 749
flavicomus, 749
fugax, 749
lanceolatus, 751
niger, 753
polystachyos, 755
unioloides, 757
Pyrenoglyphis
ovata, 201
Pyrola
maculata, 2187
Pyrolaceae, 2187
Pyrostegia, 423
venusta, 423
Qualea, 2543
lineata, 2543
sp. A, 2543
Quamoclit, 659
cholulensis, 665
coccinea var. *hederifolia*, 665
hederifolia, 665
pennata, 669
vitifolia, 667
vulgaris, 669
Quararibea, 434
bracteolosa, 432
funebris ssp. funebris, 435
funebris ssp. nicaraguensis, 435
obliquifolia, 432
ochrocalyx, 432
parvifolia, 435
pumila, 435
Quassia, 2371
alatifolia, 2371
amara, 2371
excelsa, 2371
officinalis, 2371
simarouba, 2371
Quercus, 1077
aaata, 1080
acapulcensis, 1082
acherdophylla, 1082
achoteana, 1083
achoteana var. *sublanosa*, 1083
acutifolia, 1084
aguana, 1082
amissiloba, 1082
anglohondurensis, 1079
apanecana, 1083
aristata, 1080
barbeyana, 1082
baruensis, 1078
benthamii, 1078, 1079, 1082
boqueronae, 1080
boquetensis, 1082

Roucheria, 1149
  columbiana, 1149
  punctata, 1149
Roulinia
  rensonii, 240
Roumea
  hebecarpa, 1092
Roupala, 2186
  borealis, 2186
  complicata, 2186
  glaberrima, 2186
  montana, 2186
Rourea, 652
  glabra, 653
  glabra var. glabra, 653
  glabra var. jamaicensis, 653
  hondurensis, 651
  suerrensis, 653
Rousselia, 2492
  erratica, 2492
  humilis, 2492
Roystonea, 225
  dunlapiana, 225
  regia, 226
Rubiaceae, 2206
Rubus, 2203
  adenotrichus, 2204
  albescens, 2205
  coriifolius, 2204
  coronarius, 2205
  eriocarpus, 2205
  fagifolius, 2205
  floribundus, 2205
  glaucus, 2205
  macrogongylus, 2205
  niveus, 2205
  ostumensis, 2205
  rosifolius, 2205
  rosifolius var. coronarius, 2205
  sapidus, 2206
  trichomallus, 2206
  urticifolius, 2206
  verae-crucis, 2205
Rudgea, 2280
  cornifolia, 2280
Ruellia, 8, 29
  achimeniflora, 31
  alopecuroidea, 24
  alternata, 18
  biolleyi, 30
  blechum, 15
  colorata, 18
  geminiflora, 30
  hookeriana, 31
  inundata, 31, 32
  jussieuoides, 31
  longissima, 30
  matagalpae, 31
  metallica, 32

mirandana, 14
  nudiflora, 32
  paniculata, 31, 32
  pereducta, 32
  pygmaea, 32
  standleyi, 33
  stemonacanthoides, 32, 33
  subcapitata, 29
  tetrastichantha, 33
  tubiflora var. tetrastichantha, 33
Rufodorsia, 1128
  minor, 1128
Rumex, 2175
  acetosellus, 2176
  crispus, 2175
  obtusifolius, 2176
Ruppia, 2285
  maritima, 2285
Ruppiaceae, 2285
Ruprechtia, 2176
  costata, 2176
Russelia, 2365
  equisetiformis, 2365
  sarmentosa, 2365
  sarmentosa var. *nicaraguensis*, 2365
Rustia, 2281
  occidentalis, 2281
Ruta, 2298
  chalepensis, 2298
Rutaceae, 2285
Ruyschia, 1335
  bicolor, 1338
  subsessilis, 1337
Ryania, 1099
  pyrifera, 1100
  speciosa, 1100
  speciosa var. panamensis, 1099
Rytidostylis, 713
  carthaginensis, 713
  gracilis, 713
  macrophyllus, 713
Sabal, 226
  guatemalensis, 226
  mauritiiformis, 226
  mexicana, 226
Sabiaceae, 2303
Sabicea, 2281
  ambigua, 2212
  costaricensis, 2281
  panamensis, 2281
  villosa, 2281
Saccharum, 2124
  contractum, 2060
  officinarum, 2124
  repens, 2123
  sagittatum, 2052
Sacciolepis, 2124

indica, 2125
  myuros, 2125
Sacoglottis, 1150
  diguensis, 1150
  trichogyna, 1150
Sacoila
  lanceolata, 1846
Sageretia, 2199
  elegans, 2199
Sagittaria, 53
  esculenta, 55
  falcata, 54
  gracilis, 55
  greggii, 55
  guayanensis, 54
  guyanensis, 54
  hastata, 55
  lancifolia, 54
  latifolia, 55
  longiloba, 55
  obtusa, 55
  ornithorhyncha, 55
  planipes, 55
  seubertiana, 54
  simplex, 55
  variabilis, 55
Sagraea
  discolor, 1353
Sagus
  taedigera, 223
Salacia, 1142, 1146
  acreana, 1146
  belizensis, 1143
  cordata, 1146
  impressifolia, 1147
  megistophylla, 1146
  multiflora, 1147
  obovata, 1147
  petenensis, 1147
  pittieriana, 1147
  podostemma, 1143
Saldanhaea
  costaricensis, 411
  seemanniana, 428
Salicaceae, 2306
Salix, 2306
  babylonica, 2306
  chilensis, 2306
  humboldtiana, 2306
Salmea, 363
  curviflora, 350
  scandens, 363
Salpianthus, 1592
  purpurascens, 1592
Salvia, 1168, 1179
  albiflora, 1181
  alvajaca, 1181
  angulata, 1181
  areolata, 1182
  coccinea, 1181

Salvia (cont.)
  comayaguana, 1182
  compacta, 1184
  drymocharis, 1181
  ernesti-vargasii, 1182
  guarinae, 1182
  hispanica, 1182
  hyptoides, 1183
  inaequilatera, 1181
  karwinskii, 1182
  kellermanii, 1182
  lasiocephala, 1183
  longimarginata, 1181
  lophantha, 1184
  maxonii, 1182
  menthiformis, 1184
  micrantha, 1183
  misella, 1183
  mocinoi, 1184
  occidentalis, 1184
  polystachya, 1184
  polystachya ssp. *compacta*, 1184
  privoides, 1183
  pteroura, 1184
  purpurea, 1185
  querceticola, 1182
  riparia, 1183
  rubiginosa, 1184
  saltuensis, 1184
  selguapensis, 1182
  siguatepequensis, 1182
  splendens, 1179
  tiliifolia, 1181, 1185
  tiliifolia var. *albiflora*, 1181
  tiliifolia var. *alvajaca*, 1181
  tonduzii, 1185
  urica, 1185
  wagneriana, 1185
Salvinia
  laevigata, 1153
Samanea
  pedicellaris, 1456
  saman, 1457
Samara
  coriacea, 1558
  saligna, 1558
Samaroceltis
  rhamnoides, 2477
Sambucus, 585
  canadensis, 585
  mexicana, 585
  nigra ssp. *canadensis*, 585
Samolus
  ebracteatus, 2184
Samyda
  arborea, 1088
  guidonia, 1423
  procera, 1095
  spinescens, 1091

Sanchezia, 8, 33
  parvibracteata, 33
Sanicula, 115
  liberta, 115
Sansevieria, 46
  cylindrica, 47
  guineensis, 47
  hyacinthoides, 47
  thyrsiflora, 47
  trifasciata, 47
Santolina
  jamaicensis, 301
  oppositifolia, 337
Sapindaceae, 2307
Sapindus, 2307, 2322
  drummondii, 2322
  marginatus, 2322
  saponaria, 2322
Sapium, 900
  glandulosum, 901
  jamaicense, 901
  laurifolium, 901
  macrocarpum, 901
  oligoneurum, 901
  pleiostachys, 901
  thelocarpum, 901
  zelayense, 902
Sapotaceae, 2332
Sapranthus, 106
  borealis, 107
  foetidus, 107
  longepedunculatus, 107
  megistanthus, 107
  nicaraguensis, 107
  palanga, 106
  palanga var. *santae-rosae*, 106
  violaceus, 107
  viridiflorus, 107
Saracha
  procumbens var. *repandidentata*, 2389
Sarcaulus, 2350
  brasiliensis, 2350
Sarcinanthus
  utilis, 724
Sarcoglottis, 1820
  acaulis, 1820, 1821
  bradei, 1782
  hemichrea, 1628
  latifolia, 1782
  ochracea, 1820
  orbiculata, 1820
  rosulata, 1820
  sceptrodes, 1820, 1821
  smithii, 1782
  speciosa, 1820
  thelymitra, 1828
  valida, 1782
Sarcopera, 1337
  sessiliflora, 1337

Sarcorhachis, 1983
  anomala, 1983
  naranjoana, 1983
Sarcostemma
  bilobum, 244
  bilobum ssp. *lindenianum*, 245
  clausum, 245
  lindenianum, 245
  odoratum, 245
Sargentia, 2289
Saritaea, 424
  magnifica, 424
Sassafridium
  macrophyllum, 1196
  veraguense, 1203
Satyria, 828
  elongata, 829
  meiantha, 829
  ovata, 829
  panurensis, 829
  triloba, 829
  warszewiczii, 829
Satyrium
  elatum, 1652
  orchioides, 1846
  spirale, 1835
Saurauia, 37
  aspera, 38
  belizensis, 41
  brachybotrys, 39
  conzattii, 39
  englesingii, 38
  homotricha, 39
  kegeliana, 41
  laevigata, 41
  montana, 39
  perseifolia, 38
  pittieri, 40
  pseudocostaricensis, 39
  pseudorubiformis, 40
  pseudoscabrida, 39
  rubiformis, 40
  scabrida, 39
  selerorum, 39
  squamifructa, 40
  veraguasensis, 39
  waldheimii, 40
  yasicae, 41
Saurauiaceae, 37
Saurauja, 37
Sauroglossum
  cranichoides, 1652
  nigricans, 1652
  richardii, 1652
  tenue, 1710
Sauvagesia, 1599
  elata, 1599
  erecta, 1599
  erecta ssp. **brownei**, 1599
  erecta ssp. **erecta**, 1599

valerioi, 1828
wercklei, 1828
Spirodela, 1212
biperforata, 1212
intermedia, 1212
polyrhiza, 1212
Spondias, 89
cirouella, 90
cytherea, 89
dulcis, 89
lutea, 90
mombin, 90, 91
myrobalanus, 90
nigrescens, 90
purpurea, 89, 90
radlkoferi, 90
Sponia
integerrima, 2478
micrantha, 2478
Sporobolus, 2133
argutus, 2135
berteroanus, 2134
ciliatus, 2135
cubensis, 2134
diandrus, 2134
indicus, 2134
indicus var. *diandrus*, 2134
jacquemontii, 2134
littoralis, 2136
muelleri, 2135
patens, 2135
piliferus, 2135
pulvinatus, 2135
purpurascens, 2135
pyramidalis var. *jacquemontii*,
2134
pyramidatus, 2135
tenuissimus, 2135
virginicus, 2136
Stachyophorbe
deckeriana, 206
Stachys, 1188
agraria, 1188
coccinea, 1189
costaricensis, 1189
fendleri, 1189
guatemalensis, 1189
pilosissima, 1189
pittieri, 1189
Stachytarpheta, 2521
angustifolia, 2521
calderonii, 2521
cayennensis, 2522
frantzii, 2522
frantzii var. *patentiflora*,
2522
friedrichsthalii, 2522
guatemalensis, 2522
guatemalensis f. *albiflora*,
2522

guatemalensis var. *lundelliana*,
2522
jamaicensis, 2522
jamaicensis f. *albiflora*, 2522
jamaicensis f. *atrocoerulea*,
2522
mutabilis, 2521
mutabilis var. *maxonii*, 2522
mutabilis var. **violacea**, 2522
robinsoniana, 2522
tabascana, 2522
Standleyacanthus
costaricanus, 19
Stanhopea, 1835
amoena, 1838
aurea, 1838
bucephalus, 1838
cirrhata, 1836
costaricensis, 1836
cymbiformis, 1838
ecornuta, 1837
gibbosa, 1837
guttata, 1838
inodora, 1837
lindleyi, 1838
minor, 1838
oculata, 1838
oculata var. *barkeriana*, 1838
oculata var. *crocea*, 1838
oculata var. *geniculata*, 1838
oculata var. *lindleyi*, 1838
purpusii, 1838
ruckeri, 1838
venusta, 1838
wardii, 1838
Stannia
panamensis, 2251
Staphidium
brachystephanum, 1353
involucratum, 1355
urceolatum, 1361
Staphylea, 2427
indica, 1210
occidentalis, 2427
Staphyleaceae, 2427
Stauranthus, 2299
perforatus, 2299
Steffensia
obliqua, 1972
Stegnosperma, 1927
cubense, 1927
halimifolium, 1927
scandens, 1927
Stegosia
cochinchinensis, 2123
Steinchisma
hians, 2089
Stelestylis, 726
Stelis, 1838
acostae, 1843

aemula, 1840
alfaroi, 1844
amparoana, 1843
aprica, 1840, 1843
argentata, 1840
atropurpurea, 1841
barbae, 1843
bernoullii, 1840
bidentata, 1843
bourgeavii, 1844
bracteata, 1843
bradei, 1843
brenesii, 1843
brevis, 1843
carnosa, 1736
chihobensis, 1841
ciliaris, 1841
cleistogama, 1841
compacta, 1783
confusa, 1841
conmixta, 1841
convallarioides, 1844
crassifolia, 1840
crescentiicola, 1842
cucullata, 1842
curvata, 1844
deregularis, 1791
despectans, 1843
endresii, 1840
fasciculiflora, 1798
flavida, 1799
foliosa, 1804
fractiflexa, 1845
fulva, 1844
glossula, 1842
gracilis, 1842
guatemalensis, 1842
heylidyana, 1840
hymenantha, 1840
inaequalis, 1842
isthmii, 1842
leucopogon, 1844
littoralis, 1840
longipetiolata, 1843
maxonii, 1844
micrantha
var. *atropurpurea*, 1841
microstigma, 1843
microtis, 1843
obscurata, 1843
ovatilabia, 1843
panamensis, 1842
parvula, 1843
patula, 1842
perplexa, 1840
platycardia, 1843
powellii, 1843
praemorsa, 1842
praesecta, 1840
purpurascens, 1844

Punta Sal 87° Pta. Caxinas Cabo Camarón 84°W

Laguna de Guaimoreto

Laguna de Ibans

Cordillera Nombre de Dios

Sa. La Esperanza

Laguntara
Lag. de Warunta
Laguna de Caratasca

Cabo Falso

Cabo Gracias a Dios

15°N

Suraco

Telica

Montañas del Pauca

Montañas de Colón

I. de Tansín

Laguna Bismur

Punta G.
Lag. Pahará

Montañas de Comayagua

Guayape

Jalán

Cordillera Entre Ríos

Wampú

Patuca

Coco (Segovia)

Wawa (Huahua)

Waspuk

Likus

Laguna Karatá

Guayamore

Coco (Segovia)

Bocay

Amaka

Cordillera Isabelia

Prinzapolka

Kukalaya

Bambana

Laguna de Wounta

Choluteca

Coco (Segovia)

Lago de Apanás

Tuma

Río Grande de Matagalpa

Pta. San José
+359 Vol. Cosigüina

Negro

Estero Real

Cordillera Dariense

Kurinwás

M

Laguna de Perlas

1745 + Vol. San Cristóbal

Serranías Huapí

675 +Vol. Cerro Negro
1280 + Vol. Momotombo

Siquia

Punta Perlas

Lago de Managua

Cordillera Chontaleña

Mico

Escondido

12°

Lago de Apoyo
1345 + Vol. Mombacho

Lago de Nicaragua

Oyate

Tule

Punta Gorda

Punta Mono (Monkey Point)

Punta Grindstone Bay

Vol.+1610
Concepción

Cabo Santa Elena

1487 + Vol. Orosí

Río

San Juan

San Carlos

Chirripó

Vol. Sta. María+
1907
Vol. Miravalles
2028 1916
Vol. Tenorio

Cord. de Guanacaste

Tempisque

Lag. de Arenal

1 CENTIMETER = 29.5 KILOMETERS

0   50   100   150   200

KILOMETERS

Cabo Velas

Vol. 1633
Arenal

Cord. de Tilarán

Río Grande

Chirripó el Atlántico

Península

Punta Guiones

2906 + Vol. Barva
Cord. Central + Vol. Turrialba
3328

de Nicoya

NG Maps / NGS Image Collection

87° Cabo Blanco Punta Judas 84°W